# 建设标准汇编

中华人民共和国住房和城乡建设部
中华人民共和国国家发展和改革委员会

中国计划出版社

2011 北 京

**图书在版编目（CIP）数据**

建设标准汇编/中华人民共和国住房和城乡建设部 中华人民共和国国家发展和改革委员会编. —北京：中国计划出版社，2011.7

ISBN 978-7-80242-647-4

Ⅰ.①建… Ⅱ.①中… ②中… Ⅲ.①建筑工程-国家标准-汇编-中国 Ⅳ.①TU-65

中国版本图书馆CIP数据核字（2011）第123316号

**建设标准汇编**

中华人民共和国住房和城乡建设部

中华人民共和国国家发展和改革委员会

☆

中国计划出版社出版

（地址：北京市西城区木樨地北里甲11号国宏大厦C座4层）

（邮政编码：100038　电话：63906433　63906381）

新华书店北京发行所发行

三河富华印刷包装有限公司印刷

---

787×1092毫米　1/16　78印张　1923千字　1插页

2011年7月第1版　2011年7月第1次印刷

印数1—5000册

☆

ISBN 978-7-80242-647-4

定价：280.00元

（内部发行）

# 《建设标准汇编》编委会名单

# 目　录

一、教育 ……………………………………………………………………………………（1）
农村普通中小学校建设标准（建标 109—2008） ……………………………………（3）
城市普通中小学校校舍建设标准 ……………………………………………………（38）
二、卫生 ……………………………………………………………………………………（89）
综合医院建设标准（建标 110—2008） ………………………………………………（91）
疾病预防控制中心建设标准（建标 127—2009） ……………………………………（108）
中医医院建设标准 ……………………………………………………………………（134）
乡镇卫生院建设标准（建标 107—2008） ……………………………………………（154）
农村计划生育服务机构基础设施建设标准（2005 年 12 月） ………………………（168）
三、科技、文化、广电 ……………………………………………………………………（183）
科学技术馆建设标准（建标 101—2007） ……………………………………………（185）
文化馆建设标准（建标 136—2010） …………………………………………………（224）
公共图书馆建设标准（建标 108—2008） ……………………………………………（241）
档案馆建设标准（建标 103—2008） …………………………………………………（262）
广播电视卫星地球站建设标准（建标 131—2010） …………………………………（287）
中、短波广播发射台建设标准（建标 126—2009） …………………………………（301）
四、社会福利 ………………………………………………………………………………（323）
儿童福利院建设标准（建标 145—2010） ……………………………………………（325）
流浪未成年人救助保护中心建设标准（建标 111—2008） …………………………（344）
老年养护院建设标准（建标 144—2010） ……………………………………………（358）
社区老年人日间照料中心建设标准（建标 143—2010） ……………………………（375）
救灾物资储备库建设标准（建标 121—2009） ………………………………………（386）
地方残疾人综合服务设施建设标准（建标 135—2010） ……………………………（405）
五、法政基础设施 …………………………………………………………………………（417）
人民法院法庭建设标准（建标 138—2010） …………………………………………（419）
国家法官学院分院建设标准（建标 146—2010） ……………………………………（458）
人民检察院办案用房和专业技术用房建设标准（建标 137—2010） ………………（479）
国家检察官学院分院建设标准（建标 150—2011） …………………………………（517）
公安机关业务技术用房建设标准（建标 130—2010） ………………………………（534）
公安派出所建设标准（建标 100—2007） ……………………………………………（548）
城市消防站建设标准（修订） …………………………………………………………（560）
收容教育所建设标准（建标 147—2010） ……………………………………………（594）
拘留所建设标准（建标 102—2008） …………………………………………………（612）
公安监管场所特殊监区建设标准（建标 113—2009） ………………………………（629）

看守所建设标准 …………………………………………………………………………（638）
强制戒毒所建设标准 ………………………………………………………………………（655）
司法业务用房建设标准（建标 129—2010） ……………………………………………（677）
劳动教养管理所建设标准（建标 116—2009） …………………………………………（689）
监狱建设标准（建标 139—2010） …………………………………………………………（708）
六、政府自身建设 …………………………………………………………………………（731）
党政机关办公用房建设标准 ………………………………………………………………（733）
七、城市建设 ………………………………………………………………………………（745）
城市轨道交通工程项目建设标准（建标 104—2008） …………………………………（747）
城市公共停车场工程项目建设标准（建标 128—2010） ………………………………（820）
城市给水工程项目建设标准（建标 120—2009） ………………………………………（839）
城镇供热厂工程项目建设标准（建标 112—2008） ……………………………………（866）
生活垃圾转运站工程项目建设标准（建标 117—2009） ………………………………（885）
城市污水处理工程项目建设标准（修订） ………………………………………………（902）
生活垃圾卫生填埋处理工程项目建设标准（建标 124—2009） ………………………（935）
生活垃圾填埋场封场工程项目建设标准（建标 140—2010） …………………………（952）
生活垃圾堆肥处理工程项目建设标准（建标 141—2010） ……………………………（963）
生活垃圾焚烧处理工程项目建设标准（建标 142—2010） ……………………………（982）
小城镇污水处理工程建设标准（建标 148—2010） ……………………………………（1003）
小城镇生活垃圾处理工程建设标准（建标 149—2010） ………………………………（1018）
八、石油、森林 ……………………………………………………………………………（1037）
输油管道工程项目建设标准（建标 114—2009） ………………………………………（1039）
输气管道工程项目建设标准（建标 115—2009） ………………………………………（1066）
石油储备库工程项目建设标准（建标 119—2009） ……………………………………（1091）
森林防火物资储备库工程项目建设标准（建标 122—2009） …………………………（1127）
森林火情瞭望监测设施建设标准（建标 123—2009） …………………………………（1137）
九、机场 ……………………………………………………………………………………（1145）
民用机场工程项目建设标准（建标 105—2008） ………………………………………（1147）
十、仓储 ……………………………………………………………………………………（1179）
粮食仓库建设标准（修订本） ……………………………………………………………（1181）
植物油库建设标准（建标 118—2009） …………………………………………………（1214）
烟花爆竹批发仓库建设标准（建标 125—2009） ………………………………………（1229）
本建设标准用词说明 ………………………………………………………………………（1242）

# 一、教　　育

# 农村普通中小学校建设标准

## 建标 109—2008

## 住房和城乡建设部、国家发展和改革委员会关于批准发布《农村普通中小学校建设标准》的通知

建标〔2008〕159号

国务院有关部门，各省、自治区、直辖市、计划单列市建设厅（委、局）、发展和改革委员会，新疆生产建设兵团建设局、发展和改革委员会：

根据《关于印发〈2008年工程项目建设标准和建设项目评价方法与参数编制项目计划〉的通知》（建标函〔2008〕24号）的要求，由教育部负责编制的《农村普通中小学校建设标准》，经有关部门会审，现批准发布，自2008年12月1日起施行。原《农村普通中小学校建设标准（试行）》同时废止。

在农村普通中小学校项目的审批、设计和建设过程中，要严格遵守国家关于严格控制建设标准的有关要求，认真执行本建设标准，坚决控制工程造价。

考虑到全国各地情况差异很大，在具体执行时要实事求是，根据环境条件的实际情况，因地制宜，合理规范和设计，不要不顾条件硬性追求达标。

本建设标准的管理由住房和城乡建设部、国家发展和改革委员会负责，具体解释工作由教育部负责。

**中华人民共和国住房和城乡建设部**
**中华人民共和国国家发展和改革委员会**
**二〇〇八年九月三日**

## 前　言

修订《农村普通中小学校建设标准》工作是根据原建设部办公厅"关于同意开展《农村普通中小学校建设标准（试行）》局部修订工作的函"（建办标函〔2006〕437号）的具体要求和安排，按原建设部、国家发展和改革委员会印发的《工程项目建设标准编制程序规定》、《工程项目建设标准编写规定》（建标〔2007〕144号），由教育部负责主编，并委托上海市教育委员会具体承担修订工作。

《农村普通中小学校建设标准（试行）》（建标〔1996〕640号）自1997年6月1日

起试行已10多年，在农村普通中小学校建设中起到了重要作用。但是，10多年来教育的发展、社会的需求、国家规范的修改，农村普通中小学校建设标准也应修订，以适应农村教育的发展。

修订过程中，我部发展规划司请省、市、自治区教育部门对《农村普通中小学校建设标准（试行）》提出修订意见，组织编制组到有关省市对农村普通中小学校抽样进行实地调查，收集近几年教育部和有关部委局文件中关于校舍建设和安全工作的要求。编制组在分析研究相关资料的基础上，完成了《农村普通中小学校建设标准》修订稿，征求各有关部门、地区和学校的意见后，召开全国审查会议，会同有关部门审查定稿。

本标准共分六章，包括总则，建设规模与项目构成，学校布局、选址与校园规划，建设用地指标，校舍建筑面积指标，校舍主要建筑标准。

在执行本标准过程中，请各单位注意总结经验，如发现需要修改和补充之处，请将意见和有关资料寄教育部发展规划司（北京市西单大木仓胡同37号，邮编：100816），以便今后修订时参考。

本标准主编单位、参编单位和主要起草人：

**主 编 单 位：**上海市教育委员会

**参 编 单 位：**上海市教育基建管理中心

上海高等教育建筑设计研究院

上海市教育发展有限公司

上海教育建设管理咨询有限公司

**主要起草人：**林　红　奚道章　胡建中　叶文俊　何梅珍　丁铭杰　甘建栋　张　晶

中华人民共和国教育部

二〇〇八年七月

## 第一章　总　　则

**第一条**　为了贯彻执行《中华人民共和国教育法》，促进农村义务教育的科学发展，坚持以人为本，积极创建适合农村青少年德智体美全面发展的办学条件，满足教学活动和师生生活的基本要求，合理确定校舍建设标准，全面提高学校建设水平，促进办学条件均衡发展，制定本建设标准。

**第二条**　本建设标准是编制、评估和审批农村普通中小学校建设项目建议书、可行性研究报告、校园规划设计和建设规划用地的依据，也是项目设计审查和工程监督检查的尺度。

**第三条**　本建设标准适用于乡（镇）及以下农村普通中小学校的新建、改建和扩建项目。

**第四条**　农村普通中小学校的建设必须确保师生安全。在抗御重大意外灾害时，学校可作为周边地区的紧急避难疏散场所。

**第五条**　农村普通中小学校建设应统筹规划、合理布局，先规划后建设。学校的总体规划在满足安全和功能的前提下，应严格执行资源节约的方针政策，注重技术、经济对比分析。

**第六条**　农村普通中小学校建设，除执行本建设标准外，尚应符合国家现行相关强制性标准的规定。

# 第二章　建设规模与项目构成

## 第一节　建设规模

**第七条**　农村普通中小学校的建设规模，应根据学制、学校规模、校舍建筑面积指标确定。

**第八条**　学校规模和班额宜根据生源按下列规定设置：

一、小学：非完全小学为4班，30人/班；完全小学为6班、12班、18班、24班，近期45人/班，远期40人/班。

二、初级中学为12班、18班、24班，近期50人/班，远期45人/班。

**第九条**　建设规模和建筑面积指标。

一、农村普通中小学校校舍建筑面积指标分规划指标和基本指标。新建学校应按规划指标进行校园总体规划，首期建设的校舍建筑面积不应低于基本指标的规定。

二、农村普通中小学校建设规模和生均建筑面积指标应符合表1-1～表1-3的规定。

**表1-1　农村普通中小学校建设规模和生均建筑面积规划指标**

| 学校类别 | 面积（$m^2$） | 建设规模 | | | | |
|---|---|---|---|---|---|---|
| | | 4班 | 6班 | 12班 | 18班 | 24班 |
| 非完全小学 | 建筑面积 | 670 | — | — | — | — |
| | 生均面积 | 5.58 | — | — | — | — |
| 完全小学 | 建筑面积 | — | 2228 | 4215 | 5470 | 7065 |
| | 生均面积 | — | 8.25 | 7.81 | 6.75 | 6.54 |
| 初级中学 | 建筑面积 | — | — | 6000 | 8030 | 10275 |
| | 生均面积 | — | — | 10.00 | 8.92 | 8.56 |

注：完全小学、初级中学未包括学生宿舍的建筑面积。

**表1-2　农村普通中小学校建设规模和生均建筑面积基本指标**

| 学校类别 | 面积（$m^2$） | 建设规模 | | | | |
|---|---|---|---|---|---|---|
| | | 4班 | 6班 | 12班 | 18班 | 24班 |
| 非完全小学 | 建筑面积 | 543 | — | — | — | — |
| | 生均面积 | 4.52 | — | — | — | — |
| 完全小学 | 建筑面积 | — | 2120 | 3432 | 4655 | 6117 |
| | 生均面积 | — | 7.85 | 6.35 | 5.75 | 5.66 |
| 初级中学 | 建筑面积 | — | — | 4678 | 6310 | 7988 |
| | 生均面积 | — | — | 7.80 | 7.01 | 6.66 |

注：完全小学、初级中学未包括学生宿舍的建筑面积。

表 1-3　农村全寄宿制中小学校建设规模和生均建筑面积指标

| 学校类别 | 面积（$m^2$） | 建设规模 | | |
|---|---|---|---|---|
| | | 12 班 | 18 班 | 24 班 |
| 全寄宿制完全小学 | 建筑面积 | 7752 | 10785 | 14185 |
| | 生均面积 | 14.35 | 13.31 | 13.13 |
| 全寄宿制初级中学 | 建筑面积 | 10050 | 14097 | 18375 |
| | 生均面积 | 16.75 | 15.66 | 15.31 |

### 第二节　项 目 构 成

**第十条**　农村普通中小学校舍由教学及教学辅助用房、办公用房、生活用房三部分构成。

**第十一条**　教学及教学辅助用房：

一、小学：非完全小学设置普通教室、多功能教室（兼多媒体教室）、图书室、体育器材室；完全小学设置普通教室、音乐教室、美术教室（艺术教室）、科学教室、计算机教室、多功能教室（兼多媒体教室）、远程教育教室、图书室、科技活动室、体育活动室、心理咨询室以及教学辅助用房。

二、初级中学：设置普通教室、音乐教室、美术教室（艺术教室）、实验室、技术教室、计算机教室、多媒体教室、多功能教室、远程教育教室、图书室、科技活动室、体育活动室、心理咨询室以及教学辅助用房。

**第十二条**　办公用房：

一、小学：非完全小学设置行政及教师办公室、少先队部室、传达值宿室；完全小学设置行政办公室、教师办公室、卫生保健室、总务仓库、少先队部室、传达值宿室。

二、初级中学：设置行政办公室、教师办公室、会议室、文印档案室、卫生保健室、总务仓库、社团办公室、传达值宿室。

**第十三条**　生活用房：

一、小学：非完全小学设置食堂、教工厕所、学生厕所；完全小学设置教工宿舍、食堂、开水房及浴室、教工厕所、学生厕所。学生宿舍根据需要设置。

二、初级中学：设置教工宿舍、食堂、开水房及浴室、教工厕所、学生厕所。学生宿舍根据需要设置。

三、全寄宿制完全小学、初级中学：除分别按上述用房设置外，应按全校学生规模设置学生宿舍。

## 第三章　学校布局、选址与校园规划

### 第一节　学 校 布 局

**第十四条**　农村普通中小学校的布局，应根据乡（镇）总体规划要求、结合人口密度、学生来源、地形地貌、能源、交通、环境等综合条件确定。

**第十五条**　学校服务半径，应以小学就近入学、中学相对集中为原则，根据“规模”办学和学校住宿条件等因素确定。

## 第二节 学校选址

**第十六条** 学校选址应符合下列规定：

一、应选在地质条件较好、环境适宜、交通方便、地形开阔、阳光充足、地势较高、具备必要基础设施的地段。

二、应避开地震危险地段、泥石流易发地段、滑坡体、悬崖边及崖底、风口、洪水沟口、输气管道和高压走廊等。

三、应避免学生跨越公路干线、无立交设施的铁路、无安全通行防护设施的河流及水域。

四、不应与集贸市场，娱乐场所，生产、经营、贮藏有毒有害危险品、易燃易爆物品的场所，噪声等污染源，医院太平间，殡仪馆，消防站等不利于学生学习、身心健康和危及学生安全的场所毗邻。

## 第三节 学校总体规划

**第十七条** 学校必须编制校园总体规划。总体规划应按教学区、体育运动区、生活区等不同功能要求合理布局，并应符合下列要求：

一、教学、图书、实验用房应布置在校园的静区，并保证有良好的建筑朝向。

二、校园内各建筑之间、校内建筑与相邻的校外建筑之间的距离，应符合国家现行标准、规范中的规划、消防、日照等有关规定。

三、教学用房与体育活动场地应有合理的间距。田径场地和球类场地的长轴宜为南北方向。

四、校园内的交通应便捷，校园道路应避免穿越体育运动场地。学校的主出入口不宜设在主要交通干道边上，校门外侧应设置人流缓冲区。

**第十八条** 校园绿地及种植园地应与校舍建筑统一规划和建设。

**第十九条** 校园应有围墙（或安全隔离设施）、校门。

**第二十条** 学校应设置旗杆、旗台，并宜位于校园中心广场或主要运动场区的显要位置。

# 第四章 建设用地指标

**第二十一条** 农村普通中小学校建设用地包括建筑用地、体育运动场用地、绿化用地三部分。

一、建筑用地：学校建筑用地包括建筑物、构筑物占地面积，建筑物周围道路，房前屋后零星绿地及建筑群组之间的小片活动场地。

二、体育运动场用地：

（一）学校体育运动场地包括体育课、课间操及课外活动所需要的场地。

（二）非完全小学和完全小学 6 班应分别设置 60m 和 100m 直跑道；完全小学 12 班、18 班、24 班均应设置 200m 环形跑道田径场。初级中学 12 班应设置 200m 环形跑道田径场，18 班、24 班均应设置 300m 环形跑道田径场。中小学校应设置适量的球类、器械等运动场地。

三、绿化用地：

（一）学校绿化用地指成片的集中绿地和学生劳动种植园地等。

（二）非完全小学可不设置集中绿地。完全小学和初级中学宜设置集中绿地和学生种植园地，用地面积为：完全小学 6 班、12 班不宜小于 $6m^2$/生；完全小学 18 班不宜小于 $5m^2$/

生，24班不宜小于$4m^2$/生；初级中学12班不宜小于$6m^2$/生，18班、24班不宜小于$5m^2$/生；全寄宿制完全小学、初级中学12班、18班不宜小于$7m^2$/生，24班不宜小于$6m^2$/生。

**第二十二条** 农村普通中小学校建设用地面积和生均用地面积指标，应符合表2-1、表2-2的规定。

**表2-1 农村普通中小学校建设用地面积和生均用地面积指标**

| 学校类别 | 学校规模（班） | 用地面积（$m^2$） | 生均用地面积（$m^2$） |
|---|---|---|---|
| 非完全小学 | 4 | 2973 | 25 |
| 完全小学 | 6 | 9131 | 34 |
| | 12 | 15699 | 29 |
| | 18 | 18688 | 23 |
| | 24 | 21895 | 20 |
| 初级中学 | 12 | 17824 | 30 |
| | 18 | 25676 | 29 |
| | 24 | 29982 | 25 |

注：1. 完全小学、初级中学未含学生宿舍用地面积。
2. 开展劳动技术教育所需的实习实验场、自行车存放用地（1.50$m^2$/辆），可根据实际情况另行增加。

**表2-2 农村全寄宿制中小学校建设用地面积和生均用地面积指标**

| 学校类别 | 学校规模（班） | 用地面积（$m^2$） | 生均用地面积（$m^2$） |
|---|---|---|---|
| 完全小学 | 12 | 21292 | 39 |
| | 18 | 27901 | 34 |
| | 24 | 34226 | 32 |
| 初级中学 | 12 | 23487 | 39 |
| | 18 | 35059 | 39 |
| | 24 | 41307 | 34 |

注：开展劳动技术教育所需的实习实验场、自行车存放用地（1.50$m^2$/辆），可根据实际情况另行增加。

# 第五章 校舍建筑面积指标

## 第一节 校舍建筑面积总指标

**第二十三条** 农村普通中小学校校舍建筑面积总指标应符合表3-1、表3-2的规定。

**表3-1 农村普通小学校舍建筑面积总指标**

| 指标 | 小学规划指标 | | | | | 小学基本指标 | | | | | 全寄宿制完全小学指标 | | |
|---|---|---|---|---|---|---|---|---|---|---|---|---|---|
| | 4班 | 6班 | 12班 | 18班 | 24班 | 4班 | 6班 | 12班 | 18班 | 24班 | 12班 | 18班 | 24班 |
| 教学及教学辅助用房使用面积（$m^2$） | 344 | 928 | 1817 | 2277 | 2936 | 294 | 878 | 1362 | 1808 | 2387 | 1817 | 2277 | 2936 |

**续表 3-1**

| 指　　标 | 小学规划指标 | | | | | 小学基本指标 | | | | | 全寄宿制完全小学指标 | | |
|---|---|---|---|---|---|---|---|---|---|---|---|---|---|
| | 4班 | 6班 | 12班 | 18班 | 24班 | 4班 | 6班 | 12班 | 18班 | 24班 | 12班 | 18班 | 24班 |
| 办公用房使用面积（$m^2$） | 65 | 128 | 203 | 269 | 332 | 50 | 113 | 188 | 249 | 312 | 203 | 269 | 332 |
| 生活用房使用面积（$m^2$） | 60 | 281 | 509 | 736 | 971 | 36 | 281 | 509 | 736 | 971 | 2631 | 3925 | 5243 |
| 使用面积合计（$m^2$） | 469 | 1337 | 2529 | 3282 | 4239 | 380 | 1272 | 2059 | 2793 | 3670 | 4651 | 6471 | 8511 |
| 建筑面积（$m^2$） | 670 | 2228 | 4215 | 5470 | 7065 | 543 | 2120 | 3432 | 4655 | 6117 | 7752 | 10785 | 14185 |

注：完全小学 12 班、18 班、24 班的规划指标、基本指标未包括学生宿舍的建筑面积（$5m^2$/生）。

**表 3-2　农村普通初级中学校舍建筑面积总指标**

| 指　　标 | 初级中学规划指标 | | | 初级中学基本指标 | | | 全寄宿制初级中学指标 | | |
|---|---|---|---|---|---|---|---|---|---|
| | 12 班 | 18 班 | 24 班 | 12 班 | 18 班 | 24 班 | 12 班 | 18 班 | 24 班 |
| 教学及教学辅助用房使用面积（$m^2$） | 2557 | 3317 | 4208 | 1826 | 2373 | 2950 | 2557 | 3317 | 4208 |
| 办公用房使用面积（$m^2$） | 333 | 447 | 561 | 271 | 359 | 447 | 333 | 447 | 561 |
| 生活用房使用面积（$m^2$） | 710 | 1054 | 1396 | 710 | 1054 | 1396 | 3140 | 4694 | 6256 |
| 使用面积合计（$m^2$） | 3600 | 4818 | 6165 | 2807 | 3786 | 4793 | 6030 | 8458 | 11025 |
| 建筑面积（$m^2$） | 6000 | 8030 | 10275 | 4678 | 6310 | 7988 | 10050 | 14097 | 18375 |

注：初级中学规划指标、基本指标未包括学生宿舍的建筑面积（5.50$m^2$/生）。

## 第二节　教学及教学辅助用房使用面积指标

**第二十四条**　农村普通小学教学及教学辅助用房使用面积指标：

一、农村普通非完全小学教学及教学辅助用房使用面积指标应符合表 4-1 的规定。

**表 4-1　农村普通非完全小学教学用房使用面积指标**

| 用房名称 | 规划指标（4 班 120 人） | | | 基本指标（4 班 120 人） | | |
|---|---|---|---|---|---|---|
| | 间数 | 每间使用面积（$m^2$） | 使用面积小计（$m^2$） | 间数 | 每间使用面积（$m^2$） | 使用面积小计（$m^2$） |
| 普通教室 | 4 | 40 | 160 | 4 | 40 | 160 |
| 多功能教室（兼多媒体教室） | 1 | 80 | 80 | 1 | 80 | 80 |
| 多功能准备室（电教器材） | 1 | 25 | 25 | — | — | — |
| 图书室 | 1 | 54 | 54 | 1 | 54 | 54 |
| 体育器材室 | 1 | 25 | 25 | — | — | — |
| 合　　计 | — | — | 344 | — | — | 294 |

二、农村普通完全小学教学及教学辅助用房使用面积指标应符合表4-2、表4-3的规定。

**表4-2　农村普通完全小学教学及教学辅助用房使用面积规划指标**

| 用房名称 | 6班270人 | | | 12班540人 | | | 18班810人 | | | 24班1080人 | | |
|---|---|---|---|---|---|---|---|---|---|---|---|---|
| | 间数 | 每间使用面积（$m^2$） | 使用面积小计（$m^2$） | 间数 | 每间使用面积（$m^2$） | 使用面积小计（$m^2$） | 间数 | 每间使用面积（$m^2$） | 使用面积小计（$m^2$） | 间数 | 每间使用面积（$m^2$） | 使用面积小计（$m^2$） |
| 普通教室（含机动教室） | 7 | 54 | 378 | 13 | 54 | 702 | 20 | 54 | 1080 | 26 | 54 | 1404 |
| 音乐教室 | — | — | — | 1 | 80 | 80 | 1 | 80 | 80 | 2 | 80 | 160 |
| 音乐准备室 | — | — | — | 1 | 25 | 25 | 1 | 25 | 25 | 1 | 25 | 25 |
| 美术教室（艺术教室） | — | — | — | 1 | 80 | 80 | 1 | 80 | 80 | 1 | 80 | 80 |
| 美术准备室 | — | — | — | 1 | 25 | 25 | 1 | 25 | 25 | 1 | 25 | 25 |
| 科学教室 | 1 | 80 | 80 | 1 | 80 | 80 | 1 | 80 | 80 | 2 | 80 | 160 |
| 科学准备室 | 1 | 39 | 39 | 1 | 39 | 39 | 1 | 39 | 39 | 1 | 39 | 39 |
| 计算机教室 | 1 | 80 | 80 | 1 | 80 | 80 | 1 | 80 | 80 | 2 | 80 | 160 |
| 计算机准备室 | 1 | 25 | 25 | 1 | 25 | 25 | 1 | 25 | 25 | 1 | 25 | 25 |
| 多功能教室（兼多媒体教室） | 1 | 107 | 107 | 1 | 107 | 107 | 1 | 134 | 134 | 1 | 189 | 189 |
| 多功能准备室（电教器材） | 1 | 25 | 25 | 1 | 25 | 25 | 1 | 25 | 25 | 1 | 25 | 25 |
| 远程教育教室 | 1 | 39 | 39 | 1 | 39 | 39 | 1 | 39 | 39 | 1 | 39 | 39 |
| 图书室 | 1 | 80 | 80 | 1 | 121 | 121 | 1 | 162 | 162 | 1 | 202 | 202 |
| 科技活动室 | — | — | 25 | — | — | 25 | — | — | 39 | — | — | 39 |
| 体育活动室 | — | — | — | 1 | 300 | 300 | 1 | 300 | 300 | 1 | 300 | 300 |
| 体育器材室 | 1 | 25 | 25 | 1 | 39 | 39 | 1 | 39 | 39 | 1 | 39 | 39 |
| 心理咨询室 | — | — | 25 | — | — | 25 | — | — | 25 | — | — | 25 |
| 合　　计 | — | — | 928 | — | — | 1817 | — | — | 2277 | — | — | 2936 |

注：表中12班、18班、24班的指标适用于相同办学规模的全寄宿制完全小学。

**表4-3　农村普通完全小学教学及教学辅助用房使用面积基本指标**

| 用房名称 | 6班270人 | | | 12班540人 | | | 18班810人 | | | 24班1080人 | | |
|---|---|---|---|---|---|---|---|---|---|---|---|---|
| | 间数 | 每间使用面积（$m^2$） | 使用面积小计（$m^2$） | 间数 | 每间使用面积（$m^2$） | 使用面积小计（$m^2$） | 间数 | 每间使用面积（$m^2$） | 使用面积小计（$m^2$） | 间数 | 每间使用面积（$m^2$） | 使用面积小计（$m^2$） |
| 普通教室（含机动教室） | 7 | 54 | 378 | 13 | 54 | 702 | 20 | 54 | 1080 | 26 | 54 | 1404 |
| 音乐教室 | — | — | — | 1 | 80 | 80 | 1 | 80 | 80 | 2 | 80 | 160 |
| 音乐准备室 | — | — | — | 1 | 25 | 25 | 1 | 25 | 25 | 1 | 25 | 25 |

续表 4-3

| 用房名称 | 6班270人 | | | 12班540人 | | | 18班810人 | | | 24班1080人 | | |
|---|---|---|---|---|---|---|---|---|---|---|---|---|
| | 间数 | 每间使用面积（$m^2$） | 使用面积小计（$m^2$） | 间数 | 每间使用面积（$m^2$） | 使用面积小计（$m^2$） | 间数 | 每间使用面积（$m^2$） | 使用面积小计（$m^2$） | 间数 | 每间使用面积（$m^2$） | 使用面积小计（$m^2$） |
| 科学教室 | 1 | 80 | 80 | 1 | 80 | 80 | 1 | 80 | 80 | 2 | 80 | 160 |
| 科学准备室 | 1 | 39 | 39 | 1 | 39 | 39 | 1 | 39 | 39 | 1 | 39 | 39 |
| 计算机教室 | 1 | 80 | 80 | 1 | 80 | 80 | 1 | 80 | 80 | 1 | 80 | 80 |
| 计算机准备室 | 1 | 25 | 25 | 1 | 25 | 25 | 1 | 25 | 25 | 1 | 25 | 25 |
| 多功能教室（兼多媒体教室） | 1 | 107 | 107 | 1 | 107 | 107 | 1 | 134 | 134 | 1 | 189 | 189 |
| 多功能准备室（电教器材） | 1 | 25 | 25 | 1 | 25 | 25 | 1 | 25 | 25 | 1 | 25 | 25 |
| 远程教育教室 | 1 | 39 | 39 | 1 | 39 | 39 | 1 | 39 | 39 | 1 | 39 | 39 |
| 图书室 | 1 | 80 | 80 | 1 | 121 | 121 | 1 | 162 | 162 | 1 | 202 | 202 |
| 体育器材室 | 1 | 25 | 25 | 1 | 39 | 39 | 1 | 39 | 39 | 1 | 39 | 39 |
| 合　计 | — | — | 878 | — | — | 1362 | — | — | 1808 | — | — | 2387 |

**第二十五条**　农村普通初级中学教学及教学辅助用房使用面积指标应符合表5-1、表5-2的规定。

**表5-1　农村普通初级中学教学及教学辅助用房使用面积规划指标**

| 用房名称 | 12班600人 | | | 18班900人 | | | 24班1200人 | | |
|---|---|---|---|---|---|---|---|---|---|
| | 间数 | 每间使用面积（$m^2$） | 使用面积小计（$m^2$） | 间数 | 每间使用面积（$m^2$） | 使用面积小计（$m^2$） | 间数 | 每间使用面积（$m^2$） | 使用面积小计（$m^2$） |
| 普通教室（含机动教室） | 13 | 61 | 793 | 20 | 61 | 1220 | 26 | 61 | 1586 |
| 音乐教室 | 1 | 93 | 93 | 1 | 93 | 93 | 1 | 93 | 93 |
| 音乐准备室 | 1 | 30 | 30 | 1 | 30 | 30 | 1 | 30 | 30 |
| 美术教室（艺术教室） | 1 | 93 | 93 | 1 | 93 | 93 | 1 | 93 | 93 |
| 美术准备室 | 1 | 30 | 30 | 1 | 30 | 30 | 1 | 30 | 30 |
| 实验室 | 3 | 93 | 279 | 3 | 93 | 279 | 4 | 93 | 372 |
| 仪器准备室 | 3 | 45 | 135 | 3 | 45 | 135 | 4 | 45 | 180 |
| 技术教室 | — | 93 | 93 | — | 140 | 140 | — | 140 | 140 |
| 计算机教室 | 1 | 93 | 93 | 1 | 93 | 93 | 2 | 93 | 186 |

**续表 5-1**

| 用房名称 | 12班600人 | | | 18班900人 | | | 24班1200人 | | |
|---|---|---|---|---|---|---|---|---|---|
| | 间数 | 每间使用面积（$m^2$） | 使用面积小计（$m^2$） | 间数 | 每间使用面积（$m^2$） | 使用面积小计（$m^2$） | 间数 | 每间使用面积（$m^2$） | 使用面积小计（$m^2$） |
| 计算机准备室 | 1 | 30 | 30 | 1 | 30 | 30 | 1 | 30 | 30 |
| 多媒体教室 | 1 | 93 | 93 | 1 | 93 | 93 | 1 | 93 | 93 |
| 多功能教室 | 1 | 124 | 124 | 1 | 155 | 155 | 1 | 218 | 218 |
| 多功能准备室（电教器材） | 1 | 30 | 30 | 1 | 30 | 30 | 1 | 30 | 30 |
| 远程教育教室 | 1 | 45 | 45 | 1 | 45 | 45 | 1 | 45 | 45 |
| 图书室 | — | 155 | 155 | — | 218 | 218 | — | 281 | 281 |
| 体育活动室 | 1 | 300 | 300 | 1 | 450 | 450 | 1 | 608 | 608 |
| 体育器材室 | 1 | 50 | 50 | 1 | 60 | 60 | 1 | 70 | 70 |
| 科技活动室 | — | — | 61 | — | — | 93 | — | — | 93 |
| 心理咨询室 | — | — | 30 | — | — | 30 | — | — | 30 |
| 合　　计 | — | — | 2557 | — | — | 3317 | — | — | 4208 |

注：表中指标适用于相同办学规模的全寄宿制初级中学。

**表 5-2　农村普通初级中学教学及教学辅助用房使用面积基本指标**

| 用房名称 | 12班600人 | | | 18班900人 | | | 24班1200人 | | |
|---|---|---|---|---|---|---|---|---|---|
| | 间数 | 每间使用面积（$m^2$） | 使用面积小计（$m^2$） | 间数 | 每间使用面积（$m^2$） | 使用面积小计（$m^2$） | 间数 | 每间使用面积（$m^2$） | 使用面积小计（$m^2$） |
| 普通教室（含机动教室） | 13 | 61 | 793 | 20 | 61 | 1220 | 26 | 61 | 1586 |
| 音乐教室 | 1 | 93 | 93 | 1 | 93 | 93 | 1 | 93 | 93 |
| 音乐准备室 | 1 | 30 | 30 | 1 | 30 | 30 | 1 | 30 | 30 |
| 实验室 | 3 | 93 | 279 | 3 | 93 | 279 | 4 | 93 | 372 |
| 仪器准备室 | 3 | 45 | 135 | 3 | 45 | 135 | 4 | 45 | 180 |
| 技术教室 | — | 93 | 93 | — | 140 | 140 | — | 140 | 140 |
| 计算机教室 | 1 | 93 | 93 | 1 | 93 | 93 | 1 | 93 | 93 |
| 计算机准备室 | 1 | 30 | 30 | 1 | 30 | 30 | 1 | 30 | 30 |
| 远程教育教室 | 1 | 45 | 45 | 1 | 45 | 45 | 1 | 45 | 45 |
| 图书室 | — | 155 | 155 | — | 218 | 218 | — | 281 | 281 |
| 体育器材室 | 1 | 50 | 50 | 1 | 60 | 60 | 1 | 70 | 70 |
| 心理咨询室 | — | — | 30 | — | — | 30 | — | — | 30 |
| 合　　计 | — | — | 1826 | — | — | 2373 | — | — | 2950 |

## 第三节 办公用房使用面积指标

**第二十六条** 农村普通小学办公用房使用面积指标应符合表6的规定。

**表6 农村普通小学办公用房使用面积指标**

| 指 标 | 规划指标 | | | | | 基本指标 | | | | |
|---|---|---|---|---|---|---|---|---|---|---|
| 班级规模（班） | 4 | 6 | 12 | 18 | 24 | 4 | 6 | 12 | 18 | 24 |
| 使用面积（$m^2$） | 65 | 128 | 203 | 269 | 332 | 50 | 113 | 188 | 249 | 312 |

注：表中12班、18班、24班的规划指标适用于相同办学规模的全寄宿制完全小学。

**第二十七条** 农村普通初级中学办公用房使用面积指标应符合表7的规定。

**表7 农村普通初级中学办公用房使用面积指标**

| 指 标 | 规划指标 | | | 基本指标 | | |
|---|---|---|---|---|---|---|
| 班级规模（班） | 12 | 18 | 24 | 12 | 18 | 24 |
| 使用面积（$m^2$） | 333 | 447 | 561 | 271 | 359 | 447 |

注：表中规划指标适用于相同办学规模的全寄宿制初级中学。

## 第四节 生活用房使用面积指标

**第二十八条** 农村普通小学生活用房使用面积指标应符合表8-1、表8-2的规定。

**表8-1 农村普通小学生活用房使用面积指标**

| 指 标 | 规划指标 | | | | | 基本指标 | | | | |
|---|---|---|---|---|---|---|---|---|---|---|
| 班级规模（班） | 4 | 6 | 12 | 18 | 24 | 4 | 6 | 12 | 18 | 24 |
| 使用面积（$m^2$） | 60 | 281 | 509 | 736 | 971 | 36 | 281 | 509 | 736 | 971 |

注：表中12班、18班、24班的使用面积未包括学生宿舍的使用面积。

**表8-2 农村全寄宿制普通完全小学生活用房使用面积指标**

| 班级规模（班） | 12 | 18 | 24 |
|---|---|---|---|
| 使用面积（$m^2$） | 2631 | 3925 | 5243 |

**第二十九条** 农村普通初级中学生活用房使用面积指标应符合表9的规定。

**表9 农村普通初级中学生活用房使用面积指标**

| 指 标 | 普通初级中学生活用房规划指标 | | | 普通初级中学生活用房基本指标 | | | 全寄宿制初级中学生活用房指标 | | |
|---|---|---|---|---|---|---|---|---|---|
| 班级规模（班） | 12 | 18 | 24 | 12 | 18 | 24 | 12 | 18 | 24 |
| 使用面积（$m^2$） | 710 | 1054 | 1396 | 710 | 1054 | 1396 | 3140 | 4694 | 6256 |

注：表中12班、18班、24班普通初级中学的使用面积未包括学生宿舍的使用面积。

# 第六章　校舍主要建筑标准

**第三十条**　农村普通中小学校校舍建设应贯彻安全、适用、经济、美观的方针政策，校舍建筑应符合现行国家标准《中小学校建筑设计规范》GBJ 99 的规定，规划建设环保、卫生、节能型校园。

**第三十一条**　小学的普通教室应在三层及以下，初级中学的普通教室应在四层及以下。

**第三十二条**　建筑设计在平面空间布置和造型设计等方面应符合抗震概念设计要求。

**第三十三条**　建筑层高应符合以下规定：

一、教学用房的层高，小学不宜低于 3.60m，初级中学不宜低于 3.90m。

二、办公用房不宜高于 3.00m。

三、教职工宿舍不宜高于 2.80m。

四、学生宿舍使用单层床的不宜低于 3.00m，使用双层床的不宜低于 3.60m。

五、多功能教室、食堂等用房的层高，应根据使用功能要求确定。阶梯教室最后一排的地面至顶棚的净高不应低于 2.20m。

**第三十四条**　建筑结构：

一、建筑结构应按防御各类重大意外灾害的相关规范要求进行设计。

二、教学用房以及学生宿舍和食堂，抗震设防类别应不低于重点设防类，建筑结构应采用抗震性能好的结构体系。

三、在抗震设防烈度 6 度及以上区域，严禁使用预制空心板及预制楼梯。

四、建筑材料的强度等级、型号、规格、质量等材料性能必须符合国家现行有关标准、规范的规定，满足设计的要求。

**第三十五条**　中小学校的设计应经过施工图审查，并实施施工监理。

**第三十六条**　建筑防火应符合国家现行有关标准、规范的规定。建筑物的耐火等级：楼房不应低于二级，平房不应低于三级。

**第三十七条**　楼梯数量、宽度及形式：

一、楼梯设置的数量、宽度、位置和形式，应满足使用要求，符合安全疏散和国家防火规范要求，每幢多层建筑不得少于 2 座楼梯。

二、楼梯不得采用螺旋形或扇形踏步。楼梯坡度不应大于 30°。踏步高度，小学不应大于 150mm，中学不应大于 160mm；踏步板外沿不宜突出踢脚板。梯段与梯段之间不应设置遮挡视线的隔墙。楼梯井宽度不应大于 200mm。楼梯栏杆（栏板）应坚固，高度不应小于 900mm，室内楼梯平台及室外楼梯栏杆（栏板）高度不应小于 1100mm。

三、楼梯间应有直接的自然采光、通风和人工照明。

**第三十八条**　走廊宽度（净宽）：教学用房的内走廊宽度不应小于 3000mm，外廊及单面内廊的宽度不应小于 2100mm。外廊栏杆（栏板）净高度不应低于 1100mm。栏杆的垂直杆件间净距不应大于 110mm。上人屋面应设置女儿墙或安全防护栏，其净高不应低于 1100mm。各种栏杆均应坚固，不易攀登。

走廊不宜设踏步，如必须设踏步时不宜少于三级或做成 1/8～1/10 坡度的斜礓坡道。

**第三十九条**　室内环境应符合下列要求：

一、采光：室内采光应亮度均匀。应保证主要教学用房的最佳建筑朝向，避免教室内直射阳光。教学用房宜采用双侧采光，主要采光面应位于学生座位的左侧，采光窗窗台高度不应低于900mm。教学及办公用房的采光玻地比不应低于1/6，并应防止眩光，严禁使用有色玻璃。

二、照明：教学用房应采用配有保护灯罩的节能荧光灯具，不宜采用裸灯。灯具（长轴）应垂直于黑板面布置（黑板灯除外），悬挂高度距桌面宜为1700mm。各类用房的平均照度应符合建筑照明设计标准的规定。

三、通风换气：校舍室内应有良好的自然通风。教学用房应有冬春季换气设施，炎热地区可采用开窗换气，还可在外墙窗台下部距地面200mm处设置可开启的小百叶气窗；温暖地区宜采用开窗与开启小气窗相结合的方式换气；寒冷和严寒地区应在外墙（或采光窗上部）和内走廊墙上设置小气窗。化学实验室及毒气橱应设置有效排气设施。

四、室内温度：寒冷和严寒地区的中小学校，应因地制宜地配置采暖设施。炎热地区应因地制宜地配置降温设施。

五、室内装修应符合现行国家标准《民用建筑工程室内环境污染控制规范和建筑内部装修设计防火规范》GB 50235的要求。

**第四十条** 建筑防雷装置应符合现行国家标准《国家建筑物防雷设计规范》GB 50057的规定。

**第四十一条** 卫生设施的设置应符合下列要求：

一、学校应设置给排水系统。

二、建筑物内应设置水冲式厕所。厕所均应采用瓷砖大便槽（或蹲式陶瓷大便器）和小便槽。水冲式厕所宜配备洗手盆和污水池。独立厕所应按卫生要求，位于教学、办公区及食堂的下风方位，并保持适当的距离。厕所均应设置通风排气设施。

**第四十二条** 学校各类用房应因地制宜，充分利用地方建筑材料进行装修，应简朴、美观、大方，严禁采用豪华装修。建筑装修应符合下列要求：

一、楼面、地面：根据使用要求宜做防滑、防尘、易清洁的楼地面。化学实验室宜做耐酸碱腐蚀的楼地面。多功能教室、体育活动室宜采用弹性地面。

二、室内墙面及顶棚：所有内墙的阳角和方柱宜做成圆角。教学用房的墙面、顶棚宜采用白色材料做普通装修。音乐、多功能教室墙面宜采用吸音材料。墙裙宜采用易于清洁的材料。固定黑板应采用墨绿色或黑色无光耐磨材料制作。

**第四十三条** 食堂、厨房装修及设施配置应符合各地区卫生防疫部门关于学校食堂卫生管理的要求。

**第四十四条** 校舍建设应符合无障碍设施规范要求。

**第四十五条** 学校应根据消防要求，在校内、楼内和相关室内配置消防设备。

**第四十六条** 学校应根据安全要求，在校内配置应急照明设备，设置疏散标志。

## 附录 术 语

一、农村普通中小学校 countryside general middle and elementary schools

指非城市建制的乡（镇）及以下的小学、初级中学。

二、非完全小学 Incomplete elementary school

指一年级到四年级的小学。

三、完全小学 elementary school

指一年级到六年级的小学。

四、玻地比　the ratio of the window size to the floor area

窗玻璃面积与室内地面面积之比。

五、远程教育教室　long-distance education office

室内通过卫星接收器接收电视台播放教育教学内容的教学用房。

# 附　件

# 《农村普通中小学校建设标准》条文说明

## 第一章　总　　则

**第一条**　随着农村社会、经济和建设的发展，《中华人民共和国教育法》、《中华人民共和国义务教育法》及《中共中央关于教育体制改革的决定》的贯彻实施，为了促进学校办学条件的均衡发展，适应农村普通中小学校教育改革与发展需要，创造适合青少年德智体美全面发展的学校环境，科学合理地规划设计和建设农村普通中小学校，是制定本建设标准的基本目的。

**第二条**　本建设标准是农村普通中小学校建设项目决策、编制项目建议书、可行性研究报告和规划设计的主要依据，也是各有关部门对学校建设项目进行审批、监督、检查、评估的尺度。

**第三条**　本建设标准主要适用于乡（镇）及以下的农村普通中小学校新建、改建、扩建项目的决策、规划设计和建设。由于我国地域辽阔，各地区经济发展不平衡，本标准应为农村普通中小学校建设的基本标准。

**第四条**　农村普通中小学校的校舍是师生学习、生活的重要场所，应确保师生安全；在防御地震、台风、暴雪、洪水等各种重大意外灾害时，还应为周边地区发挥临时紧急避难的重要作用。

**第五条**　农村普通中小学校的建设应统筹规划、合理布局，一定要先进行校园规划设计，并经各主管部门同意后方可进行建设。由于中小学校的建设规模都不大，包含的单项工程项目也不多，为保证设计的合理性与经济性、群体建筑造型的统一性，应按规划指标一次进行校园规划。如确有困难时，其规划设计要便于分期实施。同时，还应重视学校环境与原有设施配套，贯彻节约资源原则。

**第六条**　本建设标准是针对农村普通中小学校的建设管理、校园规划设计和建设的特点制定的，对各类用房的配置、校舍建筑面积和用地面积指标、校舍主要建筑标准等有关内容的规定，都有较强的针对性。但该建设标准是全国统一标准，只能对学校建设中涉及的基本内容做出定性或定量的规定。而各地情况差异又很大，因此，农村普通中小学校的规划设计和建设除执行本建设标准外，尚应执行国家及地方现行有关标准、规范和建筑节能、环保、消防以及防御地震、泥石流、台风、洪水、暴雪等各种自然灾害的规定。

## 第二章　建设规模与项目构成

### 第一节　建 设 规 模

**第七条**　农村普通中小学校的建设规模，系根据教育部的学制规定、学校规模（含学校总班数、每班额定学生人数和学生总人数）、每生使用校舍建筑面积指标，并参照服务半径、教育发展和教育改革对教育教学活动所需用房的要求确定。

**第八条**　农村普通中小学校的学校规模和班级定额，主要根据教育部有关规定。由于各地区人口分布密度差异较大，对人口密度较高的乡（镇），初级中学办学规模可扩大至30班。

**第九条**　建设规模和建筑面积指标。

一、新建农村普通中小学校，应根据主管部门批准的办学规模，按照相应的规划指标做好校园总体规划，进行建设。对于难以按规划一次建成的学校，首期建设的校舍建筑面积不应低于基本指标的规定。

二、农村普通中小学校建筑面积的计算，以学校各类校舍的使用面积、建筑平面利用系数（非完全小学的建筑平面系数0.7，完全小学、初级中学建筑平面系数0.6）和240mm墙厚为基准，并依据学校建设规模换算出每生校舍建筑面积指标。

### 第二节　项 目 构 成

**第十～十三条**　农村普通中小学校各类校舍用房的设置，是根据教育发展和教育改革对办学条件的需求确定的。

必须配备的基本校舍用房：

非完全小学应设置普通教室、多功能教室（兼多媒体教室）、图书室、教师办公室（含行政办公）、传达值宿室、教工厕所和学生厕所。

完全小学应设置普通教室、音乐教室、科学教室、远程教育教室、计算机教室、多功能教室（兼多媒体教室）、图书室、体育器材室、行政办公室、教师办公室、卫生保健室、总务仓库、传达值宿室、教工宿舍、食堂、开水房、浴室、教工厕所和学生厕所。

初级中学应设置普通教室、音乐教室、实验室、技术教室、远程教育教室、计算机教室、图书室、体育器材室、心理咨询室、行政办公室、教师办公室、文印档案室、卫生保健室、总务仓库、传达值宿室、教工宿舍、食堂、开水房、浴室、教工厕所和学生厕所。

全寄宿制学校和有部分寄宿生的学校除分别设置上述用房外，应根据学生住宿人数配置学生宿舍，并相应增加教工宿舍等相关生活用房。

各地区在中小学校的建设中，除保证应配备上述用房外，有条件的地区、少数民族聚居地区、有特殊需要的中小学校和民族学校，经主管部门批准可适当增加有关用房的建筑面积或增设其他用房，包括教学用房、采暖锅炉房等。

## 第三章　学校布局、选址与校园规划

### 第一节　学 校 布 局

**第十四条**　《中华人民共和国义务教育法》颁布实施后，为普及九年制义务教育，方便学生就近入学，各地应根据乡（镇）总体规划，合理调整中小学校布局，实行“规模”

办学，提高办学效益和教育质量。

**第十五条** 随着"规模"办学工作的推进和学校布局的调整，人口密度较小的地区仍应注意方便学生就近入学。

### 第二节 学校选址

**第十六条** 学校选址决定于地质、环境、交通、能源（水源、电源等）等主要条件，同时要考虑农村各种复杂的自然条件。

为保障学生安全，校址应避开地震危险地段、泥石流易发地段、低洼地、滑坡体、洪水沟口、风口、输气管道、高压走廊等；应避免学生就读时跨越公路干线、无立交设施的铁路、无安全通行防护设施的河流及水域；为保证青少年的健康成长，农村普通中小学校的位置应与不利于中小学生身心健康和危及学生安全的社会环境保持适宜的距离，以及远离物理、化学的污染源。

### 第三节 学校总体规划

**第十七～二十条** 农村普通中小学校的总平面设计，力求功能分区明确、布局合理。教学、图书、实验用房不宜沿村镇主要街道建筑红线或公路干线布置，以减少交通、人流噪声的干扰。相邻单体建筑（或局部）的间距应满足规划、消防、日照等要求。

为减少体育运动区噪声对教学用房的干扰，田径场地和球类场地的长轴宜与教学用房的纵向轴线垂直布置。如受地形限制，田径场必须设在教学用房的南面或北面时，一定要与教学用房保持25m的距离，并设置绿化屏障。田径场、球场的长轴均宜南北向布置。

校内交通道路应根据师生的流向和机动车辆（含消防车）的通行要求布置，但应避免穿越体育运动场地。校园主出入口不宜开向主要交通干道边，且主入口的外侧应留有人流缓冲区，并设置规范的交通警示标志，施划人行横道线，保障学生安全。

校舍建筑是校园规划的主体，要精心规划设计，校园环境要与建筑物融为一体，使整个校园具有良好的育人环境和优美的人文景观。

## 第四章 建设用地指标

**第二十一条** 建设用地：

一、建筑用地系指用于校舍建设的基地，其面积按确定的建筑容积率（非完全小学不宜大于0.30，完全小学不宜大于0.70，初级中学不宜大于0.80）计算，公式如下：

建筑用地面积＝建筑面积/建筑容积率

我国人口众多，土地资源贫乏，要重视节约土地，充分利用地形地貌合理布置建筑物，并应满足卫生防疫、日照、防火等间距要求。完全小学和初级中学的校舍建筑要尽可能建造楼房。

二、体育运动场地是学校上体育课及课外活动的主要场所，对学生健康成长、增强体质至关重要，各地应按规定的要求设置运动场地。

三、绿化用地是中小学校美化校园、净化环境、进行自然常识课、生物课教学实践，以及开展课外活动的场所。同时，也是师生交往、活动、休息的空间，它可以起到优化教育环境的作用，对学生起到陶冶情操、激发学习热情和引发联想思维的作用，在校园规划设计和建设中要统筹考虑。非完全小学设在乡下村寨，处于田园风光和自然环境之中，校园内不设置专用的绿化用地。

**第二十二条** 中小学校建设用地面积和生均用地面积指标，是根据第二十一条一、二、三款规定计算的，应符合附表 1 的规定。

**附表 1 农村普通中小学校建设用地面积**

| 学校类别及规模 | | 建筑用地（$m^2$） | 体育活动场地（$m^2$） | | | | | | | 绿化用地（$m^2$） | 合计（$m^2$） | 平均每生用地面积（$m^2$/生） |
|---|---|---|---|---|---|---|---|---|---|---|---|---|
| | | | 总计 | 其中 | | | | | | | | |
| | | | | 60m直跑道 | 游戏场地 | 环形跑道（含100m直跑道） | 篮球场地 | 排球场地 | 器械场地 | | | |
| 非完全小学 | 4 班 | 2233 | 740 | 640 | 100 | — | — | — | — | — | 2973 | 25 |
| 完全小学 | 6 班 | 3183 | 4328 | — | 150 | 3570 | 608 | — | — | 1620 | 9131 | 34 |
| | 12 班 | 6021 | 6438 | — | 150 | 5394 | 608 | 286 | — | 3240 | 15699 | 29 |
| | 18 班 | 7814 | 6824 | — | 150 | 5394 | 608 | 572 | 100 | 4050 | 18688 | 23 |
| | 24 班 | 10093 | 7482 | — | 150 | 5394 | 1216 | 572 | 150 | 4320 | 21895 | 20 |
| 初级中学 | 12 班 | 7500 | 6724 | — | — | 5394 | 608 | 572 | 150 | 3600 | 17824 | 30 |
| | 18 班 | 10038 | 11138 | — | — | 9150 | 1216 | 572 | 200 | 4500 | 25676 | 29 |
| | 24 班 | 12844 | 11138 | — | — | 9150 | 1216 | 572 | 200 | 6000 | 29982 | 25 |
| 全寄宿制完全小学 | 12 班 | 11074 | 6438 | — | 150 | 5394 | 608 | 286 | — | 3780 | 21292 | 39 |
| | 18 班 | 15407 | 6824 | — | 150 | 5394 | 608 | 572 | 100 | 5670 | 27901 | 34 |
| | 24 班 | 20264 | 7482 | — | 150 | 5394 | 1216 | 572 | 150 | 6480 | 34226 | 32 |
| 全寄宿制初级中学 | 12 班 | 12563 | 6724 | — | — | 5394 | 608 | 572 | 150 | 4200 | 23487 | 39 |
| | 18 班 | 17621 | 11138 | — | — | 9150 | 1216 | 572 | 200 | 6300 | 35059 | 39 |
| | 24 班 | 22969 | 11138 | — | — | 9150 | 1216 | 572 | 200 | 7200 | 41307 | 34 |

注：1. 非全寄宿制完全小学、初级中学的建筑用地未包括学生宿舍的建设用地。

2. 开展劳动技术教育所需的实习实验场、自行车存放用地（1.50$m^2$/辆），可根据实际情况另行增加。

# 第五章 校舍建筑面积指标

## 第二节 教学及教学辅助用房使用面积指标

**第二十四、二十五条** 教学及教学辅助用房：

一、普通教室是学生在校学习的主要活动空间。每班应设置 1 间，非完全小学每间使用面积不应小于 40$m^2$，完全小学每间使用面积不应小于 54$m^2$，初级中学每间使用面积不应小于 61$m^2$。由于生源的变化，6 班、12 班中小学设置 1 间机动教室，18 班、24 班中小学设置 2 间机动教室。其面积是由教学模式、额定席位、课桌椅尺寸及平面布置方式等因素决定。完全小学教室的轴线尺寸为 6900mm × 8400mm；初级中学教室的轴线尺寸为 7200mm × 9000mm。完全小学、初级中学教室平面布置示意图分别参见附图 1、附图 3。

二、音乐教室的面积主要根据额定席位、坐椅排距、钢琴等大型乐器的布置和操作尺度而定。非完全小学和完全小学6班不设置专用的音乐教室，以多功能教室兼用。完全小学12班、18班、24班和初级中学均应设置音乐教室和五线谱黑板。完全小学每间使用面积为$80m^2$，初级中学每间使用面积为$93m^2$，并配备准备室1间（存放乐器等）。

三、美术教室（艺术教室）供美术课及开展艺术教育活动使用。完全小学每间使用面积为$80m^2$，初级中学每间使用面积为$93m^2$，室内设置水斗，宜配置美术专用桌，并配备准备室1间（存放美术教具与器材）。教室宜安排在北向采光的房间。

四、科学教室主要用于完全小学自然常识课的演示和实验，以及开展科学技术教育使用，每间使用面积不应小于$80m^2$。科学教室的轴线尺寸为$7800mm \times 10800mm$，平面布置示意图参见附图2。另配备准备室1间，供存放仪器、药品、标本和做实验准备工作使用。

五、实验室是初级中学物理、化学、生物课进行理论联系实际的专用教学用房，每间使用面积不应小于$93m^2$。设置数量主要根据学校规模、教学大纲和教学计划的要求而定。实验室的轴线尺寸为$8100mm \times 12000mm$。平面布置示意图参见附图4。另按物理、化学、生物各门学科实验室分别配备实验准备室，存放仪器、药品、标本，并供教师做实验准备工作使用。

六、技术教室是初级中学根据义务教育法的实施、教育改革的深化，对学生进行劳动技术教育与训练的教学用房。

七、计算机教室主要根据科学技术的迅速发展、计算机在各个领域的广泛应用而设置，对小学三年级以上学生普及计算机基础知识和操作技能。其面积系根据额定席位、双人使用的计算机台面尺寸$900mm \times 600mm$确定。完全小学每间使用面积为$80m^2$，初级中学每间使用面积为$93m^2$。计算机操作台可平行于教室前墙面布置或部分集中布置与部分沿墙周边布置相结合的形式。另配备准备室1间。

八、多功能教室（兼多媒体教室）的面积，已考虑非完全小学可兼作科学、音乐、美术、电化教室等，并可开展游戏、舞蹈活动。6班完全小学可兼作音乐、美术教室。12班及以上完全小学、初级中学可兼作合班、电化教室等。使用面积完全小学可容纳一个年级的学生，初级中学可容纳半个年级的学生。另配备准备室1间，主要用于电教器材、广播器材、声像设备的存放与操作。

九、远程教育教室是农村教师接受教育教学知识、信息、示范课等培训的重要场所之一。完全小学每间使用面积为$39m^2$，初级中学每间使用面积为$45m^2$。

十、图书室是师生获得知识的信息库，由藏书、学生阅览、教师阅览三个部分组成。根据教育发展和实际使用情况，为便于图书管理，提高使用效率，宜将三个部分合并为"图书室"，内部可分区域布置。

藏书面积系根据学校规模、每生配备图书册数、每平方米藏书量计算。因小学在校学生不多，考虑教与学的需要，适当提高了非完全小学每生配备图书册数。同时考虑到按藏书总量计算藏书面积都较小，为适应藏、借、管的需要和学生课本循环使用的储藏，适当加大了藏书部分的面积。

教师阅览区域，主要供教师阅览报纸杂志，查阅教学参考资料和优秀教案、进行备课等使用。小学教师阅览区域兼作会议室；初级中学教师阅览区域按教师人数的1/3设座，以满足教师阅览的基本需要。

学生阅览区域是学生在校集中阅读非外借图书的场所，是学校开展教育教学活动的重要场所。根据农村普通中小学校的特点，非完全小学不设置学生阅览座位，按班级或个人借阅图书；完全小学按学生人数 1/20 设置阅览座位；初级中学按学生人数 1/12 设置阅览座位。同时考虑图书开架阅览的因素。

图书室使用面积应符合附表 2 的规定。

**附表 2　图书室使用面积**

| 学校类别 | 班级规模（班） | 生均藏书（册） | 藏书量（册/$m^2$） | 藏书部分使用面积（$m^2$） | 学生阅览每座面积（$m^2$） | 学生阅览部分使用面积（$m^2$） | 教师阅览部分使用面积（$m^2$） | 合计使用面积（$m^2$） |
|---|---|---|---|---|---|---|---|---|
| 非完全小学 | 4 | 30 | 600 | 33 | — | — | 21 | 54 |
| 完全小学 | 6 | 20 | 600 | 31 | 1.50 | 21 | 28 | 80 |
| | 12 | 20 | 600 | 39 | 1.50 | 41 | 41 | 121 |
| | 18 | 20 | 600 | 52 | 1.50 | 62 | 48 | 162 |
| | 24 | 20 | 600 | 65 | 1.50 | 82 | 55 | 202 |
| 初级中学 | 12 | 30 | 500 | 60 | 1.20 | 60 | 35 | 155 |
| | 18 | 30 | 500 | 75 | 1.20 | 90 | 53 | 218 |
| | 24 | 30 | 500 | 91 | 1.20 | 120 | 70 | 281 |

十一、体育活动室是为解决学生在雨、雪天上体育课、体质测试、进行文娱活动等设置的，标准中只规定了基本要求的面积。体育器材室供存放体育器材和设备。

十二、科技活动室是为了广泛开展课外教育活动，积极开发中小学生的智力，培养他们学科学、爱科学的兴趣和一定的动手能力而设置的。完全小学和初级中学均宜设置无线电、航模、科学探索等固定的科技活动室，其余科技活动可利用相关教学用房进行。

十三、心理咨询室是教师对学生进行个别心理咨询的场所。

### 第三节　办公用房使用面积指标

**第二十六、二十七条**　农村普通中小学校的办公用房：

一、教师办公室应根据教师编制设置，小学每班 2 人，初级中学每班 2.8 人，使用面积均为 4$m^2$/人，总使用面积非完全小学为 32$m^2$，完全小学 6 班、12 班、18 班、24 班分别为 48$m^2$、96$m^2$、144$m^2$、192$m^2$，初级中学 12 班、18 班、24 班分别为 136$m^2$、204$m^2$、272$m^2$。

二、行政办公室可根据学校规模大小，按工作职能设综合办公室或分设校长室、党支部办公室、教导处办公室、总务办公室等。

三、卫生保健室要考虑安放诊疗床、就诊桌、常用药品橱的需要。房间进深要能满足测试学生视力的要求。非完全小学和完全小学 6 班不设置，宜在有关办公室内设置保健箱。12 班以上完全小学和初级中学每校均应设置 1 间，使用面积均为 20$m^2$。

四、完全小学和初级中学均应设置总务仓库，存放设备、器材和办公用具等。

五、初级中学均应设置文印档案室，使用面积均宜为 15$m^2$。初级中学宜设置会议室。

六、完全小学设置少先队队部室，初级中学设置社团办公室。

七、小学和初级中学的传达值宿室，主要供收发、传达警卫、夜间值班等用。

八、中心完全小学因负责所辖区内教师的业务、政治学习，代发工资、教材、课本等管理工作，经主管部门批准可增设相应的办公用房。行政、教师办公用房的总使用面积可按本标准中表6所列面积的130%控制。

## 第四节　生活用房使用面积指标

**第二十八、二十九条**　农村普通中小学校的生活用房：

一、教工宿舍。非完全小学的教师很少，为本村或邻村人，一般不设置单身宿舍。完全小学、初级中学分别按教职工编制的30%、50%配置，全寄宿制完全小学、初级中学分别按教职工编制的50%、60%配置，使用面积均为$10m^2$/人。规模小的完全小学和初级中学，教工单身宿舍可与行政、教师办公用房统一规划建设。引进外地教师较多的学校，为有利于稳定教师队伍，帮助教师解决住宿困难，在上级部门和乡（镇）政府支持下，在学校周边设立或建设教师住宿周转房，供外地教师在未购住宅前住宿。

二、学生宿舍。为适应教育发展和教育改革的需要，各地都在合理规划调整农村普通中小学校的布局，形成“规模”办学，以提高办学效益和教育质量。因此，完全小学（主要是高年级）和初级中学都应根据上述要求、学校服务半径的增大等因素，设置一定比例的学生宿舍。学生宿舍用房包括居室、盥洗、厕所和值班人员等各种用房。一般学校学生宿舍的总建筑面积和用地面积，应根据实际情况确定住宿生人数（比例），完全小学按使用面积$3m^2$/生，初级中学按使用面积$3.30m^2$/生配置，提出需建设的学生宿舍总建筑面积和用地面积，在立项时一并上报。

三、食堂。非完全小学、完全小学的教职工编制都较少，故教职工的就餐比例宜按教职工人数100%计；初级中学的教职工编制稍多些，且部分教职工住在学校附近，故教职工的就餐比例按教职工人数50%计。

食堂的面积还应考虑部分学生的用餐或蒸饭的需要，以及小学低年级课间供应点心。食堂使用面积应符合附表3的规定。

**附表3　普通中小学校食堂使用面积**

| 学校类别及规模 | | 教工 | | 学生 | | 使用面积（$m^2$） | | |
|---|---|---|---|---|---|---|---|---|
| | | 就餐比例（%） | 人均使用面积（$m^2$） | 就餐比例（%） | 生均使用面积（$m^2$） | 教工 | 学生 | 合计 |
| 非完全小学 | 4班 | 100 | 3 | — | — | 24 | — | 24 |
| 完全小学 | 6班 | 100 | 3 | 30 | 1.50 | 36 | 122 | 158 |
| | 12班 | 100 | 2 | 30 | 1.50 | 48 | 243 | 291 |
| | 18班 | 100 | 1.70 | 30 | 1.50 | 62 | 365 | 427 |
| | 24班 | 100 | 1.70 | 30 | 1.50 | 82 | 486 | 568 |
| 初级中学 | 12班 | 50 | 2 | 50 | 1.20 | 34 | 360 | 394 |
| | 18班 | 50 | 1.70 | 50 | 1.20 | 44 | 540 | 584 |
| | 24班 | 50 | 1.70 | 50 | 1.20 | 58 | 720 | 778 |

厨房包括初加工、烹饪、备餐间、仓库等。厨房加工操作间最小使用面积不得少于$8m^2$。

全寄宿制完全小学、全寄宿制初级中学食堂按学生人数的100%计，使用面积应符合附表4的规定。

**附表4　全寄宿制中小学校食堂使用面积**

| 学校类别及规模 | | 教工 就餐比例（%） | 教工 人均使用面积（$m^2$） | 学生 就餐比例（%） | 学生 生均使用面积（$m^2$） | 使用面积（$m^2$） 教工 | 使用面积（$m^2$） 学生 | 使用面积（$m^2$） 合计 |
|---|---|---|---|---|---|---|---|---|
| 全寄宿制完全小学 | 12班 | 100 | 2 | 100 | 1.20 | 48 | 648 | 696 |
| | 18班 | 100 | 1.70 | 100 | 1.20 | 62 | 972 | 1034 |
| | 24班 | 100 | 1.70 | 100 | 1.20 | 82 | 1296 | 1378 |
| 全寄宿制初级中学 | 12班 | 50 | 2 | 100 | 1.20 | 34 | 720 | 754 |
| | 18班 | 50 | 1.70 | 100 | 1.20 | 44 | 1080 | 1124 |
| | 24班 | 50 | 1.70 | 100 | 1.20 | 58 | 1440 | 1498 |

四、厕所。小学生和初级中学生的年龄都较小，而且课间上厕所的时间短、人流集中；再加上生活习俗等因素，学校设置单独厕所的居多，学生上厕所的距离增大，因此标准中相应减少了每个坑位的使用人数，适当放宽了每个坑位的使用面积。从有利于学校环境和卫生出发，有上下水的地区仍以设置楼内厕所为宜，厕所坑位可适当减少。学生厕所使用面积应符合表附表5的规定。

**附表5　学生厕所使用面积**

| 学校类别及规模 | | 每坑位使用人数 男生（人） | 每坑位使用人数 女生（人） | 男小便槽1000mm（人） | 使用面积（$m^2$） | 生均使用面积（$m^2$） |
|---|---|---|---|---|---|---|
| 非完全小学 | 4班 | 25 | 12 | 32 | 32 | 0.27 |
| | 6班 | 25 | 12 | 32 | 51 | 0.19 |
| 完全小学 | 12班 | 25 | 12 | 32 | 102 | 0.19 |
| | 18班 | 25 | 12 | 32 | 153 | 0.19 |
| | 24班 | 25 | 12 | 32 | 203 | 0.19 |
| 初级中学 | 12班 | 30 | 15 | 40 | 90 | 0.15 |
| | 18班 | 30 | 15 | 40 | 135 | 0.15 |
| | 24班 | 30 | 15 | 40 | 180 | 0.15 |

教工厕所宜分设。其使用面积应符合附表6的规定。

为改善农村普通中小学校园环境和生活卫生条件，宜采用厕所和沼气池一体化建设，配置沼液回流冲厕设施，沼气用于食堂、沼肥施于农田。

附表6 教工厕所使用面积

| 学校类别及规模 | | 坑位数（坑） | 每坑位面积（$m^2$） | 使用面积（$m^2$） |
|---|---|---|---|---|
| 非完全小学 | 4班 | 1 | 4 | 4 |
| 完全小学 | 6班 | 2 | 4 | 8 |
| | 12班 | 3 | 4 | 12 |
| | 18班 | 4 | 4 | 16 |
| | 24班 | 5 | 4 | 20 |
| 初级中学 | 12班 | 4 | 4 | 16 |
| | 18班 | 5 | 4 | 20 |
| | 24班 | 7 | 4 | 28 |

五、开水房：非完全小学不设置，饮用开水由食堂供应。完全小学、初级中学均应设置，完全小学6班、12班使用面积均宜为$8m^2$，18班、24班使用面积均宜为$10m^2$。初级中学12班、18班使用面积均宜为$15m^2$，24班宜为$20m^2$。

六、浴室：非完全小学不设置，完全小学、初级中学均应设置，完全小学6班、12班使用面积均宜为$16m^2$，18班、24班使用面积均宜为$20m^2$；初级中学12班、18班、24班分别宜为$25m^2$、$40m^2$、$50m^2$。凡有寄宿学生，浴室使用面积按寄宿生人数设置。

# 第六章 校舍主要建筑标准

**第三十一条** 建筑层数主要从中小学生喜欢户外活动的生理特点、使用要求和节约土地的原则考虑。完全小学、初级中学宜建楼房，完全小学的普通教室应在三层以下（含三层），初级中学的普通教室应在四层以下（含四层），实验室、专用教室、办公用房和生活用房的层数宜根据实际情况确定。

**第三十二条** 建筑设计在平面空间布置和造型设计等方面应符合抗震概念设计要求。建筑设计方案应采用比较规则的平面布置和外形设计。

**第三十三条** 各类用房的层高（或净高），主要根据其功能要求、容纳人数、每生平均占有空间、冬春季换气次数等因素决定。要避免因层高不当影响正常使用，或层高偏高造成浪费的现象。

**第三十四、三十五条** 建筑结构要安全坚固。农村普通中小学校校舍建筑根据其功能及防御各类重大意外灾害要求，在建筑结构设计上应根据相应设防规范要求确定。各种建筑材料必须符合国家质量规范要求。校舍设计和施工都必须有相应资质的单位来承担，设计应经过施工图审查，施工应实施监理，保证校舍的安全可靠。

**第三十七、三十八条** 中小学校楼梯、走廊的设计，要充分考虑到小学生和初级中学生性格活泼的特点，楼梯不得采用螺旋形和扇形踏步，并对楼梯井宽度、栏杆（板）高度、楼梯间自然采光等作了具体规定，并要求设置上下楼梯相互礼让、靠右行走等指示和警示标志，以避免人流集中疏散时发生事故。对于楼梯设置的数量和总宽度应按防火规范的要求确定。

走廊宽度主要根据交通联系、人流量、防火安全疏散和其他使用功能考虑。有条件的地区可根据需要适当扩大走廊宽度，以便学生课间休息、活动、交往使用。

**第三十九条** 室内环境的好坏，直接影响教与学的效果和学生身心健康。因此，要处理好教学用房的采光、照明、通风、换气等方面的要求。

室内照明设计决定于不同功能用房对照度的要求，现行国家标准《建筑照明设计标准》GB 50034 中做了具体规定。为提高桌面照度，保护学生视力，照明灯具应采用表面反射系数高、反射曲面适宜的灯罩和发光效率高的节能光源，不宜用裸灯。

教学用房应有良好的自然通风和冬春季的换气设施，以保证室内空气质量。对于化学实验室和设于室内的毒气橱，要有强制性的机械排气设施。

室内的采暖、降温设施要因地制宜地设置。日照长、具备技术条件的地区应利用太阳能供暖。

**第四十一条** 为保证学生饮用水和环境卫生，有条件地区的中小学校均宜设置给水、排水系统和楼内水冲式厕所。独立厕所的设置，在方便师生使用的情况下，不能影响学校景观和环境卫生。确无条件设置水冲式厕所的学校，独立旱厕的便槽应与化粪池分离设计，化粪池应密封，并设置竖向排气管或采用沼气厕所。

**第四十二条** 教学、办公用房的楼面、地面宜采用不起灰砂的细石混凝土面层；楼梯、走廊、门厅、厕所等公共部位宜采用防滑、不起灰砂和易于清洁的楼地面，如水磨石面层；计算机教室地面宜采用防静电功能的材料；体育活动室及多功能教室宜采用具有弹性的地面。室内墙面、天棚一般均采用普通装修，部分专用教学用房可根据使用要求采用合适的涂料和声学材料装修。

**第四十五、四十六条** 为保障农村普通中小学校学生的安全，应配置消防和应急照明设备，设置便于学生快速疏散的标志。在校内高地、水池、楼梯等容易发生危险的地段或场所设置警示标志。

## 附录一　农村普通中小学校各类用房使用面积和建筑面积指标表

### 附表 7　农村普通非完全小学各类用房使用面积规划指标

| 用房名称 | | 4 班 120 人 | | |
|---|---|---|---|---|
| | | 间数 | 每间使用面积（$m^2$） | 使用面积小计（$m^2$） |
| 一、教学及教学辅助用房 | 普通教室 | 4 | 40 | 160 |
| | 多功能教室（兼多媒体教室） | 1 | 80 | 80 |
| | 多功能准备室（电教器材） | 1 | 25 | 25 |
| | 图书室 | 1 | 54 | 54 |
| | 体育器材室 | 1 | 25 | 25 |
| | 小　计 | — | — | 344 |
| 二、办公用房 | 教师办公室（兼行政办公室） | 1 | 32 | 32 |
| | 少先队部室 | 1 | 15 | 15 |
| | 传达值宿室 | 1 | 18 | 18 |
| | 小　计 | — | — | 65 |

续附表 7

| 用房名称 | | 4 班 120 人 | | |
|---|---|---|---|---|
| | | 间数 | 每间使用面积（$m^2$） | 使用面积小计（$m^2$） |
| 三、生活用房 | 食堂 | 1 | 24 | 24 |
| | 教工厕所 | 1 | 4 | 4 |
| | 学生厕所 | 1 | 32 | 32 |
| | 小　计 | — | — | 60 |

## 附表 8　农村普通非完全小学校舍建筑面积规划指标

| 校舍面积 | 使用面积（$m^2$） | $K$ 值 | 建筑面积（$m^2$） |
|---|---|---|---|
| 合　计 | 469 | 0.70 | 670 |
| 生均面积 | 3.91 | — | 5.58 |

## 附表 9　农村普通非完全小学各类用房使用面积基本指标

| 用房名称 | | 4 班 120 人 | | |
|---|---|---|---|---|
| | | 间数 | 每间使用面积（$m^2$） | 使用面积小计（$m^2$） |
| 一、教学及教学辅助用房 | 普通教室 | 4 | 40 | 160 |
| | 多功能教室（兼多媒体教室） | 1 | 80 | 80 |
| | 图书室 | 1 | 54 | 54 |
| | 小　计 | — | — | 294 |
| 二、办公用房 | 教师办公室（兼行政办公室） | 1 | 32 | 32 |
| | 传达值宿室 | 1 | 18 | 18 |
| | 小　计 | — | — | 50 |
| 三、生活用房 | 教工厕所 | 1 | 4 | 4 |
| | 学生厕所 | 1 | 32 | 32 |
| | 小　计 | — | — | 36 |

## 附表 10　农村普通非完全小学校舍建筑面积基本指标

| 校舍面积 | 使用面积（$m^2$） | $K$ 值 | 建筑面积（$m^2$） |
|---|---|---|---|
| 合　计 | 380 | 0.70 | 543 |
| 生均面积 | 3.17 | — | 4.52 |

## 附表11　农村普通完全小学各类用房使用面积规划指标

| 用房名称 | | 6班270人 | | | 12班540人 | | | 18班810人 | | | 24班1080人 | | |
|---|---|---|---|---|---|---|---|---|---|---|---|---|---|
| | | 间数 | 每间使用面积（$m^2$） | 使用面积小计（$m^2$） | 间数 | 每间使用面积（$m^2$） | 使用面积小计（$m^2$） | 间数 | 每间使用面积（$m^2$） | 使用面积小计（$m^2$） | 间数 | 每间使用面积（$m^2$） | 使用面积小计（$m^2$） |
| 一、教学及教学辅助用房 | 普通教室（含机动教室） | 7 | 54 | 378 | 13 | 54 | 702 | 20 | 54 | 1080 | 26 | 54 | 1404 |
| | 音乐教室 | — | — | — | 1 | 80 | 80 | 1 | 80 | 80 | 2 | 80 | 160 |
| | 音乐准备室 | — | — | — | 1 | 25 | 25 | 1 | 25 | 25 | 1 | 25 | 25 |
| | 美术教室（艺术教室） | — | — | — | 1 | 80 | 80 | 1 | 80 | 80 | 1 | 80 | 80 |
| | 美术准备室 | — | — | — | 1 | 25 | 25 | 1 | 25 | 25 | 1 | 25 | 25 |
| | 科学教室 | 1 | 80 | 80 | 1 | 80 | 80 | 1 | 80 | 80 | 2 | 80 | 160 |
| | 科学准备室 | 1 | 39 | 39 | 1 | 39 | 39 | 1 | 39 | 39 | 1 | 39 | 39 |
| | 计算机教室 | 1 | 80 | 80 | 1 | 80 | 80 | 1 | 80 | 80 | 2 | 80 | 160 |
| | 计算机准备室 | 1 | 25 | 25 | 1 | 25 | 25 | 1 | 25 | 25 | 1 | 25 | 25 |
| | 多功能教室（兼多媒体教室） | 1 | 107 | 107 | 1 | 107 | 107 | 1 | 134 | 134 | 1 | 189 | 189 |
| | 多功能准备室（电教器材） | 1 | 25 | 25 | 1 | 25 | 25 | 1 | 25 | 25 | 1 | 25 | 25 |
| | 远程教育教室 | 1 | 39 | 39 | 1 | 39 | 39 | 1 | 39 | 39 | 1 | 39 | 39 |
| | 图书室 | 1 | 80 | 80 | 1 | 121 | 121 | 1 | 162 | 162 | 1 | 202 | 202 |
| | 科技活动室 | — | — | 25 | — | — | 25 | — | — | 39 | — | — | 39 |
| | 体育活动室 | — | — | — | 1 | 300 | 300 | 1 | 300 | 300 | 1 | 300 | 300 |
| | 体育器材室 | 1 | 25 | 25 | 1 | 39 | 39 | 1 | 39 | 39 | 1 | 39 | 39 |
| | 心理咨询室 | — | — | 25 | — | — | 25 | — | — | 25 | — | — | 25 |
| | 小　计 | — | — | 928 | — | — | 1817 | — | — | 2277 | — | — | 2936 |
| 二、办公用房 | 行政办公室 | — | — | 30 | — | — | 30 | — | — | 40 | — | — | 50 |
| | 教师办公室 | — | — | 48 | — | — | 96 | — | — | 144 | — | — | 192 |
| | 卫生保健室 | — | — | — | 1 | 20 | 20 | 1 | 20 | 20 | 1 | 20 | 20 |
| | 总务仓库 | 1 | 15 | 15 | 1 | 22 | 22 | 1 | 25 | 25 | 1 | 30 | 30 |
| | 少先队部室 | 1 | 15 | 15 | 1 | 15 | 15 | 1 | 20 | 20 | 1 | 20 | 20 |
| | 传达值宿室 | 1 | 20 | 20 | 1 | 20 | 20 | 1 | 20 | 20 | 1 | 20 | 20 |
| | 小　计 | — | — | 128 | — | — | 203 | — | — | 269 | — | — | 332 |

## 续附表11

| 用房名称 | | 6班270人 | | | 12班540人 | | | 18班810人 | | | 24班1080人 | | |
|---|---|---|---|---|---|---|---|---|---|---|---|---|---|
| | | 间数 | 每间使用面积（$m^2$） | 使用面积小计（$m^2$） | 间数 | 每间使用面积（$m^2$） | 使用面积小计（$m^2$） | 间数 | 每间使用面积（$m^2$） | 使用面积小计（$m^2$） | 间数 | 每间使用面积（$m^2$） | 使用面积小计（$m^2$） |
| 三、生活用房 | 教工宿舍 | — | — | 40 | — | — | 80 | — | — | 110 | — | — | 150 |
| | 学生宿舍 | — | — | — | — | — | — | — | — | — | — | — | — |
| | 食堂 | — | — | 158 | — | — | 291 | — | — | 427 | — | — | 568 |
| | 开水房 | — | — | 8 | — | — | 8 | — | — | 10 | — | — | 10 |
| | 浴室 | — | — | 16 | — | — | 16 | — | — | 20 | — | — | 20 |
| | 教工厕所 | — | — | 8 | — | — | 12 | — | — | 16 | — | — | 20 |
| | 学生厕所 | — | — | 51 | — | — | 102 | — | — | 153 | — | — | 203 |
| | 小　计 | — | — | 281 | — | — | 509 | — | — | 736 | — | — | 971 |

## 附表12　农村普通完全小学校舍建筑面积规划指标

| 校舍面积 | 6班270人 | | | 12班540人 | | | 18班810人 | | | 24班1080人 | | |
|---|---|---|---|---|---|---|---|---|---|---|---|---|
| | 使用面积（$m^2$） | *K*值 | 建筑面积（$m^2$） | 使用面积（$m^2$） | *K*值 | 建筑面积（$m^2$） | 使用面积（$m^2$） | *K*值 | 建筑面积（$m^2$） | 使用面积（$m^2$） | *K*值 | 建筑面积（$m^2$） |
| 合　　计 | 1337 | 0.60 | 2228 | 2529 | 0.60 | 4215 | 3282 | 0.60 | 5470 | 4239 | 0.60 | 7065 |
| 生均面积 | 4.95 | — | 8.25 | 4.68 | — | 7.81 | 4.05 | — | 6.75 | 3.93 | — | 6.54 |

## 附表13　农村普通完全小学各类用房使用面积基本指标

| 用房名称 | | 6班270人 | | | 12班540人 | | | 18班810人 | | | 24班1080人 | | |
|---|---|---|---|---|---|---|---|---|---|---|---|---|---|
| | | 间数 | 每间使用面积（$m^2$） | 使用面积小计（$m^2$） | 间数 | 每间使用面积（$m^2$） | 使用面积小计（$m^2$） | 间数 | 每间使用面积（$m^2$） | 使用面积小计（$m^2$） | 间数 | 每间使用面积（$m^2$） | 使用面积小计（$m^2$） |
| 一、教学及教学辅助用房 | 普通教室（含机动教室） | 7 | 54 | 378 | 13 | 54 | 702 | 20 | 54 | 1080 | 26 | 54 | 1404 |
| | 音乐教室 | — | — | — | 1 | 80 | 80 | 1 | 80 | 80 | 2 | 80 | 160 |
| | 音乐准备室 | — | — | — | 1 | 25 | 25 | 1 | 25 | 25 | 1 | 25 | 25 |
| | 科学教室 | 1 | 80 | 80 | 1 | 80 | 80 | 1 | 80 | 80 | 2 | 80 | 160 |
| | 科学准备室 | 1 | 39 | 39 | 1 | 39 | 39 | 1 | 39 | 39 | 1 | 39 | 39 |
| | 计算机教室 | 1 | 80 | 80 | 1 | 80 | 80 | 1 | 80 | 80 | 1 | 80 | 80 |
| | 计算机准备室 | 1 | 25 | 25 | 1 | 25 | 25 | 1 | 25 | 25 | 1 | 25 | 25 |

## 续附表 13

| 用房名称 | | 6班270人 | | | 12班540人 | | | 18班810人 | | | 24班1080人 | | |
|---|---|---|---|---|---|---|---|---|---|---|---|---|---|
| | | 间数 | 每间使用面积（$m^2$） | 使用面积小计（$m^2$） | 间数 | 每间使用面积（$m^2$） | 使用面积小计（$m^2$） | 间数 | 每间使用面积（$m^2$） | 使用面积小计（$m^2$） | 间数 | 每间使用面积（$m^2$） | 使用面积小计（$m^2$） |
| 一、教学及教学辅助用房 | 多功能教室（兼多媒体教室） | 1 | 107 | 107 | 1 | 107 | 107 | 1 | 134 | 134 | 1 | 189 | 189 |
| | 多功能准备室（电教器材） | 1 | 25 | 25 | 1 | 25 | 25 | 1 | 25 | 25 | 1 | 25 | 25 |
| | 远程教育教室 | 1 | 39 | 39 | 1 | 39 | 39 | 1 | 39 | 39 | 1 | 39 | 39 |
| | 图书室 | 1 | 80 | 80 | 1 | 121 | 121 | 1 | 162 | 162 | 1 | 202 | 202 |
| | 体育器材室 | 1 | 25 | 25 | 1 | 39 | 39 | 1 | 39 | 39 | 1 | 39 | 39 |
| | 小　计 | — | — | 878 | — | — | 1362 | — | — | 1808 | — | — | 2387 |
| 二、办公用房 | 行政办公室 | — | — | 30 | — | — | 30 | — | — | 40 | — | — | 50 |
| | 教师办公室 | — | — | 48 | — | — | 96 | — | — | 144 | — | — | 192 |
| | 卫生保健室 | — | — | — | 1 | 20 | 20 | 1 | 20 | 20 | 1 | 20 | 20 |
| | 总务仓库 | 1 | 15 | 15 | 1 | 22 | 22 | 1 | 25 | 25 | 1 | 30 | 30 |
| | 传达值宿室 | 1 | 20 | 20 | 1 | 20 | 20 | 1 | 20 | 20 | 1 | 20 | 20 |
| | 小　计 | — | — | 113 | — | — | 188 | — | — | 249 | — | — | 312 |
| 三、生活用房 | 教工宿舍 | — | — | 40 | — | — | 80 | — | — | 110 | — | — | 150 |
| | 学生宿舍 | — | — | — | — | — | — | — | — | — | — | — | — |
| | 食堂 | — | — | 158 | — | — | 291 | — | — | 427 | — | — | 568 |
| | 开水房 | — | — | 8 | — | — | 8 | — | — | 10 | — | — | 10 |
| | 浴室 | — | — | 16 | — | — | 16 | — | — | 20 | — | — | 20 |
| | 教工厕所 | — | — | 8 | — | — | 12 | — | — | 16 | — | — | 20 |
| | 学生厕所 | — | — | 51 | — | — | 102 | — | — | 153 | — | — | 203 |
| | 小　计 | — | — | 281 | — | — | 509 | — | — | 736 | — | — | 971 |

## 附表 14　农村普通完全小学校舍建筑面积基本指标

| 校舍面积 | 6班270人 | | | 12班540人 | | | 18班810人 | | | 24班1080人 | | |
|---|---|---|---|---|---|---|---|---|---|---|---|---|
| | 使用面积（$m^2$） | K值 | 建筑面积（$m^2$） | 使用面积（$m^2$） | K值 | 建筑面积（$m^2$） | 使用面积（$m^2$） | K值 | 建筑面积（$m^2$） | 使用面积（$m^2$） | K值 | 建筑面积（$m^2$） |
| 合　计 | 1272 | 0.60 | 2120 | 2059 | 0.60 | 3432 | 2793 | 0.60 | 4655 | 3670 | 0.60 | 6117 |
| 生均面积 | 4.71 | — | 7.85 | 3.81 | — | 6.35 | 3.45 | — | 5.75 | 3.40 | — | 5.66 |

## 附表 15　农村全寄宿制完全小学各类用房使用面积指标

| 用房名称 | | 12 班 540 人 | | | 18 班 810 人 | | | 24 班 1080 人 | | |
|---|---|---|---|---|---|---|---|---|---|---|
| | | 间数 | 每间使用面积（$m^2$） | 使用面积小计（$m^2$） | 间数 | 每间使用面积（$m^2$） | 使用面积小计（$m^2$） | 间数 | 每间使用面积（$m^2$） | 使用面积小计（$m^2$） |
| 一、教学及教学辅助用房 | 普通教室（含机动教室） | 13 | 54 | 702 | 20 | 54 | 1080 | 26 | 54 | 1404 |
| | 音乐教室 | 1 | 80 | 80 | 1 | 80 | 80 | 2 | 80 | 160 |
| | 音乐准备室 | 1 | 25 | 25 | 1 | 25 | 25 | 1 | 25 | 25 |
| | 美术教室（艺术教室） | 1 | 80 | 80 | 1 | 80 | 80 | 1 | 80 | 80 |
| | 美术准备室 | 1 | 25 | 25 | 1 | 25 | 25 | 1 | 25 | 25 |
| | 科学教室 | 1 | 80 | 80 | 1 | 80 | 80 | 2 | 80 | 160 |
| | 科学准备室 | 1 | 39 | 39 | 1 | 39 | 39 | 1 | 39 | 39 |
| | 计算机教室 | 1 | 80 | 80 | 1 | 80 | 80 | 2 | 80 | 160 |
| | 计算机准备室 | 1 | 25 | 25 | 1 | 25 | 25 | 1 | 25 | 25 |
| | 多功能教室（兼多媒体教室） | 1 | 107 | 107 | 1 | 134 | 134 | 1 | 189 | 189 |
| | 多功能准备室（电教器材） | 1 | 25 | 25 | 1 | 25 | 25 | 1 | 25 | 25 |
| | 远程教育教室 | 1 | 39 | 39 | 1 | 39 | 39 | 1 | 39 | 39 |
| | 图书室 | 1 | 121 | 121 | 1 | 162 | 162 | 1 | 202 | 202 |
| | 科技活动室 | — | — | 25 | — | — | 39 | — | — | 39 |
| | 体育活动室 | 1 | 300 | 300 | 1 | 300 | 300 | 1 | 300 | 300 |
| | 体育器材室 | 1 | 39 | 39 | 1 | 39 | 39 | 1 | 39 | 39 |
| | 心理咨询室 | — | — | 25 | — | — | 25 | — | — | 25 |
| | 小　计 | — | — | 1817 | — | — | 2277 | — | — | 2936 |
| 二、办公用房 | 行政办公室 | — | — | 30 | — | — | 40 | — | — | 50 |
| | 教师办公室 | — | — | 96 | — | — | 144 | — | — | 192 |
| | 卫生保健室 | 1 | 20 | 20 | 1 | 20 | 20 | 1 | 20 | 20 |
| | 总务仓库 | 1 | 22 | 22 | 1 | 25 | 25 | 1 | 30 | 30 |
| | 少先队部室 | 1 | 15 | 15 | 1 | 20 | 20 | 1 | 20 | 20 |
| | 传达值宿室 | 1 | 20 | 20 | 1 | 20 | 20 | 1 | 20 | 20 |
| | 小　计 | — | — | 203 | — | — | 269 | — | — | 332 |

## 续附表 15

| 用房名称 | | 12班540人 间数 | 12班540人 每间使用面积（$m^2$） | 12班540人 使用面积小计（$m^2$） | 18班810人 间数 | 18班810人 每间使用面积（$m^2$） | 18班810人 使用面积小计（$m^2$） | 24班1080人 间数 | 24班1080人 每间使用面积（$m^2$） | 24班1080人 使用面积小计（$m^2$） |
|---|---|---|---|---|---|---|---|---|---|---|
| 三、生活用房 | 教工宿舍 | — | — | 120 | — | — | 180 | — | — | 240 |
| | 学生宿舍 | — | — | 1620 | — | — | 2430 | — | — | 3240 |
| | 食堂 | — | — | 696 | — | — | 1034 | — | — | 1378 |
| | 开水房 | — | — | 8 | — | — | 10 | — | — | 10 |
| | 浴室 | — | — | 73 | — | — | 102 | — | — | 152 |
| | 教工厕所 | — | — | 12 | — | — | 16 | — | — | 20 |
| | 学生厕所 | — | — | 102 | — | — | 153 | — | — | 203 |
| | 小　计 | — | — | 2631 | — | — | 3925 | — | — | 5243 |

## 附表 16　农村全寄宿制完全小学校舍建筑面积指标

| 校舍面积 | 12班540人 使用面积（$m^2$） | 12班540人 K值 | 12班540人 建筑面积（$m^2$） | 18班810人 使用面积（$m^2$） | 18班810人 K值 | 18班810人 建筑面积（$m^2$） | 24班1080人 使用面积（$m^2$） | 24班1080人 K值 | 24班1080人 建筑面积（$m^2$） |
|---|---|---|---|---|---|---|---|---|---|
| 合　　计 | 4651 | 0.60 | 7752 | 6471 | 0.60 | 10785 | 8511 | 0.60 | 14185 |
| 生均面积 | 8.61 | — | 14.35 | 7.99 | — | 13.31 | 7.88 | — | 13.13 |

## 附表 17　农村普通初级中学各类用房使用面积规划指标

| 用房名称 | | 12班600人 间数 | 12班600人 每间使用面积（$m^2$） | 12班600人 使用面积小计（$m^2$） | 18班900人 间数 | 18班900人 每间使用面积（$m^2$） | 18班900人 使用面积小计（$m^2$） | 24班1200人 间数 | 24班1200人 每间使用面积（$m^2$） | 24班1200人 使用面积小计（$m^2$） |
|---|---|---|---|---|---|---|---|---|---|---|
| 一、教学及教学辅助用房 | 普通教室（含机动教室） | 13 | 61 | 793 | 20 | 61 | 1220 | 26 | 61 | 1586 |
| | 音乐教室 | 1 | 93 | 93 | 1 | 93 | 93 | 1 | 93 | 93 |
| | 音乐准备室 | 1 | 30 | 30 | 1 | 30 | 30 | 1 | 30 | 30 |
| | 美术教室（艺术教室） | 1 | 93 | 93 | 1 | 93 | 93 | 1 | 93 | 93 |
| | 美术准备室 | 1 | 30 | 30 | 1 | 30 | 30 | 1 | 30 | 30 |
| | 实验室 | 3 | 93 | 279 | 3 | 93 | 279 | 4 | 93 | 372 |
| | 仪器准备室 | 3 | 45 | 135 | 3 | 45 | 135 | 4 | 45 | 180 |
| | 技术教室 | — | 93 | 93 | — | 140 | 140 | — | 140 | 140 |
| | 计算机教室 | 1 | 93 | 93 | 1 | 93 | 93 | 2 | 93 | 186 |

## 续附表 17

| 用房名称 | | 12 班 600 人 | | | 18 班 900 人 | | | 24 班 1200 人 | | |
|---|---|---|---|---|---|---|---|---|---|---|
| | | 间数 | 每间使用面积（$m^2$） | 使用面积小计（$m^2$） | 间数 | 每间使用面积（$m^2$） | 使用面积小计（$m^2$） | 间数 | 每间使用面积（$m^2$） | 使用面积小计（$m^2$） |
| 一、教学及教学辅助用房 | 计算机准备室 | 1 | 30 | 30 | 1 | 30 | 30 | 1 | 30 | 30 |
| | 多媒体教室 | 1 | 93 | 93 | 1 | 93 | 93 | 1 | 93 | 93 |
| | 多功能教室 | 1 | 124 | 124 | 1 | 155 | 155 | 1 | 218 | 218 |
| | 多功能准备室（电教器材） | 1 | 30 | 30 | 1 | 30 | 30 | 1 | 30 | 30 |
| | 远程教育教室 | 1 | 45 | 45 | 1 | 45 | 45 | 1 | 45 | 45 |
| | 图书室 | — | 155 | 155 | — | 218 | 218 | — | 281 | 281 |
| | 体育活动室 | 1 | 300 | 300 | 1 | 450 | 450 | 1 | 608 | 608 |
| | 体育器材室 | 1 | 50 | 50 | 1 | 60 | 60 | 1 | 70 | 70 |
| | 科技活动室 | — | — | 61 | — | — | 93 | — | — | 93 |
| | 心理咨询室 | — | — | 30 | — | — | 30 | — | — | 30 |
| | 小　计 | — | — | 2557 | — | — | 3317 | — | — | 4208 |
| 二、办公用房 | 行政办公室 | — | — | 60 | — | — | 75 | — | — | 90 |
| | 教师办公室 | — | — | 136 | — | — | 204 | — | — | 272 |
| | 会议室 | — | — | 42 | — | — | 63 | — | — | 84 |
| | 文印档案室 | — | — | 15 | — | — | 15 | — | — | 15 |
| | 卫生保健室 | 1 | 20 | 20 | 1 | 20 | 20 | 1 | 20 | 20 |
| | 总务仓库 | 1 | 20 | 20 | 1 | 25 | 25 | 1 | 30 | 30 |
| | 社团办公室 | 1 | 20 | 20 | 1 | 25 | 25 | 1 | 30 | 30 |
| | 传达值宿室 | 1 | 20 | 20 | 1 | 20 | 20 | 1 | 20 | 20 |
| | 小　计 | — | — | 333 | — | — | 447 | — | — | 561 |
| 三、生活用房 | 教工宿舍 | — | — | 170 | — | — | 260 | — | — | 340 |
| | 学生宿舍 | — | — | — | — | — | — | — | — | — |
| | 食堂 | — | — | 394 | — | — | 584 | — | — | 778 |
| | 开水房 | — | — | 15 | — | — | 15 | — | — | 20 |
| | 浴室 | — | — | 25 | — | — | 40 | — | — | 50 |
| | 教工厕所 | — | — | 16 | — | — | 20 | — | — | 28 |
| | 学生厕所 | — | — | 90 | — | — | 135 | — | — | 180 |
| | 小　计 | — | — | 710 | — | — | 1054 | — | — | 1396 |

## 附表 18 农村普通初级中学校舍建筑面积规划指标

| 校舍面积 | 12 班 600 人 | | | 18 班 900 人 | | | 24 班 1200 人 | | |
|---|---|---|---|---|---|---|---|---|---|
| | 使用面积（$m^2$） | K 值 | 建筑面积（$m^2$） | 使用面积（$m^2$） | K 值 | 建筑面积（$m^2$） | 使用面积（$m^2$） | K 值 | 建筑面积（$m^2$） |
| 合　计 | 3600 | 0.60 | 6000 | 4818 | 0.60 | 8030 | 6165 | 0.60 | 10275 |
| 生均面积 | 6.00 | — | 10.00 | 5.35 | — | 8.92 | 5.14 | — | 8.56 |

## 附表 19 农村普通初级中学各类用房使用面积基本指标

| 用房名称 | | 12 班 600 人 | | | 18 班 900 人 | | | 24 班 1200 人 | | |
|---|---|---|---|---|---|---|---|---|---|---|
| | | 间数 | 每间使用面积（$m^2$） | 使用面积小计（$m^2$） | 间数 | 每间使用面积（$m^2$） | 使用面积小计（$m^2$） | 间数 | 每间使用面积（$m^2$） | 使用面积小计（$m^2$） |
| 一、教学及教学辅助用房 | 普通教室（含机动教室） | 13 | 61 | 793 | 20 | 61 | 1220 | 26 | 61 | 1586 |
| | 音乐教室 | 1 | 93 | 93 | 1 | 93 | 93 | 1 | 93 | 93 |
| | 音乐准备室 | 1 | 30 | 30 | 1 | 30 | 30 | 1 | 30 | 30 |
| | 实验室 | 3 | 93 | 279 | 3 | 93 | 279 | 4 | 93 | 372 |
| | 仪器准备室 | 3 | 45 | 135 | 3 | 45 | 135 | 4 | 45 | 180 |
| | 技术教室 | — | 93 | 93 | — | 140 | 140 | — | 140 | 140 |
| | 计算机教室 | 1 | 93 | 93 | 1 | 93 | 93 | 1 | 93 | 93 |
| | 计算机准备室 | 1 | 30 | 30 | 1 | 30 | 30 | 1 | 30 | 30 |
| | 远程教育教室 | 1 | 45 | 45 | 1 | 45 | 45 | 1 | 45 | 45 |
| | 图书室 | — | 155 | 155 | — | 218 | 218 | — | 281 | 281 |
| | 体育器材室 | 1 | 50 | 50 | 1 | 60 | 60 | 1 | 70 | 70 |
| | 心理咨询室 | — | — | 30 | — | — | 30 | — | — | 30 |
| | 小　计 | — | — | 1826 | — | — | 2373 | — | — | 2950 |
| 二、办公用房 | 行政办公室 | — | — | 60 | — | — | 75 | — | — | 90 |
| | 教师办公室 | — | — | 136 | — | — | 204 | — | — | 272 |
| | 文印档案室 | — | — | 15 | — | — | 15 | — | — | 15 |
| | 卫生保健室 | 1 | 20 | 20 | 1 | 20 | 20 | 1 | 20 | 20 |
| | 总务仓库 | 1 | 20 | 20 | 1 | 25 | 25 | 1 | 30 | 30 |
| | 传达值宿室 | 1 | 20 | 20 | 1 | 20 | 20 | 1 | 20 | 20 |
| | 小　计 | — | — | 271 | — | — | 359 | — | — | 447 |
| 三、生活用房 | 教工宿舍 | — | — | 170 | — | — | 260 | — | — | 340 |
| | 学生宿舍 | — | — | — | — | — | — | — | — | — |
| | 食堂 | — | — | 394 | — | — | 584 | — | — | 778 |
| | 开水房 | — | — | 15 | — | — | 15 | — | — | 20 |

**续附表19**

| 用房名称 | | 12班600人 | | | 18班900人 | | | 24班1200人 | | |
|---|---|---|---|---|---|---|---|---|---|---|
| | | 间数 | 每间使用面积（$m^2$） | 使用面积小计（$m^2$） | 间数 | 每间使用面积（$m^2$） | 使用面积小计（$m^2$） | 间数 | 每间使用面积（$m^2$） | 使用面积小计（$m^2$） |
| 三、生活用房 | 浴室 | — | — | 25 | — | — | 40 | — | — | 50 |
| | 教工厕所 | — | — | 16 | — | — | 20 | — | — | 28 |
| | 学生厕所 | — | — | 90 | — | — | 135 | — | — | 180 |
| | 小　　计 | — | — | 710 | — | — | 1054 | — | — | 1396 |

## 附表20　农村普通初级中学校舍建筑面积基本指标

| 校舍面积 | 12班600人 | | | 18班900人 | | | 24班1200人 | | |
|---|---|---|---|---|---|---|---|---|---|
| | 使用面积（$m^2$） | $K$值 | 建筑面积（$m^2$） | 使用面积（$m^2$） | $K$值 | 建筑面积（$m^2$） | 使用面积（$m^2$） | $K$值 | 建筑面积（$m^2$） |
| 合　　计 | 2807 | 0.60 | 4678 | 3786 | 0.60 | 6310 | 4793 | 0.60 | 7988 |
| 生均面积 | 4.68 | — | 7.80 | 4.21 | — | 7.01 | 3.99 | — | 6.66 |

## 附表21　农村全寄宿制初级中学各类用房使用面积指标

| 用房名称 | | 12班600人 | | | 18班900人 | | | 24班1200人 | | |
|---|---|---|---|---|---|---|---|---|---|---|
| | | 间数 | 每间使用面积（$m^2$） | 使用面积小计（$m^2$） | 间数 | 每间使用面积（$m^2$） | 使用面积小计（$m^2$） | 间数 | 每间使用面积（$m^2$） | 使用面积小计（$m^2$） |
| 一、教学及教学辅助用房 | 普通教室（含机动教室） | 13 | 61 | 793 | 20 | 61 | 1220 | 26 | 61 | 1586 |
| | 音乐教室 | 1 | 93 | 93 | 1 | 93 | 93 | 1 | 93 | 93 |
| | 音乐准备室 | 1 | 30 | 30 | 1 | 30 | 30 | 1 | 30 | 30 |
| | 美术教室（艺术教室） | 1 | 93 | 93 | 1 | 93 | 93 | 1 | 93 | 93 |
| | 美术准备室 | 1 | 30 | 30 | 1 | 30 | 30 | 1 | 30 | 30 |
| | 实验室 | 3 | 93 | 279 | 3 | 93 | 279 | 4 | 93 | 372 |
| | 仪器准备室 | 3 | 45 | 135 | 3 | 45 | 135 | 4 | 45 | 180 |
| | 技术教室 | — | 93 | 93 | — | 140 | 140 | — | 140 | 140 |
| | 计算机教室 | 1 | 93 | 93 | 1 | 93 | 93 | 2 | 93 | 186 |
| | 计算机准备室 | 1 | 30 | 30 | 1 | 30 | 30 | 1 | 30 | 30 |
| | 多媒体教室 | 1 | 93 | 93 | 1 | 93 | 93 | 1 | 93 | 93 |
| | 多功能教室 | 1 | 124 | 124 | 1 | 155 | 155 | 1 | 218 | 218 |
| | 多功能准备室（电教器材） | 1 | 30 | 30 | 1 | 30 | 30 | 1 | 30 | 30 |

**续附表 21**

| 用房名称 | | 12班600人 | | | 18班900人 | | | 24班1200人 | | |
|---|---|---|---|---|---|---|---|---|---|---|
| | | 间数 | 每间使用面积（$m^2$） | 使用面积小计（$m^2$） | 间数 | 每间使用面积（$m^2$） | 使用面积小计（$m^2$） | 间数 | 每间使用面积（$m^2$） | 使用面积小计（$m^2$） |
| 一、教学及教学辅助用房 | 远程教育教室 | 1 | 45 | 45 | 1 | 45 | 45 | 1 | 45 | 45 |
| | 图书室 | — | 155 | 155 | — | 218 | 218 | — | 281 | 281 |
| | 体育活动室 | 1 | 300 | 300 | 1 | 450 | 450 | 1 | 608 | 608 |
| | 体育器材室 | 1 | 50 | 50 | 1 | 60 | 60 | 1 | 70 | 70 |
| | 科技活动室 | — | — | 61 | — | — | 93 | — | — | 93 |
| | 心理咨询室 | — | — | 30 | — | — | 30 | — | — | 30 |
| | 小　计 | — | — | 2557 | — | — | 3317 | — | — | 4208 |
| 二、办公用房 | 行政办公室 | — | — | 60 | — | — | 75 | — | — | 90 |
| | 教师办公室 | — | — | 136 | — | — | 204 | — | — | 272 |
| | 会议室 | — | — | 42 | — | — | 63 | — | — | 84 |
| | 文印档案室 | — | — | 15 | — | — | 15 | — | — | 15 |
| | 卫生保健室 | 1 | 20 | 20 | 1 | 20 | 20 | 1 | 20 | 20 |
| | 总务仓库 | 1 | 20 | 20 | 1 | 25 | 25 | 1 | 30 | 30 |
| | 社团办公室 | 1 | 20 | 20 | 1 | 25 | 25 | 1 | 30 | 30 |
| | 传达值宿室 | 1 | 20 | 20 | 1 | 20 | 20 | 1 | 20 | 20 |
| | 小　计 | — | — | 333 | — | — | 447 | — | — | 561 |
| 三、生活用房 | 教工宿舍 | — | — | 210 | — | — | 310 | — | — | 410 |
| | 学生宿舍 | — | — | 1980 | — | — | 2970 | — | — | 3960 |
| | 食堂 | — | — | 754 | — | — | 1124 | — | — | 1498 |
| | 开水房 | — | — | 15 | — | — | 15 | — | — | 20 |
| | 浴室 | — | — | 75 | — | — | 120 | — | — | 160 |
| | 教工厕所 | — | — | 16 | — | — | 20 | — | — | 28 |
| | 学生厕所 | — | — | 90 | — | — | 135 | — | — | 180 |
| | 小　计 | — | — | 3140 | — | — | 4694 | — | — | 6256 |

**附表 22　农村全寄宿制初级中学校舍建筑面积指标**

| 校舍面积 | 12班600人 | | | 18班900人 | | | 24班1200人 | | |
|---|---|---|---|---|---|---|---|---|---|
| | 使用面积（$m^2$） | $K$值 | 建筑面积（$m^2$） | 使用面积（$m^2$） | $K$值 | 建筑面积（$m^2$） | 使用面积（$m^2$） | $K$值 | 建筑面积（$m^2$） |
| 合　计 | 6030 | 0.60 | 10050 | 8458 | 0.60 | 14097 | 11025 | 0.60 | 18375 |
| 生均面积 | 10.05 | — | 16.75 | 9.40 | — | 15.66 | 9.19 | — | 15.31 |

# 附录二　农村普通中小学校普通教室、实验室平面布置示意图

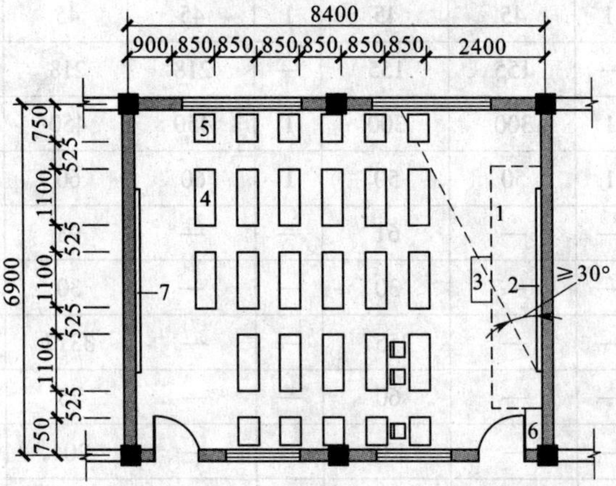


**附图1　小学普通教室平面布置示意图**

注：1—讲台；2—黑板；3—教师讲桌；4—学生课桌（1100×400）；
5—学生课桌（550×400）；6—清洁组合柜；7—学习园地组合栏

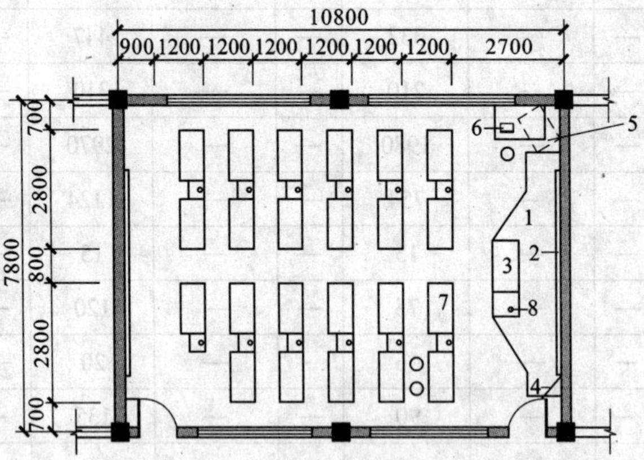


**附图2　小学科学教室平面布置示意图**

注：1—讲台；2—推拉黑板；3—教师演示台；4—投影幕；
5—电视机位置；6—计算机位置；7—学生实验台；8—水盘

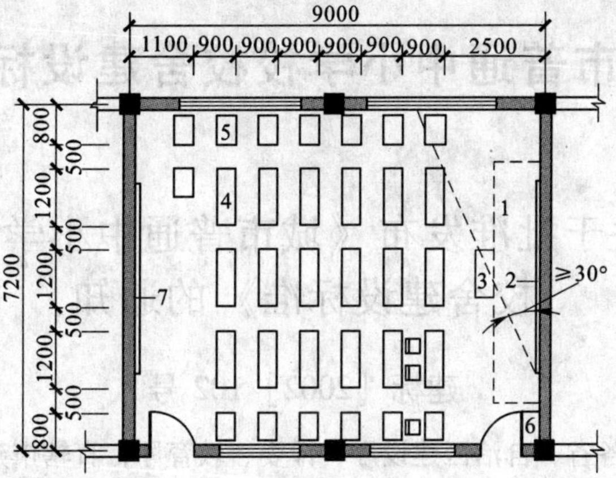


**附图 3　中学普通教室平面布置示意图**

注：1—讲台；2—黑板；3—教师讲桌；4—学生课桌（1200 × 400）；
5—学生课桌（600 × 400）；6—清洁组合柜；7—学习园地组合栏

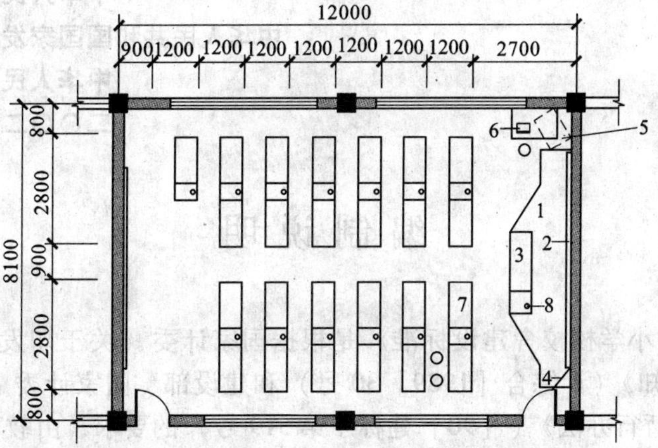


**附图 4　中学化学、生物实验室平面布置示意图**

注：1—讲台；2—推拉黑板；3—教师演示台；4—投影幕；
5—电视机位置；6—计算机位置；7—学生实验台；8—水盘

# 城市普通中小学校校舍建设标准

## 关于批准发布《城市普通中小学校校舍建设标准》的通知

建标［2002］102 号

国务院各有关部门，各省、自治区建设厅、计委、教育厅，直辖市建委、计委、教委，计划单列市建委、计委、教育局（教委）：

根据国家计委《关于印发 1989 年度部分计划（草案）的通知》（计综合［1989］30 号）和建设部、国家计委《关于工程项目建设标准编制工作暂行办法》（［90］建标字第 519 号）的要求，由教育部制订的《城市普通中小学校校舍建设标准》，经有关部门会审通过，批准为全国统一标准予以发布，自 2002 年 7 月 1 日起施行。

本建设标准的管理由建设部、国家计委负责，其具体解释工作，由教育部负责。

**中华人民共和国建设部**
**中华人民共和国国家发展计划委员会**
**中华人民共和国教育部**
**二〇〇二年四月十七日**

## 编制说明

《城市普通中小学校校舍建设标准》是根据国家计委《关于印发 1989 年度部分计划（草案）的通知》（计综合［1989］30 号）和建设部、国家计委《关于工程项目建设标准编制工作暂行办法》（［90］建标字第 519 号）的要求，由教育部发展规划司主编的。

在编制过程中，编制组对全国不同地区进行了典型调查研究，收集和参考了部分省、自治区、直辖市建委、计委、教育部门颁行的城市中小学建设标准；总结了近十余年全国城市中小学校发展建设的经验，并对日本城市中小学的建设情况进行了考察。在此基础上，根据我国的基本国情，以及各地经济发展程度不同、气候特点差异等主要情况，科学地对大量资料进行了分析论证。本标准的征求意见稿两次印发给各地教育部门征求意见，并多次召开包括各地各级教育部门、中小学校、建筑设计单位等方面的管理者和专家参加的专题研讨会进行论证。最后，本标准的送审稿经专家审查会审查通过，并在此基础上完成了本标准的报批稿，报送建设部和国家发展计划委员会审查定稿、颁发实施。

本建设标准共分五章，包括总则，学校建设规模与校舍用房的组成，学校网点布局、选址与规划设计，校舍建筑面积指标和校舍主要建筑标准。

**中华人民共和国教育部**
**2000 年 12 月 14 日**

# 第一章 总 则

**第一条** 为适应城市普通中小学教育现代化、教育改革与发展，以及推进素质教育对校园、校舍条件与环境的需要，加强学校建设的科学化、规范化管理，合理确定并正确掌握建设标准，不断提高中小学校的规划设计和建设水平，促进技术进步，提高投资效益，制定本建设标准。

**第二条** 本建设标准适用于城市（包括建制镇）新建普通中小学校建设项目的规划设计和建设。改建、扩建项目可参照执行。

**第三条** 城市普通中小学校的建设，必须贯彻安全、适用、经济、美观的原则，应结合本地区的实际情况，根据需要与可能，正确处理好近期与远期结合的关系。

**第四条** 城市普通中小学校的建设，必须坚持先规划设计后建设的原则。学校的规划设计要便于分期实施。改建、扩建项目应充分利用已有设施和设备。

**第五条** 城市普通中小学校的建设除执行本建设标准外，尚应符合国家现行有关建设标准和建筑设计规范的规定。

# 第二章 学校建设规模与校舍用房的组成

**第六条** 学校建设规模

一、城市普通中小学校的建设规模应根据批准的学校规模、城市建设规划的要求确定。

二、学校规模和班额人数

1. 完全小学：12 班、18 班、24 班、30 班，每班 45 人。

2. 九年制学校：18 班、27 班、36 班、45 班，小学每班 45 人、初中每班 50 人。

3. 初级中学：12 班、18 班、24 班、30 班，每班 50 人。

4. 完全中学：18 班、24 班、30 班、36 班，每班 50 人。

5. 高级中学：18 班、24 班、30 班、36 班，每班 50 人。

**第七条** 校舍用房的组成

一、城市普通中小学校校舍由教学及教学辅助用房、办公用房、生活服务用房三部分组成。

二、教学及教学辅助用房

1. 完全小学：设置普通教室；自然教室、音乐教室、美术教室、书法教室、语言教室、计算机教室、劳动教室等专用教室和辅助用房；多功能教室、图书室、科技活动室、心理咨询室、体育活动室等公共教学用房及辅助用房。

2. 九年制学校：设置普通教室；自然教室、实验室、音乐教室、美术教室、书法教室、地理教室、语言教室、计算机教室、劳动技术教室等专用教室和辅助用房；多功能教室、图书室、科技活动室、心理咨询室、体育活动室等公共教学用房及辅助用房。

3. 初级中学：设置普通教室；实验室、音乐教室、美术教室、书法教室、地理教室、语言教室、计算机教室、劳动技术教室等专用教室和辅助用房；合班教室、图书室、科技活动室、心理咨询室、体育活动室等公共教学用房及辅助用房。

4. 完全中学：设置普通教室；实验室、音乐教室、美术教室、书法教室、地理教室、语言教室、计算机教室、劳动技术教室等专用教室和辅助用房；合班教室、图书室、科技活动室、心理咨询室、体育活动室等公共教学用房及辅助用房。

5. 高级中学：设置普通教室；实验室、音乐教室、美术教室、书法教室、地理教室、语言教室、计算机教室、劳动技术教室等专用教室和辅助用房；合班教室、图书室、科技活动室、心理咨询室、体育活动室等公共教学用房及辅助用房。

三、办公用房

城市普通中小学校设置教学办公室、行政办公室、社团办公室及广播室，会议接待室、德育展览室、卫生保健室等管理用房。

四、生活服务用房

城市普通中小学校，应根据办学的实际需要设置教职工单身宿舍、教职工与学生食堂、开水房、汽车库、配电室、教职工与学生厕所等用房；可设置学生宿舍、锅炉房、浴室、自行车库等用房。

五、重点学校、示范性学校、民族学校以及有特殊要求的学校，经主管部门批准可增设本条未列出的其他用房。

## 第三章　学校网点布局、选址与规划设计

**第八条**　学校网点布局

一、城市普通中小学校网点布局，应根据城市建设总体规划的要求，结合人口密度与人口分布，尤其是学龄人口数量及其增减的发展趋势，以及城市交通、环境等因素综合考虑，合理布点。新建住宅区内，要根据规划的居住人口及实际人口出生率，建设规模适宜的中小学校。城市普通中小学校网点布局应符合下列原则：1. 学生能就近走读入学；2. 学校应具有较好的规模效益和社会效益；3. 特殊情况特殊处理。

二、学校服务半径要根据学校规模、交通及学生住宿条件、方便学生就学等原则确定。中小学生不应跨越铁路干线、高速公路及车流量大、无立交设施的城市主干道上学。

**第九条**　校址选择

一、城市新建的普通中小学校，校址应选在交通方便、地势平坦开阔、空气清新、阳光充足、排水通畅、环境适宜、公用设施比较完善、远离污染源的地段。应避开高层建筑的阴影区、地震断裂带、山丘地区的滑坡段、悬崖边及崖底、河湾及泥石流地区、水坝泄洪区等不安全地带。架空高压输电线、高压电缆及通航河道等不得穿越校区。

二、学校不应与集贸市场、公共娱乐场所、医院传染病房、太平间、公安看守所等不利于学生学习和身心健康，以及危及学生安全的场所毗邻。

**第十条**　校园规划设计

一、校园的总体规划设计应因地制宜，合理利用地形、地貌，并根据需要适当预留发展余地。教职工住宅应纳入城市建设规划统筹安排，不应建在校园内。

二、校园总平面设计宜按教学、体育运动、生活、勤工俭学等不同功能进行分区，合

理布局。各区之间要联系方便、互不干扰。教学楼应布置在校园的静区，并保证良好的建筑朝向。校园内各建筑之间、校内建筑与校外相临建筑之间的间距应符合城市规划、卫生防护、日照、防火等有关规定。

三、校园、校舍应整体性强。建筑组合应紧凑、集中，建筑形式和建筑风格要力求体现教育建筑的文化内涵和时代特色。具有优秀历史文化重大价值的校园及校舍应依法保护，并合理保持其特色。校园绿化、美化应结合建筑景观统一规划设计和建设，以形成优美的校园环境和人文景观。

四、体育活动场地与教学楼应有合理的间隔，并应联系便利。设有环形跑道的田径场地、球类场地，其长轴宜为南北方向。

五、校园内的主要交通道路应根据学校人流、车流、消防要求布置。路线要通畅便捷，道路的高差处宜设坡道。路上的地下管线井盖，应与路面标高一致。

六、室外上下水、煤气、热力、电力、通讯等地下管线，应根据校园总体规划的要求合理布置，并按防火规范要求在适当位置设置室外消防栓供水接口。变配电系统应独立设置，规划设计用电负荷应当留有余量。室外多种管线的敷设应用地下管沟暗设。

七、学校主要出入口的位置，应便于学生就学，有利于人流迅速疏散，不宜紧靠城市主干道。校门外侧应留有缓冲地带和设置警示标志。

八、旗杆、旗台应设置在校园中心广场或主要运动场区等显要位置。

九、校园应有围墙，沿主要街道的围墙宜有良好通透性。

# 第四章　校舍建筑面积指标

**第十一条**　校舍建筑面积指标

一、城市普通中小学校，校舍建筑面积指标分规划指标和基本指标两部分。学校若分期建设，首期建成校舍的建筑面积不应低于基本指标的规定。

重点学校、示范性学校、民族学校以及有特殊要求的学校，经主管部门批准增列的校舍用房，可另行增加面积指标。

二、城市普通中小学校校舍建筑面积和生均建筑面积指标如表1-1、表1-2。

**表1-1　城市普通中小学校校舍建筑面积指标表**　单位：$m^2$

| 项目名称 | | 基本指标 | | | | | | |
|---|---|---|---|---|---|---|---|---|
| | | 12班 | 18班 | 24班 | 27班 | 30班 | 36班 | 45班 |
| 完全小学 | 面积合计 | 3670 | 4773 | 5903 | — | 7002 | — | — |
| | 生均面积 | 6.8 | 5.9 | 5.5 | — | 5.2 | — | — |
| 九年制学校 | 面积合计 | — | 5485 | — | 7310 | — | 9403 | 11582 |
| | 生均面积 | — | 6.5 | — | 5.8 | — | 5.6 | 5.5 |
| 初级中学 | 面积合计 | 4772 | 6379 | 7972 | — | 9572 | — | — |
| | 生均面积 | 7.9 | 7.1 | 6.7 | — | 6.4 | — | — |

**续表 1-1**

| 项目名称 | | 基本指标 | | | | | | |
|---|---|---|---|---|---|---|---|---|
| | | 12 班 | 18 班 | 24 班 | 27 班 | 30 班 | 36 班 | 45 班 |
| 完全中学 | 面积合计 | — | 6495 | 8120 | — | 9734 | 11387 | — |
| | 生均面积 | — | 7.3 | 6.8 | — | 6.5 | 6.3 | — |
| 高级中学 | 面积合计 | — | 6604 | 8249 | — | 9892 | 11539 | — |
| | 生均面积 | — | 7.4 | 6.9 | — | 6.6 | 6.4 | — |

**表 1-2　城市普通中小学校校舍建筑面积指标表**　单位：$m^2$

| 项目名称 | | 规划指标 | | | | | | |
|---|---|---|---|---|---|---|---|---|
| | | 12 班 | 18 班 | 24 班 | 27 班 | 30 班 | 36 班 | 45 班 |
| 完全小学 | 面积合计 | 5394 | 6714 | 8485 | — | 9689 | — | — |
| | 生均面积 | 10.0 | 8.3 | 7.9 | — | 7.2 | — | — |
| 九年制学校 | 面积合计 | — | 7774 | — | 9848 | — | 13312 | 16190 |
| | 生均面积 | — | 9.3 | — | 7.9 | — | 8.0 | 7.8 |
| 初级中学 | 面积合计 | 6802 | 9084 | 11734 | — | 13508 | — | — |
| | 生均面积 | 11.4 | 10.1 | 9.8 | — | 9.0 | — | — |
| 完全中学 | 面积合计 | — | 9207 | 11865 | — | 13654 | 15764 | — |
| | 生均面积 | — | 10.3 | 9.9 | — | 9.1 | 8.8 | — |
| 高级中学 | 面积合计 | — | 9292 | 11970 | — | 13789 | 15915 | — |
| | 生均面积 | — | 10.4 | 10.0 | — | 9.2 | 8.9 | — |

注：①上表建筑面积以墙厚 240mm 计算，寒冷和严寒地区学校的校舍建筑面积指标，可根据实际墙厚增加。

②表中不含自行车存放面积。自行车的存放面积应按 $1m^2$/辆计，学校应根据实际情况报经主管部门审批后另行增加，并宜在建筑物内设半地下室解决。

**第十二条**　教学用房的配置标准

一、完全小学教学及教学辅助用房的使用面积

（一）普通教室。每班设 1 间，每间使用面积不得小于 $61m^2$。

（二）专用教室。应配置自然教室、音乐教室等专用教室及辅助用房。城市普通完全小学专用教室的使用面积不宜小于表 2 的规定。

**表 2　城市普通完全小学专用教室使用面积表**　　单位：$m^2$

| 用房名称 | 基本指标 | | | | 规划指标 | | | |
|---|---|---|---|---|---|---|---|---|
| | 12～18 班 | | 24～30 班 | | 12～18 班 | | 24～30 班 | |
| | 套数 | 面积 | 套数 | 面积 | 套数 | 面积 | 套数 | 面积 |
| 自然教室 | 1 | 147 | 1 | 147 | 1 | 147 | 2 | 258 |
| 音乐教室 | 1 | 96 | 1 | 96 | 1～2 | 96～169 | 2 | 169 |
| 美术教室 | — | — | — | — | 1 | 109 | 1 | 109 |
| 书法教室 | — | — | — | — | 1 | 86 | 1 | 86 |
| 语言教室 | 1 | 109 | 1 | 109 | 1 | 109 | 1 | 109 |
| 计算机教室 | 1 | 109 | 1 | 109 | 1 | 109 | 2 | 195 |
| 劳动教室 | 1 | 109 | 1 | 109 | 1 | 109 | 2 | 218 |

注：每套用房面积中包括辅助用房面积。

（三）公共教学用房。应配置多功能教室、图书室等公共教学用房及辅助用房。城市普通完全小学公共教学用房的使用面积不宜小于表 3 的规定。

**表 3　城市普通完全小学公共教学用房使用面积表**　　单位：$m^2$

| 用房名称 | 基本指标 | | | | 规划指标 | | | |
|---|---|---|---|---|---|---|---|---|
| | 12 班 | 18 班 | 24 班 | 30 班 | 12 班 | 18 班 | 24 班 | 30 班 |
| 多功能教室 | 123 | 153 | 183 | 213 | 123 | 153 | 183 | 213 |
| 图书室 | 120 | 170 | 220 | 270 | 120 | 170 | 220 | 270 |
| 科技活动室 | — | — | — | — | 36 | 36 | 54 | 72 |
| 心理咨询室 | — | — | — | — | 18 | 18 | 18 | 18 |
| 体育活动室（器材室） | (40) | (40) | (61) | (61) | 670 | 670 | 670 | 670 |

注：各种用房面积中包括辅助用房面积；括号内数字系器材室。

二、九年制学校教学及教学辅助用房的使用面积

（一）普通教室。每班设 1 间。小学与初中的普通教室，每间使用面积均小得小于 $67m^2$。

（二）专用教室。应配置实验室、地理教室等专用教室及辅助用房，以及小学专用的自然教室。城市普通九年制学校专用教室的使用面积不宜小于表 4 的规定。

**表 4　城市普通九年制学校专用教室使用面积表**　　单位：$m^2$

| 用房名称 | 基本指标 | | | | 规划指标 | | | |
|---|---|---|---|---|---|---|---|---|
| | 18～27 班 | | 36～45 班 | | 18～27 班 | | 36～45 班 | |
| | 套数 | 面积 | 套数 | 面积 | 套数 | 面积 | 套数 | 面积 |
| 自然教室 | 1 | 86 | 1 | 86 | 1 | 86 | 2 | 172 |
| 实验室（理、化、生） | 1 | 142 | 2～3 | 284～403 | 1 | 142 | 2～3 | 284～403 |
| 音乐教室 | 1 | 96 | 1～2 | 96～169 | 2 | 169 | 2～3 | 169～242 |
| 美术教室 | — | — | — | — | 1 | 119 | 1 | 119 |
| 书法教室 | — | — | — | — | 1 | 96 | 1 | 96 |

续表 4

| 用房名称 | 基本指标 | | | | 规划指标 | | | |
|---|---|---|---|---|---|---|---|---|
| | 18～27 班 | | 36～45 班 | | 18～27 班 | | 36～45 班 | |
| | 套数 | 面积 | 套数 | 面积 | 套数 | 面积 | 套数 | 面积 |
| 地理教室 | — | — | — | — | 1 | 96 | 1 | 96 |
| 语言教室 | 1 | 119 | 1 | 119 | 1 | 119 | 2 | 215 |
| 计算机教室 | 1 | 119 | 1 | 119 | 1 | 119 | 2 | 215 |
| 劳动技术教室 | 1 | 119 | 1 | 119 | 1 | 119 | 2 | 238 |

注：每套用房面积中包括辅助用房面积。

（三）公共教学用房。应配置多功能教室、图书室等公共教学用房及辅助用房。城市普通九年制学校公共教学用房的使用面积不宜小于表 5 的规定。

**表 5　城市普通九年制学校公共教学用房使用面积表**　　单位：$m^2$

| 用房名称 | 基本指标 | | | | 规划指标 | | | |
|---|---|---|---|---|---|---|---|---|
| | 18 班 | 27 班 | 36 班 | 45 班 | 18 班 | 27 班 | 36 班 | 45 班 |
| 多功能教室 | 173 | 213 | 253 | 293 | 173 | 213 | 253 | 293 |
| 图书室 | 202 | 289 | 381 | 468 | 202 | 289 | 381 | 468 |
| 科技活动室 | — | — | — | — | 36 | 54 | 72 | 90 |
| 心理咨询室 | — | — | — | — | 18 | 18 | 18 | 18 |
| 体育活动室（器材室） | （48） | （48） | （48） | （48） | 710 | 740 | 1040 | 1340 |

注：各种用房面积中包括辅助用房面积；括号内数字系器材室。

三、初级中学、完全中学、高级中学教学及教学辅助用房的使用面积。

（一）普通教室。每班设 1 间，每间使用面积均不得小于 $67m^2$。

（二）专用教室。均应配置实验室、音乐教室等专用教室及辅助用房。城市普通初级中学、完全中学、高级中学专用教室的使用面积，分别不宜小于表 6-1、表 6-2、表 6-3 的规定。

**表 6-1　城市普通初级中学专用教室使用面积表**　　单位：$m^2$

| 用房名称 | 基本指标 | | | | 规划指标 | | | |
|---|---|---|---|---|---|---|---|---|
| | 12～18 班 | | 24～30 班 | | 12～18 班 | | 24～30 班 | |
| | 套数 | 面积 | 套数 | 面积 | 套数 | 面积 | 套数 | 面积 |
| 实验室（理、化、生） | 2～3 | 284～403 | 4～5 | 522～641 | 2～3 | 284～403 | 4～5 | 522～641 |
| 音乐教室 | 1 | 96 | 1 | 96 | 1 | 96 | 1 | 96 |
| 美术教室 | — | — | — | — | 1 | 119 | 1 | 119 |
| 书法教室 | — | — | — | — | 1 | 96 | 1 | 96 |
| 地理教室 | — | — | — | — | 1 | 96 | 1 | 96 |
| 语言教室 | 1 | 119 | 1 | 119 | 1 | 119 | 2 | 215 |
| 计算机教室 | 1 | 119 | 1 | 119 | 1 | 119 | 1 | 119 |
| 劳动技术教室 | 1 | 119 | 1 | 119 | 1 | 119 | 2 | 238 |

注：每套用房面积中包括辅助用房面积。

**表 6-2　城市普通完全中学专用教室使用面积表**　　单位：$m^2$

| 用房名称 | 基本指标 | | | | 规划指标 | | | |
|---|---|---|---|---|---|---|---|---|
| | 18～24 班 | | 30～36 班 | | 18～24 班 | | 30～36 班 | |
| | 套数 | 面积 | 套数 | 面积 | 套数 | 面积 | 套数 | 面积 |
| 实验室（理、化、生） | 3～4 | 403～522 | 5～6 | 641～760 | 3～4 | 403～522 | 5～6 | 641～760 |
| 音乐教室 | 1 | 96 | 1 | 96 | 1 | 96 | 1～2 | 96～169 |
| 美术教室 | — | — | — | — | 1 | 119 | 1 | 119 |
| 书法教室 | — | — | — | — | 1 | 96 | 1 | 96 |
| 地理教室 | — | — | — | — | 1 | 96 | 1 | 96 |
| 语言教室 | 1 | 119 | 1 | 119 | 1～2 | 119～215 | 2 | 215 |
| 计算机教室 | 1 | 119 | 1 | 119 | 1 | 119 | 1～2 | 119～215 |
| 劳动技术教室 | 1 | 119 | 1 | 119 | 1～2 | 119～238 | 2 | 238 |

注：每套用房面积中包括辅助用房面积。

**表 6-3　城市普通高级中学专用教室使用面积表**　　单位：$m^2$

| 用房名称 | 基本指标 | | | | 规划指标 | | | |
|---|---|---|---|---|---|---|---|---|
| | 18～24 班 | | 30～36 班 | | 18～24 班 | | 30～36 班 | |
| | 套数 | 面积 | 套数 | 面积 | 套数 | 面积 | 套数 | 面积 |
| 实验室（理、化、生） | 3～4 | 403～522 | 5～6 | 641～760 | 3～4 | 403～522 | 5～6 | 641～760 |
| 音乐教室 | 1 | 96 | 1 | 96 | 1 | 96 | 1～2 | 96～169 |
| 美术教室 | — | — | — | — | 1 | 119 | 1 | 119 |
| 书法教室 | — | — | — | — | 1 | 96 | 1 | 96 |
| 地理教室 | — | — | — | — | 1 | 96 | 1 | 96 |
| 语言教室 | 1 | 119 | 1 | 119 | 1～2 | 119～215 | 2 | 215 |
| 计算机教室 | 1 | 119 | 1 | 119 | 1 | 119 | 1～2 | 119～215 |
| 劳动技术教室 | 1 | 119 | 1 | 119 | 1～2 | 119～238 | 2 | 238 |

注：每套用房面积中包括辅助用房面积。

（三）公共教学用房。均应配置合班教室、图书室等公共教学用房及辅助用房。城市普通初级中学、完全中学、高级中学公共教学用房的使用面积，分别不宜小于表 7-1、表 7-2、表 7-3 的规定。

**表 7-1　城市普通初级中学公共教学用房使用面积表**　　单位：$m^2$

| 用房名称 | 基本指标 | | | | 规划指标 | | | |
|---|---|---|---|---|---|---|---|---|
| | 12 班 | 18 班 | 24 班 | 30 班 | 12 班 | 18 班 | 24 班 | 30 班 |
| 合班教室 | 133 | 173 | 213 | 253 | 133 | 173 | 213 | 253 |
| 图书室 | 181 | 261 | 340 | 420 | 181 | 261 | 340 | 420 |
| 科技活动室 | — | — | — | — | 36 | 54 | 72 | 90 |
| 心理咨询室 | — | — | — | — | 18 | 18 | 18 | 18 |
| 体育活动室（器材室） | （63） | （63） | （63） | （63） | 740 | 1040 | 1340 | 1340 |

注：各种用房面积中包括辅助用房面积；括号内数字系器材室。

**表 7-2　城市普通完全中学公共教学用房使用面积表**　　单位：$m^2$

| 用房名称 | 基本指标 | | | | 规划指标 | | | |
|---|---|---|---|---|---|---|---|---|
| | 18 班 | 24 班 | 30 班 | 36 班 | 18 班 | 24 班 | 30 班 | 36 班 |
| 合班教室 | 173 | 213 | 253 | 293 | 173 | 213 | 253 | 293 |
| 图书室 | 283 | 367 | 450 | 534 | 283 | 367 | 450 | 534 |
| 科技活动室 | — | — | — | — | 54 | 72 | 90 | 108 |
| 心理咨询室 | — | — | — | — | 18 | 18 | 18 | 18 |
| 体育活动室（器材室） | （63） | （63） | （63） | （63） | 1040 | 1340 | 1340 | 1340 |

注：各种用房面积中包括辅助用房面积；括号内数字系器材室。

**表 7-3　城市普通高级中学公共教学用房使用面积表**　　单位：$m^2$

| 用房名称 | 基本指标 | | | | 规划指标 | | | |
|---|---|---|---|---|---|---|---|---|
| | 18 班 | 24 班 | 30 班 | 36 班 | 18 班 | 24 班 | 30 班 | 36 班 |
| 合班教室 | 173 | 213 | 253 | 293 | 173 | 213 | 253 | 293 |
| 图书室 | 293 | 381 | 468 | 556 | 293 | 381 | 468 | 556 |
| 科技活动室 | — | — | — | — | 54 | 72 | 90 | 108 |
| 心理咨询室 | — | — | — | — | 18 | 18 | 18 | 18 |
| 体育活动室（器材室） | （63） | （63） | （63） | （63） | 1040 | 1340 | 1340 | 1340 |

注：每套用房面积中包括辅助用房面积；括号内数字系器材室。

**第十三条**　办公用房的配置标准

中小学校应配置教学办公用房与行政办公用房。教学办公室使用面积不得小于

4m²/人。其他办公用房和管理用房的配置，可在办公用房面积内根据实际需要进行安排。城市普通中小学校办公用房的使用面积不宜小于表8-1、表8-2的规定。

**表8-1　城市普通中小学校办公用房使用面积表**　　单位：m²

| 学校类别 | 基本指标 | | | | | | |
|---|---|---|---|---|---|---|---|
| | 12班 | 18班 | 24班 | 27班 | 30班 | 36班 | 45班 |
| 完全小学 | 244 | 314 | 380 | — | 446 | — | — |
| 九年制学校 | — | 376 | — | 494 | — | 604 | 722 |
| 初级中学 | 414 | 500 | 586 | — | 672 | — | — |
| 完全中学 | — | 530 | 624 | — | 718 | 826 | — |
| 高级中学 | — | 574 | 672 | — | 770 | 868 | — |

**表8-2　城市普通中小学校办公用房使用面积表**　　单位：m²

| 学校类别 | 规划指标 | | | | | | |
|---|---|---|---|---|---|---|---|
| | 12班 | 18班 | 24班 | 27班 | 30班 | 36班 | 45班 |
| 完全小学 | 306 | 386 | 476 | — | 552 | — | — |
| 九年制学校 | — | 453 | — | 595 | — | 735 | 877 |
| 初级中学 | 424 | 534 | 658 | — | 768 | — | — |
| 完全中学 | — | 568 | 686 | — | 804 | 936 | — |
| 高级中学 | — | 598 | 720 | — | 842 | 978 | — |

**第十四条**　生活服务用房的配置标准

城市普通中小学校，教职工及学生生活服务用房的建设与管理应逐步实现社会化。近阶段，城市普通中小学校生活服务用房应按下列标准配置：

一、教职工单身宿舍、教职工与学生食堂等部分生活用房的使用面积，不宜小于表9-1、表9-2的规定。

**表9-1　城市普通中小学校部分生活服务用房使用面积表**　　单位：m²

| 学校类别 | 基本指标 | | | | | | |
|---|---|---|---|---|---|---|---|
| | 12班 | 18班 | 24班 | 27班 | 30班 | 36班 | 45班 |
| 完全小学 | 373 | 519 | 664 | — | 811 | — | — |
| 九年制学校 | — | 605 | — | 852 | — | 1121 | 1388 |
| 初级中学 | 531 | 768 | 998 | — | 1231 | — | — |
| 完全中学 | — | 786 | 1022 | — | 1252 | 1491 | — |
| 高级中学 | — | 797 | 1037 | — | 1277 | 1518 | — |

**表 9-2　城市普通中小学校部分生活服务用房使用面积表**　　单位：$m^2$

| 学校类别 | 规划指标 | | | | | | |
|---|---|---|---|---|---|---|---|
| | 12 班 | 18 班 | 24 班 | 27 班 | 30 班 | 36 班 | 45 班 |
| 完全小学 | 466 | 659 | 850 | — | 1044 | — | — |
| 九年制学校 | — | 801 | — | 1126 | — | 1472 | 1817 |
| 初级中学 | 697 | 997 | 1290 | — | 1586 | — | — |
| 完全中学 | — | 1015 | 1314 | — | 1607 | 1909 | — |
| 高级中学 | — | 1026 | 1329 | — | 1632 | 1936 | — |

二、学生宿舍，按实有住校学生人数配置。住校学生的居住标准不宜低于表 10 的规定。

**表 10　城市普通中小学校学生宿舍生均使用面积表**　　单位：$m^2$

| 学校类别 | 完全小学 | 九年制学校 | 初级中学 | 完全中学 | 高级中学 |
|---|---|---|---|---|---|
| 使用面积 | 3.0 | 3.0 | 3.0 | 3.0 | 3.0 |

注：K = 0.60

三、锅炉房的配置。采暖地区的学校，如需自行提供采暖热力时，应按国家有关采暖标准的规定和实际需要采暖用房的面积配置锅炉房。

四、浴室的配置。按实际需要合理配置。

## 第五章　校舍主要建筑标准

**第十五条**　城市普通中小学校的建筑标准，必须贯彻安全、适用、经济、美观的原则，应根据各地经济条件、学校使用功能和城市建设规划要求确定，并要因地制宜，充分利用地方建筑材料。校舍应精心设计、精心施工，建造符合办学要求和适合青少年生理、心理特点的校舍。

**第十六条**　建筑层数。中小学校的教学、办公用房宜设计成多层建筑。小学的普通教室宜在四层以下，不宜超过四层；中学的普通教室宜在五层以下，不宜超过五层。其他教学、办公用房可根据使用要求设计。

**第十七条**　层高。系指上下两层楼面之间的距离。坡屋顶，系指楼面或地面至屋架下弦的距离。

一、普通教室的层高，小学不宜低于 3600mm；中学不宜低于 3800mm。

二、专用教室、公共教学用房，进深若大于 7200mm，层高不宜低于 3900mm。

三、行政办公用房的层高不宜低于 3000mm。

四、多功能教室、合班教室、体育活动室等公共教学用房的层高，可根据使用要求确定。阶梯教室，最后一排的地面到棚顶的净高不应小于 2200mm。

**第十八条**　耐火等级。楼房不低于二级，平房不低于三级。

**第十九条**　建筑结构。应根据校舍的使用功能、平面和空间可以改变的要求，以及保障安全和抗御较大自然灾害的要求，采用混合结构或钢筋混凝土承重结构。其中，教学用房宜采用钢筋混凝土框架结构。校舍不得采用空斗砖墙、空心砖墙和生土墙体作为承重结构。

易发生地震、台风等自然灾害的地区，应按当地的地震裂度、抗风或抗洪要求进行设防。建筑材料和建筑构件的品种、规格、型号、标号、质量等必须符合设计要求。

**第二十条** 屋面。应根据各地雨雪量等气象条件和建材供应情况，采用钢筋混凝土平屋面或坡屋面。上述屋面均应有可靠的防水、隔热、保温措施。上人屋面，应设置安全防护栏，其净高不应低于1100mm。

**第二十一条** 楼地面。普通教室和各种专用教室、门厅、走道、楼梯，均宜采用防尘易清洁、耐磨的楼地面。化学实验室宜采用耐酸碱腐蚀的楼地面。音乐教室、多功能教室、体育活动室等宜采用软性（如木地板等）楼地面。语言教室、计算机教室等需要埋设管线的部位，楼地面的做法要有利于管线维修。计算机教室地面还宜采用能导出静电的材料。厕所等用房宜做防滑易清洁的楼地面，应有可靠的防水和排水设施。

**第二十二条** 门厅、走廊

一、教学楼的门厅宜适度宽敞，有利于人流集散通行和短暂停留。

二、教学楼宜采用外廊或单内廊，廊净宽不应小于2100mm；中内廊净宽不应小于3000mm。办公用房的廊宽不应小于1500mm。

三、门厅和走廊的楼地面不宜设台阶。走廊楼地面、走廊与房间楼地面略有高差时，应采用防滑坡道，高差较大必须设置台阶时，踏步不得少于三级。

四、外廊栏板或栏杆净高度不应低于1100mm。

五、教学楼内，应在走廊、过厅旁边的合适位置设置饮水处。

**第二十三条** 楼梯。楼梯的数量、宽度、位置和形式应满足使用要求，符合交通疏散和防火规范的规定。楼梯间应有直接天然采光。楼梯的踏步高度不应大于150mm。楼梯井的净宽度不宜大于200mm。室内楼梯栏板或栏杆的净高度不应小于900mm；室外楼梯栏板或栏杆的净高度不应小于1100mm。

**第二十四条** 门窗。门窗应便于开启、清洁、耐用。门窗开启后不得影响室内空间的使用和走廊通行的便利与安全。教学用房的门窗要有利采光通风。普通教室、各种专用教室和部分公共教学用房应根据人流安全疏散的要求设置前后门。教室安全出入口门洞宽度不应小于1000mm。多功能教室、合班教室的门洞宽度不应小于1500mm。阶梯教室安全出入口的门洞宽度不应小于2000mm。门扇上宜设观察窗。教学用房及教学辅助用房均不宜设置门槛。门框上部设采光通风窗。位于楼梯平台处的采光窗，窗下墙高度小于1100mm的应设安全护栏。

**第二十五条** 建筑装修

一、建筑内装修。墙面、顶棚一般宜做普通装修，门厅可做中级装修。音乐、语言、计算机、视听等专用教室可根据需要及经济条件做普通或中级装修。所有内墙的阳角和方柱均宜做成圆角。走廊、门厅、楼梯间均宜做高度不低于1200mm，易清洗、不易污损的墙裙；饮水间、浴室、厕所宜做高度不低于1500mm，便于冲洗的墙裙。

二、建筑外装修。应根据城市建设规划和校园景观的整体要求，因地制宜地进行装修。装修材料应能防止雨水渗透，其色彩应与周围建筑环境协调。

**第二十六条** 厕所。师生厕所应分设。凡有给排水系统公用设施的地方，学校应设室内水冲式厕所。室内厕所及前室应分别设污水池、地漏、洗手盆和镜台。校园较大的学校，宜同时设置适量厕位的室外厕所，其位置应在教学、办公区的下风方向，并保持适宜的距离。厕所宜采用瓷质的大小便槽，大便厕位宜设隔板。要妥善解决厕所的排气问题。

**第二十七条　室内环境**

一、采光。应保证教室、图书阅览室及实验室等主要教学用房的最佳建筑朝向，避免室内直射阳光。教学用房宜双侧采光，主要采光面应位于学生座位左侧，主要采光窗窗台高度宜为900mm。教学及办公用房的采光玻地比（窗户的透光面积与室内楼地面面积之比）不得低于1/6，并应防止眩光。

二、照明。教学、办公用房应采用配有保护角灯罩的荧光灯具，不得用裸灯。教学用房照明灯具的数量、功率、布置方式和悬挂高度必须满足照度均匀度的要求，达到规定的照度标准。灯具悬挂高度距桌面不应低于1700mm。生物实验室的实验桌上宜设局部照明。教学用房的照明要能够分楼、分层、分部位控制。各类用房的平均照度不应低于表11的规定。

**表11　各类用房平均照度表**

| 用房名称 | 平均照度（LX） | 规定照度的平面 | 照度均匀度 |
|---|---|---|---|
| 普通教室、音乐教室、实验室、自然教室、劳动教室、劳动技术教室、语言教室、合班教室、多功能教室、地理教室、科技活动室、心理咨询室、办公室、会议室、卫生保健室 | 150 | 桌面 | 不低于0.7 |
| 教室前方黑板 | 200 | 黑板垂直面 | |
| 计算机教室、图书阅览室、美术教室、书法教室、德育展览室 | 200 | 桌面 | |
| 体育活动室 | 100 | 地面 | |
| 厕所、走道、楼梯间 | 20 | 地面 | |

教学、办公楼等应设置适应教学、办公手段现代化的电器插座和分楼、分层或分部位控制的广播线路。劳动教室、劳动技术教室、科技活动室、厨房等用房，宜根据设备运行需要设置动力电源插座。

三、通风换气。教学、办公用房应有良好的自然通风，必须保持室内有良好的空气质量。教学用房应有换气设施，确保室内空气中$CO_2$的浓度低于1.5‰。炎热地区可采用开窗换气；温暖地区宜采用开窗与开启小气窗相结合的方式换气；寒冷和严寒地区应在外墙（或采光窗上部）和内走廊墙上设置小气窗（或门头采光通风窗），或在室内设附墙竖向排气道换气。外墙上的换气口面积不应小于房间面积的1.67%，设于走廊墙上的换气口面积不应小于房间面积的3.34%。当采用附墙竖向排气道时，排气口应设在每层排气道的顶部（临近天棚处）位置，排气口大小可视具体情况确定，并设调节风门。

化学实验室、药品贮藏室及贮藏柜、合班教室、多功能教室、体育活动室等应根据使用要求设置有效的排气装置。

四、室内温度。必须保持教学和办公用房有适宜的室内温度。寒冷和严寒地区，有条件的城市普通中小学校宜采用热水供暖系统，供暖管道宜纳入地区集中供热管网。过渡地区、非集中采暖地区应因地制宜进行采暖。年日照时数大的地区可利用太阳能采暖。炎热地区应因地制宜地设置降温设施。

**第二十八条** 主要用房固定设施配置

一、普通教室。室内前部应设置书写板、电视机架、投影幕挂钩、讲台；后墙宜设置展示板；适当位置宜设置清洁柜、贮物柜和音箱等。

二、教师办公室。宜设洗手盆、存衣柜、嵌墙式或悬挂式书柜。

**第二十九条** 教学、办公楼内应有归集垃圾的位置，垃圾宜分类收集和处理。

**第三十条** 综合布线系统。教学、办公楼应设置综合布线系统，或预留综合布线系统的设备位置及贯通的管线井道。

**附加说明**

**《城市普通中小学校校舍建设标准》**
**编制单位与编制人员名单**

**主编单位：** 教育部发展规划司

**参编单位：** 上海市教委、陕西省教委、天津市建筑设计院、上海市教育建筑设计研究所、成都市教育建筑设计院

**起草人员：** 张必信 叶文俊 张良钰 赵文声 张泽蕙

**参编人员：** 葛 华 马锡地 李彦莉 严 峻 王胜渤 奚道章 欧阳瑶章 顾林福 马积生 梁安民 张宗尧 何梅珍 牟子元 李有成 张 荔

## 附 件

# 《城市普通中小学校校舍建设标准》条文说明

## 前 言

根据国家计委《关于印发1989年度部分计划（草案）的通知》（计综合［1989］30号）和建设部、国家计委《关于工程项目建设标准编制工作暂行办法》（［90］建标字第519号）的要求，由教育部制订的《城市普通中小学校校舍建设标准》，经建设部、国家计委2002年4月17日以建标［2002］102号文批准为全国统一标准，发布全国施行。

为使有关部门和咨询、设计、科研、建设单位的有关人员使用本建设标准时能正确理解和执行条文的规定，现将《城市普通中小学校校舍建设标准条文说明》予以印发，供国内各有关部门和单位参考。不得翻印。

**2002年4月17日**

# 第一章 总 则

**第一条** 根据《中华人民共和国教育法》、《中华人民共和国义务教育法》、《中国教育改革和发展纲要》的要求，城市正在加速普及九年制义务教育，并且在具备条件的城市开始普及高级中学阶段的教育。随着教育逐步走向现代化，教育改革和发展对校园、校舍的条件与环境提出了新的要求。要创造适合青少年德智体等方面全面发展的办学条件与育人环境，必须有一个科学、合理的学校建设标准，使学校的规划设计、建设和管理有章可循。这是制定本建设标准的基本目的。

**第二条** 本标准适用于城市新建普通中小学校的规划设计和建设。改建、扩建的城市普通中小学校要视学校已有建筑物、构筑物、道路、管网、绿化等现状和具体情况，参照本标准进行规划设计和建设。

**第三条** 我国幅员辽阔，各地区的经济、文化发展很不平衡。《城市普通中小学校校舍建设标准》是从我国国情和经济发展水平出发制订的，在校舍各类用房的配置和面积指标上，首先要保证教学及教学辅助用房的基本需要，配备必要的办公和生活用房，合理安排体育活动场地。同时，面对基础教育改革对校园校舍条件与环境的更高要求，可以根据需要和可能逐步完善。

**第四条** 城市普通中小学校的新建、扩建和改建都必须先规划设计，经主管部门批准后方可进行建设。校园规划设计要根据学校的特点、城市规划的要求、周边环境情况和学校现状等条件，因地制宜地进行。校园规划设计要便于建设单位根据需要和可能分期实施。

**第五条** 城市普通中小学校的规划设计和建设要认真执行本标准的规定，同时还应符合《中小学校建筑设计规范》与相关建筑法规的规定。

# 第二章 学校建设规模与校舍用房的组成

**第六条** 城市普通中小学校的建设规模，系根据中华人民共和国教育部对中小学学制和班额人数的规定、生源、实行最佳规模办学的程度、办学的社会效益及有利于合理确定教职工编制、便于教学管理等原则确定。

**第七条** 校舍用房组成中各类用房的设置，是根据教育日益发展和教育改革不断深化的需要，以及在一定时期内逐步实现教育现代化的要求考虑的。它是城市普通中小学校规划设计和建设的依据。各地在执行中可根据本地区经济、文化发展水平和办学的合理需要制订实施细则。有条件的地区以及边区、少数民族地区等有特殊需要的学校，如示范性学校、民族学校等，经主管部门批准，可增设本章未列出的用房，并可适当扩大有关用房的面积。

# 第三章 学校网点布局、选址与规划设计

**第八条** 学校网点布局

一、城市普通中小学校网点布局，既要考虑方便学生就近入学，又要考虑使学校形成适当的规模，实行“最佳规模”办学，更好地发挥投资效益和社会效益。应避免规模过小，造成人力、财力、物力的浪费。新建、扩建、改建城镇居民住宅区时，城市规划、开发等有关部门应会同教育部门，根据规划的居住人口和人口出生率测算拟建学校的规模，并选择合适地段，按本标准规定的生均校舍面积指标进行规划设计和建设。

二、学校的服务半径，要尽可能避免中小学生尤其是小学生，穿越高速公路、铁路干线、无立交设施的城市主干道上学而带来的不安全因素。

**第九条** 校址选择。新建、迁建的城市普通中小学校，校址一定要选择在确保师生人身安全和有利于青少年身心健康的地段。

**第十条** 校园规划设计。城市普通中小学校的新建、扩建和改建都必须根据主管部门批准的建设规模做好总体规划设计。总体规划设计应做到：各组成部分功能分区明确、布局合理、联系方便，各种建筑物、构筑物应协调一致，与校园绿化、美化融为一体，构成优美的校园环境和人文景观，以便给师生创造一个良好的学习、生活、休息、活动、交流的环境空间。

为了保证具有安全、安静、卫生的教学与育人环境，学校应避免各种城市噪声的干扰和污水、废气、尘埃的污染。尤其是主要教学用房应与铁路、城市干道、机场及飞机起降航线保持足够的安全、卫生防护距离。学校宜设置独立的变配电系统，有利于管理用电和保证用电。规划设计用电负荷应留有余量，以满足不断采用现代化教学手段，教学设备逐步增多的需要。校园内，室外各种管线宜直埋于地下或暗设于电缆沟内，以保证使用安全，创造良好的校园环境。

规模较小的学校，教学和办公用房可设在同一幢楼内，但应注意各功能部位布置合理、联系方便，避免相互干扰。

随着我国市场经济的发展和住房制度的改革，学校生活用房应逐步实施建设与管理社会化。教职工住宅应纳入城市规划统筹安排，不应建在校园内。校园内的生活用房不应妨碍教学区的建设与使用，并应便于经营管理社会化。

升旗是对中小学生进行爱国主义教育的有效形式，校园内必须设置旗台、旗杆，如无合适位置，可在主要建筑物上设置附墙旗杆。

为保证师生出入校门的安全，校门外侧应留有缓冲地带和设置警示性标志。围墙，要有利于学校的安全管理，通透式围墙有利于延伸校园景观和视野。

## 第四章　校舍建筑面积指标

**第十一条** 校舍建筑面积指标

一、鉴于各地区经济发展不平衡的实际情况，学校建设可一次完成，也可分期建设。本标准在校舍建筑面积指标中规定了“规划指标”和“基本指标”。规划指标是根据学校规模和办学需要应配置校舍的面积指标，编制和批准学校建设总体可行性研究报告与总体规划不应低于本指标。基本指标是学校分期建设时，首期应建成校舍的面积指标。

二、本标准在核算校舍建筑面积时所涉及的平面利用系数 K 值，系采用各种用房综合的平面利用系数，即 K =0.6。

三、城市普通中小学校各类用房使用面积和生均建筑面积指标测算，如附表 1-1、1-2，2-1、2-2，3-1、3-2，4-1、4-2，5-1、5-2。

**第十二条** 教学及教学辅助用房。包括直接或间接为教学服务的各种用房。

一、小学教学及教学辅助用房

（一）普通教室。普通教室是小学生在校学习的主要活动空间。其面积由额定席位、课桌椅尺寸及平面布置方式等因素决定。小学校学生的课桌按单人课桌平面尺寸600mm×400mm 或双人课桌平面尺寸 1200mm×400mm 考虑。在后墙和侧墙上，可设置储物柜，每生一格。平面布置参见附图1。

（二）专用教室

1. 自然教室。主要用于小学自然常识课的演示和实验，以及开展第二课堂活动使用。实验台平面尺寸按1200mm×550mm的双人桌或1100mm×1100mm的四人对坐桌考虑。仪器标本准备室的部分面积，可根据需要纳入自然教室一并设计，以便在自然教室内布置模型、标本和仪器陈列柜，以强化实验室的科学气氛和直观教学效果。

2. 音乐教室。音乐教室的数量和面积要适应教学计划和第二课堂活动的需要，以及桌椅和大型乐器、乐器柜的布置。音乐教室除供上音乐课、唱游课使用外，还要考虑供合唱课使用。另外，每校附设1间乐器室，存放各种乐器。

3. 美术教室。供上美术课及开展第二课堂活动使用，以使学生掌握浅显的美术知识和简单的美术技能，培养学生的观察想象能力、爱美观念和审美能力，达到陶冶情操的目的。

4. 书法教室。学习书法是小学第二课堂活动的重要组成部分，目的是使学生在学会一定写字技能的基础上，了解书法基本知识，练习书法基本技能，培养对书法艺术的鉴赏能力。教室面积应能满足书法桌的布置和操作尺度的需要。

5. 语言教室。供语言教学，主要是外语教学，以及学生课外进行语言、语音练习，音乐欣赏等使用。语言教室辅房供存放视听资料和指导教师办公使用，并应设置换鞋处。

6. 计算机教室。根据科学技术发展对教育提出的新要求，计算机的广泛应用，“计算机要从娃娃抓起”的要求而设置。供学生上计算机课、上机操作、开展第二课堂活动等使用。常用微机操作台的平面尺寸一般为900mm×600mm。另配置计算机辅房一间，用于存放资料等管理使用。

7. 劳动教室。为从小培养学生树立正确的劳动观念和劳动态度，初步掌握一些基本的劳动知识和劳动技能，逐步增强学生的生活自理能力和动手能力，城市普通完全小学校均应设置劳动教室，供劳动课使用。

（三）公共教学用房

1. 多功能教室。主要用于视听教学、合班上课、观摩教学和集会，也可兼做文体活动场所。

2. 电教器材室。主要用于存放电教器材，可与多功能教室配套设置。

3. 图书室。包括藏书室和阅览室，应便于开架阅览。藏书室应与阅览室配套设置，或将两空间合并设计。同时，应考虑目录检索和借阅、管理所需空间。

学生阅览室。供学生在校阅览图书、报刊、电子出版物使用，是学生获得知识、拓宽知识面的第二课堂。

教师阅览室主要供教师查阅工具书、参考书、示范教案、教学资料使用。城市普通完全小学图书室面积测算如附表6-1。

4. 心理咨询室。为了对不同年龄的学生进行心理健康教育和指导，帮助学生及时解除心理障碍，保持健康的心理状态，提高心理素质，健全人格，增强承受挫折、适应环境的能力而设置。室内配置简易的心理测试仪器，并便于师生进行交谈。

5. 科技活动室。为了培养学生学科学、爱科学的兴趣和一定的动手能力，充分发展学生个性而设置，供学生开展科技兴趣小组活动使用。因航模、船模、雕塑、动植物标本等的制作需要器材、工具，且用时较长，室内应设有工作台、橱柜、电源及水池等。

6. 体育活动室。为保证全天候上体育课、锻炼身体和开展文体活动而设置。可兼作学生集会等活动场所。

7. 体育器材室。主要存放运动衣物和小型体育器材。体育器材室、体育教师办公室可与体育活动室合并设计和建设。

二、九年制学校教学及教学辅助用房

（一）普通教室。九年制学校的普通教室，小学与初中相同，每间使用面积均为$67m^2$。学生使用的课桌平面尺寸及布置方式、储物柜设置，分别与小学和中学相同。平面布置参见附图2。

（二）专用教室

1. 自然教室、理化生实验室及仪器标本准备室。小学自然教室可独立设置，亦可根据初中物理、化学、生物实验课的教学需要设置，同时供小学自然课的教学以及开展第二课堂活动使用。各实验室、仪器标本准备室的单间使用面积及实验桌台面尺寸、布置方式与中学相同。平面布置参见附图3、4。

2. 音乐教室及乐器室。其数量和面积要适应教学计划的需要，以及桌椅和大型乐器、乐器柜的布置。使用功能与小学相同。

3. 美术教室及教具室。使用功能与小学基本相同。主要用于培养初中学生掌握美术基础知识和基本技能，以及供他们开展第二课堂活动使用，以提高观察能力、形象思维能力、美术欣赏能力、表现能力和陶冶情操。初中美术课使用的教具较多，故须设教具室，主要存放石膏模型、临摹画稿等教具。

4. 书法教室。为第二课堂活动空间的重要组成部分。使用功能与中学相同。

5. 地理教室。用于地理课教学并陈列地理挂图、地球仪和地壳构造等模型，以及天象投影等教具，使学生通过理论和直观教学活动获得有关知识，了解人类活动与地球资源、地理环境的密切关系。

6. 语言教室及辅房。使用功能与小学基本相同。若设一套，其使用面积、桌面尺寸及布置形式应符合初中的教学使用要求；若设二套，其中一套的桌面尺寸及布置形式可只符合小学的教学使用要求。

7. 计算机教室及辅房。使用功能与小学基本相同。同时应满足小学和初中的使用要求。

8. 劳动技术教室。使用功能与小学基本相同。应能满足初中进行劳动技术教学与实践操作，使学生掌握一些服务性劳动、工农业生产的基础知识和基本技能，以及某些职业的基础知识和基本技能的需要。同时供小学劳动课使用。

（三）公共教学用房

1. 多功能教室。主要用于小学和初中视听教学、合班上课、观摩教学和集会，也可兼作开展文体活动和进行校园文化建设活动的场所。

2. 电教器材室。主要用于存放投影幻灯、声像和多媒体等电教器材，可与多功能教室配套设置。

3. 图书室。包括藏书室和阅览室，使用功能与小学基本相同，但应注意藏书与开架阅览的结合、书与人的关系。阅览室的学生阅览区，可按小学与初中适当分区布置。城市普通九年制学校图书室面积测算如附表6-2。

4. 心理咨询室。其作用和配置要求与小学相同。

5．科技活动室。使用功能与小学基本相同。为帮助初中学生增强发明创造的兴趣，树立攀登科学高峰的志向，拓宽知识，增长才干，发展特长，其工具配备、使用面积与中学相同。

6．体育活动室及器材室。使用功能与小学基本相同。

三、中学教学及教学辅助用房。包括直接或间接为中学教学服务的各种用房。

（一）普通教室。学生使用的课桌平面尺寸和布置方式、储物柜等与小学同，但课桌的排距大于小学。平面布置参见附图2。

（二）专用教室

1．理化生实验室及仪器标本准备室。中学阶段的实验室按物理、化学、生物分科设置，是学生理论联系实际的实验演示和操作空间，其面积决定于实验桌台面尺寸及符合教学使用的布置方式。常用实验桌台面尺寸为1200mm×600mm，平行于前墙面布置。平面布置参见附图3、4。

仪器标本准备室，主要存放仪器设备、实验试剂和生物标本，并供教师做实验准备使用。

2．音乐教室。参见九年制学校同类教室说明。

3．美术教室。参见九年制学校同类教室说明。

4．书法教室。为第二课堂活动中的书法课而设，同时可兼作历史教室使用。

5．地理教室。参见九年制学校同类教室说明。

6．语言教室。参见九年制学校同类教室说明。

7．计算机教室。参见九年制学校同类教室说明。

8．劳动技术教室。用于中学阶段的劳动技术课教学。通过劳动技术理论与实践操作，使学生掌握一些服务性劳动、工农业生产的基础知识和基本技能，以及某些职业的基础知识和基本技能。该教室还可用于成人的职业技术教育培训。

（三）公共教学用房

1．合班教室。主要供合班上课、观摩教学、视听教学、集会等使用。

2．电教器材室。存放投影幻灯、声像和多媒体等电教器材，一般与合班教室组合设计。

3. 图书室。包括藏书室和阅览室，其使用功能与小学基本相同，但更应强化藏书与开架阅览的结合、书与人的关系。规模较大的初级中学、完全中学和高级中学可根据使用要求将报刊阅览室和图书阅览室分设。图书室的面积测算分别如附表6-3、6-4、6-5。

4．心理咨询室。其作用与配置要求与小学相同。

5．科技活动室。促使中学生在科技活动中增强发明创造的兴趣，树立攀登科学高峰的志向，拓宽知识，增长才干，发展个性特长。活动室工具配备与小学有所不同，要求有较大的面积空间。

6．体育活动室及器材室。使用功能与小学相同。不同类型和不同规模的学校，应设置大小不同的体育活动室。

**第十三条　办公用房**

中小学校的办公用房供教学和行政人员办公使用。标准规定了各种规模学校办公用房的使用面积，各校在建设时，可根据具体情况和使用要求设置。

1. 教学办公室。是中小学教师备课、进行教学研究和批改学生作业的主要空间，并兼作教师答疑、师生对话使用。可根据使用要求按年级组或学科组分设。房间宜宽敞，并能灵活布置办公家具及分隔空间，以便于采用现代化办公手段和办公方式。

2. 行政办公室。宜根据中小学校管理工作的需要紧凑安排，尽可能兼用、合用，同时要适当考虑办公自动化设施所需面积。

3. 会议接待室。主要供中小学校召开小型会议和接待宾客使用，并可兼作奖状、奖品、锦旗等主要荣誉品的陈列室。

4. 德育展览室。主要用于校史和各种荣誉品的陈列，以及开展中心活动的主题展览，借以教育师生和进行对外宣传。

5. 卫生保健室。对中小学生的身体素质和健康状况进行监测以及进行常见疾病的防治使用。房间的长宽尺寸应满足布置药橱和常用诊疗设备的要求。

6. 总务仓库。主要存放办公用品、军训器械与服装、劳保用品、常用工具等物品。

7. 维修管理室。室内宜考虑配置简单的金、木、电工机具所需的面积。供学校家具及水、暖、电气设备等的小修与管理使用。

8. 传达值宿室。宜分设为传达室（可兼收发用）和值班室。

**第十四条** 生活服务用房

本标准只配置了近阶段必须由城市普通中小学校建设的生活服务用房。教职工住宅应由当地政府有关部门统筹规划建设，并配售、租给学校教职工居住。学校确需自行建设住宅，应向主管部门专项申报。

一、城市普通中小学校教职工单身宿舍的定额比例和使用面积测算如附表7。

二、中小学校教职工和学生食堂。包括餐厅与厨房，厨房的面积必须满足“三分开、一方便”的原则，即：生熟食品分开；副食品与调味品的贮藏分开；烹饪间与烧火间分开（使用煤气或天然气可不分开）；炊事员流水操作比较方便。

教职工与学生食堂面积测算如附表8。

三、学生宿舍包括居室、盥洗室、卫生间、公共活动室及管理室。单间居室居住人数不宜超过8人。学生宿舍面积，由各校根据实有必须住校的学生人数核算，并报主管部门审定后增列。

四、锅炉房。采暖地区的学校如需自行提供采暖热力时，应根据实际需要供暖的校舍面积核算锅炉吨位、台数与锅炉房面积，并报主管部门审定后增列。

五、开水房。只安装生活用水锅炉，供应师生饮用开水及淋浴热水。

六、学生厕所应按楼层设置或按性别分层设置。教职工厕所可视学校规模大小集中设置，或在学生厕所内附设教职工专用厕位。城市普通中小学校教职工、学生厕所面积测算如附表9。

七、汽车库。小学不设置，中学只设置$40m^2$的库房。

## 第五章 校舍主要建筑标准

**第十五条** 城市普通中小学校的建筑标准，必须贯彻适用、经济、在可能条件下注意美观的原则，确保校舍的坚固安全，避免片面节约或盲目追求高标准、华而不实的倾向。

**第十六条** 建筑层数。根据合理开发土地和节约土地的原则，城市中小学校舍要尽可能建造楼房。同时根据建筑物的使用功能，以及中小学生生理、心理特点和课余喜爱户外活动的要求，规定在教学楼中的普通教室：小学宜在四层以下（含四层），中学宜在五层以下（含五层）。

**第十七条** 层高。建筑层高应根据建筑物使用功能的要求确定。教学用房的层高还应根据额定人数以及每个中小学生应占有的空间、冬春季每小时换气次数、房间进深跨度合理等因素确定。要避免因层高过低影响正常使用或层高偏高造成浪费。

**第十八条** 耐火等级。应符合《建筑设计防火规范》的相关规定。

**第十九条** 建筑结构。中小学校舍是青少年在校学习、活动、生活的主要室内空间。中小学生活泼好动，喜欢嬉戏和奔跑跳跃，建筑结构设计一定要考虑人流的集中荷载、冲击荷载以及抗御自然灾害等因素，确保建筑物安全，消除各种不安全隐患。

**第二十条** 屋面。屋面的防水隔热和保温必须精心设计和施工，以防止屋面雨水渗漏、夏日屋顶太阳辐射热过强而造成室温过高、冬季因屋顶传热过快而造成室温过低的现象，保证有关用房的正常使用。

**第二十一条** 楼地面。楼地面的用料要根据各种用房的使用要求和当地的经济条件决定。普通教室、各种专用教室、公共教学用房的室内楼地面，以及厅堂、走道、楼梯等楼地面要有较高的耐磨性，并便于清洁。语言教室和计算机教室要求既有较高的洁净度，又能方便地检修地面下敷设的各种管线。厕所等用房的楼地面应能防水防滑，易于冲洗和排水。

**第二十二条** 门厅、走廊

一、教学楼的门厅除集散功能外，还具有滞留、小憩、传递信息、展示等功能，可根据需要适当扩大门厅的面积。严寒和风沙大的地区，教学楼门厅的北向出入口宜设置门斗。

二、中小学校教学楼具有人流量大、课间集散时间短、学生好嬉戏等特点，走廊净宽不应小于条文规定。有条件的地区，宜将走廊适当放宽，以利于学生课间休息、活动和交往。

**第二十三条** 楼梯。教学楼的疏散楼梯不应采用螺旋形楼梯、扇形踏步及楼梯坡度大于30°的楼梯。因受设计条件限制，楼梯井宽度大于200mm时，应采取有效的安全防护措施。

**第二十四条** 门窗用料可根据各地区经济发展水平决定，但必须达到条文中规定的适用性和安全性的要求。

**第二十五条** 建筑装修

一、中小学生好嬉戏，内墙的阳角和方柱均宜做成小圆角，以保障学生活动、通行的安全。

二、建筑装修具有保护墙体结构、改善室内环境、美化建筑外观形象的功能。室内装修材料要根据使用要求和经济条件选用。外装修材料除能防止雨水渗透外，应根据建设资金的可能、建筑物的地理位置、城市建设规划的要求、建筑环境的协调统一、当地建筑材料的供应情况等因素综合考虑确定。

**第二十六条** 厕所。中小学生使用厕所的时间集中、人流集中，为有利于环境卫生、方便使用，宜尽可能采用室内水冲式厕所，并分层设置。教学楼中的学生厕所，应设置足够的厕位，且每层厕位数不宜少于 2 个。所有厕所一定要有良好的排气装置。

**第二十七条** 室内环境的好坏，直接影响教学效果和学生身心健康。故要着重处理好教学用房的采光、照明、通风、换气、噪声干扰等主要问题。对于单侧采光的教学用房，要避免直射阳光和室内亮度反差过大对学生视力的影响，并应选用不产生眩光的黑板。

室内照明设计决定于不同功能的用房对照度的不同要求，标准中已做了明确规定。为提高桌面照度，保护学生视力，照明灯具宜采用表面反射系数高、反射曲面适宜的灯罩和发光效率高的日光色光源，不宜用裸灯。室内照明既要达到本标准规定的照度要求，又要注意照度的均匀性。

室内的污浊空气有害于中小学生的健康成长和学习。教学用房应有良好的自然通风和冬春季的可靠换气设施，以保证室内空气质量。对于产生有害气体的实验室和设于室内的毒气柜，应有强制性的机械排气设施，及时有效地排除室内废气。

室内的采暖、降温设施要因地制宜地设置。日照长的北方地区，可视技术条件，结合建筑物的外观形象设计，充分利用太阳能采暖。

**第二十八条** 主要用房固定设施配置。各地可根据不同用房使用功能的需要，结合室内装修在质地、色彩、形式上取得统一协调的效果，设置有关的固定设施。

**第二十九条、第三十条** （略）

## 附 表

**附表 1-1（1） 城市普通完全小学各类用房使用面积基本指标表** 单位：$m^2$

| 用房名称 | 每间使用面积 | 基本指标 | | | | | | | | 备注 |
|---|---|---|---|---|---|---|---|---|---|---|
| | | 12 班 540 人 | | 18 班 810 人 | | 24 班 1080 人 | | 30 班 1350 人 | | |
| | | 间数 | 面积小计 | 间数 | 面积小计 | 间数 | 面积小计 | 间数 | 面积小计 | |
| 一、教学及教学辅助用房 | | | 1585 | | 2031 | | 2498 | | 2944 | |
| 1. 普通教室 | 61 | 12 | 732 | 18 | 1098 | 24 | 1464 | 30 | 1830 | |
| 2. 专用教室 | | | 570 | | 570 | | 570 | | 570 | |
| 自然教室 | 86 | 1 | 86 | 1 | 86 | 1 | 86 | 1 | 86 | |
| 仪器标本准备室 | | | 61 | | 61 | | 61 | | 61 | |
| 音乐教室 | 73 | 1 | 73 | 1 | 73 | 1 | 73 | 1 | 73 | |
| 乐器室 | 23 | 1 | 23 | 1 | 23 | 1 | 23 | 1 | 23 | |
| 美术教室 | 86 | | — | | — | | — | | — | |
| 美术教具室 | 23 | | — | | — | | — | | — | |
| 书法教室 | 86 | | — | | — | | — | | — | |
| 语言教室 | 86 | 1 | 86 | 1 | 86 | 1 | 86 | 1 | 86 | |
| 语言资料室 | 23 | 1 | 23 | 1 | 23 | 1 | 23 | 1 | 23 | |
| 计算机教室 | 86 | 1 | 86 | 1 | 86 | 1 | 86 | 1 | 86 | |

## 续附表 1-1（1）

| 用房名称 | 每间使用面积 | 基本指标 | | | | | | | | 备注 |
|---|---|---|---|---|---|---|---|---|---|---|
| | | 12 班 540 人 | | 18 班 810 人 | | 24 班 1080 人 | | 30 班 1350 人 | | |
| | | 间数 | 面积小计 | 间数 | 面积小计 | 间数 | 面积小计 | 间数 | 面积小计 | |
| 计算机辅房 | 23 | 1 | 23 | 1 | 23 | 1 | 23 | 1 | 23 | |
| 劳动教室 | 86 | 1 | 86 | 1 | 86 | 1 | 86 | 1 | 86 | |
| 劳动教具室 | 23 | 1 | 23 | 1 | 23 | 1 | 23 | 1 | 23 | |
| 3. 公共教学用房 | | | 283 | | 363 | | 464 | | 544 | |
| 多功能教室 | | | 100 | | 130 | | 160 | | 190 | |
| 电教器材室 | 23 | 1 | 23 | 1 | 23 | 1 | 23 | 1 | 23 | |
| 图书阅览室 | | | 120 | | 170 | | 220 | | 270 | |
| 科技活动室 | | | — | | — | | — | | — | |
| 心理咨询室 | | | — | | — | | — | | — | |
| 体育活动室 | | | — | | — | | — | | — | |
| 体育器材室 | | | 40 | | 40 | | 61 | | 61 | |
| 二、办公用房 | | | 244 | | 314 | | 380 | | 446 | |
| 教学办公室 | | | 80 | | 124 | | 164 | | 204 | |
| 行政办公室 | 14 | 4 | 56 | 5 | 70 | 6 | 84 | 7 | 98 | |
| 广播社团办公室 | | | 14 | | 20 | | 26 | | 32 | |
| 会议接待室 | | | — | | — | | — | | — | |
| 德育展览室 | | | 30 | | 30 | | 30 | | 30 | |
| 卫生保健室 | 14 | 1 | 14 | 1 | 14 | 1 | 14 | 1 | 14 | |
| 总务仓库 | | | 28 | | 34 | | 40 | | 46 | |
| 维修管理室 | | | — | | — | | — | | — | |
| 传达值宿室 | 22 | 1 | 22 | 1 | 22 | 1 | 22 | 1 | 22 | |
| 三、生活服务用房 | | | 373 | | 519 | | 664 | | 811 | |
| 教工单身宿舍 | | | 65 | | 87 | | 116 | | 144 | |
| 学生宿舍 | | | — | | — | | — | | — | 另行申报增列 |
| 教工与学生食堂 | | | 168 | | 251 | | 334 | | 416 | |
| 锅炉房 | | | — | | — | | — | | — | 另行申报增列 |
| 浴室 | | | — | | — | | — | | — | 另行申报增列 |

续附表 1-1（1）

| 用房名称 | 每间使用面积 | 基本指标 | | | | | | | | 备注 |
|---|---|---|---|---|---|---|---|---|---|---|
| | | 12 班 540 人 | | 18 班 810 人 | | 24 班 1080 人 | | 30 班 1350 人 | | |
| | | 间数 | 面积小计 | 间数 | 面积小计 | 间数 | 面积小计 | 间数 | 面积小计 | |
| 开水房 | | | 24 | | 24 | | 24 | | 24 | |
| 汽车库 | | | — | | — | | — | | — | |
| 配电室 | 24 | 1 | 24 | 1 | 24 | 1 | 24 | 1 | 24 | |
| 厕所 | | | 92 | | 133 | | 166 | | 203 | |

附表 1-1（2）　城市普通完全小学生均建筑面积基本指标表 单位：$m^2$

| 名　　称 | 平面利用系数 | 基本指标 | | | | | | | | 备注 |
|---|---|---|---|---|---|---|---|---|---|---|
| | | 12 班 540 人 | | 18 班 810 人 | | 24 班 1080 人 | | 30 班 1350 人 | | |
| | | 使用面积 | 建筑面积 | 使用面积 | 建筑面积 | 使用面积 | 建筑面积 | 使用面积 | 建筑面积 | |
| 面积合计 | 0.6 | 2202 | 3670 | 2864 | 4773 | 3542 | 5903 | 4201 | 7002 | |
| 生均指标 | | | 6.8 | | 5.9 | | 5.5 | | 5.2 | |

附表 1-2（1）　城市普通完全小学各类用房使用面积规划指标表 单位：$m^2$

| 用房名称 | 每间使用面积 | 规划指标 | | | | | | | | 备注 |
|---|---|---|---|---|---|---|---|---|---|---|
| | | 12 班 540 人 | | 18 班 810 人 | | 24 班 1080 人 | | 30 班 1350 人 | | |
| | | 间数 | 面积小计 | 间数 | 面积小计 | 间数 | 面积小计 | 间数 | 面积小计 | |
| 一、教学及教学辅助用房 | | | 2464 | | 2983 | | 3753 | | 4217 | |
| 1. 普通教室 | 61 | 12 | 732 | 18 | 1098 | 24 | 1464 | 30 | 1830 | |
| 2. 专用教室 | | | 765 | | 838 | | 1144 | | 1144 | |
| 自然教室 | 86 | 1 | 86 | 1 | 86 | 2 | 172 | 2 | 172 | |
| 仪器标本准备室 | | | 61 | | 61 | | 86 | | 86 | |
| 音乐教室 | 73 | 1 | 73 | 2 | 146 | 2 | 146 | 2 | 146 | |
| 乐器室 | 23 | 1 | 23 | 1 | 23 | 1 | 23 | 1 | 23 | |
| 美术教室 | 86 | 1 | 86 | 1 | 86 | 1 | 86 | 1 | 86 | |
| 美术教具室 | 23 | 1 | 23 | 1 | 23 | 1 | 23 | 1 | 23 | |
| 书法教室 | 86 | 1 | 86 | 1 | 86 | 1 | 86 | 1 | 86 | |
| 语言教室 | 86 | 1 | 86 | 1 | 86 | 1 | 86 | 1 | 86 | |
| 语言资料室 | 23 | 1 | 23 | 1 | 23 | 1 | 23 | 1 | 23 | |

## 续附表 1-2（1）

| 用房名称 | 每间使用面积 | 规划指标 | | | | | | | | 备注 |
|---|---|---|---|---|---|---|---|---|---|---|
| | | 12 班 540 人 | | 18 班 810 人 | | 24 班 1080 人 | | 30 班 1350 人 | | |
| | | 间数 | 面积小计 | 间数 | 面积小计 | 间数 | 面积小计 | 间数 | 面积小计 | |
| 计算机教室 | 86 | 1 | 86 | 1 | 86 | 2 | 172 | 2 | 172 | |
| 计算机辅房 | 23 | 1 | 23 | 1 | 23 | 1 | 23 | 1 | 23 | |
| 劳动教室 | 86 | 1 | 86 | 1 | 86 | 2 | 172 | 2 | 172 | |
| 劳动教具室 | 23 | 1 | 23 | 1 | 23 | 2 | 46 | 2 | 46 | |
| 3. 公共教学用房 | | | 967 | | 1047 | | 1145 | | 1243 | |
| 多功能教室 | | | 100 | | 130 | | 160 | | 190 | |
| 电教器材室 | 23 | 1 | 23 | 1 | 23 | 1 | 23 | 1 | 23 | |
| 图书阅览室 | | | 120 | | 170 | | 220 | | 270 | |
| 科技活动室 | 18 | 2 | 36 | 2 | 36 | 3 | 54 | 4 | 72 | |
| 心理咨询室 | 18 | 1 | 18 | 1 | 18 | 1 | 18 | 1 | 18 | |
| 体育活动室 | | | 670 | | 670 | | 670 | | 670 | |
| 体育器材室 | | | — | | — | | — | | — | |
| 二、办公用房 | | | 306 | | 386 | | 476 | | 552 | |
| 教学办公室 | | | 80 | | 124 | | 164 | | 204 | |
| 行政办公室 | 14 | 5 | 70 | 6 | 84 | 7 | 98 | 8 | 112 | |
| 广播社团办公室 | | | 14 | | 20 | | 26 | | 32 | |
| 会议接待室 | | | 30 | | 40 | | 50 | | 60 | |
| 德育展览室 | | | 30 | | 30 | | 30 | | 30 | |
| 卫生保健室 | 14 | 1 | 14 | 1 | 14 | 2 | 28 | 2 | 28 | |
| 总务仓库 | | | 28 | | 34 | | 40 | | 46 | |
| 维修管理室 | | | 18 | | 18 | | 18 | | 18 | |
| 传达值宿室 | 22 | 1 | 22 | 1 | 22 | 1 | 22 | 1 | 22 | |
| 三、生活服务用房 | | | 466 | | 659 | | 850 | | 1044 | |
| 教工单身宿舍 | | | 65 | | 87 | | 116 | | 144 | |
| 学生宿舍 | | | — | | — | | — | | — | 另行申报增列 |
| 教工与学生食堂 | | | 261 | | 391 | | 520 | | 649 | |
| 锅炉房 | | | — | | — | | — | | — | 另行申报增列 |

## 续附表 1-2（1）

| 用房名称 | 每间使用面积 | 规划指标 | | | | | | | | 备注 |
|---|---|---|---|---|---|---|---|---|---|---|
| | | 12 班 540 人 | | 18 班 810 人 | | 24 班 1080 人 | | 30 班 1350 人 | | |
| | | 间数 | 面积小计 | 间数 | 面积小计 | 间数 | 面积小计 | 间数 | 面积小计 | |
| 浴室 | | | — | | — | | — | | — | 另行申报增列 |
| 开水房 | | | 24 | | 24 | | 24 | | 24 | |
| 汽车库 | | | — | | — | | — | | — | |
| 配电室 | 24 | 1 | 24 | 1 | 24 | 1 | 24 | 1 | 24 | |
| 厕所 | | | 92 | | 133 | | 166 | | 203 | |

## 附表 1-2（2） 城市普通完全小学生均建筑面积规划指标表

单位：$m^2$

| 名　　称 | 平面利用系数 | 规划指标 | | | | | | | | 备注 |
|---|---|---|---|---|---|---|---|---|---|---|
| | | 12 班 540 人 | | 18 班 810 人 | | 24 班 1080 人 | | 30 班 1350 人 | | |
| | | 使用面积 | 建筑面积 | 使用面积 | 建筑面积 | 使用面积 | 建筑面积 | 使用面积 | 建筑面积 | |
| 面积合计 | 0.6 | 3236 | 5394 | 4028 | 6714 | 5079 | 8465 | 5813 | 9689 | |
| 生均指标 | | | 10.0 | | 8.3 | | 7.9 | | 7.2 | |

## 附表 2-1（1） 城市普通九年制学校各类用房使用面积基本指标表

单位：$m^2$

| 用房名称 | 每间使用面积 | 基本指标 | | | | | | | | 备注 |
|---|---|---|---|---|---|---|---|---|---|---|
| | | 18 班 840 人 | | 27 班 1260 人 | | 36 班 1680 人 | | 45 班 2100 人 | | |
| | | 间数 | 面积小计 | 间数 | 面积小计 | 间数 | 面积小计 | 间数 | 面积小计 | |
| 一、教学及教学辅助用房 | | | 2310 | | 3040 | | 3917 | | 4839 | |
| 1. 普通教室 | 67 | 18 | 1206 | 27 | 1809 | 36 | 2412 | 45 | 3015 | 中小学通用 |
| 2. 专用教室 | | | 681 | | 681 | | 823 | | 1015 | |
| 自然教室 | 86 | 1 | 86 | 1 | 86 | 1 | 86 | 1 | 86 | |
| 实验室（理、化、生） | 96 | 1 | 96 | 1 | 96 | 2 | 192 | 3 | 288 | |
| 仪器标本准备室 | 23 | 2 | 46 | 2 | 46 | 4 | 92 | 5 | 115 | |
| 音乐教室 | 73 | 1 | 73 | 1 | 73 | 1 | 73 | 2 | 146 | |

**续附表 2-1（1）**

| 用房名称 | 每间使用面积 | 基本指标 | | | | | | | | 备注 |
|---|---|---|---|---|---|---|---|---|---|---|
| | | 18 班 840 人 | | 27 班 1260 人 | | 36 班 1680 人 | | 45 班 2100 人 | | |
| | | 间数 | 面积小计 | 间数 | 面积小计 | 间数 | 面积小计 | 间数 | 面积小计 | |
| 乐器室 | 23 | 1 | 23 | 1 | 23 | 1 | 23 | 1 | 23 | |
| 美术教室 | 96 | | — | | — | | — | | — | |
| 美术教具室 | 23 | | — | | — | | — | | — | |
| 书法教室 | 96 | | — | | — | | — | | — | |
| 地理教室 | 96 | | — | | — | | — | | — | |
| 语言教室 | 96 | 1 | 96 | 1 | 96 | 1 | 96 | 1 | 96 | |
| 语言资料室 | 23 | 1 | 23 | 1 | 23 | 1 | 23 | 1 | 23 | |
| 计算机教室 | 96 | 1 | 96 | 1 | 96 | 1 | 96 | 1 | 96 | |
| 计算机辅房 | 23 | 1 | 23 | 1 | 23 | 1 | 23 | 1 | 23 | |
| 劳动技术教室 | 96 | 1 | 96 | 1 | 96 | 1 | 96 | 1 | 96 | |
| 劳动教具室 | 23 | 1 | 23 | 1 | 23 | 1 | 23 | 1 | 23 | |
| 3. 公共教学用房 | | | 423 | | 550 | | 682 | | 809 | |
| 多功能教室 | | | 150 | | 190 | | 230 | | 270 | |
| 电教器材室 | 23 | 1 | 23 | 1 | 23 | 1 | 23 | 1 | 23 | |
| 图书阅览室 | | | 202 | | 289 | | 381 | | 468 | |
| 科技活动室 | 18 | | — | | — | | — | | — | |
| 心理咨询室 | 18 | | — | | — | | — | | — | |
| 体育活动室 | | | — | | — | | — | | — | |
| 体育器材室 | | | 48 | | 48 | | 48 | | 48 | |
| 二、办公用房 | | | 376 | | 494 | | 604 | | 722 | |
| 教学办公室 | | | 144 | | 216 | | 284 | | 356 | |
| 行政办公室 | 14 | 7 | 98 | 9 | 126 | 10 | 140 | 11 | 154 | |
| 广播社团办公室 | | | 22 | | 31 | | 40 | | 49 | |
| 会议接待室 | | | — | | — | | — | | — | |
| 德育展览室 | | | 40 | | 40 | | 50 | | 50 | |
| 卫生保健室 | 14 | 1 | 14 | 1 | 14 | 1 | 14 | 2 | 28 | |
| 总务仓库 | | | 36 | | 45 | | 54 | | 63 | |
| 维修管理室 | | | — | | — | | — | | — | |
| 传达值宿室 | 22 | 1 | 22 | 1 | 22 | 1 | 22 | 1 | 22 | |

## 续附表 2-1（1）

| 用房名称 | 每间使用面积 | 基本指标 | | | | | | | | 备注 |
|---|---|---|---|---|---|---|---|---|---|---|
| | | 18 班 840 人 | | 27 班 1260 人 | | 36 班 1680 人 | | 45 班 2100 人 | | |
| | | 间数 | 面积小计 | 间数 | 面积小计 | 间数 | 面积小计 | 间数 | 面积小计 | |
| 三、生活服务用房 | | | 605 | | 852 | | 1121 | | 1388 | |
| 教工单身宿舍 | | | 101 | | 137 | | 180 | | 231 | |
| 学生宿舍 | | | — | | — | | — | | — | 另行申报增列 |
| 教工与学生食堂 | | | 320 | | 480 | | 640 | | 798 | |
| 锅炉房 | | | — | | — | | — | | — | 另行申报增列 |
| 浴室 | | | — | | — | | — | | — | 另行申报增列 |
| 开水房 | | | 24 | | 24 | | 24 | | 24 | |
| 汽车库 | | | — | | — | | — | | — | |
| 配电室 | 24 | 1 | 24 | 1 | 24 | 1 | 24 | 1 | 24 | |
| 厕所 | | | 136 | | 187 | | 253 | | 311 | |

## 附表 2-1（2） 城市普通九年制学校生均建筑面积基本指标表

单位：$m^2$

| 名称 | 平面利用系数 | 基本指标 | | | | | | | | 备注 |
|---|---|---|---|---|---|---|---|---|---|---|
| | | 18 班 840 人 | | 27 班 1260 人 | | 36 班 1680 人 | | 45 班 2100 人 | | |
| | | 使用面积 | 建筑面积 | 使用面积 | 建筑面积 | 使用面积 | 建筑面积 | 使用面积 | 建筑面积 | |
| 面积合计 | 0.6 | 3291 | 5485 | 4386 | 7310 | 5642 | 9403 | 6949 | 11582 | |
| 生均指标 | | | 6.5 | | 5.8 | | 5.6 | | 5.5 | |

## 附表 2-2（1） 城市普通九年制学校各类用房使用面积规划指标表

单位：$m^2$

| 用房名称 | 每间使用面积 | 规划指标 | | | | | | | | 备注 |
|---|---|---|---|---|---|---|---|---|---|---|
| | | 18 班 840 人 | | 27 班 1260 人 | | 36 班 1680 人 | | 45 班 2100 人 | | |
| | | 间数 | 面积小计 | 间数 | 面积小计 | 间数 | 面积小计 | 间数 | 面积小计 | |
| 一、教学及教学辅助用房 | | | 3410 | | 4188 | | 5780 | | 7020 | |
| 1. 普通教室 | 67 | 18 | 1206 | 27 | 1809 | 36 | 2412 | 45 | 3015 | 中小学通用 |
| 2. 专用教室 | | | 1065 | | 1065 | | 1604 | | 1796 | |
| 自然教室 | 86 | 1 | 86 | 1 | 86 | 2 | 172 | 2 | 172 | |

## 续附表 2-2（1）

| 用房名称 | 每间使用面积 | 规划指标 | | | | | | | | 备注 |
|---|---|---|---|---|---|---|---|---|---|---|
| | | 18 班 840 人 | | 27 班 1260 人 | | 36 班 1680 人 | | 45 班 2100 人 | | |
| | | 间数 | 面积小计 | 间数 | 面积小计 | 间数 | 面积小计 | 间数 | 面积小计 | |
| 实验室（理、化、生） | 96 | 1 | 96 | 1 | 96 | 2 | 192 | 3 | 288 | |
| 仪器标本准备室 | 23 | 2 | 46 | 2 | 46 | 4 | 92 | 5 | 115 | |
| 音乐教室 | 73 | 2 | 146 | 2 | 146 | 2 | 146 | 3 | 219 | |
| 乐器室 | 23 | 1 | 23 | 1 | 23 | 1 | 23 | 1 | 23 | |
| 美术教室 | 96 | 1 | 96 | 1 | 96 | 1 | 96 | 1 | 96 | |
| 美术教具室 | 23 | 1 | 23 | 1 | 23 | 1 | 23 | 1 | 23 | |
| 书法教室 | 96 | 1 | 96 | 1 | 96 | 1 | 96 | 1 | 96 | |
| 地理教室 | 96 | 1 | 96 | 1 | 96 | 1 | 96 | 1 | 96 | |
| 语言教室 | 96 | 1 | 96 | 1 | 96 | 2 | 192 | 2 | 192 | |
| 语言资料室 | 23 | 1 | 23 | 1 | 23 | 1 | 23 | 1 | 23 | |
| 计算机教室 | 96 | 1 | 96 | 1 | 96 | 2 | 192 | 2 | 192 | |
| 计算机辅房 | 23 | 1 | 23 | 1 | 23 | 1 | 23 | 1 | 23 | |
| 劳动技术教室 | 96 | 1 | 96 | 1 | 96 | 2 | 192 | 2 | 192 | |
| 劳动教具室 | 23 | 1 | 23 | 1 | 23 | 2 | 46 | 2 | 46 | |
| 3. 公共教学用房 | | | 1139 | | 1314 | | 1764 | | 2209 | |
| 多功能教室 | | | 150 | | 190 | | 230 | | 270 | |
| 电教器材室 | 23 | 1 | 23 | 1 | 23 | 1 | 23 | 1 | 23 | |
| 图书阅览室 | | | 202 | | 289 | | 381 | | 468 | |
| 科技活动室 | 18 | 2 | 36 | 3 | 54 | 4 | 72 | 5 | 90 | |
| 心理咨询室 | 18 | 1 | 18 | 1 | 18 | 1 | 18 | 1 | 18 | |
| 体育活动室 | | | 670 | | 700 | | 1000 | | 1300 | |
| 体育器材室 | | | 40 | | 40 | | 40 | | 40 | |
| 二、办公用房 | | | 453 | | 595 | | 735 | | 877 | |
| 教学办公室 | | | 144 | | 216 | | 284 | | 356 | |
| 行政办公室 | 14 | 8 | 112 | 10 | 140 | 12 | 168 | 14 | 196 | |
| 广播社团办公室 | | | 22 | | 31 | | 40 | | 49 | |
| 会议接待室 | | | 45 | | 55 | | 65 | | 75 | |
| 德育展览室 | | | 40 | | 40 | | 50 | | 50 | |
| 卫生保健室 | 14 | 1 | 14 | 2 | 28 | 2 | 28 | 3 | 42 | |
| 总务仓库 | | | 36 | | 45 | | 54 | | 63 | |

续附表 2-2（1）

| 用房名称 | 每间使用面积 | 规划指标 18班840人 间数 | 面积小计 | 27班1260人 间数 | 面积小计 | 36班1680人 间数 | 面积小计 | 45班2100人 间数 | 面积小计 | 备注 |
|---|---|---|---|---|---|---|---|---|---|---|
| 维修管理室 | | | 18 | | 18 | | 24 | | 24 | |
| 传达值宿室 | 22 | 1 | 22 | 1 | 22 | 1 | 22 | 1 | 22 | |
| 三、生活服务用房 | | | 801 | | 1126 | | 1472 | | 1817 | |
| 教工单身宿舍 | | | 101 | | 137 | | 180 | | 231 | |
| 学生宿舍 | | | — | | — | | — | | — | 另行申报增列 |
| 教工与学生食堂 | | | 476 | | 714 | | 951 | | 1187 | |
| 锅炉房 | | | — | | — | | — | | — | 另行申报增列 |
| 浴室 | | | — | | — | | — | | — | 另行申报增列 |
| 开水房 | | | 24 | | 24 | | 24 | | 24 | |
| 汽车库 | | | 40 | | 40 | | 40 | | 40 | |
| 配电室 | 24 | 1 | 24 | 1 | 24 | 1 | 24 | 1 | 24 | |
| 厕所 | | | 136 | | 187 | | 253 | | 311 | |

附表 2-2（2） 城市普通九年制学校生均建筑面积规划指标表 单位：$m^2$

| 名　称 | 平面利用系数 | 规划指标 18班840人 使用面积 | 建筑面积 | 27班1260人 使用面积 | 建筑面积 | 36班1680人 使用面积 | 建筑面积 | 45班2100人 使用面积 | 建筑面积 | 备注 |
|---|---|---|---|---|---|---|---|---|---|---|
| 面积合计 | 0.6 | 4664 | 7774 | 5909 | 9848 | 7987 | 13312 | 9714 | 16190 | |
| 生均指标 | | | 9.3 | | 7.9 | | 8.0 | | 7.8 | |

附表 3-1（1） 城市普通初级中学各类用房使用面积基本指标表 单位：$m^2$

| 用房名称 | 每间使用面积 | 基本指标 12班600人 间数 | 面积小计 | 18班900人 间数 | 面积小计 | 24班1200人 间数 | 面积小计 | 30班1500人 间数 | 面积小计 | 备注 |
|---|---|---|---|---|---|---|---|---|---|---|
| 一、教学及教学辅助用房 | | | 1918 | | 2559 | | 3199 | | 3840 | |
| 1. 普通教室 | 67 | 12 | 804 | 18 | 1206 | 24 | 1608 | 30 | 2010 | |
| 2. 专用教室 | | | 737 | | 856 | | 975 | | 1094 | |

续附表 3-1（1）

| 用房名称 | 每间使用面积 | 基本指标 | | | | | | | | 备注 |
|---|---|---|---|---|---|---|---|---|---|---|
| | | 12 班 600 人 | | 18 班 900 人 | | 24 班 1200 人 | | 30 班 1500 人 | | |
| | | 间数 | 面积小计 | 间数 | 面积小计 | 间数 | 面积小计 | 间数 | 面积小计 | |
| 实验室（理、化、生） | 96 | 2 | 192 | 3 | 288 | 4 | 384 | 5 | 480 | |
| 仪器标本准备室 | 23 | 4 | 92 | 5 | 115 | 6 | 138 | 7 | 161 | |
| 音乐教室 | 73 | 1 | 73 | 1 | 73 | 1 | 73 | 1 | 73 | |
| 乐器室 | 23 | 1 | 23 | 1 | 23 | 1 | 23 | 1 | 23 | |
| 美术教室 | 96 | | — | | — | | — | | — | |
| 美术教具室 | 23 | | — | | — | | — | | — | |
| 书法教室 | 96 | | — | | — | | — | | — | |
| 地理教室 | 96 | | — | | — | | — | | — | |
| 语言教室 | 96 | 1 | 96 | 1 | 96 | 1 | 96 | 1 | 96 | |
| 语言资料室 | 23 | 1 | 23 | 1 | 23 | 1 | 23 | 1 | 23 | |
| 计算机教室 | 96 | 1 | 96 | 1 | 96 | 1 | 96 | 1 | 96 | |
| 计算机辅房 | 23 | 1 | 23 | 1 | 23 | 1 | 23 | 1 | 23 | |
| 劳动技术教室 | 96 | 1 | 96 | 1 | 96 | 1 | 96 | 1 | 96 | |
| 劳动教具室 | 23 | 1 | 23 | 1 | 23 | 1 | 23 | 1 | 23 | |
| 3. 公共教学用房 | | | 377 | | 497 | | 616 | | 736 | |
| 合班教室 | | | 110 | | 150 | | 190 | | 230 | |
| 电教器材室 | 23 | 1 | 23 | 1 | 23 | 1 | 23 | 1 | 23 | |
| 图书阅览室 | | | 181 | | 261 | | 340 | | 420 | |
| 科技活动室 | 18 | | — | | — | | — | | — | |
| 心理咨询室 | 18 | | — | | — | | — | | — | |
| 体育活动室 | | | — | | — | | — | | — | |
| 体育器材室 | | | 63 | | 63 | | 63 | | 63 | |
| 二、办公用房 | | | 414 | | 500 | | 586 | | 672 | |
| 教学办公室 | | | 120 | | 180 | | 240 | | 300 | |
| 行政办公室 | 14 | 7 | 98 | 8 | 112 | 9 | 126 | 10 | 140 | |
| 广播社团办公室 | | | 22 | | 28 | | 34 | | 40 | |
| 会议接待室 | | | 30 | | 30 | | 30 | | 30 | |
| 德育展览室 | | | 50 | | 50 | | 50 | | 50 | |
| 卫生保健室 | 14 | 1 | 14 | 1 | 14 | 1 | 14 | 1 | 14 | |
| 总务仓库 | | | 34 | | 40 | | 46 | | 52 | |

**续附表 3-1（1）**

| 用房名称 | 每间使用面积 | 基本指标 | | | | | | | | 备注 |
|---|---|---|---|---|---|---|---|---|---|---|
| | | 12 班 600 人 | | 18 班 900 人 | | 24 班 1200 人 | | 30 班 1500 人 | | |
| | | 间数 | 面积小计 | 间数 | 面积小计 | 间数 | 面积小计 | 间数 | 面积小计 | |
| 维修管理室 | | | 24 | | 24 | | 24 | | 24 | |
| 传达值宿室 | 22 | 1 | 22 | 1 | 22 | 1 | 22 | 1 | 22 | |
| 三、生活服务用房 | | | 531 | | 768 | | 998 | | 1231 | |
| 教工单身宿舍 | | | 65 | | 101 | | 130 | | 166 | |
| 学生宿舍 | | | — | | — | | — | | — | 另行申报增列 |
| 教工与学生食堂 | | | 314 | | 470 | | 628 | | 782 | |
| 锅炉房 | | | — | | — | | — | | — | 另行申报增列 |
| 浴室 | | | — | | — | | — | | — | 另行申报增列 |
| 开水房 | | | 24 | | 24 | | 24 | | 24 | |
| 汽车库 | | | — | | — | | — | | — | |
| 配电室 | 24 | 1 | 24 | 1 | 24 | 1 | 24 | 1 | 24 | |
| 厕所 | | | 104 | | 149 | | 192 | | 235 | |

**附表 3-1（2）　城市普通初级中学生均建筑面积基本指标表** 单位：$m^2$

| 名　称 | 平面利用系数 | 基本指标 | | | | | | | | 备注 |
|---|---|---|---|---|---|---|---|---|---|---|
| | | 12 班 600 人 | | 18 班 900 人 | | 24 班 1200 人 | | 30 班 1500 人 | | |
| | | 使用面积 | 建筑间积 | 使用面积 | 建筑面积 | 使用面积 | 建筑面积 | 使用面积 | 建筑面积 | |
| 面积合计 | 0.6 | 2863 | 4772 | 3827 | 6379 | 4783 | 7972 | 5743 | 9572 | |
| 生均指标 | | | 7.9 | | 7.1 | | 6.7 | | 6.4 | |

**附表 3-2（1）　城市普通初级中学各类用房使用面积规划指标表** 单位：$m^2$

| 用房名称 | 每间使用面积 | 规划指标 | | | | | | | | 备注 |
|---|---|---|---|---|---|---|---|---|---|---|
| | | 12 班 600 人 | | 18 班 900 人 | | 24 班 1200 人 | | 30 班 1500 人 | | |
| | | 间数 | 面积小计 | 间数 | 面积小计 | 间数 | 面积小计 | 间数 | 面积小计 | |
| 一、教学及教学辅助用房 | | | 2960 | | 3919 | | 5092 | | 5751 | |
| 1. 普通教室 | 67 | 12 | 804 | 18 | 1206 | 24 | 1608 | 30 | 2010 | |

## 续附表 3-2（1）

| 用房名称 | 每间使用面积 | 规划指标 | | | | | | | | 备注 |
|---|---|---|---|---|---|---|---|---|---|---|
| | | 12 班 600 人 | | 18 班 900 人 | | 24 班 1200 人 | | 30 班 1500 人 | | |
| | | 间数 | 面积小计 | 间数 | 面积小计 | 间数 | 面积小计 | 间数 | 面积小计 | |
| 2. 专用教室 | | | 1048 | | 1167 | | 1501 | | 1620 | |
| 实验室（理、化、生） | 96 | 2 | 192 | 3 | 288 | 4 | 384 | 5 | 480 | |
| 仪器标本准备室 | 23 | 4 | 92 | 5 | 115 | 6 | 138 | 7 | 161 | |
| 音乐教室 | 73 | 1 | 73 | 1 | 73 | 1 | 73 | 1 | 73 | |
| 乐器室 | 23 | 1 | 23 | 1 | 23 | 1 | 23 | 1 | 23 | |
| 美术教室 | 96 | 1 | 96 | 1 | 96 | 1 | 96 | 1 | 96 | |
| 美术教具室 | 23 | 1 | 23 | 1 | 23 | 1 | 23 | 1 | 23 | |
| 书法教室 | 96 | 1 | 96 | 1 | 96 | 1 | 96 | 1 | 96 | |
| 地理教室 | 96 | 1 | 96 | 1 | 96 | 1 | 96 | 1 | 96 | |
| 语言教室 | 96 | 1 | 96 | 1 | 96 | 2 | 192 | 2 | 192 | |
| 语言资料室 | 23 | 1 | 23 | 1 | 23 | 1 | 23 | 1 | 23 | |
| 计算机教室 | 96 | 1 | 96 | 1 | 96 | 1 | 96 | 1 | 96 | |
| 计算机辅房 | 23 | 1 | 23 | 1 | 23 | 1 | 23 | 1 | 23 | |
| 劳动技术教室 | 96 | 1 | 96 | 1 | 96 | 2 | 192 | 2 | 192 | |
| 劳动教具室 | 23 | 1 | 23 | 1 | 23 | 2 | 46 | 2 | 46 | |
| 3. 公共教学用房 | | | 1108 | | 1546 | | 1983 | | 2121 | |
| 合班教室 | | | 110 | | 150 | | 190 | | 230 | |
| 电教器材室 | 23 | 1 | 23 | 1 | 23 | 1 | 23 | 1 | 23 | |
| 图书阅览室 | | | 181 | | 261 | | 340 | | 420 | |
| 科技活动室 | 18 | 2 | 36 | 3 | 54 | 4 | 72 | 5 | 90 | |
| 心理咨询室 | 18 | 1 | 18 | 1 | 18 | 1 | 18 | 1 | 18 | |
| 体育活动室 | | | 700 | | 1000 | | 1300 | | 1300 | |
| 体育器材室 | | | 40 | | 40 | | 40 | | 40 | |
| 二、办公用房 | | | 424 | | 534 | | 658 | | 768 | |
| 教学办公室 | | | 120 | | 180 | | 240 | | 300 | |
| 行政办公室 | 14 | 7 | 98 | 9 | 126 | 11 | 154 | 13 | 182 | |
| 广播社团办公室 | | | 22 | | 28 | | 34 | | 40 | |

## 续附表 3-2（1）

| 用房名称 | 每间使用面积 | 规划指标 | | | | | | | | 备注 |
|---|---|---|---|---|---|---|---|---|---|---|
| | | 12 班 600 人 | | 18 班 900 人 | | 24 班 1200 人 | | 30 班 1500 人 | | |
| | | 间数 | 面积小计 | 间数 | 面积小计 | 间数 | 面积小计 | 间数 | 面积小计 | |
| 会议接待室 | | | 40 | | 50 | | 60 | | 70 | |
| 德育展览室 | | | 50 | | 50 | | 50 | | 50 | |
| 卫生保健室 | 14 | 1 | 14 | 1 | 14 | 2 | 28 | 2 | 28 | |
| 总务仓库 | | | 34 | | 40 | | 46 | | 52 | |
| 维修管理室 | | | 24 | | 24 | | 24 | | 24 | |
| 传达值宿室 | 22 | 1 | 22 | 1 | 22 | 1 | 22 | 1 | 22 | |
| 三、生活服务用房 | | | 697 | | 997 | | 1290 | | 1586 | |
| 教工单身宿舍 | | | 65 | | 101 | | 130 | | 166 | |
| 学生宿舍 | | | — | | — | | — | | — | 另行申报增列 |
| 教工与学生食堂 | | | 440 | | 659 | | 880 | | 1097 | |
| 锅炉房 | | | — | | — | | — | | — | 另行申报增列 |
| 浴室 | | | — | | — | | — | | — | 另行申报增列 |
| 开水房 | | | 24 | | 24 | | 24 | | 24 | |
| 汽车库 | | | 40 | | 40 | | 40 | | 40 | |
| 配电室 | 24 | 1 | 24 | 1 | 24 | 1 | 24 | 1 | 24 | |
| 厕所 | | | 104 | | 149 | | 192 | | 235 | |

## 附表 3-2（2）　城市普通初级中学生均建筑面积规划指标表　单位：$m^2$

| 名　称 | 平面利用系数 | 规划指标 | | | | | | | | 备注 |
|---|---|---|---|---|---|---|---|---|---|---|
| | | 12 班 600 人 | | 18 班 900 人 | | 24 班 1200 人 | | 30 班 1500 人 | | |
| | | 使用面积 | 建筑间积 | 使用面积 | 建筑面积 | 使用面积 | 建筑面积 | 使用面积 | 建筑面积 | |
| 面积合计 | 0.6 | 4081 | 6802 | 5450 | 9084 | 7040 | 11734 | 8105 | 13508 | |
| 生均指标 | | | 11.4 | | 10.1 | | 9.8 | | 9.0 | |

## 附表 4-1（1） 城市普通完全中学各类用房使用面积基本指标表 单位：$m^2$

| 用房名称 | 每间使用面积 | 基本指标 | | | | | | | | 备注 |
|---|---|---|---|---|---|---|---|---|---|---|
| | | 18 班 900 人 | | 24 班 1200 人 | | 30 班 1500 人 | | 36 班 1800 人 | | |
| | | 间数 | 面积小计 | 间数 | 面积小计 | 间数 | 面积小计 | 间数 | 面积小计 | |
| 一、教学及教学辅助用房 | | | 2581 | | 3226 | | 3870 | | 4515 | |
| 1. 普通教室 | 67 | 18 | 1206 | 24 | 1608 | 30 | 2010 | 36 | 2412 | |
| 2. 专用教室 | | | 856 | | 975 | | 1094 | | 1213 | |
| 实验室（理、化、生） | 96 | 3 | 288 | 4 | 384 | 5 | 480 | 6 | 576 | |
| 仪器标本准备室 | 23 | 5 | 115 | 6 | 138 | 7 | 161 | 8 | 184 | |
| 音乐教室 | 73 | 1 | 73 | 1 | 73 | 1 | 73 | 1 | 73 | |
| 乐器室 | 23 | 1 | 23 | 1 | 23 | 1 | 23 | 1 | 23 | |
| 美术教室 | 96 | | — | | — | | — | | — | |
| 美术教具室 | 23 | | — | | — | | — | | — | |
| 书法教室 | 96 | | — | | — | | — | | — | |
| 地理教室 | 96 | | — | | — | | — | | — | |
| 语言教室 | 96 | 1 | 96 | 1 | 96 | 1 | 96 | 1 | 96 | |
| 语言资料室 | 23 | 1 | 23 | 1 | 23 | 1 | 23 | 1 | 23 | |
| 计算机教室 | 96 | 1 | 96 | 1 | 96 | 1 | 96 | 1 | 96 | |
| 计算机辅房 | 23 | 1 | 23 | 1 | 23 | 1 | 23 | 1 | 23 | |
| 劳动技术教室 | 96 | 1 | 96 | 1 | 96 | 1 | 96 | 1 | 96 | |
| 劳动教具室 | 23 | 1 | 23 | 1 | 23 | 1 | 23 | 1 | 23 | |
| 3. 公共教学用房 | | | 519 | | 643 | | 766 | | 890 | |
| 合班教室 | | | 150 | | 190 | | 230 | | 270 | |
| 电教器材室 | 23 | 1 | 23 | 1 | 23 | 1 | 23 | 1 | 23 | |
| 图书阅览室 | | | 283 | | 367 | | 450 | | 534 | |
| 科技活动室 | 18 | | — | | — | | — | | — | |
| 心理咨询室 | 18 | | — | | — | | — | | — | |
| 体育活动室 | | | — | | — | | — | | — | |
| 体育器材室 | | | 63 | | 63 | | 63 | | 63 | |
| 二、办公用房 | | | 530 | | 624 | | 718 | | 826 | |
| 教学办公室 | | | 200 | | 268 | | 336 | | 404 | |
| 行政办公室 | 14 | 8 | 112 | 9 | 126 | 10 | 140 | 11 | 154 | |
| 广播社团办公室 | | | 28 | | 34 | | 40 | | 46 | |

## 续附表 4-1（1）

| 用房名称 | 每间使用面积 | 基本指标 | | | | | | | | 备注 |
|---|---|---|---|---|---|---|---|---|---|---|
| | | 18 班 900 人 | | 24 班 1200 人 | | 30 班 1500 人 | | 36 班 1800 人 | | |
| | | 间数 | 面积小计 | 间数 | 面积小计 | 间数 | 面积小计 | 间数 | 面积小计 | |
| 会议接待室 | | | 40 | | 40 | | 40 | | 40 | |
| 德育展览室 | | | 50 | | 50 | | 50 | | 50 | |
| 卫生保健室 | 14 | 1 | 14 | 1 | 14 | 1 | 14 | 2 | 28 | |
| 总务仓库 | | | 40 | | 46 | | 52 | | 58 | |
| 维修管理室 | | | 24 | | 24 | | 24 | | 24 | |
| 传达值宿室 | 22 | 1 | 22 | 1 | 22 | 1 | 22 | 1 | 22 | |
| 三、生活服务用房 | | | 786 | | 1022 | | 1252 | | 1491 | |
| 教工单身宿舍 | | | 108 | | 144 | | 173 | | 209 | |
| 学生宿舍 | | | — | | — | | — | | — | 另行申报增列 |
| 教工与学生食堂 | | | 480 | | 636 | | 794 | | 954 | |
| 锅炉房 | | | — | | — | | — | | — | 另行申报增列 |
| 浴室 | | | — | | — | | — | | — | 另行申报增列 |
| 开水房 | | | 24 | | 24 | | 24 | | 24 | |
| 汽车库 | | | — | | — | | — | | — | |
| 配电室 | 24 | 1 | 24 | 1 | 24 | 1 | 24 | 1 | 24 | |
| 厕所 | | | 150 | | 194 | | 237 | | 280 | |

## 附表 4-1（2） 城市普通完全中学生均建筑面积基本指标表 单位：m²

| 名 称 | 平面利用系数 | 基本指标 | | | | | | | | 备注 |
|---|---|---|---|---|---|---|---|---|---|---|
| | | 18 班 900 人 | | 24 班 1200 人 | | 30 班 1500 人 | | 36 班 1800 人 | | |
| | | 使用面积 | 建筑面积 | 使用面积 | 建筑面积 | 使用面积 | 建筑面积 | 使用面积 | 建筑面积 | |
| 面积合计 | 0.6 | 3897 | 6495 | 4872 | 8120 | 5840 | 9734 | 6832 | 11387 | |
| 生均指标 | | | 7.3 | | 6.8 | | 6.5 | | 6.3 | |

## 附表 4-2（1） 城市普通完全中学各类用房使用面积规划指标表 单位：$m^2$

| 用房名称 | 每间使用面积 | 规划指标 | | | | | | | | 备注 |
|---|---|---|---|---|---|---|---|---|---|---|
| | | 18 班 900 人 | | 24 班 1200 人 | | 30 班 1500 人 | | 36 班 1800 人 | | |
| | | 间数 | 面积小计 | 间数 | 面积小计 | 间数 | 面积小计 | 间数 | 面积小计 | |
| 一、教学及教学辅助用房 | | | 3941 | | 5119 | | 5781 | | 6613 | |
| 1. 普通教室 | 67 | 18 | 1206 | 24 | 1608 | 30 | 2010 | 36 | 2412 | |
| 2. 专用教室 | | | 1167 | | 1501 | | 1620 | | 1908 | |
| 实验室（理、化、生） | 96 | 3 | 288 | 4 | 384 | 5 | 480 | 6 | 576 | |
| 仪器标本准备室 | 23 | 5 | 115 | 6 | 138 | 7 | 161 | 8 | 184 | |
| 音乐教室 | 73 | 1 | 73 | 1 | 73 | 1 | 73 | 2 | 146 | |
| 乐器室 | 23 | 1 | 23 | 1 | 23 | 1 | 23 | 1 | 23 | |
| 美术教室 | 96 | 1 | 96 | 1 | 96 | 1 | 96 | 1 | 96 | |
| 美术教具室 | 23 | 1 | 23 | 1 | 23 | 1 | 23 | 1 | 23 | |
| 书法教室 | 96 | 1 | 96 | 1 | 96 | 1 | 96 | 1 | 96 | |
| 地理教室 | 96 | 1 | 96 | 1 | 96 | 1 | 96 | 1 | 96 | |
| 语言教室 | 96 | 1 | 96 | 2 | 192 | 2 | 192 | 2 | 192 | |
| 语言资料室 | 23 | 1 | 23 | 1 | 23 | 1 | 23 | 1 | 23 | |
| 计算机教室 | 96 | 1 | 96 | 1 | 96 | 1 | 96 | 2 | 192 | |
| 计算机辅房 | 23 | 1 | 23 | 1 | 23 | 1 | 23 | 1 | 23 | |
| 劳动技术教室 | 96 | 1 | 96 | 2 | 192 | 2 | 192 | 2 | 192 | |
| 劳动教具室 | 23 | 1 | 23 | 2 | 46 | 2 | 46 | 2 | 46 | |
| 3. 公共教学用房 | | | 1568 | | 2010 | | 2151 | | 2293 | |
| 合班教室 | | | 150 | | 190 | | 230 | | 270 | |
| 电教器材室 | 23 | 1 | 23 | 1 | 23 | 1 | 23 | 1 | 23 | |
| 图书阅览室 | | | 283 | | 367 | | 450 | | 534 | |
| 科技活动室 | 18 | 3 | 54 | 4 | 72 | 5 | 90 | 6 | 108 | |
| 心理咨询室 | 18 | 1 | 18 | 1 | 18 | 1 | 18 | 1 | 18 | |
| 体育活动室 | | | 1000 | | 1300 | | 1300 | | 1300 | |
| 体育器材室 | | | 40 | | 40 | | 40 | | 40 | |
| 二、办公用房 | | | 568 | | 686 | | 804 | | 936 | |
| 教学办公室 | | | 200 | | 268 | | 336 | | 404 | |
| 行政办公室 | 14 | 9 | 126 | 11 | 154 | 13 | 182 | 15 | 210 | |
| 广播社团办公室 | | | 28 | | 34 | | 40 | | 46 | |

**续附表 4-2（1）**

| 用房名称 | 每间使用面积 | 规划指标 | | | | | | | | 备注 |
|---|---|---|---|---|---|---|---|---|---|---|
| | | 18 班 900 人 | | 24 班 1200 人 | | 30 班 1500 人 | | 36 班 1800 人 | | |
| | | 间数 | 面积小计 | 间数 | 面积小计 | 间数 | 面积小计 | 间数 | 面积小计 | |
| 会议接待室 | | | 50 | | 60 | | 70 | | 80 | |
| 德育展览室 | | | 50 | | 50 | | 50 | | 50 | |
| 卫生保健室 | 14 | 2 | 28 | 2 | 28 | 2 | 28 | 3 | 42 | |
| 总务仓库 | | | 40 | | 46 | | 52 | | 58 | |
| 维修管理室 | | | 24 | | 24 | | 24 | | 24 | |
| 传达值宿室 | 22 | 1 | 22 | 1 | 22 | 1 | 22 | 1 | 22 | |
| 三、生活服务用房 | | | 1015 | | 1314 | | 1607 | | 1909 | |
| 教工单身宿舍 | | | 108 | | 144 | | 173 | | 209 | |
| 学生宿舍 | | | — | | — | | — | | — | 另行申报增列 |
| 教工与学生食堂 | | | 669 | | 888 | | 1109 | | 1332 | |
| 锅炉房 | | | — | | — | | — | | — | 另行申报增列 |
| 浴室 | | | — | | — | | — | | — | 另行申报增列 |
| 开水房 | | | 24 | | 24 | | 24 | | 24 | |
| 汽车库 | | | 40 | | 40 | | 40 | | 40 | |
| 配电室 | 24 | 1 | 24 | 1 | 24 | 1 | 24 | 1 | 24 | |
| 厕所 | | | 150 | | 194 | | 237 | | 280 | |

**附表 4-2（2）　城市普通完全中学生均建筑面积规划指标表** 单位：$m^2$

| 名称 | 平面利用系数 | 规划指标 | | | | | | | | 备注 |
|---|---|---|---|---|---|---|---|---|---|---|
| | | 18 班 900 人 | | 24 班 1200 人 | | 30 班 1500 人 | | 36 班 1800 人 | | |
| | | 使用面积 | 建筑面积 | 使用面积 | 建筑面积 | 使用面积 | 建筑面积 | 使用面积 | 建筑面积 | |
| 面积合计 | 0.6 | 5524 | 9207 | 7119 | 11865 | 8192 | 13654 | 9458 | 15764 | |
| 生均指标 | | | 10.3 | | 9.9 | | 9.1 | | 8.8 | |

附表 5-1（1）　城市普通高级中学各类用房使用面积基本指标表　单位：$m^2$

| 用房名称 | 每间使用面积 | 基本指标 | | | | | | | | 备注 |
|---|---|---|---|---|---|---|---|---|---|---|
| | | 18 班 900 人 | | 24 班 1200 人 | | 30 班 1500 人 | | 36 班 1800 人 | | |
| | | 间数 | 面积小计 | 间数 | 面积小计 | 间数 | 面积小计 | 间数 | 面积小计 | |
| 一、教学及教学辅助用房 | | | 2591 | | 3240 | | 3888 | | 4537 | |
| 1. 普通教室 | 67 | 18 | 1206 | 24 | 1608 | 30 | 2010 | 36 | 2412 | |
| 2. 专用教室 | | | 856 | | 975 | | 1094 | | 1213 | |
| 实验室（理、化、生） | 96 | 3 | 288 | 4 | 384 | 5 | 480 | 6 | 576 | |
| 仪器标本准备室 | 23 | 5 | 115 | 6 | 138 | 7 | 161 | 8 | 184 | |
| 音乐教室 | 73 | 1 | 73 | 1 | 73 | 1 | 73 | 1 | 73 | |
| 乐器室 | 23 | 1 | 23 | 1 | 23 | 1 | 23 | 1 | 23 | |
| 美术教室 | 96 | | — | | — | | — | | — | |
| 美术教具室 | 23 | | — | | — | | — | | — | |
| 书法教室 | 96 | | — | | — | | — | | — | |
| 地理教室 | 96 | | — | | — | | — | | — | |
| 语言教室 | 96 | 1 | 96 | 1 | 96 | 1 | 96 | 1 | 96 | |
| 语言资料室 | 23 | 1 | 23 | 1 | 23 | 1 | 23 | 1 | 23 | |
| 计算机教室 | 96 | 1 | 96 | 1 | 96 | 1 | 96 | 1 | 96 | |
| 计算机辅房 | 23 | 1 | 23 | 1 | 23 | 1 | 23 | 1 | 23 | |
| 劳动技术教室 | 96 | 1 | 96 | 1 | 96 | 1 | 96 | 1 | 96 | |
| 劳动教具室 | 23 | 1 | 23 | 1 | 23 | 1 | 23 | 1 | 23 | |
| 3. 公共教学用房 | | | 529 | | 657 | | 784 | | 912 | |
| 合班教室 | | | 150 | | 190 | | 230 | | 270 | |
| 电教器材室 | 23 | 1 | 23 | 1 | 23 | 1 | 23 | 1 | 23 | |
| 图书阅览室 | | | 293 | | 381 | | 468 | | 556 | |
| 科技活动室 | 18 | | — | | — | | — | | — | |
| 心理咨询室 | 18 | | — | | — | | — | | — | |
| 体育活动室 | | | — | | — | | — | | — | |
| 体育器材室 | | | 63 | | 63 | | 63 | | 63 | |
| 二、办公用房 | | | 574 | | 672 | | 770 | | 868 | |
| 教学办公室 | | | 216 | | 288 | | 360 | | 432 | |
| 行政办公室 | 14 | 9 | 126 | 10 | 140 | 11 | 154 | 12 | 168 | |
| 广播社团办公室 | | | 28 | | 34 | | 40 | | 46 | |

**续附表 5-1（1）**

| 用房名称 | 每间使用面积 | 基本指标 | | | | | | | | 备注 |
|---|---|---|---|---|---|---|---|---|---|---|
| | | 18 班 900 人 | | 24 班 1200 人 | | 30 班 1500 人 | | 36 班 1800 人 | | |
| | | 间数 | 面积小计 | 间数 | 面积小计 | 间数 | 面积小计 | 间数 | 面积小计 | |
| 会议接待室 | | | 40 | | 40 | | 40 | | 40 | |
| 德育展览室 | | | 50 | | 50 | | 50 | | 50 | |
| 卫生保健室 | 14 | 2 | 28 | 2 | 28 | 2 | 28 | 2 | 28 | |
| 总务仓库 | | | 40 | | 46 | | 52 | | 58 | |
| 维修管理室 | | | 24 | | 24 | | 24 | | 24 | |
| 传达值宿室 | 22 | 1 | 22 | 1 | 22 | 1 | 22 | 1 | 22 | |
| 三、生活服务用房 | | | 797 | | 1037 | | 1277 | | 1518 | |
| 教工单身宿舍 | | | 116 | | 152 | | 188 | | 224 | |
| 学生宿舍 | | | — | | — | | — | | — | 另行申报增列 |
| 教工与学生食堂 | | | 482 | | 642 | | 802 | | 964 | |
| 锅炉房 | | | — | | — | | — | | — | 另行申报增列 |
| 浴室 | | | — | | — | | — | | — | 另行申报增列 |
| 开水房 | | | 24 | | 24 | | 24 | | 24 | |
| 汽车库 | | | — | | — | | — | | — | |
| 配电室 | 24 | 1 | 24 | 1 | 24 | 1 | 24 | 1 | 24 | |
| 厕所 | | | 151 | | 195 | | 239 | | 282 | |

**附表 5-1（2）　城市普通高级中学生均建筑面积基本指标表** 单位：$m^2$

| 名称 | 平面利用系数 | 基本指标 | | | | | | | | 备注 |
|---|---|---|---|---|---|---|---|---|---|---|
| | | 18 班 900 人 | | 24 班 1200 人 | | 30 班 1500 人 | | 36 班 1800 人 | | |
| | | 使用面积 | 建筑面积 | 使用面积 | 建筑面积 | 使用面积 | 建筑面积 | 使用面积 | 建筑面积 | |
| 面积合计 | 0.6 | 3962 | 6604 | 4949 | 8249 | 5935 | 9892 | 6923 | 11539 | |
| 生均指标 | | | 7.4 | | 6.9 | | 6.6 | | 6.4 | |

## 附表 5-2（1） 城市普通高级中学各类用房使用面积规划指标表 单位：m²

| 用房名称 | 每间使用面积 | 规划指标 | | | | | | | | 备注 |
|---|---|---|---|---|---|---|---|---|---|---|
| | | 18 班 900 人 | | 24 班 1200 人 | | 30 班 1500 人 | | 36 班 1800 人 | | |
| | | 间数 | 面积小计 | 间数 | 面积小计 | 间数 | 面积小计 | 间数 | 面积小计 | |
| 一、教学及教学辅助用房 | | | 3951 | | 5133 | | 5799 | | 6635 | |
| 1. 普通教室 | 67 | 18 | 1206 | 24 | 1608 | 30 | 2010 | 36 | 2412 | |
| 2. 专用教室 | | | 1167 | | 1501 | | 1620 | | 1908 | |
| 实验室（理、化、生） | 96 | 3 | 288 | 4 | 384 | 5 | 480 | 6 | 576 | |
| 仪器标本准备室 | 23 | 5 | 115 | 6 | 138 | 7 | 161 | 8 | 184 | |
| 音乐教室 | 73 | 1 | 73 | 1 | 73 | 1 | 73 | 2 | 146 | |
| 乐器室 | 23 | 1 | 23 | 1 | 23 | 1 | 23 | 1 | 23 | |
| 美术教室 | 96 | 1 | 96 | 1 | 96 | 1 | 96 | 1 | 96 | |
| 美术教具室 | 23 | 1 | 23 | 1 | 23 | 1 | 23 | 1 | 23 | |
| 书法教室 | 96 | 1 | 96 | 1 | 96 | 1 | 96 | 1 | 96 | |
| 地理教室 | 96 | 1 | 96 | 1 | 96 | 1 | 96 | 1 | 96 | |
| 语言教室 | 96 | 1 | 96 | 2 | 192 | 2 | 192 | 2 | 192 | |
| 语言资料室 | 23 | 1 | 23 | 1 | 23 | 1 | 23 | 1 | 23 | |
| 计算机教室 | 96 | 1 | 96 | 1 | 96 | 1 | 96 | 2 | 192 | |
| 计算机辅房 | 23 | 1 | 23 | 1 | 23 | 1 | 23 | 1 | 23 | |
| 劳动技术教室 | 96 | 1 | 96 | 2 | 192 | 2 | 192 | 2 | 192 | |
| 劳动教具室 | 23 | 1 | 23 | 2 | 46 | 2 | 46 | 2 | 46 | |
| 3. 公共教学用房 | | | 1578 | | 2024 | | 2169 | | 2315 | |
| 合班教室 | | | 150 | | 190 | | 230 | | 270 | |
| 电教器材室 | 23 | 1 | 23 | 1 | 23 | 1 | 23 | 1 | 23 | |
| 图书阅览室 | | | 293 | | 381 | | 468 | | 556 | |
| 科技活动室 | 18 | 3 | 54 | 4 | 72 | 5 | 90 | 6 | 108 | |
| 心理咨询室 | 18 | 1 | 18 | 1 | 18 | 1 | 18 | 1 | 18 | |
| 体育活动室 | | | 1000 | | 1300 | | 1300 | | 1300 | |
| 体育器材室 | | | 40 | | 40 | | 40 | | 40 | |
| 二、办公用房 | | | 598 | | 720 | | 842 | | 978 | |
| 教学办公室 | | | 216 | | 288 | | 360 | | 432 | |
| 行政办公室 | 14 | 10 | 140 | 12 | 168 | 14 | 196 | 16 | 224 | |
| 广播社团办公室 | | | 28 | | 34 | | 40 | | 46 | |

**续附表 5-2（1）**

| 用房名称 | 每间使用面积 | 规划指标 | | | | | | | | 备注 |
|---|---|---|---|---|---|---|---|---|---|---|
| | | 18 班 900 人 | | 24 班 1200 人 | | 30 班 1500 人 | | 36 班 1800 人 | | |
| | | 间数 | 面积小计 | 间数 | 面积小计 | 间数 | 面积小计 | 间数 | 面积小计 | |
| 会议接待室 | | | 50 | | 60 | | 70 | | 80 | |
| 德育展览室 | | | 50 | | 50 | | 50 | | 50 | |
| 卫生保健室 | 14 | 2 | 28 | 2 | 28 | 2 | 28 | 3 | 42 | |
| 总务仓库 | | | 40 | | 46 | | 52 | | 58 | |
| 维修管理室 | | | 24 | | 24 | | 24 | | 24 | |
| 传达值宿室 | 22 | 1 | 22 | 1 | 22 | 1 | 22 | 1 | 22 | |
| 三、生活服务用房 | | | 1026 | | 1329 | | 1632 | | 1936 | |
| 教工单身宿舍 | | | 116 | | 152 | | 188 | | 224 | |
| 学生宿舍 | | | — | | — | | — | | — | 另行申报增列 |
| 教工与学生食堂 | | | 671 | | 894 | | 1117 | | 1342 | |
| 锅炉房 | | | — | | — | | — | | — | 另行申报增列 |
| 浴室 | | | — | | — | | — | | — | 另行申报增列 |
| 开水房 | | | 24 | | 24 | | 24 | | 24 | |
| 汽车库 | | | 40 | | 40 | | 40 | | 40 | |
| 配电室 | 24 | 1 | 24 | 1 | 24 | 1 | 24 | 1 | 24 | |
| 厕所 | | | 151 | | 195 | | 239 | | 282 | |

**附表 5-2（2） 城市普通高级中学生均建筑面积规划指标表** 单位：$m^2$

| 名　　称 | 平面利用系数 | 规划指标 | | | | | | | | 备注 |
|---|---|---|---|---|---|---|---|---|---|---|
| | | 18 班 900 人 | | 24 班 1200 人 | | 30 班 1500 人 | | 36 班 1800 人 | | |
| | | 使用面积 | 建筑面积 | 使用面积 | 建筑面积 | 使用面积 | 建筑面积 | 使用面积 | 建筑面积 | |
| 面积合计 | 0.6 | 5575 | 9292 | 7182 | 11970 | 8273 | 13789 | 9549 | 15915 | |
| 生均指标 | | | 10.4 | | 10.0 | | 9.2 | | 8.9 | |

## 附表 6-1 城市普通完全小学图书室使用面积测算表

| 名称 | | 定额 | 规模 | | | | 备注 |
|---|---|---|---|---|---|---|---|
| | | | 12 班<br>540 人 | 18 班<br>810 人 | 24 班<br>1080 人 | 30 班<br>1350 人 | |
| 教职工编制 | 教师（人） | 1.7 人/班 | 20.4 | 30.6 | 40.8 | 51.0 | |
| | 职工（人） | 0.5 人/班 | 6.0 | 9.0 | 12.0 | 15.0 | |
| | 小计（人） | 2.2 人/班 | 26.4 | 39.6 | 52.8 | 66.0 | |
| 藏书室 | 藏书量（万册） | 30 册/生 | 1.7 | 2.5 | 3.3 | 4.1 | |
| | 藏书室面积（$m^2$） | 600 册/$m^2$ | 28.3 | 41.7 | 55.0 | 68.4 | |
| | 借管面积（$m^2$） | | 15 | 15 | 15 | 15 | |
| | 面积小计（$m^2$） | | 43.3 | 56.7 | 70.0 | 83.4 | |
| 教师阅览室 | 阅览座位（座） | 40% | 9.0 | 13.0 | 17.0 | 21.0 | |
| | 面积（$m^2$） | 2.1$m^2$/座 | 18.9 | 27.3 | 35.7 | 44.1 | |
| 学生阅览室 | 阅览座位（座） | 7% | 38 | 57 | 76 | 95 | |
| | 面积（$m^2$） | 1.5$m^2$/座 | 57.0 | 85.5 | 114.0 | 142.5 | |
| 图书室面积（$m^2$） | | | 119.2 | 169.5 | 219.7 | 270.0 | |

## 附表 6-2 城市普通九年制学校图书室使用面积测算表

| 名称 | | 定额 | 规模 | | | | 备注 |
|---|---|---|---|---|---|---|---|
| | | | 18 班<br>840 人 | 27 班<br>1260 人 | 36 班<br>1680 人 | 45 班<br>2100 人 | |
| 教职工编制 | 教师（人） | 1.97 人/班 | 35.5 | 53.2 | 70.9 | 88.7 | |
| | 职工（人） | 0.73 人/班 | 13.1 | 19.7 | 26.3 | 32.9 | |
| | 小计（人） | 2.7 人/班 | 48.6 | 72.9 | 97.2 | 121.6 | |
| 藏书室 | 藏书量（万册） | 34 册/生 | 2.9 | 4.3 | 5.8 | 7.2 | |
| | 藏书室面积（$m^2$） | 560 册/$m^2$ | 51.8 | 76.8 | 103.6 | 128.6 | |
| | 借管面积（$m^2$） | | 18 | 18 | 18 | 18 | |
| | 面积小计（$m^2$） | | 69.8 | 94.8 | 121.6 | 146.6 | |
| 教师阅览室 | 阅览座位（座） | 37% | 14 | 20 | 27 | 33 | |
| | 面积（$m^2$） | 2.1$m^2$/座 | 29.4 | 42.0 | 56.7 | 69.3 | |
| 学生阅览室 | 阅览座位（座） | 8% | 68 | 101 | 135 | 168 | |
| | 面积（$m^2$） | 1.5$m^2$/座 | 102.0 | 151.5 | 202.5 | 252.0 | |
| 图书室面积（$m^2$） | | | 201.2 | 288.3 | 380.8 | 467.9 | |

**附表 6-3　城市普诵初级中学图书室使用面积测算表**

<table>
<tr><th colspan="2" rowspan="2">名　称</th><th rowspan="2">定　额</th><th colspan="4">规　模</th><th rowspan="2">备注</th></tr>
<tr><th>12 班<br>600 人</th><th>18 班<br>900 人</th><th>24 班<br>1200 人</th><th>30 班<br>1500 人</th></tr>
<tr><td rowspan="3">教职工编制</td><td>教师（人）</td><td>2.5 人/班</td><td>30.0</td><td>45.0</td><td>60.0</td><td>75.0</td><td></td></tr>
<tr><td>职工（人）</td><td>1.2 人/班</td><td>14.4</td><td>21.6</td><td>28.8</td><td>36.0</td><td></td></tr>
<tr><td>小计（人）</td><td>3.7 人/班</td><td>44.4</td><td>66.6</td><td>88.8</td><td>111.0</td><td></td></tr>
<tr><td rowspan="4">藏书室</td><td>藏书量（万册）</td><td>40 册/生</td><td>2.4</td><td>3.6</td><td>4.8</td><td>6.0</td><td></td></tr>
<tr><td>藏书室面积（$m^2$）</td><td>500 册/$m^2$</td><td>48.0</td><td>72.0</td><td>96.0</td><td>120.0</td><td></td></tr>
<tr><td>借管面积（$m^2$）</td><td></td><td>22</td><td>22</td><td>22</td><td>22</td><td></td></tr>
<tr><td>面积小计（$m^2$）</td><td></td><td>70.0</td><td>94.0</td><td>118.0</td><td>142.0</td><td></td></tr>
<tr><td rowspan="2">教师阅览室</td><td>阅览座位（座）</td><td>33%</td><td>10.0</td><td>15.0</td><td>20.0</td><td>25.0</td><td></td></tr>
<tr><td>面积（$m^2$）</td><td>2.1$m^2$/座</td><td>21.0</td><td>31.5</td><td>42.0</td><td>52.5</td><td></td></tr>
<tr><td rowspan="2">学生阅览室</td><td>阅览座位（座）</td><td>10%</td><td>60</td><td>90</td><td>120</td><td>150</td><td></td></tr>
<tr><td>面积（$m^2$）</td><td>1.5$m^2$/座</td><td>90.0</td><td>135.0</td><td>180.0</td><td>225.0</td><td></td></tr>
<tr><td colspan="2">图书室面积（$m^2$）</td><td></td><td>181.0</td><td>260.5</td><td>340.0</td><td>419.5</td><td></td></tr>
</table>

**附表 6-4　城市普通完全中学图书室使用面积测算表**

<table>
<tr><th colspan="2" rowspan="2">名　称</th><th rowspan="2">定　额</th><th colspan="4">规　模</th><th rowspan="2">备注</th></tr>
<tr><th>18 班<br>900 人</th><th>24 班<br>1200 人</th><th>30 班<br>1500 人</th><th>36 班<br>1800 人</th></tr>
<tr><td rowspan="3">教职工编制</td><td>教师（人）</td><td>2.8 人/班</td><td>50.4</td><td>67.2</td><td>84.0</td><td>100.8</td><td></td></tr>
<tr><td>职工（人）</td><td>1.2 人/班</td><td>21.6</td><td>28.8</td><td>36.0</td><td>43.2</td><td></td></tr>
<tr><td>小计（人）</td><td>4.0 人/班</td><td>72</td><td>96.0</td><td>120.0</td><td>144.0</td><td></td></tr>
<tr><td rowspan="4">藏书室</td><td>藏书量（万册）</td><td>45 册/生</td><td>4.1</td><td>5.4</td><td>6.8</td><td>8.1</td><td></td></tr>
<tr><td>藏书室面积（$m^2$）</td><td>500 册/$m^2$</td><td>82.0</td><td>108.0</td><td>136.0</td><td>162.0</td><td></td></tr>
<tr><td>借管面积（$m^2$）</td><td></td><td>30</td><td>30</td><td>30</td><td>30</td><td></td></tr>
<tr><td>面积小计（$m^2$）</td><td></td><td>112.0</td><td>138.0</td><td>166.0</td><td>192.0</td><td></td></tr>
<tr><td rowspan="2">教师阅览室</td><td>阅览座位（座）</td><td>33%</td><td>17.0</td><td>23.0</td><td>28.0</td><td>34.0</td><td></td></tr>
<tr><td>面积（$m^2$）</td><td>2.1$m^2$/座</td><td>35.7</td><td>48.3</td><td>58.8</td><td>71.4</td><td></td></tr>
<tr><td rowspan="2">学生阅览室</td><td>阅览座位（座）</td><td>10%</td><td>90</td><td>120</td><td>150</td><td>180</td><td></td></tr>
<tr><td>面积（$m^2$）</td><td>1.5$m^2$/座</td><td>135.0</td><td>180.0</td><td>225.0</td><td>270.0</td><td></td></tr>
<tr><td colspan="2">图书室面积（$m^2$）</td><td></td><td>282.7</td><td>366.3</td><td>449.8</td><td>533.4</td><td></td></tr>
</table>

## 附表 6-5　城市普通高级中学图书室使用面积测算表

| 名称 | | 定额 | 规模 | | | | 备注 |
|---|---|---|---|---|---|---|---|
| | | | 18 班<br>900 人 | 24 班<br>1200 人 | 30 班<br>1500 人 | 36 班<br>1800 人 | |
| 教职工编制 | 教师（人） | 3.0 人/班 | 54.0 | 72.0 | 90.0 | 108.0 | |
| | 职工（人） | 1.2 人/班 | 21.6 | 28.8 | 36.0 | 43.2 | |
| | 小计（人） | 4.2 人/班 | 75.6 | 100.8 | 126.0 | 151.2 | |
| 藏书室 | 藏书量（万册） | 50 册/生 | 4.5 | 6.0 | 7.5 | 9.0 | |
| | 藏书室面积（$m^2$） | 500 册/$m^2$ | 90.0 | 120.0 | 150.0 | 180.0 | |
| | 借管面积（$m^2$） | | 30 | 30 | 30 | 30 | |
| | 面积小计（$m^2$） | | 120.0 | 150.0 | 180.0 | 210.0 | |
| 教师阅览室 | 阅览座位（座） | 33% | 18.0 | 24.0 | 30.0 | 36.0 | |
| | 面积（$m^2$） | 2.1$m^2$/座 | 37.8 | 50.4 | 63.0 | 75.6 | |
| 学生阅览室 | 阅览座位（座） | 10% | 90 | 120 | 150 | 180 | |
| | 面积（$m^2$） | 1.5$m^2$/座 | 135.0 | 180.0 | 225.0 | 270.0 | |
| 图书室面积（$m^2$） | | | 292.8 | 380.4 | 468.0 | 555.6 | |

## 附表 7　城市普通中小学校教职工单身宿舍使用面积测算表

| 名称 | 定额 | 完全小学 | | | | 九年制学校 | | | | 初级中学 | | | | 完全中学 | | | | 高级中学 | | | |
|---|---|---|---|---|---|---|---|---|---|---|---|---|---|---|---|---|---|---|---|---|---|
| | | 12 班 | 18 班 | 24 班 | 30 班 | 18 班 | 27 班 | 36 班 | 45 班 | 12 班 | 18 班 | 24 班 | 30 班 | 18 班 | 24 班 | 30 班 | 36 班 | 18 班 | 24 班 | 30 班 | 36 班 |
| 教职工人数（人） | | 27 | 40 | 53 | 66 | 49 | 73 | 98 | 122 | 45 | 67 | 89 | 111 | 73 | 96 | 120 | 144 | 76 | 101 | 126 | 152 |
| 单身教职工人数（人） | 小学 30%<br>中学 20% | 9 | 12 | 16 | 20 | 9<br>5 | 12<br>7 | 16<br>9 | 20<br>12 | 9 | 14 | 18 | 23 | 15 | 20 | 24 | 29 | 16 | 21 | 26 | 31 |
| 使用面积（$m^2$） | 7.2$m^2$/人 | 65 | 87 | 116 | 144 | 101 | 137 | 180 | 231 | 65 | 101 | 130 | 166 | 108 | 144 | 173 | 209 | 116 | 152 | 188 | 224 |

注：九年制学校单身教职工住宿人数不能采用综合编制定额计算，应按小学部、中学部的教职工编制分别计算。

# 附表8　城市普通中小学校教职工与学生食堂使用面积测算表

| 类别 | 食堂 | 名称 | 定额 | 规模 12班 | 18班 | 24班 | 27班 | 30班 | 36班 | 45班 | 备注 |
|---|---|---|---|---|---|---|---|---|---|---|---|
| 完全小学 | 教职工食堂 | 教职工人数（人） | | 27 | 40 | 53 | — | 66 | — | — | 一、二年级学生在餐厅就餐。 |
| | | 就餐人数（人） | 80% | 22 | 32 | 43 | — | 53 | — | — | |
| | | 餐厅面积（$m^2$） | 0.85$m^2$/人 | 19 | 28 | 37 | — | 46 | — | — | |
| | | 厨房面积（$m^2$） | 0.85$m^2$/人 | 19 | 28 | 37 | — | 46 | — | — | |
| | | 食堂面积（$m^2$） | 1.70$m^2$/人 | 38 | 56 | 74 | — | 92 | — | — | |
| | 学生食堂 | 学生人数（人） | | 540 | 810 | 1080 | — | 1350 | — | — | |
| | | 就餐人数（人） | 40% | 216 | 324 | 432 | — | 540 | — | — | |
| | | 餐厅面积（$m^2$） | 0.43$m^2$/人 | 93 | 140 | 186 | — | 233 | — | — | |
| | | 厨房面积（$m^2$） | 0.6$m^2$/人 | 130 | 195 | 260 | — | 324 | — | — | |
| | | 食堂面积（$m^2$） | 1.03$m^2$/人 | 223 | 335 | 446 | — | 557 | — | — | |
| | 教工、学生食堂面积合计（$m^2$） | | | 261 | 391 | 520 | — | 649 | — | — | |
| 九年制学校 | 教职工食堂 | 教职工人数（人） | | — | 49 | — | 73 | — | 98 | 122 | 小学一、二年级学生在餐厅就餐。 |
| | | 就餐人数（人） | 80% | — | 40 | — | 59 | — | 79 | 98 | |
| | | 餐厅面积（$m^2$） | 0.85$m^2$/人 | — | 34 | — | 51 | — | 68 | 84 | |
| | | 厨房面积（$m^2$） | 0.85$m^2$/人 | — | 34 | — | 51 | — | 68 | 84 | |
| | | 食堂面积（$m^2$） | 1.70$m^2$/人 | — | 68 | — | 102 | — | 136 | 168 | |
| | 学生食堂 | 学生人数（人） | | — | 840 | — | 1260 | — | 1680 | 2100 | |
| | | 就餐人数（人） | 50% | — | 420 | — | 630 | — | 840 | 1050 | |
| | | 餐厅面积（$m^2$） | 0.37$m^2$/人 | — | 156 | — | 234 | — | 311 | 389 | |
| | | 厨房面积（$m^2$） | 0.6$m^2$/人 | — | 252 | — | 378 | — | 504 | 630 | |
| | | 食堂面积（$m^2$） | 0.97$m^2$/人 | — | 408 | — | 612 | — | 815 | 1019 | |
| | 教职工、学生食堂面积合计（$m^2$） | | | — | 476 | — | 714 | — | 951 | 1187 | |
| 初级中学 | 教职工食堂 | 教职工人数（人） | | 45 | 67 | 89 | — | 111 | — | — | |
| | | 就餐人数（人） | 80% | 36 | 54 | 72 | — | 89 | — | — | |
| | | 餐厅面积（$m^2$） | 0.85$m^2$/人 | 31 | 46 | 62 | — | 76 | — | — | |
| | | 厨房面积（$m^2$） | 0.85$m^2$/人 | 31 | 46 | 62 | — | 76 | — | — | |
| | | 食堂面积（$m^2$） | 1.70$m^2$/人 | 62 | 92 | 124 | — | 152 | — | — | |
| | 学生食堂 | 学生人数（人） | | 600 | 900 | 1200 | — | 1500 | — | — | |
| | | 就餐人数（人） | 70% | 420 | 630 | 840 | — | 1050 | — | — | |
| | | 餐厅面积（$m^2$） | 0.3$m^2$/人 | 126 | 189 | 252 | — | 315 | — | — | |
| | | 厨房面积（$m^2$） | 0.6$m^2$/人 | 252 | 378 | 504 | — | 630 | — | — | |
| | | 食堂面积（$m^2$） | 0.9$m^2$/人 | 378 | 567 | 756 | — | 945 | — | — | |
| | 教职工、学生食堂面积合计（$m^2$） | | | 440 | 659 | 880 | — | 1097 | — | — | |

## 续附表8

| | | 名称 | 定额 | 规模 12班 | 18班 | 24班 | 27班 | 30班 | 36班 | 45班 | 备注 |
|---|---|---|---|---|---|---|---|---|---|---|---|
| 完全中学 | 教职工食堂 | 教职工人数（人） | | — | 73 | 96 | — | 120 | 144 | — | |
| | | 就餐人数（人） | 80% | — | 59 | 77 | — | 96 | 116 | — | |
| | | 餐厅面积（$m^2$） | 0.85$m^2$/人 | — | 51 | 66 | — | 82 | 99 | — | |
| | | 厨房面积（$m^2$） | 0.85$m^2$/人 | — | 51 | 66 | — | 82 | 99 | — | |
| | | 食堂面积（$m^2$） | 1.70$m^2$/人 | — | 102 | 132 | — | 164 | 198 | — | |
| | 学生食堂 | 学生人数（人） | | — | 900 | 1200 | — | 1500 | 1800 | — | |
| | | 就餐人数（人） | 70% | — | 630 | 840 | — | 1050 | 1260 | — | |
| | | 餐厅面积（$m^2$） | 0.3$m^2$/人 | — | 189 | 252 | — | 315 | 378 | — | |
| | | 厨房面积（$m^2$） | 0.6$m^2$/人 | — | 378 | 504 | — | 630 | 756 | — | |
| | | 食堂面积（$m^2$） | 0.9$m^2$/人 | — | 567 | 756 | — | 945 | 1134 | — | |
| | 教职工、学生食堂面积合计（$m^2$） | | | — | 669 | 888 | — | 1109 | 1332 | — | |
| 高级中学 | 教职工食堂 | 教职工人数（人） | | — | 76 | 101 | — | 126 | 152 | — | |
| | | 就餐人数（人） | 80% | — | 61 | 81 | — | 101 | 122 | — | |
| | | 餐厅面积（$m^2$） | 0.85$m^2$/人 | — | 52 | 69 | — | 86 | 104 | — | |
| | | 厨房面积（$m^2$） | 0.85$m^2$/人 | — | 52 | 69 | — | 86 | 104 | — | |
| | | 食堂面积（$m^2$） | 1.70$m^2$/人 | — | 104 | 138 | — | 172 | 208 | — | |
| | 学生食堂 | 学生人数（人） | | — | 900 | 1200 | — | 1500 | 1800 | — | |
| | | 就餐人数（人） | 70% | — | 630 | 840 | — | 1050 | 1260 | — | |
| | | 餐厅面积（$m^2$） | 0.3$m^2$/人 | — | 189 | 252 | — | 315 | 378 | — | |
| | | 厨房面积（$m^2$） | 0.6$m^2$/人 | — | 378 | 504 | — | 630 | 756 | — | |
| | | 食堂面积（$m^2$） | 0.9$m^2$/人 | — | 567 | 756 | — | 945 | 1134 | — | |
| | 教职工、学生食堂面积合计（$m^2$） | | | — | 671 | 894 | — | 1117 | 1342 | — | |

## 附表9　城市普通中小学校教职工、学生厕所使用面积测算表

| | | 名称 | 定额 | 规模 12班 | 18班 | 24班 | 27班 | 30班 | 36班 | 45班 | 备注 |
|---|---|---|---|---|---|---|---|---|---|---|---|
| 完全小学 | 教职工厕所 | 人数（人） | | 27 | 40 | 53 | — | 66 | — | — | |
| | | 面积（$m^2$） | 0.40－0.30$m^2$/人 | 11 | 15 | 18 | — | 22 | — | — | |
| | 学生厕所 | 人数（人） | | 540 | 810 | 1080 | — | 1350 | — | — | |
| | | 面积（$m^2$） | 0.15－0.13$m^2$/人 | 81 | 118 | 148 | — | 181 | — | — | |
| | 面积合计（$m^2$） | | | 92 | 133 | 166 | — | 203 | — | — | |

**续附表 9**

| 名称 | | | 定额 | 规模 12班 | 18班 | 24班 | 27班 | 30班 | 36班 | 45班 | 备注 |
| --- | --- | --- | --- | --- | --- | --- | --- | --- | --- | --- | --- |
| 九年制学校 | 教职工 | 人数（人） | | — | 49 | — | 73 | — | 98 | 122 | |
| | 厕所 | 面积（$m^2$） | 0.40－0.30$m^2$/人 | — | 18 | — | 24 | — | 31 | 38 | |
| | 学生 | 人数（人） | | — | 840 | — | 1260 | — | 1680 | 2100 | |
| | 厕所 | 面积（$m^2$） | 0.15－0.13$m^2$/人 | — | 118 | — | 163 | — | 222 | 273 | |
| | 面积合计（$m^2$） | | | — | 136 | — | 187 | — | 253 | 311 | |
| 初级中学 | 教职工 | 人数（人） | | 45 | 67 | 89 | — | 111 | — | — | |
| | 厕所 | 面积（$m^2$） | 0.40－0.30$m^2$/人 | 16 | 23 | 29 | — | 35 | — | — | |
| | 学生 | 人数（人） | | 600 | 900 | 1200 | — | 1500 | — | — | |
| | 厕所 | 面积（$m^2$） | 0.15－0.13$m^2$/人 | 88 | 126 | 163 | — | 200 | — | — | |
| | 面积合计（$m^2$） | | | 104 | 149 | 192 | — | 235 | — | — | |
| 完全中学 | 教职工 | 人数（人） | | — | 73 | 96 | — | 120 | 144 | — | |
| | 厕所 | 面积（$m^2$） | 0.40－0.30$m^2$/人 | — | 24 | 31 | — | 37 | 44 | — | |
| | 学生 | 人数（人） | | — | 900 | 1200 | — | 1500 | 1800 | — | |
| | 厕所 | 面积（$m^2$） | 0.15－0.13$m^2$/人 | — | 126 | 163 | — | 200 | 236 | — | |
| | 面积合计（$m^2$） | | | — | 150 | 194 | — | 237 | 280 | — | |
| 高级中学 | 教职工 | 人数（人） | | — | 76 | 101 | — | 126 | 152 | — | |
| | 厕所 | 面积（$m^2$） | 0.40－0.30$m^2$/人 | — | 25 | 32 | — | 39 | 46 | — | |
| | 学生 | 人数（人） | | — | 900 | 1200 | — | 1500 | 1800 | — | |
| | 厕所 | 面积（$m^2$） | 0.15－0.13$m^2$/人 | — | 126 | 163 | — | 200 | 236 | — | |
| | 面积合计（$m^2$） | | | — | 151 | 195 | — | 239 | 282 | — | |

## 附　图

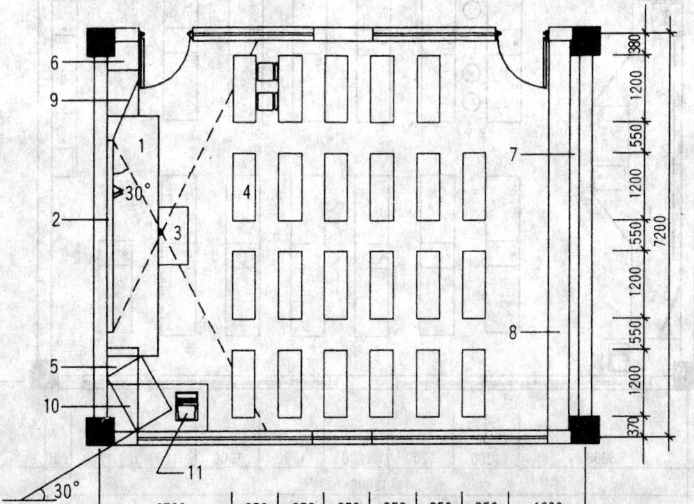


**附图 1　小学普通教室平面布置示意图**

注：1—讲台；2—上下推拉黑板；3—教师讲桌；4—学生课桌（1200×400）；5—墙柜；6—清洁组合柜

7—学习园地组合栏；8—学生存物柜；9—幻灯投影幕；10—电视机位置；11—计算机位置

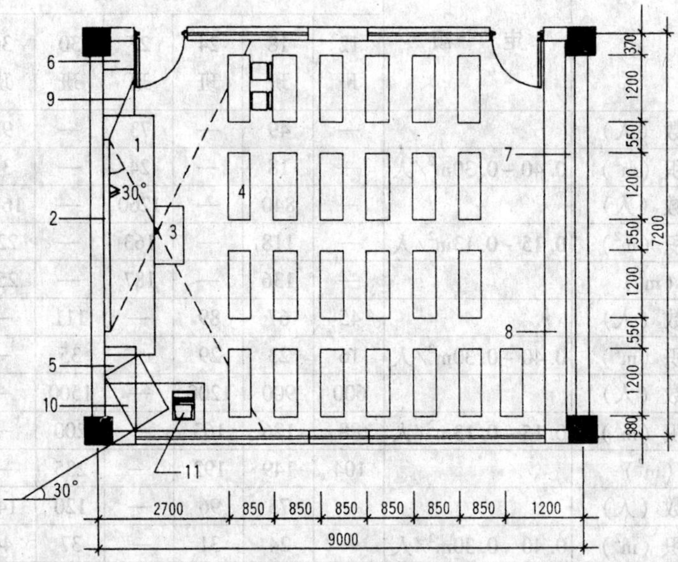


**附图 2　九年制学校、中学普通教室平面布置示意图**

注：1—讲台；2—上下推拉黑板；3—教师讲桌；4—学生课桌（1200×400）；5—墙柜；6—清洁组合柜；7—学习园地组合栏；8—学生存物柜；9—幻灯投影幕；10—电视机位置；11—计算机位置

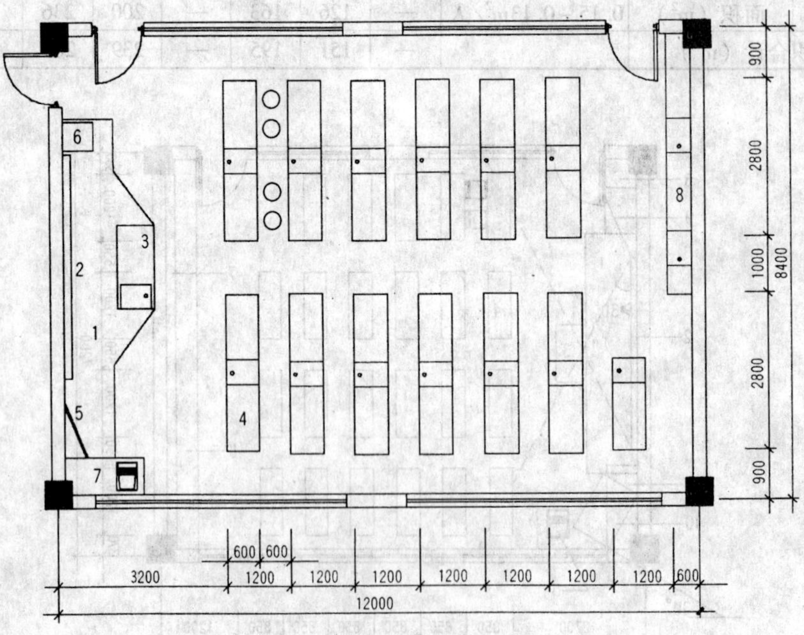


**附图 3　九年制学校、中学化学、生物实验室平面布置示意图**

注：1—讲台；2—上下推拉黑板；3—教师演示台；4—学生实验台；5—投影幕（幻灯、投影仪）；6—电视机位置；7—计算机位置；8—带洗池低柜

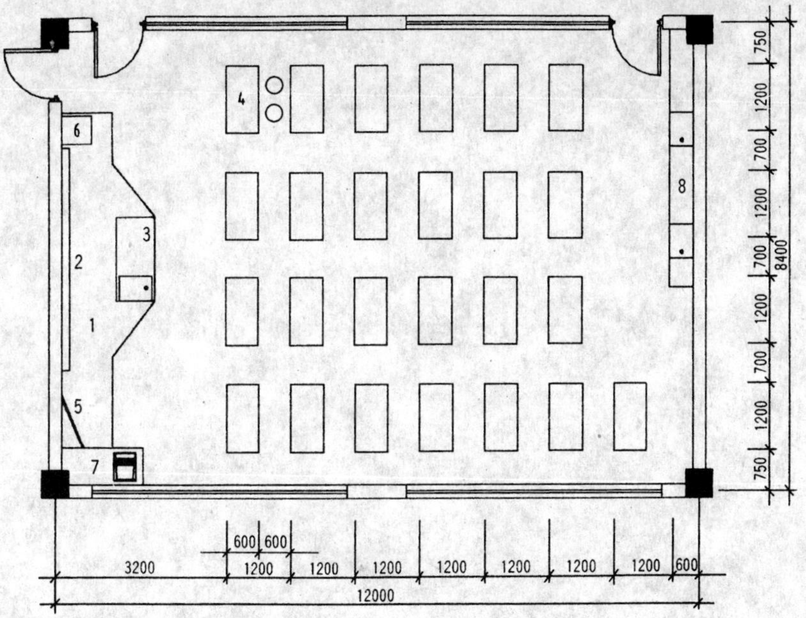


**附图4　九年制学校、中学物理实验室平面布置示意图**

注：1—讲台；2—上下推拉黑板；3—教师演示台；4—学生实验台；5—投影幕（幻灯、投影仪）；6—电视机位置；7—计算机位置；8—带洗池低柜

# 二、卫　　生

# 综合医院建设标准

## 建标 110—2008

## 住房和城乡建设部、国家发展和改革委员会关于批准发布《综合医院建设标准》的通知

建标〔2008〕164 号

国务院有关部门，各省、自治区、直辖市、计划单列市建设厅（委、局）、发展和改革委员会，新疆生产建设兵团建设局、发展和改革委员会：

根据原建设部《关于印发〈二○○二年工程项目建设标准编制项目计划〉的通知》（建标函〔2002〕345 号）的要求，由卫生部负责修订的《综合医院建设标准》，经有关部门会审，现批准发布，自 2008 年 12 月 1 日起施行。原《综合医院建设标准》同时废止。

在综合医院项目的审批、设计和建设过程中，要严格遵守国家关于严格控制建设标准的有关要求，认真执行本建设标准，坚决控制工程造价。

本建设标准的管理由住房和城乡建设部、国家发展和改革委员会负责，具体解释工作由卫生部负责。

**中华人民共和国住房和城乡建设部**
**中华人民共和国国家发展和改革委员会**
**二○○八年九月五日**

## 前 言

《综合医院建设标准》（以下简称“建设标准”）是根据建设部、国家发展改革委《关于印发〈工程项目建设标准编制程序规定〉和〈工程项目建设标准编写规定〉的通知》（建标〔2007〕144 号）的要求，按照建设部《关于印发〈二○○二年工程项目建设标准编制项目计划〉的通知》（建标函〔2002〕345 号）的安排，由卫生部主编，具体由卫生部规划财务司组织北京市卫生局、中国中元国际工程公司、上海建筑设计研究院有限公司、中国建筑科学研究院、同济大学等单位共同修订。

在修订过程中，编制组进行了广泛深入的调查研究，收集了约 30 个省、自治区、直辖市 300 所不同规模综合医院的现状资料，认真总结了原建设部、国家计委 1996 年颁布的《综合医院建设标准》施行情况及多年来医院建设的经验教训，本着以人为本、方便

患者的原则对建设标准进行了修订。编制组完成建设标准修订初稿后，广泛征求意见，并由我部召开了全国审查会，会同各有关部门审查定稿。

建设标准共分总则、建设规模与项目构成、建筑面积指标、规划布局与建设用地、建筑标准、医疗设备、相关指标等七章。

请各单位在执行建设标准的过程中，注意总结经验，积累资料，如发现需要修改和补充之处，请将意见和有关资料寄至卫生部规划财务司（地址：北京市西城区西直门外南路1号，邮政编码：100044），以便今后修订时参考。

**主编单位：**卫生部规划财务司

**参编单位：**北京市卫生局
中国中元国际工程公司
上海建筑设计研究院有限公司
中国建筑科学研究院
同济大学
解放军总后勤部建筑设计研究院
中国医学科学院北京协和医院
中国医学科学院肿瘤医院
北京大学第一医院
北京大学第三医院
北京积水潭医院
北京市海淀区妇幼保健院
公安部天津消防研究所

**主要起草人：**刘富凯　于　冬　辛春华　于德志

**主要参与人：**王　健　王铁林　王　漪　刘　强　许钟麟　沈晋明　张行健
黄晓家　刘　魁　吴翔天　梁建岚

**专家组成员：**（按姓氏笔画排序）
马　遂　刘大为　任武爱　朱秀安　李包罗　李　迟　郭大荣
郭　健　胡逸民　赵天卫　赵兰才　倪照鹏　黄云树　梅自力

**中华人民共和国卫生部**
**2008年4月**

## 第一章　总　则

**第一条**　为适应社会主义市场经济体制下卫生事业发展的需要，加强和规范综合医院的建设，提高综合医院工程项目决策与建设的科学管理水平，正确掌握建设标准，充分发挥投资效益，制定本建设标准。

**第二条**　本建设标准是为综合医院建设项目科学决策、合理确定建设水平服务的全国统一标准，是审批、核准综合医院建设项目的依据，是有关部门审查项目设计和对工程项目建设全过程监督、检查的尺度。

**第三条**　本建设标准适用于建设规模在200～1000张病床的综合医院新建工程项目。一般情况下，不宜建设1000床以上的超大型医院。确需建设1000床以上医院时可参照执行。

改建、扩建工程项目可参照执行。

**第四条** 综合医院的建设，必须遵守国家有关经济建设的法律、法规和国家发展卫生事业的技术经济政策，应适应项目所在地区社会、经济发展的状况，正确处理现状与发展、需要与可能的关系。

**第五条** 综合医院的建设应坚持以人为本、方便患者的原则，在满足各项功能需要的同时，注意改善患者的就医条件和员工的工作条件，做到功能完善、布局合理、流程科学、规模适宜、装备适度、运行经济、安全卫生。

**第六条** 综合医院的建设应符合所在地区城市总体规划、区域卫生规划和医疗机构设置规划的要求，充分利用现有卫生资源，避免重复或过于集中建设。

现有综合医院的改建、扩建，应合理利用原有设施，厉行节约，避免浪费。

**第七条** 综合医院的建设，应按照立足当前、考虑发展的原则，根据当地卫生事业发展规划的要求和建设单位的实际情况，切实做好项目论证等前期工作。

**第八条** 综合医院的建设，应对院区进行总体规划，经批准后，根据需要和投资可能，一次或分期实施。

**第九条** 综合医院的建设，除执行本建设标准外，尚应符合国家现行的有关标准、规范和定额、指标的规定。

## 第二章 建设规模与项目构成

**第十条** 综合医院的建设规模，按病床数量可分为200床、300床、400床、500床、600床、700床、800床、900床、1000床九种。

**第十一条** 新建综合医院的建设规模，应根据当地城市总体规划、区域卫生规划、医疗机构设置规划、拟建医院所在地区的经济发展水平、卫生资源和医疗保健服务的需求状况以及该地区现有医院的病床数量进行综合平衡后确定。

**第十二条** 综合医院的日门（急）诊量与编制床位数的比值宜为3∶1，也可按本地区相同规模医院前三年日门（急）诊量统计的平均数确定。

**第十三条** 综合医院建设项目，应由急诊部、门诊部、住院部、医技科室、保障系统、行政管理和院内生活用房等七项设施构成。

承担医学科研和教学任务的综合医院，尚应包括相应的科研和教学设施。

**第十四条** 磁共振成像装置、X线计算机体层摄影装置、核医学、高压氧舱、血液透析机等大型医疗设备以及中、西药制剂室等设施，应按照地区卫生事业发展规划并根据医院的技术水平和实际需要合理设置，用房面积单独计算。

**第十五条** 综合医院配套设施的建设应坚持专业化协作和社会化服务的原则，充分利用城市公共设施或集中建设、统一供应。

## 第三章 建筑面积指标

**第十六条** 综合医院中急诊部、门诊部、住院部、医技科室、保障系统、行政管理和院内生活用房等七项设施的床均建筑面积指标，应符合表1的规定。

**第十七条** 综合医院各组成部分用房在总建筑面积中所占的比例，宜符合表2的规定。

**表 1　综合医院建筑面积指标（$m^2$/床）**

| 建设规模 | 200～300 床 | 400～500 床 | 600～700 床 | 800～900 床 | 1000 床 |
|---|---|---|---|---|---|
| 建筑面积指标 | 80 | 83 | 86 | 88 | 90 |

**表 2　综合医院各类用房占总建筑面积的比例（%）**

| 部　门 | 各类用房占总建筑面积的比例 |
|---|---|
| 急诊部 | 3 |
| 门诊部 | 15 |
| 住院部 | 39 |
| 医技科室 | 27 |
| 保障系统 | 8 |
| 行政管理 | 4 |
| 院内生活 | 4 |

注：各类用房占总建筑面积的比例可根据地区和医院的实际需要作适当调整。

**第十八条**　综合医院内预防保健用房的建筑面积，应按编制内每位预防保健工作人员 $20m^2$ 增加建筑面积。

**第十九条**　承担医学科研任务的综合医院，应以副高及以上专业技术人员总数的 70% 为基数，按每人 $32m^2$ 的标准增加科研用房，并应根据需要按有关规定配套建设适度规模的中间实验动物室。

**第二十条**　医学院校的附属医院、教学医院和实习医院的教学用房配置，应符合表 3 的规定。

**表 3　综合医院教学用房建筑面积指标（$m^2$/学生）**

| 医院分类 | 附属医院 | 教学医院 | 实习医院 |
|---|---|---|---|
| 建筑面积指标 | 8～10 | 4 | 2.5 |

注：学生的数量按上级主管部门核定的临床教学班或实习的人数确定。

**第二十一条**　磁共振成像装置等单列项目的房屋建筑面积指标，可参照表 4。

**表 4　综合医院单列项目房屋建筑面积指标（$m^2$）**

| 项 目 名 称 | 单列项目房屋建筑面积 |
|---|---|
| 医用磁共振成像装置（MRI） | 310 |
| 正电子发射型电子计算机断层扫描仪（PET） | 300 |
| X 线电子计算机断层扫描装置（CT） | 260 |
| 数字减影血管造影 X 线机（DSA） | 310 |
| 血液透析室（10 床） | 400 |
| 体外震波碎石机室 | 120 |

**续表 4**

| 项 目 名 称 | | 单列项目房屋建筑面积 |
|---|---|---|
| 洁净病房（4 床） | | 300 |
| 高压氧舱 | 小型（1~2 人） | 170 |
| | 中型（8~12 人） | 400 |
| | 大型（18~20 人） | 600 |
| 直线加速器 | | 470 |
| 核医学（含 ECT） | | 600 |
| 核医学治疗病房（6 床） | | 230 |
| 钴 60 治疗机 | | 710 |
| 矫形支具与假肢制作室 | | 120 |
| 制剂室 | | 按《医疗机构制剂配制质量管理规范》执行 |

注：1 本表所列大型设备机房均为单台面积指标（含辅助用房面积）。

2 本表未包括的大型医疗设备，可按实际需要确定面积。

**第二十二条** 新建综合医院应配套建设机动车和非机动车停车设施。停车的数量和停车设施的面积指标，按建设项目所在地区的有关规定执行。

**第二十三条** 根据建设项目所在地区的实际情况，需要配套建设采暖锅炉房（热力交换站）设施的，应按有关规范执行。

**第二十四条** 健康体检设施及其所需的面积指标，应根据实际需要报批。

## 第四章 规划布局与建设用地

**第二十五条** 综合医院的选址应满足医院功能与环境的要求，院址应选择在患者就医方便、环境安静、地形比较规整、工程水文地质条件较好的位置，并尽可能充分利用城市基础设施，应避开污染源和易燃易爆物的生产、贮存场所。

综合医院的选址尚应充分考虑医疗工作的特殊性质，按照公共卫生方面的有关要求，协调好与周边环境的关系。

**第二十六条** 综合医院的规划布局与平面布置，应符合下列规定：

一、建筑布局合理、节约用地。

二、满足基本功能需要，并适当考虑未来发展。

三、功能分区明确，科学地组织人流和物流，避免或减少交叉感染。

四、根据不同地区的气候条件，建筑物的朝向、间距、自然通风、采光和院区绿化应达到相关标准，提供良好的医疗和工作环境。

五、应充分利用地形地貌，在不影响使用功能和满足安全卫生要求的前提下，医院建筑可适当集中布置。

六、应配套建设机动车和非机动车停车设施。

**第二十七条** 综合医院的建设用地，包括急诊部、门诊部、住院部、医技科室、保障系统、行政管理和院内生活用房等七项设施的建设用地、道路用地、绿化用地、堆晒用地

（用于燃煤堆放与洗涤物品的晾晒）和医疗废物与日产垃圾的存放、处置用地。

床均建设用地指标应符合表5的规定。

**表5 综合医院建设用地指标（$m^2$/床）**

| 建设规模 | 200～300床 | 400～500床 | 600～700床 | 800～900床 | 1000床 |
|---|---|---|---|---|---|
| 用地指标 | 117 | 115 | 113 | 111 | 109 |

注：当规定的指标确实不能满足需要时，可按不超过11$m^2$/床指标增加用地面积，用于预防保健、单列项目用房的建设和医院的发展用地。

**第二十八条** 承担医学科研任务的综合医院，应按副高及以上专业技术人员总数的70%为基数，按每人30$m^2$，承担教学任务的综合医院在床均用地面积指标以外，应按每位学生30$m^2$另行增加科研和教学设施的建设用地。

**第二十九条** 新建综合医院机动车和非机动车停车场的用地面积，应在床均用地面积指标以外，按当地的有关规定确定。

**第三十条** 新建综合医院的绿地率不应低于35%；改建、扩建综合医院的绿地率不应低于30%。

## 第五章 建筑标准

**第三十一条** 综合医院的建设应贯彻安全、适用、经济、在可能条件下注意美观的原则，建筑标准应根据不同地区的经济条件合理确定。

**第三十二条** 综合医院宜以多层建筑为主。

门急诊楼、医技楼、病房楼等主要建筑的结构形式，应考虑使用的灵活性和改造的可能性。

病房楼不宜设置阳台。

综合医院的各类用房及配套设施，应保证建筑结构的安全，应符合国家有关抗震规范的要求。

**第三十三条** 综合医院的建筑装修和环境设计，应有利于患者生理、心理健康，体现清新、典雅、朴素的行业特点。

综合医院建筑的色彩设计和室内照明，应符合卫生学要求。

**第三十四条** 综合医院的建设，应符合国家《城市道路和建筑物无障碍设计规范》JGJ 50的要求，尚应考虑服务对象的特殊性，设置无性别卫生间。

**第三十五条** 综合医院的建筑物，应符合国家建筑节能的相关标准。综合医院的门（急）诊、病房、重症监护室、手术室、产房等部门的建筑设计应当符合医院感染预防与控制的基本原则。

**第三十六条** 急诊部、门诊部、住院部、医技科室和实验室等医疗业务用房的室内装修，应符合下列规定：

一、室内顶棚应便于清扫、防积尘；照明宜采用吸顶灯具。

二、内墙墙体不应使用易裂、易燃、易吸潮、易腐蚀、不耐碰撞、不易吊挂的材料；有推床（车）通过的门和墙面，应采取防碰撞措施。

三、除特殊要求外，有患者通行的楼地面应采用防滑材料铺装。

四、所有卫生洁具、洗涤池，应采用耐腐蚀、难沾污、易清洁的建筑配件。

五、不应使用易产生粉尘、微粒、纤维性物质的材料。

**第三十七条** 配餐、消毒、厕浴、污洗等使用蒸汽和易产生结露的房间，应采用牢固、耐用、难沾污、易清洁的材料装修到顶；并应采取有效措施，使蒸汽排放顺利，楼地面排水通畅，不出现渗漏。

**第三十八条** 综合医院的院区管网，应采用分区专线供应。主要建筑物内，应设置管道井并按需要设置设备层。主要管道沟应便于维修和通风，应采取防水措施。

**第三十九条** 综合医院的供电设施应安全可靠，保证不间断供电，并宜设置自备电源。

综合医院应采用双回路供电。

院区内应采用分回路供电方式。

**第四十条** 综合医院的建筑耐火等级和消防设施的配置应遵守国家有关建筑防火设计规范的规定。

**第四十一条** 综合医院的手术室、产房、放射科、功能检查科、检验科、有关实验室等用房应设置空调和通风设施。

洁净手术部空气净化设施应符合国家有关标准的规定。

**第四十二条** 综合医院应配置与其建设规模和业务技术、行政管理工作相适应的信息系统、通讯系统和安全技术防范系统。

**第四十三条** 综合医院应配置完善、清晰、醒目的标识系统。

**第四十四条** 综合医院应设置医用气体供应系统。

**第四十五条** 综合医院应建设污水、污物的处理设施，污水的排放和医疗废物与生活垃圾的分类、收集、存放与处置应按照《医疗废物管理条例》等国家有关法律、法规执行。

## 第六章 医疗设备

**第四十六条** 一般医疗设备的配置，应根据医院的不同功能、专科特长和所承担的医疗保健工作任务，参照有关基本医疗装备配置标准的规定执行。

**第四十七条** 大型医用设备的配置，应按卫生部、国家发展改革委、财政部《大型医用设备配置与使用管理办法》和卫生部、国家发展改革委《全国乙类大型医用设备配置规划指导意见》的规定执行。配置大型医用设备必须符合区域卫生规划的原则，充分兼顾技术的先进性、适宜性和可及性，实现区域卫生资源共享。

## 第七章 相关指标

**第四十八条** 综合医院的投资估算，应按国家现行有关规定编制。

**第四十九条** 综合医院工作人员的编制按卫生部有关组织编制规定确定。

**第五十条** 综合医院的经济评价，应按国家现行的建设项目经济评价方法与参数的规定执行。

## 附　件

# 《综合医院建设标准》条文说明

## 第一章　总　　则

**第一条**　1996年10月3日经原建设部和原国家计委批准发布，并于当年12月1日起施行的《综合医院建设标准》（以下简称“九六标准”）至今已有十余年时间。“九六标准”的发布施行使综合医院建设项目的可行性研究、项目批准、规划设计乃至项目建设的全过程有了较为科学的标准尺度，对全国综合医院的规划、设计与建设工作起到了重要的规范和指导作用。

“九六标准”施行的十余年，是我国社会主义市场经济发育成长和国民经济发展较快的时期，综合国力显著增强，人民生活水平大幅度提高。经济基础的增强，必然推动社会事业的发展。进入21世纪后，卫生事业如何适应社会主义现代化要求，更好地保障人民群众的身体健康；医疗机构如何发展建设，满足以人为本和不同人群、不同层次的要求；抗击SARS的经验教训更对医疗机构的建设提出了新的要求……这一切都使卫生事业的发展和医疗机构的建设面临新的挑战。所以，对“九六标准”进行修订是必要和及时的。

在总结“九六标准”的施行情况和对全国30个省、自治区、直辖市300所综合医院的现状进行调查的基础上，修订了《综合医院建设标准》（以下简称“本建设标准”），以指导今后综合医院建设工作。

本条阐明了本建设标准的编制目的。

**第二条**　本建设标准是依据有关规定，由住房和城乡建设部与国家发展和改革委员会审批发布的，是为项目科学决策和合理确定建设水平服务的国家标准，是工程项目决策和建设中有关政策、技术、经济的综合性宏观要求的依据。

本条规定了本建设标准的作用。

**第三条**　本建设标准主要适用于新建综合医院项目。现有综合医院的改建、扩建工程会受到原有条件的限制，故本建设标准制定了一些区别于新建项目的相应规定，目的在于增加可操作性。

一般情况下，不提倡建设1000床以上规模的超大型医院。这是对国内外综合医院建设和管理经验的总结，也符合我国的基本情况。但确需建设时可参照1000床的指标执行。

利用外资、中外合资、中外合作和非政府投资建设的综合医院，均应参照本建设标准的有关规定。

**第四条**　综合医院的建设必须与项目所在地区的社会、经济状况相适应，同时要根据当地的实际情况，处理好工作需要、未来发展与实际可能的关系。

综合医院的建设工作应依法进行，必须遵守国家有关经济建设的法律、法规和发展卫生事业的技术经济政策，增强科学性、避免盲目性、随意性。

**第五条**　本条规定了综合医院建设应达到的基本要求。综合医院是以诊治疾病，照护病人为主要目的的医疗机构，其工作对象主要是病人，对病人的生命和健康负有重大责任。因此，综合医院各项设施的建设应坚持以人为本、以患者为中心的原则。综合医院建设应满足各项功能的基本需求，并尽可能改善病人的就诊和住院条件。同时，要注意改善员工的工作条件，使其能够在较好的环境中为病人提供良好的服务。

**第六条** 在一个地区或一个城市的一个街区有多家医院同时存在，而在另一个地区或同一个城市的另一个街区却很少或没有像样的医院；为利用某块地皮或其他原因，在医院集中的地区又建一所医院；为了扩大业务范围，增加病床数量，同时存在于一个地区的多家医院又同时扩建、竞相扩大规模……上述情况在各地都不同程度地存在着。这种重复建设和过于集中的状况，有历史原因也有现实原因，有客观原因也有主观原因。事实上不仅造成卫生资源和建设资金的不合理使用，也导致交通不便、就诊时间和医疗费用的增加等社会问题，更不符合社会主义市场经济的要求。为此，在城市总体规划和社会事业发展规划中，应重视卫生资源的合理配置。根据我国的国情，目前综合医院建设重点应放在中小城市，大城市应坚持改扩建为主的方针。

综合医院在进行改建、扩建的时候，应将原有设施中能够利用的部分计入所定规模的总面积中，合理规划、充分利用。这应成为综合医院改建、扩建工程必须遵循的原则之一。

**第七条** 认真做好项目的前期准备工作，尤其是经过充分的调研和论证，编制好既符合客观规律又具有可操作性的可行性研究报告，是所有建设项目不可缺少的重要环节。而多年来这一点始终是医院建设的薄弱环节。以前是有多少钱干多少事，或者是用一定的投资总想干更多的事，可行性研究报告往往成为“可批报告”，结果与初衷相差甚多。而盲目性和急于求成则导致建设项目的先天不足，欲速则不达。

长期以来，不管是新建还是改建、扩建的医院建设项目，负责建设管理工作的部门多为临时抽调人员组成，或虽有常设部门也缺乏工程技术人员，无力完成可行性研究报告和设计任务书的编制工作，多请设计单位帮助。鉴于医院建筑流程复杂、工作周期长、投入产出比相对不高，在全国只有少数设计单位从事医院设计工作，缺乏专门的技术力量。而少数强于医院设计工作的设计单位也由于这项工作要投入大量人力、时间，又没有相应的费用可取，在极不情愿的情况下，勉力为之。

以上种种，必然造成医院建设项目在规模、功能、流程、投资等各方面都存在问题。对此，建设单位和上级各有关部门都应高度重视。应在前期费用中列出专项资金，委托有经验的中介机构或设计单位，切实做好可行性研究报告和设计任务书的论证、编制工作，为整个项目的建设工作打下坚实基础。

**第八条** 综合医院的建设，应按照科学性、实用性与前瞻性相结合的原则，根据所在地区和医院自身的发展情况，对院区进行一次性规划。经有关部门批准后，可根据实际需要和财力、物力等条件，一次或分期实施。这是总结50多年来医院建设的经验和教训而采取的一项扬长避短、效果明显的有利措施。其目的在于限制不循规划、随意建房、任意扩大医院规模等违反管理科学和综合医院自身发展规律的不正确做法。任意进行改建、扩建，必然导致整个医院功能区域设置不合理、流程混乱、洁污交叉、管线阻塞等弊端的产生。严格执行本条规定，按照规划进行建设，将使医院始终保持适度的规模、合理的布局、科学的流程和良好的环境。

**第九条** 本条明确了本建设标准与国家现行的有关工程建设强制性标准、规范、定额、指标的关系，随着国家标准化、规范化工作的进展，必将有更多的标准、规范、定额、指标陆续发布，凡与综合医院建设工作有关的，均应认真贯彻执行。

## 第二章 建设规模与项目构成

**第十条** 本建设标准按照病床数量的多少，将综合医院的建设规模划分为200床、300床、400床、500床、600床、700床、800床、900床、1000床九种。实践证明，100张病床的规模不可能构成一所完整的综合医院，而且床均面积大，投资成本高，综合效益较差。为此，本建设标准将200床作为综合医院建设规模的起点。

目前，全国范围内大于800床规模的各类医院有180所，而且有不少医院的新建、改建、扩建计划的规模定位也在800床以上。根据实际状况和未来的发展趋势，本建设标准将综合医院的建设规模从“九六标准”的7种增加到9种。200床的规模区间为150~249床，300床的规模区间为250~349床，依此类推至900床规模，1000床的规模区间为950~1049床。

在同一块建设用地上，尤其是用地面积不达标的情况下，医院规模过大，会产生诸如患者过于集中、设备重复购置、工作人员过多、管理幅度过大、环境质量不符合要求、综合效益较低等许多不利因素。所以本建设标准将综合医院建设规模的上限定在1000床。一般情况下，宜建设300~800床之间6种规模的综合医院，限制1000床以上规模超大型医院的建设。这是对国内外综合医院建设和管理经验的总结，也符合我国的基本情况。

一些专业技术力量很强、现有设施不能满足社会需求的医疗机构，宜采取异地建设分院的办法来适应社会经济的发展、人民的医疗保健需求和自身事业的发展需要。

**第十一条** 本条规定了确定综合医院规模的原则。

**第十二条** 日门（急）诊量与编制床位数（经有关部门审批后实际建设规模确定的病床数）之间的比值，是确定综合医院门（急）诊总量进而确定除住院部以外的门诊、医技科室及其他相关用房面积的重要依据。

经过20世纪80年代以来大规模的医院建设，看病难、住院难的矛盾得到一定程度的缓解，实践证明3:1的诊床比基本符合实际。中心城市内有专科特色综合医院（特长专科门诊量占门诊总量的1/4以上）的诊床比要高于3:1，应适当增加门诊和医技科室用房的面积。

由于不同地区、不同医院之间在经济条件、疾病种类、技术水平与医疗设备等方面均有差异，社区卫生服务体系的建立与不断完善也会使医院的门（急）诊量发生变化，为使诊床比更接近该地、该院的实际情况，有些新建医院尤其是改建、扩建的综合医院，可以按当地相同规模医院或本院前三年门（急）诊量与住院病人统计的平均数确定诊床比例，并按新的比值确定门诊、医技科室等用房的面积。

**第十三条** 根据综合医院所需要承担的医疗、教学、科研和预防保健四大任务，按照科学管理和实际工作的需要，本条规定了综合医院的建设项目由急诊部、门诊部、住院部、医技科室、保障系统、行政管理、院内生活、科研和教学设施等九个部分组成。其中前7项是综合医院建设的基本内容，这些项目建成后，一所医院就可以投入使用，正常运转；后2项则应根据承担科研和教学任务的具体情况确定。这样规定，使综合医院的建设项目更符合管理科学的要求和医院自身的客观实际，同时也有助于克服重视医疗业务用房、轻视保障系统用房、忽视行政管理和职工生活用房的现象。在前期准备工作中，应将7项基本内容和需要建设的科研、教学设施以及其他应该建设的项目同时立项，一次报批，使综合医院的建设配套进行，发挥应有的效益。

除本院一般急诊工作外，承担院前急救接诊任务的综合医院，应按接诊专业的不同适当增加急救用房的面积。

**第十四条** 医用磁共振成像设备、X线电子计算机断层扫描装置、核医学、高压氧舱等大型医疗设备具有以下特征：

一、设备本身购置成本高。

二、需要专门的技术人员。

三、需要建设专门的设备用房与必要的防护设施。

四、设备投入使用后，小范围内需要检查或治疗的患者数量达不到设备正常运转的工作量要求，必然造成设备闲置。不仅增加了运行成本，也浪费了卫生资源。

为此，本条规定，大型医疗设备应按照区域卫生规划的安排并根据医院的技术水平和实际需要合理设置，逐步向适当集中、资源共享的管理模式过渡。

本建设标准在第三章第二十一条的建筑面积指标中列出了制剂室的项目，但没有确定面积指标。医院确因业务工作需要或承担地区制剂中心的任务需要建设西药、中药制剂室时，应按国家食品药品监督管理局制定的《医疗机构制剂配制质量管理规范》执行。

**第十五条** 由于历史原因，“医院办社会”是我国各级各类医院尤其是大中型医院普遍存在的一个共性问题，它已经成为医院适应社会主义市场经济体制、发展医疗市场的制约因素之一。为此，本建设标准提倡综合医院内的一些配套设施向社会化发展，在可能的情况下，应尽量利用社会协作条件进行建设。

## 第三章 建筑面积指标

**第十六条** 本条规定了综合医院中以建设规模为基本参数确定的急诊部、门诊部、住院部、医技科室、保障系统、行政管理和院内生活用房等7项基本建设内容的床均建筑面积指标。

“九六标准”的床均建筑面积指标是上限标准，原则上不准超标。这是根据当时的国情和医疗机构现状调查结果综合分析确定的。“九六标准”施行以来，我国的社会、经济、新的医疗技术与设备都有了很大发展，人民群众的生活水平和对健康的关注程度也有了很大提高。卫生事业尤其是医疗机构也应与时俱进、以人为本，最大限度地满足社会和人民群众在医疗保健方面不同层次的需求。

改善患者（包括大量的陪诊家属和健康检查与健康咨询者）的就诊、住院条件和员工的工作条件，配置先进的诊疗设备，更加严格的传染病筛查与消毒隔离设施，空调、通风与治安、消防等建筑配套设施等诸方面，都对综合医院的建筑空间提出了新的要求，需要在修订后的新标准中予以解决。

2003年对全国30个省、自治区、直辖市的300所综合医院的调查结果（2002年底数据，其中有效数据206所）是，床均建筑面积为78～106$m^2$，详见附表1。

**附表1　综合医院建筑面积统计（$m^2$/床）**

| 名称＼规模 | 200床 | 300床 | 400床 | 500床 | 600床 | 700床 | 800床 | 900床 | 1000床 |
|---|---|---|---|---|---|---|---|---|---|
| 医院（所） | 21 | 23 | 22 | 28 | 27 | 15 | 28 | 6 | 36 |
| 面积（$m^2$/床） | 78.11 | 90.37 | 82.66 | 91.70 | 87.27 | 101.10 | 92.92 | 106.43 | 92.77 |

应如何评价和使用这项调查结果：

一、这项调查结果反映了目前我国综合医院房屋设施的现状情况（只限于量的方面）。

二、虽然这项调查结果显示的床均建筑面积超过了“九六标准”规定的指标，但各医院的用房却并未因此感到宽松，而只是达到实际需要的基本要求。

三、考虑到全国的平均水平，把这项调查结果作为确定新的床均面积指标的依据是适宜的。

根据以上调查结果和情况分析，汲取50多年来特别是“九六标准”施行以来医院建设和管理工作中的经验教训，并在全国征求了各有关方面意见的基础上，本建设标准修订了7项基本建设内容的床均建筑面积指标。对于1000床以上的综合医院，可参照1000床面积指标执行。

本建设标准中的门诊、医技科室等与门（急）诊量有关的房屋面积是按3∶1的诊床比计算的（见附表2），当实际需要大于或小于这一比例时，这些用房的面积则应按百分比相应地增加或减少。

**附表2　综合医院7项建设内容分科室建筑面积指标（$m^2$）**

| 部门＼规模 | 200床 | 300床 | 400床 | 500床 | 600床 | 700床 | 800床 | 900床 | 1000床 |
|---|---|---|---|---|---|---|---|---|---|
| 急诊部 | 480 | 720 | 996 | 1245 | 1548 | 1806 | 2112 | 2376 | 2700 |
| 门诊部 | 2400 | 3600 | 4980 | 6225 | 7740 | 9030 | 10560 | 11880 | 13500 |
| 医技科室 | 6240 | 9360 | 12948 | 16185 | 20124 | 23478 | 27456 | 30888 | 35100 |
| 住院部 | 4320 | 6480 | 8964 | 11205 | 13932 | 16254 | 19008 | 21384 | 24300 |
| 保障系统 | 1280 | 1920 | 2656 | 3320 | 4128 | 4816 | 5632 | 6336 | 7200 |
| 行政管理 | 640 | 960 | 1328 | 1660 | 2064 | 2408 | 2816 | 3168 | 3600 |
| 院内生活 | 640 | 960 | 1328 | 1660 | 2064 | 2408 | 2816 | 3168 | 3600 |
| 合计 | 16000 | 24000 | 33200 | 41500 | 51600 | 60200 | 70400 | 79200 | 90000 |
| 床均面积 | 80 | 80 | 83 | 83 | 86 | 86 | 88 | 88 | 90 |

注：保障系统中含医疗业务用蒸汽锅炉用房，采暖锅炉用房面积单列。

本次修订的7项基本建设内容与“九六标准”相比，床均建筑面积指标增加了16～28$m^2$。主要是为了保障在社会、经济发展到一定程度时人民群众对医疗保健的需求和科技进步带来的各种诊疗手段不断增加的需要。

新增加的建筑面积，有的是根据实际需要测算的，有的是根据专用的公式计算的，还有的是依据国家规定的标准、规范、规定等有关文件确定的。

本建设标准改变了“九六标准”中规模越大床均建筑面积越小的模式，采用随着医院规模的扩大床均建筑面积适当增加的模式。实践表明，规模较大的医院功能完善、科室齐全，承担急、难、险、重病人的救治任务也多，需要与之相应的房屋面积。同时，现状情况调查结果也是如此。

一般情况下，新建、改建、扩建综合医院的床均建筑面积指标，应符合本建设标准第十六条表1的规定。确因业务工作需要、建设资金又有保证，经审批部门批准，可适当增加床均建筑面积指标。

**第十七条** 本条确定了7项基本建设内容在综合医院总建筑面积中所占的比例。该比例是在对若干基础数据进行整理，并经过综合分析后确定的。使用过程中，各项比例可根据地区和医院的实际需要作适当调整。

**第十八条** 预防保健工作是综合医院的医、教、研、防四大任务之一。随着社会经济的发展、人口的增加以及人口日趋老龄化，人民群众的卫生观念和保健意识也日益增强。因此，医院中预防保健的工作量越来越大。但各医院内预防保健的工作用房都比较拥挤和简陋，不能满足实际工作的需要，工作质量也受到一定程度的影响。为此，本建设标准依据《中华人民共和国动物防疫法》的要求并结合医院的实际情况，明确规定了预防保健工作的用房面积。

预防保健工作的用房面积与医院建设规模的大小没有直接关系，而是以所承担的地段保健人口数量为基本参数，故将其单列出来，另给面积。“九六标准”规定，每位预防保健工作人员配备工作用房9m$^2$。在实际使用过程中，普遍反映面积指标偏紧，不能满足实际工作需要。通过对现状调查资料的分析研究，在修订时，将每位预防保健工作人员的人均工作用房面积增加到20m$^2$。

**第十九条** 本条所规定面积指标是根据原建设部和原国家计委批准发布的《科研建筑工程规划面积指标》（建标〔1991〕708号）有关规定，同时结合综合医院科研机构具体特点确定的，主要用于科研业务用房的建设。其公用配套和生活服务设施可与医院共用。“九六标准”规定，设有研究所的综合医院，应按编制内的每位专职科研人员数量，另外增加科研用房的建筑面积。在我国，设在医院中的医学科研机构，多为“院办所”（也有所办院或院、所分立）形式，专门从事科研的工作人员数量不多，编制也少。但科研工作与临床之间的联系非常密切，且大多数临床高级人员均有科研项目并定期进行科研工作。在本次修订中本建设标准规定，承担科研任务的综合医院，应按副高以上专业技术人员总数的70%为基数另外增加科研用房的建筑面积。

“九六标准”规定，每位专职科研人员的用房面积按25m$^2$配置。随着医学科学发展与学科分类细化，科研用房的面积也需要增加。根据《科研建筑工程规划面积指标》的有关规定，本次修订将原来规定偏低的25m$^2$调整为32m$^2$，以保证实际工作需要。

在建设科研用房的同时，配套建设与之相适应的中间实验动物室，是医学科研工作的需要。因一般综合医院不设实验动物室，故本条规定的科研用房指标中不包括该项内容。需要时，可按卫生部发布的《医学实验动物管理实施细则》的有关规定执行。

**第二十条** 承担临床教学任务的综合医院有三种类型，即附属医院、教学医院和实习医院。本条教学用房的建筑面积是根据原国家教委、卫生部、国家中医药管理局发布的《普通高等医学院校临床教学基地管理暂行规定》确定的。

**第二十一条** 本条所列14个作为本建设标准的单列项目，供建设单位选择使用。其中有些虽属于7项基本建设内容的范围，但又不是所有综合医院都必须建设的非共性项目，所以予以单列。这些项目的建筑面积是在对综合医院的调查资料进行综合分析后确定的。各地在综合医院的建设中，可根据实际需要参照使用。

**第二十二条** 随着人民生活水平的日益提高和交通设施的不断改善，乘用各种车辆到医院就诊的患者、探视的家属和健康检查（咨询）者越来越多。在适当的位置（地上或地下）设置公共停车场已成为综合医院建设工作中所必须面对的问题。不少省、自治区、直辖市对此已有明文规定，并明确公安交通管理部门参与医院初步设计的审批工作。有关部门应按当地的规定，根据项目的建设规模，增加综合医院公共停车场的建筑面积指标。

**第二十三条** 随着社会经济的发展和气候的变化，冬季采暖已不仅限于寒冷地区，但也并非是全国所有综合医院都需要采暖设施。所以本次修订“九六标准”时，将采暖设施的配置要求单列一条，并且未明确具体面积指标。实际工作中，应根据项目所在地区的实际需要，按采暖方式的不同，根据国家有关规范设计，另行增加相应的建筑面积。

**第二十四条** 健康体检工作在不同规模的综合医院中都有承担，随着生活水平的提高，人们对健康的关注程度也在变化，健康体检的工作量逐年增加，必然需要一定的设施来承担这项工作。本建设标准没有确定具体的面积指标，建设单位可根据实际需要另行报批。

## 第四章　规划布局与建设用地

**第二十五条** 建设用地的选择对一所综合医院的建设和发展至关重要。它对建设投资的多少、工期的长短以及建成后效益的好坏，都有很大的制约作用，应该认真对待。本条规定了综合医院选址应遵循的原则。

综合医院的选址，除应考虑外界对医院环境的影响外，尚应考虑由于医院的特殊工作性质对周边环境的影响，二者要统筹兼顾。要按照公共卫生方面的有关要求，做好环境影响评估工作，协调好医院与周边环境的关系。

**第二十六条** 本条明确了综合医院建设规划应该遵循的几项主要原则。做好总体规划是综合医院建设工作中的一个不可缺少的重要环节，没有一个科学合理、符合城市总体规划与区域卫生规划要求和医院自身客观规律的总体建设规划，就不可能建好一所综合医院。

在实际工作中，几项主要原则应予全面贯彻，不可偏废。否则，不是造成土地的浪费就是制约了医院当前的建设和未来的发展，都会给国家和建设单位带来损失。

本条提出了在综合医院总平面布置中应采取的节约用地措施。实际工作中有关人员应把节约用地的原则贯穿于综合医院建设过程的始终，在不影响使用功能和安全卫生的前提下，尽可能科学合理地节约建设用地。

**第二十七条** 1989年进行的全国卫生部门房屋建筑情况普查结果（1988年底数据）显示，全国2365所200床及以上规模综合医院的床均用地面积为117.99$m^2$。

2003年调查结果显示，床均用地面积为82.01$m^2$。

详细情况见附表3

附表3　综合医院建设用地情况统计（$m^2$/床）

| 规模＼名称 | 床均占地面积 | | 规模＼名称 | 床均占地面积 | |
|---|---|---|---|---|---|
| | 1988年 | 2002年 | | 1988年 | 2002年 |
| 200床 | 129.21 | 128.27 | 700床 | 147.97 | 107.55 |
| 300床 | 125.03 | 89.03 | 800床 | 142.04 | 77.23 |
| 400床 | 109.05 | 99.26 | 900床 | — | 84.29 |
| 500床 | 87.06 | 90.85 | 1000床 | — | 65.12 |
| 600床 | 90.84 | 81.82 | | | |

从附表3的统计可以看出，不同规模的综合医院之间床均用地面积的差距是比较大的。主要原因在于：

一、医院所处的位置不同。位于中心城市内的综合医院建设用地比较紧张，一般不能满足实际需要，所以床均用地面积就小。其他地区综合医院的建设用地相对宽松一些，床均用地面积也就随之增大。

二、从普查与抽查的结果看，某些规模医院的床均用地面积差距较大。一是由于普查与抽查样本的数量相差悬殊，二是因为10多年来很多医院都不同程度地在原址进行了改扩建，建设用地没有增加，床位规模扩大了，致使床均用地面积减少。

三、不合理扩大医院规模。有的医院尤其是一些城市医院，本来用地就很紧张。为了扩大规模又在原址扩建，使床均用地面积越来越小。这种做法既不符合医院自身的客观规律，不利于医院的长远发展，也会造成患者的就诊、住院环境与工作人员的工作环境和医院周边交通状况的日益恶化。

1988年的调查数据表明，我国综合医院的建筑容积率大多在0.5～0.7之间；2002年的调查数据表明，这项指标已增加到0.6～1.4之间，医院的环境质量下降明显。为保证综合医院保持较好的环境质量，本建设标准通过对调研资料的综合分析，根据我国现阶段综合医院的现实情况和实际需要，以0.7的建筑容积率为基点规定了不同规模的综合医院中包括急诊部、门诊部、住院部、医技科室、保障系统、行政管理和院内生活用房等7项设施的床均用地面积指标。并在指标以外确定了11$m^2$/床的幅度面积，用于预防保健用房、单列项目用房的建设和医院的发展用地。这样，既可保证建设用地的实际需要，又使医院的发展用地得以保障，避免土地的浪费。

对于1000床以上的综合医院，可参照1000床用地指标执行。

**第二十八条**　在全国的综合医院中，设有科研机构和承担教学任务的只是少数医院，而且各自承担的科研和教学任务的多少差异很大。但随着科教兴院意识的增强，开展科研工作和承担不同规模、不同层次学生带教任务的医院在逐渐增加，配置适度规模的科研、教学用房是必要的，有利于医院的业务技术发展和科研、教学工作的正常进行。一般说来，科研和教学设施的用地面积与医院的床位规模之间没有直接的联系，所以本建设标准规定，在床均用地面积指标以外按科研工作人员和在院学生人数的多少另行增加建设用地。

承担教学任务的综合医院在床均用地面积指标以外，按每位学生30$m^2$增加建设教学设施的用地面积。

**第二十九条**　在综合医院的建设过程中，同步配套建设机动车和非机动车停车设施是必须的建设内容之一。对地下停车设施不能满足实际需要或不适宜建设地下停车设施的项目，有关部门应根据当地的相关规定，确定符合需要的用地面积。

**第三十条** 综合医院必须保证有足够的绿化用地，通过精心的设计、种植和管理，为病人和工作人员创造良好的医疗、康复和工作环境。同时，绿地对医院的功能分隔、卫生防护、空气净化、减少污染和改善医院建筑用地周围的小气候都具有十分重要的作用。

为了确保绿化用地的落实，就要科学合理地控制建筑密度。1993 年 11 月原建设部根据《城市绿化条例》第九条授权制定的《城市绿化规划建设指标的规定》（建城〔1993〕784 号）明确了医院的绿地率不低于 35%。根据这一规定并结合全国 62 所综合医院的现状调查结果，在广泛征求了有关方面专家和实际工作者的意见以后，本建设标准规定，在新建综合医院的用地范围内，绿地率应不低于 35%。考虑到改建、扩建综合医院一般用地比较紧张的情况，所以将改建、扩建综合医院绿地率指标调整为不低于 30%。

## 第五章 建筑标准

**第三十一条** 本条明确了确定综合医院建筑标准应遵循的基本原则。

**第三十二条** 20 世纪 80 年代以来，我国医院建筑高层化的趋势日益明显。实践证明，这是不符合医院的工作特点和我国基本国情的。

综合医院的急诊部、门诊部、住院部、医技科室等医疗业务用房具有在就诊、探视高峰期的短时间内出现大量人流的特点。对于很多业务工作来说，水平联系较垂直联系有更多的优越性，尤其是在应对突发情况的时候，更是如此。所以医疗业务用房不宜建设高层建筑。为此，本建设标准规定，综合医院的各项设施宜以多层建筑为主。

随着科学技术的日益发展，新的科研成果应用于医疗实践的时间在不断缩短，医疗设备更新换代的速度也在不断加快。门诊和医技科室等用房的重新分隔、组合与改造工作在医院中常年不断，采用框架结构体系有利于医院的改造和发展。

调查表明，阳台在多数医院的病房中作用不大，反而增加了交叉感染的机会和建筑造价。所以本建设标准规定，病房楼不宜设置阳台。

医院是治病救人的场所，建筑结构的安全尤为重要。医院内各类房屋及其配套设施应符合国家有关抗震规范的要求。

**第三十三条** 本条规定了综合医院建筑装修和环境设计方面总的要求。

**第三十四条** 综合医院服务对象的特殊性，要求无障碍设施要更加完善、适用，保障残疾患者及其他到医院来的残疾人的需要。

**第三十五条** 本条规定了综合医院建筑装修方面的几项具体要求。

**第三十六条** 本条规定了综合医院医疗业务用房室内装修的要求。

**第三十七条** 本条所列的几类用房，在使用过程中常年遭受蒸汽和水的侵扰，屋顶和墙面潮湿不干、腐蚀严重，甚至发霉、破损、脱落，加之地漏安装不规范，使得地面长期积水且渗漏不止。不仅带来工作上的不便，而且会造成污染。为此，在建设过程中从设计开始就应采取有效措施，切实解决好室内的装修、蒸汽的排放和楼地面的排水与渗漏问题。

**第三十八条** 实践证明，对蒸汽、冷热水和冬季供暖采用分区专线供应的方法，既便于日常的维修与管理，又可以节约能源。

由于医院内的管道种类多、线路长，遇有较大故障就要凿墙断壁，甚为不便，适当加大下水管口径，采取有效的防堵塞措施并设置管道井和设备层，有利于日常的维修、保养与医院的改造和发展。

不少医院的室外管沟不但低矮狭窄，且由于没有采取防水措施，沟内积水严重，不仅腐蚀管线，也不利于维修。应采取有效措施，防止地下水渗入，并便于维修、改造和通风。

**第三十九条**　综合医院的工作特点要求具备安全可靠的不间断供电条件，应实行双路供电(来自不同变电站的两路电源)。不具备双路供电条件的医院，应设置自备电源。

院区以内应采用分路供电的方式，目的是为了保障设备的安全运转。

鉴于医院工作的特殊性，还应考虑设置突发供电故障时的备用电源。备用电源应保证医院一定范围内和一定时间段的用电需求。

**第四十条**　本条规定了综合医院的建筑防火和消防设施的要求。由于医院工作性质和工作对象的特殊性，防火和消防工作尤为重要。从医院的设计、建设到使用、管理，每个环节都应高度重视这项工作，并制定突发火灾时的紧急灭火和疏散方案，确保消防安全。

**第四十一条**　本条是关于综合医院部分用房设置空调与空气净化设施和建设洁净手术室的规定。

在项目的建设中，采取中央空调、区域空调还是分体空调，要根据所在地区的气候条件、实际需要和投资状况等酌情确定。

**第四十二条**　本条明确了综合医院应配置与其建设规模和实际工作需要的信息系统、通讯系统和安全技术防范系统的要求。

**第四十三条**　本条是关于综合医院标识系统的要求。医院标识要完善、简洁、清晰、内容明确，而且要有无障碍标识。有实际需求的，尚应设置中英文对照标识。

**第四十四条**　本条是关于综合医院医用气体供应设施的要求。

医院在建设液氧站或制氧机房以及架设管线时，要结合总体规划，留有未来发展需要的余地。

**第四十五条**　本条是关于综合医院污水、医疗废物和生活垃圾处理设施的规定。

这是一项很重要的配套设施，要与医疗用房同时设计、同时施工、同时使用，保证污水、医疗废物和生活垃圾得到及时有效处理。

## 第六章　医 疗 设 备

**第四十六条**　本条规定了综合医院一般医疗设备的装备标准。

**第四十七条**　本条规定了综合医院大型医用设备的装备原则。

## 第七章　相 关 指 标

**第四十八条**　本条确定了医院建筑投资估算编制原则。

**第四十九条**　本条确定了综合医院工作人员的编制。

**第五十条**　本条明确了综合医院应进行经济评价的规定。

# 疾病预防控制中心建设标准

## 建标 127—2009

## 住房和城乡建设部、国家发展和改革委员会关于批准发布《疾病预防控制中心建设标准》的通知

建标〔2009〕257号

国务院有关部门，各省、自治区、直辖市、计划单列市住房和城乡建设厅（委、局）、发展和改革委员会，新疆生产建设兵团建设局、发展和改革委员会：

根据《关于印发〈二〇〇三年工程项目建设标准、投资估算指标、建设项目评价方法与参数编制项目计划〉的通知》（建标函〔2004〕43号）的要求，由卫生部负责编制的《疾病预防控制中心建设标准》，经有关部门会审，现批准发布，自2010年3月1日起施行。

在疾病预防控制中心建设项目的审批、设计和建设过程中，要严格遵守国家关于严格控制建设标准的相关要求，认真执行本建设标准，坚决控制工程造价。

本建设标准的管理由住房和城乡建设部、国家发展和改革委员会负责，具体解释工作由卫生部负责。

中华人民共和国住房和城乡建设部

中华人民共和国国家发展和改革委员会

二〇〇九年十月二十九日

## 前　言

《疾病预防控制中心建设标准》（以下简称本建设标准）是根据建设部《关于印发〈二〇〇三年工程项目建设标准、投资估算指标、建设项目评价方法与参数编制项目计划〉的通知》（建标函〔2004〕43号）的安排，由中华人民共和国卫生部主编，具体由卫生部规划财务司组织卫生部疾病预防控制局，中国医院协会，江苏、浙江、云南、贵州、青海等省疾病预防控制中心，中华预防医学会，中国建筑科学研究院，复旦大学以及上海市嘉定区、江苏省南京市和张家港市、浙江省嘉兴市和温岭市、云南省昆明市的疾病预防控制中心共同编制完成。

在编制过程中，编制组紧密结合我国疾病预防控制中心建设的实际情况，进行了广泛

深入的调查研究，收集了江苏、浙江、云南、贵州、青海、湖北、江西、甘肃、山东、广东等28个省级、132个地市级和456个县区级共616个疾病预防控制中心现状资料；积极借鉴国外有关建设情况，及时适应当前和今后一段时期的需要；遵循艰苦奋斗、勤俭节约的方针，在满足功能和安全的前提下，严格执行我国资源能源节约、生态环境保护的各项法规和政策，本着科学、合理、经济、适用的原则制定了本建设标准。经广泛征求有关部门、单位及专家的意见，多次召开讨论座谈会，最后由卫生部组织召开审查会议，会同有关部门审查定稿。

本建设标准共分七章，包括总则、建设规模与项目构成、建筑面积指标、建设用地、规划布局、建筑标准、仪器设备装备及其他相关指标等内容。

请各单位在执行本建设标准的过程中，注意总结经验，积累资料。如发现需要修改和补充之处，请将意见和有关资料寄至卫生部规划财务司（地址：北京市西城区西直门外南路1号，邮政编码：100044），以便今后修订时参考。

**主 编 单 位：** 卫生部规划财务司

**参 编 单 位：** 卫生部疾病预防控制局
中国医院协会医院建筑系统研究分会
江苏省疾病预防控制中心
浙江省疾病预防控制中心
中华预防医学会公共卫生管理分会
中国建筑科学研究院
复旦大学卫生发展战略研究中心
江苏省南京市疾病预防控制中心
上海市嘉定区疾病预防控制中心
浙江省嘉兴市疾病预防控制中心
江苏省张家港市疾病预防控制中心
浙江省温岭市疾病预防控制中心
云南省疾病预防控制中心
贵州省疾病预防控制中心
青海省疾病预防控制中心
云南省昆明市疾病预防控制中心

**主要起草人：** 谢景欣　陈　政　施培武　于明珠　于德志

**主要参与人：** 于竞进　刘　魁　于　冬　马立东　陈守建　吴翔天

中华人民共和国卫生部

二〇〇九年七月

# 第一章　总　　则

**第一条**　为适应社会主义市场经济体制下卫生事业发展需要，提高疾病预防控制中心建设项目决策水平和工程建设管理水平，正确掌握建设标准，合理确定建设规模，满足疾病预防控制中心的功能需要，充分发挥投资效益，制定本建设标准。

**第二条**　本建设标准适用于疾病预防控制中心的新建、改建、扩建项目。其他各级各类疾病预防控制机构相关功能用房建设可参照执行。

**第三条** 本建设标准是合理确定项目建设水平的全国统一标准，是编制、评估、审批疾病预防控制中心建设项目可行性研究报告的重要依据，是审查项目设计和监督检查项目实施的重要尺度。

**第四条** 疾病预防控制中心的建设，必须依据国家有关法律、法规和规定，与经济社会发展相适应，坚持科学、合理、经济、适用的原则，从本地区疾病预防控制工作实际出发，正确处理现状与发展、需求与可能的关系，做到规模适宜、功能适用、装备适度、经济合理、安全卫生。

**第五条** 疾病预防控制中心的建设，应符合所在地区城市总体规划和区域卫生规划的要求，充分利用现有卫生资源和基础设施条件，避免重复建设。

**第六条** 疾病预防控制中心的建设除执行本建设标准外，尚应符合国家现行的有关标准、规范和定额、指标的规定。

## 第二章 建设规模与项目构成

**第七条** 疾病预防控制中心建设规模，应根据其基本功能定位、机构人员编制数，结合区域经济发展水平与卫生事业发展规划的要求确定。

**第八条** 疾病预防控制中心建设项目由房屋建筑、配套设施和场地组成。

房屋建筑由实验用房、业务用房、保障用房和行政用房等部分构成。

配套设施由供配电、弱电、空调、给排水、消防等各地区建筑基本要求且必须配备的设施，以及属于根据当地气候条件特殊配置的固体废弃物处理、采暖锅炉、蒸汽锅炉或热交换设施、废水处理、公共浴室等设施，或根据城市规划、节能或环保要求而需要特殊配置的设施构成。

场地由道路、绿地、停车场等部分构成。

**第九条** 实验用房、业务用房、保障用房和行政用房建设规模应遵循满足基本功能、兼顾未来发展的原则确定。

特殊用途实验用房应根据疾病预防控制工作的需要另行设置。

**第十条** 配套设施的建设，应按照节约、通用的原则，充分利用社会公共设施。

## 第三章 建筑面积指标

**第十一条** 疾病预防控制中心建筑面积指标应按省级 $70m^2$/人、地级 $65m^2$/人、县级 $60m^2$/人确定（人指编制管理部门确定的疾病预防控制中心编制人员），原则上不超过表1规定。

**表1 各级疾病预防控制机构建设规模**

| 类别 | 服务人口（万人） | 建筑面积（$m^2$） |
|---|---|---|
| 省级 | >7000 | 24000～34000 |
| | >4000 | 18500～24000 |
| | >1000 | 13000～18500 |
| | <1000 | 7500～13000 |

**续表 1**

| 类　别 | 服务人口（万人） | 建筑面积（$m^2$） |
|---|---|---|
| 市级 | >500 | 5800～7000 |
| | >300 | 4700～5800 |
| | >100 | 3500～4700 |
| | <100 | 2500～3500 |
| 县级 | >80 | 4100～6150 |
| | >40 | 2450～4100 |
| | >10 | 1250～2450 |
| | <10 | 850～1250 |

注：经济较发达和疾病预防控制任务繁重的省级疾病预防控制机构其建筑面积可在上表规定的标准上增加 5%～10% 的建筑面积；承担国家重点任务的实验室，按认证要求增加相应面积。直辖市、重点城市可根据其服务内容或疾病预防控制能力按同级最高标准规划建设。

国家级疾病预防控制中心建设规模按功能需求与人员编制另行确定。

**第十二条**　疾病预防控制中心各类用房建筑面积占总建筑面积的比例，按功能定位和服务需求，参照表 2 确定。

**表 2　省、地、县级疾病预防控制中心建筑面积分类构成（%）**

| 级别 | 实验用房 | 业务用房 | 保障用房 | 行政用房 |
|---|---|---|---|---|
| 省级 | 41～50 | 24～34 | 20～24 | 3～6 |
| 地级 | 40～48 | 24～28 | 21～28 | 4～6 |
| 县级 | 35～42 | 23～25 | 25～32 | 6～10 |

注：人均行政办公用房面积不得超过《党政机关办公用房建设标准》规定。

**第十三条**　经论证批准设置特殊实验用房的，其建筑面积指标按附录 A 的规定计算。

**第十四条**　承担在职人员培训和教学任务的疾病预防控制中心，可在总建筑面积的基础上增加 5%～10% 的建筑面积。

# 第四章　建设用地

**第十五条**　疾病预防控制中心建设用地应坚持科学、合理、节约的原则，在满足基本功能需要的同时，适当考虑未来发展。

**第十六条**　疾病预防控制中心建设用地容积率宜为 1.2～2.0。

**第十七条**　疾病预防控制中心绿化用地应符合当地有关规定。

# 第五章　规划布局

**第十八条**　疾病预防控制中心的选址应符合下列要求：

一、具备较好的工程地质条件和水文地质条件。

二、周边宜有便利的水、电、路等公用基础设施。

三、地形规整，交通方便。

四、避让饮用水源保护区。

五、避开化学、生物、噪声、振动、强电磁场等污染源及易燃易爆场所。

**第十九条** 疾病预防控制中心宜一次规划，一次建设，确有困难的可一次规划，分期建设。在总体布局时应充分利用地形地貌，正确处理功能分区以及各分区之间相互联系与分隔的关系，科学布置各类建筑物，合理组织人流、物流。

疾病预防控制中心建筑宜采取分散布局形式。实验用房宜与业务、保障、行政等其他功能用房分开设置，实验用房宜处于当地夏季最小风频上风向。不同类别实验用房宜独立设置。

## 第六章 建筑标准

**第二十条** 疾病预防控制中心建筑设计应以科学合理、安全卫生、经济适用、环保节能为原则，同时满足周边环境与城镇规划要求。

**第二十一条** 除有特殊要求外，实验用房的布局、朝向、间距应保证室内有良好的自然通风和自然采光。

**第二十二条** 疾病预防控制中心建筑的抗震设防类别，应符合下列规定：

一、承担研究、中试和存放剧毒的高危险传染病病毒任务的疾病预防控制中心的建筑或其区段，抗震设防类别应划为特殊设防类。

二、不属于本条第一款的县、县级市及以上的疾病预防控制中心的主要建筑，抗震设防类别应划为重点设防类。

**第二十三条** 疾病预防控制中心实验用房的结构形式宜采用框架（剪）结构或钢结构。

**第二十四条** 设置实验用房等的主要建筑的耐火等级不应低于二级。

**第二十五条** 建筑内部实验区与实验人员办公、公共垂直通道等非实验区域相互隔离，并满足人流、物流要求。

**第二十六条** 建筑物垂直布局应遵循便于废气的处理排放与稀释，有利于工程管网设置，以及各类功能区相对独立集中布置的原则进行。

实验、业务、保障及行政等各类功能用房集中在一个楼宇的，实验用房宜置于楼宇最上部。各类实验用房集中在一个楼宇的，由上至下宜按照毒理（包括动物实验）、理化、微生物依次安排。

**第二十七条** 实验用房宜安装电梯，四层及以上的设置实验用房的建筑应安装电梯。设置电梯的至少有一部货梯或有一部客梯兼作货梯，有条件的宜设置独立的污物电梯。

**第二十八条** 实验用房外窗不宜采用有色玻璃。对有避光要求的实验用房应另行采取物理屏障措施。

**第二十九条** 无特别要求的实验用房，内隔墙宜采用轻质材料，并具有良好的可视性。内隔墙材料应具备牢固、保温、防火、防潮及表面光滑平整的特性。

顶棚、墙面的材料、构造应满足不起尘、不积灰、吸附性小、耐腐蚀、防水与易清洗的要求。

地面材料应满足耐腐蚀、耐磨损、易冲洗及防滑的要求。洁净实验用房，负压生物安全实验用房以及其他有特定要求的实验用房地面材料还应满足整体无缝隙的要求。

涉及放射性同位素与射线装置等有特殊要求的实验用房，其建筑布局、维护结构应满足相应的专业要求。

**第三十条** 实验废水排水系统应与其他排水系统分开设置。对于含有病原微生物、放射性物质，以及毒理（动物）实验用房的废水，宜分别设置排水管道。

涉及酸、碱及有机溶剂的实验用房，水槽、排水管道应耐酸、碱及有机溶剂腐蚀。

**第三十一条** 实验废水应进行无害化处理，水质符合现行国家标准《污水综合排放标准》GB 8978 要求。

**第三十二条** 易受化学物质灼伤的实验区域内，宜设置洗眼设施和紧急冲淋装置。当受条件限制时应在紧急疏散方向的公共区域或交通便利、服务半径较小的区域，设置共用洗眼设施和紧急冲淋装置。

对于二级以上生物安全实验用房，应按现行国家标准《实验室生物安全通用要求》GB 19489 设置洗眼设施和紧急冲淋装置。

有条件的实验用房应设置与检测工作范围相应的有毒有害因素报警器等安全防护设施。

**第三十三条** 实验用房环境温、湿度应符合实验环境需要。空调系统不得造成不同实验用房之间空气交换，并应满足使用灵活、节能的要求。

具有洁净度、温湿度、压力梯度要求的不同功能类别的实验用房，应采用独立的空气调节系统。

**第三十四条** 对于集中大量释放有害物的实验操作点，应采取局部机械排风措施。对于分散、微量释放有害物的实验用房，宜采取全面机械通风措施。

同时采用局部排风和全面通风措施的，应避免全面通风对局部排风气流产生横向干扰。

**第三十五条** 疾病预防控制中心的供电应留有足够的负荷余量，设施应安全可靠，采用双路供电。不具备双路供电条件的，应设置自备电源。有特殊要求的，应配备不间断电源。

有特殊要求的仪器设备宜设置独立的接地系统。

**第三十六条** 疾病预防控制中心建筑应设置防雷系统。计算机网络机房、大型仪器分析室等有特殊要求的场所宜设置独立的防雷系统。

**第三十七条** 疾病预防控制中心建设应设置完善的综合布线、计算机网络系统，并设置楼宇自控系统。安全防范应按有关规定设置。

**第三十八条** 实验用台柜的基材应符合环保要求，面材应具备理化性能好、耐腐蚀、易清洗、防水、防火的特点，结构与配件应满足人类功效学及操作安全的要求。

## 第七章 仪器设备装备及其他相关指标

**第三十九条** 疾病预防控制中心根据所承担的工作类型、职责和任务应配备的仪器设备参照附录 B 执行。

**第四十条** 疾病预防控制工作所需设备装备参照国家有关规定执行。

**第四十一条** 疾病预防控制中心的投资估算，应按国家现行有关规定编制。在评估或审批可行性研究报告和初步设计、概算时，实验用房可参照建设地区相同建筑等级标准和结构形式住宅平均建筑工程造价的 2 倍 ~4 倍确定，其他用房可参照 1.5 倍 ~2 倍确定。特殊功能要求的建筑物，其建筑工程造价可按实际情况适当提高。

**第四十二条** 疾病预防控制中心的经济评价，应按国家现行《建设项目经济评价方法与参数》及相关规定执行。

## 附录一 疾病预防控制中心特殊用途实验用房建筑面积指标

**附表 1 疾病预防控制中心特殊用途实验用房建筑面积指标**

<table>
<tr><th colspan="2" rowspan="2">项目名称</th><th rowspan="2">建筑面积（$m^2$）</th><th colspan="3">备注</th></tr>
<tr><th>项目功能</th><th>室内环境要求</th><th>其他</th></tr>
<tr><td colspan="2">负压状态二级生物安全实验室</td><td>40～70</td><td>适用于对人体、动植物或环境具有较大乃至高度危害或具有潜在危险的致病因子，但实验过程对健康成人、动物和环境却相对不易造成严重危害的实验</td><td>主实验室相对于大气压宜为－20Pa～－30Pa，相邻相通房间压差为10Pa～15Pa，洁净度为7级～8级；如果涉及较大潜在危害的操作，宜采用全新风系统，排出空气经高效滤器过滤</td><td>表中面积以设置一间主实验室、室内放置一台生物安全柜计；每增加一台生物安全柜，需相应增加约10$m^2$ 建筑面积</td></tr>
<tr><td rowspan="3">三级生物安全实验室</td><td>BSL－3</td><td>110～160</td><td rowspan="3">适用于对人体、动植物或环境具有高度危害性，易通过直接接触或气溶胶使人传染上严重的甚至是致命疾病，或对动植物和环境具有高度危害，通常有预防和治疗措施的实验</td><td rowspan="3">依照现行国家标准《生物安全实验室建筑技术规范》GB 50346 执行</td><td rowspan="3">1. 表中面积以设置一间主实验室、室内放置一台生物安全柜计；每增加一台生物安全柜，需相应增加约10$m^2$ 建筑面积</td></tr>
<tr><td>ABSL-3（含小动物实验室）</td><td>120～180</td></tr>
<tr><td>ABSL-3（含中动物实验室）</td><td>140～200</td></tr>
<tr><td rowspan="3">四级生物安全实验室</td><td>BSL-4</td><td rowspan="3">按实际需要确定</td><td rowspan="3">适用于对人体、动植物或环境具有高度危害性，通过气溶胶途径传播或传播途径不明，或未知的、高度危险的致病因子，实验过程对健康成人、动物和环境极易造成严重危害，没有预防和治疗措施的实验</td><td rowspan="3">依照现行国家标准《生物安全实验室建筑技术规范》GB 50346 执行</td><td rowspan="3">2. 表中面积以设置一间动物室计；每增加一间小动物室，宜相应增加20$m^2$～25$m^2$ 建筑面积，每增加一间中动物室，宜相应增加30$m^2$～40$m^2$ 建筑面积；<br>3. 含“大型”动物（如牛等）的实验室，建筑面积应根据实际需要设置</td></tr>
<tr><td>ABSL-4（含小动物实验室）</td></tr>
<tr><td>ABSL-4（含中动物实验室）</td></tr>
</table>

## 续附表 1

| 项目名称 | | 建筑面积（$m^2$） | 备注 | | |
|---|---|---|---|---|---|
| | | | 项目功能 | 室内环境要求 | 其他 |
| 电子显微镜室 | 透射电镜室 | 50～60 | 透射电镜检测 | 温度 15℃～30℃；湿度≤70% | 防振动；防电磁干扰 |
| | 扫描电镜室 | 25～35 | 扫描电镜检测 | | |
| | 样品制备室 | 40～50 | 样品制备、超薄切片等 | | |
| | 暗室 | 15～20 | 电镜照片冲印 | | |
| PCR 实验室 | 试剂配制室 | 25～35 | 聚合酶链反应实验 | 宜微正压 | 1. 适用于有一定生物安全隐患的实验；2. 实验流向、气流、人流、物流均为单向流 |
| | 样品处理室 | 20～30 | | 宜为 BSL-2 或以上等级实验室 | |
| | 核酸扩增室 | 20～30 | | 压强不高于样品处理室，局部 5 级净化 | |
| | 产物分析室 | 20～30 | | 压强低于核酸扩增室 | |
| 全自动微生物仪实验室 | | 40～60 | 细菌分子生物学鉴定 | 根据实验对象选择常压或负压 | — |
| 冷房 | | 20～40 | 分子生物学试验及试剂存贮 | 4℃～8℃ | — |
| 暖房 | | 20～40 | 细菌培养 | 37℃±1℃ | — |
| 环境测试仓 | | 60～80 | 建筑材料有毒有害物质释放量检测；空气净化产品效果检测 | 恒温恒湿<br>温度 23℃±0.5℃、湿度 45%±5%<br>换气次数 1 次/h 和 0 次/h | 仓体 $30m^3$ |
| SPF 级实验室动物房 | 大型 | 800～1200 | SPF 级动物实验 | 温度 20℃～25℃、湿度 40%～70%<br>洁净度 7 级<br>换气次数 10 次/h～20 次/h | — |
| | 中型 | 400～800 | | | |
| | 小型 | 200～400 | | | |
| 消毒产品消毒效果检测室 | 空气检测室 | 50～80 | 消毒产品消毒效果检测 | 恒温恒湿<br>温度 20℃～25℃、湿度 50%～70%<br>换气次数 0 次/h | — |
| | 百级洁净室 | 40～60 | 无菌检查 | 洁净度局部 5 级周边 7 级 | — |

**续附表 1**

| 项目名称 | 建筑面积（$m^2$） | 备注 | | |
|---|---|---|---|---|
| | | 项目功能 | 室内环境要求 | 其他 |
| 实验室药效测试室 | 100～130 | 卫生杀虫产品药效检测室 | 恒温恒湿<br>温度 26℃ ±1℃<br>湿度 60% ±5% | — |
| 模拟现场测试室 | 60～80 | 卫生杀虫产品模拟现场药效检测 | 恒温恒湿<br>温度 20℃～30℃<br>湿度 55%～65% | — |
| 等离子光谱仪/质谱仪检测室（ICP/MS 室） | 60～80 | 水、食品、化妆品等方面微量元素一次多项检测 | 洁净度 6 级～7 级<br>温度 18℃～26℃<br>湿度 <80% | — |
| 二噁英实验室 | 250～300 | 二噁英检测 | 洁净度 6 级～7 级<br>前处理室：负压、温度 18℃～27℃<br>湿度 40%～60%<br>磁质谱室：正压、温度 22℃ ±1℃<br>湿度 35% ±5% | — |
| γ谱仪实验室 | 80 | 放射性核素定量分析 | — | 据铅室重量确定楼板承重 |
| 放射源照射场 | 100 | 防护器材性能测试、仪器校验 | — | 墙体、门、通风管、电线管等符合屏蔽要求 |
| 放射化学实验室 | 100 | 水、食品放射性测量 | — | 内部表面材料耐酸碱腐蚀 |

注：表中实验用房面积中不包含实验人员办公室、监控室。

## 附录二　实验室主要仪器装备标准

**附表 2　实验室主要仪器装备标准**

| 序号 | 仪器设备名称（类别） | 省 | | | 地（市） | | | 县 | | |
|---|---|---|---|---|---|---|---|---|---|---|
| | | A | B | C | A | B | C | A | B | C |
| 1 | 微生物鉴定系统 | | | 2 | | | 1 | | | |
| 2 | 微生物鉴定及药敏测试系统 | 1 | 2 | | | | 1 | | | |
| 3 | 微生物过滤检测系统 | 1 | 1 | | | 1 | | | | 1 |

**续附表2**

| 序号 | 仪器设备名称（类别） | 省 | | | 地（市） | | | 县 | | |
|---|---|---|---|---|---|---|---|---|---|---|
| | | A | B | C | A | B | C | A | B | C |
| 4 | 微型全自动荧光酶标鉴定仪 | | | 2 | | | 1 | | | |
| 5 | 放射免疫分析仪 | | 1 | | | 1 | | | | |
| 6 | PCR 扩增仪（实时、荧光） | | 2 | | | | 1 | | | |
| 7 | PCR 扩增仪 | 2 | 6 | | 1 | 3 | | | 1 | |
| 8 | 电泳系统 | 2 | 6 | | 1 | 3 | | | 1 | |
| 9 | 脉冲凝胶电泳仪 | | 1 | | | | | | | |
| 10 | 微生物基因指纹鉴定系统 | | | 1 | | | | | | |
| 11 | 酶标仪 | 3 | 6 | | 2 | 4 | | 1 | 2 | |
| 12 | 自动洗板机 | 3 | 6 | | 2 | 4 | | 1 | 2 | |
| 13 | 多头移液器（套） | 10 | 60 | | 5 | 30 | | 3 | 5 | |
| 14 | 空气微生物采样器 | 2 | 4 | | 1 | 2 | | 1 | 2 | |
| 15 | 水中微生物膜过滤装置 | 1 | 2 | | | 1 | | | 1 | |
| 16 | 超净工作台 | 10 | 20 | | 4 | 6 | | 2 | 3 | |
| 17 | 生物安全柜 | 10 | 15 | | 3 | 5 | | 1 | 2 | |
| 18 | 生物显微镜 | 8 | 25 | | 5 | 15 | | 2 | 5 | |
| 19 | 生物解剖镜 | 2 | 4 | | 1 | 2 | | | 1 | |
| 20 | 倒置显微镜 | 2 | 8 | | | | 2 | | | 1 |
| 21 | 荧光显微镜 | 2 | 5 | | 1 | 3 | | | 1 | |
| 22 | 暗视野显微镜 | 1 | 2 | | 1 | 1 | | | 1 | |
| 23 | 电子显微镜 | | | 1 | | | | | | |
| 24 | 超薄切片机 | | 1 | 1 | | | | | | |
| 25 | 核酸蛋白转膜仪 | | 3 | | | | 1 | | | |
| 26 | 紫外核酸蛋白测定仪 | | 1 | | | | 1 | | | |
| 27 | 杂交炉 | | 2 | | | | 1 | | | |
| 28 | 自动凝胶成像仪 | 1 | 4 | | | 1 | | | | |
| 29 | 核酸冷冻离心干燥仪 | | 1 | | | | 1 | | | |
| 30 | 病毒载量测定装置 | | 1 | | | | | | | |
| 31 | DNA 测序仪 | | | 1 | | | | | | |
| 32 | DNA 转导仪 | | | 1 | | | | | | |
| 33 | 层析纯化装置 | | | 1 | | | | | | |
| 34 | 流式细胞仪 | | | 1 | | | 1 | | | |
| 35 | 低温高速离心机 | 3 | 8 | | 1 | 3 | | | | 1 |

## 续附表2

| 序号 | 仪器设备名称（类别） | 省 | | | 地（市） | | | 县 | | |
|---|---|---|---|---|---|---|---|---|---|---|
| | | A | B | C | A | B | C | A | B | C |
| 36 | 普通离心机 | 6 | 10 | | 4 | 8 | | 3 | 6 | |
| 37 | 真空冷冻干燥机 | 1 | 2 | | | | | | | |
| 38 | 高压灭菌器 | 4 | 15 | | 3 | 10 | | 2 | 4 | |
| 39 | 干烤灭菌器 | 5 | 15 | | 3 | 10 | | 2 | 6 | |
| 40 | 高精度恒温恒湿箱 | 1 | 4 | | | | 2 | | | 1 |
| 41 | 恒温培养箱 | 10 | 40 | | 6 | 25 | | 5 | 10 | |
| 42 | 生化培养箱 | 4 | 15 | | 2 | 5 | | 1 | 2 | |
| 43 | 霉菌培养箱 | 1 | 3 | | | 1 | | | | 1 |
| 44 | $CO_2$ 培养箱 | 1 | 8 | | | 2 | | | | 1 |
| 45 | 厌氧培养箱 | 1 | 2 | | | | 1 | | | 1 |
| 46 | 厌氧工作站 | | | 1 | | | | | | |
| 47 | 恒温水浴箱 | 10 | 20 | | 5 | 10 | | 4 | 5 | |
| 48 | 恒温摇床培养箱 | 4 | 8 | | 3 | 5 | | | 1 | |
| 49 | 低温冰箱（－20℃） | 15 | 25 | | 6 | 10 | | 3 | 5 | |
| 50 | 低温冰箱（－40℃） | | | 4 | | | 2 | | | |
| 51 | 低温冰箱（－85℃） | 3 | 5 | | | 1 | | | | 1 |
| 52 | 超低温冰箱（－140℃） | | | 1 | | | | | | |
| 53 | 组织切片制作系统 | 1 | 1 | | | | | | | |
| 54 | 冰冻切片机（套） | 1 | 1 | | | | 1 | | | |
| 55 | 液氮罐 | 3 | 10 | | 2 | 3 | | 1 | 2 | |
| 56 | 程序降温仪 | | | 1 | | | | | | |
| 57 | 人工气候箱 | | | 1 | | | | | | |
| 58 | PEET 柜 | | | 1 | | | | | | |
| 59 | 超低容量喷雾机 | | 1 | | | 1 | | | | 1 |
| 60 | 吸入染毒系统 | | 1 | | | | 1 | | | |
| 61 | 均质器 | 6 | 12 | | 3 | 5 | | 2 | 2 | |
| 62 | 全自动血球计数器 | | | 2 | | | | | | |
| 63 | 图像分析系统 | | | 1 | | | | | | |
| 64 | 超声波清洗器 | 1 | 3 | | | 1 | | | | |
| 65 | 制冰机 | | 3 | | | 1 | | | | |
| 66 | 血乳酸仪 | | | 1 | | | | | | |
| 67 | 多导生理记录仪 | | | 1 | | | | | | |

## 续附表 2

| 序号 | 仪器设备名称（类别） | 省 | | | 地（市） | | | 县 | | |
|---|---|---|---|---|---|---|---|---|---|---|
| | | A | B | C | A | B | C | A | B | C |
| 68 | 尿分析仪 | | | 1 | | | | | | |
| 69 | 水迷宫仪 | | | 1 | | | | | | |
| 70 | 穿梭箱 | | | 1 | | | | | | |
| 71 | 微量振荡器 | 4 | 10 | | 3 | 5 | | 1 | 2 | |
| 72 | 样品粉碎机 | 2 | 3 | | 1 | 2 | | 1 | 1 | |
| 73 | 微波消解器 | 2 | 4 | | 1 | 2 | | 1 | 1 | |
| 74 | 超声波细胞粉碎仪 | 1 | 2 | | | | | | | |
| 75 | 纯水处理器 | 2 | 5 | | 1 | 3 | | 1 | | 1 |
| 76 | 1/100 万电子天平 | | | 1 | | | | | | |
| 77 | 1/万～1/10 万电子天平（兼容） | 1 | 4 | | | 2 | | | | |
| 78 | 1/万电子天平 | 2 | 10 | | 2 | 8 | | 1 | 2 | |
| 79 | 1/千电子天平 | 5 | 20 | | 3 | 10 | | 2 | 4 | |
| 80 | 等离子光谱分析系统 | | | 1 | | | 1 | | | |
| 81 | 等离子发射光谱－质谱联用仪 | | | 1 | | | 1 | | | |
| 82 | 原子吸收分光光谱仪 | 2 | 4 | | 1 | 2 | | | 1 | |
| 83 | 原子荧光分光光度计 | 1 | 2 | | 1 | 2 | | | | 1 |
| 84 | 紫外/可见/近红外分光光谱仪 | | | 1 | | | 1 | | | |
| 85 | 红外分光光谱仪 | | | 1 | | | | | | |
| 86 | 紫外/可见分光光谱仪 | 1 | 3 | | 1 | 2 | | | | 1 |
| 87 | 可见分光光度计 | 4 | 10 | | 3 | 5 | | 2 | 2 | |
| 88 | 荧光分光光度计 | 1 | 2 | | | 1 | | | | |
| 89 | 锌卟啉测定仪 | | 1 | | | | 1 | | | |
| 90 | 散射式浊度仪 | 1 | 2 | | 1 | 1 | | 1 | 1 | |
| 91 | 旋光测定仪 | 1 | 1 | | 1 | 1 | | 1 | 1 | |
| 92 | 折光仪 | 1 | 1 | | 1 | 1 | | 1 | 1 | |
| 93 | 总有机碳测定仪 | | | 1 | | | 1 | | | |
| 94 | 气相色谱－质谱－质谱联用仪 | | | 1 | | | | | | |
| 95 | 气相色－质谱联用仪 | | 1 | | | | 1 | | | |
| 96 | 高分辨气相色－质谱联用仪 | | | 1 | | | | | | |
| 97 | 气相色谱仪 | 3 | 6 | | 2 | 4 | | 1 | 1 | |
| 98 | 液相色谱－质谱－质谱联用仪 | | | 1 | | | | | | |
| 99 | 液相色－质谱联用仪 | | 1 | | | | 1 | | | |

## 续附表 2

| 序号 | 仪器设备名称（类别） | 省 | | | 地（市） | | | 县 | | |
|---|---|---|---|---|---|---|---|---|---|---|
| | | A | B | C | A | B | C | A | B | C |
| 100 | 高效液相色谱仪 | 2 | 4 | | 1 | 2 | | | | 1 |
| 101 | 全自动氨基酸分析仪 | | | 1 | | | 1 | | | |
| 102 | 离子色谱仪 | 1 | 2 | | 1 | 1 | | | 1 | |
| 103 | 毛细管电泳仪 | | | 1 | | | | | | |
| 104 | 制备色谱仪 | | | 1 | | | | | | |
| 105 | 逆流色谱仪 | | | 1 | | | | | | |
| 106 | 飞行时间质谱仪 | | | 1 | | | | | | |
| 107 | 磁质谱仪 | | | 1 | | | | | | |
| 108 | 分离质谱仪 | | | 1 | | | | | | |
| 109 | 核磁共振波谱仪 | | | 1 | | | | | | |
| 110 | 固相微萃取系统 | 1 | 2 | | | 1 | | | | 1 |
| 111 | 顶空进样装置 | 1 | 1 | | 1 | 1 | | | | 1 |
| 112 | 吹扫捕集装置 | | 1 | | | | 1 | | | 1 |
| 113 | 吹氮浓缩装置 | 1 | 2 | | | | 1 | | | |
| 114 | 超临界萃取系统 | | | 1 | | | | | | |
| 115 | 热解析仪 | 1 | 1 | | | | 1 | | | |
| 116 | 快速溶剂萃取系统 | | | 1 | | | | | | |
| 117 | 超声波萃取仪 | | | 1 | | | | | | |
| 118 | 自动凝胶流分收集器 | | | 1 | | | 1 | | | |
| 119 | 薄层色谱系统 | 1 | 1 | | 1 | 1 | | 1 | 1 | |
| 120 | 薄层色谱扫描仪 | | | 1 | | | 1 | | | |
| 121 | pH/离子选择电极测定仪 | 6 | 10 | | 3 | 4 | | 2 | 2 | |
| 122 | 电导率测定仪 | 1 | 1 | | 1 | 1 | | 1 | 1 | |
| 123 | 极谱/电位/阳极溶出仪 | | | 1 | | | 1 | | | 1 |
| 124 | 流动注射分析仪 | | | 1 | | | 1 | | | |
| 125 | 蛋白质测序仪 | | | 1 | | | | | | |
| 126 | 多功能快速检测仪 | | | 1 | | | | | | |
| 127 | 水分测定仪 | | | 1 | | | 1 | | | |
| 128 | 水质连续自动检测系统 | | | 1 | | | | | | |
| 129 | 激光粒度分析仪 | | | 2 | | | 1 | | | |
| 130 | 分散度测定仪 | 1 | 1 | | | 1 | | | | |
| 131 | 甲醛测定仪 | 1 | 1 | | 1 | 1 | | 1 | 1 | |

## 续附表2

| 序号 | 仪器设备名称（类别） | 省 | | | 地（市） | | | 县 | | |
|---|---|---|---|---|---|---|---|---|---|---|
| | | A | B | C | A | B | C | A | B | C |
| 132 | 一氧化碳测定仪 | 2 | 3 | | 1 | 2 | | 1 | 2 | |
| 133 | 二氧化碳测定仪 | 2 | 3 | | 1 | 2 | | 1 | 2 | |
| 134 | 空气采样装置 | 6 | 10 | | 4 | 6 | | 2 | 4 | |
| 135 | 蛋白质自动测定仪 | | | 1 | | | 1 | | | |
| 136 | 全自动纤维素测定仪 | | | 1 | | | | | | |
| 137 | 全自动脂肪测定仪 | | | 1 | | | | | | |
| 138 | 双向蛋白电泳仪 | | | 1 | | | | | | |
| 139 | 化学发光仪 | | | 1 | | | | | | |
| 140 | 臭氧测定仪 | 1 | 2 | | 1 | 1 | | 1 | 1 | |
| 141 | 高速大容量旋转蒸发器 | 2 | 3 | | | | 2 | | | 1 |
| 142 | 热释光剂量仪（套） | 2 | 2 | | | | 1 | | | 1 |
| 143 | 医用诊断X线机性能检测设备 | 1 | 2 | | | | 1 | | | |
| 144 | 放射治疗剂量测量仪 | 1 | 1 | | | | 1 | | | |
| 145 | α、β表面玷污测量仪 | 1 | 2 | | 1 | 1 | | | | 1 |
| 146 | 中子剂量当量测量仪 | 1 | 1 | | | | 1 | | | |
| 147 | 防护级X、γ射线剂量仪 | 3 | 4 | | 2 | 2 | | 1 | 1 | |
| 148 | 低本底γ谱仪（高纯锗） | 1 | 1 | | | | 1 | | | |
| 149 | 数字减影设备性能检测体模 | | 1 | | | | 1 | | | |
| 150 | CT性能检测体模 | 1 | 1 | | | | 1 | | | |
| 151 | 计算机X射线摄影装置性能检测、直接数字式X射线摄影装置性能检测体模 | | 1 | | | | 1 | | | |
| 152 | 正电子发射型断层扫描装置性能检测体模 | | 1 | | | | 1 | | | |
| 153 | 放疗自动扫描水箱 | 1 | 1 | | | | 1 | | | |
| 154 | 单光子发射型计算机断层扫描装置性能检测体模 | | 1 | | | | | | | |
| 155 | 磁共振性能检测体模 | | 1 | | | | | | | |
| 156 | 液体闪烁测量仪 | | | 1 | | | 1 | | | |
| 157 | 环境级X、γ剂量率仪 | 2 | 2 | | 1 | 1 | | 1 | 1 | |
| 158 | 便携式γ谱仪 | 1 | 1 | | | 1 | | | | |
| 159 | α、β弱放射性测量装置 | 1 | 1 | | | | 1 | | | |
| 160 | 低本底液体闪烁测量仪 | | | 1 | | | | | | |

**续附表 2**

| 序号 | 仪器设备名称（类别） | 省 | | | 地（市） | | | 县 | | |
|---|---|---|---|---|---|---|---|---|---|---|
| | | A | B | C | A | B | C | A | B | C |
| 161 | 氡钍分析仪 | 1 | 1 | | | | 1 | | | |
| 162 | 中子射线个人剂量测量装置 | | | 1 | | | | | | |
| 163 | 个人剂量报警仪 | 4 | 8 | | 2 | 4 | | | | 2 |
| 164 | 放射防护器材防护性能检测设备（套） | | | 1 | | | | | | |
| 165 | 灰化装置 | 1 | 1 | | | | 1 | | | |
| 166 | 石材样品粉碎设备（套） | | | 1 | | | | | | |
| 167 | 紫外线强度分析仪 | 1 | 1 | | 1 | 1 | | 1 | 1 | |
| 168 | 硫化氢快速监测仪 | 1 | 1 | | 1 | 1 | | | | 1 |
| 169 | 二氧化硫自动监测仪 | 1 | 1 | | | | | | | |
| 170 | 氯气快速检测仪 | 1 | 1 | | | | | | | |
| 171 | 动压平衡自动跟踪等速烟尘采样仪 | | | 1 | | | | | | |
| 172 | 振动测定仪 | 1 | 1 | | | | 1 | | | |
| 173 | 微波漏能测试仪 | 1 | 1 | | | | 1 | | | 1 |
| 174 | 场强仪 | | | 1 | | | | | | |
| 175 | 频谱分析仪（套） | | | 1 | | | | | | |
| 176 | 氡测定仪 | | | 1 | | | 1 | | | |
| 177 | 便携式红外气体分析仪 | | | 1 | | | 1 | | | |
| 178 | 有机气体测定仪 | | | 1 | | | 1 | | | |
| 179 | 气体采样及浓缩系统 | | | 1 | | | 1 | | | |
| 180 | 声级计 | 3 | 4 | | 2 | 3 | | 1 | 2 | |
| 181 | X 光机 | 1 | 1 | | | | | | | 1 |
| 182 | 高千伏 X 光机 | | | 1 | | | | | | |
| 183 | 听力计 | 2 | 2 | | 1 | 1 | | | | 1 |
| 184 | B 超（甲状腺、腹部） | 2 | 2 | | 1 | 1 | | | | 1 |
| 185 | 肺功能测定仪 | 1 | 2 | | | | 1 | | | 1 |
| 186 | 血流图仪 | | | 1 | | | | | | |
| 187 | 肌电图仪 | | | 1 | | | | | | |
| 188 | 裂隙灯 | | | 1 | | | | | | |
| 189 | 脑电图仪 | | | 1 | | | | | | |
| 190 | 全自动生化分析仪 | | | 1 | | | 1 | | | |
| 191 | 半自动生化分析仪 | 1 | 1 | | | | 1 | | | 1 |

注：A—完成常规工作所需仪器设备。

B—按照基本功能必须装备的基本仪器设备。

C—根据地域特点、工作需求应装备的基本仪器设备。

附　件

# 《疾病预防控制中心建设标准》条文说明

## 第一章　总　　则

**第一条**　为适应卫生事业发展和公共卫生体系建设的需要，加强和规范疾病预防控制机构建设，提高疾病预防控制机构工程项目决策水平与建设管理水平，充分发挥投资效益，保证疾病预防控制中心有效实施疾病预防与控制、突发公共卫生事件应急处置、疫情及健康相关因素信息管理、健康危害因素监测与控制、实验室检测与评价、健康教育与健康促进和技术指导与应用研究等职能，制定本建设标准。

**第二条**　本条明确了本建设标准适用范围。本建设标准除为疾病预防控制中心的建设提供依据外，也为其他各级各类疾病预防控制机构，如独立设置的职业病、结核病、血吸虫病及各种地方性疾病等预防控制机构相关功能用房建设提供了参照依据。

**第三条**　本条明确了本建设标准的作用。

**第四条**　疾病预防控制中心的建设，应符合国家相关法律、法规和规定的要求，适应和满足社会对疾病预防控制和卫生服务的需求，从我国基本国情出发，正确处理好需要与可能，现状与发展的关系，坚持科学、合理、适用、节约的建设原则，在保证基本设施建设的科学性和先进性的基础上，应充分考虑工艺的合理性和适用性，同时应充分考虑节约投资和降低运行能耗的因素，更好地保证和发挥项目的投资效益。

**第五条**　在城市总体规划和区域卫生规划中，应重视卫生资源的合理配置。疾病预防控制中心在进行改建、扩建的时候，应充分利用已有基础设施，合理规划、充分利用。

**第六条**　本条明确了本建设标准与国家现行的有关工程建设强制性标准、规范、定额、指标的关系。

## 第二章　建设规模与项目构成

**第七条**　本条阐明了疾病预防控制中心建设规模确定原则。我国地域辽阔，区域经济发展不平衡，各地疾病预防控制中心的工作内容、工作量有所不同，因此建设规模也不尽相同。

**第八条**　疾病预防控制中心承担的基本工作任务包括突发公共卫生事件应急处置、疾病预防与控制、疫情收集与报告、监测实验与评价、健康教育与促进、应用研究与指导、业务培训与保障、技术管理与服务等。主要职能和工作内容、项目见卫生部《各级疾病预防控制中心基本职能》。

疾病预防控制中心建设项目构成根据履行基本职能、完成基本任务的需要确定。

**第九条**　疾病预防控制中心的实验用房，根据职能分工、开展工作、满足功能、完成任务的要求，分为基本实验用房和特殊用途实验用房。

基本实验用房，指对应职能分工、满足必须开展的基本工作任务所需的实验用房，包括微生物与寄生虫、理化、毒理、消毒与病媒生物、放射等各类基本项目功能实验用房，是疾病预防控制中心开展日常工作的基础。其建设规模应根据满足基本功能、完成基本疾病预防控制任务，同时兼顾未来发展的原则确定。

特殊用途实验用房，指根据地区卫生发展规划、本单位技术水平和实际工作需要进行设置的，功能针对性较强、条件要求较高、结构较复杂、投资较大的实验室，如三级生物安全实验室、四级生物安全防护实验室、二噁英实验室、电子显微镜实验室、SPF级实验动物房、等离子光谱/质谱仪检测室等，是疾病预防控制中心在满足开展基本工作的基础上，提升工作水平、解决深层次问题、加强应对突发公共卫生事件处置能力所需设置的实验用房。其建设规模应根据辖区卫生事业发展规划，结合本单位技术水平确定。

业务用房，是指开展卫生部《各级疾病预防控制中心职能》明确的业务工作，除实验用房部分之外所需的工作用房。其建设规模应根据完成基本业务工作任务的实际需要进行确定。

保障用房，是指各级疾病预防控制中心正常开展工作所不可缺少的，对疾病预防控制工作起辅助支持作用的功能用房，包括实验用品库房、一般化学试剂库房、毒害性物品库房（剧毒品库）、易燃易爆物品库房、腐蚀性物品库房、应急物资贮备库房、冷库、中心供应站、污水处理设施、配电房、泵房、车库、消防设施及其他建筑设施用房等。其建设规模应按完成基本工作任务、保障卫生防病机制正常运转所必须具备的功能单元确定。

行政用房，包括领导办公室、中心办公室、党委办公室、纪委办公室、人事部、财务部、档案室、工会、消防安保、后勤管理部、保卫部等功能用房。建设规模参照国家关于党政机关办公用房建设标准确定。

**第十条** 随着第三产业的发展，小而全的建设模式逐渐淘汰，充分利用社会化公共服务资源已成为趋势。

## 第三章 建筑面积指标

**第十一条** 省、地、县级疾病预防控制中心建设面积指标是编制组根据全国28个省级、132个地市级和456个县区级共616个疾病预防控制机构现状情况调查结果和理论测算确定的。

国家级疾病预防控制中心建设规模按功能需求与人员编制，由国家相关部门批准后确定。

**第十二条** 各类工作用房建筑面积占总建筑面积的比例，是在省、地、县三级疾病预防控制中心各类工作用房基本情况调查结果的基础上，根据卫生部办公厅、发展改革委办公厅《省、地、县级疾病预防控制中心实验室建设指导意见》（卫办疾控发〔2004〕108号）中实验用房面积占总建筑面积的比例，省级不少于41%，地级不少于40%，县级不少于35%的规定，以及开展各项基本业务工作的需要，结合专家综合分析评估确定。

一、省、地、县级疾病预防控制中心根据职能分工应建立下列功能实验用房：

**1** 省级：BSL-3/ABSL-3实验室，分子生物学实验室，肠道细菌检测实验室，食源性病原菌分离鉴定实验室，呼吸道病毒实验室，肠道病毒实验室（含脊灰实验室），HIV初筛、确认实验室，结核病参比实验室，地方病（含其他慢性非传染性疾病）实验室，寄生虫病实验室，消毒实验室，杀虫实验室，食品、化妆品、水质、涉水产品等健康相关产品微生物实验室，霉菌分离及鉴定实验室，虫媒病毒实验室，毒理室及感染动物房，放射防护检测实验室，职业卫生检测室，化学毒物及毒素检测实验室，普通理化实验室，生化实验室等。

**2** 地级：分子生物学实验室，血清学实验室，肠道菌实验室，食源性病原菌分离鉴定实验室，HIV 初筛实验室（确认实验室按国家规定设置），结核病参比实验室，地方病实验室，寄生虫病实验室，消毒实验室，杀虫实验室，食品、化妆品、水质、涉水产品等健康相关产品微生物实验室，霉菌分离及鉴定实验室，放射防护检测实验室，职业卫生检测室，常见化学毒物检测实验室，普通理化实验室等。

**3** 县级：血清学检测实验室，食源性病原菌及肠道菌分离鉴定实验室，HIV 初筛实验室，结核病实验室，地方病实验室，寄生虫病实验室，食品、化妆品、水质、涉水产品等健康相关产品微生物实验室，职业卫生和放射防护检测室，理化实验室，生化实验室等。

二、疾病预防控制中心实验室应具备以下基本功能：

**1** 省级：开展免疫学、生物化学、分子生物学实验，细菌、病毒、霉菌及其他微生物培养分离鉴定，生物恐怖、中毒事件微生物培养分离鉴定，食品、水、空气、涉水产品、化妆品等的微生物检测，消毒灭菌效果检测，健康相关物品微生物检测，寄生虫病中间宿主的种群鉴定和密度测定，寄生虫病中间宿主和虫媒的抗药性测定，作业场所、公共场所、生活居住环境有毒有害因素的相关实验，食品、化妆品、涉水产品的安全性检测，消杀产品和卫生产品卫生质量分析，健康相关物品材料的安全性和卫生质量分析，大型医用设备应用质量检测，食物中毒、职业中毒、农药中毒事件毒物分析，化学污染事件因素检测分析，核恐怖、放射污染事件因素检测分析，急性、亚急性、亚慢性与慢性毒性试验，刺激性与过敏性试验、致癌与致畸毒性试验，营养与保健食品功能评价，化妆品功能评价，其他健康相关物品有关功能评价等。

**2** 地级：开展免疫学、生物化学、分子生物学实验，常见细菌、病毒、霉菌培养分离鉴定，生物恐怖、中毒事件微生物培养初步分离鉴定，食品、水、空气、涉水产品、化妆品等的卫生质量检测，消毒灭菌效果检测，健康相关物品微生物检测，寄生虫病病原学检测，寄生虫病中间宿主的种群鉴定和密度测定，寄生虫病中间宿主和虫媒的抗药性测定，作业场所、公共场所、生活居住环境有毒有害因素的相关实验，饮用水和水源水质分析，食物中毒、职业中毒、农药中毒事件毒物及化学污染事件因素检测初步分析等。

**3** 县级：开展免疫学、生物化学实验，细菌培养分离鉴定，常见中毒事件微生物培养初步分离，食品、水、空气、涉水产品、化妆品等的微生物检测，寄生虫病病原学检测，寄生虫病中间宿主的种群鉴定和密度测定，作业场所、公共场所、生活居住环境有毒有害因素的相关实验，饮用水和水源水质分析，常见毒物和化学污染因素的初步分析等。

**第十三条** 特殊用途实验用房，不限于附录 A 所列项目，应根据地区卫生事业发展规划，结合本单位技术水平和实际需要另行设置。

本条明确了特殊用途实验用房建筑面积计算的依据，具体建筑面积应根据专业特点、实验要求、建筑形式等实际情况确定。

**第十四条** 疾病预防控制中心培训和教学用房的建设规模，根据卫生部《颁发试行〈卫生防疫站工作制度〉等六个文件的通知》〔（83）卫防字第 61 号〕附件四《各级卫生防疫站建筑标准（试行）》中“凡承担教学实习任务的卫生防疫站可按编制每人增加 $1m^2$ ~ $3m^2$ 的建筑面积”的规定，并换算占总面积的百分比为 3% ~8% 基础上，和卫生部与发展改革委针对中西部地区国债建设项目共同制定的《疾病预防控制机构建设指导意见》

中“承担教学实习任务的疾病预防控制机构的建筑面积可在上表6规定的标准上增加5%～10%的建筑面积”，结合教育部门《普通高等学校建筑规划面积指标》和疾病预防控制工作现状确定的。

## 第四章 建设用地

**第十五条** 本条规定了疾病预防控制中心建设用地原则。

**第十六条** 疾病预防控制中心的建设，宜建筑密度小、朝向好、间距较大、自然通风顺畅、绿化率高，以便实验室废气的处理排放、稀释与扩散，同时便于合理安排具有不同区域特性要求的人流、物流以及满足实验室其他有关特性的要求，避免或减少交叉污染。

疾病预防控制中心的建设用地，包括基本实验、业务、保障、行政、特殊实验、教学培训用房以及配套设施和场地的用地。

**第十七条** 疾病预防控制中心绿化用地原则。

## 第五章 规划布局

**第十八条** 疾病预防控制中心的选址，应在执行国家有关政策与节约投资的前提下，充分考虑便于服务社会，避免对外界产生不安全影响以及防止外界不良干扰等要求。

**第十九条** 疾病预防控制中心宜一次规划，根据财力可能一次或分期建设。

由于实验用房专业性强，功能特殊，同时具备一定的生物（如病毒、细菌）、化学（如各种有毒物品）、物理（如放射物）安全性，对建筑结构、通风、空气调节、水电、人流、物流等有特定要求，因此，实验用房不宜与其他功能用房混建。

对于毒理（包括动物房）、理化、微生物等不同类别的实验建筑，由于实验内容与安全特点不同，如：毒理（包括动物房）实验室具有恶臭气体散发，微生物实验室具有生物安全隐患，理化实验室具有化学有害物产生等，需避免相互交叉污染或干扰；同时，由于不同类别的实验建筑对室内空气环境的工艺性要求不同，如：动物房通常需要进行全面净化，理化实验室普遍需要有效通风等，需设置具有相应特点的工程管网，微生物实验室中许多用房需要设置负压或进行净化。因此，疾病预防控制中心建筑宜采取分散布局形式，不同类别的实验建筑宜独立设置，如分别设置毒理楼、理化楼、微生物楼等。

在总平面布局时，由于实验室常有不良气体排出，因此实验用房宜设置在当地夏季最小风频的上风向，并根据各类实验用房排放的气体特性以及对环境污染程度的大小，从上风向向下风向，宜按照毒理、理化、微生物依次排列，以降低对其他建筑物内空气的污染。

本条对疾病预防控制中心的各类功能建筑的分区以及各分区之间的联系与分隔提出了原则性要求。

## 第六章 建筑标准

**第二十条** 疾病预防控制中心的建筑设计，在满足工艺性和功能性特点的要求下，按照科学合理、安全卫生、经济适用的原则，尽量与周边环境相协调。

**第二十一条** 在疾病预防控制中心的各类实验过程中，常会产生各种有毒、有腐蚀性、异臭及易燃易爆的气体。这些有害气体需要及时排出室外，避免造成室内污染，保障实验人员的健康与安全，延长仪器设备的使用寿命。因此，实验用房通风是实验室建设不可缺少的一项重要内容。

自然通风是实验用房全面通风的一种重要方式，自然通风主要依靠开启门窗来实现。因此，有实验用房的建筑物不宜采用玻璃幕墙，宜采用窗下墙形式。在建筑设计时，应尽量考虑扩大外窗及其可开启的面积。自然采光对于实验用房而言是非常重要的，它不仅有利于实验人员的视觉判断，而且让自然日光进入实验用房将会改善每个空间的形象与品质。

实验建筑物的方位应保证室内具有良好的自然通风和自然采光。仪器设备较多的建筑物应避免日晒。实验建筑物的朝向，应根据夏季主导风向对实验室能形成穿堂风或能增加自然通风的风压作用确定。实验建筑物的迎风面与夏季主导风向宜成60°~90°夹角，最小也不宜小于45°角。

采用自然通风与采光，对于整体建筑物无需常年人工通风或制造常年人工气候以及人工照明，既节省了建设投资，降低了运行与维护费用，又使安全性、可靠性与舒适性更有保障。

机械通风是实验建筑不可缺少的重要的通风方式，例如：①许多实验用房需要具备洁净、负压、恒温恒湿的环境条件，需设置空气调节系统；②在实验过程中集中产生的有毒有害气体需要通过局部排风罩进行捕集、排除。因此，建筑形式应便于采取机械通风措施。

本条按照满足工艺要求、节省投资、降低能耗的原则，规定了实验建筑关于通风与采光的设计要求。

**第二十二条**　本条是根据现行国家标准《建筑工程抗震设防分类标准》GB 50223 的有关规定，确定了疾病预防控制中心建筑或其区段抗震设防类别。

**第二十三条**　疾病预防控制中心实验室的特点是实验内容广泛，要求各异，其大小、形态及室内环境指标多不相同，应根据实验的对象、内容与要求进行建造。实验用房是实验工艺的一个重要组成部分，具有针对性与多样性的特点。有的需要建筑物提供大空间来形成开放型实验室，如许多化学实验室，由于它们的共性较多，需要的工作面较大，因此常被希望建成大空间的工作平台，以便相互配合，提高工效；有的需要在较大的空间内按实验的特定要求划分出多个区域，形成一个组合型实验室。如：①组合形式 PCR 实验室（基因扩增实验室），根据特定的专业要求，应设置五个（或四个/三个）相互隔离的工作区域，即试剂贮存和准备区、样品粉碎区（根据需要设置）、样品制备区、扩增反应混合物配制和扩增区以及产物分析区；当采用荧光 PCR 时，扩增区和产物分析区可合并为一个区。为了减少不同工作区之间的空气交换量，各个工作区的出入口应设置缓冲间，并且当建筑条件许可时，可设置内部专用走廊，形成定向的人流、物流与实验流程。同时对室内环境也有特定要求，需设置通风系统，形成定向的气流保护区，避免各个实验区之间的相互干扰。②HIV 血清学实验室，按专业要求，应设置清洁区、半污染区及污染区三个区域，根据需要还可设置血清库。整体布局应符合合理的工艺流程、生物安全以及人流与物流的要求。

因此，实验用房具有以下两个特点：一是无一般民用建筑中惯有的“标准层”或“标准间”的概念；二是需要建筑物提供大面积的敞开空间以及一定的层高，以便各种类型实验室的布置与建造。鉴于上述特点，实验用房宜采用框架（剪）或钢结构，消除混合结构中承重墙对空间的限制，便于实验室在新建、改建与扩建时灵活设置。

**第二十四条**　本条根据现行国家标准《建筑设计防火规范》GB 50016、《建筑内部装修设计防火规范》GB 50222 等有关建筑设计防火要求，规定了疾病预防控制中心建筑防火设计原则。

设置实验用房的建筑耐火等级不应低于二级，消防设施的设置应符合国家有关建筑设计防火规范的规定。

对于大型贵重仪器实验室以及过水后将发生严重危害环境或严重危及人体健康事故的实验室，应采用合理的气体灭火装置。适用于实验室的气体灭火装置通常有自动气体灭火装置和手动灭火器。采用自动气体灭火装置时，应在室内外分别设置手动控制开关，同时还应在消防值班室设置手动直接控制装置。

**第二十五条** 为了合理组织人流、物流、避免交叉污染，实验用房内部平面布局应满足下列要求：①实验区与非实验区相互隔离；②人员经更衣室更衣后进出实验区；③物品，特别是大型仪器设备经垂直通道到达楼层后可直接进出实验区。

本条规定了实验用房内部平面布局的原则。

**第二十六条** 疾病预防控制中心用房在楼宇中的垂直布局，应根据各类用房散发废气的毒性、刺激性及异臭的强弱程度以及工程管网量，并考虑合理的人流、物流组织和工作流程来确定。

实验、业务、保障及行政等各类功能用房集中在一个楼宇时，宜将实验用房置于楼宇最上部，明确功能分区，保证实验用房呈独立区域，并处理好交通关系，建立完善的管理机制，避免不同类别的人流、物流相混杂。其余用房的垂直布局宜按照业务、行政及保障用房依次向下布置。

各类实验用房集中在一个楼宇时，由于毒理（包括动物存养）实验室散发异臭气体的量与强度较大、工程管网量多、布置复杂，因此毒理实验室宜设置在最上部；理化实验室散发化学气体量较多、工程管网量较大，因此理化实验室宜设置在楼宇上部；微生物实验室所需通风设施的工程管网量相对较少，同时，实验室含致病微生物的污水应收集消毒后排放，因此微生物实验室宜设置在毒理、理化实验室的下方。

实验用房在楼层间的布局，宜按类别单元进行归拢，分层设置。对于容易造成交叉干扰，而又难以有效隔离的实验室，不得同层混合布置。

本条规定有利于有毒有害气体的处理排放与稀释，减轻对其他用房的不良影响，同时便于合理设置工程管网。

**第二十七条** 设置实验用房建筑的电梯，按用途可分为客梯和货梯两类；按专业清洁要求可分为清洁梯和污物梯两类。

实验用房的垂直交通，在满足人流需要的同时，更应满足物流，包括样品、试剂、器皿、仪器设备等运输的需要，因此实验用房宜安装电梯，位于四层及以上的实验用房应安装电梯。无论是高层还是多层建筑，在确定电梯时应至少设有一部货梯或至少有一部客梯可兼作货梯，以便实验用品，特别是大型仪器设备的垂直运输。有条件者，宜单独设置污物梯。

客梯（清洁梯）的位置应设于楼宇主入口视觉显著、交通便利的区域；货梯一般与客梯相邻，这种设置可以降低造价、提高效率，但也可以根据特殊需要，避开主要人流路线，在楼宇的其他区域独立设置，通常是设于楼宇的另一端。在这种情况下，货梯往往更多地被当作污物梯使用。独立的货梯或污物梯可以通过门禁系统进行管理，仅用于设备、材料、样品和其他供给的运输，并便于实现封闭清理与消毒。

货梯或客货两用梯除设有常规功能外，还应配置运行直驶与停站更改功能。它的作用是保证在运送物品，特别是含有致病微生物的实验样品与废弃物时，可以不受梯外其他楼层的召唤以及更改梯内错按的楼层按钮而直接到达目的楼层。

本条根据疾病预防控制中心人流、物流的合理需要，确定电梯设置的要求。

**第二十八条** 为了避免在实验过程中因外窗玻璃的色彩造成色觉判断误差，本条对实验用房外窗玻璃的色彩，以及避光措施的要求进行了规定。

**第二十九条** 实验室内隔墙应优先选用厚度簿、保温性好、施工方便的新型轻质材料，并满足牢固、保温、防火及表面光滑平整的要求，对合理布局、扩大使用面积、提升建设档次、展现良好形象具有显著的作用，更为重要的是应对未来的改建、扩建具有较好的灵活性。

无特定要求的实验用房，内隔墙应具备良好的可视性，其意义在于：①提高安全性。由于实验室结构往往比较复杂，工作人员较少，因此，提高实验室的可视性，有利于及时发现实验过程中出现的意外事故。②提高明亮度、增强开阔感。由于实验室隔墙很多，对光线的阻挡程度较重，因此，提高实验室的可视性，有利于保证整个实验区域，包括走廊的明亮程度，并增强开阔感。

实验用房采取玻璃分隔时，地面以上应采用不低于1m的实墙，以便放置装有电源插座的实验边台，并耐受推车等物体的冲撞，提高安全性。走廊两侧可以在条件允许的前提下尽量提高透明面积的比例。纵隔墙不宜全部采用玻璃隔断。充分而有效地利用空间是现代实验用房设计的重要理念之一，提高单位空间的贮物量在大多数实验用房中都是非常必要的，在实验台上方设置支架或在墙上安装吊柜是一种被普遍采用的既简洁又美观、实用的方式，因此，应根据具体情况，在需要的地方以实墙代替玻璃隔断来争取空间，储藏或搁置实验物品。当纵隔墙采用玻璃隔断时，应在近走廊与外墙处应各留不少于1.5m宽的实墙，以利于放置冰箱、器皿柜、资料柜等高大物件。

实验用房吊顶、墙面的材料和构造除应满足不起尘、不积灰、吸附性小以外，还应满足耐消毒剂等化学物质腐蚀、防水与易清洗的要求。

实验用房地面应采用耐腐蚀、耐磨损、易冲洗的建筑材料。对于洁净实验用房、负压状态BSL-2实验用房及其以上等级的生物安全实验用房和其他有特定要求的实验用房地面材料除应满足上述一般要求外，更应满足整体无缝隙的要求。

放射性同位素与射线装置实验用房等有特殊要求的，应按国家相关规定和标准进行建设。

**第三十条** 本条根据实验用房废水的性质、成分和被污染程度规定了实验废水排水系统的设置原则，废水排水系统的设计应遵照执行。

一、排水方式。实验废水排水系统，按所排除的污水性质、成分和被污染的程度并结合室外排水系统的情况，可设置分流排水或合流排水系统：

**1** 含有一般致病微生物的实验废水：宜设置专用排水管道，以便污水消毒。

**2** 含有放射性物质的实验废水：在小型实验用房，当废水量较小，放射性物质浓度不大时，可合成一个排水系统。对于排出的废水量较小，但浓度高时，可采用特制的专用容器就地进行收集后，送往集中废水贮存槽，然后送往外协废水处理厂。在大型实验用房，应根据排出的废水中放射性物质浓度和化学性质等，可设置一个或几个排水系统分流排出，需要处理的废水排至废水集中处理设施或外协的公共废水处理厂进行处理。

**3** 混合后更为有害的实验废水：当不同化学成分的废水混合后的反应对管道有损害或可能造成事故时应分流排出。

**4** 毒理实验用房：为了能够顺畅地排除实验动物房粪便，需要设置较一般下水更大直径的排水管道，因此，宜单独安装专用排水系统。

**5** 含有机溶剂的实验废水：由于有机溶剂往往不溶于水，不但有毒有害，而且多有强烈的异味，会随排水支管道进入其他实验用房的水封而散发至室内。因此，经常使用有机溶剂的实验用房，应尽量集中布置，并单独安装专用的排水管道。

**6** 含有酸、碱、氰、铬等无机污染物的实验废水：宜考虑设置独立的排水管道。

**7** 三级以上生物安全实验用房的废水：按照现行国家标准《实验室生物安全通用要求》GB 19489，设置独立的排水系统。

采取分流排水，有利于废水的无害化处理。

二、排水管材：

**1** 含有酸、碱的实验废水：排水系统应选用耐酸耐碱的材料制作。

**2** 含有氯仿、苯系物等溶剂型污染物的实验废水：排水系统应选用耐有机溶剂腐蚀的材料制作。

**第三十一条** 疾病预防控制中心的实验废水中常含有少量的酸、碱、氰、铬、重金属等无机污染物以及氯仿、苯、酯等有机污染物，甚至可能含有残存的致病微生物或放射性物质，因此，必须对废水进行有效的处理，以达到安全排放的要求。

**第三十二条** 洗眼器与紧急冲淋器是在非常态状况下使用的两种应急救援设施。

在需要经常使用硫酸、盐酸、硝酸及氢氧化钠等强腐蚀性化学品，以及需要接触致病微生物的实验过程中，当意外发生，造成化学灼伤或受到生物污染时，需立即采取紧急救护措施，比较理想的处理办法是在第一时间进行大水量冲洗，因此在危险实验区，宜根据实验性质，合理设置洗眼器与紧急冲淋器。

对于强腐蚀性化学品用量较大，并且有较多备用贮存的实验用房，宜在每个实验用房设置洗眼器与紧急冲淋器。

对于一般化学实验区，可以洗眼器为主，紧急冲淋器为辅，设置在易受化学灼伤的实验用房内。若受条件限制，也可根据疾病预防控制中心实验用房的特点，参照国家现行标准《化工企业安全卫生设计规定》HG 20571 的精神，在紧急疏散方向的公共区域，或交通便利、服务半径较小的区域（如公用走廊的中部），设置共用洗眼器与紧急冲淋器。

在微生物实验区，以设置洗眼器为主，通常对紧急冲淋器的设置无特别要求。对于一般致病微生物实验用房，当条件许可时，宜在每个实验用房的出口处设置洗眼器；对于二级以上生物安全实验用房，应按现行国家标准《实验室生物安全通用要求》GB 19489 设置洗眼器与紧急冲淋器。

洗眼器与紧急冲淋器的水质应保持清洁。在建筑设计时应合理设置下水系统，以便定期置换管中陈水，保持水质常新。紧急冲淋器底部地面应防滑，不宜设置挡水板或淋浴盆，以防应急人员滑倒、绊倒，并采取地面防水措施，以免在日常维护保养过程中影响周围环境。

有条件的实验用房，应设置与检测工作范围相应的有毒有害因素报警器等安全防护报警设施，以便及时发现问题，消除隐患。

本条规定了实验用房洗眼器、紧急冲淋器和有毒有害因素报警器等安全防护报警设施的设置原则。

**第三十三条** 除了冷房、暖房及其他工艺要求的有特殊实验条件的实验用房外，一般实验用房的温度、湿度应满足仪器设备的工作要求，通常夏季温度不超过28℃，冬季温度不低于16℃，相对湿度为40% ~60%。由于上述空气指标与人体舒适性要求相吻合，所以实验用房的温、湿度按舒适性指标控制即可满足要求。

疾病预防控制中心实验建筑空调的适用情况与医院病房、宾馆饭店、办公写字楼、商场等建筑空调的适用情况有很大区别，实验建筑物的空调应具备以下三方面的特点：

**1** 满足避免造成交叉污染的要求。不同的实验用房不得通过空调系统发生空气交换，造成实验用房交叉污染，因此各实验用房的空调应具有独立回风的功能。

**2** 满足实验用房不饱和使用的要求。通常，实验用房的使用率不饱和，在实验建筑物中，有的是常用实验用房，有的是非常用实验用房，有的甚至很少使用。对于常用实验用房，每天使用的数量、时间也多不统一。这些实验用房使用的不确定因素，导致空调的运行负荷波动较大，因此，希望空调系统具有较好的负荷调节功能。

**3** 满足实验用房不定期加班的要求。实验用房加班较多，为了保持实验过程的连贯性，往往需要超时使用，其工作特性决定了实验用房的使用时间不受正常作息时间的限制，甚至无法通过制订计划来预见和安排实验用房的工作时间，尤其在应对突发公共卫生事件时更需要实验用房能够随时启用，因此希望空调系统具有提供小负荷的功能。

针对上述要求，实验用房的空调系统应具有独立、灵活、节能的特点。有洁净、恒温恒湿、负压等特殊空气条件要求的实验用房，空气调节系统宜分别独立设置；若采取合并系统，应按功能、类别进行归类组合形成不同的系统单元，各系统单元独立设置。不同功能类别的实验用房，不得采用公共新风、回风和排风系统，其意义主要在于以下两方面：

**1** 防止不同实验用房的空气随回风相互混合，造成交叉干扰；

**2** 系统简单、使用灵活、运行费用低、维修方便。

密闭实验用房的空气应保证一定的新鲜度，其新风量按现行国家标准《采暖通风与空气调节设计规范》GB 50019 和《洁净厂房设计规范》GB 50073 要求，应不小于每人每小时40m$^3$。

**第三十四条** 实验过程中，常有各种有毒、有腐蚀性、异臭及易燃易爆物质散发，不仅危害实验人员的健康与安全，而且影响仪器设备的使用寿命，因此，实验用房需要广泛采取通风措施，及时有效地排除有害物。

对于集中产生大量有害物的地点，应设置局部排风装置将有害物就地排出，以控制其在室内扩散。当排风介质混合后能产生或加剧腐蚀性、毒性、燃烧爆炸危险时，局部排风系统应单独设置。

通常，局部排风是最有效的通风方式，它可以利用最小的风量，获得最好的控制效果。

除了在集中产生有害物的固定实验操作点常采用局部排风外，对于大多数实验用房，由于实验操作点的位置经常变化，以及化学试剂等挥发性物品的摆放位置通常比较分散等因素，有害物往往处于分散、散发状态，其特点是源多、面广、量小；另外，对于药品库、贮藏室、暗室、洗消室等有关实验用房也往往有较多有害物散发，应及时排除，在这些情况下，很难逐点采取局部排风进行控制，依靠全面通风来解决问题将是最为经济有效的方法。除了可经常打开门窗进行自然全面通风外，还应在重点实验用房内考虑采取机械全面通风措施。对于散发有腐蚀性气体的房间，应采用防腐风机；对于散发易燃易爆气体的房间，应采用防爆风机。

**第三十五条** 由于疾病预防控制中心的用电量远高于一般单位，并且用电情况很难具体说明：一方面大量的各种形式和规格的仪器设备需要足够的电力供应；另一方面维持实验用房特定的室内环境指标需要大量的供电容量，更为重要的是应考虑满足实验用房持续发展的需要。因此，在设计疾病预防控制中心总供电容量时应留有足够的余量。

为了安全保存菌种、毒种、试剂、疫苗以及维持实验的连续性，疾病预防控制中心需要不间断供电，因此，要求供电设施应安全可靠，并采用双路供电，不具备双路供电条件的，应设置自备电源。有特殊要求的，应配备不间断电源。

为了增加用电安全性，避免电器损坏和人员伤亡，有特殊要求的仪器设备宜设置独立的接地系统。

本条根据疾病预防控制中心用电情况的特点和要求，规定了供电用电的原则。

**第三十六条** 本条确定了疾病预防控制中心对防雷的要求。

**第三十七条** 根据工作职能，疾病预防控制中心承担着突发公共卫生事件应急处置、疫情收集与报告、反生物与化学恐怖事件等重要任务，同时具有一定生物、化学和物理的安全性要求。因此，应具备比较先进的综合布线、计算机网络、楼宇自控等智能化系统，按有关规定设置安全防范措施，并预留发展空间。

综合布线系统是实现楼宇智能化的基础设施，在日常工作中利用率高、功效显著，应是需要重点设置的项目。在办公区，每名工作人员宜拥有一个数据与语音点，并考虑未来发展的需要。在实验区，每个实验室至少设置一个数据与语音点，有特殊需求可另行考虑；走廊上宜设少量语音点。对于有条件者，可在此基础上进一步增加配置。

电子门禁系统是需要积极考虑采用的智能设施，其作用主要体现在对实验人员的一般出入管理和准入制管理，对出入实验用房、菌毒种库等的区域权限、时段权限以及出入人员姓名、出入时间等均可进行识别和记录，在疾病预防控制中心管理体系中起到重要的安全保障作用。

本条确定了疾病预防控制中心对智能化水平的要求。

**第三十八条** 出于减少对实验结果的影响和加强对实验人员的保护，实验用台柜木制部分的基材应符合环保要求。为了减轻化学试剂对实验用台柜的损害，延长使用寿命，台柜面材应具备耐腐蚀、易清洗、防水及防火的性能。

实验用台柜应根据实验需要，合理确定结构形式，常见的有边台、一般中央台、半岛形台、哑铃形变形台等。同时在确定柜体结构时，应考虑实验人员立位与坐位操作、书写、物品放置与储存等因素。

实验用台柜的配件应符合实验用房要求，如：拉手宜呈圆弧形，以防止碰伤实验人员以及钩挂工作服；抽屉导轨宜为三节结构，以保证抽屉可以完全拉开至台面垂线之外，不妨碍实验用品的放取；涉及存放腐蚀性物品的柜体，合页应选用耐腐蚀型；水槽应耐酸、碱及有机溶剂，水槽上方可根据需要设器皿滴水架；水嘴形式应满足实验需要，同时满足使用方便、结构牢固等要求。

本条明确了疾病预防控制中心实验用台柜的原则要求。

# 第七章　仪器设备装备及其他相关指标

**第三十九条**　本条所提供的仪器设备装备标准，分别列出完成常规工作所需仪器设备（A）、按照基本功能必须装备的基本仪器设备（B），以及根据地域特点和工作需求应装备的基本仪器设备（C）。A、B类为通用性仪器设备，是各疾病预防控制中心完成基本工作任务所必须具备的仪器设备；C类为特别配备的仪器设备，是各疾病预防控制中心根据当地带有地域性特点的疾病情况，采取针对性的预防控制措施和特别工作手段，以及开展科学研究等所需要的基本仪器设备，疾病预防控制中心提出购置计划前应对社会需求、人员技能、使用频率、仪器的运行费用以及区域内和系统内资源共享的可行性等进行充分论证。

**第四十条**　疾病预防控制工作所需设备装备，是各疾病预防控制中心完成基本工作任务所需具备的仪器设备。各地应根据卫生部有关疾病预防控制工作规范标准等要求给予配置。

**第四十一条**　疾病预防控制中心建筑是一种比较复杂的功能性建筑，不同使用功能的房间都有自己的特殊要求，如生物安全、洁净、恒温恒湿、防辐射、防振动、隔声等要求，因此工程造价相应较高。本建设标准采用以住宅为参照系确定建筑工程造价的方法，根据各类地区现状调查的结果，规定实验用房可参照建设地区相同建筑等级标准和结构形式住宅平均建筑工程造价的2倍~4倍确定，其他用房可参照1.5倍~2倍确定。

本条规定的工程造价，不含在实验用房内为满足实验需要所添置的实验仪器设备、实验台柜等实验用物品的费用。

**第四十二条**　在实际工作中，经济评价应按国家现行的《建设项目经济评价方法与参数》及当地卫生厅局具体规定执行。

# 中医医院建设标准

## 住房和城乡建设部、发展改革委
## 关于批准发布《中医医院建设标准》的通知

建标〔2008〕97号

国务院有关部门，各省、自治区、直辖市、计划单列市建设厅（委、局）、发展和改革委员会：

根据建设部《关于印发〈二○○六年工程项目建设标准、投资估算指标、建设项目评价方法与参数编制项目计划〉的通知》（建标函〔2006〕172号）的要求，由国家中医药管理局负责编制的《中医医院建设标准》（建标106—2008），经有关部门会审，现批准发布。自2008年8月1日起施行。

在中医医院项目的审批、核准、设计和建设过程中，要认真执行本建设标准，坚决控制工程规模和造价。

本建设标准的管理由住房和城乡建设部、发展改革委负责，具体解释工作由国家中医药管理局负责。

**中华人民共和国住房和城乡建设部**
**中华人民共和国发展和改革委员会**
**二○○八年五月二十六日**

## 编 制 说 明

《中医医院建设标准》是根据建设部建标函〔2006〕172号《关于印发“二○○六年工程项目建设标准、投资估算指标、建设项目评价方法与参数编制项目计划”的通知》的要求，由国家中医药管理局负责主编，具体由国家中医药管理局财务司和五洲工程设计研究院共同编制。

编制过程中，编制组遵循宪法“发展现代医药和我国传统医药”的规定以及国家“中西医并重”等一系列卫生工作的方针政策，进行了广泛深入的调查研究，总结了新中国成立以来中医医院建设、使用的经验教训，分析了大量的有关中医医院建筑数据和资料，科学地制定和论证了《中医医院建设标准》编制方案，在此基础上广泛征求了国家有关部门，部分综合医院、中医医院院长，工程咨询、建筑设计和科研管理方面专家的意见，最后召开了专家审查会，会同有关部门审查定稿。

本建设标准共分六章，主要包括：总则，建设规模与项目构成，建筑面积指标与建筑标准，选址、用地与总平面布置，设备配置和主要技术经济指标。

本建设标准系初次编制，在施行过程中，请各地中医医院建设单位注意总结经验，积累资料，对需要修改和补充之处，请将意见和有关资料寄交国家中医药管理局财务司（地址：北京市朝阳区白家庄东里13号楼，邮编：100026），以便今后修订时参考。

**中华人民共和国国家中医药管理局**

**2008年5月**

# 第一章　总　　则

**第一条**　为适应中医药事业发展和保持发挥中医药特色优势的需要，加强和规范中医医院的建设，提高工程项目决策与建设的科学管理水平，充分发挥投资效益，依据有关法律、法规，特制定本建设标准。

**第二条**　本建设标准是为中医医院建设项目科学决策和合理确定项目建设水平所提供的全国统一标准；是审批、核准中医医院建设项目的依据；也是有关方面编制、审查中医医院建设项目初步设计、监督检查整个建设过程的重要依据。

**第三条**　本建设标准适用于建设规模在60~500张病床的综合性中医医院新建、改建、扩建工程项目；中西医结合医院、民族医医院、中医专科医院的新建、改建、扩建工程项目可按其建设规模大小参照执行。

**第四条**　中医医院的建设必须遵循国家经济建设的有关法律、法规，贯彻和落实科学发展观，坚持以人为本、方便病人、因地制宜、实事求是的原则，达到布局合理，功能完善，分区明确，为患者营造安全、便捷、舒适、温馨的就医环境。

**第五条**　中医医院的改建、扩建应充分利用原有基础设施，认真贯彻节约资源的基本国策，从我国国情出发，结合不同地区的经济条件，兼顾实用、经济、美观的原则，突出中医药特色，弘扬中医药文化。

**第六条**　中医医院的建设，应认真贯彻执行《中华人民共和国中医药条例》的规定，坚持中西医并重的卫生工作方针，符合国家和地方有关区域卫生规划和中医药事业发展规划。

**第七条**　中医医院建设应纳入当地国民经济和社会发展计划，工程投资应统筹安排，中医医院建设用地应纳入土地利用规划和城市规划。

**第八条**　中医医院建设项目应统一规划、一次建成，并留有改造和发展余地。投资确有困难的可统一规划、分期实施。建设项目经有关部门批准后，不得随意改动。

**第九条**　中医医院的建设除执行本建设标准外，还应符合国家现行有关标准、规范的规定。

# 第二章　建设规模与项目构成

**第十条**　中医医院的建设规模，应结合所在地区的经济发展水平、卫生资源、中医医疗服务需求等因素，以拟建中医医院所在地区的区域人口数确定。每千人口中医床位数宜按0.22~0.27张床测算。

中医医院建设应立足于改扩建为主，在现有床位能满足正常业务需要的情况下，原则上不宜增加床位。

**第十一条** 中医医院的建设规模，按病床数量，分为60床、100床、200床、300床、400床、500床六种。

**第十二条** 中医医院的日门（急）诊量宜与所设病床数的3.5倍相匹配。具有中医专科特色的中医医院日门（急）诊量可按专科实际日门（急）诊量做相应调整。

**第十三条** 中医医院的用房由急诊部、门诊部、住院部、医技科室和药剂科室等基本用房及保障系统、行政管理和院内生活服务等辅助用房组成（见附录一）。

**第十四条** 中医医院中药制剂室、中医传统疗法中心、大型医疗设备等项目的用房应根据需要合理设置，建筑面积单列。

承担科研、教学和实习任务的中医医院，根据其承担的任务量，增加相应的科研和教学等设施用房的建筑面积。

**第十五条** 中医医院配套设施的建设，应坚持社会化服务的原则，尽量利用社会协作条件统筹解决。

**第十六条** 中医医院业务科室设置及病床分配比例，应按照医院规模、工作量和技术人员的实际情况确定。一般情况下应突出中医重点科室。

## 第三章 建筑面积指标与建筑标准

**第十七条** 中医医院的急诊部、门诊部、住院部、医技科室和药剂科室等基本用房及保障系统、行政管理和院内生活服务等辅助用房的床均建筑面积应符合表1的指标。

**表1 中医医院建筑面积指标（$m^2$/床）**

| 建设规模 | 床位数 | 60 | 100 | 200 | 300 | 400 | 500 |
|---|---|---|---|---|---|---|---|
| | 日门（急）诊人次 | 210 | 350 | 700 | 1050 | 1400 | 1750 |
| 建筑面积（$m^2$/床） | | 69~72 | 72~75 | 75~78 | 78~80 | 80~84 | 84~87 |

注：①根据中医医院建设规模、所在地区、结构类型、设计要求等情况选择上限或下限。

②大于500床的中医医院建设，参照500床建设标准执行（下同）。

**第十八条** 中医医院基本用房及辅助用房在总建筑面积中的比例关系见表2。

**表2 中医医院各种功能用房占总建筑面积的比例（%）**

| 床位数 | 60 | 100 | 200 | 300 | 400 | 500 |
|---|---|---|---|---|---|---|
| 急诊部 | 3.1 | 3.2 | 3.2 | 3.2 | 3.2 | 3.3 |
| 门诊部 | 16.7 | 17.5 | 18.2 | 18.5 | 18.5 | 19.0 |
| 住院部 | 29.2 | 30.5 | 33.0 | 34.5 | 35.5 | 35.7 |
| 医技科室 | 19.7 | 17.5 | 17.0 | 16.6 | 16.0 | 16.0 |
| 药剂科室 | 13.5 | 12.1 | 9.4 | 8.5 | 8.3 | 8.0 |
| 保障系统 | 10.4 | 10.4 | 10.4 | 10.0 | 9.8 | 9.0 |
| 行政管理 | 3.7 | 3.8 | 3.8 | 3.7 | 3.7 | 3.8 |
| 院内生活服务 | 3.7 | 5.0 | 5.0 | 5.0 | 5.0 | 5.2 |

注：①使用中，各种功能用房占总建筑面积的比例可根据不同地区和中医医院的实际需要做适当调整。

②药剂科室未含中药制剂室。

**第十九条** 当日门（急）诊人次与病床数之比值与本建设标准取用值相差较大时，可按每一日门（急）诊人次平均 $2m^2$ 调整日门（急）诊部与其他功能用房建筑面积的比例关系。

**第二十条** 中药制剂室、中医传统疗法中心单列项目用房建筑面积指标可参照表 3。

**表 3 中医医院单列项目用房建筑面积指标**

| 建筑面积（$m^2$） 建设规模（床位数） 项目名称 | 100 | 200 | 300 | 400 | 500 |
|---|---|---|---|---|---|
| 中药制剂室 | （小型）500～600 | | （中型）800～1200 | | （大型）2000～2500 |
| 中医传统疗法中心（针灸治疗室、熏蒸治疗室、灸疗法室、足疗区按摩室、候诊室、医护办公室等中医传统治疗室及其他辅助用房） | 350 | | 500 | | 650 |

**第二十一条** 承担科研、教学和实习任务的中医医院，应以具有高级职称以上专业技术人员总数的 70% 为基数，按每人 $30m^2$ 的标准另行增加科研用房的建筑面积。

中医药院校的附属医院、教学医院和实习医院的教学用房配置，应符合表 4 的规定。

**表 4 中医医院教学用房建筑面积指标（$m^2$/学生）**

| 医院分类 | 附属医院 | 教学医院 | 实习医院 |
|---|---|---|---|
| 面积指标 | 8～10 | 4 | 2.5 |

注：学生的数量按上级主管部门核定的临床教学班或实习的人数确定。

**第二十二条** 中医医院大型医疗设备单列项目用房建筑面积参照《综合医院建设标准》执行。

**第二十三条** 门诊楼、病房楼、医技楼等主要建筑，宜采用框架结构。中医医院建筑宜以多层为主，医院改建、扩建用地特别紧张时，可采用高层建筑。

中医医院建筑中的水平或垂直交通宜便捷、顺畅。

**第二十四条** 当中医医院作为抗震防灾的医院时，主要建筑物的抗震要求应按乙类建筑设防。

**第二十五条** 中医医院的建筑节能设计必须严格执行现行国家标准《公共建筑节能设计标准》GB 50189 和有关的建筑节能强制性标准，达到节能、节水、节材的要求。

**第二十六条** 中医医院 50% 以上的病房应有良好的日照。门诊部、急诊部和病房应充分利用自然通风和天然采光。

**第二十七条** 急诊部、门诊部、住院部、医技科室、药剂科室和实验室等医疗业务用房的室内装修应选用安全、卫生、耐用的材料，并符合下列规定：

一、顶棚应便于清扫、防积尘；照明宜采用吸顶灯具。

二、内墙墙体不应使用易裂、易燃、易潮湿、易腐蚀、不耐碰撞、不易吊挂的材料；有推床（车）通过的门和墙面，应采取防碰撞措施。

三、除特殊要求外，有患者通行的楼地面应采用防滑材料铺装。

四、所有卫生洁具、洗涤池，应采用耐腐蚀、难沾污、易清洁的建筑配件。

五、不应使用易产生粉尘、微粒、纤维性物质的材料。

**第二十八条** 中药饮片贮存及质量检测用房和设施，中成药、辅料、半成品和成品等的储存区用房，应有防尘、防蚊、防蝇、防虫、防鼠等措施。中药制剂用房应设必要的通风、空调、除湿等设施。有条件的应设空气净化设施。室外下水道必须畅通良好，室内下水道应有可靠的液封装置。

**第二十九条** 针灸科、推拿科等科室的中医治疗室，宜配置保持室内温度的设施，并注意保护患者隐私。

**第三十条** 中医医院的诊疗用房和病房，宜保持适宜的室内温度和湿度。不同气候区的中医医院应根据以上原则设置相应的采暖和空调设施。

对空气洁净度有特殊要求的医疗用房，应设空气净化装置。

**第三十一条** 二层的医疗用房宜设电梯，三层及三层以上的医疗用房应设电梯，且不应少于两台，其中一台为无障碍电梯。病房楼应单设污物梯。

**第三十二条** 中医医院的蒸汽、冷热水和冬季采暖均宜采用分区专线供应。院内的管道应采取利于保养、维修和改造的措施。患者使用的卫生间下水管道口径应按一般设计规范计算结果加大一级，并应采取防堵、防渗漏、防腐蚀措施。

**第三十三条** 中医医院必须具备不间断供电条件，采用双回路电源供电，当双回路电源不能保证时应设自备电源。院区内应采用分回路供电方式。

**第三十四条** 中医医院锅炉设施应按蒸汽和采暖设备总容量乘以高峰同时利用系数设置，且不宜少于两台。

**第三十五条** 中医医院的建筑设计应按照国家现行标准《城市道路和建筑物无障碍设计规范》JGJ 50 的要求进行设计和建设，满足不同患者对无障碍设施的需求。

**第三十六条** 中医医院的医疗废物、污水和生活垃圾的分类、归集、存放及处置，应遵守国家有关环境保护的规定。

## 第四章　选址、用地与总平面布置

**第三十七条** 中医医院选址应在地质条件、水文条件较好的地方；应选择在患者就医方便、卫生环境好、噪音较小、水电源充足的地方；并应远离托儿所、幼儿园及中小学等。同时应考虑中医医院对周边环境的影响。

**第三十八条** 中医医院的建设用地应包括：建筑用地；道路、广场、停车用地；绿化用地及发展用地。

**第三十九条** 中医医院总平面布置，要功能分区明确，满足医疗、卫生、防火、防灾、隔离等要求。至少应有两个出入口，以满足安全疏散和洁污分流的要求。感染性疾病科应设独立出入口，避免交叉感染。院内交通通道设置合理，标识清晰，科学地组织人流和物流。室内采光、色彩设计应符合医疗功能及患者心理需求。

**第四十条** 建筑物布置应尽量使诊室、病房等主要医疗用房有良好的朝向、日照和自然通风，为患者提供良好的医疗环境。

**第四十一条** 中药饮片、中成药及灭菌制剂等用房的周围环境应整洁、无污染。人流、物流、车流及医疗垃圾通道宜分开布置。生活垃圾与医疗垃圾的设施应分开设置，并应远离诊疗区域。

**第四十二条** 住院、手术、功能检查等用房应有较安静的环境，避免环境噪声的干扰，特别是避免交通噪声的干扰。

**第四十三条** 太平间应设于隐蔽处，与其他功能区域相隔离。太平间宜单独设通向院外的通道，避免与主要人流出入院路线交叉。

**第四十四条** 营养食堂、锅炉房、厨房、煎药室、动物饲养房、发电机房、冷冻机房等与主要医疗用房、周围院外房屋之间应处理好噪音、气味对周边环境的影响。

**第四十五条** 新建中医医院要充分考虑医院用车特点，机动车和非机动车停车场的用地面积、停车的数量，可按当地有关部门的规定执行。

**第四十六条** 新建中医医院的绿地率宜为30%～35%，改建、扩建中医医院的绿地率宜为25%～30%。建筑密度宜为25%～30%，新建建筑容积率宜控制在0.6～1.5之间，当改建、扩建用地紧张时，其建筑容积率可适当提高，但不宜超过2.5。具体指标应以当地规划部门所规定的指标为准。

## 第五章 设备配置

**第四十七条** 中医医院的设备配置应遵循下列原则：

一、一般医疗设备的配置，应按综合医院医疗器械装备标准和医疗机构基本标准的规定执行。

二、大型、精密、贵重仪器设备应根据实际需要和财力的可能，并按有关的规定合理配置。

三、中医药专用设备可根据实际情况进行配置。

四、中医特色科室所需特殊诊疗设备，应保证专科专病的需要。

**第四十八条** 中药饮片炮制加工、制剂设备及质量检验设备应符合国家药监部门的有关规定。

**第四十九条** 中医医院应根据需要配置计算机网络及通信设备等信息系统，合理布点并预留发展余地。

承担教学任务的中医医院应有一个手术室设闭路示教系统。

**第五十条** 中医医院的装备标准，应以实用、耐用为原则，满足功能要求。

## 第六章 主要技术经济指标

**第五十一条** 新建中医医院的投资估算，应按国家现行有关规定进行编制。投资估算中建筑安装工程费参照工程所在地办公楼的1.1～1.3倍估算，工程建设其他费用按工程所在地的标准执行。

**第五十二条** 中医医院工程建设工期定额可参照表5。

**第五十三条** 中医医院工作人员的编制，按照国家有关规定，根据中医医院的特点，床位数与人员编制的比值，一般应控制在1∶1.3～1∶1.7，承担科研、教学和实习任务的中医医院，以临床编制人员数量为基数，可按适当的比例另外增加编制。

各中医医院可根据自己的医疗特点，适当增加或减少各类工作人员的比例，以适应中药调剂、专科建设、医院发展等需要。

**表5　中医医院工程建设工期定额**

| | | | | | | | |
|---|---|---|---|---|---|---|---|
| 建设规模 | 床位 | 60 | 100 | 200 | 300 | 400 | 500 |
| | 建筑面积（$m^2$） | 4140 ~ 4320 | 7200 ~ 7500 | 15000 ~ 15600 | 23400 ~ 24000 | 32000 ~ 33600 | 42000 ~ 43500 |
| 建设工期（月） | | 8 ~ 12 | | 16 ~ 24 | | 22 ~ 28 | |

注：①建设工期指从基础工程破土开工起至全部工程结束，并达到国家验收标准止的时间。

②严寒地区可适当延长工期，但最多不超过规定工期的20%。

③本建设工期为考虑各种因素的综合值。由于各地施工条件不同，允许各地在15%幅度内调整。当有一层地下室时工期增加1~2个月。

## 附录一　中医医院基本用房及辅助用房组成内容

1. 急诊部：内科诊室、外科诊室、妇（产）科诊室、儿科诊室、骨科诊室、中医治疗室、留观室、抢救室、输液室、治疗室、医护休息室、办公室、护士站、收费室、挂号室、药房、化验室、放射室等。

2. 门诊部：①内科诊室、外科诊室、妇（产）科诊室、儿科诊室、皮肤诊室、眼科诊室、耳鼻咽喉诊室、口腔诊室、肿瘤诊室、骨伤科诊室、肛肠诊室、老年病诊室、针灸诊疗室、推拿诊疗室、康复诊室、门诊治疗室、中心输液室、中医换药室、体检中心。②感染性疾病科（诊室、挂号、收费、化验、放射、药房）。

3. 住院部：住院病房、产房等。

4. 医技科室：检验科、血库、放射科、功能检查室、内窥镜室、手术室、病理科、供应室、营养部（含营养食堂）、医疗设备科、中心供氧站、核医学科、介入室、核磁共振室、办公室、休息室等。

5. 药剂科室：中药饮片库房、西药库房、中药调剂室、西药调剂室、临方炮制室、中成药库房、中成药调剂室、周转库、门诊药房、住院药房、中药煎药室、办公室、休息室等。

6. 保障系统：锅炉房、配电室、太平间、洗衣房、总务库房、通讯机房、设备机房、传达室、室外厕所、总务修理、污水处理房、垃圾处置房、汽车库、自行车库等。

7. 行政管理：办公室、计算机房、中医示范教学培训室、图书室、档案室等。

8. 院内生活服务：职工食堂、浴室、单身宿舍、小卖部等。

**附加说明**

## 主编单位、主要起草人和编制组成员名单

**主 编 单 位：** 国家中医药管理局财务司

五洲工程设计研究院

**主要起草人：** 武　东　洪　森　杨荣臣　王建中

**编制组成员：** 王志勇　许志仁　查德忠　武　东　董霄龙　杨荣臣　王建中　洪　森

朱先年　金章安　刘群峰　王振宇　李正刚　朱为振　贾　萌

## 附　件

# 《中医医院建设标准》条文说明

## 前　言

根据建设部建标函〔2006〕172号《关于印发“2006年工程项目建设标准、投资估算指标、建设项目评价方法与参数编制项目计划”的通知》的要求，由国家中医药管理局负责主编，具体由国家中医药管理局财务司、五洲工程设计研究院共同编制的《中医医院建设标准》，经住房和城乡建设部、发展改革委2008年5月26日以建标〔2008〕97号文批准为全国统一标准，现发布施行。

为便于有关部门和咨询、设计、科研、建设等单位的有关人员在使用本建设标准时，能正确理解和执行条文的规定，编制组按章、节、条顺序编制了“条文说明”，供有关部门和单位参考。在使用中如发现“条文说明”有欠妥之处，请将意见寄交国家中医药管理局财务司。

中华人民共和国国家中医药管理局

2008年5月

## 第一章　总　则

**第一条**　本条明确编制本建设标准的目的。

中医药学在我国医疗卫生事业中独具特色和优势，有其自身的主体特征和发展规律。中医医院是中医药服务网络的骨干主体，是提供中医药服务的主要阵地，也是继承与发展中医药事业的重要基础。加强中医医院建设，是提高中医药服务能力，促进中医药事业发展的基本保障之一；是完善我国公共卫生和医疗服务体系，构建中国特色卫生事业的重要内容；对于继承和创新中医药学，充分发挥中医药特色优势，满足人民群众不断增长的中医药服务需求，解决看病难、看病贵问题，增进和保护人民群众的身体健康，具有重大意义。

新中国成立以后，尤其是十一届三中全会以来，在党的中医药政策指引下，中医药事业得到了较快的恢复和发展。到2006年底，中医医院已达到3072所。但由于长期以来没有统一的建设标准，中医医院的标准、规范化建设相对滞后。科学规范中医医院建设标准，能够更好地为中医药事业发展打好基础，使中医医院的建设走向标准化、规范化、科学化的管理轨道。为了加快中医医院的标准化、规范化和现代化建设，完善中医医院的内部结构布局，提高中医医院的建设和设计水平，亟须结合中医医院的功能和特点，编制《中医医院建设标准》（以下简称“本建设标准”）。

**第二条**　本条阐明本建设标准的作用。

在中共中央、国务院关于《卫生改革与发展的决定》中明确提出：“我国卫生事业是政府实行一定福利政策的社会公益事业”。由政府投资的中医医院建设属于社会公益事业。本建设标准是依据国家有关规定由住房和城乡建设部、发展改革委审批发布的，是中医医院项目决策和合理确定建设水平的全国统一标准，是中医医院工程项目决策和建设中有关政策、技术、经济的综合性宏观指导文件。

本建设标准规定的内容为强制性与指导性相结合。对涉及建设原则、贯彻国家经济建设的有关方针、行业发展政策和有关合理利用资源、能源、土地以及环境保护、职业安全卫生等方面的规定，以强制性为主，在项目建设中有关各方面应认真贯彻执行。对涉及建设规模、项目构成、装备标准、建筑标准、配套工程和其他主要技术经济指标等方面的规定，以指导性为主，由投资者、建设中医医院的有关各方在项目的决策和建设中结合具体情况参照执行。本建设标准的作用是使中医医院建设项目的决策走上科学化、规范化和标准化的轨道，也是有关部门审查中医医院建设项目初步设计和监督检查整个建设过程的重要依据。

**第三条** 本条规定了本建设标准的适用范围。

**第四条** 本条主要强调中医医院的建设必须遵循的法律、法规和指导思想。

中医医院的建设要贯彻勤俭办事的原则，并着眼于中医医院发展的长远要求，在设计上体现适度的前瞻性，更好地为患者就医提供便利条件。

**第五条** 本条提出了改建、扩建的原则。

随着中医药科技的发展和医疗设备的不断更新和增加，特别是我国现有中医医院床位、建筑面积都比较紧张，在达不到标准要求的情况下，更面临大量的改建、扩建任务。因此，中医医院改建、扩建要注意利用原有资源，以节省投资。不得借改建、扩建名义新建。

中医医院建设在指导思想、建设原则和具体标准确定上，既要能够正确履行政府职能，适应社会经济发展的需要，又要考虑到各地社会经济发展水平的差异，因此提出了从国情出发，因地制宜，根据群众服务需求和当地财力可能，合理确定建设水平。同时，应当遵循实用、经济、美观的原则，推动中医医院建设水平不断提高。

中医医院的建设除了体现中医自身发展规律和医院的特点外，还要体现中医药的特色和优势。

**第六条** 我国宪法中关于“发展现代医药和我国传统医药”的规定是项目建设的法律依据，党和政府关于“中西医并重”的方针，积极利用先进的科学技术，保持和发扬中医药特色优势，促进中医药学的发展等政策是中医医院建设的基本保证。

**第七条** 本条明确中医医院建设的投资渠道。

中医医院的建设属于政府行为，是一项社会公益性事业，应确保工程资金纳入政府安排的投资项目中。中医医院的建设和发展要符合国民经济和社会发展的总目标及卫生事业发展目标，也要满足和符合当地土地利用规划和城市规划的要求。

**第八条** 中医医院建筑功能性强、设计内容复杂，总体规划是中医医院建设的关键，故本条提出建设项目应统一规划、一次建成。但又考虑到一些地方经济承受能力有限，允许统一规划、分期实施。当中医医院采取分期建设时，若不重视总体规划，只顾应急需要随地建房，见缝插针，势必造成功能分区混乱、管理困难，交叉感染也难以避免，甚至还会因无法改造而不得不重建。因此，要求中医医院管理人员和建筑设计师按照医院的实际情况，制定较长远的总体规划。同时总体规划必须符合当地行政规划部门的相关要求。规划一经科学论证确定，不得随意变动，应在统一规划的基础上一次或逐步完成已制定的总体规划。

**第九条** 本条阐明本建设标准与现行其他有关标准、规范和定额指标的关系。中医医院的建设涉及各有关方面的技术、经济等标准、规范和规定，本建设标准不能一一列出。因此在执行本建设标准的同时还需执行国家和地方现行的其他有关标准、规范的规定。

## 第二章 建设规模与项目构成

**第十条** 本条规定是确定中医医院建设规模的依据。

中医医院建设规模取决于其服务量的大小，而服务量与区域人口有直接关系。因此，以区域人口数量（包括流动人口）为基本依据是适当的，加之人口密度、经济发展水平、交通设施、医疗服务半径等综合因素，最终确定其建设规模。

近年来全国中医、中西医结合、民族医医院的床位数与千人口的比例数见附表1～附表3。

根据我国全面实现小康目标、构建和谐社会的要求，中医药事业在国内要适应人民小康生活水平对中医的需求，在国际上要继续保持我国中医药学的领先地位，为中医药事业的继承、发展及进一步走向世界奠定良好的基础。

**附表1 2004年全国中医、中西医结合、民族医医院床位数/千人口统计**

| 地区 | 床位数 | 地区 | 床位数 | 地区 | 床位数 |
|---|---|---|---|---|---|
| 北京 | 0.461 | 安徽 | 0.137 | 重庆 | 0.181 |
| 天津 | 0.471 | 福建 | 0.246 | 贵州 | 0.137 |
| 河北 | 0.239 | 江西 | 0.200 | 云南 | 0.205 |
| 山西 | 0.263 | 山东 | 0.221 | 西藏 | 0.219 |
| 内蒙 | 0.230 | 河南 | 0.234 | 陕西 | 0.289 |
| 辽宁 | 0.307 | 湖北 | 0.192 | 甘肃 | 0.256 |
| 吉林 | 0.306 | 湖南 | 0.248 | 青海 | 0.347 |
| 黑龙江 | 0.273 | 广东 | 0.232 | 宁夏 | 0.257 |
| 上海 | 0.287 | 广西 | 0.194 | 新疆 | 0.271 |
| 江苏 | 0.218 | 海南 | 0.124 | | |
| 浙江 | 0.313 | 四川 | 0.201 | | |
| 平均值 | 0.233 | | | | |

注：本表是根据2004年《全国中医药统计摘编》资料统计；台湾省未统计在内。

**附表2　2005年全国中医、中西医结合、民族医医院床位数/千人口统计**

| 地区 | 床位数 | 地区 | 床位数 | 地区 | 床位数 |
|---|---|---|---|---|---|
| 北京 | 0.504 | 安徽 | 0.153 | 重庆 | 0.208 |
| 天津 | 0.448 | 福建 | 0.237 | 贵州 | 0.138 |
| 河北 | 0.242 | 江西 | 0.224 | 云南 | 0.215 |
| 山西 | 0.291 | 山东 | 0.246 | 西藏 | 0.220 |
| 内蒙 | 0.235 | 河南 | 0.238 | 陕西 | 0.292 |
| 辽宁 | 0.316 | 湖北 | 0.201 | 甘肃 | 0.272 |
| 吉林 | 0.308 | 湖南 | 0.278 | 青海 | 0.335 |
| 黑龙江 | 0.284 | 广东 | 0.221 | 宁夏 | 0.259 |
| 上海 | 0.303 | 广西 | 0.215 | 新疆 | 0.279 |
| 江苏 | 0.232 | 海南 | 0.127 | | |
| 浙江 | 0.323 | 四川 | 0.224 | | |
| 平均值 | 0.245 | | | | |

注：本表是根据2005年《全国中医药统计摘编》资料统计；台湾省未统计在内。

**附表3　2006年全国中医、中西医结合、民族医医院床位数/千人口统计**

| 地区 | 床位数 | 地区 | 床位数 | 地区 | 床位数 |
|---|---|---|---|---|---|
| 北京 | 0.545 | 安徽 | 0.179 | 重庆 | 0.218 |
| 天津 | 0.468 | 福建 | 0.271 | 贵州 | 0.163 |
| 河北 | 0.257 | 江西 | 0.227 | 云南 | 0.219 |
| 山西 | 0.287 | 山东 | 0.260 | 西藏 | 0.231 |
| 内蒙 | 0.243 | 河南 | 0.245 | 陕西 | 0.306 |
| 辽宁 | 0.316 | 湖北 | 0.209 | 甘肃 | 0.284 |
| 吉林 | 0.321 | 湖南 | 0.289 | 青海 | 0.341 |
| 黑龙江 | 0.293 | 广东 | 0.229 | 宁夏 | 0.287 |
| 上海 | 0.307 | 广西 | 0.221 | 新疆 | 0.318 |
| 江苏 | 0.248 | 海南 | 0.144 | | |
| 浙江 | 0.349 | 四川 | 0.232 | | |
| 平均值 | 0.258 | | | | |

注：本表是根据2006年《全国中医药统计摘编》资料统计；台湾省未统计在内。

根据相关资料分析，1993 年全国中医、中西医结合、民族医医院床位数/千人口为 0.19，到了 2002 年为 0.212，2003 年为 0.223，2004 年为 0.233，2005 年为 0.245，2006 年为 0.258，呈逐年上升趋势。根据 2006 年的数据分析，全国中医医院床位数/千人口在 0.22 以下的省份有 6 个，占 19%；在 0.22 ~ 0.27 之间的省份有 10 个，占 32%；在 0.27 以上的省份有 15 个，占 49%。从目前全国中医医院状况分析，今后新增加的床位数不会太多，主要是在改、扩建上对医院内部功能、设备更新、就医环境等方面进行改造。

目前中医医院按 0.22 ~ 0.27 张床位/千人口测算建设规模，综合考虑全国各地经济社会发展水平、人口、地理环境等因素，符合我国国情，在一段时期内基本满足中医医院功能要求。

**第十一条** 本条是对中医医院建设规模的划分。

60 张病床是作为县级中医医院的最基本配置。随着经济发展，这些中医医院将逐步扩建。因此，本建设标准把 60 张病床作为中医医院的最低规模而保留。

500 张床以上的中医医院在全国中医医院中所占比例较小，因此 500 床以上的中医医院建设，参照 500 床建设标准执行。

**第十二条** 中医医院日门（急）诊量是确定门诊部、医技科室等用房面积的重要依据。根据调研情况分析，我国沿海城市及内地几个大、中型城市的中医医院日门（急）诊量与病床数的比值都在 3.0 以上，占调查中医医院总数的 33% 左右，个别的比值还达到 6.0 以上。考虑到中医医院大门诊小病房的特点及今后发展趋势，确定该比值为 3.5，能满足上述用房的需求。全国部分中医医院建设规模调查汇总详见附表 4。

**附表 4 全国部分中医医院建设规模调查汇总**

| 序号 | 中医医院名称 | 床位 | 日门（急）诊（人次/日） | 日门（急）诊（人次/床） | 建筑面积（$m^2$/床） |
|---|---|---|---|---|---|
| 1 | 中国中医科学院广安门医院 | 649 | 3500 | 5.39 | 107 |
| 2 | 北京市密云县中医医院 | 150 | 350 | 2.33 | 93 |
| 3 | 北京市延庆县中医医院 | 118 | 320 | 2.71 | 62 |
| 4 | 江苏省射阳县中医医院 | 200 | 480 | 2.40 | 76 |
| 5 | 江苏省常熟市中医医院 | 461 | 1200 | 2.60 | 94 |
| 6 | 河南中医学院第一附属医院 | 1022 | 2200 | 2.15 | 74 |
| 7 | 河南中医学院第二附属医院 | 500 | 1200 | 2.40 | 49 |
| 8 | 广东省深圳市中医院 | 600 | 3800 | 6.33 | 75 |
| 9 | 湖北省中医院 | 600 | 2000 | 3.33 | 112 |
| 10 | 广东省肇庆市中医院 | 250 | 540 | 2.16 | 120 |
| 11 | 湖北省公安县中医医院 | 220 | 460 | 2.09 | 80 |
| 12 | 广东省中医院 | 900 | 6000 | 6.67 | 82 |
| 13 | 成都中医药大学附属医院 | 642 | 2500 | 3.89 | 56 |
| 14 | 四川省射洪县中医医院 | 200 | 550 | 2.75 | 35 |

**续附表4**

| 序号 | 中医医院名称 | 床位 | 日门（急）诊（人次/日） | 日门（急）诊（人次/床） | 建筑面积（$m^2$/床） |
|---|---|---|---|---|---|
| 15 | 四川省乐山市中医医院 | 200 | 580 | 2.90 | 52 |
| 16 | 泸州医学院附属医院 | 200 | 500 | 2.50 | 71 |
| 17 | 四川中医药研究院附属医院 | 200 | 500 | 2.50 | 107 |
| 18 | 四川省骨科医院 | 246 | 520 | 2.11 | 85 |
| 19 | 成都市中西医结合医院 | 705 | 1800 | 2.55 | 95 |
| 20 | 四川省广元市中医医院 | 200 | 420 | 2.10 | 102 |
| 21 | 四川省眉山市中医医院 | 250 | 650 | 2.60 | 67 |
| 22 | 湖北省荆州市中医医院 | 303 | 560 | 1.85 | 97 |
| 23 | 云南省中医院 | 500 | 1400 | 2.80 | 73 |
| 24 | 广东省高要市中医院 | 200 | 380 | 1.90 | 95 |
| 25 | 甘肃省张掖市中医医院 | 100 | 300 | 3.00 | 78 |
| 26 | 黑龙江省汤源县中医医院 | 60 | 150 | 2.50 | 45 |
| 27 | 吉林省中西医结合医院 | 300 | 1000 | 3.33 | 67 |
| 28 | 吉林省中医院 | 500 | 1500 | 3.00 | 66 |
| 29 | 广东省佛山市南海区中医院 | 400 | 2200 | 5.50 | 75 |
| 30 | 广东省佛山市中医院 | 1300 | 4210 | 3.24 | 110 |
| | 平均值 | | | 3.05 | 80 |

为提高中医医院的投资效益及社会效益，同时保障良好的医疗环境，中医医院日门（急）诊量与病床数之比值取3.5是比较合理的。主要原因：中医医院的特点是慢性病人居多，以门（急）诊为主，住院的患者偏少，形成大门诊小病房状况。有专科特长的中医医院日门（急）诊量往往比中医医院偏高，其值可按实际情况相应调整。

**第十三条** 中医医院由基本用房及辅助用房组成。这些内容是各中医医院共性的部分。为了及时发挥作用，必须注意配套建设。中医、中药用房同时建设，医疗用房与保障系统、行政管理、职工生活用房配套建设。具体组成内容在不同建设规模的中医医院中可以适当增减、合并。

**第十四条** 中医医院中的中药制剂室、中医传统疗法中心、大型医疗设备等单列项目，是根据各中医医院承担任务不同或所处地区不同而选择设置的项目，是各中医医院建设中非共性项目。应按具体需要选择使用。

承担科研、教学和实习任务的中医医院，根据具体情况确定增加相应科研和教学设施的用房，应与其他建设项目同时立项，一次报批。使中医医院的建设配套进行，发挥应有的效益。

**第十五条** 职工食堂、洗衣房等配套项目在卫生、安全保障的前提下，应尽量利用当地社会协作条件解决，可以节省投资及用地。

**第十六条** 中医医院业务科室较多，可从实际需要出发选择设置。科室设置时应突出重点，把医院办成具有专科特长的综合性中医医院，以发挥中医药的优势。

# 第三章 建筑面积指标与建筑标准

**第十七条** 本条的床均建筑面积指标是参照2004年及2005年《全国中医药统计摘编》中全国中医医疗机构房屋建筑面积平均分别为71.30$m^2$/床、68.10$m^2$/床（附表5）及编制组对全国85所中医医院机构房屋面积平均为80.00$m^2$/床调查结果，经综合分析后按照中医医院基本用房及辅助用房所需实际面积测算的。本标准规定的建筑面积指标从69～87$m^2$/床与实际情况基本相符，能满足中医医院各功能分区用房的需要。

**附表5 全国中医医院床均建筑面积指标**

| 2004年 | | | | | |
|---|---|---|---|---|---|
| 总业务用房面积（$m^2$） | 21138589 | 总床位（张） | 296416 | 床均建筑面积（$m^2$/床） | 71.30 |
| 2005年 | | | | | |
| 总业务用房面积（$m^2$） | 21067140 | 总床位（张） | 309529 | 床均建筑面积（$m^2$/床） | 68.10 |

注：本表是根据2004年、2005年《全国中医药统计摘编》资料统计；台湾省未统计在内。

根据拟建中医医院建设规模、医院所在地区、建筑结构类型、设计要求等具体情况决定采用上限或下限。中医医院的建筑设计应突出中医药特色，注重环境设计，在室内设计中要创造良好的医疗环境，在就医人数较多的地区，可选择上限。

**第十八条** 基本用房及辅助用房在总建筑面积中比例关系是在对全国范围内中医医院房屋建筑面积调查资料分析研究的基础上确定的，该比例与综合医院比例关系有差异，主要是中医医院的慢性病病人较多，相对门诊量较大，基本功能用房与综合医院的功能用房有所区别。本比例关系仅对建设方、设计人员在建设中医医院时起到参考作用，不同建设规模的中医医院可根据具体情况做局部的调整。

**第十九条** 中医医院门诊量较大，各地区各医院差异也很大，可根据实际情况调整。

根据调查资料分析，如成都某中医医院，总床位数为642张，总业务用房建筑面积36072$m^2$，其中急诊、门诊部建筑面积9800$m^2$，日门（急）诊2500人次，与床位数之比值为3.89。按本标准中各功能用房的比例计算急诊、门诊部的建筑面积为$36072 \times 0.253 = 9126m^2$，日门（急）诊为$642 \times 3.5 = 2247$人次，比实际情况少253人次。依据本条规定，可调整急诊、门诊部的建筑面积$253 \times 2 = 506m^2$，使急诊、门诊部的建筑面积调整为$9126 + 506 = 9632m^2$，与实际的建筑面积比较接近，可在总建筑面积内进行调整。当日门（急）诊人次与床位数之比值大于4.0及以上时，可根据实际情况在总建筑面积以外增加急诊、门诊部建筑面积，报有关部门另行审批。

本条规定主要是针对个别中医医院的门诊量大，比标准取用值偏高时方可使用，大多数的中医医院不存在此项内容。

**第二十条** 单列项目的内容及建筑面积是根据调研资料进行综合分析后确定的，此部分建筑面积不包括在总建筑面积指标之内。单列中药制剂室的建筑面积是根据2007年全国333所中医医院调查资料综合分析后确定的。其中小型规模中医医院121所，平均建筑面积为$556m^2$；中型规模中医医院116所，平均建筑面积为$728m^2$；大型规模中医医院64所，平均建筑面积为$2290m^2$。考虑各地区的经济状况及不同建设规模的中医医院，列出了上限值与下限值，可根据实际需要参照选用。

**第二十一条** 科研人员系指医院中专门从事研究工作的专职人员，其科研用房及实验室用房建筑面积指标可参照国家批准发布的《科研建筑工程规划面积定额》的有关规定确定。中医学院附属（教学、实习）医院所增加的教学用房建筑面积，应按《普通高等医学院校临床教学基地管理暂行规定》的有关规定执行。

承担临床教学任务的中医医院有三种类型，即附属医院、教学医院和实习医院。本条教学用房的建筑面积是根据原国家教委、卫生部、国家中医药管理局发布的《普通高等医学院校临床教学基地管理暂行规定》确定的。

**第二十二条** 中医医院配置CT、MR、PET等大型医疗检测设备时，其用房建筑面积可参照《综合医院建设标准》设置。

**第二十三条** 随着科学技术的不断发展，医用诊断、治疗设备的不断更新，要求医院建筑必须能满足这一趋势。门诊和医技科室用房的重新组合、分隔和改造工作在医院内经常发生，采用框架结构体系有利于内部房间的灵活分离和今后的发展改造。

中医医院各部门之间、各科室之间，联系比较密切，且人流量大，水平联系较垂直联系有较多优越性。另外多层建筑比高层建筑造价要低，所以中医医院建筑一般不宜采用高层，只有在用地紧张的情况下才允许建高层。

**第二十四条** 根据现行国家标准《建筑工程抗震设防分类标准》GB 50223的规定，不是所有的中医医院都是抗震防灾医院，但如果该医院是作为抗震防灾的医院时，灾难发生后，医院应成为该地区的抗震防灾中心之一，故应按现行国家标准《建筑抗震设计规范》GB 50011中的乙类建筑设防。

**第二十五条** 中医医院的建筑设计首先必须符合国家有关部门颁发的标准、规范的规定，其次中医医院建筑的平面布置、外立面造型、室内装修等，应体现中医药特色。同时新建建筑应严格执行建筑节能标准，减少高耗能建筑的建设。建筑外围结构的传热系数和遮阳系数必须执行有关节能设计标准的规定。中医医院的建设应能达到节能、节水、节材的要求。

**第二十六条** 良好的日照能杀菌，能使病人尽快恢复健康，所以病房必须有良好的日照。自然通风，既能节约能源，又能改善房间内的空气清洁度。故门诊部、急诊部和病房必须有良好的自然通风和天然采光。

**第二十七条** 中医医院医疗用房与综合医院的医疗用房的设计和室内装修标准大体相同。故主要医疗用房也应参照国家现行标准《综合医院建筑设计规范》JGJ 49的要求执行。

**第二十八条** 中药检测和储存用房应达到本条所述的要求，并合理布置工艺流程，以防止药材的交叉污染和混杂。这是保证中成药质量的基础条件之一，中药制剂用房及设施，也有严格的要求，本建设标准未列入，可根据有关规定和要求进行设计。

**第二十九条、第三十条** 随着人民生活水平的提高，患者对就医环境的温度、湿度要求不断提高，本着以人为本的原则，对这些治疗室在不同气候区时，应配置相应的取暖设备或空调设备，以保证室内温度的舒适性，充分体现对患者的关怀，有利于患者的身体健康。

对空气洁净度有特殊要求的医疗用房，如手术室等用房，还需考虑采用空气净化设备。

**第三十一条** 中医医院建筑，垂直联系最好采用电梯，但考虑到经济能力以及电梯管理等问题，当病房楼、门诊楼、急诊楼为三层及以上时，应设不少于两台医用电梯。电梯应分洁、污电梯，减少交叉感染。

**第三十二条** 实践证明，中医医院的蒸汽、冷热水和冬季采暖，采用分区专线供应的方法，既便于管理又可节约能源，还方便维修改造。中医医院随着医疗事业的改革和发展，对医疗建筑用房的改造也将经常不断，所以中医医院的管道既要便于日常维修、保养，又要便于今后的改造。

中医医院的下水道容易堵塞，根据实际需求按计算结果放大一级管径设计。

**第三十三条** 由于医院工作的特点，要求在供电上做到安全可靠且不停电。因此医院内应实行双回路供电（两回路电源来自不同的变电所），当双回路电源不能保证时应设自备电源。下列用房必须有自备电源：急诊室、监护病房、产房、婴儿室、血液病房的净化室、血透室、手术室、CT 扫描室、计算机中心机房、加速器机房和治疗室、配血室以及培养箱、冰箱、恒温箱和其他必须持续供电的精密医疗设备房间。

**第三十四条** 蒸汽在中医医院医疗及生活方面的应用十分广泛，如消毒、制剂、蒸煮饭、保温、洗衣、烫平、烘干、开水、热水及采暖等。医疗蒸汽不能间断，否则将使医疗服务工作陷于停顿。在设置锅炉时要注意到用汽部门的要求，以保证供汽，故不应少于两台。采暖地区的医用锅炉可与采暖锅炉一起考虑设置。

**第三十五条** 中医医院建筑设计必须符合国家现行标准《城市道路和建筑物无障碍设计规范》JGJ 50 的有关规定。

一、中医医院院内有许多不能行走而坐轮椅的残疾人，还有许多躺在移动病床上的抢救病人，必须为他们进行无障碍设计。在入口处设坡道，在无电梯的建筑物内设上下联系用的坡道。

二、中医医院院内必须有供残疾人使用的卫生设施，以方便残疾人使用。

**第三十六条** 本条是关于中医医院废物、污水和生活垃圾处理设施的规定。

## 第四章 选址、用地与总平面布置

**第三十七条** 本条规定中医医院选址应遵循的原则。

合理确定中医医院位置，目的是为医院创造良好的医疗条件，在使用与管理方面合理，社会与经济效益较好，使环境不受污染等。在进行基地选择时必须全面满足中医医院的功能与环境要求，还应注意该医院的发展规划及对周边环境的影响。

**第三十八条** 本条明确了中医医院建设用地的基本内容及范围。

**第三十九条** 中医医院的总平面布置要安排好医疗区和行政后勤供应区的分区，组合好建筑空间。由于各区各部门之间交通联系密切、交通流线复杂，因此要做好从院外到院内、院内各部门之间人流、物流的合理设计。可采用信息诱导图标，在院内外形成有秩序的动态环境。同时要满足规划、消防、交通、环保、卫生防疫等部门的要求。

**第四十条** 总平面布置中主要医疗用房有最好的朝向，以利节能和具有较好的医治条件。

**第四十一条** 中药饮片、中成药以及灭菌制剂生产用房均要求有整洁、无污染的优良环境，以防止药品受污染。高质量的饮片和中成药是保证中医辨证施治临床用药的需要。因此，总平面布置时应合理布局，保持制剂用房与其他用房的适当间距，安排和处理好生产区域内绿化和交通通道。

**第四十二条** 总平面布置时应合理安排住院、手术、功能检查等用房的位置，以满足这些医疗用房对环境的较高要求。

**第四十三条、第四十四条** 是对中医医院总平面布置时的其他基本要求。

**第四十五条** 随着人们生活水平的不断提高及个人拥有汽车数量的快速增长，开车到中医医院就诊的患者越来越多，一些医院周边的停车场车位远远不能满足停车的需求。本建设标准强调在新建中医医院时，应在总体规划中考虑停车场的用地面积，可按小型汽车占地25～30$m^2$/辆、自行车占地1.5～1.8$m^2$/辆的标准计算，停车的数量可按当地规划部门的有关规定及其他实际情况确定。本着节约土地的原则，提倡建地下停车库，以减少停车场的单独占地面积。

参考《全国民用建筑工程设计技术措施》中的停车位标准，中医医院停车位标准可参考附表6：

**附表6 中医医院停车位指标**

| 计算单位 | 机动车停车位 | 自行车停车位 |
| --- | --- | --- |
| 1000$m^2$ 建筑面积 | 2～3 | 15～25 |

**第四十六条** 中医医院应有优美的绿化环境，要有充足的阳光和清新的空气，可以充分利用屋顶绿化及垂直绿化，这不仅可以减少尘土飞扬和细菌传播，而且可使病人能获得良好的视觉和心理感受，给病人以舒适感，有利于患者的康复，因此必须认识到绿化的重要作用，做好绿化规划。建筑密度过大，不利于绿化。新建中医医院技术指标是根据已建成中医医院建设的经验并征求各方面专家的意见后确定的。据全国中医医院调查资料表明，建筑容积率在0.6～1.5之内的中医医院能满足使用功能的要求。改建、扩建一般都是在原中医医院的基础上进行的，通常建设用地都比较紧张，因此建筑的容积率可根据具体情况适当提高。

# 第五章 设备配置

**第四十七条** 医院设备是整体功能的需要，是提高医疗护理质量、促进中医药学术发展的重要条件。要把建设现代化中医医院与保持和发扬中医药特色优势统一起来。要积极利用先进科学技术和现代化手段，包括国内外一切先进的管理方法来促进中医药学术发展和科技进步，不断提高医疗效果，并加速中医药走向世界的进程。在装备过程中，要根据医院规模、任务大小、技术水平、专科特长和财力可能等实际情况，有重点、有计划地逐步配置和完善，避免脱离实际的片面追求形式的现象发生。中医药专用设备可根据实际情况按附表7进行配置。

**第四十八条** 中药炮制是我国特有的传统制剂技术，在制剂过程中，应符合国家药监部门的相关规定。各级中医医院要贯彻“医药结合，医药并重”的指导思想。中药炮制加工设施必须与加工的饮片相适应，以不断提高中药饮片的质量。中成药和制剂部门应配备能保证质量的设备设施。易燃、易爆岗位设防燃防爆报警设施。相应的药检室配置必要的检测仪器及设施。

**附表 7　中医药专用设备表**

| 项目名称 | 设备名称 |
|---|---|
| 中医诊断设备 | 中医脉象仪，中医舌象仪，穴位诊断仪等 |
| 中医治疗、康复、理疗设备 | 中医经络治疗仪，电针仪，多功能艾灸仪，经络通治疗仪，中药治疗仪，中药离子导入仪，经皮给药治疗仪，中药熏蒸治疗设备，糖尿病治疗仪，神经智能治疗仪，心脑血管治疗仪，脑循环功能治疗仪，中风治疗仪，吞咽言语诊治仪，多导人体反射治疗系统，多功能神经康复诊疗系统，药物熏疗牵引床，电动牵引治疗床，颈椎牵引器，腰椎牵引床，腰椎治疗机，下肢关节康复器，肘/踝关节康复器，骨创伤治疗仪，骨折愈合仪，全波长强光/激光皮肤治疗系统，多通道生物反馈治疗仪，TDP 神灯，激光治疗仪，频谱仪，微波治疗仪，中频治疗仪，低周波治疗仪，磁振热治疗仪，中药灌洗设备，中药雾化吸入设备等 |
| 中药调剂设备 | 中药饮片柜，中药饮片调剂台，戥子，中药煎药设备，自动煎药包装机，碾药、粉碎装置，炒药机，搅拌、混合机等 |
| 中药制剂设备 | 碾药、粉碎装置，中药提取机，净化设备，水处理设备，干燥设备，旋转筛药机，颗粒机，颗粒包装机，口服液灌装设备，铝箔封口机，压片机，数片机，软膏搅拌机，软膏（油膏、霜剂等）灌装机，胶囊充填机，液体灌装机，消毒设备，中药丸剂制药机，包装机，乙醇回流提取及回收装置，高效液相检测仪，紫外分光光度计，分析天平等 |

**第四十九条**　本条是中医医院的信息系统及闭路电视设备的配置标准。计算机网络在中医医院内应用十分广泛，是医院日常管理工作及远程会诊、远程教育不可缺少的设备，应在建设当中加以重视。

**第五十条**　中医医院的装备标准要密切结合我国国情及当地经济水平和医院财力情况由医院自主决定。要尽量采用标准化设计，以满足中医医院现代化建设的需要。

## 第六章　主要技术经济指标

**第五十一条**　投资估算。中医医院工程投资估算指标，因建设地区不一样，建筑造价也有不同。中医医院建设投资一般由建筑安装工程费、工程建设其他费和预留费等组成。其中建筑安装工程费可参照工程所在地办公楼建筑的 1.1 ~ 1.3 倍估算，工程建设其他费用及预留费等按工程所在地的标准执行。附表 8 提供了部分民用建筑工程造价参考指标。

中医医院建筑的平均单方造价略高于办公楼建筑的平均单方造价，主要是考虑到中医医院建筑的特点及内部使用功能的相对复杂性，按本地区办公楼平均建筑造价 1.1 ~ 1.3 倍确定建筑安装工程造价，与实际情况基本吻合。由于工程建设条件的差异，及建设地区不同，在工程具体实施中，投资额也会有一定的差异因此本投资估算指标只供投资方主管部门立项时参考。设计单位编制投资估算、概算时，应根据当地实际情况计算确定。

本条规定的工程造价，包括电梯、空调、通风、消防、供电、供水、弱电、医用蒸汽锅炉等建筑设备的费用，不含医疗设备、家具等费用。中医医院建设项目费用可参考附表 9。

## 附表8　部分民用建筑工程造价参考指标

| 序号 | 项目名称 | 建设地点 | 结构类型 | 建筑面积（$m^2$） | 层数 | | 单方造价（元/$m^2$） |
|---|---|---|---|---|---|---|---|
| | | | | | 地上 | 地下 | |
| 1 | 综合办公楼 | 广州市 | 框剪结构 | 24180 | 26 | 2 | 3367 |
| 2 | 行政办公楼 | 广州市 | 框架结构 | 15977 | 13 | | 2148 |
| 3 | 行政办公楼 | 广州市 | 框架结构 | 21253 | 9 | 1 | 3277 |
| 4 | 公建综合楼 | 北京市 | 框剪结构 | 20000 | 10 | 2 | 3755 |
| 5 | 公建综合楼 | 北京市 | 框剪结构 | 96518 | 11 | 2 | 2415 |
| 6 | 公建综合楼 | 北京市 | 框剪结构 | 105000 | 17 | 4 | 3273 |
| 7 | 公建综合楼 | 北京市 | 框剪结构 | 42000 | 13 | 3 | 3024 |
| 8 | 医院工程 | 北京市 | 框剪结构 | 34982 | 12 | 2 | 4237 |
| 9 | 医院住院楼 | 北京市 | 框架结构 | 63485 | 6 | 2 | 4906 |
| 10 | 医院住院楼 | 广州市 | 框架结构 | 13500 | 5 | 1 | 2471 |
| 11 | 医院综合楼 | 广州市 | 框架结构 | 7500 | 6 | | 2009 |
| 12 | 医院工程 | 广州市 | 框架结构 | 19417 | 6 | 1 | 2621 |
| 13 | 医院综合楼 | 广州市 | 框剪结构 | 57700 | 30 | 2 | 4221 |

注：本表的数据摘录《常用房屋建筑工程技术经济指标》（2005年）、《2005年广州地区建设工程技术经济指标》、《民用建筑可行性研究与快速报价》（2002年）及编制组调研资料。

## 附表9　中医医院建设项目费用表

| 序号 | 项　目 | 内　容 |
|---|---|---|
| 一 | 征地拆迁费 | 1. 征地费　2. 拆迁费　3. 补偿费 |
| 二 | 前期费用 | 1. 勘察费　2. 咨询服务费（项目建议书、可行性研究、环境影响评估、设计任务书等）　3. 设计费 |
| 三 | 建筑安装工程费 | 1. 建筑安装工程（结构、装修、给排水、消防、暖通、强电、弱电、安防、楼宇控制等）　2. 建筑设备（电梯、空调、供电、供暖等）　3. 医疗配套（医用气体、呼叫、标识等） |
| 四 | 室外工程费 | 1. 道路　2. 管线　3. 绿化　4. 其他 |
| 五 | 其他费用 | 1. 标底编制　2. 招投标管理　3. 合同预算审查　4. 合同签证　5. 工程监理　6. 质量监督　7. 竣工图编制　8. 工程保险　9. 电话初装　10. 防洪工程　11. 绿化费　12. 市政基础设施建设费　13. 建设单位管理费 |
| 六 | 预备费 | 1. 涨价预备金　2. 不可预见费 |

注：本表仅供参考。

**第五十二条**　中医医院建设工期是在调研全国各地中医医院建设工期的基础上，并以建设部2000年批准颁布的《全国统一建筑安装工程工期定额》为依据确定的。本条工期计算是以一个单项（位）工程为基数确定的。如为两个以上单项工程，工期的计算是以一个单项（位）工程最大工期为基数，另加其他单项（位）工程工期总和乘以相应系数计算，一般不超过两项，乘以系数0.25计算。

例如：在Ⅱ类地区建一座300床位的中医医院，总建筑面积24000m$^2$，其中住院楼为八层框架结构，建筑面积12000m$^2$；门诊楼为四层框架结构，建筑面积8000m$^2$；综合楼为四层砖混结构，建筑面积4000m$^2$。查《定额》得出各建筑物的建设工期：住院楼基础工程为55天，主体工程为455天；门诊楼基础工程为55天，主体工程为285天；综合楼基础工程为45天，主体工程为180天。按《定额》的计算方法，总的建设工期为55+55+45+455+（285+180）×25%计726天，合计24.2个月。

在实际实施中，可参考本指标或按照当地城市建设主管部门的有关规定和实际情况确定具体的建设工期。

**第五十三条** 中医医院人员编制是根据医院的等级，通过调研和资料分析，以病床数为基数确定的。编制过程中参考了国家中医药管理局《全国中医医院组织机构及人员编制标准（试行）》中的有关人员编制的标准。

承担科研、教学和实习任务的中医医院，以临床编制人员数量为基数，可按适当的比例另外增加编制。

# 乡镇卫生院建设标准

## 建标 107—2008

## 住房和城乡建设部、国家发展和改革委员会关于批准发布《乡镇卫生院建设标准》的通知

建标〔2008〕142 号

国务院有关部门，各省、自治区、直辖市、计划单列市建设厅（委、局）、发展和改革委员会，新疆生产建设兵团建设局、发展和改革委员会：

根据建设部《关于印发〈二〇〇三年工程项目建设标准、投资估算指标、建设项目评价方法与参数编制项目计划〉的通知》（建标函〔2004〕43 号）的要求，由卫生部负责编制的《乡镇卫生院建设标准》，经有关部门会审，现批准发布，自 2008 年 11 月 1 日起施行。

在乡镇卫生院项目的审批、设计和建设过程中，要严格遵守国家关于严格控制建设标准的规定，认真执行本建设标准，坚决控制工程造价。

本建设标准的管理由住房和城乡建设部、国家发展和改革委员会负责，具体解释工作由卫生部负责。

中华人民共和国住房和城乡建设部
中华人民共和国国家发展和改革委员会
二〇〇八年八月十八日

## 前　　言

《乡镇卫生院建设标准》是根据《工程项目建设标准编制程序规定》和《工程项目建设标准编写规定》的要求，按照建设部《关于印发〈二〇〇三年工程项目建设标准、投资估算指标、建设项目评价方法与参数编制项目计划〉的通知》（建标函〔2004〕43 号）的安排，由卫生部主编，具体由卫生部规划财务司组织山东、河南、浙江、云南等省卫生厅和中国医院协会医院建筑系统研究分会共同编制。

编制组在认真分析全国 1000 多所不同规模乡镇卫生院的现状资料的基础上，总结了多年来乡镇卫生院建设的经验教训，本着以人为本、方便患者的原则编制建设标准。编制组完成建设标准初稿后，广泛征求意见，并由我部召开了全国审查会，会同各有关部门审查定稿。

建设标准共分总则、建设规模与项目构成、建筑面积指标、规划布局与建设用地、建筑标准、主要用房要求、主要技术经济指标等七章。

请各单位在执行建设标准的过程中，注意总结经验，积累资料。如发现需要修改和补充之处，请将意见和有关资料寄至卫生部规划财务司（地址：北京市西城区西直门外南路1号，邮政编码：100044），以便今后修订时参考。

**主 编 单 位：**卫生部规划财务司

**参 编 单 位：**中国医院协会医院建筑系统研究分会

浙江省卫生厅

山东省卫生厅

河南省卫生厅

云南省卫生厅

**主要参编人员：**于 冬 刘钟明 宗 玲 谢双保 于德志 刘 魁 吴翔天 杨 旭

## 第一章 总 则

**第一条** 为规范乡镇卫生院建设，提高乡镇卫生院项目决策水平和工程建设管理水平，合理确定建设规模，满足乡镇卫生院的基本功能需要，提高投资效益，促进农村医疗卫生事业的健康发展，制定本建设标准。

**第二条** 本建设标准是乡镇卫生院建设项目投资的重要制度，是合理确定项目建设水平的全国统一标准，是确定和审批乡镇卫生院工程项目的重要依据，是对建设项目全过程监督检查的尺度。

**第三条** 本建设标准适用于乡镇卫生院的新建、改建和扩建工程项目。

**第四条** 乡镇卫生院的建设，必须遵守国家有关法律、法规和国家有关卫生工作的政策，正确处理需要与可能、现状与发展的关系，做到规模适宜、功能适用、装备适度、经济合理、安全卫生。

**第五条** 乡镇卫生院按功能分为一般卫生院和中心卫生院。一般卫生院提供预防保健、基本医疗、健康教育、康复等综合性服务；受县级卫生行政部门委托承担辖区内公共卫生管理；负责对村级卫生机构技术指导和对乡村医生培训等。中心卫生院是一定区域范围内的预防、保健、医疗技术指导中心，除具有一般卫生院的功能外，还承担协助县级卫生机构开展对区域范围内一般卫生院的技术指导等工作。

**第六条** 乡镇卫生院的建设，应符合区域卫生规划、医疗机构设置规划和当地乡镇建设总体规划，充分利用现有卫生资源和基础设施，避免重复建设。

**第七条** 乡镇卫生院的建设除执行本建设标准外，应符合国家现行有关标准的规定。

## 第二章 建设规模与项目构成

**第八条** 按床位规模分为无床、1～20床和21～99床卫生院三种类型。乡镇卫生院床位规模宜控制在100床以内。

**第九条** 乡镇卫生院床位规模应根据其服务人口数量、当地经济发展水平、服务半径、地理位置、交通条件等因素，按照乡镇卫生院的类型、基本任务和功能合理确定，每千服务人口宜设置0.6～1.2张床位。

**第十条** 乡镇卫生院服务人口宜按以下规定确定：

一、一般卫生院按本乡镇常住人口加暂住人口计算。

二、中心卫生院按本乡镇常住人口加暂住人口，再加上级卫生行政主管部门划定的辐射乡镇人口的1/3计算。

**第十一条** 乡镇卫生院项目构成包括房屋建筑、场地和附属设施。其中房屋建筑主要包括预防保健及合作医疗管理用房、医疗（门诊、放射、检验和住院）用房、行政后勤保障用房等。场地包括道路、绿地和停车场等；附属设施包括供电、污水处理、垃圾收集等。

## 第三章 建筑面积指标

**第十二条** 乡镇卫生院按实际设置的床位规模，其预防保健及合作医疗管理、医疗、行政后勤保障等用房建筑面积宜符合表1的规定。

**表1 房屋建筑面积指标**

| 规模<br>名称 | 无床 | 1~20床 | 21~99床 |
|---|---|---|---|
| 核定方式 | 按院核定<br>（$m^2$/院） | 按院核定<br>（$m^2$/院） | 按床位核定<br>（$m^2$/床） |
| 建筑面积（$m^2$） | 200~300 | 300~1100 | 55~50 |

注：乡镇卫生院基本面积指标应根据当地实际情况和业务工作需要在上下限范围内取值。建筑面积指标中不含职工生活用房。

**第十三条** 乡镇卫生院各功能用房面积分配应满足功能、业务及设备装备的需要。可按表2执行。各类用房建议尺寸宜符合表3规定。

**第十四条** 乡镇卫生院职工生活设施用房建筑面积，应按国家及地方有关标准执行。

**表2 各功能用房面积表**

| 规模<br>名称 | 无床 | 20床 | 40床 | 80床 |
|---|---|---|---|---|
| 1. 预防保健、合作医疗管理 | 48 | 84 | 108 | 144 |
| 2. 门诊 | 60 | 174 | 288 | 516 |
| 3. 放射、检验 | 30 | 138 | 220 | 428 |
| 4. 住院（含手术室、产房） | 24 | 220 | 517 | 1036 |
| 5. 行政后勤保障 | 40 | 96 | 240 | 456 |
| 使用面积合计 | 200 | 712 | 1373 | 2580 |
| 建筑面积合计（平面系数按65%） | 308 | 1095 | 2112 | 3969 |

**表 3　各类用房建议尺寸表**

| 名　称 | | 建议采用尺寸（中—中）（m） |
|---|---|---|
| 走廊 | 病房 | 2.7 |
| | 门诊 | 单侧候诊 2.1 |
| | | 双侧候诊 2.7 |
| | 手术室 | 2.7 |
| 病房 | 六人病房 | 6.0×6.0 |
| | 三人病房 | 3.6×6.0 |
| | 辅助用房 | 3.6×4.5 |
| 门诊 | 小诊室 | 3.0×4.2 |
| | 大诊室 | 3.3×4.5 |
| 手术室 | 大间 | 6.0×6.0 |
| | 中间 | 4.5×6.0 |
| | 小间 | 4.2×4.8 |
| X 光室 | | 6.0×6.0 |
| 化验室 | | 4.5×6.0 |

## 第四章　规划布局与建设用地

**第十五条**　乡镇卫生院宜一次规划，一次建设，确有困难的可一次规划，分期建设。

**第十六条**　乡镇卫生院选址应符合下列规定：

一、应具备较好的工程地质条件和水文地质条件。

二、应方便群众，交通便利。

三、周边宜有便利的水、电、路等公用基础设施。

四、应环境安静、远离污染源，并与少年儿童活动密集场所有一定距离。

五、应远离易燃、易爆物品的生产和贮存区、高压线路及其设施。

**第十七条**　乡镇卫生院的总平面布局，应根据功能、流程、管理、卫生等方面要求，对建筑平面、道路、管线、绿化和环境等进行综合设计。

**第十八条**　乡镇卫生院的总体布局应符合下列要求：

一、功能分区合理，洁污流线清楚，避免或减少交叉感染。

二、布局紧凑，交通便捷，管理方便。

三、住院、手术、功能检查等用房应处于相对安静的位置。

四、病房、诊疗室等主要医疗用房应有适宜的朝向。

五、有良好的自然通风，多风沙地区应有防风害侵袭措施。

**第十九条**　乡镇卫生院的建设，在满足使用功能和安全卫生要求的前提下，其建筑宜集中布置。

**第二十条** 乡镇卫生院出入口不宜少于两处。

**第二十一条** 太平间、焚毁炉应设于较隐蔽的位置，与主要建筑物应适当隔离，并宜单独设置通向院外的出口；设传染病门诊的卫生院，应合理布置，避免交叉感染。

**第二十二条** 停车场宜设在门诊部、住院部出入口附近。

**第二十三条** 暂时不能由市政供水、供电的地区，应自备供水、供电设施。

**第二十四条** 乡镇卫生院绿化用地应符合当地有关规定。

**第二十五条** 乡镇卫生院内不宜建设职工住宅；受条件限制，职工住宅与乡镇卫生院毗连时，应采取分隔措施，并宜另设出入口。

**第二十六条** 乡镇卫生院的建设必须坚持科学合理、节约用地的原则。

**第二十七条** 乡镇卫生院建设用地指标，不应超过表4规定。

**表4 建设用地指标**

| 规　模 | 用地面积指标（容积率） |
|---|---|
| 无床 | 0.7 |
| 1~20床 | 0.7 |
| 21~99床 | 0.8~1.0 |

注：建设用地指标中不含职工生活用房用地。

## 第五章 建筑标准

**第二十八条** 乡镇卫生院的建筑标准，应贯彻适用、经济和在可能条件下注意美观的原则，按照经济水平和地域条件合理确定。

**第二十九条** 乡镇卫生院房屋建筑材料应优先采用地方材料，结构选型宜有利于可持续发展。乡镇卫生院建设还应符合防火、建筑节能及无障碍等方面的要求。

**第三十条** 乡镇卫生院建筑设计应注重标准化与多样化相结合。

**第三十一条** 乡镇卫生院房屋建筑耐久年限不应低于二级；建筑安全等级不应低于二级；应当按照高于当地房屋建筑的抗震设防要求进行设计，增强抗震设防能力，建筑抗震烈度应在该地区抗震设防烈度的基础上提高1度。

**第三十二条** 乡镇卫生院的建筑宜采用砖混或框架结构，建筑层数宜为1~3层。

**第三十三条** 乡镇卫生院建筑室内净高应符合下列规定：

一、一般医疗用房宜为2.7~3.3m。

二、医技科室用房应根据设备需要确定。

**第三十四条** 乡镇卫生院房屋首层室内外地面高差，不宜小于450mm，出入口应有坡化面。

**第三十五条** 乡镇卫生院建筑装修和防护应符合下列规定：

一、医疗用房的墙面、顶棚应易于清扫、不起尘、易维修；手术间、产房墙面应采用瓷砖或其他便于清洁、消毒的材料。

二、地面用材应采用防滑、宜清洗的材料；检验用房的地面材料还应耐腐蚀，便于清洁、消毒；部分医疗设备用房应按其设备要求防尘、防静电。

三、化验台、操作台等台面均应采用洁净、耐腐蚀、易冲洗、耐燃烧的面层，相关的洗涤池和排水管应采用耐腐蚀的材料。

四、放射科、功能检查等用房应有相应的防潮、防辐射、剩余电流保护等设施。

五、供应室、药房（库）、太平间等应有防虫、蝇、鸟、鼠及其他动物侵入的设施；药房（库）还应有防潮设施。

**第三十六条** 预防保健、门诊、病房等用房，应充分利用自然光和通风，不宜阳光直接照射的用房应有遮阳设施。主要用房的采光窗洞口面积与该用房地面面积之比，不宜小于表5的规定。

**表5 主要用房采光表**

| 名 称 | 比 值 |
|---|---|
| 诊疗室、检查室、预防保健用房、病房、医护办公室 | 1/6 |
| 候诊室、配餐室 | 1/7 |
| 更衣室、浴室、卫生间 | 1/12 |

**第三十七条** 乡镇卫生院给水应符合《生活饮用水卫生标准》GB 5749，污水排放应达到无害化要求。

**第三十八条** 乡镇卫生院主要医疗用房宜有适宜的温度、湿度，并设置相应的设施。

**第三十九条** 供电要符合以下要求：

一、宜采用双路电源供电，不能保证持续供电的地区，应设自备电源。

二、电源装配容量应满足现有设备及近期的增容需求。

三、院区内宜采用分回路供电方式。

**第四十条** 乡镇卫生院应设置通信设备并装备计算机等信息系统。

**第四十一条** 乡镇卫生院医疗废物的处理应按国家及地方有关标准执行。

# 第六章 主要用房要求

## 第一节 预防保健用房

**第四十二条** 预防保健用房应根据规模和业务需要合理设置，一般应有疾病预防、妇幼保健、健康教育等用房。

**第四十三条** 预防保健用房宜与行政用房邻近，妇幼保健用房宜与妇产科门诊联系便捷且与普通门诊、放射科分开设置。

## 第二节 门 诊 用 房

**第四十四条** 乡镇卫生院门诊用房应根据不同建设规模、专科特长和业务需求合理设置诊疗室，规模小的乡镇卫生院可按业务性质、业务量设置综合性诊室。

**第四十五条** 门诊用房的布局应从医疗流程和各部分功能需要出发，做到紧凑、合理、便捷，有利于交通流线。

**第四十六条** 门诊出入口及候诊、取样等场所应合理布置，规模较小的乡镇卫生院可设置集中候诊区。

**第四十七条** 妇产科等需要自成一区的科室，应视其规模大小进行合理布局，并解决好出入口、隔离、卫生间等问题，避免或减少交叉感染。

**第四十八条** 注射室应与观察治疗室相邻设置。

第四十九条　急诊室位置要醒目，应方便利用门诊及医技科室的房屋及设施。

第五十条　传染病门诊和隔离观察室应相对独立，并有单独出入口。

## 第三节　住 院 用 房

第五十一条　床位规模较大的乡镇卫生院，其住院部宜自成单元。

第五十二条　乡镇卫生院病房床位设置，宜以2床/间和3床/间为主，不宜超过6床/间。重危症病房应为1床/间，位置宜靠近护士办公室；产科母婴同室每床使用面积不应少于6m$^2$。

第五十三条　病房门可双向开启，门净宽不得小于1.10m，门扇应设观察窗。

第五十四条　病房护士站宜采用开敞式，与护理单元走道连通，距最远病房门口不宜超过30m，并与治疗室相通，与医生办公室相邻。

第五十五条　护理单元内集中设置的卫生间、盥洗室、浴室、污洗间宜设于一区，并应满足方便适用、清洁卫生、减少污染等要求。

## 第四节　放射科用房

第五十六条　放射科宜设在底层，并与门诊部和住院部联系方便。

第五十七条　放射科应设有透视（摄片）室、暗室等用房，暗室应与透视（摄片）室相邻。

第五十八条　透视（摄片）室的空间尺寸、墙体、地面、门窗等，应满足设备安装和放射防护要求。透视（摄片室）机房应有通风、换气措施。

## 第五节　检 验 用 房

第五十九条　检验用房应根据不同规模乡镇卫生院开展的业务项目确定。检验用房按其规模可采用合室、分室或套间等方式，室内布置应符合检验工作流程。

第六十条　检验用房位置，应兼顾门诊、住院和预防保健共用，且方便病人。

第六十一条　检验用房外窗宜朝北设置，应有良好通风措施。

## 第六节　手术室和产房用房

第六十二条　手术室应按一般手术室要求设置。手术室、产房用房应自成一区，并邻近外科、妇产科病房。床位规模较小的乡镇卫生院，手术室及产房宜设在门诊部适当位置，与妇产科诊室联系便捷。

第六十三条　手术室、产房的布置应符合功能流程和洁污分区要求。

第六十四条　手术室、产房宜合区设置，即手术室、产房合用或在同区内分设。具体设置方式视乡镇卫生院规模确定。

第六十五条　手术室、产房的朝向以北向为宜，其他朝向时应有遮光措施。

第六十六条　手术室应以人工照明为主。

第六十七条　手术室门宽、开启方式应满足通行、运送病人、洁净、防污染的要求。

第六十八条　手术室和产房的管线应暗设，洗手间设置非手动洗手设施不应少于两个。

## 第七节　供应（消毒）室用房

第六十九条　供应室宜设在业务区的适中部位，并相对独立。

第七十条　供应室平面布置应符合工艺流程和洁污分区的要求，消毒应与贮存、分发室相临，并设传递窗相通。购置安装的消毒设施应符合国家有关规定。

第七十一条　洗涤池宜设通用和专用两种。

### 第八节　药　　房

**第七十二条**　规模较大的乡镇卫生院中、西药房应分设，规模较小的可合并设置。

**第七十三条**　药房应与挂号、收费、划价邻近。

**第七十四条**　特殊药品（指毒性药品、麻醉药品、精神药品、放射性药品）的贮放处应有安全设施。

**第七十五条**　中药煎药可视需要安排用房。

**第七十六条**　中、西药房（库）均应满足防潮、防腐、防尘、防虫、防鼠等要求。

### 第九节　辅 助 用 房

**第七十七条**　洗衣房应符合下列要求：

一、洗衣房宜建平房，并设晒衣场地。

二、平面布置应符合收受、浸泡消毒、洗衣、晒（烘）干、贮存、发放等流程。

**第七十八条**　锅炉房应符合下列要求：

一、锅炉房视乡镇卫生院规模安排用房和设备，规模较小时可装设供水兼供暖的茶浴炉。

二、锅炉房位置宜选择在适宜的地方，并位于常年主导风的下风向。

三、锅炉房宜设专门出入口。

**第七十九条**　配电室应符合下列要求：

一、配电室位置应邻近外接电源的输入处，规模较小的乡镇卫生院可在适宜位置设配电箱（柜）。

二、配电室门窗应向外开，窗户应设有保护网。

**第八十条**　营养厨房应与住院部有便捷联系，规模较小的乡镇卫生院可设公用厨房。

**第八十一条**　洗衣房、锅炉房、配电房等辅助用房宜合并建设。

## 第七章　主要技术经济指标

**第八十二条**　乡镇卫生院投资估算，应按国家现行有关规定编制，在评估或审批项目可行性研究报告时，乡镇卫生院房屋平均建筑安装工程造价，可适当高于建设地区相同建筑等级标准和结构形式的住宅平均建安造价。

**第八十三条**　建设工期按国家关于建筑安装工程工期有关定额执行。

## 附　件

# 《乡镇卫生院建设标准》条文说明

## 第一章　总　　则

**第一条**　乡镇卫生院是农村三级医疗卫生网的枢纽，建好乡镇卫生院，为广大农民群众提供基本医疗卫生服务，关系到农村医疗卫生事业的发展和医疗卫生资源的充分有效利用。近年来，国家和地方都投入大量资金，用于乡镇卫生院建设，全国大部分卫生院在这个时期得到新建、改建、扩建，设备得到了补充和更新，有力地促进了我国农村医疗卫生事业的发展。但是，在乡镇卫生院建设中，各地均不同程度的存在规模与需求、功能与使用、装备与技术等不相适宜的情况，造成了医疗卫生资源的浪费。因此，制定《乡镇卫生院建设标准》，对于提升乡镇卫生院工程项目决策水平和建设管理水平，提高投资效益具有重要意义。

**第二条** 本建设标准的作用。本建设标准是为项目决策服务的统一标准，在技术、经济、管理上起宏观管理作用，具有很大的政策性、实用性，是编制、评估、审批乡镇卫生院工程建设可行性研究报告的重要依据，也是有关部门审查工程项目初步设计和监督检查建设标准的重要尺度。

**第三条** 本建设标准适用范围。本建设标准适用于乡镇卫生院新建、改建、扩建工程项目。受既有条件限制，暂时达不到标准的，今后可逐步达到。

**第四条** 乡镇卫生院的建设必须与项目所在地区社会经济发展相适应，同时要根据当地的实际情况，处理好需要与可能、现状与发展的关系，力求使乡镇卫生院建设在规模、功能、装备、建设水平等方面达到比较合理的水平。

乡镇卫生院建设工作应依法进行，必须遵守国家有关经济建设的法律、法规和发展卫生事业的技术经济政策，增强科学性，避免盲目性、随意性。

**第五条** 明确了乡镇卫生院的功能分类和各自的任务职责。

**第六条** 明确了乡镇卫生院规划建设原则。

**第七条** 规定了本建设标准与现行有关标准、规范和定额、指标规定的关系。

## 第二章 建设规模与项目构成

**第八条** 规模划分。参考卫生部《医疗机构基本标准》(卫医发〔1994〕第30号)划分。

**第九条** 确定床位规模的依据。乡镇卫生院的床位规模，根据居民对乡镇卫生院的卫生服务需求确定，需求高低受诸多因素影响。其中，人口、经济水平是决定性因素。

千人口床位指标除受乡镇卫生院的房屋设备及人才技术等软硬件的制约外，医疗保障制度也是十分重要的因素。随着新型农村合作医疗制度的完善，加上乡镇卫生院基础设施条件的逐步改善，充实人才，加强管理，做到房屋、设备、人员、技术、管理五配套，居民对乡镇卫生院的卫生服务需求肯定会有一定程度的提高，因此本建设标准确定的千人口床位指标有一定的调控性。

本条规定的千人口床位指标均指住院床位，不含门诊急救床和观察治疗床。

乡镇卫生院的基本任务是做好预防保健和常见病、多发病的诊治，是否设住院床位需根据具体情况确定。本条规定“乡镇卫生院床位数宜按每千人口0.6~1.2张床位设置”。其含义是：在一般情况下，按每千人口0.6~1.2张床位计算确定住院床位规模。但如服务人口少，住院需求量小或附近有医院的乡镇卫生院，以及受各种因素限制难以开设住院床位的乡镇卫生院，可以少开、不开或暂不开设住院床位。不开设、暂不开设或暂时少开设就是指不计算、暂时不计算或暂时少计算床位规模和建设规模。

指标上下限取值根据当地人口密度、经济水平、服务半径、地理交通以及目前乡镇卫生院床位利用率等情况选定。

**第十条** 服务人口计算。床位指标确定之后，服务人口的计算是确定规模的重要环节，尤其是不适当地计算辐射服务人口将会导致乡镇卫生院规模过大，造成资源浪费。为此，本条明确一般卫生院和中心卫生院计算服务人口的口径。暂住人口指在当地有关部门已办理暂住证的人口。

**第十一条** 本条规定了乡镇卫生院的项目构成。

## 第三章 建筑面积指标

**第十二条** 乡镇卫生院房屋建筑面积指标。建筑面积指标是根据功能要求，在对1000多所乡镇卫生院现状资料分析的基础上，结合近年来部分省（区、市）乡镇卫生院建筑方案设计资料及建设实践确定的。

**第十三条** 四种典型规模的乡镇卫生院各功能用房面积分配是指导意义上的分配，在实际设计分配中，允许合理调整，但预防保健和合作医疗用房面积应予以保证。

平面利用系数暂按65%计算，各地应尽可能在设计上挖潜，提高使用率。

对开间、进深、廊宽等尺寸的选择应根据乡镇卫生院规模合理选用。

**第十四条** 职工生活福利设施要尽可能利用当地的基础设施和社会性服务网，减轻自身负担。

## 第四章 规划布局与建设用地

**第十五条** 乡镇卫生院建设，应按照科学性、实用性与前瞻性相结合的原则，根据所在地区和自身发展情况，对院区进行一次性规划，根据实际需要和财力、物力等条件，一次或分期实施。其目的在于限制不遵守规划、随意建房、任意扩大建设规模等违反管理科学和自身发展规律的不正确做法。任意进行改建、扩建，必然导致整个乡镇卫生院布局不合理、流程混乱、洁污交叉等弊端产生。严格执行本条规定，按照规划进行建设，将能确保乡镇卫生院规模适度、功能完善、布局合理、流程科学。

**第十六条** 本条从方便群众就医和乡镇卫生院本身的业务性质对选址提出了五点具体要求，一般情况下应予以满足。对不能满足“三通”（水、电、路）的地区，应尽量利用当地原有水源（水库、河流、井泉、过境供水线路等）和道路等，节省基建投资。

少年儿童活动密集场所是指中小学、幼儿园、托儿所等。

**第十七条** 总平面布局的原则。

**第十八条** 总平面布局的要求。

一、规模较大的乡镇卫生院，医疗与行政管理、后勤供应等用房应有合理的分区或分隔，在室外分区上充分利用建筑物、道路、小花墙、绿化带等设施进行划分和连接，使其分区与相互的联系达到有机的结合。规模小的卫生院，根据实际情况做妥善处理。

二、乡镇卫生院无论规模大小，建筑布局都要求紧凑合理及使用和管理上的方便，要有利于提高用地的综合使用效益。

三、住院、手术、功能检查等用房，要尽可能避免设在靠出入口、门厅、公共候诊厅等人流集散的部位，规模较大、有条件独立分区的应自成一区或与其业务性质要求相近的用房共设一区。

四、凡病室、诊疗室等有日照或采光要求的用房，除充分满足当地的日照、采光间距外，还应保证符合功能使用的最佳朝向。

五、在一些多风沙地区应有防风沙侵害措施。

**第十九条** 乡镇卫生院建设要合理控制用地规模，提高土地综合使用效益，建筑物宜集中布置。

**第二十条** 规模较大的乡镇卫生院，一般应设医疗出入口（或总出入口）和总务入口（或职工生活出入口），总务入口兼探访出入口。而尸体出口，可在院内偏僻角落设置便门。规模较小的乡镇卫生院，根据实际情况可设一个出入口。

**第二十一条** 太平间及废弃物处理设施应置于边缘隐蔽位置，不宜在病人的直接视线内，与院内其他建筑物之间应有适当的分隔措施。传染病门诊设置应避免交叉感染。

**第二十二条** 乡镇卫生院建设应考虑急、重症病人运送车辆（包括汽车、拖拉机、人力车等农用车辆）的停放场地。

**第二十三条** 在一些暂无供水、供电条件的地区，乡镇卫生院建设要因地制宜，自备供水、供电设施，但要进行有效的卫生管理。

**第二十四条** 乡镇卫生院绿化要求。在实际建设过程中，要尽量利用建筑空间布置庭院、花坛、小品、绿化等，把室内的治疗空间同室外环境结合起来，为病人提供康复活动的绿地和活动场地。

**第二十五条** 职工住宅等生活设施不应与乡镇卫生院功能用房混用。对规模较小的乡镇卫生院，人员较少时，职工住宿可以与乡镇卫生院毗邻，但相互之间应有有效分隔。

**第二十六条** 控制用地的原则。

**第二十七条** 乡镇卫生院建设用地指标。本建设用地指标是在对1000多所乡镇卫生院现状资料分析的基础上，结合部分省区市实际方案设计及建设实践，遵循合理、节约用地的原则确定的。

## 第五章 建筑标准

**第二十八条** “适用、经济，在可能条件下注意美观”是我国基本建设方针，也是建筑标准的总控制原则。乡镇卫生院的建筑标准应力求与财力、物力、功能要求的统一，同时也应符合当地乡镇规划对建筑标准的要求，避免片面追求建筑形式。

**第二十九条** 本条强调了建筑材料、结构型式的选用和应遵循的其他要求。

**第三十条** 乡镇卫生院设计和建设提倡标准化与多样化相结合，有利于建筑的合理、经济、美观。“标准化”是指设计中应采用国家的统一模数制和对当地建筑物构配件定型产品的充分利用，以利于节约，减少浪费。

**第三十一条** 乡镇卫生院在发生灾难（包括地震）时，承担医疗救治任务，必须保证其建筑物本身安全，因此规定乡镇卫生院房屋建筑耐久年限不应低于二级；建筑安全等级不应低于二级；建筑抗震烈度应在该地区抗震设防烈度的基础上提高1度。

**第三十二条** 为保证乡镇卫生院主要业务用房的安全等级及耐久年限，主体建筑一般采用砖混结构或框架结构。乡镇卫生院房屋建筑的层数，应根据其用地规模、建筑规模、功能要求、布置方式、结构型式、地基条件、乡镇规划等多方面的因素确定。以合理、适用、经济为原则，一般以1~3层为宜，在用地紧张地区可适当增高。

**第三十三条** 本条对乡镇卫生院建筑层高作了相适宜的要求。

**第三十四条** 根据既往建设实践经验，规定了乡镇卫生院房屋底层室内外地面高差不宜小于450mm，确保有效防潮。

**第三十五条** 装修和防护。本条提出一些必要的建筑装修和防护要求，以满足实际工作的需要。

**第三十六条** 采光与通风。各地应根据实际情况执行，在满足采光通风的情况下，窗户的面积不宜过大，以减少能耗。阳光充足的地区在建筑中应同时考虑把太阳能的转化措施同保温防热结合起来，以节约能源。

**第三十七条** 给排水。因各地的地理、经济条件差异很大，所以给排水应根据当地情况采取相适宜的措施，达到本条要求。

**第三十八条** 主要医疗用房宜设置相应的保暖、降温等设施。

**第三十九条** 本条提出了乡镇卫生院供电要求。

**第四十条** 乡镇卫生院应设置通信设备、计算机等，确保满足急救和信息及时上报等功能需求。

**第四十一条** 对乡镇卫生院医疗废物的处理作出规定。

# 第六章 主要用房要求

## 第一节 预防保健用房

**第四十二条** 乡镇卫生院的预防保健用房应根据实际需要和规模大小合理设置，一般设预防保健、合作医疗管理、妇幼保健等办公室和健康教育、多功能会议室等。会议室主要是为召开会议、培训乡村医生以及卫生宣传、健康教育等服务。

**第四十三条** 预防保健用房，从用房性质、加强预防保健工作的领导以及多功能会议室共用等方面考虑，宜与行政用房邻近。一些妇幼保健人员兼做妇产科诊疗，在布局上应予以考虑。

## 第二节 门 诊 用 房

**第四十四条** 本条规定了门诊用房的设置原则。门诊用房设置应改变过去“小而全”、“大而全”模式，合理设置科室。规模较小、工作量不大的卫生院，业务性质相近的科室可合并。

**第四十五条** 门诊用房布局原则。

**第四十六条** 门诊出入口及候诊要求。

**第四十七条** 妇产科等需要自成一区的科室，应处理好自身及各方面的关系。

**第四十八条** 为节省人力、物力，本条要求将注射室与观察治疗室相邻布置，两室之间的墙体可采用玻璃隔断（墙），便于观察和兼顾性护理。

**第四十九条** 规模较大的乡镇卫生院急诊部应单设，但应尽量利用门诊及医技科室的房屋及设施。规模较小时，可与注射、观察治疗室等合设。

**第五十条** 传染病门诊、隔离观察室设置原则。

## 第三节 住 院 用 房

**第五十一条** 住院部设置。综合考虑治疗和管理两方面，一般按 30 床左右为一个护理单元。乡镇卫生院宜设置规范的住院部。

**第五十二条** 病房床位设置。病床的排列应平行于采光窗墙面。平行两床的净距不宜小于 0.8m，靠墙病床床沿同墙面的净距不宜小于 0.6m。单排病床通道净宽不宜小于 1.10m，双排病床（床端）通道净宽不宜小于 1.40m。

**第五十三条** 病房门净宽不小于 1.10m，满足运送病人的需要。门扇设观察窗。

**第五十四条** 护士站宜采用开敞空间，也可用半敞空间（即用玻璃隔断形式），便于护理人员能方便地与各病房联系和直接观察病人。

**第五十五条** 护理单元内的厕所、盥洗室、污洗间宜设于一区，既有利于清洁卫生、减少污染，又有利于给排水设备的敷设。

### 第四节 放射科用房

**第五十六条** 放射科位置应考虑设备安装及与门诊、住院的联系便捷等。

**第五十七条** 放射科房间设置原则。

**第五十八条** 透视室应考虑必要的防护措施，并满足安装和使用等要求。

### 第五节 检验用房

**第五十九条** 检验用房平面布局。检验用房采用合室时，应有合理的分区和分隔措施(如玻璃隔断等)。

**第六十条** 检验用房位置选择应考虑方便病人、便于管理，兼顾各方面需求。

**第六十一条** 检验用房朝向和通风。一般宜置于北向，因为朝北方位温湿变化较小。若布置有困难时，也可布置在其他朝向，但必须采取相应的遮阳措施。检验室内会产生有害气体，如果采取自然通风不能满足时，应在外墙（窗）增加换气扇。

### 第六节 手术室和产房用房

**第六十二条** 手术、产房用房设置原则。

**第六十三条** 手术、产房用房布置要求。

**第六十四条** 产房相应配套的更衣室、休息室、婴儿室等应根据乡镇卫生院规模情况和实际需要设置，与手术用房合区时应尽可能合用。

**第六十五条** 手术室朝向一般不宜采用东西向，外窗应设双层或单层密闭窗。

**第六十六条** 人工照明不宜造成眩光、阴影等，所以手术室一般以人工照明为主。

**第六十七条** 手术室门的要求。手术室通向清洁走道的门净宽，不应小于1.10m，并应设弹簧门或自动启闭门。通向洗手间的门净宽，不应大于0.80m，须设弹簧门。

**第六十八条** 手术室的洁净要求比较高，所以管线一般宜采用暗设。洗手间的非手动洗手水嘴可采用脚踩式或感应式。

### 第七节 供应（消毒）室用房

**第六十九条** 供应室位置选择要考虑与医疗区的便捷，并相对独立，利于卫生和管理。

**第七十条** 供应室布置要洁污分区清楚，收受与分发界线分明，避免污染。

**第七十一条** 洗涤要求。清洗量较小时可设通用洗涤池或采用双槽形式，清洗量较大时应分别设通用和专用洗涤池。

### 第八节 药 房

**第七十二条** 规模较大的乡镇卫生院中西药房应分设。规模较小的乡镇卫生院中西药房可合设，中西药可在同室中做适当分隔或分柜存放，也可将划价、收费、发药合设在药房中统一管理。

**第七十三条** 药房位置选择应方便病人，并兼顾与挂号、收费的联系。

**第七十四条** 特种药品类可用保险柜或在药房（库）适宜部位设置专用贮存处存放，并保证安全贮存。

**第七十五条** 规模较大的乡镇卫生院可考虑单独设煎药处，规模小的可与营养厨房合用。

**第七十六条** 中西药房（库）窗户宜设高窗，并应设防虫、鼠的保护网。地面应采用防潮、防腐的水泥地面或其他相宜的材料。

### 第九节 辅 助 用 房

**第七十七条** 洗衣房平面布局应合理紧凑。位置不应在病人的直接视线内，可靠近锅炉房、开水房，但应与开水房有相应的分隔措施，防止污染。

洗衣房无烘干设备时，应考虑无污染影响的晒衣场。

**第七十八条** 规模较大的乡镇卫生院除设置必要的采暖锅炉房外，尚应考虑诊疗需要的热水供应和洗浴等，有条件的还应考虑高压蒸汽供应系统的设施。规模较小时可装茶浴炉。

应有锅炉房的燃料存放场地与运输通道。

**第七十九条** 配电房（箱、柜）的位置应与各用电系统联系便捷，安全合理。

**第八十条** 营养厨房可视需要设置，与病房有便捷的联系。规模较小时可设公用厨房。

**第八十一条** 为节约用地，洗衣房、锅炉房、配电房等辅助用房宜合并建设。

## 第七章 主要技术经济指标

**第八十二条** 乡镇卫生院投资估算的依据。

**第八十三条** 乡镇卫生院建设工期的确定。

# 农村计划生育服务机构
# 基础设施建设标准

**2005 年 12 月**

## 建设部国家发展和改革委员会
## 关于批准发布《农村计划生育服务机构基础设施建设标准》的通知

建标〔2005〕206 号

国务院各有关部门，各省、自治区、直辖市建设厅（建委）、发展改革委：

根据建设部《关于印发〈二〇〇二年工程项目建设标准编制项目计划〉的通知》（建标〔2002〕345 号）的要求，由国家人口和计划生育委员会编制的《农村计划生育服务机构基础设施建设标准》，经有关部门会审，现批准发布，自 2006 年 3 月 1 日起施行。

本建设标准的管理由建设部和国家发展改革委负责，具体解释工作由国家人口和计划生育委员会负责。

二〇〇五年十月二十九日

## 编 制 说 明

由国家人口和计划生育委员会编制的《农村计划生育服务机构基础设施建设标准》已经建设部、国家发展和改革委员会批准正式发布，自 2006 年 3 月 1 日起施行。这是指导我国农村计划生育服务机构建设的一个重要的规范性文件。它的颁布实施将有力推动计划生育服务机构的标准化、规范化、制度化建设，为计划生育服务机构增添新的活力。

20 世纪 80 年代初，在计划生育任务十分繁重而农村卫生资源又相对不足的特定历史条件下，计划生育技术服务机构应运而生。20 多年来，它与计划生育行政管理部门和群众团体相配合，逐步形成了覆盖面大、功能较完备、特色较突出、深受人民群众欢迎的计划生育服务网络，成为农村计划生育公共管理与服务体系的重要支撑，为我国的人口与发展做出了重要贡献。

本世纪前 20 年是我国经济社会发展和全面建设小康社会的重要战略机遇期，也是进一步解决好我国人口问题、促进人与自然和谐发展的重要战略机遇期。按照以人为本，全面、协调、可持续发展观的要求，进一步巩固计划生育基层基础工作，加强以县、乡服务站为重点的农村计划生育服务机构基础设施建设，全面提高其基本建设水平、装备水平和服务能力，是稳定低生育水平、提高出生人口素质的需要，是保障人民群众生殖健康、促进社会和谐的需要。

计划生育服务机构依法执业、提供规范服务既是依法行政、推进计划生育系统工作法治化的必然要求，也是为人民群众提供优质服务的重要前提。在新的形势下，计划生育服务机构只有坚持以人为本，把人民群众的满意程度作为衡量服务质量和效果的根本标准，通过制定和实施科学的建设标准和服务规范，不断改善技术装备和服务条件，坚持服务方向，突出特色，提高服务水平，才能不断发展壮大，才能更好地满足人民群众计划生育/生殖健康的服务需求，促进人口和计划生育工作。

《农村计划生育服务机构基础设施建设标准》严格规定了农村计划生育服务机构基础设施建设的规模、内容、项目组成和服务机构的建筑外观，规范了服务机构的建筑布局及建设标准，明确了各类服务机构的装备标准和工作流程，是具有一定法律效力的指导规范。实施这个标准，要坚持面向基层、巡回乡村、服务农民的办站方向，坚持融宣传教育、避孕药具发放、技术服务、人员培训“四位一体”的计划生育服务特色，坚持“机构小、装备精，人员少、技术精”的建设原则；要树立法制意识和标准化意识，坚决克服服务机构建设中的随意性和盲目性，克服贪大求全、乱铺摊子的倾向，严格按照标准控制建设规模，规范服务流程和质量标准，强化管理；要认真组织学习宣传，加强培训，引导各级领导和管理服务人员掌握《农村计划生育服务机构基础设施建设标准》的主要精神和有关规定，在服务机构基础设施规划、建设、管理和服务过程中严格贯彻执行；要加快与《标准》相适应的内部规章、服务程序、技术规范、质量标准等制度化、标准化建设，推进服务网络建设提高到新的水平；要切实加强对服务机构建设，特别是“十一五”期间国家专项投资项目的指导、检查和监督，严禁盲目扩大投资和建设规模、擅自提高建设标准，严禁基础设施建设和装备采购中的违规违纪行为，严禁贪污、挪用基础设施建设的专项资金，杜绝基础设施建设中的不正之风。

《农村计划生育服务机构基础设施建设标准》的颁布实施，标志着我国计划生育服务机构建设进入了一个新的阶段。把握机遇，加快发展，前景将更加辉煌。

## 第一章　总　　则

**第一条**　为加强和规范全国农村计划生育服务机构基础设施建设，提高工程项目投资决策和建设管理水平，更好地贯彻落实计划生育基本国策，依据《中华人民共和国人口与计划生育法》、《计划生育技术服务管理条例》及相关法律、法规，制定本建设标准。

**第二条**　本建设标准是为农村计划生育服务机构的基础设施建设项目决策和合理确定建设水平所提供的全国统一标准，是编制、评估和审批农村计划生育服务机构建设项目规划、建议书和可行性研究报告以及有关部门审查项目设计和对工程项目建设全过程监督检查的重要依据。

**第三条**　本建设标准适用于人口和计划生育行政部门负责管理的县计划生育服务站、中心乡（镇）计划生育服务站和普通乡（镇）计划生育服务站的新建、改建、扩建项目建设，城市区（县）级计划生育服务站建设项目可参照执行。

村级计划生育服务设施建设纳入农村社区建设，统筹安排。

**第四条**　农村计划生育服务机构基础设施建设必须遵循国家经济建设和人口与计划生育的有关法律、法规，从我国国情出发，根据人民群众的需求，综合考虑经济发展水平和财力条件以及社会发展对计划生育和生殖健康工作提出的新的要求，因地制宜，合理确定建设规模和水平。

**第五条** 农村计划生育服务机构基础设施建设必须充分体现“以人为本”、亲切、温馨的建设理念，适应“面向基层，深入乡村，服务上门，方便群众”的服务方式，满足农村计划生育宣传教育、技术服务、优生监测、培训指导、药具管理、计划生育事故求助以及转诊服务等全程服务的需要，做到功能齐全、设施配套、流程合理、安全卫生。

**第六条** 农村计划生育服务机构的基础设施建设应纳入国民经济和社会发展计划，统筹安排，确保政府资金投入，逐步提高建设水平。

**第七条** 农村计划生育服务机构基础设施建设应纳入城乡总体规划，按照方便群众、有利服务的要求，合理布局，并应按照国家公益事业建设用地的有关规定申报、征拨所需建设用地。

**第八条** 农村计划生育服务机构基础设施建设应实行一次规划同期建设；资金投入确有困难的，可统一规划分期建设。

**第九条** 农村计划生育服务机构基础设施建设除遵守本建设标准外，尚应符合国家现行的工程建设强制性标准的有关规定。

## 第二章 建设规模、内容及项目组成

**第十条** 农村计划生育服务机构基础设施建设的规模应以辖区人口数量（包括流动人口）为基本依据，兼顾人口密度、经济、地理、交通和服务半径等因素合理确定。

**第十一条** 农村计划生育服务机构分为县级计划生育服务站和乡（镇）计划生育服务站。

县级计划生育服务站按辖区人口数划分为三类：

一类站：辖区人口在50万人以上

二类站：辖区人口在20～50万人之间

三类站：辖区人口在20万人以下

乡（镇）计划生育服务站：按照服务范围划分为中心乡（镇）计划生育服务站和普通乡（镇）计划生育服务站。

普通乡（镇）计划生育服务站根据其服务量和技术资源分为能施行基本的避孕节育手术（一类）和不施行避孕节育手术（二类）两类。

**第十二条** 农村计划生育服务机构基础设施建设内容应包括各类功能用房、技术装备及配套设施。

**第十三条** 农村计划生育服务机构各类功能用房应具备宣传教育、技术服务、咨询培训和药具管理及辅助用房。

宣传教育用房应包括：视听室、服务大厅、人口学校（包括青少年性教育室）、宣传品制作室（县级）等；

咨询培训用房应包括：女性咨询室、男性咨询室、培训教室、示教室等；

技术服务用房应包括：男女诊室、男女治疗室、女性检查室、更衣室、洗手间、手术准备室、各类手术室、术后观察室、康复室、手术器械室、治疗室、B超室、乳腺诊断室、检验室、心电图室、X光室、理疗室、计费室、微机室、档案资料室、消毒室、污物处理室、非避孕药品库、医护办公室、护理室、会诊室等；

药具管理用房应包括：药具展示自助室、药具发放室、药具库房等；

辅助用房应包括：办公及备餐室、车库、仓库、配电室、锅炉房等附属用房。

**第十四条** 农村计划生育服务机构的装备应包括：视听、电教、检测、手术、临床服务、电子信息、药具储存等相关设备及机动服务车、船。

## 第三章 建筑面积及有关指标

**第十五条** 农村计划生育服务机构的建筑面积按不同级别和类型分别确定。

县级计划生育服务站的建筑面积：

一类站：1800 ~ 2200 平方米

二类站：1500 ~ 1800 平方米

三类站：1200 ~ 1500 平方米

中心乡（镇）计划生育服务站的建筑面积为 800 ~ 1000 平方米。

普通乡（镇）计划生育服务站一类建筑面积为 300 ~ 400 平方米，二类建筑面积为 100 ~ 200 平方米。

辖区人口超过 100 万或流动人口多、服务量大的地区，经申报批准，可在所列指标基础上适当增加，但不得超过同类别面积指标上限的 20%。辖区人口不足 5 万的地区，可在所列指标基础上适当减小。

**第十六条** 县级计划生育服务站各类用房的使用面积参照表 1 确定。

**表 1 县级计划生育服务站用房使用面积分配表**

| 序号 | 类别 | 一类（$m^2$） | 二类（$m^2$） | 三类（$m^2$） | 使用系数 | 备注 |
|---|---|---|---|---|---|---|
| 1 | 宣传教育 | 100 ~ 120 | 70 ~ 100 | 60 ~ 90 | | 包括服务大厅和视听室、人口学校、宣传品制作等 |
| 2 | 咨询培训 | 100 ~ 130 | 80 ~ 100 | 80 ~ 100 | | 包括男女生殖健康咨询室、业务培训教室、示范教室等 |
| 3 | 技术服务 | 720 ~ 900 | 600 ~ 700 | 440 ~ 560 | | 包括问诊、检查、化验、手术、护理及设备等用房 |
| 4 | 药具管理 | 50 ~ 70 | 40 ~ 50 | 40 ~ 50 | | 包括药具展示自助、库房、管理发放室等 |
| 5 | 辅助用房 | 230 ~ 280 | 210 ~ 250 | 180 ~ 200 | | 包括办公及锅炉、配电、洗衣、备餐、车库等附属用房 |
| 使用面积合计（平方米） | | 1200 ~ 1500 | 1000 ~ 1200 | 800 ~ 1000 | 0.65 | |

注：表中所列各项功能用房面积指标，可根据实际需要在总面积指标范围内作适当调整。

**第十七条** 乡（镇）计划生育服务站各类用房的使用面积参照表 2 确定。

**第十八条** 县、乡计划生育服务站建设用地应根据建筑要求因地制宜、科学合理确定用地面积，建筑覆盖率不宜大于 30%、容积率宜按 0.5 ~ 1.0 计算。绿化面积应符合当地城乡绿化面积指标的规定。

**表2　乡（镇）计划生育服务站用房使用面积分配表**

| 序号 | 类别 | 中心乡（$m^2$） | 普通乡一类（$m^2$） | 普通乡二类（$m^2$） | 使用系数 | 备　注 |
|---|---|---|---|---|---|---|
| 1 | 宣传教育 | 50～70 | 15～25 | 10～15 | | 包括服务大厅、人口学校等 |
| 2 | 咨询培训 | 50～70 | 15～25 | 10～15 | | 包括男女咨询室、培训教室等 |
| 3 | 技术服务 | 380～510 | 130～150 | 30～45 | | 包括问诊、检查、手术、护理等用房。普通乡二类只有问诊、检查用房 |
| 4 | 药具管理 | 30～40 | 20～30 | 10～30 | | 包括药具展示、管理及库房等 |
| 5 | 辅助用房 | 90～110 | 40～50 | 10～15 | | 包括办公及配电、锅炉、备餐等附属用房 |
| 使用面积合计（平方米） | | 600～800 | 220～280 | 70～120 | 0.7 | |

注：表中所列各项功能用房面积指标，可根据实际需要在总面积指标范围内作适当调整。

## 第四章　建筑布局及建筑标准

**第十九条**　县乡计划生育服务站的建筑应按服务功能和技术流程要求进行布置，做到分区合理，流线通畅，并有必要的无障碍设施。

**第二十条**　县乡计划生育服务站应邻近城镇主要交通道路，要有停车场和对外连通道路，以利机动车辆顺畅出入。

**第二十一条**　县乡计划生育服务站的检测、诊疗、手术消毒等用房应符合《综合医院建筑设计规范》的有关规定。

**第二十二条**　县乡计划生育服务站的宣传教育用房应具备装置视听设备的条件。咨询室应满足隐秘、温馨的要求。

**第二十三条**　县、中心乡（镇）计划生育服务站的培训用房参照成人教育教室要求设置。

**第二十四条**　县乡计划生育服务站的药具储存用房应有良好的通风，并符合《药品经营质量管理规范》的要求。

**第二十五条**　县乡计划生育服务站康复室应有良好的朝向和通风、采光条件，每室床位不宜超过3个，可内设卫生间，也可使用邻近公用卫生间。

**第二十六条**　县乡计划生育服务站的建筑装修，应体现人文关怀和计划生育、生殖健康的特色，与周围环境相协调，并有明显标识；内部装修应符合卫生、环保、亲切、温馨的要求。

**第二十七条**　县乡计划生育服务站的供电应符合设备和照明用电负荷的要求。县级计划生育服务站和中心乡（镇）计划生育服务站应配备应急电源设备。

**第二十八条**　县乡计划生育服务站应有给排水设施，并应符合国家卫生标准。

**第二十九条**　县乡计划生育服务站的排污和医疗废弃物的处理必须符合环保法规和有关规定。

**第三十条** 县乡计划生育服务站在采暖地区宜采用热水供暖，夏热冬冷地区的手术、检查、护理、设备等有关技术用房宜设置冷暖空调设备，最热月平均室外气温高于或等于25℃的地区宜设置降温空调设备，并有通风换气装置。

## 第五章 装备标准

**第三十一条** 县级计划生育服务站、中心乡（镇）计划生育服务站和普通乡（镇）计划生育服务站应按不同级别、类型和服务范围分别确定装备标准。

**第三十二条** 县级计划生育服务站基本装备包括六类，具体参照表3配置。

**第三十三条** 中心乡（镇）计划生育服务站的装备包括六类，具体参照表4配置。

**第三十四条** 普通乡（镇）计划生育服务站的装备包括六类，具体参照表5配置。

**表3 县级计划生育服务站基本装备表**

| 序号 | 设备种类 | 内容 |
|---|---|---|
| 1 | 视听电教设备 | 放像设备、照相机、摄影机、刻录机、多媒体投影仪、显示设备等 |
| 2 | 检测设备 | 双目显微镜、超声仪、血液分析仪、血凝仪、尿液分析仪、半自动生化分析仪、精子分析仪、酶标仪、乳腺诊断仪、X光机等 |
| 3 | 手术及临床相关设备 | 手术灯、手术床、显微外科设备、麻醉呼吸机、心电监护仪、输氧设备、灭菌设备、高压消毒锅、红外（微波）治疗仪等 |
| 4 | 流动服务设施 | 下乡服务机动车、船 |
| 5 | 电子信息设备 | 计算机、服务器、综合布线、电话等 |
| 6 | 药具储存及其它设备 | 转盘调剂台、冷暖排湿空调、医用冰箱、复印机、清洗设备、应急电源设备和其它土建配套设备等 |

**表4 中心乡（镇）计划生育服务站基本装备表**

| 序号 | 设备种类 | 内容 |
|---|---|---|
| 1 | 视听电教设备 | 放像设备、照相机、多媒体投影仪、显示设备等 |
| 2 | 检测设备 | 双目显微镜、超声仪、血液分析仪、血凝仪、尿液分析仪、半自动生化分析仪、酶标仪、乳腺诊断仪等 |
| 3 | 手术及临床相关设备 | 手术灯、手术床、麻醉呼吸机、心电监护仪、输氧设备、灭菌设备、红外（微波）活疗仪等 |
| 4 | 流动服务设施 | 小型机动服务车、船 |
| 5 | 电子信息设备 | 计算机、服务器、综合布线、电话等 |
| 6 | 药具储存及其它设备 | 转盘调剂台、冷暖排湿空调、医用冰箱、复印机、清洗设备、应急电源设备和其它土建配套设备等 |

**表5　普通乡（镇）计划生育服务站基本装备表（一类）**

| 序号 | 设备种类 | 内　　容 |
|---|---|---|
| 1 | 视听电教设备 | 放像设备、显示设备等 |
| 2 | 检测设备 | 双目显微镜、超声仪、血液分析仪、血凝仪、尿液分析仪、乳腺诊断仪等 |
| 3 | 手术及临床相关设备 | 手术灯、手术床、麻醉呼吸机、输氧设备、灭菌设备、红外（微波）治疗仪等 |
| 4 | 流动服务设施 | 小型机动服务车、船 |
| 5 | 电子信息设备 | 计算机、服务器、综合布线、电话等 |
| 6 | 药具储存及其它设备 | 冷暖排湿空调、医用冰箱、清洗设备、其它土建配套设备等 |

**普通乡（镇）计划生育服务站基本装备表（二类）**

| 序号 | 设备种类 | 内　　容 |
|---|---|---|
| 1 | 视听电教设备 | 放像设备、显示设备等 |
| 2 | 检测设备 | 超声仪等 |
| 3 | 临床相关设备 | 灭菌设备 |
| 4 | 流动服务设施 | 小型机动服务车、船 |
| 5 | 电子信息设备 | 计算机、服务器、综合布线、电话等 |
| 6 | 药具储存及其它设备 | 冷暖排湿空调、医用冰箱、清洗设备、其它土建配套设备等 |

## 主编单位和主要起草人名单

**主 编 单 位**：国家人口和计划生育委员会

**主要起草人**：张汉湘　张世琨　杜　山　任　健　米国庆　杜　黎　张明华

## 附件一

# 《农村计划生育服务机构基础设施建设标准》条文说明

## 第一章　总　　则

**第一条**　本条阐明制定本建设标准的目的和依据。

建立健全计划生育服务机构，实行计划生育的育龄夫妻免费享受国家规定的基本项目的计划生育服务，是《中华人民共和国人口与计划生育法》等有关法律法规明确规定的。

建设和完善计划生育服务网络是进一步落实计划生育基本国策的需要，是开展人口与计划生育工作，稳定低生育水平，提高出生人口素质的基本条件和重要的技术保障。近十年来，在中央和各级党委、政府的重视和支持下，计划生育服务机构尤其是农村计划生育服务机构的设施建设有了很大发展，取得了不小的成绩，初步形成了覆盖面较广、有专业特色、深受农村群众欢迎的服务网络，但也存在不少问题。据统计，目前尚有10%的县级服务站有站无房，近50%的计划生育服务站设施简陋，装备陈旧，很不适应群众的服务需求。不少地方计划生育服务机构基础设施建设规模和水平较低，项目不齐全，设施不配套，建筑布局和设计不合理，服务流程不规范，也存在资源配置不合理的现象。通过本建设标准的编制和施行，有利于加强和规范农村计划生育服务机构的建设，提高投资效益，使其更好地为广大农民群众服务，从而促进计划生育基本国策的贯彻落实。

**第二条** 本条阐明本建设标准的作用及其权威性。

本建设标准依照国家有关规定，在编制过程中作了大量的调查研究，广泛听取各方面意见，组织了专家论证，标准内容和定位充分考虑到地域、经济发展水平、服务人群数量等方面的差异，使之尽可能切合实际，便于操作。因此，本建设标准可作为农村计划生育服务机构基础设施建设工程项目决策和合理确定建设水平的全国统一标准，也是编制、评估和审批可行性研究报告以及有关部门审查初步设计和对工程项目建设全过程监督检查的依据。

**第三条** 本条阐明本建设标准的适用范围。

我国人口和计划生育工作的重点和难点都在农村。农村计划生育技术服务的需求很大。但资源匮乏，服务网络建设设施陈旧，不适应社会发展的要求。温家宝总理在2004年中央人口资源环境工作座谈会上讲话中提出“继续加强基层计划生育服务网络和信息化建设，重点加强县乡两级计划生育服务站建设，提高技术装备和服务能力”。因此，本建设标准着重解决农村计划生育服务站的基础设施建设问题，着眼点是新建、改建、扩建项目。考虑到城市区（县）级以下计划生育服务站的建设水平与农村同级服务站大体相当，故确定这类项目可参照执行。

农村社区（村）计划生育服务室是农村计划生育服务网络的重要组成部分，鉴于其所需设施及装备条件较为简易，故提出纳入农村社区建设，统筹安排。

**第四条** 本条阐明了农村计划生育服务机构基础设施建设必须遵循的法律、法规和指导思想、原则。

计划生育是我国的一项基本国策，是各级政府的重要职能，是政策性很强、社会影响深远的工作，必须严格按照国家经济建设和人口与计划生育有关法律、法规办事。在指导思想、建设原则和具体标准确定上，既要确保服务机构能够正确履行政府职能，适应社会经济发展的需要，又要考虑到各地社会经济水平发展的差异，故提出了从国情出发，因地制宜，根据群众服务需求和当地财力可能，合理确定建设水平，防止不切实际的盲目建设。

**第五条** 本条阐明农村计划生育服务机构基础设施建设的总体要求。

计划生育服务站是服务于计划生育基本国策的非营利、纯公益性服务机构。同卫生医疗机构相比，有其不同的特点：一是与计划生育行政管理紧密结合，融宣传教育、技术服务、优生监测、咨询培训、药具管理发放为一体；二是它的服务方式和内容是面向基层，深入农村，服务上门，为健康人群提供生育、节育、不孕、优生咨询、生殖健康、性健康咨询等方面的服务；三是它的机构小、人员少，对环境、装备和服务质量的要求较高。根据这些特点，本条提出了功能齐全、设施配套、流程合理、安全卫生的建设要求。

**第六条** 本条明确计划生育服务机构基础设施建设的投资渠道。

人口和计划生育工作是一项庞大的社会系统工程，是一项社会公益性事业，对县乡服务站的各项费用按照国家公益性事业由各级政府予以保障。因此，计划生育服务机构基础设施作为落实计划生育基本国策的技术保障，应当纳入当地国民经济和社会发展计划，统筹安排，确保政府投入，逐步提高建设水平。同时，考虑到一些地方财力有限，特别是西部地区和人口压力较大的地方，资金投入确有困难，可以考虑予以适当倾斜。

**第七条** 本条阐明农村计划生育服务机构布点和土地征拨方面的要求。

鉴于农村计划生育服务机构直接服务于广大农村人民群众，因此其布局时必须从方便群众、方便服务和有利于扩大服务面出发，并按照公益事业解决建设用地。

**第八条** 鉴于农村计划生育服务机构必须坚持功能齐全、设施配套，以确保其服务质量，故本条提出要实行一次规划，同期建设，但又考虑到一些地方经济承受能力有限，允许统一规划分期建设。

**第九条** 本条阐明了本建设标准与其它现行有关标准之间的关系。在编报工程项目计划及建设过程中，包括城乡建设规划、工程水文地质、环保卫生、供电供水、消防以及建筑规范等，除执行本建设标准外，需符合国家现行的有关工程强制性标准的规定。

## 第二章　建设规模、内容及项目组成

**第十条** 本条提出了合理确定农村计划生育服务机构建设规模的依据。

农村计划生育服务机构的建设规模取决于其服务量的大小，而服务量与辖区人口有直接关系，因此，以辖区人口数量（包括流动人口）为基本依据是适当的，加之人口密度、经济、地理、交通和服务半径等方面的因素，建设规模应在一定幅度内根据不同情况合理确定，不盲目贪大求全，也不宜整齐划一。

**第十一条** 本条明确县、乡两级农村计划生育服务机构的分类。

为合理确定建设规模，将县级站按照辖区人口数划分为三类。据统计，现有2731个县中人数在50万（含）以上、20万（含）至50万，20万以下的分别占33%、41%、26%。

乡级站之所以划分为中心乡（镇）计划生育服务站和普通乡（镇）计划生育服务站，是根据近几年来的工作实践及资源整合的要求，为提高设施和人员的利用率，方便群众实施避孕节育手术和其他服务，在一定的服务范围内（一般覆盖周围3～4个乡镇），设置中心乡（镇）计划生育服务站，除承担本乡（镇）计划生育技术指导、咨询和与计划生育有关的临床服务外，同时承担周边不施行避孕节育手术乡（镇）的计划生育和临床服务等。普通乡（镇）服务站根据本身的设施和技术条件以及实际需要，经审批符合条件的，可施行放置和取出宫内节育器、人流等手术和相关的临床服务，也可只负责宣传、咨询培训和药具发放等工作。

**第十二条** 本条明确了农村计划生育服务机构建设的内容，主要包括三部分：各类用房、技术装备及相关设施。

为确保农村计划生育服务机构开展宣传教育、技术服务、优生监测、咨询培训和药具管理等各项服务和正常工作运转，必须使房屋建筑、装备及相关设施配套，相辅相成。

**第十三条** 本条明确农村计划生育服务机构房屋建筑分类和主要项目，并对各类功能用房作了具体阐述。

计划生育服务站的各类功能性用房，是根据《人口与计划生育法》规定的计划生育服务的职责范围和实际使用情况确定的，为提高用房的利用率，尽可能将相关用房并项。如服务大厅，综合了宣传资料发放、显示、导诊、临时休息等功能。技术用房根据2003年卫生部与国家人口计生委联合发布的《常用计划生育技术常规》规定的有关检测、诊治、手术及其他设施要求确定。辅助用房是确保服务机构完成法定职责的支撑性部分，如配电、锅炉、洗衣设施用房和流动服务车库等，还有主要为农村服务对象提供服务的部分，如备餐室。

**第十四条** 本条明确农村计划生育服务机构装备的基本分类。

农村计划生育服务机构所应配置的装备是为广大农村群众提供优质服务必备的条件，是其基础建设的重要方面，也是政府投资的一项重要项目，并根据计划生育服务站的宣传教育、咨询培训、技术服务、药具管理等功能要求确定的。其中机动服务车、船是县乡计划生育服务站深入农村，上门服务的专用交通工具，是连接县、乡、村服务机构的重要纽带。

## 第三章 建筑面积及有关指标

**第十五条** 本条明确农村计划生育服务机构不同级别和类别的建筑面积指标。

据统计测算，按服务人口、服务量计算得出所需建筑面积，县级站每增加10万人口相应增加康复室、服务大厅及咨询室等面积，约100平方米。县级站50万人以上需1800~2200平方米，20万至50万人的为1500~1800平方米，20万人以下为1200~1500平方米。中心乡（镇）站为800~1000平方米，普通乡（镇）分300~400平方米和100~200平方米两类。据全国现有计划生育服务站统计，现有三个类别的县级站中建筑面积，一类平均为1700平方米，二类平均为1200平方米，三类平均为800平方米；乡（镇）服务站平均为300平方米。

**各类计划生育服务站现有用房面积统计分析表**

<table>
<tr><td colspan="3"></td><td colspan="3">各类用房面积（建筑面积 $m^2$）</td><td>平均 $m^2$</td></tr>
<tr><td rowspan="6">县站</td><td rowspan="2">一类</td><td rowspan="2">≥50 万人</td><td>≥2200$m^2$</td><td>2200$m^2$ > ~ ≥1800$m^2$</td><td>1800$m^2$ ></td><td>1700</td></tr>
<tr><td>23.6%</td><td>20.4%</td><td>56%</td><td></td></tr>
<tr><td rowspan="2">二类</td><td rowspan="2">50 万人 ><br>~ ≥20 万人</td><td>≥1800$m^2$</td><td>1800$m^2$ > ~ ≥1500$m^2$</td><td>1500$m^2$ ></td><td>1200</td></tr>
<tr><td>21%</td><td>19.2%</td><td>59.8%</td><td></td></tr>
<tr><td rowspan="2">三类</td><td rowspan="2">20 万人 ></td><td>≥1500$m^2$</td><td>1500$m^2$ > ~ ≥1200$m^2$</td><td>1200$m^2$ ></td><td>800</td></tr>
<tr><td>14.6%</td><td>24.4%</td><td>61%</td><td></td></tr>
<tr><td>乡站</td><td></td><td></td><td></td><td></td><td></td><td>300</td></tr>
</table>

注：表中数据是根据全国县级计划生育服务站现有建筑面积的抽查结果，并按统计误差率10%测算的；乡级站没有按人口数区分，故采用平均数。

由于现有县乡服务站中，90%以上功能性用房不符合《常用计划生育技术规范》以及人口和计生工作新的要求，建筑设施缺项、服务功能不全。据调查，缺额约为现有面积的30% ~50%，同时考虑到社会发展对计划生育和生殖健康工作提出的新的要求，故本建设标准所规定的面积指标高于现有平均水平。主要涉及三方面用房：一是生殖健康宣传咨询用房，为进一步提高农村人口健康素质，强化对青少年性生理、性卫生和性健康教育以及对中老年男女在性、生殖、爱滋病及相关生活和健康的咨询服务，增设了青少年性教育、男女生殖健康咨询服务和多媒体视听及实物示教用房；二是技术服务用房，根据计划生育手术及手术流程的规范要求相应增加了手术室用房及术前临床检验、生化检验、乳腺检查、心电图、X光检查等设施用房；三是辅助用房，现有服务站多数是80~90年代初建设的，当时建设标准与现行建设规范差距较大，加之“十五”期间国家投资为全国县站配置计划生育流动服务车，因此需要相应增加服务车库、配电、锅炉等设施用房。

按照功能性用房和辅助用房以及服务流程所需实际使用面积测算，本标准规定的面积指标与之基本相符。计划生育服务站各类用房面积测算见附表所列：

**计划生育服务站各类用房面积测算表**

| 分类 \ 指标 | | 功能用房 $m^2$ | | | 辅助用房 $m^2$ | | | 建筑面积合计 $m^2$ |
|---|---|---|---|---|---|---|---|---|
| | | 使用面积 | 使用系数 | 建设面积 | 使用面积 | 使用系数 | 建设面积 | |
| 县级 | 一类 | 1300 | 0.65 | 1990 | 220 | 0.70 | 310 | 2300 |
| | 二类 | 1110 | 0.65 | 1700 | 190 | 0.70 | 270 | 1970 |
| | 三类 | 860 | 0.65 | 1310 | 150 | 0.70 | 180 | 1490 |
| 乡级 | 中心乡 | 600 | 0.70 | 860 | 90 | 0.70 | 130 | 990 |
| | 普通乡一类 | 270 | 0.70 | 380（含辅助用房） | | | | 380 |
| | 普通乡二类 | 120 | 0.70 | 180（含辅助用房） | | | | 180 |

为了解决因服务量大小、服务内容不同和地区之间的差异，对同一类别计划生育服务站用房面积规定了一定幅度，以便于因地制宜加以调整。为照顾一些地方辖区人口数量特别多的地方和因服务量增大（如流入人口增加）等特殊情况，本标准作了可在本标准上限基础上增加的规定。据统计，全国2731个县中辖区人口超过100万的约有200个，占总数的8%，这类特大县所需增加的设施经测算为每增加一万人，增加15~18$m^2$，从而推算出增加幅度为18% ~25%，另据测算，流动人口与常住人口相比服务工作量相对增加，一般为20%左右，故本建设标准对上述两种情况作了不超过同类别面积指标的上限20%的规定。同时对人口不足5万的地区，作了可在所列指标基础上适当减小的规定。

**第十六条、十七条** 分别列出县级计划生育服务站和乡（镇）计划生育服务站的功能性用房和辅助用房的使用面积，这是按照功能要求和服务量确定的，并根据服务流程和技术规程要求，确定使用系数。列出各类用房的使用面积，一方面是为了便于测算，同时也是为了防止在建设时随意扩大辅助用房，削减功能用房。

根据2003年人口和计划生育统计资料计算，一类县级服务站每工作日做计划生育手术约10~20人次，同时有等量的家属陪同；每工作日因女性绝育手术和中期引产需要康复室观察的人数为15~30人；因男性绝育手术、放置宫内节育器、取出宫内节育器、实施皮下埋植手术等短时观察人数为7~15人；另有随访服务对象约50~100人。二类县级服务站每天计划生育手术者约5~10人；每工作日需要康复室观察的人数为7~15人；短时观察人数为5~10人，同时有等量的家属陪同；另有随访服务对象约20~50人。三类县级服务站每天计划生育手术者约1~5人；每工作日需要康复室观察的人数为1~5人；短时观察人数为5人左右，同时有等量的家属陪同，另还有随访服务对象约5~20人。以此推算：一类站在服务大厅停留的人数约30~40人，二类站约20~30人，三类站10~20人；人均按2平方米计算（包括实物展示、宣教设备安置、人流通道等）。

视听室需要放置多媒体设备，同时容纳6~10人，人均按2~2.5平方米计算。

手术室根据无菌要求的程度，分为：供放置和取出宫内节育器、负压吸宫等阴道手术的小手术用房；供施行经阴道中期引产和困难节育环取出术等使用的引产手术室用房；还有供施行经腹输卵管绝育、输精管绝育、放置和取出皮下埋植剂和复通吻合等手术用房。手术室面积参照《综合医院手术室规范要求》设定。

男、女性咨询室是为育龄人群提供信息、咨询、指导避孕节育、药具知情选择和优生优育的用房（因咨询内容有别，涉及各自隐私，故需分设也可夫妇二人同时），其面积确定按夫妇二人和咨询人员及放置有关设施确定。

培训教室是为专业技术人员进行业务培训的课堂，参照成人教育普通教室的要求设置；人口学校是为育龄群众及青少年提供计划生育、优生优育、生殖保健和性教育知识培训的场所；示教室是按照实物教具要求设置而进行实物示范的场所。

康复室的面积根据服务量按照8~26个床位，每个床位按4~5平方米计算。

药具展示自助室是按同时放置3~4个避孕药具柜和管理空间测算。

药具库房按照半年的储存量计算。

辅助用房包括办公用房和附属用房，附属用房包括备餐室或食堂、汽车库、仓库、应急发电机房等。辅助用房按照总面积的12%~18%测算。

**第十八条** 本条明确农村计划生育服务站建设用地指标，根据计划生育服务站建设的特点、项目构成及设计要求，同时考虑到各地土地资源情况的不同，故原则上规定了建筑覆盖率和容积率，以满足和控制计划生育服务站的建设用地。本标准所规定的覆盖率在测算时，绿化占35%，道路占18%，停车场地按$25m^2$/辆、停车量按10~15辆计，即200~$300m^2$，折算为15%~20%。同时，为尽可能提高土地利用率，结合计划生育服务不宜采用中高层建筑的特点，故容积率按照低层建筑计算。

## 第四章　建筑布局及建筑标准

**第十九条** 本条阐明了县乡计划生育服务站道路交通停车场地等要求，其目的是为了方便群众。

**第二十条** 本条阐述了县乡计划生育服务站建筑的布局要求。县乡计划生育服务站应按宣传教育、技术服务、咨询培训和药具管理的不同功能进行合理分区布局并符合服务流程，确保流线通畅，避免人员特别是可能的污染源交叉。同时，应设置必要的无障碍设施，以便于残疾人和术后服务对象通行。

**第二十一条** 本条阐述了县乡计划生育服务站的检测、治疗手术、消毒等用房的建筑要求。这些用房综合医院建筑设计规范对其均有明确规定，故应遵照执行。

**第二十二条** 本条阐述了县乡计划生育服务站宣传教育和咨询用房的要求。县乡计划生育服务站咨询用房是向服务对象提供面对面咨询、指导服务的场所，为便于服务对象形象生动地理解和接受有关计划生育、优生优育方面的知识，知情选择适当的避孕节育措施，需安装视听设备；同时为满足服务对象的隐私和合理要求，应具备隐秘、温馨的要求，以更好地为群众服务。

**第二十三条** 本条阐述了县乡计划生育服务站培训用房的要求。

**第二十四条** 本条阐述了县乡计划生育服务站药具储存用房的要求。县乡计划生育服务站的药具储存用房用于储存避孕药具及相关药品，为确保药具使用质量，对药具贮存用房的温度、湿度、防尘等，要按照《药品经营质量管理规范》的相关要求予以保证。

**第二十五条** 本条阐述了县乡计划生育服务站康复室的要求。县乡计划生育服务机构康复室是服务对象及受术者的住站休息、观察和康复的场所，应有良好的自然采光，为使入住者心情舒畅，行动方便，每室床位数不宜超过三个，并要求可内设卫生间。

**第二十六条** 本条对县乡计划生育服务站内外装修提出要求。根据计划生育服务站的性质、任务和工作特点，在内、外环境上要有相应的要求。

**第二十七条** 本条明确县乡计划生育服务站供电的要求。

县乡计划生育服务站手术设备、电化教育系统、微机信息系统和照明，需要电力供应作保障。尤其在县级计划生育服务站和中心乡（镇）计划生育服务站开展的男（女）性绝育手术、人流（引产）手术，需保证供电，故规定应具有应急供电，以确保受术者的生命安全和手术的顺利实施。

**第二十八条** 本条明确县乡计划生育服务站的给排水要求。

县乡计划生育服务站的给水是重要的配套设施之一。根据国家人口计生委、卫生部《常用计划生育技术常规》要求，在宫内节育器放置手术前需要阴道冲洗、洗手消毒，在B超检查前需要饮水等都必须有干净、充足的供水条件作保证。其它的技术服务也有类似的要求。

**第二十九条** 本条明确县乡计划生育服务站的排污和医疗废弃物的处理要求。县乡计划生育服务站的排污和医疗废弃物的处理要根据国务院发布的《医疗废弃物处理条例》等有关规定执行。

**第三十条** 本条明确县乡计划生育服务站采暖、空气调节和降温的要求。

县乡计划生育服务站因为开展与计划生育有关的临床服务，如：放（取）宫内节育器手术、人流（引产）手术、男（女）性绝育手术、皮下埋植手术等，必须在一定的环境温度下进行，故对此专门作了规定。

## 第五章 装备标准

**第三十一条** 本条明确农村计划生育服务机构确定装备标准的依据。县级计划生育服务站、中心乡计划生育服务站和普通乡计划生育服务站工作职能有所区分，功能科室的设置也有所不同，因此，应分别确定装备标准。

**第三十二条** 本条明确县级计划生育服务站基本装备标准。

**第三十三条** 本条明确中心乡（镇）计划生育服务站的装备标准。

**第三十四条** 本条明确普通乡（镇）一类和二类计划生育服务站的装备标准。

**附件二**

# 计划生育服务机构部分功能用房名称解释

1. 服务大厅：引导服务、登记、公示项目、宣传教育、服务对象等候、临时休息等用房。

2. 视听室：为日常服务对象开展电化教育和展示宣传用品的用房。

3. 宣传品制作展示室：计划生育宣教人员进行宣传品制作和展览等工作用房。

4. 女性生殖健康咨询室：为女性育龄服务对象或夫妇双方提供咨询的用房。

5. 男性生殖健康咨询室：为男性育龄服务对象或夫妇双方提供咨询的用房。

6. 基层干部业务培训教室：培训下级服务提供者计划生育、生殖健康业务的教室，包括视听及授课用房。

7. 示教室：对下级服务提供者进行模具教学用房。

8. 人口学校：为数量较大的服务对象提供人口和计划生育相关法规和技术宣教、为青少年服务对象提供青春期健康教育的用房。

9. 女性诊室：为女性服务对象提供计划生育、生殖健康一般服务用房。

10. 女性检查室：为女性服务对象进行妇科检查的用房。

11. 女性治疗室：妇科治疗用房。

12. 男性诊室：为男性服务对象提供计划生育、生殖健康一般服务用房。

13. 男性治疗室：男科治疗用房。

14. 更衣室：服务人员手术前更衣用房。

15. 刷手间：服务人员手术前刷手用房。住站手术室刷手间应有淋浴设备。

16. 小手术室：供放置、取出宫内节育器、负压吸宫等阴道手术用房。

17. 术后观察室：受术者术后休息和观察用房。也可作为药物流产观察用房。

18. 引产手术室：供中期妊娠引产处置、困难宫内节育器取出等手术用房。

19. 妇检室：住站服务对象和受术者进行妇科检查用房。

20. 结扎手术室：供经腹输卵管绝育、输精管绝育、放置与取出皮下埋植剂和复通吻合等手术用房。（该手术室应有放置已消毒的无菌手术包、手术器械及敷料的器械柜和急救药品柜及输氧设备；还应有麻醉呼吸机和心电图监护仪）

21. 处置室：配液、注射、取血（加隔断）等用房。

22. 手术准备室：术前准备及麻醉前准备工作用房。

23. 手术器械室：存放手术器械及相关用品用房。

24. 消毒敷料器械室：清洗器械和消毒前的手术包打包等用房。

25. 康复室：服务对象及受术者的住站休息、观察和康复用房。

26. 育龄夫妇活动室：住站服务对象本人或家属住站期间活动用房。

27. 消毒室：对临床用品及手术用品进行高压灭菌用房。

28. 污物处理室：存放和处理医疗垃圾用房。

29. 药具展示自助室：展示和拿取避孕药具用房。

30. 药具管理室：药具工作人员管理发放避孕用品用房。

31. 避孕药具药库：避孕药具储存、保管用房。

32. 流动服务车库：停放和保养流动服务车的用房。

注：B 超室、乳腺检查室、临床检验室、优生监测生化检验室、心电图室、理疗室、X 光机房、观片室、暗房、非避孕药品库、药房、计费室、医生办公室、护士办公室、值班室、会诊室、护士站、洗衣房、站长办公室、财务室、档案资料室、计算机室、备餐室、杂品库房等，其相应功能明确，在此未做详细解释。

# 三、科技、文化、广电

# 科学技术馆建设标准

## 建标 101—2007

## 建　设　部
## 国家发展和改革委员会
## 关于批准发布
## 《科学技术馆建设标准》的通知

建标〔2007〕166 号

国务院各有关部门，各省、自治区、直辖市、计划单列市建设厅（建委、建设局）、发展和改革委员会：

根据建设部《关于印发〈二〇〇二年工程项目建设标准编制项目计划〉的通知》（建标函〔2002〕345 号），中国科学技术协会负责编制了《科学技术馆建设标准》，并经有关部门会审，现批准发布，自 2007 年 8 月 1 日起施行。

在科技馆的审批、设计和建设过程中，要严格遵守党中央、国务院关于控制楼堂馆所建设的相关要求，认真执行本建设标准，坚决控制工程造价。

本建设标准的管理由建设部和国家发展改革委负责，具体解释工作由中国科学技术协会负责。

中华人民共和国建设部
中华人民共和国国家发展和改革委员会
二〇〇七年六月二十七日

## 编制说明

《科学技术馆建设标准》是根据国家计委《关于制订工程项目建设标准的几点意见》（计标〔1987〕2323 号）和建设部、国家计委《关于工程项目建设标准编制工作暂行办法》（〔90〕建标字第519 号）的要求，按照建设部《关于印发〈二〇〇二年工程项目建设标准编制项目计划〉的通知》（建标函〔2002〕345 号）的安排，由中国科协组织中国建筑科学研究院、中国航空规划设计研究院、中石化北京化工研究院、中国科技馆、中国科协科普部五单位进行编制。

本次编制，以确保科技馆合理的建设规模和提高投资效益、保障科技馆的可持续发展、落实科学发展观和国家现行有关科普设施发展的方针政策为指导思想。在编制过程中，编制组进行了广泛深入的调查研究，收集了全国大部分科技馆的现状资料，结合对国外部分科技馆的实地调研和资料整理，总结了近年来我国科技馆建设的经验教训，分析论证了大量的统计资料，广泛征求了全国有关部门、单位及专家的意见。之后，由建设部和中国科协共同召开全国审查会议，会同有关部门审查定稿。

本建设标准共分九章：总则，建设项目构成，建设规模和建筑面积指标，选址与总体布局，建筑设计，室内环境，建筑设备和建筑智能化，主要技术经济指标，管理和运行。

在执行本建设标准过程中，请各单位注意总结经验、积累资料，如发现需要修改和补充之处，请将意见和有关资料寄中国科学技术协会科普部（地址：北京复兴路3号，邮政编码：100863），以便今后修订时参考。

**中国科学技术协会**

**2007年5月**

## 第一章　总　　则

**第一条**　为加强和规范科学技术馆（以下简称科技馆）建设，提高项目投资决策和建设管理水平，合理确定建设规模，有效控制建设投资，对建设项目实施全过程管理，根据《中华人民共和国科学技术普及法》及其他有关法律、法规和国家现行政策，制定本标准。

**第二条**　本标准是政府投资的科技馆建设的全国统一标准，是编制、评估、审批项目建议书、可行性研究报告和编制、审查初步设计的重要依据，是对项目建设全过程监督检查的重要依据。

**第三条**　本标准适用于新建和改建、扩建的综合性科技馆项目，专业性科技馆建设项目可参照执行。

**第四条**　科技馆是政府和社会开展科学技术普及工作和活动的公益性基础设施。

**第五条**　科技馆的建筑应满足科普教育、观众服务、支撑保障等功能的需要。

**第六条**　实施观众可参与的互动性科普展览、教育活动是科技馆的核心功能。

**第七条**　科技馆建设应遵循下列原则：

一、适用安全，经济合理，节约资源，有利发展。

二、应按区域统筹规划，合理布局设馆。

三、既有建筑在条件许可时，可利用其改建、扩建为科技馆。

四、充分利用社会资源。

**第八条**　科技馆建设应纳入当地的国民经济和社会发展规划，其建设用地应纳入城市建设总体规划和土地利用总体规划。

**第九条**　科技馆建筑安装工程费、展教装备费和工程建设其他费用应纳入政府投资计划，统筹安排。

**第十条**　科技馆项目建设，除执行本标准外，还应符合国家其他相关标准、规范的规定。

## 第二章　建设项目构成

**第十一条**　科技馆建设项目由建筑安装工程（房屋建筑工程、室外工程）和展教装备构成。

**第十二条** 科技馆房屋建筑工程的房屋主要由展览教育用房、公众服务用房、业务研究用房、管理保障用房等组成。

展览教育用房主要包括：常设展厅、短期展厅、报告厅、影像厅、科普活动室等。

公众服务用房主要包括：门厅、大厅、休息厅、票房、问讯处、商品部、餐饮部、卫生间、医务室等。

业务研究用房包括：设计研究室、展品制作维修车间、图书资料室、技术档案室、声像制作室、展（藏）品和材料库等。

管理保障用房包括：办公室、会议室、接待室、值班室、警卫室、食堂及水、电、暖、空调、通讯设备用房等。

**第十三条** 科技馆的室外工程由道路、室外管线、观众集散场地、室外展览场地、室外活动场地、停车场地及园林绿化等组成。

**第十四条** 科技馆展教装备主要由展品和研究装备等组成。

**第十五条** 中小型科技馆不宜设置穹幕、巨幕电影厅。影像厅和报告厅可一厅多用。

## 第三章 建设规模和建筑面积指标

**第十六条** 科技馆建设规模按建筑面积分类，分成特大、大、中、小型四类。

建筑面积 30000$m^2$ 以上的为特大型馆。

建筑面积 15000$m^2$ 以上至 30000$m^2$ 的为大型馆。

建筑面积 8000$m^2$ 以上至 15000$m^2$ 的为中型馆。

建筑面积 8000$m^2$ 及以下的为小型馆。

科技馆的建筑面积不宜小于 5000$m^2$，常设展厅建筑面积不应小于 3000$m^2$，短期展厅建筑面积不宜小于 500$m^2$。

**第十七条** 科技馆建设规模适用范围：

特大型馆一般适用于城市户籍人口 400 万人以上的城市。

大型馆一般适用于城市户籍人口在 200 万以上至 400 万人的城市。

中型馆一般适用于城市户籍人口在 100 万以上至 200 万人的城市。

小型馆一般适用于城市户籍人口在 50 万至 100 万人的城市。

科技馆建设规模中建筑面积和展厅面积与该馆所在城市建馆当年的城市户籍人口数量的比例关系见表 1。

**表 1 科技馆所在城市的城市户籍人口数量与建设规模的关系**

| 科技馆所在城市的城市户籍人口数量 | 建筑面积（$m^2$/万人） | 展厅面积（$m^2$/万人） |
|---|---|---|
| 400 万以上 | 75 | 30 ~ 36 |
| 200 万以上至 400 万 | 75 | 36 ~ 42 |
| 100 万以上至 200 万 | 75 ~ 80 | 42 ~ 48 |
| 50 万至 100 万 | 80 ~ 100 | 48 ~ 60 |

注：①接近 200 万城市户籍人口的中型科技馆，其建筑面积宜采用万人面积指标低值。

②接近 100 万城市户籍人口的小型科技馆，其建筑面积宜采用万人面积指标低值。

**第十八条** 经济发达地区和旅游热点地区的城市，科技馆建设规模可在本标准第十七条规定的基础上增加，但增加的规模不应超过20%。

**第十九条** 少数民族地区省会、自治区首府城市应建设中型及以上规模科技馆。

**第二十条** 科技馆房屋建筑中展览教育用房、公众服务用房、业务研究用房、管理保障用房所占比例见表2。上述用房的具体面积指标分配参见本标准附录一至附录三。

**表2 科技馆各种用房所占比例**

| 房屋功能 | 百分比（%） | | | |
|---|---|---|---|---|
| | 特大型馆 | 大型馆 | 中型馆 | 小型馆 |
| 展览教育用房 | 55～60 | 60～65 | 65～70 | 65～75 |
| 公众服务用房 | 15～20 | 10～15 | 5～10 | 5～10 |
| 业务研究用房 | 10～15 | 10～15 | 5～10 | 5～10 |
| 管理保障用房 | 10～15 | 10～15 | 15～20 | 10～20 |

**第二十一条** 科技馆展品的数量可根据展厅建筑面积按15～30$m^2$/件估算。

**第二十二条** 科技馆展览的展品实物占地率宜为20%～30%。

**第二十三条** 科技馆常设展厅单位面积年观众量可按30～60人预计。

**第二十四条** 科技馆展厅设计应按瞬时最高观众容量合理确定各主要专业技术计算指标，并按百人疏散指标计算展厅应有疏散总宽度。瞬时最高观众容量宜取0.2～0.25人/$m^2$，即5～4$m^2$/人。

## 第四章 选址与总体布局

**第二十五条** 科技馆选址应具备的基本条件：

一、符合城市总体规划的要求。

二、良好的地理位置和便利的交通条件。

三、良好的社会人文条件。宜选在城市的文化区，与其他文化设施共同构成群体效应。

四、良好的自然环境条件，包括地形、地貌、工程地质和水文地质条件。选址应考虑自然灾害可能造成的影响，与高噪声、污染源的防护距离应符合有关的安全卫生规定。

五、可靠的电源、水源、通信等城市基础设施条件。

**第二十六条** 科技馆的总体布局应体现以下要点：

一、因地制宜，全面规划，节约用地。

二、科技馆宜独立建造。

三、根据用地特点和规模，按照展览教育、公众服务、业务研究、管理保障的功能要求合理分区。建设用地总平面规划宜采用集中式布局，也可采用分散式布局或二者相结合的方式。布局应做到分区明确、功能合理、布置紧凑、流线简捷、联系方便、互不干扰。

四、馆区的道路应畅通，路线应简捷。人流、车流、物流应分流并避免和减少交叉。

五、科技馆用地应根据建筑要求合理确定总平面的各项技术指标，并优先利用周边的公共资源。建筑密度宜为25%～35%，容积率宜为0.7～1。室外用地应统筹安排道路、观众集散场地、室外展览场地（室外活动场地）、地面停车场地。绿地率应符合当地的规划要求。

六、科技馆机动车库建设，应符合当地城市规划条件要求。本标准未包括此部分用房的建筑面积指标。

七、本标准未包括人防设施的建设面积指标。科技馆人防设施的指标、标准和等级应根据当地人防部门的要求设置，做到平战结合。

八、科技馆馆区内不应建造职工住宅类生活用房。

**第二十七条** 科技馆馆区道路、停车场及建筑物设计应符合无障碍要求。

## 第五章 建筑设计

**第二十八条** 科技馆建筑设计要考虑地域和环境条件，做到节能与环保。

**第二十九条** 科技馆建筑设计应适应公共活动场所人流量大、分区明确、布展灵活、展品更换频繁、参观流线可变、动静应有区分的特点。

**第三十条** 科技馆展厅设计应注意以下事项：

一、展厅宜设在科技馆主体建筑物的一至三层，不宜超过四层。除特殊情况外，地下室不宜作为展厅。

二、展厅入口处应设置门厅，验票口应位于门厅之内。

三、科技馆展厅应能适应常规展览的需求，应根据展厅的体量与经济性确定展厅柱网与层高。柱网宜为方形或矩形，跨度应大于或等于9m。展厅净高一层宜为4.5～6.0m，二层以上宜为4.0～5.0m。首层展厅设计可变荷载宜大于或等于$8kN/m^2$，其余各层可变荷载宜大于或等于$4kN/m^2$。

四、观众垂直交通宜采用自动扶梯、客运电梯和楼梯相结合的方式，主要交通工具应设置在人流出入口附近。多层的中型以上科技馆，展厅应安装自动扶梯，大型科技馆客运电梯乘客人数以不少于15 人为宜。楼梯的净宽度应按瞬时最高观众容量计算，联系各展厅的观众走廊净宽度不应小于安全疏散的要求。

五、货运门、通道、货用电梯应能满足展品和设备的水平与垂直运输需要，方便布展和撤展。主要货运通道应与观众通道分离。

六、观众休息区应设置座椅、饮水部和卫生间，座椅的数量不宜小于展厅瞬时最高观众容量的5%，为观众提供服务的餐饮部应设在展厅之外的休息区。

七、短期展厅宜布置在建筑物的一层，可与常设展厅相邻，但应有直达外部的独立出入口。

**第三十一条** 科技馆内的报告厅、大型影像厅应独立对外开放，并具备由展厅直接进入的条件。

**第三十二条** 科技馆建筑耐火等级不应低于二级。消防设计超出现行规范规定时，可采用火灾性能化设计与火灾危险性评估方法加以解决。

**第三十三条** 科技馆造型设计应首先满足内部展教功能的需要，建筑形象应简洁大方，形式服从功能，具有地方特色，做到实用、经济，在可能条件下注意美观。

## 第六章 室内环境

**第三十四条** 科技馆室内装修应简洁、不求豪华。装修材料应符合国家环保与防火标准。地面应防滑。展厅顶棚一般不做吊顶，可采用格栅类材料将管线遮挡或采取适当的色彩隐蔽。

**第三十五条** 科技馆展厅应在满足展教功能的前提下，充分利用自然采光和自然通风。

**第三十六条** 科技馆照明宜满足以下要求：

一、馆内的视觉环境应根据区域的功能、视觉的要求和环境的气氛进行设计。人工照明应向观众提供良好的视觉环境，遵循既创造适宜氛围，又能使光学辐射对特殊收藏类展品的损害减到最低程度的原则，达到视觉效果好、照度适当、系统安全可靠、经济适用、节能、便于更换和维护的目的。

二、科技馆主要区域的照度宜符合表3规定，其他区域的照度应符合《建筑照明设计标准》GB 50034。

**表3 科学技术馆主要区域照度值**

| 区域类型 | | 参考平面 | 照度标准（lx） |
|---|---|---|---|
| 展教用房 | 展厅 | 地面 | 200 |
| | 报告厅 | 0.75m 水平面 | 200 |
| | 影像厅 | 0.75m 水平面 | 150 |
| | 科普活动室 | 0.75m 水平面 | 300 |
| 公众服务用房 | 门厅、大厅、休息厅 | 地面 | 200 |
| | 票房、问询处、商品部 | 0.75m 水平面 | 300 |
| | 餐饮部 | 0.75m 水平面 | 200 |
| 业务研究用房 | 展品制作维修车间 | 0.75m 水平面 | 300 |
| | 技术档案室 | 0.75m 水平面 | 200 |
| | 设计研究室 | 0.75m 水平面 | 300 |
| | 声像制作室 | 0.75m 水平面 | 300 |
| 管理保障用房 | 办公室、会议室 | 0.75m 水平面 | 300 |
| | 接待室、监控室 | 0.75m 水平面 | 200 |
| | 设备机房 | 0.75m 水平面 | 150 |

注：①除表3所列区域以外的场所，可参照类似功能区域的相关国家标准的照度标准。

②在满足功能要求情况下，照明光源应优先选择高效节能型。

三、展厅和公共区的照明应采用自动控制。

四、主要功能区光源的显色指数（Ra）应符合表4规定。

**表4 科技馆主要区域光源的显色指数标准**

| 场　　所 | 显色指数范围 |
|---|---|
| 展板、特殊展区、特殊展品 | Ra≥90 |
| 一般展区、接待室、阅览室、设计研究室、商品部 | Ra≥80 |
| 办公室、报告厅 | Ra≥60 |

**第三十七条** 科技馆的展厅、报告厅、影像厅等室内空气质量应进行控制，卫生间宜自然通风。

**第三十八条** 科技馆室内空场背景噪声应控制在50dB（A）以下，空场混响时间应控制在1.8s之内，并避免声聚焦。展教设备也应选用低噪声产品并采取吸声措施。

## 第七章 建筑设备和建筑智能化

**第三十九条** 科技馆建筑设备应满足以下要求：

一、采用节能、节水的系统和产品。

二、设有化学试验的展室和实验室具有排除废气、废液的功能，当不能达到排放标准时须单独收集和处理。

三、公共卫生间采取防交叉感染措施。

**第四十条** 科技馆的电力设施宜满足以下要求：

一、科技馆电源设施应按表5负荷等级要求配置。

**表5 负荷等级表**

| 馆规模 | 特大型 | 大型 | 中型 | 小型 |
|---|---|---|---|---|
| 用户负荷等级 | 一级 | 二级 | 二级 | 二级 |

二、科技馆的用电负荷密度可按表6估算。

**表6 负荷密度估算参考表（$VA/m^2$）**

| 馆规模 | 特大型 | 大型 | 中型 | 小型 |
|---|---|---|---|---|
| 用电负荷 | 90~145 | 85~135 | 75~115 | 70~105 |
| 变压器安装容量 | 70~115 | 65~105 | 60~95 | 55~85 |

三、科技馆展厅区宜按15~30$m^2$设置1个安全电源插口，且20%为三相电源。

四、公共区内不应有外露的配电设备。公众可触摸、操作的展品电气部件应采用安全低电压供电。

**第四十一条** 科技馆应配备足够的、便于扩展的通信基础设施。

**第四十二条** 科技馆宜采用现代先进技术实施智能化管理，智能化管理系统可按表7标准设置。

**表7 智能化管理系统设置表**

| 馆类型 | 建筑设备监控 | | | | 安全技术防范 | 信息自动查询 | 智能化系统集成 |
|---|---|---|---|---|---|---|---|
| | 冷热源 | 空调 | 照明 | 配电 | | | |
| 特大、大型馆 | ○ | ○ | ○ | ○ | ○ | ○ | ○ |
| 中型馆 | ○ | ○ | ○ | — | ○ | ○ | — |
| 小型馆 | — | — | ○ | — | — | ○ | — |

注：表中“○”表示该项可设置。

## 第八章 主要技术经济指标

**第四十三条** 科技馆建设投资一般由建筑安装工程（房屋建筑工程、室外工程）费用、展教装备费用、工程建设其他费用和预备费用组成。

**第四十四条** 科技馆房屋建筑工程费、室外工程费、展教装备费、工程建设其他费和预备费各自占建设项目投资的比例，根据科技馆的类型按表8控制。

**表8 科技馆投资费用百分比（%）**

| 馆类型 \ 费用名称 | 建筑安装工程费 | | 展教装备费 | 工程建设其他费 | 预备费 |
|---|---|---|---|---|---|
| | 房屋建筑工程费 | 室外工程费 | | | |
| 特大型馆 | 54.9～61.8 | 6.0～6.8 | 21.4～24.1 | 7.7～8.7 | 4.0～4.6 |
| 大型馆 | 53.6～60.4 | 5.9～6.6 | 23.0～26.0 | 7.5～8.4 | 4.0～4.6 |
| 中型馆 | 50.7～57.1 | 5.7～6.4 | 26.5～30.0 | 7.1～7.9 | 4.0～4.6 |
| 小型馆 | 49.8～56.1 | 5.4～6.0 | 28.1～31.6 | 6.9～7.7 | 4.0～4.6 |

注：展教装备中投资费用百分比不含大型数字化天象仪、特效电影等设备。

**第四十五条** 科技馆建设费用中房屋建筑工程费，可参照工程建设所在地的大中型公共建筑投资进行估算。

**第四十六条** 本标准建设投资中未包括科技馆建设征地、特殊地质处理、特殊构筑物等独立费。以上费用应根据建设地点的实际情况确定。

**第四十七条** 科技馆运行经费由科技馆一般费用和科技馆专项费用组成。

**第四十八条** 科技馆年运行经费，可按相应建设投资费用的百分比确定，见表9。

**表9 年运行经费与相应建设投资费用的百分比**

| 费 用 名 称 | 年运行经费的比例（%） |
|---|---|
| 一般费用/建筑安装工程费 | 9～10 |
| 专项费用/展教装备费 | 10 |

**第四十九条** 科技馆的建筑工程工期，宜参照表10执行。

**表10 建筑工程工期（月）**

| 馆类型 \ 地区 | Ⅰ类地区 | Ⅱ类地区 | Ⅲ类地区 |
|---|---|---|---|
| 特大型馆 | 18～21 | 19～22 | 20～23 |
| 大型馆 | 15～18 | 16～19 | 17～20 |
| 中型馆 | 12～15 | 13～16 | 14～17 |
| 小型馆 | 12 | 13 | 14 |

注：①本工期为考虑各种因素的综合值。由于各地施工条件不同，允许各地在15%幅度以内调整。当有一层地下室时工期增加1～2个月。

②工期是指单项工程从基础破土开工至完成建筑安装工程施工全部内容，并达到验收标准之日的全过程所需的时间。

③由于施工技术规范或设计要求冬季不能施工而造成工程主导工序连续停工的时间，不计入工期内。

④地质条件复杂、地基处理工作量大时，可另增加工期。

⑤含特殊构筑物、专用水域等独立工程以及特殊结构形式时，工期可适当增加。

⑥表中建筑工程工期不含展览设备、展品安装及试运行时间。

# 第九章　管理和运行

**第五十条**　科技馆的管理和运行需设置行政管理、公共关系、设计研究、公众教育、公众服务、工程管理等部门，科技馆的建筑应满足上述部门设置的需要。

**第五十一条**　科技馆工作人员编制总数主要根据科技馆建设规模确定，可按表11控制。科技馆工作人员中，管理人员宜占总数的10%～15%，专业技术人员宜占总数的65%～75%，工勤人员宜占总数的15%～20%。

**表11　科技馆建设规模（$m^2$）与工作人员数量**

| 馆类型 | 特大型馆 | 大型馆 | 中型馆 | 小型馆 |
|---|---|---|---|---|
| 工作人员（人）/建筑面积（$m^2$） | 1/200 | 1/180 | 1/180 | 1/160 |

## 附录一　大型科技馆面积指标参考表（以总建筑面积22000$m^2$为例）

| 房屋用途 | 用房组成 | 面积（$m^2$） | 备注 | 比例 |
|---|---|---|---|---|
| 展览教育用房 | 常设展厅 | 9500～10000 | 含儿童展厅2000$m^2$ | 60%～65% |
| | 短期展厅 | 1400～1500 | — | |
| | 科普活动室 | 1000～1100 | 含教室、实验室 | |
| | 科普报告厅 | 500～600 | — | |
| | 特效电影厅 | 500～600 | — | |
| | 其他 | 300～500 | — | |
| | 合计 | 建筑面积：13200～14300 | — | |
| 公众服务用房 | 门厅/大厅/检票 | 900～1500 | — | 10%～15% |
| | 票房/问讯处 | 100～150 | — | |
| | 医务室 | 50～100 | — | |
| | 观众休息区/存包 | 600～800 | — | |
| | 商品部/餐饮部 | 500～600 | — | |
| | 其他 | 50～100 | — | |
| | 合计 | 建筑面积：2200～3300 | — | |
| 业务研究用房 | 展品与材料库 | 600～900 | — | 10%～15% |
| | 展品制作维修车间 | 700～900 | — | |
| | 设计研究办公室 | 550～800 | — | |
| | 情报研究编辑室 | 100～200 | — | |
| | 图书资料室/档案室 | 150～300 | — | |
| | 声像制作室 | 50～100 | — | |
| | 其他 | 50～100 | — | |
| | 合计 | 建筑面积：2200～3300 | — | |

续表

| 房屋用途 | 用房组成 | 面积（$m^2$） | 备注 | 比例 |
| --- | --- | --- | --- | --- |
| 管理保障用房 | 行政办公室 | 850～1300 | — | 10%～15% |
| | 会议室/接待室 | 180～260 | — | |
| | 警卫/值班室 | 50～80 | — | |
| | 内部食堂 | 120～180 | — | |
| | 设备用房 | 1050～1380 | — | |
| | 其他 | 50～100 | — | |
| | 合计 | 建筑面积：2200～3300 | — | |
| 共计 | | 总建筑面积：19800～24200<br>总使用面积：15400～18700<br>平均总建筑面积：22000 | 平面系数为 0.7～0.8 | 90%～110%<br>平均100% |

## 附录二　中型科技馆面积指标参考表（以总建筑面积12000$m^2$为例）

| 房屋用途 | 用房组成 | 面积（$m^2$） | 备注 | 比例 |
| --- | --- | --- | --- | --- |
| 展览教育用房 | 常设展厅 | 5600～6000 | — | 65%～70% |
| | 短期展厅 | 860～950 | — | |
| | 科普活动室 | 680～730 | 含教室、实验室 | |
| | 科普报告/电影厅 | 360～390 | — | |
| | 其他 | 300～330 | — | |
| | 合计 | 建筑面积：7800～8400 | — | |
| 公众服务用房 | 门厅/大厅/检票 | 250～500 | — | 5%～10% |
| | 票房/问讯处 | 50～100 | — | |
| | 休息/存包 | 200～350 | — | |
| | 商品部 | 50～150 | — | |
| | 其他 | 50～100 | — | |
| | 合计 | 建筑面积：600～1200 | — | |
| 业务研究用房 | 展品与材料库 | 150～300 | — | 5%～10% |
| | 展品维修车间 | 100～200 | — | |
| | 设计研究室 | 120～340 | — | |
| | 图书资料/档案室 | 100～200 | — | |
| | 声像制作室 | 40～80 | — | |
| | 其他 | 40～80 | — | |
| | 合计 | 建筑面积：600～1200 | — | |

续表

| 房屋用途 | 用房组成 | 面积（$m^2$） | 备注 | 比例 |
| --- | --- | --- | --- | --- |
| 管理保障用房 | 行政办公室 | 750～1000 | — | 15%～20% |
| | 会议室/接待室 | 100～150 | — | |
| | 警卫/值班室 | 40～80 | — | |
| | 设备用房 | 860～1070 | — | |
| | 其他 | 50～100 | — | |
| | 合计 | 建筑面积：1800～2400 | — | |
| | 共计 | 总建筑面积：10800～13200<br>总使用面积：7560～10560<br>平均总建筑面积：12000 | 平面系数为0.7～0.8 | 90%～110%<br>平均100% |

## 附录三　小型科技馆面积指标参考表（以总建筑面积7000$m^2$为例）

| 房屋用途 | 用房组成 | 面积（$m^2$） | 备注 | 比例 |
| --- | --- | --- | --- | --- |
| 展览教育用房 | 常设展厅 | 3300～3500 | — | 65%～75% |
| | 短期展厅 | 700～900 | — | |
| | 科普活动室 | 250～350 | 含教室、实验室 | |
| | 科普报告/电影厅 | 150～250 | — | |
| | 其他 | 150～250 | — | |
| | 合计 | 建筑面积：4550～5250 | — | |
| 公众服务用房 | 门厅/大厅/检票 | 125～250 | — | 5%～10% |
| | 票房/问讯处 | 25～50 | — | |
| | 休息/存包处 | 100～200 | — | |
| | 商品部 | 50～100 | — | |
| | 其他 | 50～100 | — | |
| | 合计 | 建筑面积：350～700 | — | |
| 业务研究用房 | 展品与材料库 | 90～180 | — | 5%～10% |
| | 展品制作维修车间 | 60～120 | — | |
| | 设计研究室 | 100～200 | — | |
| | 图书资料/档案室 | 50～100 | — | |
| | 声像制作室 | 20～40 | — | |
| | 其他 | 30～60 | — | |
| | 合计 | 建筑面积：350～700 | | |

续表

| 房屋用途 | 用房组成 | 面积（$m^2$） | 备注 | 比例 |
|---|---|---|---|---|
| 管理保障用房 | 行政办公室 | 300～600 | — | 10%～20% |
| | 会议室/接待室 | 60～120 | — | |
| | 值班室/警卫 | 20～40 | — | |
| | 设备用房 | 280～560 | — | |
| | 其他 | 40～80 | — | |
| | 合计 | 建筑面积：700～1400 | — | |
| 共计 | | 总建筑面积：5950～8050<br>总使用面积：4655～6440<br>平均总建筑面积：7000 | 平面系数为0.7～0.8 | 85%～115%<br>平均100% |

## 名 词 解 释

1. 科学技术馆（简称“科技馆”）：是以展示教育为主要功能的公益性科普教育机构。主要通过常设和短期展览，以参与、体验、互动性的展品及辅助性展示手段，以激发科学兴趣、启迪科学观念为目的，对公众进行科普教育；也可举办其他科普教育、科技传播和科学文化交流活动。

2. 常设展览：一般指展出时间在1年以上的展览。

3. 短期展览：一般指展出时间在1年以内的展览，亦称临时展览。

4. 展厅：用于举办展览、布设展品的房间。

5. 常设展厅：用于举办常设展览的展厅。

6. 短期展厅：用于举办短期展览的展厅，亦称临时展厅。

7. 科普活动室：用于举办小型科普教育活动的房间，包括教室、实验室。

8. 影像放映厅：用于放映科教电影、科教录像的房间。

9. 报告厅：用于举办科普报告的房间。

10. 天象厅：用于放映天象节目的房间。

11. 可变荷载：在结构使用期间，其值随时间变化，且其变化与平均值比不可以忽略不计的荷载。

12. 混响时间：声音已达到稳态后停止声源，平均声能密度自原始值衰变到其百万分之一（60dB）所需要的时间。

13. 展厅单位面积年观众量：展厅全年接待观众数量（人）/展厅建筑面积（$m^2$）。

14. 瞬时最高观众容量：同一时间展厅单位面积合理接待观众的最高数量（其数值为考虑各种因素的选择值）。

**附加说明**

## 主编单位、参编单位和主要起草人名单

**主 编 单 位**：中国建筑科学研究院

**参 编 单 位：** 中国建筑科学研究院建筑设计院
中国航空工业规划设计研究院
中国石化北京化工研究院石化设计院
中国科学技术协会科学技术普及部
中国科学技术馆
**主要起草人：** 邱仓虎　韩光宗　常钟隽　陈章煜　赵小敏　朱幼文　厉守生　陈英华

## 附　件

# 《科学技术馆建设标准》条文说明

## 第一章　总　　则

**第一条**　本条阐明编制本标准的目的和依据。

本标准中的科技馆系指由政府财政投资建设的科技馆。科技馆是组织实施科普展览及其他社会化科普教育活动的机构，是实施科教兴国战略、人才强国战略、可持续发展战略和公民科学素质建设的基础性设施，是我国科普事业的重要组成部分。科技馆以提高公众科学文化素质为目的，为宣传和贯彻科学发展观、建设创新型国家和构建社会主义和谐社会提供服务。因此，投资建设科技馆是政府的责任和义务。

但是，多年来由于没有相应的国家科技馆建设标准指导科技馆建设，致使各地科技馆建设方面存在许多问题。

有的地方对科技馆的性质、任务、功能认识不明确，没有将科技馆看作以展览教育为主的科普设施，而是作为多功能、综合性的科技活动场所，把科技馆建成了科技活动中心或科学会堂；有的地方不顾国情和当地情况，盲目攀比，建设规模脱离实际，造成资金浪费；有的地方建筑设计不合理，场地设施难以适应科普展览教育工作的要求；有的地方对科技馆建设的特殊性认识不足，只考虑"硬件"（基建工程）建设，而忽视"软件"（展览开发、展品研制、教育与研究、管理与运行维护等）建设，导致一些科技馆在建成初期因为展品研制资金不到位而出现"空壳"现象，或勉强搞一些展品，无法吸引观众，难以正常履行科普教育的任务；有的地方对科技馆的日常运转经费投入过少，在很大程度上制约了科技馆的生存和可持续发展。

国务院2006年颁布的《国家中长期科学和技术发展规划纲要（2006~2020年）》中要求："加强国家科普能力建设。合理布局并切实加强科普场馆建设，提高科普场馆运营质量。"

国务院2006年颁布的《全民科学素质行动计划纲要（2006~2010~2020年）》中要求："加强对科普基础设施建设的宏观指导。制定科普设施的发展规划、建设标准、认定办法和管理条例，规范科普设施的建设与管理。"

中国科协、国家发展改革委、科技部、财政部、建设部2003年4月23日颁布的《关于加强科技馆等科普设施建设的若干意见》中指出，"科技馆是实施科教兴国战略的基础设施之一，要大力加强各级科技馆的建设”，“在规划和建设中，要科学论证，合理确定建筑规模，量力而行，反对互相攀比和盲目追求外观；要统筹规划、合理布局，充分利用现有资源，避免重复建设和浪费”，“中国科协将会同有关部门抓紧编制科技馆等科普设施的建设标准，规范科普设施的建设”。

本标准是依据党和政府有关科技馆建设的法规和文件，在对现有科技馆进行调查研究、听取各方面意见、汲取经验教训、组织专家论证的基础上编制而成的。本标准的制定，对于提高科技馆建设项目的投资决策和建设管理水平，合理确定建设规模，有效控制建设投资，以及对建设项目实施全过程管理是十分必要的，同时也为科技馆发挥应有的科普教育功能和实现可持续发展提供必要的基础。

本标准所依据的主要法律、法规和政策文件有：

《中华人民共和国科学技术普及法》(2002年6月29日第九届全国人民代表大会常务委员会第二十八次会议通过，2002年6月29日中华人民共和国主席发布主席令予以施行)；

《中共中央、国务院关于加强科学技术普及工作的若干意见》（中共中央、国务院1994年12月5日公布)；

《中共中央关于加强社会主义精神文明建设若干重要问题的决议》（中国共产党第十四届六中全会1996年10月10日通过)；

《国家中长期科学和技术发展规划纲要（2006~2020年)》(国务院2006年1月颁布)；

《全民科学素质行动计划纲要（2006~2010~2020年)》(国务院2006年2月颁布)；

《关于进一步加强科普宣传工作的通知》（中共中央宣传部、中央精神文明建设指导委员会办公室、科学技术部、文化部、国家广播电影电视总局、国家新闻出版署、中国科学技术协会2003年8月联合下发，中宣发〔2003〕27号文件)；

《关于加强科技馆等科普设施建设的若干意见》（中国科协、国家发展改革委、科技部、财政部、建设部2003年4月联合下发，科协发普字〔2003〕30号文件)；

《关于鼓励科普事业发展税收政策问题的通知》(财政部、国家税务总局、海关总署、科技部、新闻出版总署2003年5月联合下发，财税〔2003〕55号文件)；

《关于印发〈科普税收优惠政策实施办法〉的通知》(科技部、财政部、国家税务总局、海关总署、新闻出版总署2003年11月联合下发，国科发政字〔2003〕416号文件)。

**第二条** 本条阐明本标准的权威性和作用。

本标准是由国家颁布的全国统一标准，在编制时已充分考虑了地区差异和不同类型科技馆的需要。根据本标准，可以科学、合理地确定科技馆的建设规模、各种建筑功能的面积比例、建筑功能的基本技术要求、投资估算、基建与展教装备的投资比例、运行经费、人员编制等各项指标。

本标准反映了科技馆建设的一般规律，亦可作为非政府投资的科技馆建设项目的参考。

**第三条** 本条阐明本标准的适用范围。

综合性科技馆是指以多学科领域内容为收藏和展示对象的科技馆。目前国内建成的科技馆大多为综合性科技馆，如中国科技馆、上海科技馆、天津科技馆、黑龙江科技馆等。

专业性科技馆是指以某一学科领域内容为主要收藏和展示对象的科技馆，如海洋科技馆、铁道科技馆等。

**第四条** 本条阐明科技馆的性质是不以营利为目的公益性机构。目前，某些地方要求政府投资兴建的科技馆也要实行商业化、企业化经营，自负盈亏甚至上缴利税，违背了政府为全体社会成员提供公共科普服务的初衷。

**第五条** 本条说明了科技馆建设应为实现其功能服务。

目前，部分已建馆由于建前未充分考虑科技馆功能的需求，导致建成后在建筑布局、场地环境、基础设施、服务保障条件等方面难以保证科技馆功能的正常发挥。

中国科协、国家发展改革委、科技部、财政部、建设部2003年4月23日联合下发的《关于加强科技馆等科普设施建设的若干意见》中的要求："科技馆、自然博物馆、天文馆、青少年科技活动中心（站）、社区科普工作室（站）、科普画廊（橱窗）、科普基地等科普设施是我国面向公众进行科普宣传教育的重要阵地和基础设施。这些科普设施通过展览、培训、实验、影视播放、报告讲座等多种形式，开展公众尤其是青少年易于参与、接受的科普活动，普及科技知识、传播科学思想和科学方法，对于在全社会弘扬科学精神，建设先进文化，提高公众科学文化素质，形成科学、健康、文明的生活方式具有独特而重要的作用。"为此，科技馆应具备以下主要功能：

科普教育功能——包括举办常设和短期展览、报告、讲座、实验、影像放映等科普教育活动和青少年课外科技活动的功能；

观众服务功能——指为了使科技馆科普教育功能得以正常实施而向观众提供参观导览、休息、餐饮等必要服务的功能；

支撑保障功能——指为了保障科技馆科普教育功能得以正常实施并实现可持续发展而进行展览教育资源开发、展览教育活动设计、科技馆情报和理论研究、科技文物和自然标本收藏的功能。

**第六条** 在科技馆的各项科普教育功能中，科普展览是核心功能，因此展厅是科技馆建筑中最主要的场地设施，其设计应与建筑的概念设计、方案设计同步进行。

**第七条** 本条说明科技馆建设的基本原则。科技馆的建设及其规模应充分考虑下列因素：观众资源及其科学文化需求等条件；自然资源和科技、产业、文化等社会资源；建设所需的财力、物力等物质条件；日常运行所需保障条件，以确保科技馆建设投资效益的充分发挥和科技馆的可持续发展。

科技馆的性质决定科技馆的服务对象是公众，观众量是衡量一个科技馆效益的主要标志之一。观众量的大小，与各地的经济发展、人口素质、自然环境、文化氛围、交通状况等因素有关。综上考虑，科技馆应优先在直辖市、省会、自治区首府和经济、文化比较发达的中心城市建设。在公众需求强烈并有资金保障的条件下，其他城市可建设适度规模的科技馆。同一个城市建设多个展示内容相同的科技馆，有可能影响各馆社会效益的发挥，造成国家资源的浪费。因此，一个城市不宜重复建设展览内容相同的科技馆。

利用既有旧建筑进行改建、扩建使之成为科技馆，可以节省投资、节约资源。但是，既有旧建筑一定要具有可改造的条件，如建筑物层高、楼层的承载能力、地基基础情况、周边环境、交通条件等。美国旧金山探索馆由展览馆改建而成，法国拉维莱特科学中心由屠宰厂厂房改建而成，英国曼彻斯特科学工业博物馆由旧火车站改建而成，均是成功改建的典范。

**第八条** 本条要求科技馆的建设应纳入当地建设和发展规划、用地规划。

《中华人民共和国科学技术普及法》第二十四条规定："省、自治区、直辖市人民政府和其他有条件的地方人民政府，应当将科普场馆、设施建设纳入城乡建设规划和基本建设计划。"

1994年12月5日公布的《中共中央、国务院关于加强科学技术普及工作的若干意见》中要求："各地政府都要对科普设施建设予以优先考虑，并根据经济、社会发展的需要和可能，将其纳入有关规划和计划。各地应把科普设施，特别是场馆建设纳入各地的市政、文化建设规划，作为现代文明城市的主要标志之一。"

国务院2006年2月公布的《全民科学素质行动计划纲要》中要求："科普基础设施建设纳入国民经济和社会事业发展总体规划及基本建设计划。"

2003年4月23日颁布的中国科协、国家发展改革委、科技部、财政部、建设部《关于加强科技馆等科普设施建设的若干意见》中要求："要把科技馆、青少年科技活动中心（站）、社区科普活动室（站）、科普画廊（橱窗）等科普设施建设作为重点列入城乡建设规划。"

科技馆建设用地应按照国家公益事业建设用地的有关规定办理。

**第九条** 本条提出了科技馆建设项目投资的范围和来源。

2003年4月23日颁布的中国科协、国家发展和改革委、科技部、财政部、建设部《关于加强科技馆等科普设施建设的若干意见》中要求："在科技馆等科普设施建设过程中，要将足够比例的资金用于研制展览内容和配备展教设备，以保证科普设施功能的充分发挥。"

鉴于在以往的科技馆建设中，存在忽视展教装备投资或"重基建工程、轻展教内容"而使科技馆难以发挥应有功能的现象，因此，本条明确提出展教装备投资应同时纳入政府财政预算，统筹安排。

**第十条** 本条阐明本标准与国家有关工程建设技术规范和标准的关系。

## 第二章 建设项目构成

**第十一条** 本条阐明了科技馆建设项目的构成。科技馆建设项目不同于一般民用建设项目。科技馆建设项目除一般建设项目的房屋建筑工程和室外工程外，还应包括展教装备。展教装备是科技馆建设项目中必不可少的重要组成部分，是保障科技馆实现其科普教育功能、发挥投资效益的核心工程。如果科技馆建设中不把展教装备列入建设项目，给予应有的投资，那么科技馆就会因无展览内容而成为"空壳"，无法完成它所承担的科普教育任务，无法实现政府投资建设科技馆的目的。

**第十二条** 本条阐明科技馆房屋建筑工程的房屋主要由四部分构成。

展览教育用房是直接用于举办面向公众的展览等科普宣传教育活动的用房，它是科技馆建筑的核心。展览教育用房在科技馆建筑总面积中所占的比例直接影响着科技馆所发挥的作用。一般要求展览教育用房面积不低于科技馆建筑总面积的55%。在展览教育用房中必须设有常设展厅和短期展厅，其他用房可酌情设置。

公众服务用房是科技馆展览教育工作得以正常实施所必不可少的辅助用房，其包含的内容因科技馆的大小而不同。在某些情况下，公众服务用房可包含于展览教育用房之中，其面积不再单独计算。

业务研究用房是直接为科技馆的展示教育活动提供资源和情报、理论等支撑保障的工作用房，应在科技馆建筑中占有一定比例。

管理保障用房是为科技馆正常开展各项展览教育活动、业务研究工作提供管理和后勤服务的用房。

**第十三条** 本条说明科技馆室外工程的内容。科技馆室外的道路、观众集散场地、展览场地、活动场地、停车场地及园林绿化等是科技馆建设的重要组成部分。室外管线包括室外给排水、供冷、供热、强弱电、燃气等。

**第十四条** 本条说明科技馆展教装备的内容。展教装备是科技馆建设项目中必不可少的重要组成部分，是保障科技馆实现其科普教育功能、发挥投资效益的核心工程。展教装备包括展品和研究装备等。

展品包括用于展教活动的各种装备器材及其配套。

研究装备包括用于展教资源开发、展品维护、科技馆情报与理论研究、展教资料采集、科技文物和标本收藏等工作的装备器材。

**第十五条** 穹幕、巨幕电影厅由于建设和运营成本较高，除经济比较发达地区的特大型和大型科技馆外，不提倡其他科技馆设穹幕、巨幕电影厅。一般应避免分别建设穹幕电影厅和大型天象厅，可在穹幕电影厅内设置天象仪，使其兼具天象厅的功能。为提高科技馆场地设施的使用效率，影像厅和报告厅可合二为一。

## 第三章 建设规模和建筑面积指标

**第十六条** 本标准在考虑我国目前的行政区划、人口分布和城市化率的现状以及国民经济和科学教育水平的基础上，把科技馆建设规模按建筑面积分为四类。特大型馆的提出，其目的是对大型馆设定上限值，避免建设过多的特大型馆。

经对现有科技馆进行充分调研，认真听取现有科技馆管理人员意见，并参考联合国教科文组织 1978 年制定的《科学技术博物馆建设标准》，编制组认为：为达到一定的展览教育效果并持续吸引观众，科技馆常设展厅面积至少应保证 3000m$^2$，展品数量不应少于 120 件。因此，本标准将常设展厅面积确定为 3000m$^2$ 以上。考虑到短期展厅面积和其他辅助面积，科技馆建筑面积至少需 5000m$^2$。科技馆还应设有短期展厅，以满足短期专题性展览的需要。短期展厅的面积一般不小于常设展厅面积的 10%。联合国教科文组织 1978 年制定的《科学技术博物馆建设标准》中对短期展厅规定的最低限为 300m$^2$，但根据我国科技馆的实际需要和国际上科技馆的经验，我们认为短期展厅面积以 500m$^2$ 以上为宜，中型以上科技馆的短期展厅面积以不小于 1000m$^2$ 为宜，但也不宜大于 5000m$^2$。

**第十七条** 编制建设标准的目的是合理确定建设规模，控制建设投资，提高投资效益。本标准建设规模的确定依据主要是建馆所在地的城市户籍人口，同时适当考虑非城市户籍人口、当地的经济发展和科学教育水平。根据 2001 年全国人口普查数据并综合考虑我国目前城市化发展的速率推算，预计 2020 年城市户籍人口超过 400 万的城市为 7 ~ 10 个，且这些城市基本都是经济较发达的地区；城市户籍人口在 400 万 ~ 200 万的城市有10 ~ 20 个；城市户籍人口在 200 万 ~ 50 万的城市有 100 ~ 120 个。如果这些城市均建科技馆，届时全国科技馆总数将在 120 座左右，总建筑面积约 220 万 m$^2$。其中，目前已建成科技馆建筑面积之和约 45 万 m$^2$，预计新建科技馆建筑面积之和约 175 万 m$^2$，2007 ~ 2020 年新建科技馆预计年平均建筑面积约 13 万 m$^2$。这个数量较符合我国现阶段的国情和国力水平，故户籍人口 400 万以上为上限、50 万为下限控制建馆规模和数量。

科技馆的建筑面积指标主要根据所在城市建馆当年的城市户籍人口数量确定。面积过大，参观人数较少，不仅会造成前期投资的浪费，对科技馆的日常正常运行也会产生不良影响；面积过小，参观人数较多，将会严重影响观众的参观环境，也会制约科技馆的发展。表 1 的数据在使用时采用双控原则，使城市户籍人口与科技馆建设规模分类相对应。比如：户籍人口 100 万 ~ 200 万的城市，科技馆的建设规模应为 8000 ~ 15000m$^2$ 的中型馆。当城市户籍人口接近200万时，其科技馆建筑面积指标应取75m²/万人；当城市户籍人口略超过100万时，其科技馆建筑面积指标应取80m²/万人。户籍人口50万～100万的城市，科技馆的建设规模应为5000～8000m² 的小型馆。当城市户籍人口接近100万时，其科技馆建筑面积指标应取80m²/万人；当城市户籍人口略超过50万时，其科技馆建筑面积指标应取100m²/万人。

据调查，国内几个正在建设科技馆的城市，科技馆的建设规模（建筑面积）都不同程度地高于上述标准。形成这种现状的主要原因不仅是受“攀比风”的影响，而且也与我国目前尚无国家统一的科技馆建设标准有关。

1996年10月10日公布的《中共中央关于加强社会主义精神文明建设若干重要问题的决议》中指出：“大中城市应重点建设好图书馆、博物馆，有条件的还应建设科技馆。县、乡应主要建设综合性的文化馆、文化站。”

2003年4月23日中国科协、国家发展改革委、科技部、财政部、建设部颁布的《关于加强科技馆等科普设施建设的若干意见》中指出：“在规划和建设中，要科学论证，合理确定建筑规模，量力而行，反对互相攀比和盲目追求外观；要统筹规划、合理布局，充分利用现有资源，避免重复建设和浪费。”

2006年国务院颁布的《全民科学素质行动计划纲要（2006～2010～2020年）》中提出：到2010年，要“在充分研究论证的前提下，新建一批科技馆、自然博物馆等科技类博物馆。各直辖市和省会城市、自治区首府至少拥有1座大中型科技馆，城区常住人口100万人以上的大城市至少拥有1座科技类博物馆，全国科技类博物馆的接待能力有显著增长”。

根据上述党和国家文件的精神，同时也根据对目前各地经济实力和观众资源情况的分析，编制组认为：在今后相当长的一段时期内，我国的大多数县和城市户籍人口在50万以下的地级市不宜兴建科技馆，而应建设综合性的科技文化馆（宫、站、中心），故本标准以城市户籍人口50万为控制下限。

有关资料研究表明：发达国家的科技馆建筑面积与所在城市人口的比例多控制在50～80m²/万人。根据中国科技馆编辑出版的《科技馆研究文选》中的相关资料，部分发达国家已建成的科技馆建筑面积与所在城市人口比例的平均值为78.4m²/万人（附表1）。

**附表1　部分发达国家科技馆建筑面积、展厅面积与当地人口数量关系**

| 馆　名 | 建筑面积（m²） | 展厅面积（m²） | 城市人口（万人） | 城市每万人占有建筑面积（m²/万人） | 城市每万人占有展厅面积（m²/万人） |
|---|---|---|---|---|---|
| 伦敦科学博物馆 | 52000 | 30000 | 675 | 77 | 44 |
| 美国芝加哥科学与工业博物馆 | 56000 | 37000 | 806 | 69 | 46 |
| 美国洛杉矶科学与工业博物馆 | 80000 | 50000 | 1453 | 55 | 34 |
| 加拿大安大略科学中心 | 47000 | 17000 | 366 | 128 | 46 |
| 新加坡科学中心 | 15000 | 11700 | 240 | 63 | 49 |
| 平均值 | — | — | — | 78.4 | 43.8 |

另据编制组对日本部分科技馆的实地考察，其面积指标平均值为79.3m$^2$/万人（附表2）。上述数据均表明，发达国家科技馆的建筑面积接近于50～80m$^2$/万人指标的上限值。发达国家的城市人口数量趋于稳定，其科技馆建筑面积万人指标可以供我们制定标准时借鉴。

**附表2　日本部分科技馆建筑面积与城市人口的关系**

<table>
<tr><th>馆　　名</th><th>所在城市</th><th>昼间人口<br>（万）</th><th>建筑面积<br>（m$^2$）</th><th>建筑面积/<br>城市昼间人口<br>（万人指标）</th><th>备注</th></tr>
<tr><td>日本科学技术馆</td><td rowspan="3">东京</td><td rowspan="3">1680</td><td>25160</td><td rowspan="3">58.67</td><td>—</td></tr>
<tr><td>日本国立<br>科学博物馆（主馆）</td><td>32811</td><td>—</td></tr>
<tr><td>日本科学未来馆</td><td>40590</td><td>—</td></tr>
<tr><td>仙台市科学馆</td><td>仙台</td><td>130</td><td>12208</td><td>93.91</td><td>包含部分自然<br>博物馆内容</td></tr>
<tr><td>名古屋市科学馆</td><td>名古屋</td><td>250</td><td>21687</td><td>86.75</td><td>—</td></tr>
<tr><td>神户市立青少年科学馆</td><td>神户</td><td>254</td><td>12000</td><td>77.92</td><td>—</td></tr>
<tr><td>总计</td><td></td><td>2214</td><td>144456</td><td>79.31</td><td>—</td></tr>
</table>

注：日本的城市昼间人口统计指白天在该城市生活和工作的人口数量。

在本标准中，小型科技馆建筑面积与所在城市人口指标为80～100m$^2$/万人，略高于国际上的科技馆建筑面积万人指标，其主要原因为：一是我国的小城市城市化进程正处于一个高速发展阶段，且是今后我国城市化发展的重点；二是防止科技馆的面积不要因为过小而影响展教功能的发挥。

近10年，我国已建成12座建筑面积在5000m$^2$以上的科技馆，其建筑面积万人指标见附表3。

从表中可看出，我国科技馆建筑面积与所在城市人口指标平均约66m$^2$/万人，在国际上的50～80m$^2$/万人指标范围内。根据发展趋势预测，到2020年我国科技馆建筑面积与所在城市人口指标平均约54m$^2$/万人，接近50～80m$^2$/万人指标的低限值。由此，编制组认为本条提出的建筑面积万人指标适度，基本符合我国国情。

科普展览是科技馆最主要的功能，展品是科普展览的载体，而展厅面积直接影响“载体”的数量和展览效果的发挥。故本标准在提出建筑面积万人指标的同时，也提出了展厅面积的万人指标。

科技馆的展厅是科技馆建设的主体，展厅面积必须在科技馆建设中给予保障。展厅一般包括常设展厅和短期展厅。

**第十八条**　科技馆的建设规模，应主要依据科技馆所在城市的户籍人口数量。但在调研现已建成的科技馆时发现，观众中旅游者占一定比例，一些较大规模的科技馆已纳入当地的旅游项目中。城市的经济实力直接影响着对科技馆的日常运行投人，而展品的更新决定着参观者的重复参观次数，同时也决定着参观者的数量；随着我国城镇化发展的步伐，

**附表 3　全国部分城市科技馆现状及面积指标分析（按人口顺序排列）**

| 人口 | 城市名称 | 所属省、自治区、直辖市 | 目前城市人口（万） | | 科技馆名称 | 现有科技馆规模 | | | 规模指标（$m^2$/万人） | 2020 预计城市人口（万） | | 规模指标（$m^2$/万人） |
|---|---|---|---|---|---|---|---|---|---|---|---|---|
| | | | 常住 | 1.2 倍 | | 建筑面积（$m^2$） | 展厅面积（$m^2$） | 展/建比例 | | 常住 | 1.2 倍 | |
| 400 万以上 | 上海市 | 上海 | 1020 | 1224 | 上海科技馆 | 98000 | 60000 | 61.2% | 80 | 1260 | 1512 | 65 |
| | 北京市 | 北京 | 790 | 948 | 中国科技馆 | 43000 | 17200 | 40.0% | 45 | 968 | 1162 | 37 |
| | 天津市 | 天津 | 540 | 648 | 天津科技馆 | 21000 | 10000 | 47.6% | 32 | 658 | 790 | 27 |
| 400 万～200 万 | 南京市 | 江苏省 | 304 | 365 | 江苏科学宫 | 13586 | 9158 | 67.4% | 37 | 374 | 449 | 30 |
| | 哈尔滨市 | 黑龙江省 | 288 | 346 | 黑龙江科技馆 | 24785 | 15000 | 60.5% | 72 | 354 | 425 | 58 |
| | 济南市 | 山东省 | 207 | 248 | 山东科技馆 | 20970 | 12500 | 59.6% | 85 | 255 | 306 | 69 |
| 200 万～100 万 | 郑州市 | 河南省 | 183 | 220 | 郑州市科技馆 | 8426 | 4091 | 48.6% | 38 | 224 | 269 | 31 |
| | 石家庄市 | 河北省 | 176 | 211 | 河北科技馆 | 21960 | 9921 | 45.2% | 104 | 216 | 259 | 85 |
| | 南昌市 | 江西省 | 150 | 180 | 江西科技馆 | 16263 | 8300 | 51.0% | 90 | 184 | 221 | 74 |
| | 唐山市 | 河北省 | 138 | 166 | 唐山科技馆 | 7500 | 4000 | 53.3% | 45 | 170 | 204 | 37 |
| | 合肥市 | 安徽省 | 120 | 144 | 安徽科技馆 | 12000 | 4000 | 33.3% | 83 | 147 | 176 | 68 |
| | | | | | 合肥市科技馆 | 11837 | 6000 | 50.7% | 82 | — | — | 67 |
| 平均值 | — | — | — | — | — | — | — | — | 66 | — | — | 54 |

注：①城市常住人口来源于 2001 年全国人口抽样数据。

②据权威部门统计与预测，2001 年我国城市化率为 37.66%，到 2020 年我国的城市化率将达 50%。

城市户籍人口的数量也会发生变化，依其变化规律可使科技馆的规模确定具有科学的前瞻性；城市的性质在某种程度上影响着上述因素，还影响着城市人口对科学技术的关注程度。如文教中心城市中，对科学技术发展与普及有兴趣的人口比例相对要多一些。我们在城市户籍人口的基础上增加了调整系数。一是城市户籍人口数量变化、科技馆功能辐射范围的该城市所在省区国内生产总值（GDP）调整系数；二是该城市非户籍人口调整系数。城市非户籍人口包括旅游者和城市暂住人口等。通过这两个系数的调整，基本反映与涵盖了与科技馆建设规模相关的主要因素。但是考虑到目前我国的国情和较发达国家和地区科技馆的发展规律，将这个调整范围限定在20%之内，以避免建设规模的盲目扩大，而且通过调整后的城市户籍人口也与根据我国城市化进程预测的2020年的城市户籍人口数量基本相当。

**第十九条**　本条是针对少数民族地区的政策。

2002年颁布的《中华人民共和国科学技术普及法》第一章第四条明确提出："国家扶持少数民族地区、边远贫困地区的科普工作"。

2006年国务院颁布的《全民科学素质行动计划纲要（2006～2010～2020年）》中提出，到2010年"各直辖市和省会城市、自治区首府至少拥有1座大中型科技馆"。

我国少数民族地区多分布在边远地区，相对而言，经济欠发达而人口数量较少，如果完全依照本标准的分类适用范围，有些自治区首府城市不在此范围内，故本标准根据我国政府2002年颁布的《中华人民共和国科学技术普及法》等相关政策，在建馆规模的控制上对少数民族地区有所放宽。

**第二十条**　展览教育用房是保障科技馆功能发挥的基本条件，其所占比例一般应大于60%。特大型馆接待观众量较多，需较大面积的公众集散空间等服务用房，故展览教育用房的比例有所降低，但也不应低于55%。

公众服务用房是科技馆对公众服务的主要辅助用房，应有足够面积加以保障，强调这一部分的面积比例，可创造一个良好的参观环境。

业务研究及展览、展品研发是关系科技馆可持续发展的重要工作，不断推出新展览、新展品，可使科技馆对公众保持长久的新鲜感和吸引力，特别是特大型和大型馆，应具有展览、展品的研发能力，保障这部分功能面积尤为重要。调研发现，在科技馆的日常运营和业务发展中，展品的存储用房非常必要，特别是特大型和大型馆。因此，在特大型和大型馆中业务研究用房面积比例要大一些，建议取高限值。

管理保障用房是科技馆正常运行的必要条件，无论规模大小均应设置。相对而言，中小型馆的建筑规模小，所占面积比例要高一些。

根据编制组对国内部分科技馆调研数据的统计结果（附表4），展览教育用房大多基本符合本标准表2的面积比例关系，而公众服务用房和业务研究用房比例普遍偏低。公众服务用房不足，影响了观众参观时间和学习效果；而业务研究用房的缺少，使得展览、展品的研发工作受到制约，直接影响了新展览、新展品的推出，也就影响了科技馆的展教功能。

本条在考虑上述诸因素的基础上，结合现有部分科技馆运行情况和工程设计经验，给出了科技馆房屋建筑中各种用房所占比例关系的参考指标。在实际运用本条指标时，应确保展览教育用房面积的比例，因其是保障科技馆功能发挥的基本条件，是科技馆的功能主体。公众服务用房、业务研究用房、管理保障用房的面积比例在条件限制时，允许有适当调整。

**附表 4　国内部分科技馆各功能分区面积比例**

| 馆　名 | 建筑面积（$m^2$） | 展览教育用房（%） | 公众服务用房（%） | 业务研究用房（%） | 管理保障用房（%） | 其他（%） |
|---|---|---|---|---|---|---|
| 中国科技馆 | 43000 | 71. 0 | 4. 3 | 4. 5 | 17. 5 | 2. 7 |
| 黑龙江科技馆 | 25000 | 55. 7 | 28. 6 | 1. 2 | 14. 5 | — |
| 天津科技馆 | 21000 | 65. 5 | 6. 4 | 3. 2 | 10. 7 | 14. 1 |
| 安徽科技馆 | 12000 | 51. 9 | 7. 5 | 14. 1 | 26. 5 | — |
| 厦门市青少年科技馆 | 9800 | 70. 7 | 17. 3 | 4. 3 | 7. 7 | — |
| 郑州科技馆 | 8400 | 71. 8 | 4. 0 | 3. 7 | 20. 5 | — |
| 嘉兴科技馆 | 7600 | 66. 7 | 3. 3 | 4. 9 | 6. 7 | 18. 4 |
| 唐山科技馆 | 7500 | 51. 3 | 16. 6 | 8. 2 | 11. 4 | 12. 5 |

为便于使用表 2，编制组以 22000$m^2$ 的大型馆、12000$m^2$ 的中型馆和 7000$m^2$ 的小型馆为例，分别列出各类房屋面积的参考值，参见附录一至附录三。

**第二十一条**　本条的目的是为展览设计预估展品数量并为科学编制展教装备投资预算提供可操作的依据，以使常设展厅内展品数量保持在合理范围内。

编制组对国内外部分科技馆展品数量及展品所占面积进行了统计，分别见附表 5 和附表 6。从附表 5 和附表 6 可看出，国际上部分科技馆每件展品广义上所占展厅面积的平均值为 19. 2$m^2$，国内部分科技馆每件展品广义上所占展厅面积的平均值为 23. 1$m^2$。这里应注意的是，展品广义上所占展厅面积是指展品占地面积及满足公众参观展品需要的交通、休息面积等的总和。

**附表 5　国内部分科技馆每件展品广义上所占展厅面积统计**

| 馆　名 | 常设展厅面积（$m^2$） | 展品数量（件） | 展品所占面积平均值（$m^2$/件） |
|---|---|---|---|
| 中国科技馆 A 馆 1 ~3 层 | 10807 | 360 | 30. 0 |
| 黑龙江科技馆 | 12000 | 380 | 31. 6 |
| 山东科技馆 | 12500 | 470 | 26. 6 |
| 天津科技馆 | 10000 | 372 | 26. 9 |
| 合肥科技馆 | 6000 | 330 | 18. 2 |
| 郑州科技馆 | 4200 | 273 | 15. 4 |
| 安徽科技馆 | 4000 | 180 | 22. 2 |
| 厦门市青少年科技馆 | 3500 | 170 | 20. 6 |
| 蚌埠科技馆 | 2200 | 132 | 16. 8 |
| 平均值 | — | — | 23. 1 |

**附表 6　国际上部分科技馆每件展品广义上所占展厅面积统计**

| 馆　　名 | 常设展厅面积（$m^2$） | 展品数量（件） | 展品所占面积平均值（$m^2$/件） |
|---|---|---|---|
| 加拿大安大略科学中心 | 17000 | 700 | 24.3 |
| 法国巴黎发现宫 | 12500 | 800 | 15.6 |
| 韩国汉城国立科学博物馆 | 9488 | 400 | 23.7 |
| 日本科学技术馆 | 8000 | 400 | 20.0 |
| 美国旧金山探索馆 | 6500 | 500 | 13.0 |
| 美国西雅图太平洋科学中心 | 5500 | 200 | 27.5 |
| 美国洛杉矶加州科学中心 | 3000 | 250 | 12.0 |
| 德国不莱梅大学科学中心 | 3000 | 250 | 12.0 |
| 日本大阪市立科学馆 | 3000 | 170 | 17.6 |
| 日本科学未来馆 | 8000 | 300 | 26.6 |
| 平均值 | — | — | 19.2 |

科技馆的科学类展品侧重演示各基础学科（数学、物理、化学、生物学、天文学、海洋学、地质学等）的科学原理，一般展品体积较小。科技馆的技术类展品侧重演示各技术领域（信息技术、航天技术、自动化技术、制造技术等）的技术原理和方法，一般展品体积较大。编制组了解到，大量建于20世纪中后期的国际上著名科技馆多以科学类展品为主，而国内近年来建设的科技馆技术类展品较多。因此，国际上科技馆展品平均占地面积普遍小于国内科技馆展品的平均占地面积。考虑到国内外科技馆发展趋势，本标准编制组认为：科技馆每件展品广义上所占展厅面积宜取15～30$m^2$。

**第二十二条**　科技馆展示方式的主要特点之一是观众与展品的互动性。为使公众在适宜的环境下参与，应使展品在展厅中的占地面积保持在合理的范围内。换句话说，在保证展厅中展品数量合理的前提下，展品的体积应在合理的范围内。因此，本条提出了展品实物占地率的控制指标。本指标是在参考国内部分科技馆展品实物占地率（附表7）的基础上提出的。

**附表 7　国内部分科技馆展品实物占地率**

| 馆　　名 | 常设展厅面积（$m^2$） | 展品实物占地面积（$m^2$） | 展品实物占地率（%） | 开馆时间 |
|---|---|---|---|---|
| 中国科技馆 A 馆 | 14000 | 3458 | 24.7 | 2000.5 |
| 山东科技馆 | 12500 | 3000 | 24.0 | 2003.1 |
| 黑龙江科技馆 | 12000 | 3600 | 30.0 | 2003.8 |
| 天津科技馆 | 10000 | 1766 | 17.7 | 1995.1 |

**续附表 7**

| 馆　　名 | 常设展厅面积（$m^2$） | 展品实物占地面积（$m^2$） | 展品实物占地率（%） | 开馆时间 |
|---|---|---|---|---|
| 江西科技馆 | 8000 | 1944 | 24.3 | 2002.9 |
| 合肥科技馆 | 6000 | 1740 | 29.0 | 2002.5 |
| 郑州科技馆 | 4200 | 1215 | 28.9 | 2000.4 |
| 安徽科技馆 | 4000 | 952 | 23.8 | 1999.9 |
| 厦门市青少年科技馆 | 3500 | 796 | 22.7 | 2001.5 |
| 蚌埠市科技馆 | 2200 | 496 | 22.5 | — |
| 平均值 | — | — | 24.8 | — |

注：展品实物占地率 = 展品实物占地面积（$m^2$）/常设展厅面积（$m^2$）。

**第二十三条**　提出本条目的，既是为衡量科技馆的投资效益提供参考，也是为确定建筑设计的相应技术指标提供依据。

编制组对国内外部分科技馆年观众量及展厅单位面积年观众量进行了统计，从附表 8 和附表 9 可看出国内科技馆展厅单位面积年观众量与国际著名科技馆展厅单位面积年观众量尚有距离，而且相差较大，说明国内科技馆观众流量尚有增长潜力。根据专家统计资料分析得出的结论为，展厅单位面积年接待的观众量是显示科技馆投资效益的重要指标之一。展厅单位面积年接待观众量小于 30 人/$m^2$ 时，说明该馆由于某种原因投资效益发挥较差；展厅单位面积年接待观众量大于 30 人/$m^2$ 时，可以说明该馆展厅的建设投资效益比较好；展厅单位面积年接待观众量达到 50～80 人/$m^2$ 时，说明该馆展厅的建设投资效益得到比较充分的发挥，这时展厅规模与观众量处于比较理想的状态；展厅单位面积年接待观众量大于 100 人/$m^2$ 时，则意味着该馆的展厅经常处于超负荷状态，已经难以保证展示教育的效果，难以满足观众的需求，应考虑扩建。

**附表 8　国内部分科技馆年观众流量及单位面积展厅年观众流量统计**

| 馆　　名 | 常设展厅面积（$m^2$） | 年观众流量（万人） | 单位面积展厅年观众流量（人/$m^2$·年） |
|---|---|---|---|
| 中国科技馆 | 17200 | 160 | 93.0 |
| 黑龙江科技馆 | 12000 | 53 | 44.0 |
| 天津科技馆 | 10000 | 33 | 33.3 |
| 合肥科技馆 | 6000 | 20 | 33.3 |
| 江西科技馆 | 9100 | 15 | 16.5 |
| 郑州科技馆 | 4200 | 17 | 34.6 |
| 安徽科技馆 | 4000 | 15 | 37.5 |
| 平均值 | — | — | 41.7 |

**附表9　国际著名科技馆年观众流量及单位面积展厅年观众量统计**

| 馆　名 | 常设展厅面积（$m^2$） | 年观众流量（万人） | 单位面积展厅年观众流量（人/$m^2$·年） |
|---|---|---|---|
| 加拿大安大略科学中心 | 17000 | 150 | 88 |
| 法国巴黎发现宫 | 12500 | 60 | 48 |
| 日本神户青少年科技馆 | 9600 | 30 | 31 |
| 日本科学技术馆 | 8000 | 55 | 68 |
| 日本名古屋市科学馆 | 7200 | 65 | 90 |
| 美国旧金山探索馆 | 6500 | 35 | 54 |
| 美国西雅图太平洋科学中心 | 5500 | 60 | 109 |
| 荷兰 NEMO | 5000 | 35 | 70 |
| 荷兰菲利浦科技展览馆 | 3000 | 40 | 133 |
| 平均值 | — | — | 77 |

由于影响观众量的因素很多且各地不尽相同，科技馆在开馆初期和开馆一段时间后，节假日和非节假日，其观众量波动幅度较大。本标准认为较为理想的观众量应为30～60人/$m^2$·年。从附表8的统计数据来看，目前国内一些科技馆已经达到其低限值30人/$m^2$·年，未达到的科技馆创造条件亦可达到。其高限值60人/$m^2$·年应作为争取目标。况且科技馆建设是百年大计工程，随着国民经济的发展、人民生活水平的提高、教育的普及、公众对科学技术需求的不断增长，高限值的标准在大多数地区是能够达到的。

**第二十四条**　科技馆观众容量是变数，每日每时不尽相同，既不能以高峰期的容量作为计算标准，也不宜以低谷期为依据。本标准以展厅每年展出300d，假设每个观众参观半天，并以单位面积展厅年观众量的上限60人/$m^2$·年计算，同时考虑节假日观众流量加倍的因素。据此，可推算出单位面积展厅瞬时的观众容量约为：$60\times2/300\times2=0.2$人/$m^2$。如考虑各地的不同差异并留有一定余地，可以在0.2～0.25人/$m^2$的范围内进行选择。

本标准以0.2～0.25人/$m^2$作为科技馆瞬时最高观众容量，可以依此推算消防安全疏散楼梯、前室门、走道等各自的总宽度，电动扶梯应有的运送能力，观众休息座椅等数量，以及核算与瞬时最高观众容量有关的各专业主要技术指标。

科技馆的管理者应事先充分考虑观众数量的不均衡性、展厅观众高峰日接待能力的不足及观众低谷日展厅与展品的闲置等运营问题，在展厅开放期间按预计的容量适当控制，使观众量接近预计的瞬时最高观众容量，处于可控状态，并有对参观高峰日的观众数量进行限制，在参观低谷日组织观众参观等削峰填谷措施。

以安全疏散楼梯总宽度为例，附表10对比数据表明，按瞬时最高观众容量与百人疏散指标计算的楼梯总宽度与已建成的科技馆实际情况是相近的，说明上述瞬时最高观众容量取值是可行的。

**附表 10　国内部分科技馆疏散楼梯总宽度实际尺寸与瞬时最高观众容量对比**

| 馆　名 | 二层展厅<br>建筑面积（$m^2$） | 疏散楼梯<br>实际总宽度（m） | 按瞬时最高观众容量需要的<br>疏散楼梯总宽度（m） |
|---|---|---|---|
| 中国科技馆 A 馆 | 4136 | 7.2 | 8.3～10.3 |
| 沈阳科学宫 1 号工程 | 4545 | 10.8 | 9.1～11.4 |
| 沈阳科学宫 2 号工程 | 3082 | 6.0 | 6.2～7.7 |
| 黑龙江科技馆 | 5649 | 9.9 | 11.3～14.1 |
| 江西省科技馆 | 2598 | 6.6 | 5.2～6.5 |

# 第四章　选址与总体布局

**第二十六条**　科技馆总体规划布局中，合理用地是节能、节地、节水、节材，保护环境的具体体现，是落实科学发展观、建设和谐社会的需要。鉴于此，提出了科技馆用地与总体布局的要点。

一、科技馆应统一规划，根据所在城市的需求和经济条件，一次实施或分期建设，并执行节约用地的政策。

二、为避免外界干扰，科技馆应独立建造。如因特殊情况须与其他建筑联合建设时，应保证科技馆使用功能的完整性和独立性，以满足其环境要求。

三、科技馆建筑是其各种功能空间的组合体，其中展览教育空间是主体，公众服务空间与其联系密切，相互交融。而业务研究及管理保障空间则相对独立，与展览教育空间联系较弱。短期展厅通常独立对外开放，与常设展厅有联系也应有分隔。

集中式布局是将展览教育、公众服务、业务研究、管理保障用房的空间尽量集中在一个建筑物内，因而有布局紧凑、建筑总体形象突出、节约用地、参观路线简捷、各种功能空间联系方便等优点。集中式布局为较多科技馆采用的方式，例如黑龙江科技馆、日本科学未来馆均为集中式布局的代表。

分散式布局是若干个单体建筑组合的方式。这种布置具有建筑与环境更容易沟通，便于自然通风、天然采光、分期实施等特点。例如日本国立科学博物馆、印度加尔各答科学城都由多个单体建筑组成。分散式布局的科技馆实例较少，国内这类科技馆实例更少，但湖北襄樊科技馆采用庭园式布局，建筑、广场、通道、水面、绿化相互融合，室内外呼应，具有中国园林建筑特色，与分散式布局有某些相似之处。

二者相结合的方式（或称复合式）是相对集中与相对分散同时共存的方式，方法灵活、空间富于变化、结合地形环境、适应不同功能需求。例如中国科技馆由 A 馆（主展厅）、B 馆（穹幕影厅）、C 馆（儿童科学乐园、短期展厅）、业务楼、动力用房等组成。这种方式较适合于分期建设。

四、从安全和管理角度考虑，科技馆馆区道路应体现人、车、物分流的概念。

五、本款指出影响科技馆总平面技术指标的相关因素。

本标准认为科技馆用地红线外的公共广场、公共停车场（库）、公共绿地、市政管线等社会资源，均可以作为“公共资源”为科技馆所利用，而且应该优先利用。

本款提出的总平面规划中的建筑密度、容积率两项控制指标，是基于编制组对国内部分科技馆的总平面技术指标统计与分析，其数据见附表11。我国科技馆建设历史较为短暂，符合要求的、属于真正意义上的科技馆数量有限，附表11所列具有一定代表性的科技馆总平面状况也相差悬殊。编制组选择其中实例，进行了分析、测算，提出了建筑密度、容积率控制范围的要求。如这两项指标与当地规定有矛盾时，以当地规划条件为准。

**附表11　国内部分科技馆总平面技术指标及单体建筑平面系数统计**

<table>
<tr><th>馆名<br>相关指标</th><th>中国<br>科技馆</th><th>黑龙江<br>科技馆</th><th>河北<br>科技馆</th><th>郑州<br>科技馆</th><th>合肥<br>科技馆</th><th>江西<br>科技馆</th></tr>
<tr><td>总用地面积（$m^2$）</td><td>58000</td><td>51810</td><td>12818</td><td>7366</td><td>16710</td><td>41029</td></tr>
<tr><td>建筑占地面积（$m^2$）</td><td>10723</td><td>9131</td><td>3319</td><td>3472</td><td>4066</td><td>7274</td></tr>
<tr><td>总建筑面积（$m^2$）</td><td>39641</td><td>25238</td><td>12700</td><td>8426</td><td>11782</td><td>16750</td></tr>
<tr><td>室外展览场地面积（$m^2$）</td><td>—</td><td>6150</td><td>3375</td><td>—</td><td>2500</td><td>—</td></tr>
<tr><td>室外活动场地面积（$m^2$）</td><td>—</td><td>—</td><td>—</td><td>500</td><td>1500</td><td>6800</td></tr>
<tr><td>室外停车场地面积（$m^2$）</td><td rowspan="2">23165</td><td>3763</td><td>820</td><td>—</td><td>1200</td><td>1200</td></tr>
<tr><td>其余道路广场面积（$m^2$）</td><td>8936</td><td>3440</td><td>2744</td><td>4935</td><td>1200</td></tr>
<tr><td>绿化用地面积（$m^2$）</td><td>24112</td><td>23830</td><td>1864</td><td>650</td><td>2509</td><td>24554</td></tr>
<tr><td>建筑密度（%）</td><td>18.5</td><td>17.6</td><td>26</td><td>47.14</td><td>24.4</td><td>17.73</td></tr>
<tr><td>容积率</td><td>0.68</td><td>0.49</td><td>0.99</td><td>1.14</td><td>0.7</td><td>0.41</td></tr>
<tr><td>绿地率（%）</td><td>41.6</td><td>49</td><td>14.5</td><td>9</td><td>15</td><td>59.85</td></tr>
<tr><td>展教服务用房K值（%）</td><td>A馆84</td><td rowspan="2">84</td><td>84.2</td><td rowspan="2">71</td><td rowspan="2">77</td><td rowspan="2">主馆86.7<br>宇宙剧场<br>85.99</td></tr>
<tr><td>业务保障用房K值（%）</td><td>—</td><td>74.3</td></tr>
<tr><td>地下车库面积（$m^2$）</td><td>—</td><td>—</td><td>—</td><td>626</td><td>—</td><td>—</td></tr>
<tr><td>附注</td><td>中国航空工业规划设计研究院统计</td><td>中国航空工业规划设计研究院统计</td><td>河北科技馆统计</td><td>郑州科技馆统计</td><td>机械工业第一设计研究院统计</td><td>南昌有色冶金设计研究院现代建筑分院统计</td></tr>
</table>

室外展览场地是展厅的扩展和延伸。总平面布局宜考虑这部分组成。其用地可以和观众集散场地相结合。联合国教科文组织文件《科学技术博物馆建设标准》中也指出：“最好要有室外展览场地……”。国内现有科技馆虽情况不同，但多数欠缺这类场地面积。

室外活动场地是室外展览场地的另一种形式，可以根据当地气候条件酌定，宜和观众集散场地相结合。

六、我国已建成的科技馆多为地上停车，其中不少科技馆未将停车库纳入建设规划，导致开馆后处于被动状态，故科技馆建设必须配套停车设施。由于各地的用地、资金条件及规划要求不同，难以形成统一标准，故本标准未包括机动车、非机动车位指标，以及相应的建筑面积指标，各地区应酌情在本标准之外统一解决。

停车数量应按当地规划条件的要求确定。规划设计前期阶段可参照《全国民用建筑工程设计技术措施》大城市大中型民用建筑停车位标准中的展览馆建筑类别估算。

为满足运送团体观众车辆的需求，停车场应考虑一半的车位数量按车型转换系数折算为大型客车的地上车位。

七、各地均有人防设施的建设规划，为避免矛盾，本标准未包括人防设施的建筑面积指标。

八、为保证科技馆的正常使用功能不受干扰，馆区范围内不应建造职工住宅用房。

## 第五章 建筑设计

**第二十八条** 作为传播、普及科学技术知识的科技馆，应体现并实践可持续发展的思想。科技馆建筑应采用耐久性强、无毒、无污染的绿色建筑材料，围护结构应有良好的保温、隔热、防水性能，应争取良好的朝向，争取天然采光与自然通风，控制有害气体的产生，防止噪声干扰，宜采用控制系统调控制冷、供热、供水、空气流通和采光，高效率利用资源，以达到降低能耗与环境保护的目的。

**第二十九条** 本条基于科技馆展览教育的特殊性对科技馆建筑设计提出的概念性要求，其要求应体现在建设工程规划与方案中。

**第三十条** 本条是对科技馆展厅设计提出的要求。

一、展厅层数的选择考虑了功能与经济的因素。展厅的层数多，影响参观路线的便捷，也不利于安全疏散，故宜将展厅设在首层至三层，亦可设在四层。从技术经济角度考虑，中小型科技馆的建筑高度应控制在24m以下，与消防相关的设备及土建投资较为经济。但国内外均有展厅超过四层甚至更高的实例。如果加大投资解决好竖向交通及观众参观路线问题，展厅超过四层的也能被观众接受。国外还有将屋顶作为展览场地，兼作实验场地实例，形式新颖，也有特色，是室内外结合的展览形式，在气候条件适宜的地区可以借鉴。地下室防火分区小，疏散和扑救困难，一般不宜在地下室设置展厅。

二、科技馆某些特定功能（售票、存物、等候、咨询等）需在验票前于门厅内解决；当门厅、展厅合一或由室外剪票入场时，也可以不设置门厅。小型科技馆观众数量少，可根据情况酌定。

三、为适应大流量的观众和展品的经常更新，展厅通透性良好、视野开阔、较大柱网、较高层高、较大荷载是必要的基础条件。方形或矩形柱网，方便展品的布置，短期展览多为标准展位，适于采用展位倍数的柱网。

特殊高度、长度、荷载的展品或装备，应在方案设计阶段予以考虑，并在以后的设计阶段落实空间与荷载，其中特殊的高度不应作为展厅层高的依据，应采取局部增高或多层连通的方法解决。为适应重型展品、装备的运输及使用要求，首层荷载应高于其余层展厅。

展厅的层高、柱网、荷载等标准是在参考国内外已建成的部分科技馆统计资料（附表12、附表13）的基础上，结合我国科技馆建设和运行的实践确定的。

**附表12　国内部分科技馆跨度、层高、荷载统计**

| 馆　　名 | 柱网最大跨度（m） | 标准层层高（m） | 首层荷载（$kN/m^2$） | 楼层荷载（$kN/m^2$） | 开馆时间（年月） |
|---|---|---|---|---|---|
| 黑龙江科技馆 | 15 | 7 | 10 | 4 | 2003. 8 |
| 山东科技馆 | 10 | 4. 2 ~4. 8 | 6 | 6 | 2003. 12 |
| 合肥科技馆 | 10 | 7 | 8 | 4 | 2002. 5 |
| 江西科技馆 | 17 | 8. 6 | 地面 | 4 | 2002. 9 |
| 中国科技馆 A 馆 | 17 | 7 | 10 | 3. 5 | 2000. 5 |
| 郑州科技馆 | 13. 66 | 6. 3 | 3. 5 | 3. 5 | 2000. 5 |
| 安徽科技馆 | 13 | 4. 8 | 4. 5 | 3. 5 | 1999. 9 |
| 天津科技馆 | 9 | 7 | 10 | 3. 5 | 1995. 1 |
| 河北科技馆新馆 | 18 | 7. 2 | 10 | 4 | — |
| 贵州科技馆 | 9. 5 | 6 | 3. 5 | 3. 5 | — |
| 沈阳科学宫 | 9 | 6 | 10 | 4 | — |

**附表13　日本部分科技馆跨度、层高、荷载统计**

| 馆　　名 | 柱网最大跨度（m） | 标准层层高（m） | 首层荷载（$kN/m^2$） | 楼层荷载（$kN/m^2$） | 建造时间（年月） |
|---|---|---|---|---|---|
| 日本国立科学博物馆（新馆） | 25 | 7 ~10 | 15 | 5 | 2003. 3 |
| 日本科学未来馆 | 30 | 9 | 10 | 5 | 2001. 7 |
| 仙台科学馆 | 28 | 4 ~6 | 5 | 3 | 1996 |
| 名古屋科技馆 | 15 | 4. 5 | — | — | 1989 |
| 神户青少年科学馆 | 20 | 4. 3 ~5. 5 | 地面 | 2. 5 | 1984 |
| 日本科学技术馆 | 12 | 4 | 10 | 5 | 1964 |

四、中型以上科技馆展厅人流量大，设自动扶梯运送集中的人流是较为普遍的客运方式。小型科技馆人流少，展厅层数少，步行可解决交通问题，可不设自动扶梯。大型科技馆应设置载客量多的电梯，以尽快运送客人。

五、考虑使用和经济两方面因素，垂直运输展品的货运电梯应选用较大吨位的标准梯。展品设计应适应垂直运输的基本条件，使展品小型化或拆卸运输后组装。大型科技馆的货用电梯不宜小于 3t。特殊需求应选用大吨位、大轿厢的非标准货梯，且应考虑电梯门、通道门与轿厢尺寸相对应，以方便货物进出。例如日本科学技术馆展厅就设有 8t 的货梯。

六、观众休息区内服务设施的设置体现了以人为本的理念，科技馆有条件时尽可能做到。餐饮部加热食品时气味四溢影响展厅，故在展厅内不宜设提供热食品的餐饮部。

七、短期展厅因展期短暂、经常更换，为避免布展、撤展的垂直运输，不宜设置在二层以上楼层。要求独立的观众出入口，是为避免常设展厅与短期展厅观众混杂。

**第三十一条** 科技馆内的报告厅、大型影视厅开放时间有时与展厅的开放时间不同步，为便于管理，提出本条。

**第三十二条** 科技馆观众数量多、少年儿童比例大，编制组经与国内部分消防专家研究适当提高了科技馆建筑的耐火等级。当设计方案超出现行规范时，可采用当今国际通行的火灾性能化设计与火灾危险性评估方法加以解决，即运用消防安全工程学的原理和方法制定整个防火系统应达到的性能目标，并针对该工程的实际状态，应用各种可能方法对建筑的火灾危险和将导致的后果进行定性、定量地预测与评估，以求最佳的防火设计方案和最好的防火保护。

展厅装修和展览、展品材料的选择，应符合《建筑内部装修设计防火规范》GB 50222 的要求。

**第三十三条** 政府投资的科技馆建筑在所在地区一般具有较大影响，是重要的公共文化设施，为公众所瞩目。建筑造型设计应实用、经济、美观、安全。不应为追求新、奇、特的外表而牺牲使用功能，造成投资的浪费。

## 第六章 室内环境

**第三十六条** 本条是对科技馆室内视觉环境提出的要求。从全国科技馆目前现状调查结果看，除几个大型科技馆外，其他科技馆，人工照明照度偏低，亮度不够，光源显色指数较低，光色偏冷，照明质量较差，不能提供良好的视觉环境。因此，本条对科技馆的视觉环境提出了一些基本的要求，以改善视觉条件，保护青少年的视力，提高展示效果。

国内外没有专门针对科技馆的照明标准，本标准综合参考了美国 IES，英国 IES、CIBS，澳大利亚照明协会照明标准以及我国《建筑照明设计标准》GB 50034 等，提出了科技馆内主要区域照度标准。表 3 中未列出的区域照度标准，可参见附表 14 中国内外类似场所的照度标准。展厅的照度标准值选用了展览馆一般展厅的照度值 200 lx。科技馆的门厅、休息区与展厅有时很难明确区分，故选用与展厅一致的照度值，以免引起明暗感。国外照明设计标准中，门厅、大厅的标准照度为 200 ~ 300 lx，故本标准综合考虑，将门厅、休息区的照度值取 200 lx。票房、问询处照度值采用了办公建筑接待室、前台的照度值。商品部照度值选用了一般商店营业厅的照度值。

**附表 14 国内外公共建筑照度标准值比较表（lx）**

| 类别 | 建筑照明设计标准 | CIE | 德国 | 美国 | 俄罗斯 | 日本 |
|---|---|---|---|---|---|---|
| 普通办公室<br>高档办公室 | 300<br>500 | 500 | 300<br>500 | 500 | 300 | 300 ~ 750 |
| 设计室、绘图室 | 500 | 750 | 750 | 750 | 500 | 750 ~ 1500 |
| 陈列厅、营业厅<br>接待室、会议室 | 200 ~ 300<br>300 | 500 | 300 | 100<br>300 | 200<br>200 | 200 ~ 500<br>300 ~ 750 |

**续附表 14**

| 类别 | 建筑照明设计标准 | CIE | 德国 | 美国 | 俄罗斯 | 日本 |
| --- | --- | --- | --- | --- | --- | --- |
| 档案室<br>休息室 | 200<br>300 | 200<br>100 | —<br>100 | —<br>100 | 75<br>50 ~ 75 | 150 ~ 300<br>75 ~ 150 |
| 楼梯间、电梯间<br>走道、交通区 | 50 | 150<br>100 | 50<br>100 | 100<br>50 | 10 ~ 100<br>20 ~ 75 | 100 ~ 300<br>100 ~ 200 |
| 贮藏室、库房<br>厕所<br>盥洗室 | 50<br>75 ~ 150<br>75 ~ 150 | 100<br>200<br>200 | 50 ~ 200<br>100<br>100 | 100<br>50<br>50 | 75<br>50 ~ 75<br>50 ~ 75 | 75 ~ 150<br>100 ~ 200<br>100 ~ 200 |
| 资料来源 | GB 50034-2004 | CIE S008/E-2001 | DIN 5035-1990 | IESNA-2000 | CH-ИП 23-05-95 | JIS Z 9110-1979 |

表4中特殊展品、展柜主要指辨色要求较高的展品、展柜。另外，随着电光源技术的发展，高显色性的光源越来越多，许多荧光灯、金属卤化灯显色指数都达到80以上，一些可以超过90。建议使用本表时，在不影响投资的条件下选用较高显色指数值。

科技馆展厅和公共照明用电负荷较大，不同时段观众数量差异很大，可通过自动控制技术调节相关区域的照明，达到节约资源的目的。

**第三十七条** 本条是对科技馆室内空气质量提出的要求。空气质量关系到观众的健康，而科技馆参观人数变化幅度大，因此，有必要对科技馆的展厅、报告厅、影像厅等室内空气质量进行控制。

**第三十八条** 本条是对科技馆室内声环境提出的要求。展品及其设备工作噪声、建筑设备运行噪声、观众活动噪声是展厅内的噪声源，室外环境噪声是展厅外的噪声源，以上噪声都是构成展厅听觉效果降低的原因。在设计时，对观众的数量和发声量很难预计，而空场背景噪声是能控制的。只要建筑设计控制建筑设备运行噪声、室外环境噪声，展品设计控制展教设备工作噪声，将展厅空场背景噪声控制在50dB（A）以下是可能的。必须强调：噪声控制中的隔振、减振吸声、消声等措施应是辅助手段，而控制噪声源、选用低噪声建筑设备与展教设备是首要的措施。高噪声设备尽管节省了部分设备采购费用，却增加了治理的投资和难度，得不偿失。这方面，黑龙江科技馆选用低噪声设备，很好地控制了展厅噪声的经验，值得借鉴。大型科技馆展厅空间大，建筑和展教设备多，它们往往功率大，发声量大，其噪声控制尤为重要。

展厅内吸声量不足或不设吸声措施，会造成混响时间过长。科技馆展厅无法确定观众的数量，也不能控制观众的发声量，故应依据空场混响时间确定吸声量。本标准选择各种厅堂混响时间较大值1.8s。

## 第七章　建筑设备和建筑智能化

**第三十九条** 为贯彻国家“四节一环保”的政策，科技馆建筑设备及系统应满足节能的要求。

科技馆某些展台和实验室在展示过程中会散放出有害气体或排放出废水，例如在演示高压放电时，会释放出臭氧；化学实验时会散放出含有酸碱等的有害气体或排放出含有酸碱等的废水，若不采取措施，不但直接危害观众的身体健康，还会污染科技馆周围的环境，因此有害气体应设机械排风系统排除，废水应单独收集和处理。

科技馆为人数众多的公共场所，公共建筑的卫生环境关系到观众的身体健康，为避免人员交叉感染，厕所内应采用非触摸式的卫生器具，如采用蹲式大便器和脚踏式冲洗阀、洗手盆和小便器采用感应式冲洗阀等。

**第四十条** 电力设施为科技馆照明、动力、展品提供能源，是保证科技馆正常运行的前提条件。考虑到科技馆人员密集，且青少年占大多数，故本标准中确定的供电负荷等级较一般民用建筑负荷等级有适当提高，并确定科技馆为二级以上负荷用户。

由于科技馆用电负荷不定因素多、变化大，确定一个较准确的用电负荷密度标准比较困难。为便于项目在可行性研究阶段估算用电总负荷，本标准根据目前国内民用建筑用电状况，提出了科技馆单位用电负荷密度参考值。

**第四十一条** 信息化是当今时代的特征，作为普及科学技术教育重要阵地的科技馆应体现信息时代的特征并应用现代信息技术为其功能服务。通信基础设施是制作、发送、接收、收集、传输、交流和存贮信息的必不可少的条件。在建设科技馆时，应同时配备好这些条件。科技馆的通信基础设施主要包括有线或无线的语音、数据和视频系统及其相关的设备，结构化布线。数据系统网络还应考虑内部网络与外部网络。

**第四十二条** 智能化管理系统本身体现现代科学技术水平，反映信息时代特征。科技馆采用先进的智能化管理技术，不仅可以提高自身的管理水平，而且可以节约能源，还可为智能化管理技术的应用起到宣传示范作用。因此，科技馆在建设时应把楼宇智能化管理作为重要内容，按照统一规划、逐步实施的原则，为不断发展的管理技术提供良好的基础条件。

表7中建议设置项主要基于下列考虑：

一、为了节能，冷热源、空调、照明作建筑设备监控的选项。考虑到小型馆面积规模小，冷热源与空调系统比较简单，设备数量较少，可采用简单启、停设备实现节能，以减少该部分投资和楼宇自控管理人员。

二、为便于引导观众参观，建议所有馆都设信息自动查询设施。

三、由于大型、特大型馆配电设备比较多，系统复杂，为了提高系统运行和设备的管理水平，减少现场维护管理人员，增加配电监控和智能化系统集成的设置。

四、考虑小型馆面积规模小，出入口少的特点，为了节省投资，减少安防技术维护人员，小型馆可不设安防系统。

本条是建议设置项，不是必选项。各馆可根据实际情况，资金状况增减项。

冷热源包括制冷站、锅炉房、热交换站等设备及系统；

空调包括室内的温湿度、新风、通风、排风等设备及系统；

配电包括变配电设备、变配电系统、备用应急电源、不间断电源、大型双电源自投开关、直流电源等设备及系统；

安全技术防范包括闭路电视监控、出入口控制管理、入侵报警系统、巡更系统停车场的收费管理系统、周界监控系统等；

信息自动查询系统是为观众提供多种信息、导引观众的综合性服务系统；

智能化系统集成是将以上各系统和火灾自动报警及其他一些需要集成的（如电梯、计费、办公自动化等）系统进行集成管理。

智能化管理内容很多，本标准提到的仅是能较密切地服务于科技馆展教功能的一些子项。各地科技馆建设时可根据各自情况进行选择。

## 第八章　主要技术经济指标

**第四十三条**　本条说明由政府投资兴建的科技馆建设投资组成。一般由建筑安装工程（房屋建筑工程、室外工程）费用、展教装备费用、工程建设其他费用和预备费用组成。

科技馆的特点决定人流集中，流动量大，有些活动需在室外进行，某些特殊展品需在室外展示，故本标准将建筑安装工程分为房屋建筑和室外工程两个部分，以便较好地反映室外工程所需费用。房屋建筑工程包括：房屋建筑工程、设备采购、安装工程。室外工程包括：室外工程、市政工程接口、园林绿化工程、室外场地道路及室外展场工程。

根据建设部、财政部建标〔2003〕206 号文，建筑安装工程费用由直接费、间接费、利润和税金组成。

直接费由直接工程费和措施费组成。直接工程费指施工过程中耗费的构成工程实体的各项费用。措施费指为完成工程项目施工，发生于该工程施工前和施工过程非工程实体项目的费用。

间接费由规费、企业管理费组成。规费指政府和有关权力部门规定必须缴纳的费用。企业管理费指建筑安装企业组织施工生产和经营管理所需费用。

展教装备费用指展品费用和研究装备费用。

展品费用包括用于展教活动的展品及其配套费用。

研究装备费用包括用于展教资源开发、展品维护、科技馆情报与理论研究、展教资料采集、科技文物和标本收藏等工作的装备费用。

根据国家计委、中国人民建设银行计标〔85〕352 号文，工程建设其他费用系指根据有关规定应在基本建设投资中支付的，并列入建设项目总概算的，除建筑安装工程费用和设备、工器具购置费以外的一些费用。

预备费用包括基本预备费和专项预备费。

**第四十四条**　编制组从获得的较完整的科技馆建设调研资料中选取了 1995 年以来新建馆资料进行汇总，结果见附表 15。

由附表 15 可以看出，房屋建设工程费平均约为 4700 元/$m^2$，与国内公共建筑单价费用比较是相一致的。

室外工程费是对能单列的有一定室外场地费用的科技馆进行平均的结果，按建筑面积计算平均值约为 500 元/$m^2$，此值具有代表性。

工程建设其他费各地区有一定的差异，各地区这类费用内容和标准无法统一，故未能列入附表 15。这类费用总和约占建筑安装工程费的 10% ~15% 。

展教装备费以展厅面积为基本单位，平均约 3000 元/$m^2$（如以科技馆建筑面积为基本单位，平均约 1650 元/$m^2$），此费用同目前单件展品费用与所占展厅面积的关系是一致的。如果根据科技馆展教装备费的正常需要，展厅面积 3000 元/$m^2$ 的费用值则明显不足。

### 附表 15　1995 年以来新建科技馆投资费用一览表

| 馆　名 | 建筑面积（$m^2$） | 常设展厅面积（$m^2$） | 房屋建设工程费 | | 室外工程费 | | 展教装备费 | | | 开馆时间（年月） |
|---|---|---|---|---|---|---|---|---|---|---|
| | | | 工程投资（万元） | 元/$m^2$（建筑面积） | 工程投资（万元） | 元/$m^2$（建筑面积） | 工程投资（万元） | 展品数量（件） | 元/$m^2$（展厅面积） | |
| 天津科技馆 | 21000 | 10000 | 9080 | 4324 | — | — | 2300 | 318 | 2300 | 1995.1 |
| 安徽科技馆 | 12000 | 4000 | 3674 | 3062 | 426 | 355 | 1520 | 180 | 3800 | 1999.9 |
| 中国科技馆 A 馆 | 23000 | 14000 | 13250 | 5760 | — | — | 7000 | 450 | 5000 | 2000.5 |
| 郑州科技馆 | 8400 | 4200 | 1928 | 2295 | 160 | 190 | 789 | 273 | 1880 | 2000.5 |
| 江苏科学宫 | 13600 | 9100 | 5800 | 4264 | — | — | 2400 | 220 | 2640 | 2000.5 |
| 厦门青少年科技馆 | 9800 | 3500 | — | — | 1245 | — | 1100 | 170 | 3140 | 2001.5 |
| 合肥科技馆 | 11800 | 6000 | 7000 | 5932 | 1000 | 847 | 1800 | 260 | 3000 | 2002.5 |
| 江西科技馆 | 16000 | 9100 | 8000 | 5000 | 500 | 313 | 3000 | 213 | 3300 | 2002.9 |
| 黑龙江科技馆 | 25000 | 12000 | 17120 | 6848 | 1880 | 752 | 2500 | 280 | 2080 | 2003.8 |
| 山东科技馆 | 21000 | 12500 | — | — | — | — | 3200 | 470 | 2560 | 2003.12 |
| 平均值 | — | — | — | 4686 | — | 491 | — | — | 2970 | — |

注：①表中展品数量未包括赞助展品数量。

②表中室外工程费未单列时，建设费用包括房屋建筑工程费和室外工程费。

③表中厦门青少年科技馆地理环境特殊，室外工程费未进行平均。

附表16是在参考近几年国内建成的较完整的科技馆的经济指标的基础上，结合现行实地情况，经修正后编制的建设费用投资估算参考指标。参考指标基本上采用了调研结果，仅在展教装备费上进行了一定提高。

**附表16　建设费用投资估算参考指标（元/$m^2$）**

| 费用名称 / 馆类型 | 建筑安装工程费 | | 展教装备费 | 工程建设其他费 |
|---|---|---|---|---|
| | 房屋建筑工程费 | 室外工程费 | | |
| 特大型馆 | 3000～7000 | 350～750 | 1400～2500 | 560～840 |
| 大型馆 | 3000～7000 | 350～750 | 1500～2800 | 560～840 |
| 中型馆 | 2600～6000 | 300～660 | 1600～2900 | 480～720 |
| 小型馆 | 2500～5500 | 260～600 | 1800～2700 | 440～660 |

附表16中的房屋建设工程、室外工程投资估算采用了调研结果的平均值。工程建设其他费按建筑安装工程费的10%～15%采用。展教装备投资估算的标准则是在调研结果的基础上增加30%（按展厅面积计算平均约为3900元/$m^2$，按建筑面积计算平均约为2150元/$m^2$）。附表根据科技馆类型有所区别，对于小型馆，以每22.5$m^2$展厅面积（大致相当于每件展品在展厅中的平均占地面积）展教装备投资估算为6.5万～9.9万元；中型以上馆，以每22.5$m^2$展厅面积展教装备投资估算为6.2万～12.5万元确定。

预备费用各地区考虑因素不同，标准无法统一，一般按建筑安装工程费、工程建设其他费、展教装备费之和的3%～6%考虑。

附表17为日本部分科技馆房屋建筑工程费用、展教装备费用调研统计资料。从附表中可看出，在日本部分科技馆的建筑安装工程费（含房屋工程、室外工程）与展教装备费之和中，展教装备费所占比例为31.8%（平均值）。本标准的高限与其相当。

**附表17　日本部分科技馆房屋建筑工程费用、展教装备费用调研统计表**

| 馆　名 | 建筑面积（$m^2$） | 建筑安装工程费用（亿日元） | 展教装备费用（亿日元） | 展教装备费用/建筑安装工程费用+展教装备费用 |
|---|---|---|---|---|
| 日本国立科学博物馆（新馆） | 22800 | 100 | 65 | 39.4 |
| 日本科学未来馆 | 40600 | 200 | 100 | 33.3 |
| 仙台市科学馆 | 12200 | 56.6 | 13.3 | — |
| 琵琶湖博物馆 | 24000 | 154.4 | 45.6 | 22.8 |
| 平均值 | — | — | — | 31.8 |

注：2004年6月调研结果。

日本仙台市科学馆是全市中学实验教学的特种实验室，包括地学、生物、物理、化学四个实验室，全市中学生的相关实验均在这里进行，是非常生动的教学实验室。仙台市科学馆相当一部分展品是由高校及科研机构提供的，展教装备费用较低。附表17中的展教装备费用不代表全部费用，参加平均统计代表性不强，故未取用。

我国各地区经济发展很不均衡，劳动力成本、物价指数不同，在科技馆建设投资上，各地区差异较大。因此，建设费用投资估算参考指标数值范围相差幅度较大，但仍能反映一个上限和下限值，有助于政府投资决策。根据附表16推算给出的本条科技馆房屋建筑工程费、室外工程费、工程建设其他费、展教装备费各占建设项目投资的百分比相对稳定，不会因物价的变化有大的起伏，可使政府在投资建设科技馆时，对科技馆建设的各项费用比例有一个宏观了解和控制，以防止漏项或比例失调，影响科技馆建设投资效果。

**第四十七条**　根据《中华人民共和国科学技术普及法》和相关规定，政府投资建设的科技馆，年度运行经费应由政府给予保障。

科技馆一般费用指人员支出费用、公用支出费用、个人和家庭的补助支出费用等。

科技馆专项费用指科技馆专项业务（展览和展品研发更新、展览环境设计改造等）费、设施修缮费（含展教设备维修费等）、设备购置费等。

**第四十八条**　关于科技馆的运行经费问题，编制组对国内部分近几年建成的具有一定规模的科技馆运行经费进行了调研（结果见附表18）。各地科技馆普遍反映经费不足，有些馆已经到了难以运行的状况，这是导致科技馆的观众人数逐年下降、科普教育功能减弱的重要原因之一。为保障科技馆的正常运行，发挥科技馆应有的效益，编制组在对目前各馆的实际需求和运行现状进行综合分析后，在原有基础上，给予小型馆增加了20%运行经费，给予中型以上馆增加了30%运行经费，由此综合确定了本条的运行经费的百分比。

**附表18　国内部分科技馆运行经费统计**

| 馆　名 | 建筑面积（$m^2$） | 展厅面积（$m^2$） | 建设投资（万元） | 现状支出 | | 现有支出满足程度 | 开馆时间（年月） |
|---|---|---|---|---|---|---|---|
| | | | | 万元/年 | 元/$m^2$·年 | | |
| 天津科技馆 | 21000 | 10000 | 11380 | 750 | 357 | 不足 | 1995.1 |
| 安徽科技馆 | 12000 | 4000 | 5620 | 350 | 292 | 不足 | 1999.9 |
| 中国科技馆 | 43000 | 17200 | — | 3500 | 814 | 满足 | 2000.5 |
| 郑州科技馆 | 8400 | 4200 | 2877 | 390 | 464 | 不足 | 2000.5 |
| 江苏科技馆 | 13600 | 9100 | 8000 | 752 | 553 | 不足 | 2000.5 |
| 厦门青少年科技馆 | 9800 | 3500 | 5845 | 500 | 510 | 基本满足 | 2001.5 |
| 合肥科技馆 | 11800 | 6000 | 9800 | 660 | 559 | 基本满足 | 2002.5 |
| 江西科技馆 | 16000 | 9100 | 11500 | 700 | 438 | 不足 | 2002.9 |
| 平均值 | — | — | — | — | 498 | — | — |

**第四十九条**　科技馆建设工期是在调研各地科技馆建设工期的基础上，并参考《全国统一建筑安装工程工期定额》（2000版）中综合楼工程、图书馆工程、影剧院工程的工期确定的。本条工期的计算是以一个单项（位）工程为基数确定的工期。如为两个以上单项工程，工期的计算是以一个单项（位）工程最大工期为基数，另加其他单项（位）工程工期总和乘相应系数计算，一般另加两项之内乘系数0.25计算。

地区分类见附表19。

**附表 19 地区分类**

| 地区类别 | 行 政 区 划 |
| --- | --- |
| Ⅰ类地区 | 上海、江苏、浙江、安徽、福建、江西、湖北、湖南、广东、广西、四川、贵州、云南、重庆、海南 |
| Ⅱ类地区 | 北京、天津、河北、山西、山东、河南、陕西、甘肃、宁夏 |
| Ⅲ类地区 | 内蒙古、辽宁、吉林、黑龙江、西藏、青海、新疆 |

科技馆建设投资与运行费用估算例题：

例题 1：计划建造面积为 $20000m^2$ 的科技馆

科技馆建设投资 = 建筑安装工程费 + 工程建设其他费 + 展教装备费 + 预备费

$= 20000m^2 \times (5000 + 550 + 700 + 2150)$ 元$/m^2 \times (1 + 4.5\%)$

= 16800 万元 + 756 万元

= 17556 万元

科技馆年运行费用 = 一般费用 + 专项费用

$= 20000m^2 \times (5000 + 550)$ 元$/m^2 \times 9\%$

$+ 20000m^2 \times 2150$ 元$/m^2 \times 10\%$

= 1429 万元

例题 2：计划建造面积为 $12000m^2$ 的科技馆

科技馆建设投资 = 建筑安装工程费 + 工程建设其他费 + 展教装备费 + 预备费

$= 12000m^2 \times (4300 + 480 + 600 + 2250)$ 元$/m^2 \times (1 + 4.5\%)$

= 9156 万元 + 412.2 万元

= 9568.2 万元

科技馆年运行费用 = 一般费用 + 专项费用

$= 12000m^2 \times (4300 + 480)$ 元$/m^2 \times 9\%$

$+ 12000m^2 \times 2250$ 元$/m^2 \times 10\%$

= 786.2 万元

# 第九章 管理和运行

**第五十条** 科技馆日常工作主要内容如下：

行政管理——包括日常行政、人事、财务、物资、后勤等事务；

公共关系——包括对外联络、宣传、接待等事务；

设计研究——包括展览和展品的设计研究，科技馆情报、理论、规划、展教方法的研究，开展公众调查与科技馆展教效果评估等；

公众教育——包括展览和展品管理，辅导公众参观，组织报告、讲座、影视和实验等教育活动等；

公众服务——包括销售参观门票，维护展厅安全和卫生，观众餐饮和商品销售服务等；

工程管理——包括建筑、水、暖、空调、电气、电讯等设备的日常运行及维护。

科技馆设置的部门数量、名称可因馆而异，小型科技馆可由一个部门管理多项工作。

**第五十一条** 《中华人民共和国科学技术普及法》第二十四条规定："以政府财政投资建设的科普场馆，应当配备必要的专职人员。"科技馆的工作人员数量既是实现其自身功能的重要保障之一，也是确定科技馆建设用房指标的依据之一。

有关研究成果表明，国际上科技馆工作人员数量总的趋势是：规模越大，单位面积工作人员越少；规模越小，单位面积工作人员越多。究其原因，不论科技馆规模大小，某些部门是必须设置的，且这些部门的工作人员数量与规模虽有一定关系，但不完全呈正比关系。根据对国外部分科技馆工作人员统计（附表20）证实了这一事实。根据编制组对国内具有一定规模的科技馆工作人员调查（附表21），其工作人员数量也基本符合国际上的这一规律。

**附表20　国外部分科技馆工作人员统计**

| 馆类型 | 馆　名 | 工作人员（人） | 建筑面积（$m^2$） | 工作人员/建筑面积 | 平均工作人员/平均建筑面积 |
|---|---|---|---|---|---|
| 特大型馆 | 美国国家历史与技术博物馆 | 278 | 61200 | 1/220 | 1/174 |
| | 德国德意志博物馆 | 380 | 60000 | 1/158 | |
| | 日本东京科学未来馆 | 235 | 40590 | 1/173 | |
| | 加拿大安大略科学中心 | 225 | 33108 | 1/147 | |
| 大、中型馆 | 新加坡科学中心 | 67 | 11700 | 1/175 | 1/167 |
| | 韩国国家科学博物馆 | 74 | 10710 | 1/145 | |
| | 美国旧金山探索馆 | 64 | 8500 | 1/132 | |
| | 日本东京科学技术馆 | 130 | 25160 | 1/194 | |
| 小型馆 | 美国西雅图太平洋科学中心 | 45 | 7350 | 1/163 | 1/153 |
| | 德国不莱梅大学科学中心 | 30 | 4000 | 1/133 | |
| | 日本名古屋电气科技馆 | 25 | 5200 | 1/208 | |
| | 日本京都光科技馆 | 28 | 3000 | 1/107 | |

**附表21　国内部分科技馆工作人员统计**

| 馆类型 | 馆　名 | 工作人员（人） | 建筑面积（$m^2$） | 工作人员/建筑面积 | 平均工作人员/平均建筑面积 |
|---|---|---|---|---|---|
| 特大型馆 | 中国科技馆 | 182 | 43000 | 1/236 | 1/236 |
| 大、中型馆 | 黑龙江科技馆 | 115 | 25000 | 1/217 | 1/189 |
| | 天津科技馆 | 109 | 21000 | 1/192 | |
| | 江西科技馆 | 86 | 16000 | 1/186 | |
| | 江苏科学宫 | 63 | 13600 | 1/216 | |

续附表 21

| 馆类型 | 馆　　名 | 工作人员（人） | 建筑面积（$m^2$） | 工作人员/建筑面积 | 平均工作人员/平均建筑面积 |
|---|---|---|---|---|---|
| 大、中型馆 | 安徽科技馆 | 67 | 12000 | 1/179 | 1/189 |
| | 合肥科技馆 | 58 | 11800 | 1/203 | |
| | 厦门市科技馆 | 43 | 9800 | 1/228 | |
| | 郑州科技馆 | 82 | 8400 | 1/102 | |
| 小型馆 | 蚌埠市科技馆 | 30 | 4400 | 1/110 | 1/227 |
| | 唐山市科技馆 | 38 | 7500 | 1/197 | |
| | 嘉兴市科技馆 | 18 | 7600 | 1/422 | |

从附表 20、附表 21 可知：

国际上特大型馆工作人员数量与平均建筑面积的平均值大约在 1 人/174$m^2$，国内现为 1 人/236$m^2$。考虑到国内实际情况，本标准对大型馆人员数量与建筑面积的比值取低于国际平均值，即 1 人/200$m^2$。

国际上大、中型馆工作人员数量与建筑面积的平均值大约在 1 人/167$m^2$，国内大中型馆现状情况平均值为 1 人/189$m^2$。本标准对大、中型馆工作人员与建筑面积的比值取低于国际平均值，即 1 人/180$m^2$。

国际上小型馆工作人员数量与建筑面积平均值为 1 人/153$m^2$，国内仅有的以展教为主要功能的小型科技馆（均为地市级馆），其工作人员数量严重不足，工作人员数量与建筑面积平均值为 1 人/227$m^2$（嘉兴科技馆工作人员与总建筑面积的比值为1 人/423$m^2$）。根据国际上科技馆所需工作人员数量规律并考虑国情，本标准对小型科技馆工作人员数量与建筑面积的比值取低于国际平均值，即 1 人/160$m^2$。

科技馆工作人员分为管理人员、专业技术人员和工勤人员三类。管理人员包括行政管理负责人、业务管理负责人和各类管理人员；专业技术人员包括专业技术负责人和各类专业技术人员；工勤人员包括技术工人和一般工人。

# 文化馆建设标准

## 建标 136—2010

## 住房和城乡建设部、国家发展和改革委员会关于批准发布《文化馆建设标准》的通知

建标〔2010〕136 号

国务院有关部门，各省、自治区、直辖市、计划单列市住房和城乡建设厅（委、局）、发展和改革委员会，新疆生产建设兵团建设局、发展和改革委员会：

根据《关于印发〈2006 年工程项目建设标准、投资估算指标、建设项目评价方法与参数编制项目计划〉的通知》（建标函〔2006〕172 号），由文化部负责编制的《文化馆建设标准》，已经有关部门会审，现批准发布，自 2010 年 12 月 1 日起施行。

在文化馆项目的审批、设计和建设过程中，要严格遵守党中央、国务院关于控制楼堂馆所建设的相关要求，认真执行本建设标准，坚决控制工程造价。

本建设标准的管理由住房城乡建设部和国家发展改革委员会负责，具体解释工作由文化部负责。

中华人民共和国住房和城乡建设部
中华人民共和国国家发展和改革委员会
二〇一〇年八月三十日

## 前　言

为了贯彻落实国务院《公共文化体育设施条例》，促进公益性文化设施建设，加强文化馆建设的科学决策和规范管理，根据原建设部《关于印发〈2006 年工程项目建设标准、投资估算指标、建设项目评价方法与参数编制项目计划〉的通知》（建标函〔2006〕172 号）要求，依据原建设部、国家发展与改革委员会关于印发《工程项目建设标准编制程序规定》和《工程项目建设标准编写规定》的通知（建标〔2007〕144 号）的要求，编制《文化馆建设标准》。

《文化馆建设标准》包括六章：总则，建设规模与项目组成，选址、用地与总体布局，面积指标，建筑与室内外环境，建筑设备。

《文化馆建设标准》的主编部门为中华人民共和国文化部，批准部门为中华人民共和国住房和城乡建设部、中华人民共和国国家发展和改革委员会。

《文化馆建设标准》由中华人民共和国文化部负责解释。联系地址：北京市东城区朝

阳门北大街10号，邮政编码：100020。

**主编单位**：中国城市规划设计研究院

**主要起草人**：鹿　勤　詹雪红　张　全　李　湉　王　亮　王亚青　李家志　王明田　龚道孝　王贝妮　李　潇

**技术顾问**：冯守仁　韩光宗　李建军

## 第一章　总　　则

**第一条**　为适应我国公益性文化事业发展的需要，加强和规范文化馆（含群众艺术馆）的建设，依据《公共文化体育设施条例》及相关法律法规，制定本建设标准。

**第二条**　本建设标准是文化馆建设项目科学决策和合理确定项目建设水平的全国统一标准，是审批核准文化馆建设项目的依据，是有关部门审查文化馆建设项目初步设计和监督检查工程项目建设全过程的尺度。

**第三条**　本建设标准适用于县级以上（含县级）人民政府投资新建、改建或扩建的文化馆工程，其他文化馆（站）可参照执行。

**第四条**　文化馆属于社会公益性文化设施，其建设应纳入当地国民经济和社会发展规划、城市规划或镇规划、城镇建设相关专项规划，纳入政府投资计划。

**第五条**　文化馆建设应符合国家及所在城镇文化事业发展规划的要求，以人为本、功能优先，因地制宜、合理布局，经济适用、节能环保。

**第六条**　文化馆建设应立足现实、兼顾发展，统一规划，配套建设，投资确有困难的，可一次规划设计、分期建设。

**第七条**　文化馆建筑可独立建设，也可与其他相关文化设施联合建设，规模较小的文化馆应与其他文化设施联合建设。文化馆的改、扩建项目应充分利用原有场地和设施。

**第八条**　文化馆建设必须贯彻执行国家有关法律、法规，按照专业化协作和社会化服务的原则，统筹兼顾，优化配置，科学设计。

**第九条**　文化馆建设除执行本标准外，还应符合国家现行的相关标准、规范和定额指标的规定。

## 第二章　建设规模与项目组成

**第十条**　文化馆建筑根据其建筑面积规模划分为大型馆、中型馆和小型馆3种类型。

大型馆指建筑面积大于等于6000m$^2$的文化馆；

中型馆指建筑面积大于等于4000m$^2$且小于6000m$^2$的文化馆；

小型馆指建筑面积大于等于800m$^2$且小于4000m$^2$的文化馆。

**第十一条**　文化馆建筑项目包括：房屋建筑、室外场地及建筑设备。

**第十二条**　文化馆房屋建筑包括：群众活动用房、业务用房、管理用房和辅助用房。

一、群众活动用房包括：演艺活动、交流展示、辅导培训、图书阅览、游艺娱乐等用房。

二、业务用房包括：文艺创作、研究整理、其他专业工作用房。

三、管理用房包括：行政管理、会议接待等用房。

四、辅助用房包括：储存库房、建筑设备、后勤服务等用房。

**第十三条**　文化馆室外场地包括：开展群众文化艺术与信息交流活动的室外活动场地、美化环境的绿地、休憩场地、道路及停车场地等。

**第十四条** 文化馆建筑设备包括：给水排水系统及设备、电气系统及设备、暖通与空调系统及设备、网络与通信系统及设备、舞台演出及展览设备等。

# 第三章 选址、用地与总体布局

**第十五条** 文化馆的选址应符合所在地的城市规划、镇规划或相关专项规划，选择在城镇文化中心或人口集中、交通便利（大城市和特大城市应为公交便利）的地区；同时满足工程地质及水文地质条件，符合安全、卫生和环保标准，便于开展群众性文化活动；宜结合城镇广场、公园绿地等公共活动空间综合布置，避免或减少对医院、学校、幼儿园、住宅等需要安静环境的建筑的影响。

**第十六条** 文化馆的建设用地面积、建筑密度、室外活动场地面积、停车场地面积等控制指标应符合《文化馆建设用地指标》的相关规定（表1）。绿地率应符合当地城市规划、镇规划的相关控制要求。

**表1 文化馆建设用地控制指标**

| 类型 | 建设用地总面积（$m^2$） | 室外活动场地面积（$m^2$） | 建筑密度（%） | 停车场地控制 |
|---|---|---|---|---|
| 大型馆 | 4500~6500 | 1200~2000 | 25~40 | 机动车：控制在建设用地总面积的8%以内；<br>自行车：按每百平方米建筑面积2个车位配置 |
| 中型馆 | 3500~5000 | 900~1500 | 25~40 | |
| 小型馆 | 2000~4000 | 600~1000 | 25~40 | |

注：建筑面积不足2000$m^2$的小型馆，应与其他相关公共文化设施联合建设，不设置独立的建设用地。

**第十七条** 文化馆建筑的总平面布局应达到功能组织合理、动静分区明确、空间构成紧凑、日照通风良好、结合自然环境，有效组织建筑的室内外空间，节约集约用地。

**第十八条** 文化馆建筑的出入口应不少于2个；紧邻城镇交通干道的出入口应留出集散缓冲空间，并符合当地城镇规划和建设的相关要求。联合建设的文化馆应相对独立，并设有专用出入口。

**第十九条** 文化馆的大型排演厅、观演厅、展览厅、多功能厅等人流量大、聚散集中的用房宜设在建筑首层，并应设置直接对外的安全出口或合理组织应急疏散通道。

# 第四章 面积指标

**第二十条** 文化馆建筑面积规模依据服务人口数量确定并符合表2的要求。

**表2 文化馆建筑面积指标**

| 类型 | 服务人口（万人） | 建筑面积（$m^2$） | 适用范围 |
|---|---|---|---|
| 大型馆 | ≥250 | ≥8000 | 大城市 |
| | 50~250 | 6000~8000 | |
| 中型馆 | 20~50 | 4000~6000 | 中等城市 |
| | ≥30 | | 市辖区 |

续表 2

| 类型 | 服务人口（万人） | 建筑面积（$m^2$） | 适用范围 |
|---|---|---|---|
| 小型馆 | 5 ~ 20 | 2000 ~ 4000 | 小城市 |
| | 5 ~ 30 | | 市辖区或独立组团 |
| | <5 | 800 ~ 2000 | 城关镇 |

注：省、市、县文化馆服务人口以其所在城镇常住人口进行核算，其他文化馆服务人口以其服务范围内的常住人口进行核算；处于两个数值区间的，采用直线内插法确定建筑面积；小于 $2000m^2$ 的文化馆应与其他相关文化设施联合建设。

**第二十一条** 文化馆建筑各类用房的项目设置应兼顾当地城镇经济社会发展水平、社会需求以及各馆的特色综合确定，可参照本建设标准附录执行。

**第二十二条** 文化馆建筑应以群众活动功能为主，各类功能用房的使用面积比例可参照表 3 执行。文化馆建筑的使用面积系数宜为 65%。

**表 3 文化馆各类功能用房使用面积比例（%）**

| 序号 | 分项内容 | 大型馆 | 中型馆 | 小型馆 |
|---|---|---|---|---|
| 1 | 群众活动用房 | 77 ~ 79 | 77 ~ 79 | 76 ~ 78 |
| 2 | 业务用房 | 6 | 8 | 10 |
| 3 | 管理用房 | 7 | 7 | 8 |
| 4 | 辅助用房 | 8 ~ 10 | 6 ~ 8 | 4 ~ 6 |
| 5 | 总使用面积 | 100 | 100 | 100 |

# 第五章 建筑与室内外环境

**第二十三条** 文化馆建筑造型、室内外环境设计应体现公共文化设施的属性，具有地方风格和文化特色。

**第二十四条** 文化馆室内外的无障碍设计，应符合《城市道路和建筑物无障碍设计规范》JGJ 50 的规定，非单层建筑应设无障碍电梯。

**第二十五条** 文化馆室外活动场地可结合绿地统筹设计，并应留有开展露天群众文化活动或信息宣传活动、设置临时舞台或相应设备的条件。

**第二十六条** 文化馆建筑应以多层为主，用地紧张且城市规划许可时可适当提高层数。

**第二十七条** 文化馆建筑应根据使用功能的要求以及经济的合理性确定各类用房的空间体量，选择适宜的柱网、层高与结构形式。多功能厅、展览厅、阅览室、舞蹈（综合）排练室、儿童活动室、大教室等群众活动用房应兼顾空间组织的灵活性。

**第二十八条** 文化馆建筑抗震设防分类应符合《建筑工程抗震设防分类标准》GB 50223 的规定，按标准设防类建筑设防；文化馆的大型排演厅、观演厅、多功能厅、展览厅应按重点设防类建筑设防。文化馆建筑结构安全等级应符合《建筑结构可靠度设计统一标准》GB 50068 的规定，安全等级应为二级；其大型排演厅、观演厅、多功能厅、展览厅安全等级应为一级。

**第二十九条** 文化馆建筑消防设计应符合《建筑设计防火规范》GB 50016 和《高层民用建筑设计防火规范》GB 50045 的规定，耐火等级不应低于二级；装修材料的使用应符合

《建筑内部装修设计防火规范》GB 50222 的规定。

**第三十条** 文化馆建筑应符合《文化馆建筑设计规范》JGJ 41 允许噪声级的相关规定；大型排演厅、观演厅的噪声控制可参照《剧场建筑设计规范》JGJ 57 和《电影院建筑设计规范》JGJ 58 执行。文化馆建筑内部各项活动功能差异性较大，平面布局除考虑动静分区外还应采取必要的隔声措施。

**第三十一条** 文化馆大型排演厅的观众厅、舞台、后台及声学设计等应符合《剧场建筑设计规范》的有关要求。文化馆的观演厅可参照《剧场建筑设计规范》及《电影院建筑设计规范》有关观众厅、舞台、后台以及声学要求、放映机房要求等综合设计。

**第三十二条** 文化馆建筑应充分利用自然通风和采光，采光设计可参照《建筑采光设计标准》GB/T 50033 执行。老年活动室和儿童活动室应有良好的建筑朝向和日照、通风条件。

**第三十三条** 文化馆建筑的节能设计、室内环境设计、热工设计和暖通空调设计，应符合《公共建筑节能设计标准》GB 50189 以及《民用建筑热工设计规范》GB 50176 的相关规定。建筑构配件、装修材料和建筑设备必须选择安全、节能、环保的产品。

**第三十四条** 文化馆建筑的室内外装修应考虑使用功能与当地经济社会发展状况、气候条件、景观环境、地方及民族特色等，因地制宜，力求适用、经济、美观。

## 第六章 建筑设备

**第三十五条** 文化馆建筑五层以上（含五层）设有群众活动用房的应设置电梯。

**第三十六条** 文化馆应设有给水、排水系统及消防给水系统，以及相应的设施和设备。

**第三十七条** 文化馆应设有相应的采暖、空调系统并达到国家有关节能标准要求。采用集中采暖、空调系统的文化馆，应设置分楼层或分室内区域的室温可调控装置。

**第三十八条** 文化馆的电气系统，应按其规模合理确定用电负荷等级；消防系统、安防系统应设置备用电源，保证用电安全。文化馆建筑的人工照明标准，应符合《建筑照明设计标准》GB 50034 的要求；文化馆室外活动场地应配有相应的室外活动照明系统。

**第三十九条** 文化馆应根据需要配置电话、电视与卫星接收系统等设备。大型文化馆应设置与消防、安防合用的广播系统，可在适当位置设公用电话。

**第四十条** 文化馆应根据实际需求选择与当地网络化发展相适应的网络服务系统以及网络和计算机设备，综合布线。

## 附录 文化馆建筑用房项目设置表

### 附表 文化馆建筑用房项目设置表

| 功能 | 项目构成 | 主要内容 | 大型馆 | 中型馆 | 小型馆 | 使用面积控制要求 |
|---|---|---|---|---|---|---|
| 群众活动用房 | 演艺活动 | 大型排演厅（400～600 座） | ● | ○ | ○ | 800～1200m² |
| | | 观演厅（150～300 座） | ◎ | ● | ◎ | 400～800m² |
| | | 多功能厅（小型排演、报告） | ● | ● | ● | 300～500m² |

**续表**

| 功能 | 项目构成 | 主要内容 | 大型馆 | 中型馆 | 小型馆 | 使用面积控制要求 |
|---|---|---|---|---|---|---|
| 群众活动用房 | 交流展示 | 展览厅（陈列厅） | ● | ● | ● | 展览厅≥65m²/间，250～500m²为宜 |
| | | 宣传廊 | ● | ● | ● | |
| | 辅导培训 | 大教室（80人/班为宜） | ● | ◎ | ◎ | ≥1.4m²/人，120m²/间为宜 |
| | | 小教室（40人/班为宜） | ● | ● | ● | ≥1.4m²/人，60m²/间为宜 |
| | | 计算机与网络教室 | ● | ● | ● | 70～100m² 为宜 |
| | | 多媒体视听教室 | ● | ◎ | ◎ | 100～180m²/间为宜 |
| | | 舞蹈（综合）排练室 | ● | ● | ● | ≥6m²/人，200～400m²/间为宜 |
| | | 独立学习室（音乐、书法、美术、曲艺等，≤30人/班） | ● | ● | ● | 美术、书法≥2.8m²/人，其他≥2.0m²/人，60m²/间为宜 |
| | 图书阅览 | 阅览室 | ● | ● | ◎ | 100～150m² 为宜 |
| | | 资料档案室、书报储存室 | ● | ● | ● | 25～50m² 为宜 |
| | 游艺娱乐 | 综合活动室 | ◎ | ◎ | ◎ | 30m²/间为宜 |
| | | 儿童活动室 | ● | ◎ | ○ | 100～120m²/间为宜 |
| | | 老人活动室 | ● | ● | ● | 60～90m²/间为宜 |
| | | 特色文化活动室 | ◎ | ◎ | ◎ | 100～150m²/间为宜 |
| 业务用房 | 文艺创作 | 文艺创作室 | ● | ● | ● | 一般工作室24m²/间为宜；琴房≥6m²/间；美术、书法工作室≥24m²/间为宜；其他有特殊要求的专业工作室可根据实际需求确定使用面积 |
| | 研究整理 | 非物质文化遗产工作室文化艺术档案室 | ● | ● | ● | |
| | 其他专业工作 | 音像、摄影、音乐、戏曲、舞蹈、美术、书法等工作室 | ● | ● | ● | |
| | | 刊物编辑、出版工作室 | ◎ | ◎ | ◎ | |
| | | 网络文化服务、机房 | ● | ● | ◎ | |
| 管理用房 | 行政管理 | 办公室 | ● | ● | ● | 应符合《党政机关办公用房建设标准》的要求 |
| | 会议接待 | 会议、接待室 | ● | ● | ◎ | 60～90m² 为宜 |

**续表**

| 功能 | 项目构成 | 主要内容 | 大型馆 | 中型馆 | 小型馆 | 使用面积控制要求 |
|---|---|---|---|---|---|---|
| 辅助用房 | 储存库房 | 道具库房、储藏间等 | ● | ● | ● | |
| | 建筑设备 | 水池/水箱/水泵房、变配电室等 | ● | ● | ● | 室内停车面积平均 $40m^2$/辆为宜；<br>值班室面积不宜小于 $6m^2$；<br>其他用房按使用功能要求及建设规模配建需求确定使用面积 |
| | | 维修室、锅炉房/换热站、空调机房、监控室等 | ● | ● | ◎ | |
| | 后勤服务 | 值班等 | ● | ● | ◎ | |
| | | 车库等 | ● | ◎ | ○ | |

注：表中●、◎、○分别为应设、可设和不设用房项目：文化馆建筑群众活动用房项目构成主要内容的设置数量差异较大，各馆可根据实际需求及本馆特长合理确定：小型馆的应设项目原则上适用于 $2000m^2$ 以上的文化馆。

# 附　件

# 《文化馆建设标准》条文说明

## 第一章　总　　则

**第一条**　本条阐述了文化馆建设标准编制的目的。

文化馆（群众艺术馆）是各级人民政府为保障公民基本文化权益设立的公益性文化事业机构，是国家公共文化设施的组成部分，是我国特有的公共文化艺术活动场所。其主要职能为：社会宣传教育、公益文化服务、文化艺术普及和非物质文化遗产保护等。建国以来，我国的文化馆机构从2400余个发展到3200余个，馆舍建设条件逐年改善，组织活动不断丰富，文化艺术水平不断提高。实践证明，文化馆在人民群众生活中一直发挥着积极和显著的作用。

国务院《公共文化体育设施条例》第五条提出："各级人民政府举办的公共文化体育设施的建设、维修、管理资金，应当列入本级人民政府基本建设投资计划和财政预算。"因此，文化馆应科学、合理地投资和建设。

为了贯彻落实《公共文化体育设施条例》、适应我国文化事业发展及构建社会主义和谐社会的需要，为了满足人民群众日益增长的文化需求，保障人民群众的基本文化权益，促进和保障文化馆的建筑、设备能够与当地经济社会发展水平以及人口规模相适应，制定本建设标准。

调研发现，我国文化馆的建设还存在着许多亟待解决的问题：包括建设的随意性和地区差异的问题；文化馆被挤占、挪用或长期缺失的问题；建筑功能不完善、活动内容单一、缺少活动场所的问题；文化馆作为形象工程项目，忽视了内在的功能需求导致低效使用土地与建筑的问题；建设年代较早的文化馆，面临的设施落后、规模不足等问题。因此，为了进一步规范和指导文化馆的建设，达到合理与节约投资的目的，编制本建设标准。

**第二条** 本条阐述了文化馆建设标准编制的作用。

本建设标准是为文化馆建设项目决策及合理确定建设水平的全国统一标准，是工程项目决策和建设中有关政策、技术和经济等综合性宏观要求的技术文件。

本建设标准的直接使用者是各级政府的有关决策部门和检查监督部门；相关使用者包括文化馆业主本身、建筑设计单位、设计咨询单位、建设项目可行性报告编制单位等。文化馆建设项目的可行性研究报告、设计任务书皆应符合本建设标准的控制要求；其工程建设的初步设计方案以及建设水平也应按本建设标准提出的要求进行控制。这样，有利于文化馆项目建设的规范化、科学化管理，合理确定投资规模和建设水平，使国家有限的建设资金充分发挥投资效益。

**第三条** 本条明确了文化馆建设标准的适用范围。

我国的文化馆目前是按照行政建制设置、分级管理的。省（自治区、直辖市）级文化馆以及市（地、州、盟）级文化馆，通常称为群众艺术馆；县（市、旗、区）级文化馆称为文化馆。根据《中华人民共和国宪法》和《公共文化体育设施条例》，本建设标准所指文化馆包括上述群众艺术馆和文化馆。

县级以上（含县级）人民政府投资新建的以及需要改建和扩建的文化馆建设工程项目应符合本建设标准的要求。

“社会力量举办”并“向公众开放”的文化馆、人口超过5万的建制镇文化馆（站）等其他文化馆建设项目可参照本建设标准执行。

**第四条** 本条界定了文化馆的社会属性，明确了文化馆建设应纳入各级政府的相关规划或计划。

《中华人民共和国宪法》规定，“国家发展为人民服务、为社会主义服务的……图书馆博物馆文化馆和其他文化事业”。这是文化馆事业社会公益属性的宪法依据，也是各级政府承担发展文化馆事业、设置并保障文化馆正常运行的社会责任与义务的宪法依据。

《公共文化体育设施条例》第五条提出：“各级人民政府举办的公共文化体育设施的建设、维修、管理资金，应当列入本级人民政府基本建设投资计划和财政预算。”第九条提出，“国务院发展和改革行政主管部门应当会同国务院文化行政主管部门、体育行政主管部门，将全国公共文化体育设施的建设纳入国民经济和社会发展计划”，“县级以上地方人民政府应当将本行政区域内的公共文化体育设施的建设纳入当地国民经济和社会发展计划”。第十四条提出，“公共文化体育设施的建设预留地，由县级以上地方人民政府土地行政主管部门、城乡规划行政主管部门按照国家有关用地定额指标，纳入土地利用总体规划和城乡规划，并依照法定程序审批。任何单位或者个人不得侵占公共文化体育设施建设预留地或者改变其用途”。

文化馆是政府设立的公益性文化事业机构，同时也是为城镇居民提供文化艺术活动服务的公共文化设施。《中华人民共和国城乡规划法》第二条规定："本法所称城乡规划，包括城镇体系规划、城市规划、镇规划、乡规划和村庄规划。城市规划、镇规划分为总体规划和详细规划。"在我国，县人民政府所在地包括县级市以及建制镇。

综上所述，文化馆的建设除应纳入当地国民经济和社会发展规划外，还应纳入当地城市规划或镇规划、城市或镇建设相关专项规划，纳入政府投资计划，保障文化馆设施的良性运行和文化馆事业的健康发展。

**第五、六条** 这两条明确了文化馆建设的基本原则。

文化馆是政府投资兴建的公共文化设施，因此其建设应充分考虑经济社会发展水平及社会需求，明确发展目标，依据服务人口配套建设，坚持以人为本、功能优先、高效服务的原则，以经济适用、安全环保、节能降耗为基础，统筹规划与建设，兼顾运营与管理，量力而行、合理投资。

**第七条** 本条明确了文化馆的建设方式。

文化馆的建设方式有两种，独立建设或联合建设。

文化馆建设规模较小时应与其他相关文化设施联合建设，特别是一些功能相同的辅助用房可以联合设置、统一管理，共享服务资源，达到节约投资、降低运行成本的目的。

文化馆在城市建设需要时也可与其他相关文化设施联合建设。我国多年来的实践经验表明，文化馆与青少年宫、妇女儿童活动中心、老年活动中心、文化艺术中心等公共文化设施联合建设，会更有益于促进其各项活动的开展。

另外，文化馆附近500m范围内（步行不超过10min可以到达）建有公共图书馆、青少年活动中心等文化设施的，可不再设置阅览室、儿童活动室等用房或相应减少这些用房的使用面积。

**第八、九条** 这两条明确了文化馆建设标准与国家现行法律、法规以及标准、规范的关系。

本建设标准在编制过程中充分考虑了国家现行的相关法律、法规及标准、规范的规定和要求。但文化馆建设涉及的国家相关标准、规范和规定很多，在本建设标准执行过程中应注意遵守国家新编或新修订的有关标准、规范的相关规定和要求，同时还应符合国家和地方现行有效的其他有关标准、规范的规定。

## 第二章 建设规模与项目组成

**第十条** 本条明确了文化馆建设规模分类。

文化馆建设规模是依据我国现阶段文化馆建设的基本情况、合理需求和发展趋势，经济社会发展水平，分析研究文化馆建筑功能设置及其用房构成与建筑面积需求，综合制定的。

（1）依据我国文化馆现状建设水平。

全国东、中、西部地区，不同城市、不同级别文化馆抽样调查数据显示（有效数据387个）：各级文化馆建筑面积中位数最小值为1467m$^2$，区级文化馆中位数最小值为1500m$^2$（附表1）。其中，1990年之后建设的文化馆（有效数据121个），建筑面积中位数明显增加，文化馆整体建设水平显著提高（附表2），这反映了我国各地区经济社会发展、人民生活水平提高后，文化馆的建设越来越受到重视，馆内群众活动功能逐步完善并呈多样化发展趋势。

**附表 1　全国文化馆建筑面积规模（$m^2$）**

| 数据内容 | 省级文化馆 | 计划单列市文化馆 | 直辖市区级馆 | 地级市文化馆 | 计划单列市区级馆 | 县级市文化馆 | 地级市区级馆 | 直辖市计划单列市县级馆 | 县级文化馆 |
|---|---|---|---|---|---|---|---|---|---|
| 样本数（个） | 17 | 4 | 41 | 34 | 50 | 47 | 50 | 17 | 127 |
| 平均数 | 5305 | 6363 | 5596 | 4344 | 3156 | 2503 | 1724 | 2416 | 1894 |
| 中位数 | 3800 | 6747 | 4506 | 3950 | 3000 | 2009 | 1500 | 2248 | 1467 |

数据来源：2006 年全国文化馆抽样调查，涉及 4 个直辖市、19 个省。

**附表 2　1990 年以后新建、改建文化馆建筑面积规模（$m^2$）**

| 数据内容 | 省级文化馆 | 地市级文化馆 | 区级文化馆 | 县级市文化馆 | 县级文化馆 |
|---|---|---|---|---|---|
| 样本数（个） | 8 | 15 | 47 | 15 | 36 |
| 平均数 | 5594 | 5443 | 4142 | 2748 | 2749 |
| 中位数 | 4488 | 5344 | 2530 | 2243 | 2032 |

数据来源：2006 年全国文化馆抽样调查。

2008 年文化部评估达标文化馆抽样调查数据显示（有效数据 97 个）：地级市文化馆建筑面积平均值达 $6053m^2$，中位数达 $6000m^2$，最大为 $12000m^2$，建筑面积在 $10000m^2$ 以下的占 86.4%；县级文化馆建筑面积平均值达 $3772m^2$，中位数为 $3420m^2$，最大为 $11000m^2$，建筑面积在 $10000m^2$ 以下的占 90.7%。

（2）参照文化部相关管理办法和考评标准。

文化部《群众艺术馆、文化馆管理办法》（2008）中规定："县（旗）、县级市、地级市区文化馆最低限为 2000 平方米。"

文化部 2006 年《文化馆等级必备条件和评估标准》对文化馆办馆条件提出了明确要求，其中馆舍建筑面积评估标准见附表 3，县级文化馆至少达到 $1500m^2$ 才能达到三级文化馆评估条件。

**附表 3　文化馆馆舍建筑面积要求（$m^2$）**

| 等级标准 | 省（自治区、直辖市）文化馆 | 副省级城市文化馆 | 市（地级市、区）文化馆 | 县（市、区）文化馆 |
|---|---|---|---|---|
| 一级 | 6500 | 5500 | 4500 | 2500 |
| 二级 | 5500 | 4500 | 3500 | 2000 |
| 三级 | 4500 | 3500 | 2500 | 1500 |

注：摘自《文化部文化馆等级必备条件和评估标准》（2006 年）。

（3）根据文化馆使用功能基本要求。

根据文化馆群众活动的特性与需求，参照文化馆建筑用房项目设置，具备最基本功能用房的小型馆，至少应包括以下基本功能用房：多功能厅兼舞蹈排练室 1 个（面积 $300m^2$）、展览厅或廊（面积 $150m^2$）、老人活动室 1 间（面积 $60m^2$）、计算机与网络教室 1 间（面积 $70m^2$），小教室 2 间（面积 $60m^2\times2$）、独立学习室 2 间（面积 $60m^2\times2$）、业务用房4间（面积$24m^2\times4$）、办公室2间（面积$15m^2\times2$）、会议兼接待室1间（面积$60m^2$）以及相应的辅助用房（面积$100m^2$）。由此对应的小型馆使用面积约为$1106m^2$，则需建筑面积约$1500m^2$。可见，功能基本健全的小型馆，建筑面积达到$1500m^2$时，基本可以开展文化馆各项群众活动项目、承担相应的业务研究和管理工作。文化馆建设资金不足时，可通过统一规划、分期建设的方式，逐步完善基本功能，达到使用要求。

综上所述，本建设标准将文化馆建设规模划分为大型馆、中型馆和小型馆3种类型，并分别划定了建筑面积控制规模。根据我国文化馆建设的实际情况，将小型馆建筑面积下限划定在$800m^2$，以兼顾地区差异和经济发展水平，先解决文化馆的有无问题，当条件允许时再逐步改善，健全文化馆的基本活动功能。建筑面积不足$2000m^2$的文化馆应与其他相关文化设施联合建设。

**第十一条**　本条明确了文化馆建筑项目的组成。

详见条文及条文说明第十二~十三条。

**第十二条**　本条明确了文化馆建筑各类功能用房的构成。

文化馆的建设应使其建筑与场地、内部空间与外部空间的功能配置，尽可能地满足群众文化艺术活动与交往的需求，社会宣传教育的需求，文化艺术普及与提高、研究与保护非物质文化遗产以及其他专业工作的需求。

我国文化馆建设的实践表明，文化馆建筑基本上由四部分功能组成，而群众活动用房是其核心内容，不同类型的文化馆建筑，由于其承担的职能任务不同、提供的服务项目不同，其用房的项目设置也不尽相同。文化馆可根据自身承担的职能、任务以及本馆的特长，对其各项用房的使用面积比重进行调整，突出特色。

**第十三条**　本条明确了文化馆室外场地建设的主要内容。

文化馆群众性文化艺术活动场所的性质决定了其建筑应配建有专用的室外活动场地和绿化休憩场地，以便于开展适宜的文化或休闲活动。我国文化馆建设的经验证明了这是非常必要并深受广大群众欢迎的。

**第十四条**　本条明确了文化馆的建筑设备。

文化馆的建筑设备包括文化馆的给水、排水、消防等系统及设备，供电、照明等电气系统及设备，供暖锅炉或冷热空调机组、管道等系统及设备，电话、电视、网络、火灾报警、安全监控等系统及设备，舞台（活动舞台）及其灯光、音响等演出设备。

设置大型排演厅的大型馆，应该配置有舞台以及相应的灯光、音响等设备；多功能厅有可能是小型馆最大的室内活动空间，应配有相应的灯光、音响设备，以便开展多种形式的文艺活动；文化馆的观演厅可以设置固定舞台，也可以根据实际需要设置活动舞台，可灵活变化、综合利用活动空间，并配有相应的灯光、音响设备；文化馆的展览室（厅）和宣传廊，应配置有布展设备系统，包括绘画、书法、雕塑等艺术展品挂置、展示灯光等设备。

此外，文化馆还应根据其建设规模、自身特色和功能需求合理配置必需的专用设备，但不得贪大求全、铺张浪费。例如，教室及多功能厅等用房应设置多媒体投影演示、视听播放、课桌椅等视听及电教设备；有专业特长和社会需求的文化馆应根据需要配备音乐（如钢琴、古筝等）、戏剧、曲艺、舞蹈、美术、书法等艺术教育及培训相关设备；专业工作室可根据需要以及专业特色配备照相机、摄像机、录像机、刻录机等摄影摄像设备；其他设备应根据功能需要配置，包括录音棚相关设备，电影放映（包括数字电影）设备，舞龙、舞狮、民间工艺品制作、健身等特色文化活动设备；文化下乡活动的综合文化车等。

文化馆一些专用设备与文化馆的建筑结构或建筑设备关系密切，因此文化馆的建筑主体应结合相关专用设备的使用需求，统一规划设计、施工建设。

## 第三章　选址、用地与总体布局

**第十五条**　本条明确了文化馆的选址要求。

文化馆特别是省、市、县级文化馆是辖区文化艺术活动的组织中心，同时又是群众文化活动的场所，实用、高效是其充分发挥作用的前提。因此，文化馆选址应将方便使用、安全环保放在首位，选择在人口集聚、位置适中、交通便捷、环境及地质条件良好的地方，以便为更多的市民提供便捷的服务，提高文化馆的使用效率。紧邻城镇广场和城市公园的文化馆，不仅环境优美，空气清新，而且可以借用这些开敞空间开展丰富多彩的文化艺术活动。

医院、学校、幼儿园、住宅等建筑需要相对安静的环境，而文化馆设有大型排演厅、观演厅、多功能厅、活动室、排练室、音乐教室等文化娱乐用房，以及室外活动场地，常年会有各种室内外文化艺术活动，这些活动往往会对周围环境产生较大的影响。因此，文化馆建筑应与上述建筑保持一定距离，临近上述建筑时，应尽量采取隔离等减少噪音干扰措施。比如，文化馆建筑内部动静分区后，以静区靠近上述建筑；室外活动场地设置在远离上述建筑、靠近动区的位置。

**第十六条**　本条明确了文化馆建设用地的相关控制要求。

文化馆的总平面设计应按照《文化馆建设用地指标》的要求，合理控制建筑密度及各项场地的使用面积，合理设计室外场地，使文化馆建筑与其室外活动场地、绿化休憩场地及道路停车场地有机结合，达到有利于集散人流、方便开展活动、美化公共环境的目的，充分提高文化馆建设用地的使用效率。

**第十七～十九条**　这几条强调了文化馆建筑总平面布局应遵守的基本原则。

文化馆应处理好人流集散与用地周边道路、建筑的关系，减少相互干扰；建筑应紧凑布局并留出必需的室外活动场地，提高土地利用效率；建筑内部应合理分区并有效组织各部分功能空间；坚持以人为本、安全、方便的原则。

设有大型排演厅、观演厅、展览厅、多功能厅的文化馆，宜将人流集散量大又相对集中的用房项目设置在建筑的首层，同时为方便应急疏散应设有独立对外的安全出口。

## 第四章　面 积 指 标

**第二十条**　本条明确了文化馆建筑面积控制原则。

本建设标准以服务人口作为文化馆建设规模控制的基本依据，即文化馆可根据其服务人口数量确定建筑面积。服务人口是指相应服务范围内的常住人口。

省文化馆的服务人口并不是全省总人口，而是指所在城市规划建设用地范围内的常住人口，尽管省文化馆担负着服务全省的工作职能，但实际上经常能够方便地使用该馆文化设施（群众活动用房）的仍然是该馆所在城市的常住人口。同理，县文化馆的服务人口也是指县人民政府所在城镇规划建设用地范围内的常住人口。

市辖区文化馆以及其他中小型文化馆的服务人口是指文化馆服务范围内的常住人口

〔含户籍人口（非农人口及农业人口）和居住半年以上的暂住人口〕。服务范围是指文化馆的实际服务范围或适宜服务半径（详见《文化馆建设用地指标》第十四条）围合的区域。

根据我国城市居民平均出行时间调查：自行车平均速度为8~12km/h；公共交通运营平均速度为6~8km/h（包括等候与换乘时间，各城市交通状况不同存在着差异）。据此，市民单程到达大型文化馆的出行时间不宜大于1小时，即其适宜服务半径在8~9km，而这个范围内通常居住有200万~250万人。因此，本建设标准在大型馆的分段中以250万服务人口为划分依据，原则上每增加250万服务人口，文化馆的建筑面积可增加2000$m^2$。在特大城市和大城市中应鼓励建设更多的中、小型文化馆，以方便组织各项群众性文化艺术活动，方便市民到达和使用，方便日常运行管理；以利形成便利、均等、普惠的公共文化服务体系。

**第二十一条** 本条明确了文化馆建筑各类功能用房的项目构成。

文化馆既是公益性文化事业机构又是为公众提供活动的公共文化设施。其主要任务包括：组织群众性文化艺术活动；开展文化艺术知识技能培训；组织业余文艺作品创作；辅导基层文化工作骨干和社会文艺团队：指导下一级文化馆站（室）开展基层文化工作；对民族民间文化暨非物质文化遗产研究保护；开展群众文化理论研究和对外民间文化交流。因此，高级别文化馆（省、地市级群众艺术馆）担负的指导、培训以及组织大型活动的任务相对较多，而基层文化馆（区级馆或县级馆）担负的向群众开放、组织各项文化艺术活动的任务相对较多，其中县级馆的日常工作相对更加综合，包括一系列文化下乡活动。

文化馆建筑应依据文化馆担负的主要任务、根据所在城镇经济社会发展的实际情况以及城市规划、镇规划的要求，结合城镇文化设施建设的现状以及发展需求，确定文化馆建筑的主导功能和各类用房的项目设置。在充分调研基础上，本建设标准总结并提出了文化馆建筑各类功能用房的项目构成（见本建设标准附录），同时明确了各类文化馆应设、可设和不设的用房项目，其中应设用房是大、中、小文化馆分别应该具备的基本用房；超出该附录设置内容的其他文化设施，如电影院、音乐厅、健身房等，可与文化馆建筑联合建设，但其建筑面积不在本标准涉及范围，可根据各地实际情况另行审批。

本建设标准附录列出了文化馆建筑的功能和项目构成，但未限定各种用房的设置数量，各馆可根据实际需求及特色特长进行调整，以便充分发挥各馆优势。例如，演艺活动场所稀缺的城镇或地区，文化馆可以调整群众活动用房项目构成的比重，适当增加观演厅和多功能厅等用房的数量或使用面积；而辅导培训功能需求较大的城镇或地区，则可以适当增加群众活动用房中辅导培训项目的比重，增加各类教室的数量和使用面积。业务用房同样可根据各馆使用需求和专业特色进行设置，有些馆以书法或字画为特色，有些馆以音乐或戏剧为特长，有些馆结合地方文化积淀以非物质文化遗产收集整理为专长，收藏品多的可以利用展览厅设陈列室。总之，各馆可根据实际需求调整群众活动用房和业务用房中各类项目构成的比重，增加或减少相关项目的使用面积，使各项用房设置的数量符合使用需求。

**第二十二条** 本条明确了文化馆建筑各类功能用房的使用面积控制比例及使用面积系数要求。

根据我国文化馆的现状建设情况分析，文化馆建筑的群众活动用房、业务用房、管理用房和辅助用房在其总建筑面积中的占比具有一定的规律性。群众活动用房面积通常占文化馆总建筑面积的75% ~79%；业务用房占4% ~11%；管理用房占6% ~10%；辅助用房占4% ~10%。这表明文化馆建筑的群众性文化艺术活动的主导功能是十分明确的，也符合文化馆公共文化设施的属性。因此，本建设标准根据不同类型文化馆的建设经验以及实际需求对四大功能用房的建筑面积比例分类提出了控制要求，目的在于突出文化馆群众活动的主导功能，鼓励开展文艺研究与创作，鼓励精简办公、精心设计，提高使用效率。

与此同时，本建设标准还提出了使用面积系数的控制要求。使用面积系数是指文化馆建筑中群众活动用房、业务用房、管理用房以及辅助用房的使用面积之和与其总建筑面积的比值。文化馆建筑除使用面积外还包括门厅、走廊（疏散通道）、楼梯间、电梯间等交通集散面积，管道间、开水间、卫生间等辅助功能或设施的建筑面积，以及墙体、柱等建筑结构面积。根据一级馆的抽样调查，小型馆、中型馆使用面积系数达到70%以上的分别占54.6%和64.7%；大型馆使用面积系数达到60%以上的占40.7%，达到55%以上的占48.1%。因此，参照上述数据本建设标准对文化馆使用面积系数提出了控制建议，以便于文化馆建筑的科学设计和合理建设，在保证安全的前提下提高文化馆建筑的使用面积。

## 第五章　建筑与室内外环境

**第二十三条**　本条提出了文化馆建筑特色的要求。

文化馆是最具中国特色的公共文化设施，其外观、室外环境以及室内环境设计，均应体现公共文化建筑的特色，亲切、活泼、简洁、大方。同时，不同地区特别是少数民族地区的文化馆，应充分体现地方建筑风格，使文化馆建筑更具当地建筑气质，更受当地群众喜爱。

**第二十四条**　本条明确了文化馆无障碍设计的要求。

《公共文化体育设施条例》第十二条提出："公共文化体育设施的设计，应当符合实用、安全、科学、美观等要求，并采取无障碍措施，方便残疾人使用。"

公共设施的无障碍设计是全社会对残疾人、老年人等特殊群体关怀的具体体现。文化馆建筑既是举办各项群众性文化艺术活动、技能教育与培训的场所，又是老年人最喜爱的活动与社交场所；而残疾人应该与普通人一样，方便自如地享用文化馆提供的各项文化艺术服务。因此，文化馆建筑应遵守国家《城市道路和建筑物无障碍设计规范》JGJ 50 的规定。

**第二十五条**　本条提出了文化馆室外活动场地的设计要求。

文化馆的室外活动场地的设计应能够开展露天群众性文化活动或信息宣传交流活动，充分考虑相关活动设备搭设的使用需求，包括临时舞台、照明、音响、给排水等。室外活动场地可结合绿化休憩场地考虑日常群众休闲、交往等活动的需求统一设计，配置必要的绿化植被，丰富和美化活动环境。

**第二十六条**　本条明确了文化馆建筑应以多层为主。

文化馆是对外开放的公共建筑，而且内部的大型排演厅、观演厅、多功能厅、展览室、教室等都是人流量大而且集散相对集中的活动场所。在应对火灾、地震等危急情况时，多层建筑的安全疏散条件优于高层建筑；加之多层建筑造价及维护费用较高层建筑要低，平面使用系数又相对较高，因此本条提出文化馆建筑应以多层为主，不宜采用高层建筑。

**第二十七条** 本条提出了文化馆建筑主要群众活动用房空间设计要求。

文化馆建筑群众活动用房除大型排演厅、观演厅外主要是由多功能厅、展览厅、阅览室、综合排练室、大型教室等活动用房构成，采用大空间结构形式（如框架结构）在使用功能上既能满足文化馆各项活动功能的大空间需求，又增加了空间布置的灵活性和可变性，便于文化馆根据实际需求灵活调整和布置内部空间，适应使用功能的变化，从而提高空间的综合使用效率和适用性。

**第二十八条** 本条明确了文化馆建筑的抗震级别。

文化馆属于公共文化设施，因此其抗震设防应按《建筑工程抗震设防分类标准》GB 50223—2008（现行）中有关一般性公共建筑的抗震规定执行。大多数文化馆属于一般性的公共建筑，可按抗震规范中的标准设防类建筑设防——按本地区的设防烈度采取抗震措施。该规范第6.0.4条规定：“文化娱乐建筑中，大型的电影院、剧场、礼堂、图书馆的视听室和报告厅、文化馆的观演厅和展览厅、娱乐中心建筑，抗震设防类别应划为重点设防类。”因此，文化馆的大型排演厅、观演厅、多功能厅、展览厅等用房应按重点设防类建筑设防。

根据《建筑结构可靠度设计统一标准》GB 50068，文化馆建筑应满足二级结构安全等级要求，但其大型排演厅、观演厅、多功能厅、展览厅的建筑结构安全等级应为一级。

**第二十九条** 本条明确了文化馆建筑的消防设计标准，也是对《文化馆建筑设计规范》JGJ 41中“对于高层建筑不应低于二级，对于多层建筑不应低于三级”规定的修订。

《建筑设计防火规范》GB 50016中规定：“重要的公共建筑应采用一、二级耐火等级的建筑。”中华人民共和国公安部《公共娱乐场所消防安全管理规定》第五条规定：“公共娱乐场所建筑的耐火等级不宜低于一、二级；已经核准设置在三级耐火等级建筑内的公共娱乐场所，应当符合特定的防火安全要求。”

文化馆建筑大部分功能空间（大型排演厅、观演厅、展览厅、多功能厅、综合排练室、教室等）都属于向社会公众开放的公共娱乐或群众活动场所，是人流聚集并开展群众活动的地方。因此，从公共安全的角度出发，本建设标准提出文化馆建筑的耐火等级不应低于《建筑设计防火规范》和《高层民用建筑设计防火规范》GB 50045规定的二级耐火要求。

我国现行的《建筑内部装修设计防火规范》GB 50222对建筑内部不同功能空间及装修部位装修材料的耐火等级都有明确的要求，文化馆建筑在设计与建设过程中应遵守相关规定。

**第三十条** 本条明确了文化馆建筑允许噪声级的要求。

文化馆建筑内部功能较多且活动性质又差异较大，有要求相对安静的展览、图书阅览、文艺创作、出版、办公、教室等用房，也有相对热闹的大型排演厅、观演厅、多功能厅、舞蹈（综合）排练室、活动室等用房，有些用房除了自身的声学标准外，对允许的环境噪声也有相应的控制要求。因此，文化馆建筑的平面布局应合理组织内部各项活动功能，做好动静分区，并适当采用隔音降噪措施，保证各项功能用房的允许噪声级都满足有关技术标准的控制要求。

**第三十一条** 本条明确了文化馆大型排演厅和观演厅的相关设计要求。

文化馆的大型排演厅、观演厅，是组织专业性或群众性文艺演出、排练文艺节目、放映艺术或教育电影以及举行其他文化艺术活动的场所。而文化馆的这些活动功能对其建筑设计就会有相应的专业技术性要求。

大型文化馆应该设有400~600座的大型排演厅，其观众厅、舞台及后台应符合专业设计要求，既能适应群众性文艺活动的需要，也能满足专业性文艺演出的要求。

大、中型文化馆观演厅的设计应具有一定的灵活性，可采用活动舞台的方式，根据需要调节座位数量；应设有放映机房，放映艺术及教育类电影。

因此，大型排演厅的设计应执行《剧场建筑设计规范》JGJ 57的有关规定；观演厅可参照《剧场建筑设计规范》和《电影院建筑设计规范》JGJ 58的设计要求进行设计，以达到更好的使用效果，提高投资效益。

**第三十二条** 本条明确了文化馆建筑的日照和通风设计要求。

文化馆建筑是老少皆宜的活动场所，应参照现行的《建筑采光设计标准》GB/T 50033要求，充分利用自然资源，坚持以自然采光为主，节约能耗。文化馆设计应考虑不同地区不同季节主导风向、气温对建筑空间采光和通风的影响，根据功能需求优化平面布局，合理组织自然采光和通风；老人活动室、儿童活动室、阅览室等用房应优先考虑南向布置，保证充足的日照需求。

**第三十三条** 本条明确了文化馆建筑节能与环保设计要求。

作为公共文化设施的文化馆建筑，其建设工程应充分体现以人为本、建设节约型社会的科学发展观，关注公众健康，减少能源消耗，因此，应遵守我国现行的《公共建筑节能设计标准》GB 50189、《民用建筑热工设计规范》GB 50176以及其他有关环境保护的规范和规定。

**第三十四条** 本条明确了文化馆建筑的装修原则。

文化馆建筑的室内外装修应突出其公共文化设施的特色、地方特色和民族特色，就地取材并选择安全、环保、经济、实用的建筑材料，量力而行。

## 第六章　建筑设备

**第三十五条** 本条明确了文化馆建筑设置电梯的要求。

《文化馆建筑设计规范》提出："五层及五层以上设有群众活动、学习辅导用房的文化馆建筑应设置电梯。"

**第三十六条** 本条明确了文化馆建筑给排水系统的建设要求。

文化馆建筑应配有保证文化馆正常运转和应急需要的室内外给排水系统，满足建筑室内各项功能以及室外群众活动场地、绿化等用水、排水需要，确保消防用水的安全设置和使用。

**第三十七条** 本条明确了文化馆暖通空调系统的建设要求。

文化馆建筑应根据功能需要采用暖通空调系统，选用设备时应兼顾考虑运行成本，坚持节能环保的原则。采暖、空调系统的热、冷机组能源效率等级应达到国家有关标准的节能评价值。

文化馆建筑内部功能丰富，不同活动功能开展活动的时间不尽相同，例如展览的时间一般在9：00~16：00之间，而观演厅的活动多在下午或晚上，各类教室的使用也多在晚上或假期，办公则是星期一至星期五的白天……因此，文化馆建筑分层或分区域控制室内温度是必要的，可以从精细管理上达到节能降耗、减少运行成本的目的。

**第三十八条** 本条明确了文化馆电气系统的建设要求。

文化馆建筑的用电负荷等级的确定应根据其各项功能、确保安全的需要进行核算；其照明应依照各项功能和保护视力的需求进行设计，满足《建筑照明设计标准》GB 50034对各项功能用房的照明控制要求。文化馆室外活动场地除开展日常性文化活动外，还经常会组织群众性文艺演出或其他文化活动，因此也应配有相应的照明系统。

**第三十九条** 本条明确了文化馆建筑的电话、电视及广播系统的建设要求。

文化馆建筑应结合当地的实际情况，根据不同规模和功能配设内线和外线电话系统，数字时代快速传播信息的电视与卫星接收系统，以及日常提示、应急必备的广播系统，并配设相应的机房和必要的设备。

**第四十条** 本条明确了文化馆建筑网络系统的建设要求。

文化馆建筑网络系统的建设应根据当地网络化发展的实际情况选择网络服务系统，配备相应的计算机设备，结合功能布局综合布线，以便提供上网学习或进行信息交流的设施和设备。

# 公共图书馆建设标准

## 建标 108—2008

## 住房和城乡建设部、国家发展和改革委员会<br>关于批准发布《公共图书馆建设标准》的通知

建标〔2008〕150 号

国务院有关部门，各省、自治区、直辖市、计划单列市建设厅（委、局）、发展和改革委员会，新疆生产建设兵团建设局、发展和改革委员会：

根据建设部《关于印发〈二○○四年工程项目建设标准、投资估算指标、建设项目评价方法与参数编制项目计划〉的通知》的要求，由文化部负责编制的《公共图书馆建设标准》，经有关部门会审，现批准发布，自 2008 年 11 月 1 日起施行。

在公共图书馆项目的审批、设计和建设过程中，要严格遵守党中央、国务院关于控制楼堂馆所建设的相关要求，认真执行本建设标准，坚决控制工程造价。

本建设标准的管理由住房和城乡建设部、国家发展和改革委员会负责，具体解释工作由文化部负责。

**中华人民共和国住房和城乡建设部**
**中华人民共和国国家发展和改革委员会**
**二○○八年八月二十八日**

## 前　言

为了贯彻落实国务院《公共文化体育设施条例》，促进公共图书馆设施建设，加强公共图书馆建设决策科学化与管理规范化，依据建设部《关于印发〈二○○四年工程项目建设标准、投资估算指标、建设项目评价方法与参数编制项目计划〉》（建标〔2005〕19 号）编制《公共图书馆建设标准》。

《公共图书馆建设标准》编制工作的指导思想是，贯彻落实科学发展观，体现党和国家有关发展图书馆事业和加强公共建筑工程管理的方针政策，立足中国现实，参考国际标准，功能优先，经济适用，使图书馆建筑能够满足体现现代图书馆理念的图书馆服务活动的开展。

《公共图书馆建设标准》确定了公共图书馆建设项目的规模分级和项目构成，给出了公共图书馆的总建筑面积和分项面积控制指标，提出了公共图书馆建设选址、总体布局的原则要求，明确了公共图书馆建设项目实施过程中的基本要求。

《公共图书馆建设标准》的主编部门是中华人民共和国文化部（北京市东城区朝阳门北大街10号，邮编：100020），主编单位是中国图书馆学会，批准部门是住房和城乡建设部与国家发展和改革委员会。

《公共图书馆建设标准》由中华人民共和国文化部负责解释。

本标准编制组成员：

**组　长：**詹福瑞

**执笔人：**李国新　冯守仁　朱为振

**起草人：**（按姓氏笔画排序）

邓菊英　尹岚宁　冯守仁　刘志学　朱为振　李国新　汤更生　张广钦

洪　森　富　平　程亚男

## 第一章　总　则

**第一条**　为促进公共图书馆事业的发展，加强和规范公共图书馆基础设施建设，提高建设项目的决策水平，加速公共图书馆建设的标准化、规范化和现代化的进程，以实现和保障人民群众利用图书馆的权利，满足人民群众基本的知识、信息和文化需求，依据法律、法规及国家现行政策，制定本标准。

**第二条**　本标准是公共图书馆建设项目科学决策和合理确定项目建设、投资水平的全国性统一标准；是审批核准公共图书馆建设项目的依据；是有关部门审查公共图书馆建设项目初步设计和检查工程建设全过程的尺度。

**第三条**　本标准适用于县级以上行政区域内新建、改建和扩建的公共图书馆。街道、乡镇、新建居民区公共图书馆的建设参照本标准执行。

**第四条**　公共图书馆建设属于公共文化服务基础设施建设，应纳入当地经济和社会发展总体规划，纳入城市建设规划。

**第五条**　公共图书馆建设应贯彻执行国家发展文化事业和加强公共建筑工程建设管理的方针政策，以人为本，科学规划，规模适当，功能优先，经济适用，环保节约，以大型图书馆为骨干，以中小型图书馆为基础，立足于构建覆盖全社会的普遍均等、惠及全民的公共图书馆服务网络。

**第六条**　公共图书馆应按照统筹兼顾，量力而行，逐步改善的原则进行建设。

**第七条**　公共图书馆建设项目宜一次规划建成。投资确有困难的可分期实施，并留有发展余地。

**第八条**　公共图书馆的改建或扩建项目，应充分利用原有场地和设施。

**第九条**　公共图书馆建设除执行本标准外，还应符合国家其他有关强制性标准、规定的要求。

## 第二章　规模分级、项目构成与选址

**第十条**　新建、改建和扩建的公共图书馆规模，应以服务人口数量和相应的人均藏书量、千人阅览座位指标为基本依据，兼顾服务功能、文献资源数量与品种和当地经济发展水平确定。服务人口是指公共图书馆服务范围内的常住人口。

**第十一条**　公共图书馆分为大型馆、中型馆、小型馆，其建设规模与服务人口数量对应指标见表1。

**第十二条**　公共图书馆的建设内容包括房屋建筑、场地、建筑设备和图书馆技术设备。

**第十三条** 公共图书馆的房屋建筑包括藏书、借阅、咨询服务、公共活动与辅助服务、业务、行政办公、技术设备、后勤保障八类用房。

各级公共图书馆用房项目设置见附录。

**表1 公共图书馆建设规模与服务人口数量对应指标**

| 规 模 | 服务人口（万） |
|---|---|
| 大型 | 150 以上 |
| 中型 | 20 ~ 150 |
| 小型 | 20 及以下 |

**第十四条** 公共图书馆的场地包括人员集散场地、道路、停车场、绿化用地等。

**第十五条** 公共图书馆的建筑设备包括给水排水、通风空调、强弱电及网络布线等。

**第十六条** 公共图书馆的技术设备包括电子计算机、网络设备和相关外围设备，视听及音像控制设备，文献数字化加工与复制设备，图书防盗设备，文献消毒设备，流动图书车，缩微制品摄制、冲洗及阅读设备，视障和老龄阅读设备，装裱及文献修复设备，自助借还设备，书架、阅览桌椅、目录柜、出纳柜台等家具设备，其他设备等12类。

各级公共图书馆应根据功能及规模合理配置图书馆技术设备。

**第十七条** 公共图书馆选址的要求是：

一、宜位于人口集中、交通便利、环境相对安静、符合安全和卫生及环保标准的区域。

二、应符合当地建设的总体规划及公共文化事业专项规划，布局合理。

三、应具备良好的工程地质及水文地质条件。

四、市政配套设施条件良好。

**第十八条** 公共图书馆的建设用地应符合《公共图书馆建设用地指标》的规定，绿地率宜为30% ~35%。

**第十九条** 大、中型公共图书馆应独立建设。小型公共图书馆宜与文化馆等其他文化设施合建。公共图书馆与其他文化设施合建时，必须满足其使用功能和环境要求，并自成一区，单独设置出入口。

# 第三章 总建筑面积和分项面积

**第二十条** 公共图书馆总建筑面积以及相应的总藏书量、总阅览座位数量，按表2的控制指标执行。

**表2 公共图书馆总建筑面积以及相应的总藏书量、总阅览座位数量控制指标**

| 规模 | 服务人口（万） | 建筑面积 | | 藏书量 | | 阅览座位 | |
|---|---|---|---|---|---|---|---|
| | | 千人面积指标（$m^2$/千人） | 建筑面积控制指标（$m^2$） | 人均藏书（册、件/人） | 总藏量（万册、件） | 千人阅览座位（座/千人） | 总阅览座位（座） |
| 大型 | 400 ~ 1000 | 9.5 ~ 6 | 38000 ~ 60000 | 0.8 ~ 0.6 | 320 ~ 600 | 0.6 ~ 0.3 | 2400 ~ 3000 |
| | 150 ~ 400 | 13.3 ~ 9.5 | 20000 ~ 38000 | 0.9 ~ 0.8 | 135 ~ 320 | 0.8 ~ 0.6 | 1200 ~ 2400 |

**续表 2**

| 规模 | 服务人口（万） | 建筑面积 | | 藏书量 | | 阅览座位 | |
|---|---|---|---|---|---|---|---|
| | | 千人面积指标（$m^2$/千人） | 建筑面积控制指标（$m^2$） | 人均藏书（册、件/人） | 总藏量（万册、件） | 千人阅览座位（座/千人） | 总阅览座位（座） |
| | 100 ~ 150 | 13.5 ~ 13.3 | 13500 ~ 20000 | 0.9 | 90 ~ 135 | 0.9 ~ 0.8 | 900 ~ 1200 |
| 中型 | 50 ~ 100 | 15 ~ 13.5 | 7500 ~ 13500 | 0.9 | 45 ~ 90 | 0.9 | 450 ~ 900 |
| | 20 ~ 50 | 22.5 ~ 15 | 4500 ~ 7500 | 1.2 ~ 0.9 | 24 ~ 45 | 1.2 ~ 0.9 | 240 ~ 450 |
| 小型 | 10 ~ 20 | 23 ~ 22.5 | 2300 ~ 4500 | 1.2 | 12 ~ 24 | 1.3 ~ 1.2 | 130 ~ 240 |
| | 3 ~ 10 | 27 ~ 23 | 800 ~ 2300 | 1.5 ~ 1.2 | 4.5 ~ 12 | 2.0 ~ 1.3 | 60 ~ 130 |

注：1　服务人口 1000 万以上的，参照 1000 万服务人口的人均藏书量、千人阅览座位数指标执行。服务人口 3 万以下的，不建设独立的公共图书馆，应与文化馆等文化设施合并建设，其用于图书馆部分的面积，参照 3 万服务人口的人均藏书量、千人阅览座位指标执行。

2　表中服务人口处于两个数值区间的，采用直线内插法确定其建筑面积、藏书量和阅览座位指标。

3　建筑面积指标所包含的项目见附录。

**第二十一条**　在确定公共图书馆建筑面积时，首先应依据服务人口数量和表 2 确定相应的藏书量、阅览座位和建筑面积指标，再综合考虑服务功能、文献资源的数量与品种和当地经济发展水平因素，在一定的幅度内加以调整。

一、根据服务功能调整，是指省、地两级具有中心图书馆功能的公共图书馆增加满足功能需要的用房面积。主要包括增加配送中心、辅导、协调和信息处理、中心机房（主机房、服务器）、计算机网络管理与维护等用房的面积。

二、根据文献资源的数量与品种调整总建筑面积的方法是：

1. 根据藏书量调整建筑面积 =（设计藏书量 − 藏书量指标）÷ 每平方米藏书量标准 ÷ 使用面积系数

2. 根据阅览座位数量调整建筑面积 =（设计藏书量 − 藏书量指标）÷ 1000 册/座位 × 每个阅览坐席所占面积指标 ÷ 使用面积系数

三、根据当地经济发展水平调整总建筑面积，主要采取调整人均藏书量指标以及相应的千人阅览座位指标的方法。调整后的人均藏书量不应低于 0.6 册（5 万人口以下的，人均藏书量不应少于 1 册）。

四、总建筑面积调整幅度应控制在 ±20% 以内。

**第二十二条**　少年儿童图书馆的建筑面积指标包括在各级公共图书馆总建筑面积指标之内，可以独立建设，也可以合并建设。

独立建设的少年儿童图书馆，其建筑面积应依据服务的少年儿童人口数量按表2的规定执行；合并建设的公共图书馆，专门用于少年儿童的藏书与借阅区面积之和应控制在藏书和借阅区总面积的10% ~20%。

**第二十三条** 公共图书馆各类用房使用面积比例参照表3确定，其总使用面积系数宜控制在0.7。

**表3 公共图书馆各类用房使用面积比例表**

| 序号 | 用房类别 | 比例（%） | | |
|---|---|---|---|---|
| | | 大型 | 中型 | 小型 |
| 1 | 藏书区 | 30 ~ 35 | 55 ~ 60 | 55 |
| 2 | 借阅区 | 30 | | |
| 3 | 咨询服务区 | 3 ~ 2 | 5 ~ 3 | 5 |
| 4 | 公共活动与辅助服务区 | 13 ~ 10 | 15 ~ 13 | 15 |
| 5 | 业务区 | 9 | 10 ~ 9 | 10 |
| 6 | 行政办公区 | 5 | 5 | 5 |
| 7 | 技术设备区 | 4 ~ 3 | 4 | 4 |
| 8 | 后勤保障区 | 6 | 6 | 6 |

# 第四章 总体布局与建设要求

**第二十四条** 公共图书馆建筑设计应适应现代图书馆服务方式的变化，满足图书馆开架与闭架管理相结合、纸质图书与数字资源利用相结合、提供文献资源与提供文化活动相结合的服务模式需求，根据其规模和功能合理设计。在外观造型、室内装修和环境设计上，注意体现文化建筑的氛围特点，讲究实用效果。

**第二十五条** 公共图书馆总平面布置必须分区明确，布局合理，流线通畅，朝向和通风良好。少儿阅览区应与成人阅览区分开，并宜设置单独的出入口，有条件的，可设室外少年儿童活动场地。老龄阅览室和视障阅览室应设在一层。后勤保障用房应尽量集中布置。

公共图书馆馆区范围内的室外道路、围栏、照明、绿化、消防设施、管线沟井等室外工程应统一规划建设。

**第二十六条** 公共图书馆的交通流线组织应畅通便捷，主要出入口人、书、车要分流，标识清晰，科学组织读者、图书和工作人员交通流线。藏书库、采编用房及书刊出入口的书流通道宜与读者人流通道分开布置。要设计应对突发事件的安全疏散路线。

**第二十七条** 公共图书馆的无障碍设计应符合《城市道路和建筑物无障碍设计规范》JGJ 50—2001的规定。

**第二十八条** 公共图书馆应配建公共停车场所，并宜充分利用社会停车设施和地下空间。可根据实际需要按《公共图书馆建设用地指标》或当地规划部门的规定确定机动车及自行车车位数量。地下车库面积不在图书馆总建筑面积之内。

**第二十九条** 公共图书馆建筑应以多层为主，当用地紧张且城市规划许可时，可采用高层建筑，但向公众开放的公共空间不宜超过6层。

**第三十条** 公共图书馆的藏书、借阅、咨询服务、公共活动与辅助服务等基本用房，应具有空间使用的灵活性和可调整性，宜采用框架（框剪）结构体系或其他大空间结构形式。

**第三十一条** 公共图书馆建筑结构抗震要求一般按标准设防类建筑设防。但公共图书馆的视听室和报告厅、大型公共图书馆的阅览室、保存有国家珍贵及重要文献的特藏书库，应按重点设防类建筑设防。

**第三十二条** 公共图书馆的室内环境设计、建筑热工设计和暖通空调设计，应符合《公共建筑节能设计标准》GB 50189—2005 的规定，改善室内环境，提高能源利用效率。建筑构配件、装修材料和建筑设备必须选择安全、节能、环保、不损害健康的产品。

**第三十三条** 公共图书馆各部分的允许噪声级按《图书馆建筑设计规范》JGJ 38—99 的分区规定执行。阅览室、研究室等“静区”，应有较安静的环境，避免噪声特别是交通噪声的干扰。确实无法避免时，应从平面布置和隔声两方面采取措施。电梯井道及产生噪声的设备机房应采取吸声、隔声及减振措施，借阅区宜采用软质材料地面、吸声顶棚、吸声墙面等有助于减低噪声的措施。

**第三十四条** 公共图书馆的主要阅览室特别是少儿和老龄阅览室应有良好的日照，并应充分利用自然通风和天然采光。

**第三十五条** 公共图书馆的文献资料防护应包括围护结构保温、隔热、温度和湿度要求、防潮、防尘、防有害气体、防阳光直射和紫外线照射、防磁、防静电、防虫、防鼠、消毒和安全防范等。

公共图书馆要有严格可靠的防水、防潮措施，书库、特藏书库和非书资料库、阅览室的防护设计应符合《图书馆建筑设计规范》JGJ 38—99 的规定，设置必要的通风、空调、除湿设备，有条件的宜设空气调节和净化设施。

**第三十六条** 公共图书馆的建筑防火应遵守国家现行的建筑设计防火规范和有关技术标准。根据《图书馆建筑设计规范》JGJ 38—99 的规定确定耐火等级、防火防烟分区，针对图书馆的特点设计建筑构造、配置消防设施，设置安全疏散出口。

**第三十七条** 阅览室在四层及以上的公共图书馆应设为读者服务的电梯，四层以下的大中型公共图书馆也可设电梯。书库在二层及以上的公共图书馆应设提升设备。

## 第五章 建筑设备

**第三十八条** 公共图书馆应设室内外给水、排水系统和消防给水系统，以及相应的设施和设备。给排水管道不得穿过书库及藏阅合一的阅览室。

**第三十九条** 公共图书馆室内温度、湿度设计参数、通风换气次数、送风气流速度等应符合《图书馆建筑设计规范》JGJ 38—99 的规定。需要空气调节的大、中型公共图书馆，宜按照现行国家标准，设置集中空调系统。供热热源优先采用城市集中供热。

**第四十条** 公共图书馆的电气系统，应按其规模确定用电负荷等级。计算机中心、消防系统以及防盗监控系统，应按规定设置可靠的备用电源。

公共图书馆人工照明标准，应符合《建筑照明设计标准》GB 50034—2004 的规定。除正常的人工照明外还应设应急照明和值班照明。阅览区照明宜分区控制。

**第四十一条** 公共图书馆应按需要设电话系统、电视接收与卫星接收系统，在适当位置设公用电话。大中型公共图书馆应设与消防安保合用的广播系统。

**第四十二条** 公共图书馆应按网络化的要求，建设由主干网、局域网、信息点组成的网络系统。信息点的布局根据阅览座位、业务工作的需要确定。有条件的公共图书馆可设置局域无线网络系统。大型公共图书馆的网络系统应与办公自动化、楼宇自动化一并考虑，根据实际需要选择适当型级的综合布线系统。

**第四十三条**　公共图书馆应设置安全防盗装置。大、中型公共图书馆的主要入口处、储藏珍贵文献资料的书库和阅览室、重要设备室、网络管理中心等均应设置门禁及电视监控系统。

## 附录　公共图书馆用房项目设置表

<table>
<tr><th colspan="2">项目构成</th><th>大型</th><th>中型</th><th>小型</th><th>内容</th><th>备注</th></tr>
<tr><td rowspan="3">藏书区</td><td>基本书库</td><td>●</td><td>◎</td><td>○</td><td>保存本库、辅助书库等</td><td rowspan="2">包括工作人员工作、休息使用面积。开架书库还包括出纳台和读者活动区。使用面积：闭架书库 280～350 册/$m^2$；开架书库 250～280 册/$m^2$；阅览室藏书区 250 册/$m^2$</td></tr>
<tr><td>阅览室藏书区</td><td>●</td><td>●</td><td>●</td><td></td></tr>
<tr><td>特藏书库</td><td>●</td><td>●</td><td>◎</td><td>古籍善本库、地方文献库、视听资料库、微缩文献库、外文书库，以及保存书画、唱片、木版、地图等文献库</td><td></td></tr>
<tr><td rowspan="6">借阅区</td><td>一般阅览室</td><td>●</td><td>●</td><td>●</td><td>报刊阅览室、图书借阅室等</td><td rowspan="2">包括工作人员工作、休息使用面积，出纳台和读者活动区。</td></tr>
<tr><td>老龄阅览室</td><td>◎</td><td>◎</td><td>◎</td><td></td></tr>
<tr><td>少年儿童阅览室</td><td>●</td><td>●</td><td>●</td><td>少年儿童的期刊阅览室、图书借阅室、玩具阅览室等</td><td>阅览座位使用面积：1.8～2.3$m^2$/座</td></tr>
<tr><td>特藏阅览室</td><td>●</td><td>●</td><td>◎</td><td>古籍阅览室、外文阅览室、工具书阅览室、舆图阅览室、地方文献阅览室、微缩文献阅览室、参考书阅览室、研究阅览室等</td><td>阅览座位使用面积：3.5～5$m^2$/座</td></tr>
<tr><td>视障阅览室</td><td>●</td><td>●</td><td>◎</td><td></td><td>阅览座位使用面积：4$m^2$/座</td></tr>
<tr><td>多媒体阅览室</td><td>●</td><td>●</td><td>●</td><td>电子阅览室、视听文献阅览室等</td><td>阅览座位使用面积：4$m^2$/座。总面积要满足“全国文化信息资源共享工程”终端设置和开展服务的需要</td></tr>
</table>

注：●—应设；◎—可设；○—不设。

**续表**

| 项目构成 | | 大型 | 中型 | 小型 | 内　　容 | 备　　注 |
|---|---|---|---|---|---|---|
| 咨询服务区 | 办证、检索 | ● | ● | ● | | |
| | 总出纳台 | ● | ● | ◎ | | |
| | 咨询 | ● | ● | ◎ | 专门设置的咨询服务台、咨询服务机构、咨询服务专用的计算机位等 | 小型馆不少于 $18m^2$ |
| 公共活动与辅助服务区 | 寄存、饮水处 | ● | ● | ● | | |
| | 读者休息处 | ● | ● | ◎ | | |
| | 陈列展览 | ● | ● | ○ | | 大型馆：$400 \sim 800m^2$；中型馆：$150 \sim 400m^2$ |
| | 报告厅 | ● | ● | ○ | | 大型馆：300 ~ 500 席位；应与借阅区隔离、单独设置。中型馆：100 ~ 300 席位。使用面积不少于 $0.8m^2$/座 |
| | 综合活动室 | ◎ | ◎ | ● | | 小型馆不设单独报告厅、陈列展览室、培训室，只设 $50 \sim 300m^2$ 的综合活动室，用于陈列展览、讲座、读者活动、培训等。大、中型馆可另设综合活动室 |
| | 培训室 | ● | ● | ◎ | 用于读者培训的教室或场地 | 大型馆 3 ~ 5 个；中型馆 1 ~ 3 个 |
| | 交流接待 | ● | ● | ○ | | |
| | 读者服务（复印等） | ● | ● | ● | | |
| 业务区 | 采编、加工 | ● | ● | ● | | |
| | 配送中心 | ◎ | ◎ | ● | 为街道、乡镇图书馆统一采编、配送图书用房 | |
| | 辅导、协调 | ● | ● | ● | 用于指导、协调下级馆业务 | |
| | 典藏、研究、美工 | ● | ● | ○ | | |
| | 信息处理（含数字资源） | ● | ● | ○ | | |

续表

| 项目构成 | | 大型 | 中型 | 小型 | 内　容 | 备　注 |
|---|---|---|---|---|---|---|
| 行政办公区 | 行政办公室 | ● | ● | ● | | 参照《党政机关办公用房建设标准》（国家发展计划委员会计投资〔1999〕2250号）执行 |
| | 会议室 | ● | ● | ● | | |
| 技术设备区 | 中心机房（主机房、服务器） | ● | ● | ● | | 包括“全国文化信息资源共享工程”设备使用面积，以及工作人员工作、休息使用面积 |
| | 计算机网络管理和维护用房 | ● | ● | ◎ | | |
| | 文献消毒 | ● | ● | ● | | |
| | 卫星接收 | ● | ● | ◎ | | |
| | 音像控制 | ● | ◎ | ○ | | |
| | 微缩、装裱整修 | ◎ | ◎ | ○ | | |
| 后勤保障区 | 变配电室 | ● | ● | ◎ | | 包括操作人员工作、休息使用面积 |
| | 电话机房 | ● | ● | ◎ | | |
| | 水池/水箱/水泵房 | ● | ● | ◎ | | |
| | 通风/空调机房 | ● | ● | ◎ | | |
| | 锅炉房/换热站 | ● | ● | ◎ | | |
| | 维修、各种库房 | ● | ● | ◎ | | |
| | 监控室 | ● | ● | ○ | | |
| | 餐厅 | ◎ | ◎ | ○ | | |

注：1　以上用房有关设计要求，按《图书馆建筑设计规范》JGJ 38—99 的规定执行。

2　小型图书馆的可设项目原则适用于 $2300m^2$ 以上的小型图书馆。

## 附　件

# 《公共图书馆建设标准》条文说明

## 第一章　总　　则

**第一条**　本条阐述标准的编制目的。

公共图书馆是各级政府举办的面向社会公众开放的公益性文化与社会教育设施。在现代社会，公共图书馆是实现和保障公众基本文化权益、满足公众知识和信息基本需求的机构之一，是社会公平保障体系的重要组成部分，是覆盖全社会的比较完备的公共文化服务体系的重要组成部分。公共图书馆典型的社会公益属性，决定了设置并维持其正常运营，是各级政府的责任。

面对我国目前公共图书馆基础设施比较落后、城乡发展水平差距较大的现实，各级政府要加强领导，保证对公共图书馆基础设施建设有必要的、适当的投入，保证公共图书馆的建筑、设施、设备与经济社会发展水平相适应，让公共图书馆成为体现社会全面文明进步的窗口之一，成为实现公众分享社会发展成果的载体之一。

**第二条** 本条说明标准的主要作用。

本标准是服务于公共图书馆建设项目科学决策和科学管理的标准，为各级政府的项目决策和综合评价提供基础指标。标准的直接使用者，是各级政府的决策部门和检查监督部门，相关使用者包括业主、建筑设计者、设计咨询单位、建设项目可行性报告编制单位等。

**第三条** 本条规定标准的适用范围。

本标准规范相对独立的单项公共图书馆建设工程项目。按我国现行体制，县（含）以上公共图书馆为独立建制的公共图书馆，因此本标准的适用范围是县以上行政区域内公共图书馆的新建、改建和扩建。

县以下的街道、乡镇公共图书馆（室），一般设在同级综合文化站内，属非独立建制的公共图书馆，其新建、改建、扩建工程列入当地综合文化站建设项目。其中的公共图书馆部分，各地可结合实际情况，参照本标准执行。

新建居民区文化设施配套建设项目应包含公共图书馆（室）。这类公共图书馆（室）应根据新建居民区计划入住的人口数量，结合各自的情况和特点，参照本标准执行。

**第四条** 本条明确公共图书馆的社会属性。

我国宪法规定，“国家发展为人民服务、为社会主义服务的……图书馆、博物馆、文化馆和其他文化事业”，这是公共图书馆事业社会公益属性的宪法依据，也是各级政府承担发展图书馆事业、设置并保障图书馆运行责任与义务的宪法依据。按照国家政策，包括公共图书馆在内的基层文化单位属于公益性事业单位，发展公益性文化事业，以增加投入为起点，通过转换机制，实现增强活力、改善服务的目标。公共图书馆事业的社会公益属性，决定了公共图书馆的建设必须纳入当地国民经济和社会发展总体规划，纳入城市建设规划，纳入政府投资计划。

**第五条、第六条** 这两条规定了公共图书馆建设应遵循的方针和原则。

按照国家关于发展文化事业和加强公共建筑工程管理的规定，满足公共图书馆服务的功能需求，经济适用，是公共图书馆建设最优先考虑的原则。公共图书馆建筑应该体现社会文明进步的水平，同时要坚持环保节约、量力而行、逐步改善的原则，统筹考虑建设和运营成本。公共图书馆的建设标准不能随意降低，同时，要加强对公共图书馆事业发展的统筹规划，遵循图书馆事业发展的规律，避免贪大求洋、攀比浪费的现象，努力提高科学决策水平和投资效益。

根据我国目前公共图书馆事业发展的现状，各级政府应重点加强中小型图书馆建设。通过构建以中小型图书馆为基础的服务网络，落实公共图书馆服务“普遍均等”、“惠及全民”的原则。中小型图书馆特别是小型图书馆应以图书流通为主，以“藏阅合一”为主要形式，全部开架借阅，除特殊馆藏资源（如地方文献）外，一般不设基本书库。在县（市）区域内，要发挥中小型图书馆的整体效能，积极推进以统一采购、统一编目、统一配送为特征的“总馆—分馆制”模式，推进街道、乡镇图书馆建设，实现最大程度的共建共享。

**第七条** 本条规定公共图书馆建设项目的实施原则。

“一次规划建成”，是公共图书馆建设应遵循的基本原则。考虑到各地经济社会发展的不平衡，在公共财政暂时力不能及的情况下，公共图书馆建设项目也可以一次规划、分期实施。分期建设的公共图书馆在建设用地、建筑物衔接、功能布局等方面，必须按一次规划的设计给予完全预留或充分考虑。

**第八条** 本条规定公共图书馆的改、扩建原则。

公共图书馆是一种对地理位置、人口密度、周边环境、交通条件要求较高的公共设施。一般的说，各地在大规模开发建设之前落成的公共图书馆，大都坐落在中心区域，有优越的地理位置、便捷的交通条件、密集的利用人群。公共图书馆的改建或扩建，原则上不应牺牲这些条件，应充分利用原有场地和设施进行改建或扩建。

近年来，各地城市建设突飞猛进，城市规模迅速扩大。按照城市建设总体规划在原址改建或扩建确有困难的，原则上不应将旧馆改作他用而另建新馆，而应采用改造旧馆和建设新馆相结合的模式，以提高图书馆服务的覆盖半径。单一的大规模的公共图书馆的服务效能，远不及小而分散的公共图书馆群。政府规划、建设公共图书馆的最终目标，是形成覆盖全社会的比较完备的公共图书馆服务网络。

**第九条** 本条说明本标准与现行有效的其他有关标准、规范和规定的关系。

公共图书馆建设所涉及的相关标准、规范和规定很多。公共图书馆建设在执行本标准的同时，还需要执行国家和地方现行有效的其他有关标准、规范和规定。

## 第二章 规模分级、项目构成与选址

**第十条** 本条提出了确定公共图书馆建设规模的依据。

根据公共图书馆为全体人民提供普遍均等服务的原则，充分考虑我国公共图书馆建设的实际和发展趋势，并参考国际通行做法，本标准以服务人口和相应的人均藏书量、千人阅览座位指标作为确定公共图书馆建设规模的基本依据。

服务人口的计算方法是：

省（自治区、直辖市）、副省级市、地（市、地区、盟、州）公共图书馆，以其所在城市市辖区（或城镇）的常住人口数（户籍人口和居住半年以上的暂住人口）为服务人口数。

县（市）公共图书馆，以其所在县城关镇、所在镇的常住人口为服务人口数。

本标准服务人口计算方法的理由是：

省（自治区、直辖市）、副省级市、地（市、地区、盟、州）公共图书馆，其直接提供服务的主要对象是所在城市的市辖区（或城镇）的常住人口。为所辖区域其他人口提供服务的任务，主要是通过间接形式实现的。调查中发现，有些省、地公共图书馆也在市辖区（或城镇）外建立了分馆或服务点，但数量很少，属于示范性的。因此，省（自治区、直辖市）、副省级市、地（市、地区、盟、州）公共图书馆，应以其所在城市的市辖区（或城镇）的常住人口数为服务人口数。

县（市、区、自治县、旗）公共图书馆是我国最基层的独立建制的公共图书馆。根据《国家“十一五”时期文化发展规划纲要》的要求，县级公共图书馆承担着“丰富藏书量，形成统一采购、统一编目的图书配送体系”，为本辖区包括农村人口在内的全部人口提供直接服务的任务。县级公共图书馆通常采用三种方式为本辖区的全部人口提供直接服务：一是附近居民直接到图书馆享受服务；二是采取集体外借的方式直接提供服务；三是采取送书下乡的方式直接提供服务。因此，县级公共图书馆建设规模在以其所在城关镇（或镇）的人口数量为依据的同时，还要考虑其为全县人口提供服务所需要的藏书量、阅览座位数量和建筑面积，本标准采取提高以城关镇人口为基数的人均藏书量指标（提高30% ~10%）和千人阅览座位数指标（提高20% ~10%）的方法加以调整。

藏、阅、借是图书馆的主要功能，藏书区和借阅区是图书馆的主要功能区，藏书区和借阅区的面积基本上决定了图书馆的总建筑面积。人均藏书量是指在一个行政区域内各级公共图书馆藏书总和的人均数。千人阅览座位指标是指在一个行政区域内各级公共图书馆座位数总和的千人平均数。与服务人口相应的人均藏书量、千人阅览座位指标是确定公共图书馆总藏书量和总阅览座位数量的基本依据，从而也是确定公共图书馆建设规模的基本依据。

完全以服务人口和相应的人均藏书量、千人阅览座位指标作为确定公共图书馆规模的依据，也会带来一些问题。如无法体现不同的服务功能对馆舍建筑的不同需求，无法体现由于历史积淀不同、存量资源不同、运行保障情况不同而导致的对馆舍建筑的不同需求。因此，本标准在以服务人口数量和相应的人均藏书量、千人阅览座位指标为基本依据的基础上，引入服务功能、文献资源的数量与品种、当地经济发展水平三个兼顾因素对公共图书馆的建设规模加以调整。

服务功能。公共图书馆的服务功能包括基本服务功能和中心图书馆功能。为本地区的公众提供文献资源借阅与咨询服务，组织读者活动，是所有公共图书馆的基本服务功能。中心图书馆功能，是指公共图书馆在承担基本服务功能之外，同时承担本地区公共图书馆服务网络组织协调、图书馆资源采购整序配送体系建设、资源共享及服务援助实施、业务指导、人员培训等功能。中心图书馆完成这些功能，需要有相应的馆舍面积支撑。

文献资源的数量与品种。文献资源的数量包括有利用价值的资源存量和未来10年左右应该增加的数量。资源的数量与品种直接影响到藏书区和借阅区所需要的面积。根据服务人口和相应的人均藏书量、千人阅览座位指标确定的总藏书量和总阅览座位数量，与实际情况和现实需要往往出现差异。因此，在以服务人口和相应的人均藏书量、千人阅览座位指标为基本依据确定建设规模的同时，还要兼顾文献资源的数量与品种因素，从实际出发，按照其实际可能达到的藏书量和相应的阅览座位数量，调整其建设规模。

当地经济发展水平。按照公共服务“普遍均等”、“惠及全民”的原则，经济发展水平并不是影响公共图书馆建设规模的重要因素。但是，从我国目前的实际情况看，经济发展水平对公共图书馆建设规模和持续发展的影响仍相当明显，主要体现在现有的藏书量和购书费上。对于经济欠发达地区，现阶段如果只根据服务人口和相应的人均藏书量、千人阅览座位指标来确定公共图书馆的建设规模，可能导致的问题不仅仅是建设资金困难，还包括因现有实际藏书量少、建成后购书费不足，总藏书量长期达不到建设规模水平，图书馆的作用难以完整实现。因此，在逐步缩小地区间公共服务差距的过程中，现阶段确定公共图书馆的建设规模，也应适当考虑当地经济发展水平的因素。

**第十一条**　本条是关于公共图书馆建设规模分级的规定。

本标准根据公共图书馆的性质及其建设的基本原则，本着公共图书馆建设标准分级应与公共图书馆建筑设计、公共图书馆设置和管理体制相对应的原则，采用按服务人口将公共图书馆划分为大型馆、中型馆、小型馆三级的分级方式。这种方式与现行的公共图书馆设置和管理体制基本对应。本标准的大型馆适用于大多数省级和副省级馆，中型馆适用于大多数地级馆，小型馆则基本适用于县级馆。

**第十二条～第十六条** 明确了公共图书馆建设的内容与项目构成。

为确保公共图书馆服务功能的充分发挥和正常运转，必须使房屋建筑、场地、建筑设备和图书馆技术设备相互配套。

场地建设是公共图书馆建设的重要内容，优美的环境，通畅的道路，必要的停车场和人员的集散场地，对于保障安全、方便读者十分重要。

公共图书馆基本用房八个项目分区是根据其服务功能、工作需要并考虑了公共图书馆服务形式的发展要求而确定的。

公共图书馆的功能不同，对建设用房的需求也就不同。本标准在附录中给出了“公共图书馆用房项目设置表”，明确了各级公共图书馆建设用房应设的项目、可设的项目和建议不设的项目，可供参照。总的原则是，各级公共图书馆应当根据自身具有的功能、承担的任务、形成的特点来调整用房项目构成，既要保证服务功能的发挥，又要避免不必要的浪费。

条文第十五条列出了几类主要的公共图书馆建筑设备，建筑设备的细目和配备的具体要求，在第五章做了规定。

图书馆技术设备是公共图书馆建设的重要内容。条文第十六条列出的12类图书馆专用设备，其中1～6、11类为公共图书馆应当配备的设备，是保障公共图书馆功能发挥的必要条件；7～10、12类是公共图书馆根据情况选择性配备的设备。

**第十七条、第十八条** 提出了公共图书馆的选址和建设用地要求。

公共图书馆是人们随时利用的公共文化设施，实用、便捷是高效的前提。在确定公共图书馆的基址时应把方便利用、建成后能真正发挥效益作为第一要素考虑。为方便利用，真正发挥效益，公共图书馆宜将基址选择在人群聚集、位置适中、交通方便的区域。偏于一隅，短时间内形不成人流聚集，最终因利用不便而导致少人问津，是公共图书馆建设最大的浪费。人口集中、交通便利的区域，往往是寸土寸金之地。当建设用地和建设规模形成尖锐矛盾时，应以总规模控制下的小而分散化解单体大规模建筑的用地矛盾。

公共图书馆的选址要体现以人为本的原则，应符合当地建设的总体规划及公共文化事业专项规划，以形成实用、便捷、高效的公共图书馆服务网络为目标。在同一城市内，各规模等级公共图书馆之间的距离应符合各自服务半径的要求。

“工程地质及水文地质条件”是综合性因素，应参照有关公共设施建设的要求执行。公共图书馆基址选择的地质条件，特别强调“地势高爽”，包括两层含义：一是地势要高，防洪水、雨水滞留；二是日照通风要好，避免把基址选在水边、低洼、潮湿处，这在南方地区是比较重要的考虑因素。

市政配套设施条件良好也是公共图书馆选址的重要要求。

《公共图书馆建设用地指标》对大、中、小型公共图书馆的容积率、建筑密度、用地面积已经作了具体的规定，应遵照执行，本标准的控制指标与其是一致的。

公共图书馆是人流集散的公共场所，又是高雅文化场所，应充分重视其绿地的建设，为读者提供交往和休闲的场所。根据《图书馆建筑设计规范》JGJ 38—99 绿地率不宜小于30%，以及建设部《城市绿化规划建设指标的规定》（建城〔1993〕784 号）公共文化设施绿地率不低于35% 的规定，本标准规定公共图书馆绿地率宜为30% ~35%。

**第十九条** 本条提出了公共图书馆独立建造的要求。

首先，公共图书馆是学习、研究的场所，需要相对安静的环境，这是它与其他公共文化设施功能不同之处，宜独立建造。同时，公共图书馆又是人群聚集的场所，这又是与其他公共文化设施相同之处。大、中型公共图书馆，人、车流量较大，从安全和减少人、车流量的角度看，也不应与同样人、车流量较大的文化设施合建在一起。小型公共图书馆人车流量相对较少，从节省用地和建设资金、设施综合利用的角度，宜与其他公共文化设施合建。与其他公共文化设施合建时，为保障读者安静的读书环境，内部应全面分隔、自成一区，并应有单独的出入口，以免相互干扰。

## 第三章 总建筑面积和分项面积

**第二十条** 本条规定了各规模等级公共图书馆建筑面积控制指标及相应的藏书量、阅览座位数量控制指标。

条文表2 中的具体控制指标以及形成控制指标的相关指标，是在广泛调研了我国有代表性的各级公共图书馆的馆舍现状，统计、分析了大量数据，参考了文化部《全国公共图书馆评估标准（2003）》和地方标准，分析研究了国际图联和国外主要国家不同发展阶段的相关指标，并进行具体计算后确定的。

条文表2 中的建筑面积、藏书量、阅览座位数量指标的计算方法是：依据服务人口和人均藏书量指标（0.6 ~1.5 册/人）、千人拥有阅览座位数指标（0.3 ~2.0 座/千人），计算公共图书馆的藏书量和阅览座位数量；依据藏书量和每平方米藏书量标准（大型馆350 ~300 册/$m^2$，中型馆280 册/$m^2$，小型馆250 册/$m^2$），计算藏书区使用面积；依据阅览座位数量和每个阅览座位所占面积指标（$3m^2$/座），计算借阅区使用面积；依据藏书区、借阅区使用面积及其所占比例（55% ~65%）、使用面积系数（0.7），计算公共图书馆的建筑面积。

截至2005 年，全国人均拥有公共图书馆藏书0.3 册。不同地区差异很大，人均0.1 ~3.4 册。文化部《文化建设“十一五”规划》提出的目标是：到2010 年，全国人均拥有公共图书馆藏书0.6 册。现行的全国精神文明建设先进区县标准中规定的人均拥有公共图书馆藏书数量是1.3 册。截至2005 年，全国公共图书馆拥有阅览座位总数48 万个，平均每千人0.3 座。不同地区、不同规模的公共图书馆之间差距较大，最高达到每千人2 座。根据国家的文化发展规划，考虑到不同地区公共图书馆藏书总量的现状及未来发展，本标准确定人均拥有公共图书馆藏书指标为0.6 ~1.5 册；千人拥有公共图书馆阅览座位数指标为0.3 ~2.0 座。

表2 的“注”对其使用方法作了说明。一是说明了表2 没有包括的服务人口在1000万以上的公共图书馆建筑面积的确定原则，即参照1000 万服务人口的人均藏书量指标（0.6 册、件）、千人阅览座位数指标（0.3 座）计算其藏书量和阅览座位数量，并以此计算其建筑面积；服务人口3 万以下的，不建设独立的公共图书馆，与文化馆等文化设施合并建设时，其用于图书馆部分藏书区和借阅区的使用面积，参照3 万服务人口的人均藏书量（1.5 册、件）、千人阅览座位指标（2.0 座）执行，并以此计算其建筑面积，但最小的

图书馆，藏书量不少于1.5万册、件，阅览座位不低于20席，面积不低于300m²。

二是说明了表中服务人口处于两个数值区间的取值方法，即采用直线内插法确定其建筑面积、藏书量和阅览座位指标。三是说明了建筑面积指标所包含的项目，凡本标准附录没有包含的项目，其建筑面积不包括在表2的建筑面积指标之内。

**第二十一条** 本条规定了根据服务功能、文献资源的数量与品种和当地经济发展水平因素调整公共图书馆建筑面积的具体方法。

服务人口是确定公共图书馆建筑面积的基本依据，所以，首先应依据服务人口数量和表2确定相应的藏书量、阅览座位和建筑面积指标，然后再根据其他因素进行调整。

一、根据服务功能调整，是指对省、地两级具有中心图书馆功能的公共图书馆面积的调整。需要调整的是增加满足功能需要的用房面积，主要包括配送中心、辅导、协调和信息处理、中心机房（主机房、服务器）、计算机网络管理与维护等用房的面积。由于各省、地公共图书馆所覆盖的区域不同、下一级公共图书馆的数量不同，应根据本行政区域地（或县）级公共图书馆的数量和计算机网络用户数量来确定其增加面积。需要增加的功能用房项目和面积，参照本标准附录“公共图书馆用房项目设置表”确定。

二、根据文献资源的数量与品种调整建筑面积的方法是：以设计藏书量（资源存量和未来10年左右增加的数量之和），对照条文表2中规定的藏书量指标，以其差额作为计算的基数，计算应增加或减少的藏书面积。由于文献资源的数量和品种影响到阅览室设置和阅览座位数量，应根据藏书量调整阅览座位数量，每增加或减少1000册图书，相应增加或减少一个阅览座位；再根据实际应设的阅览座位数量对照条文表2中规定的阅览座位指标，以其差额作为计算的基数，计算应增加或减少的借阅区面积。

三、根据当地经济发展水平调整建筑面积，主要采取调整人均藏书量指标以及相应的千人阅览座位指标的方法。根据文化部《文化建设“十一五”规划》提出的“十一五”末人均公共图书馆藏书达到0.6册的要求，考虑到今后10年的发展，调整后的人均藏书量不应低于0.6册（5万人口以下的，人均藏书量不应少于1册）。

四、公共图书馆的藏书量不能过少，也不能无限增加，同一城市各规模等级公共图书馆的总藏书量一般应控制在人均1.5~2册（件）以内，阅览座位总数一般应控制在千人2座以内，功能用房的设置更不应超出公共图书馆的功能范围，因此，总的调整幅度应控制在±20%以内。

**第二十二条** 本条规定了少年儿童图书馆建设的原则。

少年儿童图书馆是公共图书馆的重要组成部分，为少年儿童服务是公共图书馆的重要任务。早在1981年，国务院办公厅转发文化部等单位《关于全国少年儿童图书馆工作座谈会的情况报告的通知》中，就提出了少年儿童图书馆（室）建设的基本要求：“在中等以上的城市和大城市的区，逐步建立专门的少年儿童图书馆”，“凡新建公共图书馆，都必须考虑少年儿童阅读设施的安排”。根据这一要求，本标准规定可以建设独立的少年儿童图书馆，也可以在公共图书馆内设单独的少年儿童藏书区和借阅区。

少年儿童图书馆的建筑面积，包括在按服务人口确定的公共图书馆总建筑面积指标之内。符合建设大、中型公共图书馆的地区，可以分别建设独立的公共图书馆和专门的少年儿童图书馆，也可以二者合并建设。符合建设小型公共图书馆的地区，二者应合并建设，不宜建设独立的少年儿童图书馆。独立建设的少年儿童图书馆，其建设规模、项目构成、总建筑面积和分项面积等指标，执行本标准的有关规定。

根据统计分析，全国省、地、县馆少年儿童阅览座位数分别为阅览座位总数的15%、23%、32%，这与实地调查的结果相吻合。根据上述情况，本标准规定：合并建设的，为少年儿童服务的藏书区、借阅区面积应控制在公共图书馆藏书区和借阅区总面积的10% ~20%。

**第二十三条** 本条规定了公共图书馆各类用房使用面积与总建筑面积的比例关系。

各类用房的比例关系，是以公共图书馆的建设规模、功能需求为基本参数，广泛参考了《图书馆建筑设计规范》JGJ 38—99、《全国公共图书馆评估标准（2003年）》、国际图联的相关标准，并对实地调研和统计资料中的数据进行了分析测算后确定的。

根据统计分析，我国各级公共图书馆书库和阅览室面积之和占总建筑面积的比例平均为47.4%，其中省、地、县级馆的平均比例分别为54.7%、46.6%、47.1%。另据2006年10月对全国74所公共图书馆的调查，藏书区和借阅区面积占总面积的比例，大型馆平均为53%，中型馆平均为50%，小型馆平均为45%。两项分析，结果基本一致。藏书区和借阅区是公共图书馆实现功能的最主要的区域，按照公共建筑功能优先的原则，应体现把尽可能大的面积用于直接服务读者的导向，因此，本标准在现实基础上适当提高了藏书区和借阅区使用面积占总使用面积的比例，确定为55% ~65%。中小型公共图书馆实行藏阅合一，不作区分。

公共活动与辅助服务区、咨询服务区也是直接服务读者的区域。调查中发现，近年来公共图书馆的讲座、图书陈列展览、读者活动十分活跃，成为发挥公共图书馆功能效益的重要形式。从调查数据分析，各级公共图书馆的公共活动与辅助服务区平均已占到全部使用面积的21%，但各馆之间内容不一。本标准在附录中规范了公共服务和辅助服务区的项目内容和标准，根据项目内容和标准的测算，规定其使用面积比例为10% ~16%。咨询服务是公共图书馆正在兴起和发展的一项高层次服务项目，是现代图书馆的方向。调查中发现，公共图书馆咨询服务的内容和方法不断丰富，并设置了专门用于上述咨询服务项目的人员、用房或区域，咨询服务用房的比例大致为2% ~5%。

根据调查统计，目前公共图书馆技术设备区占总面积的比例为1% ~6%，各馆之间差异较大。随着公共图书馆计算机网络建设的发展，全国文化信息资源共享工程的全面实施，对公共图书馆计算机中心机房等技术设备用房提出了更高的要求，从实际需要和今后的发展考虑，本标准将技术设备区的比例定为3% ~4%。

实地调研结果显示，不同的图书馆，用房面积比例存在一定的差异，因而，在不突破总面积控制指标的前提下，各项用房比例关系可以根据实际情况进行适当调整。但调整以后，藏书区、借阅区、咨询服务区、公共活动与辅助服务区四部分使用面积之和占总使用面积的比例，大型公共图书馆应不低于70%，中小型公共图书馆不应低于75%。

## 第四章　总体布局与建设要求

**第二十四条** 本条是对公共图书馆设计原则的要求。

与传统图书馆相比，现代图书馆在服务模式上发生了重要变化，主要表现在普遍采用尽可能多的开架借阅，资源管理开架与闭架相结合；资源载体纸质、数字、多媒体并存，提供和利用方式发生了变化；围绕文献信息资源提供多样化的活动，成为图书馆服务的重要内容。公共图书馆建筑在设计时应充分考虑这些变化，强调空间使用的灵活性，空间环境的复合性，满足服务模式变化对图书馆建筑的要求，使图书馆建筑为现代图书馆服务方式的全面实施提供保证。

公共图书馆是集中体现当地文化积淀和文化精神的建筑，其外观造型、室内装修和环境设计，在满足功能优先、适用为本原则的前提下，应充分反映当地的文化传统和特点，创造富有独特风格的图书馆建筑形象。

**第二十五条** 本条是对公共图书馆总体布局的要求。

对公共图书馆功能进行合理分区，是图书馆总平面布置的基本原则。图书馆的功能布局是否合理，直接影响着图书馆的使用效率。在总平面布置上，功能相同的空间宜集中而不宜分散，严格区分内部工作管理区域和读者活动区域，应强调以读者为中心，与图书馆的管理方式和服务手段相适应，从紧凑合理、便于联系、方便调整、动静分区等方面来进行规划、设计。

良好的朝向和通风，对读者阅读、工作人员工作和图书保存都有重要意义，也符合节约型社会的要求，在总平面布置上应予充分注意，对于中、小型图书馆尤为重要。

根据少儿读者活泼好动的特点，少儿阅览区应与成人阅览区分开，设置独立出入口，还应在馆外设置开展少儿活动的相关场地。

室外工程是公共图书馆建设的组成部分，应统一规划建设。

**第二十六条** 本条是对公共图书馆三条流线组织的要求。

合理组织读者流、书刊信息流和工作人员流，使三条流线便捷畅通，互不干扰。人、书分流是图书馆建设的基本要求。

一、书流。藏书库与采编用房是图书馆书刊大量进出的地方，需设置可供运送书刊的通道。为了不影响借阅区的安静、卫生和安全环境，应设独立的出入口，并能根据书刊的流向进行合理的路线组织，既能满足书刊进出、分配的要求，也应保障安全。

二、人流。首先是读者活动人流，其次是图书馆工作人员及来访者。公共图书馆的读者人流量大，且持续时间稍长。开馆与闭馆时是人流集中的高峰期，门厅是公共图书馆的主要交通枢纽，具有接纳、分配人流的作用，所以门厅内的人流路线要简捷、通畅。人流多的大型图书馆，出口数量应不少于两个。公共图书馆读者人流的另一个特点是呈正反向移动，故设计中应避免人流交叉。员工进馆后应能方便而直接到达工作区，尽量不与读者人流交叉。来访者或联系工作的人员数量少，但进馆后的流线应能方便地直接到达办公区域，不宜通过借阅与藏书区。

图书馆的标识系统有公共信息标识和读者引导标识。在馆区的院内及馆内空间、出入口处、通道处、家具设备等合适的位置上，应装设必要的标识标牌，使读者能够迅速准确地了解图书馆的空间布局、内部功能、服务设施和活动安排。公共信息标识所用图形符号应采用国际通用标准符号和图形，读者引导标识应做到简明直观、形式美观。

公共图书馆内人员聚集，应设计出简捷、通畅的应对突发事件时人流疏散的通道。

**第二十七条** 本条是对公共图书馆无障碍设计的规定。

公共图书馆是社会文明的窗口。为体现全社会对残疾人、老年人等特殊人群的关怀，公共图书馆应建成无障碍建筑。无障碍设计按《图书馆建筑设计规范》JGJ 38—99 第 4.1.9 条执行，无障碍设计范围遵从《城市道路和建筑物无障碍设计规范》JGJ 50—2001 第 5.1.3 条的规定。

**第二十八条** 本条是对公共图书馆设置机动车和自行车停车位的规定。

随着社会的发展，各地特别是经济发达地区汽车保有量节节攀高，图书馆公务用车、馆员和读者自行驾车数量增长很快，特别是大中型公共图书馆，人、车流量较大，停车场成为读者利用图书馆的一个重要条件。因此，除了充分利用周边建筑的停车场（库）以外，公共图书馆自身还应根据具体情况设置足够的停车位。

公共图书馆停车位数量（包括周边可利用的停车位和本馆区内设置的停车位），在《公共图书馆建设用地指标》中已有规定，各地规划部门对公共建筑的车位也有要求，建设中可按当地规划部门的有关规定及其他实际情况确定。本着节约土地的原则，可以建停车库，以减少停车场的单独占地面积。地下停车库的建筑面积不包括在建筑面积控制指标之内。

**第二十九条** 本条提出公共图书馆建筑的高度取向。

公共图书馆各部门之间、不同功能的用房之间联系比较密切，且人流量大，建筑采用水平联系较垂直联系有更多的优越性。另外，多层建筑比高层建筑造价低。所以，公共图书馆建筑特别是其向公众开放的公共空间一般不宜采用高层。但是高层建筑在节约用地方面又有积极意义，因此在用地紧张且城市总体规划许可的情况下也允许建高层。

**第三十条** 本条提出公共图书馆的空间布置要求。

随着文化事业及公共图书馆事业的发展，图书馆的功能在不断深化、扩展，图书馆设备特别是电子信息设备也在不断更新，公共图书馆建筑必须能满足这一趋势。藏书和阅览用房的重新组合、分隔和改造，在图书馆内经常发生，公共活动用房如展览厅、培训教室等也在经常变化，采用框架、框架剪力墙结构体系和其他大空间结构形式有利于内部房间的灵活分隔和今后的发展改造。行政办公用房、业务用房相对稳定，则不强调采用框架结构。《图书馆建筑设计规范》JGJ 38—99 第 4.1.3 条规定“图书馆各空间柱网尺寸、层高、荷载设计应有较大的适应性和使用的灵活性。藏阅空间合一者，宜采取统一柱网尺寸、统一层高和统一荷载”，这是以结构体系采用框架或框架剪力墙体系为依托，肯定了空间布置应该具有灵活性和可调整性。

**第三十一条** 本条规定了公共图书馆建筑的抗震级别。

按《建筑工程抗震设防分类标准》GB 50223—2008 的规定，大多数公共图书馆属于一般性公共建筑，可按抗震规范中的标准设防类建筑设防——按本地区的设防烈度采取抗震措施。根据公共图书馆人员密集且疏散有一定难度，地震破坏造成的人员伤亡和社会影响很大的情况，参照该规范第 6.0.4 条关于“文化娱乐建筑中，大型的电影院、剧场、礼堂、图书馆的视听室和报告厅……抗震设防类别应划为重点设防类”的规定，本标准将公共图书馆的视听室和报告厅、大型公共图书馆的阅览室纳入重点设防类建筑。

此外，《建筑工程抗震设防分类标准》GB 50223—2008 将大型博物馆、存放有国家一级文物的博物馆、特级和甲级档案馆的抗震设防类别划为重点设防类，据此类推，凡保存有国家重要文献的公共图书馆的特藏书库，应按重点设防类建筑进行抗震设防。

当公共图书馆建筑各区段的重要性有显著不同时，可按区段划分抗震设防类别。下部区段的类别不应低于上部区段。

**第三十二条** 本条是对公共图书馆节能与环保设计的要求。

室内环境、建筑热工和暖通空调设计是公共建筑节能设计的三个主要方面。

公共图书馆建筑作为社会文明的标志，必须体现建设资源节约型、环境友好型社会的理念。建设部已经颁布的《公共建筑节能设计标准》GB 50189—2005 及其他有关环境保护的规范和规定必须遵守，节能产品必须优先采用。关心公众的健康是“以人为本”的重要体现，因此要求采用“不损害健康的产品”。公共图书馆建设应成为在建筑的全生命周期实现高效率地利用资源，低限度地影响环境，以达到人与建筑、环境和谐共存的典范。

**第三十三条** 本条是对公共图书馆建筑允许噪声级的要求。

保持阅览环境安静是图书馆建筑设计应重视的内容之一。影响图书馆安静的因素主要有交通噪声、生活噪声、工厂生产及施工噪声等。馆内噪声级分区及允许噪声级标准应根据《图书馆建筑设计规范》JGJ 38—99 第 4.1.7 条执行。周围环境噪声，根据《城市区域环境噪声标准》GB 3096—93 的规定，昼间为 55dB，夜间为 45dB。

当公共图书馆由于各种原因无法达到环境噪声的限制标准时，在总平面设计、单体平面设计和技术构造上还有调整的可能。如将“静区”房间放在离噪声源较远的地方，采用双层玻璃窗等隔声效果好的建筑构配件，以及绿化等。相对于将公共图书馆建在环境安静但远离读者群的偏僻地区而言，靠近读者、方便利用是更值得关注的问题。

结合室内装修做一些吸声减噪措施，可从实用、维护、造价等多方面综合考虑，酌情选用。

**第三十四条** 本条是对公共图书馆建筑日照、通风与采光条件的要求。

公共图书馆应坚持以自然通风和自然采光为主，充分利用自然资源，节约能源。一般应优先考虑阅览室朝南向布置。日照强烈的地区还应采取适当的遮阳措施，并针对不同季节主导风向、气温对建筑空间加以处理，使自然通风得以良好组织。阅览室的天然采光标准，见《图书馆建筑设计规范》JGJ 38—99 第 4.1.6 条和《建筑采光设计标准》GB/T 50033—2001 第 3.2.4 条的规定。

少儿阅览室的日照，与幼儿园及中小学建筑设计规范中对活动室、教室的日照的具体要求是一致的，如托儿所、幼儿园的生活用房要满足冬至日底层满窗日照不少于 3h，中小学南向教室要求冬至日底层满窗日照不少于 2h。在以人为本的理念和身心健康越来越引起人们重视的情况下，对少儿阅览室的日照条件提出原则性的要求是必要的。基于定量分析，建议少儿阅览室的日照宜满足冬至日底层满窗日照不少于 1h。

**第三十五条** 本条是对公共图书馆文献资料防护方面的要求。

对书刊和非书资料的防护内容很多，而防水、防潮是公共图书馆建设的基本要求。根据目前公共图书馆藏阅合一和灵活多变的发展趋势，本条对整个图书馆工程提出了严格可靠的防水、防潮要求。

对各类文献资料要设必要的防护措施，《图书馆建筑设计规范》JGJ 38—99 第 5 章对此有详尽的规定。对温、湿度都有要求的房间，设置空气调节装置并考虑空气净化均是必需的，不同部位有不同的防护要求。另外，大型、高级别的公共图书馆设有珍善本书库及较完善的技术设备用房，设置空气调节及净化装置也是符合业务要求的。

**第三十六条** 本条是对公共图书馆建筑防火的要求。

建筑防火规范的要求是强制性的，同时公共图书馆也有一些特定环境和使用功能，所以既应遵守国家现行的《建筑设计防火规范》GB 50016—2006、《高层民用建筑设计防火规范》GB 50045—95、《建筑内部装修设计防火规范》GB 50222—95 等建筑设计防火规范，又要遵照《图书馆建筑设计规范》中的具体规定。此外，文化部 1996 年 2 月 6 日颁布、同年 7 月 1 日实施的《公共图书馆建筑防火安全技术标准》WH 0502—96，在引用上述国家现行标准的基础上，针对图书馆的具体情况作了细致的诠释，对公共图书馆建筑工程的防火安全有重要的指导意义。

**第三十七条** 本条是对公共图书馆设置电梯和提升设备的规定。

《图书馆建筑设计规范》JGJ 38—99 第 4. 1. 4 条规定了阅览室在四层及以上应设电梯，本标准列明这一标准，是肯定在公共图书馆设计及投资中应该有这一项，但这是最低标准。随着经济的发展，公共图书馆应体现出对年老体弱者、残疾人更多的人文关怀，因此有条件的地区四层以下的大中型公共图书馆也可设电梯。至于自动扶梯，从人流情况看一般并非必需（0. 6m 宽的自动扶梯每小时载客量约 5000 人，0. 8m 宽的自动扶梯每小时载客量约 8000 人，1. 00m 宽的自动扶梯每小时载客量约 10000 人），因此，一般不需要设置。针对书籍的提升设备，如专用书梯、客货两用梯等，则属于减轻劳动强度和提高工作效率的需要，也是人性化设计的体现。

## 第五章 建 筑 设 备

**第三十八条** 本条是对公共图书馆建筑给排水系统的要求。

公共图书馆的室内外给排水系统应按《图书馆建筑设计规范》JGJ 38—99 的要求设计。按照现代图书馆服务方式，藏阅合一的阅览室越来越多，这类阅览室和书库的要求应该是一样的，因此，本标准特别强调了给排水管道不得穿过书库及藏阅合一的阅览室。

**第三十九条** 本条是对公共图书馆暖通空调系统的要求。

公共图书馆的暖通系统、空调系统应按《图书馆建筑设计规范》JGJ 38—99 的要求设计。设置集中空调系统，是因为其便于运行管理、噪声较小，空调效果也最好。大、中型公共图书馆需要空调的房间面积大、要求高，并且这些公共图书馆一般都有特藏书库、数字资源处理等对空调要求较高的房间，故宜设集中空调。城市集中供热有利于节能和环境保护，应优先采用。如市政无此条件，还要自建锅炉房等设施，应对燃气、重油、煤、电等各种可获得的能源作比较，择优选用。

**第四十条** 本条是对公共图书馆电气系统的要求。

《图书馆建筑设计规范》JGJ 38—99 第 7. 3. 1 条规定，“藏书量超过 100 万册的图书馆，其用电负荷等级不应低于二级；其他图书馆，用电负荷等级不应低于三级”，该项规定为最低标准。根据目前公共图书馆的发展趋势，对供电质量及可靠性的要求越来越高，特别是随着信息化、数字化的发展，图书管理网络化的推进，供电系统稍有闪失就会带来巨大损失。因此，本条对特定部位特别指明应设可靠的备用电源。

公共图书馆的照明标准，见《建筑照明设计标准》GB 50034—2004表 5. 2. 1。该标准的照度标准值比《图书馆建筑设计规范》JGJ 38—99中的数值要高，体现在该标准均为单一的确定值，而《图书馆建筑设计规范》JGJ 38—99 中均有一个下浮的幅度。

**第四十一条** 本条是对公共图书馆电话、电视与广播系统的要求。

随着通信技术的发展，图书馆内使用电话的门数日益增多，公共图书馆应根据不同规模，配设不同的内线和外线电话系统。电视与卫星接收系统已经成为数字时代接收和传递信息的重要工具，公共图书馆建设应配设相应的设备和机房面积。广播系统既为公共图书馆日常服务所需（如闭馆提示、背景音乐等），更是应对紧急情况之必备。《建筑设计防火规范》GB 50016—2006 就要求藏书超过 100 万册的图书馆，设火灾自动报警系统，能发出事故广播和安全疏散指令。

**第四十二条** 本条是对公共图书馆建筑网络系统的要求。

公共图书馆网络系统建设，是公共图书馆现代化建设的基础，是实现图书馆之间资源共享的基础。所有的公共图书馆都应具备提供数字资源、网络服务的能力。

公共图书馆网络系统建设，应包括互联网接口、局域网、综合布线、网络设备和网络信息点等，具体的数量要根据建筑面积、使用性质、公共图书馆特点、功能定位、馆藏资源的情况和投资数量来确定。设置局域无线网络系统，能减少信息点数量、使用灵活，但要注意为无线网接入的有线网络接口的带宽及无线网络设备的传输标准。

本条所给出的指标，是根据目前的技术条件和环境要求提出的参考性指标，参照了《图书馆建筑设计规范》JGJ 38—99 第 4.6.7 条和第 4.6.8 条、文化部《全国公共图书馆评估标准》（2003 年）中的相关规定，并考虑了目前公共图书馆网络建设的实际情况而提出的。网络技术发展很快，许多指标随着技术的发展将会发生变化。附表 1 和附表 2 的指标仅供参考。

**附表 1　公共图书馆网络传输速率（网络接口带宽）标准**

| 规　模 | 互联网接口 | 局域网主干 | 局域网分支 |
| --- | --- | --- | --- |
| 大型 | 100M 以上 | 千兆或万兆 | 百兆或千兆 |
| 中型 | 100M 以上 | 千兆 | 百兆 |
| 小型 | 100M 以上 | 千兆 | 百兆 |

**附表 2　公共图书馆信息点设置标准**

| 区　域 | 数　量 |
| --- | --- |
| 行政办公区 | 10m$^2$2 个 |
| 业务区 | 10m$^2$2 个以上 |
| 阅览区 | 阅览座位的 30% 左右 |
| 电子阅览区 | 阅览座位的 105% |
| 研究室 | 10m$^2$2 个 |
| 书库 | 50m$^2$1 个 |
| 办证、检索、复印和休息区 | 10m$^2$1 个 |

**第四十三条**　本条是对公共图书馆设置安全防护措施的规定。

作为公共活动场所，公共图书馆应有可靠的安全防护措施，如设置图书防盗系统等。大、中型公共图书馆应在本条列出的重点防范部位和要害部门设置视频安防监控系统，根据防火规范的要求设置火灾报警系统、消防联动系统等。有条件的公共图书馆可以全面实施布防，增设入侵报警系统、门禁系统、巡更系统以保证各种馆藏文献、网络设备和人员的安全，维护图书馆的正常运行。实现楼宇自动化管理的公共图书馆还应对建筑内各类机电设备实行监测控制，并与其他安全防护系统合并设置，以达到安全、节约、可靠、集中管理的目的。

# 档案馆建设标准

## 建标 103—2008

## 建设部　国家发展和改革委员会
## 关于批准发布《档案馆建设标准》的通知

建标〔2008〕51号

国务院有关部门，各省、自治区、直辖市、计划单列市建设厅（委、局）、发展和改革委员会：

根据建设部《关于印发〈二〇〇四年工程项目建设标准、投资估算指标、建设项目评价方法与参数编制项目计划〉的通知》（建标函〔2005〕19号）要求，由国家档案局负责编制的《档案馆建设标准》，经有关部门会审，现批准发布，自2008年7月1日起施行。

在档案馆项目的审批、设计和建设过程中，要严格遵守党中央、国务院关于控制楼堂馆所建设的相关要求，认真执行本建设标准，坚决控制工程造价。

本建设标准的管理由建设部和国家发展改革委负责，具体解释工作由国家档案局负责。

**中华人民共和国建设部**
**中华人民共和国国家发展和改革委员会**
二〇〇八年二月二十七日

## 前　言

为了贯彻落实《中华人民共和国档案法》、《中华人民共和国档案法实施办法》，促进国家档案馆建设，提高国家档案馆建设决策科学化与管理规范化水平，依据建设部《关于印发（二〇〇四年工程项目建设标准、投资估算指标、建设项目评价办法与参数编制项目计划）的通知》（建标函〔2005〕19号）要求，编制《档案馆建设标准》。

《档案馆建设标准》编制的指导思想是，严格遵循国家法律法规和相关方针政策，以坚持更好地为公众服务，充分发挥档案事业在建设和谐社会中的作用为宗旨，从我国国情出发，因地制宜，合理确定建设规模和水平，做到功能齐全，设施完善，经济实用，满足档案收集、整理、保管、利用等工作需要。

《档案馆建设标准》明确了国家档案馆建设规模和项目构成，确定了房屋建筑面积指标，提出了选址与规划布局、建筑设计的基本要求。

本建设标准对政府投资的档案馆建设必须严格执行，对企业投资的可参考适用。

本建设标准系初次编制，在施行过程中请各单位注意总结经验，积累资料。如发现需要修改和补充之处，请将需要修改和补充的意见及时反馈。有关意见及资料请寄中华人民共和国国家档案局（地址：北京市西城区丰盛胡同21号，邮编100032），以便今后修改时考虑。

本标准编制组成员：

**主　　编：**郭嗣平、张永慧、赵中新、王雁宾

**编　　委：**李伯富、刘芸、杨战捷、姜莉、冯朝晖、宋扬、丁德胜、杜山

**主要起草人：**（按姓氏笔画排序）

丁德胜、刘芸、杨战捷、姜莉、郭嗣平

## 第一章　总　　则

**第一条**　为加强和规范我国的档案馆建设，提高工程项目投资决策和建设管理水平，维护档案的完整与安全，便于社会各方面利用，制定本标准。

**第二条**　本标准是档案馆建设的全国统一标准，是编制、评估和审批档案馆建设项目建议书、可行性研究报告和初步设计的依据，也是有关部门对档案馆工程项目建设全过程监管检查的依据。

**第三条**　本标准适用于省（自治区、直辖市、计划单列市、副省级市）、市（地、州、盟）、县（市、区、旗）三级综合档案馆的新建、扩建、改建工程项目。

城市建设档案馆等专门档案馆的新建、扩建、改建工程项目，依照本标准执行。

**第四条**　档案馆建设必须遵守《中华人民共和国档案法》、《中华人民共和国档案法实施办法》等有关法律法规，从我国国情出发，因地制宜，合理确定建设规模和水平，做到功能齐全，设施完善，经济实用，满足档案收集、整理、保管、利用等工作需要。

**第五条**　档案馆建设应满足档案馆作为安全保管党和国家重要档案的基地、爱国主义教育基地、档案信息服务中心、已公开现行文件利用中心和政府信息查阅的法定场所的设置要求，同时要满足社会公共文化服务的要求。

**第六条**　政府投资的档案馆建设应纳入当地的国民经济和社会发展规划，城市总体规划和政府投资计划。

**第七条**　档案馆建设应统筹规划，立足长远。资金投入确有困难的，可一次规划，分期建设。

**第八条**　档案馆建设除遵守本标准外，还应符合国家现行的其他有关标准、规范和定额、指标的规定。

## 第二章　建设规模和项目构成

**第九条**　档案馆建设规模按行政区划分级，以应保存的馆藏档案数量为基本依据分类，参照辖区人口数量并综合辖区经济、地理等因素合理确定。

馆藏档案数量是指现存和今后30年应进馆档案、资料的数量之和。

**第十条**　档案馆建设按照省、市、县三级作如下分类：

| 级别 | 类次 | 馆藏档案数量 |
|---|---|---|
| 省级 | 一类 | 90万卷以上 |
| | 二类 | 70~90万卷 |
| | 三类 | 70万卷以下 |
| 市级 | 一类 | 40万卷以上 |
| | 二类 | 30~40万卷 |
| | 三类 | 30万卷以下 |
| 县级 | 一类 | 20万卷以上 |
| | 二类 | 10~20万卷 |
| | 三类 | 10万卷以下 |

**第十一条** 档案馆建设项目由房屋建筑、场地和档案馆专用设施组成。

**第十二条** 档案馆房屋建筑由档案库房、对外服务用房、档案业务和技术用房、办公室用房等主要功能用房和附属用房及建筑设备组成。

**第十三条** 档案库房由纸质档案库、音像档案库、光盘库、缩微拷贝片库、母片库、珍藏库、实物档案库、图书资料库、其他特殊载体档案库和过渡间组成。

省级档案馆需设置异地备份库时，应根据备份档案数量参照本标准执行，其建筑面积不计入本标准。

**第十四条** 对外服务用房由服务大厅（含门厅、寄存处、饮水处等）、接待室、查阅登记室、目录室、开放档案阅览室、未开放档案阅览室、缩微档案阅览室、音像档案阅览室、现行文件阅览室、现行文件保管室、展览厅、报告厅、对外利用复印室和利用者休息室、餐厅、公共卫生间组成。

**第十五条** 档案业务和技术用房由中心控制室、接收档案用房、整理编目用房、保护技术用房、翻拍洗印用房、缩微技术用房、信息化技术用房组成。

接收档案用房由接收室、除尘室、消毒室组成。

整理编目用房由整理室、编目室、修史编志室、展览加工制作室、出版发行室组成。

保护技术用房由去酸室、理化试验室、档案有害生物防治室、档案保护静电复印室、裱糊修复室、装订室、仿真复制室、音像档案处理室组成。

翻拍洗印用房由翻拍室、冲洗室、印像放大室、水洗烘干室、翻版胶印室组成。

缩微技术用房由资料编排室、缩微摄影室（分大型机室和小型机室）、冲洗处理室、配药和化验室、质量检测室、校对编目室、拷贝复印室、放大还原室和备品库组成。

信息化技术用房由服务器机房、计算机房、电子档案接收室、电子文件采集室、数字化用房组成。数字化用房由档案前期处理室、纸质档案扫描室、其他载体档案数字化室、数字化质量检测室、档案中转室组成。

**第十六条** 档案馆办公室用房和与档案馆并建的档案行政管理部门办公室用房的组成参照《党政机关办公用房建设标准》。

**第十七条** 附属用房及建筑设备包括警卫室、车库、卫生间、浴室、医务室和变配电室、水泵房、水箱间、锅炉房、电梯机房、制冷机房、通信机房、消防用房、安防用房等各类设备用房及相应的建筑设备。

**第十八条** 档案馆场地主要由人员集散场地、道路、停车场和绿化用地等组成。

**第十九条** 档案馆专用设施主要包括档案专用运输设备、档案装具、档案保护技术设备、缩微设备、专用信息化设备。

## 第三章 房屋建筑面积指标

**第二十条** 档案馆房屋建筑面积指标按照不同级别和类型予以确定。

**第二十一条** 省级档案馆建筑面积指标应符合表一的规定。

**表一 省级档案馆建筑面积指标**

单位：平方米

| 面积指标<br>项目 | 一类 | 二类 | 三类 |
| --- | --- | --- | --- |
| 档案库房 | 5500 ~ 6800 | 4300 ~ 5500 | 3000 ~ 4300 |
| 对外服务用房 | 5500 ~ 6500 | 4600 ~ 5500 | 3700 ~ 4600 |
| 档案业务和技术用房 | 6500 ~ 7400 | 5500 ~ 6500 | 4600 ~ 5500 |
| 办公室用房 | 1500 ~ 1700 | 1200 ~ 1500 | 900 ~ 1200 |
| 附属用房 | 1900 ~ 2200 | 1600 ~ 1900 | 1200 ~ 1600 |
| 总计 | 20900 ~ 24600 | 17200 ~ 20900 | 13400 ~ 17200 |

注：表列各类用房指标分配见附录一，使用系数为 0.7。

馆藏档案数量超过 110 万卷的省级档案馆，档案库房面积指标可在省级一类的基础上，按照本标准的计算方法等比增加。寒冷和严寒地区的总面积指标可以在原来基础上增加 4% ~6% 。

**第二十二条** 市级档案馆建筑面积指标应符合表二的规定。

**表二 市级档案馆建筑面积指标**

单位：平方米

| 面积指标<br>项目 | 一类 | 二类 | 三类 |
| --- | --- | --- | --- |
| 档案库房 | 3100 ~ 3800 | 2300 ~ 3100 | 1500 ~ 2300 |
| 对外服务用房 | 2800 ~ 3200 | 2300 ~ 2800 | 1800 ~ 2300 |
| 档案业务和技术用房 | 3200 ~ 3700 | 2800 ~ 3200 | 2300 ~ 2800 |
| 办公室用房 | 700 ~ 900 | 600 ~ 700 | 400 ~ 600 |
| 附属用房 | 1000 ~ 1200 | 800 ~ 1000 | 600 ~ 800 |
| 总计 | 10800 ~ 12800 | 8800 ~ 10800 | 6600 ~ 8800 |

注：表列各类用房指标分配见附录二，使用系数为 0.7。

馆藏档案数量超过 50 万卷的市级档案馆，档案库房面积指标可在市级一类的基础上，按照本标准的计算方法等比增加。寒冷和严寒地区的总面积指标可以在原来基础上增加 4% ~6% 。

**第二十三条** 县级档案馆建筑面积指标应符合表三的规定。

表三　县级档案馆建筑面积指标　　单位：平方米

| 项目＼面积指标 | 一类 | 二类 | 三类 |
| --- | --- | --- | --- |
| 档案库房 | 1800～2800 | 900～1800 | 500～900 |
| 对外服务用房 | 1100～1400 | 800～1100 | 300～800 |
| 档案业务和技术用房 | 900～1400 | 500～900 | 200～500 |
| 办公室用房 | 400～600 | 200～400 | 100～200 |
| 附属用房 | 400～600 | 200～400 | 100～200 |
| 总计 | 4600～6800 | 2600～4600 | 1200～2600 |

注：表列各类用房指标分配见附录三，使用系数为0.7。

馆藏档案数量超过25万卷的县级档案馆，档案库房面积指标可在县级一类的基础上，按照本标准的计算方法等比增加。寒冷和严寒地区的总面积指标可以在原来基础上增加4%～6%。

**第二十四条**　档案馆办公室用房面积应按照《党政机关办公用房建设标准》执行。

**第二十五条**　附属用房按档案库房、对外服务用房、档案业务和技术用房、办公室用房总面积的10%计算。

## 第四章　选址与规划布局

**第二十六条**　档案馆的选址应符合下列要求：

1．应选择工程地质条件和水文地质条件较好地区；

2．应远离易燃、易爆场所，不应设在有污染腐蚀性气体源的下风向；

3．应选择交通便利，城市公用设施比较完备的地区；

4．应选择地势较高、排水通畅、空气流通和环境安静的地段。

**第二十七条**　档案馆建设用地应根据建筑要求因地制宜，科学合理确定用地面积及技术指标。

档案馆建筑用地覆盖率宜为30%～40%，绿地率宜为30%，或遵照当地规划部门的规定执行。

停车场用地面积根据工作人员和外来利用档案人员数量合理确定并符合当地规划部门的规定。

**第二十八条**　档案馆总平面应满足以下规划要点：

1．档案馆宜独立建设。县级档案馆可与其他功能相近的文化项目联合建设，但应有独立的管理区域；

2．档案馆建筑应根据功能要求和工作流程合理布局，做到基本功能完备、流程便捷；

3．档案馆建筑用地应根据建筑要求，合理确定总平面规划的各项经济技术指标，应节约使用土地，并优先利用社会公共资源；

4．档案馆建筑按照功能分为库房区、对外服务区、业务技术区、办公区和附属用房区。库房区应相对独立。对外服务区宜设置专用出入口；

5. 档案馆对外服务区、业务技术区、办公区应具有良好的自然采光和通风条件；

6. 锅炉房、变配电室等可能危及档案安全的用房，在布局中应与库房区保持安全距离；

7. 人员集散场地、道路、停车场和绿化用地等室外用地应统筹安排；

8. 馆区内的道路应与城市道路或公路连接，符合消防和疏散要求并便于档案的运送、装卸；

9. 档案馆室内外均应按《城市道路和建筑物无障碍设计规范》（JGJ 50—2001）要求进行无障碍设计，标识指示系统清晰明确；

10. 档案馆对外服务的车库（场）建设应符合当地规划条件的要求，宜将车库（场）设置于地下。本标准未包括这部分用房的构成、建筑面积指标；

11. 本标准未包括人防设施的项目构成、建筑面积，其标准和等级应符合当地人防部门的要求。

## 第五章 建筑设计

**第二十九条** 档案库房与其他各类用房之间应有分隔，各部门间的档案传送线路应安全顺畅，内外联系应避免交叉。

**第三十条** 四层及四层以上的对外服务用房、档案业务和技术用房应设电梯，二层及二层以上的档案库房应单独设置垂直运输设备。

**第三十一条** 档案馆围护结构应满足保温、隔热、温湿度控制、防潮、防水、防日光、防紫外线照射、防尘、防污染、防有害生物和防盗等防护要求。

**第三十二条** 档案库房设计应符合以下原则：

1. 库区应根据档案类别、保管要求和经济性，设置不同类型的库房和确定柱网、层高与载荷，珍贵档案存储应设珍藏库。档案库房层高应满足排架高度、管道安装维修的要求；

2. 库区内应设工作人员更衣室，其余附属用房不应设在库区内；

3. 库区或库房入口处应设过渡间；

4. 档案库设于地下时，必须采取防潮、防水措施。

**第三十三条** 档案馆重要电子档案保管和利用场所应满足安全屏蔽要求。

**第三十四条** 档案馆建筑应严格执行现行防火规范，档案库等重要用房应设置火灾自动报警设施，并采用相应的灭火系统。

**第三十五条** 各级档案馆要适应档案信息化建设的要求，根据办公自动化及安全、保密等要求综合布线、预留接口，通讯与计算机网络设施应满足工作需要。

**第三十六条** 档案馆建筑应符合国家公共建筑节能设计标准，并采用节能设备。

**第三十七条** 档案馆建筑应设置门禁、报警、监视监控等安防系统。

**第三十八条** 档案馆供电应满足设备和照明的需要，省级和市级档案馆应实行双路供电，如不能双路供电，可自备发电机组。

**第三十九条** 档案馆建筑外观设计应符合城市规划要求，与周围环境协调，做到实用、经济、美观。室内装修设计首先应满足各类用房使用功能的要求。

# 附录一　省级档案馆各类用房指标分类表

## 表 1-1　省级档案馆档案库房使用面积指标分类表

单位：万卷（档案数量）　平方米（面积）

| 用房名称＼面积指标 | 一类 | | 二类 | | 三类 | | 备　注 |
|---|---|---|---|---|---|---|---|
| | 档案数量 | 使用面积 | 档案数量 | 使用面积 | 档案数量 | 使用面积 | |
| 档案库房 | 90～110 | 3600～4400 | 70～90 | 2800～3600 | 50～70 | 2000～2800 | 按 $40m^2$/万卷计算 |
| 使用面积小计 | | 3600～4400 | | 2800～3600 | | 2000～2800 | — |

注：各地可以根据实际需要在表中所列用房总面积范围内按照标准正文分类要求合理确定各类用房面积。

## 表 1-2　省级档案馆对外服务用房使用面积指标分类表

单位：平方米（面积）

| 用房名称＼面积指标 | 一类 | | 二类 | | 三类 | | 备　注 |
|---|---|---|---|---|---|---|---|
| | 个数 | 使用面积 | 个数 | 使用面积 | 个数 | 使用面积 | |
| 服务大厅 | 1 | 300～350 | 1 | 250～300 | 1 | 200～250 | — |
| 接待室 | 1 | 150～180 | 1 | 120～150 | 1 | 90～120 | — |
| 查阅登记室 | 1 | 150～180 | 1 | 120～150 | 1 | 90～120 | — |
| 目录室 | 1 | 150～180 | 1 | 120～150 | 1 | 90～120 | — |
| 开放档案阅览室 | 1 | 350～400 | 1 | 300～350 | 1 | 250～300 | 按 $3.5m^2$/人计算 |
| 未开放档案阅览室 | 1 | 150～180 | 1 | 120～150 | 1 | 90～120 | 按 $4m^2$/人计算 |
| 缩微档案阅览室 | 1 | 100～120 | 1 | 80～100 | 1 | 60～80 | — |
| 音像档案阅览室 | 1 | 150～180 | 1 | 120～150 | 1 | 90～120 | — |
| 现行文件阅览室 | 1 | 150～180 | 1 | 120～150 | 1 | 90～120 | 按 $4m^2$/人计算 |
| 现行文件保管室 | 1 | 150～180 | 1 | 120～150 | 1 | 90～120 | — |
| 展览厅 | 2 | 1200～1400 | 2 | 1000～1200 | 2 | 800～1000 | — |
| 报告厅 | 1 | 280～300 | 1 | 250～280 | 1 | 220～250 | — |
| 对外利用复印室 | 1 | 80～90 | 1 | 70～80 | 1 | 60～70 | 复印档案、装订档案复印件 |
| 利用者休息室 | 1 | 80～100 | 1 | 70～80 | 1 | 60～70 | 利用者休息场所 |

续表 1-2

| 用房名称＼面积指标 | 一类 | | 二类 | | 三类 | | 备注 |
|---|---|---|---|---|---|---|---|
| | 个数 | 使用面积 | 个数 | 使用面积 | 个数 | 使用面积 | |
| 餐厅 | 1 | 80～90 | 1 | 70～80 | 1 | 60～70 | 利用者就餐场所 |
| 公共卫生间 | 1 | 80～90 | 1 | 70～80 | 1 | 60～70 | — |
| 使用面积小计 | | 3600～4200 | | 3000～3600 | | 2400～3000 | — |

注：表中所列各项功能用房的个数、面积指标，可以根据实际需要在总面积指标范围内作适当调整。

## 表 1-3　省级档案馆档案业务和技术用房使用面积指标分类表

单位：平方米（面积）

| 用房名称＼面积指标 | 一类 | | 二类 | | 三类 | | 备注 |
|---|---|---|---|---|---|---|---|
| | 个数 | 使用面积 | 个数 | 使用面积 | 个数 | 使用面积 | |
| 中心控制室 | 1 | 150～160 | 1 | 120～150 | 1 | 90～120 | |
| 接收室 | 1 | 150～160 | 1 | 120～150 | 1 | 90～120 | — |
| 除尘室 | 1 | 100～120 | 1 | 90～100 | 1 | 80～90 | |
| 消毒室 | 1 | 100～120 | 1 | 80～100 | 1 | 60～80 | |
| 整理室 | 1 | 100～120 | 1 | 80～100 | 1 | 60～80 | |
| 编目室 | 1 | 300～320 | 1 | 280～300 | 1 | 250～280 | |
| 修史编志室 | 1 | 140～160 | 1 | 120～140 | 1 | 100～120 | — |
| 展览加工制作室 | 1 | 100～120 | 1 | 90～100 | 1 | 80～90 | |
| 出版发行室 | 1 | 200～220 | 1 | 180～200 | 1 | 160～180 | |
| 去酸室 | 1 | 100～120 | 1 | 90～100 | 1 | 80～90 | — |
| 理化试验室 | 1 | 140～160 | 1 | 120～140 | 1 | 100～120 | — |
| 档案有害生物防治室 | 1 | 100～120 | 1 | 90～100 | 1 | 80～90 | — |
| 档案保护静电复印室 | 1 | 100～120 | 1 | 80～100 | 1 | 60～80 | — |
| 裱糊修复室 | 1 | 200～220 | 1 | 180～200 | 1 | 160～180 | — |
| 装订室 | 1 | 100～120 | 1 | 90～100 | 1 | 80～90 | — |
| 仿真复制室 | 1 | 100～120 | 1 | 90～100 | 1 | 80～90 | — |
| 音像档案处理室 | 1 | 140～160 | 1 | 120～140 | 1 | 100～120 | — |
| 印像放大室 | 1 | 100～120 | 1 | 80～100 | 1 | 60～80 | — |
| 水洗烘干室 | 1 | 100～120 | 1 | 80～100 | 1 | 60～80 | — |

续表 1-3

| 用房名称＼面积指标 | 一类 | | 二类 | | 三类 | | 备注 |
|---|---|---|---|---|---|---|---|
| | 个数 | 使用面积 | 个数 | 使用面积 | 个数 | 使用面积 | |
| 翻版胶印室 | 1 | 100～120 | 1 | 80～100 | 1 | 60～80 | — |
| 资料编排室 | 1 | 100～120 | 1 | 80～100 | 1 | 60～80 | — |
| 缩微摄影室（大型机） | 1 | 180～200 | 1 | 140～180 | 1 | 120～140 | — |
| 缩微摄影室（小型机）/翻拍室 | 1 | 100～120 | 1 | 80～100 | 1 | 60～80 | — |
| 冲洗处理室/冲洗室 | 1 | 60～70 | 1 | 50～60 | 1 | 40～50 | — |
| 配药和化验室 | 1 | 60～70 | 1 | 50～60 | 1 | 40～50 | — |
| 质量检测室 | 1 | 60～70 | 1 | 50～60 | 1 | 40～50 | — |
| 校对编目室 | 1 | 60～70 | 1 | 50～60 | 1 | 40～50 | — |
| 拷贝复印室 | 1 | 60～70 | 1 | 50～60 | 1 | 40～50 | — |
| 放大还原室 | 1 | 60～70 | 1 | 50～60 | 1 | 40～50 | — |
| 备品库 | 1 | 50～60 | 1 | 40～50 | 1 | 30～40 | — |
| 服务器机房 | 1 | 140～160 | 1 | 120～140 | 1 | 100～120 | — |
| 计算机房 | 1 | 150～160 | 1 | 120～150 | 1 | 90～120 | — |
| 电子档案接收室 | 1 | 100～120 | 1 | 90～100 | 1 | 80～90 | — |
| 电子文件采集室 | 1 | 100～120 | 1 | 90～100 | 1 | 80～90 | — |
| 数字化用房 | 1 | 300～320 | 1 | 280～300 | 1 | 250～280 | — |
| 使用面积小计 | | 4200～4800 | | 3600～4200 | | 3000～3600 | — |

注：(1) 表中所列各项功能用房的个数、面积指标，可以根据实际需要在总面积指标范围内作适当调整。

(2) 数字化用房按照正文第十五条合理划分房屋类型。

## 表 1-4　省级档案馆办公室用房使用面积指标分类表

单位：人（人数）　平方米（面积）

| 用房名称＼面积指标 | 一类 | | 二类 | | 三类 | | 备注 |
|---|---|---|---|---|---|---|---|
| | 人数 | 使用面积 | 人数 | 使用面积 | 人数 | 使用面积 | |
| 办公室用房 | 158～188 | 948～1128 | 128～158 | 768～948 | 98～128 | 588～768 | 按 $6m^2$/人计算 |
| 使用面积小计 | | 950～1130 | | 770～950 | | 590～770 | 取整数 |

注：各地可以根据实际需要在表中所列用房总面积范围内按照标准正文分类要求合理确定各类用房面积。

**表 1-5　省级档案馆附属用房使用面积指标分类表** 单位：平方米（面积）

| 用房名称＼面积指标 | 一类 | 二类 | 三类 | 备　注 |
|---|---|---|---|---|
| | 使用面积 | 使用面积 | 使用面积 | |
| 附属用房 | 1240～1450 | 1020～1240 | 800～1020 | 按照档案库房、对外服务用房、档案业务和技术用房、办公室用房四类用房总面积10%计算 |
| 使用面积小计 | 1240～1450 | 1020～1240 | 800～1020 | — |

注：各地可以根据实际需要在表中所列用房总面积范围内按照标准正文分类要求合理确定各类用房面积。

## 附录二　市级档案馆各类用房指标分类表

**表 2-1　市级档案馆档案库房使用面积指标分类表**

单位：万卷（档案数量）　平方米（面积）

| 用房名称＼面积指标 | 一类 | | 二类 | | 三类 | | 备　注 |
|---|---|---|---|---|---|---|---|
| | 档案数量 | 面积 | 档案数量 | 面积 | 档案数量 | 面积 | |
| 档案库房 | 40～50 | 2000～2500 | 30～40 | 1500～2000 | 20～30 | 1000～1500 | 按50m²/万卷计算 |
| 使用面积小计 | | 2000～2500 | | 1500～2000 | | 1000～1500 | — |

注：各地可以根据实际需要在表中所列用房总面积范围内按照标准正文分类要求合理确定各类用房面积。

**表 2-2　市级档案馆对外服务用房使用面积指标分类表**

单位：平方米（面积）

| 用房名称＼面积指标 | 一类 | | 二类 | | 三类 | | 备　注 |
|---|---|---|---|---|---|---|---|
| | 个数 | 面积 | 个数 | 面积 | 个数 | 面积 | |
| 服务大厅 | 1 | 120～140 | 1 | 100～120 | 1 | 80～100 | — |
| 接待室 | 1 | 70～80 | 1 | 60～70 | 1 | 50～60 | — |
| 查阅登记室 | 1 | 70～80 | 1 | 60～70 | 1 | 50～60 | — |
| 目录室 | 1 | 70～80 | 1 | 60～70 | 1 | 50～60 | — |
| 开放档案阅览室 | 1 | 200～250 | 1 | 150～200 | 1 | 100～150 | 按3.5m²/人计算 |
| 未开放档案阅览室 | 1 | 70～80 | 1 | 60～70 | 1 | 50～60 | 按4m²/人计算 |

续表 2-2

| 用房名称＼面积指标 | 一类 | | 二类 | | 三类 | | 备 注 |
|---|---|---|---|---|---|---|---|
| | 个数 | 面积 | 个数 | 面积 | 个数 | 面积 | |
| 缩微档案阅览室 | 1 | 30 ~ 40 | 1 | 20 ~ 30 | 1 | 10 ~ 20 | — |
| 音像档案阅览室 | 1 | 70 ~ 80 | 1 | 60 ~ 70 | 1 | 50 ~ 60 | — |
| 现行文件阅览室 | 1 | 70 ~ 80 | 1 | 60 ~ 70 | 1 | 50 ~ 60 | 按 $4m^2$/人计算 |
| 现行文件保管室 | 1 | 70 ~ 80 | 1 | 60 ~ 70 | 1 | 50 ~ 60 | — |
| 展览厅 | 2 | 600 ~ 700 | 2 | 500 ~ 600 | 2 | 400 ~ 500 | — |
| 报告厅 | 1 | 180 ~ 210 | 1 | 160 ~ 180 | 1 | 120 ~ 160 | — |
| 对外利用复印室 | 1 | 45 ~ 50 | 1 | 40 ~ 45 | 1 | 35 ~ 40 | 复印档案、装订档案复印件 |
| 利用者休息室 | 1 | 45 ~ 50 | 1 | 40 ~ 45 | 1 | 35 ~ 40 | 利用者休息场所 |
| 餐厅 | 1 | 45 ~ 50 | 1 | 40 ~ 45 | 1 | 35 ~ 40 | 利用者就餐场所 |
| 公共卫生间 | 1 | 45 ~ 50 | 1 | 40 ~ 45 | 1 | 35 ~ 40 | — |
| 使用面积小计 | | 1800 ~ 2100 | | 1500 ~ 1800 | | 1200 ~ 1500 | — |

注：表中所列各项功能用房的个数、面积指标，可以根据实际需要在总面积指标范围内作适当调整。

**表 2-3 市级档案馆档案业务和技术用房使用面积指标分类表**

单位：平方米（面积）

| 用房名称＼面积指标 | 一类 | | 二类 | | 三类 | | 备 注 |
|---|---|---|---|---|---|---|---|
| | 个数 | 使用面积 | 个数 | 使用面积 | 个数 | 使用面积 | |
| 中心控制室 | 1 | 75 ~ 80 | 1 | 70 ~ 75 | 1 | 65 ~ 70 | — |
| 接收室 | 1 | 75 ~ 80 | 1 | 70 ~ 75 | 1 | 65 ~ 70 | — |
| 除尘室 | 1 | 55 ~ 60 | 1 | 50 ~ 55 | 1 | 45 ~ 50 | — |
| 消毒室 | 1 | 45 ~ 50 | 1 | 40 ~ 45 | 1 | 35 ~ 40 | — |
| 整理室 | 1 | 45 ~ 50 | 1 | 40 ~ 45 | 1 | 30 ~ 40 | — |
| 编目室 | 1 | 230 ~ 240 | 1 | 220 ~ 230 | 1 | 200 ~ 220 | — |
| 修史编志室 | 1 | 75 ~ 80 | 1 | 70 ~ 75 | 1 | 65 ~ 70 | — |
| 展览加工制作室 | 1 | 55 ~ 60 | 1 | 50 ~ 55 | 1 | 45 ~ 50 | — |
| 出版发行室 | 1 | 90 ~ 120 | 1 | 80 ~ 90 | 1 | 60 ~ 80 | — |
| 去酸室 | 1 | 55 ~ 60 | 1 | 50 ~ 55 | 1 | 45 ~ 50 | — |
| 理化试验室 | 1 | 75 ~ 80 | 1 | 70 ~ 75 | 1 | 65 ~ 70 | — |

**续表 2-3**

| 面积指标 / 用房名称 | 一类 | | 二类 | | 三类 | | 备注 |
|---|---|---|---|---|---|---|---|
| | 个数 | 使用面积 | 个数 | 使用面积 | 个数 | 使用面积 | |
| 档案有害生物防治室 | 1 | 55～60 | 1 | 50～55 | 1 | 45～50 | — |
| 档案保护静电复印室 | 1 | 40～50 | 1 | 30～40 | 1 | 20～30 | — |
| 裱糊修复室 | 1 | 100～120 | 1 | 90～100 | 1 | 80～90 | — |
| 装订室 | 1 | 55～60 | 1 | 50～55 | 1 | 45～50 | — |
| 仿真复制室 | 1 | 55～60 | 1 | 50～55 | 1 | 45～50 | — |
| 音像档案处理室 | 1 | 75～80 | 1 | 70～75 | 1 | 65～70 | — |
| 印像放大室 | 1 | 40～50 | 1 | 30～40 | 1 | 20～30 | — |
| 水洗烘干室 | 1 | 40～50 | 1 | 30～40 | 1 | 20～30 | — |
| 翻版胶印室 | 1 | 40～50 | 1 | 30～40 | 1 | 20～30 | — |
| 资料编排室 | 1 | 40～50 | 1 | 30～40 | 1 | 20～30 | — |
| 缩微摄影室（大型机） | 1 | 90～100 | 1 | 80～90 | 1 | 20～80 | — |
| 缩微摄影室（小型机）/翻拍室 | 1 | 40～50 | 1 | 30～40 | 11 | 20～30 | — |
| 冲洗处理室/冲洗室 | 1 | 20～30 | 1 | 15～20 | 1 | 0～15 | — |
| 配药和化验室 | 1 | 20～30 | 1 | 15～20 | 1 | 0～15 | — |
| 质量检测室 | 1 | 20～30 | 1 | 0～20 | — | — | — |
| 校对编目室 | 1 | 20～30 | 1 | 0～20 | — | — | — |
| 拷贝复印室 | 1 | 20～30 | 1 | 0～20 | — | — | — |
| 放大还原室 | 1 | 20～30 | 1 | 0～20 | — | — | — |
| 备品库 | 1 | 15～20 | 1 | 0～15 | — | — | — |
| 服务器机房 | 1 | 75～80 | 1 | 70～75 | 1 | 65～70 | — |
| 计算机房 | 1 | 75～80 | 1 | 70～75 | 1 | 65～70 | — |
| 电子档案接收室 | 1 | 55～60 | 1 | 50～55 | 1 | 45～50 | — |
| 电子文件采集室 | 1 | 55～60 | 1 | 50～55 | 1 | 45～50 | — |
| 数字化用房 | 1 | 160～180 | 1 | 150～160 | 1 | 140～150 | — |
| 使用面积小计 | | 2100～2400 | | 1800～2100 | | 1500～1800 | — |

注：（1）表中所列各项功能用房的个数、面积指标，可以根据实际需要在总面积指标范围内作适当调整。

（2）数字化用房按照正文第十五条合理划分房屋类型。

**表 2-4　市级档案馆办公室用房使用面积**

**指标分类表**　单位：人（人数）　平方米（面积）

| 面积指标 / 用房名称 | 一类 | | 二类 | | 三类 | | 备　注 |
|---|---|---|---|---|---|---|---|
| | 人数 | 使用面积 | 人数 | 使用面积 | 人数 | 使用面积 | |
| 办公室用房 | 80 ~ 95 | 480 ~ 570 | 65 ~ 80 | 390 ~ 480 | 45 ~ 65 | 270 ~ 390 | 按 $6m^2$/人计算 |
| 使用面积小计 | | 480 ~ 570 | | 390 ~ 480 | | 270 ~ 390 | — |

注：各地可以根据实际需要在表中所列用房总面积范围内按照标准正文分类要求合理确定各类用房面积。

**表 2-5　市级档案馆附属用房使用面积**

**指标分类表**　单位：平方米（面积）

| 面积指标 / 用房名称 | 一类 | 二类 | 三类 | 备　注 |
|---|---|---|---|---|
| | 使用面积 | 使用面积 | 使用面积 | |
| 附属用房 | 640 ~ 760 | 520 ~ 640 | 400 ~ 520 | 按照档案库房、对外服务用房、档案业务和技术用房、办公室用房四类用房总面积 10% 计算（取整数） |
| 使用面积小计 | 640 ~ 760 | 520 ~ 640 | 400 ~ 520 | — |

注：各地可以根据实际需要在表中所列用房总面积范围内按照标准正文分类要求合理确定各类用房面积。

## 附录三　县级档案馆各类用房指标分类表

**表 3-1　县级档案馆档案库房使用面积**

**指标分类表**　单位：万卷（档案数量）　平方米（面积）

| 面积指标 / 用房名称 | 一类 | | 二类 | | 三类 | | 备　注 |
|---|---|---|---|---|---|---|---|
| | 档案数量 | 面积 | 档案数量 | 面积 | 档案数量 | 面积 | |
| 档案库房 | 20 ~ 30 | 1200 ~ 1800 | 10 ~ 20 | 600 ~ 1200 | 5 ~ 10 | 300 ~ 600 | 按 $60m^2$/万卷计算 |
| 使用面积小计 | | 1200 ~ 1800 | | 600 ~ 1200 | | 300 ~ 600 | — |

注：各地可以根据实际需要在表中所列用房总面积范围内按照标准正文分类要求合理确定各类用房面积。

**表 3-2　县级档案馆对外服务用房使用面积指标分类表**

单位：平方米（面积）

| 用房名称＼面积指标 | 一类 | | 二类 | | 三类 | | 备　注 |
|---|---|---|---|---|---|---|---|
| | 个数 | 面积 | 个数 | 面积 | 个数 | 面积 | |
| 服务大厅 | 1 | 60～80 | 1 | 40～60 | 1 | 0～40 | — |
| 接待室 | 1 | 30～40 | 1 | 20～30 | 1 | 0～20 | — |
| 查阅登记室 | 1 | 30～40 | 1 | 20～30 | 1 | 10～20 | — |
| 目录室 | 1 | 30～40 | 1 | 20～30 | 1 | 10～20 | — |
| 开放档案阅览室 | 1 | 80～90 | 1 | 70～80 | 1 | 60～70 | 按 3.5m²/人计算 |
| 未开放档案阅览室 | 1 | 30～40 | 1 | 20～30 | 1 | 10～20 | 按 4m²/人计算 |
| 缩微档案阅览室 | — | — | — | — | — | — | — |
| 音像档案阅览室 | 1 | 30～40 | 1 | 20～30 | 1 | 0～20 | — |
| 现行文件阅览室 | 1 | 30～40 | 1 | 20～30 | 1 | 0～20 | 按 4m²/人计算 |
| 现行文件保管室 | 1 | 40～50 | 1 | 30～40 | 1 | 20～30 | — |
| 展览厅 | 2 | 160～200 | 2 | 120～160 | 1 | 80～120 | — |
| 报告厅 | 1 | 60～80 | 1 | 40～60 | 1 | 0～40 | — |
| 对外利用复印室 | 1 | 30～40 | 1 | 20～30 | 1 | 0～20 | 复印档案、装订档案复印件 |
| 利用者休息室 | 1 | 30～40 | 1 | 20～30 | 1 | 10～20 | 利用者休息场所 |
| 餐厅 | 1 | 30～40 | 1 | 20～30 | 1 | 0～20 | 利用者就餐场所 |
| 公共卫生间 | 1 | 30～40 | 1 | 20～30 | 1 | 0～20 | — |
| 使用面积小计 | | 700～900 | | 500～700 | | 200～500 | — |

注：表中所列各项功能用房的个数、面积指标，可以根据实际需要在总面积指标范围内作适当调整。

**表 3-3　县级档案馆档案业务和技术用房使用面积指标分类表**

单位：平方米（面积）

| 用房名称＼面积指标 | 一类 | | 二类 | | 三类 | | 备　注 |
|---|---|---|---|---|---|---|---|
| | 个数 | 使用面积 | 个数 | 使用面积 | 个数 | 使用面积 | |
| 中心控制室 | 1 | 30～50 | 1 | 0～30 | — | — | — |
| 接收室 | 1 | 30～50 | 1 | 20～30 | 1 | 10～20 | — |
| 除尘室 | 1 | 25～35 | 1 | 20～25 | 1 | 0～20 | — |
| 消毒室 | 1 | 15～25 | 1 | 0～15 | — | — | — |
| 整理室 | 1 | 0～20 | — | — | — | — | — |

续表 3-3

| 用房名称＼面积指标 | 一类 | | 二类 | | 三类 | | 备　注 |
|---|---|---|---|---|---|---|---|
| | 个数 | 使用面积 | 个数 | 使用面积 | 个数 | 使用面积 | |
| 编目室 | 1 | 90～120 | 1 | 60～90 | 1 | 40～60 | — |
| 修史编志室 | 1 | 30～50 | 1 | 20～30 | 1 | 10～20 | — |
| 展览加工制作室 | 1 | 25～35 | 1 | 0～25 | — | — | — |
| 出版发行室 | 1 | 20～40 | 1 | 0～20 | — | — | — |
| 去酸室 | 1 | 25～35 | 1 | 0～25 | — | — | — |
| 理化试验室 | — | — | — | — | — | — | — |
| 档案有害生物防治室 | 1 | 25～35 | 1 | 20～25 | 1 | 10～20 | — |
| 档案保护静电复印室 | 1 | 0～10 | — | — | — | — | — |
| 裱糊修复室 | 1 | 45～55 | 1 | 40～45 | 1 | 30～40 | — |
| 装订室 | 1 | 25～35 | 1 | 0～25 | — | — | — |
| 仿真复制室 | 1 | 25～35 | 1 | 0～25 | — | — | — |
| 音像档案处理室 | — | — | — | — | — | — | — |
| 印像放大室 | — | — | — | — | — | — | — |
| 水洗烘干室 | — | — | — | — | — | — | — |
| 翻版胶印室 | — | — | — | — | — | — | — |
| 资料编排室 | — | — | — | — | — | — | — |
| 缩微摄影室（大型机） | — | — | — | — | — | — | — |
| 缩微摄影室（小型机）/翻拍室 | — | — | — | — | — | — | — |
| 冲洗处理室/冲洗室 | — | — | — | — | — | — | — |
| 配药和化验室 | — | — | — | — | — | — | — |
| 质量检测室 | — | — | — | — | — | — | — |
| 校对编目室 | — | — | — | — | — | — | — |
| 拷贝复印室 | — | — | — | — | — | — | — |
| 放大还原室 | — | — | — | — | — | — | — |
| 备品库 | — | — | — | — | — | — | — |
| 服务器机房 | 1 | 30～50 | 1 | 20～30 | 1 | 10～20 | — |
| 计算机房 | 1 | 30～50 | 1 | 20～30 | 1 | 10～20 | — |
| 电子档案接收室 | 1 | 25～35 | 1 | 20～25 | 1 | 0～20 | — |
| 电子文件采集室 | 1 | 25～35 | 1 | 20～25 | 1 | 0～20 | — |
| 数字化用房 | 1 | 80～100 | 1 | 40～80 | 1 | 30～40 | — |
| 使用面积小计 | | 600～900 | | 300～600 | | 150～300 | — |

注：（1）表中所列各项功能用房的个数、面积指标，可以根据实际需要在总面积指标范围内作适当调整。

（2）数字化用房按照正文第十五条合理划分房屋类型。

**表 3-4　县级档案馆办公室使用面积**

**指标分类表**　单位：人（人数）　平方米（面积）

| 面积指标 / 用房名称 | 一类 | | 二类 | | 三类 | | 备　注 |
|---|---|---|---|---|---|---|---|
| | 人数 | 使用面积 | 人数 | 使用面积 | 人数 | 使用面积 | |
| 办公室用房 | 43～63 | 258～378 | 23～43 | 138～258 | 13～23 | 78～138 | 按 $6m^2$/人计算 |
| 使用面积小计 | | 260～380 | | 140～260 | | 80～140 | 取整数 |

注：各地可以根据实际需要在表中所列用房总面积范围内按照标准正文分类要求合理确定各类用房面积。

**表 3-5　县级档案馆附属用房使用面积**

**指标分类表**　单位：　平方米（面积）

| 面积指标 / 用房名称 | 一类 | 二类 | 三类 | 备　注 |
|---|---|---|---|---|
| | 使用面积 | 使用面积 | 使用面积 | |
| 附属用房 | 280～400 | 150～280 | 70～150 | 按照档案库房、对外服务用房、档案业务和技术用房、办公室用房四类用房总面积 10% 计算（取整数） |
| 使用面积小计 | 280～400 | 150～280 | 70～150 | — |

注：各地可以根据实际需要在表中所列用房总面积范围内按照标准正文分类要求合理确定各类用房面积。

# 《档案馆建设标准》条文说明

## 第一章　总　　则

**第一条**　本条阐明了本标准的编制目的。

中国是一个历史悠久的文明古国，档案事业的发展源远流长。档案是人类活动的真实记录，是人们认识和把握客观规律的重要依据。借助档案，我们能够更好地了解过去、把握现在、预见未来。档案工作是一项记录历史、传承文明、服务社会、造福人民的重要工作。档案事业是党和国家事业发展一个不可缺少的方面，是一项崇高的事业。

根据《全国档案馆设置原则和布局方案》，国家档案馆包括国家综合档案馆和国家专门档案馆。档案馆是保管党和国家重要档案的基地，是进行爱国主义教育的基地，是依法为公众提供档案信息服务的中心，同时又是公众了解政府信息、利用已公开现行文件的法定场所。档案馆建设作为档案事业的一项重要内容，是档案事业持续稳定发展的基础和保证。

建国以来，档案馆的建设受到党和国家的高度重视，国家先后通过一系列的法律法规和技术标准进行规范和调整，档案馆从无到有，不断发展并逐步形成网络。全国现建有各级各类档案馆近4000个，保存纸质档案近1.6亿卷、2000万件，还有大量录音、录像、影片、照片等档案，平均每年接待利用档案资料者1300万人次，利用档案资料3600万卷（件、册），为改革开放和现代化建设服务，为社会大众服务，取得了显著的社会和经济效益。

近年来，档案事业迅猛发展，但档案馆的建设现状却不容乐观：全国现有县以上行政建制3401个（不含港澳台），其中已建有各级国家综合档案馆3142个，城市建设档案馆700多个，尚有近300个没有档案馆。在现有的档案馆中，大多数档案馆建于20世纪六七十年代，建设标准低，设施简陋，库房空间狭小，许多档案馆已经多年未依法接收档案进馆。有些已经成为危房，亟需新建、改扩建。这一方面严重影响了档案馆依法履行安全保管档案、有效利用档案的职责，另一方面在档案馆建设项目的立项和审批中，由于没有可以作为依据的建设标准，一些新建档案馆在建设规模、建设用地等方面存在着决策的盲目性，项目的合理性不能充分体现。因此，编制科学、合理的档案馆建设标准，实现建设资金的合理利用，促进不同地区档案馆建设的共同发展，是十分必要的。

**第二条**　本条规定了本建设标准的作用及其权威性。

本建设标准是依据档案工作的有关规定，在充分调查研究的基础上，听取各方意见，组织专家论证后制定的，兼顾了地域、经济发展水平的差异和不同级别档案馆的需要。因此，本标准是全国统一标准，不仅为档案馆的建设提供了所应遵循的原则和标准，也为国家建设和计划主管部门审批档案馆项目、合理确定建设水平、控制投资规模、进行工程设计和监督、检查档案馆建设的全过程提供了依据。

**第三条**　本条明确了本标准的适用范围。

根据《中华人民共和国档案法》第八条规定，中央和县级以上地方各级各类档案馆，是集中管理档案的文化事业机构，负责接收、收集、整理、保管和提供利用各分管范围的档案。国家档案馆是按照我国行政区划分级设置的，分为中央、省（含计划单列市、副省级市）、市、县四级，考虑到中央档案馆、中国第一历史档案馆、中国第二历史档案馆等中央级档案馆的建设规模由国家另行审批，本标准适用于省（自治区、直辖市、计划单列市、副省级市）、市（地、州、盟）、县（市、区、旗）三级综合档案馆的新建、扩建、改建工程项目。城市建设档案馆等专门档案馆的新建、扩建、改建工程项目，依照本标准执行。

**第四条**　本条明确了档案馆建设的总体要求以及应把握的建设方针和必须遵循的有关法律、法规。

档案馆的建设工作要增强科学性、避免盲目性、随意性，必须遵循国家相关法律、法规和规定的要求，充分考虑经济发展的因素和档案馆现实需要，从我国基本国情出发，正确处理好需要与可能，现状与发展的关系，坚持科学、合理、适用、节约的建设原则，在保证基本设施建设的科学性和先进性的基础上，应充分考虑工艺的合理性和适用性，考虑档案馆的特点和功能拓展的需要，同时应充分考虑节约投资和降低运行能耗的因素，满足档案馆事业长远发展的需求。

**第五条**　本条规定了档案馆建设的总体功能要求。

档案馆建设必须着眼于档案业务流程的需要，满足接收、收集、整理、保管和提供利用档案的功能要求，满足国家档案馆作为安全保管党和国家重要档案的基地、爱国主义教育基地、档案信息服务中心、已公开现行文件利用中心和政府信息查阅的法定场所的功能设置的要求。据统计，全国已有一半左右的档案馆被党委和政府授予爱国主义教育基地称号，国家档案局颁布了行业标准《国家档案馆爱国主义教育基地工作规范》。绝大多数档案馆已开展了已公开现行文件利用工作，社会反响极大，党和国家领导人对已公开现行文件利用工作做过多次重要批示。在国务院颁布的《中华人民共和国政府信息公开条例》中，明确将档案馆作为政府信息公开的法定场所。而且，档案在编史修志、科学研究方面发挥着不可替代的作用，因此，档案馆建设应充分体现作为文化事业机构的特点，体现作为本地区文化设施和公共文化场所的特点，满足社会公共文化服务的要求，体现社会性、文化性、开放性。

**第六条** 本条规定了档案馆建设规划、投资、征地等要求。

档案馆建设在规划、投资、征地等方面应充分体现作为文化事业机构的特点，政府投资的档案馆建设应纳入当地的国民经济和社会发展规划，纳入城市总体规划和政府投资计划。

**第七条** 本条规定了档案馆建设原则。

从全国现有的档案馆建设看，整体水平较其他馆舍建筑存在明显差距，且建设年代较长，历史欠账很多。近些年来，随着经济发展水平的提高和社会档案意识的增强，档案馆建设已有很大改观，但东部、中部、西部发展极度不均衡。从档案事业的长远发展考虑，档案馆建设应实行统筹规划，立足长远。经济较发达的地区可以一次规划和投入，建设满足长远发展需要的档案馆。资金投入确有困难的，可以一次规划，分期建设，并留有改造和扩建的余地，以免建成的档案馆不能满足档案管理实际需求，短时间内再行新建或改、扩建，给国家造成不必要的浪费。

**第八条** 本条明确了执行本建设标准与执行国家现行的其他有关工程建设强制性标准、规范、定额、指标的关系。

国家已颁布了若干有关建筑工程的标准，而且随着国家标准化、规范化工作的进展，必将有更多的标准、规范、定额、指标陆续发布。凡与档案馆建设工作有关的，除执行本标准外，对国家颁布的有关工程建设强制性条文所规定的内容同样必须认真贯彻执行。

## 第二章 建设规模和项目构成

**第九条** 本条规定了档案馆建设规模确定的依据。

档案馆建设规模的确定，世界各地通行的做法是以应保存的馆藏档案数量、档案馆的业务流程以及为公众提供服务等因素来确定建设标准的。考虑到我国国家档案馆是按照行政区划分级设置的情况，档案馆建设规模按行政区划分级，以应保存的馆藏档案数量为基本依据。

当然，辖区人口数量、经济、地理等因素对档案馆建设规模也有重要影响，综合上述因素合理确定档案馆建设规模既确保档案的安全保管，又体现了以人为本的科学发展观。

应保存的馆藏档案数量是指现存档案、资料的数量和今后30年依照《档案法》的规定应进馆的档案、资料的数量之和。随着国家各项建设事业的快速发展，档案数量也较以前迅速增加，机关、团体、企事业单位包括国有企业的应进馆档案数量陡增，先前许多以20年为设计标准的档案馆已不敷使用，很多地区已经或正在考虑扩建或改建。

经过调查研究和广泛征求意见，普遍认为确定30年为设计标准既能满足较长一段时间的需要，又可以避免短时间内再另择用地、重新建设造成的浪费，是比较合理的。

**第十条** 本条确定了档案馆建设分类标准。

档案馆建设存在的突出问题就是各地经济和社会发展极度不平衡，不同地域之间差距巨大，即使在同一地域，也会因为经济发展水平不同而差距明显。为保证本标准的广泛适用，将省、市、县级国家档案馆各分为三个类次，各类次的数量基本相当。

根据统计资料和调研数据，以类次各占1/3确定馆藏档案数量分界。

需要说明的是，本条中的馆藏档案数量仅指现存和今后30年应进馆纸质档案、资料的数量之和，不包含其他类型的档案、资料。这一方面是为了便于计算，同时也是为了方便标准的使用。当然，随着进馆电子档案的快速增加，势必会给库房容量提出更高的要求，这需要在实际确定档案馆面积，尤其是确定档案库房时充分考虑。

**第十一条** 本条确定了档案馆建设项目的三个组成部分。这三者密不可分，缺一不可，在建设中均应列入其中，统筹安排。

房屋建筑，是档案馆接收、收集、整理、保管和提供利用功能得以实现的各类用房的总称。

场地，是在满足档案馆工作人员日常工作需要，以及照顾利用者实际需求的基础上提出的。

档案馆专用设施，是档案馆实现各项职能而必须具备的各种装备和设施。

**第十二条** 本条阐明了档案馆房屋建筑由档案库房、对外服务用房、档案业务和技术用房、办公室用房等主要功能用房和附属用房及建筑设备五部分组成。这是根据《档案馆建筑设计规范》（JGJ 25－2000）4.1.1条以及《党政机关办公用房建设标准》（计投资〔1999〕2250号），结合档案工作的实际需要确定的。

档案库房，是档案馆专门用于保管各种类型档案的用房。

对外服务用房，是档案馆用于利用阅览、展览等提供利用档案的用房。

档案业务和技术用房，是档案馆用于接收、收集、整理、保护、数字化加工等档案基础业务、技术的用房。

办公室用房，是按照党政机关办公用房标准规定所配备的档案馆工作人员的办公室用房。

附属用房及建筑设备，是实现档案馆各项职能必须具备的配套用房以及相应的建筑设备。

**第十三条** 根据现有档案馆建筑设计实践，结合档案工作的实际需要，本条明确档案库房的组成。

为保护重要档案的安全，要求省级档案馆设置异地备份库。实际上，现有大多数省级档案馆存在后库等形式的异地备份库，实践证明，这种传统做法是适应新形势下对重要档案安全保管要求的。异地备份库的建筑面积未计入本标准。

**第十四条** 根据档案工作的实际需要，参照《档案馆建筑设计规范》（JGJ 25－2000）4.3规定，本条明确对外服务用房的组成。

**第十五条** 根据档案工作的实际需要，参照《档案馆建筑设计规范》（JGJ 25－2000）4.4规定，本条明确档案业务和技术用房的组成。

**第十六条** 本条要求档案馆办公室用房组成参照《党政机关办公用房建设标准》（计投资〔1999〕2250号）执行。

与档案馆并建的档案行政管理部门办公室用房的组成同样应参照《党政机关办公用房建设标准》（计投资〔1999〕2250号）执行。

**第十七条** 本条明确附属用房及建筑设备的组成。

**第十八条** 本条明确档案馆场地的组成。

档案馆建设应按当地的规定，根据项目的建设规模，增加人员集散场地、道路、停车场的建设用地，以满足利用者以及工作人员的需要。

档案馆应根据国家有关规定保证足够的绿化用地，为利用者和工作人员创造良好的环境。同时，绿地对档案馆的功能分隔、空气净化、减少污染和改善用地周围的小气候，都具有十分重要的作用。

**第十九条** 本条明确了档案馆专用设施所包含的主要内容。

这里所列的是档案馆开展业务工作中应当配备的装备，目前在很多档案馆中已经配备，有些地区由于受经济条件限制没有配备其中的一些设备，影响了工作的开展。

# 第三章 房屋建筑面积指标

**第二十条** 本条规定了档案馆房屋建筑及用地面积的总体确定标准，即按照不同级别、不同类型予以确定。

**第二十一条** 本条规定了省级三类档案馆应遵循的面积指标。

1. 根据本条文说明第十条确定的划分办法，三类档案馆以20万卷为间隔，确定计算值为：

| | |
|---|---|
| 一类 | 90～110万卷 |
| 二类 | 70～90万卷 |
| 三类 | 50～70万卷 |

本标准将省级档案馆一类最高计算值确定为110万卷，是由省级档案馆本身的特点决定的。

省级档案馆之间馆藏档案数量也存在严重的不均衡的现象，一些省级档案的馆藏量已经超过或在未来30年内必然超过110万卷，这些档案馆独有的历史背景或现实背景使之与其他一般的省级档案馆无论在馆藏量上还是在馆藏结构上都不能相提并论，要在一个范围内予以规定十分困难。故本条特别设立一款，要求这些馆藏档案数量超过110万卷以上的省级档案馆，可以在省级一类档案馆面积指标的基础上，按照本标准的计算方法相应增加库房面积。

寒冷和严寒地区的建筑由于在墙体厚度等方面有着更高的要求，总面积指标可以在原来基础上增加4%～6%。

关于使用系数，本标准以现存档案馆两种最为常见的建筑模型进行推算，分别计算出的使用系数分别为70%和65%，结合调研结果以及反馈的意见，本标准将使用系数确定为70%，即0.7。

2. 各类用房的计算方法

(1) 库房面积计算方法

根据《档案馆建筑设计规范》（JGJ 25－2000）第4.2.13条的规定，各类装具的档案存储定额的计算指标，应符合五节档案架每平方米（使用面积）不得小于2.70m（排架长度）或180卷；密集架每平方米（使用面积）不得小于7.20m（排架长度）或480卷的规定。

由此可以推算，密集架库房使用面积指标为20.83m²/万卷；五节档案架库房使用面积指标为55.56m²/万卷。

由于在省、市、县各级档案馆中，不但存在纸质档案，还存在大量的音像、光盘、缩微拷贝片、母片、实物等档案类型，上文所推算的密集架库房和五节档案架库房面积公式都是以纸质档案为前提测定的，因此只能作为实际工作的一个参考指标。

实际上，经过多年来的实践以及近年来大量的档案馆的改、扩建工程经验的总结，加之针对本标准进行的调研，一般认为省级档案库的面积以密集架、五节档案架各占50%推算的指标是比较贴近实际的，即：使用面积40m²/万卷；

市级档案库的面积以密集架、五节档案架各占20%、80%推算的指标是比较贴近实际的，即：使用面积50m²/万卷；

由于县级财政一般无法承担县级档案馆建设密集架库房所带来的高额成本，以及购买密集架的成本，主要以五节档案架为标准设定相应指标，即：使用面积60m²/万卷。

（2）对外服务用房和档案业务和技术用房面积计算方法

两类用房存在设备的，根据设备占地面积推算，不存在设备的，依据调研数据给出相应指标。

（3）办公室用房面积计算方法

办公室用房中面积指标按每人平均使用面积6平方米计算。

关于办公室用房中人数的确定，依据《劳动人事部、国家档案局关于颁布〈地方各级档案馆人员编制标准〉（试行）的通知》执行。根据上述通知的规定，参照本条确定的档案馆的计算值，可以测算省级三类档案馆案卷数与编制人数对应关系为：

| 馆藏量（万卷） | 50 | 70 | 90 | 110 |
|---|---|---|---|---|
| 人数（人） | 98 | 128 | 158 | 188 |

（4）附属用房面积计算方法

按照档案库房、对外服务用房、档案业务和技术用房、办公室用房四类用房总面积10%计算。

同省级档案馆建设现状相比，同时充分考虑省级档案馆未来的发展，本条确定的面积指标基本是中等适度的。

**第二十二条** 本条规定了市级三类档案馆应遵循的面积指标。

根据本条文说明第十条确定的划分办法，三类档案馆以10万卷为间隔，确定计算值为：

| | |
|---|---|
| 一类 | 40～50万卷 |
| 二类 | 30～40万卷 |
| 三类 | 20～30万卷 |

本条中确定市级档案馆馆藏档案数量最多为50万卷也是计算需要，实际上，一些市级档案馆完全可能在30年后突破此最高值，因此，在这种情况下，规定可以在市级一类档案馆面积指标的基础上相应增加库房面积是符合实际的。

由此，市级三类档案馆案卷数与编制人数对应关系为：

| 馆藏量（万卷） | 20 | 30 | 40 | 50 |
| --- | --- | --- | --- | --- |
| 人数（人） | 45 | 65 | 80 | 95 |

各类用房的计算方法同本条文说明第二十一条。

同市级档案馆建设现状相比，同时充分考虑市级档案馆未来的发展，本条确定的面积指标基本是中等适度的。

**第二十三条** 本条规定了县级三类档案馆应遵循的面积指标。

根据本条文说明第十条确定的划分办法，三类档案馆确定计算值为：

| | |
| --- | --- |
| 一类 | 20～30万卷 |
| 二类 | 10～20万卷 |
| 三类 | 5～10万卷 |

本标准将县级档案馆三类最低计算值确定为5万卷，一方面是将建国以来依法应接受进馆的但至今仍散存在立档单位的档案数量计算在内，另一方面也是参考县级档案馆30年后预计馆藏量确定的。

同市级档案馆一样，县级档案馆确定馆藏档案数量最多为20万卷，也是计算需要。因此，在这种情况下，规定可以在县级一类档案馆面积指标的基础上相应增加库房面积是符合实际的。

由此，县级三类档案馆案卷数与编制人数对应关系为：

| 馆藏量（万卷） | 5 | 10 | 20 | 30 |
| --- | --- | --- | --- | --- |
| 人数（人） | 13 | 23 | 43 | 63 |

各类用房的计算方法同本条文说明第二十一条。

同县级档案馆建设现状相比，同时充分考虑县级档案馆未来的发展，本条确定的面积指标基本是中等适度的。

**第二十四条** 本条规定档案馆办公室用房的计算方法。

档案馆办公室用房面积应按照《党政机关办公用房建设标准》执行。

**第二十五条** 本条规定附属用房面积指标的计算方法。

根据调研结果，结合档案馆建设的实际情况，本标准确定附属用房按照档案库房、对外服务用房、档案业务和技术用房、办公室用房四类用房总面积10%计算。

## 第四章 选址与规划布局

**第二十六条** 本条规定档案馆的选址要求。

**第二十七条** 本条规定档案馆建设用地确定用地面积应遵循的原则以及建筑用地覆盖率、

容积率、绿地率的要求。

1993年11月国家建设部根据《城市绿化条例》第九条授权制定的《城市绿化规划建设指标的规定》（建城〔1993〕784号）明确了公共文化设施的绿地率不低于35%。根据这一规定并结合全国各地档案馆的现状调查结果，在广泛征求了有关方面专家和实际工作者的意见以后，本建设标准规定，在扩建预留地未计算在内的情况下，绿地率宜为30%或遵照当地规划部门的规定执行。

档案馆停车场面积应根据工作人员与日均档案利用者数量之和每100人20个停车位测算并符合当地规划部门的规定。小型汽车和自行车用地指标按小型汽车用地$25m^2$/辆，自行车用地$1.2m^2$/辆计算。

**第二十八条** 本条规定了档案馆总平面规划应满足的规划要求。

1. 本款规定了档案馆建筑宜独立建筑。以往的档案馆由于受客观条件限制，大多不是独立建筑，甚至本身就是政府建筑的一部分，这种建筑模式一方面给利用者利用档案带来极大不便，另一方面由于建筑不能充分满足档案保管的特殊需求，给档案的安全保管带来巨大的隐患。档案馆独立建筑可以有效解决以上问题。

对县级档案馆来说，如果在规划中需要与博物馆、图书馆、文化馆等功能相近的文化项目联合建设，应当有独立的管理区域，以保证档案安全并便于管理。

2. 本款规定了档案馆建筑布局要求。鉴于档案馆建筑的特殊性，档案馆建筑应根据功能要求和工作流程进行合理规划，做到既能满足功能分区，又便于前后工作衔接。

3. 本款规定了档案馆建筑用地要求。城市建筑用地逐渐成为一种稀缺资源，在这种情况下，档案馆建筑应节约使用土地，合理确定各项经济技术指标。为了建筑的经济有效，适当留有发展的余地和优先利用用地范围之外的社会公共资源也是必须重视的。

4. 本款规定了档案馆建筑功能分区划分及具体要求。档案馆建筑功能分区是由档案工作自身的特点决定的。为保障档案的安全并便于管理，库房区应相对独立于其他功能区，有条件的地区可以独立建设。对外服务用房单独设立出入口，办公区设于主出入口，可以方便利用者利用档案，保障档案安全，维护档案馆工作人员的正常工作环境。以往的档案馆出于安全和保密等考虑，大多数建在政府大院内或由武警执勤，给利用者利用档案带来极大不便，同时利用者也可能无意中通过共用入口进入到档案保管区或工作区，给档案的保管以及档案馆工作人员的正常工作带来影响，而且，作为公众的活动场所，设立单独入口也便于采取安检等措施，确保利用者和档案的安全。

5. 本款规定了档案馆建筑采光和通风要求。对外服务区、业务技术区、办公区是档案馆人员活动的集中地，应具有良好的自然采光和通风条件，这既有利于人员身体健康，又有利于节约能源，减少浪费。

6. 本款规定了厨房、锅炉房、变配电室等火灾易发生区设置要求。厨房、锅炉房、变配电室等是火灾易发生区，应当与库房区保持安全距离，保障档案安全。在实践中，有的档案馆将车库或餐厅建在地下或档案库房下面，一旦发生火灾，不但危及到整个档案馆的安全，也直接危及到档案的安全，是十分危险的。

7. 本款规定了室外用地应统筹安排。

8. 本款规定了档案馆区内的道路要求。

9. 本款规定了档案馆区内道路、停车设施及建筑物应符合无障碍设计要求，充分考虑到残疾人及行动不便者等特殊人群的特殊要求，体现人文关怀。为更好地为利用者服务，本款同时要求标识指示系统清晰明确。

10. 本款规定了档案馆对外服务的车库（场）设置要求，明确了标准未包括这部分用房的构成、建筑面积指标。

11. 本款明确了标准未包括人防设施的项目构成、建筑面积。

# 第五章 建筑设计

**第二十九条** 本条规定了档案馆用房分隔、档案传送通道的设置要求。

为保障档案的安全，档案库房与其他各类用房之间应有分隔，各部门之间的档案传送线路应安全顺畅，内外联系应避免交叉。

**第三十条** 本条规定了档案馆电梯、档案垂直运输系统设置要求。

档案垂直运输设备比普通电梯在载重量上要求更高，普通电梯不能完全满足档案垂直运输的需要，而且人档混载不但不利于档案的安全与保密，也会影响正常的工作秩序，单独设置档案垂直运输系统是十分必要的。

**第三十一条** 本条规定档案馆应具备围护结构的要求。

**第三十二条** 本条规定了档案库房设计原则。

1. 本款规定了档案库房应根据不同载体和不同的保管要求分设，并根据不同要求确定柱网、层高与载荷。

一般来说，不同载体的档案对保管的要求不尽相同，同时库房的大小也要根据保管要求进行设置，一些载体保管的苛刻要求在大库房中实现比较难，如纸质档案与音像档案、照片档案的保管要求就有很大不同。因此，各种因素要综合考虑，不能一刀切。

以往的档案库房，受各种因素限制，很多没有充分考虑层高的要求，一些库房的吊顶紧贴档案装具，档案安全保管存在很大隐患，管道安装维修也造成很大的困扰，应尽量避免。

2. 本款规定了库区内应设工作人员更衣室，其余附属用房不应设在库区内。

档案库温度较低，与室温差距较大，设立更衣室可以让工作人员更换或暂时存放衣物，不但有利于工作人员的身体健康，也可以避免将外部灰尘等带入库房，影响档案安全保管。

库房的空气中灰尘含量较高，尤其在北方，即使经常通风、除尘打扫也不能避免，因此工作人员在出入档案库时进行盥洗也是十分必要的。

3. 本款规定了库区或库房入口处应设过渡间。这一款充分考虑了档案的安全保管和节能的需要。

4. 本款规定了档案库设于地下时，必须采取防潮、防水措施。这是档案保管的基本要求。

**第三十三条** 本条规定档案馆重要电子档案保管和利用场所应满足安全屏蔽要求，保障重要电子档案保密安全。

**第三十四条** 本条规定档案馆建筑防火要求。

**第三十五条** 本条规定各级档案馆要适应档案信息化建设的要求，根据办公自动化及安全、保密、美观、整洁等要求综合布线、预留接口，通讯与计算机网络设施应能满足办公需要。新建档案馆尤其应注意这个问题。

**第三十六条** 本条规定档案馆建筑应符合国家公共建筑节能设计标准，并充分利用各种节能设备。

**第三十七条** 本条规定档案馆建筑应满足安装门禁、报警、监视监控等安防系统的要求，以确保档案的安全。

**第三十八条** 本条规定档案馆供电应满足设备和照明的需要，省级和市级档案馆应实行双路供电，可自备发电机组。这是由档案保管的特殊性决定的。

**第三十九条** 本条规定档案馆建筑外观设计和室内装修设计应满足的要求。

# 广播电视卫星地球站建设标准

## 建标 131—2010

## 住房和城乡建设部、国家发展和改革委员会
## 关于批准发布《广播电视卫星
## 地球站建设标准》的通知

建标〔2010〕96 号

国务院有关部门，各省、自治区、直辖市、计划单列市住房和城乡建设厅（委、局）、发展和改革委员会，新疆生产建设兵团建设局、发展和改革委员会：

根据《关于印发〈2006 年工程项目建设标准、投资估算指标、建设项目评价方法与参数编制项目计划〉的通知》（建标函〔2006〕172 号）要求，由国家广播电影电视总局组织编制的《广播电视卫星地球站建设标准》，已经有关部门会审，现批准发布，自 2010 年 12 月 1 日起施行。

在广播电视卫星地球站建设项目的审批、设计和建设过程中，要严格遵守国家关于严格控制建设标准，进一步降低工程造价的有关要求，认真执行本建设标准，坚决控制工程造价。

本建设标准的管理由住房和城乡建设部、国家发展和改革委员会负责，具体解释工作由国家广播电影电视总局负责。

**中华人民共和国住房和城乡建设部**
**中华人民共和国国家发展和改革委员会**
**二〇一〇年七月一日**

## 前　言

本建设标准根据原建设部《关于印发〈2006 年工程项目建设标准、投资估算指标、建设项目评价方法与参数编制项目计划〉的通知》（建标函〔2006〕172 号），由国家广播电影电视总局负责组织编制。

本建设标准的编制目的是：提高广播电视卫星地球站建设项目的科学决策和管理水平，规范广播电视卫星地球站的建设，合理确定建设规模、项目构成、用地指标、建筑面积、设施及设备配备，充分发挥投资效益，保证卫星广播电视的传输和覆盖效果。

本建设标准的编制工作以合法、科学为指导思想，遵守国家法律法规以及相关方针政策，遵循科学、严谨的工作态度和工作方法，符合工程项目建设标准制定工作的相关规定。根据广播电视卫星地球站的使用功能，以满足技术要求、控制投资、以人为本为基本原则；力求在满足电视、广播节目卫星覆盖或传输性能指标的前提下，合理控制建设用地和工程规模，做到因地制宜、可持续发展。标准编制人在编制过程中进行了大量的调查研究和充分讨论，标准中的数据通过实际测算和统计筛选获得，依据充分、内容翔实、结论适度，可以作为项目立项和审批的依据。

本建设标准共分为五章，包括：总则、建设规模与项目构成、建筑标准和面积指标、选址布局、专业技术设备配置。

本建设标准的管理由住房和城乡建设部、国家发展和改革委员会负责，请各单位在使用过程中注意收集意见并及时反馈给主编部门，国家广播电影电视总局负责解释，授权解释单位为国家广播电影电视总局标准定额管理中心（地址：北京市西城区南礼士路13号，邮政编码：100045）。

**主 编 单 位：**中广电广播电影电视设计研究院

**参 编 单 位：**国家广播电影电视总局无线电台管理局

中广影视卫星公司

**起 草 人：**李丹江 余 英 程 轩

# 第一章 总 则

**第一条** 为规范广播电视卫星地球站的建设，提高广播电视卫星地球站建设科学决策和管理水平，保障卫星广播电视上行传输质量和系统安全，提高投资效益，制定本建设标准。

**第二条** 本建设标准是建设广播电视卫星地球站的依据，是编制、评估、审批广播电视卫星地球站项目建议书、工程项目可行性研究报告的重要依据，也是有关部门监督管理广播电视卫星地球站建设的尺度。

**第三条** 本建设标准适用于新建的采用C频段（6/4GHz）和Ku频段（14/12GHz、17/11GHz）传输视频、音频和数据业务的广播电视卫星地球站，改建和扩建工程项目可参照本建设标准执行。

本建设标准不适用于SNG和VSAT地球站。

**第四条** 广播电视卫星地球站的建设应在满足地球站技术要求和性能指标的前提下，合理利用土地资源、降低能源消耗、采取相应措施满足环境保护要求。

**第五条** 广播电视卫星地球站的建设除应执行本建设标准外，尚应符合国家及广播影视行业相关标准、规范的规定。

# 第二章 建设规模与项目构成

**第六条** 广播电视卫星地球站建设时应合理确定用地面积，其容积率等技术经济指标应符合当地规划部门的要求。

**第七条** 广播电视卫星地球站的基准天线是指具备上行发射功能且满足表1中规定天线口径尺寸要求的卫星天线。

**表1　基准天线口径**

| 序号 | 工作频段 | 天线口径（m） |
|---|---|---|
| 1 | C | =7.3 |
| 2 | Ku | =5.5 |

**第八条**　根据基准天线数量的不同，广播电视卫星地球站的建设规模划分为一级站、二级站和三级站，规模等级见表2。

**表2　广播电视卫星地球站规模等级**

| 地球站建设规模等级 | 站内基准天线数量 |
|---|---|
| 一级 | 5副及以上 |
| 二级 | 4副 |
| 三级 | 2副或3副 |

**第九条**　广播电视卫星地球站由设备、房屋建筑和场地构成。

**第十条**　广播电视卫星地球站设备由专业技术设备和辅助配套设备构成。

**第十一条**　广播电视卫星地球站的专业技术设备主要包括：天线与馈线设备、天线跟踪设备、发射设备、信道设备、信源处理设备、信源引接传输设备、接收设备、监控设备、仪器仪表等。广播电视卫星地球站的辅助配套设备主要包括：变配电设备、给水及排水设备（设施）、暖通与空调设备、安防设备、通信网络设备、防雷接地设备（设施）、消防设施等。

**第十二条**　广播电视卫星地球站房屋建筑由主要技术用房、辅助技术用房和附属用房三部分构成。其中主要技术用房包括高功放室、小信号室、监控室、高压配电室、低压配电室、UPS室、蓄电池室、柴油发电机室及发电机油库，见表3。

**表3　主要技术用房**

| 序号 | 房间名称 | 房间用途 |
|---|---|---|
| 1 | 高功放室 | 主要安装上变频器、高功放等发射设备及相应的配电、滤尘、除湿设备 |
| 2 | 小信号室 | 主要安装天线跟踪设备、信道设备、信源处理设备，信源引接传输设备，自动功率控制设备等 |
| 3 | 监控室 | 安装监控设备，包括控制桌和监视器屏，网管系统硬件设备，各控制和切换系统的控制台，接收设备，质量监测仪器仪表等 |
| 4 | 高压配电室 | 安装高压配电设施 |
| 5 | 低压配电室 | 安装变压器、低压配电设施 |
| 6 | UPS室 | 安装UPS设备 |
| 7 | 蓄电池室 | 安装蓄电池 |
| 8 | 柴油发电机室 | 安装柴油发电机组 |
| 9 | 发电机油库 | 存储发电用柴油 |

广播电视卫星地球站的辅助技术用房包括：仪器室、维修室、技术资料室、档案室、技术培训室、技术办公室、安防监控室、消防储瓶室、通信网络设备室和备品备件室。

广播电视卫星地球站的附属用房包括：行政办公用房、值班宿舍、传达室、食堂、水泵房、锅炉房、库房、车库等。

**第十三条** 广播电视卫星地球站的场地由房屋建筑用地和构筑物用地、天线场地、微波通信塔场地、停车场、道路、绿地构成。

## 第三章 建筑标准和面积指标

**第十四条** 广播电视卫星地球站房屋建筑面积和天线场区用地应分别符合表4-1、表4-2的规定，房间面积分配表见附录二。

**表4-1 房屋建筑面积**

| 序号 | 用房类别 | 建筑面积（$m^2$） | | |
|---|---|---|---|---|
| | | 一级站 | 二级站 | 三级站 |
| 1 | 主要技术用房 | 1780 | 1080 | 790 |
| 2 | 辅助技术用房 | 1280 | 880 | 750 |
| 3 | 附属用房 | 2650 | 1990 | 1670 |
| 小　计 | | 5710 | 3950 | 3210 |

**表4-2 天线场区用地**

| 序号 | 天线场区面积（$m^2$） | | |
|---|---|---|---|
| | 一级站 | 二级站 | 三级站 |
| 1 | 3850 | 3080 | 2310 |

**第十五条** 对于基准天线数量超出5副的一级站，其天线场区面积和房屋建筑使用面积的指标按以下标准调增：

一、每增加一副基准天线（以5副为参考值），天线场区用地增加770$m^2$。

二、每增加一副基准天线（以5副为参考值），高功放室增加使用面积30$m^2$，房屋建筑（除高功放室外）使用面积指标增加不超过原面积指标的10%。

**第十六条** 广播电视卫星地球站武警营房的建筑和用地指标按《武警内卫执勤部队营房建筑面积标准（试行）》执行。

**第十七条** 广播电视卫星地球站房屋建筑的设计使用年限不应低于50年。

**第十八条** 广播电视卫星地球站房屋建筑的抗震设防分类标准应符合国家现行标准《建筑工程抗震设防分类标准》GB 50223和《广播电影电视建筑工程抗震设防分类标准》GY 5060的相关规定。

**第十九条** 广播电视卫星地球站内道路设计要求为：主干道宽度可为4.5m～6.0m，次干道宽度可为3.0m～4.5m；路面等级应为混凝土或沥青路面。

**第二十条** 广播电视卫星地球站周围应设置围墙，其顶部距外侧地面不宜低于2.2m。围墙上宜设置安防设施。

**第二十一条** 广播电视卫星地球站主要技术用房的净空高度和室内温、湿度要求应符合表5要求。

**表5　主要技术用房的内部工艺要求**

| 序号 | 房间名称 | 项目 | | |
|---|---|---|---|---|
| | | 净空高度（m） | 温度（℃） | 湿度（%） |
| 1 | 高功放室 | 3.2 | 15～28 | 30～75 |
| 2 | 小信号室 | 3.2 | 15～28 | 30～75 |
| 3 | 监控室 | 3.2 | 15～28 | 30～75 |
| 4 | 低压配电室 | 3.5 | 18～30 | 30～75 |
| 5 | UPS室 | 3.2 | 18～30 | 30～75 |
| 6 | 蓄电池室 | 3.2 | 10～30 | 30～75 |
| 7 | 高压配电室 | 3.5 | 18～30 | 30～85 |
| 8 | 柴油发电机室 | 3.5 | 10～50 | 30～85 |

**第二十二条**　若广播电视卫星地球站场区内无市政供水管网时，应设置独立的站内给水及消防用水系统；广播电视卫星地球站内应设置排水设施。

**第二十三条**　广播电视卫星地球站技术用房应按照室内温、湿度要求设置暖通、空调设备。

**第二十四条**　广播电视卫星地球站的电源负荷等级为一级负荷，电源应来自两个不同路由的外电线路，其中至少一路为广播电视卫星地球站专用线路。一级站的二路外电应来自二个不同的变电站。广播电视卫星地球站内应设柴油发电机组及UPS系统。其中，柴油发电机组的容量应满足广播电视卫星地球站专业技术设备和主要技术用房照明、空调设施的负荷要求；UPS应满足专业技术设备的用电负荷要求，满负载工作时其蓄电池的持续工作时间不应低于20min。

**第二十五条**　当供电电压的波动幅度超出额定电压值－10%～+5%的范围时，应采用调压稳压措施。

**第二十六条**　广播电视卫星地球站的防雷接地系统应符合现行国家标准《建筑物防雷设计规范》GB 50057和《建筑物电子信息系统防雷技术规范》GB 50343的有关规定，按照第二类防雷房屋建筑进行设计和建设。广播电视卫星地球站技术用房的工作接地、保护接地和防雷接地宜采用三地合一的联合接地系统，系统的工频接地电阻不应大于4Ω。

**第二十七条**　卫星天线场区应设置防雷设施。

**第二十八条**　广播电视卫星地球站应配置电话和因特网接入设备，设备接口应符合相关的国家标准。

**第二十九条**　广播电视卫星地球站的防火要求应按照国家现行标准《建筑设计防火规范》GB 50016和《广播电视建筑设计防火规范》GY 5067的规范执行。

**第三十条**　广播电视卫星地球站的安防监控系统应按照现行国家标准《视频安防监控系统工程设计规范》GB 50395的规定执行。

## 第四章 选址布局

**第三十一条** 广播电视卫星地球站应在电磁环境良好的地方单独建站，其电磁环境应符合现行国家标准《地球站电磁环境保护要求》GB 13615 的规定。

**第三十二条** 广播电视卫星地球站不得对周围环境带来污染危害，其辐射值应满足现行国家标准《电磁辐射防护规定》GB 8702 和《环境电磁波卫生标准》GB 9175 的要求。

**第三十三条** 在选择场址时，应按照建站当地的广播电视发展规划和卫星广播的技术要求，综合考虑水文、地质、交通、维护等因素，同时还应考虑以下要求：

一、广播电视卫星地球站天线在其前方可用弧段内的工作仰角与天际线仰角的夹角不宜小于 10°。

二、广播电视卫星地球站与微波站、雷达站等微波辐射源单位在同一地区共用一频段时，应进行干扰协调。

三、广播电视卫星地球站应避开变电站、电气化铁道以及具有电焊设备、X 射线设备等其他电气干扰源，广播电视卫星地球站周围的电场强度应符合现行国家标准《工业、科学和医疗射频设备无线电干扰允许值》GB 4824.1 的规定。

四、广播电视卫星地球站天线波束应避免与飞机航线的交叉，广播电视卫星地球站与机场边沿的距离不宜小于 2km。

五、广播电视卫星地球站应避开高压输电线，场址红线与 35kV 及以上高压输电设备的距离不应小于 100m。

六、广播电视卫星地球站应远离强噪声源、强震动源。

**第三十四条** 广播电视卫星地球站的天线场区应设置在广播电视卫星地球站场地的南侧，房屋建筑则位于天线场地的北侧或不影响天线近场特性及满足电磁辐射环境保护的合适位置。柴油发电机房宜单独设置，其油库宜设置于地下。

**第三十五条** 广播电视卫星地球站中相邻两副天线在其工作的可用弧段上不得相互影响。

**第三十六条** 广播电视卫星地球站天线基础应靠近高功放室。卫星上行频段椭圆软波导、硬波导馈线的总长度不宜超过 30m。

**第三十七条** 基准天线的基础宜建在坚硬的地质构层上。当地基土质较差时，可采用特殊技术措施。天线基础一年内不均匀沉降不应超过 2mm。当天线建于易受洪涝侵害的低洼地面时，应采取加高天线基础等有效的防洪防涝措施。

## 第五章 专业技术设备配置

**第三十八条** 广播电视卫星地球站专业设备配置应满足系统设计的要求，并满足安全播出的要求。

**第三十九条** 广播电视卫星地球站上行传输可用度应不小于99.99%。

**第四十条** 广播电视卫星地球站至少应配置 1 副备用基准天线；基准天线及其馈线应满足上行链路设计要求，同时应配置天线跟踪设备，天线馈源应按双极化四端口配置。

**第四十一条** 天线跟踪设备的跟踪精度不应大于天线半功率波束宽度的 10%，跟踪模式应包括自动步进跟踪和人工操作电动跟踪。

**第四十二条** 每个上行系统的高功放、上行自动功率控制设备和上变频器应配置备份设备。

**第四十三条** 信源处理设备中的视音频压缩编码器、复用器、调制器应配置备份设备，其中复用器应按 1∶1 方式配置。

**第四十四条** 上行天线接收系统中的低噪声放大器应配置可靠的专用供电设备。

**第四十五条** 从节目播出机构到广播电视卫星地球站之间的信源引接传输应具备不少于二个独立的传输途径。经不同路由或采用不同传输方式到达地球站的信号，必须在地球站配置自动或手动保护切换装置。

**第四十六条** 应配置监控系统，对本站上行的视频、音频和数据信号进行质量监视、监听和测试；同时对与本站工作于同一转发器上的其他电视节目进行监视。系统产生的监控数据应具备在线备份和长期备份能力，监控数据的管理服务系统应配置安全隔离设备。

**第四十七条** 网管系统应配置集中监控设备，具备监视、监听、告警、控制和数据存储功能。系统应对专业技术设备、电源和机房环境进行主要参数和工作状态监视。

**第四十八条** 广播电视卫星地球站应配备必要的仪器、仪表，满足系统开通测试、日常运行维护的需要。具体配置可按附录三执行。

## 附录一 名词解释

| | |
|---|---|
| 广播电视卫星地球站 | 指具备信号上行发射和下行接收能力，且上行业务为视频、音频和数据的固定式卫星通信地面站。 |
| 高功放 | 卫星上行射频高功率放大器。 |
| UPS | 不间断电源；英文 Uninterruptible Power Supply（不间断电源）的缩写。 |
| SNG | 卫星新闻采集，使用移动式卫星通信设备来实现视频、音频新闻采集；英文 Satellite News Gathering（卫星新闻采集）的缩写。 |
| VSAT | 甚小天线口径终端，一种使用小口径地面天线，以通信卫星为中继站，通过主站实现与其他终端站之间通信的卫星通信体制；英文 Very Small Aperture Terminal（甚小天线口径终端）的缩写。 |

## 附录二 房间面积分配表

广播电视卫星地球站的主要技术用房参照附表 1 配置，辅助技术用房可参照附表配置，附属用房可参照附表 3 配置。附表 1、附表 2 和附表 3 中的房间数量和面积指标可在总面积指标范围内作适当调整，但附表 1 中高功放室指标只能向下调整。

**附表 1 主要技术用房面积指标分配表**

| 序号 | 房间名称 | 使用面积（$m^2$） | | |
|---|---|---|---|---|
| | | 一级站 | 二级站 | 三级站 |
| 1 | 高功放室 | 180 | 90 | 60 |
| 2 | 小信号室 | 160 | 80 | 60 |

## 续附表 1

| 序号 | 房间名称 | 使用面积（$m^2$） | | |
|---|---|---|---|---|
| | | 一级站 | 二级站 | 三级站 |
| 3 | 监控室 | 300 | 200 | 120 |
| 4 | 低压配电室 | 120 | 100 | 80 |
| 5 | UPS 室 | 100 | 60 | 50 |
| 6 | 高压配电室 | 120 | 50 | 40 |
| 7 | 蓄电池室 | 100 | 80 | 60 |
| 8 | 柴油发电机室 | 60 | 30 | 20 |
| 9 | 发电机油库 | 40 | 20 | 20 |
| 10 | 卫生间（含盥洗室） | 60 | 40 | 40 |
| | 小　计 | 1240 | 750 | 550 |

## 附表 2　辅助技术用房面积指标分配表

| 序号 | 房间名称 | 使用面积（$m^2$） | | |
|---|---|---|---|---|
| | | 一级站 | 二级站 | 三级站 |
| 1 | 仪器室 | 40 | 30 | 30 |
| 2 | 维修室 | 40 | 30 | 30 |
| 3 | 技术培训室 | 120 | 80 | 80 |
| 4 | 技术办公室 | 410 | 280 | 220 |
| 5 | 技术资料室 | 60 | 40 | 30 |
| 6 | 档案室 | 30 | 20 | 20 |
| 7 | 安防监控室 | 40 | 30 | 20 |
| 8 | 消防储瓶室 | 20 | 10 | 10 |
| 9 | 通信网络设备室 | 10 | 10 | 10 |
| 10 | 备品备件室 | 80 | 40 | 30 |
| 11 | 卫生间（含盥洗室） | 40 | 40 | 40 |
| | 小　计 | 890 | 610 | 520 |

## 附表 3　附属用房面积指标分配表

| 序号 | 房间名称 | 使用面积（$m^2$） | | |
|---|---|---|---|---|
| | | 一级站 | 二级站 | 三级站 |
| 1 | 会议室 | 120 | 80 | 80 |
| 2 | 值班宿舍 | 1200 | 870 | 720 |
| 3 | 传达室 | 20 | 20 | 20 |

续附表 3

| 序号 | 房间名称 | 使用面积（$m^2$） | | |
|---|---|---|---|---|
| | | 一级站 | 二级站 | 三级站 |
| 4 | 食堂（含操作间） | 240 | 200 | 160 |
| 5 | 车库 | 110 | 80 | 50 |
| 6 | 库房 | 100 | 80 | 60 |
| 7 | 水泵房 | 12 | 12 | 12 |
| 8 | 锅炉房 | 70 | 60 | 60 |
| 9 | 卫生间（含盥洗室） | 40 | 40 | 40 |
| 小计 | | 1912 | 1442 | 1202 |

## 附录三　主要仪器、仪表配置表

广播电视卫星地球站内可配置（但不限于）附表 4 所列仪器、仪表。

附表 4　仪器、仪表配置表

| 序号 | 名称及规格 | 数量 | | |
|---|---|---|---|---|
| | | 一级站 | 二级站 | 三级站 |
| 1 | C/Ku 频段高精度频谱分析仪 | 2 | 1 | 1 |
| 2 | L 频段频谱分析仪 | 2 | 2 | 1 |
| 3 | 矢量网络分析仪 | 1 | 1 | 1 |
| 4 | 数字/模拟视频分析仪 | 1 | 1 | 1 |
| 5 | 数字/模拟音频分析仪 | 1 | 1 | 1 |
| 6 | 数字示波器 | 1 | 1 | 1 |
| 7 | OTDR 光时域反射仪 | 1 | 1 | 1 |
| 8 | 射频功率计 | 1 | 1 | 1 |
| 9 | 光功率计 | 1 | 1 | 1 |
| 10 | C 频段/Ku 频段测试转发器 | 4 | 2 | 1 |
| 11 | C 频段/Ku 频段测试假负载 | 4 | 2 | 1 |
| 12 | 扫频信号发生器 | 2 | 1 | 1 |
| 13 | 宽带测试定向耦合器 | 2 | 1 | 1 |
| 14 | 码流分析仪 | 1 | 1 | 1 |
| 15 | 传输分析仪 | 1 | 1 | 1 |
| 16 | 万用表 | 4 | 2 | 2 |
| 17 | 微波频率计 | 1 | 1 | 1 |

## 附 件

# 《广播电视卫星地球站建设标准》条文说明

## 第二章 建设规模与项目构成

**第七条** 基准天线可以是备用天线。

国际通信卫星组织在其国际通信卫星地球站标准 Intelsat Earth Station Standard（IESS）中，按上行天线的工作频段、G/T 值、天线口径和业务种类的不同将站型进行分类。我国电信标准《国内卫星通信地球站工程设计规范》YD 5050—2005 中，定义了 C 频段地球站中的四类站型，Ku 频段则引用 IESS 中的 C 类标准地球站和 E 类标准地球站。

本建设标准在确定基准天线的指标时，主要考虑我国广播电视卫星地球站目前上行天线的实际配置情况，并参考 YD 5050—2005 和 IESS 中的相关指标。

IESS 的站型建议见表 1。

**表 1 Intelsat Earth Station Standard（IESS）站型建议**

| 站型 | G/T（dB/K） | 口径（m） | 频段 | 主要用途 |
|---|---|---|---|---|
| A | 35.0 | 15～17 | C | 国际大业务量 |
| B | 31.7 | 10～13 | C | 中等业务量 |
| C | 37.0＋20lgf/11.2 | 10～13 | Ku | 国际业务，TV 业务 |
| D1 | 22.7 | 5 | C | 低密度业务 |
| D2 | 31.7 | 11 | C | 低密度业务话音，数据通信 |
| E1 | 25＋20lgf/11 | 3.4～4.5 | Ku | VSAT，IBS，IDR 国际，ITS |
| E2 | 29＋20lgf/11 | 5.5 | Ku | IBS，IDR 国际，ITS |
| E3 | 34＋20lgf/11 | 8～10 | Ku | IBS，IDR 国际，ITS |
| F1 | 22.7 | 4.5～5.0 | C | VSAT，IBS，IDR 国际，ITS |
| F2 | 27.0 | 7.5～8.0 | C | IBS，IDR 国际，ITS |
| F3 | 29 | 9～10 | C | IBS，IDR 国际，ITS |
| G | 各国自定 | ＜＝3/1.2～1.8 | C/Ku | 非标准站型，用于 VSAT |
| Z | 各国自定 | 4.5～18 | C/Ku | 非标准站型 |

注：IBS 为 International Business Service 的缩写，意为国际商用业务。IDR 为Intermediate Data Rate 的缩写，意为中等数据传输率。ITS 为 Internet Trucking Service的缩写，意为网际干线业务。

**第八条** 决定广播电视卫星地球站建设规模的关键因素是该地球站所配置的上行基准天线的数量。基准天线越多，所需的设备系统也越多，相应的配套设备机房面积越大。故本建设标准按基准天线的数量来区分建站规模。

将不同规模的地球站称为一级站、二级站和三级站是为了从名称上区别于以往按单站所具备的天线口径和业务能力来定义的一类站、二类站和三类站。

**第十三条** 只有当信源引接传输系统采用了微波传输技术，且微波天线无法直接安装在广播电视卫星地球站房屋建筑的屋顶时；或当微波天线安装在地球站房屋建筑的屋顶，收发端无法实现微波的视距传输时，才需要架设微波通信塔。

## 第三章　建筑标准和面积指标

**第十四条** 在本建设标准编制过程中，对广播电视卫星地球站中用房、天线场区面积和人员编制等情况进行了调查。其中，新建地球站的人员配备参考表2进行。

**表2　人员配备参考表**

| 序号 | 岗　位 | 一级站 | 二级站 | 三级站 |
|---|---|---|---|---|
| 1 | 站长、副站长 | 4 | 3 | 3 |
| 2 | 总工程师、副总工程师 | 2 | 1 | 1 |
| 3 | 工程师 | 12 | 8 | 6 |
| 4 | 技术值班 | 22 | 16 | 12 |
| 5 | 电力值班 | 12 | 12 | 12 |
| 6 | 后勤行政 | 12 | 6 | 4 |
| 小　计 | | 64 | 46 | 38 |

表4-1中设备用房的使用面积指标是根据返回的调查表数据、设备系统实际占用面积和《国内卫星通信地球站工程设计规范》YD 5050—2005中的相关参数做出。表4-2中卫星天线场地面积测算依据如下：

根据本建设标准第二十条和第三十三条第一款，广播电视卫星地球站围墙高度不低于2.2m，且地球站天线在其前方可用弧段内的工作仰角与天际线仰角的夹角不小于10°。因此，天线口面前方距围墙（或不高于2.2m的障碍物）的水平距离不应小于：

$$W = 2.2\text{Ctg}(A - 10)$$

式中　$A$为天线工作仰角。

当卫星的轨道位置与地球站的地理经度之差最大时，$A$取最小值，最小工作仰角$A=20°$，此时天线近似朝东或西，天线口面距东（或西）院墙（或不高于2.2m的障碍物）的距离。

$$W_1 = 2.2\text{Ctg}10° = 12.5\text{m}$$

当卫星的轨道位置与地球站的地理经度相同时，$A$取最大值，且$A=45°$，此时天线朝南，天线口面距场地南边院墙的距离$W_2 = 2.2\text{Ctg}35° = 3.1\text{m}$。

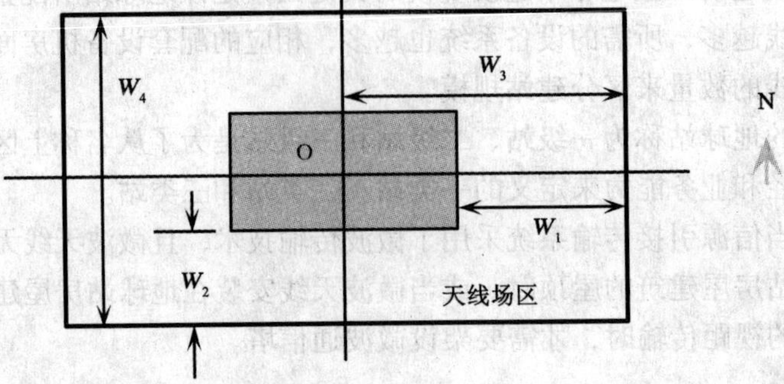


考虑到天线口面距天线基础中心的水平距离为：

$$r_1 = (D/2)\ \sin A$$

式中：$D$ 为天线口径（m）；天线安装或处于收藏位置时仰角为 90°，天线中心距机房的距离不应小于：

$$r_2 = D/2 + 2$$

因此，天线基础中心距东（或西）院墙（或不高于 2.2m 的障碍物）的距离 $W_3$ 为：

$$W_3 = W_1 + (D/2)\ \sin A$$

天线场区南北方向的距离 $W_4$ 为：

$$W_4 = W_2 + r_1 + r_2 = W_2 + (D/2)\ \sin A + D/2 + 2$$

令发射天线口径为 12m，则

$$W_3 = 14.5\text{m};\ W_4 = 15.6\text{m}$$

故可计算出天线场区面积 $S$ 为：

$$S_t = 2W_3W_4 = 460\text{m}^2$$ （在十位上向上取整数）；

令最大接收天线口径为 6m，则同理可计算出：

$$W_3 = 13.5\text{m};\ W_4 = 11.4\text{m}$$

天线场区面积：

$$S_r = 2W_3W_4 = 310\text{m}^2$$ （在十位上向上取整数）；

各级地球站所配置的天线数量按表 3 所列计算，则可得出天线场地的总面积。

**表 3　天线数量配置及场区面积**

| 序号 | 项　目 | 一级站 | 二级站 | 三级站 |
|---|---|---|---|---|
| 1 | 发射天线数量（副） | 5 | 4 | 3 |
| 2 | 接收天线数量（副） | 5 | 4 | 3 |
| 3 | 天线场区面积（$m^2$） | 3850 | 3080 | 2310 |

**第十五条**　当一级站的业务规模超出 5 副基准天线的规模时，基准天线每增加 1 副（以 5 副为参考值），则接收天线也增加一副，接收天线的直径按 6m 计算，则天线场区面积增加 $460\text{m}^2 + 310\text{m}^2 = 770\text{m}^2$。

基准天线的增加造成上行系统的增加，因此高功放室面积的增加是直接而明显的。与此同时，上行系统的增加必然会带来信道设备、信源处理设备、信源引接传输设备、接收设备、监控设备的增加，可能带来辅助配套设备的增加，进而造成主要技术用房、辅助技术用房面积的增加；增加面积数量主要取决于新增系统中上行电视节目的数量。另外，业务规模的扩大会带来技术人员和后勤行政人员的增加。根据调查14个地球站所获取的数据，本建设标准将每增加1副基准天线，除高功放室外的房屋建筑使用面积增加值定为不超过原面积指标的10%。

表4给出基准天线数量为7副～15副的一级站面积指标计算结果。

**表4 7副～15副基准天线一级站面积指标**

| 序号 | 基准发射天线数量（副） | 天线场区面积（$m^2$） | 房屋建筑面积（$m^2$） |
|---|---|---|---|
| 1 | 6 | 4620 | 6297 |
| 2 | 7 | 5390 | 6884 |
| 3 | 8 | 6160 | 7471 |
| 4 | 9 | 6930 | 8058 |
| 5 | 10 | 7700 | 8645 |
| 6 | 11 | 8470 | 9232 |
| 7 | 12 | 9240 | 9819 |
| 8 | 13 | 10010 | 10406 |
| 9 | 14 | 10780 | 10993 |
| 10 | 15 | 11550 | 11580 |

# 第四章 选址布局

**第三十六条** 可考虑在卫星上行天线附近建设高功放小屋，尽可能降低波导和馈线的插入损耗。

# 第五章 专业技术设备配置

**第四十五条** 信源引接传输系统可采用有线传输（光纤传输或电缆传输）和无线传输（地面微波或卫星）等方式。当仅采用一种传输方式，如：光纤传输时，应具备不少于两个独立的光纤传输路由；当采用光纤传输加微波传输等组合方式时，每种传输方式可以只有一个传输路由。

## 附录二 房间面积分配表

技术办公室人均使用面积按10$m^2$配置，办公人员数量按下式计算：

办公人员数量＝工程师人数＋后勤行政人数＋（技术值班＋电力值班）/2

值班宿舍按单人居室考虑，房间内应设置独立卫生间；其建筑面积按人均25$m^2$配置。广播电视卫星地球站承担着安全播出的重大责任，大量节目是24h不间断播出的，故值班室的房间数按人员编制中的总人数计算。

车库面积指标一级站按容纳3辆大型客/货车、6辆小型客车考虑；二级站按容纳2辆大型客/货车、4辆小型客车考虑；三级站按容纳1辆大型客/货车、4辆小型客车考虑。

在核算建筑面积时，传达室、食堂、车库、库房和水泵房的房屋建筑系数按不大于1.25计算；其余房屋的建筑系数按不大于1.43计算。计算结果在十位取整。

# 中、短波广播发射台建设标准

## 建标 126—2009

## 住房和城乡建设部、国家发展和改革委员会<br>关于批准发布《中、短波广播发射台建设标准》的通知

建标〔2009〕155 号

国务院有关部门，各省、自治区、直辖市、计划单列市住房和城乡建设厅（委、局）、发展和改革委员会，新疆生产建设兵团建设局、发展和改革委员会：

根据《关于印发〈2006 年工程项目建设标准、投资估算指标、建设项目评价方法与参数编制项目计划〉的通知》（建标函〔2006〕172 号）的要求，由国家广播电影电视总局负责编制的《中、短波广播发射台建设标准》，已经有关部门会审，现批准发布，自 2010 年 1 月 1 日起施行。

在中、短波广播发射台项目的审批、设计和建设过程中，要严格遵守国家关于严格控制建设标准的有关要求，认真执行本建设标准。

本建设标准的管理由住房和城乡建设部、国家发展和改革委员会负责，具体解释工作由国家广播电影电视总局负责。

**中华人民共和国住房和城乡建设部**

**中华人民共和国国家发展和改革委员会**

**二〇〇九年九月二十九日**

## 前　言

本建设标准是根据原建设部《关于印发〈2006 年工程项目建设标准、投资估算指标、建设项目评价方法与参数编制项目计划〉的通知》（建标函〔2006〕172 号），由国家广播电影电视总局负责组织编制的。

本建设标准的目的是为提高中、短波广播发射台建设项目科学决策和管理水平，规范中、短波广播发射台建设，合理确定建设规模、项目构成、用地指标、建筑面积、设施及设备配备，充分发挥投资效益，使中、短波广播发射台有效实现广播覆盖的作用。

本建设标准的编制工作以合法、科学为指导思想，遵守国家法律法规以及相关方针政策，遵循科学、严谨的工作态度和工作方法，符合工程项目建设标准制定工作的相关规定。根据中、短波广播发射台的使用功能，以满足广播覆盖需求、系统完整、技术合理、

控制投资、以人为本为基本原则，做到因地制宜、可持续发展。在确保满足任务需要的前提下，适当考虑经济发展的地域因素和发射台远离城市的特殊因素，合理确定各个分项的规模，包括房屋建筑、用地、配套设施等。本建设标准在编制过程中进行了大量的调查研究和充分讨论，标准中的数据通过实际测算和统计筛选获得，依据充分、内容翔实，结论适度，可以作为项目立项、设计、审批的依据。

本建设标准共分六章：总则、建设规模及项目构成、主要技术设施设备、配套设施、建筑与建设用地、总体布局与建筑标准。

请各单位在使用过程中注意收集意见并及时反馈给主编部门，国家广播电影电视总局负责具体解释（地址：北京西城区南礼士路13号，国家广播电影电视总局标准定额管理中心，邮编：100045）。

**主 编 单 位：** 中广电广播电影电视设计研究院
国家广播电影电视总局无线电台管理局

**主要起草人：** 林长海　李国华　杨志刚　田　园　何红宇　向　荣　包启顺　张俏梅　曹　毅　黄秋芳　宋占凯

## 第一章　总　　则

**第一条**　为规范中、短波广播发射台（以下简称发射台）的建设，提高发射台建设项目科学决策和管理水平，充分发挥投资效益，在保障发射台技术功能的前提下，合理控制建设规模、标准和投资，根据《中华人民共和国建筑法》、《广播电视设施保护条例》，制定本建设标准。

**第二条**　本建设标准是为发射台建设项目决策服务和控制项目建设水平的全国统一标准，是编制、评估、审批工程项目可行性研究报告的重要依据，是审查工程项目建设初步设计和审计、监督的尺度。

**第三条**　本建设标准适用于以发射广播节目为任务的新建发射台，改建和扩建发射台项目可参照执行。

**第四条**　发射台的建设应遵守国家经济建设和广播电视的法律法规，满足广播覆盖任务的需要，同时应结合国情考虑科学技术的进步和发展，合理确定工程项目建设的规模和水平，做到安全适用、设施完善、技术先进、经济合理、适应发展。项目建设应科学规划、一次建成，一次建成确有困难的，应一次规划，分期建设。

**第五条**　发射台的建设应与广播电视技术发展相适应，充分应用数字化、网络化和自动化技术，满足“安全播出”的要求，并考虑“无人值班、有人留守”的发展需要。

**第六条**　发射台的建设应在满足功能与技术需要的前提下，遵循节约资源、降低能耗的原则，节约用地，不占或少占耕地。新建发射台应充分利用本地资源条件，合理确定配套设施；改、扩建发射台应充分利用原有设施。发射台建筑及各项服务设施配置应方便发射台工作人员的工作和生活。

**第七条**　发射台的建设应按现行国家要求进行必要的环境评估，建设项目应采取相应措施满足环境保护的要求。

**第八条**　发射台的建设及工程投资应纳入城乡规划和固定资产投资计划，统筹安排；发射台用地应纳入土地利用规划和行政划拨用地范畴。

**第九条**　发射台的建设除遵守本建设标准外，尚应符合国家及广播电影电视行业的有关标准、规范等。

## 第二章　建设规模及项目构成

**第十条**　发射台由场区、技术设施设备、配套设施三部分组成。

**第十一条**　发射台根据发射总功率和发射机数量，按表1分类。

**表1　发射台类型表**

| 发射台类型 | 总发射功率（kW）和发射机数量的综合情况 |
|---|---|
| 一类 | 总发射功率小于50kW、任意数量的发射机；<br>或者：总发射功率为50kW、只有一部发射机 |
| 二类 | 总发射功率50（含）~150kW（含），任意数量的发射机；<br>或者：总发射功率小于等于500kW、单机功率大于50kW且发射机数量少于3部 |
| 三类 | 总发射功率150（不含）~500kW（含）、单机功率大于50kW且发射机数量3部以上（含3部）；<br>或者：总发射功率150（不含）~500kW（含）、单机功率为50kW且发射机数量4部以上（含4部）；<br>或者：总发射功率500（不含）~3000kW（不含）且发射机数量少于10部 |
| 四类 | 总发射功率大于500kW且发射机数量10部以上（含10部）；<br>或者：总发射功率大于等于3000kW、任意数量的发射机 |

注：发射机数量不包含备机。

**第十二条**　发射台场区应包括技术区、综合业务区，生产辅助区，有武警建制时还包括武警营房区。

技术区内包括天线场区（含馈线路由区）、技术用房建筑、附属用房建筑。

综合业务区包括业务楼、技术培训和会议用房、车库、台区门卫值班室，必要时设置岗亭。

生产辅助区包括值班员宿舍、职工食堂、台区变配电站、锅炉房、水泵房及其他配套设施、职工健身场地及设施。

武警营房区包括营房、警卫食堂、训练场地及设施。

发射台内各建筑和设施在满足规划和技术要求的前提下应相对集中，减少通路距离。

**第十三条**　技术设施设备包括广播发射机及附属设备，天线和馈线系统，节目源系统，自动化控制系统。

**第十四条**　配套设施包括变配电、给水排水、暖通与空调、消防、安全防范、环境保护、通讯与网络、防雷与接地、围墙、大门、道路、绿化等。

## 第三章　主要技术设施设备

### 第一节　广播发射机及附属设备

**第十五条**　中波发射机和短波发射机的功率等级应根据发射任务需要，由主管部门确定。

**第十六条**　中波发射机功率为25kW及以下可考虑备机。同一机房内短波发射机满足以下条件之一时可设置1部同功率等级的备机：

4部以上短波发射机；

4部短波发射机且工作时间大于64h/d；

4部以下短波发射机且单机工作时间大于18h/d。

有备份发射机的发射台，应在天线交换系统和节目源系统考虑短波发射机之间的互相代播功能。

**第十七条** 发射机的重要元器件、易损器件应有试运行备件。同一型号的发射机4部及以下配备一套共用备件，4部以上配备两套共用备件。

**第十八条** 应配备必要的节目信号音频处理设备，包括音频处理器（或均衡放大器）、音频切换设备等。

**第十九条** 应配备必要的射频配套设备，包括假负载、射频交换开关、变换器（阻抗或平衡/非平衡）等。

**第二十条** 应配备监听系统，设置信号检测点，配置相应的播出信号监听、监看设备。

## 第二节 天线和馈线系统

**第二十一条** 中波天线的形式、结构类型、塔高、承载功率应根据覆盖任务要求、频率规划、发射机功率及环境条件等因素，执行现行国家标准《中波广播网覆盖技术》GB 2017，通过电波计算确定。中波天线的调配网络根据中波天线的形式确定，按技术要求敷设与中波天线相适应的地网。

**第二十二条** 短波天线的形式、天线支持物高度、结构类型、承载功率应根据覆盖任务要求、频率规划、发射机功率及环境条件等因素，执行现行国家标准《短波广播网覆盖技术规定》GB 11410，通过电波计算确定。

**第二十三条** 馈线形式应根据使用频率、功率及当地海拔、气象条件确定。

**第二十四条** 当发射机与发射天线有交换连接需要时，应根据技术需要和环境条件设置天线交换开关系统。

## 第三节 节目源系统

**第二十五条** 发射台广播节目的信号源，应在卫星接收、光缆传输、微波传输等多种传输方式中，选择两种以上（含两种）的传输系统互为备份；当只选用同一种传输方式时，对于卫星接收应选择两颗不同卫星上不同波段的信号，对于光缆线路和微波应选择两个不同的路由。

**第二十六条** 节目源系统应采用数字传输技术，根据节目源传输方式，选择相应的终端设备。

**第二十七条** 主、备用节目源应在传输末端配置切换设备，在其中一路节目源故障（不包括节目内容异常）时能自动切换投入使用，并具有手动切换功能。

## 第四节 自动化控制系统

**第二十八条** 发射台应建设全台自动化控制系统，自动化系统应安全稳定运行。

**第二十九条** 发射台自动化控制系统主要包括：运行调度管理、节目源交换、发射机运行、天线交换、电力监控、播出监测等，各系统应独立可靠运行。

**第三十条** 发射台自动化控制系统应具备以下主要功能：

远程访问及管理；

运行图自动接收、解析及管理；

各自动化系统根据运行图自动运行；

自动抄表、自动存储运行状态参数及操作日志记录等；

设备故障自动声光报警、故障部位显示、故障日志记录等；

播出情况统计、查询和报表等；

可靠的权限管理和系统安全保障。

**第三十一条** 发射台自动化系统网络设备应与国际互联网进行物理隔离，并充分考虑发射台的电磁环境，采用必要的抗电磁干扰措施。

### 第五节 主要维护仪器及维修机具

**第三十二条** 发射台应配备必要的维护、测试仪器、维修工具及工程用车等，见附录一、附录二。

## 第四章 配套设施

### 第一节 变配电

**第三十三条** 发射台为一级负荷用户，应由两个电源供电，电源应来自两个不同的区域变电站（发射总功率在50kW以下的发射台可根据该地区供电情况确定）。其中应至少有一路外电为专用独立电源，每路电源应满足发射台全部负荷的用电要求。当一路电源发生故障时，另一路电源应具有自动切入的功能。外电源自有线路部分应具备抵御50年一遇自然灾害的能力。

**第三十四条** 发射机总功率为50kW以下时，可采用380V低压供电；发射机总功率为50kW～3000kW，宜采用10kV及以上等级高压供电；发射机总功率大于3000kW宜采用35kV及以上等级高压供电。因用电容量和供电线路超长造成外电线路电压降超过10%时，宜提高外电电压等级。

**第三十五条** 发射台主变压器的容量应满足发射台全部负荷的用电要求，根据外电质量确定主变压器形式。

**第三十六条** 当输入电压在35kV及以上且给两个以上发射机房供电时，宜设台区变电站。台区变电站电压等级不宜超过35kV。台区变电站设置高低压配电室、变压器室（室外安装变压器除外）、控制室、值班室、维修室、库房等，并配置电力监控自动化系统。

**第三十七条** 机房变电站宜设置高低压配电室、变压器室（室外安装变压器除外）、控制室等，并配置电力监控自动化系统。采用380V低压供电的发射台，设置低压配电室。

**第三十八条** 发射台应配备UPS不间断电源作为发射台自动化控制系统的保证电源。UPS不间断电源电池组供电时间不少于30分钟。

### 第二节 给水排水

**第三十九条** 发射台的水源宜首选城市供水系统，其水量、水压应满足发射台工艺、生活和消防等用水要求。

**第四十条** 发射台采用自备水源时，宜设两个可靠的供水水源，水质须符合国家有关标准的规定。

**第四十一条** 当自备水源水质不符合国家标准时，须设置水处理设施。

**第四十二条** 水源的水量、水压不满足发射台工艺、生活和消防等用水要求时，应设贮水池、水塔、加压泵房或无塔供水设备等设施。

**第四十三条** 发射台内应设置开水、生活热水供应设施。

**第四十四条** 发射台离城镇较近时，生活污水应经无害化处理后排入市政污水管网；发射台远离城镇，无市政排水管网时，生活污水应经无害化处理并达标后排入渗水井或附近水体。

**第四十五条** 当生活排水的水质达不到城镇排水管道或接纳水体的排放标准或当地有其他要求时，需经二级处理，达标后方能排放。

**第四十六条** 发射台离城镇较近时，雨水排入市政雨水管网；发射台远离城镇，无市政雨水管网时，雨水可利用地形顺坡自然排放，或结合地形利用排水沟排往附近水体，并具备抵御50年一遇洪涝灾害的能力。

### 第三节 暖通与空调

**第四十七条** 发射机室、控制室、节目交换室、弱电设备间应设置采暖（采暖地区）、通风与空气调节系统，其他附属房间按相关规范设置。

**第四十八条** 发射台主要技术用房的室内环境要求应符合表2的规定。

**表2 主要技术用房的室内环境要求表**

| 房间名称 | 冬季室内温度（℃） | 夏季室内温度（℃） | 室内湿度（%） | 室内噪声〔dB（A）〕 | 清洁度 |
|---|---|---|---|---|---|
| 控制室、节目交换室、弱电设备间 | 18～20 | 24～26 | 35～70 | <35 | 洁 |
| 发射机室 | ≥16 | ≤32 | — | <50 | 洁 |

注：表中室内噪声指标仅为通风与空调系统的要求。

**第四十九条** 通风与空调系统的配置应充分结合当地的气象（候）条件、建筑物特点及发射机冷却形式综合考虑节能措施。

**第五十条** 进、排风口充分考虑防尘、防雨、防台风及防虫等措施。

**第五十一条** 采暖系统的形式、设备选择、热源类型应依据当地特点按照安全可靠、经济实用、维护方便的原则确定。

**第五十二条** 发射机冷却系统，采暖、通风与空调设备应采取消声隔震措施。采暖锅炉的烟气排放应符合当地排放标准。

### 第四节 消　　防

**第五十三条** 发射台应按现行国家标准《建筑设计防火规范》GB 50016和行业标准《广播电视建筑设计防火规范》GY 5067设置消防设施。

### 第五节 安 全 防 范

**第五十四条** 发射台应设置安全防范系统，可包括：视频安防监控系统、红外监控报警、门禁和巡更系统等。在安防值班室设置控制台，采用多屏幕实时监控设备。

**第五十五条** 视频安防监控系统全天候监视台内技术设施的运行和安全保卫情况，包括：机房内外、技术设备重要部位、变电站、天线场区、库房、发射台出入口、发射台围墙以及重要部门等，系统应具备远程控制功能、手动/自动录像功能、定时计划录像以及灵活的变焦和图像切换功能。

**第五十六条** 视频安防监控系统对于四类发射台不超过80个布控点，三类台不超过50个布控点，二类台不超过30个布控点，一类台不超过10个布控点。

**第五十七条** 根据所处地区实际情况，经有关主管部门批准后，沿场区或重要设施周围设置电网。

### 第六节 通讯与网络

**第五十八条** 发射台应配置台内程控交换机和适当数量的直拨电话，程控交换机端口数：四类台不超过144个，三类台不超过96个，二类台不超过64个，一类台不超过24个。

**第五十九条** 发射台可建立办公局域网，办公局域网应与国际互联网进行物理隔离。

### 第七节 防雷与接地

**第六十条** 发射台应设置防雷与接地系统。防雷包括台内建筑物、发射塔及短波天线支撑物、卫星接收设施的防护，接地系统包括防雷接地、工作接地、保护接地和工艺接地。接地系统的设置应符合国家和行业相关技术标准。

### 第八节 围墙、大门、道路

**第六十一条** 发射台全台区域、发射机房所在技术区域应设置防护围墙和大门，有条件的地区可设置供消防车辆出入的备用大门。大门宜在与地方公路最近处开设。围墙高度宜为2.2m~2.5m，在特殊地区可采取特殊的安全防护和保卫措施。

**第六十二条** 当发射天线位于台区围墙外时，天线区应设围网或围墙，其高度宜为2.2m~2.5m。

**第六十三条** 发射台大门应设连接社会公路的道路，台内各区间应设连接道路，道路材料及路面宽度应符合本建设标准第八十四条的规定。

## 第五章 建筑与建设用地

### 第一节 建设用地

**第六十四条** 发射台建设用地应满足发射台功能、技术和安全保卫的需要，其中技术区应符合《广播电视工程项目建设用地指标》（建标〔1998〕18号）的有关规定。

**第六十五条** 综合业务用房、生产辅助用房等建筑和配套设施的用地在满足正常使用的前提下合理确定用地面积，容积率等技术经济指标应符合当地规划部门的要求。

**第六十六条** 武警营房区应考虑营房、警卫食堂、训练场地和设施的用地。

### 第二节 建筑分类

**第六十七条** 发射台内建筑包括发射机房、综合业务用房、生产辅助用房、武警用房等。

**第六十八条** 发射机房由技术用房和辅助技术用房组成。

技术用房包括：发射机室、控制室、发射机附属设备室、弱电设备间、节目交换室、天线交换开关室、天线调配室、机房变电站、空调室、滤尘室等。

辅助技术用房包括：仪器室、真空器件库、紧急备件库、维修室、技术办公室、学习室、休息室、机房主任室等。

**第六十九条** 综合业务用房由业务楼、技术培训和会议用房、车库、台区门卫值班室、岗亭等组成。

**第七十条** 生产辅助用房由值班员宿舍、职工食堂、台区变配电站、器材库、金工间、锅炉房、水泵房、水处理间等组成。

**第七十一条** 武警用房由警卫营房、警卫食堂等组成。

### 第三节 建筑面积指标及房间面积分配

**第七十二条** 发射机房的技术用房和辅助技术用房应根据发射台类别、发射机功率等级、设备类型及数量等要求确定面积指标。其中50kW以下的一类台机房应按一个单体建筑设置，发射机室面积应根据发射机台数确定，面积指标应符合本建设标准附录三的规定。

**第七十三条** 器材库和金工间应根据发射台类别全台配置。器材库建筑面积一类台不超过 $50m^2$，二类台不超过 $100m^2$，三类台不超过 $300m^2$，四类台不超过 $400m^2$。金工间建筑面积一类台不超过 $30m^2$，二类台不超过 $50m^2$，三类台不超过 $60m^2$，四类台不超过 $70m^2$。

**第七十四条** 业务楼面积应根据发射台规模、人员编制及类别确定，其建筑面积二类台不超过 $600m^2$，三类台不超过 $800m^2$，四类台不超过 $1000m^2$。一类台不应单独设置，其业务用房宜与值班员宿舍、职工食堂等生产辅助用房合并，总建筑面积为 $400m^2$。

**第七十五条** 车库建筑面积按国家汽车库标准执行，车位设置：一、二类台 2 个，三类台 4 个，四类台 6 个。四类台设一间值班室和一间维修间。

**第七十六条** 变配电站、锅炉房、水泵房等规模根据发射台类别、功能及技术要求确定。

**第七十七条** 发射台大门门卫值班室的建筑面积不超过 $20m^2$。

**第七十八条** 值班员宿舍按单人居室考虑，人均建筑面积为 $25m^2$，房间内应设置独立卫生间。

**第七十九条** 职工食堂的规模根据在编职工人数和发射台类别确定，建筑面积：二类台不超过 $200m^2$，三类台不超过 $300m^2$，四类台不超过 $400m^2$。

**第八十条** 技术培训与会议用房规模按发射台类别确定，一类台、二类台不设置，三类台建筑面积为 $300m^2$，四类台建筑面积为 $400m^2$。

**第八十一条** 每座岗亭的建筑面积不超过 $6m^2$。

**第八十二条** 警卫营房、警卫食堂等规模应符合《武警内卫执勤部队营房建筑面积标准（试行）》[（2003）武后字第 39 号] 的有关规定。

## 第六章　总体布局与建筑标准

### 第一节　总平面布置

**第八十三条** 发射台场地的确定应符合国家现行标准《中波、短波发射台场地选择标准》GY 5069 的有关规定。

**第八十四条** 发射台大门连接地方公路的道路应为混凝土或沥青路面，路面宽度为 4.5m～6.0m（当连接道路超过 400m 时可在一定间隔设置会车区）；发射台内各个区域间道路应为混凝土或沥青路面，从发射台大门至综合业务区主路的宽度为 4.5m～6.0m，其他道路宽度为 3.0m～4.5m。技术区至天线区的维修通路宜采用混凝土、沥青路面或碎石路面，道路宽度为 2.5m～3.0m。

**第八十五条** 发射台内的各个区域应紧凑、规整、相对独立，发射台的房屋建筑和集散场地、绿化用地的总体布局应满足发射工艺的要求并符合建设管理部门的相关规定。

**第八十六条** 发射台综合业务用房区、辅助用房区应考虑电磁防护与技术区运行安全的需要，不得设置在技术区内。

**第八十七条** 短波天线与发射机房距离宜控制在 500m 以内，中波天线与发射机房距离宜控制在 1000m 以内。

**第八十八条** 水泵房、台区变电站等有噪声、强电磁干扰的建筑设施应远离综合业务用房和值班宿舍。

**第八十九条** 锅炉房等附属设施根据气候条件宜布置在台区的下风向。

**第九十条** 健身场地和设施宜布置在生产辅助区内。

**第九十一条** 武警营房区应相对独立，训练场地宜远离值班员宿舍。

**第九十二条** 发射台区的绿化率应符合当地建设管理部门的相关规定。

## 第二节 建筑标准

**第九十三条** 发射台内建筑的设计和施工应遵循“经济实用，有利生产”的原则。应采用简洁的建筑造型，建筑材料的选用应充分考虑节能降耗的要求。

**第九十四条** 发射机房内的房间布置应满足工艺要求，发射机室的结构净高应控制在4.5m~6.0m，对于单机功率大于等于500kW的发射机室可根据设备安装需要适当增加高度。其他技术辅助用房的结构净高应为3.5m~4.5m。

**第九十五条** 综合业务用房的建设应符合国家的相关规定并满足功能要求，其中业务楼办公室结构净高控制在2.8m~3.0m，车库、变电站、锅炉房、水泵房、水处理间等建筑用房结构净高控制在3.5m~4.5m。

**第九十六条** 生产辅助用房的建设应符合国家的相关规定，其中值班员宿舍结构净高宜为2.8m，职工食堂结构净高不应高于4.2m,培训与会议用房结构净高不应高于6.0m。

**第九十七条** 警卫用房建筑标准应符合《武警内卫执勤部队营房建筑面积标准（试行)》[（2003）武后字第39号］的有关规定。

**第九十八条** 发射机室、控制室、弱电设备间、节目交换室、变电站及与其相通的走廊、楼梯和房间等应采用便于清扫、不起尘的材料做地面，墙面应用绝燃、防静电、可擦拭的涂料。

**第九十九条** 控制室、弱电设备间、节目交换室等房间应根据电磁环境采取屏蔽措施。

## 附录一 主要维护仪器工具配备表

| 序号 | 设备名称 | 数量 | | | |
|---|---|---|---|---|---|
| | | 一类台 | 二类台 | 三类台 | 四类台 |
| 1 | 网络分析仪 | — | — | 1 | 1 |
| 2 | 频谱分析仪 | — | — | 1 | 1 |
| 3 | 双踪示波器 | 1 | 2 | 2 | 3 |
| 4 | 调幅度测试仪 | 1 | 1 | 1 | 2 |
| 5 | 函数发生器 | — | — | 2 | 3 |
| 6 | 调制解调器 | 1 | 1 | 1 | 2 |
| 7 | 音频分析仪 | 1 | 1 | 1 | 2 |
| 8 | 数字频率计 | 1 | 1 | 2 | 3 |
| 9 | 高频阻抗电桥 | 1 | 1 | 1 | 1 |
| 10 | 交流高压试电器 | — | 1 | 1 | 1 |
| 11 | 中短波场强测试仪 | 1 | 1 | 1 | 1 |
| 12 | 接地电阻测试仪 | 1 | 1 | 1 | 1 |
| 13 | 电力分析仪 | — | — | 2 | 3 |
| 14 | 高压电压表 | — | 1 | 1 | 1 |
| 15 | 高压验电器 | — | 1 | 1 | 1 |
| 16 | 光纤溶接机 | — | — | 1 | 1 |

注：工具根据实际情况酌量购买。

## 附录二 主要维修机具和交通工具配备表

| 序号 | 设备名称 | 数量 | | | |
|---|---|---|---|---|---|
| | | 一类台 | 二类台 | 三类台 | 四类台 |
| 1 | 防静电焊台 | — | 1 | 1 | 1 |
| 2 | 红外测温仪 | — | — | 1 | 1 |
| 3 | 电焊机 | — | 1 | 1 | 1 |
| 4 | 卷扬机 | — | — | 2 | 2 |
| 5 | 液压叉车 | — | — | — | 1 |
| 6 | 升降车 | — | — | 1 | 2 |
| 7 | 工程用车 | 1 | 2 | 3 | 4 |
| 8 | 技术安全用具 | — | — | 1 | 2 |

## 附录三 发射机房面积指标分配表

| 用房类别 | | | 建筑面积（$m^2$） | | | | 备注（用途说明） |
|---|---|---|---|---|---|---|---|
| | | | 一类台 | 二类台 | 三类台 | 四类台 | |
| 发射机房 | 技术用房 | 发射机室（每部） | 30 | | | | 50kW 以下发射机 |
| | | | | 115 | 100 | 80 | 50kW 发射机 |
| | | | | 120 | 110 | 100 | 100kW 发射机 |
| | | | | 150 | 135 | 120 | 150kW 发射机 |
| | | | | 180 | 165 | 150 | 200kW 发射机 |
| | | | | 200 | 180 | 180 | 500kW 发射机 |
| | | | | | 220 | 200 | 600kW 发射机 |
| | | | | | 450 | 400 | 1000kW 发射机 |
| | | 控制室 | 50 | 60 | 80 | 100 | — |
| | | 发射机附属设备室（每部） | — | 40 | 35 | 30 | 主要为冷凝器室 |
| | | 弱电设备室 | 30 | 30 | 40 | 50 | — |
| | | 节目交换室 | 30 | 30 | 40 | 50 | 主要为节传设备 |
| | | 天线交换开关室 | — | — | — | — | 一般与机房合并设置并根据开关系统要求确定规模 |
| | | 天线调配室 | — | — | — | — | 根据天线系统要求确定间数（中波台），面积根据实际要求确定 |

续表

| 用房类别 | | | 建筑面积（$m^2$） | | | | 备注（用途说明） |
|---|---|---|---|---|---|---|---|
| | | | 一类台 | 二类台 | 三类台 | 四类台 | |
| 发射机房 | 技术用房 | 机房变电站 | 120 | 150 | 220 | 220 | — |
| | | 空调室 | 50 | 50 | 80 | 120 | 主要为发射机室服务 |
| | | 滤尘室（每部） | — | 10 | 15 | 20 | 外部空气质量差的地区 |
| | 辅助技术用房 | 仪器室 | 20 | 30 | 40 | 50 | 存储检测仪器 |
| | | 真空器件库 | 30 | 50 | 70 | 80 | 存储发射机一般配件 |
| | | 紧急备件库 | 30 | 60 | 70 | 80 | 存储发射机应急配件 |
| | | 维修间 | 30 | 30 | 50 | 50 | 常规维修 |
| | | 危险品库 | — | 15 | 15 | 15 | — |
| | | 安防监控室 | — | — | 45 | 60 | — |
| | | 技术办公室 | 20 | 20 | 20×2 | 20×2 | 机房技术管理人员 |
| | | 休息室 | 30 | 30 | 35 | 35 | 机房值班人员24h不间断值班，按两间设置。其中一间具有配餐功能 |
| | | 学习室 | 50 | 60 | 70 | 80 | 机房业务学习等 |
| | | 机房主任室 | 20 | 20 | 30 | 30 | — |

注：1　表中面积指标含门厅、楼梯、走道、厕所等公用面积。

2　表中面积总和为控制指标，各房间面积在总面积不突破的前提下可适当调剂使用。

3　括号中“每部”含义均指发射机。

## 附录四　名 词 解 释

一、中、短波广播发射台

在无线电频率为中波波段或（和）短波波段发射广播节目，由广播发射机、天线馈线等技术设备组成系统，并由设备机房、供电系统等配套设施支持的广播节目发射设施。

二、广播发射机

用于发射声音节目的无线电发射设备。

三、节目源系统

本建设标准中指用于传输声音节目的接收终端设备。

四、重要元器件

指中波发射机和短波发射机使用的电子管和大型真空器件。

五、易损器件

指中波发射机和短波发射机中使用的各种场效应管和控制线路板。

附 件

# 《中、短波广播发射台建设标准》条文说明

## 第一章 总 则

**第一条** 中、短波广播发射台（以下简称发射台）是国家的重要基础设施，也是国家最有效的信息传输手段，尤其在紧急状态下更为突出。编制本建设标准是为了规范发射台建设，提高发射台建设项目科学决策和管理水平，充分发挥投资效益，合理确定建设规模、项目构成、用地指标、房屋建筑面积、设施及设备配备，使发射台的建设有法可依、有章可循。本建设标准的编制遵循了《中华人民共和国建筑法》、《广播电视设施保护条例》的相关内容，使发射台的建设符合国家的法律，有利于发挥广播电视的作用。

**第二条** 本建设标准是为发射台建设项目决策服务和控制项目建设水平的统一标准，发射台工程建设中涉及专业技术多、使用资源也多，有很强的专业性，在保证使用功能得以实现的前提下，合理控制规模和建设标准，对综合平衡使用资源和国家投资是非常必要的。因此，在编制工程项目可行性研究报告、评估、审批、工程设计和监督检查等各个环节中，均作为主要依据予以执行。

**第三条** 新建发射台工程均应执行本建设标准。而对于一些现有的发射台在改建和扩建中，其改建和扩建内容没有特殊情况时亦应按本建设标准的相关条文执行，但可能存在由于现有场地、环境、配套设施容量等客观条件限制，难以达到本建设标准要求的情况，故改建和扩建工程项目可参照执行。

发射台根据不同的服务对象设置不同的功率等级。对于服务范围较大的省级骨干发射台及国家级统一管理的大型综合发射台，其发射总功率一般均大于50kW，也具备一定的建设规模，因此，需要一个相对统一的尺度，但对于发射总功率小于50kW的发射台一般是服务于地级市区域的，发射机数量较少、附属设备也不多，在执行本建设标准关于一类台的规定时可根据情况适当降低建筑物规模。

**第四条** 发射台的建设应遵守国家经济建设和广播电视工作的法律法规，在确保满足任务和功能需要的前提下，将国情、科学技术进步和发展结合起来，合理确定工程项目的建设规模和水平，这是本建设标准的根本出发点。因此，首先要满足任务需要，满足安全播出的要求，在此基础上建设一个设施完善、技术先进、留有发展空间的发射台，避免在短期内进行扩建和改建，同时在投资上应体现经济合理的原则。为了项目建成后是一个整体项目，避免出现缺陷，发射台建设应科学规划、设计，并一次建成，以保证发射台能全面投入正常运行。对于因财力或其他客观条件不具备、不能一次建成的，应一次完成规划和设计，分期建设，以确保建设项目的完整性、一致性。

**第五条** 发射台的建设是系统工程，是技术密集型项目，应能适应广播电视事业和技术的发展，既能满足当前宣传任务的需要又要有一定的前瞻性，特别是在技术上，充分应用数字化、网络化和自动化技术，实现技术先进、保证“安全播出”、满足“无人值班、有人

留守”的技术要求。

**第六条** 国家土地资源是有限的。节约资源、建设节约型社会，最大限度发挥资源效益，应贯穿在所有工程项目的建设中。发射台的占地应在满足功能与技术需要的前提下，尽量节约使用土地资源。其中，天线场区是占用土地资源的主要设施之一，当需要架设较多的发射天线时，占用土地资源则成为对项目影响较大的因素。因此，“节约用地、不占或少占耕地”应是项目建设追求的重要目标之一。对于新建发射台应充分利用当地资源，合理建设配套设施，以满足各项运行条件保障为主要目的，避免资源浪费和闲置，努力做到既适合地域环境又节约投资；对于改、扩建发射台，应保护已有投资，充分利用原有可正常使用的设施设备，发挥其效能。发射台一般地处偏远郊区，周边各项服务设施少，台内建设的各项设施应充分考虑为职工的工作和生活提供方便。

**第七条** 发射台场地的环境条件直接影响到覆盖任务的实施效果，但发射台建设和建成后对周边的环境影响也应予以充分考虑。因此，在确定场地时除按《中波、短波发射台场地选择标准》GY 5069 选择可满足发射台功能需要的场地外，建设发射台可能造成的环境影响应按规定的内容和要求进行评估，以满足国家对环境保护的要求，特别是对可能发生的影响应采取必要的技术措施和配备必要的设备予以消除。

**第八条** 发射台是实现广播节目覆盖的最后环节，是国家的基础设施，国家应根据宣传任务的需要有计划地将发射台建设资金纳入基本建设投资计划，以确保发射台建设能按宣传工作的要求有计划地实施建设，保障对国内和国外宣传，保持社会稳定。建设发射台是维护国家利益的政府行为，发射台建设用地应在土地使用规划和行政划拨中予以考虑。

**第九条** 本条阐述了本建设标准与其他相关标准、规范、定额、指标的关系。发射台工程项目的建设涉及的专业较多，如：城市规划、房屋建设、工程水文地质、抗震防火、供配电、给水排水、采暖通风、环境保护、节能、工程测量以及广播电视技术，因此，实施中除执行本建设标准外，尚应遵守国家和行业有关标准、规范、定额、指标，确保项目符合功能、质量、安全等方面的要求。

## 第二章 建设规模及项目构成

**第十条** 发射台的组成包括三大部分：场区、技术设备设施和配套设施。场区是指经土地管理部门批准、根据任务需要而划定的发射台土地使用区域，主要包括技术区和第十二条规定的其他区域以及在各自区域里相应的建筑物；技术设备设施是指为完成规定的覆盖任务在场地内或建筑物中安装的各种设施设备，如发射机、天线系统、发射塔、各种附属设备及维护仪器等；配套设施是指为保证技术设施设备的运行而配备的能源、动力、环境及各种条件的支持系统和设施，如电力、通讯、给排水、空调、安全设施等，以及台内道路和发射台大门口至社会公路的连接道路。

**第十一条** 发射台的分类是根据发射总功率和发射机数量两个因素共同确定发射台的规模类型，主要是因为单一从功率上或从发射机数量上确定规模类型有可能差距很大，一部小功率发射机所组成的发射台和一部大功率发射机所组成的发射台其机房建筑和附属设施差距非常大；单一从发射机数量上认定发射台规模也同样差距很大，如十部小功率发射机和十部大功率发射机所组成的发射台其机房规模和附属设施差距也很大。因此，采用总发射功率和发射机数量两个因素共同确定规模类型在机房建筑和附属设施的规模较为接近实际的需求。考虑到可以定义本建设标准控制的最小规模而无法预见今后是否会有更大规模的发射台，本建设标准将规模最小的定义为一类，随着规模的增加依次定义为二类、三类和四类，待将来有更大规模的发射台建设时可定义为五类，从而不必重新打乱分类。本条中：当发射总功率大于500kW、而且发射机数量大于等于10部两个条件同时成立时，定义为四类发射台；当总发射功率大于500kW但发射机数量不足10部，或者虽然发射机数量大于等于10部但总功率不足500kW时，同样不能划为四类，只能划到三类或二类；总功率不足50kW时，无论有多少部发射机（事实上由于频率的限制发射机数量不可能很多）均划为一类。实际上，各种组合非常多，本条不能一一列举，但根据表1中的分类条件，是可以将各种功率和部数组合的发射台归入到相应的类别中的。

**第十二条** 发射台根据运行和管理需要分为若干区域，考虑到发射台的运行安全和减少相互之间的影响，区域之间需要采取一定的分割和隔离设施。

技术区主要是与广播节目发射有直接关系和动力支持的设备、设施、建筑物（如发射机房）所占用的区域，技术区中的天线场区主要是架设发射天线及天线支撑物，铺设地网（中波），调配室（中波），室外交换开关（短波），以及馈线通路区。

综合业务区主要是管理区域，建设各种业务工作用房、培训和会议用房、车库、门卫值班室以及台区安全保卫用的监视岗亭。其中培训和会议主要用于台内工作会议、进行技术交流活动和开展其他公共活动的用房。作为一个行政单位，按照上级管理要求，定期或不定期组织全台职工的各种会议、业务活动等需要一个台内职工可集中的场所，更重要的是，中、短波广播发射技术以及相关设备和技术是发展很快的领域，知识更新、技术交流、业务交流是发射台运行和管理的基础，否则将不能满足安全播出、保住宣传阵地的要求，因此，在系统内进行各种技术培训、台内现场交流是发射台必不可少的活动。所有上述活动都需要一个场所，建设一个以培训和会议为主的多用途用房是必要的。除此以外，台区安全保卫应满足当地社会治安环境的具体情况，当需要对台区四周持续监视时，应在适当位置设置监视岗亭，岗亭数量以满足可视范围和距离为原则确定。

生产辅助区包括值班宿舍、职工食堂、台内能源和动力供应设施、一些健身场地和设施。由于发射台一般都远离城区，而发射机是昼夜播出，值班人员由于倒班的需要经常是半夜下班或凌晨上班，很难每日往返于发射台和居住地，都是值完一轮班次（约三、四天）才能离开发射台，因此必须为值班人员提供宿舍。同样，连续数天在台内工作和休息，解决值班职工就餐，建设职工食堂是必不可少的。另外，本系统内在台内集中培训、技术交流人员的就餐也是需要食堂的。

职工长时间不规律地在发射台工作和生活，身体健康尤为重要，本着党中央“以人为本、关心群众切身利益”的精神，应提供适合职工特点的健身场地和设施。

发射台一般都地处边远郊区，不具备使用社会公共住宿场所的条件，当确实有需要时，可建设一个供外部调机、维修等技术人员居住的招待所，但应另行申报项目。

武警营房区的设置执行国家相关规定。

**第十三条** 发射台技术设施设备是实现广播节目播出的核心，包括广播发射机及附属设备（含节目信号处理设备、室内馈管、高频电缆、阻抗变换器、假负载、监视监听设备、天线开关交换系统、检测设备、维护仪器、维修机具和一定储量的易损器件的备件等），天线馈线系统（含馈线和调配网络），节目源系统（包括卫星接收设施、光缆传输终端设备或微波传输终端设备或调频传输终端设备、台内节目交换系统等）、自动控制系统（指用于控制和监视广播发射机运行状态的控制系统设备、网络设备）、运行维护设备等。这些设备设施都是完成发射广播节目的核心设备，其中监控监听设备、自动控制系统是监视发射系统运行状态的“眼睛”、“耳朵”和控制手段，是保证系统正常运行的基础；检测设备、维护仪器维修机具是保证发射机各项指标始终保持在标准规定水平上的必要设备。以上系统和设备共同构成了发射台技术设施的主体。

**第十四条** 配套设施是保障发射机系统正常运行的动力支持和环境支持系统，是发射台所必需的设施。由于发射机是大功率用电设备，且附属设备用电量也比较大，一般是高电压送至发射台，需要相对独立的变电站和配电系统；给水排水、暖通与空调、通讯与网络、防雷与接地等设施也是支撑发射台正常运行的必要条件；同时消防、安全防范、环境保护、绿化等都应按照国家相关规定采取必要的措施。

# 第三章 主要技术设施设备

## 第一节 广播发射机及附属设备

**第十五条** 中波发射机和短波发射机的功率等级受多种因素影响，包括覆盖范围及距离、电波传播条件、天线形式等，因此依照发射台建设所采用的技术方案，选择适当的功率等级报主管部门确定。

**第十六条** 本条对发射台站备份发射机的配置作出规定。其中，由于中波发射机的频率单一，性能稳定，特别是大功率中波发射机投资较高，采用备份机将造成较大的资源浪费，因此不要求配备备份发射机，对于功率小于25kW的中波发射机，可考虑备机；短波发射机在同一个发射机房内在发射机数量多于4部的时候可设置1部同功率等级的备份发射机；同功率等级发射机数量在4部时，整个机房发射机工作时间较长（大于64h/d）的可设置同功率等级的1部备份短波发射机；同一机房短波发射机数量小于4部，并且每部发射机的工作时间较长（大于18h/d）的可设置1部同功率等级的备份发射机。天线交换系统和节目系统都需要考虑到整个播出系统的调度，保证其调配的灵活性，实现发射机之间的互代功能。

**第十七条** 本条阐明在发射台站建设过程中对于中波发射机和短波发射机的备件配备原则。由于发射机在调试、验收和试运行过程中，损坏器件的情况经常发生，而发射机备件的交货周期一般都为3～6个月，为保证发射机的不间断运行，最大限度地减少发射机停播时间，需要在发射机订货的时候配备一定数量的发射机调机备件，特别是发射机的重要元器件、易损器件等订货周期较长的器件。

**第十八条** 目前发射台节目传送系统都采用数字音频信号，而在发射机输入端口大部分厂家的发射机采用模拟音频输入接口，因此，要对节目源系统送入发射机的音频信号进行再处理，包括信号整形、电平控制、响度控制、带宽控制等。当发射机音频输入接口是数字音频输入接口，则可由节目源系统直接将数字音频信号送入发射机音频接口而不再采用中间音频处理设备。

**第十九条** 为保证发射机射频输出端口阻抗和天馈线系统阻抗的匹配，保证短波发射机之间的互相代播功能实现，保证发射机故障时能够连接假负载而及时维修处理，发射机输出端应根据系统需要配备相应的高频大功率输出设备。每个发射机房应配备标准假负载，并能够通过天线交换系统连接假负载，以保证发射机安装调试及验收工作，假负载的类型及型号根据发射机输出功率类型选取，一般需随发射机同时订购。

**第二十条** 在发射机正常运行过程中，需要对发射机播出的质量进行监控，需要对发射机播出的质量进行实时监听，以保证发射机出现故障时能及时被发现。

## 第二节 天线和馈线系统

**第二十一条** 用合理、经济的技术方案满足中波覆盖任务，根据覆盖任务要求和频率规划、发射机功率、环境条件、投资、效率要求、电磁干扰（对人、对设备）等因素，执行现行国家标准《中波广播网覆盖技术》GB 2017，通过电波计算结果确定中波天线的实施方案（单塔、两塔、四塔或八塔等），合理布局，节约用地。中波天线的地网是保证电波传播效果不可缺少的部分，必须按照技术要求进行敷设。

**第二十二条** 用合理、经济的方案满足覆盖任务的完成。根据覆盖任务要求和频率规划、发射机功率、环境条件、投资、效率要求、电磁干扰（对人、对设备）等因素，执行现行国家标准《短波广播网覆盖技术规定》GB 11410，通过电波计算结果确定短波天线的实施方案，合理布局，节约用地。

**第二十三条** 选择适用的馈线形式，充分考虑海拔、气候条件对馈线运行的影响，保证满功率正常的传输。控制合理的馈线长度，减少馈线损耗，节约能源。

**第二十四条** 合理选择室内或室外天线开关交换系统，提高发射机及天线的使用效率，减少开关交换系统的损耗，减少投资。天线开关交换系统包括：室内不平衡式同轴开关交换系统、室内平衡式矩阵开关交换系统和室外开关交换系统等。

## 第三节 节目源系统

**第二十五条** 对于广播节目信号源传输，为保证节目源的不中断传输，应在卫星接收、光缆传输、微波传输等多种传输方式中，选择两种以上（含两种）的传输方式同时传送节目源信号，互为备份。当不具备选择两种方式的条件，只能选择一种传输方式时，为保证两路信号的独立性，当选择单一卫星接收方式时，应选择两颗不同卫星上的 C 和 Ku 波段作为主、备传输方式；当选择光缆或微波方式时应选择两个不同的路由，避免同时损坏或被破坏。

**第二十六条** 由于数字技术发展的迅猛，广播节目从制作、编辑到播出已经全部数字化，因此，广播节目信号源的传输必须配置数字设备。

**第二十七条** 由于对广播节目传输、发射要求的实时性及高可靠性，节目源的主、备用传输系统均为热备份方式，因此，在传输末端即发射台处需要配置切换设备。平时用主路信号作节目源，故障时具有自动/手动功能。本条阐述的故障是指技术设备方面的，而不是节目内容的异常。

## 第四节 自动化控制系统

**第二十九条** 本条阐明发射台自动化控制系统的主要组成部分。

发射台各技术系统都应有相应的自动化系统，各系统能够独立运行，同时还可以通过台一级的系统统一指挥，协同工作，可以实现全台技术设备的自动化运行。

**第三十条** 本条规定了发射台中央控制系统应具备的主要功能。在发射台建设中，根据不同规模的发射台自动化系统，在功能上会有所不同，这里只给出应具备的基本功能，可根据自身特点和需求确定其他功能。

**第三十一条** 自动化控制系统网络主要包括各种网络设备和各种服务器：核心交换机，汇聚交换机，网络连接电缆或光缆，附属网络设备，应用服务器，数据库服务器，网络存储设备等。发射台控制系统的网络由于是安全传输发射的基础保障，因此安全级别较高，应与国际互联网实行物理隔离，网络设备一般应设置在发射台技术区，设备机房应满足网络中心机房的相应环境要求，应有抗电磁干扰措施。网络规模可根据发射台控制系统的规模构建，按照保证技术设备正常的网络流量设计，并具备一定冗余性和扩展性。

### 第五节　主要维护仪器及维修机具

**第三十二条**　本条阐明在对发射机系统、天线馈线系统、电力设备等技术设备的正常维护与测试过程中，需要的维护仪器及检修工具、机具。

主要维护仪器和维护机具：

网络分析仪：在电磁环境无干扰的条件下冷调和测试发射机射频各部分通路的阻抗。

频谱分析仪：发射机指标测试仪器之一，可测量残波辐射、载波跌落等。

双踪示波器：发射机日常维护仪器之一，测量控制线路中各测试点的波形。

调幅度测试仪：发射机正常播出监测设备之一，可适时监测发射机的调幅度。

函数发生器：发射机指标测试仪器之一，可送出标准的测试信号。

调制解调器：解调射频信号为音频信号，配合音频分析仪使用。

音频分析仪：发射机三大指标测试仪器，可测量发射机的杂音、频响和失真。

高频阻抗电桥：在电磁环境情况比较复杂时测量和调试天馈线系统的仪器。

交流高压试电器：是发射机中大型真空器件老化试验的高压打压设备。

中短波场强测试仪：对天线系统前后比、场强、主向进行测试的仪器之一。

接地电阻测试仪：对技术设备的各种接地电阻进行测量，判断是否满足技术要求。

电力分析仪：测量发射机的低压输入功率以衡量发射机的整机效率。

高压电压表：发射机正常维护仪器之一，对发射机的高压电压表进行校准。

高压验电器：电力系统正常维护仪器之一，测试高压系统是否带电。

光纤溶接机：溶接光缆的设备，应用于发射台站的信息化建设。

工具：包括日常正常维护用的数字万用表、改锥、扳手、老虎钳、塞尺、电焊机、气焊机、电钻、切割机等，由各发射台根据工程量的大小酌量购买。

工程用车：主要在发射台工程建设期间使用。用于联系地方政府，到地方政府及各级主管部门办理各项事宜，购买应急备件，台内职工上下班等。

## 第四章　配 套 设 施

### 第一节　变　配　电

**第三十三条**　为保证发射任务的顺利完成和发射任务不间断，确定发射台的负荷等级为一级。从电源的可靠性要求考虑，宜两路专用外部电源供电，但根据国情，有的地区满足此要求有困难，所以要求至少一路外部电源为专用独立电源。

**第三十四条**　根据发射机的用电要求和以往对发射台日常用电的统计，发射总功率50kW以下的发射台，用电量在200kV·A～500kV·A之间，低压供电能够满足发射台的用电要求；发射总功率50kW～3000kW时，一般采用10kV高压供电；当发射机总功率大于3000kW，发射台用电量大于8000kV·A，宜采用35kV高压供电。对发射台用电量和外电供电距离综合考虑对外电线路进行电压降计算，若外电线路电压降超过10%，宜提高外电电压等级。

**第三十五条**　发射台大多位于边远地区，电网电压波动情况参差不齐，有的地区能满足发射机正常工作的用电要求，有的地区不能满足发射机正常工作的用电要求，因此，应根据外电质量和发射机用电要求综合考虑是否采用有载调压变压器。

**第三十六条** 根据发射台的建设规模确定是否设置独立的台区变电站，若台区内只有一个发射机房，台区变电站可与机房变电站合用；若台区内有两个及以上发射机房，台区变电站宜独立设置，便于管理。台区变电站的电压等级超过35kV，供电管理跟不上，因此，台区变电站电压等级不宜超过35kV。台区变电站按照国家相关标准设置机房和附属用房。

**第三十七条** 机房变电站可不考虑值班室、维修室、库房等，以上房间可与机房内办公用房合用。为提高供电可靠性，提高效率，宜配置变配电计算机微机监控系统。

**第三十八条** 由于发射台控制系统已进入数字化时代，为防止停电造成发射台自动化控制系统数据丢失，应采用UPS不间断电源作为发射台控制系统的保证电源。

## 第二节 给 水 排 水

**第三十九条** 城市自来水是最经济、合理、有效的水源。

**第四十条** 为保证用水安全，备份水源是必要的。

**第四十一条** 自备水源水质须符合国家有关标准，否则须设置处理设施使其达到标准，并报请当地卫生防疫部门检测、批准。

**第四十二条** 发射台工艺、生活和消防等用水的水量、水压要求应予以保证。

**第四十三条** 可视具体情况合理选择热源。

**第四十四条** 本条针对远离城镇偏远地区的发射台。这些发射台一般地处人烟稀少的荒郊野岭，工作人员也较少，产生的少量生活污水经化粪池无害化处理后一般能达到现行国家标准《农田灌溉水质标准》GB 5084规定的要求。所以我国偏远的北方地区，土地干旱，地下水位较低，经化粪池无害化处理后的生活污水可采用渗水井渗入地表层土壤；而南方地区则顺坡排入山岭或附近水体。当生活排水的水质达不到上述标准或国家生活污水排放标准时，则按本建设标准第四十五条执行。

**第四十五条** 主要考虑满足环保的要求。

**第四十六条** 以经济、实用、不影响环境为前提，同时在有一般洪涝灾害时能保证发射台安全播出。对于较大洪涝（例如50年一遇的）主要在场地选择时予以考虑，在雨水排放方面只是采取一些配合措施。

## 第三节 暖通与空调

**第四十七条** 由于发射机室、控制室、节目交换间及弱电设备间内安装的设备散热量大，对运行环境温度有要求，同时房间内值班人员工作时间长，为保证设备的正常运行和保证操作人员所需的工作环境，应设置通风与空气调节系统。采暖系统的设置按相关规范执行。

**第四十八条** 发射台主要技术房间的室内参数是根据目前发射机对环境参数的要求，人员所处的位置，以及工作的时间，对不同地区、不同类型的发射台作了大量调研的前提下，为确保发射系统稳定运行而确定的。其他房间应按相关规范选取。

**第四十九条** 发射台通风与空调系统除按照国家现行有关规范执行外，应与发射机冷却系统及室外的自然条件综合考虑，做好风量和热量的平衡计算，确保发射机的正常工作。系统应运行维护、操作简便，安全、节能环保。

**第五十条** 发射机系统是高电压运行的精密电子设备，为保证发射机的正常工作，应采取必要的防尘、防雨水和防虫的措施，以避免因尘土、浸水以及虫类进入设备造成设备故障甚至烧毁部件。在台风易发生地区，应采取必要的针对台风和台风夹雨的防范措施。

**第五十一条** 不同地区甚至同一地区不同地点的室外气象条件可能有较大差异，因此，发射台采暖系统在确定系统形式和选择设备时应充分考虑当地条件和使用对象的特点而确定。

**第五十二条** 发射机的冷却设备在正常的运行中会产生较强的噪声，对室内外都影响较大，应采取措施将噪音控制在可接受的程度。

在采暖地区，其锅炉的烟气排放应符合当地环保部门所制定的排放标准，采用适合的技术措施。

## 第四节 消 防

**第五十三条** 发射台除发射机房外均应执行现行国家标准《建筑设计防火规范》GB 50016。由于在该规范中没有针对发射机房大厅这一具有广电行业特殊设施的规定，行业标准《广播电视建筑设计防火规范》GY 5067 作为国家规范的补充，对发射机房的消防措施作出了相关规定，并由公安部和国家广播电影电视总局联合发布，在全国范围内适用，各地公安消防部门可将之作为审批的依据。

## 第五节 安全防范

**第五十四条** 本条规定了安全防范系统主要包括的范围。安防值班室一般需要 24h 值班，采用多屏幕监视器实时监控全台安全情况。屏幕数量根据发射台规模和布控点数量确定。

**第五十五条** 本条阐明了发射台内视频安防监控系统设置位置以及主要功能，监控点可根据发射台建设的实际情况并考虑监控的便捷性设置。

**第五十六条** 本条规定了发射台视频安防监控系统的规模，是根据调研的结果结合目前各发射台的实际情况制定的，具体的布控点数还应考虑发射台的地理位置、设备功能、安全要求等因素。

**第五十七条** 本条阐述了发射台设置电网的条件，由于电网对人畜可能造成危险，因此要根据发射台所处地区的实际情况，并经有关主管部门批准后进行设置。

## 第六节 通讯与网络

**第五十八条** 本条规定了发射台配置程控交换机的容量，该容量计算根据不同类别发射台所需的联络点（值班位置和重要部位）确定。

**第五十九条** 本条阐明发射台内综合业务区可根据业务需要建立局域网络，此网络区别于自动化网络，主要用于发射台现代化办公，收发公文，内部网络应用。

## 第七节 防雷与接地

**第六十条** 发射台内的所有建筑物、构筑物都应按国家规范设置防雷与接地系统，除此以外还应根据发射机工艺的要求设置相应的工艺接地系统，以确保系统能安全、稳定、可靠的运行。

## 第八节 围墙、大门、道路

**第六十一条** 为保证发射台的安全运行，应设置有人值班、可供车辆和人员正常进出的大门，有条件时可设置满足消防车辆进出的备用大门，以保证在火灾时消防车可从不同入口到达现场。为保证发射台的安全，在技术区、综合业务区、武警营房等边缘通常建 2.2m~2.5m高的围墙，在远离城市的偏僻地区或社会情况比较复杂的地区，围墙高度可适当增加。

**第六十二条** 当发射天线位于台区外时，为保证安全，短波天线区、中波地网区应用围网或围墙围护或设置其他保护设施。

**第六十三条** 发射台场地与社会公路没有道路连接时，应建设可供发射台正常通行的道路，同时，台区内各区间应设不同标准的连接道路。

# 第五章　建筑与建设用地

## 第一节　建 设 用 地

**第六十四条**　本条强调技术区用地指标应符合建设部和国家土地管理局发布的《广播电视工程项目建设用地指标》（建标〔1998〕18 号）的有关规定；同时要考虑武警部队的营房用地和训练场地等。其他建筑用地应符合当地规划部门的规定。该用地指标不包含围墙外的专用公路用地，因为各台选址时距离公路的距离不可能一致。

**第六十五条**　综合业务用房、生产辅助用房等建筑和配套设施是支撑发射台正常运行的必要设施，主要包括业务办公、技术管理、台内各种设施运行管理等业务活动用房，可根据当地土地使用政策和规划部门的要求提出用地指标。此部分用地不在技术用地范围内。

**第六十六条**　本条主要指武警营房区的用地除应满足发射台的安全需要外，还应符合《武警内卫执勤部队营房建筑面积标准（试行）》［（2003）武后字第 39 号］的有关规定。

## 第二节　建 筑 分 类

**第六十七条**　本条主要是将发射台的建筑按使用功能进行划分，以便按不同的要求进行建设。

**第六十八条**　本条是根据对近年发射台建设及对部分发射台现状的调研，并根据发射机的工艺要求将发射机房所必需的功能房间进行细化。

**第六十九条**　本条主要指台内业务管理、技术管理、业务培训、对外交流、档案、资料存储等全台综合业务用房。

**第七十条**　根据对近年来发射台建设及对部分发射台现状的调研，发射台大多在远离城市的偏僻地区，缺乏必要的市政设施，根据发射机的工艺要求需设置生产辅助用房。同时为保证正常的发射工作，需配置必要的值班员宿舍等用房。

**第七十一条**　本条是根据国家相关规定，为满足发射台的安全需要而设置，同时还应符合《武警内卫执勤部队营房建筑面积标准（试行）》［（2003）武后字第 39 号］的有关规定。

## 第三节　建筑面积指标及房间面积分配

**第七十二条**　本条主要是发射机房面积指标确定的依据。发射机房的设置首先必须满足发射机的工艺要求，根据发射机的功率、台数及发射机的类型确定工艺用房的面积指标；发射机房一般由专门的人员值班及维护，人员的设置也是根据发射机的功率、台数及发射机的类型来配置，故除工艺要求的技术用房外，还需设置必要的配套辅助用房。对近年来的发射台建设及对部分发射台的现状进行调研后，结合工艺要求，根据发射台的类别，按每台不同功率的发射机确定面积指标，并根据以往的建设经验，发射机的数量越少，面积指标越高。其中 50kW 以下的一类台其发射机功率一般相对较小，且发射机配置比较单一，一般情况下不单独设置发射机室。其发射机室面积指标不宜按其他类别方式确定。

**第七十三条**　器材库、金工间主要是服务于发射机系统的正常运行，为全台的维护及维修而设置。故其设置应按全台的类别来考虑，器材库、金工间可与机房合并设置，也可独立设置。

**第七十四条**　本条主要是指业务楼面积的确定。中、短波发射台的工作性质及业务特点不同于党政机关，根据近几年西新工程建设及对现有发射台调研结果，发射台业务楼中除需按人员编制安排办公用房外，还需设置全台的技术办公用房、技术档案用房、工程与技术活动等用房，故在参考《党政机关办公用房建设标准》的基础上，按不同类别的发射台，结合发射台人员编制及规模确定了业务楼的面积指标。同时面积指标按发射台类别确定，其中一类台由于其规模相对较小，综合业务用房等合并设置利于建设和管理。

**第七十五条** 为保证发射台正常运行，需要配备用途不同的车辆，如普通轿车及班车等。为保护车辆及车辆的维护、保养提供必要条件，在车库的设置上应相对增加配套功能，同时按发射台类别确定车位数。车库建筑面积按国家汽车库标准执行。

**第七十六条** 发射台用电量大且供热、供水等其他市政基础设施一般远离发射台，变配电室、锅炉房、水泵房等建筑均需独立设置，其规模的确定应根据发射台的类别及技术要求确定。

**第七十七条** 发射台是重要基础设施，考虑到发射台的安全，应在发射台大门处设置可供门卫24h值班的用房。

**第七十八条** 由于发射台大多在远离城市的偏僻地区，职工一般情况下长期在台内工作及生活，一些职工一周或半个月轮换一回，并且很多是半夜换班，在确定宿舍的面积时需考虑值班人员的工作特点，尽量避免相互之间的干扰，同时还应设置独立的卫生间。在确定面积时考虑上述特殊情况，除必要的工作需求外，还应遵循“以人为本”的精神，适当考虑其生活要求。根据对近年来发射台建设及对部分发射台的现状的调研结果确定了面积指标。

**第七十九条** 发射台职工一般情况下周期性在台内工作及生活，并且很多需24h在台内，同时发射台经常需要系统内的业务培训及对外交流，通常情况下外来人员均在台内进行技术培训与住宿，并无专用食堂及其他配套功能用房，所以在职工食堂的设置上除考虑台内职工的日常需求外，也需为来台内技术培训的外来人员服务，因而要考虑上述两方面的因素按发射台的类别确定食堂的面积指标。

**第八十条** 由于发射台大多位于社会公共设施稀少的偏僻地区，全台会议、系统内的业务培训及对外交流均需在台内自行解决，同时也应考虑职工一般情况下长期在台内工作及生活，也需设置必要的活动场所；根据对近年来发射台建设及对部分发射台现状的调研结果，按发射台的类别确定培训和会议用房的面积指标。

**第八十一条** 本条是根据对近年来发射台建设及对部分发射台的现状的调研而确定的面积指标。

**第八十二条** 本条是指武警营房的设置应根据国家相关规定，同时还应符合《武警内卫执勤部队营房建筑面积标准（试行）》[（2003）武后字第39号]的有关规定。

## 第六章 总体布局与建筑标准

### 第一节 总平面布置

**第八十三条** 本条是指发射台场地的选择应满足发射工艺的要求，同时应符合行业标准《中波、短波发射台场地选择标准》GY 5069的有关规定。

**第八十四条** 本条主要考虑发射台建设和运行中除了正常的交通外，还应满足台内大型、重型设备的运输，对于路线较长的还应满足会车的需要。根据对近年来发射台建设及对部分发射台现状的调研结果，确定台内外的道路设置标准。

**第八十五条** 本条主要是指发射台的总体布局应按发射台的工艺要求进行，为保证安全发射机房区要独立设置。其他区域在满足工艺要求的前提下尽量相对集中，以利节约土地等资源。

**第八十六条** 本条主要是指从发射机房的安全角度、劳动保护及环保要求出发，与机房无直接关联的其他建筑均不得在机房技术区内建设。

**第八十七条** 本条主要是根据发射工艺要求来确定。

**第八十八条** 本条主要是根据发射工艺、劳动保护及环保的要求来确定。

**第八十九条** 本条主要是考虑减小对台内工作人员和设备的影响。

**第九十条** 本条主要考虑不影响机房及综合业务区的正常工作。

**第九十一条** 本条主要是根据安全保卫及武警活动的特点来确定，避免训练影响值班人员休息。

**第九十二条** 本条主要是考虑发射台区内的环境要求，尽量减少尘土等对发射机的影响，同时为满足当地政府对绿化的要求，应做必要的绿化。绿化指标应符合当地建设管理部门的相关规定。

## 第二节 建筑标准

**第九十三条** 本条主要考虑建筑节能的要求，在确定建筑方案时应尽量避免选用大面积玻璃幕墙和其他不利于节能的建筑处理方法，在选择建筑材料时也应充分考虑节能的要求。

**第九十四条** 本条主要是根据工艺、节能等方面要求，经过对近年来发射台建设和部分现有发射台现状的调研结果，确定发射机室的高度。对于较高的特殊设备在相应机房可适当增加高度。

**第九十五条** 本条主要是指综合业务用房应符合国家的相关规定，车库、变配电室、锅炉房、水泵房、水处理间、油库等建筑应满足技术要求。

**第九十六条** 本条主要是指辅助用房的建设应符合国家的相关规定，其中值班员宿舍考虑按单层床设置，职工食堂应结合建筑规模来确定高度，培训和会议用房应结合建筑规模按相关规范要求来确定高度。

**第九十八条** 本条主要是指发射机房在内装修材料的选择上除应按《建筑内部装修设计防火规范》GB 50222 的要求执行外，还应考虑发射机的工艺要求。

**第九十九条** 本条主要是根据工艺要求来确定。

# 四、社会福利

# 儿童福利院建设标准

## 建标 145—2010

## 住房和城乡建设部、国家发展和改革委员会关于批准发布《儿童福利院建设标准》的通知

建标〔2010〕195 号

国务院有关部门，各省、自治区、直辖市、计划单列市住房和城乡建设厅（委、局）、发展和改革委员会，新疆生产建设兵团建设局、发展和改革委员会：

根据住房和城乡建设部《关于印发〈2009 年工程项目建设标准和建设项目评价方法与参数编制项目计划〉的通知》（建标函〔2009〕320 号）要求，由民政部组织编制的《儿童福利院建设标准》，经有关部门会审，现批准发布，自 2011 年 3 月 1 日起施行。

在儿童福利院建设项目的审批、设计和建设过程中，要严格遵守国家关于严格控制建设标准，进一步降低工程造价的相关要求，认真执行本建设标准，坚决控制工程造价。

本建设标准的管理由住房城乡建设部和国家发展改革委负责，具体解释工作由民政部负责。

中华人民共和国住房和城乡建设部
中华人民共和国国家发展和改革委员会
二〇一〇年十一月十七日

## 前　言

《儿童福利院建设标准》是根据住房和城乡建设部《关于印发〈2009 年工程项目建设标准和建设项目评价方法与参数编制项目计划〉的通知》（建标函〔2009〕320 号）的要求，由民政部组织有关单位共同编制。

编制过程中，根据《中华人民共和国未成年人保护法》有关规定，遵循《关于加强孤儿保障工作的意见》、《关于进一步发展孤残儿童福利事业的通知》、《关于加强孤儿救助工作的意见》等文件的有关要求，编制组在全国不同地区进行了广泛深入地调查研究，总结了各地儿童福利院建设的经验教训。在此基础上，进行了科学的论证分析，形成了标准征求意见稿。经广泛征求有关方面的意见，反复修改补充形成了送审稿，经专家审查会通过形成报批稿，并经住房和城乡建设部、国家发展和改革委员会批准发布。

本建设标准共分六章，包括：总则、建设规模及项目构成、选址及规划布局、房屋建筑面积指标、建筑标准和建筑设备。

在执行本建设标准过程中，请各单位注意总结经验，积累资料。如发现需要修改和补充之处，请将意见和有关资料寄交民政部规划财务司（地址：北京市东城区北河沿大街147号，邮政编码：100721），以便今后修订时参考。

**主 编 单 位：** 民政部规划财务司

民政部社会福利和慈善事业促进司

中国老龄科学研究中心

**编制组成员：** 姜　力　宋志强　陈越良　陆　颖　张恺悌　徐秀玲　刘　健　纪占国　李　浩　甘薇薇　陈　刚　王莉莉　董彭滔　伍小兰　辛　涛　欧阳铮

**主要起草人：** 陈　刚　王莉莉　董彭滔　伍小兰　辛　涛　欧阳铮　杜　山

**中华人民共和国民政部**

**2010 年 11 月**

# 第一章　总　则

**第一条**　为加强和规范全国儿童福利院建设，提高工程项目决策和建设管理水平，充分发挥投资效益和社会效益，促进我国儿童福利事业的发展，根据《中华人民共和国未成年人保护法》制定本建设标准。

**第二条**　本建设标准是儿童福利院建设项目决策和合理确定儿童福利院建设水平的全国统一标准，是编制、评估和审批儿童福利院项目建议书、可行性研究报告的重要依据，是有关部门审查工程初步设计和监督检查建设全过程的尺度。

**第三条**　本建设标准适用于儿童福利院的新建工程项目，改建、扩建工程项目可参照执行。

本建设标准所指儿童福利院是指为孤、弃、残等儿童提供养护、医疗、康复、教育和技能培训、托管等服务的儿童福利服务机构（包括综合社会福利机构中的儿童部）。

**第四条**　儿童福利院建设必须遵循国家经济建设的方针政策，符合相关法律法规，充分体现“以儿童为本”的建设理念，从我国国情出发，立足当前，兼顾发展，因地制宜，按照本建设标准的规定，合理确定建设水平。

**第五条**　儿童福利院建设应满足孤残儿童养护、医疗、康复、教育和技能培训等服务工作的需要，为多种养育模式提供稳固的依托和载体，做到设施齐全、功能完善、配置合理、经济适用。

**第六条**　儿童福利院建设应与经济社会发展水平相适应，并纳入国民经济和社会发展规划，统筹安排，确保政府资金投入，并由县和县级以上人民政府负责建设；其建设用地应纳入城市规划。

**第七条**　儿童福利院建设应充分利用社会公共服务设施，实行资源整合与共享，由县级人民政府负责建设的儿童福利院宜与其他综合性社会福利机构统筹规划、合并建设。

儿童福利院应充分体现国家节能减排的要求；在建设中应统一规划，并宜一次建成。

**第八条**　儿童福利院建设除应符合本建设标准外，尚应符合国家现行有关标准、定额的规定。

## 第二章　建设规模及项目构成

**第九条**　儿童福利院建设应以服务覆盖区常住人口数量为主要依据，兼顾经济发展水平等因素进行规模分类，并以床位数确定建设规模。

**第十条**　儿童福利院建设规模按服务覆盖区常住人口数量划分为四类（见表1）。

**表1　儿童福利院建设规模分类表**

| 类　别 | 人口数量（万人） | 床位数（张） |
|---|---|---|
| 一类 | 400～600 | 350～450 |
| 二类 | 300～400 | 250～349 |
| 三类 | 200～300 | 150～249 |
| 四类 | 100～200 | 100～149 |

注：1. 二、三、四类儿童福利院所对应的人口数量不含上限。

2. 接近人口数低值的，其建设规模宜采用床位数低值；接近人口数高值的，其建设规模宜采用床位数高值；中间部分采用插值法确定。

3. 常住人口超过600万的，可按实际需要适当增加床位数量或分点建设；常住人口在100万以下的，在确保服务功能前提下，建设规模可参照四类标准下限执行或适当减少设置床位数。

4. 地广人稀的特殊地区，建设规模可提高一个类别。

**第十一条**　儿童福利院建设内容包括房屋建筑及建筑设备、场地和基本装备。

**第十二条**　儿童福利院房屋建筑包括儿童的生活、医疗、康复、教育和技能培训用房，行政办公用房和附属用房。

儿童福利院各类用房构成详见附录一。

**第十三条**　儿童福利院建筑设备包括供电、给排水、采暖通风、安保、通信、消防和网络等设备。

**第十四条**　儿童福利院场地应包括室外活动、绿化、停车和衣物晾晒等场地。

**第十五条**　儿童福利院应配置生活、医疗、康复、电教、通信、交通和其他相关设备等。

## 第三章　选址及规划布局

**第十六条**　新建儿童福利院的选址应符合城市规划要求，并满足以下条件：

1. 工程地质和水文地质条件较好，避开自然灾害易发区。

2. 交通便利，供电、给排水、通信等市政条件较好。

3. 便于利用周边的生活、教育和医疗卫生等社会公共服务设施。

4. 避开商业繁华区、公共娱乐场所，与高噪声、污染源的防护距离符合有关安全卫生规定。

**第十七条**　儿童福利院建设用地应包括建筑、绿化、室外活动和停车等用地，其用地面积应根据建筑要求和节约用地的原则合理确定。建筑密度宜为25%～30%，容积率宜为0.6～1.0。室外活动场地面积应按4～5$m^2$/床核定。

**第十八条**　儿童福利院建设应根据孤残儿童特点和各项设施的功能要求，进行总体布局，合理分区。

**第十九条**　儿童福利院建筑布局应充分考虑通风、日照和环境美化的要求，儿童用房、行政办公用房和附属用房宜分区设置。儿童用房宜按照养护要求和服务流程实行连体布局，也可按照功能要求设置单体建筑，但宜采用建筑连廊连接。

**第二十条** 儿童福利院儿童用房应将生活、康复、教育和技能培训等用房进行有机组合；其生活用房应按照儿童的年龄和身体状况分别设置，采取类似家庭养育模式的可实行单元式布局。

## 第四章 房屋建筑面积指标

**第二十一条** 儿童福利院房屋建筑面积指标应以每床位所占房屋建筑面积确定。

**第二十二条** 一、二、三、四类儿童福利院房屋综合建筑面积指标应分别为35~37m²/床、37~39m²/床、39~41m²/床、41~43m²/床；其中直接用于儿童的生活、医疗、康复、教育和技能培训用房面积所占比例不应低于总建筑面积的70%。

**第二十三条** 儿童福利院各类用房使用面积指标应参照表2确定。

**表2 儿童福利院各类用房使用面积指标表（m²/床）**

| 用房类别 | | 一类（350~450床） | 二类（250~349床） | 三类（150~249床） | 四类（100~149床） |
|---|---|---|---|---|---|
| 儿童用房 | 生活用房 | 11.32~11.38 | 11.38~11.44 | 11.44~11.60 | 11.60~11.62 |
| | 医疗用房 | 1.28~1.43 | 1.43~1.70 | 1.70~1.87 | 1.87~2.10 |
| | 康复用房 | 1.51~1.88 | 1.88~2.08 | 2.08~2.10 | 2.10~2.31 |
| | 教育和技能培训用房 | 1.86~2.00 | 2.00~2.13 | 2.13~2.18 | 2.18~2.33 |
| 行政办公用房 | | 2.04~2.24 | 2.24~2.49 | 2.49~2.63 | 2.63~2.91 |
| 附属用房 | | 3.26~3.55 | 3.55~3.88 | 3.88~4.57 | 4.57~4.91 |
| 合计 | | 21.27~22.48 | 22.48~23.72 | 23.72~24.95 | 24.95~26.18 |

注：1. 儿童用房平均使用面积系数按0.60计算，其他用房平均使用面积系数按0.63计算。

2. 接近床位数低值的，其使用面积指标宜采用各类用房使用面积指标高值；接近床位数高值的，其使用面积指标宜采用各类用房使用面积指标低值；中间部分采用插值法确定。

3. 建设规模超过450张床位的儿童福利院按一类标准的下限执行。

## 第五章 建筑标准

**第二十四条** 儿童福利院建筑标准应充分考虑孤残儿童的身心特点，满足《儿童社会福利机构基本规范》的要求，做到安全卫生、实用美观，并符合城市道路和建筑物无障碍设计规范的有关规定。

**第二十五条** 儿童福利院宜设置周界围墙，其高度宜为2.0~2.4m；内部交通应满足消防车辆通行要求。

**第二十六条** 儿童福利院儿童用房应根据儿童的年龄和身体状况分类设计，并具有方便残疾儿童使用的设施。

**第二十七条** 儿童福利院房屋建筑宜采用钢筋混凝土结构，其抗震设防标准应为重点设防类。

**第二十八条** 儿童福利院消防设施的配置应符合建筑设计防火规范的有关规定，其建筑耐火等级不应低于二级。

**第二十九条** 儿童福利院儿童用房宜为低层或多层建筑，其层高应为3.0～3.3m，二层以上的儿童用房应设置电梯或无障碍专用坡道。

**第三十条** 儿童福利院各功能用房应保证良好的通风采光条件，窗地比不应低于1∶6，并应保证足够的日照时间。

**第三十一条** 儿童福利院房屋建筑外观应符合儿童性格与心理特点，做到色调明快，简洁大方，自然和谐，统一标识。

**第三十二条** 儿童福利院儿童用房内装修应符合温馨、实用、安全、环保、易清洁的要求，方柱和内墙的阳角宜做成圆角，墙面和墙裙的装饰应做到色调和谐、充满童趣。康复、教育和技能培训等用房可根据需要设置单面可视玻璃观察窗。

**第三十三条** 儿童福利院儿童生活用房应设置公共卫生间和盥洗室，残障儿童居室宜内设卫生间。

**第三十四条** 儿童福利院儿童居室、活动室和其他有关康复、教育等用房宜采用暖色调、有弹性的地面，儿童出入的通道、卫生间和浴室地面应采用防滑材料。

**第三十五条** 儿童福利院儿童餐厅与工作人员餐厅应分开设置，儿童餐厅的设施应根据不同年龄儿童的供餐方式分别进行配置，并考虑不同民族儿童的饮食习惯。

**第三十六条** 儿童福利院洗衣房内部设置应符合消毒、洗涤、烘干、存放等流程和洁污分流的要求，并设置必要的室内晾晒场地。

**第三十七条** 儿童福利院儿童用房的走廊外侧窗和居室的采光窗应设置紧急状况下能够开启的安全护栏，杆件净距不应大于110mm；楼梯、栏杆和踏步的设置应符合《托儿所、幼儿园建筑设计规范》JGJ 39 的有关规定。

**第三十八条** 儿童福利院儿童用房的楼梯、台阶、通道和坡道两侧应设置两层扶手，下层扶手的高度宜为0.65m。

**第三十九条** 儿童福利院的建筑设计应符合国家有关建筑节能标准及环保要求。

## 第六章 建筑设备

**第四十条** 儿童福利院供电设施应满足照明和设备需要，并宜采用双回路供电，只能一路供电时应自备电源。儿童用房的电器装置应符合安全要求，所用灯具及其照度应根据儿童特点和功能要求进行设置。

**第四十一条** 儿童福利院宜采用城市供水系统。生活污水应采用管道收集，排入市政污水管网；无市政污水管网时，应根据环保部门的要求及有关规范设计排水系统。

**第四十二条** 儿童福利院的生活垃圾和医疗废弃物的分类、归集、存放及处置，应遵守国家有关环境保护的规定。

**第四十三条** 严寒、寒冷及夏热冬冷地区的儿童福利院应具有采暖设施，儿童用房宜采用地热供暖；最热月平均室外气温高于或等于25℃的地区，儿童用房应安装空气调节设备。

**第四十四条** 儿童福利院的儿童生活、康复、教育和技能培训用房应采取相应的隔声措施，并符合《特殊教育学校建筑设计规范》JGJ 76 的有关规定。

**第四十五条** 儿童福利院应按信息化管理的需要，敷设网络、通信、安保等设备线路，预留接口。

## 附录一　各类儿童福利院功能用房详表

| 功能用房 | | 项目构成 | 类型 | | | | 备　注 |
| --- | --- | --- | --- | --- | --- | --- | --- |
| | | | 一类 | 二类 | 三类 | 四类 | |
| 儿童用房 | 生活用房 | 儿童居室 | √ | √ | √ | √ | 包括各类儿童居室（新生儿/婴儿、幼儿、学龄前儿童、学龄期儿童、单元式和残障儿童居室） |
| | | 配餐/配奶室 | √ | √ | √ | √ | |
| | | 儿童餐厅 | √ | √ | √ | √ | |
| | | 理发室 | √ | √ | √ | √ | |
| | 医疗用房 | 检查室 | √ | √ | √ | | 四类不单设 |
| | | 诊疗室 | √ | √ | √ | √ | |
| | | 急救室 | √ | √ | √ | √ | |
| | | 药房 | √ | √ | √ | √ | 一、二类含配药间 |
| | | 计划免疫室 | √ | √ | √ | √ | |
| | | 化验室 | √ | √ | √ | √ | |
| | | 观察隔离室 | √ | √ | √ | √ | 包括观察室和隔离室 |
| | | B 超室 | √ | √ | √ | √ | |
| | | X 光室 | √ | √ | √ | | 四类不单设 |
| | | 心电图室 | √ | √ | √ | | 四类不单设 |
| | | 消毒室 | √ | √ | √ | √ | |
| | | 医护办公室 | √ | √ | √ | √ | 包括医生办公室和护士办公室 |
| | 康复用房 | 脑瘫康复训练用房 | √ | √ | √ | √ | 包括引导式训练室、认知训练室、大运动训练室、感觉统合室、作业疗法室、物理治疗室、语音训练室等 |
| | | 聋儿语训室 | √ | √ | √ | | 四类不单设 |
| | | 自闭症疏导室 | √ | √ | √ | √ | |
| | | 智障儿童康复室 | √ | √ | √ | √ | |
| | | 肢残儿童康复室 | √ | √ | √ | √ | |
| | | 心理辅导室 | √ | √ | √ | | 四类不单设 |

**续表**

| 功能用房 | | 项目构成 | 类型 | | | | 备注 |
|---|---|---|---|---|---|---|---|
| | | | 一类 | 二类 | 三类 | 四类 | |
| 儿童用房 | 教育和技能培训用房 | 教室 | √ | √ | √ | √ | 包括文化课教室、多媒体教室和计算机教室 |
| | | 图书室 | √ | √ | √ | √ | |
| | | 文艺活动室 | √ | √ | √ | √ | 包括音乐室和舞蹈室 |
| | | 美术室 | √ | √ | √ | √ | |
| | | 手工室 | √ | √ | √ | √ | 四类不单设 |
| | | 体育活动室 | √ | √ | √ | √ | |
| | | 技能培训室 | √ | √ | √ | √ | |
| | | 教师办公室 | √ | √ | √ | √ | |
| | | 社会工作室 | √ | √ | √ | √ | |
| 行政办公用房 | | 服务厅 | √ | √ | √ | √ | |
| | | 接待室 | √ | √ | √ | √ | |
| | | 值班室 | √ | √ | √ | √ | 含监控室 |
| | | 办公室 | √ | √ | √ | √ | 包括领导人员办公室和部门办公室 |
| | | 会议室 | √ | √ | √ | √ | |
| | | 财务室 | √ | √ | √ | √ | |
| | | 档案室 | √ | √ | √ | √ | |
| | | 文印室 | √ | √ | √ | √ | 四类不单设 |
| | | 多功能厅 | √ | √ | √ | √ | 包含对寄养家庭父母、护理员等进行培训的功能 |
| | | 职工活动室 | √ | √ | √ | √ | |
| 附属用房 | | 门卫室 | √ | √ | √ | √ | |
| | | 公共厨房 | √ | √ | √ | √ | |
| | | 职工餐厅 | √ | √ | √ | √ | |
| | | 护理员休息室 | √ | √ | √ | √ | |
| | | 设备用房 | √ | √ | √ | √ | 包括锅炉房、变/配电室、电梯机房、通信机房和空调机房等 |
| | | 库房 | √ | √ | √ | √ | 包括被服储藏、杂物储藏、维修间等 |
| | | 车库 | √ | √ | √ | √ | |
| | | 洗衣房 | √ | √ | √ | √ | |
| | | 公共浴室 | √ | √ | √ | √ | |
| | | 公共卫生间 | √ | √ | √ | √ | |

注：√表示应具备。

## 附录二　主要名词解释

1. 残疾儿童：18 周岁以下符合国家规定的残疾标准的儿童。

2. 家庭寄养：把失去家庭的孤残儿童托养在一个家庭的儿童养育方式。

3. 类似家庭养育：指通过招聘“爱心父母”，在儿童福利院内和 4 ~ 6 名孤残儿童组成“类似家庭”来进行养育的模式。

4. 单元式居室：指供“类似家庭”养育模式下的儿童及其“爱心父母”居住的单元式用房。

5. 检查室：用于为儿童进行身体检查的用房。

6. 计划免疫室：用于为儿童注射疫苗的用房。

7. 观察室：对新入院儿童进行隔离观察的用房。

8. 隔离室：对患有传染病的儿童采取特殊保护措施，并对其进行隔离治疗的用房。

9. 引导式训练室：由专门的引导员对脑瘫儿童进行语言、思想、肢体等全方位互动交流的综合训练用房。

10. 认知训练室：对脑瘫儿童认识物体、自然环境知识、社会环境知识等认知能力进行训练的用房。

11. 大运动训练室：对脑瘫儿童进行如翻身、仰卧、爬行、跑步、跳跃等大运动训练的用房。

12. 感觉统合室：对脑瘫儿童的触觉、嗅觉、味觉等感觉进行感知能力训练的用房。

13. 作业疗法室：对脑瘫儿童上肢及手的精细协调动作进行训练的用房。

14. 物理治疗室：借助器械对脑瘫儿童进行训练的用房，如水疗、针灸、电疗等。

15. 语音训练室：对脑瘫儿童的言语功能进行针对性训练的用房。

16. 聋儿语训室：对聋哑儿童进行语言、听力训练的用房。

17. 自闭症疏导室：对自闭症儿童进行疏导的用房。

18. 智障儿童康复室：对智力残疾儿童进行康复训练的用房。

19. 肢残儿童康复室：对肢体残疾儿童进行康复训练的用房。

20. 技能培训室：对青少年进行劳动技能培训的用房。

21. 服务厅：在接收孤、弃、残儿童时进行信息采集、登记、办理手续等服务的用房。

22. 接待室：接待收养、寄养、助养家庭父母，社会捐赠和其他外来人员的用房。

23. 多功能厅：供儿童福利院进行集体教育、培训、开展文体活动和其他集体活动的用房。

## 附　件

# 《儿童福利院建设标准》条文说明

## 第一章　总　　则

**第一条**　本条阐明制定本建设标准的目的和意义。

儿童福利事业是社会保障工作的重要组成部分，以孤残儿童为主要服务对象的儿童福利院担负着孤残儿童的养护、医疗、康复和教育等重要使命，在儿童福利服务体系中发挥着骨干作用，是保障孤残儿童健康成长和全面发展的最后一道"安全网"。

党和国家高度重视儿童福利事业，不断推进儿童福利事业由"补缺型"向"普惠型"转变。一方面，积极扩大儿童福利的覆盖范围，将服务对象由传统的孤儿、弃婴扩大到其他社会困境儿童，包括社区残疾儿童等；另一方面，加快推进儿童福利机构由封闭型向开放型，救济型向福利型，单纯供养型向供养、康复及教育型转变，并不断加强儿童福利机构的基础设施建设。胡锦涛总书记强调"孤儿是社会上最弱小、最困难的群体"，要"完善福利设施"，使孤残儿童"和其他小朋友一样，在祖国的同一片蓝天下健康幸福成长"；《中华人民共和国国民经济和社会发展第十一个五年规划纲要》明确提出要"完善孤残儿童手术康复、家庭寄养经费投入和艾滋孤儿救助机制"，并将儿童福利机构纳入了"十一五"期间国家公共服务的重点建设工程；民政部、财政部等六部委联合发布了《关于进一步发展孤残儿童福利事业的通知》，要求"加强基础设施建设，增加对儿童（社会）福利院的资金投入"；民政部、国家发展改革委、财政部等十五部委联合出台了《关于加强孤儿救助工作的意见》，明确指出"到2010年，基本达到每个地级市都拥有一所具有养护、医疗康复、教育能力的儿童福利机构"；民政部从2006年开始在全国范围内组织实施"儿童福利机构建设蓝天计划"，资助地方政府在大中城市新建、改建和扩建一批功能完善、设施齐全、环境优美的儿童福利机构，很好地促进了我国儿童福利机构的建设。

但是，由于缺乏必要的建设标准，儿童福利院在建设方面普遍存在着规模小、布局不合理、设施不齐全、功能不完善、居住条件差等问题，难以满足孤残儿童在养护、医疗、康复、教育和技能培训等方面的基本需求。为了合理确定新建和改建、扩建儿童福利院的建设规模和建设水平，完善配套设施，规范设计布局，制定相关建设标准就显得尤为紧迫。通过本建设标准的编制和实施，能够进一步加强和规范儿童福利院的建设，提高投资效益和社会效益，更好地为孤残儿童服务。

**第二条** 本条阐明本建设标准的作用及其权威性。

本建设标准从规范政府投资行为，加强工程项目科学管理，合理确定投资规模和建设水平，充分发挥投资效益出发，严格按照工程建设标准编制的规定和程序，深入调查研究，总结实践经验，进行科学论证，广泛听取有关单位和专家意见；同时兼顾地域、经济发展水平、服务人群数量等方面的差异，切合实际，便于操作。因此本建设标准是儿童福利院工程建设的全国统一标准。

**第三条** 本条阐明本建设标准的适用范围。

由于各地儿童福利院现状不尽相同，分别需要新建、改建和扩建，考虑到实施过程中的可操作性，故本建设标准对适用范围作此规定。

随着党和国家对儿童福利事业的高度重视，儿童福利事业正在由"补缺型"向"普惠型"转变，儿童福利院的服务对象进一步扩大，服务内容不断完善，为进一步明确儿童福利院的职能定位，本条明确规定了本建设标准所适用的儿童福利院的类型。

**第四条** 本条阐明儿童福利院建设必须遵循的法律法规和指导思想、原则。

儿童福利院是政府保障孤残儿童权益的基础设施，它的建设必须遵循国家经济建设的方针政策，符合相应的法律法规，并贯彻"以儿童为本"的建设理念。考虑到我国现有的经济社会发展水平和各地的差异，故强调从我国国情出发，因地制宜，合理确定儿童福利院的建设水平。

**第五条** 本条阐明儿童福利院建设的总体要求。

儿童福利院作为孤残儿童福利保障体系的骨干，强调要“满足孤儿生活、教育、康复、医疗和就业等方面的基本需求”，同时要针对孤残儿童的不同身体和心理特点采取多种养育模式，以促使儿童健康成长，更好地融入家庭和社会。儿童福利院在建设中，必须考虑到这些养育模式的设施需要，故本条作此规定。

**第六条** 本条阐明儿童福利院资金投入和建设用地的要求。

儿童福利事业是一项社会公益事业，其建设水平必须与当地的经济社会发展水平相适应。同时，考虑到《中华人民共和国国民经济和社会发展第十一个五年规划纲要》已将“儿童福利机构”建设纳入“公共服务重点工程”；民政部、国家发展改革委等十五部委《关于加强孤儿救助工作的意见》则要求财政部门“应当将孤儿救助所需资金纳入城乡社会救助和社会福利事业发展资金需求，统筹考虑，合理安排”；要求发展改革部门“统筹考虑儿童福利机构和未成年人救助保护机构建设，到 2010 年，基本达到每个地级市都拥有一所具有养护、医疗、康复、教育能力的儿童福利机构”。因此，儿童福利院的建设项目应纳入国民经济和社会发展规划，确保政府的资金投入和建设用地的需要。另外，考虑到儿童福利院主要是由政府投资建设的社会福利机构，而且大都由县和县级以上人民政府负责建设，故本建设标准作此规定。

**第七条** 本条明确实施本建设标准的基本要求。

孤残儿童的养育、服务工作是一项系统工程，涉及面广，所需设施项目多，为充分利用社会资源，儿童福利院应与其他社会公共服务设施实行资源整合与共享，尤其鼓励县级人民政府负责建设的儿童福利院与其他综合性社会福利机构进行合并建设，避免不必要的重复建设，故本建设标准对此作了明确要求，并强调儿童福利院在建设中应统一规划，贯彻节能减排的国策。

**第八条** 本条阐明本建设标准与国家有关标准及定额的关系。

## 第二章　建设规模及项目构成

**第九条** 本条阐明儿童福利院建设规模及其分类的确定依据。

根据《儿童福利机构设施建设指导意见（试行）》的要求，儿童福利院建设面积分类应“根据儿童福利机构实际服务覆盖地区人口数测算”，考虑到对流动人口的服务需要，以及实施过程中的可操作性，本建设标准以儿童福利院实际服务覆盖地区内的常住人口数量作为规模分类的主要依据。同时，考虑到孤残儿童的数量与各地经济发展水平还有一定关系，故在确定儿童福利院的规模分类时，还要兼顾当地的经济发展水平。

儿童福利院的各项设施均与机构内的床位数直接相关，故本建设标准以床位数确定儿童福利院的建设规模。根据《儿童社会福利机构基本规范》等文件的要求和实际调研情况，“凡新入院婴幼儿，均应隔离观察，经体检确定无传染性疾病，再转入普通居室”，“对患有传染病的新生儿、婴儿、幼儿、学龄前儿童、学龄期儿童、青少年儿童、残疾儿童要及时采取特殊保护措施，并对其隔离治疗”，因此，需要在观察隔离室、诊疗室中设置一定数量的床位，但这些床位是过渡性的，不是儿童的居住床位，故本建设标准确定建设规模的床位数不包括这些过渡性床位。

**第十条** 本条明确儿童福利院的规模分类。

根据全国人口普查数据，参照民政部、国家发展改革委联合下发的《儿童福利机构设施建设指导意见（试行）》，结合实际调研，本建设标准将儿童福利院的建设规模划分为四类。具体方法如下：

1. 目前我国儿童福利院绝大部分都建在100万人口以上的城市。利用第五次全国人口普查数据，对100万人口以上的城市人口规模进行聚类分析，发现其中100万~200万人口的城市占22.8%，200万~300万人口的城市占20.4%，300万~400万人口的城市占19.5%，400万~600万人口的城市占21.7%，人口规模在600万以上的城市数量不多，占15.6%。因此，本建设标准按以上数据将儿童福利院划分为四类。一、二、三、四类儿童福利院所对应的服务覆盖区内的常住人口数量分别为400万~600万、300万~400万、200万~300万和100万~200万。

2. 据民政部全国孤残儿童信息系统统计，截至2008年7月，我国共有孤残儿童51.36万人，其中需要收养的为28.50万人，占全国总人口数量的0.215‰。据此，可根据各个城市的常住人口数量推算出其服务覆盖区内需要收养的孤残儿童总数为：需要收养的孤残儿童数量=常住人口数量×0.215‰。

3. 根据调研，在需要收养的孤残儿童中，最终进入儿童福利院进行供养的比例（实际供养率）约为需要收养孤残儿童数量的35%~40%，则儿童福利院的床位规模推算公式为：

床位数=需要收养的孤残儿童数量×实际供养率

4. 根据上述推算，可得出不同人口规模城市的儿童福利院所应设置的床位数，详见附表1。为便于操作，本建设标准按床位整数确定建设规模。

**附表1 不同人口规模城市的儿童福利院应设置的床位数**

| 人口数量（万） | 600 | 400 | 300 | 200 | 100 |
|---|---|---|---|---|---|
| 孤残儿童实际需要收养数量（人） | 1290 | 860 | 645 | 430 | 215 |
| 实际供养率（%） | 35~40 | | | | |
| 推算床位数（张） | 452 | 327 | 245 | 163 | 86 |
| 规模床位数（张） | 450 | 350 | 250 | 150 | 100 |

5. 因此，一、二、三、四类儿童福利院床位数分别为350张~450张、250张~349张、150张~249张、100张~149张。鉴于人口数量在600万以上的特大城市不多，为满足实际工作需要，故规定其儿童福利院可适当增加床位数或进行分点设置；同时，为充分发挥投资和规模效益，将四类儿童福利院的规模下限定为100张床位，这也符合目前各地儿童福利院的实际建设规模。

此外，考虑到西藏、新疆等少数民族地区地广人稀，但孤残儿童数量和事实上无人抚养的孤弃儿童较多，为充分保障这部分儿童的权益，经过调研论证，本建设标准规定地广人稀的特殊地区，其儿童福利院建设规模可提高一个类别。

**第十一条** 本条明确儿童福利院建设工程的主要组成部分。

这是根据孤残儿童对养护、康复、教育等服务的需求和儿童福利院正常开展管理工作的需要提出的。

**第十二条** 本条明确儿童福利院房屋建筑的基本项目。

这是根据民政部、国家发展改革委、财政部等十五部委联合出台的《关于加强孤儿救助工作的意见》、民政部和国家发展改革委《儿童福利机构设施建设指导意见（试行)》以及民政部《儿童社会福利机构基本规范》对孤残儿童救助工作和儿童福利机构基础设施建设的要求与规定，结合目前各地儿童福利院用房的设置情况确定的。其中：

生活用房是为孤残儿童提供生活供养和服务的基本用房，包括儿童居室、配餐/配奶室、儿童餐厅和理发室。

医疗用房是为孤残儿童提供基本医疗服务的用房，这是根据《儿童福利机构设施建设指导意见（试行)》中规定儿童福利院应“能处理儿童常见病、多发病，能开展应急处理以及转院过程中的医护工作”的要求确定的。根据《儿童社会福利机构基本规范》中“凡新入院婴幼儿，均应隔离观察，经体检确定无传染性疾病，再转入普通居室”，“对患有传染病”的入院儿童“要及时采取特殊保护措施，并对其隔离治疗”等要求，设置了一定数量的观察室和隔离室。

康复用房是为孤残儿童进行康复训练的用房，包括脑瘫康复训练、聋儿语训、自闭症疏导、智障儿童康复、肢残儿童康复和心理辅导室等用房。从调研情况看，目前各地儿童福利院中 80% 以上的收养儿童都有不同程度的残疾，这部分儿童在通过手术和特别的护理、康复训练之后，往往能够得到一定程度的恢复，因此，需要设置具有相应设施的康复用房，这也是《儿童社会福利机构基本规范》等文件中所明确规定的。

教育和技能培训用房是为孤残儿童提供基本的文化知识教育、文体娱乐活动和技能培训的用房。对孤残儿童进行必要的教育和技能培训是儿童福利院的一项重要工作内容，为了有效补偿孤残儿童的智力和行为能力的缺陷，发展其智力水平与技能，提高他们适应社会生活的基本能力，必须具有相应的设施。

行政办公用房和附属用房是确保儿童福利院管理工作的正常运行和服务工作的有效开展所必须具备的基本用房，包括各类办公室及有关后勤保障用房。

**第十三条** 本条明确儿童福利院建筑设备的基本内容。

**第十四条** 本条明确儿童福利院应设置的场地。

从有利于儿童身心健康的角度出发，考虑到儿童好动的天性以及残疾儿童的室外康复需求，为了提供良好的环境和工作条件，需设置相应的室外活动、绿化、停车和衣物晾晒等场地。

**第十五条** 本条明确儿童福利院应配置的相关设备。

这是保证儿童福利院为儿童提供养护、医疗、康复、教育和技能培训等服务以及进行正常管理工作所需的基本条件。交通工具应包括儿童接送、寄养服务、物品采购等用车。其中，儿童接送车主要是用于接收孤、弃、残儿童入院，接送儿童去医院就诊、上下学等的用车；家庭寄养服务车主要是用于对寄养家庭进行巡视指导，对寄养儿童进行定期健康检查、教育和康复训练的用车；物品采购车主要是用于儿童福利院生活用品等的采购和后勤保障的用车。各类车辆的数量应根据儿童福利院的实际需要配置。

儿童福利院相关设备配置见附表 2。

## 附表2　各类儿童福利院相关设备配置表

| 项目 | | 一类 | 二类 | 三类 | 四类 |
|---|---|---|---|---|---|
| 生活设备 | 洗衣、甩干/烘干设备 | √ | √ | √ | √ |
| | 厨房及洗浴设备 | √ | √ | √ | √ |
| | 餐具消毒柜 | √ | √ | √ | √ |
| | 空调、冰箱 | √ | √ | √ | √ |
| | 电视机 | √ | √ | √ | √ |
| 医疗设备 | B超机 | √ | √ | √ | √ |
| | X光机 | √ | √ | √ | √ |
| | 心电图机 | √ | √ | √ | √ |
| | 常规化验设备 | √ | √ | √ | √ |
| | 消毒设备 | √ | √ | √ | √ |
| | 保温箱 | √ | √ | √ | √ |
| | 急救箱 | √ | √ | √ | √ |
| | 雾化器 | √ | √ | √ | √ |
| | 氧气瓶 | √ | √ | √ | √ |
| | 吸痰器 | √ | √ | √ | √ |
| 康复设备 | 运动治疗设备 | √ | √ | √ | √ |
| | 作业治疗设备 | √ | √ | √ | √ |
| | 引导式训练设备 | √ | √ | √ | √ |
| | 语言治疗设备 | √ | √ | √ | √ |
| | 认知训练设备 | √ | √ | √ | √ |
| | 感觉统合训练设备 | √ | √ | √ | √ |
| | 物理治疗设备 | √ | √ | √ | √ |
| | 聋儿语训设备 | √ | √ | √ | √ |
| 电教设备 | 投影仪 | √ | √ | √ | √ |
| | 播放设备 | √ | √ | √ | √ |
| | 摄录像机 | √ | √ | √ | √ |
| 通信设备 | 监控设备 | √ | √ | √ | √ |
| | 计算机及网络设备 | √ | √ | √ | √ |
| 交通工具 | 儿童接送车 | √ | √ | √ | √ |
| | 寄养服务车 | √ | √ | √ | √ |
| | 物品采购车 | √ | √ | | |
| 其他设备 | 包括文体设备等 | √ | √ | √ | √ |

注：√表示应具备。

## 第三章　选址及规划布局

**第十六条**　本条明确儿童福利院的选址要求。

根据儿童福利院的性质和工作任务，为确保有效提供养护、医疗、康复、教育和技能培训等服务，本条规定儿童福利院新建项目在选址时要综合考虑工程地质、水文地质、市政条件、周边环境等因素。

**第十七条**　本条明确了儿童福利院建设用地的主要内容和相关用地指标。

根据儿童福利院的特点和功能要求，儿童福利院的房屋建筑以低层或多层为宜。本建设标准以低层建筑为主测算建筑密度和容积率，经测算，并经中国城市规划设计研究院有关专家核定，儿童福利院的建筑密度宜为25%～30%，容积率宜为0.6～1.0。考虑到室外活动场地是孤残儿童进行室外体育、游乐和康复的重要场所，需要的面积相当大，故本建设标准参照《特殊教育学校建筑设计规范》JGJ 76和《流浪未成年人救助保护中心建设标准》（建标111）的相关要求，规定儿童福利院的室外活动场地面积应按4～5$m^2$/床另外增加并确定。

**第十八条**　本条阐明儿童福利院总体布局的原则。

**第十九条**　本条明确儿童福利院的布局和各类用房的分区要求，这是根据孤残儿童的身心特点，并考虑服务和管理工作的便利性提出的。

**第二十条**　本条明确儿童福利院儿童用房设置的布局要求。

儿童福利院中儿童年龄各异，身体健康状况、智力发展水平也不尽相同，对服务的要求也有差异，因此儿童用房的布局应充分考虑上述因素。另外，为了使孤残儿童能够在一个充满家庭色彩的环境中长大，许多儿童福利院都在机构内采取了“类似家庭”的养育模式，即通过招聘“爱心父母”与4～6名孤残儿童组成“类似家庭”，故提出其用房可采用单元式布局。

## 第四章　房屋建筑面积指标

**第二十一条**　本条明确儿童福利院房屋建筑面积指标的确定方法。

儿童福利院的建设规模以床位数确定，故以床均面积指标来计算房屋建筑面积，既科学合理，又便于操作。

**第二十二条**　本条规定了各类儿童福利院的房屋综合建筑面积指标。

儿童福利院的房屋综合建筑面积指标是根据儿童福利院各类用房的实际需要测算确定的。民政部和国家发展改革委印发的《儿童福利机构设施建设指导意见（试行）》原则规定儿童福利院“标准建设面积”平均按20$m^2$/床计算。本建设标准确定的房屋综合建筑面积指标有所突破，这是因为：

1. 《儿童福利机构设施建设指导意见（试行）》规定的建设面积标准是按照民政部“蓝天计划”使用福利彩票公益金，按总金额进行分配补助的面积标准，属于部门某一阶段临时性的投资行为，所定标准明显过低。

2. 从《儿童福利机构设施建设指导意见（试行）》两年的实践情况看，儿童用房面积过小，不少功能用房未予计入，难以满足实际工作需要，本建设标准对此作了必要的补充和修正。

3. 根据设置的各类用房项目和对现有用房面积的调查统计，参照国家相关标准和技术规范，本建设标准对用房面积进行了测算与论证。在测算过程中，根据儿童福利院各项工作和服务的实际需要，科学合理、切合实际地增加了部分用房的面积指标。其中，《儿童福利机构设施建设指导意见（试行）》规定儿童人均居住面积不应小于3m²，这一面积指标仅仅是满足儿童普通居住条件的最低要求，并没有考虑到不同年龄、身体状况和养育模式下儿童的实际居室面积需要，因此各地普遍反映不能满足实际工作要求。故本建设标准根据不同年龄、身体状况的孤残儿童养育模式及其对居住条件的要求，分别测算得出了新生儿/婴儿、幼儿、学龄前儿童、学龄期/青少年儿童、单元式和残障儿童居室床均使用面积指标分别为4.0m²/床、9.0m²/床、12.0m²/床、10.0m²/床、15.0m²/床和13.5m²/床，并根据各类儿童所占的比例，测算得出儿童居室的平均使用面积指标为10.72m²/床。经过论证，这一面积指标符合儿童福利院儿童的居住要求和服务要求，也是目前各地新建儿童福利院的平均建设水平。

另外，为确保儿童用房需求，防止在建设中随意扩大行政用房面积，故对儿童用房面积所占面积比例作了规定。

需要指出的是，在确定各类儿童福利院的建筑面积指标时，接近床位数低值的，其建筑面积指标宜采用房屋综合建筑面积指标的高值；接近床位数高值的，其建筑面积指标宜采用房屋综合建筑面积指标的低值；中间部分采用插值法确定。另外，考虑到各地在建设过程中的差异，本建设标准所规定的房屋综合建筑面积指标不包括无障碍专用坡道的面积。

**第二十三条** 本条明确儿童福利院各类用房的使用面积指标。

为使本建设标准便于操作，根据有关文件要求和规定，参照有关工程技术规范和建设标准，并结合调研数据，本建设标准测算明确了不同规模儿童福利院功能用房的使用面积指标，详见附表3～附表8。

为方便操作，将房屋综合建筑面积指标取整，则规模为450床、350床、250床、150床和100床的儿童福利院的综合建筑面积指标分别为35m²/床、37m²/床、39m²/床、41m²/床和43m²/床，则一、二、三、四类儿童福利院房屋综合建筑面积指标分别为35～37m²/床、37～39m²/床、39～41m²/床和41～43m²/床。上述表中所列各项功能用房使用面积指标可根据实际情况在总面积指标范围内作适当调整。

**附表3 儿童生活用房使用面积指标测算表（m²/床）**

| 用房名称 | 使用面积指标 | | | | |
|---|---|---|---|---|---|
| | 450床 | 350床 | 250床 | 150床 | 100床 |
| 儿童居室（含起居游戏室、卫生盥洗室） | 10.72 | 10.72 | 10.72 | 10.72 | 10.72 |
| 配餐/配奶室 | 0.17 | 0.21 | 0.24 | 0.40 | 0.40 |
| 儿童餐厅 | 0.38 | 0.38 | 0.38 | 0.38 | 0.38 |
| 理发室 | 0.05 | 0.07 | 0.10 | 0.10 | 0.12 |
| 合计 | 11.32 | 11.38 | 11.44 | 11.60 | 11.62 |

## 附表4　儿童医疗用房使用面积指标测算表（$m^2$/床）

| 用房名称 | 使用面积指标 | | | | |
|---|---|---|---|---|---|
| | 450床 | 350床 | 250床 | 150床 | 100床 |
| 检查室 | 0.05 | 0.07 | 0.07 | 0.10 | — |
| 诊疗室 | 0.10 | 0.11 | 0.16 | 0.20 | 0.24 |
| 急救室 | 0.08 | 0.10 | 0.10 | 0.12 | 0.18 |
| 药房 | 0.05 | 0.05 | 0.07 | 0.10 | 0.15 |
| 计划免疫室 | 0.04 | 0.05 | 0.06 | 0.10 | 0.12 |
| 化验室 | 0.03 | 0.04 | 0.06 | 0.08 | 0.12 |
| 观察隔离室 | 0.50 | 0.56 | 0.65 | 0.74 | 0.78 |
| B超室 | 0.03 | 0.03 | 0.05 | 0.08 | 0.12 |
| X光室 | 0.05 | 0.07 | 0.10 | — | — |
| 心电图室 | 0.03 | 0.03 | 0.05 | — | — |
| 消毒室 | 0.05 | 0.05 | 0.06 | 0.08 | 0.12 |
| 医护办公室 | 0.27 | 0.27 | 0.27 | 0.27 | 0.27 |
| 合计 | 1.28 | 1.43 | 1.70 | 1.87 | 2.10 |

## 附表5　儿童康复用房使用面积指标测算表（$m^2$/床）

| 用房名称 | 使用面积指标 | | | | |
|---|---|---|---|---|---|
| | 450床 | 350床 | 250床 | 150床 | 100床 |
| 脑瘫康复训练用房 | 1.09 | 1.36 | 1.53 | 1.44 | 1.68 |
| 聋儿语训室 | 0.11 | 0.14 | 0.14 | 0.16 | — |
| 自闭症疏导室 | 0.07 | 0.07 | 0.07 | 0.10 | 0.15 |
| 智障儿童康复室 | 0.08 | 0.10 | 0.10 | 0.16 | 0.24 |
| 肢残儿童康复室 | 0.13 | 0.17 | 0.19 | 0.24 | 0.24 |
| 心理辅导室 | 0.03 | 0.04 | 0.05 | — | — |
| 合计 | 1.51 | 1.88 | 2.08 | 2.10 | 2.31 |

## 附表6　儿童教育和技能培训用房使用面积指标测算表（$m^2$/床）

| 用房名称 | 使用面积指标 | | | | |
|---|---|---|---|---|---|
| | 450床 | 350床 | 250床 | 150床 | 100床 |
| 教室 | 0.69 | 0.69 | 0.69 | 0.69 | 0.52 |
| 文艺活动室 | 0.22 | 0.28 | 0.33 | 0.24 | 0.36 |
| 美术室 | 0.08 | 0.07 | 0.10 | 0.16 | 0.24 |
| 手工室 | 0.08 | 0.10 | 0.10 | — | — |
| 图书室 | 0.13 | 0.13 | 0.15 | 0.20 | 0.25 |
| 体育活动室 | 0.16 | 0.21 | 0.24 | 0.32 | 0.36 |

**续附表 6**

| 用房名称 | 使用面积指标 | | | | |
|---|---|---|---|---|---|
| | 450 床 | 350 床 | 250 床 | 150 床 | 100 床 |
| 技能培训室 | 0.30 | 0.30 | 0.30 | 0.30 | 0.30 |
| 教师办公室 | 0.15 | 0.15 | 0.15 | 0.15 | 0.15 |
| 社会工作室 | 0.05 | 0.07 | 0.07 | 0.12 | 0.15 |
| 合计 | 1.86 | 2.00 | 2.13 | 2.18 | 2.33 |

**附表 7　行政办公用房使用面积指标测算表（$m^2$/床）**

| 用房名称 | 使用面积指标 | | | | |
|---|---|---|---|---|---|
| | 450 床 | 350 床 | 250 床 | 150 床 | 100 床 |
| 服务厅 | 0.13 | 0.17 | 0.19 | 0.24 | 0.24 |
| 接待室 | 0.08 | 0.10 | 0.10 | 0.12 | 0.18 |
| 值班室 | 0.08 | 0.10 | 0.10 | 0.12 | 0.18 |
| 办公室 | 0.45 | 0.45 | 0.45 | 0.45 | 0.45 |
| 会议室 | 0.24 | 0.27 | 0.38 | 0.40 | 0.48 |
| 财务室 | 0.05 | 0.07 | 0.10 | 0.10 | 0.12 |
| 档案室 | 0.04 | 0.05 | 0.07 | 0.10 | 0.12 |
| 文印室 | 0.03 | 0.04 | 0.06 | — | — |
| 多功能厅 | 0.78 | 0.78 | 0.78 | 0.78 | 0.78 |
| 职工活动室 | 0.16 | 0.21 | 0.26 | 0.32 | 0.36 |
| 合计 | 2.04 | 2.24 | 2.49 | 2.63 | 2.91 |

**附表 8　附属用房使用面积指标测算表（$m^2$/床）**

| 用房名称 | 使用面积指标 | | | | |
|---|---|---|---|---|---|
| | 450 床 | 350 床 | 250 床 | 150 床 | 100 床 |
| 门卫室 | 0.03 | 0.04 | 0.06 | 0.08 | 0.12 |
| 公共厨房 | 0.85 | 0.85 | 0.85 | 0.85 | 0.85 |
| 职工餐厅 | 0.13 | 0.13 | 0.13 | 0.13 | 0.13 |
| 护理员休息室 | 0.50 | 0.50 | 0.50 | 0.50 | 0.50 |
| 设备用房 | 0.32 | 0.34 | 0.43 | 0.48 | 0.60 |
| 库房 | 0.24 | 0.31 | 0.34 | 0.48 | 0.60 |
| 车库 | 0.21 | 0.27 | 0.29 | 0.48 | 0.48 |
| 洗衣房 | 0.61 | 0.74 | 0.91 | 1.20 | 1.26 |
| 公共浴室 | 0.13 | 0.13 | 0.13 | 0.13 | 0.13 |
| 公共卫生间 | 0.24 | 0.24 | 0.24 | 0.24 | 0.24 |
| 合计 | 3.26 | 3.55 | 3.88 | 4.57 | 4.91 |

根据孤残儿童的身体特点和对设施、空间的要求，以及合理控制辅助面积的需要，《儿童福利机构设施建设指导意见（试行）》规定儿童福利院各类功能用房的使用面积系数不低于0.60。调研数据表明，目前各地新建儿童福利院功能用房的使用面积系数也大都在0.60左右，故本建设标准确定儿童福利院儿童用房的平均使用面积系数为0.60；参考《党政机关办公用房建设标准》中对多层建筑使用面积系数不低于0.60的规定，并兼顾目前各地儿童福利院的实际建设水平，规定儿童福利院行政办公、后勤附属等用房的平均使用面积系数为0.63。

## 第五章　建筑标准

**第二十四条**　本条明确儿童福利院建筑标准的原则和依据。

这是根据孤残儿童的身心特点和儿童福利院开展各项工作的实际需要提出的。

**第二十五条**　本条对儿童福利院的周界围墙和内部交通提出要求。

设置周界围墙是为了保证孤残儿童的安全，围墙高度是根据孤残儿童的身体特点和儿童福利院的实际工作要求综合确定的。

**第二十六条**　本条对儿童福利院儿童用房的分类设计提出要求。

根据孤残儿童的年龄和身体状况，参照《儿童社会福利机构基本规范》，新生儿、婴儿、幼儿、学龄前儿童、学龄期儿童以及重度脑瘫和肢体残疾儿童的居室等用房应分别进行设置。

**第二十七条**　本条对儿童福利院的房屋建筑结构和抗震设防标准提出要求。

由于儿童福利院内的儿童多为年幼、肢体或智力残疾儿童，他们行动能力差，自救能力弱，故根据《建筑工程抗震设防分类标准》GB 50223和《建筑抗震设计规范》GB 50011的相关规定，明确提出儿童福利院的抗震设防标准应为重点设防类。

**第二十八条**　本条阐明儿童福利院的建筑防火要求。

**第二十九条**　本条阐明了儿童福利院建筑层数、层高以及对垂直交通的要求。

考虑到儿童福利院儿童的身体特点，以及儿童喜爱活动的天性，为便于服务管理，确保儿童的人身安全，故规定房屋建筑以低层为主，多层为辅。参照《宿舍建筑设计规范》JGJ 36中对居室设置单层床时的层高规定，考虑到儿童的身心特点和用房开间较大的要求，需适当增加层高，故本建设标准规定儿童用房的层高为3.0~3.3m。同时为方便孤残儿童出入活动，必须设置垂直交通等无障碍设施。

**第三十条**　本条对儿童福利院房屋建筑的采光、通风和日照提出要求。

**第三十一条**　本条对儿童福利院的房屋建筑外观提出要求。

这是基于儿童福利院的工作性质和有利于儿童身心健康的考虑提出的。

**第三十二条**　本条阐明儿童福利院儿童用房的内装修要求。

针对儿童天性好动的特点以及对儿童进行康复、教育等的需要，为保证儿童的安全和有效开展各项工作，对儿童用房的内部设置、墙角处理、墙面装饰等提出了要求。另外，为避免外来人员在参观时打扰儿童的康复及特教训练，故规定在这些用房中可设置单面可视玻璃观察窗。

**第三十三条**　本条明确儿童福利院儿童生活用房内设置卫生间及盥洗室的要求。

**第三十四条**　本条对儿童福利院有关儿童用房的地面提出要求。

**第三十五条**　本条明确儿童福利院餐厅的设置要求。

根据《儿童社会福利机构基本规范》的要求，儿童福利机构内需要有“专门为儿童服务的食堂”，并要“尊重少数民族饮食习俗”，故对餐厅设置提出要求；同时考虑到婴幼儿的饮食主要是由工作人员进行配奶和喂食，故对儿童餐厅的设施也提出了要求。

**第三十六条** 本条明确儿童福利院洗衣房的设置要求。

儿童福利院是孤残儿童集中居住的地方，需要清洗大量的衣物、被服，故需设置洗衣房。同时为了在降雨、降雪时保证儿童的衣物、被服供应，还应设置必要的室内晾晒场地。

**第三十七条** 本条明确儿童福利院儿童用房建筑防护设施的要求。这是为了确保儿童的人身安全，防止发生事故而提出的。

**第三十八条** 本条对儿童福利院楼梯、台阶、通道和坡道的扶手设置提出要求。

根据《城市道路和建筑物无障碍设计规范》JGJ 50 的规定，为了儿童及乘坐轮椅儿童的使用方便，故本条作此规定。

**第三十九条** 本条对儿童福利院建筑节能与环保提出要求。

## 第六章 建筑设备

**第四十条** 本条明确儿童福利院的用电及电器装置要求。

根据民政部《儿童社会福利机构基本规范》的要求，儿童福利机构必须根据儿童健康情况，配备一定的医疗设备，如婴儿保温箱、吸氧装置等，这些设施要求在供电上做到安全可靠且不停电，故本建设标准规定儿童福利院宜采用双回路供电，当双回路供电不能保证时应自备电源。

此外，考虑到儿童好动及自控能力较弱的特点，为保证儿童安全，故对儿童用房的电器装置提出要求；同时由于儿童福利院儿童的身体状况各异，有部分儿童为弱视或盲人，考虑到他们对灯光的特殊要求，故对灯具及其照度作出规定。

**第四十一条** 本条阐明儿童福利院的给排水要求。

**第四十二条** 本条对儿童福利院生活垃圾和医疗废弃物的处理提出要求。

**第四十三条** 本条明确儿童福利院供暖和空气调节的要求。

提倡儿童用房采用地热供暖，是考虑到儿童福利院内残障儿童多，婴幼儿比例大，鉴于他们的活动特点，为安全起见，故作此规定。

**第四十四条** 本条对儿童福利院部分用房的隔声提出要求。

考虑到儿童福利院中的儿童大部分是盲、聋、弱智儿童，由于噪声易使他们产生耳鸣等不适感，分散注意力，影响其感知外部世界，故作此规定。

**第四十五条** 本条对儿童福利院管线的布置和预留接口提出要求。

# 流浪未成年人救助保护中心建设标准

## 建标 111—2008

## 住房和城乡建设部、国家发展和改革委员会关于批准发布《流浪未成年人救助保护中心建设标准》的通知

建标〔2008〕174 号

国务院有关部门，各省、自治区、直辖市、计划单列市建设厅（委、局）、发展和改革委员会，新疆生产建设兵团建设局、发展和改革委员会：

根据原建设部《关于印发〈2008 年工程项目建设标准和建设项目评价方法与参数编制项目计划〉的通知》（建标函〔2008〕24 号）要求，由民政部负责编制的《流浪未成年人救助保护中心建设标准》，经有关部门会审，现批准发布，自 2008 年 12 月 1 日起施行。

在流浪未成年人救助保护中心项目的审批、设计和建设过程中，要严格遵守党中央、国务院关于控制楼堂馆所建设的相关要求，认真执行本建设标准，坚决控制工程造价。

本建设标准的管理由住房和城乡建设部、国家发展和改革委员会负责，具体解释工作由民政部负责。

**中华人民共和国住房和城乡建设部**
**中华人民共和国国家发展和改革委员会**
**二〇〇八年九月十六日**

## 前　言

《流浪未成年人救助保护中心建设标准》是根据原建设部《关于印发〈2008 年工程项目建设标准和建设项目评价方法与参数编制项目计划〉的通知》（建标函〔2008〕24 号）的要求，由民政部负责主编，具体由民政部规划财务司、民政部社会事务司、中国老龄科学研究中心共同编制。

编制过程中，编制组遵循《中华人民共和国未成年人保护法》、《城市生活无着的流浪乞讨人员救助管理办法》、《关于加强流浪未成年人工作的意见》、《国家发展改革委、民政部关于流浪未成年人救助保护设施建设的指导意见（试行）》等法律法规和政策文

件，在全国不同地区进行了广泛深入地调查研究，总结了各地流浪未成年人救助保护中心建设的经验教训。在此基础上，科学地对大量资料进行论证分析，形成了标准征求意见稿。经广泛征求有关方面的意见、反复修改补充形成了送审稿，经专家审查会通过，形成报批稿，并经有关部门批准发布。

本建设标准共分五章，即：总则、建设规模及项目构成、建筑面积及有关指标、选址及规划布局、建筑标准及有关设施。

在执行本建设标准过程中，请各单位注意总结经验，积累资料。如发现需要修改和补充之处，请将意见和有关资料寄交民政部规划财务司（地址：北京市东城区北河沿大街147号，邮政编码：100721），以便今后修订时参考。本标准的解释单位是民政部规划财务司。

**本标准编制组成员：**姜　力　宋志强　张明亮　陈越良　张恺悌　徐秀玲　蔡山涛　王素英　高月玲　张齐安　纪占国　杨安志　陈　刚　伍小兰　王莉莉

**本标准主要起草人：**陈　刚　伍小兰　王莉莉　杜　山

**中华人民共和国民政部**

**2008 年 4 月**

## 第一章　总　　则

**第一条**　为加强和规范全国流浪未成年人救助保护中心建设，提高工程项目投资决策和建设管理水平，充分发挥投资效益，更好地开展流浪未成年人救助保护工作，制定本建设标准。

**第二条**　本建设标准是为流浪未成年人救助保护中心工程项目决策服务和控制建设水平的全国统一标准，是审批、核准流浪未成年人救助保护中心建设项目的依据，也是有关方面编制、审查流浪未成年人救助保护中心建设项目初步设计、监督检查整个建设过程的重要依据。

**第三条**　本建设标准适用于流浪未成年人救助保护中心的新建工程和改建、扩建工程项目。

**第四条**　流浪未成年人救助保护中心建设必须遵循国家经济建设的方针政策，符合《中华人民共和国未成年人保护法》、《城市生活无着的流浪乞讨人员救助管理办法》和其他有关法律法规，从我国国情出发，立足当前，兼顾发展，因地制宜，合理确定建设水平。

**第五条**　流浪未成年人救助保护中心建设应适应当地社会经济的发展水平，突出救助性、服务性的特点，做到设施齐全、功能完善、配置合理、经济实用，满足对流浪未成年人"救助保护、教育矫治、预防干预、服务保障"的工作需要。

**第六条**　流浪未成年人救助保护中心建设应纳入国民经济和社会发展规划，其建设用地应按国家有关用地规定执行。

**第七条**　流浪未成年人救助保护中心建设应充分利用社会公共服务和其他福利、救助设施，统一规划，一次或分期实施，并可与救助管理站按照分区设置的要求合并建设，实行资源整合与共享。

**第八条**　流浪未成年人救助保护中心建设应优化设计，注重实效，并体现国家有关节能减排的要求。

**第九条**　流浪未成年人救助保护中心的建设，除应符合本建设标准外，尚应符合国家现行有关标准及定额的规定。

## 第二章　建设规模及项目构成

**第十条**　流浪未成年人救助保护中心建设应根据辖区内流动人口的数量进行规模分类，并以床位数确定建设规模。

**第十一条**　流浪未成年人救助保护中心的建设规模分类及其床位数划分应符合表1规定。

**表1　流浪未成年人救助保护中心规模分类表**

| 类　别 | 流动人口数（万人） | 床位数（张） |
|---|---|---|
| 一类 | 150～220 | 201～300 |
| 二类 | 75～150（不含） | 101～200 |
| 三类 | 35～75（不含） | 50～100 |

辖区流动人口数量超过220万的城市，可适当增加流浪未成年人救助保护中心的床位数量，并参照一类标准执行。

**第十二条**　流浪未成年人救助保护中心建设内容包括房屋建筑及建筑设备、场地和基本装备。

**第十三条**　流浪未成年人救助保护中心房屋建筑包括未成年人的入站登记、生活、教育、文体活动、医务用房；行政办公用房；工作人员生活用房及附属用房。

流浪未成年人救助保护中心各类用房详见附录一。

**第十四条**　流浪未成年人救助保护中心的建筑设备包括电气、给排水、采暖通风、安保、通讯、消防、网络等设备。

**第十五条**　流浪未成年人救助保护中心场地应包括室外活动、绿化、停车、衣物晾晒等场地。

**第十六条**　流浪未成年人救助保护中心基本装备包括电教、办公设备、医务器具等。

流动救助车应根据实际需要配置。

## 第三章　建筑面积及有关指标

**第十七条**　流浪未成年人救助保护中心房屋建筑面积指标应以每床位所占房屋建筑面积确定。

**第十八条**　不同规模流浪未成年人救助保护中心房屋综合建筑面积指标为：一类不高于 $30m^2$/床、二类不高于 $33m^2$/床、三类不高于 $35m^2$/床，其中直接用于未成年人的各类功能用房（未成年人的入站登记、生活、教育、文体活动、医务用房）建筑面积所占比例不应低于总建筑面积的70%。

**第十九条**　流浪未成年人救助保护中心各类用房使用面积指标参照表2确定。

表2　流浪未成年人救助保护中心用房使用面积指标表（$m^2$/床）

| 用房类别 | | 使用面积指标 | | |
|---|---|---|---|---|
| | | 一类 | 二类 | 三类 |
| 未成年人用房 | 入站登记用房 | 1.28 | 1.81 | 2.28 |
| | 生活用房 | 5.95 | 5.95 | 5.95 |
| | 教育用房 | 3.60 | 3.80 | 4.12 |
| | 文体活动用房 | 2.14 | 2.42 | 2.74 |
| | 医务用房 | 0.88 | 1.06 | 0.94 |
| 行政办公用房 | | 1.64 | 1.84 | 1.98 |
| 工作人员生活用房 | | 2.75 | 2.96 | 3.05 |
| 附属用房 | | 1.24 | 1.64 | 1.73 |
| 合　计 | | 19.48 | 21.48 | 22.79 |

注：1　各类用房使用系数平均按0.65计算。

2　寒冷地区和严寒地区可在本表基础上分别增加4%和6%。

**第二十条**　流浪未成年人救助保护中心的建设用地应根据实际需要和节约用地的原则，科学合理地确定。一、二、三类流浪未成年人救助保护中心室外活动场地面积应分别按不低于4.00$m^2$/床、4.50$m^2$/床和5.50$m^2$/床核定。

## 第四章　选址及规划布局

**第二十一条**　新建流浪未成年人救助保护中心的选址应符合城市发展规划，并满足下列要求：

一、工程地质和水文地质条件较好的地区；

二、交通便利，供电、给排水、通讯等市政条件较好的城区或近郊区；

三、便于利用周边的生活、卫生、教育等社会公共服务设施。

**第二十二条**　流浪未成年人救助保护中心应按照功能要求、服务流程以及未成年人的特点进行总体布局，合理分区，做到线路通畅，服务方便，并有紧急疏散出口。

**第二十三条**　流浪未成年人救助保护中心应单独设置未成年人生活区，实行相对封闭式管理。未成年人生活区内应配套设置未成年人居住、教育、文体活动、医务等设施和部分工作人员用房。

## 第五章　建筑标准及有关设施

**第二十四条**　流浪未成年人救助保护中心的建筑标准应根据有利于流浪未成年人身心健康和安全实用、经济美观的原则以及救助管理的要求合理确定，并符合《城市道路和建筑物无障碍设计规范》JGJ 50中的相关规定。

**第二十五条**　未成年人生活区周界宜设置实体围墙或采用建筑围合方式封闭，围墙高度宜为3.00m。

**第二十六条**　未成年人用房不宜超过4层。

**第二十七条**　流浪未成年人救助保护中心各功能用房应保证良好的通风采光条件，未成年人居室应具备良好的朝向，各功能用房的窗地比不应低于1∶6。

**第二十八条** 流浪未成年人救助保护中心的建筑外观应做到色调明快、简洁大方、自然和谐、统一标识。

**第二十九条** 未成年人居室应根据受助者的特点及需要，按照分类救助、分类管理、分类处置的要求进行设置，并宜设置单层床。

**第三十条** 未成年人用房的内装修应符合温馨、实用、环保、易清洁的要求，方柱和内墙的阳角宜做成圆角，墙面和墙裙的色调应适合未成年人的心理特点。行政办公等用房的装修应参照《党政机关办公用房建设标准》中的相关规定。

**第三十一条** 未成年人生活区应设置公共卫生间及盥洗室，其数量应参照《宿舍建筑设计规范》JGJ 36 中的相关规定。

**第三十二条** 未成年人用房的走廊外侧窗和居室的采光窗应设置紧急状况下能够开启的安全护栏，杆件净距不应大于110mm；楼梯的踏步、楼梯井和室内外楼梯栏板或栏杆的设置应符合《宿舍建筑设计规范》JGJ 36 中4.5.5 的规定。

**第三十三条** 未成年人餐厅与工作人员餐厅应分开设置，并具有提供穆斯林饮食的设施；洗衣房内部设置应符合洗衣、消毒等流程和洁污分流的要求。

**第三十四条** 采暖区的流浪未成年人救助保护中心宜采用热水采暖系统；最热月平均室外气温高于或等于25℃的地区，应安装有防护网且可变风向的吸顶式电风扇或预留空调设备的位置和条件。

**第三十五条** 流浪未成年人救助保护中心供电应满足照明和设备需要，未成年人用房的电器装置应符合安全要求。

**第三十六条** 流浪未成年人救助保护中心建筑防火等级不应低于二级，消防设施的配置应符合有关建筑防火的规定。

**第三十七条** 流浪未成年人救助保护中心应按智能化管理的需要，敷设线路，预留接口。

**第三十八条** 流浪未成年人救助保护中心建筑应符合国家现行的建筑节能标准及环保要求。

## 附录一 流浪未成年人救助保护中心各类用房详表

| 项目 | | | 类型 | | | 备注 |
|---|---|---|---|---|---|---|
| | | | 一类 | 二类 | 三类 | |
| 未成年人用房 | 入站登记用房 | 服务厅 | √ | √ | √ | |
| | | 登记用房 | √ | √ | √ | 包括登记室、检查室、物品保管室 |
| | | 临时处置室 | √ | √ | | 三类不单设 |
| | | 入站观察室 | √ | √ | √ | |
| | | 安保室 | √ | √ | √ | 包括保卫室、警务室 |
| | 生活用房 | 居室 | √ | √ | √ | |
| | | 卫生盥洗室 | √ | √ | √ | 包括厕所、盥洗室、浴室、理发室 |
| | | 未成年人食堂 | √ | √ | √ | 包括餐厅、厨房 |

**续表**

| 项目 | | | 类型 | | | 备注 |
|---|---|---|---|---|---|---|
| | | | 一类 | 二类 | 三类 | |
| 未成年人用房 | 教育用房 | 教室 | √ | √ | √ | 包括普通教室、计算机教室 |
| | | 技能培训室 | √ | √ | √ | |
| | | 图书室 | √ | √ | √ | |
| | | 心理疏导室 | √ | √ | √ | 包括心理辅导室、宣泄室 |
| | | 教工办公室 | √ | √ | √ | 包括教师办公室、社会工作室 |
| | 文体活动用房 | 文体活动室 | √ | √ | √ | 包括文艺活动室、体育锻炼室 |
| | | 多功能厅 | √ | √ | √ | |
| | 医务用房 | 诊疗室 | √ | √ | √ | |
| | | 药房 | √ | √ | √ | |
| | | 康复室 | √ | √ | | 三类不单设 |
| | | 观察隔离室 | √ | √ | √ | |
| 行政办公用房 | | 办公室 | √ | √ | √ | |
| | | 会议室 | √ | √ | √ | |
| | | 财务室 | √ | √ | √ | |
| | | 档案室 | √ | √ | √ | |
| | | 文印室 | √ | √ | | 三类不单设 |
| | | 值班室 | √ | √ | √ | |
| 工作人员生活用房 | | 值勤宿舍 | √ | √ | √ | 包括工作人员宿舍、外来人员临时宿舍 |
| | | 活动室 | √ | √ | √ | |
| | | 工作人员食堂 | √ | √ | √ | 包括餐厅、厨房 |
| 附属用房 | | | √ | √ | √ | 包括车库、库房、洗衣房、配电室、公共卫生间等 |

注：√表示应具备。

## 附录二　流浪未成年人救助保护中心主要功能用房名词解释

1. 服务厅：接待流浪未成年人及其他人员的处所。
2. 登记室：采集、查询受助未成年人个人基本信息的用房。
3. 检查室：受助未成年人进入中心时，对其进行健康和安全检查的用房。
4. 物品保管室：用以暂时存放受助未成年人随身物品的用房。
5. 临时处置室：为短时间停留的流浪未成年人提供简单救助服务的用房。
6. 入站观察室：受助未成年人进入中心后，对其进行短期观察的用房。
7. 警务室：公安机关常驻、配合工作的用房。
8. 未成年人居室：受助未成年人休息的起居用房。

9. 普通教室：对受助未成年人进行思想、法制和文化知识等教育的用房。

10. 计算机教室：教授受助未成年人电脑操作基本知识、进行计算机培训的用房。

11. 技能培训室：对受助未成年人进行劳动技能培训的用房。

12. 图书室：受助未成年人阅览图书的用房。

13. 心理辅导室：对受助未成年人进行心理辅导和矫治的用房。

14. 宣泄室：供受助未成年人进行自我发泄、减轻心理负担的用房。

15. 社会工作室：供社会工作者工作和开展活动的用房。

16. 文体活动室：供受助未成年人进行音乐、美术、体育等活动的用房。

17. 多功能厅：供流浪未成年人救助保护中心进行集体教育、开展文体活动和其他集体活动的场所。

18. 诊疗室：为受助未成年人进行身体检查和诊治的用房。

19. 康复室：对残障受助未成年人开展必要的康复训练的用房。

20. 观察隔离室：为疑似患有传染病和因其他原因需要观察隔离的受助未成年人提供的用房。

21. 工作人员宿舍：供管理、教育、保安等工作人员长住和值勤休息的用房。

22. 外来人员临时宿舍：外来人员住宿的用房。

## 附　件

# 《流浪未成年人救助保护中心建设标准》条文说明

## 第一章　总　　则

**第一条**　本条阐明制定本建设标准的目的和意义。

流浪未成年人的救助保护工作是未成年人权益保护的重要组成部分，是预防未成年人违法犯罪的重要方面，也是构建和谐社会、落实科学发展观的重要内容。改革开放以来，随着经济体制转轨和社会转型，人口流动日益频繁，贫富差距、家庭解体、教育不当等社会问题日益严重，流浪未成年人数量增加迅速。流浪未成年人是社会弱势群体，生存状况恶劣，基本权益难以保障，也易于走上违法犯罪道路，影响国家的长治久安。建立和完善流浪未成年人救助保护设施，为流浪未成年人提供救助保护是一项重要的政府行为和必要措施，得到了党中央和国务院的高度重视。《中共中央关于构建社会主义和谐社会若干重大问题的决定》强调要“加强城市生活无着的流浪乞讨人员救助等制度”，并要求“加强对流浪儿童、服刑人员子女的关心教育”；2006 年民政部、国家发改委等 19 个部委联合发布了《关于加强流浪未成年人工作的意见》，具体部署和落实这项工作；《中华人民共和国国民经济和社会发展第十一个五年规划纲要》明确提出要“完善城市生活无着流浪乞讨人员特别是流浪未成年人的救助制度”，并将流浪未成年人保护中心纳入了“十一五”期间国家公共服务的重点建设工程。

据国务院妇女儿童工作委员会办公室的一项抽样调查推算，我国流浪未成年人大致有

100 万至 150 万。然而现有流浪未成年人救助保护中心大多数是在 2003 年救助管理体制改革后，依托原有收容遣送机构简单改造而成，规模小，设施简陋，功能不全。据调查，目前我国流浪未成年人救助床位仅有 5000 余张，只能为 11.4 万人次的流浪未成年人提供不超过 16 天的简单吃住服务，救助能力远远滞后于实际需求，服务内容也远远不能满足民政部《流浪未成年人救助保护机构基本规范》的要求。为了合理确定新建和改建、扩建流浪未成年人救助保护中心的建设规模和水平，完善配套设施，规范建筑布局和设计，制定相关建设标准显得尤为紧迫。通过本建设标准的编制和实施，可以进一步加强和规范流浪未成年人救助保护中心的建设，提高投资效益和社会效益，使其更好地为流浪未成年人服务。

**第二条** 本条阐明本建设标准的作用及其权威性。

本建设标准从规范政府投资工程项目的建设行为，加强科学管理，合理确定投资规模和建设水平，充分发挥投资效益出发，严格按照工程建设标准编制的规定和程序，深入调查研究，总结实践经验，进行科学论证，广泛听取有关单位和专家意见，确保编制质量；同时兼顾了地域、经济发展水平、服务人群数量等方面的差异，以切合实际，便于操作。因此本建设标准是流浪未成年人救助保护中心工程建设的全国统一标准。

**第三条** 本条阐明本建设标准的适用范围。

据调查，80% 的流浪未成年人滞留在地级以上城市，还有部分滞留在经济发达、交通便利、地理位置特殊的县级城市。鉴于目前大多数城市尚无专门的流浪未成年人救助保护中心，现有设施条件很差，不能满足救助保护工作的要求，需要加以新建或在现有基础上改建、扩建，故本建设标准适用于流浪未成年人救助保护中心的新建和改建、扩建工程。

**第四条** 本条阐明了流浪未成年人救助保护中心建设必须遵循的法律法规和指导思想、原则。

流浪未成年人救助保护中心是开展流浪未成年人救助保护工作的基本设施，它的建设必须遵循国家经济建设的方针政策，符合《中华人民共和国未成年人保护法》、《城市生活无着的流浪乞讨人员救助管理办法》等相关法律法规。近年来，中央领导同志和国家有关部门对流浪未成年人的救助保护工作做了许多重要指示，对流浪未成年人救助保护工作在服务对象、服务内容和服务方式上提出了新的要求，并在救助保护设施的建设方面采取了相应的措施。同时考虑到我国现有的社会经济发展水平和各地的差异，强调从我国国情出发，因地制宜，正确处理需要和可能的关系，使流浪未成年人救助保护中心建设既满足现实需要，又兼顾今后发展，具有一定的前瞻性。

**第五条** 本条阐明了流浪未成年人救助保护中心建设的总体要求，这是根据流浪未成年人救助保护中心的工作性质、任务和特点提出的。

**第六条** 本条明确流浪未成年人救助保护中心建设的投资渠道。

流浪未成年人救助保护工作属于政府行为，是一项社会公益事业。《中共中央国务院关于进一步加强和改进未成年人思想道德建设的若干意见》明确指出，预防未成年人违法犯罪，保护未成年人合法权益是构建社会主义和谐社会的重要内容；《中华人民共和国国民经济和社会发展第十一个五年规划纲要》明确规定将"流浪未成年人保护中心"作为"公共服务重点工程"来加以建设；民政部、国家发改委等 19 部委《关于加强流浪未成年人工作的意见》明确了各个部门的职责分工，要求发展改革部门负责"制定流浪未成年人的救助保护设施的发展规划，将之纳入国民经济和社会发展规划，并具体落实和监督评估规划的实施，对救助保护中心的建设要统筹考虑，按照分级管理的原则予以支持"；要求财政部门负责"将流浪未成年人救助保护机构经费纳入流浪乞讨人员救助机构经费统筹考虑，切实保障未成年人的生活、教育、安置等工作的顺利开展"。根据这一精神，其建设项目应纳入国民经济和社会发展规划，并按国家有关规定申报、征拨建设用地。

**第七条** 本条明确流浪未成年人救助保护中心在建设中应注意的问题。

流浪未成年人救助保护工作是一项系统工程，其工作涉及面广，设施建设内容多。为充分利用社会资源，避免不必要的重复建设和实行资源整合与共享，故强调在建设中要统筹规划，充分利用公共设施，并可与救助管理站合并建设，但考虑到各地情况不同，也可以一次规划，分期建设。

**第八条** 本条对流浪未成年人救助保护中心的设计和节能减排提出要求。

**第九条** 本条阐明本建设标准与国家有关标准及定额的关系。

## 第二章 建设规模及项目构成

**第十条** 本条阐明流浪未成年人救助保护中心规模分类和建设规模的确定依据。

辖区内流浪未成年人口的数量与流动人口的规模有直接关系。流动人口规模越大，流浪未成年人的数量越多。考虑到流浪未成年人口的数量难以统计，而城市辖区内流动人口的数据可以从当地统计部门直接获得，权威性高，可操作性强，故选择辖区内流动人口数量作为流浪未成年人救助保护中心规模分类的依据。在确定流动人口数量时，应以辖区内统计部门公布的最新数据为基础，并综合考虑辖区内流动人口数量近五年的增长情况，以使流浪未成年人救助保护中心的建设既能满足现在需要，又可兼顾今后发展。由于流浪未成年人救助保护中心的各项设施均与机构内的床位数直接相关，因此本建设标准以床位数作为确定流浪未成年人救助保护中心建设规模的依据。

根据《流浪未成年人救助保护机构基本规范》等文件的要求和实际调研情况，流浪未成年人救助保护中心需对短时停留的流浪未成年人提供简单救助服务；对刚入住的受助未成年人，要进行不超过36小时的短期观察，以消除他们的紧张情绪，初步了解其身体、心理和精神状况；对疑似患有传染病的受助未成年人要进行观察隔离，因此需要在临时处置室、入站观察室和观察隔离室中设置一些床位，但这些床位是过渡性的，不是受助未成年人的居住床位，故本《标准》确定建设规模的床位数不包括这些过渡性床位，仅指未成年人居室中设置的床位。

**第十一条** 本条明确流浪未成年人救助保护中心的规模分类及其床位数划分。

流浪未成年人救助保护中心建设规模按照床位数划分为一、二、三类是根据《国家发展改革委、民政部关于流浪未成年人救助保护设施建设的指导意见（试行）》确定的。结合民政部《流浪未成年人救助保护机构基本规范》对救助工作的要求，经过调查论证，表明本建设标准对流浪未成年人救助保护中心的规模分类和建设规模的确定是合理的，具体测算方法如下：

一、根据第五次人口普查0.95‰的抽样调查数据，我们对各个地级市以上城市的流动人口数量进行了推算。通过观察各城市流动人口规模分布的散点图，发现我国城市流动人口的数量从高到低聚合在150万以上，75万～150万和35万～75万这三个区间，流动人口规模在220万以上的只有少数几个城市，如北京、上海、深圳等。

二、据权威部门调查估计，2005年，我国流浪未成年人总数在100万~150万之间，其中具有显著特征需要救助的流浪未成年人的比例在80%左右。故若按100万保守计算，则我国需要救助的具有显著特征的流浪未成年人为80万，占全国流动人口总数（2005年统计数为1.47亿）的5.44‰。假设每个城市流动人口中具有显著特征需要救助的流浪未成年人所占的比例均为5.44‰，则可根据每个城市流动人口的数量计算出其辖区内具有显著特征的流浪未成年人的数量。

三、目前我国实际救助的流浪未成年人仅为实际需要救助的具有显著特征的流浪未成年人的10%左右。根据调研，要改变目前救助工作落后的状况，至少要将救助比例提高到30%左右。

四、据民政部统计，我国受助流浪未成年人的平均滞站天数为16.8天，如果要满足民政部《流浪未成年人救助保护机构基本规范》对救助工作服务内容的要求，人均滞站时间至少应为30天。则一个床位的周转次数为365/30=12.17次，则：

所需床位数=年救助量÷床位周转次数=年救助量÷12.17

五、根据上面的方法和说明，附表1给出了辖区内流动人口规模分别为220万、150万、75万、35万的城市，其流浪未成年人救助保护中心所应建设的规模（床位数）。

**附表1　不同流动人口规模的城市所需的流浪未成年人救助床位数**

| 流动人口数量（万人） | 220 | 150 | 75 | 35 |
|---|---|---|---|---|
| 流浪未成年人数量（人） | 11968 | 8160 | 4080 | 1904 |
| 救助比例 | 30% | | | |
| 年救助量（人） | 3590 | 2448 | 1224 | 571 |
| 床位数（张） | 295 | 201 | 101 | 47 |

六、综合上述分析，按城市辖区内流动人口数量，可将流浪未成年人救助保护中心的规模划分如下（见附表2）：

**附表2　流浪未成年人救助保护中心的规模分类**

| 项　目 | 一类 | 二类 | 三类 |
|---|---|---|---|
| 流动人口数量（万人） | 150~220 | 75~150（不含） | 35~75（不含） |
| 床位数（张） | 201~300 | 101~200 | 50~100 |

考虑到方便管理、充分利用设施等因素，流浪未成年人救助保护中心的规模不宜过大，故将一类中心的规模上限定为300张床位。辖区流动人口数量在220万以上的城市只有少数，为满足实际工作需要，可适当增加流浪未成年人救助保护中心的床位数，并参照一类标准执行。同时，为了节约用地、避免资源浪费，并充分发挥投资和规模效益，将三类中心的规模下限定为50张床位。辖区流动人口数量在35万以下的城市原则上不单设流

浪未成年人救助保护中心，若确有需要，可与救助管理站合并建设。

**第十二条** 本条明确流浪未成年人救助保护中心建设工程的主要组成部分。

流浪未成年人长期流落街头，生存环境恶劣，身心健康受到不同程度的损害。因此流浪未成年人救助保护中心不仅需要向他们提供基本的生活保障，还需要提供教育矫治、文体活动和技能培训等设施，同时为了正常开展救助服务工作还需配置必要的装备。

**第十三条** 本条明确流浪未成年人救助保护中心房屋建筑的基本项目。

根据19部委《关于加强流浪未成年人工作的意见》、《国家发展改革委、民政部关于流浪未成年人救助保护设施建设的指导意见（试行）》和民政部《流浪未成年人救助保护机构基本规范》对流浪未成年人救助保护工作和流浪未成年人救助保护中心基本建设的要求和规定，结合目前流浪未成年人救助保护中心功能用房的设置情况，流浪未成年人救助保护中心房屋建筑的基本项目包括：未成年人用房（入站登记、生活、教育、文体活动、医务）、行政办公用房、工作人员生活用房和附属用房，其中：

未成年人入站登记用房，包括服务厅、登记用房、临时处置室、入站观察室等，以方便流浪未成年人求助；对求助者进行登记、安全和健康检查；对只需短暂休息的被救助者或中转受助人员提供简单救助及对入住者进行短期观察等服务。

未成年人生活用房，包括居室、卫生盥洗用房、未成年人食堂，以向受助未成年人提供基本的吃、住等生活服务。

未成年人教育用房，包括教室、技能培训室、图书室、心理疏导室等。由于相当多的流浪未成年人是文盲或读书很少，因此有必要分类提供思想品德、法制和简单文化知识等的教育，帮助他们树立正确的人生观、价值观；针对长期滞留的接近16岁的被救助者，为帮助他们掌握一技之长，还有必要设置技能培训室；针对流浪未成年人当中普遍存在着不同程度的心理问题和行为偏差情况，还需设置心理疏导室。

未成年人文体活动用房，包括文体活动室、多功能厅。根据未成年人的心理、年龄特点，设置必要的文体活动用房，既有益于流浪未成年人的身心健康，也可以寓教于乐，引导他们在活动和锻炼中增强对正常生活的兴趣以及与他人沟通相处的能力。

未成年人医务用房，包括诊疗室、药房、观察隔离室等。由于流浪未成年人健康状况普遍较差，是传染病的高发人群，因此需设置相关医务用房，以具备身体检查、卫生保健和一般诊治等基本卫生服务功能。

行政办公用房，包括办公室、会议室、财务室等。这是为确保流浪未成年人救助保护中心日常管理工作的正常运转而设置的。

工作人员生活用房，包括值勤宿舍、活动室和工作人员食堂。由于机构性质特殊，工作人员需要在中心内值勤服务，《流浪未成年人救助保护机构基本规范》就明确要求“实行24小时接待、服务制”，“要安排专人在观察区24小时值守，定时巡查”等，此外还要为其他中心接送受助未成年人的工作人员在中转停留期间提供必要的食宿服务，因此需要设置值勤宿舍和食堂。另外，面向流浪未成年人的救助工作强度高、压力大，因此有必要为工作人员设置活动室，以减轻他们的工作压力。基于安全管理和方便使用的考虑，工作人员生活用房与未成年人生活用房应分区设置，且工作人员和受助未成年人对活动及就餐设施要求的差异也很大，故需单独设置工作人员的活动室和食堂。

附属用房，包括车库、洗衣房、配电室等，以保障流浪未成年人救助保护中心的后勤工作需要。

**第十四条** 本条明确对流浪未成年人救助保护中心建筑设备的要求。

**第十五条** 本条明确流浪未成年人救助保护中心应设置的场地。

**第十六条** 本条明确流浪未成年人救助保护中心装备的基本分类。

流浪未成年人救助保护中心配置的装备是为确保流浪未成年人救助保护中心工作正常运行，并为流浪未成年人提供优质服务的必备条件，所列项目为基本装备。流动救助车应根据实际需要配置。

## 第三章 建筑面积及有关指标

**第十七条** 本条明确流浪未成年人救助保护中心房屋建筑面积指标的确定方法。

**第十八条** 本条是对不同类别流浪未成年人救助保护中心房屋综合建筑面积指标所作的规定。

不同类别流浪未成年人救助保护中心房屋综合建筑面积指标是根据各类用房实际所需面积，并参照现有流浪未成年人救助保护中心（站）的房屋建筑面积测算确定的。

**第十九条** 本条明确流浪未成年人救助保护中心各类用房的使用面积指标。

根据有关文件要求和规定，参照有关工程技术规范和建设标准，并结合调研数据，本《标准》分别测算了不同类别流浪未成年人救助保护中心各类功能用房的使用面积指标，并将其分别累计加和，得到一、二、三类流浪未成年人救助保护中心的综合使用面积指标。

根据流浪未成年人救助保护中心的房屋设置和受助未成年人天性好动的特点，兼顾各地的建筑差异，并参考《城市普通中小学校建设标准》（使用系数为0.60）、《党政机关办公用房建设标准》（使用系数为0.57～0.60）等有关标准和技术规范对使用系数的规定，本条对使用系数作了规定。允许寒冷和严寒地区可适当增加使用面积指标是考虑到这些地区防寒保暖和建筑节能的要求，需增加建筑物的墙体厚度，同时采暖设施也会占用一定使用面积。

**第二十条** 本条明确流浪未成年人救助保护中心建设用地的原则和室外活动场地的面积指标。

根据典型调查，部分新建和改扩建的流浪未成年人救助保护中心的床均室外活动场地面积在10$m^2$/床以上，为节约和充分利用土地资源，本《标准》明确规定了室外活动场地面积指标的下限。

## 第四章 选址及规划布局

**第二十一条** 本条阐明新建流浪未成年人救助保护中心的选址要求。

根据流浪未成年人救助保护中心的性质、任务及流浪未成年人的特点，在新建项目选址时应综合考虑工程地质、水文地质、市政条件、周边环境等，以便于开展救助服务。

**第二十二条** 本条阐明流浪未成年人救助保护中心总体布局的原则要求。

鉴于流浪未成年人救助保护中心集救助、保护、管理、教育、服务等功能于一体，因此在总体布局规划时应充分考虑它的功能要求与服务流程，进行合理分区，做到线路通畅，服务方便，以确保救助服务工作的有序进行和紧急情况下的安全疏散。

**第二十三条** 本条明确流浪未成年人救助保护中心未成年人生活区的设置布局。

将受助未成年人的居住、教育、文体活动、医务及有关管理用房和附属设施相对集中，单独成区，是为了便于对受助未成年人进行管理，并确保他们的安全。生活区内功能用房的布局，可按照不同类别受助未成年人的具体情况加以分区，以利于对受助未成年人的管理教育和心理矫治，使其尽快回归家庭与社会。

## 第五章　建筑标准及有关设施

**第二十四条** 本条阐明确定流浪未成年人救助保护中心建筑标准的原则和依据。

这是根据流浪未成年人特殊的经历和心理状态以及对他们进行管理教育的需要提出的，同时，考虑到部分残障受助未成年人的生活需要，对流浪未成年人救助保护中心的无障碍设施提出了要求。

**第二十五条** 本条从保护受助未成年人人身安全的角度出发，对其生活区的围墙设置提出要求。其高度是根据未成年人的身高特点，防止两人结伴搭人梯翻越围墙而确定的。

**第二十六条** 本条阐明流浪未成年人救助保护中心建筑层数要求。

考虑到未成年人的生理、心理特点与喜爱活动的天性，为便于服务管理，确保受助未成年人的人身安全，建筑层数不宜过多。

**第二十七条** 本条阐明流浪未成年人救助保护中心房屋建筑的朝向与采光、通风要求。

**第二十八条** 本条阐明流浪未成年人救助保护中心建筑外观的要求。

**第二十九条** 本条阐明流浪未成年人救助保护中心未成年人居室设置的要求。

流浪未成年人救助保护中心救助的对象多是在街头流浪、乞讨，甚至轻微触法的未成年人，他们的性别、年龄各异，身体健康状况与智力发展程度也不尽相同，因此在生活需求和管理服务方式上也有很大差别。为了更好地对他们进行救助管理、教育矫治，体现“以人为本”的工作理念，故受助未成年人的居室可根据具体情况和工作要求，分类设置普通居室、暂住居室、无障碍居室等，并根据流浪未成年人的特点宜设置单层床。

**第三十条** 本条阐明流浪未成年人救助保护中心内装修的要求。

针对受助未成年人天性好动、行为自控能力弱等特点，对其居室内部设置、墙角处理、墙面色调等提出了要求。

**第三十一条** 本条明确流浪未成年人救助保护中心未成年人生活区内设置卫生间及盥洗室的要求。

**第三十二条** 本条明确流浪未成年人救助保护中心未成年人用房和生活区内建筑防护设施的要求。这是为了确保受助未成年人安全，防止发生事故而提出的。

**第三十三条** 本条明确流浪未成年人救助保护中心餐厅与洗衣房的设置要求。

据调研，目前流浪未成年人中信仰伊斯兰教的比例较高，分布较广，考虑到他们的饮食习惯，故作此规定，尤其是穆斯林聚集的地区，还需按照分灶、分室、分门的原则设置饮食设施。同时，由于流浪未成年人长期流落街头，感染皮肤病的比例较高，故对洗衣房的内部设置作出要求。

**第三十四条** 本条明确流浪未成年人救助保护中心供暖和空气调节的设置要求。

鉴于我国大部分地区夏季均需在室内采取降温措施，考虑经济实用和保障未成年人人身安全，作此规定。

**第三十五条**　本条明确流浪未成年人救助保护中心的用电及电器装置的要求。

**第三十六条**　本条明确流浪未成年人救助保护中心的建筑防火要求。

**第三十七条**　本条对流浪未成年人救助保护中心网络管线的布置和预留接口提出要求。

**第三十八条**　本条明确流浪未成年人救助保护中心建筑的节能与环保要求。

# 老年养护院建设标准

## 建标 144—2010

## 住房和城乡建设部、国家发展和改革委员会<br>关于批准发布《老年养护院建设标准》的通知

建标〔2010〕194号

国务院有关部门，各省、自治区、直辖市、计划单列市住房和城乡建设厅（委、局）、发展和改革委员会，新疆生产建设兵团建设局、发展和改革委员会：

根据住房和城乡建设部《关于印发〈2008年建设标准编制项目计划〉的通知》（建标函〔2008〕328号）要求，由民政部、全国老龄委办公室共同组织编制的《老年养护院建设标准》，经有关部门会审，现批准发布，自2011年3月1日起施行。

在老年养护院建设项目的审批、设计和建设过程中，要严格要求，认真执行本建设标准，坚决控制工程造价。

本建设标准的管理由住房城乡建设部和国家发展改革委负责，具体解释工作由全国老龄工作委员会办公室负责。

中华人民共和国住房和城乡建设部
中华人民共和国国家发展和改革委员会
二〇一〇年十一月十七日

## 前　言

《老年养护院建设标准》是根据住房和城乡建设部《关于印发〈2008年建设标准编制项目计划〉的通知》（建标函〔2008〕328号）要求，由民政部和全国老龄委办公室组织有关单位共同编制。

编制过程中，编制组依据《中华人民共和国老年人权益保障法》等法律、法规和政策文件，在全国不同地区进行了广泛深入地调查研究，总结了各地老年养护机构建设的经验教训。在科学论证与分析的基础上，形成了标准征求意见稿。经广泛征求有关方面的意见、反复修改补充形成了送审稿，经专家审查会通过并进一步修改完善后形成报批稿，并经住房和城乡建设部、国家发展和改革委员会批准发布。

本建设标准共分七章，包括：总则、建设规模及项目构成、选址及规划布局、房屋建筑面积指标、建筑标准、建筑设备和室内环境、基本装备。

在执行本建设标准过程中，请各单位注意总结经验，积累资料。如发现需要修改和补充之处，请将意见和有关资料寄交民政部规划财务司（地址：北京市东城区北河沿大街147号，邮政编码：100721），以便今后修订时参考。

**主编单位：**民政部规划财务司
全国老龄工作委员会办公室
民政部社会福利和慈善事业促进司
中国老龄科学研究中心

**编制组成员：**姜　力　宋志强　陈越良　闫青春　王绍忠　陆　颖　张恺悌　徐秀玲　刘　健　纪占国　王　辉　张晓峰　陈　刚　伍小兰　董彭滔　罗晓晖　王莉莉　曲嘉瑶

**主要起草人：**陈　刚　伍小兰　董彭滔　罗晓晖　王莉莉　曲嘉瑶　杜　山

## 第一章　总　　则

**第一条**　为加强与规范全国老年养护院的建设，提高工程项目决策和建设管理水平，充分发挥投资效益，推进我国养老服务事业的发展，根据《中华人民共和国老年人权益保障法》制定本建设标准。

**第二条**　本建设标准是为老年养护院建设项目决策服务和合理确定老年养护院建设项目建设水平的全国统一标准，是编制、评估和审批老年养护院项目建议书、可行性研究报告的重要依据，也是有关部门审查工程初步设计和督促检查建设全过程的尺度。

**第三条**　本建设标准适用于老年养护院的新建、改建和扩建工程。

本建设标准所指老年养护院是指为失能老年人提供生活照料、健康护理、康复娱乐、社会工作等服务的专业照料机构。

老年护理院、老年公寓、农村敬老院、社会福利院、光荣院、荣誉军人康复医院等机构相关设施建设可参照本建设标准相关规定执行。

**第四条**　老年养护院建设必须遵循国家经济建设的方针政策，符合相关法律、法规，从我国国情出发，立足当前，兼顾发展，因地制宜，合理确定建设水平。

**第五条**　老年养护院建设应充分体现失能老年人专业照料机构的特色，坚持以人为本，满足失能老年人生活照料、保健康复、精神慰藉、临终关怀等方面的基本需求，按照科学性、合理性和适用性相结合的原则，做到设施齐全、功能完善、配置合理、经济适用。

**第六条**　老年养护院建设应与社会经济发展水平相适应，并应纳入国民经济和社会发展规划，统筹安排，确保政府资金投入，其建设用地应纳入城市规划。

**第七条**　老年养护院建设应充分利用社会公共服务和其他社会福利设施，强调资源整合与共享；在建设中实行统一规划，一次或分期实施，并体现国家节能减排的要求。

**第八条**　老年养护院建设除应符合本建设标准外，尚应符合国家现行有关标准、定额的规定。

## 第二章　建设规模及项目构成

**第九条**　老年养护院的建设规模应根据所在城市的常住老年人口数并结合当地经济发展水平和机构养老服务需求等因素综合确定，每千老年人口养护床位数宜按19～23张床测算。

**第十条**　老年养护院的建设规模，按床位数量分为500床、400床、300床、200床、100

床五类。规模500张床以上的宜分点设置。

**第十一条** 老年养护院的建设内容包括房屋建筑及建筑设备、场地和基本装备。

**第十二条** 老年养护院的房屋建筑包括老年人用房、行政办公用房和附属用房。其中老年人用房包括老年人入住服务、生活、卫生保健、康复、娱乐和社会工作用房。

老年养护院各类用房详见附录一。

**第十三条** 老年养护院的场地应包括室外活动场、停车场、衣物晾晒场等。

## 第三章 选址及规划布局

**第十四条** 新建老年养护院的选址应符合城市规划要求，并满足以下条件：

**1** 地形平坦、工程地质和水文地质条件较好，避开自然灾害易发区；

**2** 交通便利，供电、给排水、通信等市政条件较好；

**3** 便于利用周边的生活、医疗等社会公共服务设施；

**4** 避开商业繁华区、公共娱乐场所，与高噪声、污染源的防护距离符合有关安全卫生规定。

**第十五条** 老年养护院应根据失能老年人的特点和各项设施的功能要求，进行总体布局，合理分区；老年人用房的建筑朝向和间距应充分考虑日照要求。

**第十六条** 老年养护院的建设用地包括建筑、绿化、室外活动、停车和衣物晾晒等用地，并按照建设要求和节约用地的原则确定用地面积，建筑密度不应大于30%，容积率不宜大于0.8；绿地率和停车场的用地面积不应低于当地城市规划要求；室外活动、衣物晾晒等用地不宜小于400～600$m^2$。

**第十七条** 老年养护院老年人生活用房宜与卫生保健、康复、娱乐、社会工作服务等设施贯连，单独成区；并应根据便于为失能老年人提供服务和方便管理的原则设置养护单元，每个养护单元的床位数以50张为宜。

## 第四章 房屋建筑面积指标

**第十八条** 老年养护院的房屋建筑面积指标应以每床位所占房屋建筑面积确定。

**第十九条** 500床、400床、300床、200床、100床五类老年养护院房屋综合建筑面积指标应分别为42.5$m^2$/床、43.5$m^2$/床、44.5$m^2$/床、46.5$m^2$/床和50.0$m^2$/床；其中直接用于老年人的入住服务、生活、卫生保健、康复、娱乐、社会工作用房所占比例不应低于总建筑面积的75%。

**第二十条** 老年养护院各类用房使用面积指标参照表1确定。

**表1 老年养护院各类用房使用面积指标表（$m^2$/床）**

| 用房类别 | | 使用面积指标 | | | | |
|---|---|---|---|---|---|---|
| | | 500床 | 400床 | 300床 | 200床 | 100床 |
| 老年人用房 | 入住服务用房 | 0.26 | 0.32 | 0.34 | 0.50 | 0.78 |
| | 生活用房 | 17.16 | 17.16 | 17.16 | 17.16 | 17.16 |
| | 卫生保健用房 | 1.23 | 1.35 | 1.47 | 1.68 | 1.93 |
| | 康复用房 | 0.57 | 0.63 | 0.72 | 0.84 | 1.20 |

**续表1**

| 用房类别 | | 使用面积指标 | | | | |
|---|---|---|---|---|---|---|
| | | 500床 | 400床 | 300床 | 200床 | 100床 |
| 老年人用房 | 娱乐用房 | 0.77 | 0.81 | 0.84 | 1.02 | 1.20 |
| | 社会工作用房 | 1.48 | 1.50 | 1.54 | 1.56 | 1.62 |
| 行政办公用房 | | 0.83 | 0.94 | 1.07 | 1.30 | 1.45 |
| 附属用房 | | 3.57 | 3.81 | 3.97 | 4.34 | 5.19 |
| 合计 | | 25.87 | 26.52 | 27.11 | 28.40 | 30.53 |

注：1. 老年人用房、其他用房（包括行政办公及附属用房）平均使用面积系数分别按0.60和0.65计算。

2. 建设规模不足100床的参照100床老年养护院的面积指标执行。

## 第五章　建筑标准

**第二十一条**　老年养护院建筑标准应根据失能老年人的身心特点和安全、卫生、经济、环保的要求合理确定，并具有逐步提高失能老年人养护水平的前瞻性，留有扩建改造的余地。

**第二十二条**　老年养护院建筑设计应符合老年人建筑设计、城市道路和建筑物无障碍设计及公共建筑节能设计等规范、标准的相关规定。

**第二十三条**　老年养护院外围宜设置通透式围栏，围栏形式宜与所处环境及道路风格相协调。

**第二十四条**　老年养护院的房屋建筑宜采用钢筋混凝土结构；老年人用房抗震强度应为重点设防类。

**第二十五条**　老年养护院应符合国家建筑设计防火规范相关规定，其建筑耐火等级不应低于二级。

**第二十六条**　老年养护院的老年人用房宜以低层和多层为主，垂直交通应至少设置一部医用电梯或无障碍专用坡道。

**第二十七条**　老年养护院老年人居室应按失能老年人的失能程度和护理等级分别设置，每室不宜超过4人，并宜设置阳台。老年人居室室内通道和床距应满足轮椅和救护床进出及日常护理的需要。

**第二十八条**　老年养护院老年人居室应具有衣物储藏的空间，并宜内设卫生间，卫生间地面应满足易清洗、不渗水和防滑的要求。

**第二十九条**　老年养护院老年人居室门净宽不应小于110cm，卫生洗浴用房门净宽不应小于90cm；老年人生活区走道净宽不应小于240cm。

**第三十条**　老年养护院老年人居室宜设置呼叫、供氧系统，并安装射灯及隐私帘。

**第三十一条**　老年养护院的建筑外观应做到色调温馨，简洁大方，自然和谐，统一标识；内装修应符合老年人建筑设计规范的相关规定，行政办公用房不应超过《党政机关办公用房建设标准》的中级装修水平。

**第三十二条**　老年养护院洗衣房内部设置应符合消毒、清洗、晾（烘）干等流程和洁污分流的要求，并设置必要的室内晾晒场地。

**第三十三条**　配餐、消毒、厕浴、污洗等有蒸汽溢出和结露的用房，应采用牢固、耐用、难玷污、易清洁的材料装修到顶，并设置排气、排水装置。

## 第六章　建筑设备和室内环境

**第三十四条**　老年养护院的建筑设备包括供电、给排水、采暖通风、安保、通信、消防、网络设备等。

**第三十五条**　老年养护院的供电设施应满足照明和设备的需要，宜采用双回路供电，只能一路供电时，应自备电源。所用灯具及其照度应根据老年人特点和功能要求设置。

**第三十六条**　老年养护院宜采用城市供水系统，如自备水源应符合国家现行标准。生活污水应采用管道收集，排入市政污水管网；无市政污水管网时，应根据环保部门的要求及有关规范设计排水系统。

**第三十七条**　老年养护院老年人生活用房应具有热水供应系统，并有洗涤、沐浴设施。

**第三十八条**　严寒、寒冷及夏热冬冷地区的老年养护院应具有采暖设施，老年人居室宜采用地热供暖；最热月平均室外气温高于或等于25℃地区的老年人用房，应安装空气调节设备。

**第三十九条**　老年养护院老年人用房应保证良好的通风采光条件，窗地比不应低于1:6，并应保证足够的日照时间。

**第四十条**　老年养护院应按网络服务、信息化管理以及视频传输的需要，敷设线路，预留接口。

## 第七章　基 本 装 备

**第四十一条**　老年养护院基本装备的配置应根据失能老年人在生活照料、保健康复、精神慰藉方面的基本需要以及管理要求，按建设规模分类配置。

**第四十二条**　老年养护院的基本装备包括生活护理、医疗、康复、安防设备和必要的交通工具等。

**第四十三条**　老年养护院应配备护理床、气垫床、专用沐浴床椅、电加热保温餐车等生活护理设备。

**第四十四条**　老年养护院应按不同规模配备相应的心电图机、B超机、抢救床、氧气瓶、吸痰器、无菌柜、紫外线灯等医疗设备。

**第四十五条**　老年养护院康复设备应包括物理治疗和作业治疗设备。

**第四十六条**　老年养护院应配备监控、定位、呼叫、计算机及网络、摄录像等设备。

**第四十七条**　老年养护院的交通工具应包括老年人接送车、物品采购车等。

**第四十八条**　各类老年养护院基本装备详见附录三。

### 附录一　老年养护院用房详表

| 功能用房 | | 项目构成 | 500床 | 400床 | 300床 | 200床 | 100床 | 备　注 |
|---|---|---|---|---|---|---|---|---|
| 老年人用房 | 入住服务用房 | 接待服务厅 | √ | √ | √ | √ | √ | |
| | | 入住登记室 | √ | √ | √ | √ | √ | |
| | | 健康评估室 | √ | √ | √ | √ | √ | |
| | | 总值班室 | √ | √ | √ | √ | √ | 含监控室 |

**续表**

| 功能用房 | | 项目构成 | 500床 | 400床 | 300床 | 200床 | 100床 | 备　注 |
|---|---|---|---|---|---|---|---|---|
| 老年人用房 | 生活用房 | 居室 | √ | √ | √ | √ | √ | 含卫生间 |
| | | 沐浴间 | √ | √ | √ | √ | √ | 含更衣室 |
| | | 配餐间 | √ | √ | √ | √ | √ | |
| | | 养护区餐厅 | √ | √ | √ | √ | √ | 兼公共活动室 |
| | | 会见聊天厅 | √ | √ | √ | √ | √ | |
| | | 亲情居室 | √ | √ | √ | √ | √ | |
| | | 护理员值班室 | √ | √ | √ | √ | √ | |
| | 卫生保健用房 | 诊疗室 | √ | √ | √ | √ | √ | |
| | | 化验室 | √ | √ | √ | √ | | |
| | | 心电图室 | √ | √ | √ | √ | | |
| | | B超室 | √ | √ | | | | |
| | | 抢救室 | √ | √ | √ | √ | √ | |
| | | 药房 | √ | √ | √ | √ | √ | |
| | | 消毒室 | √ | √ | √ | √ | √ | |
| | | 临终关怀室 | √ | √ | √ | √ | √ | |
| | | 医护办公室 | √ | √ | √ | √ | √ | 含医生办公室和护士工作室 |
| | 康复用房 | 物理治疗室 | √ | √ | √ | √ | √ | |
| | | 作业治疗室 | √ | √ | √ | √ | √ | |
| | 娱乐用房 | 阅览室 | √ | √ | √ | √ | √ | |
| | | 书画室 | √ | √ | √ | √ | √ | |
| | | 棋牌室 | √ | √ | √ | √ | √ | |
| | | 亲情网络室 | √ | √ | √ | √ | √ | |
| | 社会工作用房 | 心理咨询室 | √ | √ | √ | √ | √ | |
| | | 社会工作室 | √ | √ | √ | √ | √ | |
| | | 多功能厅 | √ | √ | √ | √ | √ | |
| 行政办公用房 | | 办公室 | √ | √ | √ | √ | √ | |
| | | 会议室 | √ | √ | √ | √ | √ | |
| | | 接待室 | √ | √ | √ | √ | | |
| | | 财务室 | √ | √ | √ | √ | √ | |
| | | 档案室 | √ | √ | √ | √ | √ | |
| | | 文印室 | √ | √ | √ | √ | | |
| | | 信息室 | √ | √ | √ | √ | √ | |
| | | 培训室 | √ | √ | √ | √ | √ | |

续表

| 功能用房 | 项目构成 | 500 床 | 400 床 | 300 床 | 200 床 | 100 床 | 备注 |
|---|---|---|---|---|---|---|---|
| 附属用房 | 警卫室 | √ | √ | √ | √ | √ | |
| | 食堂 | √ | √ | √ | √ | √ | 含老年人厨房、职工厨房和职工餐厅 |
| | 职工浴室 | √ | √ | √ | √ | √ | |
| | 理发室 | √ | √ | √ | √ | √ | |
| | 洗衣房 | √ | √ | √ | √ | √ | 含消毒、甩干、烘干室和缝补间、室内晾晒场地等 |
| | 库房 | √ | √ | √ | √ | √ | 含被服库、器材库、生活用品库、杂物库等 |
| | 车库 | √ | √ | √ | √ | √ | |
| | 公共卫生间 | √ | √ | √ | √ | √ | |
| | 设备用房 | √ | √ | √ | √ | √ | 含配电室、锅炉房、供氧站、电梯机房、通信机房、空调机房等 |

注：√表示应具备。

## 附录二　老年养护院主要名词解释

失能老年人：至少有一项日常生活自理活动（一般包括吃饭、穿衣、洗澡、上厕所、上下床和室内走动这六项）不能自己独立完成的老年人。按日常生活自理能力的丧失程度，可分为轻度、中度和重度失能三种类型。

接待服务厅：供老年人及其他人员前来咨询或办理出入院手续时等候、休息，进行资料展示的处所。

入住登记室：为老年人办理出入院手续并提供咨询的用房。

健康评估室：老年人入住养护院时，对其进行初步健康检查和需求评估的用房。

配餐间：供护理员为入住失能老年人分配、加热、切分食物等的用房。

养护区餐厅：供入住失能老年人在养护区内进餐和活动的处所。

会见聊天厅：供入住失能老年人聊天休息及会见亲友的处所。

亲情居室：供入住失能老年人与前来探望的亲人短暂居住，共享天伦之乐的用房。

物理治疗室：供工作人员对入住失能老年人通过运动治疗、徒手治疗和仪器治疗等方法进行功能康复的用房。

作业治疗室：供工作人员对入住失能老年人以有目的的、经过选择的作业活动为主要治疗手段来进行功能康复的用房。

亲情网络室：供入住失能老年人上网娱乐及通过网络与亲人聊天的用房。

心理咨询室：对入住失能老年人进行心理咨询和疏导的用房。

社会工作室：供社会志愿者来院为入住失能老年人服务时工作和休息的用房。

培训室：对院内外护理员进行业务培训的用房。

养护单元：是老年养护院实现养护职能、保证养护质量的必要设置，养护单元内应包括老年人居室、餐厅、沐浴间、会见聊天厅、亲情网络室、心理咨询室、护理员值班室、护士工作室等用房。

## 附录三　老年养护院基本装备详表

| 项　目 | | 500 床 | 400 床 | 300 床 | 200 床 | 100 床 |
|---|---|---|---|---|---|---|
| 生活护理设备 | 护理床 | √ | √ | √ | √ | √ |
| | 气垫床 | √ | √ | √ | √ | √ |
| | 专用沐浴床椅 | √ | √ | √ | √ | √ |
| | 电加热保温餐车 | √ | √ | √ | √ | √ |
| 医疗设备 | 心电图机 | √ | √ | √ | √ | |
| | B 超机 | √ | √ | | | |
| | 抢救床 | √ | √ | √ | √ | √ |
| | 氧气瓶 | √ | √ | √ | √ | √ |
| | 吸痰器 | √ | √ | √ | √ | √ |
| | 无菌柜 | √ | √ | √ | √ | √ |
| | 紫外线灯 | √ | √ | √ | √ | √ |
| 康复设备 | 物理治疗设备 | √ | √ | √ | √ | √ |
| | 作业治疗设备 | √ | √ | √ | √ | √ |
| 安防设备 | 监控设备 | √ | √ | √ | √ | √ |
| | 定位设备 | √ | √ | √ | √ | √ |
| | 呼叫设备 | √ | √ | √ | √ | √ |
| | 计算机及网络设备 | √ | √ | √ | √ | √ |
| | 摄录像机 | √ | √ | √ | √ | √ |
| 交通工具 | 老年人接送车 | √ | √ | √ | √ | √ |
| | 物品采购车 | √ | √ | √ | √ | √ |

注：√表示应具备。

# 附　件

# 《老年养护院建设标准》条文说明

## 第一章　总　则

**第一条**　本条阐明制定本建设标准的目的和意义。

老年养护院是为入住的丧失生活自理能力的失能老年人提供生活照料、健康护理、休闲娱乐和社会工作等服务，满足失能老年人生活照料、保健康复、精神慰藉、临终关怀等基本需求的专业照料机构。加强老年养护院的建设是贯彻落实科学发展观、推进社会建设，积极应对人口老龄化、强化政府公共服务责任的重要举措，也是建立基本养老服务体系的重要组成部分。

中国正在经历快速的人口老龄化。2020年我国老年人口将达到2.48亿，老龄化水平达到17.17%。与此相伴，老年人口中失能老人的数量越来越多，长期照料需求迅速扩张。中低收入失能老年人，特别是其中的重点优抚对象、“三无”老人及低保空巢老人，属于社会弱势群体，对他们的照料是一项具有长期性、综合性和专业性的工作，单纯依靠家庭和社区服务已不能使他们得到切实有效的养老服务。因此，加强老年养护院的建设已是一项刻不容缓的任务。

党中央和国务院高度重视失能老年人的老年养护机构建设。2005年以来，国务院领导同志多次就失能老年人的养护工作作出重要批示，并将爱心护理工程列入《国民经济和社会发展第十一个五年规划纲要》。2007年，《中共中央国务院关于全面加强人口和计划生育工作统筹解决人口问题的决定》中再次强调，要“积极探索和实施‘爱心护理工程’”。2008年初，在全国老龄工作委员会第十次全体会议上，国务院领导同志又再次强调：“要加大工作力度，抓紧立项，争取有实质性进展”。

为了合理确定新建和改扩建老年养护院的建设规模和水平，完善配套设施，规范建筑布局和设计，制定相关建设标准尤为必要。通过本建设标准的编制和实施，可以进一步加强和规范老年养护机构的建设，提高投资效益，更好地为失能老年人服务。

**第二条**　本条阐明本建设标准的作用及其权威性。

本建设标准从规范政府工程建设投资行为，加强工程项目科学管理，合理确定投资规模和建设水平，充分发挥投资效益出发，严格按照工程建设标准编制的规定和程序，深入调查研究，总结实践经验，进行科学论证，广泛听取有关单位和专家意见；同时兼顾了地域、经济发展水平、服务人群数量等方面的差异，使之切合实际，便于操作。因此本建设标准是老年养护院工程建设的全国统一标准。

**第三条**　本条阐明本建设标准的适用范围。

由于我国的养老机构普遍设施简陋，针对失能老年人的专业养护机构更是少之又少，为满足失能老年人入住机构的需求，规范对失能老年人的服务，需要加以新建或在现有基础上改建、扩建，故本建设标准作此规定。为统一各地对老年养护院基础设施建设的认识，本建设标准从主要服务对象和基本功能的角度明确了老年养护院的定义。

考虑到不同类型福利机构服务对象的需求具有一定的共同性，故提出其他福利机构相关设施建设可参照本标准相关规定执行。

**第四条** 本条阐明老年养护院建设必须遵循的法律法规。

老年养护院作为政府投资项目，其建设必须遵循国家经济建设的方针政策，符合相关的法律法规。鉴于各地在经济发展水平、老龄化水平以及机构养老需求等方面的差异，在建设中应因地制宜，合理确定老年养护院的建设水平。

**第五条** 本条阐明老年养护院建设的指导思想、建设原则和总体要求。

这是根据老年养护院的工作性质、任务和特点提出的。作为为失能老年人提供服务的专业照料机构，老年养护院是强化社会公共服务的一项重大举措，因此其建设应"以人为本"，满足失能老年人的基本需求，从我国现阶段的经济发展水平出发，故确定老年养护院建设的总体要求是设施齐全、功能完善、配置合理、经济适用。

**第六条** 本条明确老年养护院建设的资金投入和建设用地的要求。

失能老年人的养护设施建设是一项重要的社会公益事业，因此其建设应纳入国民经济和社会发展规划，统筹安排，确保政府的资金投入；其建设用地也应纳入当地城市规划。

**第七条** 本条明确实施本建设标准的基本要求。

失能老年人的长期照料是一项系统工程，涉及面广，所需设施项目多，为充分利用社会资源，老年养护院应尽可能与其他社会福利机构实行资源整合与共享，尤其是改扩建项目更需要充分利用现有设施。对入住失能老年人的医疗卫生保障，应提倡与公共卫生医疗服务机构相衔接，避免不必要的重复建设。同时，考虑到各地经济发展水平不同，明确老年养护院可以进行一次规划，分期建设。节能减排作为一项国策，本建设标准对此也作了强调。

**第八条** 本条阐明本建设标准与现行其他有关标准、定额的关系。

## 第二章 建设规模及项目构成

**第九条** 本条阐明老年养护院建设规模的确定依据及其控制幅度。

老年养护院建设规模即床位数的确定必须综合考虑所在城市的常住老年人数量及增长趋势、经济发展水平、机构养老服务需求等因素。为控制建设规模，本建设标准明确了每千名老年人口宜配置的养护床位数量。具体测算过程如下：

一、我国社会福利事业的发展正逐步由传统的救济型福利（主要面向三无人员）向适度普惠型福利转变。党的十六届六中全会提出"加快发展以扶老、助残、救孤、济困为重点的社会福利事业"。本建设标准在进行政府投资的城市老年养护院建设规模全国平均水平的测算时，目标人群是城市中低收入者和低收入老年人口。近年来国家统计局数据显示，城镇居民中收入低于平均水平的人群，也即中低收入者和低收入者占我国城镇人口的60%左右。可按这一比例估算我国城市中低收入者和低收入老年人口规模，因此：

目标老年人口 = 老年人口总数 ×0.6

二、失能率和服务提供比是进行老年养护院建设规模测算所需的其他两个参数。失能率即老年人口中失能老年人口所占的比例。2004年国家统计局的全国人口抽样调查专门针对老年人的生活自理能力进行了调查，数据显示城市老年人口的失能率为6.9%。

服务提供比即可供入住的床位数与失能老年人口数的比例。目前我国失能老年人口能获得机构照料服务的比例非常低，大中城市养老机构中面向失能老年人的养护床位一床难求的情况非常突出。为满足大中城市中低收入及低收入失能老年人日益增长的入住机构的需求，推动基本养老服务体系的建设，发挥政府的带动和主导作用，根据相关文件精神及实际调研情况，将服务提供比定为50%。

三、综合上述分析，可以得到我国每千位老年人口中宜设置的养护床位数量，计算公式如下：

$$\text{每千位老年人口中的供床数量}=\frac{\text{目标老年人口}\times\text{失能率}\times\text{服务提供比}}{\text{老年人口总数}}\times1000$$

$$=0.6\times\text{失能率}\times\text{服务提供比}\times1000$$

$$=0.6\times0.069\times0.5\times1000$$

$$=20.7$$

因此，从全国平均水平来看，政府投资的城市老年养护院的建设规模宜按每千老年人口21张养护床位进行测算。考虑到各地差异，允许在此标准上上下浮动10%，故本标准提出政府投资的城市老年养护院的建设规模宜按每千老年人口19~23张养护床位进行测算。这一指标既符合我国国情，又能在一段时期内基本满足社会形势发展的需要，经充分调研论证是适当合理的。

**第十条**　本条明确老年养护院的规模分类。

失能老年人的养护机构必须具备相应的设施才能开展各项服务。为充分发挥资源配置的规模效应，本建设标准将100张床作为养护院的最低建设规模。同时，从确保服务质量和方便管理出发，提出建设规模在500张床以上的宜分点设置。将建设规模分为500床、400床、300床、200床、100床五类是鉴于不同规模老年养护院设施配置的要求不同，分类有助于合理确定不同规模老年养护院的建设水平。本建设标准中建设规模的床位数仅指老年人居室中设置的床位，不包括卫生保健等用房中设置的少量特殊用途床位。

**第十一条**　本条明确老年养护院建设工程的主要组成部分。

房屋建筑和场地是失能老年人日常生活所需的必要空间，建筑设备和基本装备是保障日常养护工作顺利进行的必要条件，四者相辅相成，缺一不可。

**第十二条**　本条明确老年养护院房屋建筑的基本项目。

失能老年人具有生活照料、保健康复、精神慰藉等多方面需求，根据民政部《老年人社会福利机构基本规范》相关规定，参照各地老年养护院功能用房设置的实际情况，本条明确了老年养护院房屋建筑的基本项目包括：老年人用房（入住服务、生活、卫生保健、康复、娱乐、社会工作用房）、行政办公用房和附属用房。

老年人入住服务用房的设置主要是满足老年人及其家属的咨询、等候及办理出入院手续的需要。

老年人生活用房是为入住失能老年人提供日常生活照料的基本用房。其中会见聊天厅的设置有助于营造亲情氛围，为入住失能老年人聚会聊天、会见家人和朋友提供场所，满足其日常情感交流和社会交往的需要。亲情居室的设置则是为了满足入住失能老年人与前来探望的子女短暂居住，感受家庭亲情的需要。

失能老年人普遍年老体弱，是慢性病的高发人群，因此老年养护院除应具备突发性疾病和其他紧急情况的应急处置能力外，还应具备提供一般性医疗护理和卫生保健服务的能力。本建设标准按照建设规模对老年养护院的卫生保健用房进行了分类配置。

老年人康复用房应包括物理治疗室和作业治疗室。民政部《老年人社会福利机构基本规范》要求老年人社会福利机构“有配置适合老人使用的健身、康复器械和设备的康复室和健身场所”。物理治疗和作业治疗是老年福利机构帮助失能老年人进行康复训练的两种最为基本的手段。通过这些康复方法的治疗能使失能老年人获得功能改善，减少残疾、久病卧床及老年痴呆的发生。

老年人娱乐用房包括阅览室、书画室等。适当的娱乐活动可以消除入住失能老年人的孤独感和心理障碍，促进他们的身心健康，提高他们的生活质量。这是根据民政部《老年人社会福利机构基本规范》的要求而提出的。

老年人社会工作用房包括社会工作室、心理咨询室和多功能厅。社会工作是社会福利机构服务中不可缺少的一部分。民政部《老年人社会福利机构基本规范》规定老年人社会福利机构应配备社会工作人员。这就要求设置相应用房以满足社会工作者以及志愿者面向入住失能老年人开展心理咨询、个案辅导和小组活动等工作的需要。多功能厅的设置是为了满足组织老年人开展集体活动的需要，同时也可以为工作人员提供集体活动的场所。

**第十三条** 本条明确老年养护院应设置的场地。

为有利于入住失能老年人的身心健康，便于他们进行适当的室外活动，并有良好的生活氛围和环境，故应设置必要的室外活动场地和绿地。

## 第三章 选址及规划布局

**第十四条** 本条明确老年养护院的选址要求。

根据老年养护院的性质、任务和服务对象的特点，本条规定老年养护院新建项目在选址时要综合考虑工程地质、水文地质、市政条件和周边环境等因素。

**第十五条** 本条阐明老年养护院总体布局的原则。

**第十六条** 本条明确老年养护院建设用地的原则要求和适用指标。

老年养护院的建筑用地内容是根据老年养护院实际工作需求提出的。为控制用地指标，本建设标准参照《城镇老年人设施规划规范》GB 50437 确定了建筑密度和容积率。老年养护院室外活动、衣物晾晒场地的面积，是根据对不同规模老年养护院实际所需用地面积的测算，并参考实际调研数据确定的。

**第十七条** 本条明确老年养护院老年人用房的布局要求。

将入住失能老年人的居住、卫生保健、康复、娱乐、社会工作用房相对集中贯连，独立成区，是为了方便服务，同时保证老年人能够安静有序地生活。分设养护单元是为了提高服务效率和服务质量，增进工作人员和老年人的互动互信，并利于按照入住失能老年人的不同特点和需要，进行分类服务。参照目前我国医院一个护理单元的床位数，对老年养护院一个养护单元宜设置的床位数作出规定。

## 第四章 房屋建筑面积指标

**第十八条** 本条明确老年养护院房屋建筑面积指标的确定方法。

**第十九条** 本条对不同类别老年养护院房屋综合建筑面积指标分别作出规定。

不同类别老年养护院房屋综合建筑面积指标是根据各类用房的功能要求，对其实际所需面积进行测算，并参照近年来新建老年养护机构房屋建筑面积的实际水平确定的。规定直接用于老年人的用房面积所占比例，是为确保老年人的用房需要，防止盲目扩大行政办公等用房面积。

**第二十条** 本条明确老年养护院各类用房的使用面积指标。

本建设标准根据民政部、全国老龄委办公室等相关文件的要求，参照有关建设标准和工程技术规范，并结合调研数据，分别测算了500床、400床、300床、200床、100床老年养护院各类用房的使用面积指标，相加得出五类老年养护院的房屋综合使用面积指标。各类用房的使用面积指标测算表见附表1~附表8：

**附表1　入住服务用房使用面积指标测算表（$m^2$/床）**

| 用房名称 | 使用面积指标 | | | | |
|---|---|---|---|---|---|
| | 500床 | 400床 | 300床 | 200床 | 100床 |
| 接待服务厅 | 0.10 | 0.12 | 0.12 | 0.18 | 0.30 |
| 入住登记室 | 0.04 | 0.05 | 0.06 | 0.08 | 0.12 |
| 健康评估室 | 0.07 | 0.09 | 0.08 | 0.12 | 0.18 |
| 总值班室 | 0.05 | 0.06 | 0.08 | 0.12 | 0.18 |
| 合计 | 0.26 | 0.32 | 0.34 | 0.50 | 0.78 |

**附表2　生活用房使用面积指标测算表（$m^2$/床）**

| 用房名称 | 使用面积指标 | | | | |
|---|---|---|---|---|---|
| | 500床 | 400床 | 300床 | 200床 | 100床 |
| 居室 | 11.4 | 11.4 | 11.4 | 11.4 | 11.4 |
| 沐浴间 | 1.38 | 1.38 | 1.38 | 1.38 | 1.38 |
| 配餐间 | 0.48 | 0.48 | 0.48 | 0.48 | 0.48 |
| 养护区餐厅（兼公共活动室） | 0.74 | 0.74 | 0.74 | 0.74 | 0.74 |
| 会见聊天厅 | 0.74 | 0.74 | 0.74 | 0.74 | 0.74 |
| 亲情居室 | 1.38 | 1.38 | 1.38 | 1.38 | 1.38 |
| 护理员值班室 | 1.04 | 1.04 | 1.04 | 1.04 | 1.04 |
| 合计 | 17.16 | 17.16 | 17.16 | 17.16 | 17.16 |

**附表3　卫生保健用房使用面积指标测算表（$m^2$/床）**

| 用房名称 | 使用面积指标 | | | | |
|---|---|---|---|---|---|
| | 500床 | 400床 | 300床 | 200床 | 100床 |
| 诊疗室 | 0.05 | 0.06 | 0.08 | 0.12 | 0.24 |
| 化验室 | 0.04 | 0.05 | 0.06 | 0.09 | 不单设 |
| 心电图室 | 0.02 | 0.03 | 0.04 | 0.06 | 不单设 |
| B超室 | 0.02 | 0.03 | 不单设 | 不单设 | 不单设 |
| 抢救室 | 0.10 | 0.12 | 0.16 | 0.18 | 0.24 |
| 药房 | 0.05 | 0.06 | 0.06 | 0.09 | 0.15 |

**续附表 3**

| 用房名称 | 使用面积指标 | | | | |
|---|---|---|---|---|---|
| | 500 床 | 400 床 | 300 床 | 200 床 | 100 床 |
| 消毒室 | 0.03 | 0.04 | 0.05 | 0.08 | 0.12 |
| 临终关怀室 | 0.14 | 0.18 | 0.20 | 0.24 | 0.32 |
| 医生办公室 | 0.16 | 0.16 | 0.20 | 0.20 | 0.24 |
| 护士工作室 | 0.62 | 0.62 | 0.62 | 0.62 | 0.62 |
| 合计 | 1.23 | 1.35 | 1.47 | 1.68 | 1.93 |

**附表 4　康复用房使用面积指标测算表（$m^2$/床）**

| 用房名称 | 使用面积指标 | | | | |
|---|---|---|---|---|---|
| | 500 床 | 400 床 | 300 床 | 200 床 | 100 床 |
| 物理治疗室 | 0.43 | 0.45 | 0.48 | 0.54 | 0.84 |
| 作业治疗室 | 0.14 | 0.18 | 0.24 | 0.30 | 0.36 |
| 合计 | 0.57 | 0.63 | 0.72 | 0.84 | 1.20 |

**附表 5　娱乐用房使用面积指标测算表（$m^2$/床）**

| 用房名称 | 使用面积指标 | | | | |
|---|---|---|---|---|---|
| | 500 床 | 400 床 | 300 床 | 200 床 | 100 床 |
| 阅览室 | 0.10 | 0.12 | 0.12 | 0.18 | 0.24 |
| 书画室 | 0.07 | 0.09 | 0.08 | 0.12 | 0.24 |
| 棋牌室 | 0.12 | 0.12 | 0.16 | 0.24 | 0.24 |
| 亲情网络室 | 0.48 | 0.48 | 0.48 | 0.48 | 0.48 |
| 合计 | 0.77 | 0.81 | 0.84 | 1.02 | 1.20 |

**附表 6　社会工作用房使用面积指标测算表（$m^2$/床）**

| 用房名称 | 使用面积指标 | | | | |
|---|---|---|---|---|---|
| | 500 床 | 400 床 | 300 床 | 200 床 | 100 床 |
| 心理咨询室 | 0.48 | 0.48 | 0.48 | 0.48 | 0.48 |
| 社会工作室 | 0.10 | 0.12 | 0.16 | 0.18 | 0.24 |
| 多功能厅 | 0.90 | 0.90 | 0.90 | 0.90 | 0.90 |
| 合计 | 1.48 | 1.50 | 1.54 | 1.56 | 1.62 |

**附表 7　行政办公用房使用面积指标测算表（$m^2$/床）**

| 用房名称 | 使用面积指标 | | | | |
|---|---|---|---|---|---|
| | 500 床 | 400 床 | 300 床 | 200 床 | 100 床 |
| 办公室 | 0.34 | 0.34 | 0.40 | 0.40 | 0.40 |
| 会议室 | 0.14 | 0.15 | 0.18 | 0.18 | 0.24 |

续附表 7

| 用房名称 | 使用面积指标 | | | | |
| --- | --- | --- | --- | --- | --- |
| | 500 床 | 400 床 | 300 床 | 200 床 | 100 床 |
| 接待室 | 0.07 | 0.09 | 0.08 | 0.12 | 不单设 |
| 财务室 | 0.03 | 0.04 | 0.05 | 0.08 | 0.15 |
| 档案室 | 0.04 | 0.05 | 0.05 | 0.08 | 0.18 |
| 文印室 | 0.03 | 0.04 | 0.05 | 0.08 | 不单设 |
| 信息室 | 0.04 | 0.05 | 0.06 | 0.09 | 0.12 |
| 培训室 | 0.14 | 0.18 | 0.20 | 0.27 | 0.36 |
| 合计 | 0.83 | 0.94 | 1.07 | 1.30 | 1.45 |

附表 8　附属用房使用面积指标测算表（$m^2$/床）

| 用房名称 | 使用面积指标 | | | | |
| --- | --- | --- | --- | --- | --- |
| | 500 床 | 400 床 | 300 床 | 200 床 | 100 床 |
| 警卫室 | 0.03 | 0.04 | 0.05 | 0.08 | 0.12 |
| 食堂 | 1.21 | 1.21 | 1.21 | 1.21 | 1.21 |
| 职工浴室 | 0.25 | 0.25 | 0.25 | 0.25 | 0.25 |
| 理发室 | 0.05 | 0.06 | 0.06 | 0.09 | 0.15 |
| 洗衣房 | 0.58 | 0.65 | 0.76 | 0.90 | 1.20 |
| 库房 | 0.67 | 0.72 | 0.72 | 0.72 | 0.78 |
| 车库 | 0.10 | 0.12 | 0.16 | 0.24 | 0.48 |
| 公共卫生间 | 0.39 | 0.40 | 0.40 | 0.43 | 0.46 |
| 设备用房 | 0.29 | 0.36 | 0.36 | 0.42 | 0.54 |
| 合计 | 3.57 | 3.81 | 3.97 | 4.34 | 5.19 |

在每个护理单元设置养护区餐厅（兼公共活动室）是为了鼓励老人自己进餐和集体进餐，同时也可以作为老年人日常活动和交流的场所。按养护单元80%的老年人到餐厅就餐，经测算人均使用面积为0.93$m^2$，高于《饮食建筑设计规范》JGJ 64 中每个就餐人员使用面积指标为0.85$m^2$ 的规定，这是由于部分失能老人坐轮椅就餐所需面积较大。按养护单元50张床位数计算，则老年养护院养护区餐厅的床均使用面积指标为0.74$m^2$/床。

老年养护院老年人用房的使用面积系数是根据对目前新建工程老年人用房的调研数据和养护单元的平面布置图测算得出。参照《党政机关办公用房建设标准》等相关标准的规定和对实际用房面积的测算，确定老年养护院行政办公及附属用房的平均使用面积系数为0.65。

## 第五章　建 筑 标 准

**第二十一条**　本条明确老年养护院建筑设计应遵循的原则。

考虑到我国经济水平和社会事业的不断提高与发展，失能老年人的养护工作也会相应进步和加强，因此本建设标准要求在老年养护院的建筑设计方面需有前瞻性，并便于扩建改造。

**第二十二条** 本条明确老年养护院建筑设计应符合的相关建筑标准和规范。

老年养护院建筑属于老年人居住建筑，而且要满足失能老年人的养护需要，因此本建设标准强调老年养护院的建筑设计必须符合老年人建筑等方面的设计标准、规范的相关规定。

**第二十三条** 本条对老年养护院的周界围栏提出要求。

**第二十四条** 本条对老年养护院的房屋建筑结构及抗震强度提出要求。

老年养护院老年人用房人员密集程度较高，而且失能老年人行动能力弱，自救能力差，故提出老年养护院老年人用房抗震强度应为重点设防类。

**第二十五条** 本条明确老年养护院建筑耐火要求。

**第二十六条** 本条阐明老年养护院建筑层数及对垂直交通的要求。

这是根据失能老年人的特点和有关设计规范提出的。

**第二十七条** 本条阐明老年养护院老年人居室设置的要求。

为方便对失能老年人的养护服务和管理，老年养护院老年人居室应根据不同失能程度老年人的身心特点和护理需求进行设置。根据调研，轻度失能老年人适合住2人间，中重度失能老年人则适合住多人间，便于集中提供全天候的照护，但一间也不宜超过4人。同时，对居室内的通道和床距作出规定。阳台可以为老年人提供室外空间，有利于放松情绪，陶冶性情。

**第二十八条** 本条对老年养护院老年人居室内物品储藏设施及卫生间提出要求。

养护院内的失能老年人居住时间长，必须向其提供相应的衣物及其他物品的存放设施，同时对卫生间地面提出要求。

**第二十九条** 本条明确老年养护院老年人居室门、卫生洗浴用房门以及过道的宽度。

考虑到失能老年人使用轮椅和推床的特殊要求，参照医疗机构的建筑设计规范及建设标准的相关要求，本建设标准对老年人居室门、卫生洗浴用房门以及过道的宽度作出了明确规定。

**第三十条** 本条对老年养护院老年人居室内部设施提出要求。

为满足失能老年人的特殊护理要求，并营造良好的居室环境，本条就老年人居室内呼叫、供氧系统的配备以及射灯、隐私帘的安装提出要求。这也是现有养老机构失能老年人居室所普遍采用的。

**第三十一条** 本条阐明老年养护院建筑内外装修的要求。

强调老年养护院建筑的外观色调并设置统一标识是为了增强入住失能老年人对养护院的认同感和归属感，满足老年人对“家”的心理需要。

**第三十二条** 本条明确老年养护院洗衣房的设置要求。

老年养护院失能老年人被服的消毒和清洗是养护工作的重要方面，故对洗衣房的设置提出要求，同时为了解决雨、雪天气时的衣物晾晒问题，还提出要设置室内晾晒场地。

**第三十三条** 本条对部分用房的装修、排气、排水提出要求。

## 第六章 建筑设备和室内环境

**第三十四条** 本条列出老年养护院建设的主要建筑设备。

**第三十五条** 本条明确老年养护院的用电及电器装置要求。

这是根据失能老年人的特点和需要提出的。

**第三十六条** 本条明确对老年养护院的给排水要求。

**第三十七条** 本条明确对老年养护院的热水供应及相关设施的要求。

**第三十八条** 本条明确老年养护院供暖和空气调节的要求。

**第三十九条** 本条阐明老年养护院房屋建筑的通风采光和日照要求。

**第四十条** 本条对老年养护院网络管线的布置和预留接口提出要求。

# 第七章 基本装备

**第四十一条** 本条阐明老年养护院基本装备配置的要求。

**第四十二条** 本条阐明老年养护院基本装备的主要项目及其分类。

**第四十三条** 本条明确老年养护院生活护理设备的基本项目。

配置护理床和气垫床是为了方便部分失能老年人进食、便溺，减少长期卧床而引起的褥疮发生等。此外还需配置送餐用的电加热保温餐车以及帮助部分失能老年人洗澡的专用沐浴设备。

**第四十四条** 本条明确老年养护院医疗设备的基本项目。

不同类别老年养护院所应配置的医疗设备是从老年养护院的规模及其工作特点出发，并根据实际调研情况确定的。

**第四十五条** 本条明确老年养护院康复设备的基本项目。

**第四十六条** 本条明确老年养护院安防设备的基本项目。

**第四十七条** 本条明确老年养护院交通工具的基本项目。

本建设标准仅列入老年养护院所必需的两种专用业务车辆。老年人接送车主要用于接收老年人入院，送老年人去医院就诊等方面；物品采购车主要用于老年养护院生活等用品的采购和其他后勤保障用途。

**第四十八条** 本条对不同类别老年养护院所应配备的基本装备列出详表。

# 社区老年人日间照料中心建设标准

## 建标 143—2010

## 住房和城乡建设部、国家发展和改革委员会关于批准发布《社区老年人日间照料中心建设标准》的通知

建标〔2010〕193 号

国务院有关部门，各省、自治区、直辖市、计划单列市住房和城乡建设厅（委、局）、发展和改革委员会，新疆生产建设兵团建设局、发展和改革委员会：

根据住房和城乡建设部《关于印发〈2009 年工程项目建设标准和建设项目评价方法与参数编制项目计划〉的通知》（建标函〔2009〕320 号）要求，由民政部组织编制的《社区老年人日间照料中心建设标准》，经有关部门会审，现批准发布，自 2011 年 3 月 1 日起施行。

在社区老年人日间照料中心建设项目的审批、设计和建设过程中，要严格遵守国家关于严格控制建设标准，进一步降低工程造价的相关要求，认真执行本建设标准，坚决控制工程造价。

本建设标准的管理由住房城乡建设部和国家发展改革委负责，具体解释工作由民政部负责。

中华人民共和国住房和城乡建设部

中华人民共和国国家发展和改革委员会

二〇一〇年十一月十七日

## 前　言

《社区老年人日间照料中心建设标准》是根据住房和城乡建设部《关于印发〈2009 年工程项目建设标准和建设项目评价方法与参数编制项目计划〉的通知》（建标函〔2009〕320 号）的要求，由民政部组织有关单位共同编制。

编制过程中，编制组依据《中华人民共和国老年人权益保障法》有关规定，遵循《中共中央、国务院关于加强老龄工作的决定》、《国务院关于加强和改进社区服务工作的意见》的有关要求，在全国不同地区进行了广泛深入的调查研究，总结了各地社区老年人日间照料中心建设的经验教训。在科学论证与分析的基础上，形成了标准征求意见稿。

经广泛征求有关方面的意见、反复修改形成了送审稿，经专家审查会通过后形成报批稿，并经住房和城乡建设部、国家发展和改革委员会批准发布。

本建设标准共分五章，包括：总则、建设内容及项目构成、建设规模及面积指标、选址及规划布局、建筑标准及有关设施。

在执行本建设标准过程中，请各单位注意总结经验，积累资料，如发现需要修改和补充之处，请将意见和有关资料寄交民政部规划财务司（地址：北京市东城区北河沿大街147号，邮政编码：100721），以便今后修订时参考。

**主 编 单 位：** 民政部规划财务司

民政部基层政权和社区建设司

中国老龄科学研究中心

**编制组成员：** 姜 力 宋志强 陈越良 王金华 张恺悌 徐秀玲 刘 健 纪占国 刘 勇 陈 刚 伍小兰 王莉莉 董彭滔 罗晓晖

**主要起草人：** 陈 刚 伍小兰 王莉莉 董彭滔 罗晓晖

## 第一章 总 则

**第一条** 为加强和规范社区老年人日间照料中心的基础设施建设，提高工程项目决策和建设管理水平，充分发挥投资效益，推进我国养老服务事业的发展，根据《中华人民共和国老年人权益保障法》制定本建设标准。

**第二条** 本建设标准是社区老年人日间照料中心建设项目决策和合理确定建设水平的全国统一标准，是评估和审批社区老年人日间照料中心项目的重要依据，也是有关部门审查工程初步设计和监督检查建设全过程的尺度。

**第三条** 本建设标准适用于社区老年人日间照料中心的新建工程项目，改建和扩建工程项目可参照执行。

本建设标准所指社区老年人日间照料中心是指为以生活不能完全自理、日常生活需要一定照料的半失能老年人为主的日托老年人提供膳食供应、个人照顾、保健康复、娱乐和交通接送等日间服务的设施。

**第四条** 社区老年人日间照料中心建设必须遵循国家经济建设的方针政策，符合国家相关法律法规，从老年人实际需求出发，综合考虑社会经济发展水平，因地制宜，按照本建设标准的规定，合理确定建设水平。

**第五条** 社区老年人日间照料中心建设应满足日托老年人在生活照料、保健康复、精神慰藉等方面的基本需求，做到规模适宜、功能完善、安全卫生、运行经济。

**第六条** 社区老年人日间照料中心建设应与经济、社会发展水平相适应，纳入国民经济和社会发展规划，统筹安排，确保政府资金投入，其建设用地应纳入城市规划。

**第七条** 社区老年人日间照料中心建设应充分利用其他社区公共服务和福利设施，实行资源整合与共享。统一规划，合理布局，并充分体现国家节能减排的要求。

**第八条** 社区老年人日间照料中心建设除应符合本建设标准外，尚应符合国家现行有关标准、定额的规定。

## 第二章 建设内容及项目构成

**第九条** 社区老年人日间照料中心建设内容包括房屋建筑及建筑设备、场地和基本装备。

**第十条** 社区老年人日间照料中心房屋建筑应根据实际需要，合理设置老年人的生活服务、保健康复、娱乐及辅助用房。其中：

老年人生活服务用房可包括休息室、沐浴间（含理发室）和餐厅（含配餐间）；

老年人保健康复用房可包括医疗保健室、康复训练室和心理疏导室；

老年人娱乐用房可包括阅览室（含书画室）、网络室和多功能活动室；

辅助用房可包括办公室、厨房、洗衣房、公共卫生间和其他用房（含库房等）。

**第十一条** 社区老年人日间照料中心的建筑设备应包括供电、给排水、采暖通风、通信、消防和网络等设备。

**第十二条** 社区老年人日间照料中心的场地应包括道路、停车、绿化和室外活动等场地。

**第十三条** 社区老年人日间照料中心应配备生活服务、保健康复、娱乐、安防等相关设备和必要的交通工具。

## 第三章 建设规模及面积指标

**第十四条** 社区老年人日间照料中心建设规模应以社区居住人口数量为主要依据，兼顾服务半径确定。

**第十五条** 社区老年人日间照料中心建设规模分为三类，其房屋建筑面积指标宜符合表1规定。人口老龄化水平较高的社区，可根据实际需要适当增加建筑面积，一、二、三类社区老年人日间照料中心房屋建筑面积可分别按老年人人均房屋建筑面积0.26$m^2$、0.32$m^2$、0.39$m^2$ 核定。

**表1 社区老年人日间照料中心房屋建筑面积指标表**

| 类　别 | 社区人口规模（人） | 建筑面积（$m^2$） |
|---|---|---|
| 一类 | 30000~50000 | 1600 |
| 二类 | 15000~29999 | 1085 |
| 三类 | 10000~14999 | 750 |

注：平均使用面积系数按0.65计算。

**第十六条** 社区老年人日间照料中心各类用房使用面积所占比例参照表2确定。

**表2 社区老年人日间照料中心各类用房使用面积所占比例表**

| 用房名称 | | 使用面积所占比例（%） | | |
|---|---|---|---|---|
| | | 一类 | 二类 | 三类 |
| 老年人用房 | 生活服务用房 | 43.0 | 39.3 | 35.7 |
| | 保健康复用房 | 11.9 | 16.2 | 20.3 |
| | 娱乐用房 | 18.3 | 16.2 | 15.5 |
| 辅助用房 | | 26.8 | 28.3 | 28.5 |
| 合计 | | 100.0 | 100.0 | 100.0 |

注：表中所列各项功能用房使用面积所占比例为参考值，各地可根据实际业务需要在总建筑面积范围内适当调整。

## 第四章 选址及规划布局

**第十七条** 社区老年人日间照料中心的选址应符合城市规划要求，并满足以下条件：

一、服务对象相对集中，交通便利，供电、给排水、通信等市政条件较好；

二、临近医疗机构等公共服务设施；

三、环境安静，与高噪声、污染源的防护距离符合有关安全卫生规定。

**第十八条** 社区老年人日间照料中心宜在建筑低层部分，相对独立，并有独立出入口。二层以上的社区老年人日间照料中心应设置电梯或无障碍坡道。无障碍坡道的建筑面积不计入本建设标准规定的总建筑面积内。

**第十九条** 社区老年人日间照料中心建设应根据日托老年人的特点和各项设施的功能要求，进行合理布局，分区设置。

**第二十条** 社区老年人日间照料中心老年人休息室宜与保健康复、娱乐和辅助用房作必要的分隔，避免干扰。

## 第五章 建筑标准及有关设施

**第二十一条** 社区老年人日间照料中心建筑标准应根据日托老年人的身心特点和服务流程，结合经济水平和地域条件合理确定，主要建筑的结构型式应考虑使用的灵活性并留有扩建、改造的余地。

**第二十二条** 社区老年人日间照料中心建筑设计应符合老年人建筑设计、城市道路和建筑物无障碍设计和公共建筑节能设计等规范、标准的要求和规定。

**第二十三条** 社区老年人日间照料中心房屋建筑宜采用钢筋混凝土结构；其抗震设防标准应为重点设防类。

**第二十四条** 社区老年人日间照料中心消防设施的配置应符合建筑设计防火规范的有关规定，其建筑防火等级不应低于二级。

**第二十五条** 社区老年人日间照料中心老年人休息室以每间容纳4～6人为宜，室内通道和床（椅）距应满足轮椅进出及日常照料的需要。老年人休息室可内设卫生间，其地面应满足易清洗和防滑的要求。

**第二十六条** 社区老年人日间照料中心老年人用房门净宽不应小于90cm，走道净宽不应小于180cm。

**第二十七条** 社区老年人日间照料中心老年人用房应保证充足的日照和良好的通风，充分利用天然采光，窗地比不应低于1∶6。

**第二十八条** 社区老年人日间照料中心的建筑外观应做到色调温馨、简洁大方、自然和谐、统一标识；室内装修应符合无障碍、卫生、环保和温馨的要求，并按老年人建筑设计规范的相关规定执行。

**第二十九条** 社区老年人日间照料中心供电设施应符合设备和照明用电负荷的要求，并宜配置应急电源设备。

**第三十条** 社区老年人日间照料中心应有给排水设施，并应符合国家卫生标准。其生活服务用房应具有热水供应系统，并配置洗涤、沐浴等设施。

**第三十一条** 严寒、寒冷及夏热冬冷地区的社区老年人日间照料中心应具有采暖设施；最热月平均室外气温高于或等于25℃地区的社区老年人日间照料中心应设置空调设备，并有通风换气装置。

**第三十二条** 社区老年人日间照料中心应根据网络服务和信息化管理的需要，敷设线路，预留接口。

## 附录 主要名词解释

1. 日托老年人：到社区老年人日间照料中心接受照料和服务的老年人。
2. 医疗保健室：为日托老年人提供简单医疗服务和健康指导的用房。
3. 康复训练室：为日托老年人提供康复训练的用房。
4. 网络室：供日托老年人上网及通过网络与亲人、朋友聊天的用房。
5. 多功能活动室：供日托老年人开展娱乐、讲座等集体活动的用房。
6. 心理疏导室：为日托老年人及老年人家庭照顾者提供心理咨询和情绪疏导服务的用房。

## 附 件

# 《社区老年人日间照料中心建设标准》条文说明

## 第一章 总 则

**第一条** 本条阐明制定本建设标准的目的和意义。

我国人口老龄化具有发展迅速、规模巨大、持续时间长的特点。到2020年我国老年人口将达到2.48亿，老龄化水平达到17.17%。许多年老体弱、患有慢性病或残疾的老年人，由于白天家中无人照顾，不仅生活质量低下，而且面临诸多不安全的风险因素。目前，我国生活自理能力部分受损，日常生活需他人照料的半失能老年人的数量接近两千万。在家庭规模和家庭照料资源日益缩小的背景下，如何依托社区满足这些老年人的照料需求，使他们能继续生活在自己熟悉的家庭和社区中，已经引起了政府和社会的广泛关注。

党和政府高度重视发展社区养老服务，《中共中央、国务院关于加强老龄工作的决定》中明确指出："建立以家庭养老为基础、社区服务为依托、社会养老为补充的养老机制"。全国老龄委办公室、发展改革委、民政部等十部委联合发布的《关于加快发展养老服务业的意见》和《关于全面推进居家养老服务工作的意见》分别指出："要逐步建立和完善以居家养老为基础、社区服务为依托、机构养老为补充的服务体系"，"要在城市社区基本建立起多种形式、广泛覆盖的居家养老服务网络"。

加强社区老年人日间照料设施的建设是贯彻落实养老服务"以社区服务为依托"这一政策精神的集中体现，是构建养老服务体系不可或缺的一个重要环节。社区老年人日间照料中心近年来得到了迅速发展，在满足社区老年人的日间照料服务方面发挥了重要作用。

然而，目前我国老年人日间照料基础设施的建设整体上较为薄弱，设施缺乏，已有设施则存在面积小、功能单一、服务水平低等突出问题。为了合理确定新建和改扩建社区老年人日间照料中心的建设规模和水平，完善配套设施，规范建筑布局和设计，制定相关建设标准尤为必要。通过本建设标准的编制和实施，可以进一步加强和规范社区老年人日间照料中心的建设，提高投资效益和社会效益，更好地为老年人服务。

**第二条** 本条阐明本建设标准的作用及其权威性。

本建设标准从规范政府投资工程建设行为，加强工程项目科学管理，合理确定投资规模和建设水平，充分发挥投资效益出发，严格按照工程建设标准编制的规定和程序，深入调查研究，总结实践经验，进行科学论证，广泛听取有关单位和专家意见，确保编制质量；同时兼顾了地域、经济发展水平、服务人群数量等方面的差异，以切合实际，便于操作。因此本建设标准是社区老年人日间照料中心建设的全国统一标准。

**第三条** 本条阐明本建设标准的适用范围。

考虑到各地社区老年人日间照料中心现状不尽相同，分别需要新建、改建和扩建，为便于实际操作，故本建设标准对适用范围作此规定。为了贯彻落实养老服务“以社区服务为依托”的政策精神，更好地发挥社区在养老服务中的作用，满足社区老年人多样化的养老服务需求，本建设标准对社区老年人日间照料中心的服务对象和功能作出了规定。

**第四条** 本条阐明社区老年人日间照料中心建设的指导思想和原则。

社区老年人日间照料中心是直接服务于日托老年人的基础设施，其建设必须遵循国家经济建设的方针政策，并符合相应的法律法规。从实际需要出发，因地制宜，合理确定社区老年人日间照料中心的建设水平，正确处理需求和可能的关系，避免不切实际的盲目建设。

**第五条** 本条阐明社区老年人日间照料中心建设的总体要求。

这是根据社区老年人日间照料中心的工作性质、任务和特点提出的。

**第六条** 本条明确社区老年人日间照料中心资金投入和建设用地的要求。

社区老年人日间照料中心属于社会公共服务设施，故其建设水平应符合国情、地情，立足实际，不超前也不滞后于经济社会发展水平，并且其建设项目应纳入国民经济和社会发展规划，并确保政府的资金投入，建设用地也要纳入当地的城市规划。

**第七条** 本条明确实施本建设标准的基本要求。

为充分利用社会资源，避免不必要的重复建设，社区老年人日间照料中心应与其他社区公共服务和福利设施实现资源整合与共享。同时，作为社区老年人公共服务设施，必须与社区其他为老服务设施进行统一规划、合理布局。节能减排作为一项国策，本建设标准对此也作了强调。

**第八条** 本条阐明本建设标准与国家有关标准、规范及定额的关系。

## 第二章 建设内容及项目构成

**第九条** 本条明确社区老年人日间照料中心建设工程的主要组成内容。

这是社区老年人日间照料中心为老年人提供生活照料、保健康复、娱乐、交通接送等各项服务并开展其他保障工作所必须具备的基本建设项目。

**第十条** 本条明确社区老年人日间照料中心房屋建筑的主要内容。考虑到各地老年人需求的差异，允许各地根据实际需要，因地制宜，合理确定社区老年人日间照料中心房屋建筑的具体内容。

老年人生活服务用房主要满足日托老年人在休息、进餐、助浴等方面的需要，可包括休息室、餐厅和沐浴间。

老年人保健康复用房是为日托老年人提供简单医疗服务、基本康复训练及心理保健服务的用房，可包括医疗保健室、康复训练室和心理疏导室。其中，心理疏导室的设置是为了向有需要的日托老年人和老年人的家庭照顾者提供心理疏导和心理支持服务。

老年人娱乐用房是供日托老年人开展娱乐活动和进行社会交往的用房，可包括阅览室（含书画室）、网络室和多功能活动室。多功能活动室的设置一方面可供日托老年人聚会聊天，另一方面也可满足中心开展娱乐、讲座、培训等集体活动的需要。

辅助用房是保障社区老年人日间照料中心日常管理和后勤服务工作有序开展所必须设置的基本用房。

**第十一条** 本条明确社区老年人日间照料中心建筑设备的基本内容。

**第十二条** 本条明确社区老年人日间照料中心应设置的场地。

社区老年人日间照料中心需要为部分日托老年人提供往返于社区老年人日间照料中心的车辆接载服务，因此需设置道路和停车场。为满足日托老年人进行户外活动和康复训练的需要，还应设置必要的室外活动场地和绿地。

**第十三条** 本条明确社区老年人日间照料中心应配备的相关设备。

这是根据社区老年人日间照料中心的服务内容和功能要求提出的。各类社区老年人日间照料中心的相关设备配置详见附表1。

**附表1 社区老年人日间照料中心装备配置表**

| 设备种类 | 具体设备 | 类别 | | |
|---|---|---|---|---|
| | | 一类 | 二类 | 三类 |
| 生活服务 | 洗澡专用椅凳 | √ | √ | √ |
| | 轮椅 | √ | √ | √ |
| | 呼叫器 | √ | √ | √ |
| 保健康复 | 按摩床（椅） | √ | √ | √ |
| | 平衡杠、肋木、扶梯、手指训练器、股四头肌训练器、训练垫 | √ | √ | √ |
| | 血压计、听诊器 | √ | √ | √ |
| 娱乐 | 电视机、投影仪、播放设备 | √ | √ | √ |
| | 计算机及网络设备 | √ | √ | √ |
| 安防 | 监控设备 | √ | √ | √ |
| | 定位设备 | √ | √ | √ |
| | 摄录像机 | √ | √ | √ |
| 交通工具 | 老年人接送车 | √ | √ | √ |
| | 物品采购车 | √ | √ | |

注：√表示应具备。

# 第三章　建设规模及面积指标

**第十四条**　本条明确社区老年人日间照料中心建设规模的确定依据。

社区老年人日间照料中心的建设规模取决于其服务对象——日托老年人的数量，而日托老年人的数量又与所在社区居住人口数量直接相关，因此本建设标准以社区居住人口数量作为社区老年人日间照料中心规模分类的主要依据。同时考虑到日托老年人大多行动不便，为确保社区老年人日间照料中心为老服务的便利性，确定社区老年人日间照料中心的建设规模时还应兼顾其服务半径等因素。

**第十五条、第十六条**　本两条明确社区老年人日间照料中心的规模分类和各类面积指标，并对社区老年人日间照料中心各类用房的使用面积在总使用面积中所占比例作出了规定。

《城市居住区规划设计规范》GB 50180 将居住区按人口规模或居住户数分为居住区（30000～50000 人、10000～16000 户）、小区（10000～15000 人、3000～5000 户）和组团（1000～3000 人、300～1000 户）三级。《城镇老年人设施规划规范》GB 50437 明确提出托老所（社区养老服务场所，可分为日托和全托两种）宜在居住区和小区进行配建。社区老年人日间照料中心为日托老年人提供膳食供应、个人照顾、保健康复、娱乐和交通接送等日间服务，因此需要达到一定的服务人口规模才能维持正常的运营管理，同时也有利于充分实现资源整合以及土地的集约使用。考虑到社区人口规模的差异性及实际建设的可操作性，本建设标准将社区老年人日间照料中心分为了三类，并给出了各类面积指标。

为适应人口老龄化快速发展的形势，本建设标准在面积指标测算时采用了 2015 年全国人口老龄化水平（人口老龄化水平 =60 岁及以上老年人口数量/总人口数量）的预测值 15.3%，但考虑到不同类型社区的人口老龄化水平存在较大差异，为满足部分人口老龄化水平较高、老年人口数量较多的社区对老年人日间照料中心房屋建筑面积的实际需求，还对老年人人均建筑面积指标作出了规定。

社区老年人日间照料中心总建筑面积指标和各类房屋使用面积指标是根据社区老年人日间照料中心开展各项工作的实际需求，结合对各地调研数据的认真分析和总结，反复论证确定的。各类用房使用面积指标详见附表 2～附表 6。

考虑到人口老龄化水平较高的社区适当增加社区老年人日间照料中心建筑面积的需要，为便于实际操作，在对各类用房使用面积测算的基础上，给出了各类用房使用面积在总使用面积中所占的比例。各地可因地制宜，在保持中心总建筑面积不变的前提下，适当调整各业务用房的面积分配。

**附表 2　生活服务用房使用面积测算表**

| 用房名称 | 使用面积（$m^2$） | | |
|---|---|---|---|
| | 一类 | 二类 | 三类 |
| 休息室 | 321 | 180 | 101 |
| 沐浴间（含理发室） | 48 | 42 | 36 |
| 餐厅（含配餐间） | 78 | 55 | 38 |
| 合计 | 447 | 277 | 174 |

**附表3　保健康复用房使用面积测算表**

| 用房名称 | 使用面积（$m^2$） | | |
|---|---|---|---|
| | 一类 | 二类 | 三类 |
| 医疗保健室 | 48 | 42 | 36 |
| 康复训练室 | 58 | 54 | 48 |
| 心理疏导室 | 18 | 18 | 15 |
| 合计 | 124 | 114 | 99 |

**附表4　娱乐用房使用面积测算表**

| 用房名称 | 使用面积（$m^2$） | | |
|---|---|---|---|
| | 一类 | 二类 | 三类 |
| 阅览室（含书画室） | 64 | 36 | 27 |
| 网络室 | 30 | 24 | 18 |
| 多功能活动室 | 96 | 54 | 30 |
| 合计 | 190 | 114 | 75 |

**附表5　辅助用房使用面积测算表**

| 用房名称 | 使用面积（$m^2$） | | |
|---|---|---|---|
| | 一类 | 二类 | 三类 |
| 办公室 | 36 | 30 | 24 |
| 厨房 | 159 | 89 | 55 |
| 洗衣房 | 24 | 24 | 18 |
| 公共卫生间 | 36 | 36 | 24 |
| 其他用房 | 24 | 21 | 18 |
| 合计 | 279 | 200 | 139 |

**附表6　各类用房使用面积测算表**

| 用房名称 | | 使用面积（$m^2$） | | |
|---|---|---|---|---|
| | | 一类 | 二类 | 三类 |
| 老年人用房 | 生活服务用房 | 447 | 277 | 174 |
| | 保健康复用房 | 124 | 114 | 99 |
| | 娱乐用房 | 190 | 114 | 75 |
| 辅助用房 | | 279 | 200 | 139 |
| 合计 | | 1040 | 705 | 487 |

## 第四章　选址及规划布局

**第十七条**　本条明确社区老年人日间照料中心的选址要求。

根据社区老年人日间照料中心的性质和任务，其建设项目在选址时要综合考虑人口分布、市政条件和周边环境等因素，做到方便群众，便于开展服务。同时选址宜与其他为老服务福利设施邻近，利于资源整合和共享。

**第十八条**　本条阐明社区老年人日间照料中心的房屋建筑及垂直交通要求。

根据社区老年人日间照料中心的工作性质以及日托老年人大多行动不便的身体特点，本条对社区老年人日间照料中心的房屋建筑提出要求。鉴于社区老年人日间照料中心建设规模较小，为节约土地资源，提倡与其他社区服务设施合并建设，但应设置在建筑低层且相对独立，并宜有独立的出入口，禁止使用地下层。为方便老年人使用，建议垂直交通设有电梯等无障碍设施。资金投入有困难的，需设置无障碍坡道。坡道建筑面积应独立计算，不计入本建设标准规定的总建筑面积。

**第十九条**　本条阐明社区老年人日间照料中心总体布局的原则。

**第二十条**　本条阐明社区老年人日间照料中心老年人休息室的设置要求。

为了使老年人在日间休息时不受打扰，故本条作此规定。

## 第五章　建筑标准及有关设施

**第二十一条**　本条明确社区老年人日间照料中心建筑设计应遵循的原则。

这是根据社区老年人日间照料中心的工作特点和服务要求提出的。随着社会经济的发展，社区老年人日间照料中心的服务内容、形式及要求也将不断扩展、丰富和提高，为满足未来发展需求，故提出其主要建筑设计时应留有扩建、改造的余地。

**第二十二条**　本条明确社区老年人日间照料中心建筑设计应符合的相关建筑标准和规范。

**第二十三条**　本条对社区老年人日间照料中心的房屋建筑结构及抗震强度提出要求。

**第二十四条**　本条明确社区老年人日间照料中心建筑防火的要求。

**第二十五条**　本条阐明社区老年人日间照料中心老年人休息室设置的要求。

据调研，为方便对老年人的服务，满足不同类型日托老年人的需求，老年人休息室以每间容纳4~6人为宜。同时，为方便部分行动不便老年人的出行并确保其安全，本条对室内通道、床（椅）距和卫生间地面作出规定。

**第二十六条**　本条明确社区老年人日间照料中心老年人用房门和走道的宽度。

这是考虑到部分日托老年人坐轮椅出入房间、在走道回转和并行的实际需求而作出的规定。

**第二十七条**　本条明确社区老年人日间照料中心老年人用房的日照、通风与采光条件。

**第二十八条**　本条阐明社区老年人日间照料中心建筑内外装修的要求。

强调社区老年人日间照料中心建筑的外观色调并设置统一标识是为了增强老年人对社区老年人日间照料中心的认同感和归属感。为了方便老年人生活，满足老年人的情感需求，故对社区老年人日间照料中心的室内装修作出规定。

**第二十九条** 本条明确社区老年人日间照料中心的用电要求。

**第三十条** 本条对社区老年人日间照料中心给排水和热水供应系统提出要求。

**第三十一条** 本条明确社区老年人日间照料中心供暖和空气调节的要求。

**第三十二条** 本条对社区老年人日间照料中心网络管线的布置和预留接口提出要求。

# 救灾物资储备库建设标准

## 建标 121—2009

## 住房和城乡建设部、国家发展和改革委员会关于批准发布《救灾物资储备库建设标准》的通知

建标〔2009〕114 号

国务院有关部门，各省、自治区、直辖市、计划单列市住房和城乡建设厅（委、局）、发展和改革委员会，新疆生产建设兵团建设局、发展和改革委员会：

根据建设部《关于印发〈2008 年工程项目建设标准、投资估算指标、建设项目评价方法与参数编制项目计划〉的通知》（建标函〔2008〕24 号）的要求，由民政部规划财务司、救灾司、中国老龄科学研究中心共同编制的《救灾物资储备库建设标准》，经有关部门会审，现批准发布，自 2009 年 10 月 1 日起施行。

在救灾物资储备库项目的审批、设计和建设过程中，要严格遵守国家关于严格控制建设标准，进一步降低工程造价的相关要求，认真执行本建设标准，坚决控制工程造价。

本建设标准的管理由住房和城乡建设部、国家发展和改革委员会负责，具体解释工作由民政部负责。

中华人民共和国住房和城乡建设部
中华人民共和国国家发展和改革委员会
二〇〇九年六月二十九日

## 前　言

《救灾物资储备库建设标准》是根据建设部《关于印发〈2008 年工程项目建设标准、投资估算指标、建设项目评价方法与参数编制项目计划〉的通知》（建标函〔2008〕24 号）的要求，由民政部负责主编，具体由民政部规划财务司、救灾司和中国老龄科学研究中心共同编制。

在编制过程中，编制组遵循《中华人民共和国防震减灾法》、《中华人民共和国防洪法》、《国家自然灾害救助应急预案》和《救灾储备物资管理规程》等法律、法规和政策文件，在全国不同地区进行了广泛深入的调查研究，总结了各地救灾物资储备库建设的经

验教训。在此基础上，对大量资料进行了科学的论证与分析，形成了标准征求意见稿。经广泛征求有关方面的意见、反复修改补充形成了送审稿，经专家审查会通过后，进一步修改完善形成报批稿，并经有关部门批准发布。

本建设标准共分五章，包括总则、建设规模和项目构成、选址与规划布局、建筑标准、建筑及相关设备配置。

在执行本建设标准过程中，请各单位注意总结经验、积累资料，如发现需要修改和补充之处，请将意见和有关资料寄交民政部规划财务司（地址：北京市东城区北河沿大街147号，邮政编码：100721），以便今后修订时参考。本标准的解释工作由民政部规划财务司负责。

**主编单位：** 民政部规划财务司、救灾司
中国老龄科学研究中心

**编制组成员：** 姜　力　宋志强　陈越良　庞陈敏　张恺悌　徐秀玲　高玉成　纪占国
李　成　陈　刚　王莉莉　董彭滔　欧阳铮

**主要起草人：** 陈　刚　王莉莉　董彭滔　欧阳铮　杜　山

中华人民共和国民政部

2009年1月

# 第一章　总　　则

**第一条**　为加强和规范救灾物资储备库建设，科学合理地进行工程项目投资决策和管理，充分发挥社会效益和投资效益，提高我国自然灾害应急救助能力，制定本建设标准。

**第二条**　本建设标准是救灾物资储备库项目决策和合理确定项目建设水平的全国性标准，是编制、审批和核准救灾物资储备库项目建议书、可行性研究报告的依据，也是有关部门审查工程项目初步设计和监督检查项目建设全过程的重要依据。

**第三条**　本建设标准适用于民政部门管理的救灾物资储备库的新建、改建和扩建工程。

**第四条**　救灾物资储备库建设应按照科学发展观的要求，遵循国家经济建设的方针政策，符合《中华人民共和国防震减灾法》、《中华人民共和国防洪法》、《国家自然灾害救助应急预案》等法律、法规，从我国备灾、救灾的实际情况出发，立足当前，兼顾发展，统筹规划，合理确定建设规模和水平，建立和完善救灾物资储备体系，满足灾害救助和应急指挥所需物资的储备和管理需要。

**第五条**　救灾物资储备库建设应纳入国民经济和社会发展规划，由政府统一安排建设项目投资，其建设用地应按国家公益事业的有关用地规定执行。

**第六条**　救灾物资储备库建设应满足本级政府《自然灾害救助应急预案》对物资准备的要求，统一规划，一次或分期实施；改建、扩建工程应充分利用原有设施，实行资源整合。

救灾物资储备库建设应符合国家节能减排及环保的要求。

**第七条**　救灾物资储备库的建设，除应符合本建设标准外，还应符合国家现行有关标准、指标和定额的规定。

## 第二章　建设规模和项目构成

**第八条**　救灾物资储备库分为中央级（区域性）、省级、市级和县级四类，其建设规模由储备物资所需的建筑面积确定。

救灾物资储备库的储备物资规模应根据辐射区域内自然灾害救助应急预案中三级应急响应启动条件规定的紧急转移安置人口数量确定。

**第九条**　各类救灾物资储备库的建设规模应符合表1规定：

**表1　救灾物资储备库规模分类表**

| 规模分类 | | 紧急转移安置人口数（万人） | 总建筑面积（$m^2$） |
|---|---|---|---|
| 中央级（区域性） | 大 | 72～86 | 21800～25700 |
| | 中 | 54～65 | 16700～19800 |
| | 小 | 36～43 | 11500～13500 |
| 省级 | | 12～20 | 5000～7800 |
| 市级 | | 4～6 | 2900～4100 |
| 县级 | | 0.5～0.7 | 630～800 |

注：1　使用本表时每类规模上限取大值，规模下限取小值，规模的中间值采用插入法取值。

2　建设规模小于县级库下限的，宜设置救灾物资储备点或与其他民政设施合建；建设规模因实际需要突破本建设标准的，另行报批。

**第十条**　救灾物资储备库建设内容包括房屋建筑、场地、建筑设备和其他必要装备。

**第十一条**　救灾物资储备库房屋建筑包括库房、生产辅助用房、管理用房和附属用房。各类用房构成和建筑面积详见表2、表3。

**表2　救灾物资储备库各类用房构成详表**

| 项　目 | | 类型：中央级（区域性）大 | 中央级（区域性）中 | 中央级（区域性）小 | 省级 | 市级 | 县级 |
|---|---|---|---|---|---|---|---|
| 库房 | | √ | √ | √ | √ | √ | √ |
| 生产辅助用房 | 加工用房 | √ | √ | √ | √ | √ | 合建 |
| | 清洗消毒用房 | √ | √ | √ | √ | √ | |
| 管理用房 | 办公室 | √ | √ | √ | √ | √ | 合建 |
| | 会议室 | √ | √ | √ | √ | √ | |
| | 财务室 | √ | √ | √ | √ | √ | √ |
| | 档案室 | √ | √ | √ | √ | √ | 合建 |
| | 监控室 | √ | √ | √ | √ | 合建 | 合建 |
| | 警卫室 | √ | √ | √ | √ | | |
| | 活动室 | √ | √ | √ | √ | √ | ○ |
| | 值班宿舍 | √ | √ | √ | √ | √ | √ |

续表2

| 项目 | | 类型 | | | | | |
|---|---|---|---|---|---|---|---|
| | | 中央级（区域性） | | | 省级 | 市级 | 县级 |
| | | 大 | 中 | 小 | | | |
| 附属用房 | 车库 | √ | √ | √ | √ | √ | √ |
| | 变/配电室 | √ | √ | √ | √ | √ | ○ |
| | 水泵房 | √ | √ | √ | √ | √ | √ |
| | 锅炉房 | √ | √ | √ | ○ | ○ | ○ |
| | 食堂 | √ | √ | √ | √ | √ | ○ |
| | 浴室 | √ | √ | √ | √ | √ | 合建 |
| | 卫生间 | √ | √ | √ | √ | √ | |

注："√"表示应具备该用房；"○"表示可具备该用房。

**表3　救灾物资储备库各类用房建筑面积表（$m^2$）**

| 项目 | 中央级（区域性） | | | 省级 | 市级 | 县级 |
|---|---|---|---|---|---|---|
| | 大 | 中 | 小 | | | |
| 库房 | 19563～23368 | 14673～17661 | 9781～11684 | 3985～6641 | 2213～3321 | 394～552 |
| 生产辅助用房 | 616 | 616 | 462 | 308 | 277 | 77 |
| 管理用房 | 1015～1093 | 856～933 | 678～750 | 422～495 | 228～285 | 73～95 |
| 附属用房 | 563～609 | 543～552 | 506～518 | 292～304 | 179～192 | 85 |
| 合计取值 | 21800～25700 | 16700～19800 | 11500～13500 | 5000～7800 | 2900～4100 | 630～800 |

**第十二条**　救灾物资储备库场地包括室外货场（货场罩棚）、观察场、晾晒场、停车场等。

省级及省级以上救灾物资储备库的观察场应满足紧急情况下直升飞机的起降要求。

**第十三条**　救灾物资储备库建筑设备包括电气、给排水、采暖通风、安保、通信、消防、网络等设备。

省级及省级以上救灾物资储备库有条件时可设置铁路专用线。

## 第三章　选址与规划布局

**第十四条**　救灾物资储备库的选址应符合当地城市规划，遵循储存安全、调运方便的原则，并满足以下要求：

一、地势较高，工程地质和水文地质条件较好；

二、市政条件较好；

三、远离火源、易燃易爆厂房和库房等；

四、交通运输便利，市级及市级以上救灾物资储备库宜临近铁路货站或高速公路入口；

五、地势较为平坦，视野相对开阔，市级及市级以上救灾物资储备库的库址应便于紧急情况下直升飞机起降。

**第十五条** 救灾物资储备库的总平面布置应符合功能要求，做到布局合理、流程通畅。

**第十六条** 市级及市级以上救灾物资储备库应单设仓储区，其他功能区可根据实际需要设置。救灾物资储备库库房宜与生产辅助用房毗邻，并与管理用房和附属用房隔开。

**第十七条** 救灾物资储备库内外道路应通畅便捷。省级及省级以上救灾物资储备库对外连接市政道路或公路的通路应能满足大型货车双向通行的要求。

**第十八条** 救灾物资储备库的建设用地应根据节约用地的原则和总平面布置的实际需要，科学合理确定，并应包括建筑、场地、道路和绿化等用地。建筑系数宜为35% ~40%，其中专用堆场面积宜为库房建筑面积的30%。

## 第四章 建筑标准

**第十九条** 救灾物资储备库的建筑标准应根据救灾物资储存、管理的功能要求合理确定。

**第二十条** 救灾物资储备库应设置实体围墙，高度宜为3.0m。

**第二十一条** 救灾物资储备库库房宜为单层，其库房净高不应低于6m；当受条件限制采用多层库时，不宜超过3层。

**第二十二条** 救灾物资储备库库房结构型式的确定应满足仓储功能的需要和结构安全的相关规定，并充分考虑当地的施工条件及用材状况。

**第二十三条** 救灾物资储备库的抗震设防标准应符合现行国家标准《建筑工程抗震设防分类标准》GB 50223和《建筑抗震设计规范》GB 50011的相关规定。

**第二十四条** 救灾物资储备库的库房地坪荷载应满足货物堆放及装卸机械运输和通行的要求。

**第二十五条** 救灾物资储备库库房的屋面防水等级和要求应符合现行国家标准《屋面工程质量验收规范》GB 50207的相关规定。

**第二十六条** 救灾物资储备库建筑耐火等级不应低于二级，其消防给水和灭火设施、防烟与排烟设施、火灾自动报警系统、消防车道等应符合现行国家标准《建筑设计防火规范》GB 50016的相关规定。

**第二十七条** 救灾物资储备库库房首层地面应做防潮处理，库房室内地坪应高于室外地坪，且高差不小于0.3m。

**第二十八条** 救灾物资储备库库房出入口应方便运输、装卸设备的出入，并设置防鼠板，高度宜为0.5m。

## 第五章 建筑及相关设备配置

**第二十九条** 救灾物资储备库应根据物资储备、业务管理等功能要求配置建筑及相关设备。

**第三十条** 救灾物资储备库供电应满足照明和设备运行的需要。

**第三十一条** 救灾物资储备库应有给排水系统，其防洪、防涝排水应根据库址地形及城市防洪、防涝规划确定流向，宜采用排水沟或排水管道等有组织排水方式。

**第三十二条** 救灾物资储备库库房、室外货场、货场罩棚应按照第三类建筑物、构筑物采取防雷措施。

**第三十三条** 救灾物资储备库库房应具备良好的通风条件，自然通风不能满足要求时，应配备相应的机械通风设施。

**第三十四条**　救灾物资储备库的多层库房应设置载重不低于2t的货运电梯等垂直货运设备。

**第三十五条**　救灾物资储备库应按信息化管理的需要配置计算机信息管理系统和网络系统。

**第三十六条**　救灾物资储备库应配置装卸、物资保管维护、技防及必要的交通工具等相关设备。

## 附录　主要名词解释

1. 自然灾害：指给人类生存带来危害或损害人类生活环境的自然现象，包括洪涝、干旱灾害，台风、冰雹、雪、沙尘暴等气象灾害，火山、地震灾害，山体崩塌、滑坡、泥石流等地质灾害，风暴潮、海啸等海洋灾害，森林草原火灾和重大生物灾害等自然灾害。

2. 救灾储备物资：是指各级民政部门存储和调用的，主要用于救助紧急转移安置人口，满足其基本生活需求的物资，包括帐篷、棉被、棉衣裤、睡袋、应急包、折叠床、移动厕所、救生衣、净水机、手电筒、蜡烛、方便食品、矿泉水、药品和部分救灾应急指挥所需物资以及少量简易的救灾工具等。

3. 自然灾害救助应急预案：是各级政府为建立健全应对突发自然灾害紧急救助体系和运行机制，规范应急救助行为，提高应急救助能力，最大程度地减少人民群众的生命和财产损失，维护灾区社会稳定而制定的政府文件。其主要内容包括：自然灾害救助的启动条件、组织指挥体系及职责任务、应急准备、预警预报与信息管理、应急响应、灾后救助与恢复重建等。

4. 自然灾害救助应急预案启动条件：包括因灾死亡人口、倒塌房屋、紧急转移安置人口数量等。其中紧急转移安置人口数量是各地根据灾害类型、灾害发生频次和强度，以及各地历年来因灾实际发生的紧急转移安置人口数量等因素综合考虑，并科学确定的。自然灾害救助应急预案中不同的响应等级对应不同的紧急转移安置人口数量。

5. 紧急转移安置人口：指因受到灾害威胁、袭击，离开住所转移安置到其他地方，并接受紧急救助的人口；或因断水、断电、交通中断等原因生活困难，需接受紧急救助的人口（包括非常住人口以及农垦企业、国有林场、华侨农场的受灾人员）。

6. 生产辅助用房：用于设备维修、清洗缝补救灾物资的用房。

7. 专用堆场：包括室外货场、观察场和晾晒场。

8. 室外货场：用于清点、装卸和临时堆放救灾物资的场地。

9. 观察场：用于救灾物资入库前对其进行清洁、整理，发现并消除救灾物资安全隐患的场地。

10. 晾晒场：用于晾晒救灾物资的场地。

11. 停车场：用于停放货车、应急调度车和物资转运车等车辆的场地。

12. 建筑系数：建筑系数 = $(K+F+S+D)/Z\times100\%$

式中：$K$——库房用地面积；

$F$——生产辅助及配套设施建、构筑物用地面积；

$S$——管理用房和附属用房建筑物用地面积；

$D$——专用堆场用地面积；

$Z$——救灾物资储备库总用地面积。

13. 库房使用面积系数：库房使用面积系数=库房使用面积/库房建筑面积。

## 附　件

# 《救灾物资储备库建设标准》条文说明

## 第一章　总　则

**第一条**　本条阐明制定本建设标准的目的和意义。

我国是世界上受自然灾害影响最为严重的国家之一，特殊的地理环境决定了我国的自然灾害具有种类多、发生频度高、灾害集中、损失严重等特点。特别是近年来，雪灾、地震、洪水等特大自然灾害频繁发生，使人民群众的生命财产遭受了巨大损失。为了提高政府灾害救助水平，减少自然灾害造成的人员伤亡和财产损失，维护灾区正常社会秩序，1998 年国家建立了中央级救灾物资储备制度，要求民政部门建立用于储备救灾物资的专门设施（机构），其储备物资主要用于对遭受自然灾害地区的灾民实施紧急救助，保障其最基本的生活需要。经过 10 年的发展，已在 11 个城市设立了中央级救灾物资储备库。同时，部分省、市、县也通过各种方式建立了本级救灾物资储备库，它们在自然灾害救助中发挥了不可替代的重要作用。但总体上看，目前各级救灾物资储备库普遍存在库房面积小、建设标准低、基本装备严重不足的问题，不能很好地满足目前的救灾工作需要，更无法适应新时期党和国家对备灾、救灾工作提出的新要求。为完善救灾物资储备体系，提高我国自然灾害的应对能力，必须新建、改建和扩建一批符合标准的救灾物资储备库，《国家综合减灾“十一五”规划》和《国家自然灾害救助应急预案》对此都作了明确规定，并已开始启动相关工作。为加强和规范救灾物资储备库的建设，科学合理地进行工程项目决策和管理，充分发挥社会效益和投资效益，制定相应的建设标准是十分必要的。

**第二条**　本条阐明本建设标准的作用和权威性。

本建设标准从规范政府投资工程项目的建设行为、加强科学管理、合理确定投资规模和建设水平、充分发挥投资效益出发，严格按照工程建设标准编制的规定和程序，深入调查研究，总结实践经验，进行科学论证，广泛听取有关单位和专家意见，确保编制质量；同时兼顾了各地灾害发生情况、经济发展水平等多方面的差异，切合实际，便于操作，是救灾物资储备库工程建设的全国性标准。

**第三条**　本条阐明本建设标准的管理部门和适用范围。

我国《国家自然灾害救助应急预案》、民政部和财政部《关于建立中央级救灾物资储备制度的通知》、《中央级救灾储备物资管理办法》、民政部《救灾储备物资管理规程》等文件中明确指出，救灾储备物资是指各级民政部门存储和调用的，用于救助紧急转移安置人口、保证其最基本生活需求的物资，并规定各级民政部门负责救灾储备物资的采购、存储、接收和调运，是救灾物资储备库的直接管理部门。救灾物资储备库的性质和任务决定其与其他物资储备库的设置要求有很大不同；同时，鉴于目前救灾物资储备库数量不足、分布不均、建设标准低、基本装备极度匮乏的现实，必须新建一批符合要求的救灾物资储备库，并从节约社会资源的角度出发，应对原有的不符合要求的救灾物资储备库在现有基础上改建、扩建，故本条明确本建设标准适用于民政部门管理的救灾物资储备库的新建、改建和扩建工程。

**第四条** 本条阐明救灾物资储备库建设的指导思想、方针政策、法律法规和总体要求。

救灾物资储备库的主要职能是为灾民提供紧急救助物资，以满足他们的基本生活需要，因此其工程建设必须按照科学发展观的要求，体现以人为本的理念；同时，作为政府投资的工程建设项目，救灾物资储备库建设必须遵守国家经济建设的方针政策和有关法律法规；此外，考虑到我国自然灾害发生情况和地域之间的差异，强调从我国备灾、救灾的实际情况出发，正确处理需要和可能的关系，进行统筹规划，合理确定建设规模与水平，既要防止不切实际的盲目建设，又要满足我国建立和完善救灾物资储备体系的工作要求。

为加强国家自然灾害应急救助体系建设，《国家综合减灾"十一五"规划》中明确要求建立健全统一指挥、分级管理、反应灵敏、协调有序、运转高效的管理体制和运行机制。因此，救灾物资储备库储存和管理的物资中，除直接用于灾害救助的物资外，还要有相应的应急指挥所需物资。

**第五条** 本条明确救灾物资储备库的投资渠道和建设用地的申报、征拨。

救灾物资储备库的建设属于政府行为，其建设用地已列入《划拨用地名录》，因此其投资和用地均按公益事业建设的有关规定执行。

**第六条** 本条阐明实施本建设标准的基本要求。

鉴于各级政府制定发布的本地区《自然灾害救助应急预案》对物资准备都有具体要求，且救灾所需物资种类、数量也因地而异，故救灾物资储备库的建设应根据本级政府《自然灾害救助应急预案》规定的物资储存和管理要求进行统一规划并实施。考虑到各地财力状况的不同，有资金困难的地区也可分期建设。同时，为防止重复建设，强调改建、扩建项目应注重资源整合，避免造成浪费。

另外，在救灾物资储备库的建设中还必须满足保护环境、节约能源和投资的要求。

**第七条** 本条阐明本建设标准与国家有关标准、指标和定额的关系。

## 第二章　建设规模和项目构成

**第八条** 本条阐明救灾物资储备库的分类，并明确其建设规模的确定依据。

本条将救灾物资储备库分为中央级（区域性）、省级、市级、县级四类，主要基于：

一、我国幅员辽阔、地形复杂、灾害种类多、地区差异大、灾害救助需要各异，因此各地救灾物资储备库的建设规模也不尽相同，必须分类建设。

二、国家规定灾害救助工作实行"分级管理，条块结合，以块为主"，明确要求"建立健全中央救灾物资储备库，各省、自治区、直辖市及灾害多发地、县建立健全物资储备库、点"，即灾害发生后，先动用最基层救灾物资储备库的救灾物资，当满足不了救助需求时，再逐级向上申请物资，直至动用中央救灾物资储备库的救灾物资。因此，本标准将救灾物资储备库分为中央级（区域性）、省级、市级、县级四类。

三、中央级（区域性）救灾物资储备库需要在全国范围内对救灾物资进行宏观调控和统筹调拨，承担着区域辐射和查漏补缺的功能。由于我国地域辽阔、各地灾害种类、发生频度和灾情各异，需要根据我国自然灾害的分布特点、各地人口密度、地区经济发展水平和交通运输能力等因素，对中央级救灾物资储备库进行合理布点、分区域建设。鉴于各区域库的辐射范围、救助需要不同，其建设规模也有差异，故将中央级（区域性）救灾物资储备库按照辐射范围和救助需求划分为大、中、小三类。

救灾物资储备库的规模大小与其储存物资的规模有着直接关系，本标准将各类救灾物资储备库辐射区域内自然灾害救助应急预案中三级应急响应启动条件规定的紧急转移安置人口数量作为确定储备物资规模的依据，主要基于：

一、紧急转移安置人口的数量直接决定救灾物资的储备规模。根据民政部《救灾储备物资管理规程》规定，救灾储备物资是指各级民政部门存储和调用的，主要用于救助紧急转移人口，满足其基本生活需求的物资。因此，紧急转移安置人口的数量是救灾物资储备规模的直接决定因素。

二、根据《国家自然灾害救助应急预案》中建立健全应对突发自然灾害紧急救助体系和运行机制的要求，目前全国100%的省份、93%的地市、82%的县市已制定了自然灾害救助应急预案。各级《自然灾害救助应急预案》是各地综合考虑地方灾害发生情况、经济发展水平、辖区人口规模等因素，经充分论证后制定，并以政府文件下达的，对自然灾害救助的启动条件、应急准备、应急响应等作了系统而明确的规定，具有相应的权威性和科学性。

三、国家各级《自然灾害救助应急预案》根据灾害造成损失情况分为四级响应，并分别规定了各级响应的启动条件，包括因灾死亡人口、倒塌房屋、紧急转移安置人口数量等。其中紧急转移安置人口数量是各地根据灾害类型、灾害发生频次和强度，以及各地历年来因灾实际发生的紧急转移安置人口数量等因素综合考虑，科学确定的，《自然灾害救助应急预案》中不同的响应等级对应不同的紧急转移安置人口数量。

四、在实际操作时，通常当灾情达到一、二级时，上一级自然灾害救助应急预案就要启动，而三级以下灾情往往由本地区自行响应。根据调研，救灾物资储备库的储存物资应至少满足三级应急响应启动条件规定的紧急转移安置人口的救助需要，故本标准以三级应急响应启动条件规定的紧急转移安置人口数量作为确定救灾物资储备规模的依据。

**第九条** 本条明确各类救灾物资储备库所对应的紧急转移安置人口数量和总建筑面积。

本条表1所列各类救灾物资储备库对应的紧急转移安置人口数量及其总建筑面积是根据相关文件的规定和要求、国家现行有关标准及定额的规定，以及救灾物资储备库实际工作需要和建设中已取得的经验，经过科学论证和测算得出的。

根据救灾物资储备库的辐射范围和规模分类，通过对各地灾情数据和自然灾害救助应急预案三级应急响应启动条件规定的紧急转移安置人口数量进行统计分析，本标准分别给出了各类救灾物资储备库所对应的紧急转移安置人口数量：

一、中央级（区域性）救灾物资储备库。着重考虑其布点和建设需求：（一）根据自然灾害分布、交通通达能力和经济发展水平三个因素，在全国31个省会城市进行筛选，确定21个中央级救灾物资储备库的布点城市。（二）根据中央级救灾物资储备库的整体布局情况，综合考虑灾害类型、地域临近、交通能力、地域经济等因素，确定各布点城市的辐射区域。（三）根据《国家自然灾害救助应急预案》和《民政部应对自然灾害工作规程》中三级自然灾害应急响应的启动条件，采用民政部2005年~2007年各省区因灾紧急转移安置人口的平均数，结合1949年~2007年各省区历史上大灾年的因灾紧急转移安置人口数量，确定各中央级救灾物资储备库辐射区域内所对应的紧急转移安置人口数量，并对其进行统计分析，发现其主要聚集在72万~86万、54万~65万、36万~43万之间，故据此将中央级救灾物资储备库分为大、中、小三类。

二、省级、市级、县级救灾物资储备库。根据地方各级自然灾害救助应急预案，分别对省、市、县三级应急响应启动条件所规定的紧急转移安置人口数量进行了分析，通过散点图发现其对应的紧急转移安置人口数量分别主要聚合在12万~20万、4万~6万、0.5万~0.7万这三个区间，故据此分别确定省级、市级、县级救灾物资储备库所对应的紧急转移安置人口数量。

三、本建设标准对建设规模低于县级库下限的，提倡设置储备点或与其他民政设施合建，是为了节约用地，避免资源浪费，并充分发挥投资和规模效益。考虑到少数人口众多、灾害频发地区的建设需要，故规定允许其突破本建设标准，但需另行报批。

各类救灾物资储备库总建筑面积=库房建筑面积+生产辅助用房建筑面积+管理用房建筑面积+附属用房建筑面积。具体测算过程如下：

一、库房建筑面积

（一）根据紧急转移安置人口的数量分别确定各类救灾物资储备库的储备物资规模。

鉴于各地自然灾害类型、经济条件等方面存在差别，在紧急转移安置人口中，需政府救助的比例也有不同，经调研论证，本建设标准在测算中央级（区域性）、省级、市级、县级储备库的建筑面积时，分别按紧急转移安置人口的25%、30%、50%和70%确定实际需要政府提供救助的人数及其所需救助物资，进而确定各类救助物资的存储规模。

（二）根据储存物资的规模、规格尺寸及堆放要求，确定库房建筑面积。

主要储备物资的种类、规格尺寸和单位面积堆放数量详见附表1。

**附表1　主要储备物资的规格尺寸和单位面积堆放数量**

| 物资种类 | | 规格尺寸（m） | 单个体积（$m^3$） | 堆放高度 | 单位面积的堆放数量 |
|---|---|---|---|---|---|
| 帐篷（$12m^2$） | 篷架（个） | 2.3×0.4×0.2 | 0.184 | 1.5m×2 | 16.30 |
| | 篷包（个） | 1.6×0.4×0.2 | 0.128 | 1.5m×2 | 23.44 |
| 棉被（条） | | 0.9×0.5×0.65（每10条） | 0.293 | 1.5m×2 | 102.39 |
| 睡袋（个） | | 0.35×0.2（直径） | 0.07 | 1.5m×2 | 42.86 |
| 救生包（个） | | 0.2×0.2×0.2 | 0.008 | 1.5m×2 | 375.00 |
| 折叠床（张） | | 0.5×0.44×0.2 | 0.044 | 1.5m×2 | 68.18 |
| 移动厕所（个） | | 2.1×0.8×0.42 | 0.706 | 1.5m×2 | 4.25 |
| 救生衣（件） | | 0.9×0.5×0.65（每20件） | 0.293 | 1.5m×2 | 204.78 |
| 棉衣裤（套） | | 0.7×0.45×0.5（每10套） | 0.158 | 1.5m×2 | 189.87 |

其他储备物资包括毛毯、毛巾被、净水机等，其所需库房面积根据主要储备物资所需库房面积的一定比例确定。据调研，中央级（区域性）、省级、市级、县级救灾物资储备库其他储备物资所需库房面积分别为主要储备物资所需库房面积的8%、10%、10%和12%。

主要储备物资和其他储备物资所需库房面积相加，即可得到各类救灾物资储备库的库房总建筑面积，详见附表2。

**附表2　各类救灾物资储备库的库房面积表（$m^2$）**

| 项目 | 中央级（区域性） | | | | | |
|---|---|---|---|---|---|---|
| | 大 | | 中 | | 小 | |
| | 使用面积 | 建筑面积 | 使用面积 | 建筑面积 | 使用面积 | 建筑面积 |
| 主要储备物资 | 16303~19473 | 18114~21637 | 12227~14718 | 13586~16353 | 8151~9736 | 9057~10818 |
| 其他储备物资 | 1304~1558 | 1449~1731 | 978~1177 | 1087~1308 | 652~779 | 724~866 |
| 合　计 | 17607~21031 | 19563~23368 | 13205~15895 | 14673~17661 | 8803~10515 | 9781~11684 |
| 项目 | 省级 | | 市级 | | 县级 | |
| | 使用面积 | 建筑面积 | 使用面积 | 建筑面积 | 使用面积 | 建筑面积 |
| 主要储备物资 | 3261~5434 | 3623~6038 | 1811~2717 | 2012~3019 | 317~444 | 352~493 |
| 其他储备物资 | 326~543 | 362~603 | 181~272 | 201~302 | 38~53 | 42~59 |
| 合　计 | 3587~5977 | 3985~6641 | 1992~2989 | 2213~3321 | 355~497 | 394~552 |

注：1　库房使用面积=储备物资总量/单位面积物资堆放数量/库房堆放面积系数；

2　库房建筑面积=库房使用面积/库房使用面积系数；

3　库房堆放面积系数取0.60，库房使用面积系数取0.90。

二、生产辅助用房建筑面积

（一）加工用房（包括缝补、设备维修等用房）。根据调研情况与设施需要，中央级（区域性）大、中、小型救灾物资储备库应设置的加工用房使用面积分别为200$m^2$、200$m^2$和150$m^2$，省级、市级、县级救灾物资储备库应设置的加工用房使用面积分别为100$m^2$、80$m^2$和50$m^2$。

（二）清洗消毒用房（包括烘干等用房）。为了对回收物资进行清洗、烘干和消毒，中央级（区域性）大、中、小型救灾物资储备库应设置的清洗消毒用房使用面积分别为200$m^2$、200$m^2$和150$m^2$，省级、市级救灾物资储备库应设置的清洗消毒用房使用面积分别为100$m^2$和100$m^2$，县级救灾物资储备库的清洗消毒用房可与加工用房合建。

将以上两类用房的使用面积相加，并按使用面积系数0.65测算，即可得出各类救灾物资储备库生产辅助用房的建筑面积，见附表3。

三、管理用房建筑面积

管理用房建筑面积是按照救灾物资储备库人员配备数量构成以及管理要求分别确定的，各类救灾物资储备库工作人员数量及构成见附表4。

**附表3　各类救灾物资储备库生产辅助用房面积表（m²）**

<table>
<tr><td rowspan="3">项　目</td><td colspan="6">中央级（区域性）</td></tr>
<tr><td colspan="2">大</td><td colspan="2">中</td><td colspan="2">小</td></tr>
<tr><td>使用面积</td><td>建筑面积</td><td>使用面积</td><td>建筑面积</td><td>使用面积</td><td>建筑面积</td></tr>
<tr><td>加工用房</td><td>200</td><td>308</td><td>200</td><td>308</td><td>150</td><td>231</td></tr>
<tr><td>清洗消毒用房</td><td>200</td><td>308</td><td>200</td><td>308</td><td>150</td><td>231</td></tr>
<tr><td>合　计</td><td>400</td><td>616</td><td>400</td><td>616</td><td>300</td><td>462</td></tr>
<tr><td rowspan="2">项　目</td><td colspan="2">省　级</td><td colspan="2">市　级</td><td colspan="2">县　级</td></tr>
<tr><td>使用面积</td><td>建筑面积</td><td>使用面积</td><td>建筑面积</td><td>使用面积</td><td>建筑面积</td></tr>
<tr><td>加工用房</td><td>100</td><td>154</td><td>80</td><td>123</td><td rowspan="2">50</td><td rowspan="2">77</td></tr>
<tr><td>清洗消毒用房</td><td>100</td><td>154</td><td>100</td><td>154</td></tr>
<tr><td>合　计</td><td>200</td><td>308</td><td>180</td><td>277</td><td>50</td><td>77</td></tr>
</table>

**附表4　各类救灾物资储备库人员构成表（人）**

<table>
<tr><td colspan="2">规模分类</td><td>管理人员</td><td>专业人员</td><td>合计</td></tr>
<tr><td rowspan="3">中央级<br>（区域性）</td><td>大</td><td>20～22</td><td>30～33</td><td>50～55</td></tr>
<tr><td>中</td><td>16～18</td><td>24～27</td><td>40～45</td></tr>
<tr><td>小</td><td>12～14</td><td>18～21</td><td>30～35</td></tr>
<tr><td colspan="2">省　级</td><td>8～10</td><td>12～15</td><td>20～25</td></tr>
<tr><td colspan="2">市　级</td><td>4～6</td><td>6～9</td><td>10～15</td></tr>
<tr><td colspan="2">县　级</td><td>2～3</td><td>3～5</td><td>5～8</td></tr>
</table>

（一）办公室。按照附表4中管理人员数量，并参照《党政机关办公用房建设标准》中办公室人均使用面积6m²的要求，中央级（区域性）大、中、小型救灾物资储备库的办公室使用面积分别为120m²～132m²、96m²～108m²和72m²～84m²，省级、市级、县级救灾物资储备库的办公室使用面积分别为48m²～60m²、24m²～36m²和12m²～18m²。

（二）会议室。按照附表4中工作人员总数，并按照人均会议室使用面积1.1m²测算，中央级（区域性）大、中、小型救灾物资储备库的会议室使用面积分别为55m²～60m²、44m²～50m²和33m²～40m²，省级、市级救灾物资储备库的会议室使用面积分别为22m²～30m²和12m²～18m²。县级救灾物资储备库不单设会议室。

（三）财务室。参照《党政机关办公用房建设标准》中对标准单间办公室使用面积的规定，中央级（区域性）大、中、小型救灾物资储备库的财务室使用面积均为18m²，省级、市级、县级救灾物资储备库的财务室使用面积分别为15m²、15m²和12m²。

（四）档案室。参照《党政机关办公用房建设标准》中对标准单间办公室使用面积的规定，中央级（区域性）大、中、小型救灾物资储备库的档案室使用面积均为 $15m^2$，省级、市级救灾物资储备库的档案室使用面积分别为 $15m^2$ 和 $12m^2$。县级救灾物资储备库不单设档案室。

（五）监控室。根据设备所占空间以及监控工作要求，中央级（区域性）大、中、小型救灾物资储备库的监控室使用面积均为 $18m^2$，省级、市级、县级救灾物资储备库的监控室使用面积分别为 $18m^2$、$18m^2$ 和 $12m^2$。

（六）警卫室。考虑到救灾物资储备库对物资的保管、看护任务，参照《党政机关办公用房建设标准》中对标准单间办公室使用面积的规定，中央级（区域性）大、中、小型救灾物资储备库和省级救灾物资储备库的警卫室使用面积均为 $15m^2$，市级、县级救灾物资储备库的警卫室可与监控室合建。

（七）活动室。根据摆放器械和活动设施的要求，中央级（区域性）大、中、小型救灾物资储备库的活动室使用面积分别为 $48m^2$、$48m^2$ 和 $36m^2$，省级、市级救灾物资储备库的活动室均为 $24m^2$，县级救灾物资储备库不单设活动室。

（八）值班宿舍。根据《宿舍建筑设计规范》JGJ 36 二类宿舍居室的人均使用面积 $8m^2$ 的规定，中央级（区域性）、省级、市级、县级救灾物资储备库分别按工作人员总数的 80%、60%、40% 和 20% 测算值班人员，则中央级（区域性）大、中、小型救灾物资储备库的值班宿舍使用面积分别为 $320m^2\sim350m^2$、$260m^2\sim288m^2$ 和 $200m^2\sim224m^2$，省级、市级、县级救灾物资储备库的值班宿舍使用面积分别为 $96m^2\sim120m^2$、$32m^2\sim48m^2$ 和 $8m^2\sim15m^2$。

将以上各类用房的使用面积相加，根据《党政机关办公用房》对办公用房使用面积系数（0.57～0.60）的规定，管理用房使用面积系数取 0.60，即可得出各类救灾物资储备库管理用房的建筑面积，见附表 5。

**附表 5　各类救灾物资储备库管理用房面积表（$m^2$）**

| 项　目 | 中央级（区域性） | | | | | |
|---|---|---|---|---|---|---|
| | 大 | | 中 | | 小 | |
| | 使用面积 | 建筑面积 | 使用面积 | 建筑面积 | 使用面积 | 建筑面积 |
| 办公室 | 120～132 | 200～220 | 96～108 | 160～180 | 72～84 | 120～140 |
| 会议室 | 55～60 | 92～100 | 44～50 | 73～83 | 33～40 | 55～67 |
| 财务室 | 18 | 30 | 18 | 30 | 18 | 30 |
| 档案室 | 15 | 25 | 15 | 25 | 15 | 25 |
| 监控室 | 18 | 30 | 18 | 30 | 18 | 30 |
| 警卫室 | 15 | 25 | 15 | 25 | 15 | 25 |
| 活动室 | 48 | 80 | 48 | 80 | 36 | 60 |
| 值班宿舍 | 320～350 | 533～583 | 260～288 | 433～480 | 200～224 | 333～373 |
| 合　计 | 609～656 | 1015～1093 | 514～560 | 856～933 | 407～450 | 678～750 |
| 办公室 | 48～60 | 80～100 | 24～36 | 40～60 | 12～18 | 20～30 |

**续附表 5**

| 项　目 | 省　级 | | 市　级 | | 县　级 | |
|---|---|---|---|---|---|---|
| | 使用面积 | 建筑面积 | 使用面积 | 建筑面积 | 使用面积 | 建筑面积 |
| 会议室 | 22 ~ 30 | 37 ~ 50 | 12 ~ 18 | 20 ~ 30 | 不单设 | 不单设 |
| 财务室 | 15 | 25 | 15 | 25 | 12 | 20 |
| 档案室 | 15 | 25 | 12 | 20 | 不单设 | 不单设 |
| 监控室 | 18 | 30 | 18 | 30 | 12 | 20 |
| 警卫室 | 15 | 25 | 不单设 | 不单设 | 不单设 | 不单设 |
| 活动室 | 24 | 40 | 24 | 40 | 不单设 | 不单设 |
| 值班宿舍 | 96 ~ 120 | 160 ~ 200 | 32 ~ 48 | 53 ~ 80 | 8 ~ 15 | 13 ~ 25 |
| 合　计 | 253 ~ 297 | 422 ~ 495 | 137 ~ 171 | 228 ~ 285 | 44 ~ 57 | 73 ~ 95 |

四、附属用房建筑面积

（一）车库。按中央级（区域性）大、中、小型救灾物资储备库分别配置 4 辆 ~ 5 辆、4 辆、4 辆工作用车，省级、市级和县级救灾物资储备库分别配置 3 辆、2 辆和 1 辆工作用车，每车位使用面积 24$m^2$ 测算，则使用面积分别为 96$m^2$ ~ 120$m^2$、96$m^2$、96$m^2$、72$m^2$、48$m^2$ 和 24$m^2$。

（二）变/配电室。中央级（区域性）大、中、小型救灾物资储备库的变/配电室使用面积均为 15$m^2$，省级、市级救灾物资储备库的变/配电室分别为 15$m^2$ 和 12$m^2$。县级救灾物资储备库不单设变/配电室。

（三）水泵房。中央级（区域性）大、中、小型救灾物资储备库的水泵房使用面积分别设置为 36$m^2$、36$m^2$ 和 24$m^2$，省级、市级、县级救灾物资储备库的水泵房使用面积分别设置为 18$m^2$、12$m^2$ 和 12$m^2$。

（四）锅炉房。中央级（区域性）大、中、小型救灾物资储备库均设置锅炉房，使用面积为 72$m^2$。省级、市级和县级救灾物资储备库不单设锅炉房。

（五）食堂。按工作人员的 80%，使用面积 1.70$m^2$/人计算，则中央级（区域性）大、中、小型救灾物资储备库的食堂使用面积分别为 68$m^2$ ~ 76$m^2$、54$m^2$ ~ 60$m^2$ 和 40$m^2$ ~ 48$m^2$，省级、市级救灾物资储备库的食堂使用面积分别为 27$m^2$ ~ 36$m^2$ 和 15$m^2$ ~ 24$m^2$，县级救灾物资储备库不单设食堂。

（六）浴室。中央级（区域性）大、中、小型救灾物资储备库的浴室使用面积均设置为 36$m^2$，省级、市级救灾物资储备库的浴室使用面积分别为 24$m^2$ 和 15$m^2$，县级救灾物资储备库不单设浴室，可与卫生间合建。

（七）卫生间。中央级（区域性）大、中、小型救灾物资储备库均设置 3 处卫生间，省级、市级、县级分别设置 2 处、1 处和 1 处卫生间，每处使用面积为 24$m^2$，则各类救灾物资储备库卫生间使用面积分别为 72$m^2$、72$m^2$、72$m^2$、48$m^2$、24$m^2$ 和 24$m^2$。

将以上各类用房的使用面积相加，按使用面积系数 0.70 计算，即可得出各类救灾物资储备库附属用房的建筑面积，见附表 6。

**附表 6　各类救灾物资储备库附属用房面积表（$m^2$）**

| 项　目 | 中央级（区域性） | | | | | |
|---|---|---|---|---|---|---|
| | 大 | | 中 | | 小 | |
| | 使用面积 | 建筑面积 | 使用面积 | 建筑面积 | 使用面积 | 建筑面积 |
| 车库 | 96～120 | 137～171 | 96 | 137 | 96 | 137 |
| 变/配电室 | 15 | 21 | 15 | 21 | 15 | 21 |
| 水泵房 | 36 | 51 | 36 | 51 | 24 | 34 |
| 锅炉房 | 72 | 103 | 72 | 103 | 72 | 103 |
| 食堂 | 68～76 | 97～109 | 54～60 | 77～86 | 40～48 | 57～69 |
| 浴室 | 36 | 51 | 36 | 51 | 36 | 51 |
| 卫生间 | 72 | 103 | 72 | 103 | 72 | 103 |
| 合　计 | 395～427 | 563～609 | 381～387 | 543～552 | 355～363 | 506～518 |
| 项　目 | 省　级 | | 市　级 | | 县　级 | |
| | 使用面积 | 建筑面积 | 使用面积 | 建筑面积 | 使用面积 | 建筑面积 |
| 车库 | 72 | 103 | 48 | 69 | 24 | 34 |
| 变/配电室 | 15 | 21 | 12 | 17 | 不单设 | 不单设 |
| 水泵房 | 18 | 26 | 12 | 17 | 12 | 17 |
| 锅炉房 | 不单设 | 不单设 | 不单设 | 不单设 | 不单设 | 不单设 |
| 食堂 | 27～36 | 39～51 | 15～24 | 21～34 | 不单设 | 不单设 |
| 浴室 | 24 | 34 | 15 | 21 | 不单设 | 不单设 |
| 卫生间 | 48 | 69 | 24 | 34 | 24 | 34 |
| 合计 | 204～213 | 292～304 | 126～135 | 179～192 | 60 | 85 |

综上所述，将救灾物资储备库库房、生产辅助用房、管理用房和附属用房建筑面积相加，即可得到各类救灾物资储备库的总建筑面积，详见附表 7。

**附表 7　救灾物资储备库各类用房建筑面积表（$m^2$）**

| 项　目 | 中央级（区域性） | | | 省级 | 市级 | 县级 |
|---|---|---|---|---|---|---|
| | 大 | 中 | 小 | | | |
| 库房 | 19563～23368 | 14673～17661 | 9781～11684 | 3985～6641 | 2213～3321 | 394～552 |
| 生产辅助用房 | 616 | 616 | 462 | 308 | 277 | 77 |
| 管理用房 | 1015～1093 | 856～933 | 678～750 | 422～495 | 228～285 | 73～95 |
| 附属用房 | 563～609 | 543～552 | 506～518 | 292～304 | 179～192 | 85 |
| 合计 | 21757～25686 | 16688～19762 | 11427～13414 | 5007～7748 | 2897～4075 | 629～809 |

考虑到实际情况和操作的便利性，本标准将中央级（区域性）大、中、小型救灾物资储备库的总建筑面积分别取 21800$m^2$ ~ 25700$m^2$、16700$m^2$ ~ 19800$m^2$、11500$m^2$ ~ 13500$m^2$，省级、市级、县级救灾物资储备库的总建筑面积分别取 5000$m^2$ ~ 7800$m^2$、2900$m^2$ ~ 4100$m^2$、630$m^2$ ~ 800$m^2$。

**第十条** 本条明确救灾物资储备库建设项目的组成部分。

房屋建筑是救灾物资储备库储存、保管、整理、回收救灾物资，确保各项业务工作顺利开展的各类用房的总称。场地包括暂时存放、整理、清点、晾晒救灾物资的场地及停车场等；建筑设备和其他必要装备是救灾物资储备库满足各项功能所必须具备的基本条件。这几个部分密不可分、缺一不可，在建设中均应列入其中，加以统筹安排。

**第十一条** 本条明确救灾物资储备库房屋建筑的基本项目。

救灾物资储备库的主要职能是储备救灾物资，库房是其必须设置的用房；捐赠和回收的物资需进行必要的维修、清洗、缝补等工序，因此要有相应的辅助用房。救灾物资储备库在日常工作中不仅需要处理大量的物资接收、调运等工作，还需要进行必要的行政与业务管理，包括经费预算与支出、文件处理与保管、安全保卫和会务等，因此，需要设置相应的管理用房以确保救灾物资储备库上述职能与工作的正常开展；附属用房则为救灾物资储备库职能的正常发挥和工作人员的后勤提供保障，包括车库、变/配电室、水泵房、食堂等。

另外，为了合理控制救灾物资储备库的用房建筑面积，本标准分别给出了中央级（区域性）、省级、市级和县级救灾物资储备库各类用房的建筑面积。

**第十二条** 本条明确救灾物资储备库场地的主要内容。

救灾储备物资出入库时往往需要暂时在室外存放、周转，一些大件物资需在场地上进行维修清洗，因此需要设置室外货场；同时根据民政部《救灾储备物资管理规程》及现行国家标准《建筑设计防火规范》GB 50016 的相关要求，救灾储备物资在入库前，要进行清点、整理，以发现和消除救灾物资的安全隐患，故需设置观察场；为了对救灾物资进行定期翻晒，防止霉变，并对回收清洗的物资进行晾晒，所以要设置晾晒场；为确保救灾物资装卸、调运便利，应有相应的停车场。省级以上救灾物资储备库救灾辐射面大，物资调运和调配任务重，为保证救灾工作的时效性和紧急情况下空运物资的顺利进行，故对观察场提出了特别要求。

**第十三条** 本条列出救灾物资储备库所需的建筑设备，这是根据救灾物资储备库的功能要求提出的。

考虑到省级以上救灾物资储备库的特点，为确保救灾物资快速运达灾区，故本条提出有条件时可设置铁路专用线。其中“有条件”主要指救灾物资储备库与铁路货场、现有铁路专用线的尾端距离在 1.5km 范围之内。

## 第三章 选址与规划布局

**第十四条** 本条阐明救灾物资储备库的选址原则和具体要求。

根据救灾物资储备库的性质、任务，在选择库址时首先应考虑其物资储备的安全性；同时要保证救灾物资快速运抵灾区，应具有方便的运输条件。为此，对库址的地势、工程地质和水文地质条件、市政条件、与火源和易燃易爆的厂房、库房的安全距离等提出了具体要求。市级及市级以上救灾物资储备库承担的救灾任务较重，为确保救灾物资运输的时效性，库址应尽量靠近交通干线，以缩短救灾物资的运输时间；另外，为保证地面交通系统受到破坏时救灾工作的顺畅进行，库址宜满足直升飞机起降所需的净空条件，鉴于功能要求的不同，特别对市级及市级以上救灾物资储备库提出了更高的要求。

**第十五条** 本条根据救灾物资储备库的性质和任务明确救灾物资储备库的总平面布置原则。

**第十六条** 本条根据救灾物资储备库安全和方便管理的要求，对其分区提出要求。

鉴于救灾物资储备库的基本功能是储备救灾物资，仓储区在建筑、消防等方面有特殊要求，且市级及市级以上救灾物资储备库储存的救灾物资量较大，因此应单独设置。同时，考虑到生产作业的便利、快捷和安全要求，提出救灾物资储备库库房宜与生产辅助用房毗邻，并与管理用房和附属用房隔开。

**第十七条** 本条阐明救灾物资储备库内外道路的基本要求。

救灾物资储备库内外道路通畅便捷是快速调运救灾物资的必要条件，省级及省级以上救灾物资储备库物资储存及调运任务重，车流量大，故对其对外连接市政道路或公路的通路作此规定。

**第十八条** 本条明确救灾物资储备库确定建设用地的原则和要求。

救灾物资储备库除房屋建筑用地外，还应提供专用堆场、车辆停放、道路通行和绿化等方面用地。

规定建筑系数宜为35%～40%，其中专用堆场面积宜为库房建筑面积的30%是基于以下原因：

一、我国土地资源稀缺，节约用地是国家的一贯方针；

二、参照和借鉴其他相关建设标准，如《棉麻仓库建设标准》规定棉麻仓库的建筑系数不宜小于35%；

三、充分考虑救灾物资储备库的建筑特点、项目构成、设计经验及技术统计资料；

四、专家的实地测算、论证。

## 第四章 建筑标准

**第十九条** 本条阐明救灾物资储备库建筑标准的原则。

**第二十条** 本条对救灾物资储备库的围墙设置提出要求。

为确保救灾物资储备库的物资安全，应设置围墙。根据调研，目前各地救灾物资储备库的围墙高度一般在2m～3.2m，平均为2.6m，普遍反映偏低，不能有效起到防盗作用。为防止两人结伴搭人梯携带救灾物资翻越围墙，经测算，本标准对围墙高度作出规定。

**第二十一条** 本条对救灾物资储备库库房的层数和净高提出要求。

为方便、高效地装卸救灾物资，救灾物资储备库库房一般采用单层，其净高主要由物资的码垛高度决定，一般货架规格为2.1m×2.1m×2.1m，单层仓库通常码两层，堆码高度为4.2m，同时考虑到采用的机械设备垂直作业高度以及消防和通风等要求，故对单层仓库的净高作此规定。另外，受地形和占地面积等限制，确需采用多层库房的，不宜超过

3 层。

**第二十二条** 本条明确对救灾物资储备库库房结构型式的要求。

**第二十三条** 本条对救灾物资储备库的抗震设防提出要求。

**第二十四条** 本条对救灾物资储备库库房地坪荷载作出要求。

**第二十五条** 本条对救灾物资储备库库房的防水作出要求。

**第二十六条** 本条阐明救灾物资储备库的建筑防火要求。

《建筑设计防火规范》GB 50016 要求在进行仓库的建筑设计时必须同时设计消防给水系统，对消防水源、室内消防栓系统、室外消防栓系统、自动喷水灭火设备、消防水池、消防泵房等做了详细规定，如单库面积超过 $1000m^2$ 的仓库应设置火灾自动报警系统和自动喷水灭火系统；占地面积大于 $1500m^2$ 的仓库应设置环形消防车道。故本标准规定救灾物资储备库的建筑防火设计应符合《建筑设计防火规范》GB 50016 的要求。

**第二十七条** 本条对救灾物资储备库库房的防潮和室内外地坪高差作出要求。

为避免因潮湿引起救灾物资霉变而造成损失，救灾物资储备库库房首层应做防潮处理；库房室内外地坪保持一定的高差能有效防止室外雨水的浸入，并利于救灾物资的装卸。

**第二十八条** 本条对救灾物资储备库的出入口及防鼠板的设置作出规定。

## 第五章 建筑及相关设备配置

**第二十九条** 本条阐明救灾物资储备库建筑设备及相关设备配置的总体要求。

**第三十条** 本条对救灾物资储备库的供电系统作出规定。

**第三十一条** 本条对救灾物资储备库的给排水和雨水排放系统作出规定。

**第三十二条** 依据现行国家标准《建筑物防雷设计规范》GB 50057，救灾物资储备库应划为第三类防雷建筑物。据此，本条对救灾物资储备库的防雷设计提出要求。

**第三十三条** 本条阐明救灾物资储备库库房的通风要求。良好的通风条件能够为救灾物资储备库库房降温除湿、保持其通风干燥，避免因高温、潮湿引起救灾物资霉变而造成损失。

**第三十四条** 本条对救灾物资储备库多层库房的垂直运输提出要求。

**第三十五条** 本条对救灾物资储备库的信息化管理设备、网络系统设施提出要求。

救灾物资储备库的出入库作业、物资储存和调运应实行智能化管理；上下级之间、地区之间应实行联网，以便形成统一指挥、反应迅速、运转高效的救灾物资储备和管理体系，故本条对此提出要求。

**第三十六条** 本条明确救灾物资储备库所应配置的相关设备。

救灾物资调运的突发性、紧迫性和救灾物资本身的特点以及储存方式决定了救灾物资储备库必须配置装卸设备；为对救灾物资进行有效保管并充分利用回收的救灾物资，应配置救灾物资的保管维护设备；考虑到救灾物资的安全，应配置技防设备；为保证救灾物资调运畅通，满足救灾物资的回收和紧急运送等工作需要，救灾物资储备库需配备应急调度车、救灾物资转运车等必要的交通工具。救灾物资储备库相关设备配置见附表 8。

## 附表8　各类救灾物资储备库相关设备配置表

| 项　　目 | | | 类　　型 | | | | | |
|---|---|---|---|---|---|---|---|---|
| | | | 中央级（区域性） | | | 省级 | 市级 | 县级 |
| | | | 大 | 中 | 小 | | | |
| 装卸设备 | 叉车（t） | 5 | √ | √ | √ | | | |
| | | 3 | √ | √ | √ | √ | | |
| | | 2 | √ | √ | √ | √ | √ | |
| | | 1.5 | | | | √ | √ | |
| | 液压搬用车 | | √ | √ | √ | √ | √ | √ |
| | 托盘搬用车 | | √ | √ | √ | √ | √ | |
| | 托盘 | | √ | √ | √ | √ | √ | |
| | 货架 | | √ | √ | √ | √ | √ | √ |
| 技防设备 | 监控设备 | | √ | √ | √ | √ | √ | |
| | 自动报警装置 | | √ | √ | √ | √ | √ | √ |
| 物资保管维护设备 | 清洗设备 | | √ | √ | √ | √ | √ | √ |
| | 消毒设备 | | √ | √ | √ | √ | √ | √ |
| | 烘干设备 | | √ | √ | √ | √ | √ | √ |
| | 缝补设备 | | √ | √ | √ | √ | √ | |
| | 维修设备 | | √ | √ | √ | √ | √ | |
| 交通工具 | 应急调度车 | | √ | √ | √ | √ | √ | |
| | 救灾物资转运车 | | √ | √ | √ | √ | √ | √ |
| 通信调度设备 | 海事卫星电话 | | √ | √ | √ | √ | | |
| | 对讲系统 | | √ | √ | √ | √ | √ | |

注："√"表示应具备该装备，其配备数量根据实际需要和有关规定确定。

# 地方残疾人综合服务设施建设标准

## 建标 135—2010

## 住房和城乡建设部、国家发展和改革委员会关于批准发布《地方残疾人综合服务设施建设标准》的通知

建标〔2010〕135 号

国务院有关部门，各省、自治区、直辖市、计划单列市住房和城乡建设厅（委、局）、发展和改革委员会，新疆生产建设兵团建设局、发展和改革委员会：

根据《关于印发〈2008 年工程项目建设标准和建设项目评价方法与参数编制项目计划〉的通知》（建标函〔2008〕24 号）要求，由中国残疾人联合会负责编制的《地方残疾人综合服务设施建设标准》，已经有关部门会审，现批准发布，自 2010 年 12 月 1 日起施行。

在地方残疾人综合服务设施项目的审批、设计和建设过程中，要严格遵守党中央、国务院关于控制楼堂馆所建设的相关要求，认真执行本建设标准，坚决控制工程造价。

本建设标准的管理由住房城乡建设部和国家发展改革委员会负责，具体解释工作由中国残疾人联合会负责。

**中华人民共和国住房和城乡建设部**
**中华人民共和国国家发展和改革委员会**
二〇一〇年八月

## 前　言

《地方残疾人综合服务设施建设标准》是根据建设部《关于印发〈2008 年工程项目建设标准和建设项目评价方法与参数编制项目计划〉的通知》（建标函〔2008〕24 号）的要求，由中国残疾人联合会作为主编部门，成立了编制领导小组，由中国建筑标准设计研究院和中国残疾人联合会计划财务部组成编制组共同编写的。

编制过程中，编制组进行了深入的实地调查研究及全国性的问卷调查，认真分析了全国既有地方残疾人综合服务设施的统计资料，在此基础上编制组遵循勤俭建国的方针及实事求是的精神，根据地方残疾人综合服务设施的功能定位和实际业务需求，进行了反复测算，广泛征求了各有关部门、专家的意见，确定了本标准的建设

规模和水平。

《地方残疾人综合服务设施建设标准》共分五章：总则、建设规模及项目构成、选址与规划布局、建筑标准、建筑设备。

《地方残疾人综合服务设施建设标准》由中国残疾人联合会负责解释。通讯地址：北京西城区西直门南小街186号，邮政编码：100034。

**领导小组成员：** 王新宪、王乃坤、吕世明、孙先德、贾　勇

**主 编 单 位：** 中国建筑标准设计研究院

**参 编 单 位：** 中国残疾人联合会计划财务部

**主要起草人：** 顾　均　王梅梅　张全军　刘立军　张　卫　万成兴　张　栋　张建斌　杨　健　邵　丹　杨津惠　李　坤　张东旺　张晶帆　勇志军

# 第一章　总　则

**第一条**　为加强和规范地方残疾人综合服务设施建设，提高工程项目投资决策和建设管理水平，更好地服务残疾人，促进残疾人事业发展，制定本建设标准。

**第二条**　本标准是全国统一标准，是编制、评估和审批地方残疾人综合服务设施建设项目建议书、可行性研究报告以及有关部门审查项目初步设计和对工程建设全过程监督检查的重要依据。

**第三条**　本标准适用于地级城市和县级城市（或建制镇、区）残疾人综合服务设施的新建、改建、扩建项目建设。

**第四条**　地方残疾人综合服务设施建设必须遵守国家经济建设和残疾人事业发展的有关法律法规，从我国国情出发，根据残疾人的需要，综合考虑经济发展水平及社会发展对残疾人综合服务设施提出的新要求，因地制宜，合理确定建设规模和水平。

**第五条**　地方残疾人综合服务设施建设应满足为地方残疾人提供的日常服务和指导培训的功能需求，促进健全残疾人服务网络体系。

**第六条**　地方残疾人综合服务设施建设应纳入当地的国民经济社会发展规划，统筹安排，确保政府资金投人，保证建设水平。地方残疾人综合服务设施宜与其他相关服务残疾人的建筑按实际需求合并建设，实行资源整合和共享。

**第七条**　地方残疾人综合服务设施建设应纳入城市规划或镇规划，按照方便残疾人、有利服务的要求，合理布局，并应按照国家公益事业建设用地的有关规定申报、征拨建设用地。

**第八条**　地方残疾人综合服务设施建设除遵守本标准外，尚应符合国家现行有关标准及定额的规定。

# 第二章　建设规模及项目构成

**第九条**　地方残疾人综合服务设施分为适用于县级城市（或建制镇、区）的一级残疾人综合服务设施和适用于地级城市的二级残疾人综合服务设施。

**第十条**　地方残疾人综合服务设施建设的规模应以所在城市或建制镇的残疾人人口数（以下简称城镇残疾人人口数）或所在城市或建制镇的常驻人口数（以下简称所在城镇人口数）为依据确定。地方残疾人综合服务设施规模分类应符合表1规定。

**表1　地方残疾人综合服务设施规模分类表**

| 分级＼项目 | 分类 | 城镇残疾人人口数（万人） | 所在城镇人口数（万人） | 建筑面积（$m^2$） |
|---|---|---|---|---|
| 二级 | 一类 | >4～≤9 | >67～≤150 | 1400 |
| | 二类 | ≤4 | ≤67 | 1050 |
| 一级 | 一类 | >0.45～≤1.2 | >7.5～≤20 | 890 |
| | 二类 | ≤0.45 | ≤7.5 | 670 |

注1：规模分类首先依据所在城镇残疾人人口数，若所在城镇残疾人人口数不确切时，可依据所在城镇人口数的6%测算城镇残疾人人口数。

2：所在城市残疾人人口数超过9万人或所在城市人口数超过150万的地级城市，以及所在城镇残疾人人口数超过1.2万人或所在城镇人口数超过20万的县级城市（或建制镇、区），地方残疾人综合服务设施的建筑面积可在表1本级一类标准的基础上提高30%左右。

3：地方残疾人综合服务设施位于寒冷地区的，建筑面积可增加4%；位于严寒地区的，建筑面积可增加6%。

4：地方残疾人综合服务设施如有特别业务要求，且所需建筑规模本标准不能涵盖时，可向上一级政府主管部门据实单独申报。

5：残疾人专用坡道的建设面积不计入本标准规定的总建筑面积内，所需建筑面积应另行计算。

**第十一条**　地方残疾人综合服务设施项目构成应包括：房屋建筑、建筑设备及场地。

**第十二条**　地方残疾人综合服务设施房屋建筑应包括就业服务、职业培训、康复指导、文体活动、辅具供应、法律服务等业务用房，以及管理用房、设备间、车库等辅助用房。

**第十三条**　地方残疾人综合服务设施的建筑设备应包括建筑给排水系统及设备、暖通空调系统及设备、建筑供配电系统及设备、弱电系统及设备和无障碍设施等。

**第十四条**　地方残疾人综合服务设施的场地应包括建筑基地内的道路、停车场、绿地及盲人室外定向行走训练场地。

**第十五条**　一级地方残疾人综合服务设施业务用房使用面积参照表2确定。

**表2　一级地方残疾人综合服务设施业务用房使用面积分配及建筑面积控制表**

| 序号 | 类别 | | 一类（$m^2$） | 二类（$m^2$） | 备注 |
|---|---|---|---|---|---|
| 1 | 就业服务功能用房 | 就业服务 | 75 | 60 | 包括就业服务大厅、职业评估室等 |
| 2 | 职业培训功能用房 | 职业培训 | 65 | 52 | 包括多功能厅等 |
| | | 盲人按摩培训 | 20 | 15 | 盲人按摩培训室 |
| 3 | 康复指导功能用房 | 康复指导 | 90 | 60 | 包括康复咨询室、康复指导室等 |
| | | 听力语言康复指导 | 35 | 20 | 助听器验配室等 |
| 4 | 文体活动功能用房 | 文化活动 | 50 | 35 | 包括图书阅览室、有声读物阅览室等 |
| | | 体育活动 | 50 | 35 | 体育活动室 |
| 5 | 辅具供应功能用房 | 辅助器具 | 80 | 65 | 包括辅助器具展示厅、产品销售库房等 |

**续表2**

| 序号 | 类别 | | 一类（$m^2$） | 二类（$m^2$） | 备注 |
|---|---|---|---|---|---|
| 6 | 法律服务功能用房 | 法律服务 | 30 | 30 | 法律服务咨询室 |
| 业务用房使用面积合计（$m^2$） | | | 495 | 372 | |
| 使用系数 | | | 0.60 | 0.60 | |
| 业务用房建筑面积（$m^2$） | | | 825 | 620 | |
| 辅助用房建筑面积（$m^2$） | | | 65 | 50 | 包括管理用房、设备间、车库等 |
| 总建筑面积（$m^2$） | | | 890 | 670 | |

注：表中所列各项功能用房使用面积指标为参考值，可根据各地残疾人类别比例和实际业务需要在总建筑面积指标范围内做适当调整。

**第十六条** 二级地方残疾人综合服务设施业务用房的使用面积参照表3确定。

**表3 二级地方残疾人综合服务设施业务用房使用面积分配及建筑面积控制表**

| 序号 | 类别 | | 一类（$m^2$） | 二类（$m^2$） | 备注 |
|---|---|---|---|---|---|
| 1 | 就业服务功能用房 | 就业服务 | 110 | 95 | 包括就业服务大厅、职业评估室、职业指导室等 |
| 2 | 职业培训功能用房 | 职业培训 | 150 | 80 | 包括多功能厅、就业培训教室等 |
| | | 盲人按摩培训 | 25 | 20 | 盲人按摩培训室 |
| 3 | 康复指导功能用房 | 康复指导 | 120 | 90 | 包括康复咨询室、康复指导室等 |
| | | 听力语言康复指导 | 50 | 35 | 包括助听器验配室、评估室、耳膜制作室等 |
| 4 | 文体活动功能用房 | 文化活动 | 65 | 50 | 包括图书阅览室、有声读物阅览室等 |
| | | 体育活动 | 65 | 50 | 体育活动室 |
| 5 | 辅具供应功能用房 | 辅助器具 | 165 | 135 | 包括辅助器具展示厅、辅具维护和改造室、产品销售库房等 |
| 6 | 法律服务功能用房 | 法律服务 | 30 | 30 | 法律服务咨询室 |
| 业务用房使用面积合计（$m^2$） | | | 780 | 585 | |
| 使用系数 | | | 0.60 | 0.60 | |

**续表3**

| 序号 | 类别 | 一类（$m^2$） | 二类（$m^2$） | 备注 |
|---|---|---|---|---|
| | 业务用房建筑面积（$m^2$） | 1300 | 975 | |
| | 辅助用房建筑面积（$m^2$） | 100 | 75 | 包括管理用房、设备间、车库等 |
| | 总建筑面积（$m^2$） | 1400 | 1050 | |

注：表中所列各项功能用房使用面积指标为参考值，可根据各地残疾人类别比例和实际业务需要在总建筑面积指标范围内做适当调整。

**第十七条** 管理用房、设备间及车库等辅助用房的建筑面积一般情况宜为业务用房建筑面积的8%。

**第十八条** 残疾人综合服务设施的建设用地应根据建筑要求因地制宜、科学合理确定用地面积。残疾人综合服务设施单独建设时，建筑密度不宜超过45%，容积率宜按0.45~1.0控制；与其他建筑合建时，应符合当地城市规划、镇规划的规定。

## 第三章 选址与规划布局

**第十九条** 地方残疾人综合服务设施的选址应充分考虑残疾人的特殊性，并满足下列要求：

1. 工程地质和水文地质条件应较好，地势相对平坦。
2. 周边市政设施应较完备。
3. 宜布置在城区或近郊区且方便残疾人出入、公共交通服务便利的地段。
4. 宜与医疗以及教育等社会公共服务设施临近。

**第二十条** 地方残疾人综合服务设施宜临近城市道路，基地道路应与城市道路连通。

**第二十一条** 地方残疾人综合服务设施应按照当地城市规划、镇规划要求配置机动车及非机动车停车场地，并结合主要出入口布置。每车位所占面积应符合残疾人停车规定。

**第二十二条** 地方残疾人综合服务设施宜为低层建筑。与其他建筑合并建设的，地方残疾人综合服务设施应设置于合建建筑的低层部分。当与相关服务残疾人的建筑合建时，宜有独立的出入口；当与其他类型的建筑合建时，应有独立的出入口。

**第二十三条** 合理安排盲人室外定向行走训练场地，车辆不得穿越训练场地。

**第二十四条** 地方残疾人综合服务设施的绿地率应满足当地城市规划、镇规划的相关规定。

## 第四章 建筑标准

**第二十五条** 地方残疾人综合服务设施应按功能要求、服务流程和残疾人特点要求进行布置，做到分区合理，流线安全畅通。

**第二十六条** 地方残疾人综合服务设施凡残疾人所到之处，其建筑出入口及室内、室外场地，均应有无障碍设施，并应符合《城市道路和建筑物无障碍设计规范》JGJ 50的规定。

**第二十七条** 地方残疾人综合服务设施为二层及以上建筑的均应设置无障碍电梯或残疾人专用坡道。

**第二十八条** 地方残疾人综合服务设施应设置完善且明显的标识系统，并可设置指导视力残疾人和听力残疾人的触摸式语音提示系统、光学识别提示系统等。

**第二十九条** 地方残疾人综合服务设施应符合防火、安全、防灾的要求。二级残疾人综合服务设施的楼层可设置残疾人防灾避难间，以满足紧急救援要求。

**第三十条** 地方残疾人综合服务设施应符合《公共建筑节能设计标准》GB 50189 的规定。

**第三十一条** 地方残疾人综合服务设施的建筑风格，应体现人文关怀，并与周围环境相协调。

**第三十二条** 地方残疾人综合服务设施的室内装修应遵循实用、经济、美观的原则，并符合无障碍、防火、环保、卫生的要求，应参照《党政机关办公楼建设标准》中档标准执行。

## 第五章 建筑设备

**第三十三条** 地方残疾人综合服务设施应有给排水设施，并应符合国家相关卫生标准。

**第三十四条** 地方残疾人综合服务设施的排水、排污和废弃物的处理应符合环保法规和有关规定的要求。

**第三十五条** 地方残疾人综合服务设施在采暖地区宜采用热水供暖。最热月平均室外气温高于或等于25℃地区的地方残疾人综合服务设施宜设置空调设备，并有通风换气装置。

**第三十六条** 地方残疾人综合服务设施的供电应符合设备和照明用电负荷的要求，供电可靠，并应配备应急照明系统。

**第三十七条** 地方残疾人综合服务设施的弱电系统应满足管理、通讯及电化教育等业务需求。

## 附录 地方残疾人综合服务设施基本装备配置

一、一级地方残疾人综合服务设施的基础装备包括八类，具体参照表4配置。

**表4 一级地方残疾人综合服务设施基本装备配置表**

| 序号 | 设备种类 | 具体设备 |
| --- | --- | --- |
| 1 | 康复指导设备 | 肢体残疾康复训练器械（平衡杠、肋木、训练垫、扶梯、手指训练器、股四头肌训练器等） |
| 2 | 听力语言康复指导设备 | 声场测听设备、助听器评估仪、声级计、听力语言康复评估工具 |
| 3 | 就业服务设备 | 专用电脑、电子显示屏、投影仪、录像机等 |
| 4 | 职业培训设备 | 教学器材（电脑、课桌椅、教材等教学辅助设备） |
| 5 | 辅助器具设备 | 展示用各类辅助用具和无障碍设备、流动辅具服务车（船） |
| 6 | 盲人按摩培训设备 | 按摩床 |
| 7 | 文体活动设备 | 宣传栏、盲人专用电脑及软件系统、盲文有声读物及播放设备、文体活动装备等 |
| 8 | 法律服务设备 | 专用电脑及软件系统 |

二、二级地方残疾人综合服务基本设施的装备包括八类，具体参照表5配置。

**表5　二级地方残疾人综合服务设施基本装备配置表**

| 序号 | 设备种类 | 具体设备 |
|---|---|---|
| 1 | 康复指导设备 | 肢体残疾康复训练器械（平衡杠、肋木、训练垫、扶梯、手指训练器、股四头肌训练器等） |
| 2 | 听力语言康复指导设备 | 纯音听力计（带声场功能）、耳膜制作设备、助听器评估仪、声级计、听力语言康复评估工具 |
| 3 | 就业服务设备 | 专用电脑、电子显示屏、投影仪、录像机等 |
| 4 | 职业培训设备 | 教学器材（电脑、课桌椅、教材等教学辅助设备） |
| 5 | 辅助器具设备 | 辅具适应改制设备（冷焊机、折弯机、测量工具等）、展示用各类辅助用具和无障碍设备、流动辅具服务车（船） |
| 6 | 盲人按摩培训设备 | 按摩床 |
| 7 | 文体活动设备 | 宣传栏、盲人专用电脑及软件系统、盲文有声读物及播放设备、文体活动装备等 |
| 8 | 法律服务设备 | 专用电脑及软件系统 |

**附　件**

# 《地方残疾人综合服务设施建设标准》条文说明

## 第一章　总　则

**第一条**　本条阐明制定本标准的目的和意义。

在当前全面建设小康社会，努力构建社会主义和谐社会的新形势下，加快残疾人事业发展对于促进社会公平，保证社会稳定具有重要的现实意义。按照国务院《中国残疾人事业“十一五”发展纲要（2006年—2010年）》、《中共中央国务院关于促进残疾人事业发展的意见》（中发〔2008〕7号）的要求，加强和完善残疾人综合服务设施建设，逐步形成覆盖全国的残疾人综合服务设施网络，推动残疾人事业与经济社会协调发展，尽快解决民生问题，帮助残疾人与全社会共同实现小康目标，是一项十分重要又紧迫的任务。

**第二条**　本条阐明本标准的作用及其权威性。

本标准从规范政府投资工程项目建设行为，充分发挥投资效益出发，严格遵循工程项目建设标准编制的规定和程序，深入调查研究，广泛听取有关单位和专家的意见建议，发掘现实问题，总结实践经验，科学论证调研成果，确保工程项目编制质量。同时本标准平衡区域建设和经济发展水平差异，兼顾服务对象类型和数量的区域变化，合理确定投资规模和建设水平，便于实际操作。因此本标准可作为地方残疾人综合服务设施建设的全国统一标准。

**第三条** 本条阐明本标准的适用范围。

由于残疾人存在不同程度的行动或交流障碍，残疾人有出行成本高，活动范围小，分布广泛，流动性低等特点。由这些特点决定，残疾人综合服务设施需尽量贴近残疾人，才能更好地服务。1998 年以来，我国已经逐步对地方残疾人综合服务设施进行建设，取得显著的成果。但我国地方残疾人服务设施起步晚，仍然存在基础设施建设参差不齐，服务力量薄弱等问题。为了促进残疾人事业的进一步发展，建立系统规范的残疾人服务网络，地级城市和县级城市（或建制镇、区）地方残疾人综合服务设施需要在现有基础上进行新建、改建或扩建。因此本标准适用范围是根据我国残疾人事业发展需要确定的。

**第四条** 本条阐明地方残疾人综合服务设施建设的指导思想、原则。

地方残疾人综合服务设施是地方直接服务于残疾人的基本设施，建设必须遵循国家经济建设的方针政策，遵守《中华人民共和国残疾人保障法》等法律法规。既要确保服务设施能够有效地服务残疾人，具有一定的前瞻性，适应未来发展，同时又要考虑到我国现有的社会经济发展水平和地区差异，强调从国情出发，因地制宜，合理确定建设水平，正确处理需求和可能的关系，避免不切实际的盲目建设。

**第五条** 本条明确了地方残疾人综合服务设施的工作性质和任务。

地方残疾人综合服务设施是为地方残疾人提供康复指导，就业培训和指导，辅具供应，法律援助，信访，文化娱乐等日常服务，并承担对下级地方残疾人综合服务设施和社区、乡镇服务机构提供业务指导和专业人员培训的残疾人服务设施。地方残疾人综合服务设施不可贪大求全，应当高效利用其它残疾人服务设施资源（如康复中心、辅具制造厂等），合理优化设施各项功能，控制设施建设规模，经济有效地促进残疾人服务网络体系的完善。

**第六条** 本条阐明地方残疾人综合服务设施的投资渠道的问题。

地方残疾人综合服务设施是一项系统工程，是社会公益性事业的重要组成部分。《中华人民共和国残疾人保障法》第五条规定："县级以上人民政府应当将残疾人事业纳入国民经济和社会发展规划，加强领导，综合协调，并将残疾人事业经费列入财政预算，建立稳定的经费保障机制"。同时设施建设要充分考虑当地的经济社会发展、财政能力、残疾人类型比例等因素，统筹安排，以便为残疾人提供长期、稳定、综合、有效的服务。

地方残疾人综合服务设施的具体项目规模较小，投资数额不高，应一次性投资，一次性建成，避免重复建设和二次改造，造成不必要的浪费。土地资源紧张地区，应当优先考虑与其他服务残疾人的建筑按实际需求合并建设（如康复中心、辅具供应中心、残疾人就业服务中心等），进行社会资源整合与共享。地方残疾人综合服务设施也可与其他功能建筑合并建设，合建时应布置在建筑低层部位，并设置独立出入口。

**第七条** 本条阐明地方残疾人综合服务设施建设用地的申报、征拨问题。

地方残疾人综合服务设施建设是社会公益事业的重要组成部分。按照国务院《中国残疾人事业"十一五"发展纲要（2006 年—2010 年）》精神，加强和完善残疾人综合服务设施建设，是推动残疾人事业与经济社会协调发展的要求，地方残疾人综合服务设施项目应纳入城市规划或镇规划，并按照公益事业解决建设用地。《中华人民共和国土地管理法》第五十四条规定："经县级以上人民政府依法批准，公益事业用地可以以划拨的方式取得建设用地。”

由于我国还有部分县政府所在地为建制镇，因此本条表述为“地方残疾人综合服务设施建设应纳入城市规划或镇规划”，其中镇规划指县政府所在地的建制镇规划。

**第八条** 本条阐明了本标准与其他现行相关标准之间的关系。

地方残疾人综合服务设施项目作为城市建设的一部分，在编报工程项目计划及建设过程中，除执行本标准外，尚需符合城乡建设规划、建筑工程相关规范、标准及定额等。

## 第二章 建设规模及项目构成

**第九条** 本条阐明地方残疾人服务设施的基本分类。

目前我国地方残疾人综合服务设施是由政府投资兴建并负责维护和运行，并设置在地、县两级城市（或建制镇、区）。为了便于实施和管理，本标准明确了地方残疾人综合服务设施按县级城市（或建制镇、区）和地级城市划分为一级和二级两级。服务设施根据不同的级别分类确定建设项目构成。

**第十条** 本条提出合理确定地方残疾人服务设施建设规模的依据，明确了两级地方残疾人综合服务设施的分类。

地方残疾人综合服务设施的建设规模取决于其业务设置和服务量。残疾人行动交流不便，综合服务设施日常服务对象以交通较为便利的城区残疾人为主，因此本标准以设施所在城镇的残疾人人口数为确定规模的基本依据。若服务设施所在城镇残疾人人口数不确定，则依据所在城镇常驻人口数确定。据统计，我国残疾人人口数约占总人口数的6.3%。考虑到残疾人城乡分布不均、地域差异各异，以及设施服务对象基本不包括精神残疾人等因素，本标准按所在城镇常驻人口的6%测算所在城镇残疾人人口数。

地方残疾人综合服务设施分为一级和二级两级。但我国幅员辽阔，各地、县城市人口差异巨大，残疾人口情况变化复杂。为合理地确定建设规模，本标准将一级和二级地方残疾人综合服务设施进一步分为两类。根据中国残联《现有地方残疾人综合服务设施调查表》调查结果统计，城市残疾人口少于4万人的地级城市约占总数的44.7%；城市残疾人口少于0.45万人的县级城市约占总数的45.1%。因此本标准分别将0.45万和4万残疾人人数作为一级和二级的分类数据。

另外，约占总数20%的地级所在城市残疾人口多于9万人、县级所在城市（或建制镇、区）残疾人口多于1.2万人。残疾人口规模超出地方综合服务设施服务能力，应适当地进行面积补偿。因此本标准规定城镇残疾人人口数超过9万或所在城镇常驻人口数超过150万的地级城市和所在城镇残疾人人口数超过1.2万或所在城镇常驻人口数超过20万的县级城市，设施的建筑面积在本级一类标准的基础上提高30%左右。

本标准中所指的寒冷地区和严寒地区应依据《中国建筑气候区划图》划分。

由于本标准确定的地方残疾人综合服务设施业务项目为相应残疾人的基本服务功能，因此有特殊需求地区需开展不包含在本标准业务项目范围内的业务时，应另行向上级主管部门单独申报。

因投资或日常经营原因不能设置无障碍电梯的，应设置残疾人专用坡道，但由于地方残疾人综合服务设施建设规模有限，残疾人专用坡道所占建筑面积应另行计算。

**第十二条** 本条明确了地方残疾人综合服务设施房屋建筑的基本内容。

地方残疾人综合服务设施房屋建筑用房可分为：

就业服务功能用房：就业服务大厅、职业评估室、职业指导室等；

职业培训功能用房；多功能厅、就业培训教室、盲人按摩培训室等；

康复指导功能用房：康复咨询室、康复指导室、助听器验配室等；

文体活动功能用房：图书阅览室、有声读物阅览室、体育活动室等；

辅具供应功能用房：辅助器具展示、辅具维护和改造室、产品销售室、库房等；

法律服务功能用房：法律服务咨询室；

辅助用房：管理用房、设备间、车库等。

辅助用房不包含办公用房，地方残疾人综合服务办公用房遵照《党政机关办公楼建设标准》执行。

**第十五条～第十六条** 此两条明确对一级和二级地方残疾人综合服务设施各类用房的使用面积指标做出阐述和规定。

此两条中确定的各类房屋使用面积指标是根据综合服务设施开展各项工作的需求，经调研、论证确定的适用于大部分地区的均衡指标。考虑到我国幅员辽阔，各地残疾人类型比例变化情况，统一规定难以满足变化多样的需求，允许地方根据本地区各类残疾人比例和残疾人事业具体发展情况，在保持设施总建筑面积不变的前提下，适当调整各业务用房的面积分配。

由于地方残疾人综合服务设施服务对象的特殊性，设施无障碍建设的需要，以及设施规模的限制，经研究测算，本标准将设施业务用房的使用系数设定为0.6。

**第十七条** 本条明确了地方残疾人综合服务设施辅助用房面积计算方法。

根据现行相关标准测算，建设设备用房一般占总建筑面积的5%左右，加入必要的管理用房及车库面积，经计算规定设施辅助用房建筑面积宜为业务用房总建筑面积的8%。

**第十八条** 本条对地方残疾人综合服务设施用地的控制指标提出建议。

由于建设规模及功能要求，地方残疾人综合服务设施宜为低层建筑，容积率按低层计算，且建筑密度不宜超过45%。若建筑密度按30%～45%计算，设施为一层时，建筑容积率为0.30～0.45；设施为二层时，建筑容积率为0.60～0.9；设施为三层时，建筑容积率为0.90～1.35。为节约有限的土地资源，设施不宜建一层，容积取上限0.45；设施建三层时，每层面积过小，项目不经济，且建筑密度不宜过高，容积率取1.0。因此本标准建议容积率按0.45～1.0控制。但总体来说地方残疾人综合服务设施独立建设时，项目容积率过低，不适于城市土地高效利用的原则。因此，本标准建议地方残疾人综合服务设施宜与其他建筑合并建设。

## 第三章 选址与规划布局

**第十九条** 本条提出了地方残疾人综合服务设施的选址要求。

根据地方残疾人综合服务设施的性质和任务，项目选址时应综合考虑工程地质、水文地质、市政条件、周边环境等各方因素。由于残疾人行动交流存在不同程度障碍。一般独立出行或乘公共交通出行距离不宜太远，且希望行程便捷。因此项目选址宜在人口密集区且公共交通便利的位置，以便于更多残疾人到达。同时选址宜与其他服务残疾人的公共设施邻近，方便残疾人集中办理各项事务。

**第二十一条** 本条阐明地方残疾人综合服务设施建筑的停车场地要求。

根据地方残疾人综合服务设施的无障碍要求，机动车和非机动车停车场除满足当地城市规划相关法规要求外，机动车停车位应为无障碍停车位，并布置在使用便利的位置。停车位设置参见《城市道路和建筑物无障碍设计规范》(JGJ 50)。

**第二十二条** 本条阐明地方残疾人综合服务设施的建筑层数和合并建设要求。

鉴于地方残疾人综合服务设施的性质和建设规模，从经济角度和服务残疾人出发对设施建筑层数提出要求。为节约土地资源，鼓励设施与其他服务于残疾人的建筑合并建设，集中为残疾人提供服务。合并建设时，依据建设成本，防灾要求，设施尽量设于建筑低层，不宜布置过高。设施与其他服务于残疾人的建筑合并建设，可共用出入口，但条件允许时应尽量设置独立出入口。

**第二十三条** 本条阐明地方残疾人综合服务设施的盲人定向行走训练场地要求。

用地紧张时残疾人综合服务设施可根据实际情况将盲人定向行走训练场地设于屋顶处。

**第二十四条** 本条阐明地方残疾人综合服务设施的绿化要求。

鉴于地方残疾人综合服务设施项目建设规模较小，建设在人口密集区的可能性较大，各地对公共设施绿地率要求不尽相同等原因，本标准规定项目绿地率遵照当地城市规划、镇规划的相关规定执行。

## 第四章 建筑标准

**第二十五条** 本条阐明地方残疾人综合服务设施建筑的总体布局要求。

鉴于地方残疾人综合服务设施集残疾人就业服务、职业培训、康复指导、文体活动以及法律咨询等多种职能于一身，在建筑总体布局时应充分考虑功能要求，合理分区，做到动静分离，路线畅通。

**第二十六条** 本条阐明地方残疾人综合服务设施建筑的无障碍设施要求。

鉴于地方残疾人综合服务设施工作性质，设施建筑及其周边环境要求建设周全的无障碍设施，应能满足不同类型残疾人使用需要，以确保地方残疾人综合服务设施正常运行。

**第二十七条** 本条阐明地方残疾人综合服务设施建筑的垂直交通要求。

垂直交通是二层及以上地方残疾人综合服务设施无障碍建设的首要问题，为方便残疾人使用，建议垂直交通设无障碍电梯等无障碍设施。资金投入有困难的，需设置残疾人专用坡道。

**第二十八条** 本条阐明地方残疾人综合服务设施建筑的标识系统要求。

信息交流无障碍是建筑无障碍建设的重要组成部分，对于部分残疾人有重要意义。地方残疾人综合服务设施应设置无障碍标识系统，经济条件允许的地区应积极推动信息交流无障碍建设，体现其无障碍建设的社会示范作用。

**第二十九条** 本条阐明地方残疾人综合服务设施建筑的防灾疏散要求。

地方残疾人综合服务设施应满足国家现行防灾规范的要求。为了便于残疾人的疏散和营救，二级残疾人综合服务设施所处楼层可设置残疾人防灾避难间，条件允许的情况下，防灾避难间可与部分业务用房共用。

## 第五章 建筑设备

**第三十三条～第三十七条** 此五条阐明了对地方残疾人综合服务设施电气系统、排水系统、排污处理系统、供暖和空气调节系统、弱电系统的要求。

建筑设备及系统是现代建筑不可或缺的系统工程。地方残疾人综合服务设施作为直接服务于残疾人的社会基础服务设施，建筑设备及系统的作用和价值表现的尤为突出。因此在项目全过程中对此应有充分的考虑，防止项目建造功能不足，二次修补造成浪费。

鉴于地方残疾人综合服务设施建设规模较小，综合服务设施的部分设备和系统可考虑与临近建筑共用，采取分户计量的方式计算各自费用。

# 五、法政基础设施

# 人民法院法庭建设标准

## 建标 138—2010

## 住房和城乡建设部、国家发展和改革委员会<br>关于批准发布《人民法院法庭<br>建设标准》的通知

建标〔2010〕143 号

最高人民法院，国务院有关部门，各省、自治区、直辖市、计划单列市住房和城乡建设厅（委、局）、发展和改革委员会，新疆生产建设兵团建设局、发展和改革委员会：

根据住房和城乡建设部《关于印发〈2009 年工程项目建设标准和建设项目评价方法与参数编制项目计划〉的通知》（建标函〔2009〕320 号）要求，由最高人民法院组织修订的《人民法院法庭建设标准》，经有关部门会审，现批准发布，自 2010 年 11 月 1 日起施行，原《人民法院法庭建设标准》同时废止。

在人民法院法庭项目的审批、设计和建设过程中，要严格遵守国家关于严格控制建设标准，进一步降低工程造价的相关要求，认真执行本建设标准，坚决控制工程造价。

本建设标准的管理由住房城乡建设部和国家发展改革委负责，具体解释工作由最高人民法院负责。

**中华人民共和国住房和城乡建设部**
**中华人民共和国国家发展和改革委员会**
**二〇一〇年九月七日**

## 前　言

为贯彻落实《中央中共转发〈中央政法委员会关于深化司法体制和工作机制改革若干问题的意见〉的通知》（中发〔2008〕19 号）精神，根据住房和城乡建设部《关于印发〈2009 年工程项目建设标准和建设项目评价方法与参数编制项目计划〉的通知》（建标函〔2009〕320 号）、国家发展和改革委员会办公厅《关于抓紧开展政法基础设施建设标准编制和修订工作的通知》（发改办投资〔2009〕1015 号）的要求，最高人民法院司法行政装备管理局组织有关单位修订了《人民法院法庭建设标准》。

编制过程中，编制组认真贯彻落实科学发展观，按照中央关于深化司法保障体制和工

作机制改革工作的精神，组织有关单位、专家多次开展专题调研活动和召开座谈会，收集了国内法庭建设相关资料，翻译了美国法庭建设相关标准，吸取了经验及教训；在全面调查摸底、广泛听取意见和深入分析论证的基础上，最后由最高人民法院组织召开了审查会议，会同有关部门审查定稿，并经住房和城乡建设部、国家发展和改革委员会批准发布。

本建设标准共分五章，包括总则、建设内容和项目构成、建设规模和面积指标、选址和规划布局、建筑标准和建筑设备。

在执行本建设标准过程中，请各单位注意总结经验，积累资料。如发现需要修改和补充之处，请将意见和有关资料寄交最高人民法院司法行政装备管理局（地址：北京市东城区东交民巷 27 号，邮政编码：100745），以便今后修订时参考。

**主 编 单 位：** 中华人民共和国最高人民法院

**主要起草人：** 张印奎　郭纪胜　迟柏春　杜汉生　杨　阳　孙福辉　汤继东　巩茗霏　胡从玉

中华人民共和国最高人民法院

二〇一〇年六月

# 第一章　总　　则

**第一条**　为加强和规范人民法院审判法庭和人民法庭（以下简称“人民法院法庭”）建设，保障审判活动的顺利进行，根据《中华人民共和国宪法》、《中华人民共和国刑事诉讼法》、《中华人民共和国民事诉讼法》、《中华人民共和国行政诉讼法》和《中华人民共和国人民法院组织法》等法律以及其他有关规定，制定本建设标准。

**第二条**　本建设标准是人民法院法庭建设项目科学决策和控制项目建设水平的全国统一标准，是编制、评估、审批工程项目建议书和可行性研究报告的重要依据，也是有关部门审查人民法院法庭建设项目初步设计和监督检查工程建设全过程的依据。

**第三条**　本建设标准适用于地方各级人民法院法庭新建、改建和扩建工程项目。

专门人民法院法庭建设可参照本建设标准执行。

人民法院法庭改建、扩建项目应充分利用原有可用设施，做到合理规划、设计和建造。按本标准测算的总建筑面积应包含可利用的原有房屋建筑的建筑面积。

**第四条**　人民法院法庭建设应符合城乡规划的要求，并应纳入当地国民经济和社会发展规划，建设资金纳入当地的基本建设投资计划和政府预算。

**第五条**　人民法院法庭建设必须遵守国家经济建设和司法工作的有关法律、法规，从我国国情出发，既要满足审判工作的需要，又要适当考虑社会发展对审判工作提出的新的要求，根据实际情况，合理确定建设规模和水平，做到功能齐全、设施完善、庄重实用。

人民法院法庭建设，应根据本建设标准的规定统一规划、统筹建设；资金投入确有困难的，可一次规划，分期建设。

**第六条**　人民法院法庭建设应充分体现法庭作为国家司法活动的公共场所和国家司法文明标志的特点，满足人民法院行使国家审判权和有关国家机关、公民、法人、其他组织进行诉讼活动，以及国家对公民进行法制教育的需要。

**第七条**　人民法院法庭用房应与办公用房统筹建设。人民法院办公用房建设按《党政机关办公用房建设标准》执行。

**第八条** 人民法院法庭建设除遵守本标准外，尚应符合国家有关标准、规范和定额指标的规定。

## 第二章 建设内容和项目构成

**第九条** 人民法院法庭建设项目由房屋建筑、场地和建筑设备三部分组成。

**第十条** 人民法院审判法庭的房屋建筑建设内容一般包括以下九类功能用房：

一、立案用房，包括立案登记室、当事人等候大厅、立案听证室、证据交换室、立案调解室、诉讼收费室、当事人诉讼服务室、法警值班室等。

二、审判用房，包括大法庭、中法庭、小法庭、独任法庭、庭审合议室、法官更衣室、审委会评案室、诉讼调解室、听证室、远程庭审观摩/案件讨论室、远程提讯/质证室等。

三、执行用房，包括执行材料接转室、执行听证/和解室、对外委托工作室、执行指挥中心、执行物保管室等。海事法院设执行拍卖室。

四、信访接待用房，包括来访登记大厅（室）、候谈厅（室）、接谈室、来访听证室、来访调解室、来信阅处室、院（庭）长接待室、法警值班室、公安民警值班室、特殊情况处置室、安全监控室等。

五、审判配套用房，包括当事人候审室、旁听群众休息大厅、陪审员室、公诉人室、律师室、证人室、鉴定人室、翻译室、刑事被告人候审室、法警值庭室、羁押室、法庭设备控制室等。

六、审判信息管理用房，包括审判信息中心机房、涉密信息机房、密码设备及机要信息管理室、审判信息综合管理控制室、通信信息设备及管理室、灾备室、UPS电源室、线路接入及管理室、数字电视信息设备及管理室、中控信息管理控制室、设备维护及备件室等。

七、诉讼档案用房，包括纸质档案库、数字档案库、实物档案库、特殊档案珍藏库、查阅登记室、目录室、纸质档案阅览室、电子档案阅览室、涉密档案阅览室、档案复印室、接收档案用房、整理编目用房、保护技术用房、档案数字化处理用房等。

八、司法警察警务用房，包括司法警察备勤值班室、枪械库、警用装具室、司法警察备勤宿舍等。

九、辅助用房，包括新闻发布室、新闻记者工作室、外宾会见室、法律文书文印室、审判业务资料室、证物存放室、赃物库房、法庭抢救室、业务用车车库、公共服务及设备用房等。

**第十一条** 人民法庭的房屋建筑建设内容一般包括以下四类功能用房：

一、审判用房，包括当事人接待室、立案室、中法庭、小法庭、合议室、调解室、陪审员室、律师室、法警值班室、法律文书文印室、审判业务资料室、案卷存放室、审判信息管理室、执行物保管室等。

二、审判人员工作用房，包括法官/书记员工作室、会议室等。

三、附属用房，包括车库、库房等。

四、生活用房，包括驻庭宿舍、食堂、活动室等。

**第十二条** 人民法院法庭的场地由人员集散场地、停车场地、绿地等组成。

**第十三条** 人民法院法庭的建筑设备应包括建筑给排水、暖通空调、供电系统及设备和弱电系统及设备等。

## 第三章 建设规模和面积指标

**第十四条** 立案用房、审判用房、执行用房、信访接待用房、审判配套用房、审判信息管理用房、诉讼档案用房、司法警察警务用房、辅助用房的建设规模，根据高级人民法院、中级人民法院、基层人民法院审理案件的数量各分为三类。

人民法院审理案件的数量，应以工程立项上年审理案件数为基础，依据前5年审理案件平均数变化的情况推算出的5年后可能达到的年审理案件数为标准确定。

**第十五条** 高级人民法院：年审理案件5500件以上的，执行一类标准；年审理案件2400~5500件的，执行二类标准；年审理案件在2400件以下的，执行三类标准。

直辖市高级人民法院执行一类标准。

高级人民法院审判法庭建筑面积指标不应超过表1规定的控制指标。

**表1 高级人民法院审判法庭各类用房建筑面积控制指标表（$m^2$）**

| 建设规模<br>用房名称 | 一类 | 二类 | 三类 |
|---|---|---|---|
| 立案用房 | 880 | 710 | 570 |
| 审判用房 | 7730~10370 | 6130~8500 | 4480~6550 |
| 执行用房 | 310 | 280 | 220 |
| 信访接待用房 | 1170 | 1030 | 860 |
| 审判配套用房 | 1060 | 970 | 800 |
| 审判信息管理用房 | 1110 | 920 | 830 |
| 诉讼档案用房 | 2400 | 1940 | 1400 |
| 司法警察警务用房 | 310 | 310 | 220 |
| 辅助用房 | 2430~2600 | 2160~2310 | 1710~1860 |
| 合计 | 17400~20210 | 14450~16970 | 11090~13310 |

注：1 表列各类用房指标分配见本标准附录一；

2 在同类标准中，案件数量或辖区人口多的法院按标准上限执行；案件数量或辖区人口少的法院按标准下限执行。

**第十六条** 中级人民法院：年审理案件在3600件以上的，执行一类标准；年审理案件1400~3600件的，执行二类标准；年审理案件在1400件以下的，执行三类标准。

省会、自治区首府、直辖市、计划单列市的中级人民法院执行一类标准。

中级人民法院审判法庭建筑面积指标不应超过表2规定的控制指标。

**表2 中级人民法院审判法庭各类用房建筑面积控制指标表（$m^2$）**

| 建设规模<br>用房名称 | 一类 | 二类 | 三类 |
|---|---|---|---|
| 立案用房 | 940 | 780 | 510 |
| 审判用房 | 9550~11830 | 7180~9180 | 4650~6330 |
| 执行用房 | 310 | 280 | 170 |
| 信访接待用房 | 1090 | 880 | 680 |

**续表 2**

| 用房名称 \ 建设规模 | 一类 | 二类 | 三类 |
| --- | --- | --- | --- |
| 审判配套用房 | 1800 | 1430 | 910 |
| 审判信息管理用房 | 920 | 830 | 690 |
| 诉讼档案用房 | 2290 | 1840 | 1270 |
| 司法警察警务用房 | 310 | 250 | 220 |
| 辅助用房 | 2110～2270 | 1530～1660 | 1000～1110 |
| 合计 | 19320～21760 | 15000～17130 | 10100～11890 |

注：1　表列各类用房指标分配见本标准附录二；

2　在同类标准中，案件数量或辖区人口多的法院按标准上限执行；案件数量或辖区人口少的法院按标准下限执行。

**第十七条**　基层人民法院：年审理案件在 3000 件以上的，执行一类标准；年审理案件 1100～3000 件的，执行二类标准；年审理案件在 1100 件以下的，执行三类标准。

省会、自治区首府、计划单列市的基层人民法院，执行一类标准。

直辖市市区基层人民法院可执行中级人民法院标准。

基层人民法院审判法庭建筑面积指标不应超过表 3 规定的控制指标。

**表 3　基层人民法院审判法庭各类用房建筑面积控制指标表（$m^2$）**

| 用房名称 \ 建设规模 | 一类 | 二类 | 三类 |
| --- | --- | --- | --- |
| 立案用房 | 710 | 550 | 370 |
| 审判用房 | 5920～6800 | 4530～5220 | 3350～3870 |
| 执行用房 | 250 | 220 | 170 |
| 信访接待用房 | 430 | 400 | 310 |
| 审判配套用房 | 1280 | 1080 | 750 |
| 审判信息管理用房 | 620 | 480 | 340 |
| 诉讼档案用房 | 1440 | 1170 | 960 |
| 司法警察警务用房 | 220 | 180 | 180 |
| 辅助用房 | 1170～1230 | 930～970 | 710～740 |
| 合计 | 12040～12980 | 9540～10270 | 7140～7690 |

注：1　表列各类用房指标分配见本标准附录三；

2　在同类标准中，案件数量或辖区人口多的法院按标准上限执行；案件数量或辖区人口少的法院按标准下限执行。

**第十八条**　年审理案件数量特别多的法院法庭，其建设规模，可在该级一类面积标准的基础上适当增加，并应报上一级政府投资主管部门（高级人民法院报本级政府投资主管部门）单独审批。

**第十九条** 人民法庭房屋建筑建设规模根据人员定员数分为三类。人员定员数在11人(含)以上，执行一类标准；人员定员数为5~10人，执行二类标准；人员定员数为4人，执行三类标准。

人民法庭用房建筑面积指标不应超过表4规定的控制指标。

**表4 人民法庭各类用房建筑面积控制指标表（$m^2$）**

| 建设规模 / 用房名称 | 一类 | 二类 | 三类 |
|---|---|---|---|
| 审判用房 | 980 | 530 | 480 |
| 审判人员工作用房 | 250~400 | 110~200 | 100 |
| 附属用房 | 160 | 90 | 50 |
| 生活用房 | 280~390 | 160~210 | 90 |
| 合计 | 1670~1930 | 890~1030 | 720 |

注：1 表中各类指标分配见本标准附录四；

2 在同类标准中，案件数量或辖区人口多的人民法庭按标准上限执行；案件数量或辖区人口少的人民法庭按标准下限执行。

3 人民法庭的工作用房不得与办公用房重复计列。

编制人员数超过11人、年审理案件数超过1000件的人民法庭，其建设规模可在一类面积标准的基础上适当增加，并应报上一级政府投资主管部门单独审批。

**第二十条** 本章规定的建筑面积指标为控制指标，年审理案件数量特别少的法院，在保证业务工作正常开展的前提下，可视业务工作量及地方财力的可能适当降低。

## 第四章 选址和规划布局

**第二十一条** 人民法院法庭用房建设项目的选址应与办公用房的选址统筹进行，其建设用地应满足下列要求：

一、工程地质和水文地质应较好，地势相对平坦；

二、交通便捷，周边市政设施应较完备；

三、远离周边环境有较强污染源及存有易燃易爆危险品的区域。

**第二十二条** 人民法院法庭作为国家政权建设的重要组成部分，宜设置在城镇行政办公机构相对集中的地方，并按照其建设用地要求纳入城市建设总体规划。

**第二十三条** 人民法院法庭建设用地的容积率、建筑密度、建筑高度及绿地率应符合当地城镇规划的相关规定。

**第二十四条** 人民法院审判法庭用房与办公用房在布局上应以审判法庭为中心，按功能分区布置。

**第二十五条** 人民法院法庭各类用房应按其功能的不同及其相关性，分别集中设置。

立案用房、信访接待用房与审判区域、办公区域应相互隔离，必要时可单独建设。

档案用房总平面规划应符合相关专业标准。

**第二十六条** 人民法院法庭（包括单独建设的立案用房、信访接待用房）应根据诉讼参与人、旁听人员和上访人员等数量的多少，参照相关公共场所标准确定人员集散场地面积。

**第二十七条** 人民法院法庭（包括单独建设的立案用房、信访接待用房）应设置社会车辆和业务用车停放场地，并结合主要出入口布置。

人民法院法庭业务用车停车场地，按照《最高人民法院关于人民法院业务用车编制意见》的规定，或当地城镇规划的规定确定场地面积。停车位必须建于地下的，不占用法庭建筑面积指标。

## 第五章 建筑标准和建筑设备

**第二十八条** 人民法院法庭建筑应按实用、经济、美观的原则进行设计、建造。建筑外观应简朴、庄重，体现现代建筑风格，并与周边环境相适应。

**第二十九条** 人民法院法庭建筑应符合节能、消防、无障碍、卫生、环保的要求。

**第三十条** 人民法院法庭建筑应符合抗震设计规范，建筑结构应采用抗震性能好的结构体系。

**第三十一条** 人民法庭建筑应统一标识。人民法庭统一标识标准另行制定。

**第三十二条** 人民法院法庭建筑外部装修宜采用中级装修。

人民法院法庭建筑内部装修标准应根据不同房间的功能要求确定。审判/执行人员业务工作用房、司法警察警务用房、辅助用房的内部装修执行《党政机关办公用房建设标准》中同级党政机关办公用房装修标准。立案用房、审判用房、执行用房、审判配套用房、信访接待用房、新闻发布室、外宾会见室等为公众提供服务的用房的内部装修，可采用中级装修。审判信息管理用房、诉讼档案用房的内部装修按照相关专业标准执行。

大法庭、中法庭、小法庭和独任法庭的内装修应符合最高人民法院关于法庭布置的有关规定，并满足采光、隔音和音响效果的需要。

羁押室装修应符合最高人民法院有关规定的要求。

人民法院法庭建筑装修费用占建安工程造价的比例应不超过30%。

**第三十三条** 人民法院法庭建筑应按其规模及其功能，设置相应的出入口及门厅。人员比较集中的功能性用房，可分类设置成大厅。

**第三十四条** 人民法院审判法庭建筑应分别设置法官专用通道、被羁押人专用通道和其他人员的公用通道，保证各类人员各行其道，避免人流流线交叉。

法官专用通道净宽宜为1.5～1.8m；被羁押人专用通道净宽宜为1.8m；公共通道的宽度按实际需要确定；立案、候审、来访登记、候谈、集散和其他人流多的地方，通道净宽宜为4m。

**第三十五条** 大法庭、中法庭、小法庭、独任法庭的空间设计，应考虑旁听人员较多的特点，满足法庭布置的需要。大法庭净高宜为6m，净宽宜为18m；中法庭的净高宜为4.5m，净宽宜为10m；小法庭的净高宜为4m，净宽宜为8m；独任法庭的净高宜为3.2m，净宽宜为7.5m。

**第三十六条** 大法庭、中法庭、小法庭和独任法庭审判区照度不应低于300lx，旁听区照度不应低于200lx。

**第三十七条** 大法庭、中法庭、小法庭和独任法庭内允许噪声级不应大于40dB，空气声隔音标准应大于45dB。

**第三十八条** 人民法院法庭建筑的供电应符合设备和照明用电负荷的要求，供电可靠，并应配备应急照明系统。

**第三十九条** 人民法院法庭建筑应有给排水设施，并应符合国家卫生标准。

**第四十条** 人民法院法庭建筑应根据国家相关规定设置采暖系统或空调系统，部分技术用房亦可根据技术工作的特殊要求设置专用采暖系统或空调系统。

**第四十一条** 人民法院法庭建筑的弱电系统应满足管理、通讯、网络、安防、科技法庭等需求。

**第四十二条** 审判信息管理用房、诉讼档案用房的室内环境及建筑设备执行相关专业标准。

## 附录一 高级人民法院审判法庭各类用房面积参考指标表

### 附表 1-1 立案用房面积参考指标表（$m^2$）

| 用房名称 | 一类 | | | 二类 | | | 三类 | | | 备注 |
|---|---|---|---|---|---|---|---|---|---|---|
| | 个数 | 单个面积 | 总面积 | 个数 | 单个面积 | 总面积 | 个数 | 单个面积 | 总面积 | |
| 立案登记室 | 6 | 20 | 120 | 6 | 20 | 120 | 4 | 20 | 80 | — |
| 当事人等候大厅 | 1 | 200 | 200 | 1 | 150 | 150 | 1 | 120 | 120 | 大厅内设置当事人等候坐席 |
| 立案听证室 | 3 | 20 | 60 | 2 | 20 | 40 | 1 | 20 | 20 | — |
| 证据交换室 | 3 | 20 | 60 | 2 | 20 | 40 | 2 | 20 | 40 | — |
| 立案调解室 | 3 | 20 | 60 | 2 | 20 | 40 | 2 | 20 | 40 | — |
| 诉讼收费室 | 1 | 20 | 20 | 1 | 20 | 20 | 1 | 20 | 20 | 为银行代收诉讼费设置的工作室 |
| 当事人诉讼服务室 | 1 | 20 | 20 | 1 | 20 | 20 | 1 | 20 | 20 | — |
| 法警值班室 | 1 | 30 | 30 | 1 | 30 | 30 | 1 | 30 | 30 | 含安全检查、监控 |
| 使用面积合计 | — | — | 570 | — | — | 460 | — | — | 370 | — |
| 建筑面积合计 | — | — | 880 | — | — | 710 | — | — | 570 | 使用系数按0.65计算 |

注：附表 1-1 ~ 附表 1-9 中所列各项功能用房的个数、面积指标，可根据实际需要在总面积指标范围内做适当调整；表中均未含业务用车车库面积。

## 附表 1-2 审判用房面积指标分配表（$m^2$）

| 用房名称 | 一类 | | | 二类 | | | 三类 | | | 备注 |
|---|---|---|---|---|---|---|---|---|---|---|
| | 个数 | 单个面积 | 总面积 | 个数 | 单个面积 | 总面积 | 个数 | 单个面积 | 总面积 | |
| 大法庭 | 1 | 700~800 | 700~800 | 1 | 600~700 | 600~700 | 1 | 500~600 | 500~600 | 审判区设置法官席位和其他诉讼参与人席位，面积为 200~260$m^2$；旁听区席位面积参照影剧院等相关标准，每座为 0.8$m^2$，旁听席位按 350~650 个设置。旁听区宜设置成阶梯式 |
| 中法庭 | 4 | 200~250 | 800~1000 | 3 | 200~250 | 600~750 | 2 | 200~250 | 400~500 | 审判区设置法官席位和其他诉讼参与人席位，面积为 100~120$m^2$；旁听区面积确定方法与大法庭相同，旁听席位按 120~150 个设置 |
| 小法庭 | 20~25 | 100~120 | 2000~3000 | 15~20 | 100~120 | 1500~2400 | 10~15 | 100~120 | 1000~1800 | 审判区设置法官席位和其他诉讼参与人席位，面积为 70~80$m^2$；旁听区面积确定方法与大法庭相同，旁听席位按 30~50 个设置 |
| 大庭审合议室 | 1 | 30 | 30 | 1 | 30 | 30 | 1 | 30 | 30 | 与大法庭配套设置，内设法官更衣室 |
| 中庭审合议室 | 4 | 20 | 80 | 3 | 20 | 60 | 2 | 20 | 40 | 与中法庭配套设置，内设法官更衣室 |
| 小庭审合议室 | 20~25 | 20 | 400~500 | 15~20 | 20 | 300~400 | 10~15 | 20 | 200~300 | 与小法庭配套设置，内设法官更衣室 |
| 审委会评案室 | 1 | 100 | 100 | 1 | 100 | 100 | 1 | 100 | 100 | — |
| 诉讼调解室 | 4 | 40~50 | 160~200 | 3 | 40~50 | 120~150 | 2 | 40~50 | 80~100 | — |
| 听证室 | 7 | 30~50 | 210~350 | 7 | 30~50 | 210~350 | 6 | 30~50 | 180~300 | 一、二类按立案庭、刑事审判庭、行政审判庭、执行庭、审判监督庭每个部门1间，民事审判庭2间配置。三类综合使用 |
| 远程庭审观摩/案件讨论室 | 1 | 100 | 100 | 1 | 100 | 100 | 1 | 100 | 100 | — |
| 远程提讯/质证室 | 2 | 30 | 60 | 2 | 30 | 60 | 2 | 30 | 60 | — |
| 使用面积合计 | — | — | 4640~6220 | — | — | 3680~5100 | | | 2690~3930 | — |
| 建筑面积合计 | — | — | 7730~10370 | — | — | 6130~8500 | | | 4480~6550 | 使用系数按 0.6 计算 |

**附表 1-3　执行用房面积参考指标表（$m^2$）**

| 用房名称 | 一类 | | | 二类 | | | 三类 | | | 备　注 |
|---|---|---|---|---|---|---|---|---|---|---|
| | 个数 | 单个面积 | 总面积 | 个数 | 单个面积 | 总面积 | 个数 | 单个面积 | 总面积 | |
| 执行材料接转室 | 2 | 20 | 40 | 1 | 20 | 20 | 1 | 20 | 20 | — |
| 执行听证室 | 2 | 20 | 40 | 2 | 20 | 40 | 1 | 20 | 20 | — |
| 对外委托工作室 | 1 | 40 | 40 | 1 | 40 | 40 | 1 | 40 | 40 | — |
| 执行指挥中心 | 1 | 50 | 50 | 1 | 50 | 50 | 1 | 30 | 30 | — |
| 执行物保管室 | 1 | 30 | 30 | 1 | 30 | 30 | 1 | 30 | 30 | — |
| 使用面积合计 | — | — | 200 | — | — | 180 | — | — | 140 | — |
| 建筑面积合计 | — | — | 310 | — | — | 280 | — | — | 220 | 使用系数按0.65计算 |

**附表 1-4　信访接待用房面积参考指标表（$m^2$）**

| 用房名称 | 一类 | | | 二类 | | | 三类 | | | 备　注 |
|---|---|---|---|---|---|---|---|---|---|---|
| | 个数 | 单个面积 | 总面积 | 个数 | 单个面积 | 总面积 | 个数 | 单个面积 | 总面积 | |
| 来访登记大厅 | 1 | 200 | 200 | 1 | 150 | 150 | 1 | 120 | 120 | 大厅内划分为安全检查、存包区，咨询、填写登记表格区，设有若干来访登记窗口的登记接待工作区 |
| 候谈厅 | 2 | 60 | 120 | 2 | 60 | 120 | 1 | 90 | 90 | — |
| 接谈室 | 10 | 20 | 200 | 8 | 20 | 160 | 6 | 20 | 120 | — |
| 来访听证室 | 1 | 20 | 20 | 1 | 20 | 20 | 1 | 20 | 20 | — |
| 来访调解室 | 1 | 20 | 20 | 1 | 20 | 20 | 1 | 20 | 20 | — |
| 来信阅处室 | 1 | 40 | 40 | 1 | 40 | 40 | 1 | 30 | 30 | — |
| 院（庭）长接待室 | 1 | 20 | 20 | 1 | 20 | 20 | 1 | 20 | 20 | — |
| 法警值班室 | 1 | 40 | 40 | 1 | 40 | 40 | 1 | 40 | 40 | — |
| 公安民警值班室 | 1 | 20 | 20 | 1 | 20 | 20 | 1 | 20 | 20 | — |
| 特殊情况处置室 | 1 | 40 | 40 | 1 | 40 | 40 | 1 | 40 | 40 | — |
| 安全监控室 | 1 | 40 | 40 | 1 | 40 | 40 | 1 | 40 | 40 | — |
| 使用面积合计 | — | — | 760 | — | — | 670 | — | — | 560 | — |
| 建筑面积合计 | — | — | 1170 | — | — | 1030 | — | — | 860 | 使用系数按0.65计算 |

## 附表 1-5　审判配套用房面积参考指标表（$m^2$）

| 用房名称 | 一类 | | | 二类 | | | 三类 | | | 备　注 |
|---|---|---|---|---|---|---|---|---|---|---|
| | 个数 | 单个面积 | 总面积 | 个数 | 单个面积 | 总面积 | 个数 | 单个面积 | 总面积 | |
| 当事人候审室 | 4 | 30 | 120 | 4 | 30 | 120 | 3 | 30 | 90 | — |
| 旁听群众休息大厅 | 1 | 150 | 150 | 1 | 150 | 150 | 1 | 150 | 150 | — |
| 公诉人室 | 2 | 20 | 40 | 2 | 20 | 40 | 1 | 20 | 20 | — |
| 律师室 | 5 | 20 | 100 | 4 | 20 | 80 | 3 | 20 | 60 | — |
| 证人室 | 3 | 20 | 60 | 2 | 20 | 40 | 1 | 20 | 20 | — |
| 鉴定人室 | 1 | 20 | 20 | 1 | 20 | 20 | 1 | 20 | 20 | — |
| 翻译室 | 1 | 20 | 20 | 1 | 20 | 20 | 1 | 20 | 20 | — |
| 刑事被告人候审室 | 1 | 20 | 20 | 1 | 20 | 20 | 1 | 20 | 20 | — |
| 法警值庭室 | 1 | 20 | 20 | 1 | 20 | 20 | 1 | 20 | 20 | — |
| 羁押室 | 1 | 90 | 90 | 1 | 80 | 80 | 1 | 70 | 70 | 按羁押 15 ~ 25 人设置单独羁押间、共用羁押间、卫生间、法警值班室等 |
| 法庭设备控制室 | 5 | 10 | 50 | 4 | 10 | 40 | 3 | 10 | 30 | 与大、中法庭配套设置 |
| 使用面积合计 | — | — | 690 | — | — | 630 | — | — | 520 | — |
| 建筑面积合计 | — | — | 1060 | — | — | 970 | — | — | 800 | 使用系数按 0.65 计算 |

## 附表 1-6　审判信息管理用房面积指标分配表（$m^2$）

| 用房名称 | 一类 | | | 二类 | | | 三类 | | | 备　注 |
|---|---|---|---|---|---|---|---|---|---|---|
| | 个数 | 单个面积 | 总面积 | 个数 | 单个面积 | 总面积 | 个数 | 单个面积 | 总面积 | |
| 审判信息中心机房 | 1 | 120 | 120 | 1 | 80 | 80 | 1 | 70 | 70 | — |
| 涉密信息机房 | 1 | 60 | 60 | 1 | 50 | 50 | 1 | 50 | 50 | — |
| 密码设备及机要信息管理室 | 1 | 20 | 20 | 1 | 20 | 20 | 1 | 20 | 20 | — |
| 审判信息综合管理控制室 | 1 | 300 | 300 | 1 | 240 | 240 | 1 | 200 | 200 | — |
| 通信信息设备及管理室 | 1 | 30 | 30 | 1 | 30 | 30 | 1 | 30 | 30 | — |
| 灾备室 | 1 | 60 | 60 | 1 | 50 | 50 | 1 | 50 | 50 | — |
| UPS 电源室 | 1 | 20 | 20 | 1 | 20 | 20 | 1 | 20 | 20 | — |
| 线路接入及管理室 | 1 | 20 | 20 | 1 | 20 | 20 | 1 | 20 | 20 | — |
| 数字电视信息设备及管理室 | 1 | 20 | 20 | 1 | 20 | 20 | 1 | 20 | 20 | — |
| 中控信息管理控制室 | 1 | 40 | 40 | 1 | 40 | 40 | 1 | 30 | 30 | — |
| 设备维护及备件室 | 1 | 30 | 30 | 1 | 30 | 30 | 1 | 30 | 30 | — |
| 使用面积合计 | — | — | 720 | — | — | 600 | — | — | 540 | — |
| 建筑面积合计 | — | — | 1110 | — | — | 920 | — | — | 830 | 使用系数按 0.65 计算 |

## 附表 1-7 诉讼档案用房面积参考指标表（$m^2$）

| 用房名称 | 一类 | | | 二类 | | | 三类 | | | 备　注 |
|---|---|---|---|---|---|---|---|---|---|---|
| | 个数 | 单个面积 | 总面积 | 个数 | 单个面积 | 总面积 | 个数 | 单个面积 | 总面积 | |
| 纸质档案库 | 1 | 1000 | 1000 | 1 | 800 | 800 | 1 | 500 | 500 | — |
| 数字档案库 | 1 | 90 | 90 | 1 | 80 | 80 | 1 | 60 | 60 | 光盘、磁盘、录像带、录音带等 |
| 实物档案库 | 1 | 80 | 80 | 1 | 70 | 70 | 1 | 60 | 60 | — |
| 特殊档案珍藏库 | 1 | 50 | 50 | 1 | 40 | 40 | 1 | 30 | 30 | 珍贵档案 |
| 查阅登记室 | 1 | 20 | 20 | 1 | 20 | 20 | 1 | 20 | 20 | — |
| 目录室 | 1 | 30 | 30 | 1 | 30 | 30 | 1 | 30 | 30 | — |
| 纸质档案阅览室 | 1 | 60 | 60 | 1 | 40 | 40 | 1 | 30 | 30 | — |
| 电子档案阅览室 | 1 | 40 | 40 | 1 | 30 | 30 | 1 | 30 | 30 | — |
| 涉密档案阅览室 | 1 | 30 | 30 | 1 | 20 | 20 | 1 | 20 | 20 | — |
| 档案复印室 | 1 | 20 | 20 | 1 | 20 | 20 | 1 | 20 | 20 | 复印档案、装订档案复印件 |
| 接收档案用房 | 1 | 50 | 50 | 1 | 40 | 40 | 1 | 30 | 30 | — |
| 整理编目用房 | 1 | 60 | 60 | 1 | 50 | 50 | 1 | 40 | 40 | 校对、编目 |
| 保护技术用房 | 1 | 90 | 90 | 1 | 60 | 60 | 1 | 50 | 50 | 除尘、消毒、裱糊修复、去有害生物、去酸 |
| 档案数字化处理用房 | 1 | 60 | 60 | 1 | 60 | 60 | 1 | 60 | 60 | — |
| 使用面积合计 | — | — | 1680 | — | — | 1360 | — | — | 980 | — |
| 建筑面积合计 | — | — | 2400 | — | — | 1940 | — | — | 1400 | 使用系数按 0.7 计算 |

## 附表 1-8 司法警察警务用房面积参考指标表（$m^2$）

| 用房名称 | 一类 | | | 二类 | | | 三类 | | | 备　注 |
|---|---|---|---|---|---|---|---|---|---|---|
| | 个数 | 单个面积 | 总面积 | 个数 | 单个面积 | 总面积 | 个数 | 单个面积 | 总面积 | |
| 司法警察备勤值班室 | 2 | 20 | 40 | 2 | 20 | 40 | 1 | 20 | 20 | — |
| 枪械库 | 2 | 20 | 40 | 2 | 20 | 40 | 2 | 20 | 40 | — |
| 警用装具室 | 1 | 40 | 40 | 1 | 40 | 40 | 1 | 40 | 40 | — |
| 司法警察备勤宿舍 | 4 | 20 | 80 | 4 | 20 | 80 | 2 | 20 | 40 | — |
| 使用面积合计 | — | — | 200 | — | — | 200 | — | — | 140 | — |
| 建筑面积合计 | — | — | 310 | — | — | 310 | — | — | 220 | 使用系数按0.65计算 |

### 附表 1-9　辅助用房面积参考指标表（$m^2$）

| 用房名称 | 一类 | | | 二类 | | | 三类 | | | 备　注 |
|---|---|---|---|---|---|---|---|---|---|---|
| | 个数 | 单个面积 | 总面积 | 个数 | 单个面积 | 总面积 | 个数 | 单个面积 | 总面积 | |
| 新闻发布室 | 1 | 200 | 200 | 1 | 200 | 200 | 1 | 150 | 150 | — |
| 新闻记者工作室 | 1 | 20 | 20 | 1 | 20 | 20 | 1 | 20 | 20 | — |
| 外宾会见室 | 1 | 100 | 100 | 1 | 80 | 80 | 1 | 60 | 60 | — |
| 法律文书文印室 | 1 | 100 | 100 | 1 | 80 | 80 | 1 | 60 | 60 | 打印、印刷、装订法律文书 |
| 审判业务资料室 | 1 | 350 | 350 | 1 | 350 | 350 | 1 | 300 | 300 | 藏书 2 万 ~ 3 万册，设书库、业务资料阅览室、电子阅览室、图书资料管理等用房 |
| 证物存放室 | 1 | 20 | 20 | 1 | 20 | 20 | 1 | 20 | 20 | — |
| 赃物库房 | 1 | 60 | 60 | 1 | 50 | 50 | 1 | 40 | 40 | — |
| 法庭抢救室 | 1 | 20 | 20 | 1 | 20 | 20 | 1 | 20 | 20 | — |
| 公共服务及设备用房 | — | — | 830 ~ 950 | — | — | 690 ~ 800 | — | — | 530 ~ 630 | 按九类用房总使用面积的 8% 计算 |
| 使用面积合计 | — | — | 1700 ~ 1820 | — | — | 1510 ~ 1620 | — | — | 1200 ~ 1300 | — |
| 建筑面积合计 | — | — | 2430 ~ 2600 | — | — | 2160 ~ 2310 | — | — | 1710 ~ 1860 | 使用系数按 0.7 计算 |

## 附录二　中级人民法院审判法庭各类用房面积参考指标表

### 附表 2-1　立案用房面积参考指标表（$m^2$）

| 用房名称 | 一类 | | | 二类 | | | 三类 | | | 备　注 |
|---|---|---|---|---|---|---|---|---|---|---|
| | 个数 | 单个面积 | 总面积 | 个数 | 单个面积 | 总面积 | 个数 | 单个面积 | 总面积 | |
| 立案登记室 | 6 | 20 | 120 | 6 | 20 | 120 | 2 | 20 | 40 | 一、二类按立案庭、刑事审判庭、民事审判庭、行政审判庭、执行庭、审判监督庭每个部门 1 间配置；<br>三类综合使用 |
| 当事人等候大厅 | 1 | 200 | 200 | 1 | 160 | 160 | 1 | 120 | 120 | 设置当事人等候坐席 |

**续附表 2-1**

| 用房名称 | 一类 | | | 二类 | | | 三类 | | | 备注 |
|---|---|---|---|---|---|---|---|---|---|---|
| | 个数 | 单个面积 | 总面积 | 个数 | 单个面积 | 总面积 | 个数 | 单个面积 | 总面积 | |
| 立案听证室 | 3 | 20 | 60 | 2 | 20 | 40 | 1 | 20 | 20 | — |
| 证据交换室 | 4 | 20 | 80 | 3 | 20 | 60 | 2 | 20 | 40 | — |
| 立案调解室 | 4 | 20 | 80 | 3 | 20 | 60 | 2 | 20 | 40 | — |
| 诉讼收费室 | 1 | 20 | 20 | 1 | 20 | 20 | 1 | 20 | 20 | 为银行代收诉讼费设置的工作室 |
| 当事人诉讼服务室 | 1 | 20 | 20 | 1 | 20 | 20 | 1 | 20 | 20 | — |
| 法警值班室 | 1 | 30 | 30 | 1 | 30 | 30 | 1 | 30 | 30 | 含安全检查、监控 |
| 使用面积合计 | — | — | 610 | — | — | 510 | — | — | 330 | — |
| 建筑面积合计 | — | — | 940 | — | — | 780 | — | — | 510 | 使用系数按0.65计算 |

注：附表 2-1 ~ 附表 2-9 中所列各项功能用房的个数、面积指标，可根据实际需要在总面积指标范围内做适当调整；表中均未含业务用车车库面积。

**附表 2-2　审判用房面积参考指标表（$m^2$）**

| 用房名称 | 一类 | | | 二类 | | | 三类 | | | 备注 |
|---|---|---|---|---|---|---|---|---|---|---|
| | 个数 | 单个面积 | 总面积 | 个数 | 单个面积 | 总面积 | 个数 | 单个面积 | 总面积 | |
| 大法庭 | 1 | 600 ~ 700 | 600 ~ 700 | 1 | 500 ~ 600 | 500 ~ 600 | 1 | 400 ~ 500 | 400 ~ 500 | 审判区设置法官席位和其他诉讼参与人席位，面积为 140 ~ 220$m^2$；<br>旁听区席位面积参照影剧院等相关标准，每座为 0.8$m^2$，旁听席位按 300 ~ 550 个设置，旁听区宜设置成阶梯式 |
| 中法庭 | 8 | 150 ~ 200 | 1200 ~ 1600 | 5 | 150 ~ 200 | 750 ~ 1000 | 2 | 150 ~ 200 | 300 ~ 400 | 审判区设置法官席位和其他诉讼参与人席位，面积为 80 ~ 100$m^2$；<br>旁听区面积确定方法与大法庭相同，旁听席位按 80 ~ 120 个设置 |

**续附表 2-2**

| 用房名称 | 一类 | | | 二类 | | | 三类 | | | 备注 |
|---|---|---|---|---|---|---|---|---|---|---|
| | 个数 | 单个面积 | 总面积 | 个数 | 单个面积 | 总面积 | 个数 | 单个面积 | 总面积 | |
| 小法庭 | 24~30 | 100 | 2400~3000 | 18~24 | 100 | 1800~2400 | 12~18 | 100 | 1200~1800 | 审判区设置法官席位和其他诉讼参与人席位，面积为60m²；旁听区面积确定方法与大法庭相同，旁听席位按40~50个设置 |
| 大庭审合议室 | 1 | 30 | 30 | 1 | 30 | 30 | 1 | 30 | 30 | 与大法庭配套设置，内设法官更衣室 |
| 中庭审合议室 | 8 | 20 | 160 | 5 | 20 | 100 | 2 | 20 | 40 | 与中法庭配套设置，内设法官更衣室 |
| 小庭审合议室 | 24~30 | 20 | 480~600 | 18~24 | 20 | 360~480 | 12~18 | 20 | 240~360 | 与小法庭配套设置，内设法官更衣室 |
| 审委会评案室 | 1 | 100 | 100 | 1 | 90 | 90 | 1 | 80 | 80 | — |
| 诉讼调解室 | 8 | 40~50 | 320~400 | 6 | 40~50 | 240~300 | 4 | 40~50 | 160~200 | — |
| 听证室 | 7 | 40~50 | 280~350 | 7 | 40~50 | 280~350 | 5 | 40~50 | 200~250 | 一、二类按立案庭、刑事审判庭、行政审判庭、执行庭、审判监督庭每个部门1间，民事审判庭2间配置。三类综合使用 |
| 远程庭审观摩/案件讨论室 | 1 | 100 | 100 | 1 | 100 | 100 | 1 | 80 | 80 | 具有大要案审理任务的法院可以建设2个 |
| 远程提讯/质证室 | 2 | 30 | 60 | 2 | 30 | 60 | 2 | 30 | 60 | — |
| 使用面积合计 | — | — | 5730~7100 | — | — | 4310~5510 | — | — | 2790~3800 | — |
| 建筑面积合计 | — | — | 9550~11830 | — | — | 7180~9180 | — | — | 4650~6330 | 使用系数按0.60计算 |

### 附表 2-3　执行用房面积参考指标表（$m^2$）

| 用房名称 | 一类 | | | 二类 | | | 三类 | | | 备　注 |
|---|---|---|---|---|---|---|---|---|---|---|
| | 个数 | 单个面积 | 总面积 | 个数 | 单个面积 | 总面积 | 个数 | 单个面积 | 总面积 | |
| 执行材料接转室 | 1 | 20 | 20 | 1 | 20 | 20 | 1 | 15 | 15 | — |
| 执行听证室 | 2 | 20 | 40 | 2 | 20 | 40 | 1 | 15 | 15 | — |
| 对外委托工作室 | 1 | 20 | 20 | 1 | 20 | 20 | 1 | 15 | 15 | — |
| 执行指挥中心 | 1 | 50 | 50 | 1 | 80 | 80 | 1 | 50 | 50 | — |
| 执行物保管室 | 1 | 20 | 20 | 1 | 20 | 20 | 1 | 15 | 15 | — |
| 执行拍卖室 | 1 | 50 | 50 | — | — | — | — | — | — | 海事法院设置 |
| 使用面积合计 | — | — | 200 | — | — | 180 | — | — | 110 | — |
| 建筑面积合计 | — | — | 310 | — | — | 280 | — | — | 170 | 使用系数按0.65计算 |

### 附表 2-4　信访接待用房面积参考指标表（$m^2$）

| 用房名称 | 一类 | | | 二类 | | | 三类 | | | 备　注 |
|---|---|---|---|---|---|---|---|---|---|---|
| | 个数 | 单个面积 | 总面积 | 个数 | 单个面积 | 总面积 | 个数 | 单个面积 | 总面积 | |
| 来访登记大厅 | 1 | 200 | 200 | 1 | 150 | 150 | 1 | 120 | 120 | 大厅内划分为安全检查、存包区，咨询、填写登记表格区，设有若干来访登记窗口的登记接待工作区 |
| 候谈厅 | 2 | 100 | 200 | 2 | 80 | 160 | 1 | 100 | 100 | — |
| 接谈室 | 6 | 20 | 120 | 4 | 20 | 80 | 2 | 20 | 40 | — |
| 来访听证室 | 1 | 20 | 20 | 1 | 20 | 20 | 1 | 20 | 20 | — |
| 来访调解室 | 1 | 20 | 20 | 1 | 20 | 20 | 1 | 20 | 20 | — |
| 来信阅处室 | 1 | 20 | 20 | 1 | 20 | 20 | 1 | 20 | 20 | — |
| 院（庭）长接待室 | 1 | 20 | 20 | 1 | 20 | 20 | 1 | 20 | 20 | — |
| 法警值班室 | 1 | 20 | 20 | 1 | 20 | 20 | 1 | 20 | 20 | — |
| 公安民警值班室 | 1 | 20 | 20 | 1 | 20 | 20 | 1 | 20 | 20 | — |
| 特殊情况处置室 | 1 | 40 | 40 | 1 | 40 | 40 | 1 | 40 | 40 | — |
| 安全监控室 | 1 | 30 | 30 | 1 | 20 | 20 | 1 | 20 | 20 | — |
| 使用面积合计 | — | — | 710 | — | — | 570 | — | — | 440 | — |
| 建筑面积合计 | — | — | 1090 | — | — | 880 | — | — | 680 | 使用系数按0.65计算 |

## 附表 2-5 审判配套用房面积参考指标表（$m^2$）

| 用房名称 | 一类 | | | 二类 | | | 三类 | | | 备注 |
|---|---|---|---|---|---|---|---|---|---|---|
| | 个数 | 单个面积 | 总面积 | 个数 | 单个面积 | 总面积 | 个数 | 单个面积 | 总面积 | |
| 当事人候审室 | 6 | 30 | 180 | 5 | 30 | 150 | 4 | 30 | 120 | — |
| 旁听群众休息大厅 | 1 | 300 | 300 | 1 | 300 | 300 | 1 | 200 | 200 | — |
| 公诉人室 | 5 | 20 | 100 | 3 | 20 | 60 | 1 | 20 | 20 | — |
| 律师室 | 9 | 20 | 180 | 6 | 20 | 120 | 3 | 20 | 60 | — |
| 证人室 | 5 | 20 | 100 | 3 | 20 | 60 | 1 | 20 | 20 | — |
| 鉴定人室 | 1 | 20 | 20 | 1 | 20 | 20 | 1 | 20 | 20 | — |
| 翻译室 | 1 | 20 | 20 | 1 | 20 | 20 | 1 | 20 | 20 | — |
| 刑事被告人候审室 | 3 | 20 | 60 | 2 | 20 | 40 | 1 | 20 | 20 | — |
| 法警值庭室 | 1 | 20 | 20 | 1 | 20 | 20 | 1 | 20 | 20 | — |
| 羁押室 | 1 | 100 | 100 | 1 | 80 | 80 | 1 | 60 | 60 | 按羁押 20～30 人，设置单独羁押间、共用羁押间、卫生间、法警值班室等 |
| 法庭设备控制室 | 9 | 10 | 90 | 6 | 10 | 60 | 3 | 10 | 30 | 与大、中法庭配套设置 |
| 使用面积合计 | — | — | 1170 | — | — | 930 | — | — | 590 | — |
| 建筑面积合计 | — | — | 1800 | — | — | 1430 | — | — | 910 | 使用系数按0.65计算 |

## 附表 2-6 审判信息管理用房面积指标分配表（$m^2$）

| 用房名称 | 一类 | | | 二类 | | | 三类 | | | 备注 |
|---|---|---|---|---|---|---|---|---|---|---|
| | 个数 | 单个面积 | 总面积 | 个数 | 单个面积 | 总面积 | 个数 | 单个面积 | 总面积 | |
| 审判信息中心机房 | 1 | 100 | 100 | 1 | 80 | 80 | 1 | 60 | 60 | — |
| 涉密信息机房 | 1 | 60 | 60 | 1 | 40 | 50 | 1 | 40 | 40 | — |
| 密码设备及机要信息管理室 | 1 | 20 | 20 | 1 | 20 | 20 | 1 | 20 | 20 | — |
| 审判信息综合管理控制室 | 1 | 260 | 260 | 1 | 240 | 240 | 1 | 200 | 200 | — |
| 通信信息设备及管理室 | 1 | 30 | 30 | 1 | 30 | 30 | 1 | 20 | 20 | — |

**续附表 2-6**

| 用房名称 | 一类 | | | 二类 | | | 三类 | | | 备注 |
|---|---|---|---|---|---|---|---|---|---|---|
| | 个数 | 单个面积 | 总面积 | 个数 | 单个面积 | 总面积 | 个数 | 单个面积 | 总面积 | |
| UPS 电源室 | 1 | 20 | 20 | 1 | 20 | 20 | 1 | 20 | 20 | — |
| 线路接入及管理室 | 1 | 20 | 20 | 1 | 20 | 20 | 1 | 10 | 10 | — |
| 数字电视信息设备及管理室 | 1 | 20 | 20 | 1 | 20 | 20 | 1 | 20 | 20 | — |
| 中控信息管理控制室 | 1 | 40 | 40 | 1 | 30 | 30 | 1 | 30 | 30 | — |
| 设备维护及备件室 | 1 | 30 | 30 | 1 | 30 | 30 | 1 | 30 | 30 | — |
| 使用面积合计 | — | — | 600 | — | — | 540 | — | — | 450 | — |
| 建筑面积合计 | — | — | 920 | — | — | 830 | — | — | 690 | 使用系数按0.65计算 |

**附表 2-7 诉讼档案用房面积参考指标表（$m^2$）**

| 用房名称 | 一类 | | | 二类 | | | 三类 | | | 备注 |
|---|---|---|---|---|---|---|---|---|---|---|
| | 个数 | 单个面积 | 总面积 | 个数 | 单个面积 | 总面积 | 个数 | 单个面积 | 总面积 | |
| 纸质档案库 | 1 | 1000 | 1000 | 1 | 800 | 800 | 1 | 500 | 500 | — |
| 数字档案库 | 1 | 80 | 80 | 1 | 60 | 60 | 1 | 40 | 40 | 光盘、磁盘、录像带、录音带等 |
| 实物档案库 | 1 | 70 | 70 | 1 | 60 | 60 | 1 | 40 | 40 | — |
| 特殊档案珍藏库 | 1 | 40 | 40 | 1 | 30 | 30 | 1 | 30 | 30 | — |
| 查阅登记室 | 1 | 20 | 20 | 1 | 20 | 20 | 1 | 20 | 20 | — |
| 目录室 | 1 | 40 | 40 | 1 | 30 | 30 | 1 | 20 | 20 | — |
| 纸质档案阅览室 | 1 | 60 | 60 | 1 | 50 | 50 | 1 | 40 | 40 | — |
| 电子档案阅览室 | 1 | 40 | 40 | 1 | 30 | 30 | 1 | 20 | 20 | — |
| 涉密档案阅览室 | 1 | 30 | 30 | 1 | 20 | 20 | 1 | 20 | 20 | — |
| 档案复印室 | 1 | 20 | 20 | 1 | 20 | 20 | 1 | 20 | 20 | 复印档案、装订档案复印件 |

续附表 2-7

| 用房名称 | 一类 | | | 二类 | | | 三类 | | | 备注 |
|---|---|---|---|---|---|---|---|---|---|---|
| | 个数 | 单个面积 | 总面积 | 个数 | 单个面积 | 总面积 | 个数 | 单个面积 | 总面积 | |
| 接收档案用房 | 1 | 40 | 40 | 1 | 30 | 30 | 1 | 20 | 20 | — |
| 整理编目用房 | 1 | 50 | 50 | 1 | 40 | 40 | 1 | 30 | 30 | 校对、编目 |
| 保护技术用房 | 1 | 60 | 60 | 1 | 50 | 50 | 1 | 40 | 40 | 除尘、消毒、裱糊修复、去有害生物、去酸 |
| 档案数字化处理用房 | 1 | 50 | 50 | 1 | 50 | 50 | 1 | 50 | 50 | — |
| 使用面积合计 | — | — | 1600 | — | — | 1290 | — | — | 890 | — |
| 建筑面积合计 | — | — | 2290 | — | — | 1840 | — | — | 1270 | 使用系数按0.7计算 |

## 附表 2-8 司法警察警务用房面积参考指标表（$m^2$）

| 用房名称 | 一类 | | | 二类 | | | 三类 | | | 备注 |
|---|---|---|---|---|---|---|---|---|---|---|
| | 个数 | 单个面积 | 总面积 | 个数 | 单个面积 | 总面积 | 个数 | 单个面积 | 总面积 | |
| 司法警察备勤值班室 | 2 | 20 | 40 | 1 | 20 | 20 | 1 | 20 | 20 | — |
| 枪械库 | 2 | 20 | 40 | 2 | 20 | 40 | 2 | 20 | 40 | — |
| 警用装具室 | 1 | 40 | 40 | 1 | 40 | 40 | 1 | 40 | 40 | — |
| 司法警察备勤宿舍 | 4 | 20 | 80 | 3 | 20 | 60 | 2 | 20 | 40 | — |
| 使用面积合计 | — | — | 200 | — | — | 160 | — | — | 140 | — |
| 建筑面积合计 | — | — | 310 | — | — | 250 | — | — | 220 | 使用系数按0.65计算 |

## 附表 2-9 辅助用房面积参考指标表（$m^2$）

| 用房名称 | 一类 | | | 二类 | | | 三类 | | | 备注 |
|---|---|---|---|---|---|---|---|---|---|---|
| | 个数 | 单个面积 | 总面积 | 个数 | 单个面积 | 总面积 | 个数 | 单个面积 | 总面积 | |
| 新闻发布室 | 1 | 100 | 100 | — | — | — | — | — | — | 二、三类法院不设 |
| 外宾会见室 | 1 | 60 | 60 | 1 | 50 | 50 | — | — | — | 三类法院不设 |
| 法律文书文印室 | 1 | 80 | 80 | 1 | 60 | 60 | 1 | 40 | 40 | 打印、印刷、装订法律文书 |

**续附表 2-9**

| 用房名称 | 一类 | | | 二类 | | | 三类 | | | 备注 |
|---|---|---|---|---|---|---|---|---|---|---|
| | 个数 | 单个面积 | 总面积 | 个数 | 单个面积 | 总面积 | 个数 | 单个面积 | 总面积 | |
| 审判业务资料室 | 1 | 200 | 200 | 1 | 150 | 150 | 1 | 100 | 100 | — |
| 证物存放室 | 1 | 20 | 20 | 1 | 20 | 20 | 1 | 20 | 20 | — |
| 赃物库房 | 1 | 80 | 80 | 1 | 60 | 60 | 1 | 40 | 40 | — |
| 法庭抢救室 | 1 | 20 | 20 | 1 | 20 | 20 | 1 | 20 | 20 | — |
| 公共服务及设备用房 | — | — | 920~1030 | — | — | 710~800 | — | — | 480~560 | 按九类用房总使用面积的 8% 计算 |
| 使用面积合计 | — | — | 1480~1590 | — | — | 1070~1160 | — | — | 700~780 | — |
| 建筑面积合计 | — | — | 2110~2270 | — | — | 1530~1660 | — | — | 1000~1110 | 使用系数按0.7计算 |

## 附录三　基层人民法庭审判法庭各类用房面积参考指标表

**附表 3-1　立案用房面积参考指标表（$m^2$）**

| 用房名称 | 一类 | | | 二类 | | | 三类 | | | 备注 |
|---|---|---|---|---|---|---|---|---|---|---|
| | 个数 | 单个面积 | 总面积 | 个数 | 单个面积 | 总面积 | 个数 | 单个面积 | 总面积 | |
| 立案登记室 | 6 | 20 | 120 | 4 | 20 | 80 | 2 | 20 | 40 | — |
| 当事人等候大厅 | 1 | 120 | 120 | 1 | 100 | 100 | 1 | 60 | 60 | 设置当事人等候坐席 |
| 立案听证室 | 1 | 20 | 20 | 1 | 20 | 20 | 1 | 20 | 20 | — |
| 证据交换室 | 4 | 20 | 80 | 3 | 20 | 60 | 2 | 20 | 40 | — |
| 立案调解室 | 3 | 20 | 60 | 2 | 20 | 40 | 1 | 20 | 20 | — |
| 诉讼收费室 | 1 | 20 | 20 | 1 | 20 | 20 | 1 | 20 | 20 | 为银行代收诉讼费设置的工作室 |
| 当事人诉讼服务室 | 1 | 20 | 20 | 1 | 20 | 20 | 1 | 20 | 20 | — |
| 法警值班室 | 1 | 20 | 20 | 1 | 20 | 20 | 1 | 20 | 20 | 含安全检查、监控 |
| 使用面积合计 | — | — | 460 | — | — | 360 | — | — | 240 | — |
| 建筑面积合计 | — | — | 710 | — | — | 550 | — | — | 370 | 使用系数按 0.65 计算 |

注：附表 3-1 ~ 附表 3-9 中所列各项功能用房的个数、面积指标，可根据实际需要在总面积指标范围内做适当调整；表中均未含业务用车车库面积。

## 附表 3-2 审判用房面积参考指标表（$m^2$）

| 用房名称 | 一类 | | | 二类 | | | 三类 | | | 备　注 |
|---|---|---|---|---|---|---|---|---|---|---|
| | 个数 | 单个面积 | 总面积 | 个数 | 单个面积 | 总面积 | 个数 | 单个面积 | 总面积 | |
| 大法庭 | 1 | 450~500 | 450~500 | 1 | 400~450 | 400~450 | 1 | 350~400 | 350~400 | 审判区设置法官席位和其他诉讼参与人席位，面积为 120~160$m^2$；旁听区席位面积参照影剧院等相关标准，每座为 0.8$m^2$，旁听席位按 280~400 个设置。旁听区宜设置成阶梯式 |
| 中法庭 | 6 | 120~150 | 720~900 | 4 | 120~150 | 480~600 | 2 | 120~150 | 240~300 | 审判区设置法官席位和其他诉讼参与人席位，面积为 60~80$m^2$；旁听区面积确定方法与大法庭相同，旁听席位按 70~85 个设置 |
| 小法庭 | 15 | 80~100 | 1200~1500 | 12 | 80~100 | 960~1200 | 10 | 80~100 | 800~1000 | 审判区设置法官席位和其他诉讼参与人席位，面积为 60$m^2$；旁听区面积确定方法与大法庭相同，旁听席位按 25~50 个设置 |
| 独任法庭 | 4 | 60 | 240 | 3 | 60 | 180 | 1 | 60 | 60 | — |
| 大庭审合议室 | 1 | 20 | 20 | 1 | 20 | 20 | 1 | 20 | 20 | 与大法庭配套设置，内设法官更衣室 |
| 中庭审合议室 | 6 | 20 | 120 | 4 | 20 | 80 | 2 | 20 | 40 | 与中法庭配套设置，内设法官更衣室 |
| 小庭审合议室 | 15 | 20 | 300 | 12 | 20 | 240 | 10 | 20 | 200 | 与小法庭配套设置，内设法官更衣室 |
| 审委会评案室 | 1 | 80 | 80 | 1 | 80 | 80 | 1 | 80 | 80 | — |
| 诉讼调解室 | 4 | 30 | 120 | 2 | 30 | 60 | 2 | 30 | 60 | — |
| 听证室 | 6 | 30 | 180 | 4 | 30 | 120 | 2 | 30 | 60 | — |
| 远程庭审观摩/案件讨论室 | 1 | 80 | 80 | 1 | 60 | 60 | 1 | 60 | 60 | 具有重大案件及系列案件审理任务的法院可以建设 2 个 |
| 远程提讯/质证室 | 2 | 20 | 40 | 2 | 20 | 40 | 2 | 20 | 40 | — |
| 使用面积合计 | — | — | 3550~4080 | — | — | 2720~3130 | — | — | 2010~2320 | — |
| 建筑面积合计 | — | — | 5920~6800 | — | — | 4530~5220 | — | — | 3350~3870 | 使用系数按 0.6 计算 |

## 附表 3-3 执行用房面积参考指标表（$m^2$）

| 用房名称 | 一类 | | | 二类 | | | 三类 | | | 备注 |
|---|---|---|---|---|---|---|---|---|---|---|
| | 个数 | 单个面积 | 总面积 | 个数 | 单个面积 | 总面积 | 个数 | 单个面积 | 总面积 | |
| 执行材料接转室 | 1 | 20 | 20 | 1 | 20 | 20 | 1 | 20 | 20 | — |
| 执行听证室 | 2 | 20 | 40 | 1 | 20 | 20 | 1 | 20 | 20 | — |
| 对外委托工作室 | 1 | 40 | 40 | 1 | 40 | 40 | 1 | 20 | 20 | — |
| 执行指挥中心 | 1 | 40 | 40 | 1 | 40 | 40 | 1 | 30 | 30 | — |
| 执行物保管室 | 1 | 20 | 20 | 1 | 20 | 20 | 1 | 20 | 20 | — |
| 使用面积合计 | — | — | 160 | — | — | 140 | — | — | 110 | — |
| 建筑面积合计 | — | — | 250 | — | — | 220 | — | — | 170 | 使用系数按0.65计算 |

## 附表 3-4 信访接待用房面积参考指标表（$m^2$）

| 用房名称 | 一类 | | | 二类 | | | 三类 | | | 备注 |
|---|---|---|---|---|---|---|---|---|---|---|
| | 个数 | 单个面积 | 总面积 | 个数 | 单个面积 | 总面积 | 个数 | 单个面积 | 总面积 | |
| 来访登记室 | 1 | 40 | 40 | 1 | 40 | 40 | 1 | 40 | 40 | 大厅内划分为安全检查、存包区，咨询、填写登记表格区，设有若干来访登记窗口的登记接待工作区 |
| 候谈室 | 2 | 40 | 80 | 2 | 40 | 80 | 1 | 40 | 40 | — |
| 接谈室 | 3 | 20 | 60 | 2 | 20 | 40 | 1 | 20 | 20 | — |
| 来访听证室 | — | — | — | — | — | — | — | — | — | — |
| 来访调解室 | — | — | — | — | — | — | — | — | — | — |
| 来信阅处室 | 1 | 20 | 20 | 1 | 20 | 20 | 1 | 20 | 20 | — |
| 院（庭）长接待室 | 1 | 20 | 20 | 1 | 20 | 20 | 1 | 20 | 20 | — |
| 法警值班室 | 1 | 20 | 20 | 1 | 20 | 20 | 1 | 20 | 20 | — |
| 公安民警值班室 | — | — | — | — | — | — | — | — | — | — |
| 特殊情况处置室 | 1 | 40 | 40 | 1 | 40 | 40 | 1 | 40 | 40 | — |
| 安全监控室 | — | — | — | — | — | — | — | — | — | — |
| 使用面积合计 | — | — | 280 | — | — | 260 | — | — | 200 | — |
| 建筑面积合计 | — | — | 430 | — | — | 400 | — | — | 310 | 使用系数按0.65计算 |

## 附表 3-5 审判配套用房面积参考指标表（$m^2$）

| 用房名称 | 一类 | | | 二类 | | | 三类 | | | 备注 |
|---|---|---|---|---|---|---|---|---|---|---|
| | 个数 | 单个面积 | 总面积 | 个数 | 单个面积 | 总面积 | 个数 | 单个面积 | 总面积 | |
| 当事人候审室 | 4 | 30 | 120 | 3 | 30 | 90 | 2 | 30 | 60 | — |
| 旁听群众休息大厅 | 1 | 200 | 200 | 1 | 200 | 200 | 1 | 160 | 160 | — |
| 陪审员室 | 4 | 20 | 80 | 3 | 20 | 60 | 2 | 20 | 40 | — |
| 公诉人室 | 3 | 20 | 60 | 2 | 20 | 40 | 1 | 20 | 20 | — |
| 律师室 | 3 | 20 | 60 | 2 | 20 | 40 | 1 | 20 | 20 | — |
| 证人室 | 2 | 20 | 40 | 2 | 20 | 40 | 1 | 20 | 20 | — |
| 鉴定人室 | 1 | 20 | 20 | 1 | 20 | 20 | 1 | 20 | 20 | — |
| 翻译室 | 1 | 20 | 20 | 1 | 20 | 20 | 1 | 20 | 20 | — |
| 刑事被告人候审室 | 2 | 20 | 40 | 2 | 20 | 40 | 1 | 20 | 20 | — |
| 法警值庭室 | 1 | 20 | 20 | 1 | 20 | 20 | 1 | 20 | 20 | — |
| 羁押室 | 1 | 100 | 100 | 1 | 80 | 80 | 1 | 60 | 60 | 按羁押15～25人，设置单独羁押间、共用羁押间、卫生间、法警值班室等 |
| 法庭设备控制室 | 7 | 10 | 70 | 5 | 10 | 50 | 3 | 10 | 30 | 与大、中法庭配套设置 |
| 使用面积合计 | — | — | 830 | — | — | 700 | — | — | 490 | — |
| 建筑面积合计 | — | — | 1280 | — | — | 1080 | — | — | 750 | 使用系数按0.65计算 |

## 附表 3-6 审判信息管理用房面积参考指标表（$m^2$）

| 用房名称 | 一类 | | | 二类 | | | 三类 | | | 备注 |
|---|---|---|---|---|---|---|---|---|---|---|
| | 个数 | 单个面积 | 总面积 | 个数 | 单个面积 | 总面积 | 个数 | 单个面积 | 总面积 | |
| 审判信息中心机房 | 1 | 70 | 70 | 1 | 60 | 60 | 1 | 30 | 30 | — |
| 审判信息综合管理控制室 | 1 | 200 | 200 | 1 | 150 | 150 | 1 | 100 | 100 | — |
| 通信信息设备及管理室 | 1 | 20 | 20 | 1 | 20 | 20 | 1 | 20 | 20 | — |
| UPS 电源室 | 1 | 20 | 20 | 1 | 20 | 20 | 1 | 20 | 20 | — |

**续附表 3-6**

| 用房名称 | 一类 | | | 二类 | | | 三类 | | | 备 注 |
|---|---|---|---|---|---|---|---|---|---|---|
| | 个数 | 单个面积 | 总面积 | 个数 | 单个面积 | 总面积 | 个数 | 单个面积 | 总面积 | |
| 线路接入及管理室 | 1 | 20 | 20 | — | — | — | — | — | — | — |
| 数字电视信息设备及管理室 | 1 | 20 | 20 | 1 | 20 | 20 | 1 | 20 | 20 | — |
| 中控信息管理控制室 | 1 | 30 | 30 | 1 | 20 | 20 | 1 | 20 | 20 | — |
| 设备维护及备件室 | 1 | 20 | 20 | 1 | 20 | 20 | 1 | 10 | 10 | — |
| 使用面积合计 | — | — | 400 | — | — | 310 | — | — | 220 | — |
| 建筑面积合计 | — | — | 620 | — | — | 480 | — | — | 340 | 使用系数按0.65计算 |

**附表 3-7　诉讼档案用房面积参考指标表（$m^2$）**

| 用房名称 | 一类 | | | 二类 | | | 三类 | | | 备 注 |
|---|---|---|---|---|---|---|---|---|---|---|
| | 个数 | 单个面积 | 总面积 | 个数 | 单个面积 | 总面积 | 个数 | 单个面积 | 总面积 | |
| 纸质档案库 | 1 | 600 | 600 | 1 | 500 | 500 | 1 | 400 | 400 | — |
| 数字档案库 | 1 | 60 | 60 | 1 | 40 | 40 | 1 | 20 | 20 | 光盘、磁盘、录像带、录音带等 |
| 实物档案库 | 1 | 40 | 40 | 1 | 30 | 30 | 1 | 20 | 20 | — |
| 特殊档案珍藏库 | 1 | 30 | 30 | 1 | 20 | 20 | 1 | 20 | 20 | — |
| 查阅登记室 | 1 | 20 | 20 | 1 | 20 | 20 | 1 | 20 | 20 | — |
| 目录室 | 1 | 20 | 20 | 1 | 20 | 20 | 1 | 20 | 20 | — |
| 纸质档案阅览室 | 1 | 40 | 40 | 1 | 30 | 30 | 1 | 20 | 20 | — |
| 电子档案阅览室 | 1 | 30 | 30 | 1 | 30 | 30 | 1 | 20 | 20 | — |
| 涉密档案阅览室 | 1 | 20 | 20 | 1 | 20 | 20 | 1 | 20 | 20 | — |
| 档案复印室 | 1 | 20 | 20 | 1 | 10 | 10 | 1 | 10 | 10 | 复印档案、装订档案复印件 |
| 接收档案用房 | 1 | 30 | 30 | 1 | 20 | 20 | 1 | 20 | 20 | — |
| 整理编目用房 | 1 | 30 | 30 | 1 | 20 | 20 | 1 | 20 | 20 | 校对、编目 |

**续附表 3-7**

| 用房名称 | 一类 | | | 二类 | | | 三类 | | | 备注 |
|---|---|---|---|---|---|---|---|---|---|---|
| | 个数 | 单个面积 | 总面积 | 个数 | 单个面积 | 总面积 | 个数 | 单个面积 | 总面积 | |
| 保护技术用房 | 1 | 30 | 30 | 1 | 20 | 20 | 1 | 20 | 20 | 除尘、消毒、裱糊修复、去有害生物、去酸 |
| 档案数字化处理用房 | 1 | 40 | 40 | 1 | 40 | 40 | 1 | 40 | 40 | — |
| 使用面积合计 | — | — | 1010 | — | — | 820 | — | — | 670 | — |
| 建筑面积合计 | — | — | 1440 | — | — | 1170 | — | — | 960 | 使用系数按0.7计算 |

## 附表 3-8 司法警察警务用房面积参考指标表（$m^2$）

| 用房名称 | 一类 | | | 二类 | | | 三类 | | | 备注 |
|---|---|---|---|---|---|---|---|---|---|---|
| | 个数 | 单个面积 | 总面积 | 个数 | 单个面积 | 总面积 | 个数 | 单个面积 | 总面积 | |
| 司法警察备勤值班室 | 1 | 20 | 20 | 1 | 20 | 20 | 1 | 20 | 20 | — |
| 枪械库 | 2 | 20 | 40 | 2 | 20 | 40 | 2 | 20 | 40 | — |
| 警用装具室 | 1 | 20 | 20 | 1 | 20 | 20 | 1 | 20 | 20 | — |
| 司法警察备勤宿舍 | 3 | 20 | 60 | 2 | 20 | 40 | 2 | 20 | 40 | — |
| 使用面积合计 | — | — | 140 | — | — | 120 | — | — | 120 | |
| 建筑面积合计 | — | — | 220 | — | — | 180 | — | — | 180 | 使用系数按0.65计算 |

## 附表 3-9 辅助用房面积参考指标表（$m^2$）

| 用房名称 | 一类 | | | 二类 | | | 三类 | | | 备注 |
|---|---|---|---|---|---|---|---|---|---|---|
| | 个数 | 单个面积 | 总面积 | 个数 | 单个面积 | 总面积 | 个数 | 单个面积 | 总面积 | |
| 法律文书文印室 | 1 | 50 | 50 | 1 | 40 | 40 | 1 | 30 | 30 | 打印、印刷、装订法律文书 |
| 审判业务资料室 | 1 | 100 | 100 | 1 | 80 | 80 | 1 | 60 | 60 | — |
| 证物存放室 | 1 | 20 | 20 | 1 | 20 | 20 | 1 | 20 | 20 | — |
| 赃物库房 | 1 | 60 | 60 | 1 | 40 | 40 | 1 | 30 | 30 | — |
| 法庭抢救室 | 1 | 20 | 20 | 1 | 20 | 20 | 1 | 20 | 20 | — |
| 公共服务及设备用房 | — | — | 570~610 | — | — | 450~480 | — | — | 340~360 | 按九类用房总使用面积的8%计算 |
| 使用面积合计 | — | — | 820~860 | — | — | 650~680 | — | — | 500~520 | — |
| 建筑面积合计 | — | — | 1170~1230 | — | — | 930~970 | — | — | 710~740 | 使用系数按0.7计算 |

# 附录四　人民法庭各类用房面积参考指标表

## 附表 4-1　审判用房面积参考指标表（$m^2$）

| 用房名称 | 一类 | | | 二类 | | | 三类 | | | 备　注 |
|---|---|---|---|---|---|---|---|---|---|---|
| | 个数 | 单个面积 | 总面积 | 个数 | 单个面积 | 总面积 | 个数 | 单个面积 | 总面积 | |
| 当事人接待室 | 1 | 20 | 20 | 1 | 15 | 15 | 1 | 15 | 15 | — |
| 立案室 | 1 | 20 | 20 | 1 | 15 | 15 | 1 | 15 | 15 | 立案登记、诉讼收费 |
| 中法庭 | 1 | 120 | 120 | — | — | — | — | — | — | 审判活动区面积为 $60m^2$；旁听区席位面积参照影剧院等相关标准，每座为 $0.8m^2$，设置 70 个旁听席位 |
| 小法庭 | 3 | 60 | 180 | 2 | 60 | 120 | 2 | 60 | 120 | 审判活动区面积为 $40m^2$；旁听区席位面积参照影剧院等相关标准，每座为 $0.8m^2$，设置 20 ~ 25 个旁听席位 |
| 案件合议室 | 4 | 15 | 60 | 2 | 15 | 30 | 2 | 15 | 30 | 与法庭配套设置 |
| 调解室 | 1 | 40 | 40 | — | — | — | — | — | — | 二、三类不单设置 |
| 陪审员室 | 1 | 15 | 15 | 1 | 15 | 15 | 1 | 15 | 15 | — |
| 律师室 | 1 | 15 | 15 | 1 | 15 | 15 | 1 | 15 | 15 | |
| 法警值班室 | 1 | 15 | 15 | 1 | 15 | 15 | — | — | — | |
| 法律文书文印室 | 1 | 15 | 15 | 1 | 15 | 15 | — | — | — | — |
| 审判业务资料室 | 1 | 20 | 20 | 1 | 15 | 15 | 1 | 15 | 15 | — |
| 案卷存放室 | 1 | 20 | 20 | 1 | 15 | 15 | 1 | 15 | 15 | — |
| 审判信息管理室 | 1 | 30 | 30 | 1 | 30 | 30 | 1 | 30 | 30 | — |
| 执行物保管室 | 1 | 15 | 15 | 1 | 15 | 15 | 1 | 15 | 15 | — |
| 使用面积合计 | — | — | 585 | — | — | 315 | — | — | 285 | — |
| 建筑面积合计 | — | — | 980 | — | — | 530 | — | — | 480 | 使用系数按 0.6 计算 |

注：表中所列各项功能用房的个数、面积指标，可根据实际需要在总面积指标范围内做适当调整。

## 附表 4-2 审判人员工作用房面积参考指标表（$m^2$）

| 用房名称 | 一类 | | | 二类 | | | 三类 | | | 备 注 |
|---|---|---|---|---|---|---|---|---|---|---|
| | 个数 | 人均面积 | 总面积 | 个数 | 人均面积 | 总面积 | 个数 | 人均面积 | 总面积 | |
| 法官/书记员工作室 | 11~20 | 12 | 132~240 | 5~10 | 12 | 60~120 | 4 | 12 | 48 | 按照《党政机关办公用房标准》执行 |
| 会议室 | — | — | 40 | — | — | 20 | — | — | 20 | — |
| 使用面积合计 | — | — | 172~280 | — | — | 80~140 | — | — | 68 | — |
| 建筑面积合计 | — | — | 250~400 | — | — | 110~200 | — | — | 100 | 使用系数按 0.7 计算 |

## 附表 4-3 附属用房面积参考指标表（$m^2$）

| 用房名称 | 一类 | | | 二类 | | | 三类 | | | 备 注 |
|---|---|---|---|---|---|---|---|---|---|---|
| | 个数 | 单个面积 | 总面积 | 个数 | 单个面积 | 总面积 | 个数 | 单个面积 | 总面积 | |
| 专用车辆车库 | 4 | 24 | 96 | 2 | 24 | 48 | 1 | 24 | 24 | — |
| 库房 | 1 | 30 | 30 | 1 | 20 | 20 | 1 | 15 | 15 | |
| 使用面积合计 | — | — | 126 | — | — | 68 | — | — | 39 | |
| 建筑面积合计 | — | — | 160 | — | — | 90 | — | — | 50 | 使用系数按0.8计算 |

## 附表 4-4 生活用房面积参考指标表（$m^2$）

| 用房名称 | 一类 | | | 二类 | | | 三类 | | | 备 注 |
|---|---|---|---|---|---|---|---|---|---|---|
| | 个数 | 单个面积 | 总面积 | 个数 | 单个面积 | 总面积 | 个数 | 单个面积 | 总面积 | |
| 驻庭宿舍 | 6~10 | 20 | 120~200 | 3~5 | 20 | 60~100 | 2 | 20 | 40 | 2 人 1 间，含卫生间（按一类11~20 人、二类5~10 人、三类4 人计算） |
| 食堂 | 1 | 45 | 45 | 1 | 30 | 30 | 1 | 20 | 20 | 包含餐厅和操作间 |
| 活动室 | 1 | 30 | 30 | 1 | 20 | 20 | — | — | — | — |
| 使用面积合计 | — | — | 195~275 | — | — | 110~150 | — | — | 60 | — |
| 建筑面积合计 | — | — | 280~390 | — | — | 160~210 | — | — | 90 | 使用系数按0.7计算 |

# 附录五　名 词 解 释

1. 立案登记室

法院接受当事人诉状并对决定受理的案件办理立案登记的用房。

2. 当事人等候大厅

当事人等候立案受理时的休息、集散场所。

3. 立案听证室

各类案件立案期间，在法院主持下，当事人之间相互确认法律关系和主要法律事实的立案阶段听证用房。

4. 证据交换室

各类案件立案期间，在法院主持下，当事人之间交换证据、确认证据的用房。

5. 立案调解室

正式启动诉讼程序之前，法官主持对当事人诉讼纠纷进行调解用房。

6. 诉讼收费室

银行人员收取诉讼费用用房。

7. 当事人诉讼服务室

为公诉人、律师、诉讼当事人和其他有关人员提供书写、查询、打印、传真、复印等各种服务的用房。

8. 法警值班室

法警值守、安全检查和处理紧急情况用房。

9. 大法庭

开庭审理当事人多、旁听人员多、在当地有重大影响的案件的法庭（最高人民法院规定，大法庭审判区、旁听区的面积比例为1∶2）。

10. 中法庭

由3~5名法官组成的合议庭开庭审理案件用房（主要用于审理当事人较多、旁听人员较多、影响较大的案件。最高人民法院规定，中法庭审判区、旁听区的面积比例为1∶1）。

11. 小法庭

由3名法官组成的合议庭公开审理案件用房（主要用于诉讼参加人和旁听人员均较少的案件的审理。最高人民法院规定，小法庭审判区、旁听区的面积比例为2∶1）。

12. 独任法庭

独任审判员开庭审理案件用房（主要用于适用简易程序审理的民事、商事案件，轻微的刑事案件和法律另有规定的案件）。

13. 庭审合议室

案件审理过程中合议庭成员合议案件用房。

14. 法官更衣室

开庭期间，法官更换法袍（审判服）的用房。

15. 审委会评案室

审判委员会对重大、疑难案件进行讨论并作出决定的用房（人民法院组织法规定，各级人民法院设立审判委员会。其主要任务是讨论重大的或者疑难的案件，对案件的判决有最终的决定权。审委会评案室内设审判委员会委员评案席、案件审理人员汇报席、检察长列席席等，另有资料柜、图像显示等设备）。

16. 诉讼调解室

进入诉讼程序后，人民法院依法适用调解程序组织双方当事人进行诉讼调解的用房（与大、中、小法庭相比，其特点是不设旁听坐席。按照法律规定，人民法院审理案件一般可以通过调解程序，特殊案件必须经过调解程序，如婚姻案件等）。

17. 听证室

诉讼过程中，人民法院对案件所涉及的重大案件事实和法律问题组织进行听证的用房。

18. 远程庭审观摩/案件讨论室

通过视频系统观摩学习其他地区法官开庭审理案件和上下级法院或异地法院之间对案件所涉及的重大法律问题进行现场讨论的用房。

19. 远程提讯/质证室

通过视频系统对异地关押的犯罪嫌疑人进行提讯/对不在当地且应当出庭作证的证人通过视频系统出庭作证的用房。

20. 执行材料接转室

接受、登记申请执行当事人提交材料的用房。

21. 执行听证/和解室

人民法院组织对当事人申请执行事项所涉及的案件事实、执行行为及法律问题进行听证的用房。

22. 对外委托工作室

约见评估拍卖机构和司法鉴定机构，公开随机（摇号）选择拍卖机构或司法鉴定机构，办理有关司法委托事项的工作用房。

23. 执行指挥中心

对重大执行事项或统一执行行为，通过音视频信息系统进行现场指挥的用房。

24. 执行物保管室

人民法院依法对强制执行的可移动物品临时存放和保管用房。

25. 执行拍卖室

海事法院对依法扣押的船舶、燃料和货物组织进行公开拍卖的用房。

26. 来访登记大厅（室）

来访人员填写登记表格、等候递交信访材料，法院接待人员接受信访材料的场所。

27. 候谈厅（室）

来访人员等候法官接谈的用房。

28. 接谈室

法官接待来访人员的谈话用房。

29. 来访听证室

人民法院组织对来访人员所反映的涉诉或其他事项所涉及的重大事实或法律问题进行听证的用房。

30. 来访调解室

人民法院组织对来访人员所反映的涉诉事项进行调解的用房。

31. 来信阅处室

法院工作人员接收、处理来信的工作用房。

32. 院（庭）长接待室

院（庭）长接待来访人员用房。

33. 法警值班室

法警值守、安全检查用房。

34. 公安民警值班室

公安民警值班工作用房。

35. 特殊情况处置室

处置来访人员突发情况用房。

36. 安全监控室

安放安全监控设备、对来访接待场所进行安全监控的工作用房。

37. 当事人候审室

诉讼当事人庭审前及休庭期间的休息等候用房。

38. 旁听群众休息大厅

旁听群众休息、集散的场所。

39. 陪审员室

人民陪审员在人民法院执行职务期间的工作用房。

40. 公诉人室

人民检察院检察官代表国家行使公诉权和监督权时，在人民法院执行公务期间的工作用房。

41. 律师室

出庭律师临时工作用房。

42. 证人室

证人等候出庭用房。

43. 鉴定人室

鉴定人等候出庭用房。

44. 翻译室

翻译人员庭审期间工作用房。

45. 刑事被告人候审室

庭审时，刑事被告人临时等候出庭用房。

46. 法警值庭室

值庭法警工作用房。

47. 羁押室

开庭前后临时羁押刑事被告人用房。

48. 法庭设备控制室

操作监控、证据展示等技术设备的用房。

49. 审判信息中心机房

安放信息系统主机设备、网络设备、存储设备的用房。

50. 涉密信息机房

安放涉密信息系统服务器、路由器、存储设备的用房。

51．密码设备及机要信息管理室

安放密码设备及机要信息管理的工作用房。

52．审判信息综合管理控制室

审判信息管理、监督、展示、庭审调度等综合管理工作用房。

53．通信信息设备及管理室

安放程控机、配线、传输、信号覆盖等设备及通信信息管理的工作用房。

54．灾备室

安放灾难备份系统设备和管理工作用房。

55．UPS 电源室

安放 UPS 电源设备的用房。

56．线路接入及管理室

运营商及专网接入设备用房和管理用房。

57．数字电视信息设备及管理室

安放有线电视、数字电视设备和管理工作用房。

58．中控信息管理控制室

楼宇及法庭监控信息管理工作用房。

59．设备维护及备件室

进行设备维护、维修工作，存放信息系统备品备件的用房。

60．纸质档案库

保存以纸为介质的各类档案的库房。

61．数字档案库

保存以光盘、磁盘、录像带、录音带等为介质的电子档案的库房。

62．实物档案库

保存法院、法庭在审判活动、对外交流等工作中形成的有保存价值的实物，如刑事案件相关证据、交流礼品、奖旗、奖杯、法院票证等。

63．特殊档案珍藏库

保存有重大价值和历史意义的档案用库房，其保管环境要求一般要高于其他档案库房。如国家领导人批示的案件档案、历史重大案件档案。

64．查阅登记室

诉讼当事人、诉讼代理人查阅法院档案前预约登记、审核身份、存储物品的用房。

65．目录室

存放档案索引目录的用房，有时也存放调借档案卡片目录。

66．纸质档案阅览室

阅览法院纸质档案的用房。

67．电子档案阅览室

使用电子档案阅览设备查阅电子档案的用房。

68．涉密档案阅览室

按保密规定查阅涉密档案的专用场所。

69．档案复印室

复印、档案利用、制印工作用房。

70. 接收档案用房

档案形成，单位移交档案时清点交接用房，也作档案接收后上架前的周转用房。

71. 整理编目用房

对档案进行整理、装订、编目、校对的业务用房。

72. 保护技术用房

对档案进行除尘、消毒、裱糊修复、去有害生物、去酸操作的用房。鉴于有些操作环节具有毒副作用，此用房一般应单独设置。

73. 档案数字化处理用房

对纸质档案进行拆解、扫描、装订，对实物档案进行拍照、摄像等数字化处理工作的用房。

74. 司法警察备勤值班室

司法警察备勤值班的工作用房。

75. 枪械库

保管法院管理使用的枪支弹药和戒具的用房（按照我国枪支管理法的有关规定，枪支和弹药必须分库存放）。

76. 警用装具室

保管、存放头盔、防弹背心、盾牌等警用装具、对讲通讯设备、防爆器材等专用装备的用房。

77. 司法警察备勤宿舍

司法警察驻院备勤时的休息用房。

78. 新闻发布室

人民法院对重大案件有关审理情况和其他法律问题进行新闻发布的用房。

79. 新闻记者工作室

新闻记者报道有关案件审理情况时的工作用房。

80. 外宾会见室

审理有关涉外案件过程中会见外国使、领馆官员及其他外籍人员的用房。

81. 法律文书文印室

制作法院判决、裁定等法律文书的工作用房。

82. 审判业务资料室

存放、阅览法律书籍、期刊、音像资料等的用房。

83. 证物存放室

庭审期间临时存放实物证据的用房。

84. 赃物库房

存放随案移送赃物的库房。

85. 法庭抢救室

紧急处理庭审中突发重大病患的当事人或旁听人员的用房。

86. 业务用车车库

囚车、刑场指挥车、法医勘察车、死刑执行车、警车等专用车辆的停放库房。

# 附 件

# 《人民法院法庭建设标准》条文说明

## 前 言

根据国家发展和改革委员会、住房和城乡建设部下达的编制任务，由最高人民法院编制的《人民法院法庭建设标准》，已经住房和城乡建设部、国家发展和改革委员会2010年9月7日以建标〔2010〕143号文批准发布施行。

为了便于有关部门和单位在使用本建设标准时，能正确理解和执行条文的规定，本建设标准编制组按章、条顺序编制了标准的条文说明，供使用者参考。

**2010年9月**

## 第一章 总 则

**第一条** 本条阐明编制本建设标准的目的和依据。

本建设标准中的“人民法院法庭建设”是指各级人民法院审判法庭和人民法庭的建设，简称“两庭”建设。

人民法院审判法庭，是人民法院行使国家审判权依法审理各类案件的法定场所，是检察官、当事人、律师和其他诉讼参与人进行诉讼活动，以及公民旁听案件审理、接受法制教育的公共设施，是保障审判活动顺利进行的必需的物质条件。

人民法庭是基层人民法院派出，设置在乡镇或其他地方的开展审判工作的组织机构，本建设标准中的人民法庭是指这一审判机构的工作和生活用房。

作为国家政权建设的重要组成部分，“两庭”建设受到了党和政府的高度重视。国务院以及国家发改委、财政部、住建部、国家税务总局等有关部门为加强人民法院“两庭”建设曾多次单独或联合下发文件，强调“两庭”建设的重要性及其特殊性，要求采取有力措施加强“两庭”建设；国家发改委和财政部还向贫困地区的人民法院拨发专项补助，使人民法院的“两庭”建设有了较大的进展。但由于没有相应的国家标准和缺乏足够的监督，各地人民法院“两庭”建设方面也存在不少问题。有的主次不分，法庭审判业务用房功能不全、数量不足，而办公用房过于铺张；有的因经费困难而标准过低，致使法庭用房布局不合理、设施不齐全而导致几年后又要重建；有的则不顾国情、脱离实际、盲目攀高，造成资金缺口甚至浪费。因此，本建设标准的制定，对于进一步规范人民法院法庭建设，实现建设资金的合理使用，减少各种形式的浪费，促进不同地区人民法院法庭建设的共同发展，是十分必要的。

为了确保人民法院法庭具有必需的功能和较完善的设施，人民法院法庭建设必须按照民事、刑事、行政三个诉讼法和人民法院组织法等法律规定的要求，综合考虑，统筹兼顾，充分满足审判工作的需要。

**第二条** 本条阐明编制本建设标准的作用及其权威性。

本建设标准是依据审判工作的有关规定，在充分调查研究的基础上，听取各方面的意见，组织专家论证后制定的，兼顾了地域、经济发展水平的差异和不同级别的法院的需要。因此，本标准是全国统一标准，不仅为人民法院法庭建设提供了应遵循的原则和标准，也为有关部门审批人民法院法庭建设项目、合理确定建设水平、控制投资规模、进行工程设计和监督、检查建设过程提供了依据。

**第三条** 本条阐明本建设标准的适用范围。

人民法院组织法规定了行使审判权的法院有：最高人民法院，地方各级人民法院，专门人民法院。地方各级人民法院是按照我国的行政区划分级设立的，共有3340个，占我国法院总数的93.8%；人民法庭作为基层人民法院的派出机构，全国共有9835个。专门人民法院是依照法律设立的在特定区域对特定案件行使专门管辖权的法院，主要有海事、铁路、军事等专门人民法院。考虑到最高人民法院审判法庭的规模由国家另行审批，因此，本建设标准适用范围确定为地方各级人民法院审判法庭和人民法庭的新建、改建、扩建工程项目。专门人民法院的组织和职权因全国人大常委会另有规定，故确定其审判法庭规模、内容和项目构成等建设要求，参照本标准的规定执行。

**第四条** 本条是从规划、投资等方面，对人民法院法庭建设提出要求。

人民法院法庭建设属于政府行为，国务院及有关部门多次行文，就法庭项目的基建计划、选址、征地、资金落实和城乡规划等提出过具体要求。如：《国务院办公厅关于转发〈最高人民法院、国家计委关于人民法院审判法庭建设意见〉的通知》（国办发〔1988〕69号）、《最高人民法院、国家计划委员会关于加强建设各级人民法院审判法庭的通知》［法（司）发〔1985〕8号］、《最高人民法院、建设部关于将人民法院和人民法庭建设纳入城乡建设规划的通知》［法（计）发〔1991〕36号］、《国家计划委员会、财政部关于重申加强各级人民法院审判法庭和人民法庭建设的通知》［计投资〔1992〕2007号］等。

**第五条** 本条阐明人民法院法庭建设方针、原则和必须遵循的有关法律、法规以及总体要求。

人民法院法庭的规模、功能和建设要求，是根据法庭的性质和审判工作的程序确定的。考虑到建设社会主义法治国家的要求和我国的审判工作正在与国际接轨，司法改革和审判方式的变化还在进行当中，因此，法庭建设应满足“功能齐全、设施完善、庄重实用”的要求。同时，法庭建设又受到经济发展水平的制约，所以必须从我国的具体国情出发，在处理需要和可能的关系时，既要有长远的规划，又要量力而行，合理确定建设水平；因资金投入困难不能一次建设到位的，可以根据轻重缓急分阶段完成。

**第六条** 本条着重阐明人民法院法庭的性质、地位和特点，以树立正确的法庭建设理念。

**第七条** 本条阐明人民法院法庭用房与办公用房的关系及办公用房应执行的标准。

人民法院的行政办公用房与法庭用房既有区别又有联系。从诉讼的角度讲，法庭中的许多用房是向社会公众开放的，而行政办公用房是不对外的。法院的行政办公是围绕审判工作进行的。因此，在法院建设中，提倡法庭用房与行政办公用房统筹建设。这样既便于工作，又便于将公共性用房和其他辅助设施综合使用，提高利用率，节省建设资金。人民法院办公用房的建设应参照《党政机关办公用房建设标准》执行。

**第八条** 本条阐明本建设标准与国家有关工程建设标准、规范和定额指标的关系。

在编报工程项目、计划及建设全过程中，除执行本标准外，对国家颁布的有关工程建设标准、规范和定额指标所规定的内容同样必须遵照执行。

## 第二章 建设内容和项目构成

**第九条** 本条阐明人民法院建设工程项目的三个组成部分。这三者密不可分，缺一不可，在建设时均应列入其中，统筹安排。

房屋建筑，是人民法院审判法庭审判功能和人民法庭审判、办公功能得以实现的各类用房的总称。

场地，是根据《最高人民法院、建设部关于将人民法院和人民法庭建设纳入城乡建设规划的通知》中“在确定‘两庭’的建设用地时，应考虑参与诉讼和旁听人流的集散，囚车通道和停车场地，设置公告和法制宣传栏，以及绿地等需要，并留有适当的发展余地”的要求提出的。

建筑设备，是人民法院法庭建筑必需的各种设备和系统。

**第十条** 本条阐明人民法院审判法庭房屋建筑由九部分构成。这是根据人民法院审判工作不同阶段的功能需求而确定的。

一、立案用房，是人民法院用于接待当事人，进行法律咨询、立案登记、立案听证等活动的用房。该款具体阐明立案用房构成的主要部分。这些用房是根据立案工作程序、审判工作流程管理和方便当事人诉讼的需要确定的。

二、审判用房，是按照我国宪法关于公开审判的原则而设置的进行审判的法定专门用房，是审判法庭房屋建筑的核心部分。该款具体阐明审判用房的构成。大法庭、中法庭、小法庭、独任法庭的设置，是根据合议庭人数、诉讼参与人以及旁听人员的多少确定的。

三、执行用房，是人民法院的执行机构受理执行案件必备的专门用房。按照我国《民事诉讼法》、《行政诉讼法》有关执行程序和最高人民法院关于设立执行机构的有关规定，执行工作是独立于审判程序以外的审判工作的一部分，因此需有专门的执行工作用房。

四、信访接待用房，是人民法院接访人员接待公民、法人或其他组织向人民法院反应与诉讼有关的问题，并申请人民法院给予解决的专门用房。信访接待用房是法院工作的窗口，它在法律监督、联系群众、防止矛盾激化、维护社会稳定等方面起着极其重要的作用，因此需要相对独立的专门用房。本款具体阐明信访接待用房的构成。

五、审判配套用房，是围绕审判活动的需要、保证审判程序正常进行所应当具备的功能性用房。

六、审判信息管理用房，是人民法院用于案件、庭审、审判公开等审判信息管理的用房。该款具体阐明审判信息管理用房的主要组成部分。这些用房是根据审判信息处理、控制、传输、应用、安全等需要确定的。

七、诉讼档案用房，是对法院、法庭处理案件过程中形成的有查考价值的档案进行收集、整理、保存、利用等工作的功能性用房。本款阐明诉讼档案用房的主要构成。

八、司法警察警务用房，是法院司法警察备勤值班、业务学习、训练及枪械、警用装备和防爆器材保管的专门用房。该款具体阐明司法警察警务用房的构成。

九、辅助用房，是在审判工作中起辅助作用的用房和公共服务及设备用房。

**第十一条** 本条阐明人民法庭房屋建筑功能性用房由四部分构成。

人民法庭是基层人民法院的派出机构和组成部分。按照《人民法院组织法》的有关规定，人民法庭作出的判决和裁定，就是基层人民法院的判决和裁定。我国法院的人民法庭大多数分布在广大乡镇。由于这个特点，人民法庭的房屋建筑既有审判工作用房，又有办公用房及生活用房等。

审判用房。人民法庭作为基层人民法院的派出机构，可独立审理一般民事案件，并作出判决和裁定。根据人民法庭的职责范围，其审判工作用房与人民法院审判法庭的审判用房有所不同，主要是指立案登记、开庭审理或调解各类案件等审判活动所需的用房。

审判人员工作用房。是按照党政机关办公用房标准的规定所配备的人民法庭驻庭法官和其他工作人员的办案、办公用房。

附属用房。人民法庭的附属用房，由业务用车车库、库房等组成。

生活用房。是驻庭法官和其他工作人员的食宿用房。

**第十二条** 本条阐明人民法院审判法庭和人民法庭的场地构成。

这是针对法庭作为城市的公共设施和沿街建筑特点，以及诉讼活动的要求提出的。

**第十三条** 本条阐明人民法院法庭的建筑设备所包含的主要内容。

## 第三章 建设规模和面积指标

**第十四条** 本条阐明确定人民法院审判法庭建设规模分类的依据。

《人民法院组织法》和《刑事诉讼法》、《民事诉讼法》、《行政诉讼法》规定了我国各级人民法院审理各类案件的级别管辖、地域管辖等管辖范围。由于各地的情况不同，同一级别法院审理的案件数有较大差别，审判法庭各种功能性用房的数目和整体规模也有较大的差异。同时，辖区人口、经济发展水平对法院审理案件数量的增长有直接影响。为合理确定法庭建设规模和水平，本标准将同级法院分为三类，并将法院审理的案件数作为审判法庭规模分类的基本依据。为此，我们对全国各级法院近三年来所受理和审结的案件，分案件类别和数量进行了调查统计，获取了数十万个各种数据，在此基础上，对每一个法院进行案件数量的排序，分别列出高级法院、中级法院和基层法院所办案件从多到少的排列，进而按照案件数量划分为三个类别，并以此来确定各类的建设规模。

据统计，全国各级人民法院审理的各类案件数近五年的年均增长率：高级法院为2.2%、中级法院为5.6%、基层法院为8.0%。故在确定具体工程项目建设规模时，既要考虑工程立项上年该院审理案件的多少，又必须考虑若干年内审理案件增长的幅度，以此确定法院年审理案件的数量。

本标准中所称“人民法院审理案件”是指：刑事案件、民事案件、行政案件（包括一审、二审和审判监督案件）、国家赔偿案件、执行案件、适用督促和公示催告程序审理的案件。

**第十五条** 本条阐明高级人民法院审判法庭建设规模分类的依据和审判法庭各类用房建筑面积控制指标。

表1是各类高级人民法院审判法庭建筑面积指标和各类用房面积控制指标（详细数

据见本标准附录一）。这些面积指标是根据审判工作实际需要，并参照目前各高级人民法院审判法庭功能性用房实际水平确定的。

考虑到直辖市高级人民法院所处城市的特殊的政治、经济地位，特别规定其审判法庭的规模可按一类标准执行。

由于法庭具有审判活动公共空间及人流范围大等特点，根据抽样调查和对审判用房布置方案图测算，高级人民法院（中级人民法院、基层人民法院均同）审判用房使用面积系数为0.6。其他功能性用房使用面积系数，参照其他公共建筑和《党政机关办公用房建设标准》的取值范围，分别为0.65和0.7。公共服务及设备用房，包括变配电室、水泵房、锅炉房、电梯机房、制冷机房、通讯机房、工勤人员用房、卫生间等，其总面积按各类功能性用房使用面积总数的8%计算。

关于专用车辆车库，考虑到各地的气候条件不同、法庭场地不同、各类法院实有车辆不同、车库所建位置不同等因素，不便于给出具体的面积指标。因此，本标准所确定的法庭面积指标不含车库面积指标。车库面积由各高级人民法院、中级人民法院和基层人民法院在建设中根据各地具体情况确定。

**第十六条** 本条阐明中级人民法院审判法庭建设规模分类的依据和审判法庭各类用房建筑面积控制指标。

表2是各类中级人民法院审判法庭建筑面积指标和各类用房面积控制指标（详细数据见本标准附录二）。这些面积指标是根据审判工作实际需要，并参照目前各中级人民法院审判法庭功能性用房实际水平确定的。

由于中级人民法院具有审理的案件数量比较多、开庭率比较高的特点，且中级人民法院年审理案件数量一般多于高级人民法院，所以中级人民法院一类面积指标上限超过高级人民法院一类面积指标上限。

考虑到省会、自治区首府、直辖市、计划单列市中级人民法院所处城市特殊的政治、经济地位，规定其审判法庭的规模可按一类标准执行。

**第十七条** 本条阐明基层人民法院审判法庭建设规模分类的依据和审判法庭各类用房建筑面积控制指标。

表3是各类基层人民法院审判法庭建筑面积指标和审判法庭各类用房面积控制指标（详细数据见本标准附录三）。这些面积指标是根据审判工作实际需要，并参照目前各基层人民法院审判法庭功能性用房实际水平确定的。省会、自治区首府、计划单列市所在地的基层人民法院审理的各类案件普遍高于同级其他基层人民法院，考虑其所处城市特殊的政治、经济地位，规定其审判法庭的规模可按一类标准执行。考虑到直辖市市区基层人民法院的特殊性，明确其审判法庭的规模可执行中级人民法院的标准。

**第十八条** 本条主要是针对一些情况比较特殊的地区而规定的。

本建设标准所列人民法院法庭的建设规模和功能用房的建筑面积控制指标，是根据全国法院审理案件的平均水平按照中等适度的原则确定的，其指导思想是适应大部分地区。考虑到一些地区经济发展较快，当地法院审理案件增长幅度大，这部分法院情况较为特殊，且数量不多，不宜单设一类，故允许上述法院法庭建设规模适当超出一类标准规定。

**第十九条** 本条阐明人民法庭建设规模分类依据和人民法庭各类用房建筑面积控制指标。

人民法庭是为了方便群众诉讼特别是方便广大农村的农民诉讼而设立的。随着近几年经济的发展和交通的便利，为了确保审判工作的质量，按照最高人民法院的要求，人民法庭的设置进行了合并调整，人民法庭总数减少，其管辖范围扩大，人员增加，建设规模随之增大。考虑到人民法庭用房是集审判、办公、生活于一体的综合性建筑，故按照定员数将人民法庭建设规模分为三类。

人民法庭各类用房面积控制指标见本标准附录四。这些面积指标是根据审判工作实际需要，并参照目前人民法庭各种功能性用房实际水平确定的。

目前人民法庭审理的案件有60%以上适用简易程序，所以审判法庭用房中不设大法庭，中法庭、小法庭的单元面积指标也小于人民法院审判法庭相关用房的指标。

人民法庭的设置经过近几年的撤并调整后，有些经济发达地区的人民法庭年受理案件成倍增长，按照正常标准建设已不能适应工作的需要，但这类人民法庭数量并不多，不宜单独设置为一类，所以作出了可以超出一类标准的特殊规定。

**第二十条**　本条阐明本章规定的建筑面积指标为控制指标，对于地处经济贫困地区且年审理案件数量特别少的法院，可视业务工作量及地方财力的可能，在保证业务工作正常开展的前提下，适当降低建设规模。

## 第四章　选址和规划布局

**第二十一条**　本条阐明人民法院法庭建设用地应满足的要求。

**第二十二条**　本条阐明人民法院法庭建设项目选址要求。

鉴于在以往的法庭建设中，一些地方把法庭设置在城市比较偏僻的地方，不利于审判工作，也不利于公民诉讼，因此特别强调在选址时，法庭宜建在党政机关相对比较集中的地方。

**第二十三条**　本条阐明人民法院法庭建设应当遵守当地规划对容积率、建筑高度和绿地率等方面的规定。

**第二十四条**　本条阐明人民法院审判法庭用房与办公用房统筹建设时，对建筑布局提出的要求。

**第二十五条**　本条阐明人民法院审判法庭各类用房的布局要求。

“相关性”是指人民法院审判法庭各类功能性用房是相互联系的。故在设计时，不同功能的用房既要相对分开，又要按照便于使用、管理的要求合理布局。比如，庭审合议室的设置应紧邻大、中、小法庭，并与法官通道相通；囚车停车场、羁押室和刑事法庭的设置，要考虑安全、便捷，尽量避免与其他功能性用房、通道相连或交叉等。

**第二十六条**　本条阐明人民法院法庭（包括单独建设的立案用房、信访接待用房）集散场地应执行的标准。

人民法院法庭（包括单独建设的立案用房、信访接待用房）作为公共性设施，人员相对密集，故应参照公共场所标准设置相应的人员集散场地。

**第二十七条**　本条阐明人民法院法庭车辆停放场地建设要求。

## 第五章　建筑标准和建筑设备

**第二十八条**　本条阐明人民法院法庭建筑外观的要求。

**第二十九条**　本条阐明人民法院法庭建筑应符合的节能、消防、无障碍、卫生、环保等方面的要求。

**第三十条** 本条阐明人民法院法庭建筑的抗震要求。

**第三十一条** 本条阐明人民法庭要统一标识，便于群众诉讼、识别。人民法庭统一标识包括对建筑外观、基本色彩、标牌、灯箱、法徽样式等方面的要求。人民法庭统一标识标准另行制定。

**第三十二条** 本条阐明人民法院法庭建筑的内外装修标准。

人民法院法庭是特殊的公共设施，房屋建筑的外装修应体现司法文明和庄严；大、中、小法庭和独任法庭的内装修应体现司法的一致性和严肃性，故明确提出应按照《最高人民法院关于人民法院审判法庭专用家具款式的通知》（法〔2005〕77 号）对法庭布置及法台、法桌、法椅的规格等提出的规范化要求进行装修。

人民法院审判法庭羁押室是特殊用房，为了满足监管和安全的要求，故明确其装修应符合《最高人民法院关于加强人民法院羁押监控设施硬件建设的通知》（法〔2001〕148 号）等有关规定的要求。

**第三十三条** 本条是对人民法院法庭建筑出入口和门厅等提出的要求。

门厅是法庭内各个通道的枢纽，是诉讼参加人、旁听人员等各类人员出入法庭时人员最为集中的地方。故在设计出入口及门厅时要充分考虑便于法庭内人员疏散、安检和警戒的要求。

**第三十四条** 本条阐明人民法院审判法庭建筑内各类专用通道的设置要求。

设置法官专用通道，主要考虑应避免法官与当事人的直接接触，保证审判的公正性；设置被羁押人专用通道，主要是出于安全需要；设置公用通道，主要是满足诉讼参与人和旁听人员疏散或庭前、庭间休息需要。

法官专用通道的净宽，参照党政机关办公用房一般通道宽度的要求确定；被羁押人专用通道的净宽，按照两个法警押解一个被羁押人通行时的要求确定；候审、集散和其他人员流动量较大的公用通道的净宽，按照通道两侧可以设置候审座椅和发生紧急情况时人员疏散的要求确定。

**第三十五条** 本条阐明对大、中、小法庭和独任法庭高度、宽度的要求。

大、中、小法庭和独任法庭，由审判活动区和旁听区两部分组成，审判活动区由法官活动部分（法台）和当事人活动部分组成。高度的要求，主要考虑审判工作的庄严性及其所需的相应空间；宽度的要求，主要根据合议庭法官、诉讼参与人、旁听人员的多少及法庭设备的占地面积等因素确定。

**第三十六条** 本条阐明人民法院大、中、小法庭和独任法庭的室内照度要求。

照度标准值是根据法庭内进行审判活动时所需光照度，参照相关标准确定的。

**第三十七条** 本条参照相关标准中室内允许噪声等级确定大、中、小法庭和独任法庭的声学要求。

**第三十八条** 本条阐明人民法院法庭建筑供电要求。

**第三十九条** 本条阐明人民法院法庭建筑给排水设施要求。

**第四十条** 本条阐明人民法院法庭建筑设置采暖、空调系统的要求。

**第四十一条** 本条阐明人民法院法庭建筑弱电系统建设要求。

**第四十二条** 本条阐明人民法院在法庭建设的设计施工中，审判信息管理用房、诉讼档案用房中有特殊要求的专门用房的室内环境及建筑设备要遵守相关专业标准要求。

# 国家法官学院分院建设标准

## 建标 146—2010

## 住房和城乡建设部、国家发展和改革委员会关于批准发布《国家法官学院分院建设标准》的通知

建标〔2010〕221 号

最高人民法院，国务院有关部门，各省、自治区、直辖市、计划单列市住房和城乡建设厅（委、局）、发展和改革委员会，新疆生产建设兵团建设局、发展和改革委员会：

根据住房和城乡建设部《关于印发〈2009 年工程项目建设标准和建设项目评价方法与参数编制项目计划〉的通知》（建标函〔2009〕320 号）要求，由最高人民法院组织编制的《国家法官学院分院建设标准》，已经有关部门会审通过，现批准发布，自 2011 年 2 月 1 日起施行。

在国家法官学院分院项目的审批、设计和建设过程中，要严格遵守国家关于严格控制建设标准，进一步降低工程造价的相关要求，认真执行本建设标准，坚决控制工程造价。

本建设标准的管理由住房城乡建设部和国家发展改革委负责，具体解释工作由最高人民法院负责。

中华人民共和国住房和城乡建设部

中华人民共和国国家发展和改革委员会

二〇一〇年十二月十三日

## 前　言

为贯彻落实《中共中央转发〈中央政法委员会关于深化司法体制和工作机制改革若干问题的意见〉的通知》（中发〔2008〕19 号）精神，根据住房和城乡建设部《关于印发〈2009 年工程项目建设标准和建设项目评价方法与参数编制项目计划〉的通知》（建标函〔2009〕320 号）、国家发展和改革委员会办公厅《国家发展改革委办公厅关于抓紧开展政法基础设施建设标准编制和修订工作的通知》（发改办投资〔2009〕1015 号）的要求，最高人民法院司法行政装备管理局、国家法官学院组织有关单位编制了《国家法官学院分院建设标准》。

编制工作持续一年，编制组开展了细致的编制起草、调研论证、征求意见、修改上报等系列工作。编制组认真贯彻落实科学发展观，按照中央关于深化司法保障体制和工作机制改革工作的精神，组织有关单位、专家多次开展专题调研活动和召开座谈会，收集了全国各省法官培训机构建设相关资料，参考了国内同类培训院校的建设资料，吸取了经验和教训；在全面调查摸底、广泛听取意见和深入分析论证的基础上，不断修订、完善标准方案，最后由最高人民法院组织召开了审查会议，会同有关部门审查定稿，并经住房和城乡建设部、国家发展和改革委员会批准发布。

本建设标准共分七章，包括总则，建设等级与项目构成，布局、选址与校园规划，建设用地指标，建筑面积指标，主要建筑标准，管理和运行。

在执行本建设标准过程中，请各单位注意总结经验，积累资料。如发现需要修改和补充之处，请将意见和有关资料寄交最高人民法院国家法官学院（地址：北京市通州区天成桥甲一号，邮政编码：101100），以便今后修订时参考。

**主 编 单 位：**中华人民共和国最高人民法院

**主要起草人：**彭永和　杨　阳　罗军怀　吕　安　马胜军　张士澄

中华人民共和国最高人民法院

二〇一〇年十月

# 第一章　总　　则

**第一条**　为切实加强人民法院教育培训工作，建设统一高效的法院教育培训体系，不断提高人民法院全体工作人员的政治思想觉悟与审判专业水平，满足教学活动和师生生活的基本要求，根据《中华人民共和国人民法院组织法》、《中华人民共和国法官法》、《中华人民共和国人民警察法》、《干部教育培训工作条例（试行）》、《法官培训条例》及有关法律、法规，制定本建设标准。

**第二条**　本建设标准是国家法官学院分院建设项目决策及合理确定分院建设水平的国家统一建设控制标准，是编制、评估、审批分院建设项目建议书和可行性研究报告的重要依据，是有关部门审查项目初步设计和监督、检查项目建设全过程的尺度。

**第三条**　本建设标准适用于国家法官学院分院的新建、改建与扩建工程。

国家法官学院专门分院按照培训的专业要求和培训任务，参照本建设标准建设。

**第四条**　国家法官学院分院改建、扩建项目应充分利用原有可用设施，做到合理规划、设计和建造。按本建设标准测算的总建筑面积，应包含可利用的原有房屋建筑的建筑面积。

**第五条**　国家法官学院分院建设应做到选址科学、功能齐全、布局合理、设施完善、规模适当。

**第六条**　国家法官学院分院建设应根据各地人民法院审判工作与队伍建设需要，按照法院工作人员全员培训原则，客观合理地确定建设规模与建设水平。也可以统一规划、一次审批、分期建设。

**第七条**　国家法官学院分院建设除遵守本建设标准外，应符合国家现行有关标准规定和行业规范要求。

## 第二章　建设等级与项目构成

**第八条**　国家法官学院分院建设规模应根据同期实施的各类法定培训的人数之和确定。

**第九条**　项目建设等级

国家法官学院分院按照辖区内各级人民法院法官与其他工作人员的总编制数确定的同期培训人员规模，分为三类。

一类分院建设项目：辖区内法院在职工作人员超过 1.5 万人；同期容纳 700 人以上的培训。

二类分院建设项目：辖区内法院在职工作人员在 0.5 万人至 1.5 万人；同期容纳 450 人以上的培训。

三类分院建设项目：辖区内法院在职工作人员不满 0.5 万人；同期容纳 230 人的培训。

**第十条**　国家法官学院分院建设项目由房屋建筑、场地、建筑设备三部分组成。

**第十一条**　房屋建筑

房屋建筑项目由教学用房、办公用房、信息网络用房、生活用房、训练用房、辅助用房构成。

一、教学用房包括：普通教室（多媒体教室）、阶梯教室、双语教室、研讨室、远程教育教室、大礼堂、音像资料编辑室、图书馆。

二、办公用房包括：行政办公用房、医务室、传达室、值班室、档案室、行政会议室。

三、信息网络用房包括：校园网信息中心机房、远程教育机房、管理室、通信机房、UPS 电源及灾备室、线路接入及管理室、数字电视信息设备及管理室、设备维护及备品配件室。

四、生活用房包括：学员宿舍、专家公寓、单身教工宿舍、工勤人员宿舍、学员食堂、教工食堂、工勤人员餐厅、公共浴室、文体活动室。

五、训练用房包括：模拟刑事审判法庭、模拟民事审判法庭、模拟行政审判法庭、模拟未成年人案件审判法庭、模拟调解室、模拟候审羁押室、模拟信访接待室、司法警察训练馆。

六、辅助用房包括：变配电室、水泵房、锅炉房、空调机房、仓库等设备用房。

**第十二条**　场地

场地包括室外器械训练场、室外球类运动场、室外田径场、停车场、绿化用地。

**第十三条**　建筑设备

建筑设备包括安防设备、给排水、暖通空调、供配电系统及设备。

## 第三章　布局、选址与校园规划

**第十四条**　国家法官学院分院一般宜建在省会（首府）城市。

**第十五条**　建设用地选址：

一、交通便利、环境适宜、地质条件较好、市政设施完备的市内行政区或市郊地段。

二、人文环境较好，能够共享高等院校资源以及社会文化资源的地段。

**第十六条**　校园规划应当按照教学区、办公区、生活区、训练区四个区域的不同功能合理布局。

**第十七条** 校园规划应符合下列要求：

一、不同功能区分区建设，互不干扰，相对独立。

二、教学区应布局在校园的静区，并保证有良好的建筑朝向。

三、校园内各建筑之间、校内建筑与相邻的校外建筑之间的距离，应符合国家现行标准、规范中的消防、日照等有关规定。

四、教学区与训练区应有合理的间距。室外田径场和球类场地的长轴宜为南北方向。

五、校园内的交通应便捷，校园道路应避免穿越体育运动场地。学校的主出入口不宜设在主要交通干道边上。

**第十八条** 校园绿地应与校舍建筑统一规划和建设。

## 第四章 建设用地指标

**第十九条** 国家法官学院分院建设用地包括房屋建筑用地、运动场地、停车场用地、绿化用地四部分。

一、建筑用地

建筑用地包括建筑物、构筑物占地面积，建筑物周围道路，房前屋后零星绿地及建筑群组之间的小片活动场地。建筑容积率不宜低于0.60。

二、运动场地

运动场地是指司法警察体能、队列、专业技能训练以及受训法官课外健身活动所需要的运动场地，包括室外器械训练场、室外球类运动场和室外田径场。各类运动场地面积设置不应超过表1规定的控制指标。

**表1 运动场地面积控制指标表（$m^2$）**

| 学院类别 | 总计 | 田径场 | 器械场 | 球类运动场 |
|---|---|---|---|---|
| 一类分院 | 11170 | 9870 | 300 | 1000 |
| 二类分院 | 4748 | 3948 | 300 | 500 |
| 三类分院 | 4698 | 3948 | 250 | 500 |

三、停车场用地

停车场是指用于停放学员及教职工车辆的场地。宜按同期培训学员人数的10%配置（教职工停车场包含在内），用地面积及车均指标不应超过表2规定的控制指标。

**表2 停车场用地控制指标表**

| 分院类别 | 停车数量（辆） | 停车指标（$m^2$/辆） | 面积（$m^2$） |
|---|---|---|---|
| 一类分院 | 70 | 25 | 1750 |
| 二类分院 | 45 | 25 | 1125 |
| 三类分院 | 23 | 25 | 575 |

四、绿化用地

绿化用地应符合城市规划要求，绿地率不宜高于40%。

**第二十条** 国家法官学院分院建设工程的规划与建设必须科学合理、因地制宜、节约用地。各类教室、宿舍、模拟法庭等项建筑的平均层数不低于4层，建筑覆盖率不小于20%；食堂、司法警察训练馆、大礼堂以及仓库等项建筑的平均层数不低于1.5层，建筑覆盖率不小于40%。

# 第五章 建筑面积指标

**第二十一条** 国家法官学院分院房屋规划建筑面积不应超过表3规定的控制指标。

**表3 房屋建筑面积控制指标表**

| 项目 | 人均指标（$m^2$/人） | | | 总面积（$m^2$） | | |
|---|---|---|---|---|---|---|
| | 一类 | 二类 | 三类 | 一类 | 二类 | 三类 |
| 合计 | 46.75 | 48.91 | 54.41 | 32727 | 22011 | 12515 |
| 教学用房 | 8.48 | 9.04 | 9.10 | 5936 | 4068 | 2092 |
| 办公用房 | 3.23 | 3.33 | 3.77 | 2263 | 1499 | 867 |
| 信息网络用房 | 0.60 | 0.80 | 1.28 | 420 | 360 | 294 |
| 生活用房 | 29.60 | 29.77 | 29.76 | 20720 | 13397 | 6845 |
| 训练用房 | 2.61 | 3.64 | 6.47 | 1827 | 1638 | 1490 |
| 辅助用房 | 2.23 | 2.33 | 4.03 | 1561 | 1049 | 927 |

注：总面积指标中，同期培训人数一类分院以700人计算，二类分院以450人计算，三类分院以230人计算。

**第二十二条** 教学用房建筑面积分类指标不应超过表4规定的控制指标。

**表4 教学用房建筑面积控制指标表**

| 项目 | 人均指标（$m^2$/人） | | | 总面积（$m^2$） | | |
|---|---|---|---|---|---|---|
| | 一类 | 二类 | 三类 | 一类 | 二类 | 三类 |
| 合计 | 8.48 | 9.04 | 9.10 | 5936 | 4068 | 2092 |
| 普通教室 | 1.08 | 1.08 | 1.07 | 756 | 486 | 246 |
| 阶梯教室 | 0.72 | 1.08 | 1.07 | 504 | 486 | 246 |
| 双语教室 | 0.20 | 0.30 | 0.59 | 140 | 135 | 135 |
| 研讨室 | 0.78 | 0.78 | 0.78 | 546 | 351 | 179 |
| 远程培训教室 | 0.64 | 0.72 | 0.59 | 448 | 324 | 136 |
| 大礼堂 | 2.00 | 2.00 | 2.00 | 1400 | 900 | 460 |
| 音像资料编辑室 | 0.06 | 0.08 | 0.00 | 42 | 36 | 0 |
| 图书馆 | 3.00 | 3.00 | 3.00 | 2100 | 1350 | 690 |

注：总面积指标中，各类分院计算的同期培训人数同表3。

**第二十三条** 办公用房建筑面积分类指标不应超过表5规定的控制指标。

**表5　办公用房建筑面积控制指标表**

| 项　目 | 人均指标（$m^2$/人） | | | 总面积（$m^2$） | | |
|---|---|---|---|---|---|---|
| | 一类 | 二类 | 三类 | 一类 | 二类 | 三类 |
| 合计 | 3.23 | 3.33 | 3.77 | 2263 | 1499 | 867 |
| 行政办公用房 | 2.22 | 2.22 | 2.22 | 1554 | 999 | 511 |
| 医务室 | 0.21 | 0.21 | 0.31 | 147 | 95 | 71 |
| 传达室 | 0.07 | 0.10 | 0.20 | 49 | 45 | 45 |
| 值班室 | 0.03 | 0.05 | 0.10 | 23 | 23 | 23 |
| 档案室 | 0.40 | 0.45 | 0.59 | 280 | 203 | 136 |
| 行政会议室 | 0.30 | 0.30 | 0.35 | 210 | 135 | 81 |

注：总面积指标中，各类分院计算的同期培训人数同表3。

**第二十四条**　信息网络用房建筑面积分类指标不应超过表6规定的控制指标。

**表6　信息网络用房建筑面积控制指标表**

| 项　目 | 人均指标（$m^2$/人） | | | 总面积（$m^2$） | | |
|---|---|---|---|---|---|---|
| | 一类 | 二类 | 三类 | 一类 | 二类 | 三类 |
| 信息网络用房 | 0.60 | 0.80 | 1.28 | 420 | 360 | 294 |

注：总面积指标中，各类分院计算的同期培训人数同表3。

**第二十五条**　生活用房建筑面积分类指标不应超过表7规定的控制指标。

**表7　生活用房建筑面积控制指标表**

| 项　目 | 人均指标（$m^2$/人） | | | 总面积（$m^2$） | | |
|---|---|---|---|---|---|---|
| | 一类 | 二类 | 三类 | 一类 | 二类 | 三类 |
| 合计 | 29.60 | 29.77 | 29.76 | 20720 | 13397 | 6845 |
| 学员宿舍 | 21.00 | 21.00 | 21.00 | 14700 | 9450 | 4830 |
| 专家公寓 | 0.80 | 0.80 | 0.80 | 560 | 360 | 184 |
| 教工单身宿舍 | 0.96 | 0.96 | 0.96 | 672 | 432 | 221 |
| 工勤人员宿舍 | 0.60 | 0.60 | 0.60 | 420 | 270 | 138 |
| 学员食堂 | 3.20 | 3.20 | 3.20 | 2240 | 1440 | 736 |
| 教工食堂 | 0.64 | 0.64 | 0.64 | 448 | 288 | 147 |
| 工勤人员餐厅 | 0.48 | 0.48 | 0.48 | 336 | 216 | 110 |
| 公共浴室 | 0.32 | 0.49 | 0.48 | 224 | 221 | 110 |
| 文体活动室 | 1.60 | 1.60 | 1.60 | 1120 | 720 | 368 |

注：总面积指标中，各类分院计算的同期培训人数同表3。

**第二十六条**　训练用房建筑面积分类指标不应超过表8规定的控制指标。

**表8　训练用房建筑面积控制指标表**

| 项　　目 | 人均指标（$m^2$/人） | | | 总面积（$m^2$） | | |
|---|---|---|---|---|---|---|
| | 一类 | 二类 | 三类 | 一类 | 二类 | 三类 |
| 合计 | 2.61 | 3.64 | 6.47 | 1827 | 1638 | 1490 |
| 模拟刑事审判法庭 | 0.26 | 0.41 | 0.80 | 185 | 185 | 185 |
| 模拟民事审判法庭 | 0.26 | 0.41 | 0.80 | 184 | 184 | 184 |
| 模拟行政审判法庭 | 0.26 | 0.00 | 0.00 | 182 | 0 | 0 |
| 模拟未成年人案件审判法庭 | 0.13 | 0.20 | 0.00 | 90 | 90 | 0 |
| 模拟调解室 | 0.09 | 0.13 | 0.00 | 63 | 59 | 0 |
| 模拟候审羁押室 | 0.14 | 0.21 | 0.41 | 95 | 95 | 95 |
| 模拟信访接待室 | 0.04 | 0.06 | 0.11 | 27 | 27 | 25 |
| 司法警察训练馆 | 1.43 | 2.22 | 4.35 | 1001 | 1001 | 1001 |

注：总面积指标中，各类分院计算的同期培训人数同表3。

**第二十七条**　辅助用房建筑面积分类指标不应超过表9规定的控制指标。

**表9　辅助用房建筑面积控制指标表**

| 项　　目 | 人均指标（$m^2$/人） | | | 总面积（$m^2$） | | |
|---|---|---|---|---|---|---|
| | 一类 | 二类 | 三类 | 一类 | 二类 | 三类 |
| 辅助用房 | 2.23 | 2.33 | 4.03 | 1561 | 1049 | 927 |

注：总面积指标中，各类分院计算的同期培训人数同表3。

**第二十八条**　以上建筑项目与建筑面积，根据法院培训工作的实际需要与社会发展许可，单独报经主管部门同意并报发展改革部门审批后，可酌情变动建筑项目或提高实际用房的规划指标。

**第二十九条**　本章规定的建筑面积指标为控制指标，在保证培训工作正常开展的前提下，可视同期培训规模及地方财力可能适当降低。

## 第六章　主要建筑标准

**第三十条**　建筑设计要考虑地域和环境条件，做到节能与环保，体现和谐文明与法院文化特色，满足法官培训的教学与研究需要。

少数民族地区的国家法官学院分院建筑设计应与当地建筑风格相一致。

**第三十一条**　建筑设备应采用节能低耗环保的系统和产品。

**第三十二条**　建筑结构应按防御各类重大意外灾害的相关规范要求进行设计。

**第三十三条**　建筑层高、建筑防火、楼梯设置应符合相关规范要求。

**第三十四条**　配套设施

应完善给排水、供冷、供热、强弱电、燃气等室外管线铺设工程配套设施。建筑物内应设置满足功能需要的公共厕所，并配备洗水盆和污水池，设置良好的通风排气设施。

**第三十五条**　室内环境

一、室内采光技术指标。室内采光应亮度均匀。应保证主要教学用房的最佳建筑朝向，避免教室内直射阳光。

二、室内照明技术指标。遵照《民用建筑照明设计标准》GBJ 133 的相关标准，办公、教学、研讨、司法警察训练馆和其他用房照度应满足办公、教学、训练、学员生活等需要。

三、室内通风技术指标。室内可采用自然通风换气方式。可设置空调，包括采用分区或集中空调系统，调节冬夏季室内气温。

**第三十六条** 室内装修要求

室内装修应遵循简洁庄重、经济适用的原则，兼顾美观和地方特色。装修应符合现行国家标准《民用建筑工程室内环境污染控制规范和建筑内部装修设计防火规范》GB 50235 的要求，因地制宜、就地取材。

一、楼面、地面：根据使用要求宜做易清洁楼面、防滑地面。文体活动室宜采用弹性地面。

二、室内墙面：司法警察训练馆墙面宜采用吸声材料。固定黑板应采用墨绿色或黑色无光耐磨材料制作。

三、模拟法庭装修，采用中级装修。

四、会议室装修，采用中级装修。

五、各类教室装修应满足教学需要，采用中级装修。

六、研讨室装修宜采用中级装修。

七、学员宿舍装修采用普通装修或中级装修。

八、学员食堂装修采用普通装修或中级装修。食堂装修及设施配置应符合各地区卫生防疫部门餐饮卫生管理要求。

**第三十七条** 校舍建设应符合无障碍设施规范要求。

**第三十八条** 各类教学用房、办公用房、信息网络用房、生活用房等房屋建筑项目，应根据不同的气候条件与工作需要，设置空气调节系统。未设置空气调节系统的，可配置机械通风设施。

上述用房应按照人民法院网络建设与智能化管理规定，从法官培训教学与法官生活的实际需要出发，敷设线路，预留接口。

## 第七章 管理和运行

**第三十九条** 国家法官学院分院的管理与运行需设置教学管理机构、行政管理机构、后勤管理机构。国家法官学院分院的办公建筑应满足上述部门设置的需要。

**第四十条** 国家法官学院分院工作人员编制总数主要根据学员培训规模确定。

国家法官学院分院工作人员中，管理人员不宜超过人员总数的40%，教师等专业技术人员不宜低于人员总数的60%。工勤人员根据工作需要聘用。

## 附录 名词解释

1. 国家法官学院分院 国家法官学院的分支机构，承担本地区法院的全员培训工作及国家法官学院委托的培训任务。

2. 国家法官学院专门分院 承担高级司法警察等专门业务培训职责的国家法官学院分院。

3. 法院全员培训　按照《中华人民共和国法官法》、《中华人民共和国人民警察法》、《干部教育培训工作条例（试行）》、《法官培训条例》及相关法律、法规规定，人民法院领导干部、法官、法官助理、书记员、司法警察、政工行政干部、专业技术人员及后勤服务人员每年需要参加相关职业培训的制度体系。

4. 普通教室（多媒体教室）　用于小班普通教学的教室。每间普通教室均应配备多媒体设备。

5. 阶梯教室　用于合班教学的教室，一般可容纳150~200名学员。

6. 双语教室　用于民族语言或外语授课的专门教室，宜采用语音教室布局，配备翻译系统，一般可容纳150~200名学员。

7. 研讨室　用于学术研究讨论的专门教室，是实现案例教学培训方式的必备条件。

8. 远程教育教室　用于学员参加远程培训的教室，宜配备计算机网络和视频会议网络。

9. 大礼堂　用于进行大型会议、开学典礼、结业仪式的场所，应能够同时容纳全体参训学员及相应教职员工。

10. 模拟法庭　用于模拟开庭和观摩实际审判的场所，是现场教学方式的主要场所。

11. 音像资料编辑室　用于制作音频、视频课件的场所。

12. 图书馆　供全体教职员工及受训学员查询阅览、研究处理图书资料和情报信息的场所。

13. 司法警察训练馆　为解决司法警察学员在雨雪天进行体能训练、技能训练以及其他学员雨雪天锻炼需要而设置的专门场馆。

14. 校园网信息中心机房　置放校园网信息系统主机设备、网络设备、存储设备的用房。

15. 远程教育机房　用于提供远程教育平台的设备机房。

16. 管理室　用于有关学员培训、校园通信、网站、楼宇监控等信息综合管理的用房。

17. 通信机房　置放程控机、配线、传输、信号覆盖等设备的用房。

18. 音视频设备控制室　本端及远程音视频信息管理工作用房。

19. 灾备室　安放灾难备份系统设备和管理工作用房。

20. UPS电源室　安放UPS电源设备的用房。

21. 线路接入及管理室　运营商及专网接入设备用房和管理用房。

22. 数字电视信息设备及管理室　置放有线电视、数字电视设备和管理工作用房。

23. 设备维护室　设备维护、维修工作用房。

24. 备品配件室　信息系统备品备件的用房。

25. 单身教工宿舍　从事培训教学、行政管理、学员管理工作的单身教职员工的基本生活用房。

26. 工勤人员宿舍　从事后勤服务、校园保洁、设备管理等工勤人员的基本生活用房。

27. 建筑用地　建筑物、构筑物占地面积，建筑物周围道路，房前屋后零星绿地及建筑群组之间的小片活动场地。

28. 运动场地　用于司法警察室外技能训练及受训学员课外活动的主要场所。

29. 停车场用地　学员和教职员工交通工具的停放场所。

30. 绿化用地　为美化校园、净化环境而设置的集中绿化场所。

31. 管理人员　从事行政管理、学员管理的正式在编人员。

32. 专业技术人员　从事教学、科研等专业技术工作的正式在编人员。

33. 工勤人员　临时聘用的从事勤杂工作的劳务人员。

## 附　件

# 《国家法官学院分院建设标准》条文说明

## 第一章　总　　则

**第一条**　本条阐明了制定本建设标准的目的和依据。

国家法官学院及其分院是人民法院教育培训体系的核心部分，承担着培养、培训法院干警，为社会主义法治建设、人民法院队伍建设提供智力支持的重要责任。

国家法官学院分院是国家法官学院的分支机构，承担本地区的法院教育培训工作及国家法官学院委托的培训任务，是各级法院领导干部培训基地、法官培训基地、司法警察培训基地、预备法官培训基地、法院其他专业人员培训基地、应用法学研究与国际法官交流基地。具体办学任务如下：

一、承担辖区内拟任各级人民法院院长、副院长领导干部的任职培训任务。

二、承担辖区内各级法官的任职、续职、晋级培训任务。

三、承担辖区内各级人民法院司法警察任职、续职、晋级培训任务。

四、承担辖区内各级法院通过司法考试、拟任法官人员的预备法官培训任务。

五、承担辖区内各级人民法院法官助理、书记员、行政管理人员、专业技术人员等法院工作人员的任职与续职培训任务。

六、承担与审判实践密切相关的应用法学研究任务。同时，分院系我国法制建设和教育培训对外交流的重要窗口，承担着与国际法官或国际组织外事交流合作的相应任务。

国家法官学院分院是全国法院教育培训工作的主干阵地。切实加强人民法院教育培训基础工作，科学规范国家法官学院分院建设，建立统一高效的法院教育培训体系，全面提高法官及人民法院其他工作人员的政治素质与业务素质，是制定本建设标准的基本目的。

本建设标准的制定依据有：《中华人民共和国人民法院组织法》、《中华人民共和国法官法》、《中华人民共和国人民警察法》、《干部教育培训工作条例（试行）》、《2006—2010年全国干部教育培训规划》、《法官培训条例》、《人民法院第三个五年改革纲要》、《关于深化司法体制和工作机制改革若干问题的意见》、《关于抓紧开展政法基础设施建设标准编制和修订工作的通知》等法律、法规、政策文件。

**第二条**　本条阐明了本建设标准的权威作用。

本建设标准为全国统一标准，兼顾了不同地域法院设置和经济发展水平的差异和不同规模分院的需要。本建设标准系有关部门审批分院建设项目、确定建设水平、控制投资规模、进行工程设计和监督、检查建设的法定依据。

**第三条**　本条阐明了本建设标准的适用范围。

新建分院要统筹规划，所建规模既要满足当前需要，也要兼顾未来发展。本建设标准适用于分院的新建、改建与扩建工程。现阶段难以达到本建设标准的，要依据本建设标准规定，可以规划一步到位，建设分步实施。

需要改建、扩建的分院应该在充分利用原有设施和条件的基础上进行规划建设，严禁资源浪费。

国家法官学院司法警察分院等专门分院应根据培训的特殊要求和实际培训任务，参照本建设标准建设。其中，国家法官学院司法警察分院，应根据高级司法警察的训练特点和专项培训工作需要确定建设规模。

**第四条** 本条阐明了分院建设规划、设计和建造的原则。

分院建设是国家政法基础设施建设的重要组成部分。应保障分院建设资金，包括基本建设经费、维修改造建设经费、扩建经费以及相关的配套设施经费等。

分院作为人民法院教育培训机构的基础设施建设，其新建或改、扩建要根据具体的项目需求，在充分利用原有可用设施的基础上，科学规划，合理设计。

**第五条** 本条阐明了国家法官学院分院建设的总体要求。

国家法官学院分院建设应落实“选址科学、功能齐全、布局合理、设施完善、规模适当”的要求，解决好选址与建设问题，功能与设施问题，布局与规模问题，需要与发展问题。

**第六条** 本条阐明了确定分院建设规模与水平的基本原则。

分院建设规模与水平主要取决于教育培训工作的实际需要。全员培训原则下的同期培训数量，是确定分院建设规模的基本依据。

当地社会、经济发展状况，是确定分院建设规模与水平的另一重要要素。分院建设要因地制宜，利用当地现有条件、设施和资源，合理确定建设规模和水平，使建成后的分院各项功能齐全，同时经济适用。避免因盲目追求面积指标造成资源浪费。在处理培训需要和发展需要的关系时，既要有长远的规划，又要量力而行。不能一次建设到位的，可以根据轻重缓急分期完成，并留有改建和发展余地。

**第七条** 本条阐明了本建设标准与其他现行相关标准之间的关系。

国家法官学院分院建设项目作为国家政法基础设施建设的一部分，在编报工程项目计划及建设过程中，除执行本建设标准外，尚需符合城乡建设规划、建筑工程相关规范和标准。

## 第二章 建设等级与项目构成

**第八条** 本条阐明了分院建设规模的确定标准。

分院的建设规模，应当根据分院所辖区域各类培训班次同期参训人员数量预先测算、科学确定。

根据相关法律、法规规定，法院领导干部任职培训以每年45天为期，处以上领导干部续职培训每年不少于15天，法官晋级培训以30天为期，法官续职培训每年不少于15天，新录用司法警察培训以2个月为期，警衔晋升以1个月为期，司法警察岗位培训以每年15天为期，预备法官培训以3个月为期，法院其他工作人员培训每年不少于12天。

根据以上培训人员分类培训期限的规定，结合法院工作特点与审判工作需要，确定以下培训规模测算标准：

一、本建设标准以各类培训平均15天为限。

二、考虑到认可其他党政培训对法院培训的减免替代，以及网络培训方式的客观需要，确定各区域法院全员的三分之二为年度培训数字。

三、每年按10个有效培训月（200个工作日）测算，平均每年举办13期法官培训班。

**第九条** 本条规定了分院建设规模的三个类别。

由于各地法院工作人员数量有别，培训任务差异较大，本建设标准将国家法官学院分院分为三类，以同期培训人数作为分院分类的基本依据。

按照法院人数不同，法院工作人员人数在1.5万人（含1.5万人）以上的分院为一类分院；法院工作人员人数在0.5万人以上、不满1.5万人的分院为二类分院；法院工作人员人数不满0.5万人（不含0.5万人）的分院为三类分院。

依照本建设标准第八条确定的原则，三类分院的培训规模为：

一类分院同期培训700人以上，年度培训9100人以上；

二类分院同期培训450人以上，年度培训5850人以上；

三类分院同期培训230人，年度培训3000人。

对于法院人数超出本建设标准一类分院培训员额较多的分院建设，按实际培训规模需要，可以单独报主管部门批准，适当增加建设规模。

**第十条** 本条规定了分院建设项目的构成。

参照《普通高等学校建筑规划面积指标》（建标〔1992〕245号）及其他有关标准，结合人民法院实际情况，将分院建设项目分为三个部分，即房屋建筑、场地和建筑设备。三部分在分院项目建设中密不可分、缺一不可，应统筹安排。

房屋建筑是开展培训活动的各类用房的总称；场地是开展司法警察室外技能训练、参训人员体育活动、停车场及绿地的各类用地的总称；建筑设备是保证培训工作正常开展的各类设施。

**第十一条** 本条规定了国家法官学院分院房屋建筑的构成。

分院房屋建筑根据培训需要由六类构成。

教学用房，是用于完成培训活动室内教学环节以及法官培训交流讨论的用房；

办公用房，是用于人员办公及培训管理需要的用房；

信息网络用房，是用于安装、维护及管理校园信息化设备的用房；

生活用房，是用于满足参训学员和工作人员基本生活需要的用房；

训练用房，是用于完成业务技能训练环节、室内实习环节的用房；

辅助用房，是在培训过程中起运行保障作用的用房。

本条具体说明了各类用房构成的主要部分。各分院建设应保证上述用房需要。有特殊培训需要并有条件的地区，经主管部门批准，可适当增加有关用房的建筑面积或增设其他用房。

**第十二条** 本条规定了分院的场地构成。

分院建设的场地由五部分组成：

室外器械训练场，是用于司法警察和有关受训人员体能、技能训练的场地；

室外球类运动场，是用于各类培训人员开展体育活动，同时满足司法警察体能训练要求的场地；

室外田径场，是用于满足司法警察体能训练、测试，以及其他受训人员体育活动的场地；

停车场，是受训人员车辆、教职员工车辆的停放场所；

绿化用地要符合教育文化基地建设需要。

**第十三条** 本条规定了建筑设备构成。

安防设备要满足校园安全监控、安防保卫的需要；

给排水系统及设备、暖通空调系统及设备、供配电系统及设备要满足分院教学、工作、生活正常运行，并符合国家有关水暖电气技术指标要求。

## 第三章 布局、选址与校园规划

**第十四条** 阐明分院建设选址宜在省会（首府）城市，以方便开展培训工作，共享人文资源。

**第十五条** 阐明分院建设选址条件。

分院建设是城市规划建设的一部分，其选址和布局应符合城市规划的要求，在保证使用功能的前提下，建筑风格应与周围环境保持协调，体现地域特色和教学特色，并应具备以下基本条件：

一、具有良好的地理位置和便利的交通条件。

二、符合国家法官学院分院所在城市的总体规划要求。

三、具有良好的社会人文条件。分院选址宜选在城市文化区域或高等学校集中区域，便于与其他高校的文化设施共同构成群体效应。

四、具有良好的自然环境条件，包括地形、地貌、工程地质和水文地质条件。选址应考虑自然灾害可能造成的影响，与高噪声、污染源的防护距离应符合有关环保规定。

分院选址与建设用地应充分考虑南北地域、山地平原的不同用地情况与建设要求。

分院建设涉及城市规划、环保卫生、供电、供水、信息通讯等方面，除执行本建设标准外，还应符合国家现行有关参数标准、指标定额的规定。

**第十六条** 阐明分院建设分区布局的要求。

校园规划应合理布局，按照不同区域的功能要求，分为教学区、办公区、生活区、训练区四个区域，便于人员集中教学、分区训练、健康生活。

**第十七条** 阐明了分院建设的总体规划要求。

本条在明确科学分区、布局合理的前提下，强调教学区、办公区不宜靠近主要交通干线布置，以减少交通、人流噪声干扰；生活区应合理建设各类配套设施，以保证生活便利；相邻单体建筑间距应满足消防、日照等要求。

为减少体育运动区噪声对教学用房的干扰，本条要求室外运动场地的长轴宜与教学用房的纵向轴线垂直布置。田径场、球场的长轴均宜南北向布置。

校内交通道路应根据师生的流向和机动车辆（含消防车）的通行要求布置，避免穿越体育运动场地。校园主出入口不宜开向主要交通干道边，且主入口的外侧应留有人流缓冲区，并设置规范的交通警示标志，施画人行横道线，保障人员安全。

**第十八条** 为保证校园环境与建筑物和谐布局、融为一体，建设良好的培训环境和优美的人文景观，本条要求在规划建筑物时，要统一规划和建设绿地。

## 第四章 建设用地指标

**第十九条** 本条规定了分院建设用地的构成及要求。

一、建筑用地是指用于校园建筑物建设的基地。其面积在建筑容积率不宜低于0.60的标准下，按当地政府规划部门确定的建筑容积率计算建筑用地，公式如下：

$$建筑用地面积 = \frac{建筑面积}{建筑容积率}$$

二、运动场地是指司法警察队列操练、技能训练与考核，以及其他受训学员体育锻炼与课外活动的主要场所。

运动场地应按照《人民法院司法警察培训暂行办法》的规定，综合考虑受训学员课外活动需要，配备田径场、器械场、篮球场、排球场和网球场。球类运动场可根据实际情况复用设置。

为适应司法警察女警800米跑与男警1500米跑的体能训练与考核要求，一类分院应建设400米环形跑道田径场，二类分院、三类分院应建设200米环形跑道田径场。各类分院还应建设适量的球类、器械等运动场地。各分院可根据实际情况，在不突破总规划面积指标的前提下增减运动场地项目或调整各类运动场地的面积。

三、停车场用地是指学员和教职工交通工具的停放场所。各类分院建设对停车场的规划要有一定的前瞻性，对于停车场面积的规定既要保证满足当前的需要，也要兼顾未来发展，更要注意因地制宜、节约投资和减少用地。根据建设用地地势条件和当地经济发展状况，可以建设地下停车场。

本建设标准以同期在校参训学员人数的10%确定停车位，根据国家相关标准每车位占地面积25$m^2$。

四、绿化用地是指为美化校园、净化环境而布置的集中绿化场所，同时也是学员交流、师生交往的活动空间与休息空间。为了体现以人为本和绿色校园的理念，有效改善校园环境和周边小气候，同时考虑国土资源紧张的客观限制，校园绿地率不宜高于40%。

**第二十条** 本条规定了国家法官学院分院主要建筑的层数和建筑覆盖率。

为了科学合理使用土地，提高土地利用率，对人员密度较大的区域和人员密度较小的区域分别规定了建筑平均层数和建筑覆盖率。国家法官学院分院宜采用低矮建筑群布局，在不影响使用功能的前提下，为节约土地，可适当提高建筑层数和建筑覆盖率。

## 第五章 建筑面积指标

**第二十一条** 本条规定了分院建设项目房屋建筑面积总指标。

我国大部分城市面临建设用地紧张情况，在进行分院建设时，一方面要考虑到分院是开展教育培训的场所，必须达到一定建设规模；另一方面要结合各地的经济状况和建设用地情况合理确定建设规模。要求建设过程中既要做到节约用地，也要做到满足教学的需求。国家法官学院分院建筑面积的计算，从实际开展培训的要求出发测算各类房屋使用面积，以平面利用系数（取值0.6~0.9）、同期培训人数为基准，确定人均建筑面积指标。

**第二十二条** 本条规定了教学用房各个组成部分的面积指标。

参照《普通高等学校建筑规划面积指标》（建标〔1992〕245号）、《国家发改委关于国家法官学院新校区工程立项的批复》（发改投资〔2003〕1868号）以及其他相关标准，结合人民法院的实际情况，分院应配备各类教学用房的具体内容和面积指标如下：

一、普通教室（多媒体教室）是指用于小班普通教学的教室，应配备多媒体设备。

每50名学员配置一间普通教室。其面积由教学模式、额定席位、桌椅尺寸及平面布置方式等因素决定。参照《普通高等学校建筑规划面积指标》及其他相关标准，结合法院工作人员培训开展的实际情况，每间普通教室的使用面积设置为$80m^2$。

二、阶梯教室是指用于合班教学的教室，一般可容纳150名学员。由于参训学员一般年龄较大，需要设置较宽的通道，并配备软椅和较宽的桌子（可以放置笔记本电脑并配有电源插座），每间阶梯教室的使用面积设置为$180m^2$。

三、双语教室是指用于以民族语言或外语授课的专门教室，宜采用语音教室布局，并配备翻译系统，一般可容纳50名学员。其面积是由额定席位、桌椅尺寸及平面布置方式等因素决定，设置为$90m^2$。

四、研讨室是指用于学术研究讨论的专门教室，是实现案例教学方式的必备条件。为了保证研讨效果，以同期参加培训学员总数的四分之一作为基数，额定席位15人确定研讨室数量。其面积参照《办公建筑设计规范》JGJ 67规定的小型会议室标准确定，设置为每间$30m^2$。

五、远程教育教室是指用于学员参加远程培训的教室，宜配备计算机网络和视频会议网络。

六、大礼堂是指用于进行大型学术交流、分院开学典礼及结业典礼，能够同时容纳全体参训学员及有关教职员工参加的场所。参照《普通高等学校建筑规划面积指标》会堂建设标准，确定大礼堂面积指标。

七、音像资料编辑室是指用于制作音视频课件的场所。三类分院培训量较小，制作课件的任务较轻，故不单独设置。

八、图书馆是供全体教职员工及受训学员查询阅览、研究处理图书资料和情报信息的重要建筑。图书馆以各种阅览室和书库为主，同时配套设置目录厅、出纳厅、内部业务用房等。其面积指标根据《普通高等学校建筑规划面积指标》图书馆指标确定。

以上八类教学用房使用面积分类表参见附表1规定。

**附表1　教学用房使用面积分类表（$m^2$）**

| 项　目 | 一类（700人） | | | 二类（450人） | | | 三类（230人） | | |
|---|---|---|---|---|---|---|---|---|---|
| | 个数 | 单个面积 | 小计 | 个数 | 单个面积 | 小计 | 个数 | 单个面积 | 小计 |
| 普通教室 | 6 | 80 | 480 | 4 | 80 | 320 | 2 | 80 | 160 |
| 阶梯教室 | 2 | 180 | 360 | 2 | 180 | 360 | 1 | 180 | 180 |
| 双语教室 | 1 | 90 | 90 | 1 | 90 | 90 | 1 | 90 | 90 |
| 研讨室 | 11 | 30 | 330 | 7 | 30 | 210 | 4 | 30 | 120 |
| 远程培训教室 | 1 | 290 | 290 | 1 | 210 | 210 | 1 | 90 | 90 |
| 大礼堂 | 1 | 1120 | 1120 | 1 | 720 | 720 | 1 | 360 | 360 |
| 音像资料编辑室 | 1 | 30 | 30 | 1 | 25 | 25 | — | — | — |
| 图书馆 | 1 | 1554 | 1554 | 1 | 1000 | 1000 | 1 | 510 | 510 |

**第二十三条** 本条规定了办公用房各个组成部分的面积指标。

根据调研数据及实际需要测算，国家法官学院分院学员与教职员工的比例为10:3.2。教职员工中行政管理人员与专职教师等专业技术人员分别占40%和60%。

一、行政办公用房是指实施各种工作职能的用房，参照《党政机关办公用房建设标准》规定，处级人员办公室按照人均使用面积12$m^2$计算，其他人员按照人均使用面积6$m^2$计算。按照人员级别构成实际综合两项，处级人员占20%，人均使用面积为7.2$m^2$。可根据学院规模大小按工作职能设综合办公室、院长办公室、党支部办公室、学员管理办公室、信息化管理办公室、教学办公室、教务办公室、外事交流管理办公室、财务办公室、总务办公室等。

二、医务室要考虑安放诊疗床、就诊桌、常用药品橱的需要，其面积根据学院规模确定。

三、传达室和值班室要满足校园门口警卫、信件收发、夜间值班的需要。

四、档案室是用于存放学员培训纸质档案的用房，使用面积根据培训规模确定。根据教学工作需要应考虑预留发展的空间，一、二、三类分院档案室使用面积分别为180$m^2$、130$m^2$和90$m^2$。

五、行政会议室是用于召开学院部门会议或全体教职工会议的场所，是实施日常培训管理的重要场所，应根据需要设置不同容量的行政会议室。

以上五类办公用房使用面积分类表参见附表2规定。

**附表2 办公用房使用面积分类表（$m^2$）**

| 项目 | 一类（700人） | | | 二类（450人） | | | 三类（230人） | | |
|---|---|---|---|---|---|---|---|---|---|
| | 个数 | 单个面积 | 小计 | 个数 | 单个面积 | 小计 | 个数 | 单个面积 | 小计 |
| 行政办公用房 | — | 1010 | 1010 | — | 650 | 650 | — | 330 | 330 |
| 医务室 | 1 | 110 | 110 | 1 | 72 | 72 | 1 | 55 | 55 |
| 传达室 | 1 | 35 | 35 | 1 | 32 | 32 | 1 | 32 | 32 |
| 值班室 | 1 | 16 | 16 | 1 | 16 | 16 | 1 | 16 | 16 |
| 档案室 | 1 | 180 | 180 | 1 | 130 | 130 | 1 | 90 | 90 |
| 行政会议室（小） | 2 | 30 | 60 | 1 | 30 | 30 | — | — | — |
| 行政会议室（大） | 1 | 100 | 100 | 1 | 70 | 70 | 1 | 60 | 60 |

**第二十四条** 本条规定了信息网络用房各个组成部分的面积指标。

校园信息化建设主要包括校园局域网络、远程培训网络、电话通信、对外宣传网站、培训信息管理系统、多媒体设备系统等多个组成部分，应根据实际需要，并考虑预留发展的空间。

参照国家相关标准建设，根据分院信息化实施现状，八类信息网络用房使用面积参见附表3规定。

**附表3　信息网络用房使用面积分类表（$m^2$）**

| 项　　目 | 一类（700人） | | | 二类（450人） | | | 三类（230人） | | |
|---|---|---|---|---|---|---|---|---|---|
| | 个数 | 单个面积 | 小计 | 个数 | 单个面积 | 小计 | 个数 | 单个面积 | 小计 |
| 校园网中心机房 | 1 | 80 | 80 | 1 | 80 | 80 | 1 | 60 | 60 |
| 远程教育机房 | 1 | 50 | 50 | 1 | 50 | 50 | 1 | 50 | 50 |
| 管理室 | 1 | 30 | 30 | 1 | 20 | 20 | 1 | 20 | 20 |
| 通信机房 | 1 | 40 | 40 | 1 | 40 | 40 | 1 | 40 | 40 |
| UPS电源室及灾备室 | 1 | 20 | 20 | — | — | — | — | — | — |
| 线路接入及管理室 | 1 | 20 | 20 | — | — | — | — | — | — |
| 数字电视信息设备及管理室 | 1 | 30 | 30 | 1 | 30 | 30 | 1 | 30 | 30 |
| 设备维护及备品室 | 1 | 30 | 30 | 1 | 30 | 30 | — | — | — |

**第二十五条**　本条规定了生活用房各个组成部分的面积指标。

参照《普通高等学校建筑规划面积指标》（建标〔1992〕245号）、《国家发改委对国家法官学院分院工程立项的批复》以及其他相关标准，结合人民法院的实际情况，确定了各类生活用房的面积指标。

一、宿舍

根据人员规模确定数量及面积标准，按功能划分为学员宿舍、专家公寓、单身教工宿舍及工勤人员宿舍。每层学员宿舍、单身教工宿舍、工勤人员宿舍应设衣帽间、消毒间、公共卫生间，每间不低于15$m^2$。

考虑到法官培训的实际需要，本建设标准以安排50%学员住单人宿舍、50%学员住双人宿舍为标准确定学员宿舍数量。参照《宿舍建筑设计规范》JGJ 36一类宿舍人均使用面积16$m^2$（不含附设卫生间和阳台面积）的规定，确定国家法官学院分院学员宿舍每间使用面积18$m^2$。

专家公寓用于解决特聘专家、学者来院授课和学术交流期间临时住宿需要。参照《普通高等学校建筑规划面积指标》中关于留学生公寓的面积指标，规定专家公寓每套使用面积36$m^2$。接待用房用于接待来院办事人员、教职员工家属临时住宿，按照工作需要，一类分院、二类分院、三类分院分别设置20间、15间、10间。

单身教工宿舍是从事培训教学、管理工作的单身人员住宿场所。单身教工数量以全体教职员工的20%比例计算，单身教工宿舍均为单人间。为满足受训学员食宿行等后勤保障工作、方便工勤人员住院服务需要，配备一定数量的工勤人员宿舍。参照《普通高等学校建筑规划面积指标》中相关指标确定宿舍大小，工勤人员宿舍为四人间。

二、食堂

参照《饮食建筑设计规范》JGJ 64，结合分院在职教育的实际情况，根据就餐人员类别及服务级别不同，分设学员食堂、教工食堂、工勤人员餐厅。

各类食堂均包括就餐、初加工、烹调、备餐间、仓库、更衣室等区域，采用自助餐形式的还需包括取餐区域。

学员食堂就餐总人数按照同期培训人数的100%计算。教工食堂就餐总人数按照教职工总人数的110%计算，考虑工勤人员与管理人员工作时间的差异分为两个餐厅，餐厅容量考虑兼职教师临时就餐需求。

三、公共浴室

为满足全体教职工和工勤人员需要而设置公共浴室。一般设置40个浴位，每个浴位使用面积$5m^2$。

四、文体活动室

为丰富学员课余生活，为学员提供良好的体育锻炼及休闲娱乐场所，各类分院在生活区设置文体活动室，安排乒乓球、台球、棋牌、卡拉OK等项目。

生活用房使用面积分类参见附表4规定。

**附表4　生活用房使用面积分类表（$m^2$）**

| 项　　目 | 一类（700人） | | | 二类（450人） | | | 三类（230人） | | |
|---|---|---|---|---|---|---|---|---|---|
| | 个数 | 单个面积 | 小计 | 个数 | 单个面积 | 小计 | 个数 | 单个面积 | 小计 |
| 学员宿舍 | 490 | 18 | 8820 | 315 | 18 | 5670 | 161 | 18 | 2898 |
| 专家公寓 | 10 | 36 | 360 | 6 | 36 | 216 | 3 | 36 | 108 |
| 教工单身宿舍 | 45 | 9 | 405 | 29 | 9 | 261 | 15 | 9 | 135 |
| 工勤人员宿舍 | 14 | 18 | 252 | 9 | 18 | 162 | 5 | 18 | 90 |
| 学员食堂 | 2 | 900 | 1800 | 2 | 600 | 1200 | 1 | 600 | 600 |
| 教工食堂 | 1 | 360 | 360 | 1 | 230 | 230 | 1 | 120 | 120 |
| 工勤人员餐厅 | 1 | 270 | 270 | 1 | 180 | 180 | 1 | 90 | 90 |
| 公共浴室 | 2 | 90 | 180 | 2 | 90 | 180 | 1 | 90 | 90 |
| 文体活动室 | 1 | 800 | 800 | 1 | 520 | 520 | 1 | 260 | 260 |

**第二十六条**　本条规定了训练用房各个组成部分的面积指标。

训练用房是用于司法警察体能、业务技能训练，法官、预备法官审判业务技能培训，以及法院工作人员岗位技能培训的场所。

一、模拟法庭是指用于模拟开庭和观摩实际审判的场所，是现场教学方式的主要场所。按照不同案件的审判特点，应设置模拟刑事审判法庭、模拟候审羁押室、模拟民事审判法庭、模拟调解室、模拟未成年人案件审判法庭、模拟信访接待室、模拟行政审判法庭。其面积根据《人民法庭建设标准》确定，旁听席容量宜控制在150~200人。对于建设规模有限的分院，可以一庭多用。

二、司法警察训练馆是为解决学员在雨雪天体能训练、技能训练、其他学员体育锻炼活动需要设置的室内训练场所。标准中只规定了基本面积。训练馆应设置队列训练场地、擒拿训练场地及器械区，并适当设置球类运动场地（一般宜设置篮球馆、网球馆、羽毛球馆），有条件的地区可建设室内游泳馆。

运动场地参考面积如下：健身房$200m^2$；标准池游泳馆$1500m^2$；短池游泳馆$900m^2$；

网球馆 720m²；篮球馆 608m²；排球馆 322m²；羽毛球馆 175m²。

训练用房使用面积分类参见附表 5 规定。

**附表 5 训练用房使用面积分类表（m²）**

| 项　目 | 一类 | | | 二类 | | | 三类 | | |
|---|---|---|---|---|---|---|---|---|---|
| | 个数 | 单个面积 | 小计 | 个数 | 单个面积 | 小计 | 个数 | 单个面积 | 小计 |
| 模拟刑事审判法庭 | 1 | 150 | 150 | 1 | 150 | 150 | 1 | 150 | 150 |
| 模拟民事审判法庭 | 1 | 150 | 150 | 1 | 150 | 150 | 1 | 150 | 150 |
| 模拟行政审判法庭 | 1 | 150 | 150 | — | — | — | — | — | — |
| 模拟未成年人案件审判法庭 | 1 | 60 | 60 | 1 | 60 | 60 | — | — | — |
| 模拟调解室 | 1 | 40 | 40 | 1 | 40 | 40 | — | — | — |
| 模拟候审羁押室 | 1 | 60 | 60 | 1 | 60 | 60 | 1 | 60 | 60 |
| 模拟信访接待室 | 1 | 20 | 20 | 1 | 20 | 20 | 1 | 20 | 20 |
| 司法警察训练馆 | 1 | 850 | 850 | 1 | 850 | 850 | 1 | 850 | 850 |

**第二十七条**　本条规定了辅助用房各个组成部分的面积标准。

参照《普通高等学校建筑规划面积指标》（建标〔1992〕245 号）中关于生活福利及附属用房面积指标的规定，结合分院行政用房的实际情况，按照培训规模确定辅助用房面积。辅助用房是校园运行保障的重要组成部分，主要包括仓库和设备间，其面积可在总面积不突破前提下根据实际需要进行调整。辅助用房使用面积分类参见附表 6 规定。

**附表 6 辅助用房使用面积分类表（m²）**

| 项　目 | 一类（700 人） | | | 二类（450 人） | | | 三类（230 人） | | |
|---|---|---|---|---|---|---|---|---|---|
| | 个数 | 单个面积 | 小计 | 个数 | 单个面积 | 小计 | 个数 | 单个面积 | 小计 |
| 变配电室 | 1 | 200 | 200 | 1 | 150 | 150 | 1 | 150 | 150 |
| 水泵房 | 1 | 200 | 200 | 1 | 150 | 150 | 1 | 150 | 150 |
| 锅炉房 | 1 | 200 | 200 | 1 | 150 | 150 | 1 | 150 | 150 |
| 空调机房 | 1 | 300 | 300 | 1 | 150 | 150 | 1 | 150 | 150 |
| 仓库 | 4 | 120 | 480 | 3 | 120 | 360 | 2 | 120 | 240 |

**第二十八条**　本条阐明了校舍建筑面积指标的适用范围。

标准中规定的校舍建筑用房面积指标适用于一般分院的新建、改建和扩建。考虑到我国各地区情况差异较大，对某些培训任务繁重、教育资源较好、经济较为发达地区的分院，既定建设规模无法满足培训需要。本建设标准对其面积指标作了相对灵活的规定，允许其在单独报批后适当提高标准。

**第二十九条**　本条规定了建设面积实际控制的客观参考条件。

# 第六章　主要建筑标准

**第三十条**　本条规定了分院建筑设计的总体要求。

分院是开展教育培训的专门场所，建筑设计要适应地域和周围环境的要求，体现法院文化风格。少数民族地区建筑要考虑民族文化特色，体现民族传统风格。

分院建设要考虑教育培训的特殊需要，在交通便捷、环境适宜、市政基础设施和公共服务设施比较完善的地点选址。要求校园周边环境安静，校园视野开阔、地势平坦，宜与高校区毗邻，便于共享文化教育资源。要提倡节约和环保要求，考虑时代特点和发展需要。要建立污水处理系统和中水回收利用系统，减少水资源的浪费。校园的垃圾处理要符合城市的先进卫生设备。校园周围要有防噪、减震、隔声设备，以减少对人员的伤害和对教学活动的干扰。避免分院建设在密集设置的工业区、商业区、居民区。

**第三十一条**　本条规定了分院建筑内设备的总体要求。

为了节约资源和保护环境，在冬季需要供暖的地区，应充分利用集中采暖系统，可减少建设独立锅炉房及设备的投入和附属用房面积。提倡室内采用自然通风换气方式。为了提高办公效率，在夏季需要进行人工降温的地区，可设置空调系统，采用分区或者集中空调系统。在建筑中要采用国家推行的节约能源、节约水源、减少碳排放的设备和材料。建筑设备选用时要充分利用太阳能设备。

**第三十二条**　本条规定了建筑设计的抗震减灾要求。

在建筑空间设计、主体造型和安全防控方面，要布局合理、考虑周全，符合国家相关标准。建筑结构要确保安全、坚固、实用。建筑材料必须符合国家质量规范要求。房屋设计和施工必须由具备相应资质的单位承担。

**第三十三条**　本条规定建筑用房层高、建筑防火、楼梯设置的各项硬性技术指标要符合国家相关标准。

建筑结构要严格遵守国家的行业法规，在建筑过程中要建立各种合理有序的工作制度，以确保建设过程的安全达标。建筑材料的抗震性能、抗自然灾害性能要符合国家的行业要求和标准。

建筑选用的材料要符合防火要求，建设项目要有防火设施，建筑项目在使用中要有消防栓、固定灭火器、消防通道、烟感自动控制系统和安全通道等防火设施。

楼梯设置要符合国家行业标准。针对人员密集特点，楼梯的宽度、坡度和护栏设置要符合安全要求。楼梯拐弯处的自然采光、通风和人工照明要符合国家有关标准。走廊要以直行为主，减少拐弯，不宜设踏步。其宽度要符合行业标准，并设有应急照明灯及指示标志。有条件的地方可根据需要适当扩大走廊宽度，以便学员课间休息、活动使用。

**第三十四条**　本条阐明了分院建筑中配套设施的组成。

分院建设中水电气暖等配套设备要齐全，以满足分院的日常运行需要。所需配套设施要符合国家技术标准，达到行业要求，并预留相应的发展接口。各类配套设施要与当地市政配套设施对接，利用当地市政资源，减少重复投资。各类建筑房屋内应设置满足功能需要的公共厕所，配备洗水盆和污水处理池，配备良好的通风和换气设备。

**第三十五条**　本条阐明了室内采光、照明和通风技术指标。

室内采光要满足室内工作的需要。各项用房的建筑设计应参照《民用建筑设计通则》GB 50352 有关规定执行。分院电子信息系统机房的建筑与装修应参照《电子信息系统机房设计规范》GB 50174 有关规定。分院图书馆的建筑与装修应参照《图书馆建筑设计规范》JCJ 38 有关规定。要合理利用室内双侧的自然采光。自然采光要确保其安全有效，防止发生次生危害。窗户要采用白板玻璃，禁止使用有色玻璃。

室内照明要符合国家现行标准《建筑照明设计标准》GB 50034 中的具体规定。室内照明要符合国家对办公、教学、研讨和其他用房照明的参数。

室内要有良好的自然通风和冬季换气设施，以保证室内的空气质量。根据需要，可设置强制性的机械排气设施。

为满足培训需要，各种教学用房、行政用房和学员宿舍均应接入法院专线网，教室应安装音频、视频终端，以满足远程教学和多媒体教学的需要，便于学员开展网络学习。

**第三十六条** 本条规定了分院建筑的装修要求。

各类用房的装修要符合国家规定的装修标准。装修费用要与当地经济发展水平相适应，禁止超标装修，禁止选用非环保材料装修。

本建设标准要求各分院电子信息系统机房的设计与装修执行《电子信息系统机房设计规范》GB 50174 的有关规定。

本建设标准规定图书馆的建筑与装修应参照执行《图书馆建筑设计规范》JCJ 38 的有关规定。

本建设标准规定模拟法庭装修参照人民法院法庭装修标准，采用中级装修；会议室参照国家党政机关办公用房建设标准，采用中级装修；普通教室（多媒体教室）应满足教学需要，采用中级装修，并符合相关行业标准；研讨室应适当高于国家党政机关办公用房标准，采用中级装修；学员宿舍略高于普通高等院校留学生宿舍装修标准，采用普通装修或中级装修；食堂高于普通高等院校留学生食堂装修标准，采用普通装修或中级装修。

**第三十七条** 本条规定了分院校区建设要遵循无障碍要求，以安全、实用为本，体现人文关怀。

**第三十八条** 本条规定了分院建筑用房通风换气的卫生安全要求。

分院各类建筑用房通风换气的设备要符合国家有关技术指标，达到行业标准。配置空调等设备要合理布局，预留接口，防止出现反复施工。

## 第七章 管理和运行

**第三十九条** 本条规定了分院建设应当设置教学、行政、后勤等相关机构，以确保分院各项工作的正常运转，完成法院工作人员教育培训任务。

**第四十条** 本条规定了分院工作人员的编制应当确保法院工作人员培训的需要，并按照实际培训需要配备管理干部、教师等专业技术人员和工勤人员。

# 人民检察院办案用房和专业技术用房建设标准

**建标 137—2010**

## 住房和城乡建设部、国家发展和改革委员会关于批准发布《人民检察院办案用房和专业技术用房建设标准》的通知

建标〔2010〕140号

最高人民检察院，国务院有关部门，各省、自治区、直辖市、计划单列市住房和城乡建设厅（委、局）、发展和改革委员会，新疆生产建设兵团建设局、发展和改革委员会：

根据住房和城乡建设部《关于印发〈2009年工程项目建设标准和建设项目评价方法与参数编制项目计划〉的通知》（建标函〔2009〕320号）要求，由最高人民检察院组织修订的《人民检察院办案用房和专业技术用房建设标准》，经有关部门会审，现批准发布，自2010年12月1日起施行，原《人民检察院办案用房和专业技术用房建设标准》同时废止。

在人民检察院办案用房和专业技术用房项目的审批、设计和建设过程中，要严格遵守国家关于严格控制建设标准，进一步降低工程造价的相关要求，认真执行本建设标准，坚决控制工程造价。

本建设标准的管理由住房城乡建设部和国家发展改革委负责，具体解释工作由最高人民检察院负责。

**中华人民共和国住房和城乡建设部**
**中华人民共和国国家发展和改革委员会**
**二〇一〇年九月六日**

## 前　言

为贯彻落实《中共中央转发〈中央政法委员会关于深化司法体制和工作机制改革若干问题的意见〉的通知》（中发〔2008〕19号）精神，适应新形势下检察事业发展要求，加强和规范人民检察院办案用房和专业技术用房建设，根据住房和城乡建设部《关于印发〈2009年工程项目建设标准和建设项目经济评价方法与参数编制项目计划〉的通知》（建标函〔2009〕320号）、国家发展和改革委《关于抓紧开展政法基础设施建设标准编

制和修订工作的通知》（发改办投资〔2009〕1015号）的安排，最高人民检察院组织修订了《人民检察院办案用房和专业技术用房建设标准》。

编制修订过程中，编制组按照中央关于司法保障体制改革的统一部署，以科学发展观为指导，通过制定下发调查表、召开座谈会、开展专题调研等形式，分析论证全国检察机关办案用房和专业技术用房的统计资料，总结了检察机关办案用房和专业技术用房建设的经验教训。在此基础上，充分考虑地方各级人民检察院办案用房和专业技术用房的现状，结合我国总体经济发展形势，修订了标准的有关内容。经广泛征求有关部门、单位及专家的意见，最后由最高人民检察院组织召开审查会议，会同有关部门审查定稿，并经住房和城乡建设部、国家发展和改革委员会批准发布。

原标准共为四章23条，修订后标准共分六章48条，包括总则，建设内容与项目构成，建设规模与面积指标，选址、布局与建设用地，建筑标准与建筑设备，附则。

请各单位在执行本建设标准的过程中，注意总结经验，积累资料。如发现需要修改和补充之处，请将意见及时反馈最高人民检察院计划财务装备局（地址：北京市北河沿大街147号，邮政编码：100726），以便今后修订时参考。

**编 制 单 位：**最高人民检察院计划财务装备局

**主要起草人：**赵　扬　戴菊凤　齐世萍　刘晓明

**中华人民共和国最高人民检察院**

**二〇一〇年五月**

# 第一章　总　则

**第一条**　为适应检察事业发展需要，加强和规范人民检察院办案用房和专业技术用房建设，保障人民检察院全面履行法律监督职能，根据《人民检察院组织法》、《刑事诉讼法》等有关法律、法规，结合人民检察院职能特点和开展专业技术工作的需要，制定本建设标准。

**第二条**　人民检察院办案用房是指人民检察院履行法律监督职能过程中，专门用于查办和预防职务犯罪、侦查监督、公诉和审判监督、执行监督和控告申诉等因安全、保密需要而需相对独立设置的特殊用房。

**第三条**　人民检察院专业技术用房是指人民检察院在履行法律监督职能过程中，运用各种专业技术手段和专门设施条件进行检验、鉴定等而需相对独立设置的特殊用房。

**第四条**　本标准为全国检察机关办案用房和专业技术用房的统一建设控制标准，是编制、评估和审批人民检察院办案用房和专业技术用房项目建议书、可行性研究报告以及工程初步设计和监督检查的依据。

**第五条**　本建设标准适用于人民检察院办案用房和专业技术用房的新建、改建和扩建工程。

**第六条**　人民检察院办案用房和专业技术用房，应按照立足当前、兼顾发展、统筹规划、科学建设、逐步改善的原则进行建设，做到功能齐全、经济适用、简朴庄重。根据使用单位的级别，按照本标准规定的建设等级、面积指标合理确定建设规模。

**第七条**　人民检察院办案用房和专业技术用房应与办公用房统一规划、统筹建设，依据功能划分相对独立设置；具备条件的地方，可分开建设；同一城区内距离较近、交通便捷的人民检察院之间，在确保满足各自工作需要的前提下，可集中建设或联合建设办案用房和专业技术用房，提倡资源共享。

**第八条** 人民检察院办案用房和专业技术用房的建设应符合城乡规划的要求，综合考虑建筑性质、建筑造型、建筑立面特征与周围环境的关系，并应符合国家有关节能环保、消防安全、抗震及无障碍设计等规定。

**第九条** 人民检察院办案用房和专业技术用房建设应纳入当地的国民经济与社会发展规划，建设资金纳入当地的基本建设投资计划和政府预算。

**第十条** 人民检察院办案用房和专业技术用房的建设，除应符合本建设标准外，还应执行国家其他相关标准、规范的规定。

## 第二章 建设内容与项目构成

**第十一条** 人民检察院办案用房和专业技术用房的建设项目，由房屋建筑、场地和建筑设备三部分组成。

**第十二条** 人民检察院办案用房和专业技术用房的房屋建筑，包括办案用房、专业技术用房及其附属用房。

**第十三条** 人民检察院办案用房和专业技术用房的场地，包括道路、停车用地、绿化用地等。

**第十四条** 人民检察院办案用房和专业技术用房的建筑设备，主要包括建筑给排水系统、采暖空调系统、建筑电气系统、电梯、弱电系统及司法检验鉴定设备等。

**第十五条** 人民检察院办案用房的内容如下：

一、控告申诉接待用房（来信来访接待中心），包括来访候谈大厅、接待室、检察长接待室、网络接访室、12309 电话接访室、调解室、刑事申诉案件审查室、申诉复查询问室、听证室、案件研讨室、信访资料室、警务工作室等。

二、查办和预防职务犯罪用房，分为大要案侦查指挥中心用房、办案工作区和预防职务犯罪用房。

（一）大要案侦查指挥中心用房，包括案件线索管理室、指挥决策室、通讯联络中心、大要案讨论室、专案工作室、控制室、备案资料保管室等。

（二）办案工作区包括侦查指挥室、案件研讨室、询问室、讯问室、监控室、辨认室、心理测试室、当事人接待室、律师接待室、司法警察值勤室、司法警察备勤室、案卷资料复印室、扣押物品保管室、同步录音录像控制室、视频编辑室、视频资料保管室、临时诊疗室、办案人员休息室等。

（三）预防职务犯罪用房，包括预防职务犯罪警示厅、行贿案件档案查询室等。

三、侦查监督用房，包括案件受理室、案件审查室、案卷保管分流室、主办检察官研讨室、青少年维权工作室、远程证据传输室、远程视频审讯室等。

四、公诉和审判监督用房，包括案卷保管分流室、案件审查室、证据交换室、主诉检察官研讨室、专案工作室、当事人接待室、庭审远程指挥室、多媒体示证制作室、模拟法庭等。

五、刑罚执行监督用房，包括案件审查室、主办检察官研讨室、信息联网查询室等。

六、其他业务用房，包括案件管理中心用房、检察委员会用房、新闻发布室、人民监督员用房、律师用房等五类。其中，案件管理中心用房，包括案件受理分流室、案件督办与监管室等；检察委员会用房，包括会议室、候会室等；人民监督员用房，包括阅卷室、案件研讨室、案卷资料保管室等；律师用房，包括律师阅卷室、律师接待室、复印室等。

七、信息通讯中心用房，包括检察专网视频会议室、信息网络机房、机要保密机房、通信机房、机房辅助用房等。

八、诉讼案件档案用房，包括档案目录库、纸质档案库、实物档案库、电子档案库、阅档室、文件复制室等。

九、保管用房，包括赃证物保管室、枪弹保管室、服装保管室等。其中，枪弹保管室包括枪支保管室、弹药保管室、警械具保管室等。

**第十六条** 人民检察院专业技术用房的内容如下：

一、检验鉴定案件管理用房，包括案件受理室、资料室、物证保管室、专家鉴评室等。

二、检验鉴定用房，包括法医检验鉴定用房、文件检验鉴定用房、痕迹检验鉴定用房、司法会计检验鉴定用房、电子证据检验鉴定用房、声像资料检验鉴定用房、理化检验鉴定用房、DNA 检验鉴定用房、心理测试实验用房等。

（一）法医检验鉴定用房，分为法医临床用房、法医病理用房、法医物证检验用房三类。法医临床用房包括体检室、运动功能检测室、视力检测室（内眼检测）、耳科常规检查室、超声检查室、X 线检查室。法医病理用房包括取材室、预处理室、病理切片制作室、病理染色室、标本室、尸体解剖室、消毒室等。法医物证检验用房包括法医物证检验室等。

（二）文件检验鉴定用房，包括笔迹检验室、印刷文件检验室、书写材料检验室、复印静电压痕仪室等。

（三）痕迹检验鉴定用房，包括手印检验室、足迹检验室、工具痕迹检验室、枪弹痕迹检验室、化学显现室、试剂保管室等。

（四）司法会计检验鉴定用房，包括司法会计检验室、会计资料保管室、会计账目展示分析室、业务研究室等。

（五）电子证据检验鉴定用房，包括电子数据取证实验室、手机（电话）检验室、其他电子设备检验室、电子证据无尘工作室等。

（六）声像资料检验鉴定用房，包括物证照录像提取室、特种检验照相室、图像检验鉴定室、图像编辑处理室、图像扩印制作室、语音分析实验室、小型录像播放厅等。

（七）理化检验鉴定用房，包括剧毒样品和毒品样品保管室、试剂储备室、标准品储备室、化验室、处理室、光谱室、色谱室等。

（八）DNA 检验鉴定用房，包括生物样本室、DNA 初检室、DNA 提取室、DNA 扩增室、洁净室、DNA 测序室、DNA 分析室、试剂保管室等。

（九）心理测试实验用房，包括测前谈话室、测试室、监控室等。

**第十七条** 附属用房包括设备机房、变配电室、锅炉房、汽车库、自行车库、值班室用房、人防设施等。

## 第三章 建设规模与面积指标

**第十八条** 人民检察院办案用房和专业技术用房的建设分为三级：

一级办案用房和专业技术用房，适用于省（自治区、直辖市）级人民检察院。

二级办案用房和专业技术用房，适用于市（地、州、盟）级以及相当于该级别的人民检察院。

三级办案用房和专业技术用房，适用于县（市、旗）级以及相当于该级别的人民检察院。

**第十九条** 人民检察院办案用房和专业技术用房的人均建筑面积指标应符合以下规定：

一级办案用房和专业技术用房，编制定员每人平均建筑面积为30～42$m^2$；

二级办案用房和专业技术用房，编制定员每人平均建筑面积为32～42$m^2$；

三级办案用房和专业技术用房，编制定员每人平均建筑面积为32～44$m^2$。

本条规定的人均建筑面积指标为控制指标，在保证业务工作正常开展的前提下，可视业务工作量及地方财力的可能适当降低。

各级人民检察院办案用房和专业技术用房的具体内容和使用面积指标按照本建设标准附录确定。确需突破本建设标准规定指标的，应向上一级政府投资主管部门单独报批，省级（含直辖市）人民检察院向本级政府投资主管部门报批。

**第二十条** 一级办案用房和专业技术用房的建筑规模计算方法应符合以下规定：

编制定员人数550人以上的，其人均建筑面积不应超过30$m^2$/人；

编制定员人数300人以下的，其人均建筑面积不应超过42$m^2$/人；

编制定员人数300～550人的，其人均建筑面积应采用插入法计算，计算公式如下（单位：$m^2$/人）：

$$S_{人均}=30+(550-N)\times 0.048$$

其综合建筑面积计算公式如下（单位：$m^2$/人）：

$$S_{综合}=N\times S_{人均}$$

式中：$N$——编制定员人数；

$S_{人均}$——人均建筑面积；

$S_{综合}$——总建筑面积。

**第二十一条** 二级办案用房和专业技术用房的建筑规模计算方法应符合以下规定：

编制定员人数250人以上的，其人均建筑面积不应超过32$m^2$/人；

编制定员人数150人以下的，其人均建筑面积不应超过42$m^2$/人；

编制定员人数150～250人的，其人均建筑面积应采用插入法计算，计算公式如下（单位：$m^2$/人）：

$$S_{人均}=32+(250-N)\times 0.1$$

其综合建筑面积计算公式如下（单位：$m^2$/人）：

$$S_{综合}=N\times S_{人均}$$

式中：$N$——编制定员人数；

$S_{人均}$——人均建筑面积；

$S_{综合}$——总建筑面积。

**第二十二条** 三级办案用房和专业技术用房的建筑规模计算方法应符合以下规定：

编制定员人数130人以上的，其人均建筑面积不应超过32$m^2$/人；

编制定员人数80人以下的，其人均建筑面积不应超过44$m^2$/人；

编制定员人数80～130人的，其人均建筑面积应采用插入法计算，计算公式如下（单位：$m^2$/人）：

$$S_{人均} = 32 + (130 - N) \times 0.24$$

其综合建筑面积计算公式如下（单位：$m^2$/人）：

$$S_{综合} = N \times S_{人均}$$

式中：$N$——编制定员人数；

$S_{人均}$——人均建筑面积；

$S_{综合}$——总建筑面积。

**第二十三条** 人民检察院办案用房和专业技术用房的附属用房，应按照第十七条规定的内容结合办公用房的附属用房建设情况和业务工作需要进行配置。人民检察院办案用房和专业技术用房与办公用房共同建设的，其附属用房应与办公用房的附属用房统一规划、建设，建筑面积指标不得重复计算。确需独立建设的，其附属用房的建筑面积指标宜为人民检察院办案用房和专业技术用房总建筑面积的5%～7%。

## 第四章　选址、布局与建设用地

**第二十四条** 人民检察院办案用房和专业技术用房的选址，应考虑其特殊性质和用途，按照安全保密、因地制宜、卫生环保、有利工作、方便群众的原则，与办公用房统一规划、统筹进行。

**第二十五条** 人民检察院来信来访接待中心应分区设置，并有独立的出入口。有条件的地区可以独立建设，宜采用低层或多层建筑。

**第二十六条** 人民检察院来信来访接待中心的平面布局应符合以下要求：

一、出入口方便人员与车辆进出，门前留有一定的缓冲区。

二、按照接访方便、互不干扰和安全保密的原则，合理布置各种用房。

**第二十七条** 人民检察院办案工作区应分区设置，有条件的地区可以独立建设。办案工作区应当有明显的标识，标明“办案工作区”。

**第二十八条** 人民检察院专业技术用房应分区设置。检验鉴定用房应与检验鉴定案件管理用房物理分开，需要运用化学方法进行检验的，干、湿用房必须分离。

**第二十九条** 人民检察院办案用房和专业技术用房的建设应节约、集约利用土地，建设用地面积及其容积率、建筑密度应符合当地城乡总体规划的有关规定和要求。

**第三十条** 人民检察院办案用房和专业技术用房绿地率应符合当地城乡总体规划和建设有关绿地的控制要求。

## 第五章　建筑标准与建筑设备

**第三十一条** 人民检察院办案用房和专业技术用房的装修应遵循经济适用、简朴大方、节约资源的原则，不应选取高档装修材料进行豪华装修，室内装修参照《党政机关办公用房建设标准》和有关规定执行。

**第三十二条** 人民检察院办案用房和专业技术用房应符合《建筑抗震设计规范》的有关规定。

**第三十三条** 人民检察院办案用房和专业技术用房应符合《公共建筑节能设计标准》的有关规定。

**第三十四条** 人民检察院信息网络通信机房，在符合保密要求的前提下，参照《电子信息系统机房设计规范》执行。

**第三十五条** 人民检察院武器警械库、诉讼档案库房的建筑设计应符合《中华人民共和国枪支管理法》和《档案馆建筑设计规范》的相关规定。

**第三十六条** 人民检察院办案工作区应安装安全防护门、视频监控报警装置、通风换气和房间隔音设施；询问室、讯问室等内墙应采用软性饰面。

**第三十七条** 人民检察院检验鉴定用房的装修应当符合国家实验室认可或资质认定的相关规定。

**第三十八条** 人民检察院办案用房和专业技术用房应有给水设施，并应符合国家相关卫生标准。

**第三十九条** 人民检察院办案用房和专业技术用房的排水、排污和废弃物的处理应符合环保的有关规定和要求。

**第四十条** 严寒地区应配置采暖设施，寒冷地区、夏热冬冷地区宜配置采暖和空调设施。采暖地区应优先采用区域集中供热采暖系统。夏季需进行人工降温的地区，可采用分区或者集中空调系统。

**第四十一条** 人民检察院办案用房和专业技术用房的供电应符合设备和照明用电负荷的要求，供电可靠。

**第四十二条** 人民检察院办案用房和专业技术用房新建的五层及五层以上的建筑宜设置电梯或者预留安装电梯的空间。

**第四十三条** 人民检察院大要案侦查指挥中心、信息通讯中心及检验鉴定用房应配备不间断电源。询问室、讯问室宜设置低压电源。

**第四十四条** 人民检察院办案用房和专业技术用房的弱电系统应满足办案和专业技术工作等业务需求。

**第四十五条** 人民检察院办案用房和专业技术用房改建、扩建项目，应充分利用原有可用设施，做到合理规划、设计和建造。进行改建、扩建的人民检察院办案用房和专业技术用房，按本标准测算的总建筑面积应含可利用的原有房屋建筑面积。

## 第六章 附 则

**第四十六条** 最高人民检察院办案用房和专业技术用房建设标准，根据需要单独审批和核定。

**第四十七条** 人民检察院办公用房建设标准，按照《党政机关办公用房建设标准》执行。

**第四十八条** 人民检察院派驻在看守所、监狱等监管场所的检察室用房在《看守所建设标准》和《监狱建设标准》中予以规定。

### 附录 办案用房和专业技术用房基本使用面积参考指标

**表1 一级办案用房基本使用面积参考指标（$m^2$）**

| 序号 | 种 类 | 面积指标 | |
|---|---|---|---|
| | | 下限 | 上限 |
| 1 | 一、控告申诉接待用房 | 750 | 990 |
| 2 | 来访候谈大厅 | 140 | 160 |

**续表1**

| 序号 | 种　　类 | 面积指标 | |
|---|---|---|---|
| | | 下限 | 上限 |
| 3 | 接待室 | 140 | 180 |
| 4 | 检察长接待室 | 40 | 60 |
| 5 | 网络接访室 | 40 | 60 |
| 6 | 12309电话接访室 | 40 | 60 |
| 7 | 调解室 | 60 | 80 |
| 8 | 刑事申诉案件审查室 | 40 | 60 |
| 9 | 申诉复查询问室 | 40 | 60 |
| 10 | 听证室 | 100 | 120 |
| 11 | 案件研讨室 | 60 | 80 |
| 12 | 信访资料文印室 | 20 | 30 |
| 13 | 警务工作室 | 30 | 40 |
| 14 | 二、查办和预防职务犯罪用房 | 1680 | 2290 |
| 15 | （一）大要案侦查指挥中心用房 | 350 | 550 |
| 16 | 案件线索管理室 | 40 | 60 |
| 17 | 指挥决策室 | 50 | 90 |
| 18 | 通讯联络中心 | 70 | 100 |
| 19 | 大要案讨论室 | 80 | 120 |
| 20 | 专案工作室 | 60 | 80 |
| 21 | 控制室 | 30 | 60 |
| 22 | 备案资料保管室 | 20 | 40 |
| 23 | （二）办案工作区 | 1180 | 1500 |
| 24 | 侦查指挥室 | 90 | 100 |
| 25 | 案件研讨室 | 100 | 120 |
| 26 | 询问室 | 140 | 160 |
| 27 | 讯问室 | 180 | 220 |
| 28 | 监控室 | 90 | 100 |
| 29 | 辨认室 | 40 | 60 |
| 30 | 心理测试室 | 40 | 60 |
| 31 | 当事人接待室 | 40 | 60 |
| 32 | 律师接待室 | 30 | 40 |
| 33 | 司法警察执勤室 | 30 | 40 |
| 34 | 司法警察备勤室 | 40 | 60 |
| 35 | 案卷资料复印室 | 30 | 40 |

续表 1

| 序号 | 种　类 | 面积指标 | |
|---|---|---|---|
| | | 下限 | 上限 |
| 36 | 扣押物品保管室 | 40 | 60 |
| 37 | 同步录音录像控制室 | 60 | 80 |
| 38 | 视频编辑室 | 40 | 60 |
| 39 | 视频资料保管室 | 30 | 40 |
| 40 | 临时诊疗室 | 40 | 60 |
| 41 | 办案人员休息室 | 120 | 140 |
| 42 | （三）预防职务犯罪用房 | 150 | 240 |
| 43 | 预防职务犯罪警示厅 | 130 | 200 |
| 44 | 行贿案件档案查询室 | 20 | 40 |
| 45 | 三、侦查监督用房 | 200 | 310 |
| 46 | 案件受理室 | 20 | 40 |
| 47 | 案件审查室 | 40 | 60 |
| 48 | 案卷保管分流室 | 20 | 30 |
| 49 | 主办检察官研讨室 | 40 | 60 |
| 50 | 青少年维权工作室 | 30 | 40 |
| 51 | 远程证据传输室 | 30 | 40 |
| 52 | 远程视频审讯室 | 20 | 40 |
| 53 | 四、公诉和审判监督用房 | 610 | 980 |
| 54 | 案卷保管分流室 | 60 | 100 |
| 55 | 案件审查室 | 140 | 200 |
| 56 | 证据交换室 | 20 | 40 |
| 57 | 主诉检察官研讨室 | 60 | 80 |
| 58 | 专案工作室 | 70 | 120 |
| 59 | 当事人接待室 | 40 | 60 |
| 60 | 庭审远程指挥室 | 60 | 100 |
| 61 | 多媒体示证制作室 | 60 | 100 |
| 62 | 模拟法庭 | 100 | 180 |
| 63 | 五、刑罚执行监督用房 | 100 | 200 |
| 64 | 案件审查室 | 40 | 60 |
| 65 | 主办检察官研讨室 | 40 | 80 |
| 66 | 信息联网查询室 | 20 | 60 |

## 续表1

| 序号 | 种类 | 面积指标 | |
|---|---|---|---|
| | | 下限 | 上限 |
| 67 | 六、其他业务用房 | 580 | 930 |
| 68 | （一）案件管理中心用房 | 130 | 180 |
| 69 | 案件受理分流室 | 60 | 80 |
| 70 | 案件督办与监管室 | 70 | 100 |
| 71 | （二）检察委员会用房 | 150 | 200 |
| 72 | 会议室 | 120 | 140 |
| 73 | 候会室 | 30 | 60 |
| 74 | （三）新闻发布室 | 100 | 180 |
| 75 | （四）人民监督员用房 | 100 | 190 |
| 76 | 阅卷室 | 20 | 60 |
| 77 | 案件研讨室 | 60 | 100 |
| 78 | 案卷资料保管室 | 20 | 30 |
| 79 | （五）律师用房 | 100 | 180 |
| 80 | 律师阅卷室 | 40 | 80 |
| 81 | 律师接待室 | 40 | 60 |
| 82 | 复印室 | 20 | 40 |
| 83 | 七、信息通讯中心用房 | 760 | 900 |
| 84 | 检察专网视频会议室 | 380 | 420 |
| 85 | 信息网络机房 | 200 | 240 |
| 86 | 机要保密机房 | 60 | 80 |
| 87 | 通信机房 | 60 | 80 |
| 88 | 机房辅助用房 | 60 | 80 |
| 89 | 八、诉讼案件档案用房 | 610 | 770 |
| 90 | 档案目录库 | 30 | 60 |
| 91 | 纸质档案库 | 300 | 320 |
| 92 | 实物档案库 | 160 | 180 |
| 93 | 电子档案库 | 60 | 100 |
| 94 | 阅档室 | 40 | 80 |
| 95 | 文件复制室 | 20 | 30 |
| 96 | 九、保管用房 | 300 | 450 |
| 97 | （一）赃证物保管室 | 120 | 160 |

**续表 1**

| 序号 | 种　类 | 面积指标 | |
|---|---|---|---|
| | | 下限 | 上限 |
| 98 | （二）枪弹保管用室 | 90 | 170 |
| 99 | 枪支保管室 | 30 | 50 |
| 100 | 弹药保管室 | 30 | 50 |
| 101 | 警械具保管室 | 30 | 70 |
| 102 | （三）服装保管用房 | 90 | 120 |
| 合　计 | | 5590 | 7820 |

注：表中所列各项功能用房及其面积指标，各地可以根据实际需要在总面积指标范围内作适当调整。

**表 2　一级专业技术用房基本使用面积参考指标（$m^2$）**

| 序号 | 种　类 | 面积指标 | |
|---|---|---|---|
| | | 下限 | 上限 |
| 1 | 一、检验鉴定案件管理用房 | 220 | 300 |
| 2 | 案件受理室 | 40 | 60 |
| 3 | 资料室 | 40 | 60 |
| 4 | 物证保管室 | 80 | 100 |
| 5 | 专家鉴评室 | 60 | 80 |
| 6 | 二、检验鉴定用房 | 2190 | 3080 |
| 7 | （一）法医检验鉴定用房 | 450 | 610 |
| 8 | 1. 法医临床用房 | 180 | 240 |
| 9 | 体检室 | 30 | 40 |
| 10 | 运动功能检测室 | 30 | 40 |
| 11 | 视力检测室 | 30 | 40 |
| 12 | 耳科常规检查室 | 30 | 40 |
| 13 | 超声检查室 | 30 | 40 |
| 14 | X 线检查室 | 30 | 40 |
| 15 | 2. 法医病理用房 | 230 | 320 |
| 16 | 取材室 | 40 | 50 |
| 17 | 预处理室 | 30 | 40 |
| 18 | 病理切片制作室 | 30 | 40 |
| 19 | 病理染色室 | 30 | 40 |
| 20 | 标本室 | 30 | 40 |

续表 2

| 序号 | 种　　类 | 面 积 指 标 | |
|---|---|---|---|
| | | 下限 | 上限 |
| 21 | 尸体解剖室 | 50 | 80 |
| 22 | 消毒室 | 20 | 30 |
| 23 | 3. 法医物证检验室 | 40 | 50 |
| 24 | （二）文件检验鉴定用房 | 160 | 200 |
| 25 | 笔迹检验室 | 40 | 50 |
| 26 | 印刷文件检验室 | 40 | 50 |
| 27 | 书写材料检验室 | 40 | 50 |
| 28 | 复印静电压痕仪室 | 40 | 50 |
| 29 | （三）痕迹检验鉴定用房 | 220 | 290 |
| 30 | 手印检验室 | 30 | 40 |
| 31 | 足迹检验室 | 30 | 40 |
| 32 | 工具痕迹检验室 | 30 | 40 |
| 33 | 枪弹痕迹检验室 | 30 | 40 |
| 34 | 化学显现室 | 50 | 60 |
| 35 | 试剂保管室 | 50 | 70 |
| 36 | （四）司法会计检验鉴定用房 | 160 | 260 |
| 37 | 司法会计检验室 | 40 | 80 |
| 38 | 会计资料保管室 | 40 | 60 |
| 39 | 会计账目展示分析室 | 40 | 60 |
| 40 | 业务研究室 | 40 | 60 |
| 41 | （五）电子证据检验鉴定用房 | 280 | 360 |
| 42 | 电子数据取证实验室 | 100 | 120 |
| 43 | 手机（电话）检验室 | 60 | 80 |
| 44 | 其他电子设备检验室 | 60 | 80 |
| 45 | 电子证据无尘工作室 | 60 | 80 |
| 46 | （六）声像资料检验鉴定用房 | 420 | 570 |
| 47 | 物证照录像提取室 | 40 | 60 |
| 48 | 特种检验照相室 | 60 | 80 |
| 49 | 图像检验鉴定室 | 60 | 80 |
| 50 | 图像编辑处理室 | 40 | 60 |
| 51 | 图像扩印制作室 | 40 | 60 |

**续表 2**

| 序号 | 种类 | 面积指标 | |
|---|---|---|---|
| | | 下限 | 上限 |
| 52 | 语音分析实验室 | 60 | 90 |
| 53 | 小型录像播放厅 | 120 | 140 |
| 54 | （七）理化检验鉴定用房 | 240 | 340 |
| 55 | 剧毒样品和毒品样品保管室 | 40 | 60 |
| 56 | 试剂储备室 | 40 | 60 |
| 57 | 标准品储备室 | 40 | 60 |
| 58 | 化验室 | 30 | 40 |
| 59 | 处理室 | 30 | 40 |
| 60 | 光谱室 | 30 | 40 |
| 61 | 色谱室 | 30 | 40 |
| 62 | （八）DNA 检验鉴定用房 | 160 | 300 |
| 63 | 生物样本室 | 20 | 40 |
| 64 | DNA 初检室 | 20 | 40 |
| 65 | DNA 提取室 | 20 | 40 |
| 66 | DNA 扩增室 | 20 | 40 |
| 67 | 洁净室 | 20 | 40 |
| 68 | DNA 测序室 | 20 | 40 |
| 69 | DNA 分析室 | 20 | 30 |
| 70 | 试剂保管室 | 20 | 30 |
| 71 | （九）心理测试实验用房 | 100 | 150 |
| 72 | 测前谈话室 | 20 | 30 |
| 73 | 测试室 | 40 | 60 |
| 74 | 监控室 | 40 | 60 |
| 合计 | | 2410 | 3380 |

注：表中所列各项功能用房及其面积指标，各地可以根据实际需要在总面积指标范围内作适当调整。

**表 3　二级办案用房基本使用面积参考指标（$m^2$）**

| 序号 | 种类 | 面积指标 | |
|---|---|---|---|
| | | 下限 | 上限 |
| 1 | 一、控告申诉接待用房 | 320 | 430 |
| 2 | 来访候谈大厅 | 80 | 90 |

## 续表 3

| 序号 | 种　类 | 面积指标 | |
|---|---|---|---|
| | | 下限 | 上限 |
| 3 | 接待室 | 60 | 80 |
| 4 | 检察长接待室 | 20 | 30 |
| 5 | 网络接访室 | 30 | 40 |
| 6 | 12309 电话接访室 | 30 | 40 |
| 7 | 调解室 | 20 | 30 |
| 8 | 刑事申诉案件审查室 | 20 | 30 |
| 9 | 听证室 | 20 | 30 |
| 10 | 信访资料文印室 | 20 | 30 |
| 11 | 警务工作室 | 20 | 30 |
| 12 | 二、查办和预防职务犯罪用房 | 640 | 830 |
| 13 | （一）侦查指挥用房 | 70 | 80 |
| 14 | （二）办案工作区 | 520 | 690 |
| 15 | 侦查指挥室 | 40 | 50 |
| 16 | 案件研讨室 | 60 | 80 |
| 17 | 询问室 | 80 | 90 |
| 18 | 讯问室 | 100 | 120 |
| 19 | 辨认室 | 20 | 30 |
| 20 | 心理测试室 | 20 | 30 |
| 21 | 接待室 | 20 | 30 |
| 22 | 司法警察执勤室 | 20 | 30 |
| 23 | 司法警察备勤室 | 20 | 30 |
| 24 | 案卷资料复印室 | 20 | 30 |
| 25 | 扣押物品保管室 | 20 | 30 |
| 26 | 同步录音录像控制室 | 20 | 30 |
| 27 | 临时诊疗室 | 20 | 30 |
| 28 | 办案人员休息室 | 60 | 80 |
| 29 | （三）预防职务犯罪用房 | 50 | 60 |
| 30 | 三、侦查监督用房 | 110 | 160 |
| 31 | 案件受理室 | 20 | 30 |
| 32 | 案件审查室 | 20 | 30 |
| 33 | 主办检察官研讨室 | 30 | 40 |

## 续表3

| 序号 | 种类 | 面积指标 | |
|---|---|---|---|
| | | 下限 | 上限 |
| 34 | 远程证据传输室 | 20 | 30 |
| 35 | 远程视频审讯室 | 20 | 30 |
| 36 | 四、公诉和审判监督用房 | 190 | 240 |
| 37 | 案卷保管分流室 | 40 | 50 |
| 38 | 案件审查室 | 40 | 50 |
| 39 | 主诉检察官研讨室 | 40 | 50 |
| 40 | 庭审远程指挥室 | 30 | 40 |
| 41 | 多媒体示证制作室 | 40 | 50 |
| 42 | 五、刑罚执行监督用房 | 60 | 90 |
| 43 | 案件审查室 | 20 | 30 |
| 44 | 主办检察官研讨室 | 20 | 30 |
| 45 | 信息联网查询室 | 20 | 30 |
| 46 | 六、其他业务用房 | 220 | 310 |
| 47 | （一）案件管理中心用房 | 40 | 60 |
| 48 | 案件受理分流室 | 20 | 30 |
| 49 | 案件督办与监管室 | 20 | 30 |
| 50 | （二）检察委员会用房 | 80 | 100 |
| 51 | 会议室 | 60 | 70 |
| 52 | 候会室 | 20 | 30 |
| 53 | （三）人民监督员用房 | 40 | 60 |
| 54 | 阅卷室 | 20 | 30 |
| 55 | 案件研讨室 | 20 | 30 |
| 56 | （四）律师用房 | 60 | 90 |
| 57 | 律师阅卷室 | 20 | 30 |
| 58 | 律师接待室 | 20 | 30 |
| 59 | 复印室 | 20 | 30 |
| 60 | 七、信息通讯中心用房 | 290 | 340 |
| 61 | 检察专网视频会议室 | 170 | 180 |
| 62 | 信息网络机房 | 60 | 80 |
| 63 | 机要保密机房 | 40 | 50 |
| 64 | 通讯机房 | 20 | 30 |

续表 3

| 序号 | 种　　类 | 面积指标 | |
|---|---|---|---|
| | | 下限 | 上限 |
| 65 | 八、诉讼案件档案用房 | 240 | 300 |
| 66 | 档案目录库 | 20 | 30 |
| 67 | 纸质档案库 | 120 | 130 |
| 68 | 实物档案库 | 40 | 50 |
| 69 | 电子档案库 | 20 | 30 |
| 70 | 阅档室 | 20 | 30 |
| 71 | 文件复制室 | 20 | 30 |
| 72 | 九、保管用房 | 140 | 200 |
| 73 | （一）赃证物保管室 | 40 | 50 |
| 74 | （二）枪弹保管室 | 60 | 90 |
| 75 | 枪支保管室 | 20 | 30 |
| 76 | 弹药保管室 | 20 | 30 |
| 77 | 警械具保管室 | 20 | 30 |
| 78 | （三）服装保管室 | 40 | 60 |
| 合　计 | | 2210 | 2900 |

注：表中所列各项功能用房及其面积指标，各地可以根据实际需要在总面积指标范围内作适当调整。

## 表 4　二级专业技术用房基本使用面积参考指标（$m^2$）

| 序号 | 种　　类 | 面积指标 | |
|---|---|---|---|
| | | 下限 | 上限 |
| 1 | 一、检验鉴定案件管理用房 | 100 | 140 |
| 2 | 案件受理室 | 20 | 30 |
| 3 | 资料室 | 20 | 30 |
| 4 | 物证保管室 | 20 | 30 |
| 5 | 专家鉴评室 | 40 | 50 |
| 6 | 二、检验鉴定用房 | 920 | 1230 |
| 7 | （一）法医检验鉴定用房 | 270 | 360 |
| 8 | 物证保管室 | 20 | 30 |
| 9 | 法医临床检验室 | 40 | 50 |
| 10 | 病理取材室 | 30 | 40 |
| 11 | 病理切片制作室 | 30 | 40 |

## 续表 4

| 序号 | 种　类 | 面积指标 | |
|---|---|---|---|
| | | 下限 | 上限 |
| 12 | 病理染色室 | 30 | 40 |
| 13 | 尸体解剖室 | 40 | 50 |
| 14 | 消毒室 | 20 | 30 |
| 15 | 标本室 | 30 | 40 |
| 16 | 物证检验室 | 30 | 40 |
| 17 | （二）文件检验鉴定用房 | 60 | 90 |
| 18 | 笔迹检验室 | 20 | 30 |
| 19 | 印刷文件检验室 | 20 | 30 |
| 20 | 书写材料检验室 | 20 | 30 |
| 21 | （三）痕迹检验鉴定用房 | 90 | 130 |
| 22 | 手印检验室 | 20 | 30 |
| 23 | 足迹检验室 | 20 | 30 |
| 24 | 工具痕迹检验室 | 20 | 30 |
| 25 | 化学显现室 | 30 | 40 |
| 26 | （四）司法会计检验鉴定用房 | 90 | 110 |
| 27 | 司法会计检验室 | 60 | 70 |
| 28 | 会计账目展示分析室 | 30 | 40 |
| 29 | （五）电子证据检验鉴定用房 | 120 | 160 |
| 30 | 电子数据取证实验室 | 40 | 50 |
| 31 | 手机（电话）检验室 | 30 | 40 |
| 32 | 其他电子设备检验室 | 20 | 30 |
| 33 | 电子证据无尘工作间 | 30 | 40 |
| 34 | （六）声像资料检验鉴定用房 | 140 | 180 |
| 35 | 声像资料检验室 | 40 | 50 |
| 36 | 物证照录像提取室 | 20 | 30 |
| 37 | 图像编辑处理室 | 60 | 70 |
| 38 | 语音分析室 | 20 | 30 |
| 39 | （七）理化检验鉴定用房 | 70 | 90 |
| 40 | 化验室 | 30 | 40 |
| 41 | 处理室 | 40 | 50 |
| 42 | （八）心理测试实验用房 | 80 | 110 |

**续表 4**

| 序号 | 种类 | 面积指标 | |
|---|---|---|---|
| | | 下限 | 上限 |
| 43 | 测前谈话室 | 20 | 30 |
| 44 | 测试室 | 40 | 50 |
| 45 | 监控室 | 20 | 30 |
| | 合计 | 1020 | 1370 |

注：表中所列各项功能用房及其面积指标，各地可以根据实际需要在总面积指标范围内作适当调整。

**表 5　三级办案用房基本使用面积参考指标（$m^2$）**

| 序号 | 种类 | 面积指标 | |
|---|---|---|---|
| | | 下限 | 上限 |
| 1 | 一、控告申诉接待用房 | 180 | 250 |
| 2 | 来访候谈厅 | 40 | 50 |
| 3 | 接待室 | 40 | 50 |
| 4 | 检察长接待室 | 20 | 30 |
| 5 | 网络接访室 | 20 | 30 |
| 6 | 12309 电话接访室 | 20 | 30 |
| 7 | 调解室 | 20 | 30 |
| 8 | 信访资料文印室 | 20 | 30 |
| 9 | 二、查办和预防职务犯罪用房 | 310 | 420 |
| 10 | （一）办案工作区 | 280 | 380 |
| 11 | 侦查指挥室 | 30 | 40 |
| 12 | 询问室 | 40 | 40 |
| 13 | 讯问室 | 50 | 60 |
| 14 | 辨认室 | 20 | 30 |
| 15 | 心理测试室 | 20 | 30 |
| 16 | 司法警察执勤室 | 20 | 30 |
| 17 | 案件材料复印室 | 20 | 30 |
| 18 | 同步录音录像控制室 | 30 | 40 |
| 19 | 临时诊疗室 | 20 | 30 |
| 20 | 办案人员休息室 | 30 | 50 |
| 21 | （二）预防职务犯罪用房 | 30 | 40 |

**续表 5**

| 序号 | 种类 | 面积指标 | |
| --- | --- | --- | --- |
| | | 下限 | 上限 |
| 22 | 三、侦查监督用房 | 40 | 60 |
| 23 | 案件受理室 | 20 | 30 |
| 24 | 案件审查室 | 20 | 30 |
| 25 | 四、公诉和审判监督用房 | 130 | 180 |
| 26 | 案卷保管分流室 | 30 | 40 |
| 27 | 案件审查室 | 20 | 30 |
| 28 | 主诉检察官研讨室 | 30 | 40 |
| 29 | 庭审远程指挥室 | 30 | 40 |
| 30 | 多媒体示证制作室 | 20 | 30 |
| 31 | 五、刑罚执行监督用房 | 40 | 60 |
| 32 | 案件审查室 | 20 | 30 |
| 33 | 信息联网查询室 | 20 | 30 |
| 34 | 六、其他业务用房 | 120 | 160 |
| 35 | （一）案件管理中心用房 | 20 | 30 |
| 36 | （二）检察委员会用房 | 40 | 50 |
| 37 | （三）人民监督员用房 | 30 | 40 |
| 38 | （四）律师用房 | 30 | 40 |
| 39 | 七、信息通讯中心用房 | 150 | 190 |
| 40 | 检察专网视频会议室 | 70 | 80 |
| 41 | 信息网络机房 | 30 | 40 |
| 42 | 机要保密机房 | 30 | 40 |
| 43 | 通讯机房 | 20 | 30 |
| 44 | 八、诉讼案件档案用房 | 100 | 130 |
| 45 | 档案室 | 80 | 100 |
| 46 | 阅档室 | 20 | 30 |
| 47 | 九、保管用房 | 60 | 100 |
| 48 | （一）赃证物保管室 | 20 | 30 |
| 49 | （二）枪弹保管室 | 20 | 40 |
| 50 | （三）服装保管室 | 20 | 30 |
| 合计 | | 1130 | 1550 |

注：表中所列各项功能用房及其面积指标，各地可以根据实际需要在总面积指标范围内作适当调整。

表6　三级专业技术用房基本使用面积参考指标（$m^2$）

| 序号 | 种　　类 | 面积指标 | |
|---|---|---|---|
| | | 下限 | 上限 |
| 1 | 一、检验鉴定案件管理用房 | 60 | 90 |
| 2 | 案件受理室 | 20 | 30 |
| 3 | 资料室 | 20 | 30 |
| 4 | 物证保管室 | 20 | 30 |
| 5 | 二、检验鉴定用房 | 320 | 440 |
| 6 | （一）法医检验鉴定用房 | 40 | 60 |
| 7 | 法医临床检验室 | 20 | 30 |
| 8 | 消毒室 | 20 | 30 |
| 9 | （二）文件检验鉴定用房 | 40 | 60 |
| 10 | 文件检验室 | 20 | 30 |
| 11 | 文件资料室 | 20 | 30 |
| 12 | （三）痕迹检验鉴定用房 | 40 | 60 |
| 13 | 痕迹检验室 | 20 | 30 |
| 14 | 样本制作室 | 20 | 30 |
| 15 | （四）司法会计检验鉴定用房 | 60 | 80 |
| 16 | 司法会计检验室 | 40 | 50 |
| 17 | 会计资料保管室 | 20 | 30 |
| 18 | （五）电子证据检验鉴定用房 | 60 | 80 |
| 19 | （六）声像资料检验鉴定用房 | 40 | 50 |
| 20 | （七）心理测试实验用房 | 40 | 50 |
| 合　　计 | | 380 | 530 |

注：表中所列各项功能用房及其面积指标，各地可以根据实际需要在总面积指标范围内作适当调整。

# 附　件

# 《人民检察院办案用房和专业技术用房建设标准》条文说明

## 第一章　总　　则

**第一条**　本条阐明了制定《人民检察院办案用房和专业技术用房建设标准》（以下简称

《“两房”建设标准》）的目的和依据。

人民检察院是国家法律监督机关，担负着维护国家法律统一正确实施，保障在全社会实现公平正义的重要使命。《人民检察院组织法》、《刑事诉讼法》对人民检察院的机构设置、案件管辖以及办案要求等作了规定，人民检察院“两房”建设是保障人民检察院充分履行职能必需的物质条件。

2002年6月1日人民检察院《“两房”建设标准》正式实施以来，在各级政府部门大力支持下，经过各级人民检察院的共同努力，全国检察机关的“两房”建设取得了长足发展，为保证检察机关全面履行法律监督职责，推进各项检察工作的健康发展奠定了坚实的物质基础。但是，随着检察事业的发展和司法体制、工作机制改革的深化，特别是检察机关自侦案件批准逮捕权上提一级、死刑第二审案件开庭审理、司法鉴定实验室建设等职能的增加和调整以及执法规范化的要求，现行《“两房”建设标准》已经不适应检察业务工作的需要，根据《中共中央转发〈中央政法委员会关于深化司法体制和工作机制改革若干问题的意见〉的通知》（中发〔2008〕19号）和国家发展改革委办公厅《关于抓紧开展政法基础设施建设标准编制和修订工作的通知》精神，高检院在进行了大量调查研究和认真分析之后，结合检察机关实际，对本建设标准进行修订。

**第二条** 本条阐明了办案用房的定义和用途。

人民检察院是国家法律监督机关，依照法律规定履行法律监督职能，主要包括查办和预防职务犯罪、侦查监督、公诉和审判监督、执行监督、控告申诉等。在具体行使职权过程中，人民检察院需要接待群众来访、举报、申诉，对有关当事人采取拘留、逮捕等强制措施，进行询问、讯问、缉捕等侦查活动，以及对刑事案件审查批捕起诉等。这些诉讼活动对安全性、保密性要求很高，必须设置相对独立且具有特殊设施的专门用房，才能保证准确、及时地查明犯罪事实，正确应用法律，处罚犯罪分子，并切实保障有关当事人的合法权利。办案用房是适应人民检察院上述需要而设立的相对独立的专门用房。本次修订对办案用房的定义进行了调整。主要强调办案用房是各级检察院为履行法律监督职能而专门设置的，与“强化法律监督，维护公平正义”的主题相统一。

**第三条** 本条阐明了专业技术用房的定义和特殊用途。

根据刑事诉讼法规定，任何证据必须经过查证属实，才能作为定案的根据。人民检察院在进行诉讼活动过程中，为查明案情，需要对与案件有关的场所、物品、人身进行勘验、检查，同时为解决案件中某些专门性问题，对有关证据资料进行审查、鉴定等。这些活动需要通过专业技术手段和专门设施条件来进行，并且因勘验、检查、鉴定内容不同，对各类用房的特殊要求也不同。如化验室应具有防腐蚀和防泄漏条件、声像资料检验用房具有特定的光线要求等。因此，必须根据人民检察院勘验、检查、鉴定等专业技术工作的具体要求，设置相对独立的专业技术用房。同时，专业技术工作本身由于使用的设备、材料的原因可能产生的问题（如挥发性气体、腐蚀性材料等），也要求其与其他用房相对独立设置。

**第四条** 本条阐明了本建设标准的性质和作用。

本建设标准是根据国家有关法律、规定和政策，深入调查研究，广泛听取各有关方面意见，组织专家充分论证后制定的，兼顾了地域、经济发展和不同级别人民检察院“两房”的差异性，是规范和控制人民检察院“两房”建设的全国统一标准，具有较强的政策性和指导性，使人民检察院“两房”项目的前期工作和建设实施有章可循，监督检查有规可依。

**第五条** 本条规定了本建设标准的适用范围。

本建设标准适用于各级人民检察院（包括专门人民检察院）办案用房和专业技术用房的新建、改建和扩建工程。

**第六条** 本条规定了“两房”建设所应遵循的原则。

人民检察院“两房”建设是一项长期而艰巨的任务，各级检察院的领导要高度重视，在法律、法规和政策允许的范围内，根据当地财力情况和检察工作实际需要，在进行规划建设时要坚持立足当前、兼顾发展、统筹规划，科学建设、逐步改善的原则。立足当前是指各地根据现有的经济状况和工作需要合理确定建设规模；兼顾发展是指在规划用地、房屋设置时既要保证满足当前的需要，也要考虑未来人员编制的增加和工作量的增大而预留一定的发展空间；统筹规划是指在征地、规划、建设过程中一定要做到统一安排，现阶段一次投入建设有困难的，也要做到一次规划、分步实施；科学建设是指在建设的过程中，充分体现以人为本、人与环境相和谐的理念，要求科学、合理、有序地设计各类用房；逐步改善是指要处理好现状与发展的关系，根据实际情况逐步改善“两房”建设。“两房”建设要从当地的财力出发，因地制宜，利用当地现有的条件、设施和资源，合理确定建设规模和水平，使建成后的“两房”各项功能齐全，同时经济适用。避免因盲目追求面积、档次，造成资源浪费。

**第七条** 本条规定了“两房”建设和设置的有关要求。

人民检察院办案、专业技术用房和办公用房既各自具有不同的用途，又在功能上紧密联系，相互补充。过去检察机关基础设施建设的重点是办公用房，对办案用房和专业技术用房未能给予足够的重视。一方面有些地方在申请新建办公用房时没有把“两房”建设一并纳入规划，有些即使考虑了“两房”建设，但以建办公用房为主，“两房”建设为辅，“两房”的规模与功能远未达到要求；另一方面，多数检察机关的办案用房和专业技术用房在设置上没有与办公用房相对独立划分，使用时产生许多问题和不便。如办案与办公互相干扰，某些专业技术用房容易产生挥发性气体、气味，影响正常办公、办案秩序等。因此在规划时，既要考虑建成后方便管理和使用，又要注意保证各功能区互不干扰，尽量提高各类用房的综合使用功能。有条件的地方，提倡办案用房和专业技术用房与办公用房分开建设，并配置相应的设施，保证工作人员的健康与安全。

考虑到在某些直辖市或省会城市，同一城区内的区级院、市级院和省级院之间距离都相对较近，而且交通方便，易于到达。在这种情况下，下级院一些难度较大的案件或者需要先进设备进行的检验鉴定案件，可以利用上级院的技术力量或设备来进行。因此原标准规定可以集中建设或者联合建设专业技术用房。在这次修订“两房”标准的调研过程中，大家建议对于具备以上条件的检察院之间还可以集中建设或者联合建设办案工作区，而不必每个检察院都进行“小而全”的重复建设。这样做不仅可以节省资源，而且能使技术、办案力量相对集中，提高检验鉴定、侦查一体化水平，同时可以实现资源共享。实践中，实行资源共享的前提是确保满足各自工作需要，提高工作水平和效能。

**第八条** 本条是关于“两房”建设应符合城乡规划的原则规定。

人民检察院办案用房和专业技术用房建设是城乡规划建设的一部分，其选址和布局应符合城乡总体规划要求，要与办公用房统一规划，统筹建设，在保证使用功能的前提下，建筑特征应尽量与周围环境保持协调。我国各地的建筑风格、建筑模式等各有特点，特别是在传统文化地区、少数民族地区更为突出，因此，人民检察院“两房”建筑外观设计应从实际情况出发，充分考虑与周边环境的关系。在建筑性质、建筑造型、外观设计方面与其他建筑保持协调，充分体现地域特色和民族特色。同时由于人民检察院“两房”是特殊用房，在建筑设计时要充分考虑到功能上的实用性和办案的安全性，首先做到安全、适用，同时兼顾经济、美观和庄重。新建的“两房”要统筹规划，所建的规模既要保证满足当前的需要，同时也要兼顾未来的发展，并应符合国家有关节能节水、环境保护、消防安全、抗震、无障碍设计等规定。

**第九条** 本条明确了“两房”建设的项目规划、投资渠道等方面的问题。

人民检察院是国家法律监督机关，是国家机构的重要组成部分，各级检察院的“两房”建设应纳入当地的国民经济与社会发展规划，建设资金应纳入当地的基本建设投资计划和政府预算。为了使各级检察院的“两房”工程做到项目建设有规划，资金保障有渠道，在本次修订中对此问题作出了规定。

**第十条** 本条阐明了本建设标准与国家其他相关标准、规范之间的关系。

“两房”建设涉及城乡总体规划、环保卫生、交通、供电、供水等多方面的专业问题。除执行本标准外，还应符合国家现行的有关标准和规范的规定。

## 第二章 建设内容与项目构成

**第十一条** 本条规定了人民检察院“两房”的项目构成内容。

参照有关标准，结合检察机关实际情况，检察机关的“两房”建设项目构成为三大部分，即房屋建筑、场地和建筑设备。这三部分在“两房”项目建设中密不可分、缺一不可，均应列入统筹安排。

**第十二条** 本条规定了用房分类。

根据用房的性质和用途，将房屋建筑分为办案用房、专业技术用房和附属用房。

办案用房是指人民检察院履行法律监督职能过程中，专门用于查办和预防职务犯罪、侦查监督、公诉和审判监督、执行监督和控告申诉等因安全、保密需要而需相对独立设置的特殊用房。

专业技术用房是指人民检察院在履行法律监督职能过程中，运用各种专业技术手段和专门设施条件进行检验、鉴定等而需相对独立设置的特殊用房。

附属用房是指与主体用房配套使用的用房，保证和补充主体用房功能的实现和有效使用。

**第十三条** 本条规定了场地的构成内容。

人民检察院办案用房和专业技术用房的场地，包括道路、停车场、绿化用地等。

**第十四条** 本条规定了“两房”的建筑设备的主要构成内容。

建筑设备是指安装在建筑物内为人们居住、生活、工作提供便利、舒适、安全等条件的设备。主要包括：建筑系统给排水、采暖空调系统、建筑电气系统、电梯、弱电系统及司法检验鉴定设备等。

**第十五条** 本条规定了检察机关办案用房的具体内容。

根据《中华人民共和国刑事诉讼法》和《人民检察院刑事诉讼规则》规定，人民检察院是国家的法律监督机关，在履行法律监督职责过程中，依法对贪污案、贿赂案、侵犯公民民主权利案、渎职案以及认为需要自己依法直接受理的其他刑事案件进行侦查；对刑事犯罪案件依法审查批捕、提起公诉；开展民事、经济审判和行政诉讼活动的法律监督工作；对法院已经发生法律效力、确有错误的判决和裁定，依法向法院提起抗诉；受理控告、申诉和检举；受理对贪污、贿赂等犯罪的举报；对执行机关执行刑罚的活动依法进行监督，开展法律政策研究和职务犯罪预防等工作。

依据以上职责及各级检察机关业务工作的需要，本标准分三级对人民检察院办案用房的构成作了规定。本条阐述了一级办案用房的具体内容，二级、三级办案用房的具体内容见附录表3、表5。原标准将一级办案用房分为16类53项，修订标准将一级办案用房分为9大类17小类85项，包括控告申诉接待用房（来信来访接待中心）、查办和预防职务犯罪用房、侦查监督用房、公诉和审判监督用房、刑罚执行监督用房、其他业务用房、信息通讯中心用房、诉讼案件档案用房、保管用房。具体内容如下：

一、控告申诉接待用房：包括来访候谈大厅、接待室、检察长接待室、网络接访室、12309电话接访室、调解室、刑事申诉案件审查室、申诉复查询问室、听证室、案件研讨室、信访资料室、警务工作室等。

随着检察机关法律监督职能的加强，群众来信、来访、举报等活动日益增多，尤其是近年来，检察机关承担的“化解社会矛盾、促进社会和谐”的任务日益繁重。现有来信来访接待用房在面积指标、安全性和布局合理性等方面都存在较大问题亟待解决。由于接访工作的特殊性，作为窗口单位，接待来访群体较为复杂，为保障检察机关正常工作、办案秩序和安全性，接待用房应与其他办公办案用房相对独立设置，具备条件的地方应当单独建设。因此，本次修订标准本着便民利民的理念，不仅增加了控告申诉接待用房项目，而且根据工作需要较大幅度调增了面积指标。为了更好地宣传检察院的职能和各项工作，方便群众来访举报，特别是集体上访，体现检察工作以人为本的理念，更好地化解社会矛盾，各级检察院需设置来访候谈大厅，用于来访举报人员等候休息，来访候谈大厅还具备检务公开功能，供来访人员了解、查询相关检察业务情况，彰显人性化和检察工作透明化。为了使来访举报工作互不干扰，同时符合保密要求，在来信来访接待中心设置了接待室，也可分别设置赔偿接待室、普通接待室，有的群众举报重大线索需要一个更安全、保密的环境，有条件的地方可设置秘密接待室。近几年，随着信息化技术不断发展，网络接访也是一大发展趋势，为适应形势发展的需要，在来信来访接待中心有必要设置网络接访室；为了方便群众举报和上访，依据中华人民共和国工业和信息化部信部电函〔2007〕632号文，为各级检察机关核配12309电话举报系统，目前各级检察院已经开通使用，因此本次修改也设置了12309电话举报系统接访室，为来访、举报提供多种渠道，方便群众，加强案件线索搜集。按照有关领导同志2009年12月在全国政法工作会议上的讲话精神，要求完善人民调解、行政调解、司法调解三位一体的“大调解”工作体系，要求各级政法机关要树立调解也是执法的观念，从政策机制上把调解优先原则贯穿于执法办案中，努力实现案结事了，因此本次修订设置了调解室以适应工作需要。为了解决久诉不息、反复上访的案件和问题，有必要设置听证室，该听证室可以集听证、集体接访和案件讨论多项功能于一体。“检察长接待日”已成为控告申诉工作的一项重要制度，检察长接待群众来访对于安全性和保密性要求更高，因此有必要设置单独的检察长接待室。面对目前群访所带来的不安全因素和隐患，应加强接待来访的安全保卫工作，有必要设置警务工作室。

二、查办和预防职务犯罪用房：包括大要案侦查指挥中心用房、办案工作区和预防职务犯罪用房。

（一）大要案侦查指挥中心用房：包括案件线索管理室、指挥决策室、通讯联络中心、大要案讨论室、专案工作室、控制室、备案资料保管室等。

人民检察院依法开展查办和预防职务犯罪业务，主要包括大要案侦查指挥、反贪污贿赂、反渎职侵权和职务犯罪预防等工作。省级检察院侦查指挥中心负责全省范围内大要案的指挥、协调工作，工作量大且地位重要，需要信息灵敏且通讯便捷，因此设置了案件线索管理室、指挥决策室和通讯联络中心，以适应指挥全省大要案侦查工作的需要。为了发挥侦查一体化的作用，侦查工作需要经常抽调下级检察院的干警一起办理专案，时间短则一月，长则数月甚至一年，所以作为侦查指挥中心必须安排一定数量的专案人员工作室，并配备必要的办案设备。

（二）办案工作区：属于本次修订标准新增用房种类。包括侦查指挥室、案件研讨室、询问室、讯问室、监控室、辨认室、心理测试室、当事人接待室、律师接待室、司法警察执勤室、司法警察备勤室、案卷资料复印室、扣押物品保管室、同步录音录像控制室、视频编辑室、视频资料保管室、临时诊疗室、办案人员休息室等。

为了规范办案行为，提高侦查突破案件的能力，各级检察院都设立了专门的办案工作区，主要是用于办理自侦案件过程中，讯问犯罪嫌疑人、被告人，询问证人、被害人或者其他涉案人员，接待有关知情人员，获取录音录像等资料的专门工作区域。该工作区域要求安全、保密且全封闭。在案件侦查、审查起诉、申诉期间，由于当事人的身份不同，对办案用房的要求也不一样。所以在办案工作区需设置询问室、讯问室等。考虑自侦案件讯问工作时间上的无规律性和连续作战的需要，规定了办案人员休息室；在办案工作区用房中设置接待室，是因为办案过程中，需要经常与发案单位领导和有关人员保持联系，以便调查了解有关情况，这种调查既不同于询问和讯问，又具有一定的保密性，需要设置单独的接待室。案件研讨室是为了满足办案工作中及时研究案情而设置的。在办理贪污贿赂案件过程中，需要将涉案单位的财务会计资料进行查阅、核对，以便调取和核实证据，有条件的地方在办案工作区可设置查账室。测谎鉴定结论目前虽然不能作为证据使用，但最高人民检察院有关批复中明确规定人民检察院办案可以使用测谎鉴定结论帮助审查判断证据。实践也证明，测谎技术对于发现案件线索、确定侦查方向以及突破疑难案件等具有明显作用，各地在设置办案工作区时应将心理测试室统一放在办案工作区用房中，以便于工作。司法警察负责监控办案工作区内及办案工作区周围安全情况，应为其设置专门的值勤室与备勤室。鉴于办案工作区的特殊性，除设置以上用房外还需要设置临时诊疗室、办案人员休息室。为了保证办案依法、文明、公正，防止刑讯逼供和当事人翻供，按照高检院制定的《人民检察院讯问职务犯罪嫌疑人实行全程同步录音录像的规定（试行）》有关规定，讯问犯罪嫌疑人要实行全程同步录音录像，因此在办案工作区用房布建时，应在询问室、讯问室安装全程同步录音录像系统。该系统主要由专业技术人员进行操作，并对录取的视频资料存储随时进行编辑，便于日后开庭查阅和归档，因此在办案工作区需单独设置同步录音录像控制室、视频编辑室、资料保管室。办案工作区的各类用房提倡各办案部门共同使用，资源共享。

（三）预防职务犯罪用房：属于本次修订标准新增用房种类。包括预防职务犯罪警示厅、行贿犯罪档案查询室。

预防职务犯罪是检察机关贯彻党中央反腐倡廉工作的重要举措，党中央关于惩防并举、标本兼治，重在治本的战略决策，为检察机关开展预防职务犯罪指明了方向。检察机关一方面应当将查处的职务犯罪大案、要案，制作成电视短片、宣传图片，揭露其犯罪的成因和危害，定期开展大要案巡回展览，对国家公职人员特别是领导干部进行警示教育。另一方面，行贿犯罪档案查询工作自2006年1月开展以来，取得了显著进展，对防控职务犯罪和商业贿赂发挥了积极的警示和威慑效应。中共中央2008年颁布的《建立健全惩治和预防腐败体系2008—2012年工作规划》明确指出，建立和完善商业贿赂犯罪档案查询系统，把是否存在不正当交易行为尤其是行贿行为作为市场准入和退出的重要依据。为了适应上述工作的需要，本次修订"两房"标准时在查办和预防职务犯罪用房中增加了预防职务犯罪警示厅、行贿犯罪档案查询专门用房。

三、侦查监督用房：包括案件受理室、案件审查室、案卷保管分流室、主办检察官研讨室、青少年维权工作室、远程证据传输室、远程视频审讯室等。

根据刑事诉讼法规定，人民检察院侦查监督部门对公安机关、国家安全机关和人民检察院侦查部门提请批准逮捕的案件、提请延长侦查羁押期限的案件，审查决定是否逮捕，审查决定是否延长羁押期限。在这一工作过程中，需要各提请部门报送大量的书面材料进行审查，为了案卷材料的统一保管和分流，有必要设置专门的案卷保管分流室。在审查批准决定是否逮捕犯罪嫌疑人时，须对犯罪嫌疑人进行讯问。根据高检院《关于省级以下人民检察院立案侦查的案件由上一级人民检察院审查决定逮捕的规定（试行）》的要求，地市级和县级检察机关自侦案件审查批准逮捕权上提一级，省级院和地市级院侦查监督部门讯问工作量大大增加，在目前办案人手缺、办案时效短的情况下，各级检察机关应用了远程证据传输、展示设备，同时为了适应工作的需要开通了远程视频讯问系统，从而大大提高了办案效率。鉴于以上原因，在本标准中设置了远程证据传输室和远程视频审讯室，可以供各个职能部门共享使用。主办检察官研讨室是为适应检察官改革要求，保障主办检察官及时研究、处理案情而设置的。针对青少年犯罪不同于成年人犯罪的特点，为了更好地维护青少年犯罪嫌疑人的合法权益，帮助其早日回归社会，当前已有许多检察院专门成立了青少年犯罪维权科或者设置专门工作室。为此，在本次修订的标准中设置了青少年维权工作室，便于此项工作的开展。

四、公诉和审判监督用房：包括案卷保管分流室、案件审查室、证据交换室、主诉检察官研讨室、专案工作室、当事人接待室、庭审远程指挥室、多媒体示证制作室、模拟法庭等。

《刑事诉讼法》修改以后，一些地方检察院为适应需要，在审查起诉部门试行了主诉检察官制度。这一办案机制对于减少办案环节，进一步落实办案责任制和错案追究制等具有重要作用。最高人民检察院已将试行主诉检察官办案责任制确定为检察改革的重要内容之一。主诉检察官主持办案组工作，全面负责对案件进行审查，提出明确的处理意见，并对案件的事实、证据和适用法律承担责任。为适应这一改革要求，有必要建立专门的主诉检察官研讨室，为主诉检察官全面、有效履行职责创造条件。另外，为了提高各类出庭公诉案件的庭审质量，使指挥人员与出庭公诉人员及时沟通庭审信息，支持公诉人更好地完成公诉任务，需要设置庭审远程指挥室。此类用房和远程视频审讯室可以供公诉、民事行政等部门共同使用。目前多媒体示证系统已在不少地方得到推广和应用，对于简化庭审、提高示证效果以及增加案件审理的透明度起到了很好的作用。高检院在有关加强科技强检的决定中也要求加强多媒体示证系统的建设。考虑到该系统主要是公诉部门、民事行政部门使用，所以在这次修订“两房”建设标准时将此用房归并到公诉和审判监督用房中。调研中，部分院反映随着死刑二审案件实行开庭审理，大要案及民事行政案件数量的增多，省级院和地市级院在案件要求时间紧、办案人员紧缺的情况下，往往需要从下级院抽调办案骨干集中办理案件。鉴于这种情况，有必要给公诉、民事行政部门各自设置一定数量的专案工作室来解决借调人员办案、工作之需要。本次修订根据职能共性将公诉用房和民事行政监督用房统一归并为公诉和审判监督用房，调增各项用房的面积，便于各地操作执行。

五、刑罚执行监督用房：包括案件审查室、主办检察官研讨室、信息联网查询室。

刑罚执行监督是人民检察院实行法律监督的一项重要职能。人民检察院依法对执行刑事判决、裁定的活动实行监督，保障刑事判决、裁定的正确执行。人民检察院除对死刑、无期徒刑、有期徒刑、拘役和管制的执行情况进行监督外，还有权对执行机关对罪犯暂予监外执行的通知，人民法院对罪犯减刑、假释的裁定等进行审查，认为不当的，通知有关机关予以纠正。受理劳教、服刑人员及其家属对看守所、劳教所、监狱等场所监管活动和刑罚执行情况的申诉、控告和举报。为了适应工作的发展，及时实现信息共享，各派驻检察室需要与各级检察院局域网连接，同时与各监管场所的专线网联网。根据以上工作需要，本次修订增加了信息联网查询室。

六、其他业务用房：包括案件管理中心用房、检察委员会用房、新闻发布室、人民监督员用房、律师用房等。

（一）案件管理中心用房：属于本次修订标准新增用房种类。包括案件受理分流室、案件督办与监管室等。

调研中发现，部分地市级检察院为了提高办案质量和效率，加强执法监督，促进执法公正，成立了案件管理中心。建立案件管理中心可以统一各类案件的进、出口，强化对办案过程的监督。这种工作机制实现了案件管理科学化、规范化，推动检察工作创新和科学发展，在实践中发挥了很好的作用。为了适应这一趋势的要求，本次修订“两房”建设标准新增了案件管理中心用房，配备了案件受理分流室、案件督办与监管室。

（二）检察委员会用房：包括会议室、候会室等。

检察委员会是人民检察院的业务决策机构，对于重大案件和疑难案件的处理定期开会研究，因此需要固定的开会场所。同时，考虑到检察委员会可能听取不同案件承办人和承办部门的汇报，为符合保密要求，也需要配备候会室。

（三）新闻发布室：属于本次修订标准新增用房种类，只在省级院设置。最高人民检察院2009年3月印发的《检察机关新闻发布制度》，明确检察机关实行定期新闻发布和日常性新闻发布相结合的新闻发布制度。检察机关新闻发布的主要内容包括：检察机关的重大方针、政策和重要工作部署；检察机关颁布的重要司法解释和其他规范性文件；重要法律法规和司法解释的实施情况；检察机关查办的重大犯罪案件有关情况；检察机关重要阶段性工作成果和典型工作经验；检察机关重要改革举措和创新工作机制；检察机关先进典型；与检察机关有关的重大突发性事件；检察机关举办的重大活动；对有关报道及舆情的回应。鉴于以上工作的需要，本次修订增加了新闻发布室，合理确定了面积指标。同时，也可作为外宾会见、国际司法协助及交流活动室。

（四）人民监督员用房：属于本次修订标准新增用房种类。包括阅卷室、案件研讨室、案卷资料保管室等。

为了加强自身监督，切实防止和纠正检察机关查办职务犯罪工作中执法不公的问题，根据宪法和法律关于一切国家机关必须倾听人民的意见、接受人民监督的规定，高检院经报告全国人大常委会并经中央同意，从 2003 年 9 月起开展人民监督员制度试点工作。经过几年的实践证明，人民监督员制度是行之有效的。为了保证人民监督员更好地履行职责，本次修订对人民监督员用房予以保障。

（五）律师用房：包括律师阅卷室、律师接待室、复印室等。

《刑事诉讼法》第 36 条规定，辩护律师从人民检察院对案件审查起诉之日起，可以查阅、摘抄、复制本案的诉讼文书、技术性鉴定材料。另外刑事诉讼法还规定了辩护律师可以申请人民检察院收集、调取证据；可以接受委托，为自侦案件的嫌疑人提供法律帮助等。最高人民检察院《关于印发检察机关贯彻刑诉法若干问题的意见的通知》中，要求各级检察机关对律师的正当要求给予支持，提供方便，并且设置必要的律师接谈、阅卷和复制有关材料的专门用房，提供必要的办公用具。律师用房是适应上述要求而设置的。

七、信息通讯中心用房：包括检察专网视频会议室、信息网络机房、机要保密机房、通讯机房、机房辅助用房等。

近年来，我国信息化建设飞速发展，电子检务工程纳入了国家电子政务工程，信息网络及通信技术成为科技强检的重要内容，对于实现办案工作的计算机管理、内部公文的远程自动流转处理、机要文件的上下传输、远程案件的审讯、网络舆情的监控、指挥协调等都有重要作用。鉴于信息化发展的需要，本次修订增加了信息网络机房的面积。虽然《党政机关办公用房建设标准》中已经规定了计算机房的设置，但办案工作对计算机系统的安全和保密要求远远高于一般的办公要求，随着一、二、三级检察专线网的开通，检察机关各种会议都是通过检察专线网和视频会议室召开，既节约了时间，也节省了财力，同时利于会议精神的及时传达。因此各级检察院都需要设置检察专网视频会议室。由于检察机关上传下达的许多文件都是涉密的，为此高检院规定凡是涉密文件的传输必须通过机要通道，为此需专门设置机要保密机房。为了保证各种机房正常运转与维修，需设置专门的机房辅助用房。

八、诉讼案件档案用房：包括档案目录库、纸质档案库、实物档案库、电子档案库、阅档室、文书复制室等。

档案是人类活动的真实记录，是人们认识和把握客观规律的重要依据。借助档案，我们能够更好地了解过去、把握现在、预见未来。检察机关的诉讼档案在保管的期限上有 30 年短期、60 年长期、永久之分，但大部分属于长期以上保管；在保管的类型上有纸质档案、实物档案、电子档案之分。近年来，随着办案数量的增加，档案数量急剧增加。为了适应档案库房建设的规范化要求，本次修订标准规范和调整了档案用房项目，并增加了面积，以满足工作的需要。

九、保管用房：包括赃证物保管室、枪弹保管室、服装保管室等。其中，枪弹保管室包括枪支保管室、弹药保管室、警械具保管室等。

根据《人民检察院立案侦查案件扣押物品管理规定（试行）》、《人民检察院枪支管理规定》等规定，结合检察机关办案工作实际需要，需配备赃证物保管室（包括贵重物品保管室、一般物品保管室）、枪弹保管室、服装保管室（包括检察服装保管室和法警服装保管室）。本次修订对用房项目进行了规范和归类。

**第十六条**　本条规定了检察机关专业技术用房的具体内容。

检察机关恢复重建后，检察技术基础薄弱，经验缺乏，发展难度相对较大，因此对专业技术用房建设一直没有形成统一规定。但随着检察技术工作不断发展，检察技术在办案中发挥越来越大的作用，建设专门的专业技术用房成为必须。2002 年颁布的“两房”建设标准对专业技术用房作出了统一的规定，为各级检察机关专业技术工作的开展提供了条件。当时在制定标准过程中，坚持了现实与发展的原则，在经济、实用的基础上，考虑了发展因素，预留了一定的发展空间。但是按照中央关于司法体制和工作机制改革的部署，2004 年 12 月对司法鉴定体制改革提出了明确要求。2005 年 2 月，全国人大常委会颁布了《关于司法鉴定管理问题的决定》（下称《决定》）。2008 年 1 月，中央政法委印发了《关于进一步完善司法鉴定管理体制遴选国家级司法鉴定机构的意见》（政法〔2008〕2 号，下称“2 号文件”），要求检察、公安和国家安全机关司法鉴定机构要发挥主导作用。《决定》和“2 号文件”对司法鉴定实验室通过国家认可均提出明确要求。按照中央的要求，检察机关积极推进司法鉴定体制改革势在必行，检察院实验室的建设也刻不容缓。高检院有关领导也做出了明确指示：将检察机关实验室建设统一纳入“两房”建设标准中。

本标准按照必要性和实用性相结合的原则，结合各级检察机关专业技术工作需要，对一级专业技术用房的构成作了规定（二级和三级专业技术用房的具体规定内容见附录表 4、表 6）。按照高检院制定的《2009—2013 年人民检察院司法鉴定实验室建设规划》及《人民检察院司法鉴定实验室分类建设参考标准》（以下简称“实验室建设参考标准”）要求，规划和设置各种检验鉴定用房。

原标准将一级专业技术用房分为 10 类 38 项，修订标准将一级专业技术用房共分 2 大类 10 小类 61 项，包括检验鉴定案件管理用房和检验鉴定用房。其中，检验鉴定用房分为法医检验鉴定用房、文件检验鉴定用房、痕迹检验鉴定用房、司法会计检验鉴定用房、电子证据检验鉴定用房、声像资料检验鉴定用房、理化检验鉴定用房、DNA 检验鉴定用房、心理测试实验用房。

一、检验鉴定案件管理用房：包括案件受理室、资料室、物证保管室、专家鉴评室。

根据实验室建设参考标准，要求每类实验室必须设置检验鉴定案件管理用房。另外，根据人民检察院司法鉴定检验鉴定规则要求，受理检验鉴定案件有严格的程序，要求统一受理、统一保管、对案件鉴定程序及质量随时进行控制，最后案卷材料由内勤统一归档。为此将案件受理室、资料室、物证保管室等各种检验鉴定案件管理用房归并为一类，在面积上有所区别，各项用房提倡资源共享。

二、检验鉴定用房：包括法医检验鉴定用房、文件检验鉴定用房、痕迹检验鉴定用房、司法会计检验鉴定用房、电子证据检验鉴定用房、声像资料检验鉴定用房、理化检验鉴定用房、DNA 检验鉴定用房、心理测试实验用房共九类。

（一）法医检验鉴定用房，分为法医临床用房、法医病理用房、法医物证检验用房三类。

法医临床用房包括体检室、运动功能检测室、视力检测室（内眼检测）、耳科常规检查室、超声检查室、X 线检查室等。法医病理用房包括取材室、预处理室、病理切片制作室、病理染色室、标本室、尸体解剖室、消毒室等。法医物证检验用房包括法医物证检验室等。

法医鉴定是通过对死亡原因、死亡方式、死亡时间、致伤（死）物认定、生前伤与死后伤鉴别、人体损伤程度、人体伤残程度等进行检验鉴定，就案件性质、作案手段、伤亡原因等问题作出科学的鉴定结论，为侦查提供线索，为审查起诉提供证据。法医鉴定工作主要包括法医临床、法医病理和法医物证检验鉴定。考虑到检察机关主要开展的业务是法医临床和法医病理，所以本次修订对这两类检验鉴定用房规定的比较全面。由于开展法医物证业务的专业技术人员匮乏，目前开展法医物证检验鉴定门类的检察院较少，为了长远发展，我们在专业技术用房中设置了一间法医物证检验室。

（二）文件检验鉴定用房：包括笔迹检验室、印刷文件检验室、书写材料检验室、复印静电压痕仪室等。

（三）痕迹检验鉴定用房：包括手印检验室、足迹检验室、工具痕迹检验室、枪弹痕迹检验室、化学显现室、试剂保管室等。

（七）理化检验鉴定用房：包括剧毒样品和毒品样品保管室、试剂储备室、标准品储备室、化验室、处理室、光谱室、色谱室等。

物证、书证、证人证言以及勘验、检查笔录是刑事诉讼中的重要证据。这些证据必须经过查证属实，才能作为定案的根据。文字文件检验、痕迹检验、理化检验是检验鉴定上述证据的重要手段。根据国家认可实验室建设要求，按照高检院制定的《人民检察院司法鉴定实验室分类建设参考标准》的规定，为了更好地开展检验鉴定工作，在一级院与二级院的专业技术用房中安排文件检验鉴定用房、痕迹检验鉴定用房和理化检验鉴定用房。由于三级检察院中检验鉴定业务开展的比较少，因此缩减了部分用房种类和用房项目，并在用房功能和面积上进行了大幅度缩减，避免造成浪费。

（四）司法会计检验鉴定用房：包括司法会计检验室、会计资料保管室、会计账目展示分析室、业务研究室等。

司法会计是促进办案的重要手段。从近年来检察机关查办案件的情况看，贪污贿赂等经济犯罪案件大多是从审查不正常、不正当的财务会计资料中揭露和突破的，司法会计的查账工作为贪污贿赂案件的突破起到了关键的作用，同时，司法会计检验鉴定结论为各类经济案件的起诉和量刑提供了重要的依据。司法会计检验鉴定作为检察机关独家拥有的司法鉴定门类，一定要做大做强。本次修订增加必要的司法会计检验鉴定用房是符合工作需要的。

（五）电子证据检验鉴定用房：包括电子数据取证实验室、手机（电话）检验室、其他电子设备检验室、电子证据无尘工作室等。

随着电子技术的广泛应用，整个社会对计算机信息系统和手机（电话）信息系统的依赖程度越来越高，同时带来了电子技术的犯罪问题。电子技术犯罪一方面是对计算机的硬件和软件进行破坏，另一方面是以计算机、手机（电话）等电子设备作为工具实施其他犯罪。近几年，以计算机、手机以及其他电子设备为工具进行金融诈骗、盗窃、贪污、挪用公款、受贿、窃取国家秘密等犯罪的情况越来越严重。这些犯罪利用高技术手段进行，隐蔽性很强，实践中对这类犯罪的认定难度很大，需要专业技术人员采用专业技术手段进行鉴定，因此有必要设置电子证据检验实验室。根据人民检察院实验室建设参考标准规定，开展电子证据检验至少应具备计算机及相关设备电子数据检验、被删除电子数据恢复，移动电话检验，各种电子设备、部件检验等鉴定能力。为此有必要设置电子数据取证实验室、手机（电话）检验室、其他电子设备检验室、电子证据无尘工作室。

（六）声像资料检验鉴定用房：包括物证照录像提取室、特种检验照相室、图像检验鉴定室、图像编辑处理室、图像扩印制作室、语音分析实验室、小型录像播放厅等。

修改后的刑事诉讼法，将录音、录像等视听资料列入证据范围，移送案件要附主要证据复印件、照片等，对接受和调取的视听资料，必须经过审查核实才能作为定案的根据，这些规定对检察机关办案装备等提出了新的要求，录音、录像、照相等设备成为办案的必需装备，设置声像资料制作和检验用房，对于视听资料证据的提取、固定和检验具有重要作用。为了适应人民检察院司法鉴定实验室建设标准的要求，统一规范检验鉴定门类，本次修订将原标准的录像资料检验用房、录音资料检验用房、照相用房归并为一类，即声像资料检验鉴定用房，对用房项目和面积指标进行了调整。

（八）DNA 检验鉴定用房：属于本次修订标准新增用房种类。只在省级院设置，包括生物样本室、DNA 初检室、DNA 提取室、DNA 扩增室、洁净室、DNA 测序室、DNA 分析室、试剂保管室等。

DNA 检验鉴定技术在我国发展很快，为了适应检察工作的需要，根据实验室建设的要求，一、二类有条件的检察院都要开展该检验鉴定门类，要求具备利用常规的 STR 分析技术、Y-STR 分析技术，并应具备种属、ABO 基因分型、mtDNA 序列分析技术等鉴定能力。目前检察机关法医鉴定力量和 DNA 鉴定力量相对薄弱，设备普遍简陋陈旧，严重影响了鉴定水平的提高。为了适应实验室建设要求，本次修订根据法医鉴定工作、DNA 鉴定工作的内容和检察工作的实际需要，在一级检察院专业技术用房中，对法医鉴定实验室用房和 DNA 检验实验室用房进行了比较全面的规定，有利于推动检察机关法医鉴定工作和 DNA 检验鉴定工作的开展。考虑到地市级、县级检察院技术设备及技术人员配备的现状，为了避免资源浪费，地级院未规定 DNA 检验鉴定用房，县级院未规定法医病理及 DNA 检验鉴定用房。

（九）心理测试实验用房：属于本次修订标准新增用房种类。包括测前谈话室、测试室、监控室等。

测谎（CPS 多道心理测试）鉴定结论目前虽然还不能作为证据使用，但最高人民检察院有关批复中明确规定人民检察院办案可以使用测谎鉴定结论帮助审查判断证据。实践也证明，测谎技术对于发现案件线索、确定侦查方向以及突破疑难案件等具有非常明显的作用。目前测谎技术已在不少地方得到应用，并且取得了较好的效果。因此，本次修订对心理测试实验室作了规定，有条件的地方可以根据需要进行设置。

**第十七条** 本条规定了“两房”附属用房的具体内容。

## 第三章 建设规模与面积指标

**第十八条** 本条是关于“两房”建设规模划分的依据。

根据《中华人民共和国刑事诉讼法》和《人民检察院刑事诉讼规则》的规定，人民检察院对直接受理的案件实行分级立案侦查的制度：最高人民检察院立案侦查全国性的重大犯罪案件；省、自治区、直辖市人民检察院立案侦查全省（自治区、直辖市）性的重大犯罪案件；分、州、市人民检察院立案侦查本辖区的重大犯罪案件；基层人民检察院立案侦查本辖区的犯罪案件。按照检察机关的级别来确定办案用房和专业技术用房的等级，主要考虑不同级别的检察机关，其所担负的工作量以及侦查案件的性质不同，所需办案用房和专业技术用房的构成与面积也不相同。因此，参照《党政机关办公用房建设标准》，检察机关“两房”也分为三个等级。铁路、林区、垦区、矿区等检察院和派出检察院“两房”建设标准，按照同级地方人民检察院标准执行。

**第十九条** 本条是关于人民检察院“两房”面积控制指标的规定。

确定各级检察机关“两房”建设的面积指标，既要适应检察业务工作的需要，又要符合当地经济的实际发展水平。不同级别、不同地区的人民检察院，由于自身编制与工作量的差异，所需办案用房和专业技术用房面积差异较大，对各级检察院所需办案用房和专业技术用房的总面积作统一限定很难符合实际需要。因此，本标准按照编制定员人数确定人均使用面积，使检察办案用房和专业技术用房规模与其编制人数成正比，避免出现编制较多的地方用房紧张而编制较少的地方造成浪费的现象；同时，在改建或扩建时，能够根据编制定员人数的变化，对“两房”面积进行相应调整。

原标准面积指标的确定，是根据对各级检察院“两房”调查情况和实地调研了解到的信息，在分析比较的基础上，经多次征求专家意见，同时考虑各地经济状况、编制数和业务量的差异，对每种用房规定了上限和下限指标，使其在一定范围内上下浮动，更能适合不同地区的实际需要。从总体看，原标准规定的面积指标是符合当时的工作需要和实际水平的。但随着检察事业的发展和司法体制、工作机制改革的进一步推进，各项检察工作对办案用房和专业技术用房提出了新的更高要求，现行的《“两房”建设标准》已经不适应检察业务工作的需要和检察事业的发展要求。一是对“两房”内容的需求发生了很大的变化。近几年随着网络信息技术的发展，犯罪手段日益多样化、隐蔽化、高科技化，为了加大反腐倡廉的力度、规范办案行为、提高侦查突破案件的能力，很多检察院都设立了大要案侦查指挥中心和办案工作区等专门用房，另外人民监督员制度的实行、律师法的出台等都提出了相应的专门用房需求；二是对“两房”功能的需求发生了很大变化。因此，在实地调研、反复征求意见和论证的基础上，本着规范、调整、补充、完善的主导思想和便民利民的理念，本次修订不仅提高了面积，更注重对各项用房的功能进行完善，并根据业务需要对原标准的各种用房进行了调整、删减及合并，增加了部分用房，重新规定了各种用房的使用面积上下限，经过计算确定各级院人均面积指标。

本标准分别以各级办案用房和专业技术用房的上限和下限使用面积，除以0.67的使用面积系数，计算出各级办案用房和专业技术用房的上限与下限建筑面积，然后分别除以各级院编制定员平均数，得出各级院人均建筑面积的上限和下限指标。在计算时根据统计结果，省、市、县三级检察院编制平均数分别确定为400人、150人和70人，计算出的各级院人均建筑面积指标分别为29.85～41.79$m^2$、32.14～42.48$m^2$和32.20～44.34$m^2$。据此，确定了本修订标准各级检察院办案用房和专业技术用房的人均建筑面积指标。因各地经济发展水平、自然条件不同，给出的指标有一定的幅度。

从2002年《“两房”建设标准》颁布实施以来各地的实际情况以及征求各地的意见，反映2002年版建设标准规定的省级院和地（市）级院面积指标普遍偏低，不符合工作实际需求。随着近几年司法鉴定职能的明确、科技强检的力度加大、执法规范化要求的提高，自侦案件批捕权上提一级等职能的要求，省级院和地市级院承担的工作量大，质量要求高，对专门用房的功能也提出了新的需求。为适应工作需求，本次修订对省级院、地（市）级院的用房项目和面积指标作了较大调整和提高，对县级院只是调整和完善了用房项目，面积进行了微调。

由于我国各地区情况差异较大，虽然本标准对各类用房面积指标规定了上限和下限，计算出的面积有较大的浮动范围，但对于某些特殊地区而言，仍不一定完全适应需要。如直辖市、计划单列市、省会城市以及其他一些经济特别发达城市，所属各级检察院业务量远远大于其他地区同级检察院，如果将其完全限定在本标准规定的范围内，有可能出现办案用房和专业技术用房不能满足需要的情况，反而不利于工作开展，因此在制定标准时，本着原则性与灵活性相结合的原则对其面积指标作了相对灵活的规定，允许其在单独报批后适当提高标准。

**第二十条～第二十二条** 此三条规定了一、二、三级人民检察院办案用房和专业技术用房建设规模、人均建筑面积的计算方法。

由于同一级人民检察院编制定员人数也有相当大的差别，制定一个统一的人均建筑面积指标是不可行的。具体取值主要考虑建设规模大小，编制人数较少时取上限，编制人数较多时取下限，同时，经过论证确定合理区间，在区间内采用插入法计算出不同编制人数的人均建筑面积指标。

$S_{综合}$是由本标准确定的人均建筑面积乘以编制定员数所得，但综合面积不包括附属用房面积。"两房"的房屋总建筑规模应由$S_{综合}$加上附属用房建筑面积构成。编制定员是指经主管部门批准的人员编制。

**第二十三条** 本条是关于"两房"附属用房面积指标的规定。

随着经济的发展和人们观念的更新，对停车场和停车库的需求猛增，各单位已建成的停车场或者停车库已经远远不能满足需求。一方面提倡应充分利用社会停车设施，同时允许各级检察机关在"两房"建设过程中，根据实际需要，参照《党政机关办公用房建设标准》增建停车场或停车库，以缓解办案用车、扣押的赃车无处停放的矛盾。具体面积可根据当地城乡总体规划要求确定，不包括在本标准第十九条规定的办案用房和专业技术用房的面积指标内。地面停车场每车位建筑面积宜为25$m^2$，地下停车库每车位建筑面积宜为38$m^2$。

对于"两房"需配备的设备机房、变配电室、锅炉房、自行车库、值班室用房和人防设施等，考虑到不同情况差异，有些检察院在建设办公用房时已经修建了，在建设"两房"时不需要再单独修建，有的检察院在建设办公时没有综合建设附属用房。对于"两房"需要单独建设的附属用房，其建设规模和水平应根据实际需要，按"两房"面积的5%～7%比例执行。

## 第四章 选址、布局与建设用地

**第二十四条** 本条规定了"两房"选址的一般原则。

一般情况下，办案、专业技术用房应与办公用房同时选址，同时设计，同时建设，以便整体规划，合理布局，统筹安排。在有些地方办公用房已符合《党政机关办公用房建设标准》而只需建设办案用房和技术用房的情况下，办案、技术用房的选址应结合办公用房的实际情况，本着"安全保密、因地制宜、卫生环保、有利工作"的原则进行。

另外，检察机关作为法律监督机关，近年来受理的各类控告、申诉的数量越来越多，但有些地方的检察机关由于位置偏僻，不易寻找，给群众的来访、举报工作造成了很大不便。因此，在考虑检察办案用房与专业技术用房的选址和控告申诉用房的设置时，应结合实际考虑方便群众的需要。

**第二十五条** 本条是关于人民检察院来信来访接待中心布建的要求。

人民检察院是国家法律监督机关，依照法律规定独立行使检察权。在具体行使职权的过程中，接待人民群众来信来访是检察院的重要任务之一，也是宣传检察职能、树立自身良好形象的重要窗口之一。为了适应形势的发展和工作的需要，也为了方便群众来信来访和接待来信来访工作的保密和安全，有必要将来信来访接待中心与办公区域分开设置，配备独立的人员进出口。这样的设置既不影响本单位其他部门的正常工作，也方便群众举报、控告和申诉，更好地体现了以人为本、司法为民的理念，所以在本次修订“两房”标准时，提倡有条件的检察院尽可能单独建设来信来访接待中心。由于来信来访接待中心主要面向群众、服务群众，所以在建设时应将方便、安全放在第一位，考虑宜建低层或多层建筑。

**第二十六条** 本条是关于人民检察院来信来访接待中心平面布局的设计要求。

为了安全、保密，同时也为了方便工作，服务群众，来信来访接待中心门前应留有一定的缓冲区，并进行无障碍设计，便于人员和车辆进出。为了接访工作的方便和保密，互不干扰，也为了便于管理和使用，本条规定要合理设置来信来访接待中心各种用房。例如来访候谈大厅应设在一楼，同时可以兼具检务公开大厅的职能，该大厅内设座椅、电子显示屏、电子触摸屏、饮水机等，既可以宣传检察院的工作和职能，也为来访群众提供一个舒适的环境。由于有的举报人要求秘密举报，所以在设置来信来访接待中心各种用房时要考虑接访工作的安全保密，合理布置各种用房。

**第二十七条** 本条阐明了人民检察院办案用房中办案工作区的布建要求。

2002年颁布的“两房”建设标准未将办案工作区作为单独一类用房规定，询问室、讯问室、监控室、指挥室等分散于各类业务用房中。但随着检察事业的不断发展，各级人民检察院承担的查处与惩治贪污贿赂、渎职侵权任务日益繁多，同时随着法治理念的健全，社会各层面对案件的突破工作提出了更高的要求，各级检察院一方面着手提高干警的综合办案素质，同时有必要提供一个安全、封闭、功能齐全的办案区域，保证办案工作依法、文明、安全进行。

调研中我们发现各级院都已经按照高检院的相关规定新建、改建了办案工作区，但由于没有一个统一的建设标准，造成在办案工作区的用房和功能设置上五花八门。因此，在本次修订“两房”建设标准时统一将办案工作区用房规定为一类用房。考虑到办案工作区用房的特殊性，在本条规定办案工作区要与办公区分开设置，便于保障办案的安全性与保密性。调研中有的市级院与基层院提出了联合建办案工作区的设想和建议。我们认真分析研究后认为，对于地（市）级检察院与县（区）级检察院之间距离相对较近、交通便利、经济条件允许的地区可以考虑单独建设科技含量高、使用功能齐全的中心办案工作区，因此本条规定有条件的地区可以单独建设中心办案工作区。这样做，一是有利于整合检察机关财力和物力，实现资源共享，提高资源使用效率；二是有利于加强上级院对下级院办案的指导和监督，形成上下一体的办案力量，提高办案质量；三是有利于办理大案要案串案窝案，确保办案安全。为了便于外来人员的辨识，也为了便于各单位管理和使用，有必要在办案工作区做出标识。

**第二十八条** 本条是关于人民检察院专业技术用房的布建要求。

检察机关作为国家法律监督机关，在维护法律的统一正确实施、保障在全社会实现公平和正义方面承担着重要职责。检察机关设立鉴定机构，开展必要的鉴定工作，是履行法律监督职能的客观需要，不仅可以为职务犯罪侦查工作提供有力的技术支持，也可以为批捕、公诉等检察业务工作中正确审查判断证据提供科学的依据。根据中央关于司法体制改革的要求，2005年2月28日十届全国人大常委会第十四次会议通过了《关于司法鉴定管理问题的决定》。司法鉴定体制改革是司法体制改革的重要内容。《决定》第五条明确规定：检察机关应具有在业务范围内进行鉴定必需的依法通过计量认证或者实验室认可的检测实验室。因检验鉴定门类不同，对各类实验室建设标准和装修要求也不同，如DNA检验对样本的提取、存放、检测、分析有非常严格的要求，需要实验室远离有污染的环境；理化检验鉴定用房因保存毒物样品和危险试剂，必须具有防腐蚀、防泄漏条件和设施，与办公区域必须保持一定的距离；电子证据检验用房要设置超净工作间，同时服务器机房产生的噪声会影响周围办公环境。另外，专业技术工作本身由于使用的设备、材料等原因可能产生意想不到的问题，也要求与其他用房相对独立设置。再者，由于检验鉴定用房的特殊性，应与检验鉴定案件管理用房物理分开，防止检验鉴定过程中外来物质对检材和检验鉴定结论的影响。运用化学方法进行检验的，需要用水，而大部分仪器设备都需要防潮，因此干、湿用房必须实行分离。

**第二十九条** 本条是关于“两房”建设用地的要求。

我国大部分城市都面临着建设用地日趋紧张的情况，因此在进行“两房”建设时，应坚持合理布局，节约集约利用土地。在符合本建设标准与满足需要的前提下，尽量减少建设用地面积，提高土地使用效益。具体核算方法按照当地城乡总体规划确定的容积率与建筑密度进行。

**第三十条** 本条是关于“两房”绿化要求。

“两房”建设过程中应注意保护、美化环境，在进行设计时绿化面积应按照城乡总体规划和建设有关绿地的控制要求一并考虑，但绿化面积不应包括在本标准第十九条规定的办案用房和专业技术用房的面积指标内。

## 第五章　建筑标准与建筑设备

**第三十一条** 本条规定了“两房”装修标准应遵循的原则及参照的规定。

人民检察院“两房”的性质，决定了其装修标准既要简朴大方、经济适用，也要节约资源，并应充分考虑“两房”不同于其他一般用房的特殊要求，要保障和满足办理案件和开展技术检验鉴定工作的基本需求。为防止有些地方盲目追求豪华装修，本标准规定了“两房”建筑装修应遵循的原则，并对装修材料作出了限制性规定。同时规定有特殊标准或者规范的应参照特殊规定、规范执行，无特殊规定的参照《党政机关办公用房建设标准》有关规定执行。

**第三十二条** 本条是关于“两房”建筑抗震设计的要求。

我国是一个地震灾害多发的国家，为避免和减少地震灾害造成的损失，国家对各种建筑的抗震、防震有专门的设计规范，因此本条规定“两房”建筑设计应符合《建筑抗震设计规范》的有关规定。

**第三十三条** 本条是关于“两房”建筑节能设计的要求。

为了节约能源、降低消耗，积极响应和提倡低碳生活，要求“两房”建筑设计应符合《公共建筑节能设计标准》的有关规定。

**第三十四条** 本条是关于人民检察院信息网络机房建设的具体要求。

随着检察信息技术的不断发展，各级检察院都先后建成了各种信息网络机房，包括检察专网机房、机要保密机房、信息网络机房、通信机房等。对于电子计算机机房的设计，国家制定了统一的设计规范——《电子信息系统机房设计规范》GB 50174。随着信息网络技术的广泛应用，泄密事件频频发生，对保密工作提出了严峻的挑战。为了防止和杜绝各类泄密事件的发生，国家保密局、公安部、密码管理局与国信办于2006年3月联合下发了《信息安全等级保护管理办法》，提出了各部门计算机分级保护具体实施方案。因此，本次修订对信息网络机房建设作出了原则性的规定。

**第三十五条** 本条是关于人民检察院武器警械库和诉讼档案库房设计与装修的技术规范要求。

武器警械库是用于保管、保养配发的武器、警械（包括盾牌、防弹衣、头盔、警棍等）的场所，为了武器、警械的安全保管和使用，对存放场所的围墙厚度、装修设计以及防火等方面都有严格的要求，所以在设置该类用房时应当符合《中华人民共和国枪支管理法》的相关要求。

诉讼档案库房是保存检察机关档案资料的专门场所，包括纸质档案、电子档案以及实物档案，一旦损失无法挽回。因此对档案库房的设计和装修提出了严格的要求，既要防潮、防水、防虫蛀，更要注意防火，因此要求各类档案库房应设置自动报警系统，并采用相应的灭火系统，一旦发现火情可以及时采取补救措施。《档案馆建筑设计规范》及《档案馆建设标准》对档案馆的建筑标准等作出了详细的规定。本次修订要求档案库房的建筑设计应参照以上规范执行。

**第三十六条** 本条是关于办案工作区装修的特殊要求。

办案工作区作为一个相对独立的区域，既有询问室、讯问室，也有监控室、指挥室、法警执勤室，还有办案人员休息室以及就餐室等。各工作单元按照用途进行区分，由于使用功能不同，装修标准及室内环境要求也不同。例如讯问室、询问室、接待室、卫生间等犯罪嫌疑人到达的地点，内墙要求采用软性饰面，门窗要符合安全防范要求，防止意外事故的发生。为保证办案工作区24小时执行警务和保障审讯之需要，应配备应急照明设备。为了保障被讯问人和询问人的安全，防止意外事件的发生，办案工作区内电路设施应当具有触电防护装置，询问室和讯问室宜安装低压电源。为了保证办案依法、文明、公正，防止刑讯逼供，要求询问室、讯问室应安装与侦查指挥连接的同步录音录像设备，同时在指挥室要配备先进的音、视频技术，多媒体技术以及计算机网络技术。为了规范全国各级检察院办案工作区的使用和管理，高检院政治部印发的《人民检察院办案工作区设置和使用管理规定》，2009年9月3日经最高人民检察院第十一届检察委员会第十八次会议通过，各地在具体装修办案工作区各项用房时可参照执行。

**第三十七条** 本条是关于人民检察院检验鉴定用房装修的规定。

各级检察院检验鉴定用房的装修和室内环境要按照国家实验室认可或资质认定的相关规定，严格执行国家有关法律法规、行业技术标准进行规范化建设。目前各地应按照高检院制定的《2009—2013年人民检察院司法鉴定实验室建设规划》的要求设置各类检验鉴定用房。本标准对此作出了原则性的规定。

**第三十八条** 本条是关于“两房”给水设施的要求。

作为办案人员和专业技术人员开展工作的场所，“两房”应有给水设施，并应符合国家相关卫生标准。为了节约能源，并减少生活饮用水水质污染，提倡“两房”用水充分利用市政管网水压直接供水。

**第三十九条** 本条是关于“两房”排水、排污和废弃物处理的要求。

为了保护环境，防止污染，“两房”的排水、排污、废弃物的处理应符合环保的有关规定和要求。

**第四十条** 本条规定了“两房”配置采暖和空调设施的条件和要求。

人民检察院“两房”配置采暖或者空调设施和系统，主要取决于气候条件和经济状况。对于严寒地区来说，冬季采暖设施和系统是必不可少的，但是夏季需要空调时间很短，不应设置集中空调系统；而寒冷地区和夏热冬冷地区，冬季和夏季的室内环境比较差，需要设置采暖和空调设施。夏热冬暖地区气候炎热，夏季应该设置空调设施和系统，但没必要设置采暖系统。温和地区毗邻寒冷、夏热冬冷和夏热冬暖地区，可视当地具体气候条件而定。

为了节约资源和保护环境，在冬季需要供暖的地区，应充分利用集中采暖系统，可减少建设独立锅炉房及设备的投入和附属用房面积；在夏季需要进行人工降温的地区，可采用分区或集中空调系统。

**第四十一条** 本条是关于“两房”供电方面的要求。

由于人民检察院“两房”的特殊性，要求其供电系统必须保证连续、安全、可靠。供电系统的电力设备和负荷要达到照明用电的要求。

**第四十二条** 本条规定了“两房”电梯设置和安装的具体要求。

根据《党政机关办公用房建设标准》规定，办公用房五层楼底面距地面的高度大于13.5m，从人体生理学分析，攀登高度超过13.5m，健康人有疲劳感。为创造和谐、适宜的工作环境，五层及五层以上的“两房”建筑宜设置电梯。若因经济条件所限，宜预留安装电梯的空间。

**第四十三条** 本条是关于人民检察院大要案侦查指挥中心、信息通讯中心及检验鉴定用房配备不间断电源的要求。

人民检察院大要案侦查指挥中心、信息通讯中心及检验鉴定用房因工作的特殊性，需要配备不间断电源，以保证24小时指挥、审讯、执行警务及开展检验鉴定工作之需要。

**第四十四条** 本条是关于“两房”弱电系统的建设要求。

为适应人民检察院信息化建设要求，满足办案和专业技术工作等业务需求，各级检察机关“两房”建设过程中需配置相应的弱电系统，主要包括信息设施系统、信息化应用系统、安全系统、建筑设备监控系统和机房工程等。由于“两房”建设规模和业务需求不同，对弱电系统的要求不同，其相应的配置也不同。现阶段实施确实难以一次达到本建设标准的，在规划建设和敷设线路时，按照安全、保密、美观等要求综合布线、预留各种接口，避免二次施工造成浪费。

**第四十五条** 本条是关于“两房”改建、扩建项目的建设要求。

对原有“两房”需要改建、扩建的，也应遵照本标准执行。改建、扩建工程应充分利用原有场地和设施，减少政府投资。可以利用的原有建筑的建筑面积也应含在根据本标准测算出的总建筑面积之中。

## 第六章 附 则

**第四十六条** 在制定本标准时，考虑到最高人民检察院的特殊性，其“两房”建设本身并不具有普遍性，而且作为最高检察机关，其在办案用房与专业技术用房方面具有许多不同于地方检察机关的特殊需要和要求，因此对其建设标准没有具体分类规定，而是规定根据实际需要，单独审批和核定。

**第四十七条** 《党政机关办公用房建设标准》第三条规定：“本建设标准适用于全国县级

以上党的机关、人大机关、行政机关、审判机关、检察机关，以及工会、共青团、妇联等人民团体机关办公用房（以下简称‘党政机关办公用房’）的新建工程。改建、扩建工程参照执行。”依此规定，检察机关不再单独制定办公用房建设标准，而按照《党政机关办公用房建设标准》执行。目前《党政机关办公用房建设标准》正在修订，以后修建、改建、扩建办公用房依照新标准执行。

**第四十八条** 本条是关于派驻检察室办公用房和办案用房的特殊规定。

调研中有的检察院提出了原有“两房”建设标准中对派驻检察室的用房没有规定，要求在这次修订“两房”建设标准时予以考虑。检察机关派驻检察室用房在公安看守所、劳教所、监狱的办公和办案用房建设标准中予以规定，由被派驻单位进行安排，检察机关不再单独建设。

# 国家检察官学院分院建设标准

## 建标 150—2011

## 住房和城乡建设部、国家发展和改革委员会关于批准发布《国家检察官学院分院建设标准》的通知

建标〔2011〕2号

最高人民检察院，国务院有关部门、各省、自治区、直辖市、计划单列市住房和城乡建设厅（委、局）、发展和改革委员会，新疆生产建设兵团建设局、发展和改革委员会：

根据住房和城乡建设部《关于印发〈2009年工程项目建设标准和建设项目评价方法与参数编制项目计划〉的通知》（建标函〔2009〕320号）要求，由最高人民检察院组织编制的《国家检察官学院分院建设标准》，已经有关部门会审通过，现批准发布，自2011年2月1日起施行。

在国家检察官学院分院项目的审批、设计和建设过程中，要严格遵守国家关于严格控制建设标准，进一步降低工程造价的相关要求，认真执行本建设标准，坚决控制工程造价。

本建设标准的管理由住房城乡建设部和国家发展改革委负责，具体解释工作由最高人民检察院负责。

中华人民共和国住房和城乡建设部

中华人民共和国国家发展和改革委员会

二〇一一年一月四日

## 前　言

为贯彻落实《中共中央转发〈中央政法委员会关于深化司法体制和工作机制改革若干问题的意见〉的通知》（中发〔2008〕19号）精神，适应检察人员培训科学化、制度化和规范化的要求，加强和规范国家检察官学院各分院的建设，根据住房和城乡建设部《关于印发〈2009年工程项目建设标准和建设项目经济评价方法与参数编制项目计划〉的通知》（建标函〔2009〕320号）、国家发展和改革委员会办公厅《关于抓紧开展政法基础设施建设标准编制和修订工作的通知》（发改办投资〔2009〕1015号）的安排，最高人民检察院组织编制了《国家检察官学院分院建设标准》。

在标准编制过程中，编制组按照中央关于深化司法保障体制改革的统一部署，以科学发展观为指导，通过制定下发调查表、召开座谈会、开展专题调研等形式，分析了国家检察官学院和各分院的统计资料，总结了国家检察官学院和各分院建设的经验教训。在此基础上，广泛征求有关部门、单位及专家的意见，最后由最高人民检察院组织召开审查会议，会同有关部门审查定稿，并经住房和城乡建设部、国家发展和改革委员会批准发布。

本建设标准共六章 37 条，包括：总则、建设等级与项目构成、房屋建筑面积指标、场地面积指标、建筑标准与建筑设备、选址与建设用地。

请各单位在执行本建设标准的过程中，注意总结经验，积累资料。如发现需要修改和补充之处，请将意见和有关资料及时反馈至最高人民检察院计划财务装备局（地址：北京市北河沿大街 147 号，邮政编码：100726)，以便今后修订时参考。

**编 制 单 位：** 最高人民检察院计划财务装备局

**主要起草人：** 赵　扬　戴菊凤　齐世萍　汪　耀　刘晓明

**中华人民共和国最高人民检察院**

二〇一〇年六月

# 第一章　总　　则

**第一条**　为适应检察人员培训科学化、制度化和规范化的要求，加强和规范国家检察官学院分院（以下简称“检察官分院”）的建设，依据《中华人民共和国检察官法》、《检察官培训条例》及有关法律法规，制定本标准。

**第二条**　检察官分院是经最高人民检察院批准设立的，对本辖区检察人员进行岗位培训的基地，是开展检察教育培训工作的专门场所。承担本辖区检察人员续职资格培训、任职资格培训、领导素能培训、专项业务培训和岗位技能培训以及最高人民检察院委托的其他培训任务。

**第三条**　本标准适用于检察官分院新建、改建和扩建工程。检察官分院改建、扩建项目应充分利用原有可用设施，做到合理规划、设计和建造。按本标准测算的总建筑面积应包含可利用的原有房屋建筑的建筑面积。

**第四条**　本标准为检察官分院的统一建设控制标准，是编制、评估和审批项目建议书、可行性研究报告以及工程初步设计和监督检查的依据。

**第五条**　检察官分院的建设，应当按照立足当前、兼顾发展、统筹规划、科学建设的原则，因地制宜、合理确定建设规模和水平。

**第六条**　检察官分院的建设应符合城乡规划的要求，综合考虑建筑性质、建筑造型、建筑立面特征等与周围环境的关系。

**第七条**　检察官分院项目的建设，除应执行本建设标准外，还应符合国家其他相关标准、规范的规定。

# 第二章　建设等级与项目构成

**第八条**　检察官分院按照辖区内检察人员编制数确定的同期培训人数，分为三类：

一类，适用于全省（自治区）总编制在 11000 人及以上的检察官分院，培训规模确定为 500 人；

二类，适用于全省（自治区）总编制在8000人至11000人之间的检察官分院，培训规模确定为400人；

三类，适用于全省（自治区）总编制在8000人及以下的检察官分院，培训规模确定为300人。

北京、上海、天津、重庆等四个直辖市检察官分院的建设，可参照二类标准执行。人员编制数不足3000人的省（自治区），可按照150人规模、参照三类标准的人均面积指标执行。

**第九条** 检察官分院的建设项目，由房屋建筑、场地和建筑设备三部分组成。

**第十条** 检察官分院的房屋建筑，分为教学用房、行政用房、生活用房和辅助用房等。

（一）教学用房，包括各类教室、研讨室、报告厅、模拟审讯室、模拟法庭、图书馆及体能训练馆等。

（二）行政用房，包括管理用房、会议室及档案室等。

（三）生活用房，包括宿舍、餐厅及文体场馆等。

（四）辅助用房，包括独立设置的变配电室、锅炉房、制冷机房、消防泵房、门卫及库房等。

**第十一条** 检察官分院的场地包括体育训练场地、停车场和绿化用地等。

**第十二条** 检察官分院的建筑设备主要包括建筑给排水系统、采暖空调系统、建筑电气系统、电梯及弱电系统等。

## 第三章 房屋建筑面积指标

**第十三条** 检察官分院的房屋建筑，采用培训规模作为规划其建筑面积指标的基本参数。

**第十四条** 教学用房建筑面积分类指标不应超过表1规定的控制指标。

**表1 教学用房人均建筑面积控制指标表**

| 序号 | 用房种类 | 人均面积指标（$m^2$/人） | | |
|---|---|---|---|---|
| | | 一类 | 二类 | 三类 |
| | 合计 | 12.70 | 12.72 | 13.02 |
| 1 | 普通教室 | 1.20 | 1.20 | 1.20 |
| 2 | 合班教室 | 2.20 | 2.20 | 2.20 |
| 3 | 阶梯教室 | 0.80 | 0.80 | 0.80 |
| 4 | 多媒体教室 | 0.62 | 0.62 | 0.62 |
| 5 | 研讨室 | 0.80 | 0.80 | 0.80 |
| 6 | 报告厅 | 2.00 | 2.00 | 2.00 |
| 7 | 模拟审讯室 | 0.20 | 0.20 | 0.20 |
| 8 | 模拟法庭 | 0.48 | 0.50 | 0.60 |
| 9 | 图书馆 | 3.00 | 3.00 | 3.00 |
| 10 | 体能训练馆 | 0.60 | 0.60 | 0.60 |
| 11 | 信息网络用房 | 0.80 | 0.80 | 1.00 |

**第十五条** 行政用房建筑面积分类指标不应超过表2规定的控制指标。

**第十六条** 生活用房建筑面积分类指标不应超过表3规定的控制指标。

**第十七条** 辅助用房建筑面积分类指标不应超过表4规定的控制指标。

**第十八条** 以上四项用房的总建筑面积指标不应超过表5规定的控制指标。

**表2 行政用房人均建筑面积控制指标表**

| 序号 | 用房种类 | 人均面积指标（$m^2$/人） | | |
|---|---|---|---|---|
| | | 一类 | 二类 | 三类 |
| | 合计 | 3.12 | 3.12 | 3.17 |
| 1 | 管理用房 | 2.22 | 2.22 | 2.22 |
| 2 | 会议室 | 0.30 | 0.30 | 0.35 |
| 3 | 档案室 | 0.60 | 0.60 | 0.60 |

**表3 生活用房人均建筑面积控制指标表**

| 序号 | 用房种类 | 人均面积指标（$m^2$/人） | | |
|---|---|---|---|---|
| | | 一类 | 二类 | 三类 |
| | 合计 | 31.18 | 31.68 | 32.48 |
| 1 | 学员宿舍 | 21.00 | 21.00 | 21.00 |
| 2 | 专家公寓 | 0.80 | 0.80 | 0.80 |
| 3 | 单身教工宿舍 | 0.96 | 0.96 | 0.96 |
| 4 | 工勤人员宿舍 | 0.60 | 0.60 | 0.60 |
| 5 | 学员及教职工餐厅 | 3.84 | 3.84 | 3.84 |
| 6 | 工勤人员餐厅 | 0.48 | 0.48 | 0.48 |
| 7 | 文体场馆 | 3.00 | 3.50 | 4.30 |
| 8 | 公共浴室 | 0.50 | 0.50 | 0.50 |

**表4 辅助用房人均建筑面积控制指标表**

| 序号 | 用房种类 | 人均面积指标（$m^2$/人） | | |
|---|---|---|---|---|
| | | 一类 | 二类 | 三类 |
| 1 | 辅助用房 | 2.82 | 2.85 | 3.80 |

**表5 四项用房人均建筑总面积控制指标表**

| 序号 | 用房种类 | 人均面积指标（$m^2$/人） | | |
|---|---|---|---|---|
| | | 一类 | 二类 | 三类 |
| 1 | 教学用房 | 12.70 | 12.72 | 13.02 |
| 2 | 行政用房 | 3.12 | 3.12 | 3.17 |
| 3 | 生活用房 | 31.18 | 31.68 | 32.48 |
| 4 | 辅助用房 | 2.82 | 2.85 | 3.80 |
| | 合计 | 49.82 | 50.37 | 52.47 |

四项房屋建筑人均面积指标一类为 49.82m²/人，二类为50.37m²/人，三类为52.47m²/人；一类分院以500人、二类分院以400人、三类分院以300人分别计算房屋建筑总面积。

检察官分院教学用房、行政用房、生活用房和辅助用房的具体内容和面积指标按照以上各类指标表确定。培训任务繁重、教育资源集中、经济特别发达的省（自治区、直辖市）检察官分院，确需突破本类建设标准的，可向政府投资主管部门单独报批。

**第十九条** 检察官分院的房屋建筑面积，应根据辖区内总编制人数确定的培训规模，对照本建设标准规定的建设类别，按照培训规模乘以人均建筑面积指标确定。

**第二十条** 本章规定的建筑面积指标为控制指标，在保证培训工作正常开展的前提下，可视同期培训规模及地方财力可能适当降低。

## 第四章 场地面积指标

**第二十一条** 检察官分院的场地，采用培训规模作为规划其面积指标的基本参数。

**第二十二条** 检察官分院按照规模的大小可分别设置一定规模的体育训练场地，包括一个200m跑道的田径场、一个器械场和一定数量的室外篮（排）球场和其他体育设施。体育训练场地面积指标不应超过表6规定的控制指标。

**表6 体育训练场地面积控制指标表**

| 类别 | 培训规模（人） | 体育训练场地指标（m²/人） |
|---|---|---|
| 一类 | 500 | 9.50 |
| 二类 | 400 | 11.87 |
| 三类 | 300 | 15.83 |

**第二十三条** 检察官分院停车场地面积指标不应超过表7规定的控制指标。

**表7 停车场面积控制指标表**

| 类别 | 停车数量（辆） | 车位面积指标（m²/车） |
|---|---|---|
| 一类 | 50 | 25.00 |
| 二类 | 40 | 25.00 |
| 三类 | 30 | 25.00 |

注：停车数量按照培训规模的10%确定，每个车位占地面积为25m²。

**第二十四条** 检察官分院的绿化用地的面积指标一般应符合城市规划要求，绿化率不应高于40%。

## 第五章 建筑标准与建筑设备

**第二十五条** 检察官分院宜建多层，其建筑设计要简朴庄重，突出检察文化特色与地域特色，并应符合国家有关节能环保、消防安全、抗震及无障碍设计等规定。

**第二十六条** 检察官分院的装修标准参照《党政机关办公用房建设标准》有关规定执行。

**第二十七条** 检察官分院电子信息系统机房应符合现行国家标准《电子信息系统机房设

计规范》GB 50174 的有关要求。

**第二十八条** 检察官分院图书馆的建筑设计参照现行行业标准《图书馆建筑设计规范》JCJ 38 相关规定执行。

**第二十九条** 检察官分院应有给水设施，并应符合国家相关卫生标准。

**第三十条** 检察官分院的排水、排污和废弃物的处理应符合环保的有关规定和要求。

**第三十一条** 严寒地区应配置采暖设施，寒冷地区、夏热冬冷地区宜配置采暖和空调设施。采暖地区应优先采用区域集中供热采暖系统。夏季需进行人工降温的地区，可采用分区或者集中空调系统。

**第三十二条** 检察官分院的供电应符合设备和照明用电负荷的要求，供电可靠。

**第三十三条** 检察官分院的弱电系统应满足教学、管理、通信等业务需求。

**第三十四条** 为满足培训的需要，检察官分院各种教学用房、行政用房和学员宿舍均应接入检察专线网，教室应安装音频、视频终端，以实现远程教学和多媒体教学。

## 第六章 选址与建设用地

**第三十五条** 检察官分院的选址，综合考虑其特殊性质和用途，应选在交通便捷、环境适宜、市政基础条件较好的地点，避免建在工业区、商业区、居民区等相互影响的地区。

**第三十六条** 检察官分院的各项用房要合理分区，教学区与办公区、生活区要相对独立。

**第三十七条** 检察官分院建设应节约集约用地，所需建设用地面积应根据当地城乡规划确定的容积率与建筑密度进行测算。

**附 件**

# 《国家检察官学院分院建设标准》条文说明

## 第一章 总 则

**第一条** 本条阐明了制定本建设标准的目的和依据。

检察官是依法行使国家检察权的检察人员，依法履行法律监督工作、代表国家进行公诉、对法律规定由人民检察院直接受理的犯罪案件进行侦查等职责。

《检察官法》第九条规定“检察官有参加培训的权利”、第二十九条规定“对检察官应当有计划地进行理论培训和业务培训”、第三十条规定“国家检察官院校和其他检察官培训机构按照有关规定承担培训检察官的任务”、第三十一条规定“检察官在培训期间的学习成绩和鉴定，作为其任职、晋升的依据之一”。《检察官培训条例》第六条规定，检察官培训分为初任检察官培训、晋升高级检察官培训、领导素能培训、专项业务培训、岗位技能培训等。

国家检察官学院分院是经高检院批准设立在地方各省的对检察人员进行岗位培训的基地，是开展检察教育培训工作的专门场所，除需承担本辖区检察人员的培训任务外，还要承担高检院委托的其他培训任务。近几年，在最高人民检察院党组的领导下和各级政府支持下，检察官分院的建设取得了一定进展，也具备了一定的规模。但整体上还很不适应检察教育培训新形势的要求，一是检察官分院建设的数量和规模与检察教育培训任务的需求相比，还处于严重缺乏状态；二是目前已经建成或在建的检察官分院，由于缺少统一的建设标准和规划，在校园布局和功能等方面也存在着不规范、不科学、不合理等现象，在一定程度上制约和影响了检察教育培训工作的有序开展。

《中共中央转发〈中央政法委员会关于深化司法体制和工作机制改革若干问题的意见〉的通知》（中发〔2008〕19号）对制定下发基础设施建设标准作出了规定，国家发展和改革委员会办公厅《关于抓紧开展政法基础设施建设标准编制和修订工作的通知》（发改办投资〔2009〕1015号）对制定下发政法机关基础设施建设标准包括检察官学院分院建设标准作了部署。根据中发〔2008〕19号文件精神和国家发展和改革委员会的部署，结合检察机关教育培训情况，依据《检察官法》和《检察官培训条例》制定本标准。

**第二条** 本条规定了检察官分院的性质与任务。

根据高检院《关于在省级检察院培训基地设立国家检察官学院分院的通知》（高检发政字〔2000〕9号）规定，检察官分院是开展检察教育培训工作的专门场所，是对本辖区检察人员进行培训的基地。

根据高检院要求，检察官分院统一执行经高检院政治部审定的国家检察官学院教学计划；可以采用经高检院政治部审定的国家检察官学院的培训教材；检察官分院的设立须经高检院政治部会同国家检察官学院等有关部门考查、评估、审核后批准。

根据《检察官法》、《检察官培训条例》和《人民检察院司法警察暂行条例》等的规定，检察官分院承担的培训任务主要是全员续职培训，包括任职资格培训（包括初任检察官培训和晋升高级检察官培训）、领导素能培训、专项业务培训、岗位技能培训、司法警察培训和高检院下达的其他培训任务。其中：

初任检察官培训对象为已通过国家司法考试拟任检察官的人员，培训内容包括检察官职业道德和职业规范、检察制度、检察实务和办案技能等。重点是使其具备检察官基本履职能力。培训时间不少于90天。

晋升高级检察官培训对象为拟晋升高级检察官的人员，培训内容包括法学前沿理论、检察管理、司法改革理论与实践、高级检察官实务和重大疑难案件分析处理技能等。重点是使其具备高级检察官履职能力。培训时间不少于30天。

领导素能培训对象为地方各级人民检察院正副检察长及其他领导班子成员、检察委员会专职委员和业务部门负责人，培训内容包括政治理论与形势任务、法学前沿理论、检察改革理论与实践、检察领导与检察管理等。重点是提高组织领导和决策指挥能力。培训时间不少于15天。

专项业务培训对象为检察业务部门的检察官，培训内容包括最新法律和政策、检察业务专题与实务技能等。重点是提高检察官履行本职工作的能力和水平。培训时间可根据实际需要合理安排。

岗位技能培训对象为检察业务部门的检察官，培训内容包括计算机应用技术、电子检务、工作方法与技巧、公文写作与文书处理、外语等。重点是增强检察官岗位通用技能和岗位专门技能。培训时间可根据实际需要合理安排。

担任高级检察官以上职务的人员每5年参加脱产培训的时间累计不少于3个月，其他检察官每年参加各种培训的时间累计不少于12天。

**第三条** 本条阐明了本标准的适用范围。

本标准适用于检察官分院新建、改建和扩建工程。新建的检察官分院要统筹规划，所建的规模既要保证满足当前的需要，同时也要兼顾未来的发展，现阶段确实难以达到本建设标准的，要依据本标准规定，坚持“规划一步到位、计划分步实施”的原则进行建设。对目前已经建成检察官分院需要改、扩建的，在规划建设时应该在充分利用原有设施和条件的基础上进行，防止造成浪费。

**第四条** 本条阐明了本标准的作用。

本标准是遵守国家有关法律、法规和规定，在深入调研的基础上，广泛听取各方意见，组织专家充分论证后制定的，是规范和控制检察官分院建设的全国统一标准，是检察官分院申请立项、编制项目建议书、可行性研究报告和工程初步设计的重要依据；同时本标准也是有关部门评估、审批、批复分院建设项目、可行研究报告、工程初步设计和监督检查的重要参考依据。

**第五条** 本条规定了检察官分院的建设原则。

检察官分院的建设是一项紧迫而艰巨的任务，各省级人民检察院的领导要高度重视，在法律、法规和政策允许的范围内，根据当地财力情况和培训工作实际需要，在进行规划建设时要坚持立足当前、兼顾发展、统筹规划，科学建设的原则。立足当前是指各地根据现有的经济状况和培训需求合理确定建设规模；兼顾发展是指在规划用地、房屋设置时既要保证满足当前的需要，也要考虑未来随着人员编制的增加及培训数量增加而预留一定发展的空间；统筹规划是指在征地、规划、建设过程中一定要做到统一安排，现阶段一次投入建设有困难的，也要坚持“规划一步到位、计划分步实施”的原则进行建设；科学建设是指在建设的过程中，充分体现以人为本、人与环境相和谐的理念，要求科学、合理、有序地设计各项教学用房、生活用房和行政用房。各类检察官分院的建设要从当地的财力出发，因地制宜，利用当地现有的条件、设施和资源，合理确定建设规模和水平，使建成后的各检察官分院各项功能齐全，经济适用。避免因盲目追求面积、档次，造成资源浪费。

**第六条** 本条阐明了检察官分院与城乡规划、周围环境的协调一致性。

检察官分院的建设是城乡规划建设的一部分，其选址和布局应符合城乡规划的要求，在保证使用功能的前提下，建筑特征应尽量与周围环境保持协调。

**第七条** 本条阐明了本标准与国家其他相关标准、规范之间的关系。

检察官分院建设涉及城乡规划、环保卫生、供电、供水、信息通信等多个方面的专业问题，除执行本标准外，还应执行国家其他相关标准、规范的规定。

## 第二章 建设等级与项目构成

**第八条** 本条阐明了检察官分院的建设等级。

检察官分院的建设等级，应根据辖区内检察人员编制数和同期培训人数来确定。

根据《检察官培训条例》第七条规定参加初任检察官培训时间不少于90天；第八条规定参加晋升高级检察官培训时间不少于30天；第九条规定领导素能培训时间不少于15天；第十二条规定担任高级检察官以上职务的人员每5年参加脱产培训的时间累计不少于3个月；其他检察官每年参加各种培训的时间累计不少于12天。据统计，截至2009年，每年参加初任检察官培训人数3500人左右，参加晋升高级检察官培训人数

4500 人左右，参加领导素能培训人数 26000 人左右，需参加高级检察官培训培训人数 45000 左右，其他检察官培训人数 75000 人左右。以上测算每年约需培训 2550000 人·天。根据中共中央《干部教育培训工作条例（试行）》第十三条规定："其他干部参加脱产教育培训的时间，一般每年累计不少于 12 天。"截至 2009 年底全国检察机关编制数为 253709 人，扣除参加检察官培训的人数外约有 99700 人，经测算需培训 1196400 人·天左右。以上共计培训 3746400 人·天，按每年有效培训时间 200 天计算（扣除寒暑假 3 个月及双休日），全国 31 个检察官分院（兵团与新疆合并计算），每个分院需承担的培训规模为 600 人左右。

截至 2009 年，32 个省级单位平均编制人数近 8000 人，经分析总编制数在 8000 人（含 8000 人）以下的有 17 个省（含 4 个直辖市），总编制数在 8001 至 11000 人之间的有 9 个省，总编制数在 11000 人（含 11000 人）以上的有 6 个省。综合考虑各方面因素，将检察官分院的培训规模确定为：一类 500 人，二类 400 人，三类 300 人。

北京、上海、天津、重庆等四个直辖市人员编制数目前虽不足 8000 人，但因其高校集中，经济状况、人文环境以及交通条件等资源优势，承担高检院委托培训任务相对较多，所以作了可参照二类标准执行的特殊规定。

考虑到部分省（自治区）人员编制数少、经济条件及自然条件的差异，防止检察官分院建成后造成闲置和浪费，因此，规定编制数不足 3000 人的省（自治区），可按 200 人的规模、参照三类标准的人均面积指标执行。

**第九条** 本条规定了检察官分院的项目构成。

参照《普通高等学校建筑规划面积指标》及其他有关标准，结合检察机关实际情况，将检察官分院建设项目分三大部分，即房屋建筑、场地和建筑设备。这三部分在分院项目建设中密不可分、缺一不可，均应列入统筹安排。

**第十条** 本条规定了检察官分院房屋建筑类的项目构成。

根据各类用房的性质和功能，房屋建筑类分为四部分，即教学用房、行政用房、生活用房、辅助用房等。

（一）教学用房是检察官分院进行各类教育培训活动和司法警察专门训练的用房，包括各类教室、研讨室、报告厅模拟审讯室、模拟法庭、图书馆和体能训练馆及信息网络用房等。其中：

1. 教室是教学培训活动的主要场所，包括普通教室、合班教室、阶梯教室、多媒体教室等。

2. 研讨室是教室的补充，是检察官进行学术交流和研究讨论的场所。

3. 报告厅是进行大型学术交流和培训的场所。

4. 模拟审讯室是为提高学员审讯实战能力而设置的，进行审讯实践的专门教学场所。

5. 模拟法庭是为提高学员审判监督能力而设置的，进行开庭实践的专门教学场所。

6. 图书馆是教学用房的重要组成部分，也是检察文献信息收集、整理、展示和传播的基地。在各地调研过程发现，很多地方忽略了图书馆的作用，有的分院甚至没有规划和建设图书馆。但考虑检察官分院作为检察教育培训的专门基地，需要给学员和教职工提供一个查阅资料、收集信息、静心研读和文化交流的场所。图书馆包括各种阅览室、书库、目录厅、出纳厅、办公及辅助用房（行政办公室、会议室、接待室、读者衣物寄存处、饮水处等）。

7. 体能训练馆是检察官、司法警察及其他人员进行体能训练的特殊场所。检察官和司法警察在日常办案过程中既要承担繁重的工作任务，又要承受各种诱惑的考验，身心经常处于亚健康状态。为了胜任繁重工作任务，增强抵御各种诱惑的能力，培养出一支政治素质高，业务素质硬并且身心健康的检察队伍，必须加大检察官的各种素能培训。在培训期间，不仅学习文化理论业务知识，也要提高实战技能和体能，培养健康的生活情趣。因此，在分院建设中，有必要设立体能训练馆、文体场馆和体育训练场地等。

8. 信息网络用房包括校园网中心机房、远程教育机房及通信信息机房等。

（二）行政用房是检察官分院教职工处理教学事务、召开会议、办公和管理等用房。

（三）生活用房是供学员及教职工休息、用餐、进行文体活动的场所。包括学员宿舍、专家公寓、单身教职工宿舍、餐厅、室内健身房、篮球场、排球场、羽毛球场、台球室、多功能厅等。其中：

专家公寓：主要是为外聘的专家、学者进行授课和学术交流期间临时住宿的场所。

餐厅：是学员、教职工及其他工作人员平时用餐的场所。

（四）辅助用房是指与上述各项用房所需的配套使用的用房。

**第十一条** 本条规定了检察官分院场地的构成内容。

根据检察官分院的教育培训性质，考虑检察官、司法警察训练的特殊性和人员规模，应有必备的场地配合教育培训活动。场地包括体育训练场地、停车场、绿化用地等。

体育训练场地是开展体育活动和锻炼身体的专门场所。

停车场：在调研中发现，随着经济的发展和观念的更新，小轿车已经逐步进入家庭，为方便学员和外来人员停放车辆，停车场的建设越来越迫切。

为了给检察官提供一个舒适优美的学习环境，体现以人为本和绿色校园的理念，总结目前分院建设中为扩大房屋建筑面积忽略绿地建设的经验教训，要求校园的规划布局中必须确定绿化用地面积。

**第十二条** 本条规定了检察官分院建筑设备的主要构成内容。

建筑设备是指安装在建筑物内为人们居住、生活、工作提供便利、舒适、安全等条件的设备。主要包括：建筑给排水系统、采暖空调系统、建筑电气系统、电梯及弱电系统等。

## 第三章 房屋建筑面积指标

**第十三条** 本条规定了检察官分院房屋是以培训规模作为规划其建筑面积指标的基本参数。

**第十四条** 本条规定了检察官分院各类教学用房所包括的内容及具体面积指标。

参照《普通高等学校建筑规划面积指标》、《全日制普通中等专业学校校舍规划面积定额（试行）》、国家发展和改革委员会《关于国家检察官学院改扩建工程立项的批复》（〔2003〕1993 号）以及其他相关标准，结合检察机关实际情况，检察官分院应配备的各类教学用房的具体内容和面积指标确定如下：

1. 普通教室：参照全日制普通中等专业学校普通教室每座使用面积 1.39$m^2$ 标准（按 0.65 折算系数，下同），折合建筑面积标准为 2.12$m^2$，考虑分院培训对象为成年人，按每座建筑面积 2.40$m^2$标准，容纳 50 人上课用，每间 120$m^2$ 面积设置（包含课桌椅、讲台、过道等面积)。根据调研情况及实际需求，一类需设5间，$120m^2 \times 5 = 600m^2$；二类需设4间，$120m^2 \times 4 = 480m^2$；三类需设3间，$120m^2 \times 3 = 360m^2$。按培训规模折算各类人均建筑面积指标为$1.20m^2$/人。

2. 合班教室：参照全日制普通中等专业学校合班教室每座使用面积$1.29m^2$标准（折合建筑面积标准为$1.98m^2$），考虑分院培训对象为成年人，按每座建筑面积$2.20m^2$标准，容纳100人上课用，每间$220m^2$面积设置（包含课桌椅、讲台、过道等面积）。根据调研情况及实际需求，一类需设5间，$220m^2 \times 5 = 1100m^2$；二类需设4间，$220m^2 \times 4 = 880m^2$；三类需设3间，$220m^2 \times 3 = 660m^2$。按培训规模折算各类人均建筑面积指标为$2.20m^2$/人。

3. 阶梯教室：参照全日制普通中等专业学校阶梯教室每座使用面积$1.06m^2$标准（折合建筑面积标准约为$1.60m^2$），按每类分院50%的学员设置阶梯教室（包含课桌椅、讲台、过道等面积），按培训规模折算各类人均建筑面积指标为$0.80m^2$/人。

4. 多媒体教室：供多媒体教学及远程教学使用，并配备相应的电教设备。参照全日制普通中等专业学校语音教室及准备室每座使用面积$2.00m^2$标准（折合建筑面积标准为$3.08m^2$），按每类分院20%的学员设置多媒体教室（包含课桌椅、讲台、过道等面积），按培训规模折算各类人均建筑面积指标为$0.62m^2$/人。

5. 研讨室：供学术研讨、交流之用，每间按照$80m^2$设定，根据调研情况及实际需求，一类需设5间，$80m^2 \times 5 = 400m^2$；二类需设4间，$80m^2 \times 4 = 320m^2$；三类需设3间，$80m^2 \times 3 = 240m^2$。按培训规模折算各类人均建筑面积指标为$0.80m^2$/人。

6. 报告厅：根据调研情况及实际需求，各类分院需设置一个一定规模的报告厅，以满足教学及学术报告之需要，其面积参考国家发展和改革委员会《关于国家检察官学院改扩建工程立项的批复》（发改委投资〔2003〕1993号）人均$2.5m^2$的批复，根据各分院实际情况，规定人均建筑面积指标为$2.00m^2$/人。

7. 模拟审讯室：根据检察官工作职能的需求，各类检察官分院需配备模拟审讯室和检察技术实验室以满足培训工作及提高实战技能之需要，各类面积分别为$100m^2$、$80m^2$、$60m^2$。按不同规模的学员人数计算，人均建筑面积指标每类为$0.20m^2$/人。

8. 模拟法庭：根据检察官培训的具体要求，各类分院需设置一个大小不等的模拟法庭，以提高公诉人员出庭公诉、抗诉的能力，各类面积分别为$240m^2$、$200m^2$、$180m^2$。按不同规模的学员人数计算，人均建筑面积指标为一类$0.48m^2$/人，二类$0.50m^2$/人，三类$0.50m^2$/人。

9. 图书馆：其面积参考国家发展和改革委员会《关于国家检察官学院改扩建工程立项的批复》（发改委投资〔2003〕1993号）人均$2.94m^2$的批复，规定人均建筑面积指标为$3.00m^2$/人。

10. 体能训练馆：根据检察官分院的性质及培训要求，各类检察官分院需根据培训规模设置一个体能训练馆，以满足检察官与司法警察体能训练之需要，依据调研及实际需求，面积分别为$300m^2$、$240m^2$、$180m^2$，折算后各类人均建筑面积指标为$0.60m^2$/人。

11. 信息网络机房：根据国家相关设计规范，确定各类人均建筑面积指标为一类$0.8m^2$/人，二类$0.8m^2$/人，三类$1.00m^2$/人。

各类教学用房的建筑面积指标如附表1。

**附表1　教学用房建筑面积控制指标表**

| 序号 | 用房种类 | 人均面积指标（$m^2$/人） | | | 总面积（$m^2$） | | |
|---|---|---|---|---|---|---|---|
| | | 一类 | 二类 | 三类 | 一类 | 二类 | 三类 |
| | 合计 | 12.70 | 12.72 | 13.02 | 6350 | 5088 | 3906 |
| 1 | 普通教室 | 1.20 | 1.20 | 1.20 | 600 | 480 | 360 |
| 2 | 合班教室 | 2.20 | 2.20 | 2.20 | 1100 | 880 | 660 |
| 3 | 阶梯教室 | 0.80 | 0.80 | 0.80 | 400 | 320 | 240 |
| 4 | 多媒体教室 | 0.62 | 0.62 | 0.62 | 310 | 248 | 186 |
| 5 | 研讨室 | 0.80 | 0.80 | 0.80 | 400 | 320 | 240 |
| 6 | 报告厅 | 2.00 | 2.00 | 2.00 | 1000 | 800 | 600 |
| 7 | 模拟审讯室 | 0.20 | 0.20 | 0.20 | 100 | 80 | 60 |
| 8 | 模拟法庭 | 0.48 | 0.50 | 0.60 | 240 | 200 | 180 |
| 9 | 图书馆 | 3.00 | 3.00 | 3.00 | 1500 | 1200 | 900 |
| 10 | 体能训练馆 | 0.60 | 0.60 | 0.60 | 300 | 240 | 180 |
| 11 | 信息网络用房 | 0.80 | 0.80 | 1.00 | 400 | 320 | 300 |

注：表中总面积，一类分院按500人、二类分院按400人、三类分院按300人计算。

**第十五条**　本条规定了检察官分院各类行政用房所包括的内容及面积指标。

由于目前检察官分院的教职工人数尚无明文规定，参考国家发展和改革委员会《关于国家检察官学院改扩建工程立项的批复》（发改委投资〔2003〕1993号）以及近年来国家类似学院的相关情况，确定国家检察官学院分院的学员与教职工的比例5∶1进行配备，一类、二类、三类分院分别需配备教职工100名、80名、60名。各种用房面积指标确定如下：

1. 管理用房：检察官分院既有行政管理人员也有具备职称的教学人员。参照相关规定，管理用房按照教职工20%人均使用面积12$m^2$、80%人均使用面积6$m^2$计算，按照培训规模计算的人均建筑面积指标为2.22$m^2$/人。

2. 会议室：根据检察官分院教职工的工作需要，设置各类会议室，总面积一类为150$m^2$，二类为120$m^2$，三类为105$m^2$，按照培训规模计算的人均建筑面积指标为一类0.30$m^2$/人，二类0.30$m^2$/人，三类0.35$m^2$/人。

3. 档案室：根据调研情况和教学工作需要，并考虑预留发展的空间，每类检察官分院需设置2个档案室，面积分别为一类300$m^2$、二类240$m^2$、三类180$m^2$，按照培训规模折算的人均建筑面积指标为0.60$m^2$/人。

各类行政用房的建筑面积指标如附表2。

**附表2　行政用房建筑面积指标分类表**

| 序号 | 用房种类 | 人均面积指标（$m^2$/人） | | | 总面积（$m^2$） | | |
|---|---|---|---|---|---|---|---|
| | | 一类 | 二类 | 三类 | 一类 | 二类 | 三类 |
| | 合计 | 3.12 | 3.12 | 3.17 | 1560 | 1248 | 951 |
| 1 | 管理用房 | 2.22 | 2.22 | 2.22 | 1110 | 888 | 666 |
| 2 | 会议室 | 0.30 | 0.30 | 0.35 | 150 | 120 | 105 |
| 3 | 档案室 | 0.60 | 0.60 | 0.60 | 300 | 240 | 180 |

注：表中总面积，一类分院按500人、二类分院按400人、三类分院按300人计算。

**第十六条** 本条规定了检察官分院各类生活用房所包括的内容及其面积指标。

参照《普通高等学校建筑规划面积指标》、国家发展和改革委员会《对国家检察官学院改扩建工程立项的批复》（〔2003〕1993 号）以及其他相关标准，结合检察机关实际情况，各类生活用房面积指标确定如下：

一、学员宿舍：由于检察官分院的培训对象主要是检察官和司法警察，分院宿舍也经常用作检察办案人员用房，考虑到保密的需要和生活的方便，体现人性化的设计理念，因此按照一人一间的思路设计。其面积指标参考近几年来类似建设情况，按照厅（局）级学员人均建筑面积 $38m^2$/人、其他人员 $19m^2$/人标准，根据厅（局）级学员约占全部学员的 10%、其他人员约占 90% 的比例，计算出人均建筑面积指标 $21m^2$/人。

二、专家公寓：根据检察官分院的性质，各类检察官分院需设置一定数量的专家公寓，以解决外聘专家、学者来学院进行授课和学术交流期间临时住宿之需要。依分院的规模及实际需求，一、二、三类检察官分院分别按 5 套、4 套、3 套设置，规定每套面积为 $80m^2$，按培训规模折算的人均建筑面积为 $0.8m^2$/人。

三、单身教工宿舍：根据调研并结合实际情况，各类分院按照教工总数 20% 比例设置单身教工宿舍，参照现行行业标准《宿舍建筑设计规范》JGJ 36 单人宿舍使用面积 $16m^2$/人（不含附设卫生间和阳台面积）的标准，折合人均建筑面积为 $24m^2$，按培训规模折算的人均建筑面积为 $0.96m^2$/人。

四、餐厅：参照普通高校餐厅生均建筑面积为 $0.64m^2$ 的标准，结合检察官分院成人教育的实际情况，各类分院分别设定学员餐厅、教职工餐厅。面积应包括餐厅、厨房及附属用房（主副食加工间、主副食库、餐具库、冷库、配餐间、炊事员更衣室、休息室、卫生间等），确定各类分院人均建筑面积为 $3.84m^2$/人。

五、文体场馆：为了使学员在学习期间，有一个良好的锻炼身体及休闲娱乐的场所，各类检察官分院需设置 1 个文体场馆，具体包括室内健身房、篮球场、排球场、羽毛球场、台球和棋牌室、多功能厅等。参照各种体育场馆相关设计规范，确定各类分院人均建筑面积指标为一类 $3.00m^2$/人，二类 $3.50m^2$/人，三类 $4.30m^2$/人。

各类生活用房的建筑面积指标如附表 3。

**附表 3　生活用房建筑面积指标分类表**

| 序号 | 用房种类 | 人均面积指标（$m^2$/人） | | | 总面积（$m^2$） | | |
|---|---|---|---|---|---|---|---|
| | | 一类 | 二类 | 三类 | 一类 | 二类 | 三类 |
| | 合计 | 31.18 | 31.68 | 32.48 | 15590 | 12672 | 9744 |
| 1 | 学员宿舍 | 21.00 | 21.00 | 21.00 | 10500 | 8400 | 6300 |
| 2 | 专家公寓 | 0.80 | 0.80 | 0.80 | 400 | 360 | 240 |
| 3 | 单身教工宿舍 | 0.96 | 0.96 | 0.96 | 480 | 384 | 288 |
| 4 | 工勤人员宿舍 | 0.60 | 0.60 | 0.60 | 300 | 240 | 180 |
| 5 | 学员及教职工餐厅 | 3.84 | 3.84 | 3.84 | 1920 | 1536 | 1152 |
| 6 | 工勤人员餐厅 | 0.48 | 0.48 | 0.48 | 240 | 192 | 144 |
| 7 | 文体场馆 | 3.00 | 3.50 | 4.30 | 1500 | 1400 | 1290 |
| 8 | 公共浴室 | 0.50 | 0.50 | 0.50 | 250 | 200 | 150 |

注：表中总面积，一类分院按 500 人、二类分院按 400 人、三类分院按 300 人计算。

**第十七条** 本条是关于辅助用房建筑面积的规定。参照有关规定各类辅助用房面积分别按教学用房、行政用房和生活用房的6%、6%和8%设置。辅助用房建筑面积控制指标如附表4。

**附表4 辅助用房建筑面积控制指标表**

| 序号 | 用房种类 | 人均面积指标（$m^2$/人） | | | 总面积（$m^2$） | | |
|---|---|---|---|---|---|---|---|
| | | 一类 | 二类 | 三类 | 一类 | 二类 | 三类 |
| 1 | 辅助用房 | 2.82 | 2.85 | 3.80 | 1410 | 1140 | 1140 |

注：表中总面积，一类分院按500人、二类分院按400人、三类分院按300人计算。

**第十八条** 本条规定了教学用房、行政用房、生活用房和辅助用房四项用房的建筑面积总指标及突破本标准的特殊规定。四类用房建筑总面积如附表5。

**附表5 四项用房的建筑总面积指标分类表**

| 序号 | 用房种类 | 人均面积指标（$m^2$/人） | | | 总面积（$m^2$） | | |
|---|---|---|---|---|---|---|---|
| | | 一类 | 二类 | 三类 | 一类 | 二类 | 三类 |
| 1 | 教学用房 | 12.70 | 12.72 | 13.02 | 6350 | 5088 | 3906 |
| 2 | 行政用房 | 3.12 | 3.12 | 3.17 | 1560 | 1248 | 951 |
| 3 | 生活用房 | 31.18 | 31.68 | 32.48 | 15590 | 12672 | 9744 |
| 4 | 辅助用房 | 2.82 | 2.85 | 3.80 | 1410 | 1140 | 1140 |
| | 合计 | 49.82 | 50.37 | 52.47 | 24910 | 20148 | 15741 |

注：表中总面积，一类分院按500人、二类分院按400人、三类分院按300人计算。

为了便于大家掌握，对三项用房面积指标进行了汇总，对三项房屋建筑总面积进行了测算：一类为500人×$49.82m^2$/人=$24910m^2$，二类为400人×$50.37m^2$/人=$20148m^2$，三类为300人×$52.47m^2$/人=$15741m^2$。但考虑到我国各地区情况差异较大，虽然本标准按照人均面积指标及培训规模确定了三项用房的总建筑面积，但对于某些培训任务繁重、教育资源较好、经济特别发达的检察官分院，仍不一定完全适应。如果将其完全限定在各类标准规定的范围内，有可能出现各类用房不能满足需要的情况，不利于开展工作，因此在制定标准时，本着原则性与灵活性相结合的原则，对其面积指标作了相对灵活的规定，允许其在单独报批后适当提高标准。

**第十九条** 本条是关于检察官分院房屋建筑总面积计算方法的规定。首先各分院要看所在省（直辖市）内检察人员编制数，然后根据编制数确定分院的等级，按照分院等级对应的培训规模人数乘以人均建筑面积指标确定。

**第二十条** 本条是关于检察官分院房屋建筑面积指标为控制指标的规定。分院的建设既要适应检察培训的需要，又要符合当地经济的实际发展水平。不同类别、不同地区的分院，由于辖区内检察人员与培训量的差异，所需面积差异较大，对各级分院所需总面积做统一限定很难符合实际需要。因此，本标准按照辖区内检察人数编制确定的培训规模定人均面积，使培训规模与其编制人数相对成正比，避免出现编制较多的地方用房紧张而编制较少的地方造成浪费的现象；同时各地可本着实际需求和财力状况对面积进行适当调整。

## 第四章　场地面积指标

**第二十一条**　本条规定了检察官分院场地是以培训规模作为其规划建筑面积指标的基本参数。

**第二十二条**　本条规定了检察官分院体育训练场地的面积指标。

检察官和司法警察不仅需要丰富的专业知识和较高的专业技能，还需拥有强健的体魄，才能胜任艰巨的工作任务。检察官分院很有必要设置一个室外体育训练活动场地。其面积按照一个200m跑道的田径场（占地3948$m^2$）、一个300$m^2$的器械场和一个500$m^2$室外篮球场来设置，计算出面积4748$m^2$。按培训规模折算人均建筑面积为一类9.50$m^2$/人，二类11.87$m^2$/人，三类15.83$m^2$/人。体育训练场地的面积指标如附表6。

**附表6　体育训练场地建筑面积指标分类表**

| 类别 | 培训规模（人） | 体育训练场地指标（$m^2$/人） | 总面积（$m^2$） |
|---|---|---|---|
| 一类 | 500 | 9.50 | 4748 |
| 二类 | 400 | 11.87 | 4748 |
| 三类 | 300 | 15.83 | 4748 |

**第二十三条**　本条规定了检察官分院停车场的面积指标。

对于停车场面积既要保证满足当前需求，也要兼顾未来发展，更需注意因地制宜。按照培训规模的10%设定车位，其面积指标参照《党政机关办公用房建设标准》相关规定，每个车位面积为25$m^2$。停车场地面积指标如附表7。

**附表7　停车场建筑面积指标分类表**

| 类别 | 停车数量（辆） | 车位面积指标（$m^2$/车） | 总面积（$m^2$） |
|---|---|---|---|
| 一类 | 50 | 25.00 | 1250 |
| 二类 | 40 | 25.00 | 1000 |
| 三类 | 30 | 25.00 | 750 |

**第二十四条**　本条是关于检察官分院的集中绿化用地和绿化率的规定。

检察官分院是城乡建设的主要组成部分，为了改善环境及小气候，必须安排一定的绿地。在进行设计时绿化面积应按照城乡总体规划和建设有关绿地的控制要求一并考虑，但整个校园的绿化率不应高于40%。

## 第五章　建筑标准与建筑设备

**第二十五条**　本条是关于检察官分院建筑设计的要求。

检察官分院是一个教学机构，从安全、方便的角度考虑，宜建多层建筑。作为开展检察教育及培训的专门院校，应朴素大方、简朴庄重，同时要突出检察教育的校园文化特色和地域建筑特色。并应符合国家有关节能环保、消防安全、抗震、无障碍设计等规定。各类用房的设计应从实用性出发，做到功能齐全、经济适用。

**第二十六条**　本条规定了检察官分院装修标准的要求。

由于各地经济条件存在差异，对检察官分院各项用房的装修要求也不同，考虑到

《党政机关办公用房建设标准》中对装修标准做出了具体规定，要求检察官分院的装修标准参照《党政机关办公用房建设标准》的有关规定执行。

**第二十七条** 本条规定了电子信息系统机房的建设要求。

由于电子信息系统机房的特殊性和专业性，国家对电子信息系统机房的设计与装修制定了统一的设计规范，即现行国家标准《电子信息系统机房设计规范》GB 50174。为了防止检察官分院建设过程中对于电子信息系统机房的不规范设计和装修，本标准要求各分院电子信息系统机房的设计与装修应按照此规范的有关规定执行。

**第二十八条** 本条规定了图书馆的建设要求。

图书馆与普通用房相比在建筑设计与装修方面存在着差异，为了规范检察官分院对图书馆的设计与装修，本标准规定图书馆的建筑与装修应参照现行行业标准《图书馆建筑设计规范》JCJ 38 的有关规定执行。

**第二十九条** 本条规定了检察官分院给水设施的要求。

考虑到有的检察官分院有可能建在没有统一市政设施系统可利用的城（郊）区，有必要配备符合国家卫生标准的给水设施。

**第三十条** 本条规定了检察官分院排水排污的要求。

为了保护环境，防止污染，检察官分院的排水、排污、废弃物的处理应符合环保的有关规定和要求。

**第三十一条** 本条规定了检察官分院配置采暖和空调设施、系统的条件和要求。

检察官分院配置采暖或者空调设施和系统，主要取决于气候条件和经济状况。对于严寒地区来说，冬季采暖设施和系统是必不可少的，但是夏季需要空调时间很短，不应设置集中空调系统；而寒冷地区和夏热冬冷地区，冬季和夏季的室内环境比较差，需要设置采暖和空调设施。夏热冬暖地区气候炎热，夏季应该设置空调设施和系统，但没必要设置采暖系统。温和地区毗邻寒冷、夏热冬冷和夏热冬暖地区，可视当地具体气候条件而定。

为了节约资源和保护环境，在冬季需要供暖的地区，应充分利用集中采暖系统，可减少建设独立锅炉房及设备的投入和附属用房面积；在夏季需要进行人工降温的地区，可采用分区或集中空调系统。

**第三十二条** 本条规定了检察官分院供电的要求。

作为教学、培训的检察官分院，由于其特殊性，要求其供电系统必须保证连续性、安全性、可靠性，供电系统的电力设备和负荷要达到照明用电的要求。

**第三十三条** 本条规定了检察官分院的弱电建设要求。

检察官分院作为一所现代化的学院，为适应信息化建设和教学培训的需求，需配置相应的弱电系统。弱电系统主要包括信息设施系统、信息化应用系统、安全系统、建筑设备监控系统和机房工程等构成。各地在规划建设时要考虑到信息网络建设和智能化管理的要求，现阶段难以达到本建设标准的，在敷设线路时，预留各种接口，避免二次施工造成浪费。

**第三十四条** 本条规定了检察官分院设置检察专网、远程和多媒体教学设施的要求。

由于检察官分院培训对象主要是检察官和司法警察，为满足培训的需要，同时方便学员学习和查阅资料，在保证安全和保密要求下，各种教学用房、行政用房和学员宿舍均应接入检察专线网；教室应安装音频、视频终端，以满足远程教学和多媒体教学的需要。

## 第六章　选址与建设用地

**第三十五条**　本条规定了检察官分院选址的一般原则。

检察官分院是开展教育及培训的专门场所，它的选址首先要考虑教学的特殊性质和用途，应选在交通便捷、环境适宜、市政基础设施和公共服务设施条件比较完善的地点。要求校园周边环境比较安静，且校园视野开阔、地势平坦，宜与高校区相毗邻，便于因地制宜充分利用高校的资源进行学术交流和沟通。应避免建设在工业区、商业区、居民区等相互影响的地区。

**第三十六条**　本条规定了检察官分院各项用房在布局上的原则要求。

调研中发现，有的检察官分院将教室与办公室放在一起，课间休息时产生的噪音影响了正常的办公秩序。因此本标准对检察官分院各项用房的布建作出了规定，要求规划建设时应坚持集中布局、合理分区的原则。根据功能的不同可以分为教学区、行政区、生活区、训练区等，但在分区建设的过程中尽量要做好衔接，既相互独立互不干扰，又要便于生活和管理。

**第三十七条**　本条是关于检察官分院建设用地的原则要求。

我国大部分城市都面临着建设用地日趋紧张的情况，在进行检察官分院建设时，一方面要考虑到分院是开展教学的场所，必须拥有一定的规模；另一方面要结合各地的经济状况和建设用地情况合理确定建设规模。要求建设过程中既要做到节约、集约用地，也要做到满足教学的需求。因此本标准对各类分院的建设用地面积未作统一规定，要求各地按照当地城乡规划确定的容积率与建筑密度进行规划和建设。

# 公安机关业务技术用房建设标准

## 建标 130—2010

## 住房和城乡建设部、国家发展和改革委员会关于批准发布《公安机关业务技术用房建设标准》的通知

建标〔2010〕95 号

国务院有关部门，各省、自治区、直辖市、计划单列市住房和城乡建设厅（委、局）、发展和改革委员会，新疆生产建设兵团建设局、发展和改革委员会：

根据住房和城乡建设部《关于印发〈2009 年工程项目建设标准和建设项目评价方法与参数编制项目计划〉的通知》（建标函〔2009〕320 号）要求，由公安部负责编制的《公安机关业务技术用房建设标准》，经有关部门会审，现批准发布，自 2010 年 10 月 1 日起施行。

在公安机关业务技术用房建设项目的审批、设计和建设过程中，要严格遵守国家关于严格控制建设标准的有关要求，认真执行本建设标准，坚决控制工程造价。

本建设标准的管理由住房和城乡建设部、国家发展和改革委员会负责，具体解释工作由公安部负责。

**中华人民共和国住房和城乡建设部**
**中华人民共和国国家发展和改革委员会**
**二〇一〇年六月二十六日**

## 前　言

《公安机关业务技术用房建设标准》是根据住房和城乡建设部《关于印发〈2009 年工程项目建设标准和建设项目评价方法与参数编制项目计划〉的通知》（建标函〔2009〕320 号）的安排，由公安部主编，具体由公安部装备财务局和中国建筑标准设计研究院共同编制的。

按照中央关于深化司法保障体制和工作机制改革工作的精神和要求，为规范公安机关业务技术用房建设，我们组织开展了公安机关业务技术用房建设标准编制工作。在标准编制过程中，编制组进行了广泛深入的全国性的问卷调查及实地调查研究，认真分析了全国既有公安机关业务技术用房的统计资料，总结了公安机关业务技术用房建设、使用的先进经验。在此基础上，充分考虑了省、地、县三级公安机关业务技术用房的现状和我国总体的经济发展态势，确定本建设标准的建设规模和水平，编写了本建设标准。经广泛征求有

关部门、单位及专家的意见，最后由我部组织召开审查会议，会同有关部门审查定稿。

本建设标准共分五章：总则、建设内容和项目构成、选址和规划布局、建筑等级和面积指标、建筑标准和建筑设备。

请各单位在执行本建设标准的过程中，注意总结经验，积累资料。如发现需要修改和补充之处，请将意见和有关资料寄至公安部装备财务局（通讯地址：北京市东长安街14号，邮政编码：100741），以便今后修订时参考。

**主编单位：** 中华人民共和国公安部装备财务局

中国建筑标准设计研究院

**主要起草人：** 吕　杨　刘玉庆　王冬阳　苏　剑　顾　均　邵　丹

**中华人民共和国公安部**

**二〇一〇年五月**

# 第一章　总　　则

**第一条**　为加强和规范公安机关业务技术用房建设，提高公安机关维护国家安全和社会稳定、打击犯罪和服务社会的能力，根据国家有关法律、法规和其他有关文件的规定，结合公安办案的业务特点及专业技术要求，制定本建设标准。

**第二条**　本建设标准是公安机关业务技术用房建设项目决策和建设的全国统一标准，是编制、评估和审批公安机关业务技术用房建设项目的项目建议书、可行性研究报告的重要依据，是审查项目工程设计和对工程项目建设全过程监督检查的重要依据。

**第三条**　本建设标准适用于省级、地（市）级、县（区）级和非行政区划的县级公安机关业务技术用房新建、改建和扩建的工程建设项目。

本建设标准所指公安机关业务技术用房是指除公安机关办公用房、公安派出所和公安监管场所以外的其他公安机关业务技术用房。

**第四条**　公安机关业务技术用房建设必须遵守国家有关法律、法规，以满足公安机关业务实际需求为前提，实事求是、统筹兼顾，考虑现实工作业务发展需要和地方财力可能，按照本建设标准的规定，合理确定项目建设规模及水平。

**第五条**　除警务技能训练基地和警犬基地外，公安机关业务技术用房均应与公安机关办公用房统一规划、统筹建设，在保证功能相对独立设置的前提下，宜合并建设，共用附属设施。

**第六条**　公安机关办公用房建设应按《党政机关办公用房建设标准》执行。当公安机关业务技术用房和公安机关办公用房统一建设时，共用的附属房屋建筑、建筑设备及场地应按实际功能需求确定规模，避免重复建设。

**第七条**　公安机关业务技术用房的建设应符合城市规划的要求，建筑风格和体量应与周围城市环境相协调，并应符合国家有关节地、节水、节能、节材、环境保护和防火、建筑安全等规定。

**第八条**　公安机关业务技术用房建设除应遵守本建设标准外，尚应符合相关国家现行有关标准、定额的规定。

# 第二章　建设内容和项目构成

**第九条**　公安机关业务技术用房建设项目由房屋建筑、建筑设备和场地三部分构成。

**第十条** 省级、地（市）级公安机关以及相当于同级别公安机关业务技术用房的房屋建筑建设内容可包括以下功能用房：

一、指挥中心用房，包括接处警指挥大厅（含“三台”合一用房）、指挥室、要素室、情报收集研判会商室、专用机房、值班室等。

二、办案用房，包括来访等候接待室、讯问室、询问室、辨认室、监听监视室、情报采集室、案情分析室、专家审卷会审室等。

三、窗口用房，包括信访用房、机动车和驾驶人业务办理用房、出入境服务大厅、办证用房、人像采集室、制证室和驾驶人教育、考试、交通违法及事故处理用房等。

四、信息通信用房，包括计算机网络机房（公安网、涉密网、互联网）、通信机房（含有线、无线、卫星、图像控制）、视频指挥调度室、电视电话会议室、应急通信系统机房、公安信息库用房等。

五、网络安全保卫用房，包括监控、侦控工作机房、电子数据鉴定及攻防实验室、网络舆情处置指挥室、系统设备机房等。

六、技术侦察用房，包括办案手段业务用房、侦控机房、技侦实验室、技侦装备库房等。

七、机要工作用房，包括密码通信值班室、密码电报办、阅报室、密码通信室、密码通信网络机房、密码库房等。

八、刑事技术用房，包括刑事技术管理用房、现场勘查技术用房和实验室用房等。实验室包括：痕迹检验实验室、法医学实验室、声像技术实验室、信息技术应用实验室、理化检验实验室、毒品检测实验室、文件检验实验室、DNA 检测实验室、电子物证检验实验室和心理测试实验室。

九、物证以及收缴物品保管用房，包括贵重物品保管室、一般物品保管室、收缴物品保管室、收缴毒品和易制毒化学品保管室、收缴强制爆炸物品保管室等。

十、警用装备物资（含应急储备物资）库，包括枪支保管室、弹药保管室、警用装备保管室、警用服装保管室、特种车辆（含通信指挥、勘查、毒品查缉等特种车辆）用房、应急储备物资库等。

十一、警务技能训练用房，包括民警日常训练所需的擒拿格斗用房等。

十二、备勤用房。

十三、档案用房，包括档案库房、接收整理室、编目阅览室、保护技术室等。

十四、警犬基地和警犬用房。省级公安机关可设警犬基地一处，包括犬舍、教学及科研用房、学员住宿用房、食堂及附属用房等。地（市）级公安机关设置警犬用房，主要包括犬舍和附属用房等。

十五、警务技能训练基地，包括教学用房（含教室、警用装备仪器设备教学训练室、图书馆等）、行政用房、民警实战训练所需的训练用房（含泅渡馆、射击馆、擒拿格斗训练馆、模拟街区等）、学员宿舍、食堂及附属用房等。

**第十一条** 县（区）级公安机关以及相当于该级别的公安机关业务技术用房的房屋建筑建设内容可包括以下功能用房：

一、指挥中心用房，包括接处警指挥大厅（含“三台”合一用房）、指挥室、要素室、情报收集研判会商室、专用机房、值班室等。

二、办案用房，包括来访等候接待室、讯问室、询问室、辨认室、监听监视室、情报采集室、案情分析室、专家审卷会审室等。

三、窗口用房，包括信访用房、机动车和驾驶人业务办理用房、办证用房、人像采集室、制证室、驾驶人教育、考试、交通违法及事故处理用房等。

四、信息通信用房，包括计算机网络机房（公安网、涉密网、互联网）、通信机房（含有线、无线、卫星、图像控制）、视频指挥调度室、电视电话会议室、应急通信系统机房等。

五、网络安全保卫用房，包括监控、侦控工作机房、电子数据鉴定及攻防实验室、网络舆情处置指挥室、系统设备机房等。

六、机要工作用房，包括密码通信值班室、密码电报办、阅报室、密码通信室、密码通信网络机房、密码库房等。

七、刑事技术用房，包括刑事技术管理用房、现场勘查技术用房和实验室用房等。实验室包括：痕迹检验实验室、法医学实验室、声像技术实验室、信息技术应用实验室、理化检验实验室、毒品检测实验室、文件检验实验室、DNA 检测实验室、电子物证检验实验室和心理测试实验室。

八、物证以及收缴物品保管用房，包括贵重物品保管室、一般物品保管室、收缴物品保管室、收缴毒品和易制毒化学品保管室、收缴强制爆炸物品保管室等。

九、警用装备物资（含应急储备物资）库，包括枪支保管室、弹药保管室、警用装备保管室、警用服装保管室、特种车辆（含通信指挥、勘查、毒品查缉等特种车辆）用房等。

十、警务技能训练用房，包括民警日常训练所需的擒拿格斗健身房等。

十一、备勤用房。

十二、档案用房，包括档案库房、接收整理室、编目阅览室、保护技术室等。

十三、警犬用房，主要包括犬舍和附属用房等。

**第十二条**　单独建设的公安机关业务技术用房的房屋建筑除按第十条、第十一条所述的功能用房外，还应包括配套的值班室、设备机房、汽车库等附属用房。

**第十三条**　单独建设的公安机关业务技术用房的建筑设备应包括建筑给排水、暖通空调、供电系统及设备和弱电系统等。

**第十四条**　公安机关业务技术用房的场地应包括建筑基地内的道路、绿地、停车场、室外警察体训操场等。

## 第三章　选址和规划布局

**第十五条**　公安机关业务技术用房建设项目的选址应与公安机关办公用房的选址统筹进行，建设基地应满足下列要求：

一、工程地质和水文地质应较好；

二、周边市政设施应较完备；

三、不应选择周边环境有较强污染源的地区，及存有易燃易爆危险品的区域；

四、根据繁育、训练警犬的业务特点和安全考虑，警犬基地应单独选址建设，并应避开城镇等人员密集的生活、学习及工作场所；

五、警务技能训练基地应依托原有的公安警校进行建设。考虑其培训内容的特殊性，如需新建的，可单独选址建设。

**第十六条** 公安机关业务技术用房建设项目（警犬基地除外）宜临近城市主要道路，基地道路应与城市道路连通。

**第十七条** 各类功能用房、附属用房的规划布局，应考虑用房性质和用途，按照安全保密、有利工作和保护环境的原则进行。

**第十八条** 业务技术工作所产生有污染的垃圾及污物，宜由专门路线运出，不宜与主要人流流线交叉。

**第十九条** 收缴爆炸物品保管室、收缴危险物品保管室应与人员日常工作区域分开，独立设置，并应符合国家有关安全防护的标准要求。

**第二十条** 建筑基地内的容积率、建筑密度、建筑高度及绿地率应符合当地城市规划的规定。

**第二十一条** 建筑基地内应设置机动车和非机动车的停车场地，并结合主要出入口布置，停车数量除满足公安机关业务技术用房的专门功能需求外，还应符合当地交通管理部门和城市规划的规定。

## 第四章 建筑等级和面积指标

**第二十二条** 公安机关业务技术用房的建设，应按公安机关的行政级别划分为两类。省级、地（市）级公安机关业务技术用房为一类，县（区）级公安机关业务技术用房为二类。

**第二十三条** 公安机关业务技术用房的建设规模应依据各地公安机关在编民警数，按人均建筑面积累积计算，兼顾各项业务开展的基本使用需求。省级按省公安机关本级在编民警人数计算，地（市）级按地（市）公安机关本级在编民警人数计算，县（区）级按县（区）公安机关本级在编民警人数计算，以上在编人员计算均不含公安监管场所、公安派出所民警人数。

**第二十四条** 公安机关业务技术用房的人均建筑面积应符合以下规定（具体面积分配比例按照附录二执行）：

一、一类公安机关业务技术用房的人均建筑面积为28～40m$^2$；

二、二类公安机关业务技术用房的人均建筑面积为28～38m$^2$。

本条规定的人均建筑面积指标为控制指标，在保证业务工作正常开展的前提下，可视业务工作量及地方财力的可能适当降低。

**第二十五条** 各地一类公安机关业务技术用房的建筑规模计算方法应符合以下规定：

一、在编民警人数2000人以上的，其人均建筑面积不应超过28m$^2$；

二、在编民警人数少于200人的，其人均建筑面积不应超过40m$^2$；

三、在编民警人数200～2000人的，其人均建筑面积应采用插入法计算，计算公式如下（单位：m$^2$/人）：

$$S_{人均}=28+(2000-N)\times 0.0066$$

其总建筑面积计算公式如下（单位：m$^2$）：

$$S_{综合}=N\times S_{人均}$$

式中：$N$——在编民警人数；

$S_{综合}$——总建筑面积；

$S_{人均}$——人均建筑面积。

**第二十六条** 各地二类公安机关业务技术用房的建设规模计算方法应符合以下规定：

一、在编民警人数500人以上的，其人均建筑面积不应超过$28m^2$；

二、在编民警人数少于100人的，其人均建筑面积不应超过$38m^2$；

三、在编民警人数100~500人的，其人均建筑面积应采用插入法计算，计算公式如下（单位：$m^2$/人）：

$$S_{人均}=28+(500-N)\times 0.025$$

其总建筑面积计算公式如下（单位：$m^2$）：

$$S_{综合}=N\times S_{人均}$$

式中：$N$——在编民警人数；

$S_{综合}$——总建筑面积；

$S_{人均}$——人均建筑面积。

**第二十七条** 公安机关业务技术用房中的警务技能训练基地、警犬基地及警犬用房的建设规模，不在第二十五条、第二十六条规定的控制指标内。

**第二十八条** 在条件满足、地方财力许可的情况下，可考虑建设省级与地（市）级警务技能训练基地。省级与地（市）级警务技能训练基地的总建筑面积指标应依据同期培训规模计算，同期培训人数不应少于300人，不宜超过500人。省级生均建筑面积不应超过$55m^2$；地（市）级生均建筑面积不应超过$50m^2$。若地（市）级公安机关所辖区域在编民警人数的10%不足300人时，应在相邻的2~3个地市的中心城市设置1个区域警务技能训练基地，负责该区域内民警的培训任务。

**第二十九条** 省级警犬基地总建筑面积应按同时繁育、培训100~300犬计，每犬建筑面积不应超过$25m^2$。

**第三十条** 警犬用房属地（市）级、县（区）级公安机关的业务技术用房，其总建筑面积应按实际日常所用犬数计，每犬建筑面积宜为$10\sim12m^2$。

**第三十一条** 公安机关业务技术用房与公安机关办公用房共同建设的，其附属用房应与办公用房的附属用房统一规划、建设，建筑面积指标不得重复计算。确需独立建设的公安机关业务技术用房，其附属用房的建筑面积宜为公安机关业务技术用房总建筑面积的5%~7%。

**第三十二条** 公安机关业务技术用房如有特殊需求，建设内容未包含在本建设标准范围内时，应向上一级政府投资主管部门单独申报。

## 第五章　建筑标准和建筑设备

**第三十三条** 公安机关业务技术用房建设项目的建筑应按实用、经济、安全、美观的原则进行设计、建造。建筑应朴素、庄重。

**第三十四条** 公安机关业务技术用房的建设应满足业务技术的各项功能，符合节能、防火、无障碍、卫生、环保的要求。

**第三十五条** 公安机关业务技术用房的装修标准应根据不同房间的功能要求确定，并按照《党政机关办公用房建设标准》规定的装修标准执行。

**第三十六条** 公安机关业务技术用房的供电应符合设备和照明用电负荷的要求。

**第三十七条** 公安机关业务技术用房应有给排水设施，并应符合国家卫生标准。

**第三十八条** 公安机关业务技术用房应根据国家相关规定设置采暖系统或空调系统，部分业务技术用房亦可根据业务技术工作的特殊要求设置专用采暖系统或空调系统。

**第三十九条** 公安机关业务技术用房的弱电系统应满足管理、通讯、网络、办案、安防等需求。

**第四十条** 公安机关业务技术用房改建、扩建建设项目，应充分利用原有可用设施，做到合理规划、设计和建造。进行改建、扩建的公安机关业务技术用房，按本建设标准测算的总建筑面积应含可利用的原有房屋建筑的建筑面积。

## 附录一 名词解释

1. 指挥中心用房

公安机关收集、研判、处理各类情报信息、进行指挥调度、处置各类突发事件和指挥中心设备运行等所需要的用房。

2. “三台”合一用房

公安机关110、119、122三个号码报警台接警所需用房。

3. 办案用房

公安机关在办理各种案件过程中，专门用于处理群众来访，进行询问、讯问、辨认、监听、监视、情报采集、案情分析、专家审卷、整档立卷等办案工作的用房。

4. 窗口用房

公安机关用于接待群众来访办事、办理各种证件、机动车和驾驶人业务办理、教育、考试、交通违法及事故处理的用房。

5. 信息通信用房

公安机关用于通信、视频传输、信息库用房和信息通信系统设备运行等所需的用房。

6. 网络安全保卫用房

公安机关用于开展公共信息网络安全监察工作用房和设备用房。

7. 技术侦察用房

公安机关用于开展行动技术侦察工作的用房和设备用房。

8. 机要工作用房

公安机关用于密码通信、密码电报办阅、密码设备运行、管理用房。

9. 刑事技术用房

公安机关用于开展刑事技术侦察工作用房和设备用房。包括刑事技术管理用房、现场勘查技术用房和实验室用房等。

10. 物证以及收缴物品保管用房

公安机关用于集中存放、统一管理在办案过程中所获取的各种物证，以及收缴的各类涉案物品的用房。

11. 警用装备物资（含应急储备物资）库

公安机关用于存储、保管武器弹药、装备器材、公安被装、警用车辆和应急物资的库房和场所。

12. 警察技能训练用房

公安机关在警务实战训练中用来模拟各种场景进行技能战术训练的用房。

13. 备勤用房

公安机关用于值班备勤的用房，包括值班室、民警备勤宿舍等。

14. 档案用房

公安机关用于档案的收集、整理、保管、鉴定、检索、保护和利用等工作的用房。

15. 警犬用房

地（市）级、县级公安机关为基层实战部门所提供的警犬日常训练、使用所必需的犬舍等用房。

16. 警犬基地

省级公安机关用于警犬繁育、训练所必需的犬舍、教学及科研和管理等用房。

17. 警务技能训练基地

公安机关用于对民警初任、晋升、警务实战和其他技能训练的综合性培训场所。

## 附录二　公安机关业务技术用房、功能用房面积分配比例表

一、一类公安机关业务技术用房、功能用房面积分配比例表

**表1　一类公安机关业务技术用房、功能用房面积分配比例表**

（不含警务技能训练基地、警犬基地及警犬用房）

| 编号 | 用房分类 | 所占比例（%） | 浮动范围（%） |
|---|---|---|---|
| 一 | 指挥中心用房 | 4.0 | ±1 |
| 二 | 办案用房 | 3.0 | ±1 |
| 三 | 窗口用房 | 9.0 | ±3 |
| 四 | 信息通信用房 | 12.0 | ±2 |
| 五 | 网络安全保卫用房 | 5.0 | ±1 |
| 六 | 技术侦察用房 | 7.5 | ±1 |
| 七 | 机要工作用房 | 2.0 | ±1 |
| 八 | 刑事技术用房 | 33.0 | ±1 |
| 九 | 物证以及收缴物品保管用房 | 4.0 | ±1 |
| 十 | 警用装备物资库 | 13.0 | ±1 |
| 十一 | 警务技能训练用房 | 0.5 | ±1 |
| 十二 | 备勤用房 | 4.0 | ±1 |
| 十三 | 档案用房 | 3.0 | ±1 |
|  | 功能用房综合建筑面积 | 100.0 | — |

二、二类公安机关业务技术用房、功能用房面积分配比例表

**表2　二类公安机关业务技术用房、功能用房面积分配比例表**

（不含警务技能训练基地、警犬基地及警犬用房）

| 编号 | 用房分类 | 所占比例（%） | 浮动范围（%） |
|---|---|---|---|
| 一 | 指挥中心用房 | 8.0 | ±1 |
| 二 | 办案用房 | 7.0 | ±1 |
| 三 | 窗口用房 | 14.0 | ±4 |
| 四 | 信息通信用房 | 9.0 | ±1 |

**续表 2**

| 编号 | 用 房 分 类 | 所占比例（%） | 浮动范围（%） |
|---|---|---|---|
| 五 | 网络安全保卫用房 | 5.0 | ±1 |
| 六 | 机要工作用房 | 2.5 | ±1 |
| 七 | 刑事技术用房 | 28.0 | ±3 |
| 八 | 物证以及收缴物品保管用房 | 8.0 | ±1 |
| 九 | 警用装备物资库 | 7.0 | ±1 |
| 十 | 警务技能训练用房 | 0.5 | ±1 |
| 十一 | 备勤用房 | 5.0 | ±1 |
| 十二 | 档案用房 | 6.0 | ±1 |
| | 功能用房综合建筑面积 | 100.0 | — |

注：1 表 1、表 2 各业务技术用房的使用面积分配比例及相应的浮动范围是经过大量调研、测算得出的，建设单位可参照建设。当新建、扩建项目为业务技术用房的部分功能用房时，建设单位可根据在编人数计算总建筑面积乘以相应的百分比，得出需要的建筑面积。建设单位可根据业务技术用房具体需求进行必要的调整，但总建筑面积不得超出本建设标准的规定。

2 信息通信用房应按照国家相关标准设计和建造，刑事技术用房应按照公安部关于刑事技术各专业实验室标准和行业标准执行。

3 窗口用房面积可结合具体服务对象和服务范围总量共同确定。

## 附录三　警务技能训练基地用房面积分配比例表

**表 3　警务技能训练基地用房面积分配比例表**

| 用 房 分 类 | 所占比例（%） | 浮动范围（%） |
|---|---|---|
| 教学用房 | 33.0 | ±3 |
| 教室（含多功能厅） | 7.0 | — |
| 警用装备仪器设备教学训练室 | 21.0 | ±3 |
| 图书馆 | 5.0 | — |
| 训练用房 | 20.0 | ±3 |
| 泅渡馆（游泳馆） | 5.0 | — |
| 射击馆 | 5.0 | — |
| 擒拿格斗训练馆 | 5.0 | — |
| 模拟街区 | 5.0 | — |
| 住宿用房 | 38.0 | — |
| 学员宿舍 | 34.0 | ±3 |
| 食堂 | 4.0 | ±1 |

**续表 3**

| 用房分类 | 所占比例（%） | 浮动范围（%） |
|---|---|---|
| 其他附属用房 | 9.0 | ±1 |
| 总建筑面积 | 100.0 | — |

注：本表各类用房的面积分配比例及相应的浮动范围是经过大量调研、测算得出的，建设单位应参照建设。建设单位可根据训练基地的具体需求进行必要的调整，各分类中小类指标为建议数值，可参照建设，但总建筑面积不得超出本建设标准的规定。

## 附录四　省级警犬基地用房面积比例表

**表 4　省级警犬基地用房面积比例表**

| 用房分类 | 所占比例（%） | 浮动范围（%） |
|---|---|---|
| 犬舍 | 45.0 | ±3 |
| 教学及科研用房 | 15.0 | ±3 |
| 学员住宿用房 | 32.0 | ±3 |
| 食堂及附属用房 | 8.0 | — |
| 总建筑面积 | 100.0 | — |

注：本表各类用房的面积分配比例及相应的浮动范围是经过大量调研、测算得出的，建设单位可参照执行，但总建筑面积不得超出本标准的规定。

# 附　件

# 《公安机关业务技术用房建设标准》条文说明

## 第一章　总　　则

**第一条**　本条阐明了编制本建设标准的目的和依据。

公安机关业务技术用房是公安机关进行办案的重要用房，其配备有较先进的技术实验设备。专业技术要求高，对提高公安机关维护社会稳定、打击犯罪和服务社会的能力，起着相当关键的作用。编制本建设标准的目的就是要解决当前公安机关业务技术用房建设相对薄弱、用房不足、发展建设不规范等突出问题，使其建设走向规范化、标准化的健康之路。

中央司法保障体制改革有关要求是公安机关业务技术用房建设标准编制工作的重要依据。相关法律、法规的规定及公安办案的业务特点及专业技术要求，也是制定本建设标准的依据。

**第二条**　本条阐明了本建设标准的作用和权威性。

本建设标准是在充分调查研究的基础上，听取各方面意见，组织专家论证后制定的，兼顾了各地区、不同行政级别公安机关的组织状态及业务技术用房的功能需求。因此本建设标准是公安机关业务技术用房建设的全国统一标准，合理确定了建设规模和水平，为项目立项、可行性研究、工程设计、监督建造过程，以及检查建筑全寿命周期中的合理性提供了必要的依据。

**第三条** 本条规定了本建设标准的适用范围。

本建设标准不仅适用新建的公安机关业务技术用房，同时也适用于改建、扩建的公安机关业务技术用房。

**第四条** 本条规定了公安机关业务技术用房的建设方针、原则和总体要求。

建设规模和水平是建设标准的关键所在，这一关键点应立足于我国的具体国情和经济发展状态，以及建设项目的功能需求。公安机关业务技术用房功能性强，因此满足业务技术需求是建设的重要原则。同时又要统筹兼顾，实事求是，厉行节约，不贪大求洋，更不能追求所谓“标志性”建筑。

**第五条** 本条规定了公安机关业务技术用房的建设与公安机关办公用房的关系。

公安机关的办公用房和业务技术用房（除警务技能训练基地、警犬基地）是相辅相成的配套关系，“两房”有紧密的联系，所以在建设立项时，就应统一规划。但“两房”毕竟在功能上有很大不同，为便于管理、使用，加上保密等因素，“两房”在统一规划的前提下，可相对独立建设。而“两房”的附属用房除各自特殊功能要求外，应共建共用，减少投资，节约建筑用地，并提高设施的效率，降低管理成本。

**第六条** 本条规定了公安机关办公用房建设应遵循的标准及合并建设中附属用房的建设标准。

公安机关的办公用房应执行已有的《党政机关办公用房建设标准》，业务技术用房与办公用房统一建设时，共用的附属用房建筑、建筑设备及场地，应按实际需求进行规模和水平的确定，不得重复建设。

**第七条** 本条规定了公安机关业务技术用房的建设与城市的关系。

任何一项建设项目都不是孤立存在的，建设在城市的建设项目依托城市，需要遵守该城市的规划及相关规定，并与周边城市环境相协调。

**第八条** 本条规定了国家现行有关标准和定额的规定对公安机关业务技术用房的建设具有的约束力。

## 第二章 建设内容和项目构成

**第九条** 本条阐明了公安机关业务技术用房建设项目的构成。

建设项目通常都是由房屋建筑、建筑设备和场地三部分构成。房屋建筑是形成功能使用空间的载体。但只有载体房屋建筑还不能使用，还需要有支撑载体正常运营的建筑设备，通常是指给排水、暖通空调及电力（含强弱电）系统和必备的建筑设备。另外还有承载上述两项的场地，包括道路、绿地、停车场等。

**第十条、第十一条** 此两条对公安机关业务技术用房建设内容进行了阐述和规定。

公安机关业务技术用房房屋建筑建设内容大体一致，省级和地（市）级业务技术用房的房屋建筑建设内容包括十五项功能用房；县级业务技术用房减少了技术侦察用房和警务技能训练基地两项，合计十三项。其中警务技能训练基地、警犬基地和警犬用房，在建设内容上属于公安机关业务技术用房，但由于其开展业务的特殊性，在建设项目上一般独立建设。

**第十二条** 本条阐述了单独建设的公安机关业务技术用房房屋建筑中有关附属用房的建设内容。

公安机关业务技术用房除主要功能房屋建筑外，还有配套的附属用房。这些附属用房也是房屋建筑建设内容中重要的构成。

**第十三条** 本条阐述了单独建设的公安机关业务技术用房配套设施的建设内容。

**第十四条** 本条阐述了公安机关业务技术用房场地的建设内容。

## 第三章 选址和规划布局

**第十五条** 本条规定了公安机关业务技术用房建设项目对建设基地选址的要求。

公安机关业务技术用房的建设对社会稳定、长治久安有重要的现实意义，因此房屋建筑的寿命周期长，首先选址的地质条件要好，周边无严重污染源。公安机关业务技术用房有许多专业设备都需要市政设施的支持，选址时应与周边的市政条件相衔接。警务技能训练基地是对在职民警集中一个时间段，离岗进行专业理论和专业技能学习的轮训场所，培训期间培训人员一般脱离日常公安业务工作，因此警务技能训练基地宜单独选址建设。

警犬基地根据繁育、训练警犬的业务特点和安全考虑，应单独选址建设，为防止噪声、气味等扰民现象，警犬基地最好设在较静僻的地方。

另外，警务技能训练基地、警犬基地均需设置较大的室外训练场地，对建设用地的要求与公安机关业务技术用房其他功能用房不同，因此在选址时要充分考虑这一因素。

**第十六条** 本条规定了公安机关业务技术用房建设项目与周边交通的关系。

公安机关对突发事件的快速反应和日常的办案工作，都对效率有很高的要求，建设基地周边交通状况是否便利也是选址时重要的条件之一。

**第十七条** 本条规定了公安机关业务技术用房在总体规划布局上的原则。

公安机关业务技术用房的功能较多，要求也具有差异，有的房间要对外服务，有的则保密性很强；有的房间有洁净要求，有的则会产生污物。因此，在规划布局上要精心设计，使公安机关业务技术用房建设布局合理，有利工作及保护环境。

**第十八条** 本条规定了公安机关业务技术用房在流线设计方面的原则。

公安机关业务技术用房的流线设计与总体规划布局紧密联系，由于上条所阐述的房屋建筑的功能特点，流线设计极为重要。建设基地至少应有两个不同方向的出入口，分别作为主要人流的出入口和后勤物品的出入口。工作产生的污物（包括尸体）的运输流线不应与主要人流流线交叉。

**第十九条** 本条规定了收缴爆炸物品保管室、收缴危险物品保管室的设置要求和应符合的安全防护标准。

**第二十条** 本条规定了公安机关业务技术用房建设与城市规划的关系。

**第二十一条** 本条阐述了公安机关业务技术用房对停车的需求。

我国各地规划行政主管部门对各建设项目的停车场地要求不尽相同，但停车场地随经济发展愈发紧张确是现实。因此在建设项目前期策划阶段，就应对停车问题有明晰的认识和相应的对策。公安机关业务技术用房的停车需求应符合当地交通管理部门和城市规划的规定，应充分鼓励利用地下空间作为停车之用。

# 第四章　建筑等级和面积指标

**第二十二条**　由于省级和地（市）级公安机关业务技术用房、功能用房建设内容一致，本级在编民警人数近似，本条规定省级、地（市）级和县（区）级公安机关业务技术用房建设按业务需求分为两类。

**第二十三条**　本条规定公安机关业务技术用房建筑规模是按照本级在编民警人数确定的，与其他相关建设标准具有一致性，符合建筑标准编写的一般惯例。由于公安监管场所、公安派出所另有标准，因此计算规模时扣除相应的民警人数。

**第二十四条**　本条规定了一类、二类公安机关业务技术用房建设规模人均建筑面积的控制指标。本着满足公安机关业务需求、经济实用、且留有适当发展余地的原则，经过大量的调查研究，在反复论证、测算，多方征求意见的基础上制定了本条规定。由于一、二类公安机关业务技术用房的功能用房需求基本一致，因此人均建筑面积指标的低限数值也是一致的。不同级别公安机关人员编制结构、所承担的任务有所不同，县（区）级公安机关包含的派出机构承担了一部分窗口用房和办案用房的功能，另外二类公安机关业务技术用房中减少了技术侦察用房和警务技能训练基地两项用房，因此人均综合建筑面积指标的高限数值有所降低。

**第二十五条、第二十六条**　此两条规定了一、二类公安机关业务技术用房建设规模人均建筑面积的计算方法。

由于同一级公安机关人员编制人数也有相当大的差别，如果制定一个统一的人均建筑面积指标是不可行的。根据公安部相关资料，民警人数 200 ~ 2000 人的公安机关占全部省级、地（市）级公安机关总数约 75%，民警人数 100 ~ 500 人的公安机关占全部县级公安机关总数约 77%。

由于规模较大的建筑比规模较小的建筑通常交通面积或附属面积要节省，使用系数相对较高，所以本条规定在上述范围内，民警人数多的公安机关，其人均建筑面积指标相应就低，反之民警人数少的公安机关，其人均建筑面积指标相应就高。

据测算，公安机关业务技术用房中的指挥中心用房、办案用房、窗口用房、信息通信用房、刑事技术用房等建筑规模与在编民警人数相关性较差，所需建筑面积随在编民警人数变化不大，因此要满足县（区）公安机关基本业务技术功能需求，在本条中规定了一类和二类公安机关业务技术用房最小建筑规模。

为便于操作，最终建设规模的计算结果可按四舍五入精确到十位数。

**第二十七条**　省级和地（市）级公安机关业务技术用房包括警务技能训练基地。其主要培训对象是所辖区域内在编民警，采取轮训的方式，同期总体培训规模约占省公安机关所辖区域内在编民警数量的 10% 左右。

**第二十八条**　省级和地（市）级警务技能训练基地的建设规模以每期培训人数为基数进行计算，省级建筑面积指标可按 $55m^2$/生考虑，地（市）级建筑面积指标可按 $50m^2$/生考虑。出于经济性的考虑，同期培训人数不应低于 300 人，不宜超过 500 人，如确有需要，可向主管部门单独申请报批。建筑面积指标是综合了现有基地的建设经验，并参照《普通高等学校建筑规划面积指标》相关指标和培训特点共同确定。

**第二十九条、第三十条**　警犬基地是繁育、训练警犬的场所，仅在省级公安机关设置，警犬基地一般饲养 100 ~ 300 头警犬。地（市）级和县级公安机关是用犬单位，只需设置警犬日常使用所必备的犬舍等警犬用房。警犬基地或警犬用房的建筑面积单独计算，不计入各级公安业务技术用房按本标准第二十五条、第二十六条的总建筑面积中。

**第三十一条** 本条阐述了对公安机关业务技术用房中附属用房两种建设模式的规定。

正常情况下，公安机关办公用房和业务技术用房是一起建设的，因此要统一规划，两者的附属用房很多均可共用，其建设规模和水平应参照《党政机关办公用房建设标准》执行，共同建设，建筑面积指标不得重复计算。当公安机关业务技术用房独立建设时，其建设规模和水平亦应按实际需求参照《党政机关办公用房建设标准》建议的一般比例计算。

**第三十二条** 本条阐述了对公安机关业务技术用房确有特殊业务技术要求，本标准已不能涵盖时的相应规定。

## 第五章 建筑标准和建筑设备

**第三十三条～第三十五条** 此三条阐明了对公安机关业务技术用房建筑标准的原则性规定。

公安机关业务技术用房的建设，主要是满足功能性的业务技术要求。作为主要是为公安机关内部使用的建筑，无需在外观和室内建得富丽堂皇。作为政府机构的组成部分，朴素、庄重的建筑及装修风格能更好地体现执政为民、勤俭办事的政府形象。建设中要反对贪大求洋、铺张浪费，更不许追求所谓“标志性”建筑。由于公安机关业务技术用房与办公用房的建造在许多方面具有相同性，因此具体建筑标准应参照《党政机关办公用房建设标准》执行，同样公安机关业务技术用房的装修标准也应按《党政机关办公用房建设标准》执行，且根据用房性质不得超过《党政机关办公用房建设标准》规定的中档装修标准。

**第三十六条～第三十九条** 这四条阐明了对公安机关业务技术用房建设中建筑设备及系统的要求。

任何一栋现代建筑都是一个系统工程，建筑设备及系统都是不可或缺的，否则不可能正常运营。作为功能性很强的公安机关业务技术用房对建筑设备及系统有更高的依赖程度，因此在项目从策划到建造的全过程中，都要对此有充分的关注和周密的考虑。防止由于前期准备的疏漏，造成建筑建成后功能的缺失而二次修补，形成浪费。

**第四十条** 本条阐明了对公安机关业务技术用房改建、扩建项目的规定。

对原有公安机关业务技术用房需改建、扩建的，也应遵照本标准执行，但并不是全部推倒重来。本着厉行节约的方针，对原有建筑和设施首先要经过科学的检测和鉴定，对仍在寿命周期内可以利用的原有建筑和设施要充分利用，这样可以大大减少政府投资。可以利用的原有建筑的建筑面积也应含在根据本标准测算出的总建筑面积中，不能忽略不计。

# 公安派出所建设标准

## 建标 100—2007

## 关于批准发布《公安派出所建设标准》的通知

建标〔2007〕165 号

国务院有关部门，各省、自治区、直辖市、计划单列市建设厅（委、局）、发展和改革委员会：

根据建设部《关于印发〈二○○二年工程项目建设标准编制项目计划〉的通知》（建标函〔2002〕345 号）的要求，由公安部负责编制的《公安派出所建设标准》，经有关部门会审，现批准发布，自 2007 年 10 月 1 日起施行。

在派出所项目的审批、设计和建设过程中，要严格遵守党中央、国务院关于控制党政机关办公楼等楼堂馆所建设的相关要求，认真执行本建设标准，坚决控制工程造价。

本建设标准的管理由建设部和国家发展改革委负责，具体解释工作由公安部负责。

中华人民共和国建设部

中华人民共和国国家发展和改革委员会

二○○七年六月二十七日

## 编制说明

《公安派出所建设标准》是根据建设部《关于印发〈二○○二年工程项目建设标准编制项目计划〉的通知》（建标函〔2002〕345 号）下达的编制任务，按照《关于工程项目建设标准编制工程暂行办法》（［90］建标字第 519 号）的要求，由公安部负责主编，湖北省武汉市公安局具体承担了编制工作。

在编制过程中，编制组认真贯彻执行国家有关法律、法规和政策，遵循艰苦奋斗、勤俭建国的方针，经过广泛深入的调查研究，认真分析了公安派出所的有关统计资料，总结吸收了派出所建设的经验教训，在充分考虑公安派出所职能特点和工作需要的基础上，结合当前我国经济和社会发展水平，着眼于未来发展，确定了标准的内容。标准草案反复征求了有关各方面的意见，最后由公安部主持召开了全国评审会，会同有关部门审查定稿。

本标准共分为六章：总则、建设内容与项目构成、选址与规划布局、建设规模与建筑标准、建设用地、外观形象与标识。

本标准系初次编制，在施行过程中，请注意总结经验，积累资料。如发现需要修改和补充之处，请将有关意见和资料寄交公安部治安管理局（地址：北京市东城区东长安街

14号，邮编：100741），以便今后修订时参考。

中华人民共和国公安部
《公安派出所建设标准》编制组
二〇〇七年六月

# 第一章　总　则

**第一条**　为适应我国经济和社会发展，加强和规范公安派出所建设，保障公安派出所依法充分履行职责，根据《中华人民共和国人民警察法》、《公安派出所组织条例》等有关法律、法规和规章，制定本建设标准。

**第二条**　本建设标准是为公安派出所建设项目决策服务和控制项目建设水平的全国统一标准，是编制、评估和审批公安派出所建设项目可行性研究报告和初步设计，以及监督检查整个建设过程和建设水平的重要依据。

**第三条**　本建设标准适用于公安派出所新建工程项目，改建、扩建工程项目及铁路、民航、林业、边防等公安派出所建设项目可参照执行。

**第四条**　公安派出所的建设，应当遵守国家经济建设和派出所工作的有关法律、法规，从我国国情出发，既要充分体现公安派出所职能特点，满足实际工作需要，又要考虑社会发展对公安派出所工作提出的新要求，从本地的实际情况出发合理确定建设规模、建设内容和建设水平。

公安派出所的建设，应当统筹兼顾、分类指导，既要方便群众、利于工作，又要具有现实适应性和科学合理性，做到功能齐全、安全保密、经济实用、简朴庄重。

**第五条**　公安派出所的建设，应纳入当地国民经济和社会发展计划，建设项目应当纳入当地城市或乡镇建设总体规划。

新建公安派出所应先规划后建设，一次建成。

**第六条**　公安派出所的建设，应当符合当地城市或乡镇规划的要求，综合考虑建筑性质、建筑造型等与周边环境的关系。

**第七条**　公安派出所的建设，除执行本建设标准外，还应当符合国家现行的有关强制性标准的规定。

# 第二章　建设内容与项目构成

**第八条**　公安派出所的建设标准根据编制定员人数分为五类：

**表1　公安派出所分类表**

| 类　别 | 核定民警编制人数（人） |
|---|---|
| 一类 | 51以上 |
| 二类 | 31～50 |
| 三类 | 21～30 |
| 四类 | 11～20 |
| 五类 | 5～10 |

**第九条**　公安派出所建设项目，由房屋建筑、附属设施和场地三部分构成。

**第十条**　公安派出所的房屋建筑，包括办公用房、业务用房和辅助用房三部分。基本建设内容如下：

一、办公用房，主要包括所领导办公室、民警办公室、会议室。

二、业务用房，主要包括值班室、接待室、户籍（办证）室、计算机室、档案室、纠纷调处室、讯问室、候问室、技术监控室、物证保管室、武器警械室、备勤室等。

三、辅助用房，主要包括图书资料室、体能训练房、食堂、卫生间及汽车库、储藏室等。

**第十一条** 附属设施包括配电室、锅炉房等。

**第十二条** 公安派出所的场地包括警用、社会车辆停车场地和警用训练场等。

**第十三条** 编制人数较少的四类、五类公安派出所，可按照功能和用途相近的原则将部分建筑项目适当合并；治安、水上公安派出所，可根据实际承担的职能对建筑项目作适当取舍。

## 第三章 选址与规划布局

**第十四条** 公安派出所的建设，应当综合考虑辖区面积、管辖人口及其分布、社会治安状况、地理环境等因素，既要方便群众，又要便于工作，统筹安排，合理布局。

**第十五条** 公安派出所的选址，应当符合下列要求：

（一）在辖区中心区域且交通便捷的地方，至少有一面临靠道路。

（二）工程水文地质条件较好。

（三）具备较好的自身安全防卫条件。

（四）宜有较好的市政设施条件。

**第十六条** 公安派出所应尽可能单独建设，宜建低层、多层建筑。农村地区的公安派出所应当建在乡镇政府所在地；受条件所限需与其他建筑合建的，公安派出所部分宜安排在该建筑的3层以下，并单独分区，具有独立的竖向交通、平面交通、场地及出入口。

**第十七条** 公安派出所的总平面布局应符合下列要求：

（一）出入口方便车辆和人员进出，门前留有一定的缓冲区。

（二）按照联系方便、互不干扰和安全、保密的原则，合理布置各种用房。公安派出所分内部工作区和对外服务区，并按照房屋功能的不同及其相关性，相对集中设置。接待室、户籍（办证）室、纠纷调处室等，应规划在对外服务区，其他用房布置在内部工作区。备勤室宜独立分区设置。

（三）停车场地的设置应当保证车辆进出方便。

## 第四章 建设规模与建筑标准

**第十八条** 公安派出所建筑面积指标宜按下表确定：

**表2 公安派出所房屋基本建筑面积指标**

| 类 别 | 建筑面积（$m^2$） |
|---|---|
| 一类 | 1600（每增加1人增加$32m^2$） |
| 二类 | 1180～1550 |
| 三类 | 870～1130 |
| 四类 | 555～820 |
| 五类 | 260～470 |

注：①地处农村的公安派出所建筑面积按每人增加$12m^2$计算。

②以上建筑面积以墙厚240mm计算，寒冷和严寒地区公安派出所建筑面积指标，可根据实际墙厚增加。

**第十九条** 公安派出所的办公用房、辅助用房及附属设施的建筑面积指标宜按照国家有关建设标准执行，主要业务用房建筑面积指标宜按照下表执行：

**表3 公安派出所主要业务用房建筑面积指标**

| 项目名称 | 公安派出所类型及项目指标（$m^2$） | | | | |
|---|---|---|---|---|---|
| | 一类 | 二类 | 三类 | 四类 | 五类 |
| 值班室 | 30 | 20～30 | 10～20 | 10～15 | 10～15 |
| 接待室 | 25 | 20～25 | 15～20 | 15～20 | 0～15 |
| 户籍（办证）室 | 80～100 | 60～80 | 40～60 | 30～40 | 20～30 |
| 计算机室 | 60 | 40～60 | 30～40 | 20～30 | 15～20 |
| 档案室 | 60 | 40～60 | 30～40 | 20～30 | 15～20 |
| 纠纷调处室 | 20～30 | 20～30 | 20～30 | 20～30 | 20～30 |
| 讯问室（单间） | 15 | 15 | 15 | 15 | 15 |
| 候问室（单间） | 15 | 15 | 15 | 15 | 15 |
| 技术监控室 | 40～50 | 30～40 | 20～30 | 15～20 | 0～15 |
| 物证保管室 | 20～30 | 20～30 | 15～25 | 15～20 | 10～20 |
| 武器警械室 | 40 | 30～40 | 20～30 | 10～20 | 0～15 |
| 备勤室 | 200 | 120～200 | 80～120 | 45～80 | 40～80 |

注：地处农村的公安派出所民警备勤室按编制人数每人一间，每间$20m^2$。

**第二十条** 公安派出所民警办公室宜采用分区设置。户籍（办证）室应当为低台敞开式。

**第二十一条** 公安派出所候问室设置应当遵守《公安机关适用继续盘问规定》（公安部令第75号）。

**第二十二条** 公安派出所房屋的建筑结构应根据当地的建设条件和有关规范进行设计。

**第二十三条** 公安派出所办公用房、业务用房的建筑层高不宜高于3.60m，室内净高不应低于2.40m。

**第二十四条** 公安派出所的独立配电室、锅炉房等设备用房面积应按照派出所实际需要进行配置。

**第二十五条** 公安派出所建筑外围应当装设安全防范设施，武器警械室、候问室、档案室等应当符合有关技术条件或标准。

**第二十六条** 公安派出所对外服务区的建设应当进行无障碍设计。

**第二十七条** 公安派出所各类用房的室内装修按照普通装修标准执行。

**第二十八条** 公安派出所的通信与计算机网络设施应当满足办公自动化的要求，并按照办公自动化、网络化及安全、保密等要求综合布线，预留接口。

**第二十九条** 公安派出所宜设置给水排水系统。

**第三十条** 公安派出所应当配备应急照明器材。讯问室、候问室宜采用低压电源。

**第三十一条** 公安派出所主要用房及场地的照度，应当符合有关技术标准、规范的规定。

## 第五章 建设用地

**第三十二条** 公安派出所的建设应当节约用地，建筑平面布局应合理紧凑，充分利用地上、地下空间。

**第三十三条**　公安派出所的建设所需用地面积应当根据当地行政规划主管部门确定的建筑容积率进行核算。

**第三十四条**　有条件设置警用训练场的，训练场地用地面积宜为 $400m^2 \sim 600m^2$。

**第三十五条**　公安派出所的停车场地面积，按照《公安派出所装备配备标准》（公装财［2002］65 号）及当地规划行政主管部门规定的停车数量标准确定。

**第三十六条**　公安派出所的绿化面积指标，应当符合当地规划行政主管部门的规定。

## 第六章　外观形象与标识

**第三十七条**　公安派出所建筑外观形象设计、施工应当符合公安部《关于印发〈公安派出所建筑外观形象设计规范〉的通知》（公装财［2005］262 号）的规定。

**第三十八条**　公安派出所外观标识包括标牌、标识灯箱和路边标识灯箱三部分。外观标识的制作、安装等应当符合《关于规范统一公安派出所外观标识的通知》（公治［2004］199 号）等有关规定。

**附加说明**

### 本标准主编单位及主要起草人名单

**主 编 单 位：** 公安部治安管理局
公安部装备财务局

**主　　编：** 武冬立　鲍遂献　谢小青　汪　凡

**编　　委：** 吴笑颜　刘玉庆　刘爱斌　王冬阳　刘建年　张　兢　陈卫东　李曾伟　谢　民

**主要起草人：**（按姓氏笔画排序）
李　力　李淑琴　肖　勇　邹谋忠　张　平　陈伯海　洪　涛　桑　弘

## 附　件

# 《公安派出所建设标准》条文说明

## 前　言

根据建设部下达的编制任务，由公安部编制的《公安派出所建设标准》，已经建设部、国家发展和改革委员会于 2007 年 6 月 27 日以建标［2007］165 号文批准发布施行。

为了便于有关部门和单位在使用本标准时能够正确理解和执行条文的规定，本建设标准编制组按章、条顺序编制了条文说明，供使用者参考。

二〇〇七年六月二十七日

# 第一章　总　　则

**第一条**　本条阐明了编制本建设标准的目的和依据。

公安派出所是公安机关打击犯罪、维护治安、服务群众、保一方平安的最基层单位，是维护社会稳定的第一道防线，是联系、服务群众的窗口和纽带。公安派出所的基础设施建设是保障派出所充分履行职责所必需的物质条件。

新中国成立以来，特别是改革开放以来，各级党委、政府和公安机关高度重视，公安派出所基础设施建设取得了长足进步。2003 年，《中共中央关于进一步加强和改进公安工作的决定》（中发［2003］13 号）明确要求大力加强以公安派出所为重点的基层基础工作。在 2004 年全国政法工作会议上，中央领导同志强调大力加强“两所一庭”（公安派出所、司法所和法庭）建设。从 2004 年开始，中央下拨专项资金用于补助地方无房派出所建设，这为加强派出所建设指明了方向，提供了条件。但是，由于公安派出所建设项目长期未被纳入城市建设总体规划，派出所建设在用地选址、申请立项和经费保障等方面面临着实际困难。由于缺乏相应的国家标准和监督，公安派出所基础设施建设很不规范，多数派出所房屋项目不全、数量不足、设置不合理，致使工作无法开展；少数派出所又贪大求洋，盲目攀高，造成了资金缺口甚至浪费。特别是长期以来存在“重办公用房，轻业务用房”的倾向，一些公安派出所的业务用房因陋就简，有的甚至严重不足。此外，公安派出所与群众有较强的互动性，而各地派出所的外观形象与标识不统一，以致群众找派出所较困难，既不方便服务群众，也不利于工作，同时也有损公安机关乃至党委、政府的形象。为了尽快改变上述状况，根据《中华人民共和国人民警察法》、《公安派出所组织条例》、《公安部关于进一步加强公安派出所建设的意见》（公通字［2004］30 号）、《公安派出所执法执勤工作规范》（公通字［2002］13 号）等有关法律、法规和规定，公安部组织编制了《公安派出所建设标准》。本标准的制定，对于进一步规范公安派出所建设，实现建设资金的合理使用，提高投资效益，减少各种形式的浪费，促进不同地区、不同类型的派出所共同发展，保障派出所充分发挥职能作用，是十分必要的。

**第二条**　本条阐明了本建设标准的作用和权威性。

本建设标准是遵守国家有关法律、规定和政策，在深入调研的基础上，通过广泛听取各有关方面的意见，组织专家充分论证后制定的，兼顾了地域、经济发展和不同类别派出所等方面的差异性，是公安派出所建设的全国统一标准，具有较强的政策性和广泛的适用性，不仅为派出所建设提供了应遵循的原则和标准，也为有关部门审批派出所建设项目、合理确定建设水平、控制投资规模、进行工程设计和监督、检查工程建设过程提供了依据。

**第三条**　本条规定了本建设标准的适用范围。

本建设标准适用于所有公安派出所的新建工程项目，包括户籍派出所、治安派出所、水上派出所等。由于改建、扩建工程项目因各自的基础条件不一，故条文规定可参照执行。

**第四条**　本条阐明了公安派出所建设应遵循的总体要求、原则。

《中共中央关于进一步加强和改进公安工作的决定》（中发［2003］13 号）指出：“公安机关是武装性质的国家治安行政力量和刑事司法力量”、“公安派出所是公安机关的最基层单位”，因此，公安派出所不同于一般的行政机关，其建设既要与党政办公用房建设相衔接，又要充分体现公安派出所的职能特点，符合派出所实际需要，在派出所建设中既要考虑办公用房，更要突出考虑业务用房。

总的来看，我国的公安派出所规模有大有小，人数有多有少，职级有高有低，其所处地域状况、经济发展水平及治安环境、工作量等差异较大。从类别上看，既有户籍派出所，也有治安派出所、水上派出所；从地域看，既有城区派出所，也有建制乡、建制镇派出所。有的地处繁华闹市，有的在偏远山区，等等。因此，公安派出所建设必须坚持“统筹兼顾，分类指导”的原则。同时，我国的公安派出所集防范、管理、打击、服务等多种职能于一身，工作重点在防范、管理和服务群众上。因此，公安派出所建设要牢固树立以人为本的观念，坚持“方便群众，利于工作”的原则。此外，派出所的建设要贯彻艰苦奋斗、勤俭建国的方针，坚持节约资金和土地，因地制宜地进行。在新形势下，我国公安派出所的职责任务有所扩展，警力编制有所增加，规范化建设也有新要求，但目前派出所的建设相对滞后。为了避免重复建设，尽量减少浪费，公安派出所建设应坚持“具有现实适应性和科学超前性”的原则。

**第五条** 本条对公安派出所建设用地等问题提出了要求。

公安派出所基础设施建设是地方行政基础设施建设的重要组成部分，是政府行为。由于公安派出所建设项目一直未纳入城市建设总体规划，导致其用地选址困难，审批、规划、立项无依据，经费也缺乏正常的渠道和来源，因此，本建设标准明确将公安派出所建设纳入地方国民经济和社会发展计划，纳入当地城市和乡镇建设总体规划。

为了节约资金和土地，避免重复投资和反复施工，本条规定新建公安派出所建设项目先规划后建设，一次建成。

**第六条** 本条规定了公安派出所建筑外观与周边环境的关系。

我国各地的建筑风格、建筑模式等各有特点，特别是在传统文化地区、少数民族地区更突出，因此，公安派出所建设应从实际情况出发，充分考虑其周边的建筑性质、建筑造型等，总体上做到协调一致。

**第七条** 本条阐明了本建设标准与国家其他强制性标准之间的关系。

公安派出所建设涉及城市规划、环保卫生、交通、消防、供电、供水等多方面的专业问题。在编报工程项目、计划及建设全过程中，除执行本建设标准外，还应符合国家现行的有关强制性标准的规定。

## 第二章 建设内容与项目构成

**第八条** 本条规定了公安派出所建设标准的分类及其分类依据。

对公安派出所建设标准合理分类是保证本标准具有广泛适应性和科学指导性的前提和基础。我国公安派出所的规模一般与辖区人口、辖区面积、治安状况等因素有关。由于各地在批建派出所时综合考虑了上述因素，核定了派出所的民警编制定员人数，因此，本标准将派出所民警编制定员人数作为划分派出所类别的主要依据。

**第九条** 本条提出了公安派出所建设项目由房屋建筑、附属设施和场地三部分组成。建设时，各地可以根据实际需要，统筹安排。

场地，是指派出所的出入通道、停车场地、训练场地和设置公告栏、宣传栏等场地，以及绿地等，并留有适当的发展余地。

**第十条** 本条提出公安派出所房屋建筑由三部分构成。

本条根据公安派出所承担的职能任务，按照房屋的功能和用途，将派出所房屋建筑分为办公用房、业务用房和辅助用房三部分，并提出了各部分的具体项目内容。

一、办公用房，主要是指所领导办公室、民警办公室和会议室。会议室除用于民警召开各种会议，还用于召开群众评议会、组织治保会学习培训等。

二、业务用房，是用于完成人口管理、治安管理、安全防范、执法办案、服务群众等业务工作的房屋。主要包括以下十二项：

（一）值班室：公安派出所实行 24 小时值班，值班室内需要配备内、外线电话和传真机、无线电台等通讯联络设备。随时接收上级公安机关的指令和对重大案事件进行请示报告；对派出所警力进行指挥调度；接受群众的报案、报警、求助；保卫派出所内部安全以及收发公文等。

（二）接待室：用于接待其他部门和单位来派出所联系工作和公务活动的人员，以及到派出所检举、揭发违法犯罪的人员。在接谈过程中，有些涉及保密和公民个人隐私，有些关系到群众的人身安全，所以，需要设置接待室（或称接谈室）。

（三）户籍（办证）室：用于为群众办理户口异动，办理居民身份证、暂住证、治安管理相关证照等。户籍（办证）室采用分区设置，分为民警工作区和服务群众区。民警工作区需配备办公桌椅，放置计算机、打字机、户籍管理资料柜等。城区派出所一般有 3 ~4 名民警，农村派出所有 1 ~2 名民警，同时在前台为群众办证办照。服务群众区主要是提供到派出所办事的群众依次等候和填写有关表格和个人信息的区域。辖区人口多的派出所每天几百人次，辖区人口少的派出所每天也有几十人次前来办理相关事宜。考虑到这几个方面的因素和派出所的实际情况，确定了不同类型派出所的不同面积指标。

（四）计算机室：用于放置计算机硬件设备、文印设备等。设备用于各种信息采集、信息处理、内部警务工作信息传输等公安信息管理系统的应用和操作。因此，计算机室是公安派出所的“信息中心”。

（五）档案室：用于保管有关档案材料。派出所目前保管的有：户籍管理的历史资料、刑事案件案卷、治安案件案卷，派出所人事档案、声像档案、文书档案等。档案实行专人管理。按档案管理的规定，档案室应分为内外间，内间为保管室，放置档案柜（架），外间为查阅室，需摆放桌椅，供查阅时使用。

（六）纠纷调处室：用于派出所民警对治安纠纷进行调解。发生治安纠纷后，矛盾双方往往情绪激动，大吵大闹。为保持派出所正常的工作秩序，同时，又使纠纷尽快得到解决，需设置纠纷调处室。在纠纷调处室需摆放桌椅，20 ~30$m^2$ 已是最低建筑指标。

（七）讯问室：用于对违法犯罪嫌疑人进行讯问和违法犯罪事实的查证。为了保证安全，民警进行讯问时，要求与违法犯罪嫌疑人保持 3m 以上的距离。因此，讯问室单间面积需 15$m^2$ 左右。派出所有时一天办几起案件，在一起案件中涉及对象多人，有男有女，讯问室应是两个以上的单间。

（八）候问室：对有违法犯罪嫌疑的人员，经当场盘问或带至公安派出所讯问后，不能排除其违法犯罪嫌疑而还需继续盘问的对象，经上级公安机关主管部门审批后可送入候问室。候问室要求牢固、安全、通风、透光，配备固定座椅，并采用栏杆分隔。继续盘问的人员有男有女，所以，按照《公安机关适用继续盘问规定》（公安部令第 75 号）的规定，公安派出所需设置两间候问室。

（九）技术监控室：用于安装、使用电子监控平台。随着社会和经济的发展，运用电子监控技术在派出所辖区繁华路段、重点部位、复杂场所安装摄像探头，与派出所相连后，由民警实时监控，对维护社会稳定，及时打击犯罪有着十分重要的作用。在经济欠发达地区和农村派出所暂无监控设备的，可将此室用于保管已有的技术设备，待以后发展时再启用。

（十）物证保管室：用于派出所民警在执法办案中保管依照有关法规扣押的物品、赃物和犯罪的物证等。

（十一）武器警械室：用于保管、保养配发的武器、警械（包括盾牌、防弹衣、头盔、警棍、路障带等）。提出的建筑指标是根据派出所警力和配备的武器警械的数量而定的。

（十二）备勤室：用于待命执行任务和加夜班民警的休息。城区派出所按编制二分之一人数备勤，设置备勤室。农村派出所民警长期工作和生活在派出所，有时家属团聚，按派出所编制人数1人1间设置备勤室。

三、辅助用房，是指对派出所业务工作起辅助作用的用房。主要有以下四项：

（一）图书资料室：用于保管、查阅书籍、报纸、杂志等各种资料。

（二）体能训练房：用于保管、使用警用训练器材、设施等。

（三）食堂：用于置放厨具、餐具等，供民警就餐，包括操作间和餐厅。

（四）汽车库：用于停放警用车辆。

**第十一条**　本条提出了公安派出所附属设施的内容。

**第十二条**　本条提出了公安派出所场地的内容。

**第十三条**　在第十条中规定的房屋建筑项目系标准配置。从调研情况看，编制定员人数较少的派出所，特别是五六个人的公安派出所，由于其工作量较小，投资能力也较弱，因此可将其有关房屋项目合并建设，但此合并为功能用途的合并，而不是建筑面积指标的合并。在第四类、第五类派出所中，建议将接待室与会议室合并，技术监控室与计算机室或值班室合并，武器警械室与值班室合并。此外，治安派出所、水上派出所与户籍派出所相比，承担的职责任务有所不同，其房屋项目可以根据实际需要进行调整。

## 第三章　选址与规划布局

**第十四条**　本条阐明了公安派出所的布建原则。

我国的公安派出所一般是对应行政区划，按照“一乡（镇、街道）一所”的原则建立的。在人口少、地处偏远、治安状况较好的农村地区，一些地方集中财力和警力建设中心派出所；在人口多、地域较大、治安状况复杂的城区街道，一些地方也根据实际情况设置了多个派出所。设置公安派出所，应综合考虑辖区面积、管辖人口及其分布、治安状况、地理环境等因素，合理布局，既要方便服务群众，又要满足实际工作的需要。

**第十五条**　本条规定了公安派出所建设项目的选址要求。

公安派出所是公安机关的基层组织，处在打击违法犯罪活动、维护社会治安稳定的第一线，是联系群众的窗口和纽带。在选址上，既要考虑民警快速出警等工作的需要，也要满足便民、利民、为民的需要。同时，派出所不同于一般的行政机关，在安全、保密、通讯等方面有特殊要求。此外，我国的公安派出所遍布城乡，点多、面广，为了减少和避免重复投资，派出所建设应充分利用当地的市政设施。

**第十六条** 本条是对公安派出所建筑类型的设计要求。

本条要求公安派出所以单独建立为主。为了方便工作，农村地区的派出所应当建在乡、镇政府所在地。一些地方受土地、经费等条件的限制，派出所可以与其他建筑合建。从安全、方便的角度考虑，凡是与其他建筑合建的，派出所所用部分建筑应当安排在该建筑物的下部，并做到相对独立。

**第十七条** 本条阐明了公安派出所建筑总平面布局的要求。

为了安全、保密，同时也为了方便工作，服务群众，派出所门前应留有一定的缓冲区。同时，派出所房屋也应分内部工作区和对外服务区。为便于管理、使用，本条规定了功能和用途相近的房屋应相对集中设置。

内部工作区一般是指公安机关内部人员工作的区域，其他人员一般不能随便进入；对外服务区是允许社会其他人员出入的场所。从实际情况看，本着以人为本和安全、保密的原则，接待室、户籍（办证）室、纠纷调处室等应规划在对外服务区。

停车场地不仅供派出所配备的车辆停用，也供其他社会车辆停用，停车场地设置应保证车辆出入方便。

## 第四章 建设规模与建筑标准

**第十八条** 本条对公安派出所综合建筑面积指标做出了规定。

综合建筑面积指标是控制派出所建筑标准的主要参数。公安派出所建设规模过小不能满足实际需要，过大又会造成浪费。根据实际需要和各地经济发展水平，经反复测算，本条确定了不同类别派出所的建设规模。

公安派出所不论大小，其职能是相同的，只是不同业务的工作量有所不同，因此，不同类别的派出所的房屋项目内容应是一致的，只是相应的面积指标应视工作量而有所差别。对于同类派出所而言，其面积指标应根据实际编制定员人数，参考本条规定的指标确定。人数处于指标下限时，其面积指标不应低于标准表中所列面积指标的下限；人数处于指标上限时，则不应高于面积指标的上限。

从实际情况看，农村派出所民警一般住所工作，农村派出所民警的备勤室按照编制人数每人 1 间，每间 $20m^2$ 计算，比其他类别派出所备勤室备勤人员人均 $8m^2$ 多出 $12m^2$。因此，该条注①作了说明，地处农村地区公安派出所房屋基本建筑面积，在《公安派出所房屋基本建筑面积指标》（表2）中各指标项基础上，按编制人数每人增加 $12m^2$ 计算建筑面积。

**第十九条** 本条规定了公安派出所各房屋项目的建筑面积指标。

公安派出所不同于一般的行政机关，其房屋项目所承载的功能与一般行政机关相关房屋项目的功能也有所不同，如档案室，除了存放有关行政业务档案资料外，还有案卷资料、辖区居民户籍资料等；会议室，除民警内部会议使用外，还用于召开治保人员会议、警风监督员会议等，因此，派出所的房屋项目及其面积指标既要符合《党政机关办公用房建设标准》（计投资［1999］2250 号），又不能完全按照上述规定来确定。为便于操作，本标准规定公安派出所的办公用房、附属设施用房的建筑面积按照《党政机关办公用房建设标准》（计投资［1999］2250 号）确定，但业务用房的面积指标参照本条规定确定。城区派出所备勤室面积按备勤人数人均 $8m^2$ 计算。农村派出所备勤室按编制人数 1 人 1 间，每间 $20m^2$ 计算。

**第二十条** 本条规定了公安派出所民警办公用房的建筑格局。

由于公安派出所一般根据职能确定了不同的岗位，为提高房屋建筑利用效率，便于工作和监督管理，民警办公室应当采用分区设计。由于户籍（办证）室的主要功能是为群众提供服务，其接待窗口应当设计为低台敞开式。

**第二十一条** 本条明确了公安派出所设置候问室的要求。

有条件的公安派出所可以设置候问室。候问室应按照《公安机关适用继续盘问规定》（公安部令第75号）的有关要求建设。候问室必须符合相应条件，并经审批同意和验收合格后方可建设和使用。

**第二十二条** 本条对公安派出所建筑结构作出了规定。我国地域辽阔，自然条件和建筑风格各不相同，因此，对派出所建筑结构未作统一规定。

**第二十三条** 本条是根据建设部对国家机关办公用房建设标准制定。

**第二十四条** 本条提出的公安派出所拥有独立配电室是保障公安派出所24小时执行警务及各种装备用电安全的需要；锅炉房的配置主要是保障寒冷地区公安派出所办公、生活需要。

**第二十五条** 本条提出了公安派出所外围应当装设安全防范设施。这是为了保证派出所内部安全的需要。公安派出所可根据不同情况设置院墙、铁栅栏、电子监控等防护设施；武器警械室应当符合公安部《公安机关警械、武器库（室）管理规定》（公装财[2000]480号）的建设标准；候问室应当符合《公安机关适用继续盘问规定》（公安部令第75号）的建设标准；档案室应当符合国家档案局规定的保密、防火、防潮等建设标准。

**第二十六条** 本条提出公安派出所对外服务区建设应当进行无障碍设计，主要是坚持以人为本理念，方便残疾人到公安派出所办理相关事宜。

**第二十七条** 本条是指公安派出所室内装修要适应当地的整体经济水平，不得超范围、超标准进行室内装修。

**第二十八条** 本条是为公安派出所信息化建设和今后发展作全面规划。

**第二十九条** 本条是根据国家机关办公用房建设标准制定。

**第三十条** 本条提出的公安派出所应当配备应急照明器材，主要是为了保证公安派出所24小时执行警务；讯问室、候问室宜采用低压电源，主要是为了保障被讯问人和被盘问留置人员的安全，防止意外事件的发生。

**第三十一条** 本条是根据国家机关办公用房建设标准制定。

## 第五章 建设用地

**第三十二条** 本条是按照国家建设节约型社会的要求而设定。

**第三十三条** 本条明确规定公安派出所在建设前，要根据行政规划主管部门确定的土地面积现行核算建筑容积。

**第三十四条** 本条是指具有空余场地的公安派出所，可以根据实际情况设置训练场，用于民警进行体能训练和警事技能训练。

**第三十五条** 本条对公安派出所警用车辆停放场地作了明确规定，场地的大小根据不同类型派出所的装备标准和数量确定。

**第三十六条** 本条提出的绿化指标是指公安派出所的绿化面积既要符合当地规划行政主管

部门的统一规定，又要符合周围环境。

## 第六章　外观形象与标识

**第三十七条**　本条是对公安派出所的建筑外观形象进行统一规范，具体标准按公安部《公安派出所建筑外观形象设计规范》（公装财［2005］262号）的规定执行。

**第三十八条**　本条是对公安派出所的外观标识进行统一规范，具体标准按公安部《关于规范统一派出所外观标识的通知》（公治［2004］199号）的规定执行。

# 城市消防站建设标准

## （修订）

## 关于批准发布
## 《城市消防站建设标准（修订）》的通知

建标〔2006〕42 号

国务院各有关部门，各省、自治区、直辖市、计划单列市建设厅（委、局）、发展和改革（计划）委员会：

根据建设部《关于印发〈二〇〇四年工程项目建设标准、投资估算指标、建设项目评价方法与参数编制项目计划〉的通知》（建标函［2005］19 号）要求，由公安部负责编制的《城市消防站建设标准（修订）》，经有关部门会审，现批准发布，自 2006 年 5 月 1 日起施行，原《城市消防站建设标准》同时废止。

本建设标准的管理由建设部和国家发展改革委负责，具体解释工作由公安部消防局负责。

**中华人民共和国建设部**
**中华人民共和国国家发展和改革委员会**
**二〇〇六年二月二十七日**

## 修订说明

《城市消防站建设标准》是按照建设部《关于印发〈二〇〇四年工程项目建设标准、投资估算指标、建设项目评价方法与参数编制项目计划〉的通知》（建标函［2005］19 号）的要求，由公安部负责主编，具体由公安部消防局修订编制的。

在修订编制过程中，修订编制组严格遵循国家基本建设和消防工作的有关方针、政策，根据我国当前消防工作任务和消防站的实际需要，进行了深入调查研究，收集整理了大量的消防站建设资料，分析、总结了国内外消防站建设经验，充分论证了有关技术指标，从我国国情出发，既考虑到消防站发展的需要、促进先进消防技术的推广应用，又注重节约建设用地、减少资金投入、提高投资效益。经广泛征求有关部门的意见，并多次召开征求意见座谈会，最后由公安部组织召开审查会，会同有关部门审查定稿。

本建设标准共分八章：总则、建设规模与项目构成、规划布局与选址、建筑标准、建设用地、装备标准、人员配备、主要投资估算指标。

在执行本建设标准的过程中，请各单位注意总结经验，积累资料。如发现需要修改和补充之处，请将意见和有关资料寄公安部消防局（地址：北京市东长安街 14 号，邮政编码：100741），以便今后修订时参考。

**中华人民共和国公安部**

**2006 年 1 月 8 日**

# 第一章　总　　则

**第一条**　为适应经济建设和社会发展的需要，提高城市消防站（以下简称“消防站”）工程项目决策和建设的科学管理水平，增强城市抗御火灾和处置特种灾害事故的能力，根据《中华人民共和国城市规划法》和《中华人民共和国消防法》制定本建设标准。

**第二条**　本建设标准是为项目决策和合理确定建设水平服务的全国标准；是编制消防规划和评估、审批消防站建设项目的重要依据；也是有关部门审查消防站建设项目初步设计和对整个建设过程监督检查的尺度。

**第三条**　本建设标准适用于城市新建和改、扩建的消防站项目；其他消防站的建设可参照执行。

**第四条**　消防站的建设应由各级政府负责，纳入并依据城市总体规划及专业规划，有计划地组织实施。

**第五条**　消防站的建设，除执行本建设标准外，还应符合国家现行有关标准的规定。

# 第二章　建设规模与项目构成

**第六条**　消防站可分为普通消防站和特勤消防站两类。

普通消防站可分为一级普通消防站和二级普通消防站。

**第七条**　消防站的设置，应符合下列规定：

一、城市必须设立一级普通消防站。

二、地级以上城市（含）以及经济较发达的县级城市应设特勤消防站。

三、城市建成区内设置一级普通消防站确有困难的区域，经论证可设二级普通消防站。

四、有任务需要的城市可设水上消防站、航空消防站等专业消防站。

**第八条**　消防站车库的车位数应符合表 1 的规定。

**表 1　消防站车库的车位数**

| 消防站类别 | 普通消防站 | | 特勤消防站 |
|---|---|---|---|
| | 一级普通消防站 | 二级普通消防站 | |
| 车位数 | 5 ~ 7 | 3 ~ 4 | 8 ~ 11 |

注：消防站车库的车位数含 1 个备用车位。

**第九条**　消防站建设项目由场地、房屋建筑、装备和人员配备等部分构成。

消防站的场地主要是指室外训练场。

消防站的房屋建筑包括业务用房和辅助用房。

业务用房包括：消防车库、通信室、体能训练室、训练塔、灭火抢险和个人防护器材库、被装营具库、器材修理间、清洗室、烘干室、呼吸器充气室、图书阅览室、会议室、俱乐部、灭火救援研讨和电脑室、公众消防宣传教育用房、干部备勤室、消防员备勤室等。

辅助用房包括：餐厅、厨房、家属探亲用房、锅炉房、浴室、医务室、晾衣室(场)、贮藏室、盥洗室、厕所、理发室、配电室、油料库等。

消防站的装备由消防车辆（艇、直升机）、灭火器材、抢险救援器材、消防人员防护器材、通信器材、训练器材，以及营具和公众消防宣传教育设施等组成。

## 第三章　规划布局与选址

**第十条**　城市规划区内消防站的布局，一般应以接到出动指令后5min内消防队可以到达辖区边缘为原则确定。

**第十一条**　消防站的辖区面积按下列原则确定：

一、普通消防站一般不应大于$7km^2$；设在近郊区的普通消防站仍以接到出动指令后5min内消防队可以到达辖区边缘为原则确定辖区面积，其辖区面积不应大于$15km^2$。也可针对城市的火灾风险，通过评估方法确定消防站辖区面积。

二、特勤消防站兼有辖区消防任务的，其辖区面积同普通消防站。

**第十二条**　消防站的选址应符合下列条件：

一、应设在辖区内适中位置和便于车辆迅速出动的临街地段，其用地应满足业务训练的需要。

二、其主体建筑距医院、学校、幼儿园、托儿所、影剧院、商场等容纳人员较多的公共建筑的主要疏散出口不应小于50m。

三、辖区内有生产、贮存危险化学品单位的，消防站应设置在常年主导风向的上风或侧风处，其边界距上述危险部位一般不宜小于200m。

四、消防站车库门应朝向城市道路，至道路红线的距离不应小于15m。

**第十三条**　消防站一般不应设在综合性建筑物中。特殊情况下，设在综合性建筑物中的消防站应有独立的功能分区。

## 第四章　建筑标准

**第十四条**　消防站的建筑标准，应根据消防站的类别和有利执勤备战、方便生活、安全使用等原则合理确定。

**第十五条**　消防站的建筑面积指标应符合下列规定：

一、一级普通消防站2300～$3400m^2$，二级普通消防站1600～$2300m^2$，特勤消防站3500～$4900m^2$。

二、消防站各种用房的使用面积指标可参照表2确定。

**第十六条**　消防站建筑物的耐火等级不应低于二级。

**第十七条**　消防站建筑物位于抗震设防烈度为6～9度地区的，应按乙类建筑进行抗震设计，并按本地区设防烈度提高1度采取抗震构造措施。其中8～9度地区的消防站建筑应对消防车库的框架、门框、大门等影响消防车出动的重点部位，按有关设计规范要求进行验算，限制其地震位移。

**表2　消防站各种用房的使用面积指标（$m^2$）**

| 房屋类别 | 名　称 | 消防站类别 | | |
|---|---|---|---|---|
| | | 普通消防站 | | 特勤消防站 |
| | | 一级普通消防站 | 二级普通消防站 | |
| 业务用房 | 消防车库（车位数） | 450～630（5～7个） | 270～360（3～4个） | 720～990（8～11个） |
| | 通信室 | 30 | 30 | 40 |
| | 体能训练室 | 50～100 | 40～80 | 80～120 |
| | 训练塔 | 120 | 120 | 210 |
| | 灭火抢险、个人防护器材库 | 50～100 | 40～60 | 100～150 |
| | 被装营具库 | 40～60 | 30～40 | 40～60 |
| | 器材修理间、清洗室、烘干室、呼吸器充气室 | 40～80 | 30～50 | 60～100 |
| | 图书阅览室 | 20～60 | 20 | 40～60 |
| | 会议室 | 40～90 | 30～60 | 70～140 |
| | 俱乐部 | 50～110 | 40～70 | 90～140 |
| | 灭火救援研讨、电脑室 | 40～60 | 30～50 | 40～80 |
| | 公众消防宣传教育用房 | 60～120 | 40～80 | 70～140 |
| | 干部备勤室 | 50～100 | 40～80 | 80～160 |
| | 消防员备勤室 | 150～240 | 70～120 | 240～340 |
| 辅助用房 | 餐厅、厨房 | 90～100 | 60～80 | 140～160 |
| | 家属探亲用房 | 60 | 40 | 80 |
| | 锅炉房、浴室 | 80～110 | 70～110 | 130～150 |
| | 医务室 | 10 | 10 | 20 |
| | 晾衣室（场） | 30 | 20 | 30 |
| | 贮藏室 | 40 | 30 | 40～60 |
| | 盥洗室、厕所 | 40～55 | 20～30 | 40～70 |
| | 理发室 | 10 | 10 | 20 |
| | 配电室 | 10 | 10 | 10 |
| | 油料库 | 20 | 10 | 20 |
| | 其他 | 20 | 10 | 30～50 |
| 合　计 | | 1600～2365 | 1120～1580 | 2440～3400 |

**第十八条** 消防车库应保障车辆停放、出动、维护保养和非常时期执勤备战的需要。

一、车库宜设修理间及检修地沟。修理间应用防火墙与其他部位隔开，并不宜靠近通信室。

二、消防车库的设计，应有车辆充气、充电和废气排除的设施。

三、消防车库内外沟管盖板的承载能力，应按最大吨位消防车的满载轮压进行设计。车库地面和墙面应便于清洗，且地面应有排水设施。库内（外）应有供消防车上水用的市政消火栓。

**第十九条** 消防站内的走道、楼梯等供迅速出动用的通道的净宽，单面布房时不应小于1.4m，双面布房时不应小于2.0m，楼梯不应小于1.4m。通道两侧的墙面应平整、无突出物。楼梯踏步应平缓，两侧应设扶手，楼梯倾角不应大于30°。

**第二十条** 消防站应设必要的业务训练与体能训练设施。

**第二十一条** 消防站建筑装修、采暖通风空调和给排水设施的设置应符合下列规定：

一、消防站外装修应符合城市规划的要求，并宜采用体现消防站特点和不易老化的装修材料。消防站的内装修应适应消防人员生活和业务训练的需要，并宜采用明快和容易清洗的装修材料。

二、位于采暖地区的消防站应按国家有关规定设置采暖设施，并应优先使用城市热网或集中供暖。炎热地区消防站的业务用房、干部战士备勤室、餐厅和通信室、体能训练室等宜设空调等降温设施。

三、消防站应设置给水、排水系统。

**第二十二条** 消防站的供电负荷等级不宜低于二级，并应设置配电室。消防站内应设电视、网络和广播系统，宿舍、车库、通信室、体能训练室、会议室、图书阅览室、餐厅及公共通道等，应设应急照明。

消防站主要用房及场地的照度标准应符合国家现行有关标准的规定。

## 第五章 建设用地

**第二十三条** 消防站建设用地应根据建筑占地面积、车位用地和室外训练场地面积等确定。

配备有消防艇的消防站应有供消防艇靠泊的岸线。

**第二十四条** 各类消防站建设用地面积应符合下列规定：

一、一级普通消防站3300～4800m$^2$。

二、二级普通消防站2000～3200m$^2$。

三、特勤消防站4900～6300m$^2$。

注：①上述指标应根据消防站建筑面积大小合理确定，面积大者取高限，面积小者取低限；

②上述指标未包含道路、绿化用地面积，各地在确定消防站建设用地总面积时，可按0.5～0.6的容积率进行测算；

③消防站建设用地紧张且难以达到标准的特大城市，可结合本地实际，集中建设训练场地或训练基地，以保障消防员开展正常的业务训练。

## 第六章 装备标准

**第二十五条** 普通消防站装备的配备应适应扑救本辖区内一般火灾和抢险救援的需要，特勤消防站的装备配备应适应扑救与处置特种火灾和灾害事故的需要。

**第二十六条** 消防站消防车辆的配备，应符合下列规定：

一、消防站的消防车辆配备数量应符合表3的规定。

**表3 消防站配备车辆数量（辆）**

<table>
<tr><th rowspan="2">消防站类别</th><th colspan="2">普通消防站</th><th rowspan="2">特勤消防站</th></tr>
<tr><th>一级普通消防站</th><th>二级普通消防站</th></tr>
<tr><td>消防车辆数</td><td>4～6</td><td>2～3</td><td>7～10</td></tr>
</table>

二、消防站配备的常用消防车辆品种，宜符合表4的规定。

**表4 各类消防站常用消防车辆品种配备标准（辆）**

<table>
<tr><th colspan="2" rowspan="2">消防站类别<br>品　种</th><th colspan="2">普通消防站</th><th rowspan="2">特勤消防站</th></tr>
<tr><th>一级普通消防站</th><th>二级普通消防站</th></tr>
<tr><td rowspan="5">灭火消防车</td><td>水罐或泵浦消防车</td><td rowspan="3">2</td><td rowspan="2">1</td><td rowspan="3">3</td></tr>
<tr><td>水罐或泡沫消防车</td></tr>
<tr><td>压缩空气泡沫消防车</td><td>△</td></tr>
<tr><td>干粉泡沫联用消防车</td><td>—</td><td>—</td><td>△</td></tr>
<tr><td>干粉消防车</td><td>△</td><td>△</td><td>△</td></tr>
<tr><td rowspan="3">举高消防车</td><td>登高平台消防车</td><td rowspan="3">△</td><td rowspan="3">△</td><td rowspan="3">1</td></tr>
<tr><td>云梯消防车</td></tr>
<tr><td>举高喷射消防车</td></tr>
<tr><td rowspan="7">专勤消防车</td><td>抢险救援消防车</td><td>△</td><td>△</td><td>1</td></tr>
<tr><td>排烟消防车或照明消防车</td><td>△</td><td>△</td><td>△</td></tr>
<tr><td>化学事故抢险救援或防化洗消消防车</td><td>—</td><td>—</td><td>1</td></tr>
<tr><td>核生化侦检车</td><td>—</td><td>—</td><td>△</td></tr>
<tr><td>通信指挥消防车</td><td>—</td><td>—</td><td>△</td></tr>
<tr><td>供气消防车</td><td>—</td><td>—</td><td>△</td></tr>
<tr><td>　</td><td></td><td></td><td></td></tr>
<tr><td rowspan="2">后援消防车</td><td>自装卸式消防车（含器材保障、生活保障、供液集装箱）</td><td rowspan="2">△</td><td rowspan="2">△</td><td rowspan="2">△</td></tr>
<tr><td>器材消防车或供水消防车</td></tr>
<tr><td colspan="2">消防摩托车</td><td>△</td><td>△</td><td>△</td></tr>
</table>

注：①表中带“△”车种由各地区根据实际需要选配；

②考虑到部队的快速反应能力，各地区在配备规定消防车数量的基础上，可根据需要选配消防摩托车。

三、消防站主要消防车辆的技术性能应符合表5的规定。

**表5　消防站主要消防车辆的技术性能**

| 消防站类别／技术性能 | | 普通消防站 | | | | 特勤消防站 | |
|---|---|---|---|---|---|---|---|
| | | 一级普通消防站 | | 二级普通消防站 | | | |
| 发动机功率（kW） | | ≥132 | | ≥132 | | ≥191 | |
| 比功率（kW/t） | | ≥8 | | ≥8 | | ≥10 | |
| 水罐消防车出水性能 | 出口压力（MPa） | 1 | 1.8 | 1 | 1.8 | 1 | 1.8 |
| | 流量（L/s） | 40 | 20 | 40 | 20 | 60 | 30 |
| 消防车出泡沫性能（类） | | A、B | | B | | A、B | |
| 举高消防车额定工作高度（m） | | ≥20 | | ≥20 | | ≥30 | |
| 抢险救援消防车 | 起吊质量（kg） | ≥3000 | | ≥3000 | | ≥5000 | |
| | 牵引质量（kg） | ≥10000 | | ≥10000 | | ≥10000 | |

**第二十七条**　消防站灭火器材配备，不应低于表6的规定。

**表6　消防站灭火器材配备标准**

| 消防站类别／名　称 | 普通消防站 | | 特勤消防站 |
|---|---|---|---|
| | 一级普通消防站 | 二级普通消防站 | |
| 机动消防泵（含浮艇泵） | 2台 | 2台 | 3台 |
| 移动式水带卷盘或水带槽 | 2个 | 2个 | 3个 |
| 移动式消防炮 | 2个 | 1个 | 2个 |
| A、B类比例混合器、泡沫液桶、空气泡沫枪 | 2套 | 2套 | 2套 |
| 二节拉梯 | 3 | 2 | 3 |
| 三节拉梯 | 2 | 1 | 2 |
| 挂钩梯 | 3 | 2 | 3 |
| 水带 | 2000m | 1200m | 2800m |
| 消火栓扳手、水枪、分水器、接口、包布、护桥等常规器材工具 | 按所配车辆技术标准要求配备 | | |

**第二十八条**　特勤消防站抢险救援器材品种及数量配备不应低于本建设标准附录一中附表1-1至附表1-9的规定，普通消防站的抢险救援器材品种及数量配备不应低于本建设标准附录一中附表1-10的规定。抢险救援器材的技术性能应符合国家有关标准。

**第二十九条**　消防站消防人员基本防护装备配备品种及数量不应低于本建设标准附录二中附表2-1的规定，消防人员特种防护装备配备品种及数量不应低于本建设标准附录二中附表2-2的规定。防护装备的技术性能应符合国家有关标准。

**第三十条**　根据灭火救援需要，特勤消防站可视情况配备消防搜救犬，并建设相应设施，配备相关器材。

**第三十一条** 消防站通信装备的配备，应符合现行国家标准《消防通信指挥系统设计规范》GB 50313—2000 的规定。

**第三十二条** 消防站应设置单双杠、独木桥、板障、软梯及室内综合训练器等技能、体能训练器材。

**第三十三条** 消防站的消防水带、灭火剂等易损耗装备，应按照不低于投入执勤配备量1:1的比例保持库存备用量。

**第三十四条** 水上消防站和航空消防站的场地、设施、房屋建筑建设标准参照国家有关规定执行，装备的配备应满足所承担任务的需要。

## 第七章 人员配备

**第三十五条** 消防站一个班次执勤人员配备，可按所配消防车每台平均定员 6 人确定，其他人员配备应按有关规定执行。

**第三十六条** 消防站人员配备数量，应符合表 7 的规定。

**表 7 消防站人员配备数量（人）**

| 消防站类别 | 普通消防站 | | 特勤消防站 |
|---|---|---|---|
| | 一级普通消防站 | 二级普通消防站 | |
| 人数 | 30 ~ 45 | 15 ~ 25 | 45 ~ 60 |

## 第八章 主要投资估算指标

**第三十七条** 消防站投资估算，应依据国家现行的有关规定，按照消防站的分类所规定的建设规模、建设标准和人员、装备配备标准确定。

**第三十八条** 在制定消防站建设规划与评估消防站建设项目可行性研究报告时，应结合当地物价、施工技术水平、建设工期等因素确定建筑安装工程投资估算指标。

**第三十九条** 消防站车辆和各类器材的投资，应根据其配备的标准，按实际价格确定。在评估消防站建设项目可行性研究报告时，可参照表 8 确定。

**表 8 消防站车辆和各类器材投资估算指标（万元）**

| 消防站类型 | | 车辆投资 | 器材投资 |
|---|---|---|---|
| 普通消防站 | 一级普通消防站 | 650 ~ 1100 | 150 ~ 250 |
| | 二级普通消防站 | 400 ~ 700 | 90 ~ 150 |
| 特勤消防站 | | 1500 ~ 2500 | 550 ~ 950 |

注：①表中指标是依据本建设标准的配备要求，参照 2004 年国内外消防车辆和器材的价格编制；

②表中所确定的投资不含灭火剂的费用和通信器材的投资；

③通信器材的投资按现行国家标准《消防通信指挥系统设计规范》GB 50313—2000 的有关规定确定。

# 附录一　城市消防站抢险救援器材配备品种与数量

## 附表1-1　特勤消防站侦检器材配备标准

| 序号 | 器材名称 | 主要用途及要求 | 配备 | 备份 | 备注 |
|---|---|---|---|---|---|
| 1 | 有毒气体探测仪 | 具备自动识别、防水、防爆性能。能探测有毒、有害气体及氧含量 | 2套 | — | |
| 2 | 军事毒剂侦检仪 | 侦检化学战剂，具备防水、感应时间短等性能 | 1套 | — | 与有毒气体探测仪相兼容的，可不单独配置 |
| 3 | 可燃气体检测仪 | 检测事故现场易燃易爆气体，可检测多种易燃易爆气体的浓度 | 2套 | — | — |
| 4 | 水质分析仪 | 定性分析液体内的化学成分 | * | — | — |
| 5 | 电子气象仪 | 检测事故现场的风向、风力、温度、湿度、气压、风速 | 1套 | — | — |
| 6 | 音频生命探测仪 | 建筑倒塌等灾害现场搜寻人员。测定被困人员位置 | 1台 | — | 音频、视频功能合一的可选1台 |
| 7 | 视频生命探测仪 | 建筑倒塌等灾害现场搜寻人员。具备多探头探测，通过探测器的视频探头，确定被困人员位置及状态 | 1台 | — | |
| 8 | 雷达生命探测仪 | 建筑倒塌等灾害现场搜寻人员 | * | — | — |
| 9 | 热像仪 | 事故现场黑暗、浓烟环境中的搜寻。温差分辨率不小于0.25℃，有效检测距离不小于40m | 2台 | — | — |
| 10 | 漏电探测仪 | 确定泄漏电源具体位置，可声光报警 | 1个 | — | — |
| 11 | 核放射探测仪 | 快速寻找并确定$\alpha$、$\beta$、$\gamma$射线污染源的位置。可自动声光报警、显示所检测射线的强度，持续工作时间长 | * | — | — |
| 12 | 电子酸碱测试仪 | 测试液体的酸碱度 | 1套 | — | — |

**续附表 1-1**

| 序号 | 器材名称 | 主要用途及要求 | 配备 | 备份 | 备注 |
| --- | --- | --- | --- | --- | --- |
| 13 | 测温仪 | 测量事故现场温度。可预设高、低温危险报警 | 1套 | — | — |
| 14 | 移动式生物快速侦检仪 | 快速检测、识别常见的病毒和细菌，可在30min之内提供较准确的生物检测结果 | * | — | — |

注：表中所有“*”表示由各地根据实际需要进行配备，本标准不作强行规定。下同。

**附表 1-2　特勤消防站警戒器材配备标准**

| 序号 | 器材名称 | 主要用途及要求 | 配备 | 备份 | 备注 |
| --- | --- | --- | --- | --- | --- |
| 1 | 警戒标志杆 | 灾害事故现场警戒，有反光功能 | 10根 | 10根 | — |
| 2 | 锥形事故标志柱 | 灾害事故现场道路警戒 | 10根 | 10根 | — |
| 3 | 隔离警示带 | 灾害事故现场警戒。双面反光，每盘长度约500m | 10盘 | 5盘 | — |
| 4 | 出入口标志牌 | 灾害事故现场标示。图案、文字、边框均为反光材料，与标志杆配套使用 | 2组 | — | — |
| 5 | 危险警示牌 | 灾害事故现场警戒警示。分为有毒、易燃、泄漏、爆炸、危险等五种标志，图案为反光材料。与标志杆配套使用 | 5块 | — | — |
| 6 | 闪光警示灯 | 灾害事故现场警戒警示。频闪型，光线暗时自动闪亮 | 5个 | — | — |
| 7 | 手持扩音器 | 灾害事故现场指挥。功率大于10W，同时应具备警报功能 | 2个 | 1个 | — |

**附表 1-3　特勤消防站救生器材配备标准**

| 序号 | 器材名称 | 主要用途及要求 | 配备 | 备份 | 备注 |
| --- | --- | --- | --- | --- | --- |
| 1 | 躯体固定气囊 | 固定受伤人员。负压，快速定型，牢固、轻便 | 2套 | — | — |
| 2 | 肢体固定气囊 | 固定伤员肢体 | 2套 | — | — |
| 3 | 婴儿呼吸袋 | 救助婴儿脱离灾害事故现场。为全密闭式，与全防型过滤罐配合使用，电驱动送风 | 2个 | — | — |

**续附表 1-3**

| 序号 | 器材名称 | 主要用途及要求 | 配备 | 备份 | 备注 |
| --- | --- | --- | --- | --- | --- |
| 4 | 逃生面罩 | 灾害事故现场被救人员呼吸防护 | 20 具 | 10 具 | 含滤毒罐 |
| 5 | 救生照明线 | 黑暗、地下场所作业的导向、照明。具备防水、质轻、抗折、耐拉、耐压、耐高温等性能。每盘长度不小于 50m | 2 盘 | — | — |
| 6 | 折叠式担架 | 运送事故现场受伤人员。为金属框架，高分子材料表面质材，便于洗消，承重不小于 100kg | * | — | — |
| 7 | 伤员固定抬板 | 灾害事故现场救援。为木质，表面经防污处理，避免伤员颈椎、胸椎及腰椎再次受到伤害 | 3 块 | — | — |
| 8 | 多功能担架 | 灾害事故现场救援 | 2 副 | — | — |
| 9 | 救生气垫 | 救助高处被困人员，安全高度一般为 10m 以下 | 1 套 | — | — |
| 10 | 缓降器 | 高处救人和自救。安全负荷不低于 1300N，绳索防火、耐磨 | 2 个 | — | — |
| 11 | 灭火毯 | 火场救生和重要物品保护。耐燃氧化纤维材料，防火布夹层织制，在 900℃ 火焰中不熔滴，不燃烧 | * | — | — |
| 12 | 医药急救箱 | 盛放常规外伤和化学伤害急救所需的敷料、药品和器械等 | 1 个 | — | — |
| 13 | 医用简易呼吸器 | 窒息人员的辅助呼吸 | * | — | — |
| 14 | 气动起重气垫 | 交通事故、房屋倒塌救援事故现场救援。具备抗静电、抗裂、耐磨、抗油、抗老化等性能，共有 12 种规格，起重重量为：5 ~ 48t | 2 套 | — | 可根据需要选配不同规格。每套不少于 4 种规格 |
| 15 | 救援三角架 | 高处、悬崖及井下等救援作业。金属框架，配有手摇式绞盘，牵引滑轮最大承载 2500N，绳索长度不小于 30m | 1 组 | — | — |

**续附表 1-3**

| 序号 | 器材名称 | 主要用途及要求 | 配备 | 备份 | 备注 |
| --- | --- | --- | --- | --- | --- |
| 16 | 救生抛投器 | 远距离抛投救生绳或救生圈。气动喷射，储气 0.5L，投射距离 60～90m | 1 个 | 1 个 | — |
| 17 | 水面漂浮救生绳 | 水面救援。可漂浮于水面，标识明显，固定间隔处有绳节，不吸水 | * | — | — |
| 18 | 机动橡皮舟 | 水面救援。双尾锥充气船体，由防老化，防紫外线材料制成。船底部有充气舷梁，铝合金拼装甲板，具有排水阀门，发动机功率 18kW 以上，最大承载能力不小于 500kg | * | — | — |
| 19 | 敛尸袋 | 对遇难人员尸体的包裹和搬运 | 20 个 | — | — |
| 20 | 救生软梯 | 登高救生作业 | * | — | — |

**附表 1-4　特勤消防站破拆器材配备标准**

| 序号 | 器材名称 | 主要用途及要求 | 配备 | 备份 | 备注 |
| --- | --- | --- | --- | --- | --- |
| 1 | 电动剪切钳 | 剪切作业。自备电源，便携操作 | 1 具 | — | — |
| 2 | 液压剪切钳 | 剪切作业 | 1 具 | — | — |
| 3 | 液压万向剪切钳 | 狭小空间的破拆作业。具备体积小、易操作性能。钳头可以旋转 | * | — | — |
| 4 | 液压多功能钳 | 灾害现场破拆作业。具备切割、扩张功能 | 1 具 | — | — |
| 5 | 双轮异向切割锯 | 破拆作业，能快速切割硬度较高的金属薄片等 | 1 具 | — | — |
| 6 | 机动链锯 | 切割各类木质结构障碍物 | 1 具 | — | — |
| 7 | 无齿锯 | 切割金属和混凝土材料 | 1 具 | — | — |
| 8 | 等离子切割器 | 灾害现场破拆作业。电源驱动，能够快速切割钢质板材 | * | — | — |
| 9 | 气动切割刀 | 切割薄壁、车辆金属和玻璃等，配有金属、非金属切割刀片 | 1 套 | — | — |

**续附表 1-4**

| 序号 | 器材名称 | 主要用途及要求 | 配备 | 备份 | 备注 |
| --- | --- | --- | --- | --- | --- |
| 10 | 液压扩张器 | 灾害现场的扩张和牵引物体 | * | — | — |
| 11 | 液压救援顶杆 | 撑开、顶升障碍重物 | 1组 | — | — |
| 12 | 重型支撑套具 | 建筑倒塌现场的撑顶作业。支撑套具分为液压式、气压式或机械手动式。具有支撑力强、行程高、撑顶面大、操作简便、安全可靠等性能 | * | — | — |
| 13 | 液压机动泵 | 用作液压破拆工具的动力源 | 2台 | — | — |
| 14 | 手动液压泵 | 用作液压破拆工具的动力源 | * | — | — |
| 15 | 开门器 | 顶起卷帘门和其他物体。最大升限不小于150mm，最大挺举力不小于10t | 2个 | — | — |
| 16 | 冲击钻 | 灾害现场破拆作业，冲击速率可调 | * | — | — |
| 17 | 凿岩机 | 混凝土结构的破拆 | * | — | — |
| 18 | 玻璃破碎器 | 门窗玻璃幕墙的手动破拆。由组合工具组成，可对砖瓦、薄型金属进行破碎 | 1台 | — | — |
| 19 | 手持式钢筋速断器 | 对钢筋护栏、护网的快速切断，最大切断直径20mm，配有蓄电池动力源，能够快速充电 | 1台 | — | — |

**附表 1-5　特勤消防站堵漏器材配备标准**

| 序号 | 器材名称 | 主要用途及要求 | 配备 | 备份 | 备注 |
| --- | --- | --- | --- | --- | --- |
| 1 | 内封式堵漏袋（4种） | 圆形容器和管道的堵漏作业。由防腐橡胶制成，工作压力0.15MPa，直径分别为：10/20、20/40、30/60、50/100mm | 1套 | — | — |
| 2 | 外封式堵漏袋（2种） | 罐体外部堵漏作业。由防腐橡胶制成，工作压力0.15MPa，尺寸可选 | 1套 | — | — |
| 3 | 捆绑式堵漏袋 | 管道断裂堵漏作业。由防腐橡胶制成，工作压力0.15MPa，尺寸为5/20、20/48mm | 1套 | — | — |

## 续附表1-5

| 序号 | 器材名称 | 主要用途及要求 | 配备 | 备份 | 备注 |
| --- | --- | --- | --- | --- | --- |
| 4 | 下水道阻流袋 | 阻止有害液体流入城市排水系统，材质具有防酸碱性 | 2个 | — | — |
| 5 | 金属堵漏套管 | 各种金属管道裂缝的密封堵漏 | 1套 | — | 每套不少于9种规格 |
| 6 | 堵漏枪（4种） | 密封油罐车、液罐车及储存罐裂缝。由防腐橡胶制成，工作压力0.15MPa，由一种圆锥、三种楔型堵漏件组成 | * | — | — |
| 7 | 阀门堵漏套具 | 阀门泄漏的堵漏作业 | * | — | — |
| 8 | 注入式堵漏工具 | 阀门或法兰盘堵漏作业。无火花材料。配有手动液压泵，泵缸压力≥74MPa，使用温度-100～400℃ | 1组 | — | 含注入式堵漏胶1箱 |
| 9 | 粘贴式堵漏工具 | 各种罐体和管道表面点状、线状泄漏的堵漏作业。无火花材料 | 1组 | — | — |
| 10 | 电磁式堵漏工具 | 各种罐体和管道表面点状、线状泄漏的堵漏作业。适用温度≤80℃ | 1组 | — | — |
| 11 | 木制堵漏楔 | 各类孔洞状较低压力的堵漏作业。经专门绝缘处理，防裂，不变形 | 1套 | 1套 | 每套不少于28种规格 |
| 12 | 气动吸盘式堵漏器 | 封堵不规则孔洞。气动、负压式吸盘，可输转作业 | * | — | — |
| 13 | 管道粘结剂 | 小孔洞或砂眼的堵漏 | * | — | — |
| 14 | 无火花工具 | 易燃易爆事故现场的手动作业，铜质材料 | 1套 | — | 配备不低于11种规格 |

**附表 1-6　特勤消防站输转器材配备标准**

| 序号 | 器材名称 | 主要用途及要求 | 配备 | 备份 | 备注 |
|---|---|---|---|---|---|
| 1 | 手动隔膜抽吸泵 | 手动驱动，输转有毒、有害液体。一般排液量 3t/h，最大吸入颗粒 10mm，安全防爆 | 1台 | — | — |
| 2 | 防爆输转泵 | 吸附、转输各种液体。一般排液量 6t/h，最大吸入颗粒 5mm，安全防爆 | 1台 | — | — |
| 3 | 粘稠液体抽吸泵 | 迅速抽取有毒有害及粘稠液体，电动机驱动，配有接地线，安全防爆 | 1台 | — | — |
| 4 | 排污泵 | 吸排污水 | * | — | — |
| 5 | 有毒物质密封桶 | 装载有毒有害物质。防酸碱，耐高温 | 1个 | — | — |
| 6 | 围油栏 | 陆地及水面，防止油类及污水蔓延，防腐材料制成。充气、充水两用型 | 1组 | — | — |
| 7 | 吸附垫 | 小范围内的吸附酸、碱和其他腐蚀性液体 | 2箱 | 1箱 | — |
| 8 | 集污袋 | 装载有害液体 | 2只 | — | — |

**附表 1-7　特勤消防站洗消器材配备标准**

| 序号 | 器材名称 | 主要用途及要求 | 配备 | 备份 | 备注 |
|---|---|---|---|---|---|
| 1 | 强酸、碱洗消器 | 化学灼伤部位的清洗 | 1具 | — | — |
| 2 | 强酸、碱清洗剂 | 手部或身体小面积部位的洗消 | 5瓶 | — | — |
| 3 | 公众洗消站 | 对受到有毒物质污染的人体进行喷淋洗消，也可以做临时会议室、指挥部、紧急救护场所等。帐篷展开面积 30m$^2$ 以上。配有电动充、排气泵，洗消供水泵，洗消排污泵，洗消水加热器，暖风发生器，温控仪，洗消喷淋器，洗消液均混罐，洗消喷枪，移动式高压洗消泵（含喷枪），密闭式公众洗消帐篷，洗消废水回收袋等设备 | 1套 | — | — |

续附表 1-7

| 序号 | 器材名称 | 主要用途及要求 | 配备 | 备份 | 备注 |
|---|---|---|---|---|---|
| 4 | 单人洗消帐篷 | 消防人员洗消。配有电动充气泵、喷淋、照明等系统 | 1 套 | — | — |
| 5 | 生化洗消装置 | 能够消除生化有毒物质的洗消装置 | * | — | — |
| 6 | 洗消粉 | 按比例与水混合后，对人体、物品和场地的降毒洗消 | 500kg | — | — |

## 附表 1-8　特勤消防站照明、排烟器材配备标准

| 序号 | 器材名称 | 主要用途及要求 | 配备 | 备份 | 备注 |
|---|---|---|---|---|---|
| 1 | 移动式排烟机 | 灾害现场的排烟和送风，配有相应口径的风管 | 1 台 | — | — |
| 2 | 坑道小型空气输送机 | 缺氧空间作业，排风量符合常用救灾的要求 | 1 台 | — | — |
| 3 | 移动照明灯组 | 灾害现场的作业照明，照度符合作业要求 | 1 套 | — | — |
| 4 | 移动发电机 | 灾害现场等的照明，发电机功率≥7kW | 2 台 | — | — |

## 附表 1-9　特勤消防站其他器材配备标准

| 序号 | 器材名称 | 主要用途及要求 | 配备 | 备份 | 备注 |
|---|---|---|---|---|---|
| 1 | 脉冲水枪 | 扑救初起和小面积火灾。背负式，储水量≥12L，气瓶容积≥2L，公称压力 30MPa，射程≥16m，充水时间≤3s | 3 支 | — | — |
| 2 | 移动炮 | 扑救油类等火灾。流量≥100L/s，射程≥70m | * | — | — |
| 3 | 空气充填泵 | 向气瓶内填充空气 | * | — | 特勤大队配备固定空气充填泵 1 台 |
| 4 | 防化服清洗烘干器 | 烘干防化服等装备。最高温度 40℃，压力为 21kPa | 1 组 | — | — |
| 5 | 折叠式救援梯 | 登高作业 | * | — | — |
| 6 | 水幕水带 | 阻挡或稀释有毒和易燃易爆气体或液体蒸汽 | 100m | — | — |
| 7 | 消防机器人 | 危险场所的火情侦察和灭火 | * | — | — |
| 8 | 高倍数泡沫发生器 | 灾害现场喷射高倍数泡沫 | 1 个 | — | — |
| 9 | 移动水囊 | 灾害事故现场供水时的储水 | * | — | — |

### 附表 1-10　普通消防站抢险救援器材配备标准

| 种类 | 名　称 | 主要用途及要求 | 数量 | |
|---|---|---|---|---|
| | | | 配备 | 备份 |
| 侦检 | 有毒气体探测仪 | 具备自动识别、防水、防爆性能。能探测有毒、有害气体及氧含量 | 1 套 | — |
| | 可燃气体检测仪 | 检测事故现场易燃易爆气体，可检测多种易燃易爆气体的体积浓度 | 1 套 | — |
| | 热像仪 | 事故现场黑暗、浓烟环境中的搜寻。温差分辨率≥0.25℃，有效检测距离≥40m | * | — |
| | 测温仪 | 测量事故现场温度。可预设高、低温危险报警 | 1个 | — |
| 警戒 | 各类警示牌 | 灾害事故现场警戒警示 | 1 套 | — |
| | 闪光警示灯 | 灾害事故现场警戒警示。频闪型，光线暗时自动闪亮 | 2 个 | — |
| | 隔离警示带 | 灾害事故现场警戒。双面反光，每盘长度约500m | 5 盘 | 2 盘 |
| 破拆 | 液压破拆工具组 | 灾害现场破拆作业 | 1 套 | — |
| | 无齿锯 | 切割金属和混凝土材料 | 1 具 | — |
| | 机动链锯 | 切割各类木质结构障碍物 | 1 具 | — |
| | 手动破拆工具组 | 灾害现场破拆作业 | 1 套 | — |
| | 开门器 | 顶起卷帘门和其他物体。最大升限≥150mm，最大挺举力≥10t | 1 套 | — |
| 救生 | 缓降器 | 高处救人和自救。安全负荷≥1300N，绳索防火、耐磨 | 2 套 | 1 套 |
| | 起重气垫 | 交通事故、房屋倒塌救援事故现场救援。具备抗静电、抗裂、耐磨、抗油、抗老化等性能，共有 12 种规格，起重重量为：5 ~48t | 1 套 | — |
| | 逃生面罩 | 灾害事故现场被救人员呼吸防护 | 10 个 | 5 个 |
| | 多功能担架 | 灾害事故现场救援 | 1 个 | — |
| | 救援三角架 | 高处、悬崖及井下等救援作业。金属框架，配有手摇式绞盘，牵引滑轮最大承载 2500N，绳索长度≥30m | 1 组 | — |
| | 救生抛投器 | 远距离抛投救生绳或救生圈。气动喷射，储气 0.5L，投射距离 60 ~90m | 1 个 | — |
| | 救生照明线 | 黑暗、地下场所作业的导向、照明。具备防水、质轻、抗折、耐拉、耐压、耐高温等性能。每盘长度≥50m | 1 条 | — |

**续附表 1-10**

| 种类 | 名　称 | 主要用途及要求 | 数量 | |
|---|---|---|---|---|
| | | | 配备 | 备份 |
| 堵漏 | 木质堵漏楔 | 各类孔洞状较低压力的堵漏作业。经专门绝缘处理，防裂，不变形 | 1套 | — |
| | 气动堵漏工具 | 封堵不规则孔洞 | * | — |
| | 粘贴式堵漏工具 | 各种罐体和管道表面点状、线状泄漏的堵漏作业。无火花材料 | 1组 | — |
| | 注入式堵漏工具 | 阀门或法兰盘堵漏作业。无火花材料。配有手动液压泵，泵缸压力≥74MPa，使用温度-100～400℃ | 1组 | — |
| | 电磁式堵漏工具 | 各种罐体和管道表面点状、线状泄漏的堵漏作业。适用温度≤80℃ | * | — |
| | 无火花工具 | 易燃易爆事故现场的手动作业，铜质材料 | 1组 | — |
| 排烟照明 | 移动式排烟机 | 灾害现场的排烟和送风，配有相应口径的风管 | * | — |
| | 移动式照明灯组 | 灾害现场的作业照明，照度符合作业要求 | 1组 | — |
| | 移动式发电机 | 灾害现场等的照明，发电机功率≥7kW | * | — |
| 其他 | 水幕水带 | 阻挡或稀释有毒和易燃易爆气体或液体蒸汽 | * | — |

## 附录二　城市消防站消防人员基本防护和特种防护装备配备品种与数量

**附表 2-1　消防人员基本防护装备配备标准**

| 序号 | 名称 | 主要用途 | 普通消防站 | | | | 特勤消防站 | | 备注 |
|---|---|---|---|---|---|---|---|---|---|
| | | | 一级普通消防站 | | 二级普通消防站 | | | | |
| | | | 配备 | 备份比 | 配备 | 备份比 | 配备 | 备份比 | |
| 1 | 消防头盔 | 头部、面部及颈部的安全防护 | 1顶/人 | 4:1 | 1顶/人 | 4:1 | 1顶/人 | 2:1 | — |
| 2 | 消防员灭火防护服 | 灭火救援作业时的身体防护 | 1套/人 | 4:1 | 1套/人 | 4:1 | 1套/人 | 3:1 | 指挥员可选配消防指挥服 |

**续附表 2-1**

| 序号 | 名称 | 主要用途 | 普通消防站 | | | | 特勤消防站 | | 备注 |
|---|---|---|---|---|---|---|---|---|---|
| | | | 一级普通消防站 | | 二级普通消防站 | | | | |
| | | | 配备 | 备份比 | 配备 | 备份比 | 配备 | 备份比 | |
| 3 | 消防手套 | 手部及腕部防护 | 2 副/人 | — | 2 副/人 | — | 2 副/人 | — | — |
| 4 | 消防安全腰带 | 登梯作业和逃生自救 | 1 根/人 | 4:1 | 1 根/人 | 4:1 | 1 根/人 | 4:1 | — |
| 5 | 消防员灭火防护靴 | 小腿部和足部防护 | 1 双/人 | 4:1 | 1 双/人 | 4:1 | 1 双/人 | 4:1 | — |
| 6 | 正压式消防空气呼吸器 | 缺氧或有毒现场作业时的呼吸防护 | 1 具/人 | 5:1 | 1 具/人 | 5:1 | 1 具/人 | 4:1 | 备用气瓶按照正压式空气呼吸器总量 1:1 备份 |
| 7 | 佩戴式防爆照明灯 | 消防人员单人作业照明 | 1 个/人 | 5:1 | 1 个/人 | 5:1 | 1 个/人 | 5:1 | — |
| 8 | 消防员呼救器 | 消防员呼救报警 | 1 个/人 | 4:1 | 1 个/人 | 4:1 | 1 个/人 | 4:1 | 若消防呼救器具备方位灯功能，方位灯可不配 |
| 9 | 方位灯 | 消防人员在黑暗或浓烟等环境中的位置标识 | 1 个/人 | 5:1 | 1 个/人 | 5:1 | 1 个/人 | 5:1 | |
| 10 | 消防轻型安全绳 | 消防员的自救和逃生 | 1 根/人 | 4:1 | 1 根/人 | 4:1 | 1 根/人 | 4:1 | — |
| 11 | 消防腰斧 | 破拆和自救 | 1 把/人 | 5:1 | 1 把/人 | 5:1 | 1 把/人 | 5:1 | — |

注：寒冷地区的消防人员防护器材应考虑防寒需要。表中“备份比”是指消防人员防护装备配备投入使用数量与备用数量之比。下同。

## 附表 2-2　消防人员特种防护装备配备标准

| 序号 | 名称 | 主要用途 | 普通消防站 | | | | 特勤消防站 | | 备注 |
|---|---|---|---|---|---|---|---|---|---|
| | | | 一级普通消防站 | | 二级普通消防站 | | | | |
| | | | 配备 | 备份比 | 配备 | 备份比 | 配备 | 备份比 | |
| 1 | 消防隔热服 | 强热辐射场所的全身防护 | 3套/班 | 4:1 | 3套/班 | 4:1 | 4套/班 | 3:1 | — |
| 2 | 消防避火服 | 进入火焰区域短时间作业时的全身防护 | 2套/站 | — | 2套/站 | — | 3套/站 | — | 应当增配相应的训练用避火服 |
| 3 | 消防防化服 | 化学灾害现场作业时的躯体防护 | 6套/站 | — | 4套/站 | — | 1套/人 | 4:1 | — |
| 4 | 重型防化服 | 重度化学灾害现场全身防护 | * | — | * | — | 4套/站 | — | 应当增配相应的训练用重型防化服 |
| 5 | 防核防化服 | 低剂量核辐射环境中，抵御一般性化学物质侵害的专用安全防护 | — | — | — | — | * | — | 距核设施及相关研究、使用单位较近的消防站应配置 |
| 6 | 防蜂服 | 防蜂类等昆虫侵袭的专用防护 | * | — | * | — | 2套/站 | — | — |
| 7 | 防爆服 | 爆炸场所排爆作业的专用防护 | — | — | — | — | * | — | 承担防爆任务的消防站每站宜配2套 |
| 8 | 电绝缘装具（含服装、手套、靴子） | 高电压危险场所作业时的全身防护 | 2套/站 | — | 2套/站 | — | 3套/站 | — | — |

**续附表 2-2**

| 序号 | 名称 | 主要用途 | 普通消防站 | | | | 特勤消防站 | | 备注 |
|---|---|---|---|---|---|---|---|---|---|
| | | | 一级普通消防站 | | 二级普通消防站 | | | | |
| | | | 配备 | 备份比 | 配备 | 备份比 | 配备 | 备份比 | |
| 9 | 防静电服 | 可燃气体、粉尘、蒸气等易燃易爆场所作业时的全身外层防护 | 6 套/站 | — | 4 套/站 | — | 12 套/站 | — | — |
| 10 | 内置纯棉手套 | 可燃气体、粉尘、蒸气等易燃易爆场所消防作业时的手部内层防护 | 6 副/站 | — | 4 副/站 | — | 12 套/站 | — | — |
| 11 | 阻燃头套 | 可燃气体、粉尘、蒸气等易燃易爆场所消防作业时的头颈部内层防护 | 6 个/站 | — | 4 个/站 | — | 12 个/站 | — | — |
| 12 | 防静电内衣 | 可燃气体、粉尘、蒸气等易燃易爆场所作业时的躯体内层防护 | 2 套/人 | — | 2 套/人 | — | 3 套/人 | — | — |
| 13 | 消防阻燃毛衣 | 冬季或低温场所作业时的内层防护 | * | — | * | — | 1 件/人 | 4:1 | — |
| 14 | 防高温手套 | 高温作业时的手部防护 | * | — | * | — | 6 副/站 | — | — |
| 15 | 防化手套 | 化学灾害事故现场作业时的手部防护 | * | — | * | — | * | — | — |
| 16 | 消防护目镜 | 抢险救援作业时的眼部防护 | 6 副/站 | 3:1 | 6 副/站 | 3:1 | 1 副/人 | 4:1 | — |
| 17 | 抢险救援头盔 | 抢险救援作业时的头部防护 | 6 顶/站 | 3:1 | 6 顶/站 | 3:1 | 1 顶/人 | 4:1 | — |

**续附表 2-2**

| 序号 | 名称 | 主要用途 | 普通消防站 | | | | 特勤消防站 | | 备注 |
|---|---|---|---|---|---|---|---|---|---|
| | | | 一级普通消防站 | | 二级普通消防站 | | | | |
| | | | 配备 | 备份比 | 配备 | 备份比 | 配备 | 备份比 | |
| 18 | 抢险救援手套 | 抢险救援作业时的手部防护 | 12 副/站 | 4:1 | 12 副/站 | 4:1 | 2 副/人 | 3:1 | — |
| 19 | 抢险救援服 | 抢险救援作业时的身体防护 | 6 套/站 | 3:1 | 6 套/站 | 3:1 | 1 套/人 | 4:1 | — |
| 20 | 抢险救援靴 | 抢险救援作业时足部及踝部防护 | 6 双/站 | 3:1 | 6 双/站 | 3:1 | 1 双/人 | 2:1 | — |
| 21 | 消防通用安全绳 | 消防员救援作业 | 2 根/班 | 2:1 | 2 根/班 | 2:1 | 4 根/班 | 2:1 | — |
| 22 | 消防Ⅰ类安全吊带 | 消防员单人逃生自救 | * | — | * | — | 4 根/班 | 2:1 | — |
| 23 | 消防Ⅱ类安全吊带 | 消防员救援作业 | 2 根/班 | 2:1 | 2 根/班 | 2:1 | 4 根/班 | 2:1 | 可选一种或两种进行配备 |
| 24 | 消防Ⅲ类安全吊带 | 消防员救援作业 | 2 根/班 | 2:1 | 2 根/班 | 2:1 | 4 根/班 | 2:1 | |
| 25 | 消防防坠落辅助部件 | 与安全绳和安全吊带、安全腰带配套使用的承载部件 | 2 套/班 | 3:1 | 2 套/班 | 3:1 | 2 套/班 | 3:1 | — |
| 26 | 移动供气源 | 狭小空间和长时间作业时的呼吸保护 | 1 套/站 | — | 1 套/站 | — | 2 套/站 | — | — |

**续附表 2-2**

| 序号 | 名称 | 主要用途 | 普通消防站 | | | | 特勤消防站 | | 备注 |
|---|---|---|---|---|---|---|---|---|---|
| | | | 一级普通消防站 | | 二级普通消防站 | | | | |
| | | | 配备 | 备份比 | 配备 | 备份比 | 配备 | 备份比 | |
| 27 | 氧气呼吸器 | 高原、地下、隧道等场所长时间作业时的呼吸保护 | * | — | * | — | 4 具/站 | 2:1 | 有地铁、隧道救援任务的可增加配备数量 |
| 28 | 强制送风呼吸器 | 开放空间有毒环境中作业时的呼吸保护 | * | — | * | — | 2 套/站 | — | 滤毒罐按照强制送风呼吸器总量1:2备份 |
| 29 | 消防过滤式综合防毒面具 | 开放空间有毒环境中作业时的呼吸保护 | * | — | * | — | 1 套/2 人 | 4:1 | 滤毒罐按照消防过滤式综合防毒面具总量1:2备份 |
| 30 | 潜水装具 | 水下救援作业时的专用防护 | * | — | * | — | 4 套/站 | — | 沿江河湖海的特勤站可视情增配 |
| 31 | 救生衣 | 水上救援作业时的专用防护 | * | — | * | — | 1 件/2 人 | 2:1 | 水上救援任务较重的普通站或特勤站可增加数量 |
| 32 | 手提式强光照明灯 | 灭火和抢险救援现场作业时的照明 | 1 具/班 | 2:1 | 1 具/班 | 2:1 | 1 具/班 | 2:1 | — |

附加说明

## 修订编制单位、修订编制工作领导小组成员<br>和修订编制组成员名单

**修订编制单位：**

公安部消防局

**修订编制工作领导小组成员：**

组　长：陈家强

副组长：冷　俐　牛跃光

成　员：马　恒　张　野　肖学锋　周　军

**修订编制组成员：**

组　长：冷　俐　牛跃光

副组长：肖学锋　周　军

成　员：魏捍东　沈　纹　吴礼龙　伍　伟　王治安　毕　赢　赵　洋　何　宁　郭奕贺　万　明　杜　霞　吴　军　黄金印　汪永明　陈儿根　李建春　江　平　韩立群

# 附　件

# 《城市消防站建设标准（修订）》条文说明

## 前　言

根据建设部《关于印发〈二〇〇四年工程项目建设标准、投资估算指标、建设项目评价方法与参数编制项目计划〉的通知》（建标函［2005］19号）的要求，由公安部负责编制，具体由公安部消防局修订编制的《城市消防站建设标准（修订）》，经建设部、国家发展和改革委员会于二〇〇六年二月二十七日以建标［2006］42号文批准为全国统一标准，发布全国施行。

为便于有关部门咨询、设计和建设单位的有关人员在使用本建设标准时能正确理解和执行条文的规定，现将《城市消防站建设标准（修订）条文说明》予以印发，供国内各有关部门和单位参考。

**2006年3月**

## 第一章　总　则

**第一条**　本条阐述制定《城市消防站建设标准》的目的。城市消防站担负着扑救火灾和

抢险救援的重要任务，是城市消防基础设施的重要组成部分。为贯彻“依法治国”的方针，保障城市消防安全，适应城市消防站建设的需要，制定符合我国经济与社会发展水平的消防站规划与建设方面的法规，提高消防站工程项目规划、设计和立项审批的水平，加强对消防站建设的科学决策和科学管理，1999 年 1 月 1 日由公安部编制、原国家计委和建设部批准的《城市消防站建设标准》（以下简称“原《标准》”）正式颁布实施。几年来，消防站的建设、装备水平有了很大的提高。随着经济社会的快速发展，城市建设规模的不断扩大，各种致灾因素的日益增加，消防队伍职能的拓展和灭火救援任务的日趋繁重，对消防站功能及建设水平提出了新的要求，原《标准》在一些方面已经不能适应时代发展的需要。因此，依据《中华人民共和国城市规划法》和《中华人民共和国消防法》，在充分调研论证的基础上，对原《标准》进行了部分修改，调整了消防站类别、布局原则，增加了装备品种数量，扩大了消防站建筑面积和训练场地面积，提高了建设投资水平，为保障消防站正常的执勤和生活秩序，满足社会和人民群众消防安全需求提供必要的条件。

**第二条** 本建设标准是指导城市消防站建设的国家工程项目建设标准，它在技术、经济和管理上对消防站建设项目起宏观控制作用，具有较强的政策性和实用性。本建设标准的作用是指导各地编制消防规划，使消防站建设项目的评估、审批、决策等前期工作有所遵循，为建设实施提供监督检查的尺度。

**第三条** 本条规定本建设标准的适用范围。本建设标准适用于建设在城市规划区内、由政府统一投资和管理的各类消防站，或由民间集资兴建、政府统一管理的多种形式的消防站。本建设标准所称的城市，是指国家按行政建制设立的直辖市、市、镇。本建设标准所称的其他消防站，包括企业消防站、民办消防站等。

**第四条** 《中华人民共和国城市规划法》第十五条规定：“……编制城市规划应当符合城市防火、防爆、抗震、防洪、防泥石流和治安、交通管理、人民防空建设等要求。”《中华人民共和国消防法》第八条也明确规定：“城市人民政府应当将包括消防安全布局、消防站、消防供水、消防通信、消防车通道、消防装备等内容的消防规划纳入城市总体规划，并负责组织有关主管部门实施。”根据上述要求，本建设标准规定各级人民政府应将消防站的建设纳入城市规划，并有计划地调拨人力物力，组织落实消防站的建设。

**第五条** 本条阐明了本建设标准与其他现行有关标准、定额、指标之间的关系。消防站工程项目的建设涉及的专业较多，如城市规划、城市防灾、工程水文地质、环保卫生、交通、供电供水、城市基础消防设施和消防装备的技术性能等，因此，除执行本建设标准外，尚应符合国家现行的有关标准和定额指标的规定。

## 第二章 建设规模与项目构成

**第六条** 城市消防站的正确分类关系到消防站的建设规模、装备水平和扑救火灾与处置特种灾害事故的能力。普通消防站是指主要承担本辖区火灾扑救和一般灾害事故抢险救援任务的消防站。特勤消防站是指除承担普通消防站任务外，主要承担特种灾害事故处置和特殊火灾扑救任务的消防站。

随着消防部队任务的增加、职能的拓展和消防站规模的扩大，原《标准》分类已不能适应时代发展的需要，因此，将消防站分为普通消防站和特勤消防站两类，将普通消防站划分为一级普通消防站和二级普通消防站，这种分类方式既符合我国城市消防站发展的需要，也适应消防部队完成各项消防保卫任务和拓宽抢险救援职能的要求。

**第七条** 从消防站统计情况看，普通消防站是城市扑救火灾和处置灾害事故的主体，在消防保卫实践中发挥着决定性的作用，此前各地在城市总体规划中，也都围绕一级普通消防站的建设进行规划布局。为满足灭火救援的需要，所有城市必须设立一级普通消防站。

部分城市为解决原有消防站布局过疏、辖区面积过大的问题，在建成区内繁华商业区、重点保卫目标等特殊区域设立一级普通消防站确有困难的情况下，要结合总体规划布局，经过认真的调查论证，可设立二级普通消防站。对原建的小型普通消防站要结合城市改造和修编规划，在消防站改、扩建中逐步改善其条件，力争达到二级普通消防站的标准。

针对旧城区、繁华商业区等区域需要设立普通消防站，因建成区短期内无法改造，在消防站建设用地上确实存在很大困难，难以建设普通消防站，可以在二级普通消防站标准的基础上适当减少训练场地和辅助用房等面积，但所建消防站必须能满足消防人员执勤、学习、生活的基本需求。这类消防站仅为个别特殊情况，须严格控制。

2001年3月，国务院批转公安部《关于“十五”期间消防工作发展的指导意见》规定:“尚未建立特勤大队的省会城市、自治区首府、副省级城市要尽快组建；地级市（州、盟）要积极组建特勤中队”。截至2004年底，全国已组建46个消防特勤大队，224个特勤消防站，所有省（自治区）人民政府所在地、直辖市、计划单列市都已建立了特勤大队，大部分地级以上城市建有特勤消防站，初步形成一支新型的消防抢险救援力量。由此可见，原《标准》中规定仅以人口在50万以上（含50万）的城市应设特勤消防站的要求已经有所突破，更不适应形势发展的需要。所以，本建设标准规定地级以上城市都应建设特勤消防站。另外，我国东部及沿海经济发达地区的县级城市，GDP已达到或超过了部分地级以上城市，城市建设具有一定规模，且有着极其重要的保卫价值，常规的普通消防站已难以满足需要，因此也应建立特勤消防站。

目前，上海、重庆、湖北、广州、深圳等城市相继建立了水上消防站，并多次在水上灾害处置和火灾扑救中发挥了重要作用。为此，本建设标准增加了有任务需要的城市可设水上消防站的规定。同时，借鉴国外消防的通行做法，针对高空、陆（山）地等特殊情况下的救人、侦察、摄像、灭火等行动需要，有条件的城市可设立航空消防站。

**第八条** 消防站所配备的消防车数量是确定其建设规模的主要因素。本建设标准根据消防车辆配备数量的增加，对消防站车库车位数进行了调整。随着社会经济的快速发展，消防队伍服务经济社会职能的不断拓展，消防部队还将陆续配备一定数量的消防车，用于医疗急救和危险化学品泄漏、建（构）筑物倒塌、空难、重大交通等事故，地震、水灾、风灾等灾害事故抢险救援和恐怖破坏及其次生灾害的处置。另一方面，消防站建设还应当考虑车辆的维修保养，需要专门的车辆修理间。因此，消防站车库应留有备用车位，以有利于增配车辆停放需要或停放消防摩托车之用。若受场地所限，在建设二级普通消防站时，可根据需要在一个车库门内设置停放两辆小型消防车的车位。

**第九条** 场地、房屋建筑、装备和人员配备是构成消防站建设项目的基本要素，规划和设计消防站时应充分考虑这些要素。公众消防宣传教育设施是满足消防站对外开放需求，向公众普及防火、灭火常识，提高其扑救初期火灾和逃生自救能力，提高全民消防安全意识的重要载体，因此，将其纳入本建设标准。

# 第三章　规划布局与选址

**第十条**　本条提出的是城市规划区消防站布局应当遵循的一般原则，是按照接到出动指令后5min内消防队可以到达辖区边缘的要求确定的。

5min时间是由15min消防时间得来的。根据火灾发展过程一般可以分为初起、发展、猛烈、下降和熄灭五个阶段，以一般固体可燃物着火后，在15min内，火灾具有燃烧面积不大、火焰不高、辐射热不强、烟和气体流动缓慢、燃烧速度不快等特点，如房屋建筑火灾15min内尚属于初起阶段。如果消防队能在火灾发生的15min内开展灭火战斗，将有利于控制和扑救火灾，否则火势将猛烈燃烧，迅速蔓延，造成严重的损失。

15min的消防时间分配为：发现起火4min、报警和指挥中心处警2.5min、接到指令出动1min、行车到场4min、开始出水扑救3.5min。

从国外一些资料来看，美国、英国的消防部门接到指令出动和行车到场时间大致也在5min左右，日本规定为4min，也基本与我国规定的5min的原则吻合。

条文中增加了“一般”的限制词，主要考虑城市不同区域火灾风险差异而对消防站响应时间可做适当的调整。

所以，综合考虑我国各城市的实际情况，以消防队从接到出动指令起5min内到达辖区最远点为城市规划区内普通消防站布局的一般原则，是比较合适的。

**第十一条**　本条规定了各类消防站的辖区面积。它是根据消防车到达辖区最远点的距离、消防车时速和道路情况综合确定的。根据对北京、上海、沈阳、广州、武汉、重庆等23个城市实际测试结果，并考虑我国城市道路的实际状况，按消防站辖区面积计算公式来确定辖区面积。

消防站辖区面积计算公式：

$$A = 2P^2 = 2 \times (S/\lambda)^2$$

式中　$A$——消防站辖区面积（$km^2$）；

$P$——消防站至辖区最远点的直线距离，即消防站保护半径（km）；

$S$——消防站至辖区边缘最远点的实际距离，即消防车4min的最远行驶路程（km）；

$\lambda$——道路曲度系数，即两点间实际交通距离与直线距离之比，通常取1.3~1.5。

一、按照这个公式计算，根据2005年1月对上海、内蒙古的部分城市在不同时段消防车的实际行车测试，并考虑到我国城市道路系统大多是方格式或自由式的形式，得出消防车平均时速为30~35km，道路曲度系数取1.3~1.5，得出消防站辖区在3.56~6.28$km^2$之间，即4~7$km^2$。

近年来，虽然我国的道路交通情况有所改善，但同时路上行驶的车辆也相应增加，致使消防车车速难以提高。所以，综合我国目前的实际情况，并考虑消防站的分类，我们确定作为保卫城市消防安全主要力量的一级普通消防站的辖区面积不应大于7$km^2$，兼有辖区消防任务的特勤站辖区保护面积同一级普通消防站，同一辖区内一般不再另设一级普通消防站。城市建成区内由于设置一级普通消防站确有困难而建设的二级普通消防站，根据其作战能力，二级普通消防站辖区面积不应大于4$km^2$。

二、城市近郊区是指城市行政管辖的郊区或根据城市规划需要扩大的郊区，近郊区以及城市行政区域内其他因城市建设和发展需要实行规划控制区域的普通消防站辖区面积，基于以下考虑：

1. 根据现行国家标准《城市道路交通规划设计规范》GB 50220—95的规定，在城市郊区和市郊接合部的快速路，设计行车速度一般不低于60km/h，综合考虑实际状况，按照60km/h的消防车车速计算，道路曲度系数取1.5，得出辖区面积约为15$km^2$。

2. 统计分析了上海市2004年8~10三个月的公路网行车平均速度，在综合考虑交通状况下，得出消防车在近郊区的平均行车速度为55km/h，4min的最远行驶路程3.67km，辖区面积应为15.9$km^2$。

3. 经走访上海、贵州、湖北、广西、内蒙古、吉林等6个总队的基层单位，认为近郊区消防站的辖区面积应考虑适当放宽，建议将近郊区等消防站的辖区面积确定为15$km^2$左右。

综上所述，将近郊区的普通消防站辖区面积确定为不应大于15$km^2$是合适的。

三、针对城市的火灾风险，通过风险评估来确定消防站的辖区范围，是当今国内外消防站规划布局的一种新方法。主要考虑如下：

1. 英、美、德等发达国家，针对火灾风险的不同，确定不同的消防车行车到场时间，结合规划区内交通道路、行车速度、地形地貌、消防站布局现状以及当地经济发展等因素，通过风险评估，提供优化方案，为确定消防站的数量、位置和辖区范围提供依据。

2. 国家"十五"科技攻关课题——城市灭火救援力量优化布局方法，在理论上能够为城市灭火救援力量规划者提供辅助决策，并在厦门、杭州进行了试点。无锡等城市在制定消防规划时，已将城市分成不同的功能区域，设置不同的保护面积。

因此，有条件的城市也可针对城市的火灾风险，通过评估方法，合理确定消防站保护面积。

**第十二条** 本条规定的是消防站建设的选址条件。

第一款主要考虑三个方面的要求。首先，消防站设在辖区内适中位置是为了当辖区最远点发生火灾时，消防队能够迅速赶到现场，及早进行扑救；其次，消防站设在临街地段，是为了保证消防队在接到出动指令后，能够迅速安全地出动；第三，对消防站用地的要求，是为了满足消防站训练场地设置和业务训练有效开展的需要，一般要求为长方形。

第二款规定消防站主体建筑距人员密集的公共场所不应小于50m，主要是为了使消防队在接警出动和训练时不致影响医院、学校、幼儿园、托儿所等单位的医疗、休息、上课等正常活动，避免因发出警报引起惊慌造成事故；同时，也是为了防止人流集中时影响消防车迅速安全地出动，贻误灭火救援战机。据调查，现有消防站距这些公共场所的距离一般都在50m以上，从实际情况看，保持50m左右的距离相互不会造成较大的干扰。

第三款规定消防站应处于生产、贮存危险化学品单位上风向或侧风向，且距离危险部位不宜小于200m，主要考虑的是为了保障消防站的安全和消防员的健康。事实上，以前曾发生过因辖区内危险化学品发生事故，从而造成消防队员中毒受伤的情况。在限制危险化学品部位的边界与消防站的距离时，不仅要考虑"易燃易爆"，还要考虑"有毒有害"，因此删除原标准中的"易燃易爆"字样。

第四款根据现行国家标准《道路车辆外廓尺寸、轴荷及质量限值》GB 1589—2004的规定，我国汽车、挂车外廓尺寸的最大限值车身最长为18m，考虑到近年来我国的消防车辆种类和质量都发生了较大的变化，大型消防车车长已达到15.9m。又通过对上海近十年建造的消防站调研，其车库门至道路红线距离均不小于15m，且实际使用效果较好。因此，将消防站车库门至道路红线距离修改为不应小于15m，以保证出车时保持良好视线，便于消防车迅速出动和回车时有一定的倒车场地，不致影响行人和车辆的交通安全。

**第十三条** 本条主要考虑消防站作为灭火救援执勤备战单位，日常消防员的执勤、训练、学习、生活都应该相对独立，不受干扰，所以规定消防站一般不应设在综合性建筑物中；特殊情况下需要设在综合性建筑物中的消防站，必须要有独立的功能分区，确保消防站人员和车辆出动的安全、迅速。

## 第四章 建筑标准

**第十四条** 本条规定了确定消防站建筑标准的基本原则。消防站的类别、功能、消防车辆与人员配备、训练内容都直接影响消防站的建筑标准；同时，消防站是城市重要的救灾基础设施，其建筑应保障消防队出动"快"的要求；此外，还要考虑方便消防站人员的生活、训练与安全使用，以全面完成消防救灾任务。

**第十五条** 本条规定了几种类型不同级别的消防站建筑面积和各种用房使用面积。

一、建筑面积和各种用房使用面积的关系。建筑面积和各种用房使用面积两者紧密相连，是消防站建筑的重要控制指标。消防站的建筑面积是根据站内各种用房使用面积计算得出的。消防站属于多层建筑，参照原国家发展计划委员会《党政机关办公用房建设标准》计投资［1999］2250号的有关规定，其使用面积系数不应低于60%。通过调研，我国消防站其使用面积系数大都在70%左右，因此，将消防站的使用面积系数定位70%是合适的。

二、确定消防站的建筑面积和各种用房使用面积的原则和重点。坚持现实与发展相结合，消防站建设与社会进步相协调、与城市建设发展相同步的原则。确定消防站建筑面积和各种用房使用面积的重点，首先是确保消防站的消防车辆装备、灭火抢险器材、个人防护装备等所需用房面积；确保消防人员业务技能、体能训练等必需的房屋、设施面积；其次是消防人员执勤备战所需的居住、生活等用房面积。

三、确定消防站各种用房使用面积主要依据。消防站各种用房使用面积的确定，主要参照中央军委颁布的《中国人民解放军营房建筑面积标准》［1979］6号、中国人民解放军总后勤部颁布的《各类营房建筑面积补充标准》［1991］10号以及建设部颁发的《办公建筑设计规范》JGJ 67—89、《宿舍建筑设计规范》JGJ 36—2005等有关标准和规范，并综合了近年来各地消防站建设的实践经验，必须满足消防站所配备的各种消防车辆、灭火器材、抢险救援器材以及消防人员防护装备的使用或存放需要；必须满足消防站人员执勤备战、生活、学习、技能、体能训练和迅速出动的需要。

四、对消防站各种用房使用面积的几个具体指标调整说明。

1. 增大了消防站车库的面积。根据现行国家标准《道路车辆外廓尺寸、轴荷及质量限值》GB 1589—2004规定，我国汽车、挂车外廓尺寸作了调整。近年来，各地购置的大型特种消防和抢险救援车车身长度变化较大，为满足消防车的停放要求，便于消防员登车出警，结合我国当前消防车辆发展和灭火救援的实际需要，将每个车库面积确定为$90m^2$是可行的。

2. 增加了公众消防宣传教育用房。为了加强消防宣传工作，进一步做好消防站的对外开放，普及消防常识，使市民学习掌握逃生自救技能，吸取火灾事故教训，了解当地消防发展历史等多方面知识，提高全民消防意识，增设了公众消防宣传教育用房。

3. 增加了灭火救援作战研讨、电脑室。为了确保基层部队进一步加强灭火救援业务基础建设，组织消防员经常开展灭火救援等相关内容的研讨活动，提高部队战斗力，增加灭火救援作战研讨室。同时，为了拓宽消防队员们的视野，普及电脑知识，充分利用电脑进行网上练兵、预案制作和信息联络，增加电脑室，可与灭火救援作战研讨室合并使用。

4. 增加了家属探亲用房。根据军队士官制度改革的有关规定，消防部队的士官比例为59%，为解决干部、士官、义务兵等官兵家属探亲的住房问题，增加了家属来队探亲用房是必要的。

5. 增加了理发室、扩大了晾衣场的面积，取消了蓄电池室。在消防站修改调研中，多数基层消防员反映，原《标准》没有设置理发室，晒衣场的面积太小，并建议取消蓄电池室。为了改善基层消防员生活条件，更好的投入执勤备战工作，本标准增加了理发室，适当扩大了晾衣场的面积，取消了蓄电池室。

**第十六条** 根据现行国家标准《建筑设计防火规范》GBJ 16—87 的有关规定，结合消防站在城市救灾工作中的重要性，确定了消防站的耐火等级不应低于二级。

**第十七条** 根据现行国家标准《建筑抗震设计规范》GB 50011—2001 确定了消防站的抗震设防需求，对适应城市非常时期的灭火救援工作需要具有重要意义。

在消防站建筑的抗震设计方面，其重点是在强震情况下，应保障消防站内的消防车能正常出动，执行灭火救援任务。对设防烈度为 6 ~9 度地区的消防站建筑，普遍要求加强抗震构造措施，即在构造上要严格按乙类建筑的要求提高 1 度采取措施（不增加地震力）；对 6 ~7 度地区的国家重点城市，要求在地震力方面提高 1 度进行设计；对 8 ~9 度地区消防站的消防车库、门框、车库门等影响消防车出动的重点部位，应按规范要求进行验算，限制其位移，以不影响地震时消防车的紧急出动。

**第十八条** 对消防车库车辆停放、出动、维护保养和执勤备战等在建筑上作出了相应规定，同时增加了车辆充气、充电等设施。消防车辆是灭火和抢险救援的重要装备，消防车库是停放消防车辆的场所，是消防站建筑的重要组成部分。对消防车库作出规定是必要的，否则，就无法保障消防车辆执勤备战的需要。

**第十九条** 扑救火灾分秒必争。为了保证消防人员出动迅速、安全，本条对消防站的走道和楼梯的净宽及走道两侧墙面、楼梯两侧扶手等作出了相应规定。

**第二十条** 根据消防站的功能要求，本条对消防站业务训练与体能训练设施的设置作出了规定，所有消防站均应修建训练塔。体能训练设施主要有单杠、双杠、吊环、爬杆（绳）、攀岩、逃生烟道等，建设这些设施的目的在于满足消防员在站内能做到边执勤、边开展各项体能和技能训练的要求，以提高消防员的业务技能与身体素质。

**第二十一条** 对消防站建筑物内外装修、采暖通风空调和给水、排水设置标准作出了规定。各地可结合实际需要和经济发展水平选择装修材料，以进一步体现消防站建筑的特色，适应不同地区、气候特点与生活、训练的需要。

**第二十二条** 本条对消防站的供电负荷等级、应急照明、有线电视、网络、广播系统及有关用房的照明标准作了规定。凡有条件的城市，消防站建筑应尽可能地按两路供电要求设计。为满足消防人员灭火救援迅速出动的需要，消防站应设广播系统，其公共活动用房和出动通道等部位应设有应急照明，以保证在停电等特殊情况下，消防员在站内任何部位都能安全快速地出动。

## 第五章　建设用地

**第二十三条**　本建设标准规定的消防站建设用地指标是指建筑物占地面积、车库面积和训练场地面积之和。

城市中有河流、湖泊、海域等水上重点保卫对象时，在沿岸靠近辖区消防站部位应设供消防艇靠泊的岸线。

**第二十四条**　按照节约用地、合理布局、满足需要的原则，消防站的主体建筑一般以三层为主，其设计必须满足消防站人员执勤备战、生活、学习与技能、体能训练和迅速出动的需要。建筑设计应能体现最快速到达车库战斗服挂放处的要求，也可设计滑杆或滑道等快速出动的设施。

训练场地是消防站设施及面积中不可缺少的项目之一，其中训练跑道、篮球场必须满足消防业务训练的特殊需要，同时还要考虑训练时列队观摩、规范操作、器材摆放和准备活动场地以及终点线后的缓冲场地。

本标准所列建设用地不包括站内道路、绿化的用地面积，也没有考虑日照、防火间距等因素。各地可根据当地有关规定和实际情况确定，也可按照0.5～0.6的容积率要求进行测算，最终确定消防站建设用地总面积。

特大城市在建设消防站时，因建设用地困难，达不到本建设标准规定的用地面积要求，无法满足消防人员开展日常训练的需求时，可选择消防站相对集中的区域，立足一个较大的消防站建设训练场地或专门建设用于消防业务训练和模拟实战演练的城市消防训练基地。

## 第六章　装备标准

**第二十五条**　城市消防站装备配备原则是根据火灾发展规律、消防队到场时间以及能够在火灾发展阶段有效控制火势的装备实力等因素确定的。随着经济建设的迅速发展，石油化工、地铁隧道、高层建筑和地下工程以及人员集中场所日益增多，新产品、新材料、新工艺的大量采用，各种致灾因素及爆炸物品增多、燃烧速度加快，辖区内的火灾危险性越来越大，因此，对消防装备灭火能力的要求也越来越高。这就要求灭火技术装备要与火灾扑救的需要相适应，灭火供给强度、灭火方式都要进行调整，同时登高、破拆、处毒抢险救助工作逐年增多，不仅要增加车辆数量，还要提高车辆功能和质量，要从装备改革中提高消防部队的灭火救援作战能力。经过多年的技术革新与装备改革，国内汽车工业水平不断提高，并吸收国外的先进经验和做法，将消防水罐车的水泵压力提高到中低压以上水平，既能用于直流，也能用于喷雾、开花射流扑救B类火灾和带电火灾；同时还能解决远距离和垂直串联供水问题，使原来用几部常压消防水罐车才能解决的问题，现只用一部中低压泵或全工况中高低压泵消防车就能够实现，且灭火供给强度也有较大的提高。近年来，引进国外技术，配备A类泡沫车扑救A、B类火灾也成为经济较发达地区配车的趋势，在实战中发挥了一车多能的灭火作用和较强的作战能力。

特勤消防站是城市抢险救援和扑救重特大火灾的突击力量，装备实力除能够扑救本辖区内一般火灾之外，还要能够适应处置城市特种灾害事故和增援重特大火灾现场的需要。这是法律赋予消防部门的神圣职责，是经过实践检验、实现与国外消防接轨，拓展消防职能的必然要求。装备配备应与特勤消防队的功能与作用相适应，特勤队除了承担常规的火灾扑救外，还必须具有以下三个功能和作用：一是能够承担“沙林”、“芥子气”等军用毒气事件和化学灾害事故的处置抢险功能；二是能够有效地担负高层、地下、石油化工等特殊火灾的扑救和易燃易爆危险化学品火灾、爆炸事故的处置作用；三是能够实施有效的抢险救援，重点是对大规模灾害事故以及其他的急、难、险事故进行抢险救助的功能。在装备配备上，重点配备化学毒气侦检、处置器材和防毒、防化个人防护装备，灭火抢险用的破拆救援器材、登高、照明、排烟、搜救、防化洗消等装备，有核电站的地区还必须配备防核辐射的必备器材，有地震抢险救援任务的地区还必须配备地震救援装备，有水域抢险救援任务的地区还应配备水域救援装备。

**第二十六条** 本条规定了各类消防站的车辆配备数量，各类消防站常用消防车辆的配备标准，明确了主要消防车辆的技术性能要求。

消防车的配备数量决定着消防站的建设规模和消防站的作战能力，而消防车的品种决定着消防站的执勤备战功能。本条明确了各类消防站消防车辆配备数量和常用消防车辆品种配备标准，规范了消防车辆的品种，优化和扩展了消防车辆的配备范围，确定了必配和选配的车辆品种，以便各地结合辖区情况选配相适应的车辆。此外，考虑到部队的快速反应能力，各地区在配备规定消防车数量的基础上，可根据需要选配消防摩托车。在选配摩托车时，根据作战编成的战术要求，一般不得少于两辆。

随着我国汽车工业的发展，发动机的功率逐步提高，为满足消防部队灭火作战和抢险救援任务的需要，将普通消防站的主战消防车发动机功率确定为大于等于 132kW 是合适的。同时，增加了消防车的比功率，调整了抢险救援消防车最大起吊质量。

**第二十七条** 本条规定了各类消防站灭火器材的配备标准。

明确了消防梯的配备种类和数量，细化了各类消防站消防水带的配备数量。相应的调整了机动消防泵（含浮艇泵），移动式水带卷盘或水带槽，A、B 类比例混合器，泡沫液桶，空气泡沫枪等灭火器材。

消火栓扳手、水枪等常规器材工具按照灭火消防车的技术要求配备，本标准不再具体规定。

**第二十八条** 本条规定了特勤和普通消防站的抢险救援器材配备标准和性能要求。

随着化学、毒气、爆炸、辐射、建筑倒塌及交通事故等特殊灾害事故的不断增多，消防部队抢险救援的任务逐年攀升，特勤消防站面临的处置任务日益艰巨，近几年各地特勤消防站配备了大量的特勤器材装备，在实战中发挥了突出作用。

根据公安部消防局 2003 年颁布实施的《消防特勤队（站）装备配备标准》，充实并规定了特勤消防站侦检、警戒、救生、破拆、堵漏、输转、洗消、照明、排烟等 9 大类 101 种抢险救援器材，分为 9 个表格列入附录。同时，为满足普通消防站承担抢险救援任务的需要，增配侦检、警戒、破拆、救生、堵漏、排烟照明、其他等 29 种常用的抢险救援器材装备也列入附录，便于各地预算投资和采购配备时参考。

**第二十九条** 本条规定了消防人员防护装备的配备品种和数量。

突出了“以人为本”的理念，强调了消防人员最基本的防护能力和水平。欧美一些发达国家，消防员个人防护装备的经济指标已达到 6 万 ~ 7 万元人民币，而在本标准中，确定的基本防护装备的经济指标约为 2 万余元。在北京、辽宁、山东、上海、浙江、江苏、广东、福建等经济条件较好的地区已经达到或超过本标准中的规定，从保障消防人员人身安全和灭火救援实战需要出发，其他地区消防人员基本防护装备配备必须优先配齐、配强。

除基本防护装备外，消防员防护装备还包括特种防护装备，主要用以满足消防员执行特殊火灾扑救和抢险救援、社会救助等特殊任务时个人防护的安全需要。

**第三十条** 根据近几年来灭火救援及参与反恐任务的需要，借鉴美国“9·11”现场被困人员的搜救方式及国际消防部门的通行做法，消防部队采用消防搜救犬和生命探测仪等现代化搜救手段配合使用，以最快的速度搜寻事故现场被困人员，积极抢救人命。目前，辽宁、山东、江苏、内蒙、云南等地已设立了消防搜救犬分队。因此，本条规定，各地可根据灭火救援需要，在特勤消防站视情配备消防搜救犬，最低配备不少于5只。

**第三十一条** 通信装备涉及到一个城市消防通信调度指挥的通信能力。为此，公安部主编了现行国家标准《消防通信指挥系统设计规范》GB 50313—2000，该标准包括城市消防通信指挥中心和消防站的通信装备配备及其技术要求，本标准不再重复。

**第三十二条** 消防技能、体能训练是消防员训练的重要内容，其训练场地和体能、技能训练器材，必不可少，各站可根据实际情况设置和配备。

**第三十三条** 本条规定了易损耗装备的储备量。

消防站常用易损和易耗器材必须有一定数量的备份，否则就无法保证同时扑救两起火灾或重特大火灾的需要。同一城市、同一时间发生几起火灾的概率较高。因此灭火剂、水带等必需的器材、灭火药剂等必须有不少于1:1的储备量，有条件的消防站可适当增加水带、灭火剂的储备，以保障灭火作战的急需。

由于空气呼吸器备用气瓶和消防战斗服在个人防护装备标准中已明确规定，所以此处不再强调。

**第三十四条** 近年来，水域灾害事故频繁发生，陆上消防站的器材装备难以满足水域灭火救援的需要，在水上消防站配备装备时，要结合水域灾害事故的特点，根据国家有关标准重点配备消防船艇、冲锋舟、浮艇泵、潜水装具等。消防船吨位可根据需要自行确定，其他救生和灭火的各种辅助器材可根据需要配备。航空消防站的装备器材配备可参照国内外有关标准，以满足高空、陆（山）地等灭火救援任务的需要，重点考虑救人、侦察、摄像以及特定条件下的灭火行动，其他辅助设备和器材的配备可根据需要确定。

## 第七章 人员配备

**第三十五条** 消防站人员由执勤人员和其他人员组成，执勤人员按各站所配车辆平均每车6人计算。随着车辆的技术改进，一方面不需要8人随车作战，另一方面减少车载人员可以增加器材和灭火剂的装载量。目前从国外的情况看，一般消防车乘员不超过6人，特种消防车乘员只有2~3人。国内很多地区已作了改革，许多地区都采取每车平均6人的配备方式，实践证明，这种人员配备能够满足整车的灭火能力，有效的增加了灭火出动车辆数，延长了执勤轮班周期，符合实际灭火救援的需要，起到了减员增效的作用。考虑到执勤人员要有一定量的机动和事、病假人员，所以，一个班次执勤人员以所配车辆平均每车6人进行计算。这里所指的一个班次人员编配标准，不仅指现役编制的公安消防队，还包括多种形式消防队伍。如果三班制、四班制的消防站，其人员配备可扩大3~4倍。消防站执勤人员之外的其他人员按照公安消防部队编制序列和其他有关规定执行。

**第三十六条** 为了保证消防站执勤工作的需要，按照各站所配车辆平均乘员计算一个班次执勤人员配备，适当压缩其他人员，根据公政治［1995］116号《关于印发〈公安消防部队总队以下单位编制方案（试行）〉的命令》，结合消防站人员的实际，按照30名战士配5名管理人员、配2~4名后勤保障人员的规定，各站人员配备数量为二级普通消防站15~25人（二级普通消防站配备2~3辆车，按每车平均6人计算，一个班次执勤人员为12~18人，管理人员按3~4人、后勤保障人员按2~3人计算，其消防站所配人员为17~25人，综合考虑消防站的实际，取15~25人），一级普通消防站30~45人，特勤消防站45~60人。在此基础上，各地可根据情况适当调整，但不得减少执勤人数，否则，就很难保证执勤任务的完成。

## 第八章　主要投资估算指标

**第三十七条**　消防站建设投资的确定，取决于建设规模的大小，建设标准的高低，编制人员的数量，车辆、器材配备的数量和性能。由于消防站的建设分布全国各地，影响建设投资的因素较多，诸如地理位置、气候条件、施工水平等。同时，由于各地区经济发展的不平衡，造成物价水平的差异较大，因此在全国范围内制定统一的投资估算标准不能实事求是地反映消防站建设的实际状况。所以，在审核消防站建设投资时，应结合当地的施工、物价和建设年代等因素，按动态管理的原则确定。

**第三十八条**　由于全国各地区经济发展状况和物价、施工技术水平存在很大差异，建筑安装工程投资估算指标和建设工期指标也存在较大差异。因此，在制定消防站建设规划，评估消防站建设项目可行性研究报告时，不宜以某个地区的建设安装工程投资估算和施工工期作为参照标准，应结合当地的施工、物价水平和建设年代等因素，按动态管理的原则确定。因此，对消防站建筑工程投资及建设工程指标未作具体明确的规定。消防站建筑安装工程投资指标为消防建筑、安装工程投资，不包括征地费、城市各种配套设施费、土地前期开发费、土地平整费、基础处理费和红线以内的围墙、道路、管线等室外工程及消防训练塔和场地的建设投资。

**第三十九条**　本条阐述了消防站按标准配备的车辆、装备器材投资估算的参考依据。随着消防站类别的调整、车辆和人员装备的增加，且技术水平不断提高，消防器材装备的投资明显增加。由于各地区经济发展的不平衡，消防车辆和器材装备的价格国产与进口差异很大，消防站所承担的灭火救援任务又不尽相同，因此，各地可根据以上估算确定其投资。

# 收容教育所建设标准

## 建标 147—2010

## 住房和城乡建设部、国家发展和改革委员会关于批准发布《收容教育所建设标准》的通知

建标〔2010〕223 号

国务院有关部门，各省、自治区、直辖市、计划单列市住房和城乡建设厅（委、局）、发展和改革委员会，新疆生产建设兵团建设局、发展和改革委员会：

根据建设部《关于印发〈二〇〇六年工程项目建设标准和建设项目评价方法与参数编制项目计划〉的通知》（建标函〔2006〕172 号）要求，由公安部监所管理局组织编制的《收容教育所建设标准》，已经有关部门会审通过，现批准发布，自 2011 年 2 月 1 日起施行。

在收容教育所项目的审批、设计和建设过程中，要严格遵守国家关于严格控制建设标准，进一步降低工程造价的相关要求，认真执行本建设标准，坚决控制工程造价。

本建设标准的管理由住房城乡建设部和国家发展改革委负责，具体解释工作由公安部负责。

**中华人民共和国住房和城乡建设部**
**中华人民共和国国家发展和改革委员会**
**二〇一〇年十二月二十八日**

## 前　　言

《收容教育所建设标准》是根据建设部《关于印发〈二〇〇六年工程项目建设标准和建设项目评价方法与参数编制项目计划〉的通知》（建标函〔2006〕172 号）的要求，由公安部监所管理局负责编制的。

本建设标准在编制过程中，编制组选择全国 12 个有代表性的收容教育所进行实地考察，组织所领导和有关人员座谈，总结近年来收容教育所建设的经验教训，在此基础上，完成了标准征求意见稿，在广泛征求了有关方面的意见，并反复修改补充形成送审稿后，经有关部门审查定稿。

本建设标准共五章，主要内容包括：总则，建设规模和项目组成，选址及规划布局，房屋建筑及用地指标，建筑标准及有关设施。

在执行本建设标准过程中，请各单位注意总结经验，积累资料，如发现需要修改和补

充之处，请将意见及时反馈给公安部监所管理局（地址：北京市东长安街14号公安部监所管理局，邮政编码：100741），以便今后修订时参考。

**主编单位：**中华人民共和国公安部监所管理局

**主要起草人：**杜　山　徐文海　赵亚许　程元霞　舒　频　冯　剑

## 第一章　总　　则

**第一条**　为加强和规范收容教育所建设，提高收容教育所工程项目决策和建设的科学管理水平，充分发挥投资效益，保证工程质量，确保使用功能，制定本建设标准。

**第二条**　本建设标准是收容教育所建设项目决策和合理确定建设水平的全国统一标准，是编制、评估和审批项目建议书、可行性研究报告、编制设计文件的依据，也是有关部门审查项目初步设计和对工程项目建设全过程监督检查的尺度。

**第三条**　本建设标准适用于收容教育所新建、改建和扩建工程。

收容教育所改建、扩建项目，应充分利用原有可用设施，做到合理规划、设计和建造，按本建设标准测算的总建筑面积应含可利用的原有房屋建筑面积。

**第四条**　收容教育所建设必须遵循国家经济建设的有关法律、法规和方针、政策，符合《全国人民代表大会常务委员会关于严禁卖淫嫖娼的决定》、国务院《卖淫嫖娼人员收容教育办法》和公安部《收容教育所管理办法》等有关规定，从我国国情出发，充分体现科学发展观和行政强制教育场所“人文关怀”的建设理念，因地制宜，合理确定建设水平，做到功能齐全、设施完善、经济适用、安全文明，满足收容教育所管理、教育、治疗等工作的需要。

**第五条**　收容教育所建设应根据安全防范的特殊要求纳入当地城市总体规划。

**第六条**　收容教育所建设项目应纳入政府的投资计划。其建设用地应纳入城市土地划拨名录并按照有关规定办理用地手续。

**第七条**　收容教育所建设应根据现行工作机制结合管理制度改革发展的需要，统筹兼顾，实行统一规划，一次建设；必要时也可一次规划，分期建设。

**第八条**　收容教育所建设，除遵守本建设标准外，还应符合国家现行有关经济、参数标准和指标定额的规定，并满足相关工程建设标准、规范的要求。

## 第二章　建设规模和项目组成

**第九条**　收容教育所建设规模以设定被收容教育人数为依据确定。

**第十条**　收容教育所建设，应由设置收容教育所的公安机关综合考虑辖区人口数、经济发展水平以及治安状况等因素，报请省级公安机关同意后，按照政府投资项目审批权限履行审批程序。

**第十一条**　收容教育所按建设规模分为四类（详见表1）。

**表1　收容教育所建设规模**

| 所　型 | 设定在所被收容教育人数 |
|---|---|
| 小型收容教育所 | 不足200人 |
| 中型收容教育所 | 200人至499人 |
| 大型收容教育所 | 500人至799人 |
| 特大型收容教育所 | 800人以上 |

注：小型收容教育所建设规模按200人设置，特大型收容教育所建设规模不宜超过1000人。

**第十二条** 收容教育所建设的工程项目应包括房屋建筑、场地以及有关配套设施。

**第十三条** 收容教育所房屋建筑由收容室、医疗、教育、文体活动、劳动技能培训、行政管理、生活保障等功能用房及附属用房组成。

收容教育所各类用房详表见附录。

**第十四条** 收容教育所场地应包括被收容教育人员体能锻炼、劳动、车辆停放、绿化等。

被收容教育人员户外体能锻炼场地，应具有球类活动、器械锻炼等设施，并能满足队列操练、升旗仪式的需要。

**第十五条** 收容教育所的配套设施应包括通信、信息、技防、电教、供电、给排水、消防、暖通等建筑设备和交通工具及基本医疗等配套设施。

## 第三章 选址及规划布局

**第十六条** 收容教育所选址条件：

一、避开人口密集区及对公共安全有特殊要求的地区；

二、交通、供电、给排水、通信等市政设施较好的地区；

三、水文、地质条件较好，避开可能发生自然灾害且足以危及安全的地区；

四、与各种污染、易燃易爆危险品、高压电线和电磁辐射的距离符合国家有关防护距离的规定。

**第十七条** 收容教育所规划布局应与管理模式有机结合。收容教育所周界应设置围墙，房屋建筑与周界围墙的间距不应小于6m；房屋建筑的间距应符合当地宿舍日照、防火等规定。

**第十八条** 收容教育所应按照功能要求和被收容教育人员的活动范围，分别设置封闭区和半封闭区。收容、医疗、教育、文体活动、劳动技能培训等用房及相关场地宜分别设置在封闭区内；行政管理、生活保障及有关附属用房宜设置在半封闭区内。

**第十九条** 收容教育、劳动技能培训应分别设置男、女区。

**第二十条** 收容教育所内部道路应与城市道路或公路连接，并符合消防、救护要求。

**第二十一条** 收容教育所行政办公区应置于收容教育所的主出入口处，并按照当地行政规划的规定和满足停车、绿化和通道的需要规划布局。

## 第四章 房屋建筑及用地指标

**第二十二条** 收容教育所各类用房建筑面积应以设定的收容教育人数乘以指标数确定。

**第二十三条** 收容教育所人均综合建筑面积指标分别为：小型所27$m^2$、中型所26$m^2$、大型所24$m^2$、特大型所23$m^2$。

寒冷和严寒地区的建筑面积指标可在规定的基础上增加4% ~6% 。

本条规定的人均综合建筑面积指标为控制指标，在保证业务工作正常开展的前提下，可视地方财力可能适当降低。

**第二十四条** 收容教育所各类用房人均使用面积指标宜参照表2确定。

表2　收容教育所各类用房人均使用面积指标（$m^2$/人）

| 编号 | 名称 | 小型所 | 中型所 | 大型所 | 特大型所 | 备　注 |
| --- | --- | --- | --- | --- | --- | --- |
| 一 | 收容室 | 5.44 | 5.44 | 5.44 | 5.44 | 包括卫生间、衣物柜 |
| 二 | 医疗用房 | 1.27 | 1.11 | 0.94 | 0.81 | 包括接诊室、检查治疗室、医护值班室、化验室、X光机室、消毒室、药房等 |
| 三 | 教育用房 | 1.46 | 1.26 | 1.10 | 0.99 | 包括教室、图书阅览室、电教室、心理咨询（矫治）室、管教（谈话）室 |
| 四 | 文体活动用房 | 0.85 | 0.85 | 0.85 | 0.85 | 包括健身房、多功能活动室 |
| 五 | 劳动技能培训用房 | 2.18 | 2.18 | 2.18 | 2.18 | 包括操作间、库房、值班室、卫生间、广播室 |
| 六 | 行政管理用房 | 3.76 | 3.45 | 2.95 | 2.54 | 包括办公室、出入所接待厅、会议室、会见室、技术室、备勤用房、询问室、值班室、警械库及后勤仓库 |
| 七 | 生活保障用房 | 2.07 | 1.98 | 1.81 | 1.68 | 包括伙房、餐厅、民警食堂、理发及公用浴室、生活用品供应室 |
| 八 | 附属用房 | 1.25 | 1.16 | 0.93 | 0.76 | 包括车库、设备用房、公共卫生间、警卫室 |
|  | 合计 | 18.28 | 17.43 | 16.20 | 15.25 |  |

注：各类功能用房中收容室、医疗、教育、文体活动用房建筑系数为0.65，其他用房建筑系数为0.70。

**第二十五条**　收容教育所建设用地应在满足各项使用功能的前提下，坚持科学节约的原则，提高土地利用率。

**第二十六条**　收容教育所建设用地包括：

建筑用地：建筑密度宜为27%～33%，容积率不高于1.2，其中绿地率不低于30%。

训练活动场用地：3.3～4.0$m^2$/人。

停车场用地：停车位按25～30$m^2$/辆计算，数量不少于配备车辆数的500%。

劳动技能培训等其他用地未列入，可另行报批。

## 第五章　建筑标准及有关设施

**第二十七条**　收容教育所的建筑标准，应根据收容教育所管理和使用功能及城市规划的要求合理确定。

**第二十八条**　收容教育所封闭区围墙高度宜为4.5m，半封闭区围墙或通透栅栏高度宜为2.5m。

**第二十九条**　收容教育所封闭区内房屋建筑，宜采用低层或多层建筑，并宜采用砌体或框架结构。

收容室底层地面宜用混凝土浇注。

**第三十条**　收容教育所收容室层高宜为3.6m。

**第三十一条**　收容教育所收容室内宜设置衣物柜、卫生盥洗及晾衣设施，也可在收容教育区内集中设置公共卫生间、盥洗室及晾衣间（场）。

**第三十二条**　收容教育所各功能区建筑主通道净宽不应小于3m；收容教育区的管理通道净宽应为2.4m；通道外侧窗和收容室采光窗均应设置金属防护栅栏，金属防护栅栏机械强度不应小于$\phi$18圆钢，横向净距不应大于120mm，纵向净距不应大于400mm。

**第三十三条**　收容教育所收容室门净高不应低于2.0m，净宽不应小于1.1m，并宜采用金属门。

**第三十四条**　收容教育所家属会见室宜按开放式管理的要求设置，并设置会见座椅、候见席和卫生间；询问室应按单间设置，每间使用面积宜为12$m^2$。

**第三十五条**　收容教育所民警食堂和被收容教育人员厨房餐厅应分别设置。

**第三十六条**　收容教育所应有专门的安防系统控制中心设备用房，并符合防尘、防潮、防静电和吸声的要求；各功能区（含技能培训场所）值班室和相关人员的办公室均应敷设监控技术和信息化管理所需的线路管道。

**第三十七条**　收容教育所医疗技术用房应参照《综合医院建筑设计规范》的有关要求设置。

**第三十八条**　收容教育所劳动技能培训用房应包括操作间、库房、值班室、卫生间、广播室等，并按照培训对象或培训项目和管理要求进行布置。

**第三十九条**　收容教育所教室，参照成人教育普通教室的要求设置。

**第四十条**　收容教育所建筑外观应符合城市规划的要求，与周边环境相协调，做到自然和谐、美观大方；收容室和技术用房的内装修应满足安全、卫生要求，其他用房按普通等级办公用房装修标准执行。

**第四十一条**　收容教育所宜采用双路供电。电力负荷应满足照明和设备用电需要；只能一路供电时，应自备发电机。

**第四十二条**　收容教育所给水应采用城市供水系统，如自备水源，应符合国家现行饮用水标准；污水排放和医疗废弃物的处理应符合国家强制性规定。

**第四十三条**　收容教育所建筑应符合所在地区建筑节能设计标准，并可充分利用太阳能或其他清洁能源。

采暖区的收容教育所宜采用热水采暖系统。

**第四十四条**　收容教育所的一般用房、走廊和楼梯间等应采取自然通风，不能满足通风条件时应有机械通风换气装置；医疗用房应有空调设备。最热月平均室外气温高于25℃的地区，收容室和行政管理用房宜设置空调设备或预留安装空调设备的位置条件。

**第四十五条**　收容教育所建筑防火等级不应低于二级，消防设施的配置，应符合有关建筑防火的规定。

**第四十六条**　收容教育所房屋建筑抗震要求，应符合当地建筑抗震设防烈度要求。

## 附录　收容教育所各类用房详表

### 收容教育所各类用房详表

| 编号 | 项目 | 所型 | 小型 | 中型 | 大型 | 特大 | 备注 |
|---|---|---|---|---|---|---|---|
| 一 | 收容室 | | √ | √ | √ | √ | |
| 二 | 医疗用房 | 接诊室 | √ | √ | √ | √ | 包括观察室及临时病房 |
| | | 检查治疗室 | √ | √ | √ | √ | |
| | | 医护值班室 | √ | √ | √ | √ | 分区设置 |
| | | 化验室 | √ | √ | √ | √ | |
| | | X 光机室 | | √ | √ | √ | |
| | | 消毒室 | √ | √ | √ | √ | |
| | | 药房 | √ | √ | √ | √ | |
| 三 | 教育用房 | 教室 | √ | √ | √ | √ | 兼技能培训室，分区设置时可与餐厅合设 |
| | | 图书阅览室 | √ | √ | √ | √ | 分区设置 |
| | | 电教室 | √ | √ | √ | √ | 分区设置 |
| | | 心理咨询（矫治）室 | √ | | √ | √ | |
| | | 管教（谈话）室 | √ | √ | √ | √ | |
| 四 | 文件活动用房 | 健身房 | √ | √ | √ | √ | 分区设置 |
| | | 多功能活动室 | √ | √ | √ | √ | 小型所可与健身房合用 |
| 五 | 劳动技能培训用房 | | √ | √ | √ | √ | 包括操作间、库房、值班室、卫生间、广播室 |
| 六 | 行政管理用房 | 办公室 | √ | √ | √ | √ | 包括主管领导、所领导、职能科室 |
| | | 出入所接待厅 | √ | √ | √ | √ | 包括出入所登记、检查、照相、指纹、信息采集等 |
| | | 会见室 | √ | √ | √ | √ | |
| | | 技术室 | √ | √ | √ | √ | |
| | | 备勤用房 | √ | √ | √ | √ | |
| | | 询问室 | √ | √ | √ | √ | |
| | | 值班室 | √ | √ | √ | √ | 包括监控分控 |

续表

| 编号 | 所型 项目 | | 小型 | 中型 | 大型 | 特大 | 备　注 |
| --- | --- | --- | --- | --- | --- | --- | --- |
| 六 | 行政管理用房 | 接待（会议、档案）室 | √ | √ | √ | √ | |
| | | 警械库 | √ | √ | √ | √ | |
| | | 后勤仓库 | √ | √ | √ | √ | |
| 七 | 生活保障用房 | | √ | √ | √ | √ | 包括伙房、餐厅、民警食堂、理发及公用浴室、生活用品供应室等 |
| 八 | 附属用房 | | √ | √ | √ | √ | 车库、设备（含应急电力设备）用房、公共卫生间、警卫室等 |

说明：√表示应具备。

**附　件**

# 《收容教育所建设标准》条文说明

## 第一章　总　则

**第一条**　本条着重阐明编制本建设标准的目的。

收容教育所是公安机关依法对卖淫、嫖娼人员进行法律教育和道德教育、组织参加劳动以及进行性病检查、治疗的行政强制教育场所。

收容教育所建设始于20世纪80年代。为教育、挽救卖淫、嫖娼人员，防止性病蔓延，1991年9月4日第七届全国人民代表大会常务委员会第二十一次会议通过了《关于严禁卖淫嫖娼的决定》（以下简称《决定》）。1993年9月4日，国务院又发布了《卖淫嫖娼人员收容教育办法》（以下简称《办法》），对收容教育所的设置作出了相应的规定。之后，公安部分别下发了贯彻意见，强调收容教育所的建设，是巩固打击卖淫、嫖娼活动成果，教育挽救卖淫、嫖娼人员的重要措施，并于1998年下发了《收容教育所建设规范》。但多年来，由于多种原因，收容教育所的基础设施建设严重滞后，房屋简陋，设施不配套，建设中主观随意性大，或功能不全，或盲目追求规模和档次，贪大求全，造成浪费。因此，亟待出台新的收容教育所建设标准，以进一步加强和规范收容教育所的建设，提高投资效益，充分发挥收容教育所的职能作用。

**第二条**　本条明确编制本建设标准的作用及权威性。

本建设标准依照国家有关规定，在编制过程中作了大量的调查研究，广泛听取了各方面的意见，组织了专家论证，标准内容和定位充分考虑到地域、经济发展水平等方面的差异，使之尽可能切合实际，便于操作。因此，本建设标准是收容教育所建设工程项目决策和合理确定建设水平的全国统一标准，是编制、评估和审批可行性研究报告、编制设计文件的依据，也是有关部门审查初步设计和对工程项目建设全过程监督检查的尺度。

**第三条** 本条规定本建设标准的适用范围。

本建设标准是依据收容教育所新建、改建、扩建工程的要求编制的。

**第四条** 本条明确收容教育所在建设时，必须遵循的法律、法规和方针、政策、原则以及总体要求。

收容教育所建设作为政府投资的工程项目，应遵循国家关于经济建设的方针政策并符合国家有关法律法规。收容教育作为行政强制教育措施，对被收容教育人员实行教育、感化、挽救的方针，因此其设施建设必须充分体现人文关怀。全国人大《决定》和国务院《办法》分别规定："对卖淫、嫖娼的，一律强制进行性病检查。对患有性病的，进行强制治疗"，"对被收容教育人员应当进行法律教育和道德教育，并组织他们参加生产劳动，学习劳动技能，增强劳动观念"。因此，收容教育所的功能和设施必须满足收容教育工作任务，即：对被收容教育人员进行管理，保障安全，组织被收容教育人员从事适当劳动，对被收容教育人员进行法制、道德等教育，使其成为守法公民，对其进行性病检查、治疗等，由此确定收容教育所设施建设总体要求"功能齐全、设施完善、经济适用、安全文明"。同时，考虑到我国的国情和各地经济发展水平等方面的差异，强调因地制宜，合理确定建设水平。

**第五条** 本条根据收容教育所的性质和任务及对周边环境的特殊要求，并按照《中华人民共和国城乡规划法》的有关规定，明确收容教育所建设纳入城市规划，确保收容教育所安全。

**第六条** 本条明确收容教育所建设的投资渠道。

国务院《办法》第四条明确规定，"地方计委、财政部门应当将收容教育所的基本建设投资和所需经费列入基建计划和财政预算"，故其投资和建设用地应由政府解决。

**第七条** 本条明确收容教育所建设的基本要求。

收容教育期限为6个月至2年。为进一步体现以人为本的管理要求，收容教育所基础设施要不断加以完善。在建设时为避免重复投资或因场地过小，造成搬迁的浪费和以往规划设计中出现的问题，提出收容教育所建设规划时应当统筹兼顾，既要满足近期工作需要，又要考虑远期发展要求，故宜统一规划一次建设。考虑到一些地方资金投入困难等方面的原因，允许在一次规划的前提下，分期建设。

**第八条** 本条明确收容教育所建设标准与其他现行有关标准、规范之间的关系。

## 第二章　建设规模和项目组成

**第九条** 本条明确收容教育所建设规模的设定。

收容教育所各项设施均与被收容教育人数的多少直接有关。因此，以设定的被收容教育人数确定建设规模。

**第十条** 本条明确收容教育所建设规模确定的依据及审批程序。

国务院《办法》第四条规定"收容教育所的设立，由省、自治区、直辖市或者自治州、设区的市的公安机关根据收容教育工作的需要提出方案，报同级人民政府批准”。据此，本建设标准明确收容教育所建设规模，先由设置收容教育所的公安机关根据管辖区人口数、经济发展水平及治安状况等因素提出意见，报请省级公安机关同意后，再按照政府投资项目审批权限履行审批程序。从实践看，省级公安机关主管部门对本辖区内的收容教育工作情况掌握比较具体，又有专业人员负责此项工作，经过省级公安机关的审核把关，可以有效地防止投资的盲目性。

**第十一条** 本条明确收容教育所建设规模的分类。规模分类是参照公安部《收容教育所等级评定办法》的规定并结合工程项目建设的要求划分的。

200人以下的小型所按200人规模设置，是为了确保其基本功能和设施的完善，以避免因规模过小而不具备工作条件；特大型所的规模不宜超过1000人，也是根据方便管理，有效使用各项设施提出的。

**第十二条** 本条阐明收容教育所建设工程项目的主要组成部分。

国务院《办法》第六条规定：“收容教育所应当设置收容室以及教育、劳动、医疗、文体活动等场所。”公安部《收容教育所管理办法》第七条规定：“收容教育所应当设置办公区、收容教育区、劳动生产区、医疗区等，配备必要的医疗设施和教育、文体活动器材及交通、通讯设备。”本条所列工程项目是符合上述规定的。

**第十三条** 本条明确收容教育所的房屋建筑项目组成。其中：

一、收容室：即被收容教育人员的寝室。

二、医疗用房：是对被收容教育人员进行身体检查、疾病治疗的用房。

三、教育用房：是被收容教育人员集体学习、借阅图书资料和对被收容教育人员进行个别教育、心理矫治、法律咨询等用房。

四、文体活动用房：指被收容教育人员在室内进行文娱体育活动的用房。

五、劳动技能培训用房：是被收容教育人员从事室内劳动技能培训而单独设置的用房，包括操作间、库房、值班室和卫生间等。这是根据公安部《收容教育所管理办法》的规定，组织被收容教育人员进行劳动技能培训的需要而提出的。

六、行政管理用房，其中：

出入所接待厅，是办理入所、出所手续，进行安全、健康检查和信息资料采集的用房。

会见室，是被收容教育人员与其家属会见的用房。

备勤用房，是指民警、职工备勤休息的用房。

询问室，是案件承办单位询问被收容教育人员的用房。

接待（会议、档案）室，用于接待办案等单位、召开会议和存放档案的用房。

后勤仓库，是统一保管被收容教育人员非生活必需品的用房。

七、生活保障用房：是被收容教育人员的生活卫生、后勤保障以及收容教育所民警和职工生活保障的用房。

八、附属用房：是指收容教育所的车库、设备用房、公共卫生间等。

**第十四条** 本条明确收容教育所主要场地设施。

根据收容教育所承担的任务，收容教育所的场地设施，不仅要满足收容教育所本身的工作需要，同时也要为外单位和其他来所人员（包括被收容教育人员的家属来所会见）提供条件，营造良好的外部环境。

体能锻炼场地，用于被收容教育人员和管理人员进行室外体育锻炼、队列训练等活动。

车辆停放场地，用于收容教育所本单位和外单位公务车辆的停放。

**第十五条** 本条阐明收容教育所的配套设施。

收容教育所的配套设施除建筑设施外，还应根据国务院和公安部的有关规定，配置管理、教育、安全、信息等相关的配套设施，其中交通工具包括警务用车、生活用车、转送用车等。这是保障被收容教育人员的学习、生活卫生以及管理工作所必备的条件。

## 第三章 选址及规划布局

**第十六条** 本条明确收容教育所的选址条件。

收容教育所作为行政强制教育场所，为确保其安全，切实保障被收容教育人员的合法权益，提出了收容教育所选址的基本条件。

**第十七条** 本条明确收容教育所规划布局的基本要求。

收容教育所的性质、任务及其管理模式、工作流程以及安全防范，是规划布局时需要考虑的几个方面。收容教育是依法限制人身自由的强制性措施，应具备相应的安全防范设施，以确保监管场所的安全。故对周界围墙的设置、建筑间距提出要求。

**第十八条** 本条阐明收容教育所布局分区的要求。这是根据公安部《收容教育所管理办法》、《收容教育所等级评定办法》规定提出的。

**第十九条** 本条阐明收容教育所收容教育区和劳动技能培训区的设置要求。

**第二十条** 本条对收容教育所内外道路交通提出要求。

为确保收容教育所道路畅通，执行应急方案，对内外交通提出相应要求。

**第二十一条** 本条阐明收容教育所行政管理区规划布局的要求。行政管理区是收容教育所的对外窗口和有关公务活动的主要场所。在规划时，应将办公用房、道路和停车、绿化等场地有机结合作出合理布局。

## 第四章 房屋建筑及用地指标

**第二十二条** 本条明确收容教育所各类用房建筑面积的确定方法。

收容教育所以人均面积指标乘以设定的被收容教育人数来计算各类用房的建筑面积，科学合理，便于操作。

**第二十三条** 本条明确收容教育所综合建筑面积指标。

收容教育所综合建筑面积指标是根据收容教育所各类功能用房的实际所需面积综合测算，并参照目前已建的收容教育所的水平而确定的。根据收容教育所的性质和任务，各类用房的综合建筑面积指标，略高于刑事羁押场所的指标（看守所为20～24$m^2$/人），低于强制隔离戒毒所的指标（25～28$m^2$/人）。据统计，近年来已建成的比较规范的收容教育所，其房屋建筑面积基本达到或超过本建设标准。

**第二十四条** 本条具体列出收容教育所各类用房使用面积指标。为便于测算，小型、中型、大型、特大型四类所分别按照200人、300人、500人、800人确定。其中：

一、收容室

收容室的确定依据：参照《宿舍建筑设计规范》4类居室6人间人均使用面积指标和

收容室应具备的功能及布局要求，并按单层床铺设置，测算得出人均使用面积为4.6$m^2$，加上盥洗、卫生设备人均使用面积0.84$m^2$。由此得出收容室人均使用面积指标为5.44$m^2$。

收容室测算见附图1。

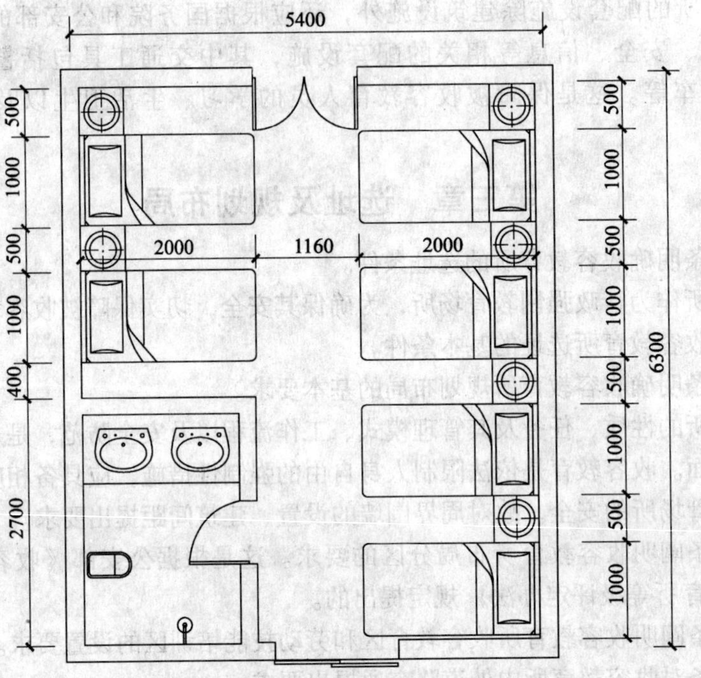


**附图1　收容室测算图**

注：1. 衣物整理箱置于床下。

2. 阳台面积未计。

3. 使用面积32.6$m^2$，床均面积5.44$m^2$

二、医疗用房

根据公安部《收容教育所等级评定办法》第15条规定“小型所设置医务室，中型以上所设置卫生所”的要求，参照卫生部《医疗机构基本标准》（试行）相关规定，并根据实际调查数据测算得出：

（一）接诊室（包括观察室及临时病房）：小型、中型、大型、特大型四类所使用面积分别为60$m^2$、75$m^2$、105$m^2$、150$m^2$，人均使用面积分别为0.30$m^2$、0.25$m^2$、0.21$m^2$、0.19$m^2$。

（二）检查治疗室：小型、中型、大型、特大型四类所使用面积分别为55$m^2$、60$m^2$、85$m^2$、110$m^2$，人均使用面积分别为0.27$m^2$、0.20$m^2$、0.17$m^2$、0.14$m^2$。

（三）医护值班室：小型、中型、大型、特大型四类所使用面积分别为50$m^2$、60$m^2$、85$m^2$、125$m^2$，人均使用面积分别为0.25$m^2$、0.20$m^2$、0.17$m^2$、0.16$m^2$。

（四）化验室：小型、中型、大型、特大型四类所使用面积分别为40$m^2$、50$m^2$、60$m^2$、75$m^2$，人均使用面积分别为0.20$m^2$、0.16$m^2$、0.12$m^2$、0.09$m^2$。

（五）X光机室：小型所不设，中型、大型、特大型三类所使用面积分别为30$m^2$、45$m^2$、60$m^2$，人均面积分别为0.10$m^2$、0.09$m^2$、0.08$m^2$。

（六）消毒室：小型、中型、大型、特大型四类所使用面积分别为20$m^2$、20$m^2$、30$m^2$、40$m^2$，人均使用面积分别为0.10$m^2$、0.07$m^2$、0.06$m^2$、0.05$m^2$。

（七）药房：小型、中型、大型、特大型四类所使用面积分别为 $30m^2$、$40m^2$、$60m^2$、$80m^2$，人均使用面积分别为 $0.15m^2$、$0.13m^2$、$0.12m^2$、$0.10m^2$。

上述医疗用房使用面积测算见附表1。

**附表1　医疗用房使用面积测算表（$m^2$）**

| 项　目 | 小型所 | | 中型所 | | 大型所 | | 特大型所 | |
|---|---|---|---|---|---|---|---|---|
| | 使用面积 | $m^2$/人 | 使用面积 | $m^2$/人 | 使用面积 | $m^2$/人 | 使用面积 | $m^2$/人 |
| 接诊室 | 60 | 0.30 | 75 | 0.25 | 105 | 0.21 | 150 | 0.19 |
| 检查治疗室 | 55 | 0.27 | 60 | 0.20 | 85 | 0.17 | 110 | 0.14 |
| 医护值班室 | 50 | 0.25 | 60 | 0.20 | 85 | 0.17 | 125 | 0.16 |
| 化验室 | 40 | 0.20 | 50 | 0.16 | 60 | 0.12 | 75 | 0.09 |
| X光机室 | 0 | 0 | 30 | 0.10 | 45 | 0.09 | 60 | 0.08 |
| 消毒室 | 20 | 0.10 | 20 | 0.07 | 30 | 0.06 | 40 | 0.05 |
| 药房 | 30 | 0.15 | 40 | 0.13 | 60 | 0.12 | 80 | 0.10 |
| 合计 | 255 | 1.27 | 335 | 1.11 | 470 | 0.94 | 640 | 0.81 |

三、教育用房

（一）教室（兼技能培训室）：按照公安部《收容教育所等级评定办法》第13条"课堂教育每周不少于10课时"的规定，每50人设置一间。参照《中小学校建筑设计规范》（GBJ 99—86）所列中等师范每人所占 $1.37m^2$ 的指标，考虑到被收容教育人员分批学习的特点和实际使用情况，按人均使用面积 $0.50m^2$ 计算。

（二）图书阅览室：参照《中小学校建筑设计规范》（GBJ 99—86）对中师、幼师设计要求，书库藏书量按每学生80～100册，每平方米藏书量400～500册计算，得出人均 $0.16 \sim 0.25m^2$；阅览室根据被收容教育人员借阅图书人次相对较少的特点适当减少面积。测算确定小型、中型、大型、特大型所图书阅览室使用面积分别为 $60m^2$、$80m^2$、$100m^2$、$120m^2$，人均使用面积分别为 $0.30m^2$、$0.27m^2$、$0.20m^2$、$0.15m^2$。

（三）电教室：根据公安部《收容教育所等级评定办法》"配有计算机、电化教育设施"的要求，参照《强制戒毒所建设标准》关于电化教育室的面积指标和实际调研的数据确定，小型所使用面积为 $60m^2$，人均使用面积 $0.30m^2$。每增加100人增加使用面积 $15m^2$，中型所使用面积 $75m^2$，人均使用面积 $0.25m^2$；大型所使用面积 $105m^2$，人均使用面积 $0.21m^2$；特大型所使用面积 $150m^2$，人均使用面积 $0.19m^2$。

（四）心理咨询（矫治）室：按照公安部《收容教育所管理办法》和《收容教育所等级评定办法》，收容教育所应通过"教育、心理矫治和性病治疗，使被收容教育人员成为身心健康的守法公民"的要求和邀请社会各界人士来所帮教的规定，确定小型、中型、大型、特大型所的心理咨询（矫治）室使用面积分别为 $36m^2$、$36m^2$、$36m^2$、$48m^2$，人均使用面积分别为 $0.18m^2$、$0.12m^2$、$0.07m^2$、$0.06m^2$。

（五）管教（谈话）室：根据《收容教育所等级评定办法》关于"每名管教民警对分管的被收容教育人员，每人每月谈话教育不少于1次，对重点被收容教育人员不少于2

次”的规定，小型、中型、大型、特大型所的管教（谈话）室使用面积分别为 $36m^2$、$36m^2$、$60m^2$、$72m^2$，人均使用面积分别为 $0.18m^2$、$0.12m^2$、$0.12m^2$、$0.09m^2$。

上述教育用房使用面积测算见附表2。

**附表2 教育用房使用面积测算表（$m^2$）**

| 项目 | 小型所 | | 中型所 | | 大型所 | | 特大型所 | |
|---|---|---|---|---|---|---|---|---|
| | 使用面积 | $m^2$/人 | 使用面积 | $m^2$/人 | 使用面积 | $m^2$/人 | 使用面积 | $m^2$/人 |
| 教室 | 100 | 0.50 | 150 | 0.50 | 250 | 0.50 | 400 | 0.50 |
| 图书阅览室 | 60 | 0.30 | 80 | 0.27 | 100 | 0.20 | 120 | 0.15 |
| 电教室 | 60 | 0.30 | 75 | 0.25 | 105 | 0.21 | 150 | 0.19 |
| 心理咨询（矫治）室 | 36 | 0.18 | 36 | 0.12 | 36 | 0.07 | 48 | 0.06 |
| 管教（谈话）室 | 36 | 0.18 | 36 | 0.12 | 60 | 0.12 | 72 | 0.09 |
| 合计 | 292 | 1.46 | 377 | 1.26 | 551 | 1.10 | 790 | 0.99 |

四、文体活动用房

根据公安部《收容教育所管理办法》和《收容教育所等级评定办法》有关被收容教育人员开展文体活动的要求，并对现有收容教育所设施调查，得出：健身房人均使用面积 $0.25m^2$，多功能活动室人均使用面积 $0.60m^2$。四类型所文体活动用房人均使用面积指标均为 $0.85m^2$。

五、劳动技能培训用房

鉴于收容教育所室内劳动技能培训以手工为主，所需用房面积不宜过大。根据实地调研，操作间人均面积 $1.80m^2$，加上库房、卫生间、值班室等人均面积 $0.38m^2$，合计人均使用面积为 $2.18m^2$。

六、行政管理用房

（一）办公室：根据《党政机关办公用房建设标准》，按照四类所不同编制人数确定。其中：

主管局领导、所领导：按4~6人计算，平均每人使用面积 $12m^2$，小型、中型、大型、特大型所使用面积分别为 $48m^2$、$48m^2$、$72m^2$、$72m^2$。

职能科室：每间使用面积 $15m^2$，按四种类型所分设4~7个职能部门，小型、中型、大型、特大型所使用面积分别为 $60m^2$、$75m^2$、$90m^2$、$105m^2$。

集体办公室（兼更衣室）：小型、中型、大型、特大型所使用面积分别为 $60m^2$、$90m^2$、$120m^2$、$150m^2$。

小型、中型、大型、特大型所办公室用房合计使用面积分别为 $168m^2$、$213m^2$、$282m^2$、$327m^2$。

（二）出入所接待厅：根据其功能和人流的大小确定，小型、中型、大型、特大型所

使用面积分别为 $50m^2$、$75m^2$、$100m^2$、$150m^2$。

（三）会见室：会见坐席（双向）每席 $2.4\times2.5=6m^2$。小型、中型、大型、特大型所分别同时会见按 10 人、14 人、16 人、20 人计算，会见室的使用面积分别为 $60m^2$、$84m^2$、$96m^2$、$120m^2$。

（四）技术室（包括监控等技术用房）：小型、中型、大型、特大型所使用面积分别为 $54m^2$、$72m^2$、$90m^2$、$108m^2$。

（五）备勤用房：根据公安部《收容教育所管理办法》的规定，民警配备按被收容教育人数 15% 配备的规定，参照《宿舍建筑设计规范》2 类居室人均居住面积 $8m^2$ 标准，按在编民警数的 80% 设置，分别得出小型、中型、大型、特大型所备勤用房使用面积为 $162m^2$、$255m^2$、$453m^2$、$756m^2$。

（六）询问室：小型、中型、大型、特大型所分别设置 4 间、5 间、7 间、10 间，每间为 $12m^2$，即得出使用面积分别为 $48m^2$、$60m^2$、$84m^2$、$120m^2$。

（七）值班室（包括大门出入口值班室、收容区、劳动技能培训区值班室、分控台设备用房），小型、中型、大型、特大型所使用面积分别为 $72m^2$、$96m^2$、$120m^2$、$144m^2$。

（八）接待（会议、档案）室：小型、中型、大型、特大型所使用面积分别为 $48m^2$、$60m^2$、$72m^2$、$84m^2$。

（九）警械库：小型、中型、大型、特大型所使用面积分别为 $30m^2$、$45m^2$、$60m^2$、$75m^2$。

（十）后勤仓库：小型、中型、大型、特大型所使用面积分别为 $60m^2$、$75m^2$、$120m^2$、$150m^2$。

以上行政管理用房使用面积测算见附表 3。

**附表 3　行政管理用房使用面积测算表（$m^2$）**

| 项目 | 小型所 | | 中型所 | | 大型所 | | 特大型所 | |
|---|---|---|---|---|---|---|---|---|
| | 使用面积 | $m^2$/人 | 使用面积 | $m^2$/人 | 使用面积 | $m^2$/人 | 使用面积 | $m^2$/人 |
| 办公室 | 168 | 0.84 | 213 | 0.71 | 282 | 0.56 | 327 | 0.41 |
| 出入所接待厅 | 50 | 0.25 | 75 | 0.25 | 100 | 0.20 | 150 | 0.19 |
| 会见室 | 60 | 0.30 | 84 | 0.28 | 96 | 0.19 | 120 | 0.15 |
| 技术室 | 54 | 0.27 | 72 | 0.24 | 90 | 0.18 | 108 | 0.13 |
| 备勤用房 | 162 | 0.81 | 255 | 0.85 | 453 | 0.91 | 756 | 0.95 |
| 询问室 | 48 | 0.24 | 60 | 0.20 | 84 | 0.17 | 120 | 0.15 |
| 值班室 | 72 | 0.36 | 96 | 0.32 | 120 | 0.24 | 144 | 0.18 |
| 接待（会议、档案）室 | 48 | 0.24 | 60 | 0.20 | 72 | 0.14 | 84 | 0.10 |

**续附表3**

| 项目 | 小型所 | | 中型所 | | 大型所 | | 特大型所 | |
|---|---|---|---|---|---|---|---|---|
| | 使用面积 | $m^2$/人 | 使用面积 | $m^2$/人 | 使用面积 | $m^2$/人 | 使用面积 | $m^2$/人 |
| 警械库 | 30 | 0.15 | 45 | 0.15 | 60 | 0.12 | 75 | 0.09 |
| 后勤仓库 | 60 | 0.30 | 75 | 0.25 | 120 | 0.24 | 150 | 0.19 |
| 合计 | 752 | 3.76 | 1035 | 3.45 | 1477 | 2.95 | 2034 | 2.54 |

七、生活保障用房

（一）被收容教育人员伙房：满足操作、准备、主副食品储存（不包括严寒、寒冷地区储藏菜用房）等，符合有关设计规范对厨房功能要求，小型、中型、大型、特大型所使用面积分别不小于 $80m^2$、$120m^2$、$160m^2$、$200m^2$，人均使用面积分别为 $0.40m^2$、$0.40m^2$、$0.32m^2$、$0.25m^2$。

（二）餐厅：参照其他监管场所被监管人员的餐厅标准，每个被收容教育人员使用面积按不少于 $0.9m^2$ 计算。

（三）民警食堂：按二级食堂标准，每个座位使用面积 $1.10m^2$，食堂餐橱比为1∶1，即使用面积为 $1.10\times2=2.20m^2$/人，按收容教育所的民警配备数为被收容教育人数的15%，加上工勤和外来人员，应不低于20%，同时就餐人数小型、中型、大型、特大型所分别以75%、74%、71%、70%计算，即得出小型、中型、大型、特大型所使用面积分别为 $66m^2$、$97m^2$、$156m^2$ 和 $246m^2$，人均使用面积分别为 $0.33m^2$、$0.32m^2$、$0.31m^2$ 和 $0.30m^2$。

（四）理发室和公用浴室：小型、中型、大型、特大型所的使用面积分别为 $50m^2$、$60m^2$、$80m^2$ 和 $100m^2$，人均使用面积分别为 $0.25m^2$、$0.20m^2$、$0.16m^2$ 和 $0.13m^2$。

（五）生活用品供应室：满足货物储藏功能要求，小型、中型、大型、特大型所的使用面积分别为 $38m^2$、$48m^2$、$60m^2$ 和 $80m^2$，人均使用面积分别为 $0.19m^2$、$0.16m^2$、$0.12m^2$ 和 $0.10m^2$。

以上生活保障用房使用面积测算见附表4。

**附表4　生活保障用房使用面积测算表（$m^2$）**

| 项目 | 小型所 | | 中型所 | | 大型所 | | 特大型所 | | 备注 |
|---|---|---|---|---|---|---|---|---|---|
| | 使用面积 | $m^2$/人 | 使用面积 | $m^2$/人 | 使用面积 | $m^2$/人 | 使用面积 | $m^2$/人 | |
| 伙房 | 80 | 0.40 | 120 | 0.40 | 160 | 0.32 | 200 | 0.25 | |
| 餐厅 | 180 | 0.90 | 270 | 0.90 | 450 | 0.90 | 720 | 0.90 | |
| 民警食堂 | 66 | 0.33 | 97 | 0.32 | 156 | 0.31 | 246 | 0.30 | |

**续附表 4**

| 项目 | 小型所 | | 中型所 | | 大型所 | | 特大型所 | | 备注 |
|---|---|---|---|---|---|---|---|---|---|
| | 使用面积 | $m^2$/人 | 使用面积 | $m^2$/人 | 使用面积 | $m^2$/人 | 使用面积 | $m^2$/人 | |
| 理发及公用浴室 | 50 | 0.25 | 60 | 0.20 | 80 | 0.16 | 100 | 0.13 | 含洗衣间 |
| 生活用品供应室 | 38 | 0.19 | 48 | 0.16 | 60 | 0.12 | 80 | 0.10 | 含库房 |
| 合计 | 414 | 2.07 | 595 | 1.98 | 906 | 1.81 | 1346 | 1.68 | |

八、附属用房

（一）车库（含修理间）：按配备车辆数计算，小型、中型、大型、特大型所使用面积分别为 $100m^2$、$144m^2$、$200m^2$、$280m^2$。

（二）设备用房：四类所分别设置 3 间、4 间、5 间、6 间，每间使用面积为 $20m^2$，小型、中型、大型、特大型所使用面积分别为 $60m^2$、$80m^2$、$100m^2$、$120m^2$。

（三）公共卫生间：每间使用面积 $10m^2$，小型、中型、大型、特大型所使用面积分别为 $60m^2$、$80m^2$、$100m^2$、$120m^2$。

（四）警卫室（含值班监控室）：小型、中型、大型、特大型所使用面积分别为 $30m^2$、$45m^2$、$65m^2$、$85m^2$。

以上附属用房使用面积测算见附表 5。

**附表 5　附属用房使用面积测算表（$m^2$）**

| 项目 | 小型所 | | 中型所 | | 大型所 | | 特大型所 | |
|---|---|---|---|---|---|---|---|---|
| | 使用面积 | $m^2$/人 | 使用面积 | $m^2$/人 | 使用面积 | $m^2$/人 | 使用面积 | $m^2$/人 |
| 车库 | 100 | 0.50 | 144 | 0.47 | 200 | 0.40 | 280 | 0.35 |
| 设备用房 | 60 | 0.30 | 80 | 0.27 | 100 | 0.20 | 120 | 0.15 |
| 公共卫生间 | 60 | 0.30 | 80 | 0.27 | 100 | 0.20 | 120 | 0.15 |
| 警卫室 | 30 | 0.15 | 45 | 0.15 | 65 | 0.13 | 85 | 0.11 |
| 合计 | 250 | 1.25 | 349 | 1.16 | 465 | 0.93 | 605 | 0.76 |

**第二十五条**　本条明确收容教育所建设用地的原则要求。

**第二十六条**　本条明确收容教育所建设用地项目及其指标。

为确保收容教育所建设用地科学合理，节约土地资源，并适应各地土地资源，建筑风格等方面的差异，故本建设标准在建设用地时采取给定指标的方法，根据建设的规模，按实测算，便于操作。其中：

建筑用地：采用建筑密度和容积率加以控制。

训练活动场用地：小型所按照单个篮球场尺寸并适当增加辅助面积，计算得出600m²，人均面积3.0m²，中型、大型、特大型所按此指标测定。

停车场用地：考虑到收容教育所会见、办案等外来人员来往车辆频繁等因素，结合实际调查的数据，确定收容教育所应配备车辆加外来公务车（按本所车辆的500%左右）计算车位，每车位25～30m²计算。其他车辆车位（包括社会车辆）未予考虑。

劳动技能培训等其他用地：考虑到各地劳动项目不同，土地资源差异，故对种植业、养殖业等用地，不作硬性规定，由各地因地制宜另行报批。

附图2为收容教育所总平面示意图。

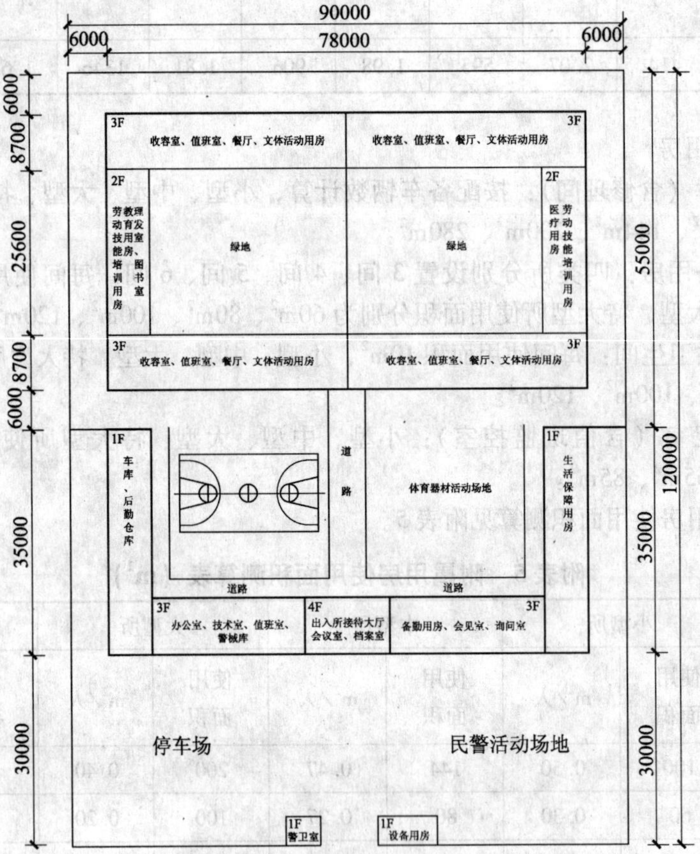


**附图2　收容教育所总平面示意图**

# 第五章　建筑标准及有关设施

**第二十七条**　本条明确收容教育所建筑标准确定的原则和依据。

**第二十八条**　本条明确收容教育所围墙的高度。

收容教育、劳动技能培训等封闭区的围墙高度不低于4.5m，是按照两人搭人梯难以攀登的要求确定的。

**第二十九条**　本条对收容教育所封闭区内房屋建筑结构提出要求，提倡采用低层和多层，既方便管理，又有利于节约用地。收容室墙体强度，是根据安全要求提出的。

**第三十条**　本条对收容教育所收容室层高提出要求。层高3.6m是根据必要时设置双层床和保证安全的要求测定的。

**第三十一条** 本条对收容教育所收容室的设置和室内衣物柜、卫生间和晾衣设施的设置提出要求。收容室内设置卫生设施有利于同室人员相互监督，防止管理上出现漏洞。但考虑到一些地方管理模式的不同，故允许在管理区内集中设置公共卫生间、盥洗室及晾衣间(场)。

**第三十二条** 本条对收容教育所各功能区建筑连接通道和收容教育区的内通道的宽度提出要求。

通道外侧窗和收容室采光窗设置金属防护栅栏及其间距，是为了确保被收容教育人员不发生意外和脱逃事故。

**第三十三条** 本条对收容教育所收容室的门提出要求。

**第三十四条** 本条对收容教育所会见室、询问室设置提出要求。

**第三十五条** 本条对收容教育所餐厅和民警食堂的设置提出要求。

收容教育所被收容教育人员和民警分别设置餐厅、食堂，既有利于确保被收容教育人员的伙食标准，又是保障食品安全的需要。

**第三十六条** 本条对收容教育所的技防、通信和信息设备用房及其安装所需的线路、管道的敷设和预埋提出要求。

**第三十七条** 本条对收容教育所医疗技术用房的设置标准提出要求。

**第三十八条** 本条明确收容教育所劳动技能培训用房的设置要求。

被收容教育人员在收容教育期间进行适当劳动，是全国人大《决定》和国务院《办法》以及公安部《收容教育所管理办法》等规定的，是收容教育工作的一项重要内容，因此，必须提供相应的设施和条件。为确保安全卫生，强调劳动技能用房单独设置，并自成一体。

**第三十九条** 本条对收容教育所教室的设置提出要求。

**第四十条** 本条对收容教育所建筑的内外装修及其标准作了规定。

收容教育所作为行政强制教育场所，建筑装修上强调满足管理使用要求。

**第四十一条** 本条对收容教育所供电提出要求。

收容教育所作为行政执法场所，为确保安全，防止因停电而发生事故，故提出不能确保正常供电的应自备发电机组。

**第四十二条** 本条对收容教育所的给排水及医疗废弃物的处理提出要求。

**第四十三条** 本条对收容教育所的建筑节能和采暖提出要求。

**第四十四条** 本条对收容教育所的通风、空气调节提出要求。

**第四十五条** 本条对收容教育所的建筑防火提出要求。

**第四十六条** 本条对收容教育所的房屋建筑抗震提出要求。

# 拘留所建设标准

## 建标 102—2008

## 关于批准发布《拘留所建设标准》的通知

建标〔2008〕50号

国务院有关部门，各省、自治区、直辖市、计划单列市建设厅（委、局）、发展和改革委员会：

根据建设部《关于印发〈二○○二年工程项目建设标准编制项目计划〉的通知》（建标函〔2002〕345号）的要求，由公安部负责编制的《拘留所建设标准》，经有关部门会审，现批准发布，自2008年7月1日起施行。

在拘留所项目的审批、设计和建设过程中，要严格遵守党中央、国务院关于控制楼堂馆所建设的相关要求，认真执行本建设标准，坚决控制工程造价。

本建设标准的管理由建设部和国家发展改革委负责，具体解释工作由公安部负责。

中华人民共和国建设部
中华人民共和国国家发展和改革委员会
二○○八年二月二十七日

## 前言

《拘留所建设标准》是根据建设部《关于印发〈二○○二年工程项目建设标准编制项目计划〉的通知》（建标函〔2002〕345号）的要求，由公安部监所管理局负责编制的。

本建设标准在编制过程中，编制组选择全国东、中、西部9个省、自治区、直辖市有代表性的拘留所实地考察，组织所领导和有关人员座谈，总结近年来拘留所建设的经验教训，在此基础上，完成了征求意见稿，在广泛征求了有关方面的意见，并反复修改补充形成送审稿后，经有关部门审查定稿。

本建设标准共五章，其主要内容包括：总则，建设规模和项目组成，选址及规划布局，房屋建筑及用地指标，建筑标准及有关设施。

在执行本建设标准过程中，请各单位注意总结经验，积累资料，如发现需要修改和补充之处，请将意见及时反馈给公安部，以便今后修订时参考。

通信地址：北京市东长安街14号公安部监所管理局

邮政编码：100741

中华人民共和国公安部

2008年3月5日

# 第一章　总　　则

**第一条**　为规范拘留所建设，提高拘留所建设项目决策和建设的科学管理水平，充分发挥投资效益，制定本建设标准。

**第二条**　本建设标准是拘留所建设项目决策和合理确定建设水平的全国统一标准，是编制、评估和审批可行性研究报告的重要依据，也是审查拘留所建设项目的初步设计和项目建设全过程监督检查的尺度。

**第三条**　本建设标准适用于拘留所新建工程。拘留所改建、扩建工程参照执行。

**第四条**　拘留所建设必须遵循国家有关法律、法规和方针、政策，符合《中华人民共和国治安管理处罚法》等有关规定，从我国国情出发，因地制宜，合理确定建设水平，做到功能齐全、设施完善、经济适用、安全文明，满足拘留所管理教育工作需要。

**第五条**　拘留所建设应纳入当地城市总体规划，并充分考虑其安全防范的特殊要求。

**第六条**　拘留所建设项目应纳入政府投资计划，其建设用地按照有关规定办理用地手续。

**第七条**　拘留所建设应根据近期使用和远期发展的需要，实行统一规划，一次建设；特殊情况下也可分期建设。

**第八条**　拘留所建设时，除应遵守本建设标准外，还应符合国家其他的有关建设标准的规定。

# 第二章　建设规模和项目组成

**第九条**　拘留所建设规模以设定拘押人数为依据确定。应综合考虑人口数、地理位置、交通条件、经济发展水平以及治安状况等因素。

**第十条**　拘留所建设规模及方案，向省级公安机关报告后，按照政府投资项目审批权限履行审批程序。

**第十一条**　拘留所建设的规模分为四类：

特大型拘留所，日均在所被拘留人数300人以上；

大型拘留所，日均在所被拘留人数150人以上不足300人；

中型拘留所，日均在所被拘留人数50人以上不足150人；

小型拘留所，日均在所被拘留人数不足50人。

**第十二条**　拘留所建设项目应包括房屋建筑和场地两个部分。

**第十三条**　拘留所房屋建筑由拘室和教育、医疗、文体、劳动、行政管理、生活保障等功能用房和附属用房组成。

拘留所各类用房详表见附录。

**第十四条**　拘留所场地建设包括体能锻炼、车辆停放、绿化以及劳动等场地。

# 第三章　选址及规划布局

**第十五条**　新建拘留所的选址应符合以下条件：

一、符合城市建设规划的布局要求，有较好的交通、供电、给排水、通讯等基础设施条件；

二、避开人口密集区及对公共安全有特殊要求的地区；

三、避开可能发生地质灾害且足以危及安全的地区；

四、与各种污染源、易燃易爆危险品仓库、高压走廊和无线电干扰的距离符合国家有关防护距离的规定。

**第十六条** 拘留所总体布局应按照功能要求分为行政办公区、拘留区，有条件的可设置活动区和劳动区。

**第十七条** 拘留所外通路应设有双向车行道并与城市道路或公路连接，内部交通应符合有关防火规范的要求。

**第十八条** 拘留所建筑布局应充分考虑通风、日照和方便管理、有利安全的要求。拘留所周界应设置围墙。拘留区、劳动区的房屋建筑与周界围墙的间距不应小于6m。

**第十九条** 拘留所行政办公区宜置于拘留所的主出入口处，并合理规划办公用房、道路和停车、绿化等场地的布局。

## 第四章 房屋建筑及用地指标

**第二十条** 拘留所各类用房建筑面积应以设定的拘押人数乘以指标数确定。

**第二十一条** 拘留所人均综合建筑面积指标应分别为小型所25$m^2$、中型所24.46$m^2$、大型所22.73$m^2$、特大型所21.39$m^2$。其中直接用于被拘留人员的拘室、教育、文体、医疗、生活、劳动及家属会见等用房，每人应不低于16$m^2$。

寒冷和严寒地区可在规定指标基础上增加4%～6%。

经济发达地区可根据近3～5年的拘押人数增长率，经过专门报告批准适当增加建筑面积。

**第二十二条** 拘留所各类用房建筑面积指标应按表1确定。

**表1 拘留所用房建筑面积指标（$m^2$/人）**

| 序号 | 名称 | 特大型 | 大型 | 中型 | 小型 | 备注 |
|---|---|---|---|---|---|---|
| 1 | 拘室 | 8.73 | 8.73 | 8.73 | 8.73 | 含盥洗间、衣物柜。 |
| 2 | 教育 | 1.43 | 1.51 | 1.60 | 1.70 | 包括教室、图书阅览室、电化教育室、管教（谈话）室等。 |
| 3 | 医疗 | 0.35 | 0.43 | 0.52 | 0.52 | 包括检查治疗室、药房等。 |
| 4 | 文体 | 1.17 | 1.17 | 1.17 | 1.17 | 包括健身房、多功能活动室等。 |
| 5 | 劳动 | 2.70 | 2.70 | 2.70 | 2.70 | 包括操作间、原料间、库房、值班室和盥洗（卫生）间。 |
| 6 | 行政管理 | 3.33 | 4.09 | 4.83 | 5.07 | 包括办公室、会议室、技术室、接待室、收拘室、会见室、询问室、值班室、警械库及物品保管室、备勤用房等。 |

**续表1**

| 序号 | 名称 | 特大型 | 大型 | 中型 | 小型 | 备　注 |
|---|---|---|---|---|---|---|
| 7 | 生活保障 | 2.30 | 2.44 | 2.65 | 2.84 | 包括伙房、餐厅、民警食堂、公用浴室、洗衣间、理发室、库房、生活用品供应室等。 |
| 8 | 附属 | 1.38 | 1.66 | 2.26 | 2.29 | 包括车库、设备用房及公共卫生间和警卫室等。 |
| 合计 | | 21.39 | 22.73 | 24.46 | 25.02 | |

注：列表各类用房使用系数按照0.65～0.75测算。

**第二十三条**　拘留所建设用地，在保证各项使用功能的前提下，坚持科学节约用地的原则，提高土地利用率。

**第二十四条**　拘留所建设用地包括建筑基地、体能训练活动场地和公务车辆停放场地三部分。其中建筑基地（含安全隔离、交通道路等）单层覆盖率为33%，容积率为0.3；低层和多层覆盖率为25%～27%，容积率为0.8～1.2。体能训练活动场地按拘押人数每人6～10m$^2$计算。小型、中型、大型和特大型所公务车辆停放场地分别按9辆、12辆、15辆和18辆计算，每车位为25～30m$^2$。

种植、养殖业等劳动用地未计算在内，可根据实际需要和可能另行报批。

## 第五章　建筑标准及有关设施

**第二十五条**　拘留所的建筑标准，应根据拘留所管理、使用功能及城市规划的要求合理确定，并留有扩建改造的余地。

**第二十六条**　拘留所拘留区、劳动区围墙高度不应低于4.5m，办公区围墙或通透栅栏高度宜为2.5～3.0m。

**第二十七条**　拘留所拘留区内房屋建筑，宜采用多层建筑，小型所也可采用低层建筑；外墙体强度不应小于MU10砌体，厚度不应小于240mm；分隔墙不得采用轻质墙。

拘室底层地坪基础应用混凝土浇注。

**第二十八条**　拘留所拘室应分别设置普通拘室、未成年人拘室和严管拘室。普通拘室、严管拘室每室定员不宜超过8人，未成年人拘室每室定员宜为4～6人。

**第二十九条**　拘留所普通拘室和未成年人拘室应设置床铺，严管拘室宜设置通铺。拘室内宜设置卫生盥洗设施及衣物柜。普通拘室、未成年人拘室也可分区设公共卫生间和盥洗室。

**第三十条**　拘留所拘室应通风、采光良好；窗地比不应小于1∶6；拘室层高不应低于3.3m。

**第三十一条**　拘留所各功能区连接通道净宽，小型、中型所不应小于2.4m，大型、特大型所不应小于2.7m。拘留区走道净宽，小型、中型所不应小于1.8m，大型、特大型所不应小于2.0m。

**第三十二条**　拘留所拘室门宜采用金属门，门上应留观察窗，通道外侧窗和拘室采光窗均应设置金属防护栅栏，机械强度不应小于$\phi$18圆钢的强度，横向净距不应大于130mm，纵向净距不应大于400mm。

**第三十三条**　拘留所家属会见室宜按开放式管理的要求设置，并配备会见座椅、候见席和卫生间；询问室应按单间设置，每间使用面积不应小于12m$^2$。

**第三十四条** 拘留所被拘留人员的餐厅应单独设置，中型以上拘留所可按管理模式分设餐厅。

**第三十五条** 拘留所的劳动用房应包括操作间、原料间、产品库房、民警值班室、盥洗（卫生）间等，并按照劳动对象和管理要求进行布置。

**第三十六条** 拘留所的教室，参照成人教育普通教室的要求设置。

**第三十七条** 拘留所建筑外观应与周边环境协调，庄重大方，拘室的内装修应满足安全、卫生要求，技术用房和其他用房按照有关标准执行。

**第三十八条** 拘留所电力负荷应满足照明和设备用电需要，保证供电安全。不能正常供电的，应自备发电机。

**第三十九条** 拘留所给水应采用城市供水系统。如自备水源，应符合国家现行饮用水标准；污水排放和医疗废弃物的处理应符合国家标准规定。

**第四十条** 拘留所应按技防、通信和信息设备安装要求敷设或预埋线路、管道。

拘室供电、给排水管线应采用暗敷。

**第四十一条** 采暖区的拘留所宜采用热水采暖系统；拘室可采用地暖方式采暖。

**第四十二条** 拘留所各类用房宜采用自然通风，自然通风条件不具备时应有机械通风换气装置；最热月平均室外气温高于25℃的地区，应安装降温设备或预留空调设备的位置。

**第四十三条** 拘留所建筑防火等级不应低于二级，消防设施的配置，应符合国家现行有关建筑防火的规定。

**第四十四条** 拘留所建筑应符合国家有关建筑节能设计标准，宜利用太阳能等节能设备。

## 附录 拘留所各类用房详表

| 项目 | | 特大型 | 大型 | 中型 | 小型 | 备注 |
| --- | --- | --- | --- | --- | --- | --- |
| 拘室 | 普通拘室 | √ | √ | √ | √ | 分区设置 |
| | 未成年人拘室 | √ | √ | √ | √ | |
| | 严管拘室 | √ | √ | √ | √ | |
| 教育 | 图书阅览室 | √ | √ | √ | √ | |
| | 电化教育（制作）室 | √ | √ | √ | √ | |
| | 教室（培训室） | √ | √ | √ | √ | |
| | 管教（谈话）室 | √ | √ | √ | √ | |
| 医疗 | 检查治疗室 | √ | √ | √ | √ | |
| | 药房 | √ | √ | √ | √ | |
| 文体 | 活动室 | √ | √ | √ | √ | |
| | 多功能活动室 | √ | √ | | | |
| | 健身房 | √ | √ | √ | √ | |
| 劳动 | | √ | √ | √ | √ | 包括原料和产品仓库、劳动场地、民警值班室、管教室以及盥洗（卫生）间等 |

**续表**

| 项目 | | 特大型 | 大型 | 中型 | 小型 | 备注 |
|---|---|---|---|---|---|---|
| 行政管理 | 办公室 | √ | √ | √ | √ | 包括主管局领导、所领导、职能科室 |
| | 会议室 | √ | √ | √ | √ | |
| | 档案资料室 | √ | √ | √ | √ | |
| | 接待室 | √ | √ | √ | √ | |
| | 会见室 | √ | √ | √ | √ | |
| | 询问室 | √ | √ | √ | √ | |
| | 值班室 | √ | √ | √ | √ | |
| | 技术室 | √ | √ | √ | √ | |
| | 警械库 | √ | √ | √ | | |
| | 收拘室 | √ | √ | √ | √ | 包括出入所登记、检查、照相、指纹、信息采集 |
| | 物品保管室 | √ | √ | √ | √ | 包括后勤仓库、被拘留人员物品储藏室 |
| | 备勤用房 | √ | √ | √ | √ | |
| 生活保障 | | √ | √ | √ | √ | 包括伙房、库房、餐厅（含民警职工食堂）、洗衣间、理发室、生活用品供应室等 |
| 附属 | | √ | √ | √ | √ | 车库、设备用房（含应急电力设备）、警卫室、公共卫生间等 |

说明：√表示应具备。

**附加说明**

## 主编单位、编制组成员和主要起草人名单

**主 编 单 位：**中华人民共和国公安部监所管理局

**编制组成员：**张向宁　徐文海　赵亚许　程元霞　杜　山

**主要起草人：**杜　山　徐文海　赵亚许　程元霞

**附　件**

# 《拘留所建设标准》条文说明

## 第一章　总　　则

**第一条**　本条着重阐明编制本建设标准的目的。

拘留所作为拘留处罚的执行场所，拘押被决定行政拘留、司法拘留和拘留审查的人员。长期以来，由于种种原因，拘留所的基础设施建设严重滞后，房屋简陋、设施不配套，加之没有统一的建设标准，建设中主观随意性大，或功能不全，或简单模仿看守所建筑形式，或盲目追求规模和档次，贪大求全，造成浪费。《中华人民共和国治安管理处罚法》（2005 年 8 月 28 日第十届全国人大常务委员会第十七次会议通过）的发布实施，对拘留所工作提出了新的要求，拘留所的建设任务更加繁重。1998 年公安部公布的《治安拘留所建设规范》已不能满足拘留所工作的发展需要。因此，亟待出台新的拘留所建设标准，以进一步加强和规范拘留所的建设，提高投资效益，充分发挥拘留所的职能作用。

**第二条**　本条明确编制本建设标准的作用及权威性。

本建设标准依照国家有关规定，在编制过程中作了大量的调查研究，广泛听取了各方面的意见，组织了专家论证，标准内容和定位充分考虑到地域、经济发展水平等方面的差异，使之尽可能切合实际，便于操作。因此，本建设标准是拘留所建设工程项目决策、编制、评估和审批可行性研究报告的依据，也是有关部门审查初步设计和对工程项目建设全过程监督检查的重要依据。

**第三条**　本条规定本建设标准的适用范围。本建设标准主要是依据拘留所新建工程的要求编制的，拘留所的改建、扩建工程在建设内容、工程项目组成和建筑指标及标准方面也应执行本建设标准。

**第四条**　本条对拘留所在建设时，必须遵循的法律、法规和方针、政策、原则以及总体要求。

拘留所建设作为政府投资项目，应遵循和符合国家有关规定。按照《中华人民共和国治安管理处罚法》等有关法律法规，拘留所的任务是对被拘留人员进行管理，保障安全，组织被拘留人员从事适当劳动，对被拘留人员进行法制、道德等教育，使其成为守法公民。因此，拘留所的功能和设施必须满足其工作需要，并确定“功能齐全、设施完善、经济适用、安全文明”的建设总体要求，同时充分考虑到我国的国情和各地经济的发展水平等方面的差异，强调因地制宜，合理确定建设水平，贯彻勤俭节约的精神。

**第五条**　本条按照《中华人民共和国城乡规划法》要求，明确拘留所建设与城市规划的关系以及对周边环境等提出要求，确保拘留所安全。

拘留所作为行政执法场所，具有相应的封闭性。为确保拘留所的安全，在城市规划时，应充分考虑拘留所的特殊性和对周边环境及建筑物的控制距离和高度。

**第六条**　本条根据拘留所的性质和任务，明确其投资渠道。

拘留所建设是政权建设的投资项目，其投资和建设用地由政府解决。

**第七条** 本条明确拘留所建设的基本要求。

拘留所拘押对象不仅是行政拘留人员，还包括司法拘留人员和拘留审查人员。新发布的有关拘留所的法律法规，进一步体现了以人为本的管理要求。随着拘留所工作任务的增加，其基础设施也要不断加以完善。在建设时为避免重复投资或因场地过小，造成搬迁的浪费和以往违规设计中出现的问题，故明确提出拘留所建设规划时既要满足近期工作需要，又要考虑远期发展要求，统筹兼顾。鉴于拘留所建设规模往往小于其它监管场所，故宜实行一次规划，一次建设。特殊情况，主要是指建设规模较大的所，由于资金等方面的原因不能一步到位的，也可实行统一规划，分期建设。

**第八条** 本条明确本建设标准与其他现行有关标准之间的关系。

在编制本标准过程中，虽然尽可能做到协调一致，但随着科学技术的快速发展，新的标准、规范性文件将发布实施，原有的标准也将适时修改，因此，在编报工程项目、计划及建设过程中，除应遵循本建设标准外，还应遵循国家现行的有关规定。

## 第二章 建设规模和项目组成

**第九条** 本条明确拘留所建设规模确定的依据。

拘留所作为行政执法场所，各项设施均与拘押人数的多少直接有关。因此，根据管辖区人口数，经济发展水平、地理位置、交通条件以及治安状况等因素设定拘押人数，并以此作为建设规模确定依据。

**第十条** 本条明确拘留所建设规模及方案的审定。

拘留所建设规模及方案，先报告省级公安机关后，再按照政府投资项目审批权限履行审批程序，是参照看守所建设的有关规定提出的。这是针对一些地方由于对拘留所的工作性质和任务理解不透，在建设中缺乏统一要求和全面论证，造成工程建设随意性大，难以满足工作需要，不能充分发挥投资效益，甚至造成很大浪费。从几年来的实践看，由于省级公安机关主管部门对本省内监所的情况掌握比较具体，又有专业人员负责此项工作，经过他们的把关，有效地防止了投资的盲目性。因此，强调拘留所建设规模和方案先报告省级公安机关是必要的。

**第十一条** 本条明确拘留所建设规模的分类。这是参照《拘留所等级评定办法》的规定划分的。

小型所规定50人以下，是根据现行的拘留所现状确定的，为使各种设施得到充分利用，确保投资效益充分发挥，也可以与其他行政关押场所合建，以避免造成资金的浪费。

**第十二条** 本条阐明拘留所建设工程的主要组成部分。

拘留所建设工程的两方面，是根据拘留所的工作任务和设施的功能要求确定的。

**第十三条** 本条明确拘留所的房屋建筑项目组成。

其中：

一、拘室：

1. 普通拘室，用于拘押一般行政拘留、司法拘留和拘留审查的被拘留人员。

2. 严管拘室，用于拘押违反拘留所管理规定或可能负案等被拘留人员。

3. 未成年人拘室，用于拘押未成年的被拘留人员。

二、教育用房：是被拘留人员集体学习、技能培训、借阅图书资料和对被拘留人员进行个别教育的用房。

三、医疗用房：是对被拘留人员进行身体检查、疾病治疗的用房。

四、文体活动用房：是被拘留人员在室内进行文娱体育活动的用房。

五、劳动用房：是被拘留人员从事室内劳动而单独设置的用房。包括操作间、库房、盥洗（卫生）间和管教民警值班室。

六、行政管理用房，其中：

会见室，是被拘留人员与其家属会见时的用房。

询问室，是案件承办等单位询问被拘留人员的用房。

收拘室，是办理入所、出所手续，进行安全、健康检查和信息资料采集的用房。

物品保管室，是统一保管被拘留人员非生活必须品的用房。

备勤用房，是指值勤民警、职工备勤休息的用房。

七、生活保障用房：是用于被拘留人员的生活卫生、后勤保障以及拘留所民警和职工生活保障的用房。

八、附属用房：是指拘留所的车库、公共卫生间、设备用房等。

**第十四条** 本条明确拘留所的场地建设内容和项目。

根据构建和谐社会要求，拘留所应有相应的场地设施，不仅要满足拘留所本身的工作需要，同时也要为外单位和其他来所人员（被拘留人员的家属来所探视）提供条件，营造良好的外部环境。

体能锻炼场地用于被拘留人员和拘留所民警进行体育锻炼、列队训练等活动；车辆停放场地用于拘留所本身和外单位公务车辆的停放；劳动场地是根据公安部《拘留所管理办法》的规定，组织被拘留人员进行劳动需要而提出的。因此，将场地建设纳入是十分必要的。

## 第三章 选址及规划布局

**第十五条** 本条明确拘留所的选址条件。

拘留所作为行政执法场所，为确保安全管理工作的落实，切实保障被拘留人员的合法权益，特提出了选址的基本条件。

**第十六条** 本条明确拘留所规划布局的基本要求。

这是根据拘留所的性质、任务并总结各地经验的基础上确定的。小型、中型所或建设用地允许的情况下，可将活动区和劳动区（指室外种植、养殖等）单设。

**第十七条** 本条阐明拘留所内外道路交通的要求。

拘留所作为行政执法场所，为确保其道路交通畅通，执行应急方案，必须对内外交通提出要求。

**第十八条** 本条阐明拘留所建筑布局的基本要求。

根据拘留所的工作流程和防范工作需要，其房屋建筑需作相应的布局，并满足其通风、日照的要求。

拘留所设置周界围墙，是因为行政拘留、司法拘留和拘留审查是依法限制人身自由的强制性措施，应具备相应的安全防范设施。

确定房屋建筑与周界围墙间距不小于6m，是按照安全距离并结合消防通道的要求确定的。

**第十九条** 本条阐明拘留所行政办公区规划布局的要求。行政办公区是拘留所对外窗口和有关公务活动的主要场所。在规划时，应将办公用房、道路和停车、绿化、工作人员的体能锻炼等场地有机结合，做出合理的布局。

## 第四章　房屋建筑及用地指标

**第二十条**　本条明确拘留所各类房屋建筑面积的确定方法。

拘留所的建设规模以设定的拘押人数界定，故以人均面积指标乘以设定的拘押人数来计算各类用房的建筑面积，科学合理，便于操作。

**第二十一条**　本条明确拘留所人均综合建筑面积指标。

拘留所人均综合建筑面积指标是根据拘留所各类功能用房的实际所需面积综合测算，并参照目前已建拘留所的水平而确定的。根据拘留所的性质和任务，各类用房的综合建筑面积指标，略高于刑事羁押场所（看守所为20～24$m^2$/人），但低于强制戒毒所的（25～28$m^2$/床）。据统计，近年来已建成的比较规范的拘留所，其房屋建筑面积基本达到或超过本标准。

在拘留所的综合建筑面积指标中，直接用于被拘留人员的用房指标，是在总的建筑面积指标中，除去行政用房（包括办公、备勤、技术用房）、附属用房得出的。这是针对部分拘留所直接用于被拘留人员的用房面积过小而提出的。

经济发达地区（含直辖市、沿海城市），考虑到经济条件与拘押人员增长快的因素，可根据近3～5年拘押人员增长平均值，在已达到本建设标准的参数指标的基础上，经过专门报批，适当增加递增人员的建筑面积。

**第二十二条**　本条具体列出拘留所各类用房建筑面积指标。

其中：

**一、拘室**

拘室的确定依据：

（一）高于刑事羁押场所在押人员的指标；

（二）按照拘室应具备的功能和布局要求（按单层床铺设置）；

（三）参照相关标准规定的指标（《宿舍建筑设计规范》（待批稿）。

普通拘室：每室6～8人，人均使用面积为4.6$m^2$，加上盥洗、卫生设备人均使用面积1$m^2$，即合计人均使用面积5.6$m^2$。

具体设置见图一、图二

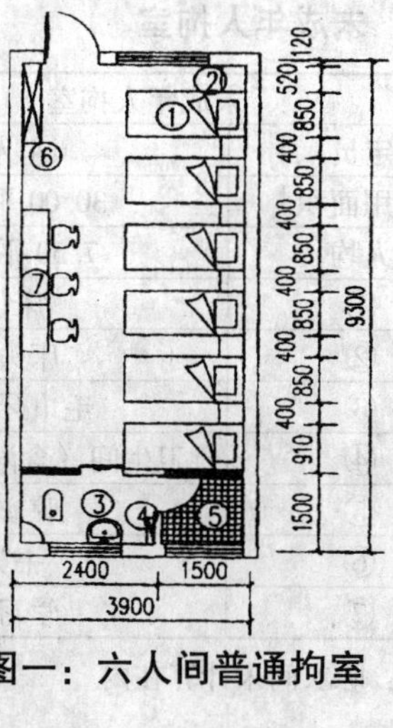


**图一：六人间普通拘室**

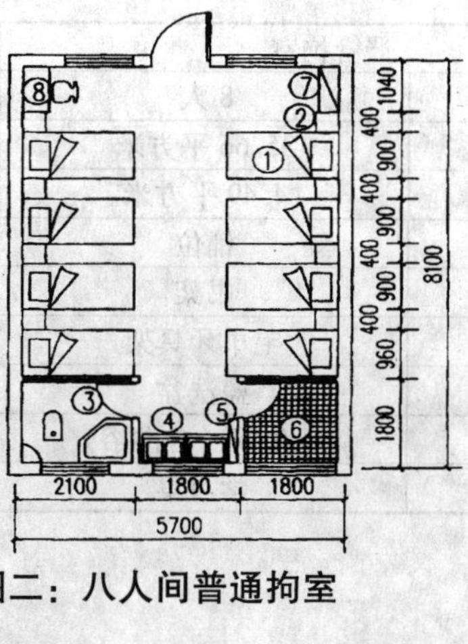


**图二：八人间普通拘室**

| 普通拘室 | |
|---|---|
| 定员 | 6 人 |
| 使用面积 | 33.2 平方米 |
| 人均 | 5.53 平方米 |
| ① | 床位 |
| ② | 衣物柜 |
| ③ | 卫生间（含盥洗、淋浴） |
| ④ | 毛巾牙具架 |
| ⑤ | 晾衣间 |
| ⑥ | 书架 |
| ⑦ | 学习桌 |

| 普通拘室 | |
|---|---|
| 使用面积 | 42.92 平方米 |
| 人均 | 5.36 平方米 |
| ① | 床位 |
| ② | 衣物柜 |
| ③ | 卫生间（含浴室） |
| ④ | 盥洗盆 |
| ⑤ | 毛巾牙具架 |
| ⑥ | 晾衣间 |
| ⑦ | 书架 |
| ⑧ | 学习桌 |

严管拘室：每室 8 人，人均使用面积为 3.5$m^2$，加上盥洗、卫生设备人均使用面积 1$m^2$，即合计人均使用面积 4.5$m^2$。

具体设置见图三

未成年人拘室：每室 4～6 人，人均使用面积为 6.5$m^2$，加上盥洗、卫生设备人均使用面积 1$m^2$，即合计人均使用面积 7.5$m^2$。

具体设置见图四

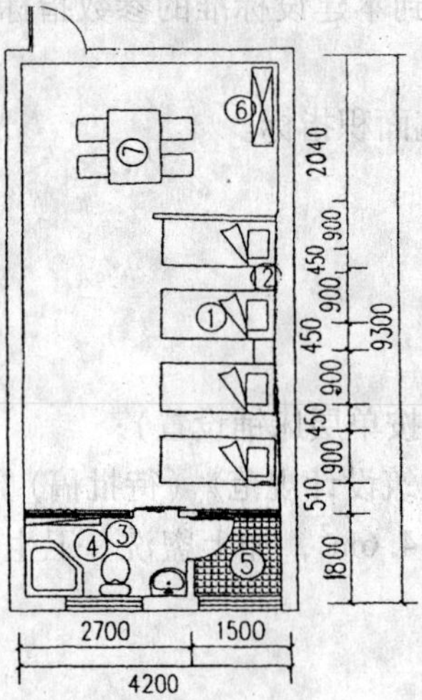


**图三：严管拘室**

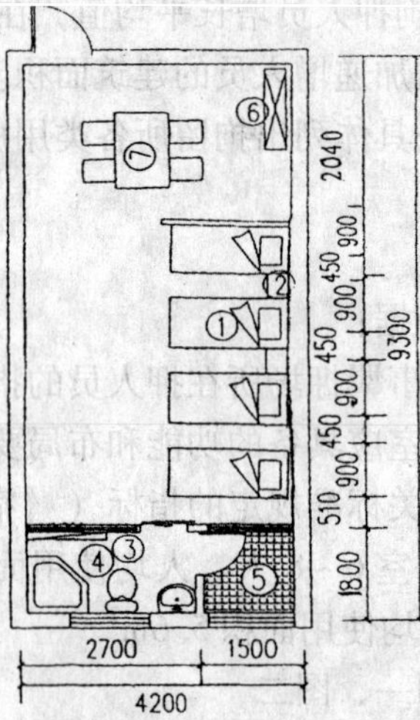


**图四：未成年人拘室**

| 严管拘室 | |
|---|---|
| 定员 | 8 人 |
| 使用面积 | 35.66 平方米 |
| 人均面积 | 4.49 平方米 |
| ① | 铺位 |
| ② | 书架 |
| ③ | 毛巾牙具架 |
| ④ | 盥洗盆 |
| ⑤ | 卫生间（含淋浴） |
| ⑥ | 学习桌 |

| 未成年人拘室 | |
|---|---|
| 定员 | 4 人 |
| 使用面积 | 30.00 平方米 |
| 人均 | 7.50 平方米 |
| ① | 床位 |
| ② | 床头柜 |
| ③ | 毛巾牙具架 |
| ④ | 卫生间（含淋浴、盥洗） |
| ⑤ | 晾衣间 |
| ⑥ | 书架 |
| ⑦ | 学习桌 |

注：晾衣间未计算在内

以上三类拘室中，普通拘室占80%，严管拘室占10%，未成年人拘室占10%，由此计算得出拘室人均使用面积指标为5.68m²（5.68m² ÷ 系数0.65 = 建筑面积8.73m²）。

二、教育用房

教室（兼技能培训室）：按每50人设置一间，参照《中小学学校建筑设计规范》GB J—99所列普通教室人均使用面积1.37m²的指标，考虑到被拘留人员分批学习的特点，按人均使用面积0.5m²计算。

图书阅览室：参照《中小学学校建筑设计规范》（GB J—99），藏书量按每名学生80～100册，每平方米藏400～500册书计算，得出百人使用面积为18m²，即人均0.18m²。根据被拘留人员借阅图书人次相对较少的特点，小型、中型所图书阅览室使用面积为24m²，大型、特大型所使用面积为30m²。四种类型所人均使用面积分别为小型所0.30m²、中型所0.20m²、大型所0.15m²、特大型所0.10m²。

管教（谈话）室：根据《拘留所等级评定办法》关于"每名管教民警对分管的被拘留人员个别谈话教育每人不少于2次"的规定，小型所管教与谈话室合设一间，每间使用面积为10m²，人均0.13m²。其余三类所均按此指标计算。

电化教育室：小型所设置1间，使用面积15m²，即人均0.19m²；每增加50人增加使用面积10m²，中型所使用面积25m²，人均0.21m²；大型所使用面积39m²，人均0.20m²；特大型所59m²，人均0.20m²。

以上教育用房使用面积测算见表（1）

**表（1） 教育用房使用面积测算表：（m²）**

| 项目 | 小型所 | | 中型所 | | 大型所 | | 特大型所 | | 备注 |
|---|---|---|---|---|---|---|---|---|---|
| | 使用面积 | m²/人 | 使用面积 | m²/人 | 使用面积 | m²/人 | 使用面积 | m²/人 | |
| 教室 | 40 | 0.50 | 60 | 0.50 | 100 | 0.50 | 150 | 0.50 | |
| 图书阅览室 | 24 | 0.30 | 24 | 0.20 | 30 | 0.15 | 30 | 0.10 | |
| 管教（谈话）室 | 10 | 0.12 | 16 | 0.13 | 26 | 0.13 | 39 | 0.13 | |
| 电化教育室 | 15 | 0.19 | 25 | 0.21 | 39 | 0.20 | 59 | 0.20 | |
| 合计 | 89 | 1.11 | 125 | 1.04 | 195 | 0.98 | 278 | 0.93 | |

注：系数为0.65。

三、医疗用房

检查治疗室和药房：小型所各设1间，每间使用面积15m²，即人均0.37m²；中型所设检查治疗室2间，药房1间，每间使用面积15m²，即人均0.37m²；大型所合计四间，每间使用面积15m²，即人均0.30m²；特大型所合计五间，每间使用面积15m²，即人均0.25m²。

四、文体用房

健身房：小型所设置一间，使用面积15m²，即人均使用面积0.19m²，其余三类所均按此指标计算。

多功能（活动）室：小型所不少于 $50m^2$，人均使用面积 $0.63m^2$，其余三类所均按此指标计算。

文体用房合计人均使用面积指标四类所均为 $0.82m^2$。（系数为0.7）

五、劳动用房

拘留所室内劳动以手工为主，根据调查，操作间人均面积为 $1.7m^2$，加上库房、盥洗（卫生）间、值班用房人均 $0.3m^2$，即人均使用面积为 $2m^2$。（系数为0.75）

六、行政管理用房

（一）办公室：根据《党政机关办公用房建设标准》，按照四类所不同的职工编制人数确定。其中：

（1）主管局领导、所领导：按3~5人，平均每人使用面积 $12m^2$，合计36（小型、中型所）~$60m^2$（大型、特大型所）。

（2）职能科室：按四种类型所分设2~4个职能部门，使用面积分别为小型所 $24m^2$，中型所为 $24m^2$，大型所为 $30m^2$，特大型所为 $48m^2$。

（3）集体办公室（兼更衣室）：小型所使用面积 $24m^2$，中型所使用面积 $36m^2$，大型所使用面积 $48m^2$，特大型所使用面积 $60m^2$。

办公室合计使用面积分别为：小型所 $84m^2$，中型所 $96m^2$，大型所 $128m^2$，特大型所 $158m^2$。

（二）接待室（兼小会议室及门厅）：四类所型的使用面积分别为小型所 $30m^2$，中型所 $45m^2$，大型所 $60m^2$，特大型所 $72m^2$。

（三）会见室：侯见坐席每席为 $1m^2$，会见坐席（双向）每席 $2.4\times2.5=6m^2$。四类所型分别同时会见按6、12、16、20人计算，即会见室使用面积分别为小型所 $36m^2$，中型所 $72m^2$，大型所 $96m^2$，特大型所 $120m^2$。

（四）询问室：每间 $12m^2$，四类所型的使用面积分别为小型所 $24m^2$，中型所 $36m^2$，大型所 $48m^2$，特大型所 $60m^2$。

（五）值班室（包括大门出入口值班室、拘留区值班室）：每间使用面积 $15m^2$（包括分控台设备用房），小型、中型所为2间，大型、特大型所3间，即使用面积为小型、中型所 $30m^2$，大型、特大型所 $45m^2$。

（六）警械库：每所1间，每间使用面积 $10m^2$。小型、中型所警械库可与其他用房合建。

（七）技术用房（包括监控等技术用房）：四类所型使用面积分别为：小型所 $30m^2$，中型所 $40m^2$，大型、特大型所 $50m^2$。

（八）备勤用房：民警按床位，人均使用面积 $7m^2$（参照《宿舍建筑设计规范》一类、二类居室标准），以民警配备数的50%计算，工勤人员按床位数的50%配备，即计算得出备勤用房使用面积小型所 $50m^2$，中型所 $70m^2$，大型所 $126m^2$，特大型所 $175m^2$。

（九）后勤库房四类所型使用面积分别为：小型所 $24m^2$，中型所 $36m^2$，大型所 $48m^2$，特大型所 $60m^2$。

以上行政管理用房使用面积测算见表（2）

**表（2） 行政管理用房使用面积测算表（$m^2$）**

| 项目 | 小型所 | | 中型所 | | 大型所 | | 特大型所 | | 备注 |
|---|---|---|---|---|---|---|---|---|---|
| | 使用面积 | $m^2$/人 | 使用面积 | $m^2$/人 | 使用面积 | $m^2$/人 | 使用面积 | $m^2$/人 | |
| 办公室 | 84 | 1.05 | 96 | 0.80 | 128 | 0.64 | 158 | 0.52 | |
| 接待室 | 30 | 0.37 | 45 | 0.37 | 60 | 0.30 | 72 | 0.24 | |
| 会见室 | 30 | 0.37 | 72 | 0.60 | 96 | 0.48 | 120 | 0.40 | |
| 询问室 | 24 | 0.30 | 36 | 0.30 | 48 | 0.24 | 60 | 0.20 | |
| 值班室 | 30 | 0.37 | 30 | 0.25 | 45 | 0.22 | 45 | 0.15 | |
| 警械库 | 10 | 0.12 | 15 | 0.12 | 15 | 0.08 | 15 | 0.05 | |
| 技术用房 | 24 | 0.30 | 36 | 0.30 | 48 | 0.24 | 48 | 0.16 | |
| 备勤用房 | 50 | 0.62 | 70 | 0.58 | 126 | 0.63 | 175 | 0.58 | |
| 后勤库房 | 24 | 0.30 | 36 | 0.30 | 48 | 0.24 | 60 | 0.20 | |
| 合计 | 306 | 3.80 | 436 | 3.62 | 614 | 3.07 | 753 | 2.50 | |

注：系数为0.75。

七、生活保障用房

根据有关设计规范的规定指标，并结合实际工作需要测定。

伙房：包括操作间、准备间、主副食品仓库（严寒、寒冷地区储藏菜用房未包括）等，小型所使用面积不小于$40m^2$，每增加50人递增$10m^2$。即人均使用面积按$0.50\sim0.30m^2$。

餐厅：每个被拘留人员使用面积按$0.90m^2$计算。

民警食堂按二级食堂标准，每个座位使用面积$1.02m^2$，食堂餐橱比为1:1，即使用面积为$1.02\times2=2.04m^2$/人，按拘留所的民警配备数不低于被拘押人数的8%～14%，加上工勤和外来人员，应不低于20%，同时就餐人数以75%计算，即得出人均使用面积为$0.30\sim0.33m^2$。

民警、工勤人员理发室和公用浴室：小型、中型、大型、特大型四类所型的使用面积分别为18、24、32、$40m^2$。人均使用面积分别为小型所$0.22m^2$、中型所$0.20m^2$、大型所$0.16m^2$、特大型所$0.13m^2$。

生活用品供应室：四类所型各设置一间。使用面积分别为小型所$15m^2$，中型所$18m^2$，大型所$24m^2$，特大型所$30m^2$。

以上生活保障用房使用面积测算见表（3）

**表（3） 生活保障用房使用面积测算表（$m^2$）**

| 项目 | 小型所 | | 中型所 | | 大型所 | | 特大型所 | | 备注 |
|---|---|---|---|---|---|---|---|---|---|
| | 使用面积 | $m^2$/人 | 使用面积 | $m^2$/人 | 使用面积 | $m^2$/人 | 使用面积 | $m^2$/人 | |
| 伙房 | 40 | 0.50 | 50 | 0.41 | 70 | 0.35 | 90 | 0.30 | |
| 餐厅 | 72 | 0.90 | 108 | 0.90 | 180 | 0.90 | 270 | 0.90 | |
| 民警食堂 | 26 | 0.32 | 40 | 0.33 | 60 | 0.30 | 90 | 0.30 | |

续表（3）

| 项目 | 小型所 | | 中型所 | | 大型所 | | 特大型所 | | 备注 |
|---|---|---|---|---|---|---|---|---|---|
| | 使用面积 | $m^2$/人 | 使用面积 | $m^2$/人 | 使用面积 | $m^2$/人 | 使用面积 | $m^2$/人 | |
| 理发及公用浴室 | 18 | 0.22 | 24 | 0.20 | 32 | 0.16 | 40 | 0.13 | |
| 生活用品供应室 | 15 | 0.19 | 18 | 0.15 | 24 | 0.12 | 30 | 0.10 | |
| 合计 | 171 | 2.13 | 240 | 1.99 | 366 | 1.83 | 520 | 1.73 | |

注：系数为0.75。

八、附属用房

公共卫生间：每间使用面积$9m^2$，小、中、大、特大四类所型分别为2、4、6、8间。即小型所$18m^2$，中型所$36m^2$，大型所$54m^2$，特大型所$72m^2$。

设备用房：每间使用面积$12m^2$，小型所为2间，中型所为3间，大型、特大型所均为4间，即分别为24、36和$48m^2$。

车库：按配备车辆数计算，四类所型使用面积分别为小型所$72m^2$，中型所$96m^2$，大型所$100m^2$，特大型所$144m^2$。

警卫室等其它用房：四类所使用面积分别为小型所$24m^2$，中型所$36m^2$，大型、特大型所$48m^2$。

以上四项附属用房合计：小型所$138m^2$，人均$1.72m^2$；中型所$204m^2$，人均$1.70m^2$；大型所$250m^2$，人均$1.25m^2$；特大型所$312m^2$，人均$1.04m^2$。（系数为0.75）

以上数据为便于测算，四类所分别按照80人（小型）、120人（中型）、200人（大型）、300人（特大型）得出。小型所基数之所以以80人为起点，是因为拘留所拘押50人以下，但与80人相比，必须具备的基本设施不能减少，否则就不能确保拘留所工作的顺利进行。因此，新建小型所房屋建筑面积测算基数以80人为起点。

**第二十三条**　本条明确拘留所建设用地的原则要求。

**第二十四条**　本条明确拘留所建设用地项目及其面积指标。

为确保拘留所建设用地，科学合理，节约土地资源，并适应各地土地资源、建筑风格等方面的差异，故本建设标准在建设用地上采取给定指标的方法。根据建设的规模，按实测算，以便于操作。其中：

建筑基地：采用建筑覆盖率和容积率加以控制，单层覆盖率为33%，容积率为0.30；低层和多层覆盖率为25%～27%，容积率按照2层至4层计算，分别为0.8%～1.2%。

体能训练活动用地：按照篮球场面积大小推算，小型所运动场地的低限指标6～$10m^2$/人，中、大、特大型所同样按此指标计算。

停车场用地面积：考虑到拘留所会见、办案等外来人员来往车辆频繁等因素，以拘留所应配备车辆加外来公务车（按本所车辆指标数的300%～500%）计算车位，每车位按25～$30m^2$计算。其它车辆（包括社会车辆）不作要求。

劳动用地：考虑到各地劳动项目不同，土地资源差异，故对种植业、养殖业等劳动用地，不作硬性规定，由各地因地制宜另行报批。

# 第五章　建筑标准及有关设施

**第二十五条**　本条明确拘留所建筑标准确定的原则和依据。

拘留所对被拘留人员实行拘押和管理教育，随着形势的发展和法律法规的不断完善，在执法的形式和内容上在不断地更新和强化，因此，提出需留有扩建改造的余地。

**第二十六条**　本条明确拘留所围墙设置及其高度。

拘留区、劳动区围墙的高度不低于4.5m，是按照两人搭人梯后，难以攀登的要求确定的。

**第二十七条**　本条明确拘留所拘留区内建筑的模式，提倡采用低层和多层，是出于既方便管理，又有利于节约用地考虑。墙体和拘室底层地坪的要求，是根据安全要求提出的。

**第二十八条**　本条明确拘留所拘室分类及其定员的要求。这是根据拘押对象的不同和有利于安全管理提出的。

**第二十九条**　本条明确拘留所拘室内部的设施要求。

普通拘室和未成年人拘室采用床位制，是鉴于拘押对象为一般违法人员，对其管理较为宽松；严管对象一般为严重违反管理规定或可能负案的人员，实行通铺是为便于相互监督和安全检查。

拘室内设置卫生盥洗设施是安全工作的需要，同时便于同室人员相互监督，防止管理上出现漏洞。普通拘室、未成年人拘室根据管理模式，也可分区合设公共卫生间和盥洗室。

**第三十条**　本条明确拘留所拘室采光的窗地比、层高要求。

**第三十一条**　本条对拘留所内通道宽度根据不同规模分别提出的要求。

拘留区通道宽度要求，是根据两人并行和送饭等车辆通行要求测算的。

**第三十二条**　本条明确拘留所拘室门、窗及防护设施的要求。

通道外侧窗和拘室采光窗设置金属防护栅栏及其间距，是为了确保被拘留人员不发生意外。

**第三十三条**　本条明确拘留所家属会见室和询问室设置要求。

家属会见室，按开放式管理要求设置，是体现人文关怀，为被拘留人员及其家属营造宽松的环境；询问室是办案单位询问被拘留人员的处所，需有一定的隐秘性，因此按单间设置。

**第三十四条**　本条阐明拘留所被拘留人员的餐厅设置要求。

拘留所被拘留人员的餐厅和民警餐厅分别设置，既有利于确保被拘留人员的伙食标准，又是食品安全的需要。

**第三十五条**　本条明确拘留所劳动用房的设置要求。

被拘留人员在拘押期间进行适当劳动，是根据《拘留所管理办法》等规定的。为确保安全卫生，劳动用房需单独设置，并自成一体。

**第三十六条**　本条对拘留所教室的设置提出要求。

**第三十七条**　本条对拘留所建筑的内外装修及其标准作了规定。

拘留所作为行政执法场所，建筑装修上强调满足管理使用要求。

**第三十八条**　本条对拘留所供电提出要求。

拘留所作为行政执法场所，为确保安全，防止因停电而发生事故，故提出不能确保正常供电的应配备发电机组。

**第三十九条**　本条对拘留所的给排水及医疗废弃物的处理提出要求。

**第四十条**　本条对拘留所的技防、通信和信息设备安装所需的线路、管道的敷设或预埋提出要求。

**第四十一条**　本条对拘留所的供暖提出要求（参照《宿舍建筑设计规范》待批稿）。

**第四十二条**　本条对拘留所的通风、空气调节提出了要求。主要参照《宿舍建筑设计规范》（待批稿）的有关规定而提出的。

**第四十三条**　本条对拘留所的建筑防火提出要求。

**第四十四条**　本条对拘留所建筑节能提出要求。

**附　件：**

1. 小型拘留所平面布置示意图。
2. 中型拘留所平面布置示意图。（见书后插页）
3. 大型、特大型拘留所平面布置示意图。（见书后插页）

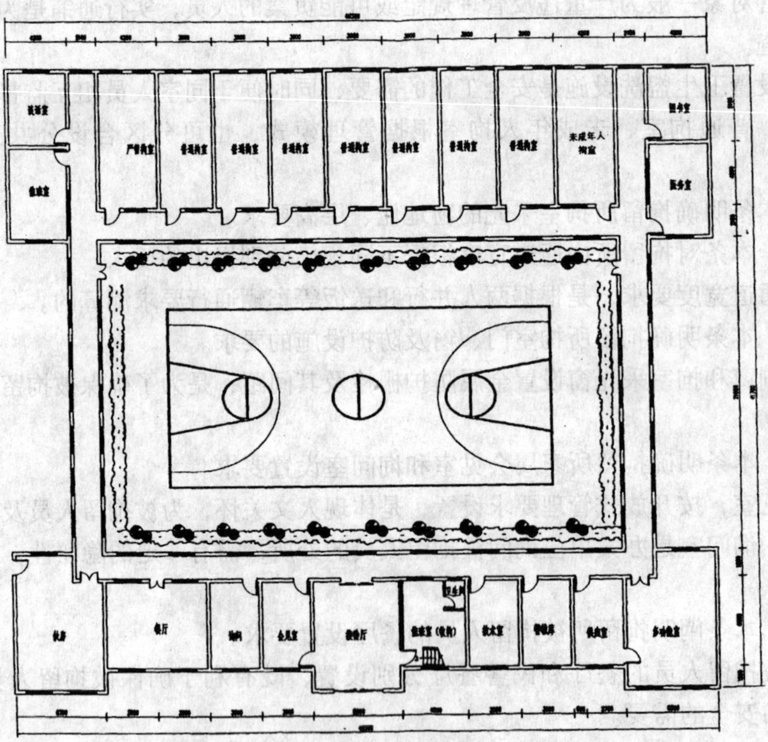


小型拘留所平面布置示意图

注:1. 综合部分二层为办公、备勤等用房
2. 劳动用房未计算在内。

建筑面积:1480平方米
人均建筑面积:28平方米
使用面积:960平方米
使用系数:0.65

# 公安监管场所特殊监区建设标准

## 建标 113—2009

## 关于批准发布《公安监管场所特殊监区建设标准》的通知

建标［2009］9号

国务院有关部门，各省、自治区、直辖市、计划单列市建设厅（委、局）、发展和改革委员会，新疆生产建设兵团建设局、发展和改革委员会：

根据建设部《关于印发〈2006年工程项目建设标准、投资估算指标、建设项目评价方法与参数编制项目计划〉的通知》（建标函［2006］172号）的要求，由公安部负责编制的《公安监管场所特殊监区建设标准》，经有关部门会审，现批准发布，自2009年5月1日起施行。

在公安监管场所特殊监区项目的审批、设计和建设过程中，要严格遵守国家关于严格控制建设标准的有关要求，认真执行本建设标准。

本建设标准的管理由住房和城乡建设部、国家发展和改革委员会负责，具体解释工作由公安部负责。

**中华人民共和国住房和城乡建设部**

**中华人民共和国国家发展改革委员会**

**二〇〇九年一月十四日**

## 前　言

《公安监管场所特殊监区建设标准》是根据原建设部《关于印发〈2006年工程项目建设标准投资估算指标建设项目评价方法与参数编制项目计划〉的通知》（建标函［2006］172号）的要求，由公安部监所管理局负责编制的。

本标准在编制过程中，编制组选择全国东、中、西部7个省、自治区、直辖市有代表性的13个监管场所实地调研，组织所领导和有关人员座谈，征求意见。在此基础上，完成了标准征求意见稿，在广泛征求了有关方面的意见，并反复修改补充形成送审稿后，经有关部门审查定稿。

本建设标准共五章，其主要内容包括：总则，建设规模和项目构成，布局要求，建筑面积及用地指标，建筑标准。

在执行本建设标准过程中，请各单位注意总结经验，积累资料。如发现需要修改和补充之处，请将意见及时反馈给公安部，以便今后修订时参考。

通信地址：北京市东长安街14号公安部监所管理局

邮政编码：100741

**主编单位**：中华人民共和国公安部监所管理局

**编制组成员**：张向宁、徐文海、赵亚许、程元霞、杜山

**主要起草人**：杜山、徐文海、赵亚许、程元霞

**中华人民共和国公安部**

**2009年1月22日**

## 第一章　总　　则

**第一条**　为加强和规范公安监管场所特殊监区建设，提高工程项目投资决策和建设的科学管理水平，充分发挥投资效益，进一步做好公安监管场所的艾滋病防治工作，依据《中华人民共和国传染病防治法》、《艾滋病防治条例》和国务院《关于切实加强艾滋病防治工作的通知》等有关规定，制定本建设标准。

**第二条**　本建设标准是公安监管场所特殊监区建设项目决策和合理确定建设水平的全国统一标准，是编制、评估和审批可行性研究报告的重要依据，也是有关部门审查公安监管场所特殊监区工程项目建设的初步设计和对建设全过程监督检查的尺度。

**第三条**　本建设标准适用于公安监管场所特殊监区新建、改建和扩建工程项目。

**第四条**　公安监管场所特殊监区建设必须遵循国家有关法律、法规，符合有关传染病和艾滋病防治工作的方针政策，从有利于监管场所安全和被监管人员的身心健康出发，满足对艾滋病病毒感染者和艾滋病病人实行单独管理教育和医疗的需要，做到安全、卫生、规范、文明。

**第五条**　公安监管场所特殊监区是监管违法犯罪的艾滋病病毒感染者和艾滋病病人的专门场所。宜在公安监管场所内设置，也可在公安监管医疗机构内设置；需要单独设置专门场所的，应分别设置刑事羁押和行政监管区域，并分别符合相应场所建设标准规定。

**第六条**　公安监管场所特殊监区建设应充分利用公安监管场所现有医疗卫生和监管设施，并以社会公共卫生设施为依托，实现资源共享。

**第七条**　公安监管场所特殊监区建设应纳入政府安排的投资项目，并享受国家对艾滋病防治工作政策、经费、技术和装备的保障。

**第八条**　公安监管场所特殊监区建设除执行本建设标准外，还应符合国家现行有关经济、参数标准和指标及定额的规定。

## 第二章　建设规模和项目构成

**第九条**　公安监管场所特殊监区宜在地市级以上的公安监管场所设置。艾滋病疫情严重的地区，也可在县级公安监管场所设置。

**第十条**　公安监管场所特殊监区建设规模应以20张床位为起点，并根据被监管人员中艾滋病病毒感染者和艾滋病病人的数量适当增加床位数。

**第十一条**　公安监管场所特殊监区的设置及其建设方案，由拟设置特殊监区的公安机关报

请省级公安机关同意后，按照工程建设项目审批程序报批。

**第十二条** 公安监管场所特殊监区建设的工程项目包括房屋建筑及配套设施。

**第十三条** 公安监管场所特殊监区的房屋建筑由病室、医务用房、配套用房、生活保障用房和附属用房等组成。

**病室**包括普通病室、隔离病室。

**医务用房**包括检查室、抢救室、处置室、药品储藏室。

**配套用房**包括医生、护士、管教人员值班室（含监控分控室）和讯问、谈话室。

**生活保障用房**包括备餐室、洗衣房、消毒间等。

**附属用房**包括盥洗间、污物处理间、物品储藏室和污水处理设备间等。

**第十四条** 公安监管场所特殊监区的配套设施包括给排水、供电、供暖、通风、消毒、消防等建筑设施。

## 第三章 布局要求

**第十五条** 公安监管场所特殊监区的设置应满足以下条件：

一、通风采光良好；

二、相对僻静，便于防护隔离；

三、便于卫生疾控部门检测和应急管理；

四、便于固体废弃物和污水的处理。

**第十六条** 公安监管场所特殊监区宜单独建房，也可在管理区的一端封闭设置，但必须具备独立的出入口。

**第十七条** 公安监管场所特殊监区应按功能要求布局，做到流程合理，方便管理，洁污分流，避免交叉感染。

**第十八条** 公安监管场所特殊监区的污水处理设备间应设置在地势较低、便于排放并与主建筑物保持一定距离的区域。

## 第四章 建筑面积及用地指标

**第十九条** 公安监管场所特殊监区房屋建筑面积应根据艾滋病病毒感染者和艾滋病病人的生活卫生以及对其管理教育的需要综合确定。

**第二十条** 公安监管场所特殊监区病室、医务用房、配套用房、生活保障用房和附属用房，每个床位综合建筑面积应为 $25m^2$。

寒冷和严寒地区可在规定指标基础上增加 4% ~6%。

**第二十一条** 公安监管场所特殊监区各类用房使用面积宜符合表 1 的规定。

**表 1 公安监管场所特殊监区各类用房使用面积指标** （$m^2$/床位）

| 序号 | 名 称 | 使用面积（$m^2$） | 备 注 |
|---|---|---|---|
| 1 | 病室 | 6.00 | 包括普通病室和隔离病室（含卫生间），不含室外活动场地 |
| 2 | 医务用房 | 3.00 | 包括检查室、抢救室、处置室和药品储藏室等 |

**续表1**

| 序号 | 名 称 | 使用面积（$m^2$） | 备 注 |
|---|---|---|---|
| 3 | 配套用房 | 3.00 | 包括医生、护士、管教人员值班室和讯问、谈话室 |
| 4 | 生活保障用房 | 1.80 | 包括备餐室、洗衣房、消毒间等 |
| 5 | 附属用房 | 2.40 | 包括盥洗间、污物处理间、物品储藏室和污水处理设备间等 |
| 6 | 合计 | 16.20 | |

注：表列数据按20张床位测算，使用系数平均按0.65计算。

**第二十二条** 公安监管场所特殊监区建设用地必须坚持科学、合理、节约的原则，满足建筑和卫生隔离防护的要求。单独建房设置特殊监区的，建筑密度不宜超过33%，绿地率应符合当地行政规划部门的有关规定。

## 第五章 建筑标准

**第二十三条** 公安监管场所特殊监区的建筑标准，应根据公安监管场所建筑标准的总体要求，结合艾滋病防治工作的特殊需要，合理确定。

**第二十四条** 公安监管场所特殊监区的房屋建筑，刑事羁押场所宜为单层，行政监管场所可建于低层或多层建筑的首层。

**第二十五条** 公安监管场所特殊监区病室净高应不低于3.8m，门净宽应不小于1.1m；管理通道宽度和外侧窗设置等应分别符合刑事羁押和行政监管场所建设标准的相关规定。

**第二十六条** 公安监管场所特殊监区的病室应设置便池、淋浴、洗面盆和衣物柜等；隔离病室的入口处应设置缓冲区，其使用面积为6~8$m^2$。

**第二十七条** 公安监管场所特殊监区应设置适合被监管人员特点的室外活动场地，并与病室毗邻。每床位室外活动场地面积分别参照刑事羁押和行政监管场所相关标准。

**第二十八条** 公安监管场所特殊监区的病室及通道应符合安装全方位监控的要求，管教人员值班室应具有设置安防、洗手盆、消毒设备以及防护器材存放柜的条件。

**第二十九条** 公安监管场所特殊监区的建筑装修和环境设计，应符合安全要求和病员的生理、心理特点，做到简洁明亮，便于清洁和消毒。

**第三十条** 公安监管场所特殊监区应配备消毒和污水加氯装置，污水排放和医疗废弃物的处理应符合国家规定要求。

**第三十一条** 公安监管场所特殊监区的供电应满足对被监管人员管理、医疗和设备运行的需要。

**第三十二条** 公安监管场所特殊监区的建设应符合节能减排的要求，各功能用房的通风、采光、采暖、建筑防火等应按公安监管场所相关标准执行。

附　件

# 《公安监管场所特殊监区建设标准》条文说明

## 第一章　总　　则

**第一条**　本条着重阐明编制本建设标准的目的和依据。

公安监管场所特殊监区（以下简称特殊监区）是根据《中华人民共和国传染病防治法》、《艾滋病防治条例》及国务院《关于切实加强艾滋病防治工作的通知》（国发［2004］7号）要求，为监管违法犯罪的艾滋病病毒感染者和病人设立的专门场所。近年来，公安监管场所监管的艾滋病病毒感染者和艾滋病病人不断增加，监管任务日益繁重。在公安监管场所设立特殊监区，是艾滋病防治工作的一项重要措施。为合理确定特殊监区建设水平，确保工程质量，充分发挥投资效益，避免盲目追求规模和“档次”，贪大求全，造成浪费，特编制本建设标准。

**第二条**　本条阐明编制本建设标准的作用及权威性。

本建设标准依照国家有关规定和建设标准的编制程序，在编制过程中作了大量的调查研究，广泛听取各方面的意见，组织专家论证，反复修改补充；标准内容和定位充分考虑到地域、经济发展水平以及艾滋病疫情等方面的差异，使之尽可能切合实际，便于操作。因此，本建设标准是特殊监区建设工程项目决策、编制、评估和审批可行性研究报告的重要依据，也是有关部门审查初步设计方案和对工程项目建设全过程监督检查的尺度。

**第三条**　本条阐明本建设标准的适用范围。

本建设标准是按照特殊监区的基本需求定位的，因此，新建、改建和扩建工程项目都要按本建设标准执行。

**第四条**　本条阐明特殊监区建设必须遵循的法律、法规和原则以及总体要求。

特殊监区作为执行刑事和行政强制措施的一种设施，在建设中必须遵循国家的经济政策和有关法律、法规。鉴于特殊监区监管的对象在生活上和心理上不同于其他被监管人员，在设施上除符合公安监管场所的共性要求外，还应有其特殊要求。因此，特殊监区建设必须充分体现人文关怀，满足对艾滋病病毒感染者和艾滋病病人实行单独管理教育的需要，并符合“安全、卫生、规范、文明”的总体要求。

**第五条**　本条明确公安监管场所特殊监区是监管违法犯罪的艾滋病病毒感染者和艾滋病病人的专门场所。对特殊监区的设置提出三种模式及相关要求，以便于各地因地制宜进行设置。

**第六条**　本条明确实施本建设标准的基本要求。

特殊监区建设是公安监管场所建设的组成部分，除了充分利用现有的监管设施外，还需利用社会公共卫生医疗设施，避免浪费。

**第七条**　本条明确实施本建设标准的投资渠道和有关政策。

特殊监区是根据《中华人民共和国传染病防治法》、《艾滋病防治条例》和国务院

《关于切实加强艾滋病防治工作的通知》（国发［2004］7号）的要求设置的，其建设资金应纳入政府安排的投资项目。特殊监区的艾滋病防治工作是国家艾滋病防治工作的重要组成部分，同样享受国家对艾滋病防治工作的政策、经费和技术装备方面的保障。

**第八条** 本条阐明本建设标准与其他现行有关标准之间的关系。

在编报工程项目计划及建设全过程中，除执行本建设标准规定之外，还应遵循国家现行有关工程建设的强制性的规定。

## 第二章 建设规模和项目构成

**第九条** 本条明确特殊监区原则上设置在地市级以上的公安监管场所。主要是由于：

一、公安监管场所监管的艾滋病病毒感染者和艾滋病病人同其他被监管人员相比，人数相对较少，在地市级以上公安监管场所集中设置特殊监区，有利于充分利用各种设施和人力、物力资源；

二、地市级以上卫生疾控部门的医疗技术力量较强，医疗设施较完备，交通便捷，便于处置突发事件和急救病人。

同时，为便于管理和办案，本建设标准明确在艾滋病疫情严重、收押艾滋病病毒感染者和艾滋病病人较多的县级公安监管场所，也可设置特殊监区。

**第十条** 本条明确特殊监区建设规模不低于20张床位，主要是考虑充分利用各种设施和人力资源，同时也是监管场所安全需要。考虑到部分公安监管场所监管的艾滋病病毒感染者和艾滋病病人较多的实际情况，故本建设标准明确可适当增加床位数。

**第十一条** 本条明确特殊监区的设置及建设方案由拟设置特殊监区的公安机关报请省级公安机关同意。主要是考虑到省级公安机关对全省（市、区）艾滋病疫情的分布情况、监管场所内监管的艾滋病病毒感染者和艾滋病病人数量及各监所的监管条件等都比较了解，以便在全省（市、区）范围内科学合理地设置特殊监区，避免盲目建设而造成浪费。

**第十二条** 本条阐明特殊监区建设的工程项目及内容。

由于特殊监区定位于公安监管场所内建设，故本条未列入一些公共设施和相关项目。

**第十三条** 本条阐明特殊监区的房屋建筑用房项目组成。其中：

病室（包括普通病室和隔离病室）：是监管艾滋病病毒感染者和艾滋病病人的用房。其中隔离病室用于肺结核、肝炎、肠道等派生传染病病人的用房。

医务用房：对艾滋病病毒感染者和艾滋病病人一般的检查治疗和临时处置的用房。

配套用房：医生、护士和管教人员值班等工作用房。其中讯问室和谈话室可合用。

生活保障用房：备餐、洗衣、消毒等用房。考虑到艾滋病病毒感染者和艾滋病病人的特殊需要，必须单独备餐和清洗、消毒衣物等。

**第十四条** 本条阐明特殊监区的配套设施。

特殊监区的配套设施主要包括建筑设备。这是保障被监管的艾滋病病毒感染者和艾滋病病人生活卫生以及监管工作所必须的。

# 第三章　布局要求

**第十五条**　本条阐明特殊监区的设置布局的基本要求。

由于特殊监区的监管对象是艾滋病病毒感染者和艾滋病病人，因此，本条参照传染病医院建筑设计规范的有关规定，提出相关要求。

**第十六条**　本条明确特殊监区设置可采取两种形式。

**第十七条**　本条对特殊监区内部布局提出要求。

**第十八条**　本条明确特殊监区污水处理设备用房的设置要求。

# 第四章　建筑面积及用地指标

**第十九条**　本条阐明特殊监区房屋建筑面积指标的确定依据。

**第二十条**　本条对特殊监区的各类用房综合面积指标作出规定。

按照传染病医院用房的有关标准和设计规范，其床位指标不低于60～64$m^2$。考虑到公安监管场所的特点，有些公用设施和医技用房可以实现资源共享，故本建设标准所确定的指标是直接用于监管艾滋病病毒感染者和艾滋病病人所必需的房屋建筑面积。

**第二十一条**　本条明确特殊监区各类用房使用面积及测算方法。特殊监区的各类用房面积按20张床位测算，即：

病室：普通病室4间（每间4张床位），隔离病室2间（每间2张床位），每间使用面积为20$m^2$，合计使用面积120$m^2$，即为6.00$m^2$/床。测算见图1、图2：

图一

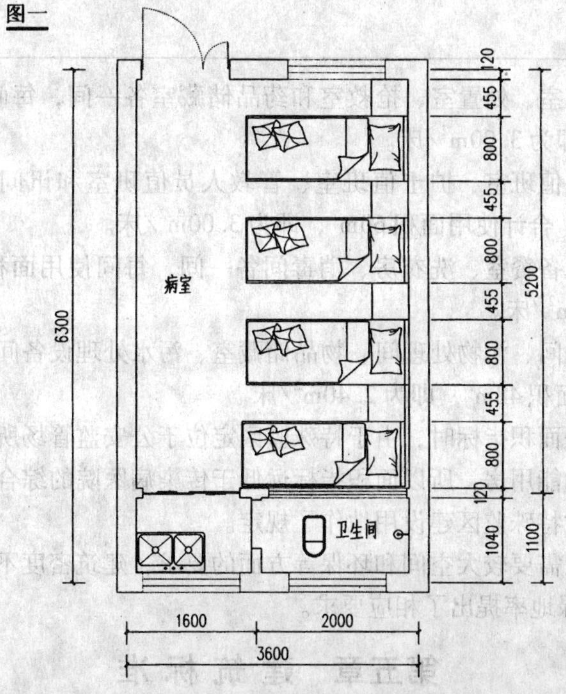


普通病室面积测算图

图二

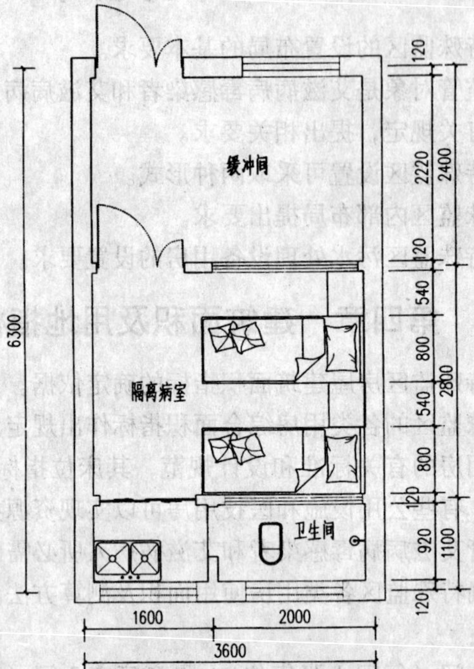


隔离病室面积测算图

医务用房：检查室、处置室、抢救室和药品储藏室各一间，每间使用面积 15m²，合计使用面积 60m²，即为 3.00m²/床。

配套用房：医生值班室、护士值班室、管教人员值班室和讯问（谈话）室各一间，每间使用面积 15m²，合计使用面积 60m²，即为 3.00m²/床。

生活保障用房：备餐室、洗衣房、消毒间各一间，每间使用面积 12m²，合计使用面积 36m²，即为 1.80m²/床。

附属用房：盥洗间、污物处理间、物品储藏室、污水处理设备间各一间，每间使用面积 12m²，合计使用面积 48m²，即为 2.40m²/床。

在测算各类用房面积指标时，由于特殊监区定位于公安监管场所内设置，考虑到资源共享而未列入相关功能用房，所以面积指标远低于传染病医院的综合面积指标。

**第二十二条**　本条对特殊监区建设用地作了规定。

考虑到特殊监区需要较大空间和环保等方面的要求，建筑密度不宜过高，故规定不宜超出 33%；同时对绿地率提出了相应要求。

## 第五章　建 筑 标 准

**第二十三条**　本条阐明特殊监区建筑标准确定的依据。

**第二十四条**　本条阐明特殊监区房屋建筑层数设置要求。

这是根据特殊监区的布局需要，便于隔离和洁污分流提出的。

**第二十五条**　本条明确特殊监区病室净高、门窗设置、管理通道宽度等的要求。

**第二十六条**　本条明确特殊监区病室内部的设置要求。这是根据艾滋病病毒感染者和艾滋病病人生理、心理特点提出的。

**第二十七条**　本条明确特殊监区室外活动场地的设置要求。

**第二十八条**　本条明确特殊监区配套设施及其用房的要求。

针对被监管艾滋病病毒感染者和艾滋病病人的特点，需采取全方位监控等措施，因此，特殊监区应满足安防设备的安装以及便于管教人员工作的要求。

**第二十九条**　本条明确特殊监区建筑装修的要求。

**第三十条**　本条明确特殊监区的污水排放和医疗废弃物处理的要求。

**第三十一条**　本条明确特殊监区供电的要求。

**第三十二条**　本条对特殊监区节能减排及通风、采光、采暖、建筑防水等有关设施提出要求。

# 看守所建设标准

## 关于批准发布《看守所建设标准》的通知

建标［2002］245号

国务院各有关部门，各省、自治区、直辖市建设厅（建委）、计委：

根据建设部《关于印发〈二〇〇一年工程项目建设标准编制项目计划〉的通知》（建标〔2001〕203号）的要求，由公安部编制的《看守所建设标准》，经有关部门会审，现批准发布，自2003年1月1日起施行。

本建设标准的管理由建设部和国家计委负责，具体解释工作由公安部负责。

**中华人民共和国建设部**

**中华人民共和国国家发展计划委员会**

**2002年10月24日**

## 编 制 说 明

《看守所建设标准》是根据建设部《关于印发〈二〇〇一年工程项目建设标准编制项目计划〉的通知》（建标［2001］203号）的要求，由公安部负责主编，具体由公安部监所管理局组织有关专家编制的。

编制过程中，编制组选择全国300多个有代表性的看守所，进行实地考察，总结了新中国成立以来我国看守所建设的经验教训，在此基础上，完成了标准征求意见稿，在广泛征求了有关方面的意见，并反复修改形成送审稿后，经有关部门审查定稿。

本建设标准共分五章，其主要内容包括：总则，建设规模与项目组成，建筑面积及有关指标，规划布局及用地指标，建筑标准及有关设施。

在执行本建设标准过程中，请各单位注意总结经验，积累资料，如发现需要修改和补充之处，请将意见及时反馈给公安部，以便今后修订时参考。

通信地址：北京市东长安街14号公安部监所管理局

邮政编码：100741

**中华人民共和国公安部**

**2002年8月2日**

## 第一章　总　　则

**第一条**　为加强和规范看守所建设，提高看守所工程项目决策和建设的科学管理水平，保障刑事诉讼活动的顺利进行，依据《中华人民共和国刑事诉讼法》、《中华人民共和国看守所条例》及其他法规的有关规定，制定本建设标准。

**第二条** 本建设标准是为看守所项目决策和合理确定建设水平服务的全国统一标准，是编制、评估和审批看守所建设项目可行性研究报告的重要依据，也是有关部门审查项目设计和对工程项目建设全过程监督检查的重要尺度。

**第三条** 本建设标准适用于公安机关管辖的看守所新建（迁建）、改建、扩建项目建设。

**第四条** 看守所建设必须遵守国家经济建设和政法工作的有关法律、法规和方针、政策，并适应当地社会、经济发展状况，坚持因地制宜、经济适用的原则，做到坚固安全，管理方便，功能齐全，美观庄严。

**第五条** 看守所建设应纳入当地城市建设总体规划，充分考虑建筑的性质和对周边环境的特殊要求，统一规划，合理布局。

**第六条** 看守所建设，应做到各部分之间有机结合，统筹兼顾，互相协调。改建、扩建项目应充分利用原有设施，厉行节约，避免浪费。新建项目资金投入有困难的，可在保证工程质量和现实需要的前提下，按总体规划要求，分期建设。

**第七条** 看守所建设，除遵守本建设标准外，尚应符合国家现行的有关工程建设强制性标准的规定。

## 第二章 建设规模与项目组成

**第八条** 看守所建设规模应按刑事犯罪嫌疑人、被告人以及留所服刑罪犯的羁押人数进行测定。

**第九条** 看守所建设规模的确定，应按立足现实、适度超前的原则，根据刑事案件管辖区人口数，政治、地理条件，刑事发案率以及发展规划等因素论证确定，并由主管公安机关申报当地政府同意后报请省级公安机关核准。

**第十条** 看守所建设规模，按设计关押容量分为特大型看守所、大型看守所、中型看守所和小型看守所四类。

（一）特大型看守所设计容量1000人以上（含1000人）；

（二）大型看守所设计容量500人至999人；

（三）中型看守所设计容量100人至499人；

（四）小型看守所设计容量不足100人。

**第十一条** 看守所建设的工程项目由房屋建筑、场地和警戒设施及装备构成。

**第十二条** 看守所房屋建筑包括在押人员用房、民警用房、武警用房以及附属用房四类。

**第十三条** 在押人员用房包括监室、禁闭室、卫生间、物品储藏室、图书阅览室、医务室、浴室、伙房等生活用房，留所服刑罪犯劳动用房、活动室、餐厅、教室以及在押人员家属会见室。

**第十四条** 民警用房包括狱政管理用房、特殊业务用房、行政办公用房、民警生活用房等。狱政管理用房包括监区内看守值班室、提讯接待室、管教办公室、谈话室、收押检查室、在押人员财物保管室；特殊业务用房含讯问室、律师会见室、通讯室、电教室、警械武器库、专业技术用房；行政办公用房含所领导办公室、文印室、档案室、职能部门办公室、驻所检察室、接待室、会议室等；民警生活用房含备勤宿舍、食堂、民警文娱图书室等。

**第十五条** 武警用房包括营房、值勤工作用房。营房包括办公室、会议室（含荣誉室）、学习室、文娱生活室、集体宿舍、军械库、探亲招待室、仓库、食堂、浴室、医务室等；值勤工作用房包括哨兵室、勤务值班室等。

**第十六条** 附属用房包括变配电室、传达室、车库、仓库、公用卫生间、综合修理间、民警及职工浴室、生活用品供应室、锅炉房及其他设备用房等。

**第十七条** 看守所场地建设包括停车场、武警训练场地、民警文体活动场地、集中绿化场地等。

**第十八条** 看守所警戒设施包括围墙、岗楼、电网、大门；装备包括交通、通讯、信息技防、电教、警械、武器、防暴、防护、应急照明、医疗、厨房设备以及相应的综合布线；水、电、汽、暖、消防设施等。

## 第三章 建筑面积及有关指标

**第十九条** 看守所各类用房建筑面积应以设计的关押容量乘以指标数加以确定。表1、表2、表3、表4所列指标为低限；直辖市、沿海城市及其他经济发达地区可根据需要增加面积指标，但不应超出35%；有特殊需要的，需另行报批。

**第二十条** 在押人员用房、民警用房、武警用房和附属用房的建筑面积应符合表1的规定。

**看守所房屋总建筑面积表** 表1

单位：$m^2$/每在押人员

| 名称＼项目 | 200人 | 300人 | 400人 | 500人 | 600人 | 700人 | 800人 | 900人 | 1000人 |
|---|---|---|---|---|---|---|---|---|---|
| 在押人员用房 | 10.00 | 9.94 | 9.88 | 9.96 | 9.90 | 9.85 | 9.79 | 9.74 | 9.69 |
| 民警用房 | 8.34 | 8.13 | 8.07 | 8.02 | 7.97 | 7.93 | 7.89 | 7.85 | 7.81 |
| 武警用房 | 4.00 | 2.75 | 2.13 | 1.75 | 1.50 | 1.32 | 1.19 | 1.08 | 1.00 |
| 附属用房 | 2.00 | 1.83 | 1.55 | 1.52 | 1.30 | 1.28 | 1.28 | 1.08 | 1.07 |
| 合　计 | 24.34 | 22.65 | 21.63 | 21.25 | 20.67 | 20.38 | 20.15 | 19.75 | 19.57 |

注：①位于采暖地区的看守所各项建筑面积可在本表的基础上增加4%～6%。

②除监室外其余用房面积指标设计容量200人以下的按200人计；1000人以上的按1000人计。

**第二十一条** 在押人员用房建筑面积应符合表2的规定。

**在押人员用房建筑面积表** 表2

单位：$m^2$/每在押人员

| 名称＼项目 | 200人 | 300人 | 400人 | 500人 | 600人 | 700人 | 800人 | 900人 | 1000人 |
|---|---|---|---|---|---|---|---|---|---|
| 监　室 | 7.30 | 7.30 | 7.30 | 7.30 | 7.30 | 7.30 | 7.30 | 7.30 | 7.30 |
| 禁闭室 | 0.06 | 0.06 | 0.06 | 0.06 | 0.06 | 0.06 | 0.06 | 0.06 | 0.06 |
| 物品储藏室 | 0.15 | 0.15 | 0.15 | 0.15 | 0.15 | 0.15 | 0.15 | 0.15 | 0.15 |
| 医务室 | 0.30 | 0.30 | 0.30 | 0.30 | 0.30 | 0.30 | 0.30 | 0.30 | 0.30 |
| 伙　房 | 0.69 | 0.57 | 0.51 | 0.47 | 0.44 | 0.43 | 0.42 | 0.41 | 0.40 |

续表 2

| 名称 \ 项目 | 200 人 | 300 人 | 400 人 | 500 人 | 600 人 | 700 人 | 800 人 | 900 人 | 1000 人 |
|---|---|---|---|---|---|---|---|---|---|
| 罪犯劳动用房 | 0.69 | 0.76 | 0.77 | 0.76 | 0.74 | 0.70 | 0.66 | 0.62 | 0.58 |
| 其他用房 | 0.81 | 0.80 | 0.79 | 0.92 | 0.91 | 0.91 | 0.90 | 0.90 | 0.90 |
| 合　计 | 10.0 | 9.94 | 9.88 | 9.96 | 9.90 | 9.85 | 9.79 | 9.74 | 9.69 |

注：①监室建筑面积含卫生间（人均 $0.4m^2$），不含室外活动场（人均 $2.5 \sim 3m^2$）。

②医务室建筑面积指标，关押容量 400 人以上的看守所按卫生所设定。

③其它用房包括：图书阅览室、家属会见室、浴室、留所服刑罪犯活动室、教室、餐厅等。

④需单独关押或关押少数民族、外籍人员的特殊监室，经主管部门批准，标准可适当提高。

⑤监室使用面积系数按 0.55 计算，其他用房按 0.60 ~ 0.70 计算。

**第二十二条**　民警用房建筑面积应符合表 3 的规定。

民警用房建筑面积表　　表 3

单位：$m^2$/每在押人员

| 名称 \ 项目 | 200 人 | 300 人 | 400 人 | 500 人 | 600 人 | 700 人 | 800 人 | 900 人 | 1000 人 |
|---|---|---|---|---|---|---|---|---|---|
| 管理用房 | 1.12 | 1.12 | 1.12 | 1.12 | 1.12 | 1.12 | 1.12 | 1.12 | 1.12 |
| 特殊业务用房 | 2.84 | 2.65 | 2.61 | 2.58 | 2.55 | 2.53 | 2.51 | 2.49 | 2.47 |
| 行政办公用房 | 2.16 | 2.16 | 2.16 | 2.16 | 2.16 | 2.16 | 2.16 | 2.16 | 2.16 |
| 民警生活用房 | 2.22 | 2.20 | 2.18 | 2.16 | 2.14 | 2.12 | 2.10 | 2.08 | 2.06 |
| 合　计 | 8.34 | 8.13 | 8.07 | 8.02 | 7.97 | 7.93 | 7.89 | 7.85 | 7.81 |

**第二十三条**　武警用房建筑面积应符合表 4 的规定。

武警用房建筑面积表　　表 4

单位：$m^2$/每在押人员

| 名称 \ 项目 | 200 人 | 300 人 | 400 人 | 500 人 | 600 人 | 700 人 | 800 人 | 900 人 | 1000 人 |
|---|---|---|---|---|---|---|---|---|---|
| 营　房 | 3.5 | 2.42 | 1.88 | 1.55 | 1.33 | 1.18 | 1.06 | 0.97 | 0.90 |
| 执勤工作用房 | 0.50 | 0.33 | 0.25 | 0.20 | 0.17 | 0.14 | 0.13 | 0.11 | 0.10 |
| 合　计 | 4.00 | 2.75 | 2.13 | 1.75 | 1.50 | 1.32 | 1.19 | 1.08 | 1.00 |

注：营房建筑面积指标按 30 名兵员计算，核定时应以 30 人为基数，每增一个兵员，建筑面积增 $10m^2$。

**第二十四条**　看守所停车场面积，按小型所不少于五辆车位，中型所不少于十辆车位，大型所和特大型所不少于二十辆车位确定，并可建于地下室和半地下室。

**第二十五条**　看守所民警文体活动场地应按看守所规模确定，大型以上的看守所，应设置健身房或室内活动室；武警训练场地应按武警总部现行标准执行。

# 第四章　规划布局及用地指标

**第二十六条**　新建、迁建看守所选址应符合下列要求：

一、水电、交通、通讯便利、地势较高和水文地质条件满足要害部位要求；

二、与各种污染、易燃易爆危险品、高噪声、高压电线和无线电干扰的距离符合国家有关防护距离的规定；

三、避开高层建筑、繁华商业区、居民稠密区及外事活动场所。

**第二十七条**　看守所外围隔离带应按国家现行有关规定设置。

**第二十八条**　看守所布局按其功能分为监区、行政办公区、留所服刑罪犯劳动生产区和武警营房区。监区应设置于看守所中央部位或较隐蔽、便于警戒的位置；其他功能区应相互毗邻；行政办公区应置于看守所出入口处，并设置集中绿地和停车场，有机动车通道与城市道路连接。

**第二十九条**　看守所监区内用房应与管理模式有机结合，综合考虑；大型和特大型看守所宜按分区管理模式加以设置。监区内其房屋建筑与监区围墙的间距不应小于6m，房屋建筑之间的间距应符合当地住宅建筑日照的规定，且不少于10m。

**第三十条**　武警营房区布局和勤务设施应按武警总部现行有关规定执行。

**第三十一条**　看守所用地包括建筑用地、训练活动用地（含民警体能训练用地）、停车场用地和绿化用地。在满足看守所安全和管理等各项功能的前提下，坚持科学、节约的原则，统一规划，合理使用。

**第三十二条**　看守所用地应符合表5规定。

**看守所用地面积表**　　**表5**

单位：$m^2$/每在押人员

| 项目<br>名称 | 200人 | 300人 | 400人 | 500人 | 600人 | 700人 | 800人 | 900人 | 1000人 |
|---|---|---|---|---|---|---|---|---|---|
| 建筑用地 | 48.27 | 44.21 | 42.48 | 41.41 | 40.40 | 39.57 | 38.98 | 38.41 | 37.96 |
| 训练用地 | 7.08 | 6.00 | 5.00 | 5.00 | 4.17 | 3.51 | 3.13 | 2.78 | 2.50 |
| 停车场用地 | 1.70 | 1.50 | 1.40 | 1.30 | 1.30 | 1.30 | 1.30 | 1.30 | 1.30 |
| 合　计 | 57.05 | 51.71 | 48.88 | 47.71 | 45.87 | 44.44 | 43.41 | 42.49 | 41.76 |

注：①建筑用地中在押人员用房、民警管理用房和附属用房以单层计算，建筑覆盖率为33%。
②其余用房以2.5层计算，建筑覆盖率为27%。
③看守所围墙外的安全隔离带、外通路、劳动改造用地未计算在内，另行报批。
④绿化用地未计算在内，按当地城市绿化规定执行。

# 第五章　建筑标准及有关设施

**第三十三条**　看守所建筑标准应符合《看守所建筑设计规范》（JGJ 127—2000 J37—2000）的规定。

**第三十四条**　看守所房屋建筑单层监房宜采用砖混结构，多层监房宜采用混凝土框架结构；其余用房按同类民用建筑要求确定。

**第三十五条**　看守所监室建筑层高应根据气候条件确定。严寒和寒冷地区净高不宜低于4m；夏热冬冷地区净高不宜低于5m；夏热冬暖地区净高应控制在5.5m～6m。其余用房不应低于

3m，其中专业技术用房和会议室等公共用房应分别按照有关设计规范的要求设置。

**第三十六条** 看守所监区管理通道和主通道净宽：小型看守所分别不小于1.8m和2.4m，中型看守所分别不小于2.1m和3.5m；大型、特大型看守所分别不小于2.4m和4m。

**第三十七条** 留所服刑和判处有期徒刑待送执行的罪犯监室，应按《监狱建设标准》有关要求设置，并与犯罪嫌疑人、被告人监室隔离，防止交叉通行。

**第三十八条** 看守所应设置围墙，外围墙高度为2.5m～3m，监区围墙高度为5.0m～5.5m，单面围墙长度大于100m时，应在围墙顶部设置巡逻道；监区围墙应设置电网和报警装置，其高度、电压等应按有关标准执行。

**第三十九条** 监区应设置不少于两个警戒岗楼，岗楼为圆形封闭式建筑物，高出监墙1.5m以上。岗楼的四周挑1.2m的平台并设置护栏。

**第四十条** 看守所外观装修应体现严肃、庄重、美观大方，符合城市规划的要求；监房和特殊业务用房的内装修应满足安全和吸音要求；其他用房的内装修，按办公用房建筑装修标准三级办公用房执行。

**第四十一条** 看守所电力应采取双路三相供电，并安装配电设备。只能一路供电时，应自备发电机组。电力负荷应满足看守所照明和设备用电需要。

**第四十二条** 看守所给排水系统应列入城市总体规划，生活用水和消防用水可采用自来水，远离市区的可采取打井等办法自备水源，但饮用水必须符合现行国家标准。

**附加说明**

**本建设标准主编单位及主要起草人名单**

**主　　编：**杜　山　徐文海　程元霞

**主编单位：**中华人民共和国公安部监管局

**主要起草人：**杜　山　徐文海　程元霞　王耀群

# 附　件

# 《看守所建设标准》条文说明

## 前　言

为方便使用《看守所建设标准》的机关以及有关单位和工程技术人员正确理解和执行条文的规定，现印发《看守所建设标准条文说明》，供参考。

**2002年8月**

## 第一章　总　则

**第一条** 本条着重阐明本建设标准编制的目的和依据。

看守所是依法羁押被逮捕、刑事拘留的犯罪嫌疑人、被告人和一审判处死刑的罪犯以及判处一年以下或余刑一年以下的留所服刑罪犯（以下统称在押人员）的机关；是国家政权建设的重要组成部分，是树立党和国家形象的重要窗口；看守所依据国家法律，对在押人员实行武装警戒看守，保障安全，同时，担负着对在押人员进行管理、教育改造，管理在押人员的生活卫生，保障刑事诉讼活动顺利进行的任务。因此，看守所建设作为政府行为历来得到各级政府的重视，特别是改革开放以来，随着法制建设逐步完善，为了适应社会治安和对刑事犯罪斗争的需要，看守所的建设不断得到重视和加强。1990 年 3 月《中华人民共和国看守所条例》颁布实施，对看守所的管理和建设提出了新的要求。为此，1991 年公安部组织编制了《看守所建筑标准》（GA9—91），作为公安部行业标准下发各地试行，这对加强看守所建设，加大投入力度，保证工程质量发挥了积极作用。但是，随着形势的发展和变化，原标准中不足之处日趋显现，已不能适应现实需要，再加上标准实施不力，导致在看守所建设方面存在着规范化程度不高，随意性较大，资金使用不当等现象。不少新建（包括迁建）的看守所设计不合理，安全系数低，造成管理难度大；有的则盲目追求规模和所谓高标准，建设中造成很大浪费。这就要求重新制定更具有权威性的建设标准。2000 年由公安部监所管理局主编的《看守所建筑设计规范》经建设部、公安部审查批准，于 2000 年 7 月 26 日以建标［2000］165 号文发布，同年 8 月 1 日实施。《看守所建筑设计规范》着重解决了看守所建筑设计中的技术问题，但对看守所建设规模的确定，建设内容及项目构成，建筑面积和用地指标的测定以及其他建设要求缺乏规定。目前全国尚有三分之一的看守所需要新建、迁建，有半数以上的看守所需要扩建、改建，在看守所建设方面还需要大量的资金投入。因此，编制《看守所建设标准》是十分必要的。

**第二条** 本条阐明本建设标准的作用及其权威性。

本建设标准在编制过程中，作了大量的调查研究工作，广泛听取了各方面的意见，组织了专家论证，兼顾了地域、经济发展水平、社会治安形势等方面的差异，尽可能做到切合实际，便于操作。因此，它可以作为全国公安机关管辖的看守所建设的统一标准，是编制、评估、审批的依据，也是设计、施工、监督检查、验收的尺度。

**第三条** 本条阐明本建设标准的适用范围。

**第四条** 本条明确看守所建设必须遵循的法律、法规和方针、政策、原则以及总体要求。

看守所的性质和任务决定了在看守所羁押的人员虽然羁押时间不长，但历经侦查、起诉、审判等阶段，必须坚持“严格依法办事”；看守所对在押人员实行直接管理，防止通风报信，防止相互串供，防止逃跑等特殊要求，决定了看守所房屋建筑及相关建设，既不同于一般办公用房，也不同于监狱设施。同时，由于地域的差异和经济发展水平不同，不可能要求所有看守所的设施整齐划一，所以必须坚持因地制宜、经济实用的原则。

**第五条** 本条阐明看守所建设基本做法和与城市总体规划的关系。

在以往的看守所建设中，由于缺乏统一规划、合理布局，加之未能与城市总体规划紧密衔接，特别是对周围环境和看守所建设的特殊性考虑不够，以致建成后，隐患甚多，有的甚至不得已迁址重建，造成很大浪费。本条是接受以往教训提出的，也是《中华人民共和国看守所条例》所明确规定的。

**第六条** 本条阐明看守所建设时应着重注意的问题。

看守所建设是个系统工程，它涉及到多个方面，但在以往建设中，由于缺乏统筹兼顾，往往造成二次施工。在改建、扩建工程方面不能充分利用原有设施，不仅加大了资金投入，而且影响工程质量，因此本条专门明确了这个问题。同时，鉴于一些地方建设资金一时难以到位，无法一次性建成投入使用，防止出现“胡子”工程，故允许分期建设，但必须以保证工程质量、满足现实需要为前提。

**第七条** 本条阐明本建设标准与其他现行有关标准之间的关系。在编报工程项目、计划及建设全过程中，除本标准明确规定之外，还应遵循国家现行的有关规定。

## 第二章 建设规模与项目组成

**第八条** 本条明确看守所规模测定的标准是羁押量的大小。即以羁押人数为基准，确定民警配备数量，并由此确定用房面积，场地和相应的装备。

**第九条** 本条明确看守所建设规模的确定和方案的审批问题。看守所规模的大小测定依据取决于以下几个方面的因素：一是刑事案件管辖区人口数，如××县即为该县行政区常住人口和流动人口；二是政治、地理条件，这是指本地域的人口复杂程度，治安状况、刑事案件的发案率以及政治上的不安定因素；三是本区域经济发展水平和长远发展规划，既根据当前实际情况，又要预计今后若干年可能发生的变化。

实践证明，根据以上几个方面的因素来测定看守所的建设规模是比较适当的，也符合“立足现实，适度超前”的原则。建设规模的确定和方案的审批问题，是按照《中华人民共和国看守所条例》和《中华人民共和国看守所条例实施办法》的有关规定而制定的，目的是保证工程项目的决策科学，控制建设规模和投资，避免浪费。

**第十条** 本条将看守所规模大小，分成特大型、大型、中型、小型看守所四类，是按照公安部关于《看守所等级评定办法》的规定划分的。划分四类看守所，便于在确定房屋建筑、场地建设和装备建设时，分别确定其指标。

**第十一条** 本条阐明看守所建设工程的主要组成部分。

看守所是公、检、法共用的刑事羁押机关，为了保障羁押任务的完成，除了房屋建筑外，还需有警戒设施、装备、场地等配套，相辅相成，缺一不可。

**第十二条** 本条阐明看守所房屋建筑由四个部分组成。

在押人员用房是指在押人员直接使用的起居用房、活动用房、劳动用房、家属会见用房以及其他生活用房；民警用房是看守所民警用于值班、看守、管教、技术以及后勤保障生活设施用房；武警用房是担负看守所武装警戒任务的武警部队营房、执勤用房；附属用房是公共设施所需的房屋。

**第十三条** 本条列出了在押人员用房及其辅助建筑组成。

监室：在押人员起居用房，分为普通监室、特殊监室、留所服刑的罪犯监室以及禁闭监室四种。其中禁闭监室是在押人员违反监规依法给予处罚的处所。

卫生间：在每间监室内供在押人员使用的具有卫生洁具（有条件的配淋浴）的隔离间。

室外活动场：监区内用于在押人员室外活动的有防护设施的固定场所。

物品储藏室：监区内在押人员非常用物品的临时储藏用房。

图书阅览室：在押人员借阅图书的处所。

医务室：在押人员疾病防治及监所医务人员工作用房。

浴室：在押人员沐浴间。

伙房：在押人员主副食品加工处理储存等场所。

劳动用房：留所服刑罪犯劳动改造所需的房屋建筑以及配套的原料及成品库房、盥洗室、值班管教室等。

教室、餐厅：为适应大型、特大型看守所留所服刑罪犯集中进行文化和科技教育以及就餐需要而设置的场所。

活动室：留所服刑罪犯室内文体活动场所。

家属会见室：被告人、犯罪嫌疑人经案件主管机关批准与近亲属会见和留所服刑罪犯按《监狱法》规定与亲属会见的处所（包括大型和特大型看守所设置餐厅和留宿用房）。

**第十四条** 本条列出了看守所民警（包括职工）的管理教育用房、特殊业务用房、行政办公用房、生活用房以及外来办案人员、驻所检察人员使用的工作用房。其中管理教育用房包括：

监区内看守值班室：监区内值班看守人员的工作用房（包括技术设备分控室）。

管教办公室：管教人员管理、搜集、积累材料、信息处理和其他管理工作的用房。

谈话室：管教民警与在押人员谈话教育的工作用房。

收押检查室：收押犯罪嫌疑人、被告人入所，进行健康检查、安全检查、收押登记和情报资料收集等工作的用房。

在押人员财物保管室：存放保管犯罪嫌疑人、被告人在入所检查中被查出的危险品和违禁品的用房。

特殊业务用房：包括讯问室、律师会见室、通讯室、电教室、警械武器库、专业技术用房等。其中：

讯问室：公安、检察、法院和其他办案单位讯问犯罪嫌疑人、被告人的工作用房。分为普通讯问室和特殊讯问室两种。

律师会见室：律师会见犯罪嫌疑人、被告人的用房。

通讯室：按照《看守所装备配备标准》，看守所配备有线通讯设备（包括公网电话、专网电话、电话交换机、传真机）和无线通讯设备（包括寻呼机、移动电话、基地台、车台）等所需设备的存放和维护管理用房。

电教室：用于制作播放和储存对在押人员进行电化教育及其资料的用房。

警械武器库：用于储存看守所按规定使用的警棍、手铐、脚镣、强光手电以及按《公务用枪配备办法》配备的武器用房。

专业技术用房：是指有关信息、技防等技术装备用房。包括主控室、指挥观察室、维修管理室等。

行政办公用房：包括看守所民警和职工、驻所检察人员、主管业务领导行政办公需要的用房。

民警生活用房：是根据看守所的工作特点为民警工作和学习创造条件提出的，看守所一般地处市郊，看守所工作人员又不能正常作息，为确保看守所绝对安全，平时需保证一定数量的警力备勤，而警力不足的问题一时难以解决，故在以往的文件和标准中，都将看守所民警住宅列入其中，并单独划区，但考虑到房改等原因，本标准未将看守所民警住宅问题列入工程项目，因此需设置备勤宿舍及相关生活设施用房。

**第十五条** 本条列出了武警营房和值勤工作用房。

武警用房是参照解放军营房营级标准和武警总部值勤设施标准，结合看守所武装警戒的实际需要，在征得武警总部同意后规定的。

**第十六条** 本条阐明附属用房的工程项目。其中，生活用品供应室是专门用于在押人员家属会见送物时的代购和在押人员平时个人需购生活用品的提供点，以解决在押人员生活用品由其家属送交而造成的安全方面的问题。

**第十七条** 本条是具体阐述看守所场地建设的内容。

看守所场地建设是看守所建设的重要组成部分。作为刑事羁押机关，不仅要保证监管活动的本身需要，还要满足公、检、法各个单位在整个刑事诉讼活动中来看守所执行公务的需要。同时，看守所作为执法部门的一个窗口单位，还需要有一个美观大方的外部环境，在社会公众中树立良好的形象。另外，也需要为看守所武装警察、看守所民警提供进行军事训练和体能锻炼的场地。

**第十八条** 本条阐明看守所警戒设施和装备建设的内容。

看守所警戒设施和装备建设是确保看守所监管活动完成的重要物质条件。为了对在押人员实行武装警戒，确保看守所安全和刑事诉讼活动的顺利进行，必须具备相应的警戒设施和装备。随着科学技术的发展和经济水平的提高，越来越多的科技手段和先进装备应用于看守所工作，公安部于2001年商财政部同意，制定下发了《看守所装备配备标准》，本条装备项目按此标准所列。

## 第三章 建筑面积及有关指标

**第十九条** 本条阐明看守所各类用房建筑面积的确定方法。

由于本标准在确定各类用房建筑面积时，是按现行法规所规定的最低要求确定的，故所列指标为低限；对于经济发展水平较高的一些地方，作了允许超过本标准所列指标35%以内的规定，是根据对近两年新建看守所的调查数据，即已有40%的看守所超过本建设标准，其中最高的超标达50%（见附表）而做出的，以适应不同地区的社会、经济的发展状况。条文中的“特殊需要”主要是指中央、省级看守所关押重要案犯和其他业务需要，不能完全按照羁押量来确定房屋及用地面积而提出的。

**部分看守所现有建筑面积与本标准指标比较表**

| 单位 | 所　名 | 建筑年份 | 设计容量 | 总建筑面积（$m^2$） | | 超出（$m^2$） |
|---|---|---|---|---|---|---|
| | | | | 实有 | 标准 | |
| 北京 | 东城区看守所 | 1999 | 1400 | 30000 | 27398 | 2602 |
| 天津 | 第二看守所 | 2001 | 600 | 12856 | 12402 | 454 |
| 湖南 | 长沙市看守所 | 2001 | 1500 | 30000 | 29355 | 645 |
| 新疆 | 沙雅县看守所 | 2000 | 200 | 5100 | 4834 | 266 |
| | 托克逊县看守所 | 2001 | 200 | 7360 | 4834 | 2526 |
| 安徽 | 肥东县看守所 | 1999 | 300 | 8900 | 6750 | 2150 |
| | 临泉县看守所 | 2000 | 600 | 13000 | 12402 | 598 |
| 甘肃 | 兰州市第二看守所 | 2001 | 800 | 17965 | 16120 | 1845 |
| 青海 | 西宁市看守所 | 2001 | 800 | 18780 | 16120 | 2660 |
| 江苏 | 溧水县看守所 | 2001 | 200 | 7000 | 4834 | 2166 |
| | 宿迁市看守所 | 2000 | 200 | 11000 | 4834 | 6166 |

**续表**

| 单位 | 所 名 | 建筑年份 | 设计容量 | 总建筑面积（$m^2$） | | 超出（$m^2$） |
|---|---|---|---|---|---|---|
| | | | | 实有 | 标准 | |
| | 江都市看守所 | 2002 | 1050 | 28000 | 20548 | 7452 |
| 山东 | 东营市看守所 | 2002 | 500 | 13000 | 10692 | 2371 |
| 浙江 | 绍兴县看守所 | 2001 | 800 | 26238 | 16120 | 10118 |
| | 富阳市看守所 | 2001 | 550 | 12776 | 11688 | 1088 |
| | 诸暨市看守所 | 2000 | 550 | 18746 | 11688 | 7058 |

监室面积指标增加10% ~15%是按照看守所实行分押分管和维修周转需要，经过调查测算而确定的。

**第二十条** 本条在表中阐明在押人员、民警、武警和附属用房综合建筑标准。在测定建筑面积和占地面积时，之所以以200人为起点，是因为看守所关押量虽在100人以下，但与200人相比，必须具备的基本设施不能减少，否则就不能确保监管活动的顺利进行。每100人增减一个档次是由于特大型、大型、中型看守所间隔数目较大，按四类所计算，势必造成数据差距过大，不能准确反映实际需要。关押容量1000人以上的看守所按1000人指标计算，主要是考虑这类所担负的监管任务繁重，人均建筑面积和用地指标不宜递减。

**第二十一条** 本条在表中所列为在押人员用房的建筑面积详表。按照国际人权公约，刑事犯罪嫌疑人、被告人的居住标准应高于服刑罪犯，但考虑到社会经济发展的实际水平，在测算时除特殊监室、禁闭室外，普通的监室仍以现行规定的人均铺位面积不少于1.5平方米和人均使用面积不少于3平方米的最低标准制定。由于监室需设专用管理通道、巡视通道的特殊要求，故平面使用系数（K值）按0.55计算。

**普通监室**：1. 人均铺位面积不低于1.5$m^2$；2. 人均使用面积不低于3$m^2$；3. 卫生间面积人均0.4$m^2$。

以十人的监室为例：铺位面积 1.5$m^2$ × 10 = 15$m^2$；室内通道 1.66$m^2$ × 9.23 = 15.32$m^2$，以上两项计30.32$m^2$。加上卫生间面积4$m^2$，巡视道衣物柜2$m^2$，合计36.32$m^2$。人均使用面积3.63$m^2$。使用系数0.55，合计建筑面积6.63$m^2$，加周转用房的10%计算即人均建筑面积7.3$m^2$。

见图（1）

**特殊监室**：

监护室11.88$m^2$（共用，按1/2计）

室内活动室16.2$m^2$（共用，按1/2计）

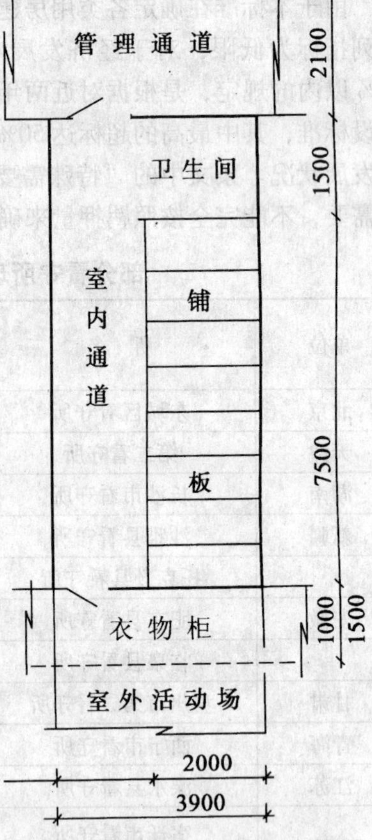


**图（1）普通监室面积测算图**

合计使用面积31.58m²，使用系数0.55，建筑面积57.41m²。人均使用面积10.52m²，建筑面积19.13m²。

见图（2）

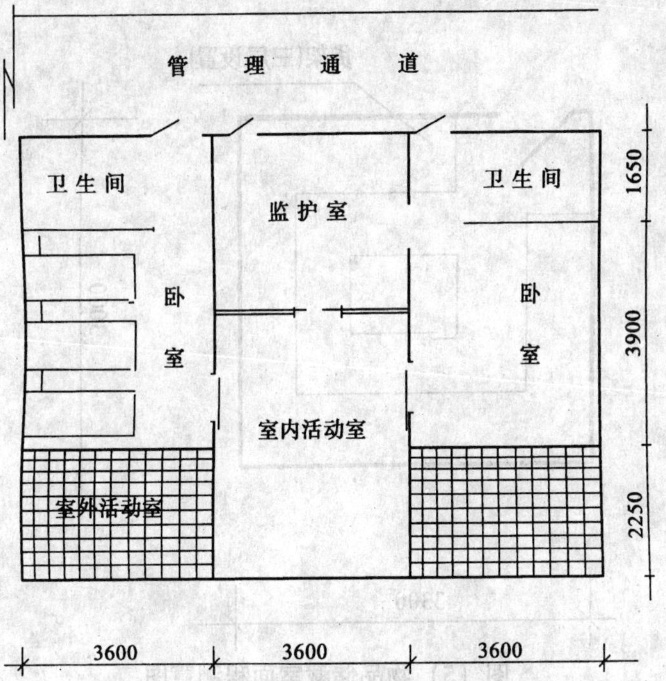


图（2）特殊监室面积测算图

**罪犯监室**：使用面积22.11m²，人均使用面积2.76m²。K＝0.7，人均建筑面积3.95m²/人。见图（3）

**禁闭监室**：每百名在押人员设置一间，每间使用面积4m²，K＝0.67，建筑面积5.97m²，即m²/每名在押人员＝0.06。见图（4）

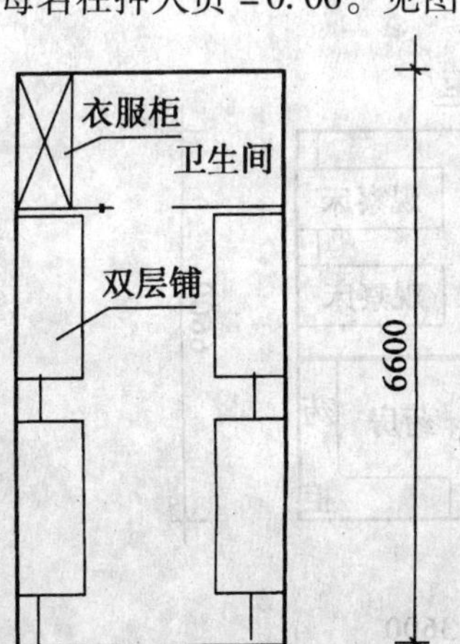


图（3）罪犯监室测算图

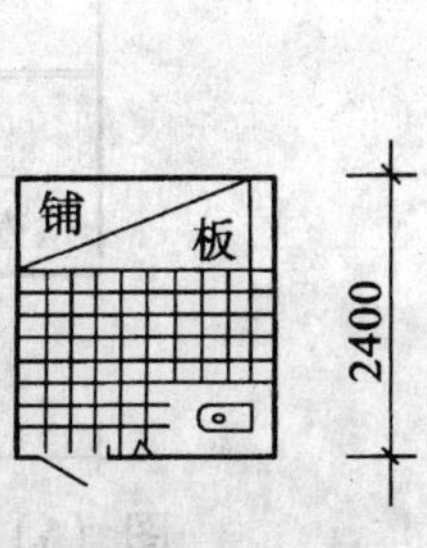


图（4）禁闭监室测算图

**室外活动场**：按人均使用面积2.5～3m²计算，即在押人员在场地内做操活动时，应有2.5×1m～2.5×1.2m的空间，不计建筑面积。

**物品储藏室：**按每百人一间设置，人均占用空间50×50×60cm计算，使用面积应不少于9m²，K=0.60，建筑面积为15m²。

见图（5）

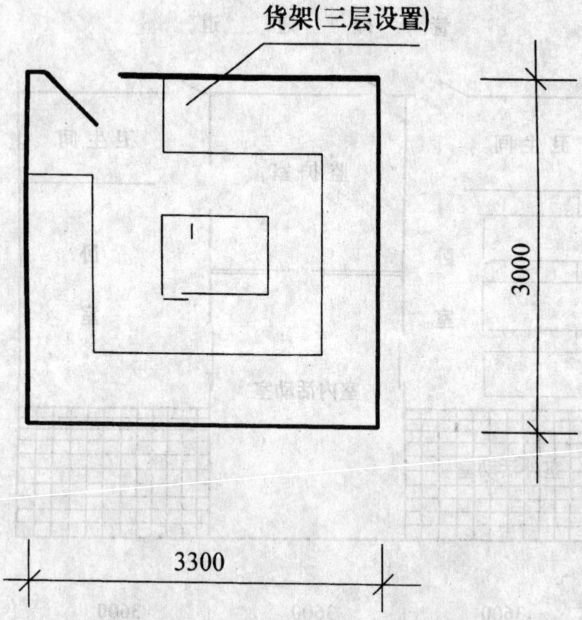


**图（5）物品储藏室面积测算图**

**医务用房：**在押人员疾病防治及专业医务人员工作用房。

根据看守所规模、押量大小配置，400人以下为医务室，400人（含）以上为卫生所。医务用房面积主要是依据专职医务人员人数及业务量的大小确定，疾病诊治数以押量的10%～15%计算。医务室为2～3间（押量200人以上至400人以下），每间使用面积为15～18m²。见图（6）（200人以下）

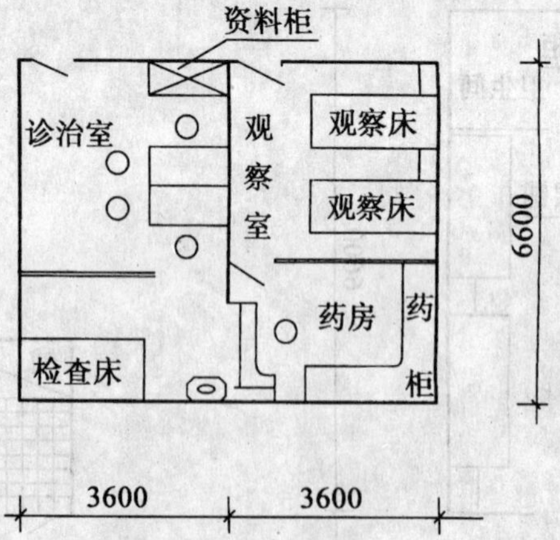


**图（6）医务室面积测算图（200人以下）**

容量400人以上看守所的卫生所包括诊治室、药房、观察室、化验室、X光机检查、小型手术室等。按乡卫生院标准执行。

**伙房：**按操作间、主副食品储存等功能要求和关押容量测定，人均使用面积0.32～

0.55m²。

**罪犯劳动用房**：包括操作间、原料及成品库房、盥洗间、管教室等，按照一般手工加工，人均（指劳动人员）使用面积按2～3m²指标测定（不包括养殖业等副业生产搭建的简易工棚、畜舍）。

**图书阅览室**：按照公安部《看守所等级评定办法》规定，在监区内应设置图书室供在押人员借阅图书。500人（以上含）的看守所设两间，以下的设一间，每间使用面积15～20m²。

活动室、教室：按留所服刑的罪犯人数和《中小学校建筑设计规范》普通教室标准测算。

**家属会见室**：家属会见室测算的依据，一是满足处于侦查、起诉、审判阶段单独会见的需要（单间）；二是按照服刑罪犯每半月一次，每次30～60分钟的要求测算；三是考虑到相应的候见场所。大型和特大型看守所按《监狱法》有关规定设置留宿用房未计算在内。见图（7）

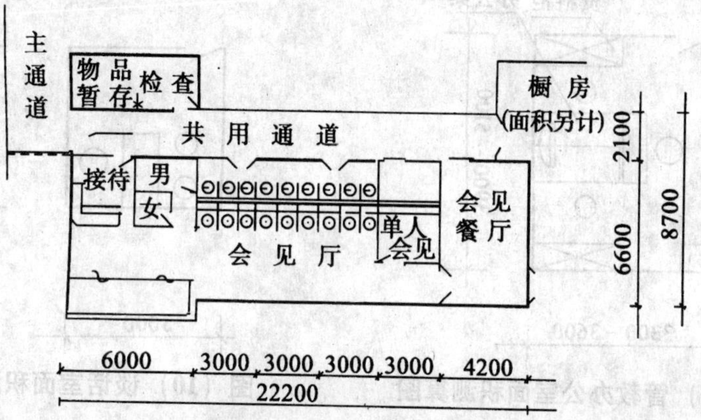


**图（7）家属会见室面积测标图**

**浴室**：按每百人设置一间，每间使用面积按普通监室36.32m²测定。

**在押人员用房中其他用房建筑面积详表　　单位：m²/每在押人员**

| 项目＼规模 | 200人 | 300人 | 400人 | 500人 | 600人 | 700人 | 800人 | 900人 | 1000人 |
|---|---|---|---|---|---|---|---|---|---|
| 图书室 | 0.1 | 0.09 | 0.08 | 0.08 | 0.07 | 0.07 | 0.06 | 0.06 | 0.06 |
| 活动室 | 0.11 | 0.11 | 0.11 | 0.11 | 0.11 | 0.11 | 0.11 | 0.11 | 0.11 |
| 家属会见室 | 0.12 | 0.12 | 0.12 | 0.12 | 0.12 | 0.12 | 0.12 | 0.12 | 0.12 |
| 浴室 | 0.30 | 0.30 | 0.30 | 0.30 | 0.30 | 0.30 | 0.30 | 0.30 | 0.30 |
| 罪犯教室 | | | | 0.13 | 0.13 | 0.13 | 0.13 | 0.13 | 0.13 |
| 罪犯餐厅 | 0.18 | 0.18 | 0.18 | 0.18 | 0.18 | 0.18 | 0.18 | 0.18 | 0.18 |
| 合计 | 0.81 | 0.80 | 0.79 | 0.92 | 0.91 | 0.91 | 0.90 | 0.90 | 0.90 |

注：①留所服刑罪犯按羁押总数15%～20%算，本表按15%计算。

②留所服刑罪犯使用的活动室、家属会见室、教室、餐厅等按监狱标准执行。

**第二十二条** 本条为民警用房建筑面积的详表。

管理用房中的监区内看守值班室，以看守人员在监区内双人24小时值班并符合《看守所建筑设计规范》服务半径不大于60米的要求设置，每百人二间，每间使用面积为10～12m²。见图（8）

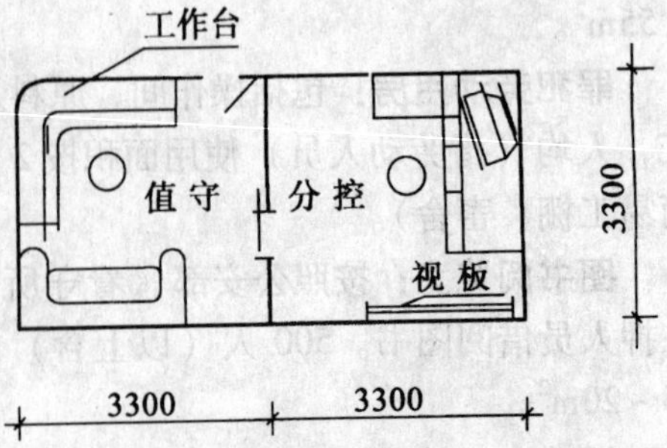


图（8）内看守值班室面积测算图

**管教办公室**：按每百名在押人员配备管教员2～3名、每名管理教员使用面积不少于6～8m²的要求设置，即每间使用面积12～18m²。见图（9）

**谈话室**：谈话室的设置依据是：（1）谈话时一至两名管教员，一名在押人员，人均使用面积2.5m²，即每间7.5m²；（2）按照《看守所等级评定管理办法》关于看守所管教员与在押人员谈话教育规定要求，每50名在押人员不少于一间谈话室。见图（10）

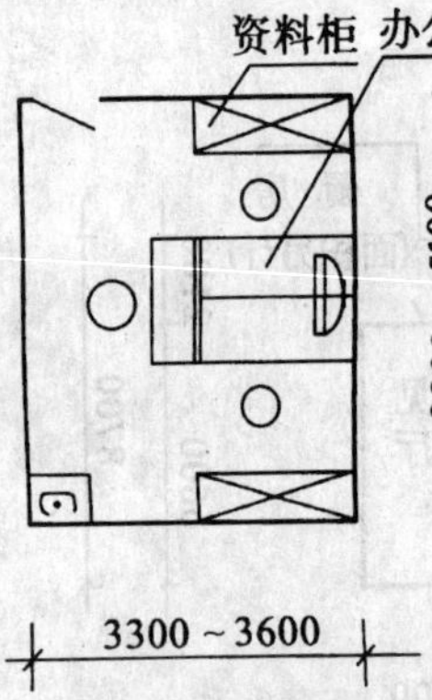


图（9）管教办公室面积测算图

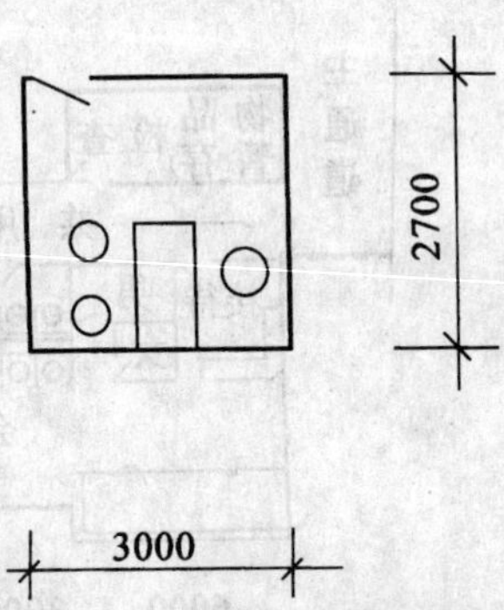


图（10）谈话室面积测算图

**收押检查室**：按照《看守所条例》规定，看守所收押犯罪嫌疑人、被告人，应进行健康检查、安全检查、收押登记和情报资料收集等工作。容量400人以下（含400人）分两室进行，容量500人以上的大型、特大型所分四室进行，每室使用面积为16m²。

**管理用房面积指标测算表：（按200人计算）**

| 规模<br>项目 | 间数 | 使用m²/间 | 使用面积m² | K系数 | 建筑面积m² | m²/人 |
|---|---|---|---|---|---|---|
| 看守值班室 | 4 | 10 | 40 | 0.65 | 61.52 | 0.306 |
| 提讯接待室 | 1 | 10 | 10 | 0.65 | 15.38 | 0.077 |
| 管教办公室 | 2 | 12 | 24 | 0.65 | 36.92 | 0.185 |
| 谈话室 | 4 | 7.5 | 30 | 0.65 | 46.15 | 0.231 |
| 收押检查室 | 2 | 16 | 32 | 0.65 | 49.23 | 0.246 |
| 财物保管室 | 1 | 10 | 10 | 0.65 | 15.38 | 0.077 |
| 合　计 | 14 | 65.5 | 146 | 0.65 | 224.58 | 1.12 |

**特殊业务用房中：**

**讯问室**：讯问室数量，按刑事诉讼时限和公、检、法三家平均提讯次数和每天利用4

小时测算，得出每 22.2 名在押人员一间，本标准采用平均 25 ~ 30 人一间（扣除留所服刑罪犯所占比例）。

**面积测算**：分普通讯问室和特殊讯问室两种。

**普通讯问室**：使用面积 $13m^2$，即人均 $0.52m^2$，见图（11）。

**特殊讯问室**：按不同看守所规模分别配置 1 ~4 间，每间使用面积不低于 $26m^2$。

**律师会见室**：根据律师在刑事诉讼不同阶段会见的次数和时间测算得出每 50 人一间，每间面积与审讯室相同。

**专业技术用房**：专业技术用房是按照功能和设备量测算，以押量 200 人为起点，使用面积不低于 $100m^2$。

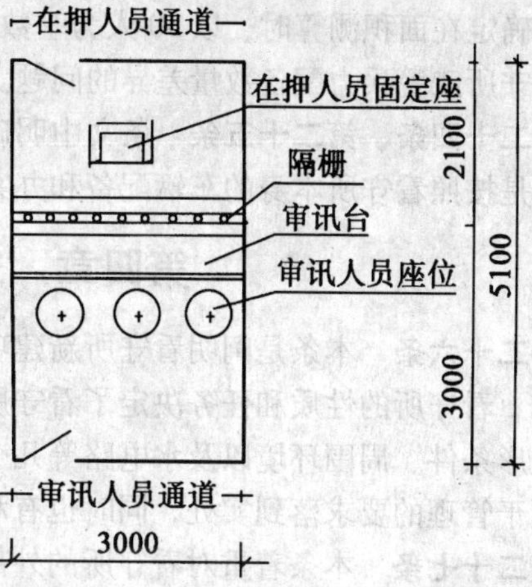


图（11）讯问室（律师会见室）面积测算图

**特殊业务用房面积指标测算表（按 200 人计算）**

| 规模<br>项目 | 间数 | 使用 $m^2$/间 | 使用面积 $m^2$ | K 系数 | 建筑面积 $m^2$ | $m^2$/人 |
|---|---|---|---|---|---|---|
| 讯问室 | 7 | 13/26 | 104 | 0.55 | 189.00 | 0.95 |
| 律师会见室 | 4 | 13 | 52 | 0.55 | 95 | 0.473 |
| 通讯室 | 1 | 25 | 25 | 0.65 | 38.5 | 0.192 |
| 电教室 | 1 | 25 | 25 | 0.65 | 38.5 | 0.192 |
| 警戒武器库 | 2 | 12 | 24 | 0.60 | 40 | 0.200 |
| 专用技术用房 | 4 | 25 | 100 | 0.60 | 167 | 0.84 |
| 合　计 | 19 | | 330 | 0.65 | 568 | 2.84 |

注：普通讯问室每间为 $13m^2$，特殊讯问室为 $26m^2$。

**行政办公用房**：民警用房中的行政办公用房按照《党政机关办公用房建设标准》规定的三级指标（编制定员人均使用面积 10 ~ $12m^2$）和不同规模看守所应配备的民警数综合测算确定。

**民警生活用房**：参照《办公建筑设计规范》和《宿舍建筑设计规范》有关生活用房指标测定。

**民警生活用房面积指标测算表（按 200 人计算）**

| 规模<br>项目 | 间数 | $m^2$/间 | 使用面积 $m^2$ | K 系数 | 建筑面积 $m^2$ | $m^2$/人 | 备注 |
|---|---|---|---|---|---|---|---|
| 备勤宿舍 | 6 | 18 | 108 | 0.65 | 166.15 | 0.831 | 按编制数 50% 计算 |
| 食堂 | 6 | 15 | 90 | 0.65 | 138.46 | 0.693 | |
| 文娱室 | 4 | 15 | 60 | 0.65 | 92.31 | 0.642 | |
| 图书室 | 2 | 15 | 30 | 0.65 | 46.15 | 0.231 | |
| 合计 | 16 | | 288 | | 443.07 | 2.22 | |

**第二十三条** 本条为武警用房建筑面积详表。在看守所值勤的武警中队一般配备为30人。故确定在面积测算时，以30人为基数，每增加一个兵员，建筑面积增10m²，以解决不同看守所武警兵力配备数量差异的问题。

**第二十四条、第二十五条** 条文中明确规定了停车场、武警军事训练场地要求。其中停车场是按照看守所本身的车辆配备和办案单位公务车停车需要设定。

## 第四章 规划布局及用地指标

**第二十六条** 本条是阐明看守所新建项目选址的条件。

看守所的性质和任务决定了看守所的选址有其特殊的要求。因此，必须从地理位置、地形条件、周围环境以及水电路等几个方面综合定位，选好所址，确保看守所安全保密，便于管理的要求落到实处，同时也有利于节省投资、发挥经济效益。

**第二十七条** 本条着重对看守所的外部环境提出要求，以便于城市建设总体规划给予充分考虑。

**第二十八条** 本条阐明看守所各个功能分区及其具体要求。

**第二十九条** 本条阐明看守所监区内建筑的布局要求。

**第三十条** 本条阐明武警营房区布局要求。

**第三十一条** 本条阐明看守所用地分类及用地原则。

**第三十二条** 本条阐明看守所用地分类指标及其测算方法。

由于看守所的特殊要求，在规划、征用土地时应注意的是：①为方便管理和武装警戒，监区及附属用房一般以单层设置，其余用房的层次也不宜过高，因此，建筑容积率较低；②劳动改造用地、安全隔离带、外通路以及绿化用地所需要的非建筑用地量比较大，在测算时，需统筹兼顾，满足要求；③集中绿化用地未列入，是因为各地绿化标准不统一，故按当地城市建设规定执行；④劳动改造用地，应结合留所服刑罪犯劳动项目的需要确定（有条件的地区还包括武警中队的菜地）；安全隔离带、外通路等用地按照总体规划平面布局的要求计算。

## 第五章 建筑标准及有关设施

**第三十三条** 本条明确看守所应执行的建筑标准。鉴于《看守所建筑设计规范》是2000年由建设部和公安部共同批准施行的国家行业标准，对总平面布局、建筑设计、监室环境和建筑设备作了全面、详尽的规定，因此本建设标准应与《看守所建筑设计规范》相衔接。

**第三十四条** 本条明确看守所房屋建筑的结构要求。

**第三十五条** 本条明确看守所用房建筑层高的要求。

**第三十六条** 本条对看守所监区内建筑通道宽度按照不同规模的看守所加以规定。

**第三十七条** 本条明确看守所服刑罪犯和待送执行罪犯应单独关押是从看守所的安全保密需要出发规定的，主要是防止这些人同犯罪嫌疑人、被告人接触，伺机与外界联系通风报信，防碍刑事诉讼活动。

**第三十八条、第三十九条** 对看守所警戒设施作出明确规定。

**第四十条** 本条对看守所房屋建筑的内外装修标准作了规定。

**第四十一条** 本条对看守所电力供应作了规定。

**第四十二条** 本条对看守所给排水提出了要求。

# 强制戒毒所建设标准

## 关于批准发布《强制戒毒所建设标准》的通知

建标［2005］188号

国务院各有关部门，各省、自治区、直辖市建设厅（建委）、发展改革委：

根据建设部《关于印发〈二〇〇二年工程项目建设标准编制项目计划〉的通知》（建标［2002］345号）的要求，由公安部编制的《强制戒毒所建设标准》，经有关部门会审，现批准发布，自2006年3月1日起施行。

本建设标准的管理由建设部和国家发展改革委负责，具体解释工作由公安部负责。

中华人民共和国建设部

中华人民共和国国家发展和改革委员会

二〇〇五年十月十七日

## 编制说明

《强制戒毒所建设标准》是根据建设部《关于印发“二〇〇二年工程项目建设标准编制项目计划”的通知》（建标［2002］345号）的要求，由公安部监所管理局负责编制的。

本标准在编制过程中，编制组选择全国东、中、西部10个省、市、自治区有代表性的32个强制戒毒所实地考察，组织所领导和有关人员座谈，总结近年来强制戒毒所建设的经验教训，在此基础上，完成了标准征求意见稿，在广泛征求了有关方面的意见，并反复修改补充形成送审稿后，经有关部门审查定稿。

本建设标准共五章，主要内容包括：总则，建设规模、内容及项目组成，选址及规划布局，房屋建筑及用地指标，建筑标准及有关设施。

在执行本建设标准过程中，请各单位注意总结经验，积累资料，如发现需要修改和补充之处，请将意见及时反馈给公安部（地址：北京市东长安街14号公安部监所管理局，邮政编码：100741），以便今后修订时参考。

中华人民共和国公安部

2005年8月

## 第一章　总　　则

**第一条**　为加强和规范强制戒毒所建设，保障强制戒毒工作的顺利进行，依据《全国人大常委会关于禁毒的决定》、国务院《强制戒毒办法》、公安部《强制戒毒所管理办法》及其他法律、法规的有关规定，制定本建设标准。

**第二条**　本建设标准是强制戒毒所建设工程项目决策和合理确定建设水平的全国统一标准，是编制、评估和审批可行性研究报告的依据，也是有关部门审查强制戒毒所建设初步设计和对工程项目建设全过程监督检查的依据。

**第三条**　本建设标准适用于强制戒毒所新建工程。改建和扩建工程可参照执行。

**第四条**　强制戒毒所建设必须遵循国家有关法律、法规和方针、政策，充分体现行政强制场所"人文关怀"的建设理念，从我国国情出发，因地制宜，合理确定建设水平，做到功能齐全，设施完善，经济适用，安全卫生，满足强制戒毒所管理、治疗、教育、康复需要。

**第五条**　强制戒毒所建设应充分考虑其特殊的性质和对周边环境的要求，纳入当地城市建设总体规划。

**第六条**　强制戒毒所建设应纳入政府安排的投资项目。

**第七条**　强制戒毒所建设应根据工作机制和管理制度改革发展的需要，统筹兼顾，适度超前，并实行一次规划。资金投入有困难的，可分期建设。

**第八条**　强制戒毒所建设，除遵守本标准外，还应符合国家现行的有关工程建设标准强制性条文的规定。

## 第二章　建设规模、内容及项目组成

**第九条**　强制戒毒所以可收治强制戒毒人员的床位数量（简称床位，下同）作为确定建设规模的依据。

**第十条**　强制戒毒所的建设规模及其方案，应由批准设置强制戒毒所的公安机关报经省级公安机关审定。

**第十一条**　强制戒毒所建设的规模根据床位的多少划分为三类：

一类强制戒毒所，设计床位 800 张以上；

二类强制戒毒所，设计床位 400 张至 799 张；

三类强制戒毒所，设计床位 200 张至 399 张；

新建强制戒毒所的建设规模应不小于 200 张床位。

**第十二条**　强制戒毒所建设的工程项目包括房屋建筑、场地和装备三个部分。

禁毒教育基地及附设自愿戒毒场所的设施可根据需要，经批准后另列并建。

**第十三条**　强制戒毒所房屋建筑由病室、医技、教育、康复劳动、技能培训、文体活动、行政管理、生活保障、民警备勤以及附属用房等有关建筑设施组成。

强制戒毒所各类用房详表见附录一。

**第十四条**　强制戒毒所场地建设包括强制戒毒人员康复劳动场地、体能锻炼场地、民警活动场地、停车场地、绿化场地等。

强制戒毒人员康复劳动基地，可以设置在所内，也可以单独另建。

强制戒毒人员户外体能锻炼场地，应具有球类活动、器械锻炼等设施，并能满足队列操练、升旗仪式的需要。

**第十五条** 强制戒毒所的装备包括：医疗设备、交通工具、通讯设备、信息设备、技防设备、电教设备、警械、武器、防暴器材、防护器材、厨房设备、热水供应等生活卫生设备以及劳动、消防、排污等所需的其他设备。

强制戒毒所医疗设备详表见附录二、强制戒毒所有关装备详表见附录三。各类强制戒毒所的装备配备标准由公安部另行制定。

## 第三章 选址及规划布局

**第十六条** 强制戒毒所选址条件：

一、环境幽静，通风良好，日照充足，便于与外界隔离；

二、符合城市建设总体规划要求，交通、供电、给排水、通讯等市政条件较好；

三、地质条件较好，严禁在可能发生自然灾害且足以危及安全的地区建所；

四、与各种污染、易燃、易爆危险品、高压电线和无线电干扰的距离符合国家有关防护距离的规定。

**第十七条** 强制戒毒所规划布局应实行“大封闭，小开放”的格局，周界应设置围墙。

**第十八条** 强制戒毒所应按照戒毒治疗、康复劳动、文体活动、行政办公等功能，合理分区。

**第十九条** 强制戒毒所戒毒治疗、康复劳动、文体活动区应设置在封闭区内，行政区可实行半封闭；康复劳动基地设在所外的，也应与外界作相应的隔离。

**第二十条** 强制戒毒所应设有车行道并与城市道路或公路连接，内部交通应符合消防、救护要求。

**第二十一条** 强制戒毒所建筑布局应充分考虑通风、日照和环境美化，房屋建筑与周界围墙的间距为5.5~6m。

**第二十二条** 强制戒毒所戒毒治疗区和康复劳动区应分设男女病区，护理单元不宜超过100张床位，传染病区应单独设置，并根据使用要求配置相应的设施。

**第二十三条** 强制戒毒所行政区应置于强制戒毒所的主出入口处，并按照停车、绿化、工作人员体能锻炼以及人行通道的要求规划布局。

## 第四章 房屋建筑及用地指标

**第二十四条** 强制戒毒所各类用房建筑面积和用地面积均以设计的病床床位数乘以指标数确定。

**第二十五条** 强制戒毒所综合建筑面积指标：一类、二类所每个床位应按不低于 $25m^2$ 计算；三类所每个床位应按不低于 $28m^2$ 计算。其中直接用于戒毒人员的病室、教育用房、文体用房、治疗用房、生活用房、康复劳动用房、家属探视用房等每床位应不低于 $20m^2$。

直辖市、沿海城市及其他经济发达地区可根据需要适当增加面积，最高不超过本标准的30%，单独另行报批。

**第二十六条** 强制戒毒所各类用房面积参照表1确定。

**表1　强制戒毒所用房使用面积指标（$m^2$/床位）**

| 序号 | 名称 | 类型 | | | | 备　注 |
|---|---|---|---|---|---|---|
| | | 一类 | 二类 | 三类 | 使用系数 | |
| 1 | 病室 | 5~6 | 5~6 | 5~6 | 0.65 | 含盥洗间、衣物柜，严管、隔离病室可增0.5 |
| 2 | 教育 | 1.30~1.40 | 1.30~1.40 | 1.30~1.40 | 0.65 | 包括技能培训、图书阅览、电化教育、心理矫治、个别谈话等 |
| 3 | 医技 | 1.33 | 1.30 | 1.40 | 0.65 | 包括接诊、检查、治疗、医护等 |
| 4 | 文体 | 1.90 | 1.90 | 1.90 | 0.70 | 包括健身、多功能厅、会堂、活动室等 |
| 5 | 康复劳动 | 2.50~3.50 | 2.50~3.50 | 2.50~3.50 | 0.70 | 包括劳作间、仓库、值班、管教 |
| 6 | 生活 | 1.80 | 1.90 | 2.08 | 0.70 | 包括伙房、仓库、餐厅、理发、浴室、洗衣间、生活用品供应等 |
| 7 | 行管 | 2.64 | 2.67 | 3.17 | 0.70 | 包括办公、备勤宿舍、技术用房、探视室、后勤仓库等 |
| 8 | 附属 | 1.50 | 1.60 | 1.70 | 0.75 | 包括公共服务及设备用房等 |
| 合计 | | 17.97~20.07 | 18.17~20.27 | 19.05~21.15 | — | — |

注：①寒冷和严寒地区可在本表基础上增加4%~6%；
②禁毒教育基地未列入。

**第二十七条**　强制戒毒所用地应在满足强制戒毒人员戒毒治疗、教育、体能锻炼、康复劳动等功能的前提下，坚持科学、节约的原则，合理使用。

**第二十八条**　强制戒毒所用地面积指标应按表2所列指标计算确定。

**表2　强制戒毒所用地面积指标**

| 序号 | 名　称 | 指　标 | 备　注 |
|---|---|---|---|
| 1 | 建筑用地 | 建筑覆盖率为27%~33%<br>建筑容积率3.0~4.0 | 绿化率不低于35% |
| 2 | 训练活动场用地 | 3.3~4.0$m^2$/床位 | — |
| 3 | 停车场用地 | 停车位按车位25~30$m^2$/辆计算 | 数量按配备数的200%计算 |
| 4 | 所内康复劳动用地 | 15~20$m^2$/床位 | — |

注：所外康复劳动（农场）用地另计。

## 第五章　建筑标准及有关设施

**第二十九条**　强制戒毒所的建筑标准，应根据强制戒毒所人性化管理和使用功能及城市规划的要求，合理确定，并留有扩建改造的余地。

**第三十条** 强制戒毒所出入应设置大门。

封闭区围墙高度宜为 4～5m，半封闭区围墙或通透栅栏高度宜为 2.5～3.0m。

**第三十一条** 强制戒毒所封闭区内建筑，单层建筑宜采用混合结构，多层建筑宜采用框架结构；外墙体应满足强度不小于 MU10 砖、石和 M5 的水泥砂浆砌实，厚度不小于 24cm。分隔墙不应采用轻质墙。

**第三十二条** 强制戒毒所病室应设置便池、淋浴和洗面盆等卫生盥洗设施及衣物柜，盥洗处宜采用安全玻璃加以隔离。晾衣间可在病室设置，也可按病区集中设置。

**第三十三条** 强制戒毒所病室床位设置及病室高度为：戒毒治疗区设置单层床，每室病床不宜超过 6 张，病室净高应不低于 2.8m；康复区每室病床不宜超过 8 张，设置双层床的，病室净高应不低于 3.6m。

**第三十四条** 强制戒毒所各功能区连接通道净宽应不小于 2.7m，病房走道净宽应不小于 2.0m；管理区通道外侧窗和严管病室采光窗均应设置金属防护栅栏，其强度应不小于 $\phi$16 圆钢，横向净距不大于 13cm。

**第三十五条** 强制戒毒所普通病室门净高应不低于 2m，净宽应不小于 110cm，可采用木制门；严管病室门净高应不低于 1.8m，净宽应不小于 80cm，宜采用金属结构。病室门扇均应设置观察窗。

**第三十六条** 强制戒毒所询问室、家属探视室的设置，应确保戒毒人员和来所的办案人员、探视家属各行其道，分门出入，并加以隔离。家属探视室应采用安全玻璃分隔，可使用免提式电话交谈；询问室可采用金属栅栏分隔。

家属探视室宜按通间设置，并设置坐椅和候见席；询问室宜按单间设置，每间使用面积应不小于 $12m^2$。

**第三十七条** 餐厅设置，民警餐厅和强制戒毒人员餐厅应分别设置；康复区餐厅应按管理模式分病区（护理单元）或集中设置。

**第三十八条** 强制戒毒所应有专门的控制中心设备用房，并要求防尘、防潮、防静电和吸音；各病区（含康复劳动场所）值班室和所领导办公室应能满足设置分控设备的条件。

**第三十九条** 强制戒毒所医疗技术用房、隔离病室、重病观察室应参照现行国家标准《综合医院建设标准》（建标 547 号）和《综合医院建筑设计规范》JGJ 49 的有关规定执行。

**第四十条** 强制戒毒所康复劳动用房包括劳作间、原料间、产品仓库、民警现场值班室、管教室以及盥洗室等，应按照康复劳动对象或康复劳动项目及其规模和使用年限，参照相关规定予以确定。

**第四十一条** 强制戒毒所教室参照成人教育普通教室的要求设置；技能训练用房应根据技能培训的课程要求设置。

**第四十二条** 强制戒毒所建筑外观应符合城市规划的要求，与周边环境协调，做到自然和谐，美观大方，并体现强制戒毒所特色；病室和技术用房的内装修应满足安全、卫生要求，其他用房按办公用房装修标准执行。

**第四十三条** 强制戒毒所宜采用双路三相供电。只能一路供电时，应自备发电机。电力负荷应满足照明和设备用电需要。

**第四十四条**　强制戒毒所给水应采用城市供水系统，如自备水源应符合国家现行饮用水标准；污水排放和医疗废弃物的处理应符合国家强制性规定；天然气的利用，可根据本地条件确定。

**第四十五条**　采暖区的强制戒毒所应采用热水采暖系统。

一般用房、走廊和楼梯间等应采取自然通风，自然通风条件不具备时应有机械通风换气装置；放射检查等医技用房应有空调设备。最热月平均室外气温高于25℃的地区，应设置空调设备或预留空调设备的位置和条件。

**第四十六条**　强制戒毒所建筑防火等级不应低于二级，消防设施的配置，应符合有关建筑防火的规定。

**第四十七条**　强制戒毒所建筑应符合所在地区建筑节能设计标准，并可充分利用太阳能等节能设备。

## 附录一　强制戒毒所各类用房详表

| 项目 | | 类型 | | | 备注 |
|---|---|---|---|---|---|
| | | 一类 | 二类 | 三类 | |
| 病室 | 普通病室 | √ | √ | √ | |
| | 隔离病室 | √ | √ | √ | |
| | 严管病室 | √ | √ | √ | |
| | 重病观察室 | √ | √ | √ | |
| 医疗 | 接诊室 | √ | √ | √ | 包括登记健康及安全检查、信息采集 |
| | 检查、治疗室 | √ | √ | √ | |
| | 急救室 | √ | √ | √ | |
| | 医生值班室 | √ | √ | √ | 分区设置 |
| | 护士值班室 | √ | √ | √ | 分区设置 |
| | 化验室 | √ | √ | √ | |
| | X光室 | √ | √ | √ | |
| | 艾滋病初筛室 | √ | √ | √ | |
| | 消毒间 | √ | √ | √ | |
| | 小型手术室 | √ | √ | | |
| | 心脑电图室 | √ | √ | √ | |
| | 药库 | √ | √ | √ | |
| | 心理矫治室 | √ | √ | √ | |
| 教育 | 图书、阅览室 | √ | √ | √ | 分区设置 |
| | 电化教育制作室 | √ | √ | √ | |
| | 教室、技能培训室 | √ | √ | √ | 分区设置，分别可与餐厅及活动室合并使用 |
| | 管教、谈话室 | √ | √ | √ | 分区设置 |
| 文体 | 活动室 | √ | √ | √ | 分区设置 |
| | 多功能厅 | √ | √ | √ | 一类、二类所建会堂 |
| | 健身房 | √ | √ | √ | 分区设置 |

续表

| 项目 | | 类型 | | | 备注 |
|---|---|---|---|---|---|
| | | 一类 | 二类 | 三类 | |
| 劳动 | | √ | √ | √ | 包括原料和产品仓库、康复劳动场地民警值班室、管教室以及盥洗室等 |
| 行政管理 | 办公室 | √ | √ | √ | 包括主管领导、所领导、职能科室 |
| | 接待室 | √ | √ | √ | |
| | 探视室 | √ | √ | √ | |
| | 询问室 | √ | √ | √ | |
| | 值班室 | √ | √ | √ | |
| | 技术室 | √ | √ | √ | |
| | 警械库 | √ | √ | √ | |
| 生活保障用房 | | √ | √ | √ | 包括餐厅（含民警职工餐厅）用房、洗衣房、理发室、仓库、生活用品供应室等<br>康复区餐厅分区设置 |
| 民警备勤用房 | | √ | √ | √ | |
| 附属用房 | | √ | √ | √ | 包括会议室、档案、资料、文印、计算机、警卫、设备、公用卫生间等 |

注：√表示应具备。

## 附录二　强制戒毒所医疗设备详表

| 序号 | 名称 | 类型 | | | 备注 |
|---|---|---|---|---|---|
| | | 一类 | 二类 | 三类 | |
| 1 | X光机 | √ | √ | √ | |
| 2 | B超声波诊断仪 | √ | √ | √ | |
| 3 | 心电图仪 | √ | √ | √ | |
| 4 | 脑电图仪 | √ | √ | √ | |
| 5 | 全自动生化分析仪 | √ | √ | √ | |
| 6 | 毒品分析仪 | √ | √ | √ | |
| 7 | 电子胃镜 | √ | √ | √ | |
| 8 | 尿液自动分析仪 | √ | √ | | |
| 9 | 血液自动分析仪 | √ | √ | | |
| 10 | 酶标仪 | √ | √ | √ | |
| 11 | 血球计数仪 | √ | √ | √ | |

**续表**

| 序号 | 名　称 | 类型 | | | 备　注 |
|---|---|---|---|---|---|
| | | 一类 | 二类 | 三类 | |
| 12 | 洗板机 | √ | √ | √ | |
| 13 | 电子恒温箱 | √ | √ | √ | |
| 14 | 显微镜 | √ | √ | √ | |
| 15 | 天平 | √ | √ | √ | |
| 16 | 离心机 | √ | √ | √ | |
| 17 | 血压计 | √ | √ | √ | |
| 18 | 听诊器 | √ | √ | √ | |
| 19 | 体温计 | √ | √ | √ | |
| 20 | 激光治疗仪 | √ | √ | | |
| 21 | 微波治疗仪 | √ | √ | | |
| 22 | 呼吸机 | √ | √ | √ | |
| 23 | 洗胃机 | √ | √ | √ | |
| 24 | 吸痰机 | √ | √ | √ | |
| 25 | 急救箱 | √ | √ | √ | |
| 26 | 氧气瓶（枕） | √ | √ | √ | |
| 27 | 医用冰箱 | √ | √ | √ | |
| 28 | 消毒柜 | √ | √ | √ | |
| 29 | 急救推车 | √ | √ | √ | |
| 30 | 消毒锅 | √ | √ | √ | |
| 31 | 药品储藏柜 | √ | √ | √ | |
| 32 | 保险柜 | √ | √ | √ | |

注：√表示必备装备，各类所装备具体数量标准另定。

## 附录三　强制戒毒所有关装备详表

| 序号 | 名　称 | 类型 | | | 备　注 |
|---|---|---|---|---|---|
| | | 一类 | 二类 | 三类 | |
| 一 | 交通工具 | √ | √ | √ | |
| 1 | 救护车 | √ | √ | √ | |
| 2 | 生活用车 | √ | √ | √ | |
| 3 | 警务用车 | √ | √ | √ | |
| 4 | 摩托车 | | | | |
| 二 | 通信设备 | √ | √ | √ | |
| 1 | 有线通信 | √ | √ | √ | |

**续表**

| 序号 | 名　　称 | 类型 | | | 备　　注 |
|---|---|---|---|---|---|
| | | 一类 | 二类 | 三类 | |
| 2 | 公网电话 | √ | √ | √ | |
| 3 | 专网电话 | √ | √ | √ | |
| 4 | 传真机 | √ | √ | √ | |
| 5 | 电话交换机 | | | | |
| 6 | 无线通信 | √ | √ | √ | |
| 7 | 寻呼机 | √ | √ | √ | |
| 8 | 移动电话 | √ | √ | √ | |
| 9 | 基地台 | √ | | | |
| 10 | 车台 | √ | | | |
| 11 | 手持台 | √ | | | |
| 12 | GPS 卫星定位 | √ | | | |
| 三 | 信息设备 | √ | √ | √ | |
| 1 | 强制戒毒所管理信息系统 | √ | √ | √ | |
| 2 | 取证器材 | √ | √ | √ | 包括指纹采集、照相、音像摄录 |
| 四 | 技防设备 | √ | √ | √ | |
| 1 | 监控系统 | √ | √ | √ | |
| 2 | 报警系统 | √ | √ | √ | |
| 3 | 门禁系统 | √ | √ | √ | |
| 4 | 报告系统 | √ | √ | √ | |
| 5 | 安全检测系统 | √ | √ | √ | |
| 6 | 会见管理系统 | √ | √ | √ | |
| 五 | 电教设备 | √ | √ | √ | |
| 六 | 警械 | √ | √ | √ | 警棍、强光手电 |
| 七 | 武器保管柜 | √ | √ | √ | |
| 八 | 防暴器材 | √ | √ | √ | 特种枪、催泪弹 |
| 九 | 防护器材 | √ | √ | √ | 防刺背心、头盔、面具 |
| 十 | 厨房及生活卫生设备 | √ | √ | √ | |
| 十一 | 应急电力设备 | √ | √ | √ | |
| 十二 | 劳动设备 | √ | √ | √ | |
| 十三 | 消防设备 | √ | √ | √ | |

注：√表示应具备，各类所装备具体数量标准另定。

**附加说明**

## 主编单位、编制组成员和主要起草人名单

**主 编 单 位**：中华人民共和国公安部监所管理局

**编制组成员**：张向宁　徐文海　程元霞　杜　山

**主要起草人**：杜　山　徐文海　程元霞

**附　件**

# 《强制戒毒所建设标准》条文说明

## 前　　言

为方便使用《强制戒毒所建设标准》的机关以及有关单位和工程技术人员正确理解和执行条文的规定，现印发《强制戒毒所建设标准条文说明》，供参考。

**2005 年 8 月**

## 第一章　总　　则

**第一条**　本条着重阐明编制本建设标准的目的和依据。

强制戒毒所是公安机关依法通过行政强制措施，对吸食、注射毒品成瘾人员在一定时期内，进行生理脱毒、心理矫治、适度劳动、身体康复和法律、道德教育的场所。它根据《全国人大常委会关于禁毒的决定》和国务院《强制戒毒办法》而设置。关于强制戒毒所的建设，在相当一段时间内，不少地方由于对其性质和任务缺乏深入了解，指导思想不够明确，缺乏统一的要求，导致规范化建设程度不高，主观随意性较大，或功能不齐全，设计不合理，不能满足对强制戒毒人员管理、治疗、教育、康复的需要；或盲目追求规模和“档次”，贪大求全，造成浪费。目前，我国面临的毒品形势仍很严峻，强制戒毒所的建设急需进一步加强和规范，通过本建设标准的编制施行，提高投资效益，充分发挥强制戒毒所在教育和帮助吸食、注射毒品成瘾人员戒毒，保护公民身心健康，维护社会治安中的作用。

**第二条**　本条阐明编制本建设标准的作用及权威性。

本建设标准依照国家有关规定，在编制过程中作了大量的调查研究，广泛听取了各方面的意见，组织了专家论证，标准内容和定位充分考虑到地域、经济发展水平、毒情严重程度等方面的差异，使之尽可能切合实际，便于操作。因此，本建设标准是强制戒毒所建设工程项目决策、编制、评估和审批可行性研究报告的依据，也是有关部门审查初步设计和对工程项目建设全过程监督检查的依据。

**第三条**　本条阐明了本建设标准的适用范围。

**第四条**　本条阐明强制戒毒所建设必须遵循的法律、法规和方针、政策、原则以及总体要求。

强制戒毒作为一种行政强制措施，不能单纯地被看成是惩罚手段。对吸毒人员，既不能将其作为罪犯看待，也不能把他们当作正常的行为人来看待。对吸毒人员进行强制戒毒的最终目的是使他们矫正恶习，彻底戒除毒瘾。因此，强制戒毒所应当建成治病救人的特殊医院和特殊学校，并实行人性化管理。在强制戒毒所的建设方面，必须充分体现行政强制场所“人文关怀”的建设理念，坚持功能齐全、设施完善、经济适用、安全卫生的建设原则，满足其管理、治疗、教育、康复的需要。

**第五条** 本条明确强制戒毒所与城市规划的关系。

强制戒毒所是禁毒斗争的重要阵地，是禁毒工作的重要举措，在禁吸、戒毒和减少社会面违法犯罪等工作中发挥着重要作用。根据强制戒毒所性质、任务和工作特点，对其项目确定、选址、内外布局等有特殊要求，尤其是需要提供一个幽静和便于隔离的周边环境，以利于吸毒人员更好地戒除毒瘾。因此，它不能等同于一般的民用建设项目。根据调研和各地的经验教训表明，有的地方由于未列入城市建设总体规划，以致建成后因不符合要求而不得不迁建，造成浪费。为此，明确强制戒毒所建设应纳入当地城市建设总体规划，以避免因规划不当而迁建浪费。

**第六条** 本条根据强制戒毒所的性质和任务，明确其投资渠道。

强制戒毒所建设是国家公益性事业建设，故应纳入政府安排的投资项目。

**第七条** 本条阐明强制戒毒所建设规划方面的原则要求。

与毒品作斗争，是构建和谐社会，推进社会文明的一项长期而艰巨的任务，强制戒毒是禁毒斗争的重要组成部分和重要阵地。但强制戒毒又是一项新的工作，缺乏成功的经验，需要在实践中不断总结，改革创新。同时，针对当前复吸率高，成效不够显著，戒毒任务重等情况，通过调查研究和戒毒工作的实践进行探索和试点，如决定对吸毒人员实行满员收戒，坚持强制戒毒与康复劳动相结合，坚持所内教育与跟踪帮教相结合等，并在工作模式和管理方法等方面加以完善。因此，强制戒毒所的建设必须适应工作机制和管理制度改革的需要，做到统筹兼顾，适度超前。实行一次规划到位，这是根据前几年建设方面的经验教训提出，以避免重建造成的浪费。同时，考虑到不同地区经济发展水平的差异，一些地方资金投入有困难，故本条提出强制戒毒所建设允许一次规划，分期建设。

**第八条** 本条阐明本建设标准与其他现行有关标准之间的关系。在编报工程项目、计划及建设全过程中，除应遵守本建设标准明确规定之外，还应遵循国家现行的有关规定。

## 第二章 建设规模、内容及项目组成

**第九条** 本条明确强制戒毒所建设规模确定的依据。

强制戒毒所作为特殊的医疗单位，以可收治床位多少来确定其规模是适宜的，这也是《强制戒毒所管理办法》所规定的。

**第十条** 针对近几年来，在强制戒毒所建设方面存在的问题，本条明确提出强制戒毒所建设规模及其方案由省级公安机关审定，是根据国务院《强制戒毒办法》关于强制戒毒所的设置，由省、直辖市、自治区统一规划的规定精神提出的。

在调研时发现，一些地方在强制戒毒所的建设方面因对其性质和任务理解不透，缺乏统一要求，造成了建设规划随意性大，缺乏全面论证和统一考虑，建设规模不切合实际，项目不齐全，设施不配套，设计不合理，直接用于吸毒人员的功能性用房比例偏小，以致不能充分发挥投资效益，甚至造成很大浪费，难以满足工作需要。故参照看守所工程建设审批的要求作出上述规定，以合理确定建设水平，确保建设质量，发挥投资效益。

**第十一条** 本条明确强制戒毒所的分类和建设规模的低限。这是参照公安部《强制戒毒所管理办法》和《强制戒毒所等级评定办法》的规定划分的。新建强制戒毒所规模不小于200床位，是为了使各种设施得到充分利用，确保投资效益充分发挥。

**第十二条** 本条阐明强制戒毒所建设工程的主要组成部分。

关于禁毒教育基地和附设自愿戒毒人员的场所所需设施另列并建问题，是为了适应对公民进行禁毒教育和满足社会上部分吸毒人员自愿戒毒的需要而提出的，目前已有相当数量的强制戒毒所在建设时都采取了这种做法。

**第十三条** 本条阐明强制戒毒所的房屋建筑项目组成。其中：

一、病室包括：

普通病室：分为治疗戒毒病室和康复病室。

隔离病室：用来治疗患有传染病或疑似病例人员的病室。

严管病室：用来收治负案人员或违反所规屡教不改的吸毒人员的病室。

重病观察室：对危重病人需加以重点监护治疗的病室。

二、医技用房：主要用于戒毒人员进行生理脱毒和治疗其他疾病所需用房及其医务人员工作处所。包括：

接诊室：接收强制戒毒人员并进行入所登记、健康及安全检查、信息采集和入所教育的处所。

检查治疗室：医务人员对就诊的戒毒人员进行检查治疗的处所。

化验室、X 光室、心脑电图室：是对吸毒人员进行医疗设备检查的用房。

急救室：对危重病人进行急救的处所。

小型手术室：指进行乡镇医院可完成的外科手术的专门用房。

药库：存放和保管戒毒、治疗药品的用房。

三、教育用房：主要用于戒毒人员集体学习，借阅图书资料和对戒毒人员进行个别教育、电化教育。其中：

电化教育制作室：制作、播放和储存对戒毒人员进行电化教育及其资料的用房。

管教、谈话室：是分区值班、管教人员进行管理工作和对戒毒人员进行个别谈话教育的用房。

四、文体用房：是指戒毒人员在室内进行文娱体育活动的处所。

五、康复劳动用房：是戒毒人员从事室内劳作单独设置的场所（包括仓库、盥洗间和劳作现场民警值班、管教用房）。

六、行政用房：是强制戒毒所行政管理和与外部联系交往用房。其中：

探视室：戒毒人员家属来所探视的处所，包括会见坐席和接待、收物、候见等；家属探视居室为强制戒毒人员家属来所临时居住用房。

询问室：是案件承办等单位询问戒毒人员的处所。

七、备勤用房：是指值勤民警、职工临时休息的处所。这是由于强制戒毒所一般远离市区，所内必须保持一定的警力，并需配备相应的职工进行生活保障、警卫等活动。

**第十四条** 本条明确强制戒毒所应包含的场地建设内容和项目。

为使强制戒毒人员通过多种方式得到康复，需要有体能锻炼场地、康复劳动基地等。为保证民警的身体健康，满足公务活动需要，创造良好工作环境，必须同时设置民警活动场地、停车场地和绿化场地等，这也是按照强制戒毒所现行管理机制和工作模式的功能需求提出的。随着我国禁毒工作力度的不断加大，戒毒政策的调整，对强制戒毒所提出新的更高的要求。如满员收戒，建立康复农场或康复工厂，强制戒毒与自愿戒毒相结合，所内教育与跟踪教育相结合等。由于各地情况差异较大，故对康复劳动基地的设置不作硬性规定，允许设置在所内，也可以单独另建。

**第十五条**　本条阐明强制戒毒所装备的基本项目。

强制戒毒所的装备建设是确保对戒毒人员管理、治疗、康复、生活保障等工作的物质条件。附录二、附录三所列装备目录为基本项目，各类所具体设备的规格数量另外行文下达。

## 第三章　选址及规划布局

**第十六条**　本条明确强制戒毒所的选址条件。

强制戒毒所作为特殊的医院和特殊的学校，为有利于戒毒人员戒毒治疗和康复，确保安全卫生等功能要求，提出了选址的基本条件。

**第十七条**　本条阐明强制戒毒所规划布局的基本要求。

强制戒毒所既不同于刑事羁押场所，又不同于一般的医院和学校，在规划布局时，既要体现一定的"强制性"，又要有相应的宽松自由活动空间，根据多年的实践，提出了"大封闭，小开放"的格局。所谓"大封闭"，即是在强制戒毒所内采取必要的措施，实行封闭式管理；所谓"小开放"，即在一定的区域内实行开放式管理。

周界设置围墙高度，是因为强制戒毒是一种依法限制人身自由的行政强制措施，应具备一定的安全设施和安全条件。

**第十八条、第十九条**　明确强制戒毒所根据功能划分的几个区及其具体要求。这是从有利于管理和戒毒人员戒毒治疗、康复劳动出发而提出的。

**第二十条**　本条阐明强制戒毒所内外通路的要求。

**第二十一条**　本条提出对强制戒毒所内部建筑布局的要求。其中对房屋建筑与周界围墙之间的距离为5.5～6m的要求是根据围墙高度1:1.5和消防通道要求确定的。

**第二十二条**　本条明确强制戒毒所戒毒人员病区分设的要求。

戒毒治疗、康复劳动是戒毒人员入所后要经历的两个不同的阶段。戒毒治疗阶段主要是解决戒毒人员的生理脱毒问题，侧重检查治疗，防止派生其他疾病，需要按照医疗单位的基本要求进行。康复阶段侧重于心理矫治，辅之以劳动、教育、体能锻炼以及技能培训等，需要有一个较长的时间加以巩固。因此，戒毒治疗区和康复劳动区在病房设置和管理模式上也应有所区别。护理单元（或分病区）提出以不超过100张床位为宜，是为了便于管理和各种设施的综合利用。

**第二十三条**　本条明确强制戒毒所的行政区的规划布局要求。

## 第四章　房屋建筑及用地指标

**第二十四条**　本条明确强制戒毒所各类房屋建筑和用地面积的确定方法。

**第二十五条**　本条明确强制戒毒所综合建筑面积指标。

强制戒毒所综合建筑面积指标是根据功能性用房实际所需面积综合测算并参照目前已建强制戒毒所的水平而确定的。根据强制戒毒所的性质，各类用房的综合建筑面积指标，略高于刑事羁押场所（看守所为20～24$m^2$/人），但远低于综合医院60～64$m^2$/床和精神病医院40$m^2$/床的标准。据调查统计，近年来，已建成的比较规范的强制戒毒所，其房屋建筑面积基本达到和超过本标准的占65%。

在强制戒毒所的综合建筑指标中，直接用于戒毒人员部分的用房指标，是在总的建筑面积指标中，除去行政用房（包括办公、备勤、技术用房）、附属用房（包括门卫、公用卫生间、设备等公共服务用房）而得出的。规定直接用于戒毒人员部分的用房指标，是针对部分强制戒毒所直接用于戒毒人员的用房尤其是病房面积过小而要求的。

**第二十六条** 本条将强制戒毒所各类用房使用面积指标列表供参照。

一、病室，其确定依据：

1. 高于刑事羁押场所在押人员的指标；

2. 按照病室所应具备的功能和布局要求确定；

3. 参照相应标准规定的指标。

普通病室：戒毒、治疗区病室（详见附图1、附图2、附图5、附图6）参照《综合医院建筑设计规范》JGJ 49，按病室内床位设置最低标准计算4人间为6m²/床，6人间为5m²/床，加上盥洗、卫生设备使用面积即6～7m²/床。

康复劳动区病室（详见附图3、附图4、附图7、附图8）：参照修订后的《宿舍建筑设计规范》JGJ 36三类标准，使用面积6人间为4.5m²/床，8人间为3m²/床，加上盥洗、卫生设施占用面积即为4～5m²/床。

传染病室、危重病室、严管病室以及家属探视居室：这四类用房原则上每室定员为2、3人，人均占用面积为普通病室的80%～120%，故按戒毒治疗病室增加100%面积计算。

在病床总数中，按戒毒人员入所后流转周期和实际使用状况，戒毒治疗病室占30%，康复病室占65%，其他病室占5%计算，即可得出每床位使用面积平均为：

（6～7×30%）+（4～4.5×65%）+（6～7×5%×2）=1.8～2.1+2.6～3.2+0.6～0.7=5～6m²/床。

二、教育用房：

管教室：按每百张床位配备3名管教员计算，根据《党政机关办公用房建设标准》办公室使用面积的规定每名管教员6～8m²，合计18～24m²，即0.18～0.24m²/床。

谈话室：根据《强制戒毒所评定办法》关于"每名管教民警对分管的强制戒毒人员每月谈话教育至少一次"的规定，按每50张床位配置1间谈话室，每间谈话室使用面积9m²（谈话室按1名戒毒人员、两名管教民警设置）计，即0.18m²/床。

图书室：治疗戒毒区和康复劳动区分设，每间藏书按《中小学校建筑设计规范》GBJ 99，中专藏书量按每名学生80～100册，每平方米藏书量400～500册计算，得出百张床位为18m²，即0.18m²/床。

阅览室：按每百张床位或病区设置，每个坐席使用面积为0.6×1=0.6m²，阅览人员以一半计算即0.3m²/床。

心理矫治室（包括宣泄室）：每百张床位设置1间，每间24m²，即0.24m²/床。

电化教育室：每百张床位设置1间，每间24m²，即0.24m²/床。

教室：按每50张床位设置1间，参照《中小学校建筑设计规范》GBJ 99关于普通教室人均1.37m²的指标，考虑到强制戒毒人员学习的特点，故按0.9m²/床测算。

技能培训室：同教室。

以上合计为3.1～3.32m²/床，其中教室可兼作餐厅，技能培训室兼作活动室可另计，扣除此两项教育用房使用面积合计为1.3～1.4m²/床。

三、医疗技术用房：

接诊室以200人起计，其中：

候诊室（包括治疗戒毒区门厅）：以同时容纳20～30人，人均使用面积按2m²计，即40～60m²；

入所登记室：1~3 间，每间 12~18m²；

安全检查、健康检查室：1~3 间，每间 12~18m²；

信息系统室：1~3 间，每间 18m²；

违禁物品保管室：1~3 间，每间 18m²；

就诊室：2~4 间，每间使用面积 24m²，即 48~96m²；

急救室：1~3 间，每间使用面积 24m²，即 24~72m²。

接诊室合计使用面积 172~444m²。

医生、护士值班室：按每百张床位各设置 1 间计算，每间使用面积 18m²，即 108~288m²。

化验室：1~3 间，每间使用面积 18m²，即 18~54m²；

X 光室：2~4 间，每间使用面积 18m²，即 36~72m²；

功能检查室：2~4 间，每间使用面积 18m²，即 36~72m²；

药库：2~4 间，每间使用面积 18m²，即 36~72m²；

艾滋病初筛室*：1 间，使用面积 18m²；

小型手术室*：1 间，使用面积 36m²。

注：*仅为一类、二类所设置。

不同类型强制戒毒所医疗技术用房面积测算详见附表 1。

**附表 1　医疗技术用房面积测算表**

| 项目 | 一类 | | | 二类 | | | 三类 | | | 备注 |
|---|---|---|---|---|---|---|---|---|---|---|
| | 间数 | 使用面积（m²） | m²/床 | 间数 | 使用面积（m²） | m²/床 | 间数 | 使用面积（m²） | m²/床 | |
| 接诊室 | 14 | 444 | 0.56 | 14 | 314 | 0.51 | 8 | 204 | 0.68 | |
| 医护值班室 | 16 | 288 | 0.36 | 12 | 216 | 0.36 | 6 | 108 | 0.36 | |
| 化验室 | 3 | 54 | 0.07 | 2 | 36 | 0.06 | 1 | 18 | 0.06 | |
| X 光室 | 4 | 72 | 0.09 | 3 | 54 | 0.09 | 2 | 36 | 0.12 | |
| 功能检查室 | 4 | 72 | 0.09 | 3 | 54 | 0.09 | 2 | 36 | 0.12 | |
| 药库 | 4 | 72 | 0.09 | 3 | 54 | 0.09 | 2 | 36 | 0.12 | |
| 艾滋病初筛室 | 1 | 18 | 0.02 | 1 | 18 | 0.03 | | | | |
| 小型手术室 | 1 | 36 | 0.05 | 1 | 36 | 0.06 | | | | |
| 合计 | 47 | 1056 | 1.33 | 39 | 782 | 1.30 | 21 | 438 | 1.46 | |

注：本表所列一类所按 800 张床位，二类、三类所分别按 600、300 张床位。

四、文体用房：

健身房：按每百张床位或病区设置 1 间，每间不少于 40m² 计算，即 0.4m²/床。

活动室（兼技能培训）：每护理单元或分病区分设置 1 间，平均按 60 张床位计算，即 0.9m²/床。

多功能厅（会堂）：每个强制戒毒所 1 处，按 0.6m²/床计算。

三项合计使用面积 1.9m²/床。

以上参照疗养院、中小学校等设计规范的有关人均指标确定。

五、康复劳动用房：强制戒毒所室内劳作以手工或半机械操作为主，根据典型调查，工场（厂）面积按床位为2~3$m^2$，加上仓库、盥洗、值班、管教用房0.5$m^2$/床；使用面积为2.5~3.5$m^2$/床。

六、生活保障用房：根据有关设计规范的规定指标，结合实际需要测定。其中：

伙房：包括操作间、准备间、主副食品仓库（严寒寒冷地区储藏菜用房未包括）等，使用面积不小于90$m^2$（操作间15$m^2$×3+准备间15$m^2$+主副食品仓库15$m^2$×2）。以200床为起点，每增加100床递增15$m^2$，即一类、二类、三类所分别为105$m^2$（300床）、150$m^2$（600床）和165$m^2$（700床）。

餐厅（兼作教室）：每护理单元或分病区设置1间，每张床位戒毒人员按0.90$m^2$计算。民警食堂按二级食堂标准，每个座位使用面积1.02$m^2$，食堂餐橱比为1:1，即使用面积为1.02×2=2.04$m^2$/人，按《强制戒毒所管理办法》的规定，民警配备数不低于床位数的15%，加上工勤和外来人员，应不低于床位数的20%，同时就餐人数以75%计算，即得出使用面积为2.04$m^2$×20%×0.75%=0.31$m^2$/床。

洗衣房：以每百张床位为起点，洗衣房使用面积不小于18×2=36$m^2$，每增加100张床位增加6$m^2$，即得出使用面积36$m^2$/200床、42$m^2$（300床）、48$m^2$（400床）、54$m^2$（500床）、60$m^2$（600床）、66$m^2$（700床）、72$m^2$（800床）。

理发及公用浴室：戒毒人员按每百床设置1间理发室，使用面积18$m^2$。

民警工勤人员理发室和公用浴室全所各设1处，一至三类强制戒毒所使用面积分别为50$m^2$、40$m^2$、30$m^2$。

生活用品供应室：一类、二类所设2处，三类所设1处。每处使用面积为18$m^2$。生活保障用房面积测算见附表2。

**附表2　生活保障用房面积测算表**

| 项目 | 一类 | | | 二类 | | | 三类 | | | 备注 |
|---|---|---|---|---|---|---|---|---|---|---|
| | 间数 | 使用面积（$m^2$） | $m^2$/床 | 间数 | 使用面积（$m^2$） | $m^2$/床 | 间数 | 使用面积（$m^2$） | $m^2$/床 | |
| 伙房 | 12 | 180 | 0.23 | 10 | 150 | 0.25 | 7 | 105 | 0.35 | |
| 餐厅 | 8 | 720 | 0.90 | 6 | 540 | 0.90 | 3 | 270 | 0.90 | 兼作教室 |
| 民警食堂 | 1 | 243 | 0.31 | 1 | 186 | 0.31 | 1 | 93 | 0.31 | |
| 洗衣房 | 3 | 72 | 0.09 | 3 | 54 | 0.09 | 2 | 36 | 0.12 | |
| 理发及公用浴室 | 10 | 194 | 0.24 | 8 | 148 | 0.25 | 6 | 102 | 0.34 | |
| 生活用品供应室 | 2 | 36 | 0.05 | 2 | 36 | 0.06 | 1 | 18 | 0.06 | |
| 合计 | 36 | 1445 | 1.82 | 30 | 1114 | 1.90 | 20 | 624 | 2.08 | |

注：为方便计算，一类、二类、三类所分别取800床、600床、300床，测算时可按实际床位计算。

七、行政管理用房：

办公室：按照《党政机关办公用房建设标准》，其中：主管领导、所领导，按 3 ~5 人，平均每人使用面积 12m²，合计 36 ~60m²。

职能科室：每间使用面积 15m²，按三种类型所分设 4 ~6 个职能部门，即使用面积分别为 60m²、75m²、90m²。

集体办公室（兼更衣室）：三种类型的所分别为一类所 150m²，二类所 110m²，三类所 70m²。

办公室合计使用面积分别为：一类所 300m²、二类所 240m²、三类所 166m²。

接待室（兼小会议室）：按三种类型所的使用面积分别为 45m²、35m²、25m²。

探视室：包括候见坐席，每席 1m²；探视坐席（双向）每席 $1.8 \times 2.5 \times 2 = 9m^2$。三种类型所分别按同时会见 25、20、15 人计算，即探视室使用面积分别为一类所 250m²、二类所 200m²、三类所 150m²。

询问室：每百名戒毒人员设置 1 间，每间 15m²，则三种类型所分别为 120m²、90m²、45m²。

值班室：除总值班室外，各病区分设值班室，平均按 50 张床设 1 间，每间 24m²（包括分控），即分别得出：一类所 $24 \times 17 = 408m^2$，二类所 $24 \times 13 = 312m^2$，三类所 $24 \times 7 = 168m^2$。

警械库：三类所设 2 间，一类、二类所设 3 间，每间 15m²，即使用面积为 30 ~45m²。

技术用房（包括总监控室、计算机房等）：一类、二类所设 4 间，三类所设 3 间，每间 18m²，即一类、二类所 72m²，三类所 54m²。

备勤宿舍：备勤宿舍（民警数按床位数 20% 计）人均居住面积 7m²（按《宿舍建筑设计规范》JGJ 36 一类、二类住宅标准），以民警配备数的 50% 计，工勤人员按床位数的 5% 配备，即计算得出备勤宿舍居室面积一类 840m²、二类 630m²、三类 315m²。行政管理用房测算详见附表 3。

**附表 3　行政管理用房面积测算表**

| 项目 | 一类 | | | 二类 | | | 三类 | | | 备注 |
|---|---|---|---|---|---|---|---|---|---|---|
| | 间数 | 使用面积（m²） | m²/床 | 间数 | 使用面积（m²） | m²/床 | 间数 | 使用面积（m²） | m²/床 | |
| 办公室 | 21 | 300 | 0.38 | 15 | 233 | 0.39 | 11 | 166 | 0.55 | |
| 接待室 | 1 | 45 | 0.06 | 1 | 35 | 0.06 | 1 | 25 | 0.08 | |
| 探视室 | 1 | 250 | 0.31 | 1 | 200 | 0.33 | 1 | 150 | 0.50 | |
| 询问室 | 8 | 120 | 0.15 | 6 | 90 | 0.15 | 3 | 45 | 0.15 | |
| 值班室 | 17 | 408 | 0.51 | 13 | 312 | 0.52 | 7 | 168 | 0.56 | |
| 警械库 | 3 | 45 | 0.06 | 3 | 45 | 0.07 | 2 | 30 | 0.10 | |
| 技术房 | 4 | 72 | 0.09 | 4 | 72 | 0.12 | 3 | 54 | 0.18 | |
| 备勤宿舍 | 40 | 840 | 1.05 | 26 | 630 | 1.05 | 13 | 315 | 1.05 | |
| 合计 | 95 | 2080 | 2.61 | 69 | 1617 | 2.69 | 41 | 953 | 3.17 | |

注：为方便计算，一类、二类、三类所分别取 800 床、600 床、300 床，测算时可按实际床位计算。

八、附属用房：包括公共服务用房、设备用房等。据统计，现有强制戒毒所这类用房占总建筑面积为 8% ~10%，参照医院、学校此类用房所占比例，确定按总建筑面积的 8% 计算，分别得出使用面积指标为：一类所 1. 50m²/床、二类所 1. 60m²/床、三类所 1. 70m²/床。

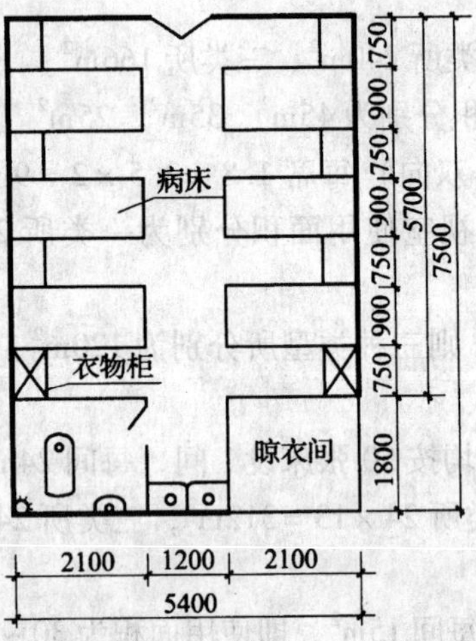


附图 1　治疗区 6 人间病室 1∶100

使用面积 34m²；6. 0m²/床

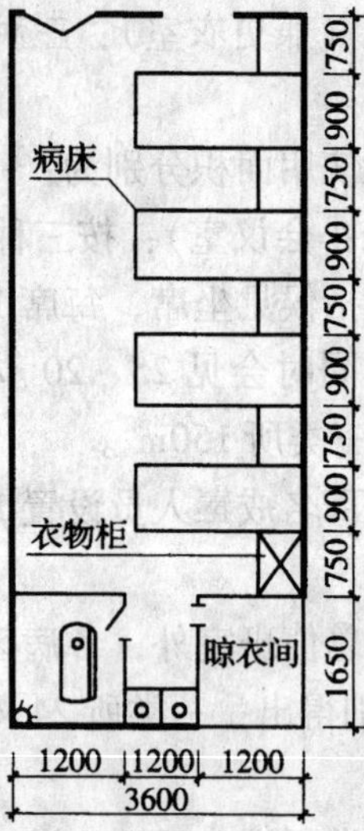


附图 2　治疗区 4 人间病室 1∶100

使用面积 28m²；7. 0m²/床

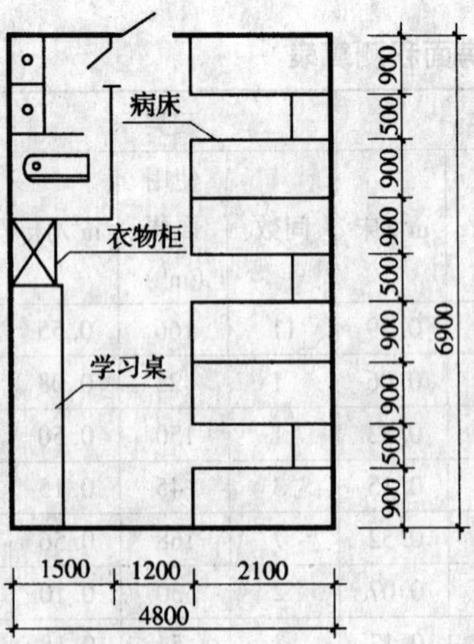


附图 3　康复区 6 人间病室 1∶100

使用面积 30m²；5. 0m²/床

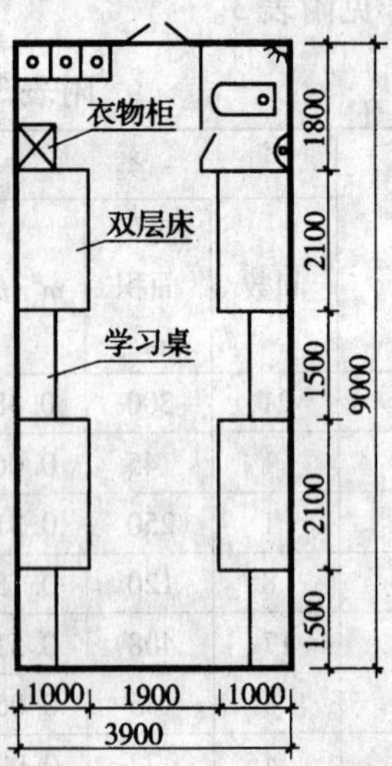


附图 4　康复区 8 人间病室

使用面积 32m²；4. 0m²/床

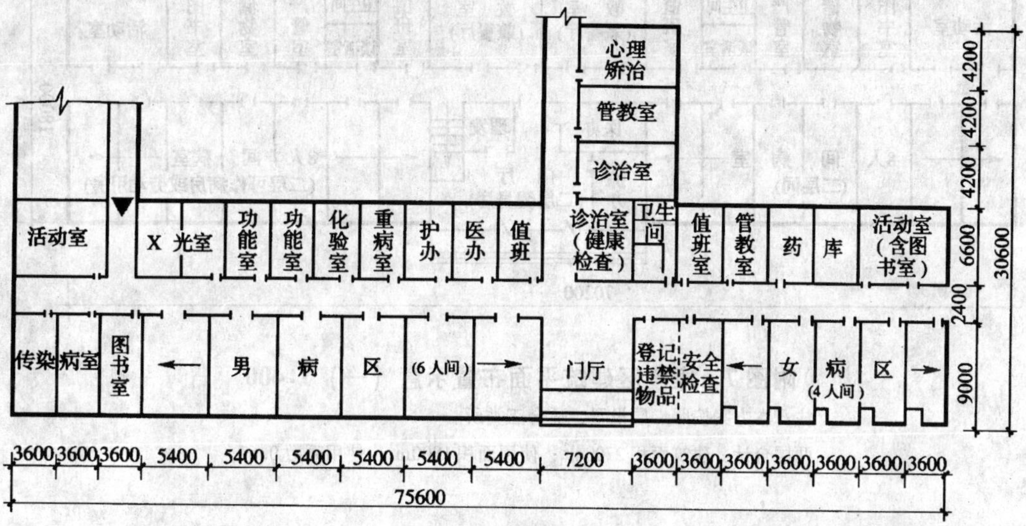


附图 5　治疗区建筑平面布置示意（一）1∶400

注：本方案适合三类所。

技术指标：床位 60 床；建筑面积 1450m²；使用面积 950m²；使用系数 0.66。

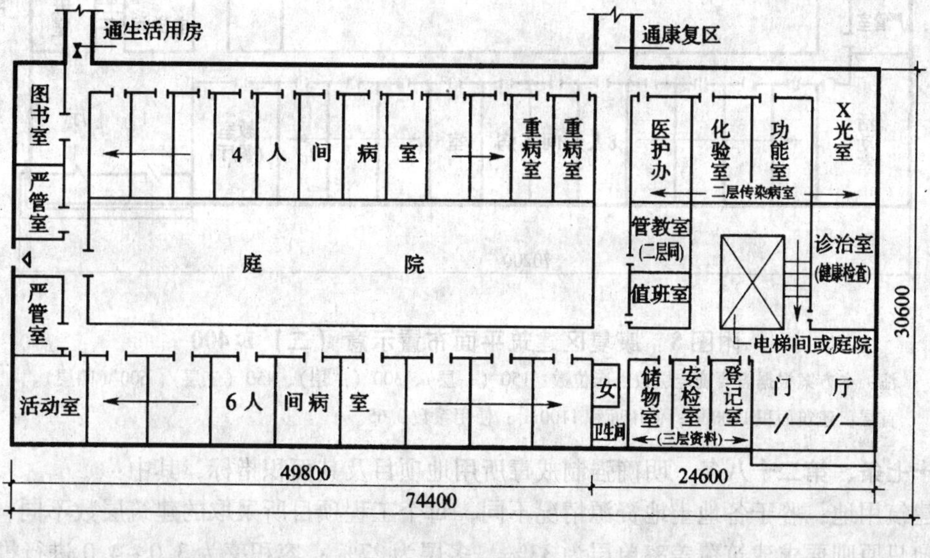


附图 6　治疗区建筑平面布置示意（二）1∶400

注：本方案适合一、二类所。

技术指标：床位数 100/200/300；首层：建筑面积 1800m²，使用面积 1150m²；使用系数 0.64。

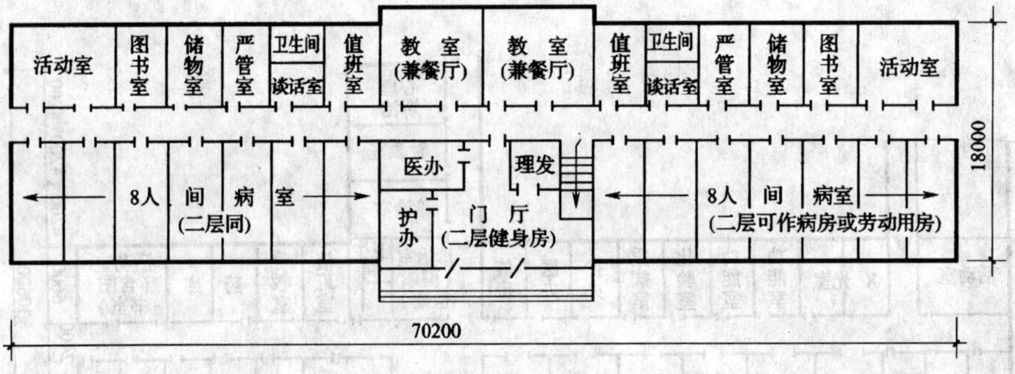


**附图7 康复区建筑平面布置示意（一）1:400**

注：本方案按照二层设置，适合三类所。

两层合计：建筑面积2700m²；使用面积1800m²；使用系数0.67。

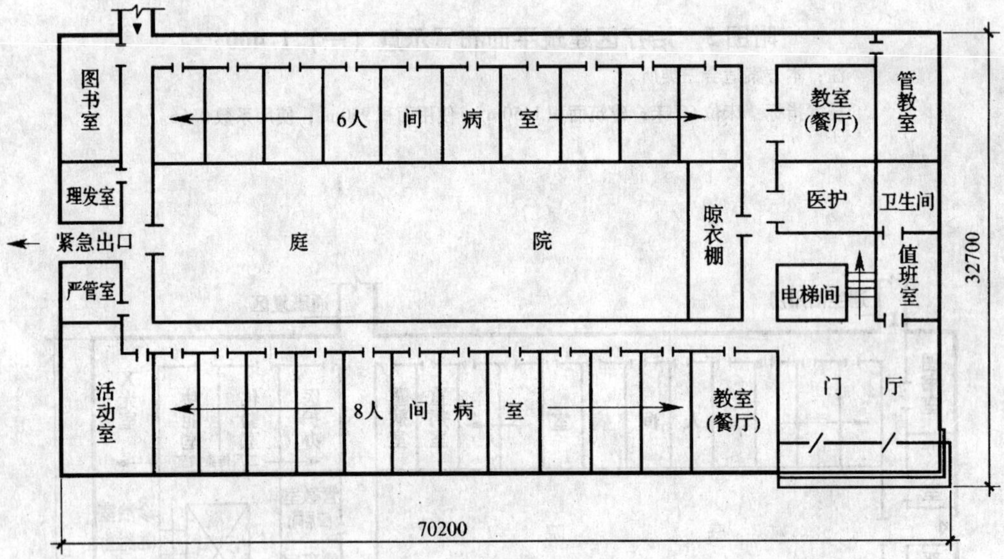


**附图8 康复区建筑平面布置示意（二）1:400**

注：本方案根据需要确定层数，床位数：150（一层）、300（二层）、450（三层）、600（四层）。

首层：建筑面积1700m²；使用面积1100m²；使用系数0.65。

**第二十七条、第二十八条** 明确强制戒毒所用地项目及其面积指标，其中：

建筑用地：鉴于各地土地资源情况不同，每个工程项目所采取的建筑层数不同，故建筑用地只原则要求建筑覆盖率单层为33%，多层为27%；容积率为3.0~4.0进行推算。

训练活动用地：按《中小学校建筑设计规范》GBJ 99—86中学运动场地的低限指标3.3m²/人（如设置田径运动场地则应满足250~400m环行跑道需要，另增加20%），取3.3~4.0m²/床。

停车场用地：以强制戒毒所应配备车辆加外来公务车（按本所车辆指标数的100%计

算)，每车位按25～30m² 计算。

绿化用地：考虑到强制戒毒所的特殊性，其绿化面积要略高于城市绿化率的规定，一般绿化率不应低于35%。

康复劳动用地：根据24个所调查得出，所内劳动用地为15～20m²/床。

所外农副业劳动用地和禁毒教育基地各地差异较大，故规定根据需要另计。

## 第五章　建筑标准及有关设施

**第二十九条**　本条明确强制戒毒所建筑标准确定的原则和依据。

鉴于强制戒毒所作为禁毒工作的重要措施和组成部分，在观念上、体制上、制度上以及管理上还在不断更新和强化，医疗措施及其设备器材也需更新，故提出需留有扩建改造的余地。

**第三十条**　本条明确强制戒毒所出入应设置大门和围墙高度及其要求。

强制戒毒所作为行政强制场所，应有别于刑事羁押场所，从实行“大封闭，小开放”的管理格局的需要和保证封闭区内戒毒人员难以攀登、逃离的要求出发，同时考虑到地形条件的不同，故分别规定了封闭区高度为4～5m，半封闭区的围墙高度2.5～3m的幅度。

**第三十一条**　本条明确强制戒毒所封闭区内建筑的结构要求。

**第三十二条**　本条明确强制戒毒所病室设置要求。

强制戒毒所吸毒人员病室内设置盥洗设施，是安全工作的需要，同时便于同室人员互相监督，防止发生管理上的漏洞，这是调研中各地强制戒毒所一致要求的。

**第三十三条**　本条明确强制戒毒所病室的床位设置和病室高度的要求。

病室高度略高于现行宿舍设计规范的要求，是考虑到吸毒人员属于非正常行为人，为保证其安全空间，并参照近年来新建的强制戒毒所病室的基本数据，确定治疗区设置单层床的病室净高不应低于2.8m；康复区设置双层床病室净高不应低于3.6m。

**第三十四条**　本条明确强制戒毒所内通道宽度及病区内建筑防护设施的要求。

强制戒毒所功能区之间连接通道净宽是根据吸毒人员流动、送饭等车辆通行要求测算的，病房走道宽度参照《综合医院建筑设计规范》JGJ 49中“不应小于2.10m”的要求确定的；走道外侧窗和严管病室采光窗设置金属防护栅栏，是确保戒毒人员不会发生意外，出于安全考虑。

**第三十五条**　本条明确强制戒毒所病室门窗设置的要求。

病室门窗除严管病室因安全需要有特殊要求外，其余均参照《综合医院建设标准》(建标547)。

**第三十六条**　本条明确强制戒毒所询问室、家属探视室设置要求。

强制戒毒所询问室是办案单位询问吸毒人员的处所，家属探视室是吸毒人员家属来所探视的处所。为保证吸毒人员与外来办案人员和家属进行有效的隔离，确保安全，防止发生违禁物品传递，故建筑要求作了特殊规定。

**第三十七条**　本条阐明强制戒毒所餐厅设置要求。

强制戒毒所吸毒人员和管理人员分别设置餐厅，既有利于确保吸毒人员的伙食标准，又是食品安全的需要。对康复区吸毒人员就餐，为便于管理并提高病区用房的利用率，一、二类所以分病区（护理单元）为宜；三类所可集中就餐。

**第三十八条**　本条阐明强制戒毒所安全防范监控设备用房的要求。

强制戒毒所安全防范监控设施，终端和控制部分要有专门用房和具备安装设备的条件。

**第三十九条** 本条阐明强制戒毒所隔离病室、重病观察室以及医疗技术用房的要求。

上述用房的面积、布局、设施要求，《综合医院建设标准》和《综合医院建筑设计规范》JGJ 49 都有明确规定，故可参照执行。

**第四十条** 本条明确强制戒毒所康复劳动用房的设置要求。

劳动用房是吸毒人员在康复期间重要的活动场所，为有利于吸毒人员通过劳动，得到心理康复，有利于民警在劳动场所对吸毒人员的管理教育，并符合劳动保护的要求，故康复劳动用房的设置应当自成一体。本条根据劳动对象、项目、规模和使用年限并参照相关的规定加以确定。

**第四十一条** 本条对强制戒毒所的教室和技能培训室的设置提出要求。

考虑到电化教育的需要和与餐厅合用等情况，在具体设计时应予以兼顾。

**第四十二条** 本条对强制戒毒所内外装修的要求及其标准作了规定。

强制戒毒所作为特殊的医院和学校，为使建筑装修上体现其特色，为吸毒人员提供远离毒品的良好氛围，提出了相应的要求。

**第四十三条** 本条对强制戒毒所的电力供应作了规定。

强制戒毒所作为要害单位，为确保其照明和设备用电，防止因停电而发生事故，故提出双路供电或自备发电机组。

**第四十四条** 本条对强制戒毒所的给排水及医疗废弃物的处理提出了要求。

**第四十五条** 本条对强制戒毒所的供暖、通风、空气调节提出了要求。是参照《宿舍建筑设计规范》JGJ 36 的有关规定而提出的。

**第四十六条** 本条对强制戒毒所的建筑防火提出要求。

**第四十七条** 本条对强制戒毒所的建筑节能提出要求。

# 司法业务用房建设标准

## 建标 129—2010

## 住房和城乡建设部、国家发展和改革委员会<br>关于批准发布《司法业务用房建设标准》的通知

建标〔2010〕80 号

国务院有关部门，各省、自治区、直辖市、计划单列市住房和城乡建设厅（委、局）、发展和改革委员会，新疆生产建设兵团建设局、发展和改革委员会：

根据住房和城乡建设部《关于印发〈2009 年工程项目建设标准和建设项目评价方法与参数编制项目计划〉的通知》（建标函〔2009〕320 号）要求，由司法部组织编制的《司法业务用房建设标准》，已经有关部门会审，现批准发布，自 2010 年 9 月 1 日起施行。

在司法业务用房项目的审批、设计和建设过程中，要严格遵守国家关于严格控制建设标准，进一步降低工程造价的相关要求，认真执行本建设标准，坚决控制工程造价。

本建设标准的管理由住房城乡建设部和国家发展改革委负责，具体解释工作由司法部负责。

中华人民共和国住房和城乡建设部

中华人民共和国国家发展和改革委员会

二〇一〇年五月二十六日

## 前　言

为贯彻落实《中共中央转发〈中央政法委员会关于深化司法体制和工作机制改革若干问题的意见〉的通知》（中发〔2008〕19 号）精神，根据住房和城乡建设部《关于印发〈2009 年工程项目建设标准和建设项目经济评价方法与参数编制项目计划〉的通知》（建标函〔2009〕320 号）、《国家发展和改革委办公厅关于抓紧开展政法基础设施建设标准编制和修订工作的通知》（发改办投资〔2009〕1015 号）的要求，司法部组织编写了《司法业务用房建设标准》。

编制过程中，编制组坚持以党的十七大和十七届三中、四中全会精神为指导，贯彻落实科学发展观，通过制定下发调查表、开展专题调研活动、召开座谈会等形式，分析论证了大量的业务用房建设统计资料，在认真总结我国司法业务用房历史和现状的基础上，结

合司法行政业务特点和发展趋势，依据住房和城乡建设部、国家发展和改革委员会印发的《工程项目建设标准编制程序规定》和《工程项目建设标准编写规定》，完成了《司法业务用房建设标准》征求意见稿的编制，广泛征求了各省（自治区、直辖市）各有关部门及有关专家的意见，通过了审查会议的审查，形成了《司法业务用房建设标准》报批稿，并经住房和城乡建设部、国家发展和改革委员会批准发布。

本建设标准共分五章：总则、建设内容和项目构成、选址与规划布局、建设等级和面积指标、建筑标准和建筑设备等。

请各单位在执行过程中，注意总结经验、积累资料，如发现需要修改和补充之处，请将意见及时反馈司法部计财装备司（北京市朝阳门南大街 10 号，邮政编码 100020），以便今后修订时参考。

**主 编 单 位：** 中华人民共和国司法部计财装备司

**参 编 单 位：** 北京建筑工程学院

**主要起草人：** 杜 茂 罗厚如 徐 辉 姜金方 丘 征 谢玉妮 姜 晶
胡占山 薛春喜 李德春 文 娟 付 华 解 冰 卢宜斌
张卫民 李晓萍 刁春风 张天喜 何一帆 马 英 吴南伟
武秀军 梁 灵

**中华人民共和国司法部**

**2010 年 5 月**

# 第一章 总 则

**第一条** 为合理确定司法业务用房的建设内容和建设规模，加强管理和监督，促进司法业务用房完善功能、可持续发展，保证司法行政机关全面依法履行业务职能，结合司法行政业务工作的特点和专业技术要求，制定本建设标准。

**第二条** 本建设标准是编制、评估和审批司法业务用房项目建议书和可行性研究报告的重要依据，也是有关部门审查工程项目初步设计和监督检查整个建设过程的标准尺度。

**第三条** 本建设标准适用于司法业务用房新建、改建和扩建工程项目。

**第四条** 司法业务用房建设应纳入各级政府投资计划，根据使用单位的级别、建设等级、面积指标合理确定建设规模。本标准规定的建筑面积指标为控制指标。

**第五条** 司法业务用房的建设水平，应满足开展司法行政工作的需要，与当地的经济发展水平相适应，按照科学性、合理性、适用性相结合的原则，做到实事求是、因地制宜、简洁庄重。

**第六条** 司法业务用房应与司法办公用房统一规划，办公用房建设应按《党政机关办公用房建设标准》（计投资〔1999〕2250 号）执行。当司法业务用房和司法办公用房统一建设时，应合理确定建设规模，避免重复建设。

**第七条** 司法业务用房的建设应符合城市总体规划的要求，综合考虑建筑与周围环境的关系，同时应符合国家相关建筑安全、防火、抗震、节能和环保等标准和设计规范的规定。

**第八条** 司法业务用房可根据实际情况与其他单位合并建设或进行购置。建设规模可参照本建设标准第四章所规定的面积指标进行控制。

## 第二章　建设内容和项目构成

**第九条**　司法业务用房建设项目由房屋建筑、场地和建筑设备三部分构成。

**第十条**　司法业务用房的房屋建筑由业务功能用房和附属用房组成。

**第十一条**　市（地、州）司法局业务功能用房的建设内容依据其所担负的业务职能来设置，可包括以下十九类业务功能用房：

一、法律事务接待用房：具有群众等候、接待分流、宣传展览等业务功能。

二、监狱劳教业务用房：具有警务督察、狱所务公开监督等业务功能。

三、法律援助业务用房：具有申请受理、审查指派、协商调解、当事人个别谈话等业务功能。

四、人民调解业务用房：具有案件登记受理、纠纷调解、人民陪审员指导等业务功能。

五、社区矫正业务用房：具有矫正情势分析、训诫谈话、心理矫治等业务功能。

六、安置帮教业务用房：具有社会帮教、安置议事等业务功能。

七、律师业务用房：具有法律咨询、案件办理等业务功能。

八、公证业务用房：具有公证咨询、公证办理、文印制证、水印纸保管等业务功能。

九、普法依法治理业务用房：具有网络宣传、音像采编制作等业务功能。

十、国家司法考试用房：具有报名审核、试卷保密存放、考试信息管理等业务功能。

十一、司法鉴定业务用房：具有鉴定咨询、重大案件协调指导、监督等业务功能。

十二、法制及执法监督业务用房：具有申请受理、执法监督、行政处罚听证等业务功能。

十三、“148”法律服务用房：具有协调指挥、电话接听等业务功能。

十四、信访业务用房：具有来访接洽、来信处理等业务功能。

十五、资料档案用房：具有影视图书资料存放、档案存放等业务功能。

十六、教育培训用房：具有普法教育、业务培训、矫正对象教育等业务功能。

十七、社会志愿者工作用房：具有社会志愿者开展法律援助、社区矫正、法制宣传、法律咨询等业务功能。

十八、网络信息中心：具有信息技术保障、司法行政信息库维护等业务功能。

十九、应急指挥中心：具有对监狱、劳教所、强制隔离戒毒所、戒毒康复中心的管理、督导和处置突发事件等业务功能。

**第十二条**　县（市、区）司法局业务功能用房的建设内容依据其所担负的业务职能来设置，可包括以下十六类业务功能用房：

一、法律事务接待用房。

二、法律援助业务用房。

三、人民调解业务用房。

四、社区矫正业务用房。

五、安置帮教业务用房。

六、律师业务用房。

七、公证业务用房。

八、普法依法治理业务用房。

九、司法鉴定业务用房。

十、法制及执法监督业务用房。

十一、“148”法律服务用房。

十二、信访业务用房。

十三、资料档案用房。

十四、教育培训用房。

十五、社会志愿者工作用房。

十六、网络信息和应急指挥中心。

县（市、区）司法局业务用房的业务功能参照第十一条。

**第十三条** 乡（镇、街道）司法所业务功能用房的建设内容依据其所担负的业务职能来设置，可包括以下七类业务功能用房：

一、法律事务接待用房。

二、法律援助业务用房。

三、人民调解业务用房。

四、社区矫正业务用房。

五、安置帮教业务用房。

六、普法依法治理业务用房。

七、资料档案用房。

乡（镇、街道）司法所业务用房的业务功能参照第十一条。

**第十四条** 司法业务用房在具体建设实施时，应根据相关业务的实际开展情况，按照力求节约、讲求效益的原则，对有关业务功能用房进行适当归并。

**第十五条** 司法业务用房的附属用房包括变配电室、锅炉房、汽车库、警卫用房、值班用房等。

**第十六条** 司法业务用房的场地应包括道路、停车场、绿地等。

**第十七条** 司法业务用房的建筑设备应包括建筑给排水、暖通、电气等。

## 第三章 选址与规划布局

**第十八条** 司法业务用房项目的选址应选择在交通便利、环境适宜、公共服务设施条件较好、有利于安全保卫和远离污染源的地点，应避免建设在地质灾害高易发区。

**第十九条** 司法业务用房建设应节约用地，所需建设用地面积应根据建设规模、当地城市规划主管部门确定的建筑容积率、建筑密度进行核算。

**第二十条** 司法业务用房的绿地率指标，应符合法定规划控制的要求。

**第二十一条** 司法业务用房停车场地面积，应按照各级司法行政业务工作需要配备业务用车的数量，及当地规划行政主管部门规定的停车数量标准确定。

## 第四章 建设等级和面积指标

**第二十二条** 司法业务用房的建设等级分为以下三级：

一级司法业务用房，适用于市（地、州）司法局以及相当于该级别的司法行政机关；

二级司法业务用房，适用于县（市、区）司法局以及相当于该级别的司法行政机关；

三级司法业务用房，适用于乡（镇、街道）司法所以及相当于该级别的司法行政机关。

**第二十三条** 一、二级司法业务用房的人均建筑面积应符合以下规定：

一、一级司法业务用房的人均建筑面积为 30～35$m^2$；

二、二级司法业务用房的人均建筑面积为 35～38$m^2$。

**第二十四条** 一、二级司法业务用房建设规模，应按批准的本级编制人数（不含司法所人员）加上法律援助工作机构等事业编制人数来确定。

**第二十五条** 一级司法业务用房人均建筑面积按以下指标进行控制：

一、编制人数 80 人以上的不应超过 30$m^2$/人；

二、编制人数 50 人以下的不应超过 35$m^2$/人；

三、编制人数 50～80 人的应采用插入法计算，计算公式如下：

$$30 + (80 - N) \times 0.16$$

（公式中 N = 编制人数，单位：$m^2$/人）。

**第二十六条** 二级司法业务用房人均建筑面积按以下指标进行控制：

一、编制人数 45 人以上的不应超过 35$m^2$/人；

二、编制人数 25 人以下的不应超过 38$m^2$/人；

三、编制人数 25～45 人的应采用插入法计算，计算公式如下：

$$35 + (45 - N) \times 0.15$$

（公式中 N = 编制人数，单位：$m^2$/人）。

**第二十七条** 三级司法业务用房建筑面积按以下指标进行控制：

一、编制人数 3 人以下（含 3 人）不应超过 120$m^2$；

二、编制人数 4—5 人不应超过 180$m^2$；

二、编制人数 5 人以上不应超过 240$m^2$。

**第二十八条** 变配电室、锅炉室、汽车库、警卫用房和值班用房等附属用房的建设，应按实际功能需求，与司法办公用房的附属用房统一进行配置，并根据建设标准相关规定确定规模，实现资源共享、避免重复建设。

**第二十九条** 各级司法业务用房和司法办公用房应统一规划、统一建设，其建设规模应为司法业务用房建筑面积、司法办公用房建筑面积之和。

**第三十条** 各级司法业务用房的建设规模应严格按照本建设标准来控制。个别地区的司法业务用房建设规模超出本建设标准范围的，须经上一级政府投资主管部门批准；个别地区的司法业务用房建设规模，在保证业务工作正常开展的前提下，本着节约的原则，可视业务工作量及地方财力的可能适当降低。

**第三十一条** 自收自支的事业单位的业务用房建设规模参照本标准控制，所需建设投资由其自筹解决。

## 第五章 建筑标准和建筑设备

**第三十二条** 司法业务用房的建筑标准，应贯彻坚固、经济、适用和美观的原则，建筑风格应体现司法行政机关的性质和特点，并与当地的建筑传统相协调。

**第三十三条** 司法业务用房建筑设计使用年限应为 50 年；建筑结构安全等级不应低于二级。

**第三十四条** 司法业务用房建筑结构形式应根据当地建设条件、自然灾害的设防要求和工程地质状况，结合使用功能、建设规模、层数等因素综合考虑，并按照国家相关结构设计规范要求，选择相应的建筑结构形式，宜采用砌体结构或框架结构。

**第三十五条**　司法业务用房的建筑材料应优先采用地方材料，材料性能指标应符合相关的规范要求。

**第三十六条**　司法业务用房建设应进行无障碍设计，并符合相关的建筑设计规范要求。

**第三十七条**　司法业务用房的装修应遵循简洁庄重、经济适用原则，兼顾美观和地方特色，外立面不得搞豪华装修，内装修要简洁朴素。装修材料选择应因地制宜、就地取材，并按《党政机关办公用房建设标准》执行，不应超过中级装修标准。

**第三十八条**　司法业务用房的电气设计应符合国家相关设计标准及规范。

**第三十九条**　司法业务用房的给水排水设计应满足生活和防火等要求，并应符合国家卫生标准。

**第四十条**　司法业务用房应根据国家相关规定设置采暖、通风、空气调节系统。采暖地区的各级司法业务用房应优先采用区域集中供热采暖系统。司法业务用房应按司法行政机关的计算机网络、监控、视频、通讯等智能化管理的需要，敷设线路，预留接口。

**第四十一条**　司法业务用房改建、扩建建设项目，应充分利用原有可用设施，做到合理规划、设计和建造。进行改建、扩建的司法业务用房，按本标准测算的总建筑面积应含有可利用的原有房屋的建筑面积。

## 附　件

# 《司法业务用房建设标准》条文说明

## 第一章　总　则

**第一条**　本建设标准编制的目的和依据。

党的十七大从发展社会主义民主政治、加快建设社会主义法治国家的战略高度，作出了深化司法体制改革的战略部署。司法体制和工作机制改革是我国政治体制改革的重要组成部分。随着我国法律制度不断完善，司法行政工作在服务党和国家中心工作、服务经济社会发展中发挥了至关重要的作用，职能不断拓展，业务领域不断延伸，地位和作用日益凸显。法律援助、国家司法考试、司法鉴定、安置帮教、社区矫正等职能相继增加，人民调解、法律宣传、法律服务等任务日趋繁重。

在各级党委和政府的关心支持下，司法行政工作得到了全面发展，为国家的经济发展和社会和谐稳定做出了积极贡献。但由于种种原因，目前发展仍存在很大困难和问题。突出表现在：一是业务用房严重紧缺。大部分司法局都靠挤占有限的办公用房开展业务，没有独立的、能满足实际需要的业务用房；二是工作开展严重受限。新职能、新任务对司法行政各项保障工作提出了新的更高的要求，而目前司法业务用房建设严重滞后，日益成为司法行政事业发展的“瓶颈”，严重影响了各项业务工作的正常开展。

为贯彻落实《中共中央转发＜中央政法委员会关于深化司法体制和工作机制改革若

干问题的意见 > 的通知》（中发〔2008〕19 号）的精神，司法部把司法业务用房建设作为一项重要工作来抓，制定下发了调查表、开展专题调研、召开了多种形式的座谈会，对业务用房建设情况作了全面细致的调查摸底，在此基础上形成了《关于司法行政系统业务基础建设有关问题的调研报告》，于2009 年上报国家发展和改革委员会，国家发展和改革委员会下达《国家发展和改革委办公厅关于抓紧开展政法基础设施建设标准编制和修订工作的通知》（发改办投资〔2009〕1015 号）要求抓紧编制工作。

依据《党政机关办公用房建设标准》（计投资〔1999〕2250 号）第十三条"特殊业务用房，需要单独审批和核定标准"的规定，制定本建设标准。本建设标准对于合理确定司法业务用房的建设内容和建设规模，促进司法业务用房建设快速、健康发展，保证司法行政业务工作的正常开展具有十分重要的意义。

**第二条**　本建设标准的作用。

本标准是指导司法业务用房建设的国家工程项目建设标准，它对司法业务用房建设决策、规划、实施起宏观指导作用，具有较强的政策性、实用性。

**第三条**　本建设标准适用范围。

**第四条**　司法业务用房建设是一项长期而艰巨的任务，应纳入各级政府的投资计划。各级司法行政机关领导要高度重视，在政策允许的范围内，根据当地财力情况，本着勤俭节约的原则，合理合法地安排建设。已经政府部门批准正在建设的项目，要依据实用、配套的原则，抓紧进行完善。没有业务用房的司法行政机关，要以本建设标准为依据，积极向政府部门反映困难，说明理由，在力所能及的情况下，争取早日解决。在建设过程中，应严格遵守本标准，确定本级司法业务用房建设等级、建设规模，既要保证满足业务工作需要，又不盲目追求面积、档次，造成资源浪费。

**第五条**　各级司法业务用房在建设规划时，应与项目所在地区社会经济发展水平相适应，同时要根据当地的实际情况，处理好需要与可能、现状与发展的关系，力求使司法业务用房建设在规模、功能、建设水平等方面达到比较合理的水平。

**第六条**　司法业务用房和司法办公用房虽然在性质上具有不同的用途，但是在功能上却又联系密切，互为补充，应统一规划，统一建设。在标准制定过程中，我们发现，有些地方在申请新建办公用房时没有把业务用房建设一并纳入规划，有些即使考虑了业务用房建设，却是以办公用房建设为主，业务用房建设为辅，业务用房的规模与功能远未达到要求，因此在规划时，要考虑建成后方便管理和使用，尽量提高各类用房的综合使用功能。

**第七条**　明确了本建设标准与国家现行有关标准和规范的关系。

司法业务用房是司法行政机关履行业务职能的重要场所。由于建设项目一直未纳入城市总体规划，导致用地选址困难，审批、规划、立项无依据，经费缺乏正常渠道和来源，因此本建设标准明确提出司法业务用房的建设应符合城市总体规划的要求。

司法业务用房建设必须遵循有关国家法律、法规。司法业务用房的性质、规模、功能和建设要求，是根据司法行政业务需求确定的，建设工作应依法进行，增强科学性，避免盲目性、随意性。

**第八条**　明确了司法业务用房可根据实际情况采取与其他单位合并建设或进行购置的方式，有利于节约资源、节省用地。

## 第二章　建设内容和项目构成

**第九条**　明确了司法业务用房建设项目由三部分构成。这三者密不可分，缺一不可，在建设时均应列入其中，统筹安排。

**第十条**　明确司法业务用房的房屋建筑建设内容。

**第十一条**　明确市（地、州）司法局业务功能用房建设内容的设置依据和业务功能用房构成。

市（地、州）司法局其业务职能主要有以下九项：一是制定、组织实施普法教育规划；指导、协调并开展依法治理工作。二是指导、管理、监督并组织开展律师、公证工作。三是监督、管理并组织实施法律援助工作。四是指导、管理并组织开展人民调解和法律服务工作。五是组织、指导、协调社区矫正和刑释解教人员帮教安置工作。六是组织实施国家司法考试；负责对取得资格证书者的有关管理工作。七是指导、管理司法鉴定工作。八是指导、管理、监督监狱、劳教工作。九是参与社会治安综合治理。

一、法律事务接待用房，是司法局用于接待来访群众、受理和分流法律事务及面向社会公众开展普法宣传的业务用房。

二、监狱劳教业务用房，是用于指导、管理、监督监狱、劳教工作的业务用房。

三、法律援助业务用房，是为经济困难群众和特殊案件当事人无偿提供法律援助的业务用房。该业务用房是根据方便当事人申请获得法律援助和保证法律援助机构组织实施法律援助的需要确定的。

四、人民调解业务用房，是司法局用于指导管理人民调解日常工作，培训人民调解工作骨干，协调、分流、指挥、督办、化解矛盾纠纷，指导陪审员工作，直接参与重大群体性案件和涉法涉诉案件调解的业务用房。

五、社区矫正业务用房，是指对在社区内服刑的管制、缓刑、假释、暂予监外执行、剥夺政治权利等罪犯进行监督管理、教育矫正等活动所需的业务用房。

六、安置帮教业务用房，是指对刑释解教人员进行思想帮教、职业培训、帮扶安置等活动的业务用房。

七、律师业务用房，是律师为当事人提供法律服务的业务用房。

八、公证业务用房，是指公证机构根据当事人申请，为其办理公证事项，提供公证法律服务所需的业务用房。

九、普法依法治理业务用房，是面向全社会开展法制宣传和依法治理工作的业务用房。主要用于组织协调开展普法依法治理活动，开展法制宣传公益讲座和培训，对各类普法对象进行法律知识考试考核，制作发放法制宣传书籍和资料，开辟法制宣传资料阅览室对社会公众开放借阅，开展远程法制教育，采编制作法制宣传音像节目，与各类媒体联合制作刊播法制宣传专栏、专版和节剧目，开辟法制宣传咨询热线，解答群众法律问题并进行针对性法制宣传，开办和维护地方普法网站、网页进行网上普法宣传等业务。

十、国家司法考试用房，是开展国家司法考试相关业务工作的专门用房。根据《国家司法考试实施办法》和《国家司法考试保密工作规定》，国家司法考试是国家统一组织的从事特定法律职业的资格考试，市（地、州）司法局承担着报名审核、考试组织、试卷保管、资格审核、信息档案管理等多项重要职能性工作。

十一、司法鉴定业务用房，是开展司法鉴定相关业务的工作用房。主要用于接受、调查和补审、上报本辖区内拟申请设立的司法鉴定机构和司法鉴定人的相关材料；对已经执业的司法鉴定机构和司法鉴定人进行日常指导、评估、检查和监督、管理；接受司法鉴定检案中当事人业务咨询，接待群众有关司法鉴定业务和法律咨询；接受司法鉴定机构和司法鉴定人的来访，组织开展教育培训和相关业务技术交流、研讨；负责本辖区内司法鉴定执业活动投诉举报处理工作，提出给予行政处理、行政处罚和复议等事项的初步处理意见；协助做好有关侦查机关鉴定机构和鉴定人备案登记的相关工作；根据辖区内诉讼需求，在调查研究的基础上，适时向省司法厅提出司法鉴定合理布局和可持续发展的建议和意见。

十二、法制及执法监督业务用房，是开展法制及执法监督相关业务工作的专门用房。依据我国律师、公证、司法考试、司法鉴定等多部相关法律、法规和部颁规章的规定，市、县级司法行政机关负有行政审批、行政处罚、行政执法等多项执法职能。依据部颁《司法行政机关执法监督检查工作规定》，法制工作部门负责司法行政机关内部执法监督工作，保障司法行政机关依法正确履行职能。

十三、“148”法律服务用房，是司法行政部门开设和运用专用电话网络，向广大群众和社会组织提供法律咨询和法律服务而设置的专门业务用房。

十四、信访业务用房，是用于办理群众来信、接待群众来访的业务用房。

十五、资料档案用房，是用于保存培训教材、资料、图书及培训课件等音像资料，为干部职工提供借阅、查询服务；用于人民调解、社区矫正、安置帮教、法律援助、法律服务等司法行政业务办结事项及法制宣传教育培训和考试考核档案等资料存放、回告、查阅用房。

十六、教育培训用房，是开展普法教育、业务培训、矫正对象教育等教育培训的业务用房。以普法培训为例，普法教育既包括对各类普法对象的教育培训，对普法业务骨干的培训，还包括对法制宣传教育社会人才队伍（例如：社会普法宣传员、普法讲师团成员、普法志愿者等）进行培训等。教育培训用房主要是为了满足开展相关业务教育培训的需要而设置的。一是开展普法教育的需要，据统计，司法局每年都要定期举办普法讲座和普法教育培训班，平均举办法制讲座 4 期，900 人次，普法骨干、普法宣讲员、普法办主任培训班 20 期，4000 多人次；二是开展业务培训的需要，定期组织司法所工作人员、人民调解员、基层法律服务工作者、社区矫正工作人员和社会志愿人员进行相关业务学习和培训达 12 期，每期参训人员达 400 人；三是开展矫正对象教育的需要，定期对矫正对象开展集中法制教育，就业技能培训。

十七、社会志愿者工作用房，用于组织志愿者开展讲座、培训、咨询等活动的用房。在基层，法律专门人才资源不足具有普遍性，招募一些退休法官、检察官、取得法律职业资格证书而未从事法律工作的人员、热心社会工作的法律工作者及法学院校毕业生作为志愿者从事法律服务和其他司法行政工作，是解决基层司法行政机关人员少、任务重的有效手段。据统计，市（地、州）司法局社会志愿者人数约为 30 ~ 35 人；县（市、区）司法局社会志愿者人数约为 25 ~ 30 人。

十八、网络信息中心，是为业务开展提供信息技术服务和保障的工作用房。中心机房是根据实际需要用于存放服务器等网络设备的用房，司法行政信息库用房是用于保存业务工作电子统计数据、记录等相关信息的用房。

十九、应急指挥中心，是管理、督导监狱、劳教所、强制隔离戒毒所、戒毒康复中心日常工作和处置群体性纠纷、突发事件的业务用房。

**第十二条** 明确县（市、区）司法局业务功能用房建设内容的设置依据和业务功能用房构成。

县（市、区）司法局业务职能主要有以下七项：一是制定并组织实施普法教育规划；指导、协调并开展依法治理工作。二是指导、管理、监督并组织开展律师、公证工作。三是指导、管理并开展人民调解和法律服务工作。四是监督、管理并组织实施法律援助工作。五是协调、指导并组织开展社区矫正和刑释解教人员帮教安置工作。六是参与社会治安综合治理。七是协助开展司法鉴定业务，并进行执业监督管理工作。

各类业务功能用房条文说明参照第十一条。

**第十三条** 明确乡（镇、街道）司法所业务功能用房建设内容的设置依据和业务功能用房构成。

司法所业务职能主要有以下九项：一是指导管理人民调解工作，参与调解疑难、复杂民间纠纷。二是承担社区矫正日常管理工作，组织开展对社区服刑人员的管理、教育和帮助。三是指导、管理基层法律服务工作。四是协调有关部门和单位开展对刑释解教人员的安置帮教工作。五是组织开展法制宣传教育工作。六是组织开展基层依法治理工作，为乡镇人民政府（街道办事处）依法行政、依法管理提供法律意见和建议。七是协助基层政府处理社会矛盾纠纷。八是参与社会治安综合治理工作。九是完成上级司法行政机关和乡镇人民政府（街道办事处）交办的维护社会稳定的有关工作。

一、法律事务接待用房，是司法所用于接待前来办理法律事务的群众，对来访群众的法律事务进行受理、分类、传递的用房。

二、法律援助业务用房，是接受基层群众的法律援助申请，初步审查并转交法律援助申请，为基层群众提供法律咨询等服务的用房。

三、人民调解业务用房，是司法所组织纠纷各方当事人开展调解活动的专门场所，用于实施纠纷受理登记、询问、调查、举证、质证、调解、签署协议等调解活动和指导陪审员工作。

四、社区矫正业务用房，是组织开展对社区服刑人员的监督管理、教育和帮助的用房。

五、安置帮教业务用房，是组织社会力量对刑释解教人员进行帮教的议事工作室。

六、普法依法治理业务用房，是组织开展普法教育活动的用房。主要是针对基层社区居民和农民组织开展法制宣传讲座、培训等活动，组织开展居民和农民普法学校活动，印制发放法制宣传资料，开辟法制宣传资料阅览室对社会公众开放借阅，接受基层群众法律咨询，开展有针对性的法制宣传教育等。

七、资料档案用房，同第十一条第十五款。

**第十四条** 明确司法业务用房具体建设实施的原则。

**第十五条** 明确司法业务用房的附属用房建设内容。

**第十六条** 明确司法业务用房场地的建设内容。

**第十七条** 明确司法业务用房建筑设备的建设内容。

## 第三章 选址与规划布局

**第十八条** 司法业务用房项目选址的原则。

司法业务用房项目选址，一方面应考虑方便群众的需要，另一方面应选择在交通、公共服务设施比较完善和远离产生粉尘、散发有害物质的场所与贮存有易爆、易燃物等地段，这样既可以减少公共服务设施的投入，又有利于安全、卫生。

**第十九条** 为贯彻节约用地的原则，必须对建筑容积率及建筑密度加以控制，合理、有效利用土地资源。

**第二十条** 司法业务用房建设过程中应注意保护、美化环境，绿地率应符合法定规划控制绿地面积指标的规定。

**第二十一条** 司法业务用房停车场地供各级司法业务工作需要配备的业务用车停用，同时考虑到办理业务的社会群众的停车需要，需按照当地规划行政主管部门规定的停车数量标准确定场地面积。

## 第四章 建设等级和面积指标

**第二十二条** 司法业务用房建设等级应按当地司法行政机关的级别来确定，主要考虑不同级别的司法行政机关所担负的业务职能及业务量有所不同，所需业务用房建设内容构成与建筑面积也不相同。

**第二十三条** 明确一、二级司法业务用房人均建筑面积指标。

本着满足司法行政机关的业务需求、经济适用的原则，经过大量的调查研究，在反复论证、测算，多方征求意见的基础上制定了本条规定。一、二级司法业务用房的人均建筑面积指标高、低限数值的不同是由于考虑了不同级别司法行政机关人员编制结构、任务有所不同，因此人均建筑面积指标的高、低限数值有所区别。

**第二十四条** 明确一、二级司法业务用房编制人数的计算方法。

各级司法行政机关一直存在着人员编制少的问题，仅靠政法编制人员不能满足正常业务工作的开展，经过大量调研和统计，法律援助机构等业务职能单位的事业编制人员是开展司法业务工作不可或缺的重要力量，因此，在计算司法业务用房建设规模时，应将此类编制人员计算在内。

**第二十五条～第二十六条** 明确一、二级司法业务用房的人均建筑面积的计算方法。

由于同一级的司法行政机关的编制人数也有相当大的差别，如果制定一个统一的人均建筑面积指标是不可行的。规模较大的建筑比规模较小的建筑通常交通面积或附属面积要节省，使用系数相对要高，所以本条规定编制人数多的司法业务用房，其人均建筑面积指标相应就低，反之编制人数少的司法业务用房，其人均建筑面积指标相应就高。同时，本建设标准要保证基本的业务用房的建设规模，经过论证，一、二级司法业务用房人均建筑面积指标的高限数值和低限数值相对于编制人数时，确定了合理的区间，在区间内人均建筑面积指标用插入法的计算公式可计算出不同编制人数的司法业务用房人均建筑面积指标。

**第二十七条** 明确了三级司法业务用房建筑面积。

司法所是县（市、区）司法局的派出机构，担负着最基层的司法业务工作，其编制人数较少，但业务量繁重，“窗口”服务特征明显，应以基本业务量来计算其建筑面积的大小，并结合编制人数确定司法所业务用房的建筑面积。为贯彻节约用地的原则，鼓励街道司法所同当地其他行政办公用房（例如，街道办事处）统一建设、统筹考虑。

**第二十八条** 明确司法业务用房附属用房建设原则。

本着节约资源、避免浪费的原则，司法业务用房的附属用房除特殊功能要求外，可与司法办公用房共建共用，避免重复建设，既可减少投资，节约建筑用地，又能提高设施的使用效率，降低管理成本。当司法业务用房独立建设时，附属用房建设规模和水平应按实际需求参照《党政机关办公用房建设标准》（计投资〔1999〕2250号）执行。

**第二十九条** 明确司法业务、办公用房建设总规模的计算方法。

司法业务用房和司法办公用房的建设，应符合节约土地、节约成本的原则，有利于城市的整体规划和整体建设。司法业务用房的建筑面积应按本建设标准确定；司法办公用房的建筑面积应按《党政机关办公用房建设标准》确定。

**第三十条** 原则上司法业务用房的建设应按本标准执行，各级司法行政机关应严格按照建设标准确定建设规模。确有特殊业务要求，超出本建设标准规定的，须经政府投资主管部门批准。个别地区的司法业务用房建设规模，在保证业务工作正常开展的前提下，本着节约的原则，可视业务工作量及地方财力所能适当降低。

**第三十一条** 明确自收自支的事业单位的业务用房建设规模和投资渠道。

## 第五章 建筑标准和建筑设备

**第三十二条** 司法业务用房的建筑设计原则。

司法业务用房的建筑标准应力求与财力、物力、功能要求相统一，应体现司法行政机关的性质和特点，同时也应符合当地规划主管部门对建筑的要求。

**第三十三条** 司法业务用房建筑设计使用年限和建筑结构安全等级。根据国家现行标准《民用建筑设计通则》（GB 50352—2005），司法业务用房建筑设计使用年限应为50年。根据国家现行标准《建筑结构可靠度设计统一标准》（GB 50068—2001），建筑结构设计时应根据结构破坏可能产生后果（危及人的生命、造成经济损失、产生社会影响等）的严重性，采用不同的安全等级，司法业务用房建筑结构安全等级不应低于二级。

**第三十四条** 司法业务用房建筑结构形式一般宜采用砌体结构或框架结构。

**第三十五条** 强调了建筑材料的选用应遵循的规范、建筑节能及可持续发展的要求。建筑材料应充分利用地方建筑材料，合理降低工程造价，避免华而不实、片面追求高标准的现象。

**第三十六条** 司法业务用房无障碍设计的规定。为体现对残疾人、老年人等社会弱势群体的关怀，司法业务用房应进行无障碍设计，无障碍设计范围遵从《城市道路和建筑物无障碍设计规范》（JGJ 50—2001）相关的规定。

**第三十七条** 司法业务用房的装修应以满足基本工作需要，力戒奢华，简洁庄重、经济适用为原则，兼顾美观和地方特色，装修选用材料强调采用国产装修材料，可节省装修投入。严格按《党政机关办公用房建设标准》执行，且不应超过中级装修标准，本建设标准不另作规定。

**第三十八条** 司法业务用房建设中对电气设计的要求。

**第三十九条** 司法业务用房建设中对给水、排水的设计要求。

**第四十条** 司法业务用房应根据实际需要设置采暖、通风、空气调节系统。对于采暖地区各级司法业务用房采暖系统，宜采用区域集中供热采暖系统，可减少建设独立锅炉房及设备的投入和附属用房面积，有利于环境保护和节约能源。司法业务用房在设计施工中，要考虑到信息网络建设和智能化管理的需要，敷设相应线路或预留接口，以避免二次施工造成浪费。

**第四十一条** 明确司法业务用房改建、扩建项目应遵循的原则。

# 劳动教养管理所建设标准

## 建标 116—2009

## 关于批准发布《劳动教养管理所建设标准》的通知

建标［2009］63 号

国务院各有关部门，各省、自治区、直辖市、计划单列市住房和城乡建设厅（委、局）、发展和改革委员会，新疆生产建设兵团建设局、发展和改革委员会：

根据建设部《关于印发〈二〇〇一年工程项目建设标准编制项目计划〉的通知》（建标［2001］203 号）的要求，由司法部负责编制的《劳动教养管理所建设标准》，经有关部门会审，现批准发布，自 2009 年 8 月 1 日起施行。

在劳动教养管理所建设项目的审批、设计和建设过程中，要严格遵守国家关于严格控制建设标准的有关要求，认真执行本建设标准。

本建设标准的管理由住房和城乡建设部、国家发展和改革委员会负责，具体解释工作由司法部负责。

**中华人民共和国住房和城乡建设部**
**中华人民共和国国家发展和改革委员会**
二〇〇九年三月二十六日

## 前　言

《劳动教养管理所建设标准》（以下简称《标准》）是根据原建设部《关于印发〈二〇〇一年工程项目计划〉的通知》（建标［2001］203 号）的要求，由司法部负责编制的。《标准》主编单位为司法部劳动教养管理局和山东建筑大学，参编单位为山东、北京、重庆、湖南、浙江、广东、新疆等 7 省（自治区、直辖市）劳教局。

《标准》编制过程中，编制组坚持以科学发展观为指导，按照建设部、国家发展和改革委员会印发的《工程项目建设标准编制程序规定》和《工程项目建设标准编写规定》，制定了编制方案，开展了专题调研，进行了样本分析，征求了各省（自治区、直辖市）有关部门的意见，《标准》送审稿经过了审查会议审查，《标准》报批稿经国务院建设主管部门和投资主管部门审查定稿。

《标准》共六章，主要内容包括：总则、建设规模与项目构成、选址与规划布局、建筑标准、警戒防护设施、场地和配套设施。

在执行本标准过程中，请各单位注意总结经验，积累资料。如发现需要修改和补充之处，请将意见及时反馈司法部，以便今后修订时参考。

通信地址：北京市朝阳门南大街10号司法部劳教局

邮政编码：100020

中华人民共和国司法部

2009年3月2日

## 第一章 总 则

**第一条** 为了加强和规范劳动教养管理所（以下简称劳教所）建设，提高工程项目投资决策和建设管理水平，根据《中华人民共和国警察法》和《劳动教养试行办法》及其他有关法律法规，制定本建设标准。

**第二条** 本建设标准是劳教所建设项目决策和合理确定建设水平的全国统一标准，是编制、评估和审批可行性研究报告的重要依据，也是有关部门审查、监督、检查劳教所工程项目建设的尺度。

**第三条** 本建设标准适用于劳教所新建、改建和扩建工程项目。

**第四条** 劳教所建设必须遵守国家有关法律、法规，符合场所安全和教育矫治劳教人员的方针政策，体现“封闭、半开放、开放”三种管理模式的要求，应与当地经济、社会发展状况相适应，做到安全、适用、经济、美观。

**第五条** 劳教所建设应统一规划、合理布局，符合当地城乡总体规划，纳入政府投资计划。新建劳教所建设项目应一次规划、建设，扩建和改建的劳教所应充分利用原有设施。

**第六条** 劳教所建设除应执行本建设标准的规定外，还应符合国家现行的有关工程建设标准和规范的规定。

## 第二章 建设规模与项目构成

**第七条** 劳教所建设规模按设计收容劳教人员数量，划分为大型劳教所、中型劳教所、小型劳教所三类。

**第八条** 劳教所设计收容劳教人员数量应符合下列规定：

一、小型劳教所：300~800人。

二、中型劳教所：801~1500人。

三、大型劳教所：1501~3000人。

**第九条** 劳教所建设项目由房屋建筑、警戒防护设施、场地及配套设施构成。

**第十条** 劳教所房屋建筑包括劳教人员用房、警察用房、护卫人员用房、“三岗”（辅助管理岗位、关键要害岗位、技术辅导岗位）人员用房及其他附属用房。

一、劳教人员用房包括劳教宿舍楼、食堂、教育用房、习艺劳动用房、社会帮教用房、医院（或医务所）、禁闭室及其他服务用房等。

二、警察用房包括行政办公用房、特殊业务用房、管理用房、训练用房、备勤用房等。

三、护卫人员用房建设项目及标准参照《武警内卫执勤部队营房建筑面积标准（试行）》规定执行。

四、“三岗”人员用房包括管理用房和业务用房。

五、其他附属用房包括变配电室、锅炉房、警察食堂、车库、水泵房、院区警卫室、办公区传达室等。

**第十一条** 劳教所警戒防护设施包括大门、围墙、照明、隔离带、监控系统、安全检测设施、报警装置等警戒设施；与配套设施有关的防护设施。

**第十二条** 劳教所场地包括道路、绿地、警察体训场、停车场及劳教人员体训场等。

**第十三条** 劳教所配套设施包括消防、给排水、供电、燃气、采暖、通讯与计算机网络、有线电视系统、环保以及绿化美化等设施。

## 第三章 选址与规划布局

**第十四条** 新建劳教所的选址应符合下列要求：

一、应设置在大、中型城市，未成年教养所应设置在省会城市。

二、应选择水文地质条件较好的地段，严禁选在可能发生严重自然灾害的地区。

三、应具备较好的供水、供电、通讯、交通等市政条件。

四、与各种污染源、易燃易爆危险品、高压电线、无线电干扰、光缆、石油管线、水利设施的距离应符合国家有关防护距离的规定。

**第十五条** 劳教所建设用地应坚持科学、合理、节约的原则，根据批准的建设计划，科学规划，合理布局。劳教所建设用地包括建筑用地、体训场用地、巡逻通道用地、绿化用地等。新建劳教所建设用地标准应按每名劳教人员 $70m^2$ 测算。从事农业劳动的劳教所建设用地标准可按实际情况确定。

**第十六条** 劳教所的总平面布局应分为劳教人员生活区、教学区、习艺劳动区、社会帮教区、警察行政办公区、护卫备勤区。各区之间彼此相邻，有通道相连，并有相应的隔离设施。

**第十七条** 劳教所的总平面布置应符合下列要求：

一、在平面布置中，合理确定各功能区的位置、占地面积和间距。

二、各功能区应与“封闭、半开放、开放”三种管理模式的要求有机结合。劳教人员生活区中应单独设置封闭式管理区域，管理新入所和禁闭处分的劳教人员。社会帮教区中应建有开放式管理的劳教人员用房。

三、各功能区的房屋建筑应符合联系方便、互不干扰和保障安全的原则。劳教人员用房距围墙不宜小于10.00m。

四、劳教院区大门前应留有一定的缓冲区域。

五、劳教院区内应设劳教人员体训场；警察行政办公区内应设警察体训场和停车场。

**第十八条** 劳教所内建筑物之间及所内建筑与所外建筑之间距离的确定，应满足日照、采光、通风、消防、防灾、管线埋设等要求。

**第十九条** 劳教所内的道路应根据用地规模、道路用途和环境条件，选择安全、便捷、经济的道路系统和道路断面形式。主要道路的路面宽度不应小于6.00m。

**第二十条** 新建劳教所绿地率宜为30%，扩建和改建劳教所绿地率宜为20%。

**第二十一条** 劳教所的标志包括警徽、刻有劳教所名称的标牌和建筑标识等，标志应醒目、统一；民族自治地区劳教所的标志还应符合有关规定。

## 第四章 建筑标准

**第二十二条** 劳教所的建筑标准，应根据城市规划、劳教所建设规模和使用功能的要求合理确定。

**第二十三条** 劳教所综合建筑面积指标，应符合表1的规定。

**表1 劳教所综合建筑面积指标**

| 用房类别 | 建设规模 | | | 备注 |
|---|---|---|---|---|
| | 大 | 中 | 小 | |
| 劳教人员用房（$m^2$/劳教人员） | 20.38 | 21.11 | 21.84 | |
| 警察用房（$m^2$/警察） | 32.09 | 32.74 | 33.39 | |
| “三岗”人员用房（$m^2$/“三岗”人员） | 8.00 | 8.00 | 8.00 | |
| 其他附属用房（$m^2$/警察） | 4.49 | 4.95 | 5.79 | |
| 综合建筑面积（$m^2$/劳教人员） | 28.18 | 29.13 | 30.16 | |

注：寒冷地区综合建筑面积指标在本标准基础上增加4%，严寒地区宜在本标准基础上增加6%。

**第二十四条** 劳教所各类用房的建筑面积指标应参照表2-1、表2-2、表2-3、表2-4确定。

**表2-1 劳教人员用房建筑面积指标** （$m^2$/劳教人员）

| 用房类别 | 用房名称 | 建设规模 | | | 备注 |
|---|---|---|---|---|---|
| | | 大 | 中 | 小 | |
| 劳教人员用房 | 劳教宿舍楼 | 6.99 | 6.99 | 6.99 | |
| | 食堂 | 1.57 | 1.74 | 1.91 | |
| | 教育用房 | 3.14 | 3.49 | 3.84 | |
| | 习艺劳动用房 | 6.50 | 6.50 | 6.50 | |
| | 社会帮教用房 | 1.23 | 1.37 | 1.51 | |
| | 劳教医院（或医务所） | 0.50 | 0.50 | 0.50 | |
| | 禁闭室 | 0.04 | 0.06 | 0.08 | |
| | 其他服务用房 | 0.41 | 0.46 | 0.51 | |
| | 合计 | 20.38 | 21.11 | 21.84 | |

**表2-2 警察用房建筑面积指标** （$m^2$/警察）

| 用房类别 | 用房名称 | 建设规模 | | | 备注 |
|---|---|---|---|---|---|
| | | 大 | 中 | 小 | |
| 警察用房 | 行政办公用房 | 16.00 | 16.00 | 16.00 | |
| | 特殊业务用房 | 1.09 | 1.21 | 1.33 | |
| | 管理用房 | 4.80 | 5.33 | 5.86 | |
| | 训练用房 | 5.07 | 5.07 | 5.07 | |
| | 备勤用房 | 5.13 | 5.13 | 5.13 | |
| | 合计 | 32.09 | 32.74 | 33.39 | |

表 2-3 “三岗”人员用房建筑面积指标 （$m^2$/“三岗”人员）

| 用房类别 | 建设规模 | | | 备注 |
| --- | --- | --- | --- | --- |
| | 大 | 中 | 小 | |
| “三岗”人员用房 | 8.00 | 8.00 | 8.00 | 包括“三岗”人员的管理用房和业务用房 |

表 2-4 其他附属用房建筑面积指标 （$m^2$/警察）

| 用房类别 | 建设规模 | | | 备注 |
| --- | --- | --- | --- | --- |
| | 大 | 中 | 小 | |
| 其他附属用房 | 4.49 | 4.95 | 5.79 | 包括变配电室、锅炉房、警察食堂、车库等 |

**第二十五条** 劳教所房屋建筑的结构形式应根据建设条件、建筑层数和建筑物用途综合考虑，选择相应的建筑结构形式。

**第二十六条** 劳教人员用房建筑高度不宜超过 24.00m。

**第二十七条** 劳教人员寝室内设双层床铺时层高不高于 3.60m，教室层高不应低于 3.60m。

**第二十八条** 劳教人员宿舍楼设计应符合下列要求：

一、寝室窗地比不应小于 1:7。

二、盥洗室排水立管及地漏应在常规设计标准的基础上加大 1 号管径。

三、劳教人员宿舍楼内寝室及走廊的照明配电箱、开关箱，均应设在警察值班室；寝室及走廊应设寝后低照度灯具。

**第二十九条** 劳教人员医院（或医务所）、教育用房、食堂等应根据建设规模和不同管理模式的要求，参照国家现行有关规范、标准，按实际需求设置。习艺劳动用房宜根据习艺项目类别，参照相应行业标准进行设计和建设。

**第三十条** 禁闭室应集中设置于劳教人员生活区内，每间使用面积不宜小于 6.00$m^2$。

**第三十一条** 社会帮教用房应集中设置于社会帮教区内，并靠近劳教院区大门附近，满足劳教人员和劳教人员亲属通道分设的要求。

**第三十二条** 劳教人员生活区、教学区、习艺劳动区和社会帮教区内的警察管理用房应符合下列要求：

一、大队警察值班室（监控室）、队情分析室、教育谈话室等，应集中设置于劳教宿舍楼楼层的端口。

二、习艺劳动区的警察值班室，应设有线、无线通讯和报警装置。

三、教育用房、劳教医院（或医务所）、食堂、社会帮教用房等劳教人员用房内均应设警察值班室。

**第三十三条** 劳教所的建筑风格应体现劳教机关的性质和特点，并与当地的建筑传统相适应。

**第三十四条** 劳教所建筑物结构的设计使用年限不应少于 50 年，安全等级应为二级。

**第三十五条** 劳教所建筑物应按国家现行抗震设计规范进行设计，其中围墙、大门宜提高一个设防等级。

**第三十六条** 劳教所建筑物的耐火等级不应低于二级，其中习艺劳动区的车间、仓库的耐火等级应按国家有关标准确定。

**第三十七条** 劳教所警察行政办公用房的装修按照国家有关规定执行，其他用房宜按办公用房三级建筑装修执行。

**第三十八条** 劳教所的供电负荷等级应符合现行相关规范的规定，且应考虑重点部门、部位的供电安全需要。

**第三十九条** 劳教所建筑物应按国家有关规定设置采暖、降温设施，应设置完备的给排水系统。

**第四十条** 劳教所的建筑设计，应符合国家节能降耗的有关规定，充分利用太阳能等可再生资源。

**第四十一条** 劳教所的垃圾、污水处理和烟尘排放，必须符合国家有关环保规定。

## 第五章　警戒防护设施

**第四十二条** 警戒设施应符合下列要求：

一、劳教院区围墙应高出地面 4.50m，不低于 370mm 厚砖墙的安全防护要求，转角应呈圆弧形，表面要光滑。围墙内侧 5.00m、外侧 10.00m 为警戒隔离带，隔离带内应无障碍。

劳教院区围墙应设置照明装置，照明灯具的位置、距离应适当，照明灯具应配有防护罩。围墙内、外侧警戒线内照明效果良好。

二、劳教院区大门应分设车辆和人员通行的大、小门，并相对隔离，大门宜宽 6.00m、高 4.50m。

三、院区警卫室应设在劳教院区大门一侧。

**第四十三条** 防护设施应符合下列要求：

一、通往劳教院区外的暖气检查口、排水暗管的检查窨井等，均应设防护设施。

二、劳教宿舍楼的电线均应暗装。

三、禁闭室内不应设电器开关及插座，应采用低压照明（宜采用24V 电压），照明控制装置应设在警察值班室内。

四、劳教宿舍楼、会见室、禁闭室等房屋的外窗应设防护设施，会见室靠劳教院区内一侧的外门及禁闭室外门应为铁门。

五、室外疏散楼梯周围应设防护设施，通向屋顶的消防爬梯离地面高度不应小于 3.00m，且 3.00m 水平距离内不应开设门窗洞口。

六、院区警卫室内应设通讯报警和控制大门开闭的装置，外门应为铁门，窗户应安装防护设施。

**第四十四条** 劳教所行政办公区应设指挥控制中心，配备监控系统，具备电视监控、报警、对讲、门禁、巡更等功能，对劳教人员用房的公共活动区域、院区大门、围墙等重点部位实时监控。监控系统应与劳教所同步规划、同步建设、同步投入使用。

## 第六章　场地和配套设施

**第四十五条** 警察体训场面积宜按每人 3.20m² 测算，劳教人员体训场面积宜按每人

2. 89$m^2$ 测算。

**第四十六条** 劳教所应按公务车辆核定数、其他车辆的实际情况，分别确定车库、停车场的位置和面积。

**第四十七条** 劳教所信息化基础设施的建设标准按有关规定执行。

**第四十八条** 劳教所应有完备的道路、消防、给排水、供暖、变配电、燃气、环保等设施，宜与城市市政系统相衔接。若劳教所外无相应市政设施，劳教所本身应自成体系。

**第四十九条** 劳教所建筑物内所需配套设施、设备的配置标准，参照国家相关规定执行。

**附加说明**

## 本标准主编单位、编制组成员和主要起草人名单

**主编单位：** 司法部劳教局
山东建筑大学

**编制组成员：** 李如林　李永福　刘卫民　万克淑　操菊平　张　原　章　彤　张圣中
李邦喜　李主太　刘希水　戴建海　赵　刚　林昌吉　梅张忠　廖少林
艾益荣　宋浩文　徐柳波　陈　达　邱创雄　多力坤　魏永胜　李东伟

**主要起草人：** 李永福　操菊平　李邦喜　刘希水　万克淑　章　彤　张　原　蒋定钊

# 附　件

# 《劳动教养管理所建设标准》条文说明

## 第一章　总　　则

**第一条** 本条阐明了编制本建设标准的目的和依据。

劳动教养管理所（以下简称劳教所）是国家治安行政处罚的执行机关，实行“教育、感化、挽救”的劳教工作方针，对劳教人员重在教育、立足挽救，是教育挽救他们的特殊学校。劳动教养制度建立于1957年，改革开放以来，新建、改建和扩建了一大批劳教所。但是，由于没有相应的建设标准，各地劳教所的建设规模和建设水平差异很大，设置不合理，设计不规范，功能不完善，风格不协调。为适应劳教工作改革发展的要求，提高工程项目建设管理水平，规范劳教所建设行为，编制《劳动教养管理所建设标准》非常必要。因此，特制定本建设标准。

**第二条** 本条阐明了本建设标准的作用及其权威性。

本建设标准在编制过程中，根据有关法律法规，结合场所实际，进行了大量的调查研究，专家反复论证，并借鉴了监狱、武警营房、公安看守所、人民法庭、学校等建设标准，尽可能做到有根有据，有理有利，切合实际，便于操作。使其成为编制、评估、审批可行性研究报告的重要依据，进行工程项目设计、施工的统一标准，有关部门监督、检查

的重要尺度。

**第三条** 本条规定了本建设标准的适用范围。

**第四条** 本条明确了劳教所建设必须遵循的原则及总体要求。

**第五条** 本条明确了劳教所建设的基本做法及其与城乡总体规划的关系。

劳教所建设应统一规划、合理布局，与当地经济社会发展状况相适应，符合城乡总体规划。本条特别指出，新建劳教所建设项目应一次规划到位，避免二次施工和重复投资，降低建设费用。同时，劳教所改扩建项目应充分利用原有设施，防止浪费，提高投资效益。

**第六条** 本条规定了本建设标准与其他现行有关建设标准、建设规范之间的关系。

在编报工程项目建设计划及建设过程中，既要严格执行本建设标准，还应遵循国家现行的有关标准、规范的规定。

## 第二章 建设规模与项目构成

**第七条** 本条规定了劳教所建设规模的划分依据及类型。

为使劳教所设置科学、规模适度、便于管理，适应依法收容劳教人员的需要，因此，将劳教所的建设规模划分为大型、中型、小型三种类型。

**第八条** 本条阐明了劳教所建设规模的划分标准。

截止到2008年底，全国共有劳教所357个，设计收容劳教人员42万人，平均每个劳教所约1200人。据对抽取的70个样本统计，300人以下的劳教所0个；300～800人的劳教所19个，占27.14%；801～1500人的劳教所32个，占45.71%；1501～3000人的劳教所14个，占20.00%；3000人以上的劳教所5个，占7.14%。因此，劳教所建设规模规定为：小型劳教所300～800人，中型劳教所801～1500人，大型劳教所1501～3000人。这种划分方法，符合全国劳教所的现状，便于投资项目管理。各地可根据当地党委政府要求、区域内人口密度和社会治安状况等情况，合理测算劳教人员数量，选择相应的劳教所建设规模。

**第九条** 本条明确了劳教所建设项目的主要构成。

**第十条** 本条规定了劳教所房屋建筑的组成部分。

劳教所房屋建筑由五部分组成：

一、劳教人员用房包括宿舍楼、食堂、教育用房、习艺劳动用房、社会帮教用房、医院（或医务所）、禁闭室及其他服务用房等。

宿舍楼包括寝室、盥洗室、厕所、物品储藏室、晾衣间、图书阅览室、文体活动室、民管会活动室等；食堂包括餐厅、主副食制作间、备餐间、主食库、副食库、调料库、售餐间、餐具清洗消毒间、少数民族餐制作间、工作人员更衣室、卫生间、淋浴室、会计室、储菜用房等；教育用房包括教室、教研室、实验室、演播室、心理矫治中心和会堂等；习艺劳动用房包括职业培训中心、实习车间、劳动车间、仓库等；社会帮教用房包括会见室、安检室、候见室、帮教座谈室、亲情餐厅、亲情居室、所务公开展示室、法律援助室等；劳教医院（或医务所）包括门诊、病房等；其他服务用房包括浴室、购物超市、理发室、茶水房等。

二、警察用房包括行政办公用房、特殊业务用房、管理用房、训练用房和备勤用房。

行政办公用房包括办公室用房、公共服务用房等；特殊业务用房包括指挥控制中心、计算机网络中心、电教中心、警械装备库、劳教人员档案室、影像室、器材存放室、检察院驻所监察室等；管理用房包括大队值班室（监控室）、队情分析室、教育谈话室、卫生间等。

三、护卫人员用房。1991 年，国务院决定武警部队撤离劳教所，原来由武警部队承担的警戒护卫工作由劳教所自行负责。根据《司法部关于在劳教所充实护卫警力健全护卫组织的通知》的要求，劳教所成立护卫队，担负场所警戒护卫任务，护卫人员按收容劳教人员的 5% 配备。鉴于护卫队的职能与原驻所武警相同，护卫人员用房建设标准参照《武警内卫执勤部队营房建筑面积标准（试行）》的规定执行。

四、“三岗”人员用房包括管理和业务用房。“三岗”人员是指根据司法部、财政部和人事部《关于劳教单位工人岗位分类设置和管理的通知》（司发通［2007］69 号）确定的辅助管理岗位、关键要害岗位和技术辅导岗位的工作人员的简称。

五、其他附属用房包括变配电室、锅炉房、警察食堂、车库等。

**第十一条**　本条规定了劳教所警戒防护设施的组成。

警戒防护设施是确保劳教所安全、有效管理劳教人员、防止劳教人员逃跑、自杀、自残的必要措施。警戒防护设施建设应推广应用先进的科技成果，不断提高其现代化、智能化程度。

**第十二条**　本条规定了劳教所的场地组成。

**第十三条**　本条规定了劳教所配套设施的组成。

## 第三章　选址与规划布局

**第十四条**　本条规定了新建劳教所项目的选址要求。

根据国务院《劳动教养试行办法》的规定，劳教场所应设置在大、中城市。考虑到未成年教养人员的特殊性，未成年教养所应设置在省会城市。新建劳教所选择在环境安全和基础条件较好的区域，有利于场所人员人身安全和设施正常运转。

**第十五条**　本条规定了劳教所建设用地的标准和规划布局的要求。

我国土地资源有限，城市用地紧缺。劳教所规划建设必须因地制宜，有机组合建筑高度，合理利用地形地貌、植被、水系和地下空间，科学、有效地使用土地。借鉴普通高等专科学校建设用地标准和监狱建设标准的相关规定，本着节约用地、科学布局的原则，劳教所建设用地标准按设计收容劳教人员数量每名劳教人员 70.00$m^2$测算。

**第十六条**　本条规定了劳教所建设用地划分的功能区域以及各区域的相互关系。具体见图 1：劳教所总平面布置示意图。

各功能区之间相应的隔离设施主要指围墙、花栏墙、灌木带或草坪等。

**第十七条**　本条规定了劳教所总平面布置应符合的要求。

劳教院区是指劳教人员生活、学习、劳动的区域，包括生活区、教学区、习艺劳动区、社会帮教区。

**第十八条**　本条规定了劳教所建筑物之间及劳教所内、外建筑物之间距离的基本原则和要求。

劳教所建设必须遵守国家有关建筑安全、消防、卫生、日照等方面的规定，主要有：《城市居住区规划设计规范》（GB 50180—93）、《建筑设计防火规范》（GB 50016—2006）、《民用建筑设计通则》（GB 50352—2005）、《公共建筑节能设计标准》（GB 50189—2005）、《民用建筑节能设计标准》（JGJ 26—95）、《住宅设计规范》（GB 50096—1999）等。

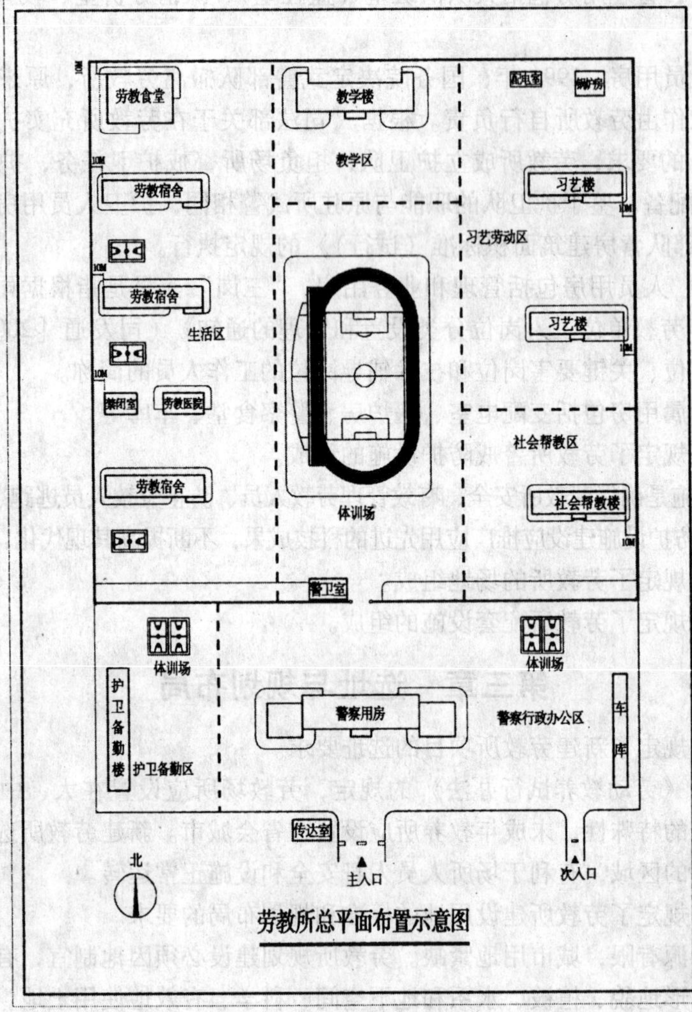


**图 1**

**第十九条**　本条规定了劳教所道路的设置要求。

**第二十条**　本条规定了劳教所绿化的设置要求。

突出劳教场所建设的校园化特色，是以人为本的客观要求，有利于劳教人员的教育矫治和身心健康。根据 1982 年国家颁布的《城市园林绿化管理暂行条例》关于"城市新建区的绿化用地，应不低于总用地面积的 30%"的规定，在大、中城市建设的劳教所，宜与此规定相一致，执行 30% 的标准；对于扩建和改建的劳教所，绿化率指标可适当降低，以 20% 作为低线标准。同时，考虑到场所安全的要求，对劳教所围墙的绿化做了特别规定。

**第二十一条**　本条规定了劳教所标志的设置要求。

## 第四章　建筑标准

**第二十二条**　本条规定了劳教所建筑标准的确定原则。

劳教所建筑标准应根据城市规划、建设规模、工作职责和使用功能等要求合理确定。劳教所总体布局应功能分区明显，分区面积合理，建筑整合科学，空间疏密适中，合理安排体训场、停车场和绿化用地的面积，充分体现校园化风格。

**第二十三条**　本条规定了劳教所综合建筑面积指标。

折算劳教所综合建筑面积，警察人数按设计收容劳教人员数量的20%测算，“三岗”人员数量按设计收容劳教人员数量的6%测算。

**第二十四条**　本条规定了劳教所各类用房建筑面积的指标要求。

劳教所各类用房建筑面积指标是在调研的基础上，总结多年来劳教所建设经验，并结合劳教工作改革发展的要求，参照《民用建筑设计通则》（GB 50352—2005），《中小学建筑设计规范》（GBJ 99—86），《特殊教育学校建筑设计规范》（JGJ 76—2003），《宿舍建筑设计规范》（JGJ 36—2005），《饮食建筑设计规范》（JGJ 64—89），《综合医院建筑设计规范》（JGB 49—88）等制定的，具体数据的测算依据及要求如下：

一、劳教人员用房

根据司法部令第16号、21号、22号对劳教人员管理、教育、生活卫生等特殊要求，参照国家同类标准，确定劳教人员各类用房面积指标。

（一）劳教宿舍楼（具体见图2：劳教宿舍平面示意图）

1. 寝室：宜设在劳教宿舍楼较好的朝向，其标准数据依据如下：

（1）每床占地面积$2.00\times1.00=2.00\text{m}^2$；床间距及过道按每床面积$2.00\text{m}^2$计算，双层床占地面积减半$(2.00+2.00)/2=2.00\text{m}^2$。

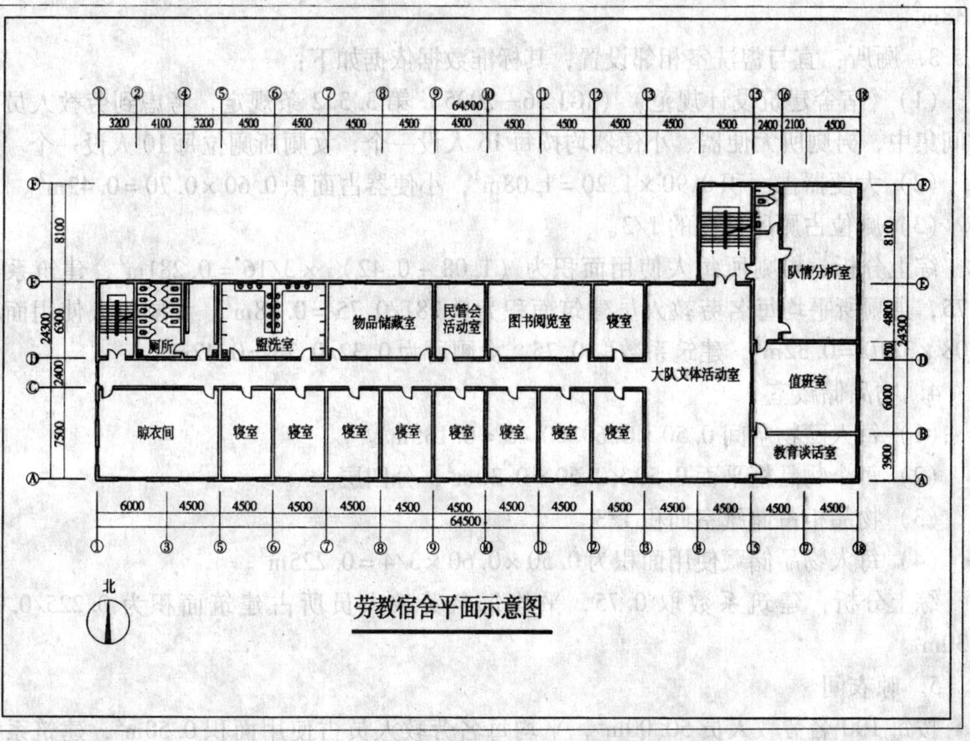


**图2**

学习桌桌宽0.60m，桌深0.45m，座位空间$0.60\times0.70=0.42\text{m}^2$，所占面积$0.6\times(0.45+0.70)=0.69\text{m}^2$。

每名劳教人员占使用面积$2.00+0.69=2.69\text{m}^2$。

（2）房间布置示例：

A：$4.50\text{m}\times6.90\text{m}$，墙厚240mm，使用面积$4.26\times6.66=28.37\text{m}^2$，按居住12人计

算，28.37/12 = 2.36m²（使用面积）。

B：4.50m × 5.40m，墙厚 240mm，使用面积 4.26 × 5.16 = 21.98m²，按居住 8 人计算，21.98/8 = 2.75m²（使用面积）。

C：4.20m × 7.50m，墙厚 240mm，使用面积 3.96 × 7.24 = 28.67m²，按居住 12 人计算，28.67/12 = 2.39m²（使用面积）。

D：4.20m × 5.10m，墙厚 240mm，使用面积 3.96 × 4.86 = 19.25m²，按居住 6 人计算，19.25/6 = 3.21m²（使用面积）。

（3）《宿舍建筑设计规范》（JGJ 36—2005）第 3.2.1 条规定丙类居室双层床 8 人为每人 2.60m²（使用面积）。

综上分析，取每人使用面积 2.75m²，建筑系数取 0.75，平均每名劳教人员所占建筑面积为 2.75/0.75 = 3.67m²。

2. 盥洗室：宜设在劳教宿舍楼层的端头，其标准数据依据如下：

（1）《宿舍建筑设计规范》（JGJ 36—2005）第 3.3.2 条规定洗脸盆或盥洗龙头每 12 人设一个，考虑劳教人员使用时间集中，按每 6 人设一个。

（2）每个洗脸盆或盥洗龙头按 1.70m² 计算，1.70/6 = 0.283m²。

综上分析，建筑系数取 0.75，平均每名劳教人员所占建筑面积为 0.283/0.75 = 0.38m²。

3. 厕所：宜与盥洗室相邻设置，其标准数据依据如下：

（1）《宿舍建筑设计规范》（JGJ 36—2005）第 3.3.2 条规定，考虑到劳教人员使用时间集中，男厕所大便器、小便器均按每 16 人设一个，女厕所厕位每 10 人设一个。

（2）大便器占面积 0.90 × 1.20 = 1.08m²，小便器占面积 0.60 × 0.70 = 0.42m²。

（3）厕位占厕所面积的 1/3。

综上分析，男厕所每人使用面积为（1.08 + 0.42）× 3/16 = 0.281m²，建筑系数取 0.75，男厕所平均每名劳教人员建筑面积为 0.281/0.75 = 0.38m²。女厕每人使用面积为 1.08 × 3/10 = 0.32m²，建筑系数取 0.75，女厕所为 0.32/0.75 = 0.42m²。

4. 物品储藏室

（1）每人藏物空间 0.50 × 0.60 × 0.45 = 0.135m³。

（2）每个物品柜平面 0.50 × 0.60 = 0.30m²，分四层。

（3）物品柜占储藏室面积 1/3。

（4）每人物品储藏使用面积为 0.50 × 0.60 × 3/4 = 0.225m²。

综上分析，建筑系数取 0.75，平均每名劳教人员所占建筑面积为 0.225/0.75 = 0.30m²。

5. 晾衣间

按每 100 名劳教人员 50.00m²，平均每名劳教人员占使用面积 0.50m²，建筑系数取 0.75，平均每名劳教人员建筑面积 0.50/0.75 = 0.67m²。

6. 图书阅览室

（1）按每 100 人设 20 个阅览座位，每座位使用面积 1.50m²。

（2）人均阅览使用面积为 1.5 × 20/100 = 0.30m²。

（3）人均图书按 20 册，藏书 400 册/m²，人均图书使用面积 20/400 = 0.05m²。

（4）辅助办公部分面积每人 0.05m²。

综上分析，人均使用面积 0.30 + 0.05 + 0.05 = 0.40$m^2$，建筑系数取 0.75，平均每名劳教人员建筑面积 0.40/0.75 = 0.53$m^2$。

7. 大队文体活动室

按每大队设置一个 75.00$m^2$ 大队文体活动室，平均每名劳教人员使用面积为 75.00/125 = 0.60$m^2$，建筑系数取 0.75，平均每名劳教人员建筑面积为 0.60/0.75 = 0.80$m^2$。

8. 民管会活动室

按每大队设置一个 24.00$m^2$ 民管会活动室，平均每名劳教人员使用面积为 0.192$m^2$，建筑系数取 0.75，平均每名劳教人员建筑面积为 0.192/0.75 = 0.26$m^2$。

劳教宿舍楼人均建筑面积指标合计为 3.67 + 0.38 + 0.38 + 0.30 + 0.67 + 0.53 + 0.80 + 0.26 = 6.99$m^2$/劳教人员。

（二）食堂

根据《饮食建筑设计规范》（JGJ 64—89），按二级餐厅最小使用面积 1.10$m^2$/座测算，建筑系数取 0.75，平均每名劳教人员建筑面积为 1.10/0.75 = 1.47$m^2$。食堂餐橱比为 1∶1，考虑 50% 的劳教人员同时就餐，按每名劳教人员储菜需要使用面积 0.20$m^2$测算，建筑系数取 0.75，平均每名劳教人员建筑面积为 0.2 × 0.50 × 2/0.75 = 0.27$m^2$。以上合计 1.47 + 0.27 = 1.74$m^2$。

劳教食堂指标确定为：大型劳教所 1.57$m^2$/劳教人员，中型劳教所 1.74$m^2$/劳教人员，小型劳教所 1.91$m^2$/劳教人员。

（三）教育用房

1. 教室

根据司法部令第 21 号，在所劳教人员每人每天教育时间不小于 3 小时，劳动时间不大于 6 小时；未成年劳教人员劳动时间不大于 4 小时，教育时间不小于 6 小时，故教室按设计收容劳教人员数量的 50% 设置。参照《中小学校建筑设计规范》（GBJ 99—86），普通教室每间不小于 67$m^2$，人均 1.49$m^2$。因此，劳教人员按一半测算，人均教室使用面积 1.49/2 = 0.75$m^2$，未成年劳教人员人均教室使用面积为 1.49$m^2$。

综上分析，建筑系数取 0.75，教室建筑面积指标为 0.75/0.75 = 1.00$m^2$/劳教人员。

2. 教研室

根据司法部令第 21 号，劳教所教师按设计收容劳教人员数量的 5% 配备。参照《中小学校建筑设计规范》（GBJ 99—86），每个教师的教研室使用面积为 3.5$m^2$。因此，人均教研室使用面积为 3.5 × 5% = 0.175$m^2$。建筑系数取 0.75，教研室建筑面积指标为 0.175/0.75 = 0.23$m^2$/劳教人员。

3. 实验室

参照《中小学校建筑设计规范》（GBJ 99—86），普通中学实验室人均使用面积为 0.18$m^2$，中学实验课程每周 2 次，劳教人员每周 1 次。

综上分析，人均实验室使用面积为 0.18/2 = 0.09$m^2$。建筑系数取 0.75，实验室建筑面积指标为 0.09/0.75 = 0.12$m^2$/劳教人员。

4. 保管室

保管教学器材、试验用具等器具的保管室，按教室建筑面积指标的 7% 计算，保管室建筑面积指标为 1.00 × 7% = 0.07$m^2$/劳教人员。

5．演播室

根据司法部《创建现代化文明劳教所试行办法》的要求，劳教场所要有完善的电教宣传装备，具备有线电视、广播等多种信息传播渠道，设立演播室，配备必要的设备，建立音像教学资料库。

参照《图书馆建筑设计规范》（JGJ 38—99），演播室最低供2名工作人员使用，人均采编用房使用面积不宜小于10.00$m^2$，人均信息处理用房不宜小于6.00$m^2$计算，音像教学资料库最低为15.00$m^2$。演播室使用面积合计为（10+6）×2+15=47.00$m^2$。

综上分析，按设计收容1000名劳教人员的中型规模计算，建筑系数取0.75，人均演播室建筑面积指标为47/（0.75×1000）=0.06$m^2$/劳教人员。

6．心理矫治中心

根据司法部《劳动教养心理矫治工作规定》，劳教所应设立劳教人员心理矫治中心，配备具有专业资格的心理咨询师，开展心理矫治工作。

心理矫治中心包括咨询、测试、宣泄、治疗、档案、办公等心理矫治用房。

参照《城市普通中小学校建设标准》等相关标准，每100人设心理矫治用房72$m^2$，则心理矫治中心使用面积为72×10=720$m^2$。

综上分析，按设计收容1000名劳教人员的中型规模计算，建筑系数取0.75，人均心理矫治中心建筑面积指标为720/0.75/1000=0.96$m^2$/劳教人员。

7．会堂

根据实际工作需要，劳教所需有一个能够容纳全体劳教人员集中进行法制、政策、形势等教育的会堂。

参照《剧场建筑设计规范》（JGJ 57—2000），观众厅丙等每座使用面积为0.6$m^2$，考虑走道、舞台面积，人均使用面积取0.75$m^2$。

综上分析，建筑系数取0.75，人均会堂建筑面积指标为0.75/0.75=1.00$m^2$/劳教人员。

8．厕所

参照《中小学校建筑设计规范》（GBJ 99—86），每个厕位的使用面积为0.28$m^2$。根据劳教人员的50%同时上课、25%同时入厕计算，人均使用面积为0.28×0.5×0.25=0.035$m^2$。建筑系数取0.75。人均厕所建筑面积指标为0.035/0.75=0.05$m^2$/劳教人员。

教育用房建筑面积指标合计1.00+0.23+0.12+0.07+0.06+0.96+1.00+0.05=3.49$m^2$/劳教人员。

教育用房建筑面积指标确定为：大型劳教所3.14$m^2$/劳教人员，中型劳教所3.49$m^2$/劳教人员，小型劳教所3.84$m^2$/劳教人员。

（四）习艺劳动用房

根据司法部、国家教委、劳动部《关于进一步加强劳教人员文化教育与职业培训的补充通知》（1996年8月14日）要求，劳教所应具备习艺劳动场所。

根据抽样统计分析，全国劳教所习艺劳动用房为3.91$m^2$/劳教人员，远不能满足实际需求。许多劳教所由于缺少习艺劳动用房，习艺劳动在劳教宿舍楼或劳教食堂内进行，还有部分劳教所外出劳动，存在着严重的安全隐患。司法部要求劳教所室外劳动向室内劳动转移，禁止劳教人员外出劳动，所以应设置必要的习艺劳动用房。

参照《监狱建设标准》，罪犯技能培训与劳动改造用房建筑面积指标为 $9.90m^2$/罪犯。结合劳教场所实际，习艺劳动用房建筑面积指标确定为 $6.50m^2$/劳教人员。

（五）社会帮教用房

亲友会见、亲属规劝、亲情同餐、配偶同居是落实人性化管理的重要举措；依靠社会力量进行帮教活动，是提高教育矫治质量的有效手段；推进所务公开、提供法律援助，是维护劳教人员及其亲属合法权益的重要保障。按照司法部的有关规定，参照国家同类标准，社会帮教用房面积指标测算如下：

1. 会见室

按3%比例的劳教人员和家属接见的空间要求，每个会见位 $2.00\times2.00=4.00m^2$，人均会见室使用面积为 $4\times3\%=0.12m^2$，建筑系数取0.75，会见室建筑面积指标为 $0.12/0.75=0.16m^2$/劳教人员。

2. 安检室

按1000人收容规模，设安检室 $15.00m^2$，人均使用面积为 $0.015m^2$，建筑系数取0.75，安检室建筑面积指标为 $0.02m^2$/劳教人员。

3. 候见室

按同时容纳劳教人员5%的接见人员考虑，并安放相应数量的桌椅，设卫生间、饮水处等。参照《铁路旅客车站建筑设计规范》（GB 50226—95）的小型候车室标准 $1.30m^2$/座测算，人均使用面积为 $1.30\times5\%=0.07m^2$。

4. 帮教座谈室

按1000人收容规模，帮教座谈室设集体座谈室及单独座谈室各一间，分别为 $45.00m^2$ 和 $15.00m^2$，合计 $60.00m^2$，建筑系数取0.75，帮教座谈室建筑面积指标为 $60/0.75/1000=0.08m^2$/劳教人员。

5. 亲情餐厅

参照《饮食建筑设计规范》（JGJ 64—89）规定，三级餐厅最小使用面积标准为 $1.00m^2$/座。亲情餐厅按2%的设计收容劳教人员数量及家属同时就餐计算，人均使用面积 $1.00\times2\%\times2=0.04m^2$。建筑系数取0.75，亲情餐厅建筑面积指标为 $0.04/0.75=0.05m^2$/劳教人员。

6. 亲情居室

亲情居室间数按收容劳教人员总数的5%设计，每间使用面积按 $14.00m^2$ 测算，建筑系数取0.75，亲情居室建筑面积指标为 $14.00\times5\%/0.75=0.93m^2$/劳教人员。

7. 所务公开展示室

按1000人收容规模，设所务公开展示室 $30.00m^2$，人均使用面积为 $0.03m^2$，建筑系数取0.75，所务公开展示室建筑面积指标为 $0.03/0.75=0.04m^2$/劳教人员。

8. 法律援助室

按1000人规模，可设法律援助室一间，使用面积 $18.00m^2$，建筑系数取0.75，法律援助室建筑面积指标为 $18/0.75/1000=0.02m^2$/劳教人员。

社会帮教用房建筑面积指标合计 $0.16+0.02+0.07+0.08+0.05+0.93+0.04+0.02=1.37m^2$/劳教人员。

社会帮教用房建筑面积指标确定为：大型劳教所 $1.23m^2$/劳教人员；中型劳教所 $1.37m^2$/劳教人员；小型劳教所 $1.51m^2$/劳教人员。

（六）医院（或医务所）

根据司法部《劳动教养人员生活卫生管理办法》（司法部令第16号）第十二条的规定："劳动教养场所应设置医院（卫生所）。驻地分散的大（中）队应设置医务室。"劳教医院宜按一甲标准设置。参照《监狱建设标准》，医院（或医务所）建筑面积指标为 $0.50m^2$/劳教人员。

（七）禁闭室

每100人设1间禁闭室，内设小卫生间，每间禁闭室使用面积 $6.00m^2$。建筑系数取0.75，禁闭室建筑面积指标为 $6.00/0.75/100=0.08m^2$/劳教人员。

禁闭室建筑面积指标确定为：大型劳教所 $0.04m^2$/劳教人员；中型劳教所 $0.06m^2$/劳教人员；小型劳教所 $0.08m^2$/劳教人员。

（八）其他服务用房

1. 浴室

劳教人员浴室宜单独设置，应以淋浴为主，淋浴龙头数量应达到设计收容人数的15%，每一淋浴喷头（含更衣室）占使用面积 $3.00m^2$，人均使用面积 $3.00/15=0.20m^2$。建筑系数取0.75，建筑面积指标为 $0.20/0.75=0.27m^2$/劳教人员。

2. 购物超市

按劳教人员5%设置，参照《商店建筑设计规范》（JGJ 48—88），自选营业厅的面积指标可按每位顾客使用面积 $1.35m^2$ 计算，人均使用面积 $1.35\times5\%=0.07$，建筑系数取0.75，购物超市建筑面积指标为 $0.07/0.75=0.09m^2$。

3. 理发室

按每个大队（120人）设一间 $6m^2$ 理发室，平均每名劳教人员使用面积 $6/120=0.05m^2$。建筑系数取0.75，理发室建筑面积指标为 $0.05/0.75=0.07m^2$。

4. 茶水房

按每两个大队（240人）设一间 $6m^2$ 茶水房，平均每名劳教人员使用面积 $6/240=0.025m^2$。建筑系数取0.75，茶水房建筑面积指标为 $0.025/0.75=0.03m^2$。

其他服务用房建筑面积指标合计为 $0.27+0.09+0.07+0.03=0.46m^2$/劳教人员。

其他服务用房建筑面积指标确定为：大型劳教所 $0.41m^2$/劳教人员，中型劳教所 $0.46m^2$/劳教人员，小型劳教所 $0.51m^2$/劳教人员。

其他服务用房宜与其他用房整合建设。

二、警察用房

劳教所既有党政机关的一般职能，还有警察业务的特殊职能。因此，警察用房除行政办公用房外，还应包括特殊业务用房和管理用房等。

1. 行政办公用房

国家发展计划委员会《关于印发党政机关办公用房建设标准的通知》（计投资［1999］2250号）第十二条规定，三级办公用房每人平均建筑面积为 $16\sim18m^2$，使用面积为 $10\sim12m^2$。编制定员超过100人时，应取下限。劳教所符合三级办公用房标准，行政办公用房建筑面积指标取下限值 $16.00m^2$/警察。

2. 特殊业务用房

根据现状抽样统计和实际需求，指挥控制中心，使用面积不小于 $36.00m^2$；计算机网络中心，使用面积不小于 $18.00m^2$；电教中心，参照《中小学校建筑设计规范》，使用面积不小于 36.00$m^2$；警械装备库，使用面积不小于 24.00$m^2$；劳教人员档案室，使用面积不小于 18.00$m^2$；影像室，使用面积不小于 16.00$m^2$；器材存放室，使用面积不小于 16.00$m^2$；检察院驻所监察室，使用面积不小于 18.00$m^2$，合计使用面积 36 + 18 + 36 + 24 + 18 + 16 + 16 + 18 = 182.00$m^2$。建筑系数取 0.75，人均使用面积 182/200/0.75 = 1.21$m^2$。

特殊业务用房面积指标确定为：大型劳教所 1.09$m^2$/警察，中型劳教所 1.21$m^2$/警察，小型劳教所 1.33$m^2$/警察。

3. 管理用房

根据司法部《关于加强监狱监区、分监区和劳教所大队、中队建设的若干规定的通知》（司发通［1996］131 号），参照《办公建筑设计规范》（JGJ 67—89），大队警察管理用房面积标准测算如下：

每个大队设值班室（监控室）15.00$m^2$，队情分析室 15.00$m^2$，教育谈话室 15.00$m^2$，卫生间 3.00$m^2$，合计每大队使用面积 48.00$m^2$，按每个大队配备 12 名警察计算，人均使用面积 48/12 = 4.00$m^2$。建筑系数取 0.75，管理用房建筑面积指标为 4.00/0.75 = 5.33$m^2$。

管理用房建筑面积指标确定为：大型劳教所 4.80$m^2$/警察，中型劳教所 5.33$m^2$/警察，小型劳教所 5.86$m^2$/警察。

4. 训练用房

根据《中华人民共和国人民警察法》第三十八条的规定，为提高人民警察素质，配备必要的训练用房。训练用房参照小型简易体育练习场馆计算，其面积标准测算如下：

训练用房用于队列、擒拿、格斗、射击训练，按照能同时容纳警察编制人数的 15% 进行训练测算，参照《体育建筑设计规范》（JGJ 31—2003）规定，其最小尺寸应不小于 38.00 × 20.00m，净高不应低于 10.00m，有必需的厕所、更衣室、库房等附属设施。建筑系数取 0.75，训练用房建筑面积指标确定为 38.00 × 20.00/200/0.75 = 5.07$m^2$/警察。

警察训练用房可以单独建设，也可以与其他项目整合建设。

5. 备勤用房

根据抽样调查，备勤用房平均建筑面积 9.43$m^2$/警察。参照《监狱建设标准》第二十五条备勤用房面积指标，按劳教所警察编制人数的 55% 配置备勤警察，人均使用面积 7.00$m^2$，建筑系数取 0.75，备勤楼建筑面积指标为 7.00/0.75 × 55% = 5.13$m^2$。

三、护卫人员用房

护卫人员用房建设项目及标准参照《武警内卫执勤部队营房建筑面积标准（试行）》规定执行。

四、“三岗”人员用房

经过调研，“三岗”人员管理用房和业务用房建筑面积为 8.00$m^2$/“三岗”人员。

五、其他附属用房

国家发展计划委员会《关于印发党政机关办公用房建设标准的通知》（计投资［1999］2250 号）第十四条规定：“本建设标准第十二条中各级办公用房人均建筑面积指标，未包括独立变配电室、锅炉房、食堂、汽车库、人防设施和警卫用房的面积。需要建设独立变配电室、锅炉房、食堂等设施，应按办公用房需要进行配置。警卫用房的建设应按国家有关规定执行。”由于劳教所的办公用房标准在测算时也未包括其他附属用房，因此，其他附属用房建筑面积指标参照《监狱建设标准》第二十五条表四制定，并增加警察食堂建筑面积指标。

警察食堂建筑面积指标根据《饮食建筑设计规范》（JGJ 64—89），按二级食堂测算：每座位最小使用面积1.02m²，食堂餐橱比为1:1，即加工间、操作间、主食库、副食库、冷藏库、更衣室、淋浴间、卫生间等伙房部分的使用面积宜与餐厅使用面积相近。考虑85%的编制警察同时就餐，人均使用面积为 $1.02\times2\times0.85=1.74m^2$，建筑系数取0.75，警察食堂建筑面积指标为 $1.74/0.75=2.32m^2$/警察。

综上分析，其他附属用房建筑面积指标确定为：大型劳教所4.49m²/警察，中型劳教所4.95m²/警察，小型劳教所5.79m²/警察。

**第二十五条** 鉴于我国地域辽阔，自然条件和建筑材料各有不同，对劳教所建筑结构形式不作统一规定，劳教所房屋的建筑结构形式应根据建设条件、建筑层数和建筑物性质综合考虑。

**第二十六条** 本条规定了房屋建筑高度的要求。

**第二十七条** 本条规定了劳教人员寝室和教室的层高要求。

**第二十八条** 本条规定了劳教人员宿舍楼的设计要求。

**第二十九条** 本条规定了医院（或医务所）、教育用房、食堂等的建设要求。

劳教所可根据收容规模确定设置医院（或医务所）。大型劳教所宜设立医院，中小型劳教所宜设医务所，劳教所相对集中的地方，可集中设立医院。收容患传染病劳教人员的劳教所，按《综合医院建筑设计规范》（JGB 49—88）中传染病科的要求和主管部门有关规定执行。

教育用房可根据建设规模单独建设，也可与其他建筑整合。

食堂应设在劳教人员生活区的下风向，炊具宜机械化、电子化，应分别设立主、副食加工间，少数民族餐加工间，病号餐加工间，并配置相应的库房、烧火间、配餐间。

劳教所的医院（或医务所）、教育用房、食堂还应充分体现封闭、半开放、开放式管理模式的要求，按照不同管理模式劳教人员的数量，合理划分区域，实行不同处遇。

**第三十条** 本条规定了禁闭室的建设要求。

司法部令第21号第四十条规定："禁闭室由劳动教养管理所根据需要统一设置和管理。"

**第三十一条** 本条规定了社会帮教用房的建设要求。

基于安全防范考虑，劳教人员与其亲属应各行其道、各走其门。劳教人员亲属通过值班室登记并进行安全检查后，进入候见室。劳教人员在警察带领下进入会见室后，候见室内的亲属方可进入会见室。

**第三十二条** 本条规定了警察管理用房的建设要求。

**第三十三条** 本条规定了劳教所建筑的建筑风格要求。

劳教所建筑物的设计风格应结合当地周边环境和建筑传统，体现校园化建筑特色，实现最佳环境效果。

**第三十四条** 本条规定了建筑物的结构使用年限和安全等级。

**第三十五条** 本条规定了劳教所建筑的抗震设防烈度。

防震减灾是我国长期的基本国策。劳教所建筑由于其特殊性，在抗震设计方面有较高要求。

**第三十六条** 本条规定了劳教所建筑物耐火等级要求。

劳教所人群聚集，一旦发生火灾容易引起混乱，且不宜疏散到院区外。因此，除习艺劳动区厂房、仓库按照《建筑设计防火规范》（GB 50016—2006）有关规定确定外，其他建筑的耐火等级不应低于二级。

**第三十七条** 本条规定了劳教所建筑的装修要求。

**第三十八条** 本条规定了劳教所供电要求。

劳教所供电负荷等级设计应符合国家现行相关规范的规定，警戒照明、室外照明、禁闭室照明、监控和警察特殊业务用房等重点部位的用电应按一级负荷设计。

**第三十九条** 本条规定了劳教所建筑的采暖、降温、给排水等系统的设置要求。

**第四十条** 本条规定了劳教所建筑节能的要求。

劳教所建筑节能主要是降低采暖、空调和照明的能耗，并充分利用可再生能源。

**第四十一条** 本条规定了劳教所建设环保方面的要求。

## 第五章 警戒防护设施

**第四十二条** 本条规定了警戒设施的建设要求。

围墙、大门和值班室是劳教所安全防范的重要部位，应符合安全美观的要求。

**第四十三条** 本条规定了防护设施的建设要求。

**第四十四条** 本条规定了监控系统的建设要求。

监控系统是劳教所重要的技防手段，是维护场所安全的有效保障。劳教所所区重点部位应安装监控系统，围墙等部位还应安装红外线报警系统，院区大门等部位应安装门禁系统，加强科技防范。

## 第六章 场地和配套设施

**第四十五条** 本条规定了警察体训场和劳教人员体训场的建设面积指标。

根据我国人体基本动作尺度指标，劳教所80%的警察、护卫人员在室外集中进行警体训练，每人需要2.00m×2.00m空间，即人均3.20m²；劳教人员在室外集中进行体能训练，每人需要1.70m×1.70m空间，即人均2.89m²。

**第四十六条** 本条规定了车库、停车场的设置要求。

**第四十七条** 本条规定了劳教所信息化基础设施的建设要求。

根据国家信息化要求，劳教所应建有政务内网、政务外网、学员专网等计算机网络系统，并整合通讯、监控、电教、应急指挥等信息化基础设施，统一规划建设。

**第四十八条** 本条规定了劳教所基础设施的建设要求。

**第四十九条** 本条规定了劳教所建筑物内所需配套设施、设备的配置标准要求。

# 监狱建设标准

## 建标 139—2010

## 住房和城乡建设部、国家发展和改革委员会关于批准发布《监狱建设标准》的通知

建标〔2010〕144 号

国务院有关部门，各省、自治区、直辖市、计划单列市住房和城乡建设厅（委、局）、发展和改革委员会，新疆生产建设兵团建设局、发展和改革委员会：

根据住房和城乡建设部《关于印发〈2009 年工程项目建设标准和建设项目评价方法与参数编制项目计划〉的通知》（建标函〔2009〕320 号）要求，由司法部组织修订的《监狱建设标准》，经有关部门会审，现批准发布，自 2010 年 12 月 1 日起施行，原《监狱建设标准》同时废止。

在监狱建设项目的审批、设计和建设过程中，要严格遵守国家关于严格控制建设标准，进一步降低工程造价的相关要求，认真执行本建设标准，坚决控制工程造价。

本建设标准的管理由住房城乡建设部和国家发展改革委负责，具体解释工作由司法部负责。

**中华人民共和国住房和城乡建设部**
**中华人民共和国国家发展和改革委员会**
**二〇一〇年九月七日**

## 前　言

为贯彻落实《中共中央转发〈中央政法委员会关于深化司法体制和工作机制改革若干问题的意见〉的通知》（中发〔2008〕19 号）精神，根据住房和城乡建设部《关于印发〈2009 年工程项目建设标准和建设项目评价方法与参数编制项目计划〉的通知》（建标函〔2009〕320 号）、国家发展和改革委员会办公厅《关于抓紧开展政法基础设施建设标准编制和修订工作的通知》（发改办投资〔2009〕1015 号）的要求，司法部修订了《监狱建设标准》。

修订过程中，编制组坚持以科学发展观为指导，按照住房和城乡建设部、国家发展和改革委员会印发的《工程项目建设标准编制程序规定》和《工程项目建设标准编写规定》，制定了编制方案，开展了专题调研，总结了我国监狱建设经验并借鉴了国外监狱建

设的有益做法，进行了综合分析论证，广泛征求了各省、自治区、直辖市有关部门、有关单位及专家的意见，《标准》修订送审稿通过了审查会议审查，并经住房和城乡建设部、国家发展和改革委员会批准发布。

《标准》共分六章：总则、建设规模与项目构成、选址与规划布局、建筑标准、安全警戒设施、场地及配套设施。

请各单位在执行本标准的过程中，注意总结经验，积累资料。如发现需要修改和补充之处，请将意见和有关资料及时反馈至司法部监狱管理局（通信地址：北京市朝阳门南大街6号，邮政编码：100020），以便今后修订时参考。

**主 编 单 位：** 司法部监狱管理局

**参 编 单 位：** 浙江省监狱管理局
江西省监狱管理局
山东省监狱管理局
湖北省监狱管理局
广西壮族自治区监狱管理局
广东省监狱管理局
浙江省超维建筑设计院
湖北省新星建筑设计院

**主要起草人：** 叶跃进　郑文彪　赵建平　李宏伟　徐　军　周伟宏　李万雄

**中华人民共和国司法部**

**2010 年 8 月 20 日**

## 第一章　总　　则

**第一条**　为了正确执行刑罚，惩罚和改造罪犯，预防和减少犯罪，使监狱建设科学化、规范化、标准化，根据《中华人民共和国监狱法》等法律法规，制定本标准。

**第二条**　本标准是监狱建设项目决策及合理确定监狱建设水平的全国统一标准，是编制、评估和审批监狱建设项目建议书、可行性研究报告的重要依据；是有关部门审查项目初步设计和监督、检查项目建设全过程的尺度。

**第三条**　本标准适用于新建、扩建和改建的中度戒备和高度戒备监狱建设。本标准规定的建筑面积指标为控制指标。

**第四条**　监狱建设必须遵守国家有关的法律、法规、规章，必须符合监管安全、改造罪犯和应对突发事件的需要，应从监狱当地的实际情况出发，与经济、社会发展相适应，达到安全、坚固、适用、经济、庄重。

**第五条**　监狱建设应统一规划、合理布局，并纳入当地城市和地区的总体规划，各项公用设施应尽可能利用当地提供的社会协作条件。

**第六条**　新建监狱建设项目应一次规划，并适当预留发展用地；扩建和改建的监狱建设项目应充分利用原有可用设施，做到合理规划、设计和建造，按本标准测算的总建筑面积应含可利用的原有房屋建筑的建筑面积。有特殊要求的监狱建设项目，须单独报政府投资主管部门审批。

**第七条**　监狱建设除应执行本标准的规定外，还应符合国家现行的有关规范、标准的要求。

## 第二章　建设规模与项目构成

**第八条**　监狱建设规模按关押罪犯人数，划分为大、中、小三种类型。

**第九条**　监狱建设规模应以关押罪犯人数在 1000～5000 人为宜，高度戒备监狱建设规模应以关押罪犯人数在 1000～3000 人为宜。不同建设规模监狱关押罪犯人数应符合下列规定：

1. 小型监狱　1000～2000 人；
2. 中型监狱　2001～3000 人；
3. 大型监狱　3001～5000 人。

**第十条**　监狱建设项目由房屋建筑、安全警戒设施、场地及其配套设施构成。

**第十一条**　监狱房屋建筑包括：罪犯用房、警察用房、武警用房及其他附属用房。

1. 罪犯用房包括：监舍楼、教育学习用房、禁闭室、家属会见室、伙房和餐厅、医院或医务室、文体活动用房、技能培训用房、劳动改造用房及其他服务用房等。

2. 警察用房包括：办公用房、公共用房、特殊业务用房、管理用房、备勤用房、学习及训练用房。

3. 武警用房建设项目及标准应按有关规定执行。

4. 其他附属用房包括：收发值班室、门卫接待室、辅助管理岗位人员用房、车库、仓库、配电室、锅炉房、水泵房、应急物资储备库、污水处理站等。

**第十二条**　监狱安全警戒设施包括：围墙、岗楼、电网、照明、大门及值班室、大门武警哨位、隔离和防护设施以及通讯、监控、门禁、报警、无线信号屏蔽、目标跟踪、周界防范、应急指挥等技术防范设施。

**第十三条**　监狱的场地主要包括警察及武警训练场、罪犯体训场及监狱停车场。

**第十四条**　配套设施主要包括消防、给排水、暖通、供配电、燃气、通讯与计算机网络、有线电视、环保、节能、道路、绿化以及警察行政办公、罪犯生活、教育、医疗、劳动改造设施设备等。

## 第三章　选址与规划布局

**第十五条**　新建监狱的选址应符合下列规定：

1. 新建监狱应选择在邻近经济相对发达、交通便利的城市或地区。未成年犯管教所和女子监狱应选择在经济相对发达、交通便利的大、中城市。

2. 新建监狱应选择在地质条件较好、地势较高的地段；新建监狱严禁选在可能发生自然灾害且足以危及监狱安全的地区。

3. 新建监狱应选择在给排水、供电、通讯、电视接收等条件较好的地区。

4. 新建监狱与各种污染源、易燃易爆危险品、高噪声、高压线走廊、无线电干扰、光缆、石油管线、水利设施的距离应符合国家有关规定。

**第十六条**　监狱建设用地应根据批准的建设计划，坚持科学、合理、节约用地的原则，统一规划，合理布局。新建监狱建设用地标准宜按每罪犯 $70m^2$ 测算，有特殊生产要求的劳动改造项目的监狱建设用地标准可根据实际需要报有关部门批准后确定。

**第十七条**　监狱的总平面布局应分为罪犯生活区、罪犯劳动改造区、警察行政办公区、警察生活区、武警营房区；各区域之间彼此相邻，有通道相连，并有相应的隔离设施。

**第十八条** 监狱的总平面布置应符合下列要求：

1. 监狱大门内外应留有一定的缓冲区域。

2. 在平面布置中，应按功能要求合理确定各种功能分区的位置和间距。

3. 在各功能分区中，应按功能要求合理确定各种用房的位置；用房的布置应符合联系方便、互不干扰和保障安全的原则。中度戒备监狱围墙内建筑物距围墙距离不应小于10m，高度戒备监狱围墙内建筑物距围墙距离不应小于15m。

4. 中度戒备监狱罪犯的学习、劳动、生活等区域应当有明确的功能划分，主要建筑物之间应当以不低于3m高的防攀爬金属隔离网进行隔离并应有通道相连。

5. 高度戒备监狱应分设若干监区，每个监区封闭独立，应包括罪犯监舍、教育学习、劳动改造、文体活动和警察管理等功能用房，并设警察巡视专用通道；各功能用房之间应设置必要的隔离防护设施。

6. 高度戒备监狱内各监区、家属会见室、罪犯伙房、罪犯医院、禁闭室等区域之间均应以不低于4m高的防攀爬金属隔离网进行隔离，并用封闭通道相连；封闭通道与各区域的连通处应设置牢固的金属防护门；封闭通道内应根据监管安全的实际需要分段设置牢固的金属防护门。

7. 中度戒备监狱内的高度戒备监区应自成一区，封闭独立，且应布置在武警岗哨观察视线范围内，与其他监区、建筑物的距离不宜小于20m，并应以不低于4m高的防攀爬金属隔离网进行封闭隔离。

**第十九条** 监狱内各建筑之间及狱内建筑与狱外建筑之间的距离应符合国家现行的安全、消防、日照、通风、防噪声和卫生防护等有关标准的规定。

**第二十条** 监狱的标志应醒目、统一，标志上宜有警徽及监狱名称的中文字样；在有少数民族文字规定的地区应按当地规定执行。

**第二十一条** 监狱内的道路应使各功能分区联系畅通、安全；应有利于各功能分区用地的划分和有机联系；应根据地形、气候、用地规模和用地四周的环境条件，结合监狱的特点，选择安全、便捷、经济的道路系统和道路断面形式。

**第二十二条** 新建监狱绿地率宜为25%，扩建和改建监狱绿地率宜为20%。

## 第四章 建筑标准

**第二十三条** 监狱的建筑标准，应根据监狱建设规模、使用功能及城市规划的要求合理确定。

**第二十四条** 监狱综合建筑面积指标（不含武警用房），应不超过表1规定的控制指标。

**表1 监狱综合建筑面积控制指标**

| 用房类别 | 中度戒备监狱 | | | 高度戒备监狱 | |
|---|---|---|---|---|---|
| | 小型 | 中型 | 大型 | 小型 | 中型 |
| 罪犯用房（$m^2$/罪犯） | 21.41 | 21.16 | 20.96 | 27.09 | 26.80 |

**续表 1**

| 用房类别 | 中度戒备监狱 | | | 高度戒备监狱 | |
|---|---|---|---|---|---|
| | 小型 | 中型 | 大型 | 小型 | 中型 |
| 警察用房（$m^2$/警察） | 36.92 | 35.71 | 34.50 | 42.57 | 41.36 |
| 其他附属用房（$m^2$/警察） | 6.33 | 5.19 | 4.31 | 6.33 | 5.19 |

注：本条规定的人均建筑面积指标为控制指标，在保证正常使用的前提下，可视地方财力可能适当降低。

**第二十五条** 监狱各种用房的建筑面积应参照表 2、表 3、表 4 确定。

**表 2 监狱罪犯用房建筑面积指标（$m^2$/罪犯）**

| 用房类别 | 用房名称 | 中度戒备监狱 | | | 高度戒备监狱 | |
|---|---|---|---|---|---|---|
| | | 小型 | 中型 | 大型 | 小型 | 中型 |
| 罪犯用房 | 监舍楼 | 4.66 | 4.66 | 4.66 | 9.47 | 9.47 |
| | 教育学习用房 | 1.17 | 1.07 | 0.96 | 1.72 | 1.59 |
| | 禁闭室 | 0.12 | 0.11 | 0.10 | 0.12 | 0.11 |
| | 家属会见室 | 0.81 | 0.81 | 0.81 | 0.59 | 0.59 |
| | 伙房和餐厅 | 1.14 | 1.08 | 1.03 | 1.14 | 1.08 |
| | 医院或医务室 | 0.65 | 0.60 | 0.60 | 1.00 | 0.94 |
| | 文体活动用房 | 1.55 | 1.55 | 1.55 | 0.90 | 0.90 |
| | 技能培训用房 | 2.30 | 2.30 | 2.30 | 2.30 | 2.30 |
| | 劳动改造用房 | 7.60 | 7.60 | 7.60 | 7.60 | 7.60 |
| | 其他服务用房 | 1.41 | 1.38 | 1.35 | 2.25 | 2.22 |
| | 男监合计 | 21.41 | 21.16 | 20.96 | 27.09 | 26.80 |

注：1. 女子监狱厕所增加 0.04$m^2$/罪犯；女子监狱和未成年犯管教所教育学习用房面积乘以 1.5 系数；在冬季需要储菜地区伙房和餐厅增加 0.5$m^2$/罪犯储菜用房面积。

2. 关押老病残罪犯的监狱可根据实际需要，合理调剂各功能用房面积。

3. 本表未含罪犯锅炉房的面积，如需要设置应根据具体情况另行确定。

**表 3 监狱警察用房建筑面积指标（$m^2$/警察）**

| 用房类别 | 用房名称 | 中度戒备监狱 | | | 高度戒备监狱 | |
|---|---|---|---|---|---|---|
| | | 小型 | 中型 | 大型 | 小型 | 中型 |
| 警察用房 | 警察办公用房 | 5.83 | 5.83 | 5.83 | 5.83 | 5.83 |
| | 公共用房 | 8.75 | 8.65 | 8.55 | 8.75 | 8.65 |
| | 特殊业务用房 | 7.44 | 6.33 | 5.22 | 7.44 | 6.33 |
| | 警察管理用房 | 3.61 | 3.61 | 3.61 | 7.22 | 7.22 |
| | 警察备勤用房 | 7.76 | 7.76 | 7.76 | 9.80 | 9.80 |
| | 学习及训练用房 | 3.53 | 3.53 | 3.53 | 3.53 | 3.53 |
| | 合计 | 36.92 | 35.71 | 34.50 | 42.57 | 41.36 |

表4　其他附属用房建筑面积指标（$m^2$/警察）

| 用房类别 | 用房名称 | 中度戒备监狱 | | | 高度戒备监狱 | |
|---|---|---|---|---|---|---|
| | | 小型 | 中型 | 大型 | 小型 | 中型 |
| 其他附属用房 | 其他附属用房 | 6.33 | 5.19 | 4.31 | 6.33 | 5.19 |

注：本表未含污水处理站的面积，如需要设置应根据具体情况另行确定。

**第二十六条**　监狱房屋的建筑结构形式应根据建设条件、建筑层数和建筑物使用功能综合考虑。

**第二十七条**　监狱围墙内建筑物高度应符合当地规划要求，且不应超过24m。

**第二十八条**　监狱监舍楼设计应符合下列要求：

1. 每间寝室关押男性罪犯时不应超过20人，关押女性罪犯和未成年罪犯时不应超过12人，关押老病残罪犯时不应超过8人。

高度戒备监狱每间寝室关押罪犯不应超过8人，寝室宜按5%单人间、30%四人间、65%六～八人间设置，其中单人间应设独立放风间。

2. 寝室内床位宽不应小于0.8m；床位为双层时，室内净高不应低于3.4m，床位为单层时，室内净高不应低于2.8m。监舍楼内走廊若双面布置房间，其净宽不应低于2.4m；若单面布置房间，其净宽不应低于2m。寝室窗地比不应小于1/7。

3. 采暖地区监舍楼建设，应加设机械通风系统，换气次数按有关规范计算确定；风口应采用扁长型风口，以防罪犯爬入；采暖负荷计算时应考虑通风所损失的热量。

4. 盥洗室排水立管及地漏应在设计确定的基础上加大1号管径。

5. 监舍楼内应根据实际需要设置夜间照明灯具，各房间及走廊的照明均应在警察值班室的控制之下，监舍楼内配电箱应设在每层的警察值班室内。

**第二十九条**　禁闭室应集中设置于监狱围墙内，自成一区，离其他建筑物距离宜大于20m，并设禁闭监室、值班室、预审室、监控室及警察巡视专用通道，禁闭监室室内净高不应低于3m，单间使用面积不应小于$6m^2$。

**第三十条**　监狱内医疗用房、教学用房、伙房等应根据建设规模和监管工作需要，参照国家现行有关规范、标准，按实际需求设置。

**第三十一条**　监狱的家属会见室应设于监狱围墙内、监狱大门附近，并分别设置家属和罪犯专用通道。会见室中应分别设置从严、一般和从宽会见的区域及设施；其窗地比不应小于1/7，室内净高不应低于3m。

**第三十二条**　监狱围墙内警察用房应符合下列要求：

1. 监舍楼内应设警察值班室、谈话室，且应位于楼层出入口附近，并应设置牢固的隔离防护设施，内设警察专用通道及专用卫生间。警察值班室内应设通讯和报警装置。

2. 劳动改造用房、技能培训用房应设警察值班室、警察专用卫生间，警察值班室的门窗应有牢固的隔离防护设施，并应设通讯和报警装置。

**第三十三条**　监狱建筑物的耐火等级不应低于二级。劳动改造用房、仓库等耐火等级应按国家标准《建筑设计防火规范》（GB 50016）的有关规定确定。监狱建筑物设计使用年限不应少于50年。监狱建筑应按国家现行的有关抗震设计规范、规程进行设计；监狱围墙、岗楼、大门抗震设防的基本烈度，应按本地区基本烈度提高一度，并不应小于七度（含七度）；抗震设防烈度为九度（不含九度）以上地区，严禁建监狱。

**第三十四条** 监狱建筑的装修，应遵循简朴庄重、经济适用的原则，结合监管工作实际，合理确定装修标准。各类用房原则上应采用普通装修，严禁豪华装修。微机室、会议室、监控室及气候炎热地区监狱的行政用房应设局部空调。采暖地区的监狱建筑应按国家现行的有关规定设置采暖设施。

**第三十五条** 监狱建筑应与周边环境相协调，并体现监狱建筑的特殊性、统一性。

**第三十六条** 监狱建筑应设置完备的给水、排水系统。

**第三十七条** 中度戒备监狱的供电电力负荷等级宜为一级，高度戒备监狱应为一级，并均应附设备用电源和应急照明器材。

**第三十八条** 监狱的节能、环保、卫生等各项内容应符合国家有关法规、规范、标准的规定。

## 第五章 安全警戒设施

**第三十九条** 监狱的围墙、岗楼、大门等安全警戒设施应符合下列要求：

1. 中度戒备监狱围墙一般应高出地面5.5m，墙体应达到0.49m厚实心砖墙的安全防护要求，围墙上部宜设置武装巡逻道。围墙地基必须坚固，围墙下部必须设挡板，且深度不应小于2m，当围墙基础埋深超过2m时，可用围墙基础代替挡板。围墙转角应呈圆弧形，表面应光滑，无任何可攀登处。围墙内侧5m、外侧10m为警戒隔离带，隔离带内应无障碍。围墙内侧5m、外侧10m处均应设一道不低于4m高的防攀爬金属隔离网，网上均应设监控、报警装置。

高度戒备监狱围墙应高出地面7m，墙体应达到0.3m厚钢筋混凝土的安全防护要求，上部应设置武装巡逻道。围墙地基必须坚固，围墙下部必须设钢筋混凝土挡板，且深度不应小于2m，当围墙基础埋深超过2m时，可用围墙基础代替挡板，如遇软土等特殊地基时，围墙基础埋深应适当加深。围墙内侧10m、外侧12m为警戒隔离带，隔离带内应无障碍。围墙内侧5m及10m处、围墙外侧5m及12m处均应各设一道不低于4m高的防攀爬金属隔离网，网上均应设监控、报警装置。围墙外侧的两道隔离网之间应设置防冲撞设施。

2. 监狱围墙应设置照明装置；照明灯具的位置、距离应适当，照明灯具应配有防护罩。监狱围墙内、外侧警戒线内照明效果应良好。

3. 监狱围墙上部应设电网，其高度、电压等应按照有关标准执行。

4. 岗楼宜为封闭建筑物，四周应挑平台，平台应高出围墙1.5m以上，并设1.2m高栏杆。岗楼一般应设于围墙转折点处，视界、射界良好，无观察死角，岗楼之间视界、射界应重叠，且岗楼间距不应大于150m。岗楼应设置金属防护门及通讯报警装置。

5. 监狱大门应分设车辆通道、警察专用通道和家属会见专用通道，均应设二道门，且电动AB开闭，并应设带封顶的护栏。其中，警察专用通道和家属会见专用通道应设门禁、安检系统；车辆通道宜宽6m、高5m，车辆通道进深（AB门之间的距离）不宜小于15m，通道两端应设防冲撞装置，通道顶部和地面应设监控、探测等安检装置。

监狱大门处应设门卫值班室、武警哨位，并应设置防护装置，外门应为金属门。室内应设通讯、监控和报警装置，并设有可在室内控制大门开闭的装置。

6. 高度戒备监狱罪犯室外活动区域宜设置必要的防航空器劫持的设施。

**第四十条** 监狱的安全防护还应符合下列要求：

1. 室外疏散楼梯周围应设金属防护栅栏；通向屋顶的消防爬梯离地面高度不应小于3m，且3m水平距离内不应开设门窗洞口。罪犯用房楼梯的临空部位应用金属栅栏封闭。

2. 围墙内所有建筑物外窗应设金属防护栅栏，内窗宜设置防护设施。围墙内所有建筑物的门应安全、坚固。

3. 监狱围墙内所有的水、电、暖气检查口、检查井及穿越围墙的各种管道口、检查井口等处应设牢固的防护装置。

4. 监舍楼管道、电线均应暗装，出口及插座均应设带锁的金属箱；监舍楼内灯控开关应设在警察值班室内。

5. 禁闭室监室内不应设电器开关及插座，应采用低压照明（宜采用24V电压），并设置安全防护罩。照明控制应由警察值班室统一管理。

6. 高度戒备监狱围墙内建筑物使用的玻璃，应根据监管安全的实际需要，具备相应的安全性能。

**第四十一条** 监狱应按照有关规定，加强监狱信息化基础设施建设，按照一个平台、一个标准体系、三个信息资源库、十个应用系统的监狱信息化框架体系，完善部、省、监狱三级网络建设，建立和完善通讯、监控、门禁、报警、无线信号屏蔽、目标跟踪、周界防范、应急指挥等技术防范设施，并应与监狱同步规划、同步设计、同步建设、同步投入使用。

## 第六章 场地及配套设施

**第四十二条** 警察训练场按每人$3.2m^2$计算，罪犯体训场按每人$2.9m^2$计算。

**第四十三条** 监狱停车场应根据监狱业务工作的实际需要设置。

**第四十四条** 监狱建设所需配套设施设备参照有关规定和标准执行。

## 附 件

# 《监狱建设标准》条文说明

## 第一章 总 则

**第一条** 本条阐明编制本标准的目的和依据。

监狱是国家的刑罚执行机关，对罪犯实行惩罚和改造相结合、教育和劳动相结合的原则，将罪犯改造成为守法公民。随着我国经济社会步入新的发展阶段，刑事犯罪总量仍在高位运行，监狱押犯不断增加，构成日趋复杂，罪犯的智能化、暴力化、组织化特征日益突出，重大刑事犯、暴力犯、涉毒犯及二次判刑以上罪犯数量不断增多，狱内改造与反改造斗争更加尖锐，监狱关押改造罪犯的难度进一步增大。为正确执行刑罚，惩罚和改造罪犯，确保监狱安全稳定，贯彻监管工作“首要标准”，不断提高罪犯教育改造质量，预防和减少犯罪，需要正确地掌握监狱建设项目的建设标准，不断提高监狱建设项目科学决策和建设管理的水平，充分发挥投资效益。根据《中华人民共和国监狱法》等法律法规，特制定本《监狱建设标准》（以下简称本标准）。

**第二条** 本条阐明了本标准的作用和权威性。

本标准是作为监狱建设项目决策及合理确定监狱建设水平的全国统一标准，是监狱建设项目决策在政策、技术、经济等方面的指导性文件。本标准对监狱建设项目在技术、经济、管理上起到宏观调控作用，具有较强的政策性和实用性。本标准为监狱建设项目论证、决策、实施等提供重要的依据，为监狱建设提供监督检查的尺度。

**第三条** 本条规定了本标准的适用范围。

在建设高度戒备监狱难度大但又有实际需求的地区，可在中度戒备监狱内设置高度戒备监区，每个高度戒备监区关押罪犯人数不宜超过300人，其建设标准参照高度戒备监狱标准执行。

**第四条** 本条规定了监狱建设应遵循的原则及总体要求。

监狱建设必须遵守国家有关的法律、法规、规章，必须满足正确履行监狱职能的需要，并应依据《中华人民共和国突发事件应对法》、《国家突发事件总体应急预案》、《国家自然灾害救助应急预案》等法律、法规以及《救灾物资储备库建设标准》（建标121—2009），从我国监狱应对突发事件的实际情况出发，建立和完善应急保障体系，提高应对突发事件的能力。在监狱建设中应坚持艰苦奋斗、厉行节约的方针，监狱建设水平要符合我国国情，与当地的经济社会发展相适应。达到安全、坚固、适用、经济、庄重的要求。

**第五条** 本条规定了监狱建设与城乡总体规划的关系。

监狱建设应符合惩罚改造罪犯和国家经济社会发展的需要。因此，监狱建设应统一规划、合理布局，必须与城市和地区建设的发展相适应，必须纳入城市和地区建设的总体规划，为了减少重复投资和建设，监狱建设应尽可能充分利用社会各项公共服务和附属设施，最大限度地节约投资和土地。

**第六条** 本条规定了监狱建设项目的基本做法。

为避免建设项目二次施工和反复投资，降低监狱建设成本，提高监狱建设的科学管理水平，本条特别指出，新建监狱项目应一次规划到位，并考虑监狱长远发展，适当预留发展用地；同时，改扩建监狱项目应充分利用原有可用设施，防止浪费，提高投资效益。

因监狱关押罪犯类型和从事劳动改造项目的特殊性以及各地经济技术发展水平的差异性，有特殊要求、需要适当提高标准的监狱建设项目，须单独报政府投资主管部门审批，且幅度不宜超过30%。

**第七条** 本条规定了本标准与国家现行有关标准、规范之间的关系。

在监狱建设过程中，既要严格执行本建设标准的规定，还应符合国家现行的有关标准、规范的规定。

## 第二章 建设规模与项目构成

**第八条** 本条规定了监狱建设规模的划分依据及类型。

监狱以关押罪犯人数确定建设规模，监狱的建设规模划分为大、中、小三种类型。

**第九条** 本条规定了监狱建设规模及其划分标准。

经调研，目前全国有监狱680所左右，关押罪犯约165万人，平均每所监狱关押罪犯

2500人左右。关押罪犯人数是监狱建设规模的确定依据（监狱警察及武警人数依据罪犯人数确定）。本条按照监狱建设和布局调整的总体要求，结合监管改造工作实际和控制管理成本的需要，确定了监狱建设规模以关押罪犯人数在1000～5000人为宜。

高度戒备监狱关押的罪犯具有高度危险性和难控制性，管理和改造难度较大，不宜将此类罪犯过多的集中关押在一起。但关押规模过小将大大提高刑罚成本，从我国国情和监管安全需要出发，结合调研综合分析，确定了高度戒备监狱建设规模以关押罪犯人数在1000～3000人为宜。

不同建设规模监狱罪犯人数规定如下：

1. 小型监狱关押罪犯人数为：1000～2000人。

2. 中型监狱关押罪犯人数为：2001～3000人。

3. 大型监狱关押罪犯人数为：3001～5000人。

**第十条** 本条明确了监狱建设项目的主要构成。

**第十一条** 本条明确了监狱房屋建筑的组成部分，包括罪犯用房、警察用房、武警用房、其他附属用房：

1. 罪犯用房包括：监舍楼、教育学习用房、禁闭室、家属会见室、伙房和餐厅、医院或医务室、文体活动用房、技能培训用房、劳动改造用房及其他服务用房等。

监舍楼包括寝室、盥洗室、厕所、物品储藏室、心理咨询用房、亲情电话室等；教育学习用房包括图书阅览室、教学用房等；文体活动用房包括文体活动室、礼堂等；技能培训用房和劳动改造用房包括培训车间、生产车间、技术辅导岗位及生产关键要害岗位人员用房等；其他服务用房包括理发室、浴室、晾衣房、被服仓库、日用品供应站、社会帮教室、法律咨询室等。

2. 警察用房包括：办公用房、公共用房、特殊业务用房、管理用房、备勤用房、学习及训练用房。

警察办公用房包括监狱领导人员、职能部门及监区警察办公室；公共用房包括会议室、食堂、浴室、医务所、洗衣房、更衣室、文体活动室及老干部活动室等；特殊业务用房包括监控指挥中心及应急处置用房、计算机房、档案室、暗室、器材存放室、电化教育室、警械装备库、检察院驻狱办公室、警察心理咨询室等；警察管理用房包括监区、分监区警察值班室（监控室）、分监区教育谈话室及警察卫生间等。

3. 武警用房建设项目及标准应按有关规定执行。

4. 其他附属用房包括：收发值班室、门卫接待室、辅助管理岗位人员用房、车库、仓库、配电室、锅炉房、水泵房、应急物资储备库、污水处理站等。

**第十二条** 本条明确了监狱安全警戒设施的组成。

安全警戒设施是确保监狱安全稳定，有效实施对罪犯的监管改造，防止越狱、暴狱、劫狱以及罪犯自残、自杀的必要措施。安全警戒设施建设应推广应用先进的科技成果，不断提高其现代化、智能化程度。

**第十三条** 本条规定了监狱场地的主要组成部分。

**第十四条** 本条规定了监狱配套设施的组成。

## 第三章　选址与规划布局

**第十五条** 本条规定了新建监狱项目的选址要求。

监狱作为国家的刑罚执行机关，承担着惩罚和改造罪犯、预防和减少犯罪的神圣职责，监狱建设选在邻近经济相对发达、交通便利的城市或地区，有利于维护监狱安全稳定，有利于综合利用社会资源对罪犯实施教育改造和劳动改造，也有利于监狱生活保障和警察队伍的稳定。由于未成年犯管教所和女子监狱关押对象是未成年罪犯和女性罪犯，其在年龄、生理、心理等方面具有特殊性，因此，选址在经济发达、交通便利的大中城市，可以更好地利用社会资源，实施社会帮教，体现社会关爱。

同时，监狱用地又必须选择在工程地质、水文地质、供水、供电等条件较好，交通便利，远离各种污染源、易燃易爆危险品、高噪声的地段，以确保监狱的安全稳定和长远发展；严禁选择在有滑坡、洪水淹没、海潮侵袭等可能发生自然灾害危及监狱安全的地段建设。

**第十六条** 本条规定了监狱建设用地的标准和规划布局要求。

鉴于我国土地资源有限，特别是城市用地紧缺的状况，监狱规划建设必须按照节约用地、科学布局的原则，因地制宜，科学、合理、有效地使用土地。调查表明，全国监狱建设用地情况差别较大，这与各省（自治区、直辖市）人均占有土地指标以及监狱所从事的劳动改造项目有关。总体来说，西部地区和从事农业劳动、机械加工、水泥生产等行业的监狱建设用地指标较高。本条参照《城市用地分类与规划建设用地标准》（GBJ 137）的有关规定，结合调研情况，从全国监狱现状及长远发展出发，明确了监狱建设用地的参考标准和有关规划布局的要求。同时，考虑到部分监狱的劳动改造项目（如机械加工制造、水泥生产、狱内农业、养殖等）有特殊的生产工艺要求，需要适当增加建设用地的特殊情况，本条明确对此类项目的用地标准可根据实际需要另行报批。

**第十七条** 本条规定了监狱建设用地划分的功能区域及各区域之间的相互关系。

**第十八条** 本条规定了监狱总平面布置应符合的要求。

根据司法部《关于加强监狱安全管理工作的若干规定》，对中度戒备监狱罪犯的学习、劳动、生活等区域进行明确的功能划分，且主要建筑物之间用防攀爬金属隔离网进行物理隔离。

高度戒备监狱关押的罪犯具有高度危险性和难控制性，需要特殊管理和控制，高度戒备监狱分设若干封闭独立的监区，每个监区具备罪犯生活、教育学习、劳动改造、文体活动等功能用房，可以将罪犯日常活动范围限制在一定的区域内；警察巡视专用通道的设置能够有效保障执勤警察的安全；各功能用房之间设置必要的隔离防护设施，便于对此类罪犯的有效管理和控制，充分降低监管的安全风险。

明确对高度戒备监狱内各监区、家属会见室、罪犯伙房、罪犯医院、禁闭室等区域之间应由防攀爬金属隔离网进行分隔，使之保持相对封闭，并由封闭通道相连，封闭通道内也应分段设置金属防护门，目的是为了有效控制罪犯活动的路径，层层设防，增加可控性，提高防越狱、防暴狱和处置突发事件的能力，最大限度地保障监管安全。

中度戒备监狱内的高度戒备监区作为关押高度危险罪犯的场所，要求该区域必须远离其他区域或建筑，自成一个分区，且应布置在武警岗哨观察视线范围内，其他用房之间的联系也不应穿越本区域。为确保监管安全，这类监区应由防攀爬金属隔离网进行封闭隔离。

**第十九条** 本条规定了监狱内建筑物之间及监狱内、外建筑物之间距离的基本原则和要求。

监狱建筑虽然有其特殊性，但其在设计和建设上也必须遵守国家有关建筑安全、消防、卫生、日照等方面的规定。主要有：《城市居住区规划设计规范》（GB 50180）、《建筑设计防火规范》（GB 50016）、《民用建筑设计通则》（GB 50352）等。

**第二十条** 本条规定了监狱标志的设置要求。

**第二十一条** 本条规定了监狱用地内道路的设置要求。

**第二十二条** 本条规定了监狱用地内绿化的设置要求。

本条参照《城市居住区规划设计规范》（GB 50180），并结合监狱监管安全的要求，从有利于罪犯的教育改造和身心健康出发，对监狱的绿地率作出规定。

## 第四章 建筑标准

**第二十三条** 本条规定了监狱建筑标准的确定原则。

**第二十四条** 本条是对监狱综合建筑面积指标所作的规定，也是控制监狱建筑标准的主要参数。寒冷地区综合建筑面积指标宜在本标准基础上增加4%，严寒地区宜增加6%。

**第二十五条** 本条规定了监狱各类用房建筑面积的指标要求。具体数据的测算依据及有关要求如下：

一、罪犯用房

（一）监舍楼

1. 监舍楼寝室

寝室宜设在监舍楼较好的朝向，有条件地区在寝室内设卫生间，以有利于对罪犯夜间的监管。其标准数据依据如下：

（1）每床长1.9m，宽1.0m，每床面积$1.9m^2$；床间距及过道按每床面积$1.9m^2$计算，双层铺减半（1.90+1.90）/2=$1.90m^2$。

学习桌长0.6m，宽0.45m，座位空间长0.6m，宽0.7m，所占面积0.6×（0.45+0.7）=$0.69m^2$。

每名罪犯使用面积1.90+0.69=$2.59m^2$。

（2）房间布置示例：

A：5.4m×6.3m，墙厚0.24m，使用面积为5.16×6.06=$31.27m^2$，按住12人计算，使用面积为31.27/12=$2.61m^2$/人；

B：3.9m×5.4m，墙厚0.24m，使用面积为3.66×5.16=$18.89m^2$，按住8人计算，使用面积为18.89/8=$2.36m^2$/人。

（3）《宿舍建筑设计规范》（JGJ 36）4类居室双层床8人，使用面积为$3m^2$/人。

（4）综合以上数据，取每人使用面积$2.55m^2$。取使用面积系数$K=0.75$，平均每名罪犯建筑面积2.55/0.75=$3.40m^2$。

高度戒备监狱寝室宜按5%为单人间，30%为四人间，65%为六～八人间设置。参照《宿舍建筑设计规范》（JGJ 36）单人间寝室使用面积$16m^2$/人、四人间寝室使用面积$5m^2$/人、六～八人间寝室使用面积$3.5m^2$/人。人均使用面积16×5%+5×30%+3.5×65%=$4.58m^2$，取$K=0.7$，平均每名罪犯建筑面积4.58/0.7=$6.54m^2$。

2. 盥洗室

监舍楼盥洗室标准数据如下：

（1）参照《宿舍建筑设计规范》（JGJ 36），结合监狱管理的实际需要，洗脸盆或盥洗龙头按每 8 人设一个；

（2）每个洗脸盆或盥洗龙头按 $1.7m^2$ 计算，取 $K=0.75$，平均每罪犯建筑面积为 $1.7/8/0.75=0.28m^2$；

高度戒备监狱盥洗室应位于寝室内，单人间、四人间设一个盥洗龙头，六～八人间设两个盥洗龙头，每个盥洗龙头按 $1.7m^2$ 计算，折合每人使用面积 $1.7\times5\%+1.7/4\times30\%+1.7\times2/7\times65\%=0.53m^2$/人，取 $K=0.7$，平均每名罪犯建筑面积 $0.53/0.7=0.76m^2$。

3．厕所

监舍楼厕所标准数据如下：

（1）参照《宿舍建筑设计规范》（JGJ 36），结合监狱管理的实际需要，男厕所大便器、小便器或槽位每 16 人设一个，女厕所大便器每 10 人设一个，洗手盆和污水池各设一个；

（2）大便器单间尺寸 $0.9\times1.2=1.08m^2$，小便器尺寸 $0.6\times0.7=0.42m^2$；

（3）厕位占厕所面积的 1/3；

（4）男厕每人使用面积为：$(1.08+0.42)\times3/16=0.281m^2$，取 $K=0.75$，男厕平均每名罪犯建筑面积为 $0.281/0.75=0.38m^2$；

（5）女厕每人使用面积为：$1.08\times3/10=0.32m^2$，取 $K=0.75$，女厕平均每名罪犯建筑面积为 $0.32/0.75=0.42m^2$；

（6）综上，女厕比男厕每名罪犯建筑面积增加 $0.04m^2$。

高度戒备监狱厕所应位于寝室内，单人间、四人间设一个大便器，六～八人间设一个大便器、一个小便器，折合每人使用面积 $1.08\times3\times5\%+1.08\times3/4\times30\%+(1.08\times3+0.42\times3)/7\times65\%=0.82m^2$，取 $K=0.7$，平均每名罪犯建筑面积 $0.82/0.7=1.17m^2$。

4．物品储藏室

（1）每人物品储藏空间 $0.5\times0.6\times0.45=0.135m^3$；

（2）每个藏柜平面 $0.5\times0.6=0.3m^2$，分 4 层；

（3）藏柜占储藏室面积的 1/3；

（4）每人物品储藏使用面积为 $0.5\times0.6\times3/4=0.225m^2$，取 $K=0.75$，平均每名罪犯建筑面积 $0.225/0.75=0.3m^2$。

高度戒备监狱取 $K=0.7$，平均每名罪犯建筑面积 $0.225/0.7=0.32m^2$。

5．心理咨询用房

（1）按每分监区（管理 150 名罪犯）设 $28m^2$ 心理咨询用房，取 $K=0.75$，平均每名罪犯建筑面积为 $28/150/0.75=0.25m^2$。

高度戒备监狱按每分监区（管理 75 名罪犯）设 $30m^2$ 的心理咨询用房，取 $K=0.7$，平均每名罪犯建筑面积 $30/75/0.7=0.57m^2$。

心理咨询用房应根据《监狱教育改造工作规定》、《教育改造罪犯纲要》、《关于进一步加强服刑人员心理健康指导中心规范化建设工作的通知》的有关规定，结合教育改造工作实际，配置相应的功能。

6．亲情电话室

按每分监区（管理 150 名罪犯）设 $6m^2$ 的亲情电话室，取 $K=0.75$，平均每名罪犯建

筑面积 $6.0/150/0.75=0.05m^2$；

高度戒备监狱按每分监区（管理75名罪犯）设 $6m^2$ 的亲情电话室，取 $K=0.7$，平均每名罪犯建筑面积 $6.0/75/0.7=0.11m^2$。

（二）教育学习用房

1. 图书阅览室

（1）按每100人设10个阅览座位，每座位使用面积 $1.5m^2$，人均阅览使用面积为 $1.5\times10/100=0.15m^2$；

（2）人均图书按20册，藏书400册/$m^2$，人均图书使用面积 $20/400=0.05m^2$；

（3）辅助办公部分人均使用面积 $0.05m^2$；

（4）合计人均使用面积 $0.15+0.05+0.05=0.25m^2$，取 $K=0.75$，平均每名罪犯建筑面积 $0.25/0.75=0.33m^2$。

高度戒备监狱取 $K=0.7$，平均每名罪犯建筑面积 $0.25/0.7=0.36m^2$。

2. 教学用房

（1）参照《中小学校建筑设计规范》，每座使用面积按 $1.37m^2$ 计算；

（2）根据《监狱服刑人员行为规范》（司法部第八十八号令）的规定，结合教育改造工作的实际需要，教室配置按如下比例测算：

A. 小型监狱按关押罪犯人数的46%配置教室；

B. 中型监狱按关押罪犯人数的41%配置教室；

C. 大型监狱按关押罪犯人数的35%配置教室。

（3）取 $K=0.75$，各规模监狱平均每名罪犯建筑面积如下：

小型监狱：$1.37\times46\%/0.75=0.84m^2$；

中型监狱：$1.37\times41\%/0.75=0.74m^2$；

大型监狱：$1.37\times35\%/0.75=0.63m^2$。

高度戒备监狱教学用房每座使用面积乘以1.5系数，取 $K=0.7$，平均每名罪犯建筑面积：小型监狱 $1.36m^2$，中型监狱 $1.23m^2$。

未成年犯管教所和女子监狱教育学习用房面积乘以1.5系数。

（三）禁闭室

禁闭室应集中布置，自成一区，其他用房之间的联系也不应穿越该区，每间禁闭监室内应有蹲便器和小水池各一个。

1. 单间禁闭监室 $2.5m\times3.6m$，墙厚 $0.24m$，每间使用面积 $2.26\times3.36=7.59m^2$；放风间 $2.5m\times3.3m$，墙厚 $0.24m$，面积减半，每间使用面积 $2.26\times3.06/2=3.46m^2$；顶部两侧巡逻道各宽 $1.5m$，使用面积 $2.26\times1.26\times2=5.70m^2$；合计每间使用面积 $7.59+3.46+5.70=16.75m^2$；

2. 小型监狱每250人设一间，共设4～8间，取 $K=0.7$，平均每名罪犯建筑面积：$16.75\times(4+8)/2/1500/0.7=0.10m^2$；

3. 中型监狱每增350人增设一间，共设8～11间，取 $K=0.7$，平均每名罪犯建筑面积：$16.75\times(8+11)/2/2500/0.7=0.09m^2$；

4. 大型监狱每增500人增设一间，共设11～15间，取 $K=0.7$，平均每名罪犯建筑面积：$16.75\times(11+15)/2/4000/0.7=0.08m^2$；

各监狱规模每名罪犯使用面积和建筑面积如附表1：

**附表 1**

| 监狱规模 | 每名罪犯使用面积（$m^2$） | 使用面积系数 $K$ | 每名罪犯建筑面积（$m^2$） |
|---|---|---|---|
| 小型监狱 | 0.07 | 0.7 | 0.10 |
| 中型监狱 | 0.063 | 0.7 | 0.09 |
| 大型监狱 | 0.056 | 0.7 | 0.08 |

以上面积不包括警察值班室（监控室）和预审室，警察值班室（监控室）和预审室按每名罪犯建筑面积 0.02$m^2$ 计算。

实际人数介于表列两规模之间时，可用插入法取值；实际人数小于或大于表中最小或最大规模时，可分别采用最小或最大的定额值。

（四）家属会见室

1．按每 50 名罪犯设一个会见位，每个会见位使用面积 $1.8\times2.5\times2=9.0m^2$，人均 $9/50=0.18m^2$；取 $K=0.75$，平均每名罪犯建筑面积 $0.18/0.75=0.24m^2$。

2．按每 100 名罪犯设一间同居室，每间使用面积 14$m^2$；人均 $14/100=0.14m^2$；取 $K=0.75$，平均每名罪犯建筑面积 $0.14/0.75=0.19m^2$。

3．家属会见室内应设置会见登记、家属等候、警察值班（监控）及小卖部等服务用房，按每名罪犯建筑面积 0.38$m^2$ 计算。

4．合计平均每名罪犯建筑面积 $0.24+0.19+0.38=0.81m^2$。

高度戒备监狱不设置同居室，平均每名罪犯建筑面积0.59$m^2$。

（五）伙房和餐厅

伙房宜集中设置，自成一区，伙房内应根据实际情况设置少数民族灶台；为防止罪犯过于集中，给管理带来不便，餐厅宜分散设置。

按照《饮食建筑设计规范》（JGJ 64）二级食堂餐厅每座使用面积 0.85$m^2$，餐厨比 1∶1，考虑到监狱的特殊性，指标缩减为 50%；中型监狱和大型监狱逐级递减 5%，取 $K=0.75$。

各监狱规模平均每名罪犯使用面积和建筑面积如附表 2：

**附表 2**

| 监狱规模 | 每名罪犯使用面积（$m^2$） | 使用面积系数 $K$ | 每名罪犯建筑面积（$m^2$） |
|---|---|---|---|
| 小型监狱 | 0.85 | 0.75 | 1.14 |
| 中型监狱 | 0.81 | 0.75 | 1.08 |
| 大型监狱 | 0.77 | 0.75 | 1.03 |

在冬季需要储存蔬菜的地区，伙房和餐厅的面积在此基础上增加 0.5$m^2$/罪犯的储菜用房。

实际人数介于表列两规模之间时，可用插入法取值；实际人数小于或大于表中最小或最大规模时，可分别采用最小或最大的定额值。

（六）医院或医务室

监狱医院宜按一甲标准设置，应设置手术室、X 光室、检验室等。小型监狱按建筑面积每 100 人 $65m^2$ 计算，平均每名罪犯建筑面积 $0.65m^2$；中型监狱和大型监狱按建筑面积每 100 人 $60m^2$ 计算，平均每名罪犯建筑面积为 $0.60m^2$。

关押传染病和精神病罪犯的监狱，按《综合医院建筑设计规范》（JGJ 49）中的有关要求和主管部门的有关规定执行。

高度戒备监狱医院或医务所平均每名罪犯建筑面积：小型监狱 $1.0m^2$，中型监狱 $0.94m^2$。

（七）文体活动用房

1. 文体活动室

按每名罪犯使用空间 0.7m × 0.9m，每名罪犯使用面积 $0.7 \times 0.9 = 0.63m^2$，取 $K = 0.75$，平均每名罪犯建筑面积 $0.63/0.75 = 0.84m^2$。

高度戒备监狱取 $K = 0.7$，文体活动室平均每名罪犯建筑面积 $0.63/0.7 = 0.9m^2$。

2. 礼堂

按每名罪犯使用空间 0.6m × 0.9m，每名罪犯使用面积 $0.6 \times 0.9 = 0.54m^2$，取 $K = 0.75$，则平均每名罪犯建筑面积为 $0.54/0.75 = 0.72m^2$。

高度戒备监狱由于其罪犯的特殊性，不便于大规模集中，不设置礼堂。

（八）其他服务用房

1. 理发室

按每分监区（管理 150 名罪犯）设一间 $10m^2$ 理发室，取 $K = 0.75$，平均每名罪犯建筑面积 $10/150/0.75 = 0.09m^2$。

高度戒备监狱按每 75 人设一间 $10m^2$ 理发室，取 $K = 0.7$，平均每名罪犯建筑面积为 $10/75/0.7 = 0.19m^2$。

2. 浴室

参照《宿舍建筑设计规范》（JGJ 36），结合监狱管理的实际需要，按每 12 人设置一个淋浴喷头，每个淋浴喷头（含更衣）使用面积 $3m^2$；取 $K = 0.75$，则平均每名罪犯建筑面积为 $3/12/0.75 = 0.33m^2$。

高度戒备监狱按单人间、四人间、六～八人间均设一个浴位测算，每一个淋浴喷头（含更衣）使用面积 $3m^2$，折合平均每名罪犯使用面积 $3 \times 5\% + 3/4 \times 30\% + 3/7 \times 65\% = 0.66m^2$/人，取 $K = 0.7$，平均每名罪犯建筑面积 $0.66/0.7 = 0.94m^2$。

3. 晾衣房

按每 150 名罪犯使用面积 $60m^2$ 计算，取 $K = 0.75$，则平均每名罪犯建筑面积为 $60/150/0.75 = 0.53m^2$。

高度戒备监狱，取 $K = 0.7$，则平均每名罪犯建筑面积为 $60/150/0.7 = 0.57m^2$。

4. 被服仓库

按每名罪犯一套换季被服，一套备用被服测算，其占用平面 0.6m × 0.6m，高度 1.2m，堆放高度 2.4m，人均占用面积 $0.36/2 = 0.18m^2$，通道按 20% 考虑，取 $K = 0.75$，则平均每名罪犯建筑面积为 $0.18 \times 1.2/0.75 = 0.29m^2$。

高度戒备监狱取 $K = 0.7$，则平均每名罪犯建筑面积为 $0.18 \times 1.2/0.7 = 0.31m^2$。

5. 日用品供应站

按照有关规定，监狱不允许家属直接为罪犯提供生活日用品，需在监狱内设置生活日用品供应站，供罪犯定期采购。经调研和测算，平均每名罪犯建筑面积为：小型监狱

$0.12m^2$，中型监狱$0.10m^2$，大型监狱$0.08m^2$。

6．社会帮教室

为贯彻落实中央提出的把刑释解教人员的重新违法犯罪率作为衡量监管工作的首要标准的重要精神，为充分利用社会各界人士的力量对罪犯进行帮扶教育，需提供必要的帮教场所。经调研和测算，使用面积按小型监狱$30m^2$、中型监狱$40m^2$、大型监狱$50m^2$设置社会帮教室。取$K=0.75$，则平均每名罪犯建筑面积为：小型监狱$30/1500/0.75=0.03m^2$，中型监狱$40/2500/0.75=0.02m^2$，大型监狱$50/4000/0.75=0.02m^2$。

高度戒备监狱面积增加一倍，取$K=0.7$，则平均每名罪犯建筑面积为：

小型监狱：$30\times2/1500/0.7=0.06m^2$；

中型监狱：$40\times2/2500/0.7=0.05m^2$。

7．法律咨询室

为贯彻落实中央提出的把刑释解教人员的重新违法犯罪率作为衡量监管工作的首要标准的重要精神，为充分利用社会法律工作者的力量对罪犯提供法律咨询服务，增强罪犯法律意识，需提供必要的工作场所。经调研和测算按小型监狱使用面积$30m^2$，中型监狱$40m^2$，大型监狱$50m^2$设置法律咨询室。取$K=0.75$，则平均每名罪犯建筑面积为：小型监狱$30/1500/0.75=0.03m^2$，中型监狱$40/2500/0.75=0.02m^2$，大型监狱$50/4000/0.75=0.02m^2$。

高度戒备监狱面积增加一倍，取$K=0.7$，则平均每名罪犯建筑面积为：

小型监狱：$30\times2/1500/0.7=0.06m^2$；

中型监狱：$40\times2/2500/0.7=0.05m^2$。

（九）技能培训用房

技能培训用房是根据监狱监管改造工作的有关规定，对罪犯进行职业技能培训的场所。技能培训用房按每名罪犯建筑面积$2.30m^2$设置，其中包括培训车间、技术辅导岗位人员用房等。

（十）劳动改造用房

劳动改造用房是根据《监狱法》和监狱监管改造工作的有关规定，依法组织罪犯生产，进行劳动改造的场所。劳动改造用房按每名罪犯建筑面积$7.6m^2$设置，其中包括生产车间、生产关键要害岗位人员用房等。从事特殊劳动改造项目的监狱，可根据其工艺流程合理确定劳动改造用房的建筑面积。

二、警察行政、办公及业务用房

根据中办发〔1981〕44号文规定，劳改单位警察编制：工业按罪犯人数的20%配备，农业按罪犯人数的16%配备；本标准按18%计算。

（一）警察办公用房

按《办公建筑设计规范》（JGJ 67），每人使用面积不小于$4m^2$。考虑到监狱职能的特殊性和监狱警察工作的特殊需要，并结合《党政机关办公用房建设标准》（计投资〔1999〕2250号）有关规定，每名警察建筑面积$5.83m^2$。

（二）公共用房

1．会议室

（1）大会议室按《办公建筑设计规范》（JGJ 67）无会议桌考虑，每人使用面积$0.8m^2$；

（2）中会议室：根据刑罚执行、狱政管理、教育改造及劳动改造等监狱业务工作实际，中型会议室按设置四间、每间容纳40人计算。根据《办公建筑设计规范》（JGJ 67），有会议桌的会议室每人使用面积1.8$m^2$，合计使用面积为$40\times1.8\times4=288m^2$，折算后每名警察使用面积如下：

小型监狱：$288/[(180+360)/2]=1.06m^2$；

中型监狱：$288/[(360+540)/2]=0.64m^2$；

大型监狱：$288/[(540+900)/2]=0.40m^2$。

（3）小会议室：由于监区需要定期召开狱情分析会、罪犯考核评定会等，按每分监区设置一间小型会议室、每间容纳18人计算。根据《办公建筑设计规范》（JGJ 67）有会议桌考虑，每人使用面积1.8$m^2$。单间会议室使用面积为$18\times1.8=32.4m^2$。

小型监狱平均$(1000+2000)/2/150+2=12$分监区，折合人均使用面积$32.4\times12/270=1.44m^2$；

中型监狱平均$(2000+3000)/2/150+2=19$分监区，折合人均使用面积$32.4\times19/450=1.37m^2$；

大型监狱平均$(3000+5000)/2/150+2=29$分监区，折合人均使用面积$32.4\times29/720=1.31m^2$。

（4）三项合计

小型监狱：每名警察使用面积$0.8+1.06+1.44=3.3m^2$；

中型监狱：每名警察使用面积$0.8+0.64+1.37=2.81m^2$；

大型监狱：每名警察使用面积$0.8+0.40+1.31=2.51m^2$；

平均每名警察使用面积：$(3.3+2.81+2.51)/3=2.87m^2$，取$K=0.75$，平均每名警察建筑面积为$2.87/0.75=3.83m^2$。

2. 警察食堂

按照《饮食建筑设计规范》（JGJ 64）规定，二级食堂每座使用面积0.85$m^2$，食堂餐厨比为1∶1，即每座使用面积$0.85\times2=1.7m^2$，按警察编制人数的75%同时就餐，取$K=0.75$，平均每名警察建筑面积为$1.7\times0.75/0.75=1.7m^2$。

3. 警察浴室

平均每6人设一个淋浴喷头，每个喷头（含更衣）使用面积3$m^2$，取$K=0.75$，则平均每名警察建筑面积为$3/6/0.75=0.67m^2$。

4. 警察医务所

按人均使用面积0.5$m^2$计算，取$K=0.75$，则平均每名警察建筑面积为$0.5/0.75=0.67m^2$。

5. 警察洗衣房

为了维护警察形象，严肃警容风纪，有必要对警察服装统一熨洗。经调研和测算，使用面积按小型监狱100$m^2$、中型监狱130$m^2$、大型监狱160$m^2$设置。取$K=0.75$，则平均每名警察建筑面积为：小型监狱$100/270/0.75=0.49m^2$，中型监狱$130/450/0.75=0.39m^2$，大型监狱$160/720/0.75=0.29m^2$。

6. 警察更衣室

为了体现从严治警、从优待警，有必要设置警察上下班时更换警服和便装的更衣室，每个衣柜$0.6m\times0.6m\times1.2m$，放置两层，人均使用面积为$0.6\times0.6/2=0.18m^2$，衣柜占更衣室使用面积的1/3，取 $K=0.75$，则平均每名警察建筑面积为 $0.18\times3/0.75=0.72m^2$。

7. 警察文体活动室及老干部活动室

按人均使用面积 $0.5m^2$ 计算，取 $K=0.75$，平均每名警察建筑面积 $0.8/0.75=0.67m^2$。

（三）特殊业务用房

1. 特殊业务用房包括监控指挥中心及应急处置用房、计算机房、档案室、暗室、器材存放室、电化教育室、警械装备库、检察院驻狱办公室、警察心理咨询室等。

2. 除车库外各监狱规模平均每名警察使用面积和建筑面积如附表3：

**附表3**

| 监狱规模 | 每名警察使用面积（$m^2$） | 使用面积系数 $K$ | 每名警察建筑面积（$m^2$） |
|---|---|---|---|
| 小型监狱 | 3.5 | 0.75 | 4.66 |
| 中型监狱 | 3.1 | 0.75 | 4.11 |
| 大型监狱 | 2.6 | 0.75 | 3.48 |

3. 各监狱规模车库平均每名警察建筑面积如附表4：

**附表4**

| 监狱规模 | 车辆数 | 建筑面积（$m^2$） | 每名警察建筑面积（$m^2$） |
|---|---|---|---|
| 小型监狱 | 15 | 750 | 2.78 |
| 中型监狱 | 20 | 1000 | 2.22 |
| 大型监狱 | 25 | 1250 | 1.74 |

4. 合计平均每名警察建筑面积如下：

小型监狱：$4.66+2.78=7.44m^2$；

中型监狱：$4.11+2.22=6.33m^2$；

大型监狱：$3.48+1.74=5.22m^2$。

实际人数介于表列两规模之间时，可用插入法取值；实际人数小于或大于表中最小或最大规模时，可分别采用最小或最大的定额值。

（四）警察管理用房

每个分监区按12名警察管理150名罪犯计算，设值班（监控）室 $24m^2$，谈话室 $16m^2$，夜间值班休息室 $20m^2$，警察卫生间 $4m^2$，警察管理用房合计每分监区使用面积 $64m^2$。每名警察建筑面积如下：

小型监狱平均 $(1000+2000)/2/150+2=12$ 分监区，折合人均使用面积 $64\times12/270=2.84m^2$；

中型监狱平均 $(2000+3000)/2/150+2=19$ 分监区，折合人均使用面积 $64\times19/450=2.70m^2$；

大型监狱平均 $(3000+5000)/2/150+2=29$ 分监区，折合人均使用面积 $64\times29/720=2.58m^2$。

平均每名警察使用面积 $(2.84+2.70+2.58)/3=2.71m^2$，取 $K=0.75$，平均每名警察建筑面积为 $2.71/0.75=3.61m^2$。

高度戒备监狱警察管理用房面积增加一倍。平均每名警察建筑面积为 $3.61\times2=7.22m^2$。

（五）备勤用房

依据《宿舍建筑设计规范》（JGJ 36），科员以下按三类居室：居室每床使用面积 $5m^2$；居室内设卫生间使用面积 $6m^2$，居住 4 人，人均 $1.5m^2$；居室内设晒衣阳台使用面积 $8m^2$，居住 4 人，建筑面积按一半计算，人均 $1.0m^2$；每 100 床各设一间 $8m^2$ 的管理用房、$12m^2$ 的会客用房，折合人均使用面积 $0.2m^2$；每 100 床设一间 $30m^2$ 的活动用房，折合人均使用面积 $0.3m^2$。

每人综合使用面积 $5.0+1.5+1.0+0.2+0.3=8m^2$。

科员以上按二类居室：居室每床使用面积 $8m^2$；居室内设卫生间使用面积 $4m^2$，居住 2 人，人均 $2m^2$；居室内设晒衣阳台使用面积 $6m^2$，居住 2 人，建筑面积按一半计算，人均 $1.5m^2$；每 100 床各设一间 $8m^2$ 的管理用房、$12m^2$ 的会客用房，折合人均使用面积 $0.2m^2$；每 100 床设一间 $30m^2$ 的活动用房，折合人均使用面积 $0.3m^2$。

每人综合使用面积 $8.0+2.0+1.5+0.2+0.3=12m^2$。

经调研，全国现有监狱警察中科员以下约占 35%，科员以上约占 65%，综合人均使用面积 $8.0\times0.35+12.0\times0.65=10.60m^2$。备勤用房按警察编制人数的 55% 配置，取 $K=0.75$，平均每名警察建筑面积为 $7.76m^2$。

高度戒备监狱备勤用房按警察编制人数的 70% 配置，平均每名警察建筑面积为 $9.8m^2$。

（六）学习及训练用房

按《普通高等学校规划建筑面积指标》（建标〔1992〕245 号）综合大学教室建筑面积 $2.52m^2$/生、1000 人非体育院校风雨操场建筑面积 $1.2m^2$/生，按警察编制人数的 95% 配置学习和训练用房，平均每名警察建筑面积 $(2.52+1.2)\times0.95=3.53m^2$。

三、其他附属用房

其他附属用房包括门卫、收发、接待、值班、辅助管理岗位人员用房、仓库、开水间、卫生间、配电房、水泵房、应急物资储备库、污水处理站等。

1. 除辅助管理岗位人员用房、应急物资储备库、污水处理站外，各监狱规模每名警察使用面积和建筑面积如附表 5：

**附表 5**

| 监狱规模 | 每名警察使用面积（$m^2$） | 使用面积系数 $K$ | 每名警察建筑面积（$m^2$） |
|---|---|---|---|
| 小型监狱 | 2.40 | 0.75 | 3.20 |
| 中型监狱 | 2.10 | 0.75 | 2.80 |
| 大型监狱 | 1.80 | 0.75 | 2.40 |

2. 辅助管理岗位人员用房：根据司法部、财政部、人事部《关于监狱单位工人岗位分类设置和管理的通知》（司发通〔2004〕29 号）的有关规定，辅助管理岗位人员按警察比例的 8% ~12%，本标准按 10% 计算。经调研，辅助管理岗位人员用房建筑面积按 $8.00m^2$/人，折合每名警察建筑面积为 $8\times10\%=0.80m^2$。

3. 应急物资储备库：监狱作为特殊部门，应按照《救灾物资储备库建设标准》（建标 121—2009）县级标准建设应急物资储备库。各监狱规模每名警察建筑面积如附表 6：

**附表 6**

| 监狱规模 | 建筑面积（$m^2$） | 平均警察人数 | 每名警察建筑面积（$m^2$） |
|---|---|---|---|
| 小型监狱 | 630 | 270 | 2.33 |
| 中型监狱 | 715 | 450 | 1.59 |
| 大型监狱 | 800 | 720 | 1.11 |

以上合计平均每名警察建筑面积如下：

小型监狱：3.20 + 0.80 + 2.33 = 6.33$m^2$；

中型监狱：2.80 + 0.80 + 1.59 = 5.19$m^2$；

大型监狱：2.40 + 0.80 + 1.11 = 4.31$m^2$。

以上建筑面积未包括污水处理站面积，如需设置可根据实际情况确定。

**第二十六条** 鉴于我国地域辽阔、自然条件和建筑材料各有不同，对监狱房屋建筑结构形式不宜作统一规定，监狱房屋建筑结构形式应根据建设条件、建筑层数和建筑物使用功能综合确定。

**第二十七条** 本条规定了监狱房屋建筑高度的要求。

监狱围墙内建筑层数的确定应符合当地规划要求，同时考虑到监狱是高危人群密集的场所，参照《建筑设计防火规范》（GB 50016），监狱围墙内建筑高度不应超过 24m。

**第二十八条** 本条规定了监狱监舍楼的设计要求。

根据监狱关押对象的不同，对监舍楼每间寝室的关押人数作出了不同规定，其中关押老病残罪犯时，每间寝室的关押人数不应超过 8 人，且床位宜为单层。同时由于高度戒备监狱关押对象管理改造难度大、危险性强，每间寝室关押罪犯不应超过 8 人，其中，最危险、最需要特殊管理和控制的罪犯应单独关押，严格控制其活动范围。

**第二十九条** 本条规定了监狱禁闭室的建设要求。

禁闭室应自成一个分区，与其他功能用房保持一定距离，其他用房之间的联系也不应穿越该区；禁闭室内预审室应隔音、通风。禁闭监室内应设大便器，考虑到罪犯的起居及防止脱逃，单间禁闭监室使用面积不应小于 6$m^2$，禁闭监室内的设施应具备防止罪犯自残、自杀的功能。

**第三十条** 本条规定了监狱医疗、教学、伙房等用房的建设要求。

监狱可根据关押罪犯人数确定设置医院或医务室。医院或医务室宜独立建房，应建在罪犯生活区的下风向，要求阳光充足、空气流通、场地干燥。关押传染病和精神病罪犯的监狱，按《综合医院建筑设计规范》（JGJ 49）中的有关要求和主管部门的有关规定执行。

教学用房可根据关押罪犯人数单独建设，也可与其他建筑合并建设。

监狱伙房应设在罪犯生活区的下风向，炊具宜机械化、现代化；应分别设立主、副食加工间，少数民族餐加工间，病号餐加工间，并配置相应的库房、烧火间、配餐间，寒冷地区应设置储藏用房。

**第三十一条** 本条规定了监狱家属会见室的建设要求。

为确保监管安全，家属会见室的罪犯会见活动区域应严格限制在监狱围墙内。同时，为便于会见人员进出，家属会见室应设在监狱大门附近区域。

家属会见室作为罪犯与其亲属见面的场所，从安全防范考虑，罪犯和家属应各行其道，各走其门。会见室内应设置从严、一般和从宽会见的区域及设施，以适应分级处遇的需要。会见室宜设一高0.8m，宽1m平台，上设对讲装置以方便双方沟通，平台中线处设置高达棚顶的安全防护设施。

**第三十二条** 本条规定了监狱围墙内警察用房的建设要求。

**第三十三条** 本条从确保监狱安全的角度出发，规定了监狱建筑物耐火等级、设计使用年限和抗震方面的建筑要求。

监狱是关押改造罪犯的场所，其建筑具有特殊性，因此对监狱建筑在耐火等级、设计使用年限和抗震烈度方面的要求应较一般建筑严格，尤其是监狱的围墙、岗楼、大门具有安全警戒、防止罪犯脱逃的功能，所以其抗震要求应比当地抗震烈度提高一度，且不应小于七度（含七度）。

**第三十四条** 本条规定了监狱建筑的装修和采暖方面的建设要求。

**第三十五条** 本条规定了监狱建筑风格的要求。

**第三十六条** 本条规定了监狱场地及建筑内给水、排水的建设要求。

**第三十七条** 本条规定了监狱电力负荷的有关要求。

**第三十八条** 本条规定了监狱的节能、环保、卫生等方面的要求。

## 第五章 安全警戒设施

**第三十九条** 本条规定了监狱围墙、岗楼、大门等安全警戒设施的建设要求。

监狱大门分设车辆通道、警察专用通道和家属会见专用通道，均设二道门，且电动AB开闭，可实现人车分流、警察和罪犯家属分流，有效控制车辆和人员的进出，便于管理和监控；在车辆通道的两端设置防冲撞装置（如防撞桩、破胎阻车器等），可有效拦截内外车辆对监狱大门的冲击。通道顶部和地面设监控、探测等安检装置，可监控车辆的顶部和底部，并对车辆内部进行监控和探测，有利于监管安全。根据司法部和武警总部的规定，监狱大门增设武警哨位，加强对监狱大门的管理，增强监狱大门的武装警戒力量，提高震慑力。

由于高度戒备监狱关押罪犯的高度危险性和难控制性，应重点加强其防越狱、防暴狱、防劫狱、防冲击的功能。因此，本条对高度戒备监狱的安全警戒设施作出了特殊的规定和要求。其围墙高度、墙体的安全防护要求、围墙内外警戒隔离带宽度，都较中度戒备监狱有所增加，并且在围墙内外警戒隔离带内各增设一道防攀爬金属隔离网，加大了罪犯从监狱围墙越狱和外来人员冲击监狱的难度，增加了预警和处置越狱、暴狱、劫狱等突发事件的时间，进一步提高了安全防范能力。围墙外侧两道隔离网之间设置防冲撞设施（如防撞桩、隔离壕沟等），主要是为了有效阻止外来车辆对监狱围墙的冲击。同时，为防止通过直升机等航空器劫持罪犯，高度戒备监狱罪犯室外活动区域宜设置必要的防空网、防空索等防航空器劫持的设施。

**第四十条** 本条规定了监狱安全防护方面的建设要求，主要是防止罪犯藏匿、脱逃、自残、自杀等。

**第四十一条** 本条规定了监狱技术防范设施的建设要求。

根据司法部《全国监狱信息化建设规划》、《国家发展改革委员会关于全国监狱信息化一期工程项目建议书的批复》、公安部《安全防范工程技术规范》等有关规定，应加强监狱信息化基础设施建设，按照一个平台、一个标准体系、三个信息资源库、十个应用系统的监狱信息化框架体系，完善部、省、监狱三级网络建设，建立和完善通讯、监控、门禁、报警、无线信号屏蔽、目标跟踪、周界防范、应急指挥等技术防范设施，并应与监狱同步规划、同步设计、同步建设、同步投入使用。

## 第六章　场地及配套设施

**第四十二条**　本条规定了警察训练场和罪犯体训场的建设要求。

根据我国人体基本动作尺度指标，按每名警察 2m × 2m 空间、监狱 80% 警察在室外集中进行警体训练计算，人均为 $3.2m^2$；罪犯在室外集中进行体能训练时，按每名罪犯 1.7m × 1.7m 空间计算，人均为 $2.9m^2$。

**第四十三条**　本条规定了监狱停车场的设置要求。

**第四十四条**　本条规定了监狱建设配套设施设备的配备要求。

监狱的消防、给排水、暖通、供配电、燃气、通讯、有线电视、环保、节能、道路等设施应与市政衔接；若无相应市政，监狱自身应自成体系。监狱警察行政办公、罪犯生活、教育、医疗、劳动改造设施设备等按国家有关规定和标准执行。

# 六、政府自身建设

# 党政机关办公用房建设标准

## 国家计委关于印发<br>党政机关办公用房建设标准的通知

计投资［1999］2250号

国务院各部门、各直属机构，各省、自治区、直辖市及计划单列市政府、计委（计经委）：

根据中共中央、国务院中发［1997］13号文件有关在党政机关办公用房建设中贯彻艰苦奋斗、勤俭建国、厉行节约、制止奢侈浪费的精神，国家计委会同有关部门在深入调查研究和广泛征求意见的基础上，对原建设标准进行了改革、调整和重新规范，制定了新的《党政机关办公用房建设标准》。经报请国务院批准，现将《党政机关办公用房建设标准》印发给你们，请按照执行。

**中华人民共和国国家发展计划委员会**

**一九九九年十二月二十一日**

## 第一章　总　则

**第一条**　为在党政机关办公用房建设中，贯彻艰苦奋斗、勤俭建国、厉行节约、制止奢侈浪费的方针，合理确定办公用房的建设内容和建设规模，加强管理和监督，制定本建设标准。

**第二条**　本建设标准为全国统一的建设标准，是编制、评估和审批党政机关办公用房项目建议书和可行性研究报告，以及审查工程初步设计和监督检查的依据。

**第三条**　本建设标准适用于全国县级及以上党的机关、人大机关、行政机关、政协机关、审判机关、检察机关，以及工会、共青团、妇联等人民团体机关办公用房（以下简称党政机关办公用房）的新建工程。改建、扩建工程参照执行。

**第四条**　党政机关办公用房必须按照统筹兼顾、量力而行、逐步改善的原则进行建设。办公用房的建设规模，应根据使用单位的级别和编制定员，按照本建设标准规定的建设等级、建筑面积指标确定。

**第五条**　省（自治区、直辖市）、市（地、州、盟）、县（市、旗）同级党政机关及其直属机关办公用房宜集中建设或联合建设，充分利用公共服务和附属设施。

**第六条**　党政机关办公用房的建设应符合城市规划的要求，综合考虑建筑性质、建筑造型、建筑立面特征等与周围环境的关系，并应符合国家有关节约用地、节能节水、环境保护和消防安全等规定。

**第七条**　党政机关办公用房的建设水平，应与当地的经济发展水平相适应，做到实事求是、因地制宜、功能适用、简朴庄重。为提高机关工作效率，应设置或预留办公自动化等设施的条件。

**第八条** 党政机关办公用房的建设，应坚持后勤服务社会化的改革方向，充分利用社会服务设施。集中建设或联合建设办公用房的公共服务和附属设施，应统一规划、集中管理、共同使用。

**第九条** 党政机关办公用房的建设除应符合本建设标准外，还应执行国家有关建筑设计的标准、规范的规定。

## 第二章 建设等级与面积指标

**第十条** 党政机关办公用房建设等级分为三级：

一级办公用房，适用于中央部（委）级机关、省（自治区、直辖市）级机关，以及相当于该级别的其他机关。

二级办公用房，适用于市（地、州、盟）级机关，以及相当于该级别的其他机关。

三级办公用房，适用于县（市、旗）级机关，以及相当于该级别的其他机关。

**第十一条** 党政机关办公用房包括：办公室用房、公共服务用房、设备用房和附属用房。各类用房的内容如下：

一、办公室用房，包括一般工作人员办公室和领导人员办公室。

二、公共服务用房，包括会议室、接待室、档案室、文印室、资料室、收发室、计算机房、储藏室、卫生间、公勤人员用房、警卫用房等。

三、设备用房，包括变配电室、水泵房、水箱间、锅炉房、电梯机房、制冷机房、通信机房等。

四、附属用房，包括食堂、汽车库、人防设施、消防设施等。

除上述四类用房之外的特殊业务用房，需要单独审批和核定标准。

**第十二条** 各级党政机关办公用房人均建筑面积指标应按下列规定执行：

一级办公用房，编制定员每人平均建筑面积26~30平方米，使用面积为16~19平方米；编制定员超过400人时，应取下限。

二级办公用房，编制定员每人平均建筑面积为20~24平方米，使用面积为12~15平方米；编制定员超过200人时，应取下限。

三级办公用房，编制定员每人平均建筑面积为16~18平方米，使用面积为10~12平方米；编制定员超过100人时，应取下限。

寒冷地区办公用房、高层建筑办公用房的人均面积指标可采用使用面积指标控制。

**第十三条** 各级工作人员办公室的使用面积，不应超过下列规定：

一、中央机关

正部级：每人使用面积54平方米。

副部级：每人使用面积42平方米。

正司（局）级：每人使用面积24平方米。

副司（局）级：每人使用面积18平方米。

处级：每人使用面积9平方米。

处级以下：每人使用面积6平方米。

二、地方机关

（一）省级及直属机关

省（自治区、直辖市）级正职：每人使用面积54平方米。

省（自治区、直辖市）级副职：每人使用面积42平方米。

直属机关正厅（局）级：每人使用面积24平方米。

副厅（局）级：每人使用面积18平方米。

处级：每人使用面积12平方米。

处级以下：每人使用面积6平方米。

（二）市（地、州、盟）级及直属机关

市（地、州、盟）级正职：每人使用面积32平方米。

市（地、州、盟）级副职：每人使用面积18平方米。

直属机关局（处）级：每人使用面积12平方米。

局（处）级以下：每人使用面积6平方米。

（三）县（市、旗）级及直属机关

县（市、旗）级正职：每人使用面积20平方米。

县（市、旗）级副职：每人使用面积12平方米。

直属机关科级：每人使用面积9平方米。

科级以下：每人使用面积6平方米。

**第十四条** 本建设标准第十二条中各级办公用房人均建筑面积指标，未包括独立变配电室、锅炉房、食堂、汽车库、人防设施和警卫用房的面积。

需要建设独立变配电室、锅炉房、食堂等设施，应按办公用房需要进行配置。警卫用房的建设应按国家有关规定执行。

**第十五条** 党政机关办公用房的人防设施，应按国家人防部门规定的设防范围和标准计列建筑面积。人防设施建设应做到平战结合、充分利用。

**第十六条** 党政机关办公用房的汽车停车设施应包括地面停车场和汽车库。汽车停车设施建设应充分利用社会停车设施，确需建设独立汽车库时，应注意节约用地，充分利用地下室或半地下室。

**第十七条** 党政机关办公用房的建设规模，应根据批准的编制定员人数，对照本建设标准规定的建设等级，按每人平均建筑面积指标乘以编制定员数，并加上第十四条、第十五条、第十六条中需要或者按规定设置的其他用房建筑面积计算总建筑面积。

## 第三章 选址与建设用地

**第十八条** 党政机关办公用房的建设地点应选择在交通便捷、环境适宜、公共服务设施条件较好、有利于安全保卫和远离污染源的地点，应避免建设在工业区、商业区、居民区。

**第十九条** 党政机关办公用房的建设应节约用地，所需建设用地面积应根据当地城市规划确定的建筑容积率进行核算。

**第二十条** 党政机关办公用房的建设，应符合当地城市有关基地绿化面积指标的规定。

**第二十一条** 党政机关办公用房的汽车库和高层办公建筑的消防水池、水泵房等用房的建设，应充分利用地下室空间。

## 第四章 建筑标准

**第二十二条** 党政机关办公用房建筑应按照本建设标准第十一条的规定设置办公室用房、公共服务用房、设备用房、附属用房等。办公用房建筑平面布置应功能分区明确、使用方便、布局合理。办公用房区应与机关住宅区分开设置。

**第二十三条** 各级党政机关办公用房建筑应合理确定门厅、走廊、电梯厅等面积，提高使用面积系数。办公用房建筑总使用面积系数，多层建筑不应低于60%，高层建筑不应低于57%。

**第二十四条** 各级党政机关一般工作人员办公室宜采用大开间，提高办公室利用率；需设置分隔单间办公室的，标准单间办公室使用面积以12~18平方米为宜。

**第二十五条** 各级党政机关办公用房的会议室宜以中、小会议室为主，小会议室宜采用1~2个标准间，中会议室宜采用3~4个标准间。大会议室应根据编制定员人数并结合机关内部活动需要设置。

**第二十六条** 各级党政机关办公用房宜建多层；一级、二级办公用房根据城市规划的要求可建高层。

**第二十七条** 多层办公建筑标准层层高不宜超过3.3米，高层办公建筑标准层层高不宜超过3.6米；室内净高不应低于2.5米。

**第二十八条** 各级党政机关办公用房建筑耐久年限不应低于二级（50~100年）；建筑安全等级不应低于二级。

**第二十九条** 各级党政机关办公用房建筑防火应符合国家有关建筑设计防火规范的规定。

## 第五章 装修标准

**第三十条** 党政机关办公用房的建筑装修应遵循简朴庄重、经济适用的原则，兼顾美观和地方特色。装修材料选择应因地制宜、就地取材，不应进口装修材料。

**第三十一条** 各级党政机关办公用房的外部装修，一级办公用房宜采用中级装修；二级、三级办公用房宜采用普通装修，主要入口部位可适当采用中级装修。外门窗应按当地城市规定的节能指标要求采用密封和保温、隔热性能好的产品。

**第三十二条** 各级党政机关办公用房的内部装修，一级办公用房的门厅、电梯厅、贵宾接待室、重要会议室、领导人员办公室等重要部位可采用中、高级装修；二级、三级办公用房的上述重要部位宜采用中级装修。一般工作人员办公室以及其他房间和部位应采用普通装修。

**第三十三条** 各级党政机关办公用房装修标准，参照本建设标准附表一《党政机关办公用房建筑装修标准》；装修选用材料，参考本建设标准附表二《建筑装修材料选用举例》。

**第三十四条** 各级党政机关办公用房的内部装修费用占建安工程造价的比例，应按下列数值控制：

砖混结构建筑：不应超过35%；

框架结构建筑：不应超过25%。

# 第六章　室内环境与建筑设备

**第三十五条**　各级党政机关办公用房的办公室、会议室应采用直接采光。办公室照明应采用普通节能灯具，门厅、会议室可根据需要采用节能装饰灯具。

**第三十六条**　采暖地区的各级党政机关办公用房应优先采用区域集中供热采暖系统。

**第三十七条**　各级党政机关办公用房的办公室应采用自然通风换气方式。夏季需要进行人工降温的地区，可设置空调，包括采用分区或集中空调系统。

**第三十八条**　新建的五层及五层以上的各级党政机关办公用房建筑应设置电梯或预留安装电梯的空间。

**第三十九条**　各级党政机关办公用房的通讯与计算机网络设施应能满足办公自动化的要求，并应根据办公自动化及安全、保密、消防管理等要求综合布线、预留接口。

**第四十条**　各级党政机关办公用房的卫生间应设置前室，卫生间洁具应采用易于清洁的卫生设备，并应设置机械排风设备和垃圾收集存放设施。

**第四十一条**　各级党政机关办公用房使用的采暖设备、空调设备、电梯设备及卫生设备均应采用国产设备。

# 第七章　附　　则

**第四十二条**　本建设标准发布后，国家计委原颁布的《行政办公楼建设标准（试行）》（计标［1987］184号）和《中央国家机关办公及业务用房建设标准》（计投资［1996］2984号）停止执行。

**第四十三条**　本建设标准由国家发展计划委员会负责解释。

**第四十四条**　本建设标准自发布之日起施行。

**附表一　党政机关办公用房建筑装修标准**

| 部位＼等级 | | 一级办公用房 | 二级办公用房 | 三级办公用房 |
|---|---|---|---|---|
| 一般办公室、会议室、走廊、楼梯等 | 地面 | 普通、中级装修 | 普通装修 | 普通装修 |
| | 内墙面 | 普通、中级装修 | 普通装修 | 普通装修 |
| | 天棚 | 普通、中级装修 | 普通装修 | 普通装修 |
| 领导办公室、重要会议室、门厅、电梯厅等重要部位 | 地面 | 中、高级装修 | 中级装修 | 中级装修 |
| | 内墙面 | 中、高级装修 | 中级装修 | 中级装修 |
| | 天棚 | 中、高级装修 | 中级装修 | 中级装修 |
| 外　墙 | | 中级装修 | 普通装修 | 普通装修 |
| 卫生间 | 地面 | 中级装修 | 中级装修 | 普通装修 |
| | 内墙面 | 中级装修 | 中级装修 | 普通装修 |
| | 天棚 | 中级装修 | 中级装修 | 普通装修 |
| | 设备 | 大便器，小便斗，洗手盆，壁镜，洗污池 | 大便器，小便斗，洗手盆，壁镜，洗污池 | 大便器，小便斗，洗手盆，壁镜，洗污池 |

**附表二　建筑装修材料选用举例**

| 部位 \ 等级 | 高级装修 | 中级装修 | 普通装修 |
| --- | --- | --- | --- |
| 外墙 | 中高级釉面砖、人造石材等 | 装饰混凝土喷涂、墙面砖、水刷石、玻璃马赛克等 | 水性涂料、清水墙水泥砂浆勾缝等 |
| 内墙 | 装饰板、墙纸、墙布、釉面砖、油漆、乳胶漆、胶合板、中高密板等 | 乳胶漆、塑料扣板等 | 涂料、石灰浆、白粉浆等 |
| 墙裙 | 胶合板、高级釉面砖、装饰板、人造石材等 | 中级釉面砖、瓷砖、水磨石、塑料扣板等 | 普通釉面砖、水泥砂浆、提浆抹面、局部水磨石等 |
| 地面 | 人造石材、高级地砖等 | 中级地砖、水磨石、马赛克、塑料地板等 | 水泥地坪、局部水磨石、普通地砖等 |
| 天棚 | 胶合板、装饰板、墙纸墙布、油漆、乳胶漆、管线暗装等 | 塑料扣板、石膏线条、乳胶漆、管线暗装等 | 水性涂料、石灰浆、白粉浆等 |
| 门窗 | 铝合金及彩板门窗、铝合金中空玻璃窗、双面包镶门、特殊要求制作的门等 | 单层玻璃铝合金窗、塑钢门窗、镶板门等 | 木质及塑钢门窗、钢门窗、拼板门、胶合板纤维板门等 |

## 附　件

# 《党政机关办公用房建设标准》条文说明

## 前　言

为方便使用《党政机关办公用房建设标准》的机关以及有关单位和工程技术人员正确理解和执行条文的规定，现印发《党政机关办公用房建设标准条文说明》，供参考。

**1999 年 12 月**

## 第一章　总　　则

**第一条**　制定《党政机关行政办公楼建设标准》的目的。国家计委曾于 1987 年颁布《行政办公楼建设标准（试行）》（计标［1987］184 号）和 1996 年颁布《中央国家机关办公及业务用房建设标准》（计投资［1996］2984号）。随着我国社会和经济的发展，办公用房的功能与过去相比有较大的变化，同时也出现一些机关超越经济发展水平，超面积建设，超标准装修，盲目追求气派的情况。为此，根据《中共中央、国务院关于党政机关厉行节约制止奢侈浪费行为的若干规定》（中发［1997］13号）的要求，需要制定一个符合我国现实情况又面向未来的办公用房建设标准。《党政机关办公用房建设标准》编制工作的指导思想是，为适应我国社会和经济发展的需要，加强对党政机关办公用房建设的科学管理与监督，在党政机关办公用房建设中，贯彻艰苦奋斗、勤俭节约的方针，合理确定办公用房的建设规模和建设水平，严格控制装修标准，厉行节约、制止奢侈浪费，保证办公用房各项功能需要，适当改善办公条件，使党政机关办公用房建设达到适用、经济、卫生、安全的要求。

**第二条** 建设标准的性质、作用。本建设标准是国家加强全国党政机关办公用房建设宏观管理和合理确定各级办公用房建设水平的全国统一标准，具有高度的政策性和一定的实用性。本建设标准作出的规定是强制性与指导性相结合。本建设标准使党政机关办公用房项目的前期工作和建设有章可循，监督检查有依据。

**第三条** 建设标准的适用范围。党政机关是指党的机关、人大机关、行政机关、政协机关、审判机关、检察机关以及工会、共青团、妇联等人民团体机关。本建设标准适用于县级及以上党政机关办公用房的新建工作。改建、扩建工程由于原有的情况较复杂，可参照本建设标准的有关原则执行。

**第四条** 党政机关办公用房的建设必须遵循统筹兼顾、量力而行、逐步改善的原则。这是基于我国的国情和各地区经济发展水平不平衡的现状和财力有限的实际情况。党政机关办公用房的建设规模要加以控制，合理确定。办公用房的建设规模要按使用单位的级别和编制定员，依据本建设标准规定的建设等级和人均建筑面积指标计算确定。

**第五条** 党政机关办公用房集中建设或联合建设的原则。根据调查表明，省（自治区、直辖市）、市（地、州、盟）、县（市、旗）属的同级党政机关及其直属机关办公用房独立建设，造成投资浪费，加重机关办社会的负担。因此，为避免机关办社会、重复建设、重复投资，应对机关办公用房的建设通盘考虑，统筹安排，集中统一建设或联合建设，这样可以共用公共服务和附属设施，最大限度地节约建设投资和节约土地；同时方便人民群众办事，提高办事效率。

**第六条** 党政机关办公用房建设应符合城市规划的原则规定。符合城市规划：要适应城市规划对土地综合利用的要求，对用地要进行地面上、地下的综合利用；要适应城市规划对交通组织方面的要求，包括机动车、非机动车、步行路线等；要适应城市规划对城市公共空间设计的要求，包括空间的功能、大小、尺度、高度和造型等；要适应城市规划对建设物之间关系方面的要求，包括与周围建筑物的和谐统一等，建筑物造型与立面处理要与周围环境相协调。突出强调要符合国家有关节约用地、节约能源、环境保护和消防安全的要求。

**第七条** 党政机关办公用房建设水平确定的原则。由于我国各地区的社会经济发展水平差异较大，在确定各地党政机关办公用房的建设水平时，必须从我国国情出发，要结合当地的经济发展状况和具体建设条件，实事求是，因地制宜，合理确定；建设水平要与当地社会经济发展水平相适应。做到功能适用，简朴庄重，技术经济指标合理，保证办公需要，并适当考虑今后发展的要求，提高工作效率。一些经济发展水平较高的地区，通信设施、信息网络设施等较完善，为实现办公自动化和加快信息交换提供了可能；因此，为提高机关工作效率，规定设置办公自动化设施的要求。经济发展水平较低的地区，办公用房的建设不能片面追求高标准，盲目攀比，要实事求是，能不建的可先不建，以后再逐步完善，但考虑到发展要求，对办公自动化设施要预留条件，如预留接口等。

**第八条** 党政机关办公用房建设应坚持后勤服务社会化的原则。后勤服务社会化是在社会主义市场经济条件下改革发展的方向，机关办公用房建设应遵循这个重要原则，办公用房的建设内容应简化，尽可能利用所在地区的社会服务设施和市政公用设施，避免机关办社会，减少配套设施、服务设施的投资；同时也可节约使用中的管理费用。

**第九条** 规定党政机关办公用房建设除执行本建设标准外尚应执行其他现行有关标准、规范的要求。机关办公用房建设涉及的专业较多，如城市规划、建筑、结构、装修、室内环境、建筑设备等，所以，除执行本建设标准外，尚应符合国家有关建筑设计的标准、规范的规定。

## 第二章 建设等级与面积指标

**第十条** 党政机关办公用房建设等级的划分。党政机关办公用房建设等级划分为三级，基本沿用了1987年建设标准，既与国家的行政等级划分相对应，符合我国的实际情况，又保持了建设标准的连续性。

**第十一条** 党政机关办公用房根据使用功能，一般划分为办公室用房、公共服务用房、设备用房和其他附属设施用房四类。除四类用房外的特殊业务用房，如公、检、法、税务、工商、海关等特殊业务用房，要根据不同业务特点和需要，单独审批和核定其标准。

**第十二条** 各级党政机关办公用房人均面积指标。办公用房人均建筑面积指标的确定，是在1987年建设标准的基础上，经过详细的函调、实地调查，经统计分析测算论证后，结合目前的现状和今后发展的需求适当提高了标准。与1987年建设标准相比较：一级办公用房人均建筑面积增加13~15平方米；二级办公用房人均建筑面积增加9~12平方米；三级办公用房人均建筑面积增加7~8平方米。一级办公用房人均建筑面积指标与1996年颁布的《中央国家机关办公用房建设标准》的指标基本持平。从1998年底到1999年初对全国党政机关办公用房普查的情况看：中央国家机关66个部门（单位）现有办公用房人均建筑面积55.2平方米，按1998年国务院机构改革前机关人员未减50%计只有27.6平方米；36个省、自治区、直辖市及计划单列市党政机关单位现有办公用房人均建筑面积37.97平方米，人均建筑面积在30平方米以下的占67%以上；2645个市（地、州、盟）级和2073个省属厅局级机关单位现有办公用房人均建筑面积18.70~26.42平方米；16496个县和市（地、州、盟）属局级机关单位现有办公用房人均建筑面积17.70~20.70平方米。经实地调研和征求有关地区、部门及单位的意见，反映机关精简后一些机关办公用房面积偏大，有必要加以控制。因此，本建设标准规定的指标，是考虑到我国当前党政机关办公用房的实际情况和今后的发展需要而确定的。因各地经济发展水平、自然条件的不同，给出的指标有一定的幅度，具体取值主要考虑建设规模大小；对于经济欠发达地区，也可采用下限指标。新标准增列了人均使用面积指标，采用双指标控制；多层办公建筑的使用面积系数一般在60%~67%。寒冷地区由于墙体保温因素，高层建筑由于垂直及水平交通等原因，采用人均使用面积更合理。

**第十三条** 各级工作人员办公室的使用面积指标。指标参考了国家计委1996年颁布的

《中央国家机关办公及业务用房建设标准》，并结合调研情况确定的。确定省、部级领导办公室面积，是考虑了领导同志办公、一般接待和加班临时休息三个方面的实际需要，按三个标准间设置；市（地、州、盟）正职级领导按两个标准间设置；县（市、旗）正职级领导按一个半标准间设置。

**第十四条** 未包括本建设标准第十二条中人均建筑面积指标内的独立的变配电室、锅炉房、食堂、汽车库和人防设施、警卫用房等的面积，需要建设的变配电室、锅炉房、食堂等设施，可利用社会设施的一些建设内容，要考虑与社会合作开发建设；确需单独建设时要按照办公用房所需容量按国家现行的有关规定进行配置。警卫用房的建设应按国家现行的有关规定执行。

**第十五条** 办公用房人防设施的建设，国家人防部门有专门的规定，因此，人防设施的建设应按国家规定的设防要求和面积指标计算建筑面积。按照平战结合、充分利用的原则，考虑到今后发展的要求，可以与地下汽车库建设一并考虑。

**第十六条** 办公用房的建设应该充分考虑利用社会停车设施，对于大型办公楼建筑确需建设独立汽车库时，要充分利用办公楼的人防地下室或半地下室作为汽车库。按有关标准规定，汽车库建筑面积小型汽车一般按每车位40平方米计算；地面停车场的建筑面积，小型汽车一般按每车位25平方米计算。地面停车数量与汽车库停车数量比例，根据建设项目的具体情况，一般要求20%～33%的车辆在地面停车场存放，其余存入汽车库。

**第十七条** 党政机关办公用房建设规模计算。办公用房的总建筑面积是由人均建筑面积乘以编制定员数加上本建设标准第十四条至第十六条需要按国家现行有关规定设置的用房建筑面积构成。编制定员是指经主管部门批准的人员编制。

## 第三章 选址与建设用地

**第十八条** 党政机关办公用房建设地点选择的原则。办公用房建设地点的选取，一方面要方便各有关方面的工作联系，提高办事效率；另一方面要选取交通、通信方便和市政公用设施比较完善和远离产生粉尘、散发有害物质的场所与贮存有易爆、易燃物品等地段；这样既可以减少公共服务设施的投入，同时又利于安全、卫生。为保证安全和方便管理，还不宜在工业区、商业区、居民区和车站、码头等人流集中的地段建设。

**第十九条、第二十条** 节约用地和基地绿化的要求。为贯彻节约用地的原则，必须对建筑基地容积率（基地内建筑总面积与基地面积之比）加以控制；多层办公用房建筑基地容积率一般为1～2，高层办公用房建筑基地容积率一般为3～5，用地紧张的城市，建筑基地容积率应遵守当地规划部门的规定。办公用房建设要符合所在地城市规划以及基地绿化面积指标的要求，创造良好的环境条件。

**第二十一条** 充分利用地下室空间的要求。附属汽车库及高层办公建筑的消防水池、水泵房等设备用房，可布置在地下室，少占室外用地，尽量增加绿地面积。

## 第四章 建筑标准

**第二十二条** 办公用房建筑平面布置的原则。强调办公功能分区的科学性与合理性，便于使用和避免相互干扰。办公区与机关住宅区分开设置，加强办公区安全、保密管理；若用地毗邻，应予以分隔和分设独立出入口。

**第二十三条** 办公用房建筑总使用面积系数（总使用面积与总建筑面积之比值）。规定控制指标，提高建筑面积利用率，纠正办公用房门厅大、走廊宽、电梯厅过大的问题，增加办公室的有效使用面积。办公用房建筑总使用面积系数中，高层建筑总使用面积系数，由于垂直及水平交通、管井等原因，略低于多层建筑是合理的。

**第二十四条** 推广采用办公室空间布置型式和标准间。采用大开间布置型式，可根据使用需要采用轻质隔墙，便于灵活布置，提高面积利用率，这是今后办公建筑空间布置的发展方向。根据机关工作的特点和目前我国的习惯，适宜采用房间办公，一般办公室标准间使用面积为16~18平方米，适合3~4人合用一间办公室。

**第二十五条** 会议室设置要求。办公用房需要设置多种会议室，以满足大量的中、小型会议的需要为主。一般1~2个标准间的会议室使用面积为16~36平方米，可容纳10~25人的小型会议；3~4个标准间的会议室使用面积为48~72平方米，可容纳30~50人的中型会议。这样，对于降低层高与结构布置也是有利的。大会议室的设置应根据机关的具体情况合理设置；一般可以设在顶层或底层，也可以在走道的尽端设置。

**第二十六条** 办公用房宜采用多层建筑。高层建筑在建造和设施方面需增加较多投资，人数较少的机关也不适合建设高层建筑。

**第二十七条** 办公用房的层高。室内净高为2.5米，这是最低标准，是考虑到舒适度和能源消耗等因素综合确定的。

**第二十八条** 党政机关办公用房建筑耐久年限和建筑安全等级。根据国家现行标准《民用建筑设计通则》JGJ 37，一般性建筑采用二级耐久年限，重要的建筑和高层建筑采用一级耐久年限；机关办公用房建筑大多数采用二级耐久年限，对于重要的一级办公用房多层建筑和高层建筑采用一级耐久年限。因此，本建设标准规定各级办公用房建筑耐久年限不应低于二级。根据现行国家标准《建筑结构设计统一标准》GBJ 68，建筑结构设计时，根据结构破坏可能产生后果（如危及人的生命、造成经济损失、产生社会影响等）的严重性，采用不同的安全等级。重要的民用建筑采用一级安全等级，一般民用建筑采用二级安全等级；因此，各级办公用房建筑安全等级不应低于二级。

**第二十九条** 各级办公用房建筑防火应按国家现行的有关建筑设计防火规范执行，本建设标准不另作规定。

## 第五章 装修标准

**第三十条** 办公用房建筑装修标准选择的原则。从调查中发现，目前，党政机关办公用房的装修标准有盲目追求一些不切实际的豪华装修的趋势，导致办公用房的装修与星级宾馆的装修看齐，失去了办公用房的特性，不利于密切联系群众，容易脱离群众。因此，本建设标准对办公用房的建筑装修要求，应以满足基本办公需要，力戒奢华，以简朴庄重、经济适用为原则，兼顾美观和地方特色。强调采用国产装修材料，不应采用进口装修材料，可节省装修投入。

**第三十一条至第三十三条** 各级办公用房建筑内外装修标准。各装修等级的具体确定，可参考本标准附表一；建筑装修等级材料选用可参考本标准附表二。鉴于建筑装修材料品种更新快，装修材料的选择要遵循因地制宜、就地取材的原则；办公用房的内部装修，要根据各类办公用房内部分区和不同使用功能分别作出安排，既能满足重点要求，又要控制总体装修投入。

**第三十四条** 以办公用房建筑工程造价对建筑内装修标准加以控制。将办公用房内装修工程造价占建筑安装工程费用的比例量化，以便控制。办公用房建筑大多数为砖混结构和框架结构，比例数值系根据各地统计数据经过研究论证分析确定。

## 第六章　室内环境与建筑设备

**第三十五条**　办公用房采光、照明要求。建筑照明能耗在建筑总能耗中占有较大比重，为节约能源，党政机关办公用房要充分利用自然采光；人工照明采用节能灯具，照度以能满足办公需要为宜。

**第三十六条**　采暖地区办公用房采暖要求。采用区域集中供热采暖系统，可减少建设独立锅炉房及设备的投入和附属用房面积，有利于社会开发经营、环境保护和节约能源。

**第三十七条**　办公用房通风换气、空气调节要求。为提高办公效率，随着经济发展水平的提高，办公环境的舒适度应加以改善，在夏季需要进行人工降温的地区建设办公用房，规定可设置空调系统，采用分区或集中空调系统。

**第三十八条**　办公用房建筑设置电梯的标准。办公用房五层楼底面距地面的高度大于13.5米，从人体卫生生理学分析，攀登高度超过13.5米，健康人有疲劳感；同时考虑机关办公物品垂直运输需要，在五层及五层以上办公建筑中设置电梯是必要的。若因经济条件所限，宜预留安装电梯的空间。

**第三十九条**　各级办公用房建设要满足办公自动化要求。随着社会经济的发展，机关办公自动化程度要求越来越高，考虑到远期发展需要及近期经济发展水平，设置各种网络线路或预留接口是必要的。

**第四十条**　各级办公用房卫生间的设置要求。卫生间设置前室做一般洗手间和垃圾收集设施存放处，是体现机关文明的一个重要方面；设置机械排风设备，改善空气质量，避免卫生间空气对办公用房环境的不利影响。

**第四十一条**　各级办公用房相关设备选用国产设备的要求。我国自行生产的采暖、空调、电梯以及卫生等设备质量符合我国有关标准的要求，选用国产设备能满足使用要求，又能节约有限的投资，故对此作出相应的规定。

**附加说明**

### 本建设标准主编单位、参编单位和<br>主要起草人名单

**主 编 单 位：** 建设部标准定额研究所

**参 编 单 位：** 浙江省建筑设计院
建设部建筑设计院
北京市建筑设计研究院
中国国际工程咨询公司
华特建筑设计顾问公司

**主要起草人：** 徐金泉　陈国义　陈　森　胡传海　吴路阳　耿　复　庄念生　傅义通
翁如璧　王　迁　吕良芳

# 七、城 市 建 设

# 城市轨道交通工程项目建设标准

## 建标 104—2008

## 建设部、发展改革委
## 关于批准发布《城市轨道交通工程项目建设标准》的通知

建标〔2008〕57 号

国务院有关部门，各省、自治区、直辖市、计划单列市建设厅（委、局）、发展和改革委员会：

根据建设部《二〇〇三年工程项目建设标准、投资估算指标、建设项目评价方法与参数编制项目计划》（建标函〔2004〕43 号）的要求，由建设部负责编制的《城市轨道交通工程项目建设标准》，经有关部门会审，现批准发布，自 2008 年 7 月 1 日起施行。

在城市轨道交通项目的审批、设计和建设过程中，要严格遵守国家关于严格控制建设标准，进一步降低工程造价的相关要求，认真执行本建设标准，坚决控制工程造价。

本建设标准的管理由建设部和国家发展改革委负责，具体解释工作由建设部负责。

中华人民共和国建设部

中华人民共和国国家发展和改革委员会

二〇〇八年三月四日

## 前　言

《城市轨道交通工程项目建设标准》是建设部、国家发展和改革委员会下达任务，由北京城建设计研究总院有限责任公司会同全国城市轨道交通领域部分设计、研究、建设、运营方面的单位共同编制的。

原《城市快速轨道交通工程项目建设标准》（试行本）是由建设部与国家发展和改革委员会联合发布的，自 1999 年 5 月 1 日开始施行，至今已经过去八年。实践证明，在国内城市中轨道交通建设得到良好的贯彻和运用。近几年来，在轨道交通制式方面，直线电机、低地板（70%）车、跨座式单轨等轮轨系统已建成运营。随着我国城市轨道交通建设迅速发展，各城市在轨道交通建设和运营中也积累了较丰富的经验，城市轨道交通的建设理念在不断更新和发展，需要及时吸收到标准中来，对标准中的一些参数需要及时更新和完善。特别是“国务院办公厅关于加强城市快速轨道交通建设管理的通知”（国办发

〔2003〕81号）文件的发布，对项目的建设规划和建设条件提出了新的要求。因此，对原《城市快速轨道交通工程项目建设标准》（试行本）进行全面修订是十分必要的。

修订工作中，标准编制工作组认真贯彻科学发展观，本着实事求是的精神，总结多年来在轨道交通前期研究工作与后期设计、施工、运营中的问题和经验，坚持以人为本，以安全、节约、环保为原则，强化轨道交通运营的网络化理念，以国办发〔2003〕81号文件精神为指导，充实了线网规划、建设规划和可行性研究报告方面的内容和规定。对原建设标准各章节内容作了大量修改和补充，如：在第二章建设规模与项目构成中，对线路运量分级及相关要求作了适当变更，各运量级间有0.5万人次/h的弹性跨越，并与轨道交通体系分类一致，更符合实际情况。本标准首次提出客流预测的内容，对项目初期建设规模与列车运行服务水平结合作出规定。第三章规定了轨道交通线网规划内容，线路长度和超长线路，以及控制保护地界。第四章扩充为车辆与限界，提出目前运行车辆的主要技术规格，首次提出对车辆与隧道的安全疏散基本要求；首次提出车辆定员、站立人员拥挤度的评价标准。增加了第五章运营组织与管理，将原第七章中“运营组织”部分分解过来，首次对列车运行速度和车站配线提出新的规定。对第六章车站建筑强化安全疏散的建设原则和规模控制。第七章的运营装备，补充了自动化装备内容。第八章车辆基地规定各种车型，不同作业功能的车辆基地、车辆段、停车场的占地指标（$m^2$/车），为节约用地和控制用地提供了依据。第九章明确提出“城市轨道交通应建立预防、报警、逃生、救援的安全系统”和“防灾、疏散”的原则，以及节能、节地、节约资源的规定。第十章增加了项目各阶段投资估（概）算的控制比例。

为保证修订质量，在编制过程中，标准编制组结合多项设计实例开展专题研究，稿件经多次讨论，并广泛征求全国各有关部门、单位及专家的意见，反复修改，最后由建设部标准定额司与国家发改委会同有关部门审查定稿。

修订后的主要内容包括：总则、建设规模与项目构成、总体布局与线路工程、车辆与限界、运营组织与管理、车站建筑与结构工程、机电系统与设备、车辆基地及配套工程、安全防护、环保和节能、主要技术经济指标。共十章、八十六条。

在标准施行过程中，请各单位注意总结经验，积累资料，如需要修改和补充本建设标准，请将意见和有关资料寄北京城建设计研究总院《城市轨道交通工程项目建设标准》编制组（地址：北京市阜成门北大街5号，邮编100037），以便今后修订时参考。

**主 编 单 位：** 北京城建设计研究总院有限责任公司

**参 编 单 位：** 建设部地铁与轻轨研究中心

北京市基础设施投资有限公司

北京市轨道交通建设管理有限公司

北京市市政工程设计研究总院

北京全路通信信号研究设计院

上海申通轨道交通研究咨询有限公司

上海隧道工程轨道交通设计研究院

上海市城市建设设计研究院

广州市地下铁道总公司

广州市地下铁道设计研究院

中铁二院工程集团有限责任公司

中铁第四勘察设计院集团有限公司
南京地下铁道有限责任公司
成都市地铁有限责任公司
重庆市轨道交通总公司

**主要参编人员：** 沈景炎　秦国栋　郑　毅　俞加康　孔繁达　于　波　申大川　周　建　徐明杰　李国庆　杨秀仁　于松伟　宋　毅　丁建隆　毕湘利　欧阳长城　徐正良　许斯河　冯爱军　任　静　魏　怡　牛英明　高　朋　许建军　沈建文　仲建华　熊朝晖　倪　昌　靳玉广　李永芳

# 第一章　总　则

**第一条**　为适应我国城市轨道交通快速发展的需要，提高城市轨道交通工程项目决策、建设和管理水平，合理控制建设规模和投资，推进技术进步和车辆、设备国产化，提高投资效益，促进城市轨道交通的健康发展，修订本建设标准。

**第二条**　本建设标准是编制、评估和审批城市轨道交通“项目建议书”、“预可行性研究报告”和“可行性研究报告”的重要依据，是审查工程项目初步设计、监督检查整个建设过程、建设标准和项目后评价的尺度。

**第三条**　本建设标准适用于城市轨道交通的高运量、大运量、中运量系统、钢轮钢轨系统的新建工程项目。市域轨道交通系统、有轨电车系统、跨座式单轨等轮轨系统，既有线的改建、扩建工程可参照执行。

**第四条**　城市轨道交通工程项目建设应坚持以人为本，做到安全可靠，功能合理，经济适用，低耗高效，节约能源、资源和土地，保护环境和文物古迹；充分体现地区特色，力争实现项目生命周期内价值的最大化。

**第五条**　城市轨道交通工程项目应超前规划，适时建设，量力而行，有序发展。依据城市总体规划、国民经济和社会发展规划、城市综合交通规划，做好轨道交通远景线网规划。从实际需求和可能出发，把握项目建设条件和建设时机，合理安排项目建设。

**第六条**　城市轨道交通的规划建设，应与铁路、民航、公路等其他交通方式的规划建设进行有机衔接，促进城市现代化综合交通体系的建立，满足便捷、通畅、高效、安全的运输服务需求。

**第七条**　城市轨道交通近期建设规划范围，应与城市远期总体规划相符合，重点选择近期10～15年内的建设项目、建设时机、建设时序和建设规模，落实建设资金，做好沿线土地利用和控制规划，支持城市总体规划协调发展，初步构成线网基本骨架，形成初始规模效益。

**第八条**　城市轨道交通工程项目建设，应树立网络化资源共享理念，开发轨道交通资源，开拓经营范围，提高服务水平和经营效益，提高自我发展和抗风险的能力，减轻城市财政负担。

**第九条**　城市轨道交通工程项目的初期建设规模，应按客流预测、筹资能力和网络效应等综合研究确定；提高车辆和机电设备国产化率，并符合国家有关规定；改、扩建工程项目，应充分利用已有的设施资源。

**第十条**　城市轨道交通工程项目的建设，应以城市轨道交通远景线网规划和近期建设规划为基础，按全线（包括支线）范围进行工程可行性研究和有关专题论证研究。其研究报告内容应保持2年内的时效性。

**第十一条** 城市轨道交通工程项目的前期工作，应按规定程序进行线网规划、项目建议书（含预可行性研究报告）和可行性研究报告。在可行性研究阶段，除客流预测专题报告外，应同时进行环境影响评价、地质灾害评估、地震安全性评估、土地使用评价等四项专业报告；并建立防灾救援的应急机制，保证安全设施的资金投入，提高城市轨道交通灾害防御和应急救助能力。

**第十二条** 城市轨道交通工程项目设计，应依次做好总体设计、初步设计和施工图设计工作。对工程复杂的项目，宜作试验段工程，试验段工程必须在总体设计指导下进行。

**第十三条** 城市轨道交通工程项目除符合本建设标准外，尚应符合国家现行有关经济参数标准和指标及定额的规定。

## 第二章 建设规模与项目构成

**第十四条** 城市轨道交通建设应根据线网规划，依据建设线路的客流特征、运量等级和速度目标等进行功能定位，确定工程规模、运营规模和效益规模。其项目构成应满足城市轨道交通系统运营模式和客运需求。

**第十五条** 城市轨道交通新线建设的运营规模，按线路远期单向高峰小时客运能力，划分为四个类别、三个量级。各级线路相关技术特征宜按表1的规定确定。

**表1 各级线路相关技术特征**

| 线路运能分类 | Ⅰ | Ⅱ | Ⅲ | Ⅳ |
|---|---|---|---|---|
| | 高运量 | 大运量 | 中运量 | |
| | （钢轮钢轨） | | （钢轮钢轨/单轨） | |
| 线路型式 | 全封闭型 | | | 部分平交道口 |
| 列车最大长度（m） | 185 | 140 | 100 | 60 |
| 单向运能（万人次/h） | 4.5～7 | 2.5～5 | 1.5～3 | 1～2 |
| 适用车型 | A | B或$L_b$ | B、C、$L_b$及单轨 | C或D |
| 最高速度（km/h） | 80～100 | | | 60～80 |
| 平均站间距（km） | 1.2～2 | | | 0.8～1.5 |
| 旅行速度（km/h） | 35～40 | | | 20～30 |
| 适用城市城区人口规模（万人） | ≥300 | | ≥150 | |

注：① A、B、$L_b$、D型车和单轨车的技术规格见表5。

② Ⅰ、Ⅱ、Ⅲ级线路是全封闭快速系统，采用独立的专用轨道和信号，高密度运行。Ⅳ级线路具有专用轨道和部分信号的中低运量系统，但部分路段设置平交道口。

③“适用城市城区人口规模”系指人口规模能达到或超过此限的城市轨道交通线网中的主干线等级，其余线路可根据运量选用较低等级。

④ 旅行速度指一般情况下的特征数据。当车辆最高速度大于100km/h时，有关技术标准应另行研究确定。

**第十六条** 建设项目的设计年限按项目建成通车年为基准年，可分为初期、近期和远期。初期为建成通车后第3年；近期为第10年；远期为第25年。建设项目的设计运能，应根据各设计年限的客流预测，对客流特征进行定性、定量分析后合理确定。

**第十七条** 每条线路的客流预测应按初期、近期和远期设计年限，对相应建成范围，分别测试；若一条线路分段建设，每段通车时间相距3年以上，应按不同项目实施。后期实施的项目，设计年限应按后期项目建成通车年为基准年，重新推定初期、近期和远期设计年限，进行全线客流预测。

**第十八条** 客流预测应以居民出行和相关交通调查的成果为基础，并应保证其成果的时效性和可用性，不宜大于5年，否则应补充其他有效措施。客流预测的方法、计算模型以及采用的相关参数，应预先经过实例验证其可用性。

**第十九条** 客流预测应按不同研究阶段分别测试，并应符合下列规定：

一、线网规划阶段客流预测。

（一）线网总量预测：依据城市总体规划和综合交通规划，分析城市现状和规划区域OD客流；分析和确定远景线网规划承担的客运总量及在公交总量中分担的比例、平均运距、客流负荷强度等相关指标，并在全线网范围内按总量控制原则，进行各线客流总量预测。

（二）线路客流预测：以远景线网客流总量为基础，预测各条线路的全日客流（双向）总量、分段断面流量（图），全日平均运距和客流负荷强度等相关指标进行总量控制分析。并估测各线高峰小时单向最大断面流量。

二、工程可行性研究阶段，应按每一条线路项目的设计年限进行初期、近期和远期的客流预测，预测内容应符合下列规定。预可行性研究阶段客流预测可参照执行。

（一）线网客流预测：在远景线网规划阶段客流预测基础上，预测项目远期设计年限建成的线网规模的全日客流总量、各条线路的全日客流总量和客流负荷强度；并对各条线路的客流进行总量控制与分析。

（二）线路客流预测：预测全日客流量和各小时段的客流量及其比例、全日和高峰小时的平均运距及平均客流负荷强度、全日各级运距（每2km分级）的乘客量。

（三）车站客流预测：预测全日和早、晚高峰小时的各车站上下行的乘降客流、站间断面流量以及相应的超高峰系数；在大型社会活动期间或节假日、双休日，对具有突发客流的特殊车站，应单独作特别预测和分析。

（四）OD客流预测：预测全日、高峰小时的各车站站间OD；对跨越不同区域的线路，应进行各区域的内外OD客流预测，并对客流特征进行分析。

（五）换乘客流预测：预测全日和高峰时段的各换乘车站（含支线接轨站）的换乘客流量及占车站总客流量的比重进行预测。并应预测相关线路之间、不同方位和方向的换乘客流。

（六）出入口分向客流预测：对各个车站出入口高峰时段的分担客流进行预测（可在初步设计阶段补充）。

（七）客流特征分析：绘制客流年递增曲线，进行敏感性分析、客流特征分析和风险评价，合理确定需求规模，推荐设计采用数值。指导运营组织、票价研究、国民经济和财务效益评价。

**第二十条** 线路建设规模应按不同设计年限的设计运量，分别合理确定。初期建设规模宜符合下列规定：

一、初期建设线路正线长度不宜小于15km。

二、地下车站及区间的桥梁、隧道、路基、轨道等土建工程宜按远期规模一次建成。在不影响正常运营的条件下，地面车站、高架车站及地面建筑可分期建设。

三、初期车辆配置数量和编组应符合下列要求：

（一）满足初期设计年限的客流需求。

（二）初期高峰小时列车运营密度不少于 12 对/h。

（三）初期列车编组长度宜与近期编组长度一致；当近期与远期列车编组长度相近时，初期列车编组长度可与远期编组长度一致。

四、车辆基地的规模应从城市轨道交通线网规划统筹考虑，用地范围应按远期设计规模划定和控制；列车运用整备、检修设施、站场股道及其相关的房屋建筑宜按近期规模建设；其余的地面建筑应根据工艺要求和远期规模，确定分期建设方案。

五、初期各系统运营设备宜按近期配置，合理兼顾设备使用寿命的周期。通过技术经济比较，也可按远期需求一次配置。

**第二十一条** 城市轨道交通工程项目构成可分为工程基本设施和运营装备系统两大部分：

一、工程基本设施，包括线路运营总图和土建工程设施。

（一）线路运营总图，属工程设施的基础项目，包括线路、客流预测、运营组织、限界。

（二）土建工程设施，包括轨道、路基、桥梁、隧道、车站以及主变电所、集中冷站、控制中心及车辆基地的土建工程部分。

二、运营装备系统，包括车辆、供电、通风空调（含采暖）、通信、信号、给排水与消防、防灾与报警、机电设备监控、自动售检票、自动扶梯和电梯、站台屏蔽门、旅客信息等系统设备及其控制管理设施，车辆基地的维修设备等。

三、上述土建工程设施和运营装备应根据功能需求合理选择，分期实施，适度配置，并做好包括技术经济分析的多方案比较。

## 第三章 总体布局与线路工程

**第二十二条** 城市轨道交通建设应重视网络化运营效益，必须做好线网总图规划、线网实施规划和有关专题研究，并应符合下列规定：

一、线网总图规划应重点研究线网的总体结构形态、覆盖范围、分布密度、总体规模、换乘节点、车辆基地及其联络线分布等。采用定性、定量分析，经客流预测和多方案评比，确定远景线网总图规划。

二、线网实施规划应重点研究线网的近期建设规模、建设时序、运行组织、工程实施、换乘接驳以及建设用地控制规划，支持远景线网规划的可实施性。

三、在线网规划完成后，应对线网资源的综合利用进行专题研究，包括车辆与车辆基地、控制中心、供电、通信、信号、自动售检票等系统的资源共享和综合规划研究，以及沿线建设用地、开发用地、交通枢纽及停车换乘等用地的控制性详细规划研究。

**第二十三条** 线路总体布局应重点把握功能定位、接驳换乘、客流效益，并应符合下列规定：

一、拟建线路应依据城市轨道交通线网规划进行选线布站。根据在线网中功能定位和客流预测分析，明确线路性质、运量等级和速度目标。

二、拟建线路应有全日客流效益、通勤客流规模、大型客流点的支撑。车站应服务于重要客流集散点，起迄点车站应与其他交通枢纽相配合，构筑城市交通一体化，并落实城市规划用地。

三、拟建线路起、终点不应设在市区内大客流断面位置，也不宜设在高峰断面流量小于全线高峰小时单向最大断面流量 1/4 的位置。

四、每条线路长度不宜大于 35km，旅行速度不应低于表 1 的规定。

五、对超长线路应以最长交路运行 1h 为目标，旅行速度达到最高运行速度的 45% ~ 50% 为宜。

六、对穿越城市中心的超长型线路，应分析全线不同地段客流断面和分区 OD 的特征；分析在线网中车站和换乘点分布；分析列车在各区间的满载率，合理确定线路起迄点、站间距和旅行速度目标。

七、当新建初期线路由两条线路的部分地段组合为一期工程，贯通运行时应具备下列条件：

（一）两条线路选用的车辆、轨道、信号和供电制式应一致，并不得影响远期车站规模。

（二）两条正线为二期延伸预留工程实施应有足够施工长度，并不得影响一期线路安全运行。

（三）两条线路初期组合贯通运行，应设置双线联络线（或渡线）。当两条正线分别延伸为独立运营后，联络线退出正线运行，但仍应保留联络线功能。

八、轨道交通全封闭式线路应采用立体交叉方式。

九、对设置支线的运行线路，支线长度不宜过长，接轨点必须在车站，宜选在客流断面较小的地段。正线、支线进站方向宜设置为同站台两侧平行进路。

十、两条正线共线运行地段，应符合支线接轨条件，且应分别满足两线列车行车密度的要求。

**第二十四条**　线路敷设应符合下列规定：

一、线路敷设方式应根据城市总体规划和地理环境条件，因地制宜地选择。

（一）当采用全封闭方式时，在城市中心区宜采用地下线，但应注意对地面建筑、地下资源和文物的保护；在城市中心区外围，且街道宽阔地段，宜首选高架。有条件地段也可采用地面线，但应处理好与城市道路的关系。

（二）高架线地段，应注重结构造型，控制建筑体量，注意高度、跨度、宽度的和谐比例，既要维护地面道路的交通功能，又要注意环境保护和景观效果，做好环境设计。

（三）当采用部分封闭方式时，在平交道口必须设置“列车优先通过”信号，同时兼顾道路的通行能力。

二、在线路长大陡坡地段，不宜与平面小半径曲线重叠。当正线线路坡度或连续提升高度大于表 2 的规定值时，根据列车动力配置、线路具体条件和环境条件，均应对列车各种运行状态下的安全性，以及运行速度进行全面分析评价。

**表 2　正线线路长大陡坡规定值**

| 正线线路 | 钢轮/钢轨系统车辆 | | 跨座式单轨车辆 |
|---|---|---|---|
| | 旋转电机车辆 | 直线电机车辆 | |
| 线路坡度（‰） | 30 | 50 | 50 |
| 连续提升高度（m） | 16 | 20 | 24 |

**第二十五条**　车站分布应符合下列规定：

一、车站应布设在主要客流集散点和各种交通枢纽点上，其位置应有利乘客集散，并应与其他交通换乘方便。

二、高架车站应控制造型和体量，中运量轨道交通的车站长度不宜超过100m。站厅落地的高架车站宜设置站前广场，有利于周边环境和交通衔接相协调。

三、车站间距应根据线路功能、沿线用地规划确定。在全封闭线路上，市中心区的车站间距不宜小于1km，市区外围的车站间距宜为2km。在超长线路上，应适当加大车站间距。

四、当线路经过铁路客运车站时，应设站换乘。有条件的地方，可预留联运条件（跨座式单轨系统除外）。

**第二十六条** 钢轮钢轨系统的轨道工程应符合下列规定：

一、轨道结构应有足够强度，具有良好的稳定性、耐久性和适当的弹性，应有利于养护维修，确保列车安全、快速、平稳运行。在新建的路基、隧道、桥梁上铺设轨道，应考虑工程沉降、徐变的时间要求。

二、轨道应采用1435mm标准轨距。轨道结构及主要部件应符合城市轨道交通列车运行技术要求。区间曲线最大超高为120mm，车站内曲线超高为15mm，允许未被平衡横向加速度分别为$0.4m/s^2$和$0.3m/s^2$。

三、在隧道内和高架桥上宜铺设无缝线路和混凝土整体道床，并应具有良好绝缘性能和对杂散电流的防护措施。在道岔铺设地段应避开结构沉降缝（或施工缝）。在振动超标地段，应采取有效的减振、降噪措施。

四、高架桥跨越铁路、河流、重要路口或小半径曲线地段应采取防脱轨措施。

五、在轨道末端应设车挡，其结构强度应按列车15km/h撞击速度设计。

六、在区间线路的轨道中心或轨旁的道床面，应设有逃生、救援的应急通道，应急通道的宽度不应小于0.55m。

**第二十七条** 路基工程应符合下列规定：

一、当路基建于城市道路红线内时，应以少占路面为原则，并应满足相邻道路的交通功能。建于城市道路红线外时，应尽量少占土地。

二、路基和支挡结构应有足够的强度和稳定性，并应满足防洪、防涝的要求；路基造型应简洁美观，并应与城市环境相协调。

三、路基与桥梁墩台应严格控制下沉，路基与高架桥衔接的分界点可设在桥下净空1.5~2.0m处。

**第二十八条** 在线路经过地带，应划定轨道交通走廊的控制保护地界，并应符合下列规定：

一、在城市轨道交通建设走廊应以城市轨道交通线网规划为依据，对建成线路和规划线路应确定控制保护地界，并应纳入城市用地控制保护规划范畴。

二、轨道交通控制保护地界应根据工程地质条件、施工工法和当地工程实践经验，确定规划控制保护地界，但不应小于表3的规定。

**表3 控制保护地界最小宽度标准**

| 线路地段 | 控制保护地界计算基线 | 规划控制保护地界 |
|---|---|---|
| 建成线路地段 | 地下车站和隧道结构外侧，每侧宽度 | 50m |
| | 高架车站和区间桥梁结构外侧，每侧宽度 | 30m |
| | 出入口、通风亭、变电站等建筑物外边线的外侧，每侧宽度 | 10m |

**续表 3**

| 线路地段 | 控制保护地界计算基线 | 规划控制保护地界 |
|---|---|---|
| 规划线路地段 | 以城市道路规划红线中线为基线，每侧宽度 | 60m |
| | 规划有多条轨道交通线路平行通过或线路偏离道路以外地段 | 专项研究 |

三、在规划控制保护地界内，应限制新建各种大型建筑、地下构筑物，或穿越轨道交通建筑结构下方。必要时须制定必要的预留和保护措施，确保轨道交通结构稳定和运营安全，经工程实施方案研究论证，征得轨道交通主管部门同意后，可依法办理有关许可手续。

四、在城市建成区，当新建轨道交通处于道路狭窄地区时，在规划控制保护地界内，其工程结构施工应注意对相邻建筑的安全影响，并应采取必要的拆迁或安全保护措施。

五、在规划线路地段，应以城市道路规划红线中线为基线，控制保护地界为两侧各60m；当规划有两条轨道交通线路平行通过，或线路偏离道路以外地段，该保护地界应经专项研究确定。

六、高架及地面线在市政道路红线外的征地范围，桥梁宜按结构投影面为准，路基以天然护道外1m为准，并根据现场具体情况协商确定。

**第二十九条** 线路工程主要技术标准应符合表4规定。

**表4 线路工程主要技术标准**

| 基本车型 | | A | B | C/D | L | 单轨 |
|---|---|---|---|---|---|---|
| | | 一般地段/困难地段 | | | | |
| 最小曲线半径（m） | 正线 | 350/300 | 300/250 | 100/50 | 150 | 100 |
| | 联络线 | 250/200 | 200/150 | 80/25 | 100 | 50 |
| | 车场线 | 150 | 110/80 | 80/25 | 65 | 50 |
| 最大坡度（‰） | 正线 | 30/35 | 30/35 | 60 | 50 | 60 |
| | 联络线 | 40 | 40 | 60 | 70 | 60 |
| | 车场线 | 1.5 | 1.5 | 1.5 | 1.5 | 3 |
| 竖曲线半径（m） | 正线 | 5000/3000 | 5000/2500 | 1000 | 5000/3000 | 2000～3000 |
| | 联络线 | 2000 | 2000 | 1000 | 2000 | 1000 |
| 钢轨（kg/m） | 正线 | 60 | 60 | 60 | 60 | 轨道梁 |
| | 联络线 | 50 | 50 | 50 | 50 | 轨道梁 |
| | 车场线 | 50 | 50 | 50 | 50 | 轨道梁 |
| 道岔（$N_0/V_0$） | 正线 | 单开9/35 | 单开9/35 | 单开9/35 | 单开9/35 | 关节可绕型道岔/25 |
| | 车场 | 单开7/25 | 单开7/25或单开6/20 | — | 单开5/15 | 关节型道岔/15 |

注：①正线包括支线范围，联络线包括车辆出入线。

②$N_0$ 系指道岔号，$V_0$ 系指道岔侧向通过速度（km/h）。

③对特殊困难地段线路工程的技术标准，应按国家现行有关技术规范执行。

## 第四章 车辆与限界

**第三十条** 车辆类型应根据当地的预测客流量、行车密度、线路条件、供电电压、车辆与备品来源、技术发展、产品价格和维修能力等因素，综合比较而选定。车辆基本型式应按以下类型选择：

一、按车体宽度和驱动方式，可分为以下两类、六种车型：

（一）粘着牵引系统：

A、B 型车，车体宽度为 3.0m、2.8m 的四轴系列车型；

C、D 型车，车体宽度为 2.6m，车地板不同高度的铰接车系列车型；

单轨胶轮车，车体宽度为 3.0m 的跨座式单轨胶轮系列车型。

（二）非粘着牵引系统：L 型直线电机车辆系列。

二、按车辆的牵引控制系统，可选用交流变压、变频车。

三、按车体材料，可选用不锈钢车、铝合金车和耐候钢车。

四、按受电方式，可选用受电弓车、受流器车、受电弓加受流器车。

五、按电压等级分：有直流 1500V 和直流 750V。

**第三十一条** 同一城市内的车辆型式应从线网规划统筹考虑，类型不宜过多。各类车型的主要技术规格，可按表 6 规定确定，并严格遵循车辆国产化的原则和政策。

**第三十二条** 对各类车型应规定相应的车辆限界、设备限界和建筑限界。A、B 型车的限界应符合国家现行标准《地铁限界标准》CJJ 96 的有关规定，其他车型的限界可按《地铁限界标准》CJJ 96 规定的计算方法确定。

**第三十三条** 车辆构造速度应高于车辆设计最高速度的 10% 或 10km/h。车辆设计最高速度应满足列车最高运行速度，并允许出现瞬间超速 5km/h。

**第三十四条** 制定限界的计算车辆应采用无驾驶室车辆的基本参数，进行车辆限界和设备限界计算。各类车型的计算车辆参数见表 5。车站限界（站台）应满足列车停站、开门状态时的车辆限界，且满足列车过站时的车辆限界。

**表 5 各类车型计算车辆参数**

| 项目名称 | A 型车 | B 型车 | C 型铰接车 | D 型铰接车 | L 型车 | 单轨车 |
|---|---|---|---|---|---|---|
| 车长 | 22.1 | 19.0 | — | — | 17.08 | 14.8 |
| 车宽 | 3.0 | 2.8 | 2.6 | 2.6 | 2.8 | 2.98 |
| 车高 | 3.8 | 3.8 | 3.7 | 3.7 | 3.625 | 3.84/5.3 |
| 转向架中心距 | 15.7 | 12.6 | — | — | 11.14 | 9.6 |
| 固定轴距 | 2.5 | 2.3 | 1.9 | 1.9 | 2.0 | 2.5 |
| 车厢地板高度 | 1.13 | 1.10 | 0.95 | 0.35 | 0.93 | 1.13 |

**第三十五条** 列车端部车辆应设置专用前端门或指定侧门为乘客紧急疏散门，并应配置下车设施。在正线区间隧道或高架桥的建筑限界内应预留乘客逃生和救援的通道和空间位置，并应符合下列规定：

一、当采用驾驶室前端门专用疏散模式时，应利用轨道中心（或轨旁）道床面作为应急疏散通道。

二、当采用指定侧门疏散模式时，在区间单线圆隧道内，应设置应急平台，宽度不应少于 550mm；同时利用轨道中心作为应急疏散通道。

**第三十六条** 车辆的安全设施应符合下列规定：

一、车辆应设置列车运行自动保护装置以及通信、广播、应急照明、避雷等安全设施，必须设置乘客与司机的对讲通信设施；必要时，可在驾驶室设置对每个车厢的电视监视系统。

二、车辆内应设有灭火器具、报警装置以及必要的防护设施。

三、车辆内部结构应具有良好的耐火性、绝缘性。电缆应采用阻燃型无卤电缆，其他部件应采用阻燃材料。

四、运行在隧道内固定编组的车厢之间，应设置贯通通道。

五、车辆的编组和动力（牵引和制动）性能，应满足在长大陡坡线路上正常安全运行，并应符合下列故障情况时的运行要求：

（一）在定员（$AW_2$）工况下，当列车丧失1/4或1/3动力时，列车仍能维持运行至线路终点。

（二）在定员（$AW_2$）工况下，当列车丧失1/2动力时，列车仍能在正线最大坡道上启动，并行驶至就近车站，列车清客后返回车辆段。

（三）在定员（$AW_2$）工况下，当列车丧失全部动力时，应能由另一列相同空载列车（$AW_0$）在正线最大坡道上牵引（或推送）至临近车站，列车清客后被牵引至车辆段。

六、车辆构造强度应满足车辆在构造速度运行时超员的荷载要求。

**第三十七条** 每辆车的定员，应符合下列规定：

一、定员：每辆车的定员，由座席位和站席位的总和确定，为正常情况下载客能力的计算依据。

二、座席：车辆的座位数宜占总定员的15%～20%。当全程线路大于35km，平均运距大于12km时，根据客流性质，宜适当降低车辆定员。

三、座席区：每位座席区面积计算范围包括座椅横截面宽度（0.45～0.5m）和座前区（0.20～0.25m），座席区横截面总宽按0.7m计。

四、站席：车内面积扣除座席区及相关设施的面积后，按6人/$m^2$计。

五、超员：每辆车的超员，按座席不变，站席以9人/$m^2$计，超员系数（超员与定员的比值）不宜小于1.4，与车站客流的超高峰系数相适应，并应作为车辆构造强度和制动力计算的依据。

六、车辆客室的车门开启宽度不宜小于1.3m，每侧车门数量应与定员相匹配。

**第三十八条** 车辆内乘客站立人员密度的评价宜符合本建设标准附录一的规定。

**第三十九条** 列车编组、定员与运能可按本建设标准附录二的规定执行。

**第四十条** 各类车型主要技术规格应符合表6规定。

**表6 各类车型主要技术规格**

| 项目名称 | | A型车 | B型车 | C型车 | D型车 | $L_b$型车 | 单轨车 |
|---|---|---|---|---|---|---|---|
| 车辆驱动特征 | | 钢轮/钢轨 | | | | | 胶轮—跨座单轨 |
| | | 旋转电机 | | | | 直线电机 | |
| 车轴数 | | 四轴 | 四轴 | 4、6、8轴—铰接车 | | 四轴 | 四轴 |
| 车辆轴重（t） | | ≤16 | ≤14 | ≤11 | | ≤13 | ≤11 |
| 车厢基本长度（m） | 单司机室车厢 | 23.6（24.4） | 19（19.55） | — | — | 17.2 | 14.6（15.5） |
| | 无司机室车厢 | 22.0（22.8） | 19（19.55） | — | — | 16.84 | 13.9（14.6） |

**续表 6**

| 项目名称 | | | A 型车 | B 型车 | C 型车 | D 型车 | $L_b$ 型车 | 单轨车 |
|---|---|---|---|---|---|---|---|---|
| 车辆基本宽度（m） | | | 3.0 | 2.8 | 2.6 | 2.6 | 2.8 | 2.9（车门踏板处 2.98） |
| 车辆高度（m） | 受流器车 | 有空调 | 3.8 | 3.8 | 3.7 | 3.7 | ≤3.625 | 车辆总高≤5.53<br>轨面以上高 3.84 |
| | | 无空调 | 3.6 | 3.6 | — | — | — | |
| | 受电弓车（落弓高度） | | 3.81 | 3.81 | 3.7 | 3.7 | 3.560 | |
| | 受电弓工作高度 | | 3.9~5.6 | 3.9~5.6 | 3.9~5.6 | 3.9~5.6 | — | |
| 车内净高（m） | | | 2.10~2.15 | | ≥2.1 | ≥2.1 | ≥2.1 | 2.2 |
| 地板面高（m）（车门处） | | | 1.13 | 1.10 | 0.95 | 0.35 | 0.93 | 1.13 |
| 转向架中心距（m） | | | 15.7 | 12.6 | 11.0 | 10.70 | 11.14 | 9.6 |
| 固定轴距（m） | | | 2.2~2.5 | 2.2~2.3 | 1.8~1.9 | 1.7~1.8 | 1.9~2.0 | 走行轮 1.5；导向轮 2.5 |
| 车轮直径（mm） | | | φ840 | | φ760 或 φ660 | φ660 | φ660~φ730 | 走行轮 φ1006；导向轮、稳定轮 φ730 |
| 车门数（每侧）（个） | | | 5 | 4 | — | 4 | 3 | 2 |
| 车门宽度（m） | | | ≥1.3~1.4 | | 1.3~1.4 | 1.3~1.4 | 1.4 | 1.3 |
| 车门高度（m） | | | ≥1.8 | | ≥1.8 | ≥1.8 | 1.86 | 1.82 |
| 定员 | 单司机室车厢 | | 310（超员 432） | 230（超员 327） | — | 双司机室 238 | 217 | 151（211） |
| | 其中：座席 | | 56 | 36 | — | 66 | 28 | 32 |
| 定员 | 无司机室车厢 | | 310（超员 432） | 250（超员 352） | — | — | 242 | 165（230） |
| | 其中：座席 | | 56 | 46 | — | — | 32 | 36 |
| 车辆最高速度（km/h） | | | 80~100 | 80~100 | 80 | 80 | 90 | 80 |
| 启动平均加速度（$m/s^2$）（0~35km/h） | | | 0.83~1.0 | | 0.85 | 0.85 | 0.95~1.0 | ≥0.833 |
| 常用制动减速度（$m/s^2$） | | | 1.0 | | 1.1 | 1.1 | ≥1.0 | ≥1.1 |
| 紧急制动减速度（$m/s^2$） | | | 1.2 | | 1.5 | 1.5 | ≥1.3 | ≥1.25 |
| 等效噪声［dB(A)］ | 司机室内 | | ≤80 | | ≤75 | ≤75 | — | ≤70 |
| | 客室内 | | ≤83 | | ≤75 | ≤75 | 75 | ≤75 |
| | 车外 | | 80~85 | | ≤80 | ≤80 | 80 | ≤75 |

注：① 车辆基本长度无司机室的为标准车辆长度；

② 有司机室的车辆加长长度部分，应满足标准车的曲线地段限界；

③（ ）内的数字为车辆两端车钩连接中心点之间的距离；

④ C 型车为低地板车，D 型车为高地板车，均分为 4、6、8 轴的铰接车。应符合《城市轨道交通铰接车辆通用技术条件》的规定；

⑤ 双铰六轴 70% 为低地板车辆，全长 28.76m。

# 第五章　运营组织与管理

**第四十一条**　运营管理包括列车运行组织与管理、车站服务与安全管理、票务管理、设备运行及维修管理。

**第四十二条**　列车运行组织与安全应符合下列规定：

一、每条正线运营线路均应采用双线、右侧行车制。全线列车运行应采用集中调度。

二、每条线路应按客流预测和在线网中的地位，确定功能定位、速度目标、运能规模和管理方式；拟定运行系统的正常运行和非正常运行模式，包括各种应急状态的对应措施。

三、每条线路宜组织独立运行。根据全线客流分布特征，宜组织部分列车区域折返运行，也可与其他正线或支线组织混合运行，并按运行模式要求，设置各种功能的配线。

四、在地面或高架线地段，应设置有关风速监测设施，遇暴风 8 级（风速 17.2 ~ 20.7m/s）时，列车应缓行；遇暴风 9 级（风速20.8 ~ 24.4m/s）及以上或大雾、大雪、沙尘暴等恶劣气象条件下应及时停运。

**第四十三条**　列车运行速度应符合下列规定：

一、列车在正线上最高运行速度应与车辆设计最高速度相符合，并允许瞬间超速 5km/h。

二、列车通过曲线线路和道岔区宜按规定的限速运行。

三、列车进入站台端的运行速度不宜大于 55km/h。

四、列车进入车辆段站场线路的运行速度不宜大于 25km/h。

五、列车故障状态下，推送运行速度宜为 25 ~ 30km/h。

**第四十四条**　车站配线应符合下列规定：

一、车站配线应按全网、全线分层布局和配置。按线网规划确定设置正线间联络线及其渡线；确定车辆段（或停车场）与正线接轨站的配线，支线与正线接轨站的配线；按列车运行交路选定中间折返站及其配线。

二、中间折返站的选择，应适应各设计年限的客流特征及其设计运行交路要求，并具有良好的适应性和灵活性。

三、在折返站应设置折返线。为满足故障运行工况，每隔 5 ~ 6 座车站（或 8 ~ 10km）应设置故障列车待避线，其间每相隔 2 ~ 3 座车站（约 3 ~ 5km）应加设渡线。

四、当故障列车待避线设在折返站时，应与折返线分开设置，在正常运营时段，不宜兼用。待避线尾端应设置单渡线与正线贯通。

五、当载客运行的两条正线或支线交会共线运行时，其交会点必须设在车站，并在进站方向设置为同站台两侧平行进路。车辆出入线（非载客运行线）接入正线的接轨点宜设在站端，并应具备站外一度停车的条件；否则，在接入正线前，应设置安全线。

六、折返站的折返能力应与线路的运营间隔时间相适应。中间折返站宜采用站后折返，当折返列车的计算停站时间（含清客时间）有碍该运行时段的列车发车间隔时间，应敷设站内折返线，采用站前折返，并应配置相应站台。

七、远离车辆段（或停车场）的尽端站的车站配线，除应满足折返功能外，还应考虑故障列车待避、夜间存车和维修车辆折返等功能要求。

八、在靠近隧道洞口或临近江、河、湖、海岸边的地下车站，应根据非正常运营模式和行车组织要求，研究和确定车站配线形式。

**第四十五条** 运能设计应满足客流预测要求，并应符合下列规定：

一、每条线路的设计运能应满足全线远期高峰小时、各站间客流断面预测值。当远期高峰小时、同方向、前三位的最大客流断面值中凸现一个尖峰时，应根据客流特征分析尖峰值的量级和概率，分析运营组织的经济性和合理性，必要时可采取“削峰”设计，合理确定设计运能。

二、每条正线线路远期的设计运能应根据列车编组长度、最高运行速度、追踪运行间隔、停站时分等因素，并针对不同运量等级和服务水平，确定设计列车发车密度和运行交路。各折返站配线的折返能力、支线或车辆出入线接轨站的通过能力，应与正线设计行车密度相匹配，并留有10% ~15% 的储备能力。

**第四十六条** 高峰时段列车发车密度，应保持一定的服务水平，维持乘客较好的舒适度和一定的列车满载率。并应符合下列规定：

一、在全封闭线路上，城市中心区地段的列车发车密度：

初期：高峰时段不宜小于12对/h（5min间隔），平峰时段宜为6 ~10对/h（10 ~6min间隔）。

远期：高峰时段钢轮钢轨全封闭系统不应小于30对/h，单轨胶轮系统不应小于24对/h。平峰时段均不宜小于10对/h。

二、当线网中采用相同车辆制式的若干条线路，远期运量级相差较大时，宜采用相同或相近的发车密度，不同的列车编组长度；当运量级相差较小时，经过论证，也可采用相同列车编组长度，不同发车密度。钢轮钢轨全封闭系统发车密度不应小于24对/h，单轨系统发车密度不应小于20对/h。

三、在高峰运行时段，在单向运行各区段内，列车乘客站席最大密度为5 ~6人/$m^2$的区间数量（或里程），不宜大于全程的20% 。

四、在部分封闭型路段的平交道口应采用“列车优先通过”措施，做好路口交通组织设计，并确保安全的前提下，设计行车密度不应小于10对/h，一般运行时段不应小于6对/h。

**第四十七条** 车站服务与安全管理应符合下列规定：

一、车站内应设醒目的各类导向标志及必要的信息系统，以引导乘客自我服务为原则，逐步提高自动化服务水平。

二、车站应设有安全值班员或服务员，对站台、楼扶梯、垂直电梯、检票口和出入口的客流状态和安全秩序实施监控，帮助残疾人乘降车，及时阻止事故发生，及时报警，正确疏导客流，保障车站及乘客安全。

三、在正常运营时间内，任何人不得进入轨道区，在站台两端应设有阻挡标志或设施。

四、车站管理、保安与服务人员的配置应考虑专业化与社会化相结合。

**第四十八条** 票务管理应符合下列规定：

一、车站售检票宜选择自动售检票的管理模式；人工售检票可作为过渡性模式。

二、票务系统可采用计程、计时制，全封闭式或半封闭式票务管理模式，应兼容系统的发展，预留区域票务收费和开放式管理模式的条件。

三、车票为系统信息载体，应采用IC卡，并具备实现与城市公共交通“一卡通”的条件。

四、自动售检票系统由线路中央计算机、编码/分拣机、车站计算机、车站终端设备（包括售票、验票和进出站检票机）及车票组成。从轨道交通线网考虑，应设置清分系统，并预留与城市公交清分系统接口。

五、进站检票机数量应按预测进站客流计算，出站检票机数量应保障每列车下车出站乘客，在下一次列车到达前疏散完，并应留有适当储备能力。不同时段潮汐客流现象明显的车站，应设置标准通道双向检票机。

六、自动检票机应具备紧急疏散模式。

**第四十九条** 设施与设备运行和维修管理应符合下列规定：

一、各类设施，应根据运营需要，在充分研究运营目标与工程经济、运营效率与资源共享的基础上，合理配置。

二、运营管理、服务与车辆设备维修应充分考虑全线网的专业化协作和社会化服务，统筹考虑设置应急救援指挥中心、票务清算中心、运营控制中心、车辆基地及物流中心。

三、运营设备应根据线路和车站的空间位置，按规定的运营模式，合理选择设备系统和管理方式。设备的管理模式分为集中型的中心级管理、分散型的车站级管理及混合型的两级管理。

四、混合型的两级管理由控制中心和车站监控组成。需全线协同控制的系统设备，应在控制中心集中控制；涉及车站运营安全的设备，应在车站就地控制。

五、控制中心应设置行车调度中心、电力调度中心、环境与防灾监控中心及自动售检票终端等机电设备，以及有关自动控制设施。

六、车站监控的运营设备，如：采暖通风、空调、给排水、防灾报警、自动扶梯、电梯、广播、照明、自动售检票等机电设备，以及有关自动控制设施，应按运营模式选定。

七、车站FAS（火灾自动报警系统）、BAS（环境与设备监控系统）维修管理工作站应实现对系统及被监控设备的状态进行监视及故障报警查询、系统的维修及调试等功能。应通过通信传输网络组成全线的维修管理系统。

八、全线应设置专门的维修机构，对全线的各种运营设备进行养护和维修。

九、运营管理方式应逐步实现管理自动化及集约化，提高管理水平和服务质量。

## 第六章 车站建筑与结构工程

**第五十条** 车站型式及布局应满足客流需求、乘降安全、疏导迅速、环境适宜、布置紧凑、便于管理的基本要求，根据车站位置、周边环境、建筑形式、施工方法、客流组织等条件，全线总体平衡、协调统一，合理选择。

**第五十一条** 全线网车站站名应统一管理，宜与所在地区或附近路名一致，并与当地路名管理单位统一研究认可，不宜随意改变。

**第五十二条** 车站外200m范围均应设置导向标志，并应设夜间照明设施；车站公共区内设置的各种标志应通视清晰、避免相互遮挡。车站可适度设置广告，并与车站建筑装饰融为一体。导向标志应全线网统一规划、统一规格和造型，安装应坚固安全。

**第五十三条** 车站站台应符合下列要求：

一、站台宜以岛式和侧式为基本形式，在一条线上宜一致，或分段保持一定的连续性。

二、站台宽度应满足乘降区宽度以及楼梯、自动扶梯和立柱的总宽度要求。

三、站台高度应比车辆地板面低50~100mm，并根据车辆、车门类型分析选定。

四、站台边缘与静止车辆（车门处）之间的安全间隙，直线站台宜为80~100mm。曲线站台应不大于180mm。

五、在站台边缘应加设安全警示线。若设置半高屏蔽门局部护栏等安全防护设施，应在初期安装定位。

六、站台屏蔽门（或护栏）及附加设施，均不得侵入车辆限界，并应留有25mm的安全间隙。

七、站台长度应满足远期列车停靠和乘降要求。

**第五十四条** 车站站台乘降区宽度应满足乘客候车和乘降的要求，并应按车站远期超高峰小时的客流特征、行车组织和乘降客流量进行计算确定。最小设计宽度宜符合下列规定：

一、当乘降区宽度内侧为连续整体墙面部位，其墙面至站台边缘的最小设计宽度宜为3.5m；当乘降区宽度内侧设有立柱或局部楼扶梯（连续长度10m内）时，其侧面至站台边缘的最小设计宽度宜为2.5m。

二、在车站客流较小的车站，乘降区计算宽度小于1.5m时，最小设计宽度可减小至2.0m，但必须设置栏杆或半高屏蔽门等安全措施。

三、根据车站特殊需要，在站台端部10m局部范围内，当计算宽度小于2m时，乘降区设计宽度可采用2m，但应设置局部防护设施。

四、对于大型车站、中间折返站和换乘站的站台乘降区最小设计宽度，应按行车交路和发车密度，分析上、下车客流特征，较上述规定适当加大。

五、当车站近期客流暂大于远期，乘降区设计宽度应按近期客流计算校核和分析，必要时对行车组织作适当调整。

**第五十五条** 车站布局应符合下列规定：

一、车站应根据车站型式、客流大小、票制与管理方式，确定车站布局和规模。

二、车站应根据线路敷设方式，结合周边环境、地下管线、地形条件设置，控制车站体量。地下站或高架站应减少层数，敞开式站台应设风雨棚，有利乘客乘降和出入。

三、换乘车站应做好规划设计，换乘距离不宜大于250m，换乘时间不宜大于5min，并结合工程实施条件，选择便捷的换乘方式，换乘通道应满足正常通过和紧急疏散能力。

四、换乘车站在工程实施中，属近期建设的车站，其换乘节点的土建工程宜一次建成，统一利用两站地下空间和设备资源共享。属远期建设的车站，宜作预留换乘条件和后期施工条件。

五、站台上应设有足够数量的出站通道、楼梯和自动扶梯，并保证下车乘客至就近通道或楼梯口的最大距离不得超过50m，并在下一次列车到达前，已撤离站台。

六、车站设备及管理用房区应根据各系统工艺和相互接口联系要求，进行综合协调、合理布置。地面和高架车站的设备用房，应因地制宜、灵活布置，有条件的地方可与邻近建筑物合建。

七、地下车站站台与站厅公共区应划分防烟、防火分区，防烟分区不得跨越防火分区。

八、车站的楼梯（含自动扶梯）、检票口、出入口通道的通过能力均应按超高峰小时进出站客流及各口部的不均衡系数计算确定；并应满足在高峰小时发生事故灾害时的紧急疏散，能在6min的目标时间内，将一列进站列车所载的乘客（按远期高峰时段的进站客流断面流量计）及站台上候车人员全部撤离站台。

九、车站的站厅应进行客流流线组织设计，出入口、检票口、楼梯口布置应符合客流组织路线，并有一定缓冲距离，确保进出站客流路线通畅。

十、当采用全封闭式自动售检票方式时，车站站厅应分设付费区和非付费区。非付费区面积应大于付费区，付费区的面积应紧凑。

十一、非付费区的面积应满足客流流动和有关设备安装的要求；位于出入口的站厅区域是进出站客流交叉流动的集散区（检票机或楼梯栏杆的外侧），其区域范围宜保持16～20m的纵向空间。

十二、售票机前应留有不小于2m的排队空间。在出站检票机内侧应留有4～5m的滞留聚集空间。

十三、车站的站台、站厅、楼梯、通道和出入口，应设置无障碍服务设施。

**第五十六条** 车站出入口与风亭的设置应符合下列规定：

一、出入口布置应根据车站站位、周边环境和人流方向而定，尽量分散、多向布设，或与人行过街设施相结合，在有条件的地方宜与公共建筑连通。

二、出入口外应有客流集散或停车的场地，并与城市公共交通接驳方便。

三、每座车站从站厅引出的出入口数量不得少于2个；出入口总疏散能力应大于远期高峰小时紧急疏散客流量的1.3倍。

四、大型地下车站的主要设备用房区内，应单独设置一个直达地面的消防、救援专用入口。在一般车站，经过分析论证，可利用靠近主要设备区的直达地面的独立出入口合并兼用。专用入口位置应靠近城市道路。

五、地下车站与商场共建时，宜分层、分隔设置。车站出入口必须有不少于2个独立、直通地面的出入口，并应满足地下车站紧急疏散能力要求。若车站出入口与地面建筑结合，应具备对建筑物倒塌的防御能力。

六、对分期建设的换乘车站，其地面出入口应集中规划、合理布局、分步建设，节约用地，避免重复建设。地面通风亭宜设置在城市道路规划红线之外，宜与周边环境相协调或合建，重视造型、景观和环保的要求。

七、出入口、风亭的开口部应高出所处区域的地面道路积水水位，必要时应加设防涝、防洪设施。地面出入口、风亭进风口、排风口与地面建筑合建时，应注意错开方向和距离，防止进、排风气流短路。

八、出入口地下通道或换乘通道的长度大于100m时，应满足紧急疏散的消防要求。

九、在严寒地区，出入口地面和楼梯应采取防冻、防滑措施。

**第五十七条** 车站建筑与装修应符合下列规定：

一、车站建筑形式应简洁、明快、舒适、健康，服从交通功能为主，并与地面环境、结构型式和施工方法相协调。

二、车站内部建筑装修应经济、实用、安全、耐久，便于施工和维修。应采用防火、防潮、防腐、容易清洁、光反射系数小的环保型材料，站内地面应选用耐磨、防滑的材料。

三、建筑装饰材料和构件应采用标准化、工厂化、施工装配化。

**第五十八条** 结构工程应符合下列规定：

一、主体结构及其相连的重要构件，其安全等级应为一级，按可靠度理论设计时，设计基准期为50年，结构耐久性设计应符合结构设计使用年限为100年的要求。

二、结构型式应与线路敷设方式相协调，并根据工程地质、水文地质及周围环境条件选择安全可靠、经济合理的施工方法和结构型式。

三、对于穿越通航的江、河、湖泊的隧道，应考虑未来100年河床断面受冲淤的变化对隧道安全的影响，根据国家水利及航运部门要求，按国家水利部门批准的，对防洪、防汛、防潮汐的评价要求，合理拟定隧道顶部的覆盖层厚度，制定穿越堤防的工程措施，跨江隧道两端的岸边适当位置或车站临江端必须设置防淹门。

四、结构设计应满足强度、刚度、稳定性、耐久性和抗震要求，并采取杂散电流防护措施。当地下结构处于含水地层中时，还应满足抗浮要求。

五、高架桥应注重结构造型和桥梁景观，应结合城市规划及所处地段环境，合理选择梁式、跨径、墩台和基础型式，应力求构造简洁、构件标准化，便于施工。宜推广采用预制架设的设计、施工方法。

六、桥梁跨越铁路、公路、城市道路时，跨径、墩台布置及桥下净空应满足相关设施的限界要求，并预留一定的裕量。跨越排洪河流的高架桥桥下净空应按1/100洪水频率标准进行设计；技术复杂，修复困难的大桥、特大桥应按1/300洪水频率标准进行检算；跨越通航河流时，其桥下净空应根据航道等级确定，满足现行国家标准《内河通航标准》GB 50139的要求。

七、结构工程抗震设防烈度必须符合国家规定的权限审批、颁发的文件规定，应根据当地政府主管部门批准的地震安全性评价结果确定。

八、地下结构工程应按当地政府主管部门核定的人防设防等级要求，进行结构强度核算。对特殊的结构工程设计、施工方案应作安全性专项审查。

九、地下结构的防水应符合以防为主，刚柔结合，因地制宜，综合治理的原则，并以结构自防水为主，附加防水为辅。高架桥面应设置连续、整体密封、耐久的附加防水层。

十、地下结构防水等级，车站主体和出入口应为一级，结构不得渗水、表面无湿渍。车站风道、风井及区间隧道应为二级，结构不得漏水、表面可有少量湿渍。

## 第七章　机电系统及设备

**第五十九条**　机电系统及设备的选配应符合下列要求：

一、机电设备应选择技术成熟、安全可靠、节能高效、环保卫生、维修简便的产品。

二、设备选择应首选性价比合理的国内产品，适当引进国外的关键设备和先进技术，并做好统一技术标准和相关接口，有利系统设备集成化、模块化及网络兼容性，并逐步提高国产化比例。

三、初期设备数量应按近期需要配置，并预留远期设备加装位置。根据近、远期运量增长的需要，结合设备使用寿命周期，以及设备安装条件的可能，研究合理配置方案。

四、设备和电缆的安装不得侵入设备限界和紧急疏散通道的地面和空间，还要考虑安全保护和防盗报警的措施。

**第六十条**　供电系统应符合下列要求：

一、外部电源方案可采用集中式、分散式或混合式。各城市应根据本市电网构成的不同特点，经过技术、经济比较进行选择。中压网络电压等级可采用35kV、20kV、10kV。

二、主变电所应从城市电网取得两路独立电源，并做好电缆敷设路径选择，其中至少有一路应为专线电源。每座主变电所设两台主变压器，其容量按近、远期用电负荷设计，可分期实施；占用面积按远期设计控制。

三、牵引变电所的分布应满足远期高峰运营的需要，并有两路独立电源，整流机组容量按近、远期运量的牵引负荷计算。当系统中任何一座牵引变电所故障解列时，应靠其相邻牵引变电所的过负荷能力，保证列车正常运行。

四、注入公用点的谐波电压、谐波电流应符合现行国家标准《电能质量、公用电网谐波》GB/T 14549 的规定。牵引网系统的标称电压应为直流 750V 或 1500V。

五、降压变电所应有两路独立电源，设两台配电变压器，其容量应满足当一台变压器故障解列时，由另一台变压器承担本所全部一、二级负荷。对高架车站，可采用箱式变电所。

六、地下车站及隧道应设应急照明与疏散指示标志，其应急照明持续供电时间不应少于 60min。

七、其他

（一）地下车站的照明应采用节能设施，其照度应符合现行国家标准《地下铁道照明标准》GB/T 16275 的规定。地面车站与高架车站的照度可按相关民用建筑设计标准执行。

（二）城市轨道交通供电系统应设电力监控系统，对主变电所、牵引变电所、降压变电所、牵引网等进行控制、监视和测量。

（三）城市轨道交通的杂散电流的腐蚀防护，应符合现行国家标准《地铁设计规范》GB 50517 及现行行业标准《地铁杂散电流腐蚀防护技术规程》CJJ 49 的规定。接地宜采用自然接地体和人工接地体组成的综合接地方式。

（四）电气设备及材料应选用体积小、噪声小、低损耗、防潮、防火、阻燃、低烟、无卤、不自爆、维护少、安全、节能的定型产品。

（五）电缆在地下敷设时应选用阻燃型低烟、无卤的电缆；应急照明、消防设施的供电电缆，明敷时应选用低烟无卤耐火型电缆或矿物绝缘类不燃电缆。

**第六十一条**　信号系统应符合下列要求：

一、信号系统配置应根据行车组织和运营要求、线路状态及车辆性能等条件，满足行车密度和列车运行安全的要求，满足故障运营或紧急状态下运行的需要。

二、信号系统宜采用计算机网络技术、数字通信技术，并易于实现自低水平等级向高水平等级的升级。系统水平的升级应尽量减少废弃工程。

三、在全封闭线路上，必须配置列车自动防护系统，应配置列车自动监控系统，宜配置列车自动驾驶运行系统及相应的车辆段（场）信号系统。系统的地面电缆和轨旁设施，宜尽量避开在轨道中心设置，或采取必要措施，确保乘客紧急疏散通道畅通。

四、部分封闭的线路，应设车内信号显示及自动停车或列车自动防护等列车运行安全防护系统设备；在线路设置道口处，应设道口信号及“列车优先通过”设施。道口监控方式应与公路交通信号协调一致，其相关设备应纳入信号系统。

五、在全封闭线路上，根据运营需求，可配置列车全自动运行（无人驾驶）系统。

六、采用分段建设、分段投入的初期运营线路，或改扩建线路，在线路较短、行车密度不大（15 对/h 以下）的情况下，可设置临时过渡信号，其涉及行车安全的设备，应遵循故障——安全原则。

**第六十二条** 通信系统应符合下列要求：

一、城市轨道交通宜设置独立的通信系统，系统应满足城市轨道交通对语音、数据和图像等信息传送的需要。

二、通信系统宜由专用通信系统、商用通信系统、警用通信系统组成。专用通信系统可由传输、无线通信、公务电话、专用电话、闭路电视监视、广播、时钟、电源、乘客信息、网络管理等子系统组成。

三、传输子系统应利用光纤，采用光传输设备组网为通信各子系统，以及信号、供电、防灾报警、环境与设备监控、自动售检票等专业的信息提供可靠的传输通道。

四、无线通信子系统主要包括正线无线通信和车辆段（场）无线通信，本系统宜采用数字集群移动通信技术。

五、公务电话子系统宜采用程控自动电话交换机组网，其设备应符合国家规定制式系列。亦可利用公用电信网组建。

六、专用电话子系统应包括调度电话、站内专用电话、站间行车电话及轨旁电话。

七、闭路电视监视子系统应提供列车运行、防灾救援、设备安防及旅客疏导等方面的视频信息。

八、广播子系统包括车站广播和车辆段（场）广播系统。车站广播应向乘客提供列车运行、安全及向导等服务信息，同时向工作人员发布指令和通知。

九、乘客信息子系统宜由控制中心、车站及车载等设备组成，为站内和列车内的乘客提供列车运行、公告、紧急疏散指示等运营信息，以及新闻、商业广告等公共信息。

十、商用通信系统、警用通信系统宜与专用通信系统同步建设、统筹实施、资源共享。

**第六十三条** 通风与空调应符合下列规定：

一、隧道排热通风应尽可能利用自然冷源，采用活塞通风。当采用活塞通风不能达到排除余热、余湿要求时，应设置机械通风。

二、地下车站通风与空调系统可采用开式运行、闭式运行。若采用站台屏蔽门式系统应经过方案论证。

三、地下车站设置空调系统必须符合下列条件：

（一）当车站采用机械通风时，站内夏季的空气计算干球温度超过30℃。

（二）当地夏季最热月平均温度超过25℃。

四、当地下车站设置空调系统时，车站公共区设计干球温度：在双层车站中，站厅宜比地面室外低2℃，站台宜比站厅低1℃；在单层车站中，站台宜比地面室外低2～3℃，但不应高于30℃，相对湿度均为45%～70%。每人的新鲜空气量不应小于12.6$m^3$/h，且新风量不应少于系统总风量的10%。

五、区间隧道夏季最热日的日平均温度，应符合下列规定：

（一）列车车厢不设置空调时，不得超过33℃。

（二）列车车厢设置空调，车站不设置屏蔽门时，不得超过35℃；车站设置屏蔽门时，不得超过40℃。

（三）隧道通风系统的通风量应保证隧道内换气次数每小时不应少于3次供应人员的新鲜空气量要求：当采用活塞通风或机械通风时，不应少于30$m^3$/h；当采用闭式循环运行时，不应少于12.6$m^3$/h。

六、通风与空调设备传至车站站台和站厅的噪声不得超过70dB（A），传至地面风亭的噪声应符合现行国家标准《城市区域环境噪声标准》GB 3096的规定。

七、地下车站及区间隧道内必须具备事故通风及防烟、排烟系统功能。

**第六十四条** 给排水与消防应符合下列规定：

一、给水系统：

（一）给水系统应满足生产、生活和消防用水对水量、水压、水质和水温的要求。坚持节约用水、综合利用的原则，选用技术成熟、经济合理的节水和节能设备。

（二）给水水源应优先选用城市自来水，否则可采用其他可靠的水源。

（三）车站给水系统应采用生产、生活与消防分开的给水系统。生活用水的水质、水压和用水量应符合现行国家标准的规定。生产用水的水压和用水量按工艺要求确定。

（四）消防用水应按如下规定：

1. 地下车站及区间隧道应由城市自来水管引入两路消防给水管，并设置为环状管网的消火栓给水系统。如地下车站只有一路自来水源，应由相邻地下车站再引一路，两站水源互为备用。

2. 地面、高架车站及地面建筑的消防给水系统的设置应按现行国家标准、规范的规定执行。消防用水量：地下车站为20L/s；人行通道、折返线及区间隧道为10L/s。

二、排水系统：

（一）城市轨道交通工程各种污水排放，必须符合现行国家标准《污水综合排放标准》GB 8978的规定，并分类集中、排入城市排水系统。

（二）地下工程开口部位的雨水量按口部汇水面积及当地50年一遇的暴雨强度计算确定。

（三）在地下车站内的低洼处，自动扶梯的基坑、厕所、露天出入口及敞开风口等应设排水泵房组成车站排水系统。

（四）区间隧道应沿轨道设置纵向排水沟，在线路最低点、隧道洞口应设排水泵站；地下折返线检修坑等不能自流排水的低洼处应设局部排水泵房。

**第六十五条** 设备运转的监控系统包括火灾自动报警系统（FAS）、环境与设备监控系统（BAS）、综合监控系统（ISCS），均应以功能需要，经济实用为原则配置相关设施，并以全线装备的整体水平均衡选择，并符合下列要求：

一、车站、控制中心、车辆段、停车场、主变电所应设FAS。FAS按全线同一时间发生一次火灾的原则，系统按中央级和车站级两级监控方式设置。车站内每个防烟分区为一个报警区域。

二、FAS实现对车站消防广播、警铃、消防水泵、防火卷帘等相关消防设备的自动控制；并由控制中心或车站及时发送火灾报警信息及控制命令。

三、FAS与通信系统公用广播及闭路电视监视系统互联，并具有火灾事故广播的优先级。

四、BAS监控的对象包括：车站公共区及主要设备管理用房的环境参数，隧道通风、车站采暖、通风空调、空调水系统及采暖热源、车站及区间给排水、自动扶梯及电梯、照明、事故电源等设备。

五、正常运行工况由BAS监控的防排烟、送排风等设备及与消防相关的其他机电设备，在火灾发生时，BAS接受FAS发送的火灾信号并启动相应的火灾运行模式，实现相关防排烟设备的联动。

六、IBP盘作为紧急情况下车站BAS系统的后备措施，可直接通过BAS控制器控制现场设备按规定的模式运行，并显示模式的运行状况，具有最高控制权。

七、为适应轨道交通监控系统的发展趋势，宜将变电所自动监控PSCADA、BAS、FAS等子系统集成为综合监控系统，建立统一的监控层硬、软件平台，实现相关各子系统之间的信息共享和协调联动功能。

八、综合监控系统面向的对象为控制中心的行调、电调、环调、维修调度及车站值班站长、值班员；系统采用两级管理、三级控制分层分布式结构；系统应由信息管理层、控制层及设备层构成。可将3、4个站作为一个区域，设区域数据服务器和数据库，其他车站仅设工作站。

九、综合监控系统应具备对监控对象的模式控制、群组控制及重要设备的点控功能。相关的安全联锁功能由控制层实现，控制层应具有相对独立工作的能力。

十、综合监控系统可采用工业以太网标准独立组网或共用通信骨干网通信级网络结构。

十一、弱电控制系统宜考虑UPS电源系统合理整合，以实现资源共享，降低电源系统的投资。

**第六十六条**　电梯、扶梯的设置应符合下列规定：

一、车站站台设置的自动扶梯数量和楼梯宽度的总量，应根据高峰小时客流量，按各口部提升高度及其客流不均衡系数计算确定，并满足乘客紧急疏散能力。

二、自动扶梯与步行梯的设置，可按表7的规定执行。当两台自动扶梯平行设置时，应设置备用自动扶梯或楼梯，其楼梯宽度不宜小于1.8m，并统筹考虑为行动不便的乘客服务的相应设施。

**表7　自动扶梯与步行梯设置**

| 提升高度 $H$（m） | 上　行 | 下　行 | 备　用 |
|---|---|---|---|
| $H \leqslant 6$ | 步行梯（或扶梯） | 步行梯 | |
| $6 < H \leqslant 12$ | 自动扶梯 | 步行梯（或扶梯） | 当上下行均设自动扶梯时，应加设步行梯或自动扶梯为备用 |
| $12 < H \leqslant 19$ | 自动扶梯 | 自动扶梯 | 增加备用步行梯（或扶梯） |
| $H > 19$ | 自动扶梯 | 自动扶梯 | 增加备用自动扶梯 |

注：① $H$分别指站台至站厅，或站厅至地面高度。无站厅时，指站台至地面的高度。

② （或扶梯）表示在重要车站或主要楼梯口，也可设自动扶梯。

三、当出入口或换乘通道的水平距离超过100m时，宜增设自动步道。

四、作为事故疏散用的自动扶梯，其电源应按一级负荷供电，并具有逆向运转功能。

五、垂直电梯及其箱体结构宜采用透明材料，或设置电视监控、电话报警等安全防范设施，但不能作为紧急疏散用。

六、垂直电梯在站台上的开门方向不宜面向站台边线，否则应采取防挡安全措施。

# 第八章　车辆基地及配套工程

**第六十七条**　车辆基地的布局和选址应符合下列要求：

一、城市轨道交通车辆基地的布局，应根据线网规划统筹安排，充分考虑资源共享，明确各车辆基地在全线网中的地位和分工。必要时，可结合地形和规划条件，进行综合开发的专题研究。

二、车辆基地应包括车辆段、综合维修中心以及配套生活设施等，也可设置物资总库（分库）和培训中心。其中车辆段的设置应符合下列要求：

（一）车辆段根据其作业范围可分为定修段和厂、架修段。定修段承担车辆定修、月检、日常检修和停放的任务；厂、架修段除承担定修段的任务外，尚应承担车辆厂修和架修任务。有条件的城市可集中设置车辆大修厂。

（二）停车场承担车辆的月（周）检和停车、列检的任务；仅承担停车、列检任务的停车场称辅助停车场。停车场隶属于车辆段。

（三）每条运营线路宜设一个定修车辆段，当车辆段距终点站超过20km时，宜增设停车场（或辅助停车场）。

（四）厂、架修段和综合维修中心，宜结合轨道交通线网和车型情况按多线共用设置。

三、车辆基地选址应符合下列要求：

（一）用地性质应与城市总体规划协调一致。

（二）用地位置应靠近正线，有良好的接轨条件。

（三）用地面积应满足功能和布置的要求，并具有远期发展余地。

（四）用地范围宜避开工程地质及水文地质不良地段。

（五）用地周边应有利于与城市道路连接，有利于与城市电力、通信及各种管道的引入，并有良好排水条件，宜与地面铁路连接。

**第六十八条**　车辆段的规模和设施应符合下列要求：

一、车辆的检修周期，可按表8的规定执行。

**表8　车辆检修周期表**

| 检修种类 | | 定期检修 | | | 日常维修 | | |
|---|---|---|---|---|---|---|---|
| | | 厂修 | 架修 | 定修 | 月检 | 周检 | 列检 |
| 定检周期（万km） | A、B | 120（10年） | 60（5年） | 15（1.25年） | 3.0（3月） | 0.5（15天） | 每日或双日 |
| | $L_b$ | 160 | 80 | 20 | 2 | — | — |
| | 单轨 | 全面检修 | 重点检修 | 换轮 | 三月检 | — | 列检 |
| | | 60（6年） | 30（3年） | 10（1年） | （3月） | — | （3日） |

二、车辆段的规模应根据车辆技术条件，配属的列车编组和数量、列车年走行公里（或间隔年限）、车辆检修周期、检修作业时间等进行计算。

三、车辆段内应根据列车运用整备和检修作业的需要设停车、列检库、月修库、定修库、厂架修库和调机及工程车库等，并配备相应的设备和设施。

四、列检列位宜按停车列检列位的50%确定。停车列检规模达12列位级以上的车辆段或停车场应设机械化洗车设备和洗车线。

五、车辆段的运用整备和检修设施，初期建设规模应按近期规模设计，按远期规模预留。对远期改扩建困难的检修车库可按远期规模一次建成。车辆段远期停车能力，不考虑沿线车站夜间的停车线列位。

六、车辆段检修、试验设备，应选用国家标准产品或成熟的专用设备。

七、承担定修及以上修程的车辆段应设试车线，其长度应满足列车高速运行性能试验要求。在困难条件下，因用地长度不足，试车线长度可按中速（50km/h）运行试验，完成车辆动力运行试验，也可在正线上指定地段完成高速运行性能和有关信号的试验。

八、定修段和厂、架修段宜设不落轮镟床。

**第六十九条** 车辆出入线的设置应符合下列要求：

一、车辆出入线应在车站接轨，在接轨点外应具备一度停车条件。

二、车辆出入线应按双线双向运行设计，有条件的地方宜设置八字形出入线。

三、车辆出入线与正线间的发车、收车应进行运行组织和能力验算，保证正线高峰小时的设计运能。

**第七十条** 联络线设置应从规划线网中确定，并应符合如下规定：

一、根据线网规划的车辆基地分布位置和承担的任务，对于同属一个车辆基地承担车辆厂、架修的线路之间应设置联络线。

二、凡设置在相邻线路间的联络线，承担车辆临时调度，运送厂、架修车辆，工程维修车辆、磨轨车等运行的线路可设置单线。

三、为相邻两段线路初期临时贯通、正式载客运行的联络线，应设置双线。

四、联络线与正线的接轨点宜靠近车站，也可在区间正线接轨；在两线同站台平行换乘站，应设置渡线，代联络线功能。

**第七十一条** 车辆基地的总平面布置应以车辆段为主体，根据地形条件综合考虑维修中心、物资总库及其他配套设施的功能和作业要求，合理布置，力求紧凑、经济、实用，节约用地。车辆基地占地面积指标宜按表9进行控制。

**表9 车辆基地占地面积指标表（$m^2$/车）**

| 车　型 | A、B | $L_b$ |
|---|---|---|
| 车辆基地（厂架修，设备维修） | 1000 | 900 |
| 车辆段（定修级） | 900 | 750 |
| 停车场 | 600 | 500 |

注：表中数值用于实施后的用地，作为规划用地还应适当留有余地。

**第七十二条** 综合维修中心的设置应符合下列规定：

一、综合维修中心应根据线网规划统一布局，资源共享，设在车辆基地内。承担本线或多线的土建设施和机电设备的维修保养、检修任务。可分设工务、建筑、供电、通信、信号、机电、自动化等专业车间和计量站，当线路较长时，可在相应的停车场分设维修工区。

二、综合维修中心应根据功能要求配备相应的设备。通用设备应与车辆段共用；大型专用设备宜考虑路网中共享。

三、综合维修中心的办公房屋宜与车辆段办公楼合建；生活设施应在车辆基地内共享。

**第七十三条** 物资总库的设置应符合下列规定：

一、物资总库宜设在车辆基地内，其规模应根据运营线路中的设备和材料种类、数量确定。

二、物资总库应设有机电设备库、金属材料库、配件库、辅助材料库和起重运输设备等以及露天堆放场地。危险品库和燃油库可在线网中集中设置，或由社会供应。

三、从全线网考虑，物资总库可集中设置，建立物流中心。

**第七十四条** 培训中心应以城市轨道交通线网规划为依据统一布局，原则上集中设置一处。

**第七十五条** 车辆基地生产设施的设置应符合下列规定：

一、车辆基地生产设施应根据生产的需要配备各专业生产设施，包括站场轨道、道路、桥涵、房屋建筑、供电、给排水及消防、电力工程、暖通、通信、信号及防灾等各系统的设备和设施。

二、站场线路布置应满足工艺要求和作业的需要，并做好站场竖向设计，满足排水要求。

三、房屋建筑设计应满足工艺要求，并符合安全和节能的有关规定。

四、车辆基地供电设计的制式和标准应与全线供电系统相协调，并满足工艺要求，确保作业安全。牵引和降压变电所的位置应靠近负荷中心。

五、采暖和通风系统应根据工艺要求和生活的需要，结合当地气候条件合理设计。采暖地区的采暖设计宜采用城市集中供暖系统供热。

六、给排水系统设计应满足生产、生活和消防的需要，并与城市给排水系统相适应。

七、通信系统应设有列车调度电话、局部专用电话、公务电话、无线电话和广播、时钟等通信设施。

八、信号系统应保证列车在车辆段内调车作业和列车出入车辆段的安全运行，并与正线行车密度相适应。

九、防灾报警系统应设置值班室及救援设施，并与正线防灾报警系统联网。

十、车辆基地应根据生产、生活的管理要求，设置综合办公楼和生活用房等配套设施。并宜设置维护管理系统和档案资料库。

## 第九章 安全防护、环保和节能

**第七十六条** 城市轨道交通安全防护设施的设置应符合下列规定：

一、城市轨道交通运营必须贯彻安全第一的宗旨，保证人的生命与健康安全，保证列车和设备运营的安全。

二、城市轨道交通的防灾，应贯彻“预防为主，防消结合”的工作方针，结合本地消防、安全等部门的要求。制定安全系统与紧急救灾预案，采取各种有效的预防和救灾措施，确保运营期间的行车和设备安全。

**第七十七条** 城市轨道交通应建立预防、报警、逃生、救援的安全系统。

一、预防、阻止灾害、事故的发生和蔓延，并具备一定的预防设施和灭灾自救能力。对车辆和设备的事故源头加强预防和防护，对人身安全保护采取防范措施。

二、设有自动报警和自动灭火装置，当灾害和事故发生时，能提供可靠的通信设施，及时启动自动报警和灭火系统设备，得到控制中心统一指挥，尽快得到外援。

三、在轨道区具备无障碍的乘客逃生通道和应急照明，有紧急疏散导向标志。在车站内的楼梯、通道和出入口具有足够的疏散能力。

四、使外部救援人员快速进入现场，并具备营救设施和救援条件。

**第七十八条** 城市轨道交通防灾、疏散应遵循以下原则：

一、全线防灾只考虑同一时间，只发生一处灾害，一种灾情。并以“自救为主，内外结合”为原则，设置独立的防灾、救灾安全系统。

二、轨道交通的土建工程和车辆（含部件、电缆）均应采用耐火、阻燃材料。

三、列车运行中发生火灾，只要动力系统未受破坏，不得在区间停车，列车应驾驶到车站，从站台疏散乘客。

四、列车在区间发生故障，应由另一列车（清客后）救援推送（牵引）至就近车站疏散，随后送入就近车站的待避线停放。

五、故障列车被迫区间停车，可采用就地疏散方案，车辆或隧道内应备有下车设施，并按应急预案规定，有序地组织乘客从列车下车，向轨道区疏散。

六、乘客疏散经过的轨道区应属于安全区，并应具备以下条件：

（一）接触轨或接触网设有停电保护设施而及时停电，轨道上无任何列车运行。

（二）隧道内设有应急照明、事故通风与排烟系统的设备已被自动控制系统启动。

（三）轨道中间或旁侧设有通向车站的步行通道，有利于乘客逃生和外来救援。

七、在两条平行的单线区间隧道内，其长度大于600m时，应在相邻隧道间设置横向联络通道。联络通道内应设置甲级防火门。

八、在长大区间隧道内，应充分研究最不利情况下的救援和疏散模式。按设计运行密度计算，出现在同一区间、同一方向上有2列或3列车同时运行时，应在区间中间设置中间风道或直通地面的专用疏散出口，或其他安全疏散措施。

**第七十九条** 城市轨道交通防灾与人防设施的设置应符合下列规定：

一、地下车站至少有两个独立出入口直通地面，宜设在地面建筑倒塌范围之外，或具有倒塌防护措施。车站站台的竖向紧急疏散通道，采用为楼梯和自动扶梯组合设置时，其中自动扶梯应配置一级供电负荷，每个站台上的楼梯数量不宜少于2台，并分开设置。

二、地下车站、出入口和通风亭的结构，应按一级耐火等级设计，地面开口部应具有防淹措施。地面及高架车站及建筑结构，按国家现行有关防火设计规范的规定执行。

三、为保证列车运行安全，必须设有完善和可靠的通信、信号系统。

四、机电设备应采用质量可靠、技术合理的设备，并符合国家有关标准要求。对有可能危及人身安全的电器设备，应采取安全防护措施。

五、地下车站和区间隧道应设消火栓给水系统，地面及高架车站的消防给水系统应按现行国家标准《建筑设计防火规范》GB 50016 执行。

六、地下车站及重要电器设备房间内，应设置防灾报警与灭火装置，并建立防灾监控系统。无人值守的地下变电所、通信、信号机房和发电机房等重要电器设备房间，应设自动灭火装置。

七、车辆基地应设救援设施，负责全线的救援工作，并接受控制中心指挥。

八、地面及高架线路应采取防淹、防雪、防滑、防暴风、防雷击等措施。

九、隧道洞口及露天出入口应设排雨水泵站；对穿越（通航）的江、河、湖水域的区间隧道应在离开水域的两端适当位置设置防淹门。

十、城市轨道交通工程应以交通功能为主。根据城市人防系统规划范围及设防要求，轨道交通的地下线地段，应兼顾设置人防设施。地下结构工程应符合当地政府主管部门核定的人防等级要求和平战结合的原则进行设防，并应与防灾系统统一管理。

**第八十条** 城市轨道交通环境保护设施的设置应符合下列规定：

一、城市轨道交通线路所经过地段，应根据环境保护要求，采取减振、降噪等有效措施，并符合现行国家标准《城市区域环境噪声标准》GB 3096 和环境影响评价报告；设施范围应比需要防护地段两端向外延伸 50m。

二、高架线路距建筑物的距离应综合考虑安全、消防、噪声、振动、日照和景观等因素；地下车站内部环境和装修材料，应满足环境保护和劳动卫生的要求。

三、城市轨道交通系统及其所有部件在系统运行时须具有与现场环境的电磁兼容性，其所产生的电磁辐射应符合现行国家标准《电磁辐射防护规定》GB 8702 和《环境电磁波卫生标准》GB 9175 的规定。

四、高架桥的造型应形体轻巧、视觉通透，并应采取减振、降噪措施。当采用声屏障时，应与周围环境和景观相协调。

五、城市轨道交通的生活污水和生产废水应分类处理，集中排放至城市管网，并应符合国家现行有关排放标准的规定。

**第八十一条** 城市轨道交通节能应符合下列规定：

一、城市轨道交通建设应坚持以节约土地、节约资源、减少能耗为基本原则。对节能应统一规划，各系统间应协调配合，在满足相同功能要求的前提下，尽量降低系统和设备自身的能量损耗。

二、根据客流预测，做好行车组织设计。保证运能的前提下，合理选择车型，研究列车编组和行车密度的合理配置，提高运营效率，降低运营成本。

三、优化线路纵断面设计，尽可能将车站设在纵断面的凸形坡段上，根据实际条件，应用节能坡设计，并进行列车牵引计算校核运营的经济性。

四、控制车站规模，地下车站应减少埋深和层次，控制建筑层高，控制车站体量，控制空调通风合理负荷，空调风管应选用保温隔热材料。

五、浅埋车站应尽量采用自然通风、引入自然光源。积极推广采用自然通风、排烟模式的浅埋隧道方案。有条件地段宜采用高架线方案，同时做好环境设计。

六、城市轨道交通应根据具体条件，研究太阳能、风能和冰蓄能等能源利用开发。合理确定各场所照明标准，车站照明与广告照明统一规划，采用高效节能灯具，室内表面适当采用高反射比的材料。

七、机电设备应优先选用高效、低耗、节能型的产品；对照明、自动扶梯、空调通风设备等实施智能控制；电缆布设应接近最短路径。

八、合理确定用水标准，对污水、废水、雨水宜进行回收处理，转换为中水利用。

## 第十章　主要技术经济指标

**第八十二条** 运营管理机构与定员指标宜符合下列要求：

一、城市轨道交通应设置专门的运营管理机构，对运营线路实施统一领导，分级管理，负责列车安全、准点、高效的运行和设备的维修保养。

二、运营管理机构的设置应本着精简机构、合理分工、强化专业管理、提高管理和经济效益的原则。

三、机构定员可按运营线路长度指标 80～100 人/km 测算，后续建设线路定员应比第一条线路呈降低趋势。

**第八十三条** 项目研究与设计周期宜符合下列要求：

一、城市轨道交通是一项特大型的综合性系统工程，在工程开工之前必须做好前期工作。

二、前期工作和各阶段设计应按以下程序进行，其编制、设计的工作周期，可参照下列指标：

（一）城市轨道交通线网规划8~10个月；

（二）项目建议书及预可行性研究5~6个月；

（三）工程可行性研究6~8个月；

（四）总体设计5~6个月；

（五）初步设计6~9个月；

（六）施工图设计10~12个月。

注：（一）线网规划按400km$^2$面积的工作量测算；（二）~（六）项是按一般情况下一条线路长度15~20km的工作量测算的，根据实际情况可适当调整。

**第八十四条** 工程实施进度指标宜符合下列规定：

一、工程开工前，应做好各项准备工作，包括土地征用、房屋拆迁、地下管线及道路改移、施工用地、用电、用水和弃土场地落实等。一般情况下，开工前准备时间宜为4~6个月。

二、各项土建工程的建设工期，应根据工程规模、地面环境、地质条件和施工方法确定。主要项目的工期可按表10的规定确定。

**表10 建设工期参考表**

| 项目 | 工期 | |
|---|---|---|
| 地面高架结构（含车站、区间） | 10~12个月/1个区间或1个车站 | |
| 地下车站土建（含出入口、风道） | 明挖法施工 | 地下车站，12~18个月/站 |
| | 盖挖法施工 | 地下车站，20~25个月/站 |
| | 矿山法施工 | 地下车站，24~30个月/站 |
| 区间隧道（含隧道内联络通道） | 明挖施工 | 双线洞，日进度4m/日<br>平均进度50~80m/月 |
| | 盾构施工 | 单线单洞推进（7~10m/日） |
| | | 盾构井施工：两层站为6个月/座<br>三层、四层站分别为7~8个月/座 |
| | | 平均进度：140~200m/月（注） |
| | 矿山法施工 | 单线单洞40~50m/月<br>双线单洞15~20m/月 |
| 车站装修（含出入口、风亭） | 7~12个月/站 | |
| 轨道工程（整体道床、含道岔） | 50~65m（单线）/班·日 | |
| 设备安装（含通风、供电、给排水、通信、信号等各项）及调试 | 10~15个月/全线 | |
| 车辆基地工程 | 24~30个月/座 | |
| 全线单调、系统联调、总联调、可靠性测试 | 6个月 | |

**续表 10**

| 项　　目 | 工　　期 |
|---|---|
| 试运行 | 3 个月 |
| 全线竣工（15 ~ 20km） | 4 ~ 5 年 |

注：盾构安装调试 1 ~ 1.5 个月；盾构调头 1 个月；盾构转场 1.5 个月；盾构拆卸1 个月。

**第八十五条**　投资控制宜符合下列要求：

一、城市轨道交通工程建设应严格执行国家、行业和省（市）地方有关造价的规定和法令，按动态管理编制投资估（概）算。

二、做好资料收集工作，结合实际情况，实事求是编制估（概）算书，以便进行资金筹措和控制投资。

三、进行方案的技术经济比较，应综合技术与经济的协调平衡，坚持技术合理，控制工程造价。

四、城市轨道交通工程建设项目应加大政府投入力度，提高项目资本金比例，减少财务风险。

五、项目的投资估（概）算应进行专业和系统的分项投资分析和评价，对各设计阶段的总投资的变化幅度应予控制，可行性研究阶段的总投资不宜超过预可行性研究（或建设规划）的 15%；总体设计与初步设计均不得超过可行性研究阶段的 10%。

**第八十六条**　工程项目经济评价宜符合下列要求：

一、在可行性研究阶段，城市轨道交通项目应根据国家发展和改革委员会与建设部颁发的《建设项目经济评价方法与参数》（第三版）及其他有关规定进行经济评价，为项目的科学决策提供依据。

二、城市轨道交通项目作为基础设施项目，是否需要建设，宜由社会需求和地方财力两个主要因素决定。

三、城市轨道交通的固定资产折旧年限，宜参照下列规定：

土建工程：隧道为 100 年；高架桥为 50 年；房屋为 35 年；声屏障为 15 年；轨道为 25 年；轨道特殊减振设施为 30 年；

运营装备：车辆为 30 年；车辆基地的维修设备为 18 年；供电与给排水设备为 25 年；通风设备与自动扶梯为 20 年；站台屏蔽门 15 年；通信、信号、环境监控、电力监控、防灾与报警等控制系统设备均为 15 年；自动售检票系统设备为 10 年。

## 附录一　车内乘客站立人员密度评价标准

| 站席密度 | 乘客拥挤情况 | 评价标准 |
|---|---|---|
| 3 人/$m^2$ | 乘客可以自由流动，十分宽松 | 舒适 |
| 4 人/ $m^2$ | 平均每位乘客占有 0.5m × 0.5m 的空间，有较大宽松度，乘客可以看书报 | 良好 |
| 5 人/ $m^2$ | 平均每位乘客占有 0.5m × 0.4m 的空间，有一定宽松度，部分乘客可以看书报 | 良好 |

续表

| 站席密度 | 乘客拥挤情况 | 评价标准 |
| --- | --- | --- |
| 6 人/ $m^2$ ($AW_2$) | 平均每位乘客占有 0.5m×0.33m 的空间，感到不宽松、不拥挤、稍可活动，是舒适度的临界状态 | 临界状态（定员标准） |
| 7 人/ $m^2$ | 平均每位乘客占有 0.47m×0.3m 的空间，感到有些拥挤，站席范围有些突破 | 有些拥挤 |
| 8 人/ $m^2$ | 平均每位乘客占有 0.42m×0.3m 的空间，身体有接触，需错位排列，并突破站席范围，感到比较拥挤 | 比较拥挤 |
| 9 人/ $m^2$ ($AW_3$) | 平均每人占有的空间非常拥挤，需突破站席范围，挤入座区，此情况偶有可能出现（车辆制造强度必须满足） | 非常拥挤（超员标准） |
| 10 人/ $m^2$ | 乘客突破站席范围，挤入座区，极为拥挤，难以忍受，影响上、下车行为和总时间，属极端情况 | 难以忍受 |

注：表中乘客占有面积是立席区分配的计算面积。

## 附录二　列车编组、定员与运能参考表

| 车型 | | 列车编组（辆/列） | | | | | | | 运量级 |
| --- | --- | --- | --- | --- | --- | --- | --- | --- | --- |
| | | 2 辆 | 3 辆 | 4 辆 | 5 辆 | 6 辆 | 7 辆 | 8 辆 | |
| A | 长度 | | 69.2 | 92.0 | 114.8 | 137.60 | 160.4 | 183.2 | 高运量 4.5～7 |
| | 定员 | | 930 | 1240 | 1550 | 1860 | 2170 | 2480 | |
| | 运能 | | 27900 | 37200 | 46500 | 55800 | 65100 | 74400 | |
| B | 长度 | | 58.10 | 77.65 | 97.20 | 116.75 | 136.30 | 155.85 | |
| | 定员 | | 710 | 960 | 1210 | 1460 | 1710 | 1960 | |
| | 运能 | | 21300 | 28200 | 36300 | 43800 | 51300 | 58800 | |
| $L_b$ | 长度 | 34.04 | 50.88 | 67.72 | 84.56 | 101.40 | | | 大运量 2.5～5 |
| | 定员 | 459 | 701 | 943 | 1185 | 1427 | | | |
| | 运能 | 13770 | 21030 | 28290 | 35550 | 42810 | | | |
| 单轨 | 长度 | 28.7 | 42.6 | 56.5 | 70.4 | 84.3 | | | 中运量 1～3 |
| | 定员 | 316 | 467 | 632 | 797 | 962 | | | |
| | 运能 | 7584 | 11208 | 15168 | 19128 | 23088 | | | |
| D | 长度 | 28.76 | | 57.52 | | | | | |
| | 定员 | 238 | | 476 | | | | | |
| | 运能 | 7140 | | 14280 | | | | | |

注：① 列车编组均按两端车为驾驶室，中间车为无驾驶室，定员按表 6 计算。

② 运能均按 30 对/h 计算。单轨车按 24 对/h 计算。

## 附 件

# 《城市轨道交通工程项目建设标准》条文说明

## 第一章 总 则

**第一条** 阐明本建设标准的修订目的。

一、原《城市快速轨道交通工程项目建设标准》（试行本）是由建设部和国家发展和改革委员会联合发布的，自1999年5月1日开始施行，至今已经过去八年。实践证明在国内城市轨道交通建设中得到良好的贯彻和运用。近几年来，在轨道交通制式方面，直线电机、低地板（70%）车、跨座式单轨等轮轨系统已建成运营。随着我国城市轨道交通建设迅速发展，各城市在轨道交通建设和运营中也积累了较丰富的经验，城市轨道交通的建设理念在不断更新和发展，需要及时吸收到标准中来，对标准中的一些参数需要及时更新和完善。特别是“国务院办公厅关于加强城市快速轨道交通建设管理的通知”（国办发［2003］81号）的发布，对项目的建设规划和建设条件提出了新的要求。因此，对原《城市快速轨道交通工程项目建设标准》（试行本）进行全面修订是十分必要的。

二、由于城市快速轨道交通是特大型系统工程，具有专业多、规模大、投资高、工期长、涉及面广、管理层多、决策层次高的特点。因此本建设标准必须适应多层次要求。

（一）为适应当前我国城市轨道交通的快速发展形势，总结经验、提升新的理念，必须修订我国城市轨道交通工程项目建设标准。

（二）适应国家管理决策部门服务需要，提高工程项目决策、建设和管理水平。

（三）为适应项目建设的主管部门、执行机构、设计、评审和审查机构服务的需要，提出合理控制建设规模和投资。

（四）提出技术经济政策和总体目标，要“推进技术进步和车辆、设备国产化，提高投资效益，促进城市轨道交通的健康发展”。

**第二条** 阐明本建设标准的用途。

一、是为编制者、评估者和审批者三个层次的对象服务。

二、是轨道交通“项目建议书”、“预可行性研究报告”和“可行性研究报告”编制的依据。

三、是审查工程项目的初步设计、监督检查整个建设过程建设标准和项目后评价的尺度。

**第三条** 规定本建设标准的适用范围。

目前我国城市轨道交通系统按运量分级，根据车辆制式，选择比较普及和成熟的技术是钢轮钢轨系统，这种轨道交通制式的主流选择，在北京、上海、广州、深圳、天津、武汉、南京、大连、长春等城市建成并运营多年，已经积累了一定经验。

直线电机系统是以非黏着力牵引系统为特点，属于城市轨道交通钢轮钢轨系列。在国内仅有广州首例，北京机场线也在建设之中，从总体技术上看，其轮轨关系和机电设备配置与钢轮钢轨系列基本一致。

对于重庆的单轨、胶轮系统是跨座式单轨系列，虽然有轮有轨，但与钢轮钢轨模式仍有较大差异，由于单轨的机电设备与钢轮钢轨系统具有共性较多。因此，单轨仍纳入城市轨道交通系统中运量级的单种模式。

市域轨道交通和有轨电车均有钢轮钢轨系统共性，但在敷设形式、适用范围、运营模式和速度目标上有较大区别。有轨电车是全地面的敷设形式，其运营模式和速度上更接近城市公交系统，可类似公交专用道和 BRT 运营模式。市域轨道交通是跨区性、跨组团式、超长性的线路，因此对旅行速度目标要求较高，乘客舒适度要求也有所提高，行车密度接近于城市轨道交通，并采用全封闭运营模式；在技术装备系统更为接近城市轨道交通运营模式。由于上述两种系统的技术标准在国内仍在探索研究之中，时机尚未成熟，暂未列入本建设标准内容。故规定参考执行。

磁浮交通系统属非轮轨、非黏着力牵引系统，与钢轮钢轨系统无基本共性，故本建设标准不适用磁浮交通系统。

属本系统的类似项目（包括改、扩建工程），由于受原有条件的限制，故规定可参照执行。但每一种系统均有自身特征，必须实事求是，不能生搬硬套。

**第四条** 阐述轨道交通工程项目建设的指导思想。

坚持以人为本，突出安全，从功能、规模、成本、节能、环保等主要方面综合考虑，配置和选择项目内各项设施。在设计时应考虑各项设施的总体功能平衡，发挥最大经济效益；在采购时应考虑最佳性价比，保障满足运行能力和安全可靠；在运营使用寿命上应达到生命周期内价值的最大化，降低运营成本。使项目建设成为节约型、环保型的轨道交通系统工程，使项目建设与运营形成良性循环和保持其可持续发展。

**第五条** 对轨道交通建设提出一个超前规划、适时建设、量力而行、有序发展的原则。规划的目的是控制用地规划，为各条线路建设同时做好换乘线的预留位置。明确规划的依据，即城市总体规划、城市经济和社会发展规划、城市综合交通规划。明确做好远景线网规划的目标是从实际出发，依据客流需求和经济能力，把握建设条件和建设时机，选择合理的项目。

城市轨道交通线网（远景）规划是第一道工序，要与城市远景规划相配合，是城市总体规划的一项专业规划。线网规划是我国近年来轨道交通领域内一项创新的研究性工作，根据实践经验，初步形成了一套系统理论和方法，提出线网规划的原则：依据总体规划、支持总体规划、超前总体规划、回归总体规划；线网规划的内容：线网总图规划，线网实施规划；线网规划的基本目标：达到“三个稳定——线路走向和起终点稳定、线网换乘点稳定、交通枢纽衔接点稳定；两个落实——车辆基地和联络线的功能定位及其规划用地落实；一个明确——各条线路的建设时序明确”的基本目标。并以此为基础，做好预可行性研究报告和可行性研究报告。

**第六条** 本条文阐述轨道交通的规划与建设要从全局出发，应建立城市现代化综合交通体系的理念，以轨道交通线网为骨架，构筑便捷、通畅、高效、安全的城市交通枢纽和网络体系，尤其是对外交通的有机衔接，如铁路客运站、机场、公路长途客运站等各种交通枢纽的规划和建设，应根据运量需求和规模，相互协调，统筹规划，有条件的实现同步建设，或按规划和建设时序，做好工程预留的空间。

**第七条** 本条规定了编制轨道交通近期建设规划的范围、年限、内容和要求。轨道交通线网规划分为远景规划和近期规划两个阶段。近期建设规划是远景线网中最近 10 ~ 15 年内要实施的线路项目的选择，也是近期线网规划，其规划年限应与城市总体规划的远期年一致，有利采集有关城市规划的基础数据，保持轨道交通建设对总体规划的一致性。

在规划内容上应研究论证：建设时机——何时启动建设的时机；建设范围——选择建设项目，适宜建设的线路选择哪几条线路和路段；建设时序——项目建设时间的排序；建设规模——建设线路多少条（可以按规划线路全长分段建设）、多少公里、多少车站；落实建设资金——估算项目总投资和分年度投资的安排，分析城市经济承担能力和资金筹划方案；做好沿线用地控制规划——对沿线土地性质和价值重新认识，重新规划，保护轨道交通建设用地和支持城市总体规划协调发展。

近期建设规划的10~15年时间内，一般来说，可能至少建成三条线，初步构成线网基本骨架，诸多城市证明，一旦合理的基本网骨架形成，线路平均客流强度有一个明显跳跃，凸现初始规模效益。所以尽快构成初步线网基本骨架，形成初始规模效益，选择主要线路作为建设项目进行排序，纳入城市总体规划和经济发展规划。近期建设规划工作深度应相当于预可行性研究报告。

**第八条** 城市轨道交通是为老百姓出行服务的工程，属于城市公共交通的快速骨干系统，又是城市大型基础设施，工程资金投入大，经济效益远远不及社会效益大。这是世界地铁的普遍规律，政府年年补贴，成为较大负担。为提高轨道交通的经济效益，应注意开源节流。一方面是建立网络化资源共享理念和对策，节约运营成本；另一方面是开发地铁资源，开拓经营范围，增加其他营业收入，弥补地铁亏损。最终目标是提高自我发展和抗风险能力，减轻政府负担，为轨道交通可持续发展探索一条新路。

**第九条** 本条阐述轨道交通工程项目的初期建设规模，要讲网络效应，就是对投资与效益的综合评价。强调车辆和机电设备国产化率，有利于我国轨道交通产业的发展，有利于产品的标准化、有利于降低成本、保证产品供应，有利于轨道交通可持续发展。对于改扩建工程，应充分利用已有设施资源，以达到控制固定资产的投资，降低运营成本的目的。

**第十条** 为了维护全线的系统性、总体性，必须要有全线网的网络化概念，必须从全线网上看每一条线路，每一条线路必须明确在线网中的地位。对于一条线路可以分期建设，但必须从全线研究客流特征、运营模式、车站配线和牵引变电所分布等，才能确定分段的理由、分段的位置。因此可行性研究必须全线研究，并作好有关专题论证。为了维护可行性报告的有效性，基础资料的最新性，投资估算的可靠性，规定可研报告内容一般应保持2年的时效性。

**第十一条** 城市快速轨道交通工程是一项特大型系统工程，为了便于对工程项目的正确决策，一定要讲科学，按基建程序办事。因此根据城市轨道交通工程特点，必须按规定顺序做好前期工作，包括线网规划、项目建议书（含预可行性研究）和可行性研究。

可行性研究报告内容一般包括：项目建设必要性和建设条件；建设年限和工程范围；线站分布与客流预测；车辆、限界和运营组织；系统构成与工程方案；技术难点和可实施性；车辆与设备国产化；环保与节能；征地拆迁和工程筹划；投资估算和造价分析；建设和运营管理体制、资金筹措和还贷方案；社会效益和经济评价；对项目的工程、环境、投资、运营的安全与风险等不确定性评价等。预可行性研究报告可参照执行。

可行性研究阶段，除客流预测专题报告外，应同时完成四项有关专题报告：即环境影响评价、地质灾害评估、地震安全性的评估、土地使用评价。对项目的工程、环境、投资、运营方面的安全与风险评价是新增加的要求，需要引起重视。

上述工作均需单独委托有关专业有资质的单位完成。同时对拟建项目要保证安全设施的资金投入，建立“防灾和救援”的应急机制，提高城市轨道交通灾害防御和应急救助能力。

**第十二条** 本条阐述了轨道交通工程设计阶段的划分。

一、轨道交通工程设计阶段分为总体设计、初步设计和施工图设计。

二、为保障项目中各专业系统的总体性和完整性，经过实践尝试，总体设计是“付出小，收效大”的阶段性设计工作，是轨道交通各项专业完成磨合的十分有效的设计过程，实现总体设计目标，保证初步设计顺利进行。

总体设计具体目标是落实外部条件、稳定线路站位；明确功能定位，确定运营规模；理顺纵向系统，明确横向接口；统一技术标准，分割工程单元；筹划合理工期，控制投资总额，并形成总体设计文件，指导各单项工程的初步设计，并为试验段工程提前实施提供依据。

**第十三条** 本建设标准体现了轨道交通行业的技术政策和技术规范，是针对轨道交通建设规模、水平和投资的控制性标准。标准涉及面较广，但难以包容国家现行各项有关经济参数标准和指标及定额的规定，执行中尚应符合有关规定。

## 第二章 建设规模与项目构成

**第十四条** 城市轨道交通每一个建设项目，首先要根据线网规划，确定项目在线网中的地位，依据客流特征、量级和速度目标作功能定位，就是为项目定性，定规模。所谓规模应包括工程、运营、效益三方面。工程规模是车站数量和土建工程规模，线路敷设方式长度和规模；运营规模是车型和制式选择、列车编组和运行密度等运营模式，配套系统设备以及车辆基地等规模；效益规模是合理选择建设项目和时序，有利于尽快形成网络效益的规模，使各线路之间形成互联互通、换乘方便的整体网络，保障项目的最佳规模效益。

**第十五条** 明确城市轨道交通系统分类分级，是按线路运量为主划分为四个类别、三个量级、两种封闭型式。对于表1中的一些数据作如下说明：

一、各级运量级的特征主要是三个方面：线路单向运能、线路敷设形式、列车编组长度。

（一）线路单向运能。每条线路运能等级是按运量级划分，其高、大、中运量级的边界数值是5万人次/h、3万人次/h，这是宏观性的分界值。在实际使用运能设计时，总不是那么准确。为了有较好的适用性，各量级之间应有一定弹性，故取0.5万的搭接。最终实际划分的界面为：高运量为4.5万~7万人次/h，大运量为2.5万~5万人次/h，中运量为按两种封闭形式，分别取1.5万~3万人次/h和1万~2万人次/h。

（二）线路敷设形式。高、大运量级的线路均采用全封闭形式。具有独立的专用轨道和信号、高密度运行的、为中长运距服务的、现代化的城市客运快速骨干系统，传统称为“地铁”。

中运量级线路敷设形式分为全封闭（Ⅲ级线路）和半封闭（Ⅳ级线路）两种型式。Ⅲ级线路因全封闭，在速度上与地铁有雷同之处，但在规模上因运量较小，选择车辆的轴重较轻，车体较窄，列车编组长度较短。Ⅳ级线路部分路段设置平交道口，但具有专用轨道和部分信号的中低运量系统，旅行速度随平交道口数量增加而平均速度降低。

（三）列车编组长度。Ⅰ、Ⅱ级线路的列车编组长度分别是185m、140m，多为适用

A、B 型车的高运量、大运量的地铁系统。Ⅲ级线主要是中运量级线路，为采用高架线创造条件，为此限制列车长度为100m，基本理由是：① 控制高架车站的长度，使出入口布置灵活，有利于减小建筑体量，做好城市景观，为中运量线采用高架方式创造条件。② 地下车站100m 站台长度是车站设计布局概念发生变化的临界点（因空调系统和降压变电所一端布局），可能控制和减小地下车站规模。③ 适应高架线的车辆运行的振动和噪声对环境影响，控制列车的长度和轴重（轴重是质量，长度是数量），采用轻轴重，减少轮轴数量是控制振动和噪声的基本点。Ⅳ级线路对列车长度限制是60m，以尽量减少平交路口通过的时间，减少对路口的其他交通的影响。

因此，Ⅰ级线为高运量全封闭系统；Ⅱ级线为大运量全封闭系统；Ⅲ级线为中运量全封闭系统；Ⅳ级线为中运量部分封闭系统；并提出了相关技术特征。上述特征与当前国内采用的车辆制式和定员计算相吻合，参见附录二的运能计算表。表中每条线最大单向运能均按30 对/h 通过能力计算。单轨系统运行按24 对/h 计算，列车载客能力按列车最大编组长度的车辆和车辆载客标准定员计算。

二、旅行速度目标。对于轨道交通速度应追求旅行速度为主。对于全封闭的城市轨道交通线路，长度一般在35km 内，旅行速度与车辆最高速度有关，与车站的间距有关，可参见附表1 的规定确定。

**附表1　不同站间距的旅行速度**

| 车辆最高速度（$V_{max}$） | 1.0km | 1.5km | 2.0km | 2.5km | 3.0km |
|---|---|---|---|---|---|
| 70（动力50% ~75%） | 30 ~33 | 35 | — | — | — |
| 80（动力50% ~75%） | — | 38 | 40 | 45 | 50 |
| 100（动力50% ~75%） | — | 40 | 45 | 50 | 55 |
| 120（动力75% ~100%） | — | — | 50 | 55 | 60 |

（一）车辆的最高速度目标定为80km/h 时，站间距大部分在1.2 ~1.5km，可以满足旅行速度35km/h。站间距大部分在2.0 ~2.5km，可以满足旅行速度40 ~45km/h。

（二）车辆的最高速度目标定为100km/h 时，站间距2.5 ~3.0km，可以满足旅行速度45 ~55km/h。

（三）对于站间距普遍大于3.0km 的线路，可能属于城郊组团之际快速线路，可以追求最高速度≥120km/h，可有效地提高旅行速度≥60km/h。

三、“适用城市城区人口规模”一栏，一般来说城区人口超过300 万以上，有可能出现个别的高运量级的线路（但与线网密度有关，也可能没有）。超过150 万的含义类同，可以为各城市选线定级时确定。

**第十六条**　明确规定每条线路的工程设计年限分为初期、近期、远期，不分地铁和轻轨之别，也不分各种运量级不同，均按城市快速轨道交通系统项目统一要求。设计年限是按规划的设计年度进行客运需求的预测，确定建设规模。所以，采用设计年限的概念有两个作用：一是对建设规模有阶段性的总量控制；二是有利于分期实施，保持项目规模和标准的整体性和有序发展。

初期定为通车后第3 年，这3 年作为“客流培育期”是十分必要的。根据第3 年培育的客运量判断是否具有一定运量规模，是确定项目建设的必要性的依据之一。同时按此组织行车方案，计算选配车辆数量。

近期定为通车后第10年，是指第3～10年的“客流成长期”，这与当地的城市建设总体规划远期年是比较接近的，对于客流预测的基础和依据比较落实，预测结果的可信度较好，对于近期规模有较合理的控制，同时考虑本系统内大量采用的电子产品的使用寿命(10～15年)和更新率较快的特点，即到第10年后开始要逐步更新改造，具体更新或扩容的时间应结合当时的客流实际发展情况和设备使用状况采取具体措施。因此近期年限就可用于确定机电设备在初期装置的内容和数量。

远期定为通车后第25年。如果从建设期开始计，至远期年是30年了。实际上已接近城市建设总体规模的远景年，城市建设发展规模基本稳定。这样既体现了快速轨道交通项目的长远性和超前性的要求，同时又对建设规模进行最终的控制，避免盲目扩大工程规模。远期的客流预测值是确定项目最终规模的依据，主要是确定列车选型和编组最大长度，因此“客流预测”必须作为研究专题，认真组织专家评估，确认其可信性。

由于客流预测存在一定的不确定性，同时预测数据不可能与运能设计的模数正好吻合，因此在应用时，尚需对客流特征进行定性、定量分析后合理采用。

**第十七条** 线路的建设规模是根据预测客流——交通需求而确定运输能力。值得注意的是每一条线路的客流预测要按初、近、远期的设计年限分别测算。对于一条线路分段建设时，各段线路通车时间相距3年以上，已超过一期工程的初期3年的时限，应按不同项目实施。二期工程建设时，则应按后期项目建成通车年为基准年，重新推定初期、近期和远期设计年限，进行全线客流预测。

**第十八条** 本条要求做好客流预测的基础工作——居民出行和交通调查，并规定5年为有效周期，目的是提高客流预测的质量和可信度，是对设计规模的负责。同时要求对客流预测的方法、计算模型具有科学性，验算其相对误差，对相关参数如分区人口、岗位，流动人口、日出行次数，出行交通方式结构及其分担率等，均需进行分析论证。以上均为基础性工作。

**第十九条** 本条阐述客流预测不同研究阶段的测试规定。

一、线网规划阶段客流预测需做两方面的工作。

(一) 把握总量控制概念。在线网尚未形成之前，从城市现状和规划两个方面着手，以城市总体规划和综合交通规划为依据，对各个分区域的内部OD和外部OD进行预测分析，探索客流走廊，把握线路长度总量。在线网形成过程至确定线网，对远景线网规划承担的客运总量及在公交总量中分担的比例、平均运距、客流负荷强度等相关指标，并在全线网范围内按总量控制原则，进行各线客流总量预测。

(二) 在线网总量控制下，对线网中各条线的客流预测，避免远期各条线路的日运量的合计大于全网的日运总量。同时这样做使每条线路在建成后的客流发展趋势有了粗略描述。在预测年中，若出现过大流量断面，应考虑及时修建其他相邻线路，为其分流，尽量避免发生过渡时期的大客流，而误导加大建设规模。同时对各条线路的客流进行平衡分析，否则需要调整个别线路。所以客流预测对远景线网平衡性测试是十分必要的。这样才能做好综合分析，确定合理规模。

二、工程可行性研究阶段的客流预测要求比较全面，按初期、近期、远期的设计年限进行预测。对于预可行性研究的线路，需作的客流预测内容要基本接近可研阶段的客流预测要求。重点解决客流需求规模，确定建设必要性、建设时机、建设规模、建设效益，并对线路长度、车辆选型、列车长度、车站规模等有基本判断，为工程总体规模、造价、经济效益有较准确的估计。故规定可参照可研报告的客流预测要求执行。

（一）对于每一条线的全日客流总量控制有两层意义，一是远景规划网的总量控制，二是远期设计年建成线网的总量控制。对线网上每一条线全日运量作预测分配，对于某一条线很可能出现远期设计年的全日客流大于远景年，也许相反，必须有个判断。在上述基础上，作以下客流预测，有利于提高预测值的可信度。

（二）阐述全日客流预测内容和用途。

1. 全日客流是用来评定一条线运营的客流效益的基本数据。各小时段的客流量及其比例是查阅高峰小时系数和其他时段的系数，评价全日客流的均衡性的指标，也是对全日行车组织的指导和设计依据。

2. 全日平均运距和全日客流量的乘积是全日乘客周转量，同时等于全日各级运距与其相应客流量的乘积之和，这是衡量线路效益特征的重要指标，是研究运营成本和计程票价的重要依据。

3. 平均客流负荷强度是全日客运量按线路长度分摊客运量的指标，是评价线网中各条线的客运效率进行对比的指标，同时作为对线路全日运量预测值总量的经验判断指标，避免预测数据离奇而不可信。

（三）阐述车站客流预测内容。

1. 车站客流一般分为全日、早高峰、晚高峰三个时段的客流预测，早晚高峰小时对比，取大的为控制性设计客流。同时晚高峰是车站内全日温度最高时段，是车站温度控制计算的数据，为通风空调设计提供依据。

2. 每时段应预测上下行方向的乘降客流、站间断面流量及其超高峰小时系数，这是车站站台宽度和楼扶梯数量的计算依据。每一座车站的进站和出站列车的载客量，与车站乘降量（上下客量）的差值具有密切关系，是与乘客平均运距密切相关，对区间最大断面流量及其位置密切相关，是确定列车编组和行车密度设计的基本数据。

3. 超高峰小时是指高峰小时段中的某一个时间内客流的不均衡性的聚集特征。例如：在早高峰时段的通勤客流集中的超高峰系数具有明显特征。在晚高峰时段，客流性质不同，一般以下班乘客和休闲性客流为主，随着人们文化生活的丰富，晚高峰会不断明显。一般来说，超高峰系数不宜大于1.4（在10min内集中了相当14min的客流量），这与车辆的超员系数1.4也是相适应的。

4. 全线客流的高峰小时时段，不一定是车站客流的高峰时段。作为车站设计客流要具体分析。在大型社会活动期间或节假日、双休日，对具有突发客流的特殊车站，应单独作特别预测和分析。突发性客流是非常影响车站的规模和接纳能力，但又是短暂的。所以在车站规模设计时，既不能影响客运能力，又不能盲目加大车站规模，这是设计工作中需要认真把握和研究的。根据诸多城市地铁的运营经验，在保证安全原则下，充分分析客流特征，关键是客流组织的合理，采用标准（参数）恰当，是运用客流预测值正确进行设计的基本思路。

（四）阐述OD客流预测内容。

1. OD客流包括站间OD和区域OD两个内容。站间OD是与各种运距等级的客流量相呼应的，是以车站为定点，表述与其他车站到发的客运量关系，包括换乘量的关系，同时反映出每一座车站在一条线中占据的地位，对设计者合理设计运行交路的微观分析具有重要指导意义。

2. 对于长大线路应按车站所在地区为群体区域，进行区域之间 OD 预测，分析区域内部客流和跨区客流的基本特征，分析线路长度和行车交路匹配的合理性。

（五）阐述换乘站客流预测内容。

在换乘站必须预测换乘客流。为了换乘站的换乘形式接近换乘客流特征，摸清换乘的主客流方向，设计便捷的换乘路线，在换乘站车站建筑设计开展之前，必须明确该换乘车站的构成的线路和车站数，一般是两个车站、三个车站或是支线接轨站。因此对换乘客流需要各个方位之间的往返方向进行预测，以指导换乘站车站建筑平面和竖向布置，合理设计换乘方式和换乘形式，以及换乘通道的数量和宽度。

（六）阐述出入口客流预测内容。

每个车站有多个出入口，一般有 4 个，最少 2 个，以跨马路或跨路口分散布置。若在建筑区内的车站，可能设置地面站厅，或与地面建筑结合。所以出入口的分向客流宜在初步设计车站站位稳定以后，再进行预测。当多个出入口分布设置时，必定有主有次，有早晚不同，有不平衡系数，所以要对不同高峰时段的出入流量进行预测，合理确定出入口规模。

（七）阐述客流特征分析内容。

客流预测是按三个设计年限进行主要数据预测，但是客流增长规律，是可以帮助检查可信度的一种重要手段，若远期客流增长趋于平稳，则可以用于设计规模依据，否则不能用。其次可以看到其中在新建一条线路投入运行时，可能在增长曲线上产生突变点，或增长速度发生变化，使增长曲线接近真实性。同时弥补了各设计年限间客流量的内插值，为经济分析提供的数据提高其合理性。

敏感性分析，是对客流预测基础数据的不确定性和波动性，对预测成果的各项数据影响的分析，对运营设计时的运能储备和适应性进行抗风险评价。对票价研究、国民经济评价、财务效益评价具有重要意义。

每一条线都有自已的客流特征，高峰时段最大断面的量级分析；高峰与平峰的级差分析，上下行客流不平衡性分析，全线客流不平衡性分析，线路末端客流分析；区域 OD 分析等，都是围绕指导运行组织做铺垫。

**第二十条** 阐述初期建设规模的规定。

一、为适应轨道交通是中长运距客流为主的定位和特征，一般市区线路平均运距大约是全线运营线路长度的 1/3 ~ 1/4，乘坐轨道交通的乘客一般不短于 3 ~ 4 站（约 4 ~ 5km），因此乘坐轨道交通的经济性运距的起步距离应在 4 ~ 5km。线路长、吸引力强，效益好。实际运营经验也证实了这一点。为此，初建线路长度必须有 15km，否则平均运距过短，同时也不符合快速轨道交通为中长距离乘客服务的性质，吸引客流差。

据统计，一般城市轨道交通线路长度在 30km 内线路，不同乘距的粗框比例大致是：5km 内乘距占 10%，5 ~ 10km 乘距占 40%，10 ~ 15km 乘距占 20%，15km 以上占 30%。由此可见，5 ~ 10km 乘距比例最大，因此线路初建长度不宜短于 15km 比较适当。

二、轨道交通地下工程建设是百年大计，一旦建成运营后，难以扩建改造。故初期建设宜按远期规模一次建成。但有条件的土建工程，在不影响正常运营条件下，可以缓建或分期建设。

三、初期车辆配置数量和编组的要求。

（一）初期车辆配置应满足初期客流需要，并适度控制初期总投资。

（二）同时必须满足较好的行车密度和服务水平，即不大于5min的发车间隔，与当地公交车发车间隔相当，有利吸引客流。

（三）必须稳定车辆编组长度，适应一个车辆大修周期，大致10年，所以初期列车长度与近期一致。当近期列车编组长度与远期列车长度接近（仅相差1辆），则初期列车长度可按远期长度一致，对初期购车数量会有所增加，但通过合理行车组织，尽可能控制初期购置车辆总量。

四、车辆基地是用地的大户，在规划阶段选址和确定范围十分困难，为了保护和控制用地范围，应按远期需要规模确定。为节省初期投资，提高使用效率，避免车辆段频繁改造和扩建工程，保持8~10年的稳定性，故初期建设规模宜按近期规模建设。

五、轨道交通的机电设备使用寿命一般都在10年以上，虽然不完全相同，但均能适应运营到近期或更长时间。由于当前机电设备的技术和产品发展较快，不断更新，必须考虑既有设备使用价值的充分发挥，又要适应新技术的配套发展和更新，故需要确定一个底线，初期设备功能和数量按近期需要配置。但是有的设备是定型产品，功率容量选配的适应性较差，但使用寿命较长（25年），相当于远期运营期，经过比较论证和经济核算，也可按远期一次配置。

**第二十一条** 对轨道交通工程项目实施内容分为：工程基本设施和运营装备系统两大部分。其中工程基本设施系统包括“线路运营总图”和“土建工程设施”两大块。

虽然轨道交通工程建设的周期长、投资高、涉及面广、系统复杂、综合性强，但仍然具有一定的规律，规划——设计——施工的建设过程的经验告诉我们，轨道交通工程项目内容，基本上可分成四大板块，并按如下流程进行研究与设计：

一、线路运营总图——是基础性最强的第一板块流程。确定线路、站位、客流规模、限界、运营功能、服务水平和管理模式，是为运营装备和土建工程设计的最基本基础。虽然不反映具体的工程量，但是他确定了建成什么样的轨道交通？建在哪里？如何运营？规模多大？是一项总体性的线路运营总图，是体现项目总设计师的总图设计思想，是整个项目的设计基础。

二、运营装备系统——是系统功能性决策的第二板块流程。根据运营功能和管理模式，提出整个系统的构成和配置各种设备要求，为车站及其他土建设施的总平面布置，建设规模的确定提供条件。

三、土建工程设施——是实践性最强的第三板块流程，重要的是工程的工法、规模和施工安全。

四、工程技术经济——是投入与产出综合性很强的第四板块流程，包括投资概算、资金筹措、工程筹划、经济评价等，控制建设和运营成本，对轨道交通建设和运营的投入和效益作总体分析评价。

## 第三章 总体布局与线路工程

**第二十二条** “轨道交通建设应重视网络化运营效益”，就是要在工程建设之前，做好线网总图规划、线网实施规划，这是对我国轨道交通建设40余年的经验总结。北京、上海、广州地铁建设经验证实，随着投入运营的线路增多，暴露出过去设计仅重视单一线路技术标准的研究，而对整个城市整体规划和轨道交通线网规划研究不足，缺乏轨道交通网络化建设的总体技术标准研究，使地铁部分工程技术标准和运营设施的配置欠合理。“国务院办公厅关于加强城市快速轨道交通建设管理的通知”国办发〔2003〕81号）（以下简称“81号文件”）中指出“城市交通发展直接影响到城市的布局和发展方向，应统筹规划、分步实施”。因此，各城市轨道交通建设必须遵守和落实，应按规定内容，做好线网总图规划和线网实施规划，在上述基础上，进行有关专题研究。

“81号文件”明确规定：“城轨交通项目的审批，要根据国务院批准的建设规划进行。拟建城市要根据批准的城轨交通规划开展项目前期工作”。因此，“线网实施规划”是“建设规划”编制工作的基础，又是项目前期工作的重要步骤。

“专题研究”的范围应包括城市轨道交通线网规划中所有不同时期的建设项目，主要研究以下问题：

一、可以实现线网内资源合理配置和充分利用，主要是节约资源和土地、设备系统的互通互联，检修和维修设备的共用等，为确定拟建项目的规模和主要技术标准奠定基础。

二、进行沿线土地开发的规划和控制，主要是车站和车辆基地，对其周边用地范围进行城市设计，落实建设用地控制，以利工程实施，减少拆迁，降低建设成本，保证工程建设如期进行。

三、做好线网范围的公交衔接，尤其是交通枢纽及停车加换乘（P+R）。

四、拉动车站附近土地升值，将其收益作为城市轨道交通建设储备基金，使轨道交通建设与运营进入良性循环。

**第二十三条** 阐述线路总体布局的规定。

一～二、指出线路总体布局应重点把握“功能定位、接驳换乘、客流效益”三大要点。功能定位就是线路性质、运量等级和速度目标；接驳换乘就是服务水平和方便性，构筑城市交通一体化；客流效益就是要符合以下三项基本条件：

（一）应有全日客流效益——就是要讲全日运营效益好。因此线路应选择在主客流通道，能分担城市公交客运较大比重，尤其是跨江客流，吸引能力大。线路应经过流动人口分布密集地区，使流动人口的客流正好填补了平峰时段客流，使高峰与平峰客流相差不大，才能实现全日效益好。

（二）为通勤客流服务——城市通勤客流往往是当地的主体客流，轨道交通应满足高峰小时密集型的大运量乘客服务要求，必须保证合理的发车密度，初期高峰时段不宜小于5min间隔。这样才能吸引大量乘客，发挥轨道交通大运量的骨干作用，分担道路交通客流，缓解城市道路交通压力。

（三）有大客流点的支持——一条线路中往往是仅有几个大客流车站，其乘降量占全线较大的比例，例如：某城市的一条线路20站中有3个大客流车站，其车站数量仅占全线15%，而其车站客流占全线的40%。这些车站所以有较强的客流，主要是设置在客流集结的商业区、大型交通枢纽、大型文化旅游聚集点。尤其是对外交通衔接点，可为客流接驳和延伸创造条件，对全线客流的支持是非常重要的。对于每一条线路的起、迄点车站往往是邻近城市市区边缘，或向郊外延伸，应考虑该车站与郊外客运系统具有良好的接驳换乘条件，使城市轨道交通充分发挥接驳作用。

三、对拟建线路起、迄点位置的设置限定要求，一方面考虑到建成运营后能吸引更多的客流和促进城市的经济发展，又可为合理组织运行交路提供条件。线路两端起、迄点不宜选在大断面客流处，说明大量乘客还未达到出行目的地，还要继续前进。如果定为终点，必然发生两种情况：

（一）起点站的上车客流过大，车厢满载过高，限制了下一个车站的上客量，不利于组织运行。

（二）如果下客量过大，必将延长清客停站时间，影响发车密度，降低运营能力，这是选线中的大忌。

如果线路终点客流断面小于最大断面的25%，为保证在一定的列车运营间隔和服务水平条件下，必然会降低线路两端的列车满载率和运营效益，不利行车组织交路的合理匹配。所以终点处的断面流量小于全线高峰小时单向最大断面流量1/4时，应另行研究选用不同运量级的轨道交通或其他城市公共交通系统进行接驳，以降低轨道交通工程投资和运营成本。

四、根据国际城市轨道交通建设经验和我国城市规划规模的分析，提出了拟建新线建设长度不宜大于35km的限制概念，与当前轨道交通35km/h旅行速度，1h运程的适应性基本相符。若特大城市或城市形态规模为带状分布，可根据实际情况适当增加建设长度，但应充分考虑车辆段（停车场）分布的合理性和运营的经济性。

五、线路长度和运行速度的规定都是遵循全程运行1h为目标。1h的全程运行（可认为最长交路运程），是避免司机驾驶疲劳，属劳动安全问题。对全封闭的线路，规定旅行速度不小于35km/h，是体现城市轨道交通的快速性能。

由上述规定与实际工程情况，当前车辆最高速度为80km/h时，旅行速度一般为35km/h，接近于车辆最高速度的45%。当平均站间距较大时，旅行速度可能达到40km/h，相当于车辆最高速度的50%。同时避免盲目追求车辆的最高速度。

六、穿越城市中心的超长型线路，将存在以下问题：

（一）客流不均匀问题比较突出。在市区中心地段总是客流大断面集中地段，市区外延线路客流断面将不断减小，可能造成两者客流断面不在一个运量等级上，甚至相差更大，贯通运行必然需要评价其运营的经济性。

（二）长大线路穿越的城市不同区域，每个区域之间的客流（OD）联系总是显示“近密、远疏”特征，采用大小交路运行的方式，可以保证中心区的运行密度，但线路两端的运行密度是否足以支撑对乘客的最低服务水平，应予认真研究贯通运行的合理性。

（三）贯通运行的合理性主要反映在满载率。首先确认合理的起、迄点，分析贯通还是分段运行，以达到较好的满载率和运营经济效益。其次评价合理的速度目标和适应的站间距。

七、为满足城市交通初期需求和发挥最大的工程投资效益，初期可将两条线路的部分路段组合成一条临时贯通交路运行，待客流进一步增长和建设条件成熟后，再拆分为两条各自独立的运营线路。这种做法是为满足在特定条件下的运营需要，应予谨慎处置。

若拆分后两条正线采用不同的车辆、轨道、信号和供电制式，必将产生较多废弃工程，增加工程投资。如实施拆分运营时，中断运营时段较长，将产生不良社会影响，干扰城市交通正常秩序。所以采用临时贯通运营方案，应尽量控制车站规模，辅助配线设计应结合近、远期运营需要综合研究，以避免和减少废弃工程。

若采用临时贯通运行交路设计方案时，应根据待建线路的工程地质、水文地质和地面环境等条件，选择合理的施工工法。先期建设的工程终点除满足上述施工工法作业空间外，还需考虑不应影响已开通运营地段的行车安全。

当两条正线垂直交叉，初期采用临时贯通运行设计方案时，往往是采用两条独立联络线相连；当两条正线平行交织时，并设置为同站台平行换乘的车站内，可以设置两条单渡线相连。以上联络线就是作为初期正线功能，一定要设双线。但在两线拆分后，应仍保留具有线网上的联络线功能，不致于废弃，同时也避免列入拆分项目，确保正常安全运营。

八、因为全封闭的轨道交通系统中，线路均设计为双轨分向独立运行，只有在有配线的车站，两轨可互相连通。对于两条正线在区间正是高速运行地段，必须要各行其道，绝对保证安全运行，避免敌对运行，故采用立体交叉方式是最安全的方式。

九、"支线长度不宜过长"，主要是考虑正线区间客流断面往往是控制全线的运能需求，若支线长度过长，其区间客流断面必然增大，共线运行段行车交路难以做到经济合理，此时则应另行研究支线采用其他轨道交通制式，或同制式不同编组列车的独立运行，并在接轨站换乘，以支持适应客流需求的支线经济运行模式。

"接轨点必须在车站"，主要考虑接轨点选择在区间将降低正线列车通过能力和不利于安全运营，同时也不利于非正常运营条件下的故障（事故）处理和设备维修。

"正线、支线进站方向宜设置为同站台两侧平行进路"，有以下作用：接轨车站对正线与支线应具备同时进站的接车能力；由于支线进站有独立进路，不存在站外停车问题，避免列车发生站外停车，而引发乘客的恐惧心理和不安全隐患。

对支线列车在站内停车时分具备适应性的调整条件，增加运营灵活性，为维持正线正点运行提供条件，利于列车安全运行。

十、"应分别满足两线列车行车密度的要求"是两条正线线路运行交路设置的基本条件，不仅需分别满足各自客流量控制断面对运能的需求，还要满足会合后的共线运行地段断面和运能的适应性，并有一定的运能贮备能力，以满足维持正常运营秩序和适应客流增长后对运能的需要。

**第二十四条** 阐述了线路敷设的规定。

一、近十余年地铁工程建设中对线路敷设方式一直存在不同意见，认为高架线路"会影响城市景观"、"影响线路两侧土地增值"和"对环境造成不良影响"。本建设标准制定时总结了各城市地铁建设经验，对线路敷设方式给出一般性原则，选择拟建线路时应参照执行。

（一）"城市中心区"因建筑物密集，道路交通拥挤，道路两侧管线复杂，为节省工程投资和工程实施时不过多影响城市正常生活秩序，线路宜选用地下线方式敷设。

"城市中心区外围"泛指城市新开发区，城市各类建筑和设施均按城市规划实施，道路较宽且交通流量相对城市中心区较少，当道路红线宽度大于60m时，采取相应减振降噪工程措施后，列车运行时产生的振动对道路两侧建筑物处产生的噪声低于《城市区域环境噪声标准》是可以接受的，故线路宜首选高架方式，不仅可节省初期投资，还可降低长年运营成本和能耗。

"有条件地段也可采用地面线"，但应谨慎。必须注意处理截断城市横向道路的可能性和处理方案。如果因轨道交通设为地面线，而使城市道路高架或下穿立交（包括匝道），则应从全工程总造价分析，确定轨道交通采用地面线的经济性。若采用道路高架交叉方式，还应做好防护措施，严防上方物体坠落，影响列车行驶安全。

（二）当选用高架方式时应控制好高架桥的造型和体量，桥梁造型是建筑景观，固然重要，还需注意以下方面：

高度：桥的体量在视觉上是随高度而变小，桥下净高宜与桥梁的宽度相当，避免桥下空间的压抑感；

跨度：桥跨宜为25~30m，使桥下空间的横向视线开阔和通透；

开阔度：从高架线路与城市建筑、道路交通环境相协调考虑，桥与两侧建筑物之间应有20m以上宽度的空间。从列车运行噪声衰减距离要求，桥与两侧建筑物之间应有30m以上宽度的空间。

高架桥地段设计应结合城市环境和景观进行设计，要为城市增加新的景观。

（三）与城市道路交叉的平交道口设置“列车优先通过”信号的规定是为确保轨道交通通过能力和行车安全。采用半封闭方式时，根据行车组织，确定该道口的列车行车密度，设置道口“列车优先通过”信号。但同时对该路口采取合理的交通组织措施，核实道口的城市车辆的通过能力，否则平交道口不能成立。

二、“线路长大陡坡地段”系指列车运行在连续上坡时，可能导致列车不能止常牵引运行而造成运行速度下降过低，或在故障条件下，发生列车停车再启动的困难。在该坡道下坡运行时，可能需要控制速度运行，以免制动力不足而失控，为此应检查列车下坡时应有充分的制动力，其电阻制动力与空气制动力之和应大于下滑力，此外还要考虑电机温升的安全。上述问题随车辆性能和环境条件的差异而不同，尤其应注意在高架线路或受气候条件影响，轮轨黏着条件有较大差异。虽然对于“线路长大陡坡地段”在城市轨道交通的有关规范和标准中没有确切定义和规定，对于选线设计人员难以定性判断，为此根据近年来的各城市有关人士的研究，初步提出表2作为一般条件下长大坡道的控制值，当线路设计参数大于表2规定时，需作安全验算。

“线路长大陡坡”应避免与平面小半径曲线重叠，主要是考虑尽量避免两种不利条件叠合而恶化线路运行条件。当列车进入圆曲线后，曲线外轨较内轨长，使车辆转向架内外侧的车轮踏面发生横向滑动和纵向滑动，导致黏着系数下降，甚至会出现动轮空转而降低列车运行速度。

**第二十五条** 阐述了车站分布的规定。

一、提出车站站位选择原则，既要与主要客流集散点和各种交通枢纽点靠近，有利换乘，又要有集散场地，有利乘客流动，疏散畅通安全。

二、对高架地段设计应特别注重环境保护和景观效果。中运量轨道交通的车站长度不宜超过100m，是与本建设标准第十五条“列车最大长度”的规定相对应的，其目的是尽量控制车站体量。

当车站站厅层设在道路红线以外地面时，应与城市规划部门协调，设置一定规模的站前广场，可为乘客提供方便和便于与城市公共交通接驳。同时使高架车站与广场融为一体，淡化车站建筑，减小车站体量感觉。

三、站间距控制数值系根据城市轨道交通客流吸引范围和满足一定的列车旅行速度要求综合确定的。根据国内外统计资料，地铁车站对客流的吸引范围约为500~750m的半径区域，乘客步行时间为10min左右，是比较适宜的。根据牵引计算，平均站间距为1.2~1.5km，列车最高运行速度为80km/h时，旅行速度可达35km/h。若列车为四动两拖配置，站间距为1.5km，旅行速度可达37~38km/h，考虑到理论计算与实际运行存在差异，应预留列车的运能贮备，实际列车旅行速度只可用到36km/h左右。若站间距过密，列车巡航（或惰行）时间非常短，列车的牵引性能得不到正常发挥，致使旅行速度下降，不仅需增加运行车数，乘客的出行时间也将延长。

"市区外围的车站间距宜为2km"是根据城市规划和客流源分布拟定的。相对而言，城市外围建筑群和人流较市中心区要少，城市公共交通设施配置较为完善和合理，能有效地协调好公交线路与地铁车站的客流集散，可为乘客提供方便的换乘接驳条件。

四、一般来说，铁路客运车站是对外客运枢纽，"有条件的地方，可预留联运条件"是指：相同的轨距和轨道结构；供电制式、信号系统相互兼容；票务制式、运营管理、行车调度应统一；需分别满足各自线路的运能需求。

**第二十六条** 阐述了钢轮钢轨系统的轨道工程的规定。

一、对钢轮钢轨系统，轨道是对车辆导向兼承载力的功能，所以轨道结构既要有强度，又要稳定、耐久和适当弹性，才能确保列车安全、快速、平稳运行。鉴于轨道交通夜间停运时间甚短，在有限时间内进行检查和维修，并且工作条件较差，因此轨道结构应有利于减少维修工作量，并努力向无维修化发展。

路基、隧道、桥梁具有工后沉降或徐变现象。其中路基沉降与路基高度、填土质量、地基地质条件密切相关，若处于软弱土层，土层沉降值一般较大，稳定时间较长。对轨道敷设的合理时间关系密切，也涉及整个工期进展。若工期较紧，应视工后沉降值决定轨道结构类型和设计方案，并采取相应措施。

若区间隧道因结构、地基、基础或荷载作用对结构产生较大的差异沉降时，宜通过地基处理、结构或施工措施，将结构的纵向沉降曲率和沉降差控制在整体道床结构允许变形范围内，以确保轨道结构强度和行车安全。

现浇预应力钢筋混凝土梁架设后的后期徐变拱度（或挠度），将对整体道床结构产生破坏性损伤。现行国家标准《地铁设计规范》GB 50157—2003 第9.4.8条规定："线路铺设后，徐变拱度（或挠度）不宜大于15mm。必要时，在轨道铺设时采用预挠或预拱的办法，以减少后期徐变拱度或挠度对线路平顺性的影响"。根据工程策划给定的架梁和铺轨时间间隔，按照梁跨大小、桥梁结构型式核算徐变上拱值，以严格控制铺轨后预应力混凝土的徐变上拱值。

二、城市轨道交通钢轮钢轨系统，直线标准轨道轨距为1435mm，是与国家铁路统一的标准。轨道结构及部件强度应适应列车运行，并具有以下技术特点：

（一）行车密度大，列车在轨道上年通过总质量多。

（二）轨道维修条件和作业时间受制约。

（三）线路位于城市建筑群中，对列车运行时产生的振动影响较为敏感，需采取减振降噪措施。

（四）根据客流分布特征，组织长、短交路运行作业，对折返站折返能力和列车安全防护要求较高。

（五）钢轨是地铁牵引直流用电回流电路，轨道结构应满足绝缘要求，以减少泄漏电流对隧道、桥梁结构及设备的腐蚀。

全线最高运行速度100km/h条件下，规定区间线路曲线最大超高为120mm，允许未被平衡横向加速度0.4m/s$^2$，符合车辆曲线通过速度和乘客舒适度的平衡。车站曲线超高为15mm是照顾列车进站的速度和乘客的舒适度。同时考虑列车在超高轨道上的倾斜度不大，保持车厢与站台面的高差，低侧不低于站台面，高侧不高于100mm。

三、提出在隧道内和高架桥上轨道、道岔铺设的原则与要求。

铺设无缝线路可增强隧道内和高架桥上轨道结构的稳定性，减少维修工作量，改善行车条件，减少振动和噪声。当工程地质较好，地面线采用碎石道床时，也应尽量铺设无缝线路。

基于多年运营证实，整体道床可确保轨道结构牢固、稳定、维修工作量少，可为列车安全运行提供良好条件。对于软土地基中的隧道，整体道床还具有增强隧道结构刚性，减少不均匀沉降的良好作用。

道岔是轨道的薄弱环节，是安全运行的关键设备。为增强道岔区轨道强度和确保轨道弹性一致，以保证行车平稳，故道岔应避开结构沉降缝或施工缝。

轨道结构设计应依据拟建工程“环境影响评价报告”中对线路所经地段其振动噪声超出《城市区域环境噪声标准》规定时，均应视其超标值分别采取相应有效的减振、降噪工程措施，以满足环境保护要求。

四、在高架桥跨越铁路，河流、重要路口和小半径曲线地段设置防脱护轨，主要是防止列车脱轨或倾翻，并避免事故扩大。防脱护轨是一种轮缘槽较小，能消除列车车轮因减载、悬浮而造成脱轨的设备。

五、车挡是消耗列车动能，迫使列车停住，以保障人身和车辆安全的轨道设备。目前国外有承受列车最大撞击速度35km/h的滑动车挡，但安装距离长达20余米，且造价较贵。国内近十余年来采用缓冲滑动车挡、液压式车挡和固定式车挡，安装距离短、结构简单，可承受列车最大撞击速度为15km/h。

15km/h的规定理由。列车进站按电制动运行，列车头部进站限速为55km/h，由电制动至10~12km/h时，自动转换为空气制动（各种车辆会有差异的）。假定此时空气制动系统故障失效，可能直冲车挡，由此确定车挡应承受列车最大撞击速度为15km/h。因车辆设置能量吸收保护装置，在15km/h的撞击下，对车辆不会造成严重损坏。

六、区间隧道内应在限界设计时，对隧道内空间综合分配，其中对乘客从列车上紧急疏散下来，必须留有步行的逃生通道，也是外来人员的救援通道。既然为逃生通道，原则按单人通过条件。通道可设在轨道中心（也可是中心水沟），或轨道旁的道床面，或设置轨旁人行平台。通道或平台宽度应具备一定宽度的空间，最小尺寸：一般取步行面宽度0.55~0.65m，符合人体基本模数。

若指定在轨道旁侧的道床面，或设置应急平台，作为人行的应急通道，应有不小于1.8m的净高。

**第二十七条** 阐述了路基工程的规定。

一、当路基建于道路红线内时，应以少占地为原则，其目的要控制路基高度，少放坡，尽量建筑挡墙。并注意机动车道路缘石及超载车辆车体外边缘与路基和挡墙的安全距离，并注意路基排水与道路排水设施的协调性。当线路穿越道路时，应与市政道路协调好交叉工程实施方案，并满足各自交通使用功能。

二、对路基和支挡结构有两点要求：首先是功能，满足设计建筑强度和稳定性，高度上满足防洪、防涝要求。二是建筑造型，在城市内作为一个建筑物，要讲究造型，简洁美观，与城市环境相协调。

三、路基与桥梁墩台间不均匀沉降较大，将危及轨道结构的稳定，形成较严重的安全隐患，因此路基和桥梁墩台不仅要控制其工后沉降量，更要严格控制这两类不同基础的建筑物之间的不均匀差异沉降，以策安全。

路基与桥台的分界点除应经技术经济比较确定外，还需考虑城市环境影响和桥下净空合理利用。在城市中为少占地面，保持城市空间的通透性，高架线路地段应尽量建桥，少作路基，为此应控制路基高度，同时考虑桥下空间具有一定高度，或有一定可利用性，按小汽车停放和人行通过的最小高度确定，一般取 1.8m 即可。根据近些年设计实践，考虑对桥跨模数和桥面坡度的耦合，稍留有一些弹性，定为 1.5～2.0m，具有一定指导性和可操作性。

**第二十八条** 阐述了轨道交通走廊的控制保护地带的规定。

一、轨道交通走廊的控制保护地界，是保障轨道交通建设用地和通车后运营安全的重要措施。为确保建成轨道交通线路结构安全，目前国内城市由市政府部门（或立法机构）颁布了保护轨道交通安全的管理办法（或法令），对沿线新建工程的审批作了严格的规定。2005 年建设部《城市轨道交通运营管理办法》（中华人民共和国建设部令第 140 号）已于 2005 年 8 月 1 日起施行。

二、对规划控制保护区的确定，首先要结合当地实际情况确定，以便于操作。但不能小于表 3 的数据，表中数据是根据运营经验总结提出的。

三、本条阐述了规划控制保护的目的，对拟建轨道交通工程，除应充分做好与城市规划协调外，必要时还要进行专题研究论证，采取工程保护措施，或做好未来预留措施，尚应研究轨道交通工程与相关市政工程接口实施方案，以确保轨道交通结构稳定和运营安全。

四、在以往工程实际中，往往是保护地界未得到控制，或是历史形成狭窄的道路，在工程实施时，现状建筑物在先，轨道交通工程施工在后，在现实面前，对于临近的建筑物应采取措施，如侵入规划红线，拆迁是最简单的手段，也符合城市规划要求。否则要采取保护措施，应予谨慎处置。

五、在规划线路地段，对规划控制保护地界提出了具体数据。

六、高架及地面线区间地段的征地范围，要按节约用地原则，按轨道交通工程建设后实际占用土地而定。根据各地实际操作经验，但往往还要根据现场情况，与当地有关部门协商确定。

**第二十九条** 按 A、B、C/D、L、单轨等五种车型，汇集了线路工程主要技术标准，并纳入表 5，可以看出各种车辆的适用条件，便于横向对比，简单明了，把握好基本标准。

## 第四章 车辆与限界

**第三十条** 车辆类型选择根据客流需求、运营模式、供电制式、车辆来源、运营环境等而定，主要是客流需求、车辆来源和运营模式。

客流需求：根据预测客流需求，对车辆的编组、定员和行车密度作适应性研究，选定合理的车辆类型。可参见第三十九条有关规定，列车编组、定员与运能应符合本建设标准附录二的规定。

车辆来源：坚持车辆的国产化原则，坚持车辆标准化要求，选用技术成熟先进、备品来源和维修能力可靠、性价比合理的车辆。国内主要车型有 A、B、C、D、L 及单轨车辆。各类车型主要技术规格详见表 6 规定。

运营模式、供电电压等级和授电制式、运营环境等基本条件，在线网规划时应予统筹考虑。

**第三十一条** 基于车辆维修资源共享的原则，有利于车辆基地的充分利用，有利于减少车辆备品的投资，因此同一城市车辆型式不宜过多。提高车辆国产化率，有利于民族工业的发展，减少从国外进口。从线网运营管理进行综合考虑，不宜采用多种制式，应尽量一致，或一种类型车辆宜形成一定数量级的规模。

**第三十二条** 我国 A、B 型车的车辆限界、设备限界和建筑限界已在国家现行标准《地铁限界标准》CJJ 96 和现行国家标准《地铁设计规范》GB 50157 中作出规定；跨座式单轨车限界和 $L_b$ 型车限界也正在编制，即将颁布实施。

**第三十三条** 本条对车辆最高运行速度和构造速度的关系作了规定——车辆构造速度应大于车辆设计最高速度 10% 或 10km/h 的要求，是符合实际情况的。进一步明确要求，在正常运行中，允许出现瞬间超速，车辆处于加速度运行状态，在接近最高速度时，由 ATP 信号控制限速时，可能会发生系统控制的延时，产生瞬间超速，为此规定其瞬间超速 5km/h 的限值，但应低于车辆构造速度，宜采取车辆设计最高速度和构造速度之中间值。从总体上提高旅行速度是可能的，并具有一定积极意义。在车辆订购时应予明确。

瞬间的时间一般是在 2 ~ 3s 以内，这与线路坡度、曲线半径、轮轨的黏着力、设备故障，车轮磨耗影响速度误差等因素有关，为慎重起见，需要具体计算，保证有一定的安全余地。这比较符合列车实际运行控制，有利于运行牵引计算与信号控制的一致性。

**第三十四条** 各类车辆的有驾驶室车体长度，一般要比无驾驶室车体长度长，但由于驾驶室头部的造型采取了适应曲线地段通过的削减断面处理，所以，不论有无驾驶室，其计算车辆长度相等。表 5 中的车长都是无驾驶室的车体长度，即在限界设计中采用的计算长度。重庆单轨车不符合上述原则，车辆计算长度既不是有驾驶室车长，也不是无驾驶室车长，这是特例。

对于车站站台地段的限界，是满足列车过站时的车辆限界。主要控制车辆限界与站台之间的安全间隙，与屏蔽门之间的安全间隙，并控制和避免列车停站时，车辆轮廓与站台、与屏蔽门的安全间隙过大，保证乘客乘降安全。

**第三十五条** 列车在区间运行途中发生突发事件而失去动力时，乘客的疏散必须在驾驶员引导下，根据车辆设置的逃生门形式，采用两种疏散方式：

一是乘客由司机室头部端门放下的斜梯直接到达轨道道床，实现紧急疏散，乘客可以轨道中心的道床面作为逃生通道。

二是利用侧门疏散方式逃生时，由于车厢地板面高出道床面约 1300mm，如果在矩形隧道内，只要有足够宽的空间，可以用备用梯子下车，也可设置旁侧应急平台。若在单线圆形隧道内，因道床面狭窄，必须在全线轨旁一侧设应急平台。应急平台宽度不小于 550mm，并不得侵入设备限界，平台高度作为乘客从车辆到道床面的中间过渡设施，因此应急平台不宜长距离行走，平台高度应有利于人员安全上下，并尽快进入轨道中心道床面的逃生通道。

上述逃生方式，因为车辆与隧道之间空间甚小，侧门疏散只能有单人通道条件。列车两端设有端门的疏散通道，乘客从车辆端门直接走到隧道内，可由轨道中心行走至车站。

**第三十六条** 车辆安全是第一位的，安全设施的主要内容是：

一、车辆内设置的车辆自身自动保护装置，以及司机与乘客联系设施。

二、为乘客备用的应急灭火和报警设施。

三、严格限定车辆材料和部件自身的阻燃性能，防止灾害的蔓延。

四、因为列车仅在两端的驾驶室设有紧急疏散的逃生门，故在隧道内运行的每一列车编组车辆之间应予贯通；如果在双线高架桥上，两线轨道之间设有T型平台，则列车一侧可开启每辆车厢的一扇车门，使乘客下到相邻轨道道床而撤离现场。故对于行驶在全线均为高架线的列车，车节间是否贯通，没有太严格的要求。

五、根据车辆动力故障三种工况，提出故障安全运行必备条件，对车辆提出应达到的自救能力，作为车辆制造、设计的安全验算依据。

六、明确规定车辆构造强度，必须保障在正常运行状态时，乘客达到超员条件时，车辆结构应有足够强度，确保运行安全。

**第三十七条** 对于车辆定员，涉及以下几个标准：

一、车辆的座席比例：座席是按车辆纵向排列布置，以目前国内使用车辆计算，座席比例为：A型车为18%，B型车为18.4%，D型车为（横排座）27.7%，$L_b$型车为13.2%，单轨车为21.8%（因每侧车门仅有两扇，故座位率偏高），基本上在15%～20%之间。

二、座席区的截面计算：座席宽（0.45m）+前区（0.25m）合计0.7m。

三、站席的密度：站席定员按6人/$m^2$计，站席拥挤度应小于6人/$m^2$。

四、超员：站席密度达9人/$m^2$，主要为车辆结构强度计算依据。

五、超员系数与车站最大超高峰系数（1.4）一致。

六、车门开启宽度1.3m符合双人上下车的宽度模数，车门数与定员的比例可参照A、B型车按1:（60～63）估计。

**第三十八条** 附录一“车内乘客站立人员密度评价标准”说明：车辆内乘客站立人员密度是舒适度标准，也是定员标准，以此评价满载率。在此以前，国内未见系统研究。本建设标准研究，经理论分析，并与日本和俄罗斯的标准对比，确定我国车内乘客站立人员密度评价标准宜符合附表2的规定。

**附表2 车内乘客站立人员密度评价标准**

| 站席密度（人/$m^2$） | 乘客拥挤情况 | 评价标准 | | |
|---|---|---|---|---|
| | | 中国 | 日本 | 俄罗斯 |
| 3以下 | 乘客可以自由流动，十分宽松 | 舒适 | 舒适 | 好 |
| 4 | 平均每位乘客占有0.5m×0.5m的空间，有较大宽松度，乘客可以看书报 | 良好 | 正常 | 好 |
| 5 | 平均每位乘客占有0.5m×0.4m的空间，有一定宽松度，部分乘客可以看书报 | 良好 | 正常 | 好 |
| 6（$AW_2$） | 平均每位乘客占有0.5m×0.33m的空间，感到不宽松、不拥挤，稍可活动，是舒适度的临界状态 | 临界状态（定员标准） | 中间状态 | 好 |
| 7 | 平均每位乘客占有0.47m×0.3m的空间，感到有些拥挤，站席范围有些突破 | 有些拥挤 | 可接受 | 一般 |
| 8 | 平均每位乘客占有0.42m×0.3m的空间，身体有接触，需错位排列，并突破站席范围，感到比较拥挤 | 比较拥挤 | 可接受 | 一般 |

续附表 2

| 站席密度（人/$m^2$） | 乘客拥挤情况 | 评价标准 | | |
|---|---|---|---|---|
| | | 中国 | 日本 | 俄罗斯 |
| 9（$AW_3$） | 平均每人占有的空间非常拥挤，需突破站席范围，挤入座区，此情况偶有可能出现（车辆制造强度必须满足） | 非常拥挤（超员标准） | 非常拥挤 | 不好 |
| 10 | 需突破站席范围，挤入座区，极为拥挤，难以忍受，影响上下车行为和总时间，属极端情况 | 难以忍受 | 极为拥挤 | 不好 |

注：表中乘客占有面积是立席区分配的计算面积。

**第三十九条** 附录二"列车编组、定员与运能参考表"，是按各种车辆定员、列车编组、行车密度计算的，可参照使用。

## 第五章 运营组织与管理

**第四十一条** 阐述轨道交通运营管理的主要内容，包括：列车运行组织与管理，安排全日列车运行计划，维护正常列车运行秩序，及时处理故障运行列车；车站服务与安全管理，为乘客服务，包括对老弱病残的照顾，维护客流秩序，保证乘客安全；提供乘客买票和进、出站方便，减小漏票概率，统计客流资料，维持进、出站客流秩序；对全线和车站运营设备使用和维修的管理。

**第四十二条** 列车运营组织与管理，是维护列车运行正常秩序和保证运营的安全性、经济性的基本规定。本条对行车规则（双线右侧行车），功能与目标（速度与运能），运行模式（正常与非正常），行车组织（独立、折返、支线）与配线要求，地面和高架线设置风速、气象监测设施、安全停运（暴风雨、雪、雾及沙尘暴气候）等方面作出规定。

**第四十三条** 阐述列车运行速度的规定。

一、车辆构造速度是指车辆制造时为保证车辆最高速度运行的结构强度，并留有一定的安全余量。因此车辆构造速度应比车辆设计最高运行速度大 10% 或 10km/h 的潜在能力。在实际运行中，使车辆速度发挥最佳效率，宜控制列车的实际最高运行速度与车辆设计最高速度接近。但对于配备超速防护设备（ATP）的车辆，由于各种不同性能的车辆测速精度各不相同，同时信号设备超速防护需有一定的反应时间，目前信号设计专业将车辆最高速度认为是不可突破的警戒线，因此，为避免信号控制的列车速度超过车辆最高速度（如 80km/h），而将信号设计的最大限制速度值按车辆最高速度降低 10% 或 8 ~ 10km/h 考虑，即当车辆最高速度定为 80km/h，那么信号设计最大限制速度值为 70 ~ 72km/h。降低了运营速度，存在不经济运营现象。

本条规定"允许瞬间超速 5km/h"。就是允许车辆最高速度瞬间超过 5km/h，即将信号设计的最高速度控制警戒线提高到 85km/h，即使按设计下降 10km/h 计，使信号最高限速可提高到 75km/h。但必须强调仅仅在车辆超速后，减速控制实施前的瞬间，为可能出现的超速现象留有余地，有利于提高信号设计对列车运行的最高运行速度限值。对于轨道、限界均可满足车辆瞬间速度的要求。

二、曲线限速应按曲线半径、轨道超高和允许未被平衡横向加速度的数值制约，这是舒适度的标准。当超高 $h=120\text{mm}$ 时，未被平衡横向加速度 $a=0.4\text{m/s}^2$ 时，$V=3.9\sqrt{R}$计。

道岔受侧向通过速度主要受导曲线半径（无超高）和未被平衡横向加速度 $a=0.5\text{m/s}^2$ 限制，即 $V=2.54\sqrt{R}$计，正线9号单开道岔的导曲线半径 $R=200\text{m}$ 时，$V=36\text{km/h}$，故规定限速35km/h。

三、列车进站速度为列车头部进入站台有效长度端部时的运行速度，并在规定制动条件下，保证列车在限定站台范围的位置停车。根据A、B型车，6辆车编组长度120～140m的计算和运行实际数据，进站速度控制在55km/h以内为宜。至于短编组列车，站台长度短，进站速度应有所降低，需另行计算。为便于车站限界设计，合理控制车辆与站台、屏蔽门的最小安全间隙，因此按列车进站速度计算。

四、在车辆段内的列车运行速度，主要受车场内道岔侧向限速控制，车场7号单开道岔（曲尖轨）的 $R=150\text{m}$ 时，$V=30\text{km/h}$，（直尖轨）$R=110\text{m}$ 时，$V=26\text{km/h}$。同时考虑车场咽喉区道岔布置密集，夹直线短，为维护安全运行，故规定限速25km/h。但列车进各种车库的限制速度还要另行规定。

五、运行中的载客列车发生动力故障而停运，根据救援模式规定，需要在正常运行中的后一列车清客后，向前推送故障列车。根据北京、上海、广州的地铁公司运营部门经验，为尽快将故障列车送至故障车待避线，既要适当提高速度，又要保证安全，提出推送速度不宜大于30km/h的共识。为此规定推送运行速度宜为25～30km/h。

**第四十四条** 阐述了车站配线的规定。

一、车站配线大致分为三类，功能要求不一。

第一类，是取决于本线在线网规划中的地位和与其他线路的关系，这些站点不取决于行车组织要求，而是线网规划要求而定。例如：车辆出入线的接轨站点，取决于车辆基地的位置、再选定出入线的接轨点和接轨形式。相邻正线的联络线的接轨站点，取决于线网规划，对联络线的功能定位。还有支线引入的接轨站点，都是在线网规划时确定。根据上述接轨线路性质，应比较容易确定接轨点的车站位置和配线要求。

第二类，是为满足运能需求，取决于列车运行组织。根据列车正常运行交路和大型突发客流时段的运行交路，而选定折返点及其站位，以及夜间列车存放线。

第三类，根据运营时间内故障情况下的运行模式，设置故障车待避线和渡线，为处理故障列车运行提供条件，以及夜间停运后的其他维修工程车辆的运行和折返要求。

以上三类的配线应根据功能需求，确定合理形式。当然，一个车站的配线往往是兼顾多种功能的需求。

二、中间折返站的选择，应适应各设计年限的客流特征，并考虑以下因素：

一条线路可能是分期实施，但车站配线应根据全线的列车运行组织、交路设计进行统筹布置，确定中间折返站点和折返线的布置形式。

根据线网建设时序，线路建设长度增加和客流增长的不同规律，在规定的设计年限中，对不同的运营线路，客流断面分布不同，因此要注意车站配线既满足各设计年限的设计运行交路要求，又具有良好的适应性和灵活性。

三、对于折返线的布置是根据运行交路而定，同时结合故障列车待避线进行布置是十分必要的。待避线的功能是提供运营时段内，故障列车暂时停留的配线，也可兼用临时折返和停放线的功能。一般在车站一端单独设置。使故障车及时下线，退出运营，维持正线正常运行。因此待避线布置的密度与运行方便性和灵活性密切相关。当然也涉及工程规模和造价，为此需在运营方便与工程造价之间寻找到中间的平衡点。根据当前的车辆和运营经验，结合车站施工方法，车站分布的站距大小不一的情况，拟定“每隔5~6座车站或8~10km设置故障列车待避线，其间每相隔2~3座车站（约3~5km）加设渡线”的要求。其中设渡线的车站相间于两座设待避线的车站之间，可以让未失去动力的故障列车随时折返回车辆段，作为避车线布置间距较大时的弥补作用。上述布局目的是为列车在正常运行中出现故障时，能及时引导故障列车离开正线，进入待避线，保障正线其他列车正常畅通运行，尽最大可能减少对正常运行的干扰。为了设置待避线，必将造成车站土建工程规模加大，增加投资，因此应适度控制其分布密度和数量。

根据多年运营实践，列车发生的故障中，车门故障率最高（约占30%以上），其次是车载信号故障，其余是车辆其他部分或线路故障。上述故障虽然不影响列车动力，但不同程度上会影响上、下客和停站时分，影响运行速度和高峰时段的客运能力。另一方面，故障率是随车辆和设备的质量提高而减少，因此故障列车待避线的使用频率不会很高，但不能没有。为此，从总体上看，采用待避线和渡线相间布设，适当加大待避线布设距离，其中加设渡线，使每隔2~3站设有配线，密度比较适当，使运行的灵活性和工程规模的经济性得到平衡和兼顾。同时预计在新建线路中会出现长大站间距的特殊性，为避免故障列车走行距离过长，限定适当的站间距必须设置配线作为补充性控制。

待避线的间隔距离宜按故障列车按25~30km/h的运行速度计，走行时间不大于20min为控制目标，故限制设有故障车待避线的车站间距约8~10km。预计一列故障车处理下线退出运行的总时间可控制在30min以内。在这一段时间内，对其他列车的运行状态需作动态调整，速度减缓，尽量减少停运时间，使对正常运营秩序的影响降低到最小程度。

四、故障列车待避线与折返线均为正常运营时段的服务功能，在高峰运行时段，为提高车辆周转率和满载率，根据全线客流断面，应予组织列车大、小交路的折返运行，因此折返线的功能必须保证；同时又难以避免车辆出现故障的可能性。如果折返线要提供列车折返，又要被故障列车暂时停车而占用，为此必须分出两条线分担不同功能，不宜兼用。所以故障列车待避线不宜与折返线共用，应予分开设置。

由于故障列车可能动力受损，需其他车辆推行进入待避线，故必须使待避线与正线贯通。具体设计时应注意配线的位置、配线形式、施工方法以及与车辆段（或停车场）的位置均有密切关系。

五、平行进路是安全运行的基本原则，两线列车进站时各行其道，互不干扰。随后按发车时序出站，进入共线运行。既保证运行安全，又能提高运行效率。由于设置平行进路可以避免载客列车发生站外停车现象，给予乘客良好的安全感。尤其是在隧道内，以免乘客心理不安或恐慌情绪。一般情况下采用一岛一侧站台的三线式布置，或双岛四线为基本图形。

车辆出入线运行列车是不载客运行，因此出入线接轨点宜设在站端，为保证正线列车运行准点和安全，避免对正线运行的列车产生干扰，并具备站外一度停车的条件，也可满足车辆暂停、转换信号的需要。如果在接入正线前，为大下坡地段，对停车安全条件不利，应设置安全线。

六、中间折返站的配线，以站后折返为主，因为这是从折返列车运行与正线列车运行干扰最小、安全性好的基本原理和经验，结合车站规模和土建工程造价经济性而推荐的。但存在一个最大的问题是停站清客时间。如果折返列车的下客量较大，在高峰小时的高密度运行的时段，折返列车的停站时分不能满足清客等技术作业时间，应敷设站内折返线，采用站前折返，并应配有相应站台（即按三线或四线式车站配线）。同时应该检查中间折返点选择的合理性，注意选择进站断面较小的车站，以保证清客时间较小，必要时应予调整折返站点位置。

七、远离车辆段的尽端站，其配线应具备日间和夜间的运行功能。日间具有折返线和故障车待避功能，但该待避线可不具贯通功能。夜间利用折返线和待避线作夜间末班车存车，为次日早发车创造条件，同时为满足夜间维修的工务车辆折返等功能需要，根据以上功能要求，综合研究确定配线形式和数量。

八、在靠近隧道洞口或临近江河岸边的地下车站，应设防淹门，目的是万一发生水淹时，可以采取紧急隔断措施。隧道洞口是地上线路和地下线路的分界点，将被分割为两段线路；一条跨越江河的线路，也可能被分割为两段线路。尽管是百年一遇甚至概率较小，但仍应考虑相应的非正常运营模式要求，组织临时路段折返运行，维护可运行地段发挥最大作用，减小影响地段长度。同时也要实事求是，根据工程实施条件和车站配线统筹规划，研究和确定车站配线形式。

**第四十五条** 阐述了运能设计的规定。

一、设计运能应满足远期高峰时段客流预测最大断面流量要求，这是一条原则要求。但尚应进一步分析当远期高峰小时、同方向、前三位的客流断面值中出现一个尖峰，其量级相差较大，可能大于一个量级。出现这种情况有几种可能：① 客流预测需重新核算；② 前一个车站上客量过于集中而过大，而下客量极少，应采取措施控制高峰小时进站客流量，或延长高峰时间。在实际工作中很少遇到上述情况（偶尔遇到过的，发现客流预测有问题）。如果出现这种情况，应从运行的经济性和合理性作进一步分析。经验表明，凡是尖峰值大于第二峰值 1 万人次/h 以上，均应强制削峰，即取第二峰值为设计客流。

首先应理解客流预测值是量级的概念，是一个定性、量化的数字。所谓“量级”是为运能设计定位，根据选用的车辆、编组长度、定员和发车密度而定；所谓“精度”对“量级”无多大影响，精度按 0.1 万人次/h 即可。例如：车站上、下车人数预测数据分析，对 6 辆 A 型车，单侧 30 车门，高峰时段运行 30 对/h 的时候，若按每车门上车数差 1 人，则为 900 人；差 2 人，为 1800 人。因此可以认为预测每小时客流值的误差 1000 ~ 2000 人是可以接受的。

客流预测是规划值，实际是在城市公交客运总量中的分担值，因此对客流的量级应以宏观性、控制性为目标，不是绝对值。而且高峰小时最大断面出现的概率较低：全线上、下行方向的所有区间中、在全天的某 1h 内、仅有一处。分担的比例也是可能动态调整的。

在实际设计中还发现有两种尴尬的现象。第一种情况是最大峰值与第二、第三峰值相差较大，甚至不在一个量级；第二种情况是最大峰值处于两个量级之间，而且靠近较低的量级。上述两种情况，应从概率和效益分析，首先评价以高峰小时最大断面流量作为控制运营规模是否合理，经过全线各区间满载率分析比较，可以考虑削峰设计。

二、条文阐述了线路设计运能的设计要素，同时提出线路上各种配线、接轨点是全线通过能力的控制点，因此对上述控制点的通过能力应与正线设计的行车密度相匹配，并留有 10% ~15% 的储备能力。例如：在实例计算中，B 型车 5 ~6 辆编组列车（100 ~120m），设计行车密度为 30 对/h，采用准移动闭塞信号，站后折返线的通过能力可达 33 ~34 对/h,储备系数为 10% ~13%。但供电、信号、车辆段等的设计及其储备系数，均应按 30 对/h 为基础进行设备选型，并验算相应的储备系数。各个专业不能按 33 ~34 对/h 为基础，再考虑储备系数的设计。

储备能力的概念是列车行车密度的（对/h）储备能力，设计 30 对/h，储备为 33 对/h，储备系数 1.10 或储备能力 10%。应注意设计运能的裕量与储备能力差别，裕量是设计运能与客流预测量的差值，实际是平均满载率的概念。

**第四十六条** 阐述了高峰时段列车发车密度的规定。

一、列车发车密度是评价乘客等车时间的一种服务水平标志，是对乘客吸引力的重要参数。根据上海地铁 1 号线 2000 年至 2003 年的行车间隔与客运量弹性关系分析，认为行车间隔不断减小，客流不断增加，但增长量变化在逐渐减小。在行车间隔 4min 左右，客运量弹性系数最大，行车间隔为 4min 以下时，对客运量变化率影响明显降低（参见《城市轨道交通研究》2006·6 期，“上海城市轨道交通近期线网建设的效果评价”），为提高轨道交通的效能和作用，必须提高初期对通勤客流的服务水平，确定行车密度为5min 间隔（12 对/h），对于乘客感觉的最长等车时间为4.5min，接近 4min 间隔。比平峰时段 6 ~10min 间隔的标准有所区别和提高。远期高峰小时的通过能力应与地铁和单轨设计规范相关规定保持一致。

二、在实际工作中，往往遇到线网中的各条线路客流预测的量级不一。如果采用相同行车密度，则需采用不同的列车编组长度；当采用相同列车编组长度，就有不同发车密度。应从线网运营效益出发，从车辆运营管理、车辆维修资源共享的全局观念出发，给予一定的弹性规定，既要维持高密度运行，又要控制运营成本，为此提出 20% 内的弹性幅度。即：采用相同车辆制式的若干条线路，经过论证，也可采用钢轮钢轨全封闭系统发车密度不应小于 24 对/h，单轨系统发车密度不应小于 20 对/h。

三、运营要讲效益，对于列车运行要讲满载率，满载率有三个相关概念和标准，即：载客定员、拥挤度和忍耐度。载客定员是车辆额定载客量，拥挤度是评价乘客乘车的舒适度，忍耐度是在拥挤情况下乘客承受的时间限度。根据车辆定员标准，站席密度为6 人/$m^2$，因此设计载客最大密度是 5 ~6 人/$m^2$，但即使是允许拥挤度的状况下还是有忍耐时间的，所以增加了忍耐度的标准，即，站席乘客密度在 5 ~6 人/$m^2$ 的区间不宜大于全线区间数量的 20%（或全线长度的 20%）。若全线运行 1h，则列车站席最大拥挤度（5 ~6 人/$m^2$）的区间最长运行时间应为 12min。可以作为拥挤度的忍耐度标准。

四、在部分封闭型的线路上，因与道路平面交叉地段设置平交道口，设计行车密度受道路交通穿割，行车密度必然降低，为保证一定行车密度和行车安全，权衡之下，提出不应小于 10 对/h，一般运行时段不应小于 6 对/h。由此可见，在平交路口的地面交通量也将受到限制，交通量过大时，不宜设平交道口，或限制道路交通通行量。

**第四十七条** 阐述了车站服务与安全管理的规定。

一～二、阐述车站管理是为乘客服务，并提高服务水平。其任务：一是引导服务——采用导向标志和信息系统告知；二是维持客流秩序——合理疏解、保障进出车站的客流通道安全流畅；三是为乘客提供帮助——提供乘客问讯及帮助残疾人乘降车；四是及时发现和处理事故，及时报警，正确疏导客流，保障车站及乘客安全。

三、近年来，多处地铁车站发生外人由车站进入区间的事件。为此强调在正常运营时间内，应严加管理，任何人不得进入轨道区，以防意外事故。同样，内部管理人员或维修人员，均不得在正常运营时间内进入区间。

四、专业化与社会化相结合的管理方式。已在某些城市地铁公司不同程度作了试探，积累了一些经验，对于提高服务水平、降低管理成本是十分有益的，应予积极推广、不断探索。

**第四十八条** 阐述了票务管理的规定。

一、选择自动售检票管理模式，可实现票务系统的清算对账、线路的收益管理、数据审核等功能。根据当前国内外票务管理先进模式，有利于对不同时段的客流数量，不同乘距进行自动统计，最终对票务收入自动清算。普遍采用全封闭式、半封闭式、计程、计时、IC卡、自动售检票系统，技术和设备基本成熟，因此推荐为我国轨道交通建设中票务管理的基本模式。但根据各城市具体情况，也可采用人工售检票作为过渡性模式。

二、计程、计时、全封闭式、半封闭式的票务管理模式是当前通用的收费模式，当轨道交通远景线网是一个比较庞大规模的网络，为快速处理客流信息，应考虑兼容系统的发展，预留区域收费和开放式管理模式等票务管理模式。

三、非接触IC卡具有储存信息量大、防伪和保密性好、使用寿命长等优点。IC卡车票应符合ISO 14443标准，具备与城市公共交通实现“一卡通”的条件。并提出与城市公交的收费系统一致，提供乘客方便，实现一卡通，为此需设置清分系统接口。

四、从轨道交通线网层面考虑，自动售检票系统由线网清分中心、线路中央计算机、车站计算机、车站终端设备、车票组成。编码/分拣机具有对IC卡车票的初始化、赋值、分拣、校验、注销等功能，系全线或线网IC卡车票处理设备。

五、在确定车站内的进出站检票机数量和布置时，应考虑进站客流相对比较均匀的特点，进站检票机数量按近期进站设计客流（高峰客流乘以超高峰系数）计算；因此进站检票机数量应既能满足高峰时段进站客流的通过能力，又有控制进站客流的作用。

出站检票机数量的确定应考虑出站为集中客流的特点及行车密度因素，为避免乘客在付费区较多滞留，因此出站检票机数量要有足够的疏散能力，应保证在下一次列车到达前疏散完滞留的乘客，并应留有适当储备能力。

对不同时段潮汐客流现象明显的车站，应设置标准通道双向检票机。既可随时适应不同客流流量和流向，合理调节检票机使用效率，也有利于减少检票机布置占用面积。双向检票机可根据潮汐客流方向，在不同时段分别设定为进、出检票机。设计应预留适应远期客流车站终端设备安装位置及安装条件。

六、在车站发生紧急情况时，车站计算机可向车站设备下达紧急模式命令，或通过设于IBP盘AFC系统的紧急按钮控制车站进、出检票机，保证其完成最后一次交易和检票通道处于常开状态。

**第四十九条** 从运营功能和保障安全出发，对于轨道交通设施和设备配置的原则、管理和维修模式提出了基本规定，为车站、控制中心的建设规模，管理体系框架提出提示。通过车站FAS、BAS维修管理工作站，记录主要被监控设备的运行状态，统计设备累计运行时间、故障报警信息进行历史记录及故障查询和分析。上述设备应具有监控系统自诊断功能，监视系统中各模块、UPS、网络运行网络负荷情况，并进行故障报警。由通信传输系统提供逻辑独立的虚拟通道组建全线维修系统，在车辆基地设置维修管理工作站和数据库服务器，实时监控各站点监控设备的运行情况，实现远程维修功能。

## 第六章　车站建筑与结构工程

**第五十条**　阐述车站型式和布局的功能需求的原则。

**第五十一条**　本条要求各城市全线网车站站名应统一管理、统一确定，其目的是为了避免因各条线独自确定站名，可能造成站名与所在地区或附近路名不相符，尤其是两线或三线交会的换乘站，站名应统一为一个站名，否则给乘客造成不便。当后续线路建成后，才发现需要调整站名，导致凡涉及站名的行车指挥系统、车站的导向系统、标识系统的改造，不仅浪费工程投资，还可能给乘客带来因改变习惯而误乘的麻烦。

**第五十二条**　轨道交通车站的客流吸引范围一般在500m左右，因此要求在地面距离车站500m范围内能看到车站导向标志。本条规定车站外200m范围应设置导向标志是基本满足乘客可视度的最低要求距离。各地可根据具体情况，结合城市道路、地形与车站出入口相对位置，合理安排导向标志，包括设置夜间照明。标志需统一，有一定体量大小，但要安装坚固、安全，远距离能看见。车站内导向标志具有紧急疏散引导作用，需合理安排，良好通视，互不遮挡；广告应作为车站装饰的组合部分，包括灯光的应用。与车站照明综合考虑，以节约电能。

**第五十三条**　本条阐述了车站站台的规定。

一、在一条线上的车站站台形式宜一致，或分段保持一定的连续性。其目的是保持车辆一侧开门的规律，避免车内乘客对开门方向变化的不适应而造成意外事故。

二、说明站台宽度应满足乘降区、楼梯、自动扶梯和结构立柱的总宽度，也体现了站台宽度的多重功能要求。

三、车厢地板面原则上应略高于站台面，使乘客养成向前、向上跨一步的习惯，从车辆与站台之间的间隙跨过去，是一种必要的安全意识。车辆在新车状态下的车厢地板面高度比站台高50～100mm，是根据车辆车轮与钢轨的日久磨耗、车体下垂、弹簧变形等最大值接近50mm为控制的最小值而定，最大高度参照一般楼梯高度（150mm）的1/2～2/3，确定的最大值75～100mm。在实际选用中，采用50～80mm为多，对于乘客上、下车不会费劲。若车辆车门是采用外挂塞拉门，在推拉门过程中，车门会有一定下垂，尚需特别计算，一般取其高差100mm为宜。上述数据包括施工误差在内，不宜突破，作为乘客上下车安全而确定的一个范围。

在曲线站台范围，由于规定车站曲线轨道设置超高15mm，势必造成车辆地板倾斜，因而与站台间发生高差变化。在岛式站台两侧，应验算车厢倾斜时产生高差附加值（两条钢轨按±1/2超高设置方法时，A型车车厢两侧产生高差附加值为±15mm）。如果选用高差为70mm，总高差低侧为55mm（大于50mm），高侧为85mm（不大于100mm）。再考虑施工误差和其他因素，可以控制在50～100mm以内。

上述车站站台高度的标准确定后，无论是直线或曲线站台，均应保持全线统一，保证岛式站台两侧与车辆地板面高差：最小高差，不高于车辆地板面，最大高差不大于100mm。

四、站台边缘与静止车辆之间的安全间隙宜为80～100mm，是根据目前车辆限界略加安全间隙确定的。据各城市地铁公司反映，采用100mm缝隙偏大，可以减小到80mm。由于站台施工误差控制不当，多数车站站台与车辆的缝隙大于100mm，为此采用粘贴胶皮予以弥补，实现 80mm 的间隙。

在曲线站台边缘与车辆车门处的最大间隙，目前国际上规定的最大值是 200mm（日本），我国规定不得大于 180mm。主要根据乘客上车时的安全性考虑，180mm 缝隙的宽度，可能使上车时一般乘客的脚后跟还踏在站台上。

五、站台边缘的安全防护设施有多种形式，安全警示线、栏杆、半高屏蔽门等任何一种都是可以的。如果是作为节能设施的屏蔽门，可预留缓建；如果被选为站台安全防护设施，不存在预留概念，必须初期安装。

六、25mm 是屏蔽门（包括附带设施）与车辆限界的安全距离，但未包括门的动态变形和安装施工误差，实际安装距离尚需按上述因素具体计算确定。

七、车站站台有效长度应满足全列车长度的停靠，并包括停车误差距离。可满足乘客上、下车的基本功能要求。即使设置屏蔽门时，站台有效长度不变，因为驾驶员上下站台的位置仍要保留，仅仅是屏蔽门内的站台计算长度变化。

**第五十四条** 关于车站站台乘降区最小宽度的规定，考虑到全国轨道交通运量级参差不齐，为照顾到全国的覆盖面，合理控制规模，对现行国家标准《地铁设计规范》GB 50157—2003 的相关规定作了适当补充。

乘降区最小宽度是根据计算值得到的宽度的最低限值。乘降区宽度内侧为立柱或楼扶梯侧面时，相当岛式站台的两侧乘降区，规定其最小宽度 2.5m，这是局部最小宽度，同时满足站台下排热风道和站台层上部管线安排，其空间宽度比较适当。

当乘降区宽度范围内侧连续为墙面时，没设置电扶梯或步行楼梯，也没有立柱时，相当侧式站台一侧的乘降区，其最小宽度要比岛式站台的两侧乘降区宽，主要为下车乘客留出一条约 1m 的走行通道，故规定最小宽度定位 3.5m。但是在上述范围内，设有电扶梯或步行楼梯时，或设有立柱时，上述建筑物的局部范围内距离站台边缘不应小于 2.5m。

在车站客流较小的车站，例如中运量系统的高架车站，或接近线路起迄点两端的车站，往往出现乘降区计算宽度较小，当计算宽度为 1.5m 以下时，在满足乘降功能前提下，既要节约工程规模，控制车站体量，又要保证乘客候车时的安全，提出设置半高屏蔽门或其他安全防护措施是必要的，设置半高屏蔽门后，乘降区有效宽度可以保证在 1.5m，即乘降区站台宽度按 2.0m 设置。同时也是满足站台上部、下部空间管线布设的最小要求的宽度。因此半高屏蔽门内最小宽度 1.5m 宜作为控制条件。如日本的地铁车站安装半高屏蔽门后的最小宽度就是 1.5m，可以容纳 3 人并行通过。

站台两端 10m 范围内，当计算宽度小于 2m 时，可减小到 2m，但需设置局部安全防护设施。这样做可能使站台层设备用房适当伸入站台，但控制在 10m 以内。这影响站台范围相当半节车长度和两个车门的乘客上下车，但有利减小车站长度规模。若在站台端 10m 范围内设置楼梯和自动扶梯时，将乘降区 2.5m 减小至 2m，可以加宽楼梯宽度，提高进出站通过能力。在功能上置换和补偿是值得的。

对于中间折返站应考虑到因折返列车而造成的一次列车的下客中需要继续前进的换乘客流和两次列车的上车客流的滞留，在站台上候车的面积需要扩大。换乘站的乘降区宽度计算应考虑另一条线进入本车站的一次换乘客流（在客流预测中车站上车客流已包括一次列车的换乘客流）外，还应考虑可能发生两次列车换乘一次列车的换乘客流量。

当近期客流大于远期客流，有三种情况：一是车站客流近期大于远期，但近远期列车长度相同；二是车站客流近期小于远期，但近期列车长度短于远期；三是车站客流近期大于远期，近期列车长度短于远期。

上述情况应作区别对待。当近期车站乘降客流大于远期时，一般来讲不会是长远现象，是线网建设时序上的问题，如果线网建设时序合理，这种现象很少出现。因此处理原则是尽量按远期需求设计，不宜加大车站建设规模。建议采用以下两种处理方法：一是按近期客流规模计算时，对站台乘客密度标准适当调整，因近期计算年是第10年，近期可按2.5～3.0人/$m^2$计算，远期按2.0人/$m^2$计算，两者中取较大数值。两种标准都是合理范围内；二是调整（增加）近期行车密度，使远期站台乘降区宽度满足近期需要的宽度。如果近期是短编组列车，采用上述处理方法外，还应考虑提前改编短列车为远期的列车长度。这在行车设计时应做多方案比较确定。

**第五十五条** 阐述了车站布局的规定。

一、强调车站布局和规模的基本功能和控制因素（车站型式、客流大小、票制与管理方式）。车站站型包括空间位置是在地上或地下，包括高程和施工方法，往往取决于线路敷设条件；客流大小是根据站台形式决定站台宽度，还影响选择出入口的位置和数量；票制和管理方式确定了站厅与站台布置和面积大小，尤其对进出站乘客的票务管理方式，是采用封闭式（分为付费区和非付费区），还是开放式；垂直电梯设在付费区，还是非付费区，都会影响车站布局和规模。

二、阐述车站位置和规模，先决条件是线路敷设方式，建设目标是要控制车站体量和深度、高度，有利于乘客出入车站，有利于安全疏散。

三、阐述换乘车站的建设，首先要做好规划设计，一是解决换乘站功能性的核心要素——换乘方式、换乘距离和换乘时间，一般要求换乘距离计算是从站台到站台（任意一点），换乘时间控制在5min内比较合理，步行速度按50m/min，距离为250m。这项标准基本能做到。

四、解决两个换乘站的建设时序和后期预留工程接口，原则上是换乘节点同步规划、同步设计，有条件时争取同步施工，否则应做好预留工程，充分考虑后期施工时对已建线路运营的安全。

五、条文中下车乘客至就近通道式楼梯口的最大距离不得超过50m规定的基本理由：一是让到达列车的乘客下车后，尽快离开站台乘降区，在时间上错开，以便使进、出站客流分开，同时让进站乘客顺利进入乘降区，并有足够的候车面积，基本避免受下车客流干扰。二是下车乘客离开乘降区的时间和距离，根据乘客的不同性别、年龄、职业和体质情况，在车站下车时的步行速度，大约在3～5km/h之间，相差甚大，正因如此，拉开了疏散距离，有利于加快疏散时间。因此按最慢速度（3km/h＝50m/min）、限时1min为目标，确定最大步行距离50m的要求。三是限时疏散1min的理由，同时包含了另一个1min的意义——下一次列车到达前1min乘降区范围内清空下车乘客。这是根据当前设计远期列车行车密度30对/h，即车站发车间隔2min，停站时分为30s的基础上分析，前列车启动离站至后列车到达停车，真正的有效间隔是90s，而下车乘客完全离开乘降区的时间1min，是包括停站时间30s，应理解为列车启动后，还有30s时间。由此可见，在下一次列车到达之前的1min，下车乘客已经撤离站台乘降区（在楼梯口还可能有少量聚集，但不是乘降区），完全可以保证满足上车乘客使用规定的乘降区面积。这与站台乘降区宽度计算原则相符——只要计算上车乘客候车面积即可。

六、阐述车站设备及管理用房区布置原则，车站设备是全线所有机电系统的汇集和综合，因此各系统的管线进入车站，各系统之间的联系接口都在车站，因此车站布置应从工艺和接口联系，使管线最短，交叉干扰最少为原则，合理布置车站。对于高架车站，还要考虑减小车站体量，设备用房尽量移出车站主体结构，有条件可与邻近建筑物合建。

七、地下车站站台与站厅公共区应划分防烟、防火分区是根据地铁车站实际情况，可能进行分割的条件提出的，并根据上述条件设置通风排烟设备。

八、根据城市消防建设标准，消防站的布设，按5min的时间距离规划设置，因此当消防指挥部接到报警电话，直至第一辆消防车到达事故现场，预计要6min，就是说车站发生灾害时，首先要依靠自身的防灾能力，及时消灾和自救是基本原则。外援力量需要在6min以后才能到达。6min是目标时间，是指所有站台上的乘客和工作人员，从站台上向外撤离完毕的时间。当灾害发生时，总是由车站值班员→运营总调→市消防（或应急救援）中心，逐级报告。可以说第一现场的发现者，首先是在车站，并得到第一信息，在市消防中心接到报警之前，车站已经开始自救，组织乘客紧急疏散，撤离站台和车站。因此何时开始计时，难以明确，车站设计的疏散能力只要具备6min的疏散能力即可，这就是目标时间的概念。在现行国家标准《地铁设计规范》GB 50157—2003的紧急疏散计算公式中，实际上按5min时间计算是偏于安全的。

如果列车在区间停车，属于较大的事故和灾害，被迫采用紧急疏散乘客，情况比较复杂，需要疏散时间长，除乘客自救外，还需外来救援。列车上乘客多少，距离车站多远，不定因素较多，无法限定时间，不属于6min的时间规定范畴。

关于疏散列车乘客数量计算：规定按“一列进站列车所载的乘客”，就是按远期高峰时段的进站客流断面流量计（即客流预测，远期高峰小时区间断面流量），不是“满载列车乘客”，因为高峰时间内一条线路上各个区间断面的客流满载率是不一样的，市中心地段线路满载率高，两端线路满载率较低。所以不能按“满载列车乘客”计算。值得注意的是，紧急疏散时，站内工作人员应组织乘客疏散，并接应和引导消防救援人员，不能撤退。

九、客流流线组织就是对乘客进站——出入口——（售票）——检票口——楼梯口——站台——上车的走行路线策划（出站相反），对上述设备设置在对进、出站的走行路线上的通道应顺捷流畅。在上述设备前有乘客停留作业的地方，应有缓冲距离和迂回的空间，尽量减少交叉冲突。缓冲距离要求，在以下条文叙述。

十、目前国内所有城市轨道交通，几乎都采用全封闭式自动售检票方式，将车站站厅分设付费区和非付费区，由于非付费区的客流方向多而发散，交叉汇集空间要求较大，付费区内客流方向单一，仅起通道作用。所以要求非付费区面积应大于付费区。这是对站厅公共区面积合理分配的基本原则。

十一、出入口的站厅区域是来自出入口和检票机之间客流集中的流动地方，是客流流动多方向，彼此交叉干扰最大的区域，也是在车站发生事故灾害时，指挥和组织乘客逃生的重要缓冲地区，因此必须有较大的回转空间。关于16~20m的纵向空间。根据客流流线的合理组织，综合考虑售票机、检票机等设备的布置条件，从目前地铁车站运营经验判断，宜保持16~20m的纵向空间比较合理，在一般车站大概可保持有300~400$m^2$空间区域。即可容纳300~800人的区域流动面积（按1~2人/$m^2$计），具体距离可视车站客流大小，在16~20m之间酌定。

十二、关于售票机前2m的排队空间，车站进出站的客流是一股宽带客流，进站客流略显平缓而均匀，售票机是为进站客流服务，理论上应设在进站流线上，但不能阻挡不买票的乘客通行，因此要把售票机前 2m 的排队长度一起考虑，2m 是最小距离。上述要求可能会受车站内实际空间制约，同时买票的乘客比例多大，要做具体分析。

关于出站检票机内 4 ~ 5m 的滞留聚集空间。出站检票机是接纳和放行出站乘客的闸口，出站客流特点是比较快速而集中，出站检票机数量不可能大量安装，只要满足在下一次列车到达前疏散完略留有裕量就可以了。因此，肯定在出站检票机内侧会有积聚，一般应留有 4 ~ 5m 的滞留聚集空间，可以起到缓冲作用。

十三、无障碍服务设施包括为盲人、乘轮椅车的乘客服务的设施。垂直电梯应具有内外兼顾的作用。内部为工作人员和设备运输服务，外部为老、弱、病、残、孕、幼乘客服务。

**第五十六条** 阐述了车站出入口与风亭设置的规定。

一、当站点选定后，往往是出入口的合理位置决定了车站位置。所以出入口与车站位置是互动的，因此“没有出入口就没有车站”，这是车站设计的基本理念。从地面条件看，出入口对周边环境、人流方向的反映更为直观和现实。对于出入口的建筑处理难度较大，因此提出尽量分散、多向布设，或与人行地道（或天桥）结合，在有条件的地方宜延伸至公共建筑之中。

二、城市轨道交通是城市公共交通的重要组成部分，要发挥公共交通的整体效益，在城市内部，就是要提供相互换乘、接驳的便利条件；在城市边缘，应有客流集散或停车的场地。因此车站建设时，应同时考虑好出入口与其他交通的停车、换乘（P + R）的场地。

三、车站出入口数量不得少于 2 个，而且设置在不同侧，以防不测，起到安全互备作用，这是基本原则。若单层地下车站的侧式站台，对于每个站台一侧设一个出入口，就不符合上述原则，因此每侧需要设置 2 个。但当车站站台较短（60 ~ 80m），客流较小，每侧设置 2 个出入口是不经济的，也是不合理的。所以这种单层地下侧式站台的车站型式值得进一步探讨和改进。

远期高峰小时紧急疏散客流量根据站台上的候车人数、高峰小时断面客流量和工作人员总数计算确定。本条要求设在站厅的出入口总疏散能力应大于远期高峰小时紧急疏散客流量的 1.3 倍，在总体疏散能力上应留有余量，是应对各种不可预见因素，提高防范风险能力。例如，各出入口疏散客流不均衡性；到紧急疏散时，其中某一个出入口自动扶梯出现故障或正在维修中；或需要封闭一个出入口作为他用，还有其他不可预见因素。

四、车站内若发生火灾，只有电器设备有冒烟和起火的可能，因此在车站设备区“单独设置一个直达地面的消防、救援专用入口”，是为消防人员加快速度，顺利进入车站设备区，及时救火灭灾。使乘客从车站出入口向外跑，救灾人员向里跑，对于客流大的大型地下车站，上述两种人流可能同时出现，为此形成两条路线，不同通道，互不干扰的理想条件是必要的，但通道的地面口部需要加强管理。

对于一般客流较小的车站，当消防救援人员在 6min 到达时候，车站站台上乘客已经疏散完毕，站厅和出入口客流在车站工作人员控制下，基本已经清空，至少可留出一个靠近设备区的出入口，作为消防救援人员的入口，总要比专门设置的 1.2m 的通道舒畅多了。为此在一般车站，经过分析论证，可利用靠近主要设备区的直达地面的独立出入口合并兼用，同时降低了工程投资。

对于专用出入口，包括指定为救灾时的专用出入口的位置应靠近城市道路，是为消防人员和车辆容易找到位置，并有一定的场地。

五、地下车站与商场共建时，宜分层、分隔设置。这是考虑到车站客流与商场客流是两种不同性质的客流。客流组织时应能互通，又能分开。当发生火灾时，应考虑车站与商场能将其隔断，互不影响，便于救灾和逃生，避免灾害扩大。

地铁车站必须有自己的独立通道直达地面，不少于2个，其口部应安全防塌，符合自救原则。若商场发生火灾时，地铁车站与其隔断，不分担疏散任务，由商场自身设置独立的防灾救灾系统和逃生通道。

六、对换乘车站的出入口和风亭的设计要求。出入口应集中规划，以节约用地，不能两个车站各做各的出入口。例如：一般情况下，十字型或双十字型换乘站，限设4个口，T字型或双T字型换乘站，限设6个出入口。

风亭设置宜在道路红线外，不影响道路断面合理使用。由于风亭体量较大，本身对环境选择要求较高，但在城市建筑区中，又难以独树一帜，因此宜与周边环境相协调或合建，重视造型、景观和环保的要求。

七、在出入口、风亭的地面开口部做好防涝、防洪设计，防止地面出入口、风亭进、排风气流短路，提出平面位置和高程的设计要求。

八、当车站事故的烟雾进入通道时，若地下通道的连续（封闭）长度大于100m，依靠自然排风有困难，为保障人员疏散安全，需借助机械排风、排烟能力，以满足紧急疏散要求。

九、提出对严寒地区，出入口从安全考虑，楼梯和通道的地面应增加防冻、防滑的安全措施。

**第五十七条** 阐述了车站建筑与装修的规定。

一、明确车站建筑服从交通功能为主的原则。尤其是地下车站空间有限，应提倡简洁、明快、舒适、健康的建设理念。

二、车站是公共性的交通建筑，建筑装修应提倡实用、安全、耐久的原则，同时从安全、卫生出发选择材料。

三、建筑装饰材料和构件应采用标准化、工厂化、施工装配化，有利保障工程质量，降低工程造价。对设计建筑结构的模块化提出了新的要求。

**第五十八条** 阐述了结构工程的规定。

一、轨道交通工程是百年大计，安全等级要求高，所以主体结构安全等级应为一级。但车站内部的站台板、楼梯等与主体结构相连的构件以及设有重要机电设备的外挂结构，凡在维修或更换时会影响正常运营的结构构件，其设计使用年限也应采用100年。

二、凡是桥、隧、路基的型式都是取决于线路敷设方式，然而结构形式是根据工程地质、水文地质及周围环境条件，选择合理的施工方法而定。

三、水下隧道的覆盖层厚度除应满足水利及航运部门对规划航道要求和船舶锚击深度要求外，在采用盾构法隧道时，为保证施工的安全，覆盖层厚度一般不应小于隧道直径的一倍，同时应满足河床最不利冲刷时结构的抗浮稳定性要求。

对于隧道下穿一般较小的河流、湖泊等水域，应区别其通航等级，并与当地水利部门协商，根据隧道结构和深度，确定隧道两端的岸边是否设置防淹门。

四、提出了结构设计的原则要求。

五、对高架桥造型、梁式、跨径、墩台和基础型式的选择作原则要求。

六、高架桥下净空要求和规定，从净空限界富余量，排洪、通航等有关规定综合分析确定。其中，桥下净空除应满足相关设施的限界要求外，尚应考虑施工误差、结构变形、后期沉降、道路路面翻修或铁路抬道量等因素预留一定的富余量，一般可按200mm考虑。根据地质情况，适当调整。

七、轨道交通工程应对地震安全性作专题评价研究，并经政府主管部门组织评审、批准，应按批准的地震安全性评价结果确定抗震设防烈度。

八、规定轨道交通地下结构强度应符合当地政府主管部门核定的人防等级要求。对特殊的结构工程设计、施工方案应作安全性专项审查。

九、提出地下结构防水原则。

十、特殊结构工程包括深基坑工程，穿越既有地铁、铁路、重要地下管线及敏感建筑物地段的线路与车站工程，采用矿山法暗挖施工的区间隧道与车站及采用冰冻法等特殊施工工艺的工程等。由于地下工程的特殊性，存在不可预见的风险，发生灾害带来的危害性大，抢险救灾及修复工作难度大，因此对上述特殊结构工程必须进行设计、施工方案的专项审查。审查内容可主要包括工程地质、水文地质的调查与分析，周边环境条件的调查与保护要求的论证确定，相应的设计方案、对策措施，工程施工引起的环境影响分析及相关保护对象的安全性评价分析，施工中的控制落实措施及监控保护方案等。

## 第七章　机电系统及设备

**第五十九条**　阐述机电设备选配的总体原则和安装安全要求。

**第六十条**　阐述了供电系统的规定。对地铁车站照明、电力监控系统、杂散电流防护标准、设备选型电缆选择等提出标准和原则。

一、外部电源是采用城市供电局电源为主，根据城市电源的电压（如220kV、110kV）、容量的裕量和分布距离，确定引入轨道交通系统的组成方式：集中式、分散式、混合式。并在轨道交通内部构成中压网络，电压等级可采用35kV、20kV、10kV三种标准电压选择。

二、明确主变电所的电源引入原则。① 可靠性：从城市电网取得两路独立电源，并做好电缆敷设路径选择，其中至少有一路应为专线电源。② 设计容量：按近、远期用电负荷设计、分期实施。③ 占用面积：按远期设计控制。

三、为保障牵引变电所的可靠性，需有两路独立电源，并在任何一座牵引变电所故障解列时，应靠其相邻牵引变电所的过负荷能力，保证列车正常运行。

四、为保障牵引电压、电流的稳定性，对谐波电压、谐波电流提出标准。并进一步明确牵引网系统的标称电压应为直流750V或1500V。

五、为保障降压变电所供电的可靠性，要求设两台配电变压器，其容量应满足当一台变压器故障解列时，由另一台变压器承担本所全部一、二级负荷。

六、明确应急照明持续供电时间应不少于60min的安全标准。

**第六十一条**　阐述了信号系统的规定。

一、信号系统的选择，应根据运营需求，合理选择系统的构成与配置，减少系统多余的功能，防止过高的系统配置，将有利于降低初期造价和运营维护费用，也较有利于系统的升级换代；信号系统的建设目标，除保证系统各种正常运营模式外，满足故障运营或紧急状态下运行的需要，是信号系统的自身需求，也是线路实际运用的需求。

二、信号系统采用较为先进的计算机网络技术、数字通信技术有利于系统功能的扩展，将便于系统自低水平向高水平发展，乃至有利于联通联运的实施。根据城市轨道交通客流量的变化规律，初期客流量小于近期客流，通常远期客流大于近期客流。根据传统概念信号系统的可用期约为15~20年，将进入系统的更替，相当于运营近期至远期之间；信号系统的使用寿命也有定义为30年的，与车辆寿命相当。在30年期间，信号系统设备可能需要不断地对部件更新或实施大修，信号系统所用元器件也可能经历了多次更新换代。因此，信号系统也以采用较为通用的计算机与通信技术更为有利。

三、ATP（列车自动防护系统）是保证列车运行安全的系统，为地铁线路的必备系统。ATP可与ATS（列车自动运行系统）组成信号系统最基本的行车指挥与列车运行控制系统，基本适应保证地铁行车安全、实现高效指挥的目标。地铁线路具有线路封闭、行车密度高的特点。其最大行车间隔通常小于3min，采用ATO（列车自动驾驶系统）有利于提高运行效率，适应不同行车密度的需求，提升节能效果，降低司机的劳动强度，提高服务水平。

轨旁设备通常包括信号机、转辙机、应答器、地面环路电缆以及轨道电路的扼流变压器、调谐单元等。以上设施尽可能避开轨道中心设置，因为轨道中心被指定为紧急疏散和救援的通道，当发生意外灾害时，人员沿轨道中心疏散，因此，如必须设置的轨旁设备，应采取一定的安装措施，减少对人员疏散的影响。

四、线路未全部封闭的，设有部分平交道口的系统，其客流量认定为单向高峰小时约为1万~2万人次。由于线路未全部封闭，其运行环境较封闭线路复杂，线路的平均旅行速度较低。并且工程造价较低，信号系统的选择不宜以地铁及高端轻轨为准。可根据运用需求选用适当的安全保护设施，或采用列车运行安全以司机掌控为主，设备监控为辅的模式。城市轨道交通相对于其他公交输送模式具有载客量大、输送能力强的特点，也有起停过程长的不足。因此，在有与公交系统平面交叉，并设有道口时，宜按城市轨道交通优先的原则组织城市轨道交通与其他交通输送模式的交互行车。而“列车优先”的程度，可按实际交通流量分析而定。道口是运行安全的薄弱环节，宜少设或不设。

五、列车全自动运行（无人驾驶）系统，具有典型ATC系统不可替代的技术优势与运营效果。但系统造价相对较高，系统技术要求严格。对采用列车全自动运行（无人驾驶）系统应采取既要积极，又要慎重，尊重科学的态度。

六、临时过渡信号是指在一段时期内使用的非正式运营用信号设备，用以辅助运营和指示司乘人员行车的信号设备。由非正式运营至正式运营的时间不应过长，为保证过渡期间的行车安全，使用的连锁等信号设备也必须遵从故障导向安全的原则。规定中的“行车密度不大”，是以可实现站间闭塞的行车间隔为基本要求。

**第六十二条** 阐述了通信系统的规定。

一、阐述轨道交通通信系统的地位——独立系统，和基本功能要求的内容——语音、数据和图像等信息传送的需要。

二、阐述轨道交通通信系统组成内容。

三、城市轨道交通传输网络，宜由通信专业综合规划组网。传输网络应兼顾各机电系统及与外网的信息交换。对于各类综合监控系统及乘客信息系统等的传输网络，原则上也宜由通信专业统一筹划。

四、数字集群移动通信技术除了具备公众移动通信网所能提供的个人移动通信服务外，还能实现个人与群体间的任意通信，并可进行自主编控，保密性高，功能丰富，比较适合轨道交通的无线调度通信要求。国内地铁系统尤其是新建地铁的无线通信系统，基本上采用了专用数字集群移动通信技术，大多采用 TETRA 系统。对于非地铁系统，尤其是运营规模较小的城市轨道系统，也可利用公用移动通信系统。

五、阐明程控自动电话交换机组网设备的制式选择原则。

六、阐明专用电话子系统的组成内容。

七、阐明闭路电视监视子系统的服务功能。

八、阐明广播子系统的内容与服务功能。

九、在我国，城市轨道交通乘客信息子系统，是一亟待发展、完善的技术。对于提高服务质量、促进乘客输送安全，具有重要意义。该子系统与通信、信号、防灾报警等系统以及车站、车辆等的设备配置相关，涉及行车组织、救灾抢险等运营管理业务，各城市轨道交通线路可根据实际情况设置系统功能和显示信息，但应满足向乘客提供基本列车运行信息和紧急疏散指示信息。本建设标准将该子系统纳入通信范畴，随着技术的发展，该子系统的作用、构成模式逐渐明朗时，其归属可另定。

十、城市轨道交通通信系统中的商用通信、警用通信、专用通信等子系统，涉及了移动无线通信、专用电话、广播、电视监视等通信的子系统。商用通信、警用通信、专用通信等各子系统相互独立，同时又可实现设备、频率与信息资源的共享。各通信子系统同步建设、统筹实施有利于系统设备的优化配置、工程投资的合理利用，并可实现通信系统的综合。

**第六十三条** 阐述了通风与空调的规定。

一、列车在隧道内运行会产生大量的热量，隧道维护结构、人员以及其他方面的因素，也会产生大量的余湿，必须有效地加以排除，从节能角度出发，排除余热、余湿应尽量利用自然冷源以及列车运行时产生的活塞效应。当自然条件和活塞效应不足以排除隧道内的余热和余湿时，应采用机械通风方式。

二、为保证将地下车站的余热和余湿排除到外界大气环境中，且达到节能的效果，通风与空调系统可采用开式运行，但当外界气温较高或较低时，为避免对内部空气环境造成较大影响，同时降低能源消耗，也可采用闭式运行。站台设置屏蔽门对通风与空调的系统容量配置和运行费用都将产生很大的影响，但应引起注意的是，不同的外界气候条件和系统运输能力等条件下，设置屏蔽门的节能效果截然不同，在有些地区和城市，设置屏蔽门时，由于不能充分利用外界的自然条件，全年周期运行费用反而更高，因此，应结合系统运力、当地气候实际状况、工程初投资以及运行和维护费用等因素，进行技术经济综合的方案论证，作为地下车站是否设置屏蔽门的依据。

三、地下车站设置空调系统将导致巨大的初投资和很高的运行能耗，因此应尽量利用通风方式实现控制内部空气环境的目的，只有当采用通风方式无法满足人员对内部空气环境的要求，或者达到要求代价非常大时，可采用空调系统。当夏季站内空气计算温度超过30℃，人员的过度性舒适条件将无法满足，结合我国的实际情况，并参考国内地铁建设和运营的实际状况，在当地夏季最热月平均温度超过 25℃时，只采用通风基本难以达到要求，因此可以设置空调系统。

四、地下车站设置空调系统时，对车站站台、站厅的设计温度、湿度、新鲜空气量的规定。

五、对区间隧道夏季最热日的日平均温度以及对隧道通风系统的通风量、换气次数的规定。

六、通风与空调设备的运转将产生连续的噪声，对车站声环境的影响很大，为不影响人员在车站的普通谈话，并尽可能降低消声设备的造价两方面考虑，规定通风与空调设备传至车站站台和站厅的噪声不得超过70dB（A）。

七、地下车站及区间隧道相对外界比较闭塞，一旦发生事故或火灾，疏散和救援都非常困难，为保证运营安全，要求必须具备有效、可靠的事故通风和防烟、排烟功能。

**第六十四条** 阐述了给排水与消防的规定。

一、给水系统：

（一）、（二）提出给水系统设计原则和水源、水质、水压的选择原则。

（三）车站采用生产、生活与消防分开的给水系统是为保障消防水使用时的水压正常。

（四）提出消防水管布置原则。对地面、高架车站及地面建筑的消防给水系统设置的规定和用水量标准。

二、排水系统：

（一）提出污水排放原则。

（二）明确暴雨强度按50年一遇计算的规定，对局部低洼处设排水泵房的规定。

（三）阐述区间隧道排水系统按沿轨道设置纵向排水沟的规定。

**第六十五条** 阐述了监控系统的规定。

一、明确火灾自动报警系统FAS设置范围，火灾发生概率的规定。设置于全线控制中心（OCC）的FAS中央级，应具备监视、管理全线的火灾报警、确认火灾灾情、向车站级发布消防救灾指令的功能；设置于车站、车辆段、主变电站消防控制室（车站控制室）的FAS车站级，应具备监视区域火灾报警、确认火灾灾情并报告FSA中央级、接受中央级发布的消防救灾指令的功能。对分区排烟的车站，报警区域与防烟分区一致便于排烟模式联动。

二、明确FAS对消防设备的自动控制范围。

三、FAS（通过综合监控虚脱车站局域网）将火灾信息传递给通信广播系统，自动切换为应急广播状态；通过闭路电视切换装置和显示火灾灾情。

四、明确BAS的主要监控对象，具体监控对象根据设备配置确定。

五、当车站发生火灾时，由FAS探测火灾发生的位置，通过BAS、FAS之间设置可靠的通信接口直接向BAS发布相应的火灾模式指令，由BAS优先执行对应的控制程序，控制启动防排烟及其他相关设备进入救灾状态。

六、IBP盘可由综合监控系统统一设置，主要为以下控制操作提供后备紧急控制功能：信号系统的紧急停车、扣车和放行功能；环控通风排烟系统的紧急控制（模式控制）和消防联动功能；自动售检票系统自动检票机远程解锁控制；门禁系统门锁解锁功能；屏蔽门系统远程开门控制；自动扶梯远程停止控制；防淹门远程控制；车站消防水泵远程开启/停机控制。

七、综合监控系统集成，是指被集成PSCADA、BAS、FAS等子系统全部信息均由综合监控系统传输，子系统中央级和车站级全部功能由综合监控系统实现。

八、信息管理层由中央级、车站级综合监控系统组成；控制由中央级、车站级、现场级实现。现场级由 PSCADA、BAS、FAS 等系统的控制层、设备层组成。现场级控制功能由各相关系统完成，一般采用工业控制网络或现场总线，分散控制结构。对不设公共区空调系统的地下、高架车站，车站配置设备较简单，可设区域综合监控中心，3~4 个车站为较合适的控制范围，其他车站仅设监控终端，可降低综合监控系统硬件及软件的投资。

九、综合监控系统的模式控制包括正常情况、紧急情况、故障情况的工作模式；群组控制主要指对被监控机电设备群时间表控制。综合监控在中央级及车站级实现对被集成系统重要设备的点控功能是系统集成的重要功能。控制层脱离综合监控系统的信息管理层时，仍能独立工作，可满足分散控制可靠性的要求。

十、通过综合监控系统的骨干传输网络将车站、车辆段与中央级综合监控系统联结，形成有机的整体。综合监控系统的组网方式由技术经济比较确定，与通信系统共用传输系统，通信骨干网应为综合监控系统提供逻辑独立的通道。

十一、对电子类控制，如通信、信号、自动售检票、综合监控等系统，后备 UPS 电源可集中设置，统一考虑备用电源容量，各系统馈电回路分别控制，满足各系统不同后备时间的要求。

**第六十六条** 阐述了电梯、扶梯的设置规定。

一、阐述车站站台上自动扶梯和楼梯的设置原则，必须满足高峰小时车站客流的进出总量，并满足发生紧急疏散时的通过能力。

二、自动扶梯与步行梯的设置。

（一）自动扶梯原则上应主要用在上行方向，下行方向尽量设步行楼梯。随高度增加，可增设下行方向的自动扶梯。

（二）即使在上下行方向上均设置自动扶梯，也要设置步梯以作备用。因为紧急疏散时，若高度不大，步梯是最畅通、最可靠、最安全、甚至速度也是最快的竖向疏散通道。

（三）备用楼梯最小宽度不小于 1.8m，可以保障 3 人宽度模数通行，与自动扶梯的宽度比较匹配，同时起到自动扶梯能力的补充和调节作用。在高峰时段，体力好的乘客往往会优先选用，加快疏散能力。

（四）在楼扶梯布置时，统筹考虑为轮椅人和盲人服务的配套设施，使公共区的布局更人性化。

三、通道的水平距离超过 100m 时，使乘客感到距离较远。为弥补这个缺陷，提高服务水平，加设自动步道，可提高步行速度、改善舒适度，减少体力支出。

四、在地铁车站的有限空间中，有必要将自动扶梯作为事故疏散用。自动扶梯为乘客省力、快速输送具有一定优势，有助加快疏散能力。但是自动扶梯静止状态时不宜作为紧急疏散梯道，由于自动扶梯梯级较高，不宜代替步行楼梯使用，尤其不宜年老、体弱、儿童等乘客使用。为此需保障自动扶梯在事故疏散中的作用，要求其电源应按一级负荷供电，并具有逆向运转功能，灵活适应疏散方向。

五、垂直电梯的设置规定。

（一）为避免在垂直电梯内的乘客因受其他人为的或意外的伤害，并得到及时救助，保障人身安全。

（二）垂直电梯不是连续性的载客运输工具，并且受超载停运控制，故不宜作为紧急疏散使用。

六、防止垂直电梯内的轮椅车乘客向外出时用力不当，冲向站台边缘而发生意外事故。在实际设计中，尤其是换乘车站的交叉点上，上下站台间设置的垂直电梯，特别是岛式站台，难免出现电梯门面向站台边，则应尽量增加后退距离（不宜小于2.5m），以加设防挡安全设施，使轮椅车绕过防挡设施后驶向站台乘降区。

# 第八章　车辆基地及配套工程

**第六十七条**　阐述了车辆基地的布局和选址的规定。

一、车辆基地是城市轨道交通系统重要的组成部分，是保证城市轨道交通系统正常运营的后勤基地。由于它们的设备、设施性质相近，相互之间联系比较密切，又都是地面工程，在城市轨道交通工程项目建设管理中，通常都把它们放在一起形成一个综合系统。原《地下铁道设计规范》GB 50157—92 称为“车辆段及其他基地”，现行《地铁设计规范》GB 50157—2003 称为“车辆段与综合基地”，为统一名称现简称为“车辆基地”。

车辆基地是车辆的“家”，到夜里车辆必须收回到车辆段，进行规定的检修和保养作业，有故障可以及时修理排除，它是保证日常安全运行的重要基地。

城市轨道交通是一个网络化运营系统，车辆基地的布局和位置将对运营成本产生直接的影响。因此车辆基地位置应从网络运行、资源共享的合理性综合考虑，统筹安排，合理分工。由于车辆基地用地面积较大，其位置及用地范围需得到规划部门的认可和控制。同时考虑车辆基地基本上以单层建筑为主，上部发展空间较大，如有条件，有开发价值，可以进行综合开发的专题研究。

二、车辆基地包括车辆段、综合维修中心以及配套生活设施等。也可设置物资总库（分库）和培训中心。但车辆基地是以车辆段为主体，而车辆段按修理等级区分，即厂、架修级车辆段，定修级车辆段，停车场和辅助停车场级。综合维修中心可分为维修中心、维修工区和维修组；物资总库可分为物资总库、物资分库、材料库和材料分库。其中厂、架修作业和综合维修中心可以设计为多线共用、资源共享。

车辆段的规模是根据线路长度、列车数量和运行密度确定的，同时与车辆段在线路中接轨点位置有关，由于受早发列车的时间和数量控制，因此规定车辆段距最远线路终点站超过20km时，宜增设停车场（或辅助停车场）。

三、条文对车辆基地的选址提出了五项基本原则，说明如下：

（一）用地性质与城市总体规划协调一致：车辆基地一般都建在地面上，占地面积较大，属工业用地性质。因此对车辆基地的选址应避开市区，用地应进行选择和比较，取得规划部门的认可，并对用地范围加以控制。

（二）用地位置应靠近正线，有良好的接轨条件。就是在尽量缩短出入段线的长度，并满足线路坡度、平面曲线半径和信号要求的前提下，保证正常运营、降低工程投资和运营费用。

（三）用地面积应满足功能和布置的要求，并具有远期发展余地。用地面积应根据功能和工艺要求以及总平面布置确定，而且对用地地块的长度和宽度以及地块的几何形状都有一定的要求，这里要强调的是用地面积的有效性。由于车辆基地初期规模是按近期需要建设，按远期规划预留。每一条线路建设也往往是分期建设，远期线路长度难免会有一定延伸，因此车辆基地规模控制时应留有一定发展余地。

（四）用地范围宜避开工程地质及水文地质不良地段。其目的是为工程的施工和今后的运营创造有利条件，降低工程造价和运营维修成本。由于车辆基地内通常设有数十条股道和各类厂房、车间和办公楼等房屋建筑，总建筑面积近10万$m^2$，还有各种大型设备和室内、外构筑物，这些股道、房屋、大型设备和构筑物都必须有稳定的基础，以保证生产的安全和各项设备、设施功能的发挥。

（五）用地周边应便于与城市道路连接，这主要是材料、设备的运输和消防的需要。车辆基地一般不设消防车队，而利用城市的消防队伍。道路连接时，对外交通联系和消防外援是首要条件；同时有城市电力线路、各种市政管道及通信的引入，尤其是对利用城市电网供电的供电品质和电力线路的引入条件就显得更为重要了。有条件与地面铁路连接最好，尤其是第一条线路的车辆基地，为新的车辆到达，大型设备和大宗货物的运输带来方便。

**第六十八条** 阐述车辆段的规模和设施的规定。

一、根据我国地铁车辆检修的实际情况和管理水平，推荐优先采用日常维修和定期检修相结合的检修制度。

车辆修程和检修周期的确定，主要取决于车辆的结构性能和质量、运行线路的技术条件、车辆的使用环境条件、检修人员的技术素质和经验等。条文根据我国各城市轨道交通的运营经验，并综合考虑了各城市在建轨道交通工程的设计情况，对我国地铁车辆修程的种类和各修程的检修周期提出标准列入表8，供工程设计参考使用。

随着科学技术的发展，车辆检修制度还会逐步完善，修程可能会有变化，设计中可以根据实际情况进行分析、比较，合理确定。必须指出，表中所列车辆检修周期的各项指标仅用于工程设计是作为确定车辆段规模的依据，运营单位在接受工程之后还可根据运营的实际情况作适当的调查，不断完善。

表中检修周期有两种指标，即走行公里数和时间间隔。在预可行性研究阶段或可行性研究阶段，有时不可能得到详细的行车资料（列车年走行公里数），一般可采用时间间隔指标作为计算依据。

编制中吸取了北京、上海、广州等地车辆检修周期进行对比，参见附表3。

**附表3　车辆检修周期对比表**

| 检修种类 | 定检周期（万 km） | | | | |
|---|---|---|---|---|---|
| | 北京 | 上海 | 广州 | 原建设标准 | 现建设标准 |
| 厂修 | 120 | 100 | 120 | 90～120 | 120 |
| 架修 | 60 | 50 | 60 | 30～60 | 60 |
| 定修 | 30 | 10 | 15 | 10～15 | 15 |
| 月检 | 2 | 2 | 3 | 1～2 | 3 |
| 周检 | — | 0.5 | 0.5 | — | 0.5 |
| 列检 | — | — | — | 0.06～0.07 | 每日、双日 |

二、车辆技术条件，不仅是车辆段设计的主要依据，也是界定线路技术标准的基础，是确定系统运营管理模式、维修方式的基本条件，也是确定设备系统规模的重要依据。因此，在开展轨道交通工程项目建设的时候，首先必须确定车辆技术条件。

配属列车数、列车走行公里数和车辆检修周期（包括检修作业时间）是计算车辆段规模的基础。其中配属列车数（运用车列数＋非运用车列数）和列车年走行公里数，应根据行车组织和运营管理模式、列车运行交路等资料计算确定。

在工程项目建设的前期阶段，如果不能得到列车年走行公里数，这时计算规模可采用表8中检修周期的时间间隔进行计算。

三、根据列车运用整备和检修作业的需要，需要设停车、列检库、月修库、定修库、厂架修库和调机及工程车库等，并配备相应的设备和设施。

四、主要考虑地铁列车技术检查一般实行双日检制，为减少进库列车转线作业而适当提高比例；另一方面，列检线均设有检查坑，其造价相当昂贵，特别是地质条件不好的地方更贵，应严加控制。本条规定“列检列位宜按停车列检列位的50%确定”。通过几年来的实践，基本符合国情。符合现行国家标准《地铁设计规范》GB 50157—2003 的规定。

五、车辆段的运用整备和检修设施的分期建设原则。车辆段的运用和检修设施初期建设规模，应考虑到城市轨道交通工程远期设计年限距近期的设计年限长达15年，距开通年更远，达25年之久。这些设施（包括房屋和设备）如按远期规模一次建成，工程量大，建成后长期不使用，造成浪费，还带来相当大维护工作量。为控制工程投资，条文规定车辆段的运用和检修设施应按近期规模设计，并按远期规模预留的规定。同时规定车辆段远期停车能力，不考虑沿线车站夜间的停车线列位。

六、为保证轨道交通的安全性和可靠性，严禁采用未经试验验证的关键设备（包括车辆）。条文规定车辆段检修、试验设备应采用国家标准产品或成熟的专用设备。

七、试车线是为经定期检修后的列车和新购列车验收时，进行全面动态性能检测而设，其长度主要与列车的性能，包括运行速度、制动性能和参数以及试车综合作业要求有关，各种参数应以车辆厂商能够提供的数据为依据。

鉴于有些车辆段由于受地形限制，无法按规定长度设试车线，允许将试车线按两部分设计，段内设试车线仅用于中速（50km/h）的常规试验，同时在正线上指定地段完成高速运行性能和有关信号试验。但必须指出，利用正线试车是迫不得已的，正线试车必须具备试车的条件，包括线路技术标准、供电、通信信号、生产房屋和工作人员工作及生活条件等，同时，还应采取切实可靠的安全防护措施。不能因在正线试车就降低标准。

八、定修段和厂、架修段宜设不落轮镟床的规定。

**第六十九条** 阐述了车辆出入线的设置规定。

一、车辆出入线在车站接轨，在接轨点外应具备一度停车再启动条件。不仅有利于正线列车的正常运行，确保行车安全，也有利于车站的管理和作业。接轨站的选择应本着方便运营、减少列车出入的空走时间，降低运营成本的原则。有条件时，在线路的终点站或列车的折返站接轨是一种选择，但是必须满足功能和通过能力，不能使配线复杂化。车辆段段址的选择往往受城市规划和工程地质等多种条件的限制，理想的接轨方案往往难以实现，在设计中应结合段址的选择、线路条件、车辆的技术条件和接轨站的条件进行经济技术比较，选择较为合理的接轨站和接轨方案。

二、由于车辆出入线作业频繁，为保证列车出入安全、可靠、迅速，为此车辆出入线应按双线双向运行设计，以确保在事故状态下，其中一条线路发生故障时，另一条线路仍可保证列车进出段的作业。根据车辆段的布置和车辆段与相关车站的位置关系，车辆段与车站的接轨可以是双线一站接轨（两条出入线接入同一车站），也可以是双线或单线两站接轨（两条出入线分别接入不同车站），均应保障正线列车正常运行和安全。有条件的地方宜设置八字形出入线，可以增加列车调头换边运行的功能。

三、车辆出入线的接轨形式，需要在车站配线与列车运营组织时综合考虑，尤其是发车、收车时的运行组织和能力，要进行验算，保证正线高峰小时的设计运能。

**第七十条**　阐述了车辆联络线的设置规定。

明确联络线的功能和任务：联络同属一个车辆基地承担车辆厂、架修的线路；工程维修车辆通行；初期临时贯通、正式载客运行等；并提出与正线接轨的原则和方法。

**第七十一条**　本条表9列出车辆基地占地面积的指标。土地是不可再生的资源，在当前提倡建造节约型社会的形势下，城市轨道交通工程项目建设，特别是车辆基地的建设应认真贯彻节约用地，少占农田、好地的方针，应严格控制车辆基地占地面积。但在实际应用中，有时由于规划部门给出的用地地形条件较差，可作适当调整，但必须作出说明并核实实际用地面积。

**第七十二条**　阐述了综合维修中心的设置规定。

一、综合维修中心应根据线网规划统一布局，设在厂、架修级的车辆基地内。综合维修中心与车辆段的生产性质相近，综合维修中心和车辆段设置在同一基地内，可利用车辆段内的股道和公共设施（包括水、电生产设施和食堂、浴室等生活设施），实现基地内的综合利用，有利于生产，节省投资。综合维修中心和厂、架修段设在一起形成厂、架修级车辆基地，在线网内厂、架修集中的前提下，也体现了综合维修基地在线网内的资源共享。但是在具体的工程设计中，还应根据线路的具体情况和管理体制具体分析，有时把综合维修中心的机构设在定修段内也是合理的。原则上一条线路不能设两个综合维修中心。根据综合基地的任务和管理上的方便原则，综合维修中心内可根据需要分设工务建筑、供电、通信信号、机电和自动化等车间，在其他相应的车辆段或停车场分设维修工区或维修组隶属于相应的车间管理，不设车间。有条件的地方，特别是专业性较强的工作，如房屋修缮、车站、桥梁、隧道等应充分利用当地的社会资源，精简机构，节约投资。

二、综合维修中心的通用设备，包括车床、钻床、刨床、铣床、磨床等，由于这些设备的利用率不高，应考虑利用车辆段的设备，按同一车辆基地内共设一处设计，充分利用设备的能力，节省投资；对于大型专用设备，如磨轨车、隧道冲洗车、轨道检测车、接触网维修车等，专用性强、生产效率高、造价高，应根据设备的功能和工作量分析，一般可根据线网中资源共享，即一台设备供若干条线共同使用。

三、综合维修中心的办公房屋宜与车辆段办公楼合建，生活设施应在车辆基地内共用，主要是从节省用地、节约能源方面考虑的。

**第七十三条**　阐述了物资总库的设置规定。

轨道交通系统的物资总库，其服务对象主要包括车辆检修和综合维修中心的设备设施维修两方面，建设期间还可作为建设材料、物资、器材和设备的存放及储存基地设在车辆基地内，与服务对象在一起，有利于生产和管理，更主要的是将车辆段维修中心和物资总库设在厂、架修级车辆基地内，可充分利用基地内的生活设施，节约用地，避免另购地的麻烦。

二、危险品库和燃油库属物资总库的分库，其设置消防和防火要求较高，而车辆基地生产中危险品（易燃品）和燃油的用量又不大。因此，在有条件的地方可在线网中集中设置，或由社会供应。

三、建立全线网的物流中心是近几年出现的新生事物。实际上是在全线网范围内设置一个管理平台，在各车辆基地根据规模分别设置一级库、二级库或三级库。在各级库内仍需配置各种库房、设备和设施。在工程项目建设中可结合当地的管理体制，因地制宜地选用。

**第七十四条** 本条主要是强调集中管理，避免重复建设。一般一座城市的轨道交通系统只建立一处培训中心。培训中心宜设于车辆基地范围内的适当地点，主要原因有二：一是培训中心通常规模不大，设于车辆基地范围内，其生活设施可以利用车辆段的设施，减少管理机构，节约投资；二是靠近现场可以利用现场的设备、设施，方便现场直观教学。

**第七十五条** 阐述了车辆基地生产设施的设置规定。

规定车辆基地各种生产设施，包括站场轨道、道路、桥涵、房屋建筑、供电、给排水及消防、电力工程、暖通、通信、信号及防灾等各系统的设备和设施的建设原则。

## 第九章 安全防护、环保和节能

**第七十六条** 阐述了安全防护设施的设置规定。

一、明确了安全保护的对象是人员、车辆、设备和环境，尤其对危及人的生命和健康的各种灾害和隐患应有足够的防范措施。

二、提出防灾原则“预防为主，防消结合”，就是要轨道交通工程自身建立预防和自救体系，同时根据地方救援力量进一步“制定安全系统与紧急救灾预案”，加强整体协调的救灾能力。

**第七十七条** 提出建立“轨道交通安全系统”的概念和内容。鉴于轨道交通是一个自成系统的综合性工程，载客量特别大，一旦发生灾害，后果十分严重，所以安全问题是轨道交通的首要问题，因此提出安全系统概念是由“预防、报警、逃生、救援”组成。

一是预防。预防首先要找事故源头，车辆和机电设备是主要预防对象，第一是把住产品质量和材料问题，避免发生设备自生灾害。同时一旦发生灾害，要及时启动灭灾设施，阻止灾害蔓延，必须要装备一定的救护设备和具备自救能力，至少可以控制灾情的发展，争取时间脱险。

二是报警。报警是为及时启动救灾安全系统设备，同时向上级机构报告，尽快得到专业消防队伍的外援，加快灭灾，抢救人员，减少损失。

三是逃生。一种是在车站内组织乘客紧急疏散，是通过站台、楼梯、自动扶梯、出入口向外撤离；一种是在区间列车因故停车，乘客必须下车，在隧道或高架桥上组织紧急疏散，这必须解决乘客下车方式、疏散方向和路径、到达的车站。因此在区间地段提出了“逃生通道”的空间位置，创造逃生的自救能力和条件。原则上区间逃生通道应规定在轨道中心的道床面上，若设有中心水沟，水沟宽度不宜小于550mm，也可作逃生通道。

四是救援。专业消防人员进入车站和区间进行灭灾，并实施救援工作，救援通道与上述逃生通道可以一致。对于行动不便，缺乏自救能力的乘客，由专业消防人员救援。

**第七十八条** 阐述了防灾、疏散的原则。

一、提出防灾设计原则。把握灾害发生的概率，各种灾害，不考虑同时发生。明确每一条线路上都要设置独立的防灾、救灾安全系统，保证具有一定的自救能力。

二、灾害中以防火为主，防火中以材料为主，抓住防火的源头。尤其是车辆制造选用的材料均应为耐火、阻燃、自身燃烧的概率极低的材料，控制火灾发生和蔓延。

三、阐述列车发生灾害时应行驶至站台疏散的原则。列车在区间发生灾害进行就地疏散时，乘客在区间隧道中行走困难，救援空间狭窄，还容易出现二次事故。一般情况下，即使列车发生火灾，车辆动力不会同时发生故障，因此列车应行驶到车站，通过站台疏散乘客是既安全，又快速的方案。

四、阐述列车在区间故障停运的救援模式。一般来说，停电事故或车辆机械故障造成的区间停车概率甚小。如果因列车本身故障而被迫停止运行，应首先采用的救援方案是由另一列车（清客后）救援推送（牵引）至就近车站疏散，随后送入就近车站的待避线停放，退出正线运行，尽快恢复线路上的列车正常运行。

五、故障列车在不得已情况下，可采用就地疏散方案，按应急预案规定，有序地组织乘客从列车下车，向轨道区疏散。上述疏散方案均由总调度员决策下令，司机是执行者。

六、阐述乘客向轨道区疏散的安全条件。也是对供电牵引接触网、事故通风与排烟系统，应急照明系统提出的特殊工作模式，以保障乘客疏散的安全。在轨道道床中心或旁侧，设无障碍步行通道，这对设在轨道之间的信号交叉环形电缆和地面设施的布置，提出新的要求——不得有绊脚的障碍物，保障有一条使乘客和救援人员可以安全通行的逃生和救援通道。

七、横向通道的功能是使两相邻隧道相通，当一个隧道中间出现列车事故时，乘客可能下车步行，通过横通道至相邻隧道，或直接步行安全撤离至车站，这样在事故隧道内最大步行距离为300m。一是前方预设的引导目标，在乘客可视度范围内；二是按乘客在隧道内步行速度2~3km/h（33~50m/min）计，需要6~9min，可控制在10min内撤离事故现场。对于体弱乘客可视为被救援对象，有利救援快速撤离。总的救援撤离时间无法规定。

八、当站间距在2km以上的区间隧道内，列车行车密度达30对/h及以上时，需核算高峰小时段内，该区间内同时运行的列车数量，如果在同一方向上有2列或3列车同时运行，应充分研究当前一列车突然故障停运在区间时，后续列车也被迫停运在区间的最不利情况下，如何保证在车辆阻塞条件下送进足够新风，如何救援和疏散乘客。在站间距过长的长大区间隧道，因疏散到车站的距离过长，应在区间中间设置直通地面的专用疏散出口，或其他安全疏散区，这都需要结合具体情况专门研究对策。

**第七十九条**　阐述了防灾与人防的设置规定。

一、两个直通地面的独立出入口，且具有地面建筑倒塌防护能力或侵入范围以外，可保证在最不利情况下有两个逃生和救援的安全通道。在车站中，站台至站厅，站厅至出入口的竖向通道中设置的楼梯和自动扶梯，总是将日常使用和紧急疏散的功能结合考虑的。在实际运用中，步行楼梯往往是最安全、最快速的，因此必须设有步行楼梯是紧急疏散时必备的通道，并对客流具有很好的调节作用，因此站台上的楼梯必须设有不少于两处，分开设置，最小宽度1.8m。上述要求是指每个站台，如果是侧式站台的车站，每个站台均应设两个步行楼梯。在中运量车站中，站台较短，客流较小，正常使用计算楼梯仅设一台即可，但从紧急疏散要求，还应设置另一个备用疏散楼梯。同时作为紧急疏散用的自动扶梯必须具备一级供电、不间断的供电保证。

二、地铁车站最大的事故是火灾，所以主要建筑结构材料均应采用一级耐火等级设计，按国家现行有关防火设计规范的规定执行。对于地面开口部，应根据就近地面常年的积水位标高，设置防涝设施。

三、完善和可靠的通信是为及时报警、及时处理事故，及时救援；完善和可靠的信号系统是为列车运行安全。

四、轨道交通运营安全中，防止机电设备对人身安全的危害十分重要，尤其是供电及强电设备，高压电的泄漏和袭击，电器设备自燃等，一方面要有安全防护措施，另一方面要把握质量问题。

五、地下和高架的车站和区间，消防给水系统设置原则。

六、地下车站的重要电器设备房间，是可能发生火灾的地方，为防止意外，必须加强自动监控系统，尤其是无人值守的设备房间，要增加自动灭火装置。

七、轨道交通的救援工作，一方面要具有一定自救能力，另一方面要借助地方消防队的外援。为此轨道交通应有负责全线的救援基地——宜布置在车辆基地，并设置相应的救援设施和装备。由于每一条线路都较长，因此救援基地可与车辆基地一样，做好全线网的统一规划、合理布局，相互支援。

八、提示在地面的线路，必须注意对大自然的气候环境的影响，尤其是对列车运行的安全影响，做好防淹、防雪、防滑、防暴风、防雷击等措施。

九、对于在隧道开口处，可能被雨水淹的口部应设置排雨水泵站；在水域下的隧道，应防止隧道损坏被淹的重大事故的扩大化，因此规定在水域的两端适当位置设置防淹门。

十、明确轨道交通工程是以交通功能为主，兼顾人防的原则。符合当地政府主管部门核定的人防等级要求和平战结合的原则进行设防。轨道交通工程中的防淹门可与人防区间隔断门统一设置，在平时应由防灾系统统一管理。

**第八十条** 阐述了环境保护设施的设置规定。对噪声、震动、日照和景观、装修材料、电磁兼容性、电磁辐射、生活污水和生产废水的处理、排放等方面分别作了原则规定。

**第八十一条** 阐述了节能的规定。节能是建立节约型轨道交通的核心，主要反映在以下三个方面：

一是建设方面：节约土地（车辆基地用地控制）、节约资源（中水利用）、开发能源（开发太阳能、风能和冰蓄能等），采用高效、低耗的节能设备。

二是长期运营方面：合理的行车组织和运能配置，既要提高运营服务水平，又要提高满载率，降低运营成本；同时优化线路纵断面，设计节能坡度，有利于列车出站加速、进站减速条件，减小运行能耗等。

三是对车站规模和体量的控制：有利于节约照明，空调通风的负荷，实现智能控制，从而达到节能目的。

## 第十章　主要技术经济指标

**第八十二条** 阐述了运营管理机构与定员指标的要求。

一～二、提出对城市轨道交通运营机构的责任定位和要求、运营机构设置和组建的原则。

三、提出机构定员的指标，是根据近年来北京、上海、广州等地地铁公司的经验数据，照顾到其他城市的管理水平，略作调整。对于初建线路，尤其第一条线路因缺乏经验和兼顾后期线路人员的培训和储备，定员指标可以取偏高一些，到后期线路定员可以逐步降低。同时根据运营管理模式和设备智能化水平酌情调整。

**第八十三条** 提出项目研究与设计的程序和工作周期。强调工程开工之前，做好工程前期工作的重要性。条文中的工作周期，是根据国内当前工作程序、内容和深度要求，实际经验和调查分析，为保证工作时间和产品质量，提出一般平均工作周期指标，宜参照执行。

**第八十四条** 提出工程实施进度指标。提出工程开工的前期工作内容和准备时间，各项土建工程的建设工期，可以根据工程具体情况参照应用。

**第八十五条** 阐述投资控制有关规定。

一～三、城市轨道交通工程复杂，投资大，工期长，属于重大工程项目，该项目的立项，往往是城市建设中的第一号工程。因此要严格执行国家、行业和地方有关造价的规定和法令，按动态管理编制投资估（概）算，进行方案的技术经济比较，控制工程造价，以便进行资金筹措和控制投资。

四、大力发展公共交通和轨道交通是重要国策。为此必须引起城市领导重视，要使建设资金得到保障，必须加大政府投入力度，提高项目资本金的比例。同时减少建成后还贷的财务风险。

五、要求进行专业和系统的分项投资分析和评价，是为控制和检查投资总量而采用的基本方法。对每阶段的方案深化和投资变化说明原因。

对各设计阶段的总投资的变化幅度提出控制要求：可行性研究阶段的总投资不宜超过预可行性研究的15%；总体设计与初步设计均不得超过可行性研究阶段的10%。以上规定是根据各城市轨道交通工程在不同阶段方案研究深度要求基础上，随方案深化，在工程上从规划到实施过程的复杂性和不稳定性的特点，又考虑到不同时期政策和价格的变化(如材料价格、房屋拆迁费)，参照以往政策规定，确定其投资控制变化率分别在15%和10%的限值。若超过上述限值，应予提出分析报告，向上级部门申报，按批复意见执行。

**第八十六条** 规定城市轨道交通可行性研究阶段的经济评价方法，按《建设项目经济评价方法与参数》（第三版）执行。城市轨道交通项目作为基础设施项目，是否需要建设，宜由社会需求和地方财力两个主要因素决定。

# 城市公共停车场工程项目建设标准

## 建标 128—2010

## 住房和城乡建设部、国家发展和改革委员会关于批准发布《城市公共停车场工程项目建设标准》的通知

建标〔2010〕33号

国务院有关部门，各省、自治区、直辖市、计划单列市住房和城乡建设厅（委、局）、发展和改革委员会，新疆生产建设兵团建设局、发展和改革委员会：

根据《关于印发〈2008年工程项目建设标准和建设项目评价方法与参数编制项目计划〉的通知》（建标函〔2008〕24号）的要求，由住房和城乡建设部城市建设司组织编制的《城市公共停车场工程项目建设标准》，已经有关部门会审，现批准发布，自2010年7月1日起施行。

本建设标准的管理由住房和城乡建设部、国家发展和改革委员会负责，具体解释工作由住房城乡建设部负责。

中华人民共和国住房和城乡建设部
中华人民共和国国家发展和改革委员会
二〇一〇年三月九日

## 前　　言

《城市公共停车场工程项目建设标准》是根据建设部《关于印发〈2008年工程项目建设标准和建设项目评价方法与参数编制项目计划〉的通知》（建标函〔2008〕24号）的要求，由住房和城乡建设部城市建设司组织北京市政路桥建设控股（集团）有限公司、北京市市政专业设计院有限责任公司等单位共同编制的。

城市公共停车场是重要的城市基础设施，是机动车使用过程中必不可少的需求条件，同时又是城市交通需求管理、交通调控的有效手段，城市公共停车场的合理建设是提高城市运转效能的重要举措，是城市交通持续稳定发展的基础和保障。

近年来，随着城市化进程的加快，居民出行机动化水平提高，城市道路交通量日益增长，停车问题也日益凸现，对城市的经济生活产生了一定的影响；由于停车位缺乏，机动车的随意停放降低道路通行能力、诱发交通事故、降低城市的活力、破坏景观与环境等情况的

存在，城市公共停车场建设管理亟待加强。因此，编制科学、合理的城市公共停车场工程项目建设标准，促进城市公共停车场的建设，已成为促进停车事业发展亟待解决的问题。

《城市公共停车场工程项目建设标准》编制工作的指导思想：贯彻落实科学发展观，体现国家有关城市公共停车场发展及汽车产业政策，坚持更好地为公众服务，充分发挥停车事业在建设和谐社会中的作用。标准编制组坚持以人为本，以安全、环保、适用、经济、科学、合理、节约为原则，立足中国现实，参考国际标准，强化城市公共停车场信息化管理理念，对标准的编制做了大量的工作。

在编制过程中，编制组进行了广泛、深入的调查研究，整理了国外部分城市公共停车场规划建设资料，总结了近年来我国城市公共停车场建设的经验教训，分析了大量的统计资料，稿件经多次讨论，并广泛征求全国各有关部门、单位及专家的意见，反复修改，最后由住房和城乡建设部会同有关部门审查定稿。

本建设标准共七章，五十四条，主要内容包括：总则、建设项目规模与构成、规划布局与选址、建筑标准与面积指标、建筑设备、安全防护与环境保护、主要技术经济指标。

本建设标准在施行过程中，请各单位注意总结经验，积累资料，如需要修改和补充之处，请将意见和有关资料寄至北京市市政专业设计院有限责任公司《城市公共停车场工程项目建设标准》编制组（地址：北京市西城区百万庄大街3号，邮政编码：100037），以便今后修订时参考。

**主 编 单 位：** 北京市政路桥建设控股（集团）有限公司
北京市市政专业设计院有限责任公司
**参 编 单 位：** 中工国城科技（北京）有限公司
北京市城市规划设计研究院
南京市城市与交通规划设计研究院有限责任公司
北京建筑工程学院
北京市工程咨询公司
**主要参编人员：** 张 汎 刘四田
**主 要 起 草 人：** 张玉轻 陈桂英 蔡华民 李秀敏 於 昊
张新天 张晓妍
**参 加 人 员：** 马晓鹏 王 鑫 王 磊 田丽凤 田丽莉 牟小倩 刘宝林
宋晓梅 张 凯 段文志 郭明洋 钱林波 高金岐 潘俊卿
戴冀峰

## 第一章 总 则

**第一条** 为适应城市公共停车场工程项目建设发展的需要，提高城市公共停车场工程项目决策、建设和管理水平，合理控制建设和投资规模，推进技术进步，提高投资效益，改善城市交通环境，促进城市公共停车场的健康发展，制定本建设标准。

**第二条** 本建设标准是编制、评估和审批城市公共停车场工程项目建设的项目建议书和可行性研究报告的重要依据，是审查工程项目初步设计、监督检查整个建设过程、建设标准和项目后评价的依据。

**第三条** 本建设标准适用于城市公共停车场工程，为社会车辆提供停车服务的其他停车场工程参照执行。

**第四条** 城市公共停车场工程项目建设应遵守国家有关经济建设的法律法规及方针政策，坚持以人为本，严格执行有关劳动安全、节能减排、节约用地、消防、环境保护的规定，做到功能合理、经济适用。

**第五条** 城市公共停车场工程项目应在城市总体规划、控制性详细规划的指导下，远、近期结合，以近期为主，合理规划，适时建设，有序发展。

**第六条** 城市公共停车场工程项目宜进行布局与规模规划、编制项目建议书和可行性研究报告等前期工作。在可行性研究阶段，各地应按当地政府要求取得用地、规划、环境保护、交通等相关主管部门的审批意见。

**第七条** 城市公共停车场工程项目的规划建设，应与道路交通、用地、建筑物配建停车场的规划建设有机衔接，加强城市公共停车场的信息管理，促进城市现代化综合交通体系的建立，满足安全、便捷、通畅、高效的交通服务要求。

**第八条** 城市公共停车场工程项目建设除应执行本建设标准外，尚应符合国家现行有关标准的规定。

## 第二章 建设项目规模与构成

**第九条** 城市公共停车场工程项目建设规模应依据城市控制性详细规划、综合交通规划和城市停车规划，在综合考虑周边用地情况、停车需求、路网承载能力的基础上确定。

**第十条** 城市公共停车场规模按照停车位数量划分为特大型、大型、中型和小型四类，不同规模停车场停车位数量应符合表1的规定。

**表1 城市公共停车场规模分类**

| 停车场类型 | 停车位数量（个） | 停车场类型 | 停车位数量（个） |
|---|---|---|---|
| 特大型停车场 | >500 | 中型停车场 | 51～300 |
| 大型停车场 | 301～500 | 小型停车场 | ≤50 |

注：停车位数量以小型车停车位为标准车位，其他车型停车位换算系数见本建设标准附录一。

**第十一条** 城市公共停车场工程项目可由停车基本设施、建筑设备、安全防护与环境保护设施、管理设施和服务设施构成。

一、停车基本设施，包括停车位、行车通道及人行通道。机械式停车库还应包括机械停车设备。

二、建筑设备，包括给水排水系统、采暖通风系统、电气系统和交通工程设施。

三、安全防护与环境保护设施，包括消防、防雪、防滑等安全防护设施和绿化、降噪等环境保护设施。

四、管理设施，包括值班室（管理办公室）、控制室、防灾中心等管理用房。

五、服务设施，包括卫生间、等候室、洗车房等设施。

**第十二条** 停车基本设施、建筑设备、安全防护与环境保护设施属于城市公共停车场的必要构成部分。管理设施和服务设施应根据城市公共停车场的规模及功能要求合理选择，并按本建设标准附录二的规定配置。

**第十三条** 城市公共停车场及为社会车辆提供停车服务的其他停车场均应采集并上传停车信息。特大、大型停车场应建设停车诱导、电子监控等信息系统及防灾安保系统，应考虑新能源汽车对停车场设施的需求。特大型城市公共停车场应按停车位数量均衡分组设置，每组停车位数量不得超过500个。

## 第三章　规划布局与选址

**第十四条**　城市公共停车场宜在客流集中的商业办公区、旅游风景区、体育场馆和公共交通枢纽等处规划布局与选址。

**第十五条**　城市公共停车场规划应充分利用城市土地资源，重视地下空间的开发与利用，集约用地，因地制宜地选择停车场形式。城市公共停车场宜结合城市公园绿地、广场、体育场馆及地下人防设施修建地下停车库，在停车需求较大的区域宜建设地上停车楼、机械式停车库。

**第十六条**　规划城市公共停车场宜设置一定比例的无障碍停车位，并符合表2的规定。

**表2　无障碍停车位数量设置标准**

| 停车场规模＼项目 | 无障碍停车位数（不宜少于） |
| --- | --- |
| 特大型停车场 | 总车位的1% |
| 大型停车场 | 4个 |
| 中型停车场 | 2个 |

**第十七条**　城市公共停车场的选址要考虑合理的服务半径，与主要服务对象的距离在城市一般地区不宜大于300m，市中心地区不宜大于200m。

**第十八条**　城市公共停车场规划选址应避开地质断层及可能产生滑坡等地质灾害的不良地质地区。

**第十九条**　大、中型停车场出入口不得少于2个，特大型停车场出入口不得少于3个，并应设置专用人行出入口，且两个机动车出入口之间的净距不小于15m。

**第二十条**　停车场的出口与入口宜分开设置，单向行驶的出（入）口宽度不得小于5m，双向行驶的出（入）口宽度不得小于7m。小型停车场只有一个出入口时，出入口宽度不得小于9m。

**第二十一条**　城市公共停车场出入口要具有良好的视野，机动车出入口的位置（距离道路交叉口宜大于80m）距离人行过街天桥、地道、桥梁或隧道等引道口应大于50m；距离学校、医院、公交车站等人流集中的地点应大于30m。

**第二十二条**　在进行城市公共停车场出入口设置时，应进行交通组织设计。

**第二十三条**　出入口设置在城市主干路的城市公共停车场，机动车交通组织应采用右进右出的方式，严禁左转直接驶入（出）主干路；出入口设置在城市次干路、支路上的城市公共停车场，机动车交通组织宜采用右进右出的方式，在不影响对向道路交通的情况下，可采用左转方式驶入（出）。

**第二十四条**　城市公共停车场平面设计时应根据实际情况选择内部交通组织方式，并确保内部交通的安全、顺畅、便捷。

## 第四章　建筑标准与面积指标

**第二十五条**　城市公共停车场用地面积或建筑面积按标准车停车位计算，地面停车场停车位用地面积为（25～30）$m^2$/标准车停车位，地下停车库与地上停车楼停车位建筑面积为（30～40）$m^2$/标准车停车位，机械式停车库停车位建筑面积为（15～25）$m^2$/标准车停车位。

**第二十六条**　自走式停车场停车位布置可采用垂直式、平行式和斜列式，也可混合布置。

**第二十七条**　机械式停车库的建筑设计应根据总体布局需要，结合机械停车设备的运行特点和有关技术资料的规定进行设计，并符合现行国家标准《机械式停车设备通用安全要求》GB 17907和现行行业标准《机械式停车设备类别、型式与基本参数》JB/T 8713 的有关规定。

**第二十八条**　等待车位应与停车场规模相匹配，机械式停车库的等待车位不应小于2个，当出入口分设时，应至少设1个。当机械式停车库布置为车辆需倒退驶向道路时，应设置转台。

**第二十九条**　组合式停车场的建筑形式应满足停车需求，同时保证人员安全、迅速疏散的要求；组合式停车场通道和出入口设置中应协调考虑，避免组合式停车场中不同类型停车场车辆出入产生冲突，保证车辆出入顺畅。

**第三十条**　无障碍停车位应布置在距停车场无障碍出入口最近的位置，并具备无障碍连接通道。标准无障碍车位应包括无障碍上下车的通道，车位宽度为普通车位宽度的 1.5 倍，应采用无障碍标识指引停车场无障碍出入口、通道，无障碍车位与上下车区域。

## 第五章　建 筑 设 备

**第三十一条**　城市公共停车场应设置给水排水系统、采暖通风系统、电气系统、交通工程设施等必需的建筑设备。各类建筑设备应统筹设计，合理布置。

**第三十二条**　城市公共停车场给水系统可分设生产给水、生活给水、绿化给水和消防给水系统。给水系统宜利用城市市政给水管网直接供水，当水压、水量不足时应设置贮水调节和加压装置。各给水系统及其设施应符合现行国家标准《建筑给水排水设计规范》GB 50015 的规定，消防给水系统及其设施还应符合现行国家标准《建筑设计防火规范》GB 50016、《汽车库、修车库、停车场设计防火规范》GB 50067 的相关规定。

**第三十三条**　城市公共停车场排水系统的各种污水排放，应符合现行国家标准《污水综合排放标准》GB 8978 的规定，并应分类集中排入城市排水系统。地面停车场的生活污水、消防及冲洗废水和大气降水宜自流排入城市污水及雨水排水系统，地面停车场的雨水收集应符合现行国家标准《建筑与小区雨水利用工程技术规范》GB 50400 的规定，地下停车库的低洼处应分类集中设置排水泵站（房），提升排入相应排水系统。

**第三十四条**　严寒地区和寒冷地区地下停车库、地上停车楼内应设置集中采暖系统，并应符合现行国家标准《采暖通风与空气调节设计规范》GB 50019 的相关规定。

**第三十五条**　城市公共停车场中的地下停车库、地上停车楼的通风系统应优先利用自然通风，自然通风不能满足场内卫生条件时应设置独立的送、排风系统。

**第三十六条**　城市公共停车场电气系统由供配电系统、照明系统等组成。供配电系统设计及供电要求、供配电线路及其相关电器设备产品与安装要求应满足现行行业标准《民用建筑电气设计规范》JGJ 16 与现行国家标准《供配电系统设计规范》GB 50052 的相关要求。

**第三十七条**　地面停车场应具备照明供电条件，地面照度应略高于与其衔接的道路。地上停车楼、地下停车库与机械式停车库的人车通道、配电室、值班室应设置应急照明，具备事故照明持续时间 30min 的条件，照度标准应满足现行行业标准《汽车库建筑设计规范》JGJ 100 的相关要求。

**第三十八条**　三层及以上特大、大型地下停车库与地上停车楼应设客用电梯，电梯的电气设备应符合现行行业标准《民用建筑电气设计规范》JGJ 16 的相关规定。客梯兼做消防电梯时尚应符合现行国家标准《汽车库、修车库、停车场设计防火规范》GB 50067 的相关规定。

**第三十九条** 城市公共停车场应根据类型、建设规模等级设置交通工程设施。交通工程设施可分为交通管理设施与交通安全设施。交通管理设施包括标志、标线、信息系统和运行监控系统等；交通安全设施包括护栏、隔离设施、防撞设施等。

**第四十条** 城市公共停车场交通标志，宜采用附着式标志安装方式，条件受限时也可采用单柱、悬臂或门架式标志安装方式。交通标志不应侵占行车与停车限界。交通标志版面形状、颜色、尺寸、构造与支持要求等应符合现行国家标准《道路交通标志和标线》GB 5768中一般城市道路交通标志技术标准的相关规定，还应符合现行国家标准《标志用公共信息图形符号》GB/T 10001 的相关规定。

**第四十一条** 交通标线包括标划与设置于停车场地面的各种线条、箭头、文字、立面标记、凸起路标与轮廓标等。特大、大型城市公共停车场应以交通标线区分停车位、行车道、禁行(停) 部位及场内分区等。交通标线的设置原则、形状、尺寸、材料要求等应符合现行国家标准《道路交通标志和标线》GB 5768 中一般城市道路交通标线技术标准的相关规定。

**第四十二条** 公共停车场宜设置与政府公共信息管理系统实现兼容与共享的信息系统，并预留接口。

**第四十三条** 特大、大型停车场应设置信号灯、警报灯、信息板等信息系统以辅助场内交通组织与管理。信号灯与信息板的设置应满足使用者的可视性，且应与停车场其他监控系统相结合，实现自动控制。对具备条件的特大、大型停车场宜设置包括信息采集处理与发布功能的停车诱导系统。

**第四十四条** 具有车辆进出控制及收费管理要求的城市公共停车场应设置行车指示系统，宜设置运行监控系统，特大、大型和机械式城市公共停车场应设置运行监控系统。

**第四十五条** 城市公共停车场运行监控系统应具备入口车位信息显示及出口收费显示、出入车挡控制、出入车辆识别控制、自动计费收费管理、保安对讲报警、视频安防监控、分区车辆统计等功能。运行监控系统宜独立运行，通过中央控制室实施智能化管理，亦可与其他管理监控系统联网。其系统设计、控制设备与安装要求应符合现行行业标准《民用建筑电气设计规范》JGJ 16 的有关规定。

**第四十六条** 无侧墙坡道、开敞式停车楼临空面应设置刚性护栏，场内弯道、坡道等特殊部位应根据需要选择适宜类型护栏防护。城市公共停车场应根据使用要求设置金属网、绿篱、混凝土或钢柱式隔离封闭设施。护栏与隔离设施的材料与结构要求应符合现行行业标准《公路交通安全设施设计规范》JTG D81 的相关规定。城市公共停车场应在停车位临障碍处设置停车挡，以保障停车安全，宜在场内柱、墙阳角及凸出构件等部位设置防撞措施，停车挡与防撞措施设置原则与要求应符合现行行业标准《汽车库建筑设计规范》JGJ 100的有关规定。

## 第六章 安全防护与环境保护

**第四十七条** 城市公共停车场应设置有效的预防和救灾设施，城市公共停车场行车坡道应采取防雪、防滑等措施。

**第四十八条** 城市公共停车场距建筑物的距离应考虑安全、消防、噪声、震动和景观等因素，噪声超标的机电设备应采取减震、降噪措施，在人口、建筑稠密地区建设的停车场建筑应采取防止产生光污染的相关措施。

**第四十九条** 城市公共停车场的机电设备应采用质量可靠、技术合理的设备。对有可能危及人身安全的设备应采取安全防护措施。

**第五十条** 城市公共停车场应合理安排停车位与绿化的比例，宜建设成绿化型停车场。

# 第七章 主要技术经济指标

**第五十一条** 城市公共停车场工程项目总投资包括建设投资、建设期利息和流动资金。其中，建设投资由工程费用（建筑工程费、设备购置费、安装工程费）、工程建设其他费用和预备费构成；建设期利息包括银行借款和其他债务资金的利息，以及其他融资费用；流动资金指运营期内长期占用并周转使用的营运资金。

**第五十二条** 城市公共停车场工程项目建设工期可按本建设标准附录三的规定选用。

**第五十三条** 城市公共停车场工程项目的投资估算，应按国家现行有关规定编制。

**第五十四条** 城市公共停车场工程项目的经济评价，应按国家现行的建设项目经济评价方法与参数的规定执行。

## 附录一 机动车停车位换算当量系数表

| 车型 | 微型车 | 小型车 | 中型车 | 大型车 | 铰接车 |
|---|---|---|---|---|---|
| 换算系数 | 0.7 | 1.0 | 2.0 | 2.5 | 3.5 |

## 附录二 不同类型城市公共停车场项目构成设置表

<table>
<tr><th colspan="2" rowspan="3">项目构成</th><th colspan="8">自走式停车场</th><th colspan="4" rowspan="2">机械式停车库</th><th rowspan="3">备注</th></tr>
<tr><th colspan="4">地面停车场</th><th colspan="4">地下停车库或地上停车楼</th></tr>
<tr><th>特大型</th><th>大型</th><th>中型</th><th>小型</th><th>特大型</th><th>大型</th><th>中型</th><th>小型</th><th>特大型</th><th>大型</th><th>中型</th><th>小型</th></tr>
<tr><td rowspan="4">停车基本设施</td><td>停车位</td><td>●</td><td>●</td><td>●</td><td>●</td><td>●</td><td>●</td><td>●</td><td>●</td><td>●</td><td>●</td><td>●</td><td>●</td><td>地面停车场停车位用地面积为（25～30）m²/标准停车位，地下停车库与地上停车楼停车位建筑面积为（30～40）m²/标准停车位，机械式停车库停车位建筑面积为（15～25）m²/标准停车位</td></tr>
<tr><td>行车通道</td><td>●</td><td>●</td><td>●</td><td>●</td><td>●</td><td>●</td><td>●</td><td>●</td><td>●</td><td>●</td><td>●</td><td>●</td><td rowspan="2">宽度要求符合现行行业标准《汽车库建筑设计规范》JGJ 100的相关规定</td></tr>
<tr><td>人行通道</td><td>●</td><td>●</td><td>●</td><td>●</td><td>●</td><td>●</td><td>●</td><td>●</td><td>●</td><td>●</td><td>●</td><td>●</td></tr>
<tr><td>机械停车设备</td><td>—</td><td>—</td><td>—</td><td>—</td><td>—</td><td>—</td><td>—</td><td>—</td><td>●</td><td>●</td><td>●</td><td>●</td><td>机械停车设备符合现行国家标准《机械式停车设备通用安全要求》GB 17907和现行行业标准《机械式停车设备类别、型式与基本参数》JB/T 8713的相关规定</td></tr>
</table>

续表

| 项目构成 | | 自走式停车场 | | | | | | | | 机械式停车库 | | | | 备注 |
|---|---|---|---|---|---|---|---|---|---|---|---|---|---|---|
| | | 地面停车场 | | | | 地下停车库或地上停车楼 | | | | | | | | |
| | | 特大型 | 大型 | 中型 | 小型 | 特大型 | 大型 | 中型 | 小型 | 特大型 | 大型 | 中型 | 小型 | |
| 建筑设备 | 给水排水系统 | ● | ● | ● | ● | ● | ● | ● | ● | ● | ● | ● | ● | 给水系统及其设施应符合现行国家标准《建筑给水排水设计规范》GB 50015的规定，消防给水系统及其设施还应符合现行国家标准《建筑设计防火规范》GB 50016和《汽车库、修车库、停车场设计防火规范》GB 50067的相关规定；排水系统的各种污水排放，应符合现行国家标准《污水综合排放标准》GB 8978的相关规定 |
| | 采暖通风系统 | — | — | — | — | ● | ● | ● | ● | ● | ● | ● | ● | 采暖通风系统应符合现行国家标准《采暖通风与空气调节设计规范》GB 50019的相关规定 |
| | 电气系统 | ●[1] | ●[1] | ● | ● | ●[1] | ●[1] | ● | ● | ●[1] | ●[1] | ● | ● | 电气系统应符合现行行业标准《民用建筑电气设计规范》JGJ 16和现行国家标准《供配电系统设计规范》GB 50052的相关规定 |
| | 交通工程设施 | ●[2] | ●[2] | ● | ● | ●[2] | ●[2] | ●[2] | ●[2] | ●[2] | ●[2] | ● | ● | 交通标志应符合现行国家标准《道路交通标志和标线》GB 5768和《标志用公共信息图形符号》GB/T 10001的相关规定；交通标线应符合现行国家标准《道路交通标志和标线》GB 5768的相关规定；运行监控系统应符合现行行业标准《民用建筑电气设计规范》JGJ 16的有关规定；护栏应符合现行行业标准《公路交通安全设施设计规范》JTG D81的相关规定 |
| 安全防护与环境保护设施 | 消防 | ● | ● | ● | ● | ● | ● | ● | ● | ● | ● | ● | ● | 应符合现行国家标准《汽车库、修车库、停车场设计防火规范》GB 50067的相关规定 |
| | 防雪、防滑 | ● | ● | ● | ● | ● | ● | ● | ● | ● | ● | ● | ● | |
| | 绿化 | ● | ● | ● | ● | ◎ | ◎ | ◎ | ◎ | ◎ | ◎ | ◎ | ◎ | — |
| | 降噪 | ◎ | ◎ | ◎ | ◎ | ◎ | ◎ | ◎ | ◎ | ◎ | ◎ | ◎ | ◎ | 应符合现行国家标准《声环境质量标准》GB 3096的相关规定 |

**续表**

| 项目构成 | | 自走式停车场 | | | | | | | | 机械式停车库 | | | | 备注 |
|---|---|---|---|---|---|---|---|---|---|---|---|---|---|---|
| | | 地面停车场 | | | | 地下停车库或地上停车楼 | | | | | | | | |
| | | 特大型 | 大型 | 中型 | 小型 | 特大型 | 大型 | 中型 | 小型 | 特大型 | 大型 | 中型 | 小型 | |
| 管理设施 | 值班室 | ● | ● | ● | ● | ● | ● | ● | ● | ● | ● | ● | ● | 为提供停车场管理服务而设置的设施，值班室为必选设施，也可根据管理需要设置管理办公室 |
| | 控制室 | ● | ◎ | ◎ | ◎ | ● | ◎ | ◎ | ◎ | ● | ● | ● | ● | |
| | 防灾中心 | ● | ◎ | ◎ | ◎ | ● | ◎ | ◎ | ◎ | ● | ● | ◎ | ◎ | |
| 服务设施 | 卫生间 | ● | ◎ | ◎ | ◎ | ● | ● | ◎ | ◎ | ● | ◎ | ◎ | ◎ | 主要为在此停放机动车的乘客、驾驶员和车辆提供服务 |
| | 等候室 | ◎ | ◎ | ○ | ○ | ◎ | ◎ | ○ | ○ | ◎ | ◎ | ◎ | ◎ | |
| | 洗车房 | ◎ | ◎ | ○ | ○ | ◎ | ◎ | ○ | ○ | ◎ | ◎ | ◎ | ○ | |

注：1　●表示必选项目构成，◎表示可根据具体情况选建项目构成，○表示不宜建设项目构成，●[1] 表示应设置适合电动汽车的停车场附属充电设施，●[2] 表示应设置运行监控设备。

2　组合式停车场根据其包含的不同类型的自走式停车场和（或）机械式停车场选用。

## 附录三　城市公共停车场建设工期

| 停车场 | 地区分类 | 工期（月） | | | |
|---|---|---|---|---|---|
| | | 小型 | 中型 | 大型 | 特大型 |
| 地面停车场 | Ⅰ | 2.5～2.7 | 2.7～4.0 | 4.0～4.8 | ≥4.8 |
| | Ⅱ | 2.8～3.0 | 3.0～4.5 | 4.5～5.3 | ≥5.3 |
| | Ⅲ | 3.2～3.3 | 3.3～5.0 | 5.0～5.8 | ≥5.8 |
| 自走式停车楼（库） | Ⅰ | 5.0～6.8 | 5.7～13.8 | 8.8～16.2 | ≥11.3 |
| | Ⅱ | 5.3～7.2 | 6.0～14.3 | 9.2～16.7 | ≥12.3 |
| | Ⅲ | 5.8～7.8 | 6.2～15.0 | 10.0～17.3 | ≥12.7 |

注：1　表中建设工期是指建设项目或单项工程从破土至全部建成交付使用所需的时间。

2　表中建设工期不包括因返工、资金不到位、停工待料及自然灾害等影响而延误的工期。

3　表中各类地区为：Ⅰ类地区包括上海、江苏、浙江、安徽、福建、江西、湖北、湖南、广东、广西、四川、贵州、云南、重庆、海南；Ⅱ类地区包括北京、天津、河北、山西、山东、河南、陕西、甘肃、宁夏；Ⅲ类地区包括内蒙古、辽宁、吉林、黑龙江、西藏、青海、新疆。

## 附录四　名 词 解 释

一、城市公共停车场：指依据城市停车规划确定的，除建筑物配建停车场外的公共停车场。

二、建筑物配建停车场：指公共建筑和居住区依据有关规定所附设的，为本建筑物内各单位就业或居住人员，以及前来联系工作、洽谈业务、走亲访友等人员提供机动车、非机动车停放的专用场所。

三、公共停车场：指为社会车辆提供停车服务的场所，包括在建筑物配建停车场中由业主申报，政府主管部门批准，为社会车辆提供停车服务的停车场和城市公共停车场。

四、自走式停车场：指车辆能够自行行驶至停车位的停车场。根据建筑类型分为地面停车场、地下停车库和地上停车楼三种类型。

五、机械式停车库：指依赖机械式停车设备将车辆送入停车位的停车场所，按照使用的停车设备不同分为：升降横移类、简易升降类、巷道堆垛类、垂直升降类、平面移动类、垂直循环类、多层循环类等。

六、组合式停车场：指由自走式停车场与机械式停车场或者不同类型的自走式停车场、机械式停车场组合而成的停车场。

七、停车位：指自走式停车场中为停放车辆而划分的停车空间或机械停车设备中停放车辆的部位，它由车辆本身的尺寸加四周必需的空间组成。

八、行车通道：指供车辆进出停车场、在不同停车位或停车区之间行驶的通道。对于自走式停车场而言，行车通道包括出入口和停车场内通道；对于机械式停车库而言，行车通道通常指停车设备的进出口及该设备运行的空间。

九、人行通道：指停车场中供人员通行的空间，它包括人行步道、轮椅通道及楼梯、电梯等。

## 附　件

# 《城市公共停车场工程项目建设标准》条文说明

## 第一章　总　则

**第一条**　本条说明了本建设标准编制的目的。

城市公共停车场是重要的城市基础设施，是依据城市总体规划、控制性详细规划、综合交通规划及停车专项规划确定的为社会车辆提供停车服务的场所。城市公共停车场的合理建设是提高城市运转效能的重要举措，是城市交通持续稳定发展的基础和保障。为加强城市公共停车场工程项目的建设管理，编制本建设标准。

**第二条**　本条说明了本建设标准的作用。

城市公共停车场工程项目建设标准的编制，有助于合理确定相关停车设施的建设内容和建设规模，改进建设实施方式；有助于规范政府投资项目的建设标准，加强政府投资项目管理和监督；有助于提高决策科学化和建设项目管理水平、推动技术进步、节约资源、保护环境，充分发挥投资效益。

具体作用如下：

一、是为编制者、评估者和审批者三个层次的对象服务。

二、是编制城市公共停车场工程项目建设的项目建议书和可行性研究报告的重要依据。

三、是审查工程项目初步设计、监督检查整个建设过程、建设标准和项目后评价的依据。

四、是对城市公共停车场用地指标、建设规模、建造水平、设施配置、投资估算等做出明确的规定，为政府主管部门对使用公共财政资金投资建设的城市公共停车场工程项目决策和确定投资总量提供依据。

**第三条** 本条说明了本建设标准的适用范围。

城市公共停车场按照停放车辆类型分为机动车停车场和非机动车停车场。机动车停车场是指专供由动力装置驱动或牵引，在道路上行驶的，供乘用或（和）运送物品或进行专项作业的轮式车辆（不包括任何在轨道上运行的车辆）停放的停车场；非机动车停车场是专供不具备动力装置驱动或虽有动力装置驱动但设计最高时速、空车质量、外形尺寸符合有关国家标准的残疾人机动轮椅车、电动自行车等车辆停放的停车场。

机动车停车场按停放位置分为路外停车场和路内停车位。路内停车位是指在道路用地红线以内划设的供机动车停放的场所，路外停车场是指在道路用地红线以外专门开辟、建设的停车场所。

本建设标准不包含非机动车停车场及路内停车场。

停车场按城市规划管理分为建筑物配建停车场、城市公共停车场两种类型。建筑物配建停车场指公共建筑和居住区依据有关规定所附设的，为本建筑物内各单位就业或居住人员，以及前来联系工作、洽谈业务、走亲访友等人员提供机动车、非机动车停放的专用场所；城市公共停车场指依据城市总体规划、控制性详细规划、综合交通规划及停车专项规划等确定的非配套建设的为社会车辆提供停车服务的停车场所。

在建筑物配建停车场中由业主申报，政府主管部门批准，为社会车辆提供停车服务的停车场，以及城市公共停车场，统称为公共停车场，即为社会车辆提供停车服务的场所。

本建设标准适用于城市公共停车场工程项目，为社会车辆提供停车服务的其他停车场工程项目参照执行。

**第四条** 本条说明了城市公共停车场工程项目建设应遵循的法规、产业经济技术政策。

城市公共停车场工程项目建设应严格遵循国家法律法规和相关方针政策，以坚持更好地为公众服务、充分发挥停车事业在建设和谐社会中的作用为宗旨，因地制宜，合理确定建设水平。城市公共停车场建设要充分考虑各地经济发展不平衡和城市公共停车场的现实需要，使停车场的建设标准既符合我国国情又适应社会发展，坚持以人为本，充分体现国家有关劳动安全、节能减排、节约用地、消防、环境保护等政策和行业发展方针，争取做到功能齐全、设施完善、设计规范、经济适用，能够满足停车场在较长一段时间的停车需要。

**第五条** 本条说明了城市公共停车场规划建设的基本原则。

城市公共停车场规划建设过程中，必须以城市总体规划、控制性详细规划为指导确定用地和建设规模，原则上不得突破城市规划的要求。

城市公共停车场规划建设时应首先制定远期发展规划，在此基础上细化近期建设规划，实现远、近期相结合，以近期为主，合理规划，适时建设，有序发展。

**第六条** 本条说明了城市公共停车场工程项目建设的前期工作要求。

城市公共停车场工程项目建设时首先宜进行布局与规模规划，在布局与规模确定的基础上编制项目建议书和可行性研究报告，或者项目建议书（代可行性研究报告）。

可行性研究报告中应包括但不限于用地、规划、环境保护和交通等相关主管部门的审批意见。特殊位置、特大规模和特定要求的城市公共停车场尚应取得地质、文物保护、消防等政府部门的审批意见。各地也可视当地经济发展政策、交通发展趋势、城市公共停车场规划建设及管理的实际情况，适度增加审批意见要求。

**第七条** 本条说明了城市公共停车场工程项目建设与其他基础设施建设、土地开发之间的关系。明确了城市公共停车场信息管理的重要性，以促进城市现代化综合交通体系的建立。

城市公共停车场是重要的城市基础设施，是建筑物配建停车场的补充，与道路、用地开发密不可分，因此，在规划建设过程中，应充分考虑与道路交通、用地、建筑物配建停车场规划建设衔接问题。公共停车场的相关信息是分析城市停车特征的基础数据之一，是分析评价停车现状、制定和完善停车政策的基础。城市公共停车场及为社会车辆提供停车服务的其他停车场均应采集并上传停车信息。各城市应加强公共停车场的信息管理，可建立统一的公共停车场信息管理系统，可在公共停车场中推行电子收费系统，以方便信息采集。

**第八条** 本条说明了本建设标准与国家现行有关标准的关系。

## 第二章 建设项目规模与构成

**第九条** 本条说明了城市公共停车场规模确定的方法。

城市公共停车场规划建设应以控制性详细规划为依据，在综合交通规划和停车专项规划的基础上，对周边用地现状和规划、停车需求预测、路网承载能力进行分析，根据分析结果确定城市公共停车场建设规模。

**第十条** 本条说明了城市公共停车场的规模分类。

本分类方式按照规划建设的城市公共停车场中停车位的数量进行划分，停车位数量计算时采用标准车位，各车型停车位根据车辆长度、宽度等因素换算成标准车位。

停车场规模划分参照现行行业标准《汽车库建筑设计规范》JGJ 100—98 中第 1.0.4 条的规定。

将各车型停车位换算当量列于附录一，附录一中各车型停车位换算当量参考《停车场规划设计规则（试行）》第七条，即：机动车停车场车位指标，以小型汽车为计算当量。设计时，应将其他类型车辆按附表 1 所列换算系数换算成当量车型，以当量车型核算车位总指标。

**附表 1 停车场（库）设计车型外廓尺寸和换算系数**

| 车辆类型 | | 各类车型外廓尺寸（m） | | | 车辆换算系数 |
|---|---|---|---|---|---|
| | | 总长 | 总宽 | 总高 | |
| 机动车 | 微型汽车 | 3.20 | 1.60 | 1.80 | 0.70 |
| | 小型汽车 | 5.00 | 2.00 | 2.20 | 1.00 |
| | 中型汽车 | 8.70 | 2.50 | 4.00 | 2.00 |
| | 大型汽车 | 12.00 | 2.50 | 4.00 | 2.50 |
| | 铰接车 | 18.00 | 2.50 | 4.00 | 3.50 |

注：1 三轮摩托车可按微型汽车尺寸计算。

2 两轮摩托车可按自行车尺寸计算。

3 车辆换算系数是按面积换算。

**第十一条** 本条说明了城市公共停车场工程项目的构成。

停车基本设施是城市公共停车场为了实现机动车停放的基本功能必须设置的设施，建筑设备是为了保障停车场能够正常运转而设置的配套设施，安全防护与环境保护设施是为了保障停车场安全、保护环境而设置的配套设施，管理设施是为了工作人员能够更好地管理停车场而设置的辅助设施，服务设施是停车场为了向停车者提供配套服务而设置的附属设施。

建设项目构成根据已经建设的城市公共停车场成功案例，参照现行行业标准《汽车库建筑设计规范》JGJ 100、国家建筑标准设计图集《机械式汽车库建筑构造》08J927—2和《汽车库（坡道式）建筑构造》05J927—1确定。

**第十二条** 本条说明了城市公共停车场建设项目构成配置的原则。

停车基本设施、建筑设备、安全防护与环境保护设施是为了实现城市公共停车场的基本功能，确保停车场正常运转，提高安全性，减少污染而必须设置的设施。管理设施和服务设施是城市公共停车场为了提高管理水平和服务水平而设置的设施，可根据停车场的功能要求和服务要求选择配置。

**第十三条** 本条说明了城市公共停车场建设项目构成应根据项目的建筑类型和规模不同分别考虑。特大型城市公共停车场应按停车位数量均衡分组设置，每组停车位数量不得超过500个；车位数每超过500个就应增加一个分组，每组停车位数量可根据停车场实际情况确定，宜均衡分组。

## 第三章　规划布局与选址

**第十四条** 本条说明了城市公共停车场适宜规划布局与选址的区域。

**第十五条** 本条说明了城市公共停车场建筑形式的选取原则，鼓励采用地下停车库、地上停车楼或机械式停车库。

根据建筑形式的不同，城市公共停车场分为自走式停车场、机械式停车库和组合式停车场。其中，自走式停车场分为地面停车场、地下停车库和地上停车楼。

城市公共停车场建筑类型选取时应遵循充分利用城市土地资源、集约用地，因地制宜的原则。在用地、停车位数量满足需求的条件下可选择地面停车场，但应鼓励结合城市公园绿地、广场、体育场馆及地下人防设施修建地下停车库；在停车需求较大的区域宜选择地上停车楼或组合式停车场等多种建筑类型；在用地狭小、停车需求较大的区域宜建设机械式停车库。

**第十六条** 本条说明了城市公共停车场中无障碍停车位的数量要求，参考了现行行业标准《城市道路和建筑物无障碍设计规范》JGJ 50及《无障碍建设指南》的有关规定。

**第十七条** 本条说明了城市公共停车场的服务半径要求。

服务半径是指停车场到所服务的建筑物之间的距离，本条规定参考了现行国家标准《城市道路交通规划设计规范》GB 50220的有关规定。

**第十八条** 本条说明了城市公共停车场规划选址时的地质要求，参考了现行行业标准《汽车库建筑设计规范》JGJ 100的有关规定。

**第十九条** 本条说明了停车场出入口数量和净距要求，参考现行国家标准《城市道路交通规划设计规范》GB 50220和现行行业标准《汽车库建筑设计规范》JGJ 100。停车场出入口数量以停车场出口、入口并设时的数量计算；停车场出口、入口分设时，以一进一出为一个出入口。

**第二十条** 本条说明了停车场出入口宽度设计要求，参考了现行国家标准《城市道路交通规划设计规范》GB 50220 和现行行业标准《汽车库建筑设计规范》JGJ 100、《城市道路设计规范》CJJ 37 的相关规定。

**第二十一条** 本条说明了城市公共停车场出入口设置的安全要求，参考了现行国家标准《城市道路交通规划设计规范》GB 50220 和现行行业标准《汽车库建筑设计规范》JGJ 100。机动车出入口到人行过街天桥、地道、桥梁或隧道引道口及学校、医院、公交车站等人流集中地点的距离均指到以上地点近端点的距离；与道路交叉口距离指与交叉口停止线的距离。

**第二十二条** 本条说明了城市公共停车场出入口设置时，应进行交通组织设计，包括对汇入城市道路的交通量进行交通影响分析，校核城市道路是否可以承载其产生的交通负荷。

**第二十三条** 本条说明了城市公共停车场出入口设置在主干路上时的交通组织衔接设计，为降低对主干道的交通影响，严禁采用左转的方式驶入（出）。同时，还说明了城市公共停车场出入口设置在次干路及支路上时的交通组织衔接设计。

**第二十四条** 本条说明了城市公共停车场内部交通组织的设置原则。

地面停车场内部交通组织方式主要有回环式、直通式、迂回式等 11 种形式（附图 1），设计时宜采用单向交通组织，以减少内部车辆交织，提高运行安全性；自走式地上停车楼和（或）地下停车库的交通组织主要有单斜路中央型、单斜路半边型等 11 种形式（附图 2），应根据多层停车库的层数及内部布局选择适当的形式，确保交通安全。

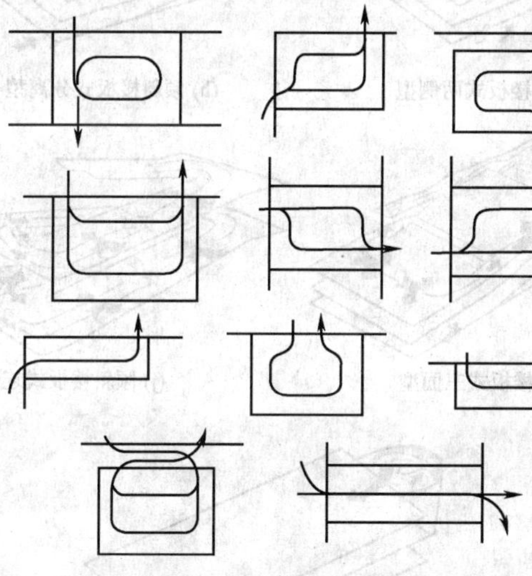

**附图 1 地面停车场内部交通组织方式**

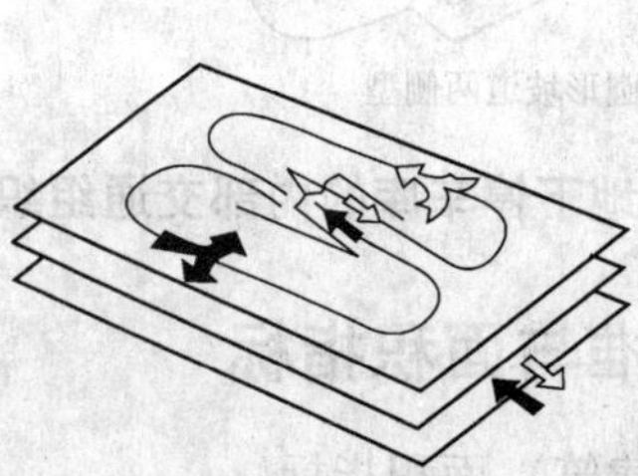

(a) 单斜路中央型

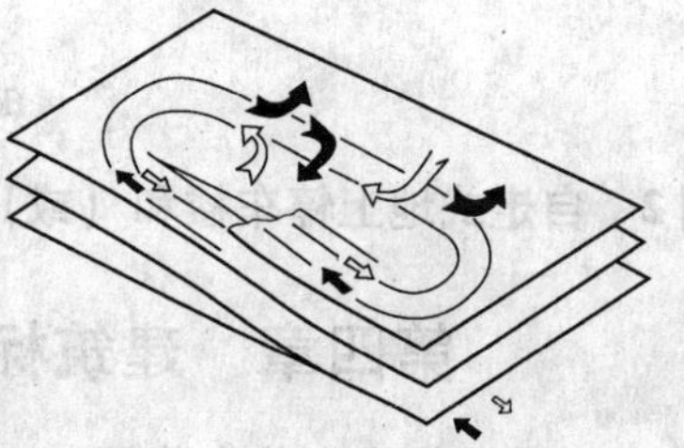

(b) 单斜路单边型

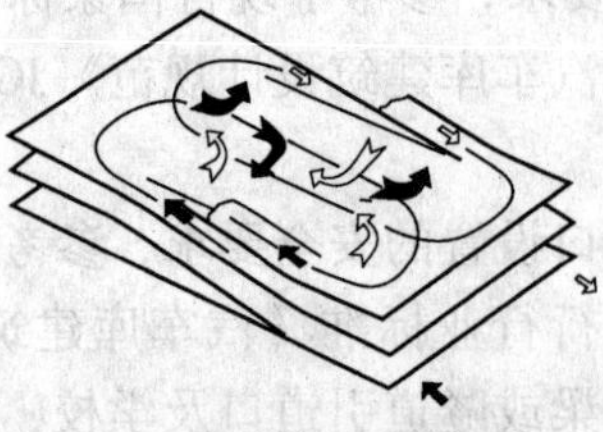

(c) 单直线斜路两侧型

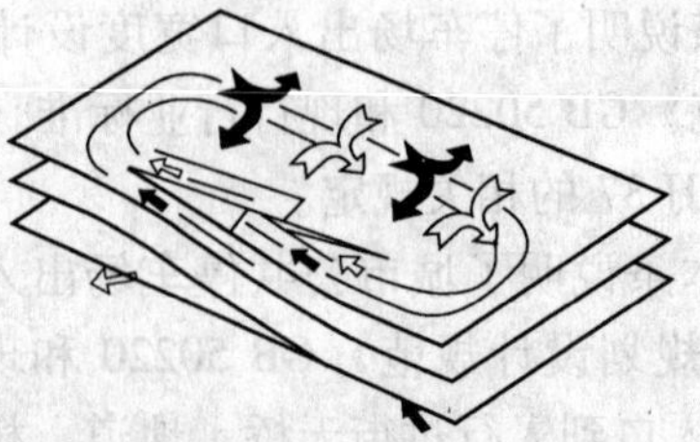

(d) 平行直线斜路单边型

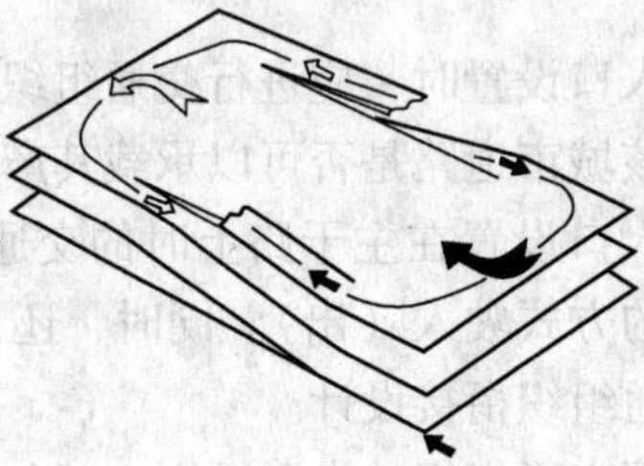

(e) 对行直线斜路两侧型

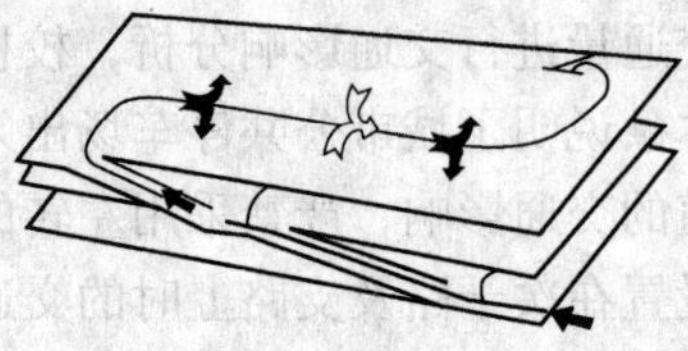

(f) 对行直线斜路连续型

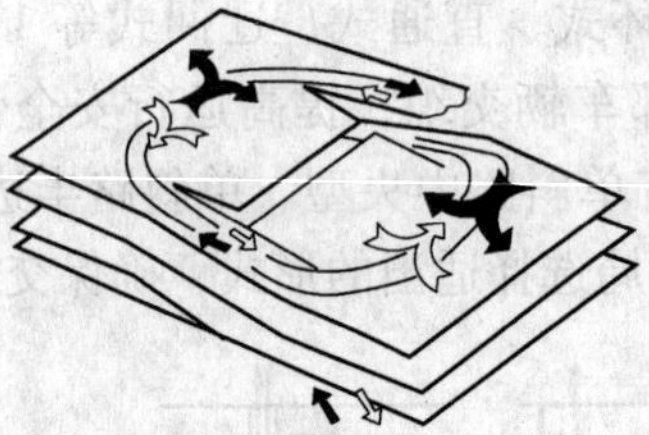

(g) 倾斜楼板式两侧型

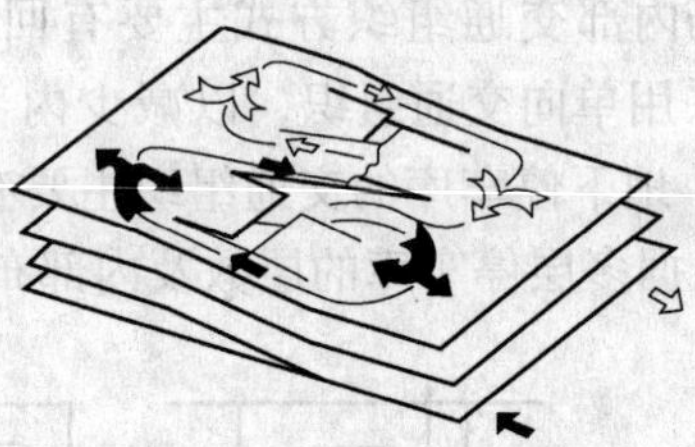

(h) 倾斜楼板式分离型

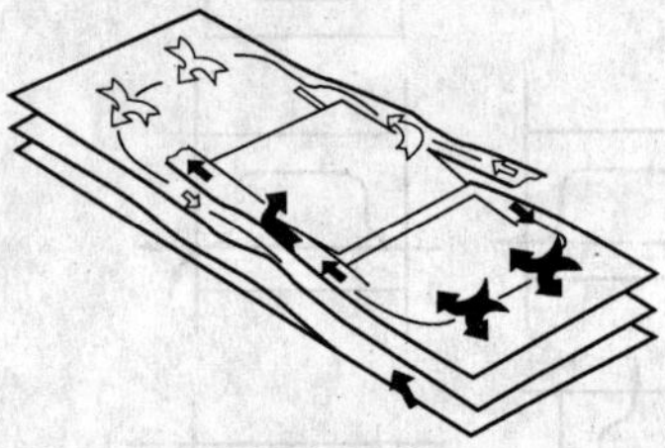

(i) 倾斜楼板式三面型

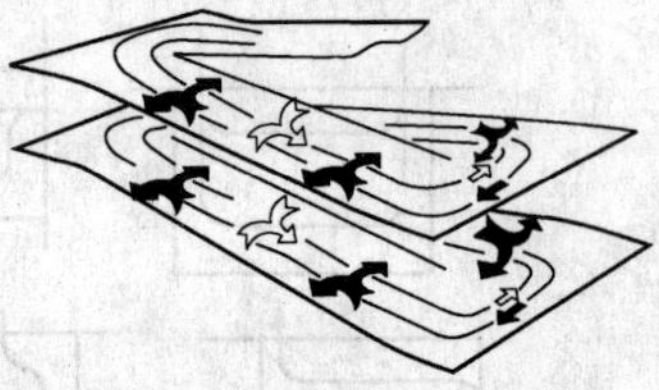

(j) 倾斜楼板式连续型

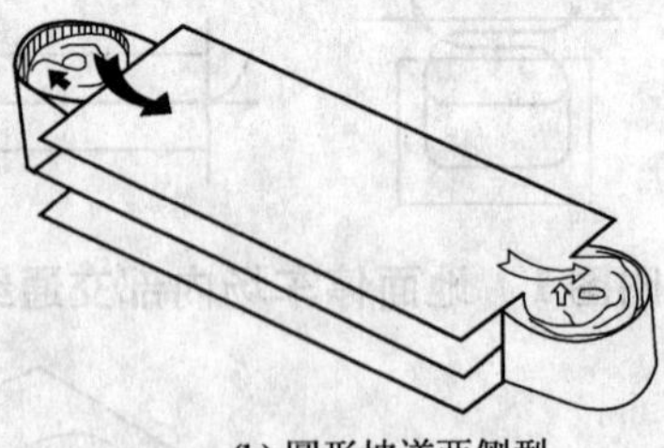

(k) 圆形坡道两侧型

**附图 2　自走式地上停车楼和（或）地下停车库的内部交通组织方式**

## 第四章　建筑标准与面积指标

**第二十五条**　本条说明了标准车停车位用地（建筑）面积指标。

标准车停车位以小型汽车为计算单位，其他车型按本建设标准附录一的换算系数折合为小型汽车的车位。参照现行行业标准《汽车库建筑设计规范》JGJ 100，根据国内多个城市典型公共停车场的设计实例，经分析确定：

地面停车场每辆车所需占用的空间称为停车位用地面积。停车位用地面积除车辆本身所占空间外，周围需留有一定空间，以保证在停放状态时能打开一侧车门和在行驶、调车过程中不发生碰撞；停车位用地面积不仅包括基本停车设施面积，还包括绿化面积以及管理、服务、附属等配套设施所占面积，其中地面停车场配套设施部分所占面积占总用地面积的 10% ~15% 。

地下停车库与地上停车楼停车位的建筑面积不仅包含每辆车所需停车位面积，还包括坡道、柱网等其他基本停车设施以及管理、服务、附属等配套设施所占建筑面积。地下停车库与地上停车楼停车位配套设施部分所占面积占总建筑面积的 15% ~20% 。

机械式停车库，每个停车位的建筑面积不仅包含每辆车所需停车位面积，还包括车辆升降器、旋转盘等设备以及管理、服务、附属等配套设施所占建筑面积，其中配套设施部分所占面积占总建筑面积的 5% ~10% 。机械式停车库每层布局形式类似情况下，平均用地面积可用建筑面积除以层数进行计算。

**第二十六条** 本条说明了自走式停车场的机动车停放方式，规定不同停放方式所需停车带和紧邻车位的停车通道面积及车辆正确入位后与相邻物体之间的最小净距要求。斜列式可以按具体情况选择角度，30°、45°、60°是最常用的、最具有代表性的三种情况。停车位布置角度越小，进、出车越方便，但是单位停车面积也越大。

**第二十七条** 本条说明了机械停车设备对相应建筑有一定要求，是配套建筑设计的主要依据。除应符合现行国家标准《机械式停车设备通用安全要求》GB 17907 和《机械式停车设备类别、型式与基本参数》JB/T 8713 的规定外，还应符合现行国家建筑标准设计图集《机械式汽车库建筑构造》08J 927—2 及现行行业标准《简易升降类机械式停车设备》JB/T 8909、《垂直循环类机械式停车设备》JB/T 10215、《垂直升降类机械式停车设备》JB/T 10475、《升降横移类机械式停车设备》JB/T 8910、《巷道堆垛类机械式停车设备》JB/T 10474、《平面移动类机械式停车设备》JB/T 10545 的规定。当需要更改这些条件时，建筑设计者必须与机械设备的设计或生产者进行充分协商，不得自行更改。

**第二十八条** 本条说明了机械式停车库等待车位设置的要求，参照了现行行业标准《汽车库建筑设计规范》JGJ 100 的相关要求。机械式停车库进出车时机械设备需要一定运行时间，本条文参考了日本的相关资料，要求库门前与城市道路间必须有 2 个或 2 个以上停车位，让汽车有在库外等候的条件；只有当进出口分开设置时，可以减为 1 个停车位；并规定了机械式停车库转台设置要求。

**第二十九条** 本条说明了组合式停车场建筑设计时，要充分考虑不同类型停车场的建筑特点，根据组合式停车场组合形式中不同类型停车场的标准，协调考虑，优化设计；为避免组合式停车场中不同类型停车场在进出车时的相互交叉，当停车场受场地或进出口设置限制而与其他停车场进出口相互冲突时，可以在出入口处增设转弯环道衔接不同出入口。

**第三十条** 本条说明了各类停车场无障碍停车位及停车设施设置的要求，参考了现行行业标准《城市道路和建筑物无障碍设计规范》JGJ 50 的有关规定。

## 第五章 建筑设备

**第三十一条** 本条说明城市公共停车场建筑设备的一般构成。各类停车场应根据其建筑类型、等级与功能要求配备不同类型的建筑设备，并应符合本建设标准附录二的要求。

**第三十二条** 本条说明城市公共停车场给水系统的构成。城市公共停车场一般具备市政给水供水条件，可直接利用，仅在水压、水量不足时需利用调节装置。给水系统的具体要求应符合现行国家标准《建筑给水排水设计规范》GB 50015—2003 中第 3.1 ~ 3.3 节的规定。消防给水系统的具体要求还应符合现行国家标准《建筑设计防火规范》GB 50016，以及现行国家标准《汽车库、修车库、停车场设计防火规范》GB 50067—97 中第 7.1 ~ 7.3 节的规定。

**第三十三条** 为保证城市公共停车场污水排放符合相关国家标准，应将城市公共停车场产生各类污水分别集中处理后排放，排放标准应符合现行国家标准《污水综合排放标准》GB 8978—2002 中第 4 章的有关规定。城市公共停车场排水系统应采用暗沟（管）方式，以满足使用功能及环保卫生的要求。雨水利用系统是一个新的建设内容，需要各专业分别设计和配合才能完成；比如雨水的水质处理和输配，需要给水排水专业的配合，雨水的地面入渗等，需要总图和园林景观专业配合，集水面的水质控制和收集效率，需要建筑等相关专业配合。地面停车场雨水收集只是其中的一部分，其雨水收集应符合现行国家标准《建筑与小区雨水利用工程技术规范》GB 50400 的相关规定。

**第三十四条** 对于地下停车库、地上停车楼，应根据各地区气候条件确定是否设置采暖系统，严寒地区和寒冷地区的特大、大、中型城市公共停车场中的地下停车库、地上停车楼内应设置集中采暖系统。一般根据实际可能供热条件选择热媒类型，从技术经济角度综合考虑，宜采用热水作为热媒。采暖系统设计应符合现行国家标准《采暖通风与空气调节设计规范》GB 50019—2003 第 3 章和第 4.1、4.3、4.8 节中的相关规定。为提高采暖效率和节能，严寒区的停车场出入口提倡设置热空气幕，根据现行国家标准《采暖通风与空气调节设计规范》GB 50019—2003 中第 4.6 节的规定，位于严寒地区的城市公共停车场中的地下停车库、地上停车楼出入口宜设置热空气幕，其送风方式宜采用由上向下送风。

**第三十五条** 对于地下停车库、地上停车楼，还应满足通风卫生标准，以满足使用者人身健康安全的要求，有关空气质量、污染物浓度控制、人员所需最小新风量等卫生标准具体详见现行国家标准《采暖通风与空气调节设计规范》GB 50019—2003 中第 3 章条文及条文说明。出于经济适用性的考虑，仅在自然通风卫生条件不足时，要求设置机械送排风系统设施，具体详见现行国家标准《采暖通风与空气调节设计规范》GB 50019—2003 中第 5.1 ~ 5.4 节的规定。同时应具备事故通风及防烟、排烟系统功能，并满足现行国家标准《建筑设计防火规范》GB 50016 与《汽车库、修车库、停车场设计防火规范》GB 50067—97 中第 8.1、8.2 节的规定。

**第三十六条** 城市公共停车场电气系统构成与设计及其相关设备产品与安装应满足现行行业标准《民用建筑电气设计规范》JGJ 16—2008 中第 3、8 章的规定，特大、大型以及机械式停车场的用电负荷应为一级，其他应为二级，供配电系统应将照明、电力、消防、其他防灾用电负荷分别自成系统，机械式停车场内宜设置应急供电系统。关于配变电设施设备的设置要求满足现行行业标准《民用建筑电气设计规范》JGJ 16—2008 中第 4 章的有关规定，城市公共停车场内应根据供电条件、负荷性质与用电容量等合理设置配变电室，选用节能型变压器，配变电室位置应便于运行管理。

**第三十七条** 本条提出了城市公共停车场照明方式和种类的一般要求，以及停车场主要部位的照明标准，在特定部位还应具有事故应急照明条件，需要时设置防雷接地保护装置以保证使用安全。地面停车场参考现行行业标准《城市道路设计规范》CJJ 37 的有关规定，地上停车楼、地下停车库和机械式停车库具体规定详见现行行业标准《汽车库建筑设计规范》JGJ 100 中照度标准值的相关要求。

**第三十八条** 本条规定了城市公共停车场设置电梯的适用场合、设备要求及与消防管理的结合，详见现行行业标准《民用建筑电气设计规范》JGJ 16—2008 中第 9.4 节的相关规定。

**第三十九条** 城市公共停车场设置交通工程设施的种类与组成取决于停车场类型、规模等级，并根据使用功能要求确定。交通工程设施一般由交通管理设施和交通安全设施两部分组成。

**第四十条、第四十一条** 这两条规定了城市公共停车场交通标志和标线的构成。交通标志的安装方式、方法与要求，交通标线的施划要求，标志、标线的材料、规格、尺寸等应符合相关国家标准要求。

**第四十二条** 本条规定了公共停车场（包括在建筑物配建停车场中由业主申报，政府主管部门批准，为社会车辆提供停车服务的停车场和城市公共停车场）宜设置信息系统；公共停车场信息系统宜与政府公共信息管理系统实现兼容与共享，并预留接口。

**第四十三～四十五条** 这几条规定了城市公共停车场内需设置信息系统和运行监控系统的要求，并对每种系统的构成及详细规定进行了说明。

**第四十六条** 本条规定了城市公共停车场在必要时应设置护栏、封闭隔离装置、停车挡、防撞装置等交通安全设施。其设置条件、部位、材料与结构形式等应满足相应规范要求。

## 第六章 安全防护与环境保护

**第四十七条** 城市公共停车场消防安全要求应符合现行国家标准《汽车库、修车库、停车场设计防火规范》GB 50067 的相关规定，包括耐火等级的规定，防火分区及建筑消防设计的规定，消防通道、疏散出入口、自动灭火装置和防排烟设备等。城市公共停车场的耐火等级，地下停车场应为一级，特大、大、中型停车场不低于二级，其他不低于三级。北方地区停车场坡道应采取防雪、防滑措施以保证行车安全。

**第四十八条** 城市公共停车场作为城市基础设施会对其周围环境产生一定的影响；城市公共停车场距建筑物的距离应考虑安全、消防、噪声、震动和景观等因素，特别对其产生的噪声污染应采取有效措施加以控制，以达到环境噪声标准的要求。城市中心区域［如中央商务区（CBD）等核心区域］应采用防止光污染的相关措施，以改善城市整体景观环境。

**第四十九条** 城市公共停车场所需建筑设备除满足使用功能外，还需保证使用安全。

**第五十条** 城市公共停车场建设应兼顾环境绿化，坚持以人为本的原则，根据车辆尺寸规格合理处理车位与绿化的关系，最大限度提高停车场绿化率；地面停车场应按生态标准建设；多层停车场应注重立体绿化；应为绿化植物生长创造必要适生条件，城市公共停车场宜建设成绿化型停车场。

## 第七章 主要技术经济指标

**第五十一条** 阐述城市公共停车场总投资的构成。其中工程费用构成项目总投资的主体，项目的工程费与场地条件、工程建设所包括的内容以及所采取的技术方案等因素直接相关，各个停车场建设内容不尽相同。但一般来说，地面停车场工程费主要包括场地工程费、排水工程费、照明工程费、交通工程费、停车管理工程费等；自走式停车楼（库）工程费主要包括结构工程费、装饰工程费、公用工程费（消防及生产生活用水、强电及弱电、局部采暖等）、电梯工程费、停车管理工程费等；机械式停车库工程费主要包括土建工程费、设备购置与安装费（包括安装调试、检验试验、设备保险等费用）、公用工程费等。工程建设其他费依据国家和地方确定的费用类别和取费标准计算。

**第五十二条** 本建设标准附录三中建设工期是指建设项目或单项工程从破土至全部建成交付使用所需的时间；是根据城市公共停车场建设工程量大小提出的建设工期控制指标。工程项目的工期还与建设资金的落实计划、施工条件等因素有关。在确定停车场建设工期时，应根据项目的实际条件，合理确定建设工期，防止建设工期拖延，增加工程投资。

**第五十三条** 阐述投资估算编制的有关规定。城市公共停车场由于各地建设条件的差异和工程本身的变化，相关设施配置的差异，特别是不同类别的机械式停车设备由于科技含量和工作原理不同，单车位造价相差悬殊。因此，要严格执行国家、行业和省（市）地方有关造价的规定和法令，按动态管理编制投资估（概）算，进行方案的技术经济比较，坚持技术合理，控制工程造价。

**第五十四条** 城市公共停车场收费标准因地区不同而不同，目前各地收费标准一般以政府定价为主；实现停车收费差别化管理，以价格杠杆调节城市动、静态交通的需求，是许多城市正在研究的重要交通政策。本条文说明了城市公共停车场工程项目的经济评价方法与要求。

# 城市给水工程项目建设标准

## 建标 120—2009

## 住房和城乡建设部、国家发展和改革委员会关于批准发布《城市给水工程项目建设标准》的通知

建标〔2009〕64 号

国务院各有关部门，各省、自治区、直辖市、计划单列市住房和城乡建设厅（委、局）、发展和改革委员会，新疆生产建设兵团建设局、发展和改革委员会：

根据建设部《关于印发〈二〇〇三年工程项目建设标准、投资估算指标、建设项目评价方法与参数编制项目计划〉的通知》（建标函〔2004〕43 号）的要求，由住房和城乡建设部负责编制的《城市给水工程项目建设标准》（修订），经有关部门会审，现批准发布，自 2009 年 8 月 1 日起施行。原《城市给水工程项目建设标准》同时废止。

在城市给水工程项目的审批、设计和建设过程中，要严格遵守国家关于严格控制建设标准的规定，认真执行本建设标准，坚决控制工程造价。

本建设标准的管理由住房和城乡建设部、国家发展和改革委员会负责，具体解释工作由住房和城乡建设部负责。

中华人民共和国住房和城乡建设部

中华人民共和国国家发展和改革委员会

二〇〇九年三月二十六日

## 前　言

《城市给水工程项目建设标准》是根据建设部《关于印发〈二〇〇三年工程项目建设标准、投资估算指标、建设项目评价方法与参数编制项目计划〉的通知》（建标函〔2004〕43 号）的要求，在原《城市给水工程项目建设标准》（1994 年）的基础上，由中国市政工程中南设计研究院修订而成的。

在修订过程中，修订组密切结合我国城市给水工程项目建设的实际情况，认真总结标准贯彻执行的先进经验，积极借鉴国外有关建设情况，以适应当前和今后一个时期的需要。贯彻艰苦奋斗、勤俭建国的方针，在满足功能和安全的前提下，严格执行我国资源能源节约、生态环境保护的各项法规和政策。经广泛征求有关部门、单位及专家的意见，多

次召开讨论座谈会，最后由建设部标准定额研究所组织召开审查会议，会同有关部门审查定稿。

本标准共分六章：总则、建设规模与项目构成、工艺与装备、配套工程、建筑与建设用地、环境保护与安全卫生。

政府投资的城市给水工程项目建设应严格执行本建设标准，企业投资的可参考使用。在实施过程中，请各单位注意总结经验，积累资料，如发现需要修改和补充之处，请将意见和有关资料寄中国市政工程中南设计研究院（地址：武汉市解放公园路41号，邮政编码：430010），以便今后修订时参考。

**主 编 单 位**：中国市政工程中南设计研究院

**主要起草人**：李树苑　刘　权　刘海燕　董一新　杨文进　苏　新　郑春燕

# 第一章　总　则

**第一条**　为提高城市给水工程项目决策和建设的科学管理水平，保障供水安全，推进技术进步，充分发挥投资效益和社会效益，制定本建设标准。

**第二条**　本建设标准是为项目决策服务和控制建设水平的全国统一标准，是审核城市给水工程项目的重要依据；也是监督、检查城市给水工程整个建设过程建设标准的尺度。

**第三条**　本建设标准适用于新建的城市给水工程项目。改建、扩建工程和工业给水工程项目可参照执行。

**第四条**　城市给水工程项目的建设，必须遵守国家有关经济建设的法律、法规，执行国家节约用水、节约能源、节约土地、保护环境等政策和供水行业的有关规定。

**第五条**　城市给水工程项目的建设水平，应以我国经济、技术水平为基础，考虑城市经济建设与科学技术发展的实际状况，按水源、供水水质、建设规模等条件合理确定，做到技术先进、经济合理、保证供水水质与供水安全，同时达到节约能源和资源，降低工程投资与运行成本。

**第六条**　城市给水工程项目建设，应在城市总体规划和给水专业规划的指导下，近、远期结合，以近期为主，考虑远期发展。水资源要统一规划、合理开发和利用。

有条件的地区，可采用城乡统一的供水系统，扩大城市供水系统的服务范围。

**第七条**　城市给水工程项目建设，应在不断总结生产实践经验和科学试验的基础上，首先采用成熟可靠的技术，鼓励采用行之有效的新技术、新工艺、新材料和新设备。

引进国外的工艺技术与设备时，应有利于提高城市给水工程技术发展和现代化生产管理水平，有利于提高供水水质及供水安全。

**第八条**　城市给水工程项目建设，必须建立在水源可靠的基础上，应对水资源的水质、水量进行充分论证，其供水量应满足城市综合生活与工业等用水的发展需要。地下水开采量不应超过允许开采量；地表水枯水流量的保证率应达到90%～97%，当保证率无法达到时，应采取必要措施以保证供水。

沿海缺水城市的工业用水宜考虑海水的利用，缺水城市应充分重视城市污水及雨水的再生利用，工业用水应提高水的重复使用率，促进水资源的开发和合理利用。

**第九条**　城市给水工程抗震设防应考虑在城市发生震害时，给水设施能最大限度地保证城市必要的供水需要；20万人口以上城市、抗震设防烈度为7度及以上的县及县级市的主要取水设施和输水管线、水质净化处理厂的主要水处理建（构）筑物、配水井、送水泵房、中控室、化验室等，应按高于本地区抗震设防烈度一度的要求加强其抗震措施，但抗震设防烈度为 9 度时应按比 9 度更高的要求采取抗震措施。其他非主要构筑物及建筑物应按基本烈度设防。

**第十条** 净水厂、江河取水构筑物的防洪标准，不应低于城市防洪标准；江河取水构筑物的设计洪水重现期不得低于 100 年。水库取水构筑物的防洪标准应与水库大坝等主要建筑物相同，并应采用设计和校核两级标准。

**第十一条** 城市给水工程的建筑物及构筑物的合理使用年限宜为 50 年，管道及专用设备的合理设计使用年限宜按材质和产品更新周期经技术经济比较确定。

**第十二条** 城市给水工程建设应有应对水源水质恶化等突发事件的措施。有条件的城市应采取两个及以上的水源供水，不能满足要求时可采取水质恶化的应急强化处理措施或水量调节设施，确保在城市发生水质等突发事件并影响供水水质期间，提供城市居民基本的生活饮用水。

**第十三条** 城市给水工程的取水、净水厂、输配水管道应配套建设，保证项目的整体效益。工程建设前应落实工程建设的资金、土地以及供电、排水、交通、通信等配套设施的条件，保证工程的顺利实施。

**第十四条** 城市给水工程项目建设除应符合本建设标准外，尚应符合国家现行有关经济、参数标准和指标及定额的规定。

## 第二章 建设规模与项目构成

**第十五条** 城市给水工程项目建设标准，应根据城市类别、建设规模、水源水和供水的水质标准合理确定。城市分类及建设规模划分如下：

一、城市类别：

一类：直辖市、特大城市、经济特区以及重点旅游城市；

二类：省会城市、大城市、重要中等城市；

三类：一般中等城市、小城市。

二、建设规模（以水量计）：

Ⅰ类：30 万～50 万 $m^3/d$；

Ⅱ类：10 万～30 万 $m^3/d$；

Ⅲ类：5 万～10 万 $m^3/d$。

注：1 规模分类含下限值，不含上限值；Ⅰ类规模含上限值。

2 规模大于 50 万 $m^3/d$ 参照Ⅰ类规模适当降低单位水量的指标，小于 5 万 $m^3/d$ 规模的参照Ⅲ类规模执行。

3 建设规模指城市给水工程中的水厂及泵站的规模。

**第十六条** 城市给水工程项目应根据城市分类、城市发展规划，按规划期限进行城市供水量预测，结合水资源条件合理确定建设规模。

城市供水量应包括综合生活用水（包括居民日常生活用水以及公共建筑和设施用水）、工业企业用水、浇洒道路和绿地用水、消防用水、管网漏失水、未预见用水。

**第十七条** 居民生活用水量和综合生活用水量应根据当地国民经济和社会发展、水资源条件、用水习惯，在现有用水量指标基础上，结合城市总体规划和给水专项规划，充分考虑节约用水和水价等的影响，综合分析确定。

**第十八条** 工业用水量应按照工业发展要求、工业结构和类型，并参考近五年实际万元产值取水量以及提高节约用水率和工艺技术进步等因素进行分析预测；也可按产业分类，根据产品产量及综合耗水指标测定；或者按单位工业用地用水量指标等方法进行综合预测，并应考虑再生水利用对实际用水量减少的影响。

**第十九条** 城市给水工程由取水、净水、输配水工程的生产构（建）筑物，相应的辅助生产和行政管理与生活服务设施构成。

**第二十条** 取水工程主要有地下水取水或地表水取水。地下水取水由取水构筑物、配套的输水管道和送水泵房等构成；地表水取水主要由取水头部、引水设施、取水泵房等构成；取水工程的生产配套设施包括供电、变配电、通信、控制、交通运输、水源保护与水源水质监测，以及行政管理与生活服务设施等。

**第二十一条** 城市给水工程的净（配）水厂的生产设施宜包括以下内容：

一、常规处理水厂：

生产设施包括水处理和污泥处理两部分。水处理的生产设施主要由混合、絮凝、沉淀（或澄清）、过滤、消毒、清水池以及送水泵房等构成。污泥处理的生产设施主要由调节、浓缩、脱水等构成。水资源紧缺以及技术经济可行的地区可包括废水回收设施。

二、预处理 + 常规处理水厂：

在常规处理生产设施基础上，增加预处理以及配套设施，对高浊度水还包括沉砂或预沉设施等。

三、常规处理 + 深度处理水厂：

在常规处理生产设施基础上，增加水质深度处理以及配套设施。

深度处理工艺有活性炭吸附、臭氧生物活性炭以及膜处理工艺等。

四、预处理 + 常规处理 + 深度处理水厂：

在常规处理的前后分别增加预处理和深度处理工艺的净水厂。

五、配水厂：

直接供原水的地下水配水厂，应有消毒设施；当地下水含铁、锰、氟超过标准时应有相应的处理设施。

**第二十二条** 净（配）水厂辅助生产配套设施宜包括：加药系统、变配电、生产控制系统、计量、厂区给排水、维修、交通运输（含汽车库）、化验、仓库、照明、管配件堆棚、大门、围墙、消防和通信等设施。

净（配）水厂行政管理与生活服务设施宜包括办公室、食堂、值班宿舍、安全保卫等设施。寒冷地区还应包括锅炉房等供热设施。

**第二十三条** 输水工程主要包括输水管（渠）、穿越工程、中途加压站、调蓄设施等，以及管道（渠）的附属设施、供变电设施、管（渠）维修养护道路和必要的事故抢修设施、水质监测设施等。

**第二十四条** 配水工程主要包括配水管道及其附属设备、消防设施、加压站、中途补充消毒系统、调节水池、供变电设施、管网调度和配水管网特征点的水质、流量、压力的监测以及必要的事故抢修设施等。

**第二十五条** 城市给水工程项目的建设内容，应坚持专业化协作和社会化服务的原则，根据生产需要和依托条件合理确定，应尽量减少项目建设内容，控制建设标准。改建、扩建工程项目应充分利用原有设施。

# 第三章　工艺与装备

## 第一节　取 水 工 程

**第二十六条**　供水水源选择前必须进行水资源的勘察。水源应不易受污染、水量充沛可靠、水质符合现行标准。当有地下水与地表水两种水源可供选择时，应通过技术经济比较，合理确定。一般宜首先选择地表水，对地下水已经严重超采的城市，严禁新建取用地下水的设施。

宜在取水口和水源保护边界设置水质在线实时监测设施。水质监测项目可包括：水温、pH 值、浑浊度、有机物等。

**第二十七条**　地下水水源应选在水质好、不易受污染的富水地段。取水构筑物形式应根据水文地质条件，通过技术经济比较确定。地下水取水量必须小于允许开采水量，采用管井取水时，应有 10% ~20% 取水量的备用井，但不得少于 1 口井。在非稳定流条件下，地下水取水构筑物应在经济上合理，有较长的使用年限。

**第二十八条**　地表水取水工程应根据河床条件、河道水深及主流流向，在适当位置选择合适的河心或岸边取水。当需要采用拦蓄闸坝抬高水位时，其冲砂、防淤设施应同时建设，河心引水管道不应少于 2 条，严寒地区应有防冰冻措施。

在沿海地区易受咸潮影响的内河水系取水时，可在咸潮影响范围以外的上游河段取水，或采用避咸蓄淡水库取水。

取水复杂的工程建设，土建宜按远期规模一次建设，设备分期安装，岸边取水构筑物应修建护岸及护底工程以保持良好进水条件。

**第二十九条**　水库、湖泊取水工程应根据岸坡地形、地质、水深，结合不同水深、不同平面位置的水质变化和生物分布、输水线路的走向、原有水库输水设施的利用以及施工条件等因素，通过技术经济比较，选择合适的取水位置和取水形式。在水质随水深变化较大的区域取水时，宜考虑分层取水。

**第三十条**　在水库或水位变化幅度较大的江河内设置的取水构筑物，应充分考虑水能的利用或采用电机调速运行等其他措施。

## 第二节　净 水 工 程

**第三十一条**　水厂厂址选择应符合城市总体规划和相关专项规划，并根据下列要求综合确定：

一、给水系统布局合理。

二、不受洪水威胁。

三、有较好的废水排除条件。

四、有较好的工程地质条件。

五、有便于远期发展控制用地的条件。

六、有良好的卫生环境，并便于设立防护地带。

七、少拆迁，不占或少占农田。

八、施工、运行和维护方便。

**第三十二条**　水厂的净水工艺应根据水源水质和供水水质要求等具体情况，经技术经济比较确定。当常规处理工艺不能满足供水水质要求时，应增加预处理和（或）深度处理工艺。

城市水源单一的水厂宜设置水源水质恶化的应急处理措施，可采用投加粉末活性炭或化学药剂等其他方式处理。供水水质必须符合国家现行标准的规定。

**第三十三条** 地下水除氟宜采用活性氧化铝吸附法、电渗析法、反渗透法等。地下水除铁一般采用曝气-接触氧化单级过滤工艺。对于含有铁和锰的原水，铁低于6mg/L、锰低于1.5mg/L时，可采用曝气-单级过滤工艺；铁或锰高于上述浓度时，应通过试验确定，一般可采用曝气-双级过滤工艺；除铁受硅酸盐影响时，可根据实际运行经验或通过试验确定工艺。

**第三十四条** 地表水原水为一般水质时，宜采用常规处理工艺，包括：投加混凝剂、混合、絮凝、沉淀（澄清）、过滤、消毒。

**第三十五条** 当地表水原水的含砂量、色度、有机物、致突变前体物等含量较高，臭味明显或为改善絮凝效果，可在常规处理前增加预处理。高含砂量的预沉方式宜采用沉砂、自然沉淀或混凝沉淀。原水的氨氮、臭味、藻的浓度较高，可生物降解性较好时，可采用生物预处理。微污染水可采用臭氧、液氯和高锰酸钾等预氧化，出厂水的副产物浓度应符合国家现行水质标准。原水在短时间内含较高浓度溶解性有机物、具有异嗅异味时，宜采用粉末活性炭吸附。

**第三十六条** 常规处理或预处理+常规处理后，水质仍不符合供水水质标准时，应进行深度处理。深度处理一般采用粒状活性炭或臭氧-生物活性炭处理。

**第三十七条** 地表水原水未受污染，浊度常年低于20NTU、色度常年低于25度、含藻量低时，可采用直接过滤、消毒工艺，必要时宜通过试验确定。直接过滤滤池一般采用深床均粒滤料或多层滤料。考虑远期原水水质可能变化，可预留沉淀池或混凝沉淀池的建设条件。

**第三十八条** 原水与供水的饱和指数 $I_L$ 小于 $-1.0$ 和稳定指数 $I_R$ 大于9时，宜加碱处理，碱剂一般采用石灰、氢氧化钠或碳酸钠。$I_L$ 大于0.4和 $I_R$ 小于6时，应通过试验和技术经济比较，确定酸化处理工艺。

**第三十九条** 生活饮用水必须消毒。可采用氯消毒、氯胺消毒、二氧化氯消毒、臭氧消毒和紫外线消毒，也可以采用上述方法的组合。加氯（氨）间及氯（氨）库内应设置通风、氯（氨）泄漏检测和报警以及抢险设施。氯库应设漏氯跑氯的处理设施，贮氯量大于1t时，应设氯吸收装置。

**第四十条** 水资源紧缺地区或滤池反冲洗水量大、回收利用经济时，应设置滤池反冲洗水回收利用设施。

**第四十一条** 澄清池或沉淀池排泥设备应能及时排泥，保证水质。规模较大水厂或原水泥砂量高、排泥次数多时，宜采用机械排泥、自动排泥装置。

**第四十二条** 净水构筑物应考虑在维护、检修时能保证正常的城市供水。在保证供水水质前提下，宜采用暂时加大运行参数、加强维护、非高峰供水时检修等措施。

**第四十三条** 水厂机械设备应以性能稳定、节能、方便操作、维护简便、保证安全生产为原则。水厂机械、泵站闸阀启闭设施应与水厂自控程度相适应；管线上大型阀门可设置移动式机械启闭装置。

**第四十四条** 寒冷地区净水构筑物应根据水面结冰情况及当地运行经验确定是否建在室内。水源水中藻含量较高时，为避免阳光照射下滋生藻类，絮凝、沉淀（或澄清）及滤池等净水构筑物，也可考虑池顶加盖等措施。

## 第三节 输配水工程

**第四十五条** 输配水管道线路走向应根据城市规划要求、线路长短、工程地质条件、穿越障碍难易、管道工作压力、加压泵站设置以及施工维护条件等因素，从技术经济、能耗以及管材等方面进行综合比较，合理确定。

**第四十六条**　原水输水管道应尽量利用地形与水的势能，考虑重力输水可能。输水方式以采用暗管或暗渠为主；必须采用明渠或河道输水时，应采取防止水质污染与水量流失的措施。

**第四十七条**　原水输水干管不宜少于2条，当1条管道发生故障时，干管连通管的设置应保证70%的总供水量。有安全贮水池或其他安全供水措施时，原水输水干管也可设置1条。

**第四十八条**　原水输水管道规模应按远期规划设置，考虑分期建设的可能；当需要设置输水隧洞与过河管时，其通水能力应考虑将来发展的可能。

**第四十九条**　配水管网布置应根据城市总体规划、地形变化、水厂、水源及分布情况、水压要求等因素，通过技术经济、能耗比较，合理确定。配水管网宜按远期规划分期建设，尽可能呈环状布置，并应考虑在事故、消防等情况下，城市主要区域有足够的供水水压与水量。

**第五十条**　配水系统布局在城市供水范围大、供水区域地形高差较大、水质要求不同时，应在技术经济比较的基础上考虑分区、分压、分质供水。其管径选择、加压站设置，应经方案比较论证确定。

**第五十一条**　城市配水管网的供水水压宜满足用户接管点处服务水头28m的要求，其中局部服务水头要求较高的区域可采取自行加压措施解决。不同建筑层数的最小服务水头，一层为10m，二层为12m，二层以上每增高一层增加4m。

**第五十二条**　输配水管道材质的选择，应在满足饮用水水质安全的基础上，根据管径、管道工作压力、外部荷载和管道敷设区的地形、地质、管材的供应，按照运行安全、耐久、减少漏损、施工和维护方便、经济合理以及清水管道防止二次污染的原则，进行技术、经济、安全等综合分析确定。

**第五十三条**　输配水管道的敷设位置及与其他管道、建（构）筑物等的间距应符合国家现行标准的有关规定，并应便于维护检修与事故抢修。

**第五十四条**　输配水管道应备有检漏仪等检测设施及工程抢修车、机械化抢修设备，尽量减小管道漏损率。

供水管网漏损率满足：到2010年，不应大于12%；到2020年，大中城市应控制在10%以下。

### 第四节　检测与控制

**第五十五条**　城市给水工程的生产管理与控制的自动化水平，应根据建设规模、工艺流程特点、城市性质、经济条件以及人员素质等因素合理确定。控制系统应在满足供水水质、节能、经济、安全和适用的前提下，有利于改善工作条件，提高科学管理水平，运行可靠，便于维护和管理。

**第五十六条**　城市给水工程的取水、净水、泵站、输配水管网的监（检）测项目和控制内容应根据工艺特点、管理需要等要求，经技术经济比较确定。

**第五十七条**　新建的Ⅱ类及以上规模的城市给水系统，宜设置较完善的自动控制系统。控制系统应在保证出厂水水质、节能降耗、保障安全生产的前提下实现包括取水、净化、输配水全过程的自动控制。一般宜采用集中管理和监视、分散控制的计算机控制系统。计算机控制系统应能够监视主要设备、管网的运行工况与工艺参数，提供实时数据传输、图形显示、控制设定调节、趋势显示、超限报警及制作报表等功能，并可配置模拟屏或投影显示设备。

**第五十八条** 新建的Ⅲ类规模的城市给水系统，其检测与控制系统宜采用数据采集与仪表检测系统，在重要的工艺环节和重要区域的配水管网应设置检测仪表，可对重要环节采用自动控制。有条件时，可逐步实现生产全过程的自动控制。

**第五十九条** 所有自动控制的设备与工艺单元应具备就地手动控制的条件。

**第六十条** 新建的小于Ⅲ类规模的城市给水系统的检测与控制应以满足生产管理需要为原则，合理确定。也可分阶段逐步提高控制管理的水平。

**第六十一条** 地下水水源井群宜采用遥测、遥讯、遥控系统采集各种参数，控制机组运行，及时了解水源井的工作情况。

**第六十二条** 一座城市有几个水厂时，应建立中心调度室，应在城市配水管网的主要特征控制点设置自动测压、测流装置以及水质监测设施，及时了解管网运行情况，进行平衡调度，保证安全供水。水质分析项目可视具体情况在线监测余氯、浑浊度等。有条件的城市可每 $10km^2$ 设置1个水质在线实时监测点。

## 第四章 配套工程

**第六十三条** 一、二类城市的主要取水工程、净（配）水厂、泵站的供电应采用一级供电负荷。一、二类城市非主要净（配）水厂、泵站以及三类城市的净（配）水厂可采用二级供电负荷。当不能满足要求时，应设置备用动力设施。

**第六十四条** 给水系统通信设施宜考虑有线或有线与无线相结合的方式，保证净水厂与水源泵站、加压泵站以及厂内各生产岗位之间的通信联系，并能及时与上级主管部门及供电等部门联系。

**第六十五条** 净（配）水厂、泵站的维修、运输等设施的装备水平应以满足正常生产需要为原则，合理配置。非经常性维修、运输设备应考虑专业化协作，不应全套设置。装备标准应参照国家现行标准《城镇给水厂附属建筑和附属设备设计标准》CJJ 41 的规定，结合当地条件，合理配置。

**第六十六条** 净（配）水厂化验设备的配置，应以保证正常生产需要、能够分析规定的常规水质项目为原则。一、二类城市有多座水厂时，可设一个中心化验室，除规定项目的常规化验设备外，宜配置满足现行供水水质标准检测项目的设备，部分检测项目可委托检测。其他水厂应满足常规水质分析的需要，不必全套设置。

**第六十七条** 净（配）水厂、泵站必须设置消防设施。消防设施的设置应满足国家现行有关标准、规范的规定。

**第六十八条** 城市给水工程应对易腐蚀的管渠及其附属设施、材料、设备等采取相应的防腐蚀措施，应根据腐蚀的性质，结合当地情况，因地制宜地选用经济合理、技术可靠的防腐蚀方法，并应达到国家现行的有关标准的规定。防腐蚀措施不得影响供水水质。

**第六十九条** 寒冷地区净水厂构筑物建在室内时，其供暖设施应根据构筑物条件采用，室内采暖温度宜符合下列规定：

一、室内有大量开敞水面（混合絮凝池、沉淀池、滤池等）以及药剂仓库不低于5℃。

二、加氯间不低于16℃。

三、有固定管理人员的房间16℃～18℃。

## 第五章　建筑与建设用地

**第七十条**　净（配）水厂、泵站建筑标准应根据建设规模、城市性质、功能等区别对待，符合经济实用、有利生产的原则，建筑物造型应简洁，并应使建筑物和构筑物的建筑效果及周围环境相协调。

**第七十一条**　净（配）水厂、泵站的附属建筑的建筑标准，应根据城市性质、周围环境及建设规模等条件，按照国家现行标准的有关规定执行。生产建筑物应与附属建筑物的建筑标准相协调，生产构筑物不宜进行特殊的装修。

**第七十二条**　净（配）水厂辅助生产、行政管理、生活服务设施建筑，在满足使用功能和安全生产的条件下，宜集中布置。建筑面积可参照表1选用。

**表1　净（配）水厂附属设施建筑面积指标（$m^2$）**

| 建设规模 | | Ⅰ类<br>（30万~50万$m^3$/d） | Ⅱ类<br>（10万~30万$m^3$/d） | Ⅲ类<br>（5万~10万$m^3$/d） |
|---|---|---|---|---|
| 常规处理水厂 | 辅助生产用房 | 1100~1725 | 920~1100 | 665~920 |
| | 管理用房 | 770~1090 | 645~770 | 470~645 |
| | 生活设施用房 | 425~630 | 345~425 | 250~345 |
| | 合计 | 2295~3445 | 1910~2295 | 1385~1910 |
| 配水厂 | 辅助生产用房 | 900~1200 | 640~900 | 520~640 |
| | 管理用房 | 320~400 | 245~320 | 215~245 |
| | 生活设施用房 | 280~300 | 215~280 | 185~215 |
| | 合计 | 1500~1900 | 1100~1500 | 920~1100 |

注：1　建设规模大的取上限，建设规模小的取下限，中间规模可采用内插法确定。

2　建设规模大于50万$m^3$/d的项目，参照Ⅰ类规模上限并宜适当降低单位水量附属设施建筑面积指标确定。

3　辅助生产用房主要包括：维修、仓库、车库、化验、控制室等。

4　管理用房主要包括生产管理、行政管理、传达室等。

5　生活设施用房主要包括食堂、锅炉房、值班宿舍等。

6　其他类型的水厂，原则上不再增加附属设施的建筑面积，特殊条件时，可适当增加，但增加的建筑面积不得超过表中面积的5%~10%。

**第七十三条**　城市给水工程项目建设，必须坚持科学合理、节约用地、集约用地的原则，严格执行国家土地管理的有关规定，提高土地利用率。土地征用应以近期为主，对远期的发展用地规划预留，不得先征后用。

**第七十四条**　净（配）水厂的总平面布置应以节约用地为原则，根据水厂各建筑物、构筑物的功能和工艺要求，结合厂址地形、气象和地质条件等因素，使平面布置合理、经济、节约能源，并应便于施工、维护和管理。

管理和生活服务设施宜集中布置，其位置和朝向应合理，并应与生产建筑物、构筑物保持合理距离。生产设施应根据工艺特点集中布置，并保证水力流程顺畅，节约能源。

## 第六章　环境保护与安全卫生

**第七十五条**　水源建设对环境的影响应统筹兼顾，既要考虑取水建设对江河、湖泊及地下水的生态影响，又要防止水源受污染。地表水水源地应按规定设置卫生防护地带；地下水水源地应根据水文地质条件、取水构筑物形式和附近地区卫生状况确定卫生防护措施。严禁过量开采地下水。

**第七十六条** 净（配）水厂、泵站的建设应符合国家环境保护的有关规定。工程建设前应对厂（站）址、水厂废水排放口位置以及其他影响环境的主要方面进行充分论证，工程建设不得影响周围环境的环境质量。

**第七十七条** 净水厂的沉淀池排泥、气浮池排渣、滤池反冲洗水，除铁、除锰、除氟的废水废渣，应按照环保要求进行妥善处理与处置。当生产废水排入水体时其排出口位置应在取水口卫生防护带以外。

**第七十八条** 城市给水工程的机电设备所产生的噪声的控制应符合国家及地方现行标准、规范的规定。不能满足要求时，应采取减振、隔音、防噪等措施。

**第七十九条** 净（配）水厂的加药、锅炉房等其他设施的建设与安全防护应符合国家现行有关标准的规定。

## 附　件

# 《城市给水工程项目建设标准》条文说明

## 第一章　总　则

**第一条** 本条阐明编制的目的。给水工程建设直接关系到城市人民生活与城市经济发展，随着国家经济的快速发展，近十年来城市给水工程的建设有了较快的发展，同时城市给水工程的建设条件也发生了很大变化，如水源水质的恶化以及供水水质要求的进一步提高，尤其是针对水源水质变化产生的水处理工艺的多样化，以及社会化服务体系的进一步完善，环境保护要求的进一步提高等，对城市给水工程的建设产生了一定的影响。为适应城市给水工程建设的变化，有必要对1994年颁布施行的《城市给水工程项目建设标准》进行修订。本次修订是在国家有关基本建设方针、政策、法令指导下，在总结我国近年来城市给水工程建设的经验以及给水技术进步、水资源及社会化条件的变化等因素，并考虑今后城市给水工程发展需要进行修订的。

**第二条** 建设标准是依据有关规定由国家建设和投资主管部门审批发布的为项目决策和合理确定建设水平服务的全国统一标准，是工程项目决策和建设中有关政策、技术、经济的综合性宏观要求的文件，对建设项目在技术、经济、管理上起宏观调控作用，具有一定的政策性和实用性。建设标准的作用是使项目的决策等建设前期工作有所遵循，为项目建设实施提供监督检查的尺度。

**第三条** 本条规定本建设标准的适用范围。本建设标准主要适用于城市（含建制镇）给水新建工程项目。对利用外资的工程项目，建设水平应当不低于本建设标准的规定；改建、扩建工程受到原有条件限制一时不能完全达到本建设标准的要求的，可尽量接近本建设标准。工业给水工程项目建设，除特殊要求外可以参照执行。

**第四条** 城市给水工程建设是国家经济建设的重要组成部分，因此，工程建设必须首先遵守国家有关经济建设的一系列法律、法规，符合社会主义市场经济的基本原则。中国是水资源紧缺的国家，节约用水十分重要。我国人多地少，人均耕地面积正逐年减少，建设用地应严格控制。国家已经颁布了有关土地的法令和建设用地指标的规定，本建设标准第五章规定了建设用地条款。城市给水工程建设也必须保护环境，包括制水过程中的生产废水和污泥的妥善处理与处置，避免对环境造成污染，所以必须加强环境保护的意识，并采取相应的措施。我国宪法有保护环境的条文，并发布了环境保护法等一系列法规、条例、规定和标准，以保护环境和生态平衡。本建设标准第六章规定了环境保护的条款。

**第五条** 给水工程建设应当适合我国的国情，工程建设应与国家当前的经济与技术水平相适应，同时考虑今后城市发展与给水技术发展的需要。我国幅员辽阔，地区经济水平相差较大，因此，要区别不同城市、不同建设规模、不同水源条件以及水处理工艺，合理确定建设水平。给水处理的技术水平应该在满足供水水质的条件下，适应技术发展、先进、合理，并符合当地的实际。同时，给水处理技术还应能够达到降低能耗、降低管网漏耗、降低药耗的目的。

**第六条** 城市给水工程的建设水平的具体目标应参照原建设部颁布的《城市供水行业2010年技术进步发展规划及2020年远景目标》（建城〔2005〕179号）（以下简称建设部供水规划）的要求，实现城市供水企业“两个提高、三个降低”的目标。

城市给水工程建设与城市总体规划有密切关系，给水系统的布局要满足城市发展规划的需要，满足城市人民生活水平不断提高的需要。水资源是影响和制约城市发展的重要因素之一，因此，必须对水资源进行合理规划，避免水资源的浪费和不合理的使用，保证城市经济的可持续发展。给水工程是城市重要的基础设施，人民生活与工业生产都离不开水，为保证城市的发展，城市给水工程应该先行建设，既要满足城市近期的需要，也要考虑远期发展的经济合理性，近、远期结合并为将来发展留有余地。不少城市常在缺水的情况下才开始建设给水工程，使得城市给水工程建设落后于城市人民生活的发展需要和经济建设的要求，影响城市经济的可持续发展，本条提出城市给水工程建设与系统布局应与城市总体规划相适应，就是要求城市给水工程应当先期建设以适应城市发展的需要。

城市给水工程建设的近期、远期应与城市总体规划一致，近期一般为5～10年（含工程的合理建设期），远期一般为10～20年。

城市给水工程建设一般都是在原有给水设施基础上发展，增加新的给水设施或在原有系统上进行扩建，新老系统的协调、统一直接关系到城市给水工程的经济、合理和供水安全问题。因此，新建工程的净水厂、输（配）水管网布置、加压泵站等应与原系统统一规划，适应城市的发展，做到经济合理、安全可靠。为降低工程的投资，节约资源，对改建、扩建工程，要充分考虑利用原有设施的能力。

有条件的地区，采取城乡统一的供水系统能够充分发挥供水骨干企业在技术、人才以及管理上的优势，使小城镇和乡村的居民也能够获得保证率更高的、满足水质标准的饮用水。

**第七条** 本条规定了城市给水工程建设在推进技术进步、引进设备和技术方面的原则。城市给水工程的建设，首先应采用成熟可靠的技术；鼓励采用可靠的新技术、新工艺、新材料和新设备。在经过充分的技术经济分析，并考虑国内和当地的实际情况，在技术经济等方面许可的条件下进行设备和技术的引进时，应有利于提高给水工程的工艺技术水平，有利于提高供水企业的管理水平，促进我国给水事业的发展，提高供水质量和供水的安全可靠性。

**第八条** 水资源是给水建设的基础，必须对其水质、水量进行充分的论证，有水资源的保护措施和环境影响评价，保证供水水源的水量、水质以及水源开发后的环境条件。应该重视水源建设对水资源的水量、水质等的影响，避免工程投资的浪费。

地表水枯水流量的保证率达到90%～97%是根据现行国家标准《室外给水设计规范》GB 50013的规定提出的，考虑到我国水资源不足，城市水资源条件差异较大，因此，有一定的变化幅度适合我国的具体情况。当上述保证率无法达到时，要采取必要的措施。地下水超过允许开采量时，会造成地面的下沉。

建设部供水规划的技术进步目标中规定，城市供水水源保证率一般应为90%～97%。根据城市规模、性质、水资源条件的不同，城市供水保证率划分如下：

一是直辖市、省会城市、副省级城市、重点文物保护城市以及国家风景名胜旅游城市，供水保证率应达到95%～97%；二是其他城市可相对低一些，一般应达到95%，但不能低于90%；三是在水资源较为丰富的地区，水资源保证率不应小于95%；水资源较为贫乏的地区，可视水源条件适当放宽，但不能低于90%。

建设部供水规划对水源水质进行了规定。明确选用地表水作为供水水源时，应根据现行国家标准《地表水环境质量标准》GB 3838的要求，其中水源水质的基本项目应达到Ⅰ～Ⅲ类水质量要求，并满足补充项目标准限值和当地有关部门规定的特定项目标准限值的要求；水源水质超标的，超标项目经水厂净化处理后，必须达到国家和行业现行的城市供水水质标准的相关规定。选用地下水作为水源时，应根据现行国家标准《地下水质量标准》GB/T 14848的要求，其水源水质一般应达到Ⅰ～Ⅲ类水质量要求。

对于水资源不足的地区，要结合水资源总量确定城市合适的发展规模，限制耗水型工业的建设。沿海缺水城市和地区的工业用水以及城市杂用水等宜充分利用海水，有条件的地区还需要进行污水和雨水再生利用，以补充水资源的不足。

**第九条** 水厂主要生产构筑物与主要管网关系着城市供水安全，一旦发生地震破坏而中断供水，后果将非常严重，要考虑在城市发生灾害时能最大限度地保证安全供水。

本条根据现行国家标准《建筑工程抗震设防分类标准》GB 50223—2008的有关规定提出城市给水工程建设的抗震设计标准，包括给水厂、泵站以及输配水管道。城市给水工程关系到城市的经济发展和社会稳定，因此，在发生突发性自然灾害时要有一定的抗御能力，主体供水设施的安全能够保证城市的基本供水条件。

**第十条** 本条规定了城市给水工程的水厂、取水工程的防洪标准。防洪标准采用现行国家标准《室外给水设计规范》GB 50013的有关规定。

**第十一条** 本条规定了城市给水工程建（构）筑物的合理使用年限（或合理设计使用年限）。国家对工程建设中合理使用年限的规定，在《建设工程质量管理条例》（国务院第279号令）、《建设工程勘察设计管理条例》（国务院第293号令）、《中华人民共和国建筑法》、《中华人民共和国合同法》以及《建筑结构可靠度设计统一标准》GB 50068等条例、法律、规范中均有体现。为保证城市给水工程项目建设标准的统一，本建设标准修订中增加了该内容。

工程的合理使用年限主要包括两个部分，即结构和设备。建筑结构的合理使用年限是工程在规范设计、正常施工、正常使用和维护下所应达到的使用年限，国家目前均有明确的规定，主要还是根据建筑结构物的性质不同进行区分，对城市给水工程建设项目，除临时性建（构）筑物以及道路外，一般按照50年考虑，因此本建设标准规定合理使用年限为50年。

通用和专用设备的使用年限（设备寿命）可以分为自然寿命、技术寿命、经济寿命。水厂、泵站中专用设备的合理使用年限由于涉及的设备品种不同，其更新周期也不相同，同时设计中所选用的材质也影响使用年限；同样，由于目前给水工程中应用的管道材质品种很多，故也难以作出明确规定。因此，本建设标准中的合理使用年限仅指建（构）筑物，设备只作原则规定。

**第十二条** 本条规定城市给水工程建设应设置应对突发事件的措施。包括化学药剂的泄漏、水源水质的急剧恶化以及大范围停电等。

有两个及以上供水水源的城市，应优先考虑使用两种水源作为城市的供水水源，保证在一个水源受到突发性外源污染时能够安全供水，或以一种水源为主，其他水源作为备用；当不能满足水源要求时，可考虑应急强化处理措施和设置水量调节设施，水量调节量可以按照城市居民住宅生活饮用水 1 ~2 天的水量设置，如增加水厂和配水管网中的加压站内清水池的调节库容等方式，最大限度地满足突发事件期间城市居民生活饮用水的基本要求。

水厂危害性大的化学用品主要是液氯消毒剂等，在建设时要考虑保证安全的措施。

有条件的城市给水工程可以考虑主要供水设备的备用动力设施，保证大范围停电事故期间满足居民基本的饮用水需求。

**第十三条** 城市给水工程项目包括取水、净水、输配水工程几个部分，为了能够发挥工程的投资效益，工程项目应配套建设，保证实现项目的整体效益。同时，工程建设前，还要落实项目实施的条件。

**第十四条** 本条阐明本建设标准与国家有关技术标准和规范的关系。城市给水工程项目建设的前期工作和建设涉及面广，专业较多，在建设过程中除执行本建设标准外，凡是涉及国家现行和今后颁布的有关技术标准、规范和定额等均应严格遵照执行。

规范标准主要包括（不限于）：《室外给水设计规范》GB 50013，《生活饮用水卫生标准》GB 5749，《地表水环境质量标准》GB 3838，《地下水质量标准》GB/T 14848，《城市生活垃圾处理和给水与污水处理工程项目建设用地指标》（建标〔2005〕157 号），《建设项目经济评价方法与参数》（第三版），《市政公用工程设计文件编制深度规定》等相关规范、标准。

## 第二章　建设规模与项目构成

**第十五条** 我国城市众多，地区差异较大，为了使城市给水工程按照不同城市类别、不同建设规模、不同供水水源和供水的水质等要求合理确定相应的建设标准，本条规定了城市的分类以及给水工程的建设规模。由于水源水质和供水水质的不同，水厂的净化工艺也会有所不同，因此，应综合各种有关的因素合理确定城市给水工程的建设标准。本建设标准主要是宏观控制大、中型项目的建设标准，小城镇由于条件不一、经济生活水平、工业发展等条件差异较大，除供水水质应符合国家现行水质标准外，其相应的建设标准可以参照本建设标准执行。

本建设标准的城市类别：特大城市是指市区和近郊区非农业人口在 100 万以上；大城市指市区和近郊区非农业人口在 100 万以下，50 万以上；中小城市指市区和近郊区非农业人口在 50 万以下。

城市给水建设规模分为三类，规模的上限定为 50 万 $m^3/d$，下限为 5 万 $m^3/d$。一般情况下，规模的划分已经包括了大部分工程项目的内容，超过上限的建设标准以上限为准并宜适当降低指标，如单位水量的用地、定员、辅助设施的建筑面积等指标；低于本建设标准的下限可按照下限的指标控制。原则上，不在本建设标准范围的城市给水工程建设可参照相应规模的指标控制。

本条规定的建设规模主要指给水工程中的水厂及泵站的规模。

**第十六条** 本条规定城市给水工程建设规模确定的原则和依据。城市供水是城市生产和人民生活不可缺少的物质条件，是城市发展的主要物质基础。供水企业是服务性质的生产企业，给水项目建设应根据城市性质、人口、工业发展规划并结合水资源条件以及原有供水设施，综合分析确定合理的建设规模。给水工程项目建设应使城市供水能力与城市发展规划和人民生活需要相适应。

在确定城市给水建设规模时要考虑城市水资源条件，提出水资源利用方案，并结合城市总体规划确定的城市规模进行水量预测。充分考虑城市污水再生利用，用于城市一般绿化、道路浇洒以及其他城市杂用水等低质用水，在城市给水规模确定时适当扣减用水量。

在确定城市供水规模时，可结合建设部供水规划的目标合理确定。

建设部供水规划中关于规模的目标包括供水普及率、供水水量，具体如下：

一、供水普及率。

全国城市平均供水普及率，到2010年底应达到92%，2020年应达到98%；人口较多，经济相对比较发达的大中城市应当高于全国平均水平；其他城市可略低于全国平均水平，但到2010年应不低于85%，到2020年不低于90%。

二、供水水量。

城市供水应当满足城市合理的最高日用水量需求。

供水能力建设目标应当在科学分析、研究后确定的规划用水量的基础上，将城市供水的综合生产能力再增加10%～15%的后备，到2010年，设市城市都应当具备后备能力，到2020年，建制镇也应具有后备能力。

**第十七条** 城市综合生活用水量的预测一般应根据城市人口、居民生活水平的提高、城市公用设施、服务设施（包括机关、团体、公共建筑、商业、娱乐等设施）、城市流动人口比例以及近几年实际用水量增长率等因素，选择一定的模式，进行预测。城市用水增长率曲线的变化是有阶段性的，一般情况下，城市的工业生产与居民生活水平较低时，发展速度较快，供水增长率较高；当城市工业生产有了一定基础或发展到一定水平，居民生活水平不断提高，供水设施日趋完善，供水增长率趋于平稳，经过这一阶段后，增长速度放慢，甚至出现下降趋势。国内近几年的用水量增长情况也说明了这一特征。因此，应当根据城市的发展情况综合考虑合适的用水量增长率。

用水量的预测要符合国家现行的规范、标准对用水量指标的基本规定。现行国家标准《城市给水工程规划规范》GB 50282、《室外给水设计规范》GB 50013和《城市居民生活用水量标准》GB/T 50331对城市用水量均有明确的指标和规定，要根据规范的规定，并分析当地的具体情况，综合考虑确定城市用水量。

**第十八条** 本条明确工业用水量应考虑的几个因素，一般按一定的模型进行预测，其影响因素主要有工业产值发展计划、工业结构、行业产品技术进步指数以及提高节约用水与工业用水重复利用率等因素。万元产值取水量在工业产值增加时应当逐渐降低，也可直接采取万元工业增加值用水量，结合实际工业用水量分析确定。如工业结构有较大变化则应按行业分别测算，并将节水率与工业用水重复利用率以及污水再生利用的水量考虑在内。

**第十九条** 本条规定了城市给水工程项目建设包括的主要内容。

**第二十条** 本条规定了取水工程建设的主要内容。取水工程项目构成因水源不同和取水条件复杂程度而有较大差别，根据具体取水条件确定必要的项目构成。一般地下水取水工程由管井、大口井或渗渠以及送水泵房（包括供电变电设施）和井间输水管道、井群控制设备等构成。地表水取水较复杂，除了取水构筑物包括引水管道与取水泵站以外，尚需按照保证率建设取水需要的拦蓄构筑物（包括水库、拦河闸等），河道防治构筑物（包括防洪、护岸工程）等，以保证安全取水。

此外，可以根据需要设置交通运输、行政管理与生活服务设施。

**第二十一条** 本条对给水工程的净（配）水厂的类型和包括的生产设施内容进行了明确。给水厂分为净水厂和配水厂。净水厂根据水处理工艺的流程和单元组合有常规处理、预处理+常规处理、常规处理+深度处理、预处理+常规处理+深度处理工艺等，包括了目前不同水源的水处理工艺基本流程。水处理工艺部分主要包括预处理、常规处理、深度处理。

地下水配水厂一般水质较好，只需要设消毒设施。当含铁、锰或氟超过标准时应根据技术分析，增加处理构筑物，采取相应的处理工艺。

**第二十二条** 净（配）水厂辅助生产设施、行政管理与生活服务设施包括的内容主要根据目前工程建设的实际情况提出，随着各个城市社会化服务体系的进一步完善，一般没有必要全套配置建设，可以根据各地区和城市的实际情况，合理确定配套设施的建设内容。因此，有些内容如维修、交通运输、绿化、安保等可以首先考虑社会化解决。

**第二十三条** 随着城市附近水资源的污染，取水距离越来越远，远距离取水项目的增多，使输水工程除输水管道（渠）外，还可能会增加隧洞、过河管、管桥等穿越工程，中途加压站以及储水水库调蓄设施。管道（渠）的附属配套设施还包括：输水管道（渠）的泄水阀、排（进）气阀、检修阀门等，以及供变电、必要的事故抢修和用于管道维护的道路工程等。

**第二十四条** 本条规定了配水工程包括的主要内容。项目构成除配水管网及其附属设施外，还包括消防设施，分区、分压泵站设施，城市管网的调度平衡设施，检测水压、水质设施以及必要的事故抢修设施等。

**第二十五条** 本条规定了城市给水工程项目建设内容确定的原则，所列项目的建设要结合生产需要和工艺要求，在充分利用建设地区依托条件的前提下，合理确定。应尽量减少项目的建设内容，合理确定建设标准。

## 第三章 工艺与装备

### 第一节 取水工程

**第二十六条** 本条规定了水源选择原则。水源选择前，必须进行水资源的勘察、调研工作，水质应符合国家现行标准或行业标准的规定。当有两种水源可供选择时，以前通常优先选择地下水，以节约工程的建设投资，同时也可简化水的净化工艺。现在城市的用水量增多，不少城市的地下水已过量开采，造成地面沉降，而且地下水开采范围过大并不经济，并常有与农业争水的矛盾，因此，当有地下水和地表水两个以上水源可供选择时，应科学确定城市供水水源的开发次序，一般先地表水，后地下水，先当地水、后过境水。

为掌握水源水水质及输送过程中水质的变化情况，设置水质在线实时监测设施，以预先知道水源水水质突然变化及输水过程中的水质变化情况，为在水净化工艺中采取应急措施争取时间，保证供水水质。

水源保护范围：以河流为城市给水水源，取水点上游1000m至下游100m的水域，一般为水源保护区域，也可由供水部门会同卫生、环保、水利等部门，根据实际需要扩大水源保护区范围；以水库和湖泊为城市供水水源，可根据不同情况，将取水点周围100m水域或整个水域及沿岸划为水源保护区。

**第二十七条** 为了防止水源受到污染，本条强调地下水源一般应选择在城市上游水质好、补水充沛的地带，只有当有黏土隔水层或该地带不致受到污染时，才可以就近选择水源。取水构筑物应根据含水层的厚度、渗水性能与补给条件选择合适的取水形式，其开采量以枯水期可取水量为准，特别在非稳定流情况下，需要动用静储量时，更要分析研究地下水资源条件、取水可能以及使用年限。过去有的地下水水源，开采不久水量就减少，甚至有的废弃不用，也有的因城市地下水环境污染而废弃，因此，应当吸取以往的经验，慎重确定。

**第二十八条** 本条规定了地表水取水构筑物位置选择和取水方式的选择原则。江河取水与江河的水文地质、河床稳定、主流流向有密切关系，需要慎重考虑取水位置与构筑物形式以及施工方法等因素，以保证取水安全。对于低水位取水需要建设拦河闸抬高水位时，要考虑淤砂的可能性及防淤、冲淤设施；复杂的地表水取水构筑物，投资较大、施工困难、费用高、工期长，建设规模一般按远期设计，其中土建部分一次建成，设备可分期安装。

**第二十九条** 在水库或湖泊中取水，取水口位置与取水形式的选择十分重要。输水线路要选择线路短、沿线的工程地质条件良好的地段，特别在需要设置输水隧洞或敷设过河管线时，对不同走向的沿线工程地质情况、穿越工程的技术与施工难易程度、中途加压站位置的选择等均应做详细的技术经济比较。水深、水质变化对取水构筑物的形式有很大关系，一般在汛期水深、水质变化大时，要考虑分层取水以避免泥沙过大或藻类多而增加净化难度。

对水库、湖泊已有放水设施的利用，既要考虑利用其位置的可能，也要考虑水能的充分利用。在水库修建取水塔或爆破式取水工程时，工程施工复杂，困难较大，可视具体情况确定。

当给水工程必须新建供水水库时，由于新建水库涉及河道综合治理，包括防洪、供水、工农业供水的水资源分配、淹没土地、水库综合利用等因素，所以应当单独编制水库建设的可行性研究报告，论证其可行性。

**第三十条** 水能利用是个需要特别关注的问题，要充分考虑利用水能的各种措施以节约能源，有条件时可采用重力流或采取电机调速运行以适应水位的变化，降低能耗。

## 第二节 净水工程

**第三十一条** 本条提出水厂厂址选择应考虑的主要技术条件。水厂厂址在整个给水系统中，对给水系统的经济运行、维护管理等方面都有重大影响，应在城市总体规划和给水专项规划的指导下，充分考虑技术条件，综合比较确定。当原水浑浊度高、泥沙量大需要设置预沉设施时，一般设在水源附近。

**第三十二条** 城市给水的净水工艺应根据当地的地表水或地下水水质，经技术经济比较确定。经过净水工艺处理后的城市供水水质，需符合国家和行业现行的有关水质标准，包括《生活饮用水卫生标准》GB 5749、《城市供水水质标准》CJ/T 206。

目前水质性缺水在我国南方普遍存在，水资源条件与过去相比有了较大的变化，尽管国家投入了大量的人力物力进行环境保护工程的建设，但是城市污水量增加造成的水环境质量的恶化仍然没有根本改变，而且国家对城市居民饮用水水质的要求也有了很大提高，所以本条规定应该根据水源水水质和供水水质的要求选择经济技术可行的水处理工艺，在常规的水处理工艺不能达到供水水质标准时，可考虑增加预处理、深度处理等工艺，保证供水水质满足国家现行标准、规范的要求。

单一水源的城市供水工程，为防止水源水质突然变化对净水工艺及供水水质的影响，需要考虑应对的应急措施，包括投加粉末活性炭、化学药剂、降低水力负荷以及各种方式的组合等其他有效的强化处理措施。

**第三十三条**　地下水除氟方法较多，本条列出常用的三种。地下水除铁，采用曝气-接触氧化单级过滤的工艺，一般都有效。对于含有铁和锰的地下水，由于去除铁、锰的效果取决于水质等诸多因素，在铁、锰浓度较高或受硅酸盐影响的情况下，通过试验确定处理工艺。

**第三十四条**　地表水水质较好，不含特殊的污染物且较易处理时，一般采用常规处理工艺即可满足《生活饮用水卫生标准》GB 5749 等现行水质标准的规定。

**第三十五条**　本条规定了含砂量高、微污染地表水的预处理工艺。含砂量高的地表水宜先进行预沉淀，以保证后续水净化设施的运行安全，保护有关的设备。地表水的氨氮、有机微污染物浓度高，可生物降解性好时，宜采用生物预处理。生物预处理方式有人工填料接触氧化和颗粒填料生物过滤等。对水源水中短时间内的高含量有机物污染，采用投加粉末活性炭能够吸附水中的有机物，而且投资较省，管理简单。

**第三十六条**　本条规定了选用深度处理的原则和深度处理的方式。粒状活性炭或臭氧-生物活性炭处理的设计参数，可以根据相似水源的经验，也可先进行试验。

**第三十七条**　地表水的常年水质较好，无污染源，且浊度、色度、藻属于持续性低含量时，可以考虑采用直接过滤工艺，这样可以降低初期的工程投资。如果远期地表水质量可能变化，可预留配套常规处理设施的条件。

**第三十八条**　本条规定了原水、供水水质稳定性的判断及处理方法。供水的水质稳定性是城市给水管网产生腐蚀或结垢的直接原因，但在城市给水工程设计阶段可根据原水水质对管网水质稳定性进行判断。

$I_L$ 小于 -1.0 和 $I_R$ 大于 9 的管网水，具有腐蚀性。我国沿海很多城市属于这种水质。广州、深圳等地的净水厂一般加石灰处理，日本有很多大中型水厂加氢氧化钠。侵蚀性二氧化碳浓度高时，可用淋洒曝气法去除。

$I_L$ 较高和 $I_R$ 较低时，容易导致结垢。处理方法应经过试验和技术经济比较确定。

**第三十九条**　本条是关于生活饮用水消毒方法以及加氯设施的规定。

消毒可分别采用液氯、氯胺、二氧化氯、臭氧及紫外线等方法，采用臭氧或紫外线消毒的水厂，出厂水应当补氯。小型水厂或特殊情况，也可采用漂白粉或次氯酸钠方法消毒。

国内城市给水水厂大多数采用液氯消毒。液氯的投加设备以及加氯间、氯库的安全关系到水厂职工的安全，应按照国家现行规定进行防护。

**第四十条**　对采取远距离引水的缺水地区以及滤池反冲洗水量大的水厂，为节约水资源和运行成本，可考虑设置废水回收利用装置。

净水厂的排泥水一般占水厂制水量的 3% ~7%。国内一些水厂已经采取措施，充分利用水资源，回用滤池反冲洗水。

**第四十一条**　为保证供水水质，经过沉淀（澄清）的水，浑浊度一般不超过 5NTU。因此，沉淀池或澄清池应能及时排泥。泥沙量大、排泥次数多时，宜采用机械排泥或自动排泥装置，以减轻劳动强度和保证处理效果。

**第四十二条**　本条规定为保证供水安全，构筑物的维护检修一般采用暂时加大运行参数（水力负荷、调整投药量等）、非高峰时检修的方法，同一种净水构筑物应当有两个及以上的池子组合以保证维护检修时的供水水量与供水水质。

**第四十三条** 本条规定水厂机械设备配备原则，应以节省能耗、提高运行效率、方便检修操作维护、保证安全生产为原则，并与水厂自控水平相适应。

**第四十四条** 本条规定了寒冷地区净水构筑物设置在室内（或室外）的确定原则。前苏联给水规范曾规定冬季水面结冰厚度大于25mm、滤池冲洗周期两次冲洗间结冰厚度大于15mm，应设盖或建于室内。当水源中藻含量较高时，为避免藻类繁殖，也可考虑在沉淀和过滤构筑物池顶加盖。一般可以根据当地实际运行经验确定。

## 第三节 输配水工程

**第四十五条** 输配水管道线路选择与工程造价、能源消耗和安全供水有十分重要的关系，一般应当做几个方案，通过技术经济比较，择优选择。本条规定了输配水管道线路选择的原则。应考虑各种影响因素，特别是长距离的输水管道，更应根据实际情况分析研究，进行综合、全面的比较，选择最佳方案。

**第四十六条** 本条规定原水输水管线的确定应充分考虑利用水的势能以降低和节约能耗。城市供水的水源应当符合水源水质标准，以保证供水卫生要求。明渠和河道输水容易受到污染，难以保证水源水质，而且也会增加水量的流失，因此，输水管以暗管或暗渠为主，避免水质的污染和水量的流失，必须采取明渠输水方式时，应有防止水质污染和水量流失的措施。

**第四十七条** 本条规定了安全输水的原则。输水干管一般不宜少于2条，当管道任意一条发生故障时应能保证不少于70%的供水量。有几个供水点或有安全蓄水池时，输水的安全性提高，技术经济比较合理时，也可以设置单管输水。

**第四十八条** 原水输水管道建设规模一般应根据发展可能按远期规划，同时应考虑随着城市供水需求量的变化进行分期建设的可能。长距离输水管道投资大，管道一般可分期进行建设，其管径与数量的选择应当通过技术经济比较确定。确定输水隧洞与施工复杂的水下过河管等的建设规模时，应当对工程投资和运行管理进行分析，当一次建设的工程投资增加不多时可以考虑一期建设。

**第四十九条** 城市配水管网常常因为城市供水量以及供水范围的扩大等因素的影响，造成几年后或刚刚建成的管道的管径过小，需要开挖城市道路路面重新敷设，也有的由于建设缺乏计划，地下管线混乱，造成浪费或地上建筑与地下管道碰撞，敷设管道困难。因此，城市配水管网应按照城市总体规划的远期规划，根据城市范围、地形变化、水源及净（配）水厂分布情况、供水水压、能耗等因素，通过技术经济比较确定配水管网的布置。配水管网宜根据城市建设的发展情况，分期进行建设。在保证供水量的前提下，能够安全供水，并降低工程投资和不必要的重复建设。

**第五十条** 城市的供水范围大、地形高差大时，一个供水系统的安全性和经济性较差，因此，此时一般应考虑分区、分压供水系统以降低系统的能耗和安全性。对供水水质要求差距较大的工业企业、城市其他用水等用户，可以合理利用水资源，有条件采用分质供水时，应首先考虑分质供水系统。

**第五十一条** 城市配水管网的供水压力是供水的一个重要指标，也是能源消耗或节约能源的一个主要标志。如果压力定得过低，就不能满足城市供水的需要；如果压力定得过高，必然造成不必要的能源消耗并导致配水管网漏水量的增加，甚至影响管网的使用寿命，因此，供水压力应当根据不同城市、不同的供水系统科学合理地确定。

城市配水管网服务水头应当能够保证城市基本层次的用水要求，数量较少的高层次建筑物应当单独设置加压设施，以减少加压站设置的数量以及屋顶水箱的数量，避免工程投资的浪费和水质的二次污染。因此，本条规定了满足规划区基本层次的要求。

**第五十二条** 本条规定了输配水工程管渠材料选择确定的原则。近年输水管道材料尤其是新型管材较多，工程建设时应在满足管材对饮用水水质没有影响的前提下，根据管径、管道工作条件、管材的供应、运行管理以及经济合理等方面，综合分析后确定。

**第五十三条** 本条规定配水管道在敷设时，其位置及与其他管道和建（构）筑物的间距应满足国家现行标准的规定，可以按照《室外给水设计规范》GB 50013 的规定执行。

**第五十四条** 本条规定输配水管道宜配置机械化抢修设备，保证在管道发生故障时，能够及时修复供水，尽量缩短抢修的时间。同时应配置检漏等设备，加强管道检查，尽量减少管道的漏失率。

根据建设部供水规划和《城市洪水管网漏损控制及评定标准》CJJ 92—2002 的有关规定，本条列出了管网漏损率的控制指标。

## 第四节 检测与控制

**第五十五条** 本条规定了城市给水工程的生产管理与控制的自动化水平确定的原则以及设置控制系统的目标。水厂和泵站的自动控制水平确定的依据主要是在满足生产要求的前提下，提高管理的科学化和降低消耗、提高劳动生产率以及降低生产工人的劳动强度。

**第五十六条** 本条规定了给水工程的监（检）测项目和控制内容确定的原则。对影响安全供水的项目，根据国家现行规范、标准的规定应设置检测设施，对其他项目应当根据管理需要，在技术经济比较的基础上合理确定。现行国家标准《室外给水设计规范》GB 50013对给水系统的检测与控制有详细的规定。

**第五十七条** 本条规定在满足第五十六条原则的前提下，Ⅱ类及以上规模的城市给水系统生产管理与控制的自动化标准。目前国内水厂的自动控制水平较高，尤其是影响生产管理的关键环节，如投药、滤池的反冲洗等，大部分实现了自动化控制。因此，本条规定了控制的标准，以提高水厂和泵站的生产管理水平，推进技术进步为目标。经济条件不允许时，可采用分期建设的原则，分阶段逐步实现。

**第五十八条** 本条规定新建的Ⅲ类城市给水工程项目的控制水平，有条件时可逐步实现全过程的自动控制。

**第五十九条** 本条规定所有自动控制设备均应有手动控制的条件，主要是保证自动控制设备发生故障时，能够确保生产设施的正常运行，保障安全供水。

**第六十条** 本条规定小于Ⅲ类规模的城市给水系统的控制水平。对于规模较小的给水工程，宜以手动控制为主，有条件时，可对主要的工艺单元设置自动控制，逐步实现有利于生产管理和安全供水的自动控制系统。

**第六十一条** 地下水水源井群生产操作，由于管理范围较大，采用“三遥”控制运行，可以及时了解水源井的工作情况，节约人力，便于调度管理，提高安全可靠性。

**第六十二条** 一座城市有多个水厂时，为保证城市给水系统运行的安全、稳定，并及时掌握存在的问题，应建立中心调度室，并设置相应的检测和监测设施，提高管网运行的安全，保证供水安全。

管网内设有增压泵站、调蓄泵站或高位水池等设施时，还包括检测水位、压力、流量及相关参数。

已建立管网水力模型的供水企业，可在此基础上进一步建立管网水质模型。根据浊度、生物可降解有机物、细菌、余氯、pH 值、水温等参数与水质变化的关系，利用管网水质模型，预报管网中的余氯、细菌等指标的变化，为改善管网水质提供依据。

# 第四章　配套工程

**第六十三条**　供电负荷等级是根据负荷的重要性和断电所造成的损失或影响确定的。一、二类城市的主要取水工程、净（配）水厂、泵站突然中断供电，导致停止供水，将给城市经济带来严重损失，并可能使城市居民生活和工业生产混乱，所以规定为一级负荷，要求有两个独立电源，当一个电源发生故障时，另一个电源能够正常供电。

一、二类城市的非主要净（配）水厂、泵站对城市供水的影响稍低，所以规定为二级负荷。当电力变压器或线路发生故障时不会长时间中断供电或能迅速恢复供电。

有条件的城市给水工程的重要供水设备可根据实际情况设置备用电源。

**第六十四条**　城市的给水设施较分散，保证通信联系对安全供水十分重要。本条规定一般可采用有线或有线与无线相结合的方式。有线可靠性高，但城市水源地、加压站常离城市较远，无通信线路，采用无线通信则可满足通信联络。通信应当与当地的通信条件相适应，并能保证生产的正常运行。

**第六十五条**　净（配）水厂、泵站的维修、运输等辅助生产设施的装备水平应以满足经常性生产需要为原则，强调非经常使用的维修设备与运输设备要考虑城市的社会化协作，不应全套配置。可参照《城镇给水厂附属建筑和附属设备设计标准》CJJ 41 的有关规定，结合当地的实际情况确定。

《城镇给水厂附属建筑和附属设备设计标准》CJJ 41 中地表水水厂和地下水水厂机修间主要设备及数量如附表 1、附表 2 所示。表中 30 万 $m^3/d$ 规模在附属设备标准中为 20 万 $m^3/d$，为与本建设标准规模一致，表中按 30 万 $m^3/d$ 列入。

**附表 1　地表水水厂机修间常用主要设备数量表**

<table>
<tr><th colspan="2" rowspan="2">常用设备类型</th><th colspan="4" rowspan="2">技术规格</th><th colspan="2">5 万～10 万 $m^3/d$</th><th colspan="2">10 万～30 万 $m^3/d$</th><th colspan="2">30 万～50 万 $m^3/d$</th></tr>
<tr><th>小修</th><th>中修</th><th>小修</th><th>中修</th><th>小修</th><th>中修</th></tr>
<tr><td colspan="2" rowspan="5">车床</td><td rowspan="5">最大加工直径（mm）</td><td>320</td><td rowspan="5">最大加工长度（mm）</td><td>750</td><td>1</td><td>1</td><td>—</td><td>—</td><td>—</td><td>1</td></tr>
<tr><td>350</td><td>750</td><td>—</td><td>—</td><td>1</td><td>1</td><td>—</td><td>—</td></tr>
<tr><td>400</td><td>750</td><td>—</td><td>—</td><td>—</td><td>—</td><td>1</td><td>1</td></tr>
<tr><td>815</td><td>1400</td><td>1</td><td>—</td><td>—</td><td>—</td><td>—</td><td>—</td></tr>
<tr><td>815</td><td>2800</td><td>—</td><td>1</td><td>1</td><td>1</td><td>1</td><td>1</td></tr>
<tr><td colspan="2">牛头刨床</td><td colspan="4">最大刨床长度 650mm</td><td>1</td><td>1</td><td>1</td><td>1</td><td>1</td><td>1</td></tr>
<tr><td rowspan="5">钻床</td><td rowspan="2">摇臂钻</td><td colspan="4">最大钻孔直径 35mm</td><td>—</td><td>1</td><td>—</td><td>—</td><td>—</td><td>—</td></tr>
<tr><td colspan="4">最大钻孔直径 50mm</td><td>—</td><td>—</td><td>—</td><td>1</td><td>—</td><td>1</td></tr>
<tr><td rowspan="2">立钻</td><td colspan="4">最大钻孔直径 25mm</td><td>—</td><td>1</td><td>—</td><td>1</td><td>—</td><td>1</td></tr>
<tr><td colspan="4">最大钻孔直径 35mm</td><td>1</td><td>—</td><td>1</td><td>—</td><td>1</td><td>—</td></tr>
<tr><td>台钻</td><td colspan="4">最大钻孔直径 12mm</td><td>1</td><td>1</td><td>1</td><td>1</td><td>1</td><td>2</td></tr>
</table>

**续附表1**

| 常用设备类型 | | 技术规格 | 5万~10万 $m^3$/d | | 10万~30万 $m^3$/d | | 30万~50万 $m^3$/d | |
|---|---|---|---|---|---|---|---|---|
| | | | 小修 | 中修 | 小修 | 中修 | 小修 | 中修 |
| 落地（或台式）砂轮机 | | 最大直径300mm | 1 | 1 | 1 | — | 1 | 2 |
| 弓锯床 | | 最大锯料直径220mm | 1 | 1 | 1 | 1 | 1 | 1 |
| 空压机 | | 0.5$m^3$/7kg | 1 | 1 | 1 | 1 | 1 | 1 |
| 起重设备 | | 手拉葫芦1t，2t | — | — | — | — | — | — |
| | | 电动葫芦5t | 1 | 1 | 1 | 1 | 1 | 1 |
| 台钳 | | — | 3 | 4~5 | 4 | 5~6 | 5 | 6~7 |
| 电焊机 | 交流 | 最大额定电流330A | 1 | — | 1 | — | 1 | — |
| | | 最大额定电流500A | — | 1 | 1 | 1 | 1 | 1 |
| | 直流 | 最大额定电流375A | — | — | 1 | — | 1 | — |
| 乙炔发生器 | | 发气量1$m^3$/h | — | 1 | 1 | 1 | 1 | 1 |
| 氧气瓶 | | 40kg | 2~3 | 3~4 | 3~4 | 4~5 | 4~5 | 5~7 |

**附表2　地下水水厂机修间常用主要设备数量表**

| 常用设备类型 | | 技术规格 | | | | 5万~10万 $m^3$/d | | 10万~30万 $m^3$/d | | 30万~50万 $m^3$/d | |
|---|---|---|---|---|---|---|---|---|---|---|---|
| | | | | | | 小修 | 中修 | 小修 | 中修 | 小修 | 中修 |
| 车床 | | 最大加工直径（mm） | 320 | 最大加工长度（mm） | 750 | 1 | — | — | — | — | — |
| | | | 360 | | 850 | — | 1 | 1 | — | — | — |
| | | | 400 | | 750 | — | — | — | 1 | 1 | 1 |
| | | | 400 | | 1500 | 1 | — | — | — | — | 1 |
| | | | 615 | | 1400 | — | 1 | 1 | 1 | 1 | 1 |
| 牛头刨床 | | 最大刨床长度650mm | | | | 1 | 1 | 1 | 1 | 1 | 1 |
| 钻床 | 摇臂钻 | 最大钻孔直径35mm | | | | — | 1 | — | — | 1 | — |
| | | 最大钻孔直径50mm | | | | — | — | — | 1 | — | 1 |
| | 立钻 | 最大钻孔直径25mm | | | | 1 | — | 1 | 1 | 1 | 1 |
| | 台钻 | 最大钻孔直径12mm | | | | 1 | 1 | 1 | 1 | 1 | 2 |
| 落地（或台式）砂轮机 | | 最大直径300mm | | | | 1 | 1 | 1 | 1 | 1 | 1 |
| 弓锯床 | | 最大锯料直径220mm | | | | 1 | 1 | 1 | 1 | 1 | 1 |
| 起重设备 | | 手拉葫芦1t，2t | | | | 各1 | — | 各1 | — | 各1 | 各1 |
| | | 电动葫芦5t | | | | — | 1 | — | 1 | — | 1 |

**续附表2**

| 常用设备类型 | | 技术规格 | 5万～10万$m^3/d$ | | 10万～30万$m^3/d$ | | 30万～50万$m^3/d$ | |
|---|---|---|---|---|---|---|---|---|
| | | | 小修 | 中修 | 小修 | 中修 | 小修 | 中修 |
| 台钳 | | — | 3 | 4 | 3 | 4 | 4 | 5 |
| 电焊机 | 交流 | 最大额定电流330A | — | 1 | 1 | — | — | 1 |
| | | 最大额定电流500A | 1 | — | — | 1 | 1 | 1 |
| | 直流 | 最大额定电流375A | — | 1 | 1 | 1 | 1 | 1 |
| 乙炔发生器 | | 发气量$1m^3/h$ | 1 | 1 | 1 | 1 | 1 | 1 |
| 氧气瓶 | | 40kg | 2 | 3 | 3 | 4 | 4 | 5 |

**第六十六条** 本条规定了净（配）水厂化验设备的配置原则。对于一、二类城市有多个水厂时，有一个中心化验室可以配备一些高精度的化验设备，一般水厂只配备常规化验设备，强调相互协作，中心化验室可以设置在自来水公司或某一水厂内。三类城市的水厂应满足常规水质检测项目的检测。

高精度化验设备的配置以满足现行供水水质标准的检测项目为准，常规化验项目设备的配置按照水质分析方法选择合适的化验设备。所有化验设备的配置要首先满足供水水质标准中基本项目的要求。

水质化验的常规设备可参照《城镇给水厂附属建筑和附属设备设计标准》CJJ 41 的规定选用。对城市供水水质中心检测机构的大型检测仪器可参照建设部供水规划的要求逐步配置，具体内容见附表3。

**附表3 水质中心检测机构大型检测仪器基本配置要求**

| 仪器名称 | 一级标准 | 二级标准 | 三级标准 |
|---|---|---|---|
| 紫外分光光度仪 | 1 | 1 | 1 |
| 荧光分光光度仪 | 1 | — | — |
| 原子吸收分光光度仪 | 1 | 1 | 1 |
| 原子荧光光谱仪 | 1 | 1 | — |
| 气相色谱仪 | 2 | 1 | 1 |
| 气相色谱-质谱联机 | 1 | 1 | — |
| 液相色谱仪 | 1 | 1 | 1 |
| 离子色谱仪 | 1 | 1 | — |
| 总有机碳测定仪 | 1 | 1 | — |
| 总有机卤测定仪 | 1 | 1 | — |
| 低本底α、β放射测定仪 | 1 | 1 | 1 |

续附表 3

| 仪器名称 | 一级标准 | 二级标准 | 三级标准 |
|---|---|---|---|
| 生物显微镜 | 2 | 1 | 1 |
| 荧光生物显微镜 | 1 | — | — |
| 颗粒计数仪 | 1 | — | — |
| 电感耦合等离子体质谱仪 | 1 | — | — |
| 液相色谱-质谱联机 | 1 | — | — |
| 流动注射分析仪 | 2 | 1 | — |

附表 3 中一级、二级、三级标准主要对应一类、二类、三类城市的中心化验室或中心检测机构。化验设备的配置主要根据水质检测项目的要求确定，一般应当结合当地的经济条件逐步实现。

所有城市水厂的水质化验，除基本项目外，可委托检测，避免增加投资、管理及技术上的困难。

**第六十七条** 本条规定净（配）水厂、泵站必须设置消防设施。消防设施的设置标准应符合现行国家标准《建筑设计防火规范》GB 50016 等有关规范、标准的规定。

**第六十八条** 本条规定了给水工程采取防腐蚀措施的原则。管配件的防腐蚀，可采用耐腐蚀管配件，或在管配件内部涂防腐蚀材料。应具体分析腐蚀的性质，采取相应的防腐蚀措施。防腐蚀技术标准应符合国家现行标准、规范的规定，如《钢质管道外腐蚀控制规范》GB/T 21447、《埋地钢质管道阴极保护技术规范》GB/T 21448、《埋地钢质管道腐蚀防护工程检验》GB/T 19285、《埋地钢质管道石油沥青防腐层技术标准》SY/T 0420、《钢质管道及储罐腐蚀控制工程设计规范》SY/T 0007 以及《工业设备、管道防腐蚀工程施工及验收规范》HGJ 229 等。

**第六十九条** 本条规定了寒冷地区净水厂构筑物建在室内时的供热温度要求，对不同构筑物可采用不同的采暖温度。

## 第五章 建筑与建设用地

**第七十条** 本条规定净（配）水厂和泵站在建筑美学方面应考虑的主要因素。净（配）水厂、泵站建设应在满足实用、经济的前提下，适当考虑美观。除在厂（站）区进行必要的绿化、美化外，应根据净（配）水厂、泵站内建筑物和构筑物的特点，使各建筑物之间、建筑物和构筑物、净（配）水厂和泵站与周围环境均达到建筑美学的和谐一致，一般应简洁朴实。

**第七十一条** 本条规定了净（配）水厂、泵站附属建筑装修标准的确定原则。建筑装修标准应当简单实用，并符合国家现行的有关标准、规范的规定。建筑标准可参照《城镇给水厂附属建筑和附属设备设计标准》CJJ 41 的有关规定确定。生产构筑物和建筑物的建筑标准，从建筑美学和群体效果考虑，应与附属建筑的建筑标准相适应。生产构筑物以满足生产需要为原则，一般不宜做特殊的装修处理。

**第七十二条** 本条提出的附属设施建筑面积指标为参考指标，不作为控制性指标。

净（配）水厂附属设施分三类，即：辅助生产用房、管理用房、生活用房。根据修订组调查，国内净（配）水厂附属设施建筑面积一般均大于本次修订提出的控制标准，而且各水厂的附属建筑面积差距亦较大。

附属设施建筑面积主要根据附表5净（配）水厂劳动定员数量，参考《城镇给水厂附属建筑和附属设备设计标准》CJJ 41的有关规定，分析修订中收集的基础资料，综合分析后提出，分析确定结果见附表4。

本建设标准提出的附属建筑面积明显低于1994年版建设标准和本次修订调查的资料，但是高于根据《城镇给水厂附属建筑和附属设备设计标准》CJJ 41计算的值，主要考虑该标准已经实施近二十年，标准制定的条件已经有较大的变化，特别是规模较大的工程，差距更大。因此，考虑制定的标准指标是平均先进的原则，在1994年版的基础上进行了大幅度的下调，但是不同城市给水工程的情况会有较大差异，在确定附属设施建筑面积时应当结合工程的具体情况合理确定，城市给水工程项目建设时一般不超过本建设标准的范围。

**附表4 常规水厂附属建筑面积分析确定结果（$m^2$）**

| 规模（万 $m^3/d$） | 1994年版建设标准 | 水厂附属建筑设计标准计算值 | 调查资料 | 本次修订 |
|---|---|---|---|---|
| 5 | 2000 | 1250 | 467～2136/1320 | 1385 |
| 10 | 2800 | 1683 | 1938～4771/2939 | 1910 |
| 30 | 3700 | 2036 | 1000～7750/4103 | 2295 |
| 50 | 4600 | 2472 | 4805～5770/5255 | 3445 |

附表4中附属建筑设计标准所列的建筑面积，按照该标准的上限（包括维修、仓库、车库等），生产管理用房面积按照0.65建筑系数，行政办公用房按照人均$20m^2$计列。

本条表1中主要列出了常规处理工艺的水厂和配水厂的面积指标。净水厂实际分为四种，考虑到各种类型水厂的劳动定员差异较小，因此，净水厂的附属设施建筑面积以常规处理工艺水厂为主，其他类型的净水厂原则上按照常规处理净水厂的附属设施建筑面积控制，特殊条件时可以在原有基础上增加5%～10%。如净水厂的工艺复杂，分期较多造成人员增加等，可以适当考虑增加建筑面积。

附属设施建筑面积往往需要参考项目的劳动定员多少确定。据调查掌握的资料并根据工艺特点和岗位情况综合分析估算，一般情况下，合理的净（配）水厂定员数量和泵站定员数量大致在附表5和附表6所列范围。

**附表5 净（配）水厂定员数量（人）**

| 水厂类别 \ 规模类别 | Ⅰ类（30万～50万 $m^3/d$） | Ⅱ类（10万～30万 $m^3/d$） | Ⅲ类（5万～10万 $m^3/d$） |
|---|---|---|---|
| 常规处理水厂 | 55～65 | 45～55 | 35～45 |
| 配水厂 | 36～40 | 32～36 | 30～32 |
| 预处理＋常规处理水厂 | 60～70 | 49～60 | 39～49 |
| 常规处理＋深度处理水厂 | 60～71 | 49～60 | 39～49 |
| 预处理＋常规处理＋深度处理水厂 | 65～76 | 53～65 | 43～53 |

**附表6　泵站定员数量（人）**

| 建设规模 | 定　员 |
| --- | --- |
| Ⅰ类（30万～50万 $m^3$/d） | 25 |
| Ⅱ类（10万～30万 $m^3$/d） | 20～25 |
| Ⅲ类（5万～10万 $m^3$/d） | 20 |

**第七十三条**　土地是国家不可再生的资源，因此，城市给水工程建设要严格执行国家对土地管理的有关规定，科学合理地使用土地，解决好近期、远期土地使用的关系，提高土地利用率。本条规定了城市污水处理工程建设的土地使用及征用的原则。

水厂用地面积主要按照水厂的净化工艺确定，以便于使用。水厂分常规处理水厂、配水厂、预处理+常规处理水厂、常规处理+深度处理水厂、预处理+常规处理+深度处理水厂，按照水厂的总用地面积控制。据调查掌握的资料，一般情况下水厂单位水量用地面积大致在附表7所列范围，表中主要列出单独的预处理单元、深度处理单元以及污泥处理单元的用地面积，方便分项使用。

**附表7　给水工程单位水量建设用地［$m^2$/（$m^3$·d）］**

| 建设规模 | 常规处理水厂 | | 预处理用地 | 深度处理用地 | 污泥处理用地 |
| --- | --- | --- | --- | --- | --- |
| | 净水厂 | 配水厂 | | | |
| Ⅰ类（30万～50万 $m^3$/d） | 0.25～0.20 | 0.15～0.10 | 0.030～0.028 | 0.045～0.040 | 0.03～0.02 |
| Ⅱ类（10万～30万 $m^3$/d） | 0.30～0.25 | 0.20～0.15 | 0.035～0.030 | 0.065～0.045 | 0.05～0.03 |
| Ⅲ类（5万～10万 $m^3$/d） | 0.35～0.30 | 0.30～0.20 | 0.045～0.035 | 0.085～0.065 | 0.06～0.05 |

附表7中的预处理、深度处理及污泥处理的建设用地仅为工艺单元需要的用地，不包括高浊度水的预沉设施。

根据调查资料，水厂用地面积差异较大。水厂的生产构筑物的建设用地在规模相同或相近时，差距较小，占地大的主要原因是附属设施占地面积较大，水厂内建（构）筑物的间距过大造成，有些水厂的辅助生产、行政办公和生活服务区占地面积过大，没有将节约用地的基本原则贯穿在整个工程的建设过程中，造成了用地的浪费。

原建设部和国土资源部曾于2005年颁布了《城市生活垃圾处理和给水与污水处理工程项目建设用地指标》，指标中对净（配）水厂和泵站的建设用地作了如下规定：

**附表8　净（配）水厂建设用地（$hm^2$）**

| 水厂类型 | Ⅰ类（30万～50万 $m^3$/d） | Ⅱ类（10万～30万 $m^3$/d） | Ⅲ类（5万～10万 $m^3$/d） |
| --- | --- | --- | --- |
| 常规处理水厂 | 8.40～11.00 | 3.50～8.40 | 2.05～3.50 |
| 配水厂 | 4.50～5.00 | 2.00～4.50 | 1.50～2.00 |

**续附表8**

| 水厂类型 | Ⅰ类（30万~50万 $m^3$/d） | Ⅱ类（10万~30万 $m^3$/d） | Ⅲ类（5万~10万 $m^3$/d） |
|---|---|---|---|
| 预处理＋常规处理水厂 | 9.30~12.50 | 3.90~9.30 | 2.30~3.90 |
| 常规处理＋深度处理水厂 | 9.90~13.00 | 4.20~9.90 | 2.50~4.20 |
| 预处理＋常规处理＋深度处理水厂 | 10.80~14.50 | 4.50~10.80 | 2.70~4.50 |

本用地面积中，不包括给水系统中的高位水池等附属设施的用地面积。

预处理的用地面积主要按照生物预处理方式确定，采用预臭氧、预氧化等其他方式进行预处理时，应当根据实际用地情况降低指标。深度处理用地指标主要根据臭氧生物活性炭工艺确定，采用其他深度处理工艺时，应当按照实际条件的变化调整用地。污泥处理用地包括了废水回收以及污泥的浓缩和脱水设施用地。

水厂用地形状特别不规则，可利用率不高时，一般按照实际调整指标。

附表9中列出了泵站的用地面积，给水工程的泵站主要包括取水泵站、原水转输泵站、加压泵站等，用地面积按照正常情况确定，未包括有水量调节池的面积。因此，对有水量调节池的加压泵站可以根据水量调节池的容积，按照实际需要（计算）增加用地面积。

**附表9　泵站建设用地（$m^2$）**

| 规模 | Ⅰ类（30万~50万 $m^3$/d） | Ⅱ类（10万~30万 $m^3$/d） | Ⅲ类（5万~10万 $m^3$/d） |
|---|---|---|---|
| 面积 | 5500~8000 | 3500~5500 | 2500~3500 |

**第七十四条**　本条规定了净（配）水厂建设在节约用地的基础上的总平面布置原则。

根据净水厂的工艺流程，水厂生产及辅助生产构筑物和建筑物的形状、大小及其组合，结合厂址地形、气象和地质条件等，可有多种平面布置形式，应综合考虑确定。布置恰当可为今后施工、维护、管理以及节能等提供良好条件。

水厂的生产行政管理和生活设施宜分别集中布置，并应与生产构筑物、建筑物保持一定距离，便于以绿化等措施隔离开来，同时注重良好的朝向，保证管理人员有良好的工作环境。

## 第六章　环境保护与安全卫生

**第七十五条**　本条对水源建设中的环境问题进行了原则规定。水源建设对环境的影响，主要应考虑江河、湖泊、地下水取水后，水源水量减少所产生的环境影响；对干旱地区还应注意取水以后对生活环境、生态环境的影响，对农、牧业的生态影响；另一方面也要考虑环境对取水水源地的污染，对饮用水卫生的影响。

**第七十六条**　本条规定城市给水工程建设前应根据国家的有关规定进行环境影响分析和评价，

尤其是厂址选择，废水、污泥的排放等应符合国家的有关规定，避免对周围环境的影响。

**第七十七条** 净水厂的排泥水主要为沉淀池排泥、滤池反冲洗水等，水中含原水杂质和残余净水药剂等直接排入水体时，将对水环境造成影响，因此，排泥水排入水体前应按照环境评价的要求进行处理。

根据国家有关标准的规定，河流水源地卫生防护带在取水点上游1000m至下游100m的水域，不得排入工业废水和生活污水，净水厂废水排放应符合上述规定。

净水厂排出的污泥、气浮池浮渣或除氟废渣，进入垃圾填埋厂的应符合现行国家标准《生活垃圾填埋污染控制标准》GB 16889的规定，进入农田的应符合现行国家标准《农用污泥中污染物控制标准》GB 4284的规定。

**第七十八条** 本条规定生产中的噪声控制应符合国家和地方现行标准、规范的规定。如《城市区域环境噪声标准》GB 3096和《工业企业噪声控制设计规范》GBJ 87等。

城市给水处理工程的噪声控制应依据《工业企业噪声控制设计规范》GBJ 87的有关规定，首先从声源上进行控制，以低噪声的工艺和设备代替高噪声的工艺和设备，如仍达不到要求，可采用隔声、消声、隔振以及综合控制等噪声控制措施。

**第七十九条** 加药及加氯间的安全防护在《室外给水设计规范》GB 50013中已有明确规定，应按照要求进行建设；净水厂的锅炉房建设应符合《工业锅炉房设计规范》GBJ 41的有关规定，排放的烟尘应符合《锅炉大气污染物排放标准》GWPB 3的规定。净水厂的其他有关设施的安全防护主要有：寒冷地区应有保温防冻设施。为了保证寒冷地区的生产构筑物及设施在冬季能正常运行，有关处理构筑物、管渠和其他设施可设置保温防冻设施，附属建筑和设施的保温防冻设施应以保证职工的工作环境和正常生产为原则进行建设。

贮水构筑物均应设置适用的安全栏杆、防滑梯以及救生设施等安全措施，并应根据国家有关照明的规定，在净水厂厂区设置照明设施，以保证维护管理人员的人身安全。

工程的建设还应符合《工业企业设计卫生标准》GBZ 1的有关规定。

# 城镇供热厂工程项目建设标准

## 建标 112—2008

## 住房和城乡建设部、发展和改革委员会关于批准发布《城镇供热厂工程项目建设标准》的通知

建标〔2008〕175 号

国务院有关部门，各省、自治区、直辖市、计划单列市建设厅（委、局）、发展和改革委员会，新疆生产建设兵团建设局、发展和改革委员会：

根据原建设部《关于印发〈二〇〇三年工程项目建设标准、投资估算指标、建设项目评价方法与参数编制项目计划〉的通知》（建标函〔2004〕43 号）的要求，由住房和城乡建设部负责编制的《城镇供热厂工程项目建设标准》，经有关部门会审，现批准发布，自 2008 年 12 月 1 日起施行。

在城镇供热厂项目的审批、设计和建设过程中，要严格遵守国家关于严格控制建设标准，进一步降低工程造价的要求，认真执行本建设标准，坚决控制工程造价。

本建设标准的管理由住房和城乡建设部、国家发展和改革委员会负责，具体解释工作由住房和城乡建设部负责。

中华人民共和国住房和城乡建设部
中华人民共和国国家发展和改革委员会
二〇〇八年九月十七日

## 前　　言

《城镇供热厂工程项目建设标准》是根据原建设部《关于印发〈二〇〇三年工程项目建设标准、投资估算指标、建设项目评价方法与参数编制项目计划〉的通知》（建标函〔2004〕43 号），由中国市政工程华北设计研究院等单位负责编制而成。

在编制过程中，编制组对我国城镇供热厂工程建设和运营情况进行了深入调查研究，认真总结了经验，在借鉴国外有关做法和经验，考虑适应当前和今后一段时期需要的基础上，遵循艰苦奋斗、勤俭建国的方针，在满足功能和安全的前提下，严格执行我国资源能源节约、生态环境保护的各项法规和政策。征求意见稿完成后，广泛征求有关部门、单位及专家的意见，多次召开讨论座谈会，最后召开审查、复审会，会同有关部门审查定稿。

本建设标准共分九章：总则、建设规模与项目构成、选址与厂区规划、工艺与装备、配套工程、建筑标准与建设用地、环境保护与安全卫生、劳动组织与劳动定员、主要技术经济指标。

本建设标准对政府投资的城镇供热厂工程建设必须严格执行，对企业投资的可参考适用。在实施过程中，请各单位注意总结经验，积累资料，如发现需要修改和补充之处，请将意见和有关资料寄中国市政工程华北设计研究院（地址：天津市河西区气象台路99号；邮政编码：300074），以便今后修订时参考。

**主 编 单 位：**中国市政工程华北设计研究院

**参 编 单 位：**中元国际工程设计研究院

城市建设研究院

**主要起草人：**吕国良　廖荣平　王　淮　熊维镕　李春林　江绍辉　杨　健

# 第一章　总　　则

**第一条**　为适应社会主义市场经济发展的需要，提高城镇供热厂工程项目决策和建设的科学管理水平，达到节约能源、保护环境，推进技术进步的目的，充分发挥投资效益，促进城镇供热事业的发展，制定本建设标准。

**第二条**　本建设标准是为项目决策服务和控制项目建设水平的全国统一标准，是审核城镇供热厂项目的重要依据，也是监督检查城镇供热厂工程整个建设过程建设标准的尺度。

**第三条**　本建设标准适用于城镇燃煤、燃气供热厂新建工程，改建、扩建工程可参照执行。

**第四条**　城镇供热厂工程项目的建设，必须遵守国家有关的法律、法规，执行国家城镇供热行业发展和保护环境、节约能源、节约土地、劳动安全、消防等有关政策。

**第五条**　城镇供热厂工程的建设应统筹规划，与城市发展规划相协调，以近期为主，兼顾远期发展，分期建设。

**第六条**　城镇供热厂工程，应依据城市总体规划、供热规划、环境规划、所用燃料以及用户用热性质，从本地区实际情况出发，对工程设计方案进行技术经济论证和环境影响评价，综合比选。

**第七条**　城镇供热厂工程项目的建设，应采用成熟可靠的技术，并积极选用新技术、新工艺、新材料、新设备。

**第八条**　城镇供热厂工程项目的建设，应坚持专业化协作和社会化服务的原则，合理确定配套工程项目，提高运营管理水平，降低运营成本。

**第九条**　城镇供热厂工程项目的建设，应落实热负荷、土地、燃料、供电、给排水、交通、通信、建设资金等建设条件，并采取有效措施，确保工程建成后正常运行。

**第十条**　城镇供热厂与热力网的建设必须同步进行。

**第十一条**　单台锅炉额定蒸发量大于或等于20t/h的蒸汽锅炉、热负荷年利用小时大于或等于4000h的较大型供热厂，经技术经济比较具有明显经济效益和节能效果的，应采用热电联产的集中供热方式。

**第十二条**　在地震烈度为6度及以上的地区，供热厂的建筑物、构筑物、锅炉本体和管道的设计，均应采取符合该地区抗震设防标准的措施。

**第十三条**　城镇供热厂工程项目的建设，应考虑灰渣的综合利用。

**第十四条**　城镇供热厂工程项目的建设，除执行本建设标准外，尚应符合国家现行有关经济、参数标准和指标及定额的规定。

## 第二章　建设规模与项目构成

**第十五条**　城镇供热厂工程建设规模，应根据城市总体规划和供热规划，按照核实后的设计热负荷确定。供热厂的建设规模可按表1执行。

**表1　供热厂建设规模分类**

| 燃料种类 | 供热厂类别 | 蒸汽锅炉（t/h） | | 热水锅炉（MW） | |
|---|---|---|---|---|---|
| | | 单台容量 | 总容量 | 单台容量 | 总容量 |
| 燃煤 | Ⅰ类 | 20 | 80 | 14 | 56 |
| | Ⅱ类 | 35 | 140 | 29 | 116 |
| | Ⅲ类 | 75 | 300 | 58（70） | 232（280） |
| | Ⅳ类 | — | — | 116 | 464 |
| 燃气 | Ⅰ类 | — | — | 7 | 21 |
| | Ⅱ类 | — | — | 14 | 56 |
| | Ⅲ类 | — | — | 29 | 116 |

注：供热厂的建设规模与表中不一致时，可参照相近容量的供热厂规模选用。

**第十六条**　城镇供热厂工程建设项目由供热厂主体工程工艺与装备、配套工程、生产管理与生活服务设施构成，包括下列内容：

一、供热厂主体工程。

（一）燃煤供热厂：

1. 主厂房：包括锅炉本体及相关的工艺系统与设备。

2. 燃料储运系统：包括卸煤、储煤、输煤、筛碎处理及相关的辅助设施。

3. 炉型及燃烧系统：包括炉型选择及烟、风、煤系统。

4. 污染物处理系统：除尘、脱硫（脱氮）系统。

5. 热力系统：包括锅炉的汽水系统，锅炉补给水的处理、除氧设施、锅炉的疏放水及排污系统以及供热泵站等。

6. 除灰渣系统：包括炉渣处理系统与飞灰处理系统及灰渣综合利用方案。

7. 监测和自动控制系统、热计量系统。

（二）燃气供热厂：

1. 主厂房：包括锅炉本体及相关的工艺系统与设备。

2. 炉型及燃烧系统：包括炉型选择及烟、风、燃气系统。

3. 热力系统：包括锅炉的汽水系统，锅炉补给水的处理、除氧设施、锅炉的疏放水及排污系统以及供热泵站等。

4. 监测和自动控制系统。

5. 燃气调压、计量系统。

二、配套工程主要包括：交通、供配电、给排水、消防、通信、暖通、监测、维修、材料库等。

三、生产管理与生活服务设施主要包括：办公室、值班宿舍、食堂、浴室、厕所、绿化等设施。

**第十七条** 供热厂工艺不同时，生产设施的内容不同。能够由社会化条件解决的附属设施，如维修、交通运输、绿化、保安、试验及化验等均不应再设置。对改建、扩建的工程项目，应充分利用原有的设施。

## 第三章 选址与厂区规划

**第十八条** 城镇供热厂的厂址选择应符合下列要求：

一、选址应符合城市总体规划、城市供热规划和国家现行的有关安全、环境保护、防火、卫生的有关规定。

二、供热厂厂址的确定，应取得土地使用、燃料、电源和水源供应、供热管网走向及路由、环境保护等有关部门的同意或认可的文件。

若厂址涉及机场、军事设施或文物遗址的控制或保护范围，尚应取得有关部门同意或认可的文件。

三、供热厂供热距离应经济合理，宜靠近热负荷中心，并便于多热源联网。

四、供热厂应有良好的交通运输条件，便于燃料和灰渣的运输。

五、供热厂建设场地应具备满足工程建设的工程地质条件和水文地质条件，并应具有可靠的防洪、排涝措施。

六、供热厂建设应节约用地，考虑利用非可耕地和劣地，减少拆迁，尽量不破坏原有树木和植被。

七、全年运行的供热厂，宜位于居住区和主要环境保护区的全年最小频率风向的上风侧；季节运行的供热厂，宜位于运行季节最大频率风向的下风侧。

八、供热厂应有可靠的电力供应、供水水源和污水排放条件，有条件的地区应优先采用中水。

九、供热厂若分期建设，应考虑将来发展的可能性。

**第十九条** 城镇供热厂的厂区规划应符合下列要求：

一、供热厂的用地范围应根据建设和施工的需要，按规划容量确定。其用地宜分期、分批征用，施工用地可临时租用。应综合优化，尽量减少全厂生产用地、生活用地和施工用地的面积。

二、供热厂总体布置应以锅炉房为中心，各工艺专业合理、有机地联系在一起，处理好总体与局部、近期与远期、平面与竖向、地上与地下、物流与人流、运行与施工、内部与外部的关系，综合各种因素统筹安排、合理规划全厂建（构）筑物的位置。

三、供热厂的固定端应结合城市的主要道路、主要热用户方位，布置在厂区不能延伸发展的边侧。

四、供热厂辅助间的布置形式，可视不同燃料的建设规模决定。对于燃煤Ⅰ类、燃气Ⅰ～Ⅱ类的供热厂，宜贴邻锅炉间固定端布置；对于燃煤Ⅱ类、燃气Ⅲ类的供热厂，可视具体情况贴邻锅炉间，亦可单独布置；对于燃煤Ⅲ～Ⅳ类的供热厂，宜单独布置或设置综合楼。

五、储煤场、灰渣场宜位于主要建筑物的全年最小频率风向的上风侧；输煤栈桥、临时灰场（或灰库）应靠固定端布置，不应影响供热厂扩建。

六、锅炉房、储煤场、灰渣场、燃气调压站以及其他建筑物、构筑物之间的间距，均应符合国家现行燃气、防火、卫生标准的有关规定。

七、厂区道路应根据建设规模、运输要求、管线布置等合理确定。对于燃煤Ⅱ～Ⅳ类供热厂的锅炉房及储煤场和燃气Ⅲ类供热厂的锅炉房，其周围应设环形消防车道。当设置环形通道有困难时，可沿厂房的两个长边设置消防通道。

八、厂区出入口不应少于两个，其位置应使厂内外联系方便，并宜使人流与物流分开，主要出入口宜设在厂区的固定端一侧。

九、供热厂主要建筑物的方位宜结合日照、自然通风和天然采光等因素确定。

十、供热厂各建筑物、构筑物的布置，应充分利用地形，减少平整场地土石方工程量；缩小运煤系统的提升高差和运输距离。当厂区自然地形高差较大时，宜采用阶梯式布置。

十一、供热厂应因地制宜地进行绿化，主要规划在进厂主干道两侧、厂区主要出入口、主要建筑及储煤场的周围，厂区绿化覆盖率应符合城市总体规划。

## 第四章　工艺与装备

**第二十条**　供热厂的工艺与装备应根据建设规模、所选工艺与装备的技术条件合理确定，并应满足适度提高机械化、自动化水平，保证安全、改善环境卫生和劳动条件，提高劳动生产率的要求。

**第二十一条**　供热厂锅炉燃料的种类应根据城市环境保护要求和燃料供应的情况决定。

**第二十二条**　城镇供热厂的燃料储运系统应符合下列要求：

一、煤场储量和煤场设备应根据供热厂的总耗煤量和运煤方式确定。储煤场可根据环保要求设置封闭或半封闭的煤库。

二、储煤场和输煤系统均应设置燃料计量设施。

三、输煤系统应根据供热厂小时最大耗煤量确定系统形式、工作制度及输煤能力。

四、从煤场到锅炉房的运煤方式，对于燃煤Ⅰ类供热厂，可采用垂直多斗提升机或带式输送机，对于燃煤Ⅱ～Ⅳ类供热厂应采用带式输送机。

五、对于循环流化床锅炉的燃煤，当采用掺烧石灰石进行炉内脱硫时，石灰石宜使用成品石灰石粉。

六、输煤系统应设置电气联锁及必要的通信设施，并应设置供设备安装检修用的起吊设施。

**第二十三条**　城镇供热厂的炉型及燃烧系统应符合下列要求：

一、锅炉燃烧方式、供热介质、介质参数及锅炉台数的选择，应符合国家现行有关设计规范的要求。

二、供生产、采暖和生活用的锅炉，不宜选择煤粉炉。

三、一般供采暖的供热厂应优先选用高效链条炉，在下列情况下，经综合技术经济比较确认合理时，才考虑选用循环流化床锅炉：

（一）对于燃煤Ⅳ类的供热厂、单台锅炉容量较大，又没有相应的链条炉产品时。

（二）当煤质较差，用链条炉不能适应时。

四、当选用链条炉时，其炉前储煤仓宜装设均匀布煤装置及有利于节能的燃烧装置。

五、锅炉的鼓风机、引风机、二次风机应选用高效、节能和低噪声风机。鼓风机、引风机宜采用调速装置，并设置检修设备用的起吊设施。

六、燃气供热厂的设备及系统应符合下列要求：

（一）燃气供热厂的炉型，应根据气体燃料特性、布置的特点等因素确定。

（二）根据燃气压力参数设置调压装置。

**第二十四条** 污染物处理系统应符合下列要求：

一、除尘脱硫设备的选择，应使烟气中有害物质的排放量及其浓度符合国家和地方现行环境保护的要求，并应考虑灰渣特性、工艺及灰渣综合利用的要求。

二、当烟气中的二氧化硫、氮氧化物浓度不能满足环保要求时，应装设脱硫、脱氮装置。

三、供热厂的烟囱高度和出口烟速应符合国家现行有关标准。

**第二十五条** 供热厂的热力系统应符合下列要求：

一、热网循环水泵应根据热网调节方式选择，热网补给水泵应采用调速装置。

二、供热厂的水处理方式，应根据原水水质、炉水水质、蒸汽品质、补水率、锅炉排污率等因素经技术经济比较后确定。

三、蒸汽锅炉连续排污扩容器的排水，应回收加以利用。

四、供热厂应节约用水，提高厂内用水的重复使用率。

**第二十六条** 城镇供热厂主厂房布置应符合下列要求：

一、主厂房布置应满足生产工艺流程的要求，并做到设备布局和空间利用合理，管线连接短捷、整齐，厂房内部设施布置紧凑、恰当，巡回检查的通道畅通。

二、当气象条件适宜时，75t/h 及以上容量的循环流化床锅炉，宜采用露天或半露天布置。

三、位于居住区内锅炉的引风机不应露天布置。

四、供热厂的集中控制室应布置在锅炉操作层同一标高上。

五、供热厂内高噪声的设备应采取噪声控制措施，符合国家现行有关标准。

**第二十七条** 城镇供热厂的除灰渣系统应符合下列要求：

一、除灰渣系统的设计应充分考虑灰渣综合利用和环保要求，并贯彻节约用水的方针。

二、当确定灰渣综合利用时，应按照“干湿分排、粗细分排和灰渣分排”的原则设计，并为灰渣外运创造条件。

三、除灰渣方式可视条件采用机械、水力或气力除灰渣装置。循环流化床锅炉的灰渣应采用灰渣干态分除，不应采用水力除灰（渣）系统。

四、当采用干式除尘器并综合利用细灰时，宜采用气力除灰系统。

五、当采用水力除灰渣系统时，应设置循环水利用系统。

**第二十八条** 城镇供热厂的监测和自动控制系统、热计量系统应符合下列要求：

一、锅炉及各辅助设备应设置安全联锁、超限报警系统，运行参数采集系统，供经济核算的计量系统，在线监测烟尘、二氧化硫浓度的测量系统，以及固定烟气检测孔和采样平台。

二、锅炉自动调节系统应采用微机优化控制，并通过通信网络与热网监控系统相连，实现协调控制。

三、热源厂与热力网的分界处应设置热水或蒸汽流量（热量）的计量装置，并将计量参数传至热网监控中心。

## 第五章 配套工程

**第二十九条** 新建供热厂的配套设施，应充分利用当地提供的专业化协作条件，合理确定配套工程项目，配套工程应与主体工程相适应。改建、扩建工程应充分利用原有的设施。

**第三十条** 供热厂的供电负荷级别、供电方式应根据工艺要求、供热性质等因素确定。供热厂一般属于二级负荷，其供电系统宜由两回路供电。

**第三十一条** 供热厂应有可靠的供水水源和完善的供水设施，生产用水、消防用水及生活用水应符合国家现行有关标准的规定。

**第三十二条** 供热厂厂区排水应采用雨、污分流制。生产废水、生活污水处理工艺根据技术经济比较确定，排放应按国家现行有关标准执行。

**第三十三条** 供热厂消防设施的设置必须满足厂区消防要求，消防设施应符合国家现行有关标准的要求，其耐火等级不应低于三级。

**第三十四条** 供热厂的通信设施应充分考虑所在地区现有的通信条件，应保证各生产岗位之间的通信联系和外部通信的需要。

**第三十五条** 供热厂的生产厂房、辅助及附属建筑物应按现行国家标准《锅炉房设计规范》GB 50041 的规定设置采暖通风设施，并宜以自然通风为主。锅炉控制室、化验室、精密仪器室等应设置通风装置，当通风装置不能满足工艺及卫生要求时，应设置空气调节装置。

**第三十六条** 供热厂应设置分析化验和环保监测设施，配备煤质、水质、烟气、灰渣等常规指标的监测和分析仪器设备。

**第三十七条** 供热厂应配备常规维修设备和紧急故障抢修设施。

**第三十八条** 供热厂宜设置电气维修间及仪表维修间。

**第三十九条** 供热厂电气设备的备品备件间可与仪表的备品备件间共用同一房间，但不宜与工艺设备的备品备件库共用。

## 第六章 建筑标准与建设用地

**第四十条** 供热厂的建筑标准应遵循安全实用、经济合理、因地制宜的原则，根据供热厂规模、建筑物用途、建筑场地条件等需要确定，建筑物和构筑物的建筑效果应与周围环境相协调。

**第四十一条** 供热厂的生产建（构）筑物的面积，应根据设备、管道布置、工艺流程及运行、维护检修进行合理布置。

**第四十二条** 供热厂的附属建筑的建筑标准应与生产建筑物的建筑标准相协调，生产构筑物不应进行特殊的装修。

**第四十三条** 供热厂附属设施用房的建筑面积可按表 2 所列指标采用。

**表 2 供热厂附属设施建筑面积指标**

| 燃料种类 | 供热厂类别 | 辅助生产用房（$m^2$） | 管理用房（$m^2$） | 生活设施用房（$m^2$） | 合计（$m^2$） | 单位建筑面积（$m^2$/MW） |
|---|---|---|---|---|---|---|
| 燃煤 | Ⅰ类 | ≤300 | ≤300 | ≤300 | ≤900 | ≤16 |
| | Ⅱ类 | ≤450 | ≤400 | ≤350 | ≤1200 | ≤11 |
| | Ⅲ类 | ≤700 | ≤600 | ≤600 | ≤1900 | ≤9 |
| | Ⅳ类 | ≤850 | ≤700 | ≤700 | ≤2250 | ≤5 |
| 燃气 | Ⅰ类 | ≤40 | ≤30 | ≤20 | ≤90 | ≤4.5 |
| | Ⅱ类 | ≤120 | ≤60 | ≤60 | ≤240 | ≤4 |
| | Ⅲ类 | ≤260 | ≤100 | ≤120 | ≤480 | ≤4 |

注：1 辅助生产用房主要包括维修、仓库、车库以及化验室等。

2 管理用房主要包括生产管理、行政管理办公室以及传达室等，不含热网运行管理、收费等的办公用房。

3 生活设施用房主要包括食堂、浴室、自行车棚、值班宿舍等。

4 蒸汽锅炉可按对应的热水锅炉折算单位指标（1t/h＝0. 7MW）。

5 供热厂的供热规模与表 1 不一致时，按单位指标（$m^2$/MW）折算附属设施建筑面积。

第四十四条　供热厂的建设用地，必须坚持科学合理、节约用地的原则，在满足生产、生活、办公需要的情况下尽量减少用地，供热厂的建设用地应符合表3的规定。

表3　供热厂建设用地

| 燃料种类 | 供热厂类别 | 用地指标（$m^2$） | 单位用地指标（$m^2/MW$） |
|---|---|---|---|
| 燃煤 | Ⅰ类 | ≤15000 | ≤268 |
| | Ⅱ类 | ≤26000 | ≤224 |
| | Ⅲ类 | ≤38000 | ≤164 |
| | Ⅳ类 | ≤55000 | ≤118 |
| 燃气 | Ⅰ类 | ≤2400 | ≤115 |
| | Ⅱ类 | ≤2800 | ≤50 |
| | Ⅲ类 | ≤4400 | ≤40 |

注：蒸汽锅炉可按对应的热水锅炉折算单位指标（1t/h＝0.7MW）。

## 第七章　环境保护与安全卫生

第四十五条　供热厂建设前应对厂址、污染物排放、噪声等影响环境的主要方面进行充分论证，并须符合国家环境保护的有关规定。

第四十六条　供热厂的烟气排放必须符合地方标准和现行国家标准《锅炉大气污染物排放标准》GB 13271的规定。

第四十七条　供热厂的噪声必须符合地方标准和现行国家标准《城市区域环境噪声标准》GB 3096、《工业企业厂界噪声标准》GB 12348、《工业企业噪声控制设计规范》GBJ 87的规定。

第四十八条　供热厂外排废水中污染物最高允许排放浓度必须符合国家现行标准《污水综合排放标准》GB 8978的规定。

第四十九条　供热厂必须符合现行国家标准《建筑设计防火规范》GB 50016的规定，燃气供热厂还必须符合现行国家标准《城镇燃气设计规范》GB 50028的要求。

第五十条　供热厂的安全卫生措施应符合国家现行标准《工业企业设计卫生标准》GBZ 1和《生产过程安全卫生要求总则》GB 12801以及《关于生产性建设工程项目职业安全监察的暂行规定》的要求。

第五十一条　供热厂的建设应重视环境的绿化。

## 第八章　劳动组织与劳动定员

第五十二条　供热厂的劳动组织与劳动定员的确定，应以有利生产、提高经济效益为原则，做到分工合理、职责分明、精简高效。

第五十三条　供热厂的劳动制度，宜采取四班工作制。

第五十四条　各类供热厂的劳动定员应按照定岗定量的原则，根据项目的工艺特点、技术水平、自动控制水平、投资体制、当地社会化服务水平和经营管理的要求，合理确定，可参照表4所列指标选用。

**表4　供热厂劳动定员**

| 燃料种类 | 供热厂类别 | 劳动定员（人） |
|---|---|---|
| 燃煤 | Ⅰ类 | 45～50 |
| | Ⅱ类 | 50～60 |
| | Ⅲ类 | 60～72 |
| | Ⅳ类 | 68～82 |
| 燃气 | Ⅰ类 | 18～32 |
| | Ⅱ类 | |
| | Ⅲ类 | |

# 第九章　主要技术经济指标

**第五十五条**　新建供热厂项目投资估算，应按国家现行的有关规定编制。评估或者审查项目可行性研究报告的投资估算时，可参照本章所列指标，但应根据工程实际内容以及价格变化的情况进行调整后使用。

**第五十六条**　供热厂投资估算指标可参照表5所列指标采用。

**表5　供热厂投资估算指标**

| 燃料种类 | 供热厂类别 | 炉型 | 指标 | |
|---|---|---|---|---|
| | | | 蒸汽锅炉〔万元/（t/h）〕 | 热水锅炉〔万元/（MW）〕 |
| 燃煤 | Ⅰ类 | 链条锅炉 | 38～42 | 54～60 |
| | Ⅱ类 | 链条锅炉 | 36～40 | 52～58 |
| | Ⅲ类 | 链条锅炉 | 35～39 | 50～56 |
| | | 循环流化床锅炉 | 38～42 | 54～60 |
| | Ⅳ类 | 循环流化床锅炉 | — | 52～58 |
| 燃气 | Ⅰ类 | — | — | 36～45 |
| | Ⅱ类 | — | | |
| | Ⅲ类 | — | | |

注：1　指标采用现行北京市工程造价信息计算，不同时间、地点、人工、材料价格变动，可调整后使用。

2　指标未考虑湿陷性黄土区、地震设防、永久性冻土和地质情况十分复杂等因素的特殊要求。

3　指标不包括征地、拆迁、青苗与破路补偿等费用。

**第五十七条** 供热厂建设工期可按表6所列指标控制。

**表6 供热厂建设工期**

| 燃料种类 | 供热厂类别 | 工期（月） | | |
|---|---|---|---|---|
| | | 设计 | 施工 | 合计 |
| 燃煤 | Ⅰ类 | 4~5 | 5~6 | 9~11 |
| | Ⅱ类 | 5~6 | 6~7 | 11~13 |
| | Ⅲ类 | 6~7 | 8~9 | 14~16 |
| | Ⅳ类 | 8~9 | 10~11 | 18~20 |
| 燃气 | Ⅰ类 | 3~4 | 4~5 | 7~9 |
| | Ⅱ类 | | | |
| | Ⅲ类 | | | |

注：1 设计阶段包括初步设计和施工图设计。

2 建设工期定额不包括因审批拖延、返工、资金不到位、停工待料及自然灾害等影响而延误的工期。

3 建设工期定额上限一般适用于工程地质条件复杂、需做地基处理、技术要求高、施工条件较差、规模大等情况；下限一般适用于工程地质条件较好、技术要求一般、施工条件较好、规模小等情况。

**第五十八条** 新建供热厂用电量、用水量、耗煤量和耗气量等应符合表7-1~表7-4的规定。

**表7-1 供热厂用电量指标**

| 项目 | 炉型 | 单位 | 用电量 |
|---|---|---|---|
| 燃煤蒸汽锅炉 | 链条锅炉 | kW/（t/h） | 13~20 |
| | 循环流化床锅炉 | kW/（t/h） | 25~35 |
| 燃煤热水锅炉 | 链条锅炉 | kW/MW | 15~25 |
| | 循环流化床锅炉 | kW/MW | 30~50 |
| 燃气热水锅炉 | — | kW/MW | 8~20 |

**表7-2 供热厂用水量指标**

| 项目 | 炉型 | 单位 | 用水量 |
|---|---|---|---|
| 燃煤蒸汽锅炉 | 链条锅炉 | $m^3$/（t/h） | 0.5~1.2 |
| | 循环流化床锅炉 | $m^3$/（t/h） | 0.5~1.2 |
| 燃煤热水锅炉 | 链条锅炉 | $m^3$/MW | 0.4~1.0 |
| | 循环流化床锅炉 | $m^3$/MW | 0.4~1.0 |
| 燃气热水锅炉 | — | $m^3$/MW | 0.4~1.0 |

**表 7-3 供热厂耗煤量指标**

| 项目 | 炉型 | 单位 | 耗煤量（标煤） |
|---|---|---|---|
| 燃煤蒸汽锅炉 | 链条锅炉 | kg/（t/h） | 100～110 |
| | 循环流化床锅炉 | kg/（t/h） | 86～96 |
| 燃煤热水锅炉 | 链条锅炉 | kg/MW | 140～160 |
| | 循环流化床锅炉 | kg/MW | 120～140 |

**表 7-4 供热厂耗气量指标**

| 项目 | 单位 | 耗气量（天然气） |
|---|---|---|
| 燃气热水锅炉 | $m^3$/MW | 108～120 |

注：天然气热值按 35162kJ/$m^3$（标态）计算。

## 附 件

# 《城镇供热厂工程项目建设标准》条文说明

## 第一章 总 则

**第一条** 城镇供热厂工程是指建于城镇的工业、民用与区域锅炉房。本建设标准是在总结我国城镇供热厂工程多年来建设经验的基础上，结合国外的先进技术和装备，考虑国内今后的发展，贯彻国家《节能中长期专项规划》和“十一五规划纲要”提出的节能减排目标，建设资源节约型和环境友好型社会的要求确定的。本条阐明编制的目的，意在节约能源、保护环境、推进技术进步，提高投资效益与人民生活质量，为项目决策和建设管理提供科学依据。

**第二条** 建设标准是依据有关规定由国家建设和投资主管部门审批发布的为项目决策和合理确定建设水平服务的全国统一标准，是工程项目决策和建设中有关政策、技术、经济的综合性宏观要求的文件。对建设项目在技术、经济、管理上起宏观调控作用，具有科学性、政策性和实用性。建设标准的作用是为项目的决策等建设前期工作提供所遵循的原则，为建设实施提供监督检查的尺度。

**第三条** 本建设标准主要适用于城镇燃煤、燃气供热厂新建工程。改建、扩建的城镇供热厂工程项目，因受到既有条件的限制，一时可能达不到本建设标准的规定，但技术装备水平、环境保护、基建投资等指标应符合本建设标准的规定，故条文规定可参照执行。

**第四条** 城镇供热厂建设必须首先遵守国家有关经济建设的一系列法律、法规，符合社会主义市场经济的基本原则。节约能源、保护环境和节约土地是我国的基本国策。城镇供热厂工程是耗能型企业，同时也是保护环境、实施可持续发展战略的重要基础设施工程之一。我国人多地少，人均耕地面积正逐年减少，工业建设用地应严格控制。国家已颁布了有关土地的法令和建设用地指标的规定，本建设标准第六章列出了建设用地条款。城镇供热厂工程是保护环境和保护生态平衡的重要基础设施工程之一，但是如果不加强管理和采取有效的防污染措施，也会对环境产生不良影响，所以必须加强环境保护意识。我国宪法有保护环境的条文，并发布了环境保护法等一系列法规、条例、规定和标准，以保护环境和生态平衡。本建设标准第七章列出了环境保护的条款。

**第五条** 本条规定了工程建设原则，强调工程建设应统筹规划，既要满足城市近期的需要，又要考虑远期发展的经济合理性，应以近期为主，近期、远期相结合，并为将来发展留有余地。

**第六条** 城镇供热厂工程是城镇生产和人民生活不可缺少的社会公用设施，必须纳入各级人民政府的建设规划和计划，从而达到控制工程规模和投资，使工程建设起到节约能源、保护环境，提高工程综合经济效益的目的。

**第七条** 本条规定城镇供热厂工程建设推进技术进步的原则。城镇供热厂工程的建设，首先应采用成熟可靠的技术，鼓励采用新技术、新工艺、新材料和新设备。

**第八条** 本条规定了城镇供热厂工程项目建设内容确定的原则，并非所列项目都要建设，要视生产需要和工艺要求，在充分利用建设地区依托条件的前提下，合理确定项目的内容，不搞大而全。

**第九条** 工程建设前应落实热负荷、土地、燃料、供电、给排水、交通、通信、建设资金等建设条件，以保证工程的顺利实施和投产。

**第十条** 供热厂与热力管网同步建设，是为避免由于建设资金等因素不落实，供热厂建成后，配套管网还未形成，供热厂不能正常运转，造成工程效益不能实现的现象。

**第十一条** 本条引自国家《热电联产项目可行性研究技术规定》，对于采用蒸汽锅炉的较大型供热厂，在采暖期较长的地区，为提高能源综合利用效率，经比较具有明显经济效益时，应考虑采用热电联产的集中供热方式。

**第十二条** 为了加强对新建工程抗震设防的管理，国家特制定了《新建工程抗震设防暂行规定》，其中第一条："地震基本烈度6度和6度以上地区（简称抗震设防区）所有建设工程都必须进行抗震设防"。

供热厂的抗震设计必须贯彻预防为主的方针，对于按规定需要设防的供热厂，其工艺和土建必须按照有关抗震设计规范的要求，采取有效的抗震和减少地震灾害的措施。

**第十三条** 为提高城镇供热厂工程的综合经济效益，增强自身发展能力，降低运营成本，要重视灰渣等的资源化利用。可以自己建设灰渣综合利用设施，也可以采用协作方式完成灰渣综合利用。

灰渣用于筑路、生产粉煤灰烧结砖；粉煤灰可作为水泥掺加料或生产加气混凝土砌块和板，循环流化床的灰渣还可以制造肥料（硅钙肥），用于改良土壤。

**第十四条** 城镇供热厂工程项目建设涉及面广、专业多，本建设标准的内容仅从加强城镇供热厂工程建设的宏观管理、工程建设水平及投资效益等主要方面作出必要的规定。在本建设标准执行过程中，可能涉及其他国家现行有关强制性标准，必须遵守。

## 第二章　建设规模与项目构成

**第十五条** 本条规定城镇供热厂工程建设规模要符合城市供热规划的要求，是为避免在供热规划覆盖范围内，重复建设、重复投资和增加新的污染源。条文中强调设计热负荷一定要经过核实，做到准确可靠，是防止造成供热厂规模偏大、影响到工程投资和经济效益。

城镇供热厂项目建设标准按工程建设规模划分类别。燃煤供热厂划分为四类；燃气供热厂划分为三类。实际的工程中可能会遇到与上述的规模不完全一致的情况，可以参照相近容量的供热厂规模选用。

**第十六条** 本条明确规定城镇供热厂建设项目的构成，是为了避免漏建或多列工程项目，致使供热厂无法运行或人为造成浪费。供热厂辅助生产设施和生产管理及生活服务设施一般包括的内容是根据目前供热厂实际状况及今后的发展方向提出的。

**第十七条** 随着国家改革开放的进一步深入，供热厂项目的经营管理将逐步由事业单位向企业过渡，最终实现企业化经营。为此，在不影响供热厂运行管理的前提下，应合理确定项目的内容，充分利用社会资源，减少投资和运营成本。

## 第三章 选址与厂区规划

**第十八条** 供热厂的选址是供热厂建设的重要组成部分，是供热厂规划建设的第一步，应符合城市总体规划及环境保护规划等有关方面的要求。现行国家标准《锅炉房设计规范》GB 50041 中对供热厂选址原则作了具体规定，供热厂的选址要满足其有关要求。

供热厂的选址与众多因素有关，主要遵循三条原则：一是必须贯彻节约用地的原则；二是从防止污染角度考虑的环保原则；三是从经济角度考虑的经济合理原则。必须综合考虑工程地质条件、水文地质条件、交通运输、供电、给排水、灰渣综合利用等因素。

本条第二款是吸取国内工程建设的教训，强调在选址阶段必须取得有关部门的认可文件。如某工程在选址时占用了部队的用地，当时只有口头协议，没有取得正式的征地协议，即已开展初步设计，后来部队不同意占用，只好迁移厂址重作设计，造成重大返工，延误工期。

本条第五款是参照原国家计委、原国家经贸委、原建设部、原国家环保总局《关于发展热电联产的规定》（急计基础〔2000〕1268 号）中对建厂条件的规定确定的。目前在沿海城市供热厂工程设计中已经遇到受洪水、潮水威胁的厂址防洪处理相关问题，特作此规定。

本条第六款，“十分珍惜和合理利用每寸土地，切实保护耕地”是我国的一项长期的基本国策。我国有 960 万 $km^2$ 的国土面积，可利用的面积约占 2/3，其余 1/3 以上是沙漠、戈壁、裸地等。2006 年我国人均占有耕地面积仅为 1.39 亩，是世界上人均占有耕地最少的国家之一。随着国家建设、城镇发展，耕地面积逐渐在减少。要充分认识耕地是我们的生命线，减小厂区占地面积，对降低工程造价、节省投资有很大作用。

**第十九条** 本条第一款，提出在厂区规划阶段，在满足工艺要求、生产运行安全、稳定的前提下力求合理紧凑。经充分论证，进一步压缩供热厂用地规模。

本条第二款，是对供热厂厂区规划的综合性原则要求，目的是达到安全可靠、技术先进、经济适用的要求。

本条第三款，供热厂的固定端区域一般是人员较集中的地区，有条件时，宜便于通向城镇，以方便人员进出和避免穿越扩建端施工区。

本条第九款，在厂区规划中决定建筑物方位的不仅是日照、通风、采光条件，还有运输道路，热网出线等技术经济合理性方面的要求，因此，用“宜结合”上述因素综合考虑更确切。

本条第十一款，《小型火力发电厂设计规范》GB 50049 中规定厂区绿化覆盖率宜为

10% ~15%。考虑到供热厂多建在市区，环保要求较高，按现行国家标准《锅炉房设计规范》GB 50041 的规定，将厂区绿化覆盖率提高至20%。考虑到全国各地区要求不同，原则上应符合城市总体规划。

## 第四章　工艺与装备

**第二十条**　本条是确定供热厂工艺与装备水平的原则。根据我国目前国情及科学技术发展水平，供热厂建设要保证安全、改善环境卫生和劳动条件，提高劳动生产率。对于单台容量较大、工艺系统相对复杂的供热厂，应适度提高自动化水平。

**第二十一条**　本条明确在城镇不同环境区域对燃料品种选择的原则，作为工程设计和建设的依据。不同地区应根据当地燃料结构及供应来源，按规定的原则具体落实，保证供热厂的建设满足当地对环境质量的要求。

**第二十二条**　本条是对供热厂的受煤及运煤系统作出的原则要求，具体规定应按现行国家标准《锅炉房设计规范》GB 50041 执行。

本条第一款，当供热厂由当地煤建公司供煤，直接送煤到场成堆时，储煤场中可不设卸煤、堆煤设备。

本条第五款，当循环流化床锅炉掺烧石灰石进行炉内脱硫时，条文中强调宜订购成品石灰石粉，并在供应地进行制备。

**第二十三条**　本条是对供热厂的炉型及燃烧系统作出的原则要求，具体规定应按现行国家标准《锅炉房设计规范》GB 50041 执行。

本条第二款，条文中明确提出供热厂不宜选用煤粉炉，是因为煤粉炉系统复杂，操作管理要求高，烟气含尘浓度高，用于除尘的投资大。但由于它的燃烧效率高，比较适用于电力行业，而对于供热厂来讲，相对容量较小，管理水平较低，为降低工程投资及运行成本，不宜选用。

本条第三款，城镇供热厂多建于市区内，以燃烧低灰分、低硫分的洁净煤为主，采用高效链条炉是最经济的选择。

循环流化床锅炉更适合于在火（热）电厂中应用，因为电厂多燃用高灰分、高硫分的劣质煤。此外，其初始排放浓度高($15g/Nm^3$)，为除尘所付出的代价高，流化床及分离器的阻力大，运行电耗大、成本高，对司炉工的要求高。而对于电厂而言，其用的是自己发的电，且相对煤粉炉其耗电量要比制粉系统少得多，同时电厂是常年运行，相应投资回收期短。所以只有当供热厂锅炉容量较大，或用链条炉不能适应煤种等特殊情况时才考虑采用。一般循环流化床锅炉的锅炉房不宜设置在居民区。

本条第四款，链条炉炉前煤斗的布煤装置及有利于节能的燃烧装置，是为了给煤均匀和有助于改善燃烧效果。

本条第六款，条文中同时给出了燃气供热厂的设备及系统选用原则，具体规定应按国家现行标准《城镇燃气设计规范》GB 50028执行。

**第二十四条**　本条是对供热厂污染物处理系统的原则要求。

本条第一款和第二款，条文中提到的除尘、脱硫、脱氮设备选用原则是为确保锅炉燃烧后所产生的有害物质的排放量及其浓度符合现行国家标准《锅炉大气污染物排放标准》GB 13271 和《环境空气质量标准》GB 3095 的要求。

本条第三款，接入同一座烟囱的锅炉台数应根据锅炉容量、环保要求及布置等条件综合考虑。按环保要求，锅炉烟气宜尽量集中排放，使一座烟囱接入较多台数的锅炉，但又要控制在一台锅炉运行工况下的最低出口流速，因此接入同一座烟囱的锅炉台数又不能太多，否则，将使烟囱出口流速超标，烟囱排烟筒内部出现正压。

**第二十五条** 本条是对供热厂的热力系统作出的原则要求，具体规定应按现行国家标准《锅炉房设计规范》GB 50041 执行。

本条第一款，热网循环水泵应根据热网调节方式选择，具体规定应按现行国家标准《锅炉房设计规范》GB 50041 执行。

**第二十六条** 本条是对供热厂主厂房布置作出的原则要求，为供热厂的安全运行、检修维护创造良好的条件。具体规定应按现行国家标准《锅炉房设计规范》GB 50041 执行。

本条第二款，“气象条件适宜”是指年平均气温大于等于 25℃的日数在 80 天以上、雨水相对较少的地区。锅炉露天布置可以节省建设材料和资金，加快施工进度，改善通风、采光和运行条件，受到了运行人员的欢迎，已越来越多地被采用。故条文中强调了当气象条件适宜时，75t/h 及以上容量的循环流化床锅炉，宜采用露天或半露天布置。至于 35t/h 及以下容量的锅炉，因其体积小，是否露天布置，可视供货条件并经技术经济比较后确定。

确定锅炉露天布置，必须选择露天型锅炉，设计单位应主动和制造厂配合，要求锅炉厂对相关部分采取有效防护措施并按露天布置的要求进行设计制造。

**第二十七条** 本条是对供热厂的除灰渣系统作出的原则要求，具体规定应按现行国家标准《锅炉房设计规范》GB 50041 执行。

本条第一款，节约用水对我国实现可持续发展有着重要意义。对严重缺水地区和条件适宜的供热厂，宜采用干式除尘、干式除灰渣方式。

本条第三款，循环流化床锅炉一般利用炉内进行脱硫，如采用湿法除灰渣，容易产生结垢，且不利于灰渣的综合利用，所以不应采用水力除灰渣系统。

**第二十八条** 本条是对供热厂的监控系统作出的原则要求，具体规定应按现行国家标准《锅炉房设计规范》GB 50041 执行。

本条第一款，使锅炉运行人员及时了解和掌握各设备的运行状态，保证锅炉的安全经济运行，同时满足环保要求。

本条第二款，计算机自动化技术的广泛应用，已发展到多台锅炉协调运行的集散控制系统。并通过通信网络与热网监控系统相连。

本条第三款，规定了在热源出口处设置流量（热量）计量装置，是热源与热网之间热能贸易计量及成本核算的依据，要求具有较高的精确度，并应将参数实时采集上传至监控中心。

## 第五章 配 套 工 程

**第二十九条** 本条是供热厂配套工程的建设原则。改建、扩建工程应以扩大生产能力、提高装备水平、促进技术进步、提高经济效益为主，重点应是发挥现有设施的能力，挖掘潜力。

**第三十条** 由于供热厂工艺要求、供热性质等因素的不同，供电负荷级别、供电方式都有所不同，应按现行国家标准《供配电系统设计规范》GB 50052 执行。

**第三十一条** 供热厂供水水源宜从城市自来水管网或中水管网接入，并配置相应的供水设施。

**第三十二条** 供热厂的排水分为两个部分，即雨水和废水。废水包括生产废水（如锅炉排污、化验排水、除灰渣废水及场地冲洗废水）和生活废水。

各种废水必须经过处理达标后排放。

**第三十三条** 锅炉间的运煤层、输煤栈桥宜设置室内消防给水。煤场应设置洒水和煤堆自燃时熄火用的给水点，供热厂的消防设施应按现行国家标准《建筑设计防火规范》GB 50016执行。供热厂属于丁类工业厂房，耐火等级不应低于三级。

**第三十四条** 供热厂通信设施应包括生产管理通信和生产调度通信。

**第三十五条** 本条是对供热厂采暖通风与空调的要求。生产厂房、辅助及附属建筑物宜以自然通风为主。

**第三十六条** 本条是对供热厂的分析化验和环保监测设施的要求作出规定。

**第三十七条** 本条是对供热厂设备维修设施的要求作出规定。

**第三十八条** 本条是对供热厂电气和仪表维修设施的要求作出规定。

**第三十九条** 本条是对供热厂电气和仪表备品备件设施的要求作出规定。

## 第六章 建筑标准与建设用地

**第四十条** 供热厂一般地处城区或离城区较近，在满足实用、经济的前提下，适当考虑其美观，与周围环境或建筑达到和谐一致，一般应简洁朴实。建筑物和构筑物的设计还应与厂区绿化相结合，考虑适当绿化的可能，消除厂区建筑物与周围环境的不协调性。

**第四十一条** 生产建（构）筑物面积，对不同的设备、不同的工艺、不同的布置方式有很大区别，本建设标准不宜作出具体规定。而对既定的设备、工艺和布置方式，有关规范和设计手册中均有具体规定，其面积不可能有很大出入。所以，对生产建（构）筑物的面积，本建设标准没有必要作出具体规定。

**第四十二条** 附属建筑和生产建筑物标准相协调，是为附属建筑和生产建筑物从建筑美学和群体效果应达到相适应。生产构筑物不应进行特殊的装修，一般只进行打腻子、刷涂料的简单装修。

**第四十三条** 供热厂附属设施分为辅助生产用房、管理用房和生活设施用房。本条根据本建设标准提出的供热厂劳动定员指标，收集国内现有供热厂的基础资料，经综合分析后提出的附属设施用房的建筑面积指标。对于附属设施，特别是管理和生活设施面积没有统一的标准，容易产生过大的情况，所以应该有统一的标准加以控制。

根据对已经建成的20座供热厂调查统计，其规模各不相同，只能从单位指标中进行比较，尤其是有些供热厂将今后扩建工程的附属设施（如综合楼、食堂等）一次建成，造成单位指标有较大的出入，详见附表1。

**附表1 供热厂用地和附属设施调查表**

| 序号 | 工程名称 | 规模 | 厂区用地 | | 附属设施面积 | | 备注 |
|---|---|---|---|---|---|---|---|
| | | | 万 $m^2$ | $m^2$/MW | $m^2$ | $m^2$/MW | |
| 1 | 北京昌平科技园热源 | 6×35t/h | 3.335 | 192 | 1315 | 7.55 | 没有综合楼 |
| 2 | 北京丰台桥南热源 | 6×35t/h | 2.96 | 170 | 1298 | 7.46 | 没有综合楼 |
| 3 | 北京木材厂 | 2×35t/h | 1.40 | 241 | 916 | 15.8 | |

**续附表1**

| 序号 | 工程名称 | 规模 | 厂区用地 | | 附属设施面积 | | 备注 |
|---|---|---|---|---|---|---|---|
| | | | 万 $m^2$ | $m^2/MW$ | $m^2$ | $m^2/MW$ | |
| 4 | 大兴工业区供热厂 | 4×35+2×20t/h | 3.20 | 222 | 1348 | 9.36 | 没有综合楼 |
| 5 | 赤峰三联产热源 | 4×75t/h | 5.60 | 241 | 3106 | 13.39 | |
| 6 | 北京温榆河锅炉房 | 3×14MW | 2.24 | 533 | 936 | 22.29 | 含二期办公用房 |
| 7 | 北京西二旗住宅供热 | 5×14MW | 1.53 | 218 | 2355 | 33.64 | 含二期办公用房 |
| 8 | 北京垡头居住区供热 | 6×29MW | 2.20 | 126 | 2390 | 13.73 | |
| 9 | 松榆里小区供热厂 | 4×29MW | 2.42 | 208 | 1893 | 16.32 | |
| 10 | 永泰居住区供热厂 | 3×29MW | 1.67 | 192 | 1633 | 18.77 | |
| 11 | 延吉市集中供热厂 | 9×58MW | 10.72 | 205 | 4720 | 9.04 | |
| 12 | 武威城南供热厂 | 3×58MW | 3.50 | 201 | 2931 | 16.84 | |
| 13 | 北京黄村供热开发区 | 6×20t/h | 2.10 | 250 | 1041 | 12.39 | |
| 14 | 呼和浩特二期供热 | 10×58MW | 10.12 | 175 | 6216 | 10.72 | |
| 15 | 呼和浩特光明热源 | 4×70MW | 4.33 | 154 | 5468 | 19.53 | 含二期办公用房 |
| 16 | 鄂尔多斯康巴什热源 | 2×29+4×58MW | 5.56 | 191 | 3680 | 12.69 | |
| 17 | 天津金厦新都热源厂 | 2×29+3×58MW | 3.55 | 153 | 2625 | 11.31 | |
| 18 | 天津大毕庄热源厂 | 4×29MW | 2.29 | 197 | 687 | 5.92 | 没有综合楼 |
| 19 | 天津大港东部热源厂 | 4×70MW | 4.08 | 145 | 4064 | 14.51 | |
| 20 | 天津南河镇热源厂 | 4×70MW | 2.07 | 73.9 | 4290 | 15.32 | |

从以上的调查表中可以看出，厂区用地指标集中在 140～250$m^2$/MW 之间（个别特殊的除外），本建设标准对于小容量的供热厂适当放宽到 268$m^2$/MW，对于大容量的供热厂压缩到 118$m^2$/MW。附属设施建筑面积基本上在 9～20$m^2$/MW 之间，本建设标准严格控制其指标为 5～16$m^2$/MW。

**第四十四条** 指标来源及说明见本建设标准条文说明第四十三条。本条规定供热厂用地控制指标，不应高于表中所列值。

# 第七章 环境保护与安全卫生

**第四十五条** 供热厂工程项目不应超出国家环境保护有关标准的要求，对周围环境产生影响，保证环境效益、社会效益和经济效益三者统一。厂址的确定、设备的选型、选用的燃料、烟气净化方案等，都可能造成大气、噪声等污染，应进行充分论证后实施。

**第四十六条** 按照标准化管理的规定，地方标准的指标必须优于国家标准，有的城市或地区对污染物排放有自己的标准，应符合地方标准。没有地方标准时，必须符合现行国家标准《锅炉大气污染物排放标准》GB 13271 的规定。

**第四十七条** 按照标准化管理的规定，地方标准的指标必须优于国家标准，有的城市或地区对噪声控制有自己的标准，应符合地方标准。没有地方标准时，对供热厂水泵、鼓风机、引风机和其他机械产生的噪声，应根据地点不同，符合相应的现行国家标准《城市区域环境噪声标准》GB 3096、《工业企业厂界噪声标准》GB 12348、《工业企业噪声控制设计规范》GBJ 87 的规定。首先从声源上进行控制，选择低噪声的工艺和设备，如达不到要求，可采用消声、隔声及综合控制噪声等措施。

**第四十八条** 供热厂排污量较小，大部分水可循环利用，但水处理、除尘、除渣产生的废水，排放时必须符合现行国家标准《污水综合排放标准》GB 8978 的规定，否则应进行处理后排放。

**第四十九条** 各类建筑的消防标准要符合国家标准，相应的设备、设施的选型、施工及验收也应符合国家标准。对于燃气供热厂，锅炉和管道的布置、安装、验收及安全设备的安装等有特殊要求，必须满足现行国家标准《城镇燃气设计规范》GB 50028 的规定。

**第五十条** 供热厂，特别是燃煤供热厂，要充分考虑职工的安全和卫生。

**第五十一条** 绿化不但为职工提供良好的工作环境，也使得供热厂与周边环境协调。

## 第八章 劳动组织与劳动定员

**第五十二条** 影响劳动定员的因素较多，其原则是保证安全生产、保证供热生产的连续运行和供热质量，保证职工的身心健康，提高劳动生产率和经济效益。

**第五十三条** 供热关系到千家万户，供热厂在整个采暖期必须昼夜连续运行。采用三班制，每班 8h，工作时间稍长；推荐采用四班制是为减小职工的劳动强度，有更多的休息时间和个人清洁时间，有利于供热厂的安全运行。采用四班制时，可采用每周休息 1 天的制度。

**第五十四条** 劳动定员首先要考虑生产的安全、稳定和职工的劳动强度，其次是节约劳动力、提高经济效益。本指标是根据统计和其他相关厂、站的劳动定员确定的。指标的上、下限都不宜突破，保证运行期间各类人员齐全。

劳动定员按工作性质分为三类，其中生产人员不仅包括直接从事生产的工人，也包括生产岗位上的技术人员。对于电工、维修工等辅助生产人员，要能保证随时上岗，以保证供热厂的安全、连续运行。

## 第九章 主要技术经济指标

**第五十五条** 主要技术经济指标的制订，主要是为控制投资规模过大，当指标超过上限值时，应引起注意，分析原因。指标应根据各种因素的变化情况调整使用，进行动态管理。遇有厂区土方量大、地基需特殊处理、采用新技术、新设备等情况时，应结合具体情况调整使用。

**第五十六条** 工程投资估算指标根据现行北京市（2006 年）人工、材料、机械预算价格计算，并在建设部颁发的《城市供热热源厂工程投资估算指标》基础上进行调整，结合近几年供热厂建设工程实际情况加以对照复核，综合分析确定。

附表 2 是对 2001 年以后建设的 16 座供热厂一类费的投资和单位造价进行的统计。

**附表 2 供热厂投资估算调查表**

| 序号 | 建设年份 | 工程名称 | 建设规模 | 一类费投资（万元） | 单位投资（万元/MW） | 备注 |
|---|---|---|---|---|---|---|
| 1 | 2001 | 包头市九原区供热厂 | 4×29MW | 4853.43 | 41.84 | 单层厂房布置 |
| 2 | 2003 | 天津北辰科技园热源 | 3×29MW | 3992.67 | 45.90 | |

**续附表 2**

| 序号 | 建设年份 | 工程名称 | 建设规模 | 一类费投资（万元） | 单位投资（万元/MW） | 备注 |
|---|---|---|---|---|---|---|
| 3 | 2004 | 鄂尔多斯康巴什热源 | 2×29+2×58MW | 9257.06 | 53.20 | 钢结构厂房 |
| 4 | 2004 | 武威城南供热厂 | 3×58MW | 7520.28 | 43.22 | |
| 5 | 2004 | 天津东丽华明镇热源 | 6×29MW | 8330.10 | 47.87 | |
| 6 | 2004 | 天津静海开发区热源 | 5×29MW | 6373.08 | 43.95 | |
| 7 | 2004 | 天津西横堤供热厂 | 6×58MW | 15690.37 | 45.09 | |
| 8 | 2004 | 天津空港燃气供热厂 | 2×35+2×20t/h | 2276.98 | 29.57 | 单层厂房布置 |
| 9 | 2005 | 延吉市集中供热厂 | 9×58MW | 21548.16 | 41.28 | |
| 10 | 2005 | 呼和浩特金桥热源厂 | 4×70MW+2×20t/h | 14339.71 | 46.56 | |
| 11 | 2005 | 呼和浩特光明热源厂 | 4×70MW | 13599.33 | 48.57 | |
| 12 | 2005 | 天津大毕庄热源厂 | 4×29MW | 4749.54 | 40.95 | 简易除渣系统 |
| 13 | 2006 | 天津金厦新都热源厂 | 2×29+3×58MW | 10591.21 | 45.65 | |
| 14 | 2006 | 乌海滨河集中供热厂 | 2×29+2×64MW | 8244.02 | 44.32 | |
| 15 | 2006 | 巴彦淖尔磴口热源厂 | 3×29MW | 4036.16 | 46.39 | 流化床锅炉简易除渣系统 |
| 16 | 2006 | 巴彦淖尔五原热源厂 | 4×29MW | 5164.99 | 44.53 | |

从以上的调查表中可以看出，由于各供热厂的系统配置不同，其单位造价也有所变化，链条锅炉的供热厂：一类费用投资集中在41万~46万元/MW之间（个别特殊的除外），考虑二类费后（不包括征地、拆迁）其投资控制在50万~60万元/MW；循环流化床锅炉的供热厂：一类费用投资在45万~50万元/MW之间（个别特殊的除外），考虑二类费后（不包括征地、拆迁）其投资控制在52万~60万元/MW。

供热厂的投资受到下列因素的影响较大：①锅炉房的布置（单层或双层）；②锅炉房的土建结构型式（混凝土或钢结构）；③系统和工艺设备的标准；④除尘和脱硫的方式；⑤控制系统的水平；⑥贮煤场的容量；⑦厂区地形（土方工程）；⑧材料价格的波动等。在调查选择项目时已考虑了上述情况，但对某项具体工程，如有特殊情况，如土方量大或要求的自控水平高等因素，投资可能有所增加。

**第五十七条** 建设工期是根据安装工程定额用工量和已建成供热厂实际建设工期确定的。

**第五十八条** 电耗、水耗、煤耗和气耗需用量指标，主要根据现有供热厂的实际情况分析确定，新建供热厂不应突破指标值的上限。供热厂是能耗大户，在工艺流程设计、设备选型时应充分考虑节电、节水和节省燃料，不选择陈旧、落后的设备。

# 生活垃圾转运站工程项目建设标准

## 建标 117—2009

## 住房和城乡建设部、国家发展和改革委员会<br>关于批准发布《生活垃圾转运站<br>工程项目建设标准》的通知

建标〔2009〕65 号

国务院有关部门，各省、自治区、直辖市、计划单列市住房和城乡建设厅（委、局）、发展和改革委员会，新疆生产建设兵团建设局、发展和改革委员会：

根据建设部《关于印发〈二○○四年工程项目建设标准、投资估算指标、建设项目评价方法与参数编制项目计划〉的通知》（建标函〔2005〕19 号）的要求，由住房和城乡建设部负责编制的《生活垃圾转运站工程项目建设标准》，经有关部门会审，现批准发布，自 2009 年 8 月 1 日起施行。

在生活垃圾转运站项目的审批、核准、设计和建设过程中，要严格遵守国家关于严格控制建设标准，进一步降低工程造价的相关要求，认真执行本建设标准，坚决控制工程造价。

本建设标准的管理由住房和城乡建设部、国家发展和改革委员会负责，具体解释工作由住房和城乡建设部负责。

**中华人民共和国住房和城乡建设部**

**中华人民共和国国家发展和改革委员会**

**二○○九年三月二十七日**

## 前　言

《生活垃圾转运站工程项目建设标准》是根据原建设部《关于印发〈二○○四年工程项目建设标准、投资估算指标、建设项目评价方法与参数编制项目计划〉的通知》（建标函〔2005〕19 号），由华中科技大学等单位负责编制而成。

在编制过程中，编制组对我国生活垃圾转运站建设和运营情况进行了深入调查研究，认真总结了经验，在借鉴国外有关做法和经验，考虑适应国内当前和今后一段时期需要的基础上，遵循艰苦奋斗、勤俭建国的方针，在满足功能和安全的前提下，严格执行我国资源能源节约、生态环境保护的各项法规和政策。征求意见稿完成后，广泛征求有关部门、

单位及专家的意见，多次召开讨论座谈会，最后召开审查、复审会，会同有关部门审查定稿。

本建设标准共分九章：总则、建设规模与项目构成、选址与总图布置、主体工程、配套工程、环境保护与劳动保护、建筑标准与建设用地、运营管理与劳动定员、主要技术经济指标。

本建设标准对政府投资的生活垃圾转运站工程必须严格执行。在实施过程中，请各单位注意总结经验，积累资料，如发现需要修改和补充之处，请将意见和有关资料寄华中科技大学环境科学与工程学院（地址：武汉市珞喻路1037号华中科技大学东校区；邮政编码：430074），以便今后修订时参考。

**主 编 单 位：** 华中科技大学

**参 编 单 位：** 城市建设研究院
广西玉柴专用汽车有限公司
上海中荷环保有限公司
珠海经济特区联谊机电工程有限公司
海沃机械（扬州）有限公司
中国城市环境卫生协会
上海绿环机械有限公司
武汉华曦科技发展有限公司
五洲工程设计研究院

**主要参编人员：** 陈海滨　陶　华　徐文龙　邓　成　黄　宁　周治荣　张来辉
谈　浩　汪俊时　魏正康　王敬民　秦建宁　沈　磊　朱建军
张后亮　陈恩富　田永汉　章　程　万迎峰

## 第一章　总　　则

**第一条**　为贯彻落实科学发展观、促进经济社会和环境保护的协调发展，实现生活垃圾处理的减量化、资源化和无害化，提高生活垃圾转运站工程项目（以下简称“转运站”）的决策和规划建设水平，合理确定建设标准，充分发挥投资效益，制定本建设标准。

**第二条**　本建设标准是项目决策和合理确定项目建设水平的全国统一标准，是审批、核准转运站项目的重要依据，也是有关部门审查工程项目初步设计和监督检查整个建设过程的依据。

**第三条**　本建设标准适用于新建转运站。改建、扩建项目参照执行。

**第四条**　转运站的建设必须遵守国家有关的法律、法规，贯彻执行环境保护、节约土地、劳动保护、安全卫生和节能等有关规定。

**第五条**　转运站的建设水平应以本地区的经济社会发展水平和自然条件为基础，按不同建设规模合理确定，做到技术先进、经济合理、安全卫生、保护环境。

**第六条**　转运站的建设应在城市（城镇）总体规划和环境卫生专项（专业）规划的指导下，统筹规划，近、远期结合，以近期为主。转运站的建设数量、规模、布局和选址应进行技术、经济、社会和环境保护论证，综合比选。新建项目应与垃圾收运及处理系统相协调，改建、扩建工程应充分利用原有设施。

**第七条**　转运站的建设应采用成熟、适用的先进技术、工艺、材料和设备，应结合国情，遵照以下原则，并经充分的技术、经济、社会和环境保护论证后合理确定：

一、有利于推进垃圾转运设备的国产化。

二、有利于提高转运站的工艺技术水平，促进我国环境卫生事业的发展。

三、引进国外的技术和装备，必须满足先进、成熟、可靠的基本条件。

四、引进国外先进技术设备必须进行细致的技术经济论证。

**第八条** 转运站的建设应坚持专业化协作和社会化服务相结合的原则，合理确定配套工程项目，提高运营管理水平，降低运营成本。

**第九条** 转运站的建设应落实工程建设资金和土地、道路、交通、供电、给排水、通信等建设条件。

**第十条** 转运站的建设除应执行本建设标准外，尚应符合国家现行有关经济、参数标准和指标及定额的规定。

## 第二章 建设规模与项目构成

**第十一条** 转运站的建设应根据城市的规模与特点，结合城市总体规划、市环境卫生专项（专业）规划，合理确定其数量、规模和项目构成。

**第十二条** 转运站的建设规模和数量应与生活垃圾收集、处理设施相协调。对于生活垃圾处理设施集中建设且远离城市的地区，可建设大型的转运站对垃圾集中转运；对于生活垃圾处理设施分区建设的城市，可建设满足相应服务区域要求的垃圾转运站。

**第十三条** 转运站建设规模分类宜符合表1的规定。

**表1 生活垃圾转运站建设规模分类（t/d）**

| 类型 | | 额定日转运能力 |
|---|---|---|
| 大型 | Ⅰ类 | 1000～3000 |
| | Ⅱ类 | 450～1000 |
| 中型 | Ⅲ类 | 150～450 |
| 小型 | Ⅳ类 | 50～150 |
| | Ⅴ类 | <50 |

注：1 以上规模类型，Ⅱ、Ⅲ、Ⅳ类额定日处理能力不含上限值，Ⅰ类含上下限值；

2 建设规模大于3000t/d的特大型转运站（除建筑面积和建设用地指标外）参照Ⅰ类转运站有关要求。

**第十四条** 转运站由主体工程设施、配套工程设施以及生产管理和生活服务设施等构成。具体包括下列内容：

一、主体工程设施主要包括：站房，进出站道路，垃圾集装箱，垃圾计量、装卸料/压缩、垃圾渗沥液及污水处理、除臭、通风、灭虫、自动控制等系统。

二、配套工程设施主要包括：供配电、给排水、机械维修、停车、冲洗、消防、通信、检测及化验等设施。

三、生产管理与生活服务设施主要包括：办公室、值班室、休息室、浴室、宿舍、食堂等设施。

**第十五条** 大、中型转运站应包含主体工程设施、配套工程设施以及生产管理和生活服务设施。小型转运站以主体工程设施为主，生产管理和生活服务设施应借助周边公共设施。

## 第三章　选址与总图布置

### 第一节　选　址

**第十六条**　转运站选址应符合下列要求：

一、应符合城市总体规划、环境卫生专项（专业）规划以及国家现行有关标准的规定和要求。

二、应按区域统筹、城乡统筹等原则，合理布局。

三、交通便利，易于安排垃圾收集和运输线路。

四、有可靠的电力供应、供水水源及污水排放系统。

五、不宜设在公共设施集中区域和人流、车流集中的地段。

**第十七条**　具备水路运输条件时，宜设置水路转运站（码头）。

### 第二节　总 图 布 置

**第十八条**　转运站的总图布置应该符合转运工艺流程要求，功能区应合理布局、人流物流通畅、作业管理方便。

**第十九条**　转运站内道路应综合考虑转运规模、运输方式、周边交通状况等因素合理确定。站内转运路线和收集路线宜分开，做到线路清晰明确。

**第二十条**　转运站应充分利用地形、地貌等自然条件进行合理的工艺布置。

**第二十一条**　兼有其他功能（如含停车场、修理厂、分选车间等设施）的转运站，应以转运设施与设备为中心进行布置，各项辅助设施应根据使用功能、生产流程、地形及安全因素等合理布局。

## 第四章　主 体 工 程

**第二十二条**　转运站主体建（构）筑及配套设施应符合下列要求：

一、转运站主体设施及容器应封闭，严禁建设露天转运站。

二、垃圾转运车间应安装便于启闭的出口（如卷帘闸门等），并设置可关闭的通风口。

三、转运站的建（构）筑应简单、实用，其风格、色调应与周边建筑和环境协调。

**第二十三条**　垃圾转运工艺应根据垃圾收集、运输、处理的方式及建设规模合理确定。应满足提高机械化和自动化水平、保证安全、改善环境卫生和劳动条件、提高劳动生产效率的要求。

**第二十四条**　为保证转运站工作的连续性，提高使用寿命，转运站的转运单元不应少于2个。

**第二十五条**　大、中型转运站作业区应符合下列要求：

一、应设置进站垃圾计量设施，大型转运站计量设备必须具有自动记录、统计等功能。

二、应在转运站入口或计量设施处设置车号自动识别系统，并进行垃圾来源、运输单位及车辆型号、规格登记。

三、卸料场地应满足垃圾车顺畅作业的要求。

四、垃圾卸料、转运作业区应配置通风、降尘、除臭等系统。

五、垃圾储存容器应具有良好的防渗和防腐性能，应设置渗滤液收集设施。

六、应设置单独的垃圾收集车和运输车辆抽样检查停车等待区。

**第二十六条**　转运站应根据其规模、类型配置相应的填装、压实设备。

**第二十七条**　转运站内各转运单元的配套机械设备，应选用同一型号、规格；同一垃圾转运系统的多个转运站的配套机械设备也应选用同一型号、规格。

**第二十八条** 转运站机械设备、配套车辆以及垃圾容器、设施等应综合考虑日有效运行时间和高峰期垃圾量进行配置。

**第二十九条** 转运站的道路工程应符合现行国家标准《厂矿道路设计规范》GBJ 22 的有关要求。站内道路设施应保证各种工作车辆的流畅通行，道路宽度、转弯半径与承载能力等应满足最大转运车辆满载通行的要求。

## 第五章 配 套 工 程

**第三十条** 转运站的配套工程应与主体工程相适应。其装备标准应满足转运站正常运行、安全作业和保护环境的要求。改建、扩建工程应充分利用原有的设施。

**第三十一条** 转运站供电电源应由当地电网供给，供电方式应根据工艺设计要求和服务区具体情况决定，按现行国家标准《供配电系统设计规范》GB 50052 和地方有关法规执行。大、中型转运站供电设施应采用二级负荷并自备电源。

**第三十二条** 转运站应有可靠的供水水源和完善的供水设施。生活用水、生产用水及其他用水应符合国家现行有关标准的规定。

**第三十三条** 转运站的排水系统必须实行雨污分流，废水排放应符合国家现行有关标准的规定。

**第三十四条** 转运站消防设施的设置必须满足站内消防要求，并应符合现行国家标准《建筑设计防火规范》GB 50016 以及《建筑灭火器配置设计规范》GB 50140 的有关要求。

**第三十五条** 转运站应配置必要的通信设施，以保证各生产岗位之间的通信联系和对外通信的需要。

**第三十六条** 大型转运站应设置相对独立的管理办公设施；中、小型转运站行政办公设施可与站内主体设施合并建设。

**第三十七条** 转运站应配备监控设备；大型转运站应配备闭路监视系统、交通信号系统及现场控制系统；有条件的可设置中央控制系统，其他类型转运站宜根据实际情况配置。

**第三十八条** 中、小型转运站可根据需要设置附属式公厕，公厕应与转运设施有效隔离，并满足国家现行有关标准的规定。

**第三十九条** 大型转运站应设置机修设施，中、小型转运站可根据具体需求酌情设置。

## 第六章 环境保护与劳动保护

### 第一节 环 境 保 护

**第四十条** 转运站环境保护配套设施必须与转运站主体工程设施同时设计、同时建设、同时启用。

**第四十一条** 转运站应通过合理布置建（构）筑物、设置绿化隔离带、配备污染防治设施和设备等措施，对转运过程产生的二次污染进行有效防治。

**第四十二条** 转运站应结合垃圾转运单元的工艺特点，强化在卸装垃圾等关键位置的通风、降尘、除臭措施；大型转运站必须设置独立的通风、除臭系统。

**第四十三条** 配套的转运车辆必须有良好的整体密封性能。

**第四十四条** 转运作业过程产生的噪声控制应符合现行国家标准《城市区域环境噪声标准》GB 3096 的规定。

**第四十五条** 转运站应根据所在地区水环境质量要求和污水收集、处理系统等具体条件，确定渗沥液及污水排放、处理措施，并应符合国家现行有关标准及当地环境保护部门的要求。中、小型转运站的渗沥液及污水宜直接排入市政污水管网集中处理。

### 第二节 劳动保护

**第四十六条** 转运站的安全卫生措施应符合国家现行标准《工业企业设计卫生标准》GBZ 1和《生产过程安全卫生要求总则》GB 12801及《关于生产性建设工程项目职业安全卫生监察的暂行规定》（劳字〔1988〕48号）的要求。

**第四十七条** 转运站的卸料平台等重要和危险位置应按现行国家标准《安全标志》GB 2894、《安全色》GB 2893的要求设立醒目的标牌或标志。

**第四十八条** 转运站内应提供劳动保护用具、用品和专用设施。

**第四十九条** 转运站内应做好卫生防疫工作，应采取防虫、灭虫等措施。

## 第七章 建筑标准与建设用地

**第五十条** 转运站的建筑标准应贯彻安全实用、经济合理、因地制宜的原则，根据转运站规模、建筑物用途、建筑场地条件等需要而确定，应与周围环境相协调，适应城市发展的需要。

**第五十一条** 转运站的各类建筑物应根据工艺要求合理设置，其建筑面积指标应按表2执行。

**表2 生活垃圾转运站建筑面积（$m^2$）**

| 类型 | | 主体设施 | 配套设施 | 生产管理与生活服务设施 |
|---|---|---|---|---|
| 大型 | Ⅰ类 | 1500～3000 | 400～600 | 400～900 |
| | Ⅱ类 | 1000～2000 | 200～400 | 200～400 |
| 中型 | Ⅲ类 | 400～1200 | 100～200 | 100～200 |
| 小型 | Ⅳ类 | 150～400 | <100 | <100 |
| | Ⅴ类 | 50～200 | <50 | <50 |

注：1 同类设施中，规模小者取下限，反之取上限，在此区间规模宜采用插入法进行测算；

2 生产管理和生活服务设施包括办公室、值班室、休息室、浴室、宿舍、食堂等；

3 配套设施面积未包括站内道路和停车场；

4 规模大于3000t/d的转运站各项设施建筑面积可参照现行有关标准，并结合工艺条件酌情增加；

5 小城镇的小型（Ⅵ、Ⅴ类）转运站建筑面积指标可取偏大值，大城市则应取偏小值；

6 其他功能（分选、加油等）设施建筑面积另计。

**第五十二条** 转运站的建设用地，应遵循科学合理、节约用地的原则，满足生产、生活、办公的需求，并留有发展的余地。转运站建设用地指标应按表3执行。

**表3 生活垃圾转运站建设用地指标（$m^2$）**

| 类型 | | 用地指标 |
|---|---|---|
| 大型 | Ⅰ类 | ≤20000 |
| | Ⅱ类 | 15000～20000 |
| 中型 | Ⅲ类 | 4000～15000 |

续表 3

| 类型 | | 用地指标 |
|---|---|---|
| 小型 | Ⅳ类 | 1000 ~ 4000 |
| | Ⅴ类 | ≤1000 |

注：1　建设用地指标含上限值，不含下限值。转运能力大于3000t/d的转运站，用地指标可酌情增加；

2　表内用地只含转运站主体工程设施和第十四条所列配套工程设施及生产、生活服务设施的建设用地，不包括其他功能（如停车场、修理厂、分选车间等）所需用地，否则，应按国家现行相关的标准确定其额外用地指标；

3　建设规模大的取上限，规模小的取下限，中间规模应采用内插法确定；

4　小城镇的Ⅴ类转运站建设用地指标可取偏大值，大城市则应取偏小值；

5　对于邻近江河、湖泊、海洋和大型水面的生活垃圾转运码头，其陆上转运站用地指标可适当上浮。

**第五十三条**　转运站行政办公及生活服务设施用地不得超过总用地面积的5% ~8%。

**第五十四条**　转运站绿地率应为总用地面积的20% ~30%，中型以上（含中型）转运站宜取上限；当地处绿化隔离带区域时，绿地率指标宜取下限。

## 第八章　运营管理与劳动定员

**第五十五条**　转运站运营机构的设置应以精干、高效和有利于生产经营为原则，做到分工合理，职责分明。

**第五十六条**　转运站宜采用一至两班制。

**第五十七条**　各类转运站的劳动定员应按照定岗定量的原则，根据项目的工艺特点、技术水平、自动控制水平、投资体制、当地社会化服务水平和经营管理的要求，合理确定。各类转运站劳动定员可参照表4的标准按需配备。

表4　转运站劳动定员（人）

| 类型 | | 劳动定员 |
|---|---|---|
| 大型 | Ⅰ类 | 25 ~ 60 |
| | Ⅱ类 | 10 ~ 30 |
| 中型 | Ⅲ类 | 5 ~ 12 |
| 小型 | Ⅳ类 | 3 ~ 6 |
| | Ⅴ类 | 2 ~ 4 |

注：1　劳动定员指主要转运操作和管理人员数量，不含垃圾收集、转运车辆司机；

2　转运能力大于3000t/d的转运站，劳动定员可酌情增加。

## 第九章　主要技术经济指标

**第五十八条**　转运站项目的工程投资应按国家现行的有关规定编制。本章所列技术经济指标，可作为审批、核准项目时的参考依据。若工程建设实际内容随市场价格出现变化，应按照动态管理的原则进行调整、修正。

**第五十九条** 转运站投资估算指标可按表5所列指标控制。

**表5 转运站投资估算指标［万元/（t/d）］**

| 类型 | | 投资估算指标 |
|---|---|---|
| 大型 | Ⅰ类 | 4~5 |
| | Ⅱ类 | 4~5 |
| 中型 | Ⅲ类 | 3~5 |
| 小型 | Ⅳ类 | 3~4 |
| | Ⅴ类 | 3~4 |

注：1 投资估算含转运车购置费，但不包括收集车购置费；不包括征地费、拆迁费及分选、公厕、景观与厂外工程等其他辅助功能建设投资；

2 运距远的Ⅲ类转运站投资指标可取偏大值，反之则应取偏小值；

3 涉及软地基处理、半地下结构等特殊情况的取放大系数1.10~1.30；

4 表中投资估算指标按照2007年北京市工料及费率标准计算。

**第六十条** 转运站建设工期可按表6控制。建设工期从破土动工计，至工程竣工验收止，不包括非正常停工。

**表6 转运站建设工期（月）**

| 类型 | | 建设工期 |
|---|---|---|
| 大型 | Ⅰ类 | ≤12 |
| | Ⅱ类 | ≤12 |
| 中型 | Ⅲ类 | ≤9 |
| 小型 | Ⅳ类 | ≤6 |
| | Ⅴ类 | ≤3 |

**第六十一条** 转运站项目应按国家现行的有关建设项目经济评价方法与参数的规定进行经济评价。

## 附 件

# 《生活垃圾转运站工程项目建设标准》条文说明

## 第一章 总 则

**第一条** 生活垃圾转运站工程项目（简称“转运站”）直接关系到城市人民的生活与环境保护。本建设标准是在国家有关基本建设方针、政策、法规指导下，借鉴、总结国内外转运站建设经验，并考虑其建设发展需要而编制的。本建设标准编制目的在于推动技术进步、提高投资效益与社会效益，为项目决策和建设管理提供科学依据。

**第二条** 建设标准是依据有关规定由国家建设和投资主管部门审批发布的为项目决策和合理确定建设水平服务的全国统一标准，是工程项目决策和建设中有关政策、技术、经济的综合性要求的文件。对建设项目在技术、经济、管理上起宏观调控作用，具有一定的政策性和实用性。本建设标准内容的规定为强制性与指导性相结合，对涉及建设原则、贯彻国家经济建设的有关方针、行业发展与产业政策和有关合理利用资源、能源、土地以及环境保护、职业安全卫生等方面的规定，以强制性为主，在项目决策和建设中，有关各方应认真贯彻执行。对涉及建设规模、项目构成、工艺装备、配套工程、建筑标准和主要技术经济指标等方面的规定，以指导性为主，由投资者、业主自主决策，有关各方可在项目决策和建设中结合具体情况执行。建设标准的作用是为项目的决策等建设前期工作提供所遵循的原则，为建设实施提供监督检查的尺度。

**第三条** 本建设标准主要适用于新建的垃圾转运站。改建、扩建的转运站因受原选址、用地、交通、规模等条件的限制，一时可能达不到本建设标准的规定，但技术装备水平、环境保护等指标应符合本建设标准的规定。

**第四条** 转运站建设必须首先遵守国家有关经济建设的一系列法律、法规，符合社会主义市场经济的基本原则。环境保护、节约用地和节约能源是我国的基本国策。我国宪法有保护环境的条文，并发布了环境保护法等一系列法规、条例、规定和标准，以保护环境和维持生态平衡。转运站是保护环境的重要基础设施工程之一，如果建设不当，容易对环境造成严重污染，尤其是对城市居住环境的污染，对人民生活和生态环境造成严重危害，所以必须加强环境保护意识。本建设标准第六章对环境保护作了规定。我国人多地少，人均耕地面积正逐年减少，国家已经颁布了有关土地利用的法令并对建设用地指标作了规定，城市环境卫生设施的用地应该遵循节约用地的原则。本建设标准第七章列出了建设用地条款。转运站的选址和规模设定对垃圾转运站工作效率影响较大，合理设定转运站的位置和规模至关重要。

**第五条** 转运站建设应符合我国国情，应以我国的技术经济水平为基础，并考虑今后城市发展与科学技术发展的需要。我国幅员辽阔，地区经济水平差异很大，因此要区别不同城市、不同建设规模，合理确定建设水平和选定第九章所列的有关技术经济指标参数（例如，地区中心城市、旅游城市等应按较高标准设置）。转运站在技术上应当是先进、可行、安全可靠的，并能适应当地的经济条件。

**第六条** 本条规定工程建设的原则。转运站是防治城市生活垃圾污染、改善环境的辅助工程，是保障人体健康、维护和促进城市经济发展的重要基础设施。城市生活垃圾转运工程又是城市基础设施，隶属于一个大的系统工程，所以条文强调工程建设必须符合城市（城镇）总体规划，满足人们对环境的要求。应统筹规划，既要满足城市近期的需要，又要考虑远期发展的经济合理性，应以近期（5 年规划）为主，远近期相结合，并为将来发展留有余地。

本建设标准中的城市总体规划是广义（含城市、城镇）的表述。

鉴于转运站的社会与环境影响大而直接，因此，其工程建设应根据规模做多方案比较，不但要进行技术经济论证，而且需进行社会与环境的论证及综合比选，尤其是大型转运站项目，应根据筹资能力，从发挥效益出发，控制初期工程规模和投资。新建项目应与现有的垃圾收运及处理系统相协调，改扩建工程应充分利用原有设施。

**第七条** 本条规定转运站建设在推动技术进步、引进设备和技术方面的原则。

**第八条** 本条规定转运站项目建设内容确定的原则，并非所列项目都要建设，要视生产需要和工艺要求，在充分利用建设地区依托条件的前提下，合理确定项目的内容，不搞大而全或小而全。

**第九条** 本条规定工程建设必须落实工程建设资金及土地、供电、给排水、交通和通信等设施的条件，以保证工程的顺利实施和投产。

**第十条** 转运站项目建设涉及面广、专业多，建设标准的内容仅从加强转运站建设的宏观管理，工程建设水平及投资等主要方面作出必要的规定。在本建设标准编制过程中，国家已经颁布或将要颁布一系列规范和标准，本建设标准在有关条文中，对执行这些标准和规范都做了相应的规定。随着标准化工作的进展，将有更多的标准、规范、定额、指标陆续发布，故本条作了明确的规定。

本建设标准引用的现行国家和行业标准主要有：

《城市环境卫生设施规划规范》GB 50337；

《城镇环境卫生设施设置标准》CJJ 27；

《生活垃圾转运站技术规范》CJJ 47；

《工业企业总平面设计规范》GB 50187；

《厂矿道路设计规范》GBJ 22；

《工业企业设计卫生标准》GBZ 1；

《工业企业厂内铁路道路运输安全规程》GB 4387；

《工业企业厂界环境噪声排放标准》GB 12348；

《城市区域环境噪声标准》GB 3096；

《环境空气质量标准》GB 3095；

《作业场所空气中粉尘测定方法》GB 5748；

《恶臭污染物排放标准》GB 14554；

《地表水环境质量标准》GB 3838；

《污水综合排放标准》GB 8978；

《建筑物防雷设计规范》GB 50057；

《建筑设计防火规范》GB 50016；

《建筑内部装修设计防火规范》GB 50222；

《建筑灭火器配置设计规范》GB 50140；

《建筑地面设计规范》GB 50037；

《建筑采光设计标准》GB 50033；

《机械设备安装工程施工及验收通用规范》GB 50231；

《汽车加油加气站设计与施工规范》GB 50156；

《机动车清洗站工程技术规程》CJJ 71；

《生产过程安全卫生要求总则》GB 12801；

《城市生活垃圾处理和给水与污水处理工程项目建设用地指标》（建标〔2005〕157号）；

《安全色》GB 2893；

《安全标志》GB 2894。

# 第二章　建设规模与项目构成

**第十一条**　本条是关于转运站建设规模与数量的规定。转运站建设规模及数量应满足城市总体规划和环境卫生专项（专业）规划的要求，结合服务区域和城市特点确定。

转运站可根据其服务区域环境卫生专项（专业）规划或其从属的垃圾处理系统的需求，在进行垃圾转运作业的基础上增加储存、分选、回收等项功能，成为综合性转运站。

垃圾转运站所从属的转运系统可分为一级转运和二级转运，一般情况下，使用一级转运系统，如图1所示。

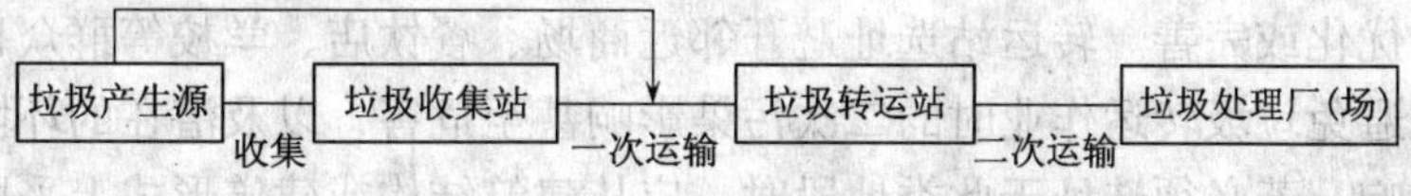


**图1　生活垃圾一级转运系统**

当垃圾转运量很大而运距较远时（通常≥30km），可建立二级转运系统。在此系统中，垃圾经由数个中小型垃圾转运站转运至一个大型转运站，再次集中运往垃圾处理厂（场）。二级转运系统的基本技术路线，如图2所示。

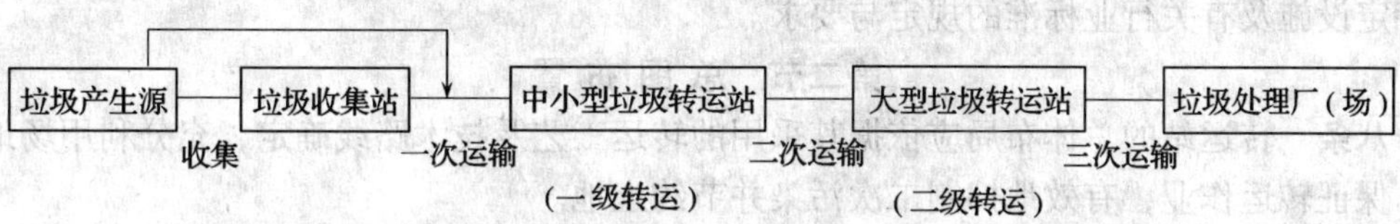


**图2　生活垃圾二级转运系统**

**第十二条**　转运站的建设规模及数量应根据其服务范围及其垃圾处理设施的分布情况来确定。

**第十三条**　此条是转运站建设规模的分类原则。参照《城市生活垃圾处理和给水与污水处理工程项目建设用地指标》（建标〔2005〕157号）等国家现行技术标准的规定，将转运站的规模按转运能力分为三大类五小类。

**第十四条**　明确规定转运站建设项目的构成，是为了避免漏建或多列工程项目致使转运站无法运行或造成浪费。转运工艺及规模不同时，生产设施的内容也不同。规模较大的转运站，配套工程设施和生产服务设施相应更齐全。

**第十五条**　对于大、中型转运站，应保证项目建设的完整性，达到配套设施、管理设施、生活服务设施等的合理配备。对于小型转运站，由于受到规模、场地等多方面原因的限制，应遵循精简节约的原则，生产管理和生活服务设施应借助周边公共设施，避免浪费。有分选、公厕、景观等其他功能的转运站，配套工程设施和生产管理与生活服务设施还应满足其他功能的要求。

# 第三章　选址与总图布置

## 第一节　选　址

**第十六条**　本条明确转运站选址的要求。转运站选址应符合城市总体规划和环境卫生专项（专业）规划的基本要求，若转运站所在区域的城市总体规划未对转运站选址提出要求或尚未编制环境卫生专业规划，则其选址应由建设主管部门会同规划、土地、环保、交通等有关部门进行，或及时征求有关部门的意见。

转运站应设置在生活垃圾收集服务区内人口密度大、垃圾排放量大、易形成转运站经济规模的地方，以有利于提高建设投资效益和运营管理，同时又必须注意防治二次污染。

转运站设置在交通便利、易安排收集和运输线路的地方有利于生产调度和降低日常运行成本。

有污水排放的条件是指按环保部门要求将污水直接排放或经适当处理后达标排放。

转运站选址应避开立交桥或平交路口旁，以及影剧院、大型商场出入口等繁华地段，主要是避免造成交通混乱或拥挤。若必须选址于此类地段时，应从转运站进出通道的结构与形式上进行优化或完善。转运站选址避开邻近商场、餐饮店、学校等群众日常生活聚集场所，主要是避免垃圾转运作业时的二次污染影响甚至危害，以及潜在的环境污染对社会造成的负面影响。若必须选址于此类地段时，应从建筑结构或建筑形式上采取措施进行改进或完善。

**第十七条** 水路运输适用于运距远、运量大的区域。在具备这些基本条件时，还需对公路运输和水路运输进行方案比选和技术、经济与环境的综合论证，择优选用。

若设置水路运输转运站（码头），其设计建造除符合转运站的基本规定外，还必须满足特定设施及有关行业标准的规定与要求。

### 第二节 总图布置

**第十八条** 转运站的总体布局应依据其采用的转运工艺及技术路线确定，充分利用场地空间，保证转运作业，有效地抑制二次污染并节约土地。

**第十九条** 转运站内道路除满足道路设计的一般要求外，还应满足国家现行有关标准的要求。

**第二十条** 转运站的总体布置应利用站址地形、地貌等自然条件。对于高位卸料、设置进站引桥的竖向工艺设计，充分利用地形和场地空间尤其重要。

**第二十一条** 兼有其他功能（如停车场、修理厂、分选车间等设施）的转运站，仍应以转运设施与设备为中心设置，各项辅助设施根据作业流程及地形等因素合理安排，确保各单元安全、高效。

## 第四章 主体工程

**第二十二条** 转运站设施和容器应封闭，以保证隔离雨水，防止臭气、灰尘等污染周边环境卫生，严禁新建露天敞口转运站。

为了保证垃圾转运作业对污染实施有效控制或在相对密闭的状态下进行，从建筑结构方面可采取的主要措施包括：给垃圾转运车间安装便于启闭的卷帘闸门，设置非敞开式通风口等。

转运站的建设应重在实用，其建筑形式、风格、色调应与周边建筑和环境协调，不宜太华丽、铺张，也不宜对周围建筑环境的美观产生影响。

**第二十三条** 我国现行主要的垃圾转运方式有以下几类：

一、敞开式转运：即转运设备的容器不可密封，转运场所是敞开或半敞开的，与之配套的车辆也通常是敞开式的。这种转运方式会造成垃圾散落、臭气散发、污水泄漏等严重二次污染，尤其影响周围的环境。该种原始转运方式正在逐步被淘汰或改造。

二、封闭式转运：垃圾转运场所和垃圾装载容器均可封闭。这种转运方式解决了部分垃圾散落等问题，减少了对周围环境的污染，但在垃圾量大、运距远的情况下，不能实现高效运输。

三、压缩式转运：即机械填装/压缩式转运，是在封闭转运的前提下，利用机械压缩设备对垃圾进行压缩，增加垃圾的容重。这种模式除了有封闭转运的优点外，还提高了转运车的运输效率，尤其是大吨位、远距离垃圾运输，可大大降低成本。

（一）压缩式转运根据物料被装载、转运时的移动方向分为卧式或立式两大类。

1. 卧式：将垃圾倒入卧放的容器（车箱）内，并依靠机械动力（刮板或活塞推板）将容器（或车箱）填满压实，并沿水平方向完成转运作业。

2. 竖式：利用垃圾重力，直接将垃圾倒入竖直置放的容器（车箱），并依靠液压装置，对容器（车箱）内的垃圾进行垂直压实，并完成转运作业。

（二）压缩式转运根据转运容器内的垃圾是否被压实及其压实程度，划分为填装式（兼压缩式）和压缩式两大类。

1. 填装式：采用回转式刮板将物料送入装载容器，依靠机械动作力将装载容器填满并压实。此类填装设备过去通常与装载容器连为一体（如后装式垃圾收运车），现在为了提高单车运输效率，逐渐将填装/压缩装置与装载容器分离。

2. 压缩式：采用往复式推板将物料压入装载容器。与刮板式填装作业相比，往复式推压技术对容器内的垃圾施加更大的压力。

3. 压缩式转运还可进一步按垃圾被压实的不同工艺路线及机械动作程序，分为直接压缩（压装）式和预压式等。

（1）直接压缩。

工艺路线：接收垃圾→直接压装进入转运车箱→转运。

作业过程为：首先连接转运容器（车箱）和压装设备，当受料器内接收垃圾达到一定数量后，启动压实设备，推压板将垃圾直接压入转运车箱。其间可根据需要调整压头压力大小或推压次数，车箱装满并压实后，与压装设备分离，由转运车辆运至目的地。

（2）预先压缩。

工艺路线：接收垃圾→在受料器（或预压仓）内压实→推入转运车箱→转运。

作业过程为：垃圾倾入受料容器，被压实成块后推入转运容器（车箱），由转运车辆运至目的地。车箱内可装入的垃圾块数量由其箱体容积和垃圾块体积等参数确定。

**第二十四条** 转运单元（或称“转运线”）是指转运站内具备垃圾装卸、转运功能的主体设施/设备。为了保证转运作业的连续性与事故状态下（如机械故障、机器检修等）的转运能力，即使是小型转运站，其转运单元数也不应少于2个。当一个转运单元丧失工作能力时，剩余的转运单元可以通过延长作业时间来完成转运站的全部转运任务。转运单元轮换作业还可以提高转运站的使用寿命。

**第二十五条** 本条提出大、中型转运站作业区的具体要求。

无论垃圾处理厂（场）等转运站的下游设施是否设置了计量设备，大型转运站都必须在垃圾收集/运输车进、出站口设置计量设施，并且计量设备必须具有自动记录、统计等功能。

中型及其以下转运站可依照其从属的垃圾处理系统的总体规划或服务区环境卫生专项（专业）规划要求，确定需配置的计量设备。若后续的垃圾处理厂（场）已配置了计量设备，则转运站可考虑省略计量程序；对于服务区范围较小，垃圾收集量变化不大的小型转运站，采用车吨位换算法也是经济可行的，但应通过实测确定换算系数。

配置必要的自动识别、登记装置是实现转运站科学化、规范化运营管理的保证措施。

进站车辆抽样检查停车区可以专设，也可以临时划定（对于小型转运站），但届时必须有相应的标示牌及调度管理。

转运作业过程中的粉尘、臭气是转运站的主要环境污染元素，必须通过适当措施对其进行有效控制。

**第二十六条** 目前我国转运机械压实设备主要可分为刮板式和活塞式两大类。前者设备体积小，操作简单灵活，能够边填装边压实，适用于中、小型转运站；后者压实强度大、装载效率高，更适用于大型转运站。

现在我国部分城市或地区选用的垃圾压缩设备，其密封性、安全性、压实能力以及和转运车辆的配套衔接均达不到要求，应该逐步标准化、规范化。

**第二十七条** 转运站内各转运单元的配套机械设备，选用同一型号、规格，以提高站内机械设备的通用性和互换性，便于转运站的建造和运行维护。如果可能，同一垃圾转运系统的多个转运站也应选用同一类型、规格的配套机械设备。这样虽可能由于局部单元的转运能力过大而造成单体设施/设备投资增加，但大大提高了转运站乃至整个转运系统的建设、运行维护效率，并且更加有利于系统的管理，因而综合效益大大增强。

**第二十八条** 虽然转运站服务范围内的垃圾收集作业时间可能为全天候，但由于管理运营和交通条件的限制（如应避开交通高峰期），转运站机械设备和转运车辆的工作时间不能持续常规的6~8h运行。因此，转运站及转运单元的设计日转运能力应为配套机械设备有效工作时段内的总转运能力。

按集中有效时段设计配套机械设备转运能力同样可以提高转运站运行的稳定性，当转运任务增加或出现机械事故时可通过延长其余转运设备工作时间来保证完成转运任务。

**第二十九条** 本条是对转运站道路的要求。转运站内道路应该满足各种车辆顺利通行的要求。

## 第五章 配套工程

**第三十条** 本条是转运站配套工程的建设原则。改建、扩建工程应以扩大生产能力、提高装备条件、促进技术进步、提高运行效益为主，重点应是发挥现有设施的能力，挖掘潜力。

**第三十一条** 各类转运站都应有必要措施保证临时停电时能继续其垃圾转运功能。小型转运站可通过合理调度等措施将垃圾进行分流；大、中型转运站必须依靠备用电源确保停电状态下转运系统正常运行。

**第三十二条** 转运站的生产用水主要指设备或设施冲洗用水。

**第三十三条** 雨水和生活污水按接入市政管网考虑，垃圾渗沥液及设备冲洗污水则依据转运站服务区水环境质量要求考虑处理途径与方式。

转运站的室内外场地都应平整并保持必要的坡度，以避免滞留渍水；转运车间内应按垃圾填装设备布局要求设置垃圾渗沥液导排沟（管）以便及时疏排污水。

转运车间应设置污水池，用于收集转运作业过程产生的垃圾渗沥液和场地冲洗等生产污水。污水池的结构和容量必须与污水处理方案及工艺路线相匹配。如用罐车将污水运至处理厂时，污水的容积必须满足两次运送间隔期收集、储存污水的需求。

**第三十四条** 本条是对转运站消防的要求，转运站内应该配备消防设施，预防转运站建筑、转运设备、运输车辆等消防隐患。

**第三十五条** 转运站的控制室、转运作业现场、门房/计量站等关键环节应配置必要的通信设施，以便于收集、转运车辆调度等生产运营管理。

**第三十六条** 中、小型转运站可在转运站主体建筑内或依附其设置管理办公室，必须保证安全与卫生方面的基本要求。

**第三十七条** 大型转运站应配备集中控制管理仪器设备，设置了中央控制系统后仍应保留现场控制系统。

**第三十八条** 环卫设施征地较为紧张，故可以考虑将布局在城市中心区的公厕和中、小型转运站合建以提高用地效率，但要满足国家现行有关法规的要求，同时还要考虑到周围环境等因素的影响。大型转运站（多为二级转运）因远离城市中心区，没有附设公厕的必要。

**第三十九条** 中、小型转运站应尽量使机械设备的修理工作社会化，转运站只要做好日常的维护保养，并视具体情况和实际需求承担部分专用设备、装置的小修任务。

# 第六章 环境保护与劳动保护

## 第一节 环境保护

**第四十条** 转运站环境保护配套设施建设必须遵循“三同时”原则。

**第四十一条** 转运站内的建（构）筑物应按生产和管理两大类相对集中，中间设置绿化隔离带，转运站的四周应设置由多种树种、花木合理搭配形成的环保隔离与绿化带。各生产车间应配备相应污染防治设施和设备，对转运过程产生的二次污染进行有效防治。

**第四十二条** 转运站对周边环境影响最大的是转运作业时产生的粉尘和臭气，因此，通过洒水降尘和喷药除臭等方法，加强卸装垃圾等关键位置的通风、降尘、除臭十分重要。对于大型转运站，还必须设置独立的通风、除臭设施或设备。

**第四十三条** 转运车辆的整体密封性能，必须满足避免渗沥液滴漏和防止尘屑撒落、臭气散逸等方面的要求。对于前者，不仅要在运输车底部设置积液容器，还必须依据载运车规模、垃圾性状以及通行道路坡度等具体条件核准、调整其容积。

**第四十四条** 转运站噪声控制主要包括对机械设备的减振降噪及转运站采取密闭式结构、设置绿化隔离带或设置隔声屏障等隔声措施。

**第四十五条** 转运站生活污水排放应按国家现行标准的规定排入临近市政排水管网；也可与生产污水合并处理，达标排放。

转运作业过程产生的垃圾渗沥液及清洗车辆、设备产生的生产污水，应进行专门的处理。条件许可时可自行处理，或运往邻近垃圾处理厂的渗滤液处置设施处理；也可先进行预处理，达到一定要求（获环保部门批准）后再排入邻近市政排水管网集中处理。

根据污染集中控制原则和项目规模效益原则，中、小型转运站不宜单独建设垃圾渗沥液处理系统，宜直接排入市政污水管网集中处置。

## 第二节 劳动保护

**第四十六条** 转运站安全与劳动卫生应符合国家现行的有关技术标准的规定和要求。

**第四十七条** 应按照现行国家标准《安全标志》GB 2894、《安全色》GB 2893 的规定，在转运站的相应位置设置醒目的安全标志。

**第四十八条** 转运站内应该备有防噪耳塞、手套等劳动保护用具，还应备有灭火、消防等安全设施，特别是大型转运站还应备有更衣、洗浴、休息场所。

**第四十九条** 转运站内应该采取通风、杀虫等有效措施，保障工作区环境卫生。

## 第七章 建筑标准与建设用地

**第五十条** 本条是转运站建筑标准及形式的原则。

**第五十一条** 表2中各类设施建筑面积指标是在广泛调研基础上，根据对北京、上海、天津、重庆、广东、湖南、湖北、江苏、浙江、云南、贵州、山东、山西、陕西、河南等省区的20多个城市的41个有效调查样本的数据测算，并结合不同规模转运站特点和实际需求制定的。

小型（Ⅵ、Ⅴ类）转运站建筑面积指标应视服务区域、服务对象不同而定——对于服务人口多为1万~5万的小城镇，小型转运站多建在城镇中心区的边缘地带，需要配置必要的辅助设施。因此，其建筑面积指标应取偏大值甚至上限。但是对于人口密集的大城市，小型转运站通常兼做垃圾收集站，其服务对象多为小区居民，建造位置都在城市中心区，无必要配置其他辅助设施。因此，其建筑面积指标应取偏小值甚至下限。

**第五十二条** 转运站建设用地指标和工艺及附属功能有关。国内已建、在建转运站的统计数据表明，建设用地存在较大的差异。部分大型转运站兼有分选等功能，用地较多，超出一般转运站的用地标准。

指标中Ⅰ类大型转运站用地面积的上限值$20000m^2$是对应3000t/d规模的大型转运站的用地指标上限，对于3000t/d规模以上的转运站，用地面积应根据实际需要适当扩大。

包括其他功能（如停车场、修理厂、分选车间等）的转运站，用地面积应按国家现行相关的标准增加其额外用地指标。

Ⅴ类转运站建设用地指标应视服务区域、服务对象不同而定——小城镇的Ⅴ类转运站多建在城镇中心区的边缘地带，需要配置必要的辅助设施，且小城镇建设用地相对富裕。因此，其用地指标应取偏大值甚至上限。但是，大城市内兼做垃圾收集站的Ⅴ类转运站没有必要配置其他辅助设施，且中心城区建设用地非常紧缺，很难征用较多土地。因此，其用地指标应取偏小值甚至下限。

**第五十三条** 本条参照《城市生活垃圾处理和给水与污水处理工程项目建设用地指标》（建标〔2005〕157号）中对于转运站行政办公及生活服务用地的规定，当转运站功能单一时，宜取下限；当转运站兼有如分选、公厕、景观等其他功能时，可取上限。

**第五十四条** 本条参照《城市生活垃圾处理和给水与污水处理工程项目建设用地指标》（建标〔2005〕157号）中对于转运站绿地率的规定制定。

## 第八章 运营管理与劳动定员

**第五十五条** 本条规定了转运站运营机构设置的原则。

**第五十六条** 转运站单班工作时间一般为每天6~8h，实际转运作业时一般不大于4h。一至两班制通常已经能够满足辖区垃圾转运作业要求。对于兼有其他功能的转运站，运行时间需要适当延长的，工作制度或实际作业时间可作适当调整。

**第五十七条** 生活垃圾转运站通常为一班制作业。若因需要（如早、晚两班）实行两班制运行的转运站，其劳动定员可取 1.2 的调整系数。

## 第九章 主要技术经济指标

**第五十八条** 本条规定编制和使用工程投资估算的原则，强调应根据有关情况变化进行动态管理。遇到地基特殊处理、国外贷款工程等特殊情况，各项指标应综合具体情况调整、修正。

**第五十九条** 本条所列的投资估算指标是评估或审批新建转运站估算投资额的依据。在具体评估或审批转运站项目时，应结合工程项目的建设水平、污水处理和臭气控制要求、运输距离等实际情况进行调整、修正。

目前许多新建转运站兼有分选、公厕、景观等辅助功能，此时估算投资额应根据实际情况增加，并按照国家现行的有关规定编制。

小城镇乃至中等城市多采用一级转运模式（参阅图 1），日转运能力 150～450t 的Ⅲ类转运站的配套运输车辆负责将生活垃圾运往末端处理设施，因此转运站总投资较高；大城市（特别是特大城市）若采用二级转运模式（参阅图 2），其中的一级转运站为Ⅲ类转运站时，其配套运输车辆只负责将生活垃圾由上游的收集站（或小型转运站）运往下游的大型转运站，运距多在 10～20km。因此，转运站总投资较低。

转运站单位运行费用（元/t）可参照下列指标：

不设立独立完整通风、除臭、除尘系统，单位运行费用 3～6 元/t；

设立独立通风、除臭、除尘系统，单位运行费用 6～9 元/t。

新建转运站运行费用指标，是在对现有的转运站实际运行费用的经验总结，并适当考虑今后转运站运行管理水平和标准将逐步提高的基础上确定的。运行费用包括能源动力费、车辆燃料费、工资福利、修理及维护费用等，不包括分选、公厕、景观等其他辅助功能花费。

无污水排放或处理设施的宜取下限，有污水排放或处理设施的宜取上限。

本章中所有投资估算的额度均以 2007 年北京价格为基准。

**第六十条** 建设工期是参考现行的转运站平均建设工期确定的。由于建设工期与建设资金落实情况、施工条件等因素有关，转运站建设工期应根据项目的实际条件合理确定，防止建设工期拖延，增加工程投资。

**第六十一条** 转运站项目经济评价方法与参数应符合国家的有关要求和规定，采用标准的现代分析方法。

# 城市污水处理工程项目建设标准

## （修订）

## 关于批准发布《城市污水处理工程项目建设标准》的通知

建标［2001］77号

国务院各有关部门，各省、自治区建设厅，直辖市建委、计委，计划单列市建委、计委：

根据国家计委《关于制订工程项目建设标准的几点意见》（计标［1987］2323号）和建设部、国家计委《关于工程项目建设标准编制工作暂行办法》（［90］建标字第519号）的要求，按照建设部《关于开展〈城市污水处理工程项目建设标准〉修订工作的通知》（建标综［1999］24号）的安排，由中国市政工程中南设计研究院修订的《城市污水处理工程项目建设标准》，经有关部门会审，批准为全国统一标准予以发布，自2001年6月1日起施行。

本建设标准的管理及解释工作，由国家计委和建设部负责。

中华人民共和国建设部

中华人民共和国国家发展计划委员会

二〇〇一年四月十六日

## 修订说明

《城市污水处理工程项目建设标准》（修订）是受国家计委委托，由建设部组织中国市政工程中南设计研究院等单位修订的。

在修订过程中，编制组遵循艰苦奋斗、勤俭建国的方针，注重推动技术进步和充分发挥投资效益，贯彻节约土地、节约能源、保护环境和国家有关污水处理行业发展的技术政策，结合城市污水处理设备国产化、标准化、系列化的要求，对我国现有的污水处理工程进行了广泛深入的调查研究，总结了近几年来城市污水处理工程项目建设的实践经验，分析论证了大量的统计资料，广泛征求全国各有关部门、单位及专家的意见，最后召开全国审查会议，会同各有关部门审查定稿。

本建设标准共分八章：总则、建设规模与项目构成、工艺与装备、配套工程、建筑与建设用地、环境保护与安全卫生、劳动组织与劳动定员、主要技术经济指标。

本建设标准在施行过程中，请各单位注意总结经验，积累资料，并请将需要修改和补充的意见及时反馈。

中华人民共和国国家发展计划委员会
中 华 人 民 共 和 国 建 设 部
二〇〇零年十月十二日

# 第一章 总 则

**第一条** 为适应社会主义市场经济发展的需要，加快城市污水处理工程项目的设备产业化进程，提高城市污水处理工程项目决策和建设的科学管理水平，合理确定和正确掌握建设标准，达到治理水体污染，保护环境，推进技术进步，充分发挥投资效益，促进城市污水处理工程建设的发展，制定本建设标准。

**第二条** 本建设标准是为项目决策服务和控制项目建设水平的全国统一标准；是编制、评估和审批城市污水处理工程项目可行性研究报告的重要依据；也是有关部门审查城市污水处理工程项目初步设计和监督检查整个建设过程建设标准的尺度。

**第三条** 本建设标准适用于城市污水处理新建工程；改建、扩建工程和工业废水处理工程可参照执行。

**第四条** 城市污水处理工程的建设，必须遵守国家有关的法律、法规，执行国家保护环境、节约能源、节约土地、劳动安全、消防等有关政策和排水行业的有关规定。

**第五条** 城市污水处理工程的建设应统筹规划，以近期为主，适当考虑远期发展，按系统分期配套建设，并与城市发展需要相协调。

城市污水处理工程由污水管渠系统、泵站、污水处理厂（以下简称污水厂）、出水排放系统等构成。工程项目的系统设置，应根据城市地形、受纳水体的条件以及环境要求等，经技术经济比较后合理确定。城市污水厂采用集中或分散建设应在全面的技术经济比较的基础上合理确定，一般宜建设集中的大型污水厂。

根据城市排水规划的要求，城市排水管渠、泵站应与污水厂同步建设。城市污水厂应选择经济技术可行的处理工艺，并根据当地的经济条件一次建成，当条件不具备时，可分期建设，分期投产。

**第六条** 城市污水处理工程的可行性研究报告应根据城市总体规划和城市排水规划、城市性质、流域环境规划和污染物总量控制标准、环境质量评价和环境影响报告以及水域功能区的要求进行综合论证。

**第七条** 城市污水处理工程的建设，应采用成熟可靠的技术，并积极稳妥地选用新技术、新工艺、新材料、新设备。对于需要引进的先进技术和关键设备，应以提高城市污水处理项目的综合效益，推进技术进步为原则，在充分的技术经济论证基础上确定。

**第八条** 建设在城市新区的城市污水处理工程的管渠应优先采用雨污分流的排水系统；旧城区改造、降雨量很小的城市应从实际出发，宜采用合流制，并合理确定截留倍数；在受纳水体环境要求较高时，可考虑将初期雨水纳入城市污水收集系统。工业废水的水质在达到国家和地方排入下水道水质标准时，应优先采用与城市污水集中处理的方案。工业废水排入城市污水管渠系统前，应注重提高水的重复利用率，减少排污量，并在排放口设置水质和水量检测设施。

**第九条** 城市污水处理工程的建设，应优先考虑污水的资源化，并与城市水资源的开发利用相结合，同时宜配置污泥的资源化设施。

**第十条** 城市污水处理工程建设应落实工程建设的资金，具备土地、供电、给排水、交通、通信等相关条件，并应采取有效措施确保工程建成后维持正常运行与更新改造所需的费用。

**第十一条** 城市污水处理工程的建设，除执行本建设标准外，尚应符合国家现行的有关标准、定额和指标的规定。

## 第二章 建设规模与项目构成

**第十二条** 城市污水处理工程建设规模类别和污水处理级别划分应符合下列规定：

一、建设规模类别（以污水处理量计）：

Ⅰ类：50~100万$m^3/d$；

Ⅱ类：20~50万$m^3/d$；

Ⅲ类：10~20万$m^3/d$；

Ⅳ类：5~10万$m^3/d$；

Ⅴ类：1~5万$m^3/d$。

注：以上规模分类含下限值，不含上限值。

二、污水处理级别：

一级处理（包括强化一级处理）：以沉淀为主体的处理工艺；

二级处理：以生物处理为主体的处理工艺；

深度处理：进一步去除二级处理不能完全去除的污染物的处理工艺。

**第十三条** 城市污水处理工程建设规模的确定应综合城市规模、城市性质、排水规划等因素，在研究排放污水量现状的基础上，通过对近年排水资料的分析论证，并结合技术进步，合理确定近期规模，预测远期规模；当污水量资料不足时，可按城市用水量或者类似地区的城市污水量资料分析确定。

城市污水量包括城市的生活污水量、工业废水量及其他污水量。

**第十四条** 城市污水处理工程各系统主要建设内容如下：

一、污水管渠系统：主要包括收集污水的管渠及其附属设施。

二、泵站：主要包括泵房及设备、变配电、控制系统、通信及必要的生产管理与生活设施。

三、污水厂：包括污水处理和污泥处理的生产设施、辅助生产配套设施、生产管理与生活设施。

四、出水排放系统：包括排放管渠及附属设施、排放口和水质自动监测设施。

**第十五条** 污水厂宜包括下列生产设施：

一、一级处理污水厂：包括污水一级处理和污泥处理设施。

污水一级处理一般包括除渣、污水提升、沉砂、沉淀、消毒及出水排放设施。强化一级处理时可增加投药等设施。

污泥处理一般可包括污泥储存和提升、污泥浓缩、污泥厌氧消化系统、污泥脱水和污泥处置等设施。

二、二级处理污水厂：包括污水二级处理和污泥处理设施。

污水二级处理根据工艺的特点，可全部或部分包括污水一级处理所列项目及生物处理系统设施。

污泥处理可与一级污水厂的内容相同，污泥的稳定可采用厌氧消化、好氧消化和堆肥等方法进行处理。

三、污水深度处理厂宜由以下单元技术优化组合而成：絮凝、沉淀（澄清）、过滤、活性炭吸附、离子交换、反渗透、电渗析、氨吹脱、臭氧氧化、消毒等。

四、其他。水质和（或）水量变化大的小型污水厂，可设置调节水质（或）水量的设施。

污水厂可设置进厂水水质自动检测设施。

一、二级处理的污水厂有条件时，应设置污水、污泥资源化工程设施。污水资源化应根据使用目的，采用适当的深度处理；污泥资源化主要是污泥消化产生的污泥气的利用，以及符合卫生标准的污泥的综合利用。资源化工程设施的内容应根据其目标合理确定。

**第十六条** 污水厂辅助生产配套设施宜包括变配电、生产控制系统、计量、给排水、维修、交通运输（含车库）、化验及试验、仓库、照明、管配件堆棚、消防和通信等设施。

**第十七条** 污水厂生产管理与生活设施可包括办公室、食堂、锅炉房、浴室、值班宿舍、绿化、安全保卫等设施。

**第十八条** 城市污水处理工程项目的建设内容，应坚持专业化协作和社会化服务的原则，根据生产需要和依托条件合理确定，应尽量减少项目建设内容。改、扩建工程应充分利用原有设施的能力。

## 第三章　工艺与装备

**第十九条** 污水管渠的系统设置应与城市总体规划相协调，统筹规划，分期建设。污水管渠应按远期水量建设。

管渠的材质和最大埋深应经技术经济论证，并应考虑施工条件和管理的安全性。

**第二十条** 污水泵站的设置应根据城市排水规划，结合城市的地形、污水管渠系统，经技术经济比较后确定。泵站的土建部分宜按远期规模建设，水泵机组可按近期水量配置，并应选择高效节能、管理方便的泵机。

泵站前应设置事故排出口，其位置应根据水域环境规划和水体的功能区要求合理确定。

**第二十一条** 城市污水的水质预测应在收集污水服务区内主要排污口现状排水水质资料的基础上，分析城市污水的组成，并结合城市总体规划确定的产业类型和发展目标确定。

**第二十二条** 污水处理工艺的选择，应根据污水水质与水量、受纳水体的环境功能要求与类别，并结合当地的实际情况，经技术经济比较后确定。应优先选用低能耗、低运行费、低投入及占地少、操作管理方便的成熟处理工艺。为使选择的污水处理工艺符合实际的污水水质和处理程度的要求，可在污水厂建设前进行小型试验，确定有关的工艺参数。

**第二十三条** 污水处理级别应根据污水水质、受纳水体的污染物总量控制标准以及水体的类别和使用功能等因素，在环境影响评价的基础上，通过技术经济比较后确定。

可根据对污水处理程度的不同要求，选择相适应的污水处理级别。当要求悬浮物和5d生化需氧量的去除率分别达到40%～55%和20%～30%时，可选用污水一级处理；当要求悬浮物和5d生化需氧量的去除率不低于65%时，可选用污水二级处理；污染物的去除率介于污水一级处理和二级处理之间时，应经全面的技术经济比较，可采用投加药剂的强化一级处理；对除磷要求较高，生物除磷不能满足要求时，可辅以化学除磷；污水厂出水进行再利用时，应根据使用的目的进行适当的深度处理。

污水厂出水不允许排入《地表水环境质量标准》(GHZB1) 中规定的Ⅰ、Ⅱ类水域和《海水水质标准》(GB 3097) 中规定的一类海域。

污水厂出水排入《地表水环境质量标准》(GHZB1) 中规定的Ⅲ类水域（划定的保护区和游泳区除外）和排入《海水水质标准》(GB 3097) 中规定的二类海域的水质，应符合《污水综合排放标准》(GB 8978) 中一级排放标准的规定。

污水厂出水排入《地表水环境质量标准》(GHZB1) 中规定的Ⅳ、Ⅴ类水域和排入《海水水质标准》(GB 3097) 中规定的三类海域的水质，应符合《污水综合排放标准》(GB 8978) 中二级排放标准的规定。

污水厂出水排放的污染物总量，必须小于水体的环境规划或环境影响评价确定的污染物总量控制标准。对排入封闭和半封闭水域、现已富营养化或存在富营养化威胁的水域，应选用具有除磷脱氮功能的污水二级处理工艺。

**第二十四条** 污水一级处理常规工艺单元包括除渣、沉砂、沉淀和出水消毒；强化一级处理工艺单元包括一级处理工艺单元和投药系统等设施。污水二级处理可根据工艺特点，全部或部分包括污水一级处理的工艺单元以及生物处理设施和根据工艺要求配套的供氧、污泥回流、二沉等工艺单元；当除磷要求较高时，可包括化学除磷的投药等设施。污水深度处理主要包括絮凝、沉淀、过滤等工艺单元。

**第二十五条** 污水处理产生的污泥应进行妥善处理与处置。污泥处理工艺应根据污泥量、污泥性质、最终处置方法及对自然环境的影响等因素综合考虑确定。常规处理工艺宜为浓缩、消化、脱水。污泥的处置方法应结合当地的条件，在技术经济分析的基础上综合确定，可采用与城市垃圾一起处置、卫生填埋、焚烧以及作为农用或绿化用肥料等方法，处置的污泥应符合国家现行的有关标准的规定。

**第二十六条** 城市污水处理工程的设备配置，应在满足污水处理工艺技术要求的前提下，优先采用优质、低耗、技术先进、性能可靠的设备：主要设备宜从技术性能、造价、能耗、维护管理方面，结合项目所在地的具体条件和运行管理的技术能力，经技术经济比较后合理确定；应注重设备类型的标准化以及设备与设备之间的合理配置，充分发挥设备的功能，提高项目的综合效益。

**第二十七条** 城市污水二级处理的生物处理工艺可分为活性污泥法和生物膜法两大类。

活性污泥法主要包括以下工艺：

一、传统法生物处理；

二、前置缺氧区（生物选择器）普通曝气生物处理；

三、缺氧、好氧法脱氮生物处理；

四、厌氧、好氧法除磷生物处理；

五、厌氧、缺氧、好氧法脱氮除磷生物处理；

六、序批式(SBR) 生物处理；

七、氧化沟法生物处理；

八、AB 法生物处理。

生物膜法主要包括生物滤池以及生物接触氧化法等工艺形式。

**第二十八条** 城市污水处理工程的工艺装备宜符合下列规定：

一、除渣。新建污水厂宜设置粗、细两道格栅。水泵前必须设置格栅。格栅除渣可用机械或人工清除，栅渣量大于0.2m³/d或有条件时，应采用机械清除、皮带输送或螺旋输送器及其他小型运输工具运输，集中处置。

机械格栅除污机及配套的栅渣输送、压榨机等设备，应根据污水水质、工艺、栅渣的处置方式等确定。

二、沉砂。污水厂应设置沉砂设施，并宜有除砂、贮砂设施，应注重对砂的处置。沉砂形式根据污水水质、工艺流程特点可选用平流式、旋流式、曝气沉砂工艺。当沉砂中含有较多有机物时，宜采用曝气沉砂工艺；当采用生物脱氮除磷工艺时，一般不宜采用曝气沉砂工艺；除砂宜采用机械除砂。

三、沉淀。污水厂应根据工艺流程和水质特点设置沉淀设施。沉淀可分为初次沉淀和二次沉淀。沉淀形式应根据规模、工艺特点和地质条件等因素，可选用辐流式、平流式等工艺。

沉淀池宜采用机械排泥，并宜有浮渣撇除设施。

四、生物处理。

1. 活性污泥法。活性污泥法生物处理的供氧方式可分为机械曝气、鼓风曝气、射流曝气及联合曝气等。供氧方式的选择应根据污水厂规模、能耗、污水水质、管理等技术经济条件，并结合当地自然环境等因素，优先选用低能耗、易于管理、质量可靠的供氧设备。Ⅱ类及以上规模的污水厂宜采用鼓风曝气，并应选用高效的鼓风机和配套的曝气设备。生物处理有厌氧、缺氧区时，可设置水下搅拌器或水下推进器。

鼓风曝气或机械曝气设备应能够根据污水水量与水质调节供氧量，Ⅲ类及以上规模的污水厂应能自动调节供氧量。

2. 生物膜法。Ⅳ类及以下规模的二级污水厂，污水处理可采用生物膜法。生物膜法处理前应经除渣、沉砂、沉淀处理。

生物载体应价格适当，其材质应无毒、耐腐蚀，并应具有10年以上的使用寿命。

**第二十九条** 采用强化一级处理工艺和化学除磷的污水厂应根据污水水质和出水水质标准，合理确定工艺参数，必要时可进行适当的试验研究。

**第三十条** 污水回用的再生水水质应根据回用目的，符合国家有关的水质标准。再生水的处理工艺流程应通过试验或者参考已经鉴定过并投入实际使用的工艺，经技术经济比较后合理确定。再生水的深度处理一般宜采用絮凝、沉淀（澄清）、过滤、消毒工艺流程，并按照简单可靠原则，进行单元优化组合，通常过滤是必需的。污水厂应设置再生水的水质检测设备，以保证用水的安全，必要时可设置水质自动检测设施。

**第三十一条** 有条件的城市，可利用荒地、闲地采用自然净化工艺。污水采用自然净化工艺时，应进行环境影响评价，并经技术经济分析后确定。进入自然净化工艺的污水，应根据污水水质和工艺特点设置预处理设施，严禁对环境，特别是地下水造成二次污染。

**第三十二条** 沿海、沿江城市，在严格进行环境影响评价、满足国家有关标准和水体自净能力要求的条件下，可审慎合理地利用受纳水体的环境容量。污水选择深海排放或排江时，必须经技术经济比较论证及环境影响评价，并对污水水质、水体功能、环境容量和水力条件及初始稀释度进行综合分析后合理确定。污水排放前应根据环境评价的要求进行处理。

**第三十三条** 为保证公共卫生安全，防治传染性疾病传播，污水厂应设置消毒设施。污水厂出水消毒工艺应根据污水水质与受纳水体功能要求综合考虑确定，宜采用加氯消毒或其他的有效措施。

**第三十四条** 污泥浓缩可采用重力浓缩和机械浓缩。对比重接近 1.0t/m³ 的污泥，经技术经济分析，可采用气浮浓缩。

重力浓缩可配置栅条式浓缩机。

机械浓缩可采用带式浓缩机或离心式浓缩机等浓缩设备。对除磷要求高的污水厂可采用机械浓缩。设备选择应综合能耗、药耗、环境卫生条件、管理以及与脱水设备的衔接等因素综合考虑确定，也可采用浓缩脱水一体化机。

当湿污泥用作肥料时，污泥的浓缩与储存宜采用湿污泥池。

**第三十五条** 污水厂宜根据污泥产量、污泥质量、环境要求设置污泥消化设施。消化方式应经技术经济分析后确定，可采用厌氧消化或好氧消化。Ⅲ类及以上规模的污水厂宜采用中温厌氧消化。

**第三十六条** 污泥脱水宜采用机械脱水。污泥机械脱水设备的类型有真空过滤、压滤脱水（板框压滤及带式压滤）、离心脱水等，应按污泥的性质和脱水污泥含水率要求，经技术经济比较后选择设备的类型。新建污水厂可采用带式压滤机或离心脱水机等成熟可靠的脱水设备。

**第三十七条** 污水厂的水、气、泥计量设备，应以满足生产正常运行管理的需要合理设置。计量设备的选择与位置确定，应根据被测物质的性质、工艺要求等确定。

**第三十八条** 污水厂、泵站的机械设备配置，应以节能、高效、方便操作与维护、保证安全生产为原则，并应与生产控制系统相适应。

**第三十九条** 污水厂的生产管理及控制的自动化水平，应根据建设规模、污水处理级别、城市性质、经济条件等因素合理确定。控制系统应在满足污水厂出水水质、节能、经济、安全和适用的前提下，运行可靠，便于维护和管理。

泵站的运行管理应在保证安全的条件下实现自动控制。

**第四十条** 新建的Ⅲ类及以上规模污水厂的生产管理与控制，宜采用集中管理和监视、分散控制的计算机控制系统。计算机控制系统应能够监视主要设备的运行工况与工艺参数，提供实时数据传输、图形显示、控制设定调节、趋势显示、超限报警及制作报表等功能，并可配置模拟屏或投影显示设备，对主要生产过程实现自动控制。

新建的Ⅳ、Ⅴ类规模污水厂的生产管理与控制，宜采用计算机数据采集系统与仪表检测系统，在重要工艺环节应设置检测仪表，对主要工艺单元可采用自动控制。

所有自动控制的设备与工艺单元，应具备手动操作条件。

## 第四章　配套工程

**第四十一条** 新建城市污水处理工程的配套设施，应充分利用当地提供的专业化协作条件合理确定配套工程项目，并应按国家现行的有关标准和规定进行建设；改建、扩建工程应充分利用原有的设施。

**第四十二条** 污水厂、泵站供电应采用二级负荷。当地供电条件困难或者负荷较小时，可由一回路 10kV 及以上专用线路供电。对重要的污水厂或者不能停电的工艺设备、泵站，当地供电条件不能满足要求时，应设置备用动力设施。

**第四十三条** 污水厂的生活用水宜由城市给水管网供给；辅助生产、厂区绿化等低质用水，应优先采用符合水质标准的再生水。

**第四十四条** 城市污水处理工程，应对易腐蚀的管渠及其附属设施、材料及设备等采取相应的防腐蚀措施，应根据腐蚀的性质，结合当地情况，因地制宜地选用经济合理、技术可靠的防腐蚀方法，并应达到国家现行的有关标准的规定。有条件的地区可采用耐腐蚀材料。

**第四十五条** 污水厂维修、运输等设施的装备水平应以满足正常生产需要为原则，合理配置。不经常使用的维修设备和运输设备宜考虑专业化协作，不应全套设置。

**第四十六条** 污水厂化验设备的配置应以满足生产正常需要为原则，根据常规化验项目、污水厂的规模类别和处理级别等确定。一座城市有多个污水厂时，应设一个中心化验室。承担工业废水水质监测及独立性较强的污水厂的中心化验，化验设备可增加气相色谱仪、原子吸收分光光度仪等。

污水厂化验设备应按国家有关标准的规定配置，充分考虑专业化协作，不宜全套设置。

**第四十七条** Ⅱ类及以上规模的污水厂，可设置污水处理水质试验设施，试验应以保证污水厂出水水质、提高管理的科学水平、加强污水净化和污泥资源化或无害化研究为主，试验设备应根据实际需要逐步配置。

**第四十八条** 污水厂、泵站必须设置消防设施。构筑物、建筑物消防设施的设置应符合国家现行有关标准的规定。

**第四十九条** 污水厂、泵站的通信设施应充分考虑所在地区现有的通信条件，通信宜采用有线或者有线与无线相结合的方式，保证污水厂、泵站以及厂内各生产岗位之间的通信联系，并能及时与城市排水管理、主要排水单位取得联系。

## 第五章 建筑与建设用地

**第五十条** 污水厂、泵站的建筑应根据建设规模、功能等区别对待，应符合经济实用、有利生产的建设原则，建筑物造型应简洁，并应使建筑物和构筑物的建筑效果与周围环境相协调。

**第五十一条** 污水厂、泵站的附属建筑的建筑标准，应根据城市性质、周围环境及建设规模等条件，按照国家现行标准的有关规定执行。生产建筑物应与附属建筑物的建筑标准相协调，生产构筑物不应进行特殊的装修。

**第五十二条** 污水厂附属设施用房的建筑面积可参照表1所列指标采用。

**表1 污水厂附属设施建筑面积指标（$m^2$）**

| 规模 | | Ⅰ类 | Ⅱ类 | Ⅲ类 | Ⅳ类 | Ⅴ类 |
|---|---|---|---|---|---|---|
| 一级污水厂 | 辅助生产用房 | 1420～1645 | 1155～1420 | 950～1155 | 680～950 | 485～680 |
| | 管理用房 | 1320～1835 | 1025～1320 | 815～1025 | 510～815 | 385～510 |
| | 生活设施用房 | 890～1035 | 685～890 | 545～685 | 390～545 | 285～390 |
| | 合计 | 3630～4515 | 2865～3630 | 2310～2865 | 1580～2310 | 1155～1580 |
| 二级污水厂 | 辅助生产用房 | 1835～2200 | 1510～1835 | 1185～1510 | 940～1185 | 495～940 |
| | 管理用房 | 1765～2490 | 1095～1765 | 870～1095 | 695～870 | 410～695 |
| | 生活设施用房 | 1000～1295 | 850～1000 | 610～850 | 535～610 | 320～535 |
| | 合计 | 4600～5985 | 3455～4600 | 2665～3455 | 2170～2665 | 1225～2170 |

注：①辅助生产用房主要包括维修、仓库、车库、化验、控制室、管配件堆棚等。

②管理用房主要包括生产管理、行政管理办公室以及传达室等。

③生活设施用房主要包括食堂、浴室、锅炉房、自行车棚、值班宿舍等。

④有深度处理的污水厂可根据污水回用规模和工艺特点，适当增加附属设施的建筑面积，一般不应超过相应规模二级污水厂附属设施建筑面积的5%～15%。

**第五十三条**　城市污水处理工程的建设用地，必须坚持科学合理、节约用地的原则，执行国家土地管理的有关规定，提高土地利用率。土地征用应以近期为主，对远期发展用地严格控制，一般不得先征后用。

**第五十四条**　污水厂的总平面布置应以节约用地为原则，根据污水厂各建筑物、构筑物的功能和工艺要求，结合厂址地形、气象和地质条件等因素，使总平面布置合理、经济、节约能源，并应便于施工、维护和管理。

生产行政管理和生活设施宜集中布置，其位置和朝向应合理，并应与生产建筑物、构筑物保持一定距离。污水和污泥的处理构筑物宜分别集中布置。

**第五十五条**　污水厂处理单位水量的建设用地不应超过表2所列指标。生产管理及辅助生产区用地面积宜控制在总用地面积的8%～20%。

**表2　污水厂建设用地指标［$m^2$/（$m^3$·d）］**

| 建设规模 | 一级污水厂 | 二级污水厂 | 深度处理 |
|---|---|---|---|
| Ⅰ类 | — | 0.50～0.40 | — |
| Ⅱ类 | 0.30～0.20 | 0.60～0.50 | 0.20～0.15 |
| Ⅲ类 | 0.40～0.30 | 0.70～0.60 | 0.25～0.20 |
| Ⅳ类 | 0.45～0.40 | 0.85～0.70 | 0.35～0.25 |
| Ⅴ类 | 0.55～0.45 | 1.20～0.85 | 0.40～0.35 |

注：①建设规模大的取下限，规模小的取上限。

②表中深度处理的用地指标是在污水二级处理的基础上增加的用地；深度处理工艺按提升泵房、絮凝、沉淀（澄清）、过滤、消毒、送水泵房等常规流程考虑；当二级污水厂出水满足特定回用要求或仅需某几个净化单元时，深度处理用地应根据实际情况降低。

**第五十六条**　污水泵站的建设用地应根据规模等条件确定，不应超过表3所列指标。

**表3　泵站建设用地指标（$m^2$）**

| 建设规模 | Ⅰ类 | Ⅱ类 | Ⅲ类 | Ⅳ类 | Ⅴ类 |
|---|---|---|---|---|---|
| 指　标 | 2700～4700 | 2000～2700 | 1500～2000 | 1000～1500 | 550～1000 |

注：①表中指标为泵站围墙以内，包括整个流程中的构筑物和附属建筑物、附属设施等的用地面积。

②小于Ⅴ类规模的泵站用地面积按Ⅴ类规模的指标控制。

# 第六章　环境保护与安全卫生

**第五十七条**　污水厂、泵站建设前应对厂（站）址、污水厂出水排放口位置、污泥处置以及其他影响环境的主要方面进行充分论证，并应符合国家环境保护的有关规定。工程建设不得影响周围环境和饮用水水源的水质以及水体的使用功能，避免造成二次污染。

**第五十八条**　污水厂建设应充分注意环境的绿化与美化，为职工提供良好的工作环境。新建污水厂应充分利用厂区道路两侧的空地和其他空地进行绿化，绿化覆盖率应符合国家现行的有关规定。

**第五十九条** 城市污水处理排出的臭气应符合国家现行有关标准的规定。对污水厂内易产生恶臭的构筑物应采取有效措施降低其影响，其位置应处于厂内辅助生产区夏季最小频率风向的上风侧。污水厂距厂外居民区的距离应符合国家现行有关标准的规定，不能满足要求或有条件的，宜对臭气进行收集和处理。

**第六十条** 城市污水处理工程的水泵、电机、鼓风机、锅炉房风机和其他机械产生的噪声的控制，应符合国家及地方现行标准的规定。

**第六十一条** 污水厂消化池、污泥气系统所属设施的消防设施、电气设备的防爆以及电力设备的选择和保护等，应符合国家现行的有关防火、防爆和电力设计标准的规定。

**第六十二条** 污水管道、合流管道、污水厂、泵站的建（构）筑物，应根据需要设置通风设施，并应符合国家现行有关标准的规定。

**第六十三条** Ⅱ类及以上规模的二级污水厂宜设置危险品仓库，危险品仓库与其他建筑物的距离应符合国家现行有关标准的规定。其他规模的污水厂的危险品仓库应根据实际情况确定。

**第六十四条** 污水厂的加药、加氯、锅炉房等其他设施的建设与安全防护，应符合国家现行有关标准的规定。

## 第七章 劳动组织与劳动定员

**第六十五条** 污水厂、泵站和管渠的劳动组织与劳动定员的确定，应以有利生产、提高经济效益为原则，做到分工合理、职责分明、精简高效。

劳动定员应根据项目的工艺特点、技术水平和自动控制水平，并按照企业经营管理的要求合理确定。

**第六十六条** 城市污水处理工程项目的劳动定员可参照表4选用。

**表4 城市污水处理工程项目劳动定员**

| 项目＼规模 | Ⅰ类 | Ⅱ类 | Ⅲ类 | Ⅳ类 | Ⅴ类 |
|---|---|---|---|---|---|
| 一级污水厂［人/（万 $m^3$·d）］ | — | 3.0~1.8 | 5.0~3.0 | 7.0~5.0 | 25.0~7.0 |
| 二级污水厂［人/（万 $m^3$·d）］ | 3.0~2.5 | 3.5~3.0 | 5.5~3.5 | 8.0~5.5 | 30.0~8.0 |
| 深度处理增加（人） | — | 24.0~30.0 | 18.0~24.0 | 15.0~18.0 | 10.0~15.0 |
| 泵站（人） | 3.0~5.0 | 3.0~5.0 | 3.0~4.0 | 3.0~4.0 | 2.0~3.0 |
| 污水管渠（人） | 40.0~48.0 | 30.0~40.0 | 25.0~30.0 | 20.0~25.0 | ≤20.0 |

注：①表中定员为生产人员及管理人员的总和。

②深度处理增加的定员按常规处理工艺考虑，当深度处理工艺有特殊要求或较简单时，应按实际情况适当增减。

③泵站的定员指一座厂外泵站的生产人员，泵站数量较多时，可根据实际需要适当增加。泵站应实行自动控制，管理以巡视管理为主，也可采取其他有效的节约人力资源的管理方式。

④厂外污水管渠的定员中管理人员不应超过2~5人。

**第六十七条** 污水厂的劳动定员可分为生产人员、辅助生产人员和管理人员。各类人员的比例可参照表5选用。辅助生产人员可根据当地的社会化协作条件，逐步由社会化服务解决。

**表5 污水厂各类人员比例（%）**

| 人员分类 | 比例 |
|---|---|
| 生产人员 | 65 以上 |
| 辅助生产人员 | 15～18 |
| 管理人员 | 8～12 |

注：①生产人员主要指直接从事生产的人员，包括污水处理工段、污泥处理工段、中心控制、水质化验、动力工段的工人和技术人员。

②辅助生产人员包括从事维修、环卫与绿化、交通、材料与污泥的运输、物资储存与保管、安全保卫等人员。

③管理人员包括行政管理与技术管理人员。

## 第八章 主要技术经济指标

**第六十八条** 新建城市污水处理工程项目投资估算，应按国家现行的有关规定编制；评估或者审批项目可行性研究报告的投资估算时，可参照本章所列指标，但应根据工程实际内容以及价格变化的情况，进行调整后使用。

**第六十九条** 一级和二级污水厂、污水深度处理、污水泵站、污水干管的工程项目投资估算指标可参照表6、表7选用。

**表6 城市污水处理工程项目投资估算指标（一）**

| 类 别 | 建设规模 | 投资估算指标［元/（m³/d）］ | |
|---|---|---|---|
| | | 不含污泥消化 | 含污泥消化 |
| 一级污水厂 | Ⅰ类 | 335～285 | — |
| | Ⅱ类 | 400～335 | — |
| | Ⅲ类 | 480～400 | — |
| | Ⅳ类 | 575～480 | — |
| | Ⅴ类 | 685～575 | — |
| 二级污水厂 | Ⅰ类 | 700～600 | 800～690 |
| | Ⅱ类 | 820～700 | 935～800 |
| | Ⅲ类 | 950～820 | 1085～935 |
| | Ⅳ类 | 1120～950 | 1285～1085 |
| | Ⅴ类 | 1350～1120 | 1560～1285 |
| 污水深度处理 | Ⅰ类 | — | — |
| | Ⅱ类 | 370～320 | — |
| | Ⅲ类 | 425～370 | — |
| | Ⅳ类 | 510～425 | — |
| | Ⅴ类 | 635～510 | — |

**续表 6**

| 类别 | 建设规模 | 投资估算指标［元/（$m^3$/d）］ | |
|---|---|---|---|
| | | 不含污泥消化 | 含污泥消化 |
| 污水泵站 | Ⅰ类 | 50～30 | — |
| | Ⅱ类 | 70～50 | — |
| | Ⅲ类 | 90～70 | — |
| | Ⅳ类 | 115～90 | — |
| | Ⅴ类 | 140～115 | — |

**表 7 城市污水处理工程项目投资估算指标（二）**

| 类别 | 管径（mm） | 投资估算指标（元/m） |
|---|---|---|
| 污水干管 | *d*600 | 510～690 |
| | *d*800 | 720～920 |
| | *d*1000 | 940～1165 |
| | *d*1200 | 1185～1440 |
| | *d*1400 | 1520～1800 |
| | *d*1600 | 2120～2430 |
| | *d*1800 | 2745～3095 |
| | *d*2000 | 3370～3760 |

注：①表 6、表 7 中指标不包括征地、拆迁、青苗与破路赔偿等费用。

②表 6、表 7 中指标采用北京市 1999 年人工、材料、机械预算价格计算，不同时间、地点、人工、材料价格变动，可调整后使用。

③表 6、表 7 中指标未考虑湿陷性黄土区、地震设防、永久性冻土和地质情况十分复杂等因素的特殊要求；厂站设备均按国产设备考虑。

④表 6 中污水厂建设规模大的取指标下限，建设规模小的取指标上限；表 7 中管道埋深大的取指标上限，管道埋深小的取指标下限。

⑤污水水质按一般情况考虑，即进厂水的 $BOD_5$150mg/L，出厂水的 $BOD_5$20mg/L；一级污水厂包括一级强化处理；污水干管平均埋深 3～5m，无地下水，土方按二、三、四类土平均计算。

⑥二级处理主体工艺按活性污泥法考虑。

**第七十条** 城市污水处理工程各单位工程投资所占比例可参照表 8 选用。

**表 8 城市污水处理工程各单位工程投资比例（%）**

| 项目 | 建筑工程 | 工艺设备 | 电气设备 | 管道及配件 | 合计 |
|---|---|---|---|---|---|
| 一级污水厂 | 58 | 16 | 10 | 16 | 100 |
| 二级污水厂 | 50 | 26 | 12 | 12 | 100 |
| 污水深度处理 | 55 | 18 | 12 | 15 | 100 |
| 污水泵站 | 58 | 25 | 12 | 5 | 100 |

**第七十一条** 污水厂建设工期定额可参照表9选用。

**表9 污水厂建设工期定额（月）**

| 项目 | 建设规模 | 工期 | | | 合计 |
|---|---|---|---|---|---|
| | | 前期工作 | 设计 | 施工 | |
| 一级污水厂 | Ⅰ类 | 5~9 | 11~15 | 22~34 | 38~58 |
| | Ⅱ类 | 5~9 | 9~13 | 19~23 | 33~45 |
| | Ⅲ类 | 3~7 | 7~11 | 15~19 | 25~37 |
| | Ⅳ类 | 3~7 | 6~10 | 11~15 | 20~32 |
| | Ⅴ类 | 3~7 | 5~9 | 7~11 | 15~27 |
| 二级污水厂 | Ⅰ类 | 6~10 | 14~18 | 32~36 | 52~64 |
| | Ⅱ类 | 6~10 | 12~16 | 28~32 | 46~58 |
| | Ⅲ类 | 4~8 | 10~14 | 24~28 | 38~50 |
| | Ⅳ类 | 4~8 | 9~13 | 18~24 | 31~45 |
| | Ⅴ类 | 4~8 | 8~12 | 12~18 | 24~38 |
| 污水深度处理 | Ⅰ类 | — | — | — | — |
| | Ⅱ类 | 1 | 3~5 | 5~8 | 9~14 |
| | Ⅲ类 | 1 | 2~4 | 4~7 | 7~12 |
| | Ⅳ类 | 1 | 2~4 | 3~6 | 6~11 |
| | Ⅴ类 | 1 | 2~4 | 2~5 | 5~10 |

注：①表中前期工作包括项目建议书、可行性研究报告；设计阶段包括初步设计和施工图设计。

②表中深度处理建设工期是指污水深度处理与二级处理作为同一项目时需增加的工期。

③污水泵站、污水管道的建设不另增加工期，应与城市污水处理工程项目的污水厂同步建设。

④本建设工期定额不包括因审批拖延、返工、资金不到位、停工待料及自然灾害等影响而延误的工期。

⑤本建设工期定额上限一般适用于工程地质条件复杂、技术要求高、施工条件较差、规模大等情况；下限一般适用于工程地质条件较好、技术要求一般、施工条件较好、规模小等情况。

**第七十二条** 污水厂电耗不宜超过下列指标：一级污水厂处理每立方米污水0.04~0.08kW·h；二级污水厂处理每立方米污水0.15~0.28kW·h，处理每千克5d生化需氧量1.5~2.0 kW·h。

**第七十三条** 城市污水处理工程项目应按国家现行的有关规定进行经济评价。

**附加说明**

## 主编单位和主要起草人名单

**主编单位：**中国市政工程中南设计研究院

**参编单位：**李树苑　张　俊　吴瑜红　雷年生　杨文进

**附　件**

# 《城市污水处理工程项目建设标准（修订）》条文说明

## 前　言

受国家计委委托，由建设部组织中国市政工程中南设计研究院等单位修订编制的《城市污水处理工程项目建设标准》，经建设部、国家计委 2001 年 4 月 16 日以建标［2001］77 号文批准为全国统一标准，发布全国施行。

为了使有关部门和咨询、设计、科研、建设单位的有关人员在使用本建设标准时能正确理解和执行条文的规定，现将《城市污水处理工程项目建设标准（修订）条文说明》予以印发，供国内各有关部门和单位参考，不得翻印。

二〇〇一年四月

## 第一章　总　则

**第一条**　改革开放以来，随着国民经济的发展，城市污水处理工程建设也有了很大发展。1990 年，全国有 43 个城市建有 80 座城市污水处理厂（以下简称污水厂），每日污水处理能力277.3 万 $m^3$，处理率 3.44%，城市建成区的公共排水管道服务面积普及率为 59.23%。但是污水处理的发展水平与国民经济的发展水平还很不适应，制约了城市居民正常生活的改善和国民经济持续稳定的发展。加快城市污水处理工程建设，对提高生活与生态环境的质量，改善投资环境，提高投资效益，具有积极意义。随着国家法律、法规、标准、制度的进一步完善，尤其是近几年国家对水环境保护非常重视，并加大了投资力度，城市污水处理工程建设，有了更大和更快速的发展。如城市排水设施固定资产投资增长很快，按 1990 年不变价格计算，1998 年投资为 1990 年的 9.53 倍，平均年递增 18.2%；城市市政公用污水处理厂日处理能力 1998 年是 1990 年的 3.21 倍，达到 1166.7 万 $m^3$，市政公用污水处理率达到 16.52%。为了适应城市污水处理工程建设的发展和变化，有必要对 1994 年发布的城市污水处理工程项目建设标准（以下简称本建设标准）进行修订。本次建设标准修订是在总结城市污水处理工程建设经验的基础上，结合国外的先进技术和装备，考虑国内今后的发展而编制。本条阐明编制的目的。

本建设标准所指的城市污水处理工程是指污水厂以及与污水厂配套的污水管渠、合流制排水管渠、污水泵站、合流制排水泵站、污水厂出水管渠和排放口等。

**第二条**　建设标准是依据有关规定由国家建设和计划主管部门审批发布的为项目决策和合理确定建设水平服务的全国统一标准，是工程项目决策和建设中有关政策、技术、经济的综合性宏观要求的文件。对建设项目在技术、经济、管理上起宏观调控作用，具有一定的政策性和实用性。本建设标准内容的规定为强制性与指导性相结合，对涉及建设原则、贯彻国家经济建设的有关方针、行业发展与产业政策和有关合理利用资源、能源、土地以及环境保护、职业安全卫生等方面的规定，以强制性为主，在项目的建设中，有关各方应认真贯彻执行。对涉及建设规模、项目构成、工艺装备、配套工程、建筑标准和主要技术经济指标等方面的规定，以指导性为主，由投资者、业主自主决策，有关各方可在项目决策和建设中结合具体情况执行。建设标准的作用是使项目的决策等建设前期工作有所遵循，为建设实施提供监督检查的尺度。

**第三条** 本建设标准主要适用于城市（含建制镇）污水处理新建工程项目。对利用外资的工程项目，建设水平及其主要经济指标不应低于本建设标准的规定。改建、扩建工程受到原有条件限制，一时不能完全达到本建设标准的要求，应尽量接近本建设标准。工业废水处理工程在工业废水水质与城市污水水质类似时，工程建设水平应参照本建设标准。

**第四条** 城市污水处理工程建设是国家经济建设的重要组成部分，因此工程建设必须首先遵守国家有关经济建设的一系列法律、法规，符合社会主义市场经济的基本原则。节约能源、节约土地和环境保护是国家的基本政策。城市污水处理工程是耗能型企业，能耗的高低对处理成本影响较大，降低生产过程的能耗是发展城市污水处理工程建设尤其是污水厂建设最基本的方针。我国人多地少，人均耕地面积正逐年减少，工业建设用地应严格控制。国家已经颁布了有关土地的法令和建设用地指标的规定，本建设标准第五章列了建设用地条款。城市污水处理工程是保护环境和保护生态平衡的重要基础工程设施之一，但是如果不加强管理和采取有效的防污染措施，也会对环境产生不良影响，所以必须加强环境保护的意识。我国宪法有保护环境的条文，并发布了环境保护法等一系列法规、条例、规定和标准，以保护环境和生态平衡。本建设标准第六章列了环境保护的条款。

根据国家经济发展“九五”计划和建设部规划要求，到2000年，在进一步完善市区排水管网的基础上，大力发展城市污染控制设施，城市污水集中处理率达到25%，其中百万人口以上城市和重点旅游城市不低于40%。到2010年，要实现强化城市排水和污水处理设施的建设，采用先进的技术和工艺流程，城市污水集中处理率不低于40%。

2000年5月29日建设部、国家环境保护总局、科技部以建城［2000］124号联合发布关于印发《城市污水处理及污染防治技术政策》的通知，《城市污水处理及污染防治技术政策》明确全国设市城市和建制镇均应规划建设城市污水集中处理设施，并提出到2010年全国设市城市和建制镇的污水平均处理率不低于50%，设市城市的污水处理率不低于60%，重点城市的污水处理率不低于70%的发展总目标。

根据《城市排水当前产业政策实施办法》的规定，国家对城市排水设施建设应重点支持矛盾比较突出的，严重影响生产、生活和防涝能力低的城市排水管网、雨污水泵站和截流系统的配套建设，在污水处理上，应优先支持缺水地区的污水净化利用、风景旅游地区和开放城市及排水对环境质量影响严重的城市污水处理设施的建设。因此，各城市在城市污水处理工程建设中，必须符合国家对城市污水处理行业的发展方针和政策规定。

**第五条** 城市污水处理工程是防治水域污染、改善环境的主体工程，是保障人体健康，维护和促进城市经济发展的重要基础设施。本条规定工程建设的原则。城市污水处理工程是一个大的系统工程，所以强调工程建设应统一规划，以近期为主，适当考虑远期发展，分期配套建设。同时规定城市污水处理工程系统的设置原则。

城市污水处理工程建设的近期、远期应与城市总体规划一致，当协调一致困难时，近期应为5年（含工程的合理建设期），远期宜为10~20年。

对城市污水采用集中或分散处理，即一座城市设置一个或几个污水厂，应通过技术经济分析确定。污水厂数量少，其总投资少，管理费用和运行费用均相对低，故一般情况下城市污水宜集中处理，条件不具备时也应尽量减少污水厂数量，以节省工程项目的总投资和运行费。

我国地域广阔，各地环境、经济技术条件差异较大，有条件时，应根据规划和环境的要求，工程项目一次建成。受经济等条件限制时，应先建与污水厂配套的管渠和泵站，后建污水厂，避免污水厂建成后配套的管渠、泵站还未形成，污水厂不能正常运转，造成工程效益不能实现的现象。污水厂的建设应根据环境要求，选择可行且有效的处理工艺，并应尽量一次建成，经济技术条件不具备时，污水厂的处理设施可考虑按系统分期建设，分期投产。

**第六条** 本条规定可行性研究是城市污水处理工程建设的依据。城市污水处理工程是城市生产和人民生活不可缺少的社会公用设施，必须纳入各级人民政府的建设规划和计划，因此工程建设必须依据城市总体规划、城市性质和环境规划及环境质量要求进行可行性研究，充分说明工程建设的必要性，迫切性以及建设的可能性，使工程建设起到治理污染、保护环境，提高工程综合经济效益的目的。

**第七条** 本条规定城市污水处理工程建设在推进技术进步、引进设备和技术方面的原则。城市污水处理工程的建设，首先应采用成熟可靠的技术，鼓励采用可靠的新技术、新工艺、新材料和新设备。引进必须在经过充分的技术经济分析，并考虑国内和当地的实际情况，在技术经济等方面许可的条件下进行。目前国内有较多的污水厂采用引进设备，一般为机械格栅、水泵、鼓风机、曝气头以及一些关键的检测仪表、控制系统和污泥脱水机等，这些设备的引进对提高我国污水处理系统的管理水平、机械化水平和自动控制水平及其节能等均起到了积极的作用。但是随着国产设备质量的提高，大多数设备已经完全满足使用要求，因此，工程的设备选择还必须充分考虑国产设备的发展状况。城市污水处理工程属市政公用设施，其效益主要是社会效益和环境效益，往往项目的受益者不是成本的负担者，工程投资偿还能力较低，因此，引进国外技术和设备应从国情出发，慎重对待，还必须充分考虑推进国产设备的技术进步，促进国内环保产业的发展。

**第八条** 城市排水管渠系统采用雨污分流能够有效地减少进入污水厂的处理水量，降低污水厂建设的规模和工程投资。清污分流、分系统处理或排放是城市排水管渠建设的基本原则。本条规定了在城市新区建设应采用雨污分流的排水系统；而旧城区由于管网已经形成，改造起来困难较多，有条件时可逐步过渡到分流制，工程投资较大或受其他条件限制时，经技术经济分析后，可采用半分流制或合流制。对降雨量很少的城市可根据实际情况采用合流制；当受纳水体环境要求较高时，可考虑将初期雨水纳入城市污水收集系统。总之，应从实际出发合理确定。

建设部、国家环保局以建城［1991］594号文颁发了《关于加快城市污水集中处理工程建设的若干规定》，本条规定工业废水应在企业内部进行必要的预处理，实行清污分流，排水水质达到《污水综合排放标准》（GB 8978）的有关规定时，应优先采用与城市污水集中处理的方案。根据我国污水处理建设及管理经验，集中各产业污水处理的建设和运营维护资金用于城市污水厂，可节约资金，提高效益。目前，我国大多数工业的技术水平还比较落后，单位产品的耗水量较高，尤其是没有重视按生产过程排放的废水水质划分排水系统，多为合流制，对污水处理工程投资及运行管理极为不利。因此，必须加强企业内部的技术改造，提高水的重复利用率，减少排污量，但是其排水水质也不得影响城市污水处理工程的运行和管理。

**第九条** 为提高城市污水处理工程的综合经济效益，增强自身发展能力，必须重视净化污水、污泥的资源化或无害化处理。

水资源问题是城市发展和进行基础设施规划的重要因素，近年来世界各地相继出现水资源危机，城市缺水日益严重。我国已有148个城市缺水，约42个城市严重缺水，使我国成为世界水资源不足的国家之一。水资源的缺乏严重影响了工农业生产和人民生活，制约了城市经济的发展，开发新的水资源已迫在眉睫。污水也是资源，是淡水资源的一部分。污水再用对污水处理技术的发展、提高工程项目的综合经济效益、充分利用水资源具有重要意义，所以必须将污水治理与水资源的开发利用相结合。

污泥也是一种资源，当符合国家和地方的有关规定时，可作为肥料；污泥厌氧消化中产生的污泥气可作为燃料或发电，是一种有效能源，因此必须充分合理地利用。

**第十条** 我国城市污水处理工程的建设周期一般较长，并且一些污水厂建成后也不能正常运行，甚至长期放置不用，主要原因是工程建设资金和配套设施不能落实，以及不能保证运行维护费用，造成国家资金的浪费，不能达到保护环境的目的。因此，本条规定工程建设前必须落实工程建设资金、土地、供电、给排水、交通和通讯等设施的条件，以保证工程的顺利实施和投产。1999年，国家发展计划委员会、建设部、国家环保总局联合发文《关于加大污水处理费的征收力度，建立城市污水排放和集中处理良性运行机制的通知》（特急计价格［1999］1192），强调了污水处理收费对维护污水集中处理设施的建设和运行的重要作用以及实施机制。按照该文规定实施，以保证城市污水处理工程所有设施的正常运行，发挥投资效益。

**第十一条** 城市污水处理工程项目建设的前期工作和建设涉及面广，专业较多，本建设标准的内容仅从加强污水处理工程项目建设的宏观管理和影响合理确定建设水平、投资效益的主要方面作出必要的规定。在本建设标准编写前和修订过程中，国家已经颁布或将要颁布一系列规定和标准，本建设标准在有关条文中，对执行这些标准和规定都作了相应规定。随着标准化、规范化工作的进展，将有更多的标准、规范、定额、指标陆续发布，故本条作了明确的规定。

## 第二章　建设规模与项目构成

**第十二条** 本条规定城市污水处理工程项目建设标准按工程建设规模（以城市污水处理量计）和污水处理级别划分等级。工程建设规模分五类，污水处理级别分二级，必要时可进行深度处理。建设规模大于100万$m^3/d$和小于1万$m^3/d$的工程项目可参照Ⅰ类和Ⅴ类规模的规定执行。

污水处理级别主要按去除污染物的类别和工艺特点划分。一级处理包括强化一级处理，是以沉淀工艺为主体，主要去除悬浮物的污水处理工艺流程；二级处理以生物处理为主体，主要去除有机污染物，包括氮、磷的工艺流程；深度处理是对污水二级处理的出水进一步处理的工艺，主要去除二级处理不能完全去除的污水中的污染物，其工艺形式根据深度处理达到的目的不同而不同。

**第十三条** 工程建设规模是影响工程投资的主要方面，是关系工程投资效益能否顺利实现，提高经济效益的基础。规模大于实际需要，而短期内又无法达到建设规模的，既造成工程投资的浪费和一定的经济损失，又给运行管理工作增加了许多麻烦；规模小于实际需要，则不能达到建设的目的，尤其是对污水厂出水水质的达标排放和管理增加了困难。因此，确定符合实际又适应发展需要的建设规模是非常重要的。本条规定了城市污水处理工程建设规模确定的原则。

城市规模大，工程项目的建设规模也相应大些。城市性质主要指城市的自然环境、工业体系及工业类型或者是旅游性城市。以工业为主体的综合型城市，工程的建设规模不仅与工业产值有关，还与产业结构有关。城市总体规划主要是预测城市排水量的变化，合理预测远期的工程建设规模。城市的排水体制直接影响污水厂的建设规模。全国各城市、各地区的经济、环境都有较大差异，因此，本建设标准强调城市污水处理工程的建设规模应从实际出发，通过分析城市排水现状，并结合技术进步和城市的发展规划等因素，如：合理利用水资源、城市的工业发展、水重复利用率的提高、给排水设施的逐步完善和旅游业的发展等综合考虑确定。城市污水量可参照下列几个部分确定。

一、生活污水量。生活污水量应由城市排水管理部门通过对近几年排水现状及资料的分析后提出，由设计审批部门批准。当无资料时，可参照《室外排水设计规范》的有关规定执行，或根据同一地区给水设计采用的用水定额，选用相应的生活污水量定额，也可采用相似地区的排水定额。

二、工业废水量。一般可按工业发展要求，以近10年实际万元产值排水量进行确定和预测，也可按产业分类，根据产品产量及综合排水量指标测定。

三、其他污水量。主要是合流制排水系统的初期雨水量等排水量。

无污水量资料时，可按城市用水量预测，一般为用水量的80%～90%。

**第十四条** 本条规定城市污水处理工程包括的主要项目。污水管渠、泵站、污水厂和污水厂出水排放系统是工程项目的主要组成部分。

**第十五条** 本条规定一、二级污水厂以及深度处理部分的生产设施包括的主要内容，污水处理工艺不同时，生产设施的内容不同。并提出污水厂应重视污水和污泥的资源化，以提高污水厂的发展能力，降低运行费用。

**第十六条、第十七条** 污水厂辅助生产配套设施、污水厂行政管理与生活设施一般包括的内容，是根据目前污水厂实际状况以及今后的发展方向提出的。随着国家改革开放的进一步深入，城市污水处理工程项目的经营管理，将逐步由事业单位向企业过渡，最终实现企业化经营。因此，有些内容，如维修、交通运输、绿化、保安、试验及化验等设施将逐步社会化，故应充分考虑这些因素，能够由社会化条件解决的设施均不得再行设置。

**第十八条** 本条规定城市污水处理工程项目建设内容确定的原则，并非所列项目都要建设，要视生产需要和工艺要求，在充分利用建设地区依托条件的前提下，合理确定，对改建、扩建工程项目则要充分利用原有设施。

## 第三章 工艺与装备

**第十九条** 污水管渠系统布置，如仅根据当前需要建设，不考虑全面规划，在发展过程中会造成被动和浪费，但是如按规划一次建设，不考虑分期实施，也会不适当地扩大建设规模，增加投资、拆迁和其他方面的困难。因此污水管渠系统建设，应按城市总体规划和分期建设情况，全面考虑，协调近期与远期的关系，并留有分期建设逐步完善的可能性。

根据污水管渠系统的特点，规定其布置原则。管渠一般使用年限较长，改建困难，应按远期水量设计。

污水管渠的最大埋深应通过技术经济分析确定。

**第二十条** 关于污水泵站的设置原则。泵站建设规模应根据城市排水规划所划分的近远期规模进行建设。考虑到泵房土建部分如按近期规模建设，则远期扩建较为困难，因此规定污水泵站土建部分宜按远期规模建设，水泵机组可按近期水量配置，根据水量发展情况，随时添装机组。水泵是城市污水处理工程的主要耗电设备之一，所以水泵机组选择应考虑高效、节能，并相应采取降低能耗的措施。泵房的采暖、通风、噪声和消防，应分别符合现行《采暖通风与空气调节设计规范》（GBJ 19）、《工业企业噪声控制设计规范》（GBJ 87）、《城市区域环境噪声标准》（GB 3096）和《建筑设计防火规范》（GBJ 16）的有关规定。

泵站前设置事故排出口有利于泵站的管理，水泵设备或电源发生故障时，可临时排入能接纳排水的水体或管道。

**第二十一条** 本条明确城市污水水质的确定原则。污水水质是污水处理工艺选择的重要依据之一，而且对工程投资和污水厂的运行管理都有十分重要的影响。城市污水主要包括生活污水和工业污水。要使城市污水水质预测准确，首先应收集现有排放污水的水质，以及污水的组成，并根据城市总体规划确定的城市发展目标，对污水厂的进水水质进行预测。当缺乏现状污水水质资料时，应该在污水厂建设的前期工作中实测主要排污口的水质，避免污水水质确定的盲目性。

**第二十二条** 本条规定污水处理工艺的选择原则。污水的水质与水量，排放水体的环境容量与利用情况直接影响处理工艺，故必须充分考虑当地的实际情况，如自然条件、经济条件等，技术水平也是确定处理工艺的一个因素。污水处理工艺选择最终离不开技术经济比较，因此，污水处理工艺应经技术经济比较确定。确定的处理工艺应具备安全可靠、技术先进、基建投资低、运行费用低及少占地、操作管理方便等优点。

合理选择污水处理工艺是工程建设成败的关键，也直接关系到污水厂的运行管理，以及环境治理目标能否实现，因此必要时可进行试验，确定有关参数，使工程建设更符合实际。

**第二十三条** 本条规定污水处理级别确定的原则和依据。根据要求的污染物去除率选择合适的污水处理级别，对污水厂出水再用的，可根据使用的目的和水质要求采用适当的深度处理。

污水厂出水水质根据《地表水环境质量标准》（GHZB1）、《海水水质标准》（GB 3097）所划定的水体类别和《污水综合排放标准》（GB 8978）规定的排放标准确定，还应符合排放水体污染物总量控制标准。

近年来我国平原地区湖泊富营养化突出，赤潮发生频繁，面积有所扩大。为了治理湖泊、水库等的富营养化，对排放水体为上述水域时，污水处理工艺选择应考虑除磷脱氮工艺技术。污水处理后再用，是节约水资源、提高城市污水处理工程综合经济效益的有效途径，应根据再用水的使用要求，采用适当的深度处理工艺形式。

**第二十四条** 本条列出了污水一级、二级处理和深度处理工艺的主要处理单元，但不是所有工艺单元均需设置，如污水二级处理中的 SBR 工艺、UNITANK 工艺就不设污泥回流和二沉等。

**第二十五条** 污水处理中产生的污泥，由于含有大量有机污染物，易于腐化变臭，如不进行处理或妥善的处置，将对环境产生不良影响，造成二次污染，所以，应对污泥进行处理与处置。根据目前国内污水厂污泥处理经验，规定常规污泥处理工艺的主要处理单元。污泥处理与处置的方法应根据本条规定的原则确定。

**第二十六条** 本条主要阐明城市污水处理工程设备配置的原则。对关键设备应进行技术经济比较，充分发挥设备的功能和作用，促进工程整体效益的提高。

**第二十七条** 本条主要列出了城市污水二级处理常用的工艺形式。污水处理技术的发展变化较快，因此本条所列内容仅是常用的工艺类型，不排斥今后出现的新工艺和新技术。

**第二十八条** 本条是污水处理主要工艺单元和设施的装备水平，主要依据国内污水厂的实例及现行排水设计规范。国内污水处理工艺技术具有多种形式，技术装备水平也有较大差异，新技术、新工艺、新材料、新设备不断出现，用一个统一的技术标准和装备水平来规定城市污水处理工程的建设标准，很难适应污水处理工艺技术的发展。此外，国内各地情况有较大的差异，不可能用一个统一的建设标准去适应不同的情况。所以，在确定工艺技术的装备水平时，应切实结合各地区的实际情况，因地制宜、合理确定。本条仅作了原则性的规定。

一、除渣。新建污水厂宜设置粗、细两道格栅，是指污水厂的进水泵房建在污水厂内的。根据对国内污水厂的调查和城市污水的特点，污水厂内设置两道格栅可方便污水厂的运行管理。水泵前必须设格栅，以保证水泵的正常工作。细格栅为栅条间隙小于10mm，粗格栅指栅条间隙大于25mm。

泵前格栅一般均在地面下较深处，大量杂物将从地面下提到地面上，给运行管理带来许多困难，采用粗格栅既能保护水泵的正常工作，又能减少栅渣量，便于机械格栅的安全运行。泵前格栅的作用主要是保护水泵。污水处理构筑物前设置细格栅，可保障污水处理工艺的正常运行。将格栅按职能分别设置，有利于格栅的正常运行和管理。

格栅的工作环境一般较差，为改善职工的工作环境，本条规定在有条件的地方或栅渣量大于0. $2m^3/d$ 时，应采用机械除污机。

二、沉砂。根据国内外污水厂的建设经验和城市污水水质特点，污水厂一般应设置沉砂设施。沉砂设施的排砂是运行管理的重要环节之一。最初排砂一般为重力排砂，运行中发现重力排砂易堵塞排砂管，因此，目前国内的污水厂沉砂设施一般均采用机械除砂，故本条建议污水厂宜采用机械除砂。列出了沉砂的几种常用工艺形式。当采用生物除磷脱氮时，水中的溶解氧不利于生物除磷脱氮，因此不宜采用曝气沉砂的工艺形式。沉砂设施排出的砂表面一般粘附有机污染物，易腐化变臭，应妥善处置。

三、沉淀。沉淀设施在污水处理工艺流程中的不同位置，可分为初次沉淀和二次沉淀。根据对国内污水厂的调查，初次沉淀的设置一般视污水水质和工艺流程而定。如常规的污水二级处理一般设初次沉淀，而氧化沟等工艺可不设。当采用SBR工艺时，可不单独设沉淀设施。城市污水厂因处理水量大，所以沉淀一般可采用辐流式或平流式。平流式因其池深浅，可节约用地，尤其对地质条件差、地下水位高的地区有较多有利的因素，故在条件适宜时可采用。目前国内污水厂以辐流式沉淀为主，具体的沉淀形式应结合工程的特定条件，经技术经济比较，择优确定。国内新建的污水厂多采用机械排泥，而且排泥机械的质量已基本能够满足工艺要求，所以，本条规定污水厂宜采用机械排泥。初次沉淀设置撇浮渣设施，主要是为了防止表面浮渣进入曝气池影响供氧效果。二次沉淀是保证污水厂出水水质的最后一道工序，设置撇浮渣设施，主要是防止二次沉淀池表面的浮渣随出水溢出影响出水水质。

四、生物处理。生物处理构筑物是二级污水厂的核心构筑物之一，其形式多种多样，如曝气池、氧化沟、SBR 池、深井曝气、射流曝气、生物滤池、生物接触氧化以及用于除磷脱氮的厌氧—缺氧—好氧（$A^2$/O 法）生物处理系统和缺氧—好氧（A/O 法）生物处理系统、AB 法等一系列工艺形式。本建设标准参考《室外排水设计规范》及有关资料，将生物处理分为活性污泥法和生物膜法两大类，并作了一些原则规定，但不排斥其他工艺形式在条件适宜时用于污水厂的建设，尤其是那些实践证明是行之有效的、又适合当地实际的新技术。

1. 活性污泥法。曝气池是活性污泥法的主体构筑物之一。供氧方式目前国内基本上是用机械曝气和鼓风曝气两大类，其他还有射流曝气等。供氧方式的选择直接关系到污水厂的能耗和正常运行，必须综合考虑确定。根据我国目前污水厂的建设经验，大规模污水厂一般均采用鼓风曝气，如已建成投产的天津纪庄子污水厂（26 万 $m^3$/d）、太原杨家堡污水厂（16. 5 万 $m^3$/d）、广州大坦砂污水厂（15 万 $m^3$/d）、北京高碑店污水厂（100 万 $m^3$/d）、天津东郊污水厂（40 万 $m^3$/d）等。由于机械曝气池体尺寸受曝气设备的限制，对大规模污水厂若采用机械曝气，则池数和设备太多，管理不方便。故规定Ⅱ类及以上规模的污水厂宜采用鼓风曝气。但是必须明确说明不是小于Ⅱ类规模的污水厂就不宜采用鼓风曝气，鼓风曝气工艺自身的适应范围较广。

曝气设备和污泥回流设备的能耗约占全厂动力设备的一半，因此必须选择高效率、低能耗、低噪音的设备。鼓风机类型的选择，应根据风量、风压综合考虑确定。有厌氧、缺氧区的生物处理池可设置水下推进器或水下搅拌器，以保证池内混合液呈悬浮状态，污泥不致沉淀。

城市污水的水质变化较大，因此为降低能耗，供氧设备应能够根据水量与水质调节供氧量，Ⅲ类（10 ~ 20 万 $m^3$/d）及以上规模的污水厂降低能耗的意义更大，故宜自动调节供氧量。

2. 生物膜法。生物膜法处理主要利用附着在填料上的生物膜的作用，在有氧条件下，氧化污水中的有机物，使污水净化。目前这种工艺主要适用于中小规模的污水厂，故提出在Ⅳ类及以下规模的污水厂可采用生物膜法处理工艺。采用的生物载体应具有一定的使用年限以降低其年更换率，载体材料应无毒、无腐蚀。

根据城市污水的特点，生物膜法处理前应经沉砂、沉淀等处理。

**第二十九条** 本条主要强调采用强化一级处理和化学除磷工艺时，应根据污水水质和出水水质目标，选择合适的工艺参数，一般应进行试验，以确定技术可行的化学药剂和药剂投加量。

**第三十条** 污水回用时其水质应符合国家有关的水质标准，如《再生水回用景观水体的水质标准》(CJ/T 95)、《生活杂用水水质标准》(CJ/T 19) 等。

污水回用再生水处理工艺选择是污水回用工程的核心，必须在试验或资料可靠的基础上，经技术经济比较后确定。为保证城市污水回用的安全可靠，提出了回用水一般采用的深度处理工艺，这也是国内外采用较多的常规工艺，当然不排除具体工程的特殊性，采用其他简繁有别的工艺。为保证回用水的供水安全，应设置回用水水质检测设施。

**第三十一条** 本条主要阐述采用自然净化工艺的原则。有可利用的荒地、闲置土地是采用自然净化技术的前提和基础，因此自然净化技术一般用于中小城市处理小水量的污水。自然净化污水技术具有管理方便、能耗少等优点，有负荷低、占地面积大等缺点，若设计管理不当，会对环境产生不良影响，所以必须进行项目的环境影响评价分析和全面的技术经济比较，严禁对环境造成二次污染。

**第三十二条** 本条提出沿海、沿江城市，可合理利用受纳水体的环境容量，这样一方面充分利用水体的自然净化作用处理污水，另一方面延缓或推迟城市污水厂的建设，降低污水处理的运转费用。

污水排海、排江工程是通过科学的规划和设计，采取严格的工程措施，把经过适当预处理的城市污水，通过扩散器释放到稀释扩散能力强的水域，利用水体的物理、化学和生物自净能力，达到消除污染物的目的。但是选择污水排海、排江时，必须经技术经济以及环境影响分析，持慎重态度，并应根据水体的功能要求，进行必要的预处理，污水排放后不得影响水体的使用功能。

**第三十三条** 污水厂出水消毒能够有效防治传染性病的传播，避免二次污染，因此污水厂应设置出水消毒设施，但目前国内污水厂采用消毒的较少。消毒一般采用加氯消毒，国外亦有采用紫外线消毒的污水厂。采用何种消毒方式应根据技术经济分析，尤其是技术发展状况，以及对水体的影响和管理要求等因素确定。

**第三十四条** 本条列出了污泥浓缩的几种工艺形式，主要包括了重力浓缩、气浮浓缩和机械浓缩。重力浓缩法的主要优点是运行费低，与其他方法比仍然是目前最经济有效的方法，但其环境条件较差。对有除磷要求的污泥处理宜采用机械浓缩，以避免污泥中磷的释放，提高磷的去除效率。气浮浓缩对比重接近1.0$t/m^3$污泥较为适宜，但其管理较复杂，运行费用较重力浓缩高。因此，采用何种浓缩形式必须经技术经济分析后确定。

目前国内外均有采用污泥浓缩和脱水的一体化机，该设备工艺简单，管理方便，所以在条件适宜时可采用。

**第三十五条** 污泥的消化处理是降低污泥中的有机物含量、防止污泥腐化发臭和稳定污泥的有效方法，因此一般宜设置消化设施。厌氧消化由于在稳定污泥的同时，可产生污泥气作为能源使用，降低污泥处理成本，故一般应采用厌氧消化。污泥好氧消化，能耗高，管理简单，条件适宜时也不排斥其使用，但必须经技术经济的分析论证。由于污泥厌氧消化的管理复杂，目前国内实际使用的仍然占较小的比例。本条从经济技术方面考虑，建议Ⅲ类及以上规模的污水厂宜采用中温厌氧消化，以充分利用消化过程产生的沼气资源。

对污泥量较少、污泥质量差（污泥中有机物含量少，污泥产气量低的污泥）、环境要求又不高的地区，污泥厌氧消化设施的设置应从环境、经济、管理等方面综合考虑确定。

**第三十六条** 机械脱水由于具有占地面积小、不受外界自然条件的影响、环境卫生条件较好以及管理方便等特点，故适用性较广，所以一般宜采用机械脱水。本条列出了机械脱水的设备类型。

机械脱水设备的类型较多，但每种脱水设备均有一定的适用性，所以，脱水设备应按污泥的脱水性质和脱水要求，经技术经济比较后选用性能可靠的设备。

**第三十七条** 本条主要提出了污水厂计量设备的设置原则。污水厂设置计量设施，主要是为了提高污水厂的工作效率和运行管理水平，积累技术资料，以总结运转经验，为污水厂的科学管理与今后设计提供可靠的参数。

**第三十八条** 本条规定了污水厂、泵站的机械设备配置水平确定的原则。机械设备的配置水平应在满足安全生产的前提下，与污水厂的控制水平相适应。

**第三十九条** 关于污水厂生产管理及控制的自动化水平确定的原则，可根据建设规模和污水处理级别确定。但是，自动化水平的确定还必须考虑城市性质和经济条件。首都、经济发达地区、经济特区及重要的旅游城市可适当提高自动化水平。

自动控制的水平，必须首先考虑保证污水厂出水水质，在此基础上控制系统应便于维护和管理。

泵站的生产管理应首先保证运行安全，在此基础上应努力实现自动控制。

**第四十条** 本条规定在满足第三十九条的前提下，不同建设规模的污水厂生产管理与控制的自动化标准。根据国内污水厂运行情况的调查，目前污水厂的自动控制总体水平逐步提高。因此本条规定了污水厂的生产管理与控制的自动化标准，以提高污水厂的管理水平和污水处理的技术水平。经济条件不允许时，可采用分期建设的原则，分阶段逐步实现。可先设置重要工艺环节所需检测和控制的自动化设备。在经济条件允许时，再设置数据处理站等其他设施。

## 第四章 配套工程

**第四十一条** 本条规定城市污水处理工程辅助配套设施的建设原则。改建、扩建工程应以扩大生产能力、提高装备水平、促进技术进步、提高经济效益为主，重点应是发挥现有设施的能力，挖掘潜力。

**第四十二条** 本条规定污水厂、泵站的供电标准。一般采用二级负荷。重要的污水厂是指停电会直接影响城市饮用水水源的水质，对渔业、养殖业等造成重大的经济损失和社会影响的。污水厂内有些工艺设备（如鼓风机、水泵等）一旦停电会对生产造成较大影响。泵站一旦停电，污水不能靠重力排入水体，会造成不良环境和社会影响。故本条规定对重要的污水厂或者不能停电的工艺设备、泵站，当地供电条件不能满足要求时可考虑设置备用动力设施。

**第四十三条** 本条规定污水厂、泵站的生活用水一般以城市给水系统供水为主。但是水资源问题是城市发展和进行基础设施规划的重要因素，近年来世界各地出现水资源危机，城市缺水日益严重。开发新的水资源已迫在眉睫，因此开发净化污水再用，对污水处理的发展、提高污水厂的经济效益、节约水资源具有重要意义。净化污水再用首先在厂内实施，易于实现，有利于总结经验并推广使用。故本条规定有条件的污水厂，尤其是缺水地区或大型污水厂应优先考虑将部分二级处理后的出水经适当的深度处理后，用于厂内的低质用水。净化污水即使在厂内再用仍必须进行技术经济分析后确定。

**第四十四条** 根据国内部分污水厂的调查，污水处理设施都不同程度地存在腐蚀问题，因此本条规定了采取防腐蚀措施的原则。水泵与管配件的防腐蚀，可采用耐腐蚀水泵和耐腐蚀管配件，或在管配件内部涂防腐蚀材料。应具体分析腐蚀的性质，采取相应的防腐蚀措施。防腐蚀技术标准应符合国家现行标准、规范的规定，如《埋地钢质管道石油沥青防腐涂层技术标准》（SY/T－0420）、《钢质管道及储罐防腐蚀工程设计规范》（SYJ/T 7）以及《工业设备管道防腐蚀工程施工及验收规范》（HGJ 299）等。

**第四十五条** 污水厂维修、运输等辅助生产设施的装备水平应以满足经常性生产需要为原则，强调不经常使用的维修设备与运输设备要考虑城市的社会化协作，不应全套设置。

**第四十六条** 本条规定污水厂化验设备的配置原则。污水厂一般只考虑常规化验项目的设备，化验设备的配置可参照《城镇污水处理厂附属建筑和附属设备设计标准》（CJJ 31）表4.2.1的规定以及今后发布的有关标准的内容执行。对有特殊要求的污水厂可以考虑增配部分高精度的化验设备。

**第四十七条** 本条规定污水厂试验设施的设置原则。我国Ⅱ类及以上规模的污水厂为数不多，大型污水厂在污水处理领域有着重要的作用，设置必要的污水处理试验设施，对保证污水厂出水水质、提高污水厂的科学管理水平、降低能耗、推进污水处理行业的技术进步都具有积极的意义，故本条作了原则规定。设置试验设施的污水厂，可根据实际需要适当增加必要的化验设备。

**第四十八条** 本条规定污水厂、泵站必须设置消防设施。消防设施的设置标准应符合国家的现行规定。

**第四十九条** 本条规定污水厂、泵站通信设施的设置原则。通信必须与当地的通信条件相适应，并能保证生产的正常运行。

## 第五章 建筑与建设用地

**第五十条** 本条规定污水厂和泵站在建筑美学方面应考虑的主要因素。污水厂、泵站建设应在满足实用、经济的前提下，适当考虑美观。除在厂（站）区进行必要的绿化、美化外，应根据污水厂、泵站内建筑物和构筑物的特点，使各建筑物之间、建筑物和构筑物、污水厂和泵站与周围环境均达到建筑美学和谐一致。一般应简洁朴实。

**第五十一条** 本条规定污水厂、泵站附属建筑装修标准的确定原则。建筑装修标准应参照《城镇污水处理厂附属建筑和附属设备设计标准》（CJJ 31）的有关规定执行。生产构筑物和建筑物的建筑标准，从建筑美学和群体效果考虑应与附属建筑的建筑标准相适应。根据我国的国情和国力，生产构筑物一般不应做特殊的装修处理。

**第五十二条** 本条根据本标准提出的污水厂劳动定员指标，参考《城镇污水处理厂附属建筑和附属设备设计标准》（CJJ 31）的有关规定，分析本标准编制与修订中收集的基础资料，综合分析后提出的附属设施建筑面积指标。

污水厂附属设施分三类，即：辅助生产用房、管理用房、生活用房。根据修订组掌握的国内污水厂附属设施建筑面积一般均大于本次修订提出的控制标准，而且各污水厂的附属建筑面积亦差距较大，为便于统一，标准修订组提出的附属设施建筑面积指标主要参考《城镇污水处理厂附属建筑和附属设备设计标准》（CJJ 31）有关规定的要求，按劳动定员指标分析后确定。

**第五十三条** 土地是国家不可再生的资源，因此，城市污水处理工程建设应执行国家对土地管理的有关规定，科学合理地使用土地，解决好近期、远期土地使用的关系，提高土地利用率，本条规定城市污水处理工程建设的土地使用及征用的原则。

**第五十四条** 本条规定污水厂的总平面布置应以节约用地为原则。根据污水厂的处理级别、污水污泥处理工艺流程等，污水厂生产及辅助生产构筑物和建筑物的形状、大小及其组合，结合厂址地形、气象和地质条件等，可有多种平面布置形式，必须综合考虑确定。布置恰当可为今后施工、维护、管理等提供良好条件。

城市污水包括生活污水和部分工业废水，城市污水往往散发异臭和对人体健康有害的气体。在生物处理构筑物附近的空气中，细菌芽孢的数量也可能增加，所以在生物处理构筑物附近的空气质量较差。为此，生产行政管理和生活设施宜集中布置，并应与生产建筑物、构筑物保持一定距离，便于以绿化等措施隔离开来，保证管理人员有良好的工作环境。污水和污泥处理构筑物各有不同的处理功能和操作、维护管理要求，分别集中布置有利于管理。

**第五十五条** 本条规定污水厂用地控制指标。通过部分城市污水厂的生产管理和辅助生产区用地占全厂总用地面积的比例分析，一般在13%～37%，平均25%。为合理控制污水厂用地，规定污水厂生产管理和辅助生产区面积宜控制在8%～20%，一般不宜大于20%，规模小的可取上限，规模大的取下限。

**第五十六条** 本条规定泵站用地指标。指标确定是参照《城市基础设施工程投资估算指标（试行）》的规定，并结合泵站用地的调查资料综合考虑确定。

## 第六章 环境保护与安全卫生

**第五十七条** 城市污水处理工程项目建设不应影响周围环境，保证环境效益、社会效益和经济效益三者的统一，避免一方面控制或治理了污染，另一方面造成新的污染的现象，尤其是污水厂和泵站的厂（站）址选择、污泥处置、出水排放点以及其他影响环境的主要方面应进行技术经济和环境影响分析，不得影响饮用水水源水质和排放水体的使用功能。污水厂出水水质和污泥的处置标准应符合国家和地方的有关规定，污水和污泥不得任意排放，保证污水厂和泵站的建设不造成二次污染。

**第五十八条** 根据污水厂的生产特点，在处理构筑物附近的空气质量和工作环境较差，加强厂区的绿化和美化，有利于改善职工的工作环境。因此要求污水厂的绿化覆盖率应符合国家的有关规定，一般不宜小于30%。改、扩建工程应尽量达到本条的规定，当不能达到时，必须充分利用污水厂的可绿化面积和其他绿化措施如竖向绿化等。

**第五十九条** 污水厂在污水污泥处理过程中会产生臭气，主要来源如格栅井、污泥处理等，臭气会对周围环境产生一定的影响，因此在经济条件允许时应采取处理措施。脱臭是一项新工艺、新技术，目前国内除澳门有对臭气处理外，其他污水厂尚无使用。随着国家经济实力的进一步提高和人们环境意识的加强，对臭气的处理会逐渐增加，因此本条阐述对臭气的处理方式。

产生臭气的污水、污泥处理生产设施，应位于污水厂内辅助生产区夏季主导风向的下风向，并应尽量远离厂外居住区，且符合国家的有关规定，当不能满足时，厂外居住区与污水厂产生臭气的生产设施的距离，不宜小于50～100m。根据国内某城市的调查，当风速约4.5m/s时，在污水处理设施上风向20m外对臭味感觉已不明显，而在下风向70m范围内，其臭味仍较明显。

城市污水处理工程项目易产生臭气的生产设施排放的恶臭污染物应符合《恶臭污染物排放标准》（GB 4554）的规定，厂内的空气质量应符合《环境空气质量标准》（GB 3095）的有关规定。

**第六十条** 本条规定生产中的噪声控制，应符合国家和地方现行标准、规范的规定。如：《工业企业噪声卫生标准》、《城市区域环境噪声标准》（GB 3096）和《工业企业噪声控制设计规范》（GBJ 87）等。

城市污水处理工程的噪声控制，应依据《工业企业噪声控制设计规范》（GBJ 87）的有关规定，首先从声源上进行控制，以低噪声的工艺和设备代替高噪声的工艺和设备，如仍达不到要求，可采用隔声、消声、隔振以及综合控制等噪声控制措施。

**第六十一条** 本条规定有污泥消化的污水厂，污泥消化、沼气系统所属设施建设时应遵循的安全技术要求。

污水厂消化池、沼气系统所属的储气柜、沼气压缩机房、沼气搅拌加热间、沼气锅炉、沼气管廊及闸门间等，按照生产火灾危险性分类，属于甲类生产建筑。消防标准应符合《建筑设计防火规范》（GBJ 16）的规定。

电气设备的防爆及电力设备的选择和保护等应符合《电气装置安装工程爆炸和火灾危险环境电气装置施工及验收规范》（GB 50257）、《爆炸和火灾危险环境电力装置设计规范》（GB 50058）等有关的规范、规程的规定。

污水厂内所有露天设置的电气设备应加强安全防护，其标准应符合《工厂电力设计技术规程》等有关标准、规范的规定。

**第六十二条** 污水厂的格栅间、泵房、化验室、加氯间、加药间、污泥脱水间等有关建筑物，一般应设置通风设施。

据资料，国内20余座城市污水管道和合流管道，曾发生数十起因管道内产生有害气体，致使养护人员中毒、伤亡和因产生易燃气体，接触明火引起爆炸，伤害过路行人的事故。另外，有些混凝土管因管内气体腐蚀，影响使用寿命。为此，根据管道内产生气体情况、水力条件、周围的通风条件，可设置通风设施。在污水处理的有关设施内设置通风设施，是维护职工安全卫生的重要措施。

通风设施的建设应符合《采暖通风与空气调节设计规范》（GBJ 19）。

**第六十三条** 污水厂的主要危险品，如少量汽车燃料、机油、油漆、机修车间用的乙炔、氧气、化工原料等一般应设置单独的仓库储存，以保证安全。本条规定Ⅱ类及以上规模的二级污水厂宜设置危险品仓库，其他规模的污水厂应根据实际需要设置。根据《建筑设计防火规范》（GBJ 16），危险品仓库与其他建（构）筑物的距离不应小于10m。

**第六十四条** 加药及加氯间的安全防护在《室外给水设计规范》（GBJ 13）中已有明确规定，应按照要求进行建设；污水厂的锅炉房建设应符合《工业锅炉房设计规范》（GB 50041）的有关规定，排放的烟尘应符合《锅炉大气污染物排放标准》（GB 13271）的规定。污水厂的其他有关设施的安全防护主要有：寒冷地区应有保温防冻设施。为了保证寒冷地区的生产构筑物及设施在冬季能正常运行，有关处理构筑物、管渠和其他设施应设置保温防冻设施，附属建筑和设施的保温防冻设施应以保证职工的工作环境和正常生产为原则进行建设。

贮水构筑物均应设置适用的安全栏杆、防滑梯以及救生设施等安全措施，并应根据国家有关照明的规定，在污水厂厂区设置照明设施，以保证维护管理人员的人身安全。

工程的建设还应符合《工业企业设计卫生标准》（TJ 36）的有关规定。

## 第七章　劳动组织与劳动定员

**第六十五条** 本条规定污水厂、泵站和管渠的劳动组织与劳动定员确定的原则。劳动定员的影响因素较多，但是最基本的应是在保证安全生产、保证污水厂出水水质的前提下，以提高劳动生产率、有利生产经营和提高经济效益为原则。劳动定员应充分考虑按照企业化经营管理的要求，合理确定。

**第六十六条** 本条规定城市污水处理工程项目的劳动定员。城市污水处理工程中需考虑定员的项目包括污水厂、泵站和污水管渠系统。按照企业化经营管理的要求，工程项目应统一管理，劳动定员应整体考虑，但根据工程特点，规模相同的污水厂所配套的泵站和污水管渠的数量有差距，故本建设标准按三项分别列出，实际使用时应综合控制。

污水厂劳动定员是指常规处理工艺的指标，规模大、自动化水平高的污水厂应选用相应级别的下限值。处理工艺复杂或有其他特殊要求需增加人员时，应在满足工艺要求的条件下，本着节约劳动力，提高经济效益的原则，合理确定各岗位的劳动定员。

深度处理增加的定员是指在污水二级处理厂的基础上，按照混凝、沉淀、过滤深度处理工艺提出的。深度处理工艺根据污水回用目的不同而不同，当工艺不同时应结合实际适当增减。

泵站的劳动定员是每座泵站的指标，泵站的数量较多时，可根据实际需要适当增加定员，但不是按泵站数量简单叠加。泵站的运行应实现自动控制，可设置事故报警系统，并可进行远程控制，管理应以巡视为主，以减少劳动定员。

污水管渠的维护人员是根据目前国家的实际排水管道密度（约 $6m/km^2$），结合城市污水管渠维护人员数量的调查资料，考虑技术进步等因素确定的。污水厂规模相同时，配套的污水管渠长度会有差异，有些甚至较大，但定员一般不宜超过规定的指标，应加强设备配置和机械化程度，以提高劳动生产率，减少定员。

随着改革的深化，城市污水处理行业将逐步实现企业化经营管理，劳动定员也要由企业根据需要自行确定，因此，本建设标准的指标仅供管理部门参考。

**第六十七条** 污水厂的劳动定员按工作性质分为三类，各类人员的比例根据原标准的规定，结合污水处理技术的进步等因素，进行了适当调整。生产人员不仅包括直接从事生产的工人，也包括直接在生产岗位上的技术人员。对于辅助生产人员，可以尽量由当地提供的社会化协作条件解决，降低污水厂经营成本。

## 第八章 主要技术经济指标

**第六十八条** 本条规定编制和使用工程投资估算指标的原则，强调应根据有关的变化情况调整使用，进行动态管理，不得生搬硬套。工程投资估算指标适合一般城市和特大城市常规污水厂和污水泵站新建工程，遇有地基特殊处理、新技术采用（含国外贷款工程）及其他特殊设防等情况，各项指标应结合具体情况调整使用。

**第六十九条** 城市污水处理工程投资估算指标是根据北京市 1999 年人工、材料、机械预算价格（见附表 1）计算，并在建设部颁发的《全国市政工程投资估算指标》基础上进行调整，同时，用近几年建设的多项污水处理工程加以对照复核，综合分析确定。使用时应根据不同时间、地点、人工、材料价格的变动，按附表 2 至附表 9 进行调整使用。建设项目投资估算，应按上述规定调整后，增列指标中未包括的费用（土地费用、涨价预备费、建设期贷款利息、固定资产投资方向调节税、铺底流动资金等）。

二级污水厂包括生物除磷脱氮处理，污水脱氮除磷标准按进厂污水凯氏氮 30 ~ 35mg/L，总磷 3 ~ 3.5mg/L，出厂水氨氮20 ~ 25mg/L，磷酸盐 1 ~ 1.5mg/L 考虑。

## 附表1 标准指标人工及主要材料预算价格取定表

## (1999年北京地区价格)

| 序号 | 项目名称 | 单位 | 单价(元) | 备 注 |
|---|---|---|---|---|
| 1 | 人工(综合) | 工日 | 25.00 | |
| 2 | 水泥 | t | 345 | 综合价 |
| 3 | 木材 | $m^3$ | 1205 | |
| 4 | 钢材 | t | 2710 | 综合价 |
| 5 | 砂 | $m^3$ | 48 | 容重17kN/$m^3$ |
| 6 | 碎石 | $m^3$ | 40 | 容重14~15kN/$m^3$ |
| 7 | 铸铁管 | t | 2700 | 综合价 |
| 8 | 钢管 | t | 4300 | 综合价 |
| 9 | *d*600钢筋混凝土管 | m | 90 | |
| 10 | *d*800钢筋混凝土管 | m | 185 | |
| 11 | *d*1000钢筋混凝土管 | m | 265 | |
| 12 | *d*1200钢筋混凝土管 | m | 365 | |
| 13 | *d*1400钢筋混凝土管 | m | 520 | |
| 14 | *d*1600钢筋混凝土管 | m | 840 | |
| 15 | *d*1800钢筋混凝土管 | m | 1155 | |
| 16 | *d*2000钢筋混凝土管 | m | 1470 | |

## 附表2 调整指标计算公式表

| 序号 | 项 目 | 调整指标计算公式 |
|---|---|---|
| 1 | 人工费 | 标准指标人工费×(调整土建人工单价×0.75+调整安装人工单价×0.25)/25 |
| 2 | 主要材料费 | 标准指标主材耗量×调整主材单价 |
| 3 | 材料费 | 标准指标材料费×(2)/标准指标主要材料费 |
| 4 | 机械费 | 标准指标机械费×[(1)+(3)]/(标准指标人工费+标准指标材料费) |
| 5 | 指标基价 | (1)+(3)+(4) |
| 6 | 其他工程费 | (5)×调整其他工程费率 |
| 7 | 综合费用 | [(5)×(6)]×调整综合费用费率 |
| 一 | 建筑安装工程费用 | (5)+(6)+(7) |
| 二 | 设备工器具购置费 | 标准指标设备工器具购置费×(3)/标准指标材料费 |
| 三 | 工程建设其他费用 | [(一)+(二)]×调整工程建设其他费用费率 |
| 四 | 基本预备费 | [(一)+(二)+(三)]×调整基本预备费率 |
| 五 | 指标总造价 | (一)+(二)+(三)+(四) |

## 附表 3　标准指标人工、材料、机械、设备及工器具费用表（一）

| 项目名称 | 费用名称 | 费用值［元/（$m^3$/d）］ | | | | |
| --- | --- | --- | --- | --- | --- | --- |
| | | Ⅰ类 | Ⅱ类 | Ⅲ类 | Ⅳ类 | Ⅴ类 |
| 一级污水厂 | 人工费 | 32～29 | 38～32 | 45～38 | 56～45 | 67～56 |
| | 材料费 | 105～90 | 121～105 | 140～121 | 163～140 | 186～163 |
| | 机械费 | 15～13 | 20～15 | 24～20 | 29～24 | 36～29 |
| | 设备及工器具 | 67～59 | 82～67 | 96～82 | 112～96 | 129～112 |
| 二级污水厂 | 人工费 | 53～47 | 62～53 | 72～62 | 85～72 | 100～85 |
| | 材料费 | 192～165 | 220～192 | 250～220 | 295～250 | 348～295 |
| | 机械费 | 45～40 | 50～45 | 55～50 | 61～55 | 68～61 |
| | 设备及工器具 | 188～160 | 222～188 | 250～222 | 290～250 | 343～290 |
| 污水深度处度 | 人工费 | — | 28～24 | 32～28 | 37～32 | 44～37 |
| | 材料费 | — | 110～97 | 123～110 | 147～123 | 180～147 |
| | 机械费 | — | 15～13 | 16～15 | 18～16 | 23～18 |
| | 设备及工器具 | — | 92～81 | 104～92 | 124～104 | 150～124 |
| 污水泵站 | 人工费 | 2.06～1.17 | 2.69～2.06 | 3.47～2.69 | 3.82～3.47 | 4.48～3.82 |
| | 材料费 | 14.73～9.21 | 19.3～14.73 | 23.84～19.30 | 30.32～23.84 | 37.18～30.32 |
| | 机械费 | 3.41～1.94 | 4.75～3.41 | 6.06～4.75 | 7.52～6.06 | 10.30～7.52 |
| | 设备及工器具 | 13.09～8.87 | 18.46～13.09 | 24.12～18.46 | 30.08～24.12 | 35.91～30.08 |

## 附表 4　标准指标人工、材料、机械、设备及工器具费用表（二）

| 项目名称 | 管径 | 费用值［元/m］ | | | |
| --- | --- | --- | --- | --- | --- |
| | | 人工费 | 材料费 | 机械费 | 设备及工器具 |
| 污水干管 | *d*600 | 85～123 | 171～200 | 88～139 | — |
| | *d*800 | 95～136 | 290～324 | 98～155 | — |
| | *d*1000 | 107～155 | 416～455 | 108～171 | — |
| | *d*1200 | 120～173 | 557～600 | 118～188 | — |
| | *d*1400 | 136～193 | 750～800 | 133～210 | — |
| | *d*1600 | 152～218 | 1116～1174 | 143～233 | — |
| | *d*1800 | 168～242 | 1503～1569 | 162～255 | — |
| | *d*2000 | 185～267 | 1893～1970 | 176～278 | — |

## 附表 5　标准指标主要材料消耗量及有关费率取定表（一）

| 主材耗量及费率 规模 项目 | 一级污水厂 | | | | |
|---|---|---|---|---|---|
| | Ⅰ类 | Ⅱ类 | Ⅲ类 | Ⅳ类 | Ⅴ类 |
| 水泥（kg） | 68.871 ~ 66.250 | 75.000 ~ 68.871 | 82.789 ~ 75.000 | 88.803 ~ 82.789 | 94.461 ~ 88.803 |
| 锯材（$m^3$） | 0.007 | 0.008 ~ 0.007 | 0.010 ~ 0.008 | 0.013 ~ 0.010 | 0.017 ~ 0.013 |
| 钢筋（kg） | 9.571 ~ 8.015 | 10.770 ~ 9.571 | 11.762 ~ 10.770 | 13.024 ~ 11.762 | 14.760 ~ 13.024 |
| 砂（$m^3$） | 0.093 ~ 0.048 | 0.131 ~ 0.093 | 0.161 ~ 0.131 | 0.197 ~ 0.161 | 0.236 ~ 0.197 |
| 碎石（$m^3$） | 0.219 ~ 0.190 | 0.246 ~ 0.219 | 0.273 ~ 0.246 | 0.316 ~ 0.273 | 0.384 ~ 0.316 |
| 铸铁管（kg） | 1.595 ~ 1.201 | 2.308 ~ 1.595 | 2.940 ~ 2.308 | 3.618 ~ 2.940 | 4.133 ~ 3.618 |
| 钢管及配件（kg） | 0.638 ~ 0.481 | 0.770 ~ 0.638 | 1.471 ~ 0.770 | 2.170 ~ 1.471 | 2.362 ~ 2.170 |
| 其他工程费率（%） | 5 ~ 4 | 6 ~ 5 | 7 ~ 6 | 8 ~ 7 | 9 ~ 8 |
| 综合费用费率（%） | 33 | 33 | 33 | 33 | 33 |
| 工程建设其他费用费率（%） | 9.00 ~ 8.80 | 9.35 ~ 9.00 | 10.25 ~ 9.35 | 11.50 ~ 10.25 | 13.00 ~ 11.50 |
| 基本预备费（%） | 10 | 10 | 10 | 10 | 10 |

## 附表 6　标准指标主要材料消耗量及有关费率取定表（二）

| 主材耗量及费率 规模 项目 | 二级污水厂 | | | | |
|---|---|---|---|---|---|
| | Ⅰ类 | Ⅱ类 | Ⅲ类 | Ⅳ类 | Ⅴ类 |
| 水泥（kg） | 82.893 ~ 71.236 | 94.981 ~ 82.893 | 10.933 ~ 94.981 | 127.361 ~ 107.933 | 150.243 ~ 127.361 |
| 锯材（$m^3$） | 0.010 ~ 0.009 | 0.012 ~ 0.010 | 0.014 ~ 0.012 | 0.016 ~ 0.014 | 0.019 ~ 0.016 |
| 钢筋（kg） | 14.301 ~ 11.290 | 16.287 ~ 14.301 | 18.621 ~ 16.287 | 21.973 ~ 18.621 | 25.921 ~ 21.973 |
| 砂（$m^3$） | 0.203 ~ 0.174 | 0.232 ~ 0.203 | 0.264 ~ 0.232 | 0.311 ~ 0.264 | 0.367 ~ 0.311 |

**续附表 6**

| 规模<br>主材耗量及费率<br>项目 | 二级污水厂 | | | | |
|---|---|---|---|---|---|
| | Ⅰ类 | Ⅱ类 | Ⅲ类 | Ⅳ类 | Ⅴ类 |
| 碎石（$m^3$） | 0.331<br>~<br>0.284 | 0.379<br>~<br>0.331 | 0.430<br>~<br>0.379 | 0.508<br>~<br>0.430 | 0.599<br>~<br>0.508 |
| 铸铁管（kg） | 5.786<br>~<br>4.972 | 6.629<br>~<br>5.786 | 7.533<br>~<br>6.629 | 8.889<br>~<br>7.533 | 10.486<br>~<br>8.889 |
| 钢管及配件（kg） | 1.822<br>~<br>1.566 | 2.088<br>~<br>1.822 | 2.373<br>~<br>2.088 | 2.800<br>~<br>2.373 | 3.303<br>~<br>2.800 |
| 其他工程费率（%） | 3~2 | 4~3 | 5~4 | 6~5 | 7~6 |
| 综合费用费率（%） | 33 | 33 | 33 | 33 | 33 |
| 工程建设其他费用费率（%） | 8.70<br>~<br>8.50 | 9.00<br>~<br>8.70 | 10.00<br>~<br>9.00 | 11.25<br>~<br>10.00 | 12.75<br>~<br>11.25 |
| 基本预备费（%） | 10 | 10 | 10 | 10 | 10 |

**附表 7　标准指标主要材料消耗量及有关费率取定表（三）**

| 规模<br>主材耗量及费率<br>项目 | 污水泵站 | | | | |
|---|---|---|---|---|---|
| | Ⅰ类 | Ⅱ类 | Ⅲ类 | Ⅳ类 | Ⅴ类 |
| 水泥（kg） | 4.210<br>~<br>2.360 | 5.7210<br>~<br>4.210 | 7.257<br>~<br>5.7210 | 9.384<br>~<br>7.257 | 11.250<br>~<br>9.384 |
| 锯材（$m^3$） | 0.0015<br>~<br>0.0009 | 0.0020<br>~<br>0.0015 | 0.0024<br>~<br>0.0020 | 0.028<br>~<br>0.0024 | 0.0033<br>~<br>0.0028 |
| 钢筋（kg） | 1.1055<br>~<br>0.7370 | 1.4183<br>~<br>1.1055 | 1.7329<br>~<br>1.4183 | 2.2653<br>~<br>1.7329 | 3.0512<br>~<br>2.2653 |
| 砂（$m^3$） | 0.0111<br>~<br>0.00737 | 0.0137<br>~<br>0.0111 | 0.0173<br>~<br>0.0137 | 0.0221<br>~<br>0.0173 | 0.0267<br>~<br>0.0221 |
| 碎石（$m^3$） | 0.0147<br>~<br>0.0088 | 0.02068<br>~<br>0.0147 | 0.0266<br>~<br>0.02068 | 0.0344<br>~<br>0.0266 | 0.0409<br>~<br>0.0344 |
| 铸铁管（kg） | 0.2211<br>~<br>0.1330 | 0.2895<br>~<br>0.2211 | 0.3685<br>~<br>0.2895 | 0.4675<br>~<br>0.3685 | 0.5244<br>~<br>0.4675 |
| 钢管及配件（kg） | 0.1916<br>~<br>0.1253 | 0.2345<br>~<br>0.1916 | 0.2800<br>~<br>0.2345 | 0.3237<br>~<br>0.2800 | 0.3862<br>~<br>0.3237 |
| 其他工程费率（%） | 6~5 | 7~6 | 8~7 | 9~8 | 10~9 |
| 综合费用费率（%） | 33 | 33 | 33 | 33 | 33 |
| 工程建设其他费用费率（%） | 11.50<br>~<br>11.00 | 12.00<br>~<br>11.50 | 12.60<br>~<br>12.00 | 13.40<br>~<br>12.60 | 14.40<br>~<br>13.40 |
| 基本预备费（%） | 10 | 10 | 10 | 10 | 10 |

## 附表8 标准指标主要材料消耗量及有关费率取定表（四）

| 主材耗量及费率 项目 \ 规模 | 污水深度处理 | | | | |
|---|---|---|---|---|---|
| | Ⅰ类 | Ⅱ类 | Ⅲ类 | Ⅳ类 | Ⅴ类 |
| 水泥（kg） | — | 38.400 ~ 33.600 | 44.000 ~ 38.400 | 51.103 ~ 44.000 | 62.40 ~ 51.103 |
| 锯材（$m^3$） | — | 0.007 ~ 0.006 | 0.008 ~ 0.007 | 0.010 ~ 0.008 | 0.013 ~ 0.010 |
| 钢筋（kg） | — | 9.600 ~ 8.400 | 11.200 ~ 9.600 | 13.188 ~ 11.200 | 16.000 ~ 13.188 |
| 砂（$m^3$） | — | 0.096 ~ 0.088 | 0.112 ~ 0.096 | 0.132 ~ 0.112 | 0.160 ~ 0.132 |
| 碎石（$m^3$） | — | 0.144 ~ 0.136 | 0.160 ~ 0.144 | 0.198 ~ 0.160 | 0.240 ~ 0.198 |
| 铸铁管（kg） | — | 1.840 ~ 1.600 | 2.000 ~ 1.840 | 2.308 ~ 2.000 | 3.040 ~ 2.308 |
| 钢管及配件（kg） | — | 5.120 ~ 4.480 | 5.440 ~ 5.120 | 6.676 ~ 5.440 | 7.840 ~ 6.676 |
| 其他工程费率（%） | — | 6 ~ 5 | 7 ~ 6 | 8 ~ 7 | 9 ~ 8 |
| 综合费用费率（%） | — | 33 | 33 | 33 | 33 |
| 工程建设其他费用费率（%） | — | 9.35 ~ 9.00 | 11.25 ~ 9.35 | 12.00 ~ 11.25 | 13.80 ~ 12.00 |
| 基本预备费（%） | — | 10 | 10 | 10 | 10 |

## 附表9 标准指标主要材料消耗量及有关费率取定表（五）

| 主材耗量及费率 项目 \ 规模 | 污水干管 | | | | | | | |
|---|---|---|---|---|---|---|---|---|
| | *d*600 | *d*800 | *d*1000 | *d*1200 | *d*1400 | *d*1600 | *d*1800 | *d*2000 |
| 水泥（kg） | 41.830 ~ 47.189 | 64.825 ~ 72.857 | 90.682 ~ 100.756 | 118.937 ~ 131.382 | 149.524 ~ 163.700 | 182.879 ~ 197.484 | 226.313 ~ 242.099 | 275.152 ~ 293.225 |
| 锯材（$m^3$） | 0.014 ~ 0.021 | 0.015 ~ 0.0215 | 0.016 ~ 0.022 | 0.017 ~ 0.025 | 0.017 ~ 0.025 | 0.018 ~ 0.026 | 0.019 ~ 0.026 | 0.019 ~ 0.027 |
| 钢材（kg） | 4.520 ~ 6.600 | 4.540 ~ 6.700 | 4.555 ~ 6.708 | 4.668 ~ 6.915 | 4.670 ~ 6.920 | 4.672 ~ 6.940 | 4.675 ~ 6.970 | 4.680 ~ 7.000 |
| 砂（$m^3$） | 0.148 ~ 0.167 | 0.223 ~ 0.250 | 0.300 ~ 0.332 | 0.406 ~ 0.450 | 0.500 ~ 0.548 | 0.610 ~ 0.658 | 0.757 ~ 0.809 | 0.919 ~ 0.979 |

**续附表 9**

| 主材耗量及费率 \ 规模<br>项目 | 污水干管 | | | | | | | |
|---|---|---|---|---|---|---|---|---|
| | *d*600 | *d*800 | *d*1000 | *d*1200 | *d*1400 | *d*1600 | *d*1800 | *d*2000 |
| 碎石（$m^3$） | 0.095<br>~<br>0.107 | 0.167<br>~<br>0.188 | 0.250<br>~<br>0.276 | 0.361<br>~<br>0.401 | 0.452<br>~<br>0.506 | 0.578<br>~<br>0.624 | 0.735<br>~<br>0.787 | 0.918<br>~<br>0.979 |
| 钢筋混凝土管（m） | 1.01 | 1.01 | 1.01 | 1.01 | 1.01 | 1.01 | 1.01 | 1.01 |
| 其他工程费率（%） | 5 | 5 | 5 | 5 | 5 | 5 | 5 | 5 |
| 综合费用费率（%） | 20 | 20 | 20 | 20 | 20 | 20 | 20 | 20 |
| 工程建设其他费用费率（%） | 8 | 8 | 8 | 8 | 8 | 8 | 8 | 8 |
| 基本预备费（%） | 10 | 10 | 10 | 10 | 10 | 10 | 10 | 10 |

注：①附表3～附表9中，污水厂各项指标系按无污泥消化处理考虑，有污泥消化处理时，各项指标可按投资比例选取。

②附表3～附表9中，污水厂建设规模大的取指标下限，建设规模小的取指标上限；污水管道埋深大的取指标上限，埋深小的取指标下限。

**第七十条** 城市污水处理工程各单位工程投资所占比例，是根据已建成的工程竣工决算资料及建设标准中包括的工程内容，经统计分析测算确定。

**第七十一条** 污水厂建设工期定额是根据建筑安装工程定额用工量和已建成工程的实际建设工期，经统计分析确定。

**第七十二条** 污水厂电耗指标主要根据编制组的调查，经分析实际运转的污水厂电耗指标，综合取舍。二级污水厂规模在1～100万$m^3/d$，进水五日生化需氧量一般在100～250mg/L，个别达到200～400mg/L，电耗为处理每立方米污水耗电0.12～0.40kW·h，平均0.26kW·h。本建设标准规定二级污水厂处理每立方米污水耗电0.15～0.28kW·h，污水有机物浓度高，或规模小时可采用上限值，但一般不宜超过0.28kW·h。当污水厂的污泥采用消化处理时电耗指标可适当增加。据资料，一般一级污水厂电耗是二级污水厂电耗的24%左右，通过实际运转的一级污水厂电耗分析，一般在0.04～0.12kW·h，因此本条规定处理每立方米污水耗电0.04～0.08kW·h。

按城市污水中有机物的一般浓度与处理污水耗电指标的关系，对处理每公斤五日生化需氧量的指标也做了规定。

污水厂电耗指标包括污水厂厂区内泵房的电耗，不包括厂外泵站的电耗。

**第七十三条** 城市污水处理工程的效益主要是环境效益、社会效益和经济效益，工程建设前应进行经济分析与评价。目前本行业尚无统一的计算方法和评价标准，如：基准收益率、基准投资回收期等。在国家未公布行业的统一计算方法与评价标准之前，评价的内容和标准应按国家计划委员会颁发的《建设项目经济评价方法与参数》及建设部颁发的《市政工程设计技术管理标准》的规定进行。

# 生活垃圾卫生填埋处理工程
# 项目建设标准

## 建标 124—2009

## 住房和城乡建设部、国家发展和改革委员会
## 关于批准发布《生活垃圾卫生填埋处理
## 工程项目建设标准》的通知

建标〔2009〕151 号

国务院有关部门，各省、自治区、直辖市、计划单列市住房和城乡建设厅（委、局）、发展和改革委员会，新疆生产建设兵团建设局、发展和改革委员会：

根据《关于印发〈二○○四年工程项目建设标准、投资估算指标、建设项目评价方法与参数编制项目计划〉的通知》（建标函〔2005〕192 号）要求，由住房和城乡建设部负责编制的《生活垃圾卫生填埋处理工程项目建设标准》，已经有关部门会审，现批准发布，自 2009 年 11 月 1 日起施行。原《生活垃圾卫生填埋处理工程项目建设标准》同时废止。

本建设标准的管理由住房和城乡建设部、国家发展和改革委员会负责，具体解释工作由住房和城乡建设部负责。

中华人民共和国住房和城乡建设部
中华人民共和国国家发展和改革委员会
二○○九年九月二十一日

## 前　言

《生活垃圾卫生填埋处理工程项目建设标准》是根据原建设部《关于印发〈二○○四年工程项目建设标准、投资估算指标、建设项目评价方法与参数编制项目计划〉的通知》（建标〔2005〕19 号）的要求，在原《生活垃圾卫生填埋处理工程项目建设标准》（2001 年）的基础上，由城市建设研究院等单位修订而成的。

在修订过程中，编制组贯彻节约土地、环境保护、节约能源、安全生产和国家有关生活垃圾处理行业发展的技术政策，注重推动技术进步和提高投资效益，结合生活垃圾卫生填埋场设备国产化、标准化和系列化的要求，对近几年我国已经完成和正在建设的垃圾卫生填埋处理工程进行了广泛深入的调查研究，总结了生活垃圾卫生填埋处理工程项目建设的实践经验，对收集的资料进行了认真的分析研究。编制组广泛征求了各有关部门、单位

及专家的意见，由住房和城乡建设部标准定额研究所组织召开审查会，会同各有关部门审查定稿。

修订后的建设标准共分九章：总则、建设规模与项目构成、选址、填埋场主体工程与设备、配套工程与设备、环境保护与劳动保护、建设用地与建筑标准、运营管理与劳动定员、主要技术经济指标。

本建设标准对政府投资的生活垃圾卫生填埋处理工程项目建设应严格执行。在施行过程中，请各单位注意总结经验，积累资料。如发现需要修改和补充之处，请将意见和有关资料寄城市建设研究院（地址：北京市朝阳区惠新里3号，邮政编码：100029），以便今后修订时参考。

**主 编 单 位：** 城市建设研究院

**参 编 单 位：** 华中科技大学
北京市环境卫生设计研究所
青岛市环境卫生科学研究所
北京高能垫衬工程有限公司
上海环境集团宁波市鄞州区绿州能源有限公司

**主要参编人员：** 徐文龙 王敬民 陈海滨 杨宏毅 刘 涛 吴文伟 徐海云
林 泉 邵 军 翟力新 夏小洪 姚兆祥 甄胜利 康振同

# 第一章 总 则

**第一条** 为贯彻落实科学发展观、促进社会经济和环境保护的协调发展，实现生活垃圾处理的无害化、减量化和资源化，加强国家对生活垃圾卫生填埋处理工程项目投资和建设的宏观调控，提高生活垃圾卫生填埋处理工程项目的决策和建设水平，合理确定和正确掌握建设标准，保护环境，推进技术进步，充分发挥投资效益，制定本建设标准。

**第二条** 本建设标准是为项目决策服务和控制建设水平的全国统一标准，是审批、核准生活垃圾卫生填埋处理工程项目的重要依据；也是监督、检查整个建设过程的尺度。

**第三条** 本建设标准适用于新建的生活垃圾卫生填埋处理工程项目。改建、扩建工程可参照执行。

**第四条** 生活垃圾卫生填埋处理工程项目的建设，必须遵守国家有关的法律、法规，贯彻执行环境保护、节约土地、劳动保护、安全卫生和节能等有关规定。

**第五条** 生活垃圾卫生填埋处理工程项目的建设，应以本地区的经济发展水平和自然条件为基础，并考虑区域经济建设与科学技术的发展，按不同区域、不同建设规模合理确定，做到技术成熟、经济合理、安全可靠。

**第六条** 生活垃圾卫生填埋处理工程项目的建设，必须遵循城乡统筹、区域统筹的原则，在各省、市（或地区）生活垃圾处理总体规划、环境卫生专业规划、生活垃圾处理专项规划等有关文件的指导下，统筹规划，并应近、远期结合，以近期为主。工程项目的建设规模、布局和选址应进行技术经济和环境论证，综合比选。新建项目应与现有的生活垃圾收运及处理系统相协调，改建、扩建工程应充分利用原有设施。

**第七条** 生活垃圾卫生填埋处理工程项目的建设，应在不断的总结设计与运行经验和汲取国内外先进技术及科研成果的基础上，充分论证，采用成熟的、适用的、经济合理的技术、工艺、材料和设备，以提高生活垃圾卫生填埋处理工程建设水平。

**第八条** 生活垃圾卫生填埋处理工程项目的建设，应坚持专业化协作和社会化服务的原则，并考虑合理的配套工程项目，提高运营管理水平，降低运营成本。

**第九条** 生活垃圾卫生填埋处理工程项目的建设，除执行本建设标准外，尚应符合国家有关经济、参数标准和指标及定额的规定。

## 第二章 建设规模与项目构成

**第十条** 生活垃圾卫生填埋处理工程项目的主体工程是生活垃圾卫生填埋场（以下简称“填埋场”）。填埋场的建设应根据各地区的特点，结合环境卫生专业规划，合理确定填埋场建设规模并完善配套工程。中、小城市应进行区域性规划，集中建设填埋场。

**第十一条** 填埋场的建设规模，应根据服务区域人口、生活垃圾产生量，考虑发展等因素综合确定。填埋场建设规模分类见表1。

**表1 填埋场建设规模分类**

| 类　型 | 日填埋量（t/d） |
|---|---|
| Ⅰ类 | 1200 以上 |
| Ⅱ类 | 500～1200 |
| Ⅲ类 | 200～500 |
| Ⅳ类 | 200 以下 |

注：以上规模分类含下限值不含上限值。

**第十二条** 填埋场的合理使用年限，应在10年以上，特殊情况下不应低于8年。填埋库区应一次性规划设计、分期建设，分期建设库容及相应的使用年限应根据填埋量、场址条件综合确定。

**第十三条** 填埋场建设项目由填埋场主体工程与设备、配套工程和生产管理与辅助设施及生活服务设施等构成。具体包括下列内容：

一、填埋场主体工程与设备包括：场区道路，场地平整，防渗工程，坝体工程，洪雨水及地下水导排，渗沥液收集处理和排放，填埋气体导出及收集处理或利用，水土保持，计量设施，绿化隔离带，防飞散设施，封场工程，环境污染控制与环境监测设施，填埋作业机械设备等。

二、配套工程主要包括：进场道路（码头）、机械维修、供配电、给排水、消防、通信、冲洗和洒水、备料场、应急等设施。

三、生产管理与辅助设施主要包括办公用房、地磅房及门房、锅炉房、仓库等；生活服务设施主要包括职工宿舍、食堂、浴室等。

## 第三章 选　址

**第十四条** 填埋场的选址，应符合区域性环境规划、环境卫生设施建设规划和当地的城市规划及相关规划，以及现行国家标准规范的规定。

**第十五条** 填埋场选址，应综合考虑地理位置、地形、地貌、工程与水文地质、地质灾害等条件对周围环境、工程建设投资、运行成本和运输费用的影响，经过多方案比选后确定。

**第十六条** 填埋场选址应符合下列要求：

一、环境保护的要求；

二、应充分利用天然地形，以增大填埋库区容量，使用年限应达到相关要求；

三、交通方便，运距合理；

四、征地费用较低，施工较方便；

五、人口密度较低、土地利用价值较低；

六、位于夏季主导风下风向，具体环境保护距离应根据环境影响评价报告结论确定；

七、远离水源，尽量设在地下水流向的下游地区；

八、相关的标准和规范对场址所做出的要求。

选址应按下列步骤进行：

一、场址初选。根据区域总体规划、区域地形和工程与水文地质、实地踏勘确定3个或3个以上的候选场址。

二、场址推荐。对候选场址进行初勘，并通过对场地的地形、地貌、工程与水文地质、植被、水文、气象、供电、给排水、交通运输、覆盖土源和人口分布等对比分析，并征求当地政府和民众意见，推荐2个或2个以上的预选场址。

三、场址确定。对预选场址进行技术、经济、社会和环境的综合比较，推荐拟定场址，对拟定场址进行地形图测量、详细勘察和初步工艺方案设计，完成环境影响评价报告、选址报告或可行性研究报告，通过审查确定场址。

# 第四章 填埋场主体工程与设备

## 第一节 填埋场主体工程

**第十七条** 填埋场场底基础应符合国家现行标准《生活垃圾卫生填埋技术规范》CJJ 17的要求，并应具有足够的承载能力和一定的纵横坡度。

**第十八条** 填埋场场底必须进行防渗处理。场址的自然条件符合国家现行标准《生活垃圾卫生填埋技术规范》CJJ 17的要求，可采用天然黏土防渗方式；不具备天然防渗条件的，应采用人工防渗措施。防渗系统结构应根据《生活垃圾卫生填埋场防渗系统工程技术规范》CJJ 113的要求并结合当地实际情况确定。

**第十九条** 填埋场底部应铺设渗沥液收集和导排系统，并且宜设置长久有效的疏通设施。渗沥液收集和导排系统包括导流层、导流盲沟、渗沥液收集导排管道、集水井、泵房等，盲沟和管道应以一定坡度坡向集水井。渗沥液收集导排系统必须能耐渗沥液的腐蚀。

**第二十条** 填埋场应设渗沥液调节池，调节池应有足够容量，其容量应按《生活垃圾卫生填埋技术规范》CJJ 17设计，并应作封闭处理。渗沥液处理设施的建设应按照现行国家标准《生活垃圾填埋场污染控制标准》GB 16889相关内容执行。

**第二十一条** 填埋场应设置独立的雨水及地下水导排系统。雨水导排系统应满足雨污分流、场外汇水和场内未作业区域的汇水直接排放的要求，尽量减少雨水侵入垃圾堆体，其排水能力应按照50年一遇、100年校核设计。地下水导排系统应做到及时排导，防止地下水对地基和防渗系统产生不良影响，其排水能力应与地下水产生量相匹配。

**第二十二条** 填埋场的防洪标准应按照不小于50年一遇洪水位考虑，遵循《生活垃圾填埋场污染控制标准》GB 16889、《防洪标准》GB 50201和《城市防洪工程设计规范》CJJ 50以及相关标准的技术要求，并和环境影响评价结论相符。

**第二十三条** 填埋场场内的运输道路根据其功能、使用年限和交通运输量分为主要道路和辅助道路、临时性道路和永久性道路，均应满足填埋作业、维护、管理、生活和其他辅助工作的要求。

道路设计标准应满足交通量、车载负荷及使用年限要求。场内永久性道路应符合现行国家标准《厂矿道路设计规范》GBJ 22 的要求，其他道路应根据使用功能符合有关的国家现行的道路设计规范及标准。

**第二十四条** 填埋气体的导排、处理和利用措施应根据填埋场库容、建设规模、生活垃圾成分、产气速率、产气量和用途等确定。设计填埋量大于2. 5Mt 且垃圾填埋厚度超过20m 的填埋场，应建设甲烷利用设施或火炬燃烧设施处理含甲烷填埋气体；小于上述规模的填埋场，应采用能够有效减少甲烷产生和排放的填埋工艺或采用火炬燃烧设施处理含甲烷填埋气体。

**第二十五条** 填埋场填埋作业区周围宜设置防轻质垃圾飞散设施。

**第二十六条** 填埋场应设置环境监测井。监测井的设置应符合现行国家标准《生活垃圾填埋场污染控制标准》GB 16889 的要求。

**第二十七条** 填埋场必须设置计量设施和车辆冲洗设施。

**第二十八条** 填埋场在作业过程中应进行临时覆盖，终场后应进行封场处理、土地再利用和生态环境恢复，具体内容应符合《生活垃圾卫生填埋场封场技术规程》CJJ 112 的要求。

## 第二节 卫生填埋作业

**第二十九条** 卫生填埋应根据作业计划确定工程相关设备，采用单元作业法进行填埋作业，作业工序为卸车、推铺、压实、覆盖。

**第三十条** 填埋场作业区应设置和道路相连接的卸车平台。道路和卸车平台应满足运输量和车载量的要求。

**第三十一条** 填埋作业过程中，随着垃圾堆体高程的变化，应根据需要在相应的高程上设置阶段性的填埋气体和边坡渗沥液导排设施。

填埋气体导排设施宜采用垂直导气和水平导气相结合的系统。

渗沥液导排设施应与边坡导排系统相结合。

## 第三节 卫生填埋工艺设备

**第三十二条** 填埋场主要工艺设备应根据日处理垃圾量和作业区、卸车平台的分布情况配备，参照表2 选用。

**表2 填埋场工艺设备选用表（台）**

| 建设规模 | 推土机 | 压实机 | 挖掘机 | 装载机 |
|---|---|---|---|---|
| Ⅰ类 | 3 ~4 | 2 ~3 | 2 | 2 ~3 |
| Ⅱ类 | 2 ~3 | 2 | 2 | 2 |
| Ⅲ类 | 1 ~2 | 1 | 1 | 1 ~2 |
| Ⅳ类 | 1 ~2 | 1 | 1 | 1 ~2 |

**第三十三条** 填埋场覆盖应尽可能使用覆盖土的替代材料。运输车需按覆盖方式、覆盖材料种类、运输距离、垃圾填埋量等配备。

**第三十四条** 垃圾进场后需要进行二次倒运时，应配备足够的作业机械和运输车辆，并应设置倒运场地。

## 第五章 配套工程与设备

**第三十五条** 填埋场的配套工程应与主体工程相适应，其配置标准应以满足填埋场安全作业和有利于环境污染控制为原则。

**第三十六条** Ⅰ、Ⅱ、Ⅲ类填埋场应设置环境监测室，配备垃圾、渗沥液、填埋气体、填埋场大气、地表水和地下水等常规指标的化验分析仪器和监测设备。Ⅳ类填埋场可不设置监测室。

**第三十七条** 填埋场内生产管理、生活服务区与填埋区的距离应符合安全防护要求，生产管理、生活服务区与填埋区中间宜用绿化隔离带隔离，绿化隔离带宽度一般不小于8m。

**第三十八条** 填埋场供电电源应由当地电网供给，负荷等级应采用二级，全场防雷应按照现行国家标准《建筑物防雷设计规范》GB 50057 等有关规定设置防雷与接地装置。

**第三十九条** 填埋场应有可靠的供水水源和完善的供水设施。生活用水水质应符合现行国家标准《生活饮用水卫生标准》GB 5749 的要求。

**第四十条** 填埋场消防设施的设置应满足场区消防要求，消防设施应符合国家现行的防火规范《建筑设计防火规范》GBJ 50016 的规定。

**第四十一条** 填埋场机械设备维修宜实行社会化服务，在不具备条件的地方，可配备相应的设备维修设施。

**第四十二条** 填埋场的外部道路工程应符合现行国家标准《厂矿道路设计规范》GBJ 22 的要求。

**第四十三条** 填埋场通信设施的设置，应满足各生产岗位之间的通信联络和对外通信的需要；填埋场监控设施宜满足垃圾入口及重要作业区域的需要。

**第四十四条** 填埋场专用道路两侧应绿化，填埋场周围应设置绿化隔离带，其宽度不小于10m。

## 第六章 环境保护与劳动保护

**第四十五条** 填埋场的污染控制应符合现行国家标准《生活垃圾卫生填埋污染控制标准》GB 16889 的要求。

**第四十六条** 填埋场污水的排放，应符合环境影响评价报告及批复的标准要求。

应对填埋气体进行定期监测，填埋区严禁设置封闭式的建（构）筑物，建（构）筑物内的甲烷含量严禁超过1.25%（体积百分比），而且必须设有排风系统、灭火系统、自动安全报警系统和防爆措施。

填埋场臭气的控制排放应符合现行国家标准《恶臭污染物排放标准》GB 14554 的规定。

**第四十七条** 填埋场环境监测应参照现行国家标准《生活垃圾填埋场环境监测技术要求》GB/T 18772 定期进行监测和评价，并应配置相应测试设备。

**第四十八条** 填埋场应有灭蝇、灭鼠、防尘和除臭措施。

**第四十九条** 填埋场的安全、卫生措施应符合《建设项目（工程）劳动安全卫生监察规定》（劳动部令第3号）、《工业企业设计卫生标准》GBZ 1 和《生产过程安全卫生要求总则》GB 12801 等文件和标准的要求。

**第五十条** 填埋场区内应设立醒目的安全标牌或标记。

**第五十一条** 填埋场内机电设备所产生的噪声超过现行国家标准《工业企业厂界环境噪声排放标准》GB 12348 规定时，应采取减震措施或隔声、防噪措施。

## 第七章 建设用地与建筑标准

**第五十二条** 填埋场建设的总平面应按照功能分区布置；建设用地应遵守科学合理、节约用地的原则，满足生产、办公、生活的需求。填埋场的总库容应满足其使用寿命 10 年以上的垃圾容量；填埋库区每平方米应填埋 $10m^3$ 以上垃圾。

**第五十三条** 填埋场建筑标准，应贯彻安全实用、经济合理、因地制宜的原则，根据填埋场规模、服务年限、建筑物用途、建筑场地条件等的需要确定。

**第五十四条** 填埋场构筑物与附属建筑物应按工艺要求与使用年限，结合当地条件选择相应的结构形式。

**第五十五条** 填埋场的生产管理与辅助设施、生活服务设施在满足使用功能和安全的条件下宜集中布置。各类填埋场建筑面积指标不宜超过表 3 所列指标。

**表 3 填埋场建筑面积指标表（$m^2$）**

| 建设规模 | 生产管理与辅助设施 | 生活服务设施 |
|---|---|---|
| Ⅰ类 | 850 ~ 1200 | 450 ~ 640 |
| Ⅱ类 | 750 ~ 1100 | 380 ~ 550 |
| Ⅲ类 | 650 ~ 950 | 250 ~ 440 |
| Ⅳ类 | 600 ~ 850 | 130 ~ 260 |

注：建设规模大的取上限，建设规模小的取下限。

## 第八章 运营管理与劳动定员

**第五十六条** 填埋场运营机构的设置应以精干高效和有利于生产经营为原则，做到分工合理、职责分明。

劳动定员应按照定岗定员的原则，根据项目的工艺特点、技术水平、自动控制水平和经营管理的要求，合理确定。

**第五十七条** 填埋场工作制度，宜采用一班或二班制。

**第五十八条** 填埋场劳动定员可分为生产人员、辅助生产人员和管理人员。各类填埋场的劳动定员可参照表 4 选用。辅助生产人员可根据当地的社会化协作条件，逐步由社会化服务系统解决。

**表 4 填埋场劳动定员（人）**

| 建设规模 | 劳动定员 |
|---|---|
| Ⅰ类 | 50 ~ 70 |
| Ⅱ类 | 40 ~ 50 |
| Ⅲ类 | 20 ~ 40 |
| Ⅳ类 | <20 |

注：建设规模大的取上限，建设规模小的取下限。

## 第九章 主要技术经济指标

**第五十九条** 填埋场的工程投资估算应按国家现行的有关规定执行。评估或审批项目可行性研究报告的投资估算时，应根据工程实际内容及价格变化的情况，按照动态管理的原则进行调整后使用。

**第六十条** 填埋场每立方米库容投资估算指标可按照15～30元/$m^3$控制。建设规模大的可取下限；建设规模小的可取上限；采用双层衬里防渗结构的填埋场可取上限。

**第六十一条** 各类填埋场建设工期可按表5规定选取。

**表5 填埋场建设工期（月）**

| 建设规模 | 施工建设工期 |
|---|---|
| Ⅰ类 | 12～24 |
| Ⅱ类 | 12～21 |
| Ⅲ类 | 9～15 |
| Ⅳ类 | ≤12 |

注：1 表中所列工期以破土动工统计，不包括非正常停工。

2 填埋场应分期建设，分期建设的工期宜参照本表确定。

**第六十二条** 生活垃圾卫生填埋处理工程项目应按国家现行的有关建设项目经济评价方法与参数的规定进行经济评价。

## 附 件

# 《生活垃圾卫生填埋处理工程项目建设标准》条文说明

## 第一章 总 则

**第一条** 本条明确了制定本建设标准的目的。生活垃圾卫生填埋处理工程直接关系到人民生活与社会经济的可持续发展，随着国家经济的快速发展，近10年来生活垃圾卫生填埋处理工程的建设有了较快的发展，同时相关的建设条件也发生了很大变化，有关标准及规范的发布及修订以及社会化服务体系的进一步完善、环境保护要求的进一步提高等，对生活垃圾卫生填埋处理工程的建设产生了一定的影响，为适应新形势的变化，有必要对2001年发布施行的《生活垃圾卫生填埋处理工程项目建设标准》进行修订。本建设标准是在贯彻落实科学发展观的基础上，在国家有关基本建设法规、方针、政策指导下，总结我国生活垃圾卫生填埋处理工程项目的建设经验，并考虑今后发展的需要而修订的。

**第二条** 本建设标准是依据有关规定由国家建设和投资主管部门审批发布的为项目决策和合理确定建设水平服务的全国统一标准，是工程项目决策和建设中有关政策、技术、经济的综合性宏观要求的文件。对建设项目在技术、经济、管理上起宏观调控作用，具有一定的政策性和实用性。建设标准的作用是使项目的决策等建设前期工作有所遵循，为项目建设实施提供监督检查的尺度。

**第三条** 本建设标准主要适用于新建生活垃圾卫生填埋处理工程项目。改建、扩建工程因受到既有条件的限制，一时可能达不到本建设标准的规定，但技术装备水平、环境保护、主要经济技术指标等应符合本建设标准的规定。

**第四条** 生活垃圾卫生填埋处理工程的建设占用土地量较大，作为环境保护项目，同时又容易对环境造成二次污染并对周围环境造成较大影响，因此必须严格遵守国家有关法律和法规。

**第五条** 生活垃圾卫生填埋处理工程建设应以本地区的自然和经济条件水平为基础，考虑今后城市发展与科学技术发展需要。我国幅员辽阔，地区经济水平差异很大，因此要区别不同地区、不同建设规模、合理确定建设水平。技术上应当是成熟的、可行的、安全可靠的，并能适应当地的经济条件。

**第六条** 生活垃圾卫生填埋处理工程建设必须符合各省、市（或地区）生活垃圾处理总体规划、环境卫生专业规划、垃圾处理专项规划，并服从城市总体规划，满足人民对环境的要求。我国目前的填埋场建设面临比较突出的两个问题：一是部分地区填埋场选址越来越困难，但是填埋场仍然分散建设，每个城市都考虑建自己的填埋场，因此很多城市面临选址难的问题；二是填埋场使用年限较长却一次性建设，造成了工程投资的浪费。因此一方面在省市生活垃圾处理总体规划等文件的指导下，统一规划，考虑组团式处理，不同的行政区域共同建设，扩大填埋场的服务范围，避免个别地方因选址困难无法建填埋场和每个行政区域分散建填埋场的局面，另一方面根据实际情况，做到分期实施。

生活垃圾卫生填埋场工程是城市基础设施，既要满足城市近期需要，又要考虑远期发展，要近、远期结合，以近期为主，并为将来发展留有余地。本条提出生活垃圾卫生填埋场工程建设规划与布局应与各指导性规划相适应，就是要求生活垃圾卫生填埋场工程建设应当适应一个或几个地域发展需要。

生活垃圾卫生填埋处理工程建设应作多方案比较，进行技术经济论证，综合比选。

生活垃圾卫生填埋处理工程建设的同时应与现有的收集清运系统相协调，以近期为主，以保障整个生活垃圾处理系统顺利运行。

**第七条** 本条强调采用国外工艺与技术设备，要符合我国国情，有利于提高生活垃圾卫生填埋场工程的工艺技术水平，促进我国环境卫生事业的提高与发展。引进国外的技术和设备应满足成熟、适用、经济合理的基本条件，并进行细致的技术经济论证。

**第八条** 生活垃圾卫生填埋工程建设应充分利用当地有可能提供的协作条件，合理确定项目的内容，不搞大而全，小而全。

**第九条** 本条阐明本建设标准与国家现行有关技术标准与规范的关系。生活垃圾卫生填埋处理工程项目建设涉及面广、专业多，在建设过程中除执行本建设标准外，凡是涉及国家现行和今后颁布的有关经济、参数标准和指标及定额等均应严格遵照执行。本建设标准修订所涉及的相关标准规范主要包括：

**1** 《生活垃圾填埋场污染控制标准》GB 16889；

**2** 《生活垃圾填埋场环境监测技术要求》GB/T 18772；

**3** 《城市生活垃圾卫生填埋场运行维护技术规程》CJJ 93；

**4** 《生活垃圾卫生填埋技术规范》CJJ 17；

5 《生活垃圾卫生填埋场防渗系统工程技术规范》CJJ 113；

6 《生活垃圾卫生填埋场封场技术规程》CJJ 112；

7 《厂矿道路设计规范》GBJ 22。

## 第二章 建设规模与项目构成

**第十条** 生活垃圾卫生填埋处理工程项目主体是生活垃圾卫生填埋处理场（以下简称"填埋场"），本建设标准未包括生活垃圾运输、转运和其他处理工程。填埋场建设地点、规模及数量要能满足城市环境卫生专业规划的要求。填埋场的建设规模与城市规模和城市特点有关，对于中、小城市分布密集的地区，人口也比较密集，每个城市面积都不大，填埋场选址困难，分散建设各自的填埋场必然带来更大污染的可能性，应考虑区域性规划和集中建设；对于特大、大城市来说，城市面积很大，生活垃圾产量很高，可以分散分期建设填埋场。

**第十一条** 日处理规模较小而所建填埋场总容量太大、日处理规模较大而所建填埋场总容量太小均会造成投资的浪费。一般填埋场正常的使用年限为10~20年，日处理大的使用年限一般在10年左右（如北京高安屯生活垃圾卫生填埋场、青岛小涧西生活垃圾卫生填埋场等），垃圾产生量小的，正常的使用年限为15~20年，在合理使用年限的情况下，填埋场日处理量和填埋场库容量存在着一定的对应关系，所以将填埋场建设规模和日处理能力合并考虑。由于可以根据填埋场服务区域现状人口和规划人口对垃圾产生量进行预测，所以填埋场的建设规模以垃圾产生量作为依据。在工程的前期研究阶段，可以按服务区域未来10~20年平均日垃圾产生量作为确定填埋场建设规模的依据。

**第十二条** 本条对填埋场的使用年限作了规定，使用年限应大于10年，特殊情况下不应低于8年，以便发挥投资的规模效益。为了减少初期投资和避免资产的闲置与浪费，根据实际条件应将填埋场库区工程分期建设。分期建设库容及相应的使用年限具体应根据填埋场的类型、垃圾填埋量等因素做出详细的技术经济方面的论证后确定。

例如对于平地型填埋场和山谷型填埋场，由于地形条件的差异，其分区的方式有很大的不同，平地型填埋场为水平分区，而山谷型填埋场一般要采用水平分区和垂直分区相结合的方式。

近年来的工程实际表明，一次性建设填埋场会造成投资闲置浪费，例如：许多土建构筑面及防渗区域在填埋场投入运行10年以后才会使用，但是由于一次性建设，其长时间暴露，会造成材料的损耗等。

由于受到投资等各方面的制约，如果建设时仅对部分区域进行投资，一方面会造成竣工结算难以有效进行，一方面会面临部分区域续建工程资金无法落实的问题，所以在实际中应在一次性规划设计、分期实施的前提下，本着有效使用投资，避免浪费的原则，对填埋场启动区的建设区域及使用年限进行详细的比较论证。

**第十三条** 本条明确规定建设项目的构成和建设内容，是为避免漏建或多列工程项目致使填埋场无法运行或人为造成浪费。本次修订区分了生产管理与辅助设施以及生活服务设施所包括的内容。

已建的填埋场表明，大部分新建填埋场生产管理设施可具备多种功能，如办公楼和宿舍、食堂合建，既具有生产功能，也具有生活功能。

另外由于填埋场所处区域的关系，有些填埋场并不需要设置锅炉房等设施。

## 第三章 选 址

**第十四条** 填埋场作为生活垃圾消纳场地，起到保护环境的作用，因此填埋场选址要符合区域性环境规划、环境卫生设施建设规划和当地的城市规划及相关规划。

现行国家标准《生活垃圾填埋场污染控制标准》GB 16889 和《生活垃圾卫生填埋技术规范》CJJ 17 中均对填埋场选址做了具体规定，填埋场选址要满足其有关要求。

**第十五条** 填埋场的选址与众多因素有关，主要遵循两条原则：一是从防止污染角度考虑的安全原则，二是从经济角度考虑的经济合理原则。选址应综合考虑场址的地形、地貌，工程与水文地质条件、对居民及周围环境的影响、交通运输、覆盖土源等因素。工程与水文地质条件较好的填埋场，既能降低环境污染，又能减少工程建设投资。

**第十六条** 随着我国经济的发展，填埋场建设数量增长较快，大多数城市非常重视填埋场的选址，为填埋场的建设和运营打下良好的基础；但目前还存在不能以科学的态度对待选址的现象，造成基建投资过大，甚至出现严重的二次污染。因此本条对参加选址人员、场址要求以及选址步骤进行了规定，特别增加了在选址时应遵循环境影响评价报告结论，在选址时要严格执行。填埋场选址步骤中的各阶段要以文字报告形式备案，并作为工程竣工验收的重要组成部分。

## 第四章 填埋场主体工程与设备

### 第一节 填埋场主体工程

**第十七条** 根据国家现行标准《生活垃圾卫生填埋技术规范》CJJ 17 的要求，填埋场场底要结合实际地形、工程地质和水文地质条件进行一些必要的计算和采取适当的工程措施，以满足地基承载力和渗沥液导排的要求。

**第十八条** 天然防渗是指所选的填埋场场底土层渗透系数和厚度能满足防渗要求而采用的防渗方式。

在工程与水文地质条件达不到国家现行标准《生活垃圾卫生填埋技术规范》CJJ 17 要求时，应进行人工防渗以达到技术规范对防渗的要求，防止渗沥液对周围环境产生影响。

防渗系统结构需根据当地的工程与水文地质条件、工程经济、环境影响评价等进行方案论证后确定。

**第十九条** 渗沥液渗入到填埋场底部后，通常通过防渗层之上的导流层收集到底部的碎石导流盲沟，再流入集水井（平地填埋）或通过管道以重力流形式流入污水调节池（山地填埋）。因此盲沟和管道应具有一定的坡度，以便于污水收集。

由于填埋场垃圾渗沥液是高浓度的有机废水，具有一定的腐蚀性，因此渗沥液收集系统所用材料要具有抗腐蚀性，并能满足填埋场封场后渗沥液收集处理系统继续运行的需要。

疏通设施是用来对渗沥液收集管进行定期清洗的装置，可以使渗沥液收集系统长期有效运行。填埋场封场后，渗沥液收集处理系统仍要继续维护和运行，并对水质进行监测，直到符合环保要求后，才能停止运行。

**第二十条** 设置污水调节池目的是调节渗沥液的水质和数量。

填埋场渗沥液与降水有着一定关系，由于受填埋场防渗和覆盖的影响，填埋场渗沥液的产生存在一定的滞后性，根据国内外填埋场设计和运行经验，填埋场渗沥液调节池容量计算步骤如下：首先根据多年（通常为20年）逐月平均降雨量计算出每个月的渗沥液产生量，扣除当月的处理量后根据污水处理规模与调节池容积的线性关系，计算和确定调节池最低调节容量。计算渗沥液产生量时，应当考虑生活垃圾本身的含水量和持水率。

调节池应进行封闭处理以减少地表水的进入，从而减少渗沥液的产生量，同时减轻对周围环境的污染；封闭措施要考虑系统的安全性，如气体的导排和处理等。

**第二十一条** 填埋场产生的渗沥液主要是由于直接降水和周围汇水进入填埋场垃圾堆体而产生的。为减少垃圾渗沥液，填埋场周围要根据需要建设截洪沟截除场区周围汇水，同时在填埋作业过程中对垃圾填埋堆体进行有效覆盖，减少雨水直接入渗量。场底地下水或裂隙水应导出，以免对防渗层产生不利影响，避免地下水侵入垃圾体，截洪沟的设计应满足50年一遇、100年校核的要求。

**第二十二条** 本条对填埋场防洪标准做出了要求。防洪标准在场址环境影响评价的基础上，按照《生活垃圾填埋场污染控制标准》GB 16889等国家相关标准执行。

**第二十三条** 本条是关于填埋场道路工程的规定。填埋场场内永久性道路应当按现行国家标准《厂矿道路设计规范》GBJ 22露天矿山道路三级或三级以上标准设计，场内主要道路一般为永久性道路，路面可以采用高级路面；辅助道路一般为半永久性道路（阶段性）可以采用次高级路面；填埋区内临时道路采用中级或低级路面。路面宽度根据运输车辆计算确定，一般为6～8m。半永久性道路和临时道路的设计最低标准应当满足安全和车辆的通行条件。

**第二十四条** 本条对填埋气体利用方式根据填埋场容量进行了规定。

垃圾填埋气体是甲烷含量很高的气体，据国内外的测试，填埋气体的甲烷含量一般在50%～70%。这种气体不仅是影响环境的温室气体，而且是易燃易爆气体。填埋气体与空气混合，甲烷浓度达到5%～15%时遇火即会爆炸。国内外由于填埋气体的聚集和迁移引起的爆炸和火灾事故时有发生，因此填埋场的填埋气体对安全始终存在着威胁，需要对垃圾填埋场内的气体进行有效的控制才能保证安全。

填埋气体的热值很高，对其进行合理利用既能取得环境效益和社会效益，同时又能获得一定的经济效益。填埋气体经过收集、储存和净化后其利用方式主要有沼气发电、提供燃气、供热等。

由于填埋气体是很强的温室气体，其温室效应是二氧化碳的近100倍，因此设计总容量较小或填埋气体不便于利用的，也应当结合填埋作业工艺，进行安全疏导或燃烧处理。

**第二十五条** 设置防轻质垃圾飞散设施是为了防止塑料薄膜、废纸等轻质物质到处飞散，污染环境。

**第二十六条** 监测井主要是对填埋场周围地下水进行监测，监测数据直接反映出填埋场对地下水污染程度。

**第二十七条** 设置计量设施是对进场垃圾进行计量和对进场垃圾种类的检查，计量设施的能力要考虑发展需要，与垃圾量以及垃圾运输车辆的满载荷重相适应。车辆冲洗设施是为了避免垃圾运输车对城市城市道路造成污染。

**第二十八条** 填埋场终场后直到最终稳定（生物稳定和物理稳定）需要相当长的时间，在此间仍将产生渗沥液和填埋气体。因此，为保证安全一般不在填埋场地建设永久建

（构）筑物。具体应参照国家现行标准《生活垃圾卫生填埋场封场技术规程》CJJ 112执行。

### 第二节 卫生填埋作业

**第二十九条** 按照国家现行标准《生活垃圾卫生填埋技术规范》CJJ 17 的要求作业，可以提高作业效率，达到较高的压实密度，延长填埋场使用寿命，同时应当根据作业计划确定工程相关设备。

**第三十条** 为保证填埋场顺利运行，需设置卸车平台。在雨季填埋作业时，垃圾运输车不能直接进入垃圾填埋作业面，可以在卸车平台卸车，从而保证了填埋场的正常运行。

**第三十一条** 填埋气体导排设施的设置可使填埋气体有序迁移，减少填埋场发生爆炸和火灾的可能性。填埋场实际运营情况表明，由于在运行过程中渗沥液导排系统会发生不同程度的损坏，部分渗沥液不通过导排系统而直接从堆体边坡上渗漏出来，所以应考虑边坡渗沥液导排系统的设置，并与最终的封场工程收集系统相衔接。

### 第三节 卫生填埋工艺设备

**第三十二条** 填埋场作业机械的配备要根据作业机械的能力和工程实际需要设置，并考虑一定的机械使用率和完好率。一般情况下，推铺、压实机械的工作范围不超过60m。由于压实与否关系到堆体边坡的稳定性，所以填埋场填埋作业应当采用推土机和压实机联合作业的方式。新建填埋场都应当配置压实机。

**第三十三条** 垃圾填埋工艺要求，经压实的垃圾要进行日覆盖，填埋作业单元完成后要进行中间覆盖，达到最终填埋标高后进行终场覆盖。覆盖材料不同，所配备的车辆及数量也不同。因此，在配备运输车辆时，应当根据覆盖材料、覆盖方式、运输距离、垃圾填埋量等因素确定。

在实际运行中，尽可能采用日覆盖和阶段性覆盖（没有达到中间覆盖要求但是需要覆盖的区域）替代材料，以尽量减少覆盖土的用量，同时采用替代材料（如 PE 膜材料）等，还有利于控制气体的无序迁移。

**第三十四条** 在垃圾运输车不能直接进入填埋区或其他情况下，需要在场区内进行二次倒运。在这种情况下要根据垃圾倒运量配备相应的作业机械和运输车辆，并防止倒运过程中的二次污染。

## 第五章 配套工程与设备

**第三十五条** 本条是关于填埋场配套工程设置的规定。

**第三十六条** 本条是关于环境监测设施配置的要求。Ⅳ类填埋场由于规模小，可不设置环境检测室，其检测活动可以由当地环境监测部门负责。

**第三十七条** 本条是关于填埋场的内生产管理区设置位置及有关要求的规定。

填埋场管理区是填埋场的行政管理、经营决策、指挥调度、机械设备维修、生活服务等活动的区域，应符合安全防护要求、尽量设置在上风向，以不受填埋气体、气味和蝇、鼠影响为原则。在填埋区与管理区之间宜用绿化带隔离，尽量减少对管理区的环境影响。

**第三十八条** 本条是关于填埋场供电设施设置标准的要求。填埋场的供电电源尽量由当地接入。由于《生活垃圾填埋场污染控制标准》GB 16889 对污水处理的要求做出了调整，对于新建填埋场都要配套建设污水处理设施，所以具体用电负荷根据污水处理工艺要求进行了调整。为保证各电气设施运行安全、有效，各电气设施均应按照现行国家标准《建筑物防雷设计规范》GB 50057 设置避雷与接地装置。

**第三十九条** 本条是关于填埋场供水设施的规定。填埋场供水水源从城市自来水管网接入为宜，如因填埋场所处地域难以与自来水管网相接，则需建设有效的供水系统，并配置相应的供水设施。

**第四十条** 本条是关于填埋场消防设施的规定。消防设施应符合《建筑设计防火规范》GBJ 16 的要求，灭火器按《建筑灭火器配置设计规范》GBJ 140 配置。填埋作业区需配置洒水车及消防用砂土，以备应急。

填埋场应当配备填埋气体测定仪和自动报警设施，并定期对填埋场及周围进行甲烷等气体浓度监测。

**第四十一条** 本条是关于填埋场机械设备维护维修设施的规定。填埋场的机械设备维护维修宜利用社会化服务设施，不搞大而全，小而全。在没有条件的地方，可配备相应的维护维修设施，机修车间要便于推土机、装载机等大型设备进出。配备的主要维修设备包括电焊机、气焊设备、铣床、钻床、车床、刨床、吊车等。

**第四十二条** 本条是关于填埋场外部道路工程的规定。场外道路是指填埋场区至城市道路或公路的道路，在选线时尽量避开居民点和村庄，以免引起人们的不满。

专用场外道路运行车辆主要为垃圾运输车，道桥工程需按每日车流量、载重量及预测的发展趋势进行设计，路面构筑和桥梁承重尚需考虑到可能行驶的其他载重车辆负荷和道桥使用年限等因素。

**第四十三条** 本条是关于填埋场通信设施的规定。填埋场因距城市较远，填埋作业区又与生产管理区有一定距离，填埋场的对外联系及各作业区（岗位）相互之间的通信联系极为重要。场内通信可以通过配备无线对讲机等方式解决，与外界联系需架设电话通信线路。

**第四十四条** 本条是关于填埋场绿化的规定。为减少填埋场对周围环境的影响，应加强绿化。绿化范围主要包括填埋作业区周围、封场区域、专用道路两侧等。

绿化隔离带可以种植易于生长的高大乔木，与灌木相间布置，以减少对道路沿途和填埋场周围的居民点的环境污染。

## 第六章 环境保护与劳动保护

**第四十五条** 本条是关于填埋场环境保护的总体要求。填埋场是消纳生活垃圾的场所，是环境保护项目，填埋场运行过程中产生的污染物处理和排放标准，要严格按照现行国家标准《生活垃圾卫生填埋污染控制标准》GB 16889 执行，尽量避免二次污染。

**第四十六条** 污水的排放标准应由环境影响评价部门根据现行国家标准《生活垃圾卫生填埋污染控制标准》GB 16889、周围水体类别和排放方式确定。填埋气体易引起爆炸，应定期进行监测。

**第四十七条** 为掌握填埋场对周围环境的影响，填埋场及四周要进行环境质量检测，检测项目、内容、位置、频率以及检测方法应参照国家现行标准《生活垃圾填埋场环境监测技术标准》GB/T 18722。

**第四十八条** 填埋场是蚊蝇和老鼠孳生的重要场所，在填埋作业过程中，应该减少垃圾暴露时间，及时覆盖，并定时进行消杀。填埋场道路应当定期清扫和洒水，以保证填埋场的清洁。

**第四十九条** 《建设项目（工程）劳动安全卫生监察规定》（劳动部令第3号）、《工业企业设计卫生标准》GBZ 1、《生产过程安全卫生要求总则》GB 12801 对工程设计和建设、场内作业区卫生指标、作业过程中安全卫生等方面做出了明确的规定，应遵照执行。

**第五十条** 安全标牌包括防火标牌、行车安全标牌和限速标牌，配电室要有高压警示标牌等。

**第五十一条** 填埋场内的噪声主要来自填埋作业机械如垃圾压实机、推土机、挖掘机等，在购置时，尽量选用噪声符合有关标准的机械设备。填埋作业机械所产生的噪声，超过现行国家标准《工业企业厂界环境噪声排放标准》GB 12348 规定时，应采取减震措施或隔声、防噪措施。

## 第七章 建设用地与建筑标准

**第五十二条** 本条是填埋场总平面布置和建设用地安排的总原则。填埋场总平面布置要根据功能的不同分区布置，但各功能区之间要便于满足填埋作业需要，容易协调。填埋场在满足生产、办公、生活的需求和防护距离的情况下，尽量集中布置，节约土地。由于地形条件的差异，以及填埋场的服务范围和垃圾特性的变化，很难统一计算出建设用地指标，总体上要求填埋场在生活垃圾规划所确定的范围内，一般要满足其使用寿命10年以上，特殊情况下不应小于8年，每平方米应填埋 $10m^3$ 以上垃圾（如果填埋量太小则无法产生规模效益，从调研数据来看，目前我国90%的填埋场的单位面积库容都在 $10m^3$ 以上），以获得较好的投资效益。填埋堆体的堆高应根据地质条件、占地情况综合考虑。建设用地具体应当按照《城市生活垃圾处理和给水与污水处理工程项目建设用地指标》（建标〔2005〕157号）执行。

**第五十三条** 本条是关于建筑物及建筑面积确定的原则。填埋场建筑物的建筑标准，在满足使用年限和使用功能的条件下，要安全实用，经济合理。

**第五十四条** 本条是关于建（构）筑物结构形式的要求。

**第五十五条** 国内各种类型填埋场的生产管理与辅助设施用房和生产服务设施用房的建筑面积差别很大，即使是相同类型的填埋场，由于填埋场所处城市地理位置不同，作业时间的长短不同，建设内容不同，建筑面积亦不同。填埋场的生产管理与辅助设施和生活服务设施在满足使用功能和安全的条件下宜集中布置，其建筑面积应当本着合理设置、节约投资的原则确定。

## 第八章 运营管理与劳动定员

**第五十六条** 本条是关于填埋场运营机构设置的原则。我国的填埋场目前大多为事业单位，随着我国社会主义市场经济体系的逐步确立和特许经营的逐渐发展，填埋场运营企业化将会逐步推进；随着技术进步和经济水平的提高，填埋场作业的机械化水平也会逐步提高。这些都会促使生产效率和管理水平显著提高。填埋场应当结合实际条件和未来发展要求，合理确定运营管理机构和劳动定员。

**第五十七条** 填埋场工作制度的设置是与垃圾收运时间密切相关，并与垃圾收运相配套。目前大多数城市填埋场实行一班或二班制。

**第五十八条** 受技术经济水平及管理体制等因素的影响，与发达国家填埋场工作人员数量相比，国内填埋场的定员普遍偏高，本条表4是在国内现有填埋场工作人员数量统计分析基础上整理而得，填埋场的劳动定员可参照表4选用，并根据当地实际条件和需要酌情调整。

## 第九章　主要技术经济指标

**第五十九条**　本条是关于生活垃圾填埋场工程项目投资估算的原则。填埋场建设投资估算应符合国家现行标准《生活垃圾填埋场污染控制标准》GB 16889、《生活垃圾卫生填埋技术规范》CJJ 17、《生活垃圾卫生填埋场防渗系统工程技术规范》CJJ 113、《市政工程投资估算指标》（第十册　垃圾处理工程）等有关文件的要求，结合国家现行的有关规定，根据具体工程要求和当地实际水平确定。

**第六十条**　本章所列的估算指标主要参照现行《市政工程投资估算指标》，按北京市2007年材料价格和工资水平进行调整，同时用近几年建设的填埋场加以对照复核，综合分析确定，需要结合工程的实际情况调整后采用。由于2001年发布的《生活垃圾卫生填埋处理工程项目建设标准》中所发布的投资估算指标较早，不适宜现状，因此本次修订时根据相关标准规范及文件的规定对投资估算指标进行了测算调整。

填埋场的建设投资受填埋场占地面积、日处理规模、防渗方式、场地条件以及填埋场渗沥液处理状况等多因素影响。同等规模不同类型的填埋场，主要工程量的性质和大小会出现很大的差异，就是同一类型的填埋场在不同地区和不同条件下工程量也会差别很大。一般在其他条件相同的情况下，对于需要采用大面积水平防渗的山谷型填埋场，投资估算指标较高；对于采用人工防渗的平原地区填埋场，投资估算指标相对较低。

投资估算指标按照Ⅰ类填埋场按照正常使用年限10年左右考虑，Ⅱ类填埋场按照正常使用年限10～15年考虑，Ⅲ类和Ⅳ类填埋场按照正常使用年限15～20年考虑的，另外，考虑到我国目前卫生填埋场的规划建设，已经逐渐走向“村收集，镇转运、县（集中）处理”的处理模式，其服务区域已经由中心服务区扩展到周围一定服务半径的区域，所以一般新建的填埋场的服务人口与建设规模与以前均发生了一些较大的变化，本建设标准的Ⅳ类填埋场投资估算指标的设定是以规模不小于150吨为依据的，对于建设规模小于150吨的，可以参照执行。在实际中，新建填埋场应当尽量避免建设规模过小的填埋场，以有利于工程投资的有效利用和经济性。

由于填埋场所处的地理位置不同，各地区占用土地费用差异较大，在估算指标中，估算范围仅限于征地红线外1米以内，并未包括场外配套工程、填埋场用地的土地、青苗等补偿费和安置补偿费等相关费用。另外，由于一部分填埋场采用的污水处理标准和《生活垃圾填埋场污染控制标准》GB 16889所确定污水处理标准不一致，尽管在最终数据上考虑到污水处理标准的改变对新建填埋场投资的影响，但是本指标仍然很难全部反映实际情况，所以仅作为计算投资估算的参考指标，各地使用时根据当地现行价及实际情况调整。由于2001年发布的《生活垃圾卫生填埋处理工程项目建设标准》中所发布的投资估算指标较早，不适宜现状，因此本次修订时根据相关标准规范及文件的规定对投资估算指标进行了测算调整。

**第六十一条**　本建设标准表5是根据填埋场建设工程量的大小所提出的建设工期控制指标。填埋场建设工期还与建设资金落实计划、施工条件等因素有关，在确定填埋场建设工期时，应当根据项目的实际条件，合理确定建设工期，防止建设工期拖延，增加工程投资。许多专家提出，天然防渗事实上也要经过人工碾压才能构成防渗层，所以标准修订时，将天然防渗和人工防渗合并起来统一考虑。

**第六十二条** 建设项目经济评价是项目可行性研究的有机组成部分和重要内容，它是项目决策前可行性研究过程中，采用现代分析方法，对拟建项目计算期（包括建设期和生产期）内投入和产出诸多经济因素进行调查、预测、研究、计算和论证，比选推荐最佳方案，作为项目决策的重要依据。目前，垃圾处理收费还没有普遍实行，已开始垃圾处理收费的地区也没有达到处理成本的要求，因此垃圾处理厂项目建设的效益主要表现为环境效益和社会效益。但可以通过设定建议垃圾处理收费，以维持垃圾处理厂自身运行为基本目标，对项目做出财务评价和国民经济评价。经济评价方法应按国家现行的有关规定执行。

# 生活垃圾填埋场封场工程项目建设标准

**建标 140—2010**

## 住房和城乡建设部、国家发展和改革委员会关于批准发布《生活垃圾填埋场封场工程项目建设标准》的通知

建标〔2010〕146 号

国务院有关部门，各省、自治区、直辖市、计划单列市住房和城乡建设厅（委、局）、发展和改革委员会，新疆生产建设兵团建设局、发展和改革委员会：

根据原建设部《关于印发〈二〇〇六年工程项目建设标准、投资估算指标、建设项目评价方法与参数编制项目计划〉的通知》（建标函〔2006〕172 号）要求，由住房和城乡建设部负责编制的《生活垃圾填埋场封场工程项目建设标准》，已经有关部门会审，现批准发布，自 2011 年 1 月 1 日起施行。

生活垃圾填埋场封场工程项目的审批、核准、设计和建设，要严格遵守国家关于严格控制建设标准、进一步降低工程造价的相关要求，认真执行本建设标准，坚决控制工程造价。

本建设标准的管理由住房和城乡建设部、国家发展和改革委员会负责，具体解释工作由住房和城乡建设部负责。

中华人民共和国住房和城乡建设部
中华人民共和国国家发展和改革委员会
二〇一〇年九月十四日

## 前　言

《生活垃圾填埋场封场工程项目建设标准》是根据原建设部《关于印发〈二〇〇六年工程项目建设标准、投资估算指标、建设项目评价方法与参数编制项目计划〉的通知》（建标函〔2006〕172 号）的安排，由城市建设研究院等单位共同编制完成。

在编制过程中，编制组认真贯彻艰苦奋斗、勤俭建国的方针，严格执行我国节能减排、保护生态环境等各项法规和政策，对近几年我国已经完成和正在建设的生活垃圾填埋场封场工程项目开展广泛深入的调查研究，认真总结实践经验，并积极借鉴国外有关建设经验，广泛征求了有关部门、单位及专家的意见，经多次修改后完成送审稿，由住房和城

乡建设部标准定额研究所组织召开审查会，会同有关部门审查定稿。

本建设标准共分 7 章：总则、建设规模与项目构成、主体工程、配套工程、环境保护与安全、建筑标准、主要技术经济指标。

本建设标准对于政府投资的生活垃圾填埋场封场工程项目应严格执行。在实施过程中，请各单位注意总结经验，积累资料，如发现需要修改和补充之处，请将意见和有关资料寄城市建设研究院（地址：北京市朝阳区惠新里 3 号；邮政编码：100029），以便今后修订时参考。

**主 编 单 位：** 城市建设研究院

**参 编 单 位：** 华中科技大学

北京中非博克科技有限公司

北京中兰环境工程有限公司

**主要起草人：** 徐文龙　郭祥信　赵树青　王敬民　刘庆丽　廖　利　颜廷山　刘继武　葛　芳　王松林　余　婷　刘青松

## 第一章　总　则

**第一条**　为促进社会经济和环境保护的协调发展，实现生活垃圾填埋场的规范封场，提高填埋场封场工程项目决策和建设的科学管理水平，保护环境，推进技术进步，充分发挥投资效益，制定本建设标准。

**第二条**　本建设标准是为项目决策服务和控制项目建设水平的全国统一标准，是审批、核准填埋场封场工程项目的重要依据；也是有关部门审查工程项目初步设计和监督检查工程项目整个建设过程的尺度。

**第三条**　本建设标准适用于生活垃圾卫生填埋场和简易填埋场的封场工程项目。

**第四条**　填埋场封场工程项目的建设，必须遵守国家有关法律、法规，执行保护环境、节约资源、安全卫生等有关政策。

**第五条**　填埋场封场工程项目的建设水平，应以本地区经济发展水平和自然条件为基础，并考虑当地经济建设与科学技术的发展，按不同区域、不同建设规模合理确定，做到技术先进、经济合理、安全可靠。

**第六条**　填埋场封场工程项目应在各级城乡规划和各类相关专业规划的指导下统筹建设，对工程设计方案进行技术经济论证和环境影响评价，综合比选。

**第七条**　填埋场封场工程项目的建设，应采用成熟可靠、经济合理的技术、工艺、材料和设备。鼓励采用行之有效的新技术、新工艺、新材料和新设备。

**第八条**　填埋场封场工程项目的建设，应坚持专业化协作和社会化服务的原则，合理确定配套工程项目，提高运营管理水平，降低运营成本。

**第九条**　填埋场封场工程项目的建设，除应符合本建设标准外，尚应符合国家现行有关标准和指标的规定。

## 第二章　建设规模与项目构成

**第十条**　填埋场封场工程项目应根据该填埋场填埋库区面积、填埋区地形、周边环境等情况，结合城镇环境卫生专业规划，合理确定项目建设规模和项目构成。

**第十一条**　填埋场封场工程建设规模分类宜符合表 1 的规定。

**表1　填埋场封场工程建设规模分类**

| 类　　型 | 填埋库区面积（万平方米） |
|---|---|
| Ⅰ类 | ≥20 |
| Ⅱ类 | 10～20 |
| Ⅲ类 | 5～10 |
| Ⅳ类 | <5 |

注：以上规模分类含下限值不含上限值。

**第十二条**　填埋场封场工程项目由主体工程、配套工程、生产管理与生活服务设施等构成。具体包括下列内容：

一、主体工程主要包括：垃圾堆体整治、封场覆盖与防渗系统、填埋气体导排与处理系统、渗沥液导排与处理系统、雨洪水导排系统、绿化与植被恢复等。

二、配套工程主要包括：场内道路、供配电、给排水、消防、通信和监控等。

三、生产管理与生活服务设施主要包括：行政办公用房、门房、车库、变配电房、值班宿舍、储物间、卫生间等。

**第十三条**　卫生填埋场封场工程项目应充分利用原有的设施。简易填埋场封场工程项目应建设完善的主体工程、配套工程、生产管理与生活服务设施。

# 第三章　主 体 工 程

## 第一节　垃圾堆体整治

**第十四条**　填埋场封场工程项目实施前应评估垃圾堆体边坡的稳定性。当垃圾堆体边坡坡度不符合稳定要求、垃圾堆体存在沟壑或裂隙、垃圾表面易存积水、垃圾堆积凌乱或因污染治理需要时，应对垃圾堆体进行整治处理。整治处理应以挖填垃圾量最小并保证边坡稳定为原则。

**第十五条**　垃圾堆体整治处理后，垃圾堆体顶面坡度与坡向应能有效导排雨水，并应采取防止垃圾堆体沉降后造成坡度不够或形成倒坡的措施。

## 第二节　封场覆盖与防渗系统

**第十六条**　填埋场封场覆盖系统结构由垃圾堆体表面至顶表面顺序应为排气层、防渗层、排水层、植被层。封场覆盖系统应进行抗滑稳定性分析，防止因不均匀沉降而造成防渗结构的破坏。

**第十七条**　对于无场底防渗层的填埋场，宜设置地下水阻隔防护设施，防止污染地下水。

## 第三节　填埋气体导排与处理系统

**第十八条**　填埋场封场工程项目实施前应对填埋场已有的填埋气体导排系统进行全面评估，性能完好的导气设施应保留，性能差的导气设施应在封场时进行改造或重建。应采取有效措施保证填埋气体导排和收集系统不影响防渗系统的密封性能。

**第十九条**　填埋气体回收利用方案应根据填埋场所在地具体情况确定，应采用利用率高的方案。

### 第四节　渗沥液导排与处理系统

**第二十条**　对渗沥液收集导排系统不完善的填埋场，封场时应设置有效的渗沥液收集导排设施。

**第二十一条**　对于封场前未建渗沥液处理设施而渗沥液又未得到妥善处理和处置的填埋场，封场工程项目应根据项目环境影响评价批复的要求补充完善渗沥液处理设施。

对于封场前有渗沥液处理设施但处理后未满足环保要求的填埋场，封场工程项目应根据环保要求对原有渗沥液处理设施进行改造。

对于有配套渗沥液处理设施的填埋场，应适时根据实际情况调整、完善处理系统，保持其连续、稳定运行，达标排放。

### 第五节　雨洪水导排系统

**第二十二条**　填埋场封场雨水导排及防洪系统应在原填埋场雨水导排及防洪系统的基础上加以完善，形成场外雨、洪水截流和场内雨、洪水导排的复合型雨水导排及防洪系统。

**第二十三条**　填埋场封场后应保持雨、洪水及地下水导排系统仍能正常运行。地表水和地下水导排设施应定期进行全面检查，并对水质定期监测。

### 第六节　绿化与植被恢复

**第二十四条**　填埋场封场工程项目设计应考虑全场的绿化和植被恢复设计。封场绿化应与周围的景观相协调，并根据土层厚度、土壤性质、气候条件等进行植物搭配。

**第二十五条**　填埋场封场绿化和植被恢复应选择抗逆性强，适宜在垃圾填埋场环境生存的植物，并应采取必要措施保证绿化和植被的成活率。

## 第四章　配 套 工 程

**第二十六条**　填埋场封场工程项目的配套工程应与主体工程相适应。

**第二十七条**　填埋场封场工程项目的场内道路工程应符合《厂矿道路设计规范》的规定；供电电源应由当地电网供给，负荷等级应采用二级；全场防雷应按照《建筑物防雷设计规范》等有关规定设置防雷与接地装置；生活用水水质应符合《生活饮用水卫生标准》的规定；消防设施的设置应满足场区消防要求，消防设施应符合《建筑设计防火规范》的规定；通信设施的设置，应满足各生产岗位之间的通信联络和对外通信的需要。

## 第五章　环境保护与安全

**第二十八条**　填埋场封场工程项目的污染控制应符合《生活垃圾填埋场污染控制标准》的规定。

**第二十九条**　填埋场封场后污水的排放，应符合环境影响评价报告书及环保行政主管部门批复规定的标准要求。填埋场封场后渗沥液的环境监测，应根据《生活垃圾填埋场环境监测技术要求》定期进行监测和评价，应配置相应监测仪器与设备。

**第三十条**　填埋场封场后应对填埋气体进行定期监测，填埋库区内不宜有封闭式建（构）筑物。如因工程需建设建（构）筑物的，应设可燃气体在线监测系统，并设排风系统、自动安全报警系统和防爆措施。在施工期间，临时生产管理与生活服务设施不得建在垃圾堆体上。填埋场臭气的排放应符合《恶臭污染物排放标准》的规定。

**第三十一条**　填埋场封场工程项目的安全、卫生措施应符合《工业企业设计卫生标准》和《生产过程安全卫生要求总则》等标准的规定。

第三十二条　填埋场封场工程项目必须设立醒目的安全标牌或标记。

第三十三条　填埋场内机电设备所产生的噪声，应采取减震措施或隔声、防噪措施。

## 第六章　建筑标准

第三十四条　填埋场封场工程项目建设的总体布局应按照功能分区布置；建设用地应遵守科学合理、节约用地的原则。

第三十五条　填埋场封场工程项目的工程设施应在原填埋场场界范围内进行布置，如因工程需要在原场界范围外设置工程设施的，应提供详细的用地方案，并进行技术经济论证，经当地规划主管部门审批同意后才能建设。

第三十六条　填埋场封场工程项目构筑物与建筑物应按工艺要求，结合当地条件选择适宜的建筑方案和结构形式。

第三十七条　填埋场运行时期有生产管理与生活服务设施的，封场工程项目应充分利用原有生产管理与生活服务设施。填埋场运行时期无生产管理与生活服务设施或使用简易临时设施的，封场工程项目可以考虑新建生产管理与生活服务设施，但其建筑面积和建设标准应以满足封场工程运行管理需要为原则，不得超标准建设。

第三十八条　填埋场封场工程项目生产管理与生活服务设施在满足使用功能和安全的条件下，宜集中布置。对于需要新建生产管理与生活服务设施的填埋场封场工程项目，其建筑面积不宜超过表2所列指标。

表2　填埋场封场工程项目生产管理与生活服务设施建筑面积指标（$m^2$）

| 类　型 | 生产管理与生活服务设施 |
|---|---|
| Ⅰ类 | 150～300 |
| Ⅱ类 | 120～270 |
| Ⅲ类 | 110～230 |
| Ⅳ类 | 70～200 |

注：渗沥液处理为两班制，有独立渗沥液处理站的取上限；渗沥液处理为单班制或未设渗沥液处理站的取下限。

## 第七章　主要技术经济指标

第三十九条　填埋场封场工程项目的投资估算应按国家现行的有关规定编制。评估或审批项目可行性研究报告的投资估算时，应根据工程实际内容及价格变化的情况，按照动态管理的原则进行调整后使用。

第四十条　填埋库区封场覆盖系统投资估算指标可按照70～160元/$m^2$控制。建设规模大的可取下限，建设规模小的可取上限。

第四十一条　填埋场封场工程项目应按国家现行建设项目经济评价方法与参数的规定进行经济评价。

**附 件**

# 《生活垃圾填埋场封场工程项目建设标准》条文说明

## 第一章 总 则

**第一条** 本条主要说明制定本建设标准的意义和目的。填埋场封场工程项目直接关系到城乡环境与社会经济的可持续发展，关系到我国和谐社会的建设。由于许多城镇较早建设的填埋场已经填满或达到设计库容，为减少污染源，改善城乡环境卫生状况，应尽快对这些填埋场进行规范封场。本建设标准是在国家有关基本建设方针、政策、法令指导下，借鉴、总结国内外填埋场封场工程建设经验，并考虑今后一个时期填埋场封场工程建设发展需要而编制的。本建设标准编制目的在于保护环境，推动生活垃圾填埋场封场处理技术进步，发挥投资效益与社会效益，为项目决策和建设管理提供科学依据。

**第二条** 本条阐述了本建设标准的作用。本建设标准是由国家建设和投资主管部门审批发布的为项目决策和合理确定建设水平服务的全国统一标准，是工程项目决策和建设中有关政策、技术、经济的综合性宏观要求的文件。

**第三条** 本条规定了本建设标准的适用范围。《市容环境卫生术语标准》对卫生填埋场和简易填埋场进行了定义，卫生填埋场是指按国家现行卫生填埋标准进行设计、建设和管理的填埋场所，与卫生填埋场相关的标准主要有《生活垃圾卫生填埋技术规范》、《生活垃圾卫生填埋场防渗系统工程技术规范》、《生活垃圾卫生填埋场封场技术规程》、《城市生活垃圾卫生填埋场运行维护技术规程》等。简易填埋场是指不按国家现行卫生填埋标准进行设计、建设和管理的填埋场所，通俗的理解就是垃圾的简易堆放场所，相比卫生填埋场而言，没有配套的处理设施、设备，如没有铺设防渗材料、没有渗沥液导排和处理设施、没有填埋气体导排设施、没有设置截洪沟、没有生产管理与生活服务设施等。简易填埋场是我国一定历史发展阶段的产物，我国20世纪90年代末以前，大多数的城市生活垃圾都采用简易填埋的方式处理。今后的填埋场都要按卫生填埋场的标准建设。

卫生填埋场和简易填埋场封场工程项目的建设内容区别较大，卫生填埋场封场工程项目要充分利用已有的设施、设备；简易填埋场封场工程项目则需要新建较多的设施、设备，具体内容详见第二章第十二条、第十三条。由于历史的原因，全国存在大量的简易填埋场。随着经济的发展，人们生活水平的提高，对环境质量的要求也在提高，政府正逐步对这些简易填埋场进行严格的封场和治理，以有效控制简易填埋场对环境造成的影响。因此，在对现有的简易填埋场进行封场处理时，也应当执行本建设标准。在此条中将卫生填埋场和简易填埋场一并列出，目的在于明确和强调本建设标准的适用范围。

**第四条** 填埋场封场工程项目涉及已满容填埋场的后续环境保护和安全问题，且后续影响时间较长，不能因填埋场失去处理垃圾的功能而忽视对其环境保护方面的要求，其建设要严格按照国家有关法律、法规和政策执行。

**第五条** 本条规定了填埋场封场工程项目建设水平的确定原则。采用的技术应当是先进的、安全可靠的，并能适应当地的经济条件。

**第六条** 填埋场封场工程项目应在相关规划，包括环境卫生专业规划的指导下统筹建设。在工程建设前期应做多方案比较，进行技术经济论证和环境影响评价。

**第七条** 本条强调在采用先进工艺与技术设备时，应符合我国国情，有利于提高填埋场封场工程项目的工艺技术水平，促进我国环境卫生事业的发展。引进国外的技术和装备应满足成熟、适用、可靠的基本条件，并进行细致的技术经济论证。

**第八条** 本条规定填埋场封场工程项目建设应充分利用当地有可能提供的协作条件，合理确定项目的内容，不搞大而全，小而全。

**第九条** 本条阐明本建设标准仅从加强填埋场封场工程项目建设的宏观管理、工程建设水平及投资控制等主要方面作出规定。在本建设标准执行过程中，会涉及其他国家现行标准和指标等，也应遵照执行。

## 第二章　建设规模与项目构成

**第十条** 填埋场封场工程项目与垃圾填埋场工程项目不同，其建设规模与日垃圾填埋处理量无关系，而与垃圾填埋库区面积、填埋区地形及周边环境等因素有关，这些因素直接影响封场工程项目的投资。填埋场封场工程项目的建设规模和项目构成应满足当地城镇环境卫生专业规划的要求，并结合上述因素确定。

**第十一条** 填埋场封场工程项目的建设投资主要与填埋场填埋库区面积有关，故而以填埋库区面积作为填埋场封场工程分类的主要依据。

根据原建设部2006年对全国380个垃圾填埋场的调查数据显示，填埋库区面积在$5hm^2$以下的约占31.93%，5万平方米~10万平方米的约占到17.94%，10万平方米~20万平方米的约占到30.34%，20万平方米以上的约占到19.79%。为了使封场工程项目建设规模分类能较好地覆盖绝大部分填埋场，故采用以上分析数据进行建设规模分类。

**第十二条** 本条明确规定填埋场封场工程建设项目的构成和建设内容，是为了避免因漏建或多列工程项目内容而导致项目无法运行或人为造成浪费。

**第十三条** 本条表明卫生填埋场封场工程项目与简易填埋场封场工程项目的建设内容并不相同。卫生填埋场原有的设施比较规范和完善，如雨洪水导排设施、渗沥液处理设施、生产管理与生活服务设施等，其封场工程项目应充分利用原有设施，以达到节约资源、节省投资的目的；简易填埋场通常只是简易的垃圾堆场，没有或缺少完善的雨洪水导排、渗沥液处理、生产管理与生活服务设施等，因此，其封场工程项目需要建设完善的主体工程、配套工程和生产管理与生活服务设施。

## 第三章　主 体 工 程

### 第一节　垃圾堆体整治

**第十四条** 本条规定了垃圾堆体整治的应用条件与原则。

**第十五条** 本条规定了垃圾堆体整治后垃圾堆体顶面的坡度要求，并考虑堆体沉降对坡度的影响，以保证及时排出雨水。

### 第二节　封场覆盖与防渗系统

**第十六条** 本条规定了填埋场封场覆盖系统的结构，其中防渗层是封场覆盖系统中最重要的组成部分。防渗层使渗过封场覆盖系统的水量最少，同时控制填埋气体的无序迁移，收集填埋气体，以防止填埋气体无组织释放。填埋场封场覆盖系统一般由四层组成，各层有不同的功能，在实际工程项目中可以根据实际情况进行调整。

**第十七条** 对某些无场底防渗层的填埋场，填埋场渗沥液易造成地下水的污染，因此，对此类填埋场进行封场时应根据地下水保护的要求和当地经济实力考虑采取地下水阻隔和防护措施。

### 第三节 填埋气体导排与处理系统

**第十八条** 填埋气体导排系统是保证填埋场安全的重要设施，在封场工程实施时，若已有的填埋气体导排系统性能差或受损严重，则应进行改造或重建，同时应采取有效措施防止填埋气体导排和收集系统对防渗系统的密封性能产生不良影响。

**第十九条** 本条规定了填埋气体回收利用方案选择的原则。

### 第四节 渗沥液导排与处理系统

**第二十条** 对于场底无渗沥液导排设施或渗沥液导排设施不完善的填埋场，封场时应考虑一些有效的渗沥液导排补救措施，以最大限度地减小渗沥液对地下水的污染。渗沥液导排补救措施方案应根据填埋区地形和垃圾堆体具体情况确定。可选择的方案一般有垃圾堆体下游铺设渗沥液导排盲沟、垃圾堆体上打井抽水、垃圾堆体边坡打横向井引水等。

**第二十一条** 渗沥液是填埋场的主要污染物，对环境和人体健康的危害很大。因此，垃圾填埋场的污染控制应重点考虑渗沥液的处理。本条对原来有或无渗沥液处理设施的两种情况提出了不同要求，目的是在节省投资的原则下，解决好渗沥液的处理问题，避免封场后渗沥液对环境造成长期污染。对于有配套渗沥液处理设施的填埋场，在封场工程实施后，其渗沥液产生量会大幅减少，而且渗沥液水质也会发生变化，因此，需适时根据实际情况进行调整，如调整运行时间、运行负荷等，以保证渗沥液处理系统能连续、稳定运行，达标排放。

### 第五节 雨洪水导排系统

**第二十二条** 垃圾填埋场封场后，雨水导排及防洪系统是非常重要的，特别是对场底无防渗层的填埋场，做好雨水导排及防洪，能够大大降低地下水污染及其他污染事故的风险。

**第二十三条** 卫生填埋场封场后应保持原有的雨、洪水及地下水导排系统正常运行。简易填埋场封场时应新建雨、洪水导排系统，尽量减少地表水进入垃圾堆体。

### 第六节 绿化与植被恢复

**第二十四条** 全场绿化和植被恢复是填埋场封场工程项目的重要组成部分，在设计时应详细考虑。封场覆盖系统以有利于填埋场与周围环境相协调为目的，保持整个填埋堆体的稳定和美观。

**第二十五条** 植物的抗逆性是指植物具有的抵抗不利环境的某些性状，如抗寒、抗旱、抗盐、抗病虫害等。在进行填埋场封场绿化和植被恢复时，应选择耐污染能力强、生长能力强、维护费用低、适宜填埋场环境的植物，并应采取相应措施保证植物的成活率。

## 第四章 配 套 工 程

**第二十六条** 本条规定了合理确定配套工程项目的原则。

**第二十七条** 本条是关于填埋场封场工程项目配套工程建设要求的规定，主要包括场内道路工程、供配电、给排水、消防、通信和监控等。配套工程的建设应符合国家现行相关标准的规定。

## 第五章 环境保护与安全

**第二十八条** 本条是关于填埋场封场工程项目环境保护的总体要求。填埋场封场工程是环境保护项目，填埋场封场后产生的污染物处理和排放标准，要严格按照《生活垃圾填埋场污染控制标准》执行，以避免二次污染。

**第二十九条** 本条是关于渗沥液处理和填埋场封场后渗沥液监测的要求。渗沥液的排放标准应由环境影响评价部门根据《生活垃圾填埋场污染控制标准》、周围水体类别和排放方式确定。为掌握填埋场封场后对周围环境的影响，要对填埋场进行环境质量监测，监测项目、内容、位置、频率以及监测方法在《生活垃圾填埋场环境监测技术要求》中有规定，应严格执行。

**第三十条** 填埋气体易引起爆炸，应经常进行监测。在施工期间，为保证临时生产管理与生活服务设施的安全，此类设施不得建在垃圾堆体上。1993 年国家环保局颁布了《恶臭污染物排放标准》，而在《生活垃圾填埋场环境监测技术要求》中没有这部分内容，故补充此要求。

**第三十一条** 《工业企业设计卫生标准》对工业企业内作业区的卫生指标作了具体规定，是设计的依据。《生产过程安全卫生要求总则》是作业工作安全卫生的总则。上述两项标准都是安全卫生工作的指导性文件。

**第三十二条** 针对填埋场封场后填埋气体仍有潜在起火、爆炸的危险，必须根据《安全色和安全标志》、《环境卫生图形符号标准》的要求设置防火标牌，车辆出入要有行车安全标牌和限速标牌，配电室要有高压警示标牌等。

**第三十三条** 填埋场内的噪声主要来自渗沥液处理设备如鼓风机、水泵等，应尽量选用噪声符合有关标准的机械设备。填埋场内机械所产生的噪声，超过《工业企业厂界噪声标准》的规定时，应采取降噪、防噪措施。

## 第六章 建 筑 标 准

**第三十四条** 本条规定了填埋场封场工程项目总平面布置和建设用地安排的总原则。

**第三十五条** 本条是为了控制填埋场封场后再占用土地而提出的。由于大部分封场工程设施可在原填埋场场界范围内建设，不需新征土地。但有的简易填埋场原先就没有相关的设施，如渗沥液处理设施、雨洪水导排设施等，因而简易填埋场封场工程建设时，其污染治理工艺会比较复杂，需要新建设施较多，可能需要占用原场界范围外的土地，这种情况下要对新占用土地的必要性、经济性和工程平立面布置等方面进行详细论证，同时要经当地规划主管部门审批同意后才可以实施，以避免封场工程浪费土地现象的发生。

**第三十六条** 本条是关于建（构）筑物结构形式的要求。填埋场封场工程构筑物一般采用钢筋混凝土结构或砖混结构，建筑物宜采用砖混结构。

**第三十七条** 本条旨在控制封场工程项目超标准建设生产管理与生活服务设施。由于卫生填埋场建设时就建有生产管理与生活服务设施，因此对于卫生填埋场封场工程项目，应充分利用已有的生产管理与生活服务设施；而简易填埋场原先就没有建设生产管理与生活服务设施，或者使用临时的生产管理与生活服务设施，因此对于简易填埋场封场工程项目，为了保证封场工程的正常运行，需要新建生产管理与生活服务设施。

**第三十八条** 填埋场封场工程项目生产管理与生活服务设施建筑面积指标是本着合理设置、节约投资的原则确定的。附表 1 是全国部分填埋场工程项目生产管理与生活服务设施的调查情况。

**附表 1 全国部分填埋场封场工程项目生产管理与生活服务设施调查表（$m^2$）**

| 序号 | 封场工程项目名称 | 类型 | 门房 | 变配电房 | 值班宿舍 | 行政办公用房 | 储物间 | 卫生间 | 车库 | 建筑面积合计 |
|---|---|---|---|---|---|---|---|---|---|---|
| 1 | 宝安观澜垃圾填埋场封场工程 | Ⅳ类 | 15 | 25 | 30 | 44 | 15 | 25 | 46 | 200 |
| 2 | 宝安石岩阿婆髻垃圾填埋场封场工程 | Ⅳ类 | 10 | 15 | 20 | 25 | 10 | 20 | 0 | 100 |
| 3 | 公明西田垃圾填埋场封场工程 | Ⅳ类 | 15 | 25 | 30 | 44 | 15 | 25 | 46 | 200 |
| 4 | 宝安光明畔湖垃圾填埋场封场工程 | Ⅳ类 | 15 | 20 | 20 | 33 | 15 | 25 | 22 | 150 |
| 5 | 宝安过桥窝垃圾填埋场封场工程 | Ⅳ类 | 15 | 25 | 30 | 44 | 15 | 25 | 46 | 200 |
| 6 | 温州杨府山垃圾填埋场封场工程 | Ⅲ类 | 10 | 20 | 20 | 51 | 15 | 20 | 0 | 136 |
| 7 | 深圳玉龙坑垃圾填埋场封场工程 | Ⅲ类 | 15 | 35 | 30 | 64 | 15 | 25 | 46 | 230 |
| 8 | 北京高安屯垃圾卫生填埋场局部封场工程 | Ⅳ类 | — | — | — | — | — | — | — | 封场前已有，不新建 |
| 9 | 青岛小涧西垃圾处理场局部封场工程 | Ⅲ类 | — | — | — | — | — | — | — | 封场前已有，不新建 |
| 10 | 中山市水库坑垃圾填埋场封场工程 | Ⅳ类 | — | — | — | — | — | — | — | 封场前已有，不新建 |
| 11 | 合肥市清溪路原垃圾填埋场 | Ⅱ类 | 10 | 20 | 20 | 35 | 15 | 20 | — | 120 |

根据附表 1 的统计资料，结合封场工程项目生产管理与生活服务设施的组成，综合分析确定不同类型填埋场封场工程项目生产管理与生活服务设施的建筑指标，如附表 2 所示。

附表 2　填埋场封场工程生产管理与生活服务设施建筑面积指标计算表（$m^2$）

| 类型 | 上下限 | 门房 | 变配电房 | 值班宿舍 | 行政办公用房 | 车库 | 储物间 | 卫生间 | 合计 |
|---|---|---|---|---|---|---|---|---|---|
| Ⅰ类 | 下限 | 10 | 25 | 20 | 50 | 0 | 15 | 20 | 140 |
| | 上限 | 15 | 35 | 30 | 124 | 46 | 18 | 25 | 293 |
| Ⅱ类 | 下限 | 10 | 15 | 20 | 45 | 0 | 10 | 20 | 120 |
| | 上限 | 15 | 30 | 30 | 106 | 46 | 18 | 25 | 270 |
| Ⅲ类 | 下限 | 10 | 15 | 20 | 39 | 0 | 10 | 15 | 109 |
| | 上限 | 15 | 30 | 30 | 69 | 46 | 15 | 25 | 230 |
| Ⅳ类 | 下限 | 10 | 0 | 20 | 15 | 0 | 10 | 15 | 70 |
| | 上限 | 15 | 25 | 30 | 44 | 46 | 15 | 25 | 200 |

目前国内的填埋场封场工程多为Ⅲ类与Ⅳ类项目，Ⅰ类封场工程项目目前尚无工程实例，Ⅱ类的封场工程实例也很少。但从长远看，这两类填埋场目前都处在运行中，将来满容后都需进行封场。由于Ⅰ类与Ⅱ类封场工程项目建设规模较大，故在Ⅲ类与Ⅳ类封场工程项目的基础上适当提高了Ⅰ类与Ⅱ类封场工程项目生产管理与生活服务设施的建筑面积。

## 第七章　主要技术经济指标

**第三十九条**　本条是关于填埋场封场工程项目投资控制原则。填埋场封场工程项目建设投资估算应在首先满足国家现行标准《生活垃圾填埋场污染控制标准》、《生活垃圾卫生填埋场封场技术规程》有关技术要求的基础上，按照国家现行的编制投资估算的有关规定，根据项目具体工程量和当地实际定额水平确定。

**第四十条**　本条中所列的投资估算指标是评估和审批新建填埋场封场工程项目填埋库区封场覆盖系统投资估算的参考依据，但应结合工程的实际情况，按照动态管理的原则，进行调整后采用。由于封场覆盖系统各层所使用的材料和厚度不同，因而封场覆盖系统的投资估算指标跨度较大。新建填埋场封场工程项目填埋库区封场覆盖系统的投资估算应按国家现行的有关规定编制。

**第四十一条**　填埋场封场工程项目建设的投资效益主要表现为环境效益和社会效益。其经济评价要按照《城市市政公用设施建设项目经济评价方法与参数》的有关要求执行。

# 生活垃圾堆肥处理工程项目建设标准

## 建标 141—2010

## 住房和城乡建设部、国家发展和改革委员会关于批准发布《生活垃圾堆肥处理工程项目建设标准》的通知

建标〔2010〕147 号

国务院有关部门，各省、自治区、直辖市、计划单列市住房和城乡建设厅（委、局）、发展和改革委员会，新疆生产建设兵团建设局、发展和改革委员会：

根据原建设部《关于印发〈二〇〇六年工程项目建设标准、投资估算指标、建设项目评价方法与参数编制项目计划〉的通知》（建标函〔2006〕172 号）要求，由住房和城乡建设部负责编制的《生活垃圾堆肥处理工程项目建设标准》，已经有关部门会审，现批准发布，自 2011 年 1 月 1 日起施行。原《生活垃圾堆肥处理工程项目建设标准》（2001 年版）同时废止。

生活垃圾堆肥处理工程项目的审批、核准、设计和建设，要严格遵守国家关于严格控制建设标准、进一步降低工程造价的相关要求，认真执行本建设标准，坚决控制工程造价。

本建设标准的管理由住房和城乡建设部、国家发展和改革委员会负责，具体解释工作由住房和城乡建设部负责。

**中华人民共和国住房和城乡建设部**
**中华人民共和国国家发展和改革委员会**
**二〇一〇年九月十日**

## 前　言

《生活垃圾堆肥处理工程项目建设标准》是根据原建设部《关于印发〈二〇〇六年工程项目建设标准、投资估算指标、建设项目评价方法与参数编制项目计划〉的通知》（建标函〔2006〕172 号）的安排，由城市建设研究院等单位在《城市生活垃圾堆肥处理工程项目建设标准》（2001 年版）的基础上修订而成。

在修订过程中，编制组认真贯彻艰苦奋斗、勤俭建国的方针，严格执行我国节能减排、保护生态环境等各项法规和政策，对近几年我国已经完成和正在建设的生活垃圾堆肥

处理工程项目开展广泛深入的调查研究，认真总结标准贯彻执行过程中的经验和教训，并积极借鉴国外的成功做法和先进经验，在广泛征求了有关部门、单位及专家意见的基础上形成送审稿，经有关部门审查定稿。

修订后的建设标准共分为八章：总则、建设规模与项目构成、选址与总图布置、工艺与装备、配套工程、环境保护与劳动保护、建筑标准、主要技术经济指标。

政府投资的生活垃圾堆肥处理工程项目应严格执行本建设标准。在施行过程中，请各单位注意总结经验，积累资料，如发现需要修改和补充之处，请将意见和有关资料反馈城市建设研究院（地址：北京市朝阳区惠新里3号；邮政编码：100029），以便今后修订时参考。

**主 编 单 位：**城市建设研究院

**参 编 单 位：**华中科技大学
烟台市环境卫生管理处
青岛环卫科学研究所
百玛士环保科技有限公司
同济大学

**主要起草人：**徐文龙 王丽莉 陈海滨 刘景岳 杨宏毅 林 泉 刘庆丽
何品晶 岳欣禹 张 波 王敬民 黄文雄

# 第一章 总 则

**第一条** 为促进社会经济和环境保护的协调发展，实现生活垃圾处理的无害化、减量化和资源化，保护环境，加强国家对生活垃圾堆肥处理工程项目投资建设的管理，提高生活垃圾堆肥处理工程项目的决策和建设水平，推进技术进步，充分发挥投资效益，制定本建设标准。

**第二条** 本建设标准是为项目决策服务和控制项目建设水平的全国统一标准，是审批、核准生活垃圾堆肥处理工程项目的重要依据；也是有关部门审查工程项目初步设计和监督检查工程项目整个建设过程的尺度。

**第三条** 本建设标准适用于新建生活垃圾堆肥处理工程项目。改扩建工程项目可参照执行。

**第四条** 生活垃圾堆肥处理工程项目应用于可生物降解的有机垃圾的处理。

**第五条** 生活垃圾堆肥处理工程项目的建设，必须遵守国家有关法律和法规，贯彻执行国家保护环境、节约土地、劳动保护、安全卫生等有关规定。

**第六条** 生活垃圾堆肥处理工程项目的建设水平应结合本地区的实际情况，合理确定，做到安全可靠、节能环保、技术成熟、经济合理。

**第七条** 生活垃圾堆肥处理工程项目的建设，应根据城市总体规划和环境卫生专项规划，统筹兼顾，近远期结合，以近期为主。建设规模、布局和选址应进行技术经济论证和环境影响评价等方面的综合比选。新建工程应与现有的垃圾收运及处理系统相协调，改扩建工程应充分利用原有设备和设施。

**第八条** 生活垃圾堆肥处理工程项目的建设，应采用成熟适用、安全可靠、节能环保的工艺和设备。对于采用的新技术、新工艺，应经充分的技术经济论证。

**第九条** 生活垃圾堆肥处理工程项目的建设，应坚持专业化协作和社会化服务的原则，合理确定配套工程项目，提高运营管理水平，降低运营成本。

**第十条** 生活垃圾堆肥处理工程项目的建设，除执行本建设标准外，尚应符合国家现行有关标准和指标的规定。

## 第二章 建设规模与项目构成

**第十一条** 生活垃圾堆肥处理工程项目的建设应根据城市的规模和特点、生活垃圾的产生量及构成、产品的目标市场容量，结合城市总体规划和环境卫生专项规划，合理确定建设规模和项目构成。

**第十二条** 生活垃圾堆肥处理工程项目的建设规模分类宜符合表1的规定。

**表1 生活垃圾堆肥处理工程建设规模分类**

| 类 型 | 额定日处理能力（t/d） |
|---|---|
| Ⅰ类 | >300 |
| Ⅱ类 | 150～300 |
| Ⅲ类 | 50～150 |
| Ⅳ类 | ≤50 |

注：1．建设规模按进厂垃圾量计。

2．建设规模分类Ⅰ、Ⅱ、Ⅲ类额定日处理能力含上限值，不含下限值。

**第十三条** 生活垃圾堆肥处理工程项目由主体工程设施、配套工程设施以及附属设施等构成。各部分具体设施的设置应根据进入堆肥处理工程的垃圾特性、堆肥处理工艺和规模需要确定。具体包括下列内容：

一、主体工程设施主要包括：称重计量设施、预处理设施、发酵设施、后处理设施、成品堆存设施、除尘除臭设施、渗沥液收集与处理设施等。

1．称重计量设施：汽车衡及其控制与记录等设备及相应建（构）筑物。

2．预处理设施：受料、给料、破袋、分选、破碎、输送等机械设备及相应建（构）筑物。

3．发酵设施：与发酵工艺相配套的布料机、翻堆机、装载机等机械设备及相应建（构）筑物。

4．后处理设施：对堆肥处理后的物料进行进一步处理所需的精分选、输送、破碎等机械设备及相应建（构）筑物。

5．成品堆存设施：堆肥产品所需的检验设备及相应建（构）筑物。

二、配套工程设施主要包括：厂内道路、维修、供配电、给排水、消防、通信、采暖、通风、环境监测、安全监控、化验及检验、绿化、油料、药物储存设施和卫生防护等设施。

三、附属设施主要包括：生产管理设施和生活服务设施。

生产管理设施主要包括：行政办公用房、机修车间、计量间、化验室、变配电室和监控室等设施。

生活服务设施主要包括：值班宿舍、食堂、浴室等设施。

## 第三章 选址与总图布置

**第十四条** 堆肥处理工程项目的选址应符合下列规定：

一、符合城市总体规划、环境卫生专项规划、环境保护规划以及国家现行有关标准、规范的规定。

二、具备满足工程建设的工程地质条件、水文地质条件和气象条件。

三、统筹考虑服务区域，结合已建或拟建的垃圾处理设施，合理布局，并有利于实现综合处理。

四、综合考虑对周围环境及交通运输的影响，充分利用已有基础设施，并有利于减少工程建设投资。

五、堆肥处理工程项目与居民区的卫生防护距离应按环境影响评价批复执行。

**第十五条** 堆肥处理工程的总图布置应符合下列规定：

一、符合生产工艺技术要求。

二、按功能分区设置，做到分区合理，人流、物流通畅，作业管理方便。

三、主要生产设施与辅助生产设施应综合考虑地形、风向、使用功能及安全等因素，宜采取相对集中布置。生产区宜与管理区分开布置。

## 第四章 工艺与装备

### 第一节 一般规定

**第十六条** 堆肥处理工程项目的工艺与装备，应根据堆肥处理工程的建设规模、所用工艺与装备的技术条件合理确定，并满足适度提高机械化和自动化水平、保证安全、改善环境卫生和劳动条件、提高劳动生产率的要求。

**第十七条** 堆肥处理工艺根据物料运动方式，可分为静态堆肥和动态堆肥。

**第十八条** 堆肥处理工程项目应设置称重计量设施，并对进厂垃圾量、垃圾来源以及运出的残渣、堆肥产品等进行计量记录。

**第十九条** 堆肥处理工程项目应设置有效的除尘除臭设施，堆肥产生的渗沥液宜回喷。

### 第二节 预处理

**第二十条** 堆肥处理工程项目应设置预处理工艺，用以分离可生物降解的有机垃圾和可回收物。

**第二十一条** 预处理工艺宜采用人工分选和机械分选相结合的方式。预处理机械设备包括垃圾给料与输送、人工和（或）机械分选、破碎等处理设备，其设备数量、规格及配置应符合工艺技术要求。

**第二十二条** 预处理建（构）筑物应包含垃圾受料区（坑）和机械设备作业区等。预处理建（构）筑物整体上应密闭，关键污染点和臭气源应设局部通风，并应保持工作环境良好。垃圾受料区（坑）大小应根据贮存周期确定，其结构形式应便于进厂车辆卸料及预处理机械设备运行。受料区（坑）应防渗和防腐，并应设垃圾渗沥液导排和通风除臭装置。

### 第三节 发酵

**第二十三条** 采用发酵工艺应符合国家现行有关标准的要求。好氧堆肥应保证堆层各测试点的温度达到55℃以上，且持续时间不得少于5天；或保持在65℃以上，且持续时间不得少于4天，确保达到无害化。

**第二十四条** 发酵工艺设施类型、结构形式应按工艺技术要求配置，应具有适宜的发酵工艺条件与生产作业环境。

**第二十五条** 发酵设施应按工艺流程要求设有翻堆设备、监测设备、通风设施、除尘除臭设施和渗沥液收集装置。

**第二十六条** 发酵设施的进、出料装置应按工艺技术要求配置，对金属构件及设备等应采取相应的防腐蚀措施。

### 第四节 后 处 理

**第二十七条** 后处理工艺的选择应根据产品的用途确定，应以保证产品质量符合国家相关标准、规范的要求为原则。堆肥产品质量应符合城镇垃圾农用控制标准和生活垃圾堆肥处理技术规范的有关规定。

**第二十八条** 后处理设施应根据工艺设计要求合理配置，其建（构）筑物应具有良好的采光、通风条件和必要的工作通道。

### 第五节 残渣处置

**第二十九条** 垃圾预处理和后处理过程中产生的残渣应进行无害化处理。

## 第五章 配 套 工 程

**第三十条** 堆肥处理工程项目的配套工程应与主体工程相适应。其配置标准应满足堆肥处理工程全天候安全作业和不污染环境的要求。

**第三十一条** 供电电源应由当地电网供给，供电负荷等级应为三级，供电方式应根据工艺设计要求、环境特征等因素，按供配电系统设计规范和地方有关法规执行。

**第三十二条** 堆肥处理工程项目应有可靠的供水水源和完善的供水设施。生活用水水质应符合生活饮用水卫生标准的规定。

**第三十三条** 厂区排水系统应实行雨污分流，生活污水和生产废水的排放应符合污水综合排放标准的规定。

**第三十四条** 消防设施的设置应满足厂区消防要求，并应符合建筑设计防火规范及建筑灭火器配置设计规范的有关规定。

**第三十五条** 堆肥处理工程项目应配套设置常规维修和应急故障维修设施。

**第三十六条** 堆肥处理工程项目应配备产品检验、化验设备和设施以及成品堆放设施。成品堆放设施贮存周期宜为60～90天。

**第三十七条** 厂区道路工程应符合厂矿道路设计规范的有关规定。厂内道路设施应保证各种工作车辆的顺畅通行。

**第三十八条** 厂区通信设施的设置，应保证各生产岗位之间的通信联系和对外通信的需要。

**第三十九条** 厂区的绿化布置应满足总体布局要求，合理安排绿化用地，绿地率应为20%～30%，并应满足规划部门的批复要求。

## 第六章 环境保护与劳动保护

**第四十条** 堆肥处理工程项目的环境保护和劳动保护应符合国家现行有关标准的要求。

**第四十一条** 堆肥处理工程项目应设置固定监测点，宜配置噪声、粉尘等常规监测设备。

**第四十二条** 堆肥处理工程项目生产区内应设置除尘、除臭、灭蝇、消杀等设施。氨、硫化氢、甲硫醇和臭气（恶臭浓度）排放应符合恶臭污染物排放标准及工业企业设计卫生标准的有关规定。

**第四十三条** 厂区噪声控制应符合工业企业厂界噪声标准和工业企业设计卫生标准的规定。

**第四十四条** 厂区的安全、卫生和劳动保护设施应符合工业企业设计卫生标准及生产过程安全卫生要求总则的规定。

**第四十五条** 生产区内必须设立安全设施及醒目的安全标识。

# 第七章 建筑标准

**第四十六条** 堆肥处理工程项目建筑标准应贯彻安全适用、经济合理、因地制宜的原则，根据项目建设规模、建（构）筑物用途、场地条件等区别对待。

**第四十七条** 生产管理及生活服务设施在满足使用功能和安全的条件下，宜集中布置。堆肥处理工程项目附属建筑面积指标宜按表2执行。

**表2 堆肥处理工程项目附属建筑面积指标（$m^2$）**

| 类 型 | 生产管理用房 | 生活服务设施用房 |
|---|---|---|
| Ⅰ类 | 1200～1500 | 400～600 |
| Ⅱ类 | 800～1200 | 200～400 |
| Ⅲ类 | 500～800 | 100～200 |
| Ⅳ类 | 200～500 | 80～100 |

注：1. 表中劳动定员多的取上限，劳动定员少的取下限。
2. 好氧静态堆肥取上限，好氧动态堆肥取下限。
3. 建设规模大的取上限，建设规模小的取下限，中间规模可采用内插法确定。
4. Ⅰ类厂可根据实际处理规模酌情增加，但单位处理能力的建筑面积不应大于Ⅰ类堆肥处理工程下限的相应面积。

# 第八章 主要技术经济指标

**第四十八条** 堆肥处理工程项目的投资估算应按国家现行有关规定执行。评估或审批项目可行性研究报告的投资估算时，应根据工程实际内容及价格变化情况，按照动态管理的原则进行调整后使用。

**第四十九条** 堆肥处理工程项目投资估算指标可按表3所列指标控制。

**表3 堆肥处理工程项目投资估算指标［万元/（t/d）］**

| 堆肥处理工艺形式 | 投资估算指标 |
|---|---|
| 静态堆肥 | 10～25 |
| 动态堆肥 | 20～35 |

注：1. 表中指标不包含产品深加工处理设施投资估算费用。
2. 表中指标不包含残渣处置所需设施投资估算费用。
3. 表中指标不包含征地费、场外道路及外部工程费用。
4. 对于封闭式厂房和机械化自动化水平高的项目取上限。
5. 对于开放式或半封闭式厂房和机械化水平低，直接接收分类收集或分选处理后垃圾的项目取下限。
6. 表中指标不含引进设备及附加费用。
7. 规模小的项目取上限，规模大的项目取下限。

**第五十条** 堆肥处理工程项目建设工期可按表4所列指标控制

**表4 堆肥处理工程项目建设工期（月）**

| 类 型 | 建设工期 |
|---|---|
| Ⅰ类 | 14～20 |
| Ⅱ类 | 12～14 |
| Ⅲ类 | 10～12 |
| Ⅳ类 | 8～10 |

注：表中所列工期从破土动工开始，到工程竣工验收为止，不包括非正常停工时间。

**第五十一条** 堆肥处理工程项目应按国家现行的有关建设项目经济评价方法与参数的规定进行经济评价。

## 附 件

# 《生活垃圾堆肥处理工程项目建设标准》条文说明

## 第一章 总 则

**第一条** 生活垃圾堆肥处理工程项目直接关系到人民生活与环境保护。本建设标准是在国家有关基本建设方针、政策和法律、法规指导下，总结我国生活垃圾堆肥处理工程项目建设经验，特别是近几年来的建设经验，并考虑今后生活垃圾堆肥处理工程项目建设发展的需要而编制的。本建设标准的编制目的在于推动技术进步，提高项目的投资效益、社会效益和环境效益，为项目决策和建设管理提供科学依据。

**第二条** 本建设标准是依据有关规定由国家投资和建设主管部门审批发布的、为项目决策和合理确定建设水平服务的全国统一标准，是工程项目决策和建设中有关政策、技术、经济的综合性和宏观指导性文件。建设标准的作用是为项目决策等建设前期工作提供应遵循的原则，为项目建设实施提供监督、检查的尺度。

**第三条** 本建设标准主要适用于新建生活垃圾堆肥处理工程项目。改扩建工程项目及垃圾综合处理工程项目的堆肥处理车间，因受既有条件的限制，可能达不到本建设标准的规定，但技术装备水平、环境保护、主要技术经济指标等应符合本建设标准的规定。

**第四条** 本条明确了生活垃圾堆肥处理工程项目的处理对象。有机垃圾是通过生活垃圾的分类收集或混合收集后经过预处理得到的。为提高生活垃圾堆肥处理效率，降低堆肥处理成本，提高堆肥处理产品质量，应尽可能在垃圾分类收集的基础上建设生活垃圾堆肥处理工程项目。对于混合收集的生活垃圾，应当在预处理的基础上进行生活垃圾堆肥处理。

**第五条** 生活垃圾堆肥处理工程项目的产品应用于农田时，在肥料元素组成、有机质含量、重金属含量、水分及粒度等方面均应符合国家现行标准《城镇垃圾农用控制标准》GB 8172、《粪便无害化卫生标准》GB 7959 和生活垃圾堆肥处理技术规范等相关标准、规定的要求。生活垃圾堆肥处理工程项目的生产工艺、配套设施、工艺参数等是保证堆肥处理产品达标的关键。要采取有效措施，防止生活垃圾堆肥处理工程项目建成后对环境造成二次污染。

**第六条** 生活垃圾堆肥处理工程项目的建设水平应适合我国国情及本地区经济发展水平和

当地的垃圾成分特性。我国幅员辽阔，地区经济发展水平差异很大，要区别不同城市、不同建设规模，合理确定项目的建设水平。技术上应当是成熟的、可行的和安全可靠的，并能适应当地的经济发展和市场需求，做到节能环保，易于管理。

**第七条** 生活垃圾堆肥处理工程项目是城市市政公用设施，要在相关规划的指导下进行投资建设。由于城市的快速发展，使得环境外部性问题比较突出的垃圾处理项目在很多城市都面临选址难的问题，为了满足人们对生活环境和生态环境的要求，本条强调生活垃圾堆肥处理工程项目的建设应符合城市总体规划和环境卫生专项规划。

生活垃圾堆肥处理工程项目的建设既要满足生活垃圾处理近期要求，又要考虑远期发展的需要，要近、远期结合，并为将来发展留有余地。本条提出生活垃圾堆肥处理工程项目建设规划与布局应与城市总体规划相适应，就是要求生活垃圾堆肥处理工程项目的建设应适应城市发展需要。

生活垃圾堆肥处理工程项目的建设应做多方案比较，进行技术、经济、环境、社会论证及综合比选。根据筹资能力，分期、分段实施，并从发挥投资效益出发，控制初期工程规模和投资。

**第八条** 生活垃圾堆肥处理工程项目工艺技术与设备的选择，要注重成熟性与适用性，要充分考虑堆肥处理成本及企业运营负担能力。生活垃圾堆肥处理工程机械化和自动化水平不同，其垃圾处理总成本差异也较大。采用新技术应有利于提高有机垃圾回收利用水平，降低污染物的排放量。引进国外的技术和设备，应满足先进、成熟、可靠的基本条件，并经细致的技术经济论证。

**第九条** 本条规定生活垃圾堆肥处理工程项目建设内容确定的原则，要视生产需要和工艺要求，充分利用当地有可能提供的协作条件，合理确定项目的内容，不搞“大而全”，“小而全”工程。

**第十条** 本条阐明本建设标准与国家现行有关技术标准与规范的关系。生活垃圾堆肥处理工程项目的建设涉及面广，专业多，本建设标准的内容仅从加强垃圾堆肥处理工程项目建设的宏观管理和影响、合理建设水平以及投资效益等主要方面作出必要的规定，并未对工程项目的所有方面作出规定。随着标准化工作的发展，将有更多的标准、规范、定额指标等陆续发布，故本条就其相互关系作了明确的规定。

## 第二章　建设规模与项目构成

**第十一条** 本条是关于生活垃圾堆肥处理工程项目建设规模与构成的规定。生活垃圾堆肥处理工程项目建设规模应满足城市总体规划和环境卫生专项规划的要求，其建设规模与城市规模、特点有关。一般来说规模大的城市人口多，生活垃圾产量高，可堆肥处理的垃圾量相对较大，有建设大型堆肥处理工程的条件，但堆肥处理工程的建设规模及数量又与该城市的特点、区域位置、适宜于堆肥处理的垃圾产量、垃圾分类收集状况、垃圾处理水平以及当地对堆肥处理产品的市场需求等因素密切相关。因此，建设堆肥处理工程时应综合考虑以上各种因素。

**第十二条** 本条对生活垃圾堆肥处理工程项目建设规模的分类作了规定。堆肥处理工程项目的建设规模应根据堆肥处理工程服务范围内需要堆肥处理的垃圾量确定。考虑生活垃圾来源及垃圾堆肥处理产品使用特性等因素，以及国内外现有的生活垃圾堆肥处理工程项目运行经验，集中建设的垃圾堆肥处理工程项目的处理规模一般不宜太大。

**第十三条** 本条规定了生活垃圾堆肥处理工程项目工程设施的分类和项目构成。由于进入堆肥处理工程的垃圾特性差异较大，堆肥处理工艺形式也是多种多样，堆肥处理工程项目构成要根据堆肥处理工艺需要确定，如对于庭院有机垃圾或分类收集后的适宜堆肥处理的有机垃圾，其预处理工序可以简化。

## 第三章 选址与总图布置

**第十四条** 本条规定了堆肥处理工程项目的选址应符合当地城市总体规划和城市环境卫生专项规划的要求，技术上应符合国家现行标准《城市生活垃圾堆肥处理厂技术评价指标》CJ/T 3059 的有关规定。因生活垃圾在堆肥处理过程中散发气味等对环境的影响，堆肥处理工程项目的选址应该与居住区有一定的卫生防护距离，该防护距离是指征地红线与居民区之间的距离，应按环境影响评价批复执行，一般不宜小于300m。堆肥处理工程项目的厂址地质条件要求能够满足堆肥处理工程建（构）筑物的承载要求。为提高生活垃圾堆肥处理工程项目的投资效益，堆肥处理工程项目的选址还应综合考虑交通运输、产品出路等因素。

**第十五条** 本条规定了堆肥处理工程项目的总体布局以及堆肥处理工程项目的主要生产设施、辅助生产设施、生活服务设施等建（构）筑物在满足使用功能和安全的条件下，宜相对集中布置，同时应本着合理设置、节约投资的原则确定。各项工程的布局除应考虑主体工程的工艺技术要求外，还应结合地形、夏季主导风向等自然条件，如生产区和管理区应形成相对集中的两个独立区域，且管理区应在夏季主导风向的上风向。

## 第四章 工艺与装备

### 第一节 一般规定

**第十六条** 本条是根据我国目前国情及科学技术发展水平对堆肥处理工程项目工艺与装备水平的影响而作出的原则规定。受经济水平的限制，低成本的堆肥处理工程项目具有更强的适用性。

**第十七条** 本条说明了堆肥处理的主要工艺。

堆肥工艺根据分段形式可分为一次性堆肥和二次性堆肥，根据物料运动方式可分为静态堆肥和动态堆肥，根据供氧方式可分为强制通风堆肥、自然通风堆肥和翻堆式堆肥，根据发酵设备的反应器形式可分为条垛式堆肥、槽式（仓式）堆肥、塔式堆肥、回转圆筒式堆肥。

应用较多的是动态堆肥并进行强制通风。动态堆肥由于垃圾物料能够较好地混合并均匀发酵，故发酵时间相对较短，发酵占地相对较少，但同时其投资费用和运行成本较高。静态堆肥由于物料不能够较好地混合和均匀发酵，故发酵时间相对较长，发酵占地相对较大，但同时其投资费用和运行成本较低。

**第十八条** 本条要求堆肥处理工程项目应设置称重计量设施。对进厂垃圾量、垃圾来源以及运出的残渣、堆肥产品等进行计量记录，对垃圾来源和特性等进行记录统计，是堆肥处理工程项目生产管理的基本措施。

**第十九条** 本条要求堆肥处理工程项目应有集中除尘除臭设施，对高温堆肥过程中产生的渗沥液宜部分回喷到发酵仓，以调节发酵过程中的技术参数，同时减少渗沥液的处理量。

### 第二节 预处理

**第二十条** 本条说明了堆肥处理工程项目设置预处理工艺的目的和原则。混合收集的生活垃圾中的不可降解物不仅会影响甚至会破坏堆肥处理系统各环节的装、卸料工序，还会影响和恶化堆肥处理工艺条件，如阻碍通风、热量传递等，造成好氧堆肥产品质量下降，所以应设置预处理工艺。预处理工艺还可以回收垃圾中的可回收物。

**第二十一条**　预处理工艺中，人工分选有利于去除瓶、罐、塑料袋、织物及大件垃圾等不可堆肥处理物，人工分选与机械处理相结合能提高预处理工艺的综合性能和效能，有利于实现废品回收及资源再利用，是堆肥处理工程项目的物料准备系统，也是堆肥处理工程项目产品质量的保障系统。

人工分选设备主要有带式输送机及辅助设备等，机械设备主要有装载机、垃圾抓吊等，给料设备主要有破袋机、破碎机、筛分机（滚筒筛、振动筛等）、磁选机和涡流分选机等。

人工分选工序宜设置在带式输送机两边，工位数常以偶数计，带式输送机长度及各工位间隔的距离视人工分选与带式输送机配合情况而定，一般要求带式输送机速度小于0.5m/s，同侧两工位间距离不小于2m。

预处理机械设备中装载机和垃圾抓吊等给料设备主要用于将原生垃圾从受料区（坑）输入预处理工序；破袋机的作用主要是破开垃圾袋；破碎机主要是将原生垃圾中几何尺寸较大的物料破碎成较小的物料，达到改善发酵工艺条件的目的；滚筒筛、振动筛均为分级设备，尽管机械运动原理不同，但其基本功能相似，即实现物料的粒度分级，以去除不可堆肥处理物及改善工艺条件；磁选机主要用于去除垃圾中的铁质金属；涡流分选机主要用于去除垃圾中的有色金属。

应根据堆肥处理工程项目对垃圾物料的要求选用相应的预处理工艺，选择工艺的原则是精简、高效，尽量选择一机多功能的设备。

**第二十二条**　本条规定预处理设施建（构）筑物应包含进厂垃圾的受料区（坑）和机械设备作业区等。机械设备作业区是机械设备运行的必要场地，对于可移动的机械设备，如装载机、翻堆机等，除应考虑其放置占地外，还需考虑其运行时行走通道、安全防护区。本条亦对预处理设施的结构、大小及其作业环境作出要求。

堆肥处理臭味问题比较突出，为保证基本工作环境，在关键污染点和臭气源处需要加强局部通风。关键污染点一般指垃圾储料坑、滚筒筛给料口、板式给料机的料斗等，臭气源一般指垃圾储料坑、人工拣选站等。

## 第三节　发　酵

**第二十三条**　本条规定发酵工艺应符合国家现行标准《城市生活垃圾好氧静态堆肥处理技术规程》CJJ/T 52的要求，对发酵过程工艺参数（温度、时间等）进行调控，减少二次污染。

**第二十四条**　本条规定发酵工艺设施类型和结构形式应按工艺要求进行设置。无论哪一种类型的发酵处理设施都必须具有良好的防雨、隔声、除臭功能及良好的作业环境。

**第二十五条**　本条对发酵设备和设施的设置作出了规定。

垃圾在发酵过程中应设有翻堆设备和监测设备。翻堆设备不断对垃圾堆体进行翻拌，保证垃圾发酵均匀。监测设备用于监测垃圾堆体的温度、含氧量和水分，保证最佳的发酵条件。

垃圾好氧堆肥过程中主要排出的气体是水蒸气、$CO_2$ 和少量的 $NH_3$ 等，此外运行中由于各种原因，局部会出现厌氧而产生臭气，为防止二次污染，垃圾堆肥处理工程应设置除尘除臭设施。

垃圾好氧堆肥过程中产生的渗沥液 COD 和 $BOD_5$ 较高，应当集中收集，并与全厂的生产废水和生活污水分开收集，除一部分回用于发酵，作为水分调节外，其余部分应进行处理，按环境影响评价批复中规定的排放标准排放到指定水域。

**第二十六条** 我国现有的堆肥设施进料设备和出料设备主要有装载机、垃圾抓吊、带式输送机等。由于发酵装置与垃圾直接接触，含水率较高，对金属构件和设备应具体分析腐蚀的性质，结合当地的实际情况，因地制宜地选用经济合理、技术可靠的防腐蚀方法，并应达到国家现行的有关标准的规定。

### 第四节 后 处 理

**第二十七条** 本条对垃圾堆肥处理工程项目中后处理工序的目的和要求作出了规定。后处理工序应根据产品的用途设置，除应符合现行国家标准《城镇垃圾农用控制标准》GB 8172 的有关要求外，还应符合《城市生活垃圾好氧静态堆肥处理技术规程》CJJ/T 52 的有关要求，以保证堆肥处理产品质量符合国家相关标准。

垃圾经过堆肥后，预处理工序中尚没有去除的塑料、玻璃、陶瓷、金属、小石块等杂质依然存在，因此，应对堆肥处理后的物料做进一步的后处理。

**第二十八条** 本条规定后处理设施应根据工艺设计要求合理配置。堆肥的建（构）筑物设计也应考虑良好的通风、采光条件，具备良好的防雨、隔声功能。

### 第五节 残 渣 处 置

**第二十九条** 本条对堆肥处理残渣的处置作出了规定。生活垃圾在预处理和后处理过程中，均要分选出残渣，对该部分残渣原则上应尽可能回收利用，不可回收利用的也应达到无害化处理的要求。

## 第五章 配 套 工 程

**第三十条** 本条规定各项配套工程的功能、规模、布局等均应满足堆肥处理主体工程的要求，并与主体工程相适应，以形成协调的垃圾堆肥处理系统。

**第三十一条** 为保证堆肥处理工程项目的稳定运行，应设置可靠的供配电设施。一般三级用电负荷即可满足堆肥处理工程项目供配电要求，供电方式应根据工艺设计要求、现行国家标准《供配电系统设计规范》GB 50052 以及地方有关法规合理确定。

**第三十二条** 本条规定了堆肥处理工程项目的水源以连接邻近城市供水管网为宜，不满足上述条件时，需建设有效的供水系统并配置相应的供水设施，其水质应符合现行国家标准《生活饮用水卫生标准》GB 5749 的要求。

**第三十三条** 本条规定了堆肥处理工程项目的排水应符合现行国家标准要求，实行雨污分流。厂区雨水可经雨水排放系统排放，生活污水和生产废水的排放应符合现行国家标准《污水综合排放标准》GB 8978 的要求，而渗沥液必须由单独的收集系统收集，部分可直接回喷，用于堆肥的水分调节，其余部分送污水处理厂处理或自行处理，水质达到环境影响评价批复的要求即可排放。

**第三十四条** 本条规定了堆肥处理工程消防设施应满足厂区消防要求，并应当符合现行国家标准《建筑设计防火规范》GB 50016 以及《建筑灭火器配置设计规范》GB 50140 的有关规定。

**第三十五条** 根据“专业化与社会化”相结合的原则，可移动的机械设备如装载机、汽车等车辆的大修应尽可能由专业维修机构维修；一般机械设备如翻堆机、垃圾抓吊、进料泵等，则可以考虑配置必要的维修技术力量与专用维修设备。垃圾堆肥处理工程项目应具备各类设备的小修和日常维修保养的能力及配套设施。

**第三十六条** 为保证堆肥处理产品质量，应当配置堆肥处理产品检验、化验设备。化验设备的设置应充分考虑专业化协作条件，不宜全套设置。另外，为解决堆肥处理产品生产的连续性与堆肥处理产品使用（销售）季节性的矛盾等问题，可根据各地的具体情况，按60～90天的贮存周期设置堆肥处理成品库房。

**第三十七条** 厂区道路除满足道路设计的一般要求外，还应满足国家现行有关标准的要求。厂区道路主要线路应形成回路，通行能力应当根据堆肥处理生产原料与产品运输量而定。

**第三十八条** 厂区应设有对外联系电话，主要工序之间应设置可靠的联系渠道，如配置对讲机、设置信号灯等。

**第三十九条** 本条对堆肥处理工程项目的厂区绿化作出了要求。

## 第六章 环境保护与劳动保护

**第四十条** 堆肥处理工程项目是处理生活垃圾的场所，是环境保护工程，项目运行过程中产生的污染物处理和排放应符合生活垃圾堆肥处理技术规范的要求。

**第四十一条** 为了解和掌握堆肥处理工程项目对周围环境的影响，应设置固定监测点，监测噪声、恶臭和粉尘，并宜配置噪声、粉尘等常规监测设备，对堆肥处理厂定期进行监测。

**第四十二条** 本条规定了堆肥处理工程项目应设置除臭及卫生防疫措施，氨、硫化氢、甲硫醇和臭气（恶臭浓度）排放应符合现行国家标准《恶臭污染物排放标准》GB 14554 及《工业企业设计卫生标准》GBZ 1 的有关规定。

**第四十三条** 本条是对堆肥处理工程项目噪声所作的规定。虽然有些机电设备在单机运行时噪声指标符合企业标准，但当多台设备同时作业时，有可能超过现行国家标准《工业企业厂界噪声标准》GB 12348 的要求，为保障职工的工作环境，应采取减振、防噪措施。

**第四十四条** 现行国家标准《工业企业设计卫生标准》GBZ 1 对厂内作业区的卫生指标作出了具体规定，是设计的依据。现行国家标准《生产过程安全卫生要求总则》GB 12801 是作业生产安全卫生的总则。各项工程设计和建设应按规定执行。

**第四十五条** 本条是对堆肥处理工程项目作业区内安全方面所作的规定，如工程作业区内应设置防火标牌，车辆出入应有行车安全标牌和限速标牌，配电室应有高压警示标牌等。

## 第七章 建筑标准

**第四十六条** 本条是对堆肥处理工程项目建筑标准和建设用地安排的总原则。建筑标准应遵循安全适用、经济合理、因地制宜的原则。建设用地应在满足生产、办公、生活用地需求和合理防护距离的情况下，尽量集中布置，节约土地。

**第四十七条** 本条规定堆肥处理工程项目的生产管理及生活服务设施在满足使用功能和安全的条件下，宜相对集中布置，其建筑面积应本着科学合理、节约投资的原则确定。

表2中堆肥处理工程项目附属建筑面积指标系在调查国内现有典型堆肥处理工程项目附属建筑面积的基础上，本着合理设置、节约投资的原则，参考相关标准、规范及劳动定员对附属建筑面积的一般性需求，通过分析测算后综合确定的。计算方法详见附表1。国内7座生活垃圾堆肥处理工程生产管理及生活服务设施用房调查详见附表2。生活垃圾堆肥处理工程项目劳动定员详见附表3。

## 附表1　生产管理与生活服务设施用房面积测算表

| 序号 | 建筑功能 | 最大班人数 | | | | 参考标准规范 | 单位指标（$m^2$/人） | 使用面积（$m^2$） | | | |
|---|---|---|---|---|---|---|---|---|---|---|---|
| | | Ⅰ类 | Ⅱ类 | Ⅲ类 | Ⅳ类 | | | Ⅰ类 | Ⅱ类 | Ⅲ类 | Ⅳ类 |
| 一 | 生产管理用房 | | | | | | | | | | |
| 1 | 领导办公用房（厂长、副厂长、总工程师等） | 4 | 3 | 2 | 2 | 《火力发电厂辅助、附属及生活福利建筑物建筑面积标准》DL/T 5052—1996 规定领导办公室：$20m^2$/人；生产和行政人员办公室：$9m^2$/人<br>《党政机关办公用房建设标准》规定科级以下 $6m^2$/人 | 15 ~ 20 | 60 ~ 80 | 45 ~ 60 | 30 ~ 40 | 30 ~ 40 |
| 2 | 生产和行政工作人员办公室（物资采购、设备维修、党政工团、后勤等） | 28 ~ 37 | 19 ~ 37 | 10 ~ 18 | 5 ~ 18 | | 6 | 168 ~ 222 | 114 ~ 222 | 60 ~ 108 | 30 ~ 108 |
| 3 | 财务室（2间） | 3 | 3 | 3 | 2 | 《办公建筑设计规范》JGJ 67—2006 规定单间办公室净面积不应小于 $10m^2$，调研显示，目前单间办公室多为 10 ~ $15m^2$ | 10 ~ 15 | 20 ~ 30 | 20 ~ 30 | 20 ~ 30 | 20 ~ 30 |
| 4 | 会议室（按大小共2间计）（大会议室按能容纳全厂员工开会考虑 | ≥80 | 80 ~ 110 | 60 ~ 100 | 60 ~ 100 | 《办公建筑设计规范》JGJ 67—2006 规定小会议室使用面积宜为 $30m^2$，中会议室使用面积宜为 $60m^2$；无会议桌的不应小于 $0.80m^2$/人 | 1 | 大：90 ~ 120<br>小：30 | 大：80 ~ 100<br>小：30 | 大：50 ~ 80<br>小：30 | —<br>0 ~ 30 |
| 5 | 机修间 | — | — | — | — | — | — | 150 ~ 160 | 60 ~ 100 | 40 ~ 60 | — |
| 6 | 计量间 | — | — | — | — | — | — | 20 ~ 30 | 20 ~ 30 | 10 ~ 20 | 10 ~ 20 |

## 续附表 1

| 序号 | 建筑功能 | 最大班人数 | | | | 参考标准规范 | 单位指标 | 使用面积（$m^2$） | | | |
|---|---|---|---|---|---|---|---|---|---|---|---|
| | | Ⅰ类 | Ⅱ类 | Ⅲ类 | Ⅳ类 | | （$m^2$/人） | Ⅰ类 | Ⅱ类 | Ⅲ类 | Ⅳ类 |
| 7 | 化验室 | — | — | — | — | — | — | 60～80 | 40～60 | 30～40 | 15～40 |
| 8 | 消防间 | — | — | — | — | 应按工艺要求进行设计，这里给出参考面积 | — | 30～40 | 20～30 | 10～20 | 10～20 |
| 9 | 配电室 | — | — | — | — | | — | 40～50 | 20～30 | 10～20 | 10～20 |
| 10 | 监控室 | — | — | — | — | | — | 50～60 | 20～30 | 10～20 | 0～20 |
| 11 | 厂内通信室 | — | — | — | — | | — | 20～30 | 20～30 | 10～20 | — |
| 12 | 传达室 | — | — | — | — | — | 10～15 | 10～15 | 10～15 | 10～15 | 10～15 |
| 13 | 接待室 | — | — | — | — | — | — | 10～15 | 10～15 | 0～10 | — |
| 14 | 文印室 | — | — | — | — | — | — | 10～15 | 10～15 | 8～10 | — |
| 15 | 技术档案室（2间计） | — | — | — | — | — | — | 30～50 | 20～30 | 10～20 | 10～20 |
| 16 | 科技图书室及阅览室 | — | — | — | — | — | — | 30～50 | 20～30 | 10～20 | — |
| 17 | 储存间 | — | — | — | — | — | — | 20～30 | 15～30 | 10～15 | — |
| | 小计 | — | — | — | — | — | — | 848～1107 | 574～887 | 358～578 | 145～363 |
| | 总建筑面积（$m^2$）（取系数1.35） | — | — | — | — | — | — | 1145～1495 | 775～1197 | 483～780 | 196～490 |
| | 本建设标准建筑面积指标（$m^2$） | — | — | — | — | — | — | 1200～1500 | 800～1200 | 500～800 | 200～500 |

## 续附表 1

| 序号 | 建筑功能 | 最大班人数 | | | | 参考标准规范 | 单位指标（$m^2$/人） | 使用面积（$m^2$） | | | |
|---|---|---|---|---|---|---|---|---|---|---|---|
| | | Ⅰ类 | Ⅱ类 | Ⅲ类 | Ⅳ类 | | | Ⅰ类 | Ⅱ类 | Ⅲ类 | Ⅳ类 |
| 二 | 生活服务设施 | | | | | | | | | | |
| 1 | 职工倒班宿舍 | 5 ~ 8 | 5 ~ 8 | 3 ~ 4 | 2 ~ 3 | 《宿舍建筑设计规范》JGJ 36—2005 规定：2 类，每室居住 2 人<br>人均使用面积 $8m^2$/人<br>《新建工矿企业项目住宅及配套设施建筑面积指标》规定：8 ~ $10m^2$/床 | 8 ~ 10 | 40 ~ 80 | 40 ~ 80 | 24 ~ 40 | 16 ~ 24 |
| 2 | 食堂（含备餐、厨房、储藏间、大餐厅 1 间、小餐厅 2 间） | ≥30 | 10 ~ 20 | 10 ~ 15 | 8 ~ 10 | 《饮食建筑设计规范》JGJ 64—1989 规定：食堂餐厅一类 $1.1m^2$/座，二类 $0.85m^2$/座，餐厨比宜为1∶1，另考虑洗手池和洗碗池以及外来人员备用量增加 20% | $1m^2$/人 | ≥72 | 24 ~ 48 | 24 ~ 36 | 19 ~ 24 |
| 3 | 职工活动用房 | — | — | — | — | 《宿舍建筑设计规范》JGJ 36—2005 规定：公共活动室（空间）的最小使用面积不宜小于 $30m^2$ | — | 30 ~ 60 | 0 ~ 30 | 0 ~ 30 | — |
| 4 | 公众参与和宣传展示 | — | — | — | — | 包括图片及模型展览室，报告厅；报告厅宜按 $1m^2$/座设计，并设置电化教育设施 | — | 50 ~ 80 | 20 ~ 40 | — | — |

**续附表 1**

| 序号 | 建筑功能 | 最大班人数 | | | | 参考标准规范 | 单位指标（$m^2$/人） | 使用面积（$m^2$） | | | |
|---|---|---|---|---|---|---|---|---|---|---|---|
| | | Ⅰ类 | Ⅱ类 | Ⅲ类 | Ⅳ类 | | | Ⅰ类 | Ⅱ类 | Ⅲ类 | Ⅳ类 |
| 5 | 淋浴室及公共洗漱间 | 20～30 | 15～20 | 10～15 | 8～10 | 洗浴室的指标参照《工业企业设计卫生标准》GBZ 1 中浴室及有关资料折算而来<br>每个淋浴器使用人数取 5，每个淋浴器平均占用面积取 6～7$m^2$（包括更衣室在内） | — | 30～50 | 20～30 | 12～20 | 10～12 |
| 6 | 卫生间 | — | — | — | — | 每层男女各 1 间，按照 2～3 层考虑 | — | 40～60 | 40～60 | 10～20 | 10～12 |
| | 小计 | — | — | — | — | — | — | 294～434 | 144～288 | 70～146 | 55～72 |
| | 总建筑面积（$m^2$）（取系数 1.35） | — | — | — | — | — | — | 397～586 | 194～389 | 95～197 | 74～97 |
| | 本建设标准建筑面积指标（$m^2$） | — | — | — | — | — | — | 400～600 | 200～400 | 100～200 | 80～100 |

**附表2　国内7座生活垃圾堆肥处理工程生产管理及生活服务设施用房调查表**

| 序号 | 堆肥处理工程名称 | 建设规模（t/d） | 工程类型 | 生产管理及生活服务设施用房（$m^2$） | | 备注 |
|---|---|---|---|---|---|---|
| | | | | 合计 | 构成说明 | |
| 1 | 青岛市小涧西生活垃圾综合处理场—堆肥厂 | 300 | Ⅱ类 | 336 | 管理用房：336 | 调研数据 |
| 2 | 北京市南宫堆肥厂 | 400 | Ⅰ类 | 1148 | 办公楼：1018，地磅房：104，门房：26 | 调研数据 |
| 3 | 烟台市生活垃圾湿解处理工程 | 400 | Ⅰ类 | 990 | 综合楼：990（综合楼扩建） | 调研数据 |
| 4 | 北京市董村分类垃圾综合处理厂工程 | 650 | Ⅰ类 | — | 用原厂房的综合楼 | 初步设计 |
| 5 | 北京市燕山石化垃圾综合处理厂 | 150 | Ⅲ类 | 282 | 综合用房及车库：243，地磅房：26，门房：13 | 初步设计 |
| 6 | 北京市怀柔垃圾无害化处理厂 | 200 | Ⅱ类 | 2410 | 办公楼；2400，地磅房：10 | 调研数据 |
| 7 | 陕西阎良区垃圾资源化处理厂 | 150 | Ⅲ类 | 490 | 综合楼：230，宿舍：260 | 调研数据 |

注：以上调研的7座生活垃圾堆肥处理工程中，绝大部分有其他垃圾厂做依托，所以生产管理及生活服务设施用房面积相差较大。

**附表3　生活垃圾堆肥处理工程项目劳动定员**

| 类　型 | 劳动定员（人） |
|---|---|
| Ⅰ类 | 55~70 |
| Ⅱ类 | 35~55 |
| Ⅲ类 | 20~35 |
| Ⅳ类 | <20 |

注：1. 表中数据不包含产品深加工处理工序人员配备。
2. 表中数据不包含残渣处置工序人员配备。
3. 对混合收集的生活垃圾设置人工分选，预处理和后处理工序的生物处理工程项目取上限。
4. 部分工序为三班的，人员按上限考虑。

# 第八章　主要技术经济指标

**第四十八条**　本条规定了编制和使用工程投资估算指标的原则。强调应根据项目实际情况变化调整使用，进行动态管理。遇到地基特殊处理、采用新技术、国外贷款工程以及其他特殊设防等情况时，各项指标应结合具体情况调整后使用。国内生活垃圾堆肥处理工程项目主要技术经济指标调查数据见附表4。

**附表4 国内典型堆肥处理工程项目建设及运行投资指标调查**

| 序号 | 堆肥处理工程名称 | 处理规模(t/d) | 建设总投资(万元) | 单位投资[万元/(t/d)] | 建成时间 | 备注 |
|---|---|---|---|---|---|---|
| 1 | 青岛市小涧西生活垃圾综合处理场 | 300 | 11204 | 37.35 | 2008年 | 预处理+高温堆肥 |
| 2 | 北京市南宫堆肥厂 | 400 | 18000 | 45 | 1998年 | 德国技术设备/隧道式动态堆肥处理 |
| 3 | 烟台市生活垃圾湿解处理工程 | 400 | 8100 | 20.25 | 2008年 | 湿解+焚烧 |
| 4 | 北京市董村分类垃圾综合处理厂工程 | 650 | 17887 | 27.52 | 在建 | 厌氧发酵 |
| 5 | 北京市燕山石化垃圾综合处理厂 | 150 | 7939.16（包括填埋） | — | 不详 | 预处理+高温堆肥+填埋 |
| 6 | 北京市怀柔垃圾无害化处理厂 | 200 | 7000（包括填埋） | 35（包括填埋） | 2004年 | 预处理+高温堆肥 |
| 7 | 陕西阎良区垃圾资源化处理厂 | 150 | 3200 | — | 2008年 | 预处理+湿解+制肥 |

注：表中费用数据为当时当地价格。

在以上实例中，单位投资估算指标均大于本建设标准中表3的投资估算指标，原因在于以上堆肥厂中，采用静态堆肥工艺的南宫堆肥厂、怀柔垃圾无害化处理厂均为进口设备，单位投资比较高。采用动态堆肥工艺的青岛市小涧西生活垃圾综合处理场生化处理厂为加拿大政府贷款，设备也是进口。其他厂都属于以堆肥为主的综合处理厂，因此单位投资估算指标也都高于本建设标准的投资估算指标。

**第四十九条** 本条所列投资估算指标是评估或审批新建堆肥处理工程项目投资估算的参考依据。在具体评估或审批堆肥处理工程项目时，应结合工程的实际情况，按照动态管理的原则，进行调整后采用。新建堆肥处理工程项目的投资估算应按照国家现行有关规定编制。

表3中生活垃圾堆肥处理工程项目投资估算指标是在目前我国现有堆肥处理工程项目的调查数据的基础上（见附表4），考虑了一定的前瞻性而确定的。表3所列的投资估算指标仅针对采用国产设备而言，采用国外设备不计在内。由于各地建设条件的差异和工程本身的变化，本指标很难完全反映实际情况，仅作为计算投资估算的参考指

标，各地在使用时要根据当地现行价格进行调整。由于堆肥处理工程项目的（占用土地一般用面积表示）征地拆迁费用各地区差异较大，堆肥处理工程项目外部条件也存在一定差异，因此，表3的估算指标中未包括堆肥处理工程项目的征地、拆迁、厂外道路及外部工程费用。目前，国内能够正常运行的生活垃圾堆肥处理工程项目较少，其重要原因是生活垃圾混合收集。混合收集的生活垃圾中虽然可采用堆肥处理的物料比例较高，但不可堆肥处理物的体积比例特别是各种包装物比例不断增加，使得预处理难度加大，堆肥处理成本逐步提高，堆肥产品质量难以保证，影响堆肥产品的市场。对于混合收集的生活垃圾堆肥处理工程项目，不仅要分析其单位投资指标，还要考虑其堆肥处理过程中产生大量的不可堆肥物处理所需的投资费用，才能全面反映堆肥处理工程的投资效益。

**第五十条** 表4是根据堆肥处理工程项目建设工程量的大小所提出的建设工期控制指标。堆肥处理工程项目建设工期还与建设资金落实计划、施工条件等因素有关。在确定堆肥处理工程项目建设工期时，应根据项目的实际条件，合理确定建设工期，防止建设工期拖延，增加工程投资。

**第五十一条** 堆肥处理工程项目应按照国家现行的有关建设项目经济评价方法与参数的规定进行经济评价。堆肥处理工程项目经济评价应当重视产品目标市场的需求分析和项目风险分析。

# 生活垃圾焚烧处理工程项目建设标准

**建标 142—2010**

## 住房和城乡建设部、国家发展和改革委员会关于批准发布《生活垃圾焚烧处理工程项目建设标准》的通知

建标〔2010〕152号

国务院有关部门，各省、自治区、直辖市、计划单列市住房和城乡建设厅（委、局）、发展和改革委员会，新疆生产建设兵团建设局、发展和改革委员会：

根据《关于印发〈二〇〇六年工程项目建设标准、投资估算指标、建设项目评价方法与参数编制项目计划〉的通知》（建标函〔2006〕172号）的要求，由住房和城乡建设部负责修订的《生活垃圾焚烧处理工程项目建设标准》，已经有关部门会审，现批准发布，自2011年1月1日起施行。原《城市生活垃圾焚烧处理工程项目建设标准》（2001年版）同时废止。

生活垃圾焚烧处理工程项目的审批、核准、设计和建设，要严格遵守国家关于严格控制建设标准、进一步降低工程造价的相关要求，认真执行本建设标准，坚决控制工程造价。

本建设标准的管理由住房和城乡建设部、国家发展和改革委员会负责，具体解释工作由住房和城乡建设部负责。

中华人民共和国住房和城乡建设部
中华人民共和国国家发展和改革委员会
二〇一〇年九月二十八日

## 前　言

《生活垃圾焚烧处理工程项目建设标准》是根据原建设部《关于印发〈二〇〇六年工程项目建设标准、投资估算指标、建设项目评价方法与参数编制项目计划〉的通知》（建标函〔2006〕172号）的安排，由城市建设研究院等单位共同编制完成。

在编制过程中，编制组认真贯彻艰苦奋斗、勤俭建国的方针，严格执行我国节能减排、保护生态环境等各项法规和政策，对近几年我国已经完成和正在建设的生活垃圾焚烧处理工程项目开展广泛深入的调查研究，认真总结实践经验，并积极借鉴国外有关建设情

况。征求意见稿完成后，广泛征求了有关部门、单位及专家的意见，经多次修改后完成送审稿，由住房和城乡建设部标准定额研究所组织召开审查会，会同有关部门审查定稿。

本建设标准共分为九章：总则、建设规模与项目构成、选址与总图布置、工艺与装备、配套工程、环境保护与劳动保护、建筑标准与建设用地、运营管理与劳动定员、主要技术经济指标。

本建设标准对政府投资的生活垃圾焚烧处理工程建设应严格执行。在实施过程中，请各单位注意总结经验，积累资料，如发现需要修改和补充之处，请将意见和有关资料寄城市建设研究院（地址：北京市朝阳区惠新里3号；邮政编码：100029），以便今后修订时参考。

**主 编 单 位：** 城市建设研究院

**参 编 单 位：** 杭州新世纪能源环保工程股份有限公司
中国科学院工程热物理研究所
伟明集团有限公司
光大环保工程技术有限公司
五洲工程设计研究院

**主要起草人：** 徐文龙　徐海云　滕　清　白良成　郑世伟　郭祥信　王敬民　杨宏毅
陈海英　康振同　卜亚明　王　柯　卞　俊　淮秀兰　项光明　陈　革
钱晓东　朱福刚　张志武

# 第一章　总　　则

**第一条**　为促进社会经济和环境保护的协调发展，实现生活垃圾的无害化、减量化和资源化处理，保护环境，推动技术进步，充分发挥投资效益，加强国家对建设项目投资和建设的管理，提高生活垃圾焚烧处理工程项目的决策和建设水平，制定本建设标准。

**第二条**　本建设标准是为项目决策服务和控制项目建设水平的全国统一标准，是审批、核准生活垃圾焚烧处理工程项目的重要依据，也是有关部门审查工程项目初步设计和监督检查工程项目整个建设过程建设标准的尺度。

**第三条**　本建设标准适用于新建生活垃圾焚烧处理工程项目，改、扩建工程项目可参照执行。

**第四条**　生活垃圾焚烧处理工程项目的建设，必须遵守国家有关的法律、法规，执行国家环境保护、节约土地、节约能源、劳动保护、安全卫生、消防等有关方面的规定。

**第五条**　生活垃圾焚烧处理工程项目的建设水平，应以本地区的经济水平为基础，并考虑城市经济建设和科学技术的发展，按不同城市合理确定，做到技术先进、经济合理、安全可靠、节能减排。

**第六条**　生活垃圾焚烧处理工程项目的建设规模，应根据城镇总体规划和环境卫生专项规划，统筹考虑，近、远期结合，以近期为主。建设规模和厂址选址应进行技术经济论证和环境影响评价，综合比选。新建项目应与垃圾收运及处理系统相协调，改、扩建工程应充分利用原有设施。

**第七条**　生活垃圾焚烧处理工程项目的建设，应采用成熟可靠的技术、工艺和设备；应逐步提高生活垃圾焚烧处理工程项目的技术设备国产化率；对于需要引进的先进技术和关键设备，应以提高项目的综合效益、推动技术进步为原则，在充分的技术经济论证的基础上合理确定。

**第八条** 生活垃圾焚烧处理工程项目的建设，应坚持专业化协作和社会化服务的原则，合理确定配套工程项目，提高运营管理水平，降低运营成本。

**第九条** 生活垃圾焚烧处理工程项目的建设，应对焚烧垃圾产生的热能加以有效利用，因地制宜考虑炉渣综合利用。

**第十条** 生活垃圾焚烧处理工程项目的建设，应落实工程建设资金和土地、道路、供电、给排水、交通、通信等建设条件；并采取有效措施确保工程建成后能及时正常运行。

**第十一条** 生活垃圾焚烧处理工程项目的建设，除应符合本建设标准外，尚应符合国家现行有关经济、参数标准和指标及定额的规定。

## 第二章 建设规模与项目构成

**第十二条** 生活垃圾焚烧处理工程项目的主体是生活垃圾焚烧厂（以下简称“焚烧厂”），焚烧厂的建设，应根据城镇的规模与特点、经济发展水平，合理确定建设规模和建设数量。焚烧厂建设规模及数量应满足城镇总体规划和环境卫生专项规划的要求。中小城镇集中的地区宜进行区域性规划，集中建设焚烧厂。

**第十三条** 焚烧厂的建设规模，应根据焚烧厂服务范围的垃圾产生量、成分特点以及变化趋势等因素综合确定；应根据处理规模合理确定焚烧线数量和单条焚烧线的处理能力，并应根据服务范围垃圾产生量的变化趋势、城镇环卫规划、资金计划等因素考虑是否分期建设。焚烧厂建设规模分类与焚烧线数量宜符合表1的规定。

**表1 建设规模分类与焚烧线数量**

| 类 型 | 额定日处理能力（t/d） | 焚烧线数量（条） |
|---|---|---|
| 特大类 | 2000 以上 | ≥3 |
| Ⅰ类 | 1200～2000 | 2～4 |
| Ⅱ类 | 600～1200 | 2～3 |
| Ⅲ类 | 150～600 | 1～3 |

注：1. Ⅰ类中单条焚烧线的处理能力不应小于400t/d；

2. Ⅱ类中单条焚烧线的处理能力不应小于200t/d；

3. Ⅲ类中单条焚烧线的处理能力不应小于100t/d；

4. 额定日处理能力分类中，Ⅰ、Ⅱ、Ⅲ类含下限值，不含上限值；

5. 对于分期建设的项目，应按照项目批准的处理规模来界定焚烧厂类型。

**第十四条** 焚烧厂建设项目由焚烧厂主体工程、配套工程、生产管理与生活服务设施构成。具体包括下列内容：

一、焚烧主体工程主要包括：

1. 受料及供料系统：包括垃圾计量、卸料、储存、给料、除臭、预处理等设施。

2. 焚烧系统：包括垃圾进料、焚烧、燃烧空气、空气预热器、启动点火及辅助燃烧等设施。

3. 烟气净化系统：包括气态污染物、颗粒物、重金属及残余有机物去除及排放等设施。

4. 余热利用系统：包括余热锅炉、发电或供热等设施。

5. 灰渣处理系统：包括炉渣处理系统与飞灰处理系统。其中：

炉渣处理系统主要包括出渣、冷却、输送、储存和除铁等设施。

飞灰处理系统主要包括飞灰收集、输送、稳定化处理等设施。

6. 仪表与自动化控制系统。

二、配套工程主要包括：总图运输、供配电、给排水、污水处理、消防、通信、暖通空调、机械维修、监测化验、计量、车辆冲洗等设施。

三、生产管理与生活服务设施主要包括：办公用房、食堂、浴室、值班宿舍、公众监督与环保教育用房等设施。

## 第三章　选址与总图布置

**第十五条**　焚烧厂的厂址选择应符合下列要求：

一、焚烧厂的选址，应符合城镇总体规划、环境卫生专项规划以及国家现行有关标准的规定。

二、应具备满足工程建设的工程地质条件和水文地质条件。

三、不受洪水、潮水或内涝的威胁。受条件限制，必须建在受威胁区时，应有可靠的防洪、排涝措施。

四、宜靠近服务区，运输距离应经济合理。与服务区之间应有良好的交通运输条件。

五、应充分考虑焚烧产生的炉渣及飞灰的处理与处置。

六、应有可靠的电力供应。

七、应有可靠的供水水源。

八、应有完善的污水接纳系统或有适宜的排放环境。

九、对于利用焚烧余热发电的焚烧厂，应考虑易于接入地区电力网。对于利用余热供热的焚烧厂，宜靠近热力用户。

**第十六条**　焚烧厂应以焚烧厂房为中心进行布置，各项设施应按垃圾处理流程作适当安排，以确保相关设备联系良好，充分发挥功能。主要生产设施与辅助生产设施应综合考虑地形、风向、使用功能及安全等因素，宜采取相对集中布置。生产区宜与管理区分开布置。

**第十七条**　焚烧厂厂内道路应根据工厂规模、运输要求、管线布置要求等合理确定。焚烧厂房四周宜设环形道路。道路的荷载等级应根据交通运输情况确定。

**第十八条**　焚烧厂的绿化布置应满足总体规划要求，合理安排绿化用地，绿地率符合现行有关标准规定。

## 第四章　工艺与装备

**第十九条**　焚烧厂的工艺与装备，应根据焚烧厂建设规模、垃圾成分特点及本地区的经济、技术发展水平等条件合理确定。应满足适度提高机械化、自动化水平，保证安全、改善环境卫生和劳动条件，提高劳动生产率的要求。

**第二十条**　焚烧厂工艺和装备的选择，应根据垃圾的物理化学成分，采用成熟的技术，有利于垃圾的稳定焚烧、降低环境二次污染，符合节能减排的要求。入炉垃圾低位热值不宜低于5000kJ/kg。

**第二十一条**　焚烧厂年工作日365d，每条焚烧线的年运行时间应在8000h以上。

**第二十二条** 焚烧厂垃圾受料和供料系统应符合下列要求：

一、应设进厂垃圾计量设施，并应根据全厂规模及垃圾运输车的规格等合理确定计量设施的数量和规格。

二、卸料场地应满足垃圾车顺畅作业的要求。应减小垃圾、污水以及臭气对环境的影响。

三、应以维持正常卸料作业和垃圾进厂高峰时段不堵车为原则合理确定卸料门数量以及卸料平台的面积。

四、进入焚烧厂的垃圾应储存于垃圾池内。垃圾池应具有良好的防渗、防腐和防撞等性能。垃圾池应处于负压状态。垃圾池应设置渗沥液收集设施，并应保证渗沥液收集设施运行时的安全。

五、应合理组织气流方向以及设置除臭装置，保证臭气排放指标符合环保部门规定的恶臭污染物厂界标准以及当地对恶臭强度级别的具体规定。

六、垃圾抓斗起重机的规格应根据焚烧厂的规模进行选择，并应考虑垃圾的混合、倒堆、给料的时间分配；垃圾抓斗起重机应具有防撞、防晃、防过载和计量功能。

七、垃圾破碎设备的选用应根据垃圾特性和焚烧设备的特点确定。

**第二十三条** 焚烧厂焚烧系统应符合下列要求：

一、新建焚烧厂宜采用同一种规格型号的焚烧炉。

二、焚烧炉进料设备应符合下列要求：

1. 垃圾进料斗应有适宜的垃圾储存容量和避免产生搭桥或破解搭桥装置。

2. 垃圾推料器应能根据燃烧要求向炉内供应垃圾，并可调节供应量。

三、焚烧厂应根据垃圾特性选择合适的焚烧炉炉型。宜优先选用技术先进、成熟可靠的炉型，严禁选用不能达到污染物排放标准的焚烧炉。

四、焚烧炉选择应符合下列要求：

1. 对垃圾特性适应性强，在确定的垃圾特性范围内，保证额定处理能力。

2. 焚烧炉内烟气温度和停留时间应满足国家有关技术标准的规定。

3. 炉渣热灼减率应满足现行有关标准规定。

五、燃烧空气系统由一次空气系统和二次空气系统组成。一次空气应从垃圾池内抽取，一、二次空气可采用加热装置，一、二次风机台数应根据焚烧炉设置要求确定。

六、点火及辅助燃烧设施的能力应能满足焚烧炉启动、助燃和停炉要求。

**第二十四条** 焚烧厂余热利用系统应符合下列要求：

一、余热利用方式可根据垃圾特性、工程规模及当地具体情况，经过技术经济比较后确定。

二、利用垃圾焚烧余热发电或热电联产，新建工程的汽轮发电机组不宜超过 2 台(套)。

三、非发电型垃圾焚烧厂，应充分利用余热。

**第二十五条** 焚烧厂必须设置烟气净化系统。烟气净化系统应符合下列要求：

一、净化后排放的烟气应达到国家现行有关排放标准的规定。

二、应对烟气中不同污染物采用相应治理措施；在选择治理方案时应充分考虑垃圾特性和焚烧后各种污染物的物理、化学性质的变化。

三、应选用袋式除尘器作为烟气净化系统的除尘设备，同时应充分注意对滤袋材质的选择。

四、氯化氢、硫氧化物和氟化氢等酸性气态污染物的去除宜用碱性药剂进行中和反应。

五、应采取相应措施，严格控制残余有机物和重金属对环境的污染。

六、采用控制燃烧方式控制氮氧化物生成的同时，宜设置氮氧化物去除装置。

七、采用控制燃烧方式抑制二噁英类生成的同时，应在烟气净化系统采用适宜技术确保二噁英排放达标。

八、烟气净化系统与焚烧系统应同步运行。

**第二十六条** 垃圾焚烧产生的炉渣与飞灰必须分别进行处理与处置。焚烧厂灰渣处理系统应根据炉渣与飞灰的产量、特性、当地自然条件、运输条件、综合利用方式，通过技术经济比较后确定。

**第二十七条** 焚烧厂应有较高的自动化控制水平。应根据工艺装备情况，按适用、可靠的原则，选择合理的仪表及自动化控制系统。

## 第五章 配 套 工 程

**第二十八条** 焚烧厂的配套工程应与主体工程相适应。新建焚烧厂的配套设施，应充分利用当地的专业化协作条件，合理确定配套工程项目；改、扩建工程应充分利用原有的设施；分期建设的项目，其配套设施宜一次建成。

**第二十九条** 焚烧厂供电电源应由当地电力网供给。焚烧厂供电负荷级别、供电方式及上网方式应根据电网要求，并结合焚烧厂工艺要求、余热利用性质及环境特征等因素，按国家现行标准及当地相关规定执行。

**第三十条** 焚烧厂应有可靠的供水水源和完善的供水设施，并鼓励再生水利用。在水源有限的地区建厂，汽轮机凝汽器优先考虑空气冷却方式。生活用水、锅炉用水及其他生产用水应符合国家现行有关标准的规定。

**第三十一条** 焚烧厂厂区排水应采用雨污分流制。根据技术经济比较确定渗沥液和其他生产废水、生活污水处理工艺。优先考虑利用当地已经建成的或正在建设的污水处理设施。当不能满足上述条件时，应单独建设污水处理设施，经处理后的水应优先考虑循环再利用，排放应按国家现行有关标准执行。

**第三十二条** 焚烧厂消防设施的设置必须满足厂区消防要求，消防设施应符合国家现行的防火规范要求；消防等级应符合国家现行的规范要求。

**第三十三条** 焚烧厂通信设施的设置，应保证各生产岗位之间的通信联系和对外通信的要求。

**第三十四条** 焚烧厂生产厂房、辅助及附属建筑物宜以自然通风为主。中央控制室、抓斗起重机控制室、变配电室、分析化验室等应设置通风装置；当通风装置不能满足工艺及卫生要求时，应设置空气调节装置。

**第三十五条** 焚烧厂应配备常规维护设备和紧急故障维修设施。

**第三十六条** 焚烧厂应设置分析化验和环保监测设施，应配备垃圾、污水、烟气、灰渣等常规指标的监测和分析仪器设备。焚烧厂必须设置烟气在线监测设备，宜在醒目位置设置烟气排放实时公示牌。

## 第六章　环境保护与劳动保护

**第三十七条**　焚烧厂的环境保护应符合下列有关要求。

一、焚烧炉渣按一般固体废物处理，焚烧飞灰应按危险废弃物处理。

二、工艺废水中污染物最高允许排放浓度应按环境影响评价批复限值执行。

三、氨、硫化氢、甲硫醇和臭气浓度厂界排放限制根据焚烧厂所在区域，按照现行国家标准《恶臭污染物排放标准》GB 14554 和当地的有关规定执行。

四、厂区内空气质量指标应按现行国家标准《工业企业设计卫生标准》GBZ 1 执行。厂界空气质量指标应按现行国家标准《环境空气质量标准》GB 3095 执行。

五、噪声控制限值按现行国家标准《工业企业厂界噪声标准》GB 12348 和当地的有关规定执行。

六、厂房通风除尘按现行国家标准《工业企业设计卫生标准》GBZ 1 执行。

七、烟气污染物排放应按环境影响评价批复限值执行。

**第三十八条**　焚烧厂应有效控制焚烧状况，保证系统在额定状况下运行，使污染物原始排放浓度降到最低。

**第三十九条**　焚烧厂的安全卫生措施应符合现行国家标准《工业企业设计卫生标准》GBZ 1和《生产过程安全卫生要求总则》GB 12801 以及《关于生产性建设工程项目职业安全监察的暂行规定》的要求。

**第四十条**　焚烧厂应做好卫生防疫工作，应采取防蝇、灭虫、防尘、除臭措施。

**第四十一条**　焚烧厂内必须设立醒目的标牌或标志。

## 第七章　建筑标准与建设用地

**第四十二条**　焚烧厂的建筑标准应贯彻安全实用、经济合理、因地制宜的原则，根据焚烧厂规模、建筑物用途、建筑场地条件等需要而确定。焚烧厂总平面布置及建筑造型应与周围环境相协调，适应城市发展的需要。

**第四十三条**　焚烧厂的生产管理与生活服务设施建筑在满足使用功能和安全的条件下，宜集中布置。各类焚烧厂生产管理与生活服务建筑面积指标宜按表 2 执行。

**表 2　附属建筑面积指标（$m^2$）**

| 类　型 | 生产管理用房 | 生活服务设施用房 |
|---|---|---|
| 特大类 | 900 ~ 1300 | 1000 ~ 1500 |
| Ⅰ类 | 700 ~ 1100 | 900 ~ 1300 |
| Ⅱ类 | 600 ~ 900 | 800 ~ 1200 |
| Ⅲ类 | 500 ~ 800 | 600 ~ 1000 |

注：1. 对于大于 2000t/d 特大型焚烧处理工程项目，应根据生产线及人员的配置适当增加上限值；

2. 生产管理用房包括行政办公用房、传达室、会议室等；

3. 生活服务设施用房主要包括食堂、浴室、绿化用房、值班宿舍、公众监督与环保教育用房等。

**第四十四条**　焚烧厂的建设用地，应遵循科学合理、节约用地的原则，满足生产、生活、办公的需求，并留有发展的余地。焚烧厂建设用地指标按表3执行。

表3　建设用地指标（$m^2$）

| 类　型 | 用地指标 |
|---|---|
| Ⅰ类 | 40000～60000 |
| Ⅱ类 | 30000～40000 |
| Ⅲ类 | 20000～30000 |

注：1. 对于大于2000t/d特大型焚烧处理工程项目，其超出部分建设用地面积按30$m^2$/t·d递增计算；

2. 建设规模大的取上限，规模小的取下限，中间规模采用内插法确定；

3. 本指标不含绿地面积。

# 第八章　运营管理与劳动定员

**第四十五条**　焚烧厂运营机构的设置应以精干高效、提高劳动生产率，有利于生产经营为原则。做到分工合理、职责分明。

**第四十六条**　焚烧厂工作制度，宜采用四～五班工作制。

**第四十七条**　焚烧厂劳动定员可分为生产人员、辅助生产人员和管理人员。各类焚烧厂的劳动定员应按照定岗定量的原则，根据项目的工艺特点、生产线配置、自动控制水平、投资体制、当地社会化服务水平和经营管理的要求，合理确定。可参照表4选用。

表4　焚烧厂劳动定员（人）

| 生产线条数 | 劳动定员 |
|---|---|
| 1条 | 40～60 |
| 2条 | 60～80 |
| 3条 | 80～100 |
| 4条 | 90～110 |

# 第九章　主要技术经济指标

**第四十八条**　新建焚烧处理工程项目投资，应按国家现行的有关规定编制；评估或审批项目可行性研究报告的投资估算时，可参考本章所列指标，并根据工程实际内容及价格变化的情况，按照动态管理的原则进行调整后使用。

**第四十九条**　新建炉排炉焚烧厂主体设备和系统以进口为主的投资估算可按不高于50万元/（t/d)控制，炉排炉焚烧厂主体设备全部国产化的投资估算可按不高于40万元/（t/d)控制；新建流化床炉焚烧厂的投资估算指标可按不高于35万元/（t/d）控制。

一、焚烧厂中包括渗沥液处理、飞灰稳定化设施，且污染物控制标准高的估算指标高于不含上述系统且污染物控制标准低的估算指标。

二、有余热利用系统的投资估算指标高于无余热利用系统的投资估算指标。

三、同等规模下，生产线数量少的投资估算指标低于生产线数量多的投资估算指标。

四、估算指标除二噁英排放标准按 0.1ngTEQ/$Nm^3$ 计外，其余均按现行国家烟气污染物排放标准计。

五、估算指标采用北京市2007年人工、材料、机械设备预算价格计算。

六、估算指标不包括征地、拆迁、青苗与破路赔偿等费用。

**第五十条** 各类焚烧厂建设工期可按表5所列指标控制。

**表5 焚烧厂建设工期（月）**

| 类型 | 建设工期 |
|---|---|
| 特大类 | 30～36 |
| Ⅰ类 | 26～34 |
| Ⅱ类 | 20～28 |
| Ⅲ类 | 18～24 |

注：建设工期一般指建设项目中构成固定资产的单项工程、单位工程从正式破土动工到按设计文件全部建成到竣工验收交付使用所需的全部时间。不包括非正常停工的时间。

**第五十一条** 新建焚烧厂每吨垃圾的电耗指标应小于 90kW·h。

**第五十二条** 生活垃圾焚烧处理工程项目应按国家现行的建设项目经济评价方法与参数的规定进行经济评价。

## 附 件

# 《生活垃圾焚烧处理工程项目建设标准》条文说明

## 第一章 总 则

**第一条** 生活垃圾焚烧处理工程直接关系到人民生活与环境保护。本建设标准是在国家有关法律、法规以及相关政策的指导下，总结我国生活垃圾焚烧处理工程项目建设经验，以及今后生活垃圾焚烧处理工程项目建设发展需要而编制的，本建设标准编制目的在于推动技术进步、提高投资效益与社会效益，为项目的决策等建设前期工作提供所遵循的原则，为项目建设实施提供监督检查的尺度，为项目决策和建设管理提供科学依据。

**第二条** 本建设标准的规定为强制性与指导性相结合，对涉及建设原则、贯彻国家经济建设的有关方针、行业发展与产业政策和有关合理利用资源、能源、土地以及环境保护、职业安全卫生等方面的规定，以强制性为主。在项目决策和建设中，有关各方应认真贯彻执行。对涉及建设规模、项目构成、工艺装备、配套工程、建筑标准和主要技术经济指标等方面的规定，以指导性为主，由投资者自主决策，有关各方可在项目决策和建设中结合具体情况执行。

**第三条** 本建设标准主要适用于新建生活垃圾焚烧处理工程项目。改、扩建的生活垃圾焚烧处理工程项目，即使受到既有条件的限制，但技术装备水平、环境保护、主要技术经济指标等应符合本建设标准的规定。

**第四条** 生活垃圾焚烧处理工程建设是城乡基础设施的重要组成部分，因此工程建设必须遵循环境保护、节约用地和节能减排等我国基本国策，并遵守国家有关经济建设的一系列法律、法规，符合我国社会主义市场经济的基本原则。生活垃圾焚烧处理工程是保护环境和保护生态平衡的重要基础设施，如处理不当，容易对环境造成污染，对人民生活和生态环境造成危害，不利于社会和谐，所以建设生活垃圾焚烧处理工程时必须加强环境保护的意识。本建设标准第六章对环境保护作了规定。我国人多地少，人均耕地面积正逐年减少，工业建设用地应严格控制。国家已经颁布了有关土地的法令和建设用地指标的规定，本建设标准第七章列出了建设用地条款。

**第五条** 本条是工程项目建设水平的依据。生活垃圾焚烧处理工程建设需要适合我国国情，以当地的技术经济水平为基础，并考虑今后城市发展与科学技术发展的需要。我国幅员辽阔，地区经济水平差异很大，因此要区别不同城市合理确定建设水平。不同的建设水平的工程项目都应当做到：采用成熟的、安全可靠的技术；投资水平适应当地的经济条件；环境控制满足节能环保的要求。

**第六条** 生活垃圾焚烧处理工程是城镇发展的重要基础设施，要统筹规划，既要满足城镇近期需要，又要考虑远期发展的经济合理性，要近、远期结合并为将来发展留有余地。生活垃圾焚烧厂的建设需要从发挥效益出发，依据城镇总体规划，综合环境评价，地质灾害与水资源评估，垃圾收运及处理现状，以及筹资能力等，经多方案比选与技术经济论证，控制初期工程规模和投资。

**第七条** 本条规定生活垃圾焚烧处理工程建设在推动技术进步、引进设备和技术方面的原则。生活垃圾焚烧处理工程的建设应采用成熟可靠的技术、工艺和设备。采用国外先进工艺与技术设备时，应符合我国国情，有利于提高生活垃圾焚烧处理工程的工艺技术水平，促进我国环境卫生事业的提高与发展。

**第八条** 本条规定生活垃圾焚烧处理工程项目建设内容确定的原则，并非所列项目都要建设，要视生产需要和工艺要求，在充分利用建设地区依托条件的前提下，合理确定项目的构成，不搞大而全，小而全。

**第九条** 为避免热污染，提高生活垃圾焚烧处理工程的综合经济效益，增强自身发展能力，降低运行费用，要重视余热等的资源化利用。

**第十条** 本条是对生活垃圾焚烧厂建设条件的规定。为保证项目顺利实施，一定要做到工程建设资金落实，土地、供电、给排水、交通和通信等设施条件落实。

**第十一条** 本建设标准仅从加强生活垃圾焚烧处理工程建设项目的宏观管理，工程建设水平及投资效益等主要方面作出必要的规定，并未对工程项目所有方面作出规定。在工程项目建设过程中，需要同时符合国家颁布的相关规范和标准。

## 第二章 建设规模与项目构成

**第十二条** 本条是关于生活垃圾焚烧处理工程建设规模与数量的规定。焚烧厂的建设规模与城镇规模和城镇特点有关。对于特大、大城市，生活垃圾产量很高，可分区建设焚烧处理工程。对于中、小城镇分布密集的地区，人口也比较密集，每个城镇垃圾产量不高，分散建设各自的焚烧厂会带来更大污染的可能性和增加建设投资，以进行区域性规划和建设为好。

**第十三条** 本条根据我国垃圾焚烧厂建设的实际情况，在原标准基础上进行了修改和补充。焚烧厂项目建设标准按工程建设规模划分为四类，其中：

1. 新增特大类焚烧厂。对于大城市来说，人口密集，城市垃圾产生量高，同时垃圾处理厂址选择越来越困难，增加特大类焚烧厂，既能满足垃圾处理量的要求，又能在一定程度上缓解选址的压力。

2. 取消了原标准的Ⅳ类焚烧厂，单台规模过小的焚烧炉投资成本高，处理能力低，很难符合污染物控制指标，而且目前欧洲、日本等发达国家也正在逐步淘汰这类炉型，因此不推荐建设。与此同时将Ⅲ类中单条焚烧线的处理能力不宜小于75t/d改为单条焚烧线的处理能力不应小于100t/d。同时增加Ⅱ类中单条焚烧线的处理能力不应小于200t/d，Ⅰ类中单条焚烧线的处理能力不应小于400t/d。

3. 随着生活垃圾焚烧技术的日益成熟，单台焚烧炉的处理能力的增加，将各类焚烧厂焚烧线数量修改如下：Ⅰ类中焚烧线条数由原有的3~4条改为2~4条；Ⅱ类中焚烧线条数由原有的2~4条改为2~3条；Ⅲ类中焚烧线条数由原有的2~3条改为1~3条。

4. 增加了对于分期建设的项目，应按照项目批准的处理规模来界定焚烧厂类型的条文。

**第十四条** 本条在原标准第十四条的基础上进行了修改和补充。为避免漏建或多列工程项目致使焚烧厂无法运行或人为造成浪费，本条明确规定了焚烧厂建设项目的构成。焚烧厂辅助生产设施和生产管理与生活服务设施一般包括的内容是根据目前焚烧厂实际状况及今后的发展方向提出的。随着国家改革开放的进一步深入，焚烧厂的经营管理日益多元化。因此能够由社会化条件解决的设施均不再另行设置。重点修改和补充的内容包括：

一、焚烧主体工程

1. 恶臭问题已被列为当今世界继大气污染、水体污染、土壤污染、噪声污染、振动、地面下沉之后的第七大公害，垃圾焚烧厂的除臭问题主要集中在本系统内，故受料及供料系统增加了“除臭”设施；不同类型的焚烧炉，对入炉垃圾的规格要求不同，必要时需设置预处理系统，故受料及供料系统增加了“预处理”设施，预处理设施主要包括分选、破碎等设施。

2. 按烟气污染物主要类别明确烟气净化系统，故将“包括有害气去除、烟尘去除及排放等设施”改为“包括气态污染物、颗粒物、重金属及残余有机物去除及排放等设施”。

3. 焚烧炉排出的炉渣粒度有限，多不需要破碎设施，故炉渣处理系统删除了“碎渣”。

4. 飞灰处理系统增加了“稳定化处理”。

二、配套工程

车辆冲洗设施，是指本厂自备的物料运输车辆用的冲洗设施，如此设施可通过社会化解决，厂内也可不设。另外，目前我国的垃圾收集、运输、转运等由当地环卫部门管理，这部分车辆的冲洗基本上是在其系统内部解决，一般不在焚烧厂考虑之列。

三、生产管理与生活服务设施

生产管理与生活服务设施增加了“公众监督与环保教育用房”。主要是从环境友好，和谐社会角度出发，并借鉴国外公众参与的经验提出的。生活垃圾焚烧处理工程是防治生活垃圾污染、保护环境的市政基础设施，项目建设增加“公众监督与环保教育用房”加强了公众参与，使公众了解垃圾焚烧处理的无害化、减量化及资源化过程，有利于创建环境友好、和谐社会。焚烧厂建设过程中，要根据当地环卫规划，当地及周边焚烧厂的建设数量、建设规模协调考虑，避免重复建设。

考虑到垃圾焚烧工程项目的发展，配套工程还包括生产办公一体化电子信息化管理系统，主要包括生产报表的自动化生成，备品备件的采购管理，远程管理，重要数据报表定期发送，技术档案电子化等。

## 第三章　选址与总图布置

**第十五条**　焚烧厂址选择是焚烧厂建设的重要组成部分，具有很强的政策性与技术性，应符合城镇总体规划及环境卫生专项规划和国家现行标准《生活垃圾焚烧污染控制标准》等有关方面的要求。焚烧厂的选址与众多因素有关，包括工程地质条件、水文地质条件、交通运输、供电、给排水、余热利用等因素。主要遵循三条原则：安全原则，环保原则，经济合理原则。

本条在原标准第十五条的基础上进行了修改和补充。焚烧厂的选址应符合城镇总体规划，已包含不宜选在重点保护的文化遗址、风景区的含义，而且“不宜选在夏季主导风向的上风向”的说法不科学，故删除了此条。

**第十六条**　本条是焚烧厂总图布置的原则。焚烧厂总图布置要满足焚烧处理、污染控制、余热利用等的要求，以焚烧厂房为中心进行布置。

**第十七条**　厂区道路除满足道路设计的一般要求外，还应满足国家现行有关标准的要求。厂区道路主要线路需要满足消防要求，通行能力依焚烧垃圾运输量而定。

**第十八条**　本条是对焚烧厂绿化的规定。《城市生活垃圾处理和给水与污水处理工程项目建设用地指标》第三十二条中规定“工程项目绿地率应为20%～30%；当工程项目地处绿化隔离带区时，绿地率指标可取下限”。

## 第四章　工艺与装备

**第十九条**　本条是确定焚烧厂工艺与装备水平的原则。根据我国目前国情及科学技术发展水平，焚烧厂建设要保证安全、改善环境卫生和劳动条件，提高劳动生产率。

**第二十条**　本条在原标准第二十条、第二十一条的基础上进行了修改，规定了焚烧厂工艺与装备的设计依据及选择原则。

本条要求确定焚烧处理对象的特性，作为建设的基本依据。生活垃圾热值对焚烧起着决定性的作用，是焚烧厂建设的一项重要指标。国内目前的生活垃圾热值较低，这是由我国生活垃圾的收集方式及生活习惯等因素决定的。有效的控制这些因素可以使垃圾热值有较大幅度增加。

本条要求采用成熟的技术，有利于垃圾的稳定焚烧、降低环境污染，符合高效、节能、环保的要求，作为焚烧厂选择工艺和装备的原则。

**第二十一条**　本条是对焚烧厂年运行时间的规定。

**第二十二条**　本条在原条文的基础上进行了修改：

一、增加了对计量设施数量的规定。

二、增加了臭气排放指标的规定。由于我国尚未制定恶臭强度的规定，下面列出北京与日本对恶臭强度级别规定（详见附表1），可供参考，其中日本公害对策审议会于1972年根据6级分类法规定恶臭强度控制在2.5～3.5级。

**附表1　恶臭强度级别规定**

| 恶臭强度级别 | 嗅觉对臭气的反应 | |
|---|---|---|
| | 北京市规定 | 日本规定 |
| 0 | 未闻到任何气味，无任何反应 | 无气味 |
| 1 | 勉强闻到有气味，不易辨认气味性质（感觉阈值），感到无所谓 | 勉强感到有气味（感觉阈值） |
| 2 | 能闻到有较弱的气味，能辨认气味性质（识别阈值） | 能确定气味性质的较弱的气味（识别阈值） |
| 3 | 很容易闻到气味，有所不快，但不反感 | 很容易闻到，有明显的气味 |
| 4 | 有很强的气味，很反感，想离开 | 较强的气味 |
| 5 | 有极强的气味，无法忍受，想立即离开 | 极强的气味 |

三、增加了抓斗对垃圾池“防撞”的规定。

四、增加了抓斗起重机防撞、防晃、防过载的功能要求。

五、随着城市居民生活水平的提高，越来越多的大件垃圾进入焚烧厂。同时一些焚烧设备对垃圾进料尺寸有一定的要求，如循环流化床焚烧炉。因此需要根据垃圾的性质及焚烧设备的特点决定是否选用垃圾破碎设备。

**第二十三条**　本条是对焚烧系统的规定。本次修订中将“宜优先选用炉排型焚烧炉，审慎采用其他形式的焚烧炉”改为“应选用技术先进，成熟可靠的焚烧炉炉型”。根据生活垃圾在焚烧炉内的运动形式及工作原理的不同，可将焚烧炉分为多种类型。主要有固定床、流化床二类，固定床炉的炉排是机械移动炉排式焚烧炉的关键部位，其形式也有往复式炉排、摆动式炉排、滚筒式炉排及链条炉排等。

**第二十四条**　本条是对余热利用系统的要求。余热利用是焚烧处理生活垃圾资源化的具体体现。余热利用方式有发电、供热、热电联供等，具体选择何种方式可根据垃圾特性、工程规模及当地具体情况，经过技术经济比较后确定。

**第二十五条**　本条是关于烟气净化系统的规定。烟气净化是生活垃圾焚烧污染控制的关键，国家现行有关标准《生活垃圾焚烧污染控制标准》对焚烧烟气排放作出了明确规定。

本条文删除了原条文“优先采用半干法烟气净化工艺”的规定。根据国内外焚烧厂的运行经验，干法工艺、半干法工艺和湿法工艺均能满足我国污染物排放标准对酸性气体排放的限值。具体选用何种方式作为烟气净化工艺，应根据工程项目的环评和当地具体污染物排放标准确定。条文还对用词作了更确切的修改，如将“末端设备”修改为“除尘设备”，“酸性气体”改为“酸性气态污染物”，“二噁英类等”改为“残余有机物”。

袋式除尘器滤袋材质应具有防酸、防腐、防水汽凝结的特性。

二噁英的去除可采取下列有效措施实现：

一、严格控制炉膛内焚烧烟气和停留时间，确保垃圾充分焚烧；

二、减少烟气在200～350℃温度区的滞留时间；

三、在烟气中喷入活性炭或多孔性吸附剂，实现充分接触，并选用具有高效去除亚微米级粒子能力的除尘设备进行捕集。

活性炭或多孔性吸附剂应兼有去除重金属功能。

**第二十六条** 本条是对灰渣处理系统的要求。由于烟气净化系统产生的飞灰中吸附有较多的重金属等污染物，根据危险废物分类的规定，需要对炉渣分别处理与处置。

**第二十七条** 本条是对仪表及自动化控制系统的要求。不同城市应结合经济和技术发展的状况合理确定焚烧厂自动控制水平，为保证燃烧稳定性和烟气处理效果、提高余热利用效率，理应具备较高的自动控制水平。

## 第五章 配套工程

**第二十八条** 本条是焚烧厂配套工程的建设原则。本条在原条文的基础上进行了补充，增加了分期建设项目配套设施建设的原则。改建、扩建工程应以扩大生产能力、提高装备水平、促进技术进步、提高经济效益为主，重点应是发挥现有设施的能力，挖掘潜力。

**第二十九条** 本条是对焚烧厂电气工程的要求。由于焚烧厂工艺要求、余热利用性质及环境特征等因素的不同，供电负荷级别、供电方式及上网方式都有不同。

**第三十条** 本条在原条文的基础上进行了补充，在提出焚烧厂供水设施规定的同时，增加了节约用水的原则。焚烧厂生活用水从市政自来水管网接入为宜，生产用水鼓励再生水的利用，如难以与自来水管网或再生水管网相连，则需建设有效的供水系统，并配置相应的供水设施。

**第三十一条** 本条在原条文的基础上进行了补充，增加了“优先考虑利用当地已经建成的或正在建设的污水处理设施”。本条是对焚烧厂排水的要求。焚烧厂的排水分为两个部分，即雨水和废水。废水包括工艺生产废水和生活污水。工艺生产废水包括垃圾渗沥液及生产废水。生产废水包括洗车废水、卸料场地冲洗废水、除灰渣废水及锅炉废水等。

**第三十二条** 本条是关于焚烧厂消防设施的规定。生产管理区建（构）筑物参照现行国家标准《建筑设计防火规范》GBJ 16 执行，灭火器按《建筑灭火器配置设计规范》GBJ 140 配置。

焚烧厂垃圾池、渗沥液收集池等地方应配备可燃气体监测和自动报警设施。

**第三十三条** 本条是对焚烧厂通信的要求。焚烧厂通信设施应包括生产管理通信和生产调度通信，应保证各生产岗位之间的通信联系和对外通信的需要。

**第三十四条** 本条是对焚烧厂采暖通风与空调的要求。生产厂房、辅助及附属建筑物一般以自然通风为主。

**第三十五条、第三十六条** 本条是对焚烧厂机械设备维护维修设施及分析化验环保监测设施的要求作出规定。焚烧厂的机械设备维护维修应充分利用社会化服务设施，不搞大而全，小而全。在没有条件的地方，应有基本的维护维修设施。维修设备应包括电焊机、气焊设备、铣床、钻床、车床、刨床、吊车等。

在原条文的基础上增加了“宜在醒目位置设置烟气排放实时公示牌”的要求，并将Ⅱ类（含Ⅱ类）以上焚烧厂必须设置烟气在线监测设备，改为焚烧厂必须设置烟气在线检测设备，目的在于加强对焚烧厂环境保护的要求。

## 第六章　环境保护与劳动保护

**第三十七条**　本条是对焚烧厂环境保护的总体要求。现行国家标准《生活垃圾焚烧污染控制标准》GB 18485 对焚烧烟气排放、废水处理、灰渣处理、噪声污染控制、恶臭污染控制等均作出了具体规定。环境影响评价部门根据《生活垃圾焚烧污染控制标准》及厂界环境条件综合确定各污染物排放限值。最终确定的焚烧厂各污染物排放标准按照环境影响评价批复限值执行。

**第三十八条**　本条对控制焚烧工况提出了要求，以保证污染物原始排放浓度最低，从而有利于后续的烟气处理。

**第三十九条、第四十条**　规定了焚烧厂劳动保护的总要求及焚烧厂卫生防疫的要求。《关于生产性建设工程项目职业安全监察的暂行规定》劳字〔1988〕48 号是原劳动部进行规范可行性研究报告中安全、卫生部分的编制格式和进行锅炉等安全设备验收的依据，各项工程设计和建设应按规定执行。《工业企业设计卫生标准》GBZ 1 对厂内作业区的卫生指标作出了具体规定，是设计的依据。《生产过程安全卫生要求总则》GB 12801 是作业生产安全卫生的总则。上述三项标准是安全卫生工作的指导性文件。

**第四十一条**　为保证安全及物流、人流的合理组织，本条规定焚烧厂应设立标牌和标志。

## 第七章　建筑标准与建设用地

**第四十二条**　本条是确定建筑物建筑标准的原则。焚烧厂建筑物的建筑标准，在满足使用功能的条件下，要安全实用，经济合理。

**第四十三条**　焚烧厂的管理用房、生活设施用房在满足使用功能的条件下，建筑面积应本着合理设置、节约投资的原则确定。生产管理用房应充分利用主厂房内面积。

由于生产管理与生活服务设施增加了公众监督与环保教育用房等，本次修订对附属建筑面积指标进行了调整。附表 2 为国内 15 座生活垃圾焚烧厂生产管理与生活服务设施用房调查表。调查数据显示原指标偏低，本次修订在调研数据的基础上，本着合理设置、节约投资的原则，通过对生产管理用房与生活设施服务用房进行合理的测算，确定了本附属建筑面积指标。

**附表 2　国内 15 座生活垃圾焚烧厂生产管理与生活服务设施用房调查表**

| 序号 | 焚烧厂名称 | 建设规模（t/d） | 焚烧厂类型 | 生产管理与生活服务设施用房（$m^2$） | | 备注 |
|---|---|---|---|---|---|---|
| | | | | 合计 | 构成说明 | |
| 1 | 江桥垃圾焚烧厂（一、二期） | 3000 | 特大类 | 4870 | 综合办公楼 4870 | 初步设计 |
| 2 | 汉阳锅顶山垃圾发电厂 | 1500 | Ⅰ | 4898 | 办公楼 2197，食堂 586，宿舍 2115 | 初步设计 |
| 3 | 成都洛带城市生活垃圾焚烧厂 | 1200 | Ⅰ | 3515 | 综合办公楼 3515 | 调研数据 |

**续附表 2**

| 序号 | 焚烧厂名称 | 建设规模（t/d） | 焚烧厂类型 | 生产管理与生活服务设施用房（$m^2$） | | 备注 |
|---|---|---|---|---|---|---|
| | | | | 合计 | 构成说明 | |
| 4 | 天津双港垃圾焚烧发电厂 | 1200 | Ⅰ | 3180 | 综合楼 3180 | 初步设计 |
| 5 | 广东中山中心垃圾焚烧发电厂 | 1050 | Ⅱ | — | 生产管理（包括车间）1293，生活服务设施（园区公用） | 调研数据 |
| 6 | 苏州市苏能垃圾发电厂 | 1000 | Ⅱ | 7287 | 办公楼 2337，生活楼 4950 | 初步设计 |
| 7 | 宁波枫林垃圾发电厂 | 1000 | Ⅱ | 2020 | 综合楼 2020 | 调研数据 |
| 8 | 昆山市垃圾焚烧发电厂 | 1000 | Ⅱ | 2590 | 综合楼 2590 | 调研数据 |
| 9 | 深圳平湖垃圾发电厂 | 1000 | Ⅱ | 4791 | 生产管理（包括车间）2717，生活服务设施 2074 | 调研数据 |
| 10 | 江苏启东市垃圾焚烧发电厂 | 750 | Ⅱ | 5159 | 生产管理（包括车间）3829，生活服务设施 1330 | 调研数据 |
| 11 | 江苏太仓垃圾发电厂 | 750 | Ⅱ | 3904 | 生产管理（包括车间）2958，生活服务设施 946 | 调研数据 |
| 12 | 常州绿色动力环保热电有限公司 | 700 | Ⅱ | 1190 | 综合楼 1190 | 调研数据 |
| 13 | 苍南垃圾焚烧发电厂 | 650 | Ⅱ | 2187 | 综合楼 2187 | 调研数据 |
| 14 | 温州临江垃圾发电厂 | 675 | Ⅱ | 2200 | 综合楼 2200 | 调研数据 |
| 15 | 厦门市东部垃圾焚烧发电厂 | 600 | Ⅱ | 2614 | 综合办公楼 2614 | 初步设计 |

**第四十四条** 本条规定了焚烧厂建设用地指标，按照国家现行标准《城市生活垃圾处理和给水与污水处理工程项目建设用地指标》界定了不同类型焚烧厂用地面积。

在原条文的基础上增加了对大于 2000t/d 特大型焚烧厂建设用地面积的计算方法。该指标不包括绿地指标。

焚烧厂建设用地指标与垃圾处理规模及焚烧工艺，环保要求等有关。根据国内已建、在建焚烧厂的统计数据，建设用地存在较大的差异。部分焚烧厂考虑了今后的改扩建及灰渣填埋场的建设，用地超出一般焚烧厂的用地标准。结合国外一些焚烧厂的用地，并考虑国内的技术进步，提出本条表 3 列出的用地指标。部分国内焚烧厂的用地指标统计见附表 3。

## 附表3　国内生活垃圾焚烧厂用地指标统计表

| 序号 | 地　　点 | 处理量（t/d） | 占地面积（$m^2$） | 焚烧线数量（条） |
| --- | --- | --- | --- | --- |
| 1 | 上海江桥生活垃圾焚烧厂 | 3500（一期1500，二期2000） | 136000 | 3 |
| 2 | 北京高安屯生活垃圾焚烧厂 | 1600 | 46670 | 2 |
| 3 | 青岛市生活垃圾焚烧发电厂 | 1500 | 58118 | 3 |
| 4 | 成都洛带城市生活垃圾焚烧厂 | 1200 | 53333 | 3 |
| 5 | 天津双港生活垃圾焚烧发电厂 | 1200 | 72000 | 3 |
| 6 | 福州市红庙垃圾焚烧发电厂 | 1200 | 52508 | 2 |
| 7 | 太原市生活垃圾焚烧发电厂 | 1000 | 60833 | 3 |
| 8 | 昆山垃圾焚烧发电厂 | 1000（一期750，二期1000） | 41052 | 4 |
| 9 | 永强生活垃圾焚烧发电厂 | 1025（一期675，二期1025） | 59274 | 4 |
| 10 | 无锡宜兴垃圾焚烧发电厂 | 1000（一期500，二期1000） | 66667 | 4 |
| 11 | 苏州常熟垃圾焚烧发电厂 | 600 | 46666 | 2 |
| 12 | 厦门市东部垃圾焚烧发电厂 | 600 | 50511（预留15951） | 2 |
| 13 | 张家港垃圾焚烧发电厂 | 600 | 47000 | 2 |
| 14 | 滨江生活垃圾焚烧厂 | 600（一期450，二期600） | 42076 | 4 |
| 15 | 南湖生活垃圾焚烧厂 | 750 | 27905 | 3 |

# 第八章　运营管理与劳动定员

**第四十五条、第四十六条**　规定了焚烧厂运营机构设置的原则。现行人年工作日为2016小时（252天），一般五班制才能满足劳动法要求，否则需要按特殊调度执行。考虑国内焚烧厂实际运行调度情况，作出了修改。

**第四十七条**　目前，受技术经济水平及管理体制等多种因素的影响，与发达国家焚烧厂工作人员数量相比，国内同类焚烧厂的工作人员数量普遍偏高。本标准在参照部分国内焚烧厂的劳动定员统计的基础上，本着精简机构、提高效率的原则，根据焚烧厂各岗位需要并结合目前管理水平和条件进行了适当调整。各地确定焚烧厂劳动定员时可参照本条文选用，并根据当地实际需要酌情调整。自动化水平高，管理模式先进，社会化服务程度高的焚烧厂劳动定员宜取下限。国内焚烧厂的劳动定员统计见附表4。

**附表4　生活垃圾焚烧厂工作人员数量调查表**

| 序号 | 项目名称 | 处理规模（t/d） | 类型 | 人员数（人） |
|---|---|---|---|---|
| 1 | 上海江桥生活垃圾焚烧厂 | 1500（3×500t/d） | Ⅰ | 81 |
| 2 | 成都洛带城市生活垃圾焚烧厂 | 1200（3×400t/d） | Ⅱ | 77 |
| 3 | 天津双港生活垃圾焚烧发电厂 | 1200（3×400t/d） | Ⅱ | 58 |
| 4 | 福州市红庙垃圾焚烧发电厂 | 1200（2×600t/d） | Ⅱ | 80 |
| 5 | 昆山垃圾焚烧发电厂 | 1000（4×250t/d） | Ⅱ | 90 |
| 6 | 永强生活垃圾焚烧发电厂 | 1000（3×225t/d+1×350t/d） | Ⅱ | 68 |
| 7 | 宁波市生活垃圾焚烧厂 | 1000（3×350t/d） | Ⅱ | 110 |
| 8 | 苏州常熟垃圾焚烧发电厂 | 600（2×300t/d） | Ⅲ | 70 |
| 9 | 张家港垃圾焚烧发电厂 | 600（2×300t/d） | Ⅲ | 64 |
| 10 | 滨江生活垃圾焚烧厂 | 600（4×150t/d） | Ⅲ | 81 |

续附表4

| 序号 | 项目名称 | 处理规模（t/d） | 类型 | 人员数（人） |
|---|---|---|---|---|
| 11 | 长春市生活垃圾焚烧厂 | 520（2×260t/d） | Ⅲ | 108 |
| 12 | 南阳市生活垃圾综合处理厂 | 75（1×75t/d） | Ⅳ | 25 |
| 13 | 常州市环境卫生综合厂 | 150（3×50t/d） | Ⅳ | 70 |

# 第九章　主要技术经济指标

**第四十八条**　本条规定编制和使用工程投资估算指标的原则，强调应根据有关的变化情况调整使用，进行动态管理。遇有地基特殊处理、国外贷款工程以及其他特殊设防等情况，各项指标应结合具体情况调整使用。国内生活垃圾焚烧厂主要技术经济指标的统计见附表5、附表6。

附表5　国内炉排炉生活垃圾焚烧厂主要技术经济指标统计表

| 序号 | 焚烧厂名称 | 处理规模（t/d） | 占地面积（$m^2$） | 建设周期（月） | 建设投资（万元） | 投资形式 | 补贴费（元/t垃圾） | 备注 |
|---|---|---|---|---|---|---|---|---|
| 1 | 北京高安屯生活垃圾焚烧厂 | 1600 | 46667 | — | 80592 | BOO | — | 调研数据 |
| 2 | 青岛市生活垃圾焚烧发电厂 | 1500 | 58118 | 24 | 66800 | BOT | 61 | 可研报告 |
| 3 | 天津市双港生活垃圾焚烧发电厂 | 1200 | 72000 | 18 | 58000 | BOO | — | 调研数据 |
| 4 | 成都洛带城市生活垃圾焚烧厂 | 1200 | 53333 | 24 | 46767 | 类似BOT | 71 | 初步设计 |
| 5 | 福州市红庙垃圾焚烧发电厂 | 1200 | 52508 | 19 | 30978 | BOT | 47 | 调研数据 |
| 6 | 宁波市生活垃圾焚烧厂 | 1000 | 31270 | 22 | 38300 | 股份制 | 184 | 调研数据 |
| 7 | 无锡宜兴垃圾焚烧发电厂 | 一期500 | 66667 | 16 | 24800一期 | BOT | 76 | 调研数据 |

续附表 5

| 序号 | 焚烧厂名称 | 处理规模（t/d） | 占地面积（$m^2$） | 建设周期（月） | 建设投资（万元） | 投资形式 | 补贴费（元/t垃圾） | 备注 |
|---|---|---|---|---|---|---|---|---|
| 8 | 昆山市垃圾焚烧发电厂 | 1000 | 41052 | — | 27000 | BOT | 85 | 调研数据 |
| 9 | 苏州生活垃圾焚烧厂 | 一期1000<br>二期1000 | — | — | 51000<br>17522 | BOT | 一期90<br>二期85 | 可研报告 |
| 10 | 厦门市东部垃圾焚烧发电厂 | 600 | 50511（预留15951） | 18 | 30424 | 政府投资 | 185 | 初步设计 |
| 11 | 芜湖市生活垃圾焚烧厂 | 600 | 37080 | 12 | 20200 | 民营企业独资 | 52 | 调研数据 |
| 12 | 琼海市生活垃圾处理厂 | 100 | 23333 | 22 | 2960 | 政府投资 | 106 | 调研数据 |

## 附表 6　国内流化床炉生活垃圾焚烧厂主要技术经济指标统计表

| 序号 | 焚烧厂名称 | 处理规模（t/d） | 占地面积（$m^2$） | 建设周期（月） | 建设投资（万元） | 投资形式 | 垃圾补贴（元/t垃圾） | 备注 |
|---|---|---|---|---|---|---|---|---|
| 1 | 无锡惠联垃圾热电厂 | 1200 | 63100 | 18 | 36296 | BOT | 70 | 初步设计 |
| 2 | 东莞市横沥垃圾焚烧发电厂 | 1200 | — | — | 30000 | BOT | — | 调研数据 |
| 3 | 淄博市垃圾焚烧发电厂 | 1200 | — | — | 27000 | BOT | — | 调研数据 |
| 4 | 临沂恒源垃圾焚烧综合利用热电工程 | 800 | 87800 | 12 | 24365 | BOT | 30 | 初步设计 |
| 5 | 泰安垃圾焚烧发电厂 | 800 | 55000 | — | 23500 | BOT | 40 | 项目申请报告 |
| 6 | 四平市垃圾焚烧发电厂 | 800 | 52000 | 18 | 26000 | BOT | 30 | 可研报告 |

**续附表 6**

| 序号 | 焚烧厂名称 | 处理规模（t/d） | 占地面积（$m^2$） | 建设周期（月） | 建设投资（万元） | 投资形式 | 垃圾补贴（元/t垃圾） | 备注 |
|---|---|---|---|---|---|---|---|---|
| 7 | 盐城市垃圾焚烧发电厂 | 800 | — | 16 | 25800 | — | — | 调研数据 |
| 8 | 宁波市镇海垃圾焚烧厂 | 800 | — | 12 | 22000 | BOT | — | 调研数据 |
| 9 | 金华市生活垃圾焚烧厂 | 800 | 68135 | — | 13960 | 其他形式 | — | 调研数据 |
| 10 | 嘉兴市南湖垃圾焚烧厂 | 750 | — | — | 12000 | — | — | 调研数据 |
| 11 | 绍兴市新民垃圾发电厂 | 400 | — | — | 13500 | — | — | 调研数据 |

**第四十九条** 本条所列的估算指标是评估或审批新建焚烧厂的投资估算的参考依据。在具体评估或审批焚烧厂项目时，应结合工程的实际情况，按照动态管理的原则，进行调整后采用。新建焚烧厂的投资估算应按国家现行的有关规定编制。

焚烧厂投资估算指标是在目前我国已建和在建的焚烧厂投资的统计数据的基础上，考虑了一定的前瞻性而确定的。

影响投资估算指标因素除市场调控因素外，还与工艺方案的差异，设备选用的水平，材料价格的波动，建设周期的长短，外部条件等因素有关，总体上看我国焚烧厂建设投资不是很高。在这种条件下，一般地，建设投资较高的焚烧厂，建设水平也较高。

**第五十条** 本条在原条文的基础上，增加了对建设工期的界定。表 5 是根据焚烧厂规模的大小所提出的建设工期控制指标。由于建设工期与建设资金落实情况、施工条件等因素有关，在确定焚烧厂建设工期时，应根据项目的实际条件合理确定，防止建设工期拖延，增加工程投资。

**第五十一条** 焚烧厂的能耗按工艺的不同有很大差异，如辅助燃料、水、石灰、液碱、盐酸等，这些物品的消耗受到垃圾特性，原料的质量，系统配置，设备的质量水平等因素制约，需要根据具体项目特征设计确定。这里在对国内已建和在建的焚烧厂数据统计基础上仅对电耗指标作出了规定。

**第五十二条** 经济评价在焚烧厂项目前期研究的应用，是按照建立社会主义市场经济体制、推行企业化运行的要求，近几年才开展起来的，还缺乏系统的分析数据。目前，我国垃圾处理收费制度的实施力度还不够，已开始垃圾处理收费的地区也没有达到处理成本的要求，因此焚烧厂项目建设的投资效益主要表现为环境效益和社会效益。

# 小城镇污水处理工程建设标准

## 建标 148—2010

## 住房和城乡建设部　国家发展和改革委员会关于批准发布《小城镇污水处理工程项目建设标准》和《小城镇生活垃圾处理工程项目建设标准》的通知

建标〔2010〕224号

国务院有关部门，各省、自治区、直辖市、计划单列市住房和城乡建设厅（委、局）、发展和改革委员会，新疆生产建设兵团建设局、发展和改革委员会：

根据建设部《关于印发〈二○○四年工程项目建设标准、投资估算指标、建设项目评价方法与参数编制项目计划〉的通知》（建标函〔2005〕19号）要求，由国家发展改革委国家投资项目评审中心负责编制的《小城镇污水处理工程项目建设标准》和《小城镇生活垃圾处理工程项目建设标准》，已经有关部门会审通过，现批准发布，自2011年2月1日起施行。

在小城镇污水、生活垃圾处理工程项目的审批、设计和建设过程中，要严格遵守国家关于严格控制建设标准，进一步降低工程造价的相关要求，认真执行本建设标准，坚决控制工程造价。

本建设标准的管理由住房城乡建设部和国家发展改革委负责，具体解释工作由国家发展改革委国家投资项目评审中心负责。

中华人民共和国住房和城乡建设部
中华人民共和国国家发展和改革委员会
二○一○年十二月二十八日

## 前　言

《小城镇污水处理工程建设标准》是根据建设部《关于印发〈二○○四年工程项目建设标准、投资估算指标、建设项目评价方法与参数编制项目计划〉的通知》（建标函〔2005〕19号）的要求，由国家发展和改革委员会国家投资项目评审中心会同中国市政工程中南设计研究院共同编制完成。

本标准主要针对县城以下建制镇的污水处理工程提出建设内容和标准。在编制过程中，编制组遵循国家有关法律、法规和政策文件，在全国不同地区进行了广泛深入的调查研究，总结了各地小城镇污水处理工程建设的经验和教训。在此基础上，对大量资料进行了科学的论证与分析，形成了标准征求意见稿。经广泛征求有关方面的意见，反复修改补充形成了送审稿，经专家审查会和部门共同审核定稿。

本建设标准共分八章，包括：总则、建设规模与项目构成、设施及设备配置、配套工程、劳动组织与劳动定员、建筑与建设用地、环境保护与劳动安全卫生、主要技术经济指标。

在执行本建设标准过程中，请各单位注意总结经验，积累资料。如发现需要修改和补充之处，请将意见和有关资料寄交国家发展和改革委员会国家投资项目评审中心（地址：北京市西城区百万庄大街 11 号粮科大厦 7 楼，邮政编码：100037），以便今后修订时参考。

**主 编 单 位：** 国家发展和改革委员会国家投资项目评审中心
**参 编 单 位：** 中国市政工程中南设计研究院
**编制组成员：** 任树本 王文松 刘振峨 江细柒 黎定高 杨春松 杭世珺 王 起 李成江 邓志光 张诵祖 赵利君
**主要起草人：** 王文松 黎定高 杨春松 邓志光 李树苑 吴瑜红 苏 新 刘 权 陈才高 薛晓荣 鲍 洁 于明辉

# 第一章 总 则

**第一条** 为大力推进社会主义新农村建设，合理确定小城镇污水处理工程的建设标准，不断提高投资效益和环境效益，按照建设资源节约型、环境友好型社会的总体要求，特制定本建设标准。

**第二条** 本建设标准适用于小城镇中建设规模小于 10000$m^3$/d 的污水处理工程。

**第三条** 本建设标准是小城镇污水处理工程编制、评估和审核（含审批核准、备案）项目建议书、项目可行性研究报告（含项目申请报告、资金申请报告）和初步设计概算的依据，也是监督检查工程建设全过程的尺度。

**第四条** 小城镇污水处理工程的建设，必须遵循因地制宜、技术可行、经济合理、便于管理的原则。

**第五条** 小城镇污水处理工程的建设应统筹规划，近、远期结合，以近期为主，建设方案应进行技术经济比较，合理确定。污水处理厂的建设规模、选址、处理程度应根据城镇建设现状、地形特点、排放水体的条件和环境要求确定。配套污水收集管渠应根据城镇总体规划，遵循“厂网并举、管网先行”的原则建设。

**第六条** 小城镇排水制度应根据当地环境要求，结合污水收集系统现状，经技术经济比选后确定。降雨量较大地区的小城镇，宜采用分流制或截流式合流制；降雨量较小地区的小城镇，宜采用截流式合流制或合流制。

**第七条** 纳入小城镇污水收集系统的工业废水应达到《污水综合排放标准》（GB 8978）、相关行业的国家污染物排放标准、地方污染物排放标准和《污水排入城镇下水道水质标准》（CJ 3082）。含有重金属、有毒有害成分及难生物降解有机物的工业废水不得进入小城镇污水处理厂。

**第八条** 小城镇污水处理工程，应采用成熟可靠、经济适用的工艺技术，因地制宜选择合适的建筑材料和建筑结构型式，工艺设备和辅助设备应优先选用国产设备，附属设施应简约。

**第九条** 小城镇污水处理工程建设前应落实工程建设资金的来源及构成，以及土地、供电、给排水、交通和通信等条件，并采取有效措施确保工程建成后维持正常运行所需的费用。

## 第二章 建设规模与项目构成

**第十条** 小城镇污水处理工程建设规模划分如下：

Ⅰ类：5000 ~ 10000m³/d；

Ⅱ类：3000 ~ 5000m³/d；

Ⅲ类：1000 ~ 3000m³/d；

Ⅳ类：1000m³/d 以下。

以上规模分类含下限值，不含上限值。

**第十一条** 污水处理等级可分为一级处理和二级处理。其中一级处理（含强化一级处理）以沉淀处理工艺为主；二级处理以生物处理工艺为主，包括活性污泥法、生物膜法和污水自然处理等工艺。

**第十二条** 污水处理厂的建设规模应根据当地用水量或实测污水量资料，结合小城镇规划和排水系统现状，分析论证污水收集率等因素，合理确定。

**第十三条** 小城镇污水处理工程主要包括下列建设内容：

一、污水处理厂：包括污水和污泥处理的生产设施、辅助设施和附属设施。

二、污水收集系统：主要包括污水收集管渠、泵站及辅助设施。

三、出水排放系统：主要包括排放管渠、排放口及辅助设施。

**第十四条** 污水处理厂生产设施一般包括下列内容：

一、一级处理：污水提升、除渣、沉砂、沉淀（强化一级处理配套投药设施）和消毒设施；污泥处理设施。

二、二级处理：一级处理设施和生物处理设施。

三、Ⅲ类及以下污水处理厂宜考虑设置水量调节设施。

**第十五条** 污水处理厂辅助设施和附属设施应以满足生产需要为原则，合理配置。辅助设施一般包括变配电、给排水和道路等；附属设施一般包括化验、办公等。

## 第三章 设施及设备配置

**第十六条** 污水收集系统应结合地形、水系分布等条件合理确定排水分区，以重力流为主，不设或少设中途提升泵站。污水处理厂的布局应与污水收集系统相适应。

**第十七条** 污水收集系统应按远期规模设计，分期实施，确保污水处理厂的水量负荷。

污水收集管渠的形式和材料应因地制宜，就地取材。

**第十八条** 污水处理厂的设计进水水质应在调查和监测主要排污口水质的基础上，经技术分析后确定。

**第十九条** 污水处理厂的污水处理程度应根据污水处理规模、排放水体的环境功能和环境保护目标等因素确定。受经济条件限制的小城镇，应制定近、远期水质目标，分期实施。污水处理厂近期工艺方案和总体布置，要考虑经改造可达到远期出水水质目标的要求。近期水质目标宜按下列规定执行：

一、Ⅰ类、Ⅱ类污水处理厂，应选用具有除磷脱氮功能的污水二级处理工艺，出水水质达到《城镇污水处理厂污染物排放标准》（GB 18918）中的二级标准。

二、Ⅲ类、Ⅳ类污水处理厂，出水水质应达到《城镇污水处理厂污染物排放标准》（GB 18918）的三级标准。

**第二十条** 污水处理厂应根据进出水水质选择相应的污水处理级别和污水处理工艺。

有可利用的自然处理场地时，Ⅲ类、Ⅳ类污水处理厂宜优先采用污水自然处理。

**第二十一条** 污水处理厂的土建工程，应根据当地工程地质、水文地质和施工条件等，合理确定结构型式。水处理构筑物、地下构筑物，宜采用钢筋混凝土结构。当地质条件许可，在保证使用功能和结构安全的前提下，可采用其他结构型式。

**第二十二条** 污水处理厂污泥的处理与处置工艺应根据污泥量、污泥性质及自然条件等因素综合考虑确定。

污泥浓缩可采用重力浓缩或机械浓缩。污泥脱水可采用机械脱水或自然干化。对有可利用的场地且蒸发量较高的地区应优先采用自然干化的方法。

污泥处置可采用石灰稳定、好氧固态发酵和土地利用等方式，其污染物含量符合《城镇污水处理厂污泥处置 农用泥质》（CJ/T 309）的要求时，优先采用污泥农用，实现污泥资源化。

**第二十三条** 为保证公共卫生安全，防止传染性疾病传播，污水处理厂应设置出水消毒设施。消毒方式以投加次氯酸钠、漂白粉为主。

**第二十四条** 污水处理厂生产过程的控制，Ⅰ～Ⅲ类污水处理厂，以集中手动控制为主，单元自动控制为辅；Ⅳ类污水处理厂宜分散就地控制。所有动力设备均应具备现场手动操作条件。

**第二十五条** 污水处理厂的检测仪表，应根据工艺要求，按简单适用的原则配置，一般只包括液位计和流量计。

## 第四章 配套工程

**第二十六条** 污水处理厂、泵站的供电电源应就近取供。电力负荷的分级，Ⅰ类污水处理厂、流量2000$m^3$/d及以上的泵站为二级负荷；Ⅱ类及以下规模的污水处理厂、流量2000$m^3$/d以下泵站为三级负荷。

**第二十七条** 污水处理厂生活用水宜就近使用市政供水，也可因地制宜采用其他水源。

**第二十八条** 污水处理厂维修、运输、化验等应依托社会化服务。

**第二十九条** 污水处理厂消防应符合国家防火规范的规定。

**第三十条** 污水处理厂的绿化宜简化，一般不设置专门的绿化用地。

## 第五章 劳动组织与劳动定员

**第三十一条** 污水处理厂的运行管理宜采用单班制。Ⅰ类污水处理厂可根据生产需要采用多班制。

**第三十二条** 小城镇污水处理系统的劳动定员参照表1确定。

表1　劳动定员表（人）

| 项目 \ 处理规模 | | Ⅰ类 | Ⅱ类 | Ⅲ类 | Ⅳ类 |
|---|---|---|---|---|---|
| 污水处理厂 | 一级处理 | 4~6 | 3~4 | 2~3 | 2 |
| | 二级处理 | 6~8 | 5~6 | 4~5 | 2 |

注：1. 污水处理厂的劳动定员按单班制的工作制度确定，表中所列为最高定员。当采用多班制时应结合实际适当增加。

2. 单座流量 2000m³/d 及以上的泵站增加劳动定员 2 人；单座流量 2000m³/d 以下的泵站增加劳动定员 1 人。

3. 污水处理厂及泵站人员兼管网巡查。

# 第六章　建筑与建设用地

**第三十三条**　污水处理厂、泵站的建（构）筑物应经济实用，满足功能和安全要求，不应进行特殊装修。辅助和附属建筑物宜联体合建。

**第三十四条**　污水处理厂附属设施及变配电设施建筑面积可参照表 2 所列指标采用。

表2　附属设施及变配电设施建筑面积指标（m²）

| 建设规模 | Ⅰ类 | Ⅱ类 | Ⅲ类 | Ⅳ类 |
|---|---|---|---|---|
| 一级处理 | 150 | 130 | 110 | 60 |
| 二级处理 | 250 | 200 | 160 | 60 |

注：表中所列指标为不同规模污水处理厂有关用房的最大建筑面积。

**第三十五条**　污水处理厂的建设用地应按近期征用，远期用地规划控制。

**第三十六条**　污水处理厂内车行道宜按单车道设计，路面宽度3.5m，并考虑回车需要。

**第三十七条**　污水处理厂的建设用地不应超过表 3 所列指标。

表3　污水处理厂建设用地指标（m²）

| 建设规模 | 一级处理 | 二级处理 |
|---|---|---|
| Ⅰ类 | -- | 7500~12000 |
| Ⅱ类 | — | 5000~7500 |
| Ⅲ类 | 1750~4000 | 2500~5000 |
| Ⅳ类 | <1750 | <2500 |

注：1. 建设规模大的取上限，规模小的取下限，介于两者之间时，用内插法。

2. 采用污水自然处理不在此限。

**第三十八条**　污水中途提升泵站的建设用地不应超过表 4 所列指标。

表4　污水泵站建设用地指标（m²）

| 流　　量 | 2000m³/d 及以上 | 2000m³/d 以下 |
|---|---|---|
| 指　　标 | 250~450 | 200~250 |

注：表中指标为泵站围墙以内的用地面积。

# 第七章　环境保护与劳动安全卫生

**第三十九条**　污水处理厂工程建设和运行应尽量减少对周围环境的影响。

**第四十条**　污水处理厂内易产生恶臭的构筑物，应置于厂内附属设施夏季主导风向的下风向，并远离厂外居住区。

**第四十一条**　污水处理厂、泵站的噪声应符合国家标准的规定。

**第四十二条**　污水处理厂的劳动安全卫生设施，应符合国家标准的规定。

**第四十三条**　污水处理厂内应设置必要的安全检测设施及醒目的安全标牌或标记，配电间应有高压警示标牌，泵房集水池和敞口构筑物上应设栏杆和救生圈等。

# 第八章　主要技术经济指标

**第四十四条**　新建小城镇污水处理工程项目投资估算，应按国家有关部门和地方现行的有关规定编制；评估、审批（含核准、备案）项目可行性研究报告和申请报告的投资估算时，可参照本章所列指标，但应根据工程实际内容以及价格变化的情况，进行调整后使用。

**第四十五条**　污水处理厂和泵站的工程项目投资估算指标参照表5选用。

**表5　污水处理厂和泵站投资估算指标**

| 类　别 | 建设规模 | 投资估算指标［元/（$m^3$/d）］ |
|---|---|---|
| 一级处理污水处理厂 | Ⅰ类 | — |
| | Ⅱ类 | — |
| | Ⅲ类 | 1380～1720 |
| | Ⅳ类 | 380*～1445* |
| 二级处理污水处理厂 | Ⅰ类 | 1390～1980 |
| | Ⅱ类 | 1980～2130 |
| | Ⅲ类 | 1920～2400 |
| | Ⅳ类 | 1200*～2630* |
| 污水泵站 | Ⅰ类 | 150～230 |
| | Ⅱ类 | 230～255 |
| | Ⅲ类 | 255～480 |
| | Ⅳ类 | — |

注：1. 人工、材料价格变动时，可调整后使用。

2. 污水处理厂建设规模大的取指标下限，建设规模小的取指标上限。

3. 指标中不包括场地准备、征地拆迁、临时占地、各项赔偿以及厂外工程等费用。

4. 厂站设备均按国产设备考虑。

5. 遇下列情况，指标应作调整：

（1）对北方严寒地区，水处理构筑物设在室内、有采暖防寒设施的。

（2）开挖石方及山体支护、软土地基、湿陷性黄土及膨胀土、永久性冻土等特殊地质条件地区。

6. 一级污水处理厂包括一级强化处理；二级污水处理厂处理主体工艺按活性污泥法考虑。

7. 表中“＊”号为采用污水自然处理的估算指标。

**第四十六条** 污水管道的工程项目投资估算指标参照表6选用。

**表6 污水管道投资估算指标**

| 规　格（mm） | 投资估算指标（元/m） |
|---|---|
| d200 | 260～530 |
| d300 | 360～610 |
| d400 | 460～710 |
| d500 | 590～830 |
| d600 | 710～940 |

注：1. 污水管按承插钢筋混凝土管材计算。
2. 污水管埋深按2m、4m计算。指标下限为埋深2m，指标上限为埋深4m。
3. 污水管投资估算指标的内容包括土方工程、管道基础及铺设、检查井，不包括特殊地质处理、地下和地面障碍物排除及穿越、道路破损及恢复等费用。
4. 遇指标未包括的情况及石方地段，表中指标应作调整。
5. 人工、材料价格变动时，可调整后使用。

**第四十七条** 小城镇污水处理工程各单位工程投资所占比例可参照表7选用。

**表7 工程各单位工程投资比例（%）**

| 项　目 | 建筑工程 | 安装工程 | 工艺设备 | 电气设备 | 合计 |
|---|---|---|---|---|---|
| 一级处理污水处理厂 | 45 | 9 | 28 | 18 | 100 |
| 二级处理污水处理厂 | 50 | 7 | 29 | 14 | 100 |
| 污水泵站 | 53 | 16 | 17 | 14 | 100 |

**第四十八条** 新建小城镇污水处理工程项目在编制可行性研究报告时应按国家规定进行财务评价。

## 附　件

# 《小城镇污水处理工程建设标准》条文说明

## 第一章　总　　则

**第一条** 本条阐明标准编制的目的。目前，我国正处于城镇化快速发展时期，据2007年建设部统计公报，截至2006年底，全国乡镇总数35764个，其中建制镇19369个。大多数城镇污水未经处理直接排放，造成相关水域的污染。

现行的《城市污水处理工程建设标准》适用于建设规模10000m³/d以上（含10000m³/d）的污水处理工程。而根据建设部村镇建设办公室的调研统计，我国大部分小城镇镇区人口规模为2500～10000人，平均镇区人口规模在8300人左右，表明绝大多数建制镇污水处理工程的建设规模小于10000$m^3$/d。近年的工程实践经验表明，小城镇硬性照搬《城市污水处理工程建设标准》，不仅投资大，而且运行成本高。大多数（尤其是中西部）小城镇在污水处理工程项目建设投资和运行费用方面均难以承受，严重制约了小城镇污水处理工程建设和当地环境保护事业的发展，因此，编制适用于小城镇的建设规模在10000$m^3$/d以下的污水处理工程项目建设标准十分必要。

本建设标准是在国家有关环境保护法规、政策指导下，总结我国近几年小城镇污水处理工程的建设经验，针对小城镇的特点，考虑今后小城镇建设发展的需要而编制的，目的是使小城镇污水处理工程的建设投资和运行费用与当地经济发展水平相适应，有效保护和改善生态环境，实现可持续发展。

**第二条** 本条规定标准的适用范围。本建设标准中的小城镇指县城以下建制镇。

本建设标准是对现有的《城市污水处理工程建设标准》的补充，主要适用于新建的建设规模小于10000$m^3$/d的小城镇污水处理工程。

农村集镇、大型工矿居民点、农场居民点、村级或其他居民点以及县城所在建制镇或设市城市的建设规模小于10000$m^3$/d的污水处理工程均可参照执行。

**第三条** 本条阐明标准的用途。建设标准是依据有关规定由国家投资和建设主管部门审批发布的，为项目决策和合理确定建设水平服务的全国统一标准。

建设标准为工程项目的建设提供应遵循的原则，为建设实施提供监督检查的尺度。

**第四条** 本条规定小城镇污水处理工程建设的基本原则。

小城镇污水处理工程建设必须遵守国家有关工程建设的一系列法律、法规和政策。

小城镇污水处理工程的建设应执行国家保护环境、节约资源、节约土地、劳动安全、消防、卫生等有关政策和排水行业的有关规定。

小城镇污水处理厂的建设应适应当地的经济发展水平和水环境状况。我国幅员辽阔，地区自然条件差异较大，小城镇经济发展水平总体较低，因此，小城镇的污水处理工程的建设应做到经济合理、简单实用。经济发达的小城镇可以适当提高建设标准。

**第五条** 小城镇污水处理工程是一个系统工程，本条强调工程建设应根据城镇总体规划、城镇建设现状、当地的地形特点、排放水体的条件和环境要求，统一规划，以近期为主，适当考虑远期发展。

污水收集管渠和污水处理厂应配套建设，要充分发挥污水处理工程的投资效益，必须强调污水收集系统建设与污水处理厂建设并重。小城镇污水处理工程的建设应在合理确定排水制度和污水处理规模的前提下，加强对污水收集管渠建设的管理。

小城镇污水处理工程建设的年限可根据建设资金投入的可能合理确定，近期宜采用4～6年（含工程的合理建设期），远期宜采用8～12年。

**第六条** 本条规定小城镇排水制度的确定原则。采用何种排水制度，应结合小城镇污水收集系统现状和环境要求，通过技术经济比较后确定。对已经建成的镇区，往往建筑密集，设置分流制排水系统困难较多，宜采用截流式合流制。对年降雨量小于600mm区域（从我国黑龙江省抚远至云南省德钦约45°连线以西北的区域）的城镇宜采用截流式合流制或合流制，其中年降雨量小于250mm区域的城镇应优先采用合流制。对年降雨量大于600mm区域，可采用雨污分流制或截流式合流制。小城镇合流制排水系统截流倍数$n_0$应根据旱季污水的水质、水量、排放水体的条件和环境要求、气候、水文、经济等因素合理确定，宜采用0.5～1。降雨量较大地区和新镇区宜采用雨污分流制。

**第七条** 本条对纳入小城镇污水处理系统的工业废水作出规定。考虑到小城镇污水处理厂处理规模较小，处理工艺简单，而工业废水成分复杂，纳入小城镇污水处理厂，不但会对污水处理厂的运行造成冲击，增加污水处理的难度，而且会增加污泥处理难度，易造成"二次污染"。为保障小城镇污水处理厂的正常运行，规定工业废水应在企业内部进行预处理，达到《污水综合排放标准》(GB 8978)、相关行业的国家污染物排放标准、地方污染物排放标准和《污水排入城镇下水道水质标准》(CJ 3082)后，方可进入城镇污水处理厂集中处理。环保部门应加强对工业废水的排放监管，其排水水质不得影响污水处理厂的运行和管理。电镀、印染、造纸、农药、化工等行业的含有重金属、有毒有害成分及难生物降解有机物的工业废水，会直接影响城镇污水处理厂生化系统的正常运行，应单独处理，不得进入小城镇污水处理厂处理。

**第八条** 本条规定小城镇污水处理工程在工艺技术、结构型式和设备及材料选择方面的原则。

由于小城镇经济技术发展水平较落后，污水处理工程规模小，其处理工艺应简单适用、管理方便，鼓励采用适应小城镇特点的新工艺和新技术。建筑材料和建筑结构型式应结合当地条件选用；国产工艺设备和辅助设备的制造水平能够满足污水处理的要求，且价格相对低廉，维修及更换零件方便，故工艺设备和辅助设备的配置，原则上不宜直接采用引进设备；污水处理厂的建设内容应根据生产需要和工艺要求，在充分利用当地依托条件的前提下，合理确定，功能单元可考虑合并，尽量简化或减少建设内容。

**第九条** 小城镇经济发展水平相对较低，筹资能力有限，因此本条特别强调工程建设前落实建设资金和运行、维护费用，保证污水处理工程的顺利实施以及建成后的正常运行。

## 第二章 建设规模与项目构成

**第十条** 本条规定小城镇污水处理工程建设规模（以污水处理量计）分类。在10000$m^3$/d以下，工程建设规模分四类。

**第十一条** 污水处理等级主要按去除污染物的类别和工艺特点划分，分为两级。一级处理（含强化一级处理）以沉淀处理工艺为主体，主要去除悬浮污染物。二级处理以生物处理工艺为主体，主要去除有机污染物和氮、磷；其中污水自然处理是利用自然生物作用的污水处理方法，工程上一般通过人工手段强化自然净化能力。

**第十二条** 工程建设规模是影响工程投资的主要方面，是关系工程投资效益能否顺利实现的基础。确定符合实际又适应发展需要的建设规模是非常重要的。本条规定小城镇污水处理工程建设规模确定的原则。

小城镇污水处理工程的建设要因地制宜，做到统一规划、分期实施。近期建设规模应以现状污水量为主要依据，在充分调查、分析现有污水量的基础上，合理确定近、远期污水收集率和处理规模。

小城镇的污水量包括城镇居民生活污水量、工业废水量及其他污水量。

一、居民生活污水量。居民生活污水量应根据当地用水量调查或实测资料确定。当缺乏上述资料时，可采用相似小城镇的相关资料确定。

二、工业废水量。一般可在参考现状基础上，按工业发展要求以近年实际万元产值排水量确定，也可按产业分类，根据产品产量及综合排水量指标确定。

三、其他污水量。主要是合流制排水系统的初期雨水量。

**第十三条** 本条规定小城镇污水处理工程的主要构成。小城镇经济发展水平相对较低，为节省工程建设投资，非生产设施应根据情况尽量减少。

**第十四条** 本条规定一、二级污水处理厂的生产设施包括的主要内容。

当采用污水自然处理工艺时，生物处理系统包括自然处理场地（稳定塘、人工湿地、人工快渗等）。

进水水量波动大，会影响污水处理厂的稳定运行。小城镇用水量的周期性明显，尤其是处理生活污水为主的小规模污水处理厂，故Ⅲ类及以下污水处理厂宜考虑水量调节措施，Ⅰ、Ⅱ类污水处理厂也可根据需要进行水量调节。可设置单独的调节池，亦可与进水泵房的集水池合并。调节时间宜采用4～6h。

**第十五条** 本条规定小城镇污水处理厂辅助设施和附属设施建设内容确定的原则。

污水处理厂辅助设施和附属设施应尽量简化，根据建设地区的依托条件尽可能采取专业化协作的方式或由社会化服务解决。同时，污水处理厂内各功能单元应尽量合并，以减少项目建设内容，降低工程投资。

## 第三章 设施及设备配置

**第十六条** 本条是关于污水系统划分的原则。

我国地域辽阔，自然地形各异，小城镇污水处理工程不宜强调大集中的处理方式，应根据当地的自然地理条件、城镇总体规划、污水收集系统的实际情况，以及出水排放的去向合理确定污水收集系统的划分。污水管渠系统的设计应以重力流为主，尽量不设中途提升泵站。片面追求大集中，会造成污水长距离转输或中途提升，导致排水系统布局不合理，既加大了建设投资，也提高了运行成本。对城镇布局分散、被自然河道或山体分割成几部分的地区，应按照经济合理的原则，选择适度分散的方式。根据本标准，污水量少于$3000m^3/d$时，实施简易处理，执行《城镇污水处理厂污染物排放标准》（GB 18918）中的三级标准，投资和运行费用显著降低，分散建设的可行性大大提高。

污水收集系统需要建设提升泵站时，土建部分按远期规模建设，水泵机组按近期规模配置，水泵选择应考虑高效节能。

**第十七条** 本条规定污水收集系统的设计、建设原则。污水收集系统一般使用年限较长，改建困难，为适应小城镇发展的需要，应按远期规模设计，并按近期水量复核最小流速。污水管渠的建设应与城镇道路等工程统筹考虑，协调实施，并按照所需收集污水量的总体要求，优化和调整污水管渠系统的建设时序，必要时可采取临时措施，把污水收集并输送到污水处理厂进行处理，确保污水处理厂的水量负荷。

污水管渠材料应就地取材，可采用暗渠等形式，以降低污水收集系统的建设投资。

**第十八条** 本条明确污水处理厂设计进水水质的确定原则。进水水质是污水处理工艺选择的重要依据之一。

城镇污水主要包括生活污水和工业废水，应根据现有的污水水质资料以及生活污水和工业废水的组成比例，并根据城镇总体规划确定的产业类型和发展目标，合理确定污水处理厂的进水水质。当缺乏现状污水水质资料时，应该在污水处理厂建设的前期工作中实测主要排污口的水质，避免污水水质确定的盲目性。无法实测时，可参考类似城镇污水水质。

**第十九条** 本条规定污水处理厂的出水水质标准。污水处理厂出水水质目标应达到国家或地方规定的污染物排放标准，符合环境影响评价的要求。

考虑到当前我国小城镇经济发展水平普遍较低，污水治理的当务之急是首先建设与当地经济发展水平相适应的污水处理工程，尽快使其发挥环境效益和投资效益，为此，受经济条件限制的小城镇，应制定近、远期水质目标，分期实施。近期可根据污水处理厂的建设规模和地方经济实力，采用相应的出水排放标准，以达到治理污染的目的。

规模为5000～10000$m^3$/d的污水处理厂（Ⅰ类污水处理厂）和规模为3000～5000$m^3$/d的污水处理厂（Ⅱ类污水处理厂），应选择除磷脱氮工艺，其出水执行《城镇污水处理厂污染物排放标准》（GB 18918）中的二级标准。

规模为3000$m^3$/d以下的污水处理厂（Ⅲ类、Ⅳ类污水处理厂），其出水执行《城镇污水处理厂污染物排放标准》（GB 18918）中的三级标准。

污水是淡水资源的一部分，小城镇可根据当地的产业结构和污水组成，结合当地的自然环境条件和经济条件，在安全可靠、经济合理的基础上，因地制宜地采取农田灌溉、荒山绿化、植树造林、基建用水等方式，推进污水的资源化利用。

**第二十条** 本条规定污水处理级别和污水处理工艺确定的原则和依据。污水处理厂应根据要求的污染物去除率选择合适的污水处理级别。

规模为1000$m^3$/d以下的污水处理厂，根据排放标准的要求，主要采用污水自然处理或一级处理工艺。

规模为1000～3000$m^3$/d的污水处理厂，根据排放标准的要求，主要采用一级处理工艺。

规模为3000～5000$m^3$/d和5000～10000$m^3$/d的污水处理厂，根据排放标准的要求，主要采用强化一级处理和二级处理工艺。

污水一级处理（含强化一级处理）工艺包括沉砂沉淀法、化学沉淀法等。

污水二级处理工艺包括活性污泥法、生物膜法和污水自然处理工艺。

污水自然处理包括氧化塘、人工湿地、人工快渗等，是利用环境的净化能力进行污水处理的方法，具有建设投资省、运行成本低等优点，还可将污水净化与自然生态恢复、城镇生态景观建设结合起来。Ⅲ类及以下规模的污水处理厂，有可利用的自然处理场地时，在环境影响评价可行的基础上，可优先选择适宜的污水自然处理工艺。采用污水自然处理工艺时，应进行预处理。

污水处理厂可采用实践证明是行之有效的、又适合当地实际的新技术。

确定的污水处理工艺应具备技术可靠、投资省、运行费用低及操作管理方便、占地少等优点。

**第二十一条** 本条是对污水处理厂土建工程的要求。污水处理厂内构筑物和建筑物的设计，应在保证安全、实用的前提下，兼顾经济性，可根据当地工程地质、水文地质、施工条件等，合理确定结构型式。当地施工条件是指当地施工单位技术水平、管理水平和机械装备水平等。

从国内污水处理厂的调查资料看，水处理构筑物和地下构筑物的结构设计主要采用钢筋混凝土结构，也有一些工程采用砌体、土池等结构型式或采用设备化建造。通过对已建工程的总结，采用砌体、土池等结构的构筑物投资低，基本能满足池体的功能要求，并能较好地适应现场的地形，但应敷设防渗膜并加强施工管理，以免产生渗漏。采用设备化建造的工程具有施工周期短、占地省等优点，一般只用于小型构筑物，对小城镇污水处理工程有一定的适用性。

**第二十二条** 本条规定污泥处理和处置方法的确定原则，应着眼于减量化、稳定化和无害化，妥善处理和处置污水处理中产生的污泥，避免对环境产生不良影响，造成二次污染，并探索污泥资源化的处置方式。提倡多样化的污泥处置方式，如利用污泥进行填洼造地或用作土壤改良剂，以解决污泥出路。

小城镇污水处理厂的污泥稳定方法宜结合污泥产量、气候、经济水平、交通运输、污泥利用市场容量等条件综合确定。

**第二十三条** 本条对污水处理厂出水消毒方式作出规定。

考虑到小城镇的经济水平和技术水平相对较弱的特点，污水消毒方式应简单有效，成本低，以投加次氯酸钠、漂白粉为主。污水处理厂可根据排放水体的卫生要求，经有关部门批准，采用季节性消毒。

Ⅰ类、Ⅱ类污水处理厂应设置具备连续运行条件的消毒设施，以保障城镇社会公共卫生安全。Ⅲ类、Ⅳ类污水处理厂规模小，可采用简易消毒方式，如在出水渠上投放消毒药片等。

**第二十四条** 本条规定了污水处理厂生产过程的控制水平。污水处理厂生产过程的控制水平，应根据建设规模、工艺要求、工艺装备情况、管理水平等因素，按简单适用、安全可靠的原则，合理选择。厂内检测仪表和自动控制内容应尽量简化，不宜设置全流程集中管理和监控的自动控制系统，主要是为了降低污水处理厂的投资，也是考虑到小城镇污水处理厂的管理维护人员技术水平较低，同时，小城镇污水处理厂规模小，占地面积小，为现场操作提供了条件。厂内控制系统应采用人工控制为主，自动控制与人工控制相结合的模式。对于某些较复杂的工艺，人工控制难以满足要求，可采用小型 PLC 为核心的单元自动控制。经济发达地区和技术水平较高地区的小城镇可适当提高自动化水平。

**第二十五条** 本条提出了污水处理厂检测仪表的设置原则和内容。厂内仪表设置应以满足生产基本运行管理的需要为原则，不宜刻意为实现自控而增加仪表的设置，也不宜设置在线检测仪，以减少工程投资。

# 第四章 配套工程

**第二十六条** 本条规定污水处理厂、泵站的供电标准。污水处理厂、泵站的供电电源应就近取供。仅当供电电源较近时考虑架设专线，其他情况下不宜架设专线。Ⅰ类污水处理厂、流量 $2000m^3/d$ 及以上泵站停电可能对当地的经济、生活和周围环境等造成不良影响，故电力负荷应按二级考虑。其他污水处理厂、泵站因规模较小，停电所造成的影响有限，故其电力负荷宜按三级考虑。对于风景区、古城镇等环境要求较高的区域，当供电条件许可时，Ⅱ类～Ⅳ类污水处理厂、流量 $2000m^3/d$ 以下泵站也可采用二级负荷。

电气设备的配置，应以满足生产正常需要为原则，尽量选用造价低、维护方便的设备。变压器应采用油浸式变压器，当变压器容量在 250kVA 及以下，且环境条件许可时，变压器应采用户外杆上安装方式；低压开关柜宜选用固定式或固定分隔式；当电机要减压启动时，应选用星形/三角形减压启动器。

**第二十七条** 本条规定污水处理厂生活用水的来源。污水处理厂生活用水应根据当地供水条件确定。污水处理厂附近已有市政供水管网的，优先使用市政供水；当附近无市政供水管网时，可取用地下水或其他水源。

**第二十八条** 本条提出污水处理厂维修、运输、化验等设备的配置要求。应以满足生产基本需要为原则，强调依托社会化服务，不宜在厂内全套设置。污水处理厂的化验可依托当地环保部门，厂内一般只进行常规化验；运输和机械维修可采取市场化运营方式。

**第二十九条** 本条规定污水处理厂消防的要求。小城镇污水处理厂原则上只设干粉灭火器等消防器材。

**第三十条** 本条明确小城镇污水处理厂对厂内绿化率无硬性规定，厂内绿化可与厂外大环境统筹考虑。

## 第五章 劳动组织与劳动定员

**第三十一条** 本条规定污水处理厂的工作制度。

污水处理厂工作制度的设置，与项目建设规模、污水组成、采用的工艺方案、水量调节方式等密切相关。针对我国小城镇污水处理厂服务范围和规模较小、经济技术相对落后的客观情况，污水处理厂所采用的工艺通常具有成熟稳定、运行管理方便等特点，一般不需要实时监控，因此，可以采用灵活的值班制度，如不连续值守的单班制、巡视制、家庭承包住值制等，实现减员增效。

**第三十二条** 本条规定小城镇污水处理工程项目的劳动定员。劳动定员应充分考虑按照企业化经营管理的要求，以高效、节约为原则，根据生产需要优化劳动组织，尽量减少定员。

泵站的劳动定员是每座泵站的指标，泵站的数量较多时，可根据实际需要适当增加定员，但不是按泵站数量简单叠加。

企业化经营的污水处理厂的劳动定员原则上由企业自行确定，标准中的劳动定员仅供参考。

## 第六章 建筑与建设用地

**第三十三条** 本条提出污水处理厂、泵站建筑物的设计原则。要求污水处理厂和泵站的建筑物经济实用，不追求建筑效果。生产构筑物以满足生产需要为基本原则，不应采用面砖、轻钢屋面等进行特殊的装修。辅助和附属建筑物可以将各功能单元组合起来一并考虑，减少建筑单体和功能单元的数量。

**第三十四条** 本条是对污水处理厂附属设施及变配电设施建筑面积的规定。按照不同建设规模、不同处理级别，根据合理设置、节约投资的原则，参考劳动定员确定。

**第三十五条** 本条是对污水处理厂建设用地的规定。污水处理工程建设应严格执行国家对土地管理的有关规定，本着节约和集约利用土地的原则，按近期征用，并解决好工程建设近、远期土地使用的关系，提高土地的利用效率，尽量避免占用基本农田。

**第三十六条** 本条规定污水处理厂内道路设置的原则。厂内道路应满足生产管理、运输及消防的需要。在正常情况下，污水处理厂内车行道设单车道即可满足需要。本标准规定车行道宽度为3.5m。

**第三十七条** 本条规定污水处理厂用地控制指标。污水处理厂采用不同的污水处理工艺时，用地指标不同。本指标是在调查国内现有小城镇污水处理厂建设用地指标的基础上，结合模拟设计分析确定的。模拟设计的基本条件为：

1. 污水处理厂设计进水 $BOD_5$120mg/L，TN35mg/L；设计出水 $BOD_5\leqslant$20mg/L，

TN≤20mg/L。

2. 污水处理采用$A^2/O$氧化沟工艺，有效水深4m；污泥处理采用浓缩脱水工艺。

3. 出水消毒采用接触消毒。

我国人多地少，污水处理厂建设用地应根据实际需要确定，不应超过本标准表3中的指标。

**第三十八条** 本条规定污水中途提升泵站的建设用地面积。该指标为泵站围墙以内的总建设用地面积。

## 第七章 环境保护与劳动安全卫生

**第三十九条** 本条提出工程建设和运行应尽量减少对周围环境的影响。应对污水处理厂和泵站的厂（站）址选择、污泥处置、出水排放点以及其他影响环境的主要方面进行环境影响分析，不得影响饮用水水源水质和排放水体的使用功能，栅渣及污泥不得随意堆放和弃置，保证污水处理厂和泵站的建设不造成二次污染。工程建设期间加强施工管理，减少工程施工噪声、扬尘及材料运输等对周围环境和道路交通的影响。

**第四十条** 本条阐述减轻厂内臭气影响的对策。污水处理厂在生产过程中会产生臭气，主要来源如格栅井、污泥处理等，臭气会对周围环境产生一定的影响。厂区布置应使易产生恶臭的构筑物处于厂内附属设施夏季主导风向的下风向，同时尽量远离厂外居住区。

厂址选择不具备避开居民点的条件时，可根据经济条件采取合适的处理措施，如及时转运污泥，缩短其在厂内堆放的时间；加高围墙，减少异味散发等。

**第四十一条** 本条是对生产中噪声控制的规定。污水处理厂、泵站的厂界噪声和车间内的机械噪声应分别符合《工业企业厂界噪声标准》（GB 12348）和《工业企业设计卫生标准》（GBZ 1）的要求。当噪声超过要求时，可采取适当的减震、防噪措施。

**第四十二条** 本条规定污水处理厂应遵循的安全技术要求。污水处理厂的安全卫生设施应符合国家有关标准的规定。

污水处理厂内的消防设施应定期检查。

污水处理厂内所有电气设备的防爆及电力设备的选择和保护等应符合有关规范、规程的规定。

厂内有关生产建筑物宜以自然通风为主，污泥脱水间等可能产生有毒、有害气体的建筑物应设置通风装置。

**第四十三条** 本条文是对污水处理厂内安全方面作的规定。污水处理厂内有危险的场所均应设置安全标牌（标记）和必要的安全检测设施，并采取相应的防护措施。除常规的高压警示牌、栏杆、救生圈等安全措施外，泵房格栅间、集水井等可能聚集有毒气体的区域，需设置通风设施和有毒有害气体的检测与报警装置，操作人员配备防毒面具。污水处理厂运行期间，要加强安全教育工作，强化管理，确保人员安全。

## 第八章 主要技术经济指标

**第四十四条** 本条规定编制和使用工程投资估算指标的原则，强调应根据有关的变化情况调整使用。本建设标准中工程投资估算指标适合一般小城镇污水厂和污水泵站新建工程，遇有软弱地基及其他特殊地质条件、山区施工、采用新技术等情况，各项指标应结合具体情况调整使用。

**第四十五条** 本条规定小城镇污水处理厂及泵站的投资估算指标。进行指标计算的人工、材料、机械价格按重庆、湖北等省市近年来的市场价格测算。根据计算结果，用近几年建设的多项规模小于10000$m^3$/d的污水处理工程统计资料进行对照复核，经综合分析、测算确定投资估算指标。泵站采用模拟设计方法计算分析。

使用时应根据不同时间、地点、人工、材料价格的变动，进行调整使用。建设项目投资估算，在按上述规定调整后，增列指标中未包括的费用（土地费用、建设期贷款利息、铺底流动资金等）。

近年来我国建设的规模小于10000$m^3$/d的污水处理工程多为三峡库区内项目，设计进水$BOD_5$120mg/L，本建设标准在此基础上进行综合分析、测算。污水处理厂进水污染物浓度较高时，可调整后使用。

Ⅳ类污水处理厂主要采用污水自然处理工艺，从现有调查资料看，采用人工湿地的工程项目投资指标为380～1445元/（$m^3$/d），除处理规模外，工程投资与处理工艺形式、当地自然条件等均有较大关系，由于资料有限，难以按规模和工艺划分给出相应的指标。

**第四十六条** 本条规定污水管道的投资估算指标。人工、材料、机械价格按重庆、湖北等省市近年来的市场价格测算。管道采用模拟设计方法计算分析，管道综合指标按埋深分2m、4m两种情况，均采用开槽埋管。沟槽土方采用一、二、三类土；无地下水；考虑管沟（槽）边暂存土，无场内转运土方。余方外运5km。管材未考虑平口管、企口（丹麦）管、UPVC管、PE管、玻璃钢管等。管道基础120°。

使用时应根据不同时间、地点、人工、材料价格的变动，进行调整使用。建设项目投资估算，应按上述规定调整后，增列指标中未包括的费用（土地费用、建设期贷款利息、铺底流动资金等）。

**第四十七条** 本条规定小城镇污水处理工程各单位工程投资所占比例，根据已建成的工程竣工决算资料及建设标准中包括的工程内容，经统计分析测算确定。

**第四十八条** 本条规定小城镇污水处理工程项目进行财务评价的内容。

建设项目经济评价是项目可行性研究报告的组成部分和重要内容。它通过现代经济评价方法，对拟建项目计算期（建设期和生产期）内投入和产出诸多经济因素进行调查、预测、研究、计算和论证，比选推荐最佳方案，作为项目决策的重要依据。建设项目的经济分析与评价一般包括财务评价和国民经济评价。对于小城镇污水处理厂项目，由于其规模较小，各种费用效益计算比较简单，建设期一般也比较短，且考虑其具备的环境效益，可不进行国民经济评价，只进行财务评价。

财务评价就是在对项目进行充分的市场调研和技术研究的基础上，根据国家现行财税制度和价格体系，分析、计算项目直接发生的财务效益和费用，编制财务报表，计算评价指标，考察项目的财务可行性，以维持项目运行为基本目标提出处理收费。

# 小城镇生活垃圾处理工程建设标准

## 建标 149—2010

## 住房和城乡建设部 国家发展和改革委员会关于批准发布《小城镇污水处理工程项目建设标准》和《小城镇生活垃圾处理工程项目建设标准》的通知

建标〔2010〕224号

国务院有关部门，各省、自治区、直辖市、计划单列市住房和城乡建设厅（委、局）、发展和改革委员会，新疆生产建设兵团建设局、发展和改革委员会：

根据建设部《关于印发〈二〇〇四年工程项目建设标准、投资估算指标、建设项目评价方法与参数编制项目计划〉的通知》（建标函〔2005〕19号）要求，由国家发展改革委国家投资项目评审中心负责编制的《小城镇污水处理工程项目建设标准》和《小城镇生活垃圾处理工程项目建设标准》，已经有关部门会审通过，现批准发布，自2011年2月1日起施行。

在小城镇污水、生活垃圾处理工程项目的审批、设计和建设过程中，要严格遵守国家关于严格控制建设标准，进一步降低工程造价的相关要求，认真执行本建设标准，坚决控制工程造价。

本建设标准的管理由住房城乡建设部和国家发展改革委负责，具体解释工作由国家发展改革委国家投资项目评审中心负责。

中华人民共和国住房和城乡建设部
中华人民共和国国家发展和改革委员会
二〇一〇年十二月二十八日

## 前　言

《小城镇生活垃圾处理工程建设标准》是根据建设部《关于印发〈二〇〇四年工程项目建设标准、投资估算指标、建设项目评价方法与参数编制项目计划〉的通知》（建标函〔2005〕19号）的要求，由国家发展和改革委员会国家投资项目评审中心会同中国市政工程华北设计研究总院共同编制完成。

本标准主要针对县城以下建制镇的生活垃圾处理工程提出建设内容和标准。编制过程中，编制组遵循国家有关法律、法规和政策文件，在全国不同地区进行了广泛深入的调查研究，总结了各地小城镇生活垃圾处理工程建设的经验和教训。在此基础上，对大量资料进行了科学的论证与分析，形成了标准征求意见稿。经广泛征求有关方面的意见，反复修改补充形成了送审稿，经专家审查会和部门共同审核定稿。

本建设标准共分九章，包括：总则、工艺技术路线及建设规模、选址、工艺设计与技术指标、配套工程、环境保护与劳动保护、建筑与建设用地、运营管理与劳动定员、主要技术经济指标。

在执行本建设标准过程中，请各单位注意总经经验，积累资料。如发现需要修改和补充之处，请将意见和有关资料寄交国家发展和改革委员会国家投资项目评审中心（地址：北京市西城区百万庄大街 11 号粮科大厦 7 楼，邮政编码：100037），以便今后修订时参考。

**主 编 单 位：** 国家发展和改革委员会国家投资项目评审中心

**参 编 单 位：** 中国市政工程华北设计研究总院

**编制组成员：** 任树本　王文松　刘振峨　江细柒　黎定高　杨春松　杭世珺　王　起　李成江　邓志光　张诵祖　赵利君

**编写组成员：** 王文松　黎定高　杨春松　王　琦　刘淑玲　靳俊平　龙卫泽　李元宁　刘树峰　刘东阳　梁雅斌　胡海金　林伯伟　陈会良　鲍　洁　于明辉

# 第一章　总　　则

**第一条**　为大力推进社会主义新农村建设，合理确定小城镇生活垃圾处理工程的建设标准，不断提高投资效益和环境效益，按照建设资源节约型、环境友好型社会的总体要求，特制定本建设标准。

**第二条**　本建设标准是小城镇生活垃圾处理工程编制、评估和审核（含审批核准、备案）项目建议书、项目可行性研究报告（含项目申请报告、资金申请报告）和初步设计概算的依据，也是监督检查工程建设全过程的尺度。

**第三条**　小城镇生活垃圾处理工程的建设，应执行国家保护环境、节约资源、节约投资、节约土地、劳动安全、消防、卫生等有关政策和相关行业规定，并遵循因地制宜、技术可行、安全可靠、经济合理的原则。

**第四条**　小城镇生活垃圾提倡分类收集，对混合垃圾应进行分拣，并分类处理。

**第五条**　本标准适用于新建和改扩建建设规模为 100t/d 以下的垃圾填埋场和 50t/d 以下的垃圾自然发酵（堆肥）厂及垃圾焚烧处理厂。

# 第二章　工艺技术路线及建设规模

**第六条**　小城镇生活垃圾分类分拣后，对不可利用的无机物宜就近简易填埋；对可降解的有机物应进行自然发酵或卫生填埋等无害化处理；对不可降解的有机物应进行卫生填埋或焚烧处理。

**第七条**　小城镇生活垃圾处理工程项目包括收运设施、处理和处置设施两部分。

**第八条**　收运系统的车辆应集中管理、统一调配。

**第九条**　处理处置工艺应根据技术经济综合比较，择优选择填埋、自然发酵（堆肥）、焚烧和其他适用工艺。

**第十条** 建设规模按日处理能力分级宜符合下列规定：

1. 填埋：Ⅰ级日处理能力为50～100t/d；

Ⅱ级日处理能力为≤50t/d。

2. 焚烧：日处理能力为≤50t/d。

3. 自然发酵（堆肥）：日处理能力为≤50t/d。

注：以上规模分级含上限值，不含下限值。

## 第三章 选 址

**第十一条** 处理场（厂）的选址，应结合有关规划，具备基本的工程地质和水文地质条件；不受洪水、潮水或内涝的威胁；交通方便、运距合理，远离人口密集居住区，土地利用价值及征地费用低。

**第十二条** 场（厂）址不应设在下列地区：

1. 地震断裂带、活动的坍塌地带、灰岩坑及溶岩洞区。

2. 地下水集中供水水源地及补给区。

3. 洪泛区和泄洪道。

4. 填埋库区和污水处理区边界距民用机场3km以内的地区。

5. 拆迁量大或基本农田地区。

**第十三条** 选址应符合下列要求：

1. 夏季主导风向的下风向。

2. 填埋库区与渗沥液调节池边界距人畜居住栖息地400m以上，但山区、丘陵地区如有天然屏障阻隔，距离可减少到300m。

3. 填埋库区与渗沥液调节池边界距河流、湖泊50m以上。

4. 山区、丘陵地区中的填埋库区上游汇水面积不宜超过0.3km$^2$。

5. 自然发酵和焚烧厂应充分利用已建或拟建的垃圾处理基础设施。

6. 场（厂）区防洪不低于城镇或附近地区防洪标准。

7. 处置场（厂）服务年限（尤其是垃圾填埋场使用年限）不宜低于10年。

**第十四条** 选址应按下列步骤进行：

1. 场址候选和预选：通过踏勘对场地的地形、地貌、植被、地质、水文、气象、供电、给排水、覆盖土源、交通运输及场址周围人群居住情况进行对比分析，推荐2个或2个以上场址。

2. 场址确定：对预选场址方案进行技术、经济、社会及环境比较，推荐拟定场址，对拟定场址进行地形测量、初步勘查和初步工艺方案设计，完成选址报告，通过审查确定场址。

## 第四章 工艺设计与技术指标

**第十五条** 分拣后的无机物或无害化处理后的垃圾就近进行简易填埋，接收垃圾在倾倒过程中宜进行摊铺，达到一定高度时对其进行覆盖。

**第十六条** 卫生填埋场，填埋库区底部自然粘性土层厚度不小于2m、边坡粘性土层厚度大于0.5m、且粘性土渗透系数不大于$1.0\times10^{-5}$cm/s时，一般选用自然防渗方式。

**第十七条** 不具备自然防渗条件的填埋场采用人工防渗，在库底及边坡设置防渗层，采用厚度 1mm 高密度聚乙烯（HDPE）土工膜或 6mm 膨润土衬垫（GCL）。库底膜上下铺设的土质保护层厚度不宜小于 0.3m。库底膜上隔离层土工布不应大于 $200g/m^2$，边坡隔离层土工布不宜大于 $300g/m^2$。地质条件合适时也可采用垂直帷幕灌浆防渗。

**第十八条** 卫生填埋场应设置的工程措施有：

1. 在对场地和边坡进行适当修整、满足防渗系统敷设要求的基础上，设置地下水和渗沥液收集、导排系统。填埋库区底部应有纵、横坡度，纵、横向坡度均不应小于 2%；天然防渗的填埋场采用盲沟收集渗沥液，人工防渗的填埋场采用盲沟内设置穿孔管收集，渗沥液导出管（穿坝）宜设置 2 根。

2. 渗沥液调节池容量应按多年逐月平均降雨量产生的渗沥液量与渗沥液处理规模综合平衡确定。渗沥液处理应优先考虑用于填埋场回灌和排入城镇污水处理厂进行处理。

3. 应设置独立的洪雨水截排系统，防洪标准应满足当地的设防要求，总库容量较大的填埋场，填埋区及防渗工程宜分区、分阶段建设。一期防渗层按 3 ~5 年考虑。

4. 应设置填埋气体的收集导排系统，同时填埋作业区周围应设置蚊蝇消杀设施。

5. 填埋场场内永久性道路按《厂矿道路设计规范》（GBJ 22）露天矿山道路三级标准设计，宜采用次高级路面；填埋区内临时作业道路采用中级路面。路面宽度一般 3.5m，适当设置错车道。

6. 监测井不宜少于 2 座，上下游各一座。

7. 坝体工程应结合当地工程地质条件，遵照安全适用、经济合理、因地制宜的原则确定坝体结构型式，就地取材。

8. 一般不专设防火隔离带。

**第十九条** 填埋场主要工艺设备应根据日处理量和作业区、卸车平台的分布设置，参照表 1 选用。

**表 1 填埋场工艺设备选用表（台）**

| 日处理规模 | 压实机 | 推土机 | 挖掘机 | 自卸车 | 装载机 |
|---|---|---|---|---|---|
| Ⅰ级 | 1 | — | 1 | 1 ~2 | 1 |
| Ⅱ级 | — | 1 | 1 | 1 | — |

注：卫生填埋机械使用率不得低于 75%。

**第二十条** 自然发酵处理以无害化为主。主体工程宜包括前处理设施、发酵设施和后处理设施等。

**第二十一条** 自然发酵一般采用静态好氧发酵工艺，包括仓式静态好氧发酵和条垛好氧发酵工艺、兼氧型条垛发酵工艺。

**第二十二条** 自然发酵可结合农业废弃物及人畜粪便进行混合发酵或设置沼气池，进行无害化处置和资源化利用。有条件的城镇，也可采用厌氧发酵和填埋相结合的工艺。

**第二十三条** 焚烧厂不设置前处理设施，不接收未分拣的混合垃圾。

**第二十四条** 焚烧厂宜建设一条生产线，适当考虑余量。

**第二十五条** 采用焚烧处理，烟气排放执行《生活垃圾焚烧污染控制标准》（GB 18485）。40km 范围内不宜建设 2 座焚烧处理设施。

## 第五章　配 套 工 程

**第二十六条**　垃圾处理场（厂）用电由当地电网供给，用电负荷等级宜按三级负荷设计。

**第二十七条**　垃圾处理场（厂）用电有条件时可由邻近变电所低压供电。需设变电设施时，宜采用杆上变压器形式，一般不设土建变电所。变压器宜采用油浸变压器。

**第二十八条**　变压器采用高压熔断器保护，10kV 开关采用高压负荷开关，低压开关柜宜采用固定开关柜。

**第二十九条**　生产用电设备的控制与连锁应遵循简单实用的原则，不宜设置 PLC 等复杂控制。

**第三十条**　静态好氧自然发酵仓内照明按防爆标准设计。

**第三十一条**　垃圾处理场（厂）生活用水宜就近使用市政供水，也可因地制宜采用其他水源。

**第三十二条**　场（厂）区内应设置必要的消防器材，并应符合国家防火规范要求。一般不设置消防给水设施。

**第三十三条**　场外道路车行道宽度 3.5m，适当增加错车带，路面结构宜采用次高级路面。

**第三十四条**　附属建筑宜设置必要的采暖、通风设施。

**第三十五条**　宜设置地磅计量和洗车等设施。一般不设置化验、检验、维修和加油等设施，实行社会化服务。

## 第六章　环境保护与劳动保护

**第三十六条**　垃圾处理场（厂）生产及作业区内应有防尘、除臭、灭蝇、灭鼠和消毒等措施。

**第三十七条**　场区建（构）筑物中甲烷含量不得超过 1.25%（体积百分比）。

**第三十八条**　垃圾处理场（厂）区内应设置必要的安全检测设施及醒目的安全标牌或标记，配电间应有高压警示标牌。

**第三十九条**　垃圾自然发酵过程中产生的残余物可进行焚烧、填埋；焚烧炉渣按一般固体废物处理。

**第四十条**　焚烧处理厂垃圾储坑中的渗沥液直接喷入焚烧炉焚烧处理，自然发酵渗沥液采用回喷到堆体或排入城镇污水处理厂统一处理。

## 第七章　建筑与建设用地

**第四十一条**　建（构）筑物应经济实用，满足功能和安全要求，不应进行特殊装修。

**第四十二条**　自然发酵、焚烧厂附属用房建筑面积不宜超过 $50\sim200m^2$；填埋场控制为：Ⅰ级 $50\sim200m^2$，Ⅱ级 $50\sim100m^2$。

**第四十三条**　自然发酵、焚烧厂建设用地指标应控制在 $10000\sim15000m^2$ 以下，填埋区占地宜达到每平方米填埋 $5\sim10m^3$ 垃圾。

## 第八章　运营管理与劳动定员

**第四十四条**　垃圾焚烧厂宜采用三班制，其他垃圾处理场（厂）宜采用单班制。

**第四十五条**　垃圾处理场（厂）不设专职管理人员。填埋场宜设3～10人，自然发酵厂宜设4~10人，焚烧厂宜设5~15人。

## 第九章　主要技术经济指标

**第四十六条**　新建小城镇生活垃圾处理工程项目投资估算，应按国家有关部门和地方现行的有关规定编制；评估、审批（含核准、备案）项目可行性研究报告和申请报告的投资估算时，可参照本章所列指标，但应根据工程实际内容以及价格变化的情况，进行调整后使用。

**第四十七条**　新建卫生填埋场每立方米库容投资估算参照表2执行。

**表2　新建卫生填埋场投资估算**

| 日处理规模（t/d） | 库容投资指标（元/$m^3$） |
|---|---|
| 50~100 | 25~40 |
| ≤50 | 40~60 |

注：1. 建设规模大的取指标低值，建设规模小的取指标高值。

2. 在填埋场场址状况相近的条件下，总库容较大的填埋场，投资估算指标较低。

3. 指标中不包括收运系统、独立渗沥液处理设施、征地拆迁、临时占地、各项赔偿和场外工程投资。

**第四十八条**　新建自然发酵厂投资估算指标可控制在5~8万元/（t/d）。

注：1. 对于全封闭自然发酵系统和机械化自动化水平高的自然发酵系统取上限；对于敞开式自然发酵系统和机械化水平低的自然发酵系统取下限。

2. 建设规模大的取指标低值，建设规模小的取指标高值。

3. 指标中不包括收运系统、独立渗沥液处理设施、征地拆迁、临时占地、各项赔偿和场外工程投资。

**第四十九条**　新建焚烧厂投资估算指标可控制在40~60万元/（t/d）。

**第五十条**　处理场（厂）建设工期指标控制在6~12个月。

注：所列工期从破土动工计，至工程竣工止，不包括非正常停工。

**第五十一条**　新建填埋场运行费用可按下列指标控制，50~100t/d，20~40元/t；≤50t/d，40~50元/t。

注：所列费用不含折旧费。

**第五十二条**　新建自然发酵厂运行成本指标控制在15~50元/t。

注：1. 指标不包含折旧费。

2. 指标不包含自然发酵残余物处理所需设施运行费用。

3. 对于敞开式自然发酵系统和机械化水平低的垃圾自然发酵系统取下限。

**第五十三条**　新建焚烧厂运行费用可按60~150元/t控制。

**第五十四条**　处理场（厂）工程项目在编制可行性研究报告时，应按国家规定进行财务评价。

## 附录　名词解释

1. 小城镇生活垃圾：集约化乡镇所在地居民日常生活产生生活废弃物，以及街道清扫、商店学校等产生生活废弃物的总称。

2. 分类收集：将垃圾中的各类物质按一定的类别收集的行为过程。

3. 简易填埋：分拣后的无机物（以渣土及砖石为主）或无害化后的生活垃圾进行简单处置的过程。在处置这部分垃圾的过程中应设置必要的工程设施，如：填埋库区四周设置简易的截洪沟，设置必要的垃圾坝和填埋机具；在填埋作业过程中采取必要的覆土及灭蝇措施等。

4. 简易截洪设施：指在填埋区外围坡地沿等高线开挖或砌筑的雨水导排水沟，用以拦截及排泄填埋库区上游坡面或填埋库区外部汇水，不采用内衬干砌或浆砌石形式的水沟。

5. 自然发酵：指对分类或分拣后有机物含量高的生活垃圾，在自然堆放条件下进行好氧、厌氧或兼氧的生物降解过程。

6. 静态好氧自然发酵：生活垃圾在有氧和处于静态条件下完成生物降解的过程。

7. 仓式静态好氧自然发酵：生活垃圾处于密闭的建筑物内，在有氧和处于静态条件下完成生物降解的过程。

8. 条垛自然发酵：生活垃圾堆成条状，在有氧条件下完成生物降解的过程。

9. 填埋库区：填埋场中用于填埋垃圾的区域。

10. 垃圾坝：由粘土、石渣和块石等建筑材料筑成，起到阻挡垃圾形成填埋场初期库容的堤坝。随地形不同，有些填埋库区需要设置垃圾主坝和若干垃圾副坝。

11. 人工合成衬里：利用人工合成材料铺设的防渗层衬里，如高密度聚乙烯土工膜等。采用一层人工合成衬里铺设的防渗系统为单层衬里；采用两层人工合成衬里铺设的防渗系统为双层衬里。

12. 盲沟：位于填埋库区底部或填埋体中，采用高透水性材料导排渗沥液的暗渠（管）。

13. 调节池：在渗沥液处理系统或渗沥液排出场（厂）外前设置的具有均化水质、调蓄水量功能或兼有渗沥液预处理功能的构筑物。

14. 填埋气体：填埋体中有机垃圾分解产生的气体，主要成分为甲烷和二氧化碳。

15. 覆盖：采用不同的材料铺设于垃圾层上的实施过程，根据覆盖的要求和作用的不同分为日覆盖、中间覆盖和最终覆盖。

16. 填埋场封场：填埋作业至设计终场标高或填埋场停止使用后，用不同材料进行覆盖的过程。

17. 帷幕灌浆：在相对具有隔水层的地质构造中，将一定比例的浆液以适当的压力灌入地基孔隙或裂缝中，以减小透水层渗流量的工程措施。

## 附　件

# 《小城镇生活垃圾处理工程建设标准》条文说明

## 第一章　总　　则

**第一条**　本条阐明标准编制的需求。随着社会经济的快速发展，城镇化进程不断加快，城镇人口迅速增长，生活垃圾的产生量相应增加，而处理处置设施的建设十分滞后，城镇生活垃圾基本未得到妥善处理，生活垃圾对环境造成的污染日趋严重。为适应社会主义新农村建设，提高小城镇环境质量，需要加快小城镇生活垃圾处理处置设施的建设。

由于我国小城镇综合条件差异较大，大部分地区经济水平不高，工业污染少，环境容量较大；部分东部沿海地区，经济发展水平较高，环境容量小；而大多数小城镇生活垃圾灰分大（无机物多）、夏季含水率更高。本标准是针对我国小城镇生活垃圾成分特点及经济水平总体不高的现状制定的。

现行城市生活垃圾处理工程项目建设标准是针对城市而言，参照了发达国家类似项目的建设标准制定，要求相对较高，附属设施齐全。如：焚烧项目，要求设施齐全，自动化水平较高；自然发酵项目，以自然发酵产品的利用为目的，要求产品质量符合国家农用肥标准，处理设施相应齐全且自动化水平较高；卫生填埋场，防渗要求高，达到甚至超过发达国家标准。我国大多数小城镇垃圾产量少、经济水平不高，如按该建设标准建设，小城镇垃圾处理项目投资大、运行成本高，无法实现投资效益和环境效益，不具备可操作性。因此，针对小城镇特点，适当调整现行标准，制定专门适用的建设标准是非常必要的。

**第二条** 本条阐明标准的用途。建设标准是依据有关规定由国家投资和建设主管部门审批发布的，为项目决策和合理确定建设水平服务的全国统一标准，为工程项目的建设提供应遵循的原则，为建设实施提供监督检查的尺度。

**第三条** 本条规定小城镇垃圾处理工程建设的基本原则。小城镇生活垃圾处理设施的建设应适应当地的经济发展水平和环境状况。我国小城镇经济发展水平总体较低，因此，小城镇生活垃圾处理工程的建设应做到经济合理、简单实用，确保“建得起、能运行”，发挥项目投资效益和环境效益。

**第四条** 本条是小城镇生活垃圾收集、处理处置的总体原则。由于我国小城镇垃圾产量小，无机物含量高，因此在源头将垃圾分类收集或混合垃圾就地分拣易于实现，在此基础上分类处理，以减少运输量和运输费用，降低建设投资和运行成本。

**第五条** 本条规定标准的适用范围。本建设标准中的小城镇是指县城以下建制镇。农村集镇、大型工矿居民点、农场居民点、村级或其他居民点的生活垃圾处理工程可参照执行，人口较少的县城所在地建制镇建设规模为100t/d以下的填埋场和50t/d以下的自然发酵、焚烧处理厂生活垃圾处理工程亦可参照执行。

全国小城镇2万人以下的镇占90%左右，其生活垃圾产量远低于50t/d，考虑到分拣后不同城镇生活垃圾集中处理的可能，因此本标准确定填埋场在100t/d以下，自然发酵、焚烧处理厂在50t/d以下。

## 第二章 工艺技术路线及建设规模

**第六条** 本条是对生活垃圾的收集、处理处置工艺作出的原则性规定。

由于以渣土、砖石等无机物为主的垃圾对环境可能造成的污染小，采用就近填埋处置技术可行、经济合理；对可降解的有机物进行自然发酵，实现无害化，可减少末端处理量、运输量和运输费用，降低建设投资和运行成本。

对于原生垃圾有机物含量较高（50%以上）的小城镇生活垃圾，也可选择直接自然发酵无害化处理后进行填埋或焚烧处理。

部分地区如果垃圾产量较大，经济发展水平较高，不易实现分拣，其混合垃圾可选择集中卫生填埋，但要严格控制，需进行充分的技术经济论证。

**第七条** 本条是说明项目的建设内容。收运设施应在纳入收集范围的城镇统一设置，其中包括垃圾箱（桶）、转运站、收集运输车辆等。处理处置设施应因地制宜，合理选择填埋、自然发酵、焚烧等工艺技术。

**第八条** 本条是收运车辆配置及管理的原则。为充分发挥收运车辆的效用，宜在一定区域范围内统筹考虑车辆配置，集中管理、调配。收集车辆以拖拉机、板车、三轮车为主，转运车辆宜采用自卸车。

**第九条** 本条指处理处置工艺类别，包括填埋、自然发酵（堆肥）、焚烧和其他适用工艺。分类或分拣后的无机垃圾和经过自然发酵无害化处理后的有机垃圾，选择填埋；分类或分拣后可降解的有机垃圾，选择自然发酵处理，以无害化为目的，不强调资源化利用和要求自然发酵成品的市场销售。热值大于5000kJ/kg的垃圾，宜考虑采用焚烧工艺。条件合适时可以采用上述工艺的组合，但应尽量简化处理处置方案，使处理处置设施具有可操作性，真正做到建得起、运行得起。其他适用工艺是指可靠的新的工艺技术路线。

**第十条** 本条是对项目建设规模进行等级划分。对填埋场建设规模作了分级定量规定，对自然发酵厂、焚烧厂的建设规模作了定量规定。

## 第三章 选 址

**第十一条** 处理场（厂）的选址应结合当地城镇规划和环境卫生规划要求。小城镇生活垃圾处理工程的建设应打破乡、镇的行政区划，要以县（或市）为单位进行规划，分片设置垃圾处理工程，服务半径至少20~30km，最大可达到50km。在同一个行政区40km运距范围内不应设置2座垃圾卫生填埋场，鼓励跨区建设。这样既有利于管理，又有利于节约土地资源，更重要的是避免大面积的环境污染隐患。

因为垃圾处理场（厂）运行过程中散发气味、招惹蚊蝇等对环境的影响，因此与居住区应该有一定的防护距离，在有条件的情况下，控制距离大于500m；场（厂）址地质条件要求能够满足建（构）筑物的承载要求和垃圾堆体的堆载要求，主要是为了避免产生二次污染；从经济角度考虑，必须结合交通运输、供电、给排水、土地征用、成品就近使用等综合因素。

**第十二条** 此条主要是为保证设施安全，防止污染扩散，指出场（厂）址选择应避开的区域。

**第十三条** 此条主要是选址要求。

1. 主要是对居民和周围的环境影响。

2. 考虑到填埋场的气味与蚊蝇对周围环境的影响，《城市生活垃圾卫生填埋处理工程项目建设标准》（建标〔2001〕101号）制定了距人、畜栖居点500m以外的要求。大部分小城镇人口少、垃圾产量小、无机物含量高，因此卫生防护距离适当放宽；在山区、丘陵地区，居住人在视觉上不能通视，居民心理产生的影响也相应减少，同时牲畜与蚊蝇的迁徙路线也相应加长，因此卫生防护距离可进一步减小。

3. 主要是从安全的角度考虑，避免造成二次污染。

4. 上游汇水面积过大，会造成截洪、排洪费用增加；截洪沟断面的计算与众多因素有关，简化计算的结果，以填埋库区两侧均设截洪沟，一条截洪沟出水口的过水断面一般不宜超过0.5~1.0$m^2$、由水力坡降决定的水流流速按1m/s考虑，利用$Q = KF^n$公式反推算，K值一般在8~20之间，取中值14求得上游的汇水面积在0.14~0.21$km^2$，由于地区不同、降雨量不同、截洪沟的水力坡降不同、流速不同，所以汇水面积上限值宜控制在 $0.3km^2$ 以内。

5. 从选址和经济角度考虑，更为合理，具有可操作性。

6. 主要是考虑处理场（厂）防洪安全，避免洪水破坏造成二次污染。

7. 垃圾处理设施选址相当困难，尤其是填埋场选址，受地形或地质和水文地质条件等限制条件较多，有的乡、镇选择不出合适的垃圾处置场地，垃圾处理工程的建设就无法解决。因此，小城镇生活垃圾处理工程的建设应打破乡、镇的行政区划，宜选择满足较长使用年限的场址。

**第十四条** 随着我国经济的发展，垃圾处理场建设数量增长较快，大多数城镇非常重视选址，为项目的建设和运营打下良好的基础；但目前还存在不能以科学的态度对待选址的现象，尤其是小城镇，造成基建投资过大，甚至出现严重的二次污染。选址应由建设、规划、环保、环卫、设计、国土管理、水利、卫生防疫、地质勘察等有关部门参加，避免选址时对有关主管部门的规定与规划不了解，造成后期工作的反复，浪费资金和时间，因此本条对此作了规定。

## 第四章 工艺设计与技术指标

**第十五条** 本条是解释简易填埋的做法及所接纳废物的条件。由于分拣后的无机物和无害化处理后的垃圾对环境影响小，采用简易填埋较为经济合理。

考虑分拣后的无机物中仍可能夹杂部分有机物、可燃物等成分，因此在处置这部分垃圾的过程中应设置必要的工程设施，如：在填埋作业过程中采取必要的覆土及灭蝇措施；设置简易的截洪沟和必要的垃圾坝、填埋机具等。

**第十六条** 据调查，有些粘性土其渗透系数可达到 $1\times10^{-5}$cm/s，个别能达到 $1\times10^{-6}$cm/s，一般S6级抗渗混凝土渗透系数（$6.63\times10^{-5}$cm/s）不到$1\times10^{-5}$cm/s，日本卫生填埋场相关标准要求为$1\times10^{-5}$cm/s。另外，根据部分老垃圾堆体搬迁对场底进行探挖得出的数据，一般渗沥液向场底渗透的痕迹只有0.3m左右。因此本标准规定采用自然防渗的条件是填埋库区自然粘性土层厚度不小于2m、库区边坡粘性土层厚度大于0.5m，且粘性土渗透系数不大于$1.0\times10^{-5}$cm/s。

**第十七条** 在工程地质和水文地质条件达不到自然防渗要求时，应采取工程措施，如铺设高密度聚乙烯防渗膜等人工防渗材料等，以防止渗沥液对周围地下水的影响。标准明确了一般防渗层材料规格。为控制土工布的使用标准，合理降低项目投资，对土工布的选择也作了相应规定。

经论证，地质条件符合垂直帷幕灌浆防渗要求且经济合理时，可采用垂直帷幕灌浆防渗方式；其帷幕位置及深度视场址地质情况确定，防渗帷幕的单位吸水量宜小于0.01L/min·m。

**第十八条** 本条对卫生填埋场设置的工程措施作了规定。

1. 应对场底和边坡进行适当的修整，以随坡就势为原则，满足防渗系统的敷设要求。

渗沥液渗入到填埋场底部后，通过防渗层上的碎石导流层汇集到底部的碎石导流盲沟，再流入集水井后用泵提升或通过管道以重力流形式直接流入污水调节池。填埋库区底部纵、横向坡度大于或等于2%，以便于渗沥液收集。

由于填埋场垃圾渗沥液是高浓度的有机废水，具有一定的腐蚀性，因此渗沥液收集系统所用材料应具有抗腐蚀性，并能满足填埋场封场后渗沥液收集处理系统继续运行的需要。

填埋场封场后，渗沥液收集处理系统仍要继续维护和运行，并对水质进行监测，直到符合环保要求后，才能停止运行。

2. 填埋场渗沥液与降水有着密切关系，由于受填埋场防渗和覆盖的影响，填埋场渗沥液的产生存在一定的滞后性。根据国内外填埋场运行经验和设计经验，填埋场渗沥液调节池容量计算步骤如下：首先根据多年（通常为20年）逐月平均降雨量计算出每个月的渗沥液产生量；然后扣除当月的处理量；最后计算出最大累积余量，该最大累积余量即为调节池最低调节容量。

垃圾渗沥液是高浓度有机污水，处理难度大。单独建设渗沥液处理站进行处理达标后直接排放，单位投资较大，处理成本较高，大多数小城镇技术经济条件难以承受。因此，渗沥液处理应优先考虑回灌和与污水处理厂相结合。在气候条件满足的地区应优先选择回灌，回灌可以改善渗沥液的水质，并能使垃圾堆体早日稳定。当渗沥液中总汞、总镉、总铬、六价铬、总砷和总铅等重金属污染物浓度超过《生活垃圾填埋场污染控制标准》（GB 16889）表2规定浓度限值时，不得送往污水处理厂进行处理。

3. 雨、污分流是填埋场建设的一条重要原则。填埋场产生的渗沥液主要是由于直接降水和周围汇水进入填埋场垃圾堆体而产生的。为减少垃圾渗沥液产生量，填埋场周围应根据需要建设截洪沟截除场区周围汇水，同时在填埋作业过程中对垃圾填埋堆体进行有效覆盖，减少雨水的直接入渗量。场底地下水或裂隙水应导出，以免对防渗层产生不利影响，避免地下水侵入垃圾体。截洪沟设计超高不应大于200mm。

为保证填埋场和排洪设施安全运行，且便于检修和维护，一般库区中垃圾填埋体（堆体）下部不宜布置排洪设施，如设置须经充分论证。

总库容量较大的填埋场（10年以上），填埋区及防渗工程宜分区、分阶段建设，以减少一次性投资，最大限度实现运行过程中的雨、污分流。一期防渗层按3~5年考虑。

洪雨水导排系统防洪应满足《防洪标准》（GB 50201）和《城市防洪工程设计规范》（CJJ 50）有关条文要求，并结合填埋场分类确定防洪标准。

4. 垃圾填埋气体主要成分为甲烷，据国内外的测试，填埋气体中的甲烷含量一般在30%~65%。这种气体不仅是影响环境的温室气体，而且是易燃易爆气体。填埋气体与空气混合，甲烷浓度达到5%~15%之间时遇火即会爆炸，国内外由于填埋气体的聚集和迁移引起的爆炸和火灾事故时有发生，因此填埋气体对周围的安全始终存在着威胁，必须对填埋气体进行有效的控制，控制方法因地制宜，不宜采用集中和利用措施。

填埋场是蚊蝇的滋生地，对周围的环境和场内的工作人员造成极大的伤害，蚊蝇还是各种病菌的传播体，因此必须设置便携式、喷雾式设备对蚊蝇进行有效的控制。

5. 填埋场场内永久性道路按《厂矿道路设计规范》（GBJ 22）露天矿山道路三级以上标准设计，宜采用次高级路面；填埋区内临时道路宜采用中级路面。路面宽度根据运输车辆计算确定，一般3.5m，适当设置错车道。

次高级路面包括：沥青贯入式、冷拌沥青碎（砾）石、沥青碎（砾）石表面处治和半整齐石块等面层类型。

中级路面包括：沥青灰土表面处治、水结（泥结）和级配碎（砾）石、不整齐石块等面层类型。

6. 监测井是对填埋场周围地下水进行监测的设施，监测数据直接反映出填埋场对地下水污染程度，其位置视场址条件确定，宜布置在距防渗边界10～50m之间。

7. 垃圾坝和截污坝是垃圾填埋场的重要构筑物，决定坝型的主要因素是地形、工程地质条件和筑坝材料。坝型主要有浆砌石坝、混凝土坝、堆石坝（石渣坝）和碾压式土石坝，浆砌石坝和混凝土坝对地基承载力要求较高，一般要以岩石作为地基；堆石坝（石渣坝）和碾压式土石坝对地基承载力要求较低。要根据就地取材和经济合理的原则确定坝型。

8. 防火隔离带和防飞散设施宜根据当地的条件确定是否设置。为节约用地，一般不专设防火隔离带。

**第十九条** 填埋场作业机械的配备应根据作业机械的能力和工程实际需要设置，并考虑一定的机械使用率和完好率。垃圾推铺、压实机械的合理工作范围不宜超过60m。考虑到小城镇生活垃圾处理规模不大，一般不宜配置压实机。

**第二十条** 本条首先确定了自然发酵处理的基本原则，即对垃圾采取适当措施使生活垃圾中的有害物质达到国家（行业）现行污染物的排放标准，低成本的自然发酵处理工程具有较强的适用性。自然发酵处理主要以无害化为目的，其产品腐殖土（或营养土）可作为园林绿地、填埋场覆盖土、填坑或改良土壤用，不要求有市场出路。目前，国内能够正常运行的垃圾自然发酵厂较少，其重要原因是生活垃圾混合收集。混合收集的生活垃圾中虽然可自然发酵物的重量比例较高，但不可自然发酵物的体积比例特别是各种包装物比例不断增加，使得前处理难度加大，自然发酵处理成本逐步提高，自然发酵质量难以保证，自然发酵市场难以拓展。因此，小城镇生活垃圾自然发酵厂原则上接收分类收集或初步分选后含有机物达40%以上、不含热值较高的包装物类垃圾，并且以无害化为目的，不强调作为产品出售。

其次规定了自然发酵厂建设项目的设施分类和项目构成。自然发酵处理的主体工程具体包括下列内容：

1. 前处理设施。

混合垃圾中的不可自然发酵物不仅会影响甚至破坏自然发酵系统各环节的装、卸料工序，还会影响和恶化自然发酵工艺条件，如阻碍通风和热量传递等，造成自然发酵成品质量下降，因此，需要对垃圾分拣，设置前处理设施。

前处理设施宜包括垃圾给料与输送、人工分选、人工和（或）机械分选，不设置破碎机。其设备的选型及配置应符合工艺要求。对于条垛好氧自然发酵工艺前处理应尽可能采用人工分拣；亦可不经分选（视产品用途确定）；若无机物含量超过60%时可采用人工和机械相结合的方式；对于仓式静态好氧自然发酵工艺前处理工艺宜采用人工分拣或机械分选方式。

对于庭院有机垃圾或分类收集后的适宜自然发酵的有机垃圾，可不设置前处理设施。

前处理建（构）筑物包含垃圾受料区（斗）和机械设备作业区等。前处理工作环境应良好。垃圾受料区大小应根据贮存周期确定，其围护结构形式视地区条件，因地制宜，并应便于进场车辆卸料及前处理机械设备运行，受料区应有垃圾渗沥液导排设施和通风及事故通风设施。对于降水量大的或寒冷地区，宜采用半敞开式或封闭式的垃圾受料区。

前处理建（构）筑物整体结构上应具备防雨、防尘、除臭、防渗等功能。

2. 发酵设施主要包括：与好氧发酵工艺相匹配的机械设备及相关建（构）筑物。

3. 后处理设施主要包括：对发酵稳定后的自然发酵成品进行进一步处理所需的分选、输送等机械设备及相关建（构）筑物。后处理设施应根据工艺设计要求合理配置，其建（构）筑物必须具有防雨功能，以及良好的采光、通风条件和必要的工作通道。

**第二十一条** 本条文规定了小城镇生活垃圾自然发酵工艺包括的类型。一般采用静态好氧发酵工艺，包括仓式静态好氧发酵和条垛好氧发酵工艺、兼氧型条垛发酵工艺，建设中应根据地方条件和垃圾处理规模及其特性选择适当的工艺。

自然发酵处理工艺有多种形式，按自然发酵物料对氧的要求分为好氧自然发酵、厌氧自然发酵技术；好氧自然发酵技术按发酵过程中物料的运动方式又可分为静态好氧自然发酵、动态好氧自然发酵技术；典型动态自然发酵系统有间歇式仓式动态好氧自然发酵、滚筒式好氧自然发酵等，动态自然发酵由于垃圾物料能够较好地混合并均匀发酵，发酵时间相对较短，发酵占地相对较少，但同时其投资费用和运行成本较高。小城镇生活垃圾产量小、经济发展水平低，不宜选用。典型静态自然发酵系统有静态仓式好氧自然发酵、条垛自然发酵等，静态自然发酵由于物料不能够较好地混合和均匀发酵，发酵时间相对较长，发酵占地相对较大，但小城镇生活垃圾产量小，占地相对较少，可以选择，同时，其投资费用和运行成本较低。因此，建议采用静态仓式好氧自然发酵、条垛自然发酵技术，推广应用兼氧型条垛自然发酵工艺。

1. 仓式静态好氧自然发酵工艺：以无害化为目的，有条件的地区兼顾资源化利用，宜采用一次仓式好氧静态发酵工艺。

仓式静态好氧自然发酵工艺，占地面积较小，但工程投资、运行成本相对较高。适合人口密度较大，环境容量较小、且经济水平较高的地区。

其发酵设施必须设有强制通风装置，宜对发酵设施排出的气体进行收集及除臭处理，在偏远空旷和环境容量较大的地区，可不设收集及除臭处理装置；在经济条件比较发达和环境容量较小的地区可增加收集及除臭处理装置；当厂界距离居民区较近时，应采用强制通风并进行脱臭处理。发酵设施的进出料装置应按工艺技术要求配置，对易腐蚀的金属构件及设备等设施应采取相应的防腐蚀措施。对于降雨量大或气候寒冷的地区宜采用半封闭或封闭式的发酵设施形式。

2. 条垛好氧自然发酵工艺：结合城镇的经济水平，以实现无害化为目的，简化工艺，缩短流程，降低工程投资和运行成本。

条垛好氧自然发酵工艺，占地面积较大，但工程投资、运行成本均较低。适合人口密度较低、经济条件一般，土地资源较丰富的小城镇。

对于北方及南方经济较发达的城镇宜采用半封闭式的发酵设施形式。

发酵设施不设强制通风装置。

3. 兼氧型条垛自然发酵工艺：采用人工简易插管导气，并且在条垛堆体表面上采用塑料等作简易封闭自然发酵，可适当缩短自然发酵周期，相应可节省占地、减少投资和运行成本。

采用仓式静态好氧和条垛好氧自然发酵工艺应保证堆体内物料温度在55℃以上并保持5～7d。各种发酵设施的类型、结构与规模，应按工艺技术设计要求配置，应具有适宜的发酵工艺条件与生产作业环境。发酵设施必须设有渗沥液收集系统，渗沥液应集中收集作为物料调节用水，多余的渗沥液送至污水处理厂。

**第二十二条** 采用生活垃圾与农业废弃物及人畜粪便进行混合后自然发酵工艺，其操作简单、投资省、运行成本低，不仅能达到无害化处理的目的，还可以实现垃圾的资源化利用。

有条件的城镇，可采取分区简易填埋与厌氧发酵相结合，此方式适用于平原或葫芦形谷地，即具有便于分区和轮流作业的场地。

**第二十三条** 为保证焚烧效果，降低运行成本，焚烧设施原则上不接受热值较低、需增加辅助燃料的混合垃圾，以减少焚烧厂前处理设施，节约建设投资。

**第二十四条** 由于小城镇焚烧厂的规模比较小，为了节省建设投资，方便生产及维护检修等，建议只建设一条生产线。垃圾池或临时堆放场满足检修期间储存的需要，检修期间的未处理垃圾由设备预留余量解决。

**第二十五条** 生活垃圾焚烧处理厂烟气排放执行《生活垃圾焚烧污染控制标准》（GB 18485）。从合理运输距离和大部分小城镇的密度考虑，采用40km范围控制建设规模。

## 第五章 配套工程

**第二十六条** 小城镇垃圾处理工程规模较小，对供电可靠性要求不高，因此，按三级用电负荷设计可以满足需求。

**第二十七条** 由于处理规模小、用电负荷较小，有条件引接0.4kV低压电源，可以节省投资。如对建变电所市容要求不高时，宜采用简易形式，以节省初期投资，也便于维护。当利用现有建筑或投资较低时可采用土建变电站型式。

**第二十八条** 由于小城镇垃圾处理工程变压器容量较小，采用简易的保护方式，既对人员管理水平要求不高，也节省初期投资和便于维护管理。

**第二十九条** 小城镇垃圾处理工程，由于规模小，设备简单，对运行维护人员要求不高，不宜采用复杂的控制方式，这也有利于降低初期投资和运行成本。

**第三十条** 由于某些原因长期停止鼓风则发酵方式由好氧变为厌氧，将产生沼气，可能达到爆炸极限，因此仓内照明按防爆场所设计。

**第三十一条** 一般情况下生活饮用水应满足国家生活饮用水的标准，但在个别地区饮用水尚未达到国家生活饮用水的标准，处理场（厂）生活饮用水标准可保持与该地区同等水平，否则，考虑饮用桶装水。

**第三十二条** 本条是场（厂）区防火要求。

1. 垃圾填埋场：无加油设施时，综合楼是比较大的建筑物，当综合楼建筑面积在 $100m^2$ 以下考虑配置消防灭火器，可不设消防给水系统。

2. 垃圾焚烧、自然发酵厂：可不建消防给水设施，因焚烧、自然发酵厂房比较小，火灾危险性分类可定为丁类，房间内配置适量消防灭火器，可以满足消防要求。

**第三十三条** 由于运输车次少，车行道宽度以满足车辆单向行驶和消防车辆所需单车道最小宽度而定；平原地区与山区的道路红线可有所不同；路面结构形式可根据城镇自身的道路路网标准确定。

**第三十四条** 视处理场（厂）规模和地区特点及经济等条件确定是否需设置采暖和通风设施以及采用何种设施。规模小、操作人员少、操作时间短时可采取局部采暖和通风措施。集中处理规模较大时，当处理场（厂）周围有热源可满足采暖要求，可不建锅炉房；当周围无热源采暖尽量用小型锅炉房解决（采暖地区）。根据当地情况选用燃料种类（燃煤、燃气或燃油）。生产辅助用房及附属建筑物宜以自然通风为主，当不满足相应要求时，采用机械通风设施。

**第三十五条** 随着城镇化进程的加快，社会化服务业不断完善和规范化，应尽量减少处理场（厂）内的辅助设施，避免建成小而全的建设项目，以提高设备的使用效率，减少建设投资和运行费用，充分发挥社会化协作的功能。各项活动可委托当地有相应资质的部门来完成。

有条件的城镇可设置计量磅、简易洗车、简单化验设施，寒冷地区洗车场所应有维护结构。设置地磅计量设施便于区域性管理和处理设施的区域性建设。

## 第六章 环境保护与劳动保护

**第三十六条** 处理场（厂）是消纳城镇生活垃圾的场所，是环境保护工程项目，处理场（厂）运行过程中产生的污染物处理和排放标准，应按照本标准规定或现行国家标准执行，尽量避免产生二次污染。

**第三十七条** 为保证建（构）筑物和人员安全作出本规定。

**第三十八条** 针对填埋场沼气有起火、爆炸危险，应设置防火标牌；车辆出入应设置行车安全标牌和限速标牌；配电室应设置高压警示标牌等。

**第三十九条** 本条对自然发酵残余物的处置作出规定。自然发酵残余物可焚烧处理，也可直接简易填埋或堆放处置。由于焚烧接收的物料为分选后生活垃圾，因此，焚烧的炉渣按一般固体废弃物进行处理。

**第四十条** 进入焚烧厂的垃圾为分选后的生活垃圾，其中大部分为可燃物，含水量较少，因此产生的渗沥液可以喷入炉内进行燃烧处理。

在多雨的南方地区，采用回喷不能处理全部渗沥液又不具备与城镇污水处理厂合并统一处理条件时，也可建设污水处理设施，将渗沥液处理达到《城镇污水处理厂污染物排放标准》（GB 18918）三级标准。

## 第七章 建筑与建设用地

**第四十一条** 本条是处理场（厂）建筑标准的总原则。在满足工艺设计要求的基础上，应遵循节省材料、节约投资的原则。建筑标准应根据城镇性质、周围环境及建设规模等条件合理确定，原则上不应进行特殊的装修。

**第四十二条** 处置场（厂）的管理用房、生活设施用房在满足使用功能和安全的条件下，宜集中布置并充分利用现有建筑，其建筑面积应本着因地制宜、合理布置和节约投资的原则确定。

**第四十三条** 处理场（厂）建设用地应本着科学、合理、在满足功能和安全的条件下力求节约的原则。

填埋场场地由于地形条件的差异，以及填埋场的服务范围和垃圾特性的变化，很难统一计算出建设用地指标，总体上要求填埋场在城镇生活垃圾处理规划所确定的范围内，一般要满足其使用寿命10年以上（最好15年以上），以便获得较好的投资效益。根据国内外填埋场的实践经验，填埋区一般要求每平方米占地可消纳5～10$m^3$垃圾。

自然发酵、焚烧厂建设用地指标控制在10000～15000$m^2$以下，不包含自然发酵成品深加工处理、处理过程中产生的残余物处理用地面积。

# 第八章 运营管理与劳动定员

**第四十四条** 考虑焚烧厂需要连续运行，所以可采用三班制。而填埋场及自然发酵厂由于其工作可不连续运行，因此可采用单班制。

**第四十五条** 劳动定员可参照本条执行，应因地制宜，根据当地的具体情况并考虑到工作的性质，合理确定处理场（厂）的劳动定员，应以精干多能为原则，鼓励一人多职。

# 第九章 主要技术经济指标

**第四十六条** 本条是编制和使用生活垃圾处理工程项目投资指标的原则。强调按照国家和地方现行的编制投资估算的有关规定编制，并应结合具体工程量和当地实际定额水平以及地方经济等条件调整使用。

**第四十七条** 本条规定新建生活垃圾填埋处理工程的投资估算指标。

卫生填埋场的建设投资受填埋场占地面积、日处理规模、防渗方式、场地条件以及填埋场渗沥液处理状况等多因素影响。同等规模不同类型的填埋场，主要工程量的性质和大小会出现很大的差异，即便同一类型的填埋场在不同地区和不同条件下工程量也会差别很大。一般来讲，在其他条件相同的情况下，对于需要采用大面积水平防渗的山谷型填埋场，投资估算指标较高；对于不需采用人工防渗的平原地区填埋场，投资估算指标较低。

按照卫生填埋场规模分类，对于采用人工衬层的填埋场和未采用人工衬层的填埋场投资指标见附表1，平原地区和降水量少的地区填埋场每立方米容积投资较低，山谷型和降水量多的地区填埋场每立方米容积投资较高；道路工程量小和降水量少的地区填埋场每立方米容积投资较低，道路工程量大和降水量多的地区填埋场每立方米容积投资较高。附表1系按近年来三峡库区工料预算价格及费率标准测算，由于各地建设条件的差异和工程本身的变化，本指标很难全部反映实际情况，仅作为计算投资估算的参考指标，各地使用时根据当地现行价格调整。由于填埋场占用土地费用各地区差异较大，附表1的估算指标中未包括填埋场用地的土地、青苗等补偿费和安置补助费等，也不包括场外工程投资。

附表2是现有小城镇生活垃圾填埋场不同规模情况下各项投资比例，新建填埋场可参照执行。

**附表1 小城镇生活垃圾填埋场投资估算指标**

| 日处理规模（t/d） | 库容投资指标（元/m$^3$） |
|---|---|
| 采用人工衬层防渗的填埋场 | |
| ≤50 | 40～60 |
| 50～100 | 30～45 |
| 未采用人工衬层防渗的填埋场 | |
| ≤50 | 30～50 |
| 50～100 | 20～40 |

**附表2　小城镇生活垃圾填埋场分项投资占总投资的比例（%）**

| 项　　目 | 比　　例 |
| --- | --- |
| 日处理规模≤50t/d | |
| 管理区 | 4～6 |
| 填埋区 | 22～28 |
| 场外工程 | 8～14 |
| 总图 | 10～12 |
| 征地费 | 10～30 |
| 二类费用 | 10～15 |
| 合计 | 100 |
| 日处理规模50～100t/d | |
| 管理区 | 4～6 |
| 填埋区 | 27～31 |
| 场外工程 | 7～10 |
| 总图 | 10～12 |
| 征地费 | 10～30 |
| 二类费用 | 10～15 |
| 合计 | 100 |

**第四十八条**　本条规定新建自然发酵厂工程的投资估算指标。

该指标是在目前我国现有自然发酵厂的调查数据的基础上，考虑了小城镇特点及所选自然发酵工艺而确定的，所列技术经济指标均针对采用国产设备而言。由于各地建设条件的差异和工程本身的变化，本指标很难全部反映实际情况，仅作为计算投资估算的参考指标，各地使用时可根据当地现行价格调整。由于自然发酵厂占用土地费用各地区差异较大，自然发酵厂外部条件也存在一定差异，在本估算指标中未包括自然发酵厂占用土地费用、场外道路及外部工程费用。

**第四十九条**　本条规定新建生活垃圾焚烧厂的投资估算指标。

该指标是在目前我国已建和在建的焚烧厂投资的统计数据的基础上确定的。

**第五十条**　本标准是根据处理场（厂）规模的大小所提出的建设工期控制指标。由于建设工期与建设资金落实情况、施工条件等因素有关，在确定建设工期时，应根据项目的实际条件合理确定，防止建设工期拖延，增加工程投资。

**第五十一条**　本条规定新建生活垃圾填埋场运行费用指标，是根据小城镇填埋场建设标准，参照已建成的小城镇填埋场实际运行费用经验总结并适当考虑填埋场运行管理水平拟订的。

**第五十二条**　自然发酵厂的运行费用除受自然发酵处理工艺影响外，还受劳动力成本、电力和动力燃料价格、定员数、生产规模等因素影响。本标准是根据小城镇自然发酵工艺特点、参照现行自然发酵厂运行管理水平和平均价格水平，并适当考虑现有自然发酵厂实际运行的状况而制定。各地使用时可根据当地价格水平进行调整。

**第五十三条** 生活垃圾焚烧厂运行费用指标是参考现有的焚烧厂实际运行费用经验数据，并考虑焚烧废物为分类或分选后的可燃垃圾而确定的。

运行费用包括原材料及燃料动力费、工资及福利费、修理费及其他费用，不包括灰、渣处理费用。

**第五十四条** 建设项目经济评价是项目可行性研究报告的有机组成部分和重要内容。它是项目决策前可行性研究过程中，采用现代分析方法，对拟建项目计算期（建设期和生产期）内投入和产出诸多经济因素进行调查、预测、研究、计算和论证，比选推荐最佳方案，作为项目决策的重要依据。经济评价在垃圾处理场（厂）工程项目建设的应用，是近几年才开展起来的，还缺乏系统的经验，尤其对于小城镇生活垃圾处理工程。

目前，我国小城镇还没有普遍实行生活垃圾处理收费，已开始生活垃圾处理收费的地区尚未达到处理成本的要求，因此处理场（厂）工程项目建设的效益主要表现为环境效益和社会效益。但可以通过设定处理收费，以维持其自身运行为基本目标，对项目进行财务评价。经济评价方法按国家有关规定执行。

# 八、石油、森林

# 输油管道工程项目建设标准

## 建标 114—2009

## 住房和城乡建设部、国家发展和改革委员会关于批准发布《输油管道工程项目建设标准》和《输气管道工程项目建设标准》的通知

建标〔2009〕11 号

国务院有关部门，各省、自治区、直辖市、计划单列市建设厅（委、局）、发展和改革委员会，新疆生产建设兵团建设局、发展和改革委员会：

根据建设部《关于印发〈二〇〇三年工程项目建设标准、投资估算指标、建设项目评价方法与参数编制项目计划〉的通知》（建标函〔2004〕43 号）的要求，由中国石油天然气股份有限公司负责编制的《输油管道工程项目建设标准》和《输气管道工程项目建设标准》，经有关部门会审，现批准发布，自 2009 年 5 月 1 日起施行。原《原油长输管道工程建设标准》同时废止。

本建设标准的管理由住房和城乡建设部、国家发展和改革委员会负责，具体解释工作由中国石油天然气股份有限公司负责。

中华人民共和国住房和城乡建设部
中华人民共和国国家发展和改革委员会
二〇〇九年一月十四日

## 前　言

《输油管道工程项目建设标准》是根据建设部“关于印发《二〇〇三年工程项目建设标准、投资估算指标、建设项目评价方法与参数编制项目计划》的通知”（建标函〔2004〕43 号）的要求，由中国石油天然气股份有限公司负责主编，具体由中国石油规划总院和中国石油天然气管道工程有限公司共同对 1993 年版《原油长输管道工程建设标准》修订而成的。

在修订过程中，修订组紧密结合我国输油管道建设的实际情况，认真总结标准贯彻执行的先进经验，积极借鉴国外有关建设情况，适应当前和今后一个时期的需要。遵循艰苦奋斗、勤俭建国的方针，在满足功能和安全的前提下，严格执行我国资源能源节约、生态环境保护的各项法规和政策。经广泛征求有关部门、单位及专家的意见，多次召开讨论座

谈会，最后由中国石油天然气股份有限公司组织召开审查会议，会同有关部门审查定稿。

本建设标准共分十二章：总则、项目构成、建设规模、线路工程、工艺及自控、配套工程、建筑与建设用地、劳动组织、节能、环境保护、安全和职业卫生、技术经济。

本建设标准在实施过程中，请各单位注意总结经验，积累资料，如发现需要修改和补充之处，请将意见和有关资料寄中国石油规划总院（地址：北京市海淀区志新西路3号，邮政编码：100083），以便今后修订时参考。

**主编单位：**中国石油规划总院

**参编单位：**中国石油天然气管道工程有限公司

**主要起草人：**沈珏新 吴音 郑凡 刘海峰 付定华 张凤翔 张庆 杨家笠 许红 周锡河 熊运实 惠熙祥 李自林 严明 王小林
（以上中国石油规划总院）
付明 陈枫 刘嵬辉 董旭 王怀义 柯愈劲 董持 俞彦英 徐志强 李晓云 张起瑛 唐代永 冯娓 肖永培 孙宗源 石薇薇 张怀法
（以上中国石油天然气管道工程有限公司）

中国石油天然气股份有限公司

二〇〇八年七月

# 第一章 总 则

**第一条** 为适应经济建设发展的需要，提高输油管道工程项目决策和建设的管理水平，合理确定建设规模，推动技术进步，提高投资效益，制定本建设标准。

**第二条** 本建设标准是输油管道工程项目投资的重要制度和评估、审批、核准输油管道工程项目的重要依据，也是有关部门审查该类工程项目初步设计和监督检查整个建设过程的尺度。

**第三条** 本建设标准适用于陆上新建输油管道工程。改、扩建输油管道工程可参照执行。

**第四条** 输油管道工程建设必须贯彻安全生产、节约集约用地、节能降耗、保护生态、环境保护等国家有关政策、法规和强制性标准。

**第五条** 输油管道工程的建设应正确处理近期与远期、技术与经济、经济效益与社会效益的关系，结合国情，积极采用先进适用的技术和装备。

**第六条** 输油管道的任务输量主要依据资源条件、市场需求，以及全国性或区域性原油、成品油管网规划来确定。

**第七条** 输油管道工程建设除应符合本建设标准外，还应符合国家现行的有关标准、经济参数和指标及定额的规定。

符合管输标准的煤层气输送管道工程可参照执行。

# 第二章 项目构成

**第八条** 输油管道工程项目应由线路工程、站场工程、配套工程、生产管理设施等构成。

**第九条** 线路工程可包括管道敷设、穿（跨）越工程、防腐蚀控制工程、水土保持工程、伴行道路、线路截断阀室和其他附属建（构）筑物等。

**第十条** 站场工程宜包括输油首站、输油中间站、输油末站，主要包括下列工程内容：

一、输油首站通常由储油罐区、阀组、输油泵房、站内管网、加热炉（换热器）、清管设施，以及仪表控制、供热、供配电、给排水、消防、通信、污水处理及建（构）筑物等设施构成。必要时还应设有反输和交接计量的设施。

二、输油中间站可分为热泵站、加热站、泵站、输入站、分输站和减压站等。

中间站由事故泄压罐（或旁接罐）、阀组、输油泵房、站内管网、加热炉（换热器）、清管设施，以及仪表控制、供热、供配电、给排水、消防、通信、污水处理及建（构）筑物等设施构成。

分输站应设有调压、计量设施，输入站应设置交接计量设施；必要时，分输站、输入站可设油罐区，中间（热）泵站和加热站可设置反输设施。

三、输油末站由储油罐区，阀组，转运泵，加热炉（换热器），装车或装船设施，站内管网，计量、清管设施，以及仪表控制、供热、供配电、给排水、消防、通信、污水处理及建（构）筑物等设施构成。必要时设置反输设施。

以上设施可根据输油工艺要求设置，特殊工程设施应单独论证确定。

**第十一条** 配套工程包括供配电、通信、给排水、消防、管道维抢修等。配套工程宜依托地方条件和现有设施，统筹解决，经论证没有依托条件时或依托条件不能满足时，可单独设置。

**第十二条** 生产管理设施包括办公楼、值班室、会议室、倒班宿舍、食堂、车库及其配套设施，应集中设置。

## 第三章 建设规模

**第十三条** 输油管道的输送能力应根据资源、市场确定。年最大任务输量为管道设计最大输量，设计最小输量应符合经济及安全输送条件，设计年工作天数应按350d计算。

**第十四条** 输油管道的设计管径和设计压力需根据输送要求，进行多方案的技术和经济比较来确定。

**第十五条** 原油输油首站、输入站、分输站和末站的原油储罐每站不宜少于3座。主要站场原油储备天数如下：

一、首站、输入站的储备天数：

（一）进油为管道送油时，宜为3~5d；

（二）进油为铁路卸油时，宜为4~5d；

（三）进油为船运卸油时，内河运输宜为3~4d；近海运输宜为5~7d；远洋运输按委托设计合同确定，油罐总容量应大于油轮一次卸油量。

二、末站、分输站的储备天数：

（一）发油通过管道供用户时，宜为3d；

（二）发油通过铁路装火车时，宜为4~5d；

（三）发油通过船运装油时，内河运输宜为3~4d；近海运输宜为5~7d；远洋运输按委托设计合同确定，油罐总容量应大于油轮一次装油量。

三、中间（热）泵站的储备量：

（一）当采用旁接油罐输油工艺时，其旁接油罐容量宜按2h的最大管输量计算；

（二）当采用密闭输送工艺时，应设水击泄放罐，其泄放罐容量由瞬态水力分析后确定。

**第十六条** 按顺序输送成品油的输油首站、输入站和末站要求每种油品或每种牌号油品应设置2座以上储罐，首末站罐容应按批次和市场需求确定；中间泵站水击泄放罐容量应由瞬态水力分析后确定。起点为炼厂的输油首站宜依托炼厂罐区。分输站、末站可不设储罐，宜依托现有油库。有混油下载的站应设置混油处理设施。

## 第四章 线路工程

**第十七条** 输油管道线路走向应根据资源地与市场用户的方位，结合管道沿线相关评估报告、城市规划，以及沿途地区的人文、地理、自然等条件，经过综合分析和技术经济对比，优化线路走向方案。

**第十八条** 输油管道经过不良工程地质区、矿产资源区、地震动峰值加速度≥0.05g的地震区应进行地质灾害调查、评价。

埋地管道通过活动断裂带或地震动峰值加速度大于等于0.2g的地区，应采取设防措施。管道穿越处地震动峰值加速度大于等于0.1g，管道跨越处地震动峰值加速度大于等于0.05g时，应采取设防措施。

**第十九条** 在符合输油管道线路总走向的条件下，输油管道穿（跨）越铁路、公路、河流等的穿（跨）越点位置应优化确定。管道穿（跨）越方案，应做技术经济比较。在技术可行的情况下，宜采用穿越方式。

**第二十条** 输油管道应采用地下埋设方式。当受自然条件限制时，局部管段可采用土堤埋设或地上敷设。

**第二十一条** 埋地输油管道的外壁应采用防腐绝缘层加阴极保护的联合防护方案。防腐层的材料和结构应根据管道沿线地区土壤腐蚀性、地区环境条件、管线敷设方式、阴极保护方案以及施工条件等因素，进行专门的技术经济方案比较后确定。

**第二十二条** 输油管道沿线应设置能通过清管器或检测仪器的自动或手动截断阀。阀门间距不宜超过32km，人烟稀少的地区可适当加大间距。在水域大型穿（跨）越和人烟稠密地区及地震设防区段，管道两端均应设置线路截断阀。

**第二十三条** 当输油管道的设计温度同安装温度之差较大时或管道翻越高差较大的长陡坡时，应考虑管道的稳定性，设置锚固设施。

**第二十四条** 输油管道刚度应满足运输、施工和运行要求，管外径与壁厚之比应小于140，穿越地段钢管的外径与壁厚之比不应大于100。应优先选择标准壁厚。

**第二十五条** 输油管道所采用的钢管、管道附件的材质选择，应根据设计压力、温度和所输液体的物理化学性质等因素，经技术经济比较后确定。采用的钢管和钢材应具有良好的韧性和可焊性。

**第二十六条** 施工便道和巡线维修道路应利用现有交通设施。确需修建伴行路时，宜参照四级公路的建设标准。

## 第五章 工艺及自控

### 第一节 工 艺

**第二十七条** 应根据被输送原油的物理化学性质及其流变性，通过优化比选，选择最佳输送方式。输油管道宜采用密闭输送工艺。若采用其他输送工艺，应进行技术经济论证。

**第二十八条** 输送多种油品时，宜采用顺序输送工艺。若采用专管专用输送工艺，应进行技术经济论证。对多种油品的输送批次、输送方式、混油处理等做多方案比较。

**第二十九条** 顺序输送工艺的管道，宜采用连续输送方式；当采用间歇输送工艺时，应采取措施以减小混油量。

**第三十条** 输油管道站场内储油罐应选用钢质油罐。原油管道站场内储油罐应选用浮顶油罐。成品油管道站场内储存汽油、溶剂油等油品应选用浮顶罐或内浮顶罐；储存航空煤油、喷气燃料油应选用内浮顶罐；其他油品（如柴油、重油等）可选用固定顶油罐。

**第三十一条** 原油管道站场内加热设备宜采用管式加热炉，设置数量不宜少于2台，不设置备用炉。加热炉设计热负荷小于2500kW时，加热炉热效率不宜低于85%；加热炉设计热负荷大于或等于2500kW时，加热炉热效率不宜低于90%。

**第三十二条** 输油泵应按高效率工作区运行选用，泵效不宜低于80%。输油主泵根据工艺条件可采用并联或串联运行。一般情况下，泵机组至少设置2台，但不宜多于4台，其中1台备用。

**第三十三条** 输油主泵驱动装置的选择，应优先采用电动机；无电或缺电地区可采用其他驱动方式。输油泵需要调速时，可选择调速装置或可调速的驱动装置。

## 第二节 仪表与自控

**第三十四条** 输油管道应根据工艺的要求、操作水平、自然条件以及投资情况确定自动化水平。

**第三十五条** 管道的监控与调度管理应采用计算机监控与数据采集系统（SCADA）。

输油管道的计算机监控与数据采集系统宜采用分散型控制系统（DCS）。控制方式宜采用控制中心控制、站控制室控制和设备就地控制。可由控制中心计算机监视、控制和调度管理系统对输油管道实施管理和运行。

**第三十六条** 计算机监视、控制和调度管理系统宜包括调度控制中心的主计算机系统、远程站的站控制系统、数据传输及网络系统。调度控制中心可设模拟仿真系统和地理信息系统。站控制系统应设置专门安保系统。

**第三十七条** 检测和控制仪表应满足以下要求：

一、对于输油过程应检测温度、压力和液位等重要变量参数。

二、顺序输送油品界面，应设界面在线检测设施。

三、输油管道泵站输油主泵若为定速泵，应设出站压力调节阀；分输站应设分输流量调节阀。

四、站内主要工艺阀门应配电动或气动执行机构。

五、输油站应设紧急停车系统和水击保护系统。

六、设有加热炉系统的输油站，应设加热炉系统的检测和控制仪表。

**第三十八条** 管道输入站、分输站和末站，应设置油品交接计量设施，定期进行标定。

**第三十九条** 站场有油气聚集的室内应设可燃气体报警装置。控制室和控制中心应设火灾报警系统。

**第四十条** 输油站应具备必要的维修工具和校验仪表。

# 第六章　配 套 工 程

## 第一节　供　配　电

**第四十一条**　输油站场电力负荷分级应符合下列规定：

一、首站、末站、减压站和压力热力不可逾越的中间（热）泵站应为一级负荷；其他各类输油站应为二级负荷。

二、独立阴极保护站应为三级负荷。

三、输油站场的自动化控制系统、通信系统，输油站的紧急切断阀及应急照明应为一级负荷中特别重要的负荷。

**第四十二条**　供电应符合下列规定：

一、一级负荷输油站应由两个独立电源供电；当条件受限制时，可由当地公共电网同一变电站不同母线段分别引出两个回路供电，但作为上级电源的变电站应具备至少两个电源进线和至少两台主变压器。

二、输油站场的自动化控制系统、通信系统及应急照明等特别重要的负荷应由不间断电源（UPS）供电；蓄电池的后备时间不应小于2h。

三、二级负荷输油站宜由两回线路供电；在负荷较小或地区供电条件困难时，可由单回6kV及以上专用架空线路或电缆线路供电，但应设事故保安电源。

四、三级负荷，由公共电网单回线路供电。

五、远控线路截断阀室在附近有公共电网时，应设置足够容量的不间断电源（UPS）。在无电地区，宜选择太阳能发电、小型燃油发电等装置，并设足够容量的蓄电池。

**第四十三条**　在无电或缺电地区，输油站内的输油主泵宜由内燃机直接拖动，应配置自备发电机组为站内低压负荷供电。

**第四十四条**　消防设施的供配电应按现行国家标准《石油天然气工程设计防火规范》GB 50183的有关规定执行。

**第四十五条**　输油站场爆炸危险区域的划分及电气装置的选择，应符合国家现行标准《石油设施电气装置场所分类》SY 0025和现行国家标准《爆炸和火灾危险环境电力装置设计规范》GB 50058的规定。

**第四十六条**　输油站场的变配电所、工艺装置和建（构）筑物的防雷、防静电设计，应符合现行国家标准《过电压保护设计规范》GB 50064、《石油天然气工程设计防火规范》GB 50183和《建筑物防雷设计规范》GB 50057的规定，并充分考虑各地方的实际情况。

## 第二节　通　　信

**第四十七条**　输油管道工程根据管道建设所经地区电信网络的现状和管道管理营运对通信的业务需求量，可采用光纤通信、卫星通信、微波通信等通信方式。输油管道通信系统还可采用当地电信部门提供的DDN、SDH、GPRS、CDMA等资源。

**第四十八条**　通信系统的业务功能应满足输油工艺、站控系统和计算机监控与数据采集系统（SCADA）系统数据传输和生产管理运行等需要，通信系统可设生产调度、行政及会议电话、工业电视、会议电视、数据及图像传输、巡线及应急通信等。

**第四十九条**　输油管道通信应设置备用通信系统。

**第五十条** 通信站宜设在管道各级生产管理部门和输油管道各类站场内。需建独立通信站时，应进行论证。

**第五十一条** 输油管道事故抢修、管道巡回检查和维抢修部门，可配备移动通信设施。

## 第三节 给 排 水

**第五十二条** 输油站场给水水源应根据生产、生活、消防用水量和水质要求，结合当地水源条件及水文地质资料等因素综合分析确定；宜就近选择同一水源，且优先利用外部水源。无外部水源时，方可考虑建深井水源。

**第五十三条** 生产、生活、消防用水宜采用同一水源，当油罐区、生产区和生活区分散布置，或有其他特殊情况时，经技术经济比较后可分别设置水源。生产和消防用水的水质标准，应满足生产和消防工艺要求。生活饮用水质应符合现行国家标准《生活饮用水卫生标准》GB 5749 的规定。

**第五十四条** 给水系统的供水量应为100% 消防水量与70% 生产、生活用水量之和。消防水池（罐）的容量应同时满足最大一次火灾灭火和冷却用水要求。在火灾情况下，能保证连续补水时，消防水池（罐）的容量可减去火灾延续时间内补充的水量，消防水池（罐）应在96h 内充满。

**第五十五条** 站场的给水系统除油罐区的消防给水管网应为独立系统外，其余生产、生活及消防设施应合并建设。

**第五十六条** 含油污水应与生活污水和雨水分流排放。

**第五十七条** 站场含油污水应尽量利用外部就近的处理设施进行处理排放。无条件利用时，宜采用小型装置化处理设备，独立进行处理，水质达标后方可排放。

**第五十八条** 生活污水经处理达标后，可就近排入城镇污水系统或经当地主管部门同意，排至适当地点；当就近没有城镇污水系统，可根据污水量、水质情况、环保部门要求，合理确定排放方案，达标后方可排放。

**第五十九条** 雨水（未被油品污染的地面雨水）宜采用地面组织排水的方式排放。

## 第四节 消 防

**第六十条** 输油站场储油罐区应设置低倍数泡沫灭火系统和消防冷却水系统，其系统设置应分别符合表1 和表2 的规定。

**表1 油罐区低倍数泡沫灭火系统设置表**

| 序号 | 工程内容 | 油罐形式 | 采用灭火形式 |
| --- | --- | --- | --- |
| 1 | 单罐容量≥10000m³ | 固定顶油罐 | 应设置固定式泡沫灭火系统 |
|  | 单罐容量≥50000m³ | 浮顶油罐 |  |
|  | 机动消防设施不能进行保护或地形复杂消防车扑救困难 | 储罐区 |  |
| 2 | 罐壁高度＜7m 或单罐容量≤200m³ | 立式、卧式油罐 | 可采用移动式泡沫灭火系统 |
| 3 | 其余油罐（除1、2 款外） | 立式、卧式油罐 | 宜采用半固定式泡沫灭火系统 |

**表 2　油罐区消防冷却水系统设置表**

| 序号 | 单罐容量 | 油罐形式 | 采用消防冷却形式 |
|---|---|---|---|
| 1 | 单罐容量≥10000$m^3$ | 固定顶油罐 | 应设置固定式消防冷却水系统 |
|  | 单罐容量≥50000$m^3$ | 浮顶油罐 |  |
| 2 | 500$m^3$＜单罐容量＜10000$m^3$ | 固定顶油罐 | 可设置半固定式消防冷却水系统 |
|  | 单罐容量＜50000$m^3$ | 浮顶油罐 |  |
| 3 | 单罐容量≤500$m^3$ | 固定顶油罐<br>卧式油罐 | 可设置移动式消防冷却水系统 |

**第六十一条**　偏远缺水少电地区，中间站油罐总容量不大于 4000$m^3$，且储罐直径不大于 12m 的原油罐区，可设置烟雾灭火系统，且可不设消防冷却水系统。

**第六十二条**　单罐容量为 50000$m^3$ 的油罐采用固定式泡沫灭火系统和固定式冷却水系统时，可采用手动操作或遥控操作；单罐容量为 100000$m^3$ 的油罐采用固定式泡沫灭火系统和固定式冷却水系统时，宜采用自动控制方式（含自动报警、自动监控、自动灭火等）。

**第六十三条**　输油管道首站、末站油库，应与邻近企业或城镇消防站协商组成联防。能够作为首站、末站油库依托的消防车队，其所在位置应能满足接到火灾报警后消防车到达火场的时间不超过 30min 的要求。

**第六十四条**　站场及油码头的建筑消防设计应符合现行国家标准《建筑设计防火规范》GB 50016，建（构）筑物内应按现行国家标准《建筑灭火器配置设计规范》GB 50140 的规定配置足量的灭火器材。

## 第七章　建筑与建设用地

**第六十五条**　输油管道工程的建筑应符合国家现行的安全防火、防爆、防震、环境保护、节能、节约用地、工业卫生等法律、法规的规定。

**第六十六条**　输油管道工程的建筑应根据建材供应的实际情况及当地气候条件，在满足抗震设防要求的前提下，确定其建筑及结构型式。

**第六十七条**　输油管道工程配套设施的建筑面积综合指标，应根据行业现行有关规定执行，站场应按使用功能设置泵房、控制室、变配电室等建（构）筑物。各类建（构）筑物在满足工艺及安全防火要求的前提下，尽可能合建。

**第六十八条**　输油管道工程建（构）筑物应按现行国家标准《建筑工程抗震设防分类标准》GB 50223 确定其抗震设防类别，其中主要建（构）筑物的抗震设防类别，应划分为重点设防类。结构计算、抗震措施和抗震构造措施应符合现行国家标准《建筑抗震设计规范》GB 50011 的规定。

**第六十九条**　输油管道工程主要建（构）筑物耐火等级不应低于二级。

**第七十条**　输油管道工程建筑耐久等级为三级，其耐久年限为 25～50 年。

**第七十一条**　输油管道工程主要建（构）筑物防爆等级为乙级。

**第七十二条**　输油管道工程建筑物的构造与装饰应在满足生产和使用要求的前提下做到适用、经济、美观，用材恰当，建筑风格协调统一。

**第七十三条** 输油管道工程应严格控制永久占地，站场的生产设施和辅助生产设施宜采取联合装置和综合性单体建筑，根据不同生产功能和特点分别相对集中布置。

**第七十四条** 原油和成品油管道站场的建设用地应按《石油天然气工程项目建设用地指标》执行。

**第七十五条** 伴行路用地宜按照四级公路的建设标准建设，或按当地政府的要求，符合工程实际情况进行建设。

## 第八章 劳动组织

**第七十六条** 输油管道的生产组织机构，宜按输油公司或输油处、泵站二级管理、四班三倒设置。输油管道从输油首站到末站实行集中管理。

**第七十七条** 输油公司的人员配置（包括生产运行、技术保障、行政管理、抢修、维修等）应根据输油管道工程的建设规模、控制水平、运行管理模式以及管道经过地区的社会依托情况确定。

**第七十八条** 输油管道的生产人员应按自动化水平确定。直接生产人员定员可按表3的规定确定。

**表3 直接生产人员参考定员表（人）**

| 名称 | 泵站集中检测<br>就地操作 | 泵站集中检测<br>集中控制 | 全线集中检测<br>集中控制 |
|---|---|---|---|
| 输油首站 | 40 | 26 | 26 |
| 中间热泵站 | 28 | 18 | 4（巡检和管道保护） |
| 中间加热站 | 16 | 12 | 4（巡检和管道保护） |
| 中间泵站 | 16 | 12 | 4（巡检和管道保护） |
| 分输站 | 16 | 12 | 4（巡检和管道保护） |
| 输入站 | 16 | 12 | 4（巡检和管道保护） |
| 控制中心 | — | — | 15 |
| 通信中心 | 16 | 16 | 16 |
| 输油末站 | 40 | 26 | 26 |
| 维抢修队 | 30 | 30 | 30 |

注：1 首、末站若设污水处理装置，应增加4人。

2 末站为装火车型，装车量为 $100\times10^4t/a$，增加12人；装车量为 $200\times10^4t/a$，增加18人；装车量为 $300\times10^4t/a$，增加36人。

3 每300km设一个维抢修队，管道总长度小于500km时只设一个。

4 消防人员根据国家有关规定设置。

**第七十九条** 配备生产人员时宜增加5%的缺勤替补和10%的轮换培训人员。行政管理及后勤服务人员宜为生产人员的10%和15%。

## 第九章 节 能

**第八十条** 输油管道建设项目，必须遵循《中华人民共和国节约能源法》及国家或行业其他现行相关标准及规定，有效节约能源，合理利用能源，提高经济效益。

**第八十一条** 节能措施的设计及其实施，必须遵守国家环境保护法规的规定，并确保安全生产。

**第八十二条** 节能方案及其措施，应符合国家或行业相关政策，重视投资效果。

**第八十三条** 输油管道工程的节能应符合以下规定：

一、输油管道的建设应采用节能设备及产品，严禁选用国家强令淘汰的机电设备和高能耗产品。

二、根据管道所经地区的自然环境条件，宜因地制宜利用太阳能、地热能及其他可利用的新能源。

三、站场工艺技术方案应经济、合理，以减少站内能耗。

四、应尽量采用储存损耗低的储油设备，采用高效的机、泵、炉等设备。

五、建筑能耗指标应符合当地节能建筑的规定。

**第八十四条** 输油管道的建设应进行综合能耗分析，提出有效的节能措施。

## 第十章 环境保护

**第八十五条** 输油管道建设项目应贯彻落实《中华人民共和国环境保护法》、《中华人民共和国水土保持法》等国家、地方有关环境的法律和法规的要求。

**第八十六条** 输油管道线路走向选择应避开需要特殊保护的地区及环境敏感区。

**第八十七条** 应按照《中华人民共和国环境影响评价法》的要求，开展工程的环境影响评价工作。

**第八十八条** 应依据《中华人民共和国水土保持法》提出水土保持方案。对输油管道工程项目建设中造成的土壤、植被等原始地貌的破坏，应采取措施予以恢复或治理。

**第八十九条** 站场排放的各种废气、废水及固体废物，应遵照国家和地方的现行有关标准进行处理或处置，达到排放标准；噪声防治应符合现行国家标准《工业企业厂界环境噪声排放标准》GB 12348的规定。在站内应考虑消防污水的接纳和处理设施，以避免对河流、城镇污水系统或污水处理场产生不利影响。

**第九十条** 应列出环境保护专项投资估算，并计算占总投资比例。

## 第十一章 安全和职业卫生

**第九十一条** 输油管道工程建设项目必须严格遵循《中华人民共和国安全生产法》、《石油天然气管道保护条例（中华人民共和国国务院令第313号）》等国家有关法律、法规和行业现行安全和职业卫生相关标准及规定，确保输油管道在设计、施工和生产运行等环节中的安全。

**第九十二条** 应进行地震、水土保持、地质灾害、安全评价等评估工作。输油管道的线路走向，应充分考虑上述评估工作中提出的主要结论和减灾对策建议。

**第九十三条** 输油管道建设在初步设计阶段，应充分考虑输油管道建设工程安全预评价报告中提出的主要结论和安全对策措施及建议。根据管道输送和站场及其配套工程中介质的危险有害因素、职业卫生因素；管道沿线自然及社会环境的危险有害因素和管道施工期及运行期的危险有害因素，按总图和建（构）筑、工艺设备以及施工期和运行期等方面的要求，分类列出安全和职业卫生防护措施。

**第九十四条** 按照输油管道的主要事故类型，建立事故应急预案。

**第九十五条** 对改、扩建输油管道线路及站场工程，在已有安全、职业卫生、消防现状的基础上，分类列出安全和职业卫生防护措施。

**第九十六条** 应列出安全和职业卫生专项投资，并计算占总投资比例。

## 第十二章 技术经济

### 第一节 投资估算

**第九十七条** 输油管道工程项目总投资由建设投资、建设期贷款利息和流动资金组成。

**第九十八条** 输油管道工程的投资比例，主体工程的建设投资应占输油管道工程项目建设投资的70%～80%。

**第九十九条** 输油管道工程投资估算应按照行业有关工程项目可行性研究投资估算编制规定进行编制，输油管道工程各项类别占投资的比例指标宜符合表4的规定。

**表4 输油管道工程占投资比例表**

| 项目类别 | 占工程费用比例（%） | 占总投资比例（%） |
|---|---|---|
| 1. 线路工程 | 70～76 | 47～53 |
| 其中：管材费 | 31～35 | 20～25 |
| 2. 站场工程 | 13～20 | 8～15 |
| 3. 配套工程 | 9～13 | 5～12 |

输油管道的工程费用占总投资的60%～80%。

**第一百条** 建设期贷款利息应根据建设投资贷款总额、融资方式和分年度投资比例估算，流动资金应根据运营模式确定估算方法后进行估算。

### 第二节 经济评价

**第一百零一条** 经济评价方法应参照有关行业规定的评价方法与参数执行。

**第一百零二条** 输油管道工程项目的财务内部收益率应大于或等于输油管道类项目的财务基准收益率。

**第一百零三条** 输油管道工程项目的投资回收期应小于或等于输油管道类项目的基准投资回收期。

**第一百零四条** 在需要进行国民经济评价时，输油管道工程项目的经济内部收益率应大于或等于社会折现率。

# 附 件

# 《输油管道工程项目建设标准》条文说明

## 第一章 总 则

**第一条** 为适应经济建设发展的需要，提高输油管道工程项目决策和建设的管理水平，合理确定建设规模，推动技术进步，提高投资效益，制定本建设标准。

根据建设部“关于印发《二〇〇三年工程项目建设标准、投资估算指标、建设项目评价方法与参数编制项目计划》的通知”（建标函〔2004〕43 号）的要求，组织开展对《输油管道工程项目建设标准》的修订工作。目的是为适应投资体制改革的需要，加强对工程项目建设标准的宏观控制，合理确定和正确掌握各类工程项目的建设标准，不断提高投资效益。

我国用管道运送石油始于 1958 年建成投产的克拉玛依至独山子输油管线，而大量的长输管道工程是在 1971 年建成投产的大庆至抚顺“八三”输油管道投产以后不断发展起来的，特别是改革开放以来，引进并吸收了许多国外先进技术，使我国的管道运输业得到了很大的发展。本建设标准是在总结了 40 多年来，特别是近十几年来管道建设和生产管理经验的基础上制订的，以便使项目决策和管理更加合理化及规范化。

**第二条** 根据建设部、国家发展和改革委员会建标〔2007〕144 号文关于印发《工程项目建设标准编制程序规定》和《工程项目建设标准编写规定》的通知，建设标准是为项目决策服务和控制项目建设水平的全国统一标准。本建设标准是输油管道工程项目投资和编制、评估、审批工程项目可行性研究报告的重要依据，也是有关部门审查工程项目初步设计和监督检查整个建设过程建设标准的尺度。本条明确了本建设标准的性质和作用。

**第三条** 本建设标准是在总结我国已建成的近万公里管道经验的基础上制订的，适用于陆上一般自然环境条件下的新建管道。对于地处海滩、沙漠中的管道工程、改（扩）建管道工程，受自然或其他条件限制，难以完全适用，故条文规定可参照执行。

**第五条** 输油管道的建设，应立足于国内已有技术和装备，但为了发展生产，适当引进国外先进技术和设备也是必要的。目前我们使用的输油管道的主要材料和设备正在逐步接近或已经达到当前国际水平。

**第六条** 我国已建成的近万公里输油管道工程，绝大多数都是为了解决油田所产原油的运输问题，因此输油管道的建设规模，初期、中期、远期管道输量的变化都由油田可能达到的产量所决定，而油田的产量又取决于地质储量和采油速度。因此，进行国内油田原油外输管道建设的可行性研究时，必须在掌握影响油田产量的地质储量和采油速度之后，才能正确了解建设管道的风险程度。此外，随着我国国民经济的快速增长，国内资源已不能满足经济发展的需要。近十几年来，我国由海上进口原油的数量迅速增加，港口作为首站的输油管线也相继建成。在建设进口原油管道时，必须了解进口油源的来源和构成，依据供需双方的供购油协议或石油贸易合同确定管道建设规模。

随着经济的快速发展，成品油通过管道输送的问题也提到日程上来了。成品油管道的油源较多，因此，必须清楚各个油源送出的成品油品种、输送量、输送计划和输送方式。此外，考虑到成品油管道具有多分支的特点，管道运行受下游消费市场用户的结构和需求的影响较大，在研究中必须清楚沿线的分输支线和销售网络的运营状况。

经管道输送的油品，应由业主（或其他有关单位）提供可靠的油品物性及任务输量的书面材料，因为不同的油品物性将决定采用不同的输送方式。我国已开发的油田，物性一般多属高凝高黏的含蜡原油，因此原油输油管道也都选用不同加热设施的加热输送方式，目前国内常用的加热方式为直接加热和间接加热方式。加热输送必须对其流动特性进行试验研究和评价，这是原油输油管道设计前期工作的重要内容之一。而进口原油主要来自中东等地区，其油品物性与国产原油大不相同，大多为低凝低黏的高含硫原油。由于进口石油产地不同，油品物性差异较大，在进行可行性研究中，必须弄清各种油品的基本物性，以确定合理的输送工艺。

**第七条** 输油管道工程项目，在编制、评估、审批可行性研究以及在整个建设过程中，对其建设标准的监督与控制，应首先符合本建设标准。对本建设标准未作规定的内容，尚应符合国家现行的其他有关标准和定额、指标，保证输油管道工程项目在整个建设过程中有章可循。

## 第二章 项目构成

**第八条、第九条** 线路工程主要指管道敷设、穿（跨）越工程，以及管道防腐保温、阴极保护、水土保持工程、伴行道路、附属构筑物等辅助工程。其中，穿（跨）越工程主要指大型穿（跨）越应单独进行技术论证和经济评估的工程；公路、铁路、小型河流和沟渠等包括在管线敷设工程中。

**第十条** 输油管道的首站、中间站、末站、统称为输油站场。在输油站场围墙以内的所有工程内容均属站场工程。站场工程除包括纯属输油工艺的设施外，还包括变配电、给排水及消防、供热锅炉房、通信和污水处理等站内配套工程。输油站场是输油管道技术密集的部位，从工艺流程到设备选型，从仪表控制到自动化管理都是技术水平集中表现的场所。

一、输油首站：按不同来油方式可分为管道来油型、船运来油型、火车来油型、汽车来油型4种。

二、输油中间站：按其功能的不同可分为中间泵站、中间加热站、中间热泵站、中间注入站、中间分输站和减压站6种。

三、输油末站：按发送石油的不同方式可分为管输供用户型、装车供用户型、装船供用户型3种。

**第十一条、第十二条** 为节约投资，避免重复建设，站场的配套工程如供配电、通信、给排水、管道维抢修等，以及生产管理和必要的生活福利设施宜尽量依托社会和地方条件，统筹解决。为了保障安全生产，尽快缩短管道抢修的时间，管道工程项目宜设维抢修中心。

## 第三章 建设规模

**第十三条** 管道的输送能力应根据资源供应保障程度、市场需求量确定。国内油田原油外运输油管道的输送能力，还应与油田开发总体设计相一致。管道设计最大流量应为最大的任务输量；设计最小流量一般应为管道投产初期时的保证安全生产的、最小经济输量。管道年设计工作天数按350d计算，在一年中预留15d的时间是为了考虑检修及其他客观原因所引起的降量输送等。已建管道的生产实践表明，按350d计算管输能力是合适的。此外，生产实践还表明，当管道最小任务输量大于设计最小流量时，不会引起反输“踢皮球”，因此设计最小流量值应按如下条件确定：

一、应能满足管输的热力要求，在不进行反输“踢皮球”的前提下，该流量不应产生凝管的恶性事故。

二、在以吨公里计的输油成本不得超过铁路运输成本的前提下，该流量应能满足投资偿还期的要求。

三、对于顺序输送管道，应满足对混油量的控制要求。

由上述条件可知，为了满足管道最低经济条件的要求，委托单位还应提供管道达到设计额定能力的时间。如果委托设计的最小任务输量小于管线投产时的最低起输量，并且管道达到设计额定能力的时间很长时，说明管径选择不合理或不具备管输的经济流量。

**第十四条**　附表1列出各管径在经济流速下输送能力的参考范围。

**附表1　不同管径输油能力表**

| 管道公称直径 *DN*（mm） | 250 | 300 | 350 | 400 | 500 | 600 | 700 | 800 | 900 | 1000 |
|---|---|---|---|---|---|---|---|---|---|---|
| 原油输量（$10^4$t/a） | 100~200 | 150~300 | 200~380 | 250~500 | 450~1000 | 600~1000 | 800~1500 | 1000~2000 | 1300~2500 | 1600~3000 |
| 成品油输量（$10^4$t/a） | 150~300 | 200~450 | 250~600 | 300~800 | 500~1200 | 700~1700 | 950~2400 | 1300~3200 | 1500~4000 | 2000~4800 |

表中列出常用的设计压力有2.5MPa、4.0MPa、6.3MPa、10.0MPa等，是按常用泵的压力范围确定的。输油管道的设计管径和设计压力需根据输送要求，进行多方案的技术和经济比较来确定。

**第十五条**　输送原油首站、末站、中间站储罐总容量的储备天数，是结合我国已建输油管道输油站的实际情况而定的，是确定库容大小的重要条文。规定的储备天数与现行国家标准《输油管道工程设计规范》GB 50253—2003（2006年局部修改），第6.3.2条相一致。

**第十六条**　按顺序输送成品油的首站、分输站、输入站和末站储罐的总容量应根据一年中每一批油品的循环次数（批次）按照现行国家标准《输油管道工程设计规范》GB 50253第6.4.1条进行。而年循环次数则应经过优化后确定。

为节约生产用地，起点为炼厂的输油管站宜依托炼厂罐区。分输站、末站亦可不设储罐，宜依托现有油库。

有混油下载的站可采用掺混、蒸馏的方法，也可装车或用管道将混油送到附近炼厂进行处理。

## 第四章　线 路 工 程

**第十七条**　一般情况下输油管道沿途地形复杂，自然环境、社会依托条件、工程地质条件、水文地质条件、交通和气候状况、生态环境、地质灾害风险、经济发达程度等大不相同，现行国家标准《输油管道工程设计规范》GB 50253明确规定了线路选择的基本原则。在选择线路走向时，应充分考虑管道沿线的现状和规划，以及七大评估报告（环境影响评估报告，地震安全性评估报告，地震灾害评估报告，水土保持评估报告，压覆矿产资源评估报告，安全预评估报告，职业危害评估报告），经过综合分析和技术经济对比，优化选择最佳走向方案。

**第十八条** 滑坡、崩塌、泥石流和沉陷等不良地质现象和强烈地震活动带，对管道危害很大。为保证管道安全、选线时以避开为宜。如经设计论证，管道在上述地区采取恰当的措施后，管道安全可以得到保证时，则可以选择合适位置通过但应尽量缩小通过范围，减少工程量和对管道安全的威胁。

**第十九条** 大型和特大型穿（跨）越工程是输油管道的重要组成部分，不但投资比重较大，施工难度也大于一般地段的线路。有的大型和特大型穿（跨）越工程已成为整个输油管道的控制性工程。

穿（跨）越的位置和穿（跨）越的结构形式是穿（跨）越工程的核心。穿（跨）越点的位置和穿（跨）越结构形式的选择在某种意义上讲，是穿（跨）越施工成败和是否经济合理的关键。因此，必须进行多方案比较。在技术经济论证时，应充分考虑这些河流的主管部门的要求和规定。

穿（跨）越工程中的钢管选择所采用的规范，基本上相同于线路管道钢管的规范，但是必须考虑穿（跨）越工程各种荷载的影响。在规范中明确规定各种荷载（永久荷载、可变荷载、偶然荷载即瞬时荷载）及荷载效应组合方式。这里特别提出，应注意地震作用对管道的荷载效应的影响。

**第二十条** 根据输油管道同地面的相对位置，管道的敷设形式可分为地下埋设、地上敷设和土堤埋设。各种方式均有其特点，应根据管道沿线的自然条件确定。在一般情况下，埋地敷设较其他敷设方式经济安全，少占耕地，不影响交通和农业耕作，维护管理方便，故应优先采用。如在不良地质条件下或其他特殊自然条件下，采用地下埋设投资和工程量大或对管道安全和寿命有影响时，才考虑其他敷设方式。如果采用地上土堤方式敷设输油管道，对土堤应有永久性的保护措施。

**第二十一条** 对于防腐材料性能方面的要求，不同的管道工程有不同的侧重，需根据工程特点进行选择。供工程选择的防腐材料种类很多，但是对于某种防腐材料是否耐用，使用寿命与管道使用年限是否相匹配应慎重考虑。

对于热输原油管道，据我国已建管道的运行经验，采用埋地敷设时可不做保温；若需要采用保温和防腐相结合的防腐保温形式时，应进行专门的技术经济方案比较确定。此种情况下，防腐和保温必须结合考虑，并经过管道热力计算和沿途散热损失计算，确定保温层厚度，选定材料、设计结构形式等。

**第二十二条** 本条文的规定是参考了国际标准《石油及天然气工业管道输送系统》ISO 13623—2000 第 6.11 条内容，也考虑了美国压力管道规范《烃类及其他液体管道输送系统》ASMEB 31.4（1997 年版），截断阀的设置应根据人口密度、管径和事故所造成的损失和影响大小确定。如本条所指出的一些地区，一般均应设截断阀，以限制事故时造成的损害。截断阀应选用全通径型，使清管器和管内检测仪能顺利通过。

**第二十三条** 本条指出应设置锚固措施的部位。为了限制管道的位移和保证管道的稳定，不仅仅限于采取锚固墩或锚固栓，根据具体情况，也可采取增大埋深和夯实回填土等措施。

**第二十四条** 管道沿线若存在输量变化（如注入、分输点），或地形变化（如翻越点后），需考虑变径的可能性。

输送压力较小时，计算的壁厚也较小，但考虑刚度、稳定性、焊接和制管的需要，可能超过一个等级的范围。对于大口径的输油管道，应特别注意钢管的外径与壁厚之比不应大于140。

**第二十五条** 材质对管道壁厚影响很大。材质不同，其性能、特性各异，适应管道敷设条件也不同。因此，材质的选择应综合考虑管径、壁厚、钢管生产能力和质量水平。钢管的韧性要求取决于钢管的使用环境，处于低温状况下（包括安装焊接、运行）的管道，应对钢管提出冲击韧性指标。可焊性是用以保证焊接质量的相对特性，应以管道材质的碳当量来评价钢管的可焊性。

选用钢管管径应遵照的规范，现行国家标准有《石油天然气工业输送钢管交货技术条件第一部分：A级钢管》GB/T 9711.1和《石油天然气工业输送钢管交货技术条件第二部分：B级钢管》GB/T 9711.2以及《输送流体用无缝钢管》GB/T 8163。由于设计中可能选用国外的钢管，则使用的国际标准多为API标准，即《管线钢管规范》API Spec 5L。对于境外工程，可能因为各国的条件和技术要求不同，双方协商采用共同认可的标准。设计中在选择管径和考虑不等径输送时，应特别注意输送要求、检测要求和清管通球要求。

**第二十六条** 输油管道多建设在远离城市和居民区的地带，社会依托条件差，修建施工便道和维修道路是不可避免的。施工便道多是一次性的，因此应因陋就简，只要能满足施工运输、机具运行即可；维修道路（伴行路）基本上是长期为管道检查、维修、抢修服务的，因此应根据输油管道的特点、维修抢修的特性，修筑适当等级的道路。确需修建伴行路时，宜参照四级公路的建设标准。

# 第五章 工艺及自控

## 第一节 工 艺

**第二十七条** “密闭输送”使输油管道全线成为一个水力系统，能量可以充分利用，它具有流程简单，减少轻质油损耗和减少多种油品在顺序输送过程中的混油量等优点。

采用“密闭输送”流程中，为了减少各输油站间出现的流量、压力的不平衡性和消除水击产生的危害，除必须设置可靠的压力和流量调节保护设施外，中间泵站还须设置泄压油罐。事故泄压油罐必须具有旁接油罐的流程连接，以适应流量波动大和投产前站内循环的要求。

**第二十八条** 管输多种油品采用单管顺序输送是经济有效的输送方法，可使管道利用率高，工程建设投资低，运营费用省。若采用专管专用输送工艺，应充分论述理由，并应进行技术经济论证。

**第二十九条** 顺序输送管道，尽量避免间歇输送，如必须间歇输送时，应使较重的油品停置在管道低洼处，并关闭管道上混油段两端的线路截断阀，以减少混油量。

**第三十条** 根据现行国家标准《石油化工企业设计防火规范》GB 50160附录三及表2.0.2和第5.2.2条的有关规定，原油属甲$_B$可燃液体，闪点小于28℃，原油中含有易挥发的轻馏分，为减少油罐的呼吸损耗，宜采用浮顶油罐。

汽油、溶剂油为易蒸发油品，采用浮顶罐或内浮顶罐可减少轻质油的蒸发损耗，保证油品质量；航空煤油及喷气燃料不能有机械杂质，采用内浮顶油罐，既可以减少油品的蒸发损耗，又可以防止机械杂质进入油罐；不易蒸发的油品可用固定顶罐。

**第三十一条** 加热油品用的加热炉，每座输油站一般设置2台，2台的总热负荷等于或稍大于最冷月的总热负荷，不设置备用炉。一般情况下，在夏季只开1台加热炉，2台加热炉则可在夏季轮流检修。

**第三十二条** 输油泵是输油站主要设备之一，为降低能耗、提高效率，要求运行的每台泵都应在高效区运行。但由于管输油量变化幅度较大时，泵常常不能在高效区运行。对于串联泵系统而言，泵本身允许管输系统流量的变化范围很小，而并联泵可利用不同泵排量的级配组合来达到能适应较大变化幅度流量的要求。在节能要求较严的前提下，不论是串联泵还是并联泵都必须在高效区选型。一般情况下，泵机组至少设置2台，但不宜多于4台，备用泵只允许设1台。

**第三十三条** 由于电动机具有占地面积小、操作管理方便、无污染等优点，驱动输油主泵用的动力，在有工业用电地区优先采用电动机。只有在无电或缺电地区选用燃气轮机或柴油机作为输油泵的动力。在管道输量变化范围较大时，通过技术经济比较后，为了节能，可选用调速装置。

## 第二节 仪表与自控

**第三十四条、第三十五条** 这两条规定输油管道自动化设计应达到的水平。

为确保输油管道安全、平稳、高效运行，有效的调度和管理，尽量减少人为的干预，因此，结合国内外自动化水平较高管道的情况，提出监控与数据采集系统的主要选用原则，在设计中应根据工艺的要求、操作水平、自然条件以及投资情况，选择水平适度的自动化控制和信息管理系统。

控制系统有集中控制系统和分散控制系统。提出采用分散型计算机控制系统，是从安全方面考虑的。由于集中控制系统把过程变量的显示和操作集中在一起，一旦计算机发生故障，将导致整个系统瘫痪。而分散型控制系统，以分散的控制装置适应分散的过程控制，以集中的监视、操作、管理达到掌握全局的目的，大大提高了控制系统的安全性。

根据输油管道的特点，宜采用控制中心控制、站控制室控制和工艺设备就地控制的三级控制方式。控制中心能够完成整个管道的数据采集、监督和控制，以及贸易交接、调度和管理，管道沿线的站场可做到有人值守、无人操作。在调度控制中心采集的数据中能够诊断出管线设备和沿线管道的故障，管道系统设置的维抢修人员到现场维护和修理。

**第三十六条** 本条是对计算机监视、控制和调度管理系统的规定，应能做到：

一、自动检测过程参数，如温度、压力、流量、成分等。

二、自动贸易交接计量。

三、管道系统所用的设备是可控制的，并且能够反馈其工作状态，如：阀、泵等。

四、站场设置数据采集和站控制系统（包括ESD和专门的安保系统），完成本站数据采集、处理和控制，并由通信系统将所采集的重要数据和状态传送至控制中心。

五、控制中心设置计算机控制系统，该系统主要包括数据采集和控制系统、模拟仿真系统、信息管理系统。

六、采集和控制系统主要完成采集管道各站场的数据，通过站控制系统控制各设备的运行。

七、模拟仿真系统主要完成管道的调度管理、泄漏检测和设备的故障诊断。

八、信息管理系统主要完成贸易交接、经营、管理和决策。

九、设置可靠的通信系统。

十、为了保证输油管道安全可靠的运行和管理，应设置备用控制中心。

**第三十七条** 本条规定了检测和控制仪表应满足的要求。

一、对于输油过程应检测进出站处介质温度、储油罐油温、站所处区域的地温。温度检测仪表一般采用双金属温度计、热电阻、温度变送器和平均温度计。

二、油品进出站处、输油泵进出口、过滤器前后等处应设压力检测；压力检测仪表一般采用压力表、压力变送器、差压开关、压力开关。压力仪表的安装应设置2个阀门，即取压阀和仪表阀。

三、储油罐、污油罐、燃料油罐、消防水罐应设液位检测仪表，主要的液位检测仪表有雷达液位计、伺服液位计、磁致伸缩液位计、磁翻转液位计、静压式液位计。

四、输油管道分析仪表密度计、含水分析仪等用于检测油品的密度和含水量。为了准确确定成品油管道油品的界面，应设密度计在线分析油品的密度。

五、控制压力、流量和温度的调节阀有单座阀、双座阀、球阀、笼式阀和迷宫阀等，执行机构有电动、电液联动和气动执行机构。

**第三十八条** 本条是对计量系统的规定。

计量是一个企业核算的关键，计量的准确度直接关系到企业的经济效益。因为只有准确地计量进、出站场的油品量才能进行有效的经济核算。计量主要是计量方法和检定的方法。

一、输油管道的计量，一般应采用容积式流量计和质量流量计。

二、检定有称重、体积和对比法。

三、供需双方的油量交接数值必须准确。流量计应按《中华人民共和国计量法》及相应的流量计检定规程要求，定期进行强制性检定。

**第三十九条** 本条是对安全报警系统的规定。

在输油管道站场有油气聚集的室内（如：计量间、泵房等）应设可燃气体检测器。若设自动消防时，在油罐上应设感温电缆和火焰探测器或者温度开关等仪表，设一套独立消防报警和控制系统，同时能将信号传输到站控制系统和控制中心。在控制室和控制中心应设火灾报警系统。

**第四十条** 本条规定输油站应具有维修校验仪表。

现场应具备必要的维修工具和校验仪表。这里校验仪表主要是指压力、温度和信号发生器等校验仪表。

# 第六章 配 套 工 程

## 第一节 供 配 电

**第四十一条** 依据现行国家标准《供配电系统设计规范》GB 50052第2.0.1条的规定，将输油管道站内的各种负荷划分为三级四种，如条文内所述。条文中所说“站内主要用电负荷”，是指驱动输油泵组的电动机负荷，其量值一般占总供电负荷的80%以上，其额定电压均为6~10kV。

**第四十二条** 输油管道各站场供电方案，采用外部电源供电为首选方案。依据现行国家标准《供配电系统设计规范》GB 50052第2.0.2条、第2.0.3条、第2.0.6条和现行国家标准《输油管道工程设计规范》GB 50253第6.7.4条的规定，对各站内各级负荷采用不同供电方案。输油管道某些无人值守自动截断阀门、通信中继站等地处偏远地区，其主要负荷包括：传输数据和指令的通信装置、自动化RTU和电磁阀门（操作气动阀用）等用电负荷，负荷容量几百瓦，但要求连续性供电。如果当地是无电或缺电区，供电质量和可靠性差不能满足一类负荷供电要求，一般宜选用太阳能发电或小型燃油发电装置并配置足够容量的蓄电池。

**第四十三条** 对无电或缺电地区，全线采用内燃机直接驱动泵组输油时，其站内低压负荷供电（均为380/220V等级），应按现行国家标准《输油管道工程设计规范》GB 50253第6.7.5条的规定执行。

## 第二节 通 信

**第四十七条** 由于输油管道线长、站点多，沿途各地经济发展不平衡，电信公网资源一般不易满足管道通信要求，因此通常需自建专用通信系统；随着公用电信网的发展，若管道通信可以利用沿线电信公网资源，可考虑不自建专用通信系统。

管道通信方式可以是卫星通信、光纤通信、微波通信等，它们各有自己的优缺点。VSAT卫星通信由于覆盖区域广，不受地域限制，适于大范围组网，且建设周期较短，在输油管道上已较普遍应用。光缆通信方式在输油管道中也有广泛应用，其突出优点在于可以与管道同沟敷设，节约单独开挖和回填光缆沟的费用；此外，还具有传输容量大、通信质量稳定、保密性能好等特点，但光缆通信系统提供的传输容量通常远大于管道通信实际业务的需求。数字微波通信有传输质量好、建设速度快等优点，但由于中继距离相对较短以致一些通信站不能与各类输油站场合建，在地形复杂、人烟稀少地区建站给生产和生活带来不便。具体采用何种方式要视输油管道工程的状况、沿途公用电信网的现状及管道管理营运对通信业务的需求等因素，经技术经济比较后确定。

**第四十八条** 输油管道通信业务种类是根据输油生产的实际需要并总结多年运行管理经验而提出的。随着自动化水平的提高，新的通信业务不断增加，如本条中的会议电视、数据及图象通信等。为满足管道巡线及应急抢修的需要，应急通信宜采用无线通信方式。

**第四十九条** 为了保证通信的可靠性，在输油管道通信系统中应设置备用通信系统。备用信道的选用，应根据主信道的传输方式及管道所经地区的通信状况确定。

**第五十条** 根据以往实践证明，单独建立通信站不但增加工程投资，而且在供电、交通、生活、维护管理及管道通信业务的传输等诸多方面存在一定困难，因此本条特别强调通信站的建站地点。若从技术上考虑确不能合建的通信站，仍允许独立建站，但应单独论证。

**第五十一条** 输油管道工人在巡线、维修和事故抢修时，都需要无线移动通信作为应急临时通信。

## 第三节 给 排 水

**第五十四条** 油库的消防用水是靠消防水池（罐）提供的，因此在计算水源的供水能力时，按消防水池（罐）的总容量以96h内充满的小时充水量加生产、生活及建筑消防用水之和乘1.2的安全系数考虑。

## 第四节 消 防

**第六十条** 单罐容量10000m³及以上的固定顶油罐与单罐容量50000m³及以上的浮顶油罐发生火灾后，扑救火灾需要大量泡沫液和冷却水，灭火难度较大。而且其储罐区通常总容量较大，火灾一旦失控造成的损失巨大。另外，这类储罐若设置半固定式系统，所需的消防车较多，协调、操作复杂，可靠性低，也不经济。同时还考虑到消防人员在消防操作时的劳动强度。通过计算，一支φ19mm的水枪在0.5MPa水压工作时（这是最低要求水压），它的反作用力为28.35kg，再加上水龙带充水后的重量，一个强壮的消防队员拿着颤动的35kg以上重量的水枪进行灭火是不易坚持很长时间的，也难以控制喷嘴方向。另一方面水枪对着罐壁进行喷水冷却时，有相当大量的水撞击罐壁后被反弹而离开罐壁，失去了冷却罐壁的作用而浪费。同时参考了管道几十年的建设和管理经验，特制定本条规定。

**第六十一条** 烟雾消防系统是经国家有关部门进行了技术鉴定的定型产品。它的特点是自动灭火、速度快、设备简单、投资少、不用水、不用电，特别适用于偏远缺水少电的中间站4000$m^3$以下油罐消防。

**第六十二条** 本条主要是规定油库的消防自动化水平。油品储罐的科技水平不断提高也促使其消防水平不断提高，我国未引进100000$m^3$原油储罐之前，罐区的消防水平基本上都是人工操作。那时罐容量小，一般在20000$m^3$以下，整个库容也超不过$20\times10^4m^3$～$30\times10^4m^3$，消防系统用人工操作是完全可以的。引进$10\times10^4m^3$储罐后，库容量极大提高，超过原有水平几倍，甚至十几倍，原有的消防操作水平已不能确保这些庞然大物的安全，因此就需要更快捷、更完全的程序化的消防水平来确保大罐的安全。目前我国的有关规范对消防自动化水平基本上未作具体要求，仅仅在现行国家标准《石油库设计规范》GB 50074中提到消防控制水平。本条根据现行国家标准《石油库设计规范》GB 50074，同时结合与引进的$10\times10^4m^3$储罐相配套的消防设施确定。

**第六十四条** 本条是根据现行国家标准《石油天然气工程设计防火规范》GB 50183和《石油化工企业设计防火规范》GB 50160第7.2.4条和第7.2.5条有关消防车辆配置的规定编制的，其数量应根据油库的消防自动化水平确定。

# 第七章 建筑与建设用地

**第六十六条** 输油管道工程一般跨越多地区，其建（构）筑物在满足抗震设防要求的前提下，宜根据就地取材、节约投资的原则，选择合理的结构型式：砖混结构、钢筋混凝土结构、钢结构或轻钢结构。

**第六十七条** 输油管道工程配套设施的建筑面积从国家和输油管道工程的实际情况出发，做到与当前的财力、物力相适应，各项建筑以满足生产和生活需要、经济实用为原则，避免脱离实际，盲目追求生产设施和生活设施的高标准。输油管道建设办公建筑及生活区按《中国石油天然气股份有限公司分公司办公科研建筑、生产基地生活区建设标准及投资参考指标》G 2002—63有关规定执行。

**第七十二条** 输油管道工程建筑物构造及装修，在满足生产和使用要求的情况下，根据各地区气候、抗震设防、环境功能等条件确定。需要考虑冬季寒冷地区、多沙暴地区风害的侵蚀，沿海盐碱腐蚀、严寒冰冻、多雨潮湿、大气腐蚀性严重等不利因素对建（构）筑物的影响，一般只作功能性的装修。

**第七十三条** 输油管道工程站场建设用地，从选址开始，就做到合理利用和节约使用土地。首末站宜与相应工程的矿场油库、集中处理站、炼油厂原油库、铁路转运库、港口原油库、商业油库联合选址，在满足外输方向要求的前提下紧邻布置，以减少罐容和减少公用工程设施的重复建设，有利于节约使用土地。

**第七十五条** 对于巡线及维抢修道路所用伴行道路，可结合当地自然环境及条件宜按四级公路的建设标准建设。施工便道多是一次性的，在满足施工运输、机具运行情况下，可因陋就简。

# 第八章 劳动组织

输油管道需要通过沿线所设各站来完成输油生产任务。管道从首站接收来油开始，到中间站转输，再到末站向用户交油为止，不论全线自动化程度如何，总需设一个统一的指挥和管理机构。中石油经过几十年输油管道的运行管理，总结出了各站定员和岗位设置标准。各站岗位和人员设置标准参考详见附表2～附表5。

**附表2 输油管道首、末站岗位和定员设置标准参考表**

| 岗位 | 职务及工种 | 人员 | 备 注 |
|---|---|---|---|
| 管理岗 | 站长 | 1 | 负责站场日常管理及站场作业现场指挥 |
| | 副站长 | 2 | 协助负责站场日常管理、站场作业现场指挥 |
| | 技术员 | 2 | 负责技术管理工作 |
| 操作岗 | 仪表自控员 | 5 | 负责站场仪表自动控制 |
| | 工艺操作员 | 5 | 负责站场工艺作业，配合设备检修保养 |
| | 电气设备员 | 5 | 负责电气设备的运行、检修和保养 |
| | 通信调度员 | 2 | 负责站场通信和运营调度 |
| | 日常巡检员 | 8 | 负责站场日常巡检作业 |
| | 消防员 | 5 | 负责站场消防 |
| | 水暖员 | 5 | 负责站场给排水、污水及供暖 |
| 小 计 | | 40 | |

注：以上设置为集中检测、就地操作时的情况，如自动化程度较高，则视具体情况酌减。

**附表3 输油管道中间站岗位和定员设置标准参考表**

| 岗位 | 职务及工种 | 人员 | 备 注 |
|---|---|---|---|
| 管理岗 | 站长 | 1 | 负责站场日常管理及站场作业现场指挥 |
| | 副站长 | 1 | 协助负责站场日常管理、站场作业现场指挥 |
| | 技术员 | 2 | 负责技术管理工作 |
| 操作岗 | 仪表自控员 | 3 | 负责站场仪表自动控制 |
| | 工艺操作员 | 5 | 负责站场工艺作业，配合设备检修保养 |
| | 电气设备员 | 3 | 负责电气设备的运行、检修和保养 |
| | 通信调度员 | 3 | 负责站场通信和运营调度 |
| | 日常巡检员 | 5 | 负责站场日常巡检作业 |
| | 消防员 | 3 | 负责站场消防 |
| | 水暖员 | 2 | 负责站场给排水、污水及供暖 |
| 小 计 | | 28 | |

注：以上设置为中间热泵站集中检测、就地操作时的情况，如为中间热站、中间泵站、中间分输站或自动化程度较高，则视具体情况酌减。

**附表4　输油管道控制、通信中心岗位和定员设置标准参考表**

| 岗位 | 职务及工种 | 人员 | 备　注 |
|---|---|---|---|
| 管理岗 | 站长 | 1 | 负责中心日常管理及作业指挥 |
| | 副站长 | 2 | 协助负责中心日常管理及作业指挥 |
| | 技术员 | 4 | 负责技术管理工作 |
| 操作岗 | 控制员 | 8 | 负责中心仪表自动控制 |
| | 通信调度员 | 9 | 负责中心通信和运营调度 |
| | 司机 | 3 | 负责车辆出行 |
| 小　计 | | 27 | |

**附表5　输油管道维抢修队岗位和定员设置标准参考表**

| 岗位 | 职务及工种 | 人员 | 备　注 |
|---|---|---|---|
| 办公室 | 队长 | 1 | 负责维抢修日常管理及维抢修作业现场指挥 |
| | 副队长 | 1 | 协助负责日常管理、维抢修作业现场指挥 |
| | 技术员 | 2 | 负责技术管理工作 |
| 维抢修队 | 管钳工 | 4 | 负责下料、对口等工作，配合设备检修保养 |
| | 电、气焊工 | 5 | 负责焊接、切割等工作 |
| | 电工 | 3 | 负责电器设备的安装、试验、维修、保养工作 |
| | 封堵工 | 10 | 负责封堵设备的操作、维修、保养工作 |
| | 仓库保管员 | 1 | 负责消费材料的日常管理及出入库 |
| | 特车司机 | 5 | 负责特种设备的操作、维修、保养 |
| 小　计 | | 32 | |

注：1　机械维修与抢修为一套机构，平时进行维修工作，出现事故时，投入抢修工作。

2　封堵工岗位一般只在维抢修中心设置，维抢修队可参考设置。

3　维抢修人员构成未考虑后勤辅助岗位。

# 第九章　节　能

**第八十条～第八十三条**　对这几条说明如下：

一、新能源包括太阳能、风能等，以使整个工程设计达到节能的目的。

二、站场技术方案包括输油流程、变配电及其他相关专业。输油流程应简明实用，变配电及其他相关专业配置合理。

三、密闭输油率应达到100%，输储油损耗率不应大于0.13%，固定顶油罐储油损耗率不应大于0.073%，浮顶储油损耗率不应大于0.005%。

四、站场相关设备应作如下选择：

（一）油罐的选用：对汽油、原油等甲类和乙A类油品的地上立式油罐，应选用浮顶油罐或内浮顶油罐，浮顶油罐应采用二次密封装置。

（二）输油泵的选用：离心泵效率应达到80%；在输量的波动范围（设计任务书中的近期和远期输量）内，泵的级配应能使输油泵始终在高效区内工作；同时，通过技术经济比选，采用调速方式或其他措施，以求最大限度地减少能耗。

（三）原动机的选用：

（1）电动机的选择：在经济合理的前提下，应选择国家最新推荐的高效节能型电动机；在配电电压允许的条件下，容量在200kW以上时，应选择高压电动机；在改扩建工程中，若电动机负载率在正常运行条件下低于40%时，宜进行合理更换。

（2）柴油机及燃气轮机的选择：应采用直接驱动方式。当与泵转速不同时，调速用的变速齿轮箱传动效率应大于98%；选用柴油机的柴油消耗率，在全负荷运行时应低于205g/（kW·h），半负荷运行时应低于215g/（kW·h）。选用燃气轮机时，应选用热效率高的机组，其热效率在下述功率范围内不应低于附表6数值。条件许可时，燃气轮机可采用回热循环或蒸汽回注循环，以提高热效率；当输油泵站有热能需求时，在技术、经济可行合理条件下，宜采用热动联供装置，此时，对于柴油机，其总热效率应大于60%。

**附表6　燃气轮机输出功率所对应的热效率下限表**

| 输出功率（kW） | 1000～小于3000 | 3000～小于10000 | 10000～小于20000 |
|---|---|---|---|
| 热效率下限（%） | 24 | 27 | 33 |

（四）加热炉的选用：原油输油管道加热炉的选型与台数，应能在热负荷需要量变化范围内运行于高效区，加热炉系统热效率不应低于85%。为保证加热炉经济运行，应采用自控技术。

**第八十四条**　综合能耗分析应折成一次能源的能耗（MJ/a）。由热耗、电耗及输储油损耗计算单位综合能耗，以kJ/t·km为能耗度量单位，与国内技术先进管线单位能耗进行对比，分析能耗原因，采取措施。

经查证《中国石油天然气股份有限公司统计年报》、《节能节水工作指南》、《国外长输管道基本参数》等资料，并参照国内管理水平较高的管道分公司管辖的几条原油管线的运行参数，2002年平均单位能耗为144kJ/t·km。鉴于目前我国成品油长输管道较少，具有代表性的兰成渝成品油管道2003年投产运行，输量为设计输量的60%。经过1年的运行，其单位能耗为158kJ/t·km。

单位能耗随管径大小及输量而变化：口径越大，能耗越低；输量愈低，能耗愈小，故与国内平均能耗比较时要客观分析。

采取节能措施有以下几种（不限于此）：

一、提高管理水平，全线进行统一调度和计算机优化运行管理，同时设置管内检测系统、检漏系统等对管道全线进行动态监测，保证管线安全高效运行。

二、优化输油工艺，采用密闭输送流程，既保证了能量的充分利用，也减少了油品的蒸发损耗。

三、采用高输压、大口径、长站距的设计原则，合理减少泵站数，减少能耗。

四、选择高效泵、高效锅炉，以降低电耗及热耗。

五、合理选用储罐，减少油品的蒸发损耗。

六、需加热输送的原油输油管道要做好管道、油罐和设备的保温，减少热量损失。

七、推广运用原油管道经济运行的“改性处理输送工艺技术”，以及清管除蜡、降黏减阻等配套技术。

## 第十章 环境保护

**第八十六条** 需要特殊保护的地区，指的是国家法律、法规及规划确定或经县级以上人民政府批准的饮用水水源保护区、自然保护区、风景名胜区、生态功能保护区、基本农田保护区、水土流失重点防治区、森林公园、地质公园、世界遗产地、国家重点文物保护单位、历史文化保护地等。

**第八十七条** 按照《中华人民共和国环境影响评价法》、《建设项目环境保护管理条例》（国务院令第253号）要求，在可行性研究阶段必须同时开展工程的环境影响评价工作。

按照《企业投资项目核准暂行办法》（国家发展和改革委员会令第19号）第八条规定，项目申报单位在向项目核准机关报送申请报告时，需附送环境保护行政主管部门出具的环境影响评价文件的审批意见。

**第八十八条** 本条所称水土保持，是指对自然因素和人为活动造成水土流失所采取的预防和治理措施。修建管道工程，应当尽量减少破坏植被；废弃的沙、石、土必须运至规定的专门存放地堆放，不得向江河湖泊水库和专门存放地以外的沟渠倾倒；工程竣工后，取土场开挖面和废弃的沙石土存放地的裸露土地，必须植树种草防止水土流失。

建设项目中的水土保持设施，必须与主体工程同时设计、同时施工、同时投产使用。建设工程竣工验收时，应当同时验收水土保持设施，并有水土保持行政主管部门参加。

**第八十九条** 在站场应设立消防事故水池，用于接纳油料泄漏及消防污水，以避免对城镇污水系统、河流等造成不利影响。

## 第十一章 安全和职业卫生

**第九十一条** 新建、改扩建输油管道及站场建设，必须严格遵守《中华人民共和国安全生产法》、《石油天然气管道保护条例（中华人民共和国国务院令第313号）》、《石油天然气管道安全监督与管理暂行规定》原国家经贸委令第17号、《建设项目（工程）劳动安全卫生监察规定》（原劳动部1996年第3号令）、《原油天然气长输管道与铁路相互关系的若干规定》（〔87〕油建字第505号、铁基〔1978〕780号）、《关于处理石油管道和天然气管道与公路相互关系的若干规定》（交通部（78）交公路字698号、石油部（78）油化管道字452号）及国家和行业其他现行安全相关标准、规范，确保输油管道在设计、施工和生产运行等环节中的安全。

在职业卫生方面应遵守《中华人民共和国劳动法》、《中华人民共和国职业病防治法》及国家和行业现行相关标准、规范。

**第九十二条** 输油管道建设在可行性研究阶段，由具有资质的评价单位按照规范的要求，编制“建设工程地震安全性评价报告”，该报告结果是管道工程抗震设计的重要依据。

管道沿线穿过多种地貌单元，不同的地理和人文环境，差异较大。管道线路工程应根据各段特点和各类地区采用相应管道用材等级和不同的管壁厚度敷设。对复杂地段进行特殊工程处理，对滑坡、泥石流等复杂地段进行水工保护等特殊工程处理，具体见现行国家标准《输油管道工程设计规范》GB 50253 中的相关规定。

穿（跨）越工程，如：大型穿（跨）越、中小型穿（跨）越、冲沟穿（跨）越、水网地区穿越、公路穿越、铁路穿越、山区隧道、管道与其他建（构）筑物交叉工程、管道与非油田设施等，具体见现行国家标准《油气输送管道穿越工程设计规范》GB 50423。

站场工程包括输油首站、输油中间站和输油末站，输油中间站分热泵站、加热站、泵站、输入站、分输站和减压站等。油品作为管道输送和站场中的介质，其组分及主要物性各地区不尽相同。介质危险因素主要是可燃性。职业卫生有害因素主要包括：毒物（烃类、硫化氢、化学药剂、固体废物）和噪声（主要噪声源有：泵和发电机等设备产生的机械噪声）。

配套工程主要包括：供电、自控、通信、给排水与消防；其他危险有害因素主要包括：物体打击，机械伤害，电气伤害，高低温危害，交通事故等。

自然环境的危险有害因素，主要包括：地震、洪水、泥石流、土地滑塌、湿陷地带、沙漠及盐碱地、煤矿采空区、水网、雷击等；气象因素对施工和运行的影响，主要包括：温度（低温冰雪）、湿度和风沙；社会环境的危险有害因素，主要包括：传染病、地方病和第三方。

工程施工期的危险有害因素主要包括：施工过程中的危险有害因素〔管沟开挖、管道敷设、站场设备安装、交通运输、管道穿（跨）越、噪声等〕和由施工质量缺陷产生的潜在的危险有害因素（施工人员的资质、能力；工程质量；材料、设备；施工操作；设备选用等）。工程运行期的危险有害因素主要包括：管道、站场、油罐区、管道穿（跨）越段等方面。

**第九十三条** 石油管道建设在初步设计前，由具有资质的评价单位按照《安全预评价导则》的要求，编制“石油管道建设工程安全预评价报告”，该报告是管道建设初步设计的重要依据。总图和建（构）筑的安全防护措施应包括：线路选择、建筑与结构等方面；工艺设备的安全防护措施应包括：管道壁厚、管道防腐、阴极保护、自动控制、通信保障、供电系统、给排水及消防等方面；施工期的安全防护措施应包括：安全管理措施、职业卫生防护措施、卫生管理措施、地质灾害防护等方面；运行期的安全防护措施应包括：防火防爆措施、防毒措施、防噪声措施、抗自然灾害措施等方面。

**第九十四条** 事故应急预案，又称现场应急计划，是发生事故时应急救援工作的重要组成部分。为防止事故发生、发生事故后有效控制事故、最大限度减少事故造成的损失，按照输油管道事故可分为管道事故和站场事故，提出事故应急预案，主要包括：

一、火灾事故应急预案。

二、重大泄漏事故应急预案。

三、自然灾害抢险应急预案。

**第九十五条** 建设单位应设立安全和职业卫生机构，以保障管道的安全运行。工程施工期，聘请安全专业监理机构负责工程施工的职业安全与管道施工质量监理。工程运行期，按照“HSE”管理体系的要求设立安全和职业卫生管理机构，施行领导负责制，制定明确的安全、职业卫生管理目标和措施。

对于改、扩建的输油管道及站场工程中的安全、卫生、消防措施，应依托建设单位已有的安全、卫生、消防设施。应说明建设单位安全卫生消防保障体系及能对改、扩建项目提供的依托情况和安全管理现状（安全管理部门及其机构设置，有关的安全管理规章制度等），对尚需增加措施的，另作说明。

**第九十六条** 安全和职业卫生专项投资分为固定投资和按年分摊的年度预算投资。固定投资指用于安全、职业卫生方面建设的一次性专项投资（主要包括：施工中的临时安全防护设施费用、特殊地段管道的防护费用、管道防腐及阴极保护站费用、清管系统、站场及储油罐消防设施、站场卫生设施、安全和职业卫生检测仪器、医疗设施、劳动保护防护用品、休息室、通风设施及教育培训设备等费用)，年度预算投资是年度使用的安全和职业卫生经费（主要包括：油泄漏检测费；管道腐蚀检测费；设备维修、维护费；控制系统检测、通信通道维护费；安全防护设施、用具更新费；定期的低值易耗劳保用品购置费；消防器材定期更换、急救药品更换与补充费；必要的上岗培训费，指对新职工和换岗职工进行上岗前的岗位培训，组织职工进行防火、防毒演习和救护常识训练；检测仪器更新、维护等费用)。

# 第十二章　技术经济

## 第一节　投资估算

**第九十七条**　输油管道工程建设投资包括固定资产、无形资产、递延资产和预备费。其中，固定资产投资由设备购置费、建筑工程费、安装工程费、工程建设其他费组成。

**第九十八条**　本条所指主体工程包括：线路工程、站场工程、大中型穿（跨）越工程。对于通信工程、道路工程、水土保持工程、生产管理及生活福利设施等基地建设工程不应列入主体工程。如果通信工程、道路工程、水土保持工程、生产管理及生活福利设施等基地建设工程单项工程量过大，建设投资的 20% ~30% 的资金数额不足以满足要求时，这些项目应单独立项论证。

**第九十九条**　《石油建设工程项目可行性研究投资估算编制办法》由中国石油天然气股份有限公司石油计字〔2006〕第 945 号文件批准执行。投资比例以兰成渝、港枣线、庆阳-咸阳成品油管道以及阿独线、大连新港-大连石化原油管道等为典型工程，进行分析归纳总结并综合到 2006 年。输油管道工程各项目类别占投资的比例中，测算采用的管材为螺旋焊缝管，材质 X60，管材费为 5100 元/t，加强沥青外防腐绝缘，地形地貌为浅丘，原油管道为常温密闭输送。工程费用中的线路工程包括管沟土石方、施工便道、穿（跨）越（不含特大型穿跨越)、管道预制、防腐、运输、组焊、试压、阴极保护及线路附属工程；站场工程包括首末站和中间泵站的工艺设备、管道安装、自控、水、电、通信及建筑工程；配套工程是指除线路工程和站场工程之外的水、电、一般生活设施、管理控制中心及其他工程。

**第一百条**　建设期借款利息指建设项目中分年度使用银行或其他金融机构的贷款，在建设期内应支付的贷款利息，应根据不同资金来源渠道和筹措方式分别计算。流动资金指在生产经营活动中，处于生产领域或流通领域用于周转使用的资金，一般可采用扩大指标估算法或分项详细估算法进行估算。

## 第二节　经济评价

**第一百零一条**　国家计委、建设部 2006 年颁布的《建设项目经济评价方法与参数》（第三版）是针对一般加工制造业编制的，没有关于输油管道类项目的具体规定。中国石油天然气集团公司在《建设项目经济评价方法与参数》（第三版）的基础上，针对长距离管道工程项目的特点制定了“油（气）管道建设项目经济评价方法与参数”，并印发了《中国石油天然气集团公司建设项目经济评价参数》，每年对评价参数进行更新、发布，并规定输油管道项目经济评价方法与参数应参照其执行。本节的编制参考了该文件。目前住房和城乡建设部正组织人员制定“油（气）管道建设项目经济评价方法与参数”。

**第一百零二条** 输油管道工程项目属于基础能源交通领域。输油管道类项目财务基准收益率是输油管道工程项目评价财务内部收益率指标的基准和判据，也是用作计算财务净现值指标的折现率。财务基准收益率反映了输油管道类项目的资金成本，代表了该类项目的投资资金应获得的最低财务盈利水平，也代表了该类项目投资资金的边际收益率。项目基准收益率应按国家有关部门统一测算发布的参数确定；如果国家无统一规定，则可参照各石油公司定期测算发布的参数确定。

根据中国石油集团公司石油计字〔2007〕445号文件印发的《中国石油天然气集团公司建设项目经济评价参数（2008年版）》的有关规定，管道项目基准收益率为12%。

**第一百零三条** 基准投资回收期是项目财务评价投资回收期指标的基准判据，在项目财务评价中，要求项目的投资回收期小于或等于输油管道类项目的基准投资回收期，否则，表示项目未满足该类项目投资盈利性和风险性要求。项目基准投资回收期应按有关部门统一测算发布的参数确定，或参照各石油公司定期测算发布的参数确定。

**第一百零四条** 社会折现率是用以衡量资金时间价值的重要参数，代表社会资金被占用应获得的最低收益率，并用作计算经济净现值指标的折现率。社会折现率可根据国民经济发展多种因素综合测定，可作为经济内部收益率的判别标准。输油管道类项目的社会折现率一般应根据国家有关部门统一测算发布的参数确定。根据对我国国民经济运行的实际情况、投资收益水平、资金供求状况、资金机会成本以及国家宏观调控等因素的综合分析，目前社会折现率为8%。

# 输气管道工程项目建设标准

## 建标 115—2009

## 住房和城乡建设部、国家发展和改革委员会
## 关于批准发布《输油管道工程项目建设标准》
## 和《输气管道工程项目建设标准》的通知

建标〔2009〕11 号

国务院有关部门，各省、自治区、直辖市、计划单列市建设厅（委、局）、发展和改革委员会，新疆生产建设兵团建设局、发展和改革委员会：

根据建设部《关于印发〈二○○三年工程项目建设标准、投资估算指标、建设项目评价方法与参数编制项目计划〉的通知》（建标函〔2004〕43 号）的要求，由中国石油天然气股份有限公司负责编制的《输油管道工程项目建设标准》和《输气管道工程项目建设标准》，经有关部门会审，现批准发布，自 2009 年 5 月 1 日起施行。原《原油长输管道工程建设标准》同时废止。

本建设标准的管理由住房和城乡建设部、国家发展和改革委员会负责，具体解释工作由中国石油天然气股份有限公司负责。

中华人民共和国住房和城乡建设部
中华人民共和国国家发展和改革委员会
二○○九年一月十四日

## 前　言

《输气管道工程项目建设标准》是根据建设部“关于印发《二○○三年工程项目建设标准、投资估算指标、建设项目评价方法与参数编制项目计划》的通知”（建标函〔2004〕43 号）的要求，由中国石油天然气股份有限公司负责主编，具体由中国石油规划总院和中国石油集团工程设计有限责任公司西南分公司共同编制的。

在编制过程中，编制组紧密结合我国输气管道建设的实际情况，积极借鉴国外有关建设情况，适应当前和今后一个时期的需要。遵循艰苦奋斗、勤俭建国的方针，在满足功能和安全的前提下，严格执行我国资源能源节约、生态环境保护的各项法规和政策。经广泛征求有关部门、单位及专家的意见，多次召开讨论座谈会，最后由中国石油天然气股份有限公司组织召开审查会议，会同有关部门审查定稿。

本建设标准共分十三章：总则、项目构成、建设规模、线路工程、工艺及自控、配套工程、建筑与建设用地、劳动组织、地下储气库地面设施、节能、环境保护、安全和职业卫生、技术经济。

本建设标准在实施过程中，请各单位注意总结经验，积累资料，如发现需要修改和补充之处，请将意见和有关资料寄中国石油规划总院（地址：北京市海淀区志新西路3号，邮编：100083），以便今后修订时参考。

**主编单位：**中国石油规划总院

**参编单位：**中国石油集团工程设计有限责任公司西南分公司

**主要起草人：**寇忠 沈珏新 王莉 刘海峰 巴玺立 张庆 熊运实 张凤翔 周锡河 付定华 惠熙祥 李自林 严明 王小林

（以上中国石油规划总院）

章申远 张炯 章磊 向波 谌贵宇 汤晓勇 吴克信 牟健

（以上中国石油集团工程设计有限责任公司西南分公司）

## 第一章 总 则

**第一条** 为适应经济建设发展的需要，提高输气管道工程项目决策和建设的管理水平，合理确定建设规模，推动技术进步，提高投资效益，制定本建设标准。

**第二条** 本建设标准是输气管道工程项目投资的重要制度和评估、审批、核准输气管道工程项目的重要依据，也是有关部门审查该类工程项目初步设计和监督检查整个建设过程的尺度。

**第三条** 本建设标准适用于陆上输送介质为符合管输标准的商品气，敷设于城区和厂区以外的天然气输送管道建设工程。输气管道改、扩建工程可参照执行。符合管输标准的煤层气、煤制气输送管道工程可参照本建设标准执行。本建设标准不适用于液化天然气管道。

**第四条** 输气管道工程建设必须贯彻安全生产、节约集约用地、节能降耗、生态保护、环境保护等国家及地方政府有关政策、法规和强制性标准。

**第五条** 输气管道工程的建设应正确处理近期和远期、技术与经济、经济效益与社会效益的关系，结合国情，积极采用先进适用的技术和装备。

**第六条** 输气管道工程建设除应符合本建设标准外，尚应符合国家现行有关经济参数、标准和指标及定额的规定。

## 第二章 项目构成

**第七条** 输气管道工程项目应由线路工程、站场工程、配套工程、生产管理设施等构成。

**第八条** 线路工程可包括管道敷设、穿（跨）越工程、防腐蚀控制工程、水土保持工程、伴行道路、线路截断阀室和其他附属建（构）筑物等。

**第九条** 站场工程宜包括输气首站、气体接收站、中间压气站、气体分输站、输气末站和清管站，包括下列工程内容：

一、输气首站和气体接收站通常由气质分析、分离、调压、计量、清管设施、压缩机组、站内管网以及仪表控制、供热（空调）、供配电、给排水、消防、通信、污水处理、阴极保护、放空及建（构）筑物等设施构成。

输气首站和气体接收站应建在天然气处理厂、净化厂或液化天然气（LNG）气化厂附近，检测计量设施共用，信息共享，避免功能重复。

二、中间压气站由分离、清管、压缩机组、站内管网以及仪表控制、供热（空调）、供配电、给排水、消防、通信、污水处理、阴极保护、放空及建（构）筑物等设施构成。

三、气体分输站和输气末站由分离、计量、调压、清管、分输以及仪表控制、供热（空调）、供配电、给排水、消防、通信、污水处理、阴极保护、放空及建（构）筑物等设施构成。

四、清管站由清管和气体分离、阴极保护、放空等设施构成。清管站应尽量考虑与中间压缩机站或分输站合建。

以上设施可根据输气工艺要求设置，特殊工程内容应单独论证确定。

**第十条** 地下储气库需单独论证和确定工程内容。

**第十一条** 配套工程包括供配电、通信、给排水、消防、建筑、交通运输、环境保护、管道维抢修等设施。配套工程宜依托地方条件和现有设施，统筹解决，经论证没有结合条件时，可单独设置。

**第十二条** 生产管理设施包括办公楼、值班室、会议室、倒班宿舍、食堂、车库及配套设施，应集中设置。

## 第三章 建设规模

**第十三条** 根据气源情况和目标市场用气需求，在符合国家天然气利用政策的条件下，综合分析后确定管道的建设规模。

**第十四条** 输气管道的输气能力应根据气源条件、管线使用寿命期内用户需求、全国及地区管网规划、地区供气安全等因素，经多方案的技术经济比较后确定。

**第十五条** 小时调峰气量和日调峰气量由用气方解决，季调峰气量可由地下储气库或其他调峰方式解决。

**第十六条** 输气管道设计年工作天数应按350d计算。管道输气能力应按日输气能力计算。

## 第四章 线路工程

**第十七条** 输气管道线路应根据资源地与主要市场用户的分布，结合管道沿线相关评估报告、城市规划以及沿途地区的人文、交通、地理、自然等条件，经过综合分析和技术经济对比，优化线路走向方案。

**第十八条** 输气管道经过不良工程地质区、地震动峰值加速度大于等于0.05g的地震区应进行地质灾害调查、评价。

埋地管道穿越活动断裂带或经过地震动峰值加速度大于等于0.2g的地区，应采取设防措施。管道穿越处地震动峰值加速度大于等于0.1g、管道跨越处地震动峰值加速度大于等于0.05g时，应采取设防措施。

**第十九条** 在符合输气管道线路总走向的条件下，输气管道穿（跨）越铁路、公路、河流等穿（跨）越点位置应优化确定。管道穿（跨）越方案，应做技术经济比较。在技术可行的情况下，宜采用穿越方式。

**第二十条** 输气管道应采用地下埋设方式。当受自然条件限制时，局部管段可采用土堤埋设或地上敷设。

**第二十一条** 埋地输气管道的外壁应采用防腐绝缘层加阴极保护的联合防护方案。防腐绝缘层的材料和结构应根据管道沿线地区土壤腐蚀性、地区环境条件、管线敷设方式、阴极保护措施以及施工条件等因素，进行专门的技术经济方案比较后确定。

**第二十二条** 输气管道内涂层，应经技术经济比较后确定。

**第二十三条** 输气管道沿线应设置能通过清管器或检测仪器的自动或手动截断阀。在水域大型穿（跨）越和人烟稠密地区及地震设防区段，应增设线路截断阀。线路截断阀安装间距应符合《输气管道工程设计规范》GB 50251 的要求，位置选择在交通方便、地形开阔、地势较高的地方。

**第二十四条** 输气管道的强度与稳定性设计应根据管段所处地区等级和所承受的可变载荷、永久载荷而定。

**第二十五条** 输气管道应选用钢管和钢管件，其制造应符合国家现行标准。当管道附件与管道采用焊接连接时，两者材质应相同或相近。

**第二十六条** 输气管道所用钢管、管道附件的材质选择，应根据使用压力、温度、介质特性、使用地区等因素，经技术经济比较后确定。采用的钢管和钢材应具有良好的韧性和可焊性。

**第二十七条** 输气管道刚度应满足运输、施工和运行的要求，管外径与壁厚之比应小于140，穿越地段钢管的外径与壁厚之比不应大于100。应优先选择标准壁厚。

**第二十八条** 施工便道和巡线维修道路应利用现有交通设施。确需修建伴行路时，宜参照四级公路的建设标准。

# 第五章 工艺及自控

## 第一节 工 艺

**第二十九条** 输气管道工艺设计应确定的主要内容有：设计规模，输气总工艺流程，设计压力，输气站的工艺流程和参数，输气站的位置和数量，输气管道的管径、管材及压气站的工艺参数等。

**第三十条** 输气管道工艺设计应满足管输任务要求、调度灵活、操作方便、输气效率高且运行安全可靠。

**第三十一条** 管道输气应合理利用气源压力，当采用压缩机增压输送时应合理选择压气站的站压比和站间距。

**第三十二条** 输气管道首站和气体接收站应设置气质连续检测设施。

**第三十三条** 压气站内压缩机（组）性能曲线和管道特性曲线应协调。在正常输气条件下，压缩机（组）应在设备性能曲线高效区内工作。压缩机组的数量、类型及连接方式，应在经济运行范围内，并满足工艺设计参数和运行工况变化的要求。

**第三十四条** 输气管道压气站宜采用离心式压缩机。在站压比较高、输量较小时，可选用往复式压缩机。

**第三十五条** 压缩机的原动机选型，应结合当地电源供给情况及环境条件，进行技术经济比较后确定。在当地供电条件许可的情况下，宜优先采用电机驱动。离心式压缩机宜采用变频调速电机或燃气轮机，往复式压缩机宜采用燃气发动机驱动。

**第三十六条** 压缩机备用可采用机组备用、功率备用或主机库存备用。备用方式应根据工程具体情况确定。

**第三十七条** 输气站应在管线进出站位置加装截断阀，进站截断阀上游和出站截断阀下游设置泄压放空设施。放空气体应经放空管排入大气并应符合环保和安全防火要求。

### 第二节 自 控

**第三十八条** 输气管道的自动化水平应满足安全运行的需要，根据工艺要求、操作水平、自然条件以及投资情况确定。

**第三十九条** 管道的监控与调度管理应采用计算机监控与数据采集系统（SCADA）。

输气管道的计算机监控与数据采集系统宜采用分散型控制系统（DCS）。控制方式宜采用控制中心控制、站控制室控制和设备就地控制。可由控制中心计算机监视、控制和调度管理系统对输气管道实施运行和管理。

**第四十条** 计算机监视、控制和调度管理系统宜包括调度控制中心的主计算机系统、远程站的站控制系统、数据传输及网络系统。调度控制中心可设模拟仿真系统和地理信息系统。站控制系统应设置专门安保系统。

**第四十一条** 仪表选型及控制系统的选择，应根据输气管道的特点、规模、发展规划及安全生产要求，经方案对比论证后确定，选型宜统一。

**第四十二条** 输气首站、接收站、分输站及输气末站应按《天然气计量系统技术要求》GB/T 18603 的规定配置天然气一级计量系统的交接计量装置。站场自耗气管线上应设置气体计量装置。

**第四十三条** 天然气计量按标准参比条件（温度 293.15K，压力 101.325kPa）下的体积流量计量。

## 第六章 配 套 工 程

### 第一节 供 配 电

**第四十四条** 输气站用电负荷等级的确定应符合下列规定：

一、采用电力作输气动力的压气站以及采用其他动力驱动，但是对供电可靠性要求特别高的压气站，用电负荷等级应为一级。

二、其他输气站用电负荷等级宜为二级。

三、支线站场、独立阴极保护站用电负荷等级可为三级。

输气站场的控制、仪表、通信等设施的用电及应急照明，应为一级负荷中的特别重要负荷。

**第四十五条** 供电应符合下列规定：

一、采用电机驱动的压气站应由两个独立电源供电；当条件受限制时，可由当地公共电网同一变电所不同母线段分别引出两个回路供电，但该变电所应具备至少两个电源进线和至少两台主变压器。采用燃气轮机驱动的压气站可设燃气发电机组作为自备双电源。

二、输气站场的特别重要负荷应由不间断电源（UPS）供电，蓄电池的后备时间不应小于2h。

三、二级负荷输气站宜由两回线路供电；当有困难时可设燃气发电机组作为自备电源。

四、三级负荷可由公共电网的单回线路供电；当有困难时可设自备电源，根据工程具体内容经技术经济比较后确定。

五、远控线路截断阀室在附近有公共电网时，应由外电线路供电，并设足够容量的不间断电源（UPS）；在无电地区，宜选择两台小型燃气发电装置或一套太阳能发电装置，太阳能发电装置中应配足够容量的蓄电池。

**第四十六条** 输气站爆炸危险区域的划分及电气装置的选择，应符合国家现行标准《石油设施电气装置场所分类》SY 0025 和现行国家标准《爆炸和火灾危险环境电力装置设计规范》GB 50058 的规定。

**第四十七条** 输气站的变电所、工艺装置和建（构）筑物的防雷、防静电设计，应符合现行国家标准的规定，并充分考虑各地方的实际情况。

## 第二节 通 信

**第四十八条** 输气管道工程根据管道建设所经地区电信网络的现状和管道管理营运对通信的业务需求量，可采用光纤通信、卫星通信、微波通信等通信方式。输气管道通信系统还可利用当地电信部门提供的 DDN、SDH、GPRS、CDMA 等资源。

**第四十九条** 通信系统的业务功能应满足输气工艺、站控系统和计算机监控与数据采集系统（SCADA）系统数据传输和生产管理运行等需要，通信系统可设生产调度、行政及会议电话、工业电视、会议电视、数据及图像传输、巡线及应急通信等。

**第五十条** 输气管道通信应设置备用通信系统。

**第五十一条** 通信站宜设在管道各级生产管理部门和输气管道各类站场内。需建独立通信站时，应进行论证。

**第五十二条** 输气管道巡回检查和维抢修部门，可配备移动通信设施。

## 第三节 给 排 水

**第五十三条** 输气站场给水水源应根据生产、生活、消防用水量和水质要求，结合当地水源条件及水文地质资料等因素综合分析确定；宜就近选择同一水源，且优先利用外部水源。无外部水源时，方可考虑建深井水源。

**第五十四条** 生产用水应符合输气工艺要求。当生产、生活用水采用同一系统供给时，其水质应符合现行国家标准《生活饮用水卫生标准》GB 5749 的规定。

**第五十五条** 当输气站内压缩机（组）等设备自身带有循环水冷系统时，其冷却水质应符合设备出厂时规定的给水水质要求。

**第五十六条** 输气站总用水量应包括生产用水量、生活用水量、消防用水量（当设有安全水池可不计入）、绿化和浇洒道路用水量。供水系统的供水量应为 100% 消防用水量与 70% 生产、生活用水量之和。

**第五十七条** 生活污水经处理达标后，可就近排入城镇污水系统或经当地主管部门同意，排至适当地点；当就近没有城镇污水系统时，可根据污水量、水质情况、环保部门的要求，合理确定排放方案，达标后方可排放。

## 第四节 消 防

**第五十八条** 输气站场应按现行国家标准《石油天然气工程设计防火规范》GB 50183 的规定设置可燃气体检测设施，在进出站场的天然气总管上设置紧急切断阀。

**第五十九条** 输气站消防给水系统和设施的设置，应符合现行国家标准的规定。压气站、配气站、清管站、计量站、生产规模小于或等于 $50\times10^4m^3/d$ 的五级站可不设消防给水设施。对生产规模大于 $50\times10^4m^3/d$ 的四级站应设消防给水设施，配置供水能力不小于 30L/s。火灾延续时间按 3h 计。

**第六十条** 输气站内移动式干粉灭火机和手提式灭火器的设置应符合现行国家标准《建筑灭火器配置设计规范》GB 50140 的规定。

## 第七章 建筑与建设用地

**第六十一条** 输气管道工程的建筑应符合国家现行的安全防火、防爆、防震、环境保护、节能、节约用地、工业卫生等法律、法规的规定。

**第六十二条** 输气管道工程的建筑应根据建材供应的实际情况及当地气候条件，在满足抗震设防要求的前提下，确定其建筑及结构型式。

输气管道工程配套设施的建筑面积综合指标，应根据行业现行有关规定执行，站场应按使用功能设置压缩机房、控制室、变配电室等建（构）筑物。各类建（构）筑物在满足工艺及安全防火要求的前提下，尽可能合建。

**第六十三条** 输气管道工程建（构）筑物应按现行国家标准《建筑工程抗震设防分类标准》GB 50223 确定其抗震设防类别，其中主要建（构）筑物的抗震设防类别，应划归重点设防类。结构计算、抗震措施和抗震构造措施应符合现行国家标准《建筑抗震设计规范》GB 50011 的规定。

**第六十四条** 输气管道工程主要建（构）筑物耐火等级不应低于二级。

**第六十五条** 输气管道工程建筑耐久等级为三级，其耐久年限为 25 ~50 年。

**第六十六条** 输气管道工程压缩机房应符合《建筑设计防火规范》GB 50016 中关于有爆炸危险的乙类厂房防爆泄压的规定。

**第六十七条** 输气管道工程建筑物的构造与装修应在满足生产和使用要求的前提下做到适用、经济、美观，用材恰当，建筑风格协调统一。

**第六十八条** 输气管道工程站场的建设用地应按《石油天然气工程建设用地指标》执行。

**第六十九条** 伴行路用地宜按照四级公路的建设标准建设，或按当地政府的要求并符合工程实际情况进行建设。

## 第八章 劳动组织

**第七十条** 输气管道的生产组织机构应根据工程的规模设置输气公司、输气处、输气站管理机构等。

**第七十一条** 输气公司生产运行管理人员应根据输气管道工程规模、自动化控制水平、管理模式等确定。输气管道直接生产人员定员可按表 1 的规定确定。

**表 1 直接生产人员参考定员**

| 项目名称 | 定员（人） | 备 注 |
|---|---|---|
| 控制、通信中心 | 12 ~16 | 按 3 ×4 班计 含通信人员 4 人 |
| 一般输气站 | 4 ~8 | — |
| 压气站 | 16 | 采用电动机增配值班电工 2 人 |
| 维、抢修队 | 15 ~20 | 管辖范围 300 ~500km |

注：表内定员未考虑巡线人员。

**第七十二条** 每一输气处管辖范围宜为 300 ~ 500km。对交通条件好、地形平坦、管理工作量小的，管辖范围可适当扩大。

**第七十三条** 输气公司（或输气处）配备生产、生活和巡线用车。

**第七十四条** 保卫及生活服务等后勤人员宜依托社会服务。

**第七十五条** 配备生产人员时宜增加 5% 的缺勤替补和 10% 的轮换培训人员。行政管理和后勤服务人员可为生产人员的 10% 和 15%。

## 第九章 地下储气库地面设施

**第七十六条** 地下储气库作为输气管道的配套设施，主要由储层评价工程、地下钻井、完井工程和地面工程组成。地下储气库地面建设工程主要包括：注采井口装置、采气系统、注气系统、站外系统及公用工程。

**第七十七条** 地下储气库的规模应综合考虑市场季调峰气量、管道事故应急气量和垫底气量（对于进口管道，还要考虑国家战略储备气量）。地下储气库地面设施建设规模应在综合考虑市场调峰需求气和事故应急气注采速率后合理确定。

**第七十八条** 注采井口装置一般由采气树、采气节流装置、紧急切断阀及单井计量阀组等组成。

采气系统由天然气计量装置、采出气的烃及水露点控制装置、甲醇注入及其他辅助系统组成。

注气系统主要包括压缩机进出口过滤分离设备、注气压缩机组、分配阀组、计量等设施。

站外系统主要包括天然气外输管线、站外供电及通讯线路、站外给排水系统、站外道路等。

## 第十章 节 能

**第七十九条** 输气管道建设，必须遵循《中华人民共和国节约能源法》及国家或行业其他现行相关标准及规定，合理利用能源，有效节约能源，提高经济效益。

**第八十条** 节能措施的设计及其实施，必须遵守国家环境保护法规的规定，并确保安全生产。

**第八十一条** 节能方案及措施，应符合国家或行业相关政策，重视投资效果。

**第八十二条** 在项目的前期工作中，应对输气管道进行综合能耗分析，包括综合能耗和单位能耗比较，并提出采取的有效节能措施。

**第八十三条** 输气管道工程应采取以下节能措施：

一、输气管道的建设应采用节能设备及产品，严禁选用国家强令淘汰的机电设备和高能耗产品。

二、根据管道所经地区的自然环境条件，宜因地制宜利用太阳能、地热能及其他可利用的新能源。

三、输气管道应优化输气工艺方案、合理确定压比和站间距、简化工艺流程、合理布置站内各功能区、缩短管道长度、充分利用气源压力和管输气体压力，降低能量消耗。

四、优化压缩机及驱动机的匹配方式、型号、台数及备用方式，以提高能源综合利用效率。在额定工况下，离心式压缩机机械效率应大于 85%；往复式压缩机机械效率应大于90%。

五、输气管道工艺设计应保证在事故、维修等特殊情况下减少管输气体放空量。应选用结构密封性能好的管道附件、阀门和设备，避免管输气体的泄漏损失。

六、定期清管，提高管道输送效率。采用密闭不停气清管流程，减少清管作业时天然气放空损耗。

七、优化系统运行管理。

八、建筑能耗指标应符合当地节能建筑的规定。

# 第十一章　环境保护

**第八十四条**　输气管道建设应贯彻落实《中华人民共和国环境保护法》、《中华人民共和国水土保持法》等国家、地方有关环境的法律和法规的要求。

**第八十五条**　输气管道线路走向选择应避开需要特殊保护的地区及环境敏感区。

**第八十六条**　应按照《中华人民共和国环境影响评价法》的要求，开展工程的环境影响评价工作。

**第八十七条**　应依据《中华人民共和国水土保持法》提出可行的水土保持方案。对输气管道工程建设中造成的土壤、植被等原始地貌的破坏，应采取措施予以恢复或治理。

**第八十八条**　站场排放的各种废气、废水及固体废物，应遵照国家和地方的现行有关标准进行处理或处置，达到排放标准；噪声防治应符合现行国家标准《工业企业厂界环境噪声排放标准》GB 12348 的规定。在站内应考虑消防污水的接纳和处理设施，以避免对河流、城镇污水系统或污水处理场产生不利影响。

**第八十九条**　应列出环境保护专项投资估算，并计算其占总投资的比例。

# 第十二章　安全和职业卫生

**第九十条**　输气管道工程建设项目必须严格遵循《中华人民共和国安全生产法》、《石油天然气管道保护条例》（中华人民共和国国务院令第313号）等国家有关法律、法规和行业现行安全和职业卫生相关标准及规定，确保天然气管道在设计、施工和生产运行等环节中的安全。

**第九十一条**　应进行地震、水土保持、地质灾害、安全评价等评估工作。输气管道的线路走向，应充分考虑上述工作提出的主要结论和减灾对策建议。

**第九十二条**　输气管道建设在初步设计阶段，应充分考虑天然气管道建设工程安全预评价报告中提出的主要结论和安全对策措施及建议。根据管道输送和站场及其配套工程中介质（天然气）的危险有害因素、管道沿线自然及社会环境的危险有害因素及管道施工期及运行期的危险有害因素，按总图和建（构）筑物、工艺设备以及施工期和运行期等方面的要求，分类列出安全和职业卫生防护措施。

**第九十三条**　输气管道应根据主要事故类型，建立事故应急预案。

**第九十四条**　对改、扩建输气管道线路及站场工程，在已有安全和职业卫生、消防现状的基础上，分类列出安全和职业卫生防护措施。

**第九十五条**　应列出安全和职业卫生专项投资估算，并计算其占总投资的比例。

# 第十三章　技术经济

## 第一节　投资估算

**第九十六条**　输气管道工程项目总投资由建设投资、建设期贷款利息和流动资金组成。

**第九十七条**　输气管道工程的投资比例，主体工程的建设投资应占输气管道工程项目建设投资的70%～80%。

**第九十八条**　输气管道工程投资估算应按照行业有关工程项目可行性研究投资估算编制规定进行编制和估算，输气管道工程各类费用占投资的比例指标宜符合表2的规定。

**表2　输气管道工程占投资比例表**

| 项　目 | 占工程费用比例（%） | 占总投资比例（%） |
|---|---|---|
| 1. 线路工程 | 72～80 | 48～59 |
| 其中：管材费 | 31～36 | 21～26 |
| 2. 站场工程 | 10～19 | 8～15 |
| 3. 配套工程 | 8～13 | 5～12 |

输气管道的工程费用占总投资的61%～86%。

**第九十九条**　建设期贷款利息应根据建设投资贷款总额、融资方式和分年度投资比例估算，流动资金应根据运营模式确定估算方法后进行估算。

## 第二节　经济评价

**第一百条**　经济评价方法应参照有关行业规定的评价方法与参数执行。

**第一百零一条**　输气管道工程项目的财务内部收益率应大于或等于输气管道类项目的财务基准收益率。

**第一百零二条**　输气管道工程项目的投资回收期应小于或等于输气管道类项目的基准投资回收期。

**第一百零三条**　在需要进行国民经济评价时，输气管道工程项目的经济内部收益率应大于或等于社会折现率。

# 附　件

# 《输气管道工程项目建设标准》条文说明

# 第一章　总　　则

**第一条**　到目前为止，我国已建成输气管道长度超过$2\times10^4$km。特别是西气东输管道的建成和投产，标志着我国输气管道建设达到了新的水平。预测表明：今后相当一段时间内，我国的输气管道还将处于快速发展期。

本建设标准是根据建设部“关于印发《二〇〇三年工程项目建设标准、投资估算指标、建设项目评价方法与参数编制项目计划》的通知”（建标函〔2004〕43号）

的要求，在总结我国输气管道建设和生产管理经验的基础上制定的，目的是加强对工程建设项目前期工作的宏观控制，以便使项目决策科学化、建设管理规范化、投资效益最大化。

**第二条** 本条明确了本建设标准为审批、审查、核准输气管道工程项目可行性研究报告的依据，也可用于初步设计审查和监督检查整个项目建设的全过程。

**第三条** 本条规定了标准的适用范围。输气管道包括干线、支干线及支线，作为以保安和调配为主要功能的联络线工程可参照本标准执行，海底输气管道不在本标准的适用范围之内。管输气质标准见《输气管道工程设计规范》GB 50251 第 3.1.2 条，要求管输过程不析出液态烃和游离水。

**第五条** 本条规定的先进技术和装备应是在确保管道运行安全可靠的前提下，满足适用性和易操作性的先进技术和装备，不可片面追求“先进性”。

**第六条** 在编制、评估、审批输气管道工程项目可行性研究报告以及在整个工程项目建设过程中，应首先执行本建设标准，对其进行监督与控制。对本建设标准未作规定的内容，应符合国家现行的其他有关标准和定额、指标，保证输气管道工程项目在整个建设过程中有章可循。

## 第二章 项目构成

**第七条** 当管内储气不能满足用户季调峰需求时，地下储气库成为输气管道系统必建调峰设施。但地下储气库工程与管道工程并不是一一对应。对于具体的输气管道工程，是否包括储气库部分，需根据具体情况确定。

**第八条** 附属建（构）筑物包括为保证管道安全而设置的抗震、水工保护等设施。

**第九条** 在输气站场围墙以内的所有工程均属站场工程。

输气首站一般与天然气处理厂或液化天然气接收终端相连，有条件合建时尽量合建。中间压气站、清管站、气体分输站、气体接收站统称输气中间站。末站位置一般位于城市门站附近和大工业用户所在地，配有高精度的计量仪表，进行气体的交接。有的气体分输站也承担气体的交接任务。目前我国的交接计量仍为容积计量，今后将采用与国际接轨的热值计量方式。

**第十条** 调峰设施除各种类型的地下储气库以外，还包括地上储罐、高压管束、LNG 设施等。由于调峰能力的限制，一般采用地下储气库作为输气管道工程的调峰设施。由于地下储气库投资巨大，且有时与数条输气干管相连解决多个城市的调峰问题，故本标准提出储气库工程一般需单独论证，单独做经济评价。但输气管道工程可行性研究报告中应考虑储气库的调峰气量和储气成本。

**第十一条** 站场外的专用输电线路、供水管线和连接站场的专用道路等在本标准中列入配套工程。

**第十二条** 考虑到站场远离城镇的情况，本标准规定站场可设倒班宿舍、食堂等设施；当社会依托条件具备时，也可不设。

## 第三章 建设规模

**第十三条** 输气管道工程的设计输量受资源和市场两个条件的制约，应在充分调研的基础上经论证确定。

气田资源状况主要指气田探明储量、探明可采储量、剩余可采储量等。气田的勘探开发方案或部署应作为确定输气规模的主要依据之一。其他气源指液化天然气（LNG）、进口天然气、其他管道来气等。

市场调研以近期（5 年以内）和中期（5～10 年）的需求为主，远期（10～20 年）需求为辅。从缩短输量增长期、提高管道建设的经济效益考虑，一般以 10 年左右的用气需求预测量作为设计输量的确定依据之一。缩短输量增长期的关键在于相关的用气项目特别是耗气量大的工业项目应尽量争取与管道工程同时建设，同时投产。

国家发展改革委 2007 年 9 月发布了《天然气利用政策》，综合考虑天然气利用的社会效益、环保效益和经济效益等各方面因素，根据不同用户的用气特点，将天然气利用分为优先类、允许类、限制类和禁止类四类。用气需求预测应符合国家政策。

目标市场用气需求依据文件为供气协议、用气意向书、用气项目的项目建议书、天然气市场需求报告等（如可能，包括供需双方签订的照付不议合同）。目标市场用气需求要有经供需双方协商确定的门站最低供气压力和流量。

**第十四条** 为节约工程造价，参考国外的做法，按实际情况和经济比选来确定输气能力（包括管径和设计压力）。

**第十五条** 天然气用气市场，一个突出的特点是用气的不均衡性。市场用气的波动和管道供气的均衡是不可调和的，却又是息息相关的。调峰是供气方及用气方共同面对的问题，应两方面共同协商解决。根据供用气特点，确定合理的调峰责任，以最经济合理的方式保证供气安全可靠，保证整个供用气系统协调运行，而不应仅由供气方承担调峰责任。例如，美国联邦能源委员会 636 号令明确规定配气公司和用气大户都必须建立自己的储气设施。在解决城镇逐日逐小时用气不均匀性问题时，首选依靠城市输配系统的储气与调峰能力，由用气方调度解决。

**第十六条** 输气管道的输气量受到气源供气波动、用户负荷变化、季节温差及管道维修等因素的影响，不可能全年满负荷运行。为保证输气管道的年输送任务，要求输气管道的日输气能力必须有一定的裕量。

本条规定依据现行国家标准《输气管道工程设计规范》GB 50251 制定。

值得注意的是，已知管道年输气规模，计算日输气量的参数依各国规范不同而不同。

俄罗斯《全苏干线管道工艺设计标准》（OHTII-51-1-85）的公式为：

$$Q_d = Q_a / (365 \times k)$$

$$k = k_1 \times k_2 \times k_3$$

式中 $Q_d$——日输气量；

$Q_a$——年输气量；

$k$——管道通过能力利用系数；

$k_1$——用气高峰期间对用户供气保证程度系数，一般取 0.95；

$k_2$——极值温度系数，一般取 0.98；

$k_3$——管道可靠性系数，该值大小与输气管道的长度、管径和输气机组采用的驱动类型有关，需查表，取值范围为 0.94～0.99。

俄罗斯规范规定的通过系数不仅考虑了对管道和设备可能出现故障的补偿，还考虑了高峰用气和极端大气温度的影响。通过能力利用系数的最终取值范围在 0.87～0.92 之间。

美国《气体输送和配气管道系统》ASME B31.8 对设计工作天数未作规定，大多数美国公司取设计工作天数为329d，相当于$k=0.9$，即设计日输气量要有约10%的富裕调峰能力。也就是说，在管道设计年输气规模一样的情况下，依我国规范计算的日输量小于俄国规范和美国习惯做法得出的日输气量。输气管道因其对安全性和稳定供气要求高，取设计工作天数应考虑用气量的合理波动，留有余地。

## 第四章　线 路 工 程

**第十七条**　输气管道的线路走向除满足管输任务要求（如进气点、分输点、场站位置）外，还应考虑避开不良工程地质区段、选择好大型河流穿（跨）越点，结合沿途人口密集区分布、工业建设、交通及水、电、信状况等因素，力求方案最佳，避免单一追求线路最短。

**第十八条**　不良工程地质地段系指滑坡、崩塌、岩堆、泥石流、沼泽、软土、冲沟、傍河段等地段。在多年的实践中，对影响管道安全、整治困难且工程投资增大的各种特殊地段，一般是绕避。但经工程处理后，能确保岩、土体的稳定，且工程投资有显著节省时，则可选择适当的部位通过。

**第十九条**　输气管道的穿（跨）越位置应符合线路总走向，对于大、中型穿（跨）越工程，线路局部走向应按所选穿（跨）越位置调整。大、中型穿（跨）越工程的方案与位置，应根据水文、地质、地形、水土保持、环境、气象、交通、施工及管理条件进行技术经济论证确定。

**第二十一条**　埋地管道应有良好的防腐绝缘层。选用防腐绝缘层的种类和结构，应根据土壤的腐蚀性、环境和阴极保护措施等因素确定。防腐绝缘层的等级是依据土壤腐蚀性分级确定，但不能作为唯一的依据。

场、站内的埋地管道一般距离较短，且弯头、阀门等管件较多，经常是选用光管现场焊接后再进行防腐绝缘层手工施工。由于各种条件所限，质量不易保证，选用加强级防腐目的是尽量减少露铁点，使腐蚀的危害性降至最低限度。另外，在穿越铁路、公路、江河湖泊处为保证管道的安全同样应采用加强级或特加强级防腐绝缘层。我国近年来建设的西气东输、陕京二线等管道对于穿越铁路、公路、大型河流多采用此防腐绝缘层方式。

埋地管道外防腐绝缘层与阴极保护联合使用已被国内外大量实践所证实，是一种科学的腐蚀控制措施，因为阴极保护可以弥补防腐绝缘层的局部缺欠，从而可有效地控制腐蚀的发生。防腐绝缘层和阴极保护两者之间也存在着相互依赖的关系，防腐绝缘层的质量和等级越高，则所需保护电流越小，反之亦然。因此在设计腐蚀控制时，应通过综合技术经济比较后，确定合适的防腐绝缘层种类和结构，以便能较好地与所用阴极保护相匹配。

**第二十二条**　目前通常将管道内涂层列入管道防腐统一计算工程量，简称“内防腐”。涂敷管道内涂层主要是为了降低管内壁粗糙度、提高输量，但同时也增加了建设投资，是否加内涂层需经技术经济论证后确定。

**第二十三条**　在输气管道上间隔一定距离应设置截断阀，其主要目的是便于维修以及当管道发生破损时，尽可能减少损失和防止事故扩大。《输气管道工程设计规范》GB 50251规定在一级地区为主的管段截断阀间距不大于32km，二级地区不大于24km，三级地区不大于16km，四级地区不大于8km。

**第二十四条**　埋地管道强度与稳定性设计应考虑：

一、输气管道强度设计除考虑管线所承受的正常内压、外部载荷外，对通过地震区的管线还必须校核地震时所承受的外加应力。

二、我国输气管道壁厚计算采用第三强度理论计算公式。输气管道强度计算采用屈服极限计算法，该计算法稳妥、可靠、公式简便。

三、输气管道通过的地区，按沿线居民户数和（或）建筑物的密集程度，划分为四个地区等级，并依据地区等级做出相应的管道设计。地区等级划分详见《输气管道工程设计规范》GB 50251。

**第二十五条** 国内输气管道工程使用的各类钢管应符合现行国家标准《石油天然气工业 输送钢管交货技术条件》GB/T 9711、《输送流体用无缝钢管》GB/T 8163、《高压锅炉用无缝钢管》GB/T 5310、《化肥设备用高压无缝钢管》GB/T 6479 的有关规定。

输气管道干线用管建议按《石油天然气工业输送钢管交货技术条件第二部分：B 级钢管》GB/T 9711.2 标准选用。《输送流体用无缝钢管》GB/T 8163 为非等效采用《清水污水用管》ISO 559，不适用于长距离输气管道干线，只在特殊条件下用于站内管线。对于境外工程，因为各国的条件和技术要求不同，双方协商采用共同认可的标准。设计中如选用国外的钢管，则使用的国际标准多为 API 标准，即《管线钢管规范》API Spec 5L。

设计中在选择管径和考虑变径输送时，应特别注意输送要求、检测要求和清管通球要求。

我国输气管道用管的管径及壁厚系列遵循的国家标准为《石油天然气工业输送钢管交货技术条件》GB/T 9711，该标准等效采用国际标准 ISO 3183，其管径尺寸与公称直径对照见附表 1。

**附表 1　外径与公称直径对照表**

| | | | | | | | | |
|---|---|---|---|---|---|---|---|---|
| 公称直径 | *DN*（mm） | 250 | 300 | 350 | 400 | 450 | 500 | 600 |
| | *NPS*（in） | 10 | 12 | 14 | 16 | 18 | 20 | 24 |
| 外径（mm） | | 273.1 | 323.9 | 355.6 | 406.4 | 457 | 508 | 610 |
| 公称直径 | *DN*（mm） | 700 | 800 | 900 | 1000 | 1150 | 1200 | 1400 |
| | *NPS*（in） | 28 | 32 | 36 | 40 | 46 | 48 | 56 |
| 外径（mm） | | 711 | 813 | 914 | 1016 | 1168 | 1219 | 1422 |

注：*DN* 为管道公制公称直径；*NPS* 为英制公称直径。

管道建设中有意识地采用常用管径、避开非常用管径，将会降低施工和维抢修机具研发及购置成本，提高设备的使用率及管道建设和维抢修效率，进一步提高管网建设的总体经济效益。

编者对全世界 800 余条油气管道的管径进行了统计分析，现将世界各国常用的管径系列列于附表 2。

**附表 2　国外管道常用管径系列表**

| | | | | | | |
|---|---|---|---|---|---|---|
| 管径（in） | (10) | 12 | (14) | 16 | (18) | 20 |
| 管径（mm） | (273.1) | 323.9 | (355.6) | 406.4 | (457) | 508 |
| 管径（in） | 24 | 30 | 36 | 42 | 48 | 56 |
| 管径（mm） | 610 | 762 | 914 | 1067 | 1219 | 1422 |

注：括弧内管径为较常用管径。

根据以上情况和我国目前已建待建管道现状，考虑建设、施工和管理的方便，给出推荐管径意见（附表3）。

**附表3　推荐的管径选用系列**

| 管径（in） | 8 | (10) | 12 | (14) | 16 | (18) |
|---|---|---|---|---|---|---|
| 管径（mm） | 219.1 | (273.1) | 323.9 | (355.6) | 406.4 | (457) |
| 管径（in） | 20 | (22) | 24 | (26) | 28 | 30 |
| 管径（mm） | 508 | (559) | 610 | (660) | 711 | 762 |
| 管径（in） | 32 | 36 | 40 | (42) | 48 | 56 |
| 管径（mm） | 813 | 914 | 1016 | (1067) | 1219 | 1422 |

注：对于带括弧的管径，在与相邻管径经济评价参数相近时，优先选相邻管径。

**第二十六条**　材质对管道壁厚影响很大。材质不同，其性能、特性各异，适应管道敷设条件也不同，因此材质的选择应综合考虑管径、壁厚、钢管生产能力和质量水平。钢管的韧性要求取决于钢管的使用环境，处于低温状况下（包括安装焊接、运行）的管道，应对钢管提出冲击韧性指标。可焊性是用以保证焊接质量的相对特性，应以管道材质的碳当量来评价钢管的可焊性。

输气管道输送的介质是易燃、易爆气体，输气管道在运行时，管道中积聚了大量的弹性压缩能，一旦发生破裂，材料的裂纹扩展速度极快，且不易止裂。因此要求钢管和构件采用的钢材具有良好的抗脆性破坏能力和良好的焊接性能，以保证管道安全。

**第二十七条**　输气管道的最小壁厚验证，一般认为 $D/\delta>140$ 时，才会在正常的运输、敷设、埋管情况下出现圆截面的失稳；$D/\delta$ 值不大于140时，在正常情况下，不会出现刚度问题。

**第二十八条**　为满足输气管道生产管理及维修、抢修所需道路的修建，应以节约土地、节省投资为原则，充分利用地方已建的道路。

输气站外部和内部道路应满足建设、生产和设备维护、检修要求。对大口径管道输气站要满足压缩机、压力容器、阀门、管子等设备、材料的运输。对小口径管道输气站，设备不大、汽车交通量较小时，外部道路宜按四级公路建设。

# 第五章　工艺及自控

## 第一节　工　艺

**第二十九条**　输气管道的工艺设计根据具体情况有时还需包括动态分析的内容，如管道末段储气、事故工况分析等。

**第三十条**　输气管道的流程力求达到：

一、输气效率高：在相同的距离 $L$、起终点压力 $P_1$、$P_2$ 和相同管径 $d$ 的条件下，输气管道应尽量提高管道输气量。

二、满足运行需要的各种调度功能，如气体接收、输配、正反输等。

三、确保供气压力和气量的平稳、可靠及用气安全。

**第三十一条**　充分利用气源压力提高输气压力是增加输气量的方法之一，只要管道本身的制造、安装工艺能够达到并符合技术经济优化条件，而气源的压力也能较长时间保证，输气压力应尽量提高。

输气管道是否采用增压输送，应对输气管道长度、输气量、管径大小的选择等各方面条件进行综合分析和方案比较后确定。压气站的站距，取决于压气站的站压比。压气站的站数取决于站压比和输气管道的长度。

**第三十二条** 为了及时、有效掌握进入管道气质组成变化，确保进入输气管道气质符合管输要求，对需连续监视的地方进行连续自动分析，一旦发现异常，立即报警或采取措施。

**第三十三条** 压缩机选型应满足输气工艺设计参数和运行工况变化两个条件。也就是在输气工艺流程规定的范围内要求压缩机在串、并联组合操作变更或越站输气时，其机组特性也能同管道特性相适应，并要求原动机也应在合理功效范围内工作。

**第三十四条** 压气站是输气干线系统的一个重要组成部分，压气站投资在输气管道总投资中的比例和压缩机组占压气站总投资比例及压气站的年经营费用在输气管道总的年经营费用中所占比例都是较大的。因此，选择经济合理、耐久可靠的压缩机组，对降低投资和输气成本有很重要的意义。

目前可供选用的压缩机组主要有离心式和往复式两种类型，其主要优缺点如下：

一、离心式：

主要优点：排量大且流量较均衡（无脉动现象），机身较轻，结构简单。

主要缺点：易产生喘振，单级压比较低。

二、往复式：

主要优点：机械效率较高，单级压比较高，适应进气压力变化范围较大的工况，无喘振现象。

主要缺点：机身较笨重，结构较复杂，振动较大，流量不均衡（有脉动现象）。

综上所述，对输气量大、压力变化不大的输气干线宜选用离心式压缩机。在特殊情况下，如输气干线首站、中途有气体输入的站（如干线中途有气田输入气体的站，其进气压力可能受气田供气压力的影响），压力变化较大，或输气量较小时，也可选用往复式压缩机。

**第三十五条** 随着供电条件的改善，由于电机驱动在投资、效率、环保、运行维护、使用寿命等方面所具有的优势，大功率变频电机驱动离心式压缩机组在长距离输气管道上的应用已有了较多的成功实例，而且呈上升趋势。因此，在供电条件可靠、综合费用省的情况下，压气站的驱动设备宜选用变频调速电机。

**第三十六条** 压气站压缩机组备用方式有：功率备用、机组在线备用及主机库存备用等。备用方式应根据工程运行要求、允许停机时间、外部条件及经济性比较后确定。

**第三十七条** 进出输气站截断阀前后设置泄压放空设施主要目的是：

一、靠近输气站方便输气管段检修放空。

二、防止超压气流进入输气站或输气站下游的管道。放空气体应按规范规定直接排入大气或通过火炬排放。

## 第二节 自　控

**第三十八条** 为了保证输气管道系统的安全、平稳供气，应在站场的工艺设备、工艺装置上，设置必要的测量、监视、控制系统，以保证管道输配系统的运行参数及所处状态符合设定的要求。

**第三十九条** 由于电子计算机与网络技术的飞速发展，考虑到管道工程基本建设与今后发展的需要，自动化系统在具有高可靠性的同时，还应具备良好的适应性。为此，要求所提供的系统应当是开放型网络结构，具有良好的通用性、兼容性、可扩展性。系统的建设应尽可能考虑技术发展中的软硬件支持，不受或少受系统供应商的限制。

**第四十一条** 仪表及控制系统的选型首先要根据工艺的要求（如量程变化、工艺参数的稳定性、精度要求、介质条件、集中操作程度、响应速度等），以及经济性、安全可靠性及维修传输距离等诸多因素确定。

同一输气管道系统工程中，控制设备及仪表的品种规格应尽可能统一，这是因为：

一、便于统一维护管理，提高维护工作水平；

二、便于人员的统一培训，减少辅助设施的配备；

三、便于零配件的采购供应，降低成本，提高维护能力。

**第四十二条** 天然气输量计量系统准确度的要求是根据计量等级确定：输气站用贸易交接计量采用的一级计量系统准确度可根据天然气的输量范围确定：

当 $500m^3/h \leq$ 输量 $< 5000m^3/h$ 时，准确度等级为 C 级（3.0）；

当 $5000m^3/h \leq$ 输量 $< 50000m^3/h$ 为 B 级（2.0）；

当输量 $\geq 50000m^3/h$ 时为 A 级（1.0）。

天然气一级计量系统的流量计及配套仪表按现行国家标准《天然气计量系统技术要求》GB/T 18603 的规定配置。

**第四十三条** 现行国家标准《石油液体和气体计量的标准参比条件》GB/T 17291 和《天然气》GB 17820 规定了天然气体积流量计量的标准参比条件。

目前，国际天然气贸易计量分为体积计量、质量计量和能量计量三种。天然气的标准状态体积流量以 $Nm^3/s$ 为单位，工作状态体积流量以 $m^3/s$ 为单位；质量流量以 kg/s 为单位；能量流量以 MJ/s 为单位。工业发达国家质量计量和能量计量两种方法都在使用。我国天然气贸易计量是在法定要求的质量指标下以体积或能量的方法进行交接计量，目前基本上以体积计量为主。

# 第六章 配套工程

## 第一节 供配电

**第四十四条** 本条规定参照现行国家标准《供配电系统设计规范》GB 50052 的规定，考虑各类输气站的正常生产重要程序，确定了站场用电的负荷等级。

压气站是输气管道的心脏，一旦压缩机停运，输气量将有较大降低甚至停产，对下游区域的生产和人民生活将造成较大的影响。故电机驱动的压缩机运行应有可靠的电力保证。由燃气轮机驱动的压气站，其中燃气轮机的启动、润滑油泵和压缩机干气密封变压机等辅机为电驱动，同样对供电可靠性要求特别高，应为一级负荷。

其他输气站对电的依赖小于压气站，几乎没有连续运行的动力用电设备，并且在较长输气管道上的输气站取得电源往往比较困难，从用电需求及节约投资方面考虑，宜为二级负荷。

支线站场供电影响的范围较小，独立阴极保护站短时停电不会影响输气管道的正常运行，可为三级负荷。

各站场的控制、仪表、通信等设施用电及应急照明，虽然负荷不大，但如果停电，将影响输气站的正常运行或可能导致事故，故确定为一级负荷中的特别重要负荷。

**第四十五条** 本条规定参照现行国家标准《供配电系统设计规范》GB 50052 的规定作出。

一级负荷应采用双电源供电。由电机驱动的压气站应由两个独立电源供电。考虑到较长输气管道的压气站从两个不同变电所引接电源往往比较困难，提出可从同一变电所的不同母线分别引出两个回路供电，但对该变电所上级电源的可靠性提出了明确要求。由燃气轮机驱动的压气站，如只能从公共电网取得一个电源，则应设一个燃气发电机组，作为自备电源；如远离电网处于无电地区时，应设两台燃气发电机组，每台机组都可承担压气站的全部用电负荷，建立自备双电源。

为了保证输气站场特别重要负荷的供电，采用不间断电源（UPS）是可行的。在有外部电源或自备电源，且站场有人值守的情况下，配备能连续供电 2h 以上的蓄电池能够满足可靠供电要求。

二级负荷宜采用双回路供电。在公共电网具备条件时，首先应考虑从附近的电网引接两回线路给输气站；当有困难时，也可设能承担本站全部用电负荷的燃气发电机组。

三级负荷采用单回路供电即可。如有困难需设自备电源时，可根据支线站场或独立阴极保护站用电负荷的大小，采取设燃气发电机组、小型燃气发电装置或太阳能发电装置等办法解决，经技术经济比选后确定。

远控线路截断阀室对供电可靠性的要求也特别高，但本身用电负荷不大，因此总结多年经验，提出了特殊的解决办法。首先应考虑利用附近的公共电网供电，并设不间断电源（UPS），因阀室无人值守，蓄电池容量应能满足外电路发生停电至恢复供电所需的时间要求。当远控线路截断阀室位于无电地区时，宜设两台小型燃气发电装置，互为备用；也可设一套太阳能发电装置，蓄电池容量应根据当地气象条件决定，能满足连续最长阴雨天时的供电需求。

**第四十六条** 火灾爆炸事故是输气站最大的安全隐患，电气装置在事故时产生的火花是重要的危险因素。因此，明确输气站爆炸危险区域的划分和正确选择电气装置，是保证输气站建设、实现本质安全的重要措施。根据国家现行标准作出了本条规定。

**第四十七条** 防雷、防静电也是输气站确保安全的重要措施。现行国家标准《过电压保护及绝缘配合》GB 50064 对变电所、《石油天然气工程设计防火规范》GB 50183 对工艺装置和厂房、《建筑物防雷设计规范》GB 50057 对建（构）筑物的防雷、防静电措施都作了具体规定，应当严格执行。

## 第二节 通 信

**第四十八条** 输气管道工程的通信系统包括话音通信、数据通信、图像通信、传真等内容。数据通信部分主要用于 SCADA 系统，它把位于输气控制中心的主计算机系统与被控站的远程终端装置联系起来，实现全线的监视控制与数据采集。话音通信是为输气控制中心、维修中心、压气站和主要调压计量站提供专线电话服务。移动无线电话系统是为巡线、野外事故处理等提供的通信服务。总之，通信系统应能满足生产运行、调度管理的要求，符合技术先进、经济合理、迅速准确、可靠方便的要求。

通信方式的选择，应根据输气管道系统的特点，做到：适合输气管道的链状通信；容量适中、可靠性高、质量优、抗电磁干扰能力强的数字通信系统；站距大，长中继，中继站功耗要小，能实现无人值守；抗自然灾害和工业事故能力强，具有多种方式和手段的综合通信系统；组网灵活，易扩展，上下话路方便，具有一定保密性；多种通信方式组网，须符合统一的规定和标准。

由于输气管道的SCADA系统随着管道系统的发展，被控制对象将会有较大的扩展，所以通信系统亦应留有发展的余地。

**第四十九条** 站内电话的设置应符合下列要求：

一、输气管道通信中心、输气调度中心、压气站、大型配气站、大型接收计量站等，由于它们的系统较为复杂，不仅需作站场内的调度联络，还需经常与系统外进行联系。这些单位宜采用能实现无人值守的全自动程控电话交换机供内部调度自动拨号使用，有条件(如靠近地方电信局)，与当地电信部门连接适当的中继线，若提供对外联络话路。不对外供气的压气站可不设中继线。

对于纳入SCADA系统中的中、小型输气站只需设与控制中心、相邻站、其他相关部门的联络电话。

二、站内巡回检查修理流动人员可使用便携式防爆电话或对讲机。

**第五十二条** 移动通信是为满足管道的线路巡回检查、事故抢修、日常维护、投产通信联络方便而配备的移动通信设备（一般为车载式），以便与邻近通信系统沟通后与所需通报单位联系。

## 第三节 给 排 水

**第五十三条** 由于多数输气站不设消防给水系统，生产、生活用水量不大且大多为间断用水，一般情况下应尽量采用同一水源，并优先采用当地市政或工矿现有供水系统，以减少工程量，节省投资。

**第五十四条** 规定生产、生活用水水质的标准，是确保生产正常运行和职工健康的必备条件。凡生活用水不能达到标准规定时，均应设置小型的生活给水处理设施。

**第五十七条** 输气站污水主要是设备清洗水、生活污水及雨水。未被污染的场地冲洗水和雨水沿场地和道路边沟就近直接排出站外。而受到一定污染的设备清洗水往往含有少量油类。输气管道清管时排至站内的污水可外运集中处理。生活粪便污水和部分杂用水，经化粪池消化处理后，应视站场所在区域位置、管辖地域和受纳水体环境条件以及排水水质应执行的标准等级的实际情况而确定是否需要进一步处理。

## 第四节 消 防

**第五十八条** 对于天然气站场由气体引起的火灾，灭火的最主要措施是迅速切断气源，在进出站的天然气总管上设置紧急切断阀是确保迅速切断气源的重要措施。切断阀应安装在安全可靠和方便操作的地方，当火灾发生时能及时关闭。切断阀与装置距离未作规定，但切断阀不应布置在装置区域或靠近装置的地方。

紧急切断阀应尽量设置自动操作或远程控制系统，以便事故时迅速关闭。紧急切断阀之前应设置越站旁通及安全阀。

**第六十条** 灭火器具有轻便、灵活、机动，易于使用等优点，适于扑灭初始火灾，防止火灾蔓延。

# 第七章 建筑与建设用地

**第六十一条** 输气管道工程中有特殊要求的建（构）筑物应分别采取如下相应的措施：

一、压缩机厂房应采取减震、隔音、消声、泄爆等措施。

二、在爆炸危险区内的建（构）筑物应采取防爆、泄爆等措施。

三、调控中心、通讯中心应按计算机、仪表、通信专业的建设标准建设。

四、分析化验室应采取防酸碱腐蚀措施，并有良好的通风设施。

五、风沙较大地区的建筑物应有防风沙、防尘措施。

六、寒冷地区的建筑物应有防寒措施。

以上保护措施应符合相关标准规定。

**第六十二条** 输气管道工程配套设施的建筑面积综合指标应严格遵守国家及有关部门的规定。从国家和输气管道工程的实际情况出发，做到与当前的财力、物力相适应，各项建筑以满足生产和生活需要、经济实用为原则，严禁脱离实际，盲目追求生产设施和生活设施的高标准。

**第六十四条** 输气管道管输介质为易燃易爆物，生产类别属甲、乙类。根据《建筑设计防火规范》GB 50016 的规定，其建筑物耐火等级为一、二级。采用砖混结构、钢筋混凝土框架结构均能满足要求。

**第六十九条** 对于巡线及维抢修所用伴行道路，可结合当地自然环境及条件宜按四级公路的建设标准建设。施工便道多是一次性的，在满足施工运输、机具运行情况下，可因陋就简。

## 第八章 劳动组织

**第七十条** 输气管道工程的组织机构及人员配备应根据工程规模大小、繁简程度、自动化管理水平及外围条件等因素确定。对规模较大的输气管道宜按输气公司、输气处、输气站三级管理；对规模较小工程宜按输气处、输气站二级管理。一般按四班三倒配置人员。

**第七十一条、第七十二条** 生产管理人员配置：

一、输气管道运行管理具有作业分散的特点，根据已建管道运行的管理经验，输气管理处一般按 300 ~ 500km 设置，其机构设置及定员也可按实际增减。

二、管道维抢修队管辖半径 300 ~ 500km，负责管道、输气站设备日常维修、检修及部分更新改造任务，大型设备的大修一般由厂家或专业队伍承担。

三、控制通讯中心是输气管道管辖范围内的调度、控制中心和通信技术指导中心，并负责管道专用通信系统的二级维修，本项定员包括通信的抢修、维修人员。

**第七十三条 ~ 第七十五条** 除生产一线必须配备人员外，所有生产后勤、生活设施都立足于依托社会以减轻工程负担，这也是后勤人员配置的原则。行政及后勤人员与生产人员比例也是依据这一原则，根据已建工程的经验提出的。

## 第九章 地下储气库地面设施

**第七十六条** 由于地下储气库工程建设项目需单独论证和报批，本标准仅对地下储气库地面设施作出一般性规定。

**第七十七条** 确定输气工程的配套调峰气量应综合考虑其对应市场的季调峰气量和事故应急气量，对于进口输气工程，还要考虑战略储备气量，其中事故应急储备和国家战略储备可以相互备用，只考虑两者中较大的一项。另外，为保证足够高的压力以利于从储气库中提取天然气，储气库必须具有一定的垫底气量。所以地下储气库建设规模要综合考虑调峰气量、事故应急气量、国家战略储备气量和垫底气量。而地下储气库地面设施建设规模（注采气能力）仅综合考虑市场调峰需求气和事故应急气注采速率后确定。

**第七十八条** 采气装置的其他辅助系统主要包括：燃料气系统、仪表风系统、供热系统、放空系统、变配电系统、仪表控制系统、消防系统、道路及厂区等。

# 第十章　节　能

**第八十二条**　综合能耗分析应折算成一次能源的能耗（MJ/a）。根据输气损耗、电耗及燃料气损耗说明输气系统的单位综合能耗，以 $MJ/10^4m^3 \cdot km$ 为能耗度量单位，与国内外同类工程能耗水平进行比较，分析能耗差异的原因，提出采取的措施。

单位能耗随管径大小及输量而变化：口径越大，能耗越低；输量愈低，能耗愈小。故与国内平均能耗比较时要客观分析。

**第八十三条**　原动机功率的选用要满足气量逐年增加、季节、温度和高程的影响，机组应连续运转可靠、操作灵活、可调和适应范围较宽，并考虑机组发生事故时增压的需要和机组大修的备用量。机组应满足造价低、安装维护方便的要求。

国外离心压缩机机械效率一般为 86%。近年来，国内输气管道上使用的离心压缩机均为进口或引进国外技术生产的压缩机，机械效率也能达到 85% 以上。《节能节水工作指南》（石油工业出版社，2001 年）中的指标为不低于 76%；往复式压缩机机械效率应大于 90%。燃气轮机作压缩机原动机时，效率较低。在没有余热利用的情况下，一般航空改进型燃气轮机额定状态下最高热效率可达到 40%，工业重型燃气轮机热效率为 30% 左右，带有余热再循环利用的燃气轮机综合效率可达 50% 左右。采用热电联供系统，燃气轮机效率还可以提高；电动机效率较高，选用电动机为原动机时，根据需要宜采用变频调速技术，满足不同输量的要求，减少能耗。

燃压机组并联的目的是增加气体流量。当气体输量经常大幅度变动时，燃压机组并联运行，其效果较为理想；输量较小时，一台压缩机组运行，另一台备用。用户可以根据生产工艺特点、设备供货情况适当选择配置方案，做到建设投资少，满足生产工艺对流量的需求。

压缩机串联的主要目的是解决生产工艺要求压力很高，或要求压力调节范围很大，单台压缩机组不能满足要求，这时往往采用串联运行来解决生产上这一技术难题。

因此，要按照工艺特点，兼顾不同输量台阶，优化压缩机及驱动机的选型、配置方式和数量，确定备用方式。

# 第十一章　环境保护

**第八十五条**　需要特殊保护的地区，指的是国家法律、法规及规划确定或经县级以上人民政府批准的饮用水水源保护区、自然保护区、风景名胜区、生态功能保护区、基本农田保护区、水土流失重点防治区、森林公园、地质公园、世界遗产地、国家重点文物保护单位、历史文化保护地等。

环境敏感区：人口密集区、文教区、党政机关集中的办公地点、疗养地、医院以及具有历史、文化、科学、民族意义的保护地等。

**第八十六条**　按照《中华人民共和国环境影响评价法》、《建设项目环境保护管理条例》（国务院令第 253 号）要求，在可行性研究阶段必须同时开展工程的环境影响评价工作。

按照《企业投资项目核准办法》（国家发展和改革委员会令第 19 号）第八条的规定，项目申报单位在向项目核准机关报送申请报告时，需附送环境保护行政主管部门出具的环境影响评价文件的审批意见。

**第八十七条** 管道水土保持方案实现的最终目标是：控制水土流失、改善生态环境。具体措施有：

一、合理选择线路走向。在确定线路走向时，充分重视对生态环境的保护，在满足线路走向和工艺要求的同时，线路尽量避开或减少通过自然保护区、林区地段，减少占用耕地，减轻对环境的影响。

二、加强施工管理。在管道施工中必须严格执行《土地复垦规定》（中华人民共和国国务院令第 19 号）；严格控制车辆、机械、人员的活动范围，尽量减少施工占地面积。

在管道施工中开挖管沟时不宜向两边抛土并应将表层耕作土和深层土分别堆放，管沟回填时应分层回填，耕作土应回填在表面并恢复地貌。

三、工程措施。对在施工管道沿线堤坝、河岸、坡坎、田埂等损坏和破坏的部分采用条石挡土墙、浆砌片石护坡、河岸护岸挡墙等措施覆盖裸露面，固沙、固土。同时，采用浆砌片石排洪沟、水沟等措施，排洪导水，防止水土流失。

四、植被措施。对在施工沿线被损坏的植被分别实施种草、植物、复耕等措施，恢复遭破坏的植被和山林，防止新的水土流失发生。

**第八十八条** 必要时站场应设立事故水池，用于接纳消防污水，以避免对城镇污水系统或污水处理厂产生不利影响。

# 第十二章 安全和职业卫生

**第九十条** 新建、改扩建输气管道及站场建设，必须严格遵循《中华人民共和国安全生产法》、《石油天然气管道保护条例》（中华人民共和国国务院令第313号）、《原油天然气长输管道与铁路相互关系的若干规定》〔（87）油建字第505号、铁基（1978）780号〕、《关于处理石油管道和天然气管道与公路相互关系的若干规定》〔交通部（78）交公路字698号、石油部（78）油化管道字452号〕及国家和行业其他现行安全相关标准、规范，确保输油管道在设计、施工和生产运行等环节中的安全。

在职业卫生方面应遵循《中华人民共和国劳动法》、《中华人民共和国职业病防治法》及国家和行业现行相关标准、规范。

**第九十一条** 输气管道建设在可行性研究阶段，由具有评价资质的单位按照规范的要求，编制“建设工程地震安全性评价报告”、“水土保持评价报告”、“地质灾害评价报告”、“安全预评价报告”，上述报告是管道工程项目设计的重要依据。

**第九十二条** 输气管道建设初步设计前，由具有评价资质的评价单位按照《安全预评价导则》AQ 8002—2007 的要求，编制“输气管道工程项目安全预评价报告”，该报告是管道建设初步设计的重要依据。

天然气作为管道输送和站场中的介质，其组分及主要物性，各地区不尽相同。介质危害因素主要是易燃性、易爆性，天然气的爆炸范围较宽，爆炸危险性较大；易扩散性，天然气的密度小，泄漏后不易存留在低洼处，有较好的扩散性。

输气管道工程项目的危险有害因素有：

职业卫生危险有害因素，主要包括：毒物（烃类、硫化氢、化学药剂、固体废物）和噪声（主要噪声源有：压缩机、泵、减压装置、冷却系统和发电机等设备产生的机械噪声，以及因超压放空产生的空气动力噪声）。其他危险有害因素主要包括：物体打击、机械伤害、电气伤害、高低温危害、交通事故等。

自然环境的危险有害因素，主要包括：地震、洪水、泥石流、土地滑塌、湿陷地带、沙漠及盐碱地、煤矿采空区、水网、雷击等；气象因素对施工和运行的影响，主要包括：温度、湿度和风沙；社会环境的危险有害因素，主要包括：传染病、地方病和第三方破坏。

工程施工期的危险有害因素，主要包括：施工过程中的危险有害因素（管沟开挖、管道敷设、站场设备安装、交通运输、管道穿跨越、噪声等）和由施工质量缺陷产生的潜在危险有害因素（施工人员的资质、能力，工程质量，材料，设备缺陷，施工操作，设备选用不合理等）。

工程运行期的危险有害因素，主要包括：管道因素、站场因素、储气库因素、管道穿(跨）越段因素等。

安全防护措施包括：

总图和建（构）筑物的安全防护措施应包括：线路选择、建筑与结构物等方面；工艺设备的安全防护措施应包括：管道壁厚、管道防腐、阴极保护、自动控制、通讯保障、供电系统、给排水及消防等方面；施工期的安全防护措施应包括：安全管理措施、职业防护措施、卫生管理措施、地质灾害防护措施等方面；运行期的安全防护措施应包括：防火、防爆措施，防毒措施，防噪声措施，抗自然灾害措施等方面。

**第九十三条**　事故应急预案，又称现场应急计划，是发生事故时应急救援工作的重要组成部分。为防止事故发生、发生事故后有效控制事故、最大限度减少事故造成的损失，按照输气管道工程事故分类（可分为管道事故、站场事故和储气库事故），提出事故应急预案。事故应急预案主要有：

一、火灾事故应急预案。

二、重大泄漏事故应急预案。

三、自然灾害抢险应急预案。

**第九十四条**　建设单位应设立安全和职业卫生机构，以保障管道的安全运行。工程施工期，应聘请安全专业监理机构负责工程施工的安全和职业卫生与管道施工质量监理。工程运行期间，按照 HSE 管理体系的要求设立安全和职业卫生管理机构，实行领导负责制，制定明确的安全、职业卫生管理目标和措施。

对于改、扩建的输气管道及站场工程中的安全、职业卫生、消防措施，应依托建设单位已有的安全、职业卫生、消防设施。应说明建设单位安全和职业卫生、消防保障体系及能为改、扩建项目提供的依托情况和安全管理现状（安全管理部门及其机构设置，有关的安全管理规章制度等），对尚需增加措施的，则另作说明。

**第九十五条**　安全和职业卫生专项投资分为固定投资和按年分摊的年度预算投资。固定投资指用于安全和职业卫生方面建设的一次性专项投资（主要包括：施工中的临时安全防护设施费用，特殊地段管道的防护费用，管道防腐及阴极保护站费用，清管系统，站场消防设施，站场卫生设施，安全和职业卫生检测仪器，医疗设施，劳动保护防护用品，休息室、通风设施、培训设备等费用）；年度预算投资是年度使用的安全和职业卫生费［主要包括：泄漏检测费，管道腐蚀检测费，设备维修、维护费，控制系统检测、通讯通道维护费，安全防护设施、用具更新费，定期的低值易耗劳保用品购置费，消防器材定期更换、急救药品更换与补充费，必要的上岗培训费（包括对新职工和换岗职工进行上岗前的岗位培训费，组织职工进行防火、防毒演习和救护常识的训练费），检测仪器更新、维护等费用]。

# 第十三章　技术经济

## 第一节　投资估算

**第九十六条**　输气管道工程建设投资包括固定资产、无形资产、递延资产和预备费。其中，固定资产投资由设备购置费、建筑工程费、安装工程费、工程建设其他费用等组成。

**第九十七条**　本条所指主体工程包括：线路工程、站场工程、大中型穿（跨）越工程。通信工程、道路工程、储气库工程、水土保持工程、生产管理及生活福利设施等基地建设工程不应列入主体工程。如果通信工程、道路工程、储气库工程、水土保持工程、生产管理及生活福利设施等基地建设工程单项工程量过大，总投资20%～30%的资金数额不足以满足要求时，这些项目应单独立项论证。

**第九十八条**　《石油建设工程项目可行性研究投资估算编制办法》由中国石油天然气股份有限公司石油计字〔2006〕第945号文件批准执行。输气管道中投资比例以西气东输管道、陕京二线工程、西气东输与陕京二线联络线工程、忠武线、兰州——白银等输气管道为典型工程，分析归纳总结（折现到2006年）。工程费用中的线路工程包括管沟土石方、施工便道、中小型穿（跨）越［不含大型穿（跨）越］、管材费、管道预制防腐、运输、组焊、试压及阴极保护；站场工程包括首末站和中间压气站、分输清管站的工艺设备、管道安装、自控、水、电、通信及建筑工程；配套工程是指除线路工程和站场工程之外的水、电、一般生活设施、管理控制中心及其他工程。

**第九十九条**　建设期贷款利息指建设项目中分年度使用银行或其他金融机构的贷款，在建设期内应支付的贷款利息，应根据不同资金来源渠道和筹措方式分别计算。流动资金指在生产经营活动中，处于生产领域或流通领域用于周转使用的资金，一般可采用扩大指标估算法或分项详细估算法进行估算。

## 第二节　经济评价

**第一百条**　国家发展改革委、建设部2006年颁布的《建设项目经济评价方法与参数》（第三版）是针对一般加工制造业编制的，没有关于输气管道类项目的具体规定。中国石油天然气集团公司在《建设项目经济评价方法与参数》（第三版）的基础上，针对长距离管道工程项目的特点制定了《中国石油天然气集团公司油气管道建设项目经济评价方法与参数》，并印发了《中国石油天然气集团公司建设项目经济评价参数》，每年对评价参数进行更新、发布，并规定输气管道项目经济评价方法与参数应参照其执行。本节的编制参考了该文件。目前住房和城乡建设部正组织人员制定《油（气）管道建设项目经济评价方法与参数》。

**第一百零一条**　输气管道工程项目属于基础能源交通领域。输气管道类项目财务基准收益率是输气管道工程项目评价财务内部收益率指标的基准和判据，也是用作计算财务净现值指标的折现率。财务基准收益率反映了输气管道类项目的资金成本，代表了该类项目的投资资金应达到最低财务盈利水平，也代表了该类项目投资资金的边际收益率。项目基准收益率应按国家有关部门统一测算发布的参数确定；如果国家无统一规定，则可参照各石油公司定期测算发布的参数确定。

根据中国石油集团公司石油计字〔2007〕445 号文件印发的《中国石油天然气集团公司建设项目经济评价参数》（2008 年版）的有关规定，管道项目基准收益率为 12% 。

**第一百零二条** 基准投资回收期是项目财务评价投资回收期指标的基准判据，在项目财务评价中，要求项目的投资回收期小于或等于输气管道类项目的基准投资回收期，否则，表示项目未满足该类项目投资盈利性和风险性要求。项目基准投资回收期应按有关部门统一测算发布的参数确定或参照各石油公司定期测算发布的参数确定。

**第一百零三条** 社会折现率是用以衡量资金时间价值的重要参数，代表社会资金被占用应获得的最低收益率，并用作计算经济净现值指标的折现率。社会折现率可根据国民经济发展多种因素综合测定，可作为内部收益率的判别标准。输气管道类项目的社会折现率一般应根据国家有关部门统一测算发布的参数确定。

# 石油储备库工程项目建设标准

## 建标 119—2009

## 住房和城乡建设部、国家发展和改革委员会关于批准发布《石油储备库工程项目建设标准》的通知

建标〔2009〕78 号

国务院有关部门，各省、自治区、直辖市、计划单列市住房和城乡建设厅（委、局）、发展和改革委员会，新疆生产建设兵团建设局、发展和改革委员会：

根据《关于印发〈2006 年工程项目建设标准、投资估算指标、建设项目评价方法与参数编制项目计划〉的通知》（建标函〔2006〕172 号）的要求，由中国石油化工集团公司负责编制的《石油储备库工程项目建设标准》，已经有关部门会审，现批准发布，自 2009 年 9 月 1 日起施行。

本建设标准的管理由住房和城乡建设部、国家发展和改革委员会负责，具体解释工作由中国石油化工集团公司负责。

**中华人民共和国住房和城乡建设部**
**中华人民共和国国家发展和改革委员会**
**二〇〇九年四月二十三日**

## 前　言

《石油储备库工程项目建设标准》是根据建设部“关于印发《2006 年工程项目建设标准、投资估算指标、建设项目评估方法与参数编制项目计划》的通知”（建标函〔2006〕172 号）的要求，由中国石油化工集团公司组织中国石化工程建设公司，并会同国家石油储备中心、中国国际工程咨询公司、青岛英派尔化学工程有限公司、黄岛国家石油储备基地有限责任公司共同编制完成的。

在编制过程中，编制组立足我国国情，对国内外地上石油储备库和地下水封石洞石油储备库进行了广泛深入的调查研究，认真总结了多年来我国石油库工程（包括国家石油储备基地一期项目、国内现有的水封洞库）建设和生产实践的经验，并积极借鉴国外石油储备库建设情况，不断适应我国石油储备工作发展的需要。本建设标准编制在满足安全和功能需要的前提条件下，严格执行国家资源能源节约、生态环境保护的各项法规和政

策，做到安全可靠、技术先进、经济合理。经广泛征求有关部门、单位及专家的意见，多次召开研讨会，最后经审查定稿。

本建设标准共分九章：总则、一般规定、地上石油储备库建设水平、地下水封洞库建设水平、节能、环境保护、劳动安全卫生、工程投资、项目管理。

在本建设标准实施过程中，请各单位注意总结经验，积累资料，如发现需要修改和补充之处，请将意见和有关资料寄至中国石化工程建设公司（地址：北京市朝阳区安慧北里安园21号，邮政编码：100101），以便今后修订时参考。

**主 编 单 位：**中国石化工程建设公司

**参 编 单 位：**国家石油储备中心
中国国际工程咨询公司
青岛英派尔化学工程有限公司
黄岛国家石油储备基地有限责任公司

**主要参编人员：**韩 钧 黄左坚 赵 勇 马庚宇 吴文革 王晨光 齐 青
卢成钢 张 薇 周家祥 葛春玉 杨 森 何凤友 侯美荣
李俊彦 彭振华 宋可可

# 第一章 总 则

**第一条** 为加强石油储备库工程项目决策和建设的科学管理，合理确定建设水平，推动技术进步，确保工程质量，提高投资效益，保障国家石油供给安全，制定本建设标准。

**第二条** 本建设标准是石油储备库工程项目投资的重要制度和审批、核准石油储备库工程项目的重要依据，也是有关部门审查该类工程项目初步设计和监督检查整个建设过程的尺度。

**第三条** 本建设标准适用于储存原油的地上石油储备库和地下水封石洞石油储备库（以下简称水封洞库）工程的建设，不适用于盐穴、天然石洞等其他形式的石油储备库工程建设。

**第四条** 石油储备库工程建设应在满足安全和功能需要的前提条件下，严格执行国家资源能源节约、生态环境保护的各项法规和政策，立足国情，做到安全可靠、技术先进、经济合理。

**第五条** 石油储备库工程建设除应符合本建设标准外，尚应符合国家现行有关标准、指标及定额的规定。

**第六条** 执行过程中，应当结合实际情况，优化设计，完善工程方案。

# 第二章 一般规定

## 第一节 建库规模、形式及储油品种

**第七条** 国家石油储备库总库容不宜小于$300\times10^4m^3$；企业石油储备库总库容不宜小于$120\times10^4m^3$。

**第八条** 储备库形式应根据建库区域的自然条件，结合石油储运、管理需求以及投资、建设周期等确定。

**第九条** 国家石油储备库宜储存低凝原油。

## 第二节 库 址 选 择

**第十条** 石油储备库库址选择应符合国家石油储备的布局规划。

**第十一条** 石油储备库的选址，应根据储备石油应急加工需求以及接卸、运输原油的条件确定。宜设置在石油需求量大、炼油厂较为集中的地区及有可依托的输油管网和大型石油码头的地区。

**第十二条** 石油储备库的选址，应符合当地城乡规划，并宜远离其他环境敏感目标。

**第十三条** 应根据石油储备库所在地区的地形、地质、水文、气象、交通、供水、供电、通信、可用土地和社会生活等方面条件，对可供选择的具体库址进行技术、经济、安全、环保、征地、拆迁、管理等方面的综合评价，选择最优建库地址。地下水封洞库的库址选择，还应考虑开挖石方的堆场的位置。

**第十四条** 石油储备库应位于不受洪水、潮水或内涝威胁的地带；当不可避免时，必须设置可靠的防洪、排涝措施。国家石油储备库防洪标准应按重现期大于或等于100年设计，企业石油储备库防洪标准宜按重现期大于或等于100年设计。

**第十五条** 石油储备库不应设在下列地区和区段内：

一、有土崩、活动断层、滑坡、沼泽、流沙、泥石流的地区和地下矿藏开采后有可能塌陷的地区，以及其他方面不满足工程地质要求的地区。

二、抗震设防烈度为9度及以上的地区。

三、蓄（滞）洪区。

四、饮用水水源保护区。

五、自然保护区。

六、历史文物、名胜古迹保护区。

**第十六条** 地上石油储备库不宜建在抗震设防烈度为8度的Ⅳ类场地地区。

**第十七条** 地上石油储备库与周围居住区、工矿企业、交通线等的安全距离，不得小于表1的规定。

**表1 地上石油储备库与周围居住区、工矿企业、交通线等的安全距离（m）**

| 类别 | | 安全距离（m） | | | 备注 |
|---|---|---|---|---|---|
| | | 油罐区 | 油码头 | 油泵站 | ① |
| 居住区及公共建筑物 | ≥100人或30户 | 120 | 90 | 90 | — |
| | <100人或30户 | 90 | 75 | 75 | — |
| 工矿企业 | 大型企业 | 80 | 60 | 60 | ③ |
| | 中型企业 | 70 | 55 | 55 | |
| | 小型企业 | 60 | 45 | 45 | |
| 国家铁路线 | | 200 | 200 | 200 | — |
| 工业企业铁路线 | | 80 | 30 | 30 | — |
| 公路 | 高速公路和一级公路 | 80 | 50 | 30 | — |
| | 二、三级公路 | 70 | 30 | 30 | — |
| | 其他公路 | 60 | 25 | 25 | — |
| 沿海码头 | 油码头 | 60 | 0.25$L$，且大于或等于55 | 45 | ① |
| | 货运码头 | 150 | 150 | 110 | — |
| | 客运码头 | 300 | 300 | 225 | — |
| 国家一、二级架空通信线路 | | 150 | 40 | 40 | — |
| 架空电力线路和不属于国家一、二级的架空通信线路 | | 1.5倍杆高 | 1.5倍杆高 | 1.5倍杆高 | ② |

**续表 1**

| 类　别 | 安全距离（m） | | | 备注 |
|---|---|---|---|---|
| | 油罐区 | 油码头 | 油泵站 | ① |
| 河（海）岸边 | 30 | — | 15 | — |
| 爆破作业场地（如采石场） | 500 | | | ① |

注：1　油罐区从防火堤内顶角线算起；油泵房从泵房外墙轴线算起，露天油泵和油泵棚从泵外缘算起；码头从所停靠设计船型的外缘算起，$L$ 为相邻油船中较大油船的总长度；爆破作业场地的安全距离从储备库围墙算起。

2　对于35kV及以上的架空电力线路，安全距离除应满足本表要求外，尚不应小于30m。

3　毗邻的油库、石油化工企业的起算点应为明火地点、散发火花地点、油罐区的防火堤内顶角线、露天布置的危险性设备最突出的外缘、任何建筑物的外墙轴线，其他工矿企业的起算点应为工矿企业的围墙轴线。

**第十八条**　水封洞库与周围居住区、工矿企业、交通线等的安全距离，不得小于表2的规定。表中未列设施与周围建（构）筑物的安全距离应执行现行国家标准《石油库设计规范》GB 50074 的规定。

**表 2　水封洞库及地上设施与周围居住区、工矿企业、交通线等的安全距离（m）**

| 名　称 | | 安全距离 | | 备注 | |
|---|---|---|---|---|---|
| | | 竖井 | 油气回收装置 | 火炬 | ①⑤ |
| 居住区及公共建筑 | | 60 | 75 | 120 | — |
| 工矿企业 | | 40 | 50 | 120 | ③ |
| 铁路 | 国家铁路 | 200 | 200 | 200 | — |
| | 企业铁路 | 30 | 30 | 80 | — |
| 公路 | 高速公路和一级公路 | 30 | 30 | 80 | — |
| | 二、三级公路 | 25 | 30 | 80 | — |
| | 其他公路 | 15 | 20 | 60 | — |
| 国家一、二级架空通信线路 | | 40 | 40 | 80 | — |
| 架空电力线路和不属于国家一、二级的架空通信线路 | | 1.5 倍杆高 | | 80 | ② |
| 爆破作业场地（如采石场） | | 300 | | 300 | ④ |

注：1　竖井从竖井边缘算起。

2　对于35kV及以上的架空电力线，爆破作业场地中竖井和油气回收装置与电力线的安全距离除应满足本表要求外，还应大于30m；非水封洞库用的库外埋地电缆与水封洞库围墙的距离不应小于3m。

3　工矿企业包括石油储存企业。水封洞库与其他水封洞库毗邻建设时，两洞库间距应为洞室跨距2倍以上，两洞库间应设垂直水幕相隔；不同期建设时，后期建设的施工巷道口与已建库的地下设施距离不应小于300m，两洞库之间垂直水幕的设置应根据水力分析确定。与地面油库相毗邻建设时，水封洞库的地面油罐与相邻油库油罐之间的防火距离应取相邻油罐中较大罐直径的1.5倍，水封洞库的竖井、油气回收装置、火炬与相邻地面油库油罐组防火堤之间的安全距离应按本表执行，其他建筑物和构筑物之间的防火距离应按本建设标准表13的规定增加50%。

4　与爆破作业场地的安全距离从油库围墙算起。

5　火炬为可能携带可燃液体的火炬，其他火炬应按根据燃烧的辐射热计算确定与库外建（构）筑物的安全距离。

6　非水封洞库用的库外埋地电缆与水封洞库围墙的距离不应小于3m。

### 第三节　项 目 构 成

**第十九条**　石油储备库各设施宜按生产区、辅助生产区、库外管道、行政管理区分区布置。武警营区可根据需要设置。

**第二十条**　地上石油储备库各区内的设施，可根据需要按表3的规定布置。

**表3　地上石油储备库分区及设施布置**

| 分区 | 区内主要设施 |
|---|---|
| 生产区 | 油罐区、油泵站、变电所、配电间、计量站、装卸码头、清管器收发设施等 |
| 辅助生产区 | 消防泵房、消防站、变电所、配电间、维修间、器材库、锅炉房、化验室、污水处理设施等 |
| 库外管道 | 原油进库及外输管道、阀室、清管器收发设施等 |
| 行政管理区 | 办公室、传达室、汽车库、宿舍、浴室、食堂、控制室等 |

**第二十一条**　地下水封洞库分区及设施布置，可按表4的规定布置。

**表4　地下水封洞库分区及设施布置**

| 分区 | 区内主要设施 |
|---|---|
| 生产区 | 储油洞室、连接巷道、施工巷道、竖井、泵坑、水幕系统、装卸码头、油泵站、变配电间、计量站等 |
| 辅助生产区 | 消防泵房、消防站、变电所、配电间、机修间、器材库、锅炉房、化验室、污水处理设施等 |
| 库外管道 | 原油进库及外输管道、阀室、清管器收发设施等 |
| 行政管理区 | 办公室、传达室、汽车库、宿舍、浴室、食堂、中心控制室等 |

**第二十二条**　石油储备库内使用性质相近的建筑物或构筑物，在符合生产使用和安全防火的要求下，宜合并建造。

## 第三章　地上石油储备库建设水平

### 第一节　总 图 布 置

**第二十三条**　地上石油储备库内建筑物、构筑物之间的防火距离，不应小于表5的规定。

**表5　地上石油储备库内建筑物、构筑物之间的防火距离（m）**

| 建筑物和构筑物名称 | 油罐 | 油泵站 | 油码头 | 隔油池 | 备注 |
|---|---|---|---|---|---|
| | | | | | ② |
| 油罐 | 0.4$D$ | — | — | — | ① |
| 油泵站 | 20 | 12 | — | — | — |
| 油码头 | 45 | 15 | 0.25$L$，且大于或等于55 | — | ① |

**续表 5**

| 建筑物和构筑物名称 | 油罐 | 油泵站 | 油码头 | 隔油池 | 备注<br>② |
|---|---|---|---|---|---|
| 隔油池 | 30 | 20 | 30 | — | ③ |
| 消防泵房、消防水池（罐） | 35 | 15 | 35 | 25 | — |
| 办公室、中心控制室、专用消防站、宿舍、食堂等人员集中场所 | 40 | 15 | 40 | 30 | — |
| 露天变配电所变压器 10kV 及以下 | 20 | 15 | 20 | — | — |
| 露天变配电所变压器 10kV 以上 | 30 | 20 | 30 | — | — |
| 室内独立变配电所和变配电间 | 20 | 15 | 20 | 20 | ④ |
| 有明火及散发火花的建筑物及地点 | 35 | 20 | 40 | 40 | — |
| 围墙 | 25 | 15 | 无要求 | 10 | — |
| 泡沫站 | 20 | 12 | 20 | 20 | — |
| 其他建筑物、构筑物 | 25 | 15 | 25 | 15 | — |

注：1　表中 $D$ 为相邻油罐中较大油罐的罐壁内直径；$L$ 为相邻油船中较大油船的总长度。

2　油码头从油船外缘算起；油泵应布置在防火堤外，油泵房从泵房外墙轴线算起，露天油泵和油泵棚从泵算起。露天油泵和油泵棚与油罐间距可不受本表限制。

3　油罐组内的含油污水与油罐的距离可不受本表限制，多个油罐组共用的含油污水池应设置在防火堤外。

**第二十四条**　一个罐组油罐总容积不应大于 $60\times10^4m^3$。

**第二十五条**　油罐总容量大于 $300\times10^4m^3$ 的石油储备库，宜将储油区分布成多个油罐区，每个油罐区总容量不应大于 $300\times10^4m^3$，两个相邻油罐区邻边的油罐间防火距离不应小于 0.8D。

**第二十六条**　油罐组应设防火堤，防火堤的设置应符合下列规定：

一、防火堤内的有效容积，不宜小于油罐组内一个最大罐公称容积，且严禁小于油罐组内一个最大罐公称容积的一半。当受条件限制，防火堤内的有效容积小于油罐组内一个最大罐公称容积时，应有防止事故状态下石油及液体污染物流出库外的措施。

二、防火堤的计算高度应保证堤内有效容积需要。防火堤的实高应比计算高度高出 0.2m。防火堤的实高不应低于 1m（以防火堤内侧设计地坪计），且不宜高于 2.2m（以防火堤外侧道路路面计）。

三、在占地、土质条件能满足需要的前提条件下，宜选用土筑防火堤，土质防火堤堤顶宽度不应小于 0.5m。在土筑防火堤无条件或困难地区，可选用其他结构形式的防火堤，但不得采用浆砌毛石结构。防火堤耐火极限不应低于 3h。

**第二十七条**　库内道路的设计应符合下列规定：

一、每个油罐组均应设环行消防道路。

二、油罐中心与最近消防道路之间的距离不应大于 80m。消防道路与防火堤外堤脚线之间的距离不宜小于 3m。

三、油罐区道路宜为郊区型，路面宽度不应小于6m，路面加路肩宽度不应小于8m。

四、石油储备库生产区通向公路的车辆出入口不应少于2处，并宜位于不同方位。

**第二十八条** 石油储备库场地设计标高，应符合下列规定：

一、库区场地应避免洪水、潮水及内涝水的淹没。

二、对于受洪水、潮水及内涝水威胁的场地，当靠近江河、湖泊等地段时，库区场地的最低设计标高，应比设计频率水位高0.5m及以上；当在海岛、沿海地段或潮汐作用明显的河口段时，库区场地的最低设计标高，应比设计频率水位高1m及以上。当有波浪侵袭或壅水现象时，尚应加上最大波浪或壅水高度。

三、当有防止石油储备库受淹的可靠措施，且技术经济合理时，库区场地也可低于计算水位。

**第二十九条** 石油储备库应设高度不低于2.5m的非燃烧材料的实体围墙。

**第三十条** 石油储备库绿化面积不宜小于库区面积的12%。

## 第二节 储运工艺及管道

**第三十一条** 工艺管道及流程的设计应符合下列规定：

一、石油储备库的原油接卸、外输应充分依托现有原油码头和管输系统。

二、石油储备库工艺流程应满足下列作业要求：

（一）接收外部来油进罐储存并计量。

（二）原油外输。

（三）进、出库原油计量。

（四）原油倒罐。

（五）收发清管器。

**第三十二条** 原油储罐的附属设备的设置应符合下列规定：

一、油罐应设液位计、温度计和高低液位报警。

二、油罐进油管道控制阀门应采取自动联锁关闭措施。

三、油罐宜设置搅拌设备。

**第三十三条** 输油泵站的设计应符合下列规定：

一、输油泵站应位于油罐组防火堤外，并宜采用地上式。

二、输油泵宜露天（包括泵棚）布置，在北方寒冷地区可设置泵房。

**第三十四条** 主要工艺设备及器材选用应符合下列规定：

一、输油泵应选用按国家有关标准（或等同采用的国外标准）制造的离心泵。

二、工艺阀门宜选用按国家有关标准（或等同采用的国外标准）制造的钢制阀门。需遥控操作的阀门和口径大于或等于DN300的阀门宜选用电动阀门。

三、管径小于或等于DN300的管道，应选用满足现行国家标准《输送流体用无缝钢管》GB/T 8163要求的无缝钢管。管径大于DN300的管道，可选用满足现行国家标准《石油天然气工业输送钢管交货技术条件第一部分：A级钢管》GB/T 9711.1或《石油天然气工业输送钢管交货技术条件　第一部分：B级钢管》GB/T 9711.2要求的直缝或螺旋缝埋弧焊钢管。管道设计使用寿命不应少于20年。

## 第三节 原油储罐

**第三十五条** 原油储罐应选用钢制浮顶罐。

**第三十六条** 油罐单罐公称容积不宜小于$10\times10^4m^3$，油罐实际储存容积不宜小于油罐的公称容积。

**第三十七条**　油罐各部分所用材料应符合下列规定：

一、罐壁下部由强度决定厚度部分应采用屈服强度为490MPa的高强度材料，罐壁上部由刚度确定厚度部分宜采用碳素结构钢，高强度材料和碳素结构钢之间可采用低合金钢过渡。

二、罐底边缘板应采用屈服强度490MPa的高强度材料，罐底中幅板宜采用碳素结构钢。

三、浮顶用钢板、型钢材料宜采用碳素结构钢。

**第三十八条**　罐底结构设计应符合下列规定：

一、不包括腐蚀裕量的油罐罐底中幅板厚度不宜小于8mm，不包括腐蚀裕量的边缘板厚度不宜小于14mm。

二、罐底自身接头应采用对接接头。

**第三十九条**　罐壁结构设计应符合下列规定：

一、罐壁用钢板宜选用大规格钢板。

二、罐壁纵、环向接头应采用内壁对齐的对接接头，且焊缝坡口形式应符合自动焊的要求。

**第四十条**　浮顶结构设计应符合下列规定：

一、浮顶的结构形式应根据建罐地区的气象条件、油罐操作条件、储存油品特性、用户要求等因素进行选择。

二、浮顶浮力应按油品密度700kg/$m^3$计算。单盘安装高度应按储存介质的实际密度计算。

三、单盘式浮顶的结构设计应满足下列条件：

（一）当排水管失效时，浮顶应能承受24h内降水量为250mm的雨水载荷而不沉没。

（二）在不考虑浮顶上没有雨载荷和活载荷条件下，单盘板和任意两个浮舱同时泄漏时，浮顶应能漂浮在液面上不沉没。

（三）在上述两种情况下，浮顶不发生强度和稳定性破坏。

四、双盘式浮顶的结构设计应满足下列条件：

（一）当排水管失效时，浮顶应能承受24h内降水量为250mm的雨水载荷而不沉没。对设置紧急排水设施的浮顶，可不受此条件限制，但紧急排水设施的排水能力应满足浮顶上存留的积水载荷小于浮顶设计所采用的积水载荷的要求。

（二）浮顶任意两个浮舱同时泄漏时，浮顶应能漂浮在液面上不沉没。此时，浮顶上没有雨载荷和活载荷。

（三）在上述两种情况下，浮顶不发生强度和稳定性破坏。

五、浮顶边缘应设置一次密封装置和二次密封装置。

六、浮顶和罐体之间应进行可靠的电气连接。

**第四十一条**　原油储罐防腐设计应符合下列规定：

一、油罐罐壁外表面、罐壁内表面上下各2m高度、浮顶内外表面及油罐金属结构应采用涂料防腐保护，可维修部位的防腐涂层寿命应为7~10年。

二、油罐底板上表面应采用涂层和牺牲阳极联合防护。

三、油罐底板下表面应采用涂层防护，必要时可采用涂层和阴极保护联合防护。罐底板下阳极的设计寿命不宜小于20年。

## 第四节 消 防 设 施

**第四十二条** 消防冷却水系统设计应符合下列规定：

一、储备库应设独立的自动消防给水系统。

二、油罐应设置固定式消防冷却水系统。

三、储备库的消防用水量，应为下列用水量的总和：

（一）扑救一个最大油罐火灾配置泡沫用水量。

（二）冷却一个最大着火油罐用水量。

（三）移动消防用水量60L/s。

四、消防冷却水最小供给时间应为4h。

五、消防冷却水泵的设置应符合下列规定：

（一）当具备双电源条件时，消防冷却水主泵应采用电动泵，备用泵应采用柴油机拖动泵；当只有单电源条件时，宜设一台电动消防冷却水泵，其余消防冷却水泵应采用柴油机拖动泵。

（二）消防冷却水泵应设一台备用泵。备用泵的流量、扬程不应小于最大工作主泵的能力。

（三）当储备库油罐规格形式单一时，消防冷却水泵宜二用一备；油罐规格不一样时，消防冷却水泵按不同的计算消防水量配置，但总数不宜超过4台。

（四）消防冷却水泵的启动应为自动控制。

六、石油储备库应设置消防水储备设施，当条件适合时，可以采用其他的消防水源（如地面水或海水）。消防水储备宜采用钢罐，补水时间不应超过72h。水罐不应少于两座（或水池应分隔为两个池）。

七、消防水系统管道上应设置消火栓，消火栓的设置应符合下列规定：

（一）消防水系统管道上所设置的消火栓的间距不应大于60m。

（二）消火栓应采用1.6MPa、*DN*100的地上消火栓。

八、消防水系统管道上不宜设置固定式消防水炮。

九、油罐的消防水喷淋系统应采用远程手动启动的程序控制系统，同时具备现场手动操作的功能。

十、油罐组的消防给水管道应环状敷设，油罐组的消防水环形管道的进水管道不应少于2条，每条管道应能通过全部消防用水量。

**第四十三条** 石油储备库的油罐应设置固定式低倍数泡沫灭火系统。油罐的低倍数泡沫灭火系统设计，除应执行现行国家标准《低倍数泡沫灭火系统设计规范》GB 50151的规定外，尚应符合下列规定：

一、泡沫液混合比不宜低于3%，泡沫液宜选用水成膜泡沫液。

二、泡沫混合液量，应满足扑救油罐区内最大单罐火灾所需和为该油罐配置的辅助泡沫枪所需之和的要求。油罐区泡沫站泡沫液的总储量除按规定的泡沫混合液供给强度、泡沫枪数量和连续供给时间计算外，尚应增加充满管道的需要量。

三、用于扑救液体流散火灾的辅助泡沫枪数量应按大于或等于3支设计，每支泡沫枪的流量应按240L/min设计，其泡沫混合液连续供给时间应按30min设计。

四、外浮顶油罐的泡沫混合液流量，应按罐壁与泡沫堰板之间的环形面积计算。

五、泡沫混合液供给强度不应小于12.5L/（min·$m^2$），连续供给时间不应小于

30min，单个泡沫产生器的最大保护周长按24m设计。

六、储备库应设置泡沫站，泡沫站位置应满足在泡沫消防水泵启动后，将泡沫混合液输送到最远保护对象的时间小于或等于5min。每两个罐组宜设置一个泡沫站，并宜设在两个罐组中间。

七、储备库配置泡沫混合液用泡沫消防水泵的设置应符合下列规定：

（一）泡沫消防水泵应单独设置，不应与消防冷却水泵共用。

（二）泡沫消防水泵宜一用一备，各设置独立的吸水管。备用泵的流量、扬程不应小于最大工作主泵的相应性能。

（三）当具备双电源条件时，泡沫消防水主泵应采用电动泵，备用泵应采用柴油机拖动泵；当只有单电源条件时，宜设一台电动泡沫消防水泵，其余泡沫消防水泵应采用柴油机拖动泵。

（四）泡沫消防水泵的启动应采取自动控制方式。

八、泡沫站内泡沫混合装置应采用平衡压力式泡沫比例混合流程。泡沫液泵宜采用电动泵，备用泵可采用柴油机拖动泵。泡沫液泵和比例混合器应为一用一备。

九、泡沫液储备量应在计算的基础上增加15%～20%。

十、泡沫灭火系统应采用远程手动启动的程序控制系统，同时具备现场手动操作的功能。

**第四十四条** 灭火器材配置应符合下列规定：

一、控制室、电话间、化验室宜选用二氧化碳灭火器；其他场所宜选用干粉型或泡沫型灭火器。

二、灭火器材配置应执行现行国家标准《建筑灭火器配置设计规范》GB 50140，且还应符合下列规定：

（一）油罐组按防火堤内面积每400$m^2$应设一具8kg手提式干粉灭火器，当计算数量超过6具时，可设6具。

（二）每个罐组应配备灭火毯4块，灭火砂2$m^3$。在油泵站应配置灭火砂0.5$m^3$。

**第四十五条** 消防站设计和消防车设置应符合下列规定：

一、储备库应设置专用消防站。消防站内消防车的数量和规格，应符合表6的规定：

**表6 消防站内消防车的数量和规格**

| 车型 | 介质 | 数量 | 人员配制 | 备注 |
|---|---|---|---|---|
| 大型泡沫消防车 | 水泡沫液 | 2 | 6人/辆 | 水和泡沫液量各大于或等于6t |

二、储备库应和邻近企业或城镇消防站协商组成联防。

三、有依托关系时，按依托情况可减少一辆大型泡沫车。

四、消防站除应配置消防防护设施外，还应配置移动式消防水炮两门，泡沫液灌装泵、泡沫钩管、泡沫枪等。

**第四十六条** 储备库应设置火灾自动报警系统并应符合下列规定：

一、在办公楼、变配电所等火灾危险性较大或较重要的建筑物内应设火灾探测器和消防手动报警按钮。在变配电所的电缆桥架上应设线型感温探测器。在罐区周围道路旁应设消防手动报警按钮。

二、在油罐上应设置无电检测的火灾自动探测装置。

三、火灾报警控制器宜设在有人值班的控制室、值班室内或易于观察到的场所。在消防控制室或消防站值班室应设集中（或中心）报警控制器和计算机控制终端。

四、库区应设火灾报警蜂鸣器。

## 第五节　给排水及含油污水处理

**第四十七条**　石油储备库生活用水量的确定，应符合下列规定：

一、生活用水量宜为25～35L/（人·班），洗浴用水量宜为40～60L/（人·班）。

二、库区消防队员用水量宜为200L/（人·天）。

三、生活用水的小时变化系数按2.5设计。

**第四十八条**　消防、生产及生活用水采用同一水源时，水源供水能力应按消防设计补充水量、生产用水量及生活用水量总和的1.2倍计算确定。

**第四十九条**　石油储备库的含油与不含油污水，应采用分流制排放。含油污水应采用管道排放。未被油品污染的地面雨水和生产废水可采用明渠排放。

**第五十条**　含油污水处理应尽量依托周边企业的污水处理设施。如果确实不能依托，宜减小污水处理规模，加大缓冲设施能力。

**第五十一条**　处理含油污水的构筑物或设备，宜采用密闭式或加设盖板。

**第五十二条**　油罐总切水量宜根据原油年平均周转量的0.3%计算。

**第五十三条**　单罐含油初期雨水设计量宜按油罐浮顶全面积上30mm厚的雨水量计算。一次计算水量可按全部罐数量的20%计算。

**第五十四条**　含油污水处理应达到现行国家标准《污水综合排放标准》GB 8978中的一级标准后排放。

**第五十五条**　主要处理设施能力可按以下数据选定：

调节罐：$3000m^3$；

处理设备：$50m^3/h$；

污水储存罐：$3000m^3$。

**第五十六条**　在储备库污水排放处，应设置取样点或检测水质和测量水量的设施。

**第五十七条**　污水排放宜依托周边企业现有排放口。如确实不能依托，排放口的位置、扩散口工程设计参数、扩散器与岸边的距离等参数应由环评报告或模型试验确定。

## 第六节　电　气

**第五十八条**　石油储备库供配电系统设计应符合下列规定：

一、生产用电负荷等级应为二级，并应设置供信息系统使用的应急电源。

二、储备库的供电宜采用外接电源。当采用外接电源有困难或不经济时，可采用自备电源。

三、消防设备的配电电缆宜采用耐火电缆。

四、低压配电（380/220V配电系统）严禁采用TN-C系统。

**第五十九条**　油罐防雷防静电设计应符合下列规定：

一、油罐应做防雷接地，接地点沿罐壁周长的间距不应大于30m，罐体周边的接地点分布宜均匀，冲击接地电阻不应大于10Ω；当防雷接地与电气设备的保护接地、防静电接地共用接地网时，实测的工频接地电阻不应大于4Ω。

二、浮顶油罐不应装设避雷针，但应将浮顶与罐体用两根导线做电气连接。

三、浮顶油罐转动扶梯两侧应分别与罐体及浮顶做电气连接。

四、浮顶油罐应利用浮顶排水管线将罐体与浮顶做电气连接。

五、油罐应采取防静电措施，防静电接地装置的接地电阻不宜大于100Ω。油罐的防雷接地装置可兼作防静电接地装置。

六、罐区设置的照明灯具的顶部，不应高于油罐罐顶。

## 第七节 自动控制

**第六十条** 储备库自动控制系统设置应满足下列要求：

一、宜设置一个控制室，对整个库区的储运、消防操作进行统一控制管理。

二、液位测量信号应远传送入控制室。

三、油罐应设温度测量仪表并应将温度测量信号远传到控制室。

四、机泵出入口应设压力测量仪表。压力测量仪表应能就地显示，并应将压力测量信号远传到控制室。

五、机泵、油罐搅拌器的启停应在现场操作。电动阀的启停除应能在现场操作外，也应能在控制室进行控制和状态显示。

六、工艺管道上的主要阀门应采用远传控制阀门。

七、原油外输管道应设置计量设施并宜采用体积流量计，应将流量信号送入控制室。流量计标定宜委托有标定资质的单位进行。

八、储备库应采用计算机监控管理系统对整个库区进行集中监测、控制和管理。油库内主要工艺参数应送入计算机监控管理系统进行调节、记录、显示、报警等操作。

九、储备库消防部分的监测、顺序控制等操作应采用一套专用PLC系统，并应经通信接口与库区计算机监控管理系统联网。

**第六十一条** 控制室内应设置空调系统。

**第六十二条** 仪表（电动阀除外）应采用UPS不间断电源，其后备电池组应在外部电源中断后提供不少于30min的交流用电时间。

## 第八节 电　　信

**第六十三条** 储备库电信系统的设计应满足储备库内部以及储备库与外界之间语音、数据、文本、图像等各种类型信息通信的需要，为储备库生产、经营和管理提供电信服务和支持，为储备库提供防火、防盗、防破坏等安全方面的保障。

**第六十四条** 石油储备库电信系统应设置下列设施：

一、电话系统；

二、计算机局域网络；

三、有线广播；

四、电视监控系统；

五、周界入侵报警系统；

六、巡更系统。

**第六十五条** 电话系统宜由自动电话系统、调度电话系统和无线通信系统组成。无线通信手持机应为防爆型。

**第六十六条** 计算机局域网络应通过数据专线接入专用数据网。

**第六十七条** 电视监控系统的设置应符合下列规定：

一、电视监控操作站的位置和数量应根据储备库各方面的需要设置，至少应在中心控制室、消防站值班室和武警保卫值班室各设置一个电视监控操作站。

二、电视监视系统摄像机应覆盖油罐区、油泵站、计量站、围墙及主要路口等处，摄像机应具有预置位功能。

三、电视监视系统应与火灾自动报警系统和周界报警系统联动。

**第六十八条** 储备库的周界入侵报警系统可采用红外线周界入侵报警系统，亦可采用埋地探测电缆入侵报警系统、阻挡式入侵报警系统、激光入侵报警系统或其他可靠有效的入侵报警系统。周界入侵报警系统应与电视监控系统联网。

**第六十九条** 巡更系统的设置应符合下列规定：

一、巡更定位器应设在保安人员和巡检人员的巡查点。

二、系统管理主机应分别设在中心控制室内和门卫值班室（或武警保卫值班室）内。

## 第九节 建（构）筑物

**第七十条** 石油储备库内主要建筑物的耐火等级和火灾危险分类不得低于表7的规定。

**表7 石油储备库内主要建筑物的耐火等级和火灾危险分类**

| 建筑物名称 | 耐火等级 | 火灾危险分类 |
| --- | --- | --- |
| 油泵房（棚） | 二级 | 甲 |
| 变电所 | 二级 | 丙 |
| 配电间 | 二级 | 丁、戊 |
| 计量室 | 二级 | 甲 |
| 控制室 | 二级 | 丁、戊 |
| 锅炉房 | 二级 | 丁、戊 |
| 柴油发电机间（棚） | 二级 | 乙 |
| 空气压缩机间（棚） | 二级 | 丁、戊 |
| 消防值班室 | 二级 | 丁、戊 |
| 综合楼 | 二级 | 丁、戊 |
| 消防泵房 | 二级 | 丁、戊 |
| 泡沫站 | 二级 | 丁、戊 |
| 消防车库 | 二级 | 戊 |
| 消防站训练塔 | 三级 | 丁、戊 |
| 维修间及车库 | 三级 | 丁、戊 |

注：1 建筑物和构筑物构件的燃烧性能和耐火极限应符合现行国家标准《建筑设计防火规范》GB 50016的规定。

2 三级耐火等级的建筑物和构筑物的构件不得采用可燃材料建造。

**第七十一条** 建筑物装修标准宜与当地一般工业与民用建筑一致，应结合当地情况合理选用环保经济的建筑材料。位于防爆区域内的房间应采用不发火花地面。

**第七十二条** 储备库的抗震措施应符合下列规定：

一、应按国家相关规定对建筑场地进行地震安全性评价，并根据地震安全性评价的结果，确定抗震设防要求。

二、建（构）筑物抗震设防类别按现行国家标准《石油化工建（构）筑物抗震设防分类标准》GB 50453 的有关规定确定，其中工程容积大于 $5\times10^4m^3$ 的油罐基础抗震设防类别应定为乙类。

三、对存在液化土层的地基应采取措施，全部消除液化沉陷。

**第七十三条** 变配电间、中心控制室、综合楼及泵房等建筑物宜采用排架或框架结构，钢筋混凝土基础。泵棚和大跨度厂房宜采用轻钢结构。

**第七十四条** 罐基础地基应符合下列规定：

一、当罐基础下地基土为软土地基、不良地质现象的山区地基、特殊土地基、不能满足油罐的承载力及沉降差要求及地震作用下地基土有液化时，应采用复合地基、桩基或其他方法对地基进行处理。

二、罐基础下不符合做地基要求的耕土层、杂填土、生活垃圾、工业废料等稳定性差的土层，均不得作为持力层。

三、罐基础不得采用有膨胀性或湿陷性的填料，如确实需要采用时应采取相应的处理措施。

## 第十节 采暖通风

**第七十五条** 位于累年日平均温度稳定低于或等于5℃的日数大于或等于 90 天的地区，当储备库的生产厂房及辅助建筑物室内经常有人停留或生产对室内温度有一定要求时，应设置集中采暖系统。集中采暖的热媒应采用热水。热水温度宜采用 95℃/70℃。

**第七十六条** 室内采暖计算温度宜符合表 8 的规定：

**表 8 室内采暖计算温度（℃）**

| 房间名称 | 室内采暖计算温度 |
|---|---|
| 浴室、更衣室 | 25 |
| 办公室、操作室、控制室、营业室、值班室、调度室、通信室、化验室、食堂等 | 18 |
| 维修间 | 14 |
| 消防车库、油泵房、盥洗室、厕所、蓄电池室等 | 12 |
| 生产厂房、仓库、汽车库、水泵房等 | 5 |

## 第十一节 建设用地和建筑面积

**第七十七条** 地上石油储备库应按照现行有关国家标准的规定进行总平面布置。

**第七十八条** 地上石油储备库建设用地面积不宜大于表 9 的指标。

**表 9 地上石油储备库建设用地面积指标**

| 设施名称及规模 | 设施内主要工程内容 | 用地面积（$m^2$） | 备注 |
|---|---|---|---|
| $80\times10^4m^3$ 罐区 | 8 座 $10\times10^4m^3$ 浮顶油罐、防火堤、环状消防道路、管带等 | 143000 | 分为 2 个 $40\times10^4m^3$ 罐组 |
| $120\times10^4m^3$ 罐区 | 8 座 $15\times10^4m^3$ 浮顶油罐、防火堤、环状消防道路、管带等 | 207000 | 分为 2 个 $60\times10^4m^3$ 罐组 |

**续表 9**

| 设施名称及规模 | 设施内主要工程内容 | 用地面积（$m^2$） | 备　注 |
|---|---|---|---|
| $40\times10^4m^3$ 罐区 | 4 座 $10\times10^4m^3$ 浮顶油罐、防火堤、含 3 侧消防道路、管带等 | 69000 | 在序号 1 或 2 用地面积上增加 |
| $60\times10^4m^3$ 罐区 | 4 座 $15\times10^4m^3$ 浮顶油罐、防火堤、含 3 侧消防道路、管带等 | 99000 | 在序号 1 或 2 用地面积上增加 |
| $5\times10^4m^3$ 事故蓄油池 | 事故蓄油池、消防道路等 | 35000 | — |
| $7\times10^4m^3$ 事故蓄油池 | 事故蓄油池、消防道路等 | 43000 | — |
| 油泵站 | 含 6 台输油泵及计量站 | 8000 | — |
| 清管站及阀组区 | 接发清管器设施、原油进库及外输管道阀组 | 6000 | — |
| 辅助生产区 | 消防泵房、消防站、变电所、配电间、维修间、器材库、锅炉房、化验室、污水处理设施等 | 55000 | — |
| 行政管理区 | 办公室、传达室、汽车库、宿舍、浴室、食堂、中心控制室等 | 17000 | — |
| 油品装卸区 | 油品装卸码头及辅助设施 | 根据实际需要确定 | — |
| 库外管道 | 原油进库及外输管道、阀室等 | 根据实际需要确定 | — |

注：1　表中罐区（组）用地面积是按防火堤内有效容积为一个最大罐容一半，且采用钢筋混凝土防火堤测算的。

2　若防火堤采用土堤形式，罐区（组）用地面积应增加 10% ~12% 。

3　若防火堤内有效容积为一个最大罐容、对于单罐容积为 $10\times10^4m^3$ 的罐组，四罐一组布置的罐组用地面积增加小于或等于 50% ，六罐一组布置的罐组用地面积增加小于或等于 15% ；对于单罐容积为 $15\times10^4m^3$ 的罐组，罐组用地面积增加小于或等于 15% 。

4　表中罐区（组）用地面积是按 $10\times10^4m^3$ 浮顶油罐和 $15\times10^4m^3$ 浮顶油罐测算的，其他规格油罐罐区（组）用地面积可用差入法计算求得。

5　表中各设施用地面积已包括绿化面积。

**第七十九条**　石油储备库的办公、生活设施宜依托临近同类企业及当地可提供的社会化服务条件。当无外协条件可供利用时，新建设施的建筑面积不宜大于表 10 规定的指标。

**表 10　办公、生活和主要生产设施建筑面积指标**

| 建筑名称 | 建筑面积（$m^2$） | 备　注 |
| --- | --- | --- |
| 门卫室（单个） | 20～36 | — |
| 变电站 | — | 根据外部供电条件和内部实际需要定 |
| 泵房（棚） | 800～900 | 以 6 台泵为基准，每增加 1 台面积增加 90～108$m^2$ |
| 计量棚 | 760～960 | 含流量计 8 台，流量计标定设备 1 套 |
| 消防泵房 | 320～400 | 以 7 台泵为基准，每增加 1 台，面积增加 45～60$m^2$ |
| 泡沫站（单座） | 190～350 | — |
| 消防站 | 1600～2000 | 包括消防车库、通信室、值班室、修车间、器材库、宿舍等 |
| 消防训练塔兼瞭望塔 | 740～900 | 高度宜为 38.5～44m |
| 综合楼 | 3000 | 包括中心控制室、通信站、办公用房、值班宿舍、食堂、浴室等 |
| 维修间、仓库及车库 | 200～300 | — |
| 化验室 | 200 | — |
| 职工宿舍楼 | 2000～3000 | — |

## 第十二节　定员和车辆配置指标

**第八十条**　人员编制应按照精简、高效的原则，设置管理、生产、消防和保卫人员，生产岗位宜按四班三倒考虑。定员不宜大于表 11 规定的指标。

**表 11　地上石油储备库定员指标**

<table>
<tr><th rowspan="2">序号</th><th rowspan="2">岗　位</th><th colspan="2">定员</th><th rowspan="2" colspan="2">备　注</th></tr>
<tr><th>人/班</th><th>小计</th></tr>
<tr><td>一</td><td>管理层</td><td></td><td>11</td><td colspan="2"></td></tr>
<tr><td>1</td><td>经理</td><td></td><td>1</td><td colspan="2">—</td></tr>
<tr><td>2</td><td>副经理</td><td></td><td>2</td><td colspan="2">其中 1 人为技术总管</td></tr>
<tr><td>3</td><td>财务</td><td></td><td>3</td><td colspan="2">—</td></tr>
<tr><td>4</td><td>行政</td><td></td><td>5</td><td colspan="2">文档管理、司机等</td></tr>
<tr><td>二</td><td>生产系统</td><td></td><td>47～51</td><td colspan="2">—</td></tr>
<tr><td>1</td><td>调度</td><td>2</td><td>8</td><td colspan="2">—</td></tr>
<tr><td>2</td><td>技术管理</td><td></td><td>5</td><td colspan="2">工艺、HSE、设备、电气、仪表</td></tr>
<tr><td rowspan="2">3</td><td rowspan="2">巡检</td><td>3</td><td>12</td><td>小于或等于 4 个罐组</td><td rowspan="2">储运、给排水、消防巡检</td></tr>
<tr><td>4</td><td>16</td><td>大于 4 个罐组</td></tr>
</table>

**续表 11**

| 序号 | 岗　位 | 定员 | | 备　注 |
|---|---|---|---|---|
| | | 人/班 | 小计 | |
| 4 | 中控室 | 2 | 8 | — |
| 5 | 电 | 1 | 4 | — |
| 6 | 污水处理 | 1 | 4 | — |
| 7 | 化验 | 1 | 2 | — |
| 8 | 通信站 | 1 | 4 | — |
| 三 | 消防系统 | | 35 | 国家石油储备库宜采用武警编制 |
| 1 | 消防中队干部、政委 | 1 | 3 | — |
| 2 | 战斗员 | 15 | 30 | — |
| 3 | 电信 | 1 | 2 | — |
| 管理层、生产系统和消防系统定员合计 | | | 97 | 按大于 4 个罐组计 |
| 四 | 企业保卫 | | 8 ~ 16 | 适用于企业石油储备库 |
| 1 | 门卫 | 1 | 4 | — |
| 2 | 巡逻（每 4 个罐组） | 1 | 4 | 不足 4 个罐组按 4 个罐组计，最多按 12 个罐组计 |

**第八十一条**　消防车辆配置应符合本建设标准第四十四条的规定，其他车辆配置宜符合表 12 的规定。

**表 12　其他车辆配置指标**

| 车　型 | 数　量 | 备　注 |
|---|---|---|
| 小客车 | 2 | 日常公务使用 |
| 通勤车 | 1 | 职工上下班使用 |
| 检修车 | 1 | 工程检修用车 |
| 巡检车 | 1 | 库内库外巡检用车 |

### 第十三节　建 设 周 期

**第八十二条**　项目建设周期自详细工程设计招标开始，至整个石油储备库工程全部竣工为止。可根据原油油罐的投用计划、合理安排设计和施工进度，整个工程可分批建设，以滚动方式进行设计、施工和投产。第一批时间宜为 18 ~ 24 个月。

## 第四章　地下水封洞库建设水平

### 第一节　总 图 布 置

**第八十三条**　水封洞库地上设施之间的防火距离不应小于表 13 的规定。

表13　水封洞库地上设施之间的防火距离（m）

| 名　　称 | 竖井 | 油气回收装置 | 火炬 |
|---|---|---|---|
| 油罐（地面） | 40 | 25 | 90 |
| 油泵站 | 20 | 15 | 90 |
| 油气回收装置 | 25 | — | 90 |
| 油品装卸车鹤管 | 20 | 30 | 90 |
| 隔油池 | 20 | 20 | 90 |
| 消防泵房、消防站 | 30 | 30 | 90 |
| 有明火及可散发火花的建筑物及场所 | 20 | 30 | 60 |
| 露天变电场所 | 15 | 15 | 90 |
| 中心控制室、独立变配电室 | 20 | 25 | 90 |
| 其他建（构）筑物 | 15 | 15 | 90 |
| 火炬 | 90 | 90 | — |
| 围墙 | 10 | 10 | 10 |

注：1　油泵房从建筑物外墙算起，露天泵和泵棚从泵算起。

2　火炬为可能携带可燃液体的火炬，其他火炬应按根据燃烧的辐射热计算确定与站外建（构）筑物的防火间距。

3　表中未列地上设施的安全距离应符合现行国家标准《石油库设计规范》GB 50074的规定。

4　表中围墙指水封洞库地上设施外边界围墙。

**第八十四条**　地下储油洞室边缘向外50m为水封洞罐的建筑界限，在建筑界限内不应建设对地下洞库储油有影响的建（构）筑物。

**第八十五条**　建筑界限向外扩150m为水封洞库的水力界限。在水力界限内不应设置对水封洞库储油有影响的取水设施。

**第八十六条**　水封洞库的建筑界限宜设置围栅。水封洞库地上设施的外边界设置高度应大于或等于2.5m的非燃烧体实体围墙或围栅。水封洞库通向外部公路的出入口不应少于2个。行政管理区与其他各分区之间宜设置围墙或围栅，并设置单独的出入口。

## 第二节　储运工艺

**第八十七条**　水封洞库的洞罐数量应根据储存原油的品种确定，且不应少于2座。每座洞罐的容积不宜小于$40 \times 10^4 m^3$。

**第八十八条**　工艺流程应满足下列功能要求：

一、接收外部来原油进洞罐储存。

二、原油外输。

三、进出库原油计量。

四、原油倒罐。

五、洞罐内裂隙水提升处理。

六、油气处理。

七、收发清管器。

**第八十九条**　洞罐应设竖井，竖井宜直接通向地面，竖井口应根据环境设置成露天、棚或房等形式。受地形限制时可设操作巷道。

**第九十条** 洞罐竖井应满足管道、泵、仪表、电缆等安装及检修的要求。

**第九十一条** 洞罐宜采用固定水位法储油。

**第九十二条** 洞罐呼出的油气应进行处理，并应符合现行国家标准有关环保的要求。洞罐发油时应采用惰性气体或烃类气体补偿。

**第九十三条** 操作巷道应有 2 个及以上的出口通向地面。操作巷道内应有布置及检修各种管线、通风管道、泵、仪表的空间及设施。

**第九十四条** 洞罐应设潜油泵、潜水泵。潜油泵可不设置备用泵，潜水泵不宜少于 2 台。

## 第三节 地 下 工 程

**第九十五条** 地下工程建设应根据所选场地的地质情况确定，在水封洞库选址中，应选择整体性较好、具有稳定地下水位的结晶岩体。

**第九十六条** 水封洞库地质勘察工作应按现行国家标准《地下水封石洞油库设计规范》GB 50445 的规定进行。

**第九十七条** 水封洞库地下工程设计中应充分利用围岩的自稳能力、承载能力和抗渗能力。

**第九十八条** 地下工程掘进应采用光面爆破，爆破质量应符合现行国家标准《锚杆喷射混凝土支护技术规范》GB 50086 的规定。

**第九十九条** 洞室设计应符合下列规定：

一、洞室的设计轴线应根据库区岩层及主要地质构造分布特性布置。

二、洞室断面形状应根据岩体质量、地应力大小及施工方法确定。

三、洞室的断面宽度宜为 15 ~ 25m，高度不宜大于 30m，相邻洞室的净间距宜为洞室宽度的 1 ~ 2 倍。

**第一百条** 施工巷道设计应符合下列规定：

一、施工巷道洞口应设置在标高低、岩体完整性好的位置。

二、施工巷道的断面应考虑施工机具双向通行，施工人员单侧通行以及通风、给排水、电力和其他设施所占用的空间。截面形状宜采用直墙拱形截面，底面宜铺设钢筋混凝土路面。

三、地下库区施工完成后，施工巷道口应封闭。

**第一百零一条** 连接巷道设计应符合下列规定：

一、连接巷道应保证相邻洞室内油品的通畅，最上方连接巷道的顶面标高应与洞室顶面标高平齐，最下方连接巷道的底面标高应与洞室底面标高平齐。

二、连接巷道宜和施工巷道合并设置。

三、连接巷道截面形状宜采用拱形直墙截面，截面大小及数量可根据实际需要确定；当考虑兼用作施工巷道时，应满足施工巷道的规定。

**第一百零二条** 水幕系统设计应符合下列规定：

一、水幕系统的布置应满足稳定地下水压力及地下水覆盖范围、补充地下水渗流量的要求。

二、洞罐上方宜设置水平水幕系统。

三、必要时，在相邻洞罐之间或洞罐外侧设置垂直水幕系统。

**第一百零三条** 竖井口风化层应采用钢筋混凝土永久性支护，微风化岩层以下采用喷射混凝土及锚杆支护，竖井毛洞直径应考虑支护占用的空间。

**第一百零四条** 操作巷道设计应符合下列规定：

一、操作巷道底面标高宜在稳定地下水位上方。

二、操作巷道出口可利用施工巷道口，在出口处宜设置密闭防护门。

**第一百零五条** 防水设计应符合下列规定：

一、渗水部位应采用喷射混凝土或注浆进行处理。

二、处理后的日涌水量：每 $100\times10^4m^3$ 库容不宜大于 $100m^3$。

三、应选择抗地下水及储存油品侵蚀的注浆材料。

**第一百零六条** 竖井与洞罐之间应设置竖井密封塞、施工巷道与洞罐之间应设置施工巷道密封塞。

**第一百零七条** 应对密封塞边缘的混凝土进行注浆密封。

**第一百零八条** 操作竖井的密封塞上部应设置大于或等于10m 的防渗填层。

**第一百零九条** 洞罐与施工巷道之间的密封塞应留有人孔，在施工巷道充水之前将人孔封闭。

**第一百一十条** 密封塞以外的施工巷道和竖井施工、安装完成后，应用洁净淡水充注至稳定地下水位标高以上。

**第一百一十一条** 洞罐建成后应进行清理，清理后应对洞罐的容积进行标定。

**第一百一十二条** 安全监测设计应符合下列规定：

一、地下库区应在每侧布置两个及以上地下水监测孔。地下水异常变化的部位应适当加密。地下水监测孔深度应在洞室底面10m 以下。

二、在施工中应对岩体围岩稳定及围岩应力进行监测，在生产中宜对围岩稳定继续监测。

三、当设有水幕时应对地下水的压力进行监测。

## 第四节 消防设施

**第一百一十三条** 水封洞库应设消防设施。水封洞库消防设施的设置，应根据洞库的容积、设施、油品火灾危险性和邻近单位的消防协作条件等因素综合确定。

**第一百一十四条** 操作巷道内和每座竖井口附近应布置消火栓，消火栓之间的距离不应大于60m。

**第一百一十五条** 为水封洞库设施配备的消防系统应符合现行国家标准《石油库设计规范》GB 50074 的规定。消防用水量应经计算确定，且不应小于45L/s。火灾延续供水时间不应小于3h。

**第一百一十六条** 灭火器材配置应符合现行国家标准《建筑灭火器配置设计规范》GB 50140的规定。

**第一百一十七条** 操作巷道内，应沿操作巷道每隔30m 设置两具8kg 手提式干粉灭火器。

## 第五节 给排水及污水处理

**第一百一十八条** 水封洞库所用水水源应就近选用地表水或城镇自来水。水源应满足各项用水对水质、水压、水量和水温等的要求。

**第一百一十九条** 消防、生产及生活用水采用同一水源时，水源供水能力应按消防补充水量、生产用水量及生活用水量总和的1.2倍计算确定。

**第一百二十条** 水封洞库的生活用水量宜按25～35L/（人·班）和2.5的时间变化系数

计算。洗浴用水量宜按 40 ~60L/（人·班）计算。

**第一百二十一条** 水封洞库的含油与不含油污水，应采用分流制排放。含油污水应采用管道排放。未被油品污染的地面雨水和生产废水在排出水封洞库围墙之前应设置水封装置。

**第一百二十二条** 水封洞库污水处理宜依托邻近污水处理设施。

**第一百二十三条** 水封洞库生活污水应经处理达到排放标准后排放。

**第一百二十四条** 含油污水处理设施应设污水调节池，其容积可按洞库裂隙水 5 天的排出量进行计算。

**第一百二十五条** 含油污水的构筑物和设备宜采用封闭方式。

**第一百二十六条** 处理后污水排放口应设置取样点和检测水质、测量水量的设施。

## 第六节 电 气

**第一百二十七条** 水封洞库生产用电负荷应为二级。

**第一百二十八条** 自动化控制系统及通信系统应采用不间断电源装置（UPS）供电，蓄电池的后备供电时间不应小于 30min。

**第一百二十九条** 变（配）电所的供配电电压应符合下列规定：

一、变（配）电所的电源电压应根据用电容量、供电距离、当地公共电网现状等因素合理确定，一般宜为 6（10）~110kV。

二、变（配）电所的一级配电电压应根据潜油泵电动机的额定电压来确定，宜采用 6（10）kV。

**第一百三十条** 低压配电电压应采用 380/220V。

## 第七节 仪表及控制

**第一百三十一条** 洞罐应设置下列仪表：

一、多点温度计。

二、就地压力表和压力变送器。

三、两套独立的液位变送器。

四、两套独立的界面变送器。

五、高、低液位报警装置。

**第一百三十二条** 应设置监测洞库在掘进过程中围岩稳定性的设施或设备。

**第一百三十三条** 应设置监测洞库在掘进过程中地下水压力的设施或设备。

**第一百三十四条** 应设置安全检测与控制系统。库区内易泄漏或聚集可燃气体的场所，应设置可燃气体浓度检测报警装置。

**第一百三十五条** 在多雷区，仪表及控制系统应设置防雷保护设施。

## 第八节 采 暖 通 风

**第一百三十六条** 水封洞库竖井操作区通风应符合下列规定：

一、当竖井上部为封闭建筑物时，除采用有组织的自然通风外，还应设置机械通风，换气次数不得小于 10 次/h。计算换气量时，房间高度小于 6m 按实际高度计算，房间高度大于 6m 时按 6m 计算。

二、当放散气体的密度比空气重时，其建筑物通风设计应从下部区域排出总排风量的 2/3，上部区域排出总排风量的 1/3。机械通风装置的吸风口应靠近漏气设备或窝气地面 0.3m 以下设置。

**第一百三十七条** 操作巷道内，每座竖井口处应设固定式通风设备排风，换气次数不应小于10次/h。出风管口应设在操作巷道外，距洞口水平距离不应小于20m，且高出洞口。还应采取防止油气倒灌及巷道内设备、管道防潮的措施，操作巷道口应设密封门。

**第一百三十八条** 采暖通风按照本建设标准第三章第十节有关规定执行。

## 第九节 建 设 用 地

**第一百三十九条** 水封洞库地面设施用地指标应按照本建设标准第三章第十一节有关规定执行。当有条件时，地上设施应设在水封洞库地下建筑物的上方。

**第一百四十条** 水封洞库地下部分投影到地面占地部分，在可控制的条件下可不征地。

**第一百四十一条** 水封洞库每座洞罐应设置通向地面的竖井，每座竖井口应设有大于或等于100$m^2$的平地。

**第一百四十二条** 水封洞库地下洞罐的地面部分在不可控制的情况下应征地，征地界限自洞室边缘外扩50m的地上投影部分计算用地指标。

**第一百四十三条** 每座水封洞库应建有8个及以上用于观测地下水位变化的孔，每座观测孔用地宜为2～4$m^2$。观测孔应位于水封洞库四周不同方向。

## 第十节 定员、建筑面积、车辆配置指标

**第一百四十四条** 人员编制应按照精简、高效的原则，设置管理、生产人员、生产岗位宜按四班三倒考虑。定员不宜大于表14的指标。

**表14 水封洞石油储备库定员指标**

| 序号 | 岗 位 | 定员 | | 备 注 |
|---|---|---|---|---|
| | | 人/班 | 小计 | |
| 一 | 管理层 | | 11 | — |
| 1 | 经理 | | 1 | 行政、技术 |
| 2 | 副经理 | | 2 | 其中1人为技术总管 |
| 3 | 财务 | | 3 | — |
| 4 | 其他管理人员 | | 5 | 专职安全消防员2人、后勤、采购等 |
| 二 | 生产系统 | | 24 | |
| 1 | 中控室 | 2 | 9 | 内操1人、外操1人、油气处理等1人 |
| 2 | 化验 | | 1 | — |
| 3 | 电气、维修 | 2 | 6 | 电气、小型维修 |
| 4 | 污水处理 | 1 | 4 | — |
| 5 | 消防及给排水 | 2 | 4 | 消防值班、给水等 |
| 合计 | | | 35 | — |

注：1 地下水封洞库不设消防车。
2 门卫依托社会保安机构。
3 办公、生活设施宜依托附近同类企业及当地可以依托的社会化服务条件。
4 企业储备库人员定员根据需要适当增加。

**第一百四十五条** 办公、生活和主要生产设施建筑面积、指标如下：

一、综合办公楼（包括中央控制室、通信间、办公室、资料室、化验室、库房室、值班宿舍、食堂、浴室等）不宜大于2000$m^2$。

二、生产设施用房建筑面积根据实际需要定。

三、职工宿舍建筑面积不宜大于 1000$m^2$。

第一百四十六条　车辆配置指标如下：

一、每座水封洞库配备小客车一辆。

二、通勤车一辆。

三、后勤车一辆。

### 第十一节　建设周期

第一百四十七条　项目建设周期自详细工程设计招标开始至整个石油储备库工程全部竣工为止。可根据水封洞库的投用计划，合理安排设计和施工进度。

第一百四十八条　$300 \times 10^4 m^3$ 库容的水封洞库建设工期宜为32～38 个月。

## 第五章　节　能

第一百四十九条　石油储备库建设，应遵循《中华人民共和国节约能源法》及国家或行业其他现行相关标准及规定，有效节约能源，合理利用能源，提高经济效益。

第一百五十条　节能措施的设计及其实施，应遵守国家环境保护法规的规定，并确保安全生产。

第一百五十一条　节能方案及其措施，应符合国家或行业相关政策，重视投资效果。

第一百五十二条　石油储备库建设应采取下列节能措施：

一、应采用节能设备及产品，严禁使用国家强令淘汰的机电设备和高能耗产品。

二、根据环境条件，可以考虑利用成熟的、经过实践证明可使用的新能源。

三、工艺技术方案应经济、合理，能耗少。

四、采用高效的机、泵、炉等设备。

五、在采暖地区的建筑能耗指标应符合当地建筑节能规定。

## 第六章　环境保护

第一百五十三条　石油储备库建设应贯彻落实《中华人民共和国环境保护法》、《中华人民共和国水土保持法》等有关环境的法律和法规的要求。

第一百五十四条　石油储备库地址选择应避开需要特殊保护的地区及社会关注区。

第一百五十五条　应按照《中华人民共和国环境影响评价法》的要求，开展工程的环境影响评价工作。

第一百五十六条　应依据《中华人民共和国水土保持法》提出切实可行的水土保持方案。水土保持措施应进行方案论证和效果分析，并落实资金。

第一百五十七条　石油储备库排放的各种废气、废水及固体废物，应遵照有关现行国家和地方标准进行处理或处置，达到排放标准。对噪声防治应符合现行国家标准《工业企业厂界环境噪声排放标准》GB 12348 的规定。

第一百五十八条　石油储备库建设应满足项目的《环境影响报告书》提出的各项要求。

第一百五十九条　设计文件应列出环保管理机构及各项环保投资估算。

## 第七章　劳动安全卫生

第一百六十条　石油储备库建设，必须严格遵循《中华人民共和国安全生产法》、《建设项目（工程）劳动安全卫生监察规定》及现行国家或行业有关职业安全卫生标准及规定，确保石油储备库在设计、施工和生产运行等环节中的安全。

**第一百六十一条** 石油储备库建设应进行地震、水土保持、灾害地质、安全评价等评估工作。石油储备库地址选择，应充分考虑地震安全性评价中提出的主要结论和防震减灾对策建议。

**第一百六十二条** 石油储备库建设在基础工程设计阶段，应充分考虑工程安全预评价报告中提出的主要结论和安全对策措施及建议。根据石油储备库及其配套工程中介质的危险有害因素、职业卫生因素，石油储备库所在地自然及社会环境的危险有害因素和石油储备库施工期及运行期的危险有害因素，按照对总图和建（构）筑、工艺设备以及施工期和运行期等方面的要求，分类列出职业安全卫生防护措施。

**第一百六十三条** 石油储备库管理单位应按照石油库的主要事故类型，建立事故应急预案。

**第一百六十四条** 设计文件应列出职业安全卫生机构和职业安全卫生专项投资，并纳入总投资专款专用。

# 第八章　工程投资

## 第一节　投资估算编制依据

**第一百六十五条** 国家石油储备库工程设计的估算和概算，应根据下列文件和规定进行编制：

一、财政部颁发的财建〔2002〕394号文《基本建设财务管理规定》。

二、中国石油化工集团公司暨股份公司《石油化工项目可行性研究报告编制规定》和《石油化工项目可行性研究投资估算编制办法》。

三、中国石油天然气股份有限公司《中国石油天然气集团公司炼油化工建设项目经济评价方法与参数》。

四、石油化工行业或石油天然气行业的工程建设设计概算编制办法、引进工程概算编制办法、工程建设费用定额等工程概算编制规定。

五、中铁隧道集团有限公司工程定额，水利水电行业工程定额，以及有关地方市政工程定额（适用于水封洞库地下土建工程）。

## 第二节　投资估算指标

**第一百六十六条** 石油储备库可行性研究报告投资估算可参照表15的指标。

**表15　石油储备库可行性研究报告投资估算指标**

| 石油储备库类型 | 工程造价（元/$m^3$） | 说　明 |
|---|---|---|
| 地上石油储备库 | 720～840 | 包括本建设标准表3所列设施，但不含油品装卸码头 |
| 水封洞库 | 525～640 | 包括本建设标准表4所列设施，但不含油品装卸码头 |

注：地上石油储备库是依据2003～2004年的设备、材料价格、技术经济参数和石油化工行业工程建设费用定额做的投资估算；水封洞库是依据2005年的设备、材料价格、技术经济参数和相关行业工程建设费用定额、地方市政工程定额做的投资估算。

# 第九章　项目管理

## 第一节　建设程序及主要内容

**第一百六十七条** 石油储备库工程项目宜包含下列建设程序：

一、主管部门下达任务。

二、国家审批类项目（国家投资）编制预可行性研究报告及可行性研究报告。

三、国家核准类项目（其他投资主体）编制项目申请报告及可行性研究报告。

四、工程初步设计（基础工程设计）。

五、详细工程设计。

六、工程施工。

七、竣工验收。

**第一百六十八条** 在项目预可行性研究阶段，应进行以下主要工作：

一、与拟选库址所在地政府有关部门协商项目用地事宜。

二、收集项目所在地水文、地质、气象基本条件。

三、落实项目所在地供水、供电、交通、生活条件。

四、收集能满足预可行性研究报告需要的地形图。

五、委托地质勘察单位进行满足预可行性研究阶段设计工作需要的地质勘察工作。

六、委托设计单位编制项目预可行性研究报告。

七、组织审查预可行性研究报告。

八、报主管部门审批立项。

**第一百六十九条** 在工程可行性研究阶段，应进行以下主要工作：

一、委托地质勘察单位进行工程场地初步地质勘察。

二、委托有关单位编制《建筑场地地震安全性评价报告》。

三、委托有关单位编制《地质灾害危险性评价报告》。

四、委托环境评价单位编制《环境影响报告书》。

五、委托安全评价单位编制《安全预评价报告》。

六、委托有关单位编制《职业病危害预评价报告》。

七、国家审批部门要求提供的其他评价报告。

八、委托设计单位编制《工程可行性研究报告》。

九、组织审查《工程可行性研究报告》。

十、报主管部门审批。

十一、国家核准类项目还需进行本建设标准第一百六十七条所列工作内容。

**第一百七十条** 在工程初步设计（基础工程设计）阶段，应进行以下主要工作：

一、组织工程场地详细地质勘察。

二、组织工程设计、工程承包、工程监理等招标工作。

三、委托设计单位进行工程设计。

四、组织审查基础工程设计文件，确认工程设计方案、核实工程建设投资。

五、向政府有关部门递交所需要审批的工程文件，办理开工建设手续。

六、办理项目征地手续及拆迁等事项。

七、进行长周期订货设备采购工作。

**第一百七十一条** 在工程实施阶段（包括详细工程设计、工程施工和竣工验收），应进行以下主要工作：

一、组织设计文件会审。

二、审查施工单位编制的各项施工方案。

三、监督施工进度及质量。

四、监督资金使用。

五、组织各生产设施试运行。

六、组织工程竣工验收。

七、组织各有关单位编制工程总结报告和工程竣工决算。

### 第二节　设计、监理、工程管理、施工单位资质

**第一百七十二条**　承接石油储备库工程的设计单位，应拥有国家颁发的相应行业工程设计甲级资质证书。

**第一百七十三条**　承接石油储备库工程的监理单位，应拥有国家颁发的相应工程监理甲级资质证书。

**第一百七十四条**　承接石油储备库工程总承包或工程项目管理的企业，应满足建设部《关于培育发展工程总承包和工程项目管理企业的指导意见》（建市〔2003〕30号）或国家其他相关文件的要求。

**第一百七十五条**　承接石油储备库工程施工总承包的单位，应拥有国家颁发的相应行业施工总承包一级及以上资质证书。

### 第三节　设计文件编制依据

**第一百七十六条**　石油储备库可行性研究阶段设计文件应按石油化工行业或石油天然气行业关于项目可行性研究报告编制内容的规定编制。

**第一百七十七条**　石油储备库初步设计（基础工程设计）阶段的设计内容和深度可参照石油化工行业或石油天然气行业关于项目基础工程设计内容的规定编制。

**第一百七十八条**　作为石油储备库的配套工程，原油进库和外输管道的库外部分工程建设应执行住房和城乡建设部、国家发展和改革委员会联合批准发布的《输油管道工程项目建设标准》。

## 附　件

# 《石油储备库工程项目建设标准》条文说明

## 第一章　总　则

**第一条**　本条阐明了制定本建设标准的目的。2003年，国家发展和改革委员会根据能源战略需要，启动了国家石油储备基地第一期项目，从此开始了中国的石油储备建设进程。为科学规范政府投资行为，合理掌握石油储备库工程项目的技术条件和经济指标，使之符合国家各项方针政策，兼顾先进技术和工程投资、安全环保和财力物力、节能用地和经济规模，使石油储备库工程项目的建设水平达到最佳秩序、获得最佳效益，编制本建设标准是十分必要的。本建设标准是在总结了国家石油储备基地第一期项目4座原油储备库的建设和管理经验的基础上制订的。

**第二条**　本条明确了本建设标准的性质和作用。

**第三条** 本条规定了本建设标准的适用范围。根据建设部建标函〔2006〕172号“关于印发《2006年工程项目建设标准、投资估算指标、建设项目评估方法与参数编制项目计划》的通知”的任务安排，本建设标准只适用于储存原油的石油储备库。石油库的建设形式有很多种，国内最常见和技术最成熟的是建在地面上的石油库，国外一些发达国家还建有大量地下油库，其中地下水封石洞石油储备库（简称水封洞库）是数量最多的一种形式，如瑞典和韩国，其国家石油储备库主要是地下水封洞库。地下水封洞库与地上石油库相比，在安全、环保、用地和投资等方面有一定优势，我国很多地区具备建设地下水封洞库的地质条件。因此，国家发展和改革委员会在制定国家战略石油储备库二期及三期规划时，提出二、三期储备库尽量采用地下储备库形式。为适应这种形势的需要，本建设标准的适用范围除包括地上石油储备库外，还包括了地下水封洞库。其他形式的油库，或因地质条件不具备，或因经济上不合理，本建设标准不推荐采用。

**第四条** 本条规定了石油储备库工程的建设原则。

**第五条** 本条规定了本建设标准与相关标准、指标及定额的关系。

# 第二章 一般规定

## 第一节 建库规模、形式及储油品种

**第七条** 工程经验表明，油库总库容越大，单位立方米库容造价越低；从石油储备库的作用来说，油库总库容越大，应对突发事件造成石油供应紧张的能力也越强。所以，世界各国的石油储备库规模都比较大，如日本的喜入地上石油储备基地总库容约有$700\times10^4m^3$，韩国最大的地下水封洞库总库容约$600\times10^4m^3$。我国第一期四座石油储备基地的库容分别为：大连石油储备基地$300\times10^4m^3$，黄岛石油储备基地$320\times10^4m^3$，岙山石油储备基地$500\times10^4m^3$，镇海石油储备基地$520\times10^4m^3$。所以，本建设标准规定“国家石油储备库总库容不宜小于$300\times10^4m^3$”。由于资金原因，建设大规模的企业石油储备库有一定难度，故本建设标准规定“企业石油储备库总库容不宜小于$120\times10^4m^3$”。

**第九条** “低凝原油”是指不需加热储存的原油。国家石油储备库原油储存周期长，如果储存高凝原油，需要对油罐进行加热，这样将消耗大量热能。为节省国家石油储备库的运营成本，降低能耗，制定本条规定。

## 第二节 库址选择

**第十一条** 石油储备库依托现有的大型油码头、输油管网，可降低建设投资；企业储备库靠近石油加工企业，可便于向企业供油。

**第十四条** 国家标准《防洪标准》GB 50201—94关于工矿企业的等级和防洪标准是这样规定的：特大型规模工矿企业的防洪标准（重现期）为200~100年，大型规模工矿企业的防洪标准（重现期）为100~50年，中型规模的工矿企业的防洪标准（重现期）为50~20年。本建设标准将石油储备库视为“特大型规模工矿企业”，故本条规定“防洪标准应按重现期大于或等于100年设计”。

**第十五条** 本条从地质和政府需要重点保护的区域方面规定了不适合石油储备库选址的地区和区段。其中，“自然保护区”、“历史文物、名胜古迹保护区”有国家级、省市级、县市级划分，在这些区域是否可以建设石油储备库，需要根据项目的《环境影响报告书》的要求确定。

**第十七条** 本条规定了地上石油储备库与周围居住区、工矿企业、交通线等的安全距离，本条是参照国家标准《石油库设计规范》GB 50074—2002 制定的。由于石油储备库的规模远大于《石油库设计规范》GB 50074—2002 规定的一级库规模，且性质比一般石油库重要，所以本条规定的安全距离比《石油库设计规范》GB 50074—2002 的规定适当增加了距离。其中需要特别说明的内容如下：

**1** 大中小企业的划分标准见原国家经贸委、原国家计委、财政部、国家统计局《关于印发大中小企业标准暂行规定的通知》（国经贸中小企〔2003〕143 号），《大中小企业标准暂行规定》对大中小企业划分标准如下表所示。

**附表　大、中、小型企业划分标准**

| 行业名称 | 指标名称 | 单位 | 大型 | 中型 | 小型 |
|---|---|---|---|---|---|
| 工业企业 | 从业人员数 | 人 | 2000 及以上 | 300～2000 | 300 以下 |
| | 销售额 | 万元 | 30000 及以上 | 3000～30000 | 3000 以下 |
| | 资产总额 | 万元 | 40000 及以上 | 4000～40000 | 4000 以下 |
| 建筑业企业 | 从业人员数 | 人 | 3000 及以上 | 600～3000 | 600 以下 |
| | 销售额 | 万元 | 30000 及以上 | 3000～30000 | 3000 以下 |
| | 资产总额 | 万元 | 40000 及以上 | 4000～40000 | 4000 以下 |
| 批发业企业 | 从业人员数 | 人 | 200 及以上 | 100～200 | 100 以下 |
| | 销售额 | 万元 | 30000 及以上 | 3000～30000 | 3000 以下 |
| 零售业企业 | 从业人员数 | 人 | 500 及以上 | 100～500 | 100 以下 |
| | 销售额 | 万元 | 15000 及以上 | 1000～15000 | 1000 以下 |
| 交通运输业企业 | 从业人员数 | 人 | 3000 及以上 | 500～3000 | 500 以下 |
| | 销售额 | 万元 | 30000 及以上 | 3000～30000 | 3000 以下 |
| 邮政业企业 | 从业人员数 | 人 | 1000 及以上 | 400～1000 | 400 以下 |
| | 销售额 | 万元 | 30000 及以上 | 3000～30000 | 3000 以下 |
| 住宿和餐饮业企业 | 从业人员数 | 人 | 800 及以上 | 400～800 | 400 以下 |
| | 销售额 | 万元 | 15000 及以上 | 3000～15000 | 3000 以下 |

注：1　表中的“工业企业”包括采矿业、制造业、电力、燃气及水的生产和供应业三个行业的企业。

2　工业企业的销售额以现行统计制度中的年产品销售收入代替；建筑业企业的销售额以现行统计制度中的年工程结算收入代替；批发和零售业的销售额以现行报表制度中的年销售额代替；交通运输和邮政业、住宿和餐饮业企业的销售额以现行统计制度中的年营业收入代替；资产总额以现行统计制度中的资产合计代替。

3　大型和中型企业须同时满足所列各项条件的下限指标，否则下划一档。

实际使用本建设标准时，需要注意以国家发展和改革委员会最新发布的大中小企业划分标准为准。

**2** 地上石油储备库与国家铁路 200m 安全距离，是根据国务院 2004 年发布的国务院令第 430 号《铁路运输安全保护条例》的要求制定的。《铁路运输安全保护条例》的第十七条规定：“任何单位和个人不得在铁路线路两侧距路堤坡脚、路堑坡顶、铁路桥梁外侧 200m 范围内，或者铁路车站及周围 200m 范围内，及铁路隧道上方中心线两侧各 200m 范围内，建造、设立生产、加工、储存和销售易燃、易爆或者放射性物品等危险物品的场所、仓库。但是，根据国家有关规定设立的为铁路运输工具补充燃料的设施及办理危险货物运输的除外。”

**第十八条** 为了控制水封洞库及地面设施与周围居住区、工矿企业和交通线在火灾事故中相互影响，防止油品污染环境，节约用地等，本条规定了水封洞库及地上设施与周围居住区、工矿企业、交通线等的安全距离，本条规定与国家标准《地下水封石洞油库设计规范》GB 50455—2008（自2009年5月1日起实施）是一致的。现对表2简要说明如下：

**1** 地下水封洞库储油设施位于地下，受外界危险因素影响小。洞室位于地下数十米的岩体内，有非常好的防护能力，即使遭受人为攻击，也不会造成油品大量外泄。洞室气相空间可用惰性气体密封，这样就消除了洞室发生爆炸事故的危险。即使保护措施不当，洞室内发生爆炸事故，由于岩石的抗拉强度大于10MPa，油气爆炸最大压力为0.835MPa，洞室也不会遭到严重破坏。所以，不需控制洞室与外部设施的安全间距。

**2** 水封洞库进、出油通过洞罐竖井，与油田采油井相似，所以本条参考《石油天然气工程设计防火规范》GB 50183 中的表4.0.7油气井与周围建筑物和构筑物、设施的防火间距中的自喷油井与各项的安全距离，并结合水封洞库的特点，对竖井与居住区、工矿企业和交通线的安全距离做了调整。这样既节省了土地又保证了安全性。

**3** 水封洞库有一定危险性的设施是竖井、油气回收装置和火炬，故本条给出了这三类特殊设施与外界设施的安全距离。

**4** 其他与地面油库相同的设施与周围建（构）筑物的安全距离执行《石油库设计规范》GB 50074 即可。

**5** 水封洞库的竖井，油气回收装置、火炬与工矿企业的安全距离，因各企业生产特点和火灾危险性千差万别，不可能分别规定，本条所规定的内容与国家同级标准对比，大致相同或相近。

**6** 水封洞库与国家铁路200m安全距离是根据国务院2004年发布的国务院令第430号《铁路运输安全保护条例》的要求制定的。

**7** 火炬与居住区、工矿企业、交通线和国家一、二级架空通信线路等安全距离规定为80～120m，是参照同级相关国家标准（如《石油化工企业设计防火规范》GB 50160—2008、《石油天然气工程设计防火规范》GB 50183—2004）制定的。

**8** 水封洞库与架空电力线路和不属于国家一、二级的架空通信线路的安全距离，主要考虑倒杆事故。据15次倒杆事故统计，倒杆后偏移距离在1m以内的6起，偏移距离2～3m的4起，偏移距离为半杆的2起，偏移距离为一杆高的2起，偏移距离大于1.5倍杆高的1起，本条限定安全距离1.5倍杆高。

**9** 水封洞库与爆破作业场地安全距离，主要考虑爆破石块飞行的距离。

**10** 注4规定了水封洞库与其他水封洞库或地面油库毗邻建设时的安全距离，水封洞库与其他水封洞库毗邻建设时的安全距离规定是为了保证洞室结构安全；与地面油库相毗邻建设时，水封洞库的地面设施与地面油库的安全距离，是参照《石油库设计规范》GB 50074—2002 制定的。

### 第三节 项目构成

**第十九条** 生产区、辅助生产区、库外管道、行政管理区是石油库的主要构成内容。石油库内各种建（构）筑物，火灾危险程度、散发油气量的多少、生产操作的方式等差别较大，有必要按生产操作、火灾危险程度、经营管理等特点进行分区布置。把特殊的区域加以隔离，限制一定人员的出入，有利于安全管理，并便于采取有效的消防措施。

**第二十二条** 石油储备库建筑物及构筑物的面积都不大，在符合生产使用和安全条件下，将石油储备库内的建筑物及构筑物合并建造，既可减少油库用地，节约投资，又便于生产操作和管理。

# 第三章　地上石油储备库建设水平

本章第一节至第十节内容是参照有关国家标准制定的。这些规定内容体现了石油储备库的技术要求，且与工程投资有密切关系。对其中的重要条款做如下说明。

## 第一节　总 图 布 置

**第二十三条** 本条规定地上石油储备库内建筑物、构筑物之间的防火距离，是参照《石油库设计规范》GB 50074—2002 制定的，但考虑到石油储备库的规模和重要性均大于一般石油库，本条规定的防火距离比《石油库设计规范》GB 50074—2002 的规定略大一些，以加强安全可靠性。

**第二十四条** 本条与《石油库设计规范》GB 50074—2002 的规定一致。

**第二十六条** 本条规定了防火堤的设置要求。

一、本款规定“防火堤内的有效容积，不宜小于油罐组内一个最大罐公称容积”，意在将可能发生的油罐泄漏事故控制在最小范围内。但这样布置相对“严禁小于油罐组内一个最大罐公称容积的一半”占地增加约 50%。为节省用地和节约成本，本款还规定“当受条件限制防火堤内的有效容积少于油罐组内一个最大罐公称容积时，应有防止事故状态下石油及液体污染物流出库外的措施”。具体做法，需要因地制宜，采取恰当的措施，如：降低罐组防火堤内地坪标高，在低洼处设置事故存液池，采用路堤式消防道，将事故油罐内油品倒向事故预留罐，封堵油库围墙处的各类出口等。

三、土筑防火堤在结构强度、防渗漏、防火等方面优于其他形式的防火堤，缺点是占地较大。

**第二十九条** 本条规定“石油储备库应设高度不低于 2.5m 的非燃烧材料的实体围墙”，是安全管理需要，内容与《石油库设计规范》GB 50074—2002 一致。

## 第二节　储运工艺及管道

**第三十二条** 本条规定了原油储罐的附属设备的设置要求。

一、二两款的规定内容是大型油罐需采取的必要安全措施，相关国家标准都有类似要求。

三款的规定是为了减少油罐内淤泥堆积，进而减少清罐次数。

## 第三节　原 油 储 罐

**第三十六条** 大型油罐相对小型油罐土地利用率高，目前国内最大油罐容量可做到 $15\times10^4m^3$，应用较多的大型油罐是 $10\times10^4m^3$ 规格。

本节其他规定是参照相关国家标准和 API 标准制定的。

## 第四节　消 防 设 施

**第四十二条** 消防冷却水在扑救油罐火灾中的作用，是为油罐冷却降温，以保持油罐有足够的强度不坍塌，是一种重要的灭火手段。

一、本款要求“储备库应设独立的自动消防给水系统”，是指消防给水系统与生产、生活给水系统分开设置。理由如下：

石油储备库的生产、生活给水水量较小，而消防用水量较大却不常使用，合用一条管道造成大管道输送很小流量，水质易变坏；石油储备库的消防给水对水质无特殊要求，生活给水对水质要求较为严格；消防给水与生产、生活给水压力差别较大。石油库区的生产、生活给水压力较低，与消防给水合用一个系统，生产、生活给水的管道需提高压力等级，这是不经济的。

二、储备库选用的油罐都是大型油罐，若采用移动式冷却水系统，所需要的水枪和人员很多。对于罐壁高度超过17m的油罐（$10 \times 10^4 m^3$油罐罐壁高度超过20m）用移动水枪冷却，要满足灭火充实水柱的要求，水枪后坐力很大，操作人员不易控制，所以本款规定“油罐应设置固定式消防冷却水系统”。

三、储备库的消防用水计算量决定消防供水系统的规模，本款的规定是按一座容量最大油罐发生火灾事故计算需要的用水量的，与相关国家标准（如《石油库设计规范》GB 50074—2002、《石油化工企业设计防火规范》GB 50160—2008、《石油天然气工程设计防火规范》GB 50183—2004）的规定基本一致。

四、本款规定“消防冷却水最小供给时间应为4h”，与相关国家标准（如《石油库设计规范》GB 50074—2002、《石油化工企业设计防火规范》GB 50160—2008、《石油天然气工程设计防火规范》GB 50183—2004）的规定是一致的。

**第四十五条**　本款规定了储备库消防站内消防车的数量和规格。设有固定消防系统时，机动消防力量只是固定系统的补充。消防车的数量和规格是参照《石油库设计规范》GB 50074—2002的规定制定的。

## 第五节　给排水及含油污水处理

**第四十七条**　本款规定了石油储备库生活用水量的确定原则，其中第一款和第三款是参照《石油库设计规范》GB 50074—2002的规定制定的；第二款是考虑消防人员需全天在库区驻守，且经常训练，用水量远大于库区生产和管理人员，故参照《建筑给水排水设计规范》GB 50015—2003中“集体宿舍、旅馆等公共建筑的生活用水定额”，规定“库区消防队员用水量宜为200L/（人·天）”。

## 第六节　电　气

**第五十八条**　本款规定了石油储备库供配电系统设计原则。

一、石油储备库的生产电力负荷多为输油作业用电，突然停电一般不会造成人员伤亡或重大经济损失。石油储备库最大生产电力负荷为外输原油作业，一般石油储备库外输原油作业频率较低，但一旦开启外输原油泵可能会运行较长时间。根据电力负荷分类标准，生产用电负荷等级定为二级。石油储备库的自动化水平要求较高，若油库突然停电，火灾自动报警、生产运行参数（压力、温度、液位等）自动检测等信息系统就不能正常工作，因此本款规定“应设置供信息系统使用的应急电源”。

二、石油储备库采用外接电源供电，具有建设投资少、经营费用低、维护管理方便等优点，故推荐采用外接电源。但若石油储备库位于偏僻的地区，距外电源太远，采用外接电源在技术和经济方面均不合理，在此情况下，采用自备电源也是可行的。

## 第七节　自动控制

**第六十条**　本条规定了储备库自动控制系统设置要求，这些要求体现了“石油储备库工程建设应立足国情，采用先进适用技术”的建设原则，与第一期国家石油储备基地4座油库的自动控制系统水平是基本相当的。

### 第八节 电 信

**第六十四条** 本条规定了石油储备库电信系统的设置要求，所要求设置的电话系统、计算机局域网络、有线广播、电视监控系统、周界入侵报警系统和巡更系统，是保证石油储备库安全、高效管理的重要手段。

### 第九节 建（构）筑物

**第七十四条** 罐基础地基关系到油罐的安全，罐基础地基处理也可能占用大量资金，故本条对各种地基情况应采取的措施做出了明确规定。

### 第十节 采暖通风

**第七十六条** 本条规定了室内采暖计算温度。表8中各类房间的采暖计算温度，是根据国家标准《采暖通风与空气调节设计规范》GB 50019—2003制定的。

### 第十一节 建设用地和建筑面积

**第七十八条** 本条规定了地上石油储备库各个设施的建设用地面积，其中罐区以$80\times10^4m^3$罐区和$120\times10^4m^3$罐区为基准单位，每$40\times10^4m^3$罐组（4座$10\times10^4m^3$浮顶油罐）或$60\times10^4m^3$罐组（4座$15\times10^4m^3$浮顶油罐）为一个递增单位，这样可适应不同规模的石油储备库。各个设施的建设用地面积，是在总结第一期国家石油储备基地4座油库以及其他原油库用地面积情况得出的。

**第七十九条** 石油储备库的生产、办公、生活等设施的建筑面积，是在总结第一期国家石油储备基地4座油库以及其他原油库各设施的建筑面积情况得出的。其中消防站的建筑面积是参照《城市消防站建设标准》中的标准型普通消防站的建筑面积指标制定的。

### 第十二节 定员和车辆配置指标

**第八十条** 人员编制指标参照第一期国家石油储备基地4座油库人员配置情况制定的。其中消防系统的定员指标是参照《城市消防站建设标准》中的标准型普通消防站的定员指标制定的。

**第八十一条** 本条的车辆配置指标是保证石油储备库运行和管理的基本车辆需要。

### 第十三节 建设周期

**第八十二条** 本条是在总结第一期国家石油储备基地4座油库以及其他原油库建设周期基础上作出规定的。

## 第四章 地下水封洞库建设水平

本章第一节至第八节内容均采纳自国家标准《地下水封石洞油库设计规范》GB 50455—2008的规定。这些规定内容体现了地下水封石洞石油储备库的技术要求，且与工程投资有密切关系。对其中的重要条款做如下说明。

### 第一节 总图布置

**第八十三条** 水封洞库地上设施与地面油库相比较增加了竖井、油气回收装置和火炬。因此，表13规定了这三部分设施与其他设施之间的间距，其余的需符合现行国家标准《石油库设计规范》GB 50074的规定。

一、竖井与其他设施之间的防火距离的说明。

由于竖井类似于油田采油井，又比油井安全。到目前为止国内外类似油库尚无发生火灾的先例。防火距离参考了《石油天然气工程设计防火规范》GB 50183—2004 中自喷油井与其他设施的安全间距。

二、油气回收装置与各设施之间的安全距离，与国家现行同级规范比较是适宜的。

三、火炬与各设施之间的安全距离，主要与现行国家标准《石油化工企业设计防火规范》GB 50160 相比较而确定的。

**第八十四条、第八十五条** 根据国内外地下洞库的经验，距离洞罐地面投影 50m 以外建一般建筑物对洞罐不产生影响，200m 以外打井取水对洞罐不产生影响。水封洞库的地面建筑物和构筑物，一般基础较浅，建成后又没有什么振动，对储油洞室不会造成什么影响，可以建在水封洞库的上方地面。但不可控的外单位的建筑物和构筑物不能建在水封洞库的上方地面。经专题论证得出结论，对水封洞库的稳定地下水位影响半径一般不超过 200m。

## 第二节 储运工艺

**第八十七条** 水封洞库洞罐的数量由洞库规模、储存油品的品种、储存方案（油品单品种储存还是混合储存）及地质条件等因素综合考虑确定，一般每个品种不少于 2 座，主要从经济性和倒罐工艺两方面考虑。经测算 1 座 $20\times10^4m^3$ 洞罐和 2 座 $10\times10^4m^3$ 钢罐工程投资基本相当，储存原油的水封洞库洞罐，还应考虑单罐容积满足一次单品种原油最大卸船量的要求，本条限定每座原油洞罐的容积不宜小于 $40\times10^4m^3$，与地面钢罐比较，经济上是合理的。

**第九十一条** 地下洞罐的储油方式有两种，一种是固定水位法储油，另一种是变动水位法储油。由于储备库库容较大（一般都大于 $100\times10^4m^3$），采用变动水位法储油，洞罐出油时将需要大量的水进洞罐以填补油的空间；进油时又要排出大量的含油污水需要处理或储存，不但运行费用高，而且洞库所在地是否有能满足供水的水源也是很大的问题。所以，宜采用固定水位法储油。

## 第三节 地下工程

**第九十九条** 本条规定了洞室的设计要求，其中第三款是参照国内外已建的工程经验提出的。

**第一百条** 本条规定了施工巷道的设计要求。

一、合理选择施工巷道口是缩短工期，降低工程造价的重要前提。

二、要求施工巷道底面铺设钢筋混凝土路面，其目的是为运输洞室石渣大型翻斗车的轮胎少磨损、路况好，有利运输。

三、封闭施工巷道口是为了防止发生意外人身安全事故。

**第一百零二条** 本条规定了水幕系统的设计要求。水幕系统的设置是为了确保水封洞库的水封压力长期稳定。关于水幕系统的设置，目前学术上还存在争论，早期的水封油库一般都没有设水幕系统，但随着规模的扩大和可靠性要求的提高，近期的大型水封洞库及 LPG 洞库都设置了水幕系统。垂直水幕系统主要是为了防止储存不同油品间的油品互相运移。但目前的研究还给不出一个确切的是否一定要设置的结论。如果设计单位有把握不设水幕系统也能保证水封效果，也可不设。水幕系统的具体做法是根据经验提出的。

**第一百零五条** 本条规定了防水设计一般做法。

二、根据国内外的防水经验，经处理后的日涌水量每 $100\times10^4m^3$ 库容不宜大于

$100m^3$。

## 第四节　消 防 设 施

**第一百一十四条**　当水封洞库设操作巷道时，需要考虑操作巷道内管道、阀门、法兰等可能泄漏物料发生火灾时的消防。所以，除设置必要的消防器材外，沿操作巷道距离不大于60m及每座竖井口附近布置消火栓是合理的。水封洞库是在稳定地下水位以下的岩体中挖掘的洞室，用来储存石油及其产品，由洞室组成的储油洞罐上部空间一般充满氮气，不能形成燃烧和爆炸条件，故对地下洞罐没有要求设置消防设施。

**第一百一十五条**　一般来说，水封洞库地上部分火灾危险性较大的仅有泵棚（房）、计量棚（房）、竖井口、油气回收设施和污水处理场的调节罐、除油等设施，为这些设施配备的消防系统执行现行国家标准《石油库设计规范》GB 50074 的规定即可。

**第一百一十六条**　一般来说，水封洞库不设地上油罐。同地上油库相比，水封洞库火灾危险性小，故可不配备专业消防车辆和专业消防人员。

## 第五节　给排水及污水处理

**第一百二十条**　本条规定是参照《石油库设计规范》GB 50074—2002 的规定制定的。

**第一百二十四条**　水封洞库的含油裂隙污水量，可根据水文地质勘察报告和工程实际情况确定。为了稳定污水处理效果和便于操作，应设置调节池调节污水量和水质。调节池容积过大造成占地和投资增加，过小则不能满足调节污水处理的能力，综合考虑调节池容积按洞库裂隙水5d的排出量较适宜。

## 第六节　电　　气

**第一百二十七条**　水封洞库的库容量一般都很大，电力负荷多为装卸油作业用电和地下水封系统的用电，根据电力负荷分类标准将水封洞库的生产用电定为二级负荷。

**第一百二十八条**　自动控制、通信及事故照明等是不允许中断供电的负荷，所以采用不间断电源装置（UPS）供电，根据相关规范蓄电池的后备供电时间一般为30min。

## 第七节　仪表及控制

**第一百三十一条**　三、四两款是根据欧洲标准 SS-EN 1918-4《Gas supply systems-Underground gas storage-Part 4：Functional recommendations for storage in rock caverns》中的有关规定及欧洲已建成的水封洞库中液位和界面变送器的设置情况提出的。

在水封洞库中，洞罐液位和界面是过程控制和安全联锁的重要参数，设置两套独立的液位变送器和界面变送器是为了保证液位和界面的可靠测量，提高过程控制系统的可靠性和安全性，满足生产过程自动控制和安全联锁的要求。

## 第八节　采 暖 通 风

**第一百三十七条**　水封洞库竖井上部有封闭建筑物时，内设有输油管线及阀门仪表，为了防止油气在建筑物内的上部空间聚集，特别装有吊车时，油气的聚集会影响操作人员的健康和造成安全事故，故规定应设置机械通风，其换气次数不得小于10次/h，与同类规范比较是适宜的。

## 第九节　建 设 用 地

**第一百三十九条**　水封洞库地上设施的规模一般不是很大，其基础结构不会影响位于地下几十米深的洞室的结构安全，地上设施设在水封洞库地下建筑物的上方可节省工程用地。

**第一百四十条**　如果能控制水封洞库上方地面的建筑结构或人为活动不至于影响位于

地下几十米深的洞室的结构安全，水封洞库地下部分投影到地面占地部分不征地是可行的。

**第一百四十二条** 征地界限自洞室边缘外扩 50m，是保护洞室结构安全的必要距离。

### 第十节 定员、建筑面积、车辆配置指标

**第一百四十四条** 水封洞库正常运行时除操作巷道外，不需操作人员下到地下，地面设施规模较小，所以定员指标少于地上石油储备库。

**第一百四十五条** 水封洞库的办公、生活和主要生产设施建筑面积指标是比照地上石油储备库的相同项目指标制定的。

**第一百四十六条** 本条的车辆配置指标是保证水封洞库运行和管理的基本车辆需要。

### 第十一节 建设周期

**第一百四十八条** 本条规定的水封洞库施工期是参考国内岩体隧道的施工期制定的。

## 第五章 节 能

本章强调石油储备库建设应贯彻国家的节能方针和政策，注重采取有效的节能措施。

## 第六章 环境保护

本章强调石油储备库建设应依据国家有关环境保护的法律法规，采取有效的环保措施。

## 第七章 劳动安全卫生

**第一百六十一条** 进行地震、水土保持、灾害地质、安全评价、地震安全性评价等评估工作，是保证石油储备库建设和运行安全的必要措施。

**第一百六十二条** 本条规定了石油储备库建设如何进行劳动安全卫生方面的设计工作。

**第一百六十三条** 建立事故应急预案框架，是保证石油储备库安全运行的必要措施。

## 第八章 工程投资

### 第一节 投资估算编制依据

**第一百六十五条** 本条规定了国家石油储备库基础工程设计工程概算编制依据。目前，石油和石化行业各有各的工程建设设计概算编制办法、引进工程概算编制办法、工程建设费用定额。两个行业的概算编制依据在细节上有所不同，但对同一个工程项目做出的总的工程建设费用是基本相同的。

### 第二节 投资估算指标

**第一百六十六条** 地上石油储备库可行性研究报告投资估算，是在总结第一期国家石油储备基地 4 座油库基础工程设计批复的建设投资情况得出的。地下水封洞库可行性研究报告投资估算，是参照 2006 年完成的《国家石油储备黄岛地下水封洞库工程项目可行性研究报告》的投资估算得出的。

## 第九章 项目管理

### 第一节 建设程序及主要内容

本节所规定的内容是一般国家或国有企业工程建设的正常程序和主要管理内容。

### 第二节　设计、监理、工程管理、施工单位资质

本节规定了承接石油储备库工程设计、监理、工程管理、施工单位的资质。石油储备库工程或者是国家的重点工程，或者是企业的重点工程，为保证石油储备库工程的高质量和高水平，本节规定承接石油储备库工程设计、监理、工程管理、施工的单位应具有国家颁发的相应行业的高等级资质。

# 森林防火物资储备库工程项目建设标准

## 建标 122—2009

## 住房和城乡建设部、国家发展和改革委员会关于批准发布《森林防火物资储备库工程项目建设标准》、《森林火情瞭望监测设施建设标准》的通知

建标〔2009〕127 号

国务院有关部门，各省、自治区、直辖市、计划单列市住房和城乡建设厅（委、局）、发展和改革委员会，新疆生产建设兵团建设局、发展和改革委员会：

根据《关于印发〈二〇〇三年工程项目建设标准、投资估算指标、建设项目评价方法与参数编制项目计划〉的通知》（建标函〔2004〕43 号）要求，由国家林业局负责组织编制的《森林防火物资储备库工程项目建设标准》、《森林火情瞭望监测设施建设标准》，已经有关部门会审，现批准发布，自 2009 年 11 月 1 日起施行。

在国家林业防火项目的审批、设计和建设过程中，要严格遵守国家关于严格控制建设标准，进一步降低工程造价的相关要求，认真执行本建设标准，坚决控制工程造价。

本建设标准的管理由住房和城乡建设部、国家发展和改革委员会负责，具体解释工作由国家林业局负责。

**中华人民共和国住房和城乡建设部**
**中华人民共和国国家发展和改革委员会**
**二〇〇九年七月二十一日**

## 前　言

《森林防火物资储备库工程项目建设标准》是根据国家发展和改革委员会、住房和城乡建设部下达的编制任务，由国家林业局负责主编，国家林业局调查规划设计院编制。

在编制过程中，编制组进行了广泛深入的调查研究，认真分析了全国各类防火物资储备库的统计资料，总结了防火物资储备库建设的经验教训，遵循艰苦奋斗、勤俭节约的原则，在考虑森林防火物资储备实际工作需要的基础上，结合当前的经济发展水平，确定了本建设标准的内容。广泛征求了全国各相关单位专家的意见，主编单位根据意见修改后，由主管部门召开全国审查会，并会同有关部门审查定稿。

本建设标准共分五章：总则、建设规模与项目构成、选址与平面布局、建筑标准、基本装备与储备物资。

请各单位在执行本建设标准的过程中，注意总结经验，积累资料，如发现需要修改和补充之处，请将意见和有关资料寄至国家林业局计划与资金管理司（地址：北京市东城区和平里东街18号，邮政编码：100714），以便今后修订时参考。

**主 编 单 位：** 国家林业局调查规划设计院

**主要起草人：** 刘德晶 翟洪波 王宏伟 闫 平 高述超 魏晓霞 吴 锐 张 志 李 怡 桑轶群 宋子刚 刁鸣军 郭立新 李 云 刘 明 涂 琼 慕晓炜 杨开良 邓立斌

**国家林业局**

2009年6月

# 第一章 总 则

**第一条** 为适应维护国家生态安全和森林防火工作的需要，规范和加强森林防火物资储备库建设，提高森林防火物资储备库工程项目决策和建设的科学管理水平，增强防御和处置森林火灾的能力，根据《中华人民共和国森林法》和《中华人民共和国消防法》制定本建设标准。

**第二条** 本建设标准是为项目决策和合理确定建设水平服务的全国统一标准；是编制、评估、审批森林防火物资储备库建设项目建议书、可行性研究报告的重要依据；也是审查森林防火物资储备库建设项目初步设计和对整个建设过程进行监督检查的尺度。

**第三条** 本建设标准适用于森林防火物资储备库新建、改建和扩建工程项目。森林防火物资储备库的建设应充分利用现有条件，节约土地，节约投资，保护环境。

**第四条** 森林防火物资储备库建设应纳入当地的国民经济和社会发展规划，城市总体规划，政府投资计划和土地利用总体规划，并按国家公益事业建设用地的有关规定申报、划拨。

**第五条** 森林防火物资储备库建设应立足长远，统一规划。

**第六条** 森林防火物资储备库的功能是为森林防火专业队伍储备应急森林防火物资，为森林防火非专业队伍提供必要的机具装备。

**第七条** 森林防火物资储备库的建设除执行本建设标准外，尚应符合国家现行有关标准和规范的规定。

# 第二章 建设规模与项目构成

**第八条** 根据我国森林防火指挥管理的现行体制和森林防火物资储备的客观需要，将森林防火物资储备库分为一类、二类和三类3个级别。一类森林防火物资储备库是指国家级库，其物资配备应适应扑救特大森林火灾的需要；二类森林防火物资储备库是指省级库，其物资配备应适应扑救重大森林火灾的需要；三类森林防火物资储备库是指地级或县级库，其物资配备应适应扑救一般森林火灾的需要。

**第九条** 建设森林防火物资储备库，应科学规划、合理布局，且必须同时满足以下建设条件：

一、所在地区森林火险区划等级应在3级以上（含3级）。

二、所在地区有林地、灌木林地和未成林造林地面积之和在10万～50万 $hm^2$（不含

10 万 $hm^2$）之间，可建设一个三类森林防火物资储备库；有林地、灌木林地和未成林造林地面积之和在 50 万 ~250 万 $hm^2$（不含 50 万 $hm^2$）之间，可建设一个二类森林防火物资储备库；有林地、灌木林地和未成林造林地面积之和在 250 万 $hm^2$（不含 250 万 $hm^2$）以上，可建设一个及以上一类森林防火物资储备库。

**第十条** 森林防火物资储备库建设项目由房屋建筑和场地等部分构成。

森林防火物资储备库的房屋建筑应包括功能用房和辅助用房两部分。功能用房主要是指森林防火物资和车辆储备用房；辅助用房包括管理用房，生活用房和附属用房。

管理用房包括办公室、会议室、档案室等，生活用房主要是指工作人员的值班宿舍，附属用房主要是指锅炉房、配电室、修理室、大门门房、寒冷地区防火专用车车库等。

森林防火物资储备库的场地是指停车场、内部道路、晒场和人员集散地、绿化用地等。一、二类森林防火物资储备库的场地可根据实际需要加设直升机停机坪。

在不影响森林防火物资正常调运的情况下，三类森林防火物资储备库可以不设生活用房。

## 第三章 选址与平面布局

**第十一条** 森林防火物资储备库的选址应符合下列条件：

一、具备可靠的电源、水源、通信等外部协作条件。

二、工程地质条件和水文地质条件良好，避开历史古迹区及可开采的矿藏区。

三、远离输电线、光缆等地上、地下障碍物。

四、避免洪水、潮水和内涝威胁，场地的防洪标准不应低于 50 年一遇。

五、远离污染源及易燃易爆场所。

六、应设在所辖林区内适中位置和便于车辆迅速出动的林区公路畅通地段。

七、森林防火物资储备库大门应方便通往林区的主要道路。

八、森林防火物资储备库位于城区的，应符合当地城市规划的要求，其建筑风格应与周边建筑相协调。

**第十二条** 森林防火物资储备库的布局，应符合下列条件：

一、交通便利，物资流向合理。

二、接到森林扑火命令后，森林防火物资可以迅速被运送到火场边缘。

**第十三条** 一类森林防火物资储备库，宜根据功能分为仓储区、办公区、生活区。各类森林防火物资储备库中，如储存灭火弹等易燃易爆物品，应单独、隔离存储，严禁烟火。

## 第四章 建筑标准

**第十四条** 森林防火物资储备库的建筑标准应根据森林防火物资储备库的级别和有利于林火扑救、安全使用等原则合理确定。

**第十五条** 森林防火物资储备库的建筑容积率不宜超过 0.6，建筑密度不宜超过 45%；停车场和道路的建设应确保物资调运通畅，进出无障碍坡道；场地建设应满足晾晒衣物、物资配送车辆停泊出入和直升机停机的需要；绿地率以 30% 为宜。

具备条件的地区，在保障森林防火物资储备的基础上，森林防火物资储备库可以与其他应急避难设施或公益性设施相结合，有效地提高土地和资金的使用效率。

**第十六条** 各类森林防火物资储备库的总建筑面积不应超过表 1 的规定。

**表1　各类森林防火物资储备库建筑面积指标表（$m^2$）**

| 库种类 | 合计 | 功能用房 | | 辅助用房 | | |
|---|---|---|---|---|---|---|
| | | 物资库 | 专用车库 | 管理用房 | 生活用房 | 附属用房 |
| 一类库 | 3260～3480 | 2500 | 70～180 | 200～250 | 200～250 | 290～300 |
| 二类库 | 1100～1370 | 800～1000 | 0 | 100～120 | 100～120 | 100～130 |
| 三类库 | 260～340 | 200～250 | 0 | 20～30 | 20～30 | 20～30 |

**第十七条**　森林防火物资储备库宜采用单层建筑结构。单层森林防火物资储备库的净高不应低于6m且不超过9m，地坪荷载为$3t/m^2$，室内地坪应做防潮层。货车直接入库的库门净高不低于4.5m，净宽不小于4m。

**第十八条**　森林防火物资储备库的结构形式，应根据建设场地的工程、气象、材料供应、投资和抗震等条件，采用砖混结构、钢筋混凝土结构、钢结构或其他结构形式。森林防火物资储备库的建筑耐火等级不应低于二级。森林防火物资储备库存放易燃易爆物品时，其建筑防爆应满足相关标准和设计规范的规定。

**第十九条**　森林防火物资储备库应设置必要的给排水、消防、报警、防火和防盗设施。

位于采暖地区的森林防火物资储备库，其管理和生活用房等应按国家有关规定设置采暖设施，并应积极使用城市热网或集中锅炉房供暖。管理及生活用房等采暖用房应根据不同地区，不同要求，按当地标准进行节能设计。

森林防火物资储备库应具备良好的通风条件，自然通风不能满足要求时，应配备相应的机械通风设施。

**第二十条**　森林防火物资储备库的供电负荷等级应符合现行国家标准《城市电力规划规范》GB 50293 的有关规定，必要时应设置配电室。森林防火物资储备库的供电应满足照明和设备运行的需要，室内外照明应满足全天候作业的要求。森林防火物资储备库主要用房及场地的照度标准应符合国家现行有关标准的规定。

森林防火物资储备库主要用房的抗震能力应符合现行国家标准《建筑工程抗震设防分类标准》GB 50223 和《建筑抗震设计规范》GB 50011 的有关规定。

森林防火物资储备库主要用房的防雷标准应符合现行国家标准《建筑物防雷设计规范》GB 50057 的有关规定。

**第二十一条**　森林防火物资储备库的标志应醒目、统一，标志上宜有森林防火物资储备库名称的中文字样和防火徽标。

**第二十二条**　森林防火物资储备库外装修应符合林区森林防火规划的要求，并宜采用不易老化、阻燃型的装修材料。森林防火物资储备库的内装修应适应管理人员生活和业务训练的需要，并应采用防火、环保型装修材料。森林防火物资储备库的装修投资不得超过工程费用的10%。

## 第五章　基本装备与储备物资

**第二十三条**　森林防火物资储备库的基本装备包括装卸、技术防护、信息化管理、通信、物资保管维护和必要的交通工具等。

装卸设备包括叉车、液压搬用车、托盘搬用车、手动推车、托盘、货架等。技术防护设备包括监控设备、自动报警装置等。信息化管理设备包括计算机信息管理系统、网络系统等。物资保管维护设备包括清洗设备、消毒设备、缝补设备、维修设备等。通信设备包括移动电话、对讲系统、海事卫星电话等。交通工具包括应急调度车、储备物资转运车等。

各类森林防火物资储备库在建设过程中应本着节约高效的原则，根据实际需要配备相应基本装备。

**第二十四条** 森林防火物资储备库的储备物资由扑火机具、安全防护、野外生存、通信指挥器材和防火车辆等物资组成。各种主要物资的储备量及参考基价等按表2规定执行，必要时根据需要适时、适度增加新型机具、装备和器材。

**表2 森林防火物资储备库主要储备物资参考表**

| 物资种类 | 单位 | 参考基价（元） | 三类库储备量 | 二类库储备量 | 一类库储备量 | 建议储备年限 | 备注 |
|---|---|---|---|---|---|---|---|
| 一、扑火机具类 | | | | | | | |
| 1. 风力灭火机 | 台 | 1600 | 120 | 360~600 | 720~3000 | 5年（橡胶部件） | |
| 2. 风水灭火机 | 台 | 1800 | 120 | 360~600 | 720~3000 | 5年（橡胶部件） | 配水桶时略增加体积 |
| 3. 灭火水枪 | 支 | 500 | 120 | 360~600 | 720~3000 | 5年（橡胶部件） | 桶式 |
| 4. 灭火二号工具 | 把 | 50 | 140 | 420~700 | 840~3500 | 5年（橡胶部件） | |
| 5. 移动水泵灭火系统 | 套 | 30000 | 60 | 180~300 | 360~1500 | 3年 | |
| 6. 油锯 | 台 | 1600 | 30 | 90~150 | 180~750 | 5年（橡胶部件） | |
| 7. 割灌机 | 台 | 1700 | 40 | 120~200 | 240~1000 | 5年（橡胶部件） | |
| 8. 清火组合工具 | 套 | 500 | 120 | 360~600 | 720~3000 | 长期 | 7件组套 |
| 9. 灭火机加油器 | 个 | 500 | 40 | 120~200 | 240~1000 | 长期 | |
| 10. 滴油式点火器 | 个 | 400 | 55 | 165~275 | 330~1375 | 长期 | |
| 11. 防火吊桶 | 个 | 150000 | | 0~5 | 0~25 | 长期 | 二类以上库储备 |
| 12. 砍刀 | 把 | 30 | 140 | 420~700 | 840~3500 | 长期 | |
| 13. 大斧 | 把 | 60 | 140 | 420~700 | 840~3500 | 长期 | |
| 14. 消防铲 | 把 | 100 | 140 | 420~700 | 840~3500 | 长期 | |
| 二、安全防护类 | | | | | | | |
| 1. 防护头盔 | 顶 | 200 | 140 | 420~700 | 840~3500 | 5年 | |
| 2. 对讲式头盔 | 顶 | 400 | 140 | 420~700 | 840~3500 | 5年 | |

**续表 2**

| 物资种类 | 单位 | 参考基价（元） | 三类库储备量 | 二类库储备量 | 一类库储备量 | 建议储备年限 | 备注 |
|---|---|---|---|---|---|---|---|
| 3. 防护眼镜 | 副 | 500 | 140 | 420～700 | 840～3500 | 5 年 | |
| 4. 抗噪耳罩 | 副 | 3500 | 140 | 420～700 | 840～3500 | 5 年 | |
| 5. 阻燃服装 | 套 | 300 | 140 | 420～700 | 840～3500 | 5 年 | |
| 6. 防火手套 | 副 | 20 | 140 | 420～700 | 840～3500 | 5 年 | |
| 7. 防扎鞋 | 双 | 500 | 140 | 420～700 | 840～3500 | 5 年 | |
| 8. 三防靴 | 双 | 700 | 140 | 420～700 | 840～3500 | 5 年 | |
| 9. 避火罩 | 套 | 500 | 80 | 240～400 | 480～2000 | 5 年 | |
| 三、野外生存类 | | | | | | | |
| 1. 便携帐篷 | 顶 | 200 | 140 | 420～700 | 840～3500 | 长期 | |
| 2. 羽绒睡袋 | 条 | 400 | 140 | 420～700 | 840～3500 | 5 年 | |
| 3. 防潮褥垫 | 个 | 50 | 140 | 420～700 | 840～3500 | 5 年 | |
| 4. 气垫床 | 张 | 80 | 140 | 420～700 | 840～3500 | 5 年 | |
| 5. 野战食品 | 套 | 30 | 300 | 900～1500 | 1800～7500 | 根据保质期确定 | |
| 6. 急救包 | 套 | 100 | 140 | 420～700 | 840～3500 | 根据具体情况确定 | |
| 7. 药品盒 | 套 | 150 | 140 | 420～700 | 840～3500 | 根据具体药品确定 | |
| 四、通信指挥器材类 | | | | | | | |
| 1. 手持式对讲机 | 部 | 2500 | 140 | 420～700 | 840～3500 | 5 年 | |
| 2. 车载台 | 部 | 3000 | 30 | 90～150 | 180～750 | 5 年 | |
| 3. 移动中继台 | 个 | 15000 | 30 | 90～150 | 180～750 | 5 年 | |
| 4. 海事卫星电话 | 部 | 15000 | 5 | 15～25 | 30～125 | 长期 | |
| 五、防火车辆类 | | | | | | | |
| 1. 运兵车 | 辆 | | | | 2～5 | 长期 | |
| 2. 消防水车 | 辆 | | | | 2～5 | 长期 | |
| 3. 炊事车 | 辆 | | | | 2～5 | 长期 | |
| 4. 通信指挥车 | 辆 | | | | 1～3 | 长期 | 含相应车载通信设备 |
| 六、其他 | | | | | | | 根据实际情况确定 |

## 附 件

# 《森林防火物资储备库工程项目建设标准》条文说明

## 第一章 总 则

**第一条** 本条阐明编制本建设标准的目的和依据。

我国现有森林防火专业队物资储备库房3867个，总建筑面积138588$m^2$，这些库房大都陈旧简陋，面积较小，主要为满足森林防火专业队伍日常训练的机具装备需要，在战时也具有较低水平的应急物资供给功能，但远达不到物资储备库的数量和质量要求。一旦发生大火，不能保证物资的有效及时调运供给，延误战机。

"十五"以来，特别是"十一五"以来，国家加大了对森林防火事业的投入力度，购置了大量的森林防火机具装备，但是由于目前我国尚没有森林防火物资储备库的建设标准，管理部门缺少必要的项目审批依据，严重制约了森林防火物资储备库工程项目决策和建设的科学管理水平。本建设标准尽快出台，有利于促进我国森林防火事业的可持续发展。

**第二条** 本条阐明编制本建设标准的作用及权威性。

森林防火物资储备库建设是贯彻"预防为主，积极消灭"森林防火工作方针的重要组成部分。本建设标准是依据我国森林防火工作的有关规定，在充分调查研究的基础上，广泛听取各方面的意见，组织专家论证后制定的，兼顾了火险等级、地域、经济发展水平的差异和不同类型森林防火物资储备库的建设需要。因此，本建设标准是全国统一标准。

**第三条** 本条阐明本建设标准的适用范围。

"十一五"期间，我国需要新建、改建和扩建一类森林防火物资储备库6座，"十二五"期间，我国需要新建、改建和扩建一类森林防火物资储备库6座。截止2015年，我国将新建二类森林防火物资储备库41个，三类森林防火物资储备库1016个。本建设标准适用于森林防火物资储备库新建、改建和扩建工程项目。

**第四条** 森林防火物资储备库建设是重要的公益事业，是森林防火工作顺利开展的基础，是保障国家生态安全的前提条件之一，其建设应纳入当地的国民经济和社会发展规划，城市总体规划，政府投资计划和土地利用总体规划。目前森林防火物资储备库的建设用地大多从林业用地中划拨。

**第五条** 我国森林防火物资储备库建设起点较低，历史欠账很多。近年来，随着国家对森林环境保护和森林防火事业重视程度的不断提高，森林防火物资储备库建设有了一定的改观，但各地发展很不平衡。从森林防火事业的长远发展考虑，应统筹规划，立足长远。经济较发达地区可一次规划和投入，资金投入确有困难的，可以一次规划，分期建设，分步实施。

**第六条** 我国的森林防火队伍分专业队伍和非专业队伍，专业队伍有供自己日常训练使用的机具装备库房，非专业队伍则没有自己专用的机具装备库房。所以森林防火物资储备库建设的第一目标是满足战时森林防火专业队伍应急森林防火物资的补给需要，森林防火物资储备库建设的第二目标是为森林防火非专业队伍日常训练和战时火场清理提供必要的机具装备。

**第七条** 本条阐明本建设标准与国家现行有关工程建设标准的关系。

森林防火物资储备库建设是森林防火基础设施建设的重要组成部分之一，在编制工程项目、计划及建设全过程中，除执行本建设标准外，尚应符合国家现行有关标准和规范的规定。

## 第二章 建设规模与项目构成

**第八条** 根据国务院1988年1月发布的《森林防火条例》，森林火灾按受害森林面积分为四类：森林火警是指受害森林面积不足1hm$^2$或其他林地起火，一般森林火灾是指受害森林面积1hm$^2$以上不足100hm$^2$，重大森林火灾是指受害森林面积100hm$^2$以上不足1000hm$^2$，特大森林火灾是指受害森林面积在1000hm$^2$以上。

根据我国森林防火物资储备的客观需要，将森林防火物资储备库分为一类、二类和三类3个级别，符合我国森林防火工作的基本国情。一类森林防火物资储备库应能够满足省际间的物资调配需要，对应《国家处置重、特大森林火灾应急预案》中的Ⅰ级响应；二类森林防火物资储备库应能满足地（市）级单位之间的物资调配需要，基本对应《国家处置重、特大森林火灾应急预案》中的Ⅱ级响应；三类森林防火物资储备库应能满足县级单位之间的物资调配需要，基本对应《国家处置重、特大森林火灾应急预案》中的Ⅲ级响应。

**第九条** 建设森林防火物资储备库，必须同时考虑森林火险等级、主要资源保护对象和科学合理布局三个建设条件。国家现行标准《全国森林火险区划等级》LY 1063—92于1992年发布实施，该标准的理论基础为森林燃烧环理论、正交向量组理论和数量化理论。该标准通过逐步筛选，确定树种（组）燃烧类型、农业人口密度、防火期平均降水量、防火期平均气温、防火期平均风速和路网密度等六个火险因子作为《全国森林火险区划等级》LY 1063—92的基本因素，并最终将全国森林火险区划等级划分为3个等级。林区森林火险等级在3级以下（不含3级）的区域，火灾发生可能性较小，不必专门设立森林防火物资储备库；有林地、灌木林地和未成林造林地面积之和（简称YGW）的阈值确定主要是根据多年的经验数据确定。

建设森林防火物资储备库的主要目的是保护容易发生森林火灾、火险等级较高区域的森林资源，在森林资源分散、火险等级较低的林区可不设立森林防火物资储备库。

例如：某地区的森林火险区划等级在3级以上（含3级），其有林地、灌木林地和未成林造林地面积之和为520万hm$^2$，在科学布局、合理分布的前提下，该地区可以建设10个三类库、2个二类库和1~2个一类库。

**第十条** 在防火期内森林防火物资储备库必须配备专职工作人员，确保物资调运及时有效。等级较高，结构复杂，储备物资量较大的森林防火物资储备库必须设置专职管理人员，并进行科学合理布局，以满足森林防火物资储备和正常调运的基本需求。

## 第三章 选址与平面布局

**第十一条** 本条规定了森林防火物资储备库的选址条件。

森林防火物资储备库具有公益、应急性质，因此在选址时必须首先考虑交通、通信等因素；同时森林防火物资储备库具有一般建筑物共有的特点，在选址时还应充分考虑水文地质、地形地貌、防洪和城市规划等因素。

**第十二条** 在进行森林防火物资储备库布局时，重点应考虑交通辐射半径、物资供应范围和配送时间等三个关键问题。在森林防火物资配送过程中，应力求在现有条件下最短时间内送达火场边缘。

**第十三条** 一类森林防火物资储备库，储备物资种类较多，应配备专职管理人员，并进行科学合理的功能分区，以提高效率、科学管理。

森林防火物资储备库的储备物资应分类储备，对于灭火弹等易燃易爆物品，必须单独存放，以确保物资储备和调运安全。

## 第四章 建筑标准

**第十四条** 规定了确定森林防火物资储备库建筑标准的基本原则。

**第十五条** 停车场和道路用地中，一类森林防火物资储备库应具有20辆以上5吨位东风卡车同时周转的场地，二类森林防火物资储备库应具有6辆以上5吨位东风卡车同时周转的场地，三类森林防火物资储备库应具有2辆以上5吨位东风卡车同时周转的场地。

根据调研结果，晒场和人员集散地按建筑面积的20%计算较为合理。绿化用地按绿地率30%测算为宜。

要求森林防火物资储备库与其他应急避难设施或公益性设施相结合进行建设，是为了在建设过程中厉行节约，避免浪费。森林防火物资储备库应具有相应的场地，确保在紧急调运过程中，运输车辆具有较为宽松的周转空间。

**第十六条** 森林防火物资储备库功能用房的建筑面积指标是根据储备物资的种类、数量、单位物资包装体积、森林防火队伍兵力构成等多个指标确定的。

新中国成立以来，经过半个多世纪的发展，我国已基本完成从全民防火向专业队伍防火的转变，林火扑救专业队伍主要包括专业队、半专业队和武警森林部队，这三支队伍目前的总兵力约为65万人，根据现有统计数据，这些队伍主要集中在1160个应配备三类库的县级行政单位。按照目前我国单支森林防火队伍的标准配备，乘以单位三类库的专业队伍人数560人，再乘以森林防火应急物资储备系数（0.25），即可得出单个三类库的最低森林防火物资储备面积为75m$^2$。考虑到使用面积和建筑面积之间的转换系数和一些未列入统计范围的特殊储备物资，则森林防火物资储备库三类库的功能用房建筑面积定为100m$^2$较为适宜。

同时，由于负责火场清理等森林防火后期工作的义务扑火队大都没有专门的装备，其物资使用量和森林防火专业队伍的应急物资储备量基本相当，考虑25%的余量，则最终确定三类森林防火物资储备库功能用房的建筑面积应为200～250m$^2$；根据已有经验和对相关森林防火专家的问卷调查，二类森林防火物资储备库应容纳4个三类库的物资储备量，则二类森林防火物资储备库的功能用房建筑面积应为800～1000m$^2$较为适宜；一类森林防火物资储备库应容纳3个二类库的物资储备量。同时，为了强化一类森林防火物资储备库的标准化建设，本建设标准综合测算一类森林防火物资储备库中物资库的建筑面积为2500m$^2$；考虑到一类库中要储备7～18辆防火用车，则需要车库用房70～180m$^2$。

表1中，一类库定员25人，二类库定员12人，三类库定员3人；管理用房面积参照《党政机关办公用房建设标准》执行，每人管理用房按建筑面积8～10m$^2$计算。生活用房

主要是指工作人员的值班宿舍，按编制定员人均建筑面积 8 ~ 10$m^2$。附属用房主要是指锅炉房和配电室等附属设施用房，根据多年统计的经验数据，按森林防火物资储备库功能用房、管理用房和生活用房面积之和的 10% 计算较为合理。

由于森林防火物资储备库的管理属应急管理的范畴，对其所有定编人员均需提供相应的管理和生活用房，以确保森林防火物资调运及时、高效。

森林防火物资储备库单位建筑面积钢材用量不宜超过 42kg/$m^2$，木材用量不宜超过 0.01$m^3$/$m^2$，水泥用量不宜超过 270kg/$m^2$。库房单位工程造价不宜超过 2000 元/$m^2$。

**第十七条** 根据国内外的经验，森林防火物资储备库宜采用单层建筑结构，以便于森林防火物资的储备、更新和调运。

**第十八条、第十九条** 对森林防火物资储备库的建筑结构、耐火等级、装修、采暖、通风、空调和给排水设施的建设要求作出了具体规定。三类库可采用砖混结构，一、二类库可采用钢筋混凝土或钢结构。

**第二十条** 对森林防火物资储备库的供电负荷和事故照明等作了明确规定。考虑到森林防火物资调运具有应急的特点，其供电系统应设置事故照明。

**第二十一条** 森林防火物资储备库的标志设置应满足提醒、警示、易懂、适用等功能需求。森林防火物资储备库标志所使用的语言、文字、示样等，由上一级林业行政主管部门根据地方实际情况，负责作出统一规定。

**第二十二条** 本条对森林防火物资储备库的装修投资作出了具体要求。

## 第五章 基本装备与储备物资

**第二十三条** 本条明确了森林防火物资储备库中基本装备的种类及主要内容。

**第二十四条** 表 2 给出的是各类森林防火物资储备库的主要常规物资配备标准，各地可根据本地区森林防火工作的特点和实际需要因地制宜，合理增添或取舍。

本条将需要进行储备的主要物资分为六大类，即扑火机具类、安全防护类、野外生存类、通信指挥器材类、防火车辆类和其他。考虑到一般县级单位周边平均有 3 ~ 5 个相邻单位，三类库的物资储备量应满足 5 支 25 人组专业扑火队的标准配备，并根据具体装备留出了一定的余量；二类库的物资储备量是三类库的 3 ~ 5 倍；一类库的物资储备量是二类库的 2 ~ 5 倍。

# 森林火情瞭望监测设施建设标准

## 建标 123—2009

## 住房和城乡建设部、国家发展和改革委员会关于批准发布《森林防火物资储备库工程项目建设标准》、《森林火情瞭望监测设施建设标准》的通知

建标〔2009〕127 号

国务院有关部门，各省、自治区、直辖市、计划单列市住房和城乡建设厅（委、局）、发展和改革委员会，新疆生产建设兵团建设局、发展和改革委员会：

根据《关于印发〈二○○三年工程项目建设标准、投资估算指标、建设项目评价方法与参数编制项目计划〉的通知》（建标函〔2004〕43 号）要求，由国家林业局负责组织编制的《森林防火物资储备库工程项目建设标准》、《森林火情瞭望监测设施建设标准》，已经有关部门会审，现批准发布，自 2009 年 11 月 1 日起施行。

在国家林业防火项目的审批、设计和建设过程中，要严格遵守国家关于严格控制建设标准，进一步降低工程造价的相关要求，认真执行本建设标准，坚决控制工程造价。

本建设标准的管理由住房和城乡建设部、国家发展和改革委员会负责，具体解释工作由国家林业局负责。

中华人民共和国住房和城乡建设部
中华人民共和国国家发展和改革委员会
二○○九年七月二十一日

## 前　言

《森林火情瞭望监测设施建设标准》是根据国家发展和改革委员会、住房和城乡建设部下达的编制任务，由国家林业局负责主编，国家林业局调查规划设计院编制的。

在编制过程中，编制组进行了广泛深入的调查研究，认真分析了国内已建森林火情瞭望监测设施的统计资料，总结了以往建设的经验教训。征求意见稿完成后在全国各相关单位广泛征求了意见，经认真修改后由国家林业局召开了全国审查会，会同有关部门审查定稿。

本建设标准共分四章：总则、建设内容与项目构成、选址与规划布局和建筑标准。

本建设标准在实施过程中，请各单位注意总结经验，积累资料，如发现需要修改和补充之处，请将意见和有关资料寄至国家林业局计划与资金管理司（地址：北京市东城区和平里东街18号，邮政编码：100714），以便今后修订时参考。

**主 编 单 位：** 国家林业局调查规划设计院

**主要起草人：** 翟洪波　刘德晶　王宏伟　闫　平　高述超　魏晓霞　吴　锐　张　志　李　怡　桑铁群　宋子刚　刁鸣军　郭立新　李　云　刘　明　涂　琼　慕晓炜　杨开良　邓立斌

国家林业局

2009年6月

## 第一章　总　　则

**第一条**　为适应维护国家生态安全和森林防火工作的需要，规范森林火情瞭望监测设施建设，提高森林火情瞭望监测工程项目决策和建设的科学管理水平，增强防御和处置森林火灾的能力，根据《中华人民共和国森林法》、《中华人民共和国消防法》和《中华人民共和国建筑法》制定本建设标准。

**第二条**　本建设标准是为项目决策和合理确定建设水平服务的全国统一标准；是编制、评估、审批森林火情瞭望监测建设项目可行性研究报告的重要依据；也是审查森林火情瞭望监测建设项目初步设计和对整个建设过程进行监督检查的尺度。

**第三条**　本建设标准适用于新建、改建和扩建的森林火情瞭望监测设施建设。

**第四条**　森林火情瞭望监测设施建设必须遵守国家有关的法律、法规和规章，必须符合森林防火工作的实际需要，应从当地实际情况出发，与经济、社会发展相适应，做到安全、坚固、适用、经济。

**第五条**　森林火情瞭望监测设施建设应坚持科学、合理、节约用地的原则，统一规划，合理布局，并纳入当地的国民经济和社会发展规划。新建森林火情瞭望监测设施建设项目应统筹规划建设，改建和扩建项目应充分利用原有设施。

**第六条**　森林火情瞭望监测设施建设除应执行本建设标准的规定外，尚应符合国家现行有关标准和设计规范的规定。

## 第二章　建设内容与项目构成

**第七条**　森林火情瞭望监测设施的建设内容包括瞭望塔（台）和配套设施等。

一、瞭望塔（台）：主要由塔（台）体和瞭望塔（台）人员生活用房两部分构成。

瞭望塔（台）的塔（台）体：由塔基、塔身、瞭望监测室和通信平台四部分构成。

瞭望塔（台）人员生活用房：主要用于解决野外瞭望监测人员食宿需求的用房。

二、配套设施包括：垂直交通系统（阶梯或升降机）、配重系统、安全系统、避雷系统、塔道、库房、通信设备、供输电、瞭望设备、定位设备和交通工具等。

**第八条**　森林重点火险区、国家级风景名胜区、自然保护区和森林公园等重点区域和地段，可结合瞭望塔（台）建设森林防火视频监测系统。

森林防火视频监测系统主要包括：基础设施、供电设备、信息采集设备、数据传输设备、图像处理分析设备、避雷设备和地面监控设备。

## 第三章 选址与规划布局

**第九条** 新建瞭望塔（台）的选址应符合下列条件：

一、地势较高，山区建在突起的山顶或高地。

二、平坦地区可结合其他建筑物，建在有关建筑物顶部。

三、视野宽阔，通视条件好。

四、不易受地质等自然灾害的危害。

五、交通、水、电、通信等条件相对便捷。

六、应与文物、世界文化遗产及景观环境保护相协调，与文物、世界文化遗产及景观的距离应符合文物和文化遗产保护的相关规定。

七、与各种污染源、易燃易爆危险品、高噪声、高压线、无线电干扰、光缆、石油管线、水利和军事设施的距离应符合国家有关规定。

**第十条** 瞭望塔（台）的设置密度，应根据地形地势、森林分布、观测方法和可见度等条件确定。

一、采用目视加简单仪器（望远镜）观测，其瞭望半径宜为10~20km。

二、采用视频系统等仪器观测，观测半径应根据设备性能确定。

**第十一条** 瞭望塔（台）之间的视线应相互交错衔接，其重复观测部分不应小于1/5。瞭望塔（台）群体控制区内不应有盲区。

## 第四章 建筑标准

**第十二条** 瞭望塔（台）的建筑面积指标，宜符合下列规定：

一、瞭望监测室建筑面积标准为10~15$m^2$。

二、瞭望人员生活用房建筑面积标准为10~20$m^2$/人。

三、仓库面积不应超过瞭望监测室和瞭望人员生活用房建筑面积总和的30%。

**第十三条** 森林火情瞭望监测设施房屋的建筑结构形式应根据建设条件和建筑层数综合考虑。

**第十四条** 瞭望塔（台）的建设，应符合下列规定：

一、瞭望塔（台）宜选择钢结构、砌体结构或钢筋混凝土结构。

二、瞭望塔（台）高度应根据地势和周围林木高度及控制范围等条件确定。瞭望塔（台）上的瞭望监测室必须高出周围最高树冠，其室内地面与周围最高树冠的高差不得小于2m。

三、瞭望塔（台）生活用房和库房等与瞭望塔分建时，距离宜近不宜远。

四、全方位观测的瞭望塔（台）应设在林地中心或控制区的中心。单方位观测的瞭望塔（台）应尽量避免逆光观测。

五、瞭望监测室应结构简单、体轻、坚固耐用。室壁宜采用钢架轻型墙板，四周通视。

六、瞭望监测室的承载力不得小于1.5~2.0$kN/m^2$。

七、瞭望监测室外设有瞭望平台的，平台宽度不应小于0.8m，平台外缘应设有牢固的防护栏杆，防护栏杆高度不应低于1.1m。

八、瞭望塔（台）的垂直交通系统采用阶梯式，应分层且层高不应大于5m。阶梯宽度：钢结构不小于0.6m，砖石结构不小于0.8m；梯节间应设有休息台。阶梯应设有扶手栏杆。

九、钢结构的瞭望塔（台）宜设有安全拉线。安全拉线必须沿塔体对角设置，拉线仰角不得大于55°；拉线基础必须牢固，四角拉力必须相等。

十、瞭望塔（台）必须设有避雷装置，其防雷标准应符合现行国家标准《建筑物防雷设计规范》GB 50057 的有关规定。

十一、瞭望塔（台）的抗震应符合现行国家标准《建筑工程抗震设防分类标准》GB 50223和《建筑抗震设计规范》GB 50011 的有关规定。

十二、瞭望塔（台）应配备高倍望远镜、定位仪、无线或有线通信等设备。

**第十五条** 防火视频监测系统宜结合瞭望塔（台）的布设综合布局，安置在人口密集的入口处等重点部位。

**第十六条** 森林火情瞭望监测建筑应使用防火、耐火涂料。森林火情瞭望监测设施设计使用年限不应少于30年。

**第十七条** 森林火情瞭望监测建筑应与当地的建筑传统、风格相协调，并应满足森林火情瞭望监测功能需要。

**第十八条** 森林火情瞭望监测建筑的装修，应满足森林火情瞭望监测的功能需求。

**第十九条** 严寒地区森林火情瞭望监测建筑应设置保暖设施。

**第二十条** 森林火情瞭望监测建筑宜设置给水、排水设施。

**第二十一条** 森林火情瞭望监测建筑应配备设备用电源和应急照明器材。瞭望塔（台）的电源可由蓄电池组、太阳能或风力发电设备构成，有条件的地方宜纳入市政统一供电。远离电网的瞭望塔（台）的电源可设燃油发电机、太阳能发电或风力发电及蓄电池组供电，两电源可互为备用。

**第二十二条** 森林火情瞭望监测建筑的有线广播、电视，应纳入地方有线广播、电视网。附近没有广播、电视网的火情瞭望监测建筑，可配备小型卫星地面接收装置。

**第二十三条** 与森林火情瞭望监测建筑相关的塔路、消防、给排水、供暖、变配电、电信、天然气、有线电视、环保等宜与林区总体规划衔接。

**第二十四条** 瞭望塔（台）与外界主公路相连的道路分为步行塔道和车行塔道。步行塔道宽度宜为1.5m，车行塔道宽度不宜小于3m。

## 附　件

# 《森林火情瞭望监测设施建设标准》条文说明

## 第一章　总　　则

**第一条** 森林火灾是世界性的林业重大灾害，每一次森林火灾，都会给森林资源造成巨大损失，给人民生命财产造成不可估量的危害，被公认为世界八大自然灾害之一。我国是森林火灾多发国家之一，1950～2000年，我国年均发生森林火灾1.36万次，年均受害森林面积达75.8万$hm^2$。进入21世纪以来，受全球气候异常影响，我国干旱、高温、大风等极端天气明显增多，尤其是林业重点工程实施后，我国森林面积迅速扩大，同时林区经济日益活跃，生产、生活用火频繁，火源管理难度增加，森林防火的任务越发艰巨。

由于我国森林火情瞭望监测设施建设起点低、不规范，难以适应当前日益严峻的森林防火工作形势。根据《中华人民共和国森林法》和《中华人民共和国消防法》尽快制定并出台森林火情瞭望监测设施工程项目建设标准，具有重要的理论和现实意义。

**第二条** 本条阐明编制本建设标准的作用及其权威性。

森林火情瞭望监测设施建设是贯彻“预防为主，积极消灭”森林防火工作方针的重要组成部分。本建设标准是依据我国森林防火工作的有关规定，在充分调查研究的基础上，广泛听取各方面的意见，组织专家论证后制定的，兼顾了地域、经济发展水平的差异和不同类型火情瞭望监测设施的建设需要。因此，本建设标准是全国统一标准。

**第三条** 本条阐明本建设标准的适用范围。

本建设标准适用范围为各类瞭望塔（台）的新建、改建和扩建工程项目。

**第四条** 本条阐明了本建设标准的使用条件。

森林火情瞭望监测设施建设应从森林防火工作的实际情况出发，具有一定的前瞻性，如适当增加视频监测系统的建设比例，在完善瞭望塔（台）瞭望监测功能的同时，兼顾其信息传递功能，但不可盲目求新求大，奢侈浪费。

**第五条** 森林火情瞭望监测设施建设是当地城市和地区总体规划的重要组成部分之一，涉及生态安全，应统一规划、合理布局；建设过程中应本着节约和提高使用效率的原则，充分利用已有设施。

**第六条** 在执行本建设标准规定的同时，不可避免地涉及与其他相关标准的衔接问题，如城市郊区的森林防火工作，需要和城市消防对接。

## 第二章 建设内容与项目构成

**第七条** 在我国，森林火情瞭望监测设施主要有瞭望塔和瞭望台。瞭望塔和瞭望台功能相同，结构相似，但其顶部不同，瞭望塔顶部为塔形观测室，瞭望台顶部为平台形观测面。瞭望塔多建设于山区，瞭望台多建于平原，其高度通常在10m以下。

瞭望塔（台）大都建设在山高林密的山顶或制高点，交通不便，条件艰苦。因此，瞭望塔（台）建设除需满足进行瞭望监测的技术要求外，还应保证瞭望监测工作人员的基本生活需要。

塔道是指将瞭望塔（台）与外界主公路相连的道路，可分为步行塔道和车行塔道两种。

**第八条** 传统森林火情瞭望监测设施的建设内容主要是瞭望塔或瞭望台，随着我国社会经济的不断发展和科技水平的不断提高，视频监测系统等配套设施得到越来越多的应用。

森林防火工作的实践表明，在森林重点火险区、国家级风景名胜区、自然保护区和森林公园的人口密集区域、重要交通路口等处，适合开展森林防火视频监测。

## 第三章 选址与规划布局

**第九条** 本条规定了新建瞭望塔（台）的选址要求。瞭望塔（台）的主要功能是瞭望监测森林火情，因此地势较高、视野开阔是瞭望塔（台）建设的基本要求。在我国，瞭望塔（台）大都是人工监测，瞭望塔（台）在选址上需要满足瞭望人员工作安全和生活的基本需要。

**第十条** 本条规定了瞭望塔（台）设置的密度要求。我国瞭望塔（台）目前大都为目视加简单仪器（望远镜）观测，在天气晴朗的情况下，瞭望半径在10～20km之间。20世纪90年代以来，在经济条件较为发达的地区相继采用了部分视频监测设备，由于技术水平差距较大，设备性能各异，其瞭望半径应根据实际情况确定。

**第十一条** 布设瞭望塔（台）的目的是为了及时发现火情，瞭望塔（台）之间应有部分视线交错衔接区域，以避免观测时出现死角、死面或盲区，但视线交错重复区域过大，将会增大瞭望塔（台）的设置密度，造成不必要的浪费。

## 第四章　建筑标准

**第十二条** 瞭望塔（台）设施建设，其功能除应满足安装望远镜、通信等相关设备的需要外，还应满足工作人员办公生活的需要。瞭望塔（台）大都山高路远，交通不便，因此必须配有仓库，但其面积应大小适宜，太大造成浪费，太小则影响瞭望监测人员的正常工作生活。

在我国绝大部分林区，每座瞭望塔（台）的人员编制为2～3人。

主要建筑标准说明：

一、瞭望监测室建筑面积：瞭望监测室内主要设备包括高倍望远镜，办公桌椅和通信、取暖设备等。在防火期内，瞭望监测室内要求专人值班。瞭望监测室10～15$m^2$的建筑面积在功能上能满足1～2个瞭望人员日常瞭望监测的需要。

二、单个瞭望人员生活用房使用面积：每人单床2$m^2$，写字台0.8$m^2$，浴室卫生间4$m^2$，厨房3$m^2$，储藏室2$m^2$，衣柜0.8$m^2$，房间内过道1.4$m^2$，其他空间（如北方地区采暖季节要安置炉具、暖气等）2$m^2$，合计16$m^2$，建筑系数按0.8计算，则单人建筑面积应为20$m^2$。

瞭望人员为2～3人时，浴室和厨房面积不再增加。

三、仓库主要放置工作人员所用车辆（如摩托车、自行车等）、森林消防设备（如风力灭火机等）、仪器设备配件等，根据经验数据，仓库面积一般不超过瞭望监测室和瞭望人员生活用房建筑面积总和的30%。

**第十三条、第十四条** 规定了在确定森林火情瞭望监测设施房屋建筑结构形式和工程设计中应符合的具体要求。在林区瞭望塔（台）的高度高于主林冠层，易遭到雷击，配备避雷系统主要是为了确保瞭望监测人员的人身安全。

**第十五条** 视频监测系统是近年来我国森林火情瞭望监测设施建设的新形式，如使用方法得当、布局合理，会起到事半功倍的效果。

**第十六条** 森林火情瞭望监测建筑大都建在森林火险等级较高的林区，山高坡陡，建筑成本较高，要求其使用年限不应少于30年，以避免短期多次重复建设。

**第十七条** 在我国有很多森林火情瞭望监测建筑位于风景名胜区、森林公园或自然保护区，由于森林火情瞭望监测建筑大都位置突出，比较醒目，在建设时应注意其景观效果，兼顾与当地建筑传统、风格的统一。

**第十八条～第二十一条** 对森林火情瞭望监测建筑的装修标准，采暖，给排水，电源、应急照明等进行了具体规定。

**第二十二条** 目前我国的森林火情瞭望监测建筑大部分难以纳入地方有线广播、电视网，在条件允许时，可为其配备小型卫星地面接收装置。

**第二十三条** 林区总体规划是森林火情瞭望监测设施建设的重要依据之一，在建设过程中宜与之合理衔接。

**第二十四条** 对塔道及其宽度进行了具体规定。

# 九、机　　场

# 民用机场工程项目建设标准

## 建标 105—2008

## 关于批准发布《民用机场工程项目建设标准》的通知

建标［2008］60号

国务院有关部门，各省、自治区、直辖市、计划单列市建设厅（委、局）、发展和改革委员会：

根据建设部《关于印发〈二〇〇四年工程项目建设标准、投资估算指标、建设项目评价方法与参数编制项目计划〉的通知》（建标函［2005］19号）的要求，由中国民用航空局负责编制的《民用机场工程项目建设标准》，经有关部门会审，现批准发布，自2008年7月1日起施行。

本建设标准的管理由住房和城乡建设部和国家发展改革委负责，具体解释工作由中国民用航空局负责。

中华人民共和国住房和城乡建设部
中华人民共和国国家发展和改革委员会
二〇〇八年三月十一日

## 前　言

《民用机场工程项目建设标准》根据国家计委《关于制订工程项目建设标准的几点意见》（计标［1987］2323号）和建设部、国家计委《关于印发〈关于工程项目建设标准编制工作暂行办法〉的通知》的要求，由中国民用航空局组织编制。

本建设标准在大量统计、分析、总结、论证民用机场建设经验的基础上，按照国家和中国民用航空局颁布的现行的有关法律、法规、标准、规范、定额、指标及有关强制性条文的规定，并参考国际民航组织各附件的规定编制完成，以规范民用机场的建设与发展，合理确定机场的建设规模和标准，使得民用机场安全适用、经济合理。

本建设标准共分八章，主要内容包括：总则、机场分级及工程项目构成、机场场址、机场生产主体设施、机场生产辅助设施、机场地面交通及公用设施、机场环境保护、机场项目建设用地。

本建设标准在执行过程中发现的问题，请尽快告知中国民用航空局机场司（地址：北京东四西大街155号，邮政编码：100710），以便及时修订。

## 主编单位和主要起草人名单

**主 编 单 位**：中国民航机场建设集团公司

**主要起草人**：张立安 魏绮华 王建萍 聂国屏 朱亚杰 杨洪涛 王赞辉 陈桂明
成畴夫 黄龙生

**主要审核人**：张光辉 刁永海 刘海云 张淑萍

中国民用航空局
2008 年 3 月

# 第一章 总 则

**第一条** 为加强民用机场工程项目决策与建设的科学管理，合理确定和正确掌握建设标准，促进我国民用航空事业的健康发展，制定本建设标准。

**第二条** 《民用机场工程项目建设标准》是为民用机场工程项目决策服务、控制建设水平的全国统一标准，是编制、评估、审批、核准民用机场工程项目可行性研究报告和项目建议书的重要依据，也是有关部门审查工程项目初步设计和监督检查整个建设过程建设规模的衡量标准。

**第三条** 民用机场分为运输机场和通用机场。本建设标准适用于建设目标年预测旅客吞吐量 50 万人次以上 4000 万人次（含）以下的新建（迁建）、改建和扩建的运输机场工程项目（含军民合用机场中的民用部分）。

建设目标年预测旅客吞吐量 50 万人次（含）以下的运输机场的工程项目执行民用航空行业标准《民用航空支线机场建设标准》。建设目标年预测旅客吞吐量大于 4000 万人次的运输机场工程项目另行专项审核。

本建设标准不适用于通用机场工程项目。

**第四条** 机场各项设施的建设规模应根据机场的性质、机场的类别、机场飞行区指标和机场旅客航站区指标等综合分析、合理确定。

**第五条** 民用机场工程项目建设应遵循下列原则：

一、遵循《民用航空法》及国家和民用航空行业有关法律、法规和技术标准、规范、定额、指标，贯彻民用航空行业的技术经济政策，以及航空安全、节约用地、节约能源、环境保护的规定，符合全国民用机场布局和建设规划，履行建设程序；

二、民用机场工程项目的建设要与所在城市或地区经济和社会发展及航空运输需求相适应，与其他交通运输方式相协调，在符合机场总体规划的前提下，统一规划、滚动发展、分期建设、适当留有余地；

三、在保证民用航空运输安全的前提下，满足高效运行管理的需要，民用机场工程项目的建设应系统完整、容量均衡、规模适当、符合标准，形成综合运输能力；

四、以功能为主，兼顾造型；

五、因地制宜、合理布局、节约用地、节约资源；

六、以人为本、环境协调；

七、民用机场工程项目建设，应进行多方案技术、经济比较，应注重技术创新，推动技术进步，积极采用新技术、新工艺、新材料、新设备，注重投资效益经济合理。

**第六条** 民用机场工程项目建设，除应遵循本建设标准外，尚应执行国家和民用航空行业的有关法律、法规、标准、规范、定额、指标和有关强制性条文的规定。

## 第二章 机场分级及工程项目构成

**第七条** 民用机场飞行区应按指标Ⅰ和指标Ⅱ分级，使得该机场飞行区的各种设施的技术标准能与在该机场上运行的飞机性能相适应。

飞行区指标Ⅰ：按拟使用机场跑道的各类飞机中最长的基准飞行场地长度，分为1、2、3、4四个等级，根据表1确定。

**表1 飞行区指标Ⅰ**

| 飞行区指标Ⅰ | 飞机基准飞行场地长度（m） |
|---|---|
| 1 | <800 |
| 2 | 800～<1200 |
| 3 | 1200～<1800 |
| 4 | ≥1800 |

注：飞机基准飞行场地长度指在标准条件下，即海拔为零、国际标准大气压、气温为15℃、无风、跑道坡度为零的情况下，以该机型规定的最大起飞质量所需的最短飞行场地长度。

飞行区指标Ⅱ：按使用该机场飞行区的各类飞机中的最大翼展或最大起落架外轮外侧边的间距，分为A、B、C、D、E、F六个等级，两者中取其较高等级，根据表2确定。

**表2 飞行区指标Ⅱ**

| 飞行区指标Ⅱ | 翼展（m） | 主起落架外轮外侧间距（m） |
|---|---|---|
| A | <15 | <4.5 |
| B | 15～<24 | 4.5～<6 |
| C | 24～<36 | 6～<9 |
| D | 36～<52 | 9～<14 |
| E | 52～<65 | 9～<14 |
| F | 65～<80 | 14～<16 |

**第八条** 民用机场旅客航站区按旅客航站区指标进行分级，旅客航站区指标按影响机场旅客航站区规模的机场建设目标年年旅客吞吐量的数值划分为1、2、3、4、5、6六个等级，根据表3确定。

**表3 旅客航站区指标**

| 指　　标 | 年旅客吞吐量（用“P”表示，万人次） |
|---|---|
| 1 | P<10 |
| 2 | 10≤P≤50 |
| 3 | 50<P<200 |
| 4 | 200≤P<1000 |
| 5 | 1000≤P<2000 |
| 6 | P≥2000 |

注1：本表指标1、2适用《民用航空支线机场建设标准》，以下内容省略指标1、2的机场；

注2：年旅客吞吐量大于4000万人次机场的建设项目另行专项审核。

**第九条** 民用机场工程项目主要由机场生产主体设施、机场生产辅助设施、机场地面交通及公用设施构成。各项设施主要包括：

一、机场生产主体设施：飞行区、目视助航设施、旅客航站区、机场空中交通管制设施、货运区、机务维修区及设施、机场供油设施、机场应急救援及安全保卫设施。

二、机场生产辅助设施：航空食品及机上供应品设施、服务保障设施、信息管理设施；

三、机场地面交通及公用设施：机场地面交通设施、机场供电设施、机场供水设施、机场雨水排放系统、机场排污及污水污物处理系统、机场供热及制冷设施、机场燃气供应设施、机场通信设施。

民用机场工程各项设施的建设应相互配套，同步建设，协调发展，对于机场地面交通设施、公用设施及服务保障设施，应充分利用机场所在地既有的和规划建设的地面交通及公用设施条件进行建设。

## 第三章 机场场址

**第十条** 机场场址选择应根据全国民用机场布局规划并符合当地城市或城镇规划要求，满足我国民用航空行业标准及管理规定的要求。

**第十一条** 飞行安全保证条件应符合下列规定：

一、场址空域应满足机场空域规划的要求，机场的跑道方位、飞行程序所使用的空域、飞机进离场航线不得与周边机场存在不可协调的矛盾或冲突；

二、场址净空或经处理后的净空环境应符合民用航空行业标准《民用机场飞行区技术标准》的有关要求。对局部不能满足要求的，应进行航行方面的专项研究、论证；

三、场址应选择气象条件良好的场地，跑道的方位应满足机场的跑道风向利用率不少于95%的要求；

四、机场场址应选择远离候鸟群的习惯迁移飞行路线和吸引鸟类聚集的地区；

五、场址与易爆易燃、产生大量烟雾等设施应满足安全距离的要求；

六、不允许架空线路穿越机场飞机活动区。通过机场附近的110kV及以上的高压架空输电线路，应满足空管、导航等设备的防护要求，原则上距离跑道中心线侧边不小于1km，同时110kV及以上的高压架空输电线路的杆顶距离飞机下滑道底边的垂直距离应不小于150m；为保障飞行安全及空中交通管制通信、导航、监视等设备的正常工作，必要时，应作专门的评估和研究，根据国家标准《航空无线电导航台站电磁环境要求》及民用航空行业标准《航空无线电导航台和空中交通管制雷达站设置场地规范》中对机场空中交通管制通信、导航、监视等设备电磁环境保护要求，确定对高压架空线路、广播电台等干扰源的防护距离。

**第十二条** 服务及环境要求条件：

一、场址地域应满足所服务城市和地区的预测航空业务量远期发展需求所需要的机场建设规模；

二、场址应便于其所服务城市的旅客使用，其距城区距离应根据城市或城镇发展规划、拟定的跑道方位、地面交通及公用设施的保障情况确定，要兼顾机场、城市的发展；

三、拟建机场的航空器进、离场航线及跑道方向宜避开学校、医院、精密仪表等研究机构以及人口稠密的居民区等，减小航空器噪声对上述噪声敏感建筑物的影响；场址附近宜有符合环境管理规定的满足机场污水达标排放的市政污水管网或受纳水体；

四、机场场址应与机场所在地的城市或城镇规划、土地使用规划、生态环境保护规划、无线通信网站规划等相协调；

五、机场场址、跑道方位及航空器进离场航线和飞行程序所使用的空域应与各相关方协商一致。

**第十三条** 建设条件：

一、场址应选在地形、地势、地质等条件有利的地址，节约用地；

二、场址应避开地质不良地段、可能淹没地区、活动性断层、有开采价值的矿区、环境及生态保护区、旅游景区和文物古迹保护区。对局部避让不开的，应进行专项研究、论证，必要时，应采取相应的保护措施。

三、场址应充分利用附近既有的及规划发展的地面交通设施、供油设施及城市公用设施，宜考虑利用就近的当地建筑材料、工业废料。

# 第四章 机场生产主体设施

## 第一节 飞 行 区

**第十四条** 飞行区包括：跑道系统、升降带、跑道端安全地区、停止道、净空道、滑行道系统及机场净空。

**第十五条** 飞行区分级根据飞行区指标Ⅰ和飞行区指标Ⅱ确定。

**第十六条** 机场飞行区容量应根据跑道的数量、跑道的基本构形、跑道的运行方式和类别、滑行道的数量和构形、典型高峰小时集中率和机型组合、驻场飞机的数量、机场周边环境、空域限制条件、机场空中交通管制设施配备情况等因素确定。

**第十七条** 跑道长度应根据使用机型的性能和设计航程确定。

**第十八条** 单条跑道的滑行道系统规模应依据机场建设目标年起降架次、典型高峰小时起降架次确定，其系统设置要求宜按表4执行。

**表4 滑行道系统设置要求**

| 年起降架次（万架次） | 典型高峰小时起降架次（架次） | 滑行道系统要求 |
|---|---|---|
| <2 | — | 1~2条与跑道连通的进、出联络滑行道 |
| 2~<5 | — | 部分平行滑行道、至少两条与跑道连通的联络滑行道 |
| 5~<7.5 | 20 | 完整平行滑行道、跑道端部垂直联络滑行道、跑道中部地段2~3条快速出口滑行道 |
| 6~<11 | 30 | 完整平行滑行道、跑道端部垂直联络滑行道、每个着陆方向2~3条快速出口滑行道、及兼作部分第二条平行滑行道的站坪飞机滑行调度道 |
| 11~<15 | >30 | 独立的双平行滑行道、两条平行滑行道间若干联络滑行道。跑道端部垂直联络滑行道及若干快速出口滑行道 |
| >15 | >36 | 独立的双平行滑行道、两条平行滑行道间若干联络滑行道，及兼作部分第三条平行滑行道的站坪飞机滑行调度道。跑道端部垂直联络滑行道及若干快速出口滑行道 |

**第十九条** 跑道、滑行道的宽度应按照民用航空行业标准《民用机场飞行区技术标准》执行。

**第二十条** 机场飞行区跑道、滑行道道面和机坪道面的设计年限，应符合下列规定：

一、水泥混凝土道面设计年限宜采用30年。

二、沥青混凝土道面设计年限宜采用15年。

**第二十一条** 跑道端安全地区、停止道、净空道以及场道附属设施的设置，应执行民用航空行业标准《民用机场飞行区技术标准》。

## 第二节 目视助航设施

**第二十二条** 目视助航设施包括信号、标志、标记牌、助航灯光及助航灯光监控系统。

**第二十三条** 机场的标志和标记牌应根据飞行区等级及构形的复杂程度设置，应执行民用航空行业标准《民用机场飞行区技术标准》。

**第二十四条** 如地形条件允许，拟在夜间使用的非仪表跑道应设置A型简易进近灯光系统；拟在夜间使用的非精密进近跑道应设置B型简易进近灯光系统；拟在夜间使用的精密进近跑道应设置精密进近灯光系统。其他跑道灯光的设置，应执行民用航空行业标准《民用机场飞行区技术标准》。

**第二十五条** 滑行道灯光系统应按表5执行。

**表5 滑行道灯光设施**

| 序号 | 跑道运行类别 | 滑行道灯光设施 |
| --- | --- | --- |
| 1 | 非仪表跑道 | 滑行道边灯、除冰坪出口灯 |
| 2 | 非精密进近跑道 | 滑行道边灯、除冰坪出口灯 |
| 3 | Ⅰ类精密进近跑道 | 有平行滑行道时，宜设滑行道中线灯。没有滑行道中线灯或虽有滑行道中线灯但构形较复杂时，应设滑行道边灯。应设中间等待位置灯，除冰坪出口灯。交通密度较大时应设跑道警戒灯 |
| 4 | Ⅱ/Ⅲ类精密进近跑道 | 滑行道中线灯、滑行道边灯、中间等待位置灯、跑道警戒灯、道路等待位置灯、除冰坪出口灯 |

**第二十六条** 助航灯光监控系统

助航灯光监控系统应根据跑道运行类别设置，Ⅱ类及Ⅲ类的精密进近跑道应设置助航灯光监控系统。

**第二十七条** 灯光变电站的建设应符合如下要求：

一、双向精密进近跑道宜设置两个灯光变电站；

二、灯光变电站需两路可靠电源，按两台变压器运行方式接入，当采用柴油机作为备用电源时，应按助航灯光的最大负荷设置；

三、非仪表跑道及非精密进近跑道宜设置一个灯光变电站，并宜与机场中心变电站合建。

**第二十八条** 机坪照明及机务用电应符合如下要求：

一、夜间使用的机坪，应设置机坪照明，并满足机坪所需的照度和均匀度要求；

二、飞行区指标Ⅱ为D及以上的机场宜为每个停机位设置机务用电配电箱，飞行区指标Ⅱ为C及以下机场宜在两个停机位之间设置一个共用的机务用电配电箱；

三、旅客航站区指标为5、6的机场，近机位宜设置飞机泊位引导装置，并应在每个停机位处设置机位号码标志或机位号码标记牌。

## 第三节　旅客航站区

**第二十九条**　旅客航站区包括：站坪（空侧）、旅客航站楼以及旅客航站楼前停车场（楼）和旅客航站楼前地面交通设施（陆侧）。

**第三十条**　旅客航站区的建设应满足如下要求：

一、旅客航站区的空侧应确保飞机和专用设备地面运行安全、顺畅、高效以及飞机停靠的灵活性；

二、旅客航站区的陆侧应确保地面车辆交通方便、快捷、有序，旅客航站楼的工艺流程和布局合理、工作效率高、运行费用低；

三、旅客航站区的环境应使建筑群体与空间景观相协调，应体现以人为本和可持续发展宗旨；

四、旅客航站区应按照相关标准配置无障碍设施及设备。

**第三十一条**　站坪的规模取决于典型高峰小时飞机集中率、站坪机位数量、飞机停靠方式、旅客航站楼的构形、旅客登机方式、站坪飞机滑行通道及站坪服务车辆通道数量等。站坪应满足：

一、站坪机位数量应根据机场典型高峰小时飞机起降架次、机型组合、飞机占用机位时间、进出港比例、机位利用系数等计算后得出。

二、为了提高机场服务水平和运行效率，航站区指标为5及以上的机场的新建航站楼应在旅客航站楼建筑面积指标控制范围内，优化航站楼构形，提高旅客航站楼近机位数量，近机位数量占预测总客机位数量的比例一般应不低于70%。

三、站坪建筑面积指标

包含站坪调度道的面积，飞机进出站坪采用自滑进顶推出方式运行，适用于不同旅客航站楼构形和不同机型组合的综合站坪机位建筑面积指标宜采用9100～13300$m^2$/架。

不含站坪调度道的站坪机位建筑面积指标宜按表6执行。

**表6　站坪建筑面积指标（$m^2$/架）**

| 飞机停靠方式 \ 飞机类别 | | A | B | C | D | E | F |
|---|---|---|---|---|---|---|---|
| 自滑进、出 | | 2000 | 4000 | 9000 | 11000 | 15000 | 20000 |
| 自滑进顶推出 | 单机位滑行通道 | 1000 | 3000 | 5000 | 8000 | 11000 | 14000 |
| | 双机位滑行通道 | 2000 | 3000 | 7000 | 11000 | 15000 | 20000 |

注：各类机型的控制尺寸（长×宽）为A类=15m×15m、B类=30m×24m、C类=47m×36m、D类=62m×52m、E类=76m×65m、F类=80m×84m。

四、站坪服务车辆通道

站坪上应设置为飞机服务的特种车辆的服务通道，站坪服务车辆通道单车道宽度应不小于3.5m，只有一条车道的站坪服务车辆通道的宽度不宜小于4m。服务车道应设置边线标志，双向行驶的服务车道应设置中心分割线。

五、站坪及其周边的设施

站坪及其周边的设施除满足第二十八条要求外，还应设置站坪雨水排放系统、给水消防设施，需要时还应设置站坪管线加油系统、飞机锚泊和静电接地等设施。

**第三十二条** 旅客航站楼的规模标准应满足如下要求：

一、旅客航站楼的建筑面积

旅客航站楼的建筑面积取决于建设目标年典型高峰小时旅客吞吐量和年旅客吞吐量，为满足工艺流程需要，航站楼建筑面积不宜小于2000$m^2$，按典型高峰小时旅客吞吐量估算航站楼建筑面积的指标宜按表7执行。

**表7 旅客航站楼建筑面积指标（$m^2$/人）**

| 旅客航站区指标 | 3 | 4 | 5 | 6 |
|---|---|---|---|---|
| 国际及港、澳、台部分 | 28～35 | 28～35 | 35～40 | 35～40 |
| 国内部分 | 20～26 | 20～26 | 26～30 | 26～30 |

注：旅客航站楼建筑面积包含8%～10%商业面移及中转旅客面积。

二、旅客航站楼与站坪的构形

旅客航站楼与站坪的构形在平面布局上可选用前列式、指廊式、卫星式等，旅客航站楼在旅客流程上可选用一层式、一层半式、两层式、多层式，旅客航站楼与站坪的构形根据机场性质、旅客航站楼的规模确定，宜按表8执行。

**表8 旅客航站楼构形**

| 旅客航站区指标 | 航站楼平面布局 | 航站楼建筑构形 |
|---|---|---|
| 3 | 前列式、短指廊式 | 一层式、一层半式 |
| 4、5 | 指廊式、前列式及两者结合式 | 一层半、二层式 |
| 6 | 卫星式（集中式航站楼）、单元式航站楼 | 二层式、多层式 |

三、旅客航站楼设施

旅客航站楼属于功能性建筑，除建筑本身所需要的给排水、制冷、供热、供电照明、供气以及消防等基本设施外，还应根据旅客航站区指标、工艺流程需求配置各种电子设备、旅客服务专用设备，宜按表9执行。

**表9 旅客航站楼电子及专用设备配置表**

| 旅客航站区指标 | 航站楼电子设备 | 旅客服务专用设备 |
|---|---|---|
| 3 | 航班信息显示系统、广播系统、CCTV、计算机系统、离港系统、时钟、内部通信、电子客票系统 | 人工行李处理系统、安检设备、自动扶梯 |
| 4 | 航班信息显示系统、广播系统、CCTV、计算机系统、离港系统、时钟、内部通信、楼宇自动化（BA）、综合布线（GCS）、火灾自动报警、电子客票系统、自动检票系统 | 半自动（或人工）行李处理系统、安检设备、自动扶梯、自动步道、登机桥 |
| 5、6 | 航班信息显示系统、广播系统、CCTV、计算机系统、离港系统、时钟、内部通信、BA、GCS、火灾自动报警及控制、机位引导系统、系统集成、电子客票系统、自动检票系统 | 自动（或半自动）行李处理系统、安检设备、自动扶梯及自动步道、登机桥 |

四、建筑装修原则

航站楼的建筑装修应采用节能减排及环保技术，减少能源和水的消耗，能耗指标应满足现行国家标准；

绿化、美化相结合，采用具有节能、降耗、低污染特征的环保、节能、健康、安全型的室内外建筑装修材料；

采用新的设计、结构、材料、设备和控制手段，贯彻落实国家的可持续发展战略和能源发展战略；

贵宾区、头等舱/公务舱旅客使用区域和卫生间设施宜采用高级装修，其他公用区域简洁实用，内部工作用房简单装修。

**第三十三条** 旅客航站楼停车场（楼）

旅客航站楼前停车场（楼）的规模和进、出通道数量取决于建设目标年典型高峰小时各类车型车辆的停车数量及车辆停放时间，各类车型车辆停车数量根据典型高峰小时旅客、迎送人员数量计算，工作人员用车辆和特种车辆应另外设置停车场停放，一般不计算在内。旅客航站区指标为5、6的机场可设置停车楼。停车场（楼）的建筑面积宜按表10执行。

**表10 停车场（楼）建筑面积指标**

| 序号 | 车型 | 面积指标（$m^2$/车） | |
|---|---|---|---|
| | | 停车场 | 停车楼 |
| 1 | 微型车 | 18~21 | 21~28 |
| 2 | 小型车 | 25~30 | 30~40 |
| 3 | 中型车 | 50~60 | 60~80 |
| 4 | 大型车 | 63~75 | 75~100 |

旅客航站楼前停车场（楼）需要设置照明、引导标志和设施、收费设施、消防设施等，必要时，设置监控装置。

**第三十四条** 旅客航站楼前地面交通设施

旅客航站楼前地面交通设施系指与机场地面公用交通设施相连接的旅客航站区区域内的地面公用交通设施。主要包括：

一、在考虑综合交通因素后，依据建设目标年典型高峰小时车流量、车型组合、占用车道边时间等计算出的旅客航站楼楼前车道边长度和宽度，进出港车道数量；

二、当旅客吞吐量达到250~300万人次/年或旅客航站楼的总建筑面积达到27000~30000$m^2$时，宜根据旅客航站楼的建筑构形设置高架桥；

三、各旅客航站楼间地面（或地下）交通捷运系统；

四、出租车排队等候场地、公共汽车站和轨道交通站；

五、旅客航站楼与机场各功能分区间的地面交通。

## 第四节 机场空中交通管制设施

**第三十五条** 机场空中交通管制设施包括用于机场本场管制的通信、导航、监视、气象和航行情报设施。各设施的设备配置及技术要求应符合我国民用航空行业标准和管理规定。

**第三十六条** 机场空中交通管制设施配置应符合下列要求：

一、机场应设置管制塔台，塔台高度应符合机场净空保护面的要求；

二、对于实施进近管制和区域管制的机场，应设置进近管制室和区域管制室。

**第三十七条** 机场航空通信包括航空移动通信和航空固定通信。

**第三十八条** 机场导航、监视设施的配置应根据管制方式、管制范围和航线布局、净空条件、气象条件、飞行程序等空中交通管制业务需求及条件确定。

**第三十九条** 机场气象设备配备按照民用航空行业标准《民用航空气象——第4部分：设备配备》执行。

**第四十条** 根据机场空中交通管制业务需要，航行情报设施宜设在航管楼内。

**第四十一条** 机场空中交通管制设施的房屋建筑应满足下列要求：

一、房屋建筑规模及布局应依据设备工艺要求配置，建筑物结构应安全可靠、施工方便，航管楼（含气象用房）及塔台的建设应与机场旅客航站楼相协调，并适应当地特点及要求；

二、各种设施房屋建筑面积指标

机场塔台建筑面积，按照民用航空行业标准《民用航空机场塔台空中交通管制设备配置》执行。机场航管楼、气象用房等建筑面积根据空中交通管制业务需求确定，导航台及雷达站建筑面积指标宜按表11执行。

**表11 导航台及雷达站建筑面积指标（$m^2$）**

<table>
<tr><th colspan="2">台站名称</th><th colspan="2">建筑条件</th><th>面积指标</th><th>备注</th></tr>
<tr><td colspan="2" rowspan="4">无方向信标台（NDB）与指点标台合建</td><td colspan="2">机场内（无人值守）</td><td>30～40</td><td>—</td></tr>
<tr><td rowspan="3">机场外</td><td>机房</td><td>20～30</td><td>—</td></tr>
<tr><td>配套用房</td><td>200</td><td>水、电、暖等</td></tr>
<tr><td>生活用房</td><td>100～120</td><td>—</td></tr>
<tr><td colspan="2" rowspan="3">指点标台（IM、MM、OM）</td><td colspan="2">机场内（无人值守）</td><td>20～30</td><td>—</td></tr>
<tr><td rowspan="2">机场外（无人值守）</td><td>机房</td><td>20～30</td><td>—</td></tr>
<tr><td>配套用房</td><td>30～40</td><td>—</td></tr>
<tr><td rowspan="2">仪表着陆系统ILS</td><td>航向台LOC</td><td colspan="2">机场内（无人值守）</td><td>20～30</td><td>—</td></tr>
<tr><td>下滑台GP</td><td colspan="2">机场内（无人值守）</td><td>20～30</td><td>—</td></tr>
<tr><td colspan="2" rowspan="3">全向信标台/测距仪台 VOR/DME</td><td colspan="2">机场内（无人值守）</td><td>40</td><td>—</td></tr>
<tr><td rowspan="2">机场外</td><td>机房</td><td>35～45</td><td>水、电、暖等</td></tr>
<tr><td>配套用房</td><td>400～600</td><td>航路用</td></tr>
<tr><td colspan="2" rowspan="2">航管雷达（一、二次）站</td><td colspan="2">机场内（单建）</td><td>600</td><td>—</td></tr>
<tr><td colspan="2">机场外</td><td>700～800</td><td>—</td></tr>
<tr><td colspan="2" rowspan="2">气象雷达站</td><td colspan="2">机场内（单建）</td><td>200～400</td><td>—</td></tr>
<tr><td colspan="2">机场外</td><td>400～600</td><td>—</td></tr>
</table>

## 第五节 货运区

**第四十二条** 机场货运区一般指处理航空货物（含航空快件）和航空邮件等航空货物运输业务的区域，包括货运站、货机坪以及货运区进出道路、停车场、货物停放坪、集中控制坪等，承运国际货运业务的机场还应设海关及联检用房。货运区的选址应满足货运功能需要，并符合机场总体规划。

**第四十三条** 机场货运站一般由普通货物仓库、特种货物（水产品、鲜活易腐品、动物、危险品、贵重物品）仓库及其业务用房、货运装卸、存储设备以及货物安检设备等组成，根据需要安排车辆设备的维修设施、机务维修和辅助生产等设施。货运站的建设应满足下列要求：

一、货运站进出货物流程应快捷、安全、合理，方便货物装卸作业。国际货物与国内货物的流程应严格分开；

二、货运站应设置为处理进、出港货物所需的各种设施，包括散装货物和集装货物的存储、分拣、安检、发送等设施，其设施应具有处理特种货物的能力。货物经安检后应分区监控存放；

三、货运站应满足货物流程中各业务环节的作业需求，应具有方便办理货物收货、仓储、装卸、交付所需的作业场所；

四、货运站的危险物品库的平面布局和设计应符合国家的有关规定。贵重物品库应有防盗设施，动物库应有上、下水和消毒设施；

五、处理国际货运业务的货运站，应设置国际货库以及相应配套的各种设施，应具有符合海关、动植物检疫、商检等有关规定和程序的查验场地，并根据需求设置蒸熏消毒的设施；

六、工艺流程设计应充分考虑货运工艺变化的需求，保持一定的灵活性。

**第四十四条** 货运站的规模应依据机场建设目标年的货运吞吐量、货机机型组合、停放时间、货物处理方式及货物储存时间等因素计算确定，宜按表12执行。

**表12 货运站规模指标**

| 序号 | 项目名称 | 货物处理方式 | 单位 | 规模指标 |
|---|---|---|---|---|
| 1 | 货运仓库（含危险品库） | 人工处理<br>机械化处理<br>自动化处理 | $m^2$/吨<br>$m^2$/吨<br>$m^2$/吨 | 0.15～0.35<br>0.08～0.15<br>0.06～0.08 |
| 2 | 业务用房 | — | $m^2$ | 货运仓库建筑面积（$m^2$）×0.15～0.2 |
| 3 | 集中控制坪（板/箱堆放场） | — | $m^2$ | 货运仓库建筑面积（$m^2$）×0.8～1.1 |
| 4 | 停车场 | — | $m^2$ | 货运车辆×65* |

注：*指标“65”为各种货运车辆停放场地的综合面积指标；货运区用地的规模应在其建筑物基础底面积的基础上增加2.5～3的系数（不含货机坪）。

**第四十五条** 货机坪的规模应依据机场建设目标年的典型高峰日货机起降架次、货机的机型组合以及货机的停靠方式确定，并应考虑为飞机服务的专用设备运行及停放的面积。货机坪的位置和配套设施的配置应满足使用需要。

**第四十六条** 货运业务楼的规模主要根据所在机场货运吞吐量及货运业务情况确定。

**第四十七条** 货运区的进、出道路应满足典型高峰日货运车流量的需要，一般可利用机场主进场道路，对于旅客航站区指标 4 的机场宜设置独立的货运区进、出道路系统，旅客航站区指标 5 及以上的机场应设置独立的货运区进、出道路系统。

## 第六节 机务维修区及设施

**第四十八条** 机场内航空器维护及修理设施应根据业务需要情况建设。

**第四十九条** 航线维护设施的建设规模应满足在机场起降的所有航班的航线维护需要。

**第五十条** 航线维护一般在站坪或航空公司停机坪上进行，维护用房包括外场工作间、资料室、设备工具间、充电间、航材库等。

**第五十一条** 维修机坪是维修飞机的专用设施，包括地面设施和地下设施。维修机坪应配备照明、机务用电、供水、消防等必要设施，试车坪可根据需要设置防吹墙（屏）、消音设施。专门用于清洗飞机的机坪应进行有害废水和含油污水的预处理后汇入机场污水管网或处理达标后排放。维修机坪的建筑面积应满足使用需要。

**第五十二条** 机场内航空器维修及修理设施的建设项目和规模，由驻场的航空公司、独立从事航空器维修业务的企业，根据其所承担的航空器维护和修理项目、维修等级、规模及维修工艺要求等确定，并应符合机场总体规划。

## 第七节 机场供油设施

**第五十三条** 机场供油设施一般包括为该机场供油而设置的铁路卸油站（或卸油码头）、中转油库以及储油库、机场油库、航空加油站、输油管线及汽车加油站等。

**第五十四条** 机场所属的中转油库和机场油库的总容量，宜按近期目标年预测 30 天供油量规划、设计。可分期建设，但应满足运行期间不少于 10 天供油容量的要求，执行民用航空行业标准《民用机场供油工程建设技术规范》。

**第五十五条** 飞机加油方式应根据机场典型高峰小时加油量确定。航空加油站油车库的规模根据所需加油车的数量确定。

**第五十六条** 机场汽车加油站一般为机场特种车辆及专用设备服务，其位置应符合机场总体规划。

## 第八节 机场应急救援及安全保卫设施

**第五十七条** 机场必须设置消防救援设施，消防救援设施一般应包括消防设施、残损飞机搬移设施以及应急指挥中心。沿海机场（8km 范围内有海）应考虑水上救援设施。

**第五十八条** 机场消防设施的建设标准应执行民用航空行业标准《民用航空运输机场飞行区消防设施》。

**第五十九条** 机场应急救护设施的规模应满足机场最大使用机型一次飞行事故的医疗应急处理，其位置应能使应急救护车迅速到达救援地点，并应考虑到运送伤员的顺畅通道。

**第六十条** 机场宜设置一个固定的应急指挥中心，其位置应考虑进、出飞行区和机坪的交通通畅。

**第六十一条** 首都、直辖市及省、自治区首府的机场应设置驻场武警部队设施，其建设规模执行国家有关规定。

**第六十二条** 机场安全保卫设施一般包括机场飞机活动区的隔离、安全、防范设施，旅客航站楼安全设施、安检设施、机场控制区的安保监控报警系统。机场安全保卫设施的建设应执行民用航空行业标准《民用航空运输机场安全保卫设施建设标准》。

# 第五章　机场生产辅助设施

## 第一节　航空食品及机上供应品设施

**第六十三条**　航空食品供应设施由配餐车间及辅助用房组成。

**第六十四条**　配餐车间建筑面积一般按每生产一份航空食品，需要 $1m^2$ 确定。一般每 600～800 份配餐量配备一辆餐车。

**第六十五条**　机上供应品库及客舱服务部用房的规模，应依据机场旅客航站区指标及供应品储存时间确定，宜按表 13 执行。

**表 13　机上供应品库和客舱服务部用房规模指标**

| 项目名称 | 单位 | 旅客航站区指标 | | | |
|---|---|---|---|---|---|
| | | 3 | 4 | 5 | 6 |
| 机上供应品库 | $m^2$ | 100～300 | 300～800 | 800～2000 | 2000～4000 |
| 客舱服务部用房 | $m^2$ | 200～300 | 300～500 | 500～1500 | 1500～3000 |

注：机供品的储存时间按 15～30 天计算。

## 第二节　服务保障设施

**第六十六条**　机场服务保障设施主要包括机坪专用设施、飞机活动区地面维护车辆设备、场务用房、车库及维修用房、车辆停放场地、物业管理用房、综合仓库、设备维修设施及工作场所。

**第六十七条**　机场机坪专用设施一般包括机坪特种车辆及专用设备、特种车库、车辆维修用房以及站坪服务车辆通道、特种设施停放场地。

**第六十八条**　特种车辆及专用设备的数量应按航空器运行需求配备。

**第六十九条**　特种车库及车辆维修用房的建筑规模，应依据特种车辆的数量，机场所在地区的气候特点等确定，宜按表 14 执行。

**表 14　专用设施规模指标**

| 序号 | 项目名称 | 单位 | 规模指标 |
|---|---|---|---|
| 1 | 特种车库 | $m^2$/辆 | （40～45）·K |
| 2 | 车辆维修用房 | $m^2$ | 特种车库×0.3～0.4 |
| 3 | 特种车辆停放场地 | $m^2$/辆 | 50～65 |

注：每辆车的指标是指车辆综合尺寸。K 为进库系数，高寒地区 K＝1，一般地区 K＝0.6～0.8。

**第七十条**　机场飞机活动区维护车辆设备的规模（数量），应按机场飞行区指标、机场所在地区的气候条件及年飞行架次等需求配备。车辆专用车库、车辆维修用房、停放场地的规模应根据车辆的数量、种类等确定，宜按表 15 执行。

**表 15　飞机活动区车辆维修用房规模指标**

| 序号 | 项目名称 | 单位 | 规模指标 |
|---|---|---|---|
| 1 | 飞机活动区维护车库 | $m^2$/辆 | （35～50）·K |
| 2 | 车辆维修用房 | $m^2$ | 车库面积×0.3 |
| 3 | 车辆停放场地 | $m^2$/辆 | 45～60 |

注：每辆车的指标是指车辆综合尺寸，K 为进库系数，高寒地区 K＝1，一般地区 K＝0.6～0.8。

**第七十一条** 机场的物业管理用房、综合仓库、设备维修车间等设施的建筑面积，应根据机场旅客航站区指标确定，场务用房应根据机场飞行区指标确定，宜分别按表16、表17执行。

**表16 物业管理用房等项目建筑面积指标（$m^2$）**

| 旅客航站区指标 | 项目名称 | | |
|---|---|---|---|
| | 物业管理用房 | 综合仓库 | 设备维修车间 |
| 3 | 200～300 | 500～800 | 200～300 |
| 4 | 300～500 | 800～1200 | 300～500 |
| 5 | 500～1500 | 1200～2000 | 500～800 |
| 6 | 1500～2000 | 2000～3000 | 800～1500 |

**表17 场务用房面积指标（$m^2$）**

| 飞行区指标 | 场务用房 |
|---|---|
| 3C以下 | 200～500 |
| 3C、4C | 500～1000 |
| 4C、4D | 1000～2000 |
| 4D、4E | 2000～3000 |
| 4E、4F | 5000 |

**第七十二条** 机场行政办公及值班设施一般包括机场管理机构及驻场单位办公楼、单身公寓、职工食堂、服务用房（含文化娱乐设施）、车库以及停车场等。

**第七十三条** 机场行政办公、值班用房的建设规模应依据机场性质、机场飞行区指标和机场旅客航站区指标、机场人员编制以及国家或机场所在的省、直辖市、自治区政府的有关规定计算确定。

### 第三节 信息管理设施

**第七十四条** 根据机场航空业务量的发展需求，应建设必要的机场、航空公司、空中交通管制及民航集中式商务信息系统等各相关方信息集成的机场运行综合信息集成系统及设施，达到信息共享、延伸服务的目标。

## 第六章 机场地面交通及公用设施

### 第一节 机场地面交通设施

**第七十五条** 进、出机场的交通运输主要采用道路交通运输方式，结合机场性质、规模及机场所在地区的条件，也可同时采用轨道交通或水运等其他综合交通运输方式。

**第七十六条** 旅客航站区指标为4及以上的机场，宜设置一个以上的交通进、出口。旅客航站区指标为5或6的机场应设客、货分开的多条交通进、出口。

建设目标年旅客吞吐量达到或超过3000万人次/年的机场，应在城市交通中统筹规划与建设连接机场的轨道交通等其他综合交通运输方式。沿海或沿江具有水运条件的机场，宜建设客、货运码头，以及通往机场旅客航站区和货运区的道路。

**第七十七条** 进、出机场道路分为场外段和场内段，宜采用相同的规模和设计标准建设。场外段宜建设成机场专用道路。

**第七十八条** 进、出机场道路的等级、标准、车道数量等应根据旅客航站区指标和建设目标年的预测车流量确定，宜按表 18 执行。

**表 18 进、出机场道路指标**

| 旅客航站区指标 | 道路等级 | 道路路面标准 |
|---|---|---|
| 3、4 | （有条件时）高速公路；城市快速路（场内段） | （有条件时）高级路面标准 |
| 5、6 | 高速公路（场外段）；城市快速路（场内段） | 高级路面标准 |

**第七十九条** 场内道路系统可分为公共道路与工作道路两类。旅客航站区指标为 5 或 6 的机场，场内公共道路和工作道路宜分别自成系统，在必须交叉的道口宜设置交通管制设施。

**第八十条** 场内道路的车道数量、路面宽度和标准应根据旅客航站区指标和建设目标年预测车流量等确定，宜按表 19 执行。

**表 19 场内道路指标**

| 旅客航站区指标 | 路面标准 | 车道数 | 路面宽度 |
|---|---|---|---|
| 3、4 | 高级路面，次要路段可采用中级路面 | 双向 2 | 主要道路 9m，次要道路 7m |
| 5 | 高级路面 | 双向 4 | 16～20m |
| 6 | 高级路面 | 双向 4～6 | 26～30m |

**第八十一条** 机场道路系统标志应指向明确和识别清晰，并应恰当地设在道路上方或侧边、旅客航站楼车道边内。地面交通系统及标志应设灯光照明。

## 第二节 机场供电设施

**第八十二条** 机场供电工程一般包括场外供电、场内供电、机场总变电站（中心变电站）或开闭所。

**第八十三条** 机场应有两个可靠的独立外电源，按一级负荷要求专线向机场供电，每路电源均应能承担机场全部负荷。

**第八十四条** 在机场内（或机场附近）设置机场总变电站或开闭所，站内一般设两台主变压器，每台变压器宜能承担机场一、二级负荷，机场总变电站建筑面积指标宜按表 20 执行。

**表 20 机场总变电站建筑面积指标**

| 序号 | 总负荷（kVA） | 总变电站建筑面积（$m^2$） |
|---|---|---|
| 1 | 500～1000 | ≤1000 |
| 2 | 1001～6300 | 1001～1500 |

续表 20

| 序号 | 总负荷（kVA） | 总变电站建筑面积（$m^2$） |
| --- | --- | --- |
| 3 | 6301～20000 | 1501～2200 |
| 4 | 20001～80000 | 2201～2800 |

**第八十五条** 场内供电应根据机场飞行区指标和旅客航站区指标及用电负荷的位置、大小等，在场内设置若干个 10kV 变电站或开闭所。

**第八十六条** 在机场总变电站或场内 10kV 调度控制中心宜设置 10kV 供电网络自动化装置。

## 第三节 机场供水设施

**第八十七条** 机场供水水源可以选用城市自来水，也可以采用江、河、湖、泉或水库等地表水和地下水作为机场水源。在多种水源均可以采用时，供水方案应通过技术、经济比较后确定。

**第八十八条** 枯水期场外供水水源的保证率应满足 96%～99%。

**第八十九条** 机场场内应设供、配水站或净水厂及其安全保卫设施。

**第九十条** 机场供、配水站的数量及规模应根据机场性质、机场日用水量需求确定。

**第九十一条** 机场日用水量应按照我国《室外给水设计规范》、《建筑给水排水设计规范》的城市及企业用水量定额，结合机场具体情况计算确定。

旅客航站区指标为 5、6 的机场宜采用循环水利用设施。

## 第四节 机场雨水排放系统

**第九十二条** 机场雨水排放系统设施一般包括场外截洪设施、场内防涝排涝设施，以及其它排水设施。

**第九十三条** 机场设置截洪沟、防洪堤及其它防洪设施，应不低于所在城市的防洪标准；并应满足表 21 设计洪水频率标准。

表 21 设计洪水频率标准

| 飞行区指标 | 设计洪水频率≥（年） |
| --- | --- |
| 3C 以下 | 20 |
| 3C、4C | 50 |
| 4D、4E、4F | 100 |

**第九十四条** 机场的防涝、排涝设施的建设应与机场邻近地区防涝、排涝设施的建设标准和暴雨重现期相适应，机场内各功能区设计暴雨重现期应按表 22 执行。

表 22 设计暴雨重现期

| 机场功能区 | 设计暴雨重现期（年） |
| --- | --- |
| 飞机活动区 | 5 |
| 旅客航站区、货运区、飞机维修区及其他重要区域 | 不少于 3 |
| 其他区域 | 不小于 1 |

**第九十五条**　机场飞行区以外的排水管网系统的建设应执行我国《室外排水设计规范》。

## 第五节　机场排污及污水污物处理系统

**第九十六条**　机场污水与雨水应分流排放。

**第九十七条**　机场排污系统的建设应符合国家环保法规。机场内有害生产废水应经处理达标后汇入场内污水管网。含油污水应进行预处理后再汇入场内污水管网。

**第九十八条**　国际航班飞机或国际包机上的生活污水必须先经消毒处理，然后排入污水管网。

**第九十九条**　机场内应建设生产及生活垃圾分拣转运站，机场可以设置符合环保标准的小型焚烧站，也可以依托当地市政设施统一做无害化处理。

## 第六节　机场供热及制冷设施

**第一百条**　机场供热、制冷设施的规模和标准应根据机场所处的地理位置、气候特征及机场航空业务量、建筑物面积和功能来确定。

**第一百零一条**　机场制冷、供热系统应综合配置和利用，应优先选用清洁、高效的能源，提高能源利用效率，节约能源。

**第一百零二条**　机场建筑物空调的室内空气参数应根据室外空气参数、建筑物类别、冷源状况及节能要求等因素确定，宜按表23执行。

**表23　机场建筑物空气调节的室内计算参数**

| 参　数 | | 夏　季 | 冬　季 |
|---|---|---|---|
| 温度（℃） | 旅客航站楼候机厅 | 24～28 | 18～20 |
| | 办公楼办公室 | 26～28 | ≥18 |
| 相对湿度（%） | | 40～65 | 30～60 |

注：部分机场建筑物空调室内空气参数应根据工艺要求确定。

**第一百零三条**　机场制冷负荷应根据机场内需要制冷的各类建筑设施的面积、维护结构、环境温度、舒适性等因素确定，宜按表24执行。

**表24　机场建筑物冷负荷指标**

| 序号 | 建筑物名称 | 空调冷负荷（$W/m^2$） |
|---|---|---|
| 1 | 旅客航站楼 | 120～220 |
| 2 | 航空食品供应设施 | 200～300 |
| 3 | 办公楼及其他建筑 | 80～130 |

**第一百零四条**　对于制冷负荷相对集中、空调用量较大的机场，应设置集中供冷系统，设置集中制冷站及场区供冷管网；对于供冷负荷分散、空调用量较小的机场不宜设置集中供冷系统。

**第一百零五条**　机场供热热源一般采用独立的区域锅炉房集中供热，有条件时，可利用城市热力网或地热资源，分布式的锅炉房只有在通过技术、经济比较后方可选用。

**第一百零六条**　机场供热负荷应根据机场所在地区的供热标准，旅客航站楼的规模、航空食品供应设施的规模、机场办公楼等有关建筑设施的规模等因素确定，宜按表25计算确定。

**表 25 机场建筑物热负荷指标**

| 序号 | 建筑物名称 | 热负荷（$W/m^2$） |
|---|---|---|
| 1 | 旅客航站楼 | 100～220 |
| 2 | 航空食品供应设施 | 100～200 |
| 3 | 办公楼及其他建筑 | 60～130 |

**第一百零七条** 锅炉房容量应根据机场需要供暖的各类设施的规模、需求及机场总体规划布置等因素计算确定。锅炉房建筑面积根据锅炉数量、所占面积以及配套设施计算确定。

### 第七节 机场燃气供应设施

**第一百零八条** 有条件使用燃气的机场，应根据用量等条件进行技术分析，尽可能纳入机场所在城市燃气（煤气、天然气或液化石油气）系统。

**第一百零九条** 机场内应建设燃气调压站或建设液化石油气罐站。其位置应设在靠近负荷中心或主要用户，并应符合我国建筑防火、安全的有关规定。

**第一百一十条** 机场燃气用量根据机场建筑设施的规模和机场制冷、供热等动力用气规模确定。

### 第八节 机场通信设施

**第一百一十一条** 机场通信设施一般包括有线通信和无线移动通信。

**第一百一十二条** 机场有线通信应纳入机场所在城市的市话网或区域性有线通信网，远离城市的机场应规划专用通信线路接至机场所属城市的市话网。

**第一百一十三条** 机场有线通信的电话站（局）的规模（容量），应根据机场旅客航站区指标确定。中继方式应与机场所在城市或区域性的有线通信网及交换系统的型式相匹配。

**第一百一十四条** 机场无线移动通信采用无线集群通信系统时，主站宜设在机场内较高建筑物的屋顶上。

## 第七章 机场环境保护

**第一百一十五条** 机场环境保护应执行我国《建设项目环境保护管理办法》。

**第一百一十六条** 机场净空保护应执行国务院、中央军委发布的《关于保护机场净空的规定》，机场净空限制要求应执行民用航空行业标准《民用机场飞行区技术标准》。

**第一百一十七条** 机场周围电磁干扰要求应符合国家标准《航空无线电导航台站电磁环境要求》。

**第一百一十八条** 机场内应设置驱鸟设施。

**第一百一十九条** 机场的航空器噪声影响控制、大气污染及水污染控制以及固体废弃物的处理均应执行国家有关法规、民用航空行业规章及民用航空行业标准《民用机场总体规划规范》。

**第一百二十条** 机场绿化应与机场建设同步进行。飞行区的绿化必须符合净空限制要求，绿化植物应不利于鸟类生存和栖息，并不得妨碍塔台管制人员的视线。机场其他功能区绿化覆盖率应因地制宜，并执行机场所在地的城镇绿化覆盖率标准。

**第一百二十一条** 机场工程建设过程中或竣工后，应落实防护措施，并对植被进行恢复，防止水土流失。

## 第八章　机场项目建设用地

**第一百二十二条**　机场项目建设用地应贯彻国家有关建设、土地管理的法律、法规及有关规定。

**第一百二十三条**　机场工程建设应根据机场性质、作用、类别和飞行区指标、旅客航站区指标等确定经济合理的机场规模和构形，合理确定相应的机场工程项目的建设规模。

**第一百二十四条**　机场项目建设用地应统筹规划，合理布局，节约用地。

**第一百二十五条**　改建、扩建机场工程项目应充分利用机场原有用地，尽可能减少新增土地面积。

**第一百二十六条**　机场项目建设用地应执行《民用航空运输机场工程项目建设用地指标》。

# 《民用机场工程项目建设标准》条文说明

## 第一章　总　　则

**第一条**　制定本建设标准的基本指导思想和目的是为了加强民用机场工程项目决策与建设的科学管理，合理确定和正确掌握建设标准，做到技术进步、经济合理、安全适用、促进我国民用航空事业的健康发展。

**第二条**　本建设标准对民用机场工程建设项目在技术、经济、建设管理上起宏观调控作用，具有一定的政策性和实用性。本建设标准在原则引用现行有关规范和技术标准的前提下，分析了机场在规划建设和运营使用中的经验和教训，对有关的民用航空行业技术标准的个别条款有针对性地进行了修改、补充，有关的指标按满足机场基本使用要求并根据相应的统计分析得出。

**第三条**　民用机场分为运输机场和通用机场。

本建设标准仅适用于建设目标年预测旅客吞吐量50万人次以上4000万人次（含）以下的运输机场工程项目（含军民合用机场中的民用部分）。50万人次（含）以下的运输机场的工程项目执行民用航空行业标准《民用航空支线机场建设标准》。

当机场年旅客吞吐量超过4000万人次时，机场的运行方式将发生变化，对机场设施的要求也将不同。目前我国仅有北京首都国际机场2006年度的旅客吞吐量达到4864.7万人次，全球2006年度旅客吞吐量超过4000万人次的机场也仅有18个，对于该类航空业务量规模“超大型”机场的运营管理和其对机场设施的需求，目前我们还缺少经验和统计资料，待条件具备时再增补该类“超大型”机场工程项目的建设标准指标。因涉及范围非常有限，对此类机场的工程项目，现阶段采用个案对待的方式审核，实行专项研究。

因使用机型及运行方式上差异过大，本建设标准不适用于通用机场工程项目。

**第四条**　机场的性质和作用要与机场所在地的经济和社会发展的现状和远景规划、城市的性质及其规模、机场在全国航空运输机场布局规划中的作用和地位相适应。机场各项设施的建设规模应根据机场的性质和作用、机场的类别、机场飞行区指标和机场旅客航站区指标等综合分析，合理确定。

**第五条** 民用机场工程项目建设应遵循的原则共归纳了7条。涵盖了执行国家和民用航空法律、法规、标准、规范、定额、指标和贯彻民用航空行业技术经济政策及保障航空安全和可持续发展政策；涵盖了统一规划、滚动发展、分期建设、适当留有余地的分期建设精神；提出了建设项目进行多方案技术、经济分析论证的要求等。

**第六条** 民用机场工程项目建设，除应遵循本建设标准外，尚应执行国家和民用航空现行的有关法律、法规、标准、规范、定额、指标及有关强制性条文的规定。民用机场工程项目建设应遵循的国家法律主要有《民用航空法》；应遵循的国务院工程建设主管部门和国务院国土资源主管部门颁发的指标主要有《民用航空运输机场工程项目建设用地指标》；应遵循的国务院民用航空主管部门颁发的部门规章主要有《民用机场建设管理规定》；应遵循的民用航空行业标准和规范主要有《民用机场飞行区技术标准》。强制性条文是指直接涉及建设工程质量、安全和环境保护等工程建设标准的强制性条文。

## 第二章　机场分级及工程项目构成

**第七条** 民用机场飞行区分级执行民用航空行业标准《民用机场飞行区技术标准》。

**第八条** 民用机场旅客航站区分级参照民用航空行业标准《民用机场总体规划规范》，其旅客航站区指标根据规划目标年的旅客吞吐量范围确定，规划目标年的近期为10年、远期为30年。本建设标准采用建设目标年替代《民用机场总体规划规范》中的规划目标年进行机场旅客航站区指标的划分，同时也替代了旅客航站区指标为1、2的机场所适用的《民用航空支线机场建设标准》中的设计目标年。

机场建设目标年与机场设计目标年一般是一致的，除非将依据设计目标年航空业务量需求确定的工程项目或设施分阶段建设。由于机场总体规划所确定的规划目标年与编制机场总体规划时的时间密切相关，而进行机场工程项目建设的前期筹措工作也需要相当长的时间，使得许多机场工程项目的建设目标年、设计目标年与规划目标年不能完全一致，本建设标准采用与机场工程项目建设规模相适应的机场建设目标年的旅客吞吐量划分机场旅客航站区指标是相对合适的。

**第九条** 明确了机场工程项目主要由机场生产主体设施、机场生产辅助设施、机场地面交通及公用设施构成和这些设施主要包括的功能区和设施的内容，是为了统一机场工程项目的分类，避免漏项或重复计列工程项目。其中机场生产主体设施除包括飞行区、目视助航设施、旅客航站区、机场空中交通管制设施、货运区、机务维修区及设施、机场供油设施、机场应急救援及安全保卫设施外，按照使用功能，通常还应包含基地航空公司依据飞机维修系统建设规划设置的飞机维修基地（含机库、维修机坪等）设施或独立从事航空器维修业务企业的机务维修设施，由于飞机维修基地设施一般由企业自筹资金建设，并且其工程项目的建设与航空公司维修基地及机队的布局、规划建设的关系大于与所在机场的航空业务量关系。独立从事航空器维修业务企业的机务维修设施场址的选择属于企业的业务经营活动。本建设标准未将基地航空公司飞机维修基地设施或独立从事航空器维修业务企业的机务维修设施纳入机场生产主体设施，按项目审核审批。

民用机场各类设施相互支撑，缺一不可。因此，各工程项目和设施的建设应相互配套，同步建设，协调发展。民用机场由各不同的功能分区构成，机场地面交通设施、公用设施及服务保障设施，应充分利用机场所在城市的既有和规划建设的地面交通及公用设施条件进行建设，以充分利用社会资源，避免重复建设，减轻机场负担，节省建设资金。

## 第三章 机场场址

**第十条** 新建机场的场址选择应在全国机场布局规划的指导下进行，并应与机场所在城市的城市或城镇规划相协调，符合我国民用航空行业标准及管理规定。

**第十一条** 飞行安全保证条件的第一款主要阐述场址空域方面的保障要求，在综合分析了国家、民航和军队现行的有关规则、标准、规范的前提下，重点结合了目前民用机场选址工作的实际操作情况。与机场选址相关的国家和民航、军队现行的规则、标准、规范的相关条、款表述如下：

1.《中华人民共和国飞行基本规则》第 25 条“在距离航路边界 30km 以内的地带，禁止修建影响飞行安全的射击靶场和其他设施”。

2.《民用机场总体规划规范》（MH5002—1999）第 9.4.1 条“C/D 类飞机正班使用的民航机场，其仪表飞行的雷达管制空域要求为纵向要求的空域长度，从跑道中心线起算，进近方向为 30km，起飞方向为 20km；当跑道使用双向仪表进近时，空域总长度 60km，当跑道使用单向仪表进近时为 50km，空域宽度为跑道中心线及延长线两侧各 10km，总宽 20km”；第 9.4.2 条“C/D 类飞机使用的民航机场，相邻两机场跑道中心线的间隔为 20km，即两机场空域的纵向空域相接，但不重叠。大都市地区空中交通密集的机场，C/D/E 类飞机使用的两相邻机场的空域，其纵向空域间宜保持 10km 的缓冲带，即两机场跑道中心线间隔为 30km”。

3.《军用永备机场场道工程战术技术标准》（GJB 525A—2005）第 6.1.2 条“位于主要航路附近的机场，距离航路边界不宜小于 30km”，跑道中心延长线在机场邻接区内不宜与航路交叉。特殊情况下应由主管部门研究确定；第 6.2.1 条“机场邻接区为一矩形，其几何中心点为跑道中线的中点，其长边方向与跑道方向一致”。距离邻接区的范围为：

| 机场等级 | 一 | 二 | 三 | 四 |
|---|---|---|---|---|
| 机场邻接区范围（km） | 100×30 | 120×40 | 140×40 | 140×40 |

4.《军用永备机场场道工程战术技术标准》（GJB 525A—2005）第 6.2.3 条“在特殊情况下，相邻的机场邻接区长度方向允许末端重叠 25km；机场邻接区宽度也可以适当减少，跑道中线一侧的宽度一级机场为 15km，二、三、四级机场为 20km，另一侧宽度不得小于 8km”。

5.《军用永备机场建设标准》（GJB 3497—1998）第 6.3.1 条“机场距城市规划边界通常不小于 20km，并应使起飞降落航线不通过城市上空”；第 6.3.2 条“机场距离国境线边界通常不小于 50km，并应使飞行航线不进入国境线我侧 30km 范围内”；第 6.3.3 条“机场距禁区边界通常不小于 20km，飞行航线不得穿越空中禁区”；第 6.3.4 条“机场应位于各种武器弹药试验、训练场的安全区之外”；第 6.4.2.4 条“相邻机场的穿云航线之间间隔通常不小于 20km”。

原拟采用民用机场间的安全距离指标来表达机场的间隔要求，鉴于军民航飞行器的性能差异较大、军民航飞行器采用的飞行程序差异也较大，对机场使用空域的要求各不同，加之民用机场间、军用机场间、民用机场与军用机场间的安全距离涉及到上述诸多因素和标准，无法采用单一的机场间安全距离指标表达机场之间的间隔要求，本建设标准采用下述表述“场址空域应满足机场空域规划的要求，机场的跑道方位、飞行程序所使用的空域、飞机进离场航线不得与周边机场存在不可协调的矛盾或冲突”来表述机场间的间距，实际上目前我国民用机场的选址工作也是如此操作的。

其余的款项针对机场周边的自然环境和人工设施对机场会产生的干扰影响规定了限制要求。

**第十二条** 服务及环境要求条件

除满足机场自身远期发展需要，实现与机场所在城市协调发展之外，还需要满足环境保护要求，满足现行国家《污水综合排放标准》、《大气污染物综合排放标准》的规定，与《机场周围飞机噪声环境标准》相协调。

**第十三条** 建设条件

场址应避开自然条件不良的场地，避开受保护的自然和人文资源的核心保护地区。对局部避让不开的，应当实事求是，尊重科学，进行场址稳定性评价、场址环境影响评价等专项研究、论证，必要时，应采取相应的保护措施，以实现和谐相容、共同发展。

# 第四章 机场生产主体设施

## 第一节 飞 行 区

**第十四条** 根据使用功能不同，在平面上将机场分为飞行区、旅客航站区、货运区、综合保障区、驻场航空公司基地等，机场的核心区为飞行区和旅客航站区。

在机场工程项目的建设中，习惯上通常将目视助航设施、场道工程中的机坪等均归并入飞行区工程内，将位于飞行区内的导航、气象等设施列入机场空中交通管制设施内。由于机场功能区主要通过平面进行划分，本建设标准采用国际通用的机场飞行区、机场旅客航站区的划分概念，将属于飞行区工程的目视助航设施单独列为第二节，将站坪归并入机场旅客航站区的范畴。

**第十五条** 机场飞行区分级采用国际民航组织通用的分类指标划分，执行民用航空行业标准《民用机场飞行区技术标准》，以使机场飞行区的各种设施的技术标准与所运行的飞机性能相适应。

**第十六条** 机场飞行区容量与跑道数量、构形、类别和机场空中交通管制的间隔要求、天气状况、机型组合、跑道运行组合和先后顺序、跑道入口的位置和类型、机场空中交通管制系统的性能、飞机运行的噪音限制等密切相关，按照机场各自的特点和需求确定。

**第十七条** 跑道长度应满足使用机型的性能要求，并根据设计航程和对使用机型的运输能力要求确定，满足机场运行使用要求。

**第十八条** 结合国内外机场的实际运行情况，特别是近年来国内年飞机起降架次排序前30位机场的实际运行情况，本建设标准单条跑道的滑行道系统规模指标对《民用机场总体规划规范》第7.8条的指标进行了相应地修改和补充，相应提高了滑行道系统的设计通行能力。

1. 国际民航组织《机场规划手册》规定设置整条平行滑行道的必要条件为5万架次/年、高峰小时20架次/时；《民用机场总体规划规范》规定为4万架次/年、16架次/小时；本建设标准单条平行滑行道的容量采用5～<7.5万架次/年、20架次/小时，单条平行滑行道加兼作部分第二条平行滑行道的站坪飞机滑行调度道条件下滑行道的容量为

6～<11 万架次/年、30 架次/小时；

2. 国际民航组织《机场规划手册》规定单条跑道容量可达 15～19 万架次/年；《民用机场总体规划规范》规定为 >7 万架次/年、>26 架次/小时；本建设标准双平行滑行道的容量采用 11～<15 万架次/年、30 架次/小时，双平行滑行道加兼作部分第三条平行滑行道的站坪飞机滑行调度道条件下滑行道的容量为 >15 万架次/年、36 架次/小时；

3. 近年来国内年飞机起降架次排序靠前的机场单条平行滑行道加兼作部分第二条平行滑行道的站坪飞机滑行调度道条件下的机场容量已经达到：2006 年度首都机场平均一条平行滑行道为 17.4 万架次/年，上海虹桥机场为 17.8 万架次/年，深圳机场为 16.9 万架次/年，成都机场为 15.5 万架次/年，昆明机场为 13.6 万架次/年，杭州、西安、重庆、厦门、青岛、长沙等机场均超过 7 万架次/年，大多未设置完整的双平行滑行道，相应地提高双平行滑行道的设计通行能力是必要的。

双平行滑行道加兼作部分第三条平行滑行道的站坪飞机滑行调度道条件下，2004 年度上海浦东机场的容量曾经达到 17.9 万架次/年。

**第十九条** 跑道、滑行道的宽度在民用航空行业标准《民用机场飞行区技术标准》中有明确规定，应予以执行。

**第二十条** 《民用航空运输机场水泥混凝土道面设计规范》第 3.0.2 条规定机场水泥混凝土道面设计使用年限为飞行区等级指标Ⅱ为 A、B、C 的机场应采用 20 年，飞行区等级指标Ⅱ为 D、E、F 的机场应采用 30 年，也可按特定使用要求确定。《民用机场沥青混凝道面设计规范》第 4.2.1 条规定，对于飞行区指标Ⅱ为 C、D、E、F 的机场，沥青混凝土道面设计年限采用 15 年；也可按特定使用要求确定。

设计年限是用于计算机场设计飞机累积作用次数的基准年限，设计年限不等于使用年限或道面使用寿命，本建设标准将设计使用年限修改为设计年限，避免与使用寿命的概念混淆。

机场水泥混凝土道面采用较长的设计年限，对混凝土道面板的厚度增加并不多，但机场投入使用后会增加适宜在该机场起降的飞机机型的种类，即使今后机场升级改造其代价也可能相对较小，往往在经济上是合理的。鉴于机场建设过程中对机场今后运营中的使用机型的变化很难准确预测，加之机场水泥混凝土道面的升级改造采用刚性加盖的难度和费用过大，出于适当留有余地的角度出发，机场水泥混凝土道面的设计年限宜采用 30 年，也可按特定使用要求确定。

机场沥青混凝土道面设计年限采用现行《民用机场沥青混凝土道面设计规范》规定的 15 年。

**第二十一条** 民用航空行业标准《民用机场飞行区技术标准》规定了跑道端安全地区、停止道、净空道以及场道附属设施等飞行区设施的设置要求，应予以执行。

## 第二节 目视助航设施

**第二十二条、第二十三条** 目视助航设施用于提高跑道的醒目程度、提供飞行员进近和着陆最后阶段的目视引导以及加快飞机地面活动的速度，目视助航设施系指主要供飞机驾驶员在着陆和在机场地面运行中依靠和使用的目视助航设备和目视参考物。民用航空行业标准《民用机场飞行区技术标准》规定了机场的标志和标记牌的设置要求，应予以执行。

**第二十四条** 机场进近灯光系统主要包括三类，各类进近灯光系统的设置应与跑道的运行类别相适应，A 型简易进近灯光系统适用于非仪表跑道夜间运行、B 型简易进近灯光系统适用于非精密仪表跑道夜间运行、精密进近灯光系统适用于精密进近跑道夜间运行。简易进近灯光系统也能在日向提供目视引导。

**第二十五条** 滑行道灯光系统的设置应与跑道的运行类别适应，应按表5的要求设置。

**第二十六条** 助航灯光监控设施用于监视机场助航灯光的运行状态，保障助航灯光设施状态完好，Ⅱ、Ⅲ类精密进近跑道必须配置助航灯光监控设施。

**第二十七条** 配置有双向精密进近灯光系统的跑道宜在跑道每端各设置一个灯光变电站，以减少线路的电能损耗，每个灯光变电站应采用双电源方式供电，配备满足最大助航灯光负荷要求的柴油发电机组作为备用电源使用。非仪表跑道及非精密进近跑道，因助航灯光负荷相对小，允许设置一个灯光变电站，并宜与机场中心变电站合建。

**第二十八条** 为保证机坪所需要照度及均匀度，夜间使用的机场应设置机坪照明；飞行区指标Ⅱ为D及以上的机场宜为每个停机位设置机务用电配电箱，飞行区指标Ⅱ为C及以下的机场宜在两个停机位间设置一个共享的机务用电配电箱；机场旅客航站区指标为5与6的机场，靠近航站楼的近机位宜设置飞机泊位引导装置，并应为每个机位设置机位号码标志或机位号码标记牌。

## 第三节 旅客航站区

**第二十九条** 旅客航站区主要包括站坪（空侧）、旅客航站楼、旅客航站楼前停车场（楼）以及旅客航站楼前地面交通设施（陆侧），按照国际惯例将站坪纳入旅客航站区的范畴。

**第三十条** 旅客航站区建设应满足空侧站坪运行安全、顺畅，陆侧地面交通快捷、有序，旅客航站楼内部流程合理，工作效率高、运行费用低，以旅客航站楼为主体的旅客航站区空间景观协调、体现以人为本的宗旨。

**第三十一条** 站坪的规模根据典型高峰小时飞机集中率、站坪机位数量、飞机停靠方式、旅客航站楼的构形、旅客登机方式、飞机滑行通道及站坪服务车辆通道数量等因素，通过计算确定。旅客航站区指标为5及以上机场的新建航站楼近机位比例一般应不小于70%，主要是为了增加旅客航站楼的近机位数量，提高机场的服务水平。考虑到国内既有机场近机位比例大多达不到70%的实际情况，本建设标准仅规定了旅客航站区指标为5及以上机场的新建航站楼的近机位比例指标。由于既有机场旅客航站楼的构形已经固定，通过扩建改造等手段大量增加旅客航站楼近机位比例不太现实，此类机场的扩建可参照执行，不硬性规定。

站坪面积指标采用两种方式表达，包含站坪调度道面积的站坪面积指标，依据我国既有部分规模较大的机场近期新建的站坪面积统计得出。其中天津滨海机场新建站坪为11000m$^2$/机位、广州新白云机场站坪为11800m$^2$/机位、首都国际机场T3A航站楼的东侧新建站坪为11100m$^2$/机位、太原武宿机场新建站坪为9350m$^2$/机位、上海浦东机场T2航站楼新建站坪为13300m$^2$/机位、深圳机场T2航站楼前站坪为9100m$^2$/机位，综合站坪面积指标介于9100m$^2$/机位～13300m$^2$/机位之间。由于站坪面积指标与航站楼构形密切相关，指廊式航站楼构形或机型组合偏小的机场宜采用下限，前列式航站楼构形或机型组合偏大的机场宜采用上限，其余的航站楼构形或机型组合偏小的机场宜采用中间值。

不含站坪调度道面积的站坪面积指标通过计算得出，由于飞机分类主要根据飞机的翼展宽度划分，同一系列飞机的翼展宽度大多相同，而同一系列不同型号的飞机一般仅在机身长度上有所区别，因此，确定不同类别飞机的代表性机型尺寸（长×宽）的原则是，翼展宽度采用机型的分类宽度，F类飞机翼展宽度考虑到国际民航组织预测未来飞机的翼展宽度采用84m；机身长度采用国内外广泛使用的既有或即将投入使用的各类机型的最大值，以保障站坪各种类别停机位的适应能力。其中B类飞机长度参照EMB145LR机型长度29.87m采用30m；C类飞机长度参照MD90、A321和B737－900机型长度46.5m、44.51m、42.1m采用47m；D类飞机长度参照MD11、B767－400和B787－3机型长度61.21m、61.4m和57m采用62m；E类飞机长度参照A340－600、B777－300ER机型长度75.3m、73.9m采用76m；F类飞机长度考虑到国际民航组织预测未来机型的长度采用80m，选择的各类别机型的计算尺寸（长×宽）分别为A类＝15m×15m、B类＝30m×24m、C类＝47m×36m、D类＝62m×52m、E类＝76m×65m、F类＝80m×84m。

**第三十二条** 旅客航站楼的建筑面积通过典型高峰小时旅客吞吐量及本建设标准的面积指标计算得出，中转、经停旅客比例大于10%的机场可采用指标的下限，中转、经停旅客比例小于10%的机场可采用指标的上限，面积指标中包含了8%～10%的商业面积和中转旅客面积。为满足旅客航站楼工艺布置需要，旅客航站区指标为1、2的机场旅客航站楼面积不宜小于2000$m^2$。旅客航站楼与站坪构形可根据机场性质、机场使用要求确定。旅客航站楼设施配置应满足基本功能使用要求，建筑装修追求实用。

**第三十三条、第三十四条** 机场停车场的建筑面积指标通常根据车型分为三类，即出租车与小型车、面包车和大客车，各类车型的建筑面积指标分别为35$m^2$/辆、40$m^2$/辆、60$m^2$/辆。本标准根据中国建筑出版社出版的《建筑设计资料集》第6集公共停车场车型分类对机场停车场（楼）的车型分类进行了调整，增列了微型车类型，停车场的建筑面积指标采用25～30$m^2$/辆，停车楼的建筑面积指标采用30～40$m^2$/辆。车型系数为：微型车0.7、小型车1.0、中型车2.0、大型车2.5，表10中的建筑面积指标系根据车型系数计算得出。

## 第四节 机场空中交通管制设施

**第三十五条、第三十六条** 机场空中交通管制设施中的塔台，其平面位置与高度应能通视机场飞行区及跑道延长方向，并能最大限度地观察停机位的情况，塔台高度应符合机场净空保护面的要求。对于实施进近管制和区域管制的机场，进近管制室宜与管制塔台合建，或者与位于机场内的区域管制室合建在机场航管楼内。机场航管楼的设置应符合空中交通管制的规划和要求，具体建设方案应满足空中交通管制的使用需求。

**第三十七条** 机场航空通信包括航空移动通信和航空固定通信。航空移动通信主要建设甚高频通信台，需要时设置高频通信台，通信电台的波道数量及规模根据管制室的业务需求确定。根据场面调度通信的需要，建设场面移动通信系统（集群通信系统或无线对讲系统）。机场航空固定通信一般应建设管制使用的话音交换系统、航空固定电报系统、场内地面通信网络和卫星地面站，应提供可靠的主、备通信保障路由。

**第三十八条** 根据机场地形和气象条件、运行规模确定机场的运行方式（精密进近及其类别等）。机场导航、监视设施的配置应与管制方式、管制范围和航线布局、净空条件、气象条件、飞行程序等空中交通管制业务需求及条件相适应。

**第三十九条** 民用航空行业标准《民用航空气象——第4部分：设备配备》规定了机场气象设备配备标准，应予以执行。

**第四十条** 航行情报设施宜设在航管楼内，也可以设置在航站楼内。

**第四十一条** 机场塔台建筑面积，应按照民用航空行业标准《民用航空机场塔台空中交通管制设备配置》执行。机场航管楼、气象用房等建筑面积要满足空中交通管制业务需求，导航台及雷达站建筑面积指标通过国内既有机场的实际面积统计分析得出。

### 第五节 货 运 区

**第四十二条** 机场货运区的选址应根据机场货运业务的工艺流程需要、货机的运行以及航空快件的操作、对外交通等因素确定，综合考虑与站坪的位置关系，减少空侧货物运输距离，缩短运输时间，尽量减少与航空器运行的相互影响。

**第四十三条** 本条是对机场货运站建设的基本要求。

**第四十四条** 机场货运站的建筑面积指标为货运站各类设施的综合建筑面积指标。根据统计分析，货运站（不含货机坪）的用地规模应在其建筑面积的基础上增加 2.5 ~ 3 的系数。

**第四十五条** 机场货机坪应与货运站相连或靠近；当不能靠近时，应设专用通道。机场货运站的空侧应与货运站陆侧区有效隔离；货机坪应配备照明设施、机务用电设施、消防给水等设施。有条件的机场，货机坪应设置机坪自动加油设施。货机坪与站坪之间宜设置专用通道。

**第四十六条** 机场货运业务楼是办理货运业务使用的办公场所，年货运吞吐量小于 10 万吨的机场，该设施一般与货运仓库合建。承担国际货运的机场，货运业务楼宜与海关报关及联检用房合建。

**第四十七条** 本条是对货运区进、出道路的要求，旅客航站区指标为 4 以下的机场因货运量相对较少，货运区进场路可以利用机场主进场路，旅客航站区指标为 4 的机场货运量较大时，宜设置单独的机场货运区道路，旅客航站区指标为 5 及以上的机场货运量相对较大，应设置单独的机场货运区道路。

### 第六节 机务维修区及设施

**第四十八条** 机务维修区及设施指航空器维护及修理（包括航线维护及定检等）设施。机场需要配置航空器航线维护所需要的设施，航空器定检维修一般需要在专用的维修基地进行，通常由航空公司基地或独立从事航空器维修业务的企业等提供机务维修服务，其维修地点如果位于本机场，其维修设施的功能和维修规模应符合机场总体规划。

**第四十九条** 航线维护设施包含机场内所有从事航线维护单位所需要的设施。航线维护设施建设规模应满足在机场起降的所有航班的航线维护需要，根据机场年起降架次、典型高峰小时起降架次所需航线维修工作量确定。

**第五十条** 本条规定了航线维护设施所包含的设施内容，航线维护一般在站坪或航空公司停机坪上进行，维护用房包括外场工作间、资料室、设备工具间、充电间、航材库等。

**第五十一条** 本条规定了维修机坪应配备的必要设施，维修机坪通常设置试车坪，对飞机发动机等进行检测，并根据需要设置防吹墙和消音设施；有清洗飞机需求的机坪应对其排放的污水进行处理；维修机坪的建筑面积需根据停放机型、滑行停靠方式、维修机坪与飞行区之间的滑行道等情况综合确定。

**第五十二条** 驻场的航空公司、独立从事航空器维修的企业在机场内建设的航空器维修及修理设施的建设项目和规模，应根据其所承担的航空器维护和修理项目、维修等级、规模及维修工艺流程要求等确定，并应符合机场总体规划。

### 第七节 机场供油设施

**第五十三条** 机场航油供应所需要的运油车、加油车、管线加油车等属于设备类型，列入

第六十八条特种车辆及专用设备范畴。

**第五十四条** 机场所属油库的总容量的确定，执行民用航空行业标准《民用机场供油工程建设技术规范》，近期目标年系指机场总体规划的近期目标年10年。机场油库的油罐设置应满足航空燃料接收、沉降、使用三个环节的要求，并预留规划发展用地。

**第五十五条** 飞机加油方式一般分为机坪管线系统加油和罐式加油车加油。机场航空加油站可单独设置或与机场油库合建。

**第五十六条** 机场汽车加油站主要服务于机场特种车辆及专用设备。

### 第八节 机场应急救援及安全保卫设施

**第五十七条、第五十八条** 机场消防救援设施是为了飞机发生事故时，为乘客、机组人员及飞机和其载运的货物等提供紧急救援服务和迅速恢复机场正常运行所配备的设施，一般应包括消防设施、残损飞机搬移设施以及应急指挥中心。沿海机场（8km范围内有海）应考虑水上救援设施。机场消防设施的建设应执行民用航空行业标准《民用航空运输机场飞行区消防设施》。

**第五十九条** 机场应急救护设施通常与机场医疗设施合建，其规模应满足处理机场最大使用机型一次飞行事故的医疗应急处理能力，其位置应能使应急救护车迅速到达救援地点，并保障运送伤员的通道顺畅。

**第六十条** 机场宜设置一个固定的应急指挥中心，并应保障进出飞行区和机坪的交通通畅。

**第六十一条** 首都、直辖市及省、自治区首府机场因具有特定的使用要求，应设置驻场武警部队设施，其建设规模执行国家有关规定。

**第六十二条** 机场安全保卫设施的建设应执行民用航空行业标准《民用航空运输机场安全保卫设施建设标准》。

## 第五章 机场生产辅助设施

### 第一节 航空食品及机上供应品设施

**第六十三条、第六十四条** 航空食品供应设施由配餐车间及辅助用房组成。航空食品日供应配餐份数的总量，依据所在机场典型高峰日旅客吞吐量、航班起降时间、航线的长短确定。送餐餐车的数量依据配餐量及配餐车间至飞机停放位置的距离确定，一般每600～800份配餐量配备一辆餐车，旅客航站区指标为4以下的机场可采用指标的下限，旅客航站区指标为4及以上的机场可采用指标的上限。

**第六十五条** 机上供应品库一般与航空配餐车间合建，对于未建航空配餐车间的机场，可与客舱服务部用房合建，但需要增加装配车间。机上供应品库及客舱服务部用房的规模，应依据机场旅客航站区指标及供应品储存时间确定，宜按表13执行，储存时间短的机场可采用指标的下限，储存时间长的机场可采用指标的上限。机供品的储存时间按15～30天计算。

### 第二节 服务保障设施

**第六十六条** 本条规定了机场服务保障设施包含的主要内容，即机坪专用设施、飞机活动区地面维护车辆设备、场务用房、车库及维修用房、车辆停放场地、物业管理用房、综合仓库、设备维修设施及工作场所等。

**第六十七条、第六十八条** 本条规定了机场机坪专用设施包含的内容，即机坪特种车辆及专用设备、特种车库、车辆维修用房以及站坪服务车辆通道、特种设施停放场地。机坪特种车辆及专用设备系指在民用机场机坪内使用的为航空器运行和服务所需要的勤务车辆和具有民用航空行业特性的专用设备及装置，其数量根据机场所在地区的气候特点、飞机在机坪上的运行方式、航空器机型类别、旅客登机廊桥、飞机供油方式等运行需求配备。

**第六十九条** 特种车库一般设有车库（棚）、停车场以及业务用房。车辆维修用房一般设修理车间、保养车间、值班等用房。

特种车库及车辆维修用房的建筑规模，应依据特种车辆的数量，机场所在地区的气候特点确定。每辆车的指标是指车辆综合尺寸，规格大的车辆采用上限、规格小的车辆采用下限。K 为进库系数，高寒地区 $K=1$，一般地区 $K=0.6\sim0.8$。

**第七十条** 机场飞机活动区维护车辆设备的规模（数量），按机场飞行区指标、机场所在地区的气候特点及年飞行架次等需求配备。车辆专用车库、车辆维修用房、停放场地的规模应根据车辆的数量、种类等确定，规格小的车辆采用指标的下限，规格大的车辆采用指标的上限，每辆车的指标是指车辆综合尺寸，K 为进库系数，高寒地区 $K=1$，一般地区 $K=0.6\sim0.8$。

**第七十一条** 机场的物业管理用房、综合仓库、设备维修车间等设施与机场航空业务量的规模密切相关，其建筑面积规模依据机场旅客航站区指标确定；场务用房系指用于维护机场飞机活动区设施的机场工作人员的办公等用房，其建筑面积规模根据机场飞行区指标确定。

**第七十二条、第七十三条** 本条规定了机场行政办公及值班设施的范畴。其建设规模依据机场性质、机场旅客航站区指标和机场飞行区指标、机场人员编制以及国家或机场所在省、直辖市、自治区政府的有关规定计算确定。

### 第三节　信息管理设施

**第七十四条** 机场信息管理是实现机场信息化的基础，需要根据机场航空业务量的发展需求，建设必要的机场、航空公司、空中交通管制及民航集中式商务信息系统等各相关方信息集成的机场运行综合信息集成系统及设施，达到信息共享、延伸服务的目标。

## 第六章　机场地面交通及公用设施

### 第一节　机场地面交通设施

**第七十五条** 进、出机场的交通运输主要采用道路交通运输方式，也可同时采用轨道交通或水运等其他综合交通运输方式，主要取决于机场性质、规模及机场周边综合交通运输设施的条件。

**第七十六条** 本条规定了设置机场交通进、出口数量的条件。当机场旅客吞吐量水平达到或超过 3000 万人次/年时，单纯依靠道路交通运输方式进、出机场，会给旅客带来很大不便。另一方面，由于机场旅客吞吐量规模较大，具备了建设连接城市的轨道交通等综合交通运输方式的运营条件。沿海或沿江具有水运条件的机场，应充分加以利用，宜在机场附近建设客、货运码头，以及通往机场旅客航站区和货运区的道路。

**第七十七条、第七十八条** 进、出机场道路的场外段和场内段通常由不同的建设方投资建设，建设规模和设计标准宜统一。场外段宜建设为机场专用道路。进、出机场道路的等级、标准、车道数量与机场航空业务量规模所需求的车辆交通流量密切相关，应根据机场旅客航站区指标和机场建设目标年的车流量确定。

**第七十九条、第八十条** 旅客航站区指标为 5 及以上的机场，公共交通流量相对较大，公共交通与工作用车辆混合运行的冲突较大，为减少冲突、保障安全，机场内的场内公共道路和工作道路宜分别自成系统，在必须交叉的道口宜设置交通管制设施。场内道路的车道数、路面宽度和路面标准应根据旅客航站区指标和机场建设目标年预测车流交通量等确定。

**第八十一条** 机场道路系统标志，特别是公共交通的标志应指向明确和识别清晰，夜间或低能见度条件下使用时，地面交通系统及标志应设灯光照明，方便驾驶员使用。

## 第二节 机场供电设施

**第八十二条** 本条规定了机场供电所包含的范畴。

**第八十三条** 为保障飞行安全，机场需要具备不间断供电的能力，一般要求具有两个及以上可靠的独立外电源，并按一级负荷要求向机场供电，两路电源应分别给机场不同的电路供电，其电路的设计应能在一路电源中断时保障设备的完好运行。两路电源应分别引自不同的二次变电站，宜从不同的发电厂（机）引来。旅客航站区指标为 1、2 的机场，难以取得两路独立电源，允许引入一路机场专用电源，并同时配置柴油发电机组作为备用电源，其负荷容量应满足机场一、二级负荷需求。

**第八十四条** 机场总变电站或开闭所通常设置在机场内（或机场附近），站内一般设两台主变压器，为保障故障排除和检修需要，每台变压器宜能承担机场一、二级负荷。机场总用电负荷量小的机场总变电站建筑面积指标采用下限，总用电负荷量大的机场采用上限。

**第八十五条** 机场场内供电系指通过机场总变电站或开闭所向设置在机场各功能分区内的若干个 10kV 变电站或开闭所供电的系统。

**第八十六条** 根据各功能分区变电站或开闭所的分布，从保证可靠性、运行灵活及经济实用出发，合理设计 10kV 场内供电网络和各功能区内的低压供电网络。为适应减少 10kV 供电网络值班人员或无人值守设备的需求，在机场总变电站或场内 10kV 调度控制中心宜设置 10kV 供电网络自动化装置。

## 第三节 机场供水设施

**第八十七条** 机场供水水源应尽可能直接选用城市自来水。有困难时，可采用江、河、湖、泉或水库等地表水和地下水作为机场水源。在多种水源均有可能采用时，应进行供水方案的技术、经济比较。

**第八十八条** 机场场外供水水源根据机场性质、规模及水源等情况确定，枯水期的保证率应满足 96%～99%。

**第八十九条** 当机场采用城市自来水作为水源时，场内应设供、配水站；当采用地表水水源或地下水作为水源时，其水质不能满足饮用水标准的情况下，应设净水厂并考虑其安全保卫设施。

**第九十条** 机场供、配水站应根据机场性质、机场日用水量需求、各功能分区的用水量需求等，采用集中或分散方式设置，机场供、配水站分布的数量及规模应满足使用要求。

**第九十一条** 机场日用水量应根据生活用水、生产用水、冲洗和浇洒用水标准，按照我国现行的城市及企业用水量定额，结合机场具体情况计算确定。

为节约水资源，旅客航站区指标为 5、6 的机场宜采用循环水利用设施。

## 第四节 机场雨水排放系统

**第九十二条** 本条规定了机场雨水排放系统设施的范畴。

**第九十三条** 为保障机场运行安全，机场截洪沟、防洪堤及其它防洪设施的防洪标准采用双重标准控制，既要满足机场所在城市的防洪标准，也要满足机场自身的防洪标准。

**第九十四条** 机场的防涝、排涝设施最终是要将机场内的水排往机场邻近地区的防涝、排涝设施，因此机场的防涝、排涝设施的建设要与机场邻近地区的防涝、排涝设施的建设标准和暴雨重现期相适应，机场场内各功能区设计暴雨重现期按满足机场使用要求控制。

**第九十五条** 机场飞行区以外的排水管网系统的设计与城镇民用设施相似，其暴雨重现期应执行国家《室外排水设计规范》。

## 第五节 机场排污及污水污物处理系统

**第九十六条** 机场污水与雨水应分流排放，以减少机场污水处理数量，防止对机场及周边环境的污染。

**第九十七条** 机场排污系统应根据国家环保法规，按照环境保护区域及相关的排放标准和排污量进行建设。机场内有害生产废水需经处理达标后才可汇入场内污水管网。含油污水应进行预处理后再汇入场内污水管网。

**第九十八条** 为预防疾病传播，国际航班飞机或国际包机上的生活污水必须进行有效监控，满足卫生防疫要求，应先经消毒处理，然后再排入污水管网。

**第九十九条** 机场内应建设生产及生活垃圾分拣转运站，首先对垃圾进行分拣，然后进行分类处理。机场可以设置符合环保标准的小型焚烧站自行处理；考虑到旅客航站区指标为4及以下机场日垃圾总量有限，采用焚烧方式往往不经济，一般也可以依托当地市政设施统一做无害化处理。

## 第六节 机场供热及制冷设施

**第一百条、第一百零一条** 机场供热、制冷设施的规模和标准主要取决于机场的地理位置、气候特征及机场建筑物规模和功能等因素。机场制冷、供热系统应综合配置和利用，要优先选用清洁、高效的能源，提高能源利用效率，节约能源，贯彻国家的能源政策。

**第一百零二条** 本条规定了机场建筑物舒适性空调的室内空气参数确定所依据的主要因素，即室外空气参数、建筑物类别、冷源状况及节能要求等。明确了机场建筑物工艺性空调的室内空气参数应根据工艺要求确定。

**第一百零三条** 本条规定了机场制冷负荷计算所考虑的主要因素，即旅客航站楼、航空食品供应设施、办公楼等需要制冷的建筑面积、维护结构、环境温度、舒适性。

**第一百零四条** 为提高能源利用效率，对于制冷负荷集中、空调用量较大、运行时间不统一的机场，可以随各单体建筑物设置独立的集中供冷系统，设置独立的制冷站。对于供冷负荷分散、空调用量较小、运行时间独立的机场，只需要在单体建筑物内安装空调机组或分体式空调机，不宜设置集中供冷系统。

**第一百零五条** 机场供热热源应尽可能充分利用机场所在城市热力网或地热资源，在无法满足机场需求的情况下，为提高能源的利用效率，允许采用独立的区域锅炉房集中供热，这也是机场通常采用的供热方式。分散式的锅炉房能源利用率低、不经济，一般不宜采用，特殊情况下，需要通过技术、经济比较后选用。

**第一百零六条** 本条规定了机场供热负荷计算所考虑的主要因素，即机场所在地区供热标准，旅客航站楼、航空食品供应设施、机场办公楼等有关建筑设施的规模等因素。

**第一百零七条** 锅炉房容量应根据机场旅客航站楼、航空食品供应设施、航管楼、货运库、机务维修库、供油设施、服务保障设施等的建筑规模以及机场总体规划布置等因素计算确定。锅炉房建筑面积根据锅炉数量、所占面积以及配套设施计算确定。

### 第七节　机场燃气供应设施

**第一百零八条**　有条件使用燃气的机场，出于防爆等安全因素的考虑，机场燃气设施尽可能纳入机场所在城市的燃气（煤气、天然气或液化石油气）系统，统一实施专业化建设。

**第一百零九条**　当机场接用城市燃气时，应在机场内建燃气调压站；当采用罐装液化石油气时，机场内应建设液化石油气罐站。燃气调压站或液化石油气罐站宜设在靠近负荷中心或主要用户的位置，并应符合我国现行建筑防火、安全的有关规定。

**第一百一十条**　机场燃气用量根据民用建筑设施用气指标及建筑设施规模和供冷、供热等动力用气规模确定。

### 第八节　机场通信设施

**第一百一十一条、第一百一十二条**　机场通信包括有线通信和无线移动通信。机场有线通信应纳入机场所在城市的市话网或区域性有线通信网，通常由当地电信企业组织实施、建设和运营管理。为保障机场通信安全，远离城市的机场需规划专用通信线路接至机场所在城市的市话网。

**第一百一十三条**　机场有线通信的电话站（局）的规模（容量），根据机场旅客航站区指标确定。机场有线通信中继方式应根据机场所在城市或区域性的有线通信网及交换系统的型式确定。机场中继线路可根据机场有线通信的需求采用光缆或铜缆。

**第一百一十四条**　为保障通信质量，无线集群通信系统主站一般设在机场内较高建筑物的屋顶上。

## 第七章　机场环境保护

**第一百一十五条**　机场环境保护应执行我国现行《建设项目环境保护管理办法》，坚持“预防为主、防治结合”的方针。机场建设应贯彻可持续发展的原则，防治污染、保护生态环境。

**第一百一十六条**　为保障飞行安全，需要对机场周边一定范围的既有人工建筑设施或自然物体进行限制或处理，对未来规划的人工建筑设施或自然物体的位置和高度进行限制。机场净空保护应严格执行国务院、中央军委发布的《关于保护机场净空的规定》，机场净空限制要求应严格执行民用航空行业标准《民用机场飞行区技术标准》。

**第一百一十七条**　为避免干扰航空器机载设施或机场航行管制设施的有效工作，机场周围电磁环境应符合国家标准《航空无线电导航台站电磁环境要求》的规定。

**第一百一十八条**　机场周围环境条件应不利于鸟类生存、以减少鸟击航空器不安全事件，对机场周围地区已有鸟类生存的环境应予以改造，机场内应设置驱鸟设施。

**第一百一十九条**　为有效降低对机场周边环境的不良影响，机场的航空器噪声影响控制、大气污染及水污染控制以及固体废弃物的处理均应执行国家有关法规、行业规章及民用航空行业标准《民用机场总体规划规范》。

**第一百二十条**　机场绿化应与机场建设同步进行，绿化布置应结合机场各功能分区的性质特点。飞行区的绿化必须符合净空限制要求，绿化植物应不利鸟类生存和栖息，并不得妨碍塔台管制人员的视线。机场其他功能区绿化覆盖率应因地制宜，并执行机场所在地城镇的绿化覆盖率标准。

**第一百二十一条**　机场工程建设过程中或竣工后，对取土场、开挖面、削坡和废弃的砂、石、土存放地的裸露土地，应落实防护措施，并对植被进行恢复，防止水土流失。

## 第八章 机场项目建设用地

**第一百二十二条** 机场项目建设用地应贯彻国家有关建设、土地管理的法律、法规及有关规定，正确处理建设用地与农、牧、林、渔业、矿产等和生态、环境、自然和历史保护区用地的关系，切实做到科学、合理和节约用地。

**第一百二十三条** 机场工程建设应根据机场性质、类别、等级和作用等确定经济合理的机场规模和构形，合理确定相应的机场工程项目的建设规模。机场项目用地应结合工程项目总平面规划、机场周围环境、居民点和环境保护等的实际情况确定机场总的项目建设用地面积。

**第一百二十四条** 机场项目建设用地应统筹规划，合理安排。近期工程项目建设用地应相对集中，预留、控制规划发展用地范围。对功能相近的建筑，应尽量联建或合建。应尽可能利用荒地、劣地，少占耕地和林地、湿地，确因需要时应少占良田、少拆迁、少移民。

**第一百二十五条、第一百二十六条** 为提高土地的利用效率，改建、扩建机场工程项目应充分利用机场既有土地，尽可能减少新增土地面积。

机场项目建设用地应执行《民用航空运输机场工程项目建设用地指标》。

# 十、仓　　储

# 粮食仓库建设标准

## （修订本）

## 关于批准发布《粮食仓库建设标准》的通知

建标［2001］58号

国务院各有关部门，各省、自治区建设厅，直辖市建委、计委，计划单列市建委、计委：

根据国家计委《关于制订工程项目建设标准的几点意见》（计标［1987］2323号）和建设部、国家计委《关于工程项目建设标准编制工作暂行办法》（［90］建标字第519号）的要求，按照国家计委《关于委托修订〈粮食仓库建设标准〉的函》（计司投资函［2000］140号）的安排，由国家粮食局修订的《粮食仓库建设标准》（修订本），经有关部门会审，批准为全国统一标准予以发布，自2001年5月1日起施行。

本建设标准的管理及解释工作，由国家粮食局负责。

**中华人民共和国建设部**

**中华人民共和国国家发展计划委员会**

**国家粮食局**

**2001年3月14日**

## 修订说明

本建设标准是根据建设部“关于同意对《粮食仓库建设标准》等进行制订、修订的函”（建标标［2000］67号）和国家粮食局“关于下达《粮食仓库建设标准》等三个标准及规范修订编制任务的函”（司函管理［2000］第43号）的要求，由国家粮食局组织郑州粮油食品工程建筑设计院等单位进行修订。

本次修订工作，以确保安全储粮和提高投资效益，推动技术进步，贯彻节约土地和国家现行有关粮食仓储行业发展的技术政策为指导思想。编制组进行了广泛深入的调查研究，总结了近年来国家粮库建设的实际情况，分析论证了大量的统计资料，广泛征求全国有关部门、单位及专家的意见，并召开了审查会，最后会同各有关部门审查定稿。

本建设标准分六章：总则、建设规模与项目构成、选址与建设条件、工艺装备与配套工程、建筑与建设用地、主要技术经济指标。

本次修订的主要内容有：①调整扩大了粮库规模；②项目构成中增加了室外工程和独立工程；③提高了仓储工艺及电气测控等配套工程的要求；④调整了非生产设施面积指

标；⑤调整了粮库用地指标；⑥调整了粮库工程投资控制指标和各类设施占工程投资的比例；⑦调整了粮库建设工期；⑧缩减了粮库劳动定员等。

在施行本建设标准过程中，请各单位注意总结经验，积累资料，需要修改和补充之处，请将意见和有关资料寄交国家粮食局粮食行政管理司。

国家粮食局

2001 年 3 月 27 日

## 第一章　总　　则

**第一条**　为确保粮食储藏安全，推进粮食仓库（以下简称粮库）建设技术进步，加强项目决策和建设的管理，充分发挥投资效益，制定本建设标准。

**第二条**　本建设标准是编制、评估、审批粮库项目可行性研究报告的重要依据，是审查粮库项目初步设计和监督检查项目建设的尺度。

**第三条**　本建设标准适用于总仓容量为 2.5 万 t 及以上新建粮库项目。新建 2.5 万 t 以下粮库和改、扩建粮库项目可参照执行。

**第四条**　粮库项目建设应遵循下列原则：

一、必须贯彻执行国家基本建设有关法律、法规和国家粮库建设政策，采用先进技术，节约用地，少占耕地；防止污染，注重环保；安全适用、经济合理、有利发展；

二、应根据粮食生产、储存、流通和消费的需要，按经济区域统筹规划，合理布局设点；粮库项目应优先在粮食主产区、主销区和交通干线粮食集散地选点建设；

三、应根据当地建设规划，对粮库进行总体规划；以近期建设规模为主，适当考虑远期发展的需要；粮库建设可根据实际需要和财力、物力等条件，一次或分期实施；

四、应按照节约、节能、高效的原则，选用符合使用功能要求和适应当地自然条件的粮仓仓型；采用成熟的新技术、新工艺、新设备和新材料；积极推广散装、散运、散卸、散存（简称“四散”）技术；完善仓储工艺，满足安全储粮需要，提高粮食仓储设施现代化水平；

五、应充分利用当地可提供的社会协作条件，提高粮库专业化协作和社会化服务的水平；改、扩建项目应充分利用原有设施。

**第五条**　粮库项目建设，除应执行本建设标准外，尚应符合国家有关标准、规范的规定。

## 第二章　建设规模与项目构成

**第六条**　粮库项目的建设规模，按粮库的总仓容量划分以下三类：

一类：150000t 以上；

二类：50001t～150000t；

三类：25000t～50000t。

**第七条**　粮库按主要使用功能可分为收纳库、中转库、储备库和综合库。各类粮库的总仓容量宜按下列规定计算：

一、收纳库：按年收购量的 60% 确定；

二、中转库：按不大于年中转量的 10% 确定；

三、储备库：按国家或地方的计划储备量确定；

四、综合库：按不同功能的仓容量综合确定。

收纳库宜按三类粮库建设；国家储备库宜按一类或二类粮库建设。

**第八条** 粮库建设项目由生产设施、辅助生产设施、办公生活设施、室外工程及独立工程构成。

一、生产设施：仓房、粮食输送及储粮工艺装备、粮情测控系统、自动控制系统以及烘干设施等；

二、辅助生产设施：检化验室、中心控制室、变配电室、地磅房、机修间、器材库、药品库、消防泵房、门卫、机械罩棚（库）、铁路罩棚、通讯设施等；

三、办公生活设施：办公业务用房（含计算机房）、食堂、锅炉房、浴室、值班宿舍等；

四、室外工程：库内道路、站台、堆场、围墙、挡土墙、土石方、室外水电管线及消防设施、绿化等；

五、独立工程：铁路专用线、码头、港池、库外道路、库外水电管线等。

**第九条** 粮库建设应根据使用功能、建设规模和当地条件，合理确定项目的建设内容。

粮库的设施，应充分利用当地可提供的专业化协作和社会化服务条件；改、扩建工程应充分利用库内原有设施以及社会公用设施；收纳库的非生产性设施应从简设置。

仓、厂结合的粮库，各类设施均应统一规划，统筹建设。

## 第三章 选址与建设条件

**第十条** 粮库的选址与建设应具备下列基本条件：

一、粮源充足，流向合理，效益显著；

二、具有便利的交通运输条件；

三、具备可靠的、适用的、经济的电源、水源、通信等外部协作条件；

四、具有良好的工程地质和水文地质条件。库址不应选在抗震设防烈度为9度的地震区；应避开有泥石流、滑坡、流沙等直接危害的地段，以及Ⅳ级自重湿陷性黄土和Ⅲ级膨胀土等工程地质不良地区；

五、具有良好的地形、地貌，远离地上、地下的障碍物；

六、避免洪水、潮水和内涝威胁，场地的防洪标准不应低于50年一遇；

七、远离污染源及易燃易爆场所，且应位于污染源全年最小频率风向的下风侧；

八、符合城市规划的要求。

**第十一条** 不同功能粮库的选址与建设应符合下列条件：

一、收纳库：建在稳定的商品粮生产地区。接收来粮的服务半径不宜小于15km；

二、中转库：建在交通干线粮食集散地。年中转量不宜少于50万t；

三、储备库：建在城市附近的粮食主销区和交通方便的粮食主产区；库点布局要合理，粮库规模要适当。国家储备库的选址设点应根据国家粮食储备布局确定；地方储备库的选址应符合地方粮食储备布局的要求；

四、综合库：以主要使用功能为主，兼顾其他功能要求。

**第十二条** 交通运输方式的选择，应根据粮库的功能、运量、运距和当地可能提供的运输条件等因素，经技术经济论证后确定，并应遵守下列规定：

一、铁路运输：

1. 一、二类粮库宜建铁路专用线；收纳库不宜建铁路专用线；

2. 铁路专用线从接轨点至入库点的引入长度：一类粮库不宜大于1.5km；二类粮库

不宜大于1km。

二、水路运输：有水运条件的地区应优先采用水运，建设码头等配套设施。

三、公路运输：各类粮库必须具备公路运输条件，库外道路应短捷，并与国家公路或城镇道路连接。

## 第四章　工艺装备与配套工程

**第十三条**　粮库工艺作业应根据粮库功能、仓型、进出粮方式、粮食种类、储粮周期等条件确定，考虑装卸、输送、清理、除尘、计量、储存、打包、烘干、检化验、机械通风、粮情测控、熏蒸等作业需要，工艺流程应力求合理、简捷、灵活。

仓、厂结合的粮库，工艺作业应统一考虑，设备生产能力应协调匹配。

**第十四条**　粮库来粮接收和发放机械设备的选择与配套设施的建设，应根据粮库功能、进出粮运输方式，按下列原则确定：

一、散装粮作业

1. 铁路、公路来粮接收可设卸粮坑、地下通廊或栈桥，配备相应的接收与输送设备；发放作业可采用输送设备及发放仓或移动式装车设备。

2. 水路来粮接收可设码头卸船设备、输送设备和栈桥；发放作业可采用栈桥、输送设备和装船设备。

二、包装粮作业

1. 铁路、公路来粮接收和发放，可采用移动式输送设备或配备其他运输工具。

2. 水路来粮接收和发放均可设码头吊装设备、输送设备和栈桥，或配备运输工具。

**第十五条**　粮库机械设备的生产能力，按下列原则确定：

一、铁路来粮接收和发放设备的生产能力，应根据粮食日装卸作业量和火车车皮数量及允许车皮在库内的停留时间确定。

二、水路来粮接收和发放设备的生产能力，应根据粮食日装卸作业量和船舶吨位及允许船舶在码头的停靠时间确定。

**第十六条**　粮库库区的机械设备配置应根据安全可靠、技术先进、高效低耗、绿色环保的原则，按不同仓型选定。

平房仓：宜采用移动式机械设备。

楼房仓：宜采用固定式与移动式相配合的机械设备。

筒仓：应配置固定式机械设备。

浅圆仓：宜采用固定式与移动式相配合的机械设备。

24m以上高度的工作塔可设电梯。

**第十七条**　粮库应设检化验设备和通风装置。熏蒸装置、粮情测控系统及计算机信息管理系统，根据粮库功能和仓型按下列原则设置：

一、用于储备的粮仓应设熏蒸装置、粮情测控及其他保粮设施。

二、用于中转的筒仓及浅圆仓应设除尘系统、粮情测控和自动控制系统。

三、国家储备库和中转库还应设置计算机信息管理系统等现代化设施。

**第十八条**　经常接收高水分粮地区的收纳库应设烘干设施。

**第十九条**　粮库铁路专用线等级应采用工业企业铁路三级标准。库内线路布置和装卸线的有效长度，应根据库区地形、最大日装卸作业量及当地铁路编组站的编组能力等条件综合确定。

**第二十条**　粮食专用码头的形式、泊位数、装卸作业区面积等，应根据粮食最大日装卸作业量、航道、港池及船型等条件综合确定。

**第二十一条**　粮库道路工程应符合下列要求：

一、库外道路：按厂矿道路三级标准执行。路面宜采用水泥混凝土或沥青混凝土；当库外道路较短时，可采用与库内主干道相同的标准。

二、库内道路：路面应采用水泥混凝土。主干道路面宽为9～7m；次干道路面宽为7～4.5m；交通运输繁忙的库内主干道可设人行道，人行道宽可为1.5m。

**第二十二条**　粮库电力负荷等级应按三级；港口、交通枢纽等中转量大的粮库可按二级。

**第二十三条**　粮库的给水应利用城市供水，城市供水系统尚未敷设到的库区，可自备水源。库区应采用有组织排水系统，废水经处理后宜排入城市污水排放系统。

**第二十四条**　粮库应设消防给水系统，消防给水的水源应可靠。消防设施的配置及防火间距等，应结合粮库特点按国家和粮食行业现行标准、规范确定。粮库不设专职消防队。

**第二十五条**　粮库的粉尘治理应遵循以防为主、综合治理的原则。对释放粉尘的作业过程及设备，应采取有效的除尘措施。经通风除尘后排放的粉尘浓度不得超过国家规定的标准。

粮库释放粉尘作业区内的电气装置，应按国家有关粉尘防爆的规定执行。

## 第五章　建筑与建设用地

**第二十六条**　粮库各类建筑应满足科学储粮、方便生产与生活的要求，做到安全适用、经济合理。建设标准应根据建筑物用途和建设地区条件等因素合理确定。

仓房应采取防水、防潮、防火、防虫、防鼠、防雀等措施。

储备仓尚应采取气密、通风、隔热等措施，满足长期储粮要求。

**第二十七条**　各类仓房的仓容量可按下列规定计算：

一、散装平房仓

仓容量＝仓房建筑面积×平面利用率×装粮高度×粮食密度

注：①平面利用率：粮堆实际占地面积与仓房建筑面积之比，取93%；

②国家储备库装粮高度宜取6m。

二、包装平房仓

仓容量＝仓房建筑面积×平面利用率×堆包层数×单层粮包面密度

注：①平面利用率取值为：70%；

②单层粮包面密度按本条条文说明中“粮食密度及单层粮包面密度表”取值。

三、浅圆仓

仓容量＝装粮体积×粮食密度

注：①用于储备的浅圆仓，装粮体积按平堆计算，装粮高度为仓内地面至仓壁顶面的高度；

②用于中转的浅圆仓，可计入粮食以自然休止角形成的锥体粮堆体积。

四、筒仓

仓容量＝装粮体积×粮食密度

注：①当为锥底筒仓时，装粮体积可按圆柱体计算，装粮高度为仓壁与锥斗交线至仓顶板底的高度；

②当为平底筒仓时，装粮体积计算应考虑粮食以自然休止角形成的锥体粮堆体积；

③当为连体筒仓群时，星仓仓容可按每四个星仓相当于一个筒仓的仓容计算。

**第二十八条**　平房仓、楼房仓吨粮建筑面积宜按下列规定确定：

一、平房仓吨粮建筑面积指标不宜超过表1的规定。

**表1　平房仓吨粮建筑面积指标（$m^2/t$）**

| 堆粮方式 | | 粮食种类 | |
|---|---|---|---|
| | | 小麦 | 稻谷 |
| 散装 | 堆高5.0m | 0.29 | 0.39 |
| | 堆高5.5m | 0.26 | 0.36 |
| | 堆高6.0m | 0.24 | 0.33 |
| 包装 | 堆高20包 | 0.41 | 0.55 |
| | 堆高22包 | 0.37 | 0.50 |
| | 堆高24包 | 0.34 | 0.46 |

二、楼房仓吨粮建筑面积指标不宜超过表2的规定。

**表2　楼房仓吨粮建筑面积指标（$m^2/t$）**

| 总楼层数 | 粮食种类 | | | |
|---|---|---|---|---|
| | 小麦 | 稻谷 | 面粉 | 大米 |
| 2层 | — | — | 0.61 | 0.50 |
| 3层 | 0.57 | 0.76 | 0.63 | 0.54 |
| 4层、5层 | 0.58 | 0.78 | 0.64 | 0.55 |

**第二十九条**　粮库的辅助生产设施应尽可能利用邻近粮库或企业可提供的专业化协作条件。当新建库区无外协条件可供利用时，新建设施的建筑面积不应超过表3的规定。

**表3　辅助生产设施建筑面积指标（$m^2$）**

| 粮库规模 | 一类 | 二类 | 三类 |
|---|---|---|---|
| 建筑面积 | 1200～1800 | 1000～1200 | 800～1000 |
| 机械罩棚（库） | 1000～1500 | | 600～1000 |
| 铁路罩棚 | 10000～15000 | 4000～10000 | — |

注：①表中建筑面积所含子项为检化验室、中心控制室、变配电室、地磅房、机修间、器材库、药品库、消防泵房、门卫等；

②总仓容为15万t时，建筑面积不应大于1200$m^2$；总仓容大于15万t时，建筑面积可根据需要在1200$m^2$的基础上适当增加，但总建筑面积不应大于1800$m^2$；

③总仓容为15万t时，铁路罩棚面积不应大于10000$m^2$；总仓容大于15万t时，铁路罩棚面积可根据需要在10000$m^2$的基础上适当增加，但总面积不应超过15000$m^2$。

**第三十条**　粮库的办公生活设施应尽可能利用邻近粮库及当地可提供的社会化服务条件。当新建库区无外协条件可供利用时，新建设施的建筑面积不应超过表4的规定。

**表4　办公生活设施建筑面积指标（$m^2$）**

| 粮库规模 | 一类 | 二类 | 三类 |
|---|---|---|---|
| 建筑面积 | 1200~1800 | 1000~1200 | 650~1000 |

注：①建筑面积所含子项为办公业务用房（含计算机房）、食堂、锅炉房、浴室、值班宿舍、水泵房、库区厕所等；

②总仓容为15万t时，建筑面积不应大于1200$m^2$；总仓容大于15万t时，建筑面积可根据需要在1200$m^2$的基础上适当增加，但总建筑面积不应超过1800$m^2$。

**第三十一条**　粮库主要建筑结构型式，可按下列规定选择：

一、平房仓宜采用钢筋混凝土排架结构或其他结构型式。

二、楼房仓宜采用钢筋混凝土框架结构。楼盖为梁板结构或无梁楼盖。

三、筒仓应按功能需要采用钢筋混凝土结构、钢结构或其他结构型式。

四、工作塔宜采用钢筋混凝土框架结构或其他结构型式。

五、浅圆仓宜采用钢筋混凝土结构或钢结构。

六、机械罩棚、铁路罩棚宜采用轻钢结构。

**第三十二条**　粮库建设必须坚持科学、合理、节约用地的原则。在满足使用功能的前提下，使用性质相近的建筑应合并建设。扩建工程应充分利用原有用地。

粮库的建筑系数不宜低于30%。

**第三十三条**　粮库总平面布置应做到功能分区明确、工艺流程简捷、布局紧凑合理。库区可划分为仓储区、辅助生产区、办公生活区等。仓储区与辅助生产区、办公生活区之间宜用绿化带分隔；仓储区绿化面积，可在满足安全储粮和进出仓作业的条件下，根据场地实际情况适当布置；办公生活区绿化面积应符合当地城市有关基地绿化面积指标的规定。

**第三十四条**　粮库建设用地应按下列指标控制：

一、粮库仓型均采用平房仓时，粮库吨粮建设用地综合指标宜控制在1.07~1.47$m^2$/t。

注：①用地综合指标为粮库围墙内用地；

②建设铁路专用线、港池或潮粮堆场的库，用地指标可取高值；

③仓房跨度大，组合长度长，用地指标可取低值。

二、散装平房仓仓储区吨粮建设用地指标宜控制在0.40~0.70$m^2$/t；

注：①本指标按储存小麦计，储存稻谷时，用地指标应除以0.75；

②仓房跨度大、组合长度长时，可取低值。

三、筒库区吨粮建设用地指标宜控制在0.15~0.30$m^2$/t。

注：①本指标按储存小麦计，储存稻谷时，用地指标应除以0.75；

②本指标适用于装粮高度不小于21m，仓容量1~10万t的筒库；

③装粮高度高、组群总储量大时，可取低值。

四、浅圆仓仓储区吨粮建设用地指标宜控制在0.20~0.40$m^2$/t。

注：①本指标按储存小麦计，储存稻谷时，用地指标应除以0.75；

②本指标适用于直径25~30m，单仓仓容0.5~1万t的浅圆仓群；

③装粮高度高、单仓仓容大、组群总储量大时，可取低值。

## 第六章　主要技术经济指标

**第三十五条**　粮库工程投资估算指标宜按下列标准控制：

一、生产设施、辅助生产设施和办公生活设施投资估算指标可参照表5所列指标选用。

**表5　生产、辅助生产和办公生活设施投资估算指标**

| 序号 | 名称 \ 估算指标 | | 单位工程估算指标 | | 含12%其他费用估算指标 |
|---|---|---|---|---|---|
| | | | 单位 | 指标 | |
| 1 | 生产设施 | 平房仓 | 元/t | 270～430 | 300～480 |
| 2 | | 楼房仓 | 元/t | 680～950 | 760～1100 |
| 3 | | 筒库 | 元/t | 770～1150 | 870～1288 |
| 4 | | 浅圆仓 | 元/t | 290～450 | 325～504 |
| 5 | | 砖圆仓 | 元/t | 310～450 | 350～504 |
| 6 | 辅助生产设施 | | 元/t | 40～80 | 45～90 |
| 7 | | | 元/$m^2$ | 800～1350 | 1000～1500 |
| 8 | 办公生活设施 | | 元/t | 10～25 | 11～28 |
| 9 | | | 元/$m^2$ | 600～950 | 672～1064 |

注：①表中指标为2000年上半年的平均价格，使用时应按当年以及建设期末与2000年上半年的平均价格差进行调整；

②表中单位工程估算指标含建筑工程、工艺装备与电气设备费用；序号4、5指标中含工作塔费用；

③其他费用主要包括建设单位管理费、勘察设计费、工程监理费、电贴费及国家或地方应征收的与工程建设有关的费用。不含建设期贷款利息和预备费；

④仓房按储存散装小麦考虑；

⑤序号1、2、3、4、5、7、9的取值为：预算定额取费高的地区可取高值；序号6、8的取值为：扩建粮库或预算定额取费低的地区取低值。

二、室外工程所需费用可控制在建设项目工程投资的7%～18%。

注：①建设项目工程投资不含独立费；

②粮库仓房均为平房仓时取高值，配建筒仓、浅圆仓时可取低值。

三、征地、铁路专用线、码头、港池、库外道路、库外水电管线等独立工程费用，应根据建库地点的实际情况确定。

**第三十六条**　各类仓房单位建筑工程造价指标可参照表6指标选用。

**表6　仓房单位建筑工程造价指标**

| 仓型 | | 吨粮造价（元/t） | 每平方米造价（元/$m^2$） |
|---|---|---|---|
| 平房仓 | | 250～350 | 850～1400 |
| 楼房仓 | | 580～810 | 1000～1800 |
| 筒仓 | 钢筋混凝土 | 450～650 | — |
| | 钢板 | 350～500 | — |
| 浅圆仓 | | 180～340 | — |
| 砖圆仓 | | 260～370 | — |
| 工作塔 | | — | 1300～1800 |

注：①建筑工程造价包括水和照明电；

②表中指标为2000年上半年的平均价格，使用时应按当年以及建设期末与2000年上半年的平均价格差进行调整；

③地质条件复杂，地基处理费用特别高时，处理费用可单列；

④仓房按储存散装小麦考虑，若储存稻谷，吨粮造价指标应除以0.75。

**第三十七条** 粮库的生产设施、辅助生产设施、办公生活设施和室外工程各占建设项目工程投资的比例，可按表7数值控制。

**表7 各类设施投资比例（%）**

| 设施名称 | 均为平房仓的粮库 | 有筒仓、浅圆仓、砖圆仓、楼房仓的粮库 |
|---|---|---|
| 生产设施 | 65~80 | 70~85 |
| 辅助生产设施 | 9~12 | 6~10 |
| 办公生活设施 | 2~5 | 2~5 |
| 室外工程 | 9~18 | 7~15 |

注：建设项目工程投资系按第八条所列项目内容（不含独立工程）建设所需的工程投资。

**第三十八条** 粮库的生产设施投资中各专业的投资比例可按表8控制。

**表8 生产设施各专业的投资比例（%）**

| 仓 型 | 专 业 | | |
|---|---|---|---|
| | 建筑工程 | 工艺装（设）备 | 电气 |
| 平房仓 | 75~95 | 7~12 | 3~8 |
| 楼房仓 | 80~90 | 10~20 | |
| 筒库 | 60~70 | 20~30 | 5~15 |
| 浅圆仓 | 65~80 | 15~25 | 5~10 |
| 砖圆仓 | 70~85 | 10~20 | 5~10 |

注：①生产设施投资包括同时建设的常规进出粮设备、通风、熏蒸、粮情检测、计算机信息管理系统等费用，不包括海港码头大型装卸设备；

②建筑工程费用包括水和照明电；

③工艺、电气装备要求高的，建筑所占比例取低值，反之取高值。

**第三十九条** 粮库的建设工期，不宜超过表9的规定。

**表9 建设工期（月）**

| 粮库规模 / 施工地区 | 一类 | 二类 | 三类 |
|---|---|---|---|
| Ⅰ类地区 | 18 | 15~18 | 13~15 |
| Ⅱ类地区 | 20 | 16~20 | 14~16 |
| Ⅲ类地区 | 24 | 18~24 | 16~18 |

注：①建设含1.5万t以上筒库或3.0万t以上浅圆仓的粮库，工期可适当增加，但增加值不宜超过总工期的30%；

②地质条件复杂，地基处理工作量大时，工期可适当增加；

③铁路专用线、码头工程的施工应与粮库建设同步进行，特殊情况下工期另计；

④表中建设工期不包括试装粮压仓时间。

**第四十条** 粮库的职工人数，可由粮库企业自行确定。国家储备粮库和其他直属粮库，可由国家有关部门提出劳动定员指导标准。各类粮库的全员劳动生产率及劳动定员可参照表10、11确定。

**表 10　储备库全员劳动生产率及劳动定员**

| 粮库规模 | 人均储存定额（t/人） | 劳动定员（人） |
|---|---|---|
| 一类 | 2100 及以上 | 70 及以上 |
| 二类 | 1000～2100 | 50～70 |
| 三类 | 850～1000 | 30～50 |

**表 11　中转库全员劳动生产率及劳动定员**

| 年中转量（万 t） | 人均中转定额（t/人） | 劳动定员（人） |
|---|---|---|
| 150 及以上 | 15000 及以上 | 100 及以上 |
| 50～150 | 8500～15000 | 60～100 |
| 25～50 | 6000～8500 | 40～60 |

注：①表 10、11 中劳动定员指全体人员（不包括装卸、搬运工）；

②行政管理及服务人员不宜超过全员的 15%；

③表 10 中，总仓容量大于 15 万 t 的储备库，可按人均保管定额指标 5000t 计算所增加的劳动定员数；

④表 11 中，年中转量大于 150 万 t 的中转库，可按人均中转定额指标 25000t 计算所增加的劳动定员数；

⑤粮库规模大的，劳动生产率应取上限，劳动定员相应取下限；粮库规模小的，劳动生产率可取下限，劳动定员可取上限；

⑥收纳库劳动定员可参照储备库定员取值。

**第四十一条**　各类仓房吨粮与单位建筑面积基建三材指标可参照表 12、13 所列指标选用。

**表 12　吨粮基建三材指标**

| 仓型＼材料 | | 钢材（kg/t） | 水泥（kg/t） | 木材（$m^3$/t） |
|---|---|---|---|---|
| 平房仓 | | 20～9 | 110～50 | 0.010～0.004 |
| 楼房仓 | | 65～40 | 210～140 | 0.030～0.014 |
| 筒库 | 钢筋混凝土 | 50～35 | 220～180 | 0.042～0.014 |
| | 钢板 | 65～40 | 160～23 | 0.020～0.005 |
| 钢筋混凝土浅圆仓 | | 28～12 | 90～35 | 0.008～0.001 |
| 砖圆仓 | | 26～16 | 120～60 | 0.015～0.008 |

**表 13　单位建筑面积基建三材指标**

| 仓型＼材料 | 钢材（$kg/m^2$） | 水泥（$kg/m^2$） | 木材（$m^3/m^2$） |
|---|---|---|---|
| 平房仓 | 84～18 | 450～150 | 0.030～0.009 |
| 楼房仓 | 160～90 | 380～250 | 0.057～0.022 |
| 工作塔 | 150～80 | 350～200 | 0.040～0.020 |

## 附录 名词解释

1. 粮库："粮食仓库"的简称；是储存大宗粮食的建筑物、构筑物（或场所）及为粮食进出、储存功能服务的所有配套设施的总称；主要包括仓房、辅助生产设施、办公生活设施、运输与输送、装卸、堆场、水电等配套设备。

本标准中"粮库"有两层含义，本意是指具有上述内容的工程项目，引伸含义是指从事粮食储存、中转等业务的企业或事业单位。

2. 仓房：具有一定体量的内部空间、供储存粮食使用的单栋建（构）筑物。

一个粮库内可以有一栋或多栋仓房；"仓房"可简称为"仓"，例如："粮食仓房"可简称为"粮仓"。按仓房的形式可分为平房仓、楼房仓、浅圆仓、（立）筒仓等；按存粮方式可分为包装仓和散装仓；按仓内储粮温度可分为常温仓、准低温仓和低温仓。

3. 平房仓：外形与平房相似的单层粮仓。

4. 楼房仓：建筑与楼房相似的多层粮仓。

5. 浅圆仓：仓壁高度与仓内径之比小于1.5的圆筒式粮仓。

浅圆仓一般独立布置。

6. 筒仓：也称"立筒仓"，储存粮食散料的直立容器。其平面为圆形、方形、矩形、多边形或其他的几何形状。

筒仓一般群体布置，也可单独布置。

7. 星仓：三个及多于三个联为整体的筒仓间形成的封闭空间。

8. 散装仓：按存放散粮设计的粮仓。

散粮直接作用于仓房墙体，仓房必须能承受散粮作用产生的各种效应，同时满足储存散粮的要求。

9. 包装仓：按存放袋装粮食设计的粮仓。

包装仓结构不能承受散粮作用产生的各种效应；除非另行采取措施，否则不能直接存放散粮。

10. 筒库：也称"立筒库"。是筒仓群、工作塔等建（构）筑物以及相应的工艺电气等设备、设施构成的完整体系；应能够完成粮食接收、发放、储存、清理、称重和自动控制等各种功能要求的作业。

11. 储粮周期：将粮食调入粮库至按计划正常调出的存放粮食时间。

确定储粮周期时不应考虑偶然因素引起的倒仓与非正常调出。

12. 仓容量：按装粮体积与粮食密度计算得到的仓内粮食重量。

粮食密度有时又称粮食容重，单位 $kg/m^3$ 或 $t/m^3$。仓容量计算时不得采用结构计算时使用的粮食重力密度，粮食重力密度有时也称粮食比重，单位为 $kN/m^3$。

13. 收纳库：位于产粮区，其功能是以直接接收产区农民粮食入库并适时转运为主要任务的粮库。

收纳库接收的粮食通常不经其它粮库周转；仓型一般为平房仓、简易仓和露天堆垛。

14. 中转库：其功能是以转运从其它粮库（或进口）运来的粮食为主要任务的粮库。

库址应位于铁路、水路、公路干线等交通枢纽，仓型一般为筒仓、浅圆仓，应具有与中转量相应的接收、发放能力。

15. 储备库：用于储存粮食，以备自然灾害等突发事件、政府宏观调控等紧急需要为主要任务的粮库。

储备库的储粮周期一般不低于1年，目前储备库的储粮周期按小麦存3年，玉米、稻谷存2年设计。仓型主要为平房仓、浅圆仓，也可采用楼房仓、筒仓。

16. 综合库：兼有两种或两种以上使用功能的粮库；如收纳中转库、中转储备库等。

17. 中转量：粮库在一定时期（年、季、月）内，各种粮食调入量与调出量的总和；我国常用单位：(吨或斤）/（年、季、月）。

18. 装粮高度：设计装粮高度的简称；设计仓房时综合考虑结构可靠、作业方便、储粮安全等因素确定的允许存放粮食的最大高度。

当为平房仓时，存放粮食的高度从仓内地面算起；当为其它仓型时，应按有关的规定执行。实际存粮时，不得超过装粮高度，否则可能会造成结构破坏、设施损坏等后果。

19. 粮情测控系统：用电子装置对仓内温度和湿度、粮食温度和湿度、仓外温度和湿度进行测量、记录、存储、打印，并对保粮设施进行自动控制的设施。

20. 自动控制系统：是以计算机（包括可编程序控制器）为核心的，将被控对象（工艺设备）、控制电器、执行机构、检测传感器件，按照一定工艺流程要求构成的一个综合系统。该系统在预先编制的应用程序控制下，自动完成进粮、入仓、发放、装车（船）、计量、通风除尘、流程变换、设备运行状况安全检测等散粮作业的各项操作。

21. 计算机信息管理系统：用计算机对办公、财务、仓储、粮情、营运等方面进行信息采集并实施管理的设施。

22. 粮食工艺：粮食输送工艺与储粮工艺的总称。

粮食工艺应根据粮库的功能、规模、仓型以及粮库所在地区等条件确定。

23. 输送工艺：接收粮食、入仓储存、出仓发放全过程中的各种作业方式与设施；例如：取样、检化验、清理、计量、输送、发放等。

24. 储粮工艺：为保证所储存粮食的品质与数量而采取的各种作业方式与设施；例如：干燥降水、通风降温、熏蒸灭虫、低温保质等。

**附加说明**

### 本建设标准主编单位和主要起草人名单

**主 编 单 位：**郑州粮油食品工程建筑设计院

**主要起草人：**张振镕　刘丽华　张　煜　张成志　王振清　兰　勇　朱同顺　李建萍

## 附　件

# 《粮食仓库建设标准》条文说明

## 前　言

根据建设部“关于同意对《粮食仓库建设标准》等进行制订、修订的函”（建标［2000］

67号）和国家粮食局“关于下达《粮食仓库建设标准》等三个标准及规范修订编制任务的函”（司函管理［2000］第43号）的要求，由国家粮食局负责主编，具体由郑州粮油食品工程建筑设计院修订编制的《粮食仓库建设标准》，经建设部、国家计委、国家粮食局2001年3月14日以建标［2001］58号文批准为全国统一标准，发布全国施行。

为方便有关部门和咨询、设计、科研、建设等单位的有关人员在使用本建设标准时能正确理解和执行条文的规定，现将《粮食仓库建设标准条文说明》予以印发，供国内各有关部门和单位参考。不得翻印。

**2001年3月**

# 第一章 总 则

**第一条** 《粮食仓库建设标准》是在1992年（以下简称原标准）制定并施行的，在1997年曾进行修订，本次是在1997年修订稿的基础上修改完善的。原标准系总结建国后四十多年粮库建设经验的基础上首次制定，对全国粮库建设起到过一定的指导作用。随着粮库建设的发展，经过“八五”期间国家储备库、全国机械化骨干粮库和利用世界银行贷款改善中国粮食流通项目（以下简称世行项目）的实施，使粮库建设在规模、机械化程度及管理水平等方面都有了较大的进展；尤其是1998年的500亿斤中央直属储备粮库建设和正在进行的200亿斤国家粮库建设，把粮库建设推到一个新的高度。仓型设计、机械化、自动化、储粮技术、粮情测控、全国储备粮库信息管理系统联网等各方面都达到较高水平。为适应粮库建设的新形势，加强对粮库建设的宏观调控和科学管理，正确掌握建设标准，合理确定建设水平，在总结我国近十年来粮库建设经验的基础上，根据国家有关方针政策，吸收国内外先进技术，对原标准进行了补充修订。本条阐明制定本建设标准的目的。

**第二条** 建设标准对建设项目在技术，经济、管理上起宏观控制的作用，政策性和实用性强。建设标准的作用是使项目的决策等建设前期工作有所遵循，为建设实施提供监督检查的尺度。原标准颁布实施以来的实践、500亿斤建库时印发的《中央直属储备粮库初步设计暂行规定》、2000年的《国家计委、国家粮食局关于在200亿斤合理安排粮库建设投资、做好初步设计工作的通知》的执行，都充分证明了这一点。本条阐明建设标准的作用。

**第三条** 本条规定了本标准的适用范围。

凡中央和地方用基本建设投资及其他各种资金新建的，总仓容在2.5万t（0.5亿斤）及以上的粮库工程，均应执行本建设标准。总仓容2.5万t以下的小型粮库，投资少，项目简单，本着抓大放小的原则，本建设标准未予单列，这类小型粮库粮食仓房等建设可参照本建设标准执行。

通过五十年来特别是近十年的粮库工程建设，粮库已基本形成由产区→中转→销区的粮食流通网络，构成国家和地方的各级储备格局。同时，据全国部分粮库的占地数量统计，有相当数量粮库仍有可供改、扩建用地。因此，今后的改建和扩建任务将很繁重，这也是节省投资，发挥现有设施作用的有效途径。改、扩建粮库工程的仓房建设标准、工艺装备以及一些技术经济指标均可参照本建设标准执行。

**第四条** 在总结我国五十年粮库建设经验的基础上，本条提出了粮库建设应遵循的原则。

一、为适应国家粮食流通体制改革和粮食商品生产与流通的需要，国家在今后一定时期内仍将继续加强和完善粮食基础设施的建设。由于国家粮库建设的资金是国家财政专项拨款的，必须贯彻执行国家基本建设的有关规定和粮库建设的技术经济政策。

节约用地是我国的一项基本国策。1998 年以前，粮库建设中占总仓容 85% 以上的仓房为平房仓，仓容在 15000t（0.3 亿斤）（相当于仅有三幢 60m ×24m 堆粮高度 5m 的平房仓）以下的小型库占粮库库点总数的 95% 。小而分散的众多库点，非生产设施的重复建设，对土地的利用是不够合理的。由于粮库建设点多面广，从基层收纳、储备、经中转到城市粮食加工成品库，形成遍布全国城乡的储运网点，因此，粮库建设用地必须加以控制。本建设标准在第五章专列了建设用地的条款。

为更好地在粮库建设中贯彻执行国家基本建设的方针政策，在总结我国粮库建设经验的基础上，根据我国当前及今后一段时期内的发展水平和条件，提出以“安全适用、经济合理，有利发展”作为今后一段时期内粮库建设的原则。

二、根据国家对粮食生产、流通、储备基础设施建设的总体规划，今后一段时期内的粮库建设不仅要解决仓容不足的问题，同时还要从布局和规模上加以调控，以形成符合我国国情的粮食储运体系和储运网络。

粮食商品的流通往往根据产、需、余、缺情况以及地理交通条件，按照价值规律、合理流向，形成以城镇为中心的经济区域，这与行政区划往往是不一致的。在我国进入 WTO 之后，粮食流通必须打破地方封锁，减少行政干预，政府将以市场为导向，运用经济手段进行宏观调控。按经济区域完善库点建设，是搞活粮食流通，合理组织粮食流向，减少流通费用，提高经济效益，增强粮食市场竞争力的重要环节之一。加强国家对粮食的宏观调控作用，强化周家对粮食资源的有效利用，是粮库的重要任务。因此，不受行政区划限制，“按经济区域统筹规划，合理布局设点”的建库原则，尤为重要，应当坚持。

据有关资料，全国现有粮库约七万个，对现有库点进行改、扩建，是利用有限资金尽快发挥投资效益的有效途径。改、扩建工程应优先在粮食主产区、主销区、铁路及港口交通干线和粮食集散地的库点进行，充分利用库区空地，扩大库容，利用原有设施，完善与提高工艺及装备水平。

三、由于缺少论证、仓促上马、粮源变化、设计水平以及人员更迭等多种原因，造成当前有些粮库库区布置不甚合理、局部零乱等现象。因此，强调了库区总体规划的重要性。新建粮库应根据当前需要，适当考虑今后发展，全面规划；对已规划的粮库可根据实际条件，一次或分期实施，但每次完成的项目，都应独立运转，及时发挥投资效益。对已经批准的总体设计，不应随意变更，遇有特殊情况必须改变原布局时，应进行充分的论证，并按原审批程序呈报。

四、粮库是粮食流通过程的重要环节。粮库建设和使用的好坏，与粮食收购、运输、保管等各个环节密切相关，因此粮库建设必须有完整的、系统的粮库作业工艺设计和安全储存的保粮措施。本标准专设了工艺装备与配套工程一章。

推广“四散”技术，可以降低劳动强度，提高劳动生产率，改善经营管理，节省器材和费用，加速车船周转，提高运输效率，是粮食储运发展方向。“八五”期间，全国十八个机械化骨干库和世行项目的建设，已初步形成我国三大走廊（东北走廊、长江走廊、西南走廊）和京津地区散粮流通体系。在 500 亿斤中央直属储备粮库建设中，增大了工艺装备、电气设备及粮情测控系统的投资，大多数库点都配置和完善了“四散”作业设施，使全国的粮食主产区与主销区之间的主要粮食流通干线初步形成了“四散”作业体系。今后应积极推广和进一步完善“四散”技术，充分发挥已经形成的三大走廊及散粮流通体系的作用，全面规划，配套完善，逐步提高粮食仓储设施现代化水平。

五、随着我国改革开放和管理体制的转变，应打破传统的大而全、小而全的建设和管理模式。粮库非生产性设施的建设应向综合化和社会化方向发展。与邻近企业在交通运输、能源供应、设备维修等方面形成协作关系，依托城镇在住宅、生活服务等方面提供的社会化服务条件，这是社会发展的趋势，也是粮库建设和运营节省资金、提高粮库经济效益的有效措施，这个原则应当坚持，并应贯彻到项目建设前期的可行性研究和建设实施的全过程。

**第五条** 本条阐明了本建设标准与我国其他现行有关标准、规范之间的关系。

粮库建设的前期准备和全面实施涉及面广，专业较多，如：城乡建设规划、工程水文地质、环保卫生、交通运输、供电供水消防等，因此，除执行本建设标准外，尚应符合国家现行的有关标准、规范的规定。

## 第二章 建设规模与项目构成

**第六条** 本条对1997年修订的标准中粮库规模划分作了调整，将一类粮库的10万t提高到15.0万t以上；取消了四类粮库，提高了粮库规模。

一、粮库规模调整的主要依据是：

1. 1997年修订时，已提高了原标准粮库规模，当时的依据是：国内贸易部“关于颁布《商业、粮食非工业企业大、中、小型规模界限》的通知”（内贸行一字［1997］第67号）中，对粮食仓储业采用仓容量和资产额两项指标进行规模划分，提出大型一类、二类，中型一类、二类和小型共3种规模、5种分类，见下表：

**粮食非工业企业大、中、小型规模界限表**

| 行业类别 | 指标 | 单位 | 大型 | | 中型 | | 小型 |
|---|---|---|---|---|---|---|---|
| | | | 一 | 二 | 一 | 二 | |
| 仓储业 | 仓容量 | 吨 | 100000及以上 | 50000～100000以下 | 25000～50000以下 | 15000～25000以下 | 15000以下 |
| | 资产额 | 万元 | 4000及以上 | 2000～4000以下 | 500～2000以下 | 200～500以下 | 200以下 |

1997年修订时将总仓容划分的四类粮库的规模与表中大型、中型共四类的划分是相对应的。

2. 本次提高粮库规模的依据是：

（1）1998年500亿斤中央直属储备粮库建设大大提高了粮库规模，据统计：

①总建项目447个（包括后增加项目，原批392个），不同规模（仓容）库点占500亿斤建设总库点、总仓容的比例见下表。

**不同规模（仓容）库点占2500万t（500亿斤）建设粮库总库点总仓容比例表**

| 规模 | 占总库点比例（%） | 占总仓容比例（%） |
|---|---|---|
| 15万t（3亿斤）以上 | 4.66 | 16.06 |
| 5万t（1亿斤）以上～15万t（3亿斤） | 53.61 | 61.35 |
| 2.5万t（0.5亿斤）及以上～5万t（1亿斤） | 32.17 | 20.31 |
| 2.5万t（0.5亿斤）以下 | 9.56 | 2.27 |

②500亿斤粮库建设中新建库点85个，其中不同规模（仓容）库点占新建库点、仓容的比例见下表。

**2500万t（500亿斤）中新建粮库不同规模的库点比例表**

| 规　模 | 库点比（%） | 占总仓容比例（%） |
|---|---|---|
| 15万t（3亿斤）以上 | 7.06 | 16.87 |
| 5万t（1亿斤）以上~15万t（3亿斤） | 70.59 | 72.58 |
| 2.5万t（0.5亿斤）及以上~5万t（1亿斤） | 17.65 | 9.27 |
| 2.5万t（0.5亿斤）以下 | 4.7 | 12.8 |

由上二表可以看出，2500万t（500亿斤）粮库建设中，新建25万t（0.5亿斤）以下的粮库库点数不足5%，而且小库主要建在边远及少数民族地区；大多数库点是5万t（1亿斤）至15万t（3亿斤）之间，这是今后粮库建设的重点。

（2）在最近调研中，多数粮库认为：现在已经配备了散粮输送系统、通风、熏蒸、粮情测控等安全储粮系统以及计算机信息管理系统等各类现代化设施。为充分利用设备，发挥投资效益，国家储备粮库规模以10~15万t（2~3亿斤）为宜。

3. 随着国家粮食体制改革的深化，建立健全了中央和地方两级粮食储备制度，作为国家储备库已向大型、高水平方向发展，国家储备库中5万t（1亿斤）以上的粮库已占80%，其中扩建库达15万t（3亿斤）的大型粮库已超过10%，初步形成一批具有较高机械化水平和管理水平的骨干粮库，这有利于发挥粮库的综合投资效益，有助于实现国家对粮食的宏观调控。今后应加强宏观指导，合理确定建设规模，并使不同建设规模的粮库对技术装备水平和应达到的技术经济指标有不同要求，对辅助生产、办公生活设施的配套有所区别；旨在通过粮库规模划类，促使粮库，尤其是国家储备库和交通枢纽中转储备库逐步向一、二类方向发展。

二、以“亿斤”为计量单位，相应的粮库规模划分如下：

一类：3.0亿斤以上；

二类：1.0亿斤以上~3.0亿斤；

三类：0.5亿斤及以上~1.0亿斤。

**第七条**　配合粮食从收获入库至加工供应流通过程的各个环节，粮库按主要功能可分为收纳、中转、储备库。实际上现有许多粮库兼有多种功能，属综合性粮库。根据粮库的功能合理确定粮库规模，是充分发挥粮库效益的重要环节。本条提出的粮库总仓容量确定原则，是在作了大量的调查研究，以及对大量库点的统计资料进行分析研究的基础上确定的。

收纳库的点多面广，库容量不宜过大，正常情况下每季（年）收购的粮食应及时集运到中转库或储备库。经济发达的产粮大国，在产粮区设收购点，配小型钢板仓或可移动的储粮设施，及时将收购的粮食运往销区或出口，这些经验可以借鉴。

随着粮食贸易的发展，粮食中转库的作业量增大，这次修订中将中转库仓容量定为不大于年中转量的10%即年粮食中转次数不少于10次（中转次数是指粮食进或出粮库的次数；粮食进库为一次，出库又为一次；即粮食一进、一出库的中转次数为二次。），这仍是较低的数值。在世行项目中，设计年中转次数已达30次以上。提高中转次数，减少中转仓容，可减少投资，提高中转库经济效益。

随着粮食市场的开放，供应库的功能已不明显，据调查，大城市的原供应库已变成中转、储备、贸易等综合性粮库，因此本次修订取消了供应库。

综合性粮库总仓容量的确定，应在按不同功能分别计算仓容量的基础上，考虑粮库操作的实际可能，综合分析确定；一般情况下，可为不同功能分别计算确定的仓容量之总和。

**第八条** 根据粮库的建设内容，将粮库工程划分为生产设施、辅助生产设施、办公生活设施、室外工程和独立工程五大类，其中生产设施是粮库建设的主体，应优先安排建设。

一、粮库的生产设施主要由下述内容构成：

1. 粮食仓房：平房仓、筒仓、浅圆仓、楼房仓等。

不同功能的粮库，根据作业要求和当地的实际情况，可选用多种仓型；目前各类粮库常选用的仓房为：

收纳库：平房仓；可建小型钢板筒仓或其他材料制做的小型仓；

中转库：筒库、浅圆仓等；

储备库：浅圆仓、平房仓和部分筒库等；

综合库：根据使用要求确定仓型。

2. 工艺装备及控制系统：包括从粮食接收→入库（烘干）→储藏→出库发放全过程的工艺装备及其控制系统，主要设施在第四章中规定。

3. 完成上述工艺作业过程所需配置的卸粮坑、输送栈桥、地下通廊、发放仓等用于接收、输送和发放粮食的构筑物。

二、办公生活设施除条文中列出的主要子项外，因地区条件的差异，有时还需配建：水井、水塔、水泵房等。

三、本次修订时在项目构成中增加了室外工程和独立工程，这是因为在粮库建设中，有些场地高差较大，需建挡土墙、护坡，土石方工程量较多；新建粮库的道路、堆场较大，尤其是北方地区，为接收高水分粮临时堆放而建的堆场很大，这些项目的费用往往在总投资中占有一定比例，将这些项目列入室外工程。另外，有些粮库还需建设铁路专用线或码头及港池；根据城市规划要求，有些粮库距城镇主干道较远，需建库外道路；粮库用地需缴纳土地使用费等，这些项目的费用都另有定额和规定，因此列入了独立工程。

**第九条** 根据各类粮库的作业特点和需要，第八条中将可能设置的建设子项基本列出。但绝非各粮库都应建这些子项。应根据粮库功能、规模、建设地点的外协条件等具体情况，合理确定建设内容。

粮库建设应避免大而全或小而全，充分利用城镇和邻近企业可提供的在交通、运输、动力、维修和生活服务等方面的协作条件。改、扩建工程应以建设生产设施为主，辅助生产与办公生活设施应充分利用原有设施，对新增非生产性设施应从严掌握。

据调查，仓、厂结合的库占有一定比例，如粮库与面粉厂、饲料厂、食品厂合建，粮库与油库合建等多种形式。这是符合粮食流通、加工作业的要求，也是减少中间环节、降低流通费用和节省投资的有效途径。对这类粮库应加强统一规划，各类设施应尽可能共用或合并建设，如利用粮库的仓房作为加工厂原料库；共用铁路专用线、码头等交通运输设施；共用机修间、器材库；办公、宿舍、食堂等建筑也应合并建造等。以提高投资效益。

承担地方储备粮任务的综合粮库，在保证总储备量的前提下，根据储备粮轮换计划，推陈储新，适当加快粮食周转，保证储备粮质量，提高粮库经济效益。

## 第三章　选址与建设条件

**第十条**　本条第一、二款强调的粮源充足、流向合理、交通便利是建库选址的首要条件。对新建库点必须进行充分论证，应有当地近期三年以上粮食产、购、销、调、存的统计数字和今后发展规划作为论证依据。产粮区的库点，选址要靠近商品粮粮源稳定的主产区，以减少短途运输；销区库库址应靠近主要销售地区，形成粮食合理流向，避免粮食倒流及往返运输。产区库、销区库以及码头、铁路中转库，都应有便利的交通运输条件作保障，降低粮食商品的流通费用。任何粮库选点都应重视粮库建成后的经济效益和社会效益。

库址的选择除应具备水、电能源外，还应有利于同邻近工业企业和依托城镇在交通运输、动力公用、设备维修和生活服务等方面的协作。

粮食仓库属大面积堆载建筑物，因此，建设场地工程、水文地质条件的优劣，对工程投资影响很大，必须慎重选择。本款列举了几种不适宜建粮库的不良地质条件。

由于高压线及地上建筑的迁移、地下电缆及管道的移动所耗用的工程费用较大，选址时应注意尽量避开地上、地下障碍物。

由于粮食对防水、防潮有特殊要求，所以强调粮库选址应避开洪涝危害。

据有关资料表明，有害气体吸附于粮食表面会造成粮食污染；石油库、液化气库等易燃易爆，容易引起火灾。因此，建库选址时，应注意周围环境，远离污染源，库址应选在污染源全年最小频率风向的下风侧，并保持一定的卫生防护距离，以确保粮食在储运过程中不受污染，确保粮食安全。由于我国目前对粮食的污染防护距离研究较少，尚无成熟资料。据国外有关资料，对粮库仓房的卫生间距（粮库库区围墙至有害源厂区围墙的间距）综合如下：

一、距有害元素的矿山、炼焦、炼油、煤气、化工（包括有毒化合物的生产）、塑料、橡胶制品及加工、人造纤维、油漆、农药、化肥等排放有毒气体的生产单位，不小于1000m；

二、距屠宰场、集中垃圾堆场、污水处理站等单位，不小于500m；

三、距砖瓦厂、混凝土及石膏制品厂等粉尘污染源，不小于100m。

随着我国对环境保护日趋重视和对各类厂矿“三废”治理力度的加强，卫生防护间距可望逐步缩小，今后应开展相关的研究及测试工作，总结这方面的经验。

近年来，随着城市建设的发展，北京、上海等大中城市位于市区的粮库，因不能满足城市发展和规划要求，造成外迁重建。因此，粮库库址选择应符合当地城市近期及中长期发展规划。

**第十一条**　本条针对不同功能的粮库提出了选址的不同要求。

收纳库的服务半径不小于15km是综合下列因素确定的：

1. 方便农民交粮：1953年，财政部规定，农民义务运粮的单程距离为15km，当前农民交粮，已使用拖拉机、船等运输工具，仍延用此距离，以方便农民交粮；

2. 服务半径内的粮食产量和可能提供的商品粮数量，以及收纳库的合理规模；

3. 据有关出国考察资料，收纳库与农户的平均距离为：澳大利亚17km，法国10km。

中转库年中转量不宜少于50万t的规定，是与第六、七条相协调的，如5万t的粮库，每年中转10次（进库、出库的共计次数）的年中转量为50万t。中转库属经营性粮库，配置设备较多，为充分发挥投资效益，应减少仓容，增加中转次数，提高设备利用率。当为中转储备库时，可另加储备仓容量。

为了防备灾荒，调剂余缺，增强宏观调控能力，根据国家计划，在交通方便的粮食主产区或主销区，建设国家粮食储备库。根据“米袋子”省长负责制的精神，各省、自治区，直辖市也应有计划地逐步搞好地方粮食储备。储备库的设置，应考虑该库主要辐射范围，合理确定粮库规模。

**第十二条** 粮库交通运输条件是粮库建成后进行运营的重要组成部分，选择库址时，必须调查研究、具体落实。

粮食运输的主要方式有铁路、水路、公路三种，选择时，应根据粮源、流向、运量、运距、装卸条件等因素，进行综合技术经济比较和论证后择优确定。

一、由于铁路运输具有能力大、速度快，且运行稳定、准确、调度灵活、运费递远递减等特点，所以，目前铁路运输是粮食调运的主要方式。由于一、二类粮库规模大，有条件时可建铁路专用线。

铁路专用线的建设费用很高。因此，本条提出应控制库外铁路专用线的接轨长度。据对全国560个设有铁路专用线的粮库调查资料的统计分析，平均每个粮库拥有专用线总长度1.15km，平均每个粮库库内专用线有效长约600m。因此，库外接轨长度控制在1km以内是可以做到的。考虑到一类粮库占地面积大，选址时受现场条件制约因素多，将库外接轨长度放宽到1.5km。

二、水路运输的特点是载运量大、运价低廉、线路稳定，但由于速度慢，内河运输易受洪水、枯水季节影响，在一定程度上制约了水路运输的发展。对全国水路沿线粮库的调查资料表明，水路沿线粮库中仅有32%的库设有粮食专用码头，许多还属二线库。为充分利用我国江、河、湖、海的水运条件，降低建库投资和运输费用，本条二款强调了有水运条件的粮库，应优先采用水运。

三、公路运输机动灵活、装卸方便、适应性强，在粮食调运中，突击集运、短途运输等情况多用公路运输。近年来，随着城市交通设施的改善，已形成以国家公路、省市间高速公路为主体，连接各城镇和乡村的公路网，公路与铁路、水路干线相配合，构成了纵横全国、四通八达的运输体系。粮食的公路运输承担着铁路、水路运输的集散任务，是粮食运输的主要方式。因此，本条提出粮库必须具备公路运输条件，确保粮库粮食集运畅通。

## 第四章　工艺装备与配套工程

**第十三条** 粮库工程不仅是建造能储存粮食的仓房，还必须具备完善的储存条件、合理的作业流程和良好的劳动环境等等。要达到上述目的，就必须有完整而合理的工艺设计。粮库现代化水平的高低，主要反映在粮库的机械化水平和管理水平上。本条强调粮库建设应根据粮库功能（收纳库、中转库、储备库或综合库等）、进出粮方式、仓型等条件确定工艺流程，根据工艺流程选配机械设备，提高粮库的机械化水平，降低粮食流通费用。

仓、厂结合的粮库，工艺设计应考虑加工厂生产的需要，统一规划，统一设计，避免粮食因多次搬倒造成的浪费。

**第十四条** 近年来随着国家机械化骨干粮库、世行贷款项目和国家粮食储备库的建设，为推广“四散”技术，国内配套生产了一批大产量装卸和输送设备，同时也引进了一些国外先进的装卸、计量等设备。本条根据不同的运输方式，提出接收和发放的工艺装备配置和相应配套设施建设的原则。

——铁路、公路散粮接收，常设卸粮坑、地下通廊或栈桥的输送设施，配备的相应设备有埋刮板输送机或气垫带式输送机、提升机等，汽车散粮接收也可采用液压翻板卸粮装置。火车、汽车散粮发放常采用发放仓，设输送（埋刮板输送机或气垫带式输送机）、计量（自动秤或汽车衡）、装车（可伸缩装车装置）等固定式设备；对汽车发放也可采用移动式胶带输送机等装车设备。

——水路散粮接收常设门式起重机（抓斗）、夹皮带、链式、垂直螺旋、波纹挡边等机械卸船机和吸粮机等固定或移动式卸船设备；一般配置输送栈桥及相应的水平输送设备输送入库；发放作业可采用发放栈桥进行散粮输送，装船采用移动式或固定式装船机。

——铁路、公路包装粮的接收和发放，可采用移动式胶带输送机、电瓶车、拖车、叉车等。

——水路包装粮的接收和发放，均可采用固定或移动式吊机装、卸船，配置移动式胶带输送机或利用电瓶车、拖车、叉车等完成水平输送。

**第十五条** 铁路、码头接收和发放设备产量的确定，除了根据日装卸作业量以外，一次来火车车皮的数量、来船吨位以及铁路部门和港务部门规定的车、船允许在库内或码头停留时间是生产能力确定的一个重要依据。确定接、发设备产量后，库内应配置与产量匹配的其他设备，保证作业连续性。

机械设备生产能力是指工艺作业系统的主要设备的生产能力。如散粮火车卸粮后，通过卸粮坑和地下通廊的输送设备至工作塔内的提升、计量、清理等各种作业设备的生产能力；又如卸船机将散粮送入栈桥输送设备至工作塔内的各种作业设备的生产能力。对于多点装、卸火车作业的移动式输送设备的产量（如“道线仓”接卸火车和“对仓”装发火车），可根据实际情况确定。装卸包装粮的各种设备生产能力可根据实际情况确定。

**第十六条** 本条根据不同的仓型，提出库内粮食工艺、设备的常用形式。

——平房仓用于散装存粮时采用的移动式机械设备主要有：移动式胶带输送机、移动式转向输送机、移动式输送装仓机、扒谷机、吸粮机和移动式初清筛、移动式打包机等；包装存粮时采用电瓶车、叉车、码垛机等。

由于平房仓单位面积装粮少，占地多，粮食周转次数少，采用固定式机械设备是不经济的。

——楼房仓常配备货梯、托盘垂直输送机、电瓶车、叉车、码垛机以及移动式胶带输送机等设备配合使用。

——筒库主要用于以中转散粮为主的中转库、储备库接收和发放用备载仓以及粮油饲料加工厂的原料仓，根据作业要求常配备斗式提升机、磁选机、初清筛、自动秤、埋甜板输送机、胶带辅送机或气垫带式输送机、打包机等固定式设备。

——浅圆仓进仓设备可配置固定式气垫带式输送机；出仓可采用固定式气垫带式输送机或移动式胶带输送机、清仓机等设备。

**第十七条** 本条就粮库的装备提出两种含义的要求，一是要求所有粮库均应设置必要的检化验设备，仓房均应设置与仓型相适应的通风装置；二是根据粮库的功能、仓型等条件按需要选择设置熏蒸装置、粮情检测及计算机信息管理系统等。条文中一、二、三款就是按其功能分别提出各自应设置的内容。

根据不同功能的粮库，储粮种类、方式和储存时间的长短，确定配置不同保粮设施。用于储备的平房仓、浅圆仓、筒仓应设置机械通风、熏蒸装置及粮情测控系统等设施。用于中转的筒仓、钢板筒仓、浅圆仓，应设置机械通风装置、粮情测控系统和自动控制系统等设施；对用于暂存的小规模筒仓，可不设机械通风装置和粮情测控系统。

随着科学技术的发展，对储粮安全的要求不断提高，新的储粮技术手段和设备不断出现。诸如机械通风、粮情测控、环流熏蒸、信息管理及自动控制等。这些新技术新装备的广泛应用起始于机械化骨干粮库，发展完善于世行贷款项目，普及于1998年的500亿斤国家储备库项目。在500亿斤粮库建设中较多库点购置了谷物冷却器，最近有关部门提出建设气调仓的要求，对于采用的新技术应及时总结经验，根据功能、储粮周期、地域等条件确定选用。

本条给出了一些目前在粮库应用较为成熟的先进的技术手段和技术装备，旨在促进科学储粮技术的应用和发展。对今后新建（扩建）的粮库，应根据国家及行业的规范、标准、规程，应用、普及、完善上述储粮新技术、新装备。尤其是大型国家储备库和中转库还应设置计算机信息管理系统和功能完善的自动控制系统。为实现全国骨干粮库的微机联网，提高宏观管理和调控能力创造条件。

**第十八条** 近年来，东北地区和内蒙古自治区的粮食烘干设施发展很快，据不完全统计，目前全国粮库配备的各种类型的烘干设备已达2700台（套），日处理量超过30万t，初步改变了以露天晾晒降低水分的落后方式。烘干设施的设置，应根据高水分粮数量、烘干时间和能源运输等因素确定。对高水分粮的集中产区，烘干设施宜建在收纳库，以减少水分运输量，降低流通费用。

烘干设备的生产能力可按下式计算：

$$A=(Q\cdot C)/(H\cdot t\cdot k)$$

式中：A——设备生产能力（t/h）；

Q——年接收高水分粮数量（t）；

C——来粮不均匀系数，1～1.2；

H——年烘干天数，东北地区可取135d；

t——每日工作时间，取20h；

k——设备利用系数，取0.7～0.9。

**第十九条** 按《工业企业标准轨距铁路设计规范》（GBJ 12—87）的规定，重车方向年货运量在1.5Mt（150万t）以下者，铁路等级为3级。根据粮库的规模及年货运量，应采用工业企业3级铁路标准。

目前粮库内铁路专用线多采用单线或复线，这应结合地形条件、最大作业量、建设地区铁路编组站的编组能力和取、送车方式等因素确定。在研究库内专用线长度、线路布置等建设方案时，除明确作业要求外，还应了解铁路部门的有关要求，综合考虑确定。

**第二十一条** 考虑到粮库作业的特点，当集中进、出粮时，尤其是粮食收购入库季节，库内车辆拥挤，混合交通干扰较大；在1997年修订征求的意见中，很多省、市提出加宽库内道路的建议。综合上述因素，适当放宽了路面宽度，主干道路面宽由原标准的8～6m改为9～7m；次干道路面宽由6～4.5m改为7～4.5m。

为避免粮食污染，库内道路不应采用沥青类路面，应采用水泥混凝土路面。

**第二十二条** 根据《供配电系统设计规范》（GB 50052—95）的规定，确定一般粮库为三级电力负荷。由于位于港口、交通枢纽的中转库中转量大，粮食周转频繁，为避免压港压船，条文中提出可按二级电力负荷。

**第二十四条** 现行的《建筑设计防火规范》（GBJ 16—87）中，对粮食仓库的防火要求过高。粮库的特点是：①仓房内无火源；②储存物品受到火烧或高温作用时，不可能立即起火燃烧；③仓房（筒仓、浅圆仓、平房仓、楼房仓）内储存粮食期间无人作业。当前我国经济并不富裕，而在粮库建设中用于消防设施的费用却高于经济发达国家相应的建设费用。根据对粮库的调研和最近国家粮食局就粮库消防事宜组织召开的粮食行业专家论证会，粮库负责人和专家们一致认为：为了合理使用资金，充分发挥投资效益，合理规划粮库，提高土地利用率，对《建筑设计防火规范》（GBJ 16—87）中有关粮库的条款，应适当调整、修订。

在调研中，一些粮库反映，当地消防部门要求粮库设专业消防队。配置消防车，这些要求增加了粮食企业负担和粮库建设费用，不符合当前经济体制改革精神，不符合社会化服务原则，因此本次修订明确提出不设专职消防队的内容。

**第二十五条** 库内粮食作业环节，可能产生粉尘飞扬。粉尘除污染环境外，达到一定的粉尘浓度，在特定条件下，遇有火花，可能发生粉尘爆炸。条文中是指粉尘爆炸危险环境属11区的电气装置，应按《粮食加工、储运系统粉尘防爆安全规程》（GB 17440）的规定执行。本条提出治理粉尘污染应以防为主，预防的主要措施是：设备密闭并设泄压口；加强粮食各作业环节的通风除尘，使粉尘不外溢，并设置通风系统与工艺设备的联锁装置；控制粉尘排放的浓度不超过国家规定，不污染环境。

# 第五章　建筑与建设用地

**第二十六条** 本条对粮库各类建筑的建设提出了原则要求，并重点从仓房储粮、保粮的使用要求出发，提出仓房应具备的基本功能。仓房用于不同功能，因作业要求不同，建设的标准应当有所区别。如：用于储存散粮的平房仓，地面和堆粮线以下墙身应做好防渗、防潮处理；用于中转的仓房，墙身可只做一般防潮处理。应视建筑物用途合理确定建设标准。

**第二十七条** 本条为新增条款，对各类仓房仓容的计算方法作统一规定。

一、修订了散装平房仓的平面利用率。本次修订时将散装平房仓的平面利用率由原标准的87%~90%提高到93%，是根据调研和实际测算确定的。原标准编制时，全国无统一的仓房设计，各地设计的平房仓跨度不一（15~30m），墙厚各异（240~740mm），种类繁杂，为涵盖多种仓型，平面利用率采用了87%~90%。据500亿斤中央直属储备粮库装粮使用情况，普遍反映仓房实际容量比设计容量大，其主要原因有两种：一是小麦品质提高，由原计算密度750kg/$m^3$增至780kg/$m^3$；二是仓房平面利用率取87%~90%偏低。

近年建设的500亿斤中央直属储备粮库和在建的200亿斤国家粮库，在全国范围内采用了通用图的方式，使得平房仓的跨度统一在21、24、27、30m，墙厚主要为370、490mm，使仓房设计纳入了通用化、系列化。本次修订时从国家粮食局批准在200亿斤国家粮库建设中使用的38套通用图集中，选出四家通用图设计单位中有代表性的25套图进行了平面利用率的测算，测算结果在92.68～95.93，综合考虑地上笼占用堆粮空间等因素，取0.93作为散装平房仓的平面利用率。

二、浅圆仓用作储备仓时，根据《浅圆仓储粮技术规程（试行）》第6.4条保粮需要粮堆表面平整，常将粮面人工扒平，因此仓容应按平堆粮体积计算。浅圆仓用作中转仓时，无上述保粮要求，仓容计算时可计入粮食以自然休止角所形成的锥体粮堆的容量。

三、计算带锥斗筒仓的装粮体积时，可视锥斗内存粮与顶部锥体粮堆周边装粮空区相互抵消，因此以仓壁与锥斗交线至仓顶板底之间的高度作为计算装粮高度。

四、计算仓容时的粮食密度和包装仓单层粮包的面密度可按下表确定：

**粮食密度及单层粮包面密度表**

| 粮食种类 | 密度（$kg/m^3$） | 单层粮包面密度（$kg/m^2$） |
|---|---|---|
| 小麦 | 750 | 175 |
| 稻谷 | 550 | 130 |
| 玉米 | 730 | 170 |
| 大豆 | 710 | 165 |
| 大米 | 790 | 185 |
| 面粉 | 600 | 100 |

五、散装平房仓仓容的简化计算方法

由于项目可行性研究和初步设计阶段属建设前期工作，很难也无必要精确计算仓房建筑面积和仓容量。200亿斤国家粮库初步设计时已统一按轴线面积设计和审批仓容，简便有效。计算方法如下：

仓容＝仓房轴线面积×平面利用系数×装粮高度×粮食密度

注：1. 平面利用系数：粮堆实际占地面积与仓房轴线面积之比，取0.95；

2. 国家储备库装粮高度宜取6m；

3. 仓房轴线面积与仓房建筑面积之间的换算关系为：

仓房轴线面积＝0.98×仓房建筑面积

**第二十八条** 根据第二十七条规定的仓容计算方法，给出平房仓和楼房仓的吨粮建筑面积指标。

一、房式仓的堆粮高度

（一）平房仓：散装水平堆粮高度分别按5.0m、5.5m和6m计算；包装麻袋堆包分别按20包，堆高约5.0m；22包，堆高约5.5m；24包，堆高约6.0m计算。

散粮堆高5～6m是考虑与目前常用的15m、18m移动式胶带机所能达到的堆粮高度相适应的。根据目前的仓房结构形式，从平房仓砖砌墙体受力分析也不宜再增加堆粮高度。从调研情况看，配置的移动式胶带机实际装粮高度一般在5m多，装至6m需人工辅助堆粮或采用补仓机。因此，装粮高度定为5～6m，较符合我国目前平房仓的机械化水平和操作方式。

（二）楼房仓：面粉按平均每楼层堆包25层，堆高约4.0m；包装麻袋按底层堆包18～20层，堆高4.5～5.0m；楼层堆包15层，堆高3.75m计算。

经测算，5层楼房仓与4层楼房仓的吨粮建筑面积指标十分接近，故5层与4层楼房仓采用同一指标。

由于楼房仓造价高，且不适于装散粮，故近十年来国家投资建设的粮库极少建楼房仓。目前楼房仓主要用于粮食加工厂的成品库（面粉、大米等），南方用地紧张的大城市的地方储备库也有采用楼房仓存放包装原粮（小麦、稻谷等）的。由于二层楼房仓用于装原粮时仓房利用率很低，不如建平房仓经济，因此取消了该项指标。

二、为方便使用，由吨粮建筑面积指标（$m^2/t$）推算出单位建筑面积仓容指标($t/m^2$)，见下表：

**平房仓单位建筑面积仓容指标表（$t/m^2$）**

| 堆粮方式 | | 粮食品种 | |
|---|---|---|---|
| | | 小麦 | 稻谷 |
| 散装 | 堆高 5.0m | 3.49 | 2.56 |
| | 堆高 5.5m | 3.84 | 2.81 |
| | 堆高 6.0m | 4.19 | 3.07 |
| 包装 | 堆高 20 包 | 2.44 | 1.82 |
| | 堆高 22 包 | 2.70 | 2.00 |
| | 堆高 24 包 | 2.94 | 2.17 |

**楼房仓单位建筑面积仓容指标表（$t/m^2$）**

| 楼房仓总层数 | 粮食品种 | | | |
|---|---|---|---|---|
| | 小麦 | 稻谷 | 面粉 | 大米 |
| 2层 | — | — | 1.64 | 2.00 |
| 3层 | 1.75 | 1.32 | 1.59 | 1.85 |
| 4层、5层 | 1.72 | 1.28 | 1.56 | 1.82 |

**第二十九条** 根据新的粮库规模划分，本条对原标准指标作了相应调整，调整后的辅助生产设施面积指标分三部分计列：建筑面积、机械罩棚面积、铁路罩棚面积。

一、建筑面积指标：表中建筑面积所含子项为检化验室、中心控制室、变配电室、地磅房、机修间、器材库、药品库、消防泵房、门卫等。这是目前粮库建设常设子项。需要指出的是，随着粮食流通体制的改革，粮库建设也应向行业内部合作和社会化协作方向发展，有些设施如：药品库、机修间等应推向社会化协作解决，以节省建设投资、降低粮食流通费用。

建筑面积指标是在调研的基础上，并以相应规模的粮库进行测算提出的。由于不少辅助生产设施的建设规模与仓容规模的增加并非成比例增加，如消防泵房、地磅房、门卫等。因此对15万t以上的粮库提出了建筑面积指标的控制值不应超过1800$m^2$，这样既照顾到15万t以下规模粮库辅助生产设施的合理配置，同时也控制了一类粮库该类设施的增加值。

二、机械罩棚面积指标：由于近年来平房仓建设中使用较多的移动式机械设备，从调查情况看，不少粮库的移动设备露天存放，造成设备锈蚀、老化，影响使用，因而需配建相应规模的机械罩棚。根据对各类粮库平房仓配置的移动式机械设备所需机械罩棚面积的测算，提出了机械罩棚的控制指标。由于移动式设备的使用具有可调配性，并非按仓容规模成比例增加，经测算，提出粮库机械罩棚的总面积不应超过 $1500m^2$ 的上限控制指标。

三、铁路罩棚面积指标：根据对全国500多个设有铁路专用线粮库的调查统计资料，平均每个粮库库内专用线有效长度约600m；结合粮库规模划分、占地面积及可能配建的专用线长度和相应的铁路罩棚面积，综合提出了面积指标。$4000m^2$ 可为350m长专用线配建24m×160m的铁路罩棚；10000 $m^2$ 可为800m长专用线配建24m×400m跨线铁路罩棚，或12.5m×800m单侧铁路罩棚。规定铁路罩棚面积不应超过 $15000m^2$ 是考虑了一整列车全天候作业要求的，可为1050m长专用线配建30m×500m跨线铁路罩棚，或15m×1000m单侧铁路罩棚。确定铁路罩棚面积时，应根据库内铁路专用线有效装卸长度、装卸作业方式等因素综合确定。规模为三类的粮库不宜配建铁路专用线，因而未给铁路罩棚指标。

四、表中指标的取值：粮库规模大，机械设备、检化验、变配电等设施配置相对较多，辅助生产设施的建筑面积指标可取高值；粮库规模小，各类辅助设施相对较少，其建筑面积指标应取低值。

**第三十条** 粮库的办公生活设施建筑面积参考指标是考虑下列因素综合确定的：

一、粮库的机构设置及第四十条粮库劳动定员参考指标。

二、考虑到粮库不均衡生产的特点，经常性临时用工、季节性用工较多，同时粮库定员中未包括装卸、搬运工人，因此食堂和浴室建筑面积略高于国家规定的指标，食堂建筑面积按粮库定员人均 $1.4\sim2.5m^2$；浴室建筑面积按人均 $0.6\sim1.0m^2$ 确定。

办公生活设施建筑的配置与粮库业务量及劳动定员有关；粮库规模大，业务量大，劳动定员较多，办公生活设施建筑面积可取高值；粮库规模小，建筑面积指标应取低值。

随着全国房改政策的出台，粮库的住宅早已推向社会化解决。为实现粮库减员增效，粮库的食堂、浴室等生活服务设施也应逐步推向社会，尽可能利用邻近企业及社会化服务行业解决。

**第三十一条** 本条列举的仓房建筑结构形式是按一般仓库建筑结构安全等级为二级的标准；并考虑到目前粮食行业较为成熟的常用仓型结构形式给出的。随着新材料、新结构的不断应用，必将会有新仓型出现，确定其建筑结构安全等级时，应按《建筑结构可靠度设计统一标准》中规定的二级标准确定。

平房仓中的排架结构，由于屋盖结构形式不同，表现出的仓房形式也较多，目前常用的有钢筋混凝土折线型屋架仓、拱板仓、门式刚架仓、彩色钢板屋盖仓。今后的粮仓建设应提倡少用粘土砖，多用钢筋混凝土构件。在500亿斤和200亿斤粮库建设中，设计了一种用预应力钢筋混凝土空心板（SP板）替代粘土砖作挡粮墙的新仓型，该仓型已在陕西、江苏、吉林等省采用。由于目前钢筋混凝土墙板比粘土砖砌体价格高，该仓型比常规仓型造价约高10%。

筒仓常用结构形式为钢筋混凝土结构和钢板结构。

近年来在世行项目东北走廊的收纳中转库和500亿斤中央直属储备粮库建设中较多采用了大直径（直径20~40m）钢筋混凝土浅圆仓，是较为经济的一种仓型。今后应注意总结其出粮及保粮使用情况，不断完善、推广。

罩棚通常采用轻钢结构，在台风多的沿海地区也可采用钢筋混凝土结构。

**第三十二条** 我国现有粮库总仓容中有85%以上为平房仓，占地较多。粮库建设用地要从节约用地这一基本国策出发，在规划布局上对功能、性质相近的建筑要合并建设，向多层发展，仓房建设适当加大跨度及向高空发展。

500亿斤中央储备粮库和200亿斤国家粮库建设中，平房仓跨度已突破传统的15m和18m，采用了21、24、27、30m跨度，仓房的长度也一改传统60m为一栋的形式，纵向组合长度已达120m以上。以建设25200$m^2$（仓容10.8万t）的平房仓进行测算，采用相同的仓房间距，一种仓房尺寸为120m×30m，共7栋；另一种仓房尺寸为60m×21m，共20栋，两者的用地面积相比，前者比后者节省用地约24%，折合每吨粮节约用地0.13$m^2$，建设10万t仓容可节约用地13000$m^2$（19.5亩），其节约用地效果是显而易见的。

根据粮库建设的特点、项目构成及设计经验，提出粮库的建筑系数不宜低于30%的指标，作为控制粮库建设用地的一项措施。

建筑系数按下式计算：

$$建筑系数=(C+F+S)/Z$$

式中：C——仓房用地面积；

F——辅助生产建、构筑物用地面积，不包括堆场面积；

S——办公生活建筑用地面积；

Z——库区总用地面积。指库区围墙内的用地面积，不包括库外铁路、道路用地。

建（构）筑物的用地面积，按计算一层的建筑面积为该建（构）筑物的用地面积。也可简化为按建（构）筑物的轴线面积计算。筒仓群用地面积可按圆外切线的长、宽乘积计算。

**第三十三条** 总结粮库建设经验，本条强调了总体规划的重要性，这是一项政策性、经济性、功能性很强的工作，必须在建设前期就给予足够的重视。将粮库按使用功能合理分区，这是总体规划的核心内容。

**第三十四条** 本条对原标准的编排内容作了调整并补充修订了部分指标。由于近年来楼房仓建的很少，大直径浅圆仓建的较多，因此本次修订时取消了楼房仓仓储区、增加了浅圆仓仓储区的吨粮用地指标。控制粮库建设用地的基本指导思想是：以均采用平房仓的粮库用地为基本模式，考虑采用浅圆仓、筒仓等仓型时的等仓容用地换算，从而达到基本控制各种仓型组合下的粮库用地总面积。

一、原标准中均采用平房仓的粮库吨粮用地指标为1.07~1.60$m^2/t$（即80~120亩/5万t）。本次修订为1.07~1.47$m^2/t$（即80~110亩/5万t），降低了用地指标的上限。主要考虑到随着仓房平面尺寸的加大和装粮高度的提高，粮库用地可以节省。从节约用地的原则出发，应限制低平房仓的建设。从调查资料和对大量设计实例的分析，一般情况下，1.47$m^2/t$是可以满足建库用地要求的。因此，修订了建设用地指标的上限。该指标已考虑了粮库各类设施包括部分露天堆场（晒场）、库内铁路专用线等用地。由于粮库所在地区、粮库规模、机械化水平、铁路专用线或码头的长度等条件差异较大，故规定了一定的幅度，各地应本着节约用地的原则，按实际情况取值。

二、平房仓仓储区吨粮用地指标（0.40~0.7$m^2/t$）是选取下列典型仓房尺寸进行测算的：仓房间距均取18m，当仓房尺寸为21m×60m，装粮高度5m，吨粮建设用地指标为0.70$m^2/t$；仓房尺寸30m×180m，装粮高度6m，吨粮建设用地指标为0.41$m^2/t$；仓房尺寸36m×180m，装粮高度6m，吨粮建设用地指标为0.39$m^2/t$。由此可见，当仓房跨度大，纵向组合长度和装粮高度大时，吨粮建设用地指标较低，节地效果显著。

三、筒库区吨粮用地指标（0.15～0.30$m^2$/t）是采用下列方式测算后综合确定的。

（一）根据《粮食立筒仓设计规范》（SBJ10）附录E和《中央储备粮库消防设计专家论证会会议纪要》确定下列测算参数：

1. 筒仓内径采用6、8、10、12m，装粮高度21～35m；

2. 筒仓组合形式参照附录E推荐的优选组合：2×4，3×5，4×6；

3. 筒仓群总储量及与其它建筑的防火间距分别为：

仓容≤40000t，防火间距15m；仓容40001～50000t，防火间距20m；仓容50001～100000t，防火间距30m。

按上述参数进行组合，筛选出24种合理组合进行测算，综合得出筒仓吨粮用地指标。

（二）对建有筒仓的库点进行立筒仓区的用地测算，吨粮用地指标一般也在0.15～0.3$m^2$/t范围内。

（三）经测算分析可知，装粮高度大、组群总储量大时，吨粮用地指标较低。当筒仓总储量小于1万t时，吨粮用地指标不经济，如5000t、3000t小容量筒仓一般是作为接、发粮中转仓使用，用地指标接近平房仓，可不进行用地代换。因此提出0.15～0.30$m^2$/t的用地指标适用于1～10万t的筒库。

四、浅圆仓仓储区吨粮用地指标（0.20～0.40$m^2$/t）是采用下列方式测算后综合确定的：

（一）根据《中央直属储备粮库浅圆仓设计暂行规定》和《中央直属储备粮库消防设计专家论证会会议纪要》确定下列测算参数：

1. 浅圆仓内径采用25m和30m，单仓仓容5000～10000t；

2. 浅圆仓组群总储量分别为1.5、2.0、2.5、3.0、4.0、5.0万t，组群与其它建筑的防火间距20m；

浅圆仓组群总储量为15.0万t，组群与其它建筑的防火间距30m；

3. 按上述参数进行合理组合，装粮高度在12～22m范围内。

经对26种组合的测算，综合得出浅圆仓吨粮用地指标。

（二）对建有浅圆仓的库点进行浅圆仓仓储区的用地测算，吨粮用地指标一般也在0.20～0.40$m^2$/t范围内。

（三）经测算分析可知，当浅圆仓装粮高度大、单仓仓容大、组群总储量大时，吨粮用地指标低。组群总储量小于1.5万t时，建浅圆仓并不节省用地。

五、不同仓型组合情况下，粮库用地面积的估算

粮库建设中，常因多种作业功能需要而采用二种或二种以上仓型。这时可以均为平房仓时的用地面积作为基本参数，用拟建筒仓（或浅圆仓）仓容所需的仓储区用地面积与相同仓容的平房仓仓储区所需的用地面积进行代换，即可得出任意仓型组合下的总用地面积。

例：某粮库拟建总仓容15万t，其中平房仓4万t，筒仓5万t，浅圆仓6万t（为便于比较，除总用地指标外，其它有幅度数值均取中间值计算）

粮库总用地＝拟建总仓容×均为平房仓粮库吨粮用地综合指标－其它仓型（筒仓与浅圆仓）总仓容×平房仓仓储区吨粮用地指标＋筒仓仓容×筒仓区吨粮用地指标＋浅圆仓仓容×浅圆仓仓储区吨粮用地指标

＝150000×1.07－110000×0.55＋50000×0.225＋60000×0.30

＝160500（241亩）－60500（91亩）＋11250（17亩）＋18000（27亩）

$=129250m^2$（194 亩）

折合吨粮用地指标 $0.86m^2/t$（65 亩/5 万 t）

# 第六章　主要技术经济指标

**第三十五条**　本条作了大幅度的修订，从编排格式到各项指标的调整都力求更加合理和便于操作，其要点分述如下：

一、投资估算指标修订的主要依据

1. 编制组对 500 亿斤中央直属储备粮库建设工程中部分地区进行调研、收集的资料；

2. 2000 年 7 月函调时，北京、内蒙古、河南、江西、吉林、上海、广东、海南、天津、重庆、四川等地反馈意见；

3. 原内贸部外贷办提供的世行项目的调查汇总资料，涉及港口库、中转库、收纳库和筒仓、浅圆仓、平房仓等典型库型及仓型；

4. 500 亿斤中央直属储备粮库建设中具有代表性的粮库投资概算分析；

5. 砖圆仓的投资估算指标和第三十六、三十八、四十一条的表 6、8、12 中砖圆仓指标是根据北京国贸工程设计院、黑龙江粮食设计院提供的数字综合编入的（九十年代以来，主要在黑龙江等地建设了砖圆仓）。

6. 本标准第二十九、三十条的有关面积指标和有关定额、造价指标。

7. 参考了在建的 200 亿斤国家粮库建设的投资测算。

根据对上述资料的统计分析，剔除不合理因素，提出了目前粮库单位工程投资估算指标。

二、投资估算的主要内容及取值

1. 单位工程投资估算指标的内容：粮库工程估算指标随粮库的功能、规模、地理位置等各种因素的变化，需要配置的仓型、征用的土地等各种设施的区别而不尽相同，为适应粮库建设特点，投资估算按生产设施、辅助生产设施、办公生活设施、室外工程、独立工程以及其他费用几大部分组成，粮库建设的总投资可根据拟建的内容进行组合，得出投资估算指标。具体应用办法见后（投资估算表的应用举例）。

2. 生产设施、辅助生产设施、办公生活设施费用：条文第三十五条表 5 中的生产设施费、辅助生产设施费、办公生活设施费，是分别以第三十六条表 6 的指标（当前预算定额的建筑工程单方造价）为基础测算。同时考虑了工艺装备与配套设施及其他费。

3. 室外工程费用：通过对大量粮库建设总结材料的分析，一般室外工程费约为粮库工程费用的 7%～18%。

4. 工程建设其他费用：根据调查统计，这类费用总和约占工程费用的 12%，第三十五条表 5 给出了含 12% 其他费用时的估算指标。

5. 第三十五条表 5 给出的是按正常建设条件下的投资估算指标，系 2000 年上半年的平均价格。使用时应按当年以及建设期末与 2000 年上半年的平均价格差进行调整。此外，对于特殊建设条件下，对投资产生较大影响的因素可视具体情况进行调整。如不良地质条件需进行特殊地基处理的建设项目等，可适当增加投资。

6. 征地、铁路专用线、码头、港池、库外道路以及海港码头设有大型装卸船机械和较长输送栈桥等，均归入独立工程，费用另计。

三、以“万斤”为计量单位，对第三十五条表 5 各项指标作相应换算，如下表所示：

**生产、辅助生产和办公生活设施投资估算指标表**

| 费用名称＼估算指标 | | 单位工程估算指标 | | 含12%其他费用估算指标 |
|---|---|---|---|---|
| | | 单位 | 指标 | |
| 生产设施 | 平房仓 | 元/万斤 | 1350~2150 | 1500~2400 |
| | 楼房仓 | 元/万斤 | 3400~4750 | 3800~5500 |
| | 筒库 | 元/万斤 | 3850~5750 | 4350~6440 |
| | 浅圆仓 | 元/万斤 | 1450~2250 | 1620~2520 |
| | 砖圆仓 | 元/万斤 | 1550~2250 | 1740~2520 |
| 辅助生产设施 | | 元/万斤 | 200~400 | 225~450 |
| | | 元/$m^2$ | 800~1350 | 1000~1500 |
| 办公生活设施 | | 元/万斤 | 50~125 | 60~140 |
| | | 元/$m^2$ | 600~950 | 700~1100 |

四、投资估算表的应用举例

例：某拟建粮库建设规模：5万t小麦，散存，其中平房仓4万t（占80%）、筒库1万t（占21%）；并建机械罩棚等辅助生产、办公生活设施。估算该库工程总投资：

1. 生产设施费：按第三十五条表5取值（均用中间值）

平房仓　　4万t×390元/t=1560万元

筒库　　1万t×1079元/t=1079万元

小计　　2639万元

2. 辅助生产设施费

辅助生产建筑面积：根据第二十九条表3取值，5万t粮库，第三类库的上限取1000$m^2$。

辅助生产设施费：

$$1250\times1000=125\text{ 万元}$$

机械罩棚按1000$m^2$、390元/$m^2$计

$$390\times1000=39\text{ 万元}$$

3. 办公生活设施费：

办公生活设施建筑面积：按第三十条表4取值，第三类库的上限取1000$m^2$。

办公生活设施费：1000×900=90万元

4. 室外工程费

按工程费的13%取值，经计算取450万元。

5. 征地费：根据第三十四条用地控制指标计算需征地6.53$hm^2$（98亩），每亩地价按10万元计。

征地费：98×10=980万元

6. 综上，拟新建5万t粮库总投资估算为：

$$2639+125+39+90+450+980=4323\text{ 万元}$$

五、不同规模粮库投资估算参考指标

为了对粮库工程建设投资估价有一个直观的了解，根据大中型粮库常用的仓型组合，

合理的平面布置，模拟测算了2.5、5、10、15、20万t（0.5、1、2、3、4亿斤）五种规模粮库的投资估算指标，供对粮库工程项目评估、审批时参考。

**不同规模粮库工程建设项目投资估算参考指标** 单位：万元

| 粮库规模<br>建设性质 | 2.5万t<br>（5千万斤） | 5万t<br>（1亿斤） | 10万t<br>（2亿斤） | 15万t<br>（3亿斤） | 20万t<br>（4亿斤） |
|---|---|---|---|---|---|
| 新建工程 | 2000～2900 | 3400～5100 | 6100～9300 | 8800～13600 | 11700～18000 |
| 扩建工程 | 1000～1900 | 2000～3800 | 3900～7100 | 5800～10400 | 7800～13800 |

注：①表中粮库规模的仓容量是以小麦、散装计算的；

②投资估算指标的下限值为预算定额取费较低地区的综合估算指标；

③扩建工程栏的数值为库内扩建，不包括征地、修建铁路专用线等其他费用。

**第三十六条** 本条修订的主要依据同第三十五条，根据对“八五”期间建设的国家储备库、世行项目和500亿斤中央直属储备粮库以及在建的200亿斤国家粮库项目的有关资料进行统计分析，通过函调、实地调研掌握的基础资料并对典型仓型按不同地区定额所做的预算，综合上述材料提出了2000年上半年的仓房单位建筑工程造价指标。本次修订增加了浅圆仓的相关指标。使用第三十六条表6时应注意下列几点：

一、鉴于吨粮造价指标与粮食种类、堆粮方式等有密切关系，本条吨粮造价指标中的房式仓、筒仓、浅圆仓是以散装小麦为依据，其中平房仓按堆粮高度平堆6.0m考虑；楼房仓以包装小麦为依据，堆粮按平均每层16包计。当粮食种类与堆粮方式与上述不一致时，可按下述方法作相应调整。

1. 储粮品种为稻谷时，由于稻谷密度低于小麦，一般可用表中吨粮造价的数值除以0.75，得出存放稻谷时的吨粮造价数值。

2. 平房仓储粮方式为包装粮时，由于仓房利用率降低，应适当提高吨粮造价指标。

二、由于全国各地的仓型多样、条件各异、价格不同，本条提出了有一定幅度的估价值，该幅值范围基本可控制由仓型及地区差异造成的差别，使用时可视建设项目的具体情况加以调整。

三、由于全国不同地区工程造价差异较大，现将对典型仓型根据《北京市建设工程概算定额》（1996年）、《北京市建设工程间接费及其他费用定额》（1996年）等定额资料所做的概算进行归纳整理，见“北京地区仓房单位建筑工程造价指标表”，供使用时参照调整。

**北京地区仓房单位建筑工程造价指标**

| 仓型 | | 吨粮造价（元/t） | 每平方米造价（元/m²） |
|---|---|---|---|
| 平房仓 | | 280～330 | 950～1350 |
| 楼房仓 | | — | 1500～1750 |
| 筒仓 | 钢筋混凝土 | 550～650 | — |
| | 钢板 | | — |
| 浅圆仓 | | 260～340 | — |
| 工作塔 | | — | 1400～1700 |

四、以“万斤”为计量单位，对第三十六条表6各项指标作相应换算，如下表所示：

**仓房单位建筑工程造价指标**

| 仓型 | | 吨粮造价（元/万斤） | 每平方米造价（元/$m^2$） |
|---|---|---|---|
| 平房仓 | | 1250～1750 | 850～1400 |
| 楼房仓 | | 2900～4050 | 1000～1800 |
| 筒仓 | 钢筋混凝土 | 2250～3250 | — |
| | 钢板 | 1750～2500 | — |
| 浅圆仓 | | 900～1700 | — |
| 砖圆仓 | | 1300～1850 | — |
| 工作塔 | | — | 1300～1800 |

**第三十七条**　本条根据本建设标准第八条的项目构成及有关面积、造价指标和国家有关定额进行测算和调整。不同使用功能、不同地区条件、不同装备水平的粮库，各类设施所占工程建设投资比例是有差异的，本条提出一个有幅度的投资比例，各地可根据工程实际情况进行调整。本指标的给出，旨在从宏观上控制投资比例，合理使用投资。

**第三十八条**　本条表8中各专业的比例做了大幅度调整，其中平房仓的工艺、电气设备所占的比例有较大提高，这是根据500亿斤中央直属储备粮库建设各专业投资比例分析后提出的。这将有利于促进和加强粮库机械化设施的建设，提高粮库作业和管理的现代化水平。

**第三十九条**　粮库建设工期系按照2000年建设部发布的《全国统一建筑安装工程工期定额》为依据计算确定的。

一、地区分类：

Ⅰ类地区：上海、江苏、浙江、安徽、福建、江西、湖北、湖南、广东、广西、四川、贵州、云南、重庆、海南；

Ⅱ类地区：北京、天津、河北、山西、山东、河南、陕西、甘肃、宁夏；

Ⅲ类地区：内蒙古、辽宁、吉林、黑龙江、西藏、青海、新疆。

二、建设工期指建筑工程基础破土开工起至完成建筑及设备安装工程施工的全部内容，并达到国家验收标准之日止的全部日历天数。

三、粮库工程是由各种使用功能的单体建筑所构成。建设工期的确定是以仓房、变配电间的工期为计算依据，其他辅助生产、办公生活服务设施的施工，可与仓房、变配电室等同时进行，故不另计施工期。

**第四十条**　本条对原标准第四十条作了较大幅度的修订。随着管理体制的改革，粮库企业将有更多的自主权，因此本条首先提出劳动定员自行确定的内容。为了粮库建设的评估审查有统一尺度，本条提出了劳动定员的参考指标。

一、全员劳动生产率和全员定编人数参考指标的主要修订依据：

（一）函调收集的北京、上海、天津、广东、海南、吉林、内蒙古、河南、江西、四川、重庆等省市54个库点的调查统计表；

（二）编制组对北京、辽宁、陕西、安徽、江苏5省市17个粮库调研收集的有关资料。

近年来，随着粮食流通体制改革的深化和粮库机械化、自动化水平的不断提高，粮库实施机构精简、下岗分流，粮库管理也由粗放式经营向集约化经营转变，提高全员劳动生产率，缩编粮库定员已势在必行。调研中发现全国粮库的劳动定员差异较大，新建库和部分体制改革卓有成效的库，5万t库容的粮库定员已降至50人以下，人均劳动生产率1000t。而有些粮库，11万t仓容，劳动定员高达357人，人均劳动生产率仅300t，两者相差3倍多。由于人员太多，导致流通费用过高，制约了粮库的发展。调查中普遍反映，随着粮食流通体制的改革，粮库应转换机制，减员增效。原标准定员指标偏高，有必要进行修订。

二、在调研中发现造成粮库定员偏高的原因主要是非生产性人员偏多。某11万t仓容的粮库经济警察达59人；有些粮库因地方消防部门要求在库内设专职消防队，并占用粮库编制，显然是不合理的。今后随着各种非生产设施的专业化协作和社会化服务事业的发展与完善，粮库的非生产人员还将精减；因此在本标准定员的基础上，可继续提高全员劳动生产率，减少劳动定员。

三、粮库按使用功能可分为收纳库、中转库、储备库和综合库，但从管理方面有些粮库的业务性质是类似的。因此，为方便使用，修订时作了简化，仅以储备库和中转库两大作业类别给出指标，其他类型的库则按相近的原则参照执行。收纳库可采用储备库劳动定员的下限。综合库按相应的标准分别套用。

四、考虑到全国范围内管理水平的差异，全员劳动生产率与劳动定员指标给出了一定的幅度，使用时应视粮库规模和机械化程度确定。粮库规模大、机械化程度高，劳动生产率可取高值，劳动定员取低值。

五、以“万斤”、“亿斤”为计量单位，对第四十条表10、表11各项指标作相应换算，如下表所示：

**储备库全员劳动生产率及劳动定员表**

| 粮库规模 | 人均储存定额（万斤/人） | 劳动定员（人） |
|---|---|---|
| 一类 | 420及以上 | 70及以上 |
| 二类 | 200～420 | 50～70 |
| 三类 | 170～200 | 30～50 |

注：总仓容量大于3亿斤的储备库，可按人均保管定额指标1000万斤计算所增加的劳动定员数。

**中转库全员劳动生产率及劳动定员表**

| 年中转量（亿斤） | 人均中转定额（万斤/人） | 劳动定员（人） |
|---|---|---|
| 30及以上 | 3000及以上 | 100及以上 |
| 10～30 | 1700～3000 | 60～100 |
| 5～10 | 1200～1700 | 40～60 |

注：年中转量大于30亿斤的中转库，可按人均中转定额指标5000万斤计算所增加的劳动定员数。

**第四十一条** 本条提出的三材指标是在原标准基础上，对“八五”期间竣工的库点、世行贷款项目和500亿斤中央直属储备粮库及200亿斤国家粮库的有关资料进行统计、分析、调整后给出的。

由于平房仓的装粮高度增加到6.0m，彩板钢结构屋盖新仓型的出现，使平房仓的用钢量大幅度增加，因此本条表12、13的三材指标中，提高了平房仓用钢量的上限值。

# 植物油库建设标准

## 建标 118—2009

## 住房和城乡建设部、国家发展和改革委员会关于批准发布《植物油库建设标准》的通知

建标〔2009〕67号

国务院有关部门，各省、自治区、直辖市、计划单列市住房和城乡建设厅（委、局）、发展和改革委员会，新疆生产建设兵团建设局、发展和改革委员会：

根据《关于印发〈二〇〇四年工程项目建设标准、投资估算指标、建设项目评价方法与参数编制项目计划〉的通知》（建标函〔2005〕19号）的要求，由国家粮食局负责编制的《植物油库建设标准》，经有关部门会审，现批准发布，自2009年8月1日起施行，原《食用油库建设标准》同时废止。

在植物油库项目的审批、核准、设计和建设过程中，要严格遵守国家关于严格控制建设标准的有关规定，认真执行本建设标准，坚决控制工程造价。

本建设标准的管理由住房和城乡建设部、国家发展和改革委员会负责，具体解释工作由国家粮食局负责。

**中华人民共和国住房和城乡建设部**
**中华人民共和国国家发展和改革委员会**
**二〇〇九年四月二十三日**

## 前 言

《植物油库建设标准》是根据建设部《关于印发〈二〇〇四年工程项目建设标准、投资估算指标、建设项目评价方法与参数编制项目计划〉的通知》（建标函〔2005〕19号）的要求，由国家粮食局负责主编，具体由国贸工程设计院对1993年版《食用油库建设标准》修订而成的。

在修订过程中，修订组紧密结合我国植物油库建设的实际情况，认真总结标准贯彻执行的先进经验，积极借鉴国外有关建设情况，及时适应当前和今后一个时期的需要。遵循艰苦奋斗、勤俭建国的方针，在满足功能和安全的前提下，严格执行我国资源能源节约、生态环境保护的各项法规和政策。经广泛征求有关部门、单位及专家的意见，多次召开讨

论座谈会，最后由国家粮食局组织召开审查会议，会同有关部门审查定稿。

本建设标准共分七章：总则、建设规模与项目构成、选址与建设条件、工艺设备与配套工程、建筑与建设用地、环境保护与劳动定员、主要技术经济指标。

本次修订的主要内容有：调整了标准的适用范围；调整了原建设标准的规模等级划分，增大了各级植物油库总容量；植物油库功能划分取消供应库；提出了不同功能植物油库的选址量化要求；提高了大型植物油库的工艺技术配置水平；调整了主要用地和建筑面积指标；调整了植物油库单位工程投资估算指标，钢板油罐单位立方米投资估算指标及其他主要技术经济指标；按照国家最新规范、标准，对环境保护提出原则要求，并根据植物油库建设特点，提出了应配置的环保设施；分别给出不同功能植物油库的劳动定员。

政府投资的植物油库建设必须严格执行本建设标准，企业投资的可参照使用。在实施过程中请各单位注意总结经验，积累资料，如发现需要修改和补充之处，请将意见和有关资料寄国贸工程设计院（地址：北京市西城区百万庄大街11号，邮政编码：100037），以便今后修订时参考。

**主 编 单 位：** 国贸工程设计院

**参 编 单 位：** 无锡粮食科学研究设计院
郑州粮油食品工程建筑设计院

**主要起草人：** 杨书民　张守明　毛京海　薛世芬　张海玲　姚　专　刘玉兰　吴国胜
张黑山　陈建亚

## 第一章　总　则

**第一条**　为规范植物油库建设，提高植物油库项目决策与管理的水平，充分发挥投资效益，推动行业技术进步，制定本建设标准。

**第二条**　本建设标准适用于储存闪点大于120℃的植物油及其制品，库容量为5000$m^3$及以上的新建植物油库项目。植物油库的改、扩建工程可根据实际情况参照执行。

**第三条**　本建设标准是植物油库项目决策和建设的全国统一标准，是审批、核准植物油库项目的重要依据，是审查初步设计和对项目建设全过程监督检查的尺度。

**第四条**　植物油库的建设应遵循下列基本原则：

一、应遵守国家有关经济建设的法律、法规，贯彻执行国家有关技术经济政策，体现落实科学发展观的思想，节约土地资源，节约投资，节能降耗，保护环境。

二、应根据当地建设规划的要求，科学规划。以项目环境、自然条件为基础，合理确定项目的建设规模及内容，并适当考虑发展的需要，可以一次规划，分期实施。

三、应符合现代物流的需要，采用散装储运技术，配备先进、可靠的作业及管理系统，做到技术先进、经济合理、安全可靠。

四、应充分利用当地现有的社会协作条件，提高植物油库专业化协作和社会化服务的水平；改、扩建项目应充分利用原有设施，力求节约投资，降低费用，安全环保。

**第五条**　植物油库建设除应符合本建设标准外，尚应符合国家现行有关经济、参数标准、指标和定额的规定。

## 第二章　建设规模与项目构成

**第六条**　植物油库建设规模，按照表1规定划分为四个等级。

表1　植物油库建设规模的等级划分（$m^3$）

| 等　级 | 植物油库总容量 |
|---|---|
| 一级 | ≥100000 |
| 二级 | 50000～100000 |
| 三级 | 20000～50000 |
| 四级 | 5000～20000 |

注：二、三、四级植物油库建设规模均含下限值。

**第七条**　植物油库按使用功能分为中转油库、储备油库。不同功能植物油库的建设规模宜按下列规定确定：

一、中转油库：宜按年中转次数不低于3次确定。设有专用油码头的中转油库不宜小于二级。

二、储备油库：主要依据中央或地方储备油规划确定。

**第八条**　植物油库可由生产设施、辅助生产设施、办公生活设施构成。

一、生产设施：包括钢板油罐及输油管线、油泵站、接发油设施、控制室、计量设施、油罐区地坪、护油堤、管道清扫装置等。

二、辅助生产设施：包括化验室、锅炉房（供热系统）、变配电间、空压机房、给排水及消防设施、污水处理设施、停车场、道路、围墙等。

三、办公生活设施：包括办公业务用房、传达室、食堂、浴室等。

**第九条**　植物油库建设应根据使用功能、建设规模及当地已有基础设施条件，合理确定项目的建设内容。对于三、四级库应避免小而全，不建或少建非生产性设施。对于库、厂合建的项目，各类设施应统一规划，统筹建设。

## 第三章　选址与建设条件

**第十条**　植物油库的选址与建设应具备下列基本条件：

一、应符合当地城乡规划、环境保护的要求。

二、应有便利的交通运输条件。

三、库区地形宜平坦，并具有良好的工程水文地质条件；防洪标准不应低于50年一遇；不应选在雷爆区、地震基本烈度大于8度的地区。

四、给排水、供电等外部协作条件应可靠，并能满足生产、生活、消防的需要。

五、应远离污染源及易燃易爆区，且应位于其全年最小频率风向的下风侧。

**第十一条**　不同功能的植物油库选址与建设应符合下列条件：

一、中转油库应建在交通运输设施发达地带。

二、储备油库的选址应根据中央或地方植物油储备的总体布局和流向确定。宜建在大型植物油厂集中地区或主销区。

三、在港口码头、铁路沿线建设的植物油库，规模等级宜为一、二级。一、二级植物油库宜配套铁路专用线。铁路专用线引入长度不宜大于1.5km。

四、港口码头区建设的植物油库，距离码头装卸点不宜超过5km。

## 第四章　工艺设备与配套工程

**第十二条**　植物油库作业工艺应根据植物油库使用功能、油品接收和发放方式、储油品种、储油周期、库址地形等条件确定。

**第十三条** 库、厂结合的植物油库，作业工艺应统一考虑，设备生产能力应协调匹配。

**第十四条** 根据实际需要和库址条件，植物油库的主要工艺设施应配有油品接收和发放设施，以及油泵站、管道清扫装置、计量装置、保温装置等。

**第十五条** 根据码头的设施条件，油品接收和发放设施应选用输油臂或连接软管；铁路和汽车的油品接收和发放设施应选用装卸鹤管或软管。

**第十六条** 油品的计量设施应根据具体情况，采用国家认可的计量设备及方法。

**第十七条** 输油设备及管线的选用应考虑油品品种、流量、输送距离等，做到运行可靠、经济合理。

**第十八条** 油管的清扫应根据具体情况选用管道清扫器、压缩空气等方法进行清扫。

**第十九条** 对于高熔点的油脂或位于寒冷地区的植物油库，输油管道和储油罐应采取保温及伴热措施，以防油脂的凝固。

**第二十条** 根据不同工艺需要，输油泵宜选用螺杆泵、齿轮泵和离心泵等。

**第二十一条** 储油罐宜采用固定顶的立式圆筒形钢制焊接钢板罐，数量的配置应根据植物油库总容量、油罐容量规格及油脂品种确定。在满足作业工艺的情况下，应尽可能减少油罐的规格和数量，以节约投资。

**第二十二条** 植物油库应配置检化验设备，用于监测储存油品温度和数量的监控系统；一、二级植物油库宜配置计算机信息管理系统。

**第二十三条** 植物油库电力负荷等级应为三级，位于港口、交通枢纽地带的一、二级中转油库可为二级。

**第二十四条** 钢板油罐可利用罐体作接闪器，不单独设避雷针。

**第二十五条** 植物油库的给水应利用城市供水。城市供水系统尚未敷设到的植物油库，可自备水源。油罐区内应设置完善的雨水排放系统。生产与生活污水应达到污水排放标准后排放。

**第二十六条** 植物油库应设消防给水系统，消防给水的水源必须可靠。消防设施的配置应结合植物油库特点按国家现行规范确定。

**第二十七条** 植物油库使用的蒸汽应优先采用市政集中热源。若自建锅炉房，锅炉房的配置应考虑建库地区气温条件、贮存油品品种等因素，按照生产和采暖需要的用汽量确定其规模。冷凝水可考虑集中回收。

**第二十八条** 植物油库道路工程应符合下列要求：

一、库外道路：按厂矿道路四级标准执行。路面宜采用水泥混凝土或沥青混凝土；当库外道路较短时，可采用与库外主干道相同的标准。

二、库内道路：主干道宽度宜为7～9m；次干道为4.5～7m；车流量大的库内主干道可设人行道，人行道宽度可为1.5m。

## 第五章 建筑与建设用地

**第二十九条** 植物油库各类建筑应本着满足生产需要的原则，做到经济合理、安全适用。建筑标准应根据油库规模、建筑物用途和建设场地条件等因素合理确定。

**第三十条** 植物油库总平面布置应坚持科学、合理、节约用地的原则，做到总体布置紧凑、功能分区明确、工艺流向合理、道路管线短捷、人流货运协调。植物油库一般由装卸区、储油区、辅助生产区及办公生活区组成。

**第三十一条** 植物油库火灾危险性属于丙类。房屋建筑耐火等级不应低于二级。

**第三十二条** 油罐区内相邻油罐间距应根据施工安装、管道布置及消防等要求确定。

**第三十三条** 植物油库用房宜采用砌体结构。使用性质相近的建筑应集中建设。

**第三十四条** 植物油库每立方米库容建设用地指标、油罐区每立方米库容建设用地指标、辅助生产设施建筑面积指标和办公生活设施建筑面积指标宜根据油库规模分别按表2～表5进行控制。办公生活设施应尽可能利用邻近企业及当地可提供的社会化服务条件。

**表2 植物油库每立方米库容建设用地指标（$m^2/m^3$）**

| 等　级 | 一 | 二 | 三 | 四 |
|---|---|---|---|---|
| 建设用地指标 | ≤0.50 | 0.50～0.55 | 0.55～0.60 | 0.60～0.70 |

注：表中幅度值按单罐区计算，有多个罐区时应适当加大；同时应考虑油罐高径比，高径比大的取下限，高径比小的取上限。

**表3 油罐区每立方米库容建设用地指标（$m^2/m^3$）**

| 等　级 | 一 | 二 | 三 | 四 |
|---|---|---|---|---|
| 建设用地指标 | ≤0.20 | 0.20～0.25 | 0.25～0.30 | 0.30～0.40 |

注：1　表中幅度值按油罐高径比控制；高径比大的取下限，高径比小的取上限。

2　油罐区的占地面积指护油堤内的面积。

**表4 辅助生产设施建筑面积指标（$m^2$）**

| 等　级 | 一 | 二 | 三 | 四 |
|---|---|---|---|---|
| 建筑面积 | 600 | 500～600 | 400～500 | 300～400 |

注：1　表中指标是以第二章第八条所列辅助生产与配套设施为依据，只计算化验室、变配电间、空压机房和水（消防）泵房的建筑面积。

2　表中幅度值按规模大小分别控制；规模大的取上限，规模小的取下限。一级库随着库总容量的增大，建筑面积可酌情增加。

**表5 办公生活设施建筑面积指标（$m^2$）**

| 等　级 | 一 | 二 | 三 | 四 |
|---|---|---|---|---|
| 建筑面积 | 670 | 550～670 | 500～550 | 450～500 |

注：1　表中建筑面积指标包括办公业务用房（含计算机房）、食堂、浴室、值班室、库区厕所等。

2　表中幅度值按规模大小分别控制；规模大的取上限，规模小的取下限。

# 第六章 环境保护与劳动定员

**第三十五条** 植物油库建设应符合环保要求，并经当地环保部门批准。

**第三十六条** 油罐区四周应设置护油堤。护油堤内应采用水泥地面。

**第三十七条** 油罐区护油堤内的雨水排放系统应设隔油设施。

**第三十八条** 植物油库如设置锅炉房，应优先选用清洁能源。若条件不具备，采用燃煤锅炉，对其产生的烟尘需经处理，达到国家锅炉烟尘排放标准后排放。

**第三十九条** 油泵、空压机等设备应采取减振降噪措施。

**第四十条** 植物油库的绿化应满足规划要求。

**第四十一条** 植物油库宜采用两班制。

**第四十二条** 中转油库的劳动定员可参照表6确定，储备油库的劳动定员可参照表7确定。

**表6 中转油库劳动定员（人）**

| 人员类别 | 等级 | | | |
|---|---|---|---|---|
| | 一 | 二 | 三 | 四 |
| 全库人员 | 17～19 | 16～18 | 12～15 | 9～11 |
| 其中管理人员 | 6～8 | 5～7 | 4～5 | 4～5 |

注：表中全库人员中不包括营销人员、保安、临时工及锅炉房操作人员等。

**表7 储备油库劳动定员（人）**

| 人员类别 | 等级 | | | |
|---|---|---|---|---|
| | 一 | 二 | 三 | 四 |
| 全库人员 | 8～10 | | | |
| 其中管理人员 | 4～5 | | | |

注：表中全库人员中不包括营销人员、保安、临时工及锅炉房操作人员等。

## 第七章 主要技术经济指标

**第四十三条** 植物油库工程投资估算应根据当地工程价格变化的实际情况，按照动态管理的原则进行调整。

**第四十四条** 植物油库的容量为油库中所有油罐公称容量之和，储油罐的公称容量可按下式确定：

$$V=\frac{\pi}{4}D^2\cdot H\cdot f$$

式中 $V$——储油罐公称容量（取整）（$m^3$）；

$D$——储油罐的内径（m）；

$H$——储油罐壁板的总高度（m）；

$f$——储油罐的容积系数，$f=0.9$。

**第四十五条** 植物油库单位库容投资估算指标可参照表8进行控制。

**表8 植物油库投资估算指标**

| 投资项目 | 单位 | 估算指标 |
|---|---|---|
| 生产设施（不含特殊地基处理费用） | 元/$m^3$ | 250～400 |
| 辅助生产设施、办公生活设施 | 元/$m^2$ | 600～1000 |

**第四十六条** 植物油库的生产设施、辅助生产设施、办公生活设施占建筑项目的投资比例可参照表9进行控制。

表9　植物油库各类设施投资比例

| 设施分类 | 投资比例（%） |
|---|---|
| 生产设施（不含特殊地基处理费用） | 75~82 |
| 辅助生产设施 | 15~20 |
| 办公生活设施 | 3~5 |

**第四十七条**　植物油库油罐单位容积的钢材耗量可按25~35kg/$m^3$进行估算，单位工程的建材指标可参照表10进行估算。

表10　植物油库建材指标（kg/$m^3$）

| 等　级 | 一 | 二 | 三 | 四 |
|---|---|---|---|---|
| 钢材 | ≤4.5 | 6.0~7.0 | 8.7~9.5 | 10.7~11.7 |
| 水泥 | ≤15 | 24.1~29.6 | 50~53.3 | 57.9~63.8 |

注：表中数据不包括储油罐本体的用材量。

**第四十八条**　植物油库的建设工期可参照表11进行控制。

表11　植物油库建设工期（月）

| 等　级 | 一 | 二 | 三 | 四 |
|---|---|---|---|---|
| 工期 | 12~18 | 8~12 | 6~8 | 4~6 |

## 附录　名词解释

1. 植物油库：收发和储存散装植物油的独立或企业附属的仓库或设施。

2. 中转油库：转运从其他油库（或进口）运来的油脂为主要任务的油库。

3. 中转量：油库在一年内，各种油脂调入量与调出量的总和。

4. 储备油库：应对自然灾害等突发事件、政府宏观调控等紧急需要为主要任务的油库。

5. 储油周期：油脂调入油库后按计划正常调出的存放时间。

6. 油罐区：由一个或若干个油罐组构成的区域。

7. 油罐容量：经计算并圆整后的油罐公称容量。

8. 护油堤：用于防止油脂流出油罐区（由于油罐破裂而使油脂流出）的防护围堤。

9. 计算机监控系统：用电子装置对罐内油温和储油数量进行测量、记录、存储、打印，并对储油设施进行自动控制的系统。

10. 计算机信息管理系统：用计算机对储油品种、储油数量、储油温度以及办公、财务、营运等方面进行信息采集并实施管理的系统。

附 件

# 《植物油库建设标准》条文说明

## 第一章 总 则

**第一条** 随着我国经济体制改革和市场经济的发展，植物油生产流通领域市场已全面开放，植物油库的建设及储油能力均得到快速发展。为贯彻我国落实科学发展观走可持续发展道路的基本方针，适应经济市场的需要，进一步提高植物油库项目投资决策与建设管理水平，提高投资效益，特对原植物油库的建设标准进行修订。

**第二条** 随着现代工业技术进步，植物油及制品种类呈多样性发展。如植物油深加工分提产品、氢化油等。本次建设标准修订在品种范围方面增加了植物油制品。从安全储运角度，增加了以闪点大于120℃作为储存植物油制品的火灾安全性界定范围，这点与现行国家标准《建筑设计防火规范》GB 50016—2006 丙类闪点大于120℃和现行国家标准《石油库设计规范》GB 50074—2002 丙B类是协调一致的。根据闪点确定可燃液体的火灾危险性是世界各国的通行做法，闪点越低，危险性越大。因此，本建设标准明确界定了适用油品种类及安全范围。

植物油库建设规模已向大型化发展，本建设标准以新建 $5000m^3$ 及以上规模植物油库工程作为建设规模适用范围。

**第三条** 建设标准是为项目决策服务的，可使投资项目的决策和建设实施工作有所遵循。虽然植物油生产流通市场全面开放，但对于植物油库项目建设，国家、大型企业（集团）、公司及个人等各种投资主体应该遵循统一的政策性、指导性和实用性较强的建设标准，作为审批、核准、监督检查项目建设是否合理的依据和尺度，达到资源优化配置，实现项目的经济、社会和环境的多种效益。

**第四条** 本条规定了植物油库建设应遵循的基本原则。

一、在我国经济迈入小康社会后，落实科学发展观和走可持续发展的道路是我国未来发展的基本方针。作为对植物油库建设项目决策和实施提供依据的统一标准，应当首先遵循并在标准制订中充分贯彻和体现这种思想，确实起到为国家、地方或大型企业、投资主体等提供技术指导和依据的作用。

二、我国资源特点是人多、地少、底子薄，生态环境脆弱。土地是一种不可再生资源，应当依靠技术进步，提高土地使用效率，来实现经济优质、持续的增长。目前我国部分油库油罐间距大或油罐规格配置不合理、小罐多，库容在 $5000m^3$ 以下的小型库仍占相当比例，这对土地资源造成浪费；而在沿海等经济发达地区，土地资源紧张、昂贵，其油库规模、油罐设置等不但涉及项目投资的经济效益，而且还直接反映出项目的社会效益和环境效益。因此，今后植物油库建设用地必须科学规划，合理使用，适当考虑预留发展，达到安全适用，资源优化利用的目的。

三、近年来随着技术进步和应用发展，微机计量以及工艺系统自动控制管理等技术在我国油脂储运行业广泛应用。根据植物油库的使用功能、规模以及油品性质、作业模式等，应选择先进适用、安全可靠的计量技术和工艺作业系统，达到既先进适用，又经济合理，降低劳动强度，提高劳动生产率的目的。

四、无论是新建植物油库还是对现有库点进行改、扩建，项目当地的社会经济环境是不容忽视的因素。应充分利用项目已有外部环境及协作条件，力求节省投资，提高投资效率，建设和谐环境。

**第五条** 植物油库建设涉及专业面广，本标准着重突出植物油库建设的特点和有关影响项目决策、投资效益及建设水平的问题。对涉及其他专业性较强且国家或行业已有规范、标准规定的问题，本建设标准不再重复规定，以免造成矛盾、混乱。本建设标准明确规定者，按本标准执行；本建设标准未作规定者，应执行国家现行有关强制性标准的规定。

## 第二章 建设规模与项目构成

**第六条** 为满足经济发展和植物油市场流通需要，植物油库建设规模已向大型化发展。本次修订对植物油库每个等级的库容量均向上调整：一级油库库总容量由40000$m^3$ 以上调整为100000$m^3$ 以上；二级油库库总容量由20000～40000$m^3$ 向上调整为50000～100000$m^3$；三级油库库总容量由10000～20000$m^3$ 向上调整为20000～50000$m^3$；四级油库库总容量由5000～10000$m^3$ 向上调整为5000～20000$m^3$。

目前我国沿海港口码头等水陆交通发达地区，100000$m^3$ 以上的植物油库不断增加，如大连北良港、上海外高桥、江苏张家港、广东新沙港、天津开发区等地近年来建库规模都在100000$m^3$ 以上。50000～100000$m^3$ 油库较为普遍。从提高资源的优化利用和投资效益分析，在港口码头区不宜新建库容量在50000$m^3$ 以下的植物油库。考虑到我国地域广阔，经济发展水平不一，在内陆地区，5000～20000$m^3$ 植物油库仍有建设；对于5000$m^3$ 以下的油库，目前已很少独立新建，本标准未予包括。

**第七条** 随着我国经济体制改革和植物油市场开放，国家集中调配供应植物油和建设供应油库的情况已不存在，因此，本次修订取消了供应库。根据现有油库功能及运行模式划分为中转油库、储备油库两种。

本条提出的不同功能植物油库的建设规模是基于库址周围的交通设施条件、中转量及周转次数确定的。否则，由于物流能力不匹配，会造成运营成本的增加，直接影响投资效益，导致土地和资源的浪费。中转库年中转次数不低于3次是根据粮油行业经验数据，结合中转库应保证合理的经济效益水平确定的。

**第八条** 建设规模不同，工艺技术的配置、项目投资的技术经济指标以及相应的辅助生产配套设施也不同。本条列出了一般新建植物油库的主要建设子项。每个工程应根据建库地点、规模等级、油库功能等实际情况和特点合理确定建设内容。

**第九条** 植物油库场址周围交通运输条件、市政基础设施及社会经济情况等是项目建设的主要外部条件。运输设施条件是油库建设运营的基础。一、二级油库中转量大，应建在码头区，并具有铁路专用线。从目前调研情况来看，大型植物油库都建在沿海沿江地区。可以考虑与周边地区企业或有关部门，按照区域规划目标，共同建设公用设施，达到节省投资、资源优化利用的效果。

对改、扩建项目应充分利用原有设施；对库、厂合建项目应统筹规划，合用辅助配套设施。

## 第三章　选址与建设条件

**第十条**　项目建设必须首先符合地方规划的要求，当地社会经济条件发展状况也会影响植物油库的投资效益。应依据当地近三年植物油产销量、贸易流通量以及国家植物油生产流通市场的宏观布局和走向选择库点。

油源充足、交通设施发达是库址选择的首要条件。应当合理回避项目运营期内自然灾害带来的风险，良好的工程水文地质条件及周围环境是保证油库安全运行的基础；给排水、供电等外部协作条件充足可靠，环境状况良好是油库提高运营效益，安全储油的基本保障。

防洪标准不低于50年一遇，是参照粮食仓库建设要求及现行国家标准《石油库设计规范》GB 50074—2002等确定的。

**第十一条**　中转油库应建在交通干线或港口。兼有收购功能的中转库可建在产油区。随着我国植物油生产流通市场的开放，人民生活水平的提高，油脂的需求市场逐年增大，进出口贸易量逐年增加。从土地资源、自然条件、投资效益等综合考虑，港口码头地区宜建设一、二级中转油库，达到资源优化利用的目的；内陆地区植物油库的选址及规模确定，应根据油库功能、交通条件等各方面因素进行综合分析后确定。

国家为了防备灾荒，调剂余缺，起到市场宏观调控的作用，一般在交通便利的产油区或主要销售地建设储备油库。储备油库可单独建设，也可与中转油库合并建设。

对于一、二级油库应配备铁路专用线，满足油库水运和陆路接发方式转换、能力匹配的要求；铁路专用线的引入长度及油库距港口码头接卸点的距离等因素对项目投资影响较大，因此，本次修订对此类因素进行了量化，给出了参考数值，便于考量项目投资的经济合理性。

## 第四章　工艺设备与配套工程

**第十二条**　植物油库工艺设计、设备选择在植物油库建设中占有重要地位；完善合理的作业工艺可达到安全储油、接发油方便、节省费用、降低劳动强度、方便管理的目的。工艺流程应根据植物油库的功能、进出油方式、库址地形等条件确定。

**第十三条**　一些植物油库是与油厂结合在一起的。植物油库不但要考虑自身的工艺需要，还要兼顾油厂的生产需要，应统筹建设，尽量做到工艺合理，避免重复建设。

**第十四条**　本条给出了植物油库通常配置的工艺设施，根据实际情况可以进行增减。

**第十五条**　码头、铁路专用线及公路系统，为物流的多式联运提供了必要条件，形成了完善的物流交通运输系统。可比较选择技术经济效果最好的运输方式及联运方式，确定合理运输路线，最终实现安全、迅速、准时、价廉的运输要求。本条给出了码头、铁路和汽车油品接发油设施应采用的设备形式。

**第十六条**　目前植物油计量设备有若干种，如质量流量计、地中衡、计量用液位测试仪、标尺等。采用哪种计量设备应根据企业的资金状况、作业工艺和自动化水平而定，只要能达到国家计量精度要求的都可采用。

**第十七条**　输油设备选型、输油管径的选择应根据油品品种、流量、输送距离和作业工艺要求确定。

**第十八条**　用管道清扫器和压缩空气进行管道清扫的工艺各有优缺点，可根据具体情况选用。

**第十九条** 油罐和输油管道的保温要根据植物油库所处的地区和储油品种来定，如储存棕榈油等高熔点的油脂应采用保温及管道伴热措施，目前从节能的角度出发，在北方地区无论储存何种植物油最好都采取保温措施。

**第二十条** 本条给出了植物油库常用泵型，这几种泵各有优缺点，可根据输送油品的性质、输送距离等具体情况进行选用。

**第二十一条** 立式圆筒形钢制焊接钢板罐规格原来已有定型系列，高径比较小，占地面积较大，现在许多植物油库配置的油罐罐型为细高型油罐，高径比较大，节省占地空间，比较美观，并便于油脂均匀加热保温及管道伴热，但投资较大。具体采用哪种形式的油罐应根据库区面积、地形、储油数量和作业工艺来确定。

**第二十二条** 植物油库应配有检化验室，以便对储存油脂质量进行监测。计算机信息管理系统对于现代化的植物油库是必不可少的，尤其是大型国家储备油库和中转油库应配备这些现代化设施，为提高宏观管理和调控能力创造条件。

**第二十三条** 根据现行国家标准《供配电系统设计规范》GB 50052—95 的规定，确定一般植物油库电力负荷为三级。位于港口、交通枢纽地带的一、二级中转油库周转频繁，为避免压港压船，条文中提出可按二级电力负荷。

**第二十四条** 按照现行国家标准《建筑物防雷设计规范》GB 50057—94 中工业建筑物和构筑物的防雷分类，植物油库建筑物和构筑物属于第三类工业建筑物和构筑物的防护范围。在现行国家标准《建筑物防雷设计规范》GB 50057—94 中具体规定了第三类工业建筑物和构筑物的防雷措施。植物油库油品的可燃性按照火灾危险性分类属于丙类液体，且闪点大于120℃。根据现行国家标准《立式圆筒形钢制焊接油罐设计规范》GB 50341—2003，油罐壁厚不小于4mm，金属储油罐可不单设避雷针，直接利用罐体作接闪器，但必须作防雷接地，且接地点不少于2处。

**第二十五条** 本条给出了植物油库给排水的一些原则要求，油罐区应设置完善的雨水排放系统，罐区雨水排放口应设闸门，平时闸门为常闭状态，防止油罐漏油，雨天时开启闸门，排放雨水。

**第二十六条** 根据现行国家标准《建筑设计防火规范》GB 50016—2006，按照储存物品的火灾危险性分类，闪点大于等于60℃的储存物品为丙类，而植物油的闪点远高于60℃，火灾危险性很小。从近几年植物油库消防设计的经验看，油罐区采用半固定式泡沫灭火和水冷却相结合的消防系统是比较适合的。

**第二十七条** 从环境保护的角度出发，植物油库使用的蒸汽应优先采用市政集中热源。植物油库锅炉房主要为油罐区保温及冬季采暖供汽。由于我国气象条件复杂，南北气温差别很大，加上所储存油品的凝固点高低不同，因此，油罐保温的地理区域不易划分，可根据实际需要确定其规模或确定是否设置锅炉房；冬季采暖用热按照国家有关规定计算。

**第二十八条** 根据现行国家标准《厂矿道路设计规范》GBJ 22—87 的要求，结合植物油库的企业类型、道路性质、交通量、车种和车型，并考虑今后的发展，确定植物油库道路的等级为四级。植物油库载重汽车一般年平均日双向交通量在200辆以下，符合现行国家标准《厂矿道路设计规范》GBJ 22—87 四级的要求。植物油库的企业类型属于现行国家标准《厂矿道路设计规范》GBJ 22—87 厂内道路Ⅲ类企业标准，但考虑到运输能力的现状，主干道路面宽由原标准的6～7m改为7～9m；次干道路面宽由原标准的3.5～4.5m改为4.5～7m。

## 第五章　建筑与建设用地

**第二十九条**　在市场经济条件下，企业将经济效益放在第一位，因此，植物油库的各类建筑均应以方便生产为原则，在安全适用的条件下，尽可能降低建设成本。

**第三十条**　植物油库总平面布置应根据油库的功能特点及建设规模，合理划分不同的功能区域。根据对现有植物油库调研情况，油库采用分区布置的方式可减少管道敷设长度，并可对进入库区的人员和车辆进行有效管理，确保储油安全。

根据近十几年来的建设经验，植物油库可划分为：装卸区（又分为铁路装卸区、水运装卸区、公路装卸区）；储油区（一般包括储油罐、油泵站、控制室等）；辅助生产区（一般包括锅炉房、水泵房、变配电间、消防设施等）；办公生活区（一般包括办公楼、传达室、食堂、停车场等）。

此外，总平面布置还应结合库址的地形、地质、气象等自然条件，并将近期建设与远期发展相结合，使近期建设相对集中，避免过多、过早地占用土地；油库内、外交通运输要相互适应协调，避免人流与货运路线交叉。同时，亦应符合消防、卫生等规范的要求。

**第三十一条**　根据现行国家标准《建筑设计防火规范》GB 50016—2006 确定植物油库的火灾危险性的类别及建（构）筑物的耐火等级。

植物油的闪点在120℃以上，按现行国家标准《石油库设计规范》GB 50074—2002 的划分方法为丙 B 类，考虑到现行国家标准《建筑设计防火规范》GB 50016—2006 更为通用，故此次修订采用了现行国家标准《建筑设计防火规范》GB 50016—2006 的划分方法。

**第三十二条**　油罐之间及油罐区之间的间距按相邻油罐中心距减去其公称直径之和的一半计算，按现行国家标准《建筑设计防火规范》GB 50016—2006 中的要求，容量 $1000m^3$（含）以上油罐的间距为5m，容量 $1000m^3$ 以下油罐的间距为2m。

**第三十三条**　植物油库各类用房的荷载较小，用砌体结构足以满足要求。油库的控制室、空压机房一般可与油泵房合建，以节省用地。

**第三十四条**　本条规定植物油库建筑面积指标的依据是：

一、参加编制本标准的设计单位近年设计项目的统计数据，及对大连北良植物油库，中储粮河北三河油库，江苏张家港保税区中昊油库、东马油库、华谷油库等库点实地调查。

二、按罐型取极端情况建立的不同等级油库的油罐区计算模型。

三、植物油库的机构设置及本建设标准第四十一条劳动定员指标。

四、办公生活设施面积参考《党政机关办公用房建设标准》及油库实际调研结果，并结合植物油库的业务需要确定。办公用房由行政及业务管理两部分组成。行政人员包括：企业管理人员及行政后勤人员等。业务人员包括调运、购销、财务等。

本次修订中，一级植物油库办公生活设施面积是按下列标准计算得出的。

（一）办公室：每人平均使用面积 $6m^2$，按19人考虑，办公室使用面积为 $114m^2$。

（二）结算室：使用面积 $40m^2$。

（三）会议室：会议室以建筑设计资料集平面分析的下限数 $1.8m^2$/座为指标，按19人考虑，使用面积为35m²。

（四）餐厅、厨房、浴室：以建筑设计资料集平面分析的下限数为指标，使用面积为75m²。

（五）卫生间：使用面积30m²。

（六）公共面积：使用面积50m²。

上述功能使用面积为344m²；考虑到使用系数等因素，建筑面积为620m²；库区其他功能值班室为25m²，库区厕所为25m²。合计总建筑面积为670m²。

本次修订中同规模油库的油罐区占地指标有所增加，主要原因是原标准采用推荐罐型作为计算模型，而本次修订以极端罐型作为计算模型，在目前油库经营模式多样化的情况下，推荐罐型已无法建立，所以采用极端罐型建立计算模型更为合理。

随着全国房改政策的出台，植物油库的职工住房早已推向社会化解决。为实现油库减员增效，油库的食堂、浴室等生活服务设施也应逐步推向社会，尽可能利用邻近企业及社会化服务行业解决。

## 第六章　环境保护与劳动定员

**第三十五条**　植物油库属食品储存企业，储运作业中不产生有毒有害物质，属轻微污染企业。植物油库建设应到当地环保部门申报登记。

**第三十六条**　油罐区四周设置护油堤和护油堤内采用水泥地面均是为了防止油罐万一发生泄漏造成油脂流散，对环境带来影响。

**第三十七条**　油罐区护油堤内的雨水含有少量悬浮油脂，应经水封池和隔油池除油后，排入市政污水管道系统。

**第三十八条**　植物油库的热力供应应遵循环保节能的原则优先采用市政供热。据调研，建在沿江沿海港口地带的油库根据当地规划和港口的特殊地理位置不宜建锅炉房，一般采用市政供热。内陆植物油库根据生产需要设置锅炉房，在没有条件选用天然气、燃油锅炉的情况下，采用燃煤锅炉。对锅炉房产生的烟尘，需经过除尘器除尘、脱硫处理，达到国家锅炉烟尘排放标准后，经烟囱高空排放；锅炉排污系统集中排入排污降温池，排污降温池的水与冷水混合降温，达到排放标准要求后排入市政污水管道系统。

**第三十九条**　油泵、空压机等设备的安装应采取有效的减振降噪措施，以降低设备噪声。

**第四十条**　在植物油库的建设中实施绿化，既有防尘、防噪的功能，又可以美化环境，净化空气，减少污染。

**第四十一条、第四十二条**　根据植物油库作业特点及实际调研情况，工作制度宜采用两班制。制定植物油库劳动定员的主要依据是：

一、对大连北良植物油库，中储粮河北三河油库，张家港保税区中昊油库、东马油库、华谷油库、江海油库等库点进行实地调查。

二、对江苏南通永芳油库、上海虹林油库、广州东莞中谷油库、北京大红门油库、上海真如油库、山东鲁花油库、秦皇岛金海油库、上海外高桥油库等库点建设情况调查表中职工人员统计情况进行的分析。

由于中转油库、储备油库功能不同，相应配置劳动定员有较大差别，本次修订按中转油库、储备油库分别给出劳动定员。经调研综合分析，对中转油库按级别提出了劳动定员的一个比较合理的范围。储备油库功能比较单一，不同等级劳动定员相差不大，不再按等级划分确定劳动定员。需要说明的是近年来植物油库为了适应市场竞争的需要，在满足生产需要的前提下，尽可能减少劳动定员，节约开支。因此，本次修订中油库等级的规模虽然增大了，但劳动定员却减少了。

# 第七章　主要技术经济指标

**第四十三条**　植物油库的建设投资包括油罐及标准设备的购置费，生产设施、辅助生产设施、办公生活设施及室外工程的建筑安装工程费，工程建设其他费用，预备费及使用银行贷款利息。

根据投资估算的一般要求，项目建议书阶段的投资估算精度在 ±30%，可行性研究报告的投资估算精度应在 ±10%。由于项目筹备期一般时间较长，投资估算应根据工程价格的变动情况随时进行调整。

**第四十四条**　植物油库的规模可按所存油脂的质量和容量两种方式统计，但因油脂的密度随温度变化，同一油罐在不同温度下的最大储油质量是变化的，因此，采用容量可更准确地反映植物油库的规模。

植物油库往往由不同规格的油罐组成，因此，计算油库容量时应将油库中所有油罐的公称容量进行累加。

油罐的计算容量应是以罐内径为直径的圆面积与罐体直段高的乘积，不计算罐内附件和罐底锥度对容量的影响。因为植物油的密度在常温下为 $0.9t/m^3$ 左右，为与按质量统计的油罐规模相匹配，油罐的储存容量按行业惯例应为计算容量除以 1.1，在将计算容量折算为公称容量时，将容积系数取为 0.9。

**第四十五条**　本条给出的是正常建设条件下的投资估算指标，系 2005 年底北京地区的价格。使用时应按该地区当年以及建设期末与 2005 年底的价格差进行调整。此外，本条投资估算指标不含特殊建设条件下，对投资产生较大影响的因素。如：不良地质条件需进行特殊地基处理的建设投资。

在植物油库的工程造价中，油罐本体的制造安装费用占很大的比重，而油罐单位容量造价主要取决于油罐的容量和高径比，而与油罐数量无关。经我们测算，正常设计条件下，不同容量和高径比的油罐单位容积的钢材耗量在 25 ~ 35kg，相差不大，因此，本次修订中，未按油库的规模给出投资估算指标。

**第四十六条**　各类设施占工程投资的比例是根据参编单位提供的有关统计资料及对一些设计项目的投资概算进行分析统计，同时按本建设标准第八条的项目构成及第三十四条的面积指标、造价指标和国家有关定额进行了测算，两者协调后确定的。不同使用性质、不同地区条件、不同装备水平的植物油库，各类设施所占工程建设投资比例是有差异的，本条提出了一个有幅度的投资比例，各地可根据工程实际情况进行调整。本指标的给出，旨在从宏观上调整投资结构，合理使用投资。

**第四十七条**　目前油库建设中基本不使用木材，因此，本次修订将三材指标改为仅包括钢材与水泥的建材指标。本条所规定的建材耗用指标是根据第三十四条的资料统计分析后提出的，是一个一般性的指标，具有一定的覆盖面。但是由于各地油库建设的条件不同，油罐规格不同，油库配套设施不同等因素，建材耗用指标给出了一定的幅度，使用时可视建设项目的具体情况进行调整。

**第四十八条**　植物油库工程项目是由油罐区和各种使用功能的单体建筑所构成。建设工期指从基础破土动工起至完成全部工程建设内容并竣工验收止的全部日历天数。

植物油库建设可分为油罐基础与土建施工、油罐制作、管道与设备安装、油罐试水、竣工验收几个阶段。本条工期的确定是以单罐施工工期为基础，考虑多罐重叠施工及附属设施施工对总工期的影响，并参考一些植物油库建设项目的有关资料后确定的。

# 烟花爆竹批发仓库建设标准

## 建标 125—2009

## 住房和城乡建设部、国家发展和改革委员会关于批准发布《烟花爆竹批发仓库建设标准》的通知

建标〔2009〕154 号

国务院有关部门，各省、自治区、直辖市、计划单列市住房和城乡建设厅（委、局）、发展和改革委员会，新疆生产建设兵团建设局、发展和改革委员会：

根据《关于印发〈2006 年工程项目建设标准、投资估算指标、建设项目评价方法与参数编制项目计划〉的通知》（建标函〔2006〕172 号）的要求，由中华全国供销合作总社负责编制的《烟花爆竹批发仓库建设标准》，已经有关部门会审，现批准发布，自 2010 年 1 月 1 日起施行。

在烟花爆竹批发仓库项目的审批、核准、设计和建设过程中，要严格遵守国家关于严格控制建设标准的有关要求，认真执行本建设标准。

本建设标准的管理由住房和城乡建设部、国家发展和改革委员会负责，具体解释工作由中华全国供销合作总社负责。

**中华人民共和国住房和城乡建设部**
**中华人民共和国国家发展和改革委员会**
**二〇〇九年九月二十八日**

## 前　言

《烟花爆竹批发仓库建设标准》是根据国家住房和城乡建设部《关于印发〈2006 年工程项目建设标准、投资估算指标、建设项目评价方法与参数编制项目计划〉的通知》（建标函〔2006〕172 号），由中华全国供销合作总社组织兵器工业安全技术研究所和中国日用杂品流通协会共同编制而成。

本建设标准以科学发展观为指导，本着节约投资、保护环境、安全适用、合理使用土地资源的原则，旨在规范烟花爆竹批发仓库建设，提高烟花爆竹批发仓库安全水平，加强烟花爆竹市场安全监管，确保烟花爆竹安全储存和中转，满足烟花爆竹现代物流专业化、科学化的要求。在编制过程中，编制组充分参照并吸收了国家相关安全、经

济标准及规定，收集分析了大量统计数据，并对北京、河北、安徽、江西、湖南、广西、青海、宁夏等我国烟花爆竹主要产、销区的同类设施进行了实地考察调研，广泛征求了有关方面的意见，历经多次论证和反复修改，经专家评审会审议通过形成报批稿，最后报经有关部门审查批准颁布。

在标准编制过程中，北京市烟花鞭炮有限公司、广东省东莞东日有限公司等单位给予了大力支持。请有关单位在标准使用过程中，注意总结经验，并将意见及建议反馈主编部门。

本建设标准共分为六章：总则，建设规模和项目构成，选址与总平面布置，建筑标准，储存工艺、机械与配套设施和主要技术经济指标。

**主编单位：** 兵器工业安全技术研究所
中国日用杂品流通协会

**主要起草人：** 白春光 闫瑞枫 金文存 马继红 葛向辉 魏新熙 尹君平 陶少萍 苏 云 马光华 李 兵 齐雪飞

## 第一章 总 则

**第一条** 为规范烟花爆竹批发仓库建设，提高烟花爆竹批发仓库建设项目决策和建设的科学管理水平，充分发挥投资效益，满足烟花爆竹现代物流专业化、科学化的要求，贯彻执行国务院《烟花爆竹安全管理条例》，制定本建设标准。

**第二条** 本建设标准是烟花爆竹批发仓库建设项目决策和合理确定建设水平的全国统一标准，是审批、核准烟花爆竹批发仓库建设项目的重要依据，也是有关部门监督、检查烟花爆竹批发仓库建设项目的尺度。

**第三条** 本建设标准适用于新建烟花爆竹批发仓库的建设，不适用于烟花爆竹半成品和原材料储存仓库的建设，改建和扩建烟花爆竹批发仓库可参照执行。

**第四条** 烟花爆竹批发仓库建设应遵守以下基本原则：

一、应贯彻新时期国家建设的方针和政策，执行国家现行法律、法规和标准的规定，坚持“安全第一，预防为主，综合治理”的方针。

二、应符合当地国民经济和社会发展规划、城市总体规划和土地利用总体规划，根据区域市场需求和发展需要，坚持以获得最佳秩序和最佳效益为目标，统筹规划、合理布局、选址适宜、规模适当。

三、应按照建设资源节约型、环境友好型社会的要求和节能的原则，采用新技术、新材料、新设备，节约土地和投资，做到配置科学、安全适用、经济合理。

四、应坚持专业协作和社会化服务的原则，新建项目应充分利用已有设施、设备。

五、库房必须有配套的生产辅助设施（含安全设施），并根据需要设置与之相适应的办公服务设施。办公服务设施的标准应严格控制，凡是能依托社会解决的，不得另行设置，必须设置的，应严格执行现行国家标准的规定。

**第五条** 烟花爆竹批发仓库建设除应符合本建设标准外，还应符合现行的国家安全、经济标准和有关定额、指标的规定。

## 第二章 建设规模和项目构成

**第六条** 烟花爆竹批发仓库建设规模应根据当地的市场需求情况而定：

一、应建设与产品经营流通量（箱）相匹配的批发仓库，并按产品年经营流通量（箱）的50%确定建设规模。

二、烟花爆竹批发仓库由库房、生产辅助设施、办公服务设施构成，建设规模应根据表1中的库房建筑面积划分为一、二、三、四类，生产辅助设施、办公服务设施建筑面积不宜大于表1的规定。

三、烟花爆竹批发仓库库区用房建筑密度不宜大于表2的规定。

**表1　烟花爆竹批发仓库分项用房建筑面积（$m^2$）**

| 烟花爆竹批发仓库类别 | 烟花爆竹批发仓库总建筑面积 | 库房 | 生产辅助设施 | 办公服务设施 |
|---|---|---|---|---|
| 一类 | 10600 以上 | 10000 以上 | 300 以上 | 300 以上 |
| 二类 | 5400～10600（含） | 5000～10000（含） | 200～300（含） | 200～300（含） |
| 三类 | 1200～5400（含） | 1000～5000（含） | 100～200（含） | 100～200（含） |
| 四类 | 1200（含）以下 | 1000（含）以下 | 100（含）以下 | 100（含）以下 |

注：1　库房建筑面积为库区内各库房建筑面积之和。

2　生产辅助设施、办公服务设施建筑面积可根据库房建筑面积采用插值法取值。

**表2　烟花爆竹批发仓库库区用房建筑密度**

| 烟花爆竹批发仓库类别 | 建筑密度（%） |
|---|---|
| 一类 | 13.9～17.3 |
| 二类 | 12.6～17.7 |
| 三类 | 10.0～16.3 |
| 四类 | 12.0～16.4 |

注：库区含库房和生产辅助设施。

四、按经营产品种类和现行国家标准的规定，烟花爆竹批发仓库的库房危险等级划分为1.3级和$1.1^{-2}$级。

五、当烟花爆竹批发仓库采用洞库或覆土库时，应符合现行国家标准的规定。

**第七条**　库房、生产辅助设施、办公服务设施具体包括下列内容：

一、库房包括：库房建筑工程、$1.1^{-2}$级库房设置的防护屏障。

二、生产辅助设施主要包括：

1. 库区值班监控室、设备库。
2. 库房室外给排水、供配电、防雷、电气照明、消防、通讯等。
3. 停车场、绿地、库区内道路等。

三、办公服务设施主要包括：办公业务用房、警卫消防人员宿舍、值班室、锅炉房和必要的生活辅助设施。

**第八条**　对烟花爆竹批发仓库生产辅助设施、办公服务设施，应充分利用当地现有条件进行建设。

# 第三章　选址与总平面布置

**第九条**　烟花爆竹批发仓库的库址应按流向合理、集散便利的原则，并综合考虑建库的经济效益和社会效益进行选择。库址应符合当地土地利用总体规划和城乡建设规划的要求，因地制宜，合理布局，提高土地利用率。

**第十条** 库址应具有良好的地形、工程地质等条件，建设地区应具有可靠的电源和满足消防、生活用水需求的水源，以及交通运输、通讯等外部协作条件。

**第十一条** 库址应位于不受洪水或内涝威胁地区，当不可避免时，必须采取可靠的防洪、排涝措施，库址防洪标准可按50年一遇考虑。

**第十二条** 下列地区不应选为库址：

一、地震烈度大于9度的地区。

二、存在地质危害的地段，如泥石流、滑坡、流沙等。

三、历史文物古迹保护区。

四、工程土质不良地区，如Ⅳ级自重湿陷性黄土，厚度大的新近堆积黄土，高压缩性的饱和黄土和Ⅲ级膨胀土等。

五、具有开采价值的矿藏区。

六、雷暴区。

**第十三条** 库址应远离污染源及其他易燃易爆危险场所，且应位于污染源全年最小频率风向的下风侧。

**第十四条** 库址应与居民点、学校、医院、工业区、旅游区、重要建筑物、铁路和公路运输线、车站、高压输电线等保持外部最小允许距离。

**第十五条** 烟花爆竹批发仓库总平面布置、外部最小允许距离和内部最小允许距离应符合下列要求：

一、总平面布置应根据库址地形、工程地质、气象、水文、库房危险等级和计算药量、运输方式、库区外交通和安全条件等综合考虑，分别设置库区、生产辅助区和办公服务区。做到分区明确、安全可靠、布局紧凑、流程合理。无关人流和货流不应穿越库区，产品运输不宜穿越办公服务区。

二、比较危险的或计算药量较大的库房不宜布置在库区出入口附近。库房不宜长面相对布置。运输产品车辆不应在其他防护屏障内穿越通过。

三、库区应设置高度不低于2m的密砌围墙，在特殊地段设置有困难时，可局部设置刺网围墙；围墙与库房距离不应小于5m。

四、单栋1.3级库房计算药量不宜超过20000kg，单栋$1.1^{-2}$级库房计算药量不宜超过10000kg。库房外部最小允许距离和内部最小允许距离应按现行国家标准执行。划定的库房外部最小允许距离范围内不得进行相应的工程建设。

五、$1.1^{-2}$级库房应设置防护屏障，防护屏障应按现行国家标准执行。

六、库区内汽车运输主干道纵坡不宜大于6%，手推车和装运机械运输主干道纵坡不宜大于2%。

## 第四章 建筑标准

**第十六条** 烟花爆竹批发仓库建筑结构应符合下列要求：

一、各类建筑物、构筑物应满足安全可靠、方便使用、经济合理的要求。建筑标准应根据建筑物用途和建设地区条件等因素综合考虑。

二、库房应根据当地气候、地质和产品的要求，采取抗震、防水、防潮、隔热、通风、防盗、防小动物等措施，地面应平整、坚实、无裂缝，应能满足产品码垛荷载和装运机械行驶的要求。库区产品配货场地宜采用混凝土地坪。

三、$1.1^{-2}$级库房和建筑面积大于$300m^2$的1.3级库房耐火等级不应低于二级。建筑面积不大于$300m^2$的1.3级库房耐火等级不应低于三级。

四、库房应为单层建筑，宜采用现浇钢筋混凝土框架结构，也可采用钢筋混凝土柱梁结构、砌体结构，当库区内仅设一栋库房时，可采用符合防火要求的钢结构。1.3级库房宜适当增加泄压面积。

五、库房安全出口数目不应少于2个；当库房建筑面积小于$100m^2$，且长度小于18m时可设1个。库房内任一点至安全出口的距离不应大于15m。

六、库房应采用防火门，应向疏散方向开启，门洞宽度不应小于1.5m，有装运机械出入的门洞宽度不宜小于1.8m，不得设置门槛。

七、库房宜采用自然通风，可根据实际需要在库房设置可开启的高窗和低位进风窗，高窗和进风窗应配置铁栅栏和金属网。

八、单栋1.3级库房建筑面积不宜超过$1000m^2$，单栋$1.1^{-2}$级库房建筑面积不宜超过$500m^2$。

九、其他建筑物、构筑物和设施建设应符合现行国家标准的规定。

## 第五章　储运工艺、机械与配套设施

**第十七条**　烟花爆竹批发仓库储运工艺应符合下列要求：

一、储存工艺：

1. 库房内应设置温湿度计，库内温度不宜大于30℃，相对湿度不宜大于80%。

2. 库房内产品应装箱分类堆垛，堆垛间距不宜小于0.7m，运输通道宽度不应小于1.5m，有装运机械的运输通道宽度不宜小于1.8m，堆垛高度不应大于2.5m。

3. 库房主要出入口外应设置人体静电释放装置。

二、运输作业工艺、机械：

1. 产品道路运输应使用符合现行国家标准的专用厢式货车。

2. 库区和库房内可根据能力需要配置手推车、装运机械等。

3. 库区内应设置安防视频监控系统。

**第十八条**　烟花爆竹批发仓库电气（含防雷）应符合下列要求：

一、$1.1^{-2}$级库房内为F0类电气危险场所，库房内不应装设电气设备；1.3级库房内为F1类电气危险场所，库房内可装设符合现行国家标准规定的电气设备、仪表、线路等，电气设备均应符合国家产品标准并应是经检验合格的定型产品。

二、库房外架空电气线路与库房距离应符合现行国家标准的规定。

三、库区内10kV及以下变电所宜采用户内式，库区消防、安全用电设备宜按二级负荷供电。

四、库房必须采取防雷措施。$1.1^{-2}$级库房防雷类别为一类，1.3级库房防雷类别为二类。防雷措施应符合现行国家标准的规定。

五、库区内设置的安防视频监控系统和其他电气设备设施应符合现行国家标准的规定。

六、1.3级库房内可设置火灾自动报警系统，火灾自动报警系统应符合现行国家标准的规定和F1类电气危险场所的规定。

七、1.3级库房电气照明的照度标准应符合现行国家标准的规定。

**第十九条** 烟花爆竹批发仓库给排水及消防应符合下列要求：

一、给排水：

1. 当采用自备水源时，生活用水应符合现行国家标准的规定。

2. 生活给水、排水系统应按现行国家标准执行。

3. 库区防洪、防涝排水应根据库址地形等，宜采用有组织排水方式，并应符合现行国家标准的规定。

二、消防：

1. 库区应设置消防供水设施。消防用水可由消防水池、室外消火栓或利用天然水源供给，消防水池和天然水源应设置消防车道、回车场、消防泵和取水设施。库房室外消防用水量、供水压力应符合现行国家标准的规定，消防延续时间按3h计算。消防水池应有保障消防储水量的措施，且使用后的补给恢复时间不应超过48h。

2. 供消防车或手抬机动消防泵使用的消防水池，其保护半径不应大于150m。

3. 一、二、三类仓库应设置备用消防泵，四类仓库宜设置备用消防泵。

4. 库区灭火器配置及生产辅助区、办公服务区消防设施应符合现行国家标准的规定。

## 第六章 主要技术经济指标

**第二十条** 烟花爆竹批发仓库工程投资估算可参照表3所列指标控制。

**表3 单位工程投资估算指标**

| 烟花爆竹批发仓库类别 | 一类 10000m² 以上 | 二类 5000m² ~ 10000m²（含） | 三类 1000m² ~ 5000m²（含） | 四类 1000m²（含）以下 |
|---|---|---|---|---|
| 估算指标（元/m²） | ≤2600 | 2600~3000 | 3000~3800 | ≥3800 |

注：1 表中指标是根据2008年北京建材和设备价格确定的，使用时应按当年价格进行调整。

2 表中指标适用于框架结构，采用其他结构类型可适当进行调整。

3 表中指标为静态投资，不包括征地费、库区外工程费用及运输工具费用。

4 使用时应根据库房建筑面积取值，每类中规模上限取小值，规模下限取大值，中间值采用插入法计取。

**第二十一条** 烟花爆竹批发仓库各类设施投资比例可参照表4所列指标控制。

**表4 各类费用占工程总投资的比例（%）**

| 各类设施名称 | 库房 | 生产辅助设施 | 办公服务设施 | 其他 |
|---|---|---|---|---|
| 投资比例（%） | 35~51 | 32~43 | 2~5 | 15~17 |

注：使用时应根据库房建筑面积取值，规模上限取大值，规模下限取小值，中间值采用插入法计取。

**第二十二条** 烟花爆竹批发仓库的库房单位工程造价可参照表5所列指标控制。

**表5　库房单位工程造价**

| 库房结构形式 | 砌体承重结构 | 排架、框架结构 |
|---|---|---|
| 单位工程造价（元/$m^2$） | 1000～1100 | 1300～1400 |

## 附录　名词解释

**一、烟花爆竹批发仓库**

指从事烟花爆竹批发经营的企业为满足批发业务需要而建设的烟花爆竹储存库房及其配套的生产辅助设施和办公服务设施。

**二、防护屏障**

有天然屏障和人工屏障，其形式、强度均能按规定方式限制爆炸空气冲击波、碎片、火焰对附近建筑物及设施的影响。

**三、外部最小允许距离**

指库房与外部各类目标之间，在规定的破坏标准下所允许的最小距离。它是按库房的危险等级和计算药量确定的。

**四、内部最小允许距离**

指库房与相邻建筑物之间，在规定的破坏标准下所允许的最小距离。它是按库房的危险等级和计算药量确定的。

**五、建筑密度**

库区用地内（以围墙为界，含库房和生产辅助设施）各类建筑的基底总面积与用地面积的比率。

## 附　件

# 《烟花爆竹批发仓库建设标准》条文说明

## 第一章　总　则

**第一条**　明确制定本建设标准的目的。烟花爆竹是中华民族传统的娱乐产品，为规范和提高烟花爆竹批发仓库建设水平，科学决策、合理投资，满足形势发展的需要，特制定本建设标准。同时，烟花爆竹属于易燃易爆品，在储存、装卸和运输中，一旦发生火灾或爆炸事故，往往造成人员伤亡和经济损失，在烟花爆竹批发仓库建设时应贯彻执行国家现行有关的安全法规、标准。

**第二条**　本建设标准是烟花爆竹批发仓库建设前期和初步设计阶段工作等的重要依据，对整个项目建设具有指导作用。

**第三条**　本条规定了本建设标准的适用范围，有别于烟花爆竹生产企业总仓库的危险性半成品和原材料储存库房的建设。对烟花爆竹批发仓库的新建项目应按照本建设标准和国家现行有关标准执行。现行国家标准《烟花爆竹工程设计安全规范》GB 50161中，包括了烟花爆竹经营（批发）仓库的设计安全技术要求，因此，除执行本建设标准外，烟花爆竹批发仓库建设还应执行现行国家标准《烟花爆竹工程设计安全规范》GB 50161 等标准的规定。考虑本建设标准主要服务于项目建设前期、初步设计工作和主要技术经济指标确定，改建、扩建项目可参照本建设标准执行。

**第四条** 强调烟花爆竹储存、运输政策性强的特点，对烟花爆竹批发仓库建设作了原则规定。

**第五条** 说明本建设标准与国家现行其他有关标准、定额和指标之间的关系。

## 第二章 建设规模和项目构成

**第六条** 根据国内 19 家烟花爆竹批发仓库调研统计，按现行国家标准《烟花爆竹工程设计安全规范》GB 50161 库内码垛要求，库房储存产品约 15 箱/$m^2$。某仓库 2008 年产品经营流通量约 22 万箱，产品年经营流通量的 50% 为 11 万箱，确定库房建筑面积约 7333$m^2$，考虑装运机械需加宽运输通道，目前库房实际建筑面积 9500$m^2$，可满足经营需要。同时，根据有关会议讨论认为，对烟花爆竹批发仓库建设规模按经营流通量划分类别是科学、合理的，按其年经营流通量的 50% 确定建设规模是比较符合实际情况的。鉴于我国春节燃放烟花爆竹的传统，烟花爆竹的批发工作主要集中在春节前后，季节性很强，烟花爆竹批发仓库经营流通量主要取决于春节期间的经营流通量（约占全年 95% 以上）。

根据全国范围内大量调研，现有烟花爆竹批发仓库的库房总建筑面积大部分在 1000$m^2$ 以下，极个别超过 10000$m^2$，按库房建筑面积将烟花爆竹批发仓库建设规模划分为四类符合国内实际情况。同时根据调研，烟花爆竹批发仓库一般由三部分构成。不同建设规模类别相应配套设施的建筑面积也是由统计数据和会议讨论得出的。

库区用房建筑密度是根据多年的烟花爆竹批发仓库设计和安全评价经验，按规范分两种典型情况通过 CAD 总图设计的 19 种布置方式计算统计而得到的。第一种情况，目前，绝大部分烟花爆竹批发仓库库区仅有一栋 1.3 级库房和一个值班室，属四类库；第二种情况，库区现有一至十栋 1.3 级库房和一个值班室，由于现行国家标准《烟花爆竹工程设计安全规范》GB 50161 对 1.3 级库房和 $1.1^{-2}$级库房存放的烟花爆竹品种有所调整和销售需要，将来相当一部分烟花爆竹批发仓库在库区内必须增建一栋 $1.1^{-2}$级库房和若干栋 1.3 级库房，属一、二、三类库。

根据全国各地方政府允许燃放烟花爆竹的品种，参照现行国家标准《烟花爆竹工程设计安全规范》GB 50161，确定库房的危险等级。

当烟花爆竹批发仓库采用洞库或覆土库时，应符合现行国家标准《地下及覆土火药炸药仓库设计安全规范》GB 50154 的规定。

**第七条** 库房建筑工程包括库房建筑、结构、室内电气、防雷、排水、消防等。

生产辅助设施指库房室外设施和生产辅助区内设施。办公服务设施是办公服务区的设施，办公服务区一般独立布置，并与库区保持一定的外部最小允许距离。

**第八条** 说明应合理确定烟花爆竹批发仓库的项目构成。

## 第三章 选址与总平面布置

**第九条** 每年春节前后是烟花爆竹批发仓库储存量较大、进出库作业较频繁的时期，选址应充分考虑该时期产品流向、集散、土地利用等条件，取得最佳的经济效益和社会效益，并应符合当地土地利用总体规划和城乡规划要求。

**第十条** 良好的地形、工程地质等条件是烟花爆竹批发仓库建设的基础，同时建设地区的供电、消防、生活供水，以及交通运输、通讯等条件也是建设的重要外部条件。

**第十一条** 根据历次洪水和内涝灾害案例，如果选址不当，一旦发生洪水或内涝灾害，就有可能造成较大的财产损失，应予以避免或采取可靠的防洪、排涝措施。

**第十二条** 明确了不应作为库址的地区，如地震区、存在地质危害地段、雷暴区等，强调对灾害后果应高度重视。

**第十三条** 目的是避免污染源及其他易燃易爆危险场所对选址的影响和威胁。

**第十四条** 烟花爆竹批发仓库存在着固有的燃烧爆炸危险性，库址选址原则上要求避开一些重要的外部目标是十分必要的。

**第十五条** 提出了对烟花爆竹批发仓库总平面布置的一般性原则。总平面布置要考虑诸多因素，满足多方面要求，应根据库房危险等级和计算药量，结合和充分利用现有地形，这样做不仅可以减少占地，而且有利于安全，因此应予以特别重视。过去的工作中由于总平面布置不妥造成的问题并不少见，应引起注意。

总结烟花爆竹批发仓库建设的实践经验和过去的事故教训，仓库规划时应从整体布局上考虑组成仓库的各区功能，做到分开布置，这不仅有利于安全，而且便于管理。无关人流和货流不应穿越库区，产品运输不宜穿越办公服务区，主要考虑降低发生事故的概率和减少事故损失。

比较危险的库房一般容易发生爆炸事故，计算药量大的库房一旦出事，破坏性较大。考虑到库区值班室一般都设在库区出入口附近，而且车辆、人员都必须经过出入口，故提出比较危险的或计算药量大的库房不宜布置在库区出入口附近。

从建筑结构考虑及总结大量事故教训，库房山墙抗爆炸空气冲击波能力较长面好，一旦发生爆炸事故，相对的长面方向破坏范围比较大，因此，有条件时应尽量避开长面相对布置以利于安全。

车辆穿越通过其他库房防护屏障内，增加了车辆、人员与烟花爆竹的接触，增加了不安全因素，提高了发生事故的几率。

围墙的有关要求主要是考虑方便管理及防火、防盗要求。参照有关标准，为提高预防围墙外火灾引燃库房的能力，建议在有条件时加大库房与围墙的距离。

强调单栋库房计算药量（库内可能同时发生燃烧或爆炸的最大药量）、外部最小允许距离和内部最小允许距离应按国家现行有关标准执行，如现行国家标准《烟花爆竹工程设计安全规范》GB 50161，对 $1.1^{-2}$级库房主要通过外部最小允许距离来衰减爆炸空气冲击波超压，对1.3级库房主要通过外部最小允许距离衰减燃烧热辐射能量来达到防火效果，内部最小允许距离主要考虑一旦某栋库房发生爆炸或燃烧，不殉爆、不殉燃其附近其他库房，对其附近其他建筑物的破坏控制在规定的标准之内。

划定的外部最小允许距离范围必须保持，否则由于外部最小允许距离被侵食，可能会对仓库的发展乃至生存造成严重威胁。

$1.1^{-2}$级库房应设置防护屏障是根据现行国家标准《烟花爆竹工程设计安全规范》GB 50161 提出的，设置防护屏障的目的是阻挡爆炸产生的低角度飞散物，削弱爆炸产生的空气冲击波，减少对其附近目标的破坏。

根据国家现行标准《厂矿道路设计规范》GBJ 22 的规定，厂内各类道路的最大纵坡，在平原微丘区主干道为6%，在山岭重丘区主干道为8%。考虑到烟花爆竹库区运输的特殊要求，故对主干道纵坡规定不宜大于6%，用于手推车、装运机械等运输的道路纵坡不宜大于2%，以防止重车上、下坡停不住而发生意外。

## 第四章　建 筑 标 准

**第十六条**　库区建设应首先满足产品安全储存和使用功能要求，还要考虑使用方便、经济合理等因素。部分地区气候高温、潮湿等，部分产品在高温、吸湿条件下可能发生放热反应，存在安全隐患，库房建设应考虑当地气候条件和产品要求。

现行国家标准《建筑设计防火规范》GB 50016 规定，甲类库房要求不低于二级耐火等级。烟花爆竹产品中含有甲类第 5 项物质，可参照该规定。当1.3 级库房建筑面积不大于300$m^2$ 时，储存产品较少，可适当放宽要求，耐火等级不低于三级。

库房事故多发生于人员装卸作业时，多层库房若发生事故，楼上的人员不便疏散，因此库房应采用单层建筑。现浇钢筋混凝土框架结构整体性、承载能力均较好，推荐使用。考虑到库房无固定人员，一旦发生爆炸燃烧时允许库房墙倒屋塌，因此也可采用钢筋混凝土柱梁结构、砌体结构，考虑钢结构抗外爆能力相对较弱，符合条件时也可采用符合二级耐火等级要求的钢结构。

库房安全出口数目不应少于2 个，以便于快速疏散和互为备用。当库房小时，设2 个安全出口，将使库房堆放面积减少，因此，规定在库房建筑面积小于100$m^2$，且长度小于18m 时，可设1 个。考虑到3 个柱距内至少设1 个门，并考虑到从库房内最远点到安全出口的距离不应大于15m，该距离大了不安全，距离小了库房设计将增加不少门，库房的可利用面积太小。

参照现行国家标准《建筑设计防火规范》GB 50016，库房门的防火性能应能满足一定的防火要求，一般应采用甲级防火门。门向疏散方向开启，且不设门槛，易于疏散；门宽不小于1.5m 既方便运输也利于疏散，有装运机械的门宽不小于1.8m 是为了方便运输。

库房的窗既要采光又要通风，且能防盗、防小动物（小动物主要是指鼠、鸟、蛇等），因此，可设置高窗和进风窗且宜配置铁栅栏、金属网。

考虑到经济、安全和发展因素，本建设标准对单栋库房的建筑面积作出限制，单栋库房建筑面积过大不经济，不利于管理及人员疏散，同时有超量储存的条件也不利于安全。单栋库房建筑面积过小，不利于新型包装形式产品的储存，单栋库房建筑面积以满足库房计算药量下的码垛面积为宜。根据广泛调研，单栋1.3 级库房储存含药量20000kg 产品（约13300 箱，每箱含药量约1.5kg），需库房建筑面积约900$m^2$，确定为不宜超过1000$m^2$。单栋$1.1^{-2}$级库房储存含药量10000kg 产品（约1700 箱，每箱含药量约6kg），需库房建筑面积约120$m^2$，考虑$1.1^{-2}$级库房利用系数较小和箱体尺寸变化较大，确定为不宜超过500$m^2$。

## 第五章　储运工艺、机械与配套设施

**第十七条**

一、储存工艺：

为保证产品在储存期内不变质或不发生安全事故（如自燃自爆等），控制库房内温度和相对湿度十分重要。库房内温度过高，烟花爆竹中所含的烟火药等成分感度提高且易发生分解；相对湿度过大，烟花爆竹受潮会影响质量，部分含金属粉产品可能吸湿放热，不利于储存安全。考虑国内现有烟花爆竹批发仓库尚无采用空调措施控制库房内温湿度的情况，本建设标准仅对库房内温湿度控制提出一般性要求，日常管理中采取开门窗自然通风去湿、降温，或关门窗隔湿、隔热等措施即可，在春节烟花爆竹集中储运期间库房内温湿度一般均满足要求。

产品装箱、分类堆垛是为了增强通风，防止药剂裸露和相互影响。

按一般人体肩宽0.5m左右计算，定出0.7m的垛间距，是为了便于通风和人员检查。1.5m、1.8m的运输通道宽度分别考虑手推车、装运机械在库房内运输的情况。成箱产品的堆垛高度，主要从不压坏最底层包装箱和便于装卸考虑。成箱产品是散件，人员不能踩靠，堆高了装卸不方便也不安全。

为了防止静电的危害，在库房的主要出入口附近，设置人体静电释放装置，在人员进入库房前触摸释放或降低人体积聚的静电。

二、运输作业工艺、机械：

采取安全措施的专用厢式货车的防火、防爆、防盗、防静电性能均较好，可有效提高产品道路运输的安全性。

国内个别较大型烟花爆竹批发仓库库区内除采用手推车运输外，还采用装运机械（如防爆叉车）装运产品，以提高效率和减轻劳动强度。这里要强调的是，$1.1^{-2}$级库房内不得进入任何电气设备，1.3级库房内可采用符合电气防爆要求的装运机械。

库区内装设安防视频监控系统，可用于远程监控，有利于防盗、防破坏、防火、防违章装卸和进行事故追溯等安全管理。

**第十八条** 黑火药、烟火药等危险品为自供氧物质，其爆炸机理与可燃性粉尘环境、爆炸性气体环境不同，危险品的危险程度因其电火花感度和热感度、存药量和干湿程度而不同，库房的危险场所分为F0和F1类。$1.1^{-2}$级库房发生事故的后果严重（主要为整体爆炸），同时，目前国内外尚未生产供应适合黑火药、烟火药场所专用的防爆电气设备，为确保安全，$1.1^{-2}$级库房确定为F0类电气危险场所，不应装设电气设备。

1.3级库房内设置的火灾报警系统、安防系统的前端设备、仪表选型和配线均应符合本条规定。

架空电气线路与库房的距离与供电线路电压等级有关，应按照现行国家标准《烟花爆竹工程设计安全规范》GB 50161的相关规定执行。

在库区内设置户内式变电所的目的是将正常运行时电火花源隔离在室内，且减少库房发生燃爆事故时对户内变配电设备的破坏。按照现行国家标准《建筑设计防火规范》GB 50016消防电源的规定，烟花爆竹批发仓库的消防用电为三级负荷，但考虑消防水泵、安防视频监控系统、应急照明和火灾自动报警等用电的重要性，按照二级负荷要求供电或配备应急电源以提高供电可靠性。

库房防雷类别是根据现行国家标准《建筑物防雷设计规范》GB 50057而分类的，库房的防直击雷、防雷电感应、防雷电波侵入和防雷击电磁脉冲的措施均应按照此规范执行，防雷设施应通过当地防雷检测中心进行定期检测，以保证其有效性。

库区内设置的安防视频监控系统应符合现行国家标准《安全防范工程技术规范》GB 50348、《建筑物电子信息系统防雷技术规范》GB 50343的规定。

随着技术的发展和安全标准的提高，为了及时发现火灾隐患，尽快采取措施将火灾隐患消灭在萌芽状态或最大限度减少事故损失，建议有条件时1.3级库房内设置火灾自动报警系统，但设置的火灾自动报警系统应符合现行国家标准《火灾自动报警系统设计规范》GB 50116 的规定和 F1 类电气危险场所的规定，防止由于火灾自动报警系统的引入产生新的电气危害。

1.3 级库房电气照明的照度标准应符合现行国家标准《建筑照明设计标准》GB 50034 的规定。

**第十九条**

一、给排水：

本款是参照有关标准作出的一般规定，生活用水应符合现行国家标准《生活饮用水卫生标准》GB 5749 的规定，生活给水、排水系统应按现行国家标准《建筑给水排水设计规范》GB 50015 执行，库区防洪、防涝排水应符合现行国家标准《防洪标准》GB 50201 的规定。

二、消防：

烟花爆竹批发仓库储存的烟花爆竹易发生燃烧、爆炸事故，为及时扑灭初期火灾，避免扩大事故危害和损失，需要有足够的消防用水及时进行灭火。根据现行国家标准《建筑设计防火规范》GB 50016，本条对消防水量、水压和水源提出了要求。

参照现行国家标准《建筑设计防火规范》GB 50016，仓库区室外消防用水量小于等于 25L/s 时，可不设置消防备用泵，大多数烟花爆竹仓库区室外消防用水量等于 25L/s。考虑一、二、三类仓库库房总建筑面积较大，一旦发生燃爆事故社会影响面大，因此，要求一、二、三类仓库应设置备用消防泵。

考虑到库房建筑面积越大，其储存产品越多，一旦发生火灾，造成的危害和损失较大，且一般烟花爆竹批发仓库均设置在偏远地带，远离城镇消防设施，初期火灾主要依靠自救，为确保消防设施有效使用，作此规定。根据多年的实践经验，烟花爆竹批发仓库独立设置消防队将带来诸多现实问题，因此本建设标准未对专职消防队提出要求。

库区灭火器配置应符合现行国家标准《建筑灭火器配置设计规范》GB 50140 中严重危险级的规定。生产辅助区、办公服务区消防设施应符合现行国家标准《建筑设计防火规范》GB 50016 的规定。

## 第六章　主要技术经济指标

本章各条只适用于新建烟花爆竹（商品）批发仓库，改建和扩建可参考使用。

**第二十条**　烟花爆竹批发仓库工程投资包括：库房、生产辅助设施及办公服务设施的建筑工程费、设备购置及安装费和建设工程其他费用。

由于各地区建设条件差别较大、运输方式灵活多样，征地及拆迁补偿费、库区外工程费及运输工具费难以用统一标准测算，因此投资中未包括以上三项费用。项目实施时，应根据项目具体情况按实际发生的费用计列，以保证投资的正确性及完整性。

烟花爆竹批发仓库由库房、生产辅助设施、办公服务设施构成。库房建筑面积根据经营流通量确定，各地可根据当地实际市场需求合理确定库房面积，其配套的生产辅助设施、办公服务设施的建筑面积根据有关规定结合烟花爆竹批发仓库实际需要确定。由于各地建设条件及管理条件差别较大，办公服务设施的建筑面积可根据具体情况适当调整。

烟花爆竹批发仓库工程投资估算指标是根据本建设标准第六条、第七条涵盖的建设内容，在正常建设条件下，参照若干近期建设项目的概算、预算、结算及中标价格，经统计、结合理论计算编制而成，目的是合理控制投资规模。

由于各地市场建筑材料价格、设备价格及人工费等差别较大，本建设标准暂按 2008 年北京市场价格确定，其他各地可参照本指标进行调整，合理控制投资规模。

**第二十一条**　各类设施占工程投资的比例是根据本建设标准第六条、第七条、第二十条对应的建设内容及费用构成，经统计、结合理论计算编制而成，目的是合理控制投资比例。

**第二十二条**　库房单位工程造价是指库房的建筑工程造价，包括给排水、采暖、通风空调、电气等。它是参照若干近期建设项目的概算、预算、结算、中标价格及 2008 年北京市场价格综合测算编制而成，目的是合理控制库房单位工程造价水平。

主要技术经济指标包括库房单位工程投资估算指标、各类费用占工程总投资比例及库房单位工程造价，其他指标如钢材、木材、水泥单位消耗量对本建设标准没有太多意义，因此不再计列。

# 本建设标准用词说明

为了便于在执行本建设标准条文时区别对待，对要求严格程度不同的用词说明如下：

**1**）表示很严格，非这样做不可的用词：

正面词采用“必须”，反面词采用“严禁”。

**2**）表示严格，在正常情况下均应这样做的用词：

正面词采用“应”，反面词采用“不应”或“不得”。

**3**）表示允许稍有选择，在条件许可时首先应这样做的用词：

正面词采用“宜”，反面词采用“不宜”。

表示有选择，在一定条件下可以这样做的用词，采用“可”。

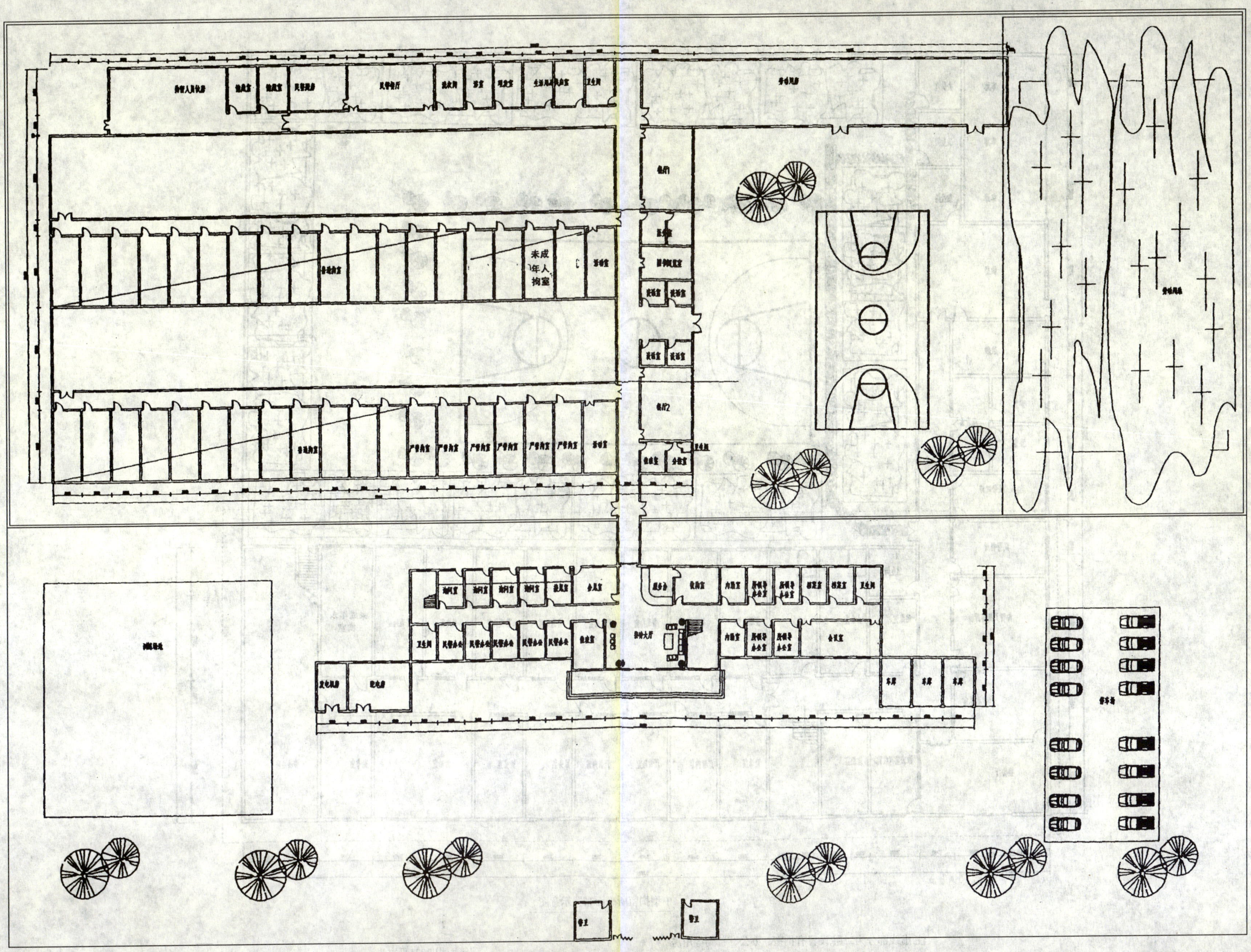


大型、特大型拘留所平面布置示意图

注:综合楼二层有办公、教术、备勤等用房。

建筑面积:5000平方米
人均建筑面积:22.7平方米(按设计容量220人计算)
使用面积:3400平方米
使用系数:0.68

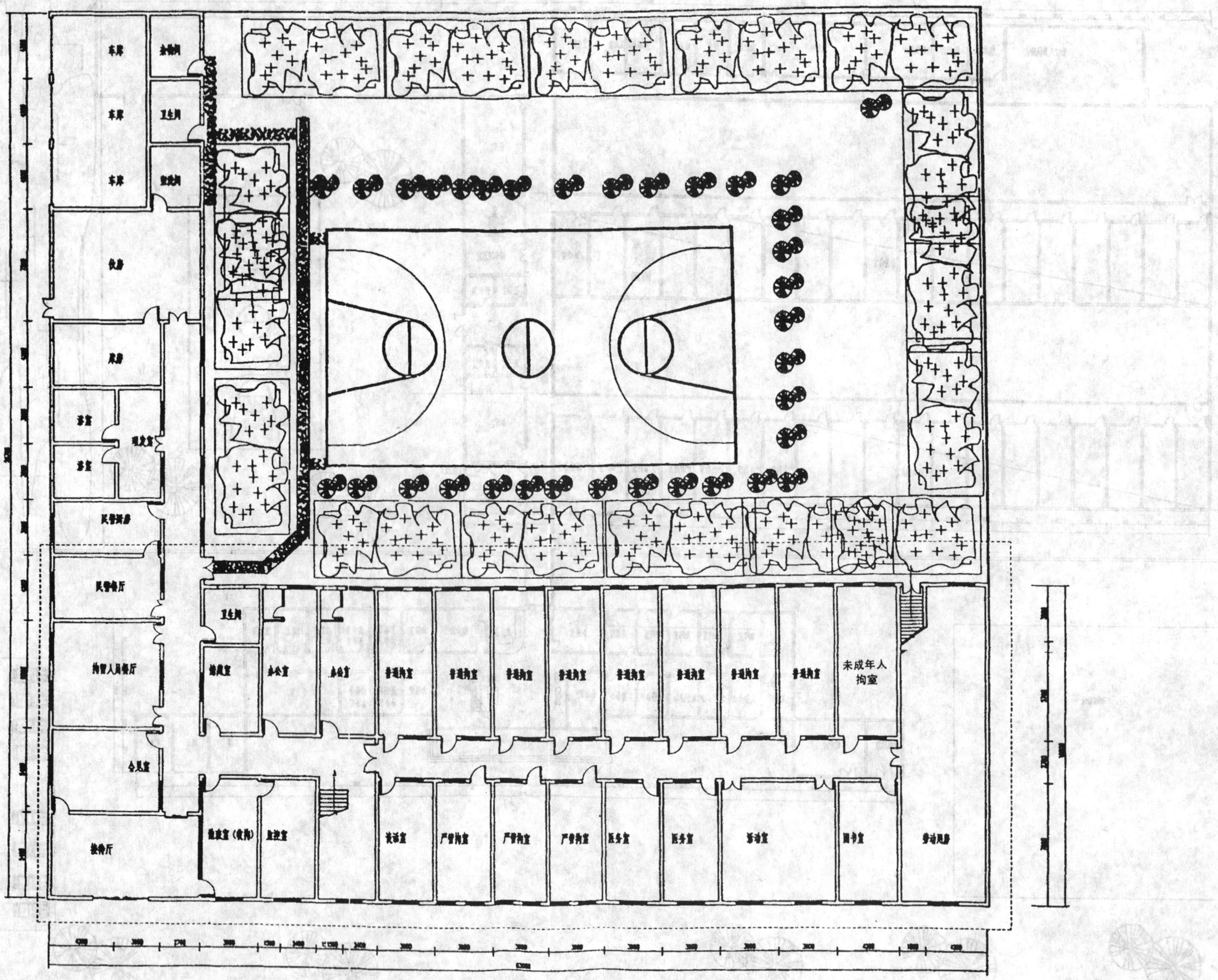


中型拘留所平面布置示意图

注:虚线部分为二层,设置有拘室、办公、备勤等用房

建筑面积:2921平方米
人均建筑面积:25.4平方米(按设计容量115人计算)
使用面积:1986平方米
使用系数:0.65